누구나 합격할 수 있는 방법, 동일출판사와 함께 하는 것.

54년간 전기만을 연구해 온 최고의 집필진이 만든책!
동일출판사와 함께 합격의 기쁨을 누리시길 기원합니다.

수험서의 기준을 만듭니다.
합격을 위한 지름길을 안내합니다.
전·현직 전기인들이 가장 선호하는 수험서로 인정받았으며,
최다 누적 판매와 최다 합격자 배출의 기록을 자랑하고 있습니다.
동일출판사의 핵심은 다년간 축적된 노하우에 있습니다.
수험 과목의 핵심 개념을 명확하고 효과적으로 전달하며,
풍부한 예제와 실전 모의고사로 실력을 향상시킬 수 있는
최상의 환경을 제공합니다.
동일출판사와 함께라면 수험 고난의 시련을 극복하고
합격의 문을 두드릴 수 있습니다.
지금 동일출판사를 통해 성공적인 미래를 준비하세요.

d 동일출판사

무료강의 www.dongilbook.com

무료 강의 제공

회원가입만으로 무료 강의 동영상을 제한 없이 이용할 수 있습니다.

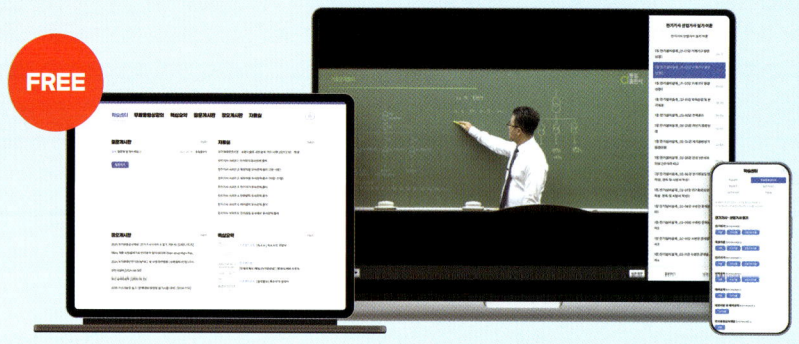

도서 구입만으로 무료강의까지! 합격하는 날까지 평생무료!
동일출판사 홈페이지 또는 ▶YouTube 에서도 시청 가능합니다.

무료제공 동영상 강의목록

전기기사(산업기사) 이론	필기	전기자기 / 회로이론 / 전기기기 / 전력공학 제어공학 / 전기응용 공사재료 / 전기설비기술기준
	실기	전기설비설계 / 전기설비작업 전기설비의 운영관리 및 유지보수 시험점검 전기설비유지보수 및 점검 / 테이블스팩 / 감리
전기기사(산업기사) 기출문제 풀이	필기 기출문제 2007년 ~ 2025년	
	실기 기출문제 2014년 ~ 2025년	
전기기능사 이론	전기이론 / 전기기기 / 전기설비	
전기기능사 기출문제 풀이	필기 기출문제 2015년 ~ 2025년 (전기이론 / 전기기기)	

www.dongilbook.com　　　　　　　　　　　　　　　　　　　　　　　　　　　　　　　학습센터

학습센터운영

홈페이지를 통한 학습센터를 운영하여
학습에 부족함이 없도록 지원합니다.

FREE

학습센터 | 무료동영상강의 | 핵심요약 | 질문게시판 | 정오게시판 | 자료실

질문게시판　더보기
일반 질문을 남겨주세요 :)　　　2025-03-18　동일출판사

[질문하기]

자료실　더보기
국가화재안전기준 - 소방시설의 내진설계 기준 (시행 2021.2.19) - 변경...
전기기사 시리즈 1. 전기자기 유사문제 풀이
전기기사 시리즈 2. 회로이론 유사문제 풀이 (1장~9장)
전기기사 시리즈 2. 회로이론 유사문제 풀이 (10장~17장)
전기기사 시리즈 3. 전기기기 유사문제 풀이
전기기사 시리즈 4. 전력공학 유사문제 풀이
전기기사 시리즈 5. 제어공학 유사문제 풀이
전기기사 시리즈 6. 전기응용 공사재료 유사문제 풀이

정오게시판　더보기
2025 전기응용공사재료 (전기기사시리즈 6 필기 기본서) [2025.05.15]
FINAL 적중 소방설비기사 전기분야 필기 600제 (Non-stop High-Pas...
2024 국가화재안전기준 (NFSC) 및 소방관련법령 (소방설비(산업)기사...
신전기설비 [2024.08.30]
최신 송배전공학 [2023.08.23]
2025 가스기능장 실기 (완벽대비 동영상 실기시험 대비) [2024.11.15]

핵심요약　더보기
기초전기수학 [복소수] 복소수의 극형식

전기자기학
[전계의 특수 해법 (전기영상법)] 평면 도체와 선전하

기초전기수학 [삼각함수] 특수각의 삼각비

하루에 한문제

유전율 $\epsilon_0\epsilon_s$의 유전체 내에 있는 전하 Q에서
나오는 전기력선 수는?

① Q개　② $\dfrac{Q}{\epsilon_0}$개　③ $\dfrac{Q}{\epsilon_0\epsilon_s}$개　④ $\dfrac{Q}{\epsilon_s}$개

동영상강의 / 핵심요점정리 / 질문게시판 / 정오 및 자료실
회원가입만으로 무료로 이용가능합니다.

전기기사 필기

전기기사 필기 기본서 전기기사시리즈

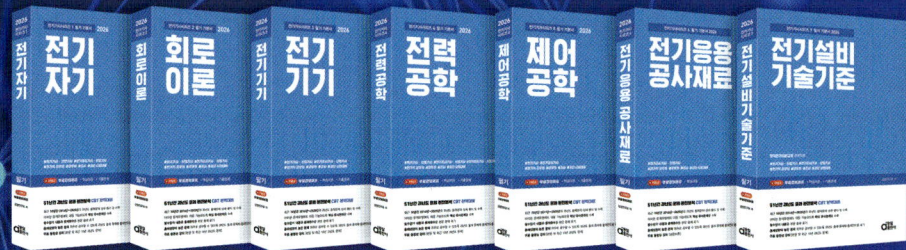

전기자기 / 회로이론 / 전기기기 / 전력공학 / 제어공학 / 전기응용 공사재료 / 전기설비기술기준

`이론` `기출문제`

51년간 과년도 및 복원문제를 완석분석하여 CBT시험에 완벽대비
어떠한 문제유형에도 대응이 가능하도록 핵심 유사문제 수록
10년간 과년도 및 복원문제 풀이 동영상 제공

기출문제 + 동영상강의
20년간 전기기사 필기
20년간 전기산업기사 필기

`기출문제`

20년간 기출문제 수록
19년간 과년도 및 복원문제 풀이 동영상 제공
가장 많은 문제를 수록하여
CBT시험에 대응할 수 있도록 구성

답이보인다 30일 단기완성
전기기사 · 산업기사 필기
전기공사기사 · 산업기사 필기

`이론` `기출문제`

51년간 과년도 및 복원문제를 완전분석, 이론과 함께 수록
5년간 과년도 및 복원문제 수록
전기기사 · 전기산업기사 풀이 동영상 제공

과년도 문제 중심의
완벽대비 전기기사 필기
완벽대비 전기산업기사 필기

`이론` `기출문제`

28년간 과년도 및 복원문제를 엄선, 이론과 함께 수록
10년간 과년도 및 복원문제 수록, 풀이 동영상 제공

과년도 문제 중심의
완벽대비 전기공사기사 필기
완벽대비 전기공사산업기사 필기

`이론` `기출문제`

28년간 과년도 및 복원문제를 엄선, 이론과 함께 수록
10년간 과년도 및 복원문제 수록

최근 7년 과년도 문제
핵심 전기기사 필기
핵심 전기산업기사 필기

`이론` `기출문제`

과목별 핵심요점 및 문제
최근 7년 과년도 및 복원문제
과년도 및 복원문제 무료 동영상 제공

전기기사 실기

기출문제 + 동영상강의
30년간 전기기사 실기
`기출문제`

30년간 기출문제 수록
9년간 과년도 및 복원문제 풀이 동영상 제공

기출문제 + 동영상강의
30년간 전기산업기사 실기
`기출문제`

30년간 기출문제 수록
9년간 과년도 및 복원문제 풀이 동영상 제공

답이보인다 30일 단기완성
전기기사 · 산업기사 실기
`이론` `기출문제`

38년간 출제된 과년도 및 복원문제를 완전분석하여 이론과 함께 수록
15년간 과년도 및 복원문제를 연도별로 수록
9년간 과년도 및 복원문제 풀이 동영상 제공

답이보인다 30일 단기완성
전기공사기사 · 산업기사 실기
`이론` `기출문제`

38년간 출제된 과년도 및 복원문제를 완전분석하여 이론과 함께 수록
15년간 과년도 및 복원문제를 연도별로 수록

전기기능사 필기

CBT 완벽대비 전기기능사 필기
`이론` `기출문제`

시험에 반복적으로 나오는내용을 과목별로 정리
출제되었던 과년도 및 복원문제를 완전분석하여 내용별로 수록
과년도 및 복원문제 풀이 동영상 제공[전기이론, 전기기기]

무료동영상의 전기기능사 필기
`이론` `기출문제`

본문내용 전체를 무료 동영상 강의로 완벽 제공
(핵심요점정리 + 핵심예제 +출제예상문제)
8년간 과년도 및 복원문제 수록
과년도 및 복원문제 풀이 동영상 제공[전기이론, 전기기기]

새로운 출제기준에 따른 전기기능사 필기
`이론` `기출문제`

상세한 이론, 기능사 필기의 바이블
10년간 과년도 및 복원문제 수록
출제기준에 따른 과목별 내용과 출제예상문제 수록
과년도 및 복원문제 풀이 동영상 제공[전기이론, 전기기기]

합격을 위한 지름길

동일출판사의 베스트셀러 수험서

기능장

  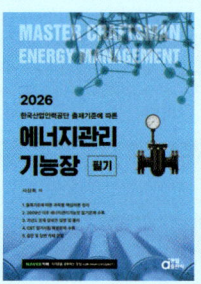  

신재생

에너지관리

 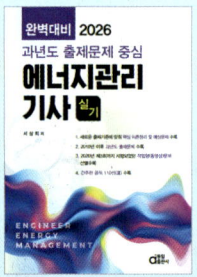   

소방

2026 최신판

과년도 문제 중심의
완벽대비
전기산업기사
필기

동일출판사

제 1 장 전기자기

1. 출제기준 – 벡터 ·· 12
2. 출제기준 – 진공중의 정전계 ···················· 19
3. 출제기준 – 진공중의 도체계 ···················· 34
4. 출제기준 – 유전체 ···································· 44
5. 출제기준 – 전계의 특수 해법 ···················· 59
6. 출제기준 – 전류 ·· 62
7. 출제기준 – 자계 ·· 67
8. 출제기준 – 자성체와 자기회로 ·················· 78
9. 출제기준 – 전자유도 및 인덕턴스 ············ 87
10. 출제기준 – 전자계 ···································· 96

제 2 장 전력공학

1. 출제기준 – 발·변전일반 ·························· 104
2. 출제기준 – 송·배전 선로의 전기적 특성 ·········· 119
3. 출제기준 – 송·배전 방식과 그 설비 및 운용 ····· 137
4. 출제기준 – 계통 보호방식 및 설비 ········ 153
5. 출제기준 – 개폐기의 종류와 특성 ·········· 165
6. 출제기준 – 배전 선로의 전기적 특성 ······ 171
7. 출제기준 – 배전 선로의 운용과 보호 ······ 177

제 3 장 전기기기

1. 출제기준 – 직류기 ···································· 188
2. 출제기준 – 동기기 ···································· 211
3. 출제기준 – 변압기 ···································· 232
4. 출제기준 – 유도기 ···································· 256
5. 출제기준 – 교류 정류자기 ························ 274
6. 출제기준 – 정류기 ···································· 279

제4장 회로이론

1. 출제기준 – 직류회로 ·· 290
2. 출제기준 – 정현파 교류 ·· 297
3. 출제기준 – 기본 교류회로 ·· 304
4. 출제기준 – 교류전력 ·· 311
5. 출제기준 – 결합회로 ·· 318
6. 출제기준 – 회로망 ·· 324
7. 출제기준 – 다상 교류 ·· 333
8. 출제기준 – 대칭 좌표법 ·· 346
9. 출제기준 – 왜형파 교류 ·· 351
10. 출제기준 – 4단자망과 2단자망 ·· 360
11. 출제기준 – 분포정수회로 ·· 374
12. 출제기준 – 과도현상 ·· 379
13. 출제기준 – 라플라스변환 ·· 391
14. 출제기준 – 전달함수 ·· 398

제5장 전기설비기술기준

1. 전기설비기술기준 ·· 408
2. 출제기준 – 기술기준의 총칙 ·· 411
3. 출제기준 – 저압전기설비 ·· 431
4. 출제기준 – 고압, 특고압 전기설비 ·· 475
5. 출제기준 – 전기철도설비 ·· 543
6. 출제기준 – 분산형 전원설비 ·· 548

CONTENTS
차 례

최근 10년 ▶ **전기산업기사필기** 2016~2025 과년도문제 및 CBT 복원문제

동일출판사 홈페이지에서 무료 동영상강의를 보실 수 있습니다.

▶ 2016년 과년도문제
  - 2016년 1회 전기산업기사필기 ·· 560
  - 2016년 2회 전기산업기사필기 ·· 579
  - 2016년 3회 전기산업기사필기 ·· 600

▶ 2017년 과년도문제
  - 2017년 1회 전기산업기사필기 ·· 618
  - 2017년 2회 전기산업기사필기 ·· 637
  - 2017년 3회 전기산업기사필기 ·· 655

▶ 2018년 과년도문제
  - 2018년 1회 전기산업기사필기 ·· 675
  - 2018년 2회 전기산업기사필기 ·· 694
  - 2018년 3회 전기산업기사필기 ·· 712

▶ 2019년 과년도문제
  - 2019년 1회 전기산업기사필기 ·· 732
  - 2019년 2회 전기산업기사필기 ·· 751
  - 2019년 3회 전기산업기사필기 ·· 770

▶ 2020년 과년도문제
  - 2020년 1,2회 전기산업기사필기 ······································ 788
  - 2020년 3회 전기산업기사필기 ·· 810
  - 2020년 4회 전기산업기사필기 ·· 829

2021년 CBT 복원문제
- 2021년 1회 전기산업기사필기(CBT 복원문제) ······ 848
- 2021년 2회 전기산업기사필기(CBT 복원문제) ······ 867
- 2021년 3회 전기산업기사필기(CBT 복원문제) ······ 887

2022년 CBT 복원문제
- 2022년 1회 전기산업기사필기(CBT 복원문제) ······ 906
- 2022년 2회 전기산업기사필기(CBT 복원문제) ······ 924
- 2022년 3회 전기산업기사필기(CBT 복원문제) ······ 943

2023년 CBT 복원문제
- 2023년 1회 전기산업기사필기(CBT 복원문제) ······ 962
- 2023년 2회 전기산업기사필기(CBT 복원문제) ······ 981
- 2023년 3회 전기산업기사필기(CBT 복원문제) ······ 1000

2024년 CBT 복원문제
- 2024년 1회 전기산업기사필기(CBT 복원문제) ······ 1020
- 2024년 2회 전기산업기사필기(CBT 복원문제) ······ 1040
- 2024년 3회 전기산업기사필기(CBT 복원문제) ······ 1061

2025년 CBT 복원문제
- 2025년 1회 전기산업기사필기(CBT 복원문제) ······ 1082
- 2025년 2회 전기산업기사필기(CBT 복원문제) ······ 1102
- 2025년 3회 전기산업기사필기(CBT 복원문제) ······ 1122

INFORMATION
출제기준

시험과목	출제 문제수	주 요 항 목	세 부 항 목	
전기자기학	20	1. 진공 중 정전계	1. 정전기 및 전자유도	2. 전계
			3. 전기력선	4. 전하
			5. 전위	6. 가우스의 정리
			7. 전기쌍극자	
		2. 진공 중 도체계	1. 도체계의 전하 및 전위분포	
			2. 전위계수, 용량계수 및 유도계수	
			3. 도체계의 정전에너지	
			4. 정전용량	
			5. 도체간에 작용하는 정전력	
			6. 정전차폐	
		3. 유전체	1. 분극도와 전계	2. 전속밀도
			3. 유전체내의 전계	4. 경계조건
			5. 정전용량	6. 전계의 에너지
			7. 유전체 사이의 힘	8. 유전체의 특수현상
		4. 전계의 특수해법 및 전류	1. 전기영상법	2. 정전계의 2차원 문제
			3. 전류에 관련된 제현상	4. 저항률 및 도전율
		5. 자계	1. 자석 및 자기유도	2. 자계 및 자위
			3. 자기쌍극자	4. 자계와 전류 사이의 힘
			5. 분포전류에 의한 자계	
		6. 자성체와 자기회로	1. 자화의 세기	2. 자속밀도 및 자속
			3. 투자율과 자화율	4. 경계면의 조건
			5. 감자력과 자기차폐	6. 자계의 에너지
			7. 강자성체의 자화	8. 자기회로
			9. 영구자석	
		7. 전자유도 및 인덕턴스	1. 전자유도현상	2. 자기 및 상호유도작용
			3. 자계에너지와 전자유도	4. 도체의 운동에 의한 기전력
			5. 전류에 작용하는 힘	6. 전자유도에 의한 전계
			7. 도체내의 전류 분포	8. 전류에 의한 자계에너지
			9. 인덕턴스	
		8. 전자계	1. 변위전류	2. 맥스웰의 방정식
			3. 전자파 및 평면파	4. 경계조건
			5. 전자계에서의 전압	6. 전자와 하전입자의 운동
			7. 방전현상	
전력공학	20	1. 발변전일반	1. 수력발전	2. 화력발전
			3. 원자력발전	4. 신재생에너지발전
			5. 변전방식 및 변전설비	6. 소내전원설비 및 보호계전방식
		2. 송배전선로의 전기적 특성	1. 선로정수	2. 전력원선도
			3. 코로나현상	4. 단거리 송전선로의 특성

시험과목	출제 문제수	주요 항목	세부 항목
			5. 중거리 송전선로의 특성 6. 장거리 송전선로의 특성 7. 분포정전용량의 영향 8. 가공전선로 및 지중전선로
		3. 송배전방식과 그 설비 및 운용	1. 송전방식 2. 배전방식 3. 중성점접지방식 4. 전력계통의 구성 및 운용 5. 고장계산과 대책
		4. 계통보호방식 및 설비	1. 이상전압과 그 방호 2. 전력계통의 운용과 보호 3. 전력계통의 안정도 4. 차단보호방식
		5. 옥내배선	1. 저압 옥내배선 2. 고압 옥내배선 3. 수전설비 4. 동력설비
		6. 배전반 및 제어기기의 종류와 특성	1. 배전반의 종류와 배전반운용 2. 전력제어와 그 특성 3. 보호계전기 및 보호계전방식 4. 조상설비 5. 전압조정 6. 원격조작 및 원격제어
		7. 개폐기류의 종류와 특성	1. 개폐기 2. 차단기 3. 퓨즈 4. 기타 개폐장치
전기기기	20	1. 직류기	1. 직류발전기의 구조 및 원리 2. 전기자 권선법 3. 정류 4. 직류발전기의 종류와 그 특성 및 운전 5. 직류발전기의 병렬운전 6. 직류전동기의 구조 및 원리 7. 직류전동기의 종류와 특성 8. 직류전동기의 기동, 제동 및 속도제어 9. 직류기의 손실, 효율, 온도상승 및 정격 10. 직류기의 시험
		2. 동기기	1. 동기발전기의 구조 및 원리 2. 전기자 권선법 3. 동기발전기의 특성 4. 단락현상 5. 여자장치와 전압조정 6. 동기발전기의 병렬운전 7. 동기전동기 특성 및 용도 8. 동기조상기 9. 동기기의 손실, 효율, 온도상승 및 정격 10. 특수 동기기
		3. 전력변환기	1. 정류용 반도체 소자 2. 각 정류회로의 특성 3. 제어정류기
		4. 변압기	1. 변압기의 구조 및 원리 2. 변압기의 등가회로 3. 전압강하 및 전압변동률 4. 변압기의 3상 결선 5. 상수의 변환 6. 변압기의 병렬운전 7. 변압기의 종류 및 그 특성

INFORMATION
출제기준

시험과목	출제 문제수	주요 항목	세 부 항 목
			8. 변압기의 손실, 효율, 온도상승 및 정격
			9. 변압기의 시험 및 보수 10. 계기용변압기
			11. 특수변압기
		5. 유도전동기	1. 유도전동기의 구조 및 원리
			2. 유도전동기의 등가회로 및 특성
			3. 유도전동기의 기동 및 제동
			4. 유도전동기제어 5. 특수 농형유도전동기
			6. 특수유도기 7. 단상유도전동기
			8. 유도전동기의 시험 9. 원선도
		6. 교류정류자기	1. 교류정류자기의 종류, 구조 및 원리
			2. 단상직권 정류자 전동기 3. 단상반발 전동기
			4. 단상분권 전동기 5. 3상 직권 정류자 전동기
			6. 3상 분권 정류자 전동기 7. 정류자형 주파수 변환기
		7. 제어용기기 및 보호기기	1. 제어기기의 종류 2. 제어기기의 구조 및 원리
			3. 제어기기의 특성 및 시험 4. 보호기기의 종류
			5. 보호기기의 구조 및 원리 6. 보호기기의 특성 및 시험
			7. 제어장치 및 보호장치
회로이론	20	1. 전기회로의 기초	1. 전기회로의 기본 개념
			2. 전압과 전류의 기준방향
			3. 전원
		2. 직류회로	1. 전류 및 옴의 법칙
			2. 도체의 고유저항 및 온도에 의한 저항
			3. 저항의 접속 4. 키르히호프의 법칙
			5. 전지의 접속 및 줄열과 전력
			6. 배율기와 분류기 7. 회로망 해석
		3. 교류회로	1. 정현파 교류 2. 교류 회로의 페이저 해석
			3. 교류 전력 4. 유도결합회로
		4. 비정현파교류	1. 비정현파의 푸리에 급수에 의한 전개
			2. 푸리에 급수의 계수 3. 비정현파의 대칭
			4. 비정현파의 실효값 5. 비정현파의 임피던스
		5. 다상교류	1. 대칭 n상교류 및 평형3상 회로
			2. 성형전압과 환상전압의 관계
			3. 평형부하의 경우 성형전류와 환상전류와의 관계
			4. $2\pi/n$씩 위상차를 가진 대칭 n상 기전력의 기호표시법
			5. 3상 Y결선 부하인 경우
			6. 3상 △결선의 각부 전압, 전류
			7. 다상교류의 전력
			8. 3상교류의 복소수에 의한 표시

시험과목	출제 문제수	주요 항목	세 부 항 목	
			9. △-Y의 결선 변환	
			10. 평형 3상회로의 전력	
		6. 대칭 좌표법	1. 대칭좌표법	2. 불평형률
			3. 3상 교류기기의 기본식	4. 대칭분에 의한 전력표시
		7. 4단자 및 2단자	1. 4단자 파라미터	2. 4단자 회로망의 각종 접속
			3. 대표적인 4단자망의 정수	
			4. 반복파라미터 및 영상파라미터	
			5. 역회로 및 정저항회로	6. 리액턴스 2단망
		8. 라플라스 변환	1. 라플라스 변환의 정의	2. 간단한 함수의 변환
			3. 기본정리	4. 라플라스 변환표
		9. 과도현상	1. 전달함수의 정의	2. 기본적 요소의 전달함수
			3. R-L 직렬의 직류회로	4. R-C 직렬의 직류회로
			5. R-L 병렬의 직류회로	6. R-L-C 직렬의 직류회로
			7. R-L-C 직렬의 교류회로	8. 시정수와 상승시간
			9. 미분적분회로	
전기설비 기술기준	20	- 전기설비기술기준 및 한국전기설비규정 -		
		1. 총칙	1. 기술기준 총칙 및 KEC 총칙에 관한 사항	
			2. 일반사항	
			3. 전선	4. 전로의 절연
			5. 접지시스템	6. 피뢰시스템
		2. 저압전기설비	1. 통칙	2. 안전을 위한 보호
			3. 전선로	4. 배선 및 조명설비
			5. 특수설비	
		3. 고압, 특고압 전기설비	1. 통칙	2. 안전을 위한 보호
			3. 접지설비	4. 전선로
			5. 기계, 기구 시설 및 옥내배선	
			6. 발전소, 변전소, 개폐소 등의 전기설비	
			7. 전력보안통신설비	
		4. 전기철도설비	1. 통칙	2. 전기철도의 전기방식
			3. 전기철도의 변전방식	4. 전기철도의 전차선로
			5. 전기철도의 전기철도차량 설비	
			6. 전기철도의 설비를 위한 보호	
			7. 전기철도의 안전을 위한 보호	
		5. 분산형 전원설비	1. 통칙	2. 전기저장장치
			3. 태양광발전설비	4. 풍력발전설비
			5. 연료전지설비	

MEMO

전기자기 제 1 장

1. 출제기준 – 벡터 ... 12
2. 출제기준 – 진공중의 정전계 ... 19
3. 출제기준 – 진공중의 도체계 ... 34
4. 출제기준 – 유전체 ... 44
5. 출제기준 – 전계의 특수 해법 ... 59
6. 출제기준 – 전류 ... 62
7. 출제기준 – 자계 ... 67
8. 출제기준 – 자성체와 자기회로 ... 78
9. 출제기준 – 전자유도 및 인덕턴스 ... 87
10. 출제기준 – 전자계 ... 96

출제기준 - 벡터

1) 전자기학에서 쓰이는 특별한 명칭을 가진 SI 유도단위

물리량(또는 차원)	SI 단위			
	명칭	기호	다른 단위로 표시	기본단위로 표시
frequency	헤르츠	Hz		s^{-1}
force	뉴턴	N		$m \cdot kg/s^2$
energy	줄	J	$N \cdot m$	$m^2 \cdot kg/s^2$
electric power	와트	W	J/s	$m^2 \cdot kg/s^3$
electric charge	쿨롬	C		$A \cdot s$
electric potential	볼트	V	W/A	$m^2 \cdot kg/s^3 \cdot A$
capacitance	패럿	F	C/V	$A^2 \cdot s^4/m^2 \cdot kg$
resistance	옴	Ω	V/A	$m^2 \cdot kg/s^3 \cdot A^2$
conductivity	지멘스	S	A/V	$m^2 \cdot kg/s^2 \cdot s^3$
magnetic flux	웨버	Wb	$V \cdot s$	$m^2 \cdot kg/s^2 \cdot A$
magnetic flux density	테슬라	T	Wb/m^2	$kg/s^2 \cdot A$
inductance	헨리	H	Wb/A	$m^2 \cdot kg/s^2 \cdot A^2$

2) 벡터의 그래픽과 심벌(graphic and symbol)

① 벡터의 그림 : 화살촉에 vector를 나타내는 문자를 사용하여 나타냄

(시작점 : initial point) $\xrightarrow{\vec{A}}$ (종착점 : final point)

② symbol : $\vec{A}$, $\overrightarrow{A}$, $A(\vec{A} = |\vec{A}|\hat{A} = A\hat{A})$, $\hat{A}$: unit vector

1 벡터의 내적과 외적

1) 벡터의 성분

$$\boldsymbol{A} = A_x \boldsymbol{i} + A_y \boldsymbol{j} + A_z \boldsymbol{k} \text{ 또는, } \boldsymbol{A} = (A_x, A_y, A_z) \text{로 표시한다.}$$

좌표계에서 x, y, z는 각 축의 양의 방향으로 크기가 1인 단위벡터 i, j, k를 기본벡터라 한다. 이들은 서로 각도가 90°의 관계를 이루고 있는 벡터계산에 중요하게 사용되는 벡터량이다.

2) 벡터의 합과 차 : $\boldsymbol{A} \pm \boldsymbol{B} = (A_x \pm B_x)\boldsymbol{i} + (A_y \pm B_y)\boldsymbol{j} + (A_z \pm B_z)\boldsymbol{k}$

3) 벡터의 스칼라곱 : $k\boldsymbol{A} = \boldsymbol{i}\,kA_x + \boldsymbol{j}\,kA_y + \boldsymbol{k}\,kA_z$

4) 벡터의 스칼라적

$$A \cdot B = (A\ B) = AB\cos\theta = A_xB_x + A_yB_y + A_zB_z$$
$$A \cdot B = B \cdot A$$
$$\theta = \cos^{-1}\frac{A_xB_x + A_yB_y + A_zB_z}{AB}$$

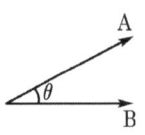

5) 벡터의 외적

$$A \times B = [A\ B] = \begin{vmatrix} i & j & k \\ A_x & A_y & A_z \\ B_x & B_y & B_z \end{vmatrix}$$
$$= (A_yB_z - A_zB_y)i + (A_zB_x - A_xB_z)j + (A_xB_y - A_yB_x)k$$

6) 벡터의 3중적

$$(A \times B) \cdot C = (A\ B\ C) = \begin{vmatrix} A_x & A_y & A_z \\ B_x & B_y & B_z \\ C_x & C_y & C_z \end{vmatrix} = A \cdot (B \times C)$$

2 구배, 발산, 회전

1) 스칼라 ϕ의 구배

$$\mathrm{grad}\phi = \nabla\phi = \left(\frac{\partial}{\partial x}i + \frac{\partial}{\partial y}j + \frac{\partial}{\partial z}k\right)\phi = \frac{\partial\phi}{\partial x}i + \frac{\partial\phi}{\partial y}j + \frac{\partial\phi}{\partial z}k$$

▽는 해밀턴의 연산자라 하며, nabla[나블라]라 읽는다.

2) 발산

$$\mathrm{div}\,A = \nabla \cdot A = \left(\frac{\partial}{\partial x}i + \frac{\partial}{\partial y}j + \frac{\partial}{\partial z}k\right) \cdot (A_xi + A_yj + A_zk)$$
$$= \frac{\partial A_x}{\partial x} + \frac{\partial A_y}{\partial y} + \frac{\partial A_z}{\partial z} \qquad \text{div는 divergence[다이버전스]라 읽는다.}$$

3) 회전

$$\mathrm{rot}\,A = \nabla \times A = \begin{vmatrix} i & j & k \\ \frac{\partial}{\partial x} & \frac{\partial}{\partial y} & \frac{\partial}{\partial z} \\ A_x & A_y & A_z \end{vmatrix}$$
$$= \left(\frac{\partial A_z}{\partial y} - \frac{\partial A_y}{\partial z}\right)i + \left(\frac{\partial A_x}{\partial z} - \frac{\partial A_z}{\partial x}\right)j + \left(\frac{\partial A_y}{\partial x} - \frac{\partial A_x}{\partial y}\right)k$$

rot : rotation[로테이션]이라 읽는다. ∇V : gradient[그라디안트] V
$\nabla \cdot A$: divergence[다이버전스] A $\nabla \times A$: rotation[로테이션] A (or curl, circulation)

3 가우스의 정리와 스토크스 정리

1) 가우스 정리 : $\int_s A \cdot n \, dS = \int_v \text{div} A \, dV$

2) 스토크스 정리 : $\oint_c A \cdot dl = \int_s (\text{rot} A) \cdot dS$

 (1) 기울기(gradient)
  $\begin{cases} \text{미분연산자 } \nabla \\ \text{스칼라 함수 } V(x,\ y,\ z) \end{cases}$ 의 곱 : $\nabla V = \text{grad } V$ (결과 : 벡터량)

 (2) 발산(divergence)
  $\begin{cases} \text{미분연산자 } \nabla \\ \text{벡터 함수 } E(x,\ y,\ z) \end{cases}$ 의 곱 : $\nabla \cdot E = \text{div } E$ (결과 : 스칼라량)

 (3) 회전(rotation, curl)
  $\begin{cases} \text{미분연산자 } \nabla \\ \text{벡터 함수 } H(x,\ y,\ z) \end{cases}$ 의 곱 : $\nabla \times H = \text{rot } H = \text{curl } H$ (결과 : 벡터량)

01 필수유형 및 과년도문제

필수 01 ★☆ 벡터의 내적과 외적

$A = i - j + 3k$, $B = i + ak$일 때 벡터 A가 수직이 되기 위한 a의 값은?
단, i, j, k는 x, y, z 방향의 기본 벡터이다.

① -2 ② $-\dfrac{1}{3}$ ③ 0 ④ $\dfrac{1}{2}$

유형분석 내적과 외적의 계산 문제가 출제된다.

풀이 $A \perp B$가 되기 위한 조건은 $A \cdot B = 0$이다. ($AB\cos\theta$에서 $\theta = 90°$인 경우 $A \cdot B = 0$)
$A \cdot B = 1 \times 1 + (-1) \times 0 + 3 \times a = 0$, $1 + 3a = 0$
$\therefore a = -\dfrac{1}{3}$

답 ②

Key point

(1) 벡터의 스칼라적
$A \cdot B = (AB) = AB\cos\theta = A_x B_x + A_y B_y + A_z B_z$
$A \cdot B = B \cdot A$
$\theta = \cos^{-1} \dfrac{A_x B_x + A_y B_y + A_z B_z}{AB}$

(2) 벡터의 외적
$A \times B = [AB] = \begin{vmatrix} i & j & k \\ A_x & A_y & A_z \\ B_x & B_y & B_z \end{vmatrix}$
$= (A_y B_z - A_z B_y)i + (A_z B_x - A_x B_z)j + (A_x B_y - A_y B_x)k$

문제 01 ★☆

$A = -i7 - j$, $B = -i3 - j4$의 두 벡터가 이루는 각은 몇 도인가?

① 30 ② 45 ③ 60 ④ 90

풀이 $\cos\theta = \dfrac{A \cdot B}{|A||B|} = \dfrac{A_x B_x + A_y B_y}{\sqrt{A^2}\sqrt{B^2}} = \dfrac{(-7) \times (-3) + (-1) \times (-4)}{\sqrt{(-7)^2 + (-1)^2}\sqrt{(-3)^2 + (-4)^2}} = \dfrac{21 + 4}{\sqrt{50} \times 5} = \dfrac{25}{25\sqrt{2}} = \dfrac{1}{\sqrt{2}}$

$\therefore \theta = \cos^{-1}\dfrac{1}{\sqrt{2}} = 45$

답 ②

필수 02 ★ 구배, 발산, 회전

위치 함수로 주어지는 벡터량이 $E_{(xyz)} = iEx + jEy + kEz$ 나블라(∇)와의 내적 $\nabla \cdot E$ 와 같은 의미를 갖는 것은?

① $\dfrac{\partial Ex}{\partial x} + \dfrac{\partial Ey}{\partial y} + \dfrac{\partial Ez}{\partial z}$
② $\int \dfrac{\partial}{\partial x} + \int \dfrac{\partial Ey}{\partial y} + k\dfrac{\partial Ez}{\partial z}$
③ $\int \dfrac{\partial Ex}{\partial x} + \int \dfrac{\partial Ey}{\partial y} + k\dfrac{\partial Ez}{\partial z}$
④ $\dfrac{\partial E}{\partial x} + \dfrac{\partial E}{\partial y} + \dfrac{\partial E}{\partial z}$

유형분석 구배, 발산, 회전에 관한 계산 문제가 출제된다.

풀이 $\nabla \cdot E = \left(i\dfrac{\partial}{\partial x} + j\dfrac{\partial}{\partial y} + k\dfrac{\partial}{\partial z} \right) \cdot (iEx + jEy + kEz) = \dfrac{\partial Ex}{\partial x} + \dfrac{\partial Ey}{\partial y} + \dfrac{\partial Ez}{\partial z}$ **답** ①

Key point

(1) 스칼라 ϕ의 구배
$$\text{grad } \phi = \nabla \phi = \left(\dfrac{\partial}{\partial x}\boldsymbol{i} + \dfrac{\partial}{\partial y}\boldsymbol{j} + \dfrac{\partial}{\partial z}\boldsymbol{k} \right)\phi = \dfrac{\partial \phi}{\partial x}\boldsymbol{i} + \dfrac{\partial \phi}{\partial y}\boldsymbol{j} + \dfrac{\partial \phi}{\partial z}\boldsymbol{k}$$

(2) 발산
$$\text{div } A = \nabla \cdot A = \left(\dfrac{\partial}{\partial x}\boldsymbol{i} + \dfrac{\partial}{\partial y}\boldsymbol{j} + \dfrac{\partial}{\partial z}\boldsymbol{k} \right) \cdot (A_x\boldsymbol{i} + A_y\boldsymbol{j} + A_z\boldsymbol{k}) = \dfrac{\partial A_x}{\partial x} + \dfrac{\partial A_y}{\partial y} + \dfrac{\partial A_z}{\partial z}$$

문제 02 ★☆ $f = xyz$, $\boldsymbol{A} = x\boldsymbol{i} + y\boldsymbol{j} + z\boldsymbol{k}$일 때 점 (1, 1, 1)에서의 $\text{div}(f\boldsymbol{A})$는?

① 3 ② 4
③ 5 ④ 6

풀이
$\text{div}(f\boldsymbol{A}) = \nabla \cdot (f\boldsymbol{A}) = \nabla \cdot (fA_x\boldsymbol{i} + fA_y\boldsymbol{j} + fA_z\boldsymbol{k})$
$\text{div}(f\boldsymbol{A}) = \boldsymbol{A} \text{ grad} f + f\text{div } \boldsymbol{A}$ 이므로
$\boldsymbol{A} \cdot \text{grad} f = (x\boldsymbol{i} + y\boldsymbol{j} + z\boldsymbol{k}) \cdot \left\{ \boldsymbol{i}\dfrac{\partial(xyz)}{\partial x} + \boldsymbol{j}\dfrac{\partial(xyz)}{\partial y} + \boldsymbol{k}\dfrac{\partial(xyz)}{\partial z} \right\}$
$\qquad = xyz + xyz + xyz = 3xyz$
$[\boldsymbol{A} \cdot \text{grad} f]_{x=1,\ y=1,\ z=1} = 3$
$f\text{div } \boldsymbol{A} = xyz\nabla \cdot \boldsymbol{A} = xyz\left(\boldsymbol{i}\dfrac{\partial}{\partial x} + \boldsymbol{j}\dfrac{\partial}{\partial y} + \boldsymbol{k}\dfrac{\partial}{\partial z} \right) \cdot (x\boldsymbol{i} + y\boldsymbol{j} + z\boldsymbol{k})$
$\qquad = xyz\left(\dfrac{\partial x}{\partial x} + \dfrac{\partial y}{\partial y} + \dfrac{\partial z}{\partial z} \right) = 3xyz$
$[f\text{div } \boldsymbol{A}]_{x=1,\ y=1,\ z=1} = 3$
$\therefore [\text{div }(f\boldsymbol{A})]_{x=1,\ y=1,\ z=1} = 3 + 3 = 6$ **답** ④

문제 03 ★

전계 $E = i\,3x^2 + j\,2xy^2 + k\,x^2yz$ 의 div$E$는 얼마인가?

① $-i\,6x + j\,xy + k\,x^2y$
② $i\,6x + j\,6xy + k\,x^2y$
③ $-(6x + 6xy + x^2y)$
④ $6x + 4xy + x^2y$

풀이
$$\text{div}E = \nabla \cdot E = \left(i\frac{\partial}{\partial x} + j\frac{\partial}{\partial y} + k\frac{\partial}{\partial z}\right) \cdot (iE_x + jE_y + kE_z)$$
$$= \frac{\partial E_x}{\partial x} + \frac{\partial E_y}{\partial y} + \frac{\partial E_z}{\partial z} = \frac{\partial}{\partial x}(3x^2) + \frac{\partial}{\partial y}(2xy^2) + \frac{\partial}{\partial z}(x^2yz)$$
$$= 6x + 4xy + x^2y$$

답 ④

필수 03 ★★★ 가우스의 정리와 스토크스 정리

$\int_s E \cdot dS = \int_v \nabla \cdot E\, dV$ 은 다음 중 어느 것에 해당되는가?

① 발산의 정리
② 가우스의 정리
③ 스토크스의 정리
④ 암페어의 법칙

유형분석 가우스법칙은 계산 보다는 식의 의미에 관한 문제가 출제된다.

풀이 가우스의 발산 정리는 면적 적분과 체적 적분과의 변환식이다.

답 ①

Key point

(1) 가우스 정리 $\int_s A \cdot n\,dS = \int_v \text{div}A\,dV$

(2) 스토크스 정리 $\oint_c A \cdot dl = \int_s (\text{rot}A) \cdot dS$

문제 04 ★☆

다음 중 Stokes 정리를 표시하는 일반식은 어느 것인가?

① $\oint_c E \cdot dl = \int_s \text{rot}\,E \cdot n\,dS$
② $\oint_c E \cdot dl = \int_v \text{div}\,E \cdot n\,dV$
③ $\oint_v \text{rot}\,E \cdot n\,dV = \oint_s \text{div}\,E \cdot dS$
④ $\oint_s E \cdot dS = \oint_v \text{div}\,E \cdot dV$

풀이 Stokes의 정리는 선적분과 면적 적분의 관계식으로 "어떤 벡터의 폐곡선에 따른 선적분은 그 벡터의 회전을 폐곡선이 만드는 면적에 대하여 면적 적분한 것과 같다."로 표현된다.
이를 수식으로 표시하면 다음 식과 같다.
$$\oint_c \boldsymbol{E} \cdot dl = \int_s \operatorname{rot} \boldsymbol{E} \cdot \boldsymbol{n}\, dS$$

답 ①

문제 05 ★★☆ 스토크스(Stokes) 정리를 표시하는 식은?

① $\int_s \boldsymbol{A} \cdot d\boldsymbol{S} = \int_v \operatorname{div} \boldsymbol{A} \cdot d\boldsymbol{V}$

② $\int_c \boldsymbol{A} \cdot dl = \int_v \operatorname{div} \boldsymbol{A}\, d\boldsymbol{V}$

③ $\int_c \boldsymbol{A} \cdot dl = \int_s (\operatorname{rot}\boldsymbol{A})\boldsymbol{n}\, d\boldsymbol{S}$

④ $\int_s \boldsymbol{A} \cdot d\boldsymbol{S} = \int_s \operatorname{rot} \boldsymbol{A} \cdot \boldsymbol{n}\, dS$

답 ③

02 출제기준 – 진공중의 정전계

◀◀◀ 완벽대비 전기산업기사필기

1 정전기 및 전자유도

1) 패러데이의 유도법칙 : $e = -N\dfrac{d\phi}{dt}[\text{V}]$

　　e : 기전력, N : 도체수, $d\phi$: 자속의 변화량, dt : 시간의 변화량

2) 전자유도 법칙의 미분형과 적분형

- 적분형 : $e_i = \oint \boldsymbol{E} \cdot d\ell = -\dfrac{d}{dt}\displaystyle\int_s \boldsymbol{B} \cdot d\boldsymbol{S} = -\dfrac{d\phi}{dt}$

　　$\oint$: 폐곡선을 1주 하면서 적분하는 것으로 주회적분이라고 한다. $\displaystyle\int_s$: 면적분

- 미분형 : $\text{rot}\,\boldsymbol{E} = -\dfrac{\partial \boldsymbol{B}}{\partial t}$

3) 도체 운동에 의한 기전력 (플레밍의 오른손 법칙) : $e = vBl\sin\theta[\text{V}]$

　　e : 기전력, v : 속도, B : 자속밀도, l : 도체의 길이

4) 표피효과의 깊이 : $\delta = \sqrt{\dfrac{2}{\omega\sigma\mu}} = \sqrt{\dfrac{1}{\pi f \sigma \mu}}$

　　전류밀도는 도체 중심부에서 작아지고 표면으로 갈수록 커지는 현상이 나타나는데 이것을 **표피효과**라 한다.
　　δ : 표피효과의 깊이, ω : 각속도, σ : 도전율, μ : 투자율

2 전계

1) 쿨롱의 법칙

$$F = k\dfrac{Q_1 Q_2}{r^2} = \dfrac{Q_1 Q_2}{4\pi\epsilon_0 r^2} = 9 \times 10^9 \dfrac{Q_1 Q_2}{r^2}[\text{N}]$$

$$\epsilon_0 = \dfrac{10^7}{4\pi c^2} = \dfrac{1}{\mu_0 c^2} = \dfrac{1}{120\pi c} = 8.855 \times 10^{-12}[\text{F/m}]$$

　　F : 쿨롱의 힘[N], Q : 전하량[C], r : 양 전하간의 거리[m], ϵ_0 : 진공중의 유전률

2) 전계

전기량의 존재에 의하여 전기적인 작용이 미치는 공간
전계 중에 단위 점전하를 놓았을 때 이에 작용하는 힘을 전계의 세기라 한다.

$$E = \frac{Q}{4\pi\epsilon_0 r^2} = 9 \times 10^9 \frac{Q}{r^2} [\text{V/m}]$$

E : 전계의 세기[V/m], Q : 전하량[C], r : 양 전하간의 거리[m], ϵ_0 : 진공중의 유전률

3 전기력선

1) 전기력선방정식

$\dfrac{dx}{E_x} = \dfrac{dy}{E_y} = \dfrac{dz}{E_z}$ 이므로 $\dfrac{dx}{E_x} = \dfrac{dy}{E_y}$ 에서 $dx\, E_y = dy\, E_x$ 가 된다.

4 전하

1) 전하

중공도체는 전기적으로 중성이므로 도체 내의 총전하의 합은 0이어야 한다.
정전 유도 현상에 의해 중심점의 ⊕점전하에 의해 중공도체 내면에는 ⊖전하가 유도되고 외면에는 ⊕전하가 유기된다.

2) 전계의 주회 적분과 에너지와의 관계

$$\oint_c Q\boldsymbol{E} \cdot dl = Q\oint_c \boldsymbol{E} \cdot dl = 0$$

$\oint$ 의 기호는 폐곡선을 일주하여 적분하는 것으로, 이 적분을 **주회적분**이라고 한다.

5 전위

무한 원점을 영전위로 하고 무한 원점에서 단위 점전하를 어떤 임의의 점 P까지 이동시키는 데 필요한 일을 임의의 점 P의 전위 V_P로 나타낸다.

$$V_P = -\int_{\infty}^{P} \boldsymbol{E} \cdot d\boldsymbol{r} = \int_{P}^{\infty} \boldsymbol{E} \cdot d\boldsymbol{r} = \frac{Q}{4\pi\epsilon_0 r} [\text{V}]$$

전위(potential)는 무한원점에서 전계 내 임의의 한 점 A까지 단위전하 +1[C]을 이동시키는 데 필요한 일로 정의하며, 한 점 A에서 단위전하가 갖는 전기적인 위치에너지를 의미한다.

1) A, B 2점 사이의 전위차 : $V_{AB} = V_A - V_B = -\int_B^A \boldsymbol{E} \cdot d\boldsymbol{r}\,[\text{V}]$

> 전위차(potential difference)는 전계 내의 임의의 한 점 B에서 다른 한 점 A까지 단위전하 +1[C]을 이동시키는 데 필요한 일로 정의하며, 두 점 A, B 사이의 단위전하가 갖는 전기적인 위치에너지의 차, 즉 전위 VA와 VB의 차를 의미한다.

2) A, B 2점 사이에 $Q[\text{C}]$의 전하를 운반할 때 전계가 하는 일 : $W = Q(V_A - V_B)[\text{J}]$

3) 폐회로를 일주할 때 전계가 하는 일 : $\oint_c \boldsymbol{E} \cdot d\boldsymbol{l} = 0 = \int_s \text{rot}\,\boldsymbol{E} \cdot d\boldsymbol{S}$

4) $Q[\text{C}]$의 점전하에서 $r[\text{m}]$의 거리에 있는 P점의 전위 : $V_P = \dfrac{Q}{4\pi\epsilon_0 r}[\text{V}]$

5) 선전하 분포에 의한 전위 : $V_L = \dfrac{1}{4\pi\epsilon_0 r}\int_l \dfrac{\lambda dl}{r}[\text{V}]$

6) 면전하 분포에 의한 전위 : $V_S = \dfrac{1}{4\pi\epsilon_0}\int_S \dfrac{\sigma dS}{r}[\text{V}]$

7) 체적 전하 분포에 의한 전위 : $V_V = \dfrac{1}{4\pi\epsilon_0}\int_V \dfrac{\rho dV}{r}[\text{V}]$

6 가우스의 정리

폐곡면을 통하는 전속과 폐곡면 내부의 전하와의 상관 관계를 나타내는 법칙을 말한다.

$$\int_S \boldsymbol{E} \cdot d\boldsymbol{S} = \dfrac{Q}{\epsilon_0} = \dfrac{1}{\epsilon_0}\int_V \rho dV = \int_V \dfrac{\rho}{\epsilon_0}dV = \int_V \text{div}\,\boldsymbol{E}\,dV$$

$$\text{div}\,\boldsymbol{E} = \nabla \cdot \boldsymbol{E} = \dfrac{\partial E_x}{\partial x} + \dfrac{\partial E_y}{\partial y} + \dfrac{\partial E_z}{\partial z} = \dfrac{\rho}{\epsilon_0}$$

> 진공 중의 폐곡면에서 나오는 전 전기력선 수는 폐곡면 내에 있는 전 전하량의 $(1/\epsilon_0)$배와 같다는 것을 의미한다.

7 전기 쌍극자

정·부의 점전하 $+Q$, $-Q$가 미소거리 r만큼 떨어져 있을 때 이 한 쌍의 전하를 **전기쌍극자**(electric dipole)라 한다.

전위 : $V = \dfrac{M\cos\theta}{4\pi\epsilon_0 r^2}$ [V]

전계 : $E = \dfrac{M\sqrt{1+3\cos^2\theta}}{4\pi\epsilon_0 r^3}$ [V/m]

r : 전기쌍극자의 중심에서 임의의 점까지의 거리, θ : 거리벡터와 전기쌍극자 모멘트와 이루는 각
M : 전기쌍극자 모멘트

8 프아송, 라플라스 방정식

1) 프아송 방정식

$\text{div}\,\boldsymbol{E} = \text{div}(-\text{grad}\,V) = \dfrac{\rho}{\epsilon_0}$ 에서

$\text{div grad}\,V = \nabla \cdot \nabla V = \nabla^2 V = -\dfrac{\rho}{\epsilon_0}$

2) 라플라스 방정식 (전하밀도 $\rho = 0$인 경우)

$\nabla^2 V = 0$

전하밀도가 공간적으로 분포하고 있을 때 그 내부의 임의의 점에서 전위를 결정하는 식으로 **프아송 방정식** (Poisson's equation)이라 한다.
ρ[C/m³] : 체적전하밀도, div $\boldsymbol{D}$: 전속 $\boldsymbol{D}$의 발산(divergence), div $\boldsymbol{E}$: 전계 $\boldsymbol{E}$의 발산(divergence)

02 필수유형 및 과년도문제

필수 01 ★ 정전기 및 전자유도

권수 1회의 코일에 5[Wb]의 자속이 쇄교하고 있을 때 10^{-1}[s] 사이에 이 자속이 0으로 변하였다면 이때 코일에 유도되는 기전력[V]은?

① 500　　② 100　　③ 50　　④ 10

유형분석 전자유도법칙의 의미와 계산 문제가 출제된다.

풀이 $e = -N\dfrac{d\phi}{dt} = -1 \times \dfrac{(-5)}{10^{-1}} = 50[\text{V}]$　　**답** ③

Key point

(1) 패러데이의 유도법칙 $e = -N\dfrac{d\phi}{dt}[\text{V}]$

(2) 전자유도 법칙의 적분형 $e_i = \oint \boldsymbol{E} \cdot d\ell = -\dfrac{d}{dt}\int_s \boldsymbol{B} \cdot d\boldsymbol{S} = -\dfrac{d\phi}{dt}$

문제 01 ★

100회 감은 코일과 쇄교하는 자속이 $\dfrac{1}{10}$초 동안에 0.5[Wb]에서 0.3[Wb]로 감소했다. 이때 유기되는 기전력은 몇 [V]인가?

① 20　　② 200　　③ 80　　④ 800

풀이 $e = -N\dfrac{d\phi}{dt} = -100 \times \dfrac{(-0.2)}{\dfrac{1}{10}} = 200[\text{V}]$　　**답** ②

필수 02 ★★ 전계

+10[nC]의 점전하로부터 100[mm] 떨어진 거리에 +100[pC]의 점전하가 놓인 경우 이 전하에 작용하는 힘의 크기는 몇 [nN]인가?

① 100　　② 200　　③ 300　　④ 900

1장 전기자기

유형분석 쿨롱의 법칙, 전계의 세기 계산 등이 출제된다.

풀이 $F = \dfrac{Q_1 Q_2}{4\pi\epsilon_0 r^2} = 9\times 10^9 \times \dfrac{10\times 10^{-9} \times 100\times 10^{-12}}{(100\times 10^{-3})^2} = 900\times 10^{-9} [\text{N}] = 900[\text{nN}]$ **답** ④

Key point

(1) 쿨롱의 법칙 $F = k\dfrac{Q_1 Q_2}{r^2} = \dfrac{Q_1 Q_2}{4\pi\epsilon_0 r^2} = 9\times 10^9 \dfrac{Q_1 Q_2}{r^2} [\text{N}]$

(2) 전계 $E = \dfrac{Q}{4\pi\epsilon_0 r^2} = 9\times 10^9 \dfrac{Q}{r^2} [\text{V/m}]$

문제 02 ☆ 진공 중에서 같은 전기량 +1[C]의 대전체 두 개가 약 몇 [m] 떨어져 있을 때 각 대전체에 작용하는 척력이 1[N]인가?

① 9.5×10^4 ② 3×10^3 ③ 1 ④ 3×10^4

풀이 쿨롱의 법칙 $F = 9\times 10^9 \times \dfrac{Q_1 Q_2}{r^2} [\text{N}]$에서 $F = 1[\text{N}]$, $Q_1 = Q_2 = 1[\text{C}]$이므로

$r^2 = \dfrac{9\times 10^9 \times Q^2}{F} = \dfrac{9\times 10^9 \times 1^2}{1}$

$\therefore r = 9.5\times 10^4 [\text{m}]$ **답** ①

문제 03 ★☆ 한 변의 길이가 $a[\text{m}]$인 정육각형 ABCDEF의 각 정점에 각각 $Q[\text{C}]$의 전하를 놓을 때 정육각형의 중심 0에 있어서의 전계[V/m]는?

① 0 ② $\dfrac{3Q}{2\pi\epsilon_0 a}$ ③ $\dfrac{3Q}{2\pi\epsilon_0 a^2}$ ④ $\dfrac{Q}{4\pi\epsilon_0 a^2}$

풀이 2개의 점전하가 3쌍으로 맞서 있고, 각 쌍의 중심 전계의 세기는 크기가 같고 방향이 정반대이므로 0이 되고 합성 전계의 세기도 0이 된다. **답** ①

문제 04 ★☆ 진공 중에서 원점의 점전하 $0.3[\mu\text{C}]$에 의한 점 $(1, -2, 2)[\text{m}]$의 x성분 전계는 몇 [V/m]인가?

① 300 ② −200 ③ 200 ④ 100

풀이 $r = a_x - 2a_y + 2a_z = \sqrt{1^2 + (-2)^2 + 2^2} = 3$

$\therefore r_0 = \dfrac{1}{3}(a_x - 2a_y + 2a_z)$

$E = 9\times 10^9 \dfrac{Q}{r^2} r_0 = 9\times 10^9 \times \dfrac{0.3\times 10^{-6}}{3^2} \times \left(\dfrac{a_x - 2a_y + 2a_z}{3}\right) = 100 a_x - 200 a_y + 200 a_z$

$\therefore E_x = 100[\text{V/m}]$ **답** ④

03 전기력선 ★★

$\sum_{i=1}^{n} Q_i \cos \theta_i = C$(일정)이란 전기력선 방정식이 성립할 수 있는 조건 중 틀린 것은?

① 점전하 Q_i가 일직선상에 있어야 한다.
② 점전하 Q_i가 시간적으로 불변이어야 한다.
③ 상수 C는 주위 매질에 관계없이 일정하다.
④ 점전하의 주위 공간은 유전율이 같아야 한다.

유형분석 전기력선의 성질에 관한 문제가 출제된다.

풀 이 균일한 공간의 정전계에서 점전하가 직선상으로 분포할 때의 전력선 방정식으로 주위 공간의 유전율이 다르면 굴절 등이 나타난다. **답** ③

 Key point

전기력선 방정식 $\dfrac{dx}{E_x} = \dfrac{dy}{E_y} = \dfrac{dz}{E_z}$

문제 05 ★★ 전기력선의 기본 성질에 관한 설명으로 옳지 않은 것은?

① 전기력선의 방향은 그 점의 전계의 방향과 일치한다.
② 전기력선은 전위가 높은 점에서 낮은 점으로 향한다.
③ 전기력선은 그 자신만으로 폐곡선이 된다.
④ 전계가 0이 아닌 곳에서 전기력선은 도체 표면에 수직으로 만난다.

풀이 전기력선의 성질

전기력선은 전계 내에서 단위전하 +1[C]이 아무 저항 없이 전기력에 따라 이동할 때 그려지는 가상선을 의미하며, 다음과 같은 성질을 가지고 있다.
① 전기력선의 방향은 전계의 방향과 일치한다.
② 전기력선 밀도는 전계의 세기와 같다.
③ 단위전하(1[C])에서는 $\dfrac{1}{\epsilon_0} = 36\pi \times 10^9$개의 전기력선이 발생한다.
 (Q[C]의 전하에서 $N = \dfrac{Q}{\epsilon_0}$개의 전기력선이 발생한다.)
④ 전기력선은 정전하(+ 전하)에서 출발하여 부전하(−전하)에서 멈추거나 무한원까지 퍼진다.
⑤ 전하가 없는 곳에서는 전기력선의 발생과 소멸이 없고 연속적이다.
⑥ 전기력선은 전위가 높은 곳에서 낮은 곳으로 향한다.($E = -\text{grad } V$)
⑦ 전기력선은 자신만으로 폐곡선이 되는 일은 없다.($\nabla \cdot E = 0$)
⑧ 2개의 전기력선은 서로 교차하지 않는다.
⑨ 전기력선은 등전위면과 직교한다.
⑩ 도체 내부에서 전기력선은 없다.(전기력선은 도체를 통과하지 못한다.)

⑪ 전기력선은 도체 표면에서 수직으로 출입한다.
⑫ 전기력선은 무한원점에서 끝나거나, 무한원점에서 오는 것이 있다.
⑬ 무한원점에 있는 전하까지 합하면 전하의 총량은 0이다.

답 ③

문제 06 ★

전계 E와 전위 V 사이의 관계 즉, $E = -\text{grad } V$에 관한 설명으로 잘못된 것은?

① 전계는 전위가 일정한 면에 수직이다.
② 전계의 방향은 전위가 감소하는 방향으로 향한다.
③ 전계의 전기력선은 연속적이다.
④ 전계의 전기력선은 폐곡면을 이루지 않는다.

풀이
① grad V 의미 : 전위 V가 단위 길이당 최대로 변화하는 방향과 그 크기를 나타낸다. 단위 길이당 전위의 최대 변화를 갖는 방향은 등전위면과 수직(직각)방향이다(∵ E와 등전위면은 직교한다고 할 수 있다.)
② $E = -\nabla V$에서 $-$ 부호는 감소하는 방향을 의미한다.
③ 전계의 전기력선은 (+)전하에서 시작하여 (-)전하에서 끝나므로 전하가 존재할 때에는 비연속적이다.
④ 양변에 curl을 취하면 curl $E = -$curl grad $V = 0$(curl grad는 벡터 성질에서 항상 0) E라는 벡터는 비회전성 즉 폐곡선을 이루지 않는다.

답 ③

문제 07 ★☆

$E = \dfrac{3x}{x^2+y^2}i + \dfrac{3y}{x^2+y^2}j$ [V/m]일 때 점 (4, 3, 0)을 지나는 전기력선의 방정식은?

① $xy = \dfrac{4}{3}$ ② $xy = \dfrac{3}{4}$ ③ $x = \dfrac{4}{3}y$ ④ $x = \dfrac{3}{4}y$

풀이 전기력선 방정식 $\dfrac{dx}{E_x} = \dfrac{dy}{E_y}$에서

$\dfrac{dx}{3x/(x^2+y^2)} = \dfrac{dy}{3y/(x^2+y^2)}$ 즉, $\dfrac{dx}{x} = \dfrac{dy}{y}$

여기서, 양변을 적분하면
$\ln x + \ln K_1 = \ln y + \ln K_2$

$K_1 x = K_2 y$, $4K_1 = 3K_2$, $\dfrac{K_2}{K_1} = \dfrac{4}{3}$

∴ $x = \dfrac{K_2}{K_1} y = \dfrac{4}{3} y$

답 ③

문제 08 ★

$E = i\left(\dfrac{x}{x^2+x^2}\right) + j\left(\dfrac{y}{x^2+x^2}\right)$ 인 전계의 전기력선의 방정식을 옳게 나타낸 것은?
단, C는 상수이다.

① $y = c \ln x$ ② $y = \dfrac{c}{x}$ ③ $y = cx$ ④ $y = cx^2$

답 ③

필수 04 ★☆ 전하

전계 내에서 폐회로를 따라 전하를 일주시킬 때 하는 일은 몇 [J]인가?

① ∞ ② 0 ③ 부정 ④ 산출 불능

유형분석 전계의 주회 적분과 에너지와의 관계에 대해 기억한다.

풀이 전계의 주회 적분과 에너지와의 관계에서 $\oint_c QE \cdot dl = Q\oint_c E \cdot dl = 0$

즉, 폐회로를 따라 단위 정전하를 일주시킬 때 전계가 하는 일은 항상 0을 의미한다(에너지 보존적).

답 ②

Key point

전계의 주회 적분과 에너지와의 관계 $\oint_c QE \cdot dl = Q\oint_c E \cdot dl = 0$

문제 09 ★☆

전계 내에서 폐회로를 따라 전하를 일주시킬 때 0[J]이 된다. 이것의 의미는?

① ∞ ② 보존력장
③ 부정 ④ 소멸성

풀이 전계의 주회 적분과 에너지와의 관계에서 $\oint_c QE \cdot dl = Q\oint_c E \cdot dl = 0$

즉, 폐회로를 따라 단위 정전하를 일주시킬 때 전계가 하는 일은 항상 0을 의미한다(에너지 보존적).

답 ②

필수 05 ★★ 전위

중공 도체의 중공부 내에 전하를 놓지 않으면 외부에서 준 전하는 외부 표면에만 분포한다. 도체 내의 전계[V/m]는 얼마인가?

① 0
② $\dfrac{Q_1}{4\pi\epsilon_0 a}$
③ $\dfrac{Q_1}{4\pi\epsilon_0 b}$
④ $\dfrac{Q_1}{\epsilon_0}$

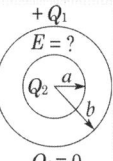

유형분석 전위를 구하는 문제와 전위에 관한 식을 묻는 문제가 출제된다.

풀 이 도체 내의 전계 $E=0$ 도체 밖의 전계 $E=\dfrac{Q}{4\pi\epsilon_0 r^2}\ (r>b)$

도체 1의 전위 $V_1=\dfrac{Q}{4\pi\epsilon_0 b}$ 도체 2의 전위 $V_2=\dfrac{Q}{4\pi\epsilon_0 b}$ **답** ①

Key point

$$V_P=-\int_{\infty}^{P}\boldsymbol{E}\cdot d\boldsymbol{r}=\int_{P}^{\infty}\boldsymbol{E}\cdot d\boldsymbol{r}=\dfrac{Q}{4\pi\epsilon_0 r}[\text{V}]$$

문제 10 ★☆ 대전도체의 내부 전위는?

① 항상 0이다.
② 표면 전위와 같다.
③ 대지전압과 전하의 곱으로 표시한다.
④ 공기의 유전율과 같다.

풀이 대전도체 내부는 전계(전기력선)가 없다. 즉, 전위차가 발생하지 않는다. 따라서 내부의 전위와 표면 전위는 같다(도체는 등전위이다).   **답** ②

문제 11 ★ 반지름 10[cm] 공기 중에 전압 10[V]를 가했을 때 전위 경도는? 단, 전계는 평등 전계라고 한다.

① 1[V/m]   ② 10[V/m]
③ 100[V/m]   ④ 1000[V/m]

풀이 $E=\dfrac{V}{r}[\text{V/m}]$에서 $E=\dfrac{10}{10\times 10^{-2}}=100[\text{V/m}]$ **답** ③

문제 12 ★ 공기 중에 놓인 도체구의 전위가 60[kV]일 때, 도체 표면의 전계의 세기는 4[kV/cm]였다. 도체구에 대전된 전하량은 몇 [μC]인가?

① 1   ② 10^5 ③ 10^{-4} ④ 10^{-6}

풀이 $V=\dfrac{Q}{4\pi\epsilon_0 a}$, $E=\dfrac{Q}{4\pi\epsilon_0 a^2}$에서 $a=\dfrac{V}{E}$

$\therefore\ Q=4\pi\epsilon_0 aV=4\pi\epsilon_0\dfrac{V^2}{E}=\dfrac{(60\times 10^3)^2}{9\times 10^9\times 4\times 10^5}=10^{-6}[\text{C}]=1[\mu\text{C}]$ **답** ①

문제 13 ★☆ 그림과 같이 등전위면이 존재하는 경우 전계의 방향은?

① a 의 방향
② b 의 방향
③ c 의 방향
④ d 의 방향

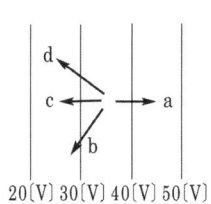

풀이 ▶ 전계의 방향(전기력선)은 전위가 높은 점에서 낮은 점으로 향한다.   답 ③

문제 14 ★☆ 무한 평행한 평판 전극 사이의 전위차 V[V]는? 단, 평행판 전하 밀도 σ[C/m²], 판 간 거리 d[m]라 한다.

① $\dfrac{\sigma}{\epsilon_0}$ ② $\dfrac{\sigma}{\epsilon_0}d$ ③ σd ④ $\dfrac{\epsilon_0\sigma}{d}$

풀이 ▶ 전하 밀도 σ[C/m²]에서 나오는 전기력선 밀도 $\dfrac{\sigma}{\epsilon_0}$[개/m²]$=\dfrac{\sigma}{\epsilon_0}$[V/m] (전계의 세기)가 된다.

전위는 ∴ $V=Ed=\dfrac{\sigma}{\epsilon_0}d$[V]   답 ②

06 ★☆ 가우스의 정리

그림과 같이 도체구 내부 공동의 중심에 점전하 Q[C]이 있을 때 이 도체구의 외부로 발산되어 나오는 전기력선의 수는 몇 개인가? 단, 도체 내외의 공간은 진공이라 한다.

① 4π ② $\dfrac{Q}{\epsilon_0}$
③ Q ④ $\dfrac{Q}{\epsilon_0\epsilon_s}$

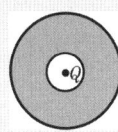

유형분석 ▶ 가우스 정리의 공식 문제가 출제된다.

풀이 ▶ 전기력선 수와 전기력선 밀도는 매질과 전하에 모두 관계되므로 전계에 관한 가우스 정리에서
$\displaystyle\int_s E\cdot dS=\dfrac{Q}{\epsilon}=\dfrac{Q}{\epsilon_0\epsilon_s}$ 이므로 전기력선 수는 $\dfrac{Q}{\epsilon_0\epsilon_s}$ 개다.

도체 내외의 공간이 진공 중일 때는 전기력선 수$=\dfrac{Q}{\epsilon_0}$ 개이다.   답 ②

Key point

$$\int_S \boldsymbol{E} \cdot d\boldsymbol{S} = \frac{Q}{\epsilon_0} = \frac{1}{\epsilon_0}\int_V \rho dV = \int_V \frac{\rho}{\epsilon_0} dV = \int_V \operatorname{div} \boldsymbol{E}\, dV$$

$$\operatorname{div} \boldsymbol{E} = \nabla \cdot \boldsymbol{E} = \frac{\partial E_x}{\partial x} + \frac{\partial E_y}{\partial y} + \frac{\partial E_z}{\partial z} = \frac{\rho}{\epsilon_0}$$

문제 15 ★ 폐곡면을 통하여 나가는 전기력선의 총수는 그 내부에 있는 점전하의 대수합의 몇 배와 같은가?

① $\dfrac{1}{4\pi\epsilon_0}$ ② $\dfrac{1}{2\pi\epsilon_0}$

③ $\dfrac{1}{\pi\epsilon_0}$ ④ $\dfrac{1}{\epsilon_0}$

풀이 가우스의 정리 $\int_s E \cdot dS = \dfrac{1}{\epsilon_0} \times \sum_{n=1}^{n} Q_i$ **답** ④

문제 16 ★★★ 유전율 $\epsilon_0 \epsilon_s$의 유전체 내에 있는 전하 Q에서 나오는 전기력선 수는?

① Q 개 ② $\dfrac{Q}{\epsilon_0 \epsilon_s}$ 개

③ $\dfrac{Q}{\epsilon_0}$ 개 ④ $\dfrac{Q}{\epsilon_s}$ 개

풀이 전기력선 수와 전기력선 밀도는 매질과 전하에 모두 관계되므로 전계에 관한 가우스 정리에서
$\int_s \boldsymbol{E} \cdot d\boldsymbol{S} = \dfrac{Q}{\epsilon} = \dfrac{Q}{\epsilon_0 \epsilon_s}$ 이므로 전기력선 수는 $\dfrac{Q}{\epsilon_0 \epsilon_s}$ 개다. **답** ②

문제 17 ★★★☆ 다음 중 옳지 않은 것은?

① $V_\rho = \int_\rho^\infty \boldsymbol{E} \cdot dl$ ② $\boldsymbol{E} = -\operatorname{grad} V$

③ $\operatorname{grad} V = i\dfrac{\partial V}{\partial x} + j\dfrac{\partial V}{\partial y} + k\dfrac{\partial V}{\partial z}$ ④ $\int_1 \boldsymbol{E} \cdot d\boldsymbol{S} = Q$

풀이 전기력선 밀도(전계)의 면적적분을 나타내는 식 $\oint \boldsymbol{E} \cdot n d\boldsymbol{S}$ 는 전기력선의 수를 나타내는 Gauss의 법칙으로 $\oint_s \boldsymbol{E} \cdot n d\boldsymbol{S} = \dfrac{Q}{\epsilon_0}$ 이다. **답** ④

문제 18. 다음 식 중 옳은 것은?

① $E = \text{grad } V^2$
② $V_p = \int_p^\infty E^2 dx$
③ $\iint_s E \cdot n \, ds = \dfrac{Q}{\epsilon_0}$
④ $\text{grad } V = \dfrac{\partial V}{\partial x} + \dfrac{\partial V}{\partial y} + \dfrac{\partial V}{\partial z}$

답 ③

필수 07. 전기 쌍극자

전기 쌍극자로부터 r 만큼 떨어진 점의 전위 크기 V 는 r 과 어떤 관계에 있는가?

① $V \propto r$
② $V \propto \dfrac{1}{r^3}$
③ $V \propto \dfrac{1}{r^2}$
④ $V \propto \dfrac{1}{r}$

유형분석 쌍극자 전위와 전계에 관한 문제가 출제된다.

풀이 전기쌍극자 전위 : $V = \dfrac{M\cos\theta}{4\pi\epsilon_0 r^2}$ [V] $\therefore V \propto \dfrac{1}{r^2}$

전계 : $E = \dfrac{M\sqrt{1+3\cos^2\theta}}{4\pi\epsilon_0 r^3}$ [V/m] $\therefore E \propto \dfrac{1}{r^3}$

답 ③

Key point

전위 : $V = \dfrac{M\cos\theta}{4\pi\epsilon_0 r^2}$ [V], 전계 : $E = \dfrac{M\sqrt{1+3\cos^2\theta}}{4\pi\epsilon_0 r^3}$ [V/m]

문제 19.

쌍극자 모멘트가 M[C · m]인 전기쌍극자에서 점 P의 전계는 $\theta = \dfrac{\pi}{2}$ 일 때 어떻게 되는가? 단, θ 는 전기쌍극자의 중심에서 축방향과 점 P를 잇는 선분의 사이각이다.

① 최소
② 최대
③ 항상 0이다.
④ 항상 1이다.

풀이 $E = \dfrac{M\sqrt{1+3\cos^2\theta}}{4\pi\epsilon_0 r^3}$ [V/m]

$\theta = 0°$에서 최대, $\theta = 90°$에서 최소

답 ①

문제 20 ★★☆
전기 쌍극자에 의한 전계의 세기는 쌍극자로부터의 거리 r 에 대해서 어떠한가?

① r 에 반비례한다. ② r^2 에 반비례한다.
③ r^3 에 반비례한다. ④ r^4 에 반비례한다.

풀이 전기 쌍극자에 의한 전위 $V = \dfrac{M\cos\theta}{4\pi\epsilon_0 r^2}$ [V]

전기 쌍극자에 의한 전계 $E = \dfrac{M\sqrt{1+3\cos^2\theta}}{4\pi\epsilon_0 r^3}$ [V/m] $\propto \dfrac{1}{r^3}$

답 ③

문제 21 ☆
전기 쌍극자로부터 임의 점의 거리가 r 이라 할 때 전계의 세기는 다음 중 어느 것에 비례하는가?

① $1/r^3$ 에 비례 ② r^3 에 비례
③ $1/r^2$ 에 비례 ④ $1/r$ 에 비례

풀이 전기 쌍극자에 의한 전계는 $E = \dfrac{M}{4\pi\epsilon_0 r^3}\sqrt{1+3\cos^2\theta}$ [V/m]로 $\dfrac{1}{r^3}$ 에 비례, 즉 거리의 3승에 반비례한다.

답 ①

필수 08 ★ 프아송, 라플라스 방정식

Poisson의 방정식은?

① $\text{div}\,\boldsymbol{E} = -\dfrac{\rho}{\epsilon_0}$ ② $\nabla^2 V = -\dfrac{\rho}{\epsilon_0}$

③ $\boldsymbol{E} = -\text{grad}\,V$ ④ $\text{div}\,\boldsymbol{E} = \epsilon_0$

유형분석 프와송의 방정식과 라플라스 방정식의 계산 문제와 공식에 관한 문제가 출제된다.

풀이 $\nabla^2 V = -\dfrac{\rho}{\epsilon_0}$

답 ②

Key point

$\text{div}\,\boldsymbol{E} = \text{div}(-\text{grad}\,V) = \dfrac{\rho}{\epsilon_0}$ 이므로 $\nabla^2 V = -\dfrac{\rho}{\epsilon_0}$

문제 22

공간적 전하분포를 갖는 유전체 중의 전계 E에 있어서, 전하밀도 ρ와 전하분포 중의 한 점에 대한 전위 V와의 관계 중 전위를 생각하는 고찰점에 ρ의 전하분포가 없다면 $\nabla^2 V = 0$이 된다는 것은?

① Laplace의 방정식
② Poisson의 방정식
③ Stokes의 정리
④ Thomson의 정리

풀이 전하 밀도 ρ와 전위 V의 관계식

$\nabla^2 V = -\dfrac{\rho}{\epsilon_0}$ 를 Poisson의 방정식이라 하고, 고찰점에 전하가 존재하지 않는 경우

즉, $\rho = 0$인 경우 위 식은 $\nabla^2 V = 0$로 표시되며 이 식을 Laplace 방정식이라 한다.

답 ①

문제 23

다음 식 중에서 틀린 것은?

① 가우스의 정리 : $\mathrm{div}\,\boldsymbol{D} = \rho$
② 푸아송의 방정식 : $\nabla^2 V = \dfrac{\rho}{\epsilon}$
③ 라플라스의 방정식 : $\nabla^2 V = 0$
④ 발산정리 : $\oint_s \boldsymbol{A} \cdot d\boldsymbol{S} = \int_v \mathrm{div}\,\boldsymbol{A}\, dv$

풀이 푸아송의 방정식은 $\mathrm{div}\,\boldsymbol{E} = \mathrm{div}\,(-\mathrm{grad}\,V) = -\nabla^2 V = \dfrac{\rho}{\epsilon}$ 에서

$\nabla^2 V = -\dfrac{\rho}{\epsilon}$ 이다.

답 ②

문제 24

전위 함수 $V = 2xy^2 + x^2 yz^2$ [V]일 때 점 $(1, 0, 0)$[m]의 공간 전하 밀도는 몇 [C/m³]인가?

① $4\epsilon_0$
② $-4\epsilon_0$
③ $6\epsilon_0$
④ $-6\epsilon_0$

풀이 $\nabla^2 V = \dfrac{\partial^2 V}{\partial x^2} + \dfrac{\partial^2 V}{\partial y^2} + \dfrac{\partial^2 V}{\partial z^2} = 2yz^2 + 4x + 2x^2 y = -\dfrac{\rho}{\epsilon_0}$

$[\nabla^2 V]_{x=1, y=0, z=0} = 4 = -\dfrac{\rho}{\epsilon_0}$

∴ $\rho = -4\epsilon_0$ [C/m³]

답 ②

03 출제기준 - 진공중의 도체계

1 도체계의 전하 및 전위분포

내압이 같은 경우 콘덴서 직렬 연결시 각 콘덴서 양단간에 걸리는 전압은 용량에 반비례하므로 용량이 제일 작은 콘덴서가 제일 먼저 파괴된다.

2 전위 계수, 용량 계수 및 유도 계수

1) 전위 계수

$$V_i = \sum_{j=1}^{n} P_{ij} Q_j \quad (i = 1, 2, 3, \cdots, n)$$

$P_{ij} = P_{ji}$ (대칭성), $P_{ij} \geqq 0$, $P_{ii} > 0$, $P_{ii} \geqq P_{ij}$ $(i \neq j)$

P_{ij}는 전위계수(coefficient of potential)라 하고, 도체 j에만 단위 전하를 주었을 때 도체 i의 전위를 의미한다.

2) 용량 계수, 전위 계수

$$Q_j = \sum_{i=1}^{n} q_{ji} V_i \quad (i = 1, 2, 3, \cdots, n)$$

$q_{ji} = \dfrac{\triangle_{ij}}{\triangle}$ (단, $\triangle = |P_{ij}|$, $\triangle_{ij}$는 $\triangle$에서 i항, j열의 여인수)

$q_{ij} = q_{ji}$ (대칭성), $q_{ji} > 0$, $q_{ij} \leqq 0$ $(i \neq j)$

q_{ij}는 도체 j에만 단위 전위를 주고 다른 도체에는 전위를 0(접지)으로 하였을 때 도체 i의 전하를 의미한다.

3 도체계의 정전 에너지

콘덴서에 전하를 축적시키는 데 필요한 에너지를 정전에너지라 한다.

1) 한 개의 도체가 가진 에너지 $W = \dfrac{1}{2} QV = \dfrac{1}{2} CV^2 = \dfrac{Q^2}{2C}[\text{J}]$

$W[\text{J}]$: 도체에 전하를 0에서 Q까지 주기 위한 일, $Q[\text{C}]$: 전하량, $C[\text{F}]$: 정전용량, $V[\text{V}]$: 전압

2) n개의 도체가 가진 에너지 $W = \dfrac{1}{2} \sum\limits_{k=1}^{n} Q_k V_k [\text{J}]$

여러 개의 도체가 있는 경우에 각각의 도체의 전하가 $Q_1,\ Q_2,\ Q_3$일 때 전위를 각각 $V_1,\ V_2,\ V_3$라고 하면 도체계가 가지는 정전에너지 $W[\text{J}]$는 $W = \dfrac{1}{2}Q_1V_1 + \dfrac{1}{2}Q_2V_2 + \dfrac{1}{2}Q_3V_3$

3) 공간 전하계의 에너지 $W = \dfrac{1}{2}\epsilon_0 E^2 = \dfrac{1}{2}ED = \dfrac{D^2}{2\epsilon_0} [\text{J/m}^3]$

W : 정전에너지 밀도라고 한다. 이것은 콘덴서뿐만 아니라 일반적으로 전계 내에서 성립하는 식이다.
ϵ_0 : 진공 중의 유전율, D : 전속밀도, E : 전계의 세기

4 정전 용량

1) 정전용량

① 고립 도체구 $C = 4\pi\epsilon_0\epsilon_s a [\text{F}]$

반경 $a[\text{m}]$의 도체구에 우선 전하 $Q[\text{C}]$과 무한원점에 $-Q[\text{C}]$가 있다. 그 사이의 전위차는 도체 표면에서의 전위 $V = \dfrac{Q}{4\pi\epsilon_0 a}[\text{V}]$인 경우의 정전용량이다. → $C = \dfrac{Q}{V} = 4\pi\epsilon_0 a$

② 동심구 콘덴서(외구 접지)

$C = 4\pi\epsilon_0\epsilon_s \dfrac{ab}{b-a}[\text{F}]$

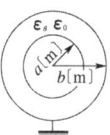

③ 동심구 콘덴서(내구 접지)

$C = 4\pi\epsilon_0\left(\dfrac{\epsilon_s ab}{b-a} + b\right) = 4\pi\epsilon_0\epsilon_s\dfrac{ab}{b-a} + 4\pi\epsilon_0 b [\text{F}]$

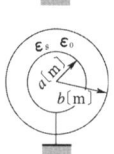

두 개의 도체구 중 내부 구에 $Q[\text{C}]$, 외부 구에 $-Q[\text{C}]$가 있다. 내·외 도체구 사이에 중심 O에서 거리가 r인 임의의 한 점 P에서의 전계 $E = \dfrac{Q}{4\pi\epsilon_0 r^2}[\text{V/m}]$인 경우의 정전용량이다.

④ 동축 원통 콘덴서 $C = \dfrac{2\pi\epsilon_0\epsilon_s l}{\ln\dfrac{b}{a}}[\text{F}]$

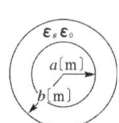

$l[\text{m}]$ 길이의 동축 원통은 축대칭이므로 내부 원통에 $\lambda[\text{C/m}]$, 외부 원통에 $-\lambda[\text{C/m}]$의 선전하밀도가 있다. 중심 O에서 거리 r인 두 도체 사이의 임의의 점 P에서의 전계 $E = \dfrac{\lambda}{2\pi\epsilon_0 r}[\text{V/m}]$인 경우 정전용량이다.

⑤ 평행 평판 콘덴서 $C = \dfrac{\epsilon_0 \epsilon_s S}{d}$ [F]

평행평판 도체에서 극판 간의 거리 r[m]라 할 때, 두 평판 도체에 면전하밀도 $\pm\sigma$[C/m²]가 있다. 전속밀도 $D = \sigma$이므로 전계의 세기 $E = \dfrac{D}{\epsilon_0} = \dfrac{\sigma}{\epsilon_0}$ 인 경우 정전용량이다.

⑥ 두 개의 평행 도선 $C = \dfrac{\pi \epsilon_0 \epsilon_s}{\ln \dfrac{d}{a}}$ [F/m]

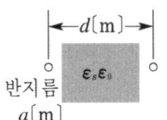

무한 길이의 반경 a[m]인 원통도체 두 개가 간격 d로 평행하게 떨어져 있을 때 정전용량이다.

2) 정전용량의 접속

① 직렬 접속 $\dfrac{1}{C} = \dfrac{1}{C_1} + \dfrac{1}{C_2} + \cdots + \dfrac{1}{C_n}$ [F]

② 병렬 접속 $C = C_1 + C_2 + \cdots + C_n$ [F]

5 콘덴서 양극에 작용하는 힘

$F_Q = -\dfrac{\partial W}{\partial x} = \dfrac{Q^2}{2C^2} \dfrac{\partial C}{\partial x}$ [N] (전하가 일정한 경우)

$F_V = -\dfrac{\partial W}{\partial x} = \dfrac{V^2}{2} \dfrac{\partial C}{\partial x}$ [N] (전하가 일정하지 않은 경우)

S[m²] : 면적, d[m] : 간격, Q[C] : 전하량

6 정전차폐

임의의 도체를 접지된 도체로 완전 포위하면 외부에서 유도되는 전하를 차단할 수 있다. 이것을 정전차폐(electrostatic shielding)라고 한다.

03 필수유형 및 과년도문제

필수 01 ★★ 도체계의 전하 및 전위분포

$2[\mu F]$, $3[\mu F]$, $4[\mu F]$의 콘덴서를 직렬로 연결하고 양단에 가한 전압을 서서히 상승시킬 때 다음 중 옳은 것은? 단, 유전체의 재질 및 두께는 같다.
① $2[\mu F]$의 콘덴서가 제일 먼저 파괴된다. ② $3[\mu F]$의 콘덴서가 제일 먼저 파괴된다.
③ $4[\mu F]$의 콘덴서가 제일 먼저 파괴된다. ④ 세 개의 콘덴서가 동시에 파괴된다.

유형분석 용량이 가장 적은 콘덴서가 먼저 파괴된다.

풀 이 콘덴서 직렬 연결 시 $Q_1 = Q_2 = Q_3 = Q$이므로

$$C_1 V_1 = C_2 V_2 = C_3 V_3 = Q \quad \therefore V_1 = \frac{Q}{C_1}, \ V_2 = \frac{Q}{C_2}, \ V_3 = \frac{Q}{C_3}$$

따라서 내압이 같은 경우 각 콘덴서 양단 간에 걸리는 전압은 용량에 반비례하므로 용량이 제일 작은 $2[\mu F]$의 콘덴서가 제일 먼저 파괴된다.   **답** ①

Key point

내압이 같은 경우 콘덴서 직렬 연결 시 각 콘덴서 양단간에 걸리는 전압은 용량에 반비례하므로 용량이 제일 작은 콘덴서가 제일 먼저 파괴된다.

문제 01 ★☆

내압과 용량이 각각 200[V] 5[μF], 300[V] 4[μF], 500[V] 3[μF]인 3개의 콘덴서를 직렬 연결하고 양단에 직류 전압을 가하여 전압을 서서히 상승시키면 최초로 파괴되는 콘덴서는 어느 것이며, 이때 양단에 가해진 전압은 몇 [V]인가? 단, 3개의 콘덴서의 재질이나 형태는 동일한 것으로 간주한다. 단, $C_1 = 5[\mu F]$, $C_2 = 4[\mu F]$, $C_3 = 3[\mu F]$이다.

① C_2, 468   ② C_3, 533   ③ C_1, 783   ④ C_2, 1050

풀이 각 콘덴서에 걸리는 전압의 비

$$V_1 : V_2 : V_3 = \frac{1}{5} : \frac{1}{4} : \frac{1}{3} = 12 : 15 : 20$$

또한 $V_1 + V_2 + V_3 = 1000[V]$이므로

$$V_1 = \frac{12}{47} V = \frac{12000}{47} = 255[V]$$

$$V_2 = \frac{15}{47} V = \frac{15000}{47} = 319[V]$$

$$V_3 = \frac{20}{47}V = \frac{20000}{47} = 425[\text{V}]$$

따라서 C_1 콘덴서에 걸리는 전압이 255[V]이므로 제일 먼저 파괴되며, 이때 전압 $V_1{'}$는

$$\therefore V_1{'} = \frac{47}{12}V_1 = \frac{47}{12} \times 200 = 783.3[\text{V}]$$

답 ③

02 ★★☆ 전위 계수, 용량 계수 및 유도 계수

전위 계수에 있어서 $P_{11} = P_{21}$의 관계가 의미하는 것은?

① 도체 1과 2는 멀리 있다.
② 도체 2가 1 속에 있다.
③ 도체 2가 도체 3 속에 있다.
④ 도체 1과 2는 가까이 있다.

유형분석 전위 계수에 관한 계산 문제와 용량 계수에 관한 계산 문제가 출제된다(주로 산업기사에서는 의미에 관한 문제가 출제된다).

풀이 $P_{11} = P_{21}$: 도체 2가 도체 1 속에 포함되어 있는 경우

답 ②

Key point

반지름 $a[\text{m}]$인 도체구 II를 안 반지름 $b[\text{m}]$, 바깥 반지름 $c[\text{m}]$인 동심 도체구 I로 포위하는 경우 도체 I에만 $+Q[\text{C}]$의 전하를 주었다면 $V_1 = P_{11}Q$, $V_2 = P_{21}Q$의 관계식이 성립한다.

문제 02 ★★★★ 2개의 도체를 $+Q[\text{C}]$과 $-Q[\text{C}]$으로 대전했을 때 이 두 도체 간의 정전용량을 전위 계수로 표시하면 어떻게 되는가?

① $\dfrac{P_{11}P_{22} - P_{12}^2}{P_{11} + 2P_{12} + P_{22}}$
② $\dfrac{P_{11}P_{22} + P_{12}^2}{P_{11} + 2P_{12} + P_{22}}$
③ $\dfrac{1}{P_{11} + 2P_{12} + P_{22}}$
④ $\dfrac{1}{P_{11} - 2P_{12} + P_{22}}$

풀이 $\left.\begin{array}{l} V_1 = P_{11}Q_1 + P_{12}Q_2 \\ V_2 = P_{21}Q_1 + P_{22}Q_2 \end{array}\right\}$ 에서 $V_1 - V_2 = (P_{11} - 2P_{12} + P_{22})Q$

$$\therefore C = \frac{Q}{V_1 - V_2} = \frac{1}{P_{11} - 2P_{12} + P_{22}}[\text{F}]$$

답 ④

문제 03 ★★★ 진공 중에서 떨어져 있는 두 도체 A, B가 있다. A에만 1[C]의 전하를 줄 때 도체 A, B의 전위가 각각 3, 2[V]였다. 지금 A, B에 각각 2, 1[C]의 전하를 주면 도체 A의 전위[V]는?

① 6   ② 7   ③ 8   ④ 9

풀이 $V_A = P_{AA}Q_A + P_{AB}Q_B$, $V_B = P_{BA}Q_A + P_{BB}Q_B$
$Q_A = 1[C]$, $Q_B = 0$일 때 $P_{AA} = V_A = 3$, $P_{BA} = 2[V/C]$가 되어
∴ $V_A = P_{AA}Q_A + P_{AB}Q_B = 3Q_A + 2Q_B = 3 \times 2 + 2 \times 1 = 8[V]$

답 ③

문제 04 ★☆ Q와 $-Q$로 대전된 두 도체 n과 r 사이의 전위차를 전위계수로 표시하면?

① $(P_{nn} - 2P_{nr} + P_{rr})Q$
② $(P_{nn} + 2P_{nr} + P_{rr})Q$
③ $(P_{nn} + P_{nr} + P_{rr})Q$
④ $(P_{nn} - P_{nr} + P_{rr})Q$

풀이 $V_1 = P_{nn}Q_1 + P_{nr}Q_2$, $V_2 = P_{rn}Q_1 + P_{rr}Q_2$에서 $Q_1 = Q$, $Q_2 = -Q$를 대입하면
$V_1 = P_{nn}Q - P_{nr}Q$, $V_2 = P_{rn}Q - P_{rr}Q$
전위차 $V = V_1 - V_2 = (P_{nn} - 2P_{nr} + P_{rr})Q$

답 ①

필수 03 ★ 도체계의 정전 에너지

20[W]의 전구가 2초 동안 한 일의 에너지를 축적할 수 있는 콘덴서의 용량은 몇 $[\mu F]$인가? 단, 충전 전압은 100[V]이다.

① 4000　　② 6000　　③ 8000　　④ 10000

 유형분석 콘덴서의 정전용량에 의한 에너지 계산 문제와 공식에 관한 문제가 출제된다.

풀이 20[W] 전구가 2초 동안 한 일 $W = p \cdot t = 20 \times 2 = 40[J]$
$40[J] = \frac{1}{2}CV^2$에서 $V = 100[V]$이므로 ∴ $C = 8000[\mu F]$

답 ③

Key point

(1) 한 개의 도체가 가진 에너지 $W = \frac{1}{2}QV = \frac{1}{2}CV^2 = \frac{Q^2}{2C}[J]$

(2) 공간 전하계의 에너지 $W = \frac{1}{2}\epsilon_0 E^2 = \frac{1}{2}ED = \frac{D^2}{2\epsilon_0}[J/m^3]$

문제 05 ★★★☆ 정전용량 $1[\mu F]$, $2[\mu F]$의 콘덴서에 각각 $2 \times 10^{-4}[C]$ 및 $3 \times 10^{-4}[C]$의 전하를 주고 극성을 같게 하여 병렬로 접속할 때 콘덴서에 축적된 에너지[J]는 얼마인가?

① 약 0.025　　② 약 0.303　　③ 약 0.042　　④ 약 0.525

풀이
$Q = Q_1 + Q_2 = 5 \times 10^{-4}[\text{C}]$
$C = C_1 + C_2 = (1+2) \times 10^{-6} = 3 \times 10^{-6}[\text{F}]$
$\therefore W = \dfrac{Q^2}{2C} = \dfrac{(5 \times 10^{-4})^2}{2 \times 3 \times 10^{-6}} = 0.042[\text{J}]$

답 ③

문제 06 ★★☆ 대전된 구도체를 반지름이 2배 되는 무대 전구(無帶電球) 도체에 가는 도선으로 연결할 때 에너지의 손실비는 얼마나 되겠는가? 단, 두 도체는 충분히 떨어져 있는 것으로 본다.

① 2/3　　② 5/9　　③ 3/2　　④ 9/5

풀이 대전 도체구의 정전용량을 C라 하면 무대 전구의 정전용량 C'는
$C' = 4\pi\epsilon_0 R' = 4\pi\epsilon_0 \times 2R = 2C$
연결 전후의 에너지를 각각 W, W'라 하면
$W = \dfrac{Q^2}{2C}$, $W' = \dfrac{Q^2}{2(C+2C)} = \dfrac{Q^2}{6C}$
$\therefore \dfrac{W-W'}{W} = \left(\dfrac{Q^2}{2C} - \dfrac{Q^2}{6C}\right) \Big/ \dfrac{Q^2}{2C} = \dfrac{2}{3}$

답 ①

문제 07 ☆ W_1, W_2의 에너지를 갖는 두 콘덴서를 병렬로 연결한 경우 총 에너지 W는?
단, $W_1 \ne W_2$이다.

① $W_1 + W_2 = W$　　② $W_1 + W_2 \geq W$
③ $W_1 + W_2 \leq W$　　④ $W_1 - W_2 = W$

풀이 전위가 다르게 충전된 콘덴서를 병렬로 접속 시 전위차가 같아지도록 높은 전위 콘덴서의 전하가 낮은 전위 콘덴서 쪽으로 이동하며 이에 따른 전하의 이동(전류)으로 도선에서 전력 소모가 발생

답 ②

문제 08 ★☆ 정전용량이 30[μF]와 50[μF]인 두 개의 콘덴서를 직렬로 연결하여 충전시키는 데 400[J]의 일이 필요했다면 50[μF]에 저축되는 에너지는 몇 [J]인가?

① 150　　② 180　　③ 210　　④ 240

풀이
$C = \dfrac{C_1 C_2}{C_1 + C_2} = 18.75[\mu\text{F}]$
$W = \dfrac{1}{2}CV^2$ 에서 $V = 6.53[\text{kV}]$
50[μF]에 가해지는 전압
$V_2' = \dfrac{C_1}{C_1 + C_2}V = \dfrac{30}{30+50} \times 6.53[\text{kV}] = 2.45[\text{kV}]$
$W = \dfrac{1}{2} \times 50 \times 10^{-6} \times 2.45^2 \times 10^6 = 150[\text{J}]$

답 ①

04 정전용량

반지름 $a > b$(단위 : m)인 동심구 도체의 정전용량은 몇 [C]인가?

① $\dfrac{2\pi\epsilon_0 ab}{a-b}$ ② $\dfrac{4\pi\epsilon_0 ab}{a-b}$ ③ $\dfrac{8\pi\epsilon_0 ab}{a-b}$ ④ $\dfrac{16\pi\epsilon_0 ab}{a-b}$

유형분석 자주 출제되는 부분이므로 계산식과 계산 방법을 기억해야 한다.

풀 이 동심구 도체의 정전용량

$$C = \dfrac{4\pi\epsilon_0}{\dfrac{1}{a}-\dfrac{1}{b}}\;(a<b),\;\; C = \dfrac{4\pi\epsilon_0}{\dfrac{1}{b}-\dfrac{1}{a}}\;(a>b) = \dfrac{4\pi\epsilon_0 ab}{a-b}$$

답 ②

Key point

① 고립 도체구 $C = 4\pi\epsilon_0 \epsilon_s a\,[\text{F}]$

② 동심구 콘덴서(외구 접지) $C = 4\pi\epsilon_0 \epsilon_s \dfrac{ab}{b-a}\,[\text{F}]$

③ 동심구 콘덴서(내구 접지) $C = 4\pi\epsilon_0 \left(\dfrac{\epsilon_s ab}{b-a} + b\right) = 4\pi\epsilon_0 \epsilon_s \dfrac{ab}{b-a} + 4\pi\epsilon_0 b\,[\text{F}]$

④ 동축 원통 콘덴서 $C = \dfrac{2\pi\epsilon_0 \epsilon_s l}{\ln\dfrac{b}{a}}\,[\text{F}]$

⑤ 평행 평판 콘덴서 $C = \dfrac{\epsilon_0 \epsilon_s S}{d}\,[\text{F}]$

⑥ 두 개의 평행 도선 $C = \dfrac{\pi\epsilon_0 \epsilon_s}{\ln\dfrac{d}{a}}\,[\text{F/m}]$

문제 09 모든 전기 장치에 접지시키는 근본적인 이유는?

① 지구의 용량이 커서 전위가 거의 일정하기 때문이다.
② 편의상 지면을 영전위로 보기 때문이다.
③ 영상 전하를 이용하기 때문이다.
④ 지구는 전류를 잘 통하기 때문이다.

풀이 지구는 정전용량이 크므로 많은 전하가 축적되어도 지구의 전위는 일정하다. 모든 전기 장치를 접지시키고 대지를 실용상 등전위로 한다.

답 ①

문제 10 $1[\mu F]$의 정전용량을 가진 구의 반지름[km]은?

① 9×10^3 ② 9 ③ 9×10^{-3} ④ 9×10^{-6}

풀이
$C = 4\pi\epsilon_0 a = \dfrac{1}{9 \times 10^9} \times a$

$\therefore a = 9 \times 10^9 C = 9 \times 10^9 \times 1 \times 10^{-6} = 9 \times 10^3 [m] = 9[km]$

답 ②

문제 11 동심 구형 콘덴서의 내외 반지름을 각각 2배로 하면 정전용량은 몇 배가 되는가?

① 1배 ② 2배 ③ 3배 ④ 4배

풀이
$C = \dfrac{4\pi\epsilon_0 ab}{b-a}[F]$

내외구의 반지름을 2배로 늘린 경우의 정전용량을 C'라 하면

$\therefore C' = \dfrac{4\pi\epsilon_0(2a)(2b)}{(2b-2a)} = \dfrac{4\pi\epsilon_0 ab}{b-a} \times 2 = 2C$

답 ②

문제 12 일래스턴스(elastance)란?

① $\dfrac{1}{전위차 \times 전기량}$ ② 전위차 $\times$ 전기량

③ $\dfrac{전위차}{전기량}$ ④ $\dfrac{전기량}{전위차}$

풀이 정전용량의 역수를 일래스턴스라 하므로 $l = \dfrac{1}{C} = \dfrac{V}{Q}\left[\dfrac{전위차}{전하량}\right]$이며,

단위는 [V/C] 또는 [daraf]를 사용한다.

답 ③

문제 13 반지름 $a[m]$, 선간 거리 $d[m]$인 평행 도선 간의 정전용량[F/m]은? 단, $d \gg a$이다.

① $\dfrac{2\pi\epsilon_0}{\ln\dfrac{d}{a}}$ ② $\dfrac{1}{2\pi\epsilon_0 \ln\dfrac{d}{a}}$ ③ $\dfrac{1}{2\epsilon_0 \ln\dfrac{d}{a}}$ ④ $\dfrac{\pi\epsilon_0}{\ln\dfrac{d}{a}}$

풀이
$C = \dfrac{\lambda}{V} = \dfrac{\lambda}{-\int_{d-a}^{a} E dr} = \dfrac{\lambda}{\dfrac{-\lambda}{2\pi\epsilon_0}\int_{d-a}^{a}\left(\dfrac{1}{r}+\dfrac{1}{d-r}\right)dr}$

$= \dfrac{\pi\epsilon_0}{\ln\dfrac{d-a}{a}} \fallingdotseq \dfrac{\pi\epsilon_0}{\ln\dfrac{d}{a}}$

답 ④

필수 05 ★★ 콘덴서 양극에 작용하는 힘

면적 $S[\text{m}^2]$, 간격 $d[\text{m}]$인 평행판 콘덴서에 $Q[\text{C}]$의 전하를 충전시킬 때 흡인력[N]은?

① $\dfrac{Q^2}{2\epsilon_0 S}$ ② $\dfrac{Q^2 d}{2\epsilon_0 S}$ ③ $\dfrac{Q^2}{4\epsilon_0 S}$ ④ $\dfrac{Q^2 d}{4\epsilon_0 S}$

유형분석 계산 문제보다는 공식에 관한 문제가 출제된다.

풀이 정전 에너지 $W = \dfrac{Q^2}{2C} = \dfrac{Q^2}{2\left(\dfrac{\epsilon_0 S}{d}\right)} = \dfrac{Q^2 d}{2\epsilon_0 S}[\text{J}]$

정전력 $F = -\dfrac{\partial W}{\partial d} = -\dfrac{Q^2}{2\epsilon_0 S}[\text{N}]$

답 ①

Key point

$F_Q = -\dfrac{\partial W}{\partial x} = \dfrac{Q^2}{2C^2}\dfrac{\partial C}{\partial x}[\text{N}]$ (전하가 일정한 경우)

$F_V = -\dfrac{\partial W}{\partial x} = \dfrac{V^2}{2}\dfrac{\partial C}{\partial x}[\text{N}]$ (전하가 일정하지 않은 경우)

문제 14 ★☆ 반지름 $a[\text{m}]$의 비눗방울에 전하 $Q[\text{C}]$을 가했을 때 전위가 $V[\text{V}]$로 되었다. 이 비눗방울에 작용하는 전기력은 몇 [N]이 되겠는가?

① $4\pi\epsilon_0 V^2$ ② $4\pi\epsilon_0 V$ ③ $2\pi\epsilon_0 V$ ④ $2\pi\epsilon_0 V^2$

풀이 구도체의 전위는 $V = \dfrac{Q}{4\pi\epsilon_0 a}[\text{V}]$이므로

$W = \dfrac{1}{2}QV = \dfrac{Q^2}{8\pi\epsilon_0 a}[\text{J}]$

$\therefore F = -\dfrac{\partial W}{\partial a} = \dfrac{Q^2}{8\pi\epsilon_0 a^2} = \dfrac{(4\pi\epsilon_0 a V)^2}{8\pi\epsilon_0 a^2} = 2\pi\epsilon_0 V^2[\text{N}]$ $(Q = CV = 4\pi\epsilon_0 a V)$

답 ④

04 출제기준 – 유전체

1 분극도와 전계

유전체에 전계를 가하면 유전체 내부에서는 분극 현상이 일어나는 데 이를 양적으로 취급하기 위하여 유전체 내 임의의 한 점에서 전계의 방향에 대하여 수직인 단위 면적에 나타나는 분극전하량(분극전하밀도)을 그 점에 대한 **분극도** 또는 **분극의 세기**로 정의한다.

$$P = D - \epsilon_0 E = \epsilon_0 \epsilon_s E - \epsilon_0 E = \epsilon_0 (\epsilon_s - 1) E [\text{C/m}^2]$$

P : 분극의 세기, E : 유전체 내부의 전계, D : 전속밀도

2 전속 밀도

$$D = \epsilon_0 E + P = \epsilon_0 E + \chi_e E = \epsilon E = \epsilon_0 \epsilon_s E [\text{C/m}^2]$$
$$P = \epsilon_0 (\epsilon_s - 1) E [\text{C/m}^2]$$

P : 분극의 세기, χ : 분극률, E : 유전체 내부의 전계, D : 전속밀도

3 유전체 중의 쿨롱의 법칙

균일한 유전체 중에 거리 $r[\text{m}]$인 점전하 Q_1, $Q_2[\text{C}]$ 사이에 작용하는 힘은

$$F = \frac{Q_1 Q_2}{4\pi \epsilon_0 \epsilon_s r^2} [\text{N}]$$

점전하 $Q[\text{C}]$에서 거리 $r[\text{m}]$인 점에 생기는 전위는

$$V = \frac{Q}{4\pi \epsilon_0 \epsilon_s r} = 9 \times 10^9 \times \frac{Q}{\epsilon_s r} [\text{N}]$$

4 경계 조건

1) 경계면에 진전하가 없을 때

① 전계 E의 접선 성분은 경계면의 양측에서 같다.
$$E_{1T} = E_{2T} \; (E_1\sin\theta_1 = E_2\sin\theta_2)$$

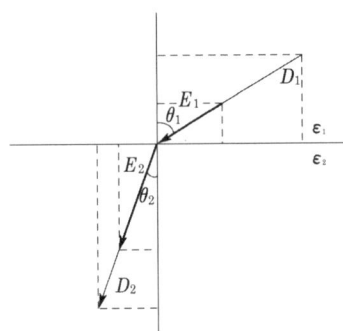

② 전속 밀도 D의 법선 성분은 경계면의 양측에서 같다.
$$D_{1N} = D_{2N} \; (D_1\cos\theta_1 = D_2\cos\theta_2)$$

경계 조건을 전위 V로 표시하면,
$$V_{1T} = V_{2T}$$
$$\epsilon_1 \left(\frac{\partial V}{\partial n}\right)_1 = \epsilon_2 \left(\frac{\partial V}{\partial n}\right)_2$$
$$\frac{\tan\theta_1}{\tan\theta_2} = \frac{\epsilon_1}{\epsilon_2}$$

2) 경계면에 면전하 밀도 σ인 진전하가 있을 때

① 전계 E의 접선 성분은 경계면 양측에서 같다.
$$E_{1T} = E_{2T} \; (E_1\sin\theta_1 = E_2\sin\theta_2)$$

② 전속 밀도 D의 법선 성분은 σ만큼 변환한다.
$$D_{1N} - D_{2N} = \sigma \; (D_1\cos\theta_1 - D_2\cos\theta_2 = \sigma)$$

경계 조건을 V로 표시하면
$$V_{1T} = V_{2T}$$
$$\epsilon_1 \left(\frac{\partial V}{\partial n}\right)_1 - \epsilon_2 \left(\frac{\partial V}{\partial n}\right)_2 = -\sigma$$

매질 2가 도체일 때에는 $D_2 = 0$이므로
$$D = \sigma, \; E = \frac{\sigma}{\epsilon}$$

5 유전체를 가진 콘덴서의 용량

$C = \epsilon_s C_0 \text{[F]}$

	평행판 콘덴서(Ⅰ)	평행판 콘덴서(Ⅱ)
그 림	(유전체 직렬: $\epsilon_1\epsilon_0$, $\epsilon_2\epsilon_0$, 두께 d_1, d_2, 면적 S)	(유전체 병렬: $\epsilon_0\epsilon_1$ 면적 S_1, $\epsilon_0\epsilon_2$ 면적 S_2, 두께 d)
$\epsilon_1\epsilon_0$ 부분의 용량	$C_1 = \dfrac{\epsilon_1\epsilon_0 S}{d_1}$	$C_1 = \dfrac{\epsilon_1\epsilon_0 S_1}{d}$
$\epsilon_2\epsilon_0$ 부분의 용량	$C_2 = \dfrac{\epsilon_2\epsilon_0 S}{d_2}$	$C_2 = \dfrac{\epsilon_2\epsilon_0 S_2}{d}$
전 용 량	$C_t = \dfrac{\epsilon_1\epsilon_2\epsilon_0 S}{\epsilon_1 d_2 + \epsilon_2 d_1}$	$C_t = \dfrac{\epsilon_0(\epsilon_1 S_1 + \epsilon_2 S_2)}{d}$
비 고	유전체 직렬 $\dfrac{1}{C_t} = \dfrac{1}{C_1} + \dfrac{1}{C_2}$	유전체 병렬 $C_t = C_1 + C_2$

6 전계의 에너지

1) 전계에너지 $W = \dfrac{1}{2}QV = \dfrac{1}{2}CV^2 = \dfrac{Q^2}{2C}\text{[J]}$

2) 유전체 중의 정전 에너지 밀도 $w = \dfrac{1}{2}\boldsymbol{E} \cdot \boldsymbol{D} = \dfrac{\epsilon E^2}{2} = \dfrac{D^2}{2\epsilon}\text{[J/m}^3\text{]}$

$W\text{[J]}$: 도체에 전하를 0에서 Q까지 주기 위한 일, $Q\text{[C]}$: 전하량, $C\text{[F]}$: 정전용량, $V\text{[V]}$: 전압
$E\text{[V/m]}$: 전계의 세기, $D\text{[C/m}^2\text{]}$: 전속밀도

7 유전체 사이의 힘

1) 유전체 중의 도체 표면에 작용하는 힘

$$f = \dfrac{1}{2}\epsilon E^2 = \dfrac{1}{2}DE = \dfrac{1}{2}\sigma E^2 = \dfrac{\sigma^2}{2\epsilon}\text{[N/m}^2\text{]}$$

면전하밀도 $\sigma\text{[C/m}^2\text{]}$인 도체 표면에서 전속밀도 $D = \sigma$, 전계의 세기 $E = \sigma/\epsilon_0$ 이므로 $f = \dfrac{1}{2}\sigma E^2 = \dfrac{\sigma^2}{2\epsilon}$ 가 된다. 이것을 정전응력이라 한다.

2) 유전체에 작용하는 힘

① 전계가 경계면에 수직일 때 $f_n = \dfrac{1}{2}\left(\dfrac{1}{\epsilon_2} - \dfrac{1}{\epsilon_1}\right)D^2 \,[\text{N/m}^2]$

② 전계가 경계면에 평행일 때 $f_n = \dfrac{1}{2}(\epsilon_1 - \epsilon_2)E^2 \,[\text{N/m}^2]$

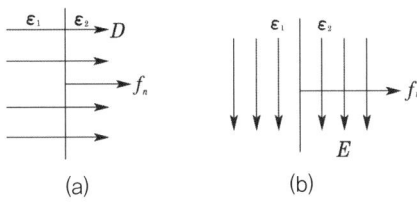

8 유전체의 특수 현상

1) 접촉 전기

도체와 도체, 유전체와 유전체 또는 유전체와 도체를 서로 접촉시키면 한편의 전자가 다른 편으로 이동하여 각각 정(+), 부(−)로 대전하는 현상이 일어난다. 이때 나타나는 전기를 접촉 전기(contact electricity)라고 한다.

도체와 도체 사이에 접촉 전기가 일어나면 두 도체 사이에 전위차가 생긴다. 이 전위차를 접촉 전위차라 하며, 이 현상을 Volta 효과(Volta effect)라고 한다.

2) 파이로 전기

어떤 종류의 결정을 가열하면 한 면에 정(+)의 전기가, 다른 면에 부(−)의 전기가 나타나 분극을 일으킨다. 반대로 냉각시키면 역의 분극이 일어난다. 이 전기를 파이로 전기(pyro-electricity)라 하며 이 현상은 전기석, 수정, 로셀염에서 일어난다.

3) 압전기

파이로 전기가 일어나는 수정에 기계적인 응력을 가하면 전기가 나타난다. 이 현상을 압전기 현상(piezo-electric phenomena)이라고 한다. 역으로 결정에 전기를 가하면 기계적 왜형이 일어난다. 전자를 압전기의 직접 효과, 후자를 압전기의 역효과라고 한다.

수정, 전기석, 로셀염 등의 압전기가 수정 발진자, 초음파 발진자 등으로서 일정 주파수의 발진 회로, 수중 측심, 금속 탐상 등에 이용되고 있다.

필수유형 및 과년도문제

◀◀◀ 완벽대비 전기산업기사필기

필수 01 ★★☆ 분극도와 전계

비유전율 $\epsilon_s = 5$인 유전체 내의 한 점에서 전계의 세기가 $E = 10^4$[V/m]일 때 이 점의 분극의 세기 P[C/m²]는?

① $\dfrac{10^{-5}}{9\pi}$ ② $\dfrac{10^{-9}}{9\pi}$ ③ $\dfrac{10^{-5}}{18\pi}$ ④ $\dfrac{10^{-9}}{18\pi}$

유형분석 분극의 세기 기본식의 계산 문제와 공식 문제가 출제된다.

풀 이 분극의 세기 $P = \epsilon_0(\epsilon_s - 1)E = \dfrac{1}{36\pi \times 10^9}(5-1) \times 10^4 = \dfrac{10^{-5}}{9\pi}$ [C/m²]   **답** ①

Key point

$$P = D - \epsilon_0 E = \epsilon_0 \epsilon_s E - \epsilon_0 E = \epsilon_0(\epsilon_s - 1)E\,[\text{C/m}^2]$$

문제 01 ★★ 유전체 내의 전계의 세기 E와 분극의 세기 P와의 관계를 나타내는 식은?

① $P = \epsilon_0(\epsilon_s - 1)E$ ② $P = \epsilon_0 \epsilon_s E$
③ $P = \epsilon_0(1 - \epsilon_s)E$ ④ $P = (1 - \epsilon_s)E$

풀이 $E = \dfrac{\sigma - \sigma_p}{\epsilon_0} = \dfrac{D - P}{\epsilon_0}$ [V/m]

$D = \epsilon_0 E + P = \epsilon_0 \epsilon_s E$ [C/m²]

∴ $P = \epsilon_0(\epsilon_s - 1)E$ [C/m²]   **답** ①

문제 02 ★ 유전체에서 분극의 세기의 단위는?

① [C]   ② [C/m]   ③ [C/m²]   ④ [C/m³]

풀이 $P = \epsilon_0(\epsilon_s - 1)E$ [C/m²]   **답** ③

문제 03 ☆ 비유전율이 5인 등방 유전체의 한 점에서의 전계의 세기가 10[kV/m]이다. 이 점의 분극의 세기는 몇 [C/m²]인가?

① 1.41×10^{-7}
② 3.54×10^{-7}
③ 8.84×10^{-8}
④ 4×10^{-4}

풀이 $P = xE = \epsilon_0(\epsilon_s - 1)E = 8.854 \times 10^{-12}(5-1) \times 10^3$
$= 3.54 \times 10^{-7}[\text{C/m}^2]$ **답** ②

02 전속 밀도 ★★★

비유전율이 4이고 전계의 세기가 20[kV/m]인 유전체 내의 전속밀도[μC/m²]는?

① 0.708　② 0.168　③ 6.28　④ 2.83

유형분석 전속밀도와 분극의 세기에 관한 계산 문제가 출제된다.

풀 이 $D = \epsilon_0 \epsilon_s E = 8.855 \times 10^{-12} \times 4 \times 20 \times 10^3 = 0.708 \times 10^{-6}[\text{C/m}^2]$ **답** ①

Key point

$$D = \epsilon_0 E + P = \epsilon_0 E + \chi_e E = \epsilon E = \epsilon_0 \epsilon_s E [\text{C/m}^2]$$

문제 04 ★★ 반지름 a[m]인 도체구에 전하 Q[C]를 주었을 때 구 중심에서 r[m] 떨어진 구 밖 ($r > a$)의 전속밀도 D[C/m²]는 얼마인가?

① $\dfrac{Q}{2\pi\epsilon r}$
② $\dfrac{Q}{4\pi r^2}$
③ $\dfrac{Q}{4\pi\epsilon a^2}$
④ $\dfrac{Q}{4\pi r}$

풀이 $\int_s E \cdot dS = \int_s E_n dS = E_n \int_s dS = E_n 4\pi r^2 = \dfrac{Q}{\epsilon}$

$\therefore \epsilon E_n = D_n = \dfrac{Q}{4\pi r^2} = D [\text{C/m}^2]$　**답** ②

문제 05 ★☆ 콘덴서에 비유전율 ϵ_r인 유전체로 채워져 있을 때의 정전용량 C와 공기로 채워져 있을 때의 정전용량 C_0와의 비 C/C_0는?

① ϵ_r　② $1/\epsilon_r$　③ $\sqrt{\epsilon_r}$　④ $1/\sqrt{\epsilon_r}$

풀이　$\dfrac{C}{C_0} = \epsilon_r$ 이므로 $C = \epsilon_r C_0$

또, 전계와 전위는 다음과 같다.

$V = \dfrac{Q}{C} = \dfrac{Q}{\epsilon_r C_0} = \dfrac{V_0}{\epsilon_r}$, $E = \dfrac{\sigma}{\epsilon_0 \epsilon_r} = \dfrac{Q/S}{\epsilon_0 \epsilon_r} = \dfrac{1}{\epsilon_r} \dfrac{Q}{\epsilon_0 S} = \dfrac{E_0}{\epsilon_r}$　　　**답 ①**

문제 06 ★☆
V로 충전되어 있는 정전용량 C_0의 공기 콘덴서 사이에 $\epsilon_s = 10$의 유전체를 채운 경우 전계의 세기는 공기인 경우의 몇 배가 되는가?

① 10배　　② 5배　　③ 0.2배　　④ 0.1배

풀이　$E = \dfrac{\sigma}{\epsilon_0 \epsilon_s} = \dfrac{Q/S}{\epsilon_0 \epsilon_s} = \dfrac{1}{\epsilon_s} \cdot \dfrac{Q}{\epsilon_0 S} = \dfrac{E_0}{\epsilon_s}$ 이므로 전계의 세기는 $\dfrac{1}{10}$ 배가 된다.

유전체를 채우기 전후 전하량 Q의 변화가 없는 경우이므로

$E = \dfrac{\sigma}{\epsilon}$ 에서 전계는 유전율에 반비례하므로 0.1배가 된다.　　　**답 ④**

필수 03 ★★★★★ 유전체 중의 쿨롱의 법칙

공기 중 두 점전하 사이에 작용하는 힘이 5[N]이었다. 두 전하 사이에 유전체를 넣었더니 힘이 2[N]으로 되었다면 유전체의 비유전율은 얼마인가?

① 15　　② 10　　③ 5　　④ 2.5

유형분석　계산 문제와 공식 문제가 출제된다.

풀이　공기 중 두 점전하 사이에 작용하는 힘 F_1은 $F_1 = \dfrac{Q_1 Q_2}{4\pi\epsilon_0 r^2}$ [N]

유전체를 두 전하 사이에 넣었을 때 힘 F_2는 $F_2 = \dfrac{Q_1 Q_2}{4\pi\epsilon_0 \epsilon_s r^2}$ [N]

$\dfrac{F_1}{F_2} = \dfrac{\dfrac{Q_1 Q_2}{4\pi\epsilon_0 r^2}}{\dfrac{Q_1 Q_2}{4\pi\epsilon_0 \epsilon_s r^2}} = \epsilon_s$

즉, 유전체를 넣으면 힘은 진공일 때의 $1/\epsilon_s$ 배가 된다.

$\therefore \epsilon_s = \dfrac{F_1}{F_2} = \dfrac{5}{2} = 2.5$　　　**답 ④**

Key point

쿨롱의 법칙　$F = \dfrac{Q_1 Q_2}{4\pi\epsilon_0 \epsilon_s r^2}$ [N]

04. 경계 조건 ★★★

유전율이 서로 다른 두 종류의 경계면에 전속과 전기력선이 수직으로 도달할 때 맞지 않는 것은?

① 전속과 전기력선은 굴절하지 않는다.
② 전속밀도는 불변이다.
③ 전계의 세기는 연속이다.
④ 전속선은 유전율이 큰 유전체 중으로 모이려는 성질이 있다.

유형분석 경계조건의 식과 내용에 관한 문제가 출제된다.

풀 이
① $E_1\sin\theta_1 = E_2\sin\theta_2$에서 입사각 $\theta_1 = 0°$이므로 $0 = E_2\sin\theta_2$에서 $E_2 \neq 0$가 아닌 경우 $\sin\theta_2 = 0$가 되어야 하므로 $\theta_2 = 0$ 즉, 굴절하지 않는다.
② $\theta_1 = \theta_2 = 0°$이므로 $D_1\cos\theta_1 = D_2\cos\theta_2$에서 $\cos 0° = 1$이므로 $D_1 = D_2$, 즉 전속밀도는 불변(연속)이다.
③ $D_1 = \epsilon_1 E_1$, $D_2 = \epsilon_2 E_2$이므로 $D_1 = D_2$인 경우 $\epsilon_1 E_1 = \epsilon_2 E_2$가 성립하는데 $\epsilon_1 \neq \epsilon_2$인 경우 $E_1 \neq E_2$이다.
즉, 전계의 세기는 크기가 같지 않다(불연속이다).
④ $\epsilon_1 E_1 = \epsilon_2 E_2$에서 $\dfrac{E_1}{E_2} = \dfrac{\epsilon_2}{\epsilon_1}$의 관계가 성립한다.

답 ③

Key point

$$\dfrac{\tan\theta_1}{\tan\theta_2} = \dfrac{\epsilon_1}{\epsilon_2}$$

문제 07 ★★★

공기 중의 전계 $E_1 = 10$[kV/cm]이 30°의 입사각으로 기름의 경계에 닿을 때, 굴절각 θ_2와 기름 중의 전계 E_2[V/m]는? 단, 기름의 비유전율은 3이라 한다.

① $60°$, $\dfrac{10^6}{\sqrt{3}}$ ② $60°$, $\dfrac{10^3}{\sqrt{3}}$ ③ $45°$, $\dfrac{10^6}{\sqrt{3}}$ ④ $45°$, $\dfrac{10^3}{\sqrt{3}}$

풀이
$\dfrac{\tan\theta_1}{\tan\theta_2} = \dfrac{\epsilon_1}{\epsilon_2} = \dfrac{1}{3}$

$3\tan\theta_1 = \tan\theta_2$

$\therefore \theta_2 = \tan^{-1}(3\tan 30°) = \tan^{-1}\left(\dfrac{3}{\sqrt{3}}\right) = 60°$

$E_2 = \dfrac{\sin\theta_1}{\sin\theta_2}E_1 = \dfrac{\sin 30°}{\sin 60°} \times E_1 = \dfrac{\dfrac{1}{2}}{\dfrac{\sqrt{3}}{2}} \times 10 \times \dfrac{10^3}{10^{-2}}$

$= \dfrac{1}{\sqrt{3}} \times 10^6 = \dfrac{10^6}{\sqrt{3}}$ [V/m]

답 ①

문제 08
그림과 같이 유전율이 ϵ_1, ϵ_2인 두 유전체의 경계면에 중심을 둔 반지름 a[m]인 도체구의 정전용량은?

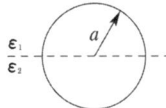

① $4\pi a(\epsilon_1 + \epsilon_2)$ ② $2\pi a(\epsilon_1 + \epsilon_2)$ ③ $\dfrac{\epsilon_1 + \epsilon_2}{2\pi a}$ ④ $\dfrac{\epsilon_1 + \epsilon_2}{4\pi a}$

풀이 유전율 ϵ_1인 유전체 내부 도체의 전위 V_a는
$$V_a = -\int_{\infty}^{a} \boldsymbol{E} \cdot d\boldsymbol{l} = -\int_{\infty}^{a} \frac{Q}{4\pi\epsilon_1 r^2} dr = \frac{Q}{4\pi\epsilon_1 a}[V]$$
따라서 반구의 정전용량은 $2\pi\epsilon_1 a$[F],
ϵ_2의 유전체 내의 반구의 정전용량은 $2\pi\epsilon_2 a$[F]
∴ $C = 2\pi\epsilon_1 a + 2\pi\epsilon_2 a = 2\pi a(\epsilon_1 + \epsilon_2)$[F]

답 ②

문제 09
서로 다른 두 유전체 사이의 경계면에 전하 분포가 없다면 경계면 양쪽에서의 전계 및 전속밀도는?

① 전계의 법선 성분 및 전속밀도의 접선 성분은 서로 같다.
② 전계의 접선 성분 및 전속밀도의 법선 성분은 서로 같다.
③ 전계 및 전속밀도의 법선 성분은 서로 같다.
④ 전계 및 전속밀도의 접선 성분은 서로 같다.

풀이 유전율이 다른 경계면에 전계(전속)가 입사되면, 경계면 양쪽에서 전계의 경계면에 접선 성분은 서로 같고($E_{1t} = E_{2t}$), 전속밀도는 경계면의 법선 성분이 서로 같게($D_{1n} = D_{2n}$) 굴절이 된다.

답 ②

문제 10
그림과 같은 유전속 분포에서 ϵ_1과 ϵ_2 사이의 관계는?

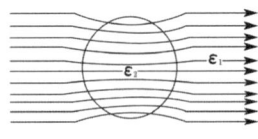

① $\epsilon_1 > \epsilon_2$ ② $\epsilon_2 > \epsilon_1$ ③ $\epsilon_1 = \epsilon_2$ ④ $\epsilon_2 \leq \epsilon_1$

풀이 전속선은 유전율이 큰 쪽으로 모이므로 $\epsilon_2 > \epsilon_1$이다.

답 ②

Industrial Engineer Electricity

05 유전체를 가진 콘덴서의 용량

그림과 같은 정전용량이 C_0[F] 되는 평행판 공기 콘덴서의 판 면적의 $\frac{2}{3}$ 되는 공간에 비유전율 ϵ_s인 유전체를 채우면 공기 콘덴서의 정전용량[F]은?

① $\dfrac{2\epsilon_s}{3}C_0$ ② $\dfrac{3}{1+2\epsilon_s}C_0$

③ $\dfrac{1+\epsilon_s}{3}C_0$ ④ $\dfrac{1+2\epsilon_s}{3}C_0$

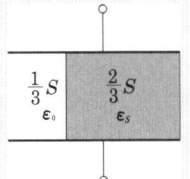

유형분석 계산 문제가 출제된다. 출제 빈도가 높다.

풀 이
$$C_1 = \frac{\epsilon_0\left(\frac{1}{3}S\right)}{d} = \frac{1}{3}C_0, \quad C_2 = \frac{\epsilon_0\epsilon_s\left(\frac{2}{3}S\right)}{d} = \frac{2}{3}\epsilon_s C_0$$

C_1, C_2는 병렬 접속이므로 $C_t = C_1 + C_2 = \dfrac{1+2\epsilon_s}{3}C_0$

답 ④

Key point

	평행판 콘덴서(Ⅰ)	평행판 콘덴서(Ⅱ)
그 림	(그림)	(그림)
전 용 량	$C_t = \dfrac{\epsilon_1\epsilon_2\epsilon_0 S}{\epsilon_1 d_2 + \epsilon_2 d_1}$	$C_t = \dfrac{\epsilon_0(\epsilon_1 S_1 + \epsilon_2 S_2)}{d}$
비 고	유전체 직렬 $\dfrac{1}{C_t} = \dfrac{1}{C_1} + \dfrac{1}{C_2}$	유전체 병렬 $C_t = C_1 + C_2$

문제 11 면적 S[m²], 간격 d[m]인 평행판 콘덴서에 그림과 같이 두께 d_1, d_2[m]이며 유전율 ϵ_1, ϵ_2[F/m]인 두 유전체를 극판 간에 평행으로 채웠을 때 정전용량은 얼마인가?

① $\dfrac{S}{\dfrac{d_1}{\epsilon_1}+\dfrac{d_2}{\epsilon_2}}$ ② $\dfrac{\epsilon_1\epsilon_2 S}{d}$

③ $\dfrac{\epsilon_1 S}{d_1}+\dfrac{\epsilon_2 S}{d_2}$ ④ $\dfrac{S}{\dfrac{d_1}{\epsilon_2}+\dfrac{d_2}{\epsilon_1}}$

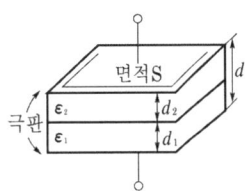

풀이 유전율이 ϵ_1, ϵ_2인 각 유전체의 정전용량을 C_1, C_2라 하면
$C_1 = \dfrac{\epsilon_1 S}{d_1}$, $C_2 = \dfrac{\epsilon_2 S}{d_2}$ 이므로
직렬 합성 용량 C는

$$\therefore C = \dfrac{1}{\dfrac{1}{C_1}+\dfrac{1}{C_2}} = \dfrac{C_1 C_2}{C_1 + C_2} = \dfrac{\dfrac{\epsilon_1 S \epsilon_2 S}{d_1 d_2}}{\dfrac{\epsilon_1 S}{d_1}+\dfrac{\epsilon_2 S}{d_2}} = \dfrac{\epsilon_1 \epsilon_2 S}{\epsilon_2 d_1 + \epsilon_1 d_2} = \dfrac{S}{\dfrac{d_1}{\epsilon_1}+\dfrac{d_2}{\epsilon_2}}$$

답 ①

문제 12 ★ 평행판 콘덴서의 판 사이에 비유전율 ϵ_s의 유전체를 삽입하였을 때의 정전용량은 진공일 때의 용량의 몇 배인가?

① ϵ_s ② $(\epsilon_s - 1)$ ③ $\dfrac{1}{\epsilon_s}$ ④ $(\epsilon_s + 1)$

풀이 평행판 콘덴서의 정전용량은 $C = \dfrac{\epsilon_0 \epsilon_s A}{d}$ [F]로 유전율(비유전율)에 비례한다.

답 ①

문제 13 ★★★ 0.03[μF]인 평행판 공기 콘덴서의 극판 간에 그 간격이 절반 두께에 비유전율 10인 유리판을 평행하게 넣었다면 이 콘덴서의 정전용량[μF]은?

① 1.83   ② 18.3   ③ 0.055   ④ 0.55

풀이 $C = \dfrac{2C_0}{1 + \dfrac{1}{\epsilon_s}} = \dfrac{2 \times 0.03 \times 10^{-6}}{1 + \dfrac{1}{10}} = 0.055$ [μF]

답 ③

문제 14 ★☆ 면적 S[m²], 극간 거리 d[m]인 평행판 콘덴서에 비유전율 ϵ_s의 유전체를 채운 경우의 정전용량은? 단, 진공의 유전율은 ϵ이다.

① $\dfrac{\epsilon_s S}{4\pi \epsilon_0 d}$ ② $\dfrac{4\pi \epsilon_0 \epsilon_s}{Sd}$ ③ $\dfrac{\epsilon_s S}{\epsilon_0 d}$ ④ $\dfrac{\epsilon_0 \epsilon_s S}{d}$

풀이 정전용량 C는
$$C = \dfrac{Q}{V} = \dfrac{Q}{Ed} = \dfrac{\sigma S}{\dfrac{\sigma d}{\epsilon_0 \epsilon_s}} = \sigma S \times \dfrac{\epsilon_0 \epsilon_s}{\sigma d} = \dfrac{\epsilon_0 \epsilon_s S}{d} \text{ [F]}$$

답 ④

필수 06 ★★☆ 전계의 에너지

유전체(유전율= 9) 내의 전계의 세기가 100[V/m]일 때 유전체 내에 저장되는 에너지 밀도 [J/m³]는?

① 5.55×10^4 ② 4.5×10^4 ③ 9×10^9 ④ 4.05×10^5

유형분석 기본적인 에너지의 관련 식과 단위 체적당 에너지의 식에 의한 계산 문제가 출제된다.

풀이 유전체 내에 저장되는 에너지 밀도 $w = \dfrac{ED}{2} = \dfrac{1}{2}\epsilon E^2 = \dfrac{1}{2}\dfrac{D^2}{\epsilon}$ [J/m³] 식에서

∴ $w = \dfrac{1}{2}\epsilon E^2 = \dfrac{1}{2} \times 9 \times (100)^2 = 4.5 \times 10^4$ [J/m³]   답 ②

Key point

(1) 전계에너지 $W = \dfrac{1}{2}QV = \dfrac{1}{2}CV^2 = \dfrac{Q^2}{2C}$ [J]

(2) 유전체 중의 정전 에너지 밀도 $w = \dfrac{1}{2}\boldsymbol{E} \cdot \boldsymbol{D} = \dfrac{\epsilon E^2}{2} = \dfrac{D^2}{2\epsilon}$ [J/m³]

문제 15 ★★☆ 정전 에너지와 전속밀도, 비유전율 ϵ_r과의 관계에 대한 설명 중 틀린 것은?

① 동일 전속에서는 ϵ_r이 클수록 축적되는 정전 에너지는 작아진다.
② 축적되는 정전 에너지가 일정할 때 ϵ_r이 클수록 전속밀도가 커진다.
③ 굴절각이 큰 유전체의 ϵ_r이 크다.
④ 전속은 매질 내에 축적되는 에너지가 최대가 되도록 분포된다.

풀이 정전계는 에너지가 최소인 상태로 분포된다(Thomson의 정리). 즉, 전속은 매질 내에 축적되는 에너지가 최소가 되도록 분포한다.   답 ④

문제 16 ★☆ 유전체(유전율 = 9) 내의 전계의 세기가 100[V/m]일 때 유전체 내에 저장되는 에너지 밀도[J/m³]는?

① 5.55×10^4 ② 4.5×10^4 ③ 9×10^9 ④ 4.05×10^5

풀이 유전체 내에 저장되는 에너지 밀도 $w = \dfrac{ED}{2} = \dfrac{1}{2}\epsilon E^2 = \dfrac{1}{2}\dfrac{D^2}{\epsilon}$ [J/m³] 식에서

∴ $w = \dfrac{1}{2}\epsilon E^2 = \dfrac{1}{2} \times 9 \times (100)^2 = 4.5 \times 10^4$ [J/m³]   답 ②

문제 17 극판의 면적 $S = 10[\text{cm}^2]$, 간격 $d = 1[\text{mm}]$의 평행한 콘덴서에 비유전율 $\epsilon_s = 3$인 유전체를 채웠을 때 전압 100[V]를 인가하면 축적되는 에너지[J]는?

① 2.1×10^{-7}
② 0.3×10^{-7}
③ 1.3×10^{-7}
④ 0.6×10^{-7}

풀이
$$C = \frac{\epsilon_0 \epsilon_s}{d} S = \frac{3 \times 10 \times 10^{-4}}{36\pi \times 10^9 \times 10^{-3}} = \frac{1}{12\pi} \times 10^{-9} [\text{F}]$$
$$\therefore W = \frac{1}{2} CV^2 = \frac{10^{-9}}{2 \times 12\pi} \times (100)^2$$
$$= 1.38 \times 10^{-7} [\text{J}]$$

답 ③

필수 07 ★★★★★ 유전체 사이의 힘

공기 중 두 점전하 사이에 작용하는 힘이 5[N]이었다. 두 전하 사이에 유전체를 넣었더니 힘이 2[N]으로 되었다면 유전체의 비유전율은 얼마인가?

① 15 ② 10 ③ 5 ④ 2.5

유형분석 공식의 연산에 관한 문제와 단순 공식 문제가 출제된다.

풀 이 공기 중 두 점전하 사이에 작용하는 힘 F_1은 $F_1 = \dfrac{Q_1 Q_2}{4\pi\epsilon_0 r^2}[\text{N}]$

유전체를 두 전하 사이에 넣었을 때 힘 F_2는 $F_2 = \dfrac{Q_1 Q_2}{4\pi\epsilon_0 \epsilon_s r^2}[\text{N}]$

$$\frac{F_1}{F_2} = \frac{\dfrac{Q_1 Q_2}{4\pi\epsilon_0 r^2}}{\dfrac{Q_1 Q_2}{4\pi\epsilon_0 \epsilon_s r^2}} = \epsilon_s$$

즉, 유전체를 넣으면 힘은 진공일 때의 $1/\epsilon_s$ 배가 된다.

$$\therefore \epsilon_s = \frac{F_1}{F_2} = \frac{5}{2} = 2.5$$

답 ④

Key point

유전체에 작용하는 힘
① 전계가 경계면에 수직일 때 $f_n = \dfrac{1}{2}\left(\dfrac{1}{\epsilon_2} - \dfrac{1}{\epsilon_1}\right) D^2 [\text{N/m}^2]$
② 전계가 경계면에 평행일 때 $f_n = \dfrac{1}{2}(\epsilon_1 - \epsilon_2) E^2 [\text{N/m}^2]$

문제 18

$\epsilon_1 > \epsilon_2$의 두 유전체의 경계면에 전계가 수직으로 입사할 때 경계면에 작용하는 힘은?

① $f = \dfrac{1}{2}\left(\dfrac{1}{\epsilon_2} - \dfrac{1}{\epsilon_1}\right)D^2$의 힘이 ϵ_1에서 ϵ_2로 작용한다.

② $f = \dfrac{1}{2}\left(\dfrac{1}{\epsilon_1} - \dfrac{1}{\epsilon_2}\right)E^2$의 힘이 ϵ_2에서 ϵ_1으로 작용한다.

③ $f = \dfrac{1}{2}\left(\dfrac{1}{\epsilon_1} - \dfrac{1}{\epsilon_2}\right)D^2$의 힘이 ϵ_1에서 ϵ_2로 작용한다.

④ $f = \dfrac{1}{2}\left(\dfrac{1}{\epsilon_2} - \dfrac{1}{\epsilon_1}\right)E^2$의 힘이 ϵ_1에서 ϵ_2로 작용한다.

[풀이]

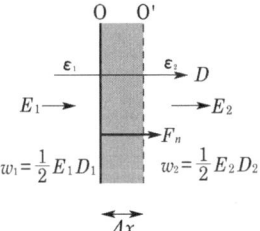

그림과 같이 유전율 ϵ_1, ϵ_2인 두 유전체가 경계면을 이루고 있을 때, 경계면 O에 수직으로 전계가 가해져 힘 F_n을 받아 면 O가 Δx만큼 변위하여 O'가 되었다면 빗금 친 부분은 ϵ_2에서 ϵ_1으로, 즉 에너지 밀도가 w_2에서 w_1으로 변화하여 에너지 총 변화량은

$\Delta W = (w_1 - w_2)\Delta x \cdot S$[J] (S : 경계면의 면적)

따라서 가상 변위의 정리에 의해 힘을 구하면

$F_n = -\dfrac{\Delta W}{\Delta x} = -(w_1 - w_2)S = (w_2 - w_1) \cdot S$[N]

단위 면적당 작용하는 힘은

$f_n = w_2 - w_1 = \dfrac{1}{2}E_2 D_2 - \dfrac{1}{2}E_1 D_1$[N/m²]인데

경계면에서 수직으로 입사되므로

$D_1 = D_2$로 $f_n = \dfrac{1}{2}(E_2 - E_1)D = \dfrac{1}{2}\left(\dfrac{1}{\epsilon_2} - \dfrac{1}{\epsilon_1}\right)D^2$[N/m²]이다.

또한 $f_n > 0$가 되려면 $\epsilon_1 > \epsilon_2$이어야 한다. 즉 유전율이 큰 유전체가 작은 유전체 쪽으로 끌려 들어가는 힘(인장 응력)을 받는다. 이 힘을 맥스웰(Maxwell)의 응력이라 한다. **답** ①

문제 19

면적이 300[cm²], 판 간격 2[cm]인 두 장의 평행판 금속 사이를 비유전율 5인 유전체로 채우고 두 판 간에 20[kV]의 전압을 가할 경우 판 간에 작용하는 정전 흡인력[N]은?

① 0.75 ② 0.66 ③ 0.89 ④ 10

[풀이]

$C = \dfrac{\epsilon_0 \epsilon_s S}{d} = \dfrac{8.855 \times 10^{-12} \times 5 \times 300 \times 10^{-4}}{2 \times 10^{-2}} = 6.641 \times 10^{-11}$[F]

$W = \dfrac{1}{2}CV^2 = \dfrac{1}{2} \times 6.641 \times 10^{-11} \times (20 \times 10^3)^2 = 13.28 \times 10^{-3}$[J]

정전 흡인력 F는 $\therefore F = \dfrac{\partial W}{\partial d} = \dfrac{13.28 \times 10^{-3}}{2 \times 10^{-2}} = 0.66$[N]

답 ②

08 유전체의 특수 현상 ★★★

전기석과 같은 결정체를 냉각시키거나 가열시키면 전기 분극이 일어난다. 이와 같은 것을 무엇이라 하는가?

① 압전기 현상(Piezoelectric phenomena) ② Pyro 전기(Pyro electricity)
③ 톰슨 효과(Thomson effect) ④ 강유전성(ferroelectric effect)

 유형분석 효과와 현상에 관한 문제는 자주 출제된다.

풀 이 압전 현상 : 압력을 가하면 전기 분극이 발생
파이로 전기 : 열을 가하면 전기 분극이 발생
톰슨 효과 : 동일 종류 금속 접속면에서의 열전 현상   답 ②

Key point

파이로 전기 : 어떤 종류의 결정을 가열하면 한 면에 정(+)의 전기가, 다른 면에 부(-)의 전기가 나타나 분극을 일으킨다. 반대로 냉각시키면 역의 분극이 일어난다. 이 전기를 파이로 전기(pyro-electricity)라 하며 이 현상은 전기석, 수정, 로셀염에서 일어난다.

출제기준 – 전계의 특수 해법

1 전기 영상법

1) 평면 도체와 점 전하

그림과 같이 도체 평면 XX' 에서 거리 a 인 점 P에 점 전하 Q 가 있는 경우 도체면에 관해서 대칭인 점 P'에 영상 전하 $-Q$ 를 둔다.

2) 접지 도체구와 점 전하

그림과 같이 반지름 a 의 접지 도체구의 중심으로부터 $f(>a)$ 인 점에 점 전하 Q 가 있는 경우 구의 중심과 전하 Q 를 잇는 선상에서 중심으로부터 a^2/f 인 점에 영상 전하 $-aQ/f$ 를 둔다.

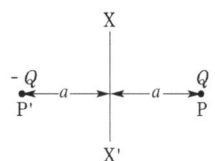

3) 절연 도체구와 점 전하

2)에서의 영상 전하를 같은 위치에 두고 이와 등량 다른 부호의 전하를 중심에 둔다. 도체구가 전하 q 를 갖는 경우에는 상기 이외에 중심에 q 를 둔다.

4) 평등 전계 내의 도체구

유전율 ϵ 인 매질 내에 있는 크기 E_0 의 평등 전계 내에 반지름 a 의 도체구를 두었을 경우에는 구의 중심에 모멘트, $M = 4\pi\epsilon a^3 E_0$ 의 쌍극자를 둔다.

5) 유전체와 점 전하

그림과 같이 유전율 ϵ_1, ϵ_2 인 유전체가 평면에서 접하고 ϵ_1 내에 점전하 Q 가 있는 경우

① ϵ_1 내 : 점 전하 Q 와 대칭인 위치에 있는 Q' 를 고려하여 전 공간의 유전율을 ϵ_1 으로 한다.

② ϵ_2 내 : Q 의 위치에 있는 Q' 를 고려하여 전 공간의 유전율을 ϵ_2 로 한다. 단, $Q_1{'}$, $Q_2{'}$ 는 다음 식으로 나타낸다.

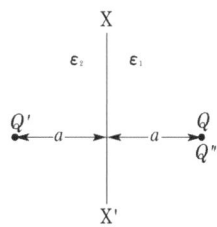

$$Q_1{'} = \frac{\epsilon_1 - \epsilon_2}{\epsilon_1 + \epsilon_2}Q, \quad Q_2{'} = \frac{2\epsilon_2}{\epsilon_1 + \epsilon_2}Q$$

필수유형 및 과년도문제

필수 01 ★★★☆ 전기 영상법

무한 평면 도체로부터 거리 a[m]인 곳에 점전하 Q[C]이 있을 때 이 무한 평면 도체 표면에 유도되는 면밀도가 최대인 점의 전하 밀도는 몇 [C/m²]인가?

① $-\dfrac{Q}{2\pi a^2}$ ② $-\dfrac{Q^2}{4\pi a}$ ③ $-\dfrac{Q}{\pi a^2}$ ④ 0

유형분석 공식 연산 문제가 출제된다.

풀 이 무한 평면 도체상의 기준 원점으로부터 x[m]인 곳의 유기 전하 밀도[C/m²]는

$$\sigma = -D = -\epsilon_0 E = -\dfrac{Qa}{2\pi(a^2+x^2)^{3/2}} \text{[C/m²]이다.}$$

그러므로

$$\therefore \sigma_{\max} = [\sigma]_{x=0} = -\dfrac{Q}{2\pi a^2} \text{[C/m²]}$$

또한 $\sigma_{\min} = [\sigma]_{x=\infty} = 0$

정전 유도 전하 밀도를 나타내면 그림과 같다.

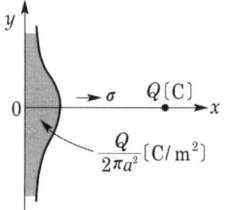

답 ①

Key point

- 접지 도체구와 점 전하
  그림과 같이 반지름 a의 접지 도체구의 중심으로부터 $f(>a)$인 점에 점 전하 Q가 있는 경우 구의 중심과 전하 Q를 잇는 선상에서 중심으로부터 a^2/f인 점에 영상 전하 $-aQ/f$를 둔다.

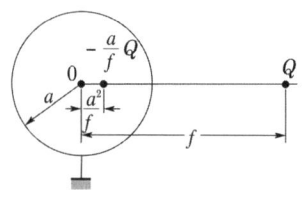

문제 01 ★★★☆

대지면에 높이 h[m]로 평행 가설된 매우 긴 선전하(선전하 밀도 λ[C/m])가 지면으로부터 받는 힘[N/m]은?

① h에 비례한다. ② h에 반비례한다.
③ h^2에 비례한다. ④ h^2에 반비례한다.

풀이 지상의 높이 h[m]와 같은 길이에 선전하 밀도 $-\lambda$[C/m]인 영상 전하를 고려하여 선전하 간의 작용력을 구하면

$$f = -\lambda E = -\lambda \cdot \dfrac{\lambda}{2\pi\epsilon_0(2h)} = \dfrac{-\lambda^2}{4\pi\epsilon_0 h} \propto \dfrac{1}{h}$$

답 ②

05. 전계의 특수 해법

문제 02 ★★ 평면 도체 표면에서 d[m]의 거리에 점전하 Q[C]이 있을 때 이 전하를 무한원까지 운반하는 데 요하는 일[J]을 구하면?

① $\dfrac{Q^2}{4\pi\epsilon_0 d}$ ② $\dfrac{Q^2}{8\pi\epsilon_0 d}$ ③ $\dfrac{Q^2}{16\pi\epsilon_0 d}$ ④ $\dfrac{Q^2}{32\pi\epsilon_0 d}$

풀이 작용력은 $F = \dfrac{-Q^2}{4\pi\epsilon_0 (2d)^2} = \dfrac{-Q^2}{16\pi\epsilon_0 d^2}$ [N](흡인력)

요하는 일은 $W = \int_d^\infty F dr = \dfrac{Q^2}{16\pi\epsilon_0} \int_d^\infty \dfrac{1}{d^2} dr = \dfrac{Q^2}{16\pi\epsilon_0} \left[-\dfrac{1}{d}\right]_d^\infty = \dfrac{Q^2}{16\pi\epsilon_0 d}$ [J]

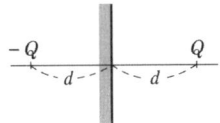

답 ③

문제 03 ★★★ 반지름 a[m]인 접지 도체구 중심으로부터 d[m] ($>a$)인 곳에 점전하 Q[C]이 있으면 구도체에 유기되는 전하량[C]은?

① $-\dfrac{a}{d}Q$ ② $\dfrac{a}{d}Q$ ③ $-\dfrac{d}{a}Q$ ④ $\dfrac{d}{a}Q$

풀이 점 P'의 영상 전하는 도체에 유기되는 전하를 대표할 수 있으므로 그 값은 $Q' = -\dfrac{a}{d}Q$[C]이고(실제로 유기된 구도체상의 전하 밀도는 불균일) 중심으로부터의 거리 $\overline{OP'} = \dfrac{a^2}{d}$[m]이다.

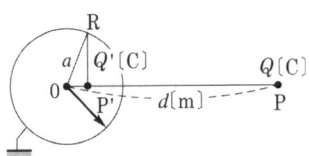

답 ①

문제 04 ★★☆ 무한 평면 도체로부터 거리 a[m]인 곳에 점전하 Q[C]이 있을 때 Q[C]과 무한 평면 도체 간의 작용력[N]은? 단, 공간 매질의 유전율은 ϵ[F/m]이다.

① $\dfrac{Q^2}{2\pi\epsilon_0 a^2}$ ② $\dfrac{-Q^2}{16\pi\epsilon_0 a^2}$ ③ $\dfrac{Q^2}{4\pi\epsilon a^2}$ ④ $\dfrac{-Q^2}{16\pi\epsilon a^2}$

풀이 점전하 Q[C]과 무한 평면 도체 간의 작용력[N]은 영상전하 $-Q$[C]과의 작용력[N]이므로

$F = \dfrac{-Q^2}{4\pi\epsilon (2a)^2}$[N] $= \dfrac{-Q^2}{16\pi\epsilon a^2}$[N] $= -2.25 \times 10^9 \times \dfrac{Q^2}{\epsilon_s a^2}$[N]

여기서 (−)는 흡인력이다. 매질이 공기(또는 진공)가 아니므로 ϵ_0가 아닌 ϵ임에 주의해야 한다.

답 ④

06 출제기준 – 전류

1 전류에 관한 제현상

1) 볼타(Volta)의 법칙
일정 온도에서 다수의 도체를 직렬로 접속시켰을 때 양단의 도체의 전위차는 인접한 각 도체간의 전위차의 대수합과 같고 양단의 도체를 직접 접촉시켰을 때의 전위차와 같다.

2) 제벡 효과(Seebeck effect)
다른 두 종류의 금속선으로 된 폐회로의 두 접합점의 온도를 달리하였을 때, 열기전력이 발생하는 효과를 제베크 효과라 한다. 이때 흐르는 전류를 열전류, 연결한 금속 루프를 열전대라 한다.

3) 펠티에 효과(Peltier effect)
두 종류의 금속선으로 폐회로를 만들어 전류를 흘리면 금속선의 접속점에서 열이 흡수(온도 강하)되거나 발생(온도 상승)하는 현상

$$H = 0.24P \int_0^t I dt [\text{cal}]$$

4) 톰슨 효과(Thomson effect)
같은 도선에 온도차가 있을 때 전류를 흘리면 열이 흡수, 발산되는 현상

2 콘덕턴스 및 도전율

1) 전기 저항

$$R = \rho \frac{l}{S} [\Omega]$$

$t_0[℃]$와 $t[℃]$일 때의 저항률을 ρ_0, $\rho[\Omega \cdot m]$라 하면,

$$\rho_t = \rho_0 \{1 + \alpha(t - t_0)\}$$
$$R_t = R_0 \{1 + \alpha(t - t_0)\}$$

2) 연속 도체 내의 옴의 법칙

$$J = nev = ne\mu E = KE \, [\text{A/m}^2]$$
$$J = KE = -K \operatorname{grad} V \, [\text{A/m}^2]$$

$J[\text{A/m}^2]$: 전류밀도
n : 전자의 개수, e : 전자의 전하로 $1.602 \times 10^{-19}[\text{C}]$, E : 전계의 세기

3) 전기 저항과 정전 용량

$$RC = \rho\epsilon \ , \ \frac{C}{G} = \frac{\epsilon}{k}$$

R : 전기저항, G : 콘덕턴스, C : 정전용량, ρ : 저항률, k : 도전율, ϵ : 유전율

4) 전력

$$P = \frac{dW}{dt} = \frac{dQ}{dt} V [\text{W}], \ \frac{dQ}{dt} = I [\text{A}]$$

5) 줄의 법칙

$$P = VI = I^2 R = \frac{V^2}{R} [\text{W}]$$

$$H = 0.24 Pt = 0.24 VIt = 0.24 I^2 Rt = 0.24 \frac{V^2}{R} t [\text{cal}]$$

P : 도체 두 점 사이에 전위차 $V[\text{V}]$를 가하고 시간 $t[\text{sec}]$ 동안에 전하 $Q[\text{C}]$을 이동시켜 전류 $I[\text{A}]$를 흘릴 때, 그 도체 내에서 소비되는 단위 시간당의 일을 **전력**(electric power)이라고 한다.
H : 전력 $P[\text{W}]$의 일정 전력이 $t[\text{s}]$ 동안 공급되었을 때의 소비되는 일을 열량으로 환산한 것. 이러한 열량은 줄열이 되어 전력 손실을 일으키게 되며, 위의 관계를 **줄의 법칙**(Joule's law)이라고 한다.

06 필수유형 및 과년도문제

필수 01 ★★ 전류에 관한 제현상

전류가 흐르고 있는 도체에 자계를 가하면 도체 측면에는 정부의 전하가 나타나 두 면 간에 전위차가 발생하는 현상은?

① 핀치 효과
② 톰슨 효과
③ 홀 효과
④ 제벡 효과

유형분석 현상 효과에 관한 문제는 자주 출제된다.

풀 이 전류가 흐르고 있는 도체에 자계를 가하면 플레밍의 왼손 법칙에 의하여 도체 내부의 전하가 횡방향으로 힘을 모아 도체 측면에 (+), (−)의 전하가 나타나는 현상을 홀 효과라 한다. **답** ③

 Key point

(1) **제벡 효과(Seebeck effect)**: 다른 두 종류의 금속선으로 된 폐회로의 두 접합점의 온도를 달리하였을 때, 열기전력이 발생하는 효과를 제벡 효과라 한다. 이때 흐르는 전류를 열전류, 연결한 금속 루프를 열전대라 한다.
(2) **펠티에 효과(Peltier effect)**: 두 종류의 금속선으로 폐회로를 만들어 전류를 흘리면 금속선의 접속점에서 열이 흡수(온도 강하)되거나 발생(온도 상승)하는 현상.

문제 01 ★★★
두 종류의 금속으로 된 회로에 전류를 통하면 각 접속점에서 열의 흡수 또는 발생이 일어나는 현상은?

① 톰슨 효과
② 제벡 효과
③ 볼타 효과
④ 펠티에 효과

풀이 두 종류의 이종 금속선을 폐회로로 만들어 전류를 공급하면 금속선의 접합점에서 열이 흡수되거나 발생하는 현상을 펠티에 효과(Peltier effect)라 한다. **답** ④

문제 02 ★
DC전압을 가하면 전류는 도선 중심쪽으로 흐르려고 한다. 이러한 현상을 무슨 효과라 하는가?

① Skin 효과
② Pinch 효과
③ 압전기 효과
④ Peltier 효과

풀이 액체 도체에 전류를 흘리면 전류의 방향과 수직방향으로 원형 자계가 생겨서 전류가 흐르는 액체에는 구심력의 전자력이 작용한다. 그 결과 액체 단면은 수축하여 저항이 커지기 때문에 전류의 흐름은 작게 된다. 전류의 흐름이 작게 되면 수축력이 감소하여 액체 단면은 원상태로 복귀하고 다시 전류가 흐르게 되어 수축력이 작용한다. 이와 같은 현상을 핀치 효과라 한다.   **답** ②

필수 02 ★★★ 콘덕턴스 및 도전율

다음은 도체의 전기 저항에 대한 설명이다. 틀린 것은?
① 고유 저항은 백금보다 구리가 크다.
② 단면적에 반비례하고 길이에 비례한다.
③ 도체 반지름의 제곱에 반비례한다.
④ 같은 길이, 단면적에서도 온도가 상승하면 저항이 증가한다.

유형분석 온도 변화에 대한 저항의 변화를 계산하는 문제가 출제된다.

풀이 20[℃]에서의 고유 저항은
구리 : 1.69×10^{-8}[Ω·m], 백금 : 10.5×10^{-8}[Ω·m]   **답** ①

Key point

(1) 전기 저항
t_0[℃]와 t[℃]일 때의 저항률을 ρ_0, ρ[Ω·m]라 하면
$\rho_t = \rho_0\{1 + \alpha(t + t_0)\}$
$R_t = R_0\{1 + \alpha(t - t_0)\}$[Ω]

(2) 전기 저항과 정전용량
$RC = \rho\epsilon$, $\dfrac{C}{G} = \dfrac{\epsilon}{k}$

문제 03 ★★ **MKS 단위계로 고유 저항의 단위는?**

① [Ω·m] ② [Ω·mm²/m]
③ [μΩ·cm] ④ [Ω·cm]

풀이 $R = \rho \dfrac{l}{S}$ 에서
∴ $\rho = \dfrac{RS}{l} \left[\dfrac{\Omega \cdot \text{m}^2}{\text{m}}\right] = \dfrac{S}{l} R$ [Ω·m]   **답** ①

문제 04 ★★★★★
액체 유전체를 넣은 콘덴서의 용량이 20[μF]이다. 여기에 500[kV]의 전압을 가하면 누설 전류[A]는? 단, 비유전율 $\epsilon_s = 2.2$, 고유저항 $\rho = 10^{11}[\Omega \cdot m]$이다.

① 4.2 ② 5.13
③ 54.5 ④ 61

풀이
$RC = \rho\epsilon[s]$, $R = \dfrac{\rho\epsilon}{C}[\Omega]$

$\therefore I = \dfrac{V}{R} = \dfrac{CV}{\rho\epsilon} = \dfrac{CV}{\rho\epsilon_0\epsilon_s} = \dfrac{20 \times 10^{-6} \times 500 \times 10^3}{10^{11} \times 8.855 \times 10^{-12} \times 2.2} = 5.13[A]$

답 ②

문제 05 ★★★★★
공간 도체 중의 정상 전류 밀도가 i, 전하 밀도가 ρ일 때 키르히호프의 전류 법칙을 나타내는 것은?

① $i = \dfrac{\partial \rho}{\partial t}$ ② $\text{div}\, i = 0$

③ $i = 0$ ④ $\text{div}\, i = -\dfrac{\partial \rho}{\partial t}$

풀이 키르히호프의 전류 법칙은 $\sum I = 0 = \int_s i \cdot dS = \int_v \text{div}\, i \, dv$가 되어 $\text{div}\, i = 0$이다.
즉 단위 체적당의 전류의 발산은 없다(전류의 연속성).

답 ②

문제 06 ★★★★☆
다음 중 옴의 법칙은 어느 것인가? 단, k는 도전율, ρ는 고유 저항, E는 전계의 세기이다.

① $i = kE$ ② $i = \dfrac{E}{k}$
③ $i = \rho E$ ④ $i = -kE$

풀이
$I = \dfrac{-dV}{R} = i \, dS$

$i = -\dfrac{dV}{RdS} = -\dfrac{1}{\rho}\dfrac{dV}{dl} = \dfrac{E}{\rho} = kE$

i와 E는 같은 방향이므로 $i = kE$이다.

답 ①

07 출제기준 – 자계

1 자석 및 자기유도

1) 쿨롱의 법칙

$$F = k\frac{m_1 m_2}{r^2} = \frac{1}{4\pi\mu_0}\frac{m_1 m_2}{r^2} = 6.33 \times 10^4 \times \frac{m_1 m_2}{r^2}[\text{N}]$$

$$\mu_0 = \frac{1}{4\pi \times 6.33 \times 10^4} = 4\pi \times 10^{-7} = 12.56 \times 10^{-7} = \frac{1}{\epsilon_0 c^2}[\text{H/m}]$$

F : 양 자하 사이에 작용하는 힘[N], m_1 : 자하[Wb], μ_0 : 진공중의 투자율, r : 양 자하간의 거리[m], c : 빛의 속도, 3×10^8[m/sec]

2) 자속과 자속밀도 $B = \mu H = \mu_0 \mu_s H[\text{Wb/m}^2]$

B : 자속밀도, H : 자계의 세기, μ_s : 비 투자율, μ_0 : 진공중의 투자율

3) 자석의 자기 모멘트 $M = ml[\text{Wb} \cdot \text{m}]$

4) 자계 중의 자석에 작용하는 토크

$T = M \times H[\text{N} \cdot \text{m}]$

$T_\theta = MH\sin\theta\,[\text{N} \cdot \text{m}]$

평등자계 H 내에 길이 l, 자극의 세기 $\pm m$인 자석이 자계와 θ의 각을 이루고 있을 때, 자석이 받는 회전력이다.
T : 토크, M : 자기 모멘트, H : 자계의 세기

5) 판 자석에 의한 자위

$U_m = \pm \dfrac{\tau\omega}{4\pi\mu_0}[\text{AT}]$

$\tau = \sigma_m \delta[\text{Wb/m}]$

2 자계 및 자위

1) 자계의 세기

$$H = \frac{m}{4\pi\mu_0 r^2} = 6.33 \times 10^4 \times \frac{m}{r^2} \,[\text{AT/m}]$$

H : 자계의 세기[AT/m], m_1 : 자하[Wb], μ_0 : 진공중의 투자율, r : 거리[m]

쿨롱력과 자계 사이에는 $\boldsymbol{F} = m\boldsymbol{H}[\text{N}]$

$F = \dfrac{m^2}{4\pi\mu_0 r^2}[\text{N}]$ (진공 중)

$F = \dfrac{m^2}{4\pi\mu r^2}[\text{N}]$ (진공 이외의 매질 중)

2) 자위

1[Wb]의 정자극을 무한 원점에서 점 P까지 가져오는 데 필요한 일을 점 P의 자위라고 한다.

$$U_m = -\int_{\infty}^{P} \boldsymbol{H} \cdot d\boldsymbol{r}\,[\text{AT}]$$

점자극 m 에서 r 거리인 점의 자위는 $U_m = \dfrac{m}{4\pi\mu r}[\text{AT}]$

3 자기 쌍극자

$$U_m = \frac{M\cos\theta}{4\pi\mu_0 r^2}[\text{AT}]$$

$$H = \sqrt{H_r^2 + H_\theta^2} = \frac{M}{4\pi\mu_0 r^3}\sqrt{1+3\cos^2\theta}\,[\text{AT/m}]$$

$$H_r = -\frac{\partial U_m}{\partial r} = \frac{M\cos\theta}{2\pi\mu_0 r^3}[\text{AT/m}]$$

$$H_\theta = -\frac{1}{r}\frac{\partial U_m}{\partial \theta} = \frac{M\sin\theta}{4\pi\mu_0 r^3}[\text{AT/m}]$$

M은 자기모멘트($=ml$)이고, θ는 거리 r 과 쌍극자 모멘트 M이 이루는 각이다.

4 자계와 전류 사이의 힘

1) 직선 전류에 작용하는 힘 : $F = BIl\sin\theta = \mu_0 HIl\sin\theta [\text{N}]$

> 자계 내에서 전류가 흐르는 도체가 받는 힘을 **전자력**(electromagnetic force)이라 하며, 전기 에너지를 기계적 에너지로 변환하는 전동기(motor) 등의 전기기기에 널리 응용되고 있다.
> $B[\text{Wb/m}^2]$: 외부 자계, $I[\text{A}]$: 전류, $F[\text{N}]$: 힘

2) 평행 전류간의 작용력 : $F = \dfrac{\mu_0 I_1 I_2}{2\pi r} = \dfrac{2I_1 I_2}{r} \times 10^{-7} [\text{N/m}]$

> F : 거리 $r[\text{m}]$ 떨어진 두 개의 평행도체 A, B에 전류가 I_1, I_2에 흐르고 있을 때, 전류 도체에 작용하는 힘

3) 자계 내의 전류가 자계에서 받는 힘 : $d\boldsymbol{F} = Id\boldsymbol{l} \times \boldsymbol{B}[\text{N}]$, $\boldsymbol{F} = \boldsymbol{I} \times \boldsymbol{B}[\text{N/m}]$

4) 전하 입자에 작용하는 로렌츠의 힘 : $\boldsymbol{F} = e(\boldsymbol{v} \times \boldsymbol{B})[\text{N}]$

> 전하 q가 자속밀도 B인 평등자계 내를 이것과 θ의 방향으로 속도 v를 가지고 이동할 때, 이 전하에는 전자력 F가 작용한다.

5 분포전류에 의한 자계

1) 유한장 직선 전류

$$H = \dfrac{I}{4\pi a}(\sin\phi_1 + \sin\phi_2)$$
$$= \dfrac{I}{4\pi a}(\cos\theta_1 + \cos\theta_2)[\text{AT/m}]$$

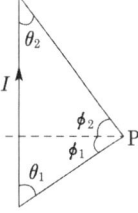

> H : 유한장 직선 도체 AB에 전류 I가 흐를 때, a의 거리가 떨어진 점 P에서의 자계

2) 무한장 직선 전류

$$H_i = \dfrac{I_r}{2\pi a^2}(r \leq a)[\text{AT/m}]$$

$$H_e = \dfrac{I}{2\pi r}(r > a)[\text{AT/m}]$$

> H_e : 무한장의 직선 도체에 전류 $I[\text{A}]$가 흐를 때, 거리 $r[\text{m}]$ 떨어진 점에서의 자계의 세기

3) 원형 전류

$$H_x = \frac{I}{2a}\sin^3\phi = \frac{a^2 I}{2(a^2+x^2)^{3/2}}\,[\text{AT/m}]$$

중심에서는 $H_0 = \dfrac{I}{2a}\,[\text{AT/m}]$

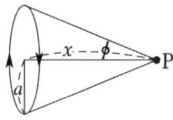

H_x : 원형전류 중심 축상의 자계의 세기, H_0 : 원형전류 중심의 자계의 세기

4) 무한장 솔레노이드

$H_i = nI\,[\text{AT/m}]$, $H_e = 0$

원통 모양으로 도선을 감은 코일을 **솔레노이드**(solenoid)라고 한다.
n : 단위길이당 코일의 감은 수, H_i : 무한장 솔레노이드 내부자계의 세기
H_e : 무한장 솔레노이드 외부자계의 세기

5) 유한장 솔레노이드

$$H = \frac{nI}{2}(\cos\theta_2 - \cos\theta_1)\,[\text{AT/m}]$$

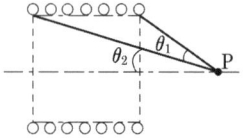

6) 환상 솔레노이드

$$H = \frac{NI}{2\pi r}\,[\text{AT/m}]$$

도넛 모양의 틀에 감은 코일을 **환상 솔레노이드, 무단 솔레노이드** 또는 **토로이드 코일**(toroid coil)이라고 한다.
H : 투자율 μ인 자성체에 치밀하게 코일을 N회 감고 전류 $I[\text{A}]$를 흘리는 경우자계의 세기

7) 비오-사바르의 법칙

$$dH = \frac{Idl\sin\theta}{4\pi r^2}\,[\text{AT/m}]$$

dH : 임의의 형상의 도선에 전류 $I[\text{A}]$가 흐를 때, 도선상의 미소길이 dl 부분에 흐르는 전류에 의하여 거리 r 만큼 떨어진 점 P에서의 자계의 세기

8) 암페어의 법칙

$$\oint_c \boldsymbol{H}\cdot dl = \oint Hcos\theta dl = \sum I$$

$$\oint_c \boldsymbol{H}\cdot dl = \oint Hcos\theta dl = NI$$

$\text{rot}\boldsymbol{H} = \boldsymbol{J}\,[\text{A/m}^2]$ (미분형)

9) 자계의 벡터 포텐셜

$\boldsymbol{B} = \text{rot}\boldsymbol{A}\,[\text{Wb/m}^2]$

07 필수유형 및 과년도문제

필수 01 ★★ 자석 및 자기유도

공기 중에서 가상 접지극 m_1[Wb]과 m_2[Wb]를 r[m] 떼어놓았을 때 두 자극 간의 작용력이 F[N]이었다면 이때의 거리 r[m]은?

① $\sqrt{\dfrac{m_1 m_2}{F}}$
② $\dfrac{6.33 \times 10^4 \times m_1 m_2}{F}$
③ $\sqrt{\dfrac{6.33 \times 10^4 \times m_1 m_2}{F}}$
④ $\sqrt{\dfrac{9 \times 10^9 \times m_1 m_2}{F}}$

유형분석 쿨롱의 법칙에 관한 문제로 기본적인 문제이며, 자주 출제되는 유형이다.

풀이
$$F = \dfrac{1}{4\pi\mu_0} \cdot \dfrac{m_1 m_2}{r^2} = 6.33 \times 10^4 \times \dfrac{m_1 m_2}{r^2} \text{[N]}$$
$$r^2 = \dfrac{6.33 \times 10^4 \times m_1 m_2}{F}$$
$$\therefore r = \sqrt{\dfrac{6.33 \times 10^4 \times m_1 m_2}{F}}$$

답 ③

Key point

쿨롱의 법칙
$$F = k \dfrac{m_1 m_2}{r^2} = \dfrac{1}{4\pi\mu_0} \dfrac{m_1 m_2}{r^2} = 6.33 \times 10^4 \times \dfrac{m_1 m_2}{r^2} \text{[N]}$$
$$\mu_0 = \dfrac{1}{4\pi \times 6.33 \times 10^4} = 4\pi \times 10^{-7} = 12.56 \times 10^{-7} = \dfrac{1}{\epsilon_0 c^2} \text{[H/m]}$$

문제 01 ★ M. K. S 단위에서 자속의 단위는 [Wb]이다. 1[Wb]와 동일한 값이 아닌 것은?

① 10^4[Gauss·m²]
② 10^8[Maxwell]
③ 10^4[Oersted]
④ 10^8[C.G.Semu의 자속]

풀이

	MKS 단위	CGS 단위
자하 또는 자속	[웨버 : Wb]	[맥스웰 : Mx] [emu]
	$1[Wb] = 10^8[Mx] = 10^8[emu]$	
자속 밀도	$[Wb/m^2]$[테슬라 : T]	[가우스 : Gauss]
	$1[Wb/m^2] = 1[T] = 10^4[Gauss]$	
자계 세기	[AT/m][N/m]	[에르스텟 : Oested]
	$1[AT/m] = 1[N/m] = \dfrac{4\pi}{10^3}[Oested]$	

$1[Wb] = 10^8[Mx] = 10^8[C.G.Semu] = 10^4[Gauss] \times 1[m] = 1[Wb/m^2] \times 1[m^2] = 1[Wb]$

답 ③

문제 02 ★★ 반지름 1[m]의 원형 코일에 1[A]의 전류가 흐를 때 중심점의 자계의 세기[AT/m]는?

① $\dfrac{1}{4}$ ② $\dfrac{1}{2}$ ③ 1 ④ 2

풀이 원형 코일 중심의 자계의 세기

$H_0 = \dfrac{I}{2a} = \dfrac{1}{2 \times 1} = \dfrac{1}{2}[AT/m]$

답 ②

문제 03 ★★ 그림과 같이 무한장 직선 도체에 I[A]의 전류가 흐를 때 도체에서 d[m] 떨어진 곳에 있는 가로, 세로가 각각 a[m], b[m]인 구형의 면적을 통과하는 자속[Wb]은?

① $\dfrac{\mu_0 bI}{2\pi}\ln\dfrac{d}{d+a}$

② $\dfrac{\mu_0 bI}{2\pi}\ln\dfrac{d+a}{d}$

③ $\dfrac{\mu_0 bI}{\pi}\ln\dfrac{d}{d+a}$

④ $\dfrac{\mu_0 bI}{\pi}\ln\dfrac{d+a}{d}$

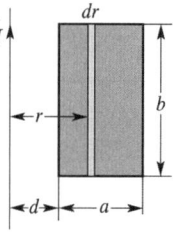

풀이 r[m]의 거리에 폭 dr의 미소면적 $dS = bdr[m^2]$를 생각한다.

r 위치의 자계 H는 $H = \dfrac{I}{2\pi r}$[A/m]

dS에 있어서의 자속은 $d\Phi = \mu_0 H dS = \dfrac{\mu_0 Ibdr}{2\pi r}$[Wb]

장방형 전부를 통과하는 자속은

$\therefore \Phi = \displaystyle\int_d^{d+a} d\Phi = \dfrac{\mu_0 bI}{2\pi}\ln\dfrac{d+a}{d}$[Wb]

답 ②

07. 자계

문제 04 평등 자장 H인 곳에 자기 모멘트 M을 자장과 수직 방향으로 놓았을 때 이 자석의 회전력은?

① M/H ② H/M ③ MH ④ $1/MH$

풀이 $T = MH\sin\theta \,(\theta = 90°) = MH[\text{N}\cdot\text{m}]$

답 ③

문제 05 자극의 세기 4×10^{-6}[Wb], 길이 10[cm]인 막대자석을 150[AT/m]의 평등 자계 내에 자계와 60°의 각도로 놓았을 때 자석이 받는 회전력[N·m]은?

① $\sqrt{3}\times 10^{-4}$ ② $3\sqrt{3}\times 10^{-5}$ ③ 3×10^{-4} ④ 3×10

풀이 $T = mlH\sin\theta = 4\times 10^{-6}\times 10\times 10^{-2}\times 150\times \sin 60°$
$= 3\sqrt{3}\times 10^{-5}[\text{N}\cdot\text{m}] \;\left(\because \sin 60° = \frac{\sqrt{3}}{2}\right)$

답 ②

필수 02 자계 및 자위

그림과 같은 반지름 a[m]인 원형 코일에 I[A]가 흐르고 있다. 이 도체 중심축상 x[m]인 점 P의 자위[AT]는?

① $\dfrac{I}{2}\left(1 - \dfrac{x}{\sqrt{a^2 + x^2}}\right)$ ② $\dfrac{I}{2}\left(1 - \dfrac{a}{\sqrt{a^2 + x^2}}\right)$

③ $\dfrac{I}{2}\left(1 - \dfrac{x^2}{(a^2 + x^2)^{3/2}}\right)$ ④ $\dfrac{I}{2}\left(1 - \dfrac{a^2}{(a^2 + x^2)^{3/2}}\right)$

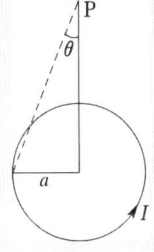

유형분석 자위, 자계의 세기에 관한 문제가 출제된다.

풀이 그림과 같이 점 P에서 코일 AB를 바라보는 입체각 ω는 $\omega = 2\pi(1 - \cos\theta)$이므로 자위는

$U_m = \dfrac{I}{4\pi}\omega = \dfrac{I}{4\pi}\cdot 2\pi(1 - \cos\theta)$
$= \dfrac{I}{2}\left(1 - \dfrac{x}{\sqrt{a^2 + x^2}}\right)[\text{AT}]$

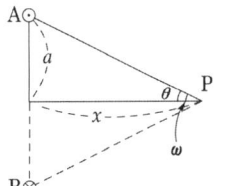

답 ①

Key point

자계의 세기 $H = \dfrac{m}{4\pi\mu_0 r^2} = 6.33\times 10^4 \times \dfrac{m}{r^2}[\text{AT/m}]$

03 자기 쌍극자 ★★

자기 쌍극자에 의한 자위 U[A]에 해당되는 것은? 단, 자기 쌍극자의 자기 모멘트는 M[Wb·m], 쌍극자의 중심으로부터의 거리는 r[m], 쌍극자의 정방향과의 각도는 θ라 한다.

① $6.33 \times 10^4 \times \dfrac{M\sin\theta}{r^3}$
② $6.33 \times 10^4 \times \dfrac{M\sin\theta}{r^2}$
③ $6.33 \times 10^4 \times \dfrac{M\cos\theta}{r^3}$
④ $6.33 \times 10^4 \times \dfrac{M\cos\theta}{r^2}$

유형분석 자위에 관한 문제가 출제된다.

풀이 자기 쌍극자에 의한 자위
$$U_m = \frac{M\cos\theta}{4\pi\mu_0 r^2} = 6.33 \times 10^4 \times \frac{M\cos\theta}{r^2} \text{[A]}$$

답 ④

Key point

$$U_m = \frac{M\cos\theta}{4\pi\mu_0 r^2} \text{[AT]}$$

$$H = \sqrt{H_r^2 + H_0^2} = \frac{M}{4\pi\mu_0 r^3}\sqrt{1+3\cos^2\theta} \text{[AT/m]}$$

04 자계와 전류 사이의 힘 ★★★★★

비투자율 μ_s, 자속 밀도 B인 자계 중에 있는 m[Wb]의 자극이 받는 힘은?

① $\dfrac{Bm}{\mu_0\mu_s}$
② $\dfrac{Bm}{\mu_0}$
③ $\dfrac{\mu_s\mu_0}{Bm}$
④ $\dfrac{Bm}{\mu_s}$

유형분석 공식 문제와 식의 의미에 관한 문제가 출제된다.

풀이 자계 중의 자극이 받는 힘은 $F = mH$[N], $H = \dfrac{B}{\mu_0\mu_s}$[A/m]에서

$\therefore F = \dfrac{Bm}{\mu_0\mu_s}$[N]

답 ①

> **Key point**
> (1) 직선 전류에 작용하는 힘 $F = BIl\sin\theta = \mu_0 HIl\sin\theta$[N]
> (2) 평행 전류 간의 작용력 $F = \dfrac{\mu_0 I_1 I_2}{2\pi r} = \dfrac{2I_1 I_2}{r} \times 10^{-7}$[N/m]

문제 06 ★☆ v[m/s]의 속도를 가진 전자가 B[Wb/m²]의 평등 자계에 직각으로 들어가면 원운동을 한다. 이때 원운동의 주기[s]를 구하면? 단, 원의 반지름은 r, 전자의 전하를 e [C], 질량을 m[kg]이라 한다.

① $\dfrac{mv}{eB}$ ② $\dfrac{eB}{m}$ ③ $\dfrac{2\pi m}{eB}$ ④ $\dfrac{eBr}{2\pi m}$

풀이 자계 내의 운동 전하에 작용하는 힘은
$\boldsymbol{F} = q\boldsymbol{v} \times \boldsymbol{B}$, $\boldsymbol{B} = \mu_0 \boldsymbol{H}$ 이며, 전자의 전하량을 e라 하면
$\boldsymbol{F} = e(\boldsymbol{v} \times \mu_0 \boldsymbol{H})$ (벡터), $F = \mu_0 ev H$ (크기)
전자의 질량을 m, 궤도의 반지름을 r라고 하면 F와 원심력과는 평형하므로,
$F = \mu_0 ev H = \dfrac{mv^2}{r}$, $r = \dfrac{mv}{e\mu_0 H} = \dfrac{mv}{eB}$[m]
주기 T는 ∴ $T = \dfrac{2\pi r}{v} = \dfrac{2\pi m}{eB}$[s]   **답** ③

문제 07 ★★☆ 평등 자계 내에 수직으로 돌입한 전자의 궤적은?
① 원운동을 하는데 원의 반지름은 자계의 세기에 비례한다.
② 구면 위에서 회전하고 반지름은 자계의 세기에 비례한다.
③ 원운동을 하고 반지름은 전자의 처음 속도에 비례한다.
④ 원운동을 하고, 반지름은 자계의 세기에 비례한다.

풀이 플레밍의 왼손 법칙에 의하여 전자가 받는 힘은 운동 방향에 수직하므로 전자는 원운동을 한다. v[m/s]의 속도를 가진 전자가 B[Wb/m²]인 평등 자계에 직각으로 돌입할 때 전자가 받는 힘은 $\boldsymbol{F} = e(\boldsymbol{v} \times \boldsymbol{B})$, 크기는 $F = evB$, 이때의 구심력 $F_0 = \dfrac{mv^2}{r}$ 이고 $F_0 = F$이므로 $evB = \dfrac{mv^2}{r}$
∴ $r = \dfrac{mv}{eB}$[m] $\propto v$ **답** ③

필수 05 ★★★☆ 분포전류에 의한 자계

반지름 a[m]인 원형 코일에 전류 I[A]가 흘렀을 때 코일 중심의 자계의 세기[AT/m]는?

① $\dfrac{I}{2a}$ ② $\dfrac{I}{4a}$ ③ $\dfrac{I}{2\pi a}$ ④ $\dfrac{I}{4\pi a}$

유형분석 자계의 세기에 관한 문제는 출제 빈도가 높은 유형이다.

풀이
$$H_0 = \oint dH = \int_0^{2\pi a} \dfrac{Idl\sin\theta}{4\pi a^2} = \int_0^{2\pi a} \dfrac{Idl}{4\pi a^2} = \dfrac{I}{4\pi a^2}\int_0^{2\pi a} dl = \dfrac{I}{2a}\text{[AT/m]}$$

또는 $H_x = \dfrac{I}{2} \cdot \dfrac{a^2}{(a^2+x^2)^{3/2}}$ 에서

원형 코일 중심의 자계의 세기 H_0는 $x=0$이므로

$\therefore H_0 = \dfrac{I}{2a}$[AT/m]

답 ①

Key point

(1) 유한장 직선 전류 : $H = \dfrac{I}{4\pi a}(\sin\phi_1 + \sin\phi_2) = \dfrac{I}{4\pi a}(\cos\theta_1 + \cos\theta_2)$[AT/m]

(2) 원형 전류 : 중심에서는 $H_0 = \dfrac{I}{2a}$[AT/m]

(3) 무한장 솔레노이드 : $H_i = nI$[AT/m], $H_e = 0$

(4) 환상 솔레노이드 : $H = \dfrac{NI}{2\pi r}$[AT/m]

(5) 암페어의 법칙 : $\text{rot}\,\boldsymbol{H} = \boldsymbol{J}$[A/m] (미분형)

(6) 자계의 벡터 포텐셜 : $\boldsymbol{B} = \text{rot}\,\boldsymbol{A}$[Wb/m²]

문제 08 ★☆

그림과 같이 권수 1이고 반지름 a[m]인 원형전류 I[A]가 만드는 자계의 세기는 몇 [AT/m]인가?

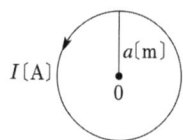

① $\dfrac{I}{a}$ ② $\dfrac{I}{2a}$ ③ $\dfrac{I}{3a}$ ④ $\dfrac{I}{4a}$

풀이 $H = \dfrac{NI}{2a} = \dfrac{1\times I}{2a} = \dfrac{I}{2a}$[AT/m]

답 ②

문제 09 전류의 세기가 I[A], 반지름 r[m]인 원형 선전류 중심에 m[Wb]인 가상 점자극을 둘 때 원형 선전류가 받는 힘은 몇 [N]인가?

① $\dfrac{mI}{2r}$ ② $\dfrac{mI}{2\pi r}$ ③ $\dfrac{mI^2}{2\pi r}$ ④ $\dfrac{mI}{2r^2}$

풀이 반지름 r인 원형 선전류 중심의 자계의 세기 $H_0 = \dfrac{I}{2r}$ [AT/m]

$\therefore F = mH = \dfrac{mI}{2r}$ [N]

답 ①

문제 10 한 변의 길이가 10[cm]인 철선으로 정사각형을 만들고 직류 5[A]를 흘렸을 때 그 중심점의 자계의 세기[AT/m]는?

① 40 ② 45 ③ 160 ④ 180

풀이 $H_0 = \dfrac{2\sqrt{2}I}{\pi l} = \dfrac{2\sqrt{2}\times 5}{\pi \times 10 \times 10^{-2}} = \dfrac{\sqrt{2}\times 10^2}{\pi} = 45$ [AT/m]

답 ②

문제 11 그림과 같이 l_1[m]에서 l_2[m]까지 전류 i[A]가 흐르고 있는 직선 도체에서 수직 거리 a[m] 떨어진 점 P의 자계[AT/m]를 구하면?

① $\dfrac{i}{4\pi a}(\sin\theta_1 + \sin\theta_2)$

② $\dfrac{i}{4\pi a}(\cos\theta_1 + \cos\theta_2)$

③ $\dfrac{i}{2\pi a}(\sin\theta_1 + \sin\theta_2)$

④ $\dfrac{i}{2\pi a}(\cos\theta_1 + \cos\theta_2)$

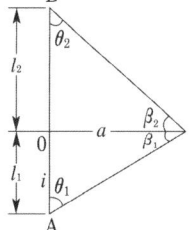

풀이 $H = \dfrac{I}{4\pi a}(\sin\beta_1 + \sin\beta_2) = \dfrac{I}{4\pi a}(\cos\theta_1 + \cos\theta_2)$

답 ②

문제 12 무한장 원주형 도체에 전류가 표면에만 흐른다면 원주 내부의 자계의 세기는 몇 [AT/m]인가? 단, r[m]는 원주의 반지름이다.

① $\dfrac{I}{2\pi r}$ ② $\dfrac{NI}{2\pi r}$ ③ $\dfrac{I}{2r}$ ④ 0

풀이 도체의 전류가 표면에만 흐르면 내부 자계는 0이다.

답 ④

08 출제기준 – 자성체와 자기회로

1 자화의 세기

$$J = \frac{dM}{dv} = \mu_0(\mu_s - 1)H [\text{Wb/m}^2]$$

$J[\text{Wb/m}^2]$: 자화의 세기, χ : 자화율, $\chi = \mu - \mu_0 = \mu_0(\mu_s - 1) = \mu_0\chi_s$
μ_s : 비투자율, χ_s : 비자화율, H : 자계의 세기

2 자속 밀도 및 자속

1) 자속밀도와 자속 : $B = \mu H + J [\text{Wb/m}^2]$

   $B[\text{Wb/m}^2]$: 자속밀도, $J[\text{Wb/m}^2]$: 자화의 세기

2) 공극부의 자속과 자속 밀도

$$\phi_0 = \frac{NI}{\dfrac{\delta}{\mu_0 S_0} + \dfrac{l}{\mu S}} [\text{Wb}]$$

$$B_0 = \frac{\phi_0}{S_0} = \frac{NI}{\dfrac{\delta}{\mu_0} + \dfrac{lS_0}{\mu S}} [\text{Wb/m}^2]$$

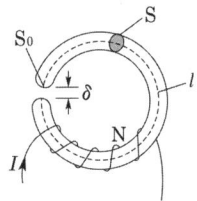

3 투자율과 자화율

$J = \chi_m H [\text{Wb/m}^2]$

$B = \mu_0 H + J = \mu_0 H + \chi_m H = (\mu_0 + \chi_m)H = \mu_0 \mu_s H [\text{Wb/m}^2]$

$\mu = \mu_0 + \chi_m$, $\mu_s = \dfrac{\mu}{\mu_0} = 1 + \dfrac{\chi_m}{\mu_0}$

$B = \mu H$

$J[\text{Wb/m}^2]$: 자화의 세기, χ : 자화율, $\chi = \mu - \mu_0 = \mu_0(\mu_s - 1) = \mu_0\chi_s$
μ_s : 비투자율, χ_s : 비자화율, H : 자계의 세기, B : 자속밀도

4 경계면의 조건

$$H_1 \sin\theta_1 = H_2 \sin\theta_2$$
$$B_1 \cos\theta_1 = B_2 \cos\theta_2$$
$$\frac{\tan\theta_1}{\tan\theta_2} = \frac{\mu_1}{\mu_2}$$

투자율 μ_1, μ_2인 두 매질이 접한 경계면에서 정전계의 기본식으로
$B_1 \cos\theta_1 = B_2 \cos\theta_2$: 자속밀도는 경계면에서 법선성분이 같다.
$H_1 \sin\theta_1 = H_2 \sin\theta_2$: 자계의 세기는 경계면에서 접선성분이 같다.
$\frac{\tan\theta_1}{\tan\theta_2} = \frac{\mu_1}{\mu_2}$: 자성체의 굴절의 법칙

5 자계의 에너지

$$w_m = \int_0^B \boldsymbol{H} \cdot d\boldsymbol{B} = \int_0^H \mu \boldsymbol{H} \cdot d\boldsymbol{H} = \frac{1}{2}\mu H^2 = \frac{1}{2}\boldsymbol{B} \cdot \boldsymbol{H}[\text{J/m}^3]$$

w_m : 자계의 경우에도 자속밀도 B, 자계의 세기 H의 영역의 에너지

6 강자성체의 자화(전자석의 흡인력)

$$F = \frac{B^2 S}{2\mu_0} = \frac{(\phi/S)^2 S}{2\mu_0} = \frac{\phi^2}{2\mu_0 S}[\text{N}]$$

μ_o : 진공중의 투자율, $B[\text{Wb/m}^2]$: 자석밀도, $S[\text{m}^2]$: 면적, $\phi[\text{Wb}]$: 자속

7 자기 회로

1) 기자력과 자기 저항

$$H = \frac{NI}{l}[\text{AT/m}], \quad B = \frac{\mu NI}{l}[\text{Wb/m}^2]$$
$$\phi = BS = \frac{\mu SNI}{l} = \frac{NI}{\frac{l}{\mu S}} = \frac{NI}{R_m}[\text{Wb}]$$

자기 회로의 옴 법칙 :
$V_m = NI[\text{AT}]$인 경우 $\phi = \frac{V_m}{R_m}[\text{Wb}]$ 이다.
자기저항의 역수를 **퍼미언스**(permeance)라고 한다. 즉, 퍼미언스는 전기저항의 역수인 콘덕턴스에 대응된다.

2) 자기 저항의 합성

직렬 합성 : $R = \sum_{i=1}^{n} R_{mi}$, 병렬 합성 : $\frac{1}{R} = \sum_{i=1}^{n} \frac{1}{R_{mi}}$

3) 자기 회로의 키르히호프의 법칙

$$\sum_{i=1}^{n} \phi_i = 0, \quad \sum_{i=1}^{n} V_{mi} = \sum_{j=1}^{n} R_{mj}\phi_j$$

08 필수유형 및 과년도문제

필수 01 ★★★★★ 자화의 세기

강자성체의 자속 밀도 B의 크기와 자화의 세기 J의 크기 사이에는 어떤 관계가 있는가?
① J는 B와 같다.
② J는 B보다 약간 작다.
③ J는 B보다 대단히 크다.
④ J는 B보다 약간 크다.

유형분석 공식 문제가 출제되면 출제 빈도가 높은 유형의 문제이다.

풀이 강자성체는 $\mu_s \gg 1$이므로 $J = \dfrac{\mu_s - 1}{\mu_s} B$에서

$\dfrac{\mu_s - 1}{\mu_s}$은 1보다 약간 작으므로 J도 B보다 약간 작다.

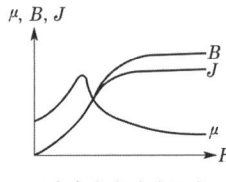
(강자성체 자화곡선)

답 ②

Key point

$$J = \dfrac{dM}{dv} = \mu_0(\mu_s - 1)H [\text{Wb/m}^2]$$

문제 01 ☆ 강자성체의 자화의 세기 J와 자화력 H 사이의 관계는?

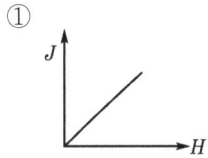 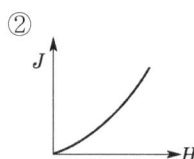 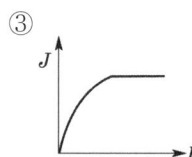 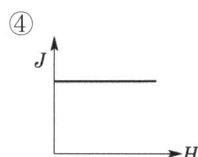

풀이 강자성체의 자화는 천천히 증가하지만 그 한계를 넘으면 자기 포화를 일으켜 H의 증가에도 불구하고 J는 일정하게 된다.

답 ③

문제 02 ★★ 감자력이 0인 것은?
① 가늘고 긴 막대 자성체
② 구(球) 자성체
③ 굵고 짧은 막대 자성체
④ 환상 철심

풀이 환상 철심은 감자력이 없으므로 감자율이 0이다.

답 ④

문제 03 ★★☆

투자율이 μ이고, 감자율 N인 자성체를 외부 자계 H_0 중에 놓았을 때의 자성체의 자화 세기 J를 구하면?

① $\dfrac{\mu_0(\mu_s+1)}{1+N(\mu_s+1)}H_0$ ② $\dfrac{\mu_0\mu_s}{1+N(\mu_s+1)}H_0$

③ $\dfrac{\mu_0\mu_s}{1+N(\mu_s-1)}H_0$ ④ $\dfrac{\mu_0(\mu_s-1)}{1+N(\mu_s-1)}H_0$

풀이 감자력 $H'=\dfrac{NJ}{\mu_0}$라 하면 자성체의 내부 자계는

$$H=H_0-H'=H_0-\dfrac{NJ}{\mu_0}\,[\text{A/m}],\quad J=\chi_m H,\ \chi_m=\mu_0(\mu_s-1)\,[\text{Wb/m}^2]$$

H를 소거하여

$$\therefore J=\dfrac{\chi_m}{1+\dfrac{\chi_m N}{\mu_0}}H_0=\dfrac{\mu_0(\mu_s-1)}{1+N(\mu_s-1)}H_0\,[\text{Wb/m}^2]$$

답 ④

필수 02 ★★☆ 자속 밀도 및 자속

무한히 긴 직선 도체에 전류 $I[\text{A}]$를 흘릴 때 이 전류로부터 $d[\text{m}]$ 되는 점의 자속 밀도는 몇 $[\text{Wb/m}^2]$인가?

① $\dfrac{\mu_0 I}{4\pi d}$ ② $\dfrac{I}{2\pi\mu_0 d}$ ③ $\dfrac{1}{2\pi d}$ ④ $\dfrac{\mu_0 I}{2\pi d}$

유형분석 자속과 자속 밀도의 공식 문제가 출제된다.

풀이 무한장 직선 전류로부터 $d[\text{m}]$ 떨어진 점의 자계는 $H=\dfrac{I}{2\pi d}[\text{A/m}]$이고, $B=\mu H$이므로

$$B=\mu H=\dfrac{\mu_0 I}{2\pi d}\,[\text{Wb/m}^2]$$

답 ④

Key point

자속밀도와 자속 $\boldsymbol{B}=\mu\boldsymbol{H}+\boldsymbol{J}\,[\text{Wb/m}^2]$

문제 04 ★★

자계의 세기 $1500[\text{AT/m}]$ 되는 점의 자속밀도가 $2.8[\text{Wb/m}^2]$이다. 이 공간의 비투자율은?

① 1.86×10^{-3} ② 18.6×10^{-3} ③ 1486 ④ 148

풀이 $B=\mu_0\mu_s H$ 식에서 $\mu_s=\dfrac{B}{\mu_0 H}=\dfrac{2.8}{4\pi\times 10^{-7}\times 1500}=1486.2[\text{H/m}]$

답 ③

필수 03 ★★ 투자율과 자화율

다음의 관계식 중 성립할 수 없는 것은? 단, μ는 투자율, χ는 자화율, μ_0는 진공의 투자율, J는 자화의 세기이다.

① $\mu = \mu_0 + \chi$ ② $B = \mu H$ ③ $\mu_s = 1 + \dfrac{\chi}{\mu_0}$ ④ $J = \chi B$

유형분석 기사와 산업기사 자주 출제되는 유형의 문제이며, 공식의 변화를 기억한다.

풀 이
$J = \chi H [\text{Wb/m}^2]$
$B = \mu_0 H + J = \mu_0 H + \chi H = (\mu_0 + \chi) H = \mu_0 \mu_s H [\text{Wb/m}^2]$
$\mu = \mu_0 + \chi [\text{H/m}],\ \mu_s = \mu/\mu_0 = 1 + \chi$
$B = \mu H [\text{Wb/m}^2],\ \mu_s = \dfrac{\mu}{\mu_0} = \dfrac{\mu_0 + \chi}{\mu_0} = 1 + \dfrac{\chi}{\mu_0}$

답 ④

Key point

$J = \chi H [\text{Wb/m}^2]$
$B = \mu_0 H + J = \mu_0 H + \chi H = (\mu_0 + \chi) H = \mu_0 \mu_s H [\text{Wb/m}^2]$

문제 05 ★

자계의 세기가 800[AT/m]이고, 자속 밀도가 0.2[Wb/m²]인 재질의 투자율은 몇 [H/m]인가?

① 2.5×10^{-3} ② 4×10^{-3} ③ 2.5×10^{-4} ④ 4×10^{-4}

풀이 $B = \mu H$에서
$\mu = \dfrac{B}{H} = \dfrac{0.2}{800} = 2.5 \times 10^{-4} [\text{H/m}]$

답 ③

필수 04 ★★☆ 경계면의 조건

투자율이 다른 두 자성체가 평면으로 접하고 있는 경계면에서 전류 밀도가 0일 때 성립하는 경계 조건은?

① $\mu_2 \tan\theta_1 = \mu_1 \tan\theta_2$ ② $\mu_1 \cos\theta_1 = \mu_2 \cos\theta_2$
③ $B_1 \sin\theta_1 = B_2 \cos\theta_2$ ④ $\mu_1 \tan\theta_1 = \mu_2 \tan\theta_2$

유형분석 전계의 경계 조건과 더불어 자계의 경계 조건도 출제 빈도가 높은 유형의 문제이다.

풀이) 경계면에서 자력선의 굴절은
$$\frac{\tan\theta_1}{\tan\theta_2} = \frac{\mu_1}{\mu_2} \quad \therefore \mu_2\tan\theta_1 = \mu_1\tan\theta_2$$

답 ①

Key point

경계면에서 자력선의 굴절 $\dfrac{\tan\theta_1}{\tan\theta_2} = \dfrac{\mu_1}{\mu_2}$

문제 06 ★★☆ 투자율이 다른 두 자성체의 경계면에서의 굴절각은?

① 투자율에 비례한다. ② 투자율에 반비례한다.
③ 자속에 비례한다. ④ 투자율에 관계없이 일정하다.

풀이) 경계 조건 $\dfrac{\mu_2}{\mu_1} = \dfrac{\tan\theta_2}{\tan\theta_1}$ 에서 굴절각은 투자율에 비례한다.

답 ①

문제 07 ★★ 두 자성체의 경계면에서 경계 조건을 설명한 것 중 옳은 것은?

① 자계의 성분은 서로 같다.
② 자계의 법선 성분은 서로 같다.
③ 자속 밀도의 법선 성분은 서로 같다.
④ 자속 밀도의 접선 성분은 서로 같다.

풀이) 1) 자계 세기 접선 성분의 연속성 $H_1\sin\theta_1 = H_2\sin\theta_2$
(경계면에 전류가 존재하면 $H_{1t} - H_{2t} = k$이다.)
2) 자속 밀도 법선 성분의 연속성 $B_1\cos\theta_1 = B_2\cos\theta_2$
3) 굴절각 $\dfrac{\tan\theta_1}{\tan\theta_2} = \dfrac{\mu_1}{\mu_2}$

답 ③

필수 05 ★★ 자계의 에너지

두 개의 자극판이 놓여 있다. 이때의 자극판 사이의 자속 밀도 B[Wb/m²], 자계의 세기 H[AT/m], 투자율 μ라 하는 곳의 자계의 에너지 밀도[J/m³]는?

① $\dfrac{1}{2}HB^2$ ② HB ③ $\dfrac{1}{2\mu}H^2$ ④ $\dfrac{1}{2\mu}B^2$

 공식 문제가 출제 빈도가 높으며, 계산 문제도 출제된다.

 자계 내에 저장되는 단위 체적당의 자기 에너지는

$$w_m = \int_0^B \boldsymbol{H} \cdot d\boldsymbol{B}\,[\text{J/m}^3]$$

$\boldsymbol{B} = \mu \boldsymbol{H}\,[\text{Wb/m}^2]$에서 μ=일정이면

$$w_m = \int_0^B \boldsymbol{H} \cdot d\boldsymbol{B} = \int_0^B \mu H\, dH = \frac{1}{2}\mu H^2 = \frac{1}{2}BH = \frac{B^2}{2\mu}\,[\text{J/m}^3]$$

답 ④

Key point

자성체의 단위 체적당 에너지 $w = \dfrac{BH}{2} = \dfrac{B^2}{2\mu} = \dfrac{1}{2}\mu H^2\,[\text{J/m}^3]$

필수 06 ☆ 강자성체의 자화 (전자석의 흡인력)

자계의 세기에 관계없이 급격히 자성을 잃는 점을 자기 임계 온도 또는 퀴리점(Curie point)이라고 한다. 다음 중에서 철의 임계 온도는?

① 약 0[℃]   ② 약 370[℃]   ③ 약 570[℃]   ④ 약 770[℃]

 자화의 세기에 관한 문제가 출제 빈도가 높다.

 자화된 철의 온도를 높이면 자화가 서서히 감소하다가 690~870[℃]에서(순철에서는 790[℃]) 급격히 강자성을 잃어버린다.

답 ④

Key point

자화의 세기 $J = \chi_m H$

 문제 08 ★☆ 물질의 자화 현상은?

① 전자의 이동   ② 전자의 공전
③ 전자의 자전   ④ 분자의 운동

풀이 물체의 자화는 물질을 구성하는 각 원자 내의 핵과 전자의 운동으로 인한 미소전류 루프에 의한 것으로 생각된다. 즉 핵 주위를 회전하는 전자의 궤도운동과 궤도전자 및 핵의 자전운동(spin)에 해당하는 미소전류 루프의 자기 쌍극자 모멘트 방향이 외부 자계에 의한 회전력에 의하여 일정 방향으로 배열됨으로 형성된다.

답 ③

문제 09 다음 중 감자율이 0인 것은?

① 가늘고 짧은 막대 자성체 ② 굵고 짧은 막대 자성체
③ 가늘고 긴 막대 자성체 ④ 환상 솔레노이드

풀이 감자력은 자화의 세기에 비례하며 이때 비례 상수를 감자율이라 한다. 감자율이 0이 되려면 잘려진 극이 존재하지 않으면 되는데 환상 솔레노이드(toroid)가 무단(無端) 철심이므로 이에 해당한다. 환상 솔레노이드를 제외하면 가늘고 긴 막대 자성체가 자계와 평행으로 놓여 있을 때 감자율이 거의 0에 가깝다. 그러나 가늘고 긴 막대 자성체가 자계와 직각으로 놓여 있을 때는 감자율이 거의 1로 가장 크다. 참고로 구(球)인 경우 감자율은 $N = \frac{1}{3}$ 이다. 답 ④

필수 07 자기 회로

환상 철심에 감은 코일에 5[A]의 전류를 흘리면 2000[AT]의 기자력이 생기는 것으로 한다면 코일의 권수는 얼마로 하여야 하는가?

① 10^4 ② 5×10^2 ③ 4×10^2 ④ 2.5×10^2

 유형분석 자기 옴의 법칙에 관한 문제와 자기 합성저항의 계산 문제가 출제된다.

 풀 이 기자력 $F = NI$ 에서
$\therefore N = \frac{F}{I} = \frac{2000}{5} = 400$회 답 ③

Key point

기자력과 자기 저항

$$H = \frac{NI}{l}[\text{AT/m}], \quad B = \frac{\mu NI}{l}[\text{Wb/m}^2], \quad \phi = BS = \frac{\mu SNI}{l} = \frac{NI}{\frac{l}{\mu S}} = \frac{NI}{R_m}[\text{Wb}]$$

문제 10 전기 회로와 비교할 때 자기 회로의 특징이 아닌 것은?

① 기자력과 자속은 변화가 비직선성이다.
② 공기에 대한 누설 자속이 많다.
③ 자기 회로는 정전용량과 같은 회로 요소는 없다.
④ 자속의 변화에 따른 자기 저항 내의 줄 손실이 생긴다.

풀이 전기 회로에서는 전류가 흐르므로 I^2R 의 줄열이 발생하여 줄 손실(동손)이 생기지만 자기 회로에서는 자속이 흐르므로 자속에 의한 손실은 발생하지 않고 철손이 생긴다. 답 ④

문제 11 기자력의 단위는?

① V
② Wb
③ AT
④ N

풀이 기자력 $F = NI$ [AT]

답 ③

문제 12 막대 철심의 단면적이 0.5[m²], 길이가 1.6[m], 비투자율이 20이다. 이 철심의 자기 저항은 몇 [AT/Wb]인가?

① 7.8×10^4
② 1.3×10^5
③ 3.8×10^4
④ 9.7×10^5

풀이 $R_m = \dfrac{l}{\mu_0 \mu_s s} = \dfrac{1.6}{4\pi \times 10^{-7} \times 20 \times 0.5} = 1.27 \times 10^5 \text{[AT/Wb]}$

답 ②

문제 13 자기 회로와 전기 회로의 대응 관계를 표시하였다. 잘못된 것은?

① 자속-전속
② 자계-전계
③ 기자력-기전력
④ 투자율-도전율

풀이 자속 ϕ[Wb] → 전류 I[A]

답 ①

문제 14 단면적이 같은 자기 회로가 있다. 철심의 투자율을 μ라 하고 철심 회로의 길이를 l이라 한다. 지금 그 일부에 미소 공극 l_0을 만들었을 때 자기 회로의 자기 저항은 공극이 없을 때의 약 몇 배인가?

① $1 + \dfrac{\mu l}{\mu_0 l_0}$
② $1 + \dfrac{\mu l_0}{\mu_0 l}$
③ $1 + \dfrac{\mu_0 l}{\mu_0 l_0}$
④ $1 + \dfrac{\mu_0 l_0}{\mu l}$

풀이 공극이 없는 전부 철심인 경우, 단면적을 A라 할 때 자기 저항은 $R_m = \dfrac{l}{\mu A}$ 이고,

공극 l_0가 존재하는 경우, 자기 저항은 철심부와 공극부 자기 저항의 직렬 접속이므로 $R'_m = \dfrac{l - l_0}{\mu A} + \dfrac{l_0}{\mu_0 A}$ 가 된다.

$l \gg l_0$인 경우 $R'_m = \dfrac{l}{\mu A} + \dfrac{l_0}{\mu_0 A} = \dfrac{l}{\mu A}\left(1 + \dfrac{\mu l_0}{\mu_0 l}\right)$ 가 되므로 $\dfrac{R'_m}{R_m} = 1 + \dfrac{\mu l_0}{\mu_0 l}$

답 ②

출제기준 – 전자유도 및 인덕턴스

1 전자유도현상

1) 전자유도현상

$$e_i = -\frac{d\phi}{dt}[\text{V}]$$

2) 전자 유도 법칙의 적분형과 미분형

① 적분형 : $e_i = \oint \boldsymbol{E} \cdot dl = -\frac{d}{dt}\int_s \boldsymbol{B} \cdot d\boldsymbol{S} = -\frac{d\phi}{dt}$

② 미분형 : $\text{rot } \boldsymbol{E} = -\frac{\partial \boldsymbol{B}}{\partial t}$

2 전자 유도와 상호 유도

$$e = -L\frac{di}{dt}[\text{V}], \quad M = K\sqrt{L_1 L_2}\,[\text{H}]$$

단, K : 결합 계수

3 자계 에너지와 전자유도 – 회로가 가진 에너지

$$W_m = \frac{1}{2}LI^2[\text{J}]$$

$$W_m = \frac{1}{2}L_1 I_1^2 + \frac{1}{2}L_2 I_2^2 \pm MI_1 I_2[\text{J}] \text{ (회로가 2개일 때)}$$

자기 인덕턴스 및 상호 인덕턴스를 갖는 회로에 전류를 증가시키면 전자유도에 의해 역기전력이 발생한다. 다시 전류를 증가시키려면 이 역기전력에 대하여 외부에서 일을 공급하지 않으면 안된다. 이 일은 전원에서 전력의 형태로 공급되고 인덕턴스에 흐르는 전류에 의하여 만들어진 자계 에너지로 축적된다. 이와 같은 에너지를 **전자 에너지**(electromagnetic energy) 혹은 **자계 에너지**(magnetic energy)라고 한다.

4 도체의 운동에 의한 기전력

$$e = vBl\sin\theta [\text{V}]$$

5 전류에 작용하는 힘 – 회로에 작용하는 힘

$$F = \frac{\partial W_m}{\partial x}[\text{N}]$$

6 표피 효과의 깊이

도체 내부에서 교류전류가 흐르면 그 전류에 의한 자계가 시간적으로 변화하여 유도 기전력을 발생시키고 이것이 도체 내에서 전류의 흐름을 방해하게 된다. 즉, 도체 단면에 있어서 중심부에 가까울수록 전류와 쇄교하는 자속이 크게 되어 유입 전류와 반대 방향의 유도 기전력이 크게 나타나므로 전류는 감소하게 된다. 이와 같이 전류밀도는 도체 중심부에서 작아지고 표면으로 갈수록 커지는 현상이 나타나는데 이것을 **표피 효과**(skin effect)라 한다.

$$\delta = \sqrt{\frac{2}{\omega\sigma\mu}}\,[\text{m}]$$

단, 도전율 $\sigma = \dfrac{1}{2\times 10^{-8}}[\mho/\text{m}]$, 투자율 $\mu = 4\pi\times 10^{-7}[\text{H/m}]$

표피 효과의 깊이는 $\delta = \sqrt{\dfrac{2}{\omega\sigma\mu}} = \sqrt{\dfrac{1}{\pi f\sigma\mu}}$ 이므로 f, σ 및 μ가 클수록 δ가 작게 되어 표피 효과가 심해짐을 알 수 있다.

> δ : 도체의 도전율 σ, 투자율 μ 및 전원 주파수 f라 할 때 표면 전류밀도의 $\dfrac{1}{e}$ 배가 되는 표면에서부터의 깊이로 **표피두께**(skin depth) 또는 **침투깊이**라고 한다.

7 전류에 의한 자계에너지

$$W = \frac{1}{2}LI^2$$

8 인덕턴스

자기 인덕턴스 : $L = \dfrac{\phi}{I}[\text{H}]$

상호 인덕턴스 : $M_{ij} = \dfrac{\phi_{ij}}{I_i}[\text{H}]$

1) 결합계수

$$k = \dfrac{M}{\sqrt{L_1 L_2}}\,(-1 < k < 1)$$

2) 인덕턴스의 직렬 접속

$L_{\pm} = L_1 + L_2 \pm 2M[\text{H}]$

자계가 동일 방향이면 +, 반대 방향이면 −를 취한다.

3) 인덕턴스의 계산예

① 동축 케이블 $L_0 = \dfrac{\mu_0}{4\pi}\left\{2\mu_s \ln\dfrac{b}{a} + \dfrac{\mu_0}{2}\right\}[\text{H/m}]$

② 무한장 원통형 솔레노이드 $L_0 = \mu_s \mu_0 S n_0^2 [\text{H/m}]$, $n_0 = \dfrac{N}{l}$

③ 유한장 원통형 솔레노이드 $L = k\dfrac{\mu_s \mu_0 \pi a^2 N^2}{l}[\text{H}]\ (a > l)$

④ 환상 솔레노이드 $L = \dfrac{\mu_s \mu_0 S}{l} N^2 [\text{H}]$

⑤ 환상 솔레노이드(공극이 있는 경우) $L = \dfrac{\mu_s \mu_0 S N^2}{l + \mu \delta}[\text{H}]\ (l \gg \delta)$

⑥ 평행 왕복 선로 $L = \dfrac{\mu_0}{4\pi}\left(4\ln\dfrac{d}{a} + \mu\right)[\text{H}](d \gg a)$

필수유형 및 과년도문제

필수 01 ★★☆ 전자유도현상

$\phi = \phi_m \sin\omega t$[Wb]인 정현파로 변화하는 자속이 권수 N인 코일과 쇄교할 때의 유기 기전력의 위상은 자속에 비해 어떠한가?

① $\dfrac{\pi}{2}$ 만큼 빠르다.
② $\dfrac{\pi}{2}$ 만큼 늦다.
③ π 만큼 빠르다.
④ 동위상이다.

유형분석 법칙은 기본이 된다. 출제 빈도가 높으므로 법칙에 관한 문제를 정리해야 한다.

풀 이 $e = -N\dfrac{d\phi}{dt} = -N\dfrac{d}{dt}(\phi_m \sin\omega t) = -N\phi_m \omega \cos\omega t = N\phi_m \omega \sin\left(\omega t - \dfrac{\pi}{2}\right)$[V]

따라서 자속보다 $\dfrac{\pi}{2}$ 만큼 늦다.   **답** ②

Key point

① 적분형 : $e_i = \oint \boldsymbol{E} \cdot dl = -\dfrac{d}{dt}\int_s \boldsymbol{B} \cdot d\boldsymbol{S} = -\dfrac{d\phi}{dt}$

② 미분형 : $\text{rot}\boldsymbol{E} = -\dfrac{\partial \boldsymbol{B}}{\partial t}$

문제 01 ★★★☆ 전자 유도 법칙과 관계없는 것은?

① 노이만(Neumann)의 법칙
② 렌츠(Lentz)의 법칙
③ 비오사바르(Biot Savart)의 법칙
④ 가우스(Gauss)의 법칙

답 ④

문제 02 ★☆ 정현파 자속의 주파수를 4배로 높이면 유기 기전력은?

① 4배로 감소한다.
② 4배로 증가한다.
③ 2배로 감소한다.
④ 2배로 증가한다.

풀이 $e = -N\phi_m 2\pi f \cos 2\pi f \propto f$

답 ②

Industrial Engineer Electricity ▶▶▶
09. 전자유도 및 인덕턴스

문제 03 ★★ $l_1 = \infty$[m], $l_2 = 1$[m]의 두 직선 도선을 $d = 50$[cm]의 간격으로 평행하게 놓고 l_1을 중심축으로 하여 l_2를 속도 100[m/sec]로 회전시키면 l_2에 유기되는 전압은 몇 [V]인가? 단, l_1에 흐르는 전류 $I_1 = 50$[mA]이다.

① 0
② 5
③ 2×10^{-6}
④ 3×10^{-6}

풀이 자계 내 운동 도체에 유기되는 기전력은 $e = lvB\sin\theta = lv\mu_0 H\sin\theta$[V], l_1에 흐르는 전류에 의한 l_2점에 자계는 $H_1 = \dfrac{I_1}{2\pi d}$[A/m]이지만 l_2가 원운동 시 자계와 속도가 이루는 각은 $\theta = 0°$ 아니면 $\theta = 180°$가 되므로 $\sin\theta = 0$로 $e = 0$로 전압은 유기되지 않는다.

답 ①

문제 04 ☆ 그림과 같은 자속 밀도 B의 평등 자계 내에 한 변이 a인 정방향 회로가 자계와 직각인 중심 둘레를 매분 N회 회전하고 있을 때 이 회로의 유기 기전력은 몇 [V]인가?

① $\dfrac{2\pi N}{60}a^2 B\cos\dfrac{2\pi N}{60}t$

② $\dfrac{2\pi N}{60}a^2 B\sin\dfrac{2\pi N}{60}t$

③ $\dfrac{2\pi N}{60}aB\cos\dfrac{2\pi N}{60}t$

④ $\dfrac{2\pi N}{60}aB\sin\dfrac{2\pi N}{60}t$

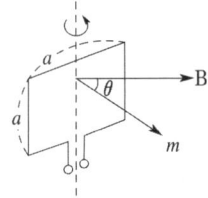

풀이 $e = -\dfrac{d\phi}{dt} = -\dfrac{d}{dt}a^2 B\cos\omega t = \omega a^2 B\sin\omega t = \dfrac{2\pi N}{60}a^2 B\sin\dfrac{2\pi N}{60}t$[V]

답 ②

필수 02 ★☆ 전자 유도와 상호 유도

권수 1회의 코일에 5[Wb]의 자속이 쇄교하고 있을 때 10^{-1}[s] 사이에 이 자속이 0으로 변하였다면 이때 코일에 유도되는 기전력[V]은?

① 500 ② 100 ③ 50 ④ 10

유형분석 전자유도법칙의 기본적인 공식과 미분을 이용한 문제 등이 출제된다.

풀 이 $e = -N\dfrac{d\phi}{dt} = -1 \times \dfrac{(-5)}{10^{-1}} = 50$[V]

답 ③

Key point

$$e = -L\frac{di}{dt}[V], \quad M = K\sqrt{L_1 L_2}[H] \quad \text{단, } K: \text{결합 계수}$$

문제 05 ★☆ 그림 (a)의 인덕턴스에 전류가 그림 (b)와 같이 흐를 때 2초에서 6초 사이의 인덕턴스 전압 V_L[V]은?

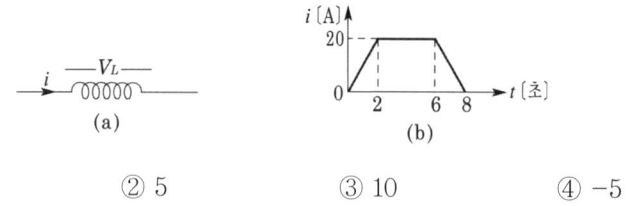

① 0 ② 5 ③ 10 ④ -5

풀이 $2 \leq t \leq 6$인 구간에서는 전류의 변화가 없으므로 자속이 변화하지 않는다.
따라서 $V_{L=0}$이다.   **답** ①

필수 03 ★
자계에너지와 전자유도 – 회로가 가진 에너지

그림과 같은 회로에서 인덕턴스 20[H]에 저축되는 에너지를 구하면 몇 [J]인가?

① 1.95×10^{-3}
② 1.95×10^{-2}
③ 9.77×10^{1}
④ 9.77×10^{3}

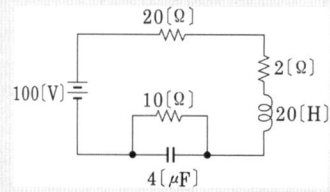

유형분석 자기 에너지의 계산 문제가 출제된다.

풀이 $I = \dfrac{V}{R} = \dfrac{100}{20+2+10} = 3.125[A]$

$\therefore W = \dfrac{1}{2}LI^2 = \dfrac{1}{2} \times 20 \times (3.125)^2 = 9.77 \times 10^1[J]$ **답** ③

Key point

$W_m = \dfrac{1}{2}LI^2[J]$

$W_m = \dfrac{1}{2}L_1 I_1^2 + \dfrac{1}{2}L_2 I_2^2 \pm MI_1 I_2[J]$ (회로가 2개일 때)

Industrial Engineer Electricity ▶▶▶

09. 전자유도 및 인덕턴스

필수 04 ★ 도체의 운동에 의한 기전력

자계 중에 한 코일이 있다. 이 코일에 전류 $I=2$[A]가 흐르면 $F=2$[N]의 힘이 작용한다. 또 이 코일을 $v=5$[m/s]로 운동시키면 e[V]의 기전력이 발생한다. 최대 기전력[V]은?

① 3　　　② 5　　　③ 7　　　④ 9

유형분석 계산 문제의 출제 빈도가 높다.

풀이 $F=IBl\sin\theta$[N]에서 $Bl\sin\theta$을 구하면 $Bl\sin\theta=\dfrac{F}{I}$이므로 유기 기전력 e는

$$\therefore e = Blv\sin\theta = \dfrac{Fv}{I} = \dfrac{2\times 5}{2} = 5[\text{V}]$$

답 ②

Key point

도체가 받는 힘 $f=IBl$[N]

문제 06 ★★ 0.2[Wb/m²]의 평등 자계 속에 자계와 직각 방향으로 놓인 길이 30[cm]의 도선을 자계와 30° 각의 방향으로 30[m/s]의 속도로 이동시킬 때 도체 양단에 유기되는 기전력은 몇 [V]인가?

① $0.9\sqrt{3}$　　　② 0.9　　　③ 1.8　　　④ 90

풀이 $e = Blv\sin\theta = 0.2\times 0.3\times 30\times \sin 30° = 0.9[\text{V}]$

답 ②

필수 05 ★★ 표피 효과의 깊이

도전율이 σ, 투자율이 μ인 도체에 교류 전류가 흐를 때의 표피 효과에 대한 설명으로 옳은 것은?

① 도전율이 클수록 크다.
② 도전율과 투자율에는 관계가 없다.
③ 교류 전류의 주파수가 높을수록 작다.
④ 투자율이 클수록 작다.

유형분석 표피 효과의 깊이에 관한 식을 이해하면 쉽게 해결된다.

풀이 표피 효과의 깊이 $\delta = \sqrt{\dfrac{2}{\omega\sigma\mu}} = \sqrt{\dfrac{1}{\pi f\sigma\mu}}$ 이므로 f, σ, μ가 클수록 δ가 작게 되어 표피 효과가 심해진다.

답 ①

Key point

표피 효과의 깊이 $\delta = \sqrt{\dfrac{2}{\omega\sigma\mu}} = \sqrt{\dfrac{1}{\pi f\sigma\mu}}$

문제 07 ★ 표피 효과의 영향에 대한 설명이다. 부적합한 것은?

① 전기 저항을 증가시킨다.
② 상호 유도 계수를 증가시킨다.
③ 주파수가 높을수록 크다.
④ 도전율이 높을수록 크다.

풀이 표피 효과의 깊이 : $\delta = \sqrt{\dfrac{2}{\omega\mu\sigma}}$

답 ②

필수 06 ★★ 전류에 의한 자계에너지

그림에서 $l = 100$[cm], $S = 10$[cm^2], $\mu_s = 100$, $N = 1000$회인 회로에 전류 $I = 10$[A]를 흘렸을 때 축적되는 에너지[J]는?

① $2\pi \times 10^{-1}$
② $2\pi \times 10^{-2}$
③ $2\pi \times 10^{-3}$
④ 2π

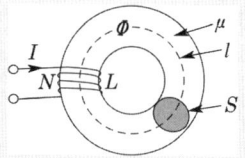

유형분석 인덕턴스의 크기를 산출한 다음 자기 에너지를 계산하는 문제가 출제된다.

풀이
$L = \dfrac{N\phi}{I} = \dfrac{N^2}{R_m} = \dfrac{\mu S N^2}{l} = \dfrac{4\pi \times 10^{-7} \times 100 \times 10 \times 10^{-4} \times (1000)^2}{100 \times 10^{-2}} = 4\pi \times 10^{-2}$[H]

$\therefore W = \dfrac{1}{2}LI^2 = \dfrac{1}{2} \times 4\pi \times 10^{-2} \times 10^2 = 2\pi$[J]

답 ④

Key point

$W = \dfrac{1}{2}LI^2$

$L = \dfrac{N\phi}{I} = \dfrac{N^2}{R_m} = \dfrac{\mu S N^2}{l}$

문제 08 그림에서 $S=5[\text{cm}^2]$, $l=50[\text{cm}]$, $\mu_s=1000$, $N=100$이라 하고 1[A]의 전류를 흘렸을 때 자계에 저축되는 에너지[J]를 구하면?

① 3.14×10^{-3}
② 6.28×10^{-3}
③ 9.42×10^{-3}
④ 13.56×10^{-3}

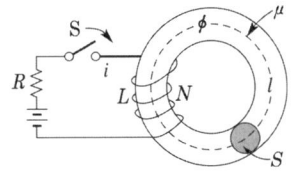

풀이

$$L = \frac{N\phi}{I} = \frac{N^2}{R_m} = \frac{\mu S N^2}{l}$$

$$= \frac{4\pi \times 10^{-7} \times 1000 \times 5 \times 10^{-4} \times 100^2}{0.5} = 4\pi \times 10^{-3}[\text{H}]$$

$$\therefore W = \frac{1}{2}LI^2 = \frac{1}{2} \times 4\pi \times 10^{-3} \times 1^2 = 6.28 \times 10^{-3}[\text{J}]$$

답 ②

10. 출제기준 – 전자계

1 변위 전류

$$i_d = \frac{I}{S} = \epsilon_0 \frac{\partial E}{\partial t} = \frac{\partial D}{\partial t} [\text{A/m}^2]$$

i_d를 **변위전류밀도**(displacement current density)라고 하며 가상적인 전류이다. 즉, **변위전류 및 변위전류밀도**는 시간적으로 변화하는 전속밀도에 의한 전류이다.

2 맥스웰의 전자 방정식

맥스웰 전자방정식		의 미
미 분 형	적 분 형	
$\text{rot} \boldsymbol{E} = -\frac{\partial \boldsymbol{B}}{\partial t}$	$\oint_c \boldsymbol{E} \cdot d\boldsymbol{l} = -\int_S \frac{\partial \boldsymbol{B}}{\partial t} \cdot d\boldsymbol{S}$	패러데이 법칙
$\text{rot} \boldsymbol{H} = i_c + \frac{\partial \boldsymbol{D}}{\partial t}$	$\oint_c \boldsymbol{H} \cdot d\boldsymbol{l} = I + \int_S \frac{\partial \boldsymbol{D}}{\partial t} \cdot d\boldsymbol{S}$	암페어 주회적분 법칙
$\text{div} \boldsymbol{D} = \rho$	$\oint_S \boldsymbol{D} \cdot d\boldsymbol{S} = \int_v \rho\, dv = Q$	가우스 법칙
$\text{div} \boldsymbol{B} = 0$	$\oint_S \boldsymbol{B} \cdot d\boldsymbol{S} = 0$	가우스 법칙

3 전자파와 평면파

1) 파동(고유) 임피던스

$$Z_0 = \frac{E_0}{H} = \sqrt{\frac{\mu}{\epsilon}} = 120\pi \sqrt{\frac{\mu_s}{\epsilon_s}} = 377 \sqrt{\frac{\mu_s}{\epsilon_s}} \, [\Omega]$$

$\eta = \frac{E}{H} = \sqrt{\frac{\mu}{\epsilon}} [\Omega]$의 차원은 $E=[\text{V/m}]$, $H=[\text{A/m}]$이므로 저항과 같은 차원의 $[\Omega]$인 것을 알 수 있다. 이것을 매질의 **고유 임피던스** η라고 하며 **특성 임피던스**라고도 하지만 선로의 특성 임피던스와 구분하기 위하여 일반적으로 고유 임피던스라고 부른다.

2) 전자파의 에너지

$$W = \frac{1}{2}(\epsilon E^2 + \mu H^2)\,[\text{J/m}^3]$$

3) 포인팅 벡터

$$P = Wc = (W_E + W_m)_C = \left(\frac{1}{2}\epsilon E^2 + \frac{1}{2}\mu H^2\right)\frac{1}{\sqrt{\epsilon\mu}}$$

$$= \frac{1}{2}(EH + EH) = EH\,[\text{W/m}^2]$$

$$\boldsymbol{P} = \boldsymbol{E} \times \boldsymbol{H} = \boldsymbol{EH}\,[\text{W/m}^2]$$

진행 방향과 동일한 방향으로 단위면적을 통과하고 있는 것을 알 수 있다. 이와 같은 에너지의 흐름(전력의 흐름)은 평편파인 전계 **E**와 자계 **H**의 수직 관계로 진행하기 때문에 벡터적으로 표현할 수 있다. 여기서 **P**를 **포인팅 벡터**(Poynting vector)라 하고, 전자계 내의 한 점을 통과하는 에너지 흐름의 단위면적당 전력 또는 전력밀도를 표시하는 벡터를 의미한다.

4) 특성 임피던스

① 동축 케이블의 특성 임피던스

$$Z = \sqrt{\frac{\mu}{\epsilon}} \cdot \frac{1}{2\pi} \ln\frac{b}{a} = 138\sqrt{\frac{\mu_s}{\epsilon_s}}\log\frac{b}{a}\,[\Omega]$$

② 왕복 2선식 특성 임피던스

$$Z = 276\sqrt{\frac{\mu_s}{\epsilon_s}}\log\frac{D}{a}\,[\Omega]$$

10 필수유형 및 과년도문제

01 ★★ 변위 전류

간격 d[m]인 두 개의 평행판 전극 사이에 유전율 ϵ의 유전체가 있을 때 전극 사이에 전압 $v = V_m \sin\omega t$를 가하면 변위 전류 밀도[A/m²]는?

① $\dfrac{\epsilon}{d} V_m \cos\omega t$

② $\dfrac{\epsilon}{d} \omega V_m \cos\omega t$

③ $\dfrac{\epsilon}{d} \omega V_m \sin\omega t$

④ $-\dfrac{\epsilon}{d} V_m \cos\omega t$

유형분석 공식과 공식의 의미에 관한 문제가 출제된다.

풀 이 $i_d = \dfrac{\partial D}{\partial t} = \dfrac{\partial}{\partial t}\epsilon\left(\dfrac{v}{d}\right) = \dfrac{\epsilon}{d} V_m \dfrac{\partial}{\partial t}\sin\omega t = \dfrac{\omega\epsilon}{d} V_m \cos\omega t$ [A/m²]   답 ②

Key point

$$i_d = \dfrac{I}{S} = \epsilon_0 \dfrac{\partial E}{\partial t} = \dfrac{\partial D}{\partial t} \text{[A/m}^2\text{]}$$

문제 **01** ★★★★ 간격 d[m]인 2개의 평행판 전극 사이에 유전율 ϵ의 유전체가 있다. 전극 사이에 전압 $v = V_m \cos\omega t$[V]를 가했을 때 변위 전류 밀도[A/m²]는?

① $\dfrac{\epsilon}{d} V_m \cos\omega t$

② $-\dfrac{\epsilon}{d} \omega V_m \sin\omega t$

③ $\dfrac{\epsilon}{d} \omega V_m \cos\omega t$

④ $\dfrac{\epsilon}{d} V_m \sin\omega t$

풀이 변위 전류 밀도

$i_d = \dfrac{\partial D}{\partial t} = \dfrac{\partial(\epsilon E)}{\partial t} = \dfrac{\partial}{\partial t}\epsilon\left(\dfrac{v}{d}\right) = \dfrac{\epsilon}{d} V_m \dfrac{\partial}{\partial t}\cos\omega t$

$= -\dfrac{\omega\epsilon}{d} V_m \sin\omega t$ [A/m²]   답 ②

10. 전자계

문제 02 ★★★ 자유 공간에 있어서 변위 전류가 만드는 것은?

① 전계　　　　　　　② 전속
③ 자계　　　　　　　④ 자속

풀이 변위 전류 밀도 $i_d = \dfrac{\partial D}{\partial t}$ 이고 rot $H = J + \dfrac{\partial D}{\partial t}$

답 ③

문제 03 ★ 전도 전자나 구속 전자의 이동에 의하지 않는 전류는?

① 전도 전류　　　　② 대류 전류
③ 분극 전류　　　　④ 변위 전류

풀이
- 전도 전류 : 도체 내에서 전계의 작용으로 자유 전자의 이동으로 생기는 것
- 대류 전류 : 진공 내에 전자, 전해액 중의 이온 등과 같은 하전 입자의 운동에 의한 것
- 분극 전류 : 분극 전하의 시간적 변화에 의한 것
- 변위 전류 : 전속 밀도의 시간적 변화에 의한 것으로 하전체에 의하지 않는 전류

답 ④

필수 02 ★★★★☆ 맥스웰의 전자 방정식

다음 중 전자계에 대한 맥스웰의 기본 이론이 아닌 것은?
① 자계의 시간적 변화에 따라 전계의 회전이 생긴다.
② 전도 전류와 변위 전류는 자계를 발생시킨다.
③ 고립된 자극이 존재한다.
④ 전하에서 전속선이 발산된다.

 유형분석 출제 빈도가 높다. 공식 문제가 출제되므로 식을 암기한다.

풀이 맥스웰 방정식의 의미

① $\nabla \times E = -\dfrac{\partial B}{\partial t}$ (자계의 시간적 변화는 회전하는 전계 발생)

② $\nabla \times H = i + \dfrac{\partial D}{\partial t}$ (전도전류와 변위전류는 회전하는 자계 발생)

③ $\nabla \cdot B = 0$ (자극 N, S극이 공존)

④ $\nabla \cdot D = \rho$ (전하에 의해 전속선 발산)

답 ③

Key point

$$\text{rot } H = J + \dfrac{\partial D}{\partial t}, \quad \text{rot } E = -\dfrac{\partial B}{\partial t}, \quad \text{div } D = \rho, \quad \text{div } B = 0$$

문제 04 맥스웰 전자 방정식의 설명 중 잘못 설명한 것은?

① 폐곡면에 따른 전계의 선적분은 폐곡선 내를 통하는 자속의 시간 변화율과 같다.
② 폐곡면을 통해 나오는 자속은 폐곡면 내의 자극의 세기와 같다.
③ 폐곡면을 통해 나오는 전속은 폐곡면 내의 전하량과 같다.
④ 폐곡선에 따른 자계의 선적분은 폐곡선 내를 통하는 전류와 전속의 시간적 변화율의 화와 같다.

답 ②

문제 05 맥스웰(Maxwell)의 전자파 방정식이 아닌 것은?

① $\operatorname{rot} H = i + \dfrac{\partial D}{\partial t}$
② $\operatorname{rot} E = -\dfrac{\partial B}{\partial t}$
③ $\operatorname{div} B = i$
④ $\operatorname{div} D = \rho$

풀이 $\operatorname{div} B = 0$

답 ③

문제 06 맥스웰(Maxwell)의 전자계에 관한 제1 기본 방정식은?

① $\operatorname{rot} \boldsymbol{D} = \boldsymbol{i} + \dfrac{\partial \boldsymbol{H}}{\partial t}$
② $\operatorname{rot} \boldsymbol{H} = \boldsymbol{i} + \dfrac{\partial \boldsymbol{D}}{\partial t}$
③ $\operatorname{rot} \boldsymbol{i} = \boldsymbol{H} + \dfrac{\partial \boldsymbol{D}}{\partial t}$
④ $\operatorname{rot}\left(\boldsymbol{i} + \dfrac{\partial \boldsymbol{D}}{\partial t}\right) = \boldsymbol{H}$

풀이 암페어의 주회적분의 법칙은

$$\oint \boldsymbol{H} \cdot d\boldsymbol{l} = \sum I = I_c + I_D = \int_s \left(i + \frac{\partial D}{\partial t}\right) \cdot n \, dS \text{ 인데}$$

$\oint \boldsymbol{H} \cdot d\boldsymbol{l}$을 Stokes 정리로 변환하고 위 식을 다시 쓰면

$$\oint \boldsymbol{H} \cdot d\boldsymbol{l} = \int \operatorname{rot} \boldsymbol{H} \cdot n \, dS = \int \left(i + \frac{\partial D}{\partial t}\right) \cdot n \, dS$$

양변을 미분하면

$$\operatorname{rot} \boldsymbol{H} = \nabla \times \boldsymbol{H} = i \times \frac{\partial \boldsymbol{D}}{\partial t}$$

이 식이 맥스웰의 전자 방정식 중 첫째 식으로 암페어의 주회적분 법칙에서 유도한 식이다.
둘째 식은 패러데이의 전자유도법칙에서 유도한 식으로

$$e = -\frac{d\phi}{dt} = -\int \frac{\partial B}{\partial t} \cdot n \, dS [\text{V}]$$

$e = \oint \boldsymbol{E} \cdot d\boldsymbol{l}$을 Stokes의 정리로 변환하고 위 식을 쓰면

$$e = \oint \boldsymbol{E} \cdot d\boldsymbol{l} = \int \operatorname{rot} \boldsymbol{E} \cdot n \, dS = -\int \frac{\partial B}{\partial t} \cdot n \, dS$$

가 된다. 양변을 미분하면

$$\operatorname{rot} \boldsymbol{E} = \nabla \times \boldsymbol{E} = -\frac{\partial \boldsymbol{B}}{\partial t} \text{ 이다.}$$

답 ②

문제 07 ★☆
손실 유전체 내에서 맥스웰 전자 기본 방정식을 페이저 방정식(phasor equation)으로 올바르게 표시한 것은?

① $\nabla \times H_s = j\omega\epsilon E_s$
 $\nabla \times E_s = -j\omega\mu H_s$
 $\nabla \cdot E_s = 0$
 $\nabla \cdot E_s = \rho$

② $\nabla \times H_s = j\omega\epsilon E_s$
 $\nabla \times E_s = -j\omega\mu H_s$
 $\nabla \cdot H_s = m$
 $\nabla \cdot E_s = 0$

③ $\nabla \times H_s = (\sigma + j\omega\epsilon) E_s$
 $\nabla \times E_s = -j\omega\mu H_s$
 $\nabla \cdot H_s = 0$
 $\nabla \cdot E_s = 0$

④ $\nabla \times H_s = (\sigma + j\omega\epsilon) E_s$
 $\nabla \times E_s = -j\omega\mu H_s$
 $\nabla \cdot H_s = 0$
 $\nabla \cdot E_s = \rho$

풀이 맥스웰 방정식

$$\nabla \times H = J + \frac{\partial D}{\partial t} = \sigma E + \epsilon \frac{\partial E}{\partial t}$$

$$\nabla \times E = -\frac{\partial B}{\partial t} = -\mu \frac{\partial H}{\partial t}$$ 에

시간에 대하여 정현적으로 변화하는 AC 전자계 $E = E_s e^{j\omega t}$[V/m], $H = H_s e^{j\omega t}$[A/m]를 적용하면

$\nabla \times H_s = (\sigma + j\omega\epsilon) E_s$
$\nabla \times H_s = -j\omega\mu H_s$ 가 된다.

보조방정식은 $\nabla \cdot E_s = 0$, $\nabla \cdot H_s = 0$ 이 성립한다.
여기서 E_s, H_s는 시간 t를 포함하지 않는 복소공간 vector인 Phasor 벡터이다. **답** ③

필수 03 ★ 전자파와 평면파

안테나에서 파장 40[cm]의 평면파가 자유 공간에 방사될 때 발신 주파수는 몇 [MHz]인가?

① 650
② 700
③ 750
④ 800

유형분석 공식과 내용에 관한 문제가 출제된다.

풀 이 전자파 속도를 v[m/s] (자유공간 $v = 3 \times 10^8$[m/s]), 주파수를 f[Hz]라 하면 전자파 파장은 $\lambda = \frac{v}{f}$[m]이다.

따라서 $f = \frac{v}{\lambda} = \frac{3 \times 10^8}{0.4} = 750 \times 10^6$[Hz] = 750[MHz] **답** ③

Key point

(1) 파동(고유) 임피던스 $Z_0 = \dfrac{E_0}{H} = \sqrt{\dfrac{\mu}{\epsilon}} = 120\pi\sqrt{\dfrac{\mu_s}{\epsilon_s}} = 377\sqrt{\dfrac{\mu_s}{\epsilon_s}}\,[\Omega]$

(2) 전자파의 에너지 $W = \dfrac{1}{2}(\epsilon E^2 + \mu H^2)\,[\text{J/m}^3]$

(3) 포인팅 벡터 $\boldsymbol{P} = \boldsymbol{E} \times \boldsymbol{H} = EH\,[\text{W/m}^2]$

(4) 동축 케이블의 특성 임피던스 $Z = \sqrt{\dfrac{\mu}{\epsilon}}\cdot\dfrac{1}{2\pi}\ln\dfrac{b}{a} = 138\sqrt{\dfrac{\mu_s}{\epsilon_s}}\log\dfrac{b}{a}\,[\Omega]$

문제 08 ★☆ 어떤 TV 방송의 전자파의 주파수를 190[MHz]의 평면파로 보고 $\mu_s = 1$, $\epsilon_s = 64$인 물속에서의 전파 속도[m/s]와 파장[m]을 구하면?

① $v = 0.375 \times 10^8$, $\lambda = 0.19$
② $v = 2.33 \times 10^8$, $\lambda = 0.21$
③ $v = 0.87 \times 10^8$, $\lambda = 0.17$
④ $v = 0.425 \times 10^8$, $\lambda = 1.2$

풀이

$v = \dfrac{c}{\sqrt{\epsilon_s \mu_s}} = \dfrac{3 \times 10^8}{\sqrt{64 \times 1}} = 0.375 \times 10^8\,[\text{m/s}]$

$\lambda = \dfrac{v}{f} = \dfrac{0.375 \times 10^8}{190 \times 10^6} = 0.19\,[\text{m}]$

답 ①

전력공학 제2장

1. 출제기준 – 발·변전일반   104
2. 출제기준 – 송·배전 선로의 전기적 특성   119
3. 출제기준 – 송·배전 방식과 그 설비 및 운용   137
4. 출제기준 – 계통 보호방식 및 설비   153
5. 출제기준 – 개폐기의 종류와 특성   165
6. 출제기준 – 배전 선로의 전기적 특성   171
7. 출제기준 – 배전 선로의 운용과 보호   177

01 출제기준 - 발·변전일반

1 수력발전

(1) 개요

1) 정수압

$$P = \frac{W}{A} = \frac{wAH}{A} = wH[\text{kg/m}^2] = 1000H[\text{kg/m}^2] = \frac{1}{10}H[\text{kg/cm}^2]$$

H : 높이[m], A : 단면적[m²], w : 단위 부피의 물의 무게[kg/cm³], P : 압력의 세기[kg/m²]

2) 수두 : 단위 무게[kg]당의 물이 갖는 에너지

- 위치 수두 : H[m]
- 압력 수두 : $H = P/w$[m] $= P/1000$[m]
- 속도 수두 : $H = v^2/2g$[m]

H : 어느 기준면에 대한 높이[m], P : 압력의 세기(수압)[kg/m²], w : 물의 단위 부피의 무게[kg/m³]
v : 유속[m/s], g : 중력의 가속도(≒ 9.8[m/s²])

3) 연속의 정리

$$A_1 v_1 = A_2 v_2 = Q \text{ (일정)}$$

A_1, A_2 : a, b점의 단면적[m²], v_1, v_2 : a, b점의 유속[m/s]

4) 베르누이의 정리

- 손실을 무시할 때 : $H + \dfrac{P}{w} + \dfrac{v^2}{2g} = k$ (일정)

- 손실 수두(h_{12})를 고려할 때 : $H_1 + \dfrac{P_1}{w} + \dfrac{v_1^2}{2g} = H_2 + \dfrac{P_2}{w} + \dfrac{v_2^2}{2g} + h_{12}$

5) 물의 이론 분출 속도 : $v = \sqrt{2gH}$[m/s]

6) 이론 수력과 발전소 출력

- 이론 수력 : 물의 에너지가 전부 이용되었다고 가정하였을 때 이론상 발생할 수 있는 수력

$$P = 9.8QH[\text{kW}]$$

Q : 사용 수량[m³/s] H : 유효 낙차[m]

- 수차 출력 : $P_t = 9.8QH\eta_t [\text{kW}]$
- 발전기 출력(발전소 출력) : $P_g = 9.8QH\eta_t\eta_g [\text{kW}]$
- 발생 전력량 : $W = P_g \times t = 9.8QH\eta_t\eta_g t [\text{kWh}]$

  η_t : 수차 효율, η_g : 발전기 효율, $\eta = \eta_t\eta_g$: 종합 효율, t : 시간[h]

(2) 유량과 낙차

1) 강수량과 유량

- 유출 계수 $= \dfrac{\text{하천 유량}}{\text{강우량}} = 60[\%]$

2) 유량의 종별

- 최대 홍수량 및 홍수위 : 과거의 기록 또는 사람의 기억 등에 의해 판정한 최대 유량 및 수위
- 홍수량 및 홍수위 : 3~5년에 한 번씩 발생하는 출수의 유량 및 수위
- 고수량 및 고수위 : 매년 한두 번 발생하는 출수의 유량 및 수위
- 풍수량 및 풍수위 : 1년을 통하여 95일은 이보다 내려가지 않는 유량 및 수위(3개월 유량 및 수위)
- 평수량 및 평수위 : 1년을 통하여 185일은 이보다 내려가지 않는 유량 및 수위(6개월 유량 및 수위)
- 저수량 및 저수위 : 1년을 통하여 275일은 이보다 내려가지 않는 유량 및 수위(9개월 유량 및 수위)
- 갈수량 및 갈수위 : 1년을 통하여 355일은 이보다 내려가지 않는 유량 및 수위
- 최저 갈수량 및 최저 갈수위 : 과거의 기록, 사람의 기억 등에 의해 판정한 최저 유량 및 수위

3) 각종 유량 도표

- 유량도 : 횡축에 1년 365일을 역일순으로, 종축에는 매일 매일의 유량, 수위, 기후를 취하여 이들의 점을 연결한 곡선
- 유황 곡선 : 유량도를 기초로 하여 횡축에 일수 365일을, 종축에 유량을 취하여 유량이 큰 것으로부터 순차적으로 배열하여 이들 점을 연결한 곡선
- 적산 유량 곡선 : 유량도를 토대로 하여(풍수기가 시작되는 점을 기준으로 하여) 횡축에 1년 365일을 역일순으로, 종축에는 유량의 누계를 잡아서 만든 곡선
- 수위 유량 곡선 : 횡축에 유량을, 종축에는 수위를 취하여 수위와 유량과의 관계를 표시한 곡선

4) 유량의 측정

- 하천의 유량 측정법 : 언측법, 부자측법, 유속계법, 공식측법, 수위 관측법

- 발전소의 사용 수량 측정법 : 피토관법, 벨마우스법, 깁슨법, 염수 속도법, 수압 시간법, 염수 농도법, 초음파법

5) 발전소 출력의 분류
- 상시 출력 : 1년을 통해 355일 이상 발생할 수 있는 출력
- 상시 첨두 출력 : 1년을 통해 355일 이상 매일 일정 시간에 한해 발생할 수 있는 출력
- 최대 출력 : 발전소에서 낼 수 있는 최대 출력
- 특수 출력 : 풍수 시 매일의 시간적 조정을 하지 않고 발생할 수 있는 출력으로 상시 출력을 초과하는 출력
- 보급 출력 : 갈수 기간을 통해 항상 발생할 수 있는 출력으로 상시 출력을 초과하는 출력
- 예비 출력 : 고장, 사고의 경우 부족한 전력을 보충하는 목적으로 시설된 설비에 의해 발생되는 출력

6) 낙차의 종류
- 총낙차 : 취수구 수면 수위와 방수구 수면 수위와의 고저차
- 정낙차 : 발전소의 전수차가 정지하고 있을 때 수조 수위와 방수로 시점의 수면 수위와의 고저차
- 유효 낙차 : 수차의 운전에 이용되는 낙차(= 총낙차 − 손실 낙차)
- 겉보기 낙차 : 수차가 운전하고 있을 때 수조 수면과 방수로 시발점의 수면 수위와의 고저차
- 손실 낙차 : 총낙차의 5~10[%]

(3) 도수 설비

1) 제수문
- 가동 댐 : 홍수의 유하, 퇴적한 토사의 제거를 위해 익류형 댐의 꼭대기에 설치된다.
- 제수문 : 취수량의 조절을 위하여 취수구에 설치된다.

2) 댐의 부속 설비
- 여수로 : 가동 문비를 설치하여 문을 닫아 물을 저장하고, 평상시에는 상류로부터 물이 유하했을 때에는 지체없이 열어 상류 지역에서의 수위 상승으로 인한 피해를 주지 않도록 한다.
- 토사로
- 어도
- 유목로, 주벌로

3) 취수구
물을 수로에 도입하는 수구로, 제수문으로 취수량을 조절하고 제진 격자 또는 스크린으

로 유목이나 유수 중의 부유물의 유입을 방지한다.

4) 수로
취수구에서 취수한 물을 상수조 또는 조압 수조까지 도수하는 공작물

5) 수로의 유속 및 구배
- 수로의 유속 : $1.5 \sim 2.5 [\text{m/s}]$
- 수로의 구배 $\begin{cases} \text{소용량 수로} : \dfrac{1}{600} \text{ 정도} \\ \text{대용량 수로} : \dfrac{1}{2000} \sim \dfrac{1}{3000} \text{ 정도} \end{cases}$
- 일반적으로 $\dfrac{1}{1000} \sim \dfrac{1}{1500}$ 정도

6) 조압 수조
수로가 압력 터널에 연결된 수조로 부하 변동에 대해 수격압을 흡수, 수차 사용 수량 변동에 따른 서지 작용을 흡수하는 기능을 가지고 있다.

또한 조압 수조의 종류에는
① 단동 조압 수조
② 차동 조압 수조
③ 수실 조압 수조
④ 제수공 조압 수조가 있다.

(4) 수차

1) 종류
- 펠턴 수차 : 압력 수두를 속도 수두로 변환시켜 러너의 버킷에 물을 분사하는 수차, 일반적으로 350[m] 이상의 고낙차에 적용되고 경부하시의 효율이 좋다.
- 프란시스 수차 : 에너지의 대부분을 압력 수두로서 러너에 작용하는 수차로 경부하시 및 낙차가 변하면 효율이 크게 저하한다. 중낙차용으로 30~400[m]에 적용된다.
- 프로펠러 수차 : 프란시스 수차의 러너의 외륜을 없앤 수차로 낙차, 부하 변화에 대해 효율의 변화가 크다. 저낙차용으로 45[m] 이하에 사용된다.
- 카플란 수차 : 프로펠러 수차의 러너의 각도를 변화시킬 수 있는 구조의 수차로 낙차, 부하 변화에 의한 효율의 저하는 적으나 구조가 복잡하다.

2) 수차의 특유 속도

$$N_s = N \frac{\sqrt{P}}{H^{5/4}} [\text{rpm}]$$

N : 정격 회전수, H : 유효 낙차, P : 낙차 H[m]에서의 최대 출력

- 펠톤 수차 : $12 \leq N_s \leq 21$

  경부하에서도 효율이 좋다. 전부하까지 효율의 변화가 작다.

- 프란시스 수차 : $N_s \leq \dfrac{13000}{H+20} + 50 (= 45 \sim 350[\text{rpm}])$
  - 저속도형 : $65 \sim 250[\text{rpm}]$
  - 중속도형 : $150 \sim 250[\text{rpm}]$
  - 고속도형 : $250 \sim 350[\text{rpm}]$

- 카플란 수차 : $N_s \leq \dfrac{20000}{H+20} (= 350 \sim 800[\text{rpm}])$

  부분 변화에 의한 효율 변화가 심하다.

3) 낙차 변화에 의한 특성 변화

- 회전수 : $\dfrac{N_2}{N_1} = \left(\dfrac{H_2}{H_1}\right)^{1/2}$

- 유 량 : $\dfrac{Q_2}{Q_1} = \left(\dfrac{H_2}{H_1}\right)^{1/2}$

- 출 력 : $\dfrac{P_2}{P_1} = \left(\dfrac{H_2}{H_1}\right)^{3/2}$

단, $N_1[\text{rpm}]$, $Q_1[\text{m}^3/\text{s}]$, $P_1[\text{kW}]$: 낙차 $H_1[\text{m}]$일 때의 회전수, 유량, 출력
$N_2[\text{rpm}]$, $Q_2[\text{m}^3/\text{s}]$, $P_2[\text{kW}]$: 낙차 $H_2[\text{m}]$일 때의 회전수, 유량, 출력

4) 흡출관

반동 수차의 출구에서부터 방수로 수면까지 연결하는 관으로 러너 방수면과의 사이의 낙차를 유효하게 이용하는 것이 목적이다. 흡출고의 최대 한도는 7.5[m] 정도이다. 이 이상이 되면 캐비테이션을 일으킨다.

5) 조속기

수차의 속도를 일정하게 유지하면서 출력을 가감하기 위하여 수차의 입력, 즉 유량을 조절하는 장치. 주요 부분은 속도 변화의 검출부, 복원 기구, 배압 밸브, 서보 모터, 압유 장치 등이다.

6) 제압 장치

부하 급변에 따른 수압관의 수압 상승을 억제하기 위해 조속기와 연동한다. 펠톤 수차의 경우는 디플렉터(deflector)로서 분사수가 수차에 유입하는 것을 방지하고 서서히 니들 밸브를 폐쇄한다.

2 화력발전

(1) 열역학

1) 열량의 단위

$$\begin{cases} 1[\text{kcal}] = \dfrac{1}{860}[\text{kWh}] \\ 1[\text{kcal}] = 3.968\,[\text{B.T.U}] \\ 1[\text{B.T.U}] = 0.252\,[\text{kcal}] \end{cases}$$

[BTU] : 영국 열용량의 단위, [kWh] : 전력량의 단위, [kcal] : 열량의 단위

2) 증기의 성질

- 엔탈피(enthalpy) : 증기 또는 물이 보유하는 전열량
  $i = U + Apv\,[\text{kcal/kg}]$

  i : 엔탈피[kcal/kg], U : 내부 에너지[kcal/kg], A : 일의 열당량[kcal/kg · m], P : 압력[kg/m²],
  v : 비체적[m³/kg]

- 건조 포화 증기의 엔탈피 $i'' = i' + r\,[\text{kcal/kg}]$
- 습포화 증기의 엔탈피 $i''' = i' + xr\,[\text{kcal/kg}]$
- 과열 증기의 엔탈피 $i = i' + r + C_p t_s\,[\text{kcal/kg}]$

  i' : 0[℃]에서 비등점까지의 액체열[kcal/kg], x : 증기의 건조도
  C_p : 평균 정압 비열[kcal/kg · deg], r : 증발열[kcal/kg], t_s : 과열도[deg]

- 엔트로피(entropy) : 기준 상태(온도 $T_0[\text{K}]$)에서 어떤 상태(온도 $T[\text{K}]$)에 이르는 사이에, 물체에 일어난 열량의 변화를 그 때의 절대 온도로 나눈 것

  $$s = \int_{T_0}^{T} \frac{dQ}{T}\,[\text{kcal/kg} \cdot \text{K}]$$

  s : 엔트로피[kcal/kg · K], dQ : 증가 열량[kcal/kg]

3) 열 사이클

- 카르노 사이클(Carnot cycle) : 두 개의 등온 변화와 두 개의 단열 변화로 이루어진다.

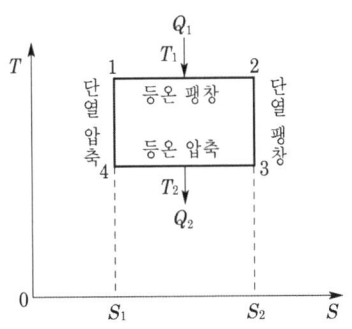

공급된 열량의 면적 : $Q_1 = T_1(s_2 - s_1)$ = 면적 1, 2, 2′, 1′

방출된 열량의 면적 : $Q_2 = T_2(s_2 - s_1)$ = 면적 4, 3, 2′, 1′

일을 한 면적 $AL = Q_1 - Q_2$ = 면적 1, 2, 3, 4

사이클 효율 $\eta = \dfrac{\text{공급 열량} - \text{방출 열량}}{\text{공급 열량}} = \dfrac{\text{면적 1, 2, 3, 4}}{\text{면적 1, 2, 2′, 1′}}$

$= \dfrac{(T_1 - T_2)(s_2 - s_1)}{T_1(s_2 - s_1)} = 1 - \dfrac{T_2}{T_1}$

- 랭킨 사이클(Rankine cycle) : 증기를 작동 유체로 사용하는 가장 간단한 이론 사이클. 급수 → 승압 → 가열 → 증발 → 과열 → 단열 팽창 → 복수 → 급수의 루프 사이클

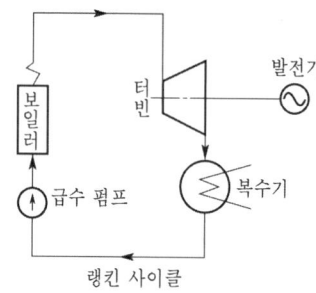

랭킨 사이클

- 재생 사이클 : 랭킨 사이클의 단열 팽창 중도에서 증기의 일부를 추기하여 보일러 급수를 가열하여 복수 열손실을 회수하는 사이클
- 재열 사이클 : 랭킨 사이클의 단열 팽창 중도에서 다시 과열시켜 과열 증기로 하여, 이것을 다시 단열 팽창시켜 열효율의 향상과 증기 습도 증가에 의한 장해를 적게 하는 사이클
- 재생 재열 사이클 : 재생 사이클과 재열 사이클을 겸용하여 전 사이클의 효율을 향상시킨 사이클

(2) 보일러 설비

1) 종류

- 자연 순환 보일러 : 보일러수가 가열되면 부분적으로 비중차가 생기고 그 비중차에 의하여 순환력을 일으키는 보일러
- 강제 순환 보일러 : 보일러수의 순환 계통의 도중에 순환 펌프를 두고 강제적으로 물을 순환시키는 보일러
- 관류 보일러 : 각 관의 일단에서 급수를 펌프로 압입시켜 회로에서 배치된 관 내를 흐르는 동안 열을 흡수하여 순차로 과열 증발되어 관의 하단에서 과열 증기로서 터빈에 보내는 보일러

2) 연소 장치

- 급탄기 연소 장치 : 소용량 보일러에서 석탄을 연소시키는 데 사용되며, 이동 화상 급

탄기, 살포식 급탄기, 하방 급탄기 등이 있다.
- 미분탄 연소 장치 : 석탄을 미분탄기로 분쇄하여 미분으로 하여 버너로 연소실에 불을 넣어 연소시키는 방식
- 중유 연소 장치 : 중유를 분무 상태로 하고 공기와 잘 섞이도록 하여 연소시키는 방식

3) 과열기
보일러의 연도 또는 화로벽에 설치하여 보일러에서 발생하는 포화 증기를 과열 증기로 만들어 증기 터빈에 공급하는 장치

4) 재열기
과열기의 바로 다음에 있는 것이 많으며, 터빈에서 팽창하여 포화 온도에 가깝게 된 증기를 빼내어 다시 보일러에서 과열 온도 가깝게까지 온도를 올리기 위한 장치

5) 절탄기
연도 내에 설치되어, 이를 통과하는 보일러 급수를 보일러로부터 나오는 연도 폐기 가스로 가열하는 장치

6) 공기 예열기
연도에서 배출되기 전의 연소 가스가 갖는 열량을 회수하여 연소용 공기의 온도를 높여, 연료의 착화 및 연소·효율을 높이기 위한 장치

7) 집진기
전기식과 기계식이 있으며, 미분탄 연소 방식에는 코트렐 집진 장치와 사이클론이 가장 많이 쓰인다.

(3) 급수와 급수장치

1) 보일러수 중의 불순물에 의한 장해
- 스케일(scale) 부착
- 관벽 부식
- 캐리 오버(carry over)
- 알칼리 취화

2) 급수 처리
- 기계적 처리법 : 침전, 여과, 응집
- 화학적 처리법 : 석회 및 소다법, 이온 교환 수지법

3) 증화기(evaporator)
주로 증기를 열원으로 하여 급수를 가열·증발시켜, 증류수로 만들어 보일러에 보내는 장치. 열원으로서는 보통 생증기, 터빈의 추기, 터빈의 배기 등이 사용된다.

4) 공기 분리기

추기 또는 다른 폐기에 의하여 급수를 가열시키는 일종의 가열기인 동시에, 급수를 포화 온도 이상으로 가열하여 급수 중의 함유 가수를 분리 배출시키는 장치

(4) 특수화력발전

1) 내연력 발전

보통 디젤 기관이 널리 사용된다. 설비가 간단하고 기동 및 전부하까지의 시간이 짧고 신뢰성이 있고 수명이 길다. 예비용 전원, 비상용에 이용된다.

2) 가스 터빈

연소 가스 또는 공기를 가열·압축시켜 직접 터빈에서 팽창 작동시키는 열기관이다. 증기 터빈에 비하여,
① 장치가 소형 경량으로 건설 및 유지비가 적다.
② 냉각 수량이 적고 기동 정지 시간이 짧은 등의 이점이 있다.

3) MHD 발전

유체 도체에 있어서의 전자 유도 작용을 이용한 발전 방식으로, 기계적 가동 부분이 없고 또한 내압의 문제도 큰 것이 없으므로, 발전기 1기당의 출력을 크게 할 수 있다.

3 원자력 발전

(1) 원자력 발전의 특징

① $_{92}U^{235}$ 1[g]에서 1[MW/Day]라는 석탄 3[t] 이상에 해당하는 에너지가 얻어지므로 소비 연료의 중량이 적어져서 연료의 수송, 저장 장소의 문제가 없다.
② 원자로가 폭주하면 발전소는 물론 주위에 심한 위해를 미치게 될 염려가 있으므로 이것에 대한 충분한 고려가 필요하다.
③ 원자력 발전소에서는 연료를 소비하는 동시에 새로운 연료가 생산되는데, 노 내의 $_{92}U^{238}$은 중성자를 흡수하여 $_{94}Pu^{239}$로, $_{90}Th^{232}$는 $_{92}U^{233}$으로 된다.
④ 원자로는 물론 사용한 연료도 강한 방사성을 띠고 있으므로 차폐, 밀봉, 원격 조작 등에 의하여 방사성 장해를 막을 필요가 있다.
⑤ 원자력 발전에서는 전기, 기계 외에 물리, 화학, 야금 기술 등의 종합적인 기술이 필요하며 화력 발전보다 고도한 것이 요구된다.
⑥ 원자력 발전소의 발전 원가는 상당히 높으나 장래에는 기술 및 기타의 개선에 의하여 신규 화력과 거의 같게 될 것이다.

(2) 원자로의 종류

1) 고속 중성자로

고속 중성자에 의해 지속 반응을 일으키는 원자로이다. 핵분열 반응을 일으키는 중성자의 대부분이 0.1[MeV] 이상의 에너지를 갖고 있다. 이 종류의 원자로는 운전 제어가 곤란하여 폭주할 경우의 위험도가 크고 고농축의 핵연료를 필요로 하기 때문에 연료비가 대단히 높은 결점이 있다. 단, 비분열성의 $_{92}U^{233}$이나 $_{90}Th^{232}$는 중성자를 흡수하면 핵분열성의 $_{94}Pu^{230}$ 및 $_{92}U^{233}$로 되므로 핵 연료가 증식되는 이점이 있다.

2) 열 중성자로

핵분열에 의해 생긴 평균 2[MeV]의 에너지의 중성자를 0.025[eV] 정도의 열 중성자까지 저하시켜 이에 의해 핵반응을 지속하는 원자로를 말하며 열 중성자는 핵 분열성 물질의 양이 적어도 되는 이점이 있다. 현재 실용의 원자로는 대부분 열 중성자로이다.

3) 중속 중성자로

1[keV] 이하의 중성자에 의해 핵 반응을 행하는 방식의 노이다. 열 중성자로에 비교하여 감속재의 양이 적고 연료의 양이 많다. 그 이외에 고속 중성자로보다 제어가 용이하고 열 중성자로보다 용적이 적어지는 특징이 있다.

(3) 원자로의 구성

1) 노심·핵연료·감속재

핵 분열이 진행되고 있는 부분을 노심이라 하며, 이 속에 임계량 이상의 핵연료와 고속 중성자를 열 중성자까지 감속시켜 주는 감속재가 배치되어 있다. 현재 가장 널리 사용되는 핵연료는 $_{92}U^{235}$를 0.714[%] 포함하고 있는 천연 우라늄 및 농축 우라늄이며 $_{94}Pu^{239}$를 사용하는 증식로도 있다. 농축 우라늄은 보통 $_{92}U^{235}$의 비율이 수[%]의 것이 사용되지만 농축도를 증가시키면 중성자 발생률이 커져서 노의 용적을 감소시킬 수 있다. 감속재로서는 중성자 흡수가 적고 탄성 산란에 의해 감속되는 정도가 큰 것이 좋으며, 중수, 경수, 산화 베릴륨, 흑연 등이 사용된다.

2) 냉각재

원자로에서 발생한 열 에너지를 외부로 꺼내기 위한 매개체를 냉각재라 부른다. 냉각재는 노심을 통함으로써 열 에너지를 빼내는 동시에 노 내의 온도를 적당한 값으로 유지시키도록 보통 탄산가스, 헬륨 등의 기체나 경수 및 중수 등과 같은 물 또는 나트륨과 같은 액체 금속 유체를 사용한다.

3) 제어봉

원자로 내에서 핵분열의 연쇄 반응을 제어하고 증배율을 변화시키기 위해서 제어봉을 노심에 삽입하고 이것을 넣었다 뺐다 할 수 있도록 한다. 붕소(B), Cd, Hf와 같이 중성자 흡수 단면적이 큰 재료로써 만들어진다.

4) 반사체

중성자를 반사시켜 외부에 누설되지 않도록 노심의 주위에 반사체를 설치한다. 반사체로서는 베릴륨 혹은 흑연과 같이 중성자를 잘 산란시키는 재료가 좋으며 일반적으로 요구되는 성질은 감속재와 같다.

5) 차폐재

원자로 내의 방사선이 외부로 빠져 나가는 것을 방지하는 것이 차폐재인데, 차폐에는 열 차폐와 생체 차폐의 두 가지가 있다. 전자는 철판과 같이 열전도가 좋은 것이 사용되며 후자는 노의 제일 외부에 설치하여 종업원을 γ선 또는 중성자 등의 방사선 등으로부터 보호하는 것으로서 특수 광물을 혼입한 콘크리트가 가장 널리 사용되고 있다.

(4) 원자력 발전소의 형식

현재 사용 중인 원자력 발전소는 대부분 열 중성자로이며 $_{92}U^{235}$, $_{94}Pu^{239}$ 등의 핵 분열성 물질에 열 중성자를 충돌시켜 핵분열 반응을 일으키게 한다. 이때 방출하는 에너지에 의해 증기를 발생하게 하여 이것으로 증기 터빈을 구동하여 전력을 얻는 형식이다.

그림 (a), (b), (c)는 일반적으로 사용되고 있는 발전소의 구성이며 (a)는 가압수형, (b), (c)는 비등수형이라고 불리어진다.

그림 (d)의 고속 증식로는 감속재가 없고, $_{92}U^{235}$ 또는 $_{94}Pu^{239}$ 등의 핵분열 물질의 분열은 주로 고속 중성자에 의해 일어난다.

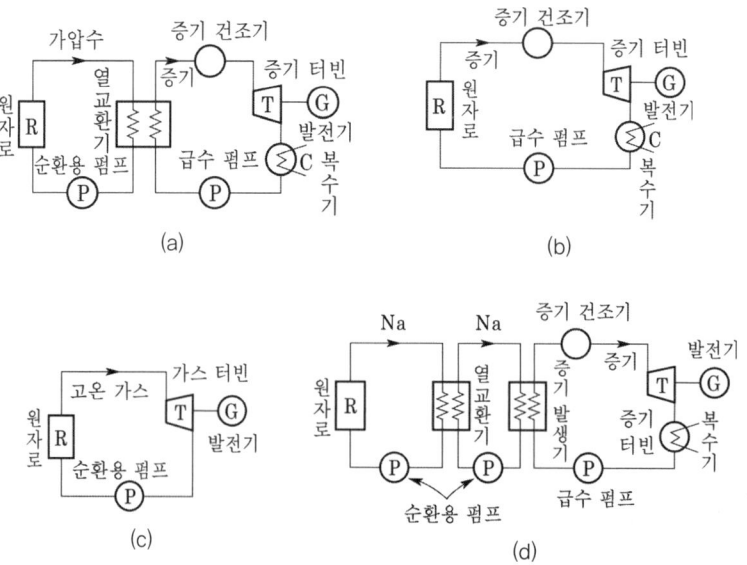

01 필수유형 및 과년도문제

 ◀◀◀ 완벽대비 전기산업기사필기

필수 01 ★★★★ 수력발전

유효 낙차 100[m], 최대 사용 수량 20[m³/s], 설비 이용률 70[%]의 수력 발전소의 연간 발전 전력량[kWh]은 대략 얼마인가? 단, 수차 발전기의 종합 효율은 85[%]이다.

① 25×10^6 ② 50×10^6 ③ 100×10^6 ④ 200×10^6

유형분석 수력발전에서는 발전소 출력, 연속의 정리, 베르누이 정리, 수차의 특유속도, 불순물의 작용 등이 출제된다.

풀 이 연간 발생 전력량 $= 9.8QH\eta U \times 365 \times 24$[kWh]
$\eta = 0.85$이므로 $9.8 \times 20 \times 100 \times 0.85 \times 0.7 \times 365 \times 24 ≒ 100 \times 10^6$[kWh]   답 ③

Key point

- 수차 출력 : $P_t = 9.8QH\eta_t$[kW]
- 발전기 출력(발전소 출력) : $P_g = 9.8QH\eta_t\eta_g$[kW]
- 발생 전력량 : $W = P_g \times t = 9.8QH\eta_t\eta_g t$[kWh]

문제 01 ★★★

수압관 안의 1점에서 흐르는 물의 압력을 측정한 결과 7[kg/cm²]이고, 유속을 측정한 결과 49[m/sec]이었다. 그 점에서의 압력 수두는 몇 [m]인가?

① 30   ② 50   ③ 70   ④ 90

풀이 $7[\text{kg/cm}^2] = 70000[\text{kg/m}^2]$
$H = \dfrac{P}{\omega} = \dfrac{P}{1000} = \dfrac{70000}{1000} = 70[\text{m}]$ 답 ③

문제 02 ★

댐 이외에 하천 하류의 구배를 이용할 수 있도록 수로를 설치하여 낙차를 얻는 발전 방식은?

① 유역 변경식   ② 댐식   ③ 수로식   ④ 댐 수로식

풀이
- 유역 변경식 : 인접해 있는 두 하천을 수로로 연결해서 그 낙차를 이용하는 방식
- 댐식 : 댐을 쌓아 인공적인 낙차를 이용하는 방식
- 수로식 : 경사가 급하고 굴곡된 곳을 짧은 수로로 연결함으로 높은 낙차를 얻는 방식
- 댐 수로식 : 댐으로 얻어진 낙차와 하류부의 경사에 의한 낙차를 함께 이용하는 방식   답 ③

문제 03 ★★
수력 발전소의 수차 발전기를 정지시키고자 다음과 같은 동작을 하였다. 동작 순서가 옳은 것은?

> ㉠ 주 밸브(main valve)를 닫음과 동시에 제수문을 닫는다.
> ㉡ 여자기의 여자전압을 내려 발전기의 전압을 내린다.
> ㉢ 주개폐기를 열어 무부하로 한다.
> ㉣ 조속기의 유압 조정장치를 핸들에 옮겨 니들 밸브 또는 가이드변을 닫아 수차를 정지 시키고 곧 주변을 닫는다.

① ㉠-㉡-㉢-㉣
② ㉣-㉢-㉡-㉠
③ ㉡-㉣-㉠-㉢
④ ㉢-㉡-㉣-㉠

풀이 수차발전기를 정지시킬 때의 순서
① 무부하로 만든다. ② 발전기 전압을 내린다. ③ 수차를 정지한다. ④ 제수문을 닫는다. **답 ④**

문제 04 ★★★★★
취수구에 제수문을 설치하는 목적은?

① 낙차를 높인다.
② 홍수위를 낮춘다.
③ 유량을 조정한다.
④ 모래를 배제한다.

풀이 취수량을 조절하고 물의 유입을 단절하기 위함이다. **답 ③**

필수 02 ★★★★☆ 화력발전

출력 30000[kW]의 화력발전소에서 6000[kcal/kg]의 석탄을 매시간에 15톤의 비율로 사용하고 있다고 한다. 이 발전소의 종합 효율은 몇 [%]인가?

① 28.7 ② 31.7 ③ 33.7 ④ 36.7

 유형분석 열 사이클, 불순물의 영향, 화력발전소 열효율 등이 출제된다.

풀이 석탄의 매시간 발열량 $6000 \times 15 \times 1000$[kcal]
kWh로 환산하면 $E_1 = (6000 \times 15 \times 1000)/860 = 104651$[kWh]

∴ 효율 $\eta = \dfrac{E_2}{E_1} = \dfrac{30000}{104651} = 0.287 = 28.7$[%]

별 해 $\eta = \dfrac{860W}{mH} = \dfrac{860 \times 30000}{15 \times 1000 \times 6000} = 0.287 = 28.7$[%] **답 ①**

Key point
화력발전소 열효율 $\eta = \dfrac{860W}{mH} \times 100$[%]

문제 05 ★☆ 급수의 엔탈피 130[kcal/kg], 보일러 출구 과열 증기 엔탈피 830[kcal/kg], 터빈 배기 엔탈피 550[kcal/kg]인 랭킨 사이클의 열 사이클 효율은?

① 0.2　　② 0.4　　③ 0.6　　④ 0.8

풀이
$$\eta_c = \frac{H_e}{i_1 - i_f}$$

여기서, η_c : 터빈의 열효율, H_e : 증기 1[kg]이 터빈에서 유효하게 일을 한 열량[kcal/kg], i_1 : 터빈 입구의 증기 엔탈피[kcal/kg], i_f : 복수기의 엔탈피[kcal/kg]라고 하면

$H_e = 830 - 550 = 280$[kcal/kg]

$i_1 = 830$[kcal/kg], $i_f = 130$[kcal/kg]이므로

$$\therefore \eta = \frac{280}{830-130} = \frac{280}{700} = 0.4$$

답 ②

문제 06 ★★☆ 기력 발전소에서 포밍의 원인은?

① 과열기의 손상　　② 냉각수의 부족
③ 급수의 불순물　　④ 기압의 과대

풀이 급수 중에 칼슘, 마그네슘, 나트륨의 염류 등이 포화되어 있으면 포밍 또는 프라이밍의 원인이 된다.

답 ③

문제 07 ★★☆ 발전소 원동기로서 가스 터빈의 특징을 증기 터빈과 내연기관에 비교하였을 때 옳은 것은?

① 기동시간이 짧고 조작이 간단하여 첨두부하 발전에 적당하다.
② 평균 효율이 증기 터빈에 비하여 대단히 낮다.
③ 냉각수가 비교적 많이 들고 설비가 복잡하여 보수가 어렵다.
④ 소음이 비교적 작고 무부하일 때 연료의 소비량이 적게 된다.

풀이 가스 터빈의 장점
① 소형 경량으로 건설비가 싸고 유지비가 적다.
② 기동시간이 짧고 부하의 급변에도 잘 견딘다.
③ 냉각수가 다량으로 필요치 않다.

답 ①

문제 08 ★★★★ 열효율 35[%]의 화력발전소에서 발열량 6000[kcal/kg]의 석탄을 이용한다면 1[kWh]를 발전하는 데 필요한 석탄량은 몇 [kg]인가?

① 2.42　　② 1.23　　③ 0.82　　④ 0.41

풀이 발전소의 열효율 $\eta = \dfrac{860W}{mH} \times 100[\%]$

연료 소비량 $m = \dfrac{860W}{\eta H} = \dfrac{860 \times 1}{0.35 \times 6000} \fallingdotseq 0.41$[kg]

답 ④

문제 09 ★★ 터빈의 비상 조속기가 동작할 때는?

① 터빈 속도가 정격 속도의 110[%]까지 상승하였을 때
② 송전 선로가 차단되어 발전기가 무부하 상태로 되었을 때
③ 발전기 내부 고장이 발생하였을 때
④ 증기 압력이 과승하였을 때

풀이 비상 조속기(emergency governor)를 동작시키는 증기 터빈의 회전수를 비상 속도라 하며, 그의 값은 정격 속도의 110[%]이다. **답** ①

필수 03 ★★★★ 원자력발전

다음 중 감속재로 가장 적당하지 않은 것은?

① 경수 ② 중수 ③ 산화베릴륨 ④ 무기 화합물

유형분석 원자로의 종류, 냉각수의 종류, 핵연료 등이 출제된다.

풀이 감속재로서는 중성자 흡수가 적고 탄성 산란에 의해 감속되는 정도가 큰 것이 좋으며 중수, 경수, 산화베릴륨, 흑연 등이 사용된다. 또한 감속재의 성질인 감속능(slowing down power)과 감속비(moderating ratio)의 값이 클수록 감속재로서 우수하다. **답** ④

> **Key point**
> 비등수형 원자로(BWR)는 PWR 와 마찬가지로 저농축 우라늄의 연료를 사용하고 감속재 및 냉각재로서는 물을 사용하는 것으로서 노 내에서 물을 비등시켜 증기로서 뽑아내도록 하고 있다.

문제 10 ★ 원자로에서 고속 중성자를 열중성자로 만들기 위하여 사용되는 재료는?

① 제어재 ② 감속재 ③ 냉각재 ④ 반사재

풀이 열중성자로에서 핵분열로 발생한 고속 중성자는 즉시 열중성자로 되어야 한다. 때문에 고속 중성자가 1회 충돌에 의해 많은 운동 에너지를 잃을 수 있도록 하는 감속재를 사용해야 한다. **답** ②

문제 11 ★★★★ 다음에서 가압수형 원자력 발전소에 사용하는 연료, 감속재 및 냉각재로 적당한 것은?

① 연료 : 천연 우라늄, 감속재 : 흑연감속, 냉각재 : 이산화탄소 냉각
② 연료 : 농축 우라늄, 감속재 : 중수감속, 냉각재 : 경수냉각
③ 연료 : 저농축 우라늄, 감속재 : 경수감속, 냉각재 : 경수냉각
④ 연료 : 저농축 우라늄, 감속재 : 흑연감속, 냉각재 : 경수냉각

풀이 ① 연료 : 농축 우라늄 ② 감속재 : 경수 ③ 냉각재 : 경수 **답** ③

02 출제기준 – 송·배전 선로의 전기적 특성

1 선로정수

1) 인덕턴스

- 단도체 인덕턴스 : $L = 0.4605 \log_{10} \dfrac{D}{r} + 0.05 \, [\text{mH/km}]$

- 복도체 인덕턴스 : $L_n = 0.4605 \log_{10} \dfrac{D}{\sqrt[n]{rs^{n-1}}} + \dfrac{0.05}{n} \, [\text{mH/km}]$

$$L_2 = 0.4605 \log_{10} \dfrac{D}{\sqrt{rs}} + 0.025 \, [\text{mH/km}]$$

r : 전선의 반지름, D : 선간 거리, s : 소도체 간격, n : 복도체 수,
등가선간거리= $\sqrt[총거리수]{각 \ 거리간의 \ 곱}$, 수평 배열 $D = \sqrt[3]{2}\,d$, 4각 배열 $D = \sqrt[6]{2}\,d$

2) 정전 용량

- 단도체 정전 용량 : $C = \dfrac{0.02413}{\log_{10} \dfrac{D}{r}} \, [\mu\text{F/km}]$

r : 전선의 반지름, D : 선간 거리, s : 소도체 간격, n : 복도체 수,
등가선간거리= $\sqrt[총거리수]{각 \ 거리간의 \ 곱}$, 수평 배열 $D = \sqrt[3]{2}\,d$, 4각 배열 $D = \sqrt[6]{2}\,d$

- 복도체 정전 용량 : $C_n = \dfrac{0.02413}{\log_{10} \dfrac{D}{\sqrt[n]{rs^{n-1}}}} \, [\mu\text{F/km}]$

- 3상 1회선인 경우 대지 정전 용량 : $C_s = \dfrac{0.02413}{\log_{10} \dfrac{8h^3}{rD^2}} \, [\mu\text{F/km}]$

- 전선 지표상의 평균 높이 : $h = h' - \dfrac{2}{3}d \, [\text{m}]$ h' : 지지점의 높이[m], d : 이도(dip)[m]

- 부분 정전 용량
  ㉠ 단상 1회선인 경우 $C_w = C_s + 2C_m$
  ㉡ 3상 1회선인 경우 $C_w = C_s + 3C_m$
  ㉢ 3상 2회선인 경우 $C_w = C_s + 3(C_m + C'_m)$

C_w : 작용 정전 용량, C_s : 대지 정전 용량, C_m : 선간 정전 용량, C'_m : 다른 회선간의 선간 정전 용량

3) 충전 용량

- 전선의 충전 전류 : $I_c = 2\pi f C \times \dfrac{V}{\sqrt{3}}$ [A]
- 전선로의 충전 용량 : $P_c = 2\pi f C V^2 \times 10^{-3}$ [kVA]

C : 전선 1선당 정전 용량[F]
V : 선간 전압[V]
f : 주파수[Hz]

2 전력원선도

1) 전력 방정식

- $W_S = P_S + jQ_S = \dfrac{D}{B}E_S^2 - \dfrac{1}{B}E_S E_R \epsilon^{j\theta}$
- $W_R = P_R + jQ_R = \dfrac{1}{B}E_S E_R \epsilon^{-j\theta} - \dfrac{A}{B}E_R^2$

A, B, C, D : 4단자 정수
W_S : 송전단 피상전력, P_S : 송전단 유효전력
Q_S : 송전단 무효전력, W_R : 수전단 피상전력
P_R : 수전단 유효전력, Q_R : 송전단 무효전력

2) 전력 원선도

- $(P_S - m'E_S^2)^2 + (Q_S - n'E_S^2)^2 = \rho^2$ (송전단 원선도)
- $(P_R + mE_R^2)^2 + (Q_R + nE_R^2)^2 = \rho^2$ (수전단 원선도)

3) 원선도의 반지름

$\rho = \dfrac{V_S V_R}{B}$

V_s : 송전단 전압, V_R : 수전단 전압, B : 4단자정수

4) 원선도에서 구할 수 없는 것 : 과도 안정 극한전력, 코로나 손실

3 코로나 현상 및 유도장해

(1) 코로나 현상

1) 임계 전압

$$E_0 = 24.3 m_0 m_1 \delta d \log_{10} \dfrac{2D}{d} \text{[kV]}$$

d : 전선의 지름[cm], D : 선간 거리[cm], E_0 : 코로나 임계 전압[kV]

m_0 : 전선의 표면 계수 $\begin{cases} \text{매끈한 단선 : 1} \\ \text{거친 단선 : } 0.98\sim0.93 \\ \text{7본 연선 : } 0.87\sim0.83 \\ \text{19~61본 연선 : } 0.85\sim0.80 \\ \text{중공 동선 : } 0.9\sim0.94 \end{cases}$

m_1 : 기후에 관한 계수 : 맑은 날씨이면 1.0, 비오는 날은 0.8

δ : 상대 공기 밀도 : 기압을 b[mmHg], 기온을 t[℃]라고 하면, $\delta = \dfrac{b}{760} \times \dfrac{273+20}{273+t} = \dfrac{0.386b}{273+t}$

2) 코로나 손실

Peek씨의 식 $P_c = \dfrac{241}{\delta}(f+25)\sqrt{\dfrac{\gamma}{D}}(E-E_0)^2 \times 10^{-5}$ [kW/km/1선]

E : 전선의 대지 전압[kV], E_0 : 코로나 임계 전압[kV], f : 주파수[Hz], r : 전선의 반지름[cm], D : 선간 거리[cm], δ : 상대 공기 밀도

3) 코로나의 영향

- 전력 손실 : Peek 씨의 식으로 계산할 수 있는 전력 손실을 발생한다.
- 코로나 잡음 : 코로나 방전에 의하여, 코로나 펄스가 발생하고 코로나 잡음으로써 전파 장해를 일으킨다.
- 고주파 전압, 전류의 발생 : 전압 파형이 코로나 방전에 의해서 잘려짐으로써, 푸리에 급수로 전개하면 고조파를 포함하게 된다. 제3고조파는 유도 장해의 원인이 되고, 비접지 계통에서는 파형을 일그러지게 한다.
- 소호 리액터에 대한 영향 : 코로나가 발생하면, 전선의 겉보기 굵기가 증가하므로 대지 정전 용량이 증대하고, 계통은 부족 보상이 된다. 또, 코로나 손실의 유효분 전류나 제3고조파 전류는 잔류 전류가 되어 소호 작용를 방해한다.
- 전력선 반송 장치에의 영향 : 보안, 업무용 전화, 보호 계전 방식, 원격 측정 제어 등에 전력선 반송파를 사용하는데, 코로나에 의한 고조파가 여기에 영향을 미친다.
- 전선의 부식 : 오존 및 산화 질소가 발생하여, 수분과 합해서 초산(HNO3)이 되면, 전선이나 바인드선을 부식한다.
- 진행파의 파고값 감쇠 : 진행파(surge)는 전압이 높기 때문에, 항상 코로나를 발생시키면서 진행한다. 이러한 서지의 감쇠 효과는 대부분 코로나 방전에 의한 것이다.

4) 코로나의 방지책

- 전선의 지름을 크게 한다.
- 복도체를 사용한다.
- 가선 금구를 개량한다.
- 가선 시에 전선 표면의 금구를 손상하지 않게 한다.

4 단거리 송전 선로의 전기적 특성

1) 송전단 전압

- 단상 송전단 전압 : $E_s = \sqrt{(E_R\cos\theta_R + IR)^2 + (E_R\sin\theta_R + IX)^2}$ (전류 기준)
- 단상 송전단 전압

$$E_s = \sqrt{(E_R + IR\cos\theta_R + IX\sin\theta_R)^2 + (IX\cos\theta_R - IR\sin\theta_R)^2}$$
$$\fallingdotseq E_R + I(R\cos\theta_R + X\sin\theta_R) \quad \text{(전압 기준)}$$

- 3상 송전단 전압 : $V_S \fallingdotseq V_R + \sqrt{3}\,I(R\cos\theta_R + X\sin\theta_R)$
- 전압 강하 : $v = V_S - V_R = \sqrt{3}\,I(R\cos\theta_R + X\sin\theta_R)$
- 전압 변동률 : $\delta = \dfrac{V_R' - V_R}{V_R} \times 100\,[\%]$
- 전압 강하율 : $\epsilon = \dfrac{V_S - V_R}{V_R} \times 100 = \dfrac{\sqrt{3}\,I(R\cos\theta_R + X\sin\theta_R)}{V_R} \times 100\,[\%]$
- 수전단 전력 : $P_R = 3E_R I\cos\theta_R = \sqrt{3}\,V_R I\cos\theta_R\,[\text{W}]$
- 선로 손실 : $P_l = 3I^2 R\,[\text{W}]$
- 송전단 전력 : $P_S = \sqrt{3}\,V_S I_S \cos\theta_S = P_R + 3I^2 R\,[\text{W}]$
- 전력손실율 : $K = \dfrac{P_l}{P} \times 100 = \dfrac{PR}{V^2 \cos^2\theta} \times 100\,[\%]$

V_S : 송전단 전압, V_R : 수전단 전압, V_R' : 무부하시 수전단 전압, E_R : 수전단 상전압, R : 1선의 저항
$\cos\theta$: 역률, $\sin\theta$: 무효율, P_l : 전력손실, P : 전력, $I = I_S = I_R$: 전류 = 송전단 전류 = 수전단 전류
① 전압 제곱의 비례 : 전력 ② 전압 제곱의 반비례 : 면적, 전력손실, 전압강하율,
③ 전압의 반비례 : 전압강하

5 중거리 송전 선로의 전기적 특성

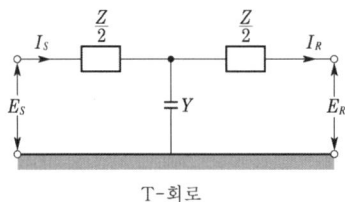

T-회로 π-회로

① T 회로 : $E_s = \left(1 + \dfrac{ZY}{2}\right)E_R + Z\left(1 + \dfrac{ZY}{4}\right)I_R$

$\qquad I_s = YE_R + \left(1 + \dfrac{ZY}{2}\right)I_R$

② π 회로 : $E_s = \left(1 + \dfrac{ZY}{2}\right)E_R + ZI_R$

$\qquad I_s = Y\left(1 + \dfrac{ZY}{4}\right)E_R + \left(1 + \dfrac{ZY}{2}\right)I_R$

Z : 임피던스, Y : 어드미턴스

6 장거리 송전 선로의 전기적 특성

1) 장거리 송전선로

① 송전 선로 4단자 정수 관계

$$E_s = AE_R + BI_R, \quad I_s = CE_R + DI_R, \quad AD - BC = 1$$

A, B, C, D : 4단자 정수

② γ : 전파 정수 $= \sqrt{ZY} = \sqrt{(r+j\omega L)(g+j\omega C)}$ [rad/km]

③ Z_0 : 특성 임피던스 $= \sqrt{\dfrac{Z}{Y}} = \sqrt{\dfrac{(r+j\omega L)}{(g+j\omega C)}}$ [Ω]

r : 저항, ω : 각속도, L : 작용 인덕턴스, C : 작용 정전용량

2) 송전용량

① Still의 식(경제적인 송전 전압)

$$V_s = 5.5 \sqrt{0.6l + \dfrac{P}{100}} \text{ [kV]}$$

l : 송전 거리[km], P : 송전 용량[kW]

② 고유 부하법

$$P = \dfrac{V_R^2}{Z} \times 10^3 \fallingdotseq 2.5 V_R^2 \text{ [MW/회선]}$$

V_R : 수전단 선간 전압[kV], Z : 특성 임피던스(대략 400[Ω])

③ 송전 용량 계수법

$$P_R = k \dfrac{V_R^2}{l} \text{ [kW]}$$

V_R : 수전단 선간 전압[kV], l : 송전 거리[km], k : 송전 용량 계수 $\begin{cases} 60[\text{kV}] \to 600 \\ 100[\text{kV}] \to 800 \\ 140[\text{kV}] \to 1200 \end{cases}$

④ 송전 전력

$$P = \dfrac{V_S V_R}{X} \sin \delta \text{ [MW]}$$

V_S, V_R : 송수전단 전압[kV], δ : 송수전단 전압의 위상차, X : 선로의 리액턴스[Ω]

7 분포정전용량의 영향

1) 페란티 현상
페란티 현상이란 무부하 장거리송전선로의 정전용량이 큰 경우 충전전류에 의해 수전단 전압이 송전단 전압보다 높아지는 현상을 말한다.

2) 연가
연가는 선로정수를 평형시키고 통신선의 유도장해를 방지하기 위하여 선로를 3배수 등분하여 실시한다.
- 직렬공진 방지
- 유도장해 감소
- 선로정수 평형

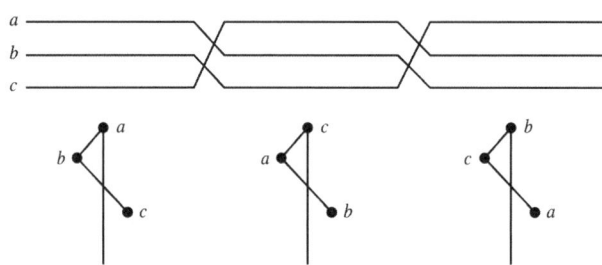

3) 복도체 방식
3상 송전선의 한 가닥의 전선을 2가닥 이상으로 한 것을 다도체라 하고, 2가닥으로 한 것을 보통 복도체라 하며, 주목적은 코로나의 방지를 위한 것이다.
- 복도체에서 단락시는 모든 소도체에는 동일 방향으로 전류가 흐르므로 흡인력이 생긴다.
- 복도체를 사용함으로써 전선의 등가 반지름이 증가하므로 인덕턴스는 감소하고 정전용량은 증가하여 송전용량이 증가하고 안정도를 증대시킨다.

8 가공 전선로와 지중 전선로

지중선 계통은 가공선 계통에 비해서 선간 거리가 수십 배 작으므로 인덕턴스는 작고 정전 용량은 크다.

02 필수유형 및 과년도문제

필수 01 ★★★ 선로정수

430[mm²]의 ACSR(반지름 $r = 14.6$[mm])이 그림과 같이 배치되어 완전 연가된 송전 선로가 있다. 이 경우 인덕턴스[mH/km]를 구하면 어느 것인가? 단, 지표상의 높이는 딥(dip)의 영향을 고려한 것이다.

① 1.34
② 1.35
③ 1.37
④ 1.38

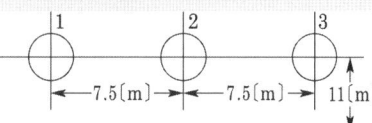

유형분석 선로정수, 등가선간거리, 충전전류 등이 출제된다.

풀이 기하 평균 선간 거리

$D = \sqrt[3]{7.5 \times 7.5 \times 2 \times 7.5} = 9.45[\text{m}] = 9450[\text{mm}]$

$r = 14.6[\text{mm}]$

$\therefore L = 0.05 + 0.4605 \log_{10} \dfrac{D}{r} = 0.05 + 0.4605 \log_{10} \dfrac{9450}{14.6} = 1.3445[\text{mH/km}]$

답 ①

Key point

(1) 인덕턴스

- 단도체 인덕턴스 : $L = 0.4605 \log_{10} \dfrac{D}{r} + 0.05 [\text{mH/km}]$

(2) 정전용량

- 단도체 정전용량 : $C = \dfrac{0.02413}{\log_{10} \dfrac{D}{r}} [\mu\text{F/km}]$

- 부분 정전용량
  ㉠ 단상 1회선인 경우 $C_w = C_s + 2C_m$
  ㉡ 3상 1회선인 경우 $C_w = C_s + 3C_m$
  ㉢ 3상 2회선인 경우 $C_w = C_s + 3(C_m + C'_m)$

문제 01 ★★★★★
3상 3선식 1회선의 가공 송전선로에서 D를 선간거리, r을 전선의 반지름이라고 하면 1선당 정전용량 C는?

① $\log_{10}\dfrac{D}{r}$ 에 비례한다. ② $\log_{10}\dfrac{D}{r}$ 에 반비례한다.

③ $\dfrac{D}{r}$ 에 비례한다. ④ $\dfrac{r}{D}$ 에 비례한다.

풀이 $C_w = \dfrac{0.02413}{\log_{10}\dfrac{D}{r}}[\mu F/km]$ 이므로 정전용량은 $\log_{10}\dfrac{D}{r}$ 에 반비례한다. **답** ②

문제 02 ★☆
길이가 35[km]인 단상 2선식 전선로의 유도 리액턴스는 몇 [Ω]인가? 단, 전선로 단위 길이당 인덕턴스는 1.3[mH/km/선], 주파수 60[Hz]이다.

① 17 ② 26 ③ 34 ④ 68

풀이 $X_L = 2\pi f L l = 2\pi \times 60 \times 1.3 \times 10^{-3} \times 2 \times 35 = 34.3[\Omega]$ **답** ③

문제 03 ☆
그림과 같이 D[m]의 간격으로 반경 r[m]의 두 전선 a, b가 평행으로 가산되어 있는 경우 작용 인덕턴스는 몇 [mH/km]인가?

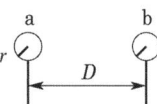

① $L = 0.05 + 0.4605\log_{10}\dfrac{D}{r}$ ② $L = 0.05 + 0.4605\log_{10}\dfrac{r}{D}$

③ $L = 0.05 + 0.4605\log_{10}(rD)$ ④ $L = 0.05 + 0.4605\log_{10}\left(\dfrac{1}{rD}\right)$

풀이 단도체 인덕턴스 $L = 0.05 + 0.4605\log_{10}\dfrac{D}{r}$[mH/km] **답** ①

문제 04 ★★
복도체 선로가 있다. 소도체의 지름 8[mm], 소도체 사이의 간격 40[cm]일 때, 등가 반지름[cm]은?

① 2.8 ② 3.6 ③ 4.0 ④ 5.7

풀이 등가 반지름 $r_e = \sqrt{rs} = \sqrt{0.4 \times 40} = 4.0$[cm] **답** ③

문제 05 ★★☆
단상 2선식 배전 선로에 있어서 대지 정전용량을 C_s, 선간 정전용량을 C_m이라 할 때 작용 정전용량 C_n은?

① $C_s + C_m$ ② $C_s + 2C_m$ ③ $C_s + 3C_m$ ④ $2C_s + C_m$

풀이 등가 회로를 그려보면

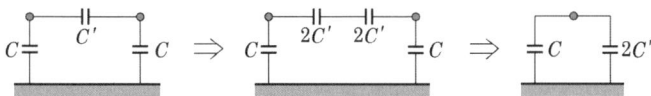

1선당의 작용 정전용량 $C_n = 2C' + C = 2C_m + C_s$

답 ②

필수 02 ★★★★★
전력원선도

전력 원선도에서 알 수 없는 것은?
① 전력 ② 손실 ③ 역률 ④ 코로나 손실

유형분석 원선도 반지름, 원선도에서 구할 수 없는 것 등이 출제된다.

풀이
1) 원선도에서 구할 수 있는 것
   - 최대출력 (정태 극한전력)
   - 필요한 전력을 보내기 위한 송수전단 전압 간의 위상각 θ
   - 요구하는 부하의 전력을 수전단에서 받기 위해 필요한 수전단 쪽의 조상설비 용량
   - 송수전단 R, L, C, G에 의한 선로 손실(4단자 정수)과 송전효율
   - 수전단 역률
2) 원선도에서 구할 수 없는 것
   - 코로나 손실
   - 과도안정 극한전력

답 ④

Key point

원선도의 반지름 : $\rho = \dfrac{V_S V_R}{B}$

원선도에서 구할 수 없는 것 : 과도 안정 극한전력, 코로나 손실

문제 06 ★
정전압 송전 방식에서 전력 원선도를 그리려면 무엇이 주어져야 하는가?
① 송수전단 전압, 선로의 일반회로정수
② 송수전단 전류, 선로의 일반회로정수
③ 조상기 용량, 수전단 전압
④ 송전단 전압, 수전단 전류

풀이 전력 원선도 작성 시 필요한 것
① 송전단 전압 : E_s ② 수전단 전압 : E_r ③ 회로정수 : A, B, C, D

답 ①

문제 07 ★★☆
전력 원선도의 가로축과 세로축은 각각 다음 중 어느 것을 나타내는가?

① 전압과 전류 ② 전압과 전력
③ 전류와 전력 ④ 유효 전력과 무효 전력

풀이 가로축 : 유효 전력, 세로축 : 무효 전력

답 ④

문제 08 ★★★★★
송수전단의 전압을 E_s, E_r이라고 하고 4단자 정수를 A, B, C, D라 할 때 전력 원선도를 그릴 때의 반지름은?

① $E_r E_s / A$ ② $E_r E_s / B$ ③ $E_r E_s / C$ ④ $E_r E_s / D$

풀이 반지름 $\rho = \dfrac{E_s E_r}{B}$

답 ②

필수 03 ★★★★★ 코로나 현상 및 유도장해

송전선로에서 코로나 임계 전압이 높아지는 경우는 다음 중 어느 것인가?
① 온도가 높아지는 경우   ② 상대 공기 밀도가 작을 경우
③ 전선의 직경이 큰 경우   ④ 기압이 낮은 경우

유형분석 코로나의 영향과 대책, 정전 유도 장해와 전자 유도 장해 부분이 출제된다.

  풀 이 코로나 임계 전압 $E_0 = 24.3 m_0 m_1 \delta d \log_{10} \dfrac{D}{r}$ [kV]

여기서, δ : 상대 공기 밀도 $\left(\delta = \dfrac{0.386b}{273+t}\right)$, t : 온도[℃], b : 기압,
d : 전선의 직경[cm], D : 선간 거리[cm], r : 전선의 반경[cm]

따라서 전선의 직경이 큰 경우 또는 기압이 높아지거나 온도가 낮아지면 임계전압이 높아진다. **답** ③

Key point

코로나의 방지책
- 전선의 지름을 크게 한다.
- 복도체를 사용한다.
- 가선 금구를 개량한다.
- 가선 시에 전선 표면의 금구를 손상하지 않게 한다.

문제 09
표준 상태의 기온, 기압하에서 공기의 절연이 파괴되는 전위 경도는 정현파 교류의 실효값[kV/cm]으로 얼마인가?

① 40　　　② 30　　　③ 21　　　④ 12

풀이 절연 파괴 전위 경도는 직류에 있어서는 30[kV/cm], 교류에 있어서는 교류 최댓값이 30[kV/cm]이므로 실효값은 $30/\sqrt{2}$ [kV/cm], 즉 21[kV/cm]이다.　**답** ③

문제 10
코로나 방지 대책으로 적당하지 않은 것은?

① 전선의 외경을 증가시킨다.　　② 선간 거리를 증가시킨다.
③ 복도체 방식을 채용한다.　　　④ 가선 금구를 개량한다.

풀이 코로나 방지 대책
① 전선의 지름을 크게 한다.
② 복도체를 사용한다.
③ 가선 금구를 개량한다.
④ 가선 시에 전선 표면의 금구를 손상하지 않게 한다.
방지 대책과 임계 전압 식에서 보면 모두 해당이 되나 선간 거리를 증가시키려면 철탑을 보강하여야 하므로 경제적 측면에서 부적당하다.　**답** ②

필수 04 ★★ 단거리 송전선로의 전기적 특성

지상 부하를 가진 3상 3선식 배전선 또는 단거리 송전선에서 선간 전압 강하를 나타낸 식은? 단, I, R, X, θ는 각각 수전단 전류, 선로저항, 리액턴스 및 수전단 전류의 위상각이다.

① $I(R\cos\theta + X\sin\theta)$
② $2I(R\cos\theta + X\sin\theta)$
③ $\sqrt{3}\,I(R\cos\theta + X\sin\theta)$
④ $3I(R\cos\theta + X\sin\theta)$

유형분석 n배 승압했을 경우 전압 강하, 전압 강하율, 전력, 전력 손실, 역률의 변화에 관한 문제가 출제된다.

풀이 $e = V_s - V_r = \sqrt{3}\,I(R\cos\theta + X\sin\theta)$　**답** ③

Key point

- 3상 송전단 전압　$V_S \fallingdotseq V_R + \sqrt{3}\,I(R\cos\theta_R + X\sin\theta_R)$
- 전압 강하　$v = V_S - V_R = \sqrt{3}\,I(R\cos\theta_R + X\sin\theta_R)$
- 전압 변동률　$\delta = \dfrac{V_R' - V_R}{V_R} \times 100[\%]$
- 전압 강하율　$\epsilon = \dfrac{V_S - V_R}{V_R} \times 100 = \dfrac{\sqrt{3}\,I(R\cos\theta_R + X\sin\theta_R)}{V_R} \times 100[\%]$
- 수전단 전력　$P_R = 3E_R I\cos\theta_R = \sqrt{3}\,V_R I\cos\theta_R[\text{W}]$

문제 11 ★★★ 늦은 역률의 부하를 갖는 단거리 송전선로의 전압강하의 근사식은? 단, P는 3상 부하전력[kW], E는 선간전압[kV], R은 선로저항[Ω], X는 리액턴스[Ω], θ는 부하의 늦은 역률각이다.

① $\dfrac{\sqrt{3}P}{E}(R+X\cdot tan\theta)$ ② $\dfrac{P}{\sqrt{3}E}(R+X\cdot tan\theta)$

③ $\dfrac{P}{E}(R+X\cdot tan\theta)$ ④ $\dfrac{P}{\sqrt{3}E}(R\cdot cos\theta+X\cdot sin\theta)$

풀이 $P=\sqrt{3}EI\cos\theta$에서 $I=\dfrac{P}{\sqrt{3}E\cos\theta}$

3상 전압 강하 $v=V_s-V_r=\sqrt{3}I(R\cos\theta+X\sin\theta)=\sqrt{3}\dfrac{P}{\sqrt{3}E\cos\theta}(R\cos\theta+X\sin\theta)$

$=\dfrac{P}{E}\left(R+X\dfrac{\sin\theta}{\cos\theta}\right)=\dfrac{P}{E}(R+X\tan\theta)$ **답** ③

문제 12 ★★★★★ 송전단 전압이 6600[V], 수전단 전압은 6100[V]였다. 수전단의 부하를 끊은 경우 수전단 전압이 6300[V]라면 이 회로의 전압 강하율과 전압 변동률은 각각 몇 [%]인가?

① 3.28, 8.2   ② 8.2, 3.28
③ 4.14, 6.8   ④ 6.8, 4.14

풀이 전압 강하율 $\epsilon=\dfrac{V_s-V_r}{V_r}\times100=\dfrac{6600-6100}{6100}\times100=8.2[\%]$

전압 변동률 $\delta=\dfrac{V_{r0}-V_r}{V_r}\times100=\dfrac{6300-6100}{6100}\times100=3.28[\%]$ **답** ②

문제 13 ★★★★☆ 수전단 전압 60,000[V], 전류 200[A], 선로의 저항 $R=7.61[\Omega]$, 리액턴스 $X=11.85[\Omega]$일 때, 전압 강하율은 몇 [%]인가? 단, 수전단 역률은 0.8이라 한다.

① 약 7.00   ② 약 7.41
③ 약 7.61   ④ 약 8.00

풀이 전압 강하율
$\epsilon=\dfrac{V_s-V_r}{V_r}\times100=\dfrac{\sqrt{3}I(R\cos\theta+X\sin\theta)}{V_r}\times100=\dfrac{\sqrt{3}\times200(7.61\times0.8+11.85\times0.6)}{60,000}\times100$
$=7.61[\%]$ **답** ③

문제 14 ★★★★☆ 송전선의 단면적 A[mm²]와 송전 전압 V[kV]와의 관계로 옳은 것은?

① $A\propto V$ ② $A\propto V^2$ ③ $A\propto\dfrac{1}{V^2}$ ④ $A\propto\dfrac{1}{\sqrt{V}}$

풀이
$$P_l = 3I^2 R = \frac{P^2 \rho l}{V^2 \cos^2\theta A}$$
$$\therefore A = \frac{P^2 \rho l}{P_l V^2 \cos^2\theta}\left(\propto \frac{1}{V^2}\right)$$

답 ③

문제 15 ★★☆ 송전 전압을 높일 때 발생하는 경제적 문제 중 옳지 않은 것은?

① 송전 전력과 전선의 단면적이 일정하면 선로의 전력 손실이 감소한다.
② 절연 애자의 개수가 증가한다.
③ 변전소에 시설할 기기의 값이 고가로 된다.
④ 보수 유지에 필요한 비용이 적어진다.

풀이 보수 유지에 필요한 비용이 많아진다.

답 ④

필수 05 ★★★ 중거리 송전선로의 전기적 특성

중거리 송전선로의 T형 회로에서 송전단 전류 I_s 는? 단, Z, Y 는 선로의 직렬 임피던스와 병렬 어드미턴스이고 E_r 은 수전단 전압, I_r 은 수전단 전류이다.

① $I_r\left(1+\dfrac{ZY}{2}\right)+E_r Y$
② $E_r\left(1+\dfrac{ZY}{2}\right)+ZI_r\left(1+\dfrac{ZY}{4}\right)$
③ $E_r\left(1+\dfrac{ZY}{2}\right)+Z_r$
④ $I_r\left(1+\dfrac{ZY}{2}\right)+E_r Y\left(1+\dfrac{ZY}{4}\right)$

유형분석 4단자 정수와 관련된 문제가 출제된다. 송전전압, 전류 등을 계산하는 문제는 출제되지 않는다.

풀이
T회로 : $I_s = YE_R + I_R\left(1+\dfrac{ZY}{2}\right)$
π회로 : $I_s = Y\left(1+\dfrac{ZY}{4}\right)E_R + \left(1+\dfrac{ZY}{2}\right)I_R$

답 ①

Key point

① T 회로 : $E_s = \left(1+\dfrac{ZY}{2}\right)E_R + Z\left(1+\dfrac{ZY}{4}\right)I_R$

$I_s = YE_R + \left(1+\dfrac{ZY}{4}\right)I_R$

② π 회로 : $E_s = \left(1+\dfrac{ZY}{2}\right)E_R + ZI_R$

$I_s = Y\left(1+\dfrac{ZY}{4}\right)E_R + \left(1+\dfrac{ZY}{2}\right)I_R$

문제 16 ★★
그림과 같이 정수가 서로 같은 평행 2회선의 4단자 정수 중 C_0는?

① $\dfrac{C_1}{4}$ ② $\dfrac{C_1}{2}$
③ $2C_1$ ④ $4C_1$

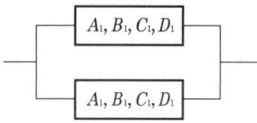

풀이

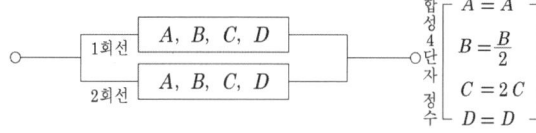

A, D는 불변. 직렬 요소의 임피던스 값인 B는 병렬 접속이므로 1/2배로 감소.
병렬 요소의 어드미턴스 값인 C는 병렬 접속이므로 2배로 증가

답 ③

문제 17 ★☆
송전단 전압, 전류를 각각 E_s, I_s 수전단의 전압, 전류를 각각 E_R, I_R이라 하고 4단자 정수를 A, B, C, D 라 할 때 다음 중 옳은 식은?

① $\begin{cases} E_S = AE_R + BI_R \\ I_S = CE_R + DI_R \end{cases}$ ② $\begin{cases} E_S = CE_R + DI_R \\ I_S = AE_R + BI_R \end{cases}$

③ $\begin{cases} E_S = BE_R + AI_R \\ I_S = DE_R + CI_R \end{cases}$ ④ $\begin{cases} E_S = DE_R + CI_R \\ I_S = BE_R + AI_R \end{cases}$

답 ①

문제 18 ★★
154[kV], 300[km]의 3상 송전선에서 일반 회로정수는 다음과 같다. $A = 0.900$, $B = 150$, $C = j0.901 \times 10^{-3}$, $D = 0.930$이 송전선에서 무부하 시 송전단에 154[kV]를 가했을 때 수전단 전압은 몇 [kV]인가?

① 143 ② 154 ③ 166 ④ 171

풀이 송전단 상전압 $E_S = AE_R + BI_R$에서 송전단 선간 전압 $V_S = AV_R + \sqrt{3}BI_R$

무부하이므로 $I_R = 0$, $V_S = AV_R$ ∴ $V_R = \dfrac{V_S}{A} = \dfrac{154}{0.9}$[kV] = 171[kV]

답 ④

문제 19 ★★★☆
그림과 같이 회로 정수 A, B, C, D 인 송전 선로에 변압기 임피던스 Z_r을 수전단에 접속했을 때 변압기 임피던스 Z_r을 포함한 새로운 회로 정수 D_0는? 단, 그림에서 E_S, I_S는 송전단 전압, 전류이고 E_R, I_R은 수전단의 전압, 전류이다.

① $B + AZ_r$
② $B + CZ_r$
③ $D + AZ_r$
④ $D + CZ_r$

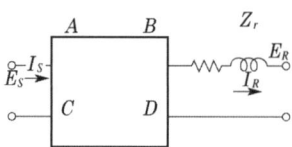

풀이:
$$\begin{bmatrix} A_0 & B_0 \\ C_0 & D_0 \end{bmatrix} = \begin{bmatrix} A & B \\ C & D \end{bmatrix}\begin{bmatrix} 1 & Z_r \\ 0 & 1 \end{bmatrix} = \begin{bmatrix} A & AZ_r+B \\ C & CZ_r+D \end{bmatrix}$$
$$\therefore D_0 = D + CZ_r$$

답 ④

필수 06 ★★★★★ 장거리 송전선로의 전기적 특성

무손실 전기회로에서 $C = 0.009[\mu F/km]$, $L = 1[mH/km]$일 때 특성 임피던스는 몇 $[\Omega]$인가?

① $\dfrac{10}{3}$ ② $\dfrac{100}{3}$ ③ $\dfrac{1000}{3}$ ④ $\dfrac{10,000}{3}$

유형분석 특성 임피던스와 전파정수에 관한 문제가 자주 출제된다.

풀 이 $Z_0 = \sqrt{\dfrac{L}{C}} = \sqrt{\dfrac{1 \times 10^{-3}}{0.009 \times 10^{-6}}} = \sqrt{\dfrac{10^6}{9}} = \dfrac{1000}{3}[\Omega]$

답 ③

Key point

(1) 장거리 송전선로
 ① 송전 선로 4단자 정수 관계
  $E_s = AE_R + BI_R$, $I_s = CE_R + DI_R$, $AD - BC = 1$
 ② γ : 전파 정수 $= \sqrt{ZY} = \sqrt{(r+j\omega L)(g+j\omega C)}$ [rad/km]
 ③ Z_0 : 특성 임피던스 $= \sqrt{\dfrac{Z}{Y}} = \sqrt{\dfrac{(r+j\omega L)}{(g+j\omega C)}}$ $[\Omega]$

(2) 송전용량
 ① Still의 식(경제적인 송전 전압) $V_s = 5.5\sqrt{0.6l + \dfrac{P}{100}}$
 ② 송전 전력 $P = \dfrac{V_S V_R}{X}\sin\delta$ [MW]

문제 20 ★☆ 장거리 송전선로의 특성은 무슨 회로로 다루는 것이 가장 좋은가?

① 특성 임피던스 회로   ② 집중정수 회로
③ 분포정수 회로   ④ 분산부하 회로

풀이

구분	거리	선로정수	회로
단거리	수[km]	R, L만 고려	집중 정수회로로 취급
중거리	수십[km]	R, L, C만 고려	T회로, π회로로 취급
장거리	수백[km]	R, L, C, g 고려	분포 정수회로로 취급

답 ③

문제 21 ★★

송전선의 파동 임피던스를 $Z_0[\Omega]$, 전파속도를 v 라 할 때, 이 송전선의 단위길이에 대한 인덕턴스는 몇 [H]인가?

① $L = \dfrac{v}{Z_0}$ ② $L = \dfrac{Z_0}{v}$ ③ $L = \sqrt{Z_0 v}$ ④ $L = \dfrac{Z_0^{\ 2}}{v}$

풀이 파동 임피던스 $Z_0 = \sqrt{\dfrac{L}{C}}$, 전파속도 $v = \sqrt{\dfrac{1}{LC}}$

$\therefore \dfrac{Z_0}{v} = \sqrt{\dfrac{\dfrac{L}{C}}{\dfrac{1}{LC}}} = L$

답 ②

문제 22 ★★☆

선로의 특성 임피던스는?

① 선로의 길이가 길어질수록 값이 커진다.
② 선로의 길이가 길어질수록 값이 작아진다.
③ 선로의 길이보다는 부하전력에 따라 값이 변한다.
④ 선로의 길이에 관계없이 일정하다.

풀이 $Z_0 = \sqrt{\dfrac{L}{C}}$: 길이에 무관하다.

답 ④

문제 23 ★★★★

장거리 송전선에서 단위 길이당 임피던스 $\dot{Z} = r + j\omega L[\Omega/\text{km}]$, 어드미턴스 $\dot{Y} = g + j\omega C[\mho/\text{km}]$라 할 때 저항과 누설 컨덕턴스를 무시하는 경우 특성 임피던스의 값은?

① $\sqrt{\dfrac{L}{C}}$ ② $\sqrt{\dfrac{C}{L}}$ ③ $\dfrac{L}{C}$ ④ $\dfrac{C}{L}$

풀이 특성 임피던스 $Z_0 = \sqrt{\dfrac{Z}{Y}} = \sqrt{\dfrac{0+j\omega L}{0+j\omega C}} \fallingdotseq \sqrt{\dfrac{L}{C}}$

답 ①

문제 24 ★★★★★

송전단 전압 161[kV], 수전단 전압 154[kV], 상차각 40°, 리액턴스 45[Ω]일 때 선로 손실을 무시하면 전송 전력은 약 몇 [MW]인가?

① 323 ② 443 ③ 354 ④ 623

풀이 $P = \dfrac{V_s V_r}{X}\sin\delta = \dfrac{161 \times 154}{45}\sin 40° = 354[\text{MW}]$

답 ③

필수 07 ★★★★★ 분포 정전용량의 영향

초고압 장거리 송전선로에 접속되는 1차 변전소에 분로 리액터를 설치하는 목적은?
① 송전용량의 증가   ② 전력 손실의 경감
③ 과도 안정도의 증진   ④ 페란티 효과의 방지

유형분석 연가, 복도체, 페란티 현상 등이 출제된다.

풀 이 진상전류는 계통에 페란티 현상 발생 → 분로 리액터로 페란티 현상 방지   답 ④

Key point

① 페란티 현상 : 페란티 현상이란 무부하 장거리 송전선로의 정전용량이 큰 경우 충전전류에 의해 수전단 전압이 송전단 전압보다 높아지는 현상을 말한다.
② 연가 : 연가는 선로정수를 평형시키고 통신선의 유도장해를 방지하기 위하여 선로를 3배수 등분하여 실시한다.
 • 직렬공진 방지   • 유도장해 감소

문제 25 ★★★☆ 송배전 선로의 도중에 직렬로 삽입하여 선로의 유도성 리액턴스를 보상함으로써 선로정수 그 자체를 변화시켜서 선로의 전압 강하를 감소시키는 직렬 콘덴서 방식의 특성에 대한 설명으로 옳은 것은?
① 최대 송전 전력이 감소하고 정태 안정도가 감소된다.
② 부하의 변동에 따른 수전단의 전압 변동률은 증대된다.
③ 장거리 선로의 유도 리액턴스를 보상하고 전압 강하를 감소시킨다.
④ 송수 양단의 전달 임피던스가 증가하고 안정 극한 전력이 감소한다.

풀이 직렬 콘덴서의 장·단점
[장점] ① 유도 리액턴스를 보상하고 전압 강하를 감소시킨다.
　　　② 수전단의 전압 변동률을 경감시킨다.
　　　③ 최대 송전 전력이 증대하고 정태 안정도가 증대한다.
　　　④ 부하 역률이 나쁠수록 효과가 크다.
　　　⑤ 용량이 작으므로 설비비가 저렴하다.
[단점] ① 단락 고장 시 콘덴서 양단에 고전압이 걸린다.
　　　② 무부하 변압기에 직렬 콘덴서를 투입하는 경우 선로 전류가 증대한다.
　　　③ 고압 배전선에 설치하는 경우 자기 여자 현상이 일어날 경우가 있다.
　　　④ 과보상이 되면 동기기에 난조가 생기거나 탈조하는 수가 있다.   답 ③

문제 26 ★★★★★ 연가를 하는 주된 목적은?
① 미관상 필요   ② 선로정수의 평형
③ 유도뢰의 방지   ④ 직격뢰의 방지

풀이
- 연가는 선로정수를 평형시키고 통신선의 유도장해를 방지하기 위하여 선로를 3배수 등분하여 실시한다.
- 연가의 목적 : 직렬공진 방지, 유도장해 감소, 선로정수 평형 답 ②

문제 27 ★★★★★
연가의 효과가 아닌 것은?
① 작용 정전용량의 감소
② 통신선의 유도 장해 감소
③ 각 상의 임피던스 평형
④ 직렬 공진의 방지

풀이 연가의 효과
① 선로정수 평형 ② 임피던스 평형 ③ 소호리액터 접지 시 직렬공진방지 ④ 유도장해 감소 답 ①

문제 28 ★★★★★
345[kV]용에서 사용하는 복도체는 같은 단면적의 단도체에 비하여 어떠한가?
① 인덕턴스는 증가하고, 정전용량은 감소한다.
② 인덕턴스는 감소하고, 정전용량은 증가한다.
③ 인덕턴스, 정전용량이 감소한다.
④ 인덕턴스, 정전용량이 증가한다.

풀이 단도체 $L = 0.05 + 0.4605 \log_{10} \dfrac{D}{r}$, $C = \dfrac{0.02413}{\log_{10} \dfrac{D}{r}}$

복도체 $L = \dfrac{0.05}{n} + 0.4605 \log_{10} \dfrac{D}{\sqrt[n]{rs^{n-1}}}$, $C = \dfrac{0.02413}{\log_{10} \dfrac{D}{\sqrt[n]{rs^{n-1}}}}$

위 식에서 보는 것 같이 복도체는 단도체에 비해서 등가 반지름이 증가하므로 인덕턴스는 감소, 정전용량은 증가한다. 답 ②

필수 08 가공 전선로와 지중 전선로

지중선 계통은 가공선 계통에 비하여 인덕턴스와 정전용량은 어떠한가?
① 인덕턴스, 정전용량이 모두 크다.
② 인덕턴스, 정전용량이 모두 작다.
③ 인덕턴스는 크고 정전용량은 작다.
④ 인덕턴스는 작고 정전용량은 크다.

유형분석 인덕턴스와 정전용량의 변화되는 내용이 출제된다.

풀 이 지중선 계통은 가공선 계통에 비해서 선간 거리가 수십 배 작으므로 인덕턴스는 작고 정전용량은 크다. 답 ④

 Key point

지중선 계통은 가공선 계통에 비해서 선간 거리가 수십 배 작으므로 인덕턴스는 작고 정전용량은 크다.

03 출제기준 – 송·배전 방식과 그 설비 및 운용

1 송전 방식

1) 1선당 공급 전력 비교

전기방식	공급전력	1선당 공급전력	비교
단상2선식	$VI\cos\theta$	$\dfrac{VI\cos\theta}{2}$	100 [%]
단상3선식	$2VI\cos\theta$	$\dfrac{2\,VI\cos\theta}{3}$	133 [%]
3상 3선식	$\sqrt{3}\,VI\cos\theta$	$\dfrac{\sqrt{3}\,VI\cos\theta}{3}$	115 [%]
3상 4선식	$3VI\cos\theta$	$\dfrac{3\,VI\cos\theta}{4}$	150 [%]

2) 전류비, 저항비, 중량비 비교

전기방식	소요 전선량 비교		절약량
단상 2선식	중성선 굵기	기준 – 100 [%]	
단상 3선식	같다.	3/8	62.50 [%]
	1/2	2.5/8	–
3상 3선식	–	3/4	25.00 [%]
3상 4선식	같다.	4/12	66.70 [%]
	1/2	3.5/12	–

2 배전 방식

1) 배전선로의 구성

① 급전선(feeder) : 배전 변전소 또는 발전소로부터 배전 간선에 이르기까지의 도중에 부하가 접속되어 있지 않은 선로

② 간선(main line) : 급전선에 접속된 수용 지역에서의 배전 선로 가운데에서 부하의 분포 상태에 따라서 배전하거나 또는 분기선을 내어서 배전하는 주간 부분

③ 분기선(branch line) : 간선으로부터 분기한 배전 선로의 가지 모양으로 된 부분

2) 배전선의 형태

① 수지식(나뭇가지식 : tree system)

② 환상식(loop system) : 루프 배선의 이점은 선로의 도중에 고장 발생시, 고장 개소의 분리 조작이 용이하여 그 부분을 빨리 분리시킬 수 있고 전류의 통로에 융통성이 있으므로 전력 손실과 전압 강하가 적다.

③ 망상식(network system)
- 배전 신뢰도 높다.
- 기기 이용률 향상된다.
- 전압 변동이 적다.
- 적응성 양호하다.
- 전력 손실이 감소한다.
- 변전소 수를 줄일 수 있다.

④ Banking 방식 : 캐스케이딩 현상이란 Banking 배전방식으로 운전 중 건전한 변압기 일부가 고장이 발생하면 부하가 다른 건전한 변압기에 걸려서 고장이 확대되는 현상을 말한다.

3 중성점 접지방식

1) 접지목적

① 1선 지락 시 전위상승 억제, 계통의 기계 기구의 절연 보호
② 지락 사고 시 보호계전기 동작 확실
③ 안정도 증진
④ 피뢰기 효과 증진
⑤ 단절연, 저감절연
⑥ 유도장해의 방지

2) 중성점 접지방식 비교

방식	다중 고장 발생 확률	보호계전기 동작	지락 전류	고장중 운전	전위 상승	과도 안정도	유도 장해	특징
직접접지 (22.9, 154, 345[kV])	최소	확실	최대	×	1.3	최소	최대	중성점 영전위, 단절연가능
저항접지	보통	↑	↑	×	$\sqrt{3}$	↓	↑	
비접지 (3.3, 6.6[kV])	최대	×	↑	가능	$\sqrt{3}$	↓	↑	저전압 단거리에 적용
소호리액터접지 (66[kV])	보통	불확실	최소	가능	$\sqrt{3}$ 이상	최대	최소	병렬공진, 고장전류최소

3) 소호리액터 접지방식(병렬공진 이용)

소호 리액터의 크기 : $L = \dfrac{1}{3\omega^2 C_s} = \dfrac{1}{3(2\pi f)^2 C_s}$

ω : 각속도, C_s : 정전용량, f : 주파수

4) 중성점 잔류전압

$$E_n = \dfrac{\sqrt{C_a(C_a - C_b) + C_b(C_b - C_c) + C_c(C_c - C_a)}}{C_a + C_b + C_c} \times \dfrac{V}{\sqrt{3}}$$

4 전력계통의 구성 및 운용

1) 전선의 구비 조건
① 도전율이 높을 것   ② 기계적 강도가 클 것   ③ 내구성이 있을 것
④ 중량이 가벼울 것   ⑤ 가요성이 클 것   ⑥ 가격이 저렴할 것

2) 켈빈의 법칙
전선 단위 길이당의 연간 전력 손실량의 가격과 전선 단위 길이당의 건설비의 이자와 상각비가 같게 될 때 전선의 굵기가 가장 경제적인 전선이라는 법칙

3) 전선의 도약방지
오프셋(offset)을 한다.

4) 애자의 연효율 또는 연능률 (백분율 또는 소수로도 표시한다.

$\eta_n = \dfrac{V_n}{nV_1}$ n : 애자의 개수, V_n : 1련의 섬락전압, V_1 : 1개의 섬락전압

5) 이도 $D = \dfrac{WS^2}{8T}$ [m]

D : 이도, W : 전선의 하중, S : 경간, T : 장력   ※ 장력은 인장하중을 안전율로 나눈 값이다.

6) 전선의 실제 길이 $L = S + \dfrac{8D^2}{3S}$ [m]

D : 이도, W : 전선의 하중, S : 경간, T : 장력
※ 장력은 인장하중을 안전율로 나눈 값이다.

7) 전주가 수직인 지선

- $T_0 = \dfrac{T}{\cos\theta} = \dfrac{T\sqrt{H^2+a^2}}{a} = \eta \times \dfrac{T_0{}'}{K}$

- $n = \dfrac{KT}{T_0{}'\cos\theta} = \dfrac{KT}{T_0{}'} \dfrac{\sqrt{H^2+a^2}}{a}$

T_0 : 지선이 받는 장력, T : 전선이 받는 장력, K : 안전률

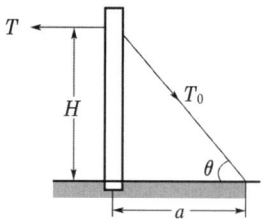

5 고장 계산과 대책

1) 옴법 (ohm method)

단락 전류 $I_S = \dfrac{E}{Z} = \dfrac{E}{Z_g + Z_t + Z_l}$ [A]

k : 송전 용량 계수, I_S : 단락 전류[A], Z_g : 발전기의 임피던스[Ω], Z_t : 변압기의 임피던스[Ω]
Z_l : 선로의 임피던스[Ω], E : 상전압[V]

2) 백분율법 (percentage method)

① 퍼센트 임피던스 $\%Z = \dfrac{ZI}{E} \times 100 [\%] = \dfrac{PZ}{10E^2}[\%] = \dfrac{PZ}{10V^2}[\%]$

② 옴 임피던스 $Z = \dfrac{\%Z \cdot 10V^2}{P}[\Omega]$

$\%Z$: 퍼센트 임피던스, V : 전압[kV], P : 용량[kVA]

③ 단락 전류(차단 전류) $I_S = \dfrac{E}{Z} = \dfrac{E}{\dfrac{\%ZE}{100I}} = \dfrac{100}{\%Z}I_n$

④ 단락 용량(차단 용량)

- $P_S = \dfrac{100}{\%Z} P_n$

- $\%Z' = \%Z \times \dfrac{[\mathrm{kVA}]'}{[\mathrm{kVA}]}[\%]$

I_n : 정격 전류[A], P_S : 단락(차단) 용량, P_n : 정격 용량
$\%Z$: [kVA]에 대한 % 임피던스, $\%Z'$: [kVA]'에 대한 % 임피던스

3) 단위법 (per unit method)

$Z[\mathrm{p}\cdot\mathrm{u}] = \dfrac{ZI}{E}$ 임피던스로 표시하는 방법으로 백분율법에서 100[%]를 없앤 것이다.

① 대칭분 전압
- 각상 전압 $V_a = V_0 + V_1 + V_2$

  $V_b = V_0 + a^2 V_1 + a V_2$

  $V_c = V_0 + a V_1 + a^2 V_2$

$a = -\dfrac{1}{2} + j\dfrac{\sqrt{3}}{2} = -0.5 + j0.866 = e^{j\frac{2\pi}{3}}$, $a^2 = -\dfrac{1}{2} - j\dfrac{\sqrt{3}}{2} = -0.5 - j0.866 = e^{j\frac{4\pi}{3}}$

$a^3 = 1$, $a^2 + a + 1 = 0$

V_0, I_0 : 영상 전압, 전류, V_1, I_1 : 정상 전압, 전류, V_2, I_2 : 역상 전압, 전류

- 대칭분 전압 $V_0 = \dfrac{1}{3}(V_a + V_b + V_c)$

  $V_1 = \dfrac{1}{3}(V_a + aV_b + a^2 V_c)$

  $V_2 = \dfrac{1}{3}(V_a + a^2 V_b + aV_c)$

② 대칭분 전류
- 각상 전류 $I_a = I_0 + I_1 + I_2$

  $I_b = I_0 + a^2 I_1 + a I_2$

  $I_c = I_0 + a I_1 + a^2 I_2$

$a = -\dfrac{1}{2} + j\dfrac{\sqrt{3}}{2} = -0.5 + j0.866 = e^{j\frac{2\pi}{3}}$, $a^2 = -\dfrac{1}{2} - j\dfrac{\sqrt{3}}{2} = -0.5 - j0.866 = e^{j\frac{4\pi}{3}}$

$a^3 = 1$, $a^2 + a + 1 = 0$

V_0, I_0 : 영상 전압, 전류, V_1, I_1 : 정상 전압, 전류, V_2, I_2 : 역상 전압, 전류

- 대칭분 전류 $I_0 = \dfrac{1}{3}(I_a + I_b + I_c)$

  $I_1 = \dfrac{1}{3}(I_a + aI_b + a^2 I_c)$

  $I_2 = \dfrac{1}{3}(I_a + a^2 I_b + aI_c)$

③ 발전기의 기본식 $V_0 = -I_0 Z_0$

  $V_1 = E_1 - I_1 Z_1 = E_a - I_1 Z_1$

  $V_2 = -I_2 Z_2$

◀◀◀ 완벽대비 전기산업기사필기

필수유형 및 과년도문제

필수 01 ★☆
송전 방식

단상 2선식 배전선의 소요 전선 총량을 100[%]라 할 때 3상 3선식과 단상 3선식(중성선의 굵기는 외선과 같다)의 소요 전선의 총량은 각각 몇 [%]인가? 단, 선간 전압, 공급 전력, 전력 손실 및 배전 거리는 같다.

① 75, 37.5　　② 50, 75　　③ 100, 37.5　　④ 37.5, 75

 유형분석 전선 중량비 비교 및 1선당 공급전력 비교, 손실비 등이 출제된다.

풀 이 단상 2선식의 배전선 소요 전선 총량을 100[%]라 할 때 3상 3선식의 소요 전선량의 총량과의 비를 구하면
전력 손실 $2I_1^2 R_1 = 3I_3^2 R_3$
∴ $2(\sqrt{3}I_3)^2 R_1 = 3I_3^2 R_3$
따라서 $\dfrac{R_1}{R_3} = \dfrac{S_3}{S_1} = \dfrac{1}{2}$
소요 전선량의 비는
$\dfrac{3상\ 3선식}{단상 2선식} = \dfrac{3S_3}{2S_1} = \dfrac{3}{2} \times \dfrac{R_1}{R_3} = \dfrac{3}{2} \times \dfrac{1}{2} = \dfrac{3}{4}$　∴ 75[%]
단상 3선식의 단상 2선식에 대한 전선 중량의 비는
$2I_2^2 R_2 = 2I_3^2 R_3,\ 2I_2^2 \dfrac{\rho l}{S_2} = 2\left(\dfrac{I_2}{2}\right)^2 \dfrac{\rho l}{S_3}$　∴ $S_3 = \dfrac{S_2}{4}$
따라서 소요 전선량의 비는
$\dfrac{3상 3선식}{단상\ 2선식} = \dfrac{3S_3}{2S_2} = \dfrac{3}{2} \times \dfrac{1}{4} = \dfrac{3}{8}$　∴ 37.5[%]

답 ①

Key point

(1) 1선당 공급 전력 비교

전 기 방 식	공 급 전 력	1선당공급전력	비 교
단상2선식	$VI\cos\theta$	$\dfrac{VI\cos\theta}{2}$	100[%]
단상3선식	$2VI\cos\theta$	$\dfrac{2VI\cos\theta}{3}$	133[%]
3상 3선식	$\sqrt{3}\,VI\cos\theta$	$\dfrac{\sqrt{3}\,VI\cos\theta}{3}$	115[%]
3상 4선식	$3VI\cos\theta$	$\dfrac{3VI\cos\theta}{4}$	150[%]

(2) 전류비, 저항비, 중량비 비교

전기방식	소요전선량 비교		절약량
단상 2선식	중성선 굵기	기준 – 100[%]	
단상 3선식	같다.	3/8	62.50[%]
	1/2	2.5/8	–
3상 3선식	–	3/4	25.00[%]
3상 4선식	같다.	4/12	66.70[%]
	1/2	3.5/12	–

문제 01 ★★★ 동일 전력을 동일 선간 전압, 동일 역률로 동일 거리에 보낼 때 사용하는 전선의 총 중량이 같으면 3상 3선식인 때와 단상 2선식일 때의 전력 손실비는?

① 1   ② $\dfrac{3}{4}$ ③ $\dfrac{2}{3}$ ④ $\dfrac{1}{\sqrt{3}}$

풀이

$VI_1 = \sqrt{3}\,VI_s$, $\dfrac{I_1}{I_s} = \sqrt{3}$

중량 $2\sigma A_1 l = 3\sigma A_3 l$, $\dfrac{A_1}{A_3} = \dfrac{3}{2}\dfrac{R_3}{R_1}$

$\dfrac{3상3선식}{단상2선식} = \dfrac{3I_3^2 R_3}{2I_1^2 R_1} = \dfrac{3}{2} \times \left(\dfrac{1}{\sqrt{3}}\right)^2 \times \dfrac{3}{2} = \dfrac{3}{4}$

답 ②

문제 02 ★★☆ 송전 전력, 송전 거리, 전선로의 전력 손실이 일정하고 같은 재료의 전선을 사용한 경우 단상 2선식에서 전선 한 가닥마다의 전력을 100[%]라 하면, 단상 3선식에서는 133[%]이다. 3상 3선식에서는 몇 [%]인가?

① 57   ② 87   ③ 100   ④ 115

풀이

$\dfrac{3상3선식}{단상2선식} = \dfrac{\dfrac{\sqrt{3}}{3}}{\dfrac{1}{2}} \times 100 = \dfrac{2\sqrt{3}}{3} \times 100 = 115$

답 ④

문제 03 ★☆ 배전 선로의 전기 방식 중 전선의 중량(전선 비용)이 가장 적게 소요되는 전기 방식은? 단, 배전 전압, 거리, 전력 및 선로 손실 등은 같다고 한다.

① 단상 2선식   ② 단상 3선식   ③ 3상 3선식   ④ 3상 4선식

풀이

	단상 2선식	단상 3선식	3상 3선식	3상 4선식
소요 전선량 전력 손실비	24	9	18	8

답 ④

필수 02 ★★★★★ 배전방식

네트워크 배전방식의 장점이 아닌 것은?
① 정전이 적다.
② 전압 변동이 적다.
③ 인축의 접촉 사고가 적어진다.
④ 부하 증가에 대한 적응성이 크다.

유형분석 배전방식별 특징, 뱅킹방식, 단상 3선식의 특징 등이 출제된다.

풀 이 네트워크 배전방식의 장점
① 배전 신뢰도가 높다. ② 기기 이용률이 향상된다. ③ 전압 변동이 적다.
④ 적응성이 양호하다. ⑤ 전력 손실이 감소한다. ⑥ 변전소 수를 줄일 수 있다.   답 ③

Key point
① 망상식(network system)
  • 배전 신뢰도가 높다.   • 기기 이용률이 향상된다.
  • 전압 변동이 적다.   • 적응성이 양호하다.
  • 전력 손실이 감소한다. • 변전소 수를 줄일 수 있다.
② Banking 방식 : 캐스케이딩 현상이란 Banking 배전방식으로 운전 중 건전한 변압기 일부가 고장이 발생하면 부하가 다른 건전한 변압기에 걸려서 고장이 확대되는 현상을 말한다.

문제 04 ★★ **3상 송전 선로의 공칭전압이란?**
① 무부하 상태에서 그의 수전단의 선간 전압
② 무부하 상태에서 그의 송전단의 상전압
③ 전부하 상태에서 그의 송전단의 선간 전압
④ 전부하 상태에서 그의 수전단의 상전압

풀이 전선로의 공칭전압이라 함은 그 전선로를 대표하는 선간 전압을 말한다(KSC-0501).   답 ③

문제 05 ★★★★★ **저압 뱅킹 배전 방식에서 캐스케이딩 현상이란?**
① 변압기의 부하 배분이 균일하지 못한 현상
② 저압선의 고장에 의하여 건전한 변압기의 일부 또는 전부가 차단되는 현상
③ 전압 동요가 적은 현상
④ 저압선이나 변압기에 고장이 생기면 자동적으로 제거되는 현상

풀이 캐스케이딩 현상이란 Banking 배전방식으로 운전 중 건전한 변압기 일부가 고장이 발생하면 부하가 다른 건전한 변압기에 걸려서 고장이 확대되는 현상을 말한다.   답 ②

문제 06. 루프 배전의 이점은?

① 전선비가 적게 든다.　　② 농촌에 적당하다.
③ 증설이 용이하다.　　　④ 전압 변동이 적다.

풀이 루프 배선의 이점은 선로의 도중에 고장 발생시, 고장 개소의 분리 조작이 용이하여 그 부분을 빨리 분리시킬 수 있고 전류의 통로에 융통성이 있으므로 전력 손실과 전압 강하가 적다.　　**답** ④

필수 03. 중성점 접지방식

송전계통에 있어서 지락보호계전기의 동작이 가장 확실한 방식은?

① 비접지식　　　　② 고저항접지식
③ 직접접지식　　　④ 소호 리액터 접지식

유형분석 접지방식의 목적과 각 접지방식의 비교에 관한 문제(지락전류의 크기, 이상전압의 크기) 등이 출제된다.

풀이 직접 접지방식의 장·단점
[장점] ① 1선 지락 시에 건전상의 대지 전압이 거의 상승하지 않는다.
　　　② 피뢰기의 효과를 증진시킬 수 있다.
　　　③ 단절연이 가능하다.
　　　④ 계전기의 동작이 확실해진다.
[단점] ① 송전 계통의 과도 안정도가 나빠진다.
　　　② 통신선에 유도 장해가 크다.
　　　③ 기기에 큰 영향을 주어 손상을 준다.
　　　④ 대용량 차단기가 필요하다.　　**답** ③

Key point

중성점 접지방식 비교

방식	다중 고장 발생 확률	보호계전기 동작	지락 전류	고장 중 운전	전위 상승	과도 안정도	유도 장해	특징
직접접지 (22.9, 154, 345[kV])	최소	확실	최대	×	1.3	최소	최대	중성점 영전위, 단절연 가능
저항접지	보통	↑	↑	×	$\sqrt{3}$	↓	↑	
비접지 (3.3, 6.6[kV])	최대	×	↑	가능	$\sqrt{3}$	↓	↑	저전압 단거리에 적용
소호 리액터 접지 (66[kV])	보통	불확실	최소	가능	$\sqrt{3}$ 이상	최대	최소	병렬공진, 고장전류 최소

문제 07. 송전선의 중성점을 접지하는 이유가 되지 못하는 것은?

① 코로나 방지　　　　② 지락전류의 감소
③ 이상 전압의 방지　　④ 지락 사고선의 선택 차단

풀이 중성점 접지 목적
① 지락 고장 시 건전상의 대지 전위 상승을 억제, 전선로 및 기기의 절연 레벨을 경감
② 뇌, 아크 지락, 기타에 의한 이상 전압의 경감 및 발생 억제
③ 지락 고장 시 접지 계전기의 확실한 동작
④ 소호 리액터 접지 방식에서는 1선 지락 시의 아크 지락을 재빨리 소멸시켜 그대로 송전을 계속할 수 있게 한다.

답 ①

문제 08 소호 리액터 접지에 대해서 틀린 것은?

① 지락전류가 작다.
② 과도안정도가 높다.
③ 전자유도장애가 경감한다.
④ 선택 지락 계전기의 동작이 용이하다.

풀이 소호 코일은 페테르젠 코일(Petersen coil)이라고도 하며, 대지 정전용량과 공진시켜 접지하므로, 접지사고 시 소호가 신속하고 통신선에 대한 유도장애가 작지만 시설비가 비싸다. 또, 지락사고는 무효분만 존재하므로 선택 지락 계전기 동작이 어렵다.

답 ④

문제 09 어떤 선로의 양단에 같은 용량의 소호 리액터를 설치한 3상 1회선 송전선로에서 전원측으로부터 선로 길이의 1/4지점에 1선 지락 고장이 일어났다면 영상전류의 분포는 대략 어떠한가?

①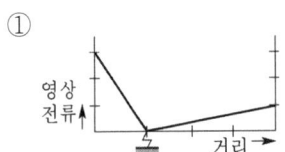
②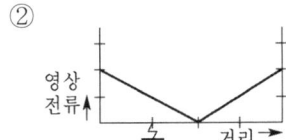
③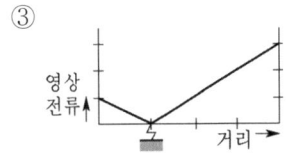
④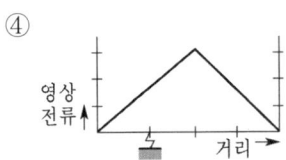

풀이 고장점의 위치에 관계없이 같은 용량의 소호 리액터를 설치한 경우 선로의 2등분 점에서 공진이 발생한다.

답 ②

문제 10 1선 지락 시 전압 상승을 상규 대지 전압의 1.3배 이하로 억제하기 위한 유효 접지에서는 다음과 같은 조건을 만족하여야 한다. 다음 중 옳은 것은? 단, R_0 : 영상 저항, X_0 : 영상 리액턴스, X_1 : 정상 리액턴스이다.

① $\dfrac{R_0}{X_1} \leq 1,\ 0 \geq \dfrac{X_1}{X_0} \geq 3$

② $\dfrac{R_0}{X_1} \leq 1,\ 0 \geq \dfrac{X_0}{X_1} \geq 3$

③ $\dfrac{R_0}{X_1} \leq 1,\ 0 \leq \dfrac{X_0}{X_1} \leq 3$

④ $\dfrac{R_0}{X_1} \geq 1,\ 0 \leq \dfrac{X_0}{X_1} \leq 3$

풀이 유효 접지 조건

① $\dfrac{R_0}{X_1} \leq 1$ ② $0 \leq \dfrac{X_0}{X_1} \leq 3$

답 ③

문제 11 ★

6.6[kV], 60[Hz] 3상 3선식 비접지식에서 선로의 길이가 10[km]이고 1선의 대지 정전 용량이 0.005[μF/km]일 때 1선 지락 시의 고장전류 I_g[A]의 범위로 옳은 것은?

① $I_g < 1$
② $1 \leq I_g < 2$
③ $2 \leq I_g < 3$
④ $3 \leq I_g < 4$

풀이 $I_g = \dfrac{E}{Z/3} = j\omega 3CE = 6\pi \times 60 \times 0.005 \times 10^{-6} \times \dfrac{6600}{\sqrt{3}} \times 10 \fallingdotseq 0.215$[A]

∴ $I_g < 1$

답 ①

문제 12 ★★★★

중성점 비접지 방식을 이용하는 것이 적당한 것은?

① 고전압 장거리
② 고전압 단거리
③ 저전압 장거리
④ 저전압 단거리

풀이 비접지 방식은 지락전류가 작은 저전압 단거리 선로에 적합하다.

답 ④

문제 13 ★★☆

이상전압 발생의 우려가 가장 적은 중성점 접지방식은?

① 직접 접지방식
② 저항 접지방식
③ 소호 리액터 접지방식
④ 비접지방식

풀이 직접 접지방식

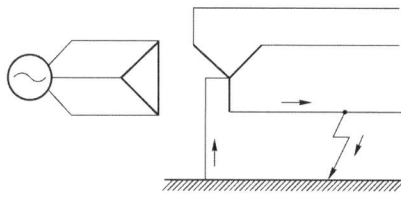

적용 : 22.9[kV], 154[kV], 345[kV], 765[kV] 계통에 적용
① 1선 지락 시 건전상의 대지전압 상승은 거의 없다.
② 선로 및 기기의 절연 레벨을 낮출 수 있다.(저감절연, 단절연 가능)
③ 보호 계전기의 동작이 확실하다.
④ 지락전류가 저역률의 대전류이므로 과도 안정도가 나빠진다.
⑤ 지락고장 시 통신선에 전자유도 장해를 크게 미친다.
⑥ 지락 전류가 매우 크기 때문에 기기에 큰 기계적 충격을 주기 쉽다.

답 ①

문제 14 ★★☆

1상의 대지 정전용량 0.53[μF], 주파수 60[Hz]의 3상 송전선의 소호 리액터의 공진 탭(리액턴스)은 몇 [Ω]인가? 단, 접지시키는 변압기의 1상당의 리액턴스는 9[Ω]이다.

① 1466　　② 1566　　③ 1666　　④ 1686

풀이
$$\omega L = \frac{1}{3\omega C_s} - \frac{x_t}{3} = \frac{1}{3\times 2\pi \times 60 \times 0.53 \times 10^{-6}} - \frac{9}{3} = 1666[\Omega]$$

답 ③

필수 04 ★★ 전력계통의 구성 및 운용

가공 전선로의 전선 진동을 방지하기 위한 방법으로 옳지 않은 것은?

① 토셔널 댐퍼(torsional damper)의 설치
② 스프링 피스톤 댐퍼와 같은 진동 제지권을 설치
③ 경동선을 ACSR로 교환
④ 클램프나 전선 접촉기 등을 가벼운 것으로 바꾸고, 클램프 부근에 적당히 전선을 첨가

유형분석 전선, 애자, 전선의 이도와 길이에 관한 문제가 출제된다.

풀이 지름에 비하여 중량이 가벼운 중공 전선이나 강심 알루미늄 전선(ACSR)은 진동의 원인이 된다.　**답** ③

Key point

① 켈빈의 법칙 : 가장 경제적인 전선의 굵기 선정
② 전선의 도약 방지 : 오프셋(offset)
③ 애자의 연효율 또는 연능률(백분율 또는 소수로도 표시한다)　$\eta_n = \dfrac{V_n}{nV_1}$
④ 이도　$D = \dfrac{WS^2}{8T}$ [m]
⑤ 전선의 실제 길이　$L = S + \dfrac{8D^2}{3S}$ [m]

문제 15 ★★★☆

3상 수직배치인 선로에서 오프셋을 주는 이유는?

① 유도 장해 감소　　② 난조 방지
③ 철탑 중량 감소　　④ 단락 방지

풀이 오프셋은 상하 전선의 단락을 방지하기 위하여 철탑 지지점의 위치를 수직에서 벗어나게 함을 말한다.

답 ④

문제 16
경간 200[m]인 가공 전선로가 있다. 사용 전선의 길이는 경간보다 몇 [m] 더 길게 하면 되는가? 단, 사용 전선의 1[m]당 무게는 2.0[kg], 인장 하중은 4000[kg]이고 전선의 안전율을 2로 하고 풍압하중은 무시한다.

① $\dfrac{1}{2}$ ② $\sqrt{2}$ ③ $\dfrac{1}{3}$ ④ $\sqrt{3}$

풀이
$D = \dfrac{WS^2}{8T} = \dfrac{2 \times 200^2}{8 \times \dfrac{4000}{2}} = 5$

$L = S + \dfrac{8D^2}{3S}$ 에서 $L - S = \dfrac{8D^2}{3S} = \dfrac{8 \times 5^2}{3 \times 200} = \dfrac{1}{3}$ [m]

단, L : 전선의 실제 길이[m], S : 경간[m], D : 이도[m]

답 ③

문제 17
애자가 갖추어야 할 구비 조건으로 옳은 것은?

① 온도의 급변에 잘 견디고 습기도 잘 흡수하여야 한다.
② 지지물에 전선을 지지할 수 있는 충분한 기계적 강도를 갖추어야 한다.
③ 비, 눈, 안개 등에 대해서도 충분한 절연 저항을 가지며, 누설 전류가 많아야 한다.
④ 선로 전압에는 충분한 절연 내력을 가지며, 이상 전압에는 절연 내력이 매우 적어야 한다.

풀이 애자의 구비 조건
① 절연 내력이 클 것 ② 기계적 강도가 클 것 ③ 정전용량이 작을 것 ④ 가격이 저렴할 것

답 ②

문제 18
345[kV] 초고압 송전선로에 사용되는 현수애자는 1련 현수인 경우 대략 몇 개 정도 사용되는가?

① 6~8   ② 12~14   ③ 18~20   ④ 28~38

풀이 전압에 따른 현수애자(250[mm])의 연결 개수

전압[kV]	66	154	220	345	765
수량	4~6	10~11	12~13	18~20	40~45

답 ③

문제 19
현수 애자의 연효율(string efficiency) η[%]는? 단, V_1은 현수 애자 1개의 섬락 전압, n은 1련의 사용 애자수이고 V_n은 애자련의 섬락 전압이다.

① $\eta = \dfrac{V_n}{nV_1} \times 100 [\%]$ ② $\eta = \dfrac{nV_1}{V_n} \times 100 [\%]$

③ $\eta = \dfrac{nV_n}{V_1} \times 100 [\%]$ ④ $\eta = \dfrac{V_1}{nV_n} \times 100 [\%]$

풀이 애자의 연효율(string efficiency)은 $\eta = \dfrac{V_n}{nV_1} \times 100[\%]$ 이다.

답 ①

문제 20 ★★★☆ 선택 배류기는 어느 전기설비에 설치하는가?

① 급전선 ② 가공 통신 케이블
③ 가공 전화선 ④ 지하 전력 케이블

풀이 선택 배류기는 지하 전력 케이블에 설치된다.

답 ④

필수 05 ★★★ 고장계산과 대책

3상 변압기의 임피던스 $Z[\Omega]$, 선간 전압이 $V[\text{kV}]$, 변압기의 용량 $P[\text{kVA}]$일 때 이 변압기의 % 임피던스는?

① $\dfrac{PZ}{10V^2}$ ② $\dfrac{10PZ}{V}$ ③ $\dfrac{10VZ}{ZP}$ ④ $\dfrac{VZ}{P}$

유형분석 퍼센트법, 대칭좌표법에 의한 문제 출제. 단락용량, 단락전류, 차단기 용량 계산 문제 출제

풀 이
$$\%Z = \dfrac{I_n Z}{E_n} \times 100$$
$$(P = \sqrt{3}\,VI_n,\ V = \sqrt{3}\,E_n \text{이므로})$$
$$= \dfrac{\sqrt{3}\,VI_n Z}{\sqrt{3}\,VE_n} \times 100 = \dfrac{P \times Z}{V^2} \times 100 = \dfrac{P[\text{kVA}] \times 10^3 \times Z[\Omega]}{V^2[\text{kV}] \times 10^6} \times 100$$
$$= \dfrac{ZP[\text{kVA}]}{10V^2[\text{kV}]}[\%]$$

답 ①

Key point

① 퍼센트 임피던스 $\quad \%Z = \dfrac{ZI}{E} \times 100[\%] = \dfrac{PZ}{10E^2}[\%] = \dfrac{PZ}{10V^2}[\%]$

② 옴 임피던스 $\quad Z = \dfrac{\%Z \cdot 10V^2}{P}[\Omega]$

③ 단락 전류(차단 전류) $\quad I_S = \dfrac{E}{Z} = \dfrac{E}{\dfrac{\%ZE}{100I}} = \dfrac{100}{\%Z}I_n$

④ 단락 용량(차단 용량) $\quad P_S = \dfrac{100}{\%Z}P_n$

문제 21
66[kV], 3상 1회선 송전선로의 1선의 리액턴스가 20[Ω], 전류가 350[A]일 때 % 리액턴스는?

① 18.4 ② 19.7 ③ 23.2 ④ 26.7

[풀이] $\%X = \dfrac{I_n X}{E} \times 100 = \dfrac{350 \times 20}{\dfrac{66 \times 10^3}{\sqrt{3}}} \times 100 \fallingdotseq 18.4$

답 ①

문제 22
다음 중 옳은 것은?
① 터빈 발전기의 % 임피던스는 수차의 % 임피던스보다 작다.
② 전기기계의 % 임피던스가 크면 차단용량이 작아진다.
③ % 임피던스는 % 리액턴스보다 작다.
④ 직렬 리액터는 % 임피던스를 작게 하는 작용이 있다.

[풀이] 차단용량 $P_s = \dfrac{100}{\%Z} P_n$, $P_s \propto \dfrac{1}{\%Z}$

답 ②

문제 23
20,000[kVA], % 임피던스 8[%]인 3상 변압기가 2차측에서 3상 단락되었을 때 단락용량 [kVA]은?

① 160,000 ② 200,000
③ 250,000 ④ 320,000

[풀이] 단락 용량 $P_s = \dfrac{100}{\%Z} P_n = \dfrac{100}{8} \times 20,000 = 250,000[\text{kVA}]$

답 ③

문제 24
그림에서 A점의 차단기 용량으로 가장 적당한 것은?

① 50[MVA]
② 100[MVA]
③ 150[MVA]
④ 200[MVA]

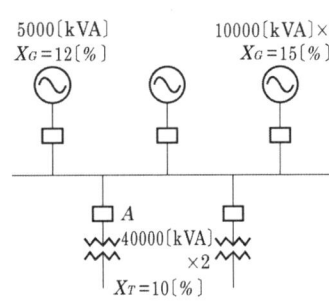

[풀이] 10000[kVA] 기준 합성 $\%X = \dfrac{1}{\dfrac{1}{15} \times 2 + \dfrac{1}{24}} = 5.71[\%]$

차단기 용량 $P_s = \dfrac{100}{\%X} P_n = \dfrac{100}{5.71} \times 10000 \times 10^{-3} = 175[\text{MVA}]$

답 ④

문제 25 ☆
고장점에서 구한 전 임피던스를 Z, 고장점의 성형전압을 E라 하면 단락전류는?

① $\dfrac{E}{Z}$ ② $\dfrac{ZE}{\sqrt{3}}$ ③ $\dfrac{\sqrt{3}\,E}{Z}$ ④ $\dfrac{3E}{Z}$

풀이 옴법(Ohm method)에 의한 단상 및 3상 단락전류는 다음과 같다.

단상 단락전류 : $I_s = \dfrac{E}{Z} = \dfrac{E}{Z_g + Z_t + Z_l}$ [A]

답 ①

문제 26 ★★
다음 중 옳은 말은 어느 것인가?

① 송전 선로의 정상 임피던스는 역상 임피던스의 반이다.
② 송전 선로의 정상 임피던스는 역상 임피던스의 배이다.
③ 송전선의 정상 임피던스는 역상 임피던스와 같다.
④ 송전선의 정상 임피던스는 역상 임피던스의 3배이다.

풀이 송전 선로의 임피던스나 변압기의 임피던스는 회전기가 아니므로 정상 임피던스와 역상 임피던스는 같다. 그러나 영상 임피던스는 1회선인 경우 정상 임피던스의 4배 정도, 2회선인 경우 7배 정도가 된다. **답** ③

문제 27 ☆
평형 3상 송전선에서 보통의 운전 상태인 경우 중성점 전위는 항상 얼마인가?

① 0   ② 5   ③ 10   ④ 15

풀이 불평형 상태에서는 중성점 전위가 존재하나 평형 상태에서는 항상 0이다. **답** ①

문제 28 ★
3상 교류발전기가 운전 중 2상이 단락되었을 경우 발생하는 현상에서 옳은 것은?

① 세 대칭분 전압은 서로 같다.
② 세 대칭분 전류는 서로 같다.
③ 단락된 상의 전압은 개방상 단자전압의 1/2이다.
④ 개방상의 단자전압은 단락상 단자전압의 1/2이다.

풀이 발전기의 선간 단락 사고 시

$V_a = \dfrac{2Z_2}{Z_1 + Z_2} E_a$

$|V_a| = 2|V_b| = 2|V_c|$

$V_b = V_c = \dfrac{-2Z_2}{Z_1 + Z_2} E_a$

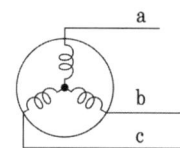

답 ③

04 출제기준 - 계통 보호방식 및 설비

1 이상 전압과 방호

1) 진행파
① 반사 계수 $\dfrac{Z_2 - Z_1}{Z_2 + Z_1}$

② 투과 계수 $\dfrac{2Z_2}{Z_2 + Z_1}$

2) 피뢰기
① 피뢰기의 구성
- 직렬 갭(series gap) : 속류 차단
- 특성 요소 : 탄화규소를 주성분으로 한 소성물의 저항판을 다수 합친 구조이며 직렬 갭과 자기 애관에 밀봉시킨다.

② 피뢰기의 역할 : 이상 전압이 내습하면 방전시키고 속류(기류)를 차단한다.
③ 피뢰기의 정격 전압 : 속류 차단이 되는 교류의 최고 전압
④ 피뢰기의 제한 전압 : 충격파 전류가 흐르고 있을 때의 피뢰기의 단자 전압
⑤ 피뢰기의 구비조건
- 충격 방전 개시 전압이 낮을 것
- 상용 주파 방전 개시 전압은 높을 것
- 방전내량이 크면서 제한 전압은 낮을 것
- 속류 차단능력이 충분할 것

3) 가공지선
차폐각이 적을수록 보호 효율은 크지만 건설비는 많아진다. 기설의 송전선은 45°정도의 것이 많으며 보호 효율은 97[%]이고 약 3[%] 가량이 전선에 직격된다.

2 유도장해

(1) 유도장해

1) 정전 유도 전압

- 단상 : $E_0 = \dfrac{C_m}{C_m + C_0} E_1$

  C_m : 전력선과 통신선간의 정전 용량, C_0 : 통신선의 대지 정전 용량, E_1 : 전선의 전위

- 3상 유도 전압

  $E_0 = \dfrac{\sqrt{C_a(C_a - C_b) + C_b(C_b - C_c) + C_c(C_c - C_a)}}{C_a + C_b + C_c + C_0} \times \dfrac{V}{\sqrt{3}}$

2) 전자 유도 전압

$E_m = -j\omega Ml(I_a + I_b + I_c) = -j\omega Ml \times 3I_0$

I_a, I_b, I_c : 각 상의 불평형 전류, M : 전력선과 통신선과의 상호 인덕턴스
l : 전력선과 통신선의 병행 길이[km], $3I_0$: 3×영상 전류 = 지락 전류 = 기유도 전류[A]

(2) 유도장해 방지대책

1) 전력선측 대책

- 전력선과 통신선과의 상호 거리를 크게 하여 상호 인덕턴스를 줄인다.
- 연가를 충분히 한다(선로 정수를 평형시켜 중성점 잔류 전압을 적게 한다).
- 케이블을 사용한다.
- 고주파의 발생을 방지한다.
- 통신선과의 교차를 직각으로 한다.
- 소호 리액터의 사용(지락 전류를 적게 하여 전자 유도를 적게 한다).
- 고장 회선의 고속도 차단
- 차폐선의 시설(가공선도 차폐선과 같은 효과가 있으며, 본선과 동일 도체를 사용하면 차폐 효과가 크다).

2) 통신선의 대책

- 복선식 통신선의 채용
- 통신선의 교차(전력선의 연가 상당)
- 나선을 케이블화한다.
- 통신선과 통신 기기의 절연 향상

- 통신 전류의 레벨을 높이고 반송식의 이용
- 성능이 우수한 피뢰기의 사용
- 변류기의 사용, 절연 변압기의 채용

3 전력계통의 안정도

1) 안정도에 관한 공식

① 송전 전력 : $P = \dfrac{V_s V_r}{X} \sin\delta$

② 최대 송전 전력 : $P_m = \dfrac{V_s V_r}{X}$

③ 바그너의 식 : $\tan\delta = \dfrac{M_G + M_m}{M_G - M_m} \tan\beta$

2) 안정도향상대책

① 직렬 리액턴스(X)를 작게 한다.
  - 발전기나 변압기의 리액턴스를 작게 한다.
  - 선로의 병행 회선수를 늘리거나 복도체 또는 다도체 방식을 사용한다.
  - 직렬 콘덴서를 삽입하여 선로의 리액턴스를 보상한다.
② 전압 변동을 작게 한다.
  - 속응 여자 방식의 채용
  - 계통 연계를 한다.
③ 중간 조상 방식을 채용한다.
④ 고장 전류를 줄이고 고장 구간을 신속하게 차단한다.
  - 적당한 중성점 접지 방식을 채용하여 지락 전류를 줄인다.
  - 고속도 계전기, 고속도 차단기를 채용한다.
  - 고속도 재폐로 방식을 채용한다.
⑤ 고장 시 발전기 입·출력의 불평형을 작게 한다.
  - 조속기의 동작을 빠르게 한다.
  - 고장 발생과 동시에 발전기 회로의 저항을 직렬 또는 병렬로 삽입하여 발전기 입·출력의 불평형을 작게 한다.

4 차단보호방식

1) 보호계전기

① 보호 계전기의 구비조건
- 고장 상태를 식별하여 정도를 파악할 수 있을 것
- 고장 개소를 정확히 선택할 수 있을 것
- 동작이 예민하고 오동작이 없을 것
- 적절한 후비 보호 능력이 있을 것
- 경제적일 것

② 보호 계전기의 동작 시간에 의한 분류
- 순한시 계전기 : 고장 즉시 동작
- 정한시 계전기 : 고장 후 일정시간이 경과하면 동작
- 반한시 계전기 : 고장전류의 크기에 반비례하여 동작
- 반한시 정한시 계전기 : 반한시와 정한시 특성을 겸함.

2) 보호계전방식

① 표시선 계전 방식
- 방향 비교 방식(directional comparison relaying)
- 전압 반향 방식(opposite voltage system)
- 전류 순환 방식(circulating current system)

② 반송 보호 계전 방식
- 방향 비교 반송 방식
- 위상 비교 반송 방식
- 반송 트립 방식

04 필수유형 및 과년도문제

필수 01 ★★★★★ 이상전압과 방호

송전 선로에서 역섬락을 방지하는 유효한 방법은?
① 가공 지선을 설치한다.
② 소호각을 설치한다.
③ 탑각 접지 저항을 작게 한다.
④ 피뢰기를 설치한다.

유형분석 피뢰기의 정격전압, 제한전압, 구성, 구비조건 등이 출제된다.

풀 이 탑각 접지 저항이 충분히 낮지 않으면 가공 지선이 포착한 직격뢰는 대지로 흐를 수 없고, 철탑 전위가 상승하여 철탑부가 애자를 통하여, 또는 경간 내에서 가공 지선과 전력선 간의 공기를 통하여, 전력선에 방전하는 역섬락을 일으킨다. **답** ③

Key point

① 피뢰기의 구성
- 직렬 갭(series gap) : 속류 차단
- 특성 요소 : 탄화규소를 주성분으로 한 소성물의 저항판을 다수 합친 구조이며 직렬 갭과 자기 애관에 밀봉시킨다.

② 피뢰기의 역할 : 이상 전압이 내습하면 방전시키고 속류(기류)를 차단한다.
③ 피뢰기의 정격 전압 : 속류 차단이 되는 교류의 최고 전압
④ 피뢰기의 제한 전압 : 충격파 전류가 흐르고 있을 때의 피뢰기의 단자 전압
⑤ 피뢰기의 구비조건
- 충격 방전 개시 전압이 낮을 것
- 상용 주파 방전 개시 전압은 높을 것
- 방전내량이 크면서 제한 전압은 낮을 것
- 속류 차단능력이 충분할 것

문제 01 ★★☆ **차단기의 개폐에 의한 이상 전압은 대부분 송전선 대지전압의 몇 배 정도가 최고인가?**
① 4   ② 3   ③ 6   ④ 10

풀이 무부하 송전 시는 상규 대지 전압의 약 2배 이하가 많고 충전 전류를 차단할 경우에는 4배 이하이며 4.5배를 넘는 경우도 있다. **답** ①

문제 02 ★ 가공 지선에 대한 설명으로 틀린 것은?

① 직격뢰에 대해서는 특히 유효하며, 탑 상부에 시설함으로 뇌는 주로 가공 지선에 내습한다.
② 가공 지선 때문에 송전 선로의 대지 용량이 감소하므로 대지와의 사이에 방전할 때 유도전압이 특히 커서 차폐 효과가 좋다.
③ 가공 지선을 가설하는 목적은 유도뢰에 대한 정전 차폐 효과 및 직격뢰에 대한 차폐 효과이다.
④ 1선 지락 사고 때 지락전류의 일부가 가공 지선을 통하므로 부근의 통신선에 미치는 전자 유도 장해를 경감시킬 수 있다.

풀이 가공 지선(over head ground wire)은 송전선 위에 나란히 가설된 도선으로 각 철탑에 접지되어 있으며, 이와 같이 하여 뇌운에 의한 전선로에서의 정전 유도 작용을 차폐할 수 있어 유도뢰에 의한 피해를 줄일 수 있다.
① 직격뢰에 대한 차폐 효과
② 유도뢰에 대한 정전 차폐 효과
③ 통신선에 대한 전자 유도 장해 경감 효과

답 ②

문제 03 ★★★★★ 철탑의 탑각 접지 저항이 커지면 우려되는 것으로 옳은 것은?

① 뇌의 직격
② 역섬락
③ 가공 지선의 차폐각의 증가
④ 코로나의 증가

풀이 철탑의 접지 저항이 크면 철탑의 전위가 매우 높게 되어 철탑에서 송전선에 섬락을 일으키는 경우가 있는데, 이를 역섬락이라 한다.

답 ②

문제 04 ★☆ 피뢰기가 구비해야 할 조건으로 잘못 설명된 것은?

① 속류의 차단능력이 충분할 것
② 상용 주파 방전 개시 전압이 높을 것
③ 방전내량이 작으면서 제한 전압이 높을 것
④ 충격 방전 개시 전압이 낮을 것

풀이 피뢰기는 방전내량이 크고 제한 전압은 낮은 것이 요구된다.

답 ③

문제 05 ★★☆ 서지 흡수를 설치하는 장소는?

① 변전소 인입구
② 변전소 인출구
③ 발전기 부근
④ 변압기 부근

풀이
• 서지 흡수기(SA) – 발전기 보호
• 피뢰기(LA) – 변압기 보호

답 ③

문제 06 피뢰기의 공칭 전압으로 삼고 있는 것은?

① 제한 전압
② 상규 대지 전압
③ 상용 주파 허용 단자 전압
④ 충격 방전 개시 전압

풀이 피뢰기에서는 상용 주파 허용 단자 전압을 공칭 전압으로 삼고 있다.   **답** ③

02 유도장해

전력선 a의 충전 전압을 E, 통신선 b의 대지 정전용량을 C_b, ab 사이의 상호 정전용량을 C_{ab}라고 하면 통신선 b의 정전 유도 전압 E_s는?

① $\dfrac{C_{ab}+C_b}{C_b}E$

② $\dfrac{C_{ab}+C_a}{C_{ab}}E$

③ $\dfrac{C_b}{C_{ab}+C_b}E$

④ $\dfrac{C_{ab}}{C_{ab}+C_b}E$

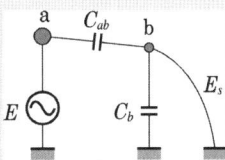

유형분석 정전유도장해와 전자유도장해, 대책 등이 출제된다.

풀이 $E_s = \dfrac{C_{ab}}{C_{ab}+C_b}E$

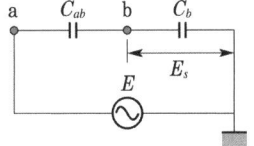

답 ④

Key point

전력선측 대책 유도장해 방지대책
- 전력선과 통신선과의 상호 거리를 크게 하여 상호 인덕턴스를 줄인다.
- 연가를 충분히 한다(선로 정수를 평형시켜 중성점 잔류 전압을 적게 한다).
- 케이블을 사용한다.
- 고주파의 발생을 방지한다.
- 통신선과의 교차를 직각으로 한다.
- 소호 리액터의 사용(지락 전류를 적게 하여 전자 유도를 적게 한다).
- 고장 회선의 고속도 차단
- 차폐선의 시설

문제 07
전력선에 의한 통신 선로의 전자 유도 장해의 발생 요인은 주로 어느 것인가?

① 영상 전류가 흘러서
② 전력선의 전압이 통신 선로보다 높기 때문에
③ 전력선의 연가가 충분하여
④ 전력선과 통신 선로 사이의 차폐 효과가 충분할 때

풀이 전자 유도 전압 : $E_m = j\omega M l 3I_0$

답 ①

문제 08
유도 장해의 방지책으로 차폐선을 이용하면 유도전압을 몇 [%] 정도 줄일 수 있는가?

① 30~50
② 60~70
③ 80~90
④ 90~100

풀이 차폐선에 의한 유도전압의 감쇄율은 30~50[%] 정도이다.

답 ①

문제 09
66[kV], 60[Hz] 3상 3선식 1회 송전선이 통신선과 병행하고 있다. 1선 지락 사고로 영상전류가 60[A] 흐를 때 통신선에 유기하는 전자 유도 전압은 약 몇 [V]인가? 단, 병행 거리 $L = 40$[km], 상호 인덕턴스 $M = 0.05$[mH/km]이다.

① 136
② 150
③ 181
④ 200

풀이
$$E_m = (-j\omega M l I_a - j\omega M l I_b - j\omega M l I_c)$$
$$= -j\omega M l (I_a + I_b + I_c) = -j\omega M l 3I_0$$
$$= -j2\pi \times 60 \times 0.05 \times 10^{-3} \times 40 \times 3 \times 60$$
$$= 136[V]$$

※ 유도 전압은 그 크기를 뜻하므로 (-)의미가 없다.

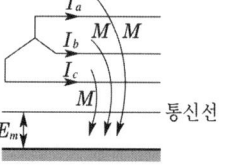

답 ①

문제 10
66[kV] 송전선에서 연가 불충분으로 각 선의 대지 용량이 $C_a = 1.1[\mu F]$, $C_b = 1[\mu F]$, $C_c = 0.9[\mu F]$가 되었다. 이때 잔류 전압[V]은?

① 1500
② 1800
③ 2200
④ 2500

풀이
$$E_n = \frac{\sqrt{C_a(C_a - C_b) + C_b(C_b - C_c) + C_c(C_c - C_a)}}{C_a + C_b + C_c} \times \frac{V}{\sqrt{3}}$$
$$= \frac{\sqrt{1.1(1.1-1) + 1(1-0.9) + 0.9(0.9-1.1)}}{1.1 + 1 + 0.9} \times \frac{66{,}000}{\sqrt{3}}$$
$$= 2200[V]$$

답 ③

Industrial Engineer Electricity ▶▶▶
04. 계통 보호방식 및 설비

 03 ★★★★★ 전력계통의 안정도

다음 중 송전 계통의 안정도를 증진시키는 방법이 아닌 것은?
① 전압 변동을 적게 한다.
② 직렬 리액턴스를 크게 한다.
③ 제동 저항기를 설치한다.
④ 중간 조상기 방식을 채용한다.

유형분석 발전기와 선로의 안정도 향상대책에 관한 문제가 출제된다. 전기기기 중 동기기의 안정도 향상대책과 같다.

풀 이 안정도 향상 대책
① 계통의 직렬 리액턴스 감소
② 전압 변동률을 적게 한다. (속응 여자 방식 채용, 계통의 연계, 중간 조상 방식)
③ 계통에 주는 충격을 적게 한다. (적당한 중성점 접지 방식, 고속 차단 방식, 재폐로 방식)
④ 고장 중의 발전기 돌입 출력의 불평형을 적게 한다.   **답** ②

Key point

안정도향상대책
① 직렬 리액턴스(X)를 작게 한다.
② 전압 변동을 작게 한다.
③ 중간 조상 방식을 채용한다.
④ 고장 전류를 줄이고 고장 구간을 신속하게 차단한다.
⑤ 고장 시 발전기 입·출력의 불평형을 작게 한다.

 문제 11 ★☆ 송전 선로의 정상 상태 극한(최대) 송전 전력은 선로 리액턴스와 대략 어떤 관계가 성립하는가?
① 송·수전단 사이의 선로 리액턴스에 비례한다.
② 송·수전단 사이의 선로 리액턴스에 반비례한다.
③ 송·수전단 사이의 선로 리액턴스의 제곱에 비례한다.
④ 송·수전단 사이의 선로 리액턴스의 제곱에 반비례한다.

풀이 $P = \dfrac{E_s E_r}{X} \sin\delta$ **답** ②

문제 12 ★☆ 중간 조상 방식(intermediate phase modifying system)이란?
① 송전선로의 중간에 동기 조상기 연결
② 송전선로의 중간에 직렬 전력 콘덴서 삽입
③ 송전선로의 중간에 병렬 전력 콘덴서 연결
④ 송전선로의 중간에 개폐소 설치, 리액터와 전력 콘덴서 병렬 연결

풀이 전압조정을 위해서 송전선로의 중간에 동기 조상기를 연결하는 중간 조상 방식을 사용한다.   **답** ①

문제 13 과도 안정도 해석에서 회전체의 관성 효과를 나타내기 위한 단위 관성 정수는? 단, I는 관성 모멘트, ω는 회전체의 각속도이다.

① $\dfrac{I\omega^2}{\text{기준 정격 출력}[kW]}$ ② $\dfrac{\frac{1}{2}\omega^2}{\text{기준 정격 출력}[kW]}$

③ $\dfrac{\text{기준 정격 출력}}{I\omega^2}$ ④ $I\omega^2 \times \text{기준 정격 출력}[kW]$

풀이 단위 관성 정수 $= \dfrac{I\omega^2}{\text{기준정격출력}[kW]}$ **답** ①

04 차단보호방식

3상으로 표준 전압 3[kV], 600[kW]를 역률 0.85로 수전하는 공장의 수전회로에 시설할 계기용 변류기의 변류비로 적당한 것은? 단, 변류기의 2차 전류는 5[A]임.

① 5   ② 15   ③ 27   ④ 40

유형분석 계전기의 종류와 특성, 계전기용 변류기, 약호와 명칭, 비율차동계전기 등이 출제된다.

풀이 $P = \sqrt{3}\,V_1\,I_1\cos\theta$, $I_1 = \dfrac{600 \times 10^3}{\sqrt{3} \times 3000 \times 0.85} = 136[A]$

25~50[%] 여유를 두면 1차 전류는 $136 \times (1.25 \sim 1.5) = 170 \sim 240[A]$
그러므로 200/5를 선정한다. **답** ④

Key point

- 순한시 계전기 : 고장 즉시 동작
- 정한시 계전기 : 고장 후 일정 시간이 경과하면 동작
- 반한시 계전기 : 고장전류의 크기에 반비례하여 동작
- 반한시 정한시 계전기 : 반한시와 정한시 특성을 겸함.

문제 14 영상 변류기를 사용하는 계전기는?

① 과전류 계전기   ② 과전압 계전기
③ 접지 계전기   ④ 차동 계전기

풀이 영상 변류기는 배전 선로나 지중 케이블 등에 사용되며 고감도 지락 계전기가 접속된다. 선로 중에 흐르는 정상 및 역상 전류는 철심 내에 자속을 만들지 않고 영상 전류만에 의하여 자속을 만듦으로 접지 계전기나 지락 계전기 등에 쓰인다. **답** ③

문제 15
6.6[kV] 고압 배전 선로(비접지 선로)에서 지락 보호를 위하여 특별히 필요하지 않은 것은?

① DG　　　② CT　　　③ ZCT　　　④ GPT

풀이 지락 보호 계전기에는 지락 과전류 계전기(OCGR), 방향 지락 계전기(DG), 선택 지락 계전기(SG) 등이 있다.

답 ②

문제 16
중성점 저항 접지 방식의 병행 2회선 송전 선로의 지락사고 차단에 사용되는 계전기는?

① 선택 접지 계전기　　　② 과전류 계전기
③ 거리 계전기　　　　　④ 역상 계전기

풀이 병행 2회선의 지락 사고 시에 선택 접지 계전기가 동작

답 ①

문제 17
전력선 반송 보호 계전 방식의 장점이 아닌 것은?

① 장치가 간단하고 고장이 없으며 계전기의 성능 저하가 없다.
② 고장의 선택성이 우수하다.
③ 동작이 예민하다.
④ 고장점이나 계통의 여하에도 불구하고 선택 차단 개소를 동시에 고속도 차단할 수 있다.

풀이 전력선 반송 계전 방식은 고장 구간의 선택이 확실하고 동작이 예민하며, 표시선 계전 방식과 같이 고장선로의 양단을 동시에 차단할 수 있다.

답 ①

문제 18
변류기 개방시 2차측을 단락하는 이유는?

① 2차측 절연 보호　　　② 2차측 과전류 보호
③ 측정 오차 방지　　　　④ 1차측 과전류 방지

풀이 PT(병렬연결)는 개방상태가 무방하지만 CT(직렬연결)는 개방하면 부하전류로 인하여 소손되므로 CT를 점검할 경우에는 반드시 2차측을 단락한다.

답 ①

문제 19
다음 그림과 같이 200/5[CT] 1차측에 150[A]의 3상 평형 전류가 흐를 때 전류계 A_3에 흐르는 전류는 몇 [A]인가?

① 3.75
② 5
③ $\sqrt{3}+3.75$
④ $\sqrt{3}\times 5$

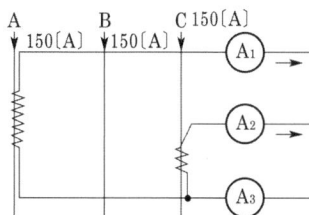

풀이 CT 권수비가 40이므로 1차측에 150[A]가 흐르면
2차측에는 $\frac{150}{40}=3.75$[A]가 흐른다.
$$A_3=|A_1+A_2|=\sqrt{A_1^2+A_2^2+2A_1A_2\cos\theta}$$
$$=\sqrt{3.75^2+3.75^2+2\times3.75^2\cos120}=3.75[A]$$

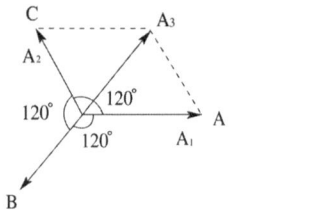

답 ①

문제 20 ★★ 차동 계전기는 무엇에 의하여 동작하는가?
① 양쪽 전압의 차로 동작한다.
② 양쪽 전류의 차로 동작한다.
③ 전압과 전류의 배수의 차로 동작한다.
④ 정상 전류와 역상 전류의 차로 동작한다.

풀이 차동 계전기는 보호 구간에 유입하는 전류와 유출하는 전류의 벡터 차를 검출해서 동작하는 계전기이다.

답 ②

문제 21 ★☆ 전원이 양단에 있는 방사상 송전선로의 단락보호에 사용되는 계전기는?
① 방향 거리 계전기 (DZ) – 과전압 계전기 (OVR)의 조합
② 방향 단락 계전기 (DS) – 과전류 계전기 (OCR)의 조합
③ 선택 접지 계전기 (SGR) – 과전류 계전기 (OCR)의 조합
④ 부족 전류 계전기 (USR) – 과전압 계전기 (OVR)의 조합

풀이
• 전원이 2군데 이상 환상 선로의 단락 보호 → 방향 거리 계전기(DZ)
• 전원이 2군데 이상 방사상 선로의 단락 보호 → 방향 단락 계전기(DS)와 과전류 계전기(OC)를 조합

답 ②

문제 22 ★★★★★ 파일럿 와이어(pilot wire) 계전 방식에 해당되지 않는 것은?
① 고장점 위치에 관계없이 양단을 동시에 고속 차단할 수 있다.
② 송전선에 평행하도록 양단을 연락한다.
③ 고장 시 장해를 받지 않게 하기 위하여 연피 케이블을 사용한다.
④ 고장점 위치에 관계없이 부하측 고장을 고속도 차단한다.

풀이 고장점의 위치에 무관하게 양단을 동시에 고속도 차단한다.

답 ④

출제기준 - 개폐기의 종류와 특성

1 개폐기

① 단로기는 부하 전류 개폐 및 이상 전류 차단 능력이 없다.
② 구분 개폐기(section switch)이며 종류로는 유입 개폐기(OS), 기중 개폐기(AS), 진공 개폐기(VS) 등이 있다.

2 차단기

1) 차단기의 용량과 동작 책무

① 정격 차단 용량 = $\sqrt{3}$ × 정격 전압 × 정격 차단 전류
② 차단기의 동작 책무

일반용 : $\begin{cases} O - 3분 - CO - 3분 - O \\ CO - 15초 - CO \end{cases}$

고속도 재투입용 : $O - 0.3초 - CO - 3분(또는 15초, 1분) - CO$

O : 차단동작, CO : 투입 후 차단동작

2) 차단기의 용량

$P_s = \sqrt{3}\, VI_s [\text{MVA}]$

차단기의 용량 = $\sqrt{3}$ × 정격전압 × 정격차단전류 = $\sqrt{3}$ × 공칭전압 × 단락전류[MVA]

3) 정격차단시간

차단기의 가동 전극이 고정 전극으로부터 이동을 개시하여 개극할 때까지의 개극 시간과 접점이 충분히 떨어져 아크가 완전히 소호할 때까지의 아크 시간의 합으로 3~8[c/s]이다.

3 퓨즈

전력용 퓨즈는 단락 보호용으로 사용된다.
① 차단 용량이 크다.
② 보수가 간단하다.
③ 가격이 저렴하다.

4 기타 개폐장치

1) GIS의 특징
① 충전부가 대기에 노출되지 않아 기기의 안정성, 신뢰성이 우수하다.
② 감전 사고 위험이 적다.
③ 밀폐형이므로 배기 소음이 없다.

05 필수유형 및 과년도문제

필수 01 ★★★★★ 개폐기

다음 중 부하 전류 차단능력이 없는 것은?

① NFB ② OCB
③ VCB ④ DS

유형분석 단로기의 부하전류 차단능력에 관한 문제가 출제된다.

풀이
- DS(disconnecting switch) : 단로기
- VCB(vacuum circuit breaker) : 진공 차단기
- NFB(no fuse breaker) : 노퓨즈 브레이크
- OCB(oil circuit breaker) : 유입 차단기

답 ④

Key point
단로기는 부하 전류 개폐 및 이상 전류 차단 능력이 없다.

필수 02 ★★★★★ 차단기

3상용 차단기의 정격 차단 용량이라 함은?

① 정격 전압 × 정격 차단 전류
② $\sqrt{3}$ × 정격 전압 × 정격 전류
③ 3 × 정격 전압 × 정격 차단 전류
④ $\sqrt{3}$ × 정격 전압 × 정격 차단 전류

유형분석 차단기의 종류, 용량, 동작책무, 절연 협조 등이 출제된다.

풀이 $P_s = \sqrt{3}\,VI_s\,[\text{MVA}]$

답 ④

Key point

(1) 차단기의 용량과 동작 책무
   ① 정격 차단 용량 = $\sqrt{3}$ × 정격 전압 × 정격 차단 전류
   ② 차단기의 동작 책무

   일반용 : $\begin{cases} O-3분-CO-3분-O \\ CO-15초-CO \end{cases}$

   고속도 재투입용 : $O-0.3초-CO-3분(또는\ 15초,\ 1분)-CO$

(2) 차단기의 용량 $P_s = \sqrt{3}\,VI_s$ [MVA]

문제 01 ★★★★★ 3상용 차단기의 정격 용량은 그 차단기의 정격 전압과 정격 차단 전류와의 곱을 몇 배한 것인가?

① $\dfrac{1}{\sqrt{3}}$ ② $\dfrac{1}{\sqrt{2}}$ ③ $\sqrt{2}$ ④ $\sqrt{3}$

풀이 정격 차단 용량 = $\sqrt{3}$ × 정격 전압 × 정격 차단 전류이므로 $P_c = \sqrt{3}\,VI$ **답** ④

문제 02 ★★★★ 차단기의 정격 투입 전류란 투입되는 전류의 최초 주파의 무엇으로 표시되는가?

① 실효값 ② 평균값
③ 최댓값 ④ 순시값

풀이 정격 투입 전류란 최초 주파 최댓값으로 표시한다. **답** ③

문제 03 ★★★★ SF_6 가스 차단기의 설명으로 잘못된 것은?

① SF_6 가스는 절연내력이 공기의 2~3이고 소호능력이 공기의 100~200배이다.
② 아크에 의해 SF_6 가스가 분해되어 유독 가스를 발생시킨다.
③ 밀폐구조이므로 소음이 없다.
④ 근거리 고장 등 가혹한 재기전압에 대해서도 우수하다.

풀이 SF_6 가스는 무색, 무취, 무해 가스이므로 유독 가스는 발생되지 않는다. **답** ②

문제 04 ★★★★★ 고장 전류와 같은 대전류를 차단할 수 있는 것은?

① 단로기(DS) ② 선로 개폐기(LS)
③ 유입 개폐기(OS) ④ 차단기(CB)

풀이) 차단기(CB : circuit breaker)는 정상적인 부하전류의 개폐는 물론 고장 발생으로 흐르게 되는 과도한 고장전류도 개폐할 수 있어야 한다.   답 ④

문제 05 ★☆ 다음은 변전소의 경우, 수용가에 공급되는 전력을 끊고 소내 기기를 점검할 필요가 있을 경우와 다음에 점검이 끝난 후 차단기와 단로기를 개폐시키는 동작을 설명한 것이다. 옳은 것은?
① 점검이 필요한 경우, 차단기로 부하회로를 끊고 난 다음 단로기를 열어야 하며 점검이 끝난 경우 차단기로 부하회로를 연결하고 난 다음 단로기를 넣어야 한다.
② 점검이 필요한 경우, 단로기를 열고 난 다음 차단기를 열어야 하며 점검이 끝난 경우 단로기를 넣고 난 다음 차단기로 부하회로를 연결하여야 한다.
③ 점검이 필요한 경우, 단로기를 열고 난 다음 차단기를 열어야 하며 점검이 끝난 경우 차단기를 부하에 넣고 난 다음 단로기를 넣어야 한다.
④ 점검이 필요한 경우, 차단기로 부하회로를 끊고 난 다음 단로기를 열어야 하며, 점검이 끝난 경우, 단로기를 넣고 난 다음 차단기를 넣어야 한다.

풀이) DS는 부하전류를 개폐할 수 없으므로 정전 시에는 차단기로 부하전류를 차단 후 DS를 조작하고 급전 시에는 DS를 조작 후 CB를 닫아야 한다.   답 ④

문제 06 ★★★★★ 한류 리액터를 사용하는 가장 큰 목적은?
① 충전 전류의 제한
② 접지 전류의 제한
③ 누설 전류의 제한
④ 단락 전류의 제한

풀이) 단락 사고 시의 단락 전류를 제한하기 위해 한류 리액터를 설치한다.   답 ④

03 ★★★★★ 퓨즈

전력용 퓨즈는 주로 어떤 전류의 차단을 목적으로 사용하는가?
① 충전 전류　② 과부하 전류　③ 단락 전류　④ 과도 전류

유형분석) 퓨즈의 특성 등이 출제된다.

풀 이) 전력용 퓨즈는 단락 보호용으로 사용된다.   답 ③

Key point

전력용 퓨즈는 단락 보호용으로 사용된다.
① 차단 용량이 크다.　② 보수가 간단하다.　③ 가격이 저렴하다.

04 기타 개폐장치

가스 절연 개폐 장치(GIS)의 특징이 아닌 것은?
① 감전 사고 위험 감소
② 밀폐형이므로 배기 및 소음이 없음
③ 신뢰도가 높음
④ 변성기와 변류기는 따로 설치

풀이 GIS의 특징
① 충전부가 대기에 노출되지 않아 기기의 안정성, 신뢰성이 우수하다.
② 감전 사고의 위험이 적다.
③ 밀폐형이므로 배기 소음이 없다.
④ 소형화 가능하다.
⑤ 보수, 점검이 용이하다.   답 ④

Key point

GIS의 특징
① 충전부가 대기에 노출되지 않아 기기의 안정성, 신뢰성이 우수하다.
② 감전 사고 위험이 적다.
③ 밀폐형이므로 배기 소음이 없다.

06 출제기준 – 배전 선로의 전기적 특성

1 전압강하

$$V_s - V_r = \sqrt{3}\,I(R\cos\theta + X\sin\theta)$$

V_s : 송전단 전압, V_r : 수전단 전압, I : 부하전류, R : 1선의 저항, X : 1선의 리액턴스

2 부하의 특성

① 수용률 $= \dfrac{\text{최대 수용 전력[kW]}}{\text{수용 설비 용량[kW]}} \times 100[\%]$

② 부등률 $= \dfrac{\text{최대 수용 전력의 합[kW]}}{\text{합성 최대 수용 전력[kW]}}$

③ 부하율 $= \dfrac{\text{평균 수용 전력[kW]}}{\text{최대 수용 전력[kW]}} \times 100[\%] = \dfrac{\text{총 전력량} \div \text{총 시간}}{\text{최대 부하}} \times 100[\%]$

④ 설비이용률 $= \dfrac{\text{평균 발전 또는 수전 전력}}{\text{발전소 또는 변전소의 설비 용량}} \times 100[\%]$

3 전력 손실

① 손실 계수 $H = \dfrac{1}{I_m^2 T}\displaystyle\int_0^T I^2 dt$

T : 일정 기간, I_m : 일정 기간 중 최대 전류

② 손실 계수와 부하율과의 관계 $1 \geq F \geq H \geq F^2 \geq 0$

H : 손실계수, F : 부하율

③ F와 H와의 근사적 관계 $H = \alpha F + (1-\alpha)F^2$
단, α : 정수, 보통 $0.2 \sim 0.5$

06 필수유형 및 과년도문제

필수 01 ★☆ 전압 강하

직류 2선식에서 배전 선로의 끝에 부하가 집중되어 있는 경우 전선 1가닥의 저항을 $R[\Omega]$, 선로 전류를 $I[A]$라 하면 이 배전 선로의 전압 강하 e는 몇 [V]인가?

① $e = \dfrac{1}{2}RI$ ② $e = RI$

③ $e = 2RI$ ④ $e = 3RI$

유형분석 집중부하와 분산부하 간의 전압 강하 비교, 전압 강하 및 송전단 전압의 계산 등이 출제된다.

풀 이 직류 2선식 전압 강하 $e = 2RI[V]$
여기서, R : 1선의 저항 I : 전류   답 ③

Key point

$$V_s - V_r = \sqrt{3}\,I(R\cos\theta + X\sin\theta)$$

부하 종류	전압 강하	전력 손실
말단 집중 부하	IR	I^2R
균등 분포 부하	$\dfrac{1}{2}IR$	$\dfrac{1}{3}I^2R$

문제 01 ★★★

단상 2선식의 교류 배전선이 있다. 전선 1줄의 저항은 0.15[Ω], 리액턴스는 0.25[Ω]이다. 부하는 무유도성으로서 100[V], 3[kW]일 때 급전점의 전압은 몇 [V]인가?

① 100   ② 110
③ 120   ④ 130

풀이 $V_s = V_r + 2I(R\cos\theta + X\sin\theta)$, $\cos\theta = 1$이므로
$V_s = 100 + 2 \times \dfrac{3000}{100} \times 0.15 = 109[V]$ 답 ②

문제 02 ★★★★★

그림과 같은 수전단 전압 3.3[kV], 역률 0.85(뒤짐)인 부하 300[kW]에 공급하는 선로가 있다. 이때 송전단 전압[V]은?

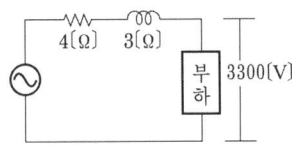

① 2930　　② 3230　　③ 3530　　④ 3830

풀이
$$V_s = V_r + I(R\cos\theta + X\sin\theta)$$
$$= 3300 + \frac{300 \times 10^3}{3300 \times 0.85}(4 \times 0.85 + 3 \times \sqrt{1-0.85^2})$$
$$= 3830[V]$$

답 ④

문제 03 ★★★★

20개의 가로등이 500[m] 거리에 균등하게 배치되어 있다. 한 등의 소요 전류 4[A], 전선의 단면적 38[mm²], 도전율 56[℧]라면 한쪽 끝에서 110[V]로 급전할 때 최종 전등에 가해지는 전압[V]은?

① 91　　② 96　　③ 101　　④ 106

풀이 말단에 집중 부하로 생각하여 전압 강하를 구하면
$$e = 2IR = I \times \rho\frac{2l}{A} = 4 \times 20 \times \frac{1}{56} \times \frac{2 \times 500}{38} = 38[V]$$
분포 부하는 말단 부하보다 1/2만의 전압 강하가 되므로
최종 전등 전압 $= 110 - \frac{38}{2} = 91[V]$

답 ①

문제 04 ★★☆

그림과 같은 회로에서 A, B, C, D의 어느 곳에 전원을 접속하면 간선 A-D 간의 전력 손실이 최소가 되는가? 단, AB, BC, CD 간의 저항은 같다.

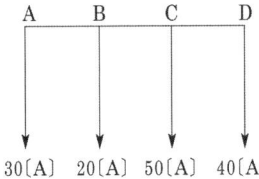

① A　　② B　　③ C　　④ D

풀이 B점 $P = I_a^2 R + (I_c + I_d)^2 R + I_d^2 R = 10600R$
C점 $P = I_a^2 R + (I_a + I_b)^2 R + I_d^2 R = 900R + 2500R + 1600R = 5000R$

답 ③

필수 02 ★★★★ 부하의 특성

설비 A가 130[kW], B가 250[kW], 수용률이 각각 0.5 및 0.8일 때 합성 최대 전력이 235[kW]이면 부등률은?

① 1.11　　② 1.13　　③ 1.21　　④ 1.23

유형분석 부하율, 부등률, 수용률 계산과 공식, 변전시설의 용량을 구하는 문제 등이 출제된다.

풀이 부등률 = $\dfrac{\text{개개의 최대 전력의 합}}{\text{합성 최대 수용 전력}} = \dfrac{0.5 \times 130 + 0.8 \times 250}{235} = 1.13$

답 ②

Key point

① 수용률 = $\dfrac{\text{최대 수용 전력[kW]}}{\text{수용 설비 용량[kW]}} \times 100[\%]$

② 부등률 = $\dfrac{\text{최대 수용 전력의 합[kW]}}{\text{합성 최대 수용 전력[kW]}}$

③ 부하율 = $\dfrac{\text{평균 수용 전력[kW]}}{\text{최대 수용 전력[kW]}} \times 100[\%] = \dfrac{\text{총 전력량} \div \text{총 시간}}{\text{최대 부하}} \times 100[\%]$

④ 설비이용률 = $\dfrac{\text{평균 발전 또는 수전 전력}}{\text{발전소 또는 변전소의 설비 용량}} \times 100[\%]$

문제 05 ★★★☆

전등 설비 250[W], 전열 설비 800[W], 전동기 설비 200[W], 기타 150[W]인 수용가가 있다. 이 수용가의 최대 수용 전력이 910[W]이면 수용률은?

① 65　　② 70　　③ 75　　④ 80

풀이 수용률 = $\dfrac{\text{최대수용 전력}}{\text{설비 용량(접속부하)}} \times 100[\%]$

$= \dfrac{910}{250+800+200+150} \times 100[\%]$

$= \dfrac{910}{1400} \times 100 = 65[\%]$

답 ①

문제 06 ★★☆ 부하율이란?

① $\dfrac{\text{피상 전력}}{\text{부하 설비 용량}} \times 100[\%]$　　② $\dfrac{\text{부하 설비 용량}}{\text{피상 전력}} \times 100[\%]$

③ $\dfrac{\text{최대 수용 전력}}{\text{평균 수용 전력}} \times 100[\%]$　　④ $\dfrac{\text{평균 수용 전력}}{\text{최대 수용 전력}} \times 100[\%]$

풀이 부하율 = $\dfrac{\text{평균 전력}}{\text{최대 수용 전력}} \times 100 < 100[\%]$ 답 ④

문제 07 ★★★★☆ 다음 중 그 값이 1 이상인 것은?
① 전압 강하율   ② 부하율
③ 수용률   ④ 부등률

풀이 부등률 = $\dfrac{\text{수용 설비 개개의 최대수용 전력의 합계}}{\text{합성 최대수용 전력}} \geq 1$ 답 ④

문제 08 ★★★★ 연간 전력량 E[kWh], 연간 최대 전력 W[kW]인 연부하율은 몇 [%]인가?
① $\dfrac{E}{W} \times 100$ ② $\dfrac{W}{E} \times 100$
③ $\dfrac{8760\,W}{E} \times 100$ ④ $\dfrac{E}{8760\,W} \times 100$

풀이 연 부하율 = $\dfrac{\text{연간 전력량}/(365 \times 24)}{\text{연간 최대 전력}} \times 100 = \dfrac{E}{8760\,W} \times 100[\%]$ 답 ④

문제 09 ★★★ 배전 선로의 부하율이 F일 때 손실 계수 H는?
① $H = F$ ② $H = \dfrac{1}{F}$ ③ $F^2 \leq H \leq F$ ④ $H = F^3$

풀이 $0 \leq F^2 \leq H \leq F \leq 1$ 답 ③

필수 03 ★★★★★ 전력 손실

배전선로의 손실 경감과 관계없는 것은?
① 승압   ② 다중접지방식 채용
③ 부하의 불평형 방지   ④ 역률 개선

유형분석 전력 손실과 부하율에 관한 문제가 출제된다.

풀이 배전선로의 전력 손실 P_C는 $P_C = 3I^2 r = \dfrac{\rho W^2 L}{A V^2 \cos^2\theta}$

ρ : 고유저항 W : 부하 전력 L : 배전 거리
A : 전선의 단면적 V : 수전 전압 $\cos\theta$: 부하 역률   답 ②

Key point

① 손실 계수와 부하율과의 관계 $1 \geq F \geq H \geq F^2 \geq 0$

② F와 H와의 근사적 관계 $H = \alpha F + (1-\alpha)F^2$, 단, α : 정수, 보통 0.2~0.5

문제 10 ★★★★★

선로의 부하가 균일하게 분포되어 있을 때 배전선로의 전력손실은 이들의 전부하가 선로의 말단에 집중되어 있을 때에 비하여 어느 정도가 되는가?

① $\dfrac{1}{5}$ ② $\dfrac{1}{4}$ ③ $\dfrac{1}{3}$ ④ $\dfrac{1}{2}$

풀이

부하종류	전압 강하	전력 손실
말단 집중 부하	IR	I^2R
균등 분포 부하	$\dfrac{1}{2}IR$	$\dfrac{1}{3}I^2R$

답 ③

문제 11 ★☆

전선의 굵기가 균일하고 부하가 균등하게 분산 분포되어 있는 배전 선로의 전력 손실은 전체 부하가 송전단으로부터 전체 전선로 길이의 어느 지점에 집중되어 있는 손실과 같은가?

① $\dfrac{3}{4}$ ② $\dfrac{2}{3}$ ③ $\dfrac{1}{3}$ ④ $\dfrac{1}{2}$

풀이 말단에 단일 부하인 경우의 전력 손실
$P_l = 3I^2R$

균등한 부하 분포의 경우 전력 손실
$$P_l = \int_0^1 i^2 R dx = \int_0^1 I^2(1-x)^2 R dx$$
$$= I^2R \int_0^1 (1-2x+x^2)dx = I^2R \left[x - x^2 + \dfrac{x^3}{3}\right]_0^1 = \dfrac{I^2R}{3}$$

$\dfrac{\text{단일 부하 전력 손실}}{\text{균등 부하 전력손실}} = \dfrac{I^2R}{\dfrac{I^2R}{3}} = 3$

답 ③

07 출제기준 – 배전 선로의 운용과 보호

1 전압 조정

1) 단상 승압기

단상 변압기를 그림과 같이 접속하여 승압기로써 사용할 경우

① 2차 전압 $V_2 = V_1 + \dfrac{e_2}{e_1} V_1 = V_1 \left(1 + \dfrac{e_2}{e_1}\right)$

② 부하 용량 $W = \dfrac{V_2 I_2}{1000} = \omega \dfrac{V_2}{e_2}$

③ 승압기 용량 $\omega = \dfrac{W e_2}{V_2}$

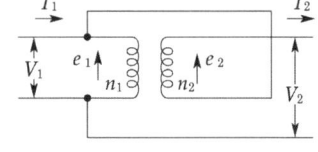

전압비 : $V_1/V_2 = n_1/(n_1 + n_2)$
전류비 : $I_1/I_2 = (n_1 + n_2)/n_1$

n_1 : 1차 권수 , n_2 : 2차 권수 , V_1 : 입력전압, V_2 : 출력전압, W : 부하용량, ω : 승압기용량

2) 단권 변압기의 특징

① 중량이 가볍다.
② 전압 변동률이 작다.
③ 동손의 감소에 따른 효율이 높다.
④ 변압비가 1에 가까우면 용량이 커진다.
⑤ 1차 측의 이상 전압이 2차 측에 미친다.
⑥ 누설 임피던스가 작으므로 단락 전류가 증가한다.

2 역률 개선

1) 역률 개선의 효과

① 선로, 변압기 등의 저항손이 역률의 제곱에 반비례하여 감소한다.
② 변압기, 개폐기 등의 소요 용량은 역률에 반비례하여 감소한다.
③ 선로의 송전 용량 전류에 의하여 제한될 때는 역률에 비례하여 송전 용량이 증대한다.
④ 전압 강하는 $1 + \dfrac{X}{R} \tan\phi$에 비례하여 감소한다.

2) 콘덴서 용량의 크기

$$Q_c = P(\tan\theta_1 - \tan\theta_2)$$

Q_c : 콘덴서용량[kVA], P : 유효전력[kW], θ_1 : 개선 전 역률각, θ_2 : 개선 후 역률각

3 변압기 중성점 접지

① $R = \dfrac{150}{I}[\Omega]$ 이하

② 자동차단설비가 1초 이내 동작 : $R = \dfrac{600}{I}[\Omega]$ 이하 I : 1선 지락전류

③ 자동차단설비가 1초를 넘어 2초 이내 동작 : $R = \dfrac{300}{I}[\Omega]$ 이하

4 조상설비

	진상	지상	시충전	조정
콘덴서	○	×	×	단계적
리액터	×	○	×	단계적
동기 조상기	○	○	○	연속적

① 콘덴서 : 앞선 전류를 취하여 전압강하를 보상한다.
② 리액터 : 늦은 전류를 취하여 이상전압의 상승을 억제한다.
③ 동기조상기 : 무부하 운전중인 동기전동기를 과여자 운전하면 콘덴서로 작용하며, 부족여자 운전하면 리액터로 작용한다.

5 배전 변압기

1) V 결선 변압기

① 용량 : $P_v = \sqrt{3}\,P_1$[kVA]   ② 이용률 : 86.6[%]   ③ 출력비 : 57.7[%]

2) 배전변압기의 보호

① 1차 측 : COS(프라이머리 컷아웃 스위치)   ② 2차 측 : 캐치 홀더

07 필수유형 및 과년도문제

필수 01 ★★★★ 전압조정

정격 전압 1차 6600[V], 2차 210[V]의 단상 변압기 두 대를 승압기로 V결선하여 6300[V]의 3상 전원에 접속한다면 승압된 전압[V]은?

① 6600   ② 6500   ③ 6300   ④ 6200

유형분석 승압기, 유도전압조정기 등의 내용이 출제된다.

풀이 $E_2 = E_1\left(1 + \dfrac{1}{n}\right) = 6300\left(1 + \dfrac{210}{6600}\right) = 6500[\text{V}]$ **답** ②

Key point

단권 변압기(승압기)

① 2차 전압 $V_2 = V_1 + \dfrac{e_2}{e_1}V_1 = V_1\left(1 + \dfrac{e_2}{e_1}\right)$

② 부하 용량 $W = \dfrac{V_2 I_2}{1000} = w\dfrac{V_2}{e_2}$

③ 승압기 용량 $w = \dfrac{W e_2}{V_2}$

문제 01 ★★★★☆

단상 교류 회로로써 3300/220[V]의 변압기를 그림과 같이 접속하여 60[kW], 역률 0.85의 부하에 공급하는 전압을 상승시킬 경우, 몇 [kVA]의 변압기를 택하면 좋은가? 단, AB점 사이의 전압은 3000[V]로 한다.

① 3
② 4
③ 5
④ 6

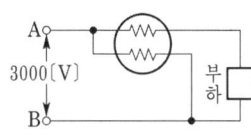

풀이 변압기 용량(자기 용량, 승압기 용량)
$w = I_2 e_2$
$E_2 = E_1\left(1 + \dfrac{1}{n}\right) = 3000\left(1 + \dfrac{220}{3300}\right) = 3200[\text{V}]$
$I_2 = \dfrac{60 \times 10^3}{3200 \times 0.85}$

$$\therefore w = I_2 e_2 = \frac{60 \times 10^3}{3200 \times 0.85} \times 220 \times 10^{-3} = 4.85[kVA] \fallingdotseq 5[kVA]$$

승압분 전압 e_2는 변압기 용량을 결정할 때는 계산상 전압을 사용하지 않고 최대 전압이 될 수 있는 220[V]를 사용한다.

답 ③

문제 02 ★★★

단상 승압기 1대를 사용하여 승압할 경우 승압전의 전압을 E_1이라 하면, 승압 후의 전압 E_2는 어떻게 되는가? 단, 승압기의 변압비는 $\dfrac{e_1}{e_2}$이다.

① $E_2 = E_1 + \dfrac{e_1}{e_2} E_1$ ② $E_2 = E_1 + e_2$

③ $E_2 = E_1 + \dfrac{e_2}{e_1} E_1$ ④ $E_2 = E_1 + e_1$

풀이

$$E_2 = e_1 + e_2 = E_1 + \frac{E_1}{n}$$
$$= E_1\left(1 + \frac{n}{1}\right) = E_1\left(1 + \frac{e_2}{e_1}\right)$$

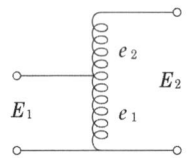

답 ③

필수 02 ★★★☆ 역률개선

부하가 $P[kW]$이고, 그의 역률이 $\cos\theta_1$인 것을 $\cos\theta_2$로 개선하기 위해서는 전력용 콘덴서가 몇 [kVA]가 필요한가?

① $P(\tan\theta_1 - \tan\theta_2)$ ② $P\left(\dfrac{\cos\theta_1}{\sin\theta_1} - \dfrac{\cos\theta_2}{\sin\theta_2}\right)$

③ $\dfrac{P}{(\tan\theta_1 - \tan\theta_2)}$ ④ $\dfrac{P}{(\cos\theta_1 - \cos\theta_2)}$

유형분석 역률 개선용 콘덴서 용량의 크기, 역률 개선의 효과, 역률 개선과 손실 등의 문제가 출제된다.

풀이
$$Q_c = P(\tan\theta_1 - \tan\theta_2)$$
$$= P\left(\frac{\sin\theta_1}{\cos\theta_1} - \frac{\sin\theta_2}{\cos\theta_2}\right)$$
$$= P\left(\frac{\sqrt{1-\cos^2\theta_1}}{\cos\theta_1} - \frac{\sqrt{1-\cos\theta_2}}{\cos\theta_2}\right)$$

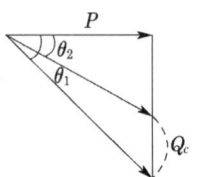

답 ①

Key point

콘덴서 용량의 크기 $Q_c = P(\tan\theta_1 - \tan\theta_2)$

문제 03 일반적으로 부하의 역률을 저하시키는 원인이 되는 것은?

① 전등의 과부하 ② 선로의 충전 전류
③ 유도 전동기의 경부하 운전 ④ 동기 조상기의 중부하 운전

풀이 L부하 : 역률 저하, C부하 : 역률 상승   답 ③

문제 04 3상의 같은 전원에 접속하는 경우, △결선의 콘덴서를 Y결선으로 바꾸어 이으면 진상용량은 몇 배가 되는가?

① 3 ② $\sqrt{3}$ ③ $\dfrac{1}{\sqrt{3}}$ ④ $\dfrac{1}{3}$

풀이 $Q_\triangle = 3 \times 2\pi f C V^2$, $Q_Y = 3 \times 2\pi f C \left(\dfrac{V}{\sqrt{3}}\right)^2 = 2\pi f C V^2$

∴ $Q_Y = \dfrac{1}{3} Q_\triangle$ 답 ④

문제 05 어떤 콘덴서 3개를 선간 전압 3300[V], 주파수 60[Hz]의 선로에 △로 접속하여 60[kVA]가 되도록 하려면 콘덴서 1개의 정전용량[μF]은 약 얼마로 하여야 하는가?

① 1.62 ② 3.22 ③ 4.87 ④ 14.55

풀이 $Q = 3EI_c = 3 \times 2\pi f C E^2$

정전용량 $C = \dfrac{Q}{6\pi f E^2} = \dfrac{60 \times 10^3}{6\pi \times 60 \times 3300^2} \times 10^6 = 4.87[\mu F]$ 답 ③

문제 06 불평형 부하에서 역률은?

① $\dfrac{\text{유효 전력}}{\text{각 상의 피상 전력의 산술합}}$ ② $\dfrac{\text{유효 전력}}{\text{각 상의 피상 전력의 벡터합}}$
③ $\dfrac{\text{무효 전력}}{\text{각 상의 피상 전력의 산술합}}$ ④ $\dfrac{\text{무효 전력}}{\text{각 상의 피상 전력의 벡터합}}$

풀이 $\cos\theta = \dfrac{P}{P_a}$ 답 ②

문제 07 3000[kW], 역률 80[%](뒤짐)의 부하에 전력을 공급하고 있는 변전소에 콘덴서를 설치하여 변전소에 있어서의 역률을 90[%]로 향상시키는 데 필요한 콘덴서 용량[kVar]은?

① 600 ② 700 ③ 800 ④ 900

풀이 콘덴서 용량

$$Q_c = P\left(\frac{\sqrt{1-\cos^2\theta_1}}{\cos\theta_1} - \frac{\sqrt{1-\cos\theta_2}}{\cos\theta_2}\right) = 3000 \times \left(\frac{\sqrt{1-0.8^2}}{0.8} - \frac{\sqrt{1-0.9^2}}{0.9}\right) = 800[\text{kVA}]$$

답 ③

필수 03 ★★★☆ 변압기 중성점 접지

옥내 배선에 사용하는 전선의 굵기를 결정하는 데 고려하지 않아도 되는 것은?
① 기계적 강도 ② 전압 강하 ③ 허용 전류 ④ 절연 저항

유형분석 옥내 배선에서의 접지의 유무 등이 출제된다.

풀이 전선의 굵기를 결정하는 요인은 ① 허용 전류 ② 기계적 강도 ③ 전압 강하이며, 허용 전류가 가장 중요한 요소가 된다.

답 ④

Key point

(1) $R = \dfrac{150}{I}[\Omega]$ 이하

(2) 자동차단설비가 1초 이내 동작 : $R = \dfrac{600}{I}[\Omega]$ 이하

(3) 자동차단설비가 1초를 넘어 2초 이내 동작 : $R = \dfrac{300}{I}[\Omega]$ 이하

문제 08 ☆ 옥내 배선의 보호 방법이 아닌 것은?
① 과전류 보호   ② 지락 보호
③ 전압 강하 보호   ④ 절연 접지 보호

답 ③

필수 04 ★★★★★ 조상설비

초고압 장거리 송전선로에 접속되는 1차 변전소에 분로 리액터를 설치하는 목적은?
① 송전용량의 증가   ② 전력 손실의 경감
③ 과도 안정도의 증진   ④ 페란티 효과의 방지

유형분석 콘덴서와 리액터, 동기조상기의 비교 등이 출제된다.

풀이 진상전류는 계통에 페란티 현상 발생 → 분로 리액터로 페란티 현상 방지

답 ④

Key point

	진상	지상	시충전	조정
콘덴서	○	×	×	단계적
리액터	×	○	×	단계적
동기 조상기	○	○	○	연속적

문제 09 수전단 전압이 송전단 전압보다 높아지는 현상을 무슨 효과라 하는가?

① 페란티 효과 ② 표피 효과 ③ 근접 효과 ④ 도플러 효과

풀이
- 페란티 효과 : 송전선로에 충전전류가 흐르면 수전단 전압이 송전단 전압보다 높아지는 현상
- 표피 효과 : 교류전류의 경우에는 도체 중심보다 도체 표면에 전류가 많이 흐르는 현상
- 근접 효과 : 같은 방향의 전류는 바깥쪽으로 다른 방향의 전류는 안쪽으로 모이는 현상

답 ①

문제 10 송배전 선로의 도중에 직렬로 삽입하여 선로의 유도성 리액턴스를 보상함으로써 선로 정수 그 자체를 변화시켜서 선로의 전압 강하를 감소시키는 직렬 콘덴서 방식의 특성에 대한 설명으로 옳은 것은?

① 최대 송전 전력이 감소하고 정태 안정도가 감소된다.
② 부하의 변동에 따른 수전단의 전압 변동률은 증대된다.
③ 장거리 선로의 유도 리액턴스를 보상하고 전압 강하를 감소시킨다.
④ 송수 양단의 전달 임피던스가 증가하고 안정 극한 전력이 감소한다.

풀이 직렬 콘덴서의 장·단점
[장점] ① 유도 리액턴스를 보상하고 전압 강하를 감소시킨다.
② 수전단의 전압 변동률을 경감시킨다.
③ 최대 송전 전력이 증대하고 정태 안정도가 증대한다.
④ 부하 역률이 나쁠수록 효과가 크다.
⑤ 용량이 작으므로 설비비가 저렴하다.
[단점] ① 단락 고장 시 콘덴서 양단에 고전압이 걸린다.
② 무부하 변압기에 직렬 콘덴서를 투입하는 경우 선로 전류가 증대한다.
③ 고압 배전선에 설치하는 경우 자기 여자 현상이 일어날 경우가 있다.
④ 과보상이 되면 동기기에 난조가 생기거나 탈조하는 수가 있다.

답 ③

문제 11 동기 조상기에 대한 설명 중 맞는 것은?

① 무부하로 운전되는 동기 발전기로 역률을 개선한다.
② 무부하로 운전되는 동기 전동기로 역률을 개선한다.
③ 전부하로 운전되는 동기 발전기로 위상을 조정한다.
④ 전부하로 운전되는 동기 전동기로 위상을 조정한다.

풀이 동기 조상기는 무부하 운전 중인 동기 전동기를 과여자 또는 부족여자 운전하여 역률을 제어할 수 있는 기기를 말한다.

답 ②

문제 12 ★★ 동기 조상기와 전력용 콘덴서를 비교할 때 전력용 콘덴서의 이점으로 옳은 것은?

① 진상과 지상의 전류 공용이다.
② 단락 고장이 일어나도 고장전류가 흐르지 않는다.
③ 송신선의 시송전에 이용 가능하다.
④ 전압조정이 연속적이다.

풀이

구 분	전력용 콘덴서	동기 조상기
종 류	정지기	무부하 운전하는 동기 전동기(회전기)
전압조정	계단적	연속적
발생전류 (발생전력)	진상전류 (진상전력)	• 중부하시 과여자 운전하여 진상(앞선)전류 • 경부하시 부족여자 운전하여 지상 (뒤진)전류 (진상 또는 지상 전력)
전력손실	작다	크다
가 격	저가	고가
시충전(시송전)	불가능	가능
계통 안정도	단락고장 시 고장전류 발생하지 않음	단락고장 시 고장전류 발생

답 ②

문제 13 ★★☆ 1상당의 용량 150[kVA]의 콘덴서에 제5고조파를 억제시키기 위하여 필요한 직렬 리액터의 기본파에 대한 용량[kVA]은?

① 3　　　　② 4.5　　　　③ 6　　　　④ 7.5

풀이
$2\pi 5fL = \dfrac{1}{2\pi 5fC}$

$2\pi fL = \dfrac{1}{2\pi 5^2 fC} = \dfrac{1}{2\pi fC} \times 0.04$

직렬 리액터의 용량은 콘덴서 용량의 4[%] 이상이 되면 되는데 주파수 변동 등의 여유를 봐서 실제로는 약 5~6[%]인 것이 사용된다.

∴ $150 \times 0.05 = 7.5[kVA]$

답 ④

문제 14 ★★☆ 전력 계통 주파수가 기준값보다 증가하는 경우 어떻게 하는 것이 타당한가?

① 발전 출력[kW]을 증가시켜야 한다.
② 발전 출력[kW]을 감소시켜야 한다.
③ 무효 전력[kVar]을 증가시켜야 한다.
④ 무효 전력[kVar]을 감소시켜야 한다.

풀이 부하가 증가하면 주파수는 감소하며, 부하가 감소하면 주파수는 증가한다.

답 ②

필수 05 ★★★ 배전 변압기

동일한 2대의 단상 변압기를 V결선하여 3상 전력을 100[kVA]까지 배전할 수 있다면, 똑같은 단상 변압기 1대를 더 추가하여 △결선하면 3상 전력을 얼마 정도까지 배전할 수 있겠는가?

① 약 57.7[kVA] ② 약 70.5[kVA]
③ 약 141.4[kVA] ④ 약 173.2[kVA]

유형분석 V결선 시 용량, 변압기 보호기기, 단권 변압기의 특징 등이 출제된다.

풀 이 $P_V = \sqrt{3}P$ 이며 $P_\triangle$ 의 경우 $P_\triangle = 3P$ 이므로 V결선보다 $\sqrt{3}$ 배 크다. **답** ④

Key point
용량 : $P_v = \sqrt{3}\,P_1$ [kVA]

문제 15 ★★★★★ 주상 변압기의 2차측 접지공사는 어느 것에 의한 보호를 목적으로 하는가?

① 2차측 단락
② 1차측 접지
③ 2차측 접지
④ 1차측과 2차측의 혼촉

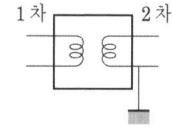

풀이 주상 변압기에는 1차측과 2차측의 혼촉에 의한 2차측 전압의 상승을 막기 위해서 2차측의 접지를 함으로써 고전압에 의한 사고를 막아준다. **답** ④

문제 16 ★★ 주상 변압기의 1차측 전압이 일정할 경우, 2차측 부하가 변동하면 주상 변압기의 동손과 철손은 어떻게 되는가?

① 동손과 철손이 다 변동한다.
② 동손은 일정하고 철손은 변동한다.
③ 동손은 변동하고 철손은 일정하다.
④ 동손과 철손이 다 일정하다.

풀이 변압기의 손실은 철손(히스테리시스손+와류손)과 동손(I^2R)이 있는데 철손은 1차 전압만 걸리면 손실이 되고 동손은 2차 전류가 흘러야 손실이 된다. 그러므로 2차 부하가 변동하면 철손은 일정하고 동손은 변동한다. **답** ③

문제 17 ★★★★☆

아래 그림과 같이 6300/210[V]인 단상 변압기 3대를 △ - △ 결선하여 수전단 전압이 6000[V]인 배전선로에 접속하였다. 이 중 2대의 변압기는 감극성이고, CA상에 연결된 변압기 1대가 가극성이었다고 한다. 이때 다음 그림과 같이 접속된 전압계에는 몇 [V]의 전압이 유기되는가?

① 400
② 200
③ 100
④ 0

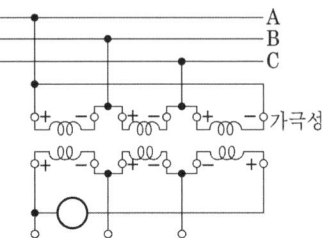

풀이 변압기 2차측 전압

$$V = 6000 \times \frac{210}{6300} = 200[V]$$

2차측 변압기에서 키르히호프 전압 법칙을 적용하면

$$V = V_{RS} + V_{ST} + V_{TR}$$
$$= 200\angle 0 + 200\angle -120 - 200\angle -240[V]$$
$$= 200 + 200\left(-\frac{1}{2} - j\frac{\sqrt{3}}{2}\right) - 200\left(-\frac{1}{2} + j\frac{\sqrt{3}}{2}\right)$$
$$= 200 - j200\sqrt{3}$$
$$|V| = \sqrt{200^2 + (200\sqrt{3})^2} = 400[V]$$

답 ①

문제 18 ★★

변전소의 역할에 대한 설명으로 옳지 않은 것은?

① 유효 전력과 무효 전력을 제어한다.
② 전력을 발생하고 분배한다.
③ 전압을 승압 또는 강압한다.
④ 전력 조류를 제어한다.

풀이 변전소의 설치 목적
① 전압의 승압 및 강압
② 전력의 집중 및 분배
③ 유효 전력 및 무효 전력 제어
④ 전압 조정
⑤ 전력 조류제어

답 ②

전기기기 제3장

1. 출제기준 – 직류기   188
2. 출제기준 – 동기기   211
3. 출제기준 – 변압기   232
4. 출제기준 – 유도기   256
5. 출제기준 – 교류 정류자기   274
6. 출제기준 – 정류기   279

01 출제기준 – 직류기

1 직류발전기의 구조 및 원리

1) 전기자 (armature)

전기자 철심은 철손을 적게 하기 위하여 두께 0.35~0.5[mm]의 규소 강판(저규소 강판 : 규소 함유율 1~1.4[%] 정도)을 성층하여 사용한다.

2) 계자 (field magnet)

계자 권선, 계자 철심, 자극편, 계철 등으로 구성되며 계철, 계자, 철심, 공극, 전기자 철심을 직류기의 자기 회로(magnetic circuit)라고 한다.

자극편은 두께 0.8 또는 1.6[mm]의 연강판을 성층하여 사용한다.

보극은 주자극의 중간에 있는 작은 자극으로서 정류를 개선하기 위한 것으로 그 기자력은 보통 전기자 권선의 기자력의 1.3~1.4배 정도로 한다. 공극은 자극편과 전기자 사이의 간격으로서 소형기에서는 3[mm], 대형기에서는 6~8[mm] 정도로 한다.

3) 정류자 (commutator)

쐐기 모양의 경동으로 된 정류자편의 상호 간을 0.8[mm] 정도의 마이카편(편간 마이카)으로 절연해서 원통형으로 조립한 것이다.

2 전기자 권선법

현재 직류기에 사용되는 전기자 권선법은 고상, 폐회로, 2층권이다.

구 분	중권(병렬권)	파권(직렬권)	비 고
병렬회로 수 a	$a=p$ $(a=mp)$	$a=2$ $(a=2m)$	m : 다중도
브러시 수 b	$b=p$	$b=2$	
용도	저전압, 대전류	고전압, 소전류	
균압 접속	4극 이상 필요	불필요 (다중 파권의 경우 필요)	

3 정류와 전기자 반작용

1) 정류 곡선 (commutating curve)

직선 정류, 정현파 정류, 부족 정류, 과정류 등이 있으며 불꽃 없는 정류는 직선 또는 정현파 곡선이다.

- 저항 정류 : 접촉 저항이 큰 브러시를 사용하여 정류 코일의 단락 전류를 억제해서 양호한 정류를 얻는 방법
- 전압 정류 : 보극을 설치하여 정류 코일 내에 유기되는 리액턴스 전압과 반대 방향으로 정류 전압을 유기시켜 양호한 정류를 얻는 방법

  - 리액턴스 전압 $e_r = -L\dfrac{di}{dt}$

  - 평균 리액턴스 전압 $(e_r)_{\mathrm{mean}} = -L\dfrac{2I_c}{T_c} = L\dfrac{I_a}{T_c}$

  L : 인덕턴스[H], T_c : 정류주기[sec], I_a : 전기자 전류[A]

2) 양호한 정류를 얻는 조건

- 평균 리액턴스 전압을 작게 한다.
- 정류주기를 길게 한다.
- 자기인덕턴스를 작게 한다.(단절권 채용)
- 전압정류를 채용한다.(보극 설치)
- 저항정류를 채용한다.(탄소브러시 설치)

3) 전기자 반작용

전기자 전류에 의한 기전력의 영향으로 주자극의 자속 분포가 변화한다. 이와 같은 전기자 전류의 작용을 전기자 반작용이라고 한다.

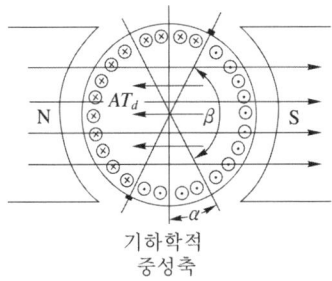

기하학적 중성축

① 전기자 기자력 : 그림과 같이 브러시를 기계적 중성축에서 α[rad]만큼 이동했을 경우

- 감자 기자력 $AT_d = \dfrac{2\alpha}{\pi} \cdot \dfrac{Z}{2P} \cdot \dfrac{1}{2} \cdot \dfrac{I_a}{2a}$ [AT/극]

- 교차 기자력 $AT_c = \dfrac{\beta}{\pi} \cdot \dfrac{Z}{2P} \cdot \dfrac{1}{2} \cdot \dfrac{I_a}{2a}$ [AT/극]

  여기서, $\beta = \pi - 2a$

  P : 극수, a : 병렬회로수, I_a : 전기자 전류[A], Z : 총도체수

② 전기자 반작용에 따르는 현상
- 전기적 중성축이 이동한다.(발전기는 회전방향, 전동기는 회전 반대방향)
- 주자속이 감소한다.
- 정류자편 사이의 전압이 고르지 못하게 되어 국부적으로 전압이 높아진다. (flashover 현상)
- 보상 권선(compensating winding) : 자극편에 슬롯을 만들어 여기에 전기자 권선과 같은 권선을 하고 전기자 전류와 반대 방향으로 전류를 통하여 전기자의 기자력을 없애도록 한 것이다. 단, 보상 권선을 사용할 경우에는 브러시를 기하학적 중성축에 놓는다.

4 직류 발전기의 종류와 특성, 운전

1) 유기 기전력

$$E = \dfrac{pZ}{a}\Phi n = \dfrac{pZ}{a}\Phi \dfrac{N}{60} = K_1 \Phi N [\text{V}]$$

Z : 전기자 도체수, Φ : 자속수[Wb], n : 회전 속도[rps], N : 회전 속도[rpm]
K : 비례 상수 $\left(\because K_1 = \dfrac{pZ}{60a} \right)$, a : 브러시간·병렬 회로수, p : 극 수

2) 특성

단자 전압 $V = E - I_a R_a$ [V]

E : 유기 기전력[V], I_a : 전기자 전류[A], R_a : 전기자 저항[Ω]

① 타여자 발전기
- 회전방향을 반대로 하면 극성이 반대가 된다.
- 잔류자기가 없어도 발전이 가능하다.

② 분권 발전기(자여자)
- 회전방향을 반대로 하면 잔류자기가 소멸되어 발전하지 않는다.
- 운전중 계자회로를 갑자기 열면 고전압이 발생한다.

③ 직권 발전기(자여자)
- 회전방향을 반대로 하면 잔류자기가 소멸되어 발전하지 않는다.
- 무부하시 자기여자로 전압확립이 불가능하다.

3) 전압 변동률

$$\epsilon = \frac{V_0 - V_n}{V_n} \times 100 [\%]$$

V_n : 정격 전압[V], V_0 : 무부하 전압[V]

5 직류 발전기의 병렬운전

1) 병렬 운전의 목적
- 1대의 발전기로 용량이 부족할 때
- 부하 변동의 폭이 클 때에는 경부하에 대해 효율 좋게 운전하기 위하여, 즉 전부하시 두 대로 병렬 운전하고, 경부하시는 한 대만을 운전한다.
- 예비기 또는 점검, 보수측면에서 유리하다.

2) 병렬 운전 조건
- 정격 전압 및 극성이 같을 것
- 외부 특성 곡선이 어느 정도 수하 특성일 것
- 용량이 다를 경우 [%] 부하 전류로 나타낸 외부 특성 곡선이 거의 일치할 것

3) 부하의 분담
유기 전압 E와 전기자 회로의 저항 R_a에 의해서 결정된다.
- 저항이 같으면 유기 전압이 큰 측이 부하를 많이 분담하며,
- 유기 전압이 같으면 부하는 전기자 회로 저항에 반비례해서 분배된다.

$$E_1 - R_{a1}(I_1 + I_{f1}) = E_2 - R_{a2}(I_2 + I_{f2}) = V$$

E_1, E_2 : 각 기의 유도 기전력[V], R_{a1}, R_{a2} : 각 기의 전기자 저항[Ω]
I_1, I_2 : 각 기의 부하 분담 전류[A], I_{f1}, I_{f2} : 각 기의 계자 전류[A], V : 단자 전압[V]

6 직류 전동기의 종류와 특성

1) 직류 전동기 이론

① 역기전력 $E = V - R_a I_a = \dfrac{pZ}{a}\Phi n = \dfrac{pZ}{a}\Phi \dfrac{N}{60} = K_1 \Phi N [\text{V}]$

Z : 전기자 도체수, Φ : 자속수[Wb], n : 회전 속도[rps], N : 회전 속도[rpm]
K : 비례 상수 $\left(\because K_1 = \dfrac{pZ}{60a}\right)$, a : 브러시간·병렬 회로수, p : 극 수

② 회전 속도 $N = \dfrac{E}{K_1 \Phi} = \dfrac{V - R_a I_a}{K_1 \Phi}[\text{rpm}]$

E : 역기전력[V], K_1 : 비례 상수, I_a : 전기자 전류[A], R_a : 전기자 저항[Ω]

③ 토크 $\tau = \dfrac{pZ}{2\pi a}\Phi I_a = \dfrac{E I_a}{2\pi n} = K_2 \Phi I_a [\text{N}\cdot\text{m}]\left(\because K_2 = \dfrac{pZ}{2\pi a}\right)$

Z : 전기자 도체수, Φ : 자속수[Wb], n : 회전 속도[rps], N : 회전 속도[rpm]
K : 비례 상수 $\left(\because K_1 = \dfrac{pZ}{60a}\right)$, a : 브러시간·병렬 회로수, p : 극 수

$\tau = \dfrac{E I_a}{\omega} = \dfrac{P_m}{\omega}[\text{N}\cdot\text{m}]$, $\tau = 0.975 \dfrac{P_m}{N}[\text{kg}\cdot\text{m}]$

1[kg·m] = 9.8[N·m], P_m : 전동기의 출력, $\omega = 2\pi n = 2\pi \dfrac{N}{60}$: 각속도

7 직류 전동기의 기동, 제동 및 속도제어

1) 속도 제어법

구분	특성	분권 및 타여자	직권
계자 제어법	효율 양호, 정류 악화 정출력 가변 속도	속도 제어 범위는 최저 최고비가 1 : 2~1 : 4(보상 권선이 있을 때) 정도	무부하에 있어서 Φ가 대단히 작으면 속도가 아주 높아지므로 주의가 필요
직렬 저항법	효율 나쁨 정토크 가변 속도	정속도 특성을 잃는다.	직렬 저항법과 전압 제어법을 병용하여 전차 등에 널리 사용되고 있다.
전압 제어법	위의 두 가지에 비하여 고가이나 광범위한 속도 제어가 가능하다.	타여 전동기에 적용된다. 워드 레오나드 방식, 일그너 방식, 승압기 방식 등이 있다.	

기본식 $n = \dfrac{V - R_a I_a - v_b - e_a}{K_1 \Phi}$ [rpm] $\left(\because K_1 = \dfrac{pZ}{60a}\right)$

v_b : 브러시의 접촉 저항에 의한 전압 강하[V], e_a : 전기자 반작용 전압 강하[V]

2) 속도 변동률

$\epsilon = \dfrac{N_0 - N_n}{N_n} \times 100[\%]$

N_0 : 무부하 속도, N_n : 정격 속도

3) 제동법

- 발전제동 : 전동기를 전원에서 분리하면 발전기로 동작하며, 이때 발전된 전력을 열로 소비하는 제동
- 회생제동 : 전동기를 전원에서 분리하면 발전기로 동작하며, 이때 발전된 전력을 제동용 전원으로 사용하는 제동
- 역전제동 : 전동기를 역전시켜 제동하는 방식으로 플러깅제동이라고 함.

8 직류기의 손실, 효율, 온도상승 및 정격

1) 손실

철손 P_i	히스테리시스손	$P_h = \alpha \dfrac{f}{100} B^2$ [W/kg]	B[Wb/m²], f[Hz], α 정수
	와전류손	$P_e = \beta \left(\dfrac{f}{100} B\right)^2$ [W/kg]	β 정수
동손 P_c	전기자 동손	$P_{ca} = R_a I_a^2$ [W]	R_a, R_f의 저항값은 다음 기준 온도에 있어서의 값으로 한다. A, E, B종 절연 115[℃], F, H종 절연 155[℃]
	계자동손	$P_{ef} = R_f I_f^2$ [W]	
	브러시 전기손	$P_b = 2 v_b I_a$ [W]	V_b는 브러시 1개당 다음 값으로 한다. (1) 탄소 및 흑연 브러시(접속끈 부착) 1[V] (2) 탄소 및 흑연 브러시(접속끈 없음) 1.5[V] (3) 금속 흑연 브러시(접속끈 부착) 0.3[V]
기계손 P_m	마찰손	브러시	
		베어링	
	풍손		

표유 부하손 P_s	표유 부하손은 전류의 제곱으로 변화하는 것으로 하고 그 값은 최대의 정격 전류에 있어서 다음과 같이 정한다. • 보상 권선이 없는 직류기 : 기준 출력의 1[%] • 보상 권선이 있는 직류기 : 기준 출력의 0.5[%]
전손실	$P_i + P_c + P_m + P_s$

2) 효율

실측 효율 $\eta = \dfrac{출력}{입력} \times 100[\%]$

규약 효율 $\eta = \dfrac{출력}{출력 + 손실} \times 100[\%]$ (발전기)

$\eta = \dfrac{입력 - 손실}{입력} \times 100[\%]$ (전동기)

3) 정격

① 연속 정격
② 단시간 정격
③ 반복 정격
④ 공칭 정격 (전기철도용 전원기기에 사용)

★중요 4) 절연물의 허용온도

절연의 종류	Y	A	E	B	F	H	C
허용 최고 온도[℃]	90	105	120	130	155	180	180 초과

9 직류기의 시험법

1) 토크 측정

- 소형 : 와전류 제동기, 프로니 브레이크
- 대형 : 전기동력계 $T =$ 동력계 눈금×암의 길이 [kg·m]

01 필수유형 및 과년도문제

필수 01 ★★☆ 직류발전기의 구조 및 원리

전기 기계의 철심을 성층하는 데 가장 적절한 이유는?
① 기계손을 적게 하기 위하여
② 와류손을 적게 하기 위하여
③ 히스테리시스손을 적게 하기 위하여
④ 표유 부하손을 적게 하기 위하여

유형분석 구조 및 원리에서는 핵심 문제와 더불어 규소강판의 성층 이유를 묻는 문제가 출제된다.

풀이 전기 기계의 전기자 철심은 규소 강판으로 성층하여 만드는데, 규소를 넣는 것은 자기 저항을 크게 하여 와류손과 히스테리시스손을 감소하게 하지만 투자율이 낮아지고, 기계적 강도가 감소되어 부서지기 쉬우며, 가공이 곤란하게 된다. 성층하는 이유는 와류손을 적게 하기 위한 것이다. **답** ②

Key point
전기자 철심은 철손을 적게 하기 위하여 두께 0.35~0.5[mm]의 규소 강판(저규소 강판 : 규소 함유율 1~1.4[%] 정도)을 성층하여 사용한다.
① 규소 : 히스테리시스손 감소
② 성층 : 와류손 감소

문제 01 ★☆
브러시 홀더(brush holder)는 브러시를 정류자면의 적당한 위치에서 스프링에 의하여 항상 일정한 압력으로 정류자 면에 접촉하여야 한다. 가장 적당한 압력[kg/cm²]은?
① 1~2[kg/cm²]
② 0.5~1[kg/cm²]
③ 0.15~0.25[kg/cm²]
④ 0.01~0.15[kg/cm²]

풀이 브러시의 압력은 재질에 따라서 0.1~0.2[kg/cm²]로 조정한다. 전차용 전동기, 크레인 모터 등 진동이 많은 기계는 0.3~0.45[kg/cm²]로 한다. **답** ③

문제 02 ☆
직류 발전기에서 브러시 간에 유기되는 기전력의 파형의 맥동을 방지하는 대책이 될 수 없는 것은?
① 사구(斜構, skewed slot)를 채용할 것
② 갭의 길이를 균일하게 할 것
③ 슬롯 폭에 대하여 갭을 크게 할 것
④ 정류자 편수를 적게 할 것

풀이 정류자 편수가 많을수록 출력의 파형은 더욱 직류에 근사하여진다. **답** ④

필수 02 ★★★★★ 전기자 권선법

직류 분권 발전기의 전기자 권선을 단중 중권으로 감으면?
① 병렬 회로수는 항상 2이다.
② 높은 전압, 작은 전류에 적당하다.
③ 균압선이 필요 없다.
④ 브러시 수는 극수와 같아야 한다.

유형분석 중권과 파권의 특성에 관한 문제가 출제된다.

풀이 전기자 권선을 중권과 파권에 대하여 비교하면

비교 항목	단중 중권	단중 파권
전기자의 병렬 회로수	극수와 같다.	항상 2이다.
브러시 수	극수와 같다.	2개로 되나, 극수만큼의 브러시를 둘 수도 있다.
전기자 도체의 굵기, 권수, 극수가 모두 같을 때	저전압, 대전류를 얻을 수 있다.	전류는 작지만 고전압을 얻을 수 있다.
균압 접속	4극 이상이면 균압 접속을 하여야 한다.	균압 접속은 필요 없다.

답 ④

Key point

비교 항목	단중 중권	단중 파권
전기자의 병렬 회로수	극수와 같다.	항상 2이다.
브러시 수	극수와 같다.	2개로 되나, 극수만큼의 브러시를 둘 수도 있다.
전기자 도체의 굵기, 권수, 극수가 모두 같을 때	저전압, 대전류를 얻을 수 있다.	전류는 작지만 고전압을 얻을 수 있다.
균압 접속	4극 이상이면 균압 접속을 하여야 한다.	균압 접속은 필요 없다.

문제 03 ★★★★★

직류기의 다중 중권 권선법에서 전기자 병렬 회로수 a와 극수 p 사이에는 어떤 관계가 있는가? 단, 다중도는 m이다.

① $a = 2$
② $a = 2m$
③ $a = p$
④ $a = mp$

풀이 직류기의 다중 중권 권선법에서 전기자 병렬 회로수 a와 극수 p 사이에는 $a = mp$의 관계가 있다. $a = p$는 단중 중권의 경우이다.

답 ④

Industrial Engineer Electricity ▶▶▶

01. 직류기

 문제 04 ★★★★★ 자극 수 4, 슬롯 수 40, 슬롯 내부 코일 변수 4인 단중 중권 직류기의 정류자 편수는?

① 10
② 20
③ 40
④ 80

풀이 정류자 편수 $K = \dfrac{u}{2} N_s$ 식에서 $u = 4$(슬롯 내부의 코일 변수), $N_s = 40$(슬롯 수)이므로

∴ $K = \dfrac{u}{2} N_s = \dfrac{4}{2} \times 40 = 80$

답 ④

필수 03 ★★★☆ 정류와 전기자 반작용

직류 발전기의 전기자 반작용을 설명함에 있어서 그 영향을 없애는 데 가장 유효한 것은?

① 균압환
② 탄소 브러시
③ 보상 권선
④ 보극

 정류에서는 양호한 정류를 얻는 조건에 관한 문제, 전기자 반작용에서는 영향과 방지 대책 등이 출제된다.

풀이 보극은 중성대 부근의 반작용을 없애는 데는 유효하나, 전기자 전면에 분포되어 있는 보상 권선에는 비교가 되지 않는다. 균압환은 국부 전류가 브러시를 통하여 흐르지 못하게 하는 작용을 하는 것이며, 탄소 브러시는 저항 정류 시에 쓰이는 것이다.

답 ③

Key point

(1) 양호한 정류를 얻는 조건
  - 평균 리액턴스 전압을 작게 한다.
  - 정류주기를 길게 한다.
  - 자기 인덕턴스를 작게 한다.(단절권 채용)
  - 전압정류를 채용한다(보극 설치).
  - 저항정류를 채용한다(탄소 브러시 설치).

(2) 전기자 반작용
  전기자 전류에 의한 기전력의 영향으로 주자극의 자속 분포가 변화한다. 이와 같은 전기자 전류의 작용을 전기자 반작용이라고 한다.

(3) 전기자 반작용의 영향
  - 전기자 중성축의 이동(발전기 : 회전 방향, 전동기 : 회전자 반대 방향)
  - 주자속 감소
  - 정류자편 사이의 고르지 못한 국부적 전압 상승(flashover 현상)

(4) 방지책 : 보극과 보상권선(가장 유효한 방법)

문제 05 ★★ 전기자 반작용이 직류 발전기에 영향을 주는 것을 설명한 것이다. 틀린 설명은?

① 전기자 중성축을 이동시킨다.
② 자속을 감소시켜 부하 시 전압 강하의 원인이 된다.
③ 정류자 편간 전압이 불균일하게 되어 섬락의 원인이 된다.
④ 전류의 파형은 찌그러지나 출력에는 변화가 없다.

풀이 전기자 반작용의 영향
① 전기적 중성축 이동
  • 발전기 : 회전 방향으로 이동
  • 전동기 : 회전 방향과 반대 방향으로 이동
② 주자속 감소
③ 정류자 편간의 불꽃 섬락 발생

답 ④

문제 06 ★★ 직류 발전기에서 기하학적 중성축과 α[rad]만큼 브러시의 위치가 이동되었을 때 극당 감자 기자력은 몇 [AT]인가? 단, 극수 p, 전기자 전류 I_a, 전기자 도체수 Z, 병렬 회로수 a 이다.

① $\dfrac{I_a Z}{2pa} \cdot \dfrac{\alpha}{180}$
② $\dfrac{2pa}{I_a Z} \cdot \dfrac{\alpha}{180}$
③ $\dfrac{I_a Z}{2pa} \cdot \dfrac{2\alpha}{180}$
④ $\dfrac{2pa}{I_a Z} \cdot \dfrac{2\alpha}{180}$

답 ③

문제 07 ★☆ 다음은 직류 발전기의 정류 곡선이다. 이 중에서 정류 말기에 정류의 상태가 좋지 않은 것은?

① 1
② 2
③ 3
④ 4

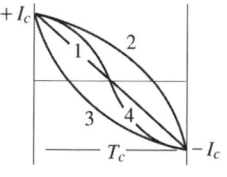

풀이 브러시의 뒤쪽에서 불꽃이 발생하는 부족 정류는 정류 말기에 정류의 상태가 좋지 않다.

답 ②

문제 08 ★★★★★ 6극 직류발전기의 정류자 편수가 132, 단자 전압이 220[V], 직렬 도체수가 132개이고 중권이다. 정류자 편간 전압[V]은?

① 10   ② 20   ③ 30   ④ 40

풀이 e_{sa} : 정류자 편간 전압, E : 유기 기전력, K : 정류자 편수, p : 극수라 하면

$e_{sa} = \dfrac{pE}{K} = \dfrac{220 \times 6}{132} = 10[V]$

답 ①

문제 09 ★★★★☆
직류기에서 양호한 정류를 얻는 조건이 아닌 것은?

① 정류주기를 크게 한다.
② 전기자 코일의 인덕턴스를 작게 한다.
③ 평균 리액턴스 전압을 브러시 접촉면 전압 강하보다 크게 한다.
④ 브러시의 접촉 저항을 크게 한다.

풀이 양호한 정류를 얻는 조건
① 리액턴스 전압을 작게 한다. $\left(e_L = L \dfrac{2I_c}{T_c} \right)$
② 단절권 채용으로 자기 인덕턴스를 작게 한다.
③ 고속을 피하여 정류주기를 길게 한다.
④ 저항 정류로서 탄소 브러시를 사용한다.
⑤ 전압 정류로서 보극을 설치한다.

답 ③

문제 10 ★★★☆
직류기에서 정류 코일의 자기 인덕턴스를 L이라 할 때 정류 코일의 전류가 정류 기간 T_c 사이에 I_c에서 $-I_c$로 변한다면 정류 코일의 리액턴스 전압(평균값)은?

① $L \dfrac{2I_c}{T_c}$ ② $L \dfrac{I_c}{T_c}$ ③ $L \dfrac{2T_c}{I_c}$ ④ $L \dfrac{T_c}{I_c}$

풀이 전류의 변화는 $I_c - (-I_c) = 2I_c$이므로
$$\therefore e_L = L \dfrac{di}{dt} = L \dfrac{2I_c}{T_c} [\text{V}]$$

답 ①

필수 04 ★★★★★
직류 발전기의 종류와 특성, 운전

직류 발전기의 극수가 10이고, 전기자 도체수가 500이며, 단중 파권일 때 매극의 자속수가 0.01[Wb]이면 600[rpm]때의 기전력[V]은?

① 150   ② 200   ③ 250   ④ 300

유형분석 계산하는 문제는 기본적인 식을 이용하는 문제가 출제되며, 일반적으로 발전기의 특징을 묻는 필답형 문제가 출제된다.

풀이 파권이므로 $a = 2$이다.
$$\therefore E = \dfrac{pZ}{a} \Phi \dfrac{N}{60} = \dfrac{10 \times 500}{2} \times 0.01 \times \dfrac{600}{60} = 250 [\text{V}]$$

답 ③

> **Key point**
>
> ① 유기 기전력 : $E = \dfrac{pZ}{a}\Phi n = \dfrac{pZ}{a}\Phi \dfrac{N}{60} = K_1 \Phi N[\text{V}]$
> ② 단자 전압 $V = E - I_a R_a[\text{V}]$
> ③ 전압 변동률 : $\epsilon = \dfrac{V_0 - V_n}{V_n} \times 100[\%]$
> ④ 타여자 발전기
>   - 회전 방향을 반대로 하면 극성이 반대가 된다.
>   - 잔류자기가 없어도 발전이 가능하다.
> ⑤ 분권 발전기(자여자)
>   - 회전 방향을 반대로 하면 잔류자기가 소멸되어 발전하지 않는다.
>   - 운전 중 계자회로를 갑자기 열면 고전압이 발생한다.
> ⑥ 직권 발전기(자여자)
>   - 회전 방향을 반대로 하면 잔류자기가 소멸되어 발전하지 않는다.
>   - 무부하 시 자기여자로 전압 확립이 불가능하다.

문제 11 ★ 무부하에서 자기 여자로서 전압을 확립하지 못하는 직류 발전기는?

① 타여자 발전기 ② 직권 발전기
③ 분권 발전기 ④ 차동 복권 발전기

풀이 직권 발전기에서 $I_a = I_f = I$ 이므로 무부하 상태($I=0$)에서는 계자 전류 I_f가 0이 되어 자속 $\phi = 0$이 된다.
$E = P\phi n \dfrac{Z}{a}$ 에서 ϕ가 0이므로 $E=0$이 되어 전압을 확립할 수 없다.

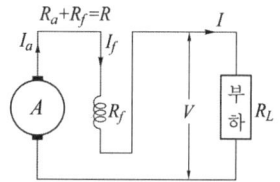

답 ②

문제 12 ★★★★★ 직류 분권 발전기를 서서히 단락 상태로 하면 다음 중 어떠한 상태로 되는가?

① 과전류로 소손된다. ② 과전압이 된다.
③ 소전류가 흐른다. ④ 운전이 정지된다.

풀이 분권 발전기의 부하전류가 증가하면 전기자 저항 강하와 전기자 반작용에 의한 감자 현상으로 단자 전압이 떨어지고 부하전류가 어느 값 이상으로 증가하게 되면 단자 전압은 급격히 저하하여 매우 작은 단락 전류에 머무르게 된다.

답 ③

문제 13 ☆ 4극 전기자 권선이 단중 중권인 직류 발전기의 전기자 전류가 20[A]이면 각 전기자 권선의 병렬 회로에 흐르는 전류는?

① 10[A] ② 8[A] ③ 5[A] ④ 2[A]

풀이 중권에서는 전기자 병렬 회로수 a는 p와 같다. $a = p$
$i_a = I_a/p[A] = 20/4 = 5[A]$
I_a : 전기자에서 외부에 흐르는 전류, p : 극수, i_a : 병렬 회로에 흐르는 전류   **답** ③

문제 14 ★★★★
직류 분권 발전기의 무부하 포화 곡선이 $V = \dfrac{940 I_f}{33 + I_f}$이고, I_f는 계자 전류[A], V는 무부하 전압[V]으로 주어질 때 계자 회로의 저항이 20[Ω]이면 몇 [V]의 전압이 유기되는가?

① 140   ② 160   ③ 280   ④ 300

풀이 $V = \dfrac{940 I_f}{33 + I_f}$
계자 권선의 저항이 20[Ω]이므로 계자 저항선은
$V = I_f R_f = 20 I_f$ ∴ $I_f = \dfrac{V}{20}$
이 식을 위 식에 대입하면
$V = \dfrac{940 \dfrac{V}{20}}{33 + \dfrac{V}{20}}$
$33V + \dfrac{V^2}{20} = 940 \times \dfrac{V}{20}$, $33 + \dfrac{V}{20} = 47$
∴ $V = 280[V]$ **답** ③

문제 15 ★★★★★
정격 속도로 회전하고 있는 무부하의 분권 발전기가 있다. 계자 권선의 저항이 50[Ω], 계자 전류 2[A], 전기자 저항 1.5[Ω]일 때 유기 기전력[V]은?

① 97   ② 100   ③ 103   ④ 106

풀이 단자 전압 V는 계자 회로의 전압 강하와 같으므로
$V = R_f I_f = 50 \times 2 = 100[V]$
$E = V + I_a R_a$ 식에서 $I_a = I_f$ 이므로(∵ 무부하이므로)
∴ 유기 기전력
$E = V + I_f R_a = 100 + 2 \times 1.5 = 103[V]$ **답** ③

문제 16 ☆
25[kW], 125[V], 1200[rpm]의 직류 타여자 발전기가 있다. 전기자 저항(브러시 저항 포함)은 0.4[Ω]이다. 이 발전기를 정격 상태에서 운전하고 있을 때 속도를 200[rpm]으로 저하시켰다면 발전기의 유도 기전력은 어떻게 변화하겠는가? 단, 정상 상태에서 유기 기전력을 E라 한다.

① $\dfrac{1}{2}E$ ② $\dfrac{1}{4}E$ ③ $\dfrac{1}{6}E$ ④ $\dfrac{1}{8}E$

풀이 1200[rpm], 200[rpm]일 때의 유기 기전력을 E, E'이라고 하면
$E = K\Phi N$ 식에서 $E = K\Phi N$, $E' = K\Phi N'$
$\therefore E' = \dfrac{N'}{N} \times E = \dfrac{200}{1200} \times E = \dfrac{1}{6} E$

답 ③

문제 17 ★★
무부하에서 119[V]되는 분권 발전기의 전압 변동률이 6[%]이다. 정격 전 부하 전압[V]은?

① 11.22 ② 112.3 ③ 12.5 ④ 125

풀이 전압 변동률을 나타내는 식에 의하여
$$\epsilon = \dfrac{V_0 - V_n}{V_n} \times 100[\%]$$
여기서 $V_0 = 119[V]$, $\epsilon = 6[\%]$이므로
$$6 = \dfrac{119 - V_n}{V_n} \times 100$$
$$\dfrac{6V_n}{100} = 119 - V_n, \quad V_n + 0.06V_n = 119$$
$$V_n \fallingdotseq 112.3[V]$$

답 ②

문제 18 ★★
직류기에서 전압 변동률이 (+)값으로 표시되는 발전기는?

① 과복권 발전기 ② 직권 발전기
③ 평복권 발전기 ④ 분권 발전기

풀이 전압 변동률 $\epsilon = \dfrac{V_0 - V_n}{V_n} \times 100[\%]$
여기서 V_n : 정격 전압[V], V_0 : 무부하 전압[V]
분권 발전기는 정격 부하 시의 전압보다 무부하 시의 전압이 높으므로 전압 변동률 ϵ은 (+)가 된다.

답 ④

필수 05 ★★ 직류 발전기의 병렬운전

직류 발전기의 병렬운전 조건 중 잘못된 것은?

① 단자 전압이 같을 것 ② 외부 특성이 같을 것
③ 극성을 같게 할 것 ④ 유도 기전력이 같을 것

유형분석 병렬운전의 조건이 가장 많이 출제되며, 부하분담 부분이 다음으로 출제된다.

풀이 병렬운전 조건
① 정격 전압 및 극성이 같을 것
② 외부 특성 곡선이 어느 정도 수하 특성일 것
③ 용량이 다를 경우 [%] 부하전류로 나타낸 외부 특성 곡선이 거의 일치할 것

답 ④

Key point

① 병렬 운전 조건
- 정격 전압 및 극성이 같을 것.
- 외부 특성 곡선이 어느 정도 수하 특성일 것.
- 용량이 다를 경우 [%] 부하 전류로 나타낸 외부 특성 곡선이 거의 일치할 것.

② 부하의 분담 : 유기 전압 E와 전기자 회로의 저항 R_a에 의해서 결정된다.
- 저항이 같으면 유기 전압이 큰 측이 부하를 많이 분담하며,
- 유기 전압이 같으면 부하는 전기자 회로 저항에 반비례해서 분배된다.

문제 19 ★★★★ 직류 분권 발전기를 병렬 운전을 하기 위해서는 발전기 용량 P와 정격 전압 V는?

① P는 임의, V는 같아야 한다.　　② P와 V가 임의
③ P는 같고 V는 임의　　　　　　④ P와 V가 모두 같아야 한다.

풀이 병렬 운전하려면 정격 전압은 같아야 하지만 용량은 달라도 된다.　　답 ①

문제 20 ★★★ 직류 복권 발전기의 병렬 운전에 있어 균압선을 붙이는 목적은 무엇인가?

① 운전을 안정하게 한다.　　　　　② 손실을 경감한다.
③ 전압의 이상 상승을 방지한다.　④ 고조파의 발생을 방지한다.

풀이 복권 발전기는 균압선 없이는 안정된 병렬 운전을 할 수 없다.(왜냐하면 직권 계자 권선이 있으므로).
　　답 ①

필수 06 ★★★★☆ 직류 전동기의 종류와 특성

직권 전동기에서 위험 속도가 되는 경우는?

① 저전압, 과여자　　　　　② 정격 전압, 무부하
③ 정격 전압, 과부하　　　　④ 전기자에 저저항 접속

유형분석 간단한 계산식과 전동기 종류별 특성을 묻는 문제가 출제된다.

풀 이 직권 전동기에서는 $I_a = I = I_f$이므로 $I = I_f \propto \phi$가 된다.

회전 속도 $n = K \dfrac{V - I_a(R_a + R_s)}{\phi}$ 에서 알 수 있듯이 무부하 상태($I = 0$, 즉 $\phi = 0$)가 되면 속도가 급격히 상승하여 원심력으로 파괴될 우려가 있다. 그러므로 직권 전동기로 다른 기계를 운전하려면 반드시 직결하거나 기어(gear)를 사용하여야 한다.　　답 ②

Key point

① 역기전력 : $E = V - R_a I_a = \dfrac{pZ}{a}\Phi n = \dfrac{pZ}{a}\Phi\dfrac{N}{60} = K_1 \Phi N [\text{V}]$

② 회전 속도 : $N = \dfrac{E}{K_1 \Phi} = \dfrac{V - R_a I_a}{K_1 \Phi}[\text{rpm}]$

③ 토크 : $\tau = \dfrac{pZ}{2\pi a}\Phi I_a = \dfrac{E I_a}{2\pi n} = K_2 \Phi I_a [\text{N}\cdot\text{m}] \left(\because K_2 = \dfrac{pZ}{2\pi a}\right)$

문제 21 ★★★ 직류 가동 복권 발전기를 전동기로 사용하자면?

① 가동 복권 전동기로 사용 가능　　② 차동 복권 전동기로 사용 가능
③ 속도가 급상승해서 사용 불능　　④ 직권 코일의 분리가 필요

풀이 가동 복권 발전기 ⇌ 차동 복권 전동기, 차동 복권 발전기 ⇌ 가동 복권 전동기, 발전기로서 다른 발전기와 병렬 운전 중에 원동기의 고장으로 토크가 가해지지 못하면, 분권 계자 코일에는 운전 시와 같은 방향의 전류가 계속 흐르나 전기자에는 기전력이 모선 전압 이하로 떨어지면 곧 운전 시와 반대 방향으로 전류가 흐르므로, 지금까지와 동일 방향으로 원동기를 부하로 하여 회전을 계속한다. 이때, 직권 계자 코일에 흐르는 전류의 방향은 당연히 반대 방향으로 되므로 분권 권선과 기자력의 방향이 반대가 되어 차동 복권 전동기가 된다.
답 ②

문제 22 ★★★★ 부하가 변하면 심하게 속도가 변하는 직류 전동기는?

① 직권 전동기　　② 분권 전동기
③ 차동 복권 전동기　　④ 가동 복권 전동기

풀이 직권 전동기는 전기자 권선과 계자 권선이 직렬로 되어 $I = I_a = I_f [\text{A}]$가 된다.
따라서 부하 전류 I의 증감에 따라서 자속 Φ도 증감한다.
이와 같이 부하 전류가 변화하면 직권 전동기는 속도가 현저하게 변하는 특성이 있다.
답 ①

문제 23 ★★★☆ 직류 직권 전동기에서 토크 T와 회전수 N과의 관계는?

① $T \propto N$　　② $T \propto N^2$　　③ $T \propto \dfrac{1}{N}$　　④ $T \propto \dfrac{1}{N^2}$

풀이 역기전력 E_c를 일정하다고 하고 자기 포화를 무시하면 속도 N은
$N \propto \dfrac{E_c}{\Phi} \propto \dfrac{1}{I_a} (\because \Phi = K I_a)$
$T \propto \phi I_a$
또한 ϕ는 I_a에 비례하므로 $T \propto I_a^2 \propto \left(\dfrac{1}{N}\right)^2$
답 ④

문제 24 직류 분권 전동기의 공급 전압의 극성을 반대로 하면 회전 방향은?

① 변하지 않는다. ② 반대로 된다.
③ 회전하지 않는다. ④ 발전기로 된다.

풀이 공급 전압의 극성이 반대로 되면, 계자 전류와 전기자 전류의 방향이 동시에 반대로 된다. 따라서, 회전 방향은 변하지 않는다. **답** ①

문제 25 직류 분권 전동기에서 운전 중 계자 권선의 저항을 증가하면 회전 속도의 값은?

① 감소한다. ② 증가한다.
③ 일정하다. ④ 관계없다.

풀이 계자 저항을 증가하는 것은 계자 코일과 직렬로 접속되어 있는 속도 조정기의 저항을 증가시킨다는 뜻이다. 그러면 공급 전압을 이것으로 나눈 여자 전류가 감소하고 따라서 계자 자속도 감소한다.

그러므로 $n = k \dfrac{V - I_a R_a}{\phi}$ 에서 자속 ϕ가 감소(여자전류 감소)하면 회전속도 n은 증가하게 된다. **답** ②

문제 26 2.2[kW]의 분권 전동기가 있다. 전압 110[V], 전기자 전류 42[A], 속도 1800[rpm]으로 운전 중에 계자 전류 및 부하 전류를 일정하게 두고 단자 전압을 120[V]로 올리면 회전수 [rpm]는? 단, 전기자 회로의 저항은 0.1[Ω]으로 하고 전기자 반작용은 무시한다.

① 1440 ② 1870
③ 1970 ④ 2070

풀이 $N = \dfrac{V - I_a R_a}{K\Phi} = \dfrac{110 - 42 \times 0.1}{K\Phi} = 1800[\text{rpm}]$, $K\Phi = \dfrac{105.8}{1800}$

부하 및 계자 전류가 일정하므로

$\therefore N' = \dfrac{V' - I_a R_a}{K\Phi} = \dfrac{120 - 42 \times 0.1}{\dfrac{105.8}{1800}} = 1970[\text{rpm}]$ **답** ③

문제 27 220[V], 50[kW]인 직류 직권 전동기를 운전하는데 전기자 저항(브러시의 접촉 저항 포함)이 0.05[Ω]이고 기계적 손실이 1.7[kW], 표유손이 출력의 1[%]이다. 부하 전류가 100[A]일 때의 출력[kW]은?

① 약 19.6[kW] ② 약 18.2[kW]
③ 약 16.7[kW] ④ 약 14.5[kW]

풀이 $E_c = V - (R_a + R_s)I = 220 - 0.05 \times 100 = 215$

$\therefore P = E_c I = 215 \times 100 = 21500[\text{kW}] = 21.5[\text{kW}]$

$\therefore P' = 21.5 - 1.7 - (21.5 \times 0.01) = 19.585[\text{kW}]$ **답** ①

문제 28 ★★★★★

직류 분권 전동기가 있다. 총 도체수 100, 단중 파권으로 자극수는 4, 자속수 3.14[Wb], 부하를 가하여 전기자에 5[A]가 흐르고 있으면 이 전동기의 토크[N·m]는?

① 400　　　② 450　　　③ 500　　　④ 550

풀이 자극 $p=4$, 총 도체수 $Z=100$, 자속수 $\Phi=3.14$[Wb], 전기자 전류 $I_a=5$[A], 파권이므로 내부 회로수 $a=2$이다.

토크 τ는 $\tau = \dfrac{pZ}{2\pi a}\Phi I_a = \dfrac{4 \times 100}{2 \times 3.14 \times 2} \times 3.14 \times 5 = 500[\text{N}\cdot\text{m}]$

답 ③

문제 29 ★★★★★

출력 3[kW], 1500[rpm]인 전동기의 토크[kg·m]는?

① 1.5　　　② 2　　　③ 3　　　④ 15

풀이 $\tau = 0.975 \dfrac{P}{N} = 0.975 \times \dfrac{3 \times 10^3}{1500} = 1.95 ≒ 2[\text{kg}\cdot\text{m}]$

답 ②

필수 07 ★★★★★ 직류 전동기의 기동, 제동 및 속도제어

전기자 저항 0.3[Ω], 직권 계자 권선의 저항 0.7[Ω]의 직권 전동기에 110[V]를 가하였더니 부하 전류가 10[A]이었다. 이때 전동기의 속도[rpm]는? 단, 기계 정수는 2이다.

① 1200　　　② 1500　　　③ 1800　　　④ 3600

유형분석 전압제어와 계자제어의 특징, 제동법의 특징 등이 출제되며, 간혹 속도 계산하는 문제가 출제되기도 한다.

풀이 직류 직권 전동기의 속도 $N = K \dfrac{V - I_a(R_a + R_s)}{I_a}$ 이므로

$V=110$[V], $I_a=10$[A], $R_a=0.3$[Ω], $R_s=0.7$[Ω], $K=2$를 대입하면,

$\therefore N = 2 \times \dfrac{110 - 10(0.3 + 0.7)}{10} = 20[\text{rps}] = 1200[\text{rpm}]$

답 ①

Key point

① 기본식 : $n = \dfrac{V - R_a I_a - v_b - e_a}{K_1 \Phi}$ [rpm] $\left(\because K_1 = \dfrac{pZ}{60a}\right)$

② 속도 변동률 : $\epsilon = \dfrac{N_0 - N_n}{N_n} \times 100[\%]$

③ 광범위 속도 제어 : 전압제어(워드레어너드 방식, 일그너 방식)

④ 일그너 방식 : 부하 급변하는 곳에 적합하다.

⑤ 정출력 제어방식 : 계자제어법

문제 30
★

회전수 N[rpm]으로 단자 전압이 E_t[V]일 때, 정격 부하에서 I_a[A]의 전기자 전류가 흐르는 직류 분권 전동기의 전기자 저항이 R_a[Ω]이라고 한다. 이 전동기를 같은 전압으로 무부하 운전할 때 그 속도 N'[rpm]는? 단, 그 전기자 반작용 및 자기 포화 현상 등은 일체 무시한다.

① $\dfrac{N}{E_t - I_a R_a}$
② $\left(\dfrac{E_t}{E_t - I_a R_a}\right)N$
③ $\left(\dfrac{E_t - I_a R_a}{E_t}\right)N$
④ $\left(\dfrac{E_t + I_a R_a}{E_t}\right)N$

풀이 정격 부하 시의 역기전력 $E_b = E_t - I_a R_a$,
Φ는 단자 전압에 비례하고 무부하 시의 역기전력 $E_b' = E_t$이다.
무부하 시의 회전수 N'는 역기전력에 비례하므로
$N' = N\dfrac{E_b'}{E_b} = \left(\dfrac{E_t}{E_t - I_a R_a}\right)N$

답 ②

문제 31
★★★★★

직류 전동기의 속도 제어 방법 중 광범위한 속도 제어가 가능하며 운전 효율이 좋은 방법은?

① 계자 제어
② 직렬 저항 제어
③ 병렬 저항 제어
④ 전압 제어

풀이 전압 제어법은 전동기의 공급 전압 V를 조정하는 방법으로 제어 범위가 넓고 손실도 거의 없으며, 제어법으로는 이상적이지만 설비비가 많이 드는 것이 결점이다.

답 ④

문제 32
★★★★★

직류 전동기의 속도 제어법에서 정출력 제어에 속하는 것은?

① 전압 제어법
② 계자 제어법
③ 워드 레오나드 제어법
④ 전기자 저항 제어법

풀이 전동기의 출력 P와 토크 τ, 회전수 N과의 사이에는 $P \propto \tau N$의 관계가 있고, Φ가 변화할 경우 토크 τ는 Φ에 비례하나 회전수 N은 Φ에 반비례하므로, 계자 제어법은 정출력 제어로 된다. 또, 전압 제어법에서는 계자 자속은 거의 일정하고 전기자 공급 전압만을 변화시키므로 정토크 제어법이 된다.

구 분	제어 특성	특 징
계자 제어법	• 정출력 제어	• 속도 제어 범위가 좁다.
전압 제어법	• 정토크 제어 – 워드 레오나드 방식 – 일그너 방식	• 제어 범위가 넓다. • 손실이 매우 적다. • 정역 운전이 가능 • 설비비가 많이 든다.
직렬 저항법		• 효율이 나쁘다.

답 ②

필수 08. 직류기의 손실, 효율, 온도 상승 및 정격

일정 전압으로 운전하고 있는 직류 발전기의 손실이 $\alpha + \beta I^2$으로 표시될 때 효율이 최대가 되는 전류는? 단, α, β는 정수이다.

① $\dfrac{\alpha}{\beta}$ ② $\dfrac{\beta}{\alpha}$ ③ $\sqrt{\dfrac{\alpha}{\beta}}$ ④ $\sqrt{\dfrac{\beta}{\alpha}}$

유형분석 효율의 계산 문제, 절연물의 허용온도, 최대 효율조건 등이 출제된다.

풀이 손실 $\alpha + \beta I^2$ 중에서 α는 부하 전류에 관계없는 고정손이고, βI^2는 전류의 제곱에 비례하는 가변손이다. 최대 효율 조건은 고정손 = 가변손이므로 $\alpha = \beta I^2$이 되는 부하 전류 I는 $I = \sqrt{\dfrac{\alpha}{\beta}}$ 에서 최대 효율이 된다.

답 ③

Key point

① 효율

실측 효율 $\eta = \dfrac{\text{출력}}{\text{입력}} \times 100[\%]$

규약 효율 $\eta = \dfrac{\text{출력}}{\text{출력} + \text{손실}} \times 100[\%]$ (발전기), $\eta = \dfrac{\text{입력} - \text{손실}}{\text{입력}} \times 100[\%]$ (전동기)

② 절연물의 허용온도

절연의 종류	Y	A	E	B	F	H	C
허용 최고 온도[℃]	90	105	120	130	155	180	180 초과

③ 최대효율조건 : 무부하손 = 부하손

문제 33 효율 80[%], 출력 10[kW] 직류 발전기의 전손실[kW]은?

① 1.25 ② 1.5 ③ 2.0 ④ 2.5

풀이 손실을 p[kW]라 하면 $0.8 = \dfrac{10}{10+p}$

$\therefore p = \dfrac{10}{0.8} - 10 = 12.5 - 10 = 2.5$[kW]

답 ④

문제 34 직류기의 효율이 최대가 되는 경우는 다음 중 어느 것인가?

① 와류손=히스테리시스손 ② 기계손=전기자 동손
③ 전부하 동손=철손 ④ 고정손=부하손

풀이 직류기의 최대 효율은 고정손과 부하손이 같을 경우이다.

답 ④

문제 35 ★
직류기의 손실 중에서 부하의 변화에 따라서 현저하게 변하는 손실은 다음 중 어느 것인가?

① 표유 부하손 ② 철손
③ 풍손 ④ 기계손

풀이 표유 부하손은 전류의 제곱으로 변화하는 것으로 하고 그 값은 최대 정격 전류에 있어서 다음과 같다.
보상 권선이 없는 직류기 : 기준 출력의 1[%]
보상 권선이 있는 직류기 : 기준 출력의 0.5[%]

답 ①

문제 36 ★★★☆
E종 절연물의 최고 허용 온도[℃]는?

① 105 ② 130
③ 90 ④ 120

풀이 전기 기기의 규격에서는 절연물을 그 내열성에 따라서 다음 표와 같이 7종으로 나누어 허용 최고 온도를 정해 놓았다.

절연의 종류	Y	A	E	B	F	H	C
허용 최고 온도[℃]	90	105	120	130	155	180	180 초과

답 ④

필수 09 ★★★★★
직류기의 시험법

대형 직류 전동기의 토크를 측정하는 데 가장 적당한 방법은?

① 와전류 제동기 ② 프로니 브레이크법
③ 전기 동력계 ④ 반환 부하법

유형분석 토크 측정 방법, 반환부하법의 종류 등이 출제된다.

풀 이 와전류 제동기와 프로니 브레이크법은 소형의 전동기 토크를 측정하는 데 적합하고, 반환 부하법은 온도 시험을 하는 방법이다.

답 ③

Key point
- 소형 : 와전류 제동기, 프로니 브레이크
- 대형 : 전기동력계 $T = $ 동력계 눈금 × 암의 길이[kg·m]

문제 37 정격 출력 6[kW], 전압 100[V]의 직류 분권 전동기를 전기 동력계로 시험하였더니 전기 동력계의 저울이 10[kg]을 가리켰다. 이 전동기의 출력 P[kW]와 토크 τ는 몇 [kg·m]인가? 단, 동력계의 암의 길이는 0.4[m], 전동기의 회전수는 1600[rpm]이다.

① $P=6$, $\tau=3.7$ ② $P=6.56$, $\tau=4$
③ $P=4.2$, $\tau=3.7$ ④ $P=7.4$, $\tau=4$

풀이 전기 동력계에 의한 전동기의 토크 $\tau = WL = 10 \times 0.4 = 4[\text{kg} \cdot \text{m}]$이며
또한 토크 $\tau = 0.975 \dfrac{P}{N}[\text{kg} \cdot \text{m}]$이므로
∴ $P = 1.026 N\tau = 1.026 \times 1600 \times 4 \times 10^{-3} = 6.56[\text{kW}]$

답 ②

문제 38 직류기의 반환 부하법에 의한 온도 시험이 아닌 것은?

① 키크법 ② 블론델법
③ 홉킨슨법 ④ 카프법

풀이 키크법(Kick method)은 직류기의 중성축을 결정하는 방법이다.

답 ①

02 출제기준 – 동기기

1 동기 발전기의 구조 및 원리

① 동기 속도 : $n_s = \dfrac{2f}{p}$[rps], $N_s = \dfrac{120f}{p}$[rpm]

② 유기 기전력 : $E = 4.44 K_w f w \Phi$[V], $K_w = K_d \times K_p$

③ 주파수 : $f = \dfrac{pN_s}{120}$[Hz]

> n_s : 동기 속도[rps], N_s : 동기 속도[rpm], p : 극수, K_w : 권선 계수, w : 1상의 전권수
> Φ : 1극당의 자속수[Wb]

④ 동기 발전기를 회전 계자형으로 사용하는 이유
- 전기자 권선은 전압이 높고 결선이 복잡하며, 대용량으로 되면 전류도 커지고, 3상 권선의 경우에는 4개의 도선을 인출하여야 한다.
- 계자 회로는 직류의 저압 회로이므로 소요 동력도 작으며, 인출 도선이 2개만 있어도 되기 때문이다.
- 계자극은 기계적으로 튼튼하게 만드는 데 용이하기 때문이다.
- 고장시의 과도 안정도를 높이기 위하여 회전자의 관성을 크게 하기 쉽기 때문이기도 하다.

2 전기자 권선법

1) 분포권

집중권은 매극, 매상의 코일을 1슬롯에 집중하여 감는 권선 방법을 말하며, 분포권은 매극, 매상의 코일을 2개 이상의 슬롯에 분산하여 감는 권선 방법

① 분포권 계수

$$K_d = \dfrac{\sin \dfrac{\pi}{2m}}{q \sin \dfrac{\pi}{2mq}} \text{ (기본파)}, \quad K_{dn} = \dfrac{\sin \dfrac{n\pi}{2m}}{q \sin \dfrac{n\pi}{2mq}} (n\text{차 고조파})$$

> n : 고조파 차수, q : 매극 매상당의 홈수, K_d : 분포권 계수, m : 상수

② 분포권의 장점
- 기전력의 고조파가 감소하여 파형이 좋아진다.
- 권선의 누설 리액턴스가 감소한다.
- 전기자 권선에 의한 열을 고르게 분포시켜 과열을 방지한다.

2) 단절권

권선 피치가 자극 피치와 같은 권선법, 즉 코일변이 전기각 180°의 슬롯에 감긴 것을 전절권이라 하고, 자극 피치보다 적게 감긴 것을 단절권이라고 한다.

① 단절권 계수

$$K_p = \sin\frac{\beta\pi}{2}\,(\text{기본파}),\ K_{pn} = \sin\frac{n\beta\pi}{2}\,(n\text{차 고조파})$$

n : 고조파 차수, K_p : 단절권 계수, m : 상수, β : 권선피치/자극피치

② 단절권의 장점
- 고조파를 제거하여 기전력의 파형을 좋게 한다.
- 코일 끝 부분의 길이가 단축되어 기계 전체의 길이가 축소된다.
- 구리의 양이 적게 든다.

3) 권선 계수

$$K_w = K_d \cdot K_p$$

3 동기 발전기의 특성

1) 전기자 반작용
- I_a가 E와 동상인 경우 → 교차 자화 작용(횡축 반작용) → 역률 1
- I_a가 E보다 $\pi/2$ 뒤지는 경우 → 감자 작용(직축 반작용) → 뒤진 역률 0
- I_a가 E보다 $\pi/2$ 앞서는 경우 → 증자 작용(자화 작용) → 앞선 역률 0

I_a : 전기자 전류, E : 유기 기전력

2) 동기 임피던스

$$Z_s = r_a + jx_s = r_a + j(x_a + x_l)\,[\Omega]$$

r_a : 전기자 저항[Ω], x_s : 동기 리액턴스[Ω], x_a : 전기자 반작용 리액턴스[Ω],
x_l : 전기자 누설 리액턴스[Ω]

일반적으로 동기기에서는 전기자 저항 r_a는 동기 리액턴스 x_s에 비하여 무시할 정도이므로 실용상 $Z_s \fallingdotseq x_s$라고 해도 좋다.

3) 단락비와 동기 임피던스

- 단락비 $K_s = \dfrac{I_f'}{I_f''}$

  I_f' : 무부하에서 정격 전압을 유기하는데 요하는 여자 전류
  I_f'' : 3상 영구 단락 전류를 통하는 데 요하는 여자 전류

- 동기 임피던스 $Z_s = \dfrac{E_n}{I_s} = \dfrac{V_n}{\sqrt{3}\,I_s}\,[\Omega]$

- % 동기 임피던스 $Z_s' = \dfrac{Z_s I_n}{E_n} \times 100\,[\%]$

- $Z_s' = \dfrac{Z_s I_n}{E_n} \times 100 = \dfrac{Z_s I_n}{V_n/\sqrt{3}} \times 100 = \dfrac{I_f''}{I_f'} \times 100 = \dfrac{1}{K_s} \times 100\,[\%]$

  E_n : 정격 상전압[V], I_s : 3상 단락 전류[A], I_n : 정격 전류[A], V_n : 정격 단자 전압[V]
  Z_s : 동기임피던스, K_s : 단락비

4) 전압 변동률

$\epsilon = \dfrac{V_0 - V_n}{V_n} \times 100\,[\%]$

V_0 : 무부하 단자 전압[V], V_n : 정격 단자 전압[V]

5) 단락비와 충전 용량

단락비 $> \dfrac{Q'}{Q}\left(\dfrac{V}{V'}\right)^2 (1+\sigma)$

Q' : 소요 충전 전압 V'에서의 선로의 충전 용량[kVA], Q : 발전기의 정격 출력[kVA]
V : 발전기의 정격 전압[V], σ : 발전기의 정격 전압에서의 포화율

4 단락현상

평형 3상 전압을 유기하고 있는 발전기의 단자를 갑자기 단락하면 단락 초기에 전기자 반작용이 순간적으로 나타나지 않기 때문에 막대한 과도 전류가 흐르고, 수 초 후에는 영구 단락 전류값에 이르게 된다.

동기기에서 저항은 누설 리액턴스에 비하여 작으며 전기자 반작용은 단락 전류가 흐른 뒤에 작용하므로 돌발 단락 전류를 제한하는 것은 누설 리액턴스 이다. 역상 리액턴스는 역상 전류에 대응하는 것으로 3상 평형 단락이 되면 역상 전류가 흐르지 않는다.

$$I_s = \frac{E}{Z_s} ≒ \frac{E}{X_s}$$

Z_s : 동기임피던스, X_s : 동기리액턴스 (실용상 동기임피던스와 같다.)

5 동기 발전기의 병렬운전

1) 병렬 운전의 조건

- 기전력의 크기가 같을 것
- 기전력의 위상이 같을 것
- 기전력의 주파수가 같을 것
- 기전력의 파형이 같을 것
- 상회전 방향이 같을 것

2) 병렬 운전의 조건 붕괴시 현상

- 기전력의 크기가 같지 않은 경우

$$I_c = \frac{E_1 - E_2}{2Z_s} = \frac{E_r}{2Z_s} [A]$$

$$\theta = \tan^{-1}\frac{2x_s}{2r_a} = \tan^{-1}\frac{x_s}{r_a} ≒ \frac{\pi}{2} (x_s \gg r_a \text{이므로})인 \text{ 무효 순환 전류가 흐른다.}$$

- 기전력의 위상이 다른 경우

  위상이 앞선 G_1은 위상이 뒤진 G_2에 전력 $P = \frac{E^2}{2Z_s}\cos\frac{\delta}{2}$[W]를 공급하여, 자동적으로 E_1과 E_2를 동위상으로 유지하는 동기화 전류가 흐른다.

- 기전력의 주파수가 다른 경우

  동기화 전류가 교대로 주기적으로 흐른다. 즉 난조의 원인이 된다.

- 기전력의 파형이 같지 않은 경우

  각 순시의 기전력의 크기가 다르기 때문에 고조파 무효 순환 전류가 흐른다.

3) 병렬 운전 시 원동기에 필요한 조건

- 균일한 각속도를 가질 것
- 적당한 속도 조정률을 가질 것
- 조속기가 적당한 불감도를 가질 것

4) 속도 조정률

$$s = \frac{N_0 - N}{N} \times 100[\%]$$

N_0 : 조속기를 조정하지 않고 무부하로 했을 때의 회전수
N : 정격 회전수

5) 난조

① 난조 발생의 원인
- 원동기의 조속기 감도가 지나치게 예민한 경우
- 원동기의 토크에 고조파 토크가 포함된 경우
- 전기자 회로의 저항이 상당히 큰 경우
- 부하가 맥동할 때

② 제동 권선 : 난조를 방지하자면 자극 표면에 슬롯을 파서 여기에 저항이 작은 단락 권선을 이용한 제동 권선을 설치한다.

6 동기 전동기의 특성 및 용도

1) 종류
- 철극형(보통 동기 전동기)
- 원통형(고속도 동기 전동기, 유도 동기 전동기)
- 고정자 회전 기동형(초동기 전동기)

2) 특성

동기 전동기에 부하를 걸면 회전자는 무부하의 위치보다 부하각 δ만큼 뒤져서 운전을 계속한다.

3) 전기자 반작용
- I_a가 V와 동상인 경우 → 교차 자화 작용
- I_a가 V보다 $\pi/2$ 뒤지는 경우 → 자화 작용
- I_a가 V보다 $\pi/2$ 앞서는 경우 → 감자 작용

4) 위상 특성 곡선 (V곡선)

일정 출력에서 유기 기전력 E(또는 계자 전류 I_f)를 변화시킬 때 E(또는 I_f)와 전기자 전류 I_a의 관계를 나타내는 곡선

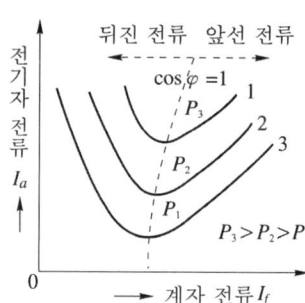

★ 중요 : V 곡선은 계자 전류가 변하면 전기자 전류와 역률이 변한다.

동기 전동기는 그림에서 알 수 있는 바와 같이 계자 전류를 가감하여 전기자 전류의 크기와 위상을 조정할 수 있다. 부하가 클수록 V곡선은 위로 이동한다.

5) 입력

$$P_1' = VI\cos\phi = \frac{V^2}{Z_s^2}\cos\alpha - \frac{VE_0}{Z_s}\cos(\alpha+\delta)[W]$$

6) 출력

$$P_2 = E_0 I\cos\phi = \frac{VE_0}{Z_s}\cos(\alpha-\delta) - \frac{E_0^2}{Z_s}\cos\alpha \fallingdotseq \frac{VE_0}{Z_s}\sin\delta[W]$$

$$\left(\alpha = \tan^{-1}\frac{x_s}{r_a} \text{로}\quad x_s \gg r_a \text{이므로}\quad \alpha \fallingdotseq \frac{\pi}{2}\right)$$

7) 토크

- 기동 토크 : 동기 전동기의 기동 토크는 영이므로 기동할 때에는 제동 권선을 기동 권선으로 이용하여 기동 토크를 얻는다.
- 인입 토크 : 전동기 자체와 이것과 연결된 부하의 관성에 맞서 동기로 들어갈 수 있는 최대 부하 토크
- 탈출 토크 : 전동기가 정격 주파수, 정격 전압 및 규정의 여자 상태에서 동기 운전할 수 있는 최대 토크로서 공급 전압과 여자의 크기에 따라 다르다.

8) 동기 전동기의 기동법

- 자기동법
- 기동 전동기법

9) 동기 전동기의 특징

① 장점
- 속도가 일정 불변이다.
- 항상 역률 1로 운전할 수 있다.
- 필요시 앞선 전류를 통할 수 있다.
- 유도 전동기에 비하여 효율이 좋다.

② 단점
- 보통 구조의 것은 기동 토크가 적고 속도 조정을 할 수 없다.
- 난조를 일으킬 염려가 있다.
- 여자용의 직류 전원을 필요로 하여 설비비가 많이 든다.

③ 용도
- 저속도 대용량 : 시멘트 공장의 분쇄기, 각종 압축기, 송풍기, 제지용 쇄목기, 동기 조상기
- 소용량 : 전기 시계, 오실로그래프, 전송 사진

7 동기 조상기

전력 계통의 전압 조정과 역률 개선을 하기 위하여 송전 계통에 무부하로 접속하는 동기 전동기를 동기 조상기라고 한다.

- 과여자 운전 : 콘덴서로 작용하여 전압강하를 보상한다.
- 부족여자 운전 : 리액터로 작용하여 이상전압의 상승을 억제한다.

8 동기기의 손실, 효율, 온도상승 및 정격

1) 손실

① 고정손
② 직접 부하손
③ 여자손
④ 표유 부하손
⑤ 기타의 손실 : 전동 장치의 손실, 여자기의 풍손 및 베어링손, 계자 조정기 저항의 손실, 부속 냉각 장치의 손실, 플라이휠의 손실

2) 효율

- $\eta_G = \dfrac{출력}{출력+손실} = \dfrac{\sqrt{3}\,VI\cos\phi}{\sqrt{3}\,VI\cos\phi + P_l} \times 100[\%]$ (발전기)

- $\eta_m = \dfrac{입력-손실}{입력} = \dfrac{\sqrt{3}\,VI\cos\phi - P_l}{\sqrt{3}\,VI\cos\phi} \times 100[\%]$ (전동기)

V : 단자전압, I : 부하전류, $\cos\phi$: 역률, P_l : 손실

9 특수 동기기

① 단상 동기 발전기
② 단상 정현파 발전기
③ 고조파 발전기
④ 고정자 회전형 동기 전동기
⑤ 유도 동기 전동기
⑥ 동기 주파수 변환기
⑦ 반발 전동기

02 필수유형 및 과년도문제

필수 01 ★★☆ 동기 발전기의 구조 및 원리

동기 발전기에 회전 계자형을 사용하는 경우가 많다. 그 이유로 적합하지 않은 것은?

① 기전력의 파형을 개선한다.
② 전기자보다 계자극을 회전자로 하는 것이 기계적으로 튼튼하다.
③ 전기자 권선은 고전압으로 결선이 복잡하다.
④ 계자 회로는 직류 저전압으로 소요 전력이 작다.

유형분석 유도기전력, 단자전압, 주파수, 전기자 주변속도 등의 계산 문제가 출제된다.

풀 이 회전 계자형을 사용하는 이유
① 전기자 권선은 전압이 높고 결선이 복잡하며, 대용량으로 되면 전류도 커지고, 3상 권선의 경우에는 4개의 도선을 인출하여야 한다.
② 계자 회로는 직류의 저압 회로이므로 소요 동력도 작으며, 인출 도선이 2개만 있어도 되기 때문이다.
③ 계자극은 기계적으로 튼튼하게 만드는 데 용이하기 때문이다.
④ 고장 시의 과도 안정도를 높이기 위하여 회전자의 관성을 크게 하기 쉽기 때문이기도 하다. **답** ①

Key point

① 동기 속도 : $n_s = \dfrac{2f}{p}$[rps], $N_s = \dfrac{120f}{p}$[rpm]

② 유기 기전력 : $E = 4.44 K_w f w \Phi$[V], $K_w = K_d \times K_p$

③ 주파수 : $f = \dfrac{pN_s}{120}$[Hz]

문제 01 ★★★★★
극수 6, 회전수 1200[rpm]의 교류 발전기와 병행 운전하는 극수 8의 교류 발전기의 회전수는 몇 [rpm]이라야 되는가?

① 800   ② 900   ③ 1050   ④ 1100

풀이 $N_s = \dfrac{120f}{p}$ 에서 주파수를 구하면 $1200 = \dfrac{120f}{6}$

$\therefore f = \dfrac{1200 \times 6}{120} = 60$[Hz]

$\therefore N = \dfrac{120 \times 60}{8} = 900$[rpm]   **답** ②

문제 02 ★★★★☆

6극 60[Hz] Y결선 3상 동기 발전기의 극당 자속이 0.16[Wb], 회전수 1200[rpm], 1상의 권수 186, 권선 계수 0.96이면 단자 전압은?

① 13183[V] ② 12254[V] ③ 26366[V] ④ 27456[V]

풀이 코일의 유기 기전력 $E = 4.44 f \omega k_w \Phi = 4.44 \times 60 \times 186 \times 0.96 \times 0.16 = 7610.94$
단자 전압(선간 전압) = $\sqrt{3} E = \sqrt{3} \times 7610.94 = 13183[V]$

답 ①

문제 03 ★★

철극형(凸극형) 발전기의 특징은?

① 형이 커진다.
② 회전이 빨라진다.
③ 소음이 많다.
④ 전기자 반작용 자속수가 역률의 영향을 받는다.

풀이 철극형은 극의 중앙(직축)과 극간(횡축)에서의 자기 저항이 큰 차이가 있으므로 반작용 리액턴스는 횡축이 작다.

답 ④

문제 04 ★★★

3상 동기 발전기의 전기자 권선을 Y결선으로 하는 이유로서 적당하지 않은 것은?

① 고조파 순환 전류가 흐르지 않는다.
② 이상 전압 방지의 대책이 용이하다.
③ 전기자 반작용이 감소한다.
④ 코일의 코로나, 열화 등이 감소된다.

풀이 3상 동기 발전기의 전기자 권선을 Y결선으로 하면
① 권선의 불평형 및 제3고조파(그 배수 포함) 등에 의한 순환 전류가 흐르지 않는다.
② 중성점을 이용할 수 있으므로 권선 보호 장치의 시설이나 중성점 접지에 의한 이상 전압의 방지 대책이 용이하다.
③ 상전압이 낮기 때문에 코일의 코로나, 열화 등이 작다. 그러나 동일 전압에 대하여 상전압이 낮기 때문에 발전기 권선의 전류는 커진다고 볼 수 있다.

답 ③

필수 02 ★★★★★
전기자 권선법

동기 발전기의 권선을 분포권으로 하면?

① 파형이 좋아진다.
② 권선의 리액턴스가 커진다.
③ 집중권에 비하여 합성 유도 기전력이 높아진다.
④ 난조를 방지한다.

02. 동기기

유형분석 단절권의 특징, 분포권의 특징, 단절권 계수, 분포권 계수 등이 출제된다.

풀 이 분포권을 사용하는 이유는
① 분포권은 집중권에 비하여 합성 유기 기전력이 감소한다.
② 기전력의 고조파가 감소하여 파형이 좋아진다.
③ 권선의 누설 리액턴스가 감소한다.
④ 전기자 권선에 의한 열을 고르게 분포시켜 과열을 방지한다.   **답** ①

> **Key point**
>
> ① 분포권 계수
> $$K_d = \frac{\sin\frac{\pi}{2m}}{q\sin\frac{\pi}{2mq}} \text{ (기본파)}, \quad K_{dn} = \frac{\sin\frac{n\pi}{2m}}{q\sin\frac{n\pi}{2mq}} (n\text{차 고조파})$$
>
> ② 분포권의 장점
> • 기전력의 고조파가 감소하여 파형이 좋아진다.
> • 권선의 누설 리액턴스가 감소한다.
> • 전기자 권선에 의한 열을 고르게 분포시켜 과열을 방지한다.
>
> ③ 단절권 계수
> $$K_p = \sin\frac{\beta\pi}{2} \text{(기본파)}, \quad K_{pn} = \sin\frac{n\beta\pi}{2}(n\text{차 고조파})$$
>
> ④ 단절권의 장점
> • 고조파를 제거하여 기전력의 파형을 좋게 한다.
> • 코일 끝부분의 길이가 단축되어 기계 전체의 길이가 축소된다.
> • 구리의 양이 적게 든다.

문제 05 ★★★★★
3상 동기 발전기의 매극, 매상의 슬롯 수를 3이라 할 때 분포권 계수를 구하면?

① $6\sin\frac{\pi}{18}$ ② $3\sin\frac{\pi}{9}$ ③ $\frac{1}{6\sin\frac{\pi}{18}}$ ④ $\frac{1}{3\sin\frac{\pi}{18}}$

풀이

분포권 계수 K_d는 $K_d = \frac{\sin\frac{n\pi}{2m}}{q\sin\frac{n\pi}{2mq}}$ 에서 $n=1$, 상수 $m=3$

매극, 매상의 슬롯수 $q=3$이므로 $K_d = \frac{\sin\frac{\pi}{6}}{3\sin\frac{\pi}{2\times3\times3}} = \frac{\frac{1}{2}}{3\sin\frac{\pi}{18}} = \frac{1}{6\sin\frac{\pi}{18}}$ **답** ③

문제 06 ★★★★★
3상 동기 발전기의 각 상의 유기 기전력 중에서 제5고조파를 제거하려면 코일 간격/극 간격을 어떻게 하면 되는가?

① 0.8 ② 0.5 ③ 0.7 ④ 0.6

풀이 제n고조파에 대한 단절 계수(코일 간격/극 간격)는 $K_{pn} = \sin n\beta\pi/2$가 된다.

따라서 제5고조파에 대해서는 $K_{p5} = \sin\dfrac{5\beta\pi}{2}$, $K_{p5} = 0$이 되므로 $\beta = 0, 0.4, 0.8, 1.2, \cdots$가 구해지나 이 중에서 1보다 작고 가장 가까운 $\beta = 0.8$이 제일 적당하다.

답 ①

문제 07 ★★★☆

3상, 6극, 슬롯 수 54의 동기 발전기가 있다. 어떤 전기자 코일의 두 변이 제1 슬롯과 제8 슬롯에 들어 있다면 단절권 계수는 얼마인가?

① 0.9397　　② 0.9567　　③ 0.9337　　④ 0.9117

풀이 극 간격은 $\dfrac{54}{6} = 9$, 슬롯으로 표시된 코일 피치는 7이므로

극 간격으로 표시한 코일 피치 β는 $\beta = \dfrac{7}{9}$이고,

단절권 계수 $K_{pn} = \sin\dfrac{n\beta\pi}{2}$ (n : 고조파의 차수)이므로 단절권 계수 K_{p1}은

$\therefore K_{p1} = \sin\dfrac{7\pi}{2\times 9} = \sin\dfrac{7\times 180°}{18} = \sin 70° = 0.9397$

답 ①

문제 08 ★★★

동기 발전기에서 기전력의 파형을 좋게 하는데 필요한 권선은?

① 전절권, 집중권　　　　② 단절권, 집중권
③ 집중권, 분포권　　　　④ 분포권, 단절권

- 단절권의 장점
  ① 고조파를 제거하여 기전력의 파형을 좋게 한다.
  ② 코일 끝부분의 길이가 단축되어 기계 전체의 길이가 축소된다.
  ③ 구리의 양이 적게 든다.
- 분포권의 장점
  ① 기전력의 고조파가 감소하여 파형이 좋아진다.
  ② 권선의 누설 리액턴스가 감소한다.
  ③ 전기자 권선에 의한 열을 고르게 분포시켜 과열을 방지한다.

답 ④

필수 03 ☆ 동기발전기의 특성

3상 동기 발전기의 전기자 반작용은 부하의 성질에 따라 다르다. 다음 성질 중 잘못 설명한 것은?

① $\cos\theta ≒ 1$일 때, 즉 전압, 전류가 동상일 때는 실제적으로 감자 작용을 한다.
② $\cos\theta ≒ 0$일 때, 즉 전류가 전압보다 90° 뒤질 때는 감자 작용을 한다.
③ $\cos\theta ≒ 0$일 때, 즉 전류가 전압보다 90° 앞설 때는 증자 작용을 한다.
④ $\cos\theta = \phi$일 때, 즉 전류가 전압보다 ϕ만큼 뒤질 때 증자 작용을 한다.

유형분석 전기자 반작용, 동기 임피던스와 %동기 임피던스, 포화 특성, 단락비가 큰 기계의 특성 등이 출제된다.

풀 이 동기 발전기의 전기자 반작용

역률	부하	전류와 전압과의 위상	작용
역률 1	저항	I_a가 E와 동상인 경우	교차 자화 작용 (횡축 반작용)
뒤진 역률 0	유도성 부하	I_a가 E보다 $\pi/2$ 뒤지는 경우	감자 작용 (직축 반작용)
앞선 역률 0	용량성 부하	I_a가 E보다 $\pi/2$ 앞서는 경우	증자 작용 (자화 작용)

여기서, I_a : 전기자 전류, E : 유기 기전력   **답** ④

Key point

단락비와 동기 임피던스

- 단락비 $K_s = \dfrac{I_f{'}}{I_f{''}}$
- 동기 임피던스 $Z_s = \dfrac{E_n}{I_s} = \dfrac{V_n}{\sqrt{3}\,I_s}[\Omega]$
- % 동기 임피던스 $Z_s{'} = \dfrac{Z_s I_n}{E_n} \times 100[\%]$
- $Z_s{'} = \dfrac{Z_s I_n}{E_n} \times 100 = \dfrac{Z_s I_n}{V_n/\sqrt{3}} \times 100 = \dfrac{I_f{''}}{I_f{'}} \times 100 = \dfrac{1}{K_s} \times 100[\%]$

문제 09 ★★★☆

동기 발전기에서 전기자 전류를 I, 유기 기전력과 전기자 전류와의 위상각을 θ라 하면 횡축 반작용을 하는 성분은?

① $I\cot\theta$ ② $I\tan\theta$ ③ $I\sin\theta$ ④ $I\cos\theta$

풀이 $I\cos\theta$는 기전력과 같은 위상의 전류 성분으로서 횡축 반작용을 하며 무효분 $I\sin\theta$는 $\pi/2[\text{rad}]$만큼 뒤지거나 앞서기 때문에 직축 반작용을 한다.   **답** ④

문제 10 ★★★★☆

정격 용량 10,000[kVA], 정격 전압 6000[V], 극수 24, 주파수 60[Hz], 단락비가 1.2 되는 3상 동기 발전기 1상의 동기 임피던스[Ω]는?

① 3.0   ② 3.6   ③ 4.0   ④ 5.2

풀이 $Z_s{'} = \dfrac{1}{K_s} = \dfrac{1}{1.2}$, $I_n = \dfrac{10,000 \times 10^3}{\sqrt{3} \times 6000}[\text{A}]$

$\therefore Z_s = \dfrac{Z_s{'} E_n}{I_n} = \dfrac{\dfrac{1}{1.2} \times \dfrac{6000}{\sqrt{3}}}{\dfrac{10,000 \times 10^3}{\sqrt{3} \times 6000}} = 3[\Omega]$ **답** ①

문제 11 ★★★★★ 동기 발전기의 단락비를 계산하는 데 필요한 시험의 종류는?

① 동기화 시험, 3상 단락 시험
② 부하 포화 시험, 동기화 시험
③ 무부하 포화 시험, 3상 단락 시험
④ 전기자 반작용 시험, 3상 단락 시험

풀이
단락비 $K_s = \dfrac{\text{무부하에서 정격전압을 유기하는 데 필요한 계자전류}}{\text{정격전류와 같은 3상단락전류를 흘리는 데 필요한 계자전류}}$

답 ③

문제 12 ★★★★★ 정격 전압 6000[V], 용량 5000[kVA]의 Y결선 3상 동기 발전기가 있다. 여자 전류 200[A]에서의 무부하 단자 전압 6000[V], 단락 전류 600[A]일 때, 이 발전기의 단락비는?

① 0.25　　② 1　　③ 1.25　　④ 1.5

풀이
정격 전류 $I_n = \dfrac{P}{\sqrt{3}\,V} = \dfrac{5000 \times 10^3}{\sqrt{3} \times 6000} = 481.23[A]$

정격 전류(481.23[A])와 같은 단락 전류를 통하는 데 요하는 여자 전류 I_f''는

$I_f'' = 200 \times \dfrac{481.23}{600} = 160.41[A]$

∴ 단락비 $K_s = \dfrac{I_f'}{I_f''} = \dfrac{200}{160.41} = 1.25$

답 ③

문제 13 ★★★★★ 전압 변동률이 작은 동기 발전기는?

① 동기 리액턴스가 크다.
② 전기자 반작용이 크다.
③ 단락비가 크다.
④ 값이 싸진다.

풀이 전압 변동률은 작을수록 좋으며, 변동률이 작은 발전기는 동기 리액턴스가 작다. 즉, 전기자 반작용이 작고 단락비가 큰 기계가 되어 값이 비싸다.

답 ③

문제 14 ★★★☆ 비돌극형 동기 발전기의 단자 전압(1상)을 V, 유도 기전력(1상)을 E, 동기 리액턴스를 x_s, 부하각을 δ라고 하면 1상의 출력은 대략 얼마인가?

① $\dfrac{E^2 V}{x_s}\sin\delta$　　② $\dfrac{EV^2}{x_s}\sin\delta$　　③ $\dfrac{EV}{x_s}\sin\delta$　　④ $\dfrac{EV}{x_s}\cos\delta$

풀이 비돌극기의 출력은 다음과 같다.

$P = \dfrac{EV}{Z_s}\sin(\alpha + \delta) - \dfrac{V^2}{Z_s}\sin\alpha$

전기자 저항 r_a는 매우 작으므로 이것을 무시하고 $Z_s ≒ x_s$, $\alpha ≒ 0$이라 하면

∴ $P ≒ \dfrac{EV}{x_s}\sin\delta\,[W]$

답 ③

문제 15 ★★ 단락비가 큰 동기 발전기를 설명하는 말 중 틀린 것은?

① 전기자 반작용이 작다. ② 과부하 용량이 크다.
③ 전압 변동률이 크다. ④ 동기 임피던스가 작다.

풀이 단락비가 큰 기계를 철기계, 단락비가 작은 기계를 동기계라 하며, 철기계는 부피가 커지며 값이 비싸고, 철손, 기계손 등의 고정손이 커서 효율은 나빠지나 전압 변동률이 작고 안정도 및 선로 충전 용량이 커지는 이점이 있다. **답** ③

필수 04 ★★★★★ 단락현상

발전기의 단자 부근에서 단락이 일어났다고 하면 단락 전류는?

① 계속 증가한다.
② 처음은 큰 전류이나 점차로 감소한다.
③ 일정한 큰 전류가 흐른다.
④ 발전기가 즉시 정지한다.

단락 현상 및 단락 전류의 산출 등이 출제된다.

풀 이 평형 3상 전압을 유기하고 있는 발전기의 단자를 갑자기 단락하면 단락 초기에 전기자 반작용이 순간적으로 나타나지 않기 때문에 막대한 과도 전류가 흐르고, 수초 후에는 영구 단락 전류값에 이르게 된다. **답** ②

Key point

동기기에서 저항은 누설 리액턴스에 비하여 작으며 전기자 반작용은 단락 전류가 흐른 뒤에 작용하므로 돌발 단락 전류를 제한하는 것은 누설 리액턴스이다. 역상 리액턴스는 역상 전류에 대응하는 것으로 3상 평형 단락이 되면 역상 전류가 흐르지 않는다.

$$I_s = \frac{E}{Z_s} \fallingdotseq \frac{E}{X_s}$$

문제 16 ★★★★★ 동기 발전기의 돌발 단락 전류를 주로 제한하는 것은?

① 동기 리액턴스 ② 누설 리액턴스
③ 권선 저항 ④ 역상 리액턴스

풀이 동기기에서 저항은 누설 리액턴스에 비하여 작으며 전기자 반작용은 단락 전류가 흐른 뒤에 작용하므로 돌발 단락 전류를 제한하는 것은 누설 리액턴스이다. 역상 리액턴스는 역상 전류에 대응하는 것으로 3상 평형 단락이 되면 역상 전류는 흐르지 않는다.
동기 리액턴스 = 누설 리액턴스 + 반작용 리액턴스 **답** ②

문제 17 ★★★★★

3상 동기 발전기가 있다. 이 발전기의 여자 전류 5[A]에 대한 1상의 유기 기전력이 600[V]이고 그 3상 단락 전류는 30[A]이다. 이 발전기의 동기 임피던스[Ω]는 얼마인가?

① 2 ② 3 ③ 20 ④ 30

풀이 $Z_s = \dfrac{E_n}{I_s} = \dfrac{600}{30} = 20[\Omega]$

답 ③

문제 18 ★★★

발전기는 부하가 불평형이 되어 발전기의 회전자가 과열 소손되는 것을 방지하기 위하여 설치하는 계전기는?

① 접지 계전기 ② 역상 과전류 계전기
③ 계자 상실 계전기 ④ 비율 차동 계전기

풀이 역상과 부하 보호 계전기는 동기 발전기가 접속되어 있는 계통에 불평형 고장이 발생하면 발전기에 역상 전류가 흐른다. 이 역상 전류는 회전자와 반대 방향으로 회전하는 자계를 만들어 회전자에 2배의 주파수(제2고조파)의 전류를 유기한다. 이에 의해서 회전자 표면에는 맴돌이 전류가 발생, 그 끝부분에서는 국부 과열이 일어나 기계적 강도를 위협하게 되므로 이것을 방지하기 위하여 설치하는 것이다.

답 ②

필수 05 ★★★★★ 동기 발전기의 병렬운전

3상 동기 발전기를 병렬 운전시키는 경우 고려하지 않아도 되는 조건은?
① 발생 전압이 같을 것 ② 전압 파형이 같을 것
③ 회전수가 같을 것 ④ 상회전이 같을 것

 병렬운전 조건과 조건 붕괴 시 현상, 난조에 관한 문제가 출제된다.

풀 이 동기 발전기의 병렬 운전 조건은 다음과 같다.
① 기전력의 크기가 같을 것
② 기전력의 위상이 같을 것
③ 기전력의 주파수가 같을 것
④ 기전력의 파형이 같을 것
⑤ 상회전 방향이 같을 것

답 ③

 Key point

(1) 병렬 운전의 조건
 • 기전력의 크기가 같을 것   • 기전력의 위상이 같을 것
 • 기전력의 주파수가 같을 것   • 기전력의 파형이 같을 것
 • 상회전 방향이 같을 것

(2) 병렬 운전의 조건 붕괴 시 현상
- 기전력의 크기가 같지 않은 경우 : $I_c = \dfrac{E_1 - E_2}{2Z_s} = \dfrac{E_r}{2Z_s}$[A]인 무효 순환 전류가 흐른다.
- 기전력의 위상이 다른 경우 : 위상이 앞선 G_1은 위상이 뒤진 G_2에 전력 $P = \dfrac{E^2}{2Z_s}\cos\dfrac{\delta}{2}$[W]를 공급하여, 자동적으로 E_1과 E_2를 동위상으로 유지하는 동기화 전류가 흐른다.
- 기전력의 파형이 같지 않은 경우 : 각 순시의 기전력의 크기가 다르기 때문에 고조파 무효 순환 전류가 흐른다.
- 기전력의 주파수가 다른 경우 : 동기화 전류가 교대로 주기적으로 흐른다. 즉 난조의 원인이 된다.

(3) 난조 방지 : 제동권선 및 플라이휠 효과선정

문제 19 병렬 운전을 하고 있는 두 대의 3상 동기 발전기 사이에 무효 순환 전류가 흐르는 경우는?

① 여자 전류의 변화 ② 원동기의 출력 변화
③ 부하의 증가 ④ 부하의 감소

풀이 두 발전기의 기전력의 크기에 차가 있을 때 무효 순환 전류가 흐른다. **답** ①

문제 20 3상 동기 발전기의 정격 출력이 10,000[kVA], 정격 전압은 6600[V], 정격 역률은 0.8이다. 1상의 동기 리액턴스를 1.0[pu]라고 할 때 정태 안정 극한 전력[kW]을 구하면?

① 약 8000 ② 약 14,240
③ 약 17,800 ④ 약 22,250

풀이 $e_0 = \sqrt{0.8^2 + (0.6+1.0)^2} = 1.78$
$P = \{(1.78 \times 1)/(1.0)\}\sin\delta$
$P_{\max} = 1.78/1.0 = 1.78$
$\therefore P = P_{\max} \times 3VI = 1.78 \times 10000 = 17800$[kW] **답** ③

문제 21 2대의 3상 동기 발전기를 병렬 운전하여 역률 0.8, 1000[A]의 부하 전류를 공급하고 있다. 각 발전기의 유효 전류는 같고, A기의 전류가 667[A]일 때 B기의 전류는 몇 [A]인가?

① 약 385 ② 약 405 ③ 약 435 ④ 약 455

풀이 부하 전류의 유효분 $I' = I\cos\theta = 1000 \times 0.8 = 800$[A]
I_A, I_B의 유효분 $I_A' = I_B' = \dfrac{I'}{2} = \dfrac{800}{2} = 400$[A]

A기의 역률 $\cos\theta_1 = \dfrac{I_A{'}}{I_A} = \dfrac{400}{667} \fallingdotseq 0.6$

I_B의 무효분 $I_B\sin\theta_2 = I\sin\theta - I_A\sin\theta_1 = 1000 \times \sqrt{1-0.8^2} - 667 \times \sqrt{1-0.6^2} = 600 - 534 = 66[A]$

따라서 ∴ $I_B = \sqrt{(I_B\sin\theta_2)^2 + (I_B{'})^2} = \sqrt{66^2 + 400^2} \fallingdotseq 405[A]$ 답 ②

필수 06 ★★★★★ 동기 전동기의 특성 및 용도

전압이 일정한 도선에 접속되어 역률 1로 운전하고 있는 동기 전동기의 여자 전류를 증가시키면 이 전동기의 역률과 전기자 전류는 어떻게 되는가?

① 역률은 앞서고 전기자 전류는 증가한다.
② 역률은 앞서고 전기자 전류는 감소한다.
③ 역률은 뒤지고 전기자 전류는 증가한다.
④ 역률은 뒤지고 전기자 전류는 감소한다.

유형분석 동기전동기의 특징에 관한 문제 출제

풀 이 위상 특성 곡선(V곡선)에서 보는 바와 같이 여자 전류를 증가시키면 역률은 앞서고 전기자 전류는 증가한다.

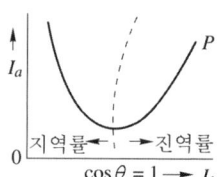

답 ①

Key point

동기 전동기의 특징
① 장점
  - 속도가 일정 불변이다.
  - 항상 역률 1로 운전할 수 있다.
  - 필요시 앞선 전류를 통할 수 있다.
  - 유도 전동기에 비하여 효율이 좋다.
② 단점
  - 보통 구조의 것은 기동 토크가 적고 속도 조정을 할 수 없다.
  - 난조를 일으킬 염려가 있다.
  - 여자용의 직류 전원을 필요로 하여 설비비가 많이 든다.
③ 용도
  - 저속도 대용량 : 시멘트 공장의 분쇄기, 각종 압축기, 송풍기, 제지용 쇄목기, 동기 조상기
  - 소용량 : 전기 시계, 오실로그래프, 전송 사진

문제 22
6600[V], 200[A]의 3상 동기 전동기(Y결선)가 있다. 그 저항이 0.02[pu], 동기 리액턴스 1.00[pu]이다. 역률을 100[%]로 했을 때의 부하각이 30°라면 부하 전류[A]는 얼마이며 또 유기 기전력[V]은?

① 약 43, 약 5750
② 약 86, 약 6850
③ 약 114, 약 7530
④ 약 244, 약 8450

풀이 그림과 같은 벡터도에서

$\tan 30° = \dfrac{1}{\sqrt{3}} = \dfrac{i}{1-0.02i}$

$\therefore i = \dfrac{1-0.02i}{\sqrt{3}} = \dfrac{1}{1.752} = 0.57$[pu]

그러므로 실제의 부하 전류 I는 $\therefore I = 0.57 \times 200 = 114$[A]

유도 기전력 e_0는

$e_0 = \sqrt{(1-0.02i)^2 + i^2} + \sqrt{(1-0.02\times 0.57)^2 + 0.57^2} = 1.141$[pu]

실제의 유도 기전력 E_0는 $E_0 = 1.141 \times 6600 = 7530.6$[V]

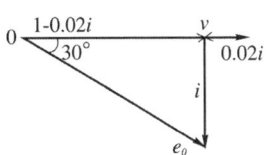

답 ③

문제 23
동기 전동기는 유도 전동기에 비하여 어떤 장점이 있는가?

① 기동 특성이 양호하다.
② 전 부하 효율이 양호하다.
③ 속도를 자유롭게 제어할 수 있다.
④ 구조가 간단하다.

풀이 동기 전동기의 장점은 위상 특성 곡선에서 알 수 있는 바와 같이 여자 전류를 가감함으로써 전기자 전류의 크기와 위상을 조정할 수 있으므로 유도 전동기에 비하여 효율이 양호하다.

답 ②

문제 24
3상 동기기의 제동 권선의 효용은?

① 출력 증가
② 효율 증가
③ 역률 개선
④ 난조 방지

풀이 회전 자극 표면에 설치한 유도 전동기의 농형 권선과 같은 권선으로서 회전자가 동기 속도로 회전하고 있는 동안에는 전압을 유도하지 않으므로 아무런 작용이 없다. 그러나 조금이라도 동기 속도를 벗어나면 전기자 자속을 끊어 전압이 유도되어 단락 전류가 흐르므로 동기 속도로 되돌아가게 된다. 즉, 진동 에너지를 열로 소비하여 진동을 방지한다. 이 제동 권선은 난조 방지에 쓰인다.

답 ④

문제 25
무부하 운전 중의 동기 전동기에 일정 부하를 거는 경우에 발생하는 속도 N의 변화를 나타내는 곡선은?

①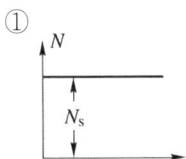
②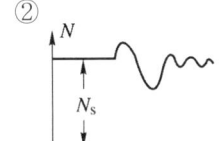
③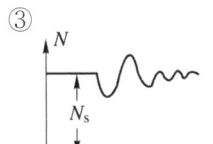
④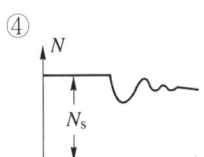

풀이 부하가 증가하면 난조가 일어나 진동하나 곧 동기 속도로 안정된다.

답 ③

07 동기 조상기 ★★☆

동기 조상기를 부족 여자로 사용하면?
① 리액터로 작용
② 저항손의 보상
③ 일반 부하의 뒤진 전류의 보상
④ 콘덴서로 작용

유형분석 동기조상기의 원리에 관한 문제가 출제된다.

풀이 동기 조상기의 여자를 과여자로 운전하면 선로에 앞선 전류가 흘러 일종의 콘덴서로 작용해서 보통 부하의 뒤진 전류를 보상하여 송전 선로의 역률을 양호하게 하고, 전압 강하를 보상한다. 또, 부족 여자로 운전하면 뒤진 전류가 흘러서 일종의 리액터로 작용하여 무부하의 장거리 송전 선로에 흐르는 충전 전류에 의하여 발전기의 자기 여자 작용으로 일어나는 단자 전압의 이상 상승을 방지할 수 있다.　**답** ①

Key point

전력 계통의 전압 조정과 역률 개선을 하기 위하여 송전 계통에 무부하로 접속하는 동기 전동기를 동기 조상기라고 한다.
- 과여자 운전 : 콘덴서로 작용하여 전압 강하를 보상한다.
- 부족여자 운전 : 리액터로 작용하여 이상전압의 상승을 억제한다.

08 동기기의 손실, 효율, 온도 상승 및 정격 ★

34극 60[MVA], 역률 0.8, 60[Hz], 22.9[kV] 수차 발전기의 전부하 손실이 1600[kW]이면 전부하 효율[%]은?
① 92
② 94
③ 96
④ 98

유형분석 손실, 효율에 관한 문제가 출제된다.

풀이 발전기의 규약 효율
$$\eta = \frac{\text{출력}}{\text{출력}+\text{손실}} \times 100 = \frac{60 \times 10^3 \times 0.8}{60 \times 10^3 \times 0.8 + 1600} \times 100 = 96.77[\%]$$
　답 ③

Key point

- $\eta_G = \dfrac{\text{출력}}{\text{출력}+\text{손실}} = \dfrac{\sqrt{3}\,VI\cos\phi}{\sqrt{3}\,VI\cos\phi + P_l} \times 100[\%]$　(발전기)
- $\eta_m = \dfrac{\text{입력}-\text{손실}}{\text{입력}} = \dfrac{\sqrt{3}\,VI\cos\phi - P_l}{\sqrt{3}\,VI\cos\phi} \times 100[\%]$　(전동기)

문제 26 ★★★★
450[kVA], 역률 0.85, 효율 0.9되는 동기 발전기 운전용 원동기의 입력[kW]은? 단, 원동기의 효율은 0.85이다.

① 450   ② 500   ③ 550   ④ 600

풀이 발전기의 입력은 $P_G = \dfrac{450 \times 0.85}{0.9} = 425\,[\text{kW}]$

이것은 원동기의 출력이므로 원동기의 효율을 0.85로 하면 원동기의 입력은

$\therefore P = \dfrac{P_G}{0.85} = \dfrac{425}{0.85} = 500\,[\text{kW}]$

답 ②

03 출제기준 – 변압기

1 변압기의 구조 및 원리

1) 변압기의 재료
변압기 철심(core)에는 두께 $0.3 \sim 0.6[\text{mm}]$의 규소 강판(규소 함유량 $4 \sim 4.5[\%]$ 정도)를 사용한다.

2) 변압기유의 구비조건
- 절연 내력이 클 것
- 절연 재료 및 금속에 화학 작용을 일으키지 않을 것
- 인화점이 높고, 응고점이 낮을 것
- 점도가 낮고(유동성이 풍부), 비열이 커서 냉각 효과가 클 것
- 고온에서도 석출물이 생기거나 산화하지 않을 것

3) 변압기유의 열화 방지
콘서베이터의 설치

4) 1차 및 2차 유기 기전력
- $E_1 = 4.44 f w_1 \Phi_m [\text{V}]$
- $E_2 = 4.44 f w_2 \Phi_m [\text{V}]$

f : 주파수, Φ_m : 최대자속, w : 권수, E : 유기 기전력

5) 권수비 (전압비)

$$\frac{E_1}{E_2} = \frac{w_1}{w_2} = a \quad a : \text{권수비 = 전압비}$$

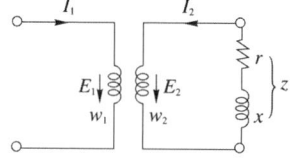

6) 1차 및 2차 전류
- 2차 전류 $I_2 = \dfrac{E_2}{Z} = \dfrac{E_2}{r + jx} [\text{A}]$
- 1차 부하 전류 $I_1' = -\dfrac{w_2}{w_1} I_2 = -\dfrac{1}{a} I_2 [\text{A}]$
- 1차 전류 $I_1 = I_0 + I_1' = I_0 - \dfrac{w_2}{w_1} I_2 = -\dfrac{w_2}{w_1} I_2 [\text{A}] \quad (I_0 \ll I_1')$

7) 전류비
$\dfrac{I_1}{I_2} = \dfrac{w_2}{w_1} = \dfrac{1}{a}$

8) 여자 전류

- $I_0 = I_u + I_w \,[\text{A}]$
- $I_w = \dfrac{P_i}{V_1}\,[\text{A}]$

I_0 : 여자 전류, I_u : 자화 전류, I_w : 철손 전류, P_i : 철손

9) 여자 어드미턴스

- $Y_0 = \sqrt{g_0^2 + b_0^2} = \dfrac{I_0}{V_1}\,[\mho]$
- $g_o = \dfrac{I_w}{V_1} = \dfrac{P_i}{(V_1)^2}\,[\mho]$
- $b_0 = \sqrt{Y_0^2 - g_0^2} = \sqrt{\left(\dfrac{I_0}{V_1}\right)^2 - \left(\dfrac{P_i}{V_1^2}\right)^2}\,[\mho]$

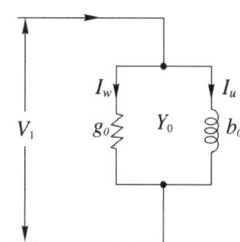

Y_0 : 여자 어드미턴스, g_0 : 여자 콘덕턴스, b_0 : 여자 서셉턴스, I_0 : 여자전류, V_1 : 1차 전압, I_w : 철손전류, P_i : 철손

2 변압기의 등가회로

1) 2차측에서 1차측으로 환산

- $V_2' = aV_2,\ E_2' = aE_2$
- $I_2' = I_2/a$
- $Z_2' = a^2 Z_2 = a^2(r_2 + jx_2)$
- $Z' = a^2 Z = a^2(r + jx)$

a : 권수비, V_2 : 2차 전압, V_2' : 1차로 환산한 2차 전압, I_2 : 2차 전류
I_2' : 1차로 환산한 2차 전류, Z_2 : 2차 임피던스, Z_2' : 1차로 환산한 2차 임피던스

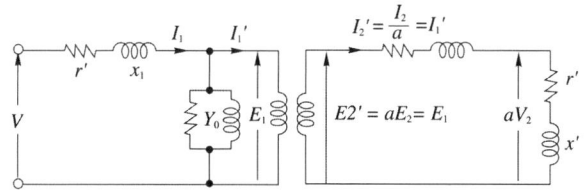

2) 1차측에서 2차측으로 환산

- $V_1' = V_1/a, \ E_1' = E_1/a$
- $I_1' = aI_1, \ I_0' = aI_0$
- $Z_1' = Z_1/a^2 = r_1 + jx_1/a^2$
- $Y_0' = a^2 Y_0 = a^2(g_0 - jb_0)$

> a : 권수비, V_1 : 1차 전압, V_1' : 2차로 환산한 1차 전압, I_1 : 1차 전류, I_1' : 2차로 환산한 1차 전류
> I_0 : 여자 전류, I_0' : 2차로 환산한 여자전류, Z_1 : 1차 임피던스, Z_1' : 2차로 환산한 2차 임피던스
> Y_0 : 여자 어드미턴스, Y_0' : 2차로 환산한 여자 어드미턴스

3 %전압강하와 전압변동률

1) 단락 전류

- $I_{1s} = \dfrac{V_1}{Z_1 + Z_2'}$ [A]
- $I_{2s} = aI_{1s}$ [A]

> I_{1s} : 1차 단락 전류, I_{2s} : 2차 단락 전류, $Z_1 = r_1 + jx_1$, $Z_2' = a^2 Z_2 = a^2(r_2 + jx_2) = r_2' + jx_2'$

2) 백분율 전압 강하

단락 전류 I_{1s}를 1차 정격 전류와 같게 조정했을 때의 1차 전압을 임피던스 전압, 이때의 입력 P_s[W]를 임피던스 와트라고 한다.

- $V_s = Z_{21}I_{1n} = \sqrt{(r_{21})^2 + (x_{21})^2}\, I_{1n}$ [V]
- $P_s = (r_{21})I_{1n}^2 = (r_1 + a^2 r_2)I_{1n}^2$ [W]

> $r_{21} = r_1 + a^2 r_2, \ x_{21} = x_1 + a^2 x_2$

- % 저항 강하 : $p = \dfrac{r_{21}I_{1n}}{V_{1n}} \times 100 = \dfrac{r_{21}I_{1n}^2}{V_{1n}I_{1n}} \times 100 = \dfrac{P_s}{V_{1n}I_{1n}} \times 100$ [%]

- % 리액턴스 강하 : $q = \dfrac{x_{21}I_{1n}}{V_{1n}} \times 100$ [%]

- % 임피던스 강하 : $z = \dfrac{z_{21}I_{1n}}{V_{1n}} \times 100 = \dfrac{V_s}{V_{1n}} \times 100 = \sqrt{p^2 + q^2}$ [%]

- $\dfrac{I_{1s}}{I_{1n}} = \dfrac{V_{1n}}{I_{1n}\sqrt{(r_{21})^2 + (x_{21})^2}} = \dfrac{100}{z}$

I_{1n} : 1차 정격 전류, V_{1n} : 1차 정격 전압

3) 전압 변동률

- $\epsilon = \dfrac{V_{20} - V_{2n}}{V_{2n}} \times 100 [\%]$

V_{20} : 무부하 2차 단자 전압, V_{2n} : 정격 2차 단자 전압

- $\epsilon = p\cos\phi + q\sin\phi + \dfrac{1}{200}(q\cos\phi - p\sin\phi)^2 [\%]$

  $\fallingdotseq p\cos\phi + q\sin\phi$ (ϕ : 부하 Z의 위상각)

  p : %저항강하, q : %리액턴스강하, $\cos\phi$: 역률, $\sin\phi$: 무효율, ϵ : 전압 변동률

역률이 $100[\%]$일 때 $\cos\phi = 1$, $\sin\phi = 0$이므로

- $\epsilon \fallingdotseq p = \dfrac{I_{2n} r}{V_{2n}} \times 100 = \dfrac{I_{2n}^2 r}{V_{2n} I_{2n}} \times 100 = \dfrac{\text{전부하 동손}}{\text{정격 용량}} \times 100 [\%]$

4 변압기의 결선

1) 변압기의 극성

1차, 2차 단자 간에 나타나는 유기 기전력의 상대적 방향을 나타내는 말이다. 우리나라는 감극성이 표준이다.

2) 3상 결선

① 상전압비, 상전류비
- $V_{p1}/V_{p2} = E_1/E_2 = a$
- $I_{p1}/I_{p2} = 1/a$

② 선전압비, 선전류비
- △결선 : $V_l = V_p$, $I_l = \sqrt{3}\,I_p \angle -30°$
- Y결선 : $V_l = \sqrt{3}\,V_p \angle 30°$, $I_l = I_p$

③ 3상 출력 $\sqrt{3}\,V_l I_l = 3 V_p I_p =$ 단상 출력 $\times 3$

V_{p1}, V_{p2} : 1차, 2차 상전압, I_{p1}, I_{p2} : 1차, 2차 상전류, V_l, I_l : 선간 전압, 선전류
V_p, I_p : 상전압, 상전류

3) V결선

- Y결선 : $V_{l2} = \sqrt{3}\, V_2$, $I_{l2} = I_2$, 용량 $P_3 = \sqrt{3}\, V_{l2} I_{l2} = 3 V_2 I_2 [\text{VA}]$
- △결선 : $V_{l2} = V_2$, $I_{l2} = \sqrt{3}\, I_2$, 용량 $P_3 = \sqrt{3}\, V_{l2} I_{l2} [\text{VA}]$
- V결선 : $V_{l2} = V_2$, $I_{l2} = I_2$, 용량 $P_V = \sqrt{3}\, V_{l2} I_l = \sqrt{3}\, V_2 I_2 [\text{VA}]$

  V_{l2} : 선간 전압, I_{l2} : 선로 전류, V_2 : 정격 전압, I_2 : 정격 전류

- 출력의 비 $\dfrac{P_V}{P_3} = \dfrac{\sqrt{3}\, V_2 I_2}{3 V_2 I_2} = \dfrac{1}{\sqrt{3}} \fallingdotseq 0.577 = 57.7[\%]$

- 이용률 $= \dfrac{\sqrt{3}\, V_2 I_2}{2 V_2 I_2} = \dfrac{\sqrt{3}}{2} = 0.866 = 86.6[\%]$

5 변압기 상수의 변환

1) 3상-2상 간의 상수 변환

- 스코트 결선(T결선)
- 메이어 결선
- 우드 브리지 결선

3상 – 6상간의 상수 변환 : 환상 결선, 2중 3각 결선, 2중 성형 결선, 대각 결선, 포크 결선

2) 스코트 결선의 이용률

$$\text{이용률} = \dfrac{\sqrt{3}\, VI}{2\, VI} = 0.866$$

6 변압기 병렬운전

1) 병렬 운전의 조건

- 각 변압기의 극성이 같을 것
- 각 변압기의 권수비가 같고, 1차와 2차의 정격 전압이 같을 것
- 각 변압기의 % 임피던스 강하가 같을 것
- 3상식에서는 위의 조건 외에 각 변압기의 상회전 방향 및 위상 변위가 같을 것

2) 부하 분담

병렬 운전시의 전류를 I_a, I_b라고 하면,

$$\dfrac{I_a}{I_b} = \dfrac{Z_b}{Z_a} = \dfrac{z_b V_n}{I_B} \times \dfrac{I_A}{z_a V_n} = \dfrac{P_A z_b}{P_B z_a}$$

P_A : a 변압기의 정격 용량, P_B : b 변압기의 정격 용량

$P_A = mP_B$라고 하면,

$$\frac{I_a}{I_b} = m\frac{z_b}{z_a} \text{ 또는, } \frac{V_n I_a}{V_n I_b} = \frac{P_a}{P_b} = m\frac{z_a}{z_b}$$

P_a : a 변압기의 부하 용량, P_b : b 변압기의 부하 용량

3) 3상 변압기의 병렬 운전

병렬 운전 가능	병렬 운전 불가능
△-△와 △-△	
Y-△와 Y-△	△-△와 △-Y
Y-Y와 Y-Y	△-△와 Y-△
△-Y와 △-Y	△-Y와 Y-Y
△-△와 Y-Y	Y-△와 Y-Y
△-Y와 Y-△	

7 변압기의 주파수 특성

- 주파수가 증가하면 리액턴스가 증가하므로($x = \omega L = 2\pi f L \propto f$) 전압 변동률은 증가한다.
- $\epsilon = p\cos\phi + q\sin\phi$이므로 $\cos\phi$에 따라 ϵ은 변한다.
- △-Y결선에서는 △결선이 있어 제3고조파에 여자 전류의 통로가 있으므로 전압파형은 일그러지지 않고 제3고조파에 의한 장해가 적다.
- $\eta = V_2 I_2 \cos\phi / (V_2 I_2 \cos\phi + P_i + P_c)$이므로 $\cos\phi$에 따라 η가 다르다.

8 변압기의 손실, 효율, 온도상승 및 정격

1) 철손

- 히스테리시스손 : $P_h = \delta_h f B_m^{1.6}$[W/kg]
- 와전류손 : $P_e = \delta_e (t f k_f B_m)^2$[W/kg]

δ_h : 히스테리시스 정수, δ_e : 재료에 의한 정수, f : 주파수[Hz]
B_m : 자속 밀도의 최대값[Wb/m^2], t : 철판의 두께[m], k_f : 파형률

2) 변압기의 효율

① 규약 효율 $\eta = \dfrac{출력}{출력+손실} \times 100 = \dfrac{입력-손실}{입력} \times 100[\%]$

$\qquad = \dfrac{V_2 I_2 \cos\theta_2}{V_2 I_2 \cos\theta_2 + P_i + I_2^2 r} \times 100[\%]$

② 최대 효율 : 철손과 동손이 같을 때 최대 효율이 된다.

$\eta_m = \dfrac{최대\ 효율시의\ 출력}{최대\ 효율시의\ 출력 + 2 \times 무부하손} \times 100[\%]$

③ 전일 효율 : 1일 중의 출력 전력량과 입력 전력량의 비를 말한다.

$\eta_d = \dfrac{\sum h\, V_2 I_2 \cos\theta_2}{\sum h\, V_2 I_2 \cos\theta_2 + 24 P_i + \sum h P_i} \times 100[\%]$

전부하 시간이 짧을수록 철손을 적게 하지 않으면 안된다.

④ $\dfrac{1}{m}$ 부하시 효율

$\dfrac{1}{m}$ 부하 효율 $= \dfrac{\dfrac{1}{m} V_2 I_2 \cos\theta}{\dfrac{1}{m} V_2 I_2 \cos\theta + P_i + \left(\dfrac{1}{m}\right)^2 P_c}$

⑤ $\dfrac{1}{m}$ 부하시

- 최대효율 조건 : $P_i = \left(\dfrac{1}{m}\right)^2 P_c$

- 최대효율이 나타나는 부하 : $m = \sqrt{\dfrac{P_i}{P_c}}$

P_i : 철손, P_c : 동손, m : 부하율(최대효율이 나타나는 부하)

9 변압기의 시험 및 보수

1) 시험 종류

- 권수비 시험
- 극성 시험
- 권선 저항 측정 시험
- 무부하 시험 : 철손 및 여자전류 측정
- 단락 시험 : 동손 및 단락전류 측정
- 온도 상승 시험 : 반환부하법 사용

- 절연 내력 시험 : 가압시험, 유도시험, 충격전압시험
- 상회전 시험(3상에 한함)

2) 보호계전기
- 내부고장 보호계전기 : 브흐홀쯔 계전기, 비율차동 계전기

10 계기용 변압기

일반적으로 계기용 변압기의 1차 전압이 정격 전압일 때 2차 전압은 110[V], 변류기는 1차 측에 정격 전류가 흐를 때 2차 전류가 5[A]이다.

1) 변류기

전류측정, 변류기는 2차측을 개방하면 안된다. 2차측을 개방하면 1차측의 부하 전류가 전부 여자 전류로 사용되어 2차측에 고전압이 유기되어 절연이 파괴될 우려가 있다. 또, 철심 중의 자속이 급격히 증가하여 철손이 증가하므로 열이 발생하여 소손될 우려가 있다.
- 공칭 전류비 : $K_{nc} = I_1 / I_2$

2) 계기용 변압기 : 전압측정
- 공칭 전압비 : $K_{np} = V_1 / V_2$

11 특수 변압기

1) 3권선 변압기

한 변압기의 철심에 3개의 권선이 있는 변압기를 3권선 변압기라고 한다. 1차, 2차 및 3차 기전력을 E_1, E_2, E_3, 1차, 2차 및 3차 권선수를 w_1, w_2, w_3라고 하면,

- $E_2 = \dfrac{w_2}{w_1} E_1$, $E_3 = \dfrac{w_3}{w_1} E_1$

- $I_1 = \dfrac{w_2}{w_1} I_2 + \dfrac{w_3}{w_1} I_3$

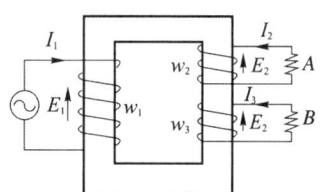

2) 단권 변압기

① 전압비 $\dfrac{V_1}{V_2} = \dfrac{E_1 + E_2}{E_2} = \dfrac{n_1}{n_2} = a$

② 전류비 $\dfrac{I_1}{I_2} = \dfrac{n_2}{n_1} = \dfrac{1}{a}$

③ 자기 용량과 부하 용량

$$\dfrac{\text{자기 용량}}{\text{부하 용량}} = \dfrac{\text{직렬 권선 부분의 전류} \times \text{승압(강압) 전압}}{\text{출력}} = 1 - \dfrac{V_l}{V_h} = 1 - \dfrac{1}{a}$$

V_h : 고압측 전압, V_l : 저압측 전압

단권 변압기와 보통 변압기의 비교 : 1차와 2차와의 전압비가 1에 가까울수록 단권 변압기를 쓰는 것이 경제적이다.

④ 단권 변압기의 3상 결선

결선 방식	Y결선	△결선	V결선
$\dfrac{\text{자기 용량}}{\text{부하 용량}}$	$1 - \dfrac{V_l}{V_h}$	$\dfrac{V_h^2 - V_l^2}{\sqrt{3}\, V_h V_l}$	$\dfrac{2}{\sqrt{3}} \left(1 - \dfrac{V_l}{V_h}\right)$

V_h : 고압측 전압, V_l : 저압측 전압

03 필수유형 및 과년도문제

필수 01 ★★☆ 변압기의 구조 및 원리

전기 기계에 있어서 히스테리시스손을 감소시키기 위하여 어떻게 하는 것이 좋은가?
① 성층 철심 사용
② 규소 강판 사용
③ 보극 설치
④ 보상 권선 설치

유형분석 변압기유의 구비 조건과 열화 방지, 유도기전력의 계산, 권수비의 계산 등이 출제된다.

풀이 전기 기계에 규소 강판을 사용하는 이유는 규소를 넣으면 자기 저항이 크게 되어 와류손과 히스테리시스손이 감소하게 되지만 투자율이 낮아지고 기계적 강도가 감소되어 부서지기 쉬우며 가공이 곤란하게 된다. 성층하는 이유는 와류손을 적게 하기 위한 것이다.   **답** ②

Key point

(1) 변압기유의 구비조건
- 절연 내력이 클 것.
- 절연 재료 및 금속에 화학 작용을 일으키지 않을 것.
- 인화점이 높고, 응고점이 낮을 것.
- 점도가 낮고(유동성이 풍부), 비열이 커서 냉각 효과가 클 것.
- 고온에서도 석출물이 생기거나 산화하지 않을 것.

(2) 변압기유의 열화 방지
- 콘서베이터의 설치

(3) 1차 및 2차 유기 기전력
- $E_1 = 4.44fw_1\Phi_m[\text{V}]$
- $E_2 = 4.44fw_2\Phi_m[\text{V}]$

(4) 권수비(전압비) $\dfrac{E_1}{E_2} = \dfrac{w_1}{w_2} = a$

문제 01 ★★★☆ 변압기의 누설 리액턴스는? 여기서, N은 권수이다.
① N에 비례한다.
② N^2에 비례한다.
③ N에 무관하다.
④ N에 반비례한다.

풀이 $L\dfrac{di}{dt} = N\dfrac{d\Phi}{dt}$ ∴ $L = \dfrac{N\Phi}{I}$

그런데 자속 Φ는 $\Phi = \dfrac{\mu ANI}{l}$

따라서 $\therefore L = \dfrac{N \cdot \dfrac{\mu ANI}{l}}{I} = \dfrac{\mu AN^2}{l} \propto N^2$

답 ②

문제 02 ★★ 변압기 여자 전류에 많이 포함된 고조파는?

① 제2조파 ② 제3조파 ③ 제4조파 ④ 제5조파

풀이 일반적으로 자기 포화 및 히스테리시스 현상이 있으므로 제3고조파가 가장 많이 포함된다.

답 ②

문제 03 ★★★★★ 1차 전압이 2200[V], 무부하 전류가 0.088[A], 철손이 110[W]인 단상 변압기의 자화 전류[A]는?

① 0.05 ② 0.038 ③ 0.072 ④ 0.088

풀이 철손 전류 $I_w = \dfrac{P_i}{V_1} = \dfrac{110}{2200} = \dfrac{1}{20} = 0.05[A]$

따라서 자화 전류 I_u는 $I_u = \sqrt{I_0^2 - I_w^2}$ 식에서

$\therefore I_u = \sqrt{0.088^2 - 0.05^2} = 0.072[A]$

답 ③

문제 04 ★★★☆ 단상 주상 변압기의 2차측(105[V] 단자)에 1[Ω]의 저항을 접속하고 1차측에 1[A]의 전류가 흘렀을 때 1차 단자 전압이 900[V]였다. 1차측 탭 전압[V]과 2차 전류[A]는 얼마인가? 단, 변압기는 이상 변압기, V_T는 1차 탭 전압, I_2는 2차 전류이다.

① $V_T = 3150$, $I_2 = 30$ ② $V_T = 900$, $I_2 = 30$
③ $V_T = 900$, $I_2 = 1$ ④ $V_T = 3150$, $I_2 = 1$

풀이 $R_1 = a^2 R_2 = a^2 \times 1 = a^2[\Omega]$

$I_1 = \dfrac{V_1}{R_1} = \dfrac{V_1}{a^2} = \dfrac{900}{a^2} = 1[A]$

$a^2 = 900$ $\therefore a = 30$

$\therefore V_T = aV_2 = 30 \times 105 = 3150[V]$

$\therefore I_2 = aI_1 = 30 \times 1 = 30[A]$

답 ①

문제 05 ★★★★★ 일반 변압기의 여자에 필요한 피상 전력은?

① $\dfrac{\pi}{\mu} f B_m^2 \times$ 철심 체적 ② $\dfrac{\pi}{f} \mu B_m^2 \times$ 철심 체적

③ $\dfrac{f}{\mu} \mu B_m^2 \times$ 철심 체적 ④ $\dfrac{\pi}{f \cdot \mu} B_m^2 \times$ 철심 체적

풀이 자기 회로의 평균 길이를 l, 단면적을 A, 투자율을 μ라 하면
$\Phi_m = \sqrt{2}w_1 I_0 \mu A/l$, $V_l = \sqrt{2}\pi f w_1 \Phi_m$
∴ $V_1 I_0 = \dfrac{f}{\mu}\pi B_m^2 V_c$

답 ①

문제 06 ★★★★★ 주상 변압기의 고압측에는 몇 개의 탭을 내놓았다. 그 이유는?
① 예비 단자용
② 수전점의 전압을 조정하기 위하여
③ 변압기의 여자 전류를 조정하기 위하여
④ 부하 전류를 조정하기 위하여

풀이 전원 전압의 변동이나 부하에 의해서 변압기의 2차에 생긴 전압 변동을 보상하여 2차 전압을 일정한 값으로 유지하기 위해서 변압기의 권수비(변압비)를 바꾸기 위해서 몇 개의 탭을 설치한다.

답 ②

문제 07 ★★★★★ 변압기유로 쓰이는 절연유에 요구되는 특성이 아닌 것은?
① 응고점이 낮을 것
② 절연 내력이 클 것
③ 인화점이 높을 것
④ 점도가 클 것

풀이 점도가 낮고, 비열이 커서 냉각 효과가 클 것

답 ④

문제 08 ★☆ 변압기 기름의 열화 영향에 속하지 않는 것은?
① 냉각 효과의 감소
② 침식 작용
③ 공기 중 수분의 흡수
④ 절연 내력의 저하

풀이
- 변압기 기름의 열화의 영향 : ① 절연 내력의 저하 ② 냉각 효과의 감소 ③ 침식 작용
- 수분흡수는 열화의 원인에 해당된다.

답 ③

---

02 ★ 변압기의 등가회로

20[kVA], 2200/220[V]·60[cycle] 단상 변압기의 저압측을 단락하여 고압측에 86[V]를 가할 때 전력계 360[W], 전류계 10.5[A]를 나타낸다면 고압측에 환산한 전 등가 리액턴스를 구하면?

① 1.31[Ω] ② 3.31[Ω] ③ 5.51[Ω] ④ 7.51[Ω]

유형분석 2차를 1차로 환산하여 단락전류, 임피던스 등을 계산하는 문제가 출제된다.

풀이

$$z_{21} = \frac{V_s}{I_{1s}} = \frac{86}{10.5} = 8.19[\Omega]$$

$$r_{21} = \frac{P_s}{I_{1s}^2} = \frac{360}{10.5^2} = 3.265[\Omega]$$

$$\therefore x_{21} = \sqrt{z_{21}^2 - r_{21}^2} = \sqrt{8.19^2 - 3.265^2} = 7.51[\Omega]$$

답 ④

Key point

2차측에서 1차측으로 환산
- $V_2' = aV_2$, $E_2' = aE_2$
- $Z_2' = a^2 Z_2 = a^2(r_2 + jx_2)$
- $I_2' = I_2/a$
- $Z' = a^2 Z = a^2(r + jx)$

문제 09 변압기에서 2차를 1차로 환산한 등가회로의 부하 소비전력 $P_2[W]$는 실제 부하의 소비전력 $P_2[W]$에 대하여 어떠한가?(단, a는 변압기이다.)

① a배 ② a^2배 ③ $1/a$ ④ 변함없다.

풀이 등가회로의 부하전력이나 실제의 부하전력에는 변함이 없다.

답 ④

필수 03 ★★★★★
%전압 강하와 전압 변동률

3300/200[V], 10[kVA]인 단상 변압기의 2차를 단락하여 1차측에 300[V]를 가하니 2차에 120[A]가 흘렀다. 이 변압기의 임피던스 전압[V]과 백분율 임피던스 강하[%]는?

① 125, 3.8 ② 200, 4 ③ 125, 3.5 ④ 200, 4.2

유형분석 % 임피던스의 계산, 전압 변동률의 계산, 임피던스 전압과 임피던스 와트 문제가 출제된다.

풀이

1차 정격 전류 $I_{1n} = \dfrac{P}{V_1} = \dfrac{10 \times 10^3}{3300} = 3.03[A]$

1차 단락 전류 $I_{1s} = \dfrac{1}{a} I_{2s} = \dfrac{200}{3300} \times 120 = 7.27[A]$

2차를 1차로 환산한 등가 누설 임피던스 $Z_{21} = \dfrac{V_s'}{I_{1s}} = \dfrac{300}{7.27} = 41.26[\Omega]$

임피던스 전압 V_s는

$\therefore V_s = I_{1n} Z_{21} = 3.03 \times 41.26 = 125.02[V]$

백분율 임피던스 강하 $\%Z$는

$\therefore \%Z = \dfrac{V_s}{V_{1n}} \times 100 = \dfrac{125.02}{3300} \times 100 = 3.8[\%]$

답 ①

Key point

(1) %전압강하
- % 저항 강하 : $p = \dfrac{r_{21}I_{1n}}{V_{1n}} \times 100 = \dfrac{r_{21}I_{1n}^2}{V_{1n}I_{1n}} \times 100 = \dfrac{P_s}{V_{1n}I_{1n}} \times 100 [\%]$
- % 리액턴스 강하 : $q = \dfrac{x_{21}I_{1n}}{V_{1n}} \times 100 [\%]$
- % 임피던스 강하 : $z = \dfrac{z_{21}I_{1n}}{V_{1n}} \times 100 = \dfrac{V_s}{V_{1n}} \times 100 = \sqrt{p^2 + q^2} [\%]$

(2) 전압 변동률
- $\epsilon = \dfrac{V_{20} - V_{2n}}{V_{2n}} \times 100 [\%]$
- $\epsilon = p\cos\phi + q\sin\phi + \dfrac{1}{200}(q\cos\phi - p\sin\phi)^2 [\%] \fallingdotseq p\cos\phi + q\sin\phi$ (ϕ : 부하 Z의 위상각)

문제 10 ★★★★★ 변압기의 임피던스 전압이란?

① 정격 전류가 흐를 때의 변압기 내의 전압 강하
② 여자 전류가 흐를 때의 2차측 단자 전압
③ 정격 전류가 흐를 때의 2차측 단자 전압
④ 2차 단락 전류가 흐를 때의 변압기 내의 전압 강하

풀이 변압기의 임피던스 전압이란, 변압기의 임피던스와 정격 전류와의 곱을 말한다.($E_s = I_n \cdot Z$) 즉, 정격 전류에 의한 변압기 내부 전압 강하를 의미한다.   **답** ①

문제 11 ★★★★★ 5[kVA], 3000/200[V]의 변압기의 단락 시험에서 임피던스 전압 = 120[V], 동손 = 150[W]라 하면 % 저항 강하는 몇 [%]인가?

① 2   ② 3   ③ 4   ④ 5

풀이 $p = \dfrac{I_{1n}r}{V_{1n}} \times 100 = \dfrac{I_{1n}^2 r}{V_{1n}I_{1n}} \times 100 = \dfrac{P_c}{\text{kVA}} \times 100 = \dfrac{150}{5000} \times 100 = 3[\%]$ **답** ②

문제 12 ★★★☆ 임피던스 전압을 걸 때의 입력은?

① 정격 용량   ② 철손
③ 임피던스 와트   ④ 전부하 시의 전손실

풀이 단락 시험에서 정격 전류를 흘릴 때의 전압이 임피던스 전압이며 이때의 입력이 임피던스 와트로서 부하손을 나타낸다.   **답** ③

문제 13 ★★★★★
어느 변압기의 백분율 저항 강하가 2[%], 백분율 리액턴스 강하가 3[%]일 때 역률(지역률) 80[%]인 경우의 전압 변동률[%]은?

① -0.2 ② 3.4 ③ 0.2 ④ -3.4

풀이 $\epsilon = p\cos\phi + q\sin\phi = 2 \times 0.8 + 3 \times 0.6 = 3.4[\%]$ 답 ②

문제 14 ★★★
변압기 리액턴스 강하가 저항 강하의 3배이고 정격 전류에서 전압 변동률이 0이 되는 앞선 역률의 크기[%]는?

① 88 ② 90 ③ 92 ④ 95

풀이 전압 변동률 $\epsilon = p\cos\phi + q\sin\phi = 0$ 식에서 $\dfrac{p}{q} = \tan\phi = \dfrac{1}{3}$

따라서 역률 $\cos\phi$는

$$\therefore \cos\phi = \dfrac{1}{\sqrt{1+\tan^2\phi}} = \dfrac{1}{\sqrt{1+\left(\dfrac{1}{3}\right)^2}} = \dfrac{3}{\sqrt{10}} = 0.95 = 95[\%]$$

답 ④

필수 04 ★★ 변압기의 결선

6600/210[V]의 단상 변압기 3대를 △-Y로 결선하여 1상 18[kW] 전열기의 전원으로 사용하다가 이것을 △-△로 결선했을 때 이 전열기의 소비 전력[kW]은 얼마인가?

① 31.2 ② 10.4 ③ 2.0 ④ 6.0

유형분석 V결선 시의 용량과 과부하율, 출력비, 이용률 등이 출제된다.

풀이 △-Y결선을 △-△결선으로 하면 상전압(2차측 전압)은 $\dfrac{1}{\sqrt{3}}$ 배가 되므로 전력은 $\left(\dfrac{1}{\sqrt{3}}\right)^2$ 이 된다.

$$\therefore 18 \times \left(\dfrac{1}{\sqrt{3}}\right)^2 = 6[\text{kW}]$$

답 ④

Key point

- V결선 용량 : $P_V = \sqrt{3}\, V_{l2} I_{l2} = \sqrt{3}\, V_2 I_2 [\text{VA}]$
- 출력의 비 $= \dfrac{P_V}{P_3} = \dfrac{\sqrt{3}\, V_2 I_2}{3 V_2 I_2} = \dfrac{1}{\sqrt{3}} \fallingdotseq 0.577 = 57.7[\%]$
- 이용률 $= \dfrac{\sqrt{3}\, V_2 I_2}{2 V_2 I_2} = \dfrac{\sqrt{3}}{2} = 0.866 = 86.6[\%]$

문제 15 ★★ 단상 100[kVA], 13200/200[V] 변압기의 저압측 선전류의 유효분[A]은? 단, 역률 0.8 지상이다.

① 300 ② 400 ③ 500 ④ 700

풀이 $P = V_2 I_2$ 에서 $I_2 = \dfrac{P}{V_2} = \dfrac{100 \times 10^3}{200} = 500[A]$

∴ $I_r = I_2 \cos\theta = 500 \times 0.8 = 400[A]$ **답** ②

문제 16 ★ "절연이 용이하나 제3고조파의 영향으로 통신 장애를 일으키므로 3권선 변압기를 설치할 수 있다."라는 설명은 변압기의 3상 결선법의 어느 것을 말하는가?

① △-△ ② Y-△ 또는 △-Y
③ Y-Y ④ Y결선

풀이 Y-Y결선은 제3고조파 여자 전류 통로가 없으므로 제3고조파가 기전력에 포함되어 중성점 접지 시 유도 장애를 일으키므로 Y-Y-△의 3권선 변압기로 하여 송전용으로 사용된다. **답** ③

필수 05 ★★ 변압기 상수의 변환

T-결선에 의하여 3300[V]의 3상으로부터 200[V], 40[kVA]의 전력을 얻는 경우 T좌 변압기의 권수비는?

① 약 16.5 ② 약 14.3 ③ 약 11.7 ④ 약 10.2

유형분석 2상으로의 변환 문제가 출제된다.

풀 이 주좌 변압기의 권수비를 a_M, T좌 변압기의 권수비를 a_T 라 하면

$a_T = a_M \times \dfrac{\sqrt{3}}{2} = \dfrac{3300}{200} \times \dfrac{\sqrt{3}}{2} = 16.5 \times 0.866 = 14.29$ **답** ②

Key point

3상-2상 간의 상수 변환
- 스코트 결선(T결선)
- 메이어 결선
- 우드 브리지 결선

문제 17 ★★★★★ 3상 전원을 이용하여 2상 전압을 얻고자 할 때 사용할 결선 방법은?

① Scott 결선 ② Fork 결선 ③ 환상 결선 ④ 2중 3각 결선

상수의 변환
① 3상-2상 간의 상수 변환
- 스코트 결선(T결선) • 메이어 결선 • 우드 브리지 결선
② 3상-6상 간의 상수 변환
- 환상 결선 • 2중 3각 결선 • 2중 성형 결선
- 대각 결선 • 포크 결선

답 ①

필수 06 ★★★★★★ 변압기 병렬운전

변압기 병렬운전에서 필요하지 않은 것은?
① 극성이 같을 것
② 전압이 같을 것
③ 출력이 같을 것
④ 임피던스 전압이 같을 것

유형분석 병렬운전 조건 및 부하분담, 3상 병렬운전 불가능 결선의 종류 등이 출제된다.

 병렬운전의 조건
① 각 변압기의 극성이 같을 것
② 각 변압기의 권수비가 같고, 1차와 2차의 정격 전압이 같을 것
③ 각 변압기의 % 임피던스 강하가 같을 것
④ 3상식에서는 위의 조건 외에 각 변압기의 상회전 방향 및 위상 변위가 같을 것

답 ③

Key point

(1) 병렬 운전의 조건
- 각 변압기의 극성이 같을 것
- 각 변압기의 권수비가 같고, 1차와 2차의 정격 전압이 같을 것
- 각 변압기의 % 임피던스 강하가 같을 것
- 3상식에서는 위의 조건 외에 각 변압기의 상회전 방향 및 위상 변위가 같을 것

(2) 부하 분담

병렬 운전 시의 전류를 I_a, I_b라고 하면 $\dfrac{I_a}{I_b} = \dfrac{Z_b}{Z_a} = \dfrac{z_b V_n}{I_B} \times \dfrac{I_A}{z_a V_n} = \dfrac{P_A z_b}{P_B z_a}$

(3) 3상 변압기의 병렬 운전

병렬 운전 가능	병렬 운전 불가능
△-△와 △-△	
Y-△와 Y-△	△-△와 △-Y
Y-Y와 Y-Y	△-△와 Y-△
△-Y와 △-Y	△-Y와 Y-Y
△-△와 Y-Y	Y-△와 Y-Y
△-Y와 Y-△	

문제 18 단상 변압기를 병렬 운전하는 경우 부하 전류의 분담은 무엇에 관계되는가?

① 누설 리액턴스에 비례한다.
② 누설 리액턴스 제곱에 반비례한다.
③ 누설 임피던스에 비례한다.
④ 누설 임피던스에 반비례한다.

풀이 무부하 전압이 같다고 생각하면 무부하 전류에 의한 내부 강하가 같아야 하므로
$I_A Z_A = I_B Z_B$ $\therefore \dfrac{I_A}{I_B} = \dfrac{Z_B}{Z_A}$
그러므로 누설 임피던스에 반비례한다.   **답** ④

문제 19 변압기의 병렬 운전이 불가능한 것은?

① △-△와 △-△
② △-△와 Y-Y
③ △-△와 △-Y
④ △-Y와 △-Y

풀이 3상 변압기의 병렬 운전의 결선 조합

병렬 운전 가능	병렬 운전 불가능
△-△와 △-△	
Y-△와 Y-△	△-△와 △-Y
Y-Y와 Y-Y	△-△와 Y-△
△-Y와 △-Y	△-Y와 Y-Y
△-△와 Y-Y	Y-△와 Y-Y
△-Y와 Y-△	

※ △-△와 △-Y, △-Y와 Y-Y의 결선은 각 변위가 30° 차가 있어 순환 전류가 흐르기 때문에 병렬 운전이 불가능하다.   **답** ③

문제 20 Y-△결선의 3상 변압기군 A와 △-Y 결선의 3상 변압기군 B를 병렬로 사용할 때 A군의 변압기 권수비가 30이라면 B군 변압기의 권수비는?

① 30
② 60
③ 90
④ 120

풀이 A, B 변압기군의 권수비를 각각 a_1, a_2, 1차, 2차의 유도 기전력과 선간 전압을 각각 E_1, E_2, V_1, V_2라고 하면
$a_1 = \dfrac{E_1}{E_2} = \dfrac{V_1/\sqrt{3}}{V_2}$, $a_2 = \dfrac{E_1'}{E_2'} = \dfrac{V_1}{V_2/\sqrt{3}}$

$\dfrac{a_2}{a_1} = \dfrac{V_1/\dfrac{V_2}{\sqrt{3}}}{\dfrac{V_1}{\sqrt{3}}/V_2} = \dfrac{V_1 V_2}{\dfrac{V_1}{\sqrt{3}} \cdot \dfrac{V_2}{\sqrt{3}}} = 3$

$\therefore a_2 = 3a_1 = 3 \times 30 = 90$ **답** ③

필수 07 ★ 변압기의 주파수 특성

변압기를 설명하는 다음 말 중 틀린 것은?

① 사용 주파수가 증가하면 전압 변동률은 감소한다.
② 전압 변동률은 부하의 역률에 따라 변한다.
③ △-Y결선에서는 고주파 전류가 흘러서 통신선에 대한 유도 장해는 없다.
④ 효율은 부하의 역률에 따라 다르다.

유형분석 주파수를 수% 증가했을 경우 자속밀도, 최대 자속, 전압 강하, 철손, 온도 상승 등의 변화를 물어본다.

풀 이
① 주파수가 증가하면 리액턴스가 증가하므로 ($x = \omega L = 2\pi f L \propto f$) 전압 변동률은 증가한다.
② $\epsilon = p\cos\phi + q\sin\phi$이므로 $\cos\phi$에 따라 ϵ은 변한다.
③ △-Y결선에서는 △결선이 있어 제3고조파에 여자 전류의 통로가 있으므로 전압 파형은 일그러지지 않고 제3고조파에 의한 장해가 적다.
④ $\eta = V_2 I_2 \cos\phi / (V_2 I_2 \cos\phi + P_i + P_c)$이므로 $\cos\phi$에 따라 η가 다르다.   **답** ①

Key point

50[Hz]용 변압기를 60[Hz]에 사용하면 여자 전류와 철손은 $\frac{5}{6}$ 감소, 리액턴스 강하 $\frac{6}{5}$ 증가한다.

문제 21 ★ 정격 주파수 50[Hz]의 변압기를 일정 전압 60[Hz]의 전원에 접속하여 사용했을 때 1차 전류, 철손 및 리액턴스 강하는?

① 여자 전류와 철손은 $\frac{5}{6}$ 감소, 리액턴스 강하 $\frac{6}{5}$ 증가

② 여자 전류와 철손은 $\frac{5}{6}$ 감소, 리액턴스 강하 $\frac{5}{6}$ 감소

③ 여자 전류와 철손은 $\frac{6}{5}$ 증가, 리액턴스 강하 $\frac{6}{5}$ 증가

④ 여자 전류와 철손은 $\frac{6}{5}$ 증가, 리액턴스 강하 $\frac{5}{6}$ 감소

풀이 $P_h \propto \frac{1}{f}$, $x \propto f$ **답** ①

08 변압기의 손실, 효율, 온도 상승 및 정격

150[kVA]의 변압기 철손이 1[kW], 전부하 동손이 2.5[kW]이다. 이 변압기의 최대 효율은 몇 [%] 전부하에서 나타나는가?

① 약 50　　② 약 58　　③ 약 63　　④ 약 72

유형분석 손실의 종류, 최대 효율 조건, 최대 효율이 나타나는 부하, 효율 계산 등이 출제된다.

풀이 변압기 효율은 $m^2 P_c = P_i$일 때 최대이므로 $m^2 \times 2.5 = 1$ ∴ $m = \sqrt{\dfrac{1}{2.5}} = 0.632$

즉, 63.2[%] 부하에서 최대 효율이 된다.

답 ③

Key point

① 최대 효율 : 철손과 동손이 같을 때 최대 효율이 된다.

- $\eta_m = \dfrac{\text{최대 효율시의 출력}}{\text{최대 효율시의 출력} + 2 \times \text{무부하손}} \times 100[\%]$

② $\dfrac{1}{m}$ 부하 시 효율

- $\dfrac{1}{m}$ 부하 효율 $= \dfrac{\dfrac{1}{m} V_2 I_2 \cos\theta}{\dfrac{1}{m} V_2 I_2 \cos\theta + P_i + \left(\dfrac{1}{m}\right)^2 P_c}$

③ $\dfrac{1}{m}$ 부하 시

- 최대효율 조건 : $P_i = \left(\dfrac{1}{m}\right)^2 P_c$　　• 최대효율이 나타나는 부하 : $m = \sqrt{\dfrac{P_i}{P_c}}$

문제 22

변압기의 철손이 P_i[kW], 전부하 동손이 P_c[kW]일 때 정격 출력의 $\dfrac{1}{m}$의 부하를 걸었을 때 전손실[kW]은 얼마인가?

① $(P_i + P_c)\left(\dfrac{1}{m}\right)^2$　　② $P_i\left(\dfrac{1}{m}\right)^2 + P_c$

③ $P_i + P_c\left(\dfrac{1}{m}\right)^2$　　④ $P_i + P_c\left(\dfrac{1}{m}\right)$

풀이 철손은 부하에 관계없이 일정하고 동손은 $I_2^2 r$로서 부하 전류의 제곱에 비례하므로 $\dfrac{1}{m}$로 부하가 감소하면 P_c는 $\left(\dfrac{1}{m}\right)^2$으로 감소한다.

따라서 $\dfrac{1}{m}$ 부하 효율 $= \dfrac{\dfrac{1}{m} V_2 I_2 \cos\theta}{\dfrac{1}{m} V_2 I_2 \cos\theta + P_i + \left(\dfrac{1}{m}\right)^2 P_c}$ 이므로 전손실은 $P_i + \left(\dfrac{1}{m}\right)^2 P_c$

답 ③

문제 23 ★☆
출력 10[kVA], 정격 전압에서의 철손이 85[W], 뒤진 역률 0.8, 3/4 부하에서 효율이 가장 큰 단상 변압기가 있다. 역률 1일 때의 최대 효율은?

① 96[%] ② 97.8[%] ③ 98.8[%] ④ 99[%]

풀이 역률이 0.8에서 1로 되어도 손실은 변동이 없으므로

$$\eta = \frac{10 \times \frac{3}{4} \times 10^3}{10 \times \frac{3}{4} \times 10^3 + 85 \times 2} \times 100 = 97.8[\%]$$

답 ②

문제 24 ★★
변압기의 전일 효율을 최대로 하기 위한 조건은?

① 전부하 시간이 짧을수록 무부하손을 적게 한다.
② 전부하 시간이 짧을수록 철손을 크게 한다.
③ 부하 시간에 관계없이 전부하 동손과 철손을 같게 한다.
④ 전부하 시간이 길수록 철손을 적게 한다.

풀이 전일 효율이 최대가 되려면 $24P_i = \sum hP_c$ ∴ $P_i = (\sum h/24)P_c$
즉, 전부하 시간이 길수록 철손 P_i를 크게 하고 짧을수록 철손 P_i를 작게 한다.

답 ①

문제 25 ☆
변압기의 규약 효율 산출에 필요한 기본 요건이 아닌 것은?

① 파형은 정현파를 기준으로 한다.
② 별도의 지정이 없는 경우 역률은 100[%] 기준이다.
③ 손실은 각 권선의 부하손의 합과 무부하손의 합이다.
④ 부하손은 40[℃]를 기준으로 보정한 값을 사용한다.

풀이 별도의 지정이 없을 경우 역률은 100[%], 온도는 75[℃]를 기준으로 한다.

답 ④

필수 09 ★★☆ 변압기의 시험 및 보수

변압기의 온도 시험을 하는 데 가장 좋은 방법은?

① 실부하법 ② 반환 부하법 ③ 단락 시험법 ④ 내전압법

유형분석 보호계전기에 관한 문제가 많이 출제된다.

풀이 실부하법은 전력 손실이 크기 때문에 소용량 이외에는 별로 적용되지 않는다. 반환 부하법은 동일 정격의 변압기가 2대 이상 있을 경우에 채용되며, 전력 소비가 적고 철손과 동손을 따로 공급하는 것으로 현재 가장 많이 사용하고 있다.

답 ②

Key point

보호계전기
- 내부고장 보호계전기 : 부흐홀쯔 계전기, 비율차동 계전기

문제 26 ★★★★★ 변압기의 내부 고장 보호에 쓰이는 계전기로서 가장 적당한 것은?

① 과전류 계전기　　　　② 차동 계전기
③ 접지 계전기　　　　　④ 역상 계전기

풀이 차동 계전기는 변압기의 단락 사고가 생기면, 1차와 2차의 전류값이 달라지고 이들 값의 차이에 해당하는 전류가 계전기에 흘러 계전기가 동작하는 것이다.　　**답** ②

문제 27 ★☆ 무부하의 변압기를 회로에 투입할 때 과전류 계전기가 들어 있어 투입되지 않는 이유는?

① 선로의 충전 전류 때문에　　② 이상 전압 발생 때문에
③ 과도 돌입 여자 전류 때문에　　④ 전압이 동요하기 때문에

풀이 투입되지 않는 것은 과전류 때문이다. 무부하 상태의 변압기를 투입하면 그 순간에 과도 여자 전류가 흐르고, 자기 회로가 정상 상태로 된 후에야 비로소 정상 전류가 흐른다.　　**답** ③

문제 28 ★★★★★ 변압기의 등가 회로 작성에 필요 없는 시험은?

① 단락 시험　　　　　② 반환 부하법
③ 무부하 시험　　　　④ 저항 측정 시험

풀이 등가 회로 작성에는 권선의 저항을 알아야 하고, 철손을 측정하는 무부하 시험, 동손을 측정하는 단락 시험이 필요하다.　　**답** ②

필수 10 ★★★ 계기용 변압기

평형 3상 전류를 측정하려고 변류비 60/5[A]의 변류기 두 대를 그림과 같이 접속했더니 전류계에 2.5[A]가 흘렀다. 1차 전류는 몇 [A]인가?

① 약 12.0
② 약 17.3
③ 약 30.0
④ 약 51.9

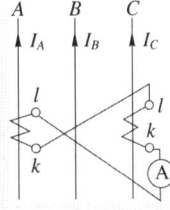

유형분석 변류기에 관한 문제가 출제된다.

풀이
$$I_a - I_c = I_A \times \frac{5}{60} - I_C \times \frac{5}{60} = \frac{I_A - I_C}{12} = \frac{\sqrt{3}I_B}{12} = 2.5$$
$$\therefore I_B = \frac{12 \times 2.5}{\sqrt{3}} = 10\sqrt{3} = 17.3$$

답 ②

Key point

① 변류기 : 전류측정, 변류기는 2차측을 개방하면 안 된다. 2차측을 개방하면 1차측의 부하 전류가 전부 여자 전류로 사용되어 2차측에 고전압이 유기되어 절연이 파괴될 우려가 있다. 또, 철심 중의 자속이 급격히 증가하여 철손이 증가하므로 열이 발생하여 소손될 우려가 있다.
- 공칭 전류비 : $K_{nc} = I_1/I_2$

② 계기용 변압기 : 전압측정
- 공칭 전압비 : $K_{np} = V_1/V_2$

문제 29 ★★★ 평형 3상 3선식 선로에 2개의 PT와 3개의 전압계 V_1, V_2, V_3를 그림과 같이 접속하고, 선간 전압을 측정하고 있을 때 퓨즈 F_B가 절단되었다고 하면 각 전압계의 지시는 몇 [V]가 되는가? 단, 3상 선간 전압은 3000[V]이다.

① $V_1 = V_2 = 3000[\text{V}]$, $V_3 = 6000[\text{V}]$
② $V_1 = V_2 = V_3 = 3000[\text{V}]$
③ $V_1 = V_2 = 1500[\text{V}]$, $V_3 = 3000[\text{V}]$
③ $V_1 = V_2 = V_3 = 1500[\text{V}]$

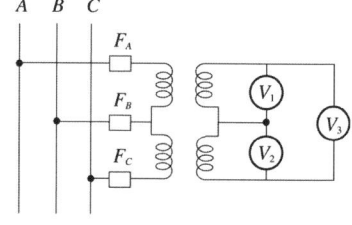

풀이 퓨즈 F_B가 절단되면 오른쪽 그림과 같이 되므로 양 변성기의 1차가 직렬이 되어 AC 간의 단상 전압을 받으므로 1개의 PT에 가해지는 전압은 전의 1/2로 된다.
$V_1 = V_2 = 1500[\text{V}]$
$V_3 = 3000[\text{V}]$

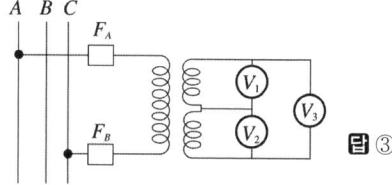

답 ③

필수 11 ☆ 특수 변압기

3300/210[V], 5[kVA]의 단상 주상 변압기를 승압용 단권 변압기로 접속하고, 1차에 3000[V]를 가할 때의 출력[kVA]은?

① 약 69 ② 약 76 ③ 약 82 ④ 약 84

유형분석 단권변압기의 자기용량과 부하용량, 유도전압조정기에 관한 문제가 출제된다.

풀 이
$$V_h = V_l \left(1 + \frac{1}{a}\right) = 3000\left(1 + \frac{1}{3300/210}\right) = 3190[V]$$
$$I_2 = \frac{P}{V_2} = \frac{5000}{210} = 23.8[A]$$
$$P = V_h I_2 = 3190 \times 23.8 \times 10^{-3} = 75.92[kVA]$$

답 ②

Key point

① 자기 용량과 부하 용량
- 단권 변압기와 보통 변압기의 비교 : 1차와 2차와의 전압비가 1에 가까울수록 단권 변압기를 쓰는 것이 경제적이다.
- $\dfrac{\text{자기 용량}}{\text{부하 용량}} = \dfrac{\text{직렬 권선부분의 전류} \times \text{승압(강압) 전압}}{\text{출력}} = 1 - \dfrac{V_l}{V_h} = 1 - \dfrac{1}{a}$

② 단권 변압기의 3상 결선

결선 방식	Y결선	△결선	V결선
자기 용량 / 부하 용량	$1 - \dfrac{V_l}{V_h}$	$\dfrac{V_h^2 - V_l^2}{\sqrt{3}\, V_h V_l}$	$\dfrac{2}{\sqrt{3}}\left(1 - \dfrac{V_l}{V_h}\right)$

문제 30 용량 3[kVA], 3000/100[V]의 단상 변압기를 승압기로 연결하고 1차측에 3000[V]를 가했을 때 그 부하 용량[kVA]는?

① 68　　② 85　　③ 93　　④ 127

풀이 감극성이므로 $V_2 = V_1 + \dfrac{100}{3000} V_1$
$$= 3000 + \dfrac{100}{3000} \times 3000 = 3100[V]$$

2차 정격 전류 $I_{2n} = \dfrac{3 \times 10^3}{100} = 30[A]$

따라서 2차에 부하할 수 있는 부하 용량[kVA]은
$$\therefore P = 3100 \times 30 \times 10^{-3} = 93[kVA]$$

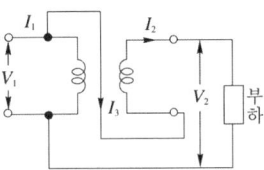

답 ③

문제 31 누설 변압기의 특성은 어떤 것인가?

① 수하 특성　　② 정전압 특성
③ 저 저항 특성　　④ 저 임피던스 특성

풀이 정전류 특성이 필요하며, 전류가 증가하면 전압이 저하하는 수하 특성이 필요하다.

답 ①

04 출제기준 - 유도기

1 유도전동기의 구조 및 원리

① 동기 속도 : $N_s = \dfrac{120f}{p}$[rpm]

② 슬립 : $s = \dfrac{N_s - N}{N_s}$

f : 주파수, p : 극수, N : 회전 속도[rpm], $N = (1-s)N_s$[rpm]

③ 유기 기전력 : $E = 4.44 fwK_{w1}\Phi$[V]

④ v차 고조파에 대한 권선 계수 : $K_{wv} = K_{dv} \times K_{sv}$

⑤ 분포 계수 : $K_{dv} = \sin(vq\alpha/12)/q\sin(v\alpha/2)$

⑥ 단절 계수 : $K_{sv} = \sin(v\beta \times 90°)$

w : 1상 권수, Φ : 자속, q : 1극 1상 슬롯수, α : 슬롯간 상차각, β : 코일 피치, v : 고조파 차수

⑦ 1차, 2차 권수비 : $\dfrac{w_1 K_{w1}}{w_2 K_{w2}} = \dfrac{E_1}{E_2} = a$

⑧ 2차 유기 기전력 및 2차 주파수

- $E_{2s} = sE_2$[V]
- $f_{2s} = sf_1$[Hz]

⑨ 2차 전류와 2차 역률

- $I_2 = \dfrac{E_{2s}}{Z_{2s}} = \dfrac{sE_2}{\sqrt{r_2^2 + (sx_2)^2}} = \dfrac{E_2}{\sqrt{\left(\dfrac{r_2}{s}\right)^2 + x_2^2}}$[A]

- $\cos\theta_2 = \dfrac{r_2}{\sqrt{r_2^2 + (sx_2)^2}}$, $\theta = \tan^{-1}\dfrac{sx_2}{r_2}$

r_2 : 2차 권선 1상의 저항
x_2 : 전동기가 정지하고 있을 때의 2차 1상의 리액턴스
x_{2s} : 전동기가 슬립 s로 회전할 때의 2차 권선 1상의 리액턴스
Z_{2s} : 전동기가 슬립 s로 회전할 때의 2차 1상의 임피던스
$x_2 = 2\pi fL$, $Z_2 = r_2 + jx_2 (f_1 = f_2)$
$x_{2s} = 2\pi sf_1 L_2 = sx_2$
$Z_{2s} = r_2 + jsx_2$

2 유도전동기의 등가회로 및 특성

1) 등가 회로

- 기계적 출력을 대표하는 부하 저항 : $r = r_2'\left(\dfrac{1-s}{s}\right)$

- 2차 전압의 1차 환산 : $E_1 = \dfrac{k_1 w_1}{k_2 w_2} E_2 = aE_2,\ E_2' = E_1 = aE_2 [\text{V}]$

- 2차 전류의 1차 환산 : $I_1' = \dfrac{m_2 k_2 w_2}{m_1 k_1 w_1} I_2 = \dfrac{1}{\alpha\beta} I_2,\ I_2' = I_1' = \dfrac{1}{\alpha\beta} I_2 [\text{A}]$

  m_1, m_2 : 1차와 2차 권선의 상수, β : 상수비 $= m_1/m_2$, α : 권수비, $I_1 = I_1' + I_0$

- 2차 임피던스의 1차 환산 : $Z_2' = \dfrac{E_2'}{I_2'} = \dfrac{aE_2}{\dfrac{I_2}{\alpha\beta}} = a^2\beta Z_2 [\Omega]$

- 유도 전동기의 간이 등가 회로

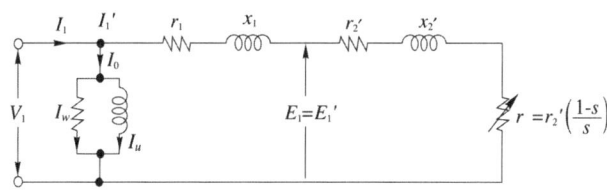

2) 전력의 변환

- 2차 입력 : $P_2 = m_2 E_2 I_2 \cos\theta_2 [\text{W}]$

- 2차 저항손 : $P_{c2} = sP_2 = \dfrac{(N_s - N)}{N_s} P_2 [\text{W}]$

- 기계적 출력 : $P = P_2 - P_{c2} = P_2 - sP_2 = (1-s)P_2 = \dfrac{N}{N_s} P_2 [\text{W}]$

  P : 출력, P_2 : 2차 입력, P_{c2} : 2차 동손, s : 슬립, N : 회전자 속도, N_s : 동기속도, 고정자 속도

∴ (2차 입력) : (2차 저항손) : (기계적 출력)
$= P_2 : P_{c2} : P = P_2 : sP_2 : (1-s)P_2 = 1 : s : (1-s)$

3) 효율 및 손실

- 손실 : 고정손, 직접 부하손, 표유 부하손
- 효율 : $\eta = \dfrac{출력}{입력} \times 100 = \dfrac{입력 - 손실}{입력} \times 100 [\%] = \dfrac{P}{\sqrt{3}\, V_1 I_1 \cos\theta_1} \times 100 [\%]$

- 2차 효율

$$\eta_2 = \frac{2차\ 출력}{2차\ 입력} \times 100 = \frac{P}{P_2} \times 100 = \frac{P_2(1-s)}{P_2} \times 100 [\%]$$

$$= \frac{N}{N_s} \times 100 = (1-s) \times 100 [\%]$$

P : 출력, P_2 : 2차 입력, P_{c2} : 2차 동손, s : 슬립, N : 회전자 속도, N_s : 동기속도, 고정자 속도

3 유도전동기의 기동 및 제동

1) 기동

① 기동 전류 $I_{1s} = \dfrac{V_1}{\sqrt{(r_1 + r_2')^2 + (x_1 + x_2')^2}}$ [A]

② 기동 토크 $T_{st} = \dfrac{P}{2\pi f} \cdot \dfrac{m_1 V_1^2 r_2'}{(r_1 + r_2')^2 + (x_1 + x_2')^2}$ [N·m]

③ 농형 유도 전동기의 기동법
- 전전압 기동법 • Y-△ 기동법 • 변연장 △결선법 • 기동 보상기법
- 콘도르파법

④ 권선형 유도 전동기의 기동법
- 기동 저항기법 • 게르게스법

2) 제동

① 회생 제동 ② 발전 제동 ③ 역상 제동 ④ 단상 제동

4 유도전동기의 속도제어 (속도, 토크 및 출력)

1) 농형 유도 전동기 속도제어법
- 주파수 변환법 • 극수 변환법 • 전원 전압 제어법

2) 권선형 유도 전동기 속도제어법
- 2차 저항법 • 2차 여자법

3) 2차 여자법

2차 주파수 sf와 같은 주파수 전압을 발생시켜 슬립링을 통하여 회전자 권선에 공급하

여 s를 변화시키는 방법이다. 즉, 2차 회전자에 슬립주파수 전압을 공급하여 속도제어 하는 방법을 말한다.

4) 종속 접속법

직렬 종속법 : $N = \dfrac{120f}{p_1 + p_2}$ [rpm]

차동 종속법 : $N = \dfrac{120f}{p_1 - p_2}$ [rpm]

병렬 종속법 : $N = \dfrac{2 \times 120f}{p_1 + p_2}$ [rpm]

p_1 : M_1의 극수, p_2 : M_2의 극수

5) 토크와 동기와트

① 토크 $\tau = K_0 \dfrac{sE_2^2 r_2}{r_2^2 + (sx_2)^2} = K_0 \dfrac{sE_2^2 r_2}{Z_{2s}^2}$ [N·m]

s : 슬립, E_2 : 2차 전압, r_2 : 2차 저항, x_2 : 2차 리액턴스, K_0 : 비례상수

② 동기 와트

$$\tau = \dfrac{P}{\omega} = \dfrac{P}{2\pi n} = \dfrac{(1-s)P_2}{2\pi(1-s)n_s} = \dfrac{P_2}{2\pi n_s} = \dfrac{P_2}{\omega_s} [\text{N}\cdot\text{m}]$$

$$= \dfrac{60}{2\pi} \cdot \dfrac{P_2}{N_s} [\text{N}\cdot\text{m}] = \dfrac{1}{9.8} \cdot \dfrac{60}{2\pi} \cdot \dfrac{P_2}{N_s} [\text{kg}\cdot\text{m}]$$

$$= 0.975 \dfrac{P_2}{N_s} [\text{kg}\cdot\text{m}] = 0.975 \dfrac{P}{N} [\text{kg}\cdot\text{m}]$$

P : 출력, P_2 : 2차 입력, P_{c2} : 2차 동손, s : 슬립, N : 회전자 속도, N_s : 동기속도, 고정자 속도

5 특수 농형 유도 전동기

① 2중 농형 유도 전동기 : 2중 농형으로 되어 있는 농형 권선 중 바깥쪽 도체에는 황동 또는 구리, 니켈 합금과 같은 특수 합금, 즉 저항이 높은 도체가 사용되고, 안쪽의 도체에는 저항이 낮은 전기 동이 사용된다.
② 디프 슬롯 농형 유도 전동기
③ 셀신 전동기

6 특수 유도기

① 유도 발전기 : 유도 발전기의 특징은 다음과 같다.
- 농형 회전자를 사용할 수 있으므로 구조가 간단하고 가격이 싸다.
- 동기화할 필요가 없다.
- 선로에 단락이 생기면 여자가 없어지므로 동기 발전기에 비해 단락 전류가 적고, 접속 시간이 짧다.
- 동기 발전기에 직류 여자기가 필요한 것과 같이 유도 발전기는 여자기로서, 동기 발전기가 필요하다.

② 타여자 유도 발전기(비동기 발전기)

③ 3상 유도 전압 조정기 : 3상 유도 전압 조정기의 2차측을 구속하고 1차측에 전압을 공급하면, 2차 권선에 기전력이 유기되는데, 2차 권선의 각상 단자를 각각 1차측의 각상 단자에 적당하게 접속하면 3상 전압을 조정할 수 있다.
- 정격출력 : $P = \sqrt{3}\, E_2 I_2 \times 10^{-3} [\text{kVA}]$
- 전압조정 : $\sqrt{3}\,(E_1 \pm E_2)$

④ 유도 주파수 변환기
- 정비 주파수 변환기(유도 동기 주파수 변환기)
- 가변비 주파수 변환기(동기 비동기 주파수, 유도 비동기 주파수 변화)
- 가감 주파수 변환기(동기 비동기 주파수 변환기, 유도 비동기 주파수 변환기)

7 단상 유도 전동기

① 종류
- 분상 기동형(저항 분상, 리액터 분상, 콘덴서 분상)
- 반발 기동형
- 반발 유도형
- 셰이딩 코일형
- 모노사이클릭 기동형

② 분상 기동형 : 단상 전동기에 보조 권선(기동 권선)을 설치하여 단상 전원에 주권선(운동권선)과 보조 권선에 위상이 다른 전류를 흘려서 불평형 2상 전동기로서 기동하는 방법이다.

③ 반발 기동형 : 기동시에 반발 전동기로서 기동하고 기동 후 원심력 개폐기로 정류자를 자동적으로 단락하여 농형 회전자로 하는 방법이다.

④ 반발 유도형 : 농형 권선과 반발형 전동기 권선을 가져서 운전중 그대로 사용한다. 반발 기동형과 비교하면 기동 토크는 반발 유도형이 작지만, 최대 토크는 크고 부하에 의한 속도의 변화는 반발 기동형보다 크다.

⑤ 셰이딩 코일형 : 돌극형 자극의 고정자와 농형 회전자로 구성된 전동기로 자극에 슬롯을 만들어서 단락된 셰이딩 코일을 끼워 넣은 것이다. 구조가 간단하나 기동 토크가 매우 작고 효율과 역률이 떨어지며, 회전 방향을 바꿀 수 없는 큰 결점이 있다.

⑥ 모노사이클릭 기동형 : 3상 농형 전동기의 3상 권선에 저항과 리액턴스를 적당하게 접속하고 단상 전원에 접속하여 불평형 3상 교류를 각 권선에 흘려서 기동하는 방법이다.

8 유도 전동기의 시험

① 저항 측정 ② 2차 전압 측정 ③ 무부하 시험
④ 구속 시험 ⑤ 저주파 구속 시험 ⑥ 특성 산정
⑦ 무부 시험 ⑧ 온도 시험 ⑨ 절연 내력 시험
⑩ 슬립 측정(직류 밀리볼트계법, 수화기법, 스트로보스코프법)

9 유도 전동기의 원선도

유도 전동기의 1차 부하 전류의 벡터의 자취가 항상 반 원주 위에 있는 것을 이용하여, 간이 등가 회로의 해석에 이용한 것을 헤일랜드 원선도라 한다.

- 원선도에서 구할 수 없는 것 : 기계적 출력과 기계적 손실
- 원선도 구하는데 필요한 시험 : 저항측정, 무부하 시험, 구속 시험

필수유형 및 과년도문제

필수 01 ★★★★
유도전동기의 구조 및 원리

50[Hz], 4극의 유도 전동기의 슬립이 4[%]인 때의 매분 회전수는?

① 1410[rpm] ② 1440[rpm]
③ 1470[rpm] ④ 1500[rpm]

유형분석 유기기전력, 권수비, 슬립 계산 등이 출제된다.

풀 이
$$N_s = \frac{120f}{p} = \frac{120 \times 50}{4} = 1500[\text{rpm}]$$
$$\therefore N = (1-s)N_s = (1-0.04) \times 1500 = 1440[\text{rpm}]$$

답 ②

Key point

① 동기 속도 : $N_s = \dfrac{120f}{p}$[rpm]   ② 슬립 : $s = \dfrac{N_s - N}{N_s}$

③ 유기 기전력 : $E = 4.44 f w K_{w1} \Phi$[V]   ④ 1차, 2차 권수비 : $\dfrac{w_1 K_{w1}}{w_2 K_{w2}} = \dfrac{E_1}{E_2} = a$

⑤ 2차 전류와 2차 역률

- $I_2 = \dfrac{E_{2s}}{Z_{2s}} = \dfrac{sE_2}{\sqrt{r_2^2 + (sx_2)^2}} = \dfrac{E_2}{\sqrt{\left(\dfrac{r_2}{s}\right)^2 + x_2^2}}$ [A]

- $\cos\theta_2 = \dfrac{r_2}{\sqrt{r_2^2 + (sx_2)^2}}$, $\theta = \tan^{-1}\dfrac{sx_2}{r_2}$

문제 01 ★★
200[V], 50[Hz]인 3상 유도 전동기의 1차 권선이 △결선이다. 이것을 200[V], 60[Hz] 용으로 하기 위해서 권선은 그대로 하고 접속을 2Y로 변경했다고 하면 자속의 양은 어떻게 변하는가? 단, $\dfrac{\Phi_{60}}{\Phi_{50}}$으로 계산한다.

① 약 0.962 ② 약 0.942
③ 약 0.843 ④ 약 0.812

풀이 w를 1상의 권선, k_w를 권선 계수라고 하면

$$\Phi_{50} = \frac{V}{4.44 f k_w w} = \frac{200}{4.44 \times 50 \times k_w \times w}$$

$$\Phi_{60} = \frac{200/\sqrt{3}}{4.44 f k_w w/2} = \frac{200 \times 2}{4.44 \times 60 \times \sqrt{3} \times k_w \times w} \ (\because \text{2Y이므로})$$

$$\therefore \frac{\Phi_{60}}{\Phi_{50}} = \frac{2}{\sqrt{3}} \cdot \frac{50}{60} = 0.962$$

답 ①

문제 02 ★★★★ 50[Hz], 슬립 0.2인 경우의 회전자 속도가 600[rpm]일 때에 3상 유도 전동기의 극수는?

① 16   ② 12   ③ 8   ④ 4

풀이 $N = (1-s)N_s$ 에서 $N_s = \frac{N}{1-s} = \frac{600}{1-0.2} = 750 \text{[rpm]}$

$$\therefore p = \frac{120 f}{N_s} = \frac{120 \times 50}{750} = 8 \text{[극]}$$

답 ③

문제 03 ★★★★★ 회전자가 슬립 s로 회전하고 있을 때 고정자, 회전자의 실효 권수비를 α라 하면, 고정자 기전력 E_1과 회전자 기전력 E_2와의 비는?

① $\dfrac{\alpha}{s}$ ② $s\alpha$ ③ $(1-s)\alpha$ ④ $\dfrac{\alpha}{1-s}$

풀이 정지 시 : $\dfrac{E_1}{E_2} = \alpha \quad \therefore E_2 = \dfrac{E_1}{\alpha}$

운전 시 : $E_{2s} = sE_2 = \dfrac{sE_1}{\alpha} \quad \therefore \dfrac{E_1}{E_{2s}} = \dfrac{E_1}{sE_1/\alpha} = \dfrac{\alpha}{s}$

답 ①

문제 04 ★★★ 220[V], 3상 유도 전동기의 전부하 슬립이 4[%]이다. 공급 전압이 10[%] 저하된 경우의 전부하 슬립[%]은?

① 4   ② 5   ③ 6   ④ 7

풀이 공급 전압이 10[%] 저하된 경우의 전부하 슬립을 s'라 하면

$$s' = s \times \left(\frac{V_1}{V_1'}\right)^2 = s \times \left(\frac{V_1}{V_1 \times 0.9}\right)^2 = 0.04 \times \left(\frac{220}{220 \times 0.9}\right)^2 = 0.05 = 5\text{[\%]}$$

답 ②

필수 02 ★★★★ 유도전동기의 등가회로 및 특성

권선형 유도 전동기의 슬립 s에 있어서의 2차 전류는? 단, E_2, X_2는 전동기 정지 시의 2차 유기 전압과 2차 리액턴스로 하고 R_2는 2차 저항으로 한다.

① $\dfrac{E_2}{\sqrt{(R_2/s)^2+X_2^2}}$

② $sE_2/\sqrt{R_2^2+\dfrac{X_2^2}{s}}$

③ $E_2/\sqrt{\left(\dfrac{R_2}{1-s}\right)^2+X_2}$

④ $E_2/\sqrt{(sR_2)^2+X_2^2}$

유형분석 전력의 변환에 관한 문제가 출제된다.

풀이 $I_2 = \dfrac{sE_2}{\sqrt{R_2^2+(sX_2)^2}} = \dfrac{E_2}{\sqrt{\left(\dfrac{R_2}{s}\right)^2+X_2^2}}$

답 ①

Key point

전력의 변환
- 2차 입력 : $P_2 = m_2 E_2 I_2 \cos\theta_2 [\text{W}]$
- 2차 저항손 : $P_{c2} = sP_2 = \dfrac{(N_s-N)}{N_s}P_2 [\text{W}]$
- 기계적 출력 : $P = P_2 - P_{c2} = P_2 - sP_2 = (1-s)P_2 = \dfrac{N}{N_s}P_2 [\text{W}]$
- ∴ (2차 입력) : (2차 저항손) : (기계적 출력) $= P_2 : P_{c2} : P = P_2 : sP_2 : (1-s)P_2$
  $= 1 : s : (1-s)$

문제 05 ★★★★★ 3상 유도 전동기의 출력이 10[kW], 슬립이 4.8[%]일 때의 2차 동손[kW]은?

① 0.4　　② 0.45　　③ 0.5　　④ 0.55

풀이 2차 입력 : P_2, 출력 : P, 2차 동손 : P_{c2}라 하면
$P_2 = \dfrac{P}{1-s} = \dfrac{10}{1-0.048} = 10.5[\text{kW}]$
∴ $P_{c2} = sP_2 = 0.048 \times 10.5 = 0.5[\text{kW}]$
또는 ∴ $P_{c2} = P_2 - P = 10.5 - 10 = 0.5[\text{kW}]$

답 ③

문제 06 ★★★★★

15[kW] 3상 유도 전동기의 기계손이 350[W], 전부하 시의 슬립이 3[%]이다. 전부하 시의 2차 동손[W]은?

① 395 ② 411 ③ 475 ④ 524

풀이

$P_2 : P : P_{c2} = 1 : (1-s) : s$

$\therefore P_{c2} = sP_2 = \dfrac{s}{1-s}P = \dfrac{s}{1-s}(P_k + P_m) = \dfrac{0.03}{1-0.03}(15,000 + 350) = 475[W]$

(단, P_k : 전동기 출력, P_m : 기계손)

답 ③

문제 07 ★★

4극, 7.5[kW], 200[V], 60[Hz]인 3상 유도 전동기가 있다. 전부하에서의 2차 입력이 7950[W]이다. 이 경우의 슬립을 구하면? 단, 기계손은 130[W]이다.

① 0.04 ② 0.05 ③ 0.06 ④ 0.07

풀이

2차 출력 : $P_k = 7500 + 130 = 7630[W]$

2차 동손 : $P_{c2} = P_2 - P_k = 7950 - 7630 = 320[W]$

$\therefore$ 슬립 $s = \dfrac{P_{c2}}{P_2} = \dfrac{320}{7950} = 0.04 = 4[\%]$

또한 2차 효율 $\eta_2 = \dfrac{P_k}{P_2} = \dfrac{7630}{7950} = 0.96 = 96[\%]$

답 ①

필수 03 ★☆
유도전동기의 기동 및 제동

유도 전동기의 기동법으로 사용되지 않는 것은?

① 단권 변압기형 기동 보상기법 ② 2차 저항 조정에 의한 기동법
③ Y-△ 기동법 ④ 1차 저항 조정에 의한 기동법

 유형분석 농형 유도전동기와 권선형 유도전동기의 기동법, 속도제어법 등이 출제된다.

풀 이 유도전동기의 기동법
① 전 전압 기동기(5[kW] 이하의 소형) ② Y-△(5~15[kW] 정도)
③ 리액터 기동(기동 전류를 제한하고자 할 때) ④ 기동 보상기(15[kW] 이상)

답 ④

Key point

① 농형 유도 전동기의 기동법
 • 전전압 기동법 • Y-△ 기동법 • 변연장 △결선법 • 기동 보상기법 • 콘도르파법
② 권선형 유도 전동기의 기동법
 • 기동 저항기법 • 게르게스법

문제 08

횡축에 속도 n을, 종축에 토크 T를 취하여 전동기 및 부하의 속도 토크 특성 곡선을 그릴 때 그 교점이 안정 운전점인 경우에 성립하는 관계식은? 단, 전동기의 발생 토크를 T_M, 부하의 반항 토크를 T_L이라 한다.

① $\dfrac{dT_M}{dT_L} < \dfrac{dT_L}{dn}$ ② $\dfrac{dT_M}{dn} = \dfrac{dT_L}{dn} = 0$

③ $\dfrac{dT_M}{dn} = \dfrac{dT_L}{dn}$ ④ $\dfrac{dT_M}{dn} < \dfrac{dT_L}{dn}$

풀이 전동기에 부하를 걸고 안정하게 운전하기 위해서 그림과 같이 n이 증가할 때에는 부하 토크 T_L이 전동기 발생 토크 T_M보다 커지고, n이 감소할 때에는 이와 반대로 되지 않으면 안 된다. 즉, 교점 P가 안정 운전점이 된다.
두 곡선이 만나는 교점 P에서
$\dfrac{dT_M}{dn} < \dfrac{dT_L}{dn}$ (안정 운전)
$\dfrac{dT_M}{dn} > \dfrac{dT_L}{dn}$ (불안정 운전)의 관계가 성립한다.

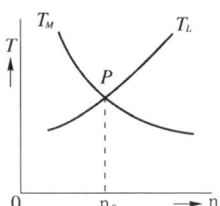

답 ④

필수 04 유도전동기의 속도제어(속도, 토크 및 출력)

유도 전동기의 속도 제어법이 아닌 것은?

① 2차 저항법   ② 2차 여자법
③ 1차 저항법   ④ 주파수 제어법

유형분석 속도제어법의 종류, 2차 여자법, 종속법, 동기 와트 계산 등이 출제된다.

풀 이
- 농형 유도 전동기의 속도 제어법은
  ① 주파수를 바꾸는 방법   ② 극수를 바꾸는 방법   ③ 전원 전압을 바꾸는 방법
- 권선형 유도 전동기는
  ① 2차 저항을 제어하는 방법   ② 2차 여자법 등이 있다.

답 ③

Key point

(1) 2차 여자법
2차 주파수 sf와 같은 주파수 전압을 발생시켜 슬립링을 통하여 회전자 권선에 공급하여 s를 변화시키는 방법이다. 즉, 2차 회전자에 슬립 주파수 전압을 공급하여 속도제어하는 방법을 말한다.

(2) 종속 접속법
① 직렬 종속법 : $N = \dfrac{120f}{p_1 + p_2}$ [rpm]   ② 차동 종속법 : $N = \dfrac{120f}{p_1 - p_2}$ [rpm]

③ 병렬 종속법 : $N = \dfrac{2 \times 120f}{p_1 + p_2}$ [rpm]

(3) 토크와 동기 와트

① 토크 : $\tau = K_0 \dfrac{sE_2^2 r_2}{r_2^2 + (sx_2)^2} = K_0 \dfrac{sE_2^2 r_2}{Z_{2s}^2}$ [N·m]

② 동기 와트 : $\tau = 0.975 \dfrac{P_2}{N_s}$ [kg·m] $= 0.975 \dfrac{P}{N}$ [kg·m]

문제 09 유도 전동기의 속도 제어법 중 저항 제어와 무관한 것은?

① 농형 유도 전동기
② 비례 추이
③ 속도 제어가 간단하고 원활함
④ 속도 조정 범위가 적다.

풀이
- 농형 유도 전동기의 속도 제어법은
  ① 주파수를 바꾸는 방법 ② 극수를 바꾸는 방법 ③ 전원 전압을 바꾸는 방법
- 권선형 유도 전동기는
  ① 2차 저항을 제어하는 방법 ② 2차 여자법 등이 있다.

답 ①

문제 10 3상 권선형 유도 전동기의 속도 제어를 위해서 2차 여자법을 사용하고자 할 때 그 방법은?

① 1차 권선에 가해 주는 전압과 동일한 전압을 회전자에 가한다.
② 직류 전압을 3상 일괄해서 회전자에 가한다.
③ 회전자 기전력과 같은 주파수의 전압을 회전자에게 가한다.
④ 회전자에 저항을 넣어 그 값을 변화시킨다.

풀이 2차 주파수 sf와 같은 주파수의 전압을 발생시켜 슬립링을 통하여 회전자 권선에 공급하여, s를 변환시키는 방법이 2차 여자법이다.

답 ③

문제 11 다음 그림의 sE_2는 권선형 3상 유도 전동기의 2차 유기 전압이고 E_c는 2차 여자법에 의한 속도 제어를 하기 위하여 외부에서 회전자 슬립에 가한 슬립 주파수의 전압이다. 여기서 E_c의 작용 중 옳은 것은?

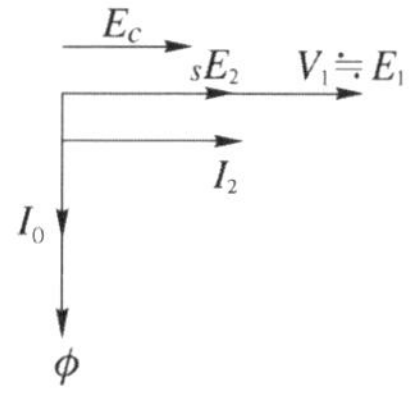

① 역률을 향상시킨다.
② 속도를 강하게 한다.
③ 속도를 상승하게 한다.
④ 역률과 속도를 떨어뜨린다.

풀이 권선형 유도 전동기의 2차 여자법에 의한 속도 제어에서 슬립 주파수의 전압을 2차 유기 전압과 같은 방향으로 가하면 속도가 상승하고, 반대 방향으로 가하면 속도가 감소한다.

답 ③

문제 12 ★★☆

전압 440[V]에서의 기동 토크가 전부하 토크의 212[%]인 3상 유도 전동기가 있다. 기동 토크가 100[%]되는 부하에 대해서는 기동 보상기로 전압[V]을 얼마 공급하면 되는가?

① 약 300 ② 약 250 ③ 약 210 ④ 약 180

풀이 토크 $T \propto V^2$

$\therefore \left(\dfrac{V_x}{440}\right)^2 = \dfrac{100}{212}$

$\therefore V_x = 440 \times \sqrt{\dfrac{100}{212}} = 440 \times 0.687 = 302.3 ≒ 300[V]$

답 ①

문제 13 ★★

10[kW], 3상 200[V] 유도 전동기(효율 및 역률 각각 85[%])의 전부하 전류[A]는?

① 20 ② 40 ③ 60 ④ 80

풀이 $P = \sqrt{3}\, VI\cos\theta \cdot \eta$ 식에서

$\therefore I = \dfrac{P}{\sqrt{3}\, V\cos\theta \cdot \eta} = \dfrac{10 \times 10^3}{\sqrt{3} \times 200 \times (0.85)^2} = 40[A]$

답 ②

문제 14 ★★★★★

4극 60[Hz]의 유도 전동기가 슬립 5[%]로 전부하 운전하고 있을 때 2차 권선의 손실이 94.25[W]라고 하면 토크[N·m]는?

① 1.02 ② 2.04 ③ 10.00 ④ 20.00

풀이 $N_s = \dfrac{120f}{p} = \dfrac{120 \times 60}{4} = 1800[\text{rpm}]$

$P_2 = \dfrac{P_{c2}}{s} = \dfrac{94.25}{0.05} = 1885[W]$

$\therefore T = 0.975 \dfrac{P_2}{N_2} \times 9.8 = 0.975 \times \dfrac{1885}{1800} \times 9.8 = 10[\text{N·m}]$

답 ③

문제 15 ★★★

전동기 축의 벨트 축 지름이 28[cm], 1140[rpm]에서 20[kW]를 전달하고 있다. 벨트에 작용하는 힘[kg]은?

① 약 234 ② 약 212 ③ 약 168 ④ 약 122

풀이 전동기의 발생 토크 T는

$T = 0.975 \dfrac{P}{N} = 0.975 \times \dfrac{20 \times 10^3}{1140} = 17.11[\text{kg·m}]$

벨트에 작용하는 힘은

$\therefore F = \dfrac{T}{r} = \dfrac{17.11}{0.14} ≒ 122[\text{kg}]$

답 ④

문제 16 ★★★★★ 3상 유도 전동기의 전압이 10[%] 낮아졌을 때 기동 토크는 약 몇 [%] 감소하는가?
① 5　　　　　　　　　② 10
③ 20　　　　　　　　　④ 30

풀이 기동 토크는 전압의 2승에 비례하므로 토크는 $(1-0.1)^2 = 0.81$로 저하한다.
따라서 $1-0.81 ≒ 0.2$, 즉 20[%] 감소한다.　　　　**답** ③

05 ★★★☆ 특수 농형 유도전동기

2중 농형 전동기가 보통 농형 전동기에 비해서 다른 점은?
① 기동 전류가 크고, 기동 토크도 크다.
② 기동 전류가 적고, 기동 토크도 적다.
③ 기동 전류는 적고, 기동 토크는 크다.
④ 기동 전류는 크고, 기동 토크는 적다.

유형분석 2중 농형, 서보 전동기에 관한 문제가 출제된다.

풀이 2중 농형 유도 전동기는 저항이 크고 리액턴스가 작은 기동용 농형 권선과 저항이 작고 리액턴스가 큰 운전용 농형 권선을 가진 것으로 보통 농형에 비하여 기동 전류가 작고 기동 토크가 크다.　　　**답** ③

Key point

2중 농형 유도 전동기
2중 농형으로 되어 있는 농형 권선 중 바깥쪽 도체에는 황동 또는 구리, 니켈 합금과 같은 특수 합금, 즉 저항이 높은 도체가 사용되고, 안쪽의 도체에는 저항이 낮은 전기 동이 사용된다.

문제 17 ★★ 2중 농형 유도 전동기에서 외측(회전자 표면에 가까운 쪽) 슬롯에 사용되는 전선으로 적당한 것은?
① 누설 리액턴스가 작고 저항이 커야 한다.
② 누설 리액턴스가 크고 저항이 작아야 한다.
③ 누설 리액턴스가 작고 저항이 작아야 한다.
④ 누설 리액턴스가 크고 저항이 커야 한다.

풀이 2중 농형으로 되어 있는 농형 권선 중 바깥쪽 도체에는 황동 또는 구리, 니켈 합금과 같은 특수 합금, 즉 저항이 높은 도체가 사용되고, 안쪽의 도체에는 저항이 낮은 전기동이 사용된다.　　　**답** ①

06 ★★★★★ 특수 유도기

선로 용량 6600[kVA]의 회로에 사용하는 6600±660[V]의 3상 유도 전압 조정기의 정격 용량[kVA]은 얼마인가?

① 300   ② 600   ③ 900   ④ 1200

유형분석 3상 유도 전압 조정기에 관한 문제가 출제된다.

풀 이 정격 용량을 P라 하면 $P = \sqrt{3}\,E_2 I_2 \times 10^{-3}$[kVA]이므로

$$\therefore P = \sqrt{3} \times 660 \times \frac{6600 \times 10^3}{\sqrt{3}\,(6600+660)} \times 10^{-3}$$

$$= 6600 \times \frac{660}{6600+660} = 6600 \times \frac{660}{7260} = 600[\text{kVA}]$$

답 ②

Key point

3상 유도 전압 조정기
3상 유도 전압 조정기의 2차측을 구속하고 1차측에 전압을 공급하면, 2차 권선에 기전력이 유기되는데, 2차 권선의 각상 단자를 각각 1차측의 각상 단자에 적당하게 접속하면 3상 전압을 조정할 수 있다.
- 정격출력 : $P = \sqrt{3}\,E_2 I_2 \times 10^{-3}$[kVA]
- 전압조정 : $\sqrt{3}\,(E_1 \pm E_2)$

문제 18 ★★★★★ 권선형 유도 전동기와 직류 분권 전동기와의 유사한 점 두 가지는?

① 정류자가 있다. 저항으로 속도 조정이 된다.
② 속도 변동률이 작다. 저항으로 속도 조정이 된다.
③ 속도 변동률이 작다. 토크가 전류에 비례한다.
④ 속도가 가변, 기동 토크가 기동 전류에 비례한다.

답 ②

문제 19 ★★ 3상 유도 전압 조정기의 동작 원리는?

① 회전자계에 의한 유도 작용을 이용하여 2차 전압의 위상 전압의 조정에 따라 변화한다.
② 교번 자계의 전자 유도 작용을 이용한다.
③ 충전된 두 물체 사이에 작용하는 힘
④ 두 전류 사이에 작용하는 힘

풀이 3상 유도 전압 조정기의 2차측을 구속하고 1차측에 전압을 공급하면, 2차 권선에 기전력이 유기되는데, 2차 권선의 각상 단자를 각각 1차측의 각상 단자에 적당하게 접속하면 3상 전압을 조정할 수 있다.

답 ①

04. 유도기

문제 20 단상 유도 전압 조정기의 1차 전압 100[V], 2차 100±30[V], 2차 전류는 50[A]이다. 이 조정 정격은 몇 [kVA]인가?

① 1.5   ② 3.5   ③ 15   ④ 50

풀이 단상 유도 전압 조정기의 용량은
$$P = 부하용량 \times \frac{승압\ 전압}{고압측\ 전압} = 130 \times 50 \times \frac{30}{130} \times 10^{-3} = 1.5[kVA]$$

답 ①

문제 21 단상 유도 전압 조정기와 3상 유도 전압 조정기의 비교 설명으로 옳지 않은 것은?

① 모두 회전자와 고정자가 있으며 한편에 1차 권선을, 다른 편에 2차 권선을 둔다.
② 모두 입력 전압과 이에 대응한 출력 전압 사이에 위상차가 있다.
③ 단상 유도 전압 조정기에는 단락 코일이 필요하나 3상에서는 필요 없다.
④ 모두 회전자의 회전각에 따라 조정된다.

풀이 단상 유도 전압 조정기는 입력 전압과 출력 전압의 위상차가 없다.

답 ②

필수 07 단상 유도전동기

4줄의 출구선이 나와 있는 분상 기동형 단상 유도 전동기가 있다. 이 전동기를 그림(도면)과 같이 결선했을 때 시계 방향으로 회전한다면, 반시계 방향으로 회전시키고자 할 경우 어느 결선이 옳은가?

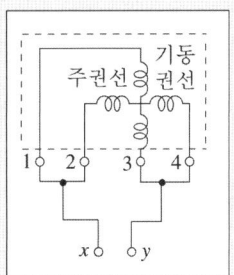

① 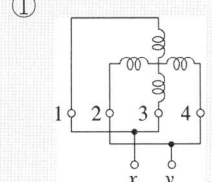   ② 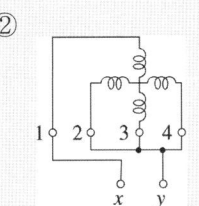   ③ 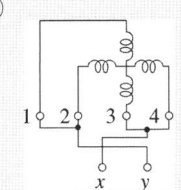   ④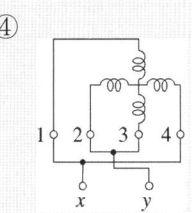

유형분석 단상 유도전동기의 종류, 토크의 크기의 순서, 특징 등이 출제된다.

풀이 운전 권선이나 기동 권선 중 1개만을 전원에 대하여 반대로 연결하면 된다.

답 ④

Key point

토크 크기의 순서
반발 기동형 – 콘덴서 기동형 – 분상 기동형 – 셰이딩 코일형

문제 22 ★★★★★ 단상 유도 전동기의 기동 방법 중 가장 기동 토크가 작은 것은 어느 것인가?
① 반발 기동형　　　　　　② 반발 유도형
③ 콘덴서 분상형　　　　　④ 분상 기동형

풀이 기동 토크는 ①-②-③-④의 순이다.　　　　**답** ④

필수 08 ★★★★☆ 유도전동기의 시험

유도 전동기의 슬립을 측정하려고 한다. 다음 중 슬립의 측정법이 아닌 것은?
① 직류 밀리볼트계 법　　　② 수화기법
③ 스트로보스코프 법　　　④ 프로니 브레이크 법

유형분석 슬립 측정 방법, 토크 측정 방법 등이 출제된다.

풀 이 프로니 브레이크법은 토크의 측정법이다.　　　　**답** ④

Key point

슬립 측정 방법은
① DC 밀리볼트계법　② 수화기법　③ 스트로보스코프법

문제 23 ★★☆ 유도 전동기의 보호 방식에 따른 종류가 아닌 것은?
① 방진형　　　　　　② 방수형
③ 전개형　　　　　　④ 방폭형

풀이 회전기의 보호 방식에 전개형이란 없다.　　　　**답** ③

문제 24 3상 유도 전동기에 불평형 3상 전압을 가한 경우 다음 전동기의 특성 중 옳은 것은?

① 영상 전압은 거의 고려할 필요가 없다.
② 영상 전압은 고려하여야 한다.
③ 정상 전압과 역상 전압에 의한 회전자계의 방향은 같다.
④ 직렬 운전 상태에서 역상분은 제동 작용을 하지 않는다.

풀이 불평형 전압이 가해져도 중성점이 접지되어 있지 않으므로 영상분은 존재하지 않는다. 정상분과 역상분의 회전자계는 서로 반대 방향으로 회전하나 정상분에 의한 토크가 더 크므로 전동기는 정상분 전동기의 회전 방향으로 회전한다. **답** ①

필수 09 유도전동기의 원선도

유도 전동기 원선도에서 원의 지름은? 단, E를 1차 전압, r은 1차로 환산한 저항, x를 1차로 환산한 누설 리액턴스라 한다.

① rE에 비례   ② rxE에 비례   ③ $\dfrac{E}{r}$에 비례   ④ $\dfrac{E}{x}$에 비례

유형분석 원선도 반지름, 원선도에서 구할 수 없는 것, 원선도 작성에 필요한 시험 등이 출제된다.

풀이 유도 전동기는 일정값의 리액턴스와 부하에 의하여 변하는 저항(r_2'/s)의 직렬 회로라고 생각되므로 부하에 의하여 변화하는 전류 벡터의 궤적, 즉 원선도의 지름은 전압에 비례하고 리액턴스에 반비례한다. **답** ④

Key point
- 원선도에서 구할 수 없는 것 : 기계적 출력과 기계적 손실
- 원선도를 구하는 데 필요한 시험 : 저항 측정, 무부하 시험, 구속 시험

문제 25 유도 전동기의 원선도에서 구할 수 없는 것은?

① 1차 입력   ② 1차 동손   ③ 동기 와트   ④ 기계적 출력

풀이 원선도에서는 기계적 동력이 구해지고 출력은 기계적 동력에서 기계적 손실을 빼야 한다. **답** ④

문제 26 3상 유도 전동기의 원선도를 그리는 데 옳지 않은 시험은?

① 저항 측정   ② 무부하 시험   ③ 구속 시험   ④ 슬립 측정

풀이 슬립은 원선도 상에서 구할 수 있다. **답** ④

05 출제기준 – 교류 정류자기

1 단상 정류자기

1) 상수에 의한 분류
① 단상식 : 직권 전동기, 보상 직권 전동기, 반발 전동기, 보상 반발 전동기, 분권 전동기, 반발 유도 전동기
② 3상식 : 직권 전동기, 분권 전동기, 보상 유도 전동기

2) 특성에 의한 분류
① 정류자형 저주파 발전기
② 정류자형 주파수 변환기
③ 자동 진상기

2 단상 직권 정류자 전동기

종류 : 직권 전동기, 보상 직권 전동기, 반발 전동기, 보상 반발 전동기, 분권 전동기, 반발 유도 전동기

① 계자극의 자속이 정현적으로 교번하므로 철손을 줄이기 위하여 전기자뿐만 아니라 계자 부분까지 성층 철심으로 한다.
② 전기자 및 계자 권선의 리액턴스 강하 때문에 역률에 따라서 출력이 매우 저하한다. 그러므로 계자 권선의 권수를 작게 하여 인덕턴스를 작게 한다.
③ 전기자 권선수를 크게 하면 전기자 반작용이 커지기 때문에 정류가 곤란해지고 전기자 리액턴스 강하가 커져서 역률에 따라 출력이 저하한다. 대책으로 보상 권선을 설치한다.
④ 전기자 코일과 정류자편 사이의 접속에 고저항의 도선을 사용하여 단락 전류를 제한한다.

3 단상 반발전동기 및 단상 분권전동기

① 에트킨손 전동기, 톰슨 전동기, 데리 전동기
② 교류 분권 정류자 전동기는 토크의 변화에 대한 속도의 변화가 매우 작아 분권특성의 정속도 전동기인 동시에 교류 가변속도 전동기로 널리 사용된다.

4 3상 직권 정류자 전동기

1) 중간 변압기를 사용하는 주요한 이유
① 전원 전압의 크기에 관계없이 정류에 알맞게 회전자 전압을 선택할 수 있다.
② 중간 변압기의 권수비를 바꾸어 전동기의 특성을 조정할 수 있다.
③ 직권 특성이기 때문에 경부하에서는 속도가 매우 상승하나 중간 변압기를 사용, 그 철심을 포화하도록 하면 그 속도 상승을 제한할 수 있다.

5 3상 분권 정류자 전동기

시라게 전동기는 브러시 이동으로 간단하게 속도 제어가 된다.

05 필수유형 및 과년도문제

필수 01 ★★★ 단상 정류자기

다음은 단상 정류자 전동기에서 보상 권선과 저항 도선의 작용을 설명한 것이다. 옳지 않은 것은?

① 저항 도선은 변압기 기전력에 의한 단락 전류를 작게 한다.
② 변압기 기전력을 크게 한다.
③ 역률을 좋게 한다.
④ 전기자 반작용을 제거해 준다.

유형분석 보상권선의 용도 등이 출제된다.

풀 이 저항 도선은 변압기 기전력에 의한 단락 전류를 작게 하여 정류를 좋게 하며 또한 보상 권선은 전기자 반작용을 상쇄하여 역률을 좋게 하고 변압기 기전력을 작게 해서 정류 작용을 개선한다. **답** ②

Key point
저항 도선은 변압기 기전력에 의한 단락 전류를 작게 하여 정류를 좋게 하며 또한 보상 권선은 전기자 반작용을 상쇄하여 역률을 좋게 하고 변압기 기전력을 작게 해서 정류 작용을 개선한다.

문제 01 ★☆ 직류 · 교류 양용에 사용되는 만능 전동기는?

① 직권 정류자 전동기
② 복권 전동기
③ 유도 전동기
④ 동기 전동기

풀이 단상 직권 정류자 전동기(단상 직권 전동기)는 교·직 양용으로 사용할 수 있으며 만능 전동기라고도 불린다. **답** ①

02 단상 직권 정류자 전동기 ★★★☆

단상 직권 정류자 전동기의 회전 속도를 높이는 이유는?
① 리액턴스 강하를 크게 한다.
② 전기자에 유도되는 역기전력을 적게 한다.
③ 역률을 개선한다.
④ 토크를 증가시킨다.

유형분석 회전속도를 높이는 이유 등이 출제된다.

풀 이 단상 직권 정류자 전동기는 회전 속도에 비례하는 기전력이 전류와 동상으로 유기되어 속도가 증가할수록 역률이 개선되므로 회전속도를 증가시킨다. 답 ③

Key point
회전속도를 높이는 이유 : 속도가 증가할수록 역률이 개선된다.

문제 02 ★ 교류 단상 직권 전동기의 구조를 설명하는 것 중 옳은 것은?
① 역률 개선을 위해 고정자와 회전자의 자로를 성층 철심으로 한다.
② 정류 개선을 위해 강계자 약전기자형으로 한다.
③ 전기자 반작용을 줄이기 위해 약계자 강전기자형으로 한다.
④ 역률 및 정류 개선을 위해 약계자 강전기자형으로 한다.

풀이 교류 단상 직권 전동기는 역률을 좋게 하고 정류 개선을 위해 약계자 강전기자형으로 한다. 답 ④

---

03 단상 반발전동기 및 단상 분권전동기 ★★★★

교류 분권 정류자 전동기는 다음 중 어느 때에 가장 적당한 특성을 가지고 있는가?
① 속도의 연속 가감과 정속도 운전을 아울러 요하는 경우
② 속도를 여러 단으로 변화시킬 수 있고 각 단에서 정속도 운전을 요하는 경우
③ 부하 토크에 관계없이 완전 일정 속도를 요하는 경우
④ 무부하와 전부하의 속도 변화가 적고 거의 일정 속도를 요하는 경우

유형분석 단상 정류자 전동기의 종류 등이 출제된다.

풀 이 교류 분권 정류자 전동기는 토크의 변화에 대한 속도의 변화가 매우 작아 분권 특성의 정속도 전동기인 동시에 교류 가변 속도 전동기로서 널리 사용된다. 답 ①

Key point
단상 반발 전동기의 종류 : 아트킨손형 전동기, 톰슨 전동기, 데리 전동기

04 ☆ 3상 직권 정류자 전동기

3상 직권 정류자 전동기에 중간(직렬) 변압기가 쓰이고 있는 이유가 아닌 것은?
① 정류자 전압의 조정
② 회전자 상수의 감소
③ 경부하 때 속도의 이상 상승 방지
④ 실효 권수비 선정 조정

유형분석 효율, 역률이 좋은 순서, 중간 변압기의 사용 이유 등이 출제된다.

풀 이 회전자 상수의 증가 답 ②

Key point
중간 변압기를 사용하는 주요한 이유
① 전원 전압의 크기에 관계없이 정류에 알맞게 회전자 전압을 선택할 수 있다.
② 중간 변압기의 권수비를 바꾸어 전동기의 특성을 조정할 수 있다.
③ 직권 특성이기 때문에 경부하에서는 속도가 매우 상승하나 중간 변압기를 사용, 그 철심을 포화하 도록 하면 그 속도 상승을 제한할 수 있다.

05 ☆ 3상 분권 정류자 전동기

시라게(Schrage) 전동기의 특성과 가장 비슷한 직류 전동기는?
① 분권 전동기
② 직권 전동기
③ 차동 복권 전동기
④ 가동 복권 전동기

유형분석 시라게 전동기 등이 출제된다.

풀 이 시라게 전동기는 3상 분권 정류자 전동기이므로 직류 분권 전동기와 특성이 비슷한 정속도 전동기이다.
답 ①

Key point
시라게 전동기는 브러시 이동으로 간단하게 속도 제어가 된다.

06 출제기준 – 정류기

1 정류용 반도체 소자

1) 실리콘 정류기의 특성
① 역내전압이 크다.
② 전류 밀도가 크다.(게르마늄의 2~3배, 셀렌의 500~1000배)
③ 온도에 의한 영향이 작다.(최고 허용 온도 140~200[℃])
④ 효율은 가장 좋다.(99[%])
⑤ 대용량 정류기에 적합하다.

2) 종류
① SCR : 1방향성 3단자
② SSS : 2방향성 2단자
③ SCS : 1방향성 4단자
④ TRIAC : 2방향성 3단자

2 각 정류회로 및 특성

(1) 무유도 부하인 경우

1) 반파 정류

- $E_d = \dfrac{1}{2\pi}\displaystyle\int_{a}^{\pi}\sqrt{2}\,E\sin\theta\cdot d\theta = \dfrac{1+\cos\alpha}{\sqrt{2}\,\pi}E[\text{V}]$

- $I_d = \dfrac{E_d}{R} = \dfrac{1+\cos\alpha}{\sqrt{2}\,\pi}\cdot\dfrac{E}{R}[\text{A}]$

E_d : 직류 전압의 평균값, I_d : 직류 전류의 평균값, $\cos\alpha$: 격자율, $1+\cos\alpha$: 제어율

$\alpha = 0$일 때,

- $E_d = \dfrac{\sqrt{2}}{\pi}\cdot E = 0.45E[\text{V}]$

- $I_d = 0.45\dfrac{E}{R}[\text{A}]$

2) 전파 정류의 경우

- $E_d = \dfrac{\sqrt{2}(1+\cos\alpha)}{\pi} \cdot E[V]$
- $I_d = \dfrac{\sqrt{2}(1+\cos\alpha)}{\pi} \cdot \dfrac{E}{R}[A]$

$\alpha = 0$일 때,

- $E_d = \dfrac{2\sqrt{2}}{\pi}E = 0.90E$
- $I_d = 0.90\dfrac{E}{R}$

(2) 유도 부하인 경우

1) 반파 정류

- $E_d = \dfrac{1}{2\pi}\displaystyle\int_{\alpha}^{\alpha+\theta_1}\sqrt{2}E\sin\theta \cdot d\theta = \dfrac{\sqrt{2}E}{2\pi}\{\cos\alpha - \cos(\alpha+\theta_1)\}[V]$
- $I_d = \dfrac{E_d}{R} = \dfrac{\sqrt{2}}{2\pi} \cdot \dfrac{E}{R}\{\cos\alpha - \cos(\alpha+\theta_1)\}[A]$

2) 전파 정류(유도 부하인 경우)

- 부하 전류가 단속하는 경우

$E_d = \dfrac{\sqrt{2}E}{\pi}\{\cos\alpha - \cos(\alpha+\theta_1)\}[V]$

$I_d = \dfrac{\sqrt{2}}{\pi} \cdot \dfrac{E}{R}\{\cos\alpha - \cos(\alpha+\theta_1)\}[A]$

- 부하 전류가 연속하는 경우

$E_d = \dfrac{1}{\pi}\displaystyle\int_{\alpha}^{\pi+\alpha}\sqrt{2}E\sin\theta \cdot d\theta = \dfrac{2\sqrt{2}}{\pi}E \cdot \cos\alpha[V]$

$I_d = \dfrac{E_d}{R} = \dfrac{2\sqrt{2}}{\pi} \cdot \dfrac{E}{R} \cdot \cos\alpha[A]$

3 제어 정류기(컨버터) 및 회전 변류기, 수은 정류기

1) 회전 변류기

① 전압비 : $\dfrac{E_l}{E_d} = \dfrac{1}{\sqrt{2}}\sin\dfrac{\pi}{m}$ E_l : 슬립 링 사이의 전압[V], E_d : 직류 전압[V]

② 전류비 : $\dfrac{I_l}{I_d} = \dfrac{2\sqrt{2}}{m\cos\theta}$ I_l : 교류측 선전류[A], I_d : 직류측 전류[A]

③ 회전 변류기의 기동
- 교류측 기동법
- 기동 전동기에 의한 기동법
- 직류측 기동법

④ 회전 변류기의 전압 조정법
- 직렬 리액턴스에 의한 방법
- 유도 전압 조정기를 사용하는 방법
- 부하시 전압 조정 변압기를 사용하는 방법
- 동기 승압기에 의한 방법

2) 수은 정류기

① 아크 전압 강하
- 음극 강하 : 약 10[V] 정도
- 양극 강하 : 약 4~7[V] 정도
- 양광주 강하 : 약 0.05~0.3[V/cm]×아크 길이

이상의 3가지 강하를 합한 아크 전압은 16~30[V] 정도이다.

② 역호의 발생 원인
- 내부 잔존 가스 압력의 상승
- 화성 불충분
- 양극의 수은 방울의 부착
- 양극 표면의 불순물의 부착
- 양극 재료의 불량
- 전류, 전압의 과대
- 증기 밀도의 과대

③ 역호의 방지 방법
- 정류기를 과부하로 되지 않도록 할 것.
- 냉각 장치에 주의하여 과열, 과냉을 피할 것.
- 진공도를 충분히 높게 할 것.
- 양극 재료의 선택에 주의할 것.
- 양극에 직접 수은 증기가 접촉되지 않도록 양극부의 유리를 구부린다.
- 철제 수은 정류자에서는 그리드를 설치하고 이것을 부전위하여 역호를 저지시킨다.

06 필수유형 및 과년도문제

필수 01 ★★★☆ 정류용 반도체 소자

SCR(실리콘 정류 소자)의 특징이 아닌 것은?
① 아크가 생기지 않으므로 열의 발생이 적다.
② 과전압에 약하다.
③ 게이트에 신호를 인가할 때부터 도통할 때까지의 시간이 짧다.
④ 전류가 흐르고 있을 때의 양극 전압 강하가 크다.

유형분석 정류회로소자의 종류와 특성 등이 출제된다.

풀 이 SCR의 순방향 전압 강하는 보통 1.5[V] 이하로 적다.   답 ④

Key point
- SCR : 1방향성 3단자   • SSS : 2방향성 2단자   • SCS : 1방향성 4단자   • TRIAC : 2방향성 3단자

문제 01 ★★★★
SCR의 설명으로 적당하지 않은 것은?
① 게이트 전류(I_G)로 통전 전압을 가변시킨다.
② 주전류를 차단하려면 게이트 전압을 (0) 또는 (-)로 해야 한다.
③ 게이트 전류의 위상각으로 통전 전류의 평균값을 제어시킬 수 있다.
④ 대전류 제어 정류용으로 이용된다.

풀이 SCR은 게이트에 (+)의 트리거 펄스가 인가되면 통전 상태로 되어 정류 작용이 개시되고, 일단 통전이 시작되면 게이트 전류를 차단해도 주전류(애노드 전류)는 차단되지 않는다. 이때에 이를 차단하려면 애노드 전압을 (0) 또는 (-)로 해야 한다.   답 ②

문제 02 ★★★☆
사이리스터(thyristor)에서는 게이트 전류가 흐르면 순방향의 저지 상태에서 ☐ 상태로 된다. 게이트 전류를 가하여 도통 완료까지의 시간을 ☐ 시간이라고 하나 이 시간이 길면 ☐ 시의 ☐ 이 많고 사이리스터 소자가 파괴되는 수가 있다. 다음 ☐ 안에 알맞은 말의 순서는?

① 온, 턴온, 스위칭, 전력 손실
② 온, 턴온, 전력 손실, 스위칭
③ 스위칭, 온, 턴온, 전력 손실
④ 턴온, 스위칭, 온, 전력 손실

답 ①

문제 03 반도체 정류기에서 필요하지 않는 것은?

① 정류용 변압기 ② 냉각 장치
③ 전압 조정 요소 ④ 역호 전원

답 ④

필수 02 각 정류회로의 특성

단상 반파 정류 회로에서 변압기 2차 전압의 실효값을 E[V]라 할 때 직류 전류 평균값[A]은 얼마인가? 단, 정류기의 전압 강하는 e[V]이다.

① $\left(\dfrac{\sqrt{2}}{\pi}E-e\right)/R$ ② $\dfrac{1}{2}\cdot\dfrac{E-e}{R}$

③ $\dfrac{2\sqrt{2}}{\pi}\cdot\dfrac{E}{R}$ ④ $\dfrac{\sqrt{2}}{\pi}\cdot\dfrac{E-e}{R}$

유형분석 정류전압의 계산, 맥동률의 계산, PIV의 계산 등이 출제된다.

풀 이 무부하 직류 전압 E_{d0}는

$$E_{d0} = \dfrac{1}{2\pi}\int_0^\pi \sqrt{2}E\sin\theta \cdot d\theta = \dfrac{\sqrt{2}}{\pi}E = 0.45E[\text{V}]$$

정류기 내의 전압 강하(수은 정류기에서는 아크 전압 강하)를 e_a라 하면 직류 전압 평균값 E_d는

$$E_d = E_{d0} - e_a[\text{V}]$$

따라서 직류 전류 평균값 I_d는

$$\therefore I_d = \dfrac{E_d}{R} = \dfrac{E_{d0}-e_a}{R} = \dfrac{\dfrac{\sqrt{2}}{\pi}E-e_a}{R} = \dfrac{0.45E-e_a}{R}[\text{A}]$$

단, E: 변압기 2차 상전압(실효값)[V], R: 부하 저항[Ω]

답 ①

Key point

① 반파 정류
- $E_d = \dfrac{\sqrt{2}}{\pi}\cdot E = 0.45E[\text{V}]$ • $I_d = 0.45\dfrac{E}{R}[\text{A}]$

② 전파 정류의 경우
- $E_d = \dfrac{2\sqrt{2}}{\pi}E = 0.90E[\text{V}]$ • $I_d = 0.90\dfrac{E}{R}[\text{A}]$

문제 04 위상 제어를 하지 않은 단상 반파 정류 회로에서 소자의 전압 강하를 무시할 때 직류 평균값 E_d는? 단, E: 직류 권선의 상전압(실효값)이다.

① $0.45E$ ② $0.90E$ ③ $1.17E$ ④ $1.46E$

풀이 직류 평균값 E_d는 $E_d = \dfrac{1}{2\pi}\displaystyle\int_\alpha^\pi \sqrt{2}E\sin\theta \cdot d\theta = \dfrac{(1+\cos\alpha)}{\sqrt{2}\pi} \cdot E[V]$

위상 제어를 일으키지 않을 경우($\alpha = 0$) $\therefore E_d = \dfrac{\sqrt{2}}{\pi}E = 0.45E[V]$ 답 ①

문제 05 ★★★★☆
반파 정류 회로에서 직류 전압 200[V]를 얻는 데 필요한 변압기 2차 상전압을 구하여라. 단, 부하는 순저항, 변압기 내 전압 강하를 무시하면 정류기 내의 전압 강하는 50[V]로 한다.

① 68 ② 113 ③ 333 ④ 555

풀이 $E = \dfrac{\pi}{\sqrt{2}}(E_d + e_a) = \dfrac{\pi}{\sqrt{2}}(200+50) = 555[V]$ 답 ④

문제 06 ★★☆
그림에서 V를 교류 전압 v의 실효값이라고 할 때 단상 전파 정류에서 얻을 수 있는 직류 전압 e_d의 평균값[V]은?

① 2
② 1.5
③ 1
④ 0.9

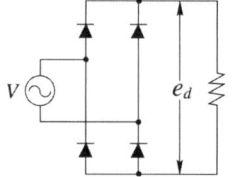

풀이 브리지 정류 회로이므로 단상 전파 정류 회로이다.
부하 양단의 직류 전압 e_d의 평균값은
$E_{dc} = \dfrac{2}{\pi}E_m = \dfrac{2}{\pi}\times\sqrt{2}E = 0.9E[V]$

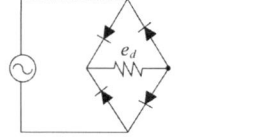

답 ④

문제 07 ★★★★★
그림에서 밀리암페어계의 지시를 구하면? 단, 밀리암페어계는 가동 코일형이라 하고 정류기의 저항은 무시한다.

① 2.5[mA]
② 1.8[mA]
③ 1.2[mA]
④ 0.8[mA]

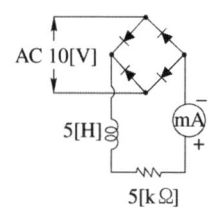

풀이 전류계는 가동 코일형이므로 직류 평균값을 가리킨다. 이와 같은 단상 전파 정류 회로의 직류 평균값 I_d는 다음 식과 같고 리액턴스에는 무관하다.

$I_d = \dfrac{E_d}{R}[A]$

$E_d = \dfrac{2\sqrt{2}E}{\pi} = \dfrac{2\sqrt{2}}{\pi}\times 10 = 9[V]$

$\therefore I_d = \dfrac{E_d}{R} = \dfrac{9}{5000} = 1.8\times 10^{-3}[A] = 1.8[mA]$

답 ②

문제 08 단상 정류로 직류 전압 100[V]를 얻으려면 반파 및 전파 정류인 경우 각각 권선 상전압 E_s는 약 얼마로 하여야 하는가?

① 222[V], 314[V]
② 314[V], 222[V]
③ 111[V], 222[V]
④ 222[V], 111[V]

풀이 (반파) $E_d = 0.45E$ ∴ $E = \dfrac{E_d}{0.45} = \dfrac{100}{0.45} = 222[V]$

(전파) $E_d = 0.9E$ ∴ $E = \dfrac{E_d}{0.9} = \dfrac{100}{0.9} = 111[V]$

답 ④

문제 09 오른쪽 그림과 같은 단상 전파 제어 회로의 전원 전압의 최댓값이 2300[V]이다. 저항 2.3[Ω], 유도 리액턴스가 2.3[Ω]인 부하에 전력을 공급하고자 한다. 제어 범위는?

① $\dfrac{\pi}{4} \leq \alpha \leq \pi$

② $\dfrac{\pi}{2} \leq \alpha \leq \pi$

③ $0 \leq \alpha \leq \pi$

④ $0 \leq \alpha \leq \dfrac{\pi}{2}$

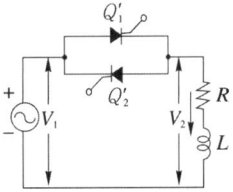

풀이 $\alpha = \pi$에서 출력 $P = 0$

$\alpha = \varphi = \tan^{-1}\dfrac{X_L}{R} = \tan^{-1}\dfrac{2.3}{2.3} = \dfrac{\pi}{4}$에서 $P = P_{\max}$

∴ 제어 범위는 $\dfrac{\pi}{4} \leq \alpha \leq \pi$ 이다.

답 ①

문제 10 그림과 같은 단상 전파 정류 회로를 사용하여 직류 전압 100[V]를 얻으려고 한다. 회로에 사용한 D_1, D_2는 몇 [V]의 PIV인 다이오드를 사용해야 하는가? 단, 부하는 무유도 저항이고 정류 회로 및 변압기 내의 전압 강하는 무시한다.

① 314
② 222
③ 111
④ 100

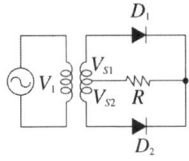

풀이 PIV (첨두역전압)
- 단상 반파 정류 회로 : PIV $= \sqrt{2}E = \pi E d$
- 단상 전파 정류 회로 : PIV $= 2\sqrt{2}E = \pi E d$

∴ PIV $= \pi \times 100 = 314[V]$

답 ①

필수 03 ★☆ 제어 정류기(컨버터) 및 회전 변류기, 수은 정류기

6상식 수은 정류기의 무부하 시에 있어서의 직류측 전압은 얼마인가?
단, 교류측 전압은 E[V], 격자 제어 위상각 및 아크 전압 강하를 무시한다.

① $\dfrac{3\sqrt{2}E}{\pi}$ ② $\dfrac{6(\sqrt{3}-1)E}{\pi}$

③ $\dfrac{\sqrt{2}\pi E}{3}$ ④ $\dfrac{3\sqrt{6}E}{\pi}$

유형분석 회전변류기의 전압조정, 전압비, 전류비, 수은정류기의 특징, 역호 등에 관한 문제가 출제된다.

풀 이 일반적으로 상수 m, 각 상의 전압이 E일 때의 직류측 전압 E_{d0}는 전류 무제어의 경우에

$E_{d0} = (\sqrt{2}E\sin\dfrac{\pi}{m})/\dfrac{\pi}{m}$ 로 표시된다. ($m=6$일 때)

$\therefore E_{d0} = \dfrac{\sqrt{2}E\sin\dfrac{\pi}{6}}{\dfrac{\pi}{6}} = \sqrt{2}E \times \dfrac{1}{2} \times \dfrac{6}{\pi} = \dfrac{3\sqrt{2}E}{\pi} = 1.35E$

답 ①

Key point

(1) 회전 변류기

① 전압비 : $\dfrac{E_l}{E_d} = \dfrac{1}{\sqrt{2}}\sin\dfrac{\pi}{m}$ ② 전류비 : $\dfrac{I_l}{I_d} = \dfrac{2\sqrt{2}}{m\cos\theta}$

③ 회전 변류기의 전압 조정법
 • 직렬 리액턴스에 의한 방법
 • 유도 전압 조정기를 사용하는 방법
 • 부하시 전압 조정 변압기를 사용하는 방법
 • 동기 승압기에 의한 방법

(2) 수은 정류기 역호의 방지 방법
 • 정류기를 과부하로 되지 않도록 할 것.
 • 냉각 장치에 주의하여 과열, 과냉을 피할 것.
 • 진공도를 충분히 높게 할 것.
 • 양극 재료의 선택에 주의할 것.
 • 양극에 직접 수은 증기가 접촉되지 않도록 양극부의 유리를 구부린다.
 • 철제 수은 정류자에서는 그리드를 설치하고 이것을 부전위하여 역호를 저지시킨다.

문제 11 ★★ 인버터(inverter)의 전력 변환은?

① 교류 → 직류로 변환 ② 직류 → 직류로 변환

③ 교류 → 교류로 변환 ④ 직류 → 교류로 변환

풀이 전력 변환
- 사이클로 컨버터 : AC전력을 증폭
- 쵸퍼 : DC 전력을 증폭
- 인버터 : 직류를 교류로 변환
- 컨버터 : 교류를 직류로 변환

답 ④

문제 12 ★★ 단중 중권 6상 회전 변류기의 직류측 전압 E_d와 교류측 슬립링 간의 기전력 E_a에 대해 옳은 식은?

① $E_a = \dfrac{1}{2\sqrt{2}} E_d$ ② $E_a = 2\sqrt{2}\, E_d$

③ $E_a = \dfrac{3}{2\sqrt{2}} E_d$ ④ $E_a = \dfrac{1}{\sqrt{2}} E_d$

풀이 m상 회전 변류기의 교류측 E_a와 직류측 E_d의 전압비는

$\dfrac{E_a}{E_d} = \dfrac{1}{\sqrt{2}} \sin \dfrac{\pi}{m}$ 에서 $m = 6$이므로

$\therefore E_a = \dfrac{1}{\sqrt{2}} \sin \dfrac{\pi}{6} E_d = \dfrac{1}{2\sqrt{2}} E_d [\text{V}]$

답 ①

문제 13 ★★★ 회전 변류기의 직류측 전압을 조정하려는 방법이 아닌 것은?

① 동기 승압기에 의한 방법
② 유도 전압 조정기를 사용하는 방법
③ 리액턴스에 의한 방법
④ 여자 전류를 조정하는 방법

풀이 회전 변류기는 교류측과 직류측의 전압비가 일정하므로 직류측 여자 전류를 가감하여 직류 전압을 조정할 수 없다. 따라서 직류 전압을 조정하기 위해서는 슬립링에 가해지는 교류 전압을 조정하여야 한다. 이 방법은 다음과 같다.
① 직렬 리액턴스에 의한 방법
② 유도 전압 조정기를 사용하는 방법
③ 부하시 전압 조정 변압기를 사용하는 방법
④ 동기 승압기를 사용하는 방법

답 ④

문제 14 ★★ 일반적으로 전철이나 화학용과 같이 비교적 용량이 큰 수은 정류기용 변압기의 2차측 결선 방식으로 쓰이는 것은?

① 6상 2중 성형
② 3상 반파
③ 3상 전파
④ 3상 크로즈파

풀이 수은 정류기의 직류측 전압은 맥동이 있으므로 맥동을 적게 하기 위하여 상수를 6상 또는 12상을 사용한다. 특히 대용량의 경우는 보통 6상식이 쓰인다.

답 ①

문제 15 수은 정류기의 전압과 효율과의 관계는?

① 전압이 높아짐에 따라 효율은 떨어진다.
② 전압이 높아짐에 따라 효율은 좋아진다.
③ 전압과 효율은 무관하다.
④ 어느 전압 이하에서 전압에 관계없이 일정하다.

풀이 수은 정류기의 효율 η는

$$\eta = \frac{E_d I_d}{E_d I_d + E_a I_d} \times 100 = \frac{E_d}{E_d + E_a} \times 100 = \frac{1}{1 + \dfrac{E_a}{E_d}} \times 100 [\%]$$

여기서, E_d : 직류측 전압, E_a : 아크 전압, I_d : 직류측 전류

E_a의 값은 E_d, I_d에 관계없이 거의 일정하기 때문에 수은 정류기의 효율은 E_d가 높을수록 좋아지고 부하 변동에 대한 효율의 변화는 매우 작다.

답 ②

회로이론 제4장

1. 출제기준 – 직류회로   290
2. 출제기준 – 정현파 교류   297
3. 출제기준 – 기본 교류회로   304
4. 출제기준 – 교류전력   311
5. 출제기준 – 결합회로   318
6. 출제기준 – 회로망   324
7. 출제기준 – 다상 교류   333
8. 출제기준 – 대칭 좌표법   346
9. 출제기준 – 왜형파 교류   351
10. 출제기준 – 4단자망과 2단자망   360
11. 출제기준 – 분포정수회로   374
12. 출제기준 – 과도현상   379
13. 출제기준 – 라플라스변환   391
14. 출제기준 – 전달함수   398

01 출제기준 – 직류회로

1 전류 및 옴의 법칙

1) 전류

$$I = \frac{Q}{t} [A]$$

1[A]란 1[s] 동안에 1[C]의 전하가 이동할 때의 전류를 말한다.
I : 전류[A:암페어], Q : 전하량[C:쿨롱], t : 시간[sec:세크]

2) 옴의 법칙 (Ohm's law)

$$I = \frac{E}{R} [A], \quad R = \frac{E}{I} [\Omega], \quad E = IR [V]$$

전기의 가장 기본적인 법칙으로 "전압과 전류는 비례하며, 비례상수는 저항에 해당된다."는 것을 의미한다.
여기서 I : 전류[A], E : 기전력 또는 전압[V:볼트], R : 저항[Ω:옴]

2 저항의 접속

1) 직렬 접속

$$R_0 = R_1 + R_2 + R_3 + \cdots + R_n = \sum_{k=1}^{n} R_k [\Omega]$$

위 그림과 같이 일직선으로 연결된 것을 직렬연결이라 하며, 이 경우 이것을 하나의 등가저항으로 나타낸 것을 합성저항이라 한다. 합성저항의 값은 직렬로 연결된 저항을 모두 더한값과 같다. 여기서, R_0: 합성저항

2) 병렬 접속

$$R_0 = \frac{1}{\frac{1}{R_1} + \frac{1}{R_2} + \frac{1}{R_3} + \cdots + \frac{1}{R_n}} = \frac{1}{\sum_{k=1}^{n} \frac{1}{R_k}} [\Omega]$$

위 그림과 같이 연결된 것을 병렬연결이라 하며, 이 경우 이것을 하나의 등가저항으로 나타낸 것을 합성저항이라 한다. 합성저항의 값은 각각의 저항값을 역수를 취하여 더한 다음 다시 역수를 취한 값과 같다.

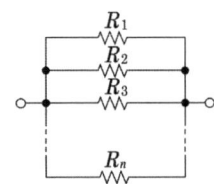

3) 직 · 병렬 접속

직 · 병렬 접속의 경우는 가장 작은 단위부터 순차적으로 계산하여 합성저항을 구한다. 이것을 구한다음 옴의 법칙에 의해 전류를 구할 수 있다.

3 키르히호프의 법칙

1) 전류법칙

회로망 중에서 임의의 한 점에서 유입하는 전류의 총합은 유출하는 전류의 총합과 같다.

이해 : 수도관에 흐르는 수돗물은 어느 곳에서든 들어온 만큼 나간다.

2) 전압법칙

회로망 중에서 임의의 한 폐회로에서 기전력(전압상승)의 총합은 전압강하의 총합과 같다.

전압강하는 $R \times I$를 말한다. 즉, 저항값과 저항에 흐르는 전류값의 곱과 같다. 기전력은 V를 말한다. 즉, $V = RI$의 관계가 성립한다. 따라서, $V = R_1 I + R_2 I$ 식으로 표현된다.

4 전지의 접속 및 줄열과 전력

1) 전력

"정의 : 단위 시간에 변환 또는 전송되는 전기적인 에너지의 양"이며 다음과 같은 관계가 있다.

$$P = \frac{W}{t} = \frac{QE}{t} = EI = I^2 R = \frac{E^2}{R} [\text{J/s}], [\text{W}]$$

직류 회로에서는 전력은 "전압×전류"로 나타낸다. 즉, $P = EI$ 또는 $P = VI$
단, P : 전력[J/sec : 줄퍼세크], [W : 와트], W : 전력량[W · sec : 와트세크]

2) 줄열

$$H = 0.24 I^2 Rt [\text{cal}]$$

줄의 법칙은 $CmT = 0.24 Pt\eta$ [cal]로 전열기의 용량을 산출한다.
1[kWh] = 860[Kcal]의 관계. 전기응용 전열편 참조
단, H :열량 [cal:칼로리]

5 브리지 평형

아래의 그림을 휘트스톤 브리지(wheatstone bridge)라 하며 저항측정에 사용된다. 점 C와 D의 전위가 같아 검류계 G에 전류가 흐르지 않는 상태를 평형상태라 한다.

$$R_1 I_1 = R_2 I_2 \text{ 및 } R_3 I_1 = R_4 I_2$$

따라서, $R_1 R_4 = R_2 R_3$가 되는데 이를 브리지의 평형조건이라 한다.

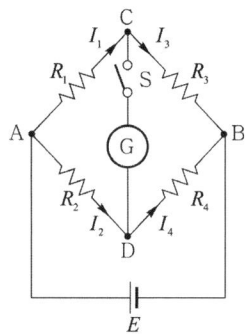

> 평형 조건은 그림에서 S를 on, off 하여도 G에 전류가 흐르지 않는 조건을 말한다.
> 평형 조건은 서로 대각선에 위치한 저항(임피던스)값의 곱이 같은 조건을 말한다.

01 필수유형 및 과년도문제

필수 01 ★☆ 전류 및 옴의 법칙

$i = 2t^2 + 8t$[A]로 표시되는 전류가 도선에 3[s] 동안 흘렀을 때 통과한 전 전기량은 몇 [C]인가?

① 18　　　　② 48　　　　③ 54　　　　④ 61

유형분석 정적분을 이용하여 전기량을 구하는 문제가 출제된다. 보통 계산기의 정적분을 이용하여 풀기도 한다.

풀이 $Q = \int_0^t i\,dt = \int_0^3 (2t^2 + 8t)dt = \left[\frac{2}{3}t^3 + 4t^2\right]_0^3 = 54$[C]

답 ③

Key point

t^n을 적분하면 $\frac{1}{n+1}t^{n+1}$이 된다.

만약 적분의 계산이 어렵다고 생각되면 정적분이 되는 계산기를 이용해도 된다.

문제 01 ★★★

어떤 전지의 외부회로 저항은 5[Ω]이고 전류는 8[A]가 흐른다. 외부회로에 5[Ω] 대신에 15[Ω]의 저항을 접속하면 전류는 4[A]로 떨어진다. 전지의 기전력은 몇 [V]인가?

① 80[V]　　　② 50[V]　　　③ 15[V]　　　④ 20[V]

풀이 $E = RI + rI$ 이므로(E 일정, r 일정) $E = 5 \times 8 + r \times 8 = 15 \times 4 + r \times 4$

∴ $4r = 20$, $r = 5[\Omega]$

∴ $E = 5 \times 8 + 8r = 5 \times 8 + 5 \times 8 = 80$[V]

답 ①

문제 02 ★★

a, b 간에 25[V]의 전압을 가할 때 5[A]의 전류가 흐른다. r_1 및 r_2에 흐르는 전류의 비를 1 : 3으로 하려면 r_1 및 r_2의 저항은 각각 몇 [Ω]인가?

① $r_1 = 12$, $r_2 = 4$
② $r_1 = 24$, $r_2 = 8$
③ $r_1 = 6$, $r_2 = 2$
④ $r_1 = 2$, $r_2 = 6$

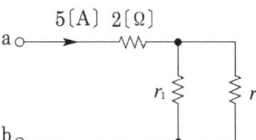

풀이 $I = 5 = \dfrac{E}{R_t} = \dfrac{25}{R_t}$

$\therefore R_t = \dfrac{25}{5} = 5[\Omega], \quad 2 + \dfrac{r_1 r_2}{r_1 + r_2} = 5$

전류비가 1 : 3이므로

$r_1 : r_2 = 3 : 1, \quad \therefore r_1 = 3r_2$

$\dfrac{3r_2^2}{3r_2 + r_2} = 5 - 2, \quad \dfrac{3}{4} r_2 = 3$

$\therefore r_2 = 4[\Omega], \; r_1 = 12[\Omega]$

답 ①

필수 02 ★★★★ 저항의 접속

$R = 1[\Omega]$의 저항을 그림과 같이 무한히 연결할 때 a, b 간의 합성 저항은?

① 0
② 1
③ ∞
④ $1 + \sqrt{3}$

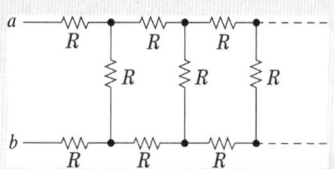

유형분석 합성저항을 구하는 문제는 저항의 회로가 주어지고 구하는 문제와 역수인 합성 컨덕턴스를 구하는 문제, 전지의 연결에 의한 합성저항을 구하여 옴의 법칙에 의해 전류를 산출하는 문제 등이 출제된다.

풀 이 그림의 등가 회로에서

$R_{ab} = 2r + \dfrac{r \cdot R_{cd}}{r + R_{cd}}$ 이며 $R_{ab} = R_{cd}$ 이므로

$r R_{ab} + R_{ab}^{\,2} = 2r^2 + 2r \cdot R_{ab} + r \cdot R_{ab}$

여기서 $r = 1[\Omega]$를 대입하면

$R_{ab} = 1 + \sqrt{3}$

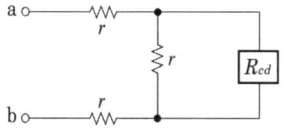

답 ④

Key point

전지의 직렬연결은 저항의 직렬연결, 전지의 병렬연결은 저항의 병렬연결과 같이 합성저항을 구한다. 같은 기전력의 전지를 N개 직렬연결 할 경우 기전력의 크기는 N배 되며, 병렬연결 할 경우는 일정하게 된다.

문제 03 그림과 같은 회로에서 a, b단자에서 본 합성 저항은 몇 $[\Omega]$인가?

① 6
② 6.3
③ 8.3
④ 8

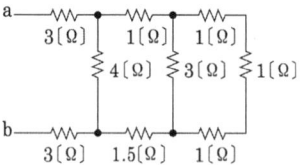

풀이 a, b 사이의 합성 저항은

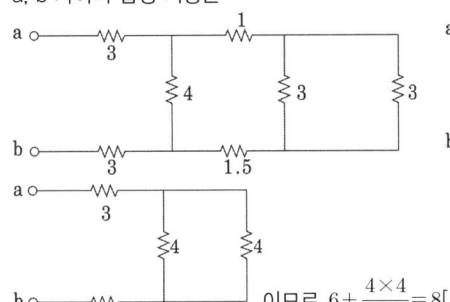

이므로 $6 + \dfrac{4 \times 4}{4+4} = 8[\Omega]$

답 ④

필수 03 ★ 전지의 접속 및 줄열과 전력

그림과 같은 회로에서 $I=10[\text{A}]$, $G=4[\mho]$, $G_L=6[\mho]$일 때 G_L에서 소비되는 전력은 몇 [W]인가?

① 100
② 10
③ 4
④ 6

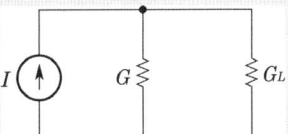

유형분석 전력을 구하는 문제는 교류회로에서 많이 출제된다. 직류 회로의 전력은 교류회로의 역률이 1인 경우의 전력과 같다. 위 문제는 전압과 저항에 의해 전력을 산출한다.

풀 이 $G=4[\mho]$, $G_L=6[\mho]$이므로

$$I_L = I \times \dfrac{G_L}{G+G_L} = 10 \times \dfrac{6}{4+6} = 6[\text{A}]$$

$$P_L = I_L^2 \cdot \dfrac{1}{G_L} = 6^2 \times \dfrac{1}{6} = 6[\text{W}]$$

답 ④

Key point

먼저 합성 저항을 구하고, 다음 두 기전력을 합을 구한다. 두 기전력의 양극이 마주 보고 있으므로 전압은 120-30[V]가 된다.

문제 04 ★★ 1[kg · m/s]는 몇 [W]인가? 여기서 [kg]은 질량이다.

① 1   ② 0.98   ③ 9.8   ④ 98

풀이 1[kg · m] = 9.8[N · m] = 9.8[J]
∴ 1[kg · m/s] = 9.8[J/s] = 9.8[W]

답 ③

문제 05 ★ 100[V], 60[W]의 전구에 50[V]를 가했을 때의 전류는?

① 0.3[A] 　　　　　② 0.4[A]
③ 0.5[A] 　　　　　④ 0.6[A]

풀이
$$R = \frac{V^2}{P} = \frac{100^2}{60} ≒ 167[\Omega]$$
$$\therefore I = \frac{V}{R} = \frac{50}{167} ≒ 0.3[A]$$

답 ①

필수 04 ★★ 브리지 평형

그림과 같은 회로에 흐르는 전류 I는 몇 [A]인가?

① 1.0
② 1.2
③ 1.5
④ 1.8

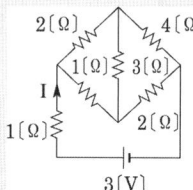

유형분석 브리지 평형을 이용하는 문제와 테브낭의 정리를 이용하는 문제 등이 출제된다.
위 문제는 브리지 평형 상태를 이용하여 합성저항을 구한다.

 브리지가 평형이므로 3[Ω]의 저항은 필요 없다.
따라서 합성저항 $R_0 = 1 + \frac{3 \times 6}{3+6} = 3[\Omega]$　∴ $I = \frac{V}{R_0} = \frac{3}{3} = 1[A]$

답 ①

Key point

대각선에 위치한 저항의 곱이 서로 같다.
즉, $1 \times 4 = 2 \times 2$이므로 평형이며, 3[Ω]에는 전류가 흐르지 않는다.

02 출제기준 - 정현파 교류

1 주기와 주파수

① 각주파수 또는 각속도 : $\omega = \dfrac{2\pi}{T} = 2\pi f\,[\text{rad/s}]$

② 주기 및 주파수 : $T = \dfrac{1}{f} = \dfrac{2\pi}{\omega}\,[\text{s}]$, $f = \dfrac{1}{T} = \dfrac{\omega}{2\pi}\,[\text{Hz}]$

T : 주기[sec]
f : 주파수[Hz : 헤르쯔]
ω : 각속도[rad/sec : 라디안퍼세크]

2 평균치와 실효치

① 정현파의 평균값 : $I_{av} = \dfrac{2}{T}\int_{0}^{\frac{T}{2}} i\,dt = \dfrac{1}{\pi}\int_{0}^{\pi} i\,d(\omega t) = \dfrac{2}{\pi}I_m = 0.637 I_m\,[\text{A}]$

② 정현파의 실효값 : $I = \sqrt{\dfrac{1}{T}\int_{0}^{T} i^2 dt} = \sqrt{\dfrac{1}{2\pi}\int_{0}^{2\pi} i^2 d(\omega t)} = \dfrac{I_m}{\sqrt{2}} = 0.707 I_m\,[\text{A}]$

I_m : 최대전류, I_{av} : 평균전류, I : 실효전류, i : 순시전류, T : 주기

3 파형률과 파고율

① 정현파의 파고율 : 파고율 $= \dfrac{\text{최대값}}{\text{실효값}} = \sqrt{2} = 1.414$

② 정현파의 파형률 : 파형률 $= \dfrac{\text{실효값}}{\text{평균값}} = \dfrac{\pi}{2\sqrt{2}} = 1.111$

4 정현파 교류의 합과 차

$v_1 = \sqrt{2}\,V_1 \sin(\omega t + \theta_1)$, $v_2 = \sqrt{2}\,V_2 \sin(\omega t + \theta_2)$ 일 때

$v = v_1 \pm v_2 = \sqrt{2}\,V \sin(\omega t + \theta)$ 단, $V = \sqrt{V_1^2 + V_2^2 \pm 2 V_1 V_2 \cos(\theta_1 - \theta_2)}$

$\theta = \tan^{-1}\dfrac{V_1 \sin\theta_1 \pm V_2 \sin\theta_2}{V_1 \cos\theta_1 \pm V_2 \cos\theta_2}$

벡터의 합은 계산기를 이용하는 것이 편리하다. 즉, 순시값을 회전벡터로 표시하고 벡터의 합을 구한 다음, 다시 정현파로 표시하면 된다. (05항 참조)

5 회전벡터와 정지벡터

1) 복소수에 의한 벡터 표시

① 직각 좌표형 : $A = a + jb \left(A = \sqrt{a^2 + b^2},\ \theta = \tan^{-1}\dfrac{b}{a} \right)$

② 삼각 함수형 : $A = A\cos\theta + jA\sin\theta = A(\cos\theta + j\sin\theta)$

③ 극좌표형 : $A = A\underline{/\theta}$

④ 지수 함수형 : $A = Ae^{j\theta}$

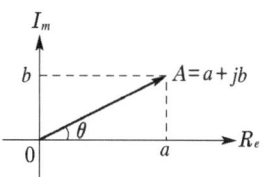

2) 복소수의 계산

수학적인 부분이므로 이해가 필요하다. 계산기를 활용해도 된다.

$A_1 = a_1 + jb_1 = A_1 \angle \theta_1$, $A_2 = a_2 + jb_2 = A_2 \angle \theta_2$ 일 때

① $A_1 \pm A_2 = (a_1 \pm a_2) + j(b_1 \pm b_2)$

② $A_1 \cdot A_2 = A_1 \cdot A_2 \underline{/\theta_1 + \theta_2}$

③ $\dfrac{A_1}{A_2} = \dfrac{A_1}{A_2} \underline{/\theta_1 - \theta_2}$

3) 전압 및 전류의 복소수 표시

$v = \sqrt{2}\,V\sin\omega t[\text{V}]$, $i = \sqrt{2}\,I\sin(\omega t - \theta)[\text{A}]$라 하면,

$V = V(\cos 0 + j\sin 0) = V\angle 0\ [\text{V}]$

$I = I(\cos\theta - j\sin\theta) = I_e - jI_r = Ie^{-j\theta} = I\underline{/-\theta}\ [\text{A}]$

$v,\ i$: 순시값, $V,\ I$: 순시값의 복소수 표현값, $V,\ I$: 실효값

4) 임피던스 및 어드미턴스의 복소수 표시

$Z = \dfrac{V}{I} = \dfrac{V\underline{/0}}{I\underline{/-\theta}} = \dfrac{V}{I}\underline{/\theta} = Z\underline{/\theta} = R + jX\,[\Omega]$

$Y = \dfrac{1}{Z} = \dfrac{1}{R + jX} = \dfrac{R}{R^2 + X^2} - j\dfrac{X}{R^2 + X^2} = G - jB = Y\underline{/-\theta}\ [\mho]$

Z : 임피던스벡터, Y : 어드미턴스벡터, R : 저항, X : 리액턴스, θ : 역률각

◀◀◀ 완벽대비 전기산업기사필기

필수유형 및 과년도문제

필수 01 ★★☆ 주기와 주파수

$v = 141\sin\left(377t - \dfrac{\pi}{6}\right)$ 인 파형의 주파수[Hz]는?

① 377 ② 100 ③ 60 ④ 50

유형분석 주파수를 구하는 문제가 출제된다.

풀 이 문제의 전압식에서 $\omega t = 377t$ 이므로 $\omega = 2\pi f = 377$ $\therefore f = \dfrac{377}{2\pi} = 60[\text{Hz}]$

답 ③

Key point

주기 및 주파수 : $T = \dfrac{1}{f} = \dfrac{2\pi}{\omega}[\text{s}]$, $f = \dfrac{1}{T} = \dfrac{\omega}{2\pi}[\text{Hz}]$

필수 02 ★★★★★ 평균값과 실효값

그림과 같은 $v = 100\sin\omega t$ 인 정현파 교류 전압의 반파 정류파에 있어서 사선 부분의 평균값[V]은?

① 27.17
② 37
③ 45
④ 51.7

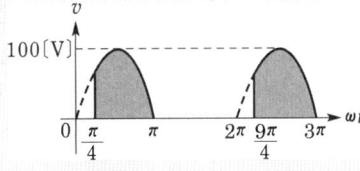

유형분석 정현파 및 비정현파의 실효값과 평균값을 구하는 문제가 출제된다. 계산기를 이용하여 계산하는 것도 바람직하다. 또한, Key point의 파형별 실효값을 암기하여 적용하는 것도 바람직하다.

풀 이
$$V_{av} = \dfrac{1}{2\pi}\int_{\frac{\pi}{4}}^{\pi} v\,d(\omega t) = \dfrac{1}{2\pi}\int_{\frac{\pi}{4}}^{\pi} 100\sin\omega t\,d(\omega t)$$
$$= \dfrac{100}{2\pi}[-\cos\omega t]_{\frac{\pi}{4}}^{\pi} = \dfrac{100}{2\pi}\left(1 + \dfrac{1}{\sqrt{2}}\right) = 27.17[\text{V}]$$

답 ①

Key point

정현파의 평균값 : $I_{av} = \dfrac{2}{T}\displaystyle\int_0^{\frac{T}{2}} i\,dt = \dfrac{1}{\pi}\displaystyle\int_0^{\pi} i\,d(\omega t) = \dfrac{2}{\pi}I_m = 0.637 I_m [A]$

정현파의 실효값 : $I = \sqrt{\dfrac{1}{T}\displaystyle\int_0^T i^2\,dt} = \sqrt{\dfrac{1}{2\pi}\displaystyle\int_0^{2\pi} i^2\,d(\omega t)} = \dfrac{I_m}{\sqrt{2}} = 0.707 I_m [A]$

파형	정현파	정현반파	삼각파	구형반파	구형파
실효값	$\dfrac{V_m}{\sqrt{2}}$	$\dfrac{V_m}{2}$	$\dfrac{V_m}{\sqrt{3}}$	$\dfrac{V_m}{\sqrt{2}}$	V_m

문제 01 ★★ 정현파 교류의 실효값을 계산하는 식은?

① $I = \dfrac{1}{T}\displaystyle\int_0^T i^2\,dt$ ② $I^2 = \dfrac{2}{T}\displaystyle\int_0^T i\,dt$

③ $I^2 = \dfrac{1}{T}\displaystyle\int_0^T i^2\,dt$ ④ $I = \sqrt{\dfrac{2}{T}\displaystyle\int_0^T i^2\,dt}$

풀이 동일한 저항 R에 직류 전류 $I[A]$가 흐를 때 소비 전력 P_{DC}는 $P_{DC} = I^2 R [W]$

교류 전류 $i[A]$가 흐를 때 소비 전력 P_{AC}는 주기를 T라 하면 $P_{AC} = \dfrac{1}{T}\displaystyle\int_0^T i^2 R\,dt [W]$

실효값의 정의에 의해 $P_{DC} = P_{AC}$이므로 $I^2 R = \dfrac{R}{T}\displaystyle\int_0^T i^2\,dt$

$\therefore I^2 = \dfrac{1}{T}\displaystyle\int_0^T i^2\,dt$

답 ③

문제 02 ★☆ 그림과 같은 주기 전압파에서 $t = 0$으로부터 $0.02[s]$ 사이에는 $v = 5 \times 10^4 (t - 0.02)^2$으로 표시되고 $0.02[s]$에서부터 $0.04[s]$까지는 $v = 0$이다. 전압의 평균값은 약 얼마인가?

① 2.2
② 3.3
③ 4
④ 5.5

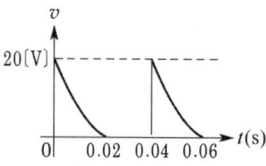

풀이 $V_{ab} = \dfrac{1}{T}\displaystyle\int_0^{\frac{T}{2}} v\,dt = \dfrac{1}{0.04}\displaystyle\int_0^{0.02} 5 \times 10^4 (t - 0.02)^2\,dt$

$= \dfrac{5 \times 10^4}{0.04} \left[\dfrac{1}{3}(t - 0.02)^3\right]_0^{0.02} \fallingdotseq 3.33[V]$

답 ②

문제 03 ★★ 무유도 저항 부하에 그림 (a)와 같이 정현파 교류를 정류한 맥류가 흐를 때 그림 (b)와 같이 접속된 가동 코일형 전압계 및 전류계의 지시값 V_a, I_a에 의하여 부하의 전력을 구하면?

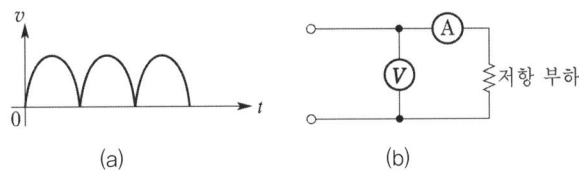

① $\dfrac{\pi^2}{8} V_a I_a$ ② $V_a I_a$ ③ $\dfrac{\pi^2}{4} V_a I_a$ ④ $\dfrac{\pi^2}{2} V_a I_a$

풀이 가동 코일형 계기는 평균값을 지시하고 전파 정류파에서
$I = \dfrac{I_m}{\sqrt{2}}$, $I_a = \dfrac{2}{\pi} I_m$의 관계가 있으므로
$P = VI = \dfrac{1}{\sqrt{2}} \cdot \dfrac{\pi}{2} \cdot V_a \cdot \dfrac{1}{\sqrt{2}} \cdot \dfrac{\pi}{2} \cdot I_a = \dfrac{\pi^2}{8} V_a I_a$ **답** ①

필수 03 ★★★★☆ 파형률과 파고율

그림과 같은 파형의 파고율은 얼마인가?

① 2.828
② 1.732
③ 1.414
④ 1

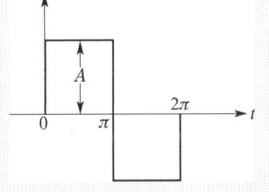

유형분석 파형률과 파고율을 계산하는 문제가 출제된다. key point의 내용을 암기하고 적용한다.

풀이 구형파(단형파, 방형파)는 파형률과 파고율이 모두 1.0이다.   **답** ④

Key point

	구형파	3각파	정현파	정류파(전파)	정류파(반파)
파형률	1.0	1.15	1.11	1.11	1.57
파고율	1.0	1.732	1.414	1.414	2.0

문제 04 그림 중 파형률이 1.15가 되는 파형은?

①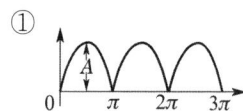
②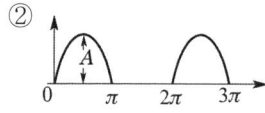
③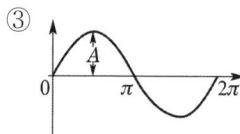
④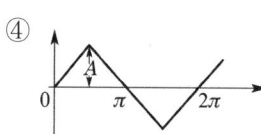

풀이 ① 정류파(전파) = 1.11   ② 정류파(반파) = 1.57   ③ 정현파(여현파) = 1.11   ④ 삼각파 = 1.15   **답** ④

필수 04 정현파 교류의 합과 차

전류의 크기가 $i_1 = 30\sqrt{2}\sin\omega t$[A], $i_2 = 40\sqrt{2}\sin\left(\omega t + \dfrac{\pi}{2}\right)$일 때 $i_1 + i_2$의 실효값은 몇 [A]인가?

① 50   ② $50\sqrt{2}$ ③ 70   ④ $70\sqrt{2}$

유형분석 정현파의 합성이 출제된다. 정현파를 벡터로 나타내고 벡터의 연산을 하는 것이다. 벡터의 "가감승제"는 계산기를 이용하는 것이 매우 편하다.

풀이 $I_1 = 30\angle 0°$, $I_2 = 40\angle 90° = 40(\cos 90° + j\sin 90°) = j40$
∴ $I_1 + I_2 = 30 + j40$, $|I_1 + I_2| = \sqrt{30^2 + 40^2} = 50$[A]   **답** ①

Key point

$$V = \sqrt{V_1^2 + V_2^2 \pm 2V_1 V_2 \cos(\theta_1 - \theta_2)},\ \theta = \tan^{-1}\dfrac{V_1\sin\theta_1 \pm V_2\sin\theta_2}{V_1\cos\theta_1 \pm V_2\cos\theta_2}$$

문제 05 $i_1 = I_{m1}\sin\omega t$ 와 $i_2 = I_{m2}\sin(\omega t + \alpha)$의 두 전류를 합성할 때 다음 중 잘못된 것은?

① 최댓값은 $\sqrt{I_{m1}^2 + I_{m2}^2}$ 이다.
② 초기 위상은 $\tan^{-1}\dfrac{I_{m2}\sin\alpha}{I_{m1} + I_{m2}\cos\alpha}$ 이다.
③ 주파수는 $\dfrac{\omega}{2\pi}$ 이다.
④ 파형은 정현파이다.

풀이 두 전류의 위상차 $\alpha = 90°$인 경우에만 최댓값은 $\sqrt{I_{m1}^2 + I_{m2}^2}$ 이 성립된다.   **답** ①

05. 회전 벡터와 정지 벡터

복소 전압 $E = -20e^{j\frac{3}{2}\pi}$ 를 정현파의 순시값으로 나타내면 어떻게 되는가?

① $e = -20\sin\left(\omega t + \dfrac{\pi}{2}\right)[V]$

② $e = 20\sin\left(\omega t + \dfrac{2}{3}\pi\right)[V]$

③ $e = 20\sqrt{2}\sin\left(\omega t - \dfrac{\pi}{2}\right)[V]$

④ $e = 20\sqrt{2}\sin\left(\omega t + \dfrac{\pi}{2}\right)[V]$

유형분석 정현파 교류를 복소수로 표현하는 방법이 출제된다.

풀이
$E = -20e^{j\frac{3}{2}\pi} = -20e^{-j\frac{\pi}{2}} = 20e^{j\frac{\pi}{2}}$
$e = 20\sqrt{2}\sin\left(\omega t + \dfrac{\pi}{2}\right)$

답 ④

Key point

전압 및 전류의 복소수 표시
$v = \sqrt{2}\,V\sin\omega t\,[V]$, $i = \sqrt{2}\,I\sin(\omega t - \theta)[A]$라 하면,
$\boldsymbol{V} = V(\cos 0 + j\sin 0) = V\angle 0\,[V]$
$\boldsymbol{I} = I(\cos\theta - j\sin\theta) = I_e - jI_r = Ie^{-j\theta} = I\angle -\theta\,[A]$

03 출제기준 – 기본 교류회로

1 R-L-C 직·병렬 회로

인가 전압이 $v = V_m \sin \omega t$ 인 경우

회로 종류	전류	위상차	전압과 전류 관계	역률	비고
R만의 회로	$i = I_m \sin \omega t$	$\theta = 0$	$I = \dfrac{V}{R}$	$\cos\theta = 1$ $\sin\theta = 0$	
L만의 회로	$i = I_m \sin\left(\omega t - \dfrac{\pi}{2}\right)$	$\theta = \dfrac{\pi}{2}$	$I = \dfrac{V}{\omega L} = \dfrac{V}{X_L}$	$\cos\theta = 0$ $\sin\theta = 1$	
C만의 회로	$i = I_m \sin\left(\omega t + \dfrac{\pi}{2}\right)$	$\theta = \dfrac{\pi}{2}$	$I = \omega CV = \dfrac{V}{X_C}$	$\cos\theta = 0$ $\sin\theta = 1$	
R-L 직렬	$i = I_m \sin(\omega t - \theta)$	$\theta = \tan^{-1}\dfrac{\omega L}{R}$	$I = \dfrac{V}{\sqrt{R^2+X_L^2}} = \dfrac{V}{Z}$	$\cos\theta = \dfrac{R}{\sqrt{R^2+X_L^2}}$ $\sin\theta = \dfrac{X_L}{\sqrt{R^2+X_L^2}}$	
R-C 직렬	$i = I_m \sin(\omega t + \theta)$	$\theta = \tan^{-1}\dfrac{1}{\omega CR}$	$I = \dfrac{V}{\sqrt{R^2+X_C^2}} = \dfrac{V}{Z}$	$\cos\theta = \dfrac{R}{\sqrt{R^2+X_C^2}}$ $\sin\theta = \dfrac{X_C}{\sqrt{R^2+X_C^2}}$	
R-L-C 직렬	$i = I_m \sin(\omega t - \theta)$ ($X_L > X_C$인 경우)	$\theta = \tan^{-1}\dfrac{X_L - X_C}{R}$	$I = \dfrac{V}{\sqrt{R^2+(X_L-X_C)^2}}$ $= \dfrac{V}{Z}$	$\cos\theta = \dfrac{R}{Z}$ $\sin\theta = \dfrac{X_L - X_C}{Z}$	$X_L > X_C$: 유도성 $X_L < X_C$: 용량성 $X_L = X_C$: 직렬 공진
R-L 병렬	$i = I_m \sin(\omega t - \theta)$	$\theta = \tan^{-1}\dfrac{R}{\omega L}$	$I = \sqrt{\left(\dfrac{1}{R}\right)^2 + \left(\dfrac{1}{X_L}\right)^2} \cdot V$ $= YV$	$\cos\theta = \dfrac{X_L}{\sqrt{R^2+X_L^2}}$ $\sin\theta = \dfrac{R}{\sqrt{R^2+X_L^2}}$	
R-C 병렬	$i = I_m \sin(\omega t + \theta)$	$\theta = \tan^{-1}\omega CR$	$I = \sqrt{\left(\dfrac{1}{R}\right)^2 + \left(\dfrac{1}{X_C}\right)^2} \cdot V$ $= YV$	$\cos\theta = \dfrac{X_C}{\sqrt{R^2+X_C^2}}$ $\sin\theta = \dfrac{R}{\sqrt{R^2+X_C^2}}$	
R-L-C 병렬	$i = I_m \sin(\omega t + \theta)$ ($X_L > X_C$인 경우)	$\theta = \tan^{-1} R\left(\dfrac{1}{X_C} - \dfrac{1}{X_L}\right)$	$I = \sqrt{\left(\dfrac{1}{R}\right)^2 + \left(\dfrac{1}{X_C} - \dfrac{1}{X_L}\right)^2}$ $\cdot V = YV$	$\cos\theta = \dfrac{G}{Y}$ $\sin\theta = \dfrac{B}{Y}$	$X_L > X_C$: 용량성 $X_L < X_C$: 유도성 $X_L = X_C$: 병렬 공진

기본적인 개념이므로 이해를 해야 한다. 옴의 법칙 $[\Omega] = \dfrac{[V]}{[A]}$ 의 원리를 이해한다.

I : 실효전류, I_m : 최대전류, V : 실효전압, V_m : 최대전압, Z : 임피던스[Ω], Y : 어드미턴스[℧], R : 저항[Ω],
X : 리액턴스[Ω], θ : 역률각, 임피던스각, ω : 각속도[rad/sec]
유도성 : 전류가 전압보다 늦게 진행하는 회로를 말한다.(지상)
용량성 : 전류가 전압보다 빠르게 진행하는 회로를 말한다.(진상)

2 공진

공진이라 함은 합성 임피던스 또는 합성어드미턴스이 값이 실수분만 있으며 허수분이 0이 되는 것을 말한다. 즉, 전압과 전류가 동상인 상태를 공진이라 한다. 이때가 역률이 1이 되는 때이다.

1) 이상적인 직·병렬 공진
선택도와 공진주파수, 공진시 전류의 크기 등을 기억한다.

공진의 종류 구 분	직 렬 공 진	병 렬 공 진
회로의 Z, Y	$Z = R + j\left(\omega L - \dfrac{1}{\omega C}\right)$	$Y = \dfrac{1}{R} + j\left(\omega C - \dfrac{1}{\omega L}\right)$
공진 조건	$\omega_r L = \dfrac{1}{\omega_r C}$	$\omega_r C = \dfrac{1}{\omega_r L}$
공진 각주파수	$\omega_r = \dfrac{1}{\sqrt{LC}}$	$\omega_r = \dfrac{1}{\sqrt{LC}}$
공진 주파수	$f_r = \dfrac{1}{2\pi\sqrt{LC}}$	$f_r = \dfrac{1}{2\pi\sqrt{LC}}$
공진시 Z_r, Y_r	$Z_r = R$(최소)	$Y_r = \dfrac{1}{R}$(최소)
공진 전류	$I_r = \dfrac{E}{Z_r} = \dfrac{E}{R}$(최대)	$I_r = Y_r E = \dfrac{E}{R}$(최소)
선 택 도	$Q = \dfrac{\omega_r}{\omega_2 - \omega_1} = \dfrac{\omega_r L}{R} = \dfrac{1}{\omega_r CR} = \dfrac{1}{R}\sqrt{\dfrac{L}{C}}$	$Q = \dfrac{\omega_r}{\omega_2 - \omega_1} = \dfrac{R}{\omega_r L} = \omega_r CR = R\sqrt{\dfrac{C}{L}}$

2) 일반적인 병렬 공진
공진 어드미턴스와 공진 각속도 등을 기억한다.

$$Y = \dfrac{1}{R + j\omega L} + j\omega C = \dfrac{R}{R^2 + \omega^2 L^2} + j\left(\omega C - \dfrac{\omega L}{R^2 + \omega^2 L^2}\right)$$

① 공진 조건 : $\omega_r C = \dfrac{\omega_r L}{R^2 + \omega_r^2 L^2}$

② 공진 어드미턴스 : $Y_r = \dfrac{R}{R^2 + \omega_r^2 L} = \dfrac{CR}{L}$ [℧]

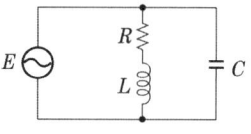

③ 공진 임피던스 : $Z_r = \dfrac{1}{Y_r} = \dfrac{L}{CR}$ [Ω]

④ 공진 각주파수 및 공진 주파수

$$\omega_r = \sqrt{\dfrac{1}{LC} - \dfrac{R^2}{L^2}}\ [\text{rad/s}], \quad f_r = \dfrac{1}{2\pi}\sqrt{\dfrac{1}{LC} - \dfrac{R^2}{L^2}}\ [\text{Hz}]$$

⑤ 공진 전류 : $I_r = Y_r E = \dfrac{CR}{L} E$ [A]

03 필수유형 및 과년도문제

필수 01 ★★★★ R-L-C 직·병렬 회로

100[V], 50[Hz]의 교류 전압을 저항 100[Ω], 커패시턴스 10[μF]의 직렬 회로에 가할 때 역률은?

① 0.25　　　② 0.27　　　③ 0.3　　　④ 0.35

유형분석 리액턴스, 임피던스, 역률, 전류, 전압, 에너지 등의 계산 문제가 출제된다. 기본이므로 매우 중요하다.

풀 이
$$X_C = \frac{1}{2\pi f C} = \frac{1}{2 \times 3.14 \times 50 \times 10 \times 10^{-6}} = \frac{10^3}{3.14}$$

$$\therefore \cos\theta = \frac{R}{Z} = \frac{R}{\sqrt{R^2 + X_C^2}} = \frac{100}{\sqrt{100^2 + \left(\frac{10^3}{3.14}\right)^2}} \fallingdotseq 0.3$$

답 ③

Key point

R-L-C 직렬	$i = I_m \sin(\omega t - \theta)$ ($X_L > X_C$인 경우)	$\theta = \tan^{-1} \frac{X_L - X_C}{R}$	$I = \frac{V}{\sqrt{R^2 + (X_L - X_C)^2}} = \frac{V}{Z}$	$X_L > X_C$: 유도성 $X_L < X_C$: 용량성 $X_L = X_C$: 직렬 공진

문제 01 ★ 인덕터의 특징을 요약한 것 중 잘못된 것은?

① 인덕터는 직류에 대해서 단락 회로로 작용한다.
② 일정한 전류가 흐를 때 전압은 무한대이지만 일정량의 에너지가 축적된다.
③ 인덕터의 전류가 불연속적으로 급격히 변화하면 전압이 무한대가 되어야 하므로 인덕터 전류가 불연속적으로 변할 수 없다.
④ 인덕터는 에너지를 축적하지만 소모하지는 않는다.

풀이 인덕터에 일정한 전류가 흐르면 $e = L\frac{di}{dt}$ 에서 $di = 0$이므로 전압은 0이 된다.　　**답** ②

문제 02 ★★ 정전용량 C만의 회로에 100[V], 60[Hz]의 교류를 가하니 60[mA]의 전류가 흐른다. C는 얼마인가?

① 5.26[μF] ② 4.32[μF] ③ 3.59[μF] ④ 1.59[μF]

풀이
$X_C = \dfrac{V}{I} = \dfrac{100}{60 \times 10^{-3}} = \dfrac{10}{6} \times 10^3 = 1.66 \times 10^3$

$C = \dfrac{1}{\omega(1.66 \times 10^3)} = \dfrac{1}{2 \times 3.14 \times 60 \times 1.66 \times 10^3} = 1.59 \times 10^{-6} = 1.59[\mu F]$

답 ④

문제 03 ★★★☆ 그림과 같은 회로의 출력 전압의 위상은 입력 전압의 위상에 비해 어떻게 되는가?

① 앞선다.
② 뒤진다.
③ 같다.
④ 앞설 수도 있고 뒤질 수도 있다.

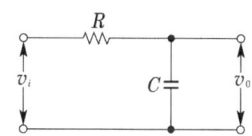

풀이 R, C에 흐르는 전류를 I라 하고 벡터도를 그려 보면 그림과 같으므로 V_0는 V_t보다 θ만큼 뒤진다.

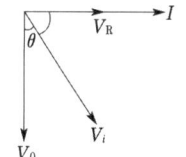

답 ②

문제 04 ★ 이 회로의 총 어드미턴스 값은 몇 [℧]인가?

① $\dfrac{1}{R}(1 + j\omega CR)$ ② $j\dfrac{R}{\omega CR - 1}$

③ $R - j\dfrac{1}{\omega C}$ ④ $\dfrac{1}{R} - j\dfrac{1}{\omega C}$

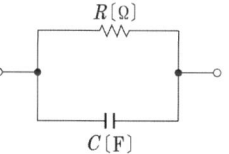

풀이
$Y_0 = Y_1 + Y_2 = \dfrac{1}{R} + \dfrac{1}{\dfrac{1}{j\omega C}} = \dfrac{1}{R} + j\omega C = \dfrac{1}{R}(1 + j\omega CR)$

답 ①

문제 05 ★☆ 그림과 같은 회로에서 출력 전압의 위상은 입력 전압보다 어떠한가?

① 뒤진다.
② 앞선다.
③ 전압과 관계없다.
④ 같다.

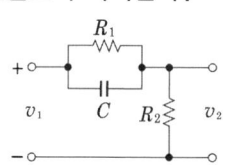

풀이 C의 전압 강하를 e_1, R_1, C에 흐르는 전류를 i_R, i_C라 하면

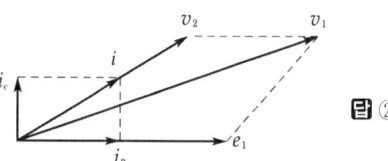

답 ②

문제 06 ☆

다음 그림에서 각 분로(分路)의 전류가 각각 $i_L = 3 - j6[A]$, $i_C = 5 + j2[A]$일 때 전원에서의 역률은?

① $\dfrac{1}{\sqrt{17}}$ ② $\dfrac{4}{\sqrt{17}}$

③ $\dfrac{1}{\sqrt{5}}$ ④ $\dfrac{2}{\sqrt{5}}$

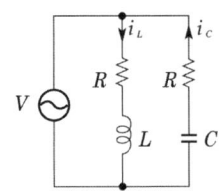

풀이 합성 전류 $i = i_L + i_C = 3 - j6 + 5 + j2 = 8 - j4[A]$

역률 $= \dfrac{I_R}{I} = \dfrac{8}{\sqrt{8^2 + 4^2}} = \dfrac{8}{\sqrt{80}} = \dfrac{2 \times 4}{\sqrt{5} \times \sqrt{16}} = \dfrac{2}{\sqrt{5}}$ **답** ④

필수 02 ★★★☆ 공진

1[kHz]인 정현파 교류회로에서 5[mH]인 유도성 리액턴스와 크기가 같은 용량성 리액턴스를 갖는 C의 크기는 몇 [μF]인가?

① 2.07   ② 3.07   ③ 4.07   ④ 5.07

유형분석 선택도 계산 문제가 출제된다.

풀이 $\omega^2 = \dfrac{1}{LC}$, $C = \dfrac{1}{\omega^2 L} = \dfrac{1}{(2 \times \pi \times 1000)^2 \times 5 \times 10^{-3}} = 5.07 \times 10^{-6} = 5.07[\mu F]$ **답** ④

Key point

공진의 종류 구 분	직 렬 공 진	병 렬 공 진
회로의 Z, Y	$Z = R + j\left(\omega L - \dfrac{1}{\omega C}\right)$	$Y = \dfrac{1}{R} + j\left(\omega C - \dfrac{1}{\omega L}\right)$
공진 조건	$\omega_r L = \dfrac{1}{\omega_r C}$	$\omega_r C = \dfrac{1}{\omega_r L}$
공진 주파수	$f_r = \dfrac{1}{2\pi \sqrt{LC}}$	$f_r = \dfrac{1}{2\pi \sqrt{LC}}$
공진 전류	$I_r = \dfrac{E}{Z_r} = \dfrac{E}{R}$ (최대)	$I_r = Y_r E = \dfrac{E}{R}$ (최소)
선 택 도	$Q = \dfrac{\omega_r}{\omega_2 - \omega_1} = \dfrac{\omega_r L}{R} = \dfrac{1}{\omega_r CR} = \dfrac{1}{R}\sqrt{\dfrac{L}{C}}$	$Q = \dfrac{\omega_r}{\omega_2 - \omega_1} = \dfrac{R}{\omega_r L} = \omega_r CR = R\sqrt{\dfrac{C}{L}}$

문제 07
그림과 같은 회로에서 공진 시 임피던스는? 단, $Q = \dfrac{\omega L}{R}$ 임.

① $R(1+Q^2)$ ② Q^2
③ $R+Q^2$ ④ ∞

풀이 공진 조건 $\omega c = \dfrac{\omega L}{R^2 + (\omega L)^2}$ 로부터

$$Y = \dfrac{1}{R+j\omega L} + j\omega c = \dfrac{R}{R^2+(\omega L)^2} + j\left(\omega c - \dfrac{\omega L}{R^2+(\omega L)^2}\right) = \dfrac{R}{R^2+(\omega L)^2}$$

$$Z = \dfrac{R^2+(\omega L)^2}{R} = R + \dfrac{\omega L^2}{R} = R\left(1 + \dfrac{(\omega L)^2}{R^2}\right) = R(1+Q^2)$$

답 ①

문제 08
공진 회로의 Q가 갖는 물리적 의미와 관계없는 것은?

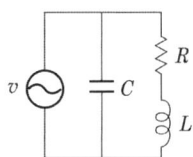

① 공진 회로의 저항에 대한 리액턴스의 비
② 공진 곡선의 첨예도
③ 공진 시의 전압 확대비
④ 공진 회로에서 에너지 소비 능률

풀이 직렬 공진 회로의 선택도는 공진 곡선의 첨예도를 의미할 뿐만 아니라 공진 시 전압 확대비이고 또한 공진 시 저항에 대한 리액턴스의 비이다.

$$Q = S = \dfrac{f_r}{f_2 - f_1} = \dfrac{V_L}{V} = \dfrac{V_C}{V} = \dfrac{\omega_r L}{R} = \dfrac{1}{\omega_r CR} = \dfrac{1}{R}\sqrt{\dfrac{L}{C}}$$

답 ④

문제 09
그림과 같은 회로에서 전류 I는 몇 [A]인가?
단, $R=10[\Omega]$, $X_L=10[\Omega]$, $X_C=10[\Omega]$, $E=100[V]$이다.

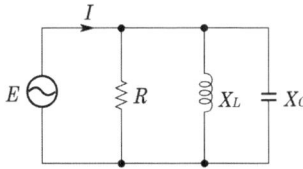

① 30 ② 20 ③ 10 ④ 1

풀이 $I = I_R + I_L + I_C = \dfrac{100}{10} + \dfrac{100}{j10} + \dfrac{100}{-j10} = 10 - j10 + j10 = 10[A]$

답 ③

문제 10 ★★ 그림과 같은 R-L-C 병렬 공진 회로에 관한 설명 중 옳지 않은 것은?

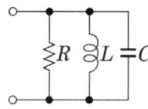

① R이 작을수록 Q가 높다.
② 공진 시 L 또는 C를 흐르는 전류는 입력 전류 크기의 Q배가 된다.
③ 공진 주파수 이하에서의 입력 전류는 전압보다 위상이 뒤진다.
④ 공진 시 입력 어드미턴스는 매우 작아진다.

풀이 회로의 어드미턴스 Y는 $Y = \dfrac{1}{R} + \dfrac{1}{j\omega L} + j\omega C = \dfrac{1}{R} + j\left(\omega C - \dfrac{1}{\omega L}\right)$

따라서 공진 조건은 $\omega C = \dfrac{1}{\omega L}$

공진 주파수 : $f_r = \dfrac{1}{2\pi\sqrt{LC}}$

전류 확대비 : $Q = \dfrac{I_C}{I_r} = \dfrac{\omega CV}{\dfrac{V}{R}} = R\omega C$

$Q = \dfrac{I_L}{I_r} = \dfrac{\dfrac{V}{\omega L}}{\dfrac{V}{R}} = \dfrac{R}{\omega L}$

즉, R이 클수록 Q는 커진다.

$\omega L - \dfrac{1}{\omega C} = 0$에서 $f < f_r$이면 $\dfrac{1}{\omega C} > \omega L$이 되어 유도성 회로가 된다.

또한 공진 시 어드미턴스 $Y_r = \dfrac{1}{R}$이 되어 매우 작아진다.

답 ①

04 출제기준 – 교류전력

1 단상 교류 전력

1) 단상 교류 전력

① 순시 전력 : $p = vi$

v, i : 순시값, p 순시전력

② 유효 전력(평균 전력, 소비 전력) : $P = VI\cos\theta = I^2 R$[W]

P : 평균전력, V, I : 실효값, $\cos\theta$: 역률, R : 저항

③ 무효 전력 : $P_r = VI\sin\theta = I^2 X$[Var]

P_r : 무효전력, V, I : 실효값, $\sin\theta$: 무효율, X : 리액턴스

④ 피상 전력 : $P_a = VI = \sqrt{P^2 + P_r^2} = I^2 Z$[VA]

P_a : 피상전력, V, I : 실효값, Z : 임피던스

⑤ 역 률 : $\cos\theta = \dfrac{P}{P_a} = \dfrac{P}{VI} = \dfrac{R}{Z}$

⑥ 무효율 : $\sin\theta = \dfrac{P_r}{P_a} = \dfrac{P_r}{VI} = \dfrac{X}{Z}$

2 복소 전력

$\boldsymbol{V} = V_1 + jV_2$[V], $\boldsymbol{I} = I_1 + jI_2$[A]라면

$\boldsymbol{P_a} = \overline{\boldsymbol{V}}\boldsymbol{I} = (V_1 - jV_2)(I_1 + jI_2)$
$\quad = (V_1 I_1 + V_2 I_2) - j(V_2 I_1 - V_1 I_2) = P - jP_r$[VA]

P_a : 복소전력, $\overline{V}$: 전압의 공액복소수, I : 전류의 복소수
※ 공액복소수 : 실수는 같고 허수의 부호가 반대인 복소수

① 유효 전력 : $P = V_1 I_1 + V_2 I_2$[W]

② 무효 전력 : $P_r = V_2 I_1 - V_1 I_2$[Var]

③ 피상 전력 : $P_a = \sqrt{P^2 + P_r^2}$ [VA]

3 최대 전력 전달

그림에서 최대 전력 전달 조건 및 최대 공급 전력은

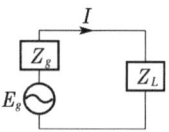

① $Z_g = R_g$, $Z_L = R_L$인 경우

$$R_L = R_g, \ P_{\max} = \frac{E_g^2}{4R_g}$$

> R_L : 부하저항, R_g : 내부저항, Z_L : 부하임피던스, $P_{\max}$: 최대 공급 전력
> ※ 최대전력공급조건 : 내부 임피던스[Ω] = 외부 임피던스[Ω]

② $Z_g = R_g + jX_g$, $Z_L = R_L$인 경우

$$R_L = |Z_g| = \sqrt{R_g^2 + X_g^2}, \ P_{\max} = \frac{E_g^2}{2(R_g + \sqrt{R_g^2 + X_g^2})}$$

③ $Z_g = R_g + jX_g$, $Z_L = R_L + jX_L$인 경우

$$Z_L = \overline{Z_g}, \ P_{\max} = \frac{E_g^2}{4R_g}$$

04 필수유형 및 과년도문제

필수 01 ★★★ 단상 교류 전력

어떤 회로에 전압 v와 전류 i가 각각
$v = 100\sqrt{2}\sin\left(377t + \dfrac{\pi}{3}\right)$[V], $i = \sqrt{8}\sin\left(377t + \dfrac{\pi}{6}\right)$[A]일 때 소비 전력[W]은?

① 100
② $200\sqrt{3}$
③ 300
④ $100\sqrt{3}$

유형분석 유효전력, 무효전력, 피상전력, 역률 계산 등이 출제된다.

풀이 $P = VI\cos\theta = 100 \times \dfrac{\sqrt{8}}{\sqrt{2}}\cos\left(\dfrac{\pi}{3} - \dfrac{\pi}{6}\right) = 100\sqrt{3}$

답 ④

Key point

① 순시 전력 : $p = vi$
② 유효 전력(평균 전력, 소비 전력) : $P = VI\cos\theta = I^2R$[W]
③ 무효 전력 : $P_r = VI\sin\theta = I^2X$[Var]
④ 피상 전력 : $P_a = VI = \sqrt{P^2 + P_r^2} = I^2Z$[VA]

문제 01 ★ 저항 R, 리액턴스 X와의 직렬 회로에 전압 V가 가해졌을 때 소비 전력은?

① $\dfrac{R}{\sqrt{R^2 + X^2}}V^2$
② $\dfrac{X}{\sqrt{R^2 + X^2}}V^2$
③ $\dfrac{R}{R^2 + X^2}V^2$
④ $\dfrac{X}{R^2 + X^2}V^2$

풀이 $P = I^2R$, $I = \dfrac{V}{\sqrt{R^2 + X^2}}$

∴ $P = \dfrac{V^2}{\sqrt{(R^2 + X^2)^2}}R = \dfrac{V^2}{R^2 + X^2}R$

답 ③

문제 02 ★★

그림에서 주파수 f[Hz], 단상 교류 전압 V[V]의 전원에 저항 R[Ω], 인덕턴스 L[H]의 코일을 접속한 회로가 있을 때 L을 가감해서 R의 전력을 L이 0인 때의 1/5로 하면 L의 크기는?

① $\dfrac{R}{2\pi f}$ ② $\dfrac{R}{\pi f}$

③ $\pi f R^2$ ④ $\dfrac{R^2}{2\pi f}$

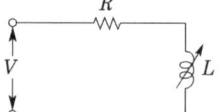

풀이 $\dfrac{V^2}{R} \times \dfrac{1}{5} = \left(\dfrac{V}{\sqrt{R^2+\omega^2 L^2}}\right)^2 \cdot R$ 이므로 $5R^2 = R^2 + \omega^2 L^2$

$\therefore L = \dfrac{2R}{\omega} = \dfrac{R}{\pi f}$ **답** ②

문제 03 ★

R-L 병렬 회로의 양단에 $e = E_m \sin(\omega t + \theta)$[V]의 전압이 가해졌을 때 소비되는 유효 전력[W]은?

① $\dfrac{E_m^2}{2R}$ ② $\dfrac{E^2}{2R}$ ③ $\dfrac{E_m^2}{\sqrt{2R}}$ ④ $\dfrac{E^2}{\sqrt{2R}}$

풀이 $P = I^2 R = \dfrac{V^2}{R} = \dfrac{\left(\dfrac{E_m}{\sqrt{2}}\right)^2}{R} = \dfrac{E_m^2}{2R}$ **답** ①

문제 04 ★☆

입력 임피던스가 $Z = R + jX = \dfrac{1}{Y} = \dfrac{1}{G+jB} = \dfrac{1}{|Y|\angle \theta°}$ 인 회로의 역률에 대한 여러 가지 표시 중 옳지 않은 것은?

① $\dfrac{R}{|Z|}$ ② $\dfrac{G \sin\theta}{B}$ ③ $\dfrac{무효\ 전력}{유효\ 전력}$ ④ $\dfrac{평균\ 전력}{피상\ 전력}$

풀이 문제의 뜻에 따라 임피던스와 어드미턴스 삼각형을 그려보면 다음과 같다.

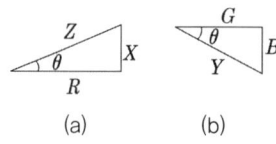

(a)   (b)

그림 (a)에서 $\cos\theta = \dfrac{R}{Z}$, 그림 (b)에서 $\tan\theta = \dfrac{\sin\theta}{\cos\theta} = \dfrac{B}{G}$

$\therefore \cos\theta = \dfrac{G}{B}\sin\theta$

다음 전력 $P = VI\cos\theta$ 에서 $\cos\theta = \dfrac{P}{VI} = \dfrac{유효\ 전력}{피상\ 전력}$ **답** ③

문제 05 ★★★★★
정격 600[W] 전열기에 정격 전압의 80[%]를 인가하면 전력은 몇 [W]로 되는가?

① 614 ② 545 ③ 486 ④ 384

풀이
$P = \dfrac{V^2}{R} = 600[W]$

$P' = \dfrac{(0.8V)^2}{R} = 0.64 \times \dfrac{V^2}{R} = 0.64 \times 600 = 384[W]$

답 ④

필수 02 ★★ 복소 전력

어떤 회로에 $V = 100\angle\dfrac{\pi}{3}$[V]의 전압을 가하니 $I = 10\sqrt{3} + j10$[A]의 전류가 흘렀다. 이 회로의 무효 전력[Var]은?

① 0 ② 1000 ③ 1732 ④ 2000

유형분석 복소전력의 계산 문제가 출제된다. 복소 전력은 전압이나 전류 중 하나를 공액복소수를 취하여 계산하여야 함을 기억한다.

풀이
$I = 10\sqrt{3} + j10 = \sqrt{(10\sqrt{3})^2 + 10^2}\, \tan^{-1}\left(\dfrac{1}{\sqrt{3}}\right) = 20\angle 30°$

$\therefore P_a = \overline{V}I = 100\angle-60 \times 20\angle 30 = 2000\angle-30$
$= 2000(\cos 30 - j\sin 30) = 1000\sqrt{3} - j1000$

답 ②

Key point

$P_a = \overline{V}I = (V_1 - jV_2)(I_1 + jI_2)$
$= (V_1I_1 + V_2I_2) - j(V_2I_1 - V_1I_2) = P - jP_r[VA]$

문제 06 ★
어떤 회로의 전압 V, 전류 I일 때, $P_a = \overline{V}I = P + jP_r$에서 $P_r > 0$이다. 이 회로는 어떤 부하인가?

① 유도성 ② 무유도성 ③ 용량성 ④ 정저항

풀이 $P_a = \overline{V}I = P \pm jP_r$에서 허수부가 음(−)이 될 때는 뒤진 전류에 의한 지상 무효 전력이 되고, 양(+)이 될 때는 앞선 전류에 의한 진상 무효 전력이 된다.

답 ③

필수 03 ★★★★ 최대 전력 전달

그림과 같이 전압 E와 저항 R로 되는 회로 단자 A, B 간에 적당한 저항 R_L을 접속하여 R_L에서 소비되는 전력을 최대로 하게 했다. 이때 R_L에서 소비되는 전력 P는 얼마인가?

① $\dfrac{E^2}{4R}$ ② $\dfrac{E^2}{2R}$

③ $\dfrac{E^2}{3R_L}$ ④ $\dfrac{E}{R_L}$

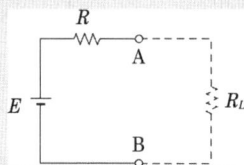

유형분석 최대 전력 전달 조건과 최대 전력의 공식에 관한 문제가 출제된다.

풀 이 ① 최대 전력 전송 조건 : $R_L = R$

② $P_m = I^2 R_L = \left(\dfrac{E}{R+R}\right)^2 R = \dfrac{E^2}{4R}$ [W]   **답** ①

Key point

$Z_g = R_g$, $Z_L = R_L$인 경우 $R_L = R_g$, $P_{\max} = \dfrac{E_g^2}{4R_g}$

문제 07 ★★☆

그림과 같이 전압 E와 저항 R로 된 회로의 단자 A, B 간에 적당한 저항 R_L을 접속하여 R_L에서 소비되는 전력을 최대로 되게 하고자 한다. R_L을 어떻게 하면 되는가?

① R ② $\dfrac{3}{2}R$

③ $\dfrac{1}{2}R$ ④ $2R$

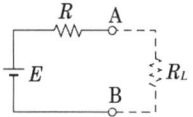

풀이 최대 전력 전송 조건은 임피던스 정합, 즉 $R = R_L$이 되어야 한다.   **답** ①

문제 08 ★

그림과 같은 회로에서 부하 R_L에서 소비되는 최대 전력[W]은?

① 50
② 125
③ 250
④ 500

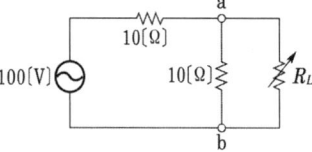

풀이 테브난의 등가 회로를 그리면

최대 전력은 $P_m = \dfrac{V^2}{4R} = \dfrac{50^2}{4 \times 5} = 125[\text{W}]$

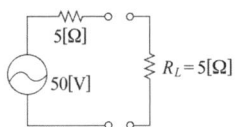

답 ②

문제 09 ★★☆

부하 저항 R_L이 전원의 내부 저항 R_0의 3배가 되면 부하 저항 R_L에서 소비되는 전력 P_L은 최대 전송 전력 P_m의 몇 배인가?

① 0.89 ② 0.75
③ 0.5   ④ 0.3

풀이
$P_L = I^2 R_L = \left(\dfrac{V_g}{R_0 + R_L}\right)^2 \cdot R_L = \left(\dfrac{V_g}{R_0 + 3R_0}\right)^2 \times 3R_0 = \dfrac{3}{16} \cdot \dfrac{V_g^2}{R_0}$

$P_{\max} = \dfrac{V_g^2}{4R_0}$

$\therefore \dfrac{P_L}{P_{\max}} = \dfrac{\dfrac{3}{16} \cdot \dfrac{V_g^2}{R_0}}{\dfrac{1}{4} \cdot \dfrac{V_g^2}{R_0}} = \dfrac{12}{16} = 0.75[\text{배}]$

답 ②

05 출제기준 – 결합회로

1 결합계수

1) 상호 인덕턴스의 크기

그림과 같이 1차측의 전류 i_1에 의하여 2차측에 유기되는 상호 유도 전압 e_{12}는

$$e_{12} = \pm M \frac{di_1}{dt}$$

M: 상호인덕턴스, di_1: 전류의 변화량, dt: 시간의 변화량

여기서 M을 상호 인덕턴스라 한다.

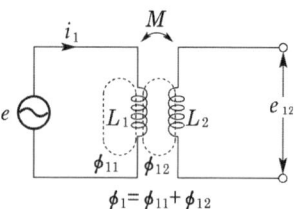

2) 상호 인덕턴스의 극성

상호 유도 전압의 극성은 두 코일에서 생기는 자속이 합쳐지는 방향이면 +, 반대방향이면 −가 된다.

3) 결합계수

두 코일의 자기 인덕턴스가 L_1, L_2이고 상호 인덕턴스가 M인 경우 결합 계수 k는

$$k = \frac{M}{\sqrt{L_1 L_2}} \quad (0 \le k \le 1)$$

L_1, L_2 : 자기인덕턴스, M : 상호인덕턴스

2 인덕턴스의 접속

1) 직렬 접속

그림과 같은 직렬 접속인 경우 합성 인덕턴스 L_0는

$$L_0 = L_1 + L_2 \pm 2M$$

M의 부호는 화동결합이면 +, 차동결합이면 −이다.

(a) 화동결합　　　(b) 차동결합

2) 병렬 접속

그림과 같은 병렬 접속인 경우 합성 인덕턴스 L_0는,

$$L_0 = \frac{L_1 L_2 - M^2}{L_1 + L_2 \pm 2M}$$ L_1, L_2 : 자기인덕턴스, M : 상호인덕턴스

분모의 M의 부호는 화동 결합이면 $-$, 차동 결합이면 $+$이다.

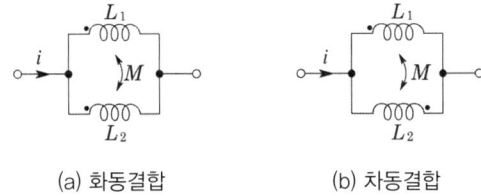

(a) 화동결합   (b) 차동결합

3 브리지 회로

평형 조건은
$$Z_1 I_1 = Z_3 I_2, \quad Z_2 I_1 = Z_4 I_2$$
$$\therefore \frac{I_1}{I_2} = \frac{Z_3}{Z_1} = \frac{Z_4}{Z_2}$$

따라서 $Z_1 Z_4 = Z_2 Z_3$ Z_1, Z_2, Z_3, Z_4 : 임피던스

◀◀◀ 완벽대비 전기산업기사필기

필수유형 및 과년도문제

필수 01 ★★★ 결합계수

인덕턴스 L_1, L_2가 각각 3[mH], 6[mH]인 두 코일 간의 상호 인덕턴스 M이 4[mH]라고 하면 결합 계수 k는?

① 약 0.94   ② 약 0.44   ③ 약 0.89   ④ 약 1.12

유형분석 결합계수에 관련된 문제가 출제된다.

풀이 $k = \dfrac{M}{\sqrt{L_1 L_2}} = \dfrac{4}{\sqrt{3 \times 6}} ≒ 0.94$

답 ①

Key point

두 코일의 자기 인덕턴스가 L_1, L_2이고 상호 인덕턴스가 M인 경우 결합 계수 k는,

$k = \dfrac{M}{\sqrt{L_1 L_2}} \ (0 \le k \le 1)$

필수 02 ★★ 인덕턴스의 접속

그림과 같은 회로에서 a, b 간의 합성 인덕턴스 L_0의 값은?

① $L_1 + L_2 + L$
② $L_1 + L_2 - 2M + L$
③ $L_1 + L_2 + 2M + L$
④ $L_1 + L_2 - M + L$

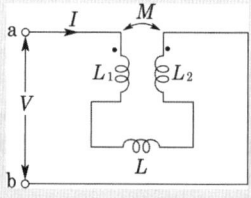

유형분석 직렬 및 병렬회로의 인덕턴스 계산 문제가 출제된다.

풀이

화동결합 $L = L_1 + L_2 + 2M$ 차동결합 $L = L_1 + L_2 - 2M$

(•와 전류의 방향에 따라 상호 인덕턴스는 $+2M$ 또는 $-2M$이 된다.)

답 ②

Key point

(1) 직렬 접속 : $L_0 = L_1 + L_2 \pm 2M$

M의 부호는 화동 결합이면 +, 차동 결합이면 −이다.

(2) 병렬 접속 : $L_0 = \dfrac{L_1 L_2 - M^2}{L_1 + L_2 \pm 2M}$

분모의 M의 부호는 화동 결합이면 −, 차동 결합이면 +이다.

문제 01 ★★

그림과 같이 고주파 브리지를 가지고 상호 인덕턴스를 측정하고자 한다. 그림 (a)와 같이 접속하면 합성 자기 인덕턴스는 30[mH]이고, (b)와 같이 접속하면 14[mH]이다. 상호 인덕턴스[mH]는?

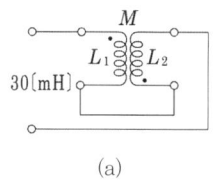 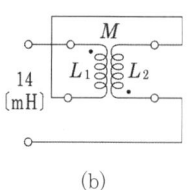

(a)   (b)

① 2   ② 4   ③ 3   ④ 16

풀이 상호 인덕턴스를 M이라 하면 그림 (a), (b)에서

$30 = L_1 + L_2 + 2M$ ············· ①
$14 = L_1 + L_2 - 2M$ ············· ②

식 ①, ②에서 $M = \dfrac{1}{4}(30 - 14) = 4[\text{mH}]$

답 ②

문제 02 ★★★

그림의 회로에서 합성 인덕턴스는?

① $\dfrac{L_1 L_2 + M^2}{L_1 + L_2 - 2M}$ ② $\dfrac{L_1 L_2 - M^2}{L_1 + L_2 - 2M}$

③ $\dfrac{L_1 L_2 + M^2}{L_1 + L_2 + 2M}$ ④ $\dfrac{L_1 L_2 - M^2}{L_1 + L_2 + 2M}$

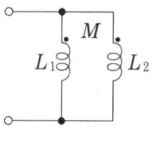

풀이 병렬 접속형의 등가 회로를 그려보면 그림과 같다.

그러므로 합성 인덕턴스 L_0는

$$L_0 = M + \dfrac{(L_1 - M)(L_2 - M)}{(L_1 - M) + (L_2 - M)} = \dfrac{L_1 L_2 - M^2}{L_1 + L_2 - 2M}$$

답 ②

03 ★ 브리지 회로

그림과 같은 브리지 회로가 평형하기 위한 Z의 값은?

① $2+j4$
② $-2+j4$
③ $4+j2$
④ $4-j2$

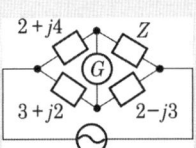

유형분석 브리지 평형 조건을 이용하여 계산하는 문제가 출제된다.

풀 이 $Z(3+j2) = (2+j4)(2-j3)$

$$\therefore Z = \frac{(2+j4)(2-j3)}{3+j2} = \frac{(16+j2)(3-j2)}{(3+j2)(3-j2)} = 4-j2$$

답 ④

Key point

평형 조건은 $Z_1 Z_4 = Z_2 Z_3$

문제 03 ☆ 다음 그림과 같은 교류 브리지 회로에서 Z_0에 흐르는 전류가 0이 되려면 각 임피던스는 어떤 조건이어야 하는가?

① $Z_1 Z_2 = Z_3 Z_4$
② $Z_1 Z_2 = Z_3 Z_0$
③ $Z_2 Z_3 = Z_1 Z_0$
④ $Z_2 Z_3 = Z_1 Z_4$

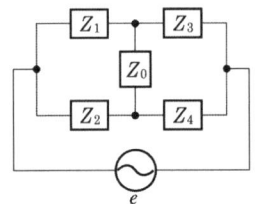

풀이 평형이 되었을 경우는 $Z_3 I_1 = Z_4 I_2$이므로
$Z_1/Z_2 = Z_3/Z_4$ 혹은 $Z_1 Z_4 = Z_2 Z_3$

답 ④

문제 04 ★★★ 그림과 같은 캠벨 브리지(Campbell bridge) 회로에 있어서 I_2가 0이 되기 위한 C의 값은?

① $\dfrac{1}{\omega L}$
② $\dfrac{1}{\omega^2 L}$
③ $\dfrac{1}{\omega M}$
④ $\dfrac{1}{\omega^2 M}$

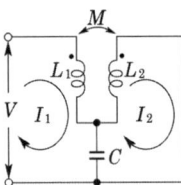

[풀이] 2차 회로의 전압 방정식은 $(j\omega L_2 - j\omega M)I_2 + \left(j\omega M - j\dfrac{1}{\omega C}\right)(I_2 - I_1) = 0$ 이므로

$$\left(-j\omega M + j\dfrac{1}{\omega C}\right)I_1 + \left(j\omega L_2 - j\dfrac{1}{\omega C}\right)I_2 = 0$$

$I_2 = 0$ 가 되려면 I_1 의 계수가 0이어야 하므로

$$-j\omega M + j\dfrac{1}{\omega C} = 0$$

$$\therefore C = \dfrac{1}{\omega^2 M}$$

답 ④

06 출제기준 – 회로망

1 키르히호프의 법칙 (Kirchhoff's Law)

1) 제1법칙 (전류 법칙 : K·C·L)

$$\sum_{k=1}^{n} I_k = 0$$

회로망 중에서 임의의 한 점에서 들어오는 전류의 합은 나가는 전류의 합과 같다.

2) 제2법칙 (전압 법칙 : K·V·L)

$$\sum_{k=1}^{n} V_k = \sum_{k=1}^{n} I_k Z_k$$

회로망 중에서 임의의 한 폐회로에서 기전력의 합은 전압강하의 합과 같다.

2 중첩의 원리

회로망 내에 다수의 기전력이 동시에 존재할 때 회로 전류는 각 기전력이 각각 단독으로 그 위치에 존재할 때 흐르는 전류의 합이다.

1) 전압원

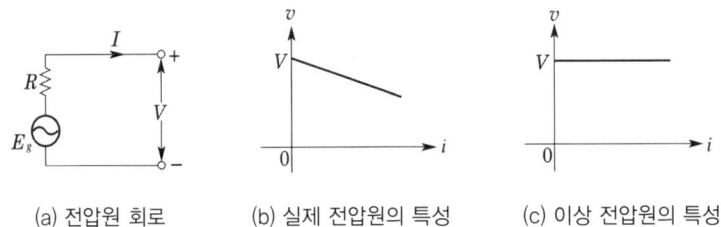

(a) 전압원 회로   (b) 실제 전압원의 특성   (c) 이상 전압원의 특성

① 실제 전압원 : 그림 (a), (b)와 같이 내부 저항을 포함하는 전압원
② 이상 전압원 : 그림 (c)와 같은 특성으로 내부 전압이 0인 전압원

2) 전류원

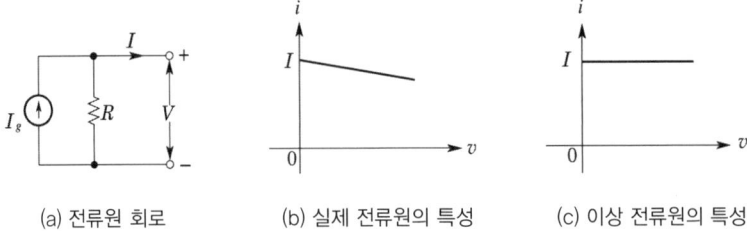

(a) 전류원 회로   (b) 실제 전류원의 특성   (c) 이상 전류원의 특성

① 실제 전류원 : 그림 (a), (b)와 같이 내부 저항을 포함하는 전류원
② 이상 전류원 : 그림 (c)와 같은 특성으로 내부 저항이 ∞인 전류원

3) 등가 회로

그림 (a)와 (b)는 서로 등가이다.

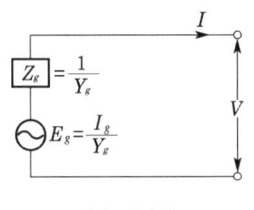
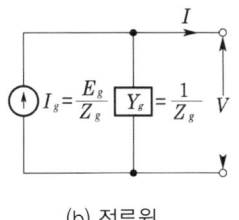

(a) 전압원   (b) 전류원

3 테브낭의 정리 (Thevenin's theorem)

$$I = \frac{V}{Z_g + Z_L}$$

V : 단자 a, b 양단에 나타나는 전압
Z_g : 단자 a, b에서 본 합성 임피던스
Z_L : 부하 임피던스

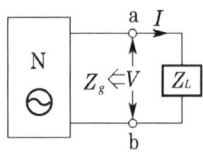

4 밀만의 정리 (Millman's theorem)

밀만의 정리는 중성점 전압을 구하는데 사용된다. 전력공학의 중성점 전위 산출 공식도 밀만의 정리로 증명된다.

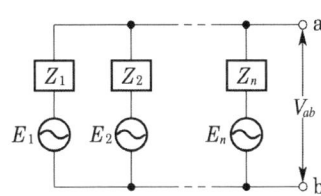

$$V_{ab} = \frac{\sum_{k=1}^{n} I_k}{\sum_{k=1}^{n} Y_k} = \frac{\sum_{k=1}^{n} \frac{V_k}{Z_k}}{\sum_{k=1}^{n} \frac{1}{Z_k}} = \frac{\frac{V_1}{Z_1} + \frac{V_2}{Z_2} + \cdots + \frac{V_n}{Z_n}}{\frac{1}{Z_1} + \frac{1}{Z_2} + \cdots + \frac{1}{Z_n}}$$

5 가역 정리

1) 상반 정리 : reciprocal theorem

임의의 회로망에서 j지로에 기전력 E_j만 존재할 때 k지로에 I_k 전류가 흐르고, k지로에 기전력 E_k만 존재할 때 j지로에 I_j 전류가 흐른다면 $E_j I_j = E_k I_k$가 성립한다.

06 필수유형 및 과년도문제

필수 01 ★★ 키르히호프의 법칙(Kirchhoff's Law)

다음에서 전류 i_5는?

① 37[A]
② 47[A]
③ 57[A]
④ 67[A]

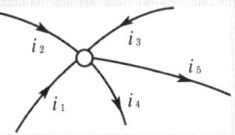

$i_1 = 40[A]$, $i_2 = 12[A]$
$i_3 = 15[A]$, $i_4 = 10[A]$

유형분석 전류 법칙에 관한 문제가 계산 문제로 출제된다.

풀이 키르히호프의 1법칙 $i_1 + i_2 + i_3 - i_4 - i_5 = 0$
∴ $i_5 = i_1 + i_2 + i_3 - i_4 = 40 + 12 + 15 - 10 = 57[A]$

답 ③

Key point

- 전류법칙 : 회로망 중에서 임의의 한 점에서 들어오는 전류의 합은 나가는 전류의 합과 같다.
- 전압법칙 : 회로망 중에서 임의의 한 폐회로에서 기전력의 합은 전압강하의 합과 같다.

필수 02 ★★ 중첩의 원리

여러 개의 기전력을 포함하는 선형 회로망 내의 전류 분포는 각 기전력이 단독으로 그 위치에 있을 때 흐르는 전류 분포의 합과 같다는 것은?

① 키르히호프(Kirchhoff) 법칙이다.
② 중첩의 원리이다.
③ 테브낭(Thevenin)의 정리이다.
④ 노튼(Norton)의 정리이다.

유형분석 중첩의 원리의 정의와 이를 이용하여 계산하는 문제가 출제된다.

풀이 여러 개의 전압원과 전류원이 함께 존재하는 회로망에서 회로 전류는 각 전압원이나 전류원이 각각 단독으로 존재할 때 흐르는 전류를 합한 것과 같으며 이것을 중첩의 원리라고 한다.

답 ②

Key point

회로망 내에 다수의 기전력이 동시에 존재할 때 회로 전류는 각 기전력이 각각 하나씩 만 있다고 가정하여 전류를 구한 다음, 위치에 존재할 때 흐르는 전류의 합이다. 이때 제거되는 전압원은 단락하며, 제거되는 전류원은 개방한다.

문제 01 ★★☆ 선형 회로에 가장 관계가 있는 것은?

① 키르히호프의 법칙 ② 중첩의 원리
③ $V = RI^2$ ④ 패러데이의 전자 유도 법칙

풀이 ▶ 중첩의 원리는 선형 회로인 경우에만 적용한다.   답 ②

문제 02 ★ 그림에서 10[Ω]의 저항에 흐르는 전류는 몇 [A]인가?

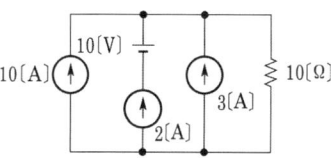

① 16 ② 15 ③ 14 ④ 13

풀이 ▶ 중첩의 정리에 의해 $I_R = 10 + 2 + 3 = 15$[A]   답 ②

문제 03 ★★★★★ 그림에서 저항 20[Ω]에 흐르는 전류는 몇 [A]인가?

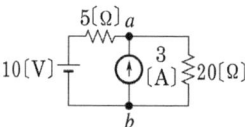

① 0.4 ② 1 ③ 3 ④ 3.4

풀이 ▶ 중첩의 원리에 의하여

10[V]에 의한 전류 : $I_1 = \dfrac{10}{5+20} = 0.4$[A]

3[A]에 의한 전류 : $I_2 = \dfrac{5}{5+20} \times 3 = 0.6$[A]

∴ $I = I_1 + I_2 = 0.4 + 0.6 = 1.0$[A]   답 ②

문제 04 ★★★★★ 그림과 같은 회로에서 전류 I[A]를 구하면?

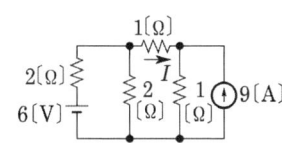

① 2   ② -2 ③ -4 ④ 4

풀이

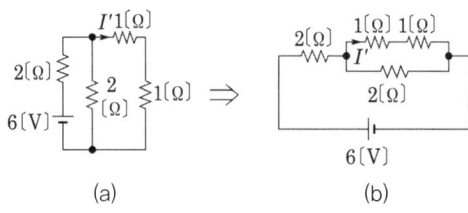

그림 (a), (b)에서 전류원 개방 시 I'는 $I' = \dfrac{6}{2+\dfrac{(1+1)\times 2}{(1+1)+2}} \cdot \dfrac{2}{(1+1)+2} = 1$[A]

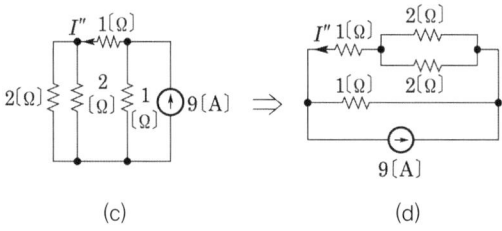

그림 (c), (d)에서 전압원 단락 시 I''는 $I'' = 9 \times \dfrac{1}{\left(1+\dfrac{2\times 2}{2+2}\right)+1} = 3$[A]

전 전류 I는 I'과 I''의 방향이 반대이므로 $I = I' - I'' = 1 - 3 = -2$[A]

답 ②

문제 05 ★★★ 그림과 같은 회로에서 전압 v[V]는?

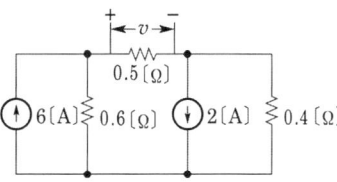

① 약 0.93   ② 약 0.6   ③ 약 1.47   ④ 약 1.5

풀이

$6 \times \dfrac{0.6}{0.6+0.9} = 2.4$, $2 \times \dfrac{0.4}{1.1+0.4} = 0.53$

$(2.4+0.53) \times 0.5 \fallingdotseq 1.47$

답 ③

03 ★★★★★ 테브낭의 정리 (Thevenin's theorem)

테브낭 정리를 써서 그림 (a)의 회로를 그림 (b)와 같은 등가 회로로 만들고자 한다.
E[V]와 R[Ω]을 구하면?

① 3, 2
② 5, 2
③ 5, 5
④ 3, 1.2

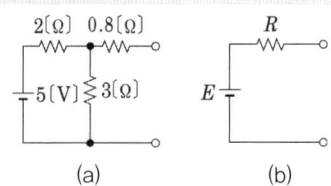

유형분석 자주 나오는 문제 중의 하나이다. 노튼 정리와 더불어 기억한다.

풀 이 $E = 5 \times \dfrac{3}{3+2} = 3[V], \quad R = 0.8 + \dfrac{2 \times 3}{2+3} = 2[\Omega]$

답 ①

Key point

$$I = \dfrac{V}{Z_g + Z_L}$$

문제 06 ★

그림에서 a, b 단자의 전압이 50[V], a, b 단자에서 본 능동회로망의 임피던스가 $Z = 6 + j8[\Omega]$일 때 a, b 단자에 임피던스 $\dot{Z} = 2 - j2[\Omega]$을 접속하면 이 임피던스에 흐르는 전류[A]는 얼마인가?

① $4 - j3$
② $4 + j3$
③ $3 - j4$
④ $3 + j4$

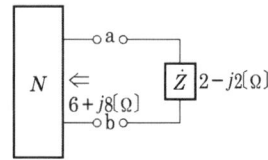

풀이 테브낭의 등가 회로는 다음과 같다.
$\dot{I} = \dfrac{V}{Z_1 + Z'} = \dfrac{50}{6 + j8 + 2 - j2} = 4 - j3[A]$

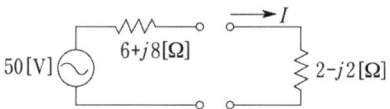

답 ①

문제 07 ★★★★☆

그림에서 저항 0.2[Ω]에 흐르는 전류 [A]는?

① 0.1
② 0.2
③ 0.3
④ 0.4

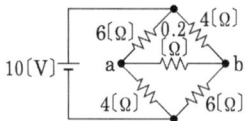

풀이 그림과 같은 등가 회로로 그려보면 테브낭 정리를 이용할 수 있다.
a, b를 개방했을 때 전압 V_T는 a'와 b' 간의 전위차이므로

$$V_T = V_b' - V_a' = 10 \times \frac{6}{4+6} - 10 \times \frac{4}{4+6} = 2[V]$$

다음, 전원을 단락하고 a, b에서 본 저항 R_T는

$$R_T = \frac{6 \times 4}{6+4} + \frac{6 \times 4}{6+4} = 4.8[\Omega]$$

$$\therefore I = \frac{V_T}{R_T + R} = \frac{2}{4.8+0.2} = 0.4[A]$$

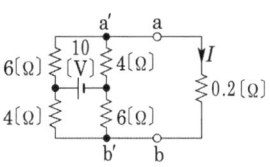

답 ④

문제 08
그림의 회로에서 단자 a, b에 3[Ω]의 저항을 연결할 때 저항에서의 소비 전력은 몇 [W]인가?

① 1/12
② 1/3
③ 1
④ 12

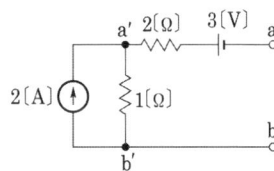

풀이 문제의 그림에서 전류원을 전압원으로 등가하면

전류는 $I = \frac{1}{6}[A]$

그러므로 전력은 $P = I^2 R$에서

$$P = \left(\frac{1}{6}\right)^2 \cdot 3 = \frac{3}{36} = \frac{1}{12}[W]$$

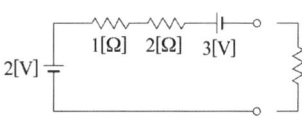

답 ①

04 밀만의 정리 (Millman's theorem)

다음 회로의 단자 a, b에 나타나는 전압[V]은 얼마인가?

① 9
② 10
③ 12
④ 3

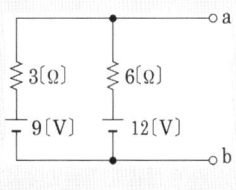

유형분석 자주 출제되는 문제로, 밀만의 정리 공식과 계산 문제가 출제된다.

풀이 밀만의 정리를 사용하여

$$E_{ab} = \frac{E_1 Y_1 + E_2 Y_2}{Y_1 + Y_2} = \frac{\frac{9}{3} + \frac{12}{6}}{\frac{1}{3} + \frac{1}{6}} = 10[V]$$

답 ②

Key point

$$V_{ab} = \frac{\sum_{k=1}^{n} I_k}{\sum_{k=1}^{n} Y_k} = \frac{\sum_{k=1}^{n} \frac{V_k}{Z_k}}{\sum_{k=1}^{n} \frac{1}{Z_k}} = \frac{\frac{V_1}{Z_1} + \frac{V_2}{Z_2} + \cdots + \frac{V_n}{Z_n}}{\frac{1}{Z_1} + \frac{1}{Z_2} + \cdots + \frac{1}{Z_n}}$$

문제 09 ★★★

그림과 같은 회로에서 $E_1 = 110[V]$, $E_2 = 120[V]$, $R_1 = 1[\Omega]$, $R_2 = 2[\Omega]$일 때 a, b 단자에 5[Ω]의 R_3를 접속하였을 때 a, b 간의 전압 $V_{ab}[V]$은?

① 85
② 90
③ 100
④ 105

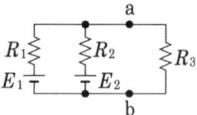

풀이 밀만의 정리를 적용하면

$$V_{ab} = \frac{\frac{E_1}{R_1} + \frac{E_2}{R_2}}{\frac{1}{R_1} + \frac{1}{R_2} + \frac{1}{R_3}} = \frac{\frac{110}{1} + \frac{120}{2}}{\frac{1}{1} + \frac{1}{2} + \frac{1}{5}} = \frac{1700}{17} = 100[V]$$

답 ③

필수 05 ★★★☆
가역 정리

그림과 같은 선형 회로망에서 단자 a, b 간에 100[V]의 전압을 가할 때 c, d에 흐르는 전류가 5[A]이었다. 반대로 같은 회로에서 c, d 간에 50[V]를 가하면 a, b에 흐르는 전류[A]는?

① 2.5
② 10
③ 25
④ 50

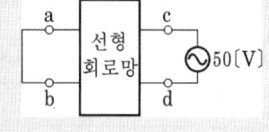

유형분석 기본 문제를 기억한다.

풀이 가역 정리에 의하여 $E_1 I_1 = E_2 I_2$이므로 $I_1 = \frac{E_2}{E_1} I_2 = \frac{50}{100} \times 5 = 2.5[A]$

답 ①

Key point

임의의 회로망에서 j지로에 기전력 E_j만 존재할 때 k지로에 I_k 전류가 흐르고, k지로에 기전력 E_k만 존재할 때 j지로에 I_j 전류가 흐른다면 $E_j I_j = E_k I_k$가 성립한다.

07 출제기준 – 다상 교류

1 성형전압과 환상전압의 관계

1) 대칭 3상 교류의 상전압과 선간전압

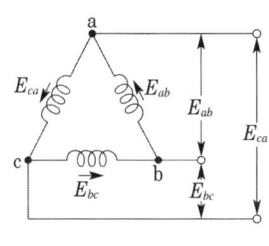
(a) △결선

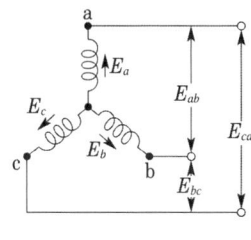
(b) Y결선

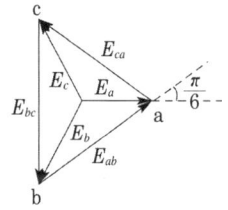
(c) 상전압과 선간 전압의 관계

① △결선인 경우(그림 (a))
   상전압 = 선간 전압

② Y결선인 경우(그림 (b), (c))

   Y 결선 : 선간 전압은 상전압의 $\sqrt{3}$ 배 크며 위상은 30° 앞선다.

$$E_{ab} = E_a - E_b = E_a(1-a^2) = \sqrt{3}\,E_a \angle \frac{\pi}{6}$$

$$E_{bc} = E_b - E_c = E_b(1-a^2) = \sqrt{3}\,E_b \angle \frac{\pi}{6}$$

$$E_{ca} = E_c - E_a = E_c(1-a^2) = \sqrt{3}\,E_c \angle \frac{\pi}{6}$$

2) 대칭 3상 교류의 상전류와 선전류

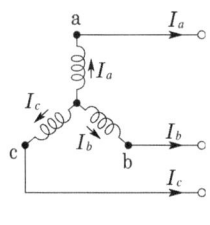
(a) Y결선

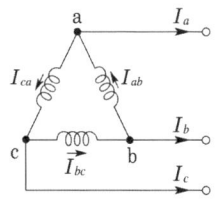
(b) △결선

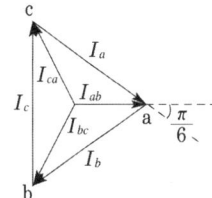
(c) 상전류와 선전류의 관계

① △결선인 경우(그림 (b), (c))

> △ 결선 : 선전류가 상전류보다 $\sqrt{3}$배 크며 위상은 30° 뒤진다.

$$I_a = I_{ab} - I_{ca} = I_{ab}(1-a) = \sqrt{3}\, I_{ab} \angle -\frac{\pi}{6}$$

$$I_b = I_{bc} - I_{ab} = I_{bc}(1-a) = \sqrt{3}\, I_{bc} \angle -\frac{\pi}{6}$$

$$I_c = I_{ca} - I_{bc} = I_{ca}(1-a) = \sqrt{3}\, I_{ca} \angle -\frac{\pi}{6}$$

② Y결선인 경우(그림 (a))
  상전류 = 선전류

2 360/n 씩 위상차를 가진 대칭 n상 기전력의 기호 표기법

1) Y 결선

전압 : $V_l = 2\sin\dfrac{\pi}{n} V_p$, 전류 : $I_l = I_p$

위상 : $\theta = \dfrac{\pi}{2} - \dfrac{\pi}{n}$ 만큼 선간전압이 앞선다.

2) △결선

전압 : $V_l = V_p$, 전류 : $I_l = 2\sin\dfrac{\pi}{n} I_p$

위상 : $\theta = \dfrac{\pi}{2} - \dfrac{\pi}{n}$ 만큼 선전류가 뒤진다.

V_l : 선간전압, V_p : 상전압, θ : 위상차, n : 상수, I_l : 선전류, I_p : 상전류

3 3상 Y결선 부하의 경우

$I_l = I_p$, $V_l = \sqrt{3}\, V_p \angle +30°$

4 3상 △결선 부하의 경우

$V_l = V_p$, $I_l = \sqrt{3}\, I_p \angle -30°$

5 다상 교류의 전력

1) n 상 회로의 유효 전력

$$P = n V_p I_p \cos\theta = \frac{n}{2\sin\frac{\pi}{n}} V_l I_l \cos\theta [\text{W}]$$

2) 3상 회로

① 유효 전력 : $P = 3 V_p I_p \cos\theta = \sqrt{3} V_l I_l \cos\theta = 3 I_p^2 R [\text{W}]$

② 무효 전력 : $P_r = 3 V_p I_p \sin\theta = \sqrt{3} V_l I_l \sin\theta = 3 I_p^2 X [\text{Var}]$

③ 피상 전력 : $P_a = 3 V_p I_p = \sqrt{3} V_l I_l = \sqrt{P^2 + P_r^2} = 3 I_p^2 Z [\text{VA}]$

3) 2전력계법에 의한 전력의 측정

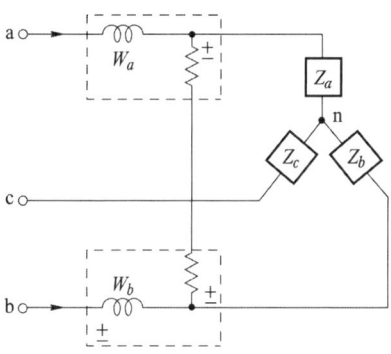 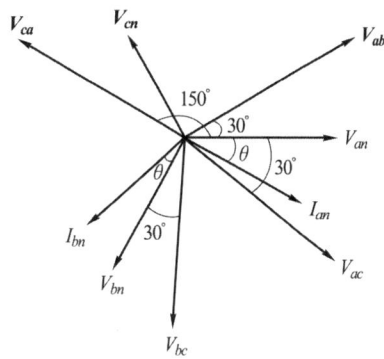

① 유효전력 $P = W_a + W_b$

② 무효전력 $P_r = \sqrt{3}(W_a - W_b)$

③ 역률 $\cos\theta = \dfrac{P}{P_a}$

$= \dfrac{W_a + W_b}{2\sqrt{W_a^2 + W_b^2 - W_a W_b}}$

2전력계법에서 역률은 다음과 같다.
• 양 전력계의 지시가 같으면 1
• 양 전력계의 지시가 어느 한쪽이 2배이면 0.866
• 양 전력계의 지시가 어느 한쪽이 3배이면 0.756
• 양 전력계중 어느 한쪽이 0 이면 0.5

W_a : a 상 전력계의 지시값
W_b : b 상 전력계의 지시값
P : 유효전력, P_a : 피상전력, P_r : 무효전력

6 3상 교류의 복소수에 의한 표시

$$e_a = \sqrt{2} E \sin\omega t, \quad e_b = \sqrt{2} E \sin\left(\omega t - \frac{2\pi}{3}\right), \quad e_c = \sqrt{2} E \sin\left(\omega t - \frac{4\pi}{3}\right)$$

기호법으로 표시하면,

$$E_a = E = E\angle 0$$

$$E_b = Ee^{-j\frac{2\pi}{3}} = E\angle -\frac{2\pi}{3}$$

$$E_c = Ee^{-j\frac{4\pi}{3}} = E\angle -\frac{4\pi}{3}$$

7 성형, 환상결선 사이의 환산

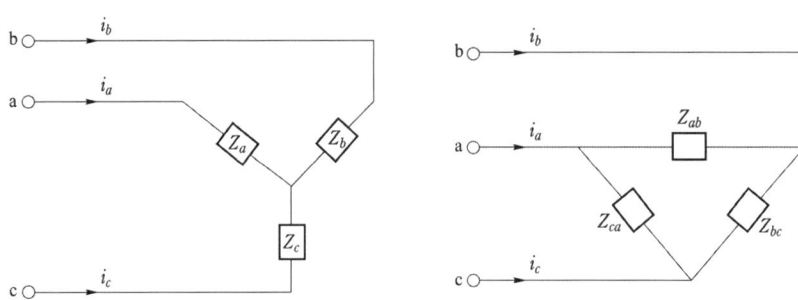

1) △결선을 Y결선으로 변환 같은 크기의 임피던스를 △결선에서 Y 결선으로 등가하면 $\frac{1}{3}$배로 된다.

$$Z_a = \frac{Z_{ca}Z_{ab}}{Z_{ab}+Z_{bc}+Z_{ca}}, \quad Z_b = \frac{Z_{ab}Z_{bc}}{Z_{ab}+Z_{bc}+Z_{ca}}, \quad Z_c = \frac{Z_{bc}Z_{ca}}{Z_{ab}+Z_{bc}+Z_{ca}}$$

2) Y 결선을 △ 결선으로 변환

$$Z_{ab} = \frac{Z_aZ_b+Z_bZ_c+Z_cZ_a}{Z_c}, \quad Z_{bc} = \frac{Z_aZ_b+Z_bZ_c+Z_cZ_a}{Z_a}$$

$$Z_{ca} = \frac{Z_aZ_b+Z_bZ_c+Z_cZ_a}{Z_b}$$

8 평형 3상 회로의 전력

① 유효전력 $P = 3\dfrac{V_P^2 R}{R^2+X^2}$ ② 무효전력 $P_r = 3\dfrac{V_P^2 X}{R^2+X^2}$

③ 피상전력 $P_a = 3\dfrac{V_P^2\sqrt{R^2+X^2}}{R^2+X^2}$

3상 전력은 단상 전력의 3배이다. 여기서 V_P : 상전압이 되어야 함을 반드시 기억한다.

07 필수유형 및 과년도문제

필수 01 ☆ 성형전압과 환상전압의 관계

Y결선의 전원에서 각 상전압이 100[V]일 때 선간 전압[V]은?

① 143　　② 151　　③ 173　　④ 193

유형분석 선간전압과 상전압의 $\sqrt{3}$ 배에 관한 문제가 출제된다.

풀이 $V_l = \sqrt{3}\,V_p = \sqrt{3} \times 100 = 173[V]$　　답 ③

Key point

(1) Y 결선 $I_l = I_p$, $V_l = \sqrt{3}\,V_p \angle +30°$
(2) △ 결선 $V_l = V_p$, $I_l = \sqrt{3}\,I_p \angle -30°$

문제 01 ★★★★★

대칭 3상 Y결선 부하에서 각 상의 임피던스가 $Z = 16 + j12[\Omega]$이고 부하 전류가 10[A]일 때, 이 부하의 선간 전압[V]은?

① 235.4　　② 346.4　　③ 456.7　　④ 524.4

풀이 Y결선 선간 전압 = $\sqrt{3} \times$ 상전압
상전압 = 부하 전류 × 1상 임피던스 = $10 \times \sqrt{16^2 + 12^2} = 200[V]$
∴ $V_l = \sqrt{3}\,V_p = 200\sqrt{3}[V] = 346.4[V]$　　답 ②

필수 02 ★★★★☆ 360/n 씩 위상차를 가진 대칭 n상 기전력의 기호 표기법

12상 Y결선 상전압이 100[V]일 때 단자 전압[V]은?

① 75.88　　② 25.88　　③ 100　　④ 51.76

유형분석 대칭 n상의 선간전압과 상전압의 관계, 위상차의 문제가 출제된다.

풀이 $V_l = 2V_p \sin\dfrac{\pi}{n} = 2 \times 100 \times \sin\dfrac{\pi}{12} = 51.76[V]$　　답 ④

Key point

(1) Y 결선
- 전압 : $V_l = 2\sin\dfrac{\pi}{n} V_p$, 전류 : $I_l = I_p$
- 위상 : $\theta = \dfrac{\pi}{2} - \dfrac{\pi}{n}$ 만큼 선간전압이 앞선다.

(2) △결선
- 전압 : $V_l = V_p$, 전류 : $I_l = 2\sin\dfrac{\pi}{n} I_p$
- 위상 : $\theta = \dfrac{\pi}{2} - \dfrac{\pi}{n}$ 만큼 선전류가 뒤진다.

문제 02 ★☆ 다상 교류 회로의 설명 중 잘못된 것은? 단, $n =$ 상수이다.

① 평형 3상 교류에서 △결선의 상전류는 선전류의 $\dfrac{1}{\sqrt{3}}$ 과 같다.

② n상 전력 $P = \dfrac{1}{2\sin\dfrac{\pi}{n}} V_l I_l \cos\theta$이다.

③ 성형 결선에서 선간 전압과 상전압과의 위상차는 $\dfrac{\pi}{2}\left(1 - \dfrac{2}{n}\right)$[rad]이다.

④ 비대칭 다상 교류가 만드는 회전자계는 타원 회전자계이다.

풀이 $P = \dfrac{n}{2\sin\dfrac{\pi}{n}} V_l I_l \cos\theta$[W]   **답** ②

필수 03 ★☆ 3상 Y결선 부하의 경우

$Z = 8 + j6$[Ω]인 평형 Y부하에 선간 전압 200[V]인 대칭 3상 전압을 가할 때 선전류 [A]는?

① 11.5　　② 10.5　　③ 7.5　　④ 5.5

유형분석 선전류를 구하는 문제가 출제된다.

풀이 $I_l = I_p = \dfrac{V_p}{Z} = \dfrac{\frac{200}{\sqrt{3}}}{8 + j6} = 11.5$[A]

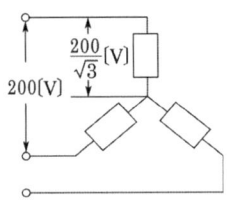

답 ①

Key point

$I_l = I_p$, $V_l = \sqrt{3}\, V_p \angle +30°$

문제 03 그림과 같은 불평형 Y형 회로에 평형 3상 전압을 가할 경우 중성점의 전위는?

① $\dfrac{E_1 + E_2 + E_3}{Z_1 + Z_2 + Z_3}$

② $\dfrac{Z_1 E_1 + Z_2 E_2 + Z_3 E_3}{Z_1 + Z_2 + Z_3}$

③ $\dfrac{E_1 + E_2 + E_3}{Y_1 + Y_2 + Y_3}$

④ $\dfrac{Y_1 E_1 + Y_2 E_2 + Y_3 E_3}{Y_1 + Y_2 + Y_3}$

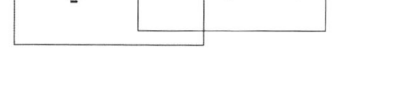

풀이 밀만의 정리

답 ④

필수 04 3상 △결선 부하의 경우

$R[\Omega]$의 3개의 저항을 전압 $V[V]$의 3상 교류 선간에 그림과 같이 접속할 때 선전류는 얼마인가?

① $\dfrac{V}{\sqrt{3}\, R}$ ② $\dfrac{\sqrt{3}\, V}{R}$

③ $\dfrac{V}{3R}$ ④ $\dfrac{3V}{R}$

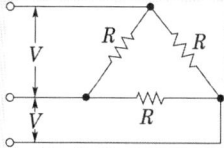

유형분석 선전류와 상전류를 구하는 문제가 출제된다.

풀이 $I_p = \dfrac{V}{R}$, $I_l = \sqrt{3}\, I_p$ 이므로 $I_l = \sqrt{3}\, \dfrac{V}{R}$

답 ②

Key point

△ 결선 $V_l = V_p$, $I_l = \sqrt{3}\, I_p \angle -30°$

필수 05 ★★★ 다상 교류의 전력

대칭 3상 전압을 공급한 3상 유도 전동기에서 각 계기의 지시는 다음과 같다. 유도 전동기의 역률은? 단, $W_1 = 2.36$[kW], $W_2 = 5.95$[kW], $V = 200$[V], $A = 30$[A]이다.

① 0.60
② 0.80
③ 0.65
④ 0.86

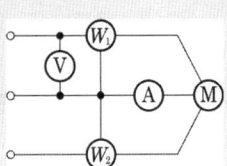

유형분석 2전력계법에 의한 전력 측정 문제가 출제된다.

풀이 전 유효 전력
$$P = W_1 + W_2 = 2360 + 5950 = 8310\text{[W]}$$
전 피상 전력
$$P_a = \sqrt{3}\,VI = \sqrt{3} \times 200 \times 30 = 10392\text{[VA]}$$
$$\therefore \cos\theta = \frac{P}{P_a} = \frac{8310}{10392} \fallingdotseq 0.80$$

답 ②

Key point

① 유효전력 $P = W_a + W_b$
② 무효전력 $P_r = \sqrt{3}\,(W_a - W_b)$
③ 역률 $\cos\theta = \dfrac{P}{P_a} = \dfrac{W_a + W_b}{2\sqrt{W_a^2 + W_b^2 - W_a W_b}}$

문제 04 ★☆ 2전력계법을 써서 3상 전력을 측정하였더니 각 전력계가 +500[W], +300[W]를 지시하였다. 전 전력[W]은?

① 800   ② 200   ③ 500   ④ 300

풀이

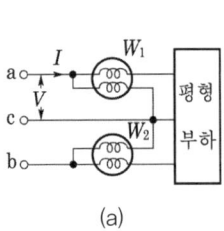
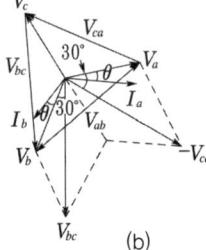

(a) (b)

전원과 부하가 모두 평형일 때 그림 (a)에서 전력계 W_1, W_2의 지시를 각각 P_1, P_2라 하면
소비 전력 $P = P_1 + P_2 = 500 + 300 = 800$[W]

그림 (b)의 벡터도에서
$$P_1 = |V_{ca}||I_a|\cos(30°-\theta)$$
$$P_2 = |V_{bc}||I_b|\cos(30°+\theta)$$
그런데 $|V_{ca}|=|V_{bc}|=V$, $|I_a|=|I_b|=I$ 이므로
$$P = P_1 + P_2 = VI(\cos 30°\cos\theta + \sin 30°\sin\theta) + VI(\cos 30°\cos\theta - \sin 30°\sin\theta)$$
$$= 2VI\cos 30°\cos\theta = \sqrt{3}\,VI\cos\theta$$
즉, 두 개의 전력계로 3상 부하의 유효 전력을 측정할 수 있으며 이를 2전력계법이라 한다. 답 ①

★★☆
문제 05 2개의 전력계에 의한 3상 전력 측정 시 전 3상 전력 W는?

① $\sqrt{3}(|W_1|+|W_2|)$
② $3(|W_1|+|W_2|)$
③ $|W_1|+|W_2|$
④ $\sqrt{W_1^2+W_2^2}$

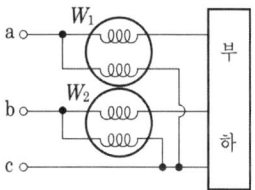

풀이 $P = P_1 + P_2$ [W]   답 ③

06 3상 교류의 복소수에 의한 표시

대칭 3상 교류에서 순시값의 벡터 합은?

① 0 ② 40 ③ 0.577 ④ 86.6

유형분석) 복소수의 표현 방법과 기본 개념을 꼭 기억해야 한다.

풀 이) a상을 기준으로 하면 $e_a + e_b + e_c = e_a + a^2 e_a + a e_a = e_a(1+a^2+a) = 0$
($\because 1+a^2+a = 0$) 답 ①

Key point

$$E_a = E = E\angle 0$$
$$E_b = Ee^{-j\frac{2\pi}{3}} = E\angle -\frac{2\pi}{3}$$
$$E_c = Ee^{-j\frac{4\pi}{3}} = E\angle -\frac{4\pi}{3}$$

필수 07 성형, 환상결선 사이의 환산

9[Ω]과 3[Ω]의 저항 3개를 그림과 같이 연결하였을 때 A, B 사이의 합성저항[Ω]은?

① 6
② 4
③ 3
④ 2

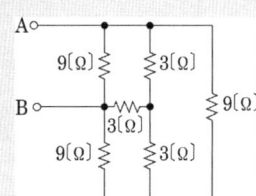

유형분석 등가 변환을 이용한 응용 문제가 출제된다.

풀이

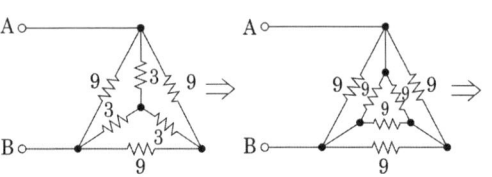

답 ③

Key point

(1) △결선을 Y 결선으로 변환

$$Z_a = \frac{Z_{ca} Z_{ab}}{Z_{ab}+Z_{bc}+Z_{ca}},\ Z_b = \frac{Z_{ab} Z_{bc}}{Z_{ab}+Z_{bc}+Z_{ca}},\ Z_c = \frac{Z_{bc} Z_{ca}}{Z_{ab}+Z_{bc}+Z_{ca}}$$

(2) Y 결선을 △ 결선으로 변환

$$Z_{ab} = \frac{Z_a Z_b + Z_b Z_c + Z_c Z_a}{Z_c},\ Z_{bc} = \frac{Z_a Z_b + Z_b Z_c + Z_c Z_a}{Z_a},\ Z_{ca} = \frac{Z_a Z_b + Z_b Z_c + Z_c Z_a}{Z_b}$$

문제 06 그림과 같은 Y결선 회로와 등가인 △결선 회로의 A, B, C 값은?

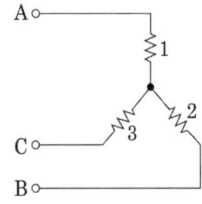 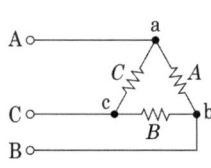

① $A = \dfrac{11}{3},\ B = 11,\ C = \dfrac{11}{2}$ ② $A = \dfrac{7}{3},\ B = 7,\ C = \dfrac{7}{2}$

③ $A = 11,\ B = \dfrac{11}{2},\ C = \dfrac{11}{3}$ ④ $A = 7,\ B = \dfrac{7}{2},\ C = \dfrac{7}{3}$

풀이
$$A = \frac{1\times 2 + 2\times 3 + 3\times 1}{3} = \frac{11}{3}$$
$$B = \frac{1\times 2 + 2\times 3 + 3\times 1}{1} = 11$$
$$C = \frac{1\times 2 + 2\times 3 + 3\times 1}{2} = \frac{11}{2}$$

답 ①

문제 07 ★★★★★ 그림과 같은 회로의 단자 a, b, c에 대칭 3상 전압을 가하여 각 선전류를 같게 하려면 R의 값을 얼마[Ω]로 하면 되는가?

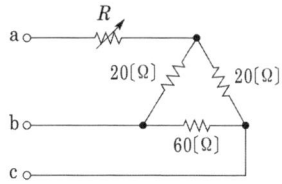

① 2   ② 8   ③ 16   ④ 24

풀이 △저항을 Y저항으로 변환하면

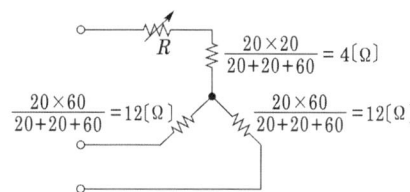

위에서 각 선전류가 같기 위해서는 각 선저항이 같아야 하므로 $R+4=12$라야 한다.
∴ $R = 12 - 4 = 8[\Omega]$

답 ②

문제 08 ★★☆ 대칭 3상 전압을 그림과 같은 평형 부하에 가할 때의 부하의 역률은 얼마인가?
단, $R=9[\Omega]$, $\dfrac{1}{\omega C}=4[\Omega]$이다.

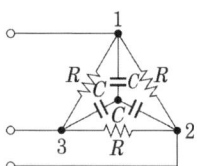

① 1   ② 0.96   ③ 0.8   ④ 0.6

풀이 문제의 회로를 등가 변환하면 그림과 같으며,
그림에서 1상의 어드미턴스 Y는 $Y = \dfrac{1}{3} + j\dfrac{1}{4}[\mho]$

∴ $\cos\theta = \dfrac{X_C}{\sqrt{R^2 + X_C^2}} = \dfrac{4}{\sqrt{3^2 + 4^2}} = 0.8$

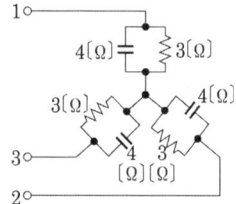

답 ③

08 평형 3상 회로의 전력

그림의 3상 Y결선 회로에서 소비하는 전력[W]은?

① 3072
② 1536
③ 768
④ 512

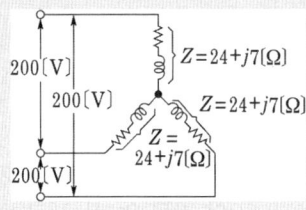

유형분석 단상의 전력에 3배 됨을 기억하면 쉽게 해결할 수 있다.

풀이

$$P = \frac{3V_p^2 R}{R^2 + X^2}[W] = \frac{3\left(\frac{200}{\sqrt{3}}\right)^2 \times 24}{24^2 + 7^2} = 1536[W]$$

답 ②

Key point

① 유효전력 $P = 3\dfrac{V_P^2 R}{R^2 + X^2}$

② 무효전력 $P_r = 3\dfrac{V_P^2 X}{R^2 + X^2}$

③ 피상전력 $P_a = 3\dfrac{V_P^2 \sqrt{R^2 + X^2}}{R^2 + X^2}$

문제 09 부하 단자 전압이 220[V]인 15[kW]의 3상 대칭 부하에 3상 전력을 공급하는 선로 임피던스가 $3 + j2[\Omega]$일 때, 부하가 뒤진 역률 60[%]이면 선전류[A]는?

① 약 $26.2 - j19.7$
② 약 $39.36 - j52.48$
③ 약 $39.39 - j29.54$
④ 약 $19.7 - j26.4$

풀이

$$P = \sqrt{3}\,V_l I_l \cos\theta, \quad I_l = \frac{P}{\sqrt{3}\,V_l \cos\theta} = \frac{15000}{\sqrt{3} \times 220 \times 0.6} = 65.6$$

$$I_l = 65.6(\cos\theta - j\sin\theta) = 65.6(0.6 - j0.8) = 39.36 - j52.48[A]$$

답 ②

문제 10 한 상의 임피던스가 $3 + j4[\Omega]$인 평형 △ 부하에 대칭인 선간 전압 200[V]를 가할 때 3상 전력은 몇 [kW]인가?

① 9.6
② 12.5
③ 14.4
④ 20.5

풀이 상전류 : $I_p = \dfrac{V_p}{Z_p} = \dfrac{200}{\sqrt{3^2+4^2}} = 40[A]$

$\therefore P = 3I_p^2 \cdot R = 3 \times 40^2 \times 3 = 14400[W] = 14.4[kW]$

답 ③

문제 11 ★★★☆

△결선된 부하를 Y결선으로 바꾸면 소비 전력은 어떻게 되겠는가? 단, 선간 전압은 일정하다.

① 3배 ② 9배 ③ $\dfrac{1}{9}$배 ④ $\dfrac{1}{3}$배

풀이 $P_\triangle = 3I^2 R = 3\left(\dfrac{V}{R}\right)^2 R = 3 \cdot \dfrac{V^2}{R}$

다음 Y결선 시 상전압은 선간 전압의 $\dfrac{1}{\sqrt{3}}$이므로

$P_Y = 3 \cdot \dfrac{\left(\dfrac{V}{\sqrt{3}}\right)^2}{R} = \dfrac{V^2}{R}$

$\therefore P_Y = \dfrac{1}{3} P_\triangle$

답 ④

08 출제기준 – 대칭 좌표법

1 대칭좌표법

비대칭 전압이 V_a, V_b, V_c 일 때 대칭분을 V_0, V_1, V_2 라 하면,

$$\begin{bmatrix} V_0 \\ V_1 \\ V_2 \end{bmatrix} = \frac{1}{3} \begin{bmatrix} 1 & 1 & 1 \\ 1 & a & a^2 \\ 1 & a^2 & a \end{bmatrix} \begin{bmatrix} V_a \\ V_b \\ V_c \end{bmatrix}, \quad \begin{bmatrix} V_a \\ V_b \\ V_c \end{bmatrix} = \begin{bmatrix} 1 & 1 & 1 \\ 1 & a^2 & a \\ 1 & a & a^2 \end{bmatrix} \begin{bmatrix} V_0 \\ V_1 \\ V_2 \end{bmatrix}$$

2 불평형률

$$불평형률 = \frac{역상분}{정상분}$$

3 교류 발전기 기본식

$V_0 = -Z_0 I_0$
$V_1 = E_a - Z_1 I_1$
$V_2 = -Z_2 I_2$

단, E_a : a상의 유기 기전력
Z_0 : 영상 임피던스
Z_1 : 정상 임피던스
Z_2 : 역상 임피던스
회전기에서 Z_1과 Z_2는 일반적으로 같지 않다.

4 대칭분에 의한 전력 표시

$$P_a = P + jP_r = \overline{V_a} I_a + \overline{V_b} I_b + \overline{V_c} I_c$$

$$= \begin{bmatrix} \overline{V_a} & \overline{V_b} & \overline{V_c} \end{bmatrix} \begin{bmatrix} I_a \\ I_b \\ I_c \end{bmatrix} = \begin{bmatrix} \overline{V_a} & \overline{V_b} & \overline{V_c} \end{bmatrix} \begin{bmatrix} 1 & 1 & 1 \\ 1 & a^2 & a \\ 1 & a & a^2 \end{bmatrix} \begin{bmatrix} I_0 \\ I_1 \\ I_2 \end{bmatrix}$$

$$= 3 \begin{bmatrix} \overline{V_0} I_0 + \overline{V_1} I_1 + \overline{V_2} I_2 \end{bmatrix}$$

즉, 서로 같은 성분 사이의 전력을 구하여 합하면 된다.

필수유형 및 과년도문제

필수 01 ★★★★ 대칭좌표법

대칭 좌표법에서 사용되는 용어 중 3상에 공통인 성분을 표시하는 것은?

① 정상분   ② 영상분   ③ 역상분   ④ 공통분

유형분석 영상분에 관한 문제와 기본적인 공식이 출제된다.

풀 이 대칭 좌표법은 불평형 3상 전압이나 전류를 평형의 세 성분(상순이 a-b-c인 정상분, 상순이 이와 반대인 역상분 및 각 상에 공통된 단상분인 영상분)의 대칭분으로 분해하여 해석한다. 즉, 각 상마다 대칭분을 합성하면 불평형 3상 전압이나 전류가 얻어진다.

정상분 + 역상분 + 영상분 = 불평형 3상 전압(V_a, V_b, V_c)

불평형 3상 전압의 합성 및 분해

답 ②

Key point

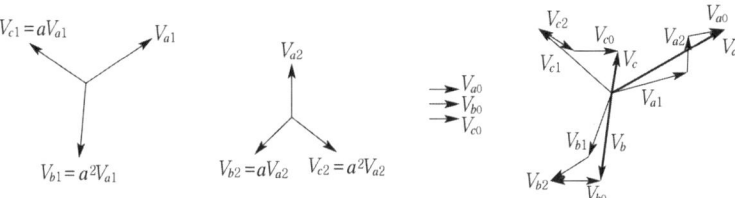

문제 01 ★★★★★

V_a, V_b, V_c를 3상 불평형 전압이라 하면 정상은? 단, $a = -\dfrac{1}{2} + j\dfrac{\sqrt{3}}{2}$ 이다.

① $\dfrac{1}{3}(V_a + V_b + V_c)$ ② $\dfrac{1}{3}(V_a + aV_b + a^2V_c)$

③ $V_a + V_b + V_c$ ④ $\dfrac{1}{3}(V_a + a^2V_b + aV_c)$

풀이 비대칭 전압이 V_a, V_b, V_c일 때 대칭분이 V_0, V_1, V_2라면

$$\begin{bmatrix} V_0 \\ V_1 \\ V_2 \end{bmatrix} = \frac{1}{3}\begin{bmatrix} 1 & 1 & 1 \\ 1 & a & a^2 \\ 1 & a^2 & a \end{bmatrix}\begin{bmatrix} V_a \\ V_b \\ V_c \end{bmatrix}, \quad \begin{bmatrix} V_a \\ V_b \\ V_c \end{bmatrix} = \begin{bmatrix} 1 & 1 & 1 \\ 1 & a^2 & a \\ 1 & a & a^2 \end{bmatrix}\begin{bmatrix} V_0 \\ V_1 \\ V_2 \end{bmatrix}$$

$\therefore V_0 = \frac{1}{3}(V_a + V_b + V_c)$ 영상 전압

$V_1 = \frac{1}{3}(V_a + aV_b + a^2V_c)$ 정상 전압

$V_2 = \frac{1}{3}(V_a + a^2V_b + aV_c)$ 역상 전압

답 ②

문제 02 ★★★ 불평형 회로에서 영상분이 존재하는 3상 회로 구성은?

① △-△결선의 3상 3선식
② △-Y결선의 3상 3선식
③ Y-Y결선의 3상 3선식
④ Y-Y결선의 3상 4선식

풀이 Y-Y결선의 3상 4선식은 중성점을 접지하므로 영상분이 존재한다.

답 ④

문제 03 ★★★★★ 불평형 3상 전류 $I_a = 15 + j2$[A], $I_b = -20 - j14$[A], $I_c = -3 + j10$[A]일 때의 영상 전류 I_0는?

① $2.67 + j0.36$
② $-2.67 - j0.67$
③ $15.7 - j3.25$
④ $1.91 + j6.24$

풀이 $I_0 = \frac{1}{3}(I_a + I_b + I_c) = \frac{1}{3}(15 + j2 - 20 - j14 - 3 + j10)$

$= \frac{1}{3}(-8 - j2) = -2.67 - j0.67$[A]

답 ②

문제 04 ★★ 3상 부하가 Y결선으로 되었다. 각 상의 임피던스가 각각 $Z_a = 3$[Ω], $Z_b = 3$[Ω], $Z_c = j3$[Ω]이다. 이 부하의 영상 임피던스[Ω]는?

① $6 + j3$
② $3 + j3$
③ $3 + j6$
④ $2 + j$

풀이 영상 임피던스 Z_0는

$Z_0 = \frac{1}{3}(Z_a + Z_b + Z_c) = \frac{1}{3}(3 + 3 + j3) = 2 + j$[Ω]

답 ④

02 불평형률

3상 불평형 전압에서 불평형률이란?

① $\dfrac{역상\ 전압}{영상\ 전압} \times 100$ ② $\dfrac{정상\ 전압}{역상\ 전압} \times 100$

③ $\dfrac{역상\ 전압}{정상\ 전압} \times 100$ ④ $\dfrac{영상\ 전압}{정상\ 전압} \times 100$

유형분석 불평형률 계산 문제는 영상분, 정상분, 역상분이 주어지지 않으면 매우 복잡하다.

풀이 불평형률 $= \dfrac{역상분}{정상분} \times 100[\%]$ **답** ③

Key point

불평형률 $= \dfrac{역상분}{정상분}$

문제 05 3상 교류의 선간 전압을 측정하였더니 120[V], 100[V], 100[V]이었다. 선간 전압의 불평형률을 구하면?

① 약 13[%]   ② 약 15[%]   ③ 약 17[%]   ④ 약 19[%]

풀이 $E_a = 120,\ E_b = -60 - j80,\ E_c = -60 + j80$

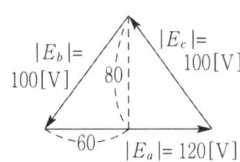

$$E_1 = \frac{1}{3}(E_a + aE_b + a^2 E_c)$$
$$= \frac{1}{3}\left\{120 + \left(-\frac{1}{2} + j\frac{\sqrt{3}}{2}\right)(-60 - j80) + \left(-\frac{1}{2} - j\frac{\sqrt{3}}{2}\right)(-60 + j80)\right\}$$
$$= \frac{1}{3}(120 + 60 + 80\sqrt{3}) = 106.2$$

$$E_2 = \frac{1}{3}(E_a + a^2 E_b + aE_c)$$
$$= \frac{1}{3}\left\{120 + \left(-\frac{1}{2} - j\frac{\sqrt{3}}{2}\right)(-60 - j80) + \left(-\frac{1}{2} + j\frac{\sqrt{3}}{2}\right)(-60 + j80)\right\}$$
$$= \frac{1}{3}(120 + 60 - 80\sqrt{3}) = 13.8$$

$\therefore$ 불평형률 $= \dfrac{|E_2|}{|E_1|} \times 100 = \dfrac{13.8}{106.2} \times 100 = 13[\%]$ **답** ①

문제 06 ★★★★★

3상 불평형 전압에서 영상 전압이 140[V]이고 정상 전압이 600[V], 역상 전압이 280[V]라면 전압의 불평형률은?

① 2.144 ② 0.566 ③ 0.466 ④ 0.233

풀이 불평형률 = $\dfrac{역상\ 전압}{정상\ 전압} = \dfrac{280}{600} = 0.466$

답 ③

필수 03 ★ 교류 발전기 기본식

대칭 3상 교류 발전기의 기본식 중 알맞게 표현된 것은? 단, V_0는 영상분 전압, V_1은 정상분 전압, V_2는 역상분 전압이다.

① $V_0 = E_0 - Z_0 I_0$
② $V_1 = -Z_1 I_1$
③ $V_2 = Z_2 I_2$
④ $V_1 = E_a - Z_1 I_1$

유형분석 공식 문제가 출제된다.

풀이 발전기의 기본식 $V_0 = -Z_0 I_0$ (영상분)
$V_1 = E_a - Z_1 I_1$ (정상분)
$V_2 = -Z_2 I_2$ (역상분)

답 ④

Key point

$V_0 = -Z_0 I_0$, $V_1 = E_a - Z_1 I_1$, $V_2 = -Z_2 I_2$

문제 07 ★★★★★

단자 전압의 각 대칭분 V_0, V_1, V_2가 0이 아니고 같게 되는 고장의 종류는?

① 1선 지락
② 선간 단락
③ 2선 지락
④ 3선 단락

풀이 V_0, V_1, V_2 존재 → 1선 지락 고장
$V_0 = 0$, V_1, V_2 존재 → 선간 단락 고장
$V_0 = V_1 = V_2 \neq 0$ → 2선 지락

답 ③

09 출제기준 – 왜형파 교류

1 비정현파의 푸리에 급수에 의한 전개

$$f(t) = a_0 + a_1\cos\omega t + a_2\cos 2\omega t + \cdots + a_n\cos n\omega t \\ + b_1\sin\omega t + b_2\sin 2\omega t + \cdots + b_n\sin n\omega t \\ = a_0 + \sum_{n=1}^{\infty} a_n\cos n\omega t + \sum_{n=1}^{\infty} b_n\sin n\omega t$$

2 푸리에 급수에 의한 계수

$$a_0 = \frac{1}{2\pi}\int_0^{2\pi} f(\omega t)d(\omega t) = \frac{1}{T}\int_0^T f(t)dt$$

$$a_n = \frac{1}{\pi}\int_0^{2\pi} f(\omega t)\cos n\omega t\, d(\omega t) = \frac{2}{T}\int_0^T f(t)\cos n\omega t\, dt$$

$$b_n = \frac{1}{\pi}\int_0^{2\pi} f(\omega t)\sin n\omega t\, d(\omega t) = \frac{2}{T}\int_0^T f(t)\sin n\omega t\, dt$$

3 비정현파의 대칭

1) 여현 대칭 (우함수파)

$$f(t) = a_0 + \sum_{n=1}^{\infty} a_n\cos n\omega t$$

$$a_n = \frac{4}{T}\int_0^{\frac{T}{2}} f(t)\cos n\omega t\, dt \quad (n = 1,\ 2,\ 3,\cdots)$$

2) 정현 대칭 (기함수파)

$$f(t) = \sum_{n=1}^{\infty} b_n\sin n\omega t$$

$$b_n = \frac{4}{T}\int_0^{\frac{T}{2}} f(t)\sin n\omega t\, dt\ (n = 1,\ 2,\ 3,\cdots)$$

3) 반파 대칭

$$f(t) = \sum_{n=1}^{\infty} a_n \cos n\omega t + \sum_{n=1}^{\infty} b_n \sin n\omega t$$

$$a_n = \frac{4}{T} \int_0^{\frac{T}{2}} f(t) \cos n\omega t \, dt$$

$$b_n = \frac{4}{T} \int_0^{\frac{T}{2}} f(t) \sin n\omega t \, dt \ (n = 1, \ 3, \ 5, \cdots)$$

4) 반파 및 여현 대칭

$$f(t) = \sum_{n=1}^{\infty} a_n \cos n\omega t$$

$$a_n = \frac{8}{T} \int_0^{\frac{T}{4}} f(t) \cos n\omega t \, dt \ (n = 1, \ 3, \ 5, \cdots)$$

5) 반파 및 정현 대칭

$$f(t) = \sum_{n=1}^{\infty} b_n \sin n\omega t$$

$$b_n = \frac{8}{T} \int_0^{\frac{T}{4}} f(t) \sin n\omega t \, dt \ (n = 1, \ 3, \ 5, \cdots)$$

	대칭조건	결 과
기함수파(정현대칭)	$f(t) = -f(-t)$	sin항만 존재한다.
우함수파(여현대칭)	$f(t) = f(-t)$	cos항 존재 직류분 존재
대칭파(반파대칭)	$f(t) = -f(t + \frac{T}{2})$	고조파 차수가 홀수차 항만 존재한다.

4 비정현파의 실효값

$i = I_0 + \sum_{n=1}^{\infty} I_{mn} \sin(n\omega t + \theta_n)$ 으로부터,

$$I = \sqrt{I_0^2 + \left(\frac{I_{m1}}{\sqrt{2}}\right)^2 + \left(\frac{I_{m2}}{\sqrt{2}}\right)^2 + \cdots + \left(\frac{I_{mn}}{\sqrt{2}}\right)^2} = \sqrt{I_0^2 + I_1^2 + I_2^2 + \cdots + I_n^2}$$

실효값 : 각 파의 실효값의 제곱의 합의 제곱근

5 비정현파의 전력과 왜형률

1) 왜형률

$$D = \frac{\text{전 고조파의 실효값}}{\text{기본파의 실효값}} = \frac{\sqrt{I_2^2 + I_3^2 + \cdots + I_n^2}}{I_1}$$

2) 전력

① 유효 전력 : $P = V_0 I_0 + \sum_{n=1}^{\infty} V_n I_n \cos\theta_n [\text{W}]$

$P = V_0 I_0 = V_1 I_1 \cos\theta_1 = V_2 I_2 \cos\theta_2 \cdots$ 주파수가 같은 성분끼리 전력은 구하여 합한다.

② 무효 전력 : $P_r = \sum_{n=1}^{\infty} V_n I_n \sin\theta_n [\text{Var}]$

$P = V_1 I_1 \sin\theta_1 = V_2 I_2 \sin\theta_2 \cdots$ 주파수가 같은 성분끼리 전력은 구하여 합한다.

③ 피상 전력 : $P_a = VI [\text{VA}]$

전압의 실효값과 전류의 실효값을 각각 구하여 곱한다.

④ 등가 역률 : $\cos\theta = \dfrac{P}{P_a} = \dfrac{P}{VI}$

주어진 전압과 전류를 이용하여 피상전력과 유효전력을 구한다음 위 식으로 역률을 구한다.

6 비정현파의 임피던스

1) 유도성 n 고조파 임피던스

$$I_n = \frac{V_n}{Z} = \frac{V_n}{\sqrt{R^2 + (n\omega L)^2}}$$

2) 용량성 n 고조파 임피던스

$$I_n = \frac{V_n}{Z} = \frac{V_n}{\sqrt{R^2 + \left(\dfrac{1}{n\omega C}\right)^2}}$$

주파수가 증가하면, 유도리액턴스는 주파수 배수로 증가하며, 용량 리액턴스는 주파수 배수로 감소한다.
여기서, n : 고조파 차수

필수유형 및 과년도문제

필수 01 ★★★★★ 비정현파의 푸리에 급수에 의한 전개

주기적인 구형파의 신호는 그 주파수 성분이 어떻게 되는가?

① 무수히 많은 주파수의 성분을 가진다.
② 주파수 성분을 갖지 않는다.
③ 직류분만으로 구성된다.
④ 교류 합성을 갖지 않는다.

유형분석 비정현파에 대한 구성, 기본적인 푸리에 급수에 의한 전개 등의 문제가 출제된다.

풀 이 주기적인 비정현파는 일반적으로 푸리에 급수에 의해 표시되므로 무수히 많은 주파수의 합성이다.

비정현파 $f(t) = a_0 + \sum_{n=1}^{\infty} a_n \cos n\omega t + \sum_{n=1}^{\infty} b_n \sin n\omega t$

답 ①

 Key point

주기적인 비정현파는 일반적으로 푸리에 급수에 의해 표시되므로 무수히 많은 주파수의 합성이다.
비정현파 = 직류분 + 기본파 + 고조파

문제 01 ★★ 다음 중 푸리에(Fourier) 급수로 비정현파 교류를 해석하는 데 적당하지 않은 것은?

① 반파 대칭인 경우 직류분은 없다.
② 우함수인 비정현파에서는 사인(sin)항이 없다.
③ 기함수인 경우 사인항을 구할 때 반주기간만 적분하여 2배 한다.
④ 반파 대칭에서는 반주기마다 동일한 파형이 반복되나 부호의 변화가 없다.

풀이
• 반파 대칭의 왜형파에서는 $b_0 = 0$(직류분)이고 a_n, b_n만 남는다.
• 우함수의 경우는 정현항이 없다.
• 기함수 정현항을 구할 때는 반주기마다 적분하여 2배 한다.
• 반파 대칭의 경우 한 주기마다 동일한 파형이 반복된다.

답 ④

필수 02 ★★★★ 푸리에 급수에 의한 계수

그림과 같은 반파 정류파를 푸리에 급수로 전개할 때 직류분은?

① V_m ② $\dfrac{V_m}{2}$ ③ $\dfrac{\pi}{2}$ ④ $\dfrac{V_m}{\pi}$

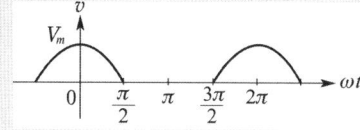

유형분석 적분에 관한 문제이므로 어렵다. 따라서 직류분 정도가 출제된다.

풀이 정현파(전파 정류파)의 평균값(직류분)은 $\dfrac{2V_m}{\pi}$, 반파 정류파의 평균값은 $\dfrac{V_m}{\pi}$ 이다. **답** ④

Key point
직류분을 구하는 부분의 문제는 평균값을 계산하면 된다.

문제 02 ★★★★★ ωt 가 0에서 π 까지 $i=10$[A], π 에서 2π 까지는 $i=0$[A]인 파형을 푸리에 급수로 전개하면 a_0 는?

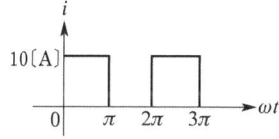

① 14.14 ② 10 ③ 7.05 ④ 5

풀이 $a_0 = \dfrac{1}{2\pi}\int_0^\pi i\, d(\omega t) = \dfrac{1}{2\pi}\int_0^\pi 10\, d(\omega t) = \dfrac{10}{2\pi}\cdot \pi = 5$[A] **답** ④

필수 03 ★★★☆ 비정현파의 대칭

비정현파에 있어서 정현 대칭의 조건은?

① $f(t) = f(-t)$
② $f(t) = -f(-t)$
③ $f(t) = -f(t)$
④ $f(t) = -f\!\left(t+\dfrac{T}{2}\right)$

유형분석 정현대칭, 여현대칭, 반대 대칭의 결과를 기억하여 답하여야 한다.

풀 이 그림에서 정현 대칭 조건은
$f(t) = -f(-t)$
$f(t) = f(T+t)$

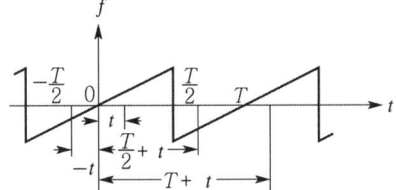

답 ②

Key point

대칭조건		결 과
기함수파(정현대칭)	$f(t) = -f(-t)$	sin항만 존재한다.
우함수파(여현대칭)	$f(t) = f(-t)$	cos항 존재, 직류분 존재
대칭파(반파대칭)	$f(t) = -f(t + \dfrac{T}{2})$	고조파 차수가 홀수차 항만 존재한다.

문제 03 ★★★
다음의 왜형파 주기 함수를 보고 아래의 서술 중 잘못된 것은?

① 기수차의 정현항 계수는 0이다.
② 기함수파이다.
③ 반파 대칭파이다.
④ 직류 성분은 존재하지 않는다.

풀이 그림의 파형은 반파 정현 대칭 함수이므로
$f(t) = -f(t+\pi)$와 $f(t) = -f(-t)$의 두 조건을 만족하는 기함수파

답 ①

문제 04 ★★
그림과 같은 파형을 푸리에 급수로 전개하면?

① $\dfrac{A}{\pi} + \dfrac{\sin 2x}{2} + \dfrac{\sin 4x}{4} + \cdots$
② $\dfrac{4A}{\pi}\left(\sin \alpha \sin x + \dfrac{1}{9}\sin 3\alpha \sin 3x + \cdots\right)$
③ $\dfrac{4A}{\pi}\left(\sin x + \dfrac{1}{3}\sin 3x + \dfrac{1}{5}\sin 5x + \cdots\right)$
④ $\dfrac{4}{\pi}\left(\dfrac{\cos 2x}{1 \times 3} + \dfrac{\cos 4x}{3 \times 5} + \dfrac{\cos 6x}{5 \times 7} + \cdots\right)$

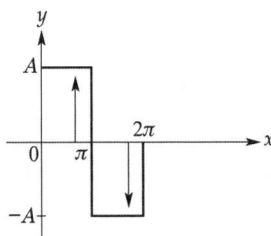

풀이 반파 대칭 및 정현파 대칭이므로 $b_n = a_0 = 0$
기수항의 sin항만이 존재한다.

답 ③

문제 05 ★☆
다음의 비정현 주기파 중 고조파의 감소율이 가장 적은 것은? 단, 정류파는 정현파의 정류파를 뜻한다.

① 구형파　　　　　　　　　② 삼각파
③ 반파 정류파　　　　　　　④ 전파 정류파

풀이 고조파의 감소율은 파가 급격히 변화할수록 작고 반대로 완만하게 변화할수록 크다.
구형파는 가장 급격히 변화하며 그 푸리에 급수는 $\frac{1}{n}$로 감소한다.
삼각파는 반파(전파) 정류파는 그 자체는 연속적이지만 그 1차 도함수는 불연속점을 가지며 그 푸리에 급수는 $\frac{1}{n^2}$로 감소한다.　　　　　　　　　**답** ①

필수 04 ★★★★ 비정현파의 실효값

R-L 직렬 회로에
$v = 10 + 100\sqrt{2}\sin\omega t + 50\sqrt{2}\sin(3\omega t + 60°) + 60\sqrt{2}\sin(5\omega t + 30°)$ [V]인 전압을 가할 때 제3고조파 전류의 실효값[A]은? 단, $R = 8[\Omega]$, $\omega L = 2[\Omega]$이다.

① 1　　　　② 3　　　　③ 5　　　　④ 7

유형분석 실효값의 계산 문제가 출제된다. 일반적으로 n차 고조파의 실효값 문제가 많이 출제된다.

 풀이 $I_3 = \dfrac{V_3}{Z_3} = \dfrac{V_3}{\sqrt{R^2 + (3\omega L)^2}} = \dfrac{50}{\sqrt{8^2 + 6^2}} = 5$[A]　　　　**답** ③

Key point

각 파의 실효값의 제곱의 합의 제곱근
$$I = \sqrt{I_0^2 + \left(\frac{I_{m1}}{\sqrt{2}}\right)^2 + \left(\frac{I_{m2}}{\sqrt{2}}\right)^2 + \cdots + \left(\frac{I_{mn}}{\sqrt{2}}\right)^2} = \sqrt{I_0^2 + I_1^2 + I_2^2 + \cdots + I_n^2}$$

문제 06 ★★
비정현파의 실효값은?

① 최대파의 실효값
② 각 고조파의 실효값의 합
③ 각 고조파의 실효값의 합의 제곱근
④ 각 고조파의 실효값의 제곱의 합의 제곱근

풀이 왜형파의 실효값은 각 고조파 실효값 제곱의 합의 제곱근이다.　　　　**답** ④

문제 07 ★★

C[F]인 용량을 $v = V_1 \sin(\omega t + \theta_1) + V_3 \sin(3\omega t + \theta_3)$인 전압으로 충전할 때 몇 [A]의 전류(실효값)가 필요한가?

① $\dfrac{1}{\sqrt{2}}\sqrt{V_1^2 + 9V_3^2}$
② $\dfrac{1}{\sqrt{2}}\sqrt{V_1^2 + V_3^2}$
③ $\dfrac{\omega C}{\sqrt{2}}\sqrt{V_1^2 + 9V_3^2}$
④ $\dfrac{\omega C}{\sqrt{2}}\sqrt{V_1^2 + V_3^2}$

풀이 $i = \omega CV_1 \sin(\omega t + \theta_1 + 90°) + 3\omega CV_3 \sin(3\omega t + \theta_3 + 90°)$ 이므로

$$I = \sqrt{\dfrac{(\omega CV_1)^2 + (3\omega CV_3)^2}{2}} = \dfrac{\omega C}{\sqrt{2}}\sqrt{V_1^2 + 9V_3^2}$$

답 ③

필수 05 ★★★★★ 비정현파의 전력과 왜형률

다음 왜형파 전류의 왜형률을 구하면 얼마인가?

$$i = 30\sin\omega t + 10\cos 3\omega t + 5\sin 5\omega t \text{ [A]}$$

① 약 0.46
② 약 0.26
③ 약 0.53
④ 약 0.37

유형분석 왜형률, 전력 계산, 역률 계산 등이 출제된다.

풀이 왜형률 $= \dfrac{\sqrt{I_3^2 + I_5^2}}{I_1} = \dfrac{\sqrt{(10/\sqrt{2})^2 + (5/\sqrt{2})^2}}{30/\sqrt{2}} = 0.373$

답 ④

Key point

(1) 왜형률

$$D = \dfrac{\text{전 고조파의 실효값}}{\text{기본파의 실효값}} = \dfrac{\sqrt{I_2^2 + I_3^2 + \cdots + I_n^2}}{I_1}$$

(2) 전력 (주파수가 다르면 전력은 존재하지 않는다.)

① 유효 전력 : $P = V_0 I_0 + \sum\limits_{n=1}^{\infty} V_n I_n \cos\theta_n$ [W]

② 무효 전력 : $P_r = \sum\limits_{n=1}^{\infty} V_n I_n \sin\theta_n$ [Var]

③ 피상 전력 : $P_a = VI$ [VA]

문제 08 ★★☆ 왜형률이란 무엇인가?

① $\dfrac{\text{전 고조파의 실효값}}{\text{기본파의 실효값}}$ ② $\dfrac{\text{전 고조파의 평균값}}{\text{기본파의 평균값}}$

③ $\dfrac{\text{제3고조파의 실효값}}{\text{기본파의 실효값}}$ ④ $\dfrac{\text{우수고조파의 실효값}}{\text{기수고조파의 실효값}}$

풀이 왜형률 = $\dfrac{\text{전 고조파의 실효값}}{\text{기본파의 실효값}}$

답 ①

문제 09 ★★★★★ 기본파의 40[%]인 제3고조파와 20[%]인 제5고조파를 포함하는 전압파의 왜형률은?

① $\dfrac{1}{\sqrt{5}}$ ② $\dfrac{1}{\sqrt{2}}$ ③ $\dfrac{2}{\sqrt{5}}$ ④ $\dfrac{1}{\sqrt{3}}$

풀이 왜형률 $= \dfrac{\sqrt{V_3^2 + V_5^2}}{V_1} = \sqrt{\left(\dfrac{V_3}{V_1}\right)^2 + \left(\dfrac{V_5}{V_1}\right)^2} = \sqrt{0.4^2 + 0.2^2} = \sqrt{\left(\dfrac{4}{10}\right)^2 + \left(\dfrac{2}{10}\right)^2}$

$= \sqrt{\dfrac{20}{100}} = \dfrac{1}{\sqrt{5}}$

답 ①

필수 06 ★★★★ 비정현파의 임피던스

일반적으로 대칭 3상 회로의 전압, 전류에 포함되는 전압, 전류의 고조파는 n을 임의의 정수로 하여 $(3n+1)$일 때의 상회전은 어떻게 되는가?
① 정지 상태
② 각 상 동위상
③ 상회전은 기본파와 반대
④ 상회전은 기본파와 동일

 고조파의 상회전 문제가 출제된다.

풀 이
- $3n$: 회전자계를 발생하지 않음(제3, 9차, …)
- $3n+1$: 상회전 방향이 기본파와 동일(제7, 13차, …)
- $3n-1$: 상회전 방향이 기본파와 반대(제5, 11, 17차, …)

여기서, n : 양의 정수(1, 2, …)

답 ④

Key point

임피던스는 주파수와 관계된다.

즉, n차 고조파의 경우 인덕턴스는 n배, 정전용량은 $\dfrac{1}{n}$배가 된다.

10 출제기준 – 4단자망과 2단자망

1 4단자 파라미터

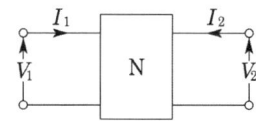

1) 임피던스 파라미터

$$\begin{bmatrix} V_1 \\ V_2 \end{bmatrix} = \begin{bmatrix} Z_{11} & Z_{12} \\ Z_{21} & Z_{22} \end{bmatrix} \begin{bmatrix} I_1 \\ I_2 \end{bmatrix} \qquad \triangle_Z = Z_{11}Z_{22} - Z_{12}Z_{21}$$

$$Z_{11} = \left.\frac{V_1}{I_1}\right|_{I_2=0} = \frac{Y_{22}}{\triangle_Y} = \frac{A}{C}$$

T형회로에서 전류 I_1 만이 흐르고 있을 경우 임피던스 합을 말한다.

$$Z_{12} = \left.\frac{V_1}{I_2}\right|_{I_1=0} = \frac{-Y_{12}}{\triangle_Y} = -\frac{\triangle_F}{C}$$

$$Z_{21} = \left.\frac{V_2}{I_1}\right|_{I_2=0} = \frac{-Y_{21}}{\triangle_Y} = -\frac{1}{C}$$

T형회로에서 전류 I_1과 I_2가 동시에 흐르고 있을 경우 임피던스 합을 말한다.

$$Z_{22} = \left.\frac{V_2}{I_2}\right|_{I_1=0} = \frac{Y_{11}}{\triangle_Y} = \frac{D}{C}$$

T형회로에서 전류 I_2 만이 흐르고 있을 경우 임피던스 합을 말한다.

2) 어드미턴스 파라미터

$$\begin{bmatrix} I_1 \\ I_2 \end{bmatrix} = \begin{bmatrix} Y_{11} & Y_{12} \\ Y_{21} & Y_{22} \end{bmatrix} \begin{bmatrix} V_1 \\ V_2 \end{bmatrix} \qquad \triangle_Y = Y_{11}Y_{22} - Y_{12}Y_{21}$$

$$Y_{11} = \left.\frac{I_1}{V_1}\right|_{V_2=0} = \frac{Z_{22}}{\triangle_Z} = \frac{D}{B}$$

π형회로에서 전류 V_1 점에 걸려 있는 어드미턴스 합을 말한다.

$$Y_{12} = \left.\frac{I_1}{V_2}\right|_{V_1=0} = \frac{-Z_{12}}{\triangle_Z} = -\frac{\triangle_F}{B}$$

$$Y_{21} = \left.\frac{I_2}{V_1}\right|_{V_2=0} = \frac{-Z_{21}}{\triangle_Z} = -\frac{1}{B}$$

π형회로에서 전류 V_1 점과 V_2점에 동시에 걸려 있는 어드미턴스 합을 말한다.

$$Y_{22} = \left.\frac{I_2}{V_2}\right|_{V_1=0} = \frac{Z_{11}}{\triangle_Z} = \frac{A}{B}$$ π형 회로에서 전류 V_2 점에 걸려 있는 어드미턴스 합을 말한다.

3) H 파라미터

$$\begin{bmatrix} V_1 \\ I_2 \end{bmatrix} = \begin{bmatrix} H_{11} & H_{12} \\ H_{21} & H_{22} \end{bmatrix} \begin{bmatrix} I_1 \\ V_2 \end{bmatrix}$$

$$H_{11} = \left.\frac{V_1}{I_1}\right|_{V_2=0} = \frac{1}{Y_{11}} = \frac{\triangle_Z}{Z_{22}}, \quad H_{12} = \left.\frac{V_1}{V_2}\right|_{I_1=0} = -\frac{Y_{12}}{Y_{11}} = \frac{Z_{12}}{Z_{22}}$$

$$H_{21} = \left.\frac{I_2}{I_1}\right|_{V_2=0} = \frac{Y_{21}}{Y_{11}} = -\frac{Z_{21}}{Z_{22}}, \quad H_{22} = \left.\frac{I_2}{V_2}\right|_{I_1=0} = \frac{\triangle_Y}{Y_{11}} = \frac{1}{Z_{22}}$$

4) G 파라미터

$$\begin{bmatrix} I_1 \\ V_2 \end{bmatrix} = \begin{bmatrix} G_{11} & G_{12} \\ G_{21} & G_{22} \end{bmatrix} \begin{bmatrix} V_1 \\ I_2 \end{bmatrix}$$

$$G_{11} = \left.\frac{I_1}{V_1}\right|_{I_2=0} = \frac{1}{Z_{11}} = \frac{\triangle_Y}{Y_{22}}, \quad G_{12} = \left.\frac{I_1}{I_2}\right|_{V_1=0} = -\frac{Z_{12}}{Z_{11}} = \frac{Y_{12}}{Y_{22}}$$

$$G_{21} = \left.\frac{V_2}{I_1}\right|_{I_2=0} = \frac{Z_{21}}{Z_{11}} = -\frac{Y_{21}}{Y_{22}}, \quad G_{22} = \left.\frac{V_2}{I_2}\right|_{V_1=0} = \frac{\triangle_Z}{Z_{11}} = \frac{1}{Y_{22}}$$

5) F 파라미터 (4단자 정수 : ABCD 파라미터)

$$\begin{bmatrix} V_1 \\ I_1 \end{bmatrix} = \begin{bmatrix} A & B \\ C & D \end{bmatrix} \begin{bmatrix} V_2 \\ I_2 \end{bmatrix} \qquad \triangle_F = AD - BC$$

$$A = \left.\frac{V_1}{V_2}\right|_{I_2=0} = -\frac{Y_{22}}{Y_{21}} = \frac{Z_{11}}{Z_{21}} \quad \text{전압비 차원의 정수}$$

$$B = \left.\frac{V_1}{I_2}\right|_{V_2=0} = -\frac{1}{Y_{21}} = \frac{\triangle_Z}{Z_{21}} \quad \text{임피던스 차원의 정수}$$

$$C = \left.\frac{I_1}{V_2}\right|_{I_2=0} = -\frac{\triangle_Y}{Y_{21}} = \frac{1}{Z_{21}} \quad \text{어드미턴스 차원의 정수}$$

$$D = \left.\frac{I_1}{I_2}\right|_{V_2=0} = -\frac{Y_{11}}{Y_{21}} = \frac{Z_{22}}{Z_{21}} \quad \text{전류비 차원의 정수}$$

2 4단자 회로망의 각종 접속

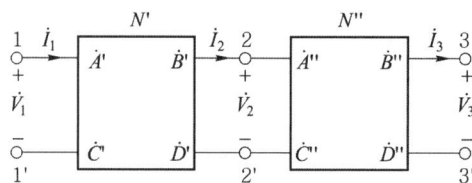

$$\begin{bmatrix} V_1 \\ I_1 \end{bmatrix} = \begin{bmatrix} A' & B' \\ C' & D' \end{bmatrix} \begin{bmatrix} A'' & B'' \\ C'' & D'' \end{bmatrix} \begin{bmatrix} V_3 \\ I_3 \end{bmatrix}$$

$$\begin{bmatrix} V_1 \\ I_1 \end{bmatrix} = \begin{bmatrix} A'A'' + B'C'' & A'B'' + B'D'' \\ C'A'' + D'C'' & C'B'' + D'D'' \end{bmatrix} \begin{bmatrix} V_3 \\ I_3 \end{bmatrix}$$

4단자 정수의 종속결합은 각각의 4단자 정수를 행렬로 표현한 다음 행렬의 곱셈으로 구한다.

3 대표적인 4단자 정수

이 표는 암기하는 것이 좋다. 공식이라고 생각한다.

회로의 종류 / 4단자 정수	A	B	C	D
—[Z]—	1	Z	0	1
[Z] 병렬	1	0	$\dfrac{1}{Z}$	1
Z_1 직렬, Z_2 병렬	$1+\dfrac{Z_1}{Z_2}$	Z_1	$\dfrac{1}{Z_2}$	1
Z_2 병렬, Z_1 직렬	1	Z_1	$\dfrac{1}{Z_2}$	$1+\dfrac{Z_1}{Z_2}$
Z_1–Z_3 직렬, Z_2 병렬	$1+\dfrac{Z_1}{Z_2}$	$\dfrac{Z_1 Z_2 + Z_2 Z_3 + Z_3 Z_1}{Z_2}$	$\dfrac{1}{Z_2}$	$1+\dfrac{Z_3}{Z_2}$
Z_2 병렬, Z_1–Z_3 직렬	$1+\dfrac{Z_2}{Z_3}$	Z_2	$\dfrac{Z_1 + Z_2 + Z_3}{Z_1 Z_3}$	$1+\dfrac{Z_2}{Z_1}$

4 영상 파라미터

1) 영상 임피던스와 4단자 정수와의 관계

$$Z_{01}Z_{02} = \frac{B}{C}, \quad \frac{Z_{01}}{Z_{02}} = \frac{A}{D}, \quad Z_{01} = \sqrt{\frac{AB}{CD}}, \quad Z_{02} = \sqrt{\frac{BD}{AC}}$$

> Z_{01} : 1차 영상 임피던스, Z_{02} : 2차 영상 임피던스, A, B, C, D : 4단자 정수
> 4단자 정수는 좌우 대칭인 경우 $A = D$의 관계가 성립하며 이때 $Z_{01} = Z_{02}$의 관계가 성립한다.

2) 전달 정수와 4단자 정수와의 관계

$$e^\theta = \sqrt{AD} + \sqrt{BC}$$

$$\theta = \log_e(\sqrt{AD} + \sqrt{BC}) = \cosh^{-1}\sqrt{AD} = \sinh^{-1}\sqrt{BC} = \tanh^{-1}\sqrt{\frac{BC}{AD}}$$

> θ : 전달정수, A, B, C, D : 4단자 정수

3) 4단자 정수와 영상 파라미터와의 관계

$$A = \sqrt{\frac{Z_{01}}{Z_{02}}}\cosh\theta, \qquad B = \sqrt{Z_{01}Z_{02}}\sinh\theta$$

$$C = \frac{1}{\sqrt{Z_{01}Z_{02}}}\sinh\theta, \qquad D = \sqrt{\frac{Z_{02}}{Z_{01}}}\cosh\theta$$

> θ : 전달정수, Z_{01} : 1차 영상 임피던스, Z_{02} : 2차 영상 임피던스, A, B, C, D : 4단자 정수

5 정저항 회로와 역회로

1) 정저항 회로

$$Z_1 Z_2 = R^2$$

$$\therefore Z_1 = j\omega L, \ Z_2 = \frac{1}{j\omega C} \text{이면 } Z_1 Z_2 = \frac{L}{C} = R^2$$

> 2단자 임피던스의 허수부가 주파수에 관계없이 항상 0이 되고 실수부로 일정하게 되는 회로.
> 여기서, R : 주파수와 무관한 정수(저항)

2) 역회로

구동점 임피던스가 Z_1, Z_2인 2개의 2단자 회로망에서 $Z_1 Z_2 = R^2$ 또는 $\frac{Z_1}{Y_2} = R^2$

(단, R은 정의 실수)의 관계가 있을 때 Z_1, Z_2는 R에 관하여 역회로라 한다.

전 압	전 류	개 방	단 락
직 렬	병 렬	마 디	폐 로
저 항	컨덕턴스	나 무	보 목
리액턴스	서셉턴스	마디전압	폐로전류
임피던스	어드미턴스	커트세트	폐 로
인덕턴스	커패시턴스	테브낭 정리	노튼 정리

6 리액턴스 2단자망

$$Z_R = R, \quad Z_L = j\omega L = sL, \quad Z_C = \frac{1}{j\omega C} = \frac{1}{sC}$$

$$Z(s) = \frac{a_0 + a_1 s + a_2 s^2 + \cdots + a_{2n} s^{2n}}{b_1 s + b_2 s^2 + b_3 s^3 + \cdots b_{2n-1} s^{2n-1}}$$

① 영점 : $Z(s) = 0$이 되는 s의 근

> 영점은 회로의 단락상태를 의미한다. 즉, 회로가 단락된 상태의 임피던스 값이 영점이 된다.

② 극점 : $Z(s) = \infty$가 되는 s의 근

> 극점은 회로의 개방상태를 의미한다. 즉, 회로가 개방된 상태의 임피던스 값이 극점이 된다.

10 필수유형 및 과년도문제

필수 01 ★ 4단자 파라미터

4단자망의 파라미터 정수에 관한 서술 중 잘못된 것은?

① A, B, C, D 파라미터 중 A 및 D는 차원(dimension)이 없다.
② h 파라미터 중 h_{12} 및 h_{21}은 차원이 없다.
③ A, B, C, D 파라미터 중 B는 어드미턴스, C는 임피던스 차원을 갖는다.
④ h 파라미터 중 h_{11}은 임피던스, h_{22}는 어드미턴스의 차원을 갖는다.

유형분석 임피던스 정수, 어드미턴스 정수, 4단자 정수에 관한 정의 문제가 출제된다.

풀 이 4단자 정수에서 A=전압비, B=임피던스 차원, C=어드미턴스 차원, D=전류비의 의미를 갖는다.

답 ③

Key point

F 파라미터(4단자 정수 : ABCD 파라미터)

$$\begin{bmatrix} V_1 \\ I_1 \end{bmatrix} = \begin{bmatrix} A & B \\ C & D \end{bmatrix} \begin{bmatrix} V_2 \\ I_2 \end{bmatrix}$$

$\triangle_F = AD - BC$, $\triangle_Z = Z_{11}Z_{22} - Z_{12}Z_{21}$, $\triangle_Y = Y_{11}Y_{22} - Y_{12}Y_{21}$

$A = \dfrac{V_1}{V_2}\bigg|_{I_2=0} = -\dfrac{Y_{22}}{Y_{21}} = \dfrac{Z_{11}}{Z_{21}}$, $B = \dfrac{V_1}{I_2}\bigg|_{V_2=0} = -\dfrac{1}{Y_{21}} = \dfrac{\triangle_Z}{Z_{21}}$

$C = \dfrac{I_1}{V_2}\bigg|_{I_2=0} = -\dfrac{\triangle_Y}{Y_{21}} = \dfrac{1}{Z_{21}}$, $D = \dfrac{I_1}{I_2}\bigg|_{V_2=0} = -\dfrac{Y_{11}}{Y_{21}} = \dfrac{Z_{22}}{Z_{21}}$

문제 01 ★★★★★

그림에서 4단자 회로 정수 A, B, C, D 중 출력 단자 3, 4가 개방되었을 때의 $\dfrac{V_1}{V_2}$인 A의 값은?

① $1 + \dfrac{Z_2}{Z_1}$
② $\dfrac{Z_1 + Z_2 + Z_3}{Z_1 Z_3}$
③ $1 + \dfrac{Z_2}{Z_3}$
④ $1 + \dfrac{Z_3}{Z_2}$

풀이 $A = \dfrac{V_1}{V_2}\bigg|_{I_2=0} = \dfrac{V_1}{\dfrac{Z_2}{Z_2+Z_3} \cdot V_1} = \dfrac{Z_2+Z_3}{Z_2} = 1 + \dfrac{Z_3}{Z_2}$ **답** ④

문제 02 ★★★★★ 결합 회로의 4단자 정수 A, B, C, D 파라미터 행렬은?

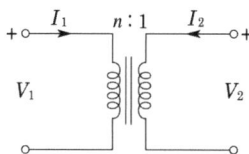

① $\begin{bmatrix} A & B \\ C & D \end{bmatrix} = \begin{bmatrix} n & 0 \\ 0 & \dfrac{1}{n} \end{bmatrix}$
② $\begin{bmatrix} A & B \\ C & D \end{bmatrix} = \begin{bmatrix} 1 & n \\ \dfrac{1}{n} & 0 \end{bmatrix}$

③ $\begin{bmatrix} A & B \\ C & D \end{bmatrix} = \begin{bmatrix} 0 & n \\ \dfrac{1}{n} & 0 \end{bmatrix}$
④ $\begin{bmatrix} A & B \\ C & D \end{bmatrix} = \begin{bmatrix} 1 & 0 \\ \dfrac{1}{n} & 0 \\ 0 & n \end{bmatrix}$

풀이 변압기의 4단자 정수는 $\begin{bmatrix} a & 0 \\ 0 & \dfrac{1}{a} \end{bmatrix}$ 이므로 $\begin{bmatrix} A & B \\ C & D \end{bmatrix} = \begin{bmatrix} \dfrac{n_1}{n_2} & 0 \\ 0 & \dfrac{n_2}{n_1} \end{bmatrix}$ 가 된다. **답** ①

문제 03 ★★★★★ 4단자 정수 A, B, C, D 중에서 어드미턴스의 차원을 가진 정수는 어느 것인가?

① A ② B
③ C ④ D

풀이 A, B, C, D로 표시되는 4단자 기초 방정식은 $\begin{bmatrix} V_1 \\ I_1 \end{bmatrix} = \begin{bmatrix} A & B \\ C & D \end{bmatrix} \begin{bmatrix} V_2 \\ I_2 \end{bmatrix}$ 이며,

각 파라미터의 물리적 의미는

$A = \dfrac{V_1}{V_2}\bigg|_{I_2=0}$: 출력을 개방했을 때 전압 이득

$B = \dfrac{V_1}{I_2}\bigg|_{V_2=0}$: 출력을 단락했을 때 전달 임피던스

$C = \dfrac{I_1}{V_2}\bigg|_{I_2=0}$: 출력을 개방했을 때 전달 어드미턴스

$D = \dfrac{I_1}{I_2}\bigg|_{V_2=0}$: 출력을 단락했을 때 전류 이득

답 ③

필수 02 ★ 4단자 회로망의 각종 접속

그림과 같이 종속 접속된 4단자 회로의 합성 4단자 정수 중 D의 값은?

① $ZZ_1 + 1$
② $Z_1 + Z_0ZZ_1 + Z_0$
③ $Z + \dfrac{ZZ_1}{Z_1} + \dfrac{1}{Z_2}$
④ $Z_1 + Z_0ZZ_1$

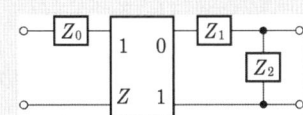

유형분석 두 개의 4단자망이 종속되었을 때 합성을 구하는 문제가 출제된다. 전력공학과 비교하여 보면 좋다.

풀이
$$\begin{bmatrix} 1 & Z_0 \\ 0 & 1 \end{bmatrix} \begin{bmatrix} 1 & 0 \\ Z & 1 \end{bmatrix} \begin{bmatrix} 1+\dfrac{Z_1}{Z_2} & Z_1 \\ \dfrac{1}{Z_2} & 1 \end{bmatrix} = \begin{bmatrix} 1+ZZ_0 & Z_0 \\ Z & 1 \end{bmatrix} \begin{bmatrix} 1+\dfrac{Z_1}{Z_2} & Z_1 \\ \dfrac{1}{Z_2} & 1 \end{bmatrix}$$

$$= \begin{bmatrix} (1+ZZ_0)\left(1+\dfrac{Z_1}{Z_2}\right)+\dfrac{Z_0}{Z_2} & (1+ZZ_0)Z_1 + Z_0 \\ Z\left(1+\dfrac{Z_1}{Z_2}\right)+\dfrac{1}{Z_2} & ZZ_1 + 1 \end{bmatrix}$$

답 ①

Key point

$$\begin{bmatrix} V_1 \\ I_1 \end{bmatrix} = \begin{bmatrix} A' & B' \\ C' & D' \end{bmatrix} \begin{bmatrix} A'' & B'' \\ C'' & D'' \end{bmatrix} \begin{bmatrix} V_3 \\ I_3 \end{bmatrix}$$

$$\begin{bmatrix} V_1 \\ I_1 \end{bmatrix} = \begin{bmatrix} A'A''+B'C'' & A'B''+B'D'' \\ C'A''+D'C'' & C'B''+D'D'' \end{bmatrix} \begin{bmatrix} V_3 \\ I_3 \end{bmatrix}$$

문제 04 ★

그림에서 $\dfrac{V_2}{V_1}$는 얼마인가? 단, 저항은 모두 $1[\Omega]$이다.

① $\dfrac{1}{13}$
② $\dfrac{1}{10}$
③ $\dfrac{1}{7}$
④ $\dfrac{1}{4}$

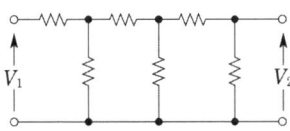

풀이 4단자 정수 중 $A = \dfrac{V_1}{V_2}\bigg|_{I_2=0}$ 이므로 2차가 개방되었을 때 $\dfrac{V_2}{V_1} = \dfrac{1}{A}$ 이 되며,

그림과 같은 회로의 4단자 정수는 $\begin{bmatrix} A & B \\ C & D \end{bmatrix} = \begin{bmatrix} 1 & 1 \\ 0 & 1 \end{bmatrix}\begin{bmatrix} 1 & 0 \\ 1 & 1 \end{bmatrix}\begin{bmatrix} 1 & 1 \\ 0 & 1 \end{bmatrix}\begin{bmatrix} 1 & 0 \\ 1 & 1 \end{bmatrix}\begin{bmatrix} 1 & 1 \\ 0 & 1 \end{bmatrix}\begin{bmatrix} 1 & 0 \\ 1 & 1 \end{bmatrix} = \begin{bmatrix} 13 & 8 \\ 8 & 5 \end{bmatrix}$

$\therefore \dfrac{V_2}{V_1} = \dfrac{1}{A} = \dfrac{1}{13}$

답 ①

필수 03 ★★★★ 대표적인 4단자 정수

그림과 같은 L형 회로에서 4단자 정수는 어떻게 되는가?

① $A = Z_1$, $B = 1 + \dfrac{Z_1}{Z_2}$, $C = \dfrac{1}{Z_2}$, $D = 1$

② $A = 1$, $B = \dfrac{1}{Z_2}$, $C = 1 + \dfrac{1}{Z_2}$, $D = Z_1$

③ $A = 1 + \dfrac{Z_1}{Z_2}$, $B = Z_1$, $C = \dfrac{1}{Z_2}$, $D = 1$

④ $A = \dfrac{1}{Z_2}$, $B = 1$, $C = Z_1$, $D = 1 + \dfrac{Z_1}{Z_2}$

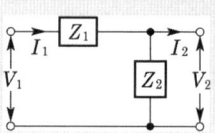

유형분석 회로를 보고 4단자 정수를 구하는 문제가 출제된다.

풀이
$A = \left(\dfrac{E_1}{E_2}\right)_{I_2=0} = \dfrac{I_1(Z_1+Z_2)}{I_1 Z_2} = 1 + \dfrac{Z_1}{Z_2}$, $\quad B = \left(\dfrac{E_1}{I_2}\right)_{E_2=0} = \dfrac{I_1 Z_1}{I_1} = Z_1$

$C = \left(\dfrac{I_1}{E_1}\right)_{I_2=0} = \dfrac{I_1}{I_1 Z_2} = \dfrac{1}{Z_2}$, $\quad D = \left(\dfrac{I_1}{I_2}\right)_{E_2=0} = \dfrac{I_1}{I_1} = 1$

답 ③

Key point

4단자 정수 회로의 종류	A	B	C	D
Z_1–Z_3 / Z_2	$1 + \dfrac{Z_1}{Z_2}$	$\dfrac{Z_1 Z_2 + Z_2 Z_3 + Z_3 Z_1}{Z_2}$	$\dfrac{1}{Z_2}$	$1 + \dfrac{Z_3}{Z_2}$
Z_2 / Z_1–Z_3	$1 + \dfrac{Z_2}{Z_3}$	Z_2	$\dfrac{Z_1 + Z_2 + Z_3}{Z_1 Z_3}$	$1 + \dfrac{Z_2}{Z_1}$

문제 05 ★★★ 그림과 같은 4단자 회로의 4단자 정수 중 D의 값은?

① $1 - \omega^2 LC$
② $j\omega L(2 - \omega^2 LC)$
③ $j\omega C$
④ $j\omega L$

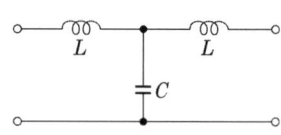

풀이 $\begin{bmatrix} 1 & j\omega L \\ 0 & 1 \end{bmatrix} \begin{bmatrix} 1 & 0 \\ j\omega C & 1 \end{bmatrix} \begin{bmatrix} 1 & j\omega L \\ 0 & 1 \end{bmatrix} = \begin{bmatrix} 1 - \omega^2 LC & j\omega L(2 - \omega^2 LC) \\ j\omega C & 1 - \omega^2 LC \end{bmatrix}$

답 ①

문제 06 ★★
그림과 같은 상호 인덕턴스 M인 4단자 회로에서 4단자 회로 중 D의 값은?

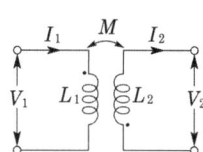

① $+\dfrac{L_2}{M}$ ② $\dfrac{1}{\omega M}$ ③ $-\dfrac{L_2}{M}$ ④ $+\dfrac{L_1 L_2 - M^2}{M}$

풀이

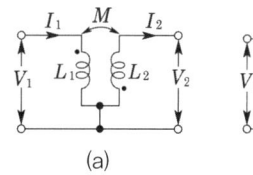 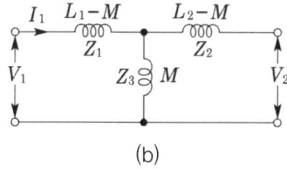
(a)   (b)

그림 (a), (b)와 같은 등가 회로에서
$$D = 1 + \dfrac{Z_2}{Z_3} = 1 + \dfrac{j\omega(L_2 - M)}{j\omega M} = 1 + \dfrac{L_2 - M}{M} = \dfrac{L_2}{M}$$

답 ①

문제 07 ★☆
그림과 같은 4단자 회로망에서 출력측을 개방하니 $V_1 = 12$, $I_1 = 2$, $V_2 = 4$이고 출력측을 단락하니 $V_1 = 16$, $I_1 = 4$, $I_2 = 2$였다. A, B, C, D는 얼마인가?

① 3, 8, 0.5, 2   ② 8, 0.5, 2, 3   ③ 0.5, 2, 3, 8   ④ 2, 3, 8, 0.5

풀이

$A = \dfrac{V_1}{V_2}\bigg|_{I_2=0} = \dfrac{12}{4} = 3$, $B = \dfrac{V_1}{I_2}\bigg|_{V_2=0} = \dfrac{16}{2} = 8$

$C = \dfrac{I_1}{V_2}\bigg|_{I_2=0} = \dfrac{2}{4} = 0.5$, $D = \dfrac{I_1}{I_2}\bigg|_{V_2=0} = \dfrac{4}{2} = 2$

답 ①

필수 04 ★★★★★
영상 파라미터

L형 4단자 회로에서 4단자 정수가 $A = \dfrac{15}{4}$, $D = 1$이고 영상 임피던스 $Z_{02} = \dfrac{12}{5}[\Omega]$일 때 영상 임피던스 $Z_{01}[\Omega]$의 값은 얼마인가?

① 12   ② 9   ③ 8   ④ 6

유형분석 영상 임피던스의 계산, 전달 정수의 계산 등이 출제된다.

풀이 $Z_{01} \cdot Z_{02} = \dfrac{B}{C}$, $\dfrac{Z_{01}}{Z_{02}} = \dfrac{A}{D}$ 에서

$Z_{01} = \dfrac{A}{D} Z_{02} = \dfrac{\frac{15}{4}}{1} \times \dfrac{12}{5} = \dfrac{180}{20} = 9 [\Omega]$

답 ②

Key point

(1) 영상 임피던스와 4단자 정수와의 관계

$Z_{01} = \sqrt{\dfrac{AB}{CD}}$, $Z_{02} = \sqrt{\dfrac{BD}{AC}}$

(2) 전달 정수와 4단자 정수와의 관계

$\theta = \log_e(\sqrt{AD} + \sqrt{BC}) = \cosh^{-1}\sqrt{AD} = \sinh^{-1}\sqrt{BC} = \tanh^{-1}\sqrt{\dfrac{BC}{AD}}$

문제 08 ★★ 4단자 회로에서 4단자 정수를 A, B, C, D라 하면 영상 임피던스 Z_{01}, Z_{02}는?

① $Z_{01} = \sqrt{\dfrac{AB}{CD}}$, $Z_{02} = \sqrt{\dfrac{BD}{AC}}$ ② $Z_{01} = \sqrt{AB}$, $Z_{02} = \sqrt{CD}$

③ $Z_{01} = \sqrt{\dfrac{CD}{AB}}$, $Z_{02} = \sqrt{\dfrac{BD}{AC}}$ ④ $Z_{01} = \sqrt{\dfrac{BD}{AC}}$, $Z_{02} = \sqrt{ABCD}$

풀이 $Z_{01} = \sqrt{\dfrac{AB}{CD}}$, $Z_{02} = \sqrt{\dfrac{BD}{AC}}$

답 ①

문제 09 ★☆ 다음과 같은 4단자망에서 영상 임피던스는 몇 [Ω]인가?

R_1 300[Ω] R_2 300[Ω] R_3 450[Ω]

① 600   ② 450   ③ 300   ④ 200

풀이 $Z_{01} = \sqrt{\dfrac{AB}{CD}}$ 에서 대칭 T형 회로에서는 $A = D$이므로 $Z_{01} = \sqrt{\dfrac{B}{C}}$ 이고

회로에서

$C = \dfrac{1}{450}$

$B = \dfrac{R_1 R_3 + R_1 R_2 + R_2 R_3}{R_3} = \dfrac{300 \times 450 + 300 \times 300 + 300 \times 450}{450}$

$\therefore Z_{01} = \sqrt{(300 \times 450) + (300 \times 300) + (300 \times 450)} = 600 [\Omega]$

답 ①

필수 05 ★★★★★ 정저항 회로와 역회로

그림에서 회로가 주파수에 관계없이 일정한 임피던스를 갖도록 C의 값[μF]을 결정하면?

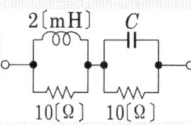

① 20　　　② 10　　　③ 2.454　　　④ 0.24

유형분석 정저항 회로의 조건과 정저항 회로가 되기 위한 R의 값 등이 출제된다.

풀이 $R=\sqrt{\dfrac{L}{C}}$ 에서 $C=\dfrac{L}{R^2}=\dfrac{2\times 10^{-3}}{10^2}=20[\mu F]$　　　　답 ①

Key point

- 정저항 회로
  2 단자 임피던스의 허수부가 주파수에 관계없이 항상 0이 되고 실수부로 일정하게 되는 회로
- 정저항 조건
  $Z_1 Z_2 = R^2$
  $\therefore Z_1 = j\omega L,\ Z_2 = \dfrac{1}{j\omega C}$ 이면 $Z_1 Z_2 = \dfrac{L}{C} = R^2$

문제 10 ★☆ L 및 C를 직렬로 접속한 임피던스가 있다. 지금 그림과 같이 L 및 C의 각각에 동일한 무유도 저항 R을 병렬로 접속하여 이 합성 회로가 주파수에 무관계하게 되는 R의 값을 구하여라.

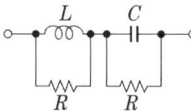

① $R^2 = \dfrac{L}{C}$　　② $R^2 = \dfrac{C}{L}$　　③ $R^2 = L \cdot C$　　④ $R^2 = \dfrac{1}{LC}$

풀이 L의 임피던스를 Z_1, C의 임피던스를 Z_2라 하면 구동점 임피던스 Z는

$$Z = \dfrac{Z_1 R}{Z_1 + R} + \dfrac{Z_2 R}{Z_2 + R} = \dfrac{R\{Z_1(R+Z_2) + Z_2(R+Z_1)\}}{(Z_1+R)(Z_2+R)} = \dfrac{R\{Z_1 R + Z_1 Z_2 + Z_2 R + Z_1 Z_2\}}{R^2 + Z_1 R + Z_2 R + Z_1 Z_2}$$

Z가 주파수에 무관계하게 되려면(정저항 조건)

$Z_1 R + Z_2 R + 2Z_1 Z_2 = R^2 + Z_1 R + Z_2 R + Z_1 Z_2$

$\therefore R^2 = Z_1 Z_2 = j\omega L \times \dfrac{1}{j\omega C} = \dfrac{L}{C}$　　　　답 ①

필수 06 ★★★★★ 리액턴스 2단자망

리액턴스 함수가 $Z(\lambda) = \dfrac{4\lambda}{\lambda^2+9}$ 로 표시되는 리액턴스 2단자망은 다음 중 어느 것인가?

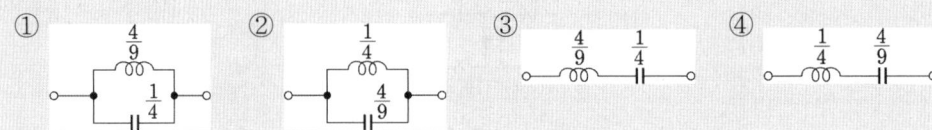

유형분석 구동점 임피던스를 보고 회로망을 찾는 문제와 영점과 극점에 관한 문제가 출제된다.

풀이
$$Z(\lambda) = \frac{4\lambda}{\lambda^2+9} = \frac{1}{(\lambda^2+9)/4\lambda} = \frac{1}{\dfrac{\lambda}{4}+\dfrac{9}{4\lambda}} = \frac{1}{\dfrac{\lambda}{4}+\dfrac{1}{\dfrac{4}{9}\lambda}}$$

∴ C와 L 병렬회로이다.   답 ①

Key point
- **영점** : $Z(s)=0$이 되는 s의 근 → 회로의 단락 상태
- **극점** : $Z(s)=\infty$가 되는 s의 근 → 회로의 개방 상태

문제 11 ★★ 구동점 임피던스에 있어서 영점(zero)은?

① 전류가 흐르지 않는 경우이다.   ② 회로를 개방한 것과 같다.
③ 회로를 단락한 것과 같다.   ④ 전압이 가장 큰 상태이다.

풀이 $Z(s)=0$인 경우는 임피던스가 0이므로 회로를 단락한 상태이다.   답 ③

문제 12 ★☆ 그림과 같은 2단자망에서 구동점 임피던스를 구하면?

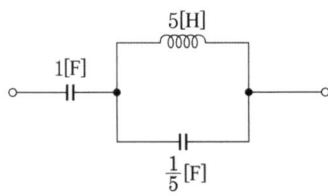

① $\dfrac{6s^2+1}{s(s^2+1)}$ ② $\dfrac{6s+1}{6s^2+1}$ ③ $\dfrac{6s^2+1}{(s+1)(s+2)}$ ④ $\dfrac{s+2}{6s(s+1)}$

풀이

$$Z(j\omega) = \frac{1}{j\omega C_1} + \frac{j\omega L \cdot \frac{1}{j\omega C_2}}{j\omega L + \frac{1}{j\omega C_2}}$$

$$Z(s) = \frac{1}{sC_1} + \frac{sL \cdot \frac{1}{sC_2}}{sL + \frac{1}{sC_2}} = \frac{1}{s} + \frac{5s \cdot \frac{5}{s}}{5s + \frac{5}{s}} = \frac{1}{s} + \frac{25}{\frac{5s^2+5}{s}} = \frac{s^2+1+5s^2}{s(s^2+1)} = \frac{6s^2+1}{s(s^2+1)}$$

답 ①

11 출제기준 - 분포정수회로

1 기본식과 특성 임피던스

특성임피던스 : $Z_0 = \sqrt{\dfrac{Z}{Y}} = \sqrt{\dfrac{R+j\omega L}{G+j\omega C}}\ [\Omega]$

전파정수 : $\gamma = \sqrt{ZY} = \alpha + j\beta$

단, α : 감쇠 정수, β : 위상 정수, γ : 전파정수, Z_0 : 특성임피던스

2 무손실 선로와 무왜형 선로

1) 무손실 선로

① 무손실 선로의 조건 : $R=0,\ G=0$

② 특성 임피던스 : $Z_0 = \sqrt{\dfrac{L}{C}}$

③ 전파 정수 : $\gamma = j\omega\sqrt{LC}\ (\alpha=0)$

④ 파장 : $\lambda = \dfrac{2\pi}{\beta} = \dfrac{2\pi}{\omega\sqrt{LC}} = \dfrac{1}{f\sqrt{LC}}$

⑤ 전파 속도 : $v = f\lambda = \dfrac{2\pi f}{\beta} = \dfrac{\omega}{\beta} = \dfrac{1}{\sqrt{LC}}$

2) 무왜형 선로

① 무왜형 선로의 조건 : $\dfrac{R}{L} = \dfrac{G}{C},\ RC = LG$

② 특성 임피던스 : $Z_0 = \sqrt{\dfrac{L}{C}}$

③ 전파 정수 : $\gamma = \alpha + j\beta = \sqrt{RG} + j\omega\sqrt{LC}$

④ 전파 속도 : $v = \dfrac{\omega}{\beta} = \dfrac{1}{\sqrt{LC}}$

3 일반 유한장 선로

$$A = \sqrt{\frac{Z_{01}}{Z_{02}}} \cosh\theta, \qquad B = \sqrt{Z_{01}Z_{02}} \sinh\theta$$

$$C = \frac{1}{\sqrt{Z_{01}Z_{02}}} \sinh\theta, \qquad D = \sqrt{\frac{Z_{02}}{Z_{01}}} \cosh\theta$$

4 반사계수

① 전압 반사 계수 : $\rho_v = \dfrac{반사파}{입사파} = \dfrac{V_2}{V_1} = \dfrac{Z_R - Z_0}{Z_R + Z_0}$

② 전류 반사 계수 : $\rho_i = \dfrac{I_2}{I_1} = \dfrac{Z_0 - Z_R}{Z_R + Z_0} = -\rho_v$

5 무손실 유한장 회로와 공진

정재파비 : $S = \dfrac{1 + |\rho|}{1 - |\rho|}$

11 필수유형 및 과년도문제

필수 01 ★★★★★
기본식과 특성 임피던스

단위 길이당 인덕턴스 L[H] 커패시턴스 C[μF]의 가공전선의 특성 임피던스[Ω]는?

① $\sqrt{\dfrac{C}{L}} \times 10^2$
② $\sqrt{\dfrac{C}{L}} \times 10^3$
③ $\sqrt{\dfrac{L}{C}} \times 10^3$
④ $\sqrt{\dfrac{1}{LC}} \times 10^2$

유형분석 기본식에 의한 문제가 출제된다. 산업기사에서는 출제 빈도가 낮다.

풀이 $Z_0 = \sqrt{\dfrac{Z}{Y}} = \sqrt{\dfrac{j\omega L}{j\omega C \times 10^{-6}}} = \sqrt{\dfrac{L}{C}} \times 10^3 [\Omega]$

답 ③

Key point

특성 임피던스 : $\boldsymbol{Z_0} = \sqrt{\dfrac{Z}{Y}} = \sqrt{\dfrac{R + j\omega L}{G + j\omega C}} \, [\Omega]$

전파정수 : $\gamma = \sqrt{ZY} = \alpha + j\beta$

문제 01 ★☆ 그림과 같은 회로에서 특성 임피던스 $Z_0[\Omega]$는?

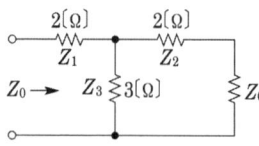

① 1 ② 2 ③ 3 ④ 4

풀이 단락하면 $Z = 2 + \dfrac{3 \times 2}{3 + 2} = 3.2[\Omega]$, 개방하면 $Z = 5$

따라서 $Y = \dfrac{1}{5}$

∴ 특성 임피던스 $Z = \sqrt{\dfrac{Z}{Y}} = \sqrt{\dfrac{3.2}{\frac{1}{5}}} = 4[\Omega]$

답 ④

문제 02 ★★★★★ 전송 선로에서 무손실일 때, $L = 96[mH]$, $C = 0.6[\mu F]$이면 특성 임피던스[Ω]는?

① 500
② 400
③ 300
④ 200

풀이 $Z_0 = \sqrt{\dfrac{L}{C}} = \sqrt{\dfrac{96 \times 10^{-3}}{0.6 \times 10^{-6}}} = 400[\Omega]$

답 ②

필수 02 ★☆ 무손실 선로와 무왜형 선로

무손실 분포 정수 선로에 대한 설명 중 옳지 않은 것은?

① 전파 정수 γ는 $j\omega\sqrt{LC}$이다.
② 진행파의 전파 속도는 $\sqrt{LC}$이다.
③ 특성 임피던스는 $\sqrt{\dfrac{L}{C}}$이다.
④ 파장은 $\dfrac{1}{f\sqrt{LC}}$이다.

유형분석 무손실 조건과 무왜조건, 전파 속도의 계산 등이 출제된다.

풀이 분포 정수 회로가 무손실 선로일 때 $R=0$, $G=0$이므로

$Z_0 = \sqrt{\dfrac{Z}{Y}} = \sqrt{\dfrac{R+j\omega L}{G+j\omega C}} = \sqrt{\dfrac{L}{C}}$

$\gamma = \alpha + j\beta = \sqrt{ZY} = \sqrt{(R+j\omega L)(G+j\omega C)} = j\omega\sqrt{LC}$

$\lambda = \dfrac{2\pi}{\beta} = \dfrac{2\pi}{\omega\sqrt{LC}} = \dfrac{1}{f\sqrt{LC}}$

$v = f\lambda = \dfrac{2\pi f}{\beta} = \dfrac{\omega}{\beta} = \dfrac{1}{\sqrt{LC}}$

답 ②

Key point

(1) 무손실 선로
  ① 무손실 선로의 조건 : $R=0$, $G=0$
  ② 전파 정수 : $\gamma = j\omega\sqrt{LC}$ ($\alpha = 0$)
  ③ 전파 속도 : $v = f\lambda = \dfrac{2\pi f}{\beta} = \dfrac{\omega}{\beta} = \dfrac{1}{\sqrt{LC}}$

(2) 무왜형 선로
  ① 무왜형 선로의 조건 : $\dfrac{R}{L} = \dfrac{G}{C}$, $RC = LG$
  ② 전파 정수 : $\gamma = \alpha + j\beta = \sqrt{RG} + j\omega\sqrt{LC}$

문제 03 ★★☆
분포 정수 회로에서 무왜형 조건이 성립하면 어떻게 되는가?

① 감쇠량이 최소로 된다.
② 감쇠량은 주파수에 비례한다.
③ 전파 속도가 최대로 된다.
④ 위상 정수는 주파수에 무관하여 일정하다.

풀이 감쇠량 $\alpha = \sqrt{RG}$ 로 무왜형 조건인 $RC = LG$일 때 최소가 된다. **답** ①

문제 04 ★★★★☆
위상 정수 $\beta = 6.28$[rad/km]일 때 파장[km]은?

① 1 ② 2 ③ 3 ④ 4

풀이 $\lambda = \dfrac{2\pi}{\beta} = \dfrac{2 \times 3.14}{6.28} = 1$[km] **답** ①

필수 03 ★★★★★ 반사계수

전송 선로의 특성 임피던스가 50[Ω]이고 부하 저항이 150[Ω]이면 부하에서의 반사계수는?

① 0 ② 0.5 ③ 0.7 ④ 1

유형분석 전력의 반사파 전압의 크기를 구하는 문제가 출제된다.

풀이 $\rho = \dfrac{Z_L - Z_0}{Z_L + Z_0} = \dfrac{150 - 50}{150 + 50} = 0.5$ **답** ②

Key point

$$\text{반사계수 } \rho_v = \dfrac{\text{반사파}}{\text{입사파}} = \dfrac{V_2}{V_1} = \dfrac{Z_R - Z_0}{Z_R + Z_0}$$

문제 05 ★★★★★
위상 정수가 $\dfrac{\pi}{8}$[rad/m]인 선로의 1[MHz]에 대한 전파 속도[m/s]는?

① 1.6×10^7 ② 9×10^7 ③ 10×10^7 ④ 11×10^7

풀이 전파 속도를 v[m/s]라 하면 $\beta\lambda = 2\pi$ 이므로

$v = f\lambda = \dfrac{2\pi f}{\beta} = \dfrac{2\pi \times 10^6}{\dfrac{\pi}{8}} = 16 \times 10^6 = 1.6 \times 10^7$[m/s] **답** ①

12 출제기준 - 과도현상

1 R-L 직렬의 직류회로

1) 직류 전압을 인가하는 경우

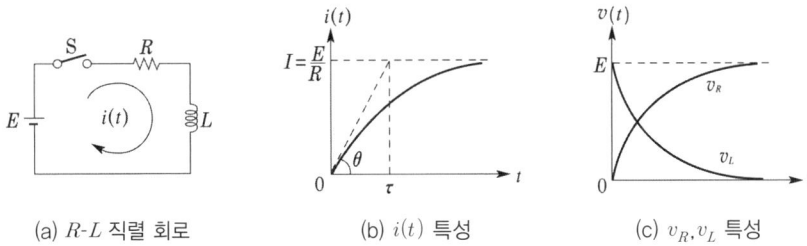

(a) R-L 직렬 회로 (b) $i(t)$ 특성 (c) v_R, v_L 특성

① 평형 방정식 : $L\dfrac{di}{dt} + Ri = E$

② 전류 : $i = \dfrac{E}{R}\left(1 - e^{-\frac{R}{L}t}\right)$ [A] (초기 조건은 $t = 0$; $i = 0$)

③ 시정수 : $\tau = \dfrac{L}{R}$ [s]

④ R, L 양단의 전압

$v_R = Ri = E\left(1 - e^{-\frac{R}{L}t}\right)$ [V] , $v_L = L\dfrac{di}{dt} = Ee^{-\frac{R}{L}t}$ [V]

$i = \dfrac{E}{R}\left(1 - e^{-\frac{R}{L}t}\right)$: 과도상태에 흐르는 전류로 $\dfrac{E}{R}$ 은 정상분에 해당한다.

또, $1 - e$ 는 과도전류가 지수적으로 증가하는 것을 의미한다.

여기서, $-\dfrac{R}{L}$ 은 특성근이며, $\dfrac{L}{R}$ 는 시정수 이다. 시정수가 크면 과도현상이 오래 지속된다.

2) 직류 전압을 제거하는 경우

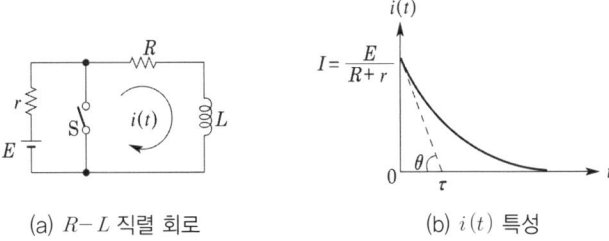

(a) $R-L$ 직렬 회로   (b) $i(t)$ 특성

① 평형 방정식 : $L\dfrac{di}{dt}+Ri=0$

② 전류 : $i=\dfrac{E}{R+r}e^{-\frac{R}{L}t}$ [A] (초기 조건은 $i(0)=\dfrac{E}{R+r}$)

③ 시정수 : $\tau=\dfrac{L}{R}$ [s]

2 R-C 직렬의 직류회로

1) 직류 전압을 인가하는 경우

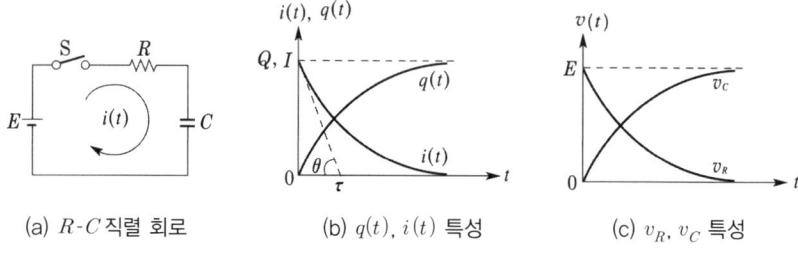

(a) $R\text{-}C$ 직렬 회로   (b) $q(t)$, $i(t)$ 특성   (c) v_R, v_C 특성

① 평형 방정식 $Ri+\dfrac{1}{C}\int i\,dt=E,\quad R\dfrac{dq}{dt}+\dfrac{q}{C}=E$

② 전하 및 전류

$$q=CE\left(1-e^{-\frac{1}{RC}t}\right)[\text{C}],\quad i=\dfrac{dq}{dt}=\dfrac{E}{R}e^{-\frac{1}{RC}t}[\text{A}]$$

(초기 조건은 $t=0$, $q=0$, $i=0$)

③ 시정수 : $\tau=RC$ [s]

④ R, C 양단의 전압

$$v_R=Ri=Ee^{-\frac{1}{RC}t}[\text{V}],\quad V_c=\dfrac{q}{C}=E\left(1-e^{-\frac{1}{RC}t}\right)[\text{V}]$$

$i=\dfrac{E}{R}e^{-\frac{1}{RC}t}$: 과도상태 흐르는 전류로 $\dfrac{E}{R}$는 정상분에 해당된다.

또, e는 과도전류가 지수적으로 감소하는 것을 의미한다. 여기서 $-\dfrac{1}{RC}$는 특성근이며, RC는 시정수이다.

2) 직류 전압을 제거하고 방전하는 경우

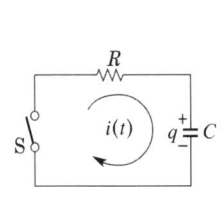
(a) R-C 직렬 회로

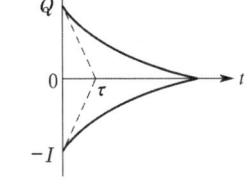
(b) $q(t), i(t)$ 특성

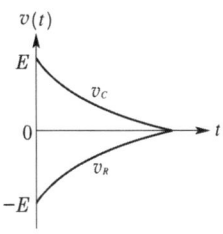
(c) v_R, v_C 특성

① 평형 방정식

$$Ri + \frac{1}{C}\int i\,dt = 0, \quad R\frac{dq}{dt} + \frac{q}{C} = 0$$

② 전하 및 전류

$$q = CEe^{-\frac{1}{RC}t}[\text{C}], \quad i = \frac{dq}{dt} = -\frac{E}{R}e^{-\frac{1}{RC}t}[\text{A}]$$

(초기 조건은 $q(0) = Q = CE$)

③ 시정수 : $\tau = RC[\text{s}]$

④ R, C 양단의 전압

$$V_R = Ri = -Ee^{-\frac{1}{RC}t}[\text{V}], \quad v_C = \frac{q}{C} = Ee^{-\frac{1}{RC}t}[\text{V}]$$

③ R-L 병렬의 직류회로

$$i(t) = I_0 e^{-\frac{R}{L}t}[\text{A}]$$

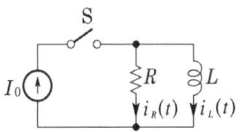

④ R-L-C 직렬의 직류회로

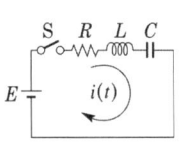

(a) R-L-C 직렬 회로

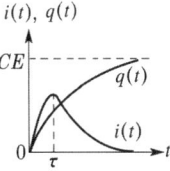

(b) 비진동적 특성 (c) 임계적 특성

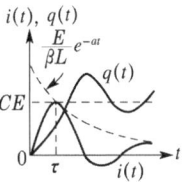
(d) 진동적 특성

① 평형 방정식 $L\dfrac{di}{dt}+Ri+\dfrac{1}{C}\int i\,dt=E$

$$L\dfrac{d^2q}{dt^2}+R\dfrac{dq}{dt}+\dfrac{q}{C}=E$$

② 초기 조건 : $t=0$, $q=0$, $i=0$

③ 비진동인 경우 : $R^2>4\dfrac{L}{C}$

④ 임계적인 경우 : $R^2=4\dfrac{L}{C}$

⑤ 진동인 경우 : $R^2<4\dfrac{L}{C}$

실수분이 허수분과 비교해서 크면 비진동이며, 작으면 진동이 된다. 같으면 임계진동이다.

5 시정수와 상승시간

시정수가 크면 과도현상이 오래 지속된다.

6 미분 및 적분회로, 기타

1) 교류회로의 과도현상(과도현상이 생기지 않는 조건)

$\theta=\tan^{-1}\dfrac{X}{r}$

2) 과도현상이 생기지 않는 회로 : 정저항 회로

과도현상이 발생되지 않기 위한 조건 중 정저항 조건을 만족하면 되므로 $R^2=\dfrac{L}{C}$ 이다.

12 필수유형 및 과년도문제

필수 01 ★★★★★ R-L 직렬의 직류회로

그림과 같은 회로에서 스위치 S를 닫았을 때 시정수의 값[s]은?
단, $L = 10[\text{mH}]$, $R = 20[\Omega]$이다.

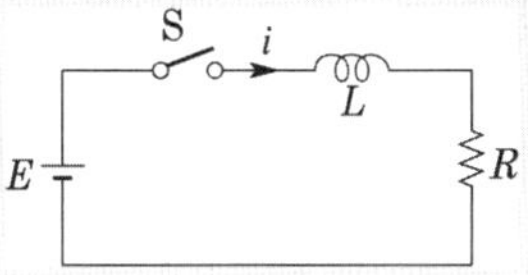

① 2000
② 5×10^{-4}
③ 200
④ 5×10^{-3}

유형분석 전류 및 시정수를 구하는 문제가 출제된다.

풀이 $R\text{-}L$ 직렬 회로의 시정수 $\tau = \dfrac{L}{R}[\text{s}]$ $\therefore \tau = \dfrac{10 \times 10^{-3}}{20} = 5 \times 10^{-4}[\text{s}]$ **답** ②

Key point

① 전류 : $i = \dfrac{E}{R}\left(1 - e^{-\frac{R}{L}t}\right)[\text{A}]$ (초기 조건은 $t = 0$: $i = 0$)

② 시정수 : $\tau = \dfrac{L}{R}[\text{s}]$

문제 01 ★★★★
그림에서 스위치 S를 닫을 때의 전류 $i(t)[\text{A}]$는 얼마인가?

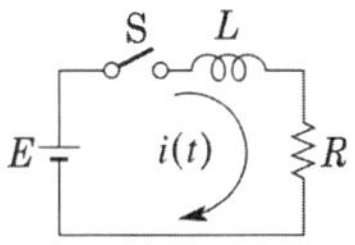

① $\dfrac{E}{R}e^{-\frac{R}{L}t}$ ② $\dfrac{E}{R}\left(1 - e^{-\frac{R}{L}t}\right)$ ③ $\dfrac{E}{R}e^{-\frac{L}{R}t}$ ④ $\dfrac{E}{R}\left(1 - e^{-\frac{L}{R}t}\right)$

풀이 스위치를 닫았을 때의 평형 방정식은 $L\dfrac{di(t)}{dt} + Ri(t) = E$

변수 분리법에 의하여 $\displaystyle\int \dfrac{di(t)}{E - Ri} = \int \dfrac{dt}{L} + K_1$, $E - Ri(t) = K_2 e^{-\frac{R}{L}t}$

$t=0$에서 $i(t)=0$이라 하면 $E-Ri(t)=Ee^{-\frac{R}{L}t}$

$\therefore i(t)=\frac{E}{R}\left(1-e^{-\frac{R}{L}t}\right)$[A]

답 ②

문제 02 ★★★★★

그림과 같은 회로에서 스위치 S를 $t=0$에서 닫았을 때 $(V_L)_{t=0}=60$[V], $\left(\dfrac{di}{dt}\right)_{t=0}=30$[A/s]이다. L의 값은 몇 [H]인가?

① 0.5
② 1.0
③ 1.25
④ 2.0

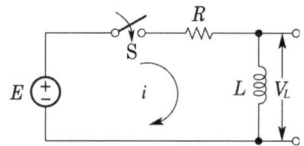

풀이 $V_L=L\cdot\dfrac{di}{dt}$[V]에서 $60=L\cdot 30$

$\therefore L=2$[H]

답 ④

문제 03 ★★★★★

코일의 권수 $N=1000$, 저항 $R=20$[Ω]이다. 전류 $I=10$[A]를 흘릴 때 자속 $\phi=3\times 10^{-2}$[Wb]이다. 이 회로의 시정수[s]는?

① 0.15 ② 3 ③ 0.4 ④ 4

풀이 코일의 인덕턴스 L은 $L=\dfrac{N\phi}{I}=\dfrac{1000\times 3\times 10^{-2}}{10}=3$[H]

$\therefore \tau=\dfrac{L}{R}=\dfrac{3}{20}=0.15$[s]

답 ①

---

02 R-C 직렬의 직류회로 ★★★

그림과 같은 회로에서 저항 R[Ω]과 정전용량 C[F]의 직렬 회로에서 잘못 표현된 것은?

① 회로의 시정수는 $\tau=RC$[s]이다.

② $t=0$에서 직류 전압 E[V]를 가했을 때 t[s] 후의 전류 $i=\dfrac{E}{R}e^{-\frac{1}{RC}t}$[A]이다.

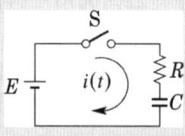

③ $t=0$에서 직류 전압 E[V]를 가했을 때 t[s] 후의 전류 $i=\dfrac{E}{R}\left(1-e^{-\frac{1}{RC}t}\right)$[A]이다.

④ R-C 직렬 회로의 직류 전압 E[V]를 충전하는 경우 회로의 전압 방정식은 $Ri+\dfrac{1}{C}\int idt=E$이다.

유형분석 전류 및 시정수를 구하는 문제가 출제된다.

풀이 $t=0$에서 직류 전압 E를 인가할 때 전류 i는 $i(t)=\dfrac{E}{R}\epsilon^{-\frac{1}{RC}t}$[A]

답 ③

Key point

① 전하 및 전류
$$q=CE\left(1-e^{-\frac{1}{RC}t}\right)[\text{C}], \quad i=\dfrac{dq}{dt}=\dfrac{E}{R}e^{-\frac{1}{RC}t}[\text{A}]$$
(초기 조건은 $t=0$, $q=0$, $i=0$)

② 시정수 : $\tau=RC$[s]

문제 04 ★★☆ 저항 $R=5000[\Omega]$, 정전용량 $C=20[\mu\text{F}]$이 직렬로 접속된 회로에 일정 전압 $E=100[\text{V}]$를 가하고, $t=0$에서 스위치를 넣을 때 콘덴서 단자 전압[V]을 구하면? 단, 처음에 콘덴서는 충전되지 않았다.

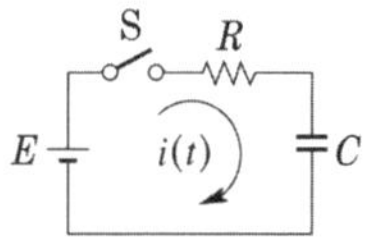

① $100(1-e^{10t})$　② $100e^{-10t}$　③ $100(1-e^{-10t})$　④ $100e^{10t}$

풀이 직류 전압 인가 시 전류 $i(t)=\dfrac{E}{R}e^{-\frac{1}{RC}t}$[A]이므로

콘덴서 양단의 전압 $v_c(t)$는 적분 구간을 $0 \sim t$로 잡으면
$$v_c(t)=\dfrac{1}{C}\int_0^t i(t)dt=\dfrac{1}{C}\int_0^t \dfrac{E}{R}\cdot e^{-\frac{1}{RC}t}dt=E\left(1-e^{-\frac{1}{RC}t}\right)[\text{V}]$$

$$\therefore v_c(t)=100\left(1-e^{-\frac{1}{5000\times 20\times 10^{-6}}t}\right)=100(1-e^{-10t})$$

답 ③

문제 05 ★★★☆ 그림과 같은 회로에서 스위치 S를 닫을 때 방전 전류 $i(t)$는?

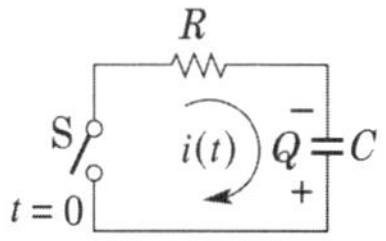

① $-\dfrac{Q}{RC}e^{-\frac{1}{RC}t}$　　　　② $\dfrac{Q}{RC}e^{-\frac{1}{RC}t}$

③ $-\dfrac{Q}{RC}\left(1-e^{-\frac{1}{RC}t}\right)$　　　　④ $\dfrac{Q}{RC}\left(1+e^{-\frac{1}{RC}t}\right)$

풀이 스위치를 닫은 상태에서 회로의 평형 방정식은 $R\dfrac{dq(t)}{dt}+\dfrac{1}{C}q(t)=0$이므로 $q(t)=Ae^{-\frac{1}{RC}t}$

초기 조건에서 $q(0)=Q$라 하면 $q(t)=Qe^{-\frac{1}{RC}t}$

$\therefore i(t)=\dfrac{dq(t)}{dt}=\dfrac{d}{dt}Qe^{-\frac{1}{RC}t}=-\dfrac{Q}{RC}e^{-\frac{1}{RC}t}$

그런데 문제의 그림에서는 전류 방향이 일치하므로 부호는 +이다.

답 ②

필수 03 ★☆ R-L 병렬의 직류회로

그림과 같은 회로에서 스위치 S를 닫았을 때 R에 흐르는 전류는?

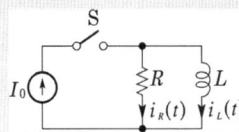

① $I_0\left(1-e^{-\frac{R}{L}t}\right)$　② $I_0\left(1+e^{-\frac{R}{L}t}\right)$　③ $I_0 e^{-\frac{R}{L}t}$　④ I_0

유형분석 전류를 구하는 문제가 출제된다.

풀이 $i(t)=I_0 e^{-\frac{R}{L}t}$ [A]

답 ③

Key point

$i(t)=I_0 e^{-\frac{R}{L}t}$ [A]

문제 06 ★★★☆ 정상 상태일 때 $t=0$에서 스위치 S를 열 때 흐르는 전류는?

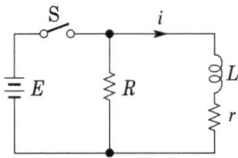

① $\dfrac{E}{R}e^{-\frac{R+r}{L}t}$　② $\dfrac{E}{r}e^{-\frac{R+r}{L}t}$　③ $\dfrac{E}{r}e^{-\frac{L}{R+r}t}$　④ $\dfrac{E}{R}e^{-\frac{L}{R+r}t}$

풀이 전원 제거 시 $i(t)=Ie^{-\frac{R}{L}t}$에서 $i(t)=\dfrac{E}{r}e^{-\frac{R+r}{L}t}$ [A]

답 ②

04 R-L-C 직렬의 직류회로

그림과 같은 $R\text{-}L\text{-}C$ 직렬 회로에서 발생하는 과도 현상이 진동이 되지 않는 조건은 어느 것인가?

① $\left(\dfrac{R}{2L}\right)^2 - \dfrac{1}{LC} < 0$ ② $\left(\dfrac{R}{2L}\right)^2 - \dfrac{1}{LC} > 0$

③ $\left(\dfrac{R}{2L}\right)^2 = \dfrac{1}{LC}$ ④ $\dfrac{R}{2L} = \dfrac{1}{LC}$

유형분석 진동과 비진동 여부를 묻는 문제가 출제된다.

풀이 회로 방정식을 $i(t) = \dfrac{dq(t)}{dt}$ 를 이용하여 표시하면

$$L\dfrac{di(t)}{dt} + Ri(t) + \dfrac{1}{C}\int i(t)dt = E$$

$$L\dfrac{d^2q(t)}{dt^2} + R\dfrac{dq(t)}{dt} + \dfrac{1}{C}q(t) = E$$

$q(t) = q_s + q_t$ 에서 $q_s = CE$ 이고

$$L\dfrac{d^2q_t}{dt^2} + R\dfrac{dq_t}{dt} + \dfrac{1}{C}q_t = 0$$

$$LK^2 + RK + \dfrac{1}{C} = 0$$

$$\therefore K = -\dfrac{R}{2L} \pm \sqrt{\left(\dfrac{R}{2L}\right)^2 - \dfrac{1}{LC}}$$

여기서

$\left(\dfrac{R}{2L}\right)^2 - \dfrac{1}{LC} > 0$ 이면 비진동적

$\left(\dfrac{R}{2L}\right)^2 - \dfrac{1}{LC} < 0$ 이면 진동적

$\left(\dfrac{R}{2L}\right)^2 - \dfrac{1}{LC} = 0$ 이면 임계적

답 ②

Key point

① 비진동인 경우 : $R^2 > 4\dfrac{L}{C}$

② 임계적인 경우 : $R^2 = 4\dfrac{L}{C}$

③ 진동인 경우 : $R^2 < 4\dfrac{L}{C}$

문제 07 ★

그림과 같은 R-L-C 직렬 회로에서 $R = 100[\Omega]$, $L = 0.1[\text{mH}]$, $C = 0.1[\mu\text{F}]$일 때 이 회로의 전류 $i(t)$가 그림 중 가장 적당한 파형은?

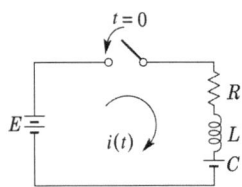

① 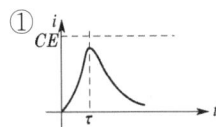 ② 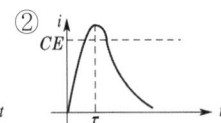 ③ 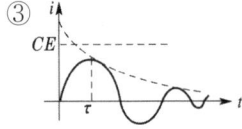 ④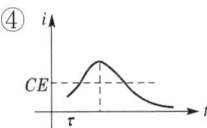

풀이 　$R^2 = 100^2 = 10^4$

$4\dfrac{L}{C} = 4\,\dfrac{0.1 \times 10^{-3}}{0.1 \times 10^{-6}} = 4000$

$\therefore R^2 > 4\dfrac{L}{C}$ 이므로 비진동이다.

답 ①

문제 08 ★★★★★

R-L-C 직렬 회로에서 진동 조건은 어느 것인가?

① $R < 2\sqrt{\dfrac{C}{L}}$　　　　　② $R < 2\sqrt{\dfrac{L}{C}}$

③ $R < 2\sqrt{LC}$　　　　　④ $R < \dfrac{1}{2\sqrt{LC}}$

풀이 　진동적 조건 $\left(\dfrac{R}{2L}\right)^2 - \dfrac{1}{LC} < 0$ 에서 $R < 2\sqrt{\dfrac{L}{C}}$

답 ②

---

05 ★★★★★ 시정수와 상승시간

전기 회로에서 일어나는 과도현상은 그 회로의 시정수와 관계가 있다. 이 사이의 관계를 옳게 표현한 것은?

① 회로의 시정수가 클수록 과도현상은 오랫동안 지속된다.
② 시정수는 과도현상의 지속 시간에는 상관되지 않는다.
③ 시정수의 역이 클수록 과도현상은 천천히 사라진다.
④ 시정수가 클수록 과도현상은 빨리 사라진다.

Industrial Engineer Electricity ▶▶▶

12. 과도현상

 유형분석 시정수의 과도현상의 관계를 묻는 문제가 출제된다.

풀 이 시정수가 클수록 과도현상은 오래 지속된다. 답 ①

Key point
시정수가 크면 과도현상이 오래 지속된다.

문제 09 ★☆ 회로 방정식의 특성근과 회로의 시정수에 대하여 옳게 서술된 것은?
① 특성근과 시정수는 같다.
② 특성근의 역과 회로의 시정수는 같다.
③ 특성근의 절대값의 역과 회로의 시정수는 같다.
④ 특성근과 회로의 시정수는 서로 상관되지 않는다.

풀이 안정된 회로에 있어서는 $\tau = \dfrac{1}{\alpha}$의 관계가 있으며 τ는 시정수, α는 특성근 또는 감쇠 정수라 한다. 답 ③

 **06** ★★★★★ 미분 및 적분회로, 기타

그림과 같은 회로에서 스위치 S를 닫았을 때 과도분을 포함하지 않기 위한 R의 값[Ω]은?

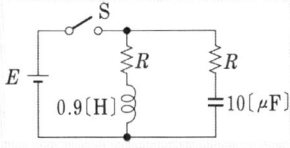

① 100   ② 200   ③ 300   ④ 400

유형분석 과도현상이 생기지 않는 조건에 관한 문제가 출제된다.

풀 이 과도현상이 발생되지 않기 위한 조건 중 정저항 조건을 만족하면 되므로 $R^2 = \dfrac{L}{C}$이다.

$$R = \sqrt{\dfrac{L}{C}} = \sqrt{\dfrac{0.9}{10 \times 10^{-6}}} = 300[\Omega]$$

답 ③

Key point
교류회로의 과도현상(과도현상이 생기지 않는 조건) $\theta = \tan^{-1}\dfrac{X}{r}$

문제 10 ★★★★ $R = 30[\Omega]$, $L = 79.6[\text{mH}]$의 RL 직렬 회로에 60[Hz], 교류를 가할 때 과도현상이 일어나지 않으려면 전압은 어느 위상에서 가해야 하는가?

① 30°
② 45°
③ 60°
④ 75°

풀이 $R\text{-}L$ 직렬 회로에 $e = E_m \sin(\omega t + \theta)$의 교류 전압을 인가하는 경우 회로에 흐르는 전류는
$i = \dfrac{E_m}{Z}\left\{\sin(\omega t + \theta - \phi) - e^{-\frac{R}{L}t}\sin(\theta - \phi)\right\}$가 된다.

이때, 과도 전류가 생기지 않으려면 $\sin(\theta - \phi)$가 0이어야 한다. 즉, $\theta = \phi$이므로

$\phi = \tan^{-1}\dfrac{\omega L}{R} = \tan^{-1}\dfrac{2\times\pi\times 79.6\times 10^{-3}\times 60}{30} = \tan^{-1} 1$

$\phi = 45°$

답 ②

13 출제기준 – 라플라스변환

1 간단한 라플라스 변환

1) 라플라스 변환의 정의

시간 함수 $f(t)$의 라플라스 변환은 $\mathcal{L}[f(t)] = F(s) = \int_0^\infty f(t)e^{-st}dt$

s는 그 실수부가 양(+)인 복소수이다. $s = \sigma + j\omega$
$\mathcal{L}$: 라플라스변환, $F(s)$: 라플라스 변환함수, $f(t)$: 라플라스 변환하기전의 함수

2) 간단한 함수의 라플라스 변환

$\mathcal{L}[f(t)] = F(s) = \int_0^\infty f(t)e^{-st}dt$ 에서 $f(t)$ 대신에 $\delta(t)$를 넣으면 라플라스 변환함수는 1이 된다.

$f(t)$		$F(s)$
$\delta(t)$	임펄스함수	1
$u(t)$, 1	단위 계단함수	$\dfrac{1}{s}$
t	단위 램프함수	$\dfrac{1}{s^2}$
t^n	n차 램프함수	$\dfrac{n!}{s^{n+1}}$
$\sin\omega t$	정현파 함수	$\dfrac{\omega}{s^2+\omega^2}$
$\cos\omega t$	여현파 함수	$\dfrac{s}{s^2+\omega^2}$
e^{-at}	지수감쇠함수	$\dfrac{1}{s+a}$

2 기본 정리

순위	분류	공 식
1	선형성의 정리	$\mathcal{L}[af(t) \pm bg(t)] = a\mathcal{L}[f(t)] \pm b\mathcal{L}[g(t)]$
2	실미분 정리	$\mathcal{L}\left[\dfrac{df(t)}{dt}\right] = sF(s) - f(0_+)$ $\mathcal{L}\left[\dfrac{d^n f(t)}{dt^n}\right] = s^n F(s) - \sum_{k=1}^{n} s^{n-k} f^{k-1}(0_+)$
3	실적분 정리	$\mathcal{L}\left[\int f(t)dt\right] = \dfrac{1}{s}F(s) + \dfrac{1}{s}f^{-1}(0_+)$
4	상사 정리	$\mathcal{L}[f(at)] = \dfrac{1}{a}F\left(\dfrac{s}{a}\right)$, $\mathcal{L}\left[f\left(\dfrac{t}{a}\right)\right] = aF(as)$

순위	분류	공식
5	시간 추이 정리	$\mathcal{L}[f(t-a)] = e^{-as}F(s)$
6	복소 추이 정리	$\mathcal{L}[e^{\pm at}f(t)] = F(s \mp a)$
7	복소 미분 정리	$\mathcal{L}[tf(t)] = -1\dfrac{d}{ds}F(s)$, $\mathcal{L}[t^n f(t)] = (-1)^n \dfrac{d^n}{ds^n}F(s)$
8	복소 적분 정리	$\mathcal{L}\left[\dfrac{f(t)}{t}\right] = \displaystyle\int_0^\infty F(s)ds$
9	초기값 정리	$f(0_+) = \displaystyle\lim_{t \to 0} f(t) = \lim_{s \to \infty} sF(s)$
10	최종값 정리	$f(\infty) = \displaystyle\lim_{t \to \infty} f(t) = \lim_{s \to 0} sF(s)$
11	상승 정리	$\mathcal{L}\left[\displaystyle\int_0^t f_1(t-\tau)f_2(\tau)d\tau\right] = F_1(s)F_2(s)$
12	복소 상승 정리	$\mathcal{L}[f_1(t) \cdot f_2(t)] = \dfrac{1}{2\pi j}\displaystyle\int_{r-j\infty}^{r+j\infty} F_1(s-\lambda)F_2(\lambda)d\lambda$

3 라플라스 변환표

	함 수 명	$f(t)$	$F(s)$
1	단위 임펄스 함수	$\delta(t)$	1
2	단위 계단 함수	$u(t)=1$	$\dfrac{1}{s}$
3	단위 램프 함수	t	$\dfrac{1}{s^2}$
4	포물선 함수	t^2	$\dfrac{2}{s^3}$
5	n차 램프 함수	t^n	$\dfrac{n!}{s^{n+1}}$
6	지수 감쇠 함수	e^{-at}	$\dfrac{1}{s+a}$
7	지수 감쇠 램프 함수	te^{-at}	$\dfrac{1}{(s+a)^2}$
8	지수 감쇠 포물선 함수	$t^2 e^{-at}$	$\dfrac{2}{(s+a)^3}$
9	지수 감쇠 n차 램프 함수	$t^n e^{-at}$	$\dfrac{n!}{(s+a)^{n+1}}$
10	정현파 함수	$\sin\omega t$	$\dfrac{\omega}{s^2+\omega^2}$
11	여현파 함수	$\cos\omega t$	$\dfrac{s}{s^2+\omega^2}$
12	지수 감쇠 정현파 함수	$e^{-at}\sin\omega t$	$\dfrac{\omega}{(s+a)^2+\omega^2}$
13	지수 감쇠 여현파 함수	$e^{-at}\cos\omega t$	$\dfrac{s+a}{(s+a)^2+\omega^2}$
14	쌍곡 정현파 함수	$\sinh at$	$\dfrac{a}{s^2-a^2}$
15	쌍곡 여현파 함수	$\cosh at$	$\dfrac{s}{s^2-a^2}$

13 필수유형 및 과년도문제

필수 01 ★★★★★ 간단한 라플라스 변환

함수 $f(t)$의 라플라스 변환은 어떤 식으로 정의되는가?

① $\int_{-\infty}^{\infty} f(t)e^{st}dt$　　　② $\int_{-\infty}^{\infty} f(t)e^{-st}dt$

③ $\int_{0}^{\infty} f(t)e^{-st}dt$　　　④ $\int_{0}^{\infty} f(t)e^{st}dt$

유형분석 라플라스 변환 문제는 매회 출제된다. 변환표를 암기하여 문제에 적용한다.

풀 이 시간 $t \geq 0$의 조건에서 시간 함수 $f(t)$에 관한 다음과 같은 적분을 함수 $f(t)$의 라플라스 변환이라 한다.

$$\mathcal{L}[f(t)] = F(s) = \int_{0}^{\infty} f(t)e^{-st}dt$$

여기서, $s = \sigma + j\omega$를 뜻하는 복소량이다.　　　**답** ③

Key point

$f(t)$	$F(s)$
t	$\dfrac{1}{s^2}$
t^n	$\dfrac{n!}{s^{n+1}}$
$\sin\omega t$	$\dfrac{\omega}{s^2+\omega^2}$
$\cos\omega t$	$\dfrac{s}{s^2+\omega^2}$
e^{-at}	$\dfrac{1}{s+a}$

문제 01 ★★☆

$f(t) = 3t^2$의 라플라스 변환은?

① $\dfrac{3}{s^2}$　　② $\dfrac{3}{s^3}$　　③ $\dfrac{6}{s^2}$　　④ $\dfrac{6}{s^3}$

풀이 $\mathcal{L}[at^n] = \dfrac{an!}{s^{n+1}}$ 에서 $\mathcal{L}[3t^2] = \dfrac{3 \times 2!}{s^{2+1}} = \dfrac{6}{s^3}$　　**답** ④

문제 02 $f(t) = 1$의 라플라스 변환은?

① $\dfrac{1}{s}$ ② 1 ③ $\dfrac{1}{s^2}$ ④ s

풀이 $\displaystyle\int_0^\infty 1 \cdot e^{-st}dt = \int_0^\infty e^{-st}dt = \left[-\dfrac{1}{s}e^{-st}\right]_0^\infty = \dfrac{1}{s}$

답 ①

문제 03 $e^{j\omega t}$의 라플라스 변환은?

① $\dfrac{1}{s-j\omega}$ ② $\dfrac{1}{s+j\omega}$

③ $\dfrac{1}{s^2+\omega^2}$ ④ $\dfrac{\omega}{s^2+\omega^2}$

풀이 $\mathcal{L}[1 \cdot e^{j\omega t}] = \dfrac{1}{s}\bigg|_{s=s-j\omega} = \dfrac{1}{s-j\omega}$

답 ①

문제 04 $f(t) = \delta(t) - be^{-bt}$의 라플라스 변환은? 단, $\delta(t)$는 임펄스 함수이다.

① $\dfrac{b}{s+b}$ ② $\dfrac{s(1-b)+5}{s(s+b)}$

③ $\dfrac{1}{s(s+b)}$ ④ $\dfrac{s}{s+b}$

풀이 선형성 정리에 의해서
$\mathcal{L}[\delta(t)] - \mathcal{L}[be^{-bt}] = 1 - \dfrac{b}{s+b} = \dfrac{s}{s+b}$

답 ④

문제 05 $\mathcal{L}[\sin t] = \dfrac{1}{s^2+1}$을 이용하여 ① $\mathcal{L}[\cos\omega t]$, ② $\mathcal{L}[\sin at]$를 구하면?

① ① $\dfrac{1}{s^2-a^2}$ ② $\dfrac{1}{s^2-\omega^2}$ ② ① $\dfrac{1}{s+a}$ ② $\dfrac{s}{s+\omega}$

③ ① $\dfrac{s}{s^2+\omega^2}$ ② $\dfrac{a}{s^2+a^2}$ ④ ① $\dfrac{1}{s+a}$ ② $\dfrac{1}{s-\omega}$

풀이 $\mathcal{L}[\cos\omega t] = \dfrac{s}{s^2+\omega^2}$

$\mathcal{L}[\sin at] = \dfrac{a}{s^2+\omega^2}$

답 ③

필수 02 기본 정리 ★★★★★

$F(s) = \dfrac{3s+10}{s^3+2s^2+5s}$ 일 때 $f(t)$의 최종값은?

① 0 ② 1 ③ 2 ④ 8

유형분석 초기값 정리와 최종값 정리에 관한 문제가 매회 출제된다.

풀이 최종값 정리에 의해서 $\lim\limits_{t\to\infty}f(t)=\lim\limits_{s\to 0}sF(s)=\lim\limits_{s\to 0}s\cdot\dfrac{3s+10}{s(s^2+2s+5)}=\dfrac{10}{5}=2$ **답** ③

Key point

초기값 정리	$f(0_+) = \lim\limits_{t\to 0}f(t) = \lim\limits_{s\to\infty}sF(s)$
최종값 정리	$f(\infty) = \lim\limits_{t\to\infty}f(t) = \lim\limits_{s\to 0}sF(s)$

문제 06 ★ 다음 관계식 중 옳지 않은 것은?

① $\mathcal{L}[af_1(t)+bf_2(t)] = aF_1(s)+bF_2(s)$
② $\mathcal{L}[f(t-a)] = eF(s)$
③ $\mathcal{L}[e^{-at}f(t)] = F(s+a)$
④ $\mathcal{L}\left[f\left(\dfrac{t}{a}\right)\right] = aF(as)\ (a>0)$

풀이 라플라스 변환의 중요한 성질 중
① 선형성의 정리 : $\mathcal{L}[af_1(t)+bf_2(t)] = aF_1(s)+bF_2(s)$
② 시간 추이 정리 : $\mathcal{L}[f(t-a)] = e^{-as}F(s)$
③ 복소 추이 정리 : $\mathcal{L}[e^{-at}f(t)] = F(s+a)$
④ 상사 정리 : $\mathcal{L}[f(at)] = \dfrac{1}{a}F\left(\dfrac{s}{a}\right)$, $\mathcal{L}\left[f\left(\dfrac{t}{a}\right)\right] = aF(as)$ **답** ②

문제 07 ★★☆ $\mathcal{L}[f(t)] = F(s)$일 때의 $\lim\limits_{t\to\infty}f(t)$는?

① $\lim\limits_{s\to 0}F(s)$ ② $\lim\limits_{s\to 0}sF(s)$ ③ $\lim\limits_{s\to\infty}F(s)$ ④ $\lim\limits_{s\to\infty}sF(s)$

풀이 $\lim\limits_{t\to\infty}f(t) = \lim\limits_{s\to 0}sF(s)$ **답** ②

필수 03 ★★★☆ 라플라스 변환표

$t\sin\omega t$ 의 라플라스 변환은?

① $\dfrac{\omega}{(s^2+\omega^2)^2}$ ② $\dfrac{\omega s}{(s^2+\omega^2)^2}$ ③ $\dfrac{\omega^2}{(s^2+\omega^2)^2}$ ④ $\dfrac{2\omega s}{(s^2+\omega^2)^2}$

유형분석 key point의 라플라스 변환표를 기억하여 문제를 해결한다.

풀이 $F(s)=(-1)\dfrac{d}{ds}\{\mathcal{L}(\sin\omega t)\}=(-1)\dfrac{d}{ds}\dfrac{\omega}{s^2+\omega^2}=\dfrac{2\omega s}{(s^2+\omega^2)^2}$ **답** ④

Key point

	함 수 명	$f(t)$	$F(s)$
1	지수 감쇠 n차 램프 함수	$t^n e^{-at}$	$\dfrac{n!}{(s+a)^{n+1}}$
2	정현파 함수	$\sin\omega t$	$\dfrac{\omega}{s^2+\omega^2}$
3	여현파 함수	$\cos\omega t$	$\dfrac{s}{s^2+\omega^2}$
4	지수 감쇠 정현파 함수	$e^{-at}\sin\omega t$	$\dfrac{\omega}{(s+a)^2+\omega^2}$
5	지수 감쇠 여현파 함수	$e^{-at}\cos\omega t$	$\dfrac{s+a}{(s+a)^2+\omega^2}$
6	쌍곡 정현파 함수	$\sinh at$	$\dfrac{a}{s^2-a^2}$
7	쌍곡 여현파 함수	$\cosh at$	$\dfrac{s}{s^2-a^2}$

문제 08 ★★★★☆

$e^{-at}\cos\omega t$ 의 라플라스 변환은?

① $\dfrac{s+a}{(s+a)^2+\omega^2}$ ② $\dfrac{\omega}{(s+a)^2+\omega^2}$

③ $\dfrac{\omega}{(s^2+a^2)^2}$ ④ $\dfrac{s+a}{(s^2+a^2)^2}$

풀이 복소 추이 정리에 의해서

$\mathcal{L}[e^{-at}\cos\omega t]=\mathcal{L}[\cos\omega t]_{s=s+a}=\left[\dfrac{s}{s^2+\omega^2}\right]_{s=s+a}=\dfrac{s+a}{(s+a)^2+\omega^2}$ **답** ①

문제 09
$f(t) = \sin t + 2\cos t$ 를 라플라스 변환하면?

① $\dfrac{2s}{s^2+1}$
② $\dfrac{2s+1}{(s+1)^2}$
③ $\dfrac{2s+1}{s^2+1}$
④ $\dfrac{2s}{(s+1)^2}$

풀이 라플라스 변환의 선형성 정리에 의해서

$F(s) = \mathcal{L}[f(t)] = \mathcal{L}[\sin t] + \mathcal{L}[2\cos t] = \dfrac{1}{s^2+1} + \dfrac{2s}{s^2+1} = \dfrac{2s+1}{s^2+1}$

답 ③

문제 10
$\mathcal{L}\left[\dfrac{d}{dt}\cos\omega t\right]$ 의 값은?

① $\dfrac{s^2}{s^2+\omega^2}$
② $\dfrac{-s^2}{s^2+\omega^2}$
③ $\dfrac{\omega^2}{s^2+\omega^2}$
④ $\dfrac{-\omega^2}{s^2+\omega^2}$

풀이 $\mathcal{L}\left[\dfrac{d}{dt}\cos\omega t\right]$

$\mathcal{L}[-\omega\sin\omega t] = -\omega \cdot \dfrac{\omega}{s^2+\omega^2} = \dfrac{-\omega^2}{s^2+\omega^2}$

답 ④

문제 11
그림과 같은 파형의 라플라스 변환은?

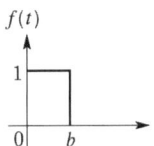

① $\dfrac{1}{b}\left(\dfrac{1-e^{-bs}}{s}\right)$
② $\dfrac{1}{b}\left(\dfrac{1+e^{-bs}}{s}\right)$
③ $\dfrac{1}{s}(1-e^{-bs})$
④ $\dfrac{1}{s}(1+e^{-bs})$

풀이 $f(t) = u(t) - u(t-b)$ 이므로

$\mathcal{L}[f(t)] = \mathcal{L}[u(t)] - \mathcal{L}[u(t-b)] = \dfrac{1}{s} - \dfrac{1}{s}e^{-bs} = \dfrac{1}{s}(1-e^{-bs})$

답 ③

14 출제기준 – 전달함수

◀◀◀ 완벽대비 전기산업기사필기

1 정의 및 기본적인 요소의 전달함수

1) 정의

입력 신호 $x(t)$, 출력 신호 $y(t)$일 때 전달 함수 $G(s)$는

$$G(s) = \frac{\mathcal{L}[y(t)]}{\mathcal{L}[x(t)]} = \frac{Y(s)}{X(s)}$$

또한, 입력과 출력이 정현파이면

$$G(j\omega) = \frac{Y(j\omega)}{X(j\omega)}$$

이며, 이것을 주파수 전달 함수라 한다.

> 전달함수는 일반적으로 출력측 임피던스를 입력측 임피던스로 나눈값과 같게 된다.
> ① 입력선호와 출력신호의 관계를 수식적으로 표현한 것을 전달함수라고 한다.
> ② 전달함수는 모든 초기값을 0 으로 했을 때(입력이 가해지기전) 출력신호의 라플라스 변환과 입력신호의 라플라스 변환의 비이다.

2) 기본적인 요소의 전달 함수

요소의 전달 함수를 $G(s)$로 표시하면,

$$G(s) = \frac{C(s)}{R(s)} = \frac{B_m s^m + \cdots + B_1 s + B_0}{A_n s^n + \cdots + A_1 s + A_0}$$

이다. 그러므로 초기 조건을 0이라 가정하면 출력의 라플라스 변환은,

$$C(s) = G(s)R(s)$$

이다. 따라서 시간 영역에서의 출력 신호 $c(t)$는 위 식의 역라플라스 변환을 하면,

$$c(t) = \mathcal{L}^{-1}[G(s)R(s)]$$

와 같이 구해진다. 이 때의 출력 응답을 규준 응답이라고 한다.

지금 입력 신호로서 단위 임펄스 함수 $\delta(t)$를 생각하면 $\mathcal{L}[\delta(t)] = 1$이므로, 이 때 출력 신호의 라플라스 변환 $C(s)$는,

$$C(s) = G(s)$$

이다. 위 식으로부터 전달 함수는 단위 임펄스 함수를 입력으로 했을 때 출력 응답의 라플라스 변환이라고 할 수 있다. 이 출력 응답을,

$$c(t) = \mathcal{L}^{-1}[G(s)] = g(t)$$

와 같이 표시하고 임펄스 응답이라고 한다.

그리고 입력 신호로서 단위 단계 함수 $u(t)$를 생각하면
$\mathcal{L}[u(t)] = \dfrac{1}{s}$이므로 $C(s) = G(s)/s$가 되며, 이때 출력 응답은,

$$c(t) = \mathcal{L}^{-1}\left[\dfrac{1}{s}G(s)\right] = a(t)$$

가 된다. 이것을 인디셜 응답 또는 단위 단계 응답이라 한다.

입력 신호가 $x(t)$, 출력 신호가 $y(t)$일 때 각 요소의 전달 함수는 아래의 표와 같다.

순위	요소의 종류	입력과 출력의 관계	전달 함수	비고
1	비례 요소	$y(t) = Kx(t)$	$G(s) = \dfrac{Y(s)}{X(s)} = K$	K : 비례 감도 또는 이득 정수
2	적분 요소	$y(t) = K\int x(t)dt$	$G(s) = \dfrac{Y(s)}{X(s)} = \dfrac{K}{s}$	
3	미분 요소	$y(t) = K\dfrac{d}{dt}x(t)$	$G(s) = \dfrac{Y(s)}{X(s)} = Ks$	
4	1차 지연 요소	$b_1\dfrac{d}{dt}y(t) + b_0 y(t) = a_0 x(t)$	$G(s) = \dfrac{Y(s)}{X(s)} = \dfrac{a_0}{b_1 s + b_0}$ $= \dfrac{\dfrac{a_0}{b_0}}{\dfrac{b_1}{b_0}s + 1} = \dfrac{K}{Ts+1}$	$K = \dfrac{a_0}{b_0}$ $T = \dfrac{b_1}{b_0}$ ($T = \tau$: 시정수)
5	2차 지연 요소	$b_2\dfrac{d^2}{dt^2}y(t) + b_1\dfrac{d}{dt}y(t) + b_0 y(t) = a_0 x(t)$	$G(s) = \dfrac{Y(s)}{X(s)}$ $= \dfrac{K\omega_n^2}{s^2 + 2\zeta\omega_n s + \omega_n^2}$ $= \dfrac{K}{1 + 2\zeta Ts + T^2 s^2}$	$K = \dfrac{a_0}{b_0}$, $T^2 = \dfrac{b_2}{b_0}$ $2\zeta T = \dfrac{b_1}{b_0}$, $\omega_n = \dfrac{1}{T}$ ζ : 감쇠 계수 ω_n : 고유 각주파수

전달함수 종류 ① 전압비 전달함수(R,C 회로망의 전달함수)
② 어드미턴스 전달함수(R,L,C 회로망의 전달함수)
③ 미분 방정식의 전달함수

3) 진상 보상기

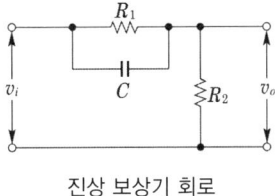

진상 보상기 회로

그림에 표시한 진상 보상기의 전달 함수를 구하여 보자.
이 회로의 방정식은,

$$C\frac{d}{dt}\{v_i(t) - v_0(t)\} + \frac{1}{R}\{v_i(t) - v_0(t)\} = \frac{1}{R_2}v_0(t)$$

이다. 초기값을 0으로 하고 라플라스 변환하면,

$$Cs[V_i(s) - V_0(s)] + \frac{1}{R_1}[V_i(s) - V_0(s)] = \frac{1}{R_2}V_0(s)$$

전달 함수 $G_{\text{lead}}(s)$는,

$$G_{\text{lead}}(s) = \frac{V_0(s)}{V_i(s)} = \frac{Cs + \frac{1}{R_1}}{Cs + \frac{1}{R_1} + \frac{1}{R_2}} = \frac{s+a}{s+b}$$

단, $a = \frac{1}{R_1 C}$, $b = \frac{1}{R_1 C} + \frac{1}{R_2 C}$

이 회로는 $b > a$이므로 진상 보상기로 동작한다.

4) 지상 보상기

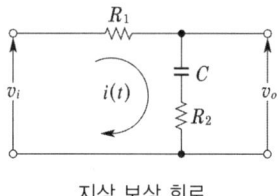

지상 보상 회로

그림에 표시한 지상 보상기의 전달 함수를 구하여 보자. 회로 방정식은,

$$R_1 i(t) + \frac{1}{C}\int i(t)dt + R_2 i(t) = v_i(t)$$

$$\frac{1}{C}\int i(t)dt + R_2 i(t) = v_0(t)$$

이다. 초기값을 0으로 하고 라플라스 변환하면,

$$\left(R_1 + R_2 + \frac{1}{Cs}\right)I(s) = V_i(s)$$

$$\left(R_2 + \frac{1}{Cs}\right)I(s) = V_0(s)$$

전달 함수 $G_{\text{lag}}(s)$는,

$$G_{\text{lag}}(s) = \frac{V_0(s)}{V_i(s)} = \frac{R_2 + \frac{1}{Cs}}{R_1 + R_2 + \frac{1}{Cs}} = \frac{a(s+b)}{b(s+a)}$$

$$a = \frac{1}{(R_1 + R_2)C},\ b = \frac{1}{R_2 C}$$

이 회로는 $b > a$이므로 지상 보상기로 동작한다.

5) 지상 – 진상 보상기

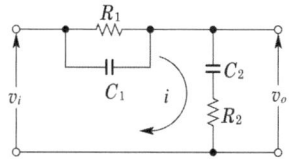

지상 – 진상 보상기 회로

그림에 표시한 지상–진상 보상기의 전달 함수를 구하면,

$$\frac{1}{R_1}\{v_i(t) - v_0(t)\} + C_1 \frac{d}{dt}\{v_i(t) - v_0(t)\} = i(t)$$

전류 $i(t)$와 단자 전압 $v_0(t)$간에는 다음과 같은 관계가 있다.

$$\frac{1}{C_2}\int i(t)dt + R_2 i(t) = v_0(t)$$

위의 두 식을 라플라스 변환한 다음 전류 $I(s)$를 소거하면,

$$\left(\frac{1}{R_1} + C_1 s\right)[V_i(s) - V_0(s)] = \frac{V_0(s)}{\frac{1}{C_2 s} + R_2}$$

따라서 이 보상기의 전달 함수 $G_{LL}(s)$는 다음과 같다.

$$G_{LL}(s) = \frac{V_0(s)}{V_i(s)}$$

$$= \frac{\left(s + \frac{1}{R_1 C_1}\right)\left(s + \frac{1}{R_2 C_2}\right)}{s^2 + \left(\frac{1}{R_2 C_2} + \frac{1}{R_2 C_1} + \frac{1}{R_1 C_1}\right)s + \frac{1}{R_1 C_1 R_2 C_2}}$$

$$= \frac{(s + a_1)(s + b_2)}{(s + b_1)(s + a_2)}$$

단, $a_1 = \frac{1}{R_1 C_1}$, $b_1 a_2 = a_1 b_2$, $b_1 + a_2 = a_1 + b_2 + \frac{1}{R_2 C_1}$, $b_2 = \frac{1}{R_2 C_2}$

이 보상기는 2개의 0점과 극점을 가진다. 지상–진상 보상기로 동작하기 위한 조건은 $b_1 > a_1,\ b_2 > a_2$이다.

14 필수유형 및 과년도문제

필수 01 ★★★ 정의 및 기본적인 요소의 전달함수

그림과 같은 R-L 회로에서 전달 함수를 구하면?

① $\dfrac{L}{R+Ls}$ ② $\dfrac{1}{s+\dfrac{R}{L}}$ ③ $\dfrac{1}{R+Ls}$ ④ $\dfrac{s}{s+\dfrac{R}{L}}$

유형분석 전달함수에 관한 문제가 매회 출제된다.

풀이
$$\begin{cases} v_i(t) = Ri(t) + L\dfrac{di(t)}{dt} \\ v_o(t) = L\dfrac{di(t)}{dt} \end{cases}$$

위 식을 초기값 0인 조건에서 라플라스 변환하면
$$\begin{cases} V_i(s) = RI(s) + LsI(s) = (R+Ls)I(s) \\ V_o(s) = LsI(s) \end{cases}$$

$$\therefore G(s) = \dfrac{V_o(s)}{V_i(s)} = \dfrac{Ls}{R+Ls} = \dfrac{s}{s+\dfrac{R}{L}}$$

답 ④

Key point
전달함수 : 출력측 임피던스를 입력측 임피던스로 나눈 값이다. 즉, 4단자 정수중 A 정수의 역과 같다.

문제 01 ★★★ 그림과 같은 회로의 전달 함수는 어느 것인가?

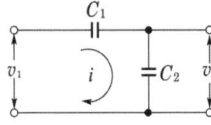

① $C_1 + C_2$ ② $\dfrac{C_2}{C_1}$ ③ $\dfrac{C_1}{C_1+C_2}$ ④ $\dfrac{C_2}{C_1+C_2}$

풀이
$$\begin{cases} v_1(t) = \dfrac{1}{C_1}\int i(t)dt + \dfrac{1}{C_2}\int i(t)dt \\ v_2(t) = \dfrac{1}{C_2}\int i(t)dt \end{cases}, \quad \begin{cases} V_1(s) = \left(\dfrac{1}{C_1 s} + \dfrac{1}{C_2 s}\right)I(s) = \dfrac{C_1 + C_2}{C_1 C_2 s}\cdot I(s) \\ V_2(s) = \dfrac{I(s)}{C_2 s} \end{cases}$$

$$\therefore G(s) = \dfrac{V_2(s)}{V_1(s)} = \dfrac{\dfrac{1}{C_2 s}\cdot I(s)}{\dfrac{C_1+C_2}{C_1 C_2 s}\cdot I(s)} = \dfrac{C_1}{C_1+C_2}$$

답 ③

문제 02 ★★★ 그림과 같은 회로에서 전압비 전달 함수는?

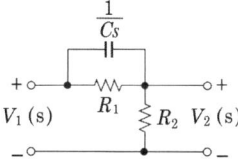

① $\dfrac{R_1}{R_1 Cs + 1}$

② $\dfrac{s+1}{s+(R_1+R_2)+R_1 R_2 C}$

③ $\dfrac{R_1 R_2 s + RCs}{R_1 Cs + R_1 R_2 s^2 + C}$

④ $\dfrac{R_2 + R_1 R_2 Cs}{R_2 + R_1 R_2 Cs + R_1}$

풀이 문제의 R_1과 C의 합성 임피던스 등가 회로는 그림과 같다.
그림에서
$V_1(s) = \left\{\left(\dfrac{R_1}{1+CsR_1}\right) + R_2\right\}I(s)$
$V_2(s) = R_2 I(s)$
$G(s) = \dfrac{V_2(s)}{V_1(s)} = \dfrac{R_2}{\dfrac{R_1}{1+CsR_1}+R_2} = \dfrac{R_2+R_1 R_2 Cs}{R_1+R_2+R_1 R_2 Cs}$

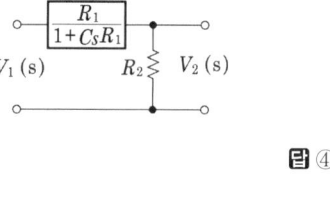

답 ④

문제 03 회로의 전압비 전달 함수 $G(s) = \dfrac{V_2(s)}{V_1(s)}$는?

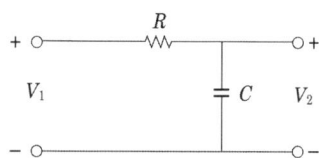

① $\dfrac{1}{RC}$

② $\dfrac{1}{s+RC}$

③ $\dfrac{\dfrac{1}{RC}}{s+\dfrac{1}{RC}}$

④ $\dfrac{-RC}{s+\dfrac{1}{RC}}$

풀이
$$G(s) = \frac{V_2(s)}{V_1(s)} = \frac{\dfrac{1}{C_s}}{R + \dfrac{1}{C_s}} = \frac{1}{RC_s + 1} = \frac{\dfrac{1}{RC}}{s + \dfrac{1}{RC}}$$

답 ③

문제 04 ★★ 그림과 같은 LC 브리지 회로의 전달 함수는?

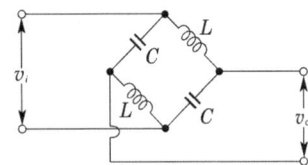

① $\dfrac{1}{1 + LCs^2}$ ② $\dfrac{Ls}{1 + LCs^2}$ ③ $\dfrac{LCs}{1 + LCs^2}$ ④ $\dfrac{1 - LCs^2}{1 + LCs^2}$

풀이 전류 방향과 폐로 방향을 그림과 같이 가정하면

$$\frac{V_o(s)}{V_i(s)} = \frac{\left(\dfrac{1}{sC} - sL\right)I(s)}{\left(\dfrac{1}{sC} + sL\right)I(s)} = \frac{1 - s^2 LC}{1 + s^2 LC}$$

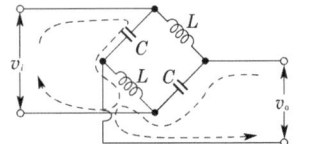

답 ④

문제 05 ★☆ 그림과 같은 회로에서 전류비 전달 함수를 라플라스 함수로 표시하면?

① $\dfrac{1}{s + (C_1 + C_2)/R_1 C_1 s}$

② $\dfrac{RC_1 C_2 s}{R_1 C_1 s + (C_1 + C_2)/R_1 C_1 C_2}$

③ $\dfrac{R_1(C_1 + C_2)s}{R_1 C_2 s + R_1 C_1 C_2 s^2}\left(\dfrac{1}{R_1 C_1 C_2}\right)$

④ $\dfrac{1}{s + (C_1 + C_2)/R_1 C_1 C_2}\left(\dfrac{1}{R_1 C_1}\right)$

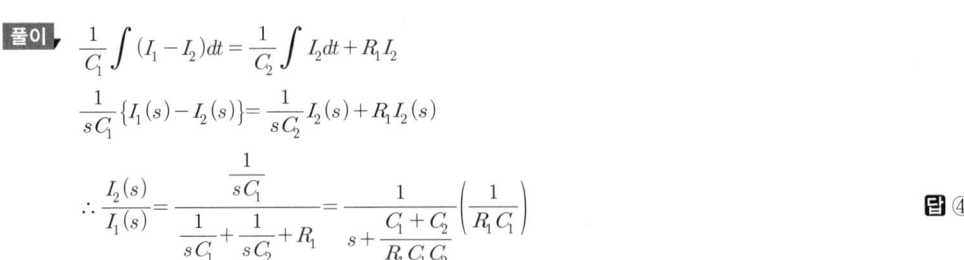

풀이
$$\frac{1}{C_1}\int (I_1 - I_2)dt = \frac{1}{C_2}\int I_2 dt + R_1 I_2$$

$$\frac{1}{sC_1}\{I_1(s) - I_2(s)\} = \frac{1}{sC_2}I_2(s) + R_1 I_2(s)$$

$$\therefore \frac{I_2(s)}{I_1(s)} = \frac{\dfrac{1}{sC_1}}{\dfrac{1}{sC_1} + \dfrac{1}{sC_2} + R_1} = \frac{1}{s + \dfrac{C_1 + C_2}{R_1 C_1 C_2}}\left(\dfrac{1}{R_1 C_1}\right)$$

답 ④

문제 06 ★

그림과 같은 회로에서 전달 함수 $\dfrac{E_o(s)}{I(s)}$는? 단, 초기 조건은 모두 0이다.

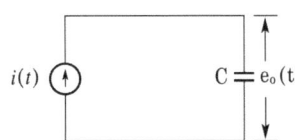

① $\dfrac{1}{Cs}$ ② $\dfrac{1}{Cs+1}$ ③ $\dfrac{C}{Cs+1}$ ④ $\dfrac{Cs}{Cs+1}$

풀이
$$\dfrac{E_o(s)}{I(s)} = \dfrac{\dfrac{1}{sC} \cdot I(s)}{I(s)} = \dfrac{1}{sC}$$

답 ①

문제 07 ★★★★★

어떤 계를 표시하는 미분 방정식이 $\dfrac{d^2 y(t)}{dt^2} + 3\dfrac{dy(t)}{dt} + 2y(t) = \dfrac{dx(t)}{dt} + x(t)$라고 한다. $x(t)$는 입력, $y(t)$는 출력이라고 한다면 이 계의 전달 함수는 어떻게 표시되는가?

① $\dfrac{s^2 + 3s + 2}{s + 1}$ ② $\dfrac{2s + 1}{s^2 + s + 1}$

③ $\dfrac{s + 1}{s^2 + 3s + 2}$ ④ $\dfrac{s^2 + s + 1}{2s + 1}$

풀이 양변을 라플라스 변환하면
$s^2 Y(s) + 3s Y(s) + 2 Y(s) = s X(s) + X(s)$
$(s^2 + 3s + 2) Y(s) = (s + 1) X(s)$
$\therefore G(s) = \dfrac{Y(s)}{X(s)} = \dfrac{s + 1}{s^2 + 3s + 2}$

답 ③

MEMO

전기설비기술기준 제5장

1. 전기설비기술기준 408
2. 출제기준 – 기술기준의 총칙 411
3. 출제기준 – 저압전기설비 431
4. 출제기준 – 고압, 특고압 전기설비 475
5. 출제기준 – 전기철도설비 543
6. 출제기준 – 분산형 전원설비 548

※ 한국전기설비규정 용어 변경(2023.10.12.)

개정 전	개정 후	개정 전	개정 후
경간	지지물 간 거리	인류(引留)할 것	잡아당길 것
교량	다리	자중	자체중량
굴곡 반지름	굽은 부분 반지름	재폐로	재연결
근가(根架)	전주 버팀대	전선의 식별	전선의 식별
동선	구리선	상(문자) / 색상	상(문자) / 색상
말구(末口)	위쪽 끝	L2 / 흑색	L2 / 검은색
메시	그물망	N / 청색	N / 파란색
방폭형	폭발방지형	조상기	무효 전력 보상 장치
분진	먼지	조상설비	무효 전력 보상 설비
섬락	불꽃 방전	조속기	속도조절기
연접 인입선	이웃 연결 인입선	지선	지지선
염해	염분피해	지주	지지기둥
외경	바깥지름	첨가(添架)	전선 첨가
유희용 전차	놀이용 전차	커넥터	접속기
이격거리	간격	커버	덮개
이도(弛度)	처짐 정도	폭연성 분진	폭연성 먼지

※ 어려운 전문용어를 순화 및 표준화하기 위하여 변경하였으나, 과도기가 예상되는 바 1년 간 출제되는 문제를 검토하여 개정판에 반영하도록 하겠습니다.

01 전기설비기술기준

1 전기설비기술기준

1) 용어의 정의 ★ 중요 : 접근상태 등의 기본적인 용어

1. "개폐소"란 개폐소 안에 시설한 개폐기 및 기타 장치에 의하여 전로를 개폐하는 곳으로서 발전소·변전소 및 수용장소 이외의 곳을 말한다.
2. "급전소"란 전력계통의 운용에 관한 지시 및 급전조작을 하는 곳을 말한다.
3. "연접 인입선"이란 한 수용장소의 인입선에서 분기하여 지지물을 거치지 아니하고 다른 수용 장소의 인입구에 이르는 부분의 전선을 말한다. 여기에서 "인입선"이란 가공인입선[가공전선로의 지지물로부터 다른 지지물을 거치지 아니하고 수용장소의 붙임점에 이르는 가공전선(가공전선로의 전선을 말한다. 이하 같다)을 말한다] 및 수용장소의 조영물(토지에 정착한 시설물 중 지붕 및 기둥 또는 벽이 있는 시설물을 말한다. 이하 같다)의 옆면 등에 시설하는 전선으로서 그 수용장소의 인입구에 이르는 부분의 전선을 말한다.
4. "약전류전선"이란 약전류 전기의 전송에 사용하는 전기 도체, 절연물로 피복한 전기 도체 또는 절연물로 피복한 전기 도체를 다시 보호 피복한 전기 도체를 말한다.
5. "지지물"이란 목주·철주·철근 콘크리트주 및 철탑과 이와 유사한 시설물로서 전선·약전류전선 또는 광섬유케이블을 지지하는 것을 주된 목적으로 하는 것을 말한다.
6. "조상설비"란 무효전력을 조정하는 전기기계기구를 말한다.
7. "전력보안 통신설비"란 전력의 수급에 필요한 급전·운전·보수 등의 업무에 사용되는 전화 및 원격지에 있는 설비의 감시·제어·계측·계통보호를 위해 전기적·광학적으로 신호를 송·수신하는 제 장치·전송로 설비 및 전원 설비 등을 말한다.
8. 극저주파 전자계(Extremely Low Frequency Electric and Magnetic Fields : ELF EMF)라 함은 0[Hz]를 제외한 300[Hz] 이하의 전계와 자계를 말한다.

2) 유도장해 방지

1. 교류 특고압 가공전선로에서 발생하는 극저주파 전자계는 지표상 1[m]에서 전계가 3.5[kV/m] 이하, 자계가 83.3[μT] 이하가 되도록 시설하고, 직류 특고압 가공전선로에서 발생하는 직류전계는 지표면에서 25[kV/m] 이하, 직류자계는 지표상 1[m]에서 400,000[μT] 이하가 되도록 시설하는 등 상시 정전유도 및 전자유도 작용에 의하여 사람에게 위험을 줄 우려가 없도록 시설하여야 한다. 다만, 논밭, 산림 그 밖에 사람의 왕래가 적은 곳에서 사람에 위험을 줄 우려가 없도록 시설하는 경우에는 그러하지 아니하다.

2. 특고압의 가공전선로는 전자유도작용이 약전류전선로(전력보안 통신설비는 제외한다)를 통하여 사람에 위험을 줄 우려가 없도록 시설하여야 한다.
3. 전력보안 통신설비는 가공전선로로부터의 정전유도작용 또는 전자유도작용에 의하여 사람에 위험을 줄 우려가 없도록 시설하여야 한다.

3) 절연유

1. 사용전압이 100[kV] 이상의 중성점 직접접지식 전로에 접속하는 변압기를 설치하는 곳에는 절연유의 구외 유출 및 지하 침투를 방지하기 위한 설비를 갖추어야 한다.
2. 폴리염화비페닐을 함유한 절연유를 사용한 전기기계기구는 전로에 시설하여서는 아니 된다.
3. 모든 부하가 선간에 접속된 전기설비에서는 중성선의 설치가 필요하지 않을 수 있다.

4) 전선로의 전선 및 절연성능

저압전선로 중 절연 부분의 전선과 대지 사이 및 전선의 심선 상호 간의 절연저항은 사용전압에 대한 누설전류가 최대 공급전류의 1/2,000을 넘지 않도록 하여야한다.

5) 저압전로의 절연성능

전기사용 장소의 사용전압이 저압인 전로의 전선 상호간 및 전로와 대지 사이의 절연저항은 개폐기 또는 과전류차단기로 구분할 수 있는 전로마다 다음 표에서 정한 값 이상이어야 한다. 다만, 전선 상호간의 절연저항은 기계기구를 쉽게 분리가 곤란한 분기회로의 경우 기기 접속 전에 측정할 수 있다. 또한, 측정 시 영향을 주거나 손상을 받을 수 있는 SPD 또는 기타 기기 등은 측정 전에 분리시켜야 하고, 부득이하게 분리가 어려운 경우에는 시험전압을 250[V] DC로 낮추어 측정할 수 있지만 절연저항 값은 1[MΩ] 이상이어야 한다.

전로의 사용전압[V]	DC 시험전압[V]	절연저항[MΩ]
SELV 및 PELV	250	0.5
FELV, 500[V] 이하	500	1.0
500[V] 초과	1,000	1.0

[주] 특별저압(extra low voltage : 2차 전압이 AC 50[V], DC 120[V] 이하)으로 SELV(비접지회로 구성) 및 PELV(접지회로 구성)은 1차와 2차가 전기적으로 절연된 회로, FELV는 1차와 2차가 전기적으로 절연되지 않은 회로

◀◀◀ 완벽대비 전기산업기사필기

필수유형 및 과년도문제

필수 01 ★★★☆ 전기설비기술기준

저압의 전선로 중 절연 부분의 전선과 대지간의 절연 저항은 사용 전압에 대한 누설 전류가 최대 공급 전류의 몇 분의 1을 넘지 않도록 유지하는가?

① $\dfrac{1}{1000}$ ② $\dfrac{1}{2000}$ ③ $\dfrac{1}{3000}$ ④ $\dfrac{1}{4000}$

유형분석 이 문제는 누설전류가 최대 공급 전류의 1/2000을 넘지 않는 것을 질문한다. 이 유형의 문제는 실제 전류를 계산하여 1/2000을 곱하는 문제가 출제되기도 한다.

풀 이 전압의 전선로 중 대지간의 절연 저항은 사용 전압에 대한 누설 전류가 최대 공급 전류의 1/2000을 넘지 않도록 유지하여야 한다(기술기준 27조). **답** ②

Key point

- "연접 인입선"이란 한 수용장소의 인입선에서 분기하여 지지물을 거치지 아니하고 다른 수용 장소의 인입구에 이르는 부분의 전선을 말한다.
- 허용 누설 전류(I_g)는 최대 공급 전류의 1/2000을 넘지 않도록 유지하여야 한다.

문제 01 ★★
전기설비기술기준상 전력계통의 운용에 관한 지시 및 급전조작을 하는 곳으로 정의되는 것은?

① 상황실   ② 급전소   ③ 발전소   ④ 지령실

풀이 기술기준 제3조 (정의) **답** ②

문제 02 ★★★★★
한 수용 장소의 인입선에서 분기하여 지지물을 거치지 않고 다른 수용 장소의 인입구에 이르는 부분을 무엇이라 하는가?

① 가공 인입선   ② 연접 인입선
③ 옥상 배선   ④ 옥측 배선

풀이 기술기준 제3조 (정의) **답** ②

02 출제기준 – 기술기준의 총칙

1 기술기준 총칙 및 KEC 총칙에 관한 사항

1) 통칙

분 류	전압의 범위
저압	• 직류 : 1.5[kV] 이하 • 교류 : 1[kV] 이하
고압	• 직류 : 1.5[kV]를 초과하고, 7[kV] 이하 • 교류 : 1[kV]를 초과하고, 7[kV] 이하
특고압	7[kV]를 초과

2) 용어 정의   ★ 중요 : 접근상태 등의 기본적인 용어

1. "가공인입선"이란 가공전선로의 지지물로부터 다른 지지물을 거치지 아니하고 수용장소의 붙임점에 이르는 가공전선을 말한다.

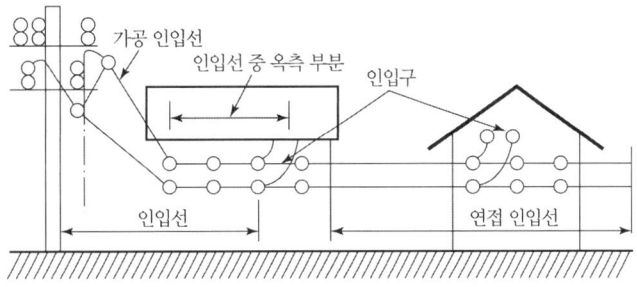

2. "가섭선(架涉線)"이란 지지물에 가설되는 모든 선류를 말한다.
3. "계통접지(System Earthing)"란 전력계통에서 돌발적으로 발생하는 이상현상에 대비하여 대지와 계통을 연결하는 것으로, 중성점을 대지에 접속하는 것을 말한다.
4. "관등회로"란 방전등용 안정기 또는 방전등용 변압기로부터 방전관까지의 전로를 말한다.
5. 급전선 : 전기철도차량에 사용할 전기를 변전소로부터 전차선에 공급하는 전선을 말한다.
6. "글로벌접지시스템(global earthing system)"이란 근접한 국부(local)접지시스템들의 상호접속에 의해 위험한 접촉전압이 발생하지 않도록 보장하는 등가접지시스템을 말한다.

7. "단독운전"이란 전력계통의 일부가 전력계통의 전원과 전기적으로 분리된 상태에서 분산형전원에 의해서만 운전되는 상태를 말한다.
8. "리플프리(Ripple-free)직류"란 교류를 직류로 변환할 때 리플성분의 실효값이 10[%] 이하로 포함된 직류를 말한다.
9. "보호도체(PE, Protective Conductor)"란 감전에 대한 보호 등 안전을 위해 제공되는 도체를 말한다.
10. "보호접지(Protective Earthing)"란 고장 시 감전에 대한 보호를 목적으로 기기의 한 점 또는 여러 점을 접지하는 것을 말한다.
11. "분산형전원"이란 중앙급전 전원과 구분되는 것으로서 전력소비지역 부근에 분산하여 배치 가능한 전원을 말한다. 상용전원의 정전시에만 사용하는 비상용 예비전원은 제외하며, 신·재생에너지 발전설비, 전기저장장치 등을 포함한다.
12. "스트레스전압(Stress Voltage)"이란 지락고장 중에 접지부분 또는 기기나 장치의 외함과 기기나 장치의 다른 부분 사이에 나타나는 전압을 말한다.
13. "외부피뢰시스템(External Lightning Protection System)"이란 수뢰부시스템, 인하도선시스템, 접지극시스템으로 구성된 피뢰시스템의 일종을 말한다.
14. "제1차 접근 상태"란 가공 전선이 다른 시설물과 접근하는 경우에 가공 전선이 다른 시설물의 위쪽 또는 옆쪽에서 수평거리로 가공 전선로의 지지물의 지표상의 높이에 상당하는 거리 안에 시설됨으로써 가공 전선로의 전선의 절단, 지지물의 도괴 등의 경우에 그 전선이 다른 시설물에 접촉할 우려가 있는 상태를 말한다.
15. "제2차 접근상태"란 가공 전선이 다른 시설물과 접근하는 경우에 그 가공 전선이 다른 시설물의 위쪽 또는 옆쪽에서 수평 거리로 3[m] 미만인 곳에 시설되는 상태를 말한다.

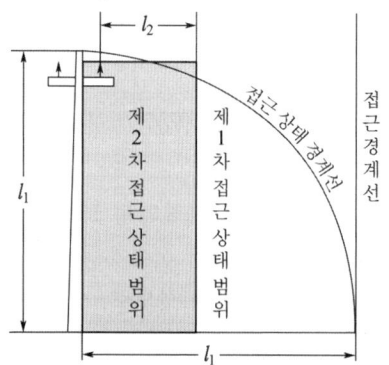

16. "접지도체"란 계통, 설비 또는 기기의 한 점과 접지극 사이의 도전성 경로 또는 그 경로의 일부가 되는 도체를 말한다.
17. "접촉범위(Arm's Reach)"란 사람이 통상적으로 서있거나 움직일 수 있는 바닥면 상의 어떤 점에서라도 보조장치의 도움 없이 손을 뻗어서 접촉이 가능한 접근구역을 말한다.

18. "지중 관로"란 지중 전선로·지중 약전류 전선로·지중 광섬유 케이블 선로·지중에 시설하는 수관 및 가스관과 이와 유사한 것 및 이들에 부속하는 지중함 등을 말한다.
19. "충전부(Live Part)"란 통상적인 운전 상태에서 전압이 걸리도록 되어 있는 도체 또는 도전부를 말한다. 중성선을 포함하나 PEN 도체, PEM 도체 및 PEL 도체는 포함하지 않는다.
20. "특별저압(ELV, Extra Low Voltage)"이란 인체에 위험을 초래하지 않을 정도의 저압을 말한다. 여기서 SELV(Safety Extra Low Voltage)는 비접지회로에 해당되며, PELV(Protective Extra Low Voltage)는 접지회로에 해당된다.
21. "PEN 도체(protective earthing conductor and neutral conductor)"란 교류회로에서 중성선 겸용 보호도체를 말한다.
22. "PEM 도체(protective earthing conductor and a mid-point conductor)"란 직류회로에서 중간선 겸용 보호도체를 말한다.
23. "PEL 도체(protective earthing conductor and a line conductor)"란 직류회로에서 선도체 겸용 보호도체를 말한다.

2 전선

1) 전선의 식별

상(문자)	색상
L1	갈색
L2	흑색
L3	회색
N	청색
보호도체	녹색-노란색

2) 전선의 종류(고압 및 특고압 케이블)

1. 사용전압이 특고압인 전로(전기기계기구 안의 전로를 제외한다)에 전선으로 사용하는 케이블
   가. 절연체가 에틸렌 프로필렌고무혼합물 또는 가교폴리에틸렌 혼합물인 케이블로서 선심 위에 금속제의 전기적 차폐층을 설치한 것
   나. 파이프형 압력 케이블·연피케이블·알루미늄케이블
   다. 그 밖의 금속피복을 한 케이블
2. 사용전압이 고압 및 특고압인 전로(전기기계기구 안의 전로를 제외한다)의 전선으로 절연체가 폴리프로필렌 혼합물인 케이블을 사용하는 경우 다음에 적합하여야 한다.
   가. 도체의 상시 최고 허용온도는 90[℃] 이상일 것.

나. 절연체의 인장 강도는 12.5[N/mm^2] 이상일 것.
다. 절연체의 신장률은 350[%] 이상일 것.
라. 절연체의 수분 흡습은 1[mg/cm^2] 이하일 것. 단, 정격전압 30[kV] 초과 특고압 케이블은 제외한다.

3) 전선의 접속

전선을 접속하는 경우에는 전선의 전기저항을 증가시키지 아니하도록 접속하여야 하며, 또한 다음에 따라야 한다.
1. 절연전선 상호 · 절연전선과 코드, 캡타이어 케이블과 접속하는 경우에는 전선의 세기를 20[%] 이상 감소시키지 아니할 것.
2. 두 개 이상의 전선을 병렬로 사용하는 경우에는 다음에 의하여 시설할 것.
   가. 병렬로 사용하는 각 전선의 굵기는 동선 50[mm^2] 이상 또는 알루미늄 70[mm^2] 이상으로 하고, 전선은 같은 도체, 같은 재료, 같은 길이 및 같은 굵기의 것을 사용할 것.
   나. 병렬로 사용하는 전선에는 각각에 퓨즈를 설치하지 말 것.

3 전로의 절연

1) 전로의 절연 원칙

전로는 다음 이외에는 대지로부터 절연하여야 한다.
1. 저압전로에 접지공사를 하는 경우의 접지점
2. 전로의 중성점에 접지공사를 하는 경우의 접지점
3. 계기용변성기의 2차측 전로에 접지공사를 하는 경우의 접지점
4. 다중 접지를 하는 경우의 접지점
5. 변압기의 2차측 전로에 접지공사를 하는 경우의 접지점
6. 직류계통에 접지공사를 하는 경우의 접지점

2) 전로의 절연저항 및 절연내력 ★ 중요 : 절연내력시험의 배율과 최저전압

1. 사용전압이 저압인 전로에서 정전이 어려운 경우 등 절연저항 측정이 곤란한 경우에는 누설전류를 1[mA] 이하로 유지하여야 한다.
2. 고압 및 특고압의 전로는 표에서 정한 시험전압을 전로와 대지 사이(다심케이블은 심선 상호 간 및 심선과 대지 사이)에 연속하여 10분간 가하여 절연내력을 시험하였을 때에 이에 견디어야 한다. 다만, 전선에 케이블을 사용하는 교류 전로로서 표에서 정한 시험전압의 2배의 직류전압을 전로와 대지 사이에 연속하여 10분간 가하여 절연내력을 시험하였을 때에 이에 견디는 것에 대하여는 그러하지 아니하다.

전로의 종류	접지방식	시험전압 (최대사용 전압의 배수)	최저 시험전압
1. 7[kV] 이하인 전로		1.5배	
2. 7[kV] 초과 25[kV] 이하	다중접지	0.92배	
3. 7[kV] 초과 60[kV] 이하(2란의 것을 제외한다.)		1.25배	10.5[kV]
4. 60[kV] 초과(전위 변성기를 사용하여 접지하는 것을 포함한다)	비 접 지	1.25배	
5. 60[kV] 초과(전위 변성기를 사용하여 접지하는 것 및 6란과 7란의 것을 제외한다)	접 지 식	1.1배	75[kV]
6. 60[kV] 초과(7란의 것을 제외한다)	직접접지	0.72배	
7. 170[kV] 초과(발전소 또는 변전소 혹은 이에 준하는 장소에 시설하는 것)	직접접지	0.64배	
8. 최대사용전압이 60[kV]를 초과하는 정류기에 접속되고 있는 전로	교류측 및 직류 고전압측에 접속되고 있는 전로는 교류측의 최대사용전압의 1.1배의 직류전압 직류측 중성선 또는 귀선이 되는 전로(직류 저압측 전로)의 시험전압값 $E = V \times \dfrac{1}{\sqrt{2}} \times 0.5 \times 1.2$ E : 교류 시험 전압[V] V : 역변환기의 전류 실패 시 중성선 또는 귀선이 되는 전로에 나타나는 교류성 이상전압의 파고 값[V]. 다만, 전선에 케이블을 사용하는 경우 시험전압은 E의 2배의 직류전압으로 한다.		

3) 회전기 및 정류기의 절연내력

회전기 및 정류기는 표에서 정한 시험방법으로 절연내력을 시험하였을 때에 이에 견디어야 한다. 다만, 회전변류기 이외의 교류의 회전기로 표에서 정한 시험전압의 1.6배의 직류전압으로 절연내력을 시험하였을 때 이에 견디는 것을 시설하는 경우에는 그러하지 아니하다.

종 류			시험 전압 (최대사용 전압의 배수)	최저 시험 전압	시험 방법
회전기	발전기·전동기·조상기·기타회전기(회전변류기를 제외한다)	최대사용전압 7[kV] 이하	1.5배	500[V]	권선과 대지 사이에 연속하여 10분간 가한다.
		최대사용전압 7[kV] 초과	1.25배	10.5[kV]	
	회전변류기		직류측의 최대사용전압의 1배의 교류전압	500[V]	
정류기	최대사용전압이 60[kV] 이하		직류측의 최대사용전압의 1배의 교류전압	500[V]	충전부분과 외함 간에 연속하여 10분간 가한다.
	최대사용전압 60[kV] 초과		1.1배		교류측 및 직류고전압측단자와 대지 사이에 연속하여 10분간 가한다.

4) 변압기 전로의 절연내력

변압기의 전로는 표에서 정하는 시험전압을 권선과 다른 권선, 철심 및 외함 간에 시험전압을 연속하여 10분간 가하여 절연내력을 시험하였을 때에 이에 견디는 것이어야 한다.

권선의 종류 (최대사용전압)	접지방식	시험 전압 (최대사용전압의 배수)	최저 시험 전압
1. 7[kV] 이하		1.5배	500[V]
	다중접지	0.92배	500[V]
2. 7[kV] 초과 25[kV] 이하	다중접지	0.92배	
3. 7[kV] 초과 60[kV] 이하 (2란의 것을 제외한다)		1.25배	10.5[kV]
4. 60[kV] 초과(전위 변성기를 사용하여 접지하는 것을 포함한다. 8란의 것을 제외한다)	비접지	1.25	
5. 60[kV] 초과(전위 변성기를 사용하여 접지하는 것, 6란 및 8란의 것을 제외한다)	접지식	1.1배	75[kV]
6. 60[kV] 초과(8란의 것을 제외한다) 다만, 170[kV]를 초과하는 권선에는 그 중성점에 피뢰기를 시설하는 것에 한한다.	직접접지	0.72배	
7. 170[kV] 초과(8란의 것을 제외한다)	직접접지	0.64배	
8. 60[kV]를 초과하는 정류기에 접속하는 권선	정류기의 교류측의 최대 사용전압의 1.1배의 교류전압 또는 정류기의 직류측의 최대 사용전압의 1.1배의 직류전압		

5) 기구 등의 전로의 절연내력

개폐기·차단기·전력용 커패시터·유도전압조정기·계기용변성기 기타의 기구의 전로 및 발전소·변전소·개폐소 또는 이에 준하는 곳에 시설하는 기계기구의 접속선 및 모선은 표에서 정하는 시험전압을 충전 부분과 대지 사이(다심케이블은 심선 상호 간 및 심선과 대지 사이)에 연속하여 10분간 가하여 절연내력을 시험하였을 때에 이에 견디어야 한다.

종 류	접지방식	시험 전압 (최대사용 전압의 배수)	최저 시험 전압
1. 7[kV] 이하		1.5배	500[V]
2. 7[kV] 초과 25[kV] 이하	다중접지	0.92배	
3. 7[kV] 초과 60[kV] 이하(2란의 것 제외)		1.25배	10.5[kV]
4. 60[kV] 초과	비접지	1.25배	
5. 60[kV] 초과(7란의 것 제외)	접지식	1.1배	75[kV]
6. 170[kV] 초과(7란의 것 제외)	직접접지	0.72배	
7. 170[kV] 초과(발전소 또는 변전소 혹은 이에 준하는 장소에 시설하는 것.)	직접접지	0.64배	

4 접지시스템

1. 접지시스템은 계통접지, 보호접지, 피뢰시스템 접지 등으로 구분한다.
2. 접지시스템의 시설 종류에는 단독접지, 공통접지, 통합접지가 있다.

(1) 접지시스템 구성요소

1. 접지시스템은 접지극, 접지도체, 보호도체 및 기타 설비로 구성한다.
2. 접지극은 접지도체를 사용하여 주 접지단자에 연결하여야 한다.

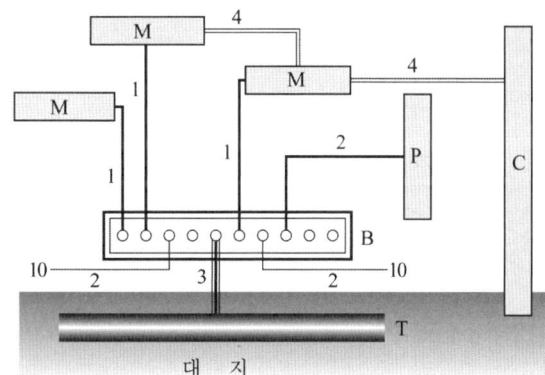

1 : 보호도체(PE)
2 : 보호 등전위 본딩용 도체
3 : 접지도체
4 : 보조 보호 등전위 본딩용 도체
10 : 기타 기기(정보통신, 피뢰시스템)
B : 주 접지단자
M : 전기기구의 노출 도전부
C : 철골, 금속덕트 등 계통외 도전부
P : 수도관, 가스관 등 계통외 도전부
T : 접지극

(2) 접지극의 시설 및 접지저항

1. 접지극의 매설은 다음에 의한다.
   가. 접지극은 지표면으로부터 지하 0.75[m] 이상으로 하되 동결 깊이를 감안하여 매설 깊이를 정해야 한다.
   나. 접지도체를 철주 기타의 금속체를 따라서 시설하는 경우에는 접지극을 철주의 밑면으로부터 0.3[m] 이상의 깊이에 매설하는 경우 이외에는 접지극을 지중에서 그 금속체로부터 1[m] 이상 떼어 매설하여야 한다.

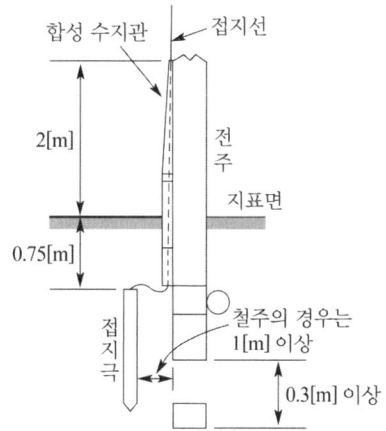

2. 수도관 등을 접지극으로 사용하는 경우는 다음에 의한다.
   가. 지중에 매설되어 있고 대지와의 전기저항 값이 3[Ω] 이하의 값을 유지하고 있는 금속제 수도관로가 다음에 따르는 경우 접지극으로 사용이 가능하다.
   ⑴ 접지도체와 금속제 수도관로의 접속은 안지름 75[mm] 이상인 부분 또는 여기에서 분기한 안지름 75[mm] 미만인 분기점으로부터 5[m] 이내의 부분에서 하여야 한다. 다만, 금속제 수도관로와 대지 사이의 전기저항 값이 2[Ω] 이하인 경우에는 분기점으로부터의 거리는 5[m]을 넘을 수 있다.
   ⑵ 접지도체와 금속제 수도관로의 접속부를 수도계량기로부터 수도 수용가 측에 설치하는 경우에는 수도계량기를 사이에 두고 양측 수도관로를 등전위본딩 하여야 한다.

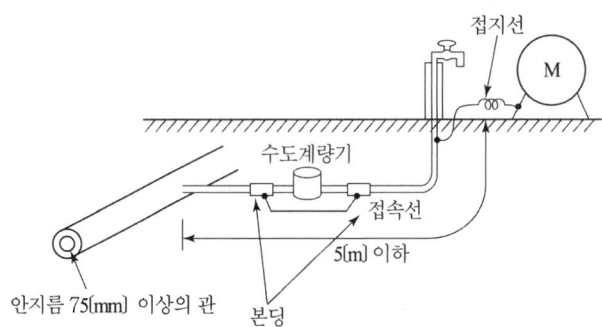

   나. 건축물·구조물의 철골 기타의 금속제는 이를 비접지식 고압전로에 시설하는 기계기구의 철대 또는 금속제 외함의 접지공사 또는 비접지식 고압전로와 저압전로를 결합하는 변압기의 저압전로의 접지공사의 접지극으로 사용할 수 있다. 다만, 대지와의 사이에 전기저항 값이 2[Ω] 이하인 값을 유지하는 경우에 한한다.

(3) 접지도체·보호도체

1) 접지도체

1. 접지도체의 선정
   가. 접지도체의 최소 단면적은 다음과 같다.
      ⑴ 구리는 6[mm²] 이상
      ⑵ 철제는 50[mm²] 이상
   나. 접지도체에 피뢰시스템이 접속되는 경우, 접지도체의 단면적
      ⑴ 구리는 16[mm²] 이상
      ⑵ 철제는 50[mm²] 이상
2. 접지도체는 지하 0.75[m]부터 지표 상 2[m]까지 부분은 합성수지관(두께 2[mm] 미만의 합성수지제 전선관 및 가연성 콤바인덕트관은 제외한다) 또는 이와 동등 이상의 절연효과와 강도를 가지는 몰드로 덮어야 한다.

3. 접지도체
    가. 절연전선(옥외용 비닐절연전선은 제외) 또는 케이블(통신용 케이블은 제외)을 사용하여야 한다.

2) 보호도체

1. 보호도체의 최소 단면적은 다음에 의한다.
    가. 보호도체의 최소 단면적은 표에 따라 선정해야 한다. 다만, "나"에 따라 계산한 값 이상이어야 한다.

선도체의 단면적 S ([mm²], 구리)	보호도체의 최소 단면적([mm²], 구리)	
	보호도체의 재질	
	선도체와 같은 경우	선도체와 다른 경우
$S \leq 16$	S	$(k_1/k_2) \times S$
$16 < S \leq 35$	16^a	$(k_1/k_2) \times 16$
$S > 35$	$S^a/2$	$(k_1/k_2) \times (S/2)$

    여기서, - k_1 : 선도체에 대한 k값
    - k_2 : 보호도체에 대한 k값
    - a : PEN 도체의 최소단면적은 중성선과 동일하게 적용한다

    나. 보호도체의 단면적은 다음의 계산 값 이상이어야 한다.
    (단, 차단시간이 5초 이하인 경우에만 다음 계산식을 적용한다.)

    $$S = \frac{\sqrt{I^2 t}}{k}$$

    여기서, S : 단면적[mm²]
    I : 보호장치를 통해 흐를 수 있는 예상 고장전류 실효값[A]
    t : 자동차단을 위한 보호장치의 동작시간[s]
    k : 보호도체, 절연, 기타 부위의 재질 및 초기온도와 최종온도에 따라 정해지는 계수

    다. 보호도체가 케이블의 일부가 아니거나 선도체와 동일 외함에 설치되지 않으면 단면적은 다음의 굵기 이상으로 하여야 한다.
        (1) 기계적 손상에 대해 보호가 되는 경우 : 구리 2.5[mm²], 알루미늄 16[mm²] 이상
        (2) 기계적 손상에 대해 보호가 되지 않는 경우 : 구리 4[mm²], 알루미늄 16[mm²] 이상
2. 보호도체에는 어떠한 개폐장치를 연결해서는 안 된다.

(4) 전기수용가 접지

1) 저압수용가 인입구 접지

1. 수용장소 인입구 부근에서 다음의 것을 접지극으로 사용하여 변압기 중성점 접지를 한 저압전선로의 중성선 또는 접지측 전선에 추가로 접지공사를 할 수 있다.
   가. 지중에 매설되어 있고 대지와의 전기저항 값이 3[Ω] 이하의 값을 유지하고 있는 금속제 수도관로
   나. 대지 사이의 전기저항 값이 3[Ω] 이하인 값을 유지하는 건물의 철골
2. 제1에 따른 접지도체는 공칭단면적 6[mm^2] 이상의 연동선

2) 변압기 중성점 접지

변압기의 중성점접지 저항 값은 다음에 의한다.

1. 일반적으로 변압기의 고압·특고압측 전로 1선 지락전류로 150을 나눈 값과 같은 저항 값 이하

$$R = \frac{150}{\text{변압기의 고압측 또는 특고압측의 1선 지락전류}}[\Omega]$$

2. 변압기의 고압·특고압측 전로 또는 사용전압이 35[kV] 이하의 특고압전로가 저압측 전로와 혼촉하고 저압전로의 대지전압이 150[V]를 초과하는 경우는 저항 값은 다음에 의한다.
   가. 1초 초과 2초 이내에 고압·특고압 전로를 자동으로 차단하는 장치를 설치할 때는 300을 나눈 값 이하

$$R = \frac{300}{\text{변압기의 고압측 또는 특고압측의 1선 지락전류}}[\Omega]$$

   나. 1초 이내에 고압·특고압 전로를 자동으로 차단하는 장치를 설치할 때는 600을 나눈 값 이하

$$R = \frac{600}{\text{변압기의 고압측 또는 특고압측의 1선 지락전류}}[\Omega]$$

3) 기계기구의 철대 및 외함의 접지

1. 전로에 시설하는 기계기구의 철대 및 금속제 외함(외함이 없는 변압기 또는 계기용 변성기는 철심)에는 접지공사를 하여야 한다.
2. 다음의 어느 하나에 해당하는 경우에는 접지를 생략할 수 있다.
   가. 사용전압이 직류 300[V] 또는 교류 대지전압이 150[V] 이하인 기계기구를 건조한 곳에 시설하는 경우
   나. 저압용의 기계기구를 건조한 목재의 마루 기타 이와 유사한 절연성 물건 위에서 취급하도록 시설하는 경우
   다. 저압용이나 고압용의 기계기구를 사람이 쉽게 접촉할 우려가 없도록 목주 기타

이와 유사한 것의 위에 시설하는 경우
라. 철대 또는 외함의 주위에 적당한 절연대를 설치하는 경우
마. 외함이 없는 계기용변성기가 고무·합성수지 기타의 절연물로 피복한 것일 경우
바. 2중 절연구조로 되어 있는 기계기구를 시설하는 경우
사. 저압용 기계기구에 전기를 공급하는 전로의 전원측에 절연변압기(2차 전압이 300[V] 이하이며, 정격용량이 3[kVA] 이하인 것에 한한다)를 시설하고 또한 그 절연변압기의 부하측 전로를 접지하지 않은 경우
아. 물기 있는 장소 이외의 장소에 시설하는 저압용의 개별 기계기구에 전기를 공급하는 전로에 인체감전보호용 누전차단기(정격감도전류가 30[mA] 이하, 동작시간이 0.03초 이하의 전류동작형에 한한다)를 시설하는 경우
자. 외함을 충전하여 사용하는 기계기구에 사람이 접촉할 우려가 없도록 시설하거나 절연대를 시설하는 경우

(5) 전기수용가 접지

1) 등전위본딩의 적용

건축물·구조물에서 접지도체, 주 접지단자와 다음의 도전성부분은 등전위본딩 하여야 한다. 다만, 이들 부분이 다른 보호도체로 주 접지단자에 연결된 경우는 그러하지 아니하다.
1. 수도관·가스관 등 외부에서 내부로 인입되는 금속배관
2. 건축물·구조물의 철근, 철골 등 금속보강재
3. 일상생활에서 접촉이 가능한 금속제 난방배관 및 공조설비 등 계통외 도전부

2) 등전위본딩 도체

주접지단자에 접속하기 위한 등전위본딩 도체는 설비 내에 있는 가장 큰 보호접지도체 단면적의 1/2 이상의 단면적을 가져야 하고 다음의 단면적 이상이어야 한다.
1. 구리도체 6[mm^2]
2. 알루미늄 도체 16[mm^2]
3. 강철 도체 50[mm^2]

5 피뢰시스템

1. 수뢰부시스템의 선정은 돌침, 수평도체, 메시도체의 요소 중에 한 가지 또는 이를 조합한 형식으로 시설하여야 한다.
2. 수뢰부시스템의 배치는 다음에 의한다.
   가. 보호각법, 회전구체법, 메시법 중 하나 또는 조합된 방법으로 배치하여야 한다.
   나. 건축물·구조물의 뾰족한 부분, 모서리 등에 우선하여 배치한다.

필수유형 및 과년도문제

필수 01 ★★ 기술기준 총칙 및 KEC 총칙에 관한 사항

다음 중 "제2차 접근 상태"를 바르게 설명한 것은 어느 것인가?

① 가공 전선이 전선의 절단 또는 지지물의 도괴 등이 되는 경우에 당해 전선이 다른 시설물에 접속될 우려가 있는 상태를 말한다.
② 가공 전선이 다른 시설물과 접근하는 경우에 당해 가공 전선이 다른 시설물의 위쪽 또는 옆쪽에서 수평 거리로 3미터 미만인 곳에 시설되는 상태를 말한다.
③ 가공 전선이 다른 시설물과 접근하는 경우에 가공 전선이 다른 시설물의 위쪽 또는 옆쪽에서 수평 거리로 3미터 이상에 시설되는 것을 말한다.
④ 가공 선로 중 제1차 접근 시설로 접근할 수 없는 시설로서 제2차 보호 조치나 안전 시설을 하여야 접근할 수 있는 상태의 시설을 말한다.

유형분석 용어 중 제2차 접근상태를 알고 있느냐를 확인하는 문제이다. 3[m]만 암기하지 말고 용어를 이해하는 것이 바람직하다.

풀 이 (KEC 112) **답** ②

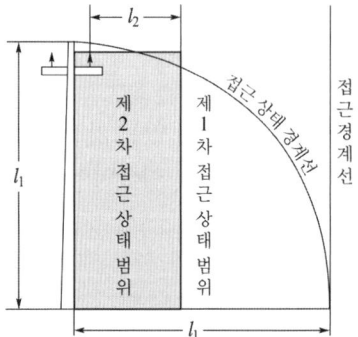

Key point

제2차 접근 상태란 가공 전선이 다른 시설물과 위쪽 또는 옆쪽에서 수평 거리로 3[m] 미만인 곳에 시설되는 상태를 말한다.

문제 01 전압의 구분에 대한 설명으로 옳지 않은 것은?

① 전압은 저압, 고압, 특고압의 3종으로 구분한다.
② 저압은 직류는 600[V] 이하, 교류는 750[V] 이하이다.
③ 고압은 저압을 넘고 7[kV] 이하이다.
④ 특고압은 7[kV]를 넘는 것이다.

풀이 111 통칙
이 규정에서 적용하는 전압의 구분은 다음과 같다.

분 류	전압의 범위
저 압	• 직류 : 1.5[kV] 이하 • 교류 : 1[kV] 이하
고 압	• 직류 : 1.5[kV]를 초과하고, 7[kV] 이하 • 교류 : 1[kV]를 초과하고, 7[kV] 이하
특고압	7[kV]를 초과

답 ②

문제 02 관등 회로라고 하는 것은?

① 분기점으로부터 안정기까지의 전로
② 스위치로부터 방전등까지의 전로
③ 스위치로부터 안정기까지의 전로
④ 방전등용 안정기로부터 방전관까지의 전로

풀이 112 용어 정의
관등 회로란 방전등용 안정기 또는 방전등용 변압기로부터 방전관까지의 전로를 말한다.   **답** ④

문제 03 제2차 접근상태를 바르게 설명한 것은?

① 가공전선이 전선의 절단 또는 지지물의 도괴 등이 되는 경우에 당해 전선이 다른 시설물에 접속될 우려가 있는 상태
② 가공전선이 다른 시설물과 접근하는 경우에 당해 가공전선이 다른 시설물의 위쪽 또는 옆쪽에서 수평거리로 3[m] 미만인 곳에 시설되는 상태
③ 가공전선이 다른 시설물과 접근하는 경우에 가공전선을 다른 시설물과 수평되게 시설되는 상태
④ 가공선로에 접지공사를 하고 보호망으로 보호하여 인축의 감전 상태를 방지하도록 조치하는 상태

풀이 112 용어 정의
"제2차 접근상태"란 가공 전선이 다른 시설물과 접근하는 경우에 그 가공 전선이 다른 시설물의 **위쪽 또는 옆쪽에서 수평 거리로 3[m] 미만인 곳**에 시설되는 상태를 말한다.   **답** ②

02 전선

전선의 접속법을 열거한 것 중 잘못 설명한 것은?
① 전선의 세기를 30[%] 이상 감소시키지 않는다.
② 접속 부분은 절연 전선의 절연물과 동등 이상의 절연 효력이 있도록 충분히 피복한다.
③ 접속 부분은 접속관, 기타의 기구를 사용한다.
④ 알루미늄 도체의 전선과 동도체의 전선을 접속할 때에는 전기적 부식이 생기지 않도록 한다.

유형분석 전선접속에 관한 문제는 대부분 20[%] 감소, 80[%] 유지를 질문한다. 이 수치를 기억하는 것이 바람직하다.

풀이 전선의 세기를 20[%] 이상 감소시키지 말아야 한다. (KEC 123). **답** ①

Key point
① 전선의 전기 저항을 증가시키지 않을 것
② 인장 하중(전선의 세기)을 20[%] 이상 감소시키지 않을 것

문제 04 전선을 접속한 경우 전선의 세기를 최소 몇 [%] 이상 감소시키지 않아야 하는가?
① 10   ② 15   ③ 20   ④ 25

풀이 123 전선의 접속
전선의 세기를 20[%] 이상 감소시키지 말아야 한다. **답** ③

문제 05 전로의 절연 원칙에 따라 반드시 절연하여야 하는 것은?
① 전로의 중성점에 접지 공사를 하는 경우의 접지점
② 계기용 변성기의 2차측 전로의 접지점
③ 저압 가공 전선로의 접지측 전선
④ 22.9[kVA] 중성선의 다중 접지의 접지점

풀이 131 전로의 절연 원칙
전로는 다음 이외에는 대지로부터 절연하여야 한다.
1. 저압전로에 접지공사를 하는 경우의 접지점
2. **전로의 중성점에 접지공사를 하는 경우의 접지점**
3. **계기용변성기의 2차측 전로에 접지공사를 하는 경우의 접지점**
4. **다중 접지를 하는 경우의 접지점**
5. 변압기의 2차측 전로에 접지공사를 하는 경우의 접지점
6. 직류계통에 접지공사를 하는 경우의 접지점 **답** ③

필수 03 ★★★★★ 전로의 절연

3상 4선식 22.9[kV] 중성점 다중 접지식 가공 전선로의 전로와 대지사이의 절연 내력 시험 전압[V]은?

① 28,625　　② 22,900　　③ 21,068　　④ 16,488

유형분석 전로의 종류 및 변압기 전로의 접지방식에 따른 최대사용 전압의 배수와 시험전압을 물어본다.

풀이 (KEC 132) 전로의 절연저항 및 절연내력

전로의 종류	접지방식	시험전압 (최대사용 전압의 배수)	최저 시험전압
1. 7[kV] 이하인 전로		1.5배	
2. 7[kV] 초과 25[kV] 이하	다중접지	0.92배	

∴ 시험 전압 = $22{,}900 \times 0.92 = 21{,}068$[V]

답 ③

Key point

전로의 절연저항 및 절연내력

전로의 종류	접지방식	시험전압 (최대사용 전압의 배수)	최저 시험전압
1. 7[kV] 이하인 전로		1.5배	
2. 7[kV] 초과 25[kV] 이하	다중접지	0.92배	
3. 7[kV] 초과 60[kV] 이하(2란의 것 제외)		1.25배	10.5[kV]
4. 60[kV] 초과	비접지	1.25배	
5. 60[kV] 초과(6란, 7란의 것 제외)	접지식	1.1배	75[kV]
6. 60[kV] 초과(7란의 것 제외)	직접접지	0.72배	
7. 170[kV] 초과(발전소 또는 변전소 혹은 이에 준하는 장소에 시설하는 것.)	직접접지	0.64배	

문제 06 ★★★★☆

고압 및 특고압의 전로에 절연 내력 시험을 하는 경우 시험 전압을 연속 얼마 동안 가하는가?

① 10 초　　② 1 분　　③ 5 분　　④ 10 분

풀이 132 전로의 절연저항 및 절연내력
고압 및 특고압의 전로는 표에서 정한 시험전압을 전로와 대지 사이(다심 케이블은 심선 상호 간 및 심선과 대지 사이)에 **연속하여 10분간 가하여 절연내력을 시험**하였을 때에 이에 견디어야 한다. **답** ④

문제 07

최대 사용 전압이 69[kV]인 중성점 비접지식 전로의 절연 내력 시험 전압은 몇 [kV]인가?

① 63.48 ② 75.9 ③ 86.25 ④ 103.5

풀이 132 전로의 절연저항 및 절연내력

전로의 종류	접지방식	시험전압 (최대사용 전압의 배수)	최저 시험전압
1. 7[kV] 이하인 전로		1.5배	
2. 7[kV] 초과 25[kV] 이하	다중접지	0.92배	
3. 7[kV] 초과 60[kV] 이하(2란의 것 제외)		1.25배	10.5[kV]
4. 60[kV] 초과	**비접지**	**1.25배**	
5. 60[kV] 초과(6란, 7란의 것 제외)	접지식	1.1배	75[kV]
6. 60[kV] 초과(7란의 것 제외)	직접접지	0.72배	
7. 170[kV] 초과(발전소 또는 변전소 혹은 이에 준하는 장소에 시설하는 것.)	직접접지	0.64배	

60[kV]를 초과하는 중성점 비접지식이므로
∴ 시험 전압 = 69 × 1.25 = 86.25[kV]

답 ③

문제 08

발전기, 전동기 등 회전기의 절연 내력은 규정된 시험 전압을 권선과 대지사이에 계속하여 몇 분간 가하여 견디어야 하는가?

① 5 분 ② 10 분 ③ 15 분 ④ 20 분

풀이 133 회전기 및 정류기의 절연내력

종류		시험전압	시험 방법
회전기	발전기·전동기·조상기·기타회전기 7[kV] 이하	1.5배(최저 500[V])	권선과 대지 사이에 연속하여 10분간
	발전기·전동기·조상기·기타회전기 7[kV] 초과	1.25배(최저 10,500[V])	
	회전 변류기	직류 측의 최대 사용전압의 1배의 교류전압(최저 500[V])	

답 ②

문제 09

최대 사용 전압이 6600[V]인 3상 유도 전동기의 권선과 대지 사이의 절연 내력 시험 전압은 몇 [V]인가?

① 7260 ② 7920 ③ 8250 ④ 9900

풀이 133 회전기 및 정류기의 절연내력

종류		시험전압	시험 방법
회전기	발전기·전동기·조상기·기타회전기 7[kV] 이하	1.5배(최저 500[V])	권선과 대지 사이에 연속하여 10분간
	발전기·전동기·조상기·기타회전기 7[kV] 초과	1.25배(최저 10,500[V])	
	회전 변류기	직류 측의 최대 사용전압의 1배의 교류전압(최저 500[V])	

7[kV] 이하이므로 절연 내력 시험은 최대 사용 전압에 1.5배를 곱한다.
∴ 시험전압 = 6600 × 1.5 = 9900[V]

답 ④

문제 10 ★★★☆
220[V]용 전동기의 절연 내력 시험 시 시험 전압은 몇 [V]인가?

① 300　　② 330　　③ 450　　④ 500

풀이 133 회전기 및 정류기의 절연내력
최대 사용전압이 7[kV] 이하인 경우, 시험전압은 사용전압의 1.5배이고 최저 시험 전압은 500[V]로 한다.
∴ 시험전압 = 220 × 1.5 = 330[V]이므로 500[V]로 하여야 한다.　　**답** ④

문제 11 ★★★
중성점 접지식 전선로에 접속한 66[kV] 변압기의 절연내력 시험전압[kV]은?

① 72.6　　② 75.0　　③ 82.5　　④ 99.0

풀이 135 변압기 전로의 절연내력

권선의 종류 (최대사용전압)	접지방식	시험전압 (최대 사용전압의 배수)	최저 시험전압
1. 7[kV] 이하		1.5배	500[V]
	다중접지	0.92배	500[V]
2. 7[kV] 초과 25[kV] 이하	다중접지	0.92배	
3. 7[kV] 초과 60[kV] 이하(2란의 것 제외)		1.25배	10.5[kV]
4. 60[kV] 초과	비접지	1.25배	
5. **60[kV] 초과**(6란의 것 제외)	**접지식**	**1.1배**	75[kV]
6. 60[kV] 초과	직접접지	0.72배	
7. 170[kV] 초과	직접접지	0.64배	

최대 사용전압이 60[kV] 초과하고 Y결선 중성점 접지식인 경우이므로, 시험 전압은 최대 사용 전압의 1.1배이고 최저 시험전압은 75[kV]이다.
∴ 시험전압 = 66 × 1.1 = 72.6[kV]이므로 75[kV]로 하여야 한다.　　**답** ②

문제 12 ★★★★★
중성점 직접 접지식으로서 최대 사용전압이 161000[V]인 변압기 권선의 절연내력 시험 전압은 몇 [V]인가?

① 103040　　② 115920　　③ 148120　　④ 177100

풀이 135 변압기 전로의 절연내력

권선의 종류 (최대사용전압)	접지방식	시험전압 (최대 사용전압의 배수)	최저 시험전압
1. 7[kV] 이하		1.5배	500[V]
	다중접지	0.92배	500[V]
2. 7[kV] 초과 25[kV] 이하	다중접지	0.92배	
3. 7[kV] 초과 60[kV] 이하(2란의 것 제외)		1.25배	10.5[kV]
4. 60[kV] 초과	비접지	1.25배	
5. 60[kV] 초과(6란의 것 제외)	접지식	1.1배	75 [kV]
6. **60[kV] 초과**	**직접접지**	**0.72배**	
7. 170[kV] 초과	직접접지	0.64배	

최대 사용전압이 60[kV]를 초과하는 직접 접지식이므로
최대 사용전압 = 161000 × 0.72 = 115920[V]　　**답** ②

문제 13

중성점 직접 접지식 전로에 접속하는 것으로 성형 결선으로 된 변압기의 최대 사용전압이 345000[V]라 하면 이 변압기의 내압 시험전압은 얼마가 되는가?

① 220800[V] ② 248400[V] ③ 379500[V] ④ 431250[V]

풀이 135 변압기 전로의 절연내력
최대 사용전압이 170[kV]를 초과하는 직접 접지식이므로
∴ 시험전압 = 345000 × 0.64 = 220800[V]

답 ①

04 접지시스템

변압기 중성점 접지 공사의 접지 저항값을 $\frac{150}{I}[\Omega]$으로 정하고 있는데, 이때 I에 해당하는 것은?

① 변압기의 고압측 또는 특고압측 전로의 1선 지락 전류의 암페어 수
② 변압기의 고압측 또는 특고압측 전로의 단락 사고 시의 고장 전류의 암페어 수
③ 변압기의 1차측과 2차측의 혼촉에 의한 단락 전류의 암페어 수
④ 변압기의 1차와 2차에 해당되는 전류의 합

 자동 차단하는 장치의 동작 시간을 주의하여 변압기 중성점 접지저항의 최댓값을 구한다.

풀이 (KEC 142.5) 변압기 중성점 접지
변압기의 중성점접지 저항 값은 다음에 의한다.
1. **변압기의 고압·특고압측 전로 1선 지락전류**로 150을 나눈 값과 같은 저항 값 이하
2. 사용전압이 35[kV] 이하의 특고압 전로가 저압측 전로와 혼촉하고 저압전로의 대지전압이 150[V]를 초과하는 경우의 저항값은 다음에 의한다.
   가. 1초 초과 2초 이내에 고압·특고압 전로를 자동으로 차단하는 장치를 설치할 때는 300을 나눈 값 이하
   나. 1초 이내에 고압·특고압 전로를 자동으로 차단하는 장치를 설치할 때는 600을 나눈 값 이하

답 ①

Key point

① 변압기 중성점 접지
- $\frac{150}{I}[\Omega]$ 이하
- 자동 차단 설비가 1초 이내 동작하면 $\frac{600}{I}[\Omega]$
- 자동 차단 설비가 1초를 넘어 2초 이내 동작하면 $\frac{300}{I}[\Omega]$

② 접지극으로 사용가능
- 금속제 수도관로 : 3[Ω] 이하
- 건축물·구조물의 철골 기타의 금속제 : 2[Ω] 이하

문제 14
접지공사의 접지극을 시설할 때 동결 깊이를 감안하여 지하 몇 [cm] 이상의 깊이로 매설하여야 하는가?

① 30 ② 50 ③ 75 ④ 100

풀이 142.2 접지극의 시설 및 접지저항
접지극의 매설은 다음에 의한다.
가. 접지극은 지표면으로부터 지하 0.75[m] 이상으로 하되 동결 깊이를 감안하여 매설 깊이를 정해야 한다.
나. 접지도체를 철주 기타의 금속체를 따라서 시설하는 경우에는 접지극을 철주의 밑면으로부터 0.3[m] 이상의 깊이에 매설하는 경우 이외에는 접지극을 지중에서 그 금속체로부터 1[m] 이상 떼어 매설하여야 한다.

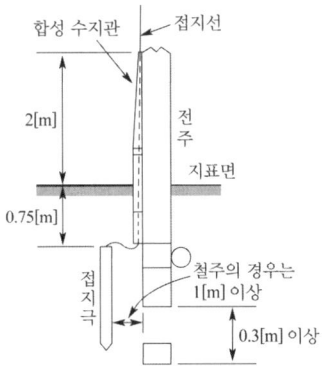

답 ③

문제 15
수용 장소의 인입구에 있어서 저압 전로의 중성선에 시설하는 접지선의 굵기는 몇 [mm²] 이상의 연동선 이어야 하는가?

① 1.0 ② 2.5 ③ 6.0 ④ 10

풀이 142.4.1 저압수용가 인입구 접지
수용장소 인입구 부근에서 다음의 것을 접지극으로 사용하여 변압기 중성점 접지를 한 저압전선로의 중성선 또는 접지측 전선에 추가로 접지공사를 할 수 있다.
가. 지중에 매설되어 있고 대지와의 전기저항 값이 3[Ω] 이하의 값을 유지하고 있는 금속제 수도관로
나. 대지 사이의 전기저항 값이 3[Ω] 이하인 값을 유지하는 건물의 철골
다. 접지도체는 공칭단면적 6[mm²] 이상의 연동선

답 ③

문제 16
수용 장소의 인입구 부근에 금속제 수도 관로가 있는 경우 또는 대지사이의 전기 저항값이 몇 [Ω] 이하인 값을 유지하는 건물의 철골이 있는 경우에는 이것을 접지극으로 사용하여 저압 전선로의 접지측 전선에 추가 접지할 수 있는가?

① 1[Ω] ② 2[Ω] ③ 3[Ω] ④ 4[Ω]

풀이 142.4.1 저압수용가 인입구 접지
수용장소 인입구 부근에서 다음의 것을 접지극으로 사용하여 변압기 중성점 접지를 한 저압전선로의 중성선 또는 접지측 전선에 추가로 접지공사를 할 수 있다.
가. 지중에 매설되어 있고 대지와의 전기저항 값이 3[Ω] 이하의 값을 유지하고 있는 금속제 수도관로
나. 대지 사이의 전기저항 값이 3[Ω] 이하인 값을 유지하는 건물의 철골
다. 접지도체는 공칭단면적 6[mm²] 이상의 연동선

답 ③

문제 17
고압 전로의 1선 지락 전류가 20[A]의 경우에 이에 결합된 변압기 중성점 접지 저항값은 최대 몇 [Ω]이 되는가? 단, 이 전로는 고·저압 혼촉시에 저압 전로의 대지 전압이 150[V]를 넘는 경우에 1초를 넘고 2초 내에 자동 차단하는 장치가 되어 있다.

① 7.5 ② 10 ③ 15 ④ 30

풀이 142.5 변압기 중성점 접지
변압기의 중성점접지 저항 값은 다음에 의한다.
가. 변압기의 고압·특고압측 전로 1선 지락전류로 150을 나눈 값과 같은 저항 값 이하

$$R = \frac{150}{\text{변압기의 고압측 또는 특고압측의 1선 지락전류}} [\Omega]$$

나. 사용전압이 35[kV] 이하의 특고압전로가 저압측 전로와 혼촉하고 저압전로의 대지전압이 150[V]를 초과하는 경우는 저항 값은 다음에 의한다.
① 1초 초과 2초 이내에 고압·특고압 전로를 자동으로 차단하는 장치를 설치할 때는 300을 나눈 값 이하

$$R = \frac{300}{\text{변압기의 고압측 또는 특고압측의 1선 지락전류}} [\Omega]$$

② 1초 이내에 고압·특고압 전로를 자동으로 차단하는 장치를 설치할 때는 600을 나눈 값 이하

$$R = \frac{600}{\text{변압기의 고압측 또는 특고압측의 1선 지락전류}} [\Omega]$$

2초 이내 동작하는 자동 차단장치가 없는 경우이므로

접지 저항값 $= \frac{150}{1\text{선 지락 전류}} = \frac{150}{60} = 2.5[\Omega]$

$\therefore R = \frac{300}{1\text{선 지락 전류}} = \frac{300}{20} = 15[\Omega]$

답 ③

문제 18
저압용 기계 기구에서 전기를 공급하는 전로에 누전 차단기를 시설하면 외함의 접지를 생략할 수 있다. 이 경우의 누전 차단기의 정격이 기술 기준에 적합한 것은?

① 정격 감도 전류 15[mA] 이하, 동작 시간 0.1초 이하의 전류 동작형
② 정격 감도 전류 15[mA] 이하, 동작 시간 0.2초 이하의 전압 동작형
③ 정격 감도 전류 30[mA] 이하, 동작 시간 0.1초 이하의 전류 동작형
④ 정격 감도 전류 30[mA] 이하, 동작 시간 0.03초 이하의 전류 동작형

풀이 142.7 기계기구의 철대 및 외함의 접지
전로에 시설하는 기계기구의 철대 및 금속제 외함에는 접지공사를 하여야 하나 다음의 어느 하나에 해당하는 경우에는 **접지를 생략 할 수 있다.**
가. 사용전압이 직류 300[V] 또는 교류 대지전압이 150[V] 이하인 **기계기구를 건조한 곳에 시설하는 경우**
나. 철대 또는 외함의 주위에 적당한 절연대를 설치하는 경우
다. 외함이 없는 계기용변성기가 고무·합성수지 기타의 절연물로 피복한 것일 경우
라. 2중 절연구조로 되어 있는 기계기구를 시설하는 경우
마. 저압용 기계기구에 전기를 공급하는 전로의 전원측에 절연변압기(2차 전압이 300[V] 이하이며, 정격용량이 3[kVA] 이하인 것에 한한다)를 시설하고 또한 그 절연변압기의 부하측 전로를 접지하지 않은 경우
바. 물기 있는 장소 이외의 장소에 시설하는 저압용의 개별 기계기구에 전기를 공급하는 전로에 인체감전보호용 누전차단기(정격감도전류가 30[mA] 이하, 동작시간이 0.03[초] 이하의 전류동작형에 한한다)를 시설하는 경우

답 ④

03 출제기준 – 저압전기설비

1 통칙

(1) 배전방식

1) 교류회로

1. 3상 4선식의 중성선 또는 PEN 도체는 충전도체는 아니지만 운전전류를 흘리는 도체이다.
2. 3상 4선식에서 파생되는 단상 2선식 배전방식의 경우 두 도체 모두가 선도체이거나 하나의 선도체와 중성선 또는 하나의 선도체와 PEN 도체이다.
3. 모든 부하가 선간에 접속된 전기설비에서는 중성선의 설치가 필요하지 않을 수 있다.

2) 직류회로

PEL과 PEM 도체는 충전도체는 아니지만 운전전류를 흘리는 도체이다. 2선식 배전방식이나 3선식 배전방식을 적용한다.

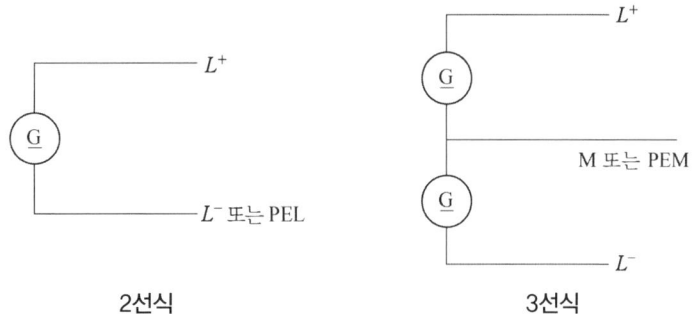

2선식   3선식

(2) 계통접지의 방식

1) 계통접지 구성

1. 저압전로의 보호도체 및 중성선의 접속 방식에 따라 접지계통은 다음과 같이 분류한다.
   가. TN 계통 나. TT 계통 다. IT 계통
2. 계통접지에서 사용되는 문자의 정의는 다음과 같다.
   가. 제1문자 – 전원계통과 대지의 관계
      T : 한 점을 대지에 직접 접속

I : 모든 충전부를 대지와 절연시키거나 높은 임피던스를 통하여 한 점을 대지에 직접 접속
나. 제2문자 – 전기설비의 노출도전부와 대지의 관계
T : 노출도전부를 대지로 직접 접속. 전원계통의 접지와는 무관
N : 노출도전부를 전원계통의 접지점(교류 계통에서는 통상적으로 중성점, 중성점이 없을 경우는 선도체)에 직접 접속
다. 그 다음 문자(문자가 있을 경우) – 중성선과 보호도체의 배치
S : 중성선 또는 접지된 선도체 외에 별도의 도체에 의해 제공되는 보호 기능
C : 중성선과 보호 기능을 한 개의 도체로 겸용(PEN 도체)
3. 각 계통에서 나타내는 그림의 기호는 다음과 같다.

표. 기호 설명

기호 설명	
	중성선(N), 중간도체(M)
	보호도체(PE)
	중성선과 보호도체겸용(PEN)

2) TN 계통

전원측의 한 점을 직접접지하고 설비의 노출도전부를 보호도체로 접속시키는 방식으로 중성선 및 보호도체(PE 도체)의 배치 및 접속방식에 따라 다음과 같이 분류한다.
1. TN-S 계통은 계통 전체에 대해 별도의 중성선 또는 PE 도체를 사용한다. 배전계통에서 PE 도체를 추가로 접지할 수 있다.

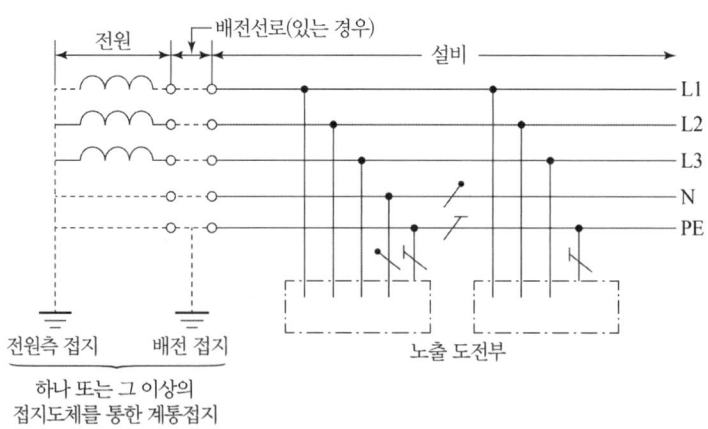

계통 내에서 별도의 중성선과 보호도체가 있는 TN-S 계통

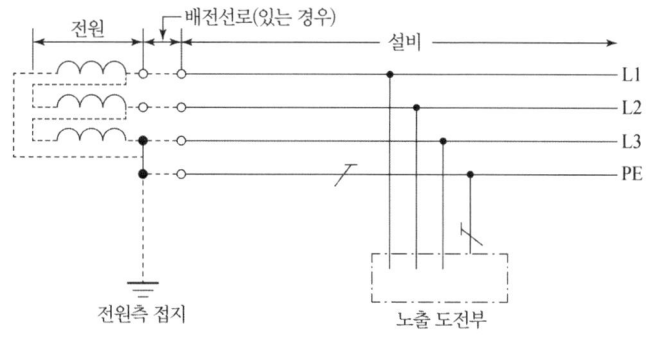

계통 내에서 별도의 접지된 선도체와 보호도체가 있는 TN-S 계통

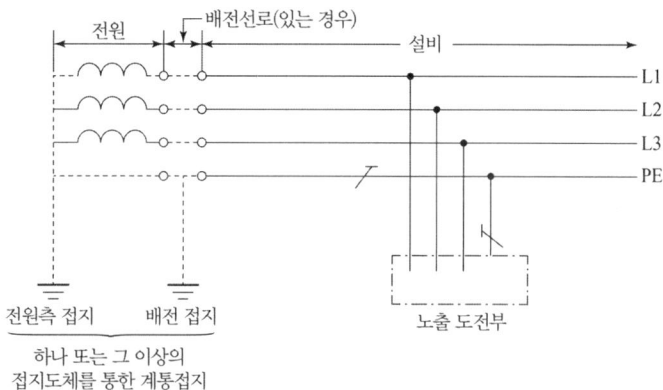

계통 내에서 접지된 보호도체는 있으나 중성선의 배선이 없는 TN-S 계통

2. TN-C 계통은 그 계통 전체에 대해 중성선과 보호도체의 기능을 동일도체로 겸용한 PEN 도체를 사용한다. 배전계통에서 PEN 도체를 추가로 접지할 수 있다.

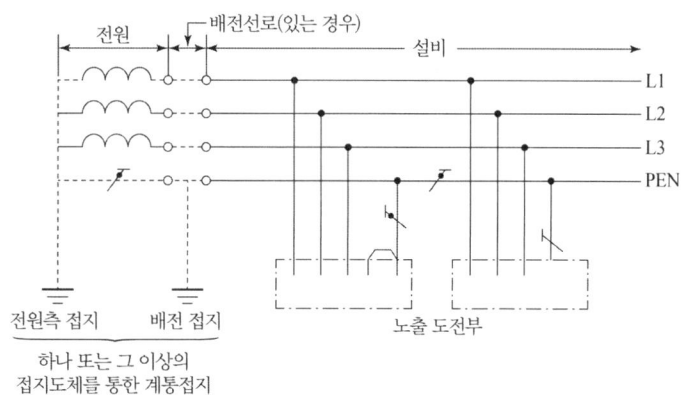

TN-C 계통

3. TN-C-S계통은 계통의 일부분에서 PEN 도체를 사용하거나, 중성선과 별도의 PE 도체를 사용하는 방식이 있다. 배전계통에서 PEN 도체와 PE 도체를 추가로 접지할 수 있다.

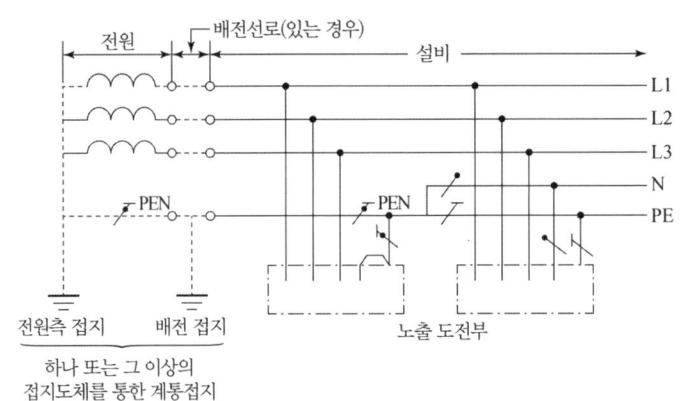

설비의 어느 곳에서 PEN이 PE와 N으로 분리된 3상 4선식 TN-C-S 계통

3) TT 계통

전원의 한 점을 직접 접지하고 설비의 노출도전부는 전원의 접지전극과 전기적으로 독립적인 접지극에 접속시킨다. 배전계통에서 PE 도체를 추가로 접지할 수 있다.

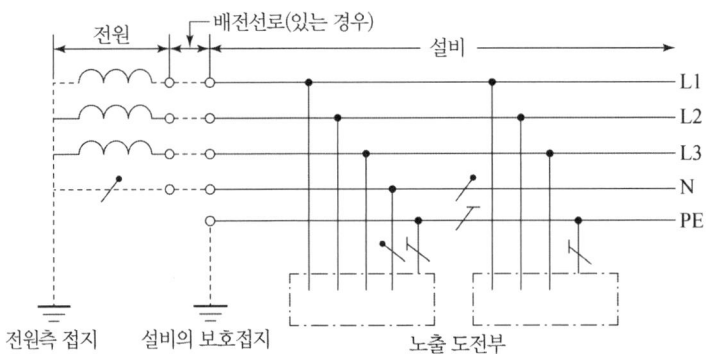

설비 전체에서 별도의 중성선과 보호도체가 있는 TT 계통

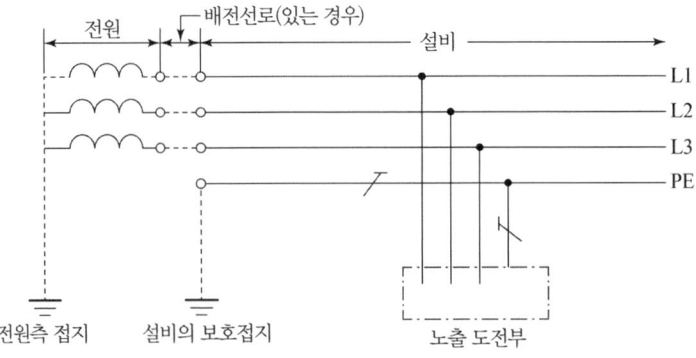

설비 전체에서 접지된 보호도체가 있으나 배전용 중성선이 없는 TT 계통

4) IT 계통

1. 충전부 전체를 대지로부터 절연시키거나, 한 점을 임피던스를 통해 대지에 접속시킨다. 전기설비의 노출도전부를 단독 또는 일괄적으로 계통의 PE 도체에 접속시킨다. 배전계통에서 추가접지가 가능하다.
2. 계통은 충분히 높은 임피던스를 통하여 접지할 수 있다. 이 접속은 중성점, 인위적 중성점, 선도체 등에서 할 수 있다. 중성선은 배선할 수도 있고, 배선하지 않을 수도 있다.

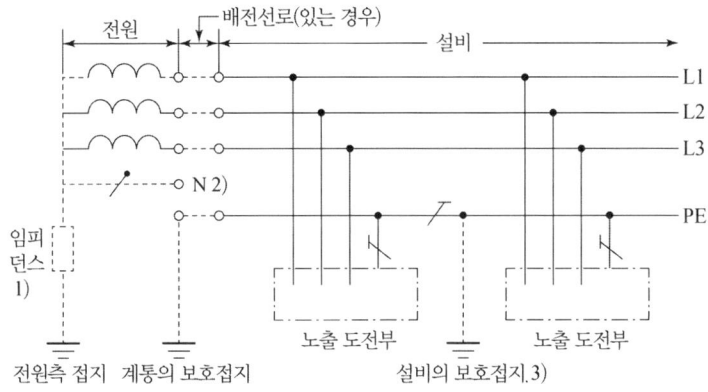

계통 내의 모든 노출도전부가 보호도체에 의해 접속되어 일괄 접지된 IT 계통

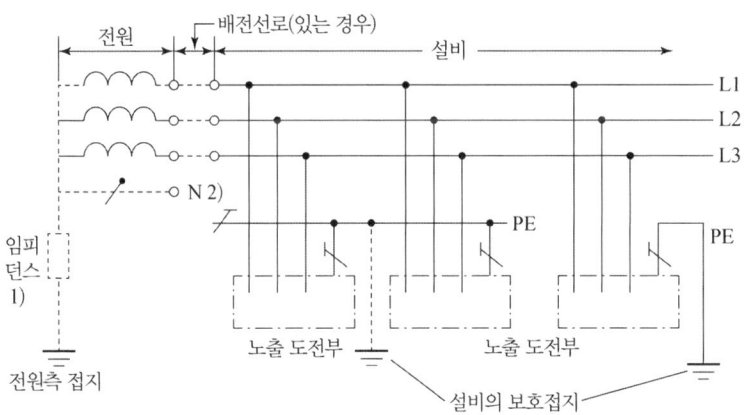

노출도전부가 조합으로 또는 개별로 접지된 IT 계통

2 안전을 위한 보호

(1) 감전에 대한 보호

1) 보호대책 일반 요구사항

안전을 위한 보호에서 별도의 언급이 없는 한 다음의 전압 규정에 따른다.
1. 교류전압은 실효값으로 한다.
2. 직류전압은 리플프리로 한다.

2) 전원의 자동차단에 의한 보호대책

1. 고장보호의 요구사항

   다음에 따른 교류계통에서는 누전차단기에 의한 추가적 보호를 하여야 한다.
   가. 일반인이 사용하는 정격전류 20[A] 이하 콘센트
   나. 옥외에서 사용되는 정격전류 32[A] 이하 이동용 전기기기

2. 누전차단기의 시설

   가. 전원의 자동차단에 의한 저압전로의 보호대책으로 누전차단기를 시설해야할 대상은 다음과 같다.

   (1) 금속제 외함을 가지는 사용전압이 50[V]를 초과하는 저압의 기계 기구로서 사람이 쉽게 접촉할 우려가 있는 곳에 시설하는 것에 전기를 공급하는 전로. 다만, 다음의 어느 하나에 해당하는 경우에는 적용하지 않는다.
   - 기계기구를 발전소·변전소·개폐소 또는 이에 준하는 곳에 시설하는 경우
   - 기계기구를 건조한 곳에 시설하는 경우
   - 대지전압이 150[V] 이하인 기계기구를 물기가 있는 곳 이외의 곳에 시설하는 경우
   - 이중 절연구조의 기계기구를 시설하는 경우
   - 그 전로의 전원측에 절연변압기(2차 전압이 300[V] 이하인 경우에 한한다)를 시설하고 또한 그 절연 변압기의 부하측의 전로에 접지하지 아니하는 경우
   - 기계기구가 고무·합성수지 기타 절연물로 피복된 경우
   - 기계기구가 유도전동기의 2차측 전로에 접속되는 것일 경우

   (2) 다음의 전로에는 자동복구 기능을 갖는 누전차단기를 시설할 수 있다.
   - 독립된 무인 통신중계소·기지국
   - 관련법령에 의해 일반인의 출입을 금지 또는 제한하는 곳
   - 옥외의 장소에 무인으로 운전하는 통신중계기 또는 단위기기 전용회로. 단, 일반인이 특정한 목적을 위해 지체하는(머물러 있는) 장소로서 버스정류장, 횡단보도 등에는 시설할 수 없다.

   나. 일반인이 접촉할 우려가 있는 장소(세대 내 분전반 및 이와 유사한 장소)에는 주택용 누전차단기를 시설하여야 하고, 주택용 누전차단기를 정방향(세로)으로 부

착할 경우에는 차단기의 위쪽이 켜짐(on)으로, 차단기의 아래쪽은 꺼짐(off)으로 시설하여야 한다.

3. TN 계통
    가. 전원 공급계통의 중성점이나 중간점은 접지하여야 한다. 중성점이나 중간점을 접지할 수 없는 경우에는 선도체 중 하나를 접지하여야 한다. 설비의 노출도전부는 보호도체로 전원공급계통의 접지점에 접속하여야 한다.
    나. 고정설비에서 보호도체와 중성선을 겸하여(PEN 도체) 사용될 수 있다. 이러한 경우에는 PEN 도체에는 어떠한 개폐장치나 단로장치가 삽입되지 않아야 한다.
    다. TN 계통에서 과전류보호장치 및 누전차단기는 고장보호에 사용할 수 있다. 누전차단기를 사용하는 경우 과전류보호 겸용의 것을 사용해야 한다.
    라. TN-C 계통에는 누전차단기를 사용해서는 아니 된다. TN-C-S 계통에 누전차단기를 설치하는 경우에는 누전차단기의 부하측에는 PEN 도체를 사용할 수 없다. 이러한 경우 PE도체는 누전차단기의 전원측에서 PEN 도체에 접속하여야 한다.

4. TT 계통
    가. 전원계통의 중성점이나 중간점은 접지하여야 한다. 중성점이나 중간점을 이용할 수 없는 경우, 선도체 중 하나를 접지하여야 한다.
    나. TT 계통은 누전차단기를 사용하여 고장보호를 하여야 한다.
        다만, 고장 루프임피던스가 충분히 낮을 때는 과전류보호장치에 의하여 고장보호를 할 수 있다.

5. IT 계통
    IT 계통은 다음과 같은 감시장치와 보호장치를 사용할 수 있으며, 1차 고장이 지속되는 동안 작동되어야 한다. 절연감시장치는 음향 및 시각신호를 갖추어야 한다.
    가. 절연감시장치
    나. 누설전류감시장치
    다. 절연고장점검출장치
    라. 과전류보호장치
    마. 누전차단기

3) SELV와 PELV를 적용한 특별저압에 의한 보호

1. 보호대책 일반 요구사항
    가. 특별저압에 의한 보호는 다음의 특별저압 계통에 의한 보호대책이다.
        (1) SELV(Safety Extra-Low Voltage) : 비접지회로 보호수단
        (2) PELV(Protective Extra-Low Voltage) : 접지회로 보호수단
    나. 보호대책의 요구사항
        (1) 특별저압 계통의 전압한계는 교류 50[V] 이하, 직류 120[V] 이하이어야 한다.

(2) 특별저압 회로를 제외한 모든 회로로부터 특별저압 계통을 보호 분리하고, 특별저압 계통과 다른 특별저압 계통 간에는 기본절연을 하여야 한다.
(3) SELV 계통과 대지간의 기본절연을 하여야 한다.

(2) 과전류에 대한 보호

1) 회로의 특성에 따른 요구사항

1. 선도체의 보호
   가. 과전류의 검출은 모든 선도체에 대하여 과전류 검출기를 설치하여 과전류가 발생할 때 전원을 안전하게 차단해야 한다. 다만, 과전류가 검출된 도체 이외의 다른 선도체는 차단하지 않아도 된다.
   나. 3상 전동기 등과 같이 단상 차단이 위험을 일으킬 수 있는 경우 적절한 보호 조치를 해야 한다.

2. 중성선의 보호
   가. TT 계통 또는 TN 계통
   (1) 중성선의 단면적이 선도체의 단면적과 동등 이상의 크기이고, 그 중성선의 전류가 선도체의 전류보다 크지 않을 것으로 예상될 경우 : 중성선에는 과전류 검출기 또는 차단장치를 설치하지 않아도 된다.
   (2) 중성선의 단면적이 선도체의 단면적보다 작은 경우
   • 과전류 검출기를 설치할 필요가 있다.
   • 검출된 과전류가 설계전류를 초과하면 선도체를 차단해야 하지만, 중성선을 차단할 필요까지는 없다.
   나. IT 계통
   (1) 중성선을 배선하는 경우 중성선에 과전류검출기를 설치해야 한다.
   (2) 과전류가 검출되면 중성선을 포함한 해당 회로의 모든 충전도체를 차단해야 한다.

2) 보호장치의 특성

과전류차단기로 저압전로에 사용하는 범용의 퓨즈는 표에 적합한 것이어야 한다.

표. 퓨즈(gG)의 용단특성

정격전류의 구분	시 간	정격전류의 배수	
		불용단전류	용단전류
4[A] 이하	60분	1.5배	2.1배
4[A] 초과 16[A] 미만	60분	1.5배	1.9배
16[A] 이상 63[A] 이하	60분	1.25배	1.6배
63[A] 초과 160[A] 이하	120분	1.25배	1.6배
160[A] 초과 400[A] 이하	180분	1.25배	1.6배
400[A] 초과	240분	1.25배	1.6배

3) 과부하전류에 대한 보호

1. 도체와 과부하 보호장치 사이의 협조

   과부하에 대해 케이블(전선)을 보호하는 장치의 동작특성은 다음의 조건을 충족해야 한다.

   $$I_B \leq I_n \leq I_Z$$
   $$I_2 \leq 1.45 \times I_Z$$

   I_B : 회로의 설계전류(선도체를 흐르는 설계전류 또는 함유율이 높은 영상분 고조파, 특히 제3고조파가 지속적으로 흐르는 경우 중성선에 흐르는 전류이다.)
   I_Z : 케이블의 허용전류
   I_n : 보호장치의 정격전류(사용현장에 적합하게 조정된 전류의 설정 값)
   I_2 : 보호장치가 규약시간 이내에 유효하게 동작하는 것을 보장하는 전류

   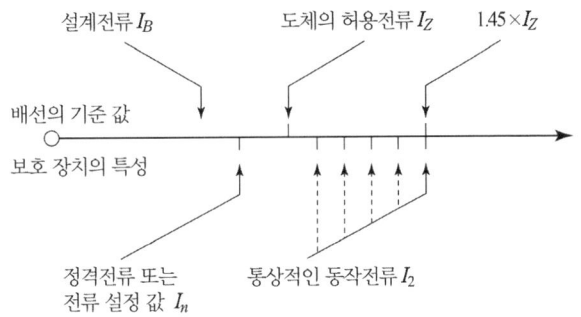

   과부하 보호 설계 조건도

2. 과부하 보호장치의 설치 위치

   가. 설치위치

   과부하 보호장치는 분기점에 설치해야 한다.

   나. 설치위치의 예외

   과부하 보호장치는 분기점(O)에 설치해야 하나, 분기점(O)점과 분기회로의 과부하 보호장치(P_2) 설치점 사이의 배선 부분에 다른 분기회로나 콘센트 회로가 접속되어 있지 않고, 다음 중 하나를 충족하는 경우에는 변경이 있는 배선에 설치할 수 있다.

   (1) 분기회로에 대한 단락보호가 이루어지고 있는 경우

   P_2는 분기회로의 분기점(O)으로부터 부하 측으로 거리에 구애 받지 않고 이동하여 설치할 수 있다.

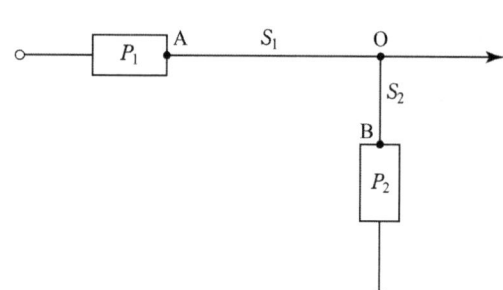

(2) 단락의 위험과 화재 및 인체에 대한 위험성이 최소화 되도록 시설된 경우 분기회로의 보호장치(P_2)는 분기회로의 분기점(O)으로부터 3[m]까지 이동하여 설치할 수 있다.

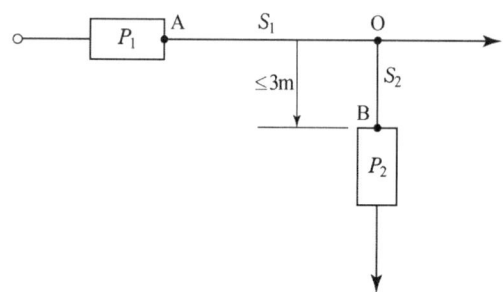

4) 단락전류에 대한 보호

1. 단락보호장치의 설치위치

   가. 설치위치

   단락전류 보호장치는 분기점(O)에 설치해야 한다.

   나. 설치위치의 예외

   (1) 분기회로의 단락보호장치 설치점(B)과 분기점(O) 사이에 다른 분기회로 또는 콘센트의 접속이 없고 단락, 화재 및 인체에 대한 위험이 최소화될 경우, 분기 회로의 단락 보호장치 P_2는 분기점(O)으로 부터 3[m]까지 이동하여 설치할 수 있다.

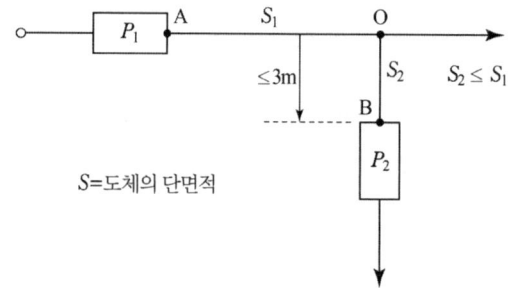

(2) 분기회로의 시작점(O)과 이 분기회로의 단락보호장치(P_2) 사이에 있는 도체가 전원측에 설치되는 보호장치(P_1)에 의해 단락보호가 되는 경우에, P_2의 설치위치는 분기점(O)로부터 거리제한이 없이 설치할 수 있다.

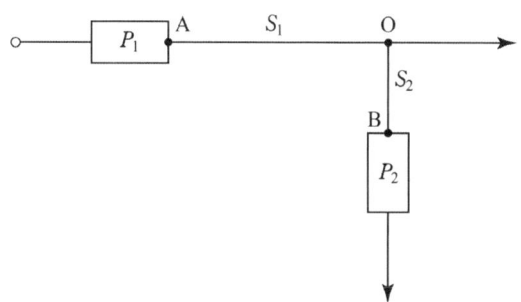

5) 저압전로 중의 개폐기 및 과전류차단장치의 시설

1. 저압전로 중의 전동기 보호용 과전류보호장치의 시설

   옥내에 시설하는 전동기에는 전동기가 손상될 우려가 있는 과전류가 생겼을 때에 자동적으로 이를 저지하거나 이를 경보하는 장치를 하여야 한다.

   다만, 다음의 어느 하나에 해당하는 경우에는 그러하지 아니하다.

   가. 전동기를 운전 중 상시 취급자가 감시할 수 있는 위치에 시설하는 경우

   나. 전동기의 구조나 부하의 성질로 보아 전동기가 손상될 수 있는 과전류가 생길 우려가 없는 경우

   다. 단상전동기로써 그 전원측 전로에 시설하는 과전류 차단기의 정격전류가 16[A] (배선차단기는 20[A]) 이하인 경우

   라. 정격 출력이 0.2[kW] 이하인 것

3 전선로

(1) 구내·옥측·옥상·옥내전선로의 시설

1) 구내인입선

1. 저압 인입선의 시설

   가. 전선은 절연전선 또는 케이블일 것.

   나. 전선이 절연전선인 경우

   (1) 경간이 15[m] 초과 : 인장강도 2.30[kN] 이상의 것 또는 지름 2.6[mm] 이상의 인입용 비닐절연전선일 것.

   (2) 경간이 15[m] 이하 : 인장강도 1.25[kN] 이상의 것 또는 지름 2[mm] 이상의 인입용 비닐절연전선일 것.

다. 전선이 옥외용 비닐 절연 전선인 경우에는 사람이 접촉할 우려가 없도록 시설할 것.
라. 전선이 케이블인 경우에 길이가 1[m] 이하인 경우에는 조가 하지 않아도 된다.
마. 전선의 높이는 다음에 의할 것.
　(1) 도로(차도와 보도의 구별이 있는 도로인 경우에는 차도)를 횡단하는 경우 : 노면상 5[m](기술상 부득이한 경우에 교통에 지장이 없을 때에는 3[m]) 이상
　(2) 철도 또는 궤도를 횡단하는 경우 : 레일면상 6.5[m] 이상
　(3) 횡단보도교의 위에 시설하는 경우 : 노면상 3[m] 이상
　(4) (1)에서 (3)까지 이외의 경우 : 지표상 4[m] 이상
　　(기술상 부득이한 경우에 교통에 지장이 없을 때에는 2.5[m] 이상)

2. 연접 인입선의 시설
가. 저압 연접인입선의 전선은 절연전선 또는 케이블일 것.
나. 전선이 절연전선인 경우
　(1) 경간이 15[m] 초과 : 인장강도 2.30[kN] 이상의 것 또는 지름 2.6[mm] 이상의 인입용 비닐절연전선일 것.
　(2) 경간이 15[m] 이하 : 인장강도 1.25[kN] 이상의 것 또는 지름 2[mm] 이상의 인입용 비닐절연전선일 것.
다. 인입선에서 분기하는 점으로부터 100[m]를 초과하는 지역에 미치지 아니할 것.
라. 폭 5[m]를 초과하는 도로를 횡단하지 아니할 것.
마. 옥내를 통과하지 아니할 것.

2) 옥측전선로

1. 저압 옥측전선로는 다음에 따라 시설하여야 한다.
가. 저압 옥측전선로는 다음의 공사방법에 의할 것.
　(1) 애자공사(전개된 장소에 한한다.)
　(2) 합성수지관공사
　(3) 금속관공사(목조 이외의 조영물에 시설하는 경우에 한한다.)
　(4) 버스덕트공사[목조 이외의 조영물(점검할 수 없는 은폐된 장소는 제외한다.)에 시설하는 경우에 한한다]
　(5) 케이블공사(연피 케이블·알루미늄피 케이블 또는 무기물 절연 케이블을 사용하는 경우에는 목조 이외의 조영물에 시설하는 경우에 한한다.)
2. 애자공사에 의한 저압 옥측전선로의 전선과 식물 사이의 이격거리는 0.2[m] 이상이어야 한다. 다만, 저압 옥측전선로의 전선이 고압 절연전선 또는 특고압 절연전선인 경우에 그 전선을 식물에 접촉하지 않도록 시설하는 경우에는 적용하지 아니한다.

3) 옥상전선로

1. 저압 옥상전선로는 전개된 장소에 다음에 따르고 또한 위험의 우려가 없도록 시설하

여야 한다.
　가. 전선은 인장강도 2.30[kN] 이상의 것 또는 지름 2.6[mm] 이상의 경동선을 사용할 것.
　나. 전선은 절연전선(OW전선을 포함한다.) 또는 이와 동등 이상의 절연효력이 있는 것을 사용할 것.
　다. 전선은 절연성·난연성 및 내수성이 있는 애자를 사용하여 지지하고 또한 그 지지점 간의 거리는 15[m] 이하일 것.
　라. 전선과 그 저압 옥상 전선로를 시설하는 조영재와의 이격거리는 2[m](전선이 고압절연전선, 특고압 절연전선 또는 케이블인 경우에는 1[m]) 이상일 것.
2. 저압 옥상전선로의 전선은 상시 부는 바람 등에 의하여 식물에 접촉하지 아니하도록 시설하여야 한다.

(2) 저압 가공전선로

1) 저압 가공전선의 굵기 및 종류

1. 저압 가공전선은 나전선(중성선 또는 다중접지된 접지측 전선으로 사용하는 전선에 한한다), 절연전선, 다심형 전선 또는 케이블을 사용하여야 한다.
2. 전선의 굵기

전 압	조 건	전선의 굵기 및 인장강도
400[V] 이하	절연전선	인장강도 2.3[kN] 이상의 것 또는 지름 2.6[mm] 이상의 경동선
	케이블 이외	인장강도 3.43[kN] 이상의 것 또는 지름 3.2[mm] 이상의 경동선
400[V] 초과인 저압 (케이블 이외)	시가지에 시설	인장강도 8.01[kN] 이상의 것 또는 지름 5[mm] 이상의 경동선
	시가지 외에 시설	인장강도 5.26[kN] 이상의 것 또는 지름 4[mm] 이상의 경동선

3. 사용전압이 400[V] 초과인 저압 가공전선에는 인입용 비닐절연전선을 사용하여서는 안 된다.

2) 저압 보안공사

저압 보안공사는 다음에 따라야 한다.
1. 전선은 케이블인 경우 이외에는
　가. 저압 : 인장강도 8.01[kN] 이상의 것 또는 지름 5[mm] 이상의 경동선
　나. 사용전압이 400[V] 이하 : 인장강도 5.26[kN] 이상의 것 또는 지름 4[mm] 이상의 경동선이어야 한다.
2. 목주는 다음에 의할 것.
　가. 풍압하중에 대한 안전율은 1.5 이상일 것.
　나. 말구의 지름 0.12[m] 이상일 것.
3. 경간은 표에서 정한 값 이하일 것.

지지물의 종류	경간
목주·A종 철주 또는 A종 철근 콘크리트주	100[m]
B종 철주 또는 B종 철근 콘크리트주	150[m]
철탑	400[m]

3) 농사용 저압 가공전선로의 시설

1. 저압 가공전선은 인장강도 1.38[kN] 이상의 것 또는 지름 2[mm] 이상의 경동선일 것.
2. 저압 가공전선의 지표상의 높이는 3.5[m] 이상일 것. 다만, 저압 가공전선을 사람이 쉽게 출입하지 못하는 곳에 시설하는 경우에는 3[m]까지로 감할 수 있다.
3. 전선로의 지지점 간 거리는 30[m] 이하일 것.

4) 구내에 시설하는 저압 가공전선로

전선로의 경간은 30[m] 이하일 것

5) 저압 직류 가공전선로

사용전압 1.5[kV] 이하인 직류 가공전선로는 다음과 같이 시설하여야 한다.

1. 전로의 전선 상호간 및 전로와 대지 사이의 절연저항은 표에서 정한 값 이상이어야 한다.

전로의 사용전압[V]	DC 시험전압[V]	절연저항[MΩ]
SELV 및 PELV	250	0.5
FELV, 500[V] 이하	500	1.0
500[V] 초과	1,000	1.0

2. 교류 전로와 동일한 지지물에 시설되는 경우 직류 전로를 구분하기 위한 표시를 하고, 모든 전로의 종단 및 접속점에서 극성을 식별하기 위한 표시(양극 – 적색, 음극-백색, 중점선/중성선 –청색)를 하여야 한다.

4 배선 및 조명설비 등

(1) 저압 옥내배선의 사용전선 및 중성선의 굵기

1) 저압 옥내배선의 사용전선 및 중성선의 굵기

1. 저압 옥내배선의 사용전선
   가. 저압 옥내배선의 전선 : 단면적 2.5[mm^2] 이상의 연동선
   나. 옥내배선의 사용 전압이 400[V] 이하인 경우는 다음에 의하여 시설할 수 있다.
   (1) 전광표시 장치 또는 제어 회로
   - 단면적 1.5[mm^2] 이상의 연동선
   - 단면적 0.75[mm^2] 이상인 다심케이블 또는 다심 캡타이어 케이블을 사용하

고 또한 과전류가 생겼을 때에 자동적으로 전로에서 차단하는 장치를 시설
  (2) 진열장 또는 이와 유사한 것의 내부 배선 : 단면적 0.75[mm²] 이상인 코드 또는 캡타이어케이블
  (3) 엘리베이터·덤웨이터 등의 승강로 안의 저압 옥내배선 : 리프트 케이블

2. 중성선의 단면적
  가. 다음의 경우는 중성선의 단면적은 최소한 선도체의 단면적 이상이어야 한다.
    (1) 2선식 단상회로
    (2) 선도체의 단면적이 구리선 16[mm²], 알루미늄선 25[mm²] 이하인 다상 회로
    (3) 제3고조파 및 제3고조파의 홀수배수의 고조파 전류가 흐를 가능성이 높고 전류 종합고조파왜형률이 15~33[%]인 3상회로
  나. 제3고조파 및 제3고조파 홀수배수의 전류 종합고조파왜형률이 33[%]를 초과하는 경우 아래와 같이 중성선의 단면적을 증가시켜야 한다.
    (1) 다심케이블의 경우 선도체의 단면적은 중성선의 단면적과 같아야 하며, 이 단면적은 선도체의 $1.45 \times I_B$(회로 설계전류)를 흘릴 수 있는 중성선을 선정한다.
    (2) 단심케이블은 선도체의 단면적이 중성선 단면적보다 작을 수도 있다. 계산은 다음과 같다.
      • 선 : I_B(회로 설계전류)
      • 중성선 : 선도체의 $1.45I_B$와 동등 이상의 전류

2) 나전선의 사용 제한

옥내에 시설하는 저압전선에는 나전선을 사용하여서는 아니 된다. 다만, 다음 중 어느 하나에 해당하는 경우에는 그러하지 아니하다.
1. 애자공사에 의하여 전개된 곳에 다음의 전선을 시설하는 경우
   가. 전기로용 전선
   나. 전선의 피복 절연물이 부식하는 장소에 시설하는 전선
   다. 취급자 이외의 자가 출입할 수 없도록 설비한 장소에 시설하는 전선
2. 버스덕트공사에 의하여 시설하는 경우
3. 라이팅덕트공사에 의하여 시설하는 경우
4. 접촉 전선을 시설하는 경우

3) 옥내전로의 대지 전압의 제한

1. 백열전등 또는 방전등에 전기를 공급하는 옥내의 전로의 대지전압은 300[V] 이하여야 한다.
2. 주택의 옥내전로(전기기계기구내의 전로를 제외한다)의 대지전압은 300[V] 이하이어야 하며 다음 각 호에 따라 시설하여야 한다. 다만, 대지전압 150[V] 이하의 전로인 경우에는 다음에 따르지 않을 수 있다.
   가. 사용전압은 400[V] 이하여야 한다.

나. 주택의 전로 인입구에는 감전보호용 누전차단기를 시설하여야 한다.

다. 백열전등의 전구소켓은 키나 그 밖의 점멸기구가 없는 것이어야 한다.

라. 정격 소비 전력 3[kW] 이상의 전기기계기구에 전기를 공급하기 위한 전로에는 전용의 개폐기 및 과전류 차단기를 시설하고 그 전로의 옥내배선과 직접 접속하거나 적정 용량의 전용콘센트를 시설하여야 한다.

마. 주택의 옥내를 통과하여 그 주택 이외의 장소에 전기를 공급하기 위한 옥내배선은 사람이 접촉할 우려가 없는 은폐된 장소에 합성수지관 공사, 금속관 공사 또는 케이블 공사에 의하여 시설하여야 한다.

(2) 배선설비

★ 중요 : 배선설비의 공사별 숫자(예 : 전선의 굵기, 이격거리 등)를 암기

1) 합성수지관공사

1. 시설조건

   가. 전선은 절연전선(옥외용 비닐 절연전선을 제외한다)일 것.

   나. 전선은 연선일 것. 다만, 다음의 것은 적용하지 않는다.

   (1) 짧고 가는 합성수지관에 넣은 것.

   (2) 단면적 10[mm^2](알루미늄선은 단면적 16[mm^2]) 이하의 것.

2. 합성수지관 및 부속품의 시설

   가. 관 상호 간 및 박스와는 관을 삽입하는 깊이를 관의 바깥지름의 1.2배(접착제를 사용하는 경우에는 0.8배) 이상으로 하고 또한 꽂음 접속에 의하여 견고하게 접속할 것.

   나. 관의 지지점 간의 거리는 1.5[m] 이하로 할 것.

   다. 콤바인 덕트관은 직접 콘크리트에 매입(埋入)하여 시설하거나 옥내 전개된 장소에 시설하는 경우 이외에는 불연성 마감재 내부, 전용의 불연성 관 또는 덕트에 넣어 시설할 것

   라. 이중천장(반자속 포함)내에는 합성수지관공사를 시설할 수 없다.

2) 금속관공사

1. 시설조건

   가. 전선은 절연전선(옥외용 비닐절연전선을 제외한다)일 것.

   나. 전선은 연선일 것. 다만, 다음의 것은 적용하지 않는다.

   (1) 짧고 가는 금속관에 넣은 것.

   (2) 단면적 10[mm^2](알루미늄선은 단면적 16[mm^2]) 이하의 것.

2. 금속관 및 부속품의 선정

   가. 전선관과의 접속부분의 나사는 5턱 이상 완전히 나사결합이 될 수 있는 길이일 것.

   나. 관의 두께는 다음에 의할 것.

   (1) 콘크리트에 매설하는 것 : 1.2[mm] 이상

(2) 콘크리트 매설 이외의 것 : 1[mm] 이상

다만, 이음매가 없는 길이 4[m] 이하인 것을 건조하고 전개된 곳에 시설하는 경우에는 0.5[mm]까지로 감할 수 있다.

3. 금속관 및 부속품의 시설

가. 금속관공사로부터 애자공사로 옮기는 경우에는 그 부분의 관의 끝부분에는 절연 부싱 또는 이와 유사한 것을 사용하여야 한다.

나. 관에는 접지공사를 할 것. 다만, 사용전압이 400[V] 이하로서 다음 중 하나에 해당하는 경우에는 그러하지 아니하다.

(1) 관의 길이가 4[m] 이하인 것을 건조한 장소에 시설하는 경우

(2) 옥내배선의 사용전압이 직류 300[V] 또는 교류 대지 전압 150[V] 이하로서 그 전선을 넣는 관의 길이가 8[m] 이하인 것을 사람이 쉽게 접촉할 우려가 없도록 시설하는 경우 또는 건조한 장소에 시설하는 경우

3) 금속제 가요전선관공사

1. 전선은 절연전선(옥외용 비닐 절연전선을 제외한다)일 것.
2. 전선은 연선일 것. 다만, 단면적 10[mm^2](알루미늄선은 단면적 16[mm^2]) 이하인 것은 그러하지 아니하다.
3. 가요전선관 안에는 전선에 접속점이 없도록 할 것.
4. 가요전선관은 2종 금속제 가요전선관일 것. 다만, 전개된 장소 또는 점검할 수 있는 은폐된 장소에는 1종 가요전선관(습기가 많은 장소 또는 물기가 있는 장소에는 비닐 피복 1종 가요전선관에 한한다)을 사용할 수 있다.
5. 가요전선관공사는 규정에 준하여 접지공사를 할 것.

4) 합성수지몰드공사

1. 전선은 절연전선(옥외용 비닐 절연전선을 제외한다)일 것.
2. 합성수지몰드 안에는 전선에 접속점이 없도록 할 것.
   다만, 합성수지몰드 안의 전선을 합성 수지제의 조인트 박스를 사용하여 접속할 경우에는 그러하지 아니하다.
3. 합성수지몰드는 홈의 폭 및 깊이가 35[mm] 이하, 두께는 2[mm] 이상의 것일 것. 다만, 사람이 쉽게 접촉할 우려가 없도록 시설하는 경우에는 폭이 50[mm] 이하, 두께 1[mm] 이상의 것을 사용할 수 있다.

5) 금속몰드공사

1. 전선은 절연전선(옥외용 비닐절연 전선을 제외한다)일 것.
2. 금속몰드 안에는 전선에 접속점이 없도록 할 것. 다만, 금속제 조인트 박스를 사용할 경우에는 접속할 수 있다.
3. 금속몰드의 사용전압이 400[V] 이하로 옥내의 건조한 장소로 전개된 장소 또는 점검할 수 있는 은폐장소에 한하여 시설할 수 있다.

6) 금속덕트공사

1. 시설조건
   가. 전선은 절연전선(옥외용 비닐절연전선을 제외한다)일 것.
   나. 금속덕트에 넣은 전선의 단면적(절연피복의 단면적을 포함한다)의 합계
      (1) 일반적인 경우 : 덕트 내부 단면적의 20[%] 이하
      (2) 전광표시장치 기타 이와 유사한 장치 또는 제어회로 만의 배선만을 넣는 경우 : 50[%] 이하
   다. 금속덕트 안에는 전선에 접속점이 없도록 할 것. 다만, 전선을 분기하는 경우에는 그 접속점을 쉽게 점검할 수 있는 때에는 그러하지 아니하다.

2. 금속덕트의 시설
   덕트를 조영재에 붙이는 경우에는 덕트의 지지점 간의 거리를 3[m](취급자 이외의 자가 출입할 수 없도록 설비한 곳에서 수직으로 붙이는 경우에는 6[m]) 이하로 하고 끝부분은 막을 것.

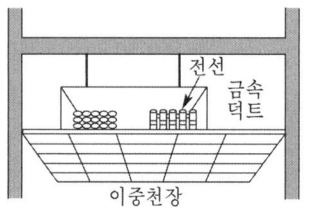

7) 셀룰러덕트공사

1. 전선은 절연전선(옥외용 비닐 절연전선을 제외한다)일 것.
2. 전선은 연선일 것. 다만, 단면적 10[mm^2](알루미늄선은 단면적 16[mm^2]) 이하의 것은 그러하지 아니하다.
3. 덕트 안에는 전선에 접속점을 만들지 아니할 것. 다만, 전선을 분기하는 경우 그 접속점을 쉽게 점검할 수 있을 때에는 그러하지 아니하다.

8) 케이블트레이공사

케이블트레이배선은 케이블을 지지하기 위하여 사용하는 금속재 또는 불연성 재료로 제작된 유닛 또는 유닛의 집합체 및 그에 부속하는 부속재 등으로 구성된 견고한 구조물을 말하며 사다리형, 펀칭형, 메시형, 바닥밀폐형 기타 이와 유사한 구조물을 포함하여 적용한다.

9) 케이블공사

1. 전선은 케이블 및 캡타이어케이블일 것.
2. 전선을 조영재의 아랫면 또는 옆면에 따라 붙이는 경우 전선의 지지점 간의 거리
   가. 케이블 : 2[m](사람이 접촉할 우려가 없는 곳에서 수직으로 붙이는 경우에는

6[m]) 이하

나. 캡타이어 케이블 : 1[m] 이하

10) 애자공사

1. 전선은 절연전선(옥외용 비닐 절연전선 및 인입용 비닐 절연전선을 제외한다)일 것.
2. 이격거리

전 압		전선과 조영재와의 이격 거리		전선 상호 간격	전선 지지점간의 거리	
					조영재의 윗면 또는 옆면에 따라 시설	조영재에 따라 시설하지 않는 경우
저압	400[V] 이하	2.5[cm] 이상		6[cm] 이상	2[m] 이하	–
	400[V] 초과	건조한 장소	2.5[cm] 이상			6[m] 이하
		기타의 장소	4.5[cm] 이상			

11) 버스덕트공사

1. 덕트를 조영재에 붙이는 경우에는 덕트의 지지점 간의 거리를 3[m](수직으로 붙이는 경우에는 6[m]) 이하로 할 것.
2. 덕트(환기형의 것을 제외한다)의 끝부분은 막을 것.
3. 덕트(환기형의 것을 제외한다)의 내부에 먼지가 침입하지 아니하도록 할 것.
4. 덕트는 접지공사를 할 것.
5. 습기가 많은 장소 또는 물기가 있는 장소에 시설하는 경우에는 옥외용 버스덕트를 사용하고 버스덕트 내부에 물이 침입하여 고이지 아니하도록 할 것.

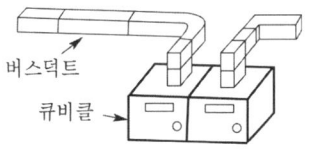

12) 라이팅덕트공사

1. 덕트는 조영재에 견고하게 붙일 것.
2. 덕트의 지지점 간의 거리는 2[m] 이하로 할 것.
3. 덕트의 끝부분은 막을 것.
4. 덕트의 개구부(開口部)는 아래로 향하여 시설할 것. 다만, 사람이 쉽게 접촉할 우려가 없는 장소에서 덕트의 내부에 먼지가 들어가지 아니하도록 시설하는 경우에 한하여 옆으로 향하여 시설할 수 있다.
5. 덕트는 조영재를 관통하여 시설하지 아니할 것.
6. 덕트를 사람이 용이하게 접촉할 우려가 있는 장소에 시설하는 경우에는 전로에 지락이 생겼을 때에 자동적으로 전로를 차단하는 장치를 시설할 것.

13) 옥내에 시설하는 저압 접촉전선 배선

1. 이동기중기·자동청소기 그 밖에 이동하며 사용하는 저압의 전기기계기구에 전기를 공급하기 위하여 사용하는 접촉전선을 옥내에 시설하는 경우에는 전개된 장소 또는 점검할 수 있는 은폐된 장소에 애자 공사 또는 버스덕트 공사 또는 절연 트롤리 공사에 의하여야 한다.
2. 저압 접촉전선을 애자 공사에 의하여 옥내의 전개된 장소에 시설하는 경우에는 기계기구에 시설하는 경우 이외에는 다음에 따라야 한다.
   가. 전선의 바닥에서의 높이는 3.5[m] 이상으로 하고 또한 사람이 접촉할 우려가 없도록 시설할 것.
   나. 전선은 인장강도 11.2[kN] 이상의 것 또는 지름 6[mm]의 경동선으로 단면적이 28[mm^2] 이상인 것일 것. 다만, 사용전압이 400[V] 이하인 경우에는 인장강도 3.44[kN] 이상의 것 또는 지름 3.2[mm] 이상의 경동선으로 단면적이 8[mm^2] 이상인 것을 사용할 수 있다.
   다. 전선의 지지점간의 거리는 6[m] 이하일 것.
   라. 전선 상호 간의 간격은 전선을 수평으로 배열하는 경우에는 0.14[m] 이상, 기타의 경우에는 0.2[m] 이상일 것.
   마. 애자는 절연성, 난연성 및 내수성이 있는 것일 것.

(3) 조명설비

1) 코드 및 이동전선

1. 조명용 전원코드 또는 이동전선은 단면적 0.75[mm^2] 이상의 코드 또는 캡타이어케이블을 용도에 따라서 선정하여야 한다.
2. 옥내에서 조명용 전원코드 또는 이동전선을 습기가 많은 장소에 시설할 경우에는 고무코드(사용전압이 400[V] 이하인 경우에 한함) 또는 0.6/1[kV] EP 고무 절연 클로로프렌캡타이어케이블로서 단면적이 0.75[mm^2] 이상인 것이어야 한다.

2) 콘센트의 시설

인체감전보호용 누전차단기(정격감도전류 15[mA] 이하, 동작시간 0.03[초] 이하의 전류동작형의 것에 한한다) 또는 절연변압기(정격용량 3[kVA] 이하인 것에 한한다)로 보호된 전로에 접속하거나, 인체감전보호용 누전차단기가 부착된 콘센트를 시설하여야 한다.

3) 점멸기의 시설

점멸기는 다음에 의하여 설치하여야 한다.
1. 점멸기는 전로의 비접지측에 시설하고 분기개폐기에 배선용차단기를 사용하는 경우는 이것을 점멸기로 대용할 수 있다
2. 욕실 내는 점멸기를 시설하지 말 것.

3. 가정용전등은 매 등기구마다 점멸이 가능하도록 할 것.
4. 다음의 경우에는 센서등(타임스위치 포함)을 시설하여야 한다.
   가. 관광숙박업 또는 숙박업(여인숙업을 제외한다)에 이용되는 객실의 입구등은 1분 이내에 소등되는 것.
   나. 일반주택 및 아파트 각 호실의 현관등은 3분 이내에 소등되는 것.

4) 진열장 또는 이와 유사한 것의 내부 배선

1. 건조한 장소에 시설하고 또한 내부를 건조한 상태로 사용하는 진열장 내부에 사용전압이 400[V] 이하의 배선을 외부에서 잘 보이는 장소에 한하여 코드 또는 캡타이어케이블로 직접 조영재에 밀착하여 배선할 수 있다.
2. 배선은 단면적 $0.75[mm^2]$ 이상의 코드 또는 캡타이어케이블일 것.

5) 옥외등

1. 사용전압
   옥외등에 전기를 공급하는 전로의 사용전압은 대지전압을 300[V] 이하로 하여야 한다.
2. 옥외등의 인하선
   옥외등 또는 그의 점멸기에 이르는 인하선은 사람의 접촉과 전선피복의 손상을 방지하기 위하여 다음 배선방법으로 시설하여야 한다.
   가. 애자공사(지표상 2[m] 이상의 높이에서 노출된 장소에 시설할 경우에 한한다)
   나. 금속관공사
   다. 합성수지관공사
   라. 케이블공사(알루미늄피 등 금속제 외피가 있는 것은 목조 이외의 조영물에 시설하는 경우에 한한다.)

6) 1[kV] 이하 방전등

1. 적용범위
   방전등에 전기를 공급하는 전로의 대지전압은 300[V] 이하로 하여야 한다.
2. 방전등용 변압기
   가. 관등회로의 사용전압이 400[V] 초과인 경우는 방전등용 변압기를 사용할 것.
   나. 방전등용 변압기는 절연변압기를 사용할 것.
3. 관등회로의 배선
   가. 관등회로의 사용전압이 400[V] 이하인 배선은 전선에 조명용 전원코드 또는 공칭단면적 $2.5[mm^2]$ 이상의 연동선과 이와 동등 이상의 세기 및 굵기의 절연전선(옥외용 비닐절연전선 및 인입용 비닐절연전선은 제외한다), 캡타이어 케이블 또는 케이블을 사용하여 시설하여야 한다.
   나. 관등회로의 사용전압이 400[V] 초과이고, 1[kV] 이하인 배선은 그 시설장소에 따라 합성수지관공사·금속관공사·가요전선관공사나 케이블공사 또는 표 중 어느 한 방법에 의하여야 한다.

표. 관등회로의 배선방식

시설장소의 구분		배선방법
전개된 장소	건조한 장소	애자공사·합성수지몰드공사 또는 금속몰드공사
	기타의 장소	애자공사
점검할 수 있는 은폐된 장소	건조한 장소	금속몰드공사

4. 접지

   접지공사는 다음에 해당될 경우는 생략할 수 있다.

   가. 관등회로의 사용전압이 대지전압 150[V] 이하의 것을 건조한 장소에서 시공할 경우

   나. 관등회로의 사용전압이 400[V] 이하 또는 변압기의 정격 2차 단락전류 혹은 회로의 동작전류가 50[mA] 이하의 것으로 안정기를 외함에 넣고, 이것을 조명기구와 전기적으로 접속되지 않도록 시설할 경우

7) 네온방전등

네온방전등에 공급하는 전로의 대지전압은 300[V] 이하로 하여야 한다.

8) 관등회로의 배선

관등회로의 배선은 애자공사로 다음에 따라서 시설하여야 한다.
1. 전선은 네온관용전선을 사용할 것.
2. 배선은 외상을 받을 우려가 없고 사람이 접촉될 우려가 없는 노출장소에 시설할 것.
3. 전선은 자기 또는 유리제 등의 애자로 견고하게 지지하여 조영재의 아랫면 또는 옆면에 부착하고 또한 다음과 같이 시설할 것.

   가. 전선 상호간의 이격거리는 60[mm] 이상일 것.

   나. 전선지지점간의 거리는 1[m] 이하로 할 것.

9) 수중조명등

1. 사용전압

   수영장 기타 이와 유사한 장소에 사용하는 수중조명등에 전기를 공급하기 위해서는 절연변압기를 사용하고, 그 사용전압은 다음에 의하여야 한다.

   가. 절연변압기의 1차측 전로의 사용전압은 400[V] 이하일 것.

   나. 절연변압기의 2차측 전로의 사용전압은 150[V] 이하일 것.

2. 전원장치

   수중조명등에 전기를 공급하기 위한 절연변압기의 2차 측 전로는 접지하지 말 것.

3. 2차측 배선 및 이동전선

   수중조명등의 절연변압기의 2차측 배선 및 이동전선은 다음에 의하여 시설하여야 한다.

   가. 절연변압기의 2차측 배선은 금속관공사에 의하여 시설할 것.

나. 수중조명등에 전기를 공급하기 위하여 사용하는 이동전선은 접속점이 없는 단면적 2.5[mm^2] 이상의 0.6/1[kV] EP 고무절연 클로프렌 캡타이어 케이블일 것.

4. 접지

　수중조명등의 절연변압기는 그 2차측 전로의 사용전압이 30[V] 이하인 경우는 1차권선과 2차권선 사이에 금속제의 혼촉방지판을 설치하고, 규정에 준하여 접지공사를 하여야 한다.

5. 누전차단기

　수중조명등의 절연변압기의 2차측 전로의 사용전압이 30[V]를 초과하는 경우에는 그 전로에 지락이 생겼을 때에 자동적으로 전로를 차단하는 정격감도전류 30[mA] 이하의 누전차단기를 시설하여야 한다.

10) 교통신호등

1. 교통신호등 제어장치의 2차측 배선의 최대사용전압은 300[V] 이하이어야 한다.
2. 2차측 배선

　교통신호등의 2차측 배선(인하선을 제외한다)은 다음에 의하여 시설하여야 한다.

　가. 전선은 케이블인 경우 이외에는 공칭단면적 2.5[mm^2] 연동선과 동등 이상의 세기 및 굵기의 450/750[V] 일반용 단심 비닐절연전선 또는 450/750[V] 내열성에틸렌아세테이트 고무절연전선일 것.

　나. 제어장치의 2차측 배선 중 전선(케이블은 제외한다)을 조가용선으로 조가하여 시설하는 경우 조가용선은 인장강도 3.7[kN]의 금속선 또는 지름 4[mm] 이상의 아연도철선을 2가닥 이상 꼰 금속선을 사용할 것.

3. 교통신호등의 인하선

　교통신호등의 전구에 접속하는 인하선은 다음에 의하여 시설하여야 한다.

　가. 전선의 지표상의 높이는 2.5[m] 이상일 것.

　나. 전선을 애자공사에 의하여 시설하는 경우에는 전선을 적당한 간격마다 묶을 것.

4. 누전차단기

　교통신호등 회로의 사용전압이 150[V]를 넘는 경우는 전로에 지락이 생겼을 경우 자동적으로 전로를 차단하는 누전차단기를 시설할 것.

5 특수설비

(1) 특수 시설

1) 전기울타리

1. 사용 전압

　전기울타리용 전원장치에 전원을 공급하는 전로의 사용전압은 250[V] 이하이어야 한다.
2. 전기 울타리의 시설
   가. 전기울타리는 사람이 쉽게 출입하지 아니하는 곳에 시설할 것.
   나. 전선은 인장강도 1.38[kN] 이상의 것 또는 지름 2[mm] 이상의 경동선일 것.
   다. 전선과 이를 지지하는 기둥 사이의 이격거리는 25[mm] 이상일 것.
   라. 전선과 다른 시설물(가공 전선을 제외한다) 또는 수목과의 이격거리는 0.3 [m] 이상일 것.

2) 전기온상

1. 발열선은 그 온도가 80[℃]를 넘지 않도록 시설할 것.
2. 발열선을 공중에 시설하는 전기온상 등은 발열선을 애자로 지지하고 또한 다음에 의하여 시설할 것.
   가. 발열선 상호 간의 간격은 0.03[m](함 내에 시설하는 경우는 0.02[m]) 이상일 것.
   나. 발열선과 조영재 사이의 이격거리는 0.025[m] 이상으로 할 것.
   다. 발열선의 지지점 간의 거리는 1[m] 이하일 것. 다만, 발열선 상호 간의 간격이 0.06[m] 이상인 경우에는 2[m] 이하로 할 수 있다.
   라. 애자는 절연성·난연성 및 내수성이 있는 것일 것.

3) 전격 살충기

전격 살충기는 다음에 의하여 시설하여야 한다.
1. 전격 살충기의 전격격자는 지표 또는 바닥에서 3.5[m] 이상의 높은 곳에 시설할 것. 다만, 2차측 개방 전압이 7[kV] 이하의 절연변압기를 사용하고 또한 보호격자의 내부에 사람의 손이 들어갔을 경우 또는 보호격자에 사람이 접촉될 경우 절연변압기의 1차측 전로를 자동적으로 차단하는 보호장치를 시설한 것은 지표 또는 바닥에서 1.8[m]까지 감할 수 있다.
2. 전격살충기의 전격격자와 다른 시설물(가공전선은 제외한다) 또는 식물과의 이격거리는 0.3[m] 이상일 것.

4) 유희용 전차

1. 유희용 전차에 전기를 공급하기 위하여 사용하는 변압기의 1차 전압은 400[V] 이하이어야 한다.
2. 유희용 전차에 전기를 공급하는 전원장치는 다음에 의하여 시설하여야 한다.
   가. 전원장치의 2차측 단자의 최대사용전압은 직류의 경우 60[V] 이하, 교류의 경우 40[V] 이하일 것.
   나. 전원장치의 변압기는 절연변압기일 것.
3. 전차 내 전로의 시설
   가. 변압기는 절연변압기를 사용하고 2차 전압은 150[V] 이하로 할 것.

나. 전차의 금속제 구조부는 레일과 전기적으로 완전하게 접촉되게 할 것.
4. 전로의 절연
가. 유희용 전차에 전기를 공급하는 접촉전선과 대지 사이의 절연저항은 사용전압에 대한 누설전류가 레일의 연장 1[km]마다 100[mA]를 넘지 않도록 유지하여야 한다.
나. 유희용 전차안의 전로와 대지 사이의 절연저항은 사용전압에 대한 누설전류가 규정 전류의 5,000분의 1을 넘지 않도록 유지하여야 한다.

5) 아크 용접기

1. 용접변압기는 절연변압기일 것.
2. 용접변압기의 1차측 전로의 대지전압은 300[V] 이하일 것.
3. 용접변압기의 1차측 전로에는 용접 변압기에 가까운 곳에 쉽게 개폐할 수 있는 개폐기를 시설할 것.
4. 용접변압기의 2차측 전로 중 용접변압기로부터 용접전극에 이르는 부분 및 용접변압기로부터 피용접재에 이르는 전선은 용접용 케이블 또는 캡타이어 케이블(용접변압기로부터 용접전극에 이르는 전로는 0.6/1[kV] EP 고무 절연 클로로프렌 캡타이어 케이블에 한한다)일 것.
5. 용접기 외함 및 피용접재 또는 이와 전기적으로 접속되는 받침대·정반 등의 금속체는 규정에 준하여 접지공사를 하여야 한다.

6) 도로 등의 전열장치

1. 도로, 주차장 또는 조영물의 조영재에 고정시켜 시설하는 경우
   가. 발열선에 전기를 공급하는 전로의 대지전압은 300[V] 이하일 것.
   나. 발열선은 무기물 절연 케이블 등 규정된 발열선으로서 노출 사용하지 아니하는 것은 B종 발열선을 사용한다.
   다. 발열선은 그 온도가 80[℃]를 넘지 아니하도록 시설할 것. 다만, 도로 또는 옥외 주차장에 금속피복을 한 발열선을 시설할 경우에는 발열선의 온도를 120[℃] 이하로 할 수 있다.

7) 소세력 회로

전자 개폐기의 조작회로 또는 초인벨·경보벨 등에 접속하는 전로로서 최대 사용전압이 60[V] 이하인 것

1. 사용전압
   소세력 회로에 전기를 공급하기 위한 절연변압기의 사용전압은 대지전압 300[V] 이하로 하여야 한다.
2. 소세력 회로의 배선
   소세력 회로의 전선을 조영재에 붙여 시설하는 경우
   가. 전선은 케이블(통신용 케이블을 포함한다)인 경우 이외에는 공칭단면적 1[mm^2]

이상의 연동선 또는 이와 동등 이상의 세기 및 굵기의 것일 것.
나. 전선은 코드·캡타이어 케이블 또는 케이블일 것.

8) 전기부식방지 시설

1. 전기부식방지 회로(전기부식방지용 전원장치로부터 양극 및 피방식체까지의 전로를 말한다. 이하 같다)의 사용전압은 직류 60[V] 이하일 것.
2. 양극은 지중에 매설하거나 수중에서 쉽게 접촉할 우려가 없는 곳에 시설할 것.
3. 지중에 매설하는 양극의 매설깊이는 0.75[m] 이상일 것.

(2) 특수 장소

1) 분진 위험장소

1. 폭연성 분진 위험장소

   폭연성 분진 또는 화약류의 분말이 전기설비가 발화원이 되어 폭발할 우려가 있는 곳에 시설하는 저압 옥내 전기설비(사용전압이 400[V] 초과인 방전등을 제외한다.)는 다음에 따르고 또한 위험의 우려가 없도록 시설하여야 한다.

   가. 저압 옥내배선, 저압 관등회로 배선, 소세력 회로의 전선은 금속관공사 또는 케이블공사(캡타이어 케이블을 사용하는 것을 제외한다)에 의할 것.
   나. 금속관공사에 의하는 때에는 다음에 의하여 시설할 것.
      ⑴ 금속관은 박강 전선관 또는 이와 동등 이상의 강도를 가지는 것일 것.
      ⑵ 관 상호 간 및 관과 박스 기타의 부속품·풀박스 또는 전기기계기구와는 5턱 이상 나사 조임으로 접속 할 것
   다. 케이블공사에 의하는 때에는 전선은 개장된 케이블 또는 무기물 절연 케이블을 사용하는 경우 이외에는 관 기타의 방호 장치에 넣어 사용할 것.
   라. 이동 전선은 "0.6/1[kV] EP 고무절연 클로로프렌 캡타이어 케이블을 사용하고 또한 손상을 받을 우려가 없도록 시설할 것.

2. 가연성 분진 위험장소

   가연성 분진에 전기설비가 발화원이 되어 폭발할 우려가 있는 곳에 시설하는 저압 옥내 전기설비는 다음에 따르고 또한 위험의 우려가 없도록 시설하여야 한다.

   가. 저압 옥내배선 등은 합성수지관공사(두께 2[mm] 미만의 합성수지 전선관 및 난연성이 없는 콤바인 덕트관을 사용하는 것을 제외한다)·금속관공사 또는 케이블공사에 의할 것.
   나. 합성수지관공사에 의하는 때에는 관과 전기기계기구는 관 상호간 및 박스와는 관을 삽입하는 깊이를 관의 바깥지름의 1.2배(접착제를 사용하는 경우에는 0.8배) 이상으로 하고 또한 꽂음 접속에 의하여 견고하게 접속할 것.
   다. 금속관공사에 의하는 때에는 관 상호 간 및 관과 박스 기타 부속품·풀 박스 또는 전기기계기구와는 5턱 이상 나사 조임으로 접속할 것.

라. 이동 전선은 접속점이 없는 0.6/1[kV] EP 고무절연 클로로프렌 캡타이어 케이블 또는 0.6/1[kV] 비닐절연 비닐 캡타이어 케이블을 사용하고 또한 손상을 받을 우려가 없도록 시설할 것.

2) 위험물 등이 존재하는 장소

1. 셀룰로이드·성냥·석유류 기타 타기 쉬운 위험한 물질(이하 "위험물"이라 한다)을 제조하거나 저장하는 곳에 시설하는 저압 이동전선은 접속점이 없는 0.6/1[kV] EP 고무 절연 클로로프렌 캡타이어 케이블 또는 0.6/1[kV] 비닐 절연 비닐캡타이어 케이블을 사용하여야 한다.
2. 위험한 물질을 제조하거나 저장하는 곳에 시설하는 저압 옥내 전기설비는 금속관공사, 케이블공사 및 합성수지관공사의 규정에 따르고 또한 위험의 우려가 없도록 시설하여야 한다.

3) 화약류 저장소 등의 위험장소

화약류 저장소에서 전기설비의 시설
1. 화약류 저장소 안에는 전기설비를 시설해서는 안 된다. 다만, 조명기구에 전기를 공급하기 위한 전기설비(개폐기 및 과전류 차단기를 제외한다)는 다음에 따라 시설하는 경우에는 그러하지 아니하다.
    가. 전로에 대지전압은 300[V] 이하일 것.
    나. 전기기계기구는 전폐형의 것일 것.
    다. 케이블을 전기기계기구에 인입할 때에는 인입구에서 케이블이 손상될 우려가 없도록 시설할 것.
    라. 금속관공사 또는 케이블공사(캡타이어 케이블을 사용하는 것을 제외한다)에 의할 것.
2. 화약류 저장소 안의 전기설비에 전기를 공급하는 전로에는 화약류 저장소 이외의 곳에 전용 개폐기 및 과전류 차단기를 각 극(과전류 차단기는 다선식 전로의 중성극을 제외한다)에 취급자 이외의 자가 쉽게 조작할 수 없도록 시설하고 또한 전로에 지락이 생겼을 때에 자동적으로 전로를 차단하거나 경보하는 장치를 시설하여야 한다.

4) 전시회, 쇼 및 공연장의 전기설비

1. 사용전압
    무대·무대마루 밑·오케스트라 박스·영사실 기타 사람이나 무대 도구가 접촉할 우려가 있는 곳에 시설하는 저압 옥내배선, 전구선 또는 이동전선은 사용전압이 400[V] 이하이어야 한다.
2. 배선설비
    가. 배선용 케이블은 구리 도체로 최소 단면적이 1.5[mm^2]이며, 정격전압 450/750[V] 이하 염화비닐 절연 케이블 또는 정격전압 450/750[V] 이하 고무 절연케이블에 적합하여야 한다.

나. 무대마루 밑에 시설하는 전구선은 300/300[V] 편조 고무코드 또는 0.6/1[kV] EP 고무 절연 클로로프렌 캡타이어 케이블이어야 한다.

5) 터널, 갱도 기타 이와 유사한 장소

1. 사람이 상시 통행하는 터널 안의 배선의 시설
    가. 전압 : 저압
    나. 전선 : 공칭단면적 2.5[mm²]의 연동선과 동등 이상의 세기 및 굵기의 절연전선 (옥외용 비닐 절연전선 및 인입용 비닐 절연전선을 제외한다)
    다. 배선 : 애자공사
    라. 높이 : 노면상 2.5[m] 이상의 높이
    마. 전로에는 터널의 입구에 가까운 곳에 전용 개폐기를 시설할 것.

2. 터널 등의 전구선 또는 이동전선 등의 시설
    가. 터널 등에 시설하는 사용전압이 400[V] 이하인 저압의 전구선 또는 이동전선은 다음과 같이 시설하여야 한다.
        (1) 전구선은 단면적 0.75[mm²] 이상의 300/300[V] 편조 고무코드 또는 0.6/1[kV] EP 고무 절연 클로로프렌 캡타이어 케이블일 것.
        (2) 이동전선은 300/300[V] 편조 고무코드, 비닐 코드 또는 캡타이어 케이블일 것.
    나. 터널 등에 시설하는 사용전압이 400[V] 초과인 저압의 이동전선은 0.6/1[kV] EP 고무 절연 클로로프렌 캡타이어 케이블로서 단면적이 0.75[mm²] 이상인 것일 것.
    다. 특고압의 이동전선은 터널 등에 시설해서는 안 된다.

6) 의료장소

1. 의료장소별 접지 계통
    의료장소별로 다음과 같이 계통접지를 적용한다.
    가. 그룹 0 : TT 계통 또는 TN 계통
    나. 그룹 1 : TT 계통 또는 TN 계통. 다만, 전원자동차단에 의한 보호가 의료행위에 중대한 지장을 초래할 우려가 있는 의료용 전기기기를 사용하는 회로에는 의료 IT 계통을 적용할 수 있다.
    다. 그룹 2 : 의료 IT 계통. 다만, 이동식 X-레이 장치, 정격출력이 5[kVA] 이상인 대형 기기용 회로, 생명유지 장치가 아닌 일반 의료용 전기기기에 전력을 공급하는 회로 등에는 TT 계통 또는 TN 계통을 적용할 수 있다.
    라. 의료장소에 TN 계통을 적용할 때에는 주배전반 이후의 부하 계통에서는 TN-C 계통으로 시설하지 말 것.

2. 의료장소의 안전을 위한 보호 설비
    가. 그룹 1과 그룹 2의 의료장소에 무영등 등을 위한 특별저압(SELV 또는 PELV)회로

를 시설하는 경우에는 사용전압은 교류 실효값 25[V] 또는 리플프리(ripple-free) 직류 60[V] 이하로 할 것.
나. 의료장소의 전로에는 정격 감도전류 30[mA] 이하, 동작시간 0.03초 이내의 누전차단기를 설치할 것. 다만, 다음의 경우는 그러하지 아니하다.
  ⑴ 의료 IT 계통의 전로
  ⑵ TT 계통 또는 TN 계통에서 전원자동차단에 의한 보호가 의료행위에 중대한 지장을 초래할 우려가 있는 회로에 누전경보기를 시설하는 경우
  ⑶ 의료장소의 바닥으로부터 2.5[m]를 초과하는 높이에 설치된 조명기구의 전원회로
  ⑷ 건조한 장소에 설치하는 의료용 전기기기의 전원회로

3. 의료장소내의 비상전원
  상용전원 공급이 중단될 경우 의료행위에 중대한 지장을 초래할 우려가 있는 전기설비 및 의료용 전기기기에는 다음에 따라 비상전원을 공급하여야 한다.
  가. 절환시간 0.5초 이내에 비상전원을 공급하는 장치 또는 기기
    ⑴ 0.5초 이내에 전력공급이 필요한 생명유지장치
    ⑵ 그룹 1 또는 그룹 2의 의료장소의 수술등, 내시경, 수술실 테이블, 기타 필수 조명
  나. 절환시간 15초 이내에 비상전원을 공급하는 장치 또는 기기
    ⑴ 15초 이내에 전력공급이 필요한 생명유지장치
    ⑵ 그룹 2의 의료장소에 최소 50[%]의 조명, 그룹 1의 의료장소에 최소 1개의 조명
  다. 절환시간 15초를 초과하여 비상전원을 공급하는 장치 또는 기기
    ⑴ 병원기능을 유지하기 위한 기본 작업에 필요한 조명
    ⑵ 그 밖의 병원 기능을 유지하기 위하여 중요한 기기 또는 설비

7) 엘리베이터·덤웨이터 등의 승강로 안의 저압 옥내배선 등의 시설

엘리베이터·덤웨이터 등의 승강로 내에 시설하는 사용전압이 400[V] 이하인 저압 옥내배선, 저압의 이동전선 및 이에 직접 접속하는 리프트 케이블은 비닐 리프트 케이블 또는 고무 리프트 케이블을 사용하여야 한다.

◀◀◀ 완벽대비 전기산업기사필기

필수유형 및 과년도문제

문제 01 ★

KS C IEC 60364에서 충전부 전체를 대지로부터 절연시키거나 한 점에 임피던스를 삽입하여 대지에 접속시키고, 전기기기의 노출 도전성 부분 단독 또는 일괄적으로 접지하거나 또는 계통접지로 접속하는 접지계통을 무엇이라 하는가?

① TT 계통　　　　　　　　② IT 계통
③ TN-C 계통　　　　　　　④ TN-S 계통

풀이 203.1 계통접지 구성
가. TN계통
① TN-S 계통은 계통 전체에 대해 별도의 중성선 또는 PE 도체를 사용한다.
② TN-C 계통은 그 계통 전체에 대해 중성선과 보호도체의 기능을 동일도체로 겸용한 PEN 도체를 사용한다.
③ TN-C-S계통은 계통의 일부분에서 PEN 도체를 사용하거나, 중성선과 별도의 PE 도체를 사용하는 방식이 있다.
나. TT 계통
전원의 한 점을 직접 접지하고 설비의 노출 도전부는 전원의 접지전극과 전기적으로 독립적인 접지극에 접속시킨다.
다. IT 계통
충전부 전체를 대지로부터 절연, 한 점을 임피던스를 통해 대지에 접속시킨다. 전기설비의 노출 도전부를 단독 또는 일괄적으로 계통의 PE 도체에 접속시킨다. 배전계통에서 추가접지가 가능하다.　**답** ②

문제 02 ★☆

과전류 차단기로서 저압 전로에 사용하는 100[A] 퓨즈는 수평으로 붙여서 시험할 때 1.6배의 전류를 통하는 경우는 몇 분 안에 용단되어야 하는가?

① 30분　　② 60분　　③ 120분　　④ 120분

풀이 212.3.4 보호장치의 특성
1. 과전류 보호장치는 KS C 또는 KS C IEC 관련 표준(배선차단기, 누전차단기, 퓨즈 등의 표준)의 동작 특성에 적합하여야 한다.
2. 과전류차단기로 저압전로에 사용하는 범용의 퓨즈는 표에 적합한 것이어야 한다.

표. 퓨즈(gG)의 용단특성

정격전류의 구분	시간	정격전류의 배수	
		불용단전류	용단전류
4[A] 이하	60분	1.5배	2.1배
4[A] 초과 16[A] 미만	60분	1.5배	1.9배
16[A] 이상 63[A] 이하	60분	1.25배	1.6배
63[A] 초과 160[A] 이하	**120분**	1.25배	1.6배
160[A] 초과 400[A] 이하	180분	1.25배	1.6배
400[A] 초과	240분	1.25배	1.6배

답 ③

문제 03

저압 옥내간선에서 분기하여 전기사용기계기구에 이르는 저압 옥내전로에서 저압 옥내간선과의 분기점에서 전선의 길이가 몇 [m] 이하인 곳에 과전류 차단기를 설치하여야 하는가? 단, 단락의 위험과 화재 및 인체에 대한 위험성이 최소화 되도록 시설된 경우

① 3 ② 4
③ 5 ④ 6

풀이 212.4.2 과부하 보호장치의 설치 위치
과부하 보호장치는 분기점(O)에 설치해야 하나, 분기점(O)점과 분기회로의 과부하 보호장치(P_2) 설치점 사이의 배선 부분에 다른 분기회로나 콘센트 회로가 접속되어 있지 않고, 다음 중 하나를 충족하는 경우에는 변경이 있는 배선에 설치할 수 있다.
① 분기회로에 대한 단락보호가 이루어지고 있는 경우 : 분기회로의 보호장치 P_2는 분기회로의 분기점(O)으로부터 부하 측으로 거리에 구애 받지 않고 이동하여 설치할 수 있다.
② 단락의 위험과 화재 및 인체에 대한 위험성이 최소화 되도록 시설된 경우 : 분기회로의 보호장치 (P_2)는 분기회로의 분기점(O)으로부터 3[m]까지 이동하여 설치할 수 있다. **답** ①

문제 04

저압 가공 인입선의 전선으로 사용해서는 아니되는 것은?

① 나전선 ② 절연 전선
③ 옥외용 비닐절연전선 ④ 케이블

풀이 221.1.1 저압 인입선의 시설
전선은 절연전선 또는 케이블일 것. **답** ①

문제 05

저압 가공 인입선의 시설에 대한 설명으로 틀린 것은?

① 전선은 절연 전선 또는 케이블일 것
② 전선은 지름 1.6[mm]의 경동선 또는 이와 동등 이상의 세기 및 굵기일 것
③ 전선의 높이는 철도 및 궤도를 횡단하는 경우에는 레일면 상 6.5[m] 이상일 것
④ 전선의 높이는 횡단 보도교의 위에 시설하는 경우에는 노면 상 3[m] 이상일 것

풀이 221.1.1 저압 인입선의 시설
저압 가공인입선은 다음에 따라 시설하여야 한다.
1. 전선은 절연전선 또는 케이블일 것.
2. 전선이 절연전선인 경우
 가. 경간이 15[m] 초과 : 인장강도 2.30[kN] 이상의 것 또는 **지름 2.6[mm] 이상**의 인입용 비닐절연전선일 것.
 나. 경간이 15[m] 이하 : 인장강도 1.25[kN] 이상의 것 또는 **지름 2[mm] 이상**의 인입용 비닐절연전선일 것.
3. 전선의 높이
 가. 도로(차도와 보도의 구별이 있는 도로인 경우에는 차도)를 횡단하는 경우 : 노면상 5[m] (기술상 부득이한 경우에 교통에 지장이 없을 때에는 3[m]) 이상
 나. 철도 또는 궤도를 횡단하는 경우 : 레일면상 6.5[m] 이상
 다. 횡단보도교 위에 시설하는 경우 : 노면상 3[m] 이상 **답** ②

문제 06 ★☆ 다음 저압 연접 인입선의 시설 규정 중 틀린 것은?

① 경간이 20[m]인 곳에 직경 2.0[mm] DV 전선을 사용하였다.
② 인입선에서 분기하는 점으로부터 100[m]를 넘지 않았다.
③ 폭 4.5[m]의 도로를 횡단하였다.
④ 옥내를 통과하지 않도록 했다.

풀이 221.1.2 연접 인입선의 시설
저압 연접인입선은 다음에 따라 시설하여야 한다.
1. 인입선에서 분기하는 점으로부터 100[m]를 초과하는 지역에 미치지 아니할 것.
2. **폭 5[m]를 초과하는 도로를 횡단하지 아니할 것.**
3. 옥내를 통과하지 아니할 것.

답 ①

필수 01 ★★ 전선로

저압 옥상 전선로에 시설하는 전선은 지름 몇 [mm]의 경동선 또는 이와 동등 이상의 세기 및 굵기의 것이어야 하는가?

① 1.6 ② 2.0 ③ 2.6 ④ 3.2

유형분석 전선의 굵기 및 이격거리가 출제된다.

풀이 저압 : 지름 2.6[mm]의 경동선 이상의 절연 전선을 사용하고 지지점간의 거리는 15[m] 이하로 시설한다.
(KEC 221.3)

답 ③

Key point

① **저압** : 지름 2.6[mm]의 경동선 이상의 절연 전선을 사용하고 지지점간의 거리는 15[m] 이하로 시설한다.
② **고압** : 전개된 장소에 케이블을 사용하고 전선과 조영재와의 이격 거리를 1.2[m] 이상으로 하여야 한다.
③ 특고압 옥상전선로는 시설하여서는 아니 된다.

문제 07 ★ 저압 옥상 전선로에 시설하는 전선은 지름 몇 [mm]의 경동선 또는 이와 동등 이상의 세기 및 굵기의 것이어야 하는가?

① 1.6 ② 2.0 ③ 2.6 ④ 3.2

풀이 221.3 옥상전선로
전선은 인장강도 2.30[kN] 이상의 것 또는 **지름 2.6[mm] 이상의 경동선**을 사용할 것.

답 ③

문제 08
시가지 내에 가설되는 200[V] 가공 전선을 절연 전선으로 사용할 경우 그 최소 굵기는 지름 몇 [mm]인가?

① 2　　② 2.6　　③ 3.2　　④ 4

풀이 222.5 저압 가공전선의 굵기 및 종류
가. 저압 가공전선은 나전선(중성선 또는 다중접지된 접지측 전선으로 사용하는 전선에 한한다), 절연전선, 다심형 전선 또는 케이블을 사용하여야 한다.
나. 전선의 굵기

전 압	조 건	전선의 굵기 및 인장강도
400[V] 이하	절연전선	인장강도 2.3[kN] 이상의 것 또는 **지름 2.6[mm] 이상의 경동선**
	케이블 이외	인장강도 3.43[kN] 이상의 것 또는 지름 3.2[mm] 이상의 경동선
400[V] 초과인 저압(케이블 이외)	시가지에 시설	인장강도 8.01[kN] 이상의 것 또는 지름 5[mm] 이상의 경동선
	시가지 외에 시설	인장강도 5.26[kN] 이상의 것 또는 지름 4[mm] 이상의 경동선

답 ②

문제 09
시가지에서 400[V] 이하의 저압 가공 전선로의 나경동선의 경우 최소 굵기[mm]는?

① 1.6　　② 2.8　　③ 2.6　　④ 3.2

풀이 222.5 저압 가공전선의 굵기 및 종류
가. 저압 가공전선은 나전선(중성선 또는 다중접지된 접지측 전선으로 사용하는 전선에 한한다), 절연전선, 다심형 전선 또는 케이블을 사용하여야 한다.
나. 전선의 굵기

전 압	조 건	전선의 굵기 및 인장강도
400[V] 이하	절연전선	인장강도 2.3[kN] 이상의 것 또는 지름 2.6[mm] 이상의 경동선
	케이블 이외	인장강도 3.43[kN] 이상의 것 또는 **지름 3.2[mm] 이상의 경동선**
400[V] 초과인 저압(케이블 이외)	시가지에 시설	인장강도 8.01[kN] 이상의 것 또는 지름 5[mm] 이상의 경동선
	시가지 외에 시설	인장강도 5.26[kN] 이상의 것 또는 지름 4[mm] 이상의 경동선

답 ④

문제 10
저압 보안 공사시에 사용되는 전선으로 경동선을 사용할 경우 그 지름은 몇 [mm]의 것을 사용하여야 하는가?(단, 400[V] 이하임)

① 4　　② 3.5　　③ 2.6　　④ 1.2

풀이 222.10 저압 보안공사
저압 보안공사시 전선은 케이블인 경우 이외에는 인장강도 8.01[kN] 이상의 것 또는 **지름 5[mm]**(사용전압이 400[V] 이하인 경우에는 인장강도 5.26[kN] 이상의 것 또는 **지름 4[mm] 이상의 경동선**) 이상의 경동선이어야 한다.

답 ①

문제 11
저압 보안 공사에 사용되는 목주의 굵기는 말구의 지름이 몇 [cm] 이상이어야 하는가?

① 8　　② 10　　③ 12　　④ 14

풀이 222.10 저압 보안공사
저압 보안공사에서 목주는 풍압하중에 대한 안전율은 1.5 이상이며, 굵기는 말구(末口)의 지름 0.12[m] 이상이어야 한다.   **답** ③

문제 12 ★★★★☆ 저압 가공 전선과 식물과의 이격 거리는 저압 가공 전선에 있어서는 몇 [cm] 이상이어야 하는가?

① 20
② 30
③ 60
④ 상시 불고 있는 바람에 접촉하지 않도록

풀이 222.19 저압 가공전선과 식물의 이격거리
저압 가공전선은 상시 부는 바람 등에 의하여 식물에 접촉하지 않도록 시설하여야 한다.   **답** ④

문제 13 ★ 진열장안의 배선은 외부에서 보기 쉬운 곳에 한하여 코드 또는 캡타이어 케이블을 조영재에 접촉하여 시설할 수 있다. 전선의 단면적은 몇 [mm²] 이상인 것으로 시설하여야 하는가?

① 0.75   ② 1.0   ③ 1.25   ④ 1.5

풀이 231.3 저압 옥내배선의 사용전선
가. 저압 옥내배선의 전선 : 단면적 2.5[mm²] 이상의 연동선
나. 옥내배선의 사용 전압이 400[V] 이하인 경우는 다음에 의하여 시설할 수 있다.
　① 전광표시 장치 또는 제어 회로
　　• 단면적 1.5[mm²] 이상의 연동선
　　• 단면적 0.75[mm²] 이상인 다심케이블 또는 다심 캡타이어 케이블을 사용하고 또한 과전류가 생겼을 때에 자동적으로 전로에서 차단하는 장치를 시설
　② **진열장 또는 이와 유사한 것의 내부 배선 : 단면적 0.75[mm²] 이상인 코드 또는 캡타이어 케이블**
   답 ①

문제 14 ★★ 옥내의 저압 전선으로 나전선의 사용이 기본적으로 허용되지 않는 경우는?

① 전기로용 전선
② 이동 기중기용 접촉 전선
③ 제분 공장의 전선
④ 전선 피복 절연물이 부식하는 장소에 시설하는 전선

풀이 231.4 나전선의 사용 제한
옥내에 시설하는 저압전선에는 나전선을 사용하여서는 아니 된다. 다만, 다음 중 어느 하나에 해당하는 경우에는 그러하지 아니하다.
가. 애자공사에 의하여 전개된 곳에 다음의 전선을 시설하는 경우
　① **전기로용 전선**

② 전선의 피복 절연물이 부식하는 장소에 시설하는 전선
나. 버스덕트공사에 의하여 시설하는 경우
다. 라이팅덕트공사에 의하여 시설하는 경우
라. **접촉 전선을 시설하는 경우** **답** ③

문제 15 ★★★★
다음 배전 공사 중 전선이 반드시 절연선이 아니더라도 상관없는 것은 어느 것인가?
① 합성수지관 공사 ② 금속관공사
③ 버스덕트공사 ④ 플로어덕트 공사

풀이 231.4 나전선의 사용 제한
옥내에 시설하는 저압전선에는 나전선을 사용하여서는 아니 된다. 다만, 다음 중 어느 하나에 해당하는 경우에는 그러하지 아니하다.
가. 애자공사에 의하여 전개된 곳에 다음의 전선을 시설하는 경우
 ① 전기로용 전선
 ② 전선의 피복 절연물이 부식하는 장소에 시설하는 전선
나. **버스덕트공사에 의하여 시설하는 경우**
다. 라이팅덕트공사에 의하여 시설하는 경우
라. 접촉 전선을 시설하는 경우 **답** ③

문제 16 ★★★★
옥내에 시설하는 저압 전선으로 나전선을 절대로 사용할 수 없는 것은?
① 금속덕트공사에 의하여 시설하는 경우
② 버스덕트공사에 의하여 시설하는 경우
③ 애자공사에 의하여 전개된 곳에 전기로용 전선을 시설하는 경우
④ 유희용 전차에 전기를 공급하기 위하여 접촉 전선을 사용하는 경우

풀이 231.4 나전선의 사용 제한
옥내에 시설하는 저압전선에는 나전선을 사용하여서는 아니 된다. 다만, 다음 중 어느 하나에 해당하는 경우에는 그러하지 아니하다.
가. 애자공사에 의하여 전개된 곳에 다음의 전선을 시설하는 경우
 ① **전기로용 전선**
 ② 전선의 피복 절연물이 부식하는 장소에 시설하는 전선
나. **버스덕트공사에 의하여 시설하는 경우**
다. 라이팅덕트공사에 의하여 시설하는 경우
라. **접촉 전선을 시설하는 경우** **답** ①

문제 17 ★★★★★
백열전등 또는 방전등에 전기를 공급하는 옥내 전로의 대지 전압은 몇 [V] 이하이어야 하는가? 단, 백열전등 또는 방전등에 부속하는 전선을 사람이 접촉할 우려가 없도록 시설하였다.
① 100 ② 150 ③ 200 ④ 300

풀이 231.6 옥내전로의 대지 전압의 제한
백열전등 또는 방전등에 전기를 공급하는 옥내의 전로의 대지전압은 300[V] 이하여야 한다. **답** ④

필수 02 ★★★★ 배선 및 조명설비 등

사용 전압 220[V]의 애자공사에서 전선의 지지점간의 거리는 최대 몇 [m]인가? 단, 전개된 장소로서 전선을 조영재의 윗면에 따라 붙일 경우이다.

① 1.5 ② 2 ③ 3.5 ④ 4

유형분석 애자공사는 이격거리를 꼭 암기해야 한다.

풀이 전선의 지지점 간의 거리는 전선을 조영재의 윗면 또는 옆면에 따라 붙일 경우에는 2[m] 이하일 것. (KEC 232.56)

답 ②

Key point

232.56 애자공사

전압		전선과 조영재와의 이격거리		전선 상호 간격	전선 지지점 간의 거리	
					조영재의 윗면 또는 옆면에 따라 시설	조영재에 따라 시설하지 않는 경우
저압	400[V] 이하	2.5[cm] 이상		6[cm] 이상	2[m] 이하	–
	400[V] 초과	건조한 장소	2.5[cm] 이상			6[m] 이하
		기타의 장소	4.5[cm] 이상			

문제 18 ★ 합성 수지관 공사 시에 관의 지지점간의 거리는 몇 [m] 이하로 하여야 하는가?

① 1.0 ② 1.5 ③ 2.0 ④ 2.5

풀이 232.11 합성수지관 공사
관의 지지점 간의 거리는 1.5[m] 이하로 하고, 또한 그 지지점은 관의 끝・관과 박스의 접속점 및 관 상호 간의 접속점 등에 가까운 곳에 시설할 것.

답 ②

문제 19 ★★★★★ 저압 옥내 배선을 합성 수지관 공사에 의하여 실시하는 경우 사용할 수 있는 단선(동선)의 단면적은 최대 몇 [mm^2]인가?

① 2.5 ② 6.0 ③ 10 ④ 16

풀이 232.11 합성수지관공사
가. 전선은 절연전선(옥외용 비닐 절연전선을 제외한다)일 것.
나. 전선은 연선일 것. 다만, 다음의 것은 적용하지 않는다.
   ① 짧고 가는 합성수지관에 넣은 것.
   ② 단면적 10[mm^2](알루미늄선은 단면적 16[mm^2]) 이하의 것.

답 ③

문제 20 금속관 공사에 의한 저압 옥내 배선시 콘크리트에 매입하는 경우 관의 최소 두께[mm]는?

① 0.8 　　　　　② 1.0
③ 1.2 　　　　　④ 1.4

풀이 232.12 금속관공사
관의 두께는 다음에 의할 것.
① **콘크리트에 매입하는 것은 1.2[mm] 이상**
② 콘크리트 매입 이외의 것은 1[mm] 이상

답 ③

문제 21 금속관공사에 의한 저압 옥내 배선에 사용할 수 없는 것은?

① 인입용 비닐절연전선
② 옥외용 비닐절연전선
③ 450/750[V] 일반용 단심 비닐절연전선
④ 절연 전선

풀이 232.12 금속관공사
가. 전선은 절연전선(**옥외용 비닐절연전선을 제외**한다)일 것.
나. 전선은 연선일 것. 다만, 다음의 것은 적용하지 않는다.
　① 짧고 가는 금속관에 넣은 것.
　② 단면적 10[mm^2](알루미늄선은 단면적 16[mm^2]) 이하의 것.

답 ②

문제 22 저압 옥내 배선을 금속관 공사에 의하여 시설하는 경우에 대한 설명 중 옳은 것은?

① 전선에 옥외용 비닐절연전선을 사용하였다.
② 전선은 굵기에 관계없이 연선을 사용하여야 한다.
③ 콘크리트에 매설하는 금속관의 두께는 1.2[mm] 이상이어야 한다.
④ 옥내 배선의 사용 전압이 교류 600[V] 이하인 경우 관에는 접지공사를 하여야 한다.

풀이 232.12 금속관공사
가. 전선은 절연전선(옥외용 비닐절연전선을 제외한다)일 것.
나. 전선은 연선일 것. 다만, 다음의 것은 적용하지 않는다.
　① 짧고 가는 금속관에 넣은 것.
　② 단면적 10[mm^2](알루미늄선은 단면적 16[mm^2]) 이하의 것.
다. 관의 두께는 다음에 의할 것.
　① **콘크리트에 매입하는 것은 1.2[mm] 이상**
　② 콘크리트 매입 이외의 것은 1[mm] 이상
라. 방폭형 부속품의 경우 전선관과의 접속부분의 나사는 5턱 이상 완전히 나사결합이 될 수 있는 길이일 것.
마. 관에는 접지공사를 할 것.

답 ③

문제 23 저압 옥내 배선을 위한 금속관을 콘크리트에 매입 할 때 적합한 관의 두께[mm]와 전선의 종류는?

① 1.0[mm] 이상, 옥외용 비닐 절연 전선
② 1.2[mm] 이상, 450/750[V] 일반용 단심 비닐절연전선
③ 1.0[mm] 이상, 450/750[V] 일반용 단심 비닐절연전선
④ 1.2[mm] 이상, 옥외용 비닐 절연 전선

풀이 232.12 금속관공사
가. 전선은 **절연전선**(옥외용 비닐절연전선을 제외한다)일 것.
나. 전선은 연선일 것. 다만, 다음의 것은 적용하지 않는다.
　① 짧고 가는 금속관에 넣은 것.
　② 단면적 10[mm²](알루미늄선은 단면적 16[mm²]) 이하의 것.
다. 관의 두께는 다음에 의할 것.
　① **콘크리트에 매입하는 것은 1.2[mm] 이상**
　② 콘크리트 매입 이외의 것은 1[mm] 이상
라. 방폭형 부속품의 경우 전선관과의 접속부분의 나사는 5턱 이상 완전히 나사결합이 될 수 있는 길이일 것.
마. 관에는 접지공사를 할 것.　　**답 ②**

문제 24 금속제 가요전선관공사에 의한 저압 옥내 배선을 다음과 같이 시행하였다. 옳은 것은?

① 옥외용 비닐절연전선을 사용하였다.
② 단면적 25[mm²]의 단선을 사용하였다.
③ 2종 금속제 가요전선관을 사용하였다.
④ 가요전선관에 접지공사를 하였다.

풀이 232.13 금속제 가요전선관공사
가. 전선은 절연전선(옥외용 비닐 절연전선을 제외한다)일 것.
나. 전선은 연선일 것. 다만, 단면적 10[mm²](알루미늄선은 단면적 16[mm²]) 이하인 것은 그러하지 아니하다.
다. 가요전선관 안에는 전선에 접속점이 없도록 할 것.
라. **가요전선관은 2종 금속제 가요전선관일 것.**　　**답 ③**

문제 25 플로어덕트공사에 의한 저압 옥내 배선에서 절연 전선으로 연선을 사용하지 않아도 되는 것은 전선의 굵기가 몇 [mm²] 이하의 경우인가?

① 2.5
② 4.0
③ 6.0
④ 10

풀이 232.32 플로어덕트 공사
가. 전선은 절연전선(옥외용 비닐 절연전선을 제외한다)일 것.
나. 전선은 연선일 것. 다만, **단면적 10[mm²]**(알루미늄선은 단면적 16[mm²]) 이하인 것은 그러하지 아니하다.　　**답 ④**

문제 26
옥내에 시설하는 애자공사 시 사용 전압이 400[V]를 넘는 경우 전선과 조영재와의 이격 거리는? 단, 전개된 장소로서 건조한 장소임

① 2.5[cm] 이상 ② 5[cm] 이상
③ 7.5[cm] 이상 ④ 10[cm] 이상

풀이 232.56 애자공사
가. 전선의 종류 : 절연 전선. 단, 옥외용 비닐 절연 전선(OW) 및 인입용 비닐 절연 전선(DV)은 제외한다.
나. 이격 거리

전 압		전선과 조영재와의 이격거리	전선 상호 간격	전선 지지점 간의 거리	
				조영재의 윗면 또는 옆면에 따라 시설	조영재에 따라 시설하지 않는 경우
저압	400[V] 이하	2.5[cm] 이상	6[cm] 이상	2[m] 이하	–
	400[V] 초과 건조한 장소	2.5[cm] 이상			6[m] 이하
	기타의 장소	4.5[cm] 이상			

답 ①

문제 27
사용 전압 440[V]인 이동 기중기용 접촉 전선을 옥내에 시설하는 경우 그 전선의 단면적은 몇 [mm²] 이상이어야 하는가?

① 22 ② 28
③ 32 ④ 38

풀이 232.81 옥내에 시설하는 저압 접촉전선 배선
전선은 **인장강도 11.2[kN] 이상의 것 또는 지름 6[mm]의 경동선으로 단면적이 28[mm²] 이상**인 것일 것. 다만, 사용전압이 400[V] 이하인 경우에는 인장강도 3.44[kN] 이상의 것 또는 지름 3.2[mm] 이상의 경동선으로 단면적이 8[mm²] 이상인 것을 사용할 수 있다.

답 ②

문제 28
방전등용 변압기의 2차 단락전류나 사용전압 400[V] 이하인 관등회로의 동작전류가 몇 [mA] 이하인 방전등을 시설하는 경우 방전등용 안정기의 외함 및 방전등용 전등기구의 금속제 부분에 옥내 방전등 공사의 접지공사를 하지 않아도 되는가? 단, 방전등용 안정기를 외함에 넣고 또한 그 외함과 방전등용 안정기를 넣을 방전등용 전등기구를 전기적으로 접속하지 않도록 시설한다고 한다.

① 25[mA] ② 50[mA]
③ 75[mA] ④ 100[mA]

풀이 234.11.9 접지
1. 방전등용 안정기의 외함 및 전등기구의 금속제부분에는 규정에 준하여 접지공사를 하여야 한다.
2. 상기의 **접지공사는 다음에 해당될 경우는 생략**할 수 있다.
    가. 관등회로의 사용전압이 대지전압 150[V] 이하의 것을 건조한 장소에서 시공할 경우
    나. 관등회로의 사용전압이 400[V] 이하 또는 **변압기의 정격 2차 단락전류 혹은 회로의 동작전류가 50[mA] 이하**의 것으로 안정기를 외함에 넣고, 이것을 조명기구와 전기적으로 접속되지 않도록 시설할 경우

답 ②

문제 29 옥내의 네온 방전등 공사 방법으로 옳은 것은?

① 방전등용 변압기는 절연 변압기일 것
② 관등회로의 배선은 점검할 수 없는 은폐장소에 시설할 것
③ 관등회로의 배선은 애자공사에 의할 것
④ 전선의 지지점간의 거리는 2[m] 이하일 것

풀이 234.12 네온 방전등
1. 네온변압기는 사람이 쉽게 접촉될 우려가 없는 장소에 위험하지 않도록 시설하여야 한다.
2. 네온방전등에 공급하는 전로의 대지전압은 300[V] 이하로 하여야 하며, **관등회로의 배선은 애자공사**로 다음에 따라서 시설하여야 한다.
   가. 전선은 네온관용전선을 사용할 것.
   나. 배선은 외상을 받을 우려가 없고 사람이 접촉될 우려가 없는 노출장소에 시설할 것.
   다. 전선은 자기 또는 유리제 등의 애자로 견고하게 지지하여 조영의 아랫면 또는 옆면에 부착하고 전선 상호간의 이격거리는 60[mm] 이상일 것.
   라. 전선 지지점 간의 거리는 1[m] 이하로 할 것.
   마. 애자는 절연성·난연성 및 내수성이 있는 것일 것.   **답** ③

문제 30 호텔 또는 여관 각 객실의 입구에 조명용 백열전등을 설치할 경우 몇 분 이내에 소등되는 타임 스위치를 시설하여야 하는가?

① 1분   ② 2분
③ 3분   ④ 5분

풀이 234.6 점멸기의 시설
다음의 경우에는 센서등(타임스위치 포함)을 시설하여야 한다.
가. **관광숙박업 또는 숙박업**(여인숙업을 제외한다)에 이용되는 **객실의 입구등은 1분 이내에 소등**되는 것.
나. 일반주택 및 아파트 각 호실의 현관등은 3분 이내에 소등되는 것.   **답** ①

문제 31 풀용 수중 조명등의 사용 전압이 몇 [V]를 넘으면 누전 차단기를 시설하여야 하는가?

① 30[V]   ② 60[V]
③ 150[V] ④ 300[V]

풀이 234.14 수중조명등
가. 수영장 기타 이와 유사한 장소에 사용하는 수중조명등에 전기를 공급하기 위해서는 절연변압기를 사용하여야 한다.
나. 절연변압기의 2차측 전로의 **사용전압이 30[V]를 초과**하는 경우, 그 전로에 **지락이 생겼을 때에 자동적으로 전로를 차단**하는 정격감도전류 30[mA] 이하의 누전차단기를 시설하여야 한다.   **답** ①

Industrial Engineer Electricity ▶▶▶
03. 저압전기설비

필수 03 ★★★★☆ 특수설비

목장에서 가축의 탈출을 방지하기 위하여 전기 울타리에 사용한 전선의 최소 지름[mm]은?
① 1.2　　② 1.6　　③ 2.0　　④ 2.6

유형분석 시험문제가 어렵게 출제될 경우 이 부분에서 출제되는 문제가 많아진다.

풀이 전기 울타리 시설에서 전선은 지름 2[mm] 이상의 경동선으로 할 것(KEC 241.1)　　답 ③

Key point

종류	사용 전압	전선 굵기
전기울타리	1차측 250[V] 이하	2[mm] 이상의 경동선
유희용 전차	• 1차측 400[V] 이하 • 2차측 직류 60[V], 교류 40[V] 이하의 절연 변압기	
교통신호등	사용 전압 300[V] 이하	2.5 [mm²] 이상의 연동선

문제 32 ★★★★☆
전기 온상용 발열선의 최고 사용 전압은 섭씨 몇 도를 넘지 않도록 시설하여야 하는가?
① 50　　② 60　　③ 80　　④ 100

풀이 241.5 전기온상 등
가. 전기온상에 전기를 공급하는 전로의 대지전압은 300[V] 이하일 것.
나. **발열선은 그 온도가 80[℃]를 넘지 않도록 시설 할 것.**
다. 발열선과 조영재 사이의 이격거리는 0.025[m] 이상으로 할 것.
라. 발열선의 지지점 간의 거리는 1[m] 이하일 것. 다만, 발열선 상호 간의 간격이 0.06[m] 이상인 경우에는 2[m] 이하로 할 수 있다.　　답 ③

문제 33 ★★★★☆
전기 온돌 등의 전열 장치를 시설할 때 발열선을 도로, 주차장 또는 조영물의 조영재에 고정시켜 시설하는 경우, 발열선에 전기를 공급하는 전로의 대지 전압은 몇 [V] 이하이어야 하는가?
① 150　　② 300　　③ 380　　④ 440

풀이 241.12 도로 등의 전열장치
가. 발열선에 전기를 공급하는 **전로의 대지전압은 300[V] 이하일 것.**
나. 발열선은 그 온도가 80[℃]를 넘지 아니하도록 시설할 것. 다만, 도로 또는 옥외주차장에 금속피복을 한 발열선을 시설할 경우에는 발열선의 온도를 120[℃] 이하로 할 수 있다.
다. 발열선은 다른 전기설비・약전류전선 등 또는 수관・가스관이나 이와 유사한 것에 전기적・자기적 또는 열적인 장해를 주지 아니하도록 시설할 것.　　답 ②

문제 34
★★★★☆
전기 욕기를 시설하였다. 욕탕 안의 전극과 절연 변압기와의 사이의 2차 전압이 몇 [V] 이하인 전원 변압기를 사용하여야 하는가?

① 10　　② 25　　③ 30　　④ 60

풀이 241.2 전기욕기
전기욕기에 전기를 공급하기 위한 전기욕기용 전원장치(내장되는 전원 변압기의 2차측 전로의 사용전압이 10[V] 이하의 것에 한한다)는 안전기준에 적합하여야 한다.　　**답 ①**

문제 35
★
최대 사용 전압 30[V]를 넘고 60[V] 이하인 소세력 회로에 사용하는 절연 변압기의 2차 단락 전류값이 제한을 받지 않을 경우는 2차측에 시설하는 과전류 차단기의 용량이 몇 [A] 이하일 경우인가?

① 0.5　　② 1.5　　③ 3　　④ 5

풀이 241.14.2 전원장치
절연변압기의 2차 단락전류는 소세력 회로의 최대사용전압에 따라 표에서 정한 값 이하의 것일 것. 다만 그 변압기의 2차측 전로에 표에서 정한 값 이하의 과전류 차단기를 시설하는 경우에는 그러하지 아니하다.

소세력 회로의 최대 사용전압의 구분	2차 단락전류	과전류 차단기의 정격전류
15[V] 이하	8[A]	5[A]
15[V] 초과 30[V] 이하	5[A]	3[A]
30[V] 초과 60[V] 이하	3[A]	1.5[A]

답 ②

문제 36
★★☆
전기 방식 시설을 할 때 전기 방식 회로의 사용 전압은 직류 몇 [V] 이하이어야 하는가?

① 40　　② 60　　③ 80　　④ 100

풀이 241.16 전기부식방지 시설
가. 전기부식방지 회로의 **사용전압은 직류 60[V] 이하**일 것.
나. 수중에 시설하는 양극과 그 주위 1[m] 이내의 거리에 있는 임의 점과의 사이의 전위차는 10[V]를 넘지 아니할 것.
다. 지표 또는 수중에서 1[m] 간격의 임의의 2점간의 전위차가 5[V]를 넘지 아니할 것.　　**답 ②**

문제 37
★★
지중 또는 수중에 시설되는 금속체(피방식체)의 부식을 방지하기 위하여 지중 또는 수중에 시설하는 전기 부식 방식 회로의 사용 전압은 다음의 어느 것 이하로 제한하고 있는가?

① DC 60[V]　　② DC 120[V]　　③ AC 60[V]　　④ AC 100[V]

풀이 241.16 전기부식방지 시설
가. 전기부식방지 회로의 **사용전압은 직류(DC) 60[V] 이하**일 것.
나. 수중에 시설하는 양극과 그 주위 1[m] 이내의 거리에 있는 임의 점과의 사이의 전위차는 10[V]를 넘지 아니할 것.
다. 지표 또는 수중에서 1[m] 간격의 임의의 2점간의 전위차가 5[V]를 넘지 아니할 것.　　**답 ①**

필수 04 ★★★☆ 특수설비

석유류를 저장하는 장소의 전등 배선에서 사용할 수 없는 방법은?
① 애자 사용 공사
② 케이블 공사
③ 금속관 공사
④ 경질 비닐관 공사

유형분석 시험문제가 어렵게 출제될 경우 이 부분에서 출제되는 문제가 많아진다.

풀이 셀룰로이드·성냥·석유, 기타 위험물이 있는 곳의 배선은 금속관공사, 케이블공사, 합성수지관공사에 의하여야 한다(KEC 242.4).   답 ①

Key point

종류	금속관공사	케이블공사	합성수지관공사	애자공사
폭연성 분진	• 박강 전선관 이상 • 5턱 이상 나사조임	• 개장된 케이블 • 무기물 절연 케이블 • 이동용 전선(0.6/1[kV] EP 고무절연 클로로프렌 캡타이어 케이블)		
가연성 분진	• 폭연성 분진에 준함	• 폭연성 분진에 준함	• 2[mm] 이상 • 관을 삽입하는 깊이 : 관의 바깥지름의 1.2배(접착제 사용시 0.8배)이상	
화약류 저장소	• 전로의 대지 전압 300[V] 이하일 것 • 전기 기계 기구는 전폐형일 것 • 전용의 과전류 개폐기 및 과전류 차단기는 화약류 저장소 이외의 곳에 시설하고 누전 차단기·누전 경보기를 시설하여야 한다.			
전시회, 쇼 및 공연장	• 무대, 무대마루 밑, 오케스트라 박스, 영사실 등 접촉의 우려가 있는 곳 : 400[V] 이하 • 무대 밑 전구선 : 300/300 [V] 편조 고무코드 또는 0.6/1 [kV] EP 고무절연 클로로프렌 캡타이어 케이블 • 이동용 전선 : 0.6/1 [kV] EP 고무절연 클로로프렌 캡타이어 케이블 또는 0.6/1[kV] 비닐절연 비닐 캡타이어 케이블			
진열장	• 400[V] 이하 • 0.75[mm²] 이상의 코드 또는 캡타이어 케이블			

문제 38 ★★
폭연성 분진 또는 화약류의 분말이 존재하는 곳의 저압 옥내 배선은 어느 공사에 의하는가?

① 애자공사 또는 금속제 가요전선관공사
② 캡타이어 케이블공사
③ 합성수지관공사
④ 금속관공사

풀이 242.2.1 폭연성 분진 위험장소
폭연성 분진(마그네슘·알루미늄·티탄·지르코늄) 또는 화약류의 분말이 전기설비가 발화원이 되어 폭발할 우려가 있는 곳에 시설하는 저압 옥내배선, 저압 관등회로 배선, 소세력 회로의 전선은 **금속관공사 또는 케이블공사(캡타이어 케이블을 사용하는 것을 제외한다)**에 의할 것.   **답** ④

문제 39 ★★★☆
석유류를 저장하는 장소의 전등 배선에서 사용할 수 없는 방법은?

① 애자공사
② 케이블공사
③ 금속관공사
④ 경질비닐관공사

풀이 242.4 위험물 등이 존재하는 장소
셀룰로이드·성냥·**석유류** 기타 타기 쉬운 위험한 물질을 제조하거나 저장하는 곳에 시설하는 저압 옥내 전기설비는 다음에 따르고 또한 위험의 우려가 없도록 시설하여야 한다.
가. 이동전선은 접속점이 없는 0.6/1[kV] EP 고무 절연 클로로프렌 캡타이어 케이블 또는 0.6/1[kV] 비닐 절연 비닐캡타이어 케이블을 사용할 것.
나. 저압 옥내배선 등은 **합성수지관공사**(두께 2[mm] 미만의 합성수지 전선관 및 난연성이 없는 콤바인 덕트관을 사용하는 것을 제외한다)·**금속관공사** 또는 **케이블공사**에 의할 것.   **답** ①

문제 40 ★
의료장소의 안전을 위한 의료용 절연변압기에 대한 다음 설명 중 옳은 것은?

① 2차측 정격전압은 교류 300[V] 이하이다.
② 2차측 정격전압은 직류 250[V] 이하이다.
③ 정격출력은 5[kVA] 이하이다.
④ 정격출력은 10[kVA] 이하이다.

풀이 242.10.3 의료장소의 안전을 위한 보호 설비
가. 이중 또는 강화절연을 한 비단락보증 절연변압기를 설치하고 그 2차측 전로는 접지하지 말 것.
나. 비단락보증 절연변압기
① 2차측 정격전압은 교류 250[V] 이하
② 공급방식 및 정격출력은 단상 2선식, 10[kVA] 이하   **답** ④

04 출제기준 – 고압, 특고압 전기설비

1 접지설비

(1) 혼촉에 의한 위험방지시설

1) 고압 또는 특고압과 저압의 혼촉에 의한 위험방지 시설

1. 고압전로 또는 특고압전로와 저압전로를 결합하는 변압기의 저압측의 중성점에는 142.5의 규정에 의하여 계산한 값이 10[Ω]을 넘을 때에는 접지저항치가 10[Ω] 이하가 되도록 할 것.
2. 제1의 접지공사는 변압기의 시설장소마다 시행하여야 한다. 다만, 토지의 상황에 의하여 변압기의 시설장소에서 변압기 중성점 접지저항의 규정에 의한 접지저항 값을 얻기 어려운 경우, 인장강도 5.26[kN] 이상 또는 지름 4[mm] 이상의 가공 접지도체를 저압가공전선에 관한 규정에 준하여 시설할 때에는 변압기의 시설장소로부터 200[m]까지 떼어놓을 수 있다.

2) 특고압과 고압의 혼촉 등에 의한 위험방지 시설

변압기에 의하여 특고압전로에 결합되는 고압전로에는 사용전압의 3배 이하인 전압이 가하여진 경우에 방전하는 장치를 그 변압기의 단자에 가까운 1극에 설치하여야 한다. 다만, 다음의 경우 그러하지 아니하다.

1. 사용전압의 3배 이하인 전압이 가하여진 경우에 방전하는 피뢰기를 고압전로의 모선의 각 상에 시설 한 경우
2. 특고압권선과 고압권선 간에 혼촉방지판을 시설하여 접지저항 값이 10[Ω] 이하 또는 변압기 중성점 접지의 규정에 따른 접지공사를 한 경우에는 그러하지 아니하다.

3) 전로의 중성점의 접지

1. 전로의 보호 장치의 확실한 동작의 확보, 이상 전압의 억제 및 대지전압의 저하를 위하여 특히 필요한 경우에 전로의 중성점에 접지공사를 할 경우 접지도체는 공칭단면적 16[mm^2] 이상의 연동선으로서 고장시 흐르는 전류가 안전하게 통할 수 있는 것을 사용하고 또한 손상을 받을 우려가 없도록 시설할 것.
2. 저압전로에 시설하는 보호 장치의 확실한 동작을 확보하기 위하여 특히 필요한 경우에 전로의 중성점에 접지공사를 할 경우 접지도체는 공칭단면적 6[mm^2] 이상의 연동선으로서 고장시 흐르는 전류가 안전하게 통할 수 있는 것을 사용하여야 한다.

2 전선로

(1) 전선로 일반 및 구내·옥측·옥상전선로

1) 가공전선로 지지물의 철탑오름 및 전주오름 방지

가공전선로의 지지물에 취급자가 오르고 내리는데 사용하는 발판 볼트 등을 지표상 1.8[m] 미만에 시설하여서는 아니 된다.

2) 풍압하중의 종별과 적용

1. 가공 전선로에 사용하는 지지물의 강도 계산에 적용하는 풍압 하중은 다음의 3종으로 한다.

   가. 갑종 풍압하중 : 표에서 정한 구성재의 수직 투영면적 1[m²]에 대한 풍압을 기초로 하여 계산한 것.

중요 : 풍압하중

표. 구성재의 수직 투영면적 1[m²]에 대한 풍압

풍압을 받는 구분				구성재의 수직 투영면적 1[m²]에 대한 풍압
목 주				588[Pa]
지지물	철주	원형의 것		588[Pa]
		삼각형 또는 마름모형의 것		1,412[Pa]
		강관에 의하여 구성되는 4각형의 것		1,117[Pa]
		기타의 것		복재가 전·후면에 겹치는 경우에는 1627[Pa], 기타의 경우에는 1784[Pa]
	철근 콘크리트주	원형의 것		588[Pa]
		기타의 것		882[Pa]
	철탑	단주 (완철류는 제외함)	원형의 것	588[Pa]
			기타의 것	1,117[Pa]
		강관으로 구성되는 것 (단주는 제외함)		1,255[Pa]
		기타의 것		2,157[Pa]
전선 기타 가섭선	다도체(구성하는 전선이 2가닥마다 수평으로 배열되고 또한 그 전선 상호 간의 거리가 전선의 바깥지름의 20배 이하인 것에 한한다)를 구성하는 전선			666[Pa]
	기타의 것			745[Pa]
애자장치(특고압 전선용의 것에 한한다)				1,039[Pa]
목주·철주(원형의 것에 한한다) 및 철근 콘크리트주의 완금류 (특고압 전선로용의 것에 한한다)				단일재로서 사용하는 경우에는 1,196[Pa], 기타의 경우에는 1,627[Pa]

   나. 을종 풍압하중

   전선 기타의 가섭선 주위에 두께 6[mm], 비중 0.9의 빙설이 부착된 상태에서 수직 투영면적 372[Pa](다도체를 구성하는 전선은 333[Pa]), 그 이외의 것은 갑종풍압하중의 2분의 1을 기초로 하여 계산한 것.

다. 병종 풍압하중

갑종풍압하중의 2분의 1을 기초로 하여 계산한 것.

2. 제1의 풍압하중의 적용은 다음에 따른다.

지 역		고온계절	저온계절
빙설이 많은 지방 이외의 지방		갑종	병종
빙설이 많은 지방	일반지역	갑종	을종
	해안지방, 기타 저온 계절에 최대 풍압이 생기는 지역	갑종	갑종과 을종 중 큰 값 선정
인가가 많이 연접되어 있는 장소		병종	병종

3) 가공전선로 지지물의 기초의 안전율 ★ 중요 : 지지물의 근입 깊이

가공전선로의 지지물에 하중이 가하여지는 경우에 그 하중을 받는 지지물의 기초의 안전율은 2 이상(단, 이상시 상정하중에 대한 철탑의 기초에 대하여는 1.33)이어야 한다. 다만, 땅에 묻히는 깊이를 다음의 표에서 정한 값 이상의 깊이로 시설하는 경우에는 그러하지 아니하다.

설계하중 전장	6.8[kN] 이하	6.8[kN] 초과 ~ 9.8[kN] 이하	9.81[kN] 초과 ~ 14.72[kN] 이하
15[m] 이하	전장×1/6[m] 이상	전장×1/6+0.3[m] 이상	전장×1/6+0.5[m] 이상
15[m] 초과~16[m] 이하	2.5[m] 이상	2.8[m] 이상	–
16[m] 초과~20[m] 이하	2.8[m] 이상	–	–
15[m] 초과~18[m] 이하	–	–	3[m] 이상
18[m] 초과	–	–	3.2[m] 이상

4) 지선의 시설

1. 가공전선로의 지지물로 사용하는 철탑은 지선을 사용하여 그 강도를 분담시켜서는 안 된다.
2. 가공전선로의 지지물에 시설하는 지선은 다음에 따라야 한다.

　가. 지선의 안전율은 2.5 이상일 것. 이 경우에 허용 인장하중의 최저는 4.31[kN]으로 한다.

　나. 지선에 연선을 사용할 경우에는 다음에 의할 것.

　　(1) 소선 3가닥 이상의 연선일 것.

　　(2) 소선의 지름이 2.6[mm] 이상의 금속선을 사용한 것일 것. 다만, 소선의 지름이 2[mm] 이상인 아연도강연선으로서 소선의 인장강도가 0.68[kN/mm^2] 이상인 것을 사용하는 경우에는 적용하지 않는다.

　다. 지중부분 및 지표상 0.3[m]까지의 부분에는 내식성이 있는 것 또는 아연도금을 한 철봉을 사용하고 쉽게 부식되지 않는 근가에 견고하게 붙일 것. 다만, 목주에 시설하는 지선에 대해서는 적용하지 않는다.

　라. 지선근가는 지선의 인장하중에 충분히 견디도록 시설할 것.

3. 도로를 횡단하여 시설하는 지선의 높이는 지표상 5[m] 이상으로 하여야 한다. 다만, 기술상 부득이한 경우로서 교통에 지장을 초래할 우려가 없는 경우에는 지표상 4.5[m] 이상, 보도의 경우에는 2.5[m] 이상으로 할 수 있다.

5) 구내인입선 ★ 중요 : 인입선 규정

1. 고압 가공인입선의 시설
   가. 고압 가공인입선의 전선
      (1) 인장강도 8.01[kN] 이상의 고압 절연전선, 특고압 절연전선
      (2) 지름 5[mm] 이상의 경동선의 고압 절연전선, 특고압 절연전선, 인하용 절연전선을 애자공사에 의하여 시설하거나 케이블을 가공케이블의 시설 기준에 따라 시설하여야 한다.
   나. 고압 가공인입선의 높이는 지표상 5[m]로 하여야 한다.
      그러나 그 고압 가공인입선이 케이블 이외의 것인 때에는 그 전선의 아래쪽에 위험 표시를 하면 고압 가공인입선의 높이는 지표상 3.5[m]까지로 감할 수 있다.
   다. 고압 연접인입선은 시설하여서는 아니 된다.

2. 특고압 가공인입선의 시설
   가. 변전소 또는 개폐소에 준하는 곳 이외의 곳에 인입하는 특고압 가공 인입선은 사용전압이 100[kV] 이하이어야 한다.
   나. 사용전압이 35[kV] 이하이고 또한 전선에 케이블을 사용하는 경우에 특고압 가공 인입선의 높이는 그 특고압 가공 인입선이 도로·횡단보도교·철도 및 궤도를 횡단하는 이외의 경우에 한하여 지표상 4[m]까지로 감할 수 있다.
   다. 특고압 연접 인입선은 시설하여서는 아니 된다.

6) 고압 옥측전선로

1. 전선은 케이블일 것.
2. 케이블은 견고한 관 또는 트라프에 넣거나 사람이 접촉할 우려가 없도록 시설할 것.
3. 케이블을 조영재의 옆면 또는 아랫면에 따라 붙일 경우에는 케이블의 지지점 간의 거리를 2[m] (수직으로 붙일 경우에는 6[m]) 이하로 하고 또한 피복을 손상하지 아니하도록 붙일 것.

7) 고압 옥상전선로

1. 고압 옥상전선로는 케이블을 사용하고, 조영재 사이의 이격거리를 1.2[m] 이상으로 시설 하여야 한다.
2. 고압 옥상 전선로의 전선이 다른 시설물과 접근하거나 교차하는 경우에는 고압 옥상 전선로의 전선과 이들 사이의 이격거리는 0.6[m] 이상이어야 한다.
3. 고압 옥상전선로의 전선은 상시 부는 바람 등에 의하여 식물에 접촉하지 아니하도록 시설하여야 한다.

(1) 가공전선로

1) 가공약전류전선로의 유도장해 방지

저압 가공전선로 또는 고압 가공전선로와 기설 가공약전류전선로가 병행하는 경우에는 유도작용에 의하여 통신상의 장해가 생기지 않도록 전선과 기설 약전류전선간의 이격거리는 2[m] 이상이어야 한다.

2) 가공케이블의 시설

저압 가공전선 또는 고압 가공전선에 케이블을 사용하는 경우에는 다음에 따라 시설하여야 한다.
1. 케이블은 조가용선에 행거로 시설할 것. 이 경우에는 사용전압이 고압인 때에는 행거의 간격은 0.5[m] 이하로 하는 것이 좋다.
2. 조가용선은 인장강도 5.93[kN] 이상의 것 또는 단면적 22[mm^2] 이상인 아연도강연선일 것.
3. 조가용선 및 케이블의 피복에 사용하는 금속체에는 접지공사를 할 것.
4. 조가용선을 케이블에 접촉시켜 금속 테이프를 감는 경우에는 20[cm] 이하의 간격으로 나선상으로 한다.

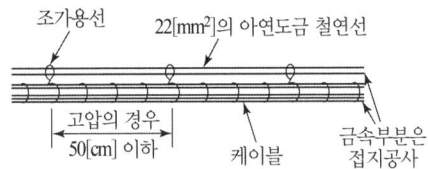

3) 고압 가공전선의 굵기 및 종류

★ 중요 : 전선의 안전율

고압 가공전선은 인장강도 8.01[kN] 이상의 고압 절연전선, 특고압 절연전선 또는 지름 5[mm] 이상의 경동선의 고압 절연전선, 특고압 절연전선을 사용하여야 한다.

4) 고압 가공전선의 안전율, 저압 가공전선의 안전율

가공전선이 케이블 이외인 경우 안전율이 다음 이상이 되는 이도로 시설하여야 한다.
1. 경동선 또는 내열 동합금선 : 2.2 이상
2. 그 밖의 전선 : 2.5

5) 고압 가공전선의 높이, 저압 가공전선의 높이

설치장소		가공전선의 높이
도로횡단 (번잡하지 않은 도로 제외)		지표상 6[m] 이상
철도 또는 궤도 횡단		레일면상 6.5[m] 이상
횡단보도교 위	저압	노면상 3.5[m] 이상(단, 절연전선의 경우 3[m] 이상)
	고압	노면상 3.5[m] 이상
일반장소		지표상 5[m] 이상. 단, 저압의 경우 절연전선 또는 케이블을 사용하여 교통에 지장이 없도록 하여 옥외조명용에 공급하는 경우 4[m]까지 감할 수 있다.
다리의 하부 기타 이와 유사한 장소		저압의 전기철도용 급전선은 지표상 3.5[m]까지로 감할 수 있다.

6) 고압 가공전선로의 가공지선

고압 가공전선로에 사용하는 가공지선은 인장강도 5.26[kN] 이상의 것 또는 지름 4[mm] 이상의 나경동선을 사용한다.

7) 고압 가공전선 등의 병행설치

중요 : 저고압의 병행 및 공용설치

★ 저고압 가공 전선을 동일 지지물에 시설하는 경우에는 별개의 완금류에 고압측 전선을 위로 하여 이격거리 50[cm](고압 가공전선이 케이블인 경우 30[cm]) 이상으로 시설한다.

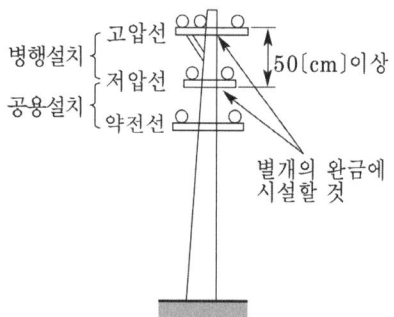

8) 고압 가공전선로 경간의 제한

1. 고압 가공전선로의 경간은 표에서 정한 값 이하이어야 한다.

지지물의 종류	표준경간	22[mm^2] 이상의 경동선 사용
목주 · A종 철주 또는 A종 철근 콘크리트주	150[m]	300[m]
B종 철주 또는 B종 철근 콘크리트주	250[m]	500[m]
철탑	600[m]	600[m]

2. 고압 가공전선로의 경간이 100[m]를 초과하는 경우에는 그 부분의 전선로는 다음에 따라 시설하여야 한다.

가. 고압 가공전선은 인장강도 8.01[kN] 이상의 것 또는 지름 5[mm] 이상의 경동선의 것.
나. 목주의 풍압하중에 대한 안전율은 1.5 이상일 것.

9) 고압 보안공사

고압 보안공사는 다음에 따라야 한다.
1. 전선은 케이블인 경우 이외에는 인장강도 8.01[kN] 이상의 것 또는 지름 5[mm] 이상의 경동선일 것.
2. 목주의 풍압하중에 대한 안전율은 1.5 이상일 것.
3. 경간은 표에서 정한 값 이하일 것.

중요 :
보안공사의 종류와 보안공사별 경간

표. 고압 보안공사 경간 제한

지지물의 종류	인장강도 8.01[kN] 이상 또는 지름 5[mm] 이상의 경동선	인장강도 14.51[kN] 이상 또는 단면적 38[mm^2] 이상의 경동연선
목주·A종 철주 또는 A종 철근 콘크리트주	100[m] 이하	100[m] 이하
B종 철주 또는 B종 철근 콘크리트주	150[m] 이하	250[m] 이하
철탑	400[m] 이하	600[m] 이하

10) 저고압 가공전선과 건조물의 접근

	사용 전압 부분 공작물의 종류		저압[m]	고압[m]
건조물	상부 조영재 위쪽	일반적인 경우	2	2
		전선이 고압절연전선	1	2
		전선이 케이블인 경우	1	1
	기타 조영재 또는 상부조영재의 옆쪽 또는 아래쪽	일반적인 경우	1.2	1.2
		전선이 고압절연전선	0.4	1.2
		전선이 케이블인 경우	0.4	0.4
		사람이 쉽게 접근 할 수 없도록 시설한 경우	0.8	0.8

11) 저고압 가공전선과 가공약전류전선 등의 접근 또는 교차

저압 가공전선 또는 고압 가공전선이 가공약전류전선 또는 가공 광섬유 케이블과 접근 상태로 시설되는 경우에는 다음에 따라야 한다.
1. 고압 가공전선은 고압 보안공사에 의할 것.
2. 저·고압 가공전선과 가공약전류 전선과의 이격거리는 표에서 정한 값 이상일 것.

가공 약전류 전선	저압 가공전선		고압 가공전선	
	저압 절연전선	고압 절연전선 또는 케이블	절연전선	케이블
일반	0.6[m]	0.3[m]	0.8[m]	0.4[m]
절연전선 또는 통신용 케이블인 경우	0.3[m]	0.15[m]		

3. 가공전선과 약전류전선로 등의 지지물 사이의 이격거리는 저압은 0.3[m] 이상, 고압은 0.6[m] (전선이 케이블인 경우에는 0.3[m]) 이상일 것.

12) 저고압 가공전선과 안테나의 접근 또는 교차

1. 고압 가공전선로는 고압 보안공사에 의할 것.
2. 가공전선과 안테나 사이의 이격거리

	가공전선로 전선	저압	고압
안테나	일반적인 경우	0.6[m]	0.8[m]
	고압·특고압 절연전선	0.3[m]	0.8[m]
	케이블	0.3[m]	0.4[m]

13) 저고압 가공전선과 가공약전류전선 등의 공용설치,

1. 전선로의 지지물로서 사용하는 목주의 풍압하중에 대한 안전율은 1.5 이상일 것.
2. 가공전선을 가공약전류전선 등의 위로하고 별개의 완금류에 시설할 것.
3. 가공전선과 가공약전류전선 등 사이의 이격거리
   가. 저압(다중 접지된 중성선을 제외한다)은 0.75[m] 이상
   나. 고압은 1.5[m] 이상일 것. 다만, 가공약전류전선 등이 절연전선 또는 통신용 케이블인 경우에 이격거리를 저압 가공전선이 고압 절연전선, 특고압 절연전선 또는 케이블인 경우에는 0.3[m], 고압 가공전선이 케이블인 때에는 0.5[m]까지로 감할 수 있다.

(3) 특고압 가공전선로

1) 시가지 등에서 특고압 가공전선로의 시설

특고압 가공전선로는 전선이 케이블인 경우 또는 사용전압이 170[kV] 이하인 전선로를 다음에 의하여 시설하는 경우에는 시가지 그 밖에 인가가 밀집한 지역에 시설할 수 있다.
1. 특고압 가공전선을 지지하는 애자장치는 다음 중 어느 하나에 의할 것.
   가. 50[%] 충격섬락전압 값이 그 전선의 근접한 다른 부분을 지지하는 애자장치 값의 110[%](사용전압이 130[kV]를 초과하는 경우는 105[%]) 이상인 것.
   나. 아킹혼을 붙인 현수애자·장간애자 또는 라인포스트애자를 사용하는 것.
   다. 2련 이상의 현수애자 또는 장간애자를 사용하는 것.
   라. 2개 이상의 핀애자 또는 라인포스트애자를 사용하는 것.
2. 특고압 가공전선로의 경간은 표에서 정한 값 이하일 것.

지지물의 종류	경 간
A종 철주 또는 A종 철근 콘크리트주	75[m]
B종 철주 또는 B종 철근 콘크리트주	150[m]
철탑	400[m](단주인 경우에는 300[m]) 다만, 전선이 수평으로 2이상 있는 경우에 전선 상호 간의 간격이 4[m] 미만인 때에는 250[m]

3. 지지물에는 철주·철근 콘크리트주 또는 철탑을 사용할 것.
4. 전선은 단면적이 표에서 정한 값 이상일 것.

사용전압의 구분	전선의 단면적
100[kV] 미만	인장강도 21.67[kN] 이상의 연선 또는 단면적 55[mm^2] 이상의 경동연선
100[kV] 이상	인장강도 58.84[kN] 이상의 연선 또는 단면적 150[mm^2] 이상의 경동연선

5. 전선의 지표상의 높이는 표에서 정한 값 이상일 것.

사용전압의 구분	지표상의 높이
35[kV] 이하	10[m] (전선이 특고압 절연전선인 경우에는 8[m])
35[kV] 초과	10[m]에 35[kV]를 초과하는 10[kV] 또는 그 단수마다 0.12[m]를 더한 값

6. 사용전압이 100[kV]를 초과하는 특고압 가공전선에 지락 또는 단락이 생겼을 때에는 1초 이내에 자동적으로 이를 전로로부터 차단하는 장치를 시설할 것.

2) 유도장해의 방지

특고압 가공 전선로는 기설 가공 전화선로에 대하여 상시정전유도작용에 의한 통신상의 장해가 없도록 시설하여야 한다.
1. 사용전압이 60[kV] 이하인 경우에는 전화선로의 길이 12[km]마다 유도전류가 2[μA]를 넘지 아니하도록 할 것.
2. 사용전압이 60[kV]를 초과하는 경우에는 전화선로의 길이 40[km] 마다 유도전류가 3[μA]을 넘지 아니하도록 할 것.

3) 특고압 가공전선과 지지물 등의 이격거리

특고압 가공전선(케이블은 제외한다)과 그 지지물·완금류·지주 또는 지선 사이의 이격거리는 표에서 정한 값 이상이어야 한다. 다만, 기술상 부득이한 경우에 위험의 우려가 없도록 시설한 때에는 표에서 정한 값의 0.8배까지 감할 수 있다.

사 용 전 압	이격거리[m]	사 용 전 압	이격거리[m]
15[kV] 미만	0.15	70[kV] 이상 80[kV] 미만	0.45
15[kV] 이상 25[kV] 미만	0.2	80[kV] 이상 130[kV] 미만	0.65
25[kV] 이상 35[kV] 미만	0.25	130[kV] 이상 160[kV] 미만	0.9
35[kV] 이상 50[kV] 미만	0.3	160[kV] 이상 200[kV] 미만	1.1
50[kV] 이상 60[kV] 미만	0.35	200[kV] 이상 230[kV] 미만	1.3
60[kV] 이상 70[kV] 미만	0.4	230[kV] 이상	1.6

4) 특고압 가공전선의 높이

★ 중요 : 특고압 가공 전선의 높이

특고압 가공전선의 지표상(철도 또는 궤도를 횡단하는 경우에는 레일면상, 횡단보도교를 횡단하는 경우에는 그 노면상)의 높이는 표에서 정한 값 이상이어야 한다.

전압의 범위	일반장소	도로횡단	철도 또는 궤도횡단	횡단보도교
35[kV] 이하	5[m]	6[m]	6.5[m]	4[m] (특고압절연전선 또는 케이블 사용)
35[kV] 초과 160[kV] 이하	6[m]	6[m]	6.5[m]	5[m] (케이블 사용)
	산지 등에서 사람이 쉽게 들어갈 수 없는 장소 ; 5[m] 이상			
160[kV] 초과	일반장소		가공전선의 높이 = 6 + 단수 × 0.12[m]	
	철도 또는 궤도횡단		가공전선의 높이 = 6.5 + 단수 × 0.12[m]	
	산지		가공전선의 높이 = 5 + 단수 × 0.12[m]	

※ 단수 = $\frac{(전압[kV] - 160)}{10}$ … 단수 계산에서 소수점 이하는 절상

5) 특고압 가공전선로의 철주·철근 콘크리트주 또는 철탑의 종류

특고압 가공전선로의 지지물로 사용하는 B종 철근·B종 콘크리트주 또는 철탑의 종류는 다음과 같다.

1. 직선형
   전선로의 직선부분(3도 이하인 수평각도를 이루는 곳을 포함한다. 이하 같다)에 사용하는 것. 다만, 내장형 및 보강형에 속하는 것을 제외한다.
2. 각도형
   전선로 중 3도를 초과하는 수평각도를 이루는 곳에 사용하는 것.
3. 인류형
   전가섭선을 인류하는 곳에 사용하는 것.
4. 내장형
   전선로의 지지물 양쪽의 경간의 차가 큰 곳에 사용하는 것.
5. 보강형
   전선로의 직선부분에 그 보강을 위하여 사용하는 것.

6) 특고압 가공전선로의 내장형 등의 지지물 시설

1. 특고압 가공전선로 중 지지물로서 B종 철주 또는 B종 철근 콘크리트주를 연속하여 10기 이상 사용하는 부분에는 10기 이하마다 장력에 견디는 형태의 철주 또는 철근 콘크리트주 1기를 시설하거나 5기 이하마다 보강형의 철주 또는 철근 콘크리트주 1기를 시설하여야 한다.
2. 특고압 가공전선로 중 지지물로서 직선형의 철탑을 연속하여 10기 이상 사용하는 부분에는 10기 이하마다 장력에 견디는 애자장치가 되어 있는 철탑 또는 이와 동등 이상의 강도를 가지는 철탑 1기를 시설하여야 한다.

7) 특고압 가공전선과 저고압 가공전선 등의 병행설치

★ 중요 : 특고압의 병행 및 공용설치

1. 사용전압이 35[kV] 이하인 특고압 가공전선과 병행설치
   가. 특고압 가공전선은 저압 또는 고압 가공전선의 위에 시설하고 별개의 완금류에

시설할 것.
나. 특고압 가공전선은 연선일 것.
다. 저압 또는 고압 가공전선은 인장강도 8.31[kN] 이상의 것 또는 케이블인 경우 이외에는 다음에 해당하는 것.
(1) 가공전선로의 경간이 50[m] 이하인 경우에는 인장강도 5.26[kN] 이상의 것 또는 지름 4[mm] 이상의 경동선
(2) 가공전선로의 경간이 50[m]을 초과하는 경우에는 인장강도 8.01[kN] 이상의 것 또는 지름 5[mm] 이상의 경동선

2. 사용전압이 35[kV]을 초과하고 100[kV] 미만인 특고압 가공전선과 병행설치
가. 특고압 가공전선로는 제2종 특고압 보안공사에 의할 것.
나. 특고압 가공전선은 케이블인 경우를 제외하고는 인장강도 21.67[kN] 이상의 연선 또는 단면적이 50[mm^2] 이상인 경동연선일 것.
다. 특고압 가공전선로의 지지물은 철주·철근 콘크리트주 또는 철탑일 것.

3. 특고압 가공전선(100[kV] 미만)과 저·고압 가공전선을 동일 지지물에 설치 시 이격거리

전 압	표 준	특고압에 케이블 사용 및 저·고압에 절연전선 또는 케이블 사용
35[kV] 이하	1.2[m] 이상	0.5[m] 이상
35[kV] 초과 100[kV] 미만	2[m] 이상	1[m] 이상

4. 사용전압이 100[kV] 이상인 특고압 가공전선과 저압 또는 고압 가공전선은 동일 지지물에 시설하여서는 아니 된다. (단, 아래의 5.의 경우에는 예외로 한다.)

5. 특고압 가공전선과 특고압 가공전선로의 지지물에 시설하는 저압의 전기기계기구에 접속하는 저압 가공전선을 동일 지지물에 시설하는 경우 이격거리

전 압	표 준	특고압에 케이블 사용 및 저·고압에 절연전선 또는 케이블 사용
35[kV] 이하	1.2[m] 이상	0.5[m] 이상
35[kV] 초과 60[kV] 이하	2[m] 이상	1[m] 이상
60[kV] 초과	이격거리 = 2+단수×0.12	• 이격거리 = 1 + 단수 × 0.12 • 단수 = $\dfrac{(전압[kV]-60)}{10}$ 단수 계산에서 소수점 이하는 절상

8) 특고압 가공전선과 가공약전류전선 등의 공용설치

1. 사용전압이 35[kV] 이하인 특고압 가공전선과 공용설치
가. 특고압 가공전선로는 제2종 특고압 보안공사에 의할 것.
나. 특고압 가공전선은 가공약전류전선 등의 위로하고 별개의 완금류에 시설할 것.
다. 특고압 가공전선은 케이블인 경우 이외에는 인장강도 21.67[kN] 이상의 연선 또는 단면적이 50[mm^2] 이상인 경동연선일 것.

라. 특고압 가공전선과 가공약전류전선 등 사이의 이격거리는 2[m] 이상으로 할 것. 다만, 특고압 가공전선이 케이블인 경우에는 0.5[m]까지로 감할 수 있다.

마. 특고압 가공전선로의 접지도체 및 접지극과 가공약전류전선로 등의 접지도체 및 접지극은 각각 별개로 시설할 것.

2. 사용전압이 35[kV]를 초과하는 특고압 가공전선과 가공약전류전선 등은 동일 지지물에 시설하여서는 아니 된다.

9) 특고압 가공전선로의 경간 제한

특고압 가공전선로의 경간은 표에서 정한 값 이하이어야 한다.

지지물의 종류	표준 경간 22[mm²] 이상의 경동연선	인장강도 21.67[kN] 이상 또는 단면적 50[mm²] 이상의 경동연선
목주·A종 철주 또는 A종 철근 콘크리트주	150[m] 이하	300[m] 이하
B종 철주 또는 B종 철근 콘크리트주	250[m] 이하	500[m] 이하
철탑	600[m] 이하 (단주인 경우 400[m])	600[m] 이하

10) 특고압 보안공사

1. 제1종 특고압 보안공사는 다음에 따라야 한다.

   가. 전선은 케이블인 경우 이외에는 단면적이 표에서 정한 값 이상일 것.

사용전압	전　　선
100[kV] 미만	인장강도 21.67[kN] 이상의 연선 또는 단면적 55[mm²] 이상의 경동연선
100[kV] 이상 300[kV] 미만	인장강도 58.84[kN] 이상의 연선 또는 단면적 150[mm²] 이상의 경동연선
300[kV] 이상	인장강도 77.47[kN] 이상의 연선 또는 단면적 200[mm²] 이상의 경동연선

   나. 전선로의 지지물에는 B종 철주·B종 철근 콘크리트주 또는 철탑을 사용할 것. (목주나 A종은 사용 불가)

   다. 경간은 표에서 정한 값 이하일 것.

지지물의 종류	표준 경간	제1종 특고압 보안공사	인장강도 58.84[kN] 이상 또는 150[mm²] 이상인 경동연선
B종 철주 또는 B종 철근 콘크리트주	250[m]	150[m]	250[m]
철탑	600[m] (단주인 경우에는 400[m])	400[m] (단주인 경우 300[m])	600[m] (단주인 경우에는 400[m])

   라. 특고압 가공전선에 지락 또는 단락이 생겼을 경우에 3초(사용전압이 100[kV] 이상인 경우에는 2초) 이내에 자동적으로 이것을 전로로부터 차단하는 장치를 시설할 것.

2. 제2종 특고압 보안공사는 다음에 따라야 한다.

   가. 특고압 가공전선은 연선일 것.

나. 지지물로 사용하는 목주의 풍압하중에 대한 안전율은 2 이상일 것.
다. 경간은 표에서 정한 값 이하일 것.

지지물의 종류	표준 경간	제2종 특고압 보안공사	인장강도 38.05[kN] 이상 또는 95[mm²] 이상인 경동연선
목주·A종 철주 또는 A종 철근 콘크리트주	150[m]	100[m]	100[m]
B종 철주 또는 B종 철근 콘크리트주	250[m]	200[m]	250[m]
철탑	600[m] 이하 (단주인 경우 400[m])	400[m] (단주인 경우에는 300[m])	600[m] 이하

3. 제3종 특고압 보안공사는 다음에 따라야 한다.
   가. 특고압 가공전선은 연선일 것.
   나. 경간은 표에서 정한 값 이하일 것.

지지물의 종류	제3종 특고압 보안공사	전선의 굵기에 따른 경간	
목주·A종 철주 또는 A종 철근 콘크리트주	100[m]	인장강도 14.51[kN] 이상 또는 38[mm²] 이상인 경동연선	150[m]
B종 철주 또는 B종 철근 콘크리트주	200[m]	인장강도 21.67[kN] 이상 또는 55[mm²] 이상인 경동연선	250[m]
철 탑	400[m] (단주인 경우에는 300[m])		600[m] 이하 (단주인 경우에는 400[m])

11) 특고압 가공전선과 건조물의 접근

1. 특고압 가공전선이 건조물과 제1차 접근상태로 시설되는 경우에는 다음에 따라야 한다.
   가. 특고압 가공전선로는 제3종 특고압 보안공사에 의할 것.
   나. 사용전압이 35[kV] 이하인 특고압 가공전선과 건조물의 조영재 이격거리는 표에서 정한 값 이상일 것.

건조물과 조영재의 구분	전선종류	접근형태	이격거리
상부 조영재	특고압 절연전선	위쪽	2.5[m]
		옆쪽 또는 아래쪽	1.5[m] (전선에 사람이 쉽게 접촉할 우려가 없도록 시설한 경우는 1[m])
	케이블	위쪽	1.2[m]
		옆쪽 또는 아래쪽	0.5[m]
	기타 전선		3[m]
기타 조영재	특고압 절연전선		1.5[m] (전선에 사람이 쉽게 접촉할 우려가 없도록 시설한 경우는 1[m])
	케이블		0.5[m]
	기타 전선		3[m]

다. 사용전압이 35[kV]를 초과하는 경우
- 이격거리 = 35[kV] 이하인 경우 이격거리 + 단수 × 0.15[m]
- 단수 = $\dfrac{(\text{사용전압}[kV]-35)}{10}$ … 단수계산에서 소수점 이하는 절상

2. 사용전압이 35[kV] 이하인 특고압 가공전선이 건조물과 제2차 접근상태로 시설되는 경우에는 특고압 가공전선로는 제2종 특고압 보안공사에 의할 것.
3. 사용전압이 35[kV] 초과 400[kV] 미만인 특고압 가공전선이 건조물과 제2차 접근상태에 있는 경우 특고압 가공전선로는 제1종 특고압 보안공사에 의할 것.
4. 사용전압이 400[kV] 이상의 특고압 가공전선이 건조물과 제2차 접근상태로 있는 경우에는 전선높이가 최저상태일 때 가공전선과 건조물 상부와의 수직거리가 28[m] 이상일 것.

12) 특고압 가공전선과 도로 등의 접근 또는 교차

1. 특고압 가공전선이 도로·횡단보도교·철도 또는 궤도와 제1차 접근 상태로 시설되는 경우에는 다음에 따라야 한다.
   가. 특고압 가공전선로는 제3종 특고압 보안공사에 의할 것.
   나. 특고압 가공전선과 도로 등 사이의 이격거리는 표에서 정한 값 이상일 것.
   다만, 특고압 절연전선을 사용하는 사용전압이 35[kV] 이하의 특고압 가공전선과 도로 등 사이의 수평 이격거리가 1.2[m] 이상인 경우에는 그러하지 아니하다.

사용전압의 구분	이격거리
35[kV] 이하	3[m]
35[kV] 초과	• 이격거리 = 3 + 단수 × 0.15[m] • 단수 = $\dfrac{(\text{전압}[kV]-35)}{10}$ … 단수 계산에서 소수점 이하는 절상

2. 특고압 가공전선이 도로 등과 제2차 접근상태로 시설되는 경우 특고압 가공전선로는 제2종 특고압 보안공사에 의할 것.
3. 특고압 가공전선이 도로 등과 교차하는 경우에 특고압 가공전선이 도로 등의 위에 시설되는 때에는 특고압 가공전선로는 제2종 특고압 보안공사에 의할 것. 다만, 특고압 가공전선과 도로 등 사이에 다음에 의하여 보호망을 시설하는 경우에는 제2종 특고압 보안공사에 의하지 아니할 수 있다.
   가. 보호망을 구성하는 금속선은 그 외주(外周) 및 특고압 가공전선의 직하에 시설하는 금속선에는 인장강도 8.01[kN] 이상의 것 또는 지름 5[mm] 이상의 경동선을 사용하고 그 밖의 부분에 시설하는 금속선에는 인장강도 5.26[kN] 이상의 것 또는 지름 4[mm] 이상의 경동선을 사용할 것.
   나. 보호망을 구성하는 금속선 상호의 간격은 가로, 세로 각 1.5[m] 이하일 것.

13) 특고압 가공전선과 삭도의 접근 또는 교차

1. 특고압 가공전선이 삭도와 제1차 접근상태로 시설되는 경우, 제3종 특고압 보안공사에 의할 것.

2. 특고압 가공전선이 삭도와 제2차 접근상태로 시설되는 경우, 제2종 특고압 보안공사에 의할 것.

14) 특고압 가공전선과 저고압 가공전선 등의 접근 또는 교차

1. 특고압 가공전선이 가공약전류전선 등 저압 또는 고압의 가공전선이나 저압 또는 고압의 전차선과 제1차 접근상태로 시설되는 경우
   가. 특고압 가공전선로는 제3종 특고압 보안공사에 의할 것.
   나. 특고압 가공전선과 저고압 가공 전선 등 또는 이들의 지지물이나 지주 사이의 이격거리는 표에서 정한 값 이상일 것.

사용전압의 구분	이격거리
60[kV] 이하	2[m]
60[kV] 초과	• 이격거리 = 2 + 단수 × 0.12[m] • 단수 = $\frac{(전압[kV]-60)}{10}$ ... 단수 계산에서 소수점 이하는 절상

2. 특고압 가공전선이 저고압 가공전선 등과 제2차 접근상태로 시설되는 경우 특고압 가공전선로는 제2종 특고압 보안공사에 의할 것.
3. 보호망은 규정에 준하여 접지공사를 한 금속제의 망상장치로 하고 또한 다음에 따라 시설하여야 한다.
   가. 보호망을 구성하는 금속선은 그 외주 및 특고압 가공전선의 바로 아래에 시설하는 금속선에 인장강도 8.01[kN] 이상의 것 또는 지름 5[mm] 이상의 경동선을 사용하고 기타 부분에 시설하는 금속선에 인장강도 3.64[kN] 이상 또는 지름 4[mm] 이상의 아연도철선을 사용할 것.
   나. 보호망을 구성하는 금속선 상호 간의 간격은 가로세로 각 1.5[m] 이하일 것.
   다. 보호망과 저고압 가공전선 등과의 수직 이격거리는 60[cm] 이상일 것.

15) 특고압 가공전선 상호 간의 접근 또는 교차

특고압 가공전선이 다른 특고압 가공전선과 접근상태로 시설되거나 교차하여 시설되는 경우에는 다음에 따라야 한다.
1. 위쪽 또는 옆쪽에 시설되는 특고압 가공전선로는 제3종 특고압 보안공사에 의할 것.
2. 특고압 가공전선과 다른 특고압 가공전선 사이의 이격거리

사용전압의 구분	이격거리
35[kV] 이하	• 특고압 가공전선에 케이블을 사용하고 다른 특고압 가공전선에 특고압 절연전선 또는 케이블을 사용하는 경우 : 0.5[m] • 각각의 특고압 가공전선에 특고압 절연전선을 사용하는 경우 : 1[m]
60[kV] 이하	2[m]
60[kV] 초과	• 이격거리 = 2 + 단수 × 0.12[m] • 단수 = $\frac{(전압[kV]-60)}{10}$ ... 단수 계산에서 소수점 이하는 절상

16) 특고압 가공전선과 다른 시설물의 접근 또는 교차

특고압 절연전선 또는 케이블을 사용하는 사용전압이 35[kV] 이하의 특고압 가공전선과 다른 시설물 사이의 이격거리

다른 시설물의 구분	접근형태	이격거리
조영물의 상부조영재	위쪽	2[m] (전선이 케이블인 경우는 1.2[m])
	옆쪽 또는 아래쪽	1[m] (전선이 케이블인 경우는 0.5[m])
조영물의 상부조영재 이외의 부분 또는 조영물 이외의 시설물		1[m] (전선이 케이블인 경우는 0.5[m])

17) 특고압 가공전선과 식물의 이격거리

1. 특고압 가공전선과 식물 사이의 이격거리

사용전압의 구분	이격거리
60[kV] 이하	2[m]
60[kV] 초과	• 이격거리 = 2 + 단수 × 0.12[m] • 단수 = $\frac{(전압[kV]-60)}{10}$ … 단수 계산에서 소수점 이하는 절상

2. 사용전압이 35[kV] 이하인 특고압 가공전선과 식물과의 이격거리
   가. 고압 절연전선을 사용하는 경우 이격거리는 0.5[m] 이상
   나. 특고압 절연전선 또는 케이블을 사용하는 특고압 가공전선의 경우는 식물과 접촉하지 않도록 시설

18) 25[kV] 이하인 특고압 가공전선로의 시설

1. 사용전압이 15[kV] 이하인 특고압 가공전선로의 중성선의 다중접지 및 중성선의 시설은 다음에 의할 것.
   가. 접지도체는 공칭단면적 6[mm^2] 이상의 연동선
   나. 접지한 곳 상호 간의 거리는 전선로에 따라 300[m] 이하일 것.
2. 사용전압이 15[kV]를 초과하고 25[kV] 이하인 특고압 가공전선로(중성선 다중접지식의 것으로서 전로에 지락이 생겼을 때에 2초 이내에 자동적으로 이를 전로로부터 차단하는 장치가 되어 있는 것에 한한다)를 다음에 따라 시설하여야 한다.
   가. 특고압 가공전선이 건조물·도로·횡단보도교·철도·궤도·삭도·가공약전류전선 등·안테나·저압이나 고압의 가공전선 또는 저압이나 고압의 전차선과 접근 또는 교차상태로 시설되는 경우의 경간은 표에서 정한 값 이하일 것.

지지물의 종류	경간
목주·A종 철주 또는 A종 철근 콘크리트주	100[m]
B종 철주 또는 B종 철근 콘크리트주	150[m]
철탑	400[m]

나. 특고압 가공전선이 교류 전차선의 위에 교차하여 시설되는 경우 특고압 가공전선로의 경간은 표에서 정한 값 이하일 것.

지지물의 종류	경 간
목주 · A종 철주 · A종 철근 콘크리트주	60[m]
B종 철주 · B종 철근 콘크리트주	120[m]

다. 특고압 가공전선로가 상호 간 접근 또는 교차하는 경우에는 다음에 의할 것.
  (1) 특고압 가공전선이 다른 특고압 가공전선과 접근 또는 교차하는 경우의 이격거리는 표에서 정한 값 이상일 것.

사용전선의 종류	이격거리
어느 한쪽 또는 양쪽이 나전선인 경우	1.5[m]
양쪽이 특고압 절연전선인 경우	1.0[m]
한쪽이 케이블이고 다른 한쪽이 케이블이거나 특고압 절연전선인 경우	0.5[m]

  (2) 특고압 가공전선과 다른 특고압 가공전선로의 지지물 사이의 이격거리는 1[m] (사용전선이 케이블인 경우에는 0.6[m]) 이상일 것.

라. 특고압 가공전선과 식물 사이의 이격거리는 1.5[m] 이상일 것. 다만, 특고압 가공전선이 특고압 절연전선이거나 케이블인 경우로서 특고압 가공전선을 식물에 접촉하지 아니하도록 시설하는 경우에는 그러하지 아니하다.

마. 특고압 가공전선로의 중성선의 다중 접지는 다음에 의할 것.
  (1) 접지도체는 공칭단면적 6[mm^2] 이상의 연동선
  (2) 접지공사는 각각 접지한 곳 상호 간의 거리는 전선로에 따라 150[m] 이하일 것.
  (3) 각 접지도체를 중성선으로부터 분리하였을 경우의 각 접지점의 대지 전기저항 값과 1[km]마다 중성선과 대지 사이의 합성전기저항 값은 표에서 정한 값 이하일 것.

사용전압	각 접지점의 대지 전기저항 치	1[km] 마다의 합성 전기저항 치
15[kV] 이하	300[Ω]	30[Ω]
15[kV] 초과 25[kV] 이하	300[Ω]	15[Ω]

(4) 지중전선로

1) 지중전선로의 시설

1. 지중 전선로는 전선에 케이블을 사용하고 또한 관로식 · 암거식(暗渠式) 또는 직접 매설식에 의하여 시설하여야 한다.

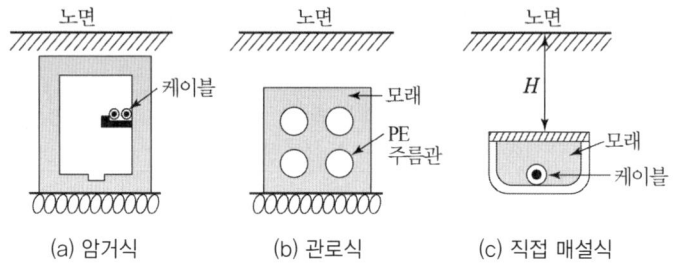

(a) 암거식　　(b) 관로식　　(c) 직접 매설식

2. 지중 전선로를 관로식 또는 암거식에 의하여 시설하는 경우에는 다음에 따라야 한다.
   가. 관로식에 의하여 시설하는 경우에는 매설 깊이를 1.0[m] 이상으로 하되, 매설 깊이가 충분하지 못한 장소에는 견고하고 차량 기타 중량물의 압력에 견디는 것을 사용할 것. 다만 중량물의 압력을 받을 우려가 없는 곳은 0.6[m] 이상으로 한다.
   나. 암거식에 의하여 시설하는 경우에는 견고하고 차량 기타 중량물의 압력에 견디는 것을 사용할 것.
3. 지중 전선로를 직접 매설식에 의하여 시설하는 경우에는 매설 깊이를 차량 기타 중량물의 압력을 받을 우려가 있는 장소에는 1.0[m] 이상, 기타 장소에는 0.6 [m] 이상으로 하고 또한 지중 전선을 견고한 트라프 기타 방호물에 넣어 시설하여야 한다.

2) 지중함의 시설

1. 지중함은 견고하고 차량 기타 중량물의 압력에 견디는 구조일 것.
2. 지중함은 그 안의 고인 물을 제거할 수 있는 구조로 되어 있을 것.
3. 폭발성 또는 연소성의 가스가 침입할 우려가 있는 것에 시설하는 지중함으로서 그 크기가 1[m³] 이상인 것에는 통풍장치 기타 가스를 방산시키기 위한 적당한 장치를 시설할 것.
4. 지중함의 뚜껑은 시설자이외의 자가 쉽게 열 수 없도록 시설할 것.

3) 지중전선과 지중약전류전선 등 또는 관과의 접근 또는 교차

지중전선이 다음 조건의 이격거리 이하로 설치되는 경우에는 상호간에 내화성의 격벽을 설치하여야 한다.

조 건	전 압	이격거리
지중 약전류 전선과 접근 또는 교차하는 경우	저압 또는 고압	0.3[m]
	특고압	0.6[m]
가연성, 유독성의 유체를 내포하는 관과 접근 또는 교차	특고압	1[m]
	25[kV] 이하, 다중접지방식	0.5[m]
기타의 관과 접근 또는 교차	특고압	0.3[m]

(5) 특수장소의 전선로

1) 터널 안 전선로의 시설

1. 철도·궤도 또는 자동차도 전용터널 안의 전선로

전 압	전선의 굵기	시공방법	애자사용 공사 시 높이
저 압	인장강도 2.30[kN] 이상 또는 2.6[mm] 이상의 경동선의 절연전선	• 합성수지관 공사 • 금속관공사 • 금속제가요전선관 공사 • 케이블공사 • 애자공사	노면상, 레일면상 2.5[m] 이상
고 압	인장강도 5.26[kN] 이상 또는 4[mm] 이상의 경동선	• 케이블공사 • 애자공사	노면상, 레일면상 3[m] 이상
특고압		• 케이블공사	

2. 사람이 상시 통행하는 터널 안의 전선로 사용전압은 저압 또는 고압에 한하며, 다음에 따라 시설하여야 한다.

전 압	전선의 굵기	시공방법	애자사용 공사 시 높이
저 압	인장강도 2.30[kN] 이상 또는 2.6[mm] 이상의 경동선의 절연전선	• 합성수지관 공사 • 금속관공사 • 금속제가요전선관 공사 • 케이블공사 • 애자공사	노면상 2.5[m] 이상
고 압		• 케이블공사	

2) 수상전선로의 시설

1. 수상전선로를 시설하는 경우에는 그 사용전압은 저압 또는 고압인 것에 한 한다.
   가. 전선
      (1) 저압 : 클로로프렌 캡타이어 케이블
      (2) 고압 : 캡타이어 케이블
   나. 수상전선로의 전선과 가공전선로 접속점의 높이
      (1) 접속점이 육상에 있는 경우 : 지표상 5[m] 이상.
          다만, 저압인 경우에 도로상 이외의 곳에 있을 때에는 지표상 4[m]
      (2) 접속점이 수면상에 있는 경우 : 저압 4[m] 이상, 고압 5[m] 이상
2. 수상전선로의 사용전압이 고압인 경우에는 전로에 지락이 생겼을 때에 자동적으로 전로를 차단하기 위한 장치를 시설하여야 한다.

3 기계, 기구 시설 및 옥내배선

(1) 기계・기구 시설 및 옥내배선

1) 특고압 배전용 변압기의 시설

1. 변압기의 1차 전압은 35[kV] 이하, 2차 전압은 저압 또는 고압일 것.
2. 변압기의 특고압측에 개폐기 및 과전류차단기를 시설할 것.
3. 변압기의 2차 전압이 고압인 경우에는 고압측에 개폐기를 시설하고 또한 쉽게 개폐할 수 있도록 할 것.

2) 특고압을 직접 저압으로 변성하는 변압기의 시설

특고압을 직접 저압으로 변성하는 변압기는 다음의 것 이외에는 시설하여서는 아니 된다.
1. 전기로 등 전류가 큰 전기를 소비하기 위한 변압기
2. 발전소・변전소・개폐소 또는 이에 준하는 곳의 소내용 변압기
3. 25[kV] 이하인 특고압 가공전선로(중성선 다중접지식의 것으로서 전로에 지락이 생겼을 때에 2초 이내에 자동적으로 이를 전로로부터 차단하는 장치가 되어 있는 것에 한한다.)에 접속하는 변압기
4. 사용전압이 35[kV] 이하인 변압기로서 그 특고압측 권선과 저압측 권선이 혼촉한 경우에 자동적으로 변압기를 전로로부터 차단하기 위한 장치를 설치한 것.
5. 사용전압이 100[kV] 이하인 변압기로서 그 특고압측 권선과 저압측 권선사이에 접지저항 값이 10[Ω] 이하인 금속제의 혼촉방지판이 있는 것.
6. 교류식 전기철도용 신호회로에 전기를 공급하기 위한 변압기

3) 특고압용 기계기구의 시설

1. 기계기구의 주위에 규정에 준하여 울타리・담 등을 시설하는 경우
   - 울타리・담 등의 높이 : 2[m] 이상
   - 지표면과 울타리・담 등의 하단 사이의 간격 : 0.15[m] 이하
2. 기계기구를 지표상 5[m] 이상의 높이에 시설하고 충전부분의 지표상의 높이를 표에서 정한 값 이상으로 하고 또한 사람이 접촉할 우려가 없도록 시설하는 경우

사용전압의 구분	울타리・담 등의 높이와 울타리・담 등으로부터 충전 부분까지의 거리의 합계
35[kV] 이하	5[m]
35[kV] 초과 160[kV] 이하	6[m]
160[kV] 초과	• 거리의 합계 = 6 + 단수 × 0.12[m] • 단수 = $\dfrac{\text{사용전압[kV]}-160}{10}$ 단수 계산에서 소수점 이하는 절상

4) 아크를 발생하는 기구의 시설

고압용 또는 특고압용의 개폐기·차단기·피뢰기 기타 이와 유사한 기구로서 동작 시에 아크가 생기는 것은 목재의 벽 또는 천장 기타의 가연성 물체로부터 고압용의 것은 1[m] 이상, 특고압용은 2[m] (사용전압 35[kV] 이하의 특고압용의 기구 등으로서 화재가 발생할 우려가 없도록 제한하는 경우에는 1[m])이상 이격하여야 한다.

5) 고압용 기계기구의 시설

고압용 기계기구는 다음의 어느 하나에 해당하는 경우와 발전소·변전소·개폐소 또는 이에 준하는 곳에 시설하는 경우 이외에는 시설하여서는 아니 된다.
1. 기계기구의 주위에 규정에 준하여 울타리·담 등을 시설하는 경우
   가. 울타리·담 등의 높이 : 2[m] 이상
   나. 지표면과 울타리·담 등 의 하단사이의 간격 : 15[cm] 이하
2. 기계기구를 지표상 4.5[m](시가지 외에는 4[m]) 이상의 높이에 시설하고 또한 사람이 쉽게 접촉할 우려가 없도록 시설하는 경우
3. 옥내에 설치한 기계기구를 취급자 이외의 사람이 출입할 수 없도록 설치한 곳에 시설하는 경우
4. 기계기구를 콘크리트제의 함 또는 규정에 따른 접지공사를 한 금속제 함에 넣고 또한 충전부분이 노출하지 아니하도록 시설하는 경우

6) 개폐기의 시설

1. 전로 중에 개폐기를 시설하는 경우에는 그곳의 각 극에 설치하여야 한다.
2. 고압용 또는 특고압용의 개폐기는 그 작동에 따라 그 개폐상태를 표시하는 장치가 되어 있는 것이어야 한다.
3. 고압용 또는 특고압용의 개폐기로서 중력 등에 의하여 자연히 작동할 우려가 있는 것은 자물쇠장치 기타 이를 방지하는 장치를 시설하여야 한다.
4. 고압용 또는 특고압용의 개폐기로서 부하전류를 차단하기 위한 것이 아닌 개폐기는 부하전류가 통하고 있을 경우에는 개로할 수 없도록 시설하여야 한다. 다만, 다음의 경우에는 예외로 한다.
   가. 개폐기를 조작하는 곳의 보기 쉬운 위치에 부하전류의 유무를 표시한 장치
   나. 전화기 기타의 지령 장치를 시설
   다. 터블렛 등을 사용함으로서 부하전류가 통하고 있을 때에 개로조작을 방지하기 위한 조치를 하는 경우

7) 고압 및 특고압 전로 중의 과전류차단기의 시설

1. 과전류차단기로 시설하는 퓨즈 중 고압전로에 사용하는 포장 퓨즈는 정격전류의 1.3배의 전류에 견디고 또한 2배의 전류로 120분 안에 용단되는 것 또는 규정에 적합한 고압전류제한퓨즈이어야 한다.

2. 과전류차단기로 시설하는 퓨즈 중 고압전로에 사용하는 비포장 퓨즈는 정격전류의 1.25배의 전류에 견디고 또한 2배의 전류로 2분 안에 용단되는 것이어야 한다.

8) 과전류차단기의 시설 제한

접지공사의 접지도체, 다선식 전로의 중성선 및 전로의 일부에 접지공사를 한 저압 가공전선로의 접지측 전선에는 과전류차단기를 시설하여서는 안 된다.

9) 피뢰기의 시설

★ 중요 : 피뢰기의 시설장소

1. 고압 및 특고압의 전로 중 다음에 열거하는 곳 또는 이에 근접한 곳에는 피뢰기를 시설하여야 한다.
   가. 발전소·변전소 또는 이에 준하는 장소의 가공전선 인입구 및 인출구
   나. 특고압 가공전선로에 접속하는 배전용 변압기의 고압측 및 특고압측
   다. 고압 및 특고압 가공전선로로부터 공급을 받는 수용장소의 인입구
   라. 가공전선로와 지중전선로가 접속되는 곳

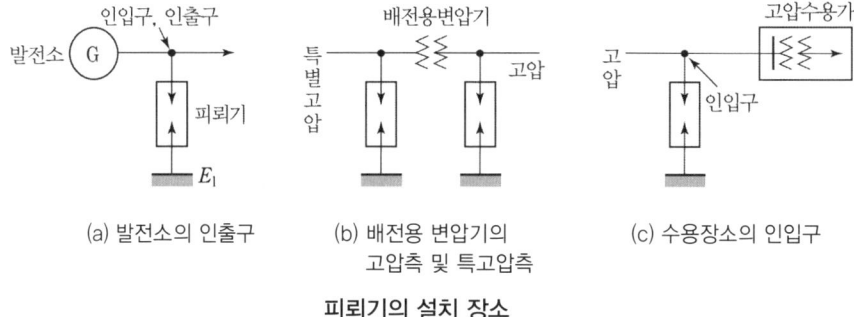

(a) 발전소의 인출구   (b) 배전용 변압기의 고압측 및 특고압측   (c) 수용장소의 인입구

피뢰기의 설치 장소

10) 피뢰기의 접지

고압 및 특고압의 전로에 시설하는 피뢰기 접지저항 값은 10[Ω] 이하로 하여야 한다. 다만, 고압가공전선로에 시설하는 피뢰기의 접지도체가 그 접지공사 전용의 것인 경우에 그 접지공사의 접지저항 값이 30[Ω] 이하인 때에는 그 피뢰기의 접지저항 값이 10[Ω] 이하가 아니어도 된다.

11) 압축공기계통

발전소·변전소·개폐소 또는 이에 준하는 곳에서 개폐기 또는 차단기에 사용하는 압축공기장치는 다음에 따라 시설하여야 한다.
1. 공기압축기는 최고 사용압력의 1.5배의 수압(수압을 연속하여 10분간 가하여 시험을 하기 어려울 때에는 최고 사용압력의 1.25배의 기압)을 연속하여 10분간 가하여 시험을 하였을 때에 이에 견디고 또한 새지 아니할 것.
2. 주 공기탱크의 압력이 저하한 경우에 자동적으로 압력을 회복하는 장치를 시설할 것.
3. 주 공기탱크 또는 이에 근접한 곳에는 사용압력의 1.5배 이상 3배 이하의 최고 눈금

이 있는 압력계를 시설할 것.
4. 사용 압력에서 공기의 보급이 없는 상태로 개폐기 또는 차단기의 투입 및 차단을 연속하여 1회 이상 할 수 있는 용량을 가지는 것일 것.

(2) 고압 · 특고압 옥내 설비의 시설

1) 고압 옥내배선 등의 시설

1. 고압 옥내배선은 다음에 따라 시설하여야 한다.
    가. 고압 옥내배선은 다음 중 하나에 의하여 시설할 것.
      (1) 애자공사(건조한 장소로서 전개된 장소에 한한다)
      (2) 케이블공사
      (3) 케이블트레이공사
    나. 애자공사
      (1) 전선은 공칭단면적 6[mm^2] 이상의 연동선 또는 고압 절연전선이나 특고압 절연전선 또는 규정하는 인하용 고압 절연전선일 것.
      (2) 애자공사에 의한 고압 옥내배선은 다음에 의하고, 또한 사람이 접촉할 우려가 없도록 시설할 것.

전 압	전선과 조영재와의 이격 거리	전선 상호 간격	전선 지지점간의 거리	
			조영재의 면을 따라 붙이는 경우	조영재에 따라 시설하지 않는 경우
고 압	0.05[m] 이상	0.08[m] 이상	2[m] 이하	6[m] 이하

      (3) 고압 옥내배선은 저압 옥내배선과 쉽게 식별되도록 시설할 것.
2. 고압 옥내배선이 다른 고압 옥내배선 · 저압 옥내전선 · 관등회로의 배선 · 약전류 전선 등 또는 수관 · 가스관이나 이와 유사한 것과 접근하거나 교차하는 경우 이격거리
    가. 다른 고압 옥내배선 · 저압 옥내전선 · 관등회로의 배선 · 약전류 전선 : 15[cm]
    나. 수관 · 가스관이나 이와 유사한 것과 접근하거나 교차하는 경우 : 15[cm]
    다. 애자사용 공사에 의하여 시설하는 저압 옥내전선이 나전선인 경우 : 30[cm]
    라. 가스계량기 및 가스관의 이음부와 전력량계 및 개폐기 : 60[cm]

2) 옥내 고압용 이동전선의 시설

1. 전선은 고압용의 캡타이어케이블일 것.
2. 이동전선에 전기를 공급하는 전로에는 전용 개폐기 및 과전류 차단기를 각극(과전류 차단기는 다선식 전로의 중성극을 제외한다)에 시설하고, 또한 전로에 지락이 생겼을 때에 자동적으로 전로를 차단하는 장치를 시설할 것.

3) 특고압 옥내 전기설비의 시설

1. 특고압 옥내배선은 다음에 따르고 또한 위험의 우려가 없도록 시설하여야 한다.
    가. 사용전압은 100[kV] 이하일 것. 다만, 케이블트레이공사에 의하여 시설하는 경

우에는 35[kV] 이하일 것.

나. 전선은 케이블일 것.

2. 특고압 옥내배선의 이격거리

가. 특고압 옥내배선과 저압 옥내전선 · 관등회로의 배선 또는 고압 옥내전선 사이 : 0.6[m] 이상

나. 특고압 옥내배선과 약전류 전선 등 또는 수관 · 가스관이나 이와 유사한 것과 접촉하지 아니하도록 시설할 것.

4 발전소, 변전소, 개폐소 등의 전기설비

(1) 발전소 등의 울타리 · 담 등의 시설

★ 중요 : 발전소 · 변전소 등의 울타리, 담 등의 높이와 울타리, 담 등으로부터 충전 부분까지의 거리

울타리 · 담 등은 다음에 따라 시설하여야 한다.

1. 울타리 · 담 등의 높이는 2[m] 이상으로 하고 지표면과 울타리 · 담 등의 하단 사이의 간격은 0.15[m] 이하로 할 것.
2. 울타리 · 담 등과 고압 및 특고압의 충전 부분이 접근하는 경우에는 울타리 · 담 등의 높이와 울타리 · 담 등으로부터 충전부분까지 거리의 합계는 표에서 정한 값 이상으로 할 것.

사용전압의 구분	울타리 · 담 등의 높이와 울타리 · 담 등으로부터 충전 부분까지의 거리의 합계
35[kV] 이하	5[m]
35[kV] 초과 160[kV] 이하	6[m]
160[kV] 초과	• 거리 = 6 + 단수 × 0.12[m] • 단수 = $\dfrac{\text{사용전압[kV]}-160}{10}$ … 단수 계산에서 소수점 이하는 절상

(2) 발전기 등의 보호장치

발전기에는 다음의 경우에 자동적으로 이를 전로로부터 차단하는 장치를 시설하여야 한다.

1. 발전기에 과전류나 과전압이 생긴 경우
2. 용량이 500[kVA] 이상의 발전기를 구동하는 수차의 압유 장치의 유압이 현저히 저하한 경우
3. 용량이 100[kVA] 이상의 발전기를 구동하는 풍차의 압유장치의 유압이 현저히 저하한 경우

4. 용량이 2,000[kVA] 이상인 수차 발전기의 스러스트 베어링의 온도가 현저히 상승한 경우
5. 용량이 10,000[kVA] 이상인 발전기의 내부에 고장이 생긴 경우
6. 정격출력이 10,000[kW]를 초과하는 증기터빈은 그 스러스트 베어링이 현저하게 마모되거나 그의 온도가 현저히 상승한 경우

(3) 특고압용 변압기의 보호장치

뱅크 용량의 구분	동작조건	장치의 종류
5,000[kVA] 이상 10,000[kVA] 미만	변압기 내부 고장	자동차단장치 또는 경보장치
10,000[kVA] 이상	변압기 내부 고장	자동차단장치
타냉식 변압기(변압기의 권선 및 철심을 직접 냉각시키기 위하여 봉입한 냉매를 강제 순환시키는 냉각 방식을 말한다.)	냉각 장치에 고장이 생긴 경우 또는 변압기의 온도가 현저히 상승한 경우	경보장치

(4) 조상설비의 보호장치 ★중요

설비종별	뱅크용량의 구분	자동적으로 전로로부터 차단하는 장치
전력용 커패시터 및 분로리액터	500[kVA] 초과 15,000[kVA] 미만	• 내부에 고장이 생긴 경우 • 과전류가 생긴 경우
	15,000[kVA] 이상	• 내부에 고장이 생긴 경우 • 과전류가 생긴 경우 • 과전압이 생긴 경우
조상기	15,000[kVA] 이상	• 내부에 고장이 생긴 경우

(5) 계측장치 ★중요

1. 발전소
   가. 발전기·연료전지 또는 태양전지 모듈(복수의 태양전지 모듈을 설치하는 경우에는 그 집합체)의 전압 및 전류 또는 전력
   나. 발전기의 베어링(수중 메탈을 제외한다) 및 고정자의 온도
   다. 정격출력이 10,000[kW]를 초과하는 증기터빈에 접속하는 발전기의 진동의 진폭
   라. 주요 변압기의 전압 및 전류 또는 전력
   마. 특고압용 변압기의 온도
2. 변전소 또는 이에 준하는 곳
   가. 주요 변압기의 전압 및 전류 또는 전력
   나. 특고압용 변압기의 온도
3. 동기조상기를 시설하는 경우
   가. 동기조상기의 전압 및 전류 또는 전력
   나. 동기조상기의 베어링 및 고정자의 온도

(6) 수소냉각식 발전기 등의 시설

1. 발전기 내부 또는 조상기 내부의 수소의 순도가 85[%] 이하로 저하한 경우에 이를 경보하는 장치를 시설할 것.
2. 발전기 내부 또는 조상기 내부의 수소의 압력을 계측하는 장치 및 그 압력이 현저히 변동한 경우에 이를 경보하는 장치를 시설할 것.

5 전력보안통신설비

(1) 전력보안통신설비의 시설

1) 전력보안통신설비의 시설 요구사항

1. 발전소, 변전소 및 변환소에서 전력보안통신설비의 시설 장소
   가. 원격감시제어가 되지 아니하는 발전소·변전소·개폐소, 전선로 및 이를 운용하는 급전소 및 급전분소 간
   나. 2개 이상의 급전소(분소) 상호 간과 이들을 통합 운용하는 급전소(분소) 간
   다. 수력설비의 안전상 필요한 양수소 및 강수량 관측소와 수력발전소 간
   라. 동일 수계에 속하고 안전상 긴급 연락의 필요가 있는 수력발전소 상호 간
   마. 동일 전력계통에 속하고 또한 안전상 긴급연락의 필요가 있는 발전소·변전소및 개폐소 상호 간

2) 전력보안통신선의 시설 높이와 이격거리 ★ 중요 : 가공통신 인입선의 높이

1. 가공 통신선과 지지물에 시설하는 통신선의 높이

구 분		가공 통신선	지지물에 시설하는 통신선	
			고·저압[m]	특고압[m]
도로(차도)	일반적인 경우	5.0[m] 이상	6[m] 이상	6[m] 이상
	교통에 지장을 안 주는 경우	4.5[m] 이상	5[m] 이상	
철도 또는 궤도 횡단 시(레일면 상)		6.5[m] 이상	6.5[m] 이상	6.5[m] 이상
횡단보도교 위 (노면 상)	일반적인 경우	3.0[m] 이상	3.5[m] 이상	5[m] 이상
	절연전선 사용		3[m] 이상	
	광섬유 케이블 사용			4[m] 이상
기 타	일반적인 경우	3.5[m] 이상	4[m] 이상 (절연전선 사용)	5[m] 이상
	광섬유 케이블 사용		3.5[m] 이상	

2. 가공전선과 첨가 통신선과의 이격거리

가공전선		통신선		
		일반	절연전선	광섬유케이블
중성선	25[kV] 이하, 다중 접지 중성선	0.6[m] 이상		
저압가공전선	일 반	0.6[m] 이상		
	절연전선 또는 케이블		0.3[m] 이상	
	인입선			0.15[m] 이상
고압가공전선	일 반	0.6[m] 이상		
	케이블		0.3[m] 이상	
특고압가공전선	일 반	1.2[m] 이상		
	케이블		0.3[m] 이상	
	25[kV] 이하, 다중 접지방식	0.75[m] 이상		

3) 조가선 시설기준

조가선은 단면적 38[mm^2] 이상의 아연도강연선을 사용할 것.

4) 특고압 가공전선로 첨가설치 통신선의 시가지 인입 제한

1. 시가지에 시설하는 통신선은 특고압 가공전선로의 지지물에 시설하여서는 아니 된다. 다만, 통신선이 절연전선과 동등 이상의 절연효력이 있고 인장강도 5.26 [kN] 이상의 것. 또는 단면적 16[mm^2](지름 4[mm]) 이상의 절연전선 또는 광섬유 케이블인 경우에는 그러하지 아니하다.
2. 저압 가공전선로의 지지물에 시설하는 통신선 또는 이것에 직접 접속하는 통신선인 경우에는 다음의 저압용 보안장치일 것.

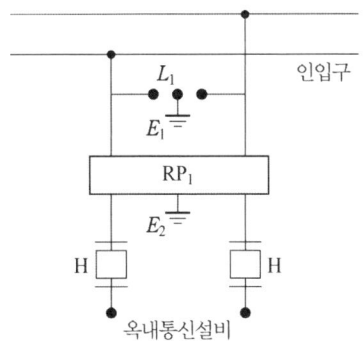

- H : 250[mA] 이하에서 동작하는 열 코일
- RP_1 : 교류 300[V] 이하에서 동작하고, 최소 감도 전류가 3[A] 이하로서 최소 감도전류 때의 응동시간이 1사이클 이하이고 또한 전류 용량이 50[A], 20초 이상인 자복성이 있는 릴레이 보안기
- L_1 : 교류 1[kV] 이하에서 동작하는 피뢰기
- E_1 및 E_2 : 접지

5) 25[kV] 이하인 특고압 가공전선로 첨가 통신선의 시설에 관한 특례

특고압 가공전선로의 지지물에 시설하는 통신선은 광섬유 케이블일 것. 다만, 표준에 적합한 특고압용 제2종 보안장치 또는 이에 준하는 보안장치를 시설할 때에는 그러하지 아니하다.

6) 전력선 반송 통신용 결합장치의 보안장치

전력선 반송통신용 결합 커패시터에 접속하는 회로에는 그림의 보안장치 또는 이에 준하는 보안장치를 시설하여야 한다.

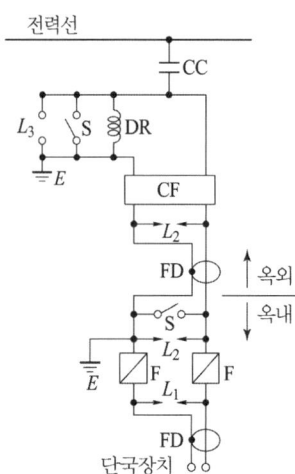

- FD : 동축케이블
- F : 정격전류 10[A] 이하의 포장 퓨즈
- DR : 전류 용량 2[A] 이상의 배류 선륜
- L_1 : 교류 300[V] 이하에서 동작하는 피뢰기
- L_2 : 동작 전압이 교류 1.3[kV]를 초과하고 1.6[kV] 이하로 조정된 방전갭
- L_3 : 동작 전압이 교류 2[kV]를 초과하고 3[kV] 이하로 조정된 구상 방전갭
- S : 접지용 개폐기
- CF : 결합 필타
- CC : 결합 커패시터(결합 안테나를 포함한다.)
- E : 접지

전력선 반송 통신용 결합장치의 보안장치

(2) 무선용 안테나

1) 무선용 안테나 등을 지지하는 철탑 등의 시설

전력보안통신설비인 무선통신용 안테나 또는 반사판을 지지하는 목주·철주·철근 콘크리트주 또는 철탑은 다음에 따라 시설하여야 한다. 다만, 무선용 안테나 등이 전선로의 주위상태를 감시할 목적으로 시설되는 것일 경우에는 그러하지 아니하다.
1. 목주는 풍압하중에 대한 안전율은 1.5 이상이어야 한다.
2. 철주·철근 콘크리트주 또는 철탑의 기초 안전율은 1.5 이상이어야 한다.

04 필수유형 및 과년도문제

문제 01 ★

특고압과 저압의 혼촉에 의한 위험 방지 시설로 가공공동지선을 설치하여 4개소에 공통의 접지공사를 하였다. 각 접지선을 가공공동지선으로부터 분리한다면 각 접지선과 대지 사이의 전기저항은 몇 [Ω] 이하이어야 하는가?

① 37.5   ② 75   ③ 120   ④ 300

풀이 322.1 고압 또는 특고압과 저압의 혼촉에 의한 위험방지 시설
가공공동지선을 설치하여 2 이상의 시설 장소에 규정에 의하여 다음과 같이 접지공사를 할 수 있다.
가. 가공공동지선은 인장강도 5.26[kN] 이상 또는 지름 4[mm] 이상의 경동선을 사용하여 저압가공전선에 관한 규정에 준하여 시설할 것.
나. 접지공사는 각 변압기를 중심으로 하는 지름 400[m] 이내의 지역으로서 그 변압기에 접속되는 전선로 바로 아래의 부분에서 각 변압기의 양쪽에 있도록 할 것.
다. 가공공동지선과 대지 사이의 합성 전기저항 값은 1[km]를 지름으로 하는 지역 안마다 규정에 의해 접지저항 값을 가지는 것으로 하고 또한 **각 접지도체를 가공공동지선으로부터 분리하였을 경우의 각 접지도체와 대지 사이의 전기저항 값은 300[Ω]** 이하로 할 것. **답 ④**

문제 02 ★★

변압기에 의하여 특고압 전로에 결합되는 고압 전로에는 사용 전압의 3배 이하인 전압이 가하여진 어떤 장치를 그 변압기 단자의 가까운 1극에 설치하여야 하는가?

① 스위치 장치   ② 계전 보호 장치
③ 누설 전류 검지 장치   ④ 방전하는 장치

풀이 322.3 특고압과 고압의 혼촉 등에 의한 위험방지 시설
변압기에 의하여 특고압전로에 결합되는 고압전로에는 **사용전압의 3배 이하인 전압이 가하여진 경우에 방전하는 장치**를 그 변압기의 단자에 가까운 1극에 설치하여야 한다. **답 ④**

문제 03 ★★

고압전로와 비접지식의 저압전로를 결합하는 변압기로서 그 고압권선과 저압권선 사이에 금속제의 혼촉방지판이 있고 또한 그 혼촉 방지판에 접지공사를 한 것에 접속하는 저압전선을 옥외에 시설할 때 잘못된 것은?

① 저압 가공전선로의 전선은 케이블을 사용하였다.
② 저압 전선은 1구내에만 시설하였다.
③ 저압 옥상전선로의 전선으로는 절연전선을 사용하였다.
④ 저압 가공전선과 고압 가공전선은 별개의 지지물에 시설하였다.

풀이 322.2 혼촉방지판이 있는 변압기에 접속하는 저압 옥외전선의 시설 등
고압전로 또는 특고압전로와 비접지식의 저압전로를 결합하는 변압기로서 그 고압권선 또는 특고압권선과 저압권선 간에 금속제의 혼촉방지판이 있고 또한 그 혼촉방지판에 규정에 의하여 접지공사를 한 것에 접속하는 저압전선을 옥외에 시설할 때에는 다음에 따라 시설하여야 한다.
가. 저압전선은 1구내에만 시설할 것.
나. 저압 가공전선로 또는 저압 옥상전선로의 **전선은 케이블**일 것.

다. 저압 가공전선과 고압 또는 특고압의 가공전선을 동일 지지물에 시설하지 아니할 것. 다만, 고압 가공전선로 또는 특고압 가공전선로의 전선이 케이블인 경우에는 그러하지 아니하다. **답 ③**

문제 04 ★★★★★ 전로의 중성점을 접지하는 목적에 해당되지 않는 것은 어느 것인가?

① 보호 장치의 확실한 동작의 확보
② 부하 전류의 일부를 대지로 흐르게 함으로써 전선을 절약
③ 이상 전압의 억제
④ 대지 전압의 저하

풀이 322.5 전로의 중성점의 접지
① 보호 장치의 확실한 동작의 확보
② 이상 전압의 억제
③ 대지전압의 저하를 위하여 전로의 중성점에 접지공사를 한다. **답 ②**

문제 05 ★★★★★ 6600[V]의 가공 배전 선로와 식물과의 최소 이격 거리[m]는?

① 0.3
② 0.6
③ 1.0
④ 상시 불고 있는 바람 등에 의하여 식물에 접촉하지 않도록 시설

풀이 322.19 고압 가공전선과 식물의 이격거리
고압 가공전선은 상시 부는 바람 등에 의하여 식물에 접촉하지 않도록 시설하여야 한다. **답 ④**

필수 01 ★★★★★ 전선로

가공 전선로의 지지물에 취급자가 오르고 내리는 데 사용하는 발판 못 등은 일반적으로 지표상 몇 [m] 미만에 시설하여서는 아니 되는가?

① 1.2   ② 1.5   ③ 1.8   ④ 2.0

유형분석 1.8[m]를 암기한다.

풀 이 발판못 등은 1.8[m] 미만에 시설하여서는 안 된다. 다만 다음의 경우에는 그러하지 아니하다.
• 발판못을 내부에 넣을 수 있는 구조
• 지지물에 승탑 및 승주 방지 장치를 시설한 경우
• 취급자 이외의 자가 출입할 수 없도록 울타리 담 등을 시설한 경우
• 산간 등에 있으며 사람이 쉽게 접근할 우려가 없는 곳
(KEC 331.4) **답 ③**

Key point

발판못 등은 1.8[m] 미만에 시설하여서는 안 된다

문제 06 ★★★★★
가공 전선로의 지지물에 취급자가 오르고 내리는 데 사용하는 발판 못 등은 일반적으로 지표 상 몇 [m] 미만에 시설하여서는 아니 되는가?

① 1.2   ② 1.5   ③ 1.8   ④ 2.0

풀이 331.4 가공전선로 지지물의 철탑 오름 및 전주 오름 방지
가공전선로의 지지물에 취급자가 오르고 내리는데 사용하는 발판 볼트 등을 지표상 1.8[m] 미만에 시설하여서는 아니 된다.

답 ③

필수 02 ★★★☆
풍압하중의 종별과 그 적용

원형 철근 콘크리트주의 갑종 풍압 하중[Pa]은 수직 투영 면적 1[m²]당 얼마인가?

① 588   ② 745   ③ 1117   ④ 1412

유형분석 자주 출제되는 문제로 본문의 풍압하중 표를 암기하는 것이 좋으나, 출제되는 문제를 암기하는 것이 바람직하다.

풀 이 원형 지지물인 경우에 갑종 풍압 하중은 1[m²]당 588[Pa]이다.
(KEC 331.6)

답 ①

Key point

풍압을 받는 구분			풍압
지지물	목주		588[Pa]
	철주	원형의 것	588[Pa]
		삼각형 또는 마름모형의 것	1,412[Pa]
		강관에 의하여 구성되는 4각형의 것	1,117[Pa]
	철근콘크리트주	원형의 것	588[Pa]
		기타의 것	882[Pa]
	철탑	단주 (완철류는 제외함) 원형의 것	588[Pa]
		단주 (완철류는 제외함) 기타의 것	1,117[Pa]
		강관에 의하여 구성되는 것 (단주는 제외함)	1,255[Pa]
전선 기타의 가섭선	다도체를 구성하는 전선		666[Pa]
	기타의 것		745[Pa]
특고압 전선용의 애자 장치			1,039[Pa]
목주·철주(원형의 것에 한한다) 및 철근 콘크리트주의 완금속 (특고압 전선로용의 것에 한한다)			단일재로서 사용하는 경우에는 1,196[Pa], 기타의 경우에는 1,627[Pa]

문제 07
가공 전선로에 사용하는 지지물의 강도 계산에 적용하는 풍압 하중 중 병종 풍압 하중은 갑종 풍압 하중에 대한 얼마를 기초로 하여 계산한 것인가?

① $\dfrac{1}{2}$ ② $\dfrac{1}{3}$ ③ $\dfrac{2}{3}$ ④ $\dfrac{1}{4}$

풀이 331.6 풍압하중의 종별과 적용
- 가. **갑종 풍압하중** : 구성재의 수직 투영면적 1[m²]에 대한 풍압을 기초로 하여 계산한 것.
- 나. **을종 풍압하중** : 전선 기타의 가섭선 주위에 두께 6[mm], 비중 0.9의 빙설이 부착된 상태에서 수직 투영면적 372[Pa](다도체를 구성하는 전선은 333[Pa]), 그 이외의 것은 갑종풍압하중의 2분의 1을 기초로 하여 계산한 것.
- 다. **병종 풍압하중** : 갑종풍압하중의 2분의 1(50[%])을 기초로 하여 계산한 것.

답 ①

문제 08
빙설이 많은 지방의 저온 계절에는 어떤 종류의 풍압 하중을 적용하는가?

① 갑종 풍압 하중
② 을종 풍압 하중
③ 병종 풍압 하중
④ 갑종 풍압 하중과 을종 풍압 하중 중 큰 것

풀이 331.6 풍압하중의 종별과 적용

지 역		고온계절	저온계절
빙설이 많은 지방 이외의 지방		갑종	병종
빙설이 많은 지방	일반지역	갑종	을종
	해안지방, 기타 저온 계절에 최대 풍압이 생기는 지역	갑종	갑종과 을종 중 큰 값 선정
인가가 많이 연접되어 있는 장소		병종	병종

답 ②

문제 09
빙설이 적고 인가가 밀집한 도시에 시설하는 고압 가공 전선로 설계에 사용하는 풍압 하중은?

① 갑종 풍압 하중
② 을종 풍압 하중
③ 병종 풍압 하중
④ 갑종 풍압 하중과 을종 풍압 하중을 각 설비에 따라 혼용

풀이 331.6 풍압하중의 종별과 적용
인가가 많이 연접되어 있는 장소에서는 일반적으로 풍속이 감소되므로 설계상 **병종 풍압 하중**이 적용된다.

답 ③

문제 10
다도체 가공 전선의 을종 풍압 하중은 수직 투영 면적 1[m²]당 얼마로 규정되어 있는가? 단, 전선, 기타의 가섭선 주위에 두께 6[mm], 비중 0.9의 빙설이 부착한 상태이다.

① 333[Pa]   ② 372[Pa]   ③ 519[Pa]   ④ 745[Pa]

풀이 331.6 풍압하중의 종별과 적용
을종 풍압하중
전선 기타의 가섭선(架涉線) 주위에 두께 6[mm], 비중 0.9의 빙설이 부착된 상태에서 수직 투영면적 372[Pa] (다도체를 구성하는 전선은 333[Pa]), 그 이외의 것은 제1호 풍압의 2분의 1을 기초로 하여 계산한 것

답 ①

필수 03 ★★★★☆ 지지물 기초의 안전률

길이 15[m]의 철근 콘크리트주의 설계 하중이 9.8[kN]이라 한다. 이 지지물을 지반이 탄탄한 곳에 기초 안전율의 고려가 없이 시설하자면 땅에 묻히는 깊이를 얼마로 하면 되는가?

① 2.5[m] 이상
② 2.6[m] 이상
③ 2.7[m] 이상
④ 2.8[m] 이상

유형분석 지지물의 근입깊이 계산문제는 공사기사 실기에 출제된다. 또한 지지물의 기초 안전율은 매우 기본적이고 중요한 부분이다. Key point를 암기할 것.

풀 이 가공 전선로 지지물의 기초의 안전율(KEC 331.7)
가공전선로의 지지물에 하중이 가하여지는 경우에 그 하중을 받는 지지물의 기초의 안전율은 2 이상(단, 이상시 상정하중에 대한 철탑의 기초에 대하여는 1.33)이어야 한다. 다만, 땅에 묻히는 깊이를 다음의 표에서 정한 값 이상의 깊이로 시설하는 경우에는 그러하지 아니하다.

설계 하중 전장	6.8[kN] 이하	6.8[kN] 초과 ~ 9.8[kN] 이하	9.8[kN] 초과 ~ 14.72[kN] 이하
15[m] 이하	전장 × 1/6[m] 이상	전장 × 1/6 + 0.3[m] 이상	전장 × 1/6 + 0.5[m] 이상
15[m] 초과	2.5[m] 이상	2.8[m] 이상	–
16[m] 초과~20[m] 이하	2.8[m] 이상	–	–
15[m] 초과~18[m] 이하	–	–	3[m] 이상
18[m] 초과	–	–	3.2[m] 이상

∴ 깊이 $= 15 \times \dfrac{1}{6} + 0.3 = 2.8$[m]

답 ④

Key point

가공 전선로 지지물의 기초 안전율 2(이상시 상정 하중에 대한 철탑의 경우는 1.33) 이상으로 하여야 한다. 다만, 목주, A종 철주, 철근 콘크리트주를 다음과 같이 시설하는 경우는 예외로 한다.
① 길이 15[m] 이하인 것은 1/6 이상을 땅에 묻는 경우
② 길이 15[m]를 넘는 것은 2.5[m] 이상 땅에 묻는 경우
③ 논이나 그 밖의 지반이 연약한 곳에서는 특히 견고한 근가를 시설할 것

문제 11 ★★★ 이상시 상정 하중에 대한 철탑의 기초에 대한 안전율은?

① 1.33
② 1.5
③ 2
④ 2.5

풀이 331.7 가공전선로 지지물의 기초의 안전율
가공전선로의 지지물에 하중이 가하여지는 경우에 그 하중을 받는 지지물의 기초의 안전율은 2(이상 시 상정 하중에 대한 철탑의 기초에 대하여는 1.33) 이상이어야 한다. 답 ①

필수 04 ★★★☆ 지지물 및 지선

가공 전선로의 지지물에 시설하는 지선은 소선이 최소 몇 가닥 이상의 연선이어야 하는가?

① 3   ② 5   ③ 7   ④ 9

 유형분석 지선의 가닥수와 안전율, 인장하중을 묻는 문제는 자주 출제된다.

풀 이 지선의 시설 기준(KEC 331.11)
- 소선 3가닥 이상의 연선
- 지선의 안전율이 2.5 이상일 것   답 ①

Key point

① 지선의 안전율은 2.5 이상일 것. 이 경우에 허용 인장하중의 최저는 4.31[kN]으로 한다.
② 지선에 연선을 사용할 경우에는 다음에 의할 것
  - 소선(素線) 3가닥 이상의 연선일 것
  - 소선의 지름이 2.6[mm] 이상의 금속선을 사용한 것일 것. 다만, 소선의 지름이 2[mm] 이상인 아연도강연선(亞鉛鍍鋼撚線)으로서 소선의 인장강도가 0.68[kN/mm^2] 이상인 것을 사용하는 경우에는 그러하지 아니하다.
③ 지중부분 및 지표상 30[cm]까지의 부분에는 내식성이 있는 것 또는 아연도금을 한 철봉을 사용하고 쉽게 부식되지 아니하는 근가에 견고하게 붙일 것. 다만, 목주에 시설하는 지선에 대해서는 그러하지 아니하다.

 문제 12 ★★ 지선으로 보강하여서는 안 되는 지지물은?

① 목주   ② 판자 마스트
③ 철근 콘크리트주   ④ 철탑

풀이 331.11 지선의 시설
가. 가공전선로의 지지물로 사용하는 **철탑은 지선을 사용하여 그 강도를 분담시켜서는 안 된다.**
나. 지선의 안전율은 2.5 이상일 것. 이 경우에 허용 인장하중의 최저는 4.31[kN]으로 한다.
다. 지선에 연선을 사용할 경우에는 다음에 의할 것.
  ① 소선 3가닥 이상의 연선일 것.
  ② 소선의 지름이 2.6[mm] 이상의 금속선을 사용한 것일 것.   답 ④

04. 고압, 특고압 전기설비

문제 13 가공 전선로의 지지물에 시설하는 지선의 안전율은 2.5 이상이어야 한다. 이 경우에 허용 인장 하중의 최저는 몇 [kN]으로 하여야 하는가?

① 1.11 ② 1.25 ③ 2.83 ④ 4.31

풀이 331.11 지선의 시설
가. 가공전선로의 지지물로 사용하는 철탑은 지선을 사용하여 그 강도를 분담시켜서는 안 된다.
나. 지선의 **안전율은 2.5 이상**일 것. 이 경우에 **허용 인장하중의 최저는 4.31[kN]**으로 한다.
다. 지선에 연선을 사용할 경우에는 다음에 의할 것.
　① 소선 3가닥 이상의 연선일 것.
　② 소선의 지름이 2.6[mm] 이상의 금속선을 사용한 것일 것. **답** ④

문제 14 지선의 전선로에서 지지물에 시설하는 지선의 안전율 최솟값은?

① 1.5 ② 2.2 ③ 2.5 ④ 2.7

풀이 331.11 지선의 시설
가. 가공전선로의 지지물로 사용하는 철탑은 지선을 사용하여 그 강도를 분담시켜서는 안 된다.
나. 지선의 **안전율은 2.5 이상**일 것. 이 경우에 허용 인장하중의 최저는 4.31[kN]으로 한다.
다. 지선에 연선을 사용할 경우에는 다음에 의할 것.
　① 소선 3가닥 이상의 연선일 것.
　② 소선의 지름이 2.6[mm] 이상의 금속선을 사용한 것일 것. **답** ③

문제 15 가공 전선로의 지지물에 시설하는 지선은 소선이 최소 몇 가닥 이상의 연선이어야 하는가?

① 3 ② 5 ③ 7 ④ 9

풀이 331.11 지선의 시설
가. 가공전선로의 지지물로 사용하는 철탑은 지선을 사용하여 그 강도를 분담시켜서는 안 된다.
나. 지선의 안전율은 2.5 이상일 것. 이 경우에 허용 인장하중의 최저는 4.31[kN]으로 한다.
다. 지선에 연선을 사용할 경우에는 다음에 의할 것.
　① **소선 3가닥 이상의 연선**일 것.
　② 소선의 지름이 2.6[mm] 이상의 금속선을 사용한 것일 것. **답** ①

문제 16 고압 가공 인입선의 전선으로는 지름 몇 [mm]의 경동선을 사용하는가?

① 1.6 ② 2.6 ③ 3.5 ④ 5.0

풀이 331.12.1 고압 가공인입선의 시설
가. 인장강도 8.01[kN] 이상의 고압 절연전선, 특고압 절연전선
나. **지름 5[mm] 이상의 경동선**의 고압 절연전선, 특고압 절연전선 **답** ④

문제 17 ★★★★
고압 가공 인입선은 그 아래에 위험 표시를 하였을 경우에는 전선의 지표상 높이[m]를 얼마까지 낮출 수 있는가?

① 5.5　　② 4.5　　③ 3.5　　④ 2.5

풀이 331.12.1 고압 가공인입선의 시설
고압 가공인입선의 높이는 **지표상 5[m]**로 하여야 한다.
그러나 그 고압 가공인입선이 케이블 이외의 것인 때에는 그 전선의 아래쪽에 위험 표시를 하면 고압 가공인입선의 높이는 지표상 3.5[m]까지로 감할 수 있다. **답 ③**

문제 18 ★★★☆
고압 인입선 등의 시설 기준에 맞지 않는 것은?

① 고압 가공 인입선 아래에 위험 표시를 하고 지표상 3.5[m] 높이에 설치하였다.
② 전선은 5.0[mm] 경동선과 동등한 세기의 고압 절연 전선을 사용하였다.
③ 애자 사용 공사로 시설하였다.
④ 15[m] 떨어진 다른 수용가에 고압 연접 인입선을 시설하였다.

풀이 331.12.1 고압 가공인입선의 시설
고압 연접인입선은 시설하여서는 아니 된다. **답 ④**

문제 19 ★★★★★
고압 가공 전선이 경동선 또는 내열 동합금선인 경우 안전율의 최솟값은?

① 2.2　　② 2.5　　③ 2.8　　④ 4.0

풀이 332.4 고압 가공전선의 안전율 / 222.6 저압 가공전선의 안전율
가공전선이 케이블 이외인 경우 안전율이 다음 이상이 되는 이도로 시설하여야 한다.
가. **경동선 또는 내열 동합금선 : 2.2 이상**
나. 그 밖의 전선 : 2.5 **답 ①**

문제 20 ★☆
고압 가공 전선에 경알루미늄선을 사용하는 경우 안전율의 최솟값은 얼마인가?

① 2.0　　② 2.2　　③ 2.5　　④ 4.0

풀이 332.4 고압 가공전선의 안전율
222.6 저압 가공전선의 안전율
가공전선이 케이블 이외인 경우 안전율이 다음 이상이 되는 이도로 시설하여야 한다.
가. 경동선 또는 내열 동합금선 : 2.2 이상
나. **그 밖의 전선 : 2.5** **답 ③**

필수 05 ★★★★★ 저압 및 고압의 가공전선로

고저압 가공 전선이 도로를 횡단할 때의 지표상의 높이의 최저값은 얼마인가?

① 4[m]　　② 5[m]　　③ 6[m]　　④ 7[m]

유형분석 저압, 고압 및 특고압에서 높이는 자주 출제된다.

풀 이 저고압 가공 전선의 도로 횡단 시 높이는 6[m] 이상이어야 한다.
(KEC 332.5, 222.7)

답 ③

Key point

① 저·고압 가공 전선의 최소 높이
  ㉠ 도로를 횡단하는 경우 : 지표상 6[m]
  ㉡ 철도를 횡단하는 경우 : 궤조면상 6.5[m]
  ㉢ 횡단 보도교 위에 시설하는 경우
    • 저압 : 3.5[m](절연 전선, 케이블 사용 경우 3[m])
    • 고압 : 4[m](고압 절연 전선, 케이블 사용 경우 3.5[m])
  ㉣ 일반 장소 : 지표상 5[m](저압으로 교통에 지장이 없는 경우 4[m])

문제 21 ★★☆ 시가지에서 저압가공전선로를 도로에 따라 시설할 경우 지표상의 최저 높이는 몇 [m] 이상이어야 하는가?

① 4.5　　② 5.0　　③ 5.5　　④ 6.0

풀이 332.5 고압 가공전선의 높이 / 222.7 저압 가공전선의 높이

설치장소		가공전선의 높이
도로횡단 (번잡하지 않은 도로 제외)		지표상 6[m] 이상
철도 또는 궤도횡단		레일면상 6.5[m] 이상
횡단보도교 위	저압	노면상 3.5[m] 이상. 단, 절연전선의 경우 3[m] 이상
	고압	노면상 3.5[m] 이상
일반 장소		**지표상 5[m] 이상**. 단, 저압의 경우 절연전선 또는 케이블을 사용하여 교통에 지장이 없도록 하여 옥외조명용에 공급하는 경우 4[m]까지 감할 수 있다.
다리의 하부 기타 이와 유사한 장소		저압의 전기철도용 급전선은 지표상 3.5[m]까지로 감할 수 있다.

답 ②

문제 22 ★★★ 저압 가공 전선이 철도를 횡단할 때 레일면 상의 최저 높이[m]는?

① 5　　② 5.5　　③ 6　　④ 6.5

풀이 ▶ 332.5 고압 가공전선의 높이 / 222.7 저압 가공전선의 높이

설치장소	가공전선의 높이
철도 또는 궤도횡단	레일면상 6.5[m] 이상

답 ④

문제 23 ★★★★★
고압 가공 전선로에 사용하는 가공 지선에 나경동선을 사용할 경우 지름 몇 [mm] 이상의 것을 사용하여야 하는가?

① 2.0　　② 2.5　　③ 3.0　　④ 4.0

풀이 ▶ 332.6 고압 가공전선로의 가공지선
고압 가공전선로에 사용하는 **가공지선**은 인장강도 5.26[kN] 이상의 것 또는 **지름 4[mm] 이상의 나경동선**을 사용한다.

답 ④

문제 24 ★★★★☆
저압가공전선과 고압가공전선을 동일 지지물에 시설하는 경우 저압가공전선과 고압가공전선과의 이격거리는 몇 [m] 이상이어야 하는가?

① 0.4　　② 0.5　　③ 0.6　　④ 0.7

풀이 ▶ 332.8 고압 가공전선 등의 병행설치
저압 가공전선(다중접지된 중성선은 제외한다)과 고압 가공 전선을 동일 지지물에 시설하는 경우에는 다음에 따라야 한다.
가. 저압 가공전선을 고압 가공전선의 아래로 하고 별개의 완금류에 시설할 것.
나. 저압 가공전선과 고압 가공전선 사이의 **이격거리는 0.5[m] 이상**일 것.

답 ②

문제 25 ★☆
목주를 사용한 고압 가공 전선로의 최대 경간은?

① 50[m]　　② 100[m]　　③ 150[m]　　④ 200[m]

풀이 ▶ 332.9 고압 가공전선로 경간의 제한

지지물의 종류	경간
목주·A종 철주 또는 A종 철근 콘크리트주	150[m]
B종 철주 또는 B종 철근 콘크리트주	250[m]
철탑	600[m]

답 ③

문제 26 ★★☆
고압 가공 전선과 건조물의 상부 조영재와의 옆쪽 이격 거리는 일반적인 경우 최소 몇 [m] 이상이어야 하는가?

① 1.5　　② 1.2　　③ 0.9　　④ 0.6

풀이 ▶ 332.11 고압 가공전선과 건조물의 접근 / 222.11 저압 가공전선과 건조물의 접근
저압 가공전선 또는 고압 가공전선이 건조물과 접근 상태로 시설되는 경우에는 다음에 따라야 한다.

가. 고압 가공전선로는 고압 보안공사에 의할 것.
나. 저·고압 가공전선과 건조물의 조영재 사이의 이격거리는 표에서 정한 값 이상일 것.

사용전압 부분 공작물의 종류			저압[m]	고압[m]
건조물	상부 조영재 위쪽	일반적인 경우	2	2
		전선이 고압절연전선	1	2
		전선이 케이블인 경우	1	1
	기타 조영재 또는 상부조영재의 옆쪽 또는 아래쪽	**일반적인 경우**	1.2	1.2
		전선이 고압절연전선	0.4	1.2
		전선이 케이블인 경우	0.4	0.4
		사람이 쉽게 접근할 수 없도록 시설한 경우	0.8	0.8

답 ②

문제 27 ★★★

고압 절연 전선을 사용한 고압 가공 전선이 가공 약전류 접선과 접근하는 경우의 고압 가공 전선과 가공 약전류 전선과의 이격 거리[m]의 최솟값은?

① 0.6   ② 0.8   ③ 1   ④ 1.2

풀이
332.13 고압 가공전선과 가공약전류전선 등의 접근 또는 교차
222.13 저압 가공전선과 가공약전류전선 등의 접근 또는 교차
저압 가공전선 또는 고압 가공전선이 가공약전류전선 또는 가공 광섬유 케이블과 접근상태로 시설되는 경우에는 다음에 따라야 한다.
가. 고압 가공전선은 고압 보안공사에 의할 것.
나. 저·고압 가공전선과 가공약전류전선과의 이격거리는 표에서 정한 값 이상일 것.

가공전선 약전류전선	저압가공전선		고압가공전선	
	저압 절연전선	고압 절연전선 또는 케이블	절연전선	케이블
일반	0.6[m]	0.3[m]	0.8[m]	0.4[m]
절연전선 또는 통신용 케이블인 경우	0.3[m]	0.15[m]		

답 ②

문제 28 ★★★★

고압 절연 전선을 사용한 6600[V] 배전선이 안테나와 접근 상태로 시설되는 경우, 그 이격 거리[m]는?

① 0.6 이상   ② 0.8 이상   ③ 1 이상   ④ 1.2 이상

풀이
332.14 고압 가공전선과 안테나의 접근 또는 교차
저압 가공전선 또는 고압 가공전선이 안테나와 접근상태로 시설되는 경우에는 다음에 따라야 한다.
가. 고압 가공전선로는 고압 보안공사에 의할 것.
나. 가공전선과 안테나 사이의 이격거리

사용전압 부분 공작물의 종류		저압	고압
안테나	일반적인 경우	0.6[m]	0.8[m]
	고압·특고압 절연전선	0.3[m]	0.8[m]
	케이블	0.3[m]	0.4[m]

답 ②

문제 29
가섭선에 의하여 시설되는 안테나가 있다. 이 안테나 주위에 고압 가공 케이블이 지나가고 있다면 수평 이격 거리는 몇 [m] 이상으로 하여야 하는가?

① 0.4 ② 0.6 ③ 0.8 ④ 1.0

풀이 332.14 고압 가공전선과 안테나의 접근 또는 교차
저압 가공전선 또는 고압 가공전선이 안테나와 접근상태로 시설되는 경우에는 다음에 따라야 한다.
가. 고압 가공전선로는 고압 보안공사에 의할 것.
나. 가공전선과 안테나 사이의 이격거리

사용전압 부분 공작물의 종류		저압	고압
안테나	일반적인 경우	0.6[m]	0.8[m]
	고압 · 특고압 절연전선	0.3[m]	0.8[m]
	케이블	0.3[m]	0.4[m]

답 ①

문제 30
22.9[kV]의 전선로를 시가지에 시설하는 경우 그 전선의 지표상의 최소 높이[m]는? (단, 전선으로는 나경동선을 사용한다고 한다.)

① 5 ② 6 ③ 8 ④ 10

풀이 333.1 시가지 등에서 특고압 가공전선로의 시설

사용전압의 구분	지표상의 높이
35[kV] 이하	10[m] (전선이 특고압 절연전선인 경우에는 8[m])
35[kV] 초과	10[m]에 35[kV]를 초과하는 10[kV] 또는 그 단수마다 12[cm]를 더한 값

답 ④

문제 31
154[kV] 가공 전선을 시가지에 시설할 경우의 경동연선의 최소 단면적[mm²]은?

① 22 ② 38 ③ 55 ④ 150

풀이 333.1 시가지 등에서 특고압 가공전선로의 시설
사용전압이 170[kV] 이하인 전선로에서의 전선의 굵기

사용전압의 구분	전선의 단면적
100[kV] 미만	인장강도 21.67[kN] 이상의 연선 또는 단면적 55[mm²] 이상의 경동연선
100[kV] 이상	인장강도 58.84[kN] 이상의 연선 또는 단면적 150[mm²] 이상의 경동연선

답 ④

문제 32
특고압 가공 전선로를 가공 케이블로 시설하는 경우 잘못된 것은?

① 조가용선에 행거의 간격은 1[m]로 시설하였다.
② 조가용선을 케이블의 외장에 견고하게 붙여 시설하였다.
③ 조가용선은 단면적 22[mm²]의 아연도 강연선을 사용하였다
④ 조가용선에 접촉시켜 금속 테이프를 간격 20[cm] 이하의 간격을 유지시켜 나선형으로 감아 붙였다.

풀이 333.3 특고압 가공케이블의 시설
특고압 가공전선로는 그 전선에 케이블을 사용하는 경우에는 다음에 따라 시설하여야 한다.
1. 케이블은 다음의 어느 하나에 의하여 시설할 것.
   가. 조가용선에 행거에 의하여 시설할 것. 이 경우에 **행거의 간격은 0.5[m] 이하**로 하여 시설하여야 한다.
   나. 조가용선에 접촉시키고 그 위에 쉽게 부식되지 아니하는 금속 테이프 등을 0.2[m] 이하의 간격을 유지시켜 나선형으로 감아 붙일 것.
2. 조가용선은 인장강도 13.93[kN] 이상의 연선 또는 단면적 22[mm^2] 이상의 아연도강연선일 것.
3. 조가용선 및 케이블의 피복에 사용하는 금속체에는 규정에 준하여 접지공사를 할 것. **답** ①

문제 33 ★★☆ 66[kV] 가공 전선로의 전선과 그 지지물과의 최소 이격 거리는 몇 [cm]인가?

① 20　　　② 30　　　③ 40　　　④ 65

풀이 333.5 특고압 가공전선과 지지물 등의 이격거리
특고압 가공전선과 그 지지물·완금류·지주 또는 지선 사이의 이격거리는 표에서 정한 값 이상이어야 한다. 다만, 기술상 부득이한 경우에 위험의 우려가 없도록 시설한 때에는 표에서 정한 값의 0.8배까지 감할 수 있다.

사용전압	이격거리[cm]
15[kV] 미만	15
15[kV] 이상 25[kV] 미만	20
25[kV] 이상 35[kV] 미만	25
60[kV] 이상 70[kV] 미만	40
130[kV] 이상 160[kV] 미만	90

답 ③

문제 34 ★☆ 특고압 가공 전선로에 사용하는 가공 지선에는 지름 몇 [mm]의 나경동선 또는 이와 동등 이상의 세기 및 굵기의 나선을 사용하여야 하는가?

① 2.6　　　② 3.5　　　③ 4　　　④ 5

풀이 333.8 특고압 가공전선로의 가공지선
특고압 가공전선로에 사용하는 가공지선은 다음과 같다.
1. 인장강도 8.01[kN] 이상의 나선
2. **지름 5[mm] 이상의 나경동선**
3. 단면적 22[mm^2] 이상의 나경동연선
4. 아연도강연선 22[mm^2]
5. OPGW 전선 **답** ④

문제 35 ★★★ 154[kV] 가공 송전선을 산 중에 건설하는 경우 지표상의 최소 높이[m]는?

① 5　　　② 6　　　③ 7　　　④ 8

풀이 ▶ 333.7 특고압 가공전선의 높이

전압의 범위	일반 장소	도로 횡단	철도 또는 궤도횡단	횡단보도교
35[kV] 이하	5[m]	6[m]	6.5[m]	4[m](특고압 절연전선 또는 케이블 사용)
35[kV] 초과 160[kV] 이하	6[m]	6[m]	6.5[m]	5[m](케이블 사용)
	산지 등에서 사람이 쉽게 들어갈 수 없는 장소 : 5[m] 이상			
160[kV] 초과	일반장소		가공전선의 높이 = 6 + 단수 × 0.12[m]	
	철도 또는 궤도횡단		가공전선의 높이 = 6.5 + 단수 × 0.12[m]	
	산지		가공전선의 높이 = 5 + 단수 × 0.12[m]	

※ 단수 = $\dfrac{(전압[kV]-160)}{10}$ … 단수 계산에서 소수점 이하는 절상

답 ①

문제 36 ★★★
345[kV] 특고압 송전선을 사람이 용이하게 들어가지 않는 산지에 시설할 때 전선의 최소 높이는 지표상 얼마인가?

① 7.28[m]   ② 7.85[m]   ③ 8.28[m]   ④ 9.28[m]

풀이 ▶ 333.7 특고압 가공전선의 높이

전압의 범위	일반 장소	도로 횡단	철도 또는 궤도횡단	횡단보도교
35[kV] 이하	5[m]	6[m]	6.5[m]	4[m](특고압 절연전선 또는 케이블 사용)
35[kV] 초과 160[kV] 이하	6[m]	6[m]	6.5[m]	5[m](케이블 사용)
	산지 등에서 사람이 쉽게 들어갈 수 없는 장소 : 5[m] 이상			
160[kV] 초과	일반장소		가공전선의 높이 = 6 + 단수 × 0.12[m]	
	철도 또는 궤도횡단		가공전선의 높이 = 6.5 + 단수 × 0.12[m]	
	산지		가공전선의 높이 = 5 + 단수 × 0.12[m]	

※ 단수 = $\dfrac{(전압[kV]-160)}{10}$ … 단수 계산에서 소수점 이하는 절상

- 단수 = $\dfrac{345-160}{10} = 18.4 \rightarrow 19$단
- 지표상 높이 = $5 + 19 \times 0.12 = 7.28$[m]

답 ①

06 ★★★★★ 특고압 가공 전선로

시가지에 시설하는 특고압 가공 전선로용 지지물로 사용해서는 안 되는 것은?

① 철주   ② 철탑   ③ 목주   ④ 철근 콘크리트주

유형분석 특고압 전선로에는 다양한 문제가 출제된다. 이격거리. 높이, 경간 등이 많이 출제된다.

풀 이 시가지에 시설하는 특고압 가공 전선로용 지지물은 철주, 철근 콘크리트주, 또는 철탑을 사용하고 목주를 사용할 수 없다. (KEC 333.1)

답 ③

Key point

특고압 가공 전선로의 지지물로 사용하는 B종 철주, 철근 콘크리트주, 철탑의 종류는 다음과 같다.
① 직선형 : 전선로의 직선 부분(3° 이하의 수평 각도를 이루는 곳 포함)에 사용되는 것
② 각도형 : 전선로 중 수평 각도 3°를 넘는 곳에 사용되는 것
③ 인류형 : 전 가섭선을 인류하는 곳에 사용하는 것
④ 내장형 : 전선로 지지물 양측의 경간차가 큰 곳에 사용하는 것
⑤ 보강형 : 전선로 직선 부분을 보강하기 위하여 사용하는 것

문제 37 ★★★★
특고압 가공 전선로의 B종 철주 중 각도형은 전선로 중 몇 [°]를 넘는 수평 각도를 이루는 곳에 사용되는가?

① 1° ② 2° ③ 3° ④ 5°

풀이 333.11 특고압 가공전선로의 철주·철근 콘크리트주 또는 철탑의 종류
특고압 가공전선로의 지지물로 사용하는 B종 철근·B종 콘크리트주 또는 철탑의 종류는 다음과 같다.
1. 직선형 : 전선로의 직선 부분(3° 이하의 수평 각도 이루는 곳 포함)에 사용되는 것
2. **각도형 : 전선로 중 수평 각도 3°를 넘는 곳에 사용**되는 것
3. 인류형 : 전 가섭선을 인류하는 곳에 사용하는 것
4. 내장형 : 전선로 지지물 양측의 경간차가 큰 곳에 사용하는 것
5. 보강형 : 전선로 직선 부분을 보강하기 위하여 사용하는 것

답 ③

문제 38 ★★★★★
특고압 가공 전선로에 사용하는 철탑의 종류 중에서 전선로 지지물의 양측 경간의 차가 큰 곳에 사용하는 철탑은?

① 각도형 철탑 ② 인류형 철탑
③ 보강형 철탑 ④ 내장형 철탑

풀이 333.11 특고압 가공전선로의 철주·철근 콘크리트주 또는 철탑의 종류
특고압 가공전선로의 지지물로 사용하는 B종 철근·B종 콘크리트주 또는 철탑의 종류는 다음과 같다.
1. 직선형 : 전선로의 직선 부분(3° 이하의 수평 각도 이루는 곳 포함)에 사용되는 것
2. 각도형 : 전선로 중 수평 각도 3°를 넘는 곳에 사용되는 것
3. 인류형 : 전 가섭선을 인류하는 곳에 사용하는 것
4. **내장형 : 전선로 지지물 양측의 경간차가 큰 곳에 사용**하는 것
5. 보강형 : 전선로 직선 부분을 보강하기 위하여 사용하는 것

답 ④

문제 39 ★★★☆
특고압 가공 전선로 중 지지물로서 직선형 철탑을 연속하여 10기 이상 사용하는 부분에서 내장 애자 장치를 갖는 철탑은 몇 기 이하마다 시설해야 하는가?

① 20 ② 15 ③ 10 ④ 5

풀이 333.16 특고압 가공전선로의 내장형 등의 지지물 시설
특고압 가공전선로 중 지지물로서 직선형의 철탑을 연속하여 10기 이상 사용하는 부분에는 10기 이하마다 장력에 견디는 애자장치가 되어 있는 철탑 또는 이와 동등 이상의 강도를 가지는 철탑 1기를 시설하여야 한다. **답** ③

문제 40 ★★★★★
35[kV]의 특고압가공전선과 가공약전류전선을 동일 지지물에 시설하는 경우, 다음 보안 공사의 종류 중 해당되는 것은?

① 특고압 가공 선로는 제2종 특고압 보안 공사에 의하여 시설한다.
② 특고압 가공 선로는 보안 공사에 의하여 시설한다.
③ 특고압 가공 선로는 제1종 특고압 보안 공사에 의하여 시설한다.
④ 특고압 가공 선로는 제3종 특고압 보안 공사에 의하여 시설한다.

풀이 333.19 특고압 가공전선과 가공약전류전선 등의 공용설치
사용전압이 35[kV] 이하인 특고압 가공전선과 가공약전류전선 등을 동일 지지물에 시설하는 경우에는 다음에 따라야 한다.
가. 특고압 가공전선로는 **제2종 특고압 보안공사**에 의할 것.
나. 특고압 가공전선은 가공약전류전선 등의 위로하고 별개의 완금류에 시설할 것.
다. 특고압 가공전선은 케이블인 경우 이외에는 인장강도 21.67 [kN] 이상의 연선 또는 단면적이 50[mm²] 이상인 경동연선일 것.
라. 특고압 가공전선과 가공약전류전선 등 사이의 이격거리는 2[m] 이상으로 할 것. 다만, 특고압 가공전선이 케이블인 경우에는 0.5[m]까지로 감할 수 있다. **답** ①

문제 41 ★☆
B종 철주를 사용하는 특고압 가공 전선로의 표준 경간의 최댓값은 몇 [m] 이하이어야 하는가? (단, 시가지 외에 시설되는 일반 공사의 경우임)

① 250   ② 300   ③ 350   ④ 400

풀이 333.21 고압 가공전선로의 경간 제한
고압 가공전선로의 경간은 표에서 정한 값 이하이어야 한다.

지지물의 종류	경 간
목주·A종 철주 또는 A종 철근 콘크리트주	150[m]
B종 철주 또는 B종 철근 콘크리트주	250[m]
철 탑	600[m] (단주인 경우에는 400[m])

답 ①

문제 42 ★★★★
보안 공사 중에서 목주, A종 철주 및 A종 철근 콘크리트주를 사용할 수 없는 것은?

① 고압 보안 공사
② 제1종 특고압 보안 공사
③ 제2종 특고압 보안 공사
④ 제3종 특고압 보안 공사

풀이 333.22 특고압 보안공사
제1종 특고압 보안공사 시 전선로의 지지물에는 B종 철주·B종 철근 콘크리트주 또는 철탑을 사용할 것. (목주나 A종은 사용 불가) **답** ②

문제 43

★★★☆

제1종 특고압 보안 공사에 의하여 시설한 154[kV] 가공 송전 선로는 전선에 지락 또는 단락이 생긴 경우에 몇 초 안에 자동적으로 이를 전로로부터 차단하는 장치를 시설하는가?

① 0.5 ② 1.0 ③ 2.0 ④ 3.0

풀이 333.22 특고압 보안공사

제1종 특고압 보안공사에서 특고압 가공전선에 지락 또는 단락이 생겼을 경우에 3초(사용전압이 100[kV] 이상인 경우에는 2초) 이내에 자동적으로 이것을 전로로부터 차단하는 장치를 시설할 것. **답** ③

문제 44

★★

제2종 특고압 보안공사의 기술기준으로 옳지 않은 것은?

① 특고압 가공전선은 연선일 것
② 지지물로 사용하는 목주의 풍압하중에 대한 안전율은 2 이상일 것
③ 지지물이 목주일 경우 그 경간은 150[m] 이하일 것
④ 지지물이 A종 철주라면 그 경간은 100[m] 이하일 것

풀이 333.22 특고압 보안공사

제2종 특고압 보안공사는 다음에 따라야 한다.
가. 특고압 가공전선은 연선일 것.
나. 지지물로 사용하는 목주의 풍압하중에 대한 안전율은 2 이상일 것.
다. 경간은 표에서 정한 값 이하일 것

지지물의 종류	경 간
목주 · A종 철주 또는 A종 철근 콘크리트주	100[m]
B종 철주 또는 B종 철근 콘크리트주	200[m]
철탑	400[m](단주인 경우에는 300[m])

답 ③

문제 45

★☆

154[kV] 가공전선로를 제1종 특고압 보안공사에 의하여 시설하는 경우 사용 전선은 인장강도 58.84[kN] 이상의 연선 또는 단면적 몇 [mm^2]의 경동연선이어야 하는가?

① 38 ② 55 ③ 100 ④ 150

풀이 333.22 특고압 보안공사

제1종 특고압 보안공사 시 전선의 단면적

사용전압	전 선
100[kV] 미만	인장강도 21.67[kN] 이상의 연선 또는 단면적 55[mm^2] 이상의 경동연선
100[kV] 이상 300[kV] 미만	인장강도 58.84[kN] 이상의 연선 또는 **단면적 150[mm^2] 이상의 경동연선**
300[kV] 이상	인장강도 77.47[kN] 이상의 연선 또는 단면적 200[mm^2] 이상의 경동연선

답 ④

문제 46
사용전압이 35[kV] 이하인 특고압가공전선이 건조물과 제2차 접근상태로 시설되는 경우에 특고압가공전선로는 제 몇 종 특고압 보안공사를 하여야 하는가?

① 제1종 특고압 보안공사 ② 제2종 특고압 보안공사
③ 제3종 특고압 보안공사 ④ 제4종 특고압 보안공사

풀이 333.23 특고압 가공전선과 건조물의 접근
1. 제1차 접근 상태 : 제3종 특고압 보안 공사
2. 제2차 접근 상태
   가. 35[kV] 이하 : 제2종 특고압 보안 공사
   나. 35[kV] 초과 400[kV] 미만 : 제1종 특고압 보안 공사

답 ②

문제 47
345[kV] 가공 전선이 건조물과 제1차 접근 상태로 시설되는 경우 양자간의 최소 이격 거리는 얼마이어야 하는가?

① 6.75[m] ② 7.65[m] ③ 7.80[m] ④ 9.48[m]

풀이 333.23 특고압 가공전선과 건조물의 접근
특고압 가공전선이 건조물과 제1차 접근상태로 시설되는 경우에는 다음에 따라야 한다.
가. 특고압 가공전선로는 제3종 특고압 보안공사에 의할 것.
나. 사용전압이 35[kV]를 초과하는 특고압 가공 전선과 건조물의 이격 거리는 3[m]에 35[kV]를 넘는 10[kV] 또는 그 단수마다 15[cm]를 가한 값 이상일 것.
- 단수 = $\dfrac{345-35}{10} = 31$단
- 이격거리 = $3 + 31 \times 0.15 = 7.65[m]$

답 ②

문제 48
사용 전압 154[kV]의 가공 송전선과 식물과의 최소 이격 거리는 몇 [m]인가?

① 3.0[m] ② 3.12[m] ③ 3.2[m] ④ 3.4[m]

풀이 333.30 특고압 가공전선과 식물의 이격거리

사용전압의 구분	이격거리
60[kV] 이하	2[m]
60[kV] 초과	• 이격거리 = 2 + 단수×0.12[m] • 단수 = $\dfrac{\text{사용전압}[kV] - 60}{10}$ … 단수 계산에서 소수점 이하는 절상

- 단수 = $\dfrac{154-60}{10} = 9.4 \rightarrow 10$단
- 이격거리 = $2 + 10 \times 0.12 = 3.2[m]$

답 ③

문제 49
중성선 다중 접지식의 것으로서 전로에 지기가 생긴 경우에 2초 안에 자동적으로 차단하는 장치를 가지는 22.9[kV] 가공 전선로에서 1[km]당 중성선과 대지사이의 합성 전기 저항값은 몇 [Ω] 이하이어야 하는가?

① 10 ② 15 ③ 20 ④ 30

풀이 333.32 25[kV] 이하인 특고압 가공전선로의 시설
각 접지도체를 중성선으로부터 분리하였을 경우의 각 접지점의 대지 전기저항값과 1[km] 마다의 중성선과 대지 사이의 합성전기저항 값은 표에서 정한 값 이하일 것.

사용전압	각 접지점의 대지 전기저항치	1[km]마다의 합성 전기저항치
15[kV] 이하	300[Ω]	30[Ω]
15[kV] 초과 25[kV] 이하	300[Ω]	15[Ω]

답 ②

문제 50 ★

22.9[kV] 3상 4선식 중성점 다중 접지 방식의 가공 전선에 특고압 절연 전선을 사용한 경우 안테나와의 최소 이격 거리는 몇 [m]인가?

① 0.75   ② 1   ③ 1.5   ④ 2

풀이 333.32 25[kV] 이하인 특고압 가공전선로의 시설
사용전압이 15[kV]를 초과하고 25[kV] 이하인 특고압 가공전선로(중성선 다중접지식의 것으로서 전로에 지락이 생겼을 때에 2초 이내에 자동적으로 이를 전로로부터 차단하는 장치가 되어 있는 것에 한한다)가 저고압 가공전선 등과 접근상태로 시설되는 경우에 이의 이격거리는 표에서 정한 값 이상일 것.

구 분	가공전선의 종류	이격(수평이격) 거리[m]
가공약전류 전선 등·저압 또는 고압의 가공전선·저압 또는 고압의 전차선·안테나	나전선	2
	특고압 절연전선	1.5
	케이블	0.5

답 ③

문제 51 ★★

3상 4선식 중성선 다중 접지한 22.9[kV] 특고압 가공전선과 식물과의 최소 이격 거리는 얼마인가?

① 1.2[m]   ② 1.5[m]   ③ 2[m]   ④ 2.5[m]

풀이 333.32 25[kV] 이하인 특고압 가공전선로의 시설
특고압 가공전선과 식물 사이의 이격거리는 1.5[m] 이상일 것

답 ②

필수 07 ★★★★ 지중 전선로

지중 전선로에 사용되는 전선은?

① 절연 전선   ② 동복강선   ③ 케이블   ④ 나경동선

유형분석 지중전선로의 종류. 직접 매설식의 경우 깊이, 사용되는 전선, 압력시험의 압력, 지중함 크기, 접지공사 등이 출제된다.

풀 이 지중 전선로는 전선에 케이블을 사용하고 직접 매설식, 관로식, 암거식에 의하여 시설하여야 한다.
(KEC 334.1)

답 ③

Key point

① 지중 전선로는 전선에 케이블을 사용하고 직접 매설식, 관로식, 암거식에 의하여 시설하여야 한다.
② 지중 전선로를 직접 매설식에 의하여 시설하는 경우에 차량, 기타 중량물의 압력을 받을 우려가 있는 장소에서 1.0[m] 이상, 기타의 장소는 60[cm] 이상의 깊이에 콘크리트제의 견고한 관 또는 트라프에 넣어 시설하여야 한다.
③ 지중 전선로의 지중함은 견고하고 차량, 기타 중량물의 압력에 견디고 물이 쉽게 침입하지 않는 구조로 폭발성 또는 연소성의 가스가 침입할 우려가 있는 곳에 시설 하는 것으로 그 크기가 1[m³] 이상인 것에는 통풍 장치, 기타 가스를 발산시키기 위한 장치를 시설하여야 한다.
④ 압축 가스를 사용하여 케이블에 압력을 가하는 가압 장치의 압력관, 압력 탱크 및 압축기는 각각의 최고 사용 압력 1.5배의 유압 또는 수압(유압 또는 수압으로 시험하기 곤란한 경우는 최고 사용 압력 1.25배의 기압)을 계속 10분간 가하여 시험을 할 때 이에 견디고 또한 누설되지 않아야 한다.

문제 52 ★★ 지중 전선로의 전선으로 사용되는 것은?

① 600[V] 불소 수지 절연 전선 ② 다심형 전선
③ 인하용 절연 전선 ④ 케이블

풀이 334.1 지중전선로의 시설
가. 지중 전선로는 전선에 케이블을 사용하고 또한 관로식·암거식 또는 직접 매설식에 의하여 시설하여야 한다.
나. 지중 전선로를 직접 매설식에 의하여 시설하는 경우에는 매설 깊이는
 ① 차량 기타 중량물의 압력을 받을 우려가 있는 장소 : 1.0[m] 이상
 ② 기타 장소 : 0.6[m] 이상 **답** ④

문제 53 ★★★★★ 지중 전선로 중에 직접 매설식에 의하여 시설할 경우에는 토관의 깊이를 차량 및 기타 중량물의 압력을 받을 우려가 없는 장소에서는 몇 [m] 이상으로 하여야 하는가?

① 0.6 ② 1.0 ③ 1.2 ④ 1.5

풀이 334.1 지중전선로의 시설
가. 지중 전선로는 전선에 케이블을 사용하고 또한 관로식·암거식 또는 직접 매설식에 의하여 시설하여야 한다.
나. 지중 전선로를 직접 매설식에 의하여 시설하는 경우에는 매설 깊이는
 ① 차량 기타 중량물의 압력을 받을 우려가 있는 장소 : 1.0[m] 이상
 ② 기타 장소 : 0.6[m] 이상 **답** ①

문제 54 ★★☆ 고압 지중 케이블로서 직접 매설식에 의하여 시설하는 경우 견고한 트라프 기타 방호물에 넣지 않고 부설할 수 있는 케이블은?

① 매설 외장 케이블 ② 콤바인 덕트 케이블
③ 클로로프렌 외장 케이블 ④ 고무 외장 케이블

> **풀이** 334.1 지중전선로의 시설
> 지중 전선로를 직접 매설식에 의하여 시설하는 경우에 지중 전선을 견고한 트라프 기타 방호물에 넣어 시설하여야 한다. 단, 다음의 어느 하나에 해당하는 경우에는 지중전선을 견고한 트라프 기타 방호물에 넣지 아니하여도 된다.
> ① 저압 또는 고압의 지중전선을 차량 기타 중량물의 압력을 받을 우려가 없는 경우에 그 위를 견고한 판 또는 몰드로 덮어 시설하는 경우
> ② 저압 또는 고압의 지중전선에 **콤바인덕트 케이블 또는 개장한 케이블을 사용**하여 시설하는 경우
>
> **답** ②

문제 55 ★★★★

30[kV]의 지중 전선로를 직접 매설식에 의해 중량물이 통과하는 도로 밑에 시설하는 경우 지표로부터의 최소 깊이[m]는?

① 1.5   ② 1.2   ③ 1.0   ④ 0.6

> **풀이** 334.1 지중전선로의 시설
> 1. 지중 전선로는 전선에 케이블을 사용하고 또한 관로식·암거식 또는 직접 매설식에 의하여 시설하여야 한다.
> 2. 지중 전선로를 직접 매설식에 의하여 시설하는 경우에는 매설 깊이는
>   가. 차량 기타 중량물의 압력을 받을 우려가 있는 장소 : 1.0[m] 이상
>   나. 기타 장소 : 0.6[m] 이상
>
> **답** ③

문제 56 ★★★

특고압 지중 전선이 유독성의 유체를 내포하는 관과 접근하거나 교차하는 경우에 상호 간에 견고한 내화성 격벽을 설치하지 않으면 안 되는 최소 이격 거리는?

① 30[cm]   ② 60[cm]   ③ 80[cm]   ④ 100[cm]

> **풀이** 334.6 지중전선과 지중약전류전선 등 또는 관과의 접근 또는 교차
> 지중전선이 다음 조건의 이격거리 이하로 설치되는 경우에는 상호간에 내화성의 격벽을 설치하여야 한다.
>
> | 조 건 | 전 압 | 이격거리 |
> |---|---|---|
> | 지중 약전류 전선과 접근 또는 교차하는 경우 | 저압 또는 고압 | 0.3[m] |
> | | 특고압 | 0.6[m] |
> | 가연성, 유독성의 유체를 내포하는 관과 접근 또는 교차 | 특고압 | 1[m] |
> | | 25[kV] 이하, 다중접지방식 | 0.5[m] |
> | 기타의 관과 접근 또는 교차 | 특고압 | 0.3[m] |
>
> **답** ④

문제 57 ★★☆

지중전선과 지중 약전류 전선이 접근 또는 교차되는 경우에 고·저압에서의 이격 거리[m]는?

① 0.3   ② 0.4   ③ 0.5   ④ 0.6

> **풀이** 334.6 지중전선과 지중약전류전선 등 또는 관과의 접근 또는 교차
> 지중전선이 다음 조건의 이격거리 이하로 설치되는 경우에는 상호 간에 내화성의 격벽을 설치하여야 한다.

조 건	전 압	이격거리
지중 약전류 전선과 접근 또는 교차하는 경우	저압 또는 고압	0.3[m]
	특고압	0.6[m]
가연성, 유독성의 유체를 내포하는 관과 접근 또는 교차	특고압	1[m]
	25[kV] 이하, 다중접지방식	0.5[m]
기타의 관과 접근 또는 교차	특고압	0.3[m]

답 ①

08 터널 안 전선로 ★★★★☆

터널 안 전선로의 시설 방법으로 옳지 않은 것은?

① 저압 전선은 직경 2.0[mm]의 경동선이나 동등 이상의 세기 및 굵기의 절연 전선을 사용하였다.
② 고압 전선은 케이블 공사로 하였다.
③ 저압 전선을 애자 사용 공사에 의하여 시설하고 이를 궤조면 상 또는 노면 상 2.5[m] 이상으로 하였다.
④ 저압 전선을 가요 전선관 공사에 의해 시설하였다.

유형분석 터널 안 전선로의 시설방법을 기억한다.

풀 이 철도·궤도 또는 자동차도 전용터널 안의 전선로(KEC 335.1)

전압	전선의 굵기	시공방법	애자공사 시 높이
저압	인장강도 2.30[kN] 이상 또는 2.6[mm] 이상의 경동선의 절연전선	• 합성수지관공사 • 금속관공사 • 금속제가요전선관 공사 • 케이블공사 • 애자공사	노면상, 레일면상 2.5[m] 이상
고압	인장강도 5.26[kN] 이상 또는 4[mm] 이상의 경동선	• 케이블공사 • 애자공사	노면상, 레일면상 3[m] 이상
특고압		• 케이블공사	

답 ①

Key point

① 저압 전선은 인장강도 2.30[kN] 이상의 절연전선 또는 지름 2.6[mm] 이상의 경동선의 절연전선을 애자공사에 의하여 궤조면상 또는 노면상 2.5[m] 이상의 높이에 시설하거나 합성수지관공사, 금속관공사, 금속제 가요전선관공사 또는 케이블공사에 의하여 시설한다.
② 고압 전선은 케이블공사로 하거나 인장강도 5.26[kN] 이상의 것 또는 지름 4[mm] 이상의 경동선의 고압 절연전선 또는 특고압 절연전선을 애자공사에 의하여 노면상 3[m] 이상의 높이에 실시한다.

문제 58

사람이 상시 통행하는 터널 안의 교류 220[V]의 배선을 애자공사에 의하여 시설할 경우 전선은 노면상 몇 [m] 이상 높이로 시설하여야 하는가?

① 2.0[m]   ② 2.5[m]   ③ 3.0[m]   ④ 3.5[m]

풀이 335.1 터널 안 전선로의 시설
사람이 상시 통행하는 터널 안의 전선로 사용전압은 저압 또는 고압에 한하며, 다음에 따라 시설하여야 한다.

전압	전선의 굵기	시공방법	애자공사 시 높이
저압	인장강도 2.30[kN] 이상 또는 2.6[mm] 이상의 경동선의 절연전선	• 합성수지관공사 • 금속관공사 • 금속제가요전선관 공사 • 케이블공사 • 애자공사	노면상, 레일면상 2.5[m] 이상
고압	인장강도 5.26[kN] 이상 또는 4[mm] 이상의 경동선	• 케이블공사 • 애자공사	노면상, 레일면상 3[m] 이상

답 ②

문제 59

다음 중 수상 전선로를 시설하는 경우에 대한 설명으로 알맞은 것은?

① 사용 전압이 고압인 경우에는 제3종 캡타이어 케이블을 사용한다.
② 가공 전선로의 전선과 접속하는 경우, 접속점이 육상에 있는 경우에는 지표상 4[m] 이상의 높이로 지지물에 견고하게 붙인다.
③ 가공 전선로의 전선과 접속하는 경우, 접속점이 수면상에 있는 경우, 사용 전압이 고압인 경우에는 수면상 5[m] 이상의 높이로 지지물에 견고하게 붙인다.
④ 고압 수상 전선로에 지락이 생길 때를 대비하여 전로를 수동으로 차단하는 장치를 시설한다.

풀이 335.3 수상전선로의 시설
수상전선로를 시설하는 경우에는 그 사용전압은 저압 또는 고압인 것에 한한다.
가. 전선
  ① 저압 : 클로로프렌 캡타이어 케이블
  ② 고압 : 캡타이어 케이블
나. 수상전선로의 전선과 가공전선로 접속점의 높이
  ① 접속점이 육상에 있는 경우 : 지표상 5[m] 이상.
    다만, 저압인 경우에 도로상 이외의 곳에 있을 때에는 지표상 4[m]
  ② **접속점이 수면상에 있는 경우** : 저압 4[m] 이상, 고압 5[m] 이상
다. 수상전선로의 사용전압이 고압인 경우에는 전로에 지락이 생겼을 때에 자동적으로 전로를 차단하기 위한 장치를 시설하여야 한다.

답 ③

필수 09 기계, 기구 시설 및 옥내배선

23[kV] 변압기의 충전부와 울타리 높이를 가산한 충전부까지 거리의 최소값은 몇 [m]인가? 단, 위험하다는 내용의 표시를 할 경우임.

① 4   ② 5   ③ 6   ④ 7

유형분석 높이, 거리등을 확인하는 문제가 자주 출제된다.

풀이
① 35[kV] 이하 : 5[m]
② 160[kV]가 넘는 것 : 6[m]에 16만 [V]를 넘는 1만 [V] 또는 그 단수마다 12[cm]를 가산한 값
(KEC 341.4)

답 ②

Key point

- 사용 전압 35[kV] 이하 : 5[m] 이상
- 사용 전압이 35[kV]를 넘고 160[kV] 이하 : 6[m] 이상
- 사용 전압이 160[kV]를 넘는 것 : 6[m]에 160[kV]를 넘는 1만[V] 마다 12[cm]를 가산한 값 이상으로 한다.

문제 60 ★★★★★
특고압 전선로에 접속하는 배전용 변압기의 1차 전압은 몇 [kV] 이하이어야 하는가?

① 35　　② 30　　③ 25　　④ 20

풀이 341.2 특고압 배전용 변압기의 시설
특고압 전선로 에 접속하는 배전용 변압기를 시설하는 경우에는 특고압 전선에 특고압 절연전선 또는 케이블을 사용하고 또한 다음에 따라야 한다.
가. 변압기의 1차 전압은 35[kV] 이하, 2차 전압은 저압 또는 고압일 것.
나. 변압기의 특고압측에 개폐기 및 과전류차단기를 시설할 것.
다. 변압기의 2차 전압이 고압인 경우에는 고압측에 개폐기를 시설하고 또한 쉽게 개폐할 수 있도록 할 것.

답 ①

문제 61 ★★★★
345[kV] 변전소의 충전 부분에서 5.98[m] 거리에 울타리를 설치하고자 한다. 울타리의 최소 높이는 얼마인가?

① 2.1[m]　　② 2.3[m]　　③ 2.5[m]　　④ 2.7[m]

풀이 341.4 특고압용 기계기구의 시설
특고압용 기계기구 충전 부분의 지표상 높이

사용전압의 구분	울타리·담 등의 높이와 울타리·담 등으로부터 충전 부분까지의 거리의 합계
35[kV] 이하	5[m]
35[kV] 초과 160[kV] 이하	6[m]
160[kV] 초과	• 거리의 합계 = 6 + 단수 × 0.12[m] • 단수 = $\dfrac{사용전압[kV] - 160}{10}$ … 단수 계산에서 소수점 이하는 절상

- 단수 = $\dfrac{345 - 160}{10} = 18.5 \rightarrow 19$단
- 거리 = $6 + (19 \times 0.12) = 8.28$[m]
- 울타리에서 충전 부분까지 거리는 5.98[m]이므로
따라서 울타리 최소 높이 = 8.28 − 5.98 = 2.3[m]

답 ②

문제 62 ★★★
다음에서 고압용 기계 기구를 시설하여서는 안 되는 경우는?

① 발전소, 변전소, 개폐소 또는 이에 준하는 곳에 시설하는 경우
② 시가지 외로서 지표상 3[m]인 경우
③ 공장 등의 구내에서 기계 기구의 주위에 사람이 쉽게 접촉할 우려가 없도록 적당한 울타리를 설치하는 경우
④ 옥내에 설치한 기계 기구를 취급자 이외의 사람이 출입할 수 없도록 설치한 곳에 시설하는 경우

풀이 341.8 고압용 기계기구의 시설
고압용 기계기구는 다음의 어느 하나에 해당하는 경우와 발전소·변전소·개폐소 또는 이에 준하는 곳에 시설하는 경우 이외에는 시설하여서는 아니 된다.
가. 기계기구의 주위에 규정에 준하여 울타리·담 등을 시설하는 경우
나. **기계기구를 지표상 4.5[m](시가지 외에는 4[m]) 이상의 높이에 시설**하고 또한 사람이 쉽게 접촉할 우려가 없도록 시설하는 경우
다. 옥내에 설치한 기계기구를 취급자 이외의 사람이 출입할 수 없도록 설치한 곳에 시설하는 경우
라. 기계기구를 콘크리트제의 함 또는 규정에 따른 접지공사를 한 금속제 함에 넣고 또한 충전부분이 노출하지 아니하도록 시설하는 경우

답 ②

문제 63 ★★★☆
과전류차단기로 시설하는 퓨즈 중 고압전로에 사용하는 포장 퓨즈는 정격전류의 몇 배에 견디어야 하는가? (단, 퓨즈 이외의 과전류차단기와 조합하여 하나의 과전류차단기로 사용하는 것을 제외한다.)

① 1.1 ② 1.25 ③ 1.3 ④ 2

풀이 341.10 고압 및 특고압 전로 중의 과전류차단기의 시설
가. 과전류차단기로 시설하는 퓨즈 중 고압전로에 사용하는 포장 퓨즈는 정격전류의 **1.3배**의 전류에 견디고 또한 2배의 전류로 120분 안에 용단되는 것이어야 한다.
나. 과전류차단기로 시설하는 퓨즈 중 고압전로에 사용하는 비포장 퓨즈는 정격전류의 1.25배의 전류에 견디고 또한 2배의 전류로 2분 안에 용단되는 것이어야 한다.

답 ③

문제 64 ★☆
과전류 차단기로 시설하는 퓨즈 중 고압 전로에 사용하는 비포장 퓨즈는 정격 전류의 몇 배의 전류에 견디고 또한 2배의 전류로 2분 안에 용단되는 것이어야 하는가?

① 1.1 ② 1.25 ③ 1.5 ④ 1.75

풀이 341.10 고압 및 특고압 전로 중의 과전류차단기의 시설
가. 과전류차단기로 시설하는 퓨즈 중 고압전로에 사용하는 포장 퓨즈는 정격전류의 1.3배의 전류에 견디고 또한 2배의 전류로 120분 안에 용단되는 것이어야 한다.
나. 과전류차단기로 시설하는 퓨즈 중 고압전로에 사용하는 **비포장 퓨즈는 정격전류의 1.25배의 전류에 견디고 또한 2배의 전류로 2분 안에 용단되는 것이어야 한다.**

답 ②

문제 65 ★★★ 전로 중에서 기계기구 및 전선을 보호하기 위한 과전류 차단기의 시설 제한 사항이 아닌 것은?

① 다선식 전로의 중성선
② 저압 옥내배선의 접지측 전선
③ 전로의 일부에 접지공사를 한 저압가공 전선로의 접지측 전선
④ 접지공사의 접지도체

풀이 341.11 과전류차단기의 시설 제한
접지공사의 접지도체, 다선식 전로의 중성선 및 **전로의 일부에 접지공사를 한 저압 가공전선로의 접지측 전선**에는 과전류차단기를 시설하여서는 안 된다.
다만, 다음의 경우에는 예외로 한다.
가. 다선식 전로의 중성선에 시설한 과전류차단기가 동작한 경우에 각 극이 동시에 차단될 때
나. 저항기·리액터 등을 사용하여 접지공사를 한 때에 과전류차단기의 동작에 의하여 그 접지도체가 비접지 상태로 되지 아니할 때   **답** ②

문제 66 ★☆☆ 그림 1, 2, 3, 4의 ×는 과전류 차단기를 시설한 것이다. 이 중에서 전기 설비 기준 기준에 저촉되는 곳은?

① 1
② 2
③ 3
④ 4

풀이 341.11 과전류차단기의 시설 제한
접지공사의 접지도체, 다선식 전로의 중성선 및 전로의 일부에 접지공사를 한 저압 가공전선로의 접지측 전선에는 과전류차단기를 시설하여서는 안 된다.   **답** ③

문제 67 ★★☆ 피뢰기를 설치하지 않아도 되는 곳은?

① 발·변전소의 가공 전선 인입구 및 인출구
② 가공 전선로의 말구 부분
③ 가공 전선로에 접속한 1차측 전압이 35[kV] 이하인 배전용 변압기의 고압측 및 특고압측
④ 특고압 가공 전선로로부터 공급을 받는 수용 장소의 인입구

풀이 341.13 피뢰기의 시설
고압 및 특고압의 전로 중 다음에 열거하는 곳 또는 이에 근접한 곳에는 피뢰기를 시설하여야 한다.
가. **발전소·변전소** 또는 이에 준하는 장소의 **가공전선 인입구 및 인출구**
나. 특고압 가공전선로에 접속하는 **배전용 변압기의 고압측 및 특고압측**
다. 고압 및 특고압 가공전선로로부터 공급을 받는 **수용장소의 인입구**
라. **가공전선로와 지중전선로가 접속되는 곳**   **답** ②

문제 68. 가공 전선로와 지중 전선로가 접속되는 곳에 시설하여야 하는 것은?

① 조상기
② 분로 리액터
③ 피뢰기
④ 정류기

풀이 341.13 피뢰기의 시설
고압 및 특고압의 전로 중 다음에 열거하는 곳 또는 이에 근접한 곳에는 **피뢰기를 시설**하여야 한다.
가. 발전소·변전소 또는 이에 준하는 장소의 가공전선 인입구 및 인출구
나. 특고압 가공전선로에 접속하는 배전용 변압기의 고압측 및 특고압측
다. 고압 및 특고압 가공전선로로부터 공급을 받는 수용장소의 인입구
라. 가공전선로와 지중전선로가 접속되는 곳

답 ③

필수 10. 압축 공기 장치 등의 시설

발전소의 개폐기 또는 차단기에 사용하는 압축 공기 장치의 주공기 탱크에는 어떠한 최대 눈금이 있는 압력계를 시설해야 하는가?

① 사용 압력의 1배 이상 1.5배 이하
② 사용 압력의 1.25배 이상 2배 이하
③ 사용 압력의 1.5배 이상 3배 이하
④ 사용 압력의 2배 이상 3배 이하

 유형분석 기압과 수압의 배수를 기억해야 한다.

 **풀 이** 주공기 탱크의 사용 압력의 1.5배 이상, 3배 이하의 최고 눈금이 있는 압력계를 설치할 것
(KEC 341.15)

답 ③

Key point
압축 공기 장치는 최고 사용 압력 1.5배의 수압 또는 1.25배의 기압을 계속 10분간 가하여 견디고 공기 탱크는 개폐기 및 차단기의 투입 및 차단을 1회 이상 할 수 있는 용량을 가져야 한다.

문제 69. 발전소의 개폐기 또는 차단기에 사용하는 압축 공기 장치의 주공기 탱크에는 어떠한 최대 눈금이 있는 압력계를 시설해야 하는가?

① 사용 압력의 1배 이상 1.5배 이하
② 사용 압력의 1.25배 이상 2배 이하
③ 사용 압력의 1.5배 이상 3배 이하
④ 사용 압력의 2배 이상 3배 이하

풀이 341.15 압축공기계통
발전소·변전소·개폐소 또는 이에 준하는 곳에서 개폐기 또는 차단기에 사용하는 압축공기장치는 다음에 따라 시설하여야 한다.

가. 공기압축기는 최고 사용압력의 1.5배의 수압(수압을 연속하여 10분간 가하여 시험을 하기 어려울 때에는 최고 사용압력의 1.25배의 기압)을 연속하여 10분간 가하여 시험을 하였을 때에 이에 견디고 또한 새지 아니할 것.
나. 주 공기탱크 또는 이에 근접한 곳에는 사용압력의 1.5배 이상 3배 이하의 최고 눈금이 있는 압력계를 시설할 것.
다. 사용 압력에서 공기의 보급이 없는 상태로 개폐기 또는 차단기의 투입 및 차단을 연속하여 1회 이상 할 수 있는 용량을 가지는 것일 것. 답 ③

문제 70 ★★★★
건조한 전개 장소에 시설할 수 있는 사용 전압이 3300[V]인 옥내 배선 공사는?
① 금속관공사 ② 플로어덕트공사
③ 케이블공사 ④ 합성수지관공사

풀이 342.1 고압 옥내배선 등의 시설
가. 고압 옥내배선은 다음에 따라 시설하여야 한다.
 ① 애자공사(건조한 장소로서 전개된 장소에 한한다)
 ② 케이블공사
 ③ 케이블트레이공사
나. 전선은 공칭단면적 6[mm^2] 이상의 연동선 답 ③

문제 71 ★★★☆
6600[V] 고압 옥내 배선에 사용하는 고압 절연 전선의 최소 굵기[mm^2]는?
① 2.5 ② 4.0 ③ 6.0 ④ 10

풀이 342.1 고압 옥내배선 등의 시설
가. 고압 옥내배선은 다음에 따라 시설하여야 한다.
 ① 애자공사(건조한 장소로서 전개된 장소에 한한다)
 ② 케이블공사
 ③ 케이블트레이공사
나. 전선은 **공칭단면적 6[mm^2] 이상의 연동선** 답 ③

문제 72 ★★★★★
절연 전선을 사용하는 고압 옥내배선을 애자공사에 의하여 조영재 면에 따라 시설하는 경우에 전선 지지점간의 거리는 몇 [m] 이하이어야 하는가?
① 5 ② 4 ③ 3 ④ 2

풀이 342.1 고압 옥내배선 등의 시설
이격거리

전압	전선과 조영재와의 이격거리	전선 상호 간격	전선 지지점 간의 거리	
			조영재의 윗면 또는 옆면에 따라 시설	조영재에 따라 시설하지 않는 경우
고압	5[cm] 이상	8[cm] 이상	2[m] 이하	6[m] 이하

답 ④

04. 고압, 특고압 전기설비

문제 73 특고압 옥내배선과 저압 옥내전선, 관등회로의 배선 또는 고압 옥내전선 사이의 이격거리는 몇 [cm] 이상이어야 하는가?

① 15 ② 30 ③ 45 ④ 60

풀이) 342.4 특고압 옥내 전기설비의 시설
특고압 옥내배선은 다음에 따르고 또한 위험의 우려가 없도록 시설하여야 한다.
가. 사용전압은 100[kV] 이하일 것. 다만, 케이블트레이배선에 의하여 시설하는 경우에는 35[kV] 이하일 것.
나. 전선은 케이블일 것.
다. 특고압 옥내배선과 저압 옥내전선·관등회로의 배선 또는 고압 옥내전선 사이 : 0.6[m] 이상

답 ④

필수 11 ★★★ 발전소 등의 울타리·담

35[kV] 발전소 등의 충전부와 울타리 높이를 가산한 충전부까지 거리의 최소값은 몇 [m]인가?

① 4 ② 5 ③ 6 ④ 7

유형분석) 변전소의 경우 자주 출제되므로 변전소와 더불어 기억한다.

풀 이) 35[kV] 이하 : 5[m] (KEC 351.1)

답 ②

Key point

- 35[kV] 이하 : 5[m]
- 35[kV] 초과 160[kV] 이하 : 6[m]
- 160[kV] 초과 : 6[m]에 1만[V] 또는 단수마다 0.12[m]를 가산한 값

필수 12 ★★★★ 발전기의 보호장치

발전기를 자동적으로 전로로부터 차단하는 장치를 반드시 시설하여야 하는 경우가 아닌 것은?

① 발전기에 과전류가 생긴 경우
② 용량 2000[kVA]인 수차 발전기의 스러스트 베어링의 온도가 현저히 상승하는 경우
③ 용량 5000[kVA]인 발전기의 내부에 고장이 생긴 경우
④ 용량 500[kVA]인 발전기를 구동하는 수차의 압유 장치의 유압이 현저히 저하한 경우

유형분석 발전기의 보호장치의 경우 각 고장의 경우 용량에 관한 문제가 많이 출제된다.

풀이 발전기 내부 고장 시 전로로부터 자동 차단 장치를 반드시 시설하는 용량은 10,000[kVA]이다.
(KEC 351.3)

답 ③

Key point

발전기에는 다음과 같은 경우에 자동적으로 이를 전로로부터 차단하는 장치를 시설하여야 한다.
① 발전기에 과전류가 생긴 경우
② 용량이 500[kVA] 이상인 발전기를 구동하는 수차 압유 장치의 유압이 현저히 저하한 경우
③ 용량이 10,000[kVA] 이상인 발전기의 내부에 고장이 생긴 경우
④ 용량이 2000[kVA] 이상인 수차 발전기의 스러스트 베어링의 온도가 현저히 상승한 경우
⑤ 정격 출력이 10,000[kW]를 넘는 증기 터빈에 있어서 그의 스러스트 베어링이 현저하게 마모되거나 그의 온도가 현저히 상승한 경우

문제 74 ★★☆

수전 전압 150[kV]인 수전 변전소의 주변압기에 울타리를 하고자 한다. 울타리의 높이와 울타리로부터 충전부까지의 거리의 합계는 몇 [m]이면 되겠는가?

① 4[m] ② 5[m] ③ 6[m] ④ 7[m]

풀이 351.1 발전소 등의 울타리·담 등의 시설
고압 또는 특고압의 기계기구·모선 등을 옥외에 시설하는 발전소·변전소·개폐소 또는 이에 준하는 곳에서 울타리·담 등은 다음에 따라 시설하여야 한다.
가. 울타리·담 등의 높이는 2[m] 이상으로 하고 지표면과 울타리·담 등의 하단 사이의 간격은 0.15[m] 이하로 할 것.
나. 울타리·담 등과 고압 및 특고압의 충전 부분이 접근하는 경우에는 울타리·담 등의 높이와 울타리·담 등으로부터 충전부분까지 거리의 합계는 표에서 정한 값 이상으로 할 것.

사용전압의 구분	울타리·담 등의 높이와 울타리·담 등으로부터 충전 부분까지의 거리의 합계
35[kV] 이하	5[m]
35[kV] 초과 160[kV] 이하	6[m]
160[kV] 초과	• 거리의 합계 = 6 + 단수 × 0.12[m] • 단수 = $\dfrac{\text{사용전압[kV]} - 160}{10}$ … 단수 계산에서 소수점 이하는 절상

답 ③

문제 75 ★★★

"고압 또는 특고압의 기계 기구, 모선 등을 옥외에 시설하는 발전소, 변전소, 개폐소 또는 이에 준하는 곳에 시설하는 울타리, 담 등의 높이는 (㉠)[m] 이상으로 하고, 지표면과 울타리, 담 등의 하단 사이의 간격은 (㉡)[m] 이하로 하여야 한다"에서 ㉠, ㉡에 알맞은 것은?

① ㉠ 3 ㉡ 0.15 ② ㉠ 2 ㉡ 0.15
③ ㉠ 3 ㉡ 0.25 ④ ㉠ 2 ㉡ 0.25

풀이 ▶ 351.1 발전소 등의 울타리·담 등의 시설
고압 또는 특고압의 기계기구·모선 등을 옥외에 시설하는 발전소·변전소·개폐소 또는 이에 준하는 곳에서 울타리·담 등의 높이는 2[m] 이상으로 하고 지표면과 울타리·담 등의 하단 사이의 간격은 0.15[m] 이하로 할 것.   답 ②

문제 76 발전기의 용량에 관계없이 자동적으로 이를 전로로부터 차단하는 장치를 시설하여야 하는 경우는?

① 베어링 과열   ② 과전류 인입
③ 유압의 과팽창   ④ 발전기 내부 고장

풀이 ▶ 351.3 발전기 등의 보호장치
발전기에는 다음의 경우에 자동적으로 이를 전로로부터 차단하는 장치를 시설하여야 한다.
가. 발전기에 과전류나 과전압이 생긴 경우
나. 용량이 500[kVA] 이상의 발전기를 구동하는 수차의 압유 장치의 유압이 현저히 저하한 경우
다. 용량이 100[kVA] 이상의 발전기를 구동하는 풍차의 압유장치의 유압이 현저히 저하한 경우
라. 용량이 2,000[kVA] 이상인 수차 발전기의 스러스트 베어링의 온도가 현저히 상승한 경우
마. 용량이 10,000[kVA] 이상인 발전기의 내부에 고장이 생긴 경우
바. 정격출력이 10,000[kW]를 초과하는 증기터빈은 그 스러스트 베어링이 현저하게 마모되거나 그의 온도가 현저히 상승한 경우   답 ②

문제 77 발전기 내부에 고장이 생긴 경우 발전기를 자동적으로 차단하는 장치가 꼭 필요한 발전기 용량의 최솟값[kVA]은?

① 500   ② 1000   ③ 5000   ④ 10,000

풀이 ▶ 351.3 발전기 등의 보호장치
발전기에는 다음의 경우에 자동적으로 이를 전로로부터 차단하는 장치를 시설하여야 한다.
가. 발전기에 과전류나 과전압이 생긴 경우
나. 용량이 500[kVA] 이상의 발전기를 구동하는 수차의 압유 장치의 유압이 현저히 저하한 경우
다. 용량이 100[kVA] 이상의 발전기를 구동하는 풍차의 압유장치의 유압이 현저히 저하한 경우
라. 용량이 2,000[kVA] 이상인 수차 발전기의 스러스트 베어링의 온도가 현저히 상승한 경우
마. **용량이 10,000[kVA] 이상인 발전기의 내부에 고장이 생긴 경우**
바. 정격출력이 10,000[kW]를 초과하는 증기터빈은 그 스러스트 베어링이 현저하게 마모되거나 그의 온도가 현저히 상승한 경우   답 ④

13 특고압용 변압기의 보호장치

특고압용 변압기로서 내부 고장이 발생할 경우 경보만 하여도 좋은 것은 어느 범위의 용량인가?

① 500[kVA] 이상 1,000[kVA] 미만   ② 1,000[kVA] 이상 5000[kVA] 미만
③ 5000[kVA] 이상 10,000[kVA] 미만   ④ 10,000[kVA] 이상 15,000[kVA] 미만

유형분석 경보장치와 차단장치를 구분하여 암기해야 한다.

풀 이 변압기 고장시(KEC 351.4)
- 냉각 장치(타냉식) 및 용량 5000[kVA] 이상이고, 10000[kVA] 미만이 변압기 내부 고장시는 경보 장치 시설
- 용량 10000[kVA] 이상 변압기 내부 고장시는 자동 차단 장치 시설

답 ③

Key point

뱅크 용량의 구분	동작조건	장치의 종류
5,000[kVA] 이상 10,000[kVA] 미만	변압기 내부고장	자동차단장치 또는 경보장치
10,000[kVA] 이상	변압기 내부고장	자동차단장치
타냉식 변압기(변압기의 권선 및 철심을 직접 냉각시키기 위하여 봉입한 냉매를 강제 순환시키는 냉각방식을 말한다.)	냉각장치에 고장이 생긴 경우 또는 변압기의 온도가 현저히 상승한 경우	경보장치

문제 78 ★★★☆ 특고압용 타냉식 변압기의 냉각장치에 고장이 생긴 경우를 대비하여 어떤 보호장치를 하여야 하는가?

① 경보장치　　　　　　　　② 속도조정장치
③ 온도시험장치　　　　　　④ 냉매흐름장치

풀이 351.4 특고압용 변압기의 보호장치
특고압용의 변압기에는 그 내부에 고장이 생겼을 경우에 보호하는 장치를 표와 같이 시설하여야 한다.

뱅크 용량의 구분	동작조건	장치의 종류
5,000[kVA] 이상 10,000[kVA] 미만	변압기 내부고장	자동차단장치 또는 경보장치
10,000[kVA] 이상	변압기 내부고장	자동차단장치
타냉식 변압기(변압기의 권선 및 철심을 직접 냉각시키기 위하여 봉입한 냉매를 강제 순환시키는 냉각방식을 말한다.)	냉각장치에 고장이 생긴 경우 또는 변압기의 온도가 현저히 상승한 경우	경보장치

답 ①

문제 79 ★★★★★ 송유 풍냉식 특고압용 변압기의 송풍기가 고장이 생길 경우에는 어느 보호 장치가 필요한가?

① 경보 장치　　　　　　② 자동 차단 장치
③ 전압 계전기　　　　　④ 속도 조정 장치

풀이 351.4 특고압용 변압기의 보호장치
특고압용의 변압기에는 그 내부에 고장이 생겼을 경우에 보호하는 장치를 표와 같이 시설하여야 한다.

뱅크 용량의 구분	동작조건	장치의 종류
5,000[kVA] 이상 10,000[kVA] 미만	변압기 내부고장	자동차단장치 또는 경보장치
10,000[kVA] 이상	변압기 내부고장	자동차단장치
타냉식 변압기(변압기의 권선 및 철심을 직접 냉각시키기 위하여 봉입한 냉매를 강제 순환시키는 냉각방식을 말한다.)	냉각장치에 고장이 생긴 경우 또는 변압기의 온도가 현저히 상승한 경우	경보장치

답 ①

문제 80 ★★
특고압용 변압기의 냉각 방식 중 냉각 장치에 고장이 생긴 경우 또는 변압기의 온도가 현저히 상승한 경우에 이를 경보하는 장치를 반드시 하지 않아도 되는 것은?

① 유입 자냉식   ② 수냉식   ③ 송유 타냉식   ④ 송유 풍냉식

풀이 351.4 특고압용 변압기의 보호장치
특고압용의 변압기에는 그 내부에 고장이 생겼을 경우에 보호하는 장치를 표와 같이 시설하여야 한다.

뱅크 용량의 구분	동작조건	장치의 종류
5,000[kVA] 이상 10,000[kVA] 미만	변압기 내부고장	자동차단장치 또는 경보장치
10,000[kVA] 이상	변압기 내부고장	자동차단장치
타냉식 변압기(변압기의 권선 및 철심을 직접 냉각시키기 위하여 봉입한 냉매를 강제 순환시키는 냉각방식을 말한다.)	냉각장치에 고장이 생긴 경우 또는 변압기의 온도가 현저히 상승한 경우	경보장치

※ 유입 자냉식 변압기는 타냉식 변압기가 아니므로 반드시 경보장치를 설치할 필요 없다.

답 ①

필수 14 ★★★★★ 조상기의 보호장치

전력용 콘덴서의 내부에 고장이 생긴 경우 및 과전류 또는 과전압이 생긴 경우에 자동적으로 전로로부터 차단하는 장치가 필요한 뱅크 용량은 몇 [kVA] 이상인 것인가?

① 8000   ② 10000   ③ 12000   ④ 15000

 유형분석 조상설비중 콘덴서 부분에 관한 문제가 많이 출제된다.

풀이 조상 설비에는 그 내부에 고장이 생긴 경우에 보호하는 장치를 표와 같이 시설하여야 한다.
(KEC 351.5)

설비 종별	뱅크 용량의 구분	자동적으로 전로로부터 차단하는 장치
전력용 커패시터 및 분로리액터	500[kVA] 초과 15,000[kVA] 미만	• 내부에 고장이 생긴 경우 • 과전류가 생긴 경우
	15,000[kVA] 이상	• 내부에 고장이 생긴 경우 • 과전류가 생긴 경우 • 과전압이 생긴 경우
조상기	15,000[kVA] 이상	• 내부에 고장이 생긴 경우

답 ④

> **Key point**
>
> 용량이 1만5천[kVA] 이상의 조상기에는 내부 고장이 생긴 경우에 이를 전로로부터 자동 차단한다.

문제 81 ★★★★
전력용 콘덴서의 용량 15000[kVA] 이상은 자동적으로 전로로부터 자동 차단하는 장치가 필요하다. 다음 중 옳지 않은 것은?
① 내부에 고장이 생긴 경우에 동작하는 장치
② 절연유의 압력이 변화할 때 동작하는 장치
③ 과전류가 생긴 경우에 동작하는 장치
④ 과전압이 생긴 경우에 동작하는 장치

풀이 351.5 조상설비의 보호장치
조상 설비에는 그 내부에 고장이 생긴 경우에 보호하는 장치를 표와 같이 시설하여야 한다.

설비 종별	뱅크 용량의 구분	자동적으로 전로로부터 차단하는 장치
전력용 커패시터 및 분로리액터	500[kVA] 초과 15,000[kVA] 미만	• 내부에 고장이 생긴 경우 • 과전류가 생긴 경우
	15,000[kVA] 이상	• 내부에 고장이 생긴 경우 • 과전류가 생긴 경우 • 과전압이 생긴 경우
조상기	15,000[kVA] 이상	• 내부에 고장이 생긴 경우

답 ②

문제 82 ★★
조상기의 내부에 고장이 발생할 경우에 자동적으로 이를 전로로부터 차단하는 장치를 필요로 하는 조상기의 용량은 최소 몇 [kVA]인가?
① 15000 ② 10000
③ 7000   ④ 5000

풀이 351.5 조상설비의 보호장치
조상설비에는 그 내부에 고장이 생긴 경우에 보호하는 장치를 표와 같이 시설하여야 한다.

설비 종별	뱅크 용량의 구분	자동적으로 전로로부터 차단하는 장치
전력용 커패시터 및 분로리액터	500[kVA] 초과 15,000[kVA] 미만	• 내부에 고장이 생긴 경우 • 과전류가 생긴 경우
	15,000[kVA] 이상	• 내부에 고장이 생긴 경우 • 과전류가 생긴 경우 • 과전압이 생긴 경우
조상기	15,000[kVA] 이상	• 내부에 고장이 생긴 경우

답 ①

15 ★★★★★ 발·변전소의 계측장치

발전소에서 계측 장치를 시설하지 않아도 되는 것은?

① 발전기의 전압 및 전류 또는 전력
② 발전기의 베어링 및 고정자의 온도
③ 주요 변압기의 전압 및 전류 또는 전력
④ 특고압용 변압기의 임피던스

유형분석 계측장치가 아닌 것을 고르는 문제가 대부분이다. 따라서 온도와 전압, 전류, 전력 등을 기억하면 된다.

풀 이 발전소 또는 이에 준하는 장소에는 다음 각 호에 해당하는 계측 장치를 시설하여야 한다(KEC 351.6).
① 발전기의 전압 및 전류 또는 전력
② 발전기의 베어링 및 고정자의 온도
③ 주요 변압기의 전압 및 전류 또는 전력
④ 특고압용 변압기의 온도 **답** ④

Key point
전압과 전류, 온도를 측정한다. 여기서, 전압과 전류는 전력과 같다.

 **83** ★★ 전력 계통의 용량과 비슷한 동기 조상기를 시설하는 경우에 반드시 시설되어야 할 검정 장치나 계측 장치가 아닌 것은?

① 동기 검정 장치
② 동기 조상기의 역률
③ 동기 조상기의 전압 및 전류 또는 전력
④ 동기 조상기의 베어링 및 고정자의 온도

풀이 351.6 계측장치
동기조상기를 시설하는 경우에는 다음의 사항을 계측하는 장치 및 동기검정장치를 시설하여야 한다. 다만, 동기조상기의 용량이 전력계통의 용량과 비교하여 현저히 적은 경우에는 동기검정장치를 시설하지 아니할 수 있다.
가. 동기조상기의 **전압 및 전류 또는 전력**
나. 동기조상기의 **베어링 및 고정자의 온도** **답** ②

---

16 ★★★★★ 수소 냉각 방식의 특징

수소 냉각식 발전기 안의 수소 순도가 어느 경우에 경보하여야 하는가?

① 65[%] 이하
② 65[%] 이상
③ 85[%] 이하
④ 85[%] 이상

유형분석 수소의 순도는 85[%]이하로 저하되지 않도록 해야한다. 이 수소 냉각 방식은 문제는 전기기기의 동기기편에서도 출제된다.

풀 이 발전기 또는 조상기 안의 수소의 순도가 85[%] 이하로 저하한 경우에는 이를 경보하는 장치를 시설해야 한다. (KEC 351.10)   답 ③

Key point

① 발전기, 조상기 안의 수소 순도가 85% 이하로 저하한 경우 경보장치를 시설할 것
② 발전기, 조상기 안의 수소의 압력을 계측하는 장치 및 그 압력이 현저히 변동할 경우에 이를 경보하는 장치를 시설할 것

필수 17 ★★★ 가공통신 인입선

고압 가공전선로의 지지물에 시설하는 통신선 또는 이에 직접 접속하는 가공통신선을 횡단보도교 위에 시설할 때 그 높이는 노면상 몇 [m] 이상으로 시설하여도 되는가? 단, 통신선은 절연 전선과 동등이상의 절연효력이 있는 것임

① 3　　　② 3.5　　　③ 4　　　④ 4.5

유형분석 가공통신 인입선 및 가공 통신선의 높이에 관한 문제가 자주 출제된다.

풀 이 가공 전선로의 지지물에 시설하는 가공 통신선의 높이(KEC 362.2)
- 도로 횡단 : 6[m]
- 궤도 횡단 : 6.5[m]
- 횡단 보도교 : 5[m] (단, 저압 또는 고압의 가공 전선로의 지지물에 통신선이 절연전선과 동등이상의 절연 효력이 있는 것인 경우에는 3[m])   답 ①

Key point

가공전선로의 지지물에 시설하는 통신선 또는 이에 직접 접속하는 가공 통신선의 높이

시설 장소		가공전선로의 지지물에 시설	
		고·저압[m]	특고압[m]
도로횡단	일반적인 경우	6[m] 이상	6[m] 이상
	교통에 지장을 안 주는 경우	5[m] 이상	
철도 횡단(레일면상)		6.5[m] 이상	6.5[m] 이상
횡단 보도교 위	노면상	3.5[m] 이상	5[m] 이상
	절연전선 사용	3[m] 이상	
	광섬유 케이블 사용		4[m] 이상
기타의 장소	일반적인 경우 (절연전선 사용)	4[m] 이상	5[m] 이상
	광섬유 케이블 사용	3.5[m] 이상	

문제 84
교통에 지장을 줄 우려가 없는 경우 가공 통신선의 지표상 최저 높이[m]는 얼마인가?

① 4.0　　② 4.5　　③ 5.0　　④ 5.5

풀이 362.2 전력보안통신선의 시설 높이와 이격거리
전력 보안 가공통신선(이하 "가공통신선"이라 한다)의 높이는 다음을 따른다.

구 분		지상고	비고
도로 (차도)	일반적인 경우	5.0[m] 이상	
	교통에 지장을 안 주는 경우	4.5[m] 이상	
철도 또는 궤도 횡단 시		6.5[m] 이상	레일면상
횡단보도교 위		3.0[m] 이상	그 노면상
기타		3.5[m] 이상	

답 ②

문제 85
고압 가공전선로의 지지물에 시설하는 통신선 또는 이에 직접 접속하는 가공통신선을 횡단보도교 위에 시설할 때 그 높이는 노면상 몇 [m] 이상으로 시설하여도 되는가? 단, 통신선은 절연전선과 동등 이상의 절연효력이 있는 것임.

① 3　　② 3.5　　③ 4　　④ 4.5

풀이 362.2 전력보안통신선의 시설 높이와 이격거리
가공전선로의 지지물에 시설하는 통신선 또는 이에 직접 접속하는 가공 통신선의 높이는 다음에 따라야 한다.

시설 장소		가공전선로의 지지물에 시설	
		고·저압[m]	특고압[m]
도로횡단	일반적인 경우	6[m] 이상	6[m] 이상
	교통에 지장을 안 주는 경우	5[m] 이상	
철도 횡단(레일면상)		6.5[m] 이상	6.5[m] 이상
횡단보도교 위	노면상	3.5[m] 이상	5[m] 이상
	절연전선 사용	3[m] 이상	
	광섬유 케이블 사용		4[m] 이상
기타의 장소	일반적인 경우(절연전선 사용)	4[m] 이상	5[m] 이상
	광섬유 케이블 사용	3.5[m] 이상	

답 ①

문제 86
특고압 가공 전선로의 지지물에 시설하는 통신선 또는 이에 직접 접속하는 가공 통신선의 높이는 철도 또는 궤도를 횡단하는 경우에는 레일면 상 몇 [m] 이상으로 하여야 하는가?

① 5　　② 5.5　　③ 6　　④ 6.5

풀이 362.2 전력보안통신선의 시설 높이와 이격거리
가공전선로의 지지물에 시설하는 통신선 또는 이에 직접 접속하는 가공 통신선의 높이는 다음에 따라야 한다.

시설 장소		가공전선로의 지지물에 시설	
		고·저압[m]	특고압[m]
도로횡단	일반적인 경우	6[m] 이상	6[m] 이상
	교통에 지장을 안 주는 경우	5[m] 이상	
철도 횡단(레일면상)		6.5[m] 이상	6.5[m] 이상

답 ④

문제 87 ★☆ 특고압용 제2종 보안 장치 또는 이에 준하는 보안 장치등이 되어 있지 않은 25,000[V] 이하인 특고압 가공 전선로의 지지물에 시설하는 통신선 또는 이에 직접 접속하는 통신선으로 사용할 수 있는 것은?

① 캡타이어 케이블
② 단면적 6[mm²] 이상의 절연 전선
③ 광섬유 케이블
④ CV-CN 케이블

풀이 362.6 25[kV] 이하인 특고압 가공전선로 첨가 통신선의 시설에 관한 특례
특고압 가공전선로의 지지물에 시설하는 **통신선은 광섬유 케이블**일 것. 다만, 표준에 적합한 특고압용 제2종 보안장치 또는 이에 준하는 보안장치를 시설할 때에는 그러하지 아니하다.

답 ③

문제 88 ★★ 그림은 전력선 반송 통신용 결합 장치의 보안 장치이다. 여기에서 CC는 어떤 콘덴서인가?

① 전력용 콘덴서
② 정류용 콘덴서
③ 결합용 콘덴서
④ 축전용 콘덴서

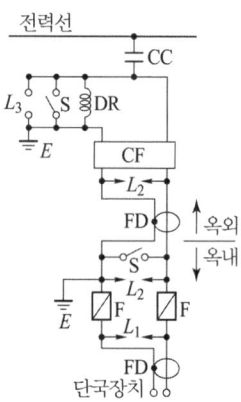

풀이 362.11 전력선 반송 통신용 결합장치의 보안장치
전력선 반송통신용 결합 커패시터에 접속하는 회로에는 그림의 보안장치 또는 이에 준하는 보안장치를 시설하여야 한다.

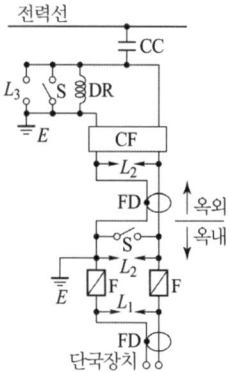

전력선 반송 통신용 결합 장치의 보안장치
- FD : 동축 케이블
- F : 정격 전류 10[A] 이하의 포장 퓨즈
- DR : 전류 용량 2[A] 이상의 배류 선륜
- L_1 : 교류 300[V] 이하에서 동작하는 피뢰기
- L_2 : 동작 전압이 교류 1,300[V]를 넘고 1,600[V] 이하로 조정된 방전갭
- L_3 : 동작 전압이 교류 2[kV]를 넘고 3[kV] 이하로 구상 방전갭
- S : 접지용 개폐기
- CF : 결합 필터
- **CC : 결합 콘덴서(결합 안테나를 포함한다)**
- E : 접지

답 ③

필수 18 ★☆ 전력보안통신설비

특고압 가공 전선로의 지지물에 시설하는 통신선 또는 이에 직접 접속하는 통신선이 도로, 횡단 보도교, 철도, 궤도, 삭도 또는 교류 전차선 등과 교차하는 경우에 통신선과 삭도 또는 다른 가공 약전류 전선 등 사이의 이격 거리는 몇 [cm] 이상으로 하여야 하는가? (단, 통신선은 광섬유 케이블이라고 한다.)

① 30   ② 40   ③ 50   ④ 60

 유형분석   이격거리 문제가 출제된다.

풀 이) 통신선과 삭도 또는 다른 가공 약전류 전선 등 사이의 이격 거리는 80[cm] (통신선이 케이블 또는 광섬유 케이블일 때는 40[cm]) 이상일 것. (KEC 362.2)

답 ②

Key point

가공전선		통신선		
		일반	절연전선	광섬유 케이블
중성선	25[kV] 이하, 다중접지중성선	0.6[m] 이상		
저압 가공전선	일반	0.6[m] 이상		
	절연전선 또는 케이블		0.3[m] 이상	
	인입선			0.15[m] 이상
고압 가공전선	일반	0.6[m] 이상		
	케이블		0.3[m] 이상	
특고압 가공전선	일반	1.2[m] 이상		
	케이블		0.3[m] 이상	
	25[kV] 이하, 다중 접지방식	0.75[m] 이상		

문제 89

★☆

22.9[kV] 가공 전선로의 다중 접지한 중성선과 보안 통신선과의 최소 이격 거리는 몇 [cm] 이상이어야 하는가? 단, 특고압 가공 전선로는 중성선 다중 접지식의 것으로서 전로에 지기가 생긴 경우에 2초 안에 자동적으로 이를 전로로부터 차단하는 장치를 가지는 것임

① 60   ② 80   ③ 100   ④ 120

풀이 362.2 전력보안통신선의 시설 높이와 이격거리
1. 통신선은 가공전선의 아래에 시설할 것.
2. 이격거리

가공전선		통신선		
		일반	절연전선	광섬유 케이블
중성선	25[kV] 이하, 다중접지중성선	0.6[m] 이상		
저압 가공전선	일반	0.6[m] 이상		
	절연전선 또는 케이블		0.3[m] 이상	
	인입선			0.15[m] 이상
고압 가공전선	일반	0.6[m] 이상		
	케이블		0.3[m] 이상	
특고압 가공전선	일반	1.2[m] 이상		
	케이블		0.3[m] 이상	
	25[kV] 이하, 다중 접지방식	0.75[m] 이상		

답 ①

문제 90

★☆

특고압 가공 전선로의 지지물에 시설하는 통신선 또는 이에 직접 접속하는 통신선이 도로, 횡단 보도교, 철도, 궤도, 삭도 또는 교류 전차선 등과 교차하는 경우에 통신선과 삭도 또는 다른 가공 약전류 전선 등 사이의 이격 거리는 몇 [cm] 이상으로 하여야 하는가? (단, 통신선은 광섬유 케이블이라고 한다.)

① 30   ② 40   ③ 50   ④ 60

풀이 362.2 전력보안통신선의 시설 높이와 이격거리
특고압 가공전선로의 지지물에 시설하는 통신선 또는 이에 직접 접속하는 통신선이 도로·횡단보도교·철도의 레일·삭도·가공전선·다른 가공약전류 전선 등 또는 교류 전차선 등과 교차하는 경우에는 다음에 따라 시설하여야 한다.
1. 통신선이 도로·횡단보도교·철도의 레일 또는 삭도와 교차하는 경우에는 통신선은 연선의 경우 단면적 16[mm^2](단선의 경우 지름 4[mm])의 절연전선과 동등 이상의 절연 효력이 있는 것, 인장강도 8.01[kN] 이상의 것 또는 연선의 경우 단면적 25 [mm^2](단선의 경우 지름 5[mm])의 경동선일 것.
2. 통신선과 삭도 또는 다른 가공약전류 전선 등 사이의 이격거리는 0.8[m](**통신선이 케이블 또는 광섬유 케이블일 때는 0.4[m]**) 이상으로 할 것.

답 ②

출제기준 – **전기철도설비**

1) 전기철도의 용어 정의
1. 전기철도설비 : 전기철도설비는 전철 변전설비, 급전설비, 부하설비(전기철도차량 설비 등)로 구성된다.
2. 궤도 : 레일·침목 및 도상과 이들의 부속품으로 구성된 시설을 말한다.
3. 차량 : 전동기가 있거나 또는 없는 모든 철도의 차량(객차, 화차 등)을 말한다.
4. 열차 : 동력차에 객차, 화차 등을 연결하고 본선을 운전할 목적으로 조성된 차량을 말한다.
5. 레일 : 철도에 있어서 차륜을 직접 지지하고 안내해서 차량을 안전하게 주행시키는 설비를 말한다.
6. 전차선 : 전기철도차량의 집전장치와 접촉하여 전력을 공급하기 위한 전선을 말한다.
7. 전차선로 : 전기철도차량에 전력을 공급하기 위하여 선로를 따라 설치한 시설물로서 전차선, 급전선, 귀선과 그 지지물 및 설비를 총괄한 것을 말한다.
8. 장기 과전압 : 지속시간이 20[ms] 이상인 과전압을 말한다.

2) 전력수급조건
1. 수전선로의 전력수급조건은 부하의 크기 및 특성, 지리적 조건, 환경적 조건, 전력조류, 전압강하, 수전 안정도, 회로의 공진 및 운용의 합리성, 장래의 수송수요, 전기사업자 협의 등을 고려하여 표의 공칭전압(수전전압)으로 선정하여야 한다.

표. 공칭전압(수전전압)

공칭전압(수전전압)[kV]	교류 3상 22.9, 154, 345

2. 수전선로의 계통구성에는 3상 단락전류, 3상 단락용량, 전압강하, 전압불평형 및 전압왜형율, 플리커 등을 고려하여 시설하여야 한다.

3) 변전소의 용량
변전소의 용량은 급전구간별 정상적인 열차부하 조건에서 1시간 최대출력 또는 순시최대출력을 기준으로 결정하고, 연장급전 등 부하의 증가를 고려하여야 한다.

4) 전차선 등과 식물사이의 이격거리
교류 전차선 등 충전부와 식물사이의 이격거리는 5[m] 이상이어야 한다. 다만, 5[m] 이상 확보하기 곤란한 경우에는 현장여건을 고려하여 방호벽 등 안전조치를 하여야 한다.

5) 전기철도차량 전기설비의 전기위험방지를 위한 보호대책

1. 감전을 일으킬 수 있는 충전부는 직접접촉에 대한 보호가 있어야 한다.
2. 간접 접촉에 대한 보호대책은 노출된 도전부는 고장 조건하에서 부근 충전부와의 유도 및 접촉에 의한 감전이 일어나지 않아야 한다. 그 목적은 위험도가 노출된 도전부가 같은 전위가 되도록 보장하는데 있다. 이는 보호용 본딩으로만 달성될 수 있으며 또는 자동급전 차단 등 적절한 방법을 통하여 달성할 수 있다.
3. 주행레일과 분리되어 있거나 또는 공동으로 되어있는 보호용 도체를 채택한 시스템에서 운행되는 모든 전기철도차량은 차체와 고정 설비의 보호용 도체 사이에는 최소 2개 이상의 보호용 본딩 연결로가 있어야 하며, 한쪽 경로에 고장이 발생하더라도 감전 위험이 없어야 한다.
4. 차체와 주행 레일과 같은 고정설비의 보호용 도체 간의 임피던스는 이들 사이에 위험 전압이 발생하지 않을 만큼 낮은 수준인 표에 따른다. 이 값은 적용전압이 50[V]를 초과하지 않는 곳에서 50[A]의 일정 전류로 측정하여야 한다.

차량 종류	최대 임피던스[Ω]
기관차, 객차	0.05
화차	0.15

6) 피뢰기 설치장소

1. 다음의 장소에 피뢰기를 설치하여야 한다.
    가. 변전소 인입측 및 급전선 인출측
    나. 가공전선과 직접 접속하는 지중케이블에서 낙뢰에 의해 절연파괴의 우려가 있는 케이블 단말
2. 피뢰기는 가능한 한 보호하는 기기와 가깝게 시설하되 누설전류 측정이 용이하도록 지지대와 절연하여 설치한다.

7) 레일 전위의 위험에 대한 보호

1. 레일 전위는 고장 조건에서의 접촉전압 또는 정상 운전조건에서의 접촉전압으로 구분하여야 한다.
2. 교류 전기철도 급전시스템에서의 레일 전위의 최대 허용 접촉전압은 표 의 값 이하여야 한다. 단, 작업장 및 이와 유사한 장소에서는 최대 허용 접촉전압을 25[V](실효값)를 초과하지 않아야 한다.

교류 전기철도 급전시스템의 최대 허용 접촉전압

시간 조건	최대 허용 접촉전압(실효값)
순시조건(t≤0.5초)	670[V]
일시적 조건(0.5초<t≤300초)	65[V]
영구적 조건(t>300초)	60[V]

3. 직류 전기철도 급전시스템에서의 레일 전위의 최대 허용 접촉전압은 표의 값 이하이어야 한다. 단, 작업장 및 이와 유사한 장소에서 최대 허용 접촉전압은 60[V]를 초과하지 않아야 한다.

직류 전기철도 급전시스템의 최대 허용 접촉전압

시간 조건	최대 허용 접촉전압
순시조건(t≤0.5초)	535[V]
일시적 조건(0.5초<t≤300초)	150[V]
영구적 조건(t>300초)	120[V]

8) 전기부식방지

1. 주행레일을 귀선으로 이용하는 경우에는 누설전류에 의하여 케이블, 금속제 지중관로 및 선로 구조물 등에 영향을 미치는 것을 방지하기 위한 적절한 시설을 하여야 한다.
2. 전기철도 측의 전기부식방지를 위해서는 다음 방법을 고려하여야 한다.
   - 가. 변전소 간 간격 축소
   - 나. 레일본드의 양호한 시공
   - 다. 장대레일채택
   - 라. 절연도상 및 레일과 침목 사이에 절연층의 설치
   - 마. 기타
3. 매설금속체 측의 누설전류에 의한 전식의 피해가 예상되는 곳은 다음 방법을 고려하여야 한다.
   - 가. 배류장치 설치
   - 나. 절연코팅
   - 다. 매설금속체 접속부 절연
   - 라. 저준위 금속체를 접속
   - 마. 궤도와의 이격거리 증대
   - 바. 금속판 등의 도체로 차폐

9) 누설전류 간섭에 대한 방지

1. 직류 전기철도 시스템의 누설전류를 최소화하기 위해 귀선전류를 금속귀선로 내부로만 흐르도록 하여야 한다.
2. 심각한 누설전류의 영향이 예상되는 지역에서는 정상 운전 시 단위길이당 컨덕턴스 값은 표의 값 이하로 유지될 수 있도록 하여야 한다.

단위길이당 컨덕턴스

견인시스템	옥외(S/km)	터널(S/km)
철도선로(레일)	0.5	0.5
개방 구성에서의 대량수송 시스템	0.5	0.1
폐쇄 구성에서의 대량수송 시스템	2.5	–

3. 귀선시스템의 종 방향 전기저항을 낮추기 위해서는 레일 사이에 저저항 레일본드를 접합 또는 접속하여 전체 종 방향 저항이 5[%] 이상 증가하지 않도록 하여야 한다.
4. 귀선시스템의 어떠한 부분도 대지와 절연되지 않은 설비, 부속물 또는 구조물과 접속되어서는 안 된다.
5. 직류 전기철도 시스템이 매설 배관 또는 케이블과 인접할 경우 누설전류를 피하기 위해 최대한 이격시켜야 하며, 주행레일과 최소 1[m] 이상의 거리를 유지하여야 한다.

필수유형 및 과년도문제

문제 01 다음 중 전차선 가선방식의 표준이 아닌 것은?

① 강체방식   ② 제3 레일 방식
③ 지중방식   ④ 가공방식

풀이 431.1 전차선 가선방식
전차선의 가선방식은 열차의 속도 및 노반의 형태, 부하전류 특성에 따라 적합한 방식을 채택하여야 하며, 가공방식, 강체방식, 제3 레일 방식을 표준으로 한다. **답** ③

문제 02 교류 전차선 등 충전부와 식물 사이에 방호벽 등 안전조치를 하여야 하는 이격거리는 몇 [m] 미만인가?

① 2   ② 3
③ 4   ④ 5

풀이 431.1 전차선 가선방식
교류 전차선 등 충전부와 식물사이의 이격거리는 5[m] 이상이어야 한다. 다만, 5[m] 이상 확보하기 곤란한 경우에는 현장여건을 고려하여 **방호벽 등 안전조치를 하여야 한다.** **답** ④

06 출제기준 - 분산형 전원설비

1 통칙

(1) 분산형 전원 계통 연계설비의 시설

1) 전기 공급방식 등
분산형전원설비의 전기 공급방식, 측정 장치 등은 다음과 같은 기준에 따른다.
1. 분산형 전원설비의 전기 공급방식은 전력계통과 연계되는 전기 공급방식과 동일할 것
2. 분산형 전원설비 사업자의 한 사업장의 설비 용량 합계가 250[kVA] 이상일 경우에는 송·배전계통과 연계지점의 연결 상태를 감시 또는 유효전력, 무효전력 및 전압을 측정할 수 있는 장치를 시설할 것

2) 계통 연계용 보호장치의 시설
1. 계통 연계하는 분산형 전원설비를 설치하는 경우 다음에 해당하는 이상 또는 고장 발생 시 자동적으로 분산형 전원설비를 전력계통으로부터 분리하기 위한 장치 시설 및 해당 계통과의 보호협조를 실시하여야 한다.
   가. 분산형전원설비의 이상 또는 고장
   나. 연계한 전력계통의 이상 또는 고장
   다. 단독운전 상태
2. 단순 병렬운전 분산형전원설비의 경우에는 역전력 계전기를 설치한다. 단, 신·재생에너지를 이용하여 동일 전기사용장소에서 전기를 생산하는 합계 용량이 50[kW] 이하의 소규모 분산형전원(단, 해당 구내계통 내의 전기사용 부하의 수전계약전력이 분산형전원 용량을 초과하는 경우에 한한다)으로서 단독운전 방지기능을 가진 것을 단순 병렬로 연계하는 경우에는 역전력계전기 설치를 생략할 수 있다.

2 전기저장장치

(1) 일반사항
이차전지를 이용한 전기저장장치는 이차전지, 전력변환장치, 제어, 통신 및 보호설비 등으로 구성되며, 다음에 따라 시설하여야 한다.

1) 시설장소의 요구사항

1. 전기저장장치의 이차전지, 제어반, 배전반의 시설은 기기 등을 조작 또는 보수·점검할 수 있는 충분한 공간을 확보하고 조명설비를 설치하여야 한다.
2. 전기저장장치를 시설하는 장소는 폭발성 가스의 축적을 방지하기 위한 환기시설을 갖추고 제조사가 권장하는 온도·습도·수분·분진 등 적정 운영환경을 상시 유지하여야 한다.

2) 설비의 안전 요구사항

1. 전기저장장치의 고장이나 외부 환경요인으로 인하여 비상상황 발생 또는 출력에 문제가 있을 경우 안전하게 작동하기 위한 **비상정지 스위치** 등을 시설하여야 한다.
2. 동일 구획 내에 직병렬로 연결된 전기저장장치는 식별이 용이하도록 **그룹별로 명판**을 부착하고, 이차전지, 전력변환장치 및 감시·보호장치 간의 오결선이 되지 않도록 시설하여야 한다.

3) 옥내전로의 대지전압 제한

주택의 전기저장장치의 축전지에 접속하는 부하 측 옥내배선을 다음에 따라 시설하는 경우에 주택의 옥내전로의 대지전압은 직류 600[V]까지 적용할 수 있다.
1. 전로에 지락이 생겼을 때 자동적으로 전로를 차단하는 장치를 시설할 것
2. 사람이 접촉할 우려가 없는 은폐된 장소에 합성수지관공사, 금속관공사 및 케이블공사에 의하여 시설하거나, 사람이 접촉할 우려가 없도록 케이블공사에 의하여 시설하고 전선에 적당한 방호장치를 시설할 것

(2) 전기저장장치의 시설

1) 전기배선

전선은 공칭단면적 2.5[mm^2] 이상의 연동선 또는 이와 동등 이상의 세기 및 굵기의 것일 것.

2) 이차전지의 시설

1. 다음과 같이 이차전지에 대한 정보를 기록하고 관리하여야 한다.
    가. 교체이력 (사유, 교체일 등)
    나. 제조이력 (생산지, 생산시기, 용량, 제조번호 등)
2. 이차전지의 출력 배선은 **극성별로** 확인할 수 있도록 **표시**하여야 한다.

3) 제어 및 보호장치의 시설

1. 전기저장장치가 비상용 예비전원 용도를 겸하는 경우에는 다음에 따라 시설하여야 한다.
    가. 상용전원이 정전되었을 때 비상용 부하에 전기를 안정적으로 공급할 수 있는 시

설을 갖출 것
나. 관련 법령에서 정하는 전원유지시간 동안 비상용 부하에 전기를 공급할 수 있는 충전용량을 상시 보존하도록 시설할 것
2. 전기저장장치의 접속점에는 쉽게 개폐할 수 있는 곳에 개방상태를 육안으로 확인할 수 있는 **전용의 개폐기를 시설**하여야 한다.
3. 전기저장장치는 정격 운전 범위를 초과하는 다음의 경우가 발생했을 때 자동으로 전로를 차단하는 보호장치를 시설하여야 한다.
   가. **과전압, 저전압, 과전류**가 발생한 경우
   나. **제어장치에 이상**이 발생한 경우
   다. 이차전지 **모듈의 내부 온도가 상승**할 경우
4. 직류 전로에 과전류차단기를 설치하는 경우 직류 단락전류를 차단하는 능력을 가지는 것이어야 하고 "직류용" 표시를 하여야 한다.
5. 전기저장장치의 직류 전로에는 지락이 생겼을 때에 자동적으로 전로를 차단하는 장치를 시설하여야 한다. IT 계통의 경우, 절연저항을 감시할 수 있는 장치를 설치하여 제조사가 정하는 절연저항 기준치 이하일 경우 관리자에게 경보하고 자동으로 전로를 차단하는 장치를 시설하여야 한다.
6. 전력변환장치의 동작상태, 전지관리시스템과의 통신상태, 전력, 전류, 전압 등을 표시할 수 있는 **전력관리시스템**을 시설하여야 한다.

4) 계측장치

전기저장장치를 시설하는 곳에는 다음의 사항을 계측하는 장치를 시설하여야 한다.
1. 이차전지 출력 단자의 전압, 전류, 전력 및 충방전 상태
2. 주요변압기의 전압, 전류 및 전력

(3) 리튬계 · 나트륨계 이차전지의 시설

1) 적용범위

20[kWh]를 초과하는 리튬계 · 나트륨계의 이차전지를 사용한 전기저장장치에 적용한다.

2) 이차전지 용량 및 운영

1. 전기저장장치 이차전지 용량은 **수명보증기간** 동안 **정격방전용량**(전기저장장치 설치 시 소유자가 요구하는 이차전지의 용량)이 확보되도록 하여야 한다.
2. 전기저장장치 이차전지는 안전이 확보되도록 **정격방전용량** 이하로 운영하여야 한다.

3) 열폭주 및 폭발 방지

1. 이차전지실 내부에는 제조사가 제시한 기준 이상의 가연성가스 농도 및 내부압력이

발생하는 경우 파열 또는 폭발을 방지하기 위한 **급속배기장치를 시설**하여야 한다.
2. 이차전지 모듈 또는 랙에 화재확산을 방지할 수 있는 구조이거나 소화장치를 시설하여야 한다.

4) 제어, 감시 및 보호장치 등
1. 낙뢰 및 서지 등 과도과전압으로부터 주요 설비를 보호하기 위해 **직류 전로에 직류 서지보호장치(SPD)를 설치**하여야 한다.
2. 제조사가 정하는 정격 이상의 과충전, 과방전, 과전압, 과전류, 지락전류 및 온도 상승, 냉각장치 고장, 통신불량, 가연성·인화성가스 발생 등 **긴급상황이 발생한 경우에는 관리자에게 경보할 수 있는 시설**을 하여야 하며 다음의 요건을 만족하여야 한다.
   가. 긴급상황이 발생하였을 때 전기저장장치를 자동 및 수동으로 정지시킬 수 있는 비상정지장치를 설치하여야 하며, 자동 비상정지는 5초 이내로 동작하여야 한다.
   나. 수동 조작을 위한 비상정지장치는 신속한 접근 및 조작이 가능한 장소에 설치하여야 한다.
3. 이차전지를 시설하는 장소의 내부 및 외부에는 가능한 한 사각지대가 없도록 감시하기 위한 **CCTV를 시설**하여야 한다.
4. 전기저장장치의 상시 운영정보 및 CCTV 영상정보, 제2의 긴급상황 관련 계측정보에서 기록되는 시간을 실시간으로 동기화하고, 이차전지실 외부의 안전한 장소에 전송되어 **최소 1개월 이상 보관**하여야 한다. 다만, **CCTV 영상정보는 7일간 보관**하여야 한다.

5) 전용건물에 시설하는 경우
전기저장장치를 일반인이 출입하는 건물에서 분리된 별도의 장소에 시설하는 경우에는 다음에 따라 시설하여야 한다.
1. 전기저장장치 시설장소의 바닥, 천장(지붕), 벽면 재료는 불연재료이어야 한다. 단, 단열재는 준불연재료 또는 이와 동등 이상의 것을 사용할 수 있다.
2. 전기저장장치 시설장소는 지표면을 기준으로 높이 22[m] 이내로 하고 해당 장소의 출구가 있는 바닥면을 기준으로 깊이 9[m] 이내로 하여야 한다.
3. 이차전지는 전력변환장치 등의 다른 전기설비와 분리된 격실(이차전지실)에 설치하고 다음에 따라야 한다.
   가. 이차전지는 벽면으로부터 1[m] 이상 이격하여 설치하여야 한다. 다만, 옥외의 전용 컨테이너 및 인클로저는 제조사가 정하는 적정 거리를 이격한 경우에는 예외로 할 수 있으며, 컨테이너 및 인클로저의 면적은 42[m^2] 이하여야 한다.
   나. 이차전지, 전력변환장치, 배전반 등은 침수의 우려가 없도록 하며, 지표면에서부터 최소 0.3[m] 이상 높이에 설치하여야 하며, 염전 또는 간척지 등에 시설하는 경우 지표면에서 최소 0.6[m] 이상 높이에 설치하여야 한다.

4. 이차전지실은 이차전지 용량의 5[MWh] 이하 단위로 「건축물의 피난·방화구조 등의 기준에 관한 규칙」에 따른 내화구조의 격벽을 설치하여야 한다.

6) 전용건물 이외의 장소에 시설하는 경우

전기저장장치를 일반인이 출입하는 건물의 부속공간에 시설(옥상에는 설치할 수 없다)하는 경우에는 다음에 따라 시설하여야 한다.

1. 전기저장장치 시설장소는 「건축물의 피난·방화구조 등의 기준에 관한 규칙」에 따른 내화구조이어야 한다.
2. 이차전지모듈의 직렬 연결체(이차전지랙)의 용량은 50[kWh] 이하로 하고 건물 내 시설 가능한 이차전지의 총 용량은 600[kWh] 이하이어야 한다.
3. 이차전지랙과 랙 사이는 1[m] 이상 이격하고, 랙과 벽면 사이는 전면부의 경우 1[m] 이상, 측면과 후면부의 경우 0.8[m] 이상 이격하여야 한다.
4. 이차전지실은 건물 내 다른 시설(수전설비, 가연물질 등)로부터 1.5[m] 이상 이격하고 각 실의 출입구나 피난계단 등 이와 유사한 장소로부터 3[m] 이상 이격하여야 한다.

(4) 납계·니켈계·바나듐계 이차전지의 시설

70[kWh]를 초과하는 납계·니켈계·바나듐계 이차전지를 적용한 전기저장장치의 경우 CCTV를 시설하고 영상정보를 안전한 장소에 최소 7일간 보관하여야 한다.

(5) 흐름전지의 시설

1) 적용범위

20 [kWh]를 초과하는 흐름전지를 사용한 전기저장장치에 적용한다.

2) 설비의 안전 요구사항

1. 흐름전지 시스템의 회로는 다른 부위의 도전부와 절연되어야 하며, 최소 절연저항은 공칭전압의 100[Ω/V] 이상이어야 한다.
2. 전해질과 접촉하는 부품은 내부식성 및 내구성을 갖추어야 한다.
3. CCTV를 시설하고 영상정보를 안전한 장소에 최소 7일간 보관하여야 한다.

3) 전해질 유출방지 및 중화장치

전해질은 유출이 없도록 밀봉하고 유해가스로 인한 사고를 방지하기 위해 다음과 같은 장치를 시설하여야 한다.

1. 전해질 용기와 전기저장장치를 갖춘 장소에는 전해질 유출 제어장치를 시설하여야 한다.
2. 전해질 유출을 감지하고 수집하는 장치를 시설하여야 한다.
3. pH 5.0~9.0 사이의 전해질 유출물을 중화할 수 있는 중화장치를 시설하여야 한다.

3 태양광발전설비

(1) 전기배선

1. 모듈 및 기타 기구에 전선을 접속하는 경우는 나사로 조이고, 기타 이와 동등 이상의 효력이 있는 방법으로 기계적·전기적으로 안전하게 접속하고, 접속점에 장력이 가해지지 않도록 할 것
2. 모듈의 출력배선은 극성별로 확인할 수 있도록 표시할 것
3. 전선은 공칭단면적 $2.5[\text{mm}^2]$ 이상의 연동선 또는 이와 동등 이상의 세기 및 굵기의 것일 것.
4. 배선설비 공사는 옥내에 시설할 경우에는 합성수지관공사, 금속관공사, 금속제가요전선관공사, 케이블공사의 규정에 준하여 시설할 것.

(2) 태양광설비의 시설기준

1) 태양전지 모듈의 시설

태양광설비에 시설하는 태양전지 모듈(이하 "모듈"이라 한다)의 각 직렬군은 동일한 단락전류를 가진 모듈로 구성하여야 하며 1대의 인버터(멀티스트링 인버터의 경우 1대의 MPPT 제어기)에 연결된 모듈 직렬군이 2병렬 이상일 경우에는 각 직렬군의 출력전압 및 출력전류가 동일하게 형성되도록 배열할 것

2) 전력변환장치의 시설

인버터, 절연변압기 및 계통 연계 보호장치 등 전력변환장치의 시설은 다음에 따라 시설하여야 한다.
1. 인버터는 실내·실외용을 구분할 것
2. 각 직렬군의 태양전지 개방전압은 인버터 입력전압 범위 이내일 것
3. 옥외에 시설하는 경우 방수등급은 IPX4 이상일 것

(3) 제어 및 보호장치 등

1) 어레이 출력 개폐기

태양전지 모듈에 접속하는 부하측의 태양전지 어레이에서 전력변환장치에 이르는 전로에는 그 접속점에 근접하여 개폐기 기타 이와 유사한 기구(부하전류를 개폐할 수 있는 것에 한한다)를 시설할 것

2) 과전류 및 지락 보호장치

모듈을 병렬로 접속하는 전로에는 그 주된 전로에 단락전류가 발생할 경우에 전로를 보호하는 과전류차단기 또는 기타 기구를 시설할 것

3) 태양광설비의 계측장치

태양광설비에는 전압, 전류 및 전력을 계측하는 장치를 시설하여야 한다. 또는 변전소 혹은 이에 준하는 장소에 전기저장장치를 시설하는 경우 전로가 차단되었을 때에 경보하는 장치를 시설하여야 한다.

4 풍력발전설비

(1) 간선의 시설기준

풍력발전기에서 출력배선에 쓰이는 전선은 CV선 또는 TFR-CV선을 사용하거나 동등 이상의 성능을 가진 제품을 사용하여야 한다.

(2) 제어 및 보호장치 등

1) 제어 및 보호장치 시설의 일반 요구사항

제어 및 보호장치는 다음과 같이 시설하여야 한다.
1. 제어장치는 다음과 같은 기능 등을 보유하여야 한다.
   - 가. 풍속에 따른 출력 조절
   - 나. 출력제한
   - 다. 회전속도제어
   - 라. 계통과의 연계
   - 마. 기동 및 정지
   - 바. 계통 정전 또는 부하의 손실에 의한 정지
   - 사. 요잉에 의한 케이블 꼬임 제한
2. 보호장치는 다음의 조건에서 풍력발전기를 보호하여야 한다.
   - 가. 과풍속
   - 나. 발전기의 과출력 또는 고장
   - 다. 이상진동
   - 라. 계통 정전 또는 사고
   - 마. 케이블의 꼬임 한계

2) 주전원 개폐장치

풍력터빈은 작업자의 안전을 위하여 유지, 보수 및 점검 시 전원 차단을 위해 풍력터빈 타워의 기저부에 개폐장치를 시설하여야 한다.

3) 접지설비

접지설비는 풍력발전설비 타워기초를 이용한 통합접지공사를 하여야 하며, 설비 사이의 전위차가 없도록 등전위본딩을 하여야 한다.

4) 피뢰설비

1. 피뢰설비는 별도의 언급이 없다면 피뢰레벨(Lightning Protection Level : LPL)은 Ⅰ등급을 적용하여야 한다.

   2. 풍향·풍속계가 보호범위에 들도록 나셀 상부에 피뢰침을 시설하고 피뢰도선은 나셀프레임에 접속하여야 한다.
   3. 전력기기·제어기기 등의 피뢰설비는 다음에 따라 시설하여야 한다.
      가. 전력기기는 금속시스케이블, 내뢰변압기 및 서지보호장치(SPD)를 적용할 것
      나. 제어기기는 광케이블 및 포토커플러를 적용할 것

5) 계측장치의 시설

풍력터빈에는 설비의 손상을 방지하기 위하여 운전 상태를 계측하는 다음의 계측장치를 시설하여야 한다.
1. 회전속도계
2. 나셀(nacelle) 내의 진동을 감시하기 위한 진동계
3. 풍속계
4. 압력계
5. 온도계

5 연료전지설비

(1) 연료전지설비의 보호장치

연료전지는 다음의 경우에 자동적으로 이를 전로에서 차단하고 연료전지에 연료가스 공급을 자동적으로 차단하며 연료전지 내의 연료가스를 자동적으로 배기하는 장치를 시설하여야 한다.
1. 연료전지에 과전류가 생긴 경우
2. 발전요소의 발전전압에 이상이 생겼을 경우 또는 연료가스 출구에서의 산소농도 또는 공기 출구에서의 연료가스 농도가 현저히 상승한 경우
3. 연료전지의 온도가 현저하게 상승한 경우

(2) 연료전지설비의 계측장치

연료전지설비에는 전압과 전류 또는 전압과 전력을 계측하는 장치를 시설하여야 한다.

(3) 연료전지설비의 비상정지장치

"운전 중에 일어나는 이상"이란 다음에 열거하는 경우를 말한다.
1. 연료 계통 설비 내의 연료가스의 압력 또는 온도가 현저하게 상승하는 경우
2. 증기계통 설비내의 증기의 압력 또는 온도가 현저하게 상승하는 경우
3. 실내에 설치되는 것에서는 연료가스가 누설하는 경우

(4) 접지설비

연료전지에 대하여 전로의 보호장치의 확실한 동작의 확보 또는 대지전압의 저하를 위하여 특히 필요할 경우에 연료전지의 전로 또는 이것에 접속하는 직류전로에 접지공사를 할 때에는 다음에 따라 시설하여야 한다.

1. 접지도체는 공칭단면적 16[mm^2] 이상의 연동선 또는 이와 동등 이상의 세기 및 굵기의 쉽게 부식하지 아니하는 금속선(저압 전로의 중성점에 시설하는 것은 공칭단면적 6[mm^2] 이상의 연동선 또는 이와 동등 이상의 세기 및 굵기의 쉽게 부식하지 않는 금속선)으로서 고장 시 흐르는 전류가 안전하게 통할 수 있는 것을 사용하고 또한 손상을 받을 우려가 없도록 시설할 것.
2. 접지도체・저항기・리액터 등은 취급자 이외의 자가 출입하지 아니하도록 설비한 곳에 시설하는 경우 이외에는 사람이 접촉할 우려가 없도록 시설할 것.

06 필수유형 및 과년도문제

문제 01 ★★ 태양전지 모듈 등의 시설에 관한 사항으로 틀린 것은?

① 옥내에 시설하는 경우에는 합성수지관공사, 금속관공사, 애자사용공사로 시설한다.
② 태양전지 모듈에 접속하는 부하측 전로에는 그 접속점에 근접하여 개폐기를 시설한다.
③ 태양전지 모듈을 병렬로 접속하는 전로에는 그 전로에 단락이 생긴 경우에 전로를 보호하는 과전류차단기를 시설한다.
④ 전선은 공칭단면적 2.5[mm²] 이상의 연동선 또는 이와 동등 이상의 세기 및 굵기를 사용한다.

풀이 522 태양광설비의 시설
가. 전선은 공칭단면적 2.5[mm²] 이상의 연동선 또는 이와 동등 이상의 세기 및 굵기의 것일 것.
나. 배선설비 공사는 옥내에 시설할 경우에는 **합성수지관공사, 금속관공사, 금속제 가요전선관공사, 케이블공사의 규정**에 준하여 시설할 것.
다. 모듈을 병렬로 접속하는 전로에는 그 주된 전로에 단락전류가 발생할 경우에 전로를 보호하는 과전류차단기 또는 기타 기구를 시설할 것
라. 태양전지 모듈에 접속하는 부하측의 태양전지 어레이에서 전력변환장치에 이르는 전로에는 그 접속점에 근접하여 개폐기 기타 이와 유사한 기구(부하전류를 개폐할 수 있는 것에 한한다)를 시설할 것 **답** ①

MEMO

10년 2016~2025

전기산업기사필기

과년도문제 및 CBT 복원문제

동일출판사 홈페이지에서
무료 동영상강의를 보실 수 있습니다.

2016년 1회 전기산업기사필기

동일출판사 홈페이지에서 무료 동영상강의를 보실 수 있습니다.

1과목 - 전기자기

01 $\epsilon_1 > \epsilon_2$의 유전체 경계면에 전계가 수직으로 입사할 때 경계면에 작용하는 힘과 방향에 대한 설명으로 옳은 것은?

① $f = \frac{1}{2}\left(\frac{1}{\epsilon_2} - \frac{1}{\epsilon_1}\right)D^2$의 힘이 ϵ_1에서 ϵ_2로 작용

② $f = \frac{1}{2}\left(\frac{1}{\epsilon_1} - \frac{1}{\epsilon_2}\right)E^2$의 힘이 ϵ_2에서 ϵ_1으로 작용

③ $f = \frac{1}{2}(\epsilon_2 - \epsilon_1)E^2$의 힘이 ϵ_1에서 ϵ_2로 작용

④ $f = \frac{1}{2}(\epsilon_1 - \epsilon_2)D^2$의 힘이 ϵ_2에서 ϵ_1으로 작용

풀이 ① 전계가 경계면에 수직인 경우
$$f_n = \frac{1}{2}(E_2 - E_1) \cdot D$$
$$= \frac{1}{2}\left(\frac{1}{\epsilon_2} - \frac{1}{\epsilon_1}\right)D^2 [\text{N/m}^2]$$
② 전계가 경계면에 평행인 경우
$$f_n = \frac{1}{2}(E_1 \cdot D_1 - E_2 \cdot D_2)$$
$$= \frac{1}{2}(\epsilon_1 - \epsilon_2)E^2 [\text{N/m}^2]$$
①, ② 모두 유전율이 큰 쪽에서 유전율이 작은 쪽으로 끌려 들어가는 맥스웰 응력이 작용한다. **답** ①

02 우주선 중에 10^{20}[eV]의 정전에너지를 가진 하전입자가 있다고 할 때, 이 에너지는 약 몇 [J]인가?

① 2   ② 9
③ 16   ④ 91

풀이 1[eV]는 1[V]의 전압 하에 전자 1개가 음극에서 양극으로 이동하는 운동에너지를 말하며, 1.6×10^{-19}[J]이다.
따라서 10^{20}[eV] $= 1.6 \times 10^{-19} \times 10^{20}$
$= 16$[J]이다. **답** ③

03 전위함수가 $V = x^2 + y^2$[V]인 자유공간 내의 전하밀도는 몇 [C/m³]인가?

① -12.5×10^{-12}
② -22.4×10^{-12}
③ -35.4×10^{-12}
④ -70.8×10^{-12}

풀이 푸아송 방정식
$$\nabla^2 V = \frac{\partial^2 V}{\partial x^2} + \frac{\partial^2 V}{\partial y^2} + \frac{\partial^2 V}{\partial z^2}$$
$$= \frac{\partial^2}{\partial x^2}(x^2 + y^2) + \frac{\partial^2}{\partial y^2}(x^2 + y^2)$$
$$= 2 + 2 = -\frac{\rho}{\epsilon_0}$$
$$\therefore \rho = -4\epsilon_0 = -4 \times 8.855 \times 10^{-12}$$
$$= -35.4 \times 10^{-12} [\text{C/m}^3] \quad \textbf{답} ③$$

04 자속밀도 0.5[Wb/m²]인 균일한 자장 내에 반지름 10[cm], 권수 1000[회]인 원형코일이 매분 1800 회전할 때 이 코일의 저항이 100[Ω]일 경우 이 코일에 흐르는 전류의 최댓값[A]은 약 몇 [A]인가?

① 14.4   ② 23.5
③ 29.6   ④ 43.2

풀이 최대 전압
$$E_m = n\omega BS = n(2\pi f)B \cdot \pi r^2$$
$$= 1000 \times 2\pi \times \frac{1800}{60} \times 0.5 \times \pi \times 0.1^2$$
$$= 2961[\text{V}]$$
따라서 전류의 최댓값
$$I_m = \frac{E_m}{R} = \frac{2961}{100} = 29.61[\text{A}] \quad \textbf{답} ③$$

05 그림과 같이 전류 I[A]가 흐르는 반지름 a[m]인 원형 코일의 중심으로부터 x[m]인 점 P의 자계의 세기는 몇 [AT/m]인가? (단, θ는 각 APO라 한다.)

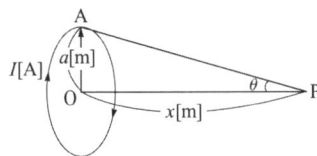

① $\dfrac{I}{2a}\cos^2\theta$ ② $\dfrac{I}{2a}\sin^3\theta$
③ $\dfrac{I}{2a}\cos^3\theta$ ④ $\dfrac{I}{2a}\sin^2\theta$

풀이

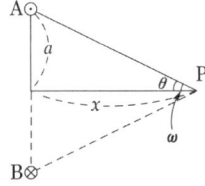

그림과 같이 점 P에서 코일 AB를 바라보는 입체각 ω는 $\omega=2\pi(1-\cos\theta)$이므로 자위는

$U_m = \dfrac{I}{4\pi}\omega = \dfrac{I}{4\pi}\cdot 2\pi(1-\cos\theta)$

$= \dfrac{I}{2}\left(1-\dfrac{x}{\sqrt{a^2+x^2}}\right)$ [AT]

따라서 원형 전류에 의한 축방향의 자계 H_x는

$H_x = -\dfrac{\partial U}{\partial x} = \dfrac{a^2 I}{2(a^2+x^2)^{3/2}}$

$= \dfrac{I}{2a}\sin^3\theta$ [AT/m]   **답** ②

06 코일의 면적을 2배로 하고 자속밀도의 주파수를 2배로 높이면 유기기전력의 최댓값은 어떻게 되는가?

① $\dfrac{1}{4}$로 된다. ② $\dfrac{1}{2}$로 된다.
③ 2배로 된다. ④ 4배로 된다.

풀이 최대 유기기전력 $E_m = \omega NBS = 2\pi f NBS$ 이므로 $E_m \propto f\cdot S$ 이다.
면적(S)과 주파수(f)를 2배로 높이면
최대 유기기전력
$E_m' \propto f'\cdot S' = 2f\times 2S = 4E_m$
이므로 유기기전력의 최댓값은 4배로 된다.   **답** ④

07 자유공간에 있어서의 포인팅 벡터를 P[W/m²]이라 할 때, 전계의 세기 E_e[V/m]를 구하면?

① $377P$ ② $\dfrac{P}{377}$
③ $\sqrt{377P}$ ④ $\sqrt{\dfrac{P}{377}}$

풀이 $P = E_e H_e = E_e\left(\dfrac{E_e}{\sqrt{\dfrac{\mu_o}{\epsilon_o}}}\right) = \dfrac{1}{377}E_e^2$

$\left(\because \sqrt{\dfrac{\mu_o}{\epsilon_o}} = \sqrt{\dfrac{4\pi\times 10^{-7}}{8.85\times 10^{-12}}} \fallingdotseq 377\right)$

$\therefore E_e = \sqrt{377P}$ **답** ③

08 점전하 $+Q$의 무한 평면도체에 대한 영상전하는?

① $+Q$ ② $-Q$
③ $+2Q$ ④ $-2Q$

풀이

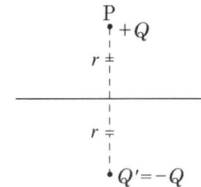

무한평면으로부터 r[m] 떨어진 P점에 점전하 $+Q$[C]가 있는 경우 영상전하는 무한평면 뒤쪽으로 점 P의 대칭점에 존재하며, 그 크기는 점전하와 같고 부호는 반대로 $Q' = -Q$[C]이다.   **답** ②

09 그림과 같이 $+q$[C/m]로 대전된 두 도선이 d[m]의 간격으로 평행하게 가설되었을 때, 이 두 도선 간에서 전계가 최소가 되는 점은?

① $\dfrac{d}{4}$ 지점
② $\dfrac{3}{4}d$ 지점
③ $\dfrac{d}{3}$ 지점
④ $\dfrac{d}{2}$ 지점

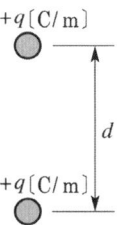

풀이

그림 중 도선에서 x[m] 떨어진 점 P의 전계는 가우스의 정리에 의하여

$$E = \frac{q}{2\pi\epsilon_0 x} - \frac{q}{2\pi\epsilon_0(d-x)} = \frac{q}{2\pi\epsilon_0}\left(\frac{1}{x} - \frac{1}{d-x}\right)[V]$$

E가 최소가 되기 위한 조건은 $\frac{\partial E}{\partial x} = 0$이므로

$$\frac{\partial E}{\partial x} = \frac{q}{2\pi\epsilon_0}\left(-\frac{1}{x^2} + \frac{1}{(d-x)^2}\right) = 0$$

$$\frac{1}{x^2} = \frac{1}{(d-x)^2} \rightarrow x^2 = (d-x)^2$$
$$\rightarrow x = d - x \rightarrow 2x = d$$

$$\therefore x = \frac{d}{2}$$

답 ④

10 정전계에 대한 설명으로 옳은 것은?
① 전계 에너지가 최소로 되는 전하분포의 전계이다.
② 전계 에너지가 최대로 되는 전하분포의 전계이다.
③ 전계 에너지가 항상 0인 전기장을 말한다.
④ 전계 에너지가 항상 ∞인 전기장을 말한다.

풀이 ① 전계(전기장, 전장) : 전기력이 미치는 공간을 말한다.
② 정전계 : 전계 에너지가 최소로 되는 전하 분포의 전계

답 ①

11 전자 e[C]이 공기 중의 자계 H[AT/m] 내를 H에 수직방향으로 v[m/s]의 속도로 돌입하였을 때 받는 힘은 몇 [N]인가?

① $\mu_o evH$
② evH
③ $\frac{eH}{\epsilon_o \mu_o}$
④ $\frac{\epsilon_o H}{\mu_o v}$

풀이 자계 내에 놓여진 운동 전하가 받는 힘
$F = evB\sin\theta = ev\mu_0 H\sin\theta$[N]에서
수직방향($\theta = 90°$)이므로
$F = ev\mu_0 H$[N]이다.

답 ①

12 반지름 a[m]의 구도체에 전하 Q[C]이 주어질 때, 구도체 표면에 작용하는 정전응력[N/m²]은?

① $\frac{Q^2}{64\pi^2 \epsilon_0 a^4}$
② $\frac{Q^2}{32\pi^2 \epsilon_0 a^4}$
③ $\frac{Q^2}{16\pi^2 \epsilon_0 a^4}$
④ $\frac{Q^2}{8\pi^2 \epsilon_0 a^4}$

풀이 구도체 표면의 전계의 세기 $E = \frac{Q}{4\pi\epsilon_0 a^2}$

따라서 구도체 표면에 작용하는 정전응력은
$$f = \frac{1}{2}\epsilon_0 E^2 = \frac{1}{2}\epsilon_0\left(\frac{Q}{4\pi\epsilon_0 a^2}\right)^2$$
$$= \frac{Q^2}{32\pi^2 \epsilon_0 a^4}[N/m^2]$$

답 ②

13 두께 d[m]인 판상 유전체의 양면 사이에 150[V]의 전압을 가하였을 때 내부에서의 전계가 3×10^4[V/m]이었다. 이 판상 유전체의 두께는 몇 [mm]인가?

① 2 ② 5
③ 10 ④ 20

풀이 $V = Ed$[V]에서 유전체의 두께
$d = \frac{V}{E} = \frac{150}{3 \times 10^4} = 0.005$[m] = 5[mm]

답 ②

14 비투자율이 μ_r인 철제 무단 솔레노이드가 있다. 평균 자로의 길이를 l[m]라 할 때 솔레노이드에 공극(air gap) l_0[m]를 만들어 자기저항을 원래의 2배로 하려면 얼마만한 공극을 만들면 되는가? (단, $\mu_r \gg 1$이고, 자기력은 일정하다고 한다.)

① $l_0 = \frac{l}{2}$
② $l_0 = \frac{l}{\mu_r}$
③ $l_0 = \frac{l}{2\mu_r}$
④ $l_0 = 1 + \frac{l}{\mu_r}$

풀이 공극이 없는 전부 철심인 경우
단면적을 A라 하면 자기 저항은 $R_m = \frac{l}{\mu A}$이고,

공극 l_0가 존재하는 경우 자기 저항은 철심부 자기저항과 공극부 자기저항의 직렬 접속이므로
$R'_m = \dfrac{l-l_0}{\mu A} + \dfrac{l_0}{\mu_0 A}$ 가 된다.

$l \gg l_0$ 인 경우
$R'_m = \dfrac{l}{\mu A} + \dfrac{l_0}{\mu_0 A} = \dfrac{l}{\mu A}\left(1 + \dfrac{\mu l_0}{\mu_0 l}\right)$ 가 되므로

$\dfrac{R'_m}{R_m} = 1 + \dfrac{\mu l_0}{\mu_0 l} = 1 + \dfrac{l_0}{l}\mu_r = 2$배이다.

따라서 $l_0 = \dfrac{l}{\mu_r}$ [m]   답 ②

15 반지름이 각각 $a = 0.2$[m], $b = 0.5$[m] 되는 동심구 간에 고유저항 $\rho = 2 \times 10^{12}$[Ω·m], 비유전율 $\epsilon_s = 100$인 유전체를 채우고 내외 동심구 간에 150[V]의 전위차를 가할 때 유전체를 통하여 흐르는 누설전류는 몇 [A]인가?

① 2.15×10^{-10}
② 3.14×10^{-10}
③ 5.31×10^{-10}
④ 6.13×10^{-10}

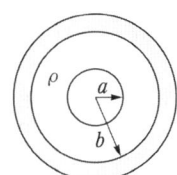

풀이) $RC = \epsilon\rho \to R = \dfrac{\epsilon\rho}{C_{ab}}$

$C_{ab} = \dfrac{4\pi\epsilon}{\dfrac{1}{a} - \dfrac{1}{b}}$ 이므로 $R = \dfrac{\rho}{4\pi}\left(\dfrac{1}{a} - \dfrac{1}{b}\right)$이다.

$\therefore I = \dfrac{V}{R} = \dfrac{4\pi V}{\rho\left(\dfrac{1}{a} - \dfrac{1}{b}\right)}$

$= \dfrac{4\pi \times 150}{2 \times 10^{12} \times \left(\dfrac{1}{0.2} - \dfrac{1}{0.5}\right)}$

$= 3.14 \times 10^{-10}$ [A]   답 ②

16 유전체 내의 전속밀도에 관한 설명 중 옳은 것은?

① 진전하만이다.
② 분극전하만이다.
③ 겉보기 전하만이다.
④ 진전하와 분극전하이다.

풀이) 가우스 정리의 미분형 $\mathrm{div}\,D = \rho$에서 알 수 있듯이 유전체 중의 전속밀도의 발산은 진전하밀도 ρ만에 의해 좌우된다.   답 ①

17 전계와 자계의 위상 관계는?

① 위상이 서로 같다.
② 전계가 자계보다 90° 늦다.
③ 전계가 자계보다 90° 빠르다.
④ 전계가 자계보다 45° 빠르다.

풀이) 고유 임피던스 $\eta = \dfrac{E}{H} = \sqrt{\dfrac{\mu}{\epsilon}}$ 이고
$E = \eta H$에서 η가 실수이므로
E와 H는 동상이다.   답 ①

18 판자석의 세기가 P[Wb/m]되는 판자석을 보는 입체각 ω인 점의 자위는 몇 [A]인가?

① $\dfrac{P}{2\pi\mu_o \omega}$ ② $\dfrac{P\omega}{2\pi\mu_o}$
③ $\dfrac{P}{4\pi\mu_o \omega}$ ④ $\dfrac{P\omega}{4\pi\mu_o}$

풀이)

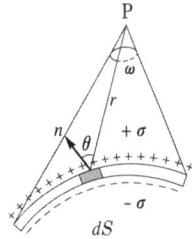

그림에서 미소 면적 dS인 소자석에 의한 점 P의 자위는
$dU = \dfrac{1}{4\pi\mu_0} \cdot \dfrac{P dS \cos\theta}{r^2}$
$= \dfrac{P}{4\pi\mu_0} \cdot \dfrac{dS \cos\theta}{r^2}$ [A]

따라서 판 전체에 의한 자위는
$U = \dfrac{P}{4\pi\mu_0} \displaystyle\int_s \dfrac{dS \cos\theta}{r^2}$

여기서, $\displaystyle\int_s \dfrac{dS \cos\theta}{r^2}$는 판 S가 점 P에 대하여 짓는 입체각 ω가 되므로

$\therefore U = \dfrac{P\omega}{4\pi\mu_0}$ [A]   답 ④

19 진공 중에 놓인 3[μC]의 점전하에서 3[m] 되는 점의 전계는 몇 [V/m]인가?

① 100 ② 1000
③ 300 ④ 3000

풀이 점의 전계

$$E = \frac{Q}{4\pi\epsilon_0 r^2} = 9\times 10^9 \times \frac{Q}{r^2}$$

$$= 9\times 10^9 \times \frac{3\times 10^{-6}}{3^2} = 3000[\text{V/m}]$$

답 ④

20 진공 중 1[C]의 전하에 대한 정의로 옳은 것은? (단, Q_1, Q_2는 전하이며, F는 작용력이다.)

① $Q_1 = Q_2$, 거리 1[m], 작용력 $F = 9\times 10^9$[N]일 때이다.
② $Q_1 < Q_2$, 거리 1[m], 작용력 $F = 6\times 10^4$[N]일 때이다.
③ $Q_1 = Q_2$, 거리 1[m], 작용력 $F = 1$[N]일 때이다.
④ $Q_1 > Q_2$, 거리 1[m], 작용력 $F = 1$[N]일 때이다.

풀이 쿨롱의 법칙 $F = 9\times 10^9 \frac{Q_1 Q_2}{r^2}$[N]에서 1[C]의 점전하가 1[m] 떨어져 있다면,

작용력 $F = 9\times 10^9 \frac{Q_1 Q_2}{r^2} = 9\times 10^9 \times \frac{1\times 1}{1^2}$

$= 9\times 10^9$[N]이다.

답 ①

2과목 - 전력공학

21 송전선로에서 연가를 하는 주된 목적은?

① 미관상 필요
② 직격뢰의 방지
③ 선로정수의 평형
④ 지지물의 높이를 낮추기 위하여

풀이 • 연가는 선로정수를 평형시키고 통신선의 유도장해를 방지하기 위하여 선로를 3배수 등분하여 실시한다.
• 연가의 목적 : 직렬공진 방지, 유도장해 감소, 선로정수 평형

답 ③

22 어떤 발전소의 유효 낙차가 100[m]이고, 최대 사용 수량이 10[m³/s]일 경우 이 발전소의 이론적인 출력은 몇 [kW]인가?

① 4900 ② 9800
③ 10000 ④ 14700

풀이 이론 출력 $P = 9.8QH = 9.8\times 10\times 100$
$= 9800[\text{kW}]$

답 ②

23 우리나라 22.9[kV] 배전선로에서 가장 많이 사용하는 배전방식과 중성점접지방식은?

① 3상 3선식 비접지
② 3상 4선식 비접지
③ 3상 3선식 다중접지
④ 3상 4선식 다중접지

풀이 ① 3상 4선식은 같은 회선에서 선간전압과 상전압의 양 전압을 이용할 수 있기 때문에 배전에서 많이 채용되고 있다.
② 전압별 중성점접지방식
• 22.9[kV] : 중성점 다중접지
• 154, 345[kV] : 직접 접지
• 22[kV] : 비접지
• 66[kV] : 소호 리액터 접지

답 ④

24 다음 송전선의 전압변동률 식에서 V_{R1}은 무엇을 의미하는가?

$$\epsilon = \frac{V_{R1} - V_{R2}}{V_{R2}}\times 100[\%]$$

① 부하 시 송전단전압
② 무부하 시 송전단전압
③ 전부하 시 수전단전압
④ 무부하 시 수전단전압

풀이

$$전압변동률(\epsilon) = \frac{무부하 시 수전단전압(V_{R1}) - 수전단 정격전압(V_{R2})}{수전단 정격전압(V_{R2})}\times 100[\%]$$

답 ④

25 100[kVA] 단상변압기 3대를 △-△결선으로 사용하다가 1대의 고장으로 V-V결선으로 사용하면 약 몇 [kVA] 부하까지 사용할 수 있는가?

① 150 ② 173
③ 225 ④ 300

풀이 변압기 1개의 출력을 P_1이라 하면
V결선 시 출력
$P_V = \sqrt{3}\,P_1 = \sqrt{3} \times 100 = 173.2\,[kVA]$ **답** ②

26 전원으로부터의 합성 임피던스가 0.5[%] (15000[kVA] 기준)인 곳에 설치하는 차단기 용량은 몇 [MVA] 이상이어야 하는가?

① 2000 ② 2500
③ 3000 ④ 3500

풀이 차단기 용량
$P_s = \dfrac{100}{\%Z} P_n = \dfrac{100}{0.5} \times 15000 \times 10^{-3}$
$= 3000\,[MVA]$ **답** ③

27 우리나라 22.9[kV] 배전선로에 적용하는 피뢰기의 공칭방전전류[A]는?

① 1500 ② 2500
③ 5000 ④ 10000

풀이 설치장소별 피뢰기 공칭 방전전류

공칭방전전류	설치장소	적용 조건
10,000[A]	변전소	1. 154[kV] 이상의 계통 2. 66[kV] 및 그 이하 계통에서 뱅크용량이 3,000[kVA]를 초과하거나 특히 중요한 곳 3. 장거리 송전선 케이블(배전선로 인출용 단거리 케이블은 제외) 및 정전축전기 뱅크를 개폐하는 곳 4. 배전선로 인출측(배전 간선 인출용 장거리 케이블은 제외)
5,000[A]	변전소	66[kV] 및 그 이하 계통에서 뱅크 용량이 3,000[kVA] 이하인 곳
2,500[A]	선로	배전선로

[주] 전압 22.9[kV-Y] 이하 (22[kV] 비접지 제외)의 **배전선로**에서 수전하는 설비의 피뢰기 공칭방전전류는 일반적으로 **2,500[A]**의 것을 적용한다. **답** ②

28 1선 지락 시에 전위상승이 가장 적은 접지방식은?

① 직접 접지 ② 저항 접지
③ 리액터 접지 ④ 소호 리액터 접지

풀이 직접 접지방식은 타 접지방식에 비해 지락사고 시 건전상의 **전위상승이 가장 낮으므로** 송전계통의 절연레벨을 저감시킬 수 있다. **답** ①

29 직렬 콘덴서를 선로에 삽입할 때의 장점이 아닌 것은?

① 역률을 개선한다.
② 정태안정도를 증가한다.
③ 선로의 인덕턴스를 보상한다.
④ 수전단의 전압변동률을 줄인다.

풀이 직렬 콘덴서의 장·단점
[장점]
① 유도 리액턴스를 보상하고 전압강하를 감소시킨다.
② 수전단의 전압변동률을 경감시킨다.
③ 최대 송전 전력이 증대하고 **정태 안정도가 증대**한다.
④ 부하역률이 나쁠수록 효과가 크다.
⑤ 용량이 작으므로 설비비가 저렴하다.
[단점]
① 단락고장 시 콘덴서 양단에 고전압이 걸린다.
② 무부하 변압기에 직렬콘덴서를 투입하는 경우 선로 전류가 증대한다.
③ 고압 배전선에 설치하는 경우 자기 여자 현상이 일어날 경우가 있다.
④ 과보상이 되면 동기기에 난조가 생기거나 탈조하는 수가 있다.
역률 개선용 콘덴서는 부하와 병렬로 연결된다. **답** ①

30 부하에 따라 전압변동이 심한 급전선을 가진 배전변전소의 전압조정 장치로서 적당한 것은?

① 단권 변압기
② 주변압기 탭
③ 전력용 콘덴서
④ 유도전압조정기

풀이 부하 변동이 심한 경우 탭 절환 방식을 채용할 수 없다. 따라서 유도전압조정기가 많이 채용된다. **답** ④

31 부하전류 및 단락전류를 모두 개폐할 수 있는 스위치는?

① 단로기
② 차단기
③ 선로개폐기
④ 전력퓨즈

풀이 퓨즈와 각종 개폐기 및 차단기와의 기능비교

능력	회로 분리		사고 차단	
기능	무부하	부하	과부하	단락
퓨즈	○			○
차단기	○	○	○	○
개폐기	○	○	○	
단로기	○			
전자 접촉기	○	○	○	

차단기는 부하전류는 물론 고장 시에 발생하는 대전류를 신속·안전하게 차단하여 고장구간을 건전구간으로부터 분리시키며 또한 설비의 점검 및 수리 등의 작업 시에 작업 장소를 정전시키기 위한 필요 설비이다. **답** ②

32 선로의 커패시턴스와 무관한 것은?

① 전자유도
② 개폐 서지
③ 중성점 잔류전압
④ 발전기 자기여자현상

풀이 전자유도
$E_m = -j\omega Ml(I_a + I_b + I_c) = -j\omega Ml(3I_0)$
전자 유도는 전력선과 통신선과의 상호 인덕턴스에 의하여 발생된다. **답** ①

33 배전선에서 균등하게 분포된 부하일 경우 배전선 말단의 전압강하는 모든 부하가 배전선의 어느 지점에 집중되어 있을 때의 전압강하와 같은가?

① $\dfrac{1}{2}$ ② $\dfrac{1}{3}$ ③ $\dfrac{2}{3}$ ④ $\dfrac{1}{5}$

풀이 집중 부하와 분산 부하

구 분	전력손실	전압강하
말단에 집중 부하	I^2rL	IrL
균등 분포 부하	$\dfrac{1}{3}I^2rL$	$\dfrac{1}{2}IrL$

여기서, I : 전선의 전류
r : 전선 단위길이 당 저항
L : 전선의 길이 **답** ①

34 송전거리, 전력, 손실률 및 역률이 일정하다면 전선의 굵기는?

① 전류에 비례한다.
② 전류에 반비례한다.
③ 전압의 제곱에 비례한다.
④ 전압의 제곱에 반비례한다.

풀이 전력손실율
$K = \dfrac{RP}{V^2\cos^2\theta} \times 100 = \dfrac{\rho l P}{A V^2\cos^2\theta} \times 100$에서
전선의 단면적
$A = \dfrac{\rho l P}{KV^2\cos^2\theta} \times 100 \propto \dfrac{1}{V^2}$
여기서, ρ : 고유저항, l : 송전거리,
P : 전력, V : 전압, $\cos\theta$: 역률
따라서 전선의 단면적은 전압의 제곱에 반비례한다. **답** ④

35 화력발전소에서 석탄 1[kg]으로 발생할 수 있는 전력량은 약 몇 [kWh]인가? (단, 석탄의 발열량은 5000[kcal/kg], 발전소의 효율은 40[%]이다.)

① 2.0 ② 2.3
③ 4.7 ④ 5.8

풀이 효율 $\eta = \dfrac{860W}{mH} \times 100$에서
전력량 $W = \dfrac{mH\eta}{860 \times 100}$이므로
$\therefore W = \dfrac{1 \times 5000 \times 40}{860 \times 100} = 2.3$[kWh]가 된다. **답** ②

36 154[kV] 송전계통에서 3상 단락고장이 발생하였을 경우 고장 점에서 본 등가 정상 임피던스가 100[MVA] 기준으로 25[%]라고 하면 단락용량은 몇 [MVA]인가?

① 250 ② 300
③ 400 ④ 500

풀이 단락용량
$P_s = \dfrac{100}{\%Z}P_n = \dfrac{100}{25} \times 100 = 400$[MVA] **답** ③

37 3상 1회선 송전선로의 소호 리액터의 용량 [kVA]은?

① 선로 충전 용량과 같다.
② 선간 충전 용량의 1/2이다.
③ 3선 일괄의 대지 충전 용량과 같다.
④ 1선과 중성점 사이의 충전 용량과 같다.

풀이 3상 1회선 소호 리액터 용량

$$P = 3\omega CE^2 = 3\omega C \left(\frac{V}{\sqrt{3}}\right)^2 = \omega CV^2 [kVA]$$

여기서, C : 1선당의 대지 정전용량,
E : 대지전압, V : 선간전압 **답** ③

38 감전방지 대책으로 적합하지 않은 것은?

① 외함 접지　　② 아크혼 설치
③ 2중 절연기기　④ 누전 차단기 설치

풀이 아크혼의 역할
- 선로의 섬락으로부터 애자련의 보호
- 애자련의 전압분포 개선 **답** ②

39 총부하설비가 160[kW], 수용률이 60[%], 부하역률이 80[%]인 수용가에 공급하기 위한 변압기용량[kVA]은?

① 40　　② 80
③ 120　④ 160

풀이 변압기용량 ≥ 합성 최대 수용 전력
$$= \frac{개별\ 최대\ 수용\ 전력의\ 합}{부등률}$$
$$= \frac{설비용량 \times 수용률}{부등률} = \frac{160/0.8 \times 0.6}{1}$$
$$= 120[kVA]$$ **답** ③

40 18~23개를 한 줄로 이어 단 표준현수애자를 사용하는 전압[kV]은?

① 23[kV]　　② 154[kV]
③ 345[kV]　④ 765[kV]

풀이 전압별 현수애자의 개수

22.9[kV]	66[kV]	154[kV]	345[kV]
2~3	4	10~11	18~20

답 ③

3과목 - 전기기기

41 교류 정류자 전동기의 설명 중 틀린 것은?

① 정류 작용은 직류기와 같이 간단히 해결된다.
② 구조가 일반적으로 복잡하여 고장이 생기기 쉽다.
③ 기동 토크가 크고 기동 장치가 필요 없는 경우가 많다.
④ 역률이 높은 편이며 연속적인 속도제어가 가능하다.

풀이 교류 정류자기는 직류기와 같이 정류자를 가지고 있는 회전자와 유도기와 같은 고정자로 구성되어 있으며, 정류 작용 문제가 직류기보다 더욱 곤란하기 때문에 출력에 제한을 받는다. **답** ①

42 직류분권전동기의 계자저항을 운전 중에 증가시키면?

① 전류는 일정　　② 속도는 감소
③ 속도는 일정　　④ 속도는 증가

풀이 직류분권전동기의 속도 $n = K\frac{V - I_a R_a}{\phi}$[rps]이므로 계자 저항을 증가하면 여자전류(계자 자속)는 감소하여, 속도는 증가하게 된다. **답** ④

43 역률 80[%](뒤짐)로 전부하 운전 중인 3상 100[kVA], 3000/200[V] 변압기의 저압측 선전류의 무효분은 몇 [A]인가?

① 100　　　② $80\sqrt{3}$
③ $100\sqrt{3}$　④ $500\sqrt{3}$

풀이 출력 $P = \sqrt{3}\,V_2 I_2$ 식에서,
저압측 선전류
$$I_2 = \frac{P}{\sqrt{3}\,V_2} = \frac{100 \times 10^3}{\sqrt{3} \times 200} = \frac{1000}{2\sqrt{3}}[A]$$
따라서 무효전류
$$I_c = I_2 \sin\theta = \frac{1000}{2\sqrt{3}} \times \sqrt{1-0.8^2}$$
$$= 100\sqrt{3}[A]$$ **답** ③

44 권선형 유도전동기에서 2차 저항을 변화시켜서 속도제어를 하는 경우 최대 토크는?

① 항상 일정하다
② 2차 저항에만 비례한다.
③ 최대 토크가 생기는 점의 슬립에 비례한다.
④ 최대 토크가 생기는 점의 슬립에 반비례한다.

풀이 ① 최대 토크 $T_m \propto \dfrac{V^2}{2x_2}$: 2차 저항과 무관

② 최대 토크를 발생하는 슬립 $s_m \fallingdotseq \pm \dfrac{r_2}{x_2}$:
2차 저항에 비례   **답** ①

45 3상 유도전동기로서 작용하기 위한 슬립 s의 범위는?

① $s \geq 1$ ② $0 < s < 1$
③ $-1 \leq s \leq 0$ ④ $s = 0$ 또는 $s = 1$

풀이 슬립의 범위
• 유도전동기 : $0 < s < 1$
• 유도발전기 : $s < 0$
• 제동기 : $s > 1$ **답** ②

46 변압기유 열화방지 방법 중 틀린 것은?

① 밀봉방식   ② 흡착제방식
③ 수소봉입방식   ④ 개방형 콘서베이터

풀이 절연유 열화의 원인은 절연유의 온도 상승과 공기와의 접촉에 의해 발생하며 기름의 열화 방지로는 콘서베이터, 브리더, **질소 봉입**이 있다.   **답** ③

47 스텝 모터(step motor)의 장점이 아닌 것은?

① 가속, 감속이 용이하며 정·역전 및 변속이 쉽다.
② 위치 제어를 할 때 각도 오차가 있고 누적된다.
③ 피드백 루프가 필요 없이 오픈 루프로 손쉽게 속도 및 위치제어를 할 수 있다.
④ 디지털 신호를 직접 제어 할 수 있으므로 컴퓨터 등 다른 디지털 기기와 인터페이스가 쉽다.

풀이 스텝모터의 장·단점
[장점]
① 다른 서보모터와 달리 위치 및 속도를 검출하기 위한 장치가 필요 없다.
② 다른 디지털 기기와의 인터페이스가 쉽다.
③ 가속, 감속이 용이하며 정·역전 및 변속이 쉽다.
④ 속도제어범위가 광범위하며, 초저속에서 큰 토크를 얻을 수 있다.
⑤ **위치제어를 할 때 각도오차가 적고 누적되지 않는다.**
⑥ 정지하고 있을 때 그 위치를 유지해 주는 토크가 크다.
⑦ 브러시, 슬립 링 등이 없고 부품수가 적기 때문에 유지 보수의 필요성이 적다.
[단점]
① 분해 조립, 또는 정지위치가 한정된다.
② 효율이 서보모터에 비해 나쁘다.
③ 마찰 부하의 경우 위치 오차가 크다.
④ 오버슈트 및 진동의 문제가 있다.
⑤ 대용량의 대형기는 만들기 어렵다.   **답** ②

48 동기기의 과도 안정도를 증가시키는 방법이 아닌 것은?

① 속응여자방식을 채용한다.
② 동기화 리액턴스를 크게 한다.
③ 동기 탈조 계전기를 사용 한다.
④ 발전기의 조속기 동작을 신속히 한다.

풀이 동기기의 안정도 증진법
① **동기화 리액턴스를 작게 할 것**
② 회전자의 플라이휠 효과를 크게 할 것
③ 속응여자방식을 채용할 것
④ 발전기의 조속기 동작을 신속히 할 것
⑤ 동기 탈조 계전기를 사용할 것   **답** ②

49 직류기에서 전기자 반작용이란 전기자 권선에 흐르는 전류로 인하여 생긴 자속이 무엇에 영향을 주는 현상인가?

① 감자 작용만을 하는 현상
② 편자 작용만을 하는 현상
③ 계자극에 영향을 주는 현상
④ 모든 부분에 영향을 주는 현상

풀이 ① 전기자 반작용 : 전기자 전류에 의한 자속이 공극을 지나 주자극에 들어가 계자자속에 영향을 미치는 현상
② 전기자 반작용의 방지대책

보극과 보상권선을 설치한다	보극 → 중성측 부근의 전기자 반작용 상쇄
	보상권선 → 대부분의 전기자 반작용 상쇄 : 가장 유효한 방법

답 ③

50 3상 유도전동기의 동기속도는 주파수와 어떤 관계가 있는가?

① 비례한다.
② 반비례한다.
③ 자승에 비례한다.
④ 자승에 반비례한다.

풀이 유도전동기의 동기속도 $N_s = \frac{120}{p}f$[rpm]이므로 슬립과 극수가 일정하다면, 동기속도(N_s)는 주파수(f)에 비례하는 관계에 있다. 답 ①

51 3단자 사이리스터가 아닌 것은?

① SCR
② GTO
③ SCS
④ TRIAC

풀이 각종 반도체 소자의 비교
① 방향성
 • 양방향성(쌍방향성) 소자 : DIAC, TRIAC, SSS
 • 역저지(단방향성) 소자 : SCR, LASCR, GTO
② 극(단자) 수
 • 2극(단자) 소자 : DIAC, SSS, Diode
 • 3극(단자) 소자 : SCR, LASCR, GTO, TRIAC
 • 4극(단자) 소자 : SCS

답 ③

52 60[Hz], 4극 유도전동기의 슬립이 4[%]일 때의 회전수[rpm]는?

① 1728
② 1738
③ 1748
④ 1758

풀이 유도전동기의 회전수
$$N = (1-s)N_s = (1-s)\frac{120f}{p}$$
$$= (1-0.04) \times \frac{120 \times 60}{4}$$
$$= 1728[\text{rpm}]$$

답 ①

53 비례추이와 관계가 있는 전동기는?

① 동기전동기
② 정류자 전동기
③ 3상 농형 유도전동기
④ 3상 권선형 유도전동기

풀이 비례추이는 2차 회로의 저항을 변화시킬 수 없는 농형 유도전동기에서는 응용할 수 없으며, 2차 회로의 저항을 가감할 수 있는 **3상 권선형 유도전동기**의 기동 토크 가감과 속도제어에 이용하고 있다. 답 ④

54 200[kVA]의 단상변압기가 있다. 철손이 1.6[kW]이고 전부하 동손이 2.5[kW]이다. 이 변압기의 역률이 0.8일 때 전부하시의 효율은 약 몇 [%]인가?

① 96.5
② 97.0
③ 97.5
④ 98.0

풀이 전부하 효율
$$\eta = \frac{P_a\cos\theta}{P_a\cos\theta + P_i + P_c} \times 100$$
$$= \frac{200 \times 0.8}{200 \times 0.8 + 1.6 + 2.5} \times 100 = 97.5[\%]$$

답 ③

55 변압기의 전부하 동손이 270[W], 철손이 120[W]일 때 최고 효율로 운전하는 출력은 정격출력의 약 몇 [%]인가?

① 66.7
② 44.4
③ 33.3
④ 22.5

풀이 최대 효율이 나타나는 부하
$$m = \sqrt{\frac{P_i}{P_c}} = \sqrt{\frac{120}{270}} = 0.667$$
∴ 정격출력의 66.7[%]에서 최대 효율이 발생한다.

답 ①

56 단상 반파정류로 직류전압 150[V]를 얻으려고 한다. 최대 역전압(Peak Inverse Voltage)이 약 몇 [V] 이상의 다이오드를 사용하여야 하는가? (단, 정류회로 및 변압기의 전압강하는 무시한다.)

① 약 150[V] ② 약 166[V]
③ 약 333[V] ④ 약 470[V]

풀이 단상 반파 정류회로의 첨두 역전압
$PIV = \sqrt{2}E = \pi E_d = \pi \times 150$
$\fallingdotseq 471[V]$ **답** ④

57 동기전동기의 자기동법에서 계자권선을 단락하는 이유는?

① 기동이 쉽다.
② 기동권선으로 이용한다.
③ 고전압의 유도를 방지한다.
④ 전기자 반작용을 방지한다.

풀이 동기전동기의 기동시에 계자권선 중에 고전압이 유도되어 절연을 파괴하므로 방전 저항을 접속하여 단락 상태로 기동한다. 이때 계자권선은 일종의 단상 2차 권선으로서 토크를 발생하기 때문에 계자권선의 저항값의 3~7배 정도의 방전 저항을 사용한다. **답** ③

58 직류직권전동기에서 토크 T와 회전수 N과의 관계는?

① $T \propto N$ ② $T \propto N^2$
③ $T \propto \dfrac{1}{N}$ ④ $T \propto \dfrac{1}{N^2}$

풀이 직류 직권전동기속도 $N = k\dfrac{E_c}{\phi}$[rpm]에서
자기 포화를 무시하면 속도 N은
$N \propto \dfrac{1}{\phi} \propto \dfrac{1}{I_a}$ ($\because I_a = I = I_f \propto \phi$)
토크 $T = \dfrac{PZ}{2\pi}\Phi\dfrac{I_a}{a} = \dfrac{PZ}{2\pi a}\Phi I_a = k_2 \Phi I_a$ 에서
ϕ는 I_a에 비례하므로
$\therefore T \propto I_a^2 \propto \dfrac{1}{N^2}$ **답** ④

59 직류발전기 중 무부하일 때보다 부하가 증가한 경우에 단자전압이 상승하는 발전기는?

① 직권발전기
② 분권발전기
③ 과복권발전기
④ 차동복권발전기

풀이 직류 복권 발전기의 외부특성 곡선

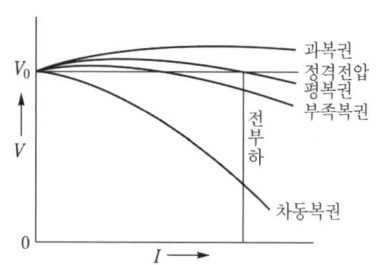

여기서, V_0 : 무부하 전압
V : 단자전압,
I : 부하전류 **답** ③

60 3상 교류 발전기의 기전력에 대하여 $\dfrac{\pi}{2}$[rad] 뒤진 전기자 전류가 흐르면 전기자 반작용은?

① 증자작용을 한다.
② 감자작용을 한다.
③ 횡축반작용을 한다.
④ 교차 자화작용을 한다.

풀이 동기발전기의 전기자 반작용

역률	부하	전류와 전압과의 위상	작 용
역률 1	저항	I_a가 E와 동상인 경우	교차 자화작용 (횡축반작용)
뒤진 역률 0	유도성 부하	I_a가 E보다 $\pi/2$ 뒤지는 경우	감자 작용 (직축 반작용)
앞선 역률 0	용량성 부하	I_a가 E보다 $\pi/2$ 앞서는 경우	증자 작용 (자화작용)

여기서, I_a : 전기자 전류
E : 유기기전력 **답** ②

4과목 - 회로이론

61 아래와 같은 비정현파 전압을 RL 직렬회로에 인가할 때에 제 3고조파 전류의 실효값[A]은? (단, $R=4[\Omega]$, $\omega L=1[\Omega]$이다.)

$$e = 100\sqrt{2}\sin\omega t + 75\sqrt{2}\sin3\omega t + 20\sqrt{2}\sin5\omega t[\text{V}]$$

① 4 ② 15
③ 20 ④ 75

풀이 고조파의 유도 리액턴스는 주파수에 비례한다.
$X_L = n\omega L[\Omega]$ (여기서 n은 고조파 차수)
따라서 제3고조파 전류
$$I_3 = \frac{V_3}{Z_3} = \frac{V_3}{\sqrt{R^2+(3\omega L)^2}} = \frac{75}{\sqrt{4^2+3^2}}$$
$= 15[\text{A}]$ **답** ②

62 선간전압 220[V], 역률 60[%]인 평형 3상 부하에서 소비전력 $P=10$[kW]일 때 선전류는 약 몇 [A]인가?

① 25.3 ② 32.8
③ 43.7 ④ 53.6

풀이 3상 부하에서 소비전력 $P=\sqrt{3}\,VI\cos\theta$
따라서 선전류
$$I = \frac{P}{\sqrt{3}\,V\cos\theta} = \frac{10\times10^3}{\sqrt{3}\times220\times0.6}$$
$= 43.7[\text{A}]$ **답** ③

63 $\dfrac{E_o(s)}{E_i(s)} = \dfrac{1}{s^2+3s+1}$의 전달함수를 미분방정식으로 표시하면?
(단, $\mathcal{L}^{-1}[E_o(s)] = e_o(t)$, $\mathcal{L}^{-1}[E_i(s)] = e_i(t)$이다.)

① $\dfrac{d^2}{dt^2}e_o(t) + 3\dfrac{d}{dt}e_o(t) + e_o(t) = e_i(t)$

② $\dfrac{d^2}{dt^2}e_i(t) + 3\dfrac{d}{dt}e_i(t) + e_i(t) = e_o(t)$

③ $\dfrac{d^2}{dt^2}e_i(t) + 3\dfrac{d}{dt}e_i(t) + \int e_i(t)dt = e_o(t)$

④ $\dfrac{d^2}{dt^2}e_o(t) + 3\dfrac{d}{dt}e_o(t) + \int e_o(t)dt = e_i(t)$

풀이 $\dfrac{E_o(s)}{E_i(s)} = \dfrac{1}{s^2+3s+1}$
$\rightarrow (s^2+3s+1)E_o(s) = E_i(s)$
$\therefore \dfrac{d^2}{dt^2}e_o(t) + 3\dfrac{d}{dt}e_o(t) + e_o(t) = e_i(t)$ **답** ①

64 $i(t) = \dfrac{4I_m}{\pi}\left(\sin\omega t + \dfrac{1}{3}\sin3\omega t + \dfrac{1}{5}\sin5\omega t + \cdots\right)$
를 표시하는 파형은?

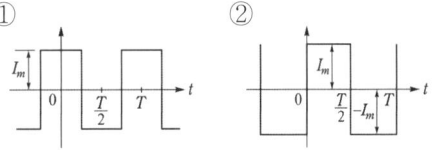
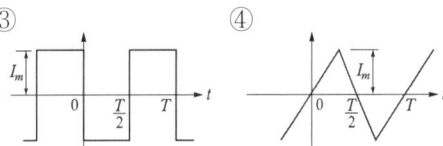

풀이
- 여현 대칭 : 직류분, cos항 존재
- 정현 대칭 : sin항만 존재
- 반파 대칭 : 홀수(기수)차 항만 존재
- 반파 및 정현 대칭 : sin항의 홀수(기수)항만 존재 **답** ②

65 그림과 같은 회로에서 전류 I[A]는?

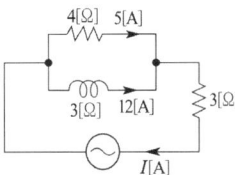

① 7 ② 10
③ 13 ④ 17

풀이 $I = \sqrt{I_R^2 + I_L^2} = \sqrt{5^2+12^2} = 13[\text{A}]$ **답** ③

66 $F(s) = \dfrac{3s+10}{s^3+2s^2+5s}$ 일 때 $f(t)$의 최종값은?

① 0 ② 1 ③ 2 ④ 3

풀이 최종값 정리에 의해서
$$\lim_{t \to \infty} f(t) = \lim_{s \to 0} sF(s)$$
$$= \lim_{s \to 0} s \cdot \dfrac{3s+10}{s(s^2+2s+5)} = \dfrac{10}{5}$$
$$= 2$$
답 ③

67 20[kVA] 변압기 2대로 공급할 수 있는 최대 3상 전력은 약 몇 [kVA]인가?

① 17 ② 25 ③ 35 ④ 40

풀이 V결선의 출력
$$P_v = \sqrt{3}\,P_1 = \sqrt{3} \times 20 \fallingdotseq 35[\text{kVA}]$$
답 ③

68 RLC 직렬회로에서 제 n고조파의 공진주파수 f_n[Hz]는?

① $\dfrac{1}{2\pi\sqrt{LC}}$ ② $\dfrac{1}{2\pi\sqrt{nLC}}$
③ $\dfrac{1}{2\pi n\sqrt{LC}}$ ④ $\dfrac{1}{2\pi n^2\sqrt{LC}}$

풀이 제 n차 고조파 공진 조건은
$n^2\omega^2 LC = n^2(2\pi f_n)^2 LC = 1$이므로
제 n차 고조파 공진주파수
$f_n = \dfrac{1}{2\pi n\sqrt{LC}}$이다.
답 ③

69 $\dfrac{1}{s+3}$을 역라플라스 변환하면?

① e^{3t} ② e^{-3t} ③ $e^{\frac{t}{3}}$ ④ $e^{-\frac{t}{3}}$

풀이 $e^{-at} \leftrightarrow \dfrac{1}{s+a}$이며, 문제에서 $a = 3$이다.
따라서 $f(t) = e^{-3t}$
답 ②

70 한 상의 임피던스 $Z = 6 + j8[\Omega]$인 평형 Y부하에 평형 3상 전압 200[V]를 인가할 때 무효전력은 약 몇 [Var]인가?

① 1330 ② 1848 ③ 2381 ④ 3200

풀이
$$Q = 3I^2 X = 3\left(\dfrac{V_p}{\sqrt{R^2+X^2}}\right)^2 X$$
$$= 3\dfrac{V_p^2 X}{R^2+X^2} = \dfrac{3 \times \left(\dfrac{200}{\sqrt{3}}\right)^2 \times 8}{6^2+8^2}$$
$$= 3200[\text{Var}]$$
답 ④

71 T형 4단자 회로의 임피던스 파라미터 중 Z_{22}는?

① $Z_1 + Z_2$
② $Z_2 + Z_3$
③ $Z_1 + Z_3$
④ $-Z_2$

풀이
$Z_{11} = \dfrac{V_1}{I_1}\bigg|_{I_2=0} = Z_1 + Z_3$
$Z_{12} = \dfrac{V_1}{I_2}\bigg|_{I_1=0} = Z_3$
$Z_{21} = \dfrac{V_2}{I_1}\bigg|_{I_2=0} = Z_3$
$Z_{22} = \dfrac{V_2}{I_2}\bigg|_{I_1=0} = Z_2 + Z_3$
답 ②

72 정전용량 C만의 회로에서 100[V], 60[Hz]의 교류를 가했을 때 60[mA]의 전류가 흐른다면 C는 약 몇 [μF]인가?

① 5.26 ② 4.32 ③ 3.59 ④ 1.59

풀이
$X_C = \dfrac{V}{I} = \dfrac{100}{60 \times 10^{-3}} = \dfrac{10}{6} \times 10^3 = 1.66 \times 10^3[\Omega]$
$X_C = \dfrac{1}{\omega C}$에서 $C = \dfrac{1}{\omega X_C}$이므로
$\therefore C = \dfrac{1}{\omega X_C} = \dfrac{1}{2\pi f X_C} = \dfrac{1}{2\pi \times 60 \times 1.66 \times 10^3}$
$= 1.59 \times 10^{-6}[\text{F}] = 1.59[\mu\text{F}]$
답 ④

73 △ 결선된 저항부하를 Y결선으로 바꾸면 소비전력은 어떻게 되겠는가? (단, 선간 전압은 일정하다.)

① 1/3로 된다.　　② 3배로 된다.
③ 1/9로 된다.　　④ 9배로 된다.

풀이
- △결선 시 소비전력
$$P_\triangle = 3I^2 R = 3\left(\frac{V}{R}\right)^2 R = 3 \cdot \frac{V^2}{R}$$
- Y결선 시 상전압은 선간 전압의 $\frac{1}{\sqrt{3}}$ 이므로

Y결선 시 소비전력 $P_Y = 3 \cdot \frac{\left(\frac{V}{\sqrt{3}}\right)^2}{R} = \frac{V^2}{R}$

$$\therefore \frac{P_Y}{P_\triangle} = \frac{\frac{V^2}{R}}{\frac{3V^2}{R}} = \frac{1}{3} \rightarrow P_Y = \frac{1}{3}P_\triangle$$

답 ①

74 그림과 같은 $R-L-C$ 회로망에서 입력 전압을 $e_i(t)$, 출력량을 전류 $i(t)$로 할 때, 이 요소의 전달함수는?

① $\dfrac{Rs}{LCs^2 + RCs + 1}$

② $\dfrac{RLs}{LCs^2 + RCs + 1}$

③ $\dfrac{Ls}{LCs^2 + RCs + 1}$

④ $\dfrac{Cs}{LCs^2 + RCs + 1}$

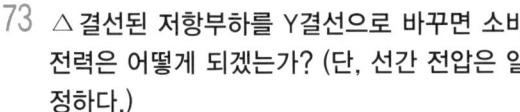

풀이
$e_i(t) = Ri(t) + L\dfrac{d}{dt}i(t) + \dfrac{1}{C}\int i(t)dt$

라플라스 변환하면
$E_i(s) = RI(s) + LsI(s) + \dfrac{1}{Cs}I(s)$

$\therefore \dfrac{I(s)}{E_i(s)} = \dfrac{Cs}{LCs^2 + RCs + 1}$

답 ④

75 그림과 같은 회로를 $t=0$에서 스위치 S를 닫았을 때 $R[\Omega]$에 흐르는 전류 $i_R(t)[\text{A}]$는?

① $I_0(1 - e^{-\frac{R}{L}t})$

② $I_0(1 + e^{-\frac{R}{L}t})$

③ I_0

④ $I_0 e^{-\frac{R}{L}t}$

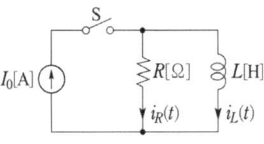

풀이
인덕턴스에 흐르는 전류 $i_L(t) = I_0\left(1 - e^{-\frac{R}{L}t}\right)$
키르히호프의 전류법칙에 의해
$I_0 = i_R(t) + i_L(t)$ 이므로
$\therefore i_R(t) = I_0 - i_L(t)$
$= I_0 - I_0\left(1 - e^{-\frac{R}{L}t}\right) = I_0 e^{-\frac{R}{L}t}$

답 ④

76 $e = E_m\cos(100\pi t - \dfrac{\pi}{3})[\text{V}]$와

$i = I_m\sin(100\pi t + \dfrac{\pi}{4})$의 위상차를

시간으로 나타내면 약 몇 초인가?

① 3.33×10^{-4}　　② 4.33×10^{-4}
③ 6.33×10^{-4}　　④ 8.33×10^{-4}

풀이
- $e = E_m\cos(100\pi t - \dfrac{\pi}{3})$
$= E_m\sin(100\pi t - \dfrac{\pi}{3} + \dfrac{\pi}{2})$
$= E_m\sin(100\pi t + \dfrac{\pi}{6})$

이므로 e와 i의 위상차 $\theta = \dfrac{\pi}{4} - \dfrac{\pi}{6} = \dfrac{\pi}{12}$ 이다.

- $\theta = \omega t$ 에서 $t = \dfrac{\theta}{\omega}$ 이므로
$\therefore t = \dfrac{\theta}{\omega} = \dfrac{\pi}{12} \times \dfrac{1}{100\pi}$
$= 8.33 \times 10^{-4}[\text{sec}]$

답 ④

77 회로의 $3[\Omega]$ 저항 양단에 걸리는 전압[V]은?

① 2
② -2
③ 3
④ -3

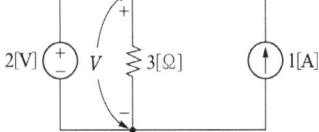

풀이 중첩의 원리에 의해서
- 전압원 2[V]에 의해서는 전류원이 개방 상태이므로 +2[V]
- 전류원 1[A]에 의해서는 전압원이 단락 상태이므로 0[V]

따라서 3[Ω]의 저항에는 전압원의 2[V]가 걸린다.

답 ①

78 대칭 3상 전압이 a상 V_a[V], b상 $V_b = a^2 V_a$ [V], c상 $V_c = a V_a$[V]일 때 a상을 기준으로 한 대칭분 전압 중 정상분 V_1은 어떻게 표시되는가? (단, $a = -\frac{1}{2} + j\frac{\sqrt{3}}{2}$ 이다.)

① 0 ② V_a
③ aV_a ④ $a^2 V_a$

풀이
$V_1 = \frac{1}{3}(V_a + aV_b + a^2 V_c)$
$= \frac{1}{3}(V_a + a^3 V_a + a^3 V_a)$
$= \frac{V_a}{3}(1 + a^3 + a^3) = V_a \; (\because a^3 = 1)$

답 ②

79 314[mH]의 자기 인덕턴스에 120[V], 60[Hz]의 교류전압을 가하였을 때 흐르는 전류[A]는?

① 10 ② 8
③ 1 ④ 0.5

풀이 전류 $I = \frac{V}{\omega L} = \frac{V}{2\pi f L}$
$= \frac{120}{2\pi \times 60 \times 314 \times 10^{-3}} = 1$

답 ③

80 다음과 같은 회로의 구동점 임피던스는?

① $2 + j\omega$
② $\frac{2\omega^2 + j4\omega}{3}$
③ $\frac{\omega^2 + j8\omega}{4 + \omega^2}$
④ $\frac{2\omega^2 + j4\omega}{4 + \omega^2}$

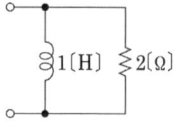

풀이 구동점 임피던스는 2단자망의 한 쌍의 단자에서 본 임피던스를 구동점 임피던스라고 하며, 보통 $j\omega$ 또는 s로 치환하여 나타낸다.

$Z(j\omega) = \cfrac{1}{\cfrac{1}{j\omega L} + \cfrac{1}{R}} = \cfrac{1}{\cfrac{1}{j\omega} + \cfrac{1}{2}}$
$= \cfrac{2j\omega}{2 + j\omega} = \cfrac{2\omega^2 + j4\omega}{4 + \omega^2}$

답 ④

5과목 - 전기설비기술기준

81 지중전선로의 전선으로 적합한 것은?

① 케이블
② 동복강선
③ 절연전선
④ 나경동선

풀이 334.1 지중전선로의 시설
지중 전선로는 전선에 케이블을 사용하고 또한 관로식·암거식 또는 직접 매설식에 의하여 시설하여야 한다.

답 ①

82 저압 옥내배선에 사용되는 연동선의 굵기는 일반적인 경우 몇 [mm²] 이상이어야 하는가?

① 2 ② 2.5
③ 4 ④ 6

풀이 231.3 저압 옥내배선의 사용전선
가. 저압 옥내배선의 전선 : 단면적 2.5[mm²] 이상의 연동선
나. 옥내배선의 사용 전압이 400[V] 이하인 경우는 다음에 의하여 시설할 수 있다.
  ① 전광표시 장치 또는 제어 회로
    • 단면적 1.5[mm²] 이상의 연동선
    • 단면적 0.75[mm²] 이상인 다심케이블 또는 다심 캡타이어 케이블을 사용하고 또한 과전류가 생겼을 때에 자동적으로 전로에서 차단하는 장치를 시설
  ② 진열장 또는 이와 유사한 것의 내부 배선 : 단면적 0.75[mm²] 이상인 코드 또는 캡타이어케이블

답 ②

83 과전류차단기를 설치하지 않아야 할 곳은?

① 수용가의 인입선 부분
② 고압 배전선로의 인출장소
③ 직접 접지계통에 설치한 변압기의 접지선
④ 역률조정용 고압 병렬콘덴서 뱅크의 분기선

풀이 341.11 과전류차단기의 시설 제한
접지공사의 접지도체, 다선식 전로의 중성선 및 전로의 일부에 접지공사를 한 저압 가공전선로의 접지측 전선에는 과전류차단기를 시설하여서는 안 된다.
다만, 다음의 경우에는 예외로 한다.
가. 다선식 전로의 중성선에 시설한 과전류차단기가 동작한 경우에 각 극이 동시에 차단될 때
나. 저항기·리액터 등을 사용하여 접지공사를 한 때에 과전류차단기의 동작에 의하여 그 접지도체가 비접지 상태로 되지 아니할 때   답 ③

84 금속관공사에 대한 기준으로 틀린 것은?

① 저압 옥내배선에 사용하는 전선으로 옥외용 비닐절연전선을 사용하였다.
② 저압 옥내배선의 금속관 안에는 전선에 접속점이 없도록 하였다.
③ 콘크리트에 매설하는 금속관의 두께는 1.2[mm]를 사용하였다.
④ 금속관에 접지공사를 하였다.

풀이 232.12 금속관공사
가. 전선은 절연전선(옥외용 비닐절연전선을 제외한다)일 것.
나. 전선은 연선일 것. 다만, 다음의 것은 적용하지 않는다.
① 짧고 가는 금속관에 넣은 것.
② 단면적 10[mm^2](알루미늄선은 단면적 16[mm^2]) 이하의 것.
다. 관의 두께는 다음에 의할 것.
① 콘크리트에 매설하는 것은 1.2[mm] 이상
② 콘크리트 매설 이외의 것은 1[mm] 이상
라. 관에는 접지공사를 할 것.   답 ①

85 버스덕트공사에 대한 설명 중 옳은 것은?

① 버스 덕트 끝부분을 개방할 것
② 덕트를 수직으로 붙이는 경우 지지점 간 거리는 12[m] 이하로 할 것
③ 덕트를 조영재에 붙이는 경우 덕트의 지지점 간 거리는 6[m] 이하로 할 것
④ 덕트에 접지공사를 할 것

풀이 232.61 버스덕트공사
가. 덕트 상호 간 및 전선 상호 간은 견고하고 또한 전기적으로 완전하게 접속할 것.
나. 덕트를 조영재에 붙이는 경우에는 덕트의 지지점 간의 거리를 3[m](수직으로 붙이는 경우에는 6[m]) 이하로 하고 또한 견고하게 붙일 것.
다. 덕트(환기형의 것을 제외한다)의 끝부분은 막을 것.
라. 덕트(환기형의 것을 제외한다)의 내부에 먼지가 침입하지 아니하도록 할 것.
마. 덕트는 접지공사를 할 것.   답 ④

86 옥내배선에서 나전선을 사용할 수 없는 것은?

① 전선의 피복 전열물이 부식하는 장소의 전선
② 취급자 이외의 자가 출입할 수 없도록 설비한 장소의 전선
③ 전용의 개폐기 및 과전류차단기가 시설된 전기기계기구의 저압전선
④ 애자공사에 의하여 전개된 장소에 시설하는 경우로 전기로용 전선

풀이 231.4 나전선의 사용 제한
옥내에 시설하는 저압전선에는 나전선을 사용하여서는 아니 된다. 다만, 다음중 어느 하나에 해당하는 경우에는 그러하지 아니하다.
가. 애자공사에 의하여 전개된 곳에 다음의 전선을 시설하는 경우
① 전기로용 전선
② 전선의 피복 절연물이 부식하는 장소에 시설하는 전선
나. 버스덕트공사에 의하여 시설하는 경우
다. 라이팅덕트공사에 의하여 시설하는 경우
라. 접촉 전선을 시설하는 경우   답 ③

87 154[kV]용 변성기를 사람이 접촉할 우려가 없도록 시설하는 경우에 충전부분의 지표상의 높이는 최소 몇 [m] 이상이어야 하는가?

① 4 ② 5
③ 6 ④ 8

풀이 341.4 특고압용 기계기구의 시설
특고압용 기계기구 충전부분의 지표상 높이

사용전압의 구분	울타리·담 등의 높이와 울타리·담 등으로부터 충전 부분까지의 거리의 합계
35[kV] 이하	5[m]
35[kV] 초과 160[kV] 이하	6[m]
160[kV] 초과	• 거리의 합계 = 6 + 단수 × 0.12[m] • 단수 = $\frac{\text{사용전압[kV]}-160}{10}$ 단수 계산에서 소수점 이하는 절상

답 ③

88 시가지 등에서 특고압가공전선로의 시설에 대한 내용 중 틀린 것은?

① A종 철주를 지지물로 사용하는 경우의 경간은 75[m] 이하이다.
② 사용전압이 170[kV] 이하인 전선로를 지지하는 애자장치는 2련 이상의 현수애자 또는 장간애자를 사용한다.
③ 사용전압이 100[kV]를 초과하는 특고압가공전선에 지락 또는 단락이 생겼을 때에는 1초 이내에 자동적으로 이를 전로로부터 차단하는 장치를 시설한다.
④ 사용전압이 170[kV] 이하인 전선로를 지지하는 애자장치는 50[%] 충격섬락전압 값이 그 전선의 근접한 다른 부분을 지지하는 애자장치 값의 100[%] 이상인 것을 사용한다.

풀이 333.1 시가지 등에서 특고압 가공전선로의 시설
사용전압이 170[kV] 이하인 특고압 가공전선로를 시가지 그 밖에 인가가 밀집한 지역에 시설하기 위한 특고압 가공전선을 지지하는 애자장치는 다음 중 어느 하나에 의할 것.
가. **50[%] 충격섬락전압 값이 그 전선의 근접한 다른 부분을 지지하는 애자장치 값의 110[%]**(사용전압이 130[kV]를 초과하는 경우는 105[%]) **이상인 것**.
나. 아킹혼을 붙인 현수애자·장간애자 또는 라인포스트애자를 사용하는 것.
다. 2련 이상의 현수애자 또는 장간애자를 사용하는 것.
라. 2개 이상의 핀애자 또는 라인포스트애자를 사용하는 것.

답 ④

89 전력보안 통신설비인 무선용 안테나 등을 지지하는 철주의 기초의 안전율이 얼마 이상이어야 하는가?

① 1.3 ② 1.5 ③ 1.8 ④ 2.0

풀이 364.1 무선용 안테나 등을 지지하는 철탑 등의 시설
전력보안통신설비인 무선통신용 안테나 또는 반사판을 지지하는 목주·철주·철근 콘크리트주 또는 철탑은 다음에 따라 시설하여야 한다. 다만, 무선용 안테나 등이 전선로의 주위상태를 감시할 목적으로 시설되는 것일 경우에는 그러하지 아니하다.
가. 목주는 풍압하중에 대한 안전율은 1.5 이상이어야 한다.
나. **철주·철근 콘크리트주 또는 철탑의 기초 안전율은 1.5 이상이어야 한다.**

답 ②

90 345[kV] 가공전선로를 제1종 특고압 보안공사에 의하여 시설할 때 사용되는 경동연선의 굵기는 몇 [mm²] 이상이어야 하는가?

① 100 ② 125 ③ 150 ④ 200

풀이 333.22 특고압 보안공사
제1종 특고압 보안공사 시 전선의 단면적

사용전압	전 선
100[kV] 미만	인장강도 21.67[kN] 이상의 연선 또는 단면적 55[mm²] 이상의 경동연선
100[kV] 이상 300[kV] 미만	인장강도 58.84[kN] 이상의 연선 또는 단면적 150[mm²] 이상의 경동연선
300[kV] 이상	인장강도 77.47[kN] 이상의 연선 또는 **단면적 200[mm²] 이상의 경동연선**

답 ④

91 차단기에 사용하는 압축공기장치에 대한 설명 중 틀린 것은?

① 공기압축기를 통하는 관은 용접에 의한 잔류응력이 생기지 않도록 할 것
② 주 공기탱크에는 사용압력 1.5배 이상 3배 이하의 최고 눈금이 있는 압력계를 시설할 것
③ 공기압축기는 최고사용압력의 1.5배 수압을 연속하여 10분간 가하여 시험하였을 때 이에 견디고 새지 아니할 것
④ 공기탱크는 사용압력에서 공기의 보급이 없는 상태로 차단기의 투입 및 차단을 연속하여 3회 이상 할 수 있는 용량을 가질 것

풀이 341.15 압축공기계통
발전소·변전소·개폐소 또는 이에 준하는 곳에서 개폐기 또는 차단기에 사용하는 압축공기장치는 사용 압력에서 공기의 보급이 없는 상태로 개폐기 또는 차단기의 투입 및 차단을 연속하여 1회 이상 할 수 있는 용량을 가지는 것일 것. 답 ④

92 사용전압이 22900[V]인 가공전선이 건조물과 제2차 접근상태로 시설되는 경우에 이 특고압 가공전선로의 보안공사는 어떤 종류의 보안공사로 하여야 하는가?

① 고압 보안공사
② 제1종 특고압 보안공사
③ 제2종 특고압 보안공사
④ 제3종 특고압 보안공사

풀이 333.23 특고압 가공전선과 건조물의 접근
가. 건조물과 제1차 접근상태 : 제3종 특고압 보안공사
나. 건조물과 제2차 접근상태
① 사용전압이 35[kV] 이하 : 제2종 특고압 보안공사
② 사용전압이 35[kV] 초과 400[kV] 미만 : 제1종 특고압 보안공사 답 ③

93 비접지식 고압전로와 접속되는 변압기의 외함에 실시하는 접지공사의 접지극으로 사용할 수 있는 건물 철골의 대지 전기저항의 최댓값[Ω]은 얼마인가?

① 2   ② 3
③ 5   ④ 10

풀이 142.2 접지극의 시설 및 접지저항
가. 지중에 매설되어 있고 대지와의 전기저항 값이 3[Ω] 이하의 값을 유지하고 있는 금속제 수도관로가 규정에 따르는 경우 접지극으로 사용이 가능하다.
나. 대지와의 사이에 전기저항 값이 2[Ω] 이하인 값을 유지하는 건축물·구조물의 철골 기타의 금속제는 접지공사의 접지극으로 사용할 수 있다. 답 ①

94 저압 수상전선로에 사용되는 전선은?

① 무기물 절연 케이블
② 알루미늄피 케이블
③ 클로로프렌시스 케이블
④ 클로로프렌 캡타이어 케이블

풀이 335.3 수상전선로의 시설
수상전선로를 시설하는 경우 사용전압이 저압 또는 고압인 것에 한 하며 사용되는 전선은 다음과 같다.
가. 저압 : 클로로프렌 캡타이어 케이블
나. 고압 : 캡타이어 케이블 답 ④

95 22.9[kV] 특고압으로 가공전선과 조영물이 아닌 다른 시설물이 교차하는 경우, 상호 간의 이격거리는 몇 [cm]까지 감할 수 있는가? (단, 전선은 케이블이다.)

① 50   ② 60
③ 100   ④ 120

풀이 333.28 특고압 가공전선과 다른 시설물의 접근 또는 교차
특고압 절연전선 또는 케이블을 사용하는 사용전압이 35[kV] 이하의 특고압 가공전선과 다른 시설물 사이의 이격거리

다른 시설물의 구분	접근형태	이격거리
조영물의 상부조영재	위쪽	2[m] (전선이 케이블인 경우에는 1.2[m])
	옆쪽 또는 아래쪽	1[m] (전선이 케이블인 경우에는 0.5[m])
조영물의 상부조영재 이외의 부분 또는 조영물 이외의 시설물		1[m] (전선이 케이블인 경우에는 0.5[m])

답 ①

96 가공전선로의 지지물에 시설하는 지선의 안전율과 허용인장하중의 최저값은?

① 안전율은 2.0 이상,
  허용인장하중 최저값은 4[kN]
② 안전율은 2.5 이상,
  허용인장하중 최저값은 4[kN]
③ 안전율은 2.0 이상,
  허용인장하중 최저값은 4.4[kN]
④ 안전율은 2.5 이상,
  허용인장하중 최저값은 4.31[kN]

[풀이] 331.11 지선의 시설
가. 지선의 **안전율**은 **2.5 이상**일 것. 이 경우에 **허용 인장하중의 최저**는 **4.31[kN]**으로 한다.
나. 지선에 연선을 사용할 경우에는 다음에 의할 것.
① 소선 3가닥 이상의 연선일 것.
② 소선의 지름이 2.6[mm] 이상의 금속선을 사용한 것일 것. 답 ④

97 단락전류에 의하여 생기는 기계적 충격에 견디는 것을 요구하지 않는 것은?
① 애자
② 변압기
③ 조상기
④ 접지선

[풀이] 발전기 등의 기계적 강도(기술기준 제23조)
① 발전기, **변압기**, **조상기**, 모선 또는 이를 지지하는 **애자**는 단락전류에 의하여 생기는 기계적 충격에 견디어야 한다.
② 수차 또는 풍차 발전기의 회전 부분은 무구속 속도에 대하여 증기터빈, 가스터빈, 내연기관은 비상 속도에 견디어야 한다. 답 ④

출제기준 변경 및 개정된 관계 법규에 따라 삭제된 문제가 있어 20문항이 안됩니다.

2016년 2회 전기산업기사필기

동일출판사 홈페이지에서 무료 동영상강의를 보실 수 있습니다.

1과목 - 전기자기

01 10^{-5}[Wb]와 1.2×10^{-5}[Wb]의 점자극을 공기 중에서 2[cm] 거리에 놓았을 때 극간에 작용하는 힘은 약 몇 [N]인가?

① 1.9×10^{-2} ② 1.9×10^{-3}
③ 3.8×10^{-2} ④ 3.8×10^{-3}

풀이
$$F=\frac{1}{4\pi\mu_0}\cdot\frac{m_1 m_2}{r^2}$$
$$=6.33\times 10^4\times\frac{10^{-5}\times 1.2\times 10^{-5}}{0.02^2}$$
$$\fallingdotseq 1.9\times 10^{-2}[N]$$

답 ①

02 간격 d[m]로 평행한 무한히 넓은 2개의 도체판에 각각 단위면적마다 $+\sigma$[C/m²], $-\sigma$[C/m²]의 전하가 대전되어 있을 때 두 도체 간의 전위차는 몇 [V]인가?

① 0 ② ∞
③ $\dfrac{\sigma}{\epsilon_0}d$ ④ $\dfrac{\sigma}{2\epsilon_0}d$

풀이 전하밀도 σ[C/m²]에서 나오는 전기력선 밀도
$\dfrac{\sigma}{\epsilon_0}$[개/m²]= $\dfrac{\sigma}{\epsilon_0}$[V/m] (전계의 세기 E)이므로
$$\therefore V=Ed=\frac{\sigma}{\epsilon_0}d[V]$$

답 ③

03 비유전율 ϵ_s에 대한 설명으로 옳은 것은?

① ϵ_s의 단위는 [C/m]이다.
② ϵ_s는 항상 1보다 작은 값이다.
③ ϵ_s는 유전체의 종류에 따라 다르다.
④ 진공의 비유전율은 0이고, 공기의 비유전율은 1이다.

풀이 ① 비유전율은 진공의 유전율과 다른 절연물의 유전율과의 비이다.

② 모든 유전체의 비유전율은 1보다 크다.
③ 비유전율은 유전체의 종류에 따라 다르다.
④ 진공의 비유전율은 1, 공기의 비유전율은 1.000586 이다.

답 ③

04 전자장에 대한 설명으로 틀린 것은?

① 대전된 입자에서 전기력선이 발산 또는 흡수한다.
② 전류(전하이동)는 순환형의 자기장을 이루고 있다.
③ 자석은 독립적으로 존재하지 않는다.
④ 운동하는 전자는 자기장으로부터 힘을 받지 않는다.

풀이 운동 전하 q에 전계와 자계가 동시에 작용하고 있으면 전체적으로
$$F=q(E+v\times B)[N]$$
의 전자력을 받으며, 이렇듯 자계 내에서 운동 전하가 받는 힘을 로렌츠의 힘이라고 한다.

답 ④

05 영구자석의 재료로 사용되는 철에 요구되는 사항으로 옳은 것은?

① 잔류자속밀도는 작고 보자력이 커야 한다.
② 잔류자속밀도와 보자력이 모두 커야 한다.
③ 잔류자속밀도는 크고 보자력이 작아야 한다.
④ 잔류자속밀도는 커야 하나, 보자력이 0이어야 한다.

풀이
• 자심 재료 : 히스테리시스 곡선의 면적 및 보자력은 작고 잔류자기는 커야 한다.
• 영구자석 재료 : 히스테리시스 곡선의 면적 및 보자력과 잔류자기도 모두 커야 한다.

답 ②

06 온도가 20[℃]일 때 저항률의 온도계수가 가장 작은 금속은?

① 금 ② 철
③ 알루미늄 ④ 백금

풀이 고유저항과 저항온도계수(20[℃])

금 속	$\rho \times 10^{-8}[\Omega \cdot m]$	저항온도계수(α_{20})
금	2.44	0.0034
알루미늄	2.83	0.0042
철	10	0.0050
백금	10.5	0.0030

일반적으로 온도계수가 작은 금속일수록 저항도 크고 경도도 큰 금속이다. 답 ④

07 100[mH]의 자기 인덕턴스를 갖는 코일에 10[A]의 전류를 통할 때 축적되는 에너지는 몇 [J]인가?

① 1 ② 5
③ 50 ④ 1000

풀이 자기에너지
$$W = \frac{1}{2}LI^2 = \frac{1}{2} \times 100 \times 10^{-3} \times 10^2 = 5[J]$$ 답 ②

08 대전도체의 성질로 가장 알맞은 것은?

① 도체내부에 정전에너지가 저축된다.
② 도체표면의 정전응력은 $\frac{\sigma^2}{2\epsilon_0}[N/m^2]$이다.
③ 도체표면의 전계의 세기는 $\frac{\sigma^2}{\epsilon_0}[V/m]$이다.
④ 도체의 내부전위와 도체표면의 전위는 다르다.

풀이
• 전하는 도체내부에는 존재하지 않고, 도체표면에만 분포한다.
• 도체표면의 전하밀도를 $\sigma[c/m^2]$이라 하면 **표면상의 정전응력은 $\frac{\sigma^2}{2\epsilon_0}[N/m^2]$이다.**
• 도체표면의 전계는 $E = \frac{\sigma}{\epsilon_0}[V/m]$이다.
• 도체표면과 내부의 전위는 동일하고(등전위), 표면은 등전위면이다.
• 도체 면에서의 전계의 세기는 도체표면(등전위면)에 항상 수직이다. 답 ②

09 각종 전기기기에 접지하는 이유로 가장 옳은 것은?

① 편의상 대지는 전위가 영상 전위이기 때문이다.
② 대지는 습기가 있기 때문에 전류가 잘 흐르기 때문이다.
③ 영상전하로 생각하여 땅속은 음(-) 전하이기 때문이다.
④ 지구의 정전용량이 커서 전위가 거의 일정하기 때문이다.

풀이 지구는 정전용량이 크므로 많은 전하가 축적되어도 지구의 전위는 일정하다. 따라서 대지를 실용상 영전위로 한다. 답 ④

10 그림과 같이 영역 $y \leq 0$은 완전 도체로 위치해 있고, 영역 $y \geq 0$은 완전 유전체로 위치해 있을 때, 만일 경계 무한 평면의 도체면상에 면전하밀도 $\rho_s = 2[nC/m^2]$가 분포되어 있다면 P점 $(-4, 1, -5)[m]$의 전계의 세기[V/m]는?

① $18\pi a_y$
② $36\pi a_y$
③ $-54\pi a_y$
④ $72\pi a_y$

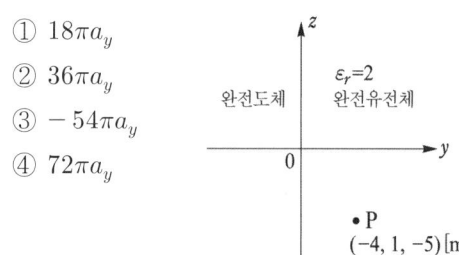

풀이
• 완전도체에서 전하는 z축면 상에만 균일분포
• 전기력선은 도체외부의 수직방향인 유전체 내부로 진행(a_y 방향)
• 유전체 내부는 평등전계이므로 P점에 관계없이 어느 점이나 전계는 일정

$\rho_s = 2 \times 10^{-9}$ [C/m²]
$\frac{1}{\epsilon_0} = 36\pi \times 10^9$ ($\because \frac{1}{4\pi\epsilon_0} = 9 \times 10^9$)

$\epsilon_r = 2$이므로 전계의 세기(크기)
$$E = \frac{\rho_s}{\epsilon} = \frac{\rho_s}{\epsilon_0 \epsilon_r} = 36\pi \times 10^9 \times \frac{2 \times 10^{-9}}{2}$$
$= 36\pi[V/m]$

따라서 전계의 세기(벡터)
$\vec{E} = E a_y = 36\pi a_y[V/m]$ 답 ②

11 그림과 같이 도선에 전류 I[A]를 흘릴 때 도선의 바로 밑에 자침이 이 도선과 나란히 놓여 있다고 하면 자침의 N극의 회전력의 방향은?

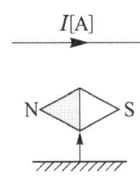

① 지면을 뚫고 나오는 방향이다.
② 지면을 뚫고 들어가는 방향이다.
③ 좌측에서 우측으로 향하는 방향이다.
④ 우측에서 좌측으로 향하는 방향이다.

풀이 ① 암페어 오른나사 법칙에 의해 도선 아래의 자기장 방향 : ⊗ (지면 위→아래)
② 자침의 N극의 방향은 자기장 방향과 일치하므로 **지면 위에서 아래로 향하는 방향으로 회전력 작용**
답 ②

12 점전하 Q[C]에 의한 무한평면 도체의 영상전하는?
① Q[C]보다 작다.   ② Q[C]보다 크다.
③ $-Q$[C]와 같다.   ④ 0

풀이
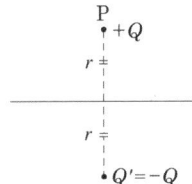

무한평면으로부터 r[m] 떨어진 P점에 점전하 $+Q$[C]가 있는 경우 영상전하는 무한평면 뒤쪽으로 점 P의 대칭점에 존재하며, 그 크기는 점전하와 같고 부호는 반대로 $Q' = -Q$[C]이다.
답 ③

13 공간 도체 내에서 자속이 시간적으로 변할 때 성립되는 식은?
① $\text{rot } E = \dfrac{\partial H}{\partial t}$ ② $\text{rot } E = -\dfrac{\partial B}{\partial t}$
③ $\text{div } E = -\dfrac{\partial B}{\partial t}$ ④ $\text{div } E = -\dfrac{\partial H}{\partial t}$

풀이 맥스웰의 제2 기본방정식
$\text{rot } E = -\dfrac{\partial B}{\partial t}$
답 ②

14 두 자성체 경계면에서 정자계가 만족하는 것은?
① 자계의 법선성분이 같다.
② 자속밀도의 접선성분이 같다.
③ 자속은 투자율이 작은 자성체에 모인다.
④ 양측 경계면상의 두 점 간의 자위차가 같다.

풀이
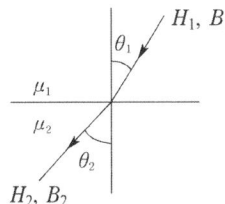

① 자계의 세기는 경계면에서 접선성분이 같다.
  $H_1 \sin\theta_1 = H_2 \sin\theta_2$
② 자속밀도는 경계면에서 법선성분이 같다.
  $B_1 \cos\theta_1 = B_2 \cos\theta_2$
③ 굴절각 $\dfrac{\tan\theta_1}{\tan\theta_2} = \dfrac{\mu_1}{\mu_2}$
④ 두 경계면에서의 자위는 서로 같다. ($V_1 = V_2$)
⑤ 자속은 투자율이 높은 쪽으로 모이려는 성질이 있다.
답 ④

15 환상 솔레노이드 코일에 흐르는 전류가 2[A]일 때 자로의 자속이 1×10^{-2}[Wb]라고 한다. 코일의 권수를 500회라 할 때 이 코일의 자기 인덕턴스는 몇 [H]인가?
① 2.5   ② 3.5   ③ 4.5   ④ 5.5

풀이 자기 인덕턴스
$L = \dfrac{N\phi}{I} = \dfrac{500 \times 1 \times 10^{-2}}{2} = 2.5[\text{H}]$
답 ①

16 자속밀도가 B인 곳에 전하 Q, 질량 m인 물체가 자속밀도 방향과 수직으로 입사한다. 속도를 2배로 증가시키면, 원운동의 주기는 몇 배가 되는가?
① 1/2   ② 1   ③ 2   ④ 4

풀이 작용하는 힘 $F = BQv = \dfrac{mv^2}{r}$ 에서
$v = r\omega$ 이므로
$BQ = \dfrac{mv}{r} = \dfrac{mr\omega}{r} = m\omega = m \cdot 2\pi f \rightarrow f = \dfrac{BQ}{2\pi m}$
$\therefore T = \dfrac{1}{f} = \dfrac{2\pi m}{BQ}$ [s]
주기의 식에 속도 v가 없으므로 주기는 속도의 변화에 관계가 없다. 답 ②

17 대지 중의 두 전극 사이에 있는 어떤 점의 전계의 세기가 6[V/cm], 지면의 도전율이 10^{-4} [℧/cm]일 때 이 점의 전류밀도는 몇 [A/cm²] 인가?

① 6×10^{-4}　② 6×10^{-3}
③ 6×10^{-2}　④ 6×10^{-1}

풀이 전류밀도
$i = KE = 10^{-4} \times 6 = 6 \times 10^{-4}$[A/cm²] 답 ①

18 표피효과에 관한 설명으로 옳은 것은?
① 주파수가 낮을수록 침투깊이는 작아진다.
② 전도도가 작을수록 침투깊이는 작아진다.
③ 표피효과는 전계 혹은 전류가 도체내부로 들어갈수록 지수함수적으로 적어지는 현상이다.
④ 도체내부의 전계의 세기가 도체표면의 전계세기의 1/2까지 감쇠되는 도체표면에서 거리를 표피두께라 한다.

풀이 • 표피효과 : 전류의 주파수가 증가할수록 도체내부의 전류밀도가 지수 함수적으로 감소되는 현상
• 표피두께 또는 침투깊이
$\delta = \sqrt{\dfrac{2}{\omega \sigma \mu}} = \sqrt{\dfrac{1}{\pi f \sigma \mu}}$ [m]이므로
f(주파수), σ(도전율), μ(투자율)가 클수록 δ가 작게 되어 표피효과가 심해진다. 답 ③

19 진공 중에서 1[μF]의 정전용량을 갖는 구의 반지름은 몇 [km]인가?
① 0.9　② 9
③ 90　④ 900

풀이 구도체의 정전용량
$C = 4\pi\epsilon_0 a = \dfrac{1}{9 \times 10^9} \times a$ 이므로
$\therefore a = 9 \times 10^9 C = 9 \times 10^9 \times 1 \times 10^{-6}$
$\quad = 9 \times 10^3$[m] $= 9$[km] 답 ②

20 그림과 같은 환상철심에 A, B의 코일이 감겨있다. 전류 I가 120[A/s]로 변화할 때, 코일 A에 90[V], 코일 B에 40[V]의 기전력이 유도된 경우, 코일 A의 자기 인덕턴스 L_1[H]과 상호 인덕턴스 M[H]의 값은 얼마인가?

① $L_1 = 0.75$, $M = 0.33$
② $L_1 = 1.25$, $M = 0.7$
③ $L_1 = 1.75$, $M = 0.9$
④ $L_1 = 1.95$, $M = 1.1$

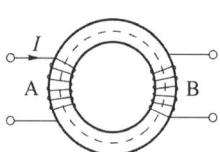

풀이 $\dfrac{dI_1}{dt} = 120$[A/s] 일 때
$e_1 = 90$[V], $e_2 = 40$[V]이므로
• 자기 인덕턴스 : $e_1 = L_1 \dfrac{dI_1}{dt}$ 이므로
$L_1 = \dfrac{e_1}{\dfrac{dI_1}{dt}} = \dfrac{90}{120} = 0.75$[H]
• 상호 인덕턴스 : $e_2 = M \dfrac{dI_1}{dt}$ 이므로
$M = \dfrac{e_2}{\dfrac{dI_1}{dt}} = \dfrac{40}{120} = 0.33$[H] 답 ①

2과목 - 전력공학

21 인입되는 전압이 정정값 이하로 되었을 때 동작하는 것으로서 단락고장검출 등에 사용되는 계전기는?
① 접지계전기　② 부족 전압 계전기
③ 역전력 계전기　④ 과전압 계전기

풀이 ① 전압이 정정값 이하 시 동작 : 부족 전압 계전기
② 전압이 정정값 초과 시 동작 : 과전압 계전기 답 ②

22 배전선로용 퓨즈(Power Fuse)는 주로 어떤 전류의 차단을 목적으로 사용하는가?

① 충전전류 ② 단락전류
③ 부하전류 ④ 과도전류

풀이 전력용 퓨즈는 단락보호용으로 사용된다. **답** ②

23 접촉자가 외기(外氣)로부터 격리되어 있어 아크에 의한 화재의 염려가 없으며 소형, 경량으로 구조가 간단하고 보수가 용이하며 진공 중의 아크 소호 능력을 이용하는 차단기는?

① 유입차단기 ② 진공차단기
③ 공기차단기 ④ 가스차단기

풀이 진공 차단기(VCB)
① 고진공 중에서 전자의 고속도 확산에 의해 아크를 소호
② 소형 경량이고 조작 기구가 간편하다.
③ 화재 위험이 없다.
④ 폭발음이 없다.
⑤ 소호실에 대해서 보수가 거의 필요치 않다.
⑥ 차단 시간이 짧고 차단 성능이 회로의 주파수에 영향을 받지 않는다. **답** ②

24 유효낙차 75[m], 최대 사용 수량 200[m³/s], 수차 및 발전기의 합성효율이 70[%]인 수력발전소의 최대출력은 몇 [MW]인가?

① 102.9 ② 157.3
③ 167.5 ④ 177.8

풀이 발전소 출력 ≒ 발전기 출력이므로
$\therefore P_g = 9.8 QH\eta_t \eta_g$ [kW]
$= 9.8 \times 200 \times 75 \times 0.7 \times 10^{-3}$
$= 102.9$ [MW] **답** ①

25 어떤 가공선의 인덕턴스가 1.6[mH/km]이고, 정전용량이 0.008[μF/km]일 때 특성 임피던스는 약 몇 [Ω]인가?

① 128 ② 224
③ 345 ④ 447

풀이 저항과 누설 리액턴스를 무시하면($R=0$, $G=0$)
특성 임피던스
$Z_0 = \sqrt{\dfrac{Z}{Y}} = \sqrt{\dfrac{R+j\omega L}{G+j\omega C}} = \sqrt{\dfrac{L}{C}}$
$= \sqrt{\dfrac{1.6 \times 10^{-3}}{0.008 \times 10^{-6}}} \approx 447$ [Ω] **답** ④

26 서울과 같이 부하밀도가 큰 지역에서는 일반적으로 변전소의 수와 배전거리를 어떻게 결정하는 것이 좋은가?

① 변전소의 수를 감소하고 배전거리를 증가한다.
② 변전소의 수를 증가하고 배전거리를 감소한다.
③ 변전소의 수를 감소하고 배전거리도 감소한다.
④ 변전소의 수를 증가하고 배전거리도 증가한다.

풀이 부하 밀도가 큰 지역에서는 변전소의 수를 증가해서 담당 용량을 줄이고 배전 거리를 작게 해야 전력손실도 줄어든다. **답** ②

27 중성점접지방식에서 직접 접지방식을 다른 접지방식과 비교하였을 때 그 설명으로 틀린 것은?

① 변압기의 저감절연이 가능하다.
② 지락고장 시의 이상전압이 낮다.
③ 다중접지사고로의 확대 가능성이 대단히 크다.
④ 보호계전기의 동작이 확실하여 신뢰도가 높다.

풀이 직접 접지방식의 장·단점
[장점]
① 1선 지락 시에 건전상의 대지전압이 거의 상승하지 않는다.
② 피뢰기의 효과를 증진시킬 수 있다.
③ 단절연이 가능하다.
④ 계전기의 동작이 확실해진다.
[단점]
① 송전 계통의 과도 안정도가 나빠진다.
② 통신선에 유도 장해가 크다.
③ 기기에 큰 영향을 주어 손상을 준다.
④ 대용량 차단기가 필요하다. **답** ③

28 송전방식에서 선간 전압, 선로 전류, 역률이 일정할 때(3상 3선식/단상 2선식)의 전선 1선당의 전력비는 약 몇 [%]인가?

① 87.5　② 94.7
③ 115.5　④ 141.4

풀이
- 단상2선식 1선당 전력 $P_2 = VI\cos\theta/2$
- 3상3선식 1선당 전력 $P_3 = \sqrt{3}\,VI\cos\theta/3$

∴ 전력비 $= \dfrac{3상3선식}{단상2선식} \times 100$

$= \dfrac{\sqrt{3}\,VI\cos\theta/3}{VI\cos\theta/2} \times 100 = \dfrac{2\sqrt{3}}{3} \times 100$

$\fallingdotseq 115.5$　**답 ③**

29 단선식 전력선과 단선식 통신선이 그림과 같이 근접되었을 때, 통신선의 정전유도전압 E_0는?

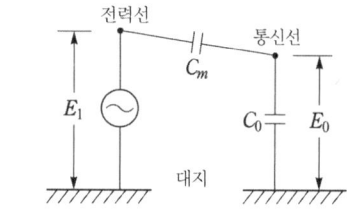

① $\dfrac{C_m}{C_0 + C_m} E_1$　② $\dfrac{C_0 + C_m}{C_m} E_1$

③ $\dfrac{C_0}{C_0 + C_m} E_1$　④ $\dfrac{C_0 + C_m}{C_0} E_1$

풀이

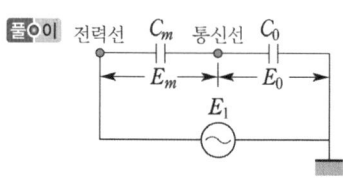

$E_0 = \dfrac{C_m}{C_0 + C_m} E_1$　**답 ①**

30 3상 3선식 복도체 방식의 송전선로를 3상 3선식 단도체 방식 송전선로와 비교한 것으로 알맞은 것은? (단, 단도체의 단면적은 복도체 방식 소선의 단면적 합과 같은 것으로 한다.)

① 전선의 인덕턴스와 정전용량은 모두 감소한다.
② 전선의 인덕턴스와 정전용량은 모두 증가한다.
③ 전선의 인덕턴스는 증가하고, 정전용량은 감소한다.
④ 전선의 인덕턴스는 감소하고, 정전용량은 증가한다.

풀이 복도체 방식의 장점
① 전선의 **인덕턴스가 감소**하고 **정전용량이 증가**되어 선로의 송전 용량이 증가하고 계통의 안정도를 증진시킨다.
② 전선 표면의 전위 경도가 저감되므로 코로나 임계전압을 높일 수 있고 코로나손, 코로나 잡음 등의 장해가 저감된다.

답 ④

31 터빈 발전기의 냉각방식에 있어서 수소냉각방식을 채택하는 이유가 아닌 것은?

① 코로나에 의한 손실이 적다.
② 수소 압력의 변화로 출력을 변화시킬 수 있다.
③ 수소의 열전도율이 커서 발전기 내 온도상승이 저하한다.
④ 수소 부족 시 공기와 혼합사용이 가능하므로 경제적이다.

풀이 ① 수소 냉각 발전기의 장점
- 비중이 공기의 약 7[%]로 가볍고 풍손은 공기의 약 1/10로 감소
- 열전도율은 공기의 약 6.7배, 비열은 약 14배로 열전도성이 좋고, 공기냉각 발전기에 비하여 약 25[%]의 출력이 증가
- 가스 냉각기가 적어도 된다.
- 코로나 발생전압이 높고 절연물의 수명이 길어진다.
- 공기에 비해 대류율이 1.3배이고 운전중 소음이 적다.

② 수소 냉각 발전기의 단점
- 공기와 적당히 혼합하면 폭발할 우려가 있다.
- 폭발 예방을 위한 부속설비가 필요하며 설비비가 증가

답 ④

32 그림과 같은 열 사이클은?

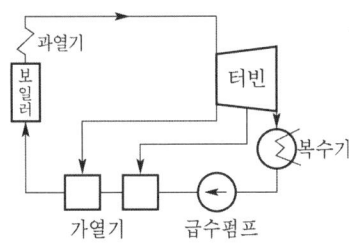

① 재생사이클
② 재열사이클
③ 카르노사이클
④ 재생재열사이클

풀이 터빈에서 증기 팽창도중 증기의 일부를 추출하여 급수 가열에 이용되는 것을 **재생 사이클**이라 한다. 답 ①

33 그림과 같이 지지점 A, B, C에는 고저차가 없으며, 경간 AB와 BC 사이에 전선이 가설되어, 그 이도가 12[cm]이었다. 지금 경간 AC의 중점인 지지점 B에서 전선이 떨어져서 전선의 이도가 D로 되었다면 D는 몇 [cm]인가?

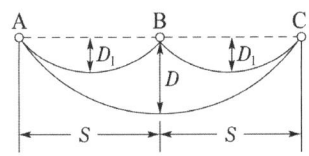

① 18
② 24
③ 30
④ 36

풀이 AB구간 및 BC구간 전선의 실제 길이를 L_1, AC구간 전선의 실제 길이를 L이라고 하면 전선의 실제 길이는 떨어지기 전과 떨어진 후가 같으므로

$2L_1 = L$

$2\left(S + \dfrac{8D_1^2}{3S}\right) = 2S + \dfrac{8D^2}{3 \times 2S}$

$\dfrac{8D^2}{3 \times 2S} = 2\left(S + \dfrac{8D_1^2}{3S}\right) - 2S = \dfrac{2 \times 8D_1^2}{3S}$

$\therefore D = \sqrt{4D_1^2} = 2D_1 = 2 \times 12 = 24 \text{[cm]}$ 답 ②

34 송배전선로에서 내부 이상전압에 속하지 않는 것은?

① 개폐 이상전압
② 유도뢰에 의한 이상전압
③ 사고시의 과도 이상전압
④ 계통 조작과 고장 시의 지속 이상전압

풀이 ① 내부 이상전압의 종류
　• 개폐 이상전압
　• 사고 시의 과도 이상전압
　• 계통 조작과 고장 시의 지속 이상전압
② 외부 이상전압
　• 직격뢰에 의한 이상전압
　• **유도뢰에 의한 이상전압**
　• 타선과의 혼촉 시 발생하는 이상전압 답 ②

35 고압 배전선로의 선간전압을 3300[V]에서 5700[V]로 승압하는 경우, 같은 전선으로 전력손실을 같게 한다면 약 몇 배의 전력[kW]을 공급할 수 있는가?

① 1
② 2
③ 3
④ 4

풀이 ① 전력손실이 동일한 경우 ($P_{l1} = P_{l2}$)

• 전력손실 $P_{l1} = 3I^2 R = \dfrac{P_1^2 R}{V_1^2 \cos^2\theta}$

$\left(\because I = \dfrac{P}{\sqrt{3}\, V\cos\theta}\right)$

• 전력손실 $P_{l2} = 3I^2 R = \dfrac{P_2^2 R}{V_2^2 \cos^2\theta}$

$\dfrac{P_1^2 R}{V_1^2 \cos^2\theta} = \dfrac{P_2^2 R}{V_2^2 \cos^2\theta} \;\rightarrow\; \dfrac{P_1}{V_1} = \dfrac{P_2}{V_2}$

$\therefore P_2 = \left(\dfrac{V_2}{V_1}\right) P_1 = \left(\dfrac{5700}{3300}\right) P_1 = 1.73 P_1$

② 전력손실률이 동일한 경우 ($h_1 = h_2$)

• 전력손실률 $h_1 = \dfrac{P_{l1}}{P_1} = \dfrac{P_1 R}{V_1^2 \cos^2\theta}$

• 전력손실률 $h_2 = \dfrac{P_{l2}}{P_2} = \dfrac{P_2 R}{V_2^2 \cos^2\theta}$

$\dfrac{P_1 R}{V_1^2 \cos^2\theta} = \dfrac{P_2 R}{V_2^2 \cos^2\theta} \;\rightarrow\; \dfrac{P_1}{V_1^2} = \dfrac{P_2}{V_2^2}$

$\therefore P_2 = \left(\dfrac{V_2}{V_1}\right)^2 P_1 = \left(\dfrac{5700}{3300}\right)^2 P_1 = 2.98 P_1$

따라서 문제의 조건이 '전력손실을 같게 한다면'이 아닌 '전력손실률을 같게 한다면'으로 변경되어야 한다.

답 ③

36 설비용량 800[kW], 부등률 1.2, 수용률 60[%]일 때, 변전시설 용량은 최저 약 몇 [kVA] 이상이어야 하는가? (단, 역률은 90[%] 이상 유지되어야 한다.)

① 450 ② 500
③ 550 ④ 600

풀이 변전 설비 용량 = $\dfrac{설비\ 용량 \times 수용률}{부등률 \times 역률} = \dfrac{800 \times 0.6}{1.2 \times 0.9}$
≒ 444[kVA] **답** ①

37 소호 리액터 접지방식에 대하여 틀린 것은?

① 지락전류가 적다.
② 전자유도장애를 경감할 수 있다.
③ 지락 중에도 송전이 계속 가능하다.
④ 선택지락계전기의 동작이 용이하다.

풀이

방식	보호 계전기 동작	지락 전류	고장중 운전	전위 상승	과도 안정도	유도 장해	특징
소호 리액터 접지 (66[kV])	불확실	최소	가능	$\sqrt{3}$ 이상	최대	최소	병렬공진, 고장전류 최소

소호 리액터 접지방식은 지락전류가 흐르지 않으므로 보호계전기 동작이 어렵다. **답** ④

38 전력원선도에서 알 수 없는 것은?

① 조상용량
② 선로손실
③ 송전단의 역률
④ 정태안정 극한전력

풀이 ① 원선도에서 알 수 있는 사항
 • 정태 안정 극한 전력(최대 전력)
 • 송수전단전압간의 상차각
 • 조상 용량
 • 수전단 역률
 • 선로 손실과 송전 효율
② 원선도에서 구할 수 없는 것
 • 과도 안정 극한전력
 • 코로나 손실
 • 송전단의 역률 **답** ③

39 200[kVA] 단상변압기 3대를 △결선에 의하여 급전하고 있는 경우 1대의 변압기가 소손되어 V결선으로 사용하였다. 이때의 부하가 516[kVA]라고 하면 변압기는 약 몇 [%]의 과부하가 되는가?

① 119 ② 129
③ 139 ④ 149

풀이 V결선 출력
$P_V = \sqrt{3}\,P_1 = 200\sqrt{3}\,[kVA]$
따라서
과부하율 = $\dfrac{P}{P_V} \times 100 = \dfrac{516}{200\sqrt{3}} \times 100$
= 149[%] **답** ④

40 피뢰기의 제한전압이란?

① 피뢰기의 정격전압
② 상용주파수의 방전개시전압
③ 피뢰기 동작 중 단자전압의 파고치
④ 속류의 차단이 되는 최고의 교류전압

풀이 ① 피뢰기의 정격전압 : 속류의 차단이 되는 최고의 교류전압
② 상용주파 방전 개시전압 : 상용주파수의 방전개시 전압(실효값)
③ 제한 전압 : 피뢰기 동작 중에 계속해서 걸리고 있는 단자전압의 파고값
④ 충격 방전 개시전압 : 피뢰기 단자간에 충격전압을 인가하였을때 방전을 개시하는 전압 **답** ③

3과목 - 전기기기

41 6600/210[V], 10[kVA] 단상변압기의 퍼센트 저항 강하는 1.2[%], 리액턴스 강하는 0.9[%]이다. 임피던스 전압[V]은?

① 99 ② 81
③ 65 ④ 37

풀이 퍼센트 저항 강하 $p = 1.2[\%]$, 퍼센트 리액턴스 강하 $q = 0.9[\%]$이므로 퍼센트 임피던스 강하 z는
$z = \sqrt{p^2 + q^2} = \sqrt{1.2^2 + 0.9^2} = 1.5[\%]$

$$z = \frac{V_s}{V_{1n}} \times 100[\%]\text{이므로}$$
따라서 임피던스 전압
$$V_s = \frac{zV_{1n}}{100} = \frac{1.5 \times 6600}{100} = 99[\text{V}]$$

답 ①

즉, 누설 리액턴스는 16배, 최대 자속밀도는 $\frac{1}{16}$배, 여자전류는 $\frac{1}{4}$배로 감소된다.

답 ②

42 변압기 1차 측 공급전압이 일정할 때, 1차 코일 권수를 4배로 하면 누설리액턴스와 여자전류 및 최대자속은? (단, 자로는 포화상태가 되지 않는다.)

① 누설 리액턴스= 16, 여자전류= $\frac{1}{4}$, 최대 자속= $\frac{1}{16}$

② 누설 리액턴스= 16, 여자전류= $\frac{1}{16}$, 최대 자속= $\frac{1}{4}$

③ 누설 리액턴스= $\frac{1}{16}$, 여자전류= 4, 최대 자속= 160

④ 누설 리액턴스= 16, 여자전류= $\frac{1}{16}$, 최대 자속= 4

풀이 ① 누설 리액턴스

인덕턴스 $L = \frac{\mu A N^2}{l} \propto N^2 = 4^2 = 16$배이므로 누설 리액턴스($\omega L$)도 16배가 된다.

② 여자전류
자로에 자기 포화가 없으므로 최대 자속은 여자전류와 권수의 곱, 즉 기자력에 비례한다.
$\Phi_m \propto I_0 N_1$
권수가 $4N_1$일 때의 여자전류를 I_0'라고 하면
$$\frac{I_0' \times 4N_1}{I_0 \times N_1} = \frac{\Phi_m'}{\Phi_m} = \frac{1}{4}$$
$$\therefore I_0' = \left(\frac{1}{4}\right)^2 I_0 = \frac{1}{16} I_0$$

③ 최대 자속
$$V_1 \fallingdotseq E_1 = 4.44 f N_1 \Phi_m \rightarrow \Phi_m = \frac{V_1}{4.44 f N_1}$$
V_1와 f는 일정하고, 권수만을 4배로 하여 $4N_1$으로 했을 때의 최대 자속을 Φ_m'라고 하면
$$\therefore \Phi_m' = \frac{V_1}{4.44 f \times 4N_1} = \frac{1}{4} \Phi_m$$

43 2대의 같은 정격의 타여자 직류발전기가 있다. 그 정격은 출력 10[kW], 전압 100[V], 회전속도 1500[rpm]이다. 이 2대를 카프법에 의해서 반환부하시험을 하니 전원에서 흐르는 전류는 22[A]이었다. 이 결과에서 발전기의 효율은 약 몇 [%]인가? (단, 각 기의 계자저항손은 각각 200[W]라고 한다.)

① 88.5
② 87
③ 80.6
④ 76

풀이 • 발전기 2대의 손실
$VI_0 = 100 \times 22 = 2200[\text{W}] = 2.2[\text{kW}]$

• 발전기 1대의 계자 저항손
$R_f I_f^2 = 200[\text{W}] = 0.2[\text{kW}]$
따라서 발전기의 효율 η_g는
$$\eta_g = \frac{VI}{VI + \frac{1}{2}VI_0 + R_f I_f^2} \times 100$$
$$= \frac{10}{10 + \frac{1}{2} \times 2.2 + 0.2} \times 100$$
$$= 88.5[\%]$$

답 ①

44 직류전동기의 발전제동 시 사용하는 저항의 주된 용도는?

① 전압강하
② 전류의 감소
③ 전력의 소비
④ 전류의 방향전환

풀이 발전 제동 : 전동기를 전원으로부터 분리한 후 1차 측에 직류전원을 공급하여 발전기로 동작시킨 후 발생된 전력을 저항에서 열로 소비시키는 방법

답 ③

45 직류전동기의 속도제어 방법에서 광범위한 속도제어가 가능하며, 운전효율이 가장 좋은 방법은?

① 계자제어
② 전압제어
③ 직렬저항제어
④ 병렬 저항제어

[풀이] 직류전동기의 속도제어법 비교

구 분	제어 특성	특 징
계자 제어법	• 정출력 제어	• 속도제어범위가 좁다.
전압 제어법	• 정토크 제어 – 워드 레오나드 방식 – 일그너 방식	• 제어범위가 넓다. • 손실이 매우 적다. • 정역 운전이 가능 • 설비비가 많이든다.
직렬 저항법		• 효율이 나쁘다.

답 ②

46 동기발전기의 병렬운전에서 일치하지 않아도 되는 것은?

① 기전력의 크기
② 기전력의 위상
③ 기전력의 극성
④ 기전력의 주파수

[풀이] 동기발전기의 병렬운전 조건은 다음과 같다.
① 기전력의 **크기**가 같을 것
② 기전력의 **위상**이 같을 것
③ 기전력의 **주파수**가 같을 것
④ 기전력의 파형이 같을 것
⑤ 상회전방향이 같을 것

답 ③

47 100[kVA], 6000/200[V], 60[Hz]이고 %임피던스 강하 3[%]인 3상 변압기의 저압측에 3상 단락이 생겼을 경우의 단락전류는 약 몇 [A]인가?

① 5650
② 9623
③ 17000
④ 75000

[풀이] 단락전류 $I_s = \dfrac{100}{\%Z}I_n = \dfrac{100}{3} \times \dfrac{100 \times 10^3}{\sqrt{3} \times 200}$
≒ 9623[A]

답 ②

48 코일피치와 자극피치의 비를 β라 하면 기본파 기전력에 대한 단절계수는?

① $\sin\beta\pi$
② $\cos\beta\pi$
③ $\sin\dfrac{\beta\pi}{2}$
④ $\cos\dfrac{\beta\pi}{2}$

[풀이] 단절계수
• $K_p = \sin\dfrac{\beta\pi}{2}$ (기본파)
• $K_{pn} = \sin\dfrac{n\beta\pi}{2}$ (n차 고조파)

답 ③

49 구조가 회전 계자형으로 된 발전기는?

① 동기발전기
② 직류발전기
③ 유도발전기
④ 분권발전기

[풀이] 회전계자방식은 동기발전기의 회전자에 의한 분류로 전기자를 고정자로 하고 계자극을 회전자로 한 방식이다.

답 ①

50 8극 6[Hz]의 유도전동기가 부하를 연결하고 864[rpm]으로 회전할 때 54.134[kg·m]의 토크를 발생 시 동기와트는 약 몇 [kW]인가?

① 48
② 50
③ 52
④ 54

[풀이] $N_s = \dfrac{120f}{p} = \dfrac{120 \times 6}{8} = 90$[rpm]

$T = 0.975\dfrac{P}{N} = 0.975\dfrac{P_2}{N_s}$[kg·m]이므로

∴ $P_2 = 1.026 N_s T$
$= 1.026 \times 90 \times 54.134 \times 10^{-3}$
≒ 5[kW]

답 전항정답

51 화학공장에서 선로의 역률은 앞선 역률 0.7이었다. 이 선로에 동기조상기를 병렬로 결선해서 과여자로 하면 선로의 역률은 어떻게 되는가?

① 뒤진 역률이며 역률은 더욱 나빠진다.
② 뒤진 역률이며 역률은 더욱 좋아진다.
③ 앞선 역률이며 역률은 더욱 좋아진다.
④ 앞선 역률이며 역률은 더욱 나빠진다.

[풀이] 동기조상기의 운전
• 과여자 : 선로에 앞선 전류가 흘러 일종의 콘덴서로 작용
• 부족 여자 : 뒤진 전류가 흘러서 일종의 리액터로 작용
따라서 앞선 역률인 경우 과여자로 하면 선로의 역률은 더욱 진상이 되어 역률은 더 나빠진다.

답 ④

52 전기설비 운전 중 계기용 변류기(CT)의 고장발생으로 변류기를 개방할 때 2차 측을 단락해야 하는 이유는?

① 2차 측의 절연 보호
② 1차 측의 과전류 방지
③ 2차 측의 과전류 보호
④ 계기의 측정 오차 방지

풀이 변류기의 2차 측을 개방하면 1차 전류가 모두 여자전류가 되어 2차 권선에 매우 높은 전압이 유기되어 절연이 파괴되고 소손될 우려가 있으므로 변류기 2차 측 기기를 교체하고자 하는 경우에는 반드시 변류기 2차 측을 단락시켜야 한다. **답** ①

53 유도전동기에서 인가전압이 일정하고 주파수가 정격 값에서 수 [%] 감소할 때 나타나는 현상 중 틀린 것은?

① 철손이 증가한다.
② 효율이 나빠진다.
③ 동기속도가 감소한다.
④ 누설 리액턴스가 증가한다.

풀이 ① 철손은 히스테리시스손(P_h)과 와전류손(P_e)의 합이므로
- $P_e = k_2 B^2 f^2 = k_3 E^2$: 전압이 일정하면, 와류손은 주파수와 무관
- $P_h = k_4 B^{1.6} f = k_5 E^{1.6} f^{-0.6}$: 전압이 일정하면, 히스테리시스손은 주파수에 반비례

따라서 전압이 일정하고 주파수가 낮아지면 철손은 증가한다.
② 주파수가 낮아져서 철손이 증가하면 효율은 나빠진다.
③ 동기속도 $N_s = \dfrac{120f}{p}$[rpm]이므로 주파수(f)가 감소하면 동기속도도 감소한다.
④ 누설 리액턴스는 주파수에 비례하므로 ($X = 2\pi fL$) 주파수가 감소하면 누설 리액턴스는 감소한다. **답** ④

54 정격전압 200[V], 전기자 전류 100[A]일 때 1000[rpm]으로 회전하는 직류분권전동기가 있다. 이 전동기의 무부하 속도는 약 몇 [rpm]인가? (단, 전기자저항은 0.15[Ω]이고 전기자 반작용은 무시한다.)

① 981 ② 1081 ③ 1100 ④ 1180

풀이 $I_a = 50$[A]일 때의 역기전력
$E_c = V - I_a R_a = 200 - (100 \times 0.15) = 185$[V]
$I_a = 0$일 때의 역기전력
$E_{c0} = 200$[V] ($\because I_a = 0$)
전기자 반작용을 무시하면 $E = k\phi N$에서 ϕ=일정
$E \propto N$이므로 $E_{c0} : E_c = N_0 : N$
$200 : 185 = N_0 : 1000$
따라서 무부하 속도
$N_0 = \dfrac{200}{185} \times 1000 ≒ 1081$[rpm] **답** ②

55 유도전동기에서 여자전류는 극수가 많아지면 정격전류에 대한 비율이 어떻게 변하는가?

① 커진다. ② 불변이다.
③ 적어진다. ④ 반으로 줄어든다.

풀이 동일한 용량의 기계라도 극수가 증가할수록 역률은 낮아지게 되는데, 이것은 극수가 증가하면 매극매상의 도체수가 적게 되어서 여자전류의 비율이 커지기 때문이다. **답** ①

56 브러시를 이동하여 회전속도를 제어하는 전동기는?

① 반발 전동기
② 단상 직권전동기
③ 직류 직권전동기
④ 반발기동형 단상유도전동기

풀이 반발 전동기는 브러시 이동만으로 기동, 정지, 속도제어가 가능하다. **답** ①

57 단상 유도전동기를 기동 토크가 큰 것부터 낮은 순서로 배열한 것은?

① 모노사이클릭형 → 반발 유도형 → 반발 기동형 → 콘덴서 기동형 → 분상 기동형
② 반발 기동형 → 반발 유도형 → 모노사이클릭형 → 콘덴서 기동형 → 분상 기동형
③ 반발 기동형 → 반발 유도형 → 콘덴서 기동형 → 분상 기동형 → 모노사이클릭형
④ 반발 기동형 → 분상 기동형 → 콘덴서 기동형 → 반발 유도형 → 모노사이클릭형

풀이 단상 유도전동기에서 기동 토크가 큰 것부터 순서로 배열하면
반발 기동형 > 반발 유도형 > 콘덴서 기동형 > 분상 기동형 > 셰이딩 코일형 > 모노사이클릭형
답 ③

58 일정한 부하에서 역률 1로 동기전동기를 운전하는 중 여자를 약하게 하면 전기자 전류는?
① 진상전류가 되고 증가한다.
② 진상전류가 되고 감소한다.
③ 지상전류가 되고 증가한다.
④ 지상전류가 되고 감소한다.

풀이

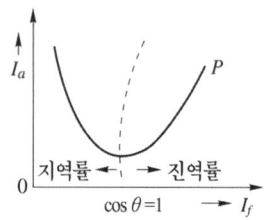

위상 특성 곡선(V곡선)에서 보는 바와 같이 여자전류(I_f)를 감소시키면 역률은 뒤지고 전기자 전류는 증가한다. **답** ③

59 4극 7.5[kW], 200[V], 60[Hz]인 3상 유도전동기가 있다. 전부하에서의 2차 입력이 7950[W]이다. 이 경우의 2차 효율은 약 몇 [%]인가? (단, 기계손은 130[W]이다.)
① 92 ② 94
③ 96 ④ 98

풀이 2차 입력 $P_2 = P_0 + P_{c2} + P_m$ 에서
$P_{c2} = P_2 - P_0 - P_m = 7950 - 7500 - 130 = 320[W]$
2차 동손 $P_{c2} = sP_2$ 에서
슬립 $s = \dfrac{P_{c2}}{P_2} = \dfrac{320}{7950} = 0.04$
따라서 2차 효율
$\eta_2 = 1 - s = 1 - 0.04 = 0.96 = 96[\%]$ **답** ③

60 직류기의 전기자권선 중 중권 권선에서 뒤 피치가 앞 피치보다 큰 경우를 무엇이라 하는가?
① 진권 ② 쇄권
③ 여권 ④ 장절권

풀이
- 진권 : 권선의 진행 방향은 시계 방향의 방사형이며, 후절(뒤 피치)이 전절(앞 피치)보다 크다.
- 누권(역진권) : 권선 방향은 반시계 방향으로 감겨지게 되고 후절(뒤 피치)이 전절(앞 피치)보다 적다.
답 ①

4과목 - 회로이론

61 다음 방정식에서 $\dfrac{X_3(s)}{X_1(s)}$ 를 구하면?

$$\begin{cases} x_2(t) = \dfrac{d}{dt}x_1(t) \\ x_3(t) = x_2(t) + 3\int x_3(t)dt + 2\dfrac{d}{dt}x_2(t) - 2x_1(t) \end{cases}$$

① $\dfrac{s(2s^2 + s - 2)}{s - 3}$ ② $\dfrac{s(2s^2 - s - 2)}{s - 3}$

③ $\dfrac{2(s^2 + s + 2)}{s - 3}$ ④ $\dfrac{(2s^2 + s + 2)}{s - 3}$

풀이 라플라스 변환하면,
$X_2(s) = sX_1(s)$
$X_3(s) = X_2(s) + \dfrac{3}{s}X_3(s) + 2sX_2(s) - 2X_1(s)$
위 두 식에서 $X_2(s)$를 소거하면,
$X_3(s) = sX_1(s) + \dfrac{3}{s}X_3(s) + 2s^2X_1(s) - 2X_1(s)$
$\left(1 - \dfrac{3}{s}\right)X_3(s) = (2s^2 + s - 2)X_1(s)$
$\therefore \dfrac{X_3(s)}{X_1(s)} = \dfrac{2s^2 + s - 2}{1 - \dfrac{3}{s}} = \dfrac{s(2s^2 + s - 2)}{s - 3}$ **답** ①

62 그림과 같은 반파 정현파의 실효값은?
① $\dfrac{1}{\sqrt{2}}I_m$
② $\dfrac{2}{\pi}I_m$
③ $\dfrac{1}{\pi}I_m$
④ $\dfrac{1}{2}I_m$

풀이 실효값

$$I = \sqrt{\frac{1}{T}\int_0^T i^2 dt} = \sqrt{\frac{1}{2\pi}\int_0^{2\pi} i^2 d(\omega t)}$$ 에서

반파 정류파는 $\pi \sim 2\pi$일 때 $i=0$이므로

$$I = \sqrt{\frac{1}{2\pi}\int_0^\pi i^2 d(\omega t)}$$
$$= \sqrt{\frac{1}{2\pi}\int_0^\pi I_m^2 \sin^2\omega t \, d(\omega t)}$$
$$= \sqrt{\frac{I_m^2}{2\pi}\int_0^\pi \frac{1-\cos 2\omega t}{2} d(\omega t)} = \frac{I_m}{2}$$ 답 ④

63 그림과 같이 높이가 1인 펄스의 라플라스 변환은?

① $\dfrac{1}{s}(e^{-as} + e^{-bs})$

② $\dfrac{1}{a-b}\left(\dfrac{e^{-as} + e^{-bs}}{1}\right)$

③ $\dfrac{1}{s}(e^{-as} - e^{-bs})$

④ $\dfrac{1}{a-b}\left(\dfrac{e^{-as} - e^{-bs}}{s}\right)$

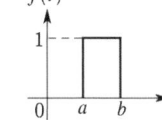

풀이 $f(t) = u(t-a) - u(t-b)$ 이므로
$$\mathcal{L}[f(t)] = \mathcal{L}[u(t-a)] - \mathcal{L}[u(t-b)]$$
$$= \frac{e^{-as}}{s} - \frac{e^{-bs}}{s} = \frac{1}{s}(e^{-as} - e^{-bs})$$ 답 ③

64 그림과 같은 회로의 전달함수는?
(단, 초기조건은 0이다.)

① $\dfrac{R_2 + Cs}{R_1 + R_2 + Cs}$

② $\dfrac{R_1 + R_2 + Cs}{R_1 + Cs}$

③ $\dfrac{R_2 Cs + 1}{R_2 Cs + R_1 Cs + 1}$

④ $\dfrac{R_1 Cs + R_2 Cs + 1}{R_2 Cs + 1}$

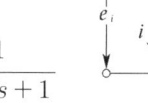

풀이 $G(s) = \dfrac{e_o(s)}{e_i(s)} = \dfrac{R_2 + \dfrac{1}{Cs}}{R_1 + R_2 + \dfrac{1}{Cs}}$
$$= \dfrac{R_2 Cs + 1}{R_2 Cs + R_1 Cs + 1}$$ 답 ③

65 비대칭 다상 교류가 만드는 회전자계는?

① 교번자기장   ② 타원형 회전자기장
③ 원형 회전자기장   ④ 포물선 회전자기장

풀이 회전자계
① 대칭 전류 : 원형 회전자계 형성
② 비대칭 전류 : 타원 회전자계 형성   답 ②

66 다음과 같은 회로의 전달함수 $\dfrac{E_o(s)}{I(s)}$는?

① $\dfrac{1}{s(C_1 + C_2)}$

② $\dfrac{C_1 C_2}{(C_1 + C_2)}$

③ $\dfrac{C_1}{s(C_1 + C_2)}$

④ $\dfrac{C_2}{s(C_1 + C_2)}$

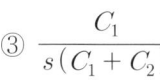

풀이 $i(t) = C_1 \dfrac{d}{dt} e_o(t) + C_2 \dfrac{d}{dt} e_o(t)$

초기값을 0으로 하고 라플라스 변환하면
$$I(s) = C_1 s E_o(s) + C_2 s E_o(s)$$
$$= (C_1 s + C_2 s) E_o(s)$$
$$\therefore G(s) = \dfrac{E_o(s)}{I(s)} = \dfrac{1}{C_1 s + C_2 s} = \dfrac{1}{s(C_1 + C_2)}$$ 답 ①

67 그림과 같은 L형 회로의 4단자 A, B, C, D 정수 중 A는?

① $1 + \dfrac{1}{\omega LC}$

② $1 - \dfrac{1}{\omega^2 LC}$

③ $1 + \dfrac{1}{j\omega L}$

④ $\dfrac{1}{2\sqrt{LC}}$

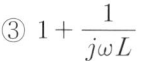

풀이
$$\begin{bmatrix} A & B \\ C & D \end{bmatrix} = \begin{bmatrix} 1 & \dfrac{1}{j\omega C} \\ 0 & 1 \end{bmatrix} \begin{bmatrix} 1 & 0 \\ \dfrac{1}{j\omega L} & 1 \end{bmatrix} = \begin{bmatrix} 1 - \dfrac{1}{\omega^2 LC} & \dfrac{1}{j\omega C} \\ \dfrac{1}{j\omega L} & 1 \end{bmatrix}$$

답 ②

68 인덕턴스 L[H] 및 커패시턴스 C[F]를 직렬로 연결한 임피던스가 있다. 정저항 회로를 만들기 위하여 그림과 같이 L 및 C의 각각에 서로 같은 저항 R[Ω]을 병렬로 연결할 때, R[Ω]은 얼마인가? (단, $L=4$[mH], $C=0.1$[μF]이다.)

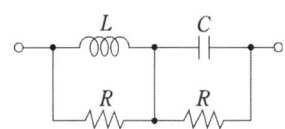

① 100   ② 200
③ 2×10^{-5} ④ 0.5×10^{-2}

풀이 $R = \sqrt{\dfrac{L}{C}} = \sqrt{\dfrac{4 \times 10^{-3}}{0.1 \times 10^{-6}}} = 200[\Omega]$ **답** ②

69 다음 회로에서 I를 구하면 몇 [A]인가?

① 2
② -2
③ -4
④ 4

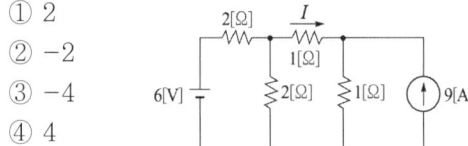

풀이 ① 그림 (a), (b)에서 전류원 개방시 I'는

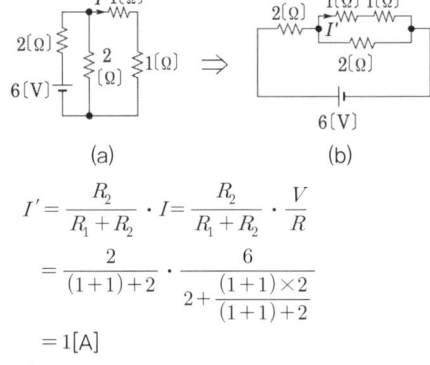

$I' = \dfrac{R_2}{R_1+R_2} \cdot I = \dfrac{R_2}{R_1+R_2} \cdot \dfrac{V}{R}$
$= \dfrac{2}{(1+1)+2} \cdot \dfrac{6}{2+\dfrac{(1+1)\times 2}{(1+1)+2}}$
$= 1[A]$

② 그림 (c), (d)에서 전압원 단락시 I''는

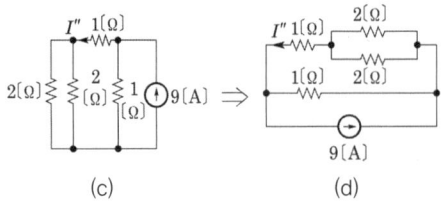

$I'' = \dfrac{R_2}{R_1+R_2} \cdot I = \dfrac{1}{\left(1+\dfrac{2\times 2}{2+2}\right)+1} \times 9 = 3[A]$

I'과 I''의 방향은 반대이고, 그림에서 I를 기준방향으로 하면,
$I = I' - I'' = 1 - 3 = -2[A]$ **답** ②

70 두 개의 회로망 N_1과 N_2가 있다. $a-b$ 단자, $a'-b'$ 단자의 각각의 전압은 50[V], 30[V]이다. 또, 양 단자에서 N_1, N_2를 본 임피던스가 15[Ω]과 25[Ω]이다. $a-a'$, $b-b'$를 연결하면 이때 흐르는 전류는 몇 [A]인가?

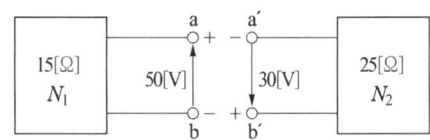

① 0.5   ② 1   ③ 2   ④ 4

풀이 N_1과 N_2의 전압 방향이 반대이므로
$\therefore I = \dfrac{V_1+V_2}{Z_1+Z_2} = \dfrac{50+30}{15+25} = 2[A]$ **답** ③

71 다음과 같은 파형 $v(t)$을 단위계단함수로 표시하면 어떻게 되는가?

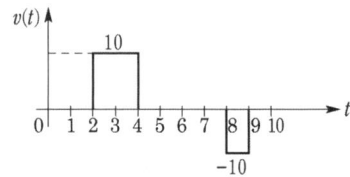

① $10u(t-2) + 10u(t-4) + 10u(t-8)$
　$+ 10u(t-9)$
② $10u(t-2) - 10u(t-4) - 10u(t-8)$
　$- 10u(t-9)$
③ $10u(t-2) - 10u(t-4) + 10u(t-8)$
　$- 10u(t-9)$
④ $10u(t-2) - 10u(t-4) - 10u(t-8)$
　$+ 10u(t-9)$

풀이 $f(t) = 10u(t-2) - 10u(t-4) - 10u(t-8)$
　　　$+ 10u(t-9)$ **답** ④

72 3상 회로의 선간 전압이 각각 80[V], 50[V], 50[V]일 때의 전압의 불평형률[%]은?

① 39.6 ② 57.3
③ 73.6 ④ 86.7

풀이

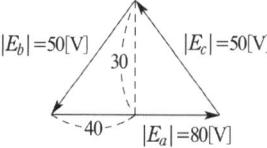

$E_a = 80[V]$
$E_b = -40 - j30[V]$
$E_c = -40 + j30[V]$
$E_1 = \dfrac{1}{3}(E_a + aE_b + a^2 E_c)$: 정상 전압
$= \dfrac{1}{3}\left\{80 + \left(-\dfrac{1}{2} + j\dfrac{\sqrt{3}}{2}\right)(-40 - j30)\right.$
$\left. + \left(-\dfrac{1}{2} - j\dfrac{\sqrt{3}}{2}\right)(-40 + j30)\right\}$
$= \dfrac{1}{3}(80 + 40 + 30\sqrt{3}) = 57.32[V]$

$E_2 = \dfrac{1}{3}(E_a + a^2 E_b + aE_c)$: 역상 전압
$= \dfrac{1}{3}\left\{80 + \left(-\dfrac{1}{2} - j\dfrac{\sqrt{3}}{2}\right)(-40 - j30)\right.$
$\left. + \left(-\dfrac{1}{2} + j\dfrac{\sqrt{3}}{2}\right)(-40 + j30)\right\}$
$= \dfrac{1}{3}(80 + 40 - 30\sqrt{3}) = 22.68[V]$

$\therefore$ 불평형률 $= \dfrac{|E_2|}{|E_1|} \times 100 = \dfrac{22.68}{57.32} \times 100$
$\fallingdotseq 39.6[\%]$

답 ①

73 Y결선된 대칭 3상 회로에서 전원 한 상의 전압이 $V_a = 220\sqrt{2}\sin\omega t$[V]일 때 선간전압의 실효값은 약 몇 [V]인가?

① 220 ② 310
③ 380 ④ 540

풀이 Y결선 시 선간 전압(V_l)은 상전압(V_p)의 $\sqrt{3}$ 배이므로
$\therefore V_l = \sqrt{3}\,V_p = \sqrt{3} \times 220 \fallingdotseq 380[V]$

답 ③

74 저항 R인 검류계 G에 그림과 같이 r_1인 저항을 병렬로, 또 r_2인 저항을 직렬로 접속하였을 때 A, B단자 사이의 저항을 R과 같게 하고 또한 G에 흐르는 전류를 전 전류의 $1/n$로 하기 위한 $r_1[\Omega]$의 값은?

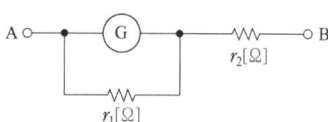

① $\dfrac{n-1}{R}$ ② $R\left(1 - \dfrac{1}{n}\right)$
③ $\dfrac{R}{n-1}$ ④ $R\left(1 + \dfrac{1}{n}\right)$

풀이

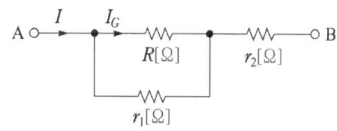

전 전류를 I, 검류계에 흐르는 전류를 I_G라고 하면
$I_G = \dfrac{1}{n}I = \dfrac{r_1}{R + r_1} \times I$ 이므로
$\therefore r_1 = \dfrac{R}{n-1}$

답 ③

75 저항 $R = 5000[\Omega]$, 정전용량 $C = 20[\mu F]$가 직렬로 접속된 회로에 일정전압 $E = 100[V]$를 가하고 $t = 0$에서 스위치를 넣을 때 콘덴서 단자전압 $V[V]$을 구하면? (단, $t = 0$에서의 콘덴서 전압은 0[V]이다.)

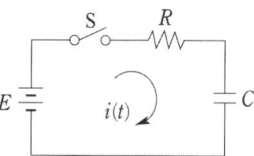

① $100(1 - e^{10t})$ ② $100e^{10t}$
③ $100(1 - e^{-10t})$ ④ $100e^{-10t}$

풀이 직류전압 인가 시 전류 $i(t) = \dfrac{E}{R}e^{-\frac{1}{RC}t}$[A]이므로 콘덴서 양단의 전압 $v_c(t)$의 적분 구간을 0~t로 잡으면

$$v_c(t) = \frac{1}{C}\int_0^t i(t)dt = \frac{1}{C}\int_0^t \frac{E}{R} \cdot e^{-\frac{1}{RC}t}dt$$
$$= E\left(1 - e^{-\frac{1}{RC}t}\right)[V]$$
$$\therefore v_c(t) = 100\left(1 - e^{-\frac{1}{5000 \times 20 \times 10^{-6}}t}\right)$$
$$= 100(1 - e^{-10t})[V]$$

답 ③

76 그림과 같이 T형 4단자 회로망의 A, B, C, D 파라미터 중 B 값은?

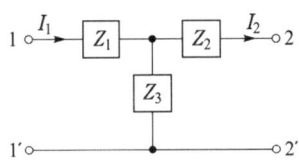

① $\dfrac{1}{Z_3}$ ② $1 + \dfrac{Z_1}{Z_3}$

③ $\dfrac{Z_3 + Z_2}{Z_3}$ ④ $\dfrac{Z_1 Z_2 + Z_2 Z_3 + Z_3 Z_1}{Z_3}$

풀이
$$\begin{bmatrix} A & B \\ C & D \end{bmatrix} = \begin{bmatrix} 1 & Z_1 \\ 0 & 1 \end{bmatrix}\begin{bmatrix} 1 & 0 \\ \frac{1}{Z_3} & 1 \end{bmatrix}\begin{bmatrix} 1 & Z_2 \\ 0 & 1 \end{bmatrix}$$
$$= \begin{bmatrix} \dfrac{Z_1 + Z_3}{Z_3} & \dfrac{Z_1 Z_2 + Z_2 Z_3 + Z_3 Z_1}{Z_3} \\ \dfrac{1}{Z_3} & \dfrac{Z_2 + Z_3}{Z_3} \end{bmatrix}$$

답 ④

77 휘스톤 브리지에서 R_L에 흐르는 전류(I)는 약 몇 [mA]인가?

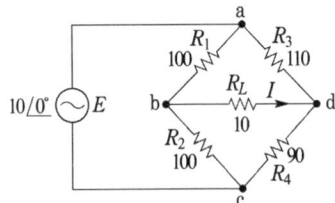

① 2.28   ② 4.57
③ 7.84   ④ 22.8

풀이 ① 테브난 정리 이용하여 R_L을 개방하면
- b점의 전압 $V_b = 5[V]$
- d점의 전압 $V_d = 10 \times \dfrac{90}{200} = 4.5[V]$

따라서 $b-d$의 전위차
$V_{bd} = V_b - V_d = 5 - 4.5 = 0.5[V]$

② 전압원을 제거하여 합성저항을 구하면

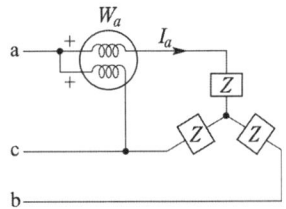

$$R_t = \frac{100 \times 100}{100 + 100} + \frac{110 \times 90}{110 + 90} = 99.5[\Omega]$$

③ 개방하였던 R_L을 다시 접속하여 전류를 구하면

$$\therefore I = \frac{0.5}{99.5 + 10} = 4.57 \times 10^{-3}[A]$$
$$= 4.57[mA]$$

답 ②

78 그림은 상순이 a-b-c인 3상 대칭회로이다. 선간전압이 220[V]이고 부하 한 상의 임피던스가 $100 \angle 60°[\Omega]$일 때 전력계 W_a의 지시값 [W]은?

① 242   ② 386   ③ 419   ④ 484

풀이 1전력계법에서 전력계 지시치를 W_a라 하면
$W_a = \dfrac{\sqrt{3}}{2}VI$이므로

$$\therefore W_a = \frac{\sqrt{3}}{2} \times 220 \times \frac{\frac{220}{\sqrt{3}}}{100} \fallingdotseq 242[W]$$

답 ①

79 $C[F]$인 콘덴서에 $q[C]$의 전하를 충전하였더니 C의 양단 전압이 $e[V]$이었다. C에 저장된 에너지는 몇 [J]인가?

① qe ② Ce
③ $\dfrac{1}{2}Cq^2$ ④ $\dfrac{1}{2}Ce^2$

풀이 ① 정전에너지
$$W = \frac{1}{2}Ce^2 = \frac{1}{2}Qe = \frac{Q^2}{2C}[J]$$
② 전자에너지
$$W = \frac{1}{2}LI^2[J]$$
답 ④

80 비정현파에서 정현 대칭의 조건은 어느 것인가?

① $f(t) = f(-t)$
② $f(t) = -f(t)$
③ $f(t) = -f(t+\pi)$
④ $f(t) = -f(-t)$

풀이

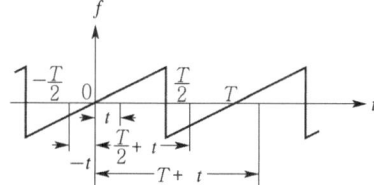

그림에서 정현 대칭 조건은
$f(t) = -f(-t)$
$f(t) = f(T+t)$
답 ④

5과목 - 전기설비기술기준

81 특고압가공전선로의 지지물 양쪽의 경간의 차가 큰 곳에 사용되는 철탑은?

① 내장형철탑   ② 직선형철탑
③ 인류형철탑   ④ 보강형철탑

풀이 333.11 특고압 가공전선로의 철주·철근 콘크리트주 또는 철탑의 종류
특고압 가공전선로의 지지물로 사용하는 B종 철근·B종 콘크리트주 또는 철탑의 종류는 다음과 같다.
가. 직선형 : 전선로의 직선 부분(3° 이하의 수평 각도 이루는 곳 포함)에 사용되는 것
나. 각도형 : 전선로 중 수평 각도 3°를 넘는 곳에 사용되는 것
다. 인류형 : 전 가섭선을 인류하는 곳에 사용하는 것
라. 내장형 : 전선로 지지물 양측의 경간차가 큰 곳에 사용하는 것
마. 보강형 : 전선로 직선 부분을 보강하기 위하여 사용하는 것
답 ①

82 특고압가공전선이 건조물과 1차 접근상태로 시설되는 경우를 설명한 것 중 틀린 것은?

① 상부 조영재와 위쪽으로 접근 시 케이블을 사용하면 1.2[m] 이상 이격거리를 두어야 한다.
② 상부 조영재와 옆쪽으로 접근 시 특고압 절연전선을 사용하면 1.5[m] 이상 이격거리를 두어야 한다.
③ 상부 조영재와 아래쪽으로 접근 시 특고압 절연전선을 사용하면 1.5[m] 이상 이격거리를 두어야 한다.
④ 상부 조영재와 위쪽으로 접근 시 특고압 절연전선을 사용하면 2.0[m] 이상 이격거리를 두어야 한다.

풀이 333.23 특고압 가공전선과 건조물의 접근
특고압 가공전선이 건조물과 제1차 접근상태로 시설되는 경우에는 다음에 따라야 한다.
가. 특고압 가공전선로는 제3종 특고압 보안공사에 의할 것.
나. 사용전압이 35[kV] 이하인 특고압 가공전선과 건조물의 조영재 이격거리는 표에서 정한 값 이상일 것.

건조물과 조영재의 구분	전선종류	접근형태	이격거리
상부 조영재	특고압 절연전선	위쪽	2.5[m]
		옆쪽 또는 아래쪽	1.5[m] (전선에 사람이 쉽게 접촉할 우려가 없도록 시설한 경우는 1[m])
	케이블	위쪽	1.2[m]
		옆쪽 또는 아래쪽	0.5[m]
	기타전선		3[m]
기타 조영재	특고압 절연전선		1.5[m] (전선에 사람이 쉽게 접촉할 우려가 없도록 시설한 경우는 1[m])
	케이블		0.5[m]
	기타전선		3[m]

답 ④

83 가공전선로의 지지물에 취급자가 오르고 내리는데 사용하는 발판 볼트 등은 지표상 몇 [m] 미만에 시설하여서는 아니 되는가?

① 1.2   ② 1.8
③ 2.2   ④ 2.5

풀이 331.4 가공전선로 지지물의 철탑오름 및 전주오름 방지
가공전선로의 지지물에 취급자가 오르고 내리는데 사용하는 **발판 볼트 등을 지표상 1.8[m] 미만**에 시설하여서는 아니 된다. 답 ②

84 계통연계하는 분산형전원을 설치하는 경우에 이상 또는 고장발생 시 자동적으로 분산형전원을 전력계통으로부터 분리하기 위한 장치를 시설해야 하는 경우가 아닌 것은?

① 역률 저하 상태
② 단독운전 상태
③ 분산형전원의 이상 또는 고장
④ 연계한 전력계통의 이상 또는 고장

풀이 503.2.3 계통 연계용 보호장치의 시설
계통 연계하는 분산형전원설비를 설치하는 경우 다음에 해당하는 이상 또는 고장 발생 시 **자동적으로 분산형전원설비를 전력계통으로부터 분리하기 위한 장치** 시설 및 해당 계통과의 보호협조를 실시하여야 한다.
가. 분산형전원설비의 이상 또는 고장
나. 연계한 전력계통의 이상 또는 고장
다. 단독운전 상태 답 ①

85 고압가공전선 상호 간이 접근 또는 교차하여 시설되는 경우, 고압가공전선 상호 간의 이격거리는 몇 [cm] 이상이어야 하는가? (단, 고압가공전선은 모두 케이블이 아니라고 한다.)

① 50 ② 60
③ 70 ④ 80

풀이 332.17 고압 가공전선 상호 간의 접근 또는 교차
고압 가공전선이 다른 고압 가공 전선과 접근상태로 시설되거나 교차하여 시설되는 경우에는 다음에 따라 시설하여야 한다.
가. 고압 가공전선로는 고압 보안공사에 의할 것.
나. 고압 가공전선과 다른 고압 가공 전선과의 이격거리

구분	고압가공전선	
	일반	케이블
고압가공전선	0.8[m]	0.4[m]
고압가공전선로의 지지물	0.6[m]	0.3[m]

답 ④

86 저압 옥내배선의 사용전압이 220[V]인 전광표시등회로를 금속관공사에 의하여 시공하였다. 여기에 사용되는 배선은 단면적이 몇 [mm²] 이상의 연동선을 사용하여도 되는가?

① 1.5 ② 2.0
③ 2.5 ④ 3.0

풀이 231.3 저압 옥내배선의 사용전선
가. 저압 옥내배선의 전선 : 단면적 2.5[mm²] 이상의 연동선
나. 옥내배선의 사용 전압이 400[V] 이하인 경우는 다음에 의하여 시설할 수 있다.
① 전광표시 장치등 또는 제어 회로
  • 단면적 **1.5[mm²]** 이상의 연동선
  • 단면적 0.75[mm²] 이상인 다심케이블 또는 다심 캡타이어 케이블을 사용하고 또한 과전류가 생겼을 때에 자동적으로 전로에서 차단하는 장치를 시설
② 진열장 또는 이와 유사한 것의 내부 배선 : 단면적 0.75[mm²] 이상인 코드 또는 캡타이어케이블
답 ①

87 합성수지관공사 시 관 상호 간 및 박스와의 접속은 관에 삽입하는 깊이를 관 바깥지름의 몇 배 이상으로 하여야 하는가? (단, 접착제를 사용하지 않는 경우이다.)

① 0.5 ② 0.8
③ 1.2 ④ 1.5

풀이 232.11 합성수지관공사
관 상호 간 및 박스와는 관을 삽입하는 깊이를 관의 바깥지름의 **1.2배**(접착제를 사용하는 경우 0.8배) 이상으로 할 것. 답 ③

88 고저압 혼촉에 의한 위험방지시설로 가공공동지선을 설치하여 시설하는 경우에 각 접지선을 가공공동지선으로부터 분리하였을 경우의 각 접지선과 대지 간의 전기저항 값은 몇 [Ω] 이하로 하여야 하는가?

① 75 ② 150
③ 300 ④ 600

풀이 322.1 고압 또는 특고압과 저압의 혼촉에 의한 위험방지 시설

가공공동지선과 대지 사이의 합성 전기저항 값은 1 [km]를 지름으로 하는 지역 안마다 규정에 의해 접지저항 값을 가지는 것으로 하고 또한 **각 접지도체를 가공공동지선으로부터 분리**하였을 경우의 각 접지도체와 대지 사이의 **전기저항값은 300[Ω] 이하로 할 것.**

답 ③

89
금속제 외함을 가진 저압의 기계기구로서 사람이 쉽게 접촉할 우려가 있는 곳에 시설하는 것에 전기를 공급하는 전로에 지락이 생겼을 때에 자동적으로 차단하는 장치를 설치하여야 한다. 사용전압이 몇 [V]를 초과하는 기계기구의 경우인가?

① 25
② 30
③ 40
④ 50

풀이 211.2.3 누전차단기의 시설
전원의 자동차단에 의한 저압전로의 보호대책으로 **누전차단기를 시설해야할 대상**은 다음과 같다.
가. **금속제 외함을 가지는 사용전압이 50[V]를 초과하는 저압의 기계 기구로서 사람이 쉽게 접촉할 우려가 있는 곳에 시설하는 것에 전기를 공급하는 전로.**
나. 주택의 인입구 등 다른 절에서 누전차단기 설치를 요구하는 전로
다. 특고압전로, 고압전로 또는 저압전로와 변압기에 의하여 결합되는 사용전압 400[V] 초과의 저압전로

답 ④

90
전기설비기술기준의 안전원칙에 관계없는 것은?

① 에너지 절약 등에 지장을 주지 아니하도록 할 것
② 사람이나 다른 물체에 위해 손상을 주지 않도록 할 것
③ 기기의 오동작에 의한 전기 공급에 지장을 주지 않도록 할 것
④ 다른 전기설비의 기능에 전기적 또는 자기적인 장해를 주지 아니하도록 할 것

풀이 안전 원칙(기술기준 제2조)
① 전기설비는 감전, 화재 그 밖에 사람에게 **위해(危害)**를 주거나 물건에 손상을 줄 우려가 없도록 시설하여야 한다.

② 전기설비는 사용목적에 적절하고 안전하게 작동하여야 하며, 그 손상으로 인하여 **전기 공급에 지장을 주지 않도록 시설하여야 한다.**
③ 전기설비는 다른 전기설비, 그 밖의 물건의 기능에 **전기적 또는 자기적인 장해를 주지 않도록 시설하여야 한다.**

답 ①

91
전력보안통신설비로 무선용안테나 등의 시설에 관한 설명으로 옳은 것은?

① 항상 가공전선로의 지지물에 시설한다.
② 피뢰침설비가 불가능한 개소에 시설한다.
③ 접지와 공용으로 사용할 수 있도록 시설한다.
④ 전선로의 주위상태를 감시할 목적으로 시설한다.

풀이 364.2 무선용 안테나 등의 시설 제한
무선용 안테나 등은 **전선로의 주위 상태를 감시**하거나 **배전자동화, 원격검침 등 지능형전력망**을 목적으로 시설하는 것 이외에는 가공전선로의 지지물에 시설하여서는 아니 된다.

답 ④

92
저압 옥내배선에 사용하는 연동선의 최소 굵기는 몇 [mm²] 이상인가?

① 1.5
② 2.5
③ 4.0
④ 6.0

풀이 231.3 저압 옥내배선의 사용전선
가. 저압 옥내배선의 전선 : **단면적 2.5[mm²] 이상의 연동선**
나. 옥내배선의 사용 전압이 400[V] 이하인 경우는 다음에 의하여 시설할 수 있다.
① 전광표시 장치 또는 제어 회로
  • 단면적 1.5[mm²] 이상의 연동선
  • 단면적 0.75[mm²] 이상인 다심케이블 또는 다심 캡타이어 케이블을 사용하고 또한 과전류가 생겼을 때에 자동적으로 전로에서 차단하는 장치를 시설
② 진열장 또는 이와 유사한 것의 내부 배선 : 단면적 0.75[mm²] 이상인 코드 또는 캡타이어케이블

답 ②

93 호텔 또는 여관 각 객실의 입구등을 설치할 경우 몇 분 이내에 소등되는 타임스위치를 시설해야 하는가?

① 1 ② 2
③ 3 ④ 10

풀이 234.6 점멸기의 시설
다음의 경우에는 센서등(타임스위치 포함)을 시설하여야 한다.
가. 관광숙박업 또는 숙박업(여인숙업을 제외한다)에 이용되는 객실의 입구등은 1분 이내에 소등되는 것.
나. 일반주택 및 아파트 각 호실의 현관등은 3분 이내에 소등되는 것. **답** ①

94 고압가공전선이 철도를 횡단하는 경우 레일면상에서 몇 [m] 이상으로 유지 되어야 하는가?

① 5.5 ② 6
③ 6.5 ④ 7.0

풀이 332.5 고압 가공전선의 높이
222.7 저압 가공전선의 높이
저·고압 가공전선의 높이는 다음에 따라야 한다.

설치장소		가공전선의 높이
도로횡단(번잡하지 않은 도로 제외)		지표상 6[m] 이상
철도 또는 궤도횡단		레일면상 6.5[m] 이상
횡단 보도교 위	저압	노면상 3.5[m] 이상. 단, 절연전선의 경우 3[m] 이상
	고압	노면상 3.5[m] 이상
일반장소		지표상 5[m] 이상. 단, 저압의 경우 절연전선 또는 케이블을 사용하여 교통에 지장이 없도록 하여 옥외조명용에 공급하는 경우 4[m]까지 감할 수 있다.
다리의 하부 기타 이와 유사한 장소		저압의 전기철도용 급전선은 지표상 3.5[m]까지로 감할 수 있다.

답 ③

95 타냉식 특고압용 변압기에는 냉각장치에 고장이 생긴 경우를 대비하여 어떤 장치를 하여야 하는가?

① 경보장치 ② 속도조정장치
③ 온도시험장치 ④ 냉매흐름장치

풀이 351.4 특고압용 변압기의 보호장치
특고압용의 변압기에는 그 내부에 고장이 생겼을 경우에 보호하는 장치를 표와 같이 시설하여야 한다.

뱅크 용량의 구분	동작조건	장치의 종류
5,000[kVA] 이상 10,000[kVA] 미만	변압기 내부고장	자동 차단 장치 또는 경보장치
10,000[kVA] 이상	변압기 내부고장	자동 차단 장치
타냉식 변압기(변압기의 권선 및 철심을 직접 냉각시키기 위하여 봉입한 냉매를 강제 순환시키는 냉각 방식을 말한다.)	냉각장치에 고장이 생긴 경우 또는 변압기의 온도가 현저히 상승한 경우	경보장치

답 ①

96 특고압가공전선이 삭도와 제2차 접근상태로 시설할 경우 특고압가공전선로에 적용하는 보안공사는?

① 고압 보안공사
② 제1종 특고압 보안공사
③ 제2종 특고압 보안공사
④ 제3종 특고압 보안공사

풀이 333.25 특고압 가공전선과 삭도의 접근 또는 교차
가. 특고압 가공전선이 삭도와 제1차 접근상태 : 제3종 특고압 보안공사
나. 특고압 가공전선이 삭도와 제2차 접근상태 : 제2종 특고압 보안공사 **답** ③

97 가반형의 용접전극을 사용하는 아크 용접장치의 용접변압기의 1차 측 전로의 대지전압은 몇 [V] 이하이어야 하는가?

① 220 ② 300
③ 380 ④ 440

풀이 241.10 아크 용접기
가반형의 용접 전극을 사용하는 아크 용접장치는 다음에 따라 시설하여야 한다.
가. 용접변압기는 절연변압기일 것.
나. 용접변압기의 1차측 전로의 대지전압은 300[V] 이하일 것.
다. 용접변압기의 1차측 전로에는 용접 변압기에 가까운 곳에 쉽게 개폐할 수 있는 개폐기를 시설할 것.
라. 용접기 외함 및 피용접재 또는 이와 전기적으로 접속되는 받침대·정반 등의 금속체는 규정에 준하여 접지공사를 하여야 한다. **답** ②

98 과전류차단기를 시설할 수 있는 곳은?
① 접지공사의 접지선
② 다선식 전로의 중성선
③ 단상 3선식 전로의 저압측 전선
④ 접지공사를 한 저압가공전선로의 접지측 전선

풀이 341.11 과전류차단기의 시설 제한
접지공사의 접지도체, 다선식 전로의 중성선 및 전로의 일부에 접지공사를 한 저압 가공전선로의 접지측 전선에는 과전류차단기를 시설하여서는 안 된다.
다만, 다음의 경우에는 예외로 한다.
가. 다선식 전로의 중성선에 시설한 과전류차단기가 동작한 경우에 각 극이 동시에 차단될 때
나. 저항기·리액터 등을 사용하여 접지공사를 한 때에 과전류차단기의 동작에 의하여 그 접지도체가 비접지 상태로 되지 아니할 때 **답** ③

99 철탑의 강도 계산에 사용하는 이상 시 상정하중의 종류가 아닌 것은?
① 수직하중 ② 좌굴하중
③ 수평 횡하중 ④ 수평 종하중

풀이 333.14 이상 시 상정하중
철탑의 강도계산에 사용하는 **이상 시 상정하중**은 풍압이 전선로에 직각방향으로 가하여지는 경우의 하중과 **전선로의 방향으로 가하여지는 경우의 수직하중, 수평 횡하중, 수평 종하중**을 계산하여 각 부재에 대한 이들의 하중 중 그 부재에 큰 응력이 생기는 쪽의 하중을 채택한다. **답** ②

출제기준 변경 및 개정된 관계 법규에 따라 삭제된 문제가 있어 20문항이 안됩니다.

완벽대비

2016년 3회 전기산업기사필기

동일출판사 홈페이지에서 무료 동영상강의를 보실 수 있습니다.

1과목 - 전기자기

01 환상철심에 감은 코일에 5[A]의 전류를 흘리면 2000[AT]의 기자력이 생긴다면 코일의 권수는 얼마로 하여야 하는가?

① 100회　　② 200회
③ 300회　　④ 400회

풀이 기자력 $F = NI$ 에서
$$\therefore N = \frac{F}{I} = \frac{2000}{5} = 400[회]$$
답 ④

02 임의의 점의 전계가 $E = iE_x + jE_y + kE_z$ 로 표시되었을 때, $\frac{\partial E_x}{\partial x} + \frac{\partial E_y}{\partial y} + \frac{\partial E_z}{\partial z}$ 와 같은 의미를 갖는 것은?

① $\nabla \times E$　　② $\nabla^2 E$
③ $\nabla \cdot E$　　④ $\text{grad}|E|$

풀이 벡터의 발산
$$\nabla \cdot E = \left(i\frac{\partial}{\partial x} + j\frac{\partial}{\partial y} + k\frac{\partial}{\partial z}\right) \cdot (iE_x + jE_y + kE_z)$$
$$= \frac{\partial E_x}{\partial x} + \frac{\partial E_y}{\partial y} + \frac{\partial E_z}{\partial z} = \text{div } E$$
답 ③

03 도체의 저항에 대한 설명으로 옳은 것은?

① 도체의 단면적에 비례한다.
② 도체의 길이에 반비례한다.
③ 저항률이 클수록 저항은 적어진다.
④ 온도가 올라가면 저항값이 증가한다.

풀이 ① 저항 $R = \rho\frac{l}{S}$ 이므로 고유저항(또는 저항률)과 길이에 비례하며, 단면적에 반비례한다.
② 금속 도체의 전기저항은 온도 상승에 따라 증가한다.
답 ④

04 x축 상에서 $x = 1[m], 2[m], 3[m], 4[m]$인 각 점에 $2[nC], 4[nC], 6[nC], 8[nC]$의 점전하가 존재할 때 이들에 의하여 전계 내에 저장되는 정전 에너지는 몇 [nJ]인가?

① 483　　② 644
③ 725　　④ 966

풀이 각 점전하에서의 전압을 순서대로 V_1, V_2, V_3, V_4라 하고, 중첩의 정리를 적용하면
$$V_1 = \sum_i \frac{Q_i}{4\pi\epsilon_0 r_i} = \frac{1}{4\pi\epsilon_0}\left(\frac{4}{1} + \frac{6}{2} + \frac{8}{3}\right) \times 10^{-6}$$
$$= 9 \times 10^9 \times \left(\frac{4}{1} + \frac{6}{2} + \frac{8}{3}\right) \times 10^{-9} = 87[V]$$
$$V_2 = 9 \times 10^9 \times \left(\frac{2}{1} + \frac{6}{1} + \frac{8}{2}\right) \times 10^{-9} = 108[V]$$
$$V_3 = 9 \times 10^9 \times \left(\frac{2}{2} + \frac{4}{1} + \frac{8}{1}\right) \times 10^{-9} = 117[V]$$
$$V_4 = 9 \times 10^9 \times \left(\frac{2}{3} + \frac{4}{2} + \frac{6}{1}\right) \times 10^{-9} = 78[V]$$

따라서 전체 축적 에너지
$$W = \sum \frac{1}{2}Q_i V_i$$
$$= \frac{1}{2}(Q_1 V_1 + Q_2 V_2 + Q_3 V_3 + Q_4 V_4)$$
$$= \frac{1}{2}(2 \times 87 + 4 \times 108 + 6 \times 117 + 8 \times 78) \times 10^{-9}$$
$$= 966[nJ]$$
답 ④

05 진공 중에 $10^{-10}[C]$의 점전하가 있을 때 전하에서 2[m] 떨어진 점의 전계는 몇 [V/m]인가?

① 2.25×10^{-1}
② 4.50×10^{-1}
③ 2.25×10^{-2}
④ 4.50×10^{-2}

풀이 점전하에 의한 전계의 세기
$$E = 9 \times 10^9 \frac{Q}{r^2} = 9 \times 10^9 \times \frac{10^{-10}}{2^2}$$
$$= 2.25 \times 10^{-1}[V/m]$$
답 ①

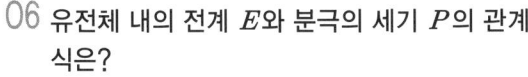

06 유전체 내의 전계 E와 분극의 세기 P의 관계식은?

① $P = \epsilon_o(\epsilon_s - 1)E$
② $P = \epsilon_s(\epsilon_o - 1)E$
③ $P = \epsilon_o(\epsilon_s + 1)E$
④ $P = \epsilon_s(\epsilon_o + 1)E$

풀이 전계 $E = \dfrac{\sigma - \sigma_p}{\epsilon_0} = \dfrac{D - P}{\epsilon_0}$ [V/m]
전속밀도 $D = \epsilon_0 E + P = \epsilon_0 \epsilon_s E$ [C/m²]
따라서 분극의 세기 $P = \epsilon_0(\epsilon_s - 1)E$ [C/m²]
여기서, σ : 진전하
σ_p : 속박전하
$\sigma - \sigma_p$: 자유전하 **답** ①

07 일반적으로 도체를 관통하는 자속이 변화하든가 또는 자속과 도체가 상대적으로 운동하여 도체 내의 자속이 시간적 변화를 일으키면, 이 변화를 막기 위하여 도체 내에 국부적으로 형성되는 임의의 폐회로를 따라 전류가 유기되는데 이 전류를 무엇이라 하는가?

① 변위전류   ② 대칭전류
③ 와전류   ④ 도전전류

풀이 와전류는 도체내에 국부적으로 흐르는 맴돌이 전류로 rot $i = -K\dfrac{\partial B}{\partial t}$ 로 자속의 변화를 방해하기 위한 역자속을 만드는 전류이다. 따라서 이 전류는 자속의 수직되는 면을 회전한다. **답** ③

08 철심이 들어있는 환상코일이 있다. 1차 코일의 권수 $N_1 = 100$회일 때 자기 인덕턴스는 0.01[H]였다. 이 철심에 2차 코일 $N_2 = 200$회를 감았을 때 1, 2차 코일의 상호 인덕턴스는 몇 [H]인가? (단, 이 경우 결합계수 $k = 1$로 한다.)

① 0.01   ② 0.02
③ 0.03   ④ 0.04

풀이 $L_1 = \dfrac{N_1^2}{R_m}$ [H], $M = \dfrac{N_1 N_2}{R_m}$ [H]에서

$R_m = \dfrac{N_1^2}{L_1} = \dfrac{N_1 N_2}{M}$ [H]이므로

상호 인덕턴스 $M = L_1 \dfrac{N_2}{N_1}$ [H]이다.

여기에 $N_1 = 100$회, $N_2 = 200$회, $L_A = 0.01$[H]를 대입하면

$M = L_1 \dfrac{N_2}{N_1} = 0.01 \times \dfrac{200}{100} = 0.02$ [H] **답** ②

09 정전용량 5[μF]인 콘덴서를 200[V]로 충전하여 자기 인덕턴스 20[mH], 저항 0[Ω]인 코일을 통해 방전할 때 생기는 전기진동 주파수는 약 몇 [Hz]이며, 코일에 축적되는 에너지는 몇 [J]인가?

① 50[Hz], 1[J]   ② 500[Hz], 0.1[J]
③ 500[Hz], 1[J]   ④ 5000[Hz], 0.1[J]

풀이
- 진동 주파수
$f = \dfrac{1}{2\pi\sqrt{LC}} = \dfrac{1}{2\pi \times \sqrt{20 \times 10^{-3} \times 5 \times 10^{-6}}}$
$= 503 ≒ 500$[Hz]
- 코일에 축적되는 에너지
$W = \dfrac{1}{2}CV^2 = \dfrac{1}{2} \times 5 \times 10^{-6} \times 200^2$
$= 0.1$[J] **답** ②

10 내압과 용량이 각각 200[V] 5[μF], 300[V] 4[μF], 400[V] 3[μF], 500[V] 3[μF]인 4개의 콘덴서를 직렬연결하고, 양단에 직류전압을 가하여 전압을 서서히 상승시키면 최초로 파괴되는 콘덴서는? (단, 콘덴서의 재질이나 형태는 동일하다.)

① 200[V] 5[μF]   ② 300[V] 4[μF]
③ 400[V] 3[μF]   ④ 500[V] 3[μF]

풀이 직렬회로에서 각 콘덴서의 전하용량이 작을수록 빨리 파괴된다.
$Q_1 = C_1 \times V_1 = 5 \times 10^{-6} \times 200 = 1 \times 10^{-3}$[C]
$Q_2 = C_2 \times V_2 = 4 \times 10^{-6} \times 300 = 1.2 \times 10^{-3}$[C]
$Q_3 = C_3 \times V_3 = 3 \times 10^{-6} \times 400 = 1.2 \times 10^{-3}$[C]
$Q_4 = C_4 \times V_4 = 3 \times 10^{-6} \times 500 = 1.5 \times 10^{-3}$[C]
따라서 전하용량이 $Q_4 > Q_3 = Q_2 > Q_1$ 이므로 전하용량이 가장 작은 200[V] 5[μF]의 콘덴서가 가장 빨리 파괴된다. **답** ①

11 무한히 넓은 2개의 평행 도체판의 간격이 d[m]이며 그 전위차는 V[V]이다. 도체판의 단위면적에 작용하는 힘은 몇 [N/m²]인가? (단, 유전율은 ϵ_0이다.)

① $\epsilon_0 \left(\dfrac{V}{d}\right)^2$ ② $\dfrac{1}{2}\epsilon_0 \left(\dfrac{V}{d}\right)^2$
③ $\dfrac{1}{2}\epsilon_0 \left(\dfrac{V}{d}\right)$ ④ $\epsilon_0 \left(\dfrac{V}{d}\right)$

풀이 도체 표면의 정전 응력(단위면적당의 작용력)
$$F = \dfrac{1}{2}\epsilon_0 E^2 = \dfrac{1}{2}\epsilon_0 \left(\dfrac{V}{d}\right)^2 \text{[N/m}^2\text{]}$$
답 ②

12 내경 a[m], 외경 b[m]인 동심구 콘덴서의 내구를 접지했을 때의 정전용량은 몇 [F]인가?

① $C = 4\pi\epsilon_0 \dfrac{b^2}{b-a}$ ② $C = 4\pi\epsilon_0 \dfrac{a^2}{b-a}$
③ $C = 4\pi\epsilon_0 \dfrac{ab}{b-a}$ ④ $C = 4\pi\epsilon_0 \dfrac{b-a}{ab}$

풀이
- 내구가 접지된 동심구 콘덴서의 정전용량
$$C = 4\pi\epsilon_0 \dfrac{b^2}{b-a} \text{[F]}$$
- 내구는 절연, 외구는 접지된 동심구 콘덴서의 정전용량
$$C = 4\pi\epsilon_0 \dfrac{ab}{a-b} \text{[F]}$$
답 ①

13 평등자계 내에 놓여 있는 전류가 흐르는 직선도선이 받는 힘에 대한 설명으로 틀린 것은?

① 힘은 전류에 비례한다.
② 힘은 자장의 세기에 비례한다.
③ 힘은 도선의 길이에 반비례한다.
④ 힘은 전류의 방향과 자장의 방향과의 사이각의 정현에 관계된다.

풀이 플레밍의 왼손 법칙
자속밀도가 B[Wb/m²]인 자계 중에 길이가 l의 도체를 놓고 I[A]의 전류를 흘릴 경우 자계 내에서 도체가 받는 힘의 크기 $F = BIl\sin\theta$[N]이다.
따라서 힘은 도선의 길이에 비례한다.
답 ③

14 직류 500[V] 절연저항계로 절연저항을 측정하니 2[MΩ]이 되었다면 누설전류[μA]는?

① 25 ② 250
③ 1000 ④ 1250

풀이 누설전류 $I_g = \dfrac{V}{R_g} = \dfrac{500}{2 \times 10^6} = 250 \times 10^{-6}$[A]
$= 250$[μA]
답 ②

15 그림과 같이 진공 중에 자극면적이 2[cm²], 간격이 0.1[cm]인 자성체내에서 포화자속밀도가 2[Wb/m²]일 때 두 자극면 사이에 작용하는 힘의 크기는 약 몇 [N]인가?

① 53
② 106
③ 159
④ 318

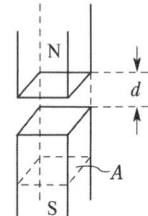

풀이 $F = \dfrac{B^2 A}{2\mu_0} = \dfrac{2^2 \times 2 \times 10^{-4}}{2 \times 4\pi \times 10^{-7}} = 318.3$[N]
답 ④

16 지름 2[m]인 구도체의 표면전계가 5[kV/mm]일 때 이 구도체의 표면에서의 전위는 몇 [kV]인가?

① 1×10^3 ② 2×10^3
③ 5×10^3 ④ 1×10^4

풀이 $V = E \cdot r = 5 \times 10^3 \times 10^3 \text{[V/m]} \times \dfrac{2}{2}$[m]
$= 5 \times 10^6$[V] $= 5 \times 10^3$[kV]
답 ③

17 전류가 흐르고 있는 무한 직선도체로부터 2[m]만큼 떨어진 자유공간 내 P점의 자계의 세기가 $\dfrac{4}{\pi}$[AT/m]일 때, 이 도체에 흐르는 전류는 몇 [A]인가?

① 2 ② 4
③ 8 ④ 16

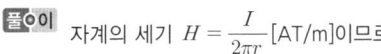

[풀이] 자계의 세기 $H = \dfrac{I}{2\pi r}$ [AT/m]이므로

$\therefore I = 2\pi r H = 2\pi \times 2 \times \dfrac{4}{\pi} = 16$ [A]   답 ④

18 다음 내용은 어떤 법칙을 설명한 것인가?

> 유도 기전력의 크기는 코일 속을 쇄교하는 자속의 시간적 변화율에 비례한다.

① 쿨롱의 법칙   ② 가우스의 법칙
③ 맥스웰의 법칙 ④ 패러데이의 법칙

[풀이] **패러데이 법칙**
- 유도 기전력의 크기는 폐회로에 쇄교하는 자속의 시간적 변화율에 비례한다.
- 유도 기전력 $e = -\dfrac{d\Phi}{dt} = -N\dfrac{d\phi}{dt}$ 답 ④

19 공기콘덴서의 극판 사이에 비유전율 ϵ_s의 유전체를 채운 경우, 동일 전위차에 대한 극판간의 전하량은?

① $\dfrac{1}{\epsilon_s}$로 감소   ② ϵ_s 배로 증가
③ $\pi\epsilon_s$ 배로 증가   ④ 불변

[풀이]
- $C = \dfrac{\epsilon S}{d}$ 이므로
  정전용량(C)은 유전율(ϵ)과 비례한다.
- $Q = CV$ 이므로
  전하량(Q)은 정전용량(C)과 비례한다.
  따라서 전하량(Q)과 유전율(ϵ)은 서로 비례하는 관계이므로 ϵ_s의 유전체를 채운 경우 극판간의 전하량은 ϵ_s 배로 증가한다.   답 ②

20 유전체 중을 흐르는 전도전류 i_σ와 변위전류 i_d를 같게 하는 주파수를 임계주파수 f_c, 임의의 주파수를 f라 할 때 유전손실 $\tan\delta$는?

① $\dfrac{f_c}{2f}$ ② $\dfrac{f}{2f_c}$
③ $\dfrac{f_c}{f}$ ④ $\dfrac{f}{f_c}$

[풀이] 전도전류 $i_\sigma = \sigma E$, 변위전류 $i_d = \omega\epsilon E$ 일 때, 이 둘을 같게 하면 ($i_\sigma = i_d$)
$\sigma E = \omega\epsilon E \to \sigma = 2\pi f_c \epsilon$ ($\because \omega = 2\pi f$) 에서
임계주파수 $f_c = \dfrac{\sigma}{2\pi\epsilon}$
따라서 유전손실
$\tan\delta = \dfrac{i_\sigma}{i_d} = \dfrac{\sigma E}{\omega\epsilon E} = \dfrac{\sigma}{2\pi f\epsilon} = \dfrac{f_c}{f}$ 답 ③

2과목 - 전력공학

21 송전선로에 충전전류가 흐르면 수전단전압이 송전단전압보다 높아지는 현상과 이 현상의 발생 원인으로 가장 옳은 것은?

① 페란티 효과, 선로의 인덕턴스 때문
② 페란티 효과, 선로의 정전용량 때문
③ 근접 효과, 선로의 인덕턴스 때문
④ 근접 효과, 선로의 정전용량 때문

[풀이] 페란티 현상이란 선로의 정전용량으로 인하여 무부하 시나 경부하시에 진상 전류가 흘러 수전단전압이 송전단전압보다 높아지는 현상을 말하며 이의 대책으로는 분로 리액터나 동기조상기의 지상 용량으로 방지할 수 있다.   답 ②

22 전력선에 의한 통신선로의 전자 유도 장해의 발생 요인은 주로 무엇 때문인가?

① 영상전류가 흘러서
② 부하전류가 크므로
③ 전력선의 교차가 불충분하여
④ 상호 정전용량이 크므로

[풀이] 전자유도전압 $E_m = -j\omega Ml\, 3I_0$ 이므로
전자 유도전압은 사고 시 영상전류(I_0)에 의해 발생한다.   답 ①

23 취수구에 제수문을 설치하는 목적은?

① 유량을 조절한다. ② 모래를 배제한다.
③ 낙차를 높인다.   ④ 홍수위를 낮춘다.

[풀이] 취수량을 조절하고 물의 유입을 단절하기 위해 취수구에 제수문을 설치한다. 답 ①

24 양수량 Q[m³/s], 총양정 H[m], 펌프효율 η인 경우 양수펌프용 전동기의 출력 P[kW]는? (단, k는 상수이다.)

① $k\dfrac{Q^2H^2}{\eta}$ ② $k\dfrac{Q^2H}{\eta}$

③ $k\dfrac{QH^2}{\eta}$ ④ $k\dfrac{QH}{\eta}$

[풀이] 양수펌프용 전동기의 출력
$$P = \dfrac{9.8QH}{\eta} = k\dfrac{QH}{\eta} \text{[kW]}$$
답 ④

25 고압 수전설비를 구성하는 기기로 볼 수 없는 것은?
① 변압기
② 변류기
③ 복수기
④ 과전류 계전기

[풀이] 복수기 : 증기 터빈에서 배출되는 증기를 물로 냉각하여 복수하기 위한 장치로서 수전설비가 아니라 **발전설비**에 해당된다. 답 ③

26 공통중성선 다중접지 3상 4선식 배전선로에서 고압 측(1차 측) 중성선과 저압 측(2차 측) 중성선을 전기적으로 연결하는 목적은?
① 저압측의 단락사고를 검출하기 위함
② 저압측의 접지사고를 검출하기 위함
③ 주상변압기의 중성선측 부싱(bushing)을 생략하기 위함
④ 고저압 혼촉 시 수용가에 침입하는 상승전압을 억제하기 위함

[풀이] 고압 측과 저압 측의 중성선끼리 연결되어 있지 않으면 **고저압 혼촉 시 고압 측의 큰 전압이 저압 측을 통해 수용가에 침입**하여 인체에 위해를 주거나 옥내전기 기기를 손상시킬 수 있다. 답 ④

27 차단기의 정격차단시간에 대한 정의로써 옳은 것은?
① 고장발생부터 소호까지의 시간
② 트립 코일 여자부터 소호까지의 시간
③ 가동접촉자 개극부터 소호까지의 시간
④ 가동접촉자 시동부터 소호까지의 시간

[풀이] 차단기의 차단시간
① 트립 코일(trip coil)의 여자부터 아크 소호 시간을 합한 것
정격차단 시간 = 개극 시간 + 아크 소호 시간
② 차단기의 정격차단 시간(표준) :
3[Hz], 5[Hz], 8[Hz]
답 ②

28 154/22.9[kV], 40[MVA], 3상 변압기의 %리액턴스가 14[%]라면 고압측으로 환산한 리액턴스는 약 몇 [Ω]인가?
① 95   ② 83
③ 75   ④ 61

[풀이] 퍼센트 임피던스 $\%Z = \dfrac{ZP}{10V^2}$ 에서
(여기서, V : 정격전압[kV], P : 기준용량[kVA])
$$Z = \dfrac{\%Z \times 10 \times V^2}{P} = \dfrac{14 \times 10 \times 154^2}{40000} = 83[\Omega]$$
답 ②

29 보호계전기의 기본 기능이 아닌 것은?
① 확실성   ② 선택성
③ 유동성   ④ 신속성

[풀이] 보호계전기의 기본 기능 :
① 확실성   ② 선택성   ③ 신속성   ④ 경제성
⑤ 취급의 용이성
답 ③

30 6[kV]급의 소내 전력공급용 차단기로서 현재 가장 많이 채택하는 것은?
① OCB   ② GCB
③ VCB   ④ ABB

[풀이] VCB(진공 차단기)는 공칭 전압 30[kV] 이하의 소내 공급용 차단기로서 현재 가장 많이 사용된다. 답 ③

31 수용가군 총합의 부하율은 각 수용가의 수용률 및 수용가 사이의 부등률이 변화할 때 옳은 것은?

① 부등률과 수용률에 비례한다.
② 부등률에 비례하고 수용률에 반비례한다.
③ 수용률에 비례하고 부등률에 반비례한다.
④ 부등률과 수용률에 반비례한다.

풀이
$$부하율 = \frac{평균\ 전력}{합성\ 최대\ 전력} = \frac{평균\ 전력}{\frac{최대\ 전력의\ 합계}{부등률}}$$
$$= \frac{평균\ 전력 \times 부등률}{설비\ 용량의\ 합계 \times 수용률}$$
따라서 부하율은 **부등율에 비례**하고 **수용률에 반비례**한다. **답** ②

32 3상 3선식 3각형 배치의 송전선로가 있다. 선로가 연가되어 각 선간의 정전용량은 0.007 [μF/km], 각 선의 대지정전용량은 0.002 [μF/km]라고 하면 1선의 작용정전용량은 몇 [μF/km]인가?

① 0.03 ② 0.023
③ 0.012 ④ 0.006

풀이
$C_n = C_s + 3C_m = 0.002 + 3 \times 0.007$
$= 0.023 [\mu F/km]$
여기서, C_n : 작용정전용량
C_s : 대지정전용량
C_m : 선간정전용량 **답** ②

33 전선로에 댐퍼(damper)를 사용하는 목적은?

① 전선의 진동방지
② 전력손실 격감
③ 낙뢰의 내습방지
④ 많은 전력을 보내기 위하여

풀이 댐퍼는 **진동 억제 장치**로 지지점 가까운 곳에 설치한다. **답** ①

34 3상 Y결선된 발전기가 무부하 상태로 운전 중 b상 및 c상에서 동시에 직접 접지 고장이 발생하였을 때 나타나는 현상으로 틀린 것은?

① a상의 전류는 항상 0이다.
② 건전상의 a상 전압은 영상분 전압의 3배와 같다.
③ a상의 정상분 전압과 역상분 전압은 항상 같다.
④ 영상분 전류와 역상분 전류는 대칭성분 임피던스에 관계없이 항상 같다.

풀이 2선 지락고장(b, c상 지락 시)
조건 : $V_b = V_c = 0$, $I_a = 0$

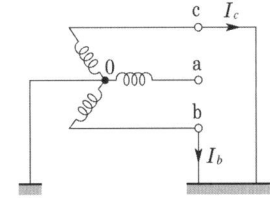

① 대칭분 전류
$$I_0 = \frac{-Z_2 E_a}{Z_0 Z_1 + Z_1 Z_2 + Z_2 Z_0}$$
$$I_1 = \frac{(Z_0 + Z_2) E_a}{Z_0 Z_1 + Z_1 Z_2 + Z_2 Z_0}$$
$$I_2 = \frac{-Z_0 E_a}{Z_0 Z_1 + Z_1 Z_2 + Z_2 Z_0}$$
② 대칭분 전압
$$V_0 = V_1 = V_2 = \frac{Z_0 Z_2}{Z_1 Z_2 + Z_0 (Z_1 + Z_2)} E_a$$
③ 건전상 전압
$$V_a = V_0 + V_1 + V_2 = 3V_0$$
$$= \frac{3Z_0 Z_2}{Z_1 Z_2 + Z_0 (Z_1 + Z_2)} E_a$$
④ b, c상 전류
$$I_b = I_0 + a^2 I_1 + a I_2 = \frac{(a^2-a)Z_0 + (a^2-1)Z_2}{Z_0 Z_1 + Z_1 Z_2 + Z_2 Z_0} E_a$$
$$I_c = I_0 + a I_1 + a^2 I_2 = \frac{(a-a^2)Z_0 + (a-1)Z_2}{Z_0 Z_1 + Z_1 Z_2 + Z_2 Z_0} E_a$$
답 ④

35 배전선로의 손실을 경감시키는 방법이 아닌 것은?

① 전압조정 ② 역률 개선
③ 다중접지방식 채용 ④ 부하의 불평형 방지

풀이 배전선로의 전력손실
$$P_L = 3I^2 r = \frac{\rho W^2 L}{A V^2 \cos^2 \theta}$$
여기서, ρ : 고유저항, W : 부하전력
L : 배전 거리, A : 전선의 단면적
V : 수전 전압, $\cos \theta$: 부하역률 답 ③

36 전압과 역률이 일정할 때 전력을 몇 [%] 증가시키면 전력손실이 2배로 되는가?
① 31   ② 41
③ 51   ④ 61

풀이 ① 전력손실을 P_l, 전력을 P라고 하면
$$P_l = 3I^2 R = \frac{P^2 R}{V^2 \cos^2 \theta}$$ 에서
$P_l \propto P^2$ 이므로 $P \propto \sqrt{P_l}$ 이다.
② 전력손실을 2배로 한 경우의 전력을 P' 라고 하면
$$\frac{P'}{P} = \frac{\sqrt{2P_l}}{\sqrt{P_l}} = \sqrt{2}$$ 이므로
$P' = \sqrt{2} P$ 이다.

따라서 증가시킬 수 있는 전력 증가율
$$= \frac{P' - P}{P} \times 100 = \frac{\sqrt{2}P - P}{P} \times 100$$
$$= \frac{\sqrt{2} - 1}{1} \times 100 = 41[\%]$$ 답 ②

37 최대 출력 350[MW], 평균부하율 80[%]로 운전되고 있는 화력발전소의 10일간 중유 소비량이 1.6×10^7[L]라고 하면 발전단에서의 열효율은 몇 [%]인가? (단, 중유의 열량은 10000 [kcal/L]이다.)
① 35.3   ② 36.1
③ 37.8   ④ 39.2

풀이 열효율
$$\eta = \frac{860W}{mH} = \frac{860 \times 350 \times 10^6 \times 0.8 \times 24}{\frac{1.6 \times 10^7}{10} \times 10000 \times 10^3} \times 100$$
$$= 36.12[\%]$$ 답 ②

38 어느 발전소에서 합성 임피던스가 0.4[%](10 [MVA] 기준)인 장소에 설치하는 차단기의 차단용량은 몇 [MVA]인가?
① 10   ② 250
③ 1000   ④ 2500

풀이 • 단락용량
$$P_s = \frac{100}{\%Z} P_n = \frac{100}{0.4} \times 10 = 2500[MVA]$$
• '차단기의 차단용량 > 차단기의 단락용량'이다. 답 ④

39 주상변압기의 1차 측 전압이 일정할 경우, 2차 측 부하가 변하면, 주상변압기의 동손과 철손은 어떻게 되는가?
① 동손과 철손이 모두 변한다.
② 동손은 일정하고 철손이 변한다.
③ 동손은 변하고 철손은 일정하다.
④ 동손과 철손은 모두 변하지 않는다.

풀이 • 변압기의 손실
= 철손(히스테리시스손 + 와류손) + 동손($I^2 R$)
• 철손은 1차 전압만 걸리면 손실이 되고 동손은 2차 전류가 흘러야 손실이 되므로 2차 부하가 변하면 철손은 일정하고 동손은 변한다. 답 ③

40 3상 3선식 변압기 결선방식이 아닌 것은?
① △ 결선   ② V 결선
③ T 결선   ④ Y 결선

풀이
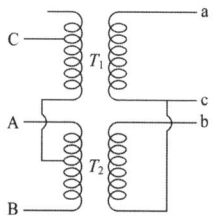

스코트 결선
① 스코트(T) 결선은 단상변압기 2대를 사용하여 3상 전원에서 2상 전압을 얻는 결선방식이다.
② 1차 측 A, B, C단자 사이에 평형 3상 전압을 공급하면 2차 측, ac, bc 단자 사이에 평형 2상 전압을 얻게 된다. 답 ③

3과목 - 전기기기

41 3상 동기발전기를 병렬운전 하는 경우 필요한 조건이 아닌 것은?

① 회전수가 같다.
② 상회전이 같다.
③ 발생 전압이 같다.
④ 전압 파형이 같다.

풀이 동기발전기의 병렬운전 조건은 다음과 같다.
① 기전력의 크기가 같을 것
② 기전력의 위상이 같을 것
③ 기전력의 주파수가 같을 것
④ 기전력의 파형이 같을 것
⑤ 상회전방향이 같을 것 **답** ①

42 변압기의 절연유로서 갖추어야 할 조건이 아닌 것은?

① 비열이 커서 냉각효과가 클 것
② 절연저항 및 절연내력이 적을 것
③ 인화점이 높고 응고점이 낮을 것
④ 고온에서도 석출물이 생기거나 산화하지 않을 것

풀이 변압기의 기름으로서 갖추어야 할 조건은
① 절연내력이 클 것
② 절연 재료 및 금속에 화학 작용을 일으키지 않을 것
③ 인화점이 높고, 응고점이 낮을 것
④ 점도가 낮고, 비열이 커서 냉각효과가 클 것
⑤ 고온에서도 석출물이 생기거나 산화하지 않을 것 **답** ②

43 단상유도전압조정기의 1차 권선과 2차 권선의 축 사이의 각도를 α라 하고 양 권선의 축이 일치할 때 2차 권선의 유기전압을 E_2, 전원전압을 V_1, 부하 측의 전압을 V_2라고 하면 임의의 각 α일 때의 V_2는?

① $V_2 = V_1 + E_2\cos\alpha$
② $V_2 = V_1 - E_2\cos\alpha$
③ $V_2 = V_1 + E_2\sin\alpha$
④ $V_2 = V_1 - E_2\sin\alpha$

풀이 단상 유도전압조정기

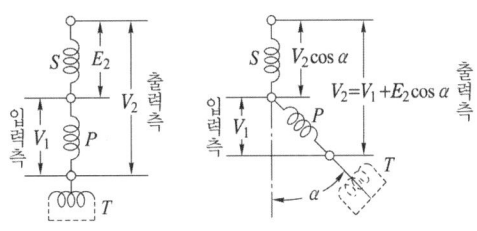

P : 분로권선, S : 직렬권선, T : 단락권선 **답** ①

44 6극 60[Hz]의 3상 권선형 유도전동기가 1140 [rpm]의 정격속도로 회전할 때 1차 측 단자를 전환해서 상회전방향을 반대로 바꾸어 역전제동을 하는 경우 제동토크를 전부하 토크와 같게 하기 위한 2차 삽입저항 $R[\Omega]$은? (단, 회전자 1상의 저항은 0.005[Ω], Y결선이다.)

① 0.19
② 0.27
③ 0.38
④ 0.5

풀이 • 회전자계의 속도
$$N_s = \frac{120f}{p} = \frac{120 \times 60}{6} = 1200[\text{rpm}]$$

• 정회전 시 슬립
$$s = \frac{N_s - N}{N_s} = \frac{1200 - 1140}{1200} = 0.05$$

• 역전 제동할 때에 슬립
$$s' = \frac{N_s - (-N)}{N_s} = \frac{1200 - (-1140)}{1200} = 1.95$$

• $s' = 1.95$에서 전부하 토크를 발생시키는데 필요한 2차 삽입 저항 R은

$$\frac{r_2}{s} = \frac{r_2 + R}{s'} \rightarrow \frac{0.005}{0.05} = \frac{0.005 + R}{1.95}$$

$$\therefore R = \frac{0.005}{0.05} \times 1.95 - 0.005 = 0.19[\Omega]$$ **답** ①

45 브러시리스 모터(BLDC)의 회전자 위치 검출을 위해 사용하는 것은?

① 홀(Hall) 소자
② 리니어 스케일
③ 회전형 엔코더
④ 회전형 디코더

풀이 브러시리스(BLDC) 모터의 회전자 위치를 검출하는 센서
① Resolver
② Hall sensor : 가장 많이 사용
③ Encoder : 회전자의 회전 각도를 더욱 정밀하게 검출
  - 브러시리스(BLDC) 모터의 효율을 향상
  - 정밀 위치 제어에 활용

따라서 답은 ① 홀(hall)소자, ③ 회전형 엔코더이다.

답 ①, ③

46
전기자저항이 0.04[Ω]인 직류분권발전기가 있다. 단자전압 100[V], 회전속도 1000[rpm]일 때 전기자 전류는 50[A]라 한다. 이 발전기를 전동기로 사용할 때 전동기의 회전속도는 약 몇 [rpm]인가? (단, 전기자 반작용은 무시한다.)

① 759　　② 883
③ 894　　④ 961

풀이
- 발전기로 사용할 때
  유기기전력 $E = V + I_a R_a = K\phi N$ 이므로
  $$K\phi = \frac{V + I_a R_a}{N} = \frac{100 + (50 \times 0.04)}{1000} = 0.102$$
- 전동기로 사용 할 때
  역기전력 $E' = V - I_a R_a = K\phi N'$ 이므로
  따라서 전동기의 회전속도
  $$N' = \frac{V - I_a R_a}{K\phi} = \frac{100 - (50 \times 0.04)}{0.102} \approx 961[rpm]$$

답 ④

47
유도발전기에 대한 설명으로 틀린 것은?

① 공극이 크고 역률이 동기기에 비해 좋다.
② 병렬로 접속된 동기기에서 여자전류를 공급받아야 한다.
③ 농형 회전자를 사용할 수 있으므로 구조가 간단하고 가격이 싸다.
④ 선로에 단락이 생기면 여자가 없어지므로 동기기에 비해 단락전류가 작다.

풀이 유도기를 전동기로서의 회전방향과 같은 방향으로 동기속도 이상의 속도로 회전시키면 발전기가 되는데, 이것을 **유도발전기** 또는 비동기발전기라고 한다.

[장점]
- 동기발전기에 비해 가격이 싸다.
- 기동과 취급이 간단하며 고장이 적다.
- 동기발전기와 같이 동기화 할 필요가 없으며 난조 등의 이상 현상도 생기지 않는다.
- 선로에 단락이 생긴 경우에는 여자가 상실되므로 단락전류는 동기기에 비해 적으며 지속 시간도 짧다.

[단점]
- 병렬로 운전되는 동기기에서 여자전류를 취해야 한다.
- 공극의 치수가 작기 때문에 운전시 주의해야 한다.
- 효율과 역률이 낮다.

답 ①

48
직류기의 전기자에 사용되지 않는 권선법은?

① 2층권　　② 고상권
③ 폐로권　　④ 단층권

풀이 이층권은 코일의 제작 및 권선 작업이 용이하므로 직류기에서는 거의 이층권만이 사용되고 있다. 단층권이나 환상권은 사용되지 않는다.

답 ④

49
직류분권전동기의 정격전압 200[V], 정격전류 105[A], 전기자저항 및 계자 회로의 저항이 각각 0.1[Ω] 및 40[Ω]이다. 기동전류를 정격전류의 150[%]로 할 때의 기동저항은 약 몇 [Ω]인가?

① 0.46　　② 0.92
③ 1.08　　④ 1.21

풀이
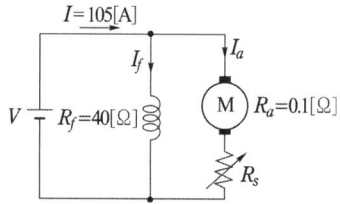

- 계자전류 $I_f = \dfrac{V}{R_f} = \dfrac{200}{40} = 5[A]$
- 기동전류는 정격의 150[%]이므로
  기동전류 $= 105 \times 1.5 = 157.5[A]$
- 전기자 전류
  $I_a = I - I_f = 157.5 - 5 = 152.5[A]$
- $R_a + R_s = \dfrac{V}{I_a} = \dfrac{200}{152.5} = 1.31[\Omega]$

따라서 기동저항
$R_s = 1.31 - R_a = 1.31 - 0.1 = 1.21[\Omega]$

답 ④

50 동기발전기의 단락비를 계산하는데 필요한 시험의 종류는?

① 동기화 시험, 3상 단락 시험
② 부하 포화 시험, 동기화 시험
③ 무부하 포화 시험, 3상 단락시험
④ 전기자 반작용 시험, 3상 단락 시험

풀이

시험의 종류	산출되는 항목
무부하 시험	철손, 기계손, 단락비, 여자전류
단락시험	동기임피던스, 동기리액턴스, 단락비, 임피던스 와트, 임피던스 전압

답 ③

51 변압기에서 부하에 관계없이 자속만을 만드는 전류는?

① 철손전류 ② 자화전류
③ 여자전류 ④ 교차전류

풀이 여자전류 $\dot{I}_o = \dot{I}_\phi + \dot{I}_i$
∴ $I_o = \sqrt{I_\phi^2 + I_i^2}$
여기서, $\dot{I}_\phi$ (자화전류) : 자속을 유지하는 전류
$\dot{I}_i$ (철손전류) : 철손을 공급하는 전류   답 ②

52 변압기의 정격을 정의한 것 중 옳은 것은?

① 전부하의 경우 1차 단자전압을 정격 1차 전압이라 한다.
② 정격 2차 전압은 명판에 기재되어 있는 2차 권선의 단자전압이다.
③ 정격 2차 전압을 2차 권선의 저항으로 나눈 것이 정격 2차 전류이다.
④ 2차 단자 간에서 얻을 수 있는 유효전력을 [kW]로 표시한 것이 정격출력이다.

답 ②

53 저항부하를 갖는 단상전파제어 정류기의 평균 출력 전압은? (단, α는 사이리스터의 점호각, V_m은 교류 입력전압의 최댓값이다.)

① $V_{dc} = \dfrac{V_m}{2\pi}(1+\cos\alpha)$
② $V_{dc} = \dfrac{V_m}{\pi}(1+\cos\alpha)$
③ $V_{dc} = \dfrac{V_m}{2\pi}(1-\cos\alpha)$
④ $V_{dc} = \dfrac{V_m}{\pi}(1-\cos\alpha)$

풀이

	반파정류	전파정류
다이오드	$V_d = \dfrac{\sqrt{2}\,V_i}{\pi} = 0.45 V_i$	$V_d = \dfrac{2\sqrt{2}\,V_i}{\pi} = 0.9 V_i$
SCR	$V_d = \dfrac{\sqrt{2}\,V_i}{2\pi}(1+\cos\alpha)$	$V_d = \dfrac{\sqrt{2}\,V_i}{\pi}(1+\cos\alpha)$

단, V_d는 직류전압, V_i는 교류전압의 실효값이며, V_m는 최댓값($=\sqrt{2}\,V_i$)이다.   답 ②

54 동기전동기의 V곡선(위상특성)에 대한 설명으로 틀린 것은?

① 횡축에 여자전류를 나타낸다.
② 종축에 전기자전류를 나타낸다.
③ V곡선의 최저점에는 역률이 0[%]이다.
④ 동일출력에 대해서 여자가 약한 경우가 뒤진 역률이다.

풀이

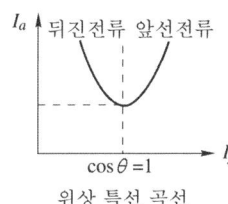
위상 특선 곡선

위상특성곡선(V곡선)
① 전압, 주파수, 출력이 일정할 때 계자(여자) 전류 I_f (횡축)와 전기자 전류 I_a(종축)의 관계를 나타내는 곡선(V 곡선)을 위상 특성 곡선이라 한다.
② 역률이 1인 경우 전기자 전류가 최소로 된다.
③ 부족여자(여자전류를 감소)로 운전하면 뒤진 전류

가 흘러 일종의 리액터로 작용한다.
④ 과여자(여자전류를 증가)로 운전하면 앞선 전류가 흘러 일종의 콘덴서로 작용한다. **답** ③

별로 적용되지 않는다. **반환 부하법**은 동일 정격의 변압기가 2대 이상 있을 경우에 채용되며, 전력 소비가 적고 철손과 동손을 따로 공급하는 것으로 현재 **가장 많이 사용**하고 있다. **답** ②

55
10[kW], 3상, 200[V] 유도전동기의 전부하전류는 약 몇 [A]인가? (단, 효율 및 역률 85[%]이다.)

① 60 ② 80
③ 40 ④ 20

풀이 $P = \sqrt{3} VI\cos\theta \cdot \eta$ [kW]이므로
전부하전류

$$I = \frac{P}{\sqrt{3} V\cos\theta \cdot \eta} = \frac{10 \times 10^3}{\sqrt{3} \times 200 \times 0.85 \times 0.85}$$

$\fallingdotseq 40$[A] **답** ③

56
발전기의 종류 중 회전계자형으로 하는 것은?

① 동기발전기
② 유도발전기
③ 직류 복권발전기
④ 직류 타여자발전기

풀이 회전계자방식은 동기발전기의 회전자에 의한 분류로 전기자를 고정자로 하고 계자극을 회전자로 한 방식이다. **답** ①

57
단상 유도전동기에서 기동 토크가 가장 큰 것은?

① 반발 기동형 ② 분상 기동형
③ 콘덴서 전동기 ④ 세이딩 코일형

풀이 기동 토크의 크기 : **반발 기동형** > 반발 유도형 > 콘덴서 기동형 > 분상 기동형 **답** ①

58
변압기 온도시험을 하는데 가장 좋은 방법은?

① 실 부하법 ② 반환 부하법
③ 단락 시험법 ④ 내전압 시험법

풀이 실 부하법은 전력손실이 크기 때문에 소용량 이외에는

59
전기기기에 있어 와전류손(Eddy current loss)을 감소시키기 위한 방법은?

① 냉각압연
② 보상권선 설치
③ 교류전원을 사용
④ 규소강판을 성층하여 사용

풀이
- 전기 기계에 **규소 강판**을 사용하면 자기 저항이 크게 되어 **와류손과 히스테리시스손이 감소**하게 되지만 투자율이 낮아지고 기계적 강도가 감소되어 부서지기 쉽다.
- **성층**하는 이유는 와류손을 적게 하기 위한 것이다. **답** ④

60
동기발전기에서 전기자전류를 I, 유기기전력과 전기자전류와의 위상각을 θ라 하면 직축반작용을 나타내는 성분은?

① $I\tan\theta$ ② $I\cot\theta$
③ $I\sin\theta$ ④ $I\cos\theta$

풀이
- 유효분인 $I\cos\theta$는 기전력과 같은 위상의 전류 성분으로서 횡축반작용을 한다.
- 무효분인 $I\sin\theta$는 $\pi/2$[rad]만큼 뒤지거나 앞서기 때문에 **직축 반작용**을 한다. **답** ③

4과목 - 회로이론

61
자동제어의 각 요소를 블록선도로 표시할 때 각 요소는 전달함수로 표시하고, 신호의 전달 경로는 무엇으로 표시하는가?

① 전달함수 ② 단자
③ 화살표 ④ 출력

풀이 자동제어계의 각 요소를 Block 선도로 표시할 때에 각 요소를 전달함수로 표시하고, **신호의 전달 경로를 화살표**로 표시한다. **답** ③

62 $t=0$에서 스위치 S를 닫을 때의 전류 $i(t)$는?

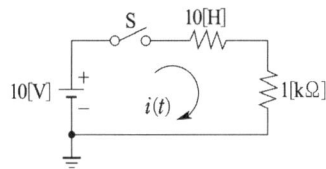

① $0.01(1-e^{-t})$
② $0.01(1+e^{-t})$
③ $0.01(1-e^{-100t})$
④ $0.01(1+e^{-100t})$

풀이 $R-L$ 직렬회로에서 직류 기전력을 인가 시 전류 $i(t)$는
$$i(t) = \frac{E}{R}\left(1-e^{-\frac{R}{L}t}\right) = \frac{10}{1\times10^3}\left(1-e^{-\frac{1\times10^3}{10}t}\right)$$
$$= 0.01(1-e^{-100t})[A]$$
답 ③

63 Var는 무엇의 단위인가?
① 효율
② 유효전력
③ 피상전력
④ 무효전력

풀이
- 피상전력 $P_a = VI = I^2 Z[VA]$
- 유효전력 $P = VI\cos\theta = I^2 R[W]$
- 무효전력 $P_r = VI\sin\theta = I^2 X[Var]$
답 ④

64 임피던스 $Z=15+j4[\Omega]$의 회로에 $I=5(2+j)[A]$의 전류를 흘리는데 필요한 전압 $V[V]$는?
① $10(26+j23)$
② $10(34+j23)$
③ $5(26+j23)$
④ $5(34+j23)$

풀이 $I = 5(2+j) = 10+5j[A]$
$\therefore V = IZ = (10+5j)\times(15+j4)$
$= 130+j115 = 5(26+j23)[V]$
답 ③

65 다음과 같은 4단자망에서 영상 임피던스는 몇 $[\Omega]$인가?
① 200
② 300
③ 450
④ 600

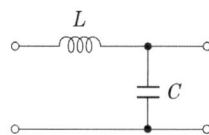

풀이
- 영상 임피던스 $Z_{01} = \sqrt{\frac{AB}{CD}}$
- 대칭 T형 회로에서는 $A=D$이므로 $Z_{01} = \sqrt{\frac{B}{C}}$이다.
- $C = \frac{1}{450}$
- $B = \frac{300\times450+300\times300+300\times450}{450}$
$= \frac{360000}{450}$

$\therefore Z_{01} = \sqrt{\frac{B}{C}} = \sqrt{\frac{360000/450}{1/450}}$
$= 600[\Omega]$
답 ④

66 다음 회로에서 4단자 정수 A, B, C, D 중 C의 값은?

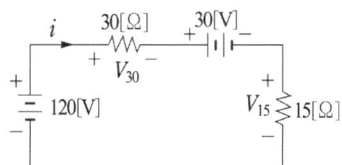

① 1
② $j\omega L$
③ $j\omega C$
④ $1+j(\omega L + \omega C)$

풀이 $C = \frac{I_1}{V_2}\bigg|_{I_2=0} = \frac{I_1}{\frac{I_1}{j\omega C}} = j\omega C$
답 ③

67 회로에서 V_{30}과 V_{15}는 각각 몇 [V]인가?

① $V_{30}=60, V_{15}=30$
② $V_{30}=80, V_{15}=40$
③ $V_{30}=90, V_{15}=45$
④ $V_{30}=120, V_{15}=60$

풀이 $R_1 = 30[\Omega], R_2 = 15[\Omega]$이라고 하면
$V_{30} = \frac{R_1}{R_1+R_2}\times V = \frac{30}{30+15}\times(120-30) = 60[V]$

$$V_{15} = \frac{R_2}{R_1+R_2} \times V = \frac{15}{30+15} \times (120-30) = 30[V]$$

답 ①

68 $e_1 = 6\sqrt{2}\sin\omega t[V]$, $e_2 = 4\sqrt{2}\sin(\omega t - 60°)[V]$일 때, $e_1 - e_2$의 실효값[V]은?

① $2\sqrt{2}$ ② 4
③ $2\sqrt{7}$ ④ $2\sqrt{13}$

풀이 $e_1 = 6\angle 0°$, $e_2 = 4\angle -60°$
∴ $e_1 - e_2 = 6 - 4(\cos 60° - j\sin 60°)$
$= 6 - 4 \times \left(\frac{1}{2} - j\frac{\sqrt{3}}{2}\right)$
$= 4 + j2\sqrt{3} = \sqrt{4^2 + (2\sqrt{3})^2}$
$= 2\sqrt{7}[V]$

답 ③

69 그림과 같은 비정현파의 주기함수에 대한 설명으로 틀린 것은?

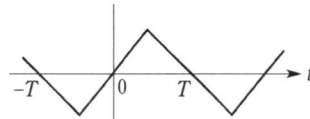

① 기함수파이다.
② 반파 대칭파이다.
③ 직류 성분은 존재하지 않는다.
④ 기수차의 정현항 계수는 0이다.

풀이 그림의 파형은 반파 정현 대칭 함수이므로 $f(t) = -f(t+\pi)$와 $f(t) = -f(-t)$의 두 조건을 만족하는 기함수파이다.

답 ④

70 그림에서 10[Ω]의 저항에 흐르는 전류는 몇 [A]인가?

① 13 ② 14
③ 15 ④ 16

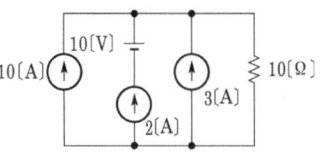

풀이 중첩의 정리에 의해
- 전류원 기준(전압원 단락)
  $I_R = 10 + 2 + 3 = 15[A]$
- 전압원 기준(전류원 개방)
  $I_R' = 0[A]$
따라서 $I = I_R - I_R' = 15 - 0 = 15[A]$

답 ③

71 3상 불평형 전압에서 불평형률은?

① $\frac{영상전압}{정상전압} \times 100[\%]$
② $\frac{역상전압}{정상전압} \times 100[\%]$
③ $\frac{정상전압}{역상전압} \times 100[\%]$
④ $\frac{정상전압}{영상전압} \times 100[\%]$

풀이 불평형률 $= \frac{역상분}{정상분} \times 100[\%]$

답 ②

72 그림은 평형 3상 회로에서 운전하고 있는 유도전동기의 결선도이다. 각 계기의 지시가 $W_1 = 2.36[kW]$, $W_2 = 5.95[kW]$, $V = 200[V]$, $I = 30[A]$ 일 때, 이 유도전동기의 역률은 약 몇 [%]인가?

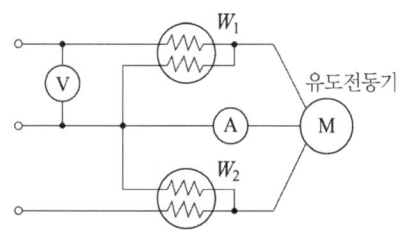

① 80 ② 76
③ 70 ④ 66

풀이 유효 전력
$P = W_1 + W_2 = 2360 + 5950 = 8310[W]$
피상 전력
$P_a = \sqrt{3} VI = \sqrt{3} \times 200 \times 30 = 10392.3[VA]$
∴ $\cos\theta = \frac{P}{P_a} \times 100 = \frac{8310}{10392.3} \times 100 ≒ 80[\%]$

답 ①

73 기본파의 30[%]인 제3고조파와 기본파의 20[%]인 제5고조파를 포함하는 전압파의 왜형률은?

① 0.21   ② 0.31
③ 0.36   ④ 0.42

풀이 왜형률 = $\dfrac{\text{각 고조파의 실효값의 합}}{\text{기본파의 실효값}}$

$= \dfrac{\sqrt{V_3^2 + V_5^2}}{V_1} = \sqrt{\left(\dfrac{V_3}{V_1}\right)^2 + \left(\dfrac{V_5}{V_1}\right)^2}$

$= \sqrt{0.3^2 + 0.2^2} = 0.36$ **답** ③

74 코일의 권수 $N = 1000$회, 저항 $R = 10[\Omega]$이다. 전류 $I = 10[A]$를 흘릴 때 자속 $\phi = 3 \times 10^{-2}[Wb]$이라면 이 회로의 시정수[s]는?

① 0.3   ② 0.4
③ 3.0   ④ 4.0

풀이 코일의 인덕턴스

$L = \dfrac{N\phi}{I} = \dfrac{1000 \times 3 \times 10^{-2}}{10} = 3[H]$

저항은 $R = 10[\Omega]$ 이므로

따라서 시정수 $\tau = \dfrac{L}{R} = \dfrac{3}{10} = 0.3[s]$ **답** ①

75 800[kW], 역률 80[%]의 부하가 있다. $\dfrac{1}{4}$ 시간 동안 소비되는 전력량[kWh]은?

① 800   ② 600
③ 400   ④ 200

풀이 전력량 $W = P \cdot t = 800 \times \dfrac{1}{4} = 200[kWh]$ **답** ④

76 $f(t) = \dfrac{d}{dt}\cos\omega t$ 를 라플라스 변환하면?

① $\dfrac{\omega^2}{s^2 + \omega^2}$ ② $\dfrac{-s^2}{s^2 + \omega^2}$
③ $\dfrac{s}{s^2 + \omega^2}$ ④ $-\dfrac{\omega^2}{s^2 + \omega^2}$

풀이 실미분의 정리 $\mathcal{L}[f'(t)] = sF(s) - f(0)$ 에서

$\mathcal{L}\left[\dfrac{d}{dt}\cos\omega t\right] = s \cdot \dfrac{s}{s^2 + \omega^2} - 1 = \dfrac{-\omega^2}{s^2 + \omega^2}$ **답** ④

77 3상 불평형 전압을 V_a, V_b, V_c라고 할 때 정상전압은? (단, $a = -\dfrac{1}{2} + j\dfrac{\sqrt{3}}{2}$ 이다.)

① $\dfrac{1}{3}(V_a + aV_b + a^2V_c)$

② $\dfrac{1}{3}(V_a + a^2V_b + aV_c)$

③ $\dfrac{1}{3}(V_a + a^2V_b + V_c)$

④ $\dfrac{1}{3}(V_a + V_b + V_c)$

풀이 비대칭 전압이 V_a, V_b, V_c일 때 대칭분이 V_0, V_1, V_2라면

- 영상전압 $V_0 = \dfrac{1}{3}(V_a + V_b + V_c)$
- 정상 전압 $V_1 = \dfrac{1}{3}(V_a + aV_b + a^2V_c)$
- 역상 전압 $V_2 = \dfrac{1}{3}(V_a + a^2V_b + aV_c)$ **답** ①

78 그림과 같이 접속된 회로에 평형 3상 전압 $E[V]$를 가할 때의 전류 $I_1[A]$은?

① $\dfrac{\sqrt{3}}{4E}$

② $\dfrac{4E}{\sqrt{3}}$

③ $\dfrac{4r}{\sqrt{3}E}$

④ $\dfrac{\sqrt{3}E}{4r}$

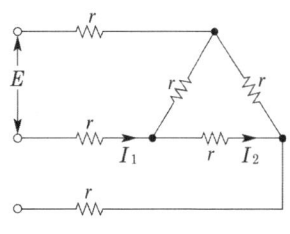

풀이

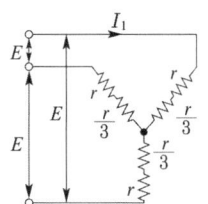

△를 Y로 환산하면 1상의 등가 저항 R은
$$R = \frac{r^2}{r+r+r} = \frac{r^2}{3r} = \frac{r}{3}$$
따라서 선전류 $I_1 = \dfrac{\dfrac{E}{\sqrt{3}}}{r+\dfrac{r}{3}} = \dfrac{\sqrt{3}E}{4r}$ **답 ④**

79 평형 3상 Y결선 회로의 선간전압 V_l, 상전압 V_p, 선전류 I_l, 상전류가 I_p일 때 다음의 관련식 중 틀린 것은? (단 P_y는 3상 부하전력을 의미한다.)

① $V_l = \sqrt{3}\,V_p$
② $I_l = I_p$
③ $P_y = \sqrt{3}\,V_l I_l \cos\theta$
④ $P_y = \sqrt{3}\,V_p I_p \cos\theta$

풀이 Y결선 및 △결선과의 비교

결선법	선간전압 (V_l)	선전류 (I_l)	출 력 [W]
Y결선	$\sqrt{3}\,V_p$	I_p	$\sqrt{3}\,V_l I_l \cos\theta$ $3\,V_p I_p \cos\theta$
△결선	V_p	$\sqrt{3}\,I_p$	

여기서, V_l : 선간 전압, I_l : 선로 전류,
V_p : 상전압, I_p : 상전류 **답 ④**

80 그림과 같은 커패시터 C의 초기 전압이 $V(0)$일 때 라플라스 변환에 의하여 s함수로 표시된 등가회로로 옳은 것은?

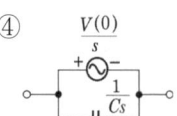

① $\frac{1}{Cs}$ $V(0)$
② $\frac{1}{Cs}$ $\frac{V(0)}{s}$
③ $V(0)$ $\frac{1}{Cs}$
④ $\frac{V(0)}{s}$ $\frac{1}{Cs}$

풀이
$$v(t) = \frac{1}{C}\int i(t)dt$$
라플라스 변환하면
$$V(s) = \frac{1}{Cs}I(s) + \frac{1}{Cs}i^{-1}(0)$$
여기서, $i^{-1}(0)$는 초기 충전 전하이므로
$Q_0 = Cv(0)$
$$\therefore V(s) = \frac{1}{Cs}I(s) + \frac{v(0)}{s}$$ **답 ②**

5과목 - 전기설비기술기준

81 옥내배선의 사용전압이 220[V]인 경우 금속관공사의 기술기준으로 옳은 것은?

① 금속관에는 접지공사를 하였다.
② 전선은 옥외용 비닐절연전선을 사용하였다.
③ 금속관과 접속부분의 나사는 3턱 이상으로 나사결합을 하였다.
④ 콘크리트에 매설하는 전선관의 두께는 1.0[mm]를 사용하였다.

풀이 232.12 금속관공사
가. 전선은 절연전선(옥외용 비닐절연전선을 제외한다)일 것.
나. 전선은 연선일 것. 다만, 다음의 것은 적용하지 않는다.
　① 짧고 가는 금속관에 넣은 것.
　② 단면적 10[mm^2](알루미늄선은 단면적 16[mm^2]) 이하의 것.
다. 관의 두께는 다음에 의할 것.
　① 콘크리트에 매설하는 것은 1.2[mm] 이상
　② 콘크리트 매설 이외의 것은 1[mm] 이상
라. 관에는 접지공사를 할 것.
마. 전선관과의 접속부분의 나사는 5턱 이상 완전히 나사결합이 될 수 있는 길이일 것. **답 ①**

82 폭발성 또는 연소성의 가스가 침입할 우려가 있는 지중함에 그 크기가 몇 [m^3] 이상의 것은 통풍장치 기타 가스를 방산시키기 위한 적당한 장치를 시설하여야 하는가?

① 0.9
② 1.0
③ 1.5
④ 2.0

[풀이] 334.2 지중함의 시설
지중전선로에 사용하는 지중함은 다음에 따라 시설하여야 한다.
가. 지중함은 견고하고 차량 기타 중량물의 압력에 견디는 구조일 것.
나. 지중함은 그 안의 고인 물을 제거할 수 있는 구조로 되어 있을 것.
다. 폭발성 또는 연소성의 가스가 침입할 우려가 있는 것에 시설하는 지중함으로서 그 크기가 1[m³] 이상인 것에는 통풍장치 기타 가스를 방산시키기 위한 적당한 장치를 시설할 것.
라. 지중함의 뚜껑은 시설자이외의 자가 쉽게 열 수 없도록 시설할 것. 답 ②

83 차량, 기타 중량물의 압력을 받을 우려가 없는 장소에 지중전선로를 직접 매설식에 의하여 매설하는 경우에는 매설 깊이를 몇 [cm] 이상으로 하여야 하는가?

① 40 ② 60
③ 80 ④ 100

[풀이] 334.1 지중전선로의 시설
가. 지중 전선로는 전선에 케이블을 사용하고 또한 관로식·암거식 또는 직접 매설식에 의하여 시설하여야 한다.
나. 지중 전선로를 직접 매설식에 의하여 시설하는 경우에는 매설 깊이를 차량 기타 중량물의 압력을 받을 우려가 있는 장소에는 1.0[m] 이상, 기타 장소에는 0.6[m] 이상으로 하고 또한 지중 전선을 견고한 트라프 기타 방호물에 넣어 시설하여야 한다. 답 ②

84 전력용 커패시터의 용량 15000[kVA] 이상은 자동적으로 전로로부터 차단하는 장치가 필요하다. 자동적으로 전로로부터 차단하는 장치가 필요한 사유로 틀린 것은?

① 과전류가 생긴 경우
② 과전압이 생긴 경우
③ 내부에 고장이 생긴 경우
④ 절연유의 압력이 변화하는 경우

[풀이] 351.5 조상설비의 보호장치
조상 설비에는 그 내부에 고장이 생긴 경우에 보호하는 장치를 표와 같이 시설하여야 한다.

설비 종별	뱅크 용량의 구분	자동적으로 전로로부터 차단하는 장치
전력용 커패시터 및 분로리액터	500[kVA] 초과 15,000[kVA] 미만	• 내부에 고장이 생긴 경우 • 과전류가 생긴 경우
	15,000[kVA] 이상	• 내부에 고장이 생긴 경우 • 과전류가 생긴 경우 • 과전압이 생긴 경우
조상기 (調相機)	15,000[kVA] 이상	• 내부에 고장이 생긴 경우

답 ④

85 고압 가공전선로의 지지물로 철탑을 사용한 경우 최대경간은 몇 [m] 이하이어야 하는가?

① 300 ② 400
③ 500 ④ 600

[풀이] 332.9 고압 가공전선로 경간의 제한
고압 가공전선로의 경간은 표에서 정한 값 이하이어야 한다.

지지물의 종류	경간
목주·A종 철주 또는 A종 철근 콘크리트주	150[m]
B종 철주 또는 B종 철근 콘크리트주	250[m]
철탑	600[m]

답 ④

86 무선용 안테나를 지지하는 목주의 풍압하중에 대한 안전율은?

① 1.2 이상 ② 1.5 이상
③ 2.0 이상 ④ 2.2 이상

[풀이] 364.1 무선용 안테나 등을 지지하는 철탑 등의 시설
전력보안통신설비인 무선통신용 안테나 또는 반사판을 지지하는 목주·철주·철근 콘크리트주 또는 철탑은 다음에 따라 시설하여야 한다. 다만, 무선용 안테나 등이 전선로의 주위상태를 감시할 목적으로 시설되는 것일 경우에는 그러하지 아니하다.
가. 목주는 풍압하중에 대한 안전율은 1.5 이상이어야 한다.
나. 철주·철근 콘크리트주 또는 철탑의 기초 안전율은 1.5 이상이어야 한다. 답 ②

87 목주, A종 철주 및 A종 철근 콘크리트주 지지물을 사용할 수 없는 보안공사는?

① 고압 보안공사
② 제1종 특고압 보안공사
③ 제2종 특고압 보안공사
④ 제3종 특고압 보안공사

풀이 333.22 특고압 보안공사
제1종 특고압 보안공사에서 전선로의 지지물로는 B종 철주·B종 철근 콘크리트주 또는 철탑을 사용할 것 (목주나 A종은 사용 불가) **답** ②

88 특고압가공전선로의 지지물로 사용하는 목주의 풍압하중에 대한 안전율은 얼마 이상이어야 하는가?

① 1.2　② 1.5
③ 2.0　④ 2.5

풀이 333.10 특고압 가공전선로의 목주 시설
332.7 고압 가공전선로의 지지물의 강도
222.8 저압 가공전선로의 지지물의 강도
지지물이 목주인 경우 안전율 및 말구의 지름

전압의 종별	안전율	말구의 지름
저 압	1.2	–
고 압	1.3	0.12[m] 이상
특고압	1.5	0.12[m] 이상

답 ②

89 진열장 안의 사용전압이 400[V] 이하인 저압 옥내배선으로 외부에서 보기 쉬운 곳에 한하여 시설할 수 있는 전선은? (단, 진열장은 건조한 곳에 시설하고 또한 진열장 내부를 건조한 상태로 사용하는 경우이다.)

① 단면적이 0.75[mm^2] 이상인 코드 또는 캡타이어 케이블
② 단면적이 0.75[mm^2] 이상인 나전선 또는 캡타이어 케이블
③ 단면적이 1.25[mm^2] 이상인 코드 또는 절연전선
④ 단면적이 1.25[mm^2] 이상인 나전선 또는 다심형전선

풀이 231.3 저압 옥내배선의 사용전선
가. 저압 옥내배선의 전선 : 단면적 2.5[mm^2] 이상의 연동선
나. 옥내배선의 사용 전압이 400[V] 이하인 경우는 다음에 의하여 시설할 수 있다.
① 전광표시 장치 또는 제어 회로
　• 단면적 1.5[mm^2] 이상의 연동선
　• 단면적 0.75[mm^2] 이상인 다심케이블 또는 다심 캡타이어 케이블을 사용하고 또한 과전류가 생겼을 때에 자동적으로 전로에서 차단하는 장치를 시설
② 진열장 또는 이와 유사한 것의 내부 배선 : 단면적 0.75[mm^2] 이상인 코드 또는 캡타이어케이블 **답** ①

90 저압 옥내배선을 금속제 가요전선관공사에 의해 시공하고자 한다. 이 가요전선관에 설치하는 전선으로 단선을 사용할 경우 그 단면적은 최대 몇 [mm^2] 이하이어야 하는가? (단, 알루미늄선은 제외한다.)

① 2.5　② 4
③ 6　④ 10

풀이 232.13 금속제가요전선관공사
가. 전선은 절연전선(옥외용 비닐 절연전선을 제외한다)일 것.
나. 전선은 연선일 것. 다만, 단면적 10[mm^2](알루미늄선은 단면적 16[mm^2]) 이하인 것은 그러하지 아니하다.
다. 가요전선관 안에는 전선에 접속점이 없도록 할 것.
라. 가요전선관은 2종 금속제 가요전선관일 것 **답** ④

91 ACSR선을 사용한 고압가공전선의 이도계산에 적용되는 안전율은?

① 2.0　② 2.2
③ 2.5　④ 3

풀이 332.4 고압 가공전선의 안전율
고압 가공전선은 케이블인 경우 이외에는 그 안전율이 경동선 또는 내열 동합금선은 2.2 이상, 그 밖의 전선은 2.5 이상이 되는 이도로 시설하여야 한다. **답** ③

92. 변압기의 고압측 전로의 1선 지락전류가 4[A] 일 때, 일반적인 경우의 접지저항값은 몇 [Ω] 이하로 유지되어야 하는가?
   ① 18.75
   ② 22.5
   ③ 37.5
   ④ 52.5

   풀이 142.5 변압기 중성점 접지
   변압기의 중성점접지 저항 값은 다음에 의한다.
   일반적으로 변압기의 고압·특고압측 전로 1선 지락전류로 150을 나눈 값과 같은 저항 값 이하
   $$R = \frac{150}{\text{변압기의 고압측 또는 특고압측의 1선 지락전류}} [\Omega]$$
   $$= \frac{150}{4} = 37.5 [\Omega]$$
   답 ③

93. KS C IEC 60364에서 충전부 전체를 대지로부터 절연시키거나 한 점에 임피던스를 삽입하여 대지에 접속시키고, 전기기기의 노출 도전성 부분 단독 또는 일괄적으로 접지하거나 또는 계통 접지로 접속하는 접지계통을 무엇이라 하는가?
   ① TT 계통
   ② IT 계통
   ③ TN-C 계통
   ④ TN-S 계통

   풀이 203.1 계통접지 구성
   가. TN계통
     ① TN-S 계통은 계통 전체에 대해 별도의 중성선 또는 PE 도체를 사용한다.
     ② TN-C 계통은 그 계통 전체에 대해 중성선과 보호도체의 기능을 동일도체로 겸용한 PEN 도체를 사용한다.
     ③ TN-C-S계통은 계통의 일부분에서 PEN 도체를 사용하거나, 중성선과 별도의 PE 도체를 사용하는 방식이 있다.
   나. TT 계통
     전원의 한 점을 직접 접지하고 설비의 노출도전부는 전원의 접지전극과 전기적으로 독립적인 접지극에 접속시킨다.
   다. IT 계통
     충전부 전체를 대지로부터 절연, 한 점을 임피던스를 통해 대지에 접속시킨다. 전기설비의 노출도전부를 단독 또는 일괄적으로 계통의 PE 도체에 접속시킨다. 배전계통에서 추가접지가 가능하다.
   답 ②

94. 발전기·변압기·조상기·계기용변성기·모선 또는 이를 지지하는 애자는 어떤 전류에 의하여 생기는 기계적 충격에 견디는 것인가?
   ① 지상전류
   ② 유도전류
   ③ 충전전류
   ④ 단락전류

   풀이 발전기 등의 기계적 강도(기술기준 제23조)
   ① 발전기, 변압기, 조상기, 모선 또는 이를 지지하는 애자는 **단락전류에 의하여 생기는 기계적 충격에 견디어야** 한다.
   ② 수차 또는 풍차 발전기의 회전 부분은 무구속 속도에 대하여 증기터빈, 가스터빈, 내연기관은 비상 속도에 견디어야 한다.
   답 ④

95. 화약류 저장소에 전기설비를 시설할 때의 사항으로 틀린 것은?
   ① 전로의 대지전압이 400[V] 이하이어야 한다.
   ② 개폐기 및 과전류차단기는 화약류저장소 밖에 둔다.
   ③ 옥내배선은 금속관공사 또는 케이블공사에 의하여 시설한다.
   ④ 전기기계기구는 전폐형의 것일 것

   풀이 242.5 화약류 저장소 등의 위험장소
   화약류 저장소 안에는 전기설비를 시설해서는 안 된다. 다만, 백열전등이나 형광등 또는 이들에 전기를 공급하기 위한 전기설비(개폐기 및 과전류 차단기를 제외한다)는 다음에 따라 시설하는 경우에는 그러하지 아니하다.
   가. **전로에 대지전압은 300[V] 이하일 것.**
   나. 전기기계기구는 전폐형의 것일 것.
   다. 전로에 지락이 생겼을 때에 자동적으로 전로를 차단하거나 경보하는 장치를 시설하여야 한다.
   답 ①

출제기준 변경 및 개정된 관계 법규에 따라 삭제된 문제가 있어 20문항이 안됩니다.

2017년 1회 전기산업기사필기

동일출판사 홈페이지에서 무료 동영상강의를 보실 수 있습니다.

1과목 - 전기자기

01 자화의 세기 J_m [C/m²]을 자속밀도 B [Wb/m²]와 비투자율 μ_r로 나타내면?

① $J_m = (1-\mu_r)B$
② $J_m = (\mu_r - 1)B$
③ $J_m = (1-\dfrac{1}{\mu_r})B$
④ $J_m = (\dfrac{1}{\mu_r} - 1)B$

풀이 $B = \mu_0 H + J$의 관계에서

$H = \dfrac{B}{\mu} = \dfrac{B}{\mu_0 \mu_r}$ 이므로

$J = B - \mu_0 H = \left(1 - \dfrac{1}{\mu_r}\right)B$ **답** ③

02 평행판 콘덴서의 양극판 면적을 3배로 하고 간격을 $\dfrac{1}{3}$로 줄이면 정전용량은 처음의 몇 배가 되는가?

① 1   ② 3
③ 6   ④ 9

풀이 면적 S_1, 간격 d_1인 평행판 콘덴서의 정전용량을 C_1이라 하면

$C_1 = \dfrac{\epsilon_0}{d_1} S_1$

문제에서 $d = \dfrac{1}{3}d_1$, $S = 3S_1$이므로 구하는 용량은

∴ $C = \dfrac{\epsilon_0}{\frac{1}{3}d_1} \cdot 3S_1 = 9\dfrac{\epsilon_0}{d_1}S_1 = 9C_1$ **답** ④

03 저항 24[Ω]의 코일을 지나는 자속이 $0.6\cos 800t$ [Wb]일 때 코일에 흐르는 전류의 최댓값은 몇 [A]인가?

① 10   ② 20   ③ 30   ④ 40

풀이 $\phi = \phi_m \cos\omega t = 0.6\cos 800t$ 일 때

$e = \dfrac{d\phi}{dt} = \dfrac{d}{dt}\phi_m\cos\omega t = -\omega\phi_m\sin\omega t$ 이고,

또한 $e = E_m\sin\omega t$ [V] 이므로

$|E_m| = \omega\phi_m = 800 \times 0.6 = 480$ [V]

∴ 최대전류 $I_m = \dfrac{E_m}{R} = \dfrac{480}{24} = 20$ [A] **답** ②

04 임의의 절연체에 대한 유전율의 단위로 옳은 것은?

① F/m   ② V/m
③ N/m   ④ C/m²

풀이 ① ϵ : 유전율[F/m]
② E : 전계[V/m]
③ F : 힘[N/m]
④ D : 전속밀도[C/m²] **답** ①

05 -1.2[C]의 점전하가 $5a_x + 2a_y - 3a_z$ [m/s]인 속도로 운동한다. 이 전하가 $B = -4a_x + 4a_y + 3a_z$ [Wb/m²]인 자계에서 운동하고 있을 때 이 전하에 작용하는 힘은 약 몇 [N]인가? (단, a_x, a_y, a_z는 단위벡터이다.)

① 10   ② 20   ③ 30   ④ 40

풀이 전하 q[C]이 속도 v [m/s]로 자계 B [Wb/m²] 내에서 운동할 때 받는 힘 F는

$F = q(v \times B)$
$= -1.2\{(5a_x + 2a_y - 3a_z) \times (-4a_x + 4a_y + 3a_z)\}$
$= -1.2 \begin{vmatrix} a_x & a_y & a_z \\ 5 & 2 & -3 \\ -4 & 4 & 3 \end{vmatrix} = -1.2(18a_x - 3a_y + 28a_z)$
$= -21.6a_x + 3.6a_y - 33.6a_z$

∴ $F = \sqrt{21.6^2 + 3.6^2 + 33.6^2} ≒ 40$ [N] **답** ④

06 유도기전력의 크기는 폐회로에 쇄교하는 자속의 시간적 변화율에 비례한다는 법칙은?

① 쿨롱의 법칙
② 패러데이 법칙
③ 플레밍의 오른손 법칙
④ 암페어의 주회적분 법칙

풀이 ① 쿨롱의 법칙 : 두 점전하 사이에 작용하는 힘은 두 전하의 곱에 비례하고, 두 전하의 거리의 제곱에 반비례한다.
② 패러데이 법칙 : 유도 기전력의 크기는 폐회로에 쇄교하는 자속의 시간적 변화율에 비례한다.
③ 플레밍의 오른손 법칙 : 자계 중에서 도체가 운동할 때 유기기전력의 방향을 결정
④ 암페어의 주회적분 법칙 : 임의의 폐곡선에 대한 자계의 선적분은 이 폐곡선을 관통하는 전류와 같다.

답 ②

07 평행판 공기콘덴서 극판 간에 비유전율 6인 유리판을 일부만 삽입한 경우, 유리판과 공기 간의 경계면에서 발생하는 힘은 약 몇 [N/m²]인가? (단, 극판간의 전위경도는 30[kV/cm]이고, 유리판의 두께는 평행판 간 거리와 같다.)

① 199
② 223
③ 247
④ 269

풀이 두 유전체의 경계면에 전속 및 전기력선이 평행으로 입사하므로 전계 E는 일정하다. 즉, 경계면에 작용하는 단위면적 당 힘 f는

$$f = \frac{1}{2}(D_2 - D_1)E = \frac{1}{2}(\epsilon_2 E - \epsilon_1 E)E$$
$$= \frac{1}{2}(\epsilon_2 - \epsilon_1)E^2$$
$$\therefore f = \frac{1}{2}(6\epsilon_0 - \epsilon_0)E^2 = \frac{5}{2}\epsilon_0 E^2$$
$$= \frac{5}{2} \times 8.85 \times 10^{-12} \times (3 \times 10^6)^2$$
$$= 199[N/m^2]$$

답 ①

08 비유전율이 4이고, 전계의 세기가 20[kV/m]인 유전체 내의 전속밀도는 약 몇 [μC/m²]인가?

① 0.71
② 1.42
③ 2.83
④ 5.28

풀이 $D = \epsilon_0 \epsilon_s E = 8.855 \times 10^{-12} \times 4 \times 20 \times 10^3$
$= 0.71 \times 10^{-6}[C/m^2] = 0.71[\mu C/m^2]$

답 ①

09 극판면적 10[cm²], 간격 1[mm]인 평행판 콘덴서에 비유전율이 3인 유전체를 채웠을 때 전압 100[V]를 가하면 축적되는 에너지는 약 몇 [J]인가?

① 1.32×10^{-7}
② 1.32×10^{-9}
③ 2.64×10^{-7}
④ 2.64×10^{-9}

풀이
$$C = \frac{\epsilon_0 \epsilon_s}{d} \cdot s$$
$$= 8.855 \times 10^{-12} \times \frac{3 \times 10 \times 10^{-4}}{10^{-3}}$$
$$= 26.56 \times 10^{-12}[F]$$
$$\therefore W = \frac{1}{2}CV^2 = \frac{1}{2} \times 26.56 \times 10^{-12} \times 100^2$$
$$= 1.32 \times 10^{-7}[J]$$

답 ①

10 0.2[Wb/m²]의 평등자계 속에 자계와 직각방향으로 놓인 길이 30[cm]의 도선을 자계와 30°의 방향으로 30[m/s]의 속도로 이동시킬 때 도체 양단에 유기되는 기전력은 몇 [V]인가?

① 0.45
② 0.9
③ 1.8
④ 90

풀이 유기기전력
$e = Blv\sin\theta = 0.2 \times 0.3 \times 30 \times \sin 30°$
$= 0.9[V]$

답 ②

11 전기쌍극자에서 전계의 세기(E)와 거리(r)와의 관계는?

① E는 r^2에 반비례
② E는 r^3에 반비례
③ E는 $r^{\frac{3}{2}}$에 반비례
④ E는 $r^{\frac{5}{2}}$에 반비례

풀이 • 전기쌍극자에 의한 전위

$$V = \frac{M\cos\theta}{4\pi\epsilon_0 r^2} [\text{V}] \propto \frac{1}{r^2}$$

- 전기쌍극자에 의한 전계

$$E = \frac{M\sqrt{1+3\cos^2\theta}}{4\pi\epsilon_0 r^3} [\text{V/m}] \propto \frac{1}{r^3}$$

답 ②

12 대전도체표면의 전하밀도를 $\sigma[\text{C/m}^2]$이라 할 때, 대전도체표면의 단위면적이 받는 정전응력은 전하밀도 σ와 어떤 관계에 있는가?

① $\sigma^{\frac{1}{2}}$에 비례   ② $\sigma^{\frac{3}{2}}$에 비례
③ σ에 비례   ④ σ^2에 비례

풀이 정전 에너지

$$W = \frac{Q^2}{2C} = \frac{Q^2}{2\left(\frac{\epsilon_0 S}{d}\right)} = \frac{Q^2 d}{2\epsilon_0 S} = \frac{\sigma^2 d}{2\epsilon_0} S [\text{J}]$$

∴ 정전응력

$$F = -\frac{\partial W}{\partial d} = -\frac{\sigma^2}{2\epsilon_0} S [\text{N}] \propto \sigma^2$$

답 ④

13 단면적이 같은 자기회로가 있다. 철심의 투자율을 μ라 하고 철심회로의 길이를 l이라 한다. 지금 그 일부에 미소공극 l_0을 만들었을 때 자기회로의 자기저항은 공극이 없을 때의 약 몇 배인가? (단, $l \gg l_0$이다.)

① $1 + \frac{\mu l}{\mu_0 l_0}$ ② $1 + \frac{\mu l_0}{\mu_0 l}$
③ $1 + \frac{\mu_0 l}{\mu l_0}$ ④ $1 + \frac{\mu_0 l_0}{\mu l}$

풀이 투자율 μ인 자기저항 $R_\mu = \frac{l}{\mu A}$

여기서, A는 철심의 단면적, 미소공극은 l_0이므로 철심의 길이는 $l - l_0 \fallingdotseq l$이라 하면
이때의 자기저항은

$$R_m = R_1 + R_2 = \frac{l_0}{\mu_0 A} + \frac{l}{\mu A}$$

$$\therefore \frac{R_m}{R_\mu} = 1 + \frac{\mu l_0}{\mu_0 l} = 1 + \frac{l_0}{l}\mu_s$$

답 ②

14 그림과 같이 도체구 내부 공동의 중심에 점전하 $Q[\text{C}]$가 있을 때 이 도체구의 외부로 발산되어 나오는 전기력선의 수는? (단, 도체 내외의 공간은 진공이라 한다.)

① 4π
② $\dfrac{Q}{\epsilon_o}$
③ Q
④ $\epsilon_0 Q$

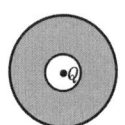

풀이 전하 분포는 도체구 공동부의 전하 Q에 의해 내측 표면에 $-Q$, 외측 표면에 Q가 유도된다. 이에 따라 전기력선 분포는 도체구 내부에는 존재하지 않고, 도체구의 공동구와 외부에 존재하고 발산한다.
따라서 도체 외측 표면 전하 Q에 의한 외부의 전속 $\phi = Q$이고, 전기력선의 수 $N = \dfrac{Q}{\epsilon_o}$이다.

답 ②

15 전자파 파동임피던스 관계식으로 옳은 것은?

① $\sqrt{\epsilon}H = \sqrt{\mu}E$
② $\sqrt{\epsilon\mu} = EH$
③ $\sqrt{\mu}H = \sqrt{\epsilon}E$
④ $\epsilon\mu = EH$

풀이 $\dfrac{E}{H} = \sqrt{\dfrac{\mu}{\epsilon}} = \sqrt{\dfrac{\mu_0}{\epsilon_0}}\sqrt{\dfrac{\mu_r}{\epsilon_r}} = 377\sqrt{\dfrac{\mu_r}{\epsilon_r}}$ 이므로

$\sqrt{\mu}H = \sqrt{\epsilon}E$

답 ③

16 $E = xi - yj [\text{V/m}]$일 때 점 $(3, 4)[\text{m}]$를 통과하는 전기력선의 방정식은?

① $y = 12x$ ② $y = \dfrac{x}{12}$
③ $y = \dfrac{12}{x}$ ④ $y = \dfrac{3}{4}x$

풀이 전기력선 방정식은 $\dfrac{dx}{E_x} = \dfrac{dy}{E_y}$

주어진 식은 $E_x = x$, $E_y = -y$이므로

$\therefore \dfrac{dx}{x} = \dfrac{dy}{-y}$

양변 적분(적분 C 누락하지 않도록 주의)

$$\int \frac{dx}{x} = -\int \frac{dy}{y} + C \Rightarrow \ln x = -\ln y + C$$

$\ln x + \ln y = C \Rightarrow \ln xy = C$
$xy = e^c$
점 (3, 4)를 지나므로 $xy = 12$
$\therefore y = \dfrac{12}{x}$ **답** ③

17 1000[AT/m]의 자계 중에 어떤 자극을 놓았을 때 3×10^2[N]의 힘을 받았다고 한다. 자극의 세기[Wb]는?

① 0.03 ② 0.3
③ 3 ④ 30

풀이 $F = mH$ 에서
$\therefore m = \dfrac{F}{H} = \dfrac{3 \times 10^2}{1000} = \dfrac{300}{1000} = 0.3$[Wb] **답** ②

18 자위(magnetic potential)의 단위로 옳은 것은?

① C/m ② N·m
③ AT ④ J

풀이 1[Wb]의 정자극을 무한 원점에서 점 P까지 가져오는 데 필요한 일을 점 P의 자위라고 하며, 단위는 [AT]을 사용한다. **답** ③

19 매 초마다 S면을 통과하는 전자에너지를 $W = \displaystyle\int_S P \cdot n dS$[W]로 표시하는데 이 중 틀린 설명은?

① 벡터 P를 포인팅 벡터라 한다.
② n이 내향일 때는 S면 내에 공급되는 총 전력이다.
③ n이 외향일 때는 S면에서 나오는 총 전력이 된다.
④ P의 방향은 전자계의 에너지 흐름의 진행 방향과 다르다.

풀이 전자파의 진행 방향은 $E \times H$이고, 전자계에서 에너지(전력)의 흐름을 나타내는 포인팅 벡터는 $P = E \times H$이므로 전자계의 에너지 흐름의 진행방향과 같다. **답** ④

20 자기 인덕턴스 L[H]의 코일에 I[A]의 전류가 흐를 때 저장되는 자기에너지는 몇 [J]인가?

① LI ② $\dfrac{1}{2}LI$
③ LI^2 ④ $\dfrac{1}{2}LI^2$

풀이
• 자기에너지 $W = \dfrac{1}{2}QV = \dfrac{1}{2}CV^2 = \dfrac{Q^2}{2C}$[J]
• 정전에너지 $W = \dfrac{1}{2}LI^2$[J] **답** ④

2과목 - 전력공학

21 19/1.8[mm] 경동연선의 바깥지름은 몇 [mm]인가?

① 5 ② 7
③ 9 ④ 11

풀이

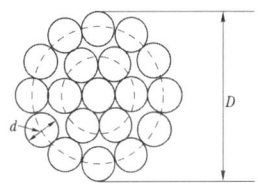

$n = 2$인 연선의 구조

소선의 총수 $N = 3n(n+1) + 1$에서
$19 = 3n(n+1) + 1$
$n = 2$
즉, 소선이 19가닥이면 연선은 2층이므로
바깥지름
$D = (2n+1)d = (2 \times 2 + 1) \times 1.8$
$= 9$[mm] **답** ③

22 3상 3선식 1선 1[km]의 임피던스가 Z[Ω]이고, 어드미턴스가 Y[℧]일 때 특성임피던스는?

① $\sqrt{\dfrac{Z}{Y}}$ ② $\sqrt{\dfrac{Y}{Z}}$
③ $\sqrt{ZY}$ ④ $\sqrt{Z+Y}$

풀이 특성 임피던스

$$Z_0 = \sqrt{\frac{Z}{Y}} = \sqrt{\frac{r+j\omega L}{g+j\omega C}} \fallingdotseq \sqrt{\frac{L}{C}}$$

답 ①

풀이 전압변동률 $= \dfrac{\text{무부하 시의 전압} - \text{정격전압}}{\text{정격전압}} \times 100$

$= \dfrac{152-150}{150} \times 100 = 1.33[\%]$

답 ②

23 역률 개선을 통해 얻을 수 있는 효과와 거리가 먼 것은?

① 고조파 제거
② 전력손실의 경감
③ 전압강하의 경감
④ 설비용량의 여유분 증가

풀이 역률 개선의 효과
- 전력손실 경감
- 전압강하 경감
- 설비용량의 여유분 증가
- 전력 요금의 절약

답 ①

26 선간 단락고장을 대칭좌표법으로 해석할 경우 필요한 것 모두를 나열한 것은?

① 정상 임피던스
② 역상 임피던스
③ 정상 임피던스, 역상 임피던스
④ 정상 임피던스, 영상 임피던스

풀이
- 1선 지락고장 : 정상분, 역상분, 영상분
- 선간 단락고장 : 정상분, 역상분
- 3상 단락고장 : 정상분

답 ③

27 전력계통에서 안정도의 종류에 속하지 않는 것은?

① 상태 안정도
② 정태 안정도
③ 과도 안정도
④ 동태 안정도

풀이 안정도의 종류
① 정태 안정도 : 송전 계통이 불변 부하 또는 극히 서서히 증가하는 부하에 대하여 계속적으로 송전할 수 있는 능력을 정태 안정도로 하고, 안정도를 유지할 수 있는 극한의 송전 전력을 정태 안정 극한 전력이라고 한다.
② 과도 안정도 : 계통에 갑자기 고장 사고와 같은 급격한 외란이 발생하였을 때에도 탈조하지 않고 새로운 평형 상태를 회복하여 송전을 계속할 수 있는 능력을 과도 안정도라 하고 이 경우의 극한 전력을 과도 안정 극한 전력이라고 한다.
③ 동태 안정도 : 고속 자동 전압조정기로 동기기의 여자전류를 제어 할 경우의 정태 안정도를 특히 동태 안정도라 한다.

답 ①

24 일반적으로 전선 1가닥의 단위길이 당 작용 정전용량이 다음과 같이 표시되는 경우 D가 의미하는 것은?

$$C_n = \frac{0.02413}{\log_{10}\dfrac{D}{r}} [\mu F/km]$$

① 선간거리
② 전선 지름
③ 전선 반지름
④ 선간거리 $\times \dfrac{1}{2}$

풀이 단도체 정전용량 $C_w = \dfrac{0.02413}{\log_{10}\dfrac{D}{r}} [\mu F/km]$

여기서, r : 전선의 반지름
D : 등가선간거리

답 ①

25 송전단전압이 154[kV], 수전단전압이 150[kV]인 송전선로에서 부하를 차단하였을 때 수전단 전압이 152[kV]가 되었다면 전압변동률은 약 몇 [%]인가?

① 1.11
② 1.33
③ 1.63
④ 2.25

28 다음 중 VCB의 소호원리로 맞는 것은?

① 압축된 공기를 아크에 불어넣어서 차단
② 절연유 분해가스의 흡부력을 이용해서 차단
③ 고진공에서 전자의 고속도 확산에 의해 차단
④ 고성능 절연특성을 가진 가스를 이용하여 차단

풀이 소호 원리에 따른 차단기의 종류

차단기 종류	약어	소호 원리
유입 차단기	OCB	소호실에서 아크에 의한 절연유 분해 가스의 흡부력을 이용해서 차단
기중 차단기	ACB	대기 중에서 아크를 길게 하여 소호실에서 냉각 차단
자기 차단기	MBB	대기 중에서 전자력을 이용하여 아크를 소호실내로 유도해서 냉각차단
공기차단기	ABB	압축된 공기를 아크에 불어 넣어서 차단
진공 차단기	VCB	고진공 중에서 전자의 고속도 확산에 의해 차단
가스 차단기	GCB	고성능 절연 특성을 가진 특수 가스(SF_6)를 흡수해서 차단

답 ③

29 피뢰기의 제한전압에 대한 설명으로 옳은 것은?

① 방전을 개시할 때의 단자전압의 순시값
② 피뢰기 동작 중 단자전압의 파고값
③ 특성요소에 흐르는 전압의 순시값
④ 피뢰기에 걸린 회로전압

풀이 제한 전압 : 피뢰기 동작 중에 계속해서 걸리고 있는 단자전압의 파고값 답 ②

30 3300[V], 60[Hz], 뒤진역률 60[%], 300[kW]의 단상 부하가 있다. 그 역률을 100[%]로 하기 위한 전력용 콘덴서의 용량은 몇 [kVA]인가?

① 150
② 250
③ 400
④ 500

풀이 역률을 100 [%]로 하기 위한 콘덴서 용량은 무효전력의 크기와 같으므로

$Q_c = P_a \sin\theta = \dfrac{P}{\cos\theta}\sqrt{1-\cos^2\theta}$

$= \dfrac{300}{0.6} \times \sqrt{1-0.6^2} = 400[kVA]$ 답 ③

31 저수지에서 취수구에 제수문을 설치하는 목적은?

① 낙차를 높인다.
② 어족을 보호한다.
③ 수차를 조절한다.
④ 유량을 조절한다.

풀이 취수량을 조절하고 물의 유입을 단절하기 위해 취수구에 제수문을 설치한다. 답 ④

32 거리계전기의 종류가 아닌 것은?

① 모우(Mho)형
② 임피던스(Impedance)형
③ 리액턴스(Reactance)형
④ 정전용량(Capacitance)형

풀이 거리계전기(ZR, Distance Relay)
계전기가 설치된 위치로부터 고장점까지의 임피던스(전압과 전류의 비)에 비례하여 동작하는 계전기로 그 종류로는 Mho형, 임피던스형, 리액턴스형, Ohm형, off-set Mho형이 있다. 답 ④

33 전력용 퓨즈의 설명으로 옳지 않은 것은?

① 소형으로 큰 차단용량을 갖는다.
② 가격이 싸고 유지 보수가 간단하다.
③ 밀폐형 퓨즈는 차단 시에 소음이 없다.
④ 과도전류에 의해 쉽게 용단되지 않는다.

풀이 전력 퓨즈
① 소형으로 차단용량이 크다.
② 보수가 간단하다.
③ 가격이 저렴하다.
④ 밀폐형으로 차단 시 소음이 없다.
⑤ 과도전류를 고속도 차단할 수 있다. 답 ④

34 갈수량이란 어떤 유량을 말하는가?

① 1년 365일 중 95일간 이보다 내려가지 않는 수위 때의 물의 량
② 1년 365일 중 185일간 이보다 내려가지 않는 수위 때의 물의 량
③ 1년 365일 중 275일간 이보다 내려가지 않는 수위 때의 물의 량
④ 1년 365일 중 355일간 이보다 내려가지 않는 수위 때의 물의 량

풀이 ① 풍수량 (풍수위) : 1년 365일 중 95일은 이보다 내려가지 않는 유량
② 평수량 (평수위) : 1년 365일 중 185일은 이보다 내려가지 않는 유량

③ **저수량 (저수위)** : 1년 365일 중 275일은 이보다 내려가지 않는 유량
④ **갈수량 (갈수위)** : 1년 365일 중 355일은 이보다 내려가지 않는 유량 답 ④

35 어떤 건물에서 총 설비 부하용량이 700[kW], 수용률이 70[%]라면, 변압기용량은 최소 몇 [kVA]로 하여야 하는가? (단, 여기서 설비 부하의 종합 역률은 0.8 이다.)

① 425.9 ② 513.8
③ 612.5 ④ 739.2

풀이 변압기용량 ≥ 합성 최대 수용 전력
$$= \frac{\text{개별 최대 수용 전력의 합}}{\text{부등률}}$$
$$= \frac{\text{설비용량} \times \text{수용률}}{\text{부등률}}$$
$$= \frac{700/0.8 \times 0.7}{1} = 612.5 [kVA]$$ 답 ③

36 가공 선로에서 이도를 D[m]라 하면 전선의 실제 길이는 경간 S[m]보다 얼마나 차이가 나는가?

① $\frac{5D}{8S}$ ② $\frac{3D^2}{8S}$
③ $\frac{9D}{8S^2}$ ④ $\frac{8D^2}{3S}$

풀이 전선의 실제 길이 $L = S + \frac{8D^2}{3S}$[m]이며,
경간 S보다 $\frac{8D^2}{3S}$[m]만큼 더 길다. 답 ④

37 유도뢰에 대한 차폐에서 가공지선이 있을 경우 전선상에 유기되는 전하를 q_1, 가공지선이 없을 때 유기되는 전하를 q_0라 할 때 가공지선의 보호율을 구하면?

① $\frac{q_0}{q_1}$ ② $\frac{q_1}{q_0}$
③ $q_1 \times q_0$ ④ $q_1 - \mu_s q_0$

풀이 유도뢰에 대한 차폐
① 가공 지선의 보호율 $m = \frac{q_1}{q_0}$
 (단, q_1 : 가공지선이 있을 경우 전선상에 유기되는 전하, q_0 : 가공지선이 없을 때 유기되는 전하)
② 보호율의 개략적인 값

	가공지선 1가닥	가공지선 2가닥
3상 1회선	0.5	0.3~0.4
3상 2회선	0.45~0.6	0.35~0.5

답 ②

38 동작전류가 커질수록 동작시간이 짧게 되는 특성을 가진 계전기는?

① 반한시 계전기 ② 정한시 계전기
③ 순한시 계전기 ④ 부한시 계전기

풀이 보호계전기 특징
① 반한시 특성 : 동작전류가 커질수록 동작시간이 짧게 되는 특성
② 정한시 특성 : 동작전류의 크기에 관계없이 일정한 시간에 동작하는 특성
③ 순한시 특성 : 최소 동작전류 이상의 전류가 흐르면 즉시 동작하는 특성
④ 반한시 정한시 특성 : 동작전류가 적은 동안에는 동작전류가 커질수록 동작시간이 짧게 되고 어떤 전류 이상이면 동작전류의 크기에 관계없이 일정한 시간에 동작하는 특성 답 ①

39 전력 원선도의 가로축(㉠)과 세로축(㉡)이 나타내는 것은?

① ㉠ 최대전력, ㉡ 피상전력
② ㉠ 유효전력, ㉡ 무효전력
③ ㉠ 조상용량, ㉡ 송전손실
④ ㉠ 송전효율, ㉡ 코로나 손실

풀이 전력 원선도의 가로축은 유효전력을, 세로축은 무효전력을 나타낸다. 답 ②

40 직접 접지방식에 대한 설명이 아닌 것은?

① 과도안정도가 좋다.
② 변압기의 단절연이 가능하다.
③ 보호계전기의 동작이 용이하다.
④ 계통의 절연수준이 낮아지므로 경제적이다.

풀이 직접 접지방식의 장·단점
[장점]
① 1선 지락 시에 건전상의 대지전압이 거의 상승하지 않는다.
② 피뢰기의 효과를 증진시킬 수 있다.
③ 단절연이 가능하다.
④ 계전기의 동작이 확실해진다.
[단점]
① 송전 계통의 과도 안정도가 나빠진다.
② 통신선에 유도 장해가 크다.
③ 기기에 큰 영향을 주어 손상을 준다.
④ 대용량 차단기가 필요하다.   답 ①

3과목 - 전기기기

41 450[kVA], 역률 0.85, 효율 0.9인 동기발전기의 운전용 원동기의 입력은 500[kW]이다. 이 원동기의 효율은?

① 0.75　② 0.80
③ 0.85　④ 0.90

풀이 발전기의 입력
$$P_G = \frac{450 \times 0.85}{0.9} = 425[\text{kW}]$$
원동기의 출력은 발전기의 입력 P_G와 같고,
원동기의 입력은 500[kW]이므로
따라서 원동기의 효율
$$\eta = \frac{출력}{입력} = \frac{425}{500} = 0.85$$ 답 ③

42 다음 중 일반적인 동기전동기 난조 방지에 가장 유효한 방법은?

① 자극수를 적게 한다.
② 회전자의 관성을 크게 한다.
③ 자극면에 제동권선을 설치한다.
④ 동기리액턴스 x_x를 작게 하고 동기화력을 크게 한다.

풀이 난조 방지
① 자극수의 감소 효과가 있으나 이것은 원동기 조건으로 정해지는 것으로서 이 목적에는 맞지 않는다.
②, ④ 회전자의 관성과 동기화력을 크게 하면 난조의 발생 방지에는 유효하나 난조가 일어난 후에는 오히려 그 정지를 저해할 우려가 있다.
③ **제동권선**은 진동 에너지를 열로 소비하여 진동을 방지하는 것으로 **난조의 발생을 억제**할 수 있다.   답 ③

43 일반적인 농형 유도전동기에 관한 설명 중 틀린 것은?

① 2차 측을 개방할 수 없다.
② 2차 측의 전압을 측정할 수 있다.
③ 2차 저항 제어법으로 속도를 제어할 수 없다.
④ 1차 3선 중 2선을 바꾸면 회전방향을 바꿀 수 있다.

풀이 농형 유도전동기의 회전자
농형유도전동기의 회전자(2차 측)는 그림과 같이 회전자 권선이 단락환으로 단락된 구조이므로 2차 측 전압은 측정 할 수 없다.

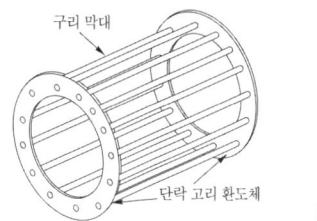

답 ②

44 sE_2는 권선형 유도전동기의 2차 유기전압이고 E_c는 외부에서 2차 회로에 가하는 2차 주파수와 같은 주파수의 전압입니다. E_c가 sE_2와 반대 위상일 경우 E_c를 크게 하면 속도는 어떻게 되는가? (단, $sE_2 - E_c$는 일정하다.)

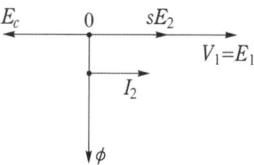

① 속도가 증가한다.
② 속도가 감소한다.
③ 속도에 관계없다.
④ 난조현상이 발생한다.

풀이 권선형 유도전동기의 2차 여자법에 의한 속도제어 슬립 주파수의 전압(E_c)을 2차 유기전압과 같은 방향으로 가하면 속도가 상승하고, **반대 방향으로 가하면 속도가 감소**한다. **답** ②

45 3상 유도전동기의 전원주파수와 전압의 비가 일정하고 정격속도 이하로 속도를 제어하는 경우 전동기의 출력 P와 주파수 f와의 관계는?

① $P \propto f$
② $P \propto \dfrac{1}{f}$
③ $P \propto f^2$
④ P는 f에 무관

풀이
- $P = \omega\tau = 2\pi n\tau$ 에서 $P \propto n$
- $n = (1-s)n_s = (1-s)\dfrac{2f}{P}$ 에서 $n \propto f$
- $\therefore P \propto n \propto f$ **답** ①

46 변압기의 철심이 갖추어야 할 조건으로 틀린 것은?

① 투자율이 클 것
② 전기저항이 작을 것
③ 성층 철심으로 할 것
④ 히스테리시스손 계수가 작을 것

풀이 변압기의 철심에는 투자율과 **저항률이 크고**, 히스테리시스손이 작은 규소 강판을 성층하여 사용한다. **답** ②

47 3상 유도전동기가 경부하로 운전 중 1선의 퓨즈가 끊어지면 어떻게 되는가?

① 전류가 증가하고 회전은 계속한다.
② 슬립은 감소하고 회전수는 증가한다.
③ 슬립은 증가하고 회전수는 증가한다.
④ 계속 운전하여도 열손실이 발생하지 않는다.

풀이 ① 전부하로 운전하고 있는 3상 유도전동기의 경우 1선의 퓨즈가 용단되면 단상 전동기가 되며

- 최대 토크는 50[%] 전후로 된다.
- 최대 토크를 발생하는 슬립 s는 0쪽으로 가까워진다.
- 최대 토크 부근에서는 **1차 전류가 증가**한다.
만일 정지하는 경우에는 과대 전류가 흘러서 나머지 퓨즈가 용단되거나 차단기가 동작한다.
② 경부하에서 회전을 계속한다면
  - 슬립이 2배 정도로 되고 회전수는 떨어진다.
  - 1차 전류가 2배 가까이 되어서 **열손실이 증가**하고, 계속 운전하면 과열로 소손된다. **답** ①

48 그림과 같이 전기자 권선에 전류를 보낼 때 회전방향을 알기 위한 법칙 및 회전방향은?

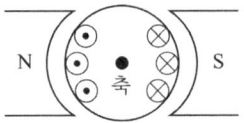

① 플레밍의 왼손법칙, 시계방향
② 플레밍의 오른손법칙, 시계방향
③ 플레밍의 왼손법칙, 반시계방향
④ 플레밍의 오른손법칙, 반시계방향

풀이 플레밍의 왼손 법칙 : 전동기의 회전방향

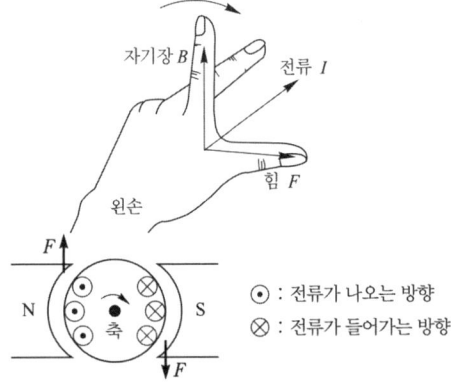

답 ①

49 단상 반파정류회로에서 평균출력전압은 전원전압의 약 몇 [%]인가?

① 45.0
② 66.7
③ 81.0
④ 86.7

풀이

	다이오드	SCR
반파 정류	$V_d = \dfrac{\sqrt{2}\,V_i}{\pi} = 0.45\,V_i$	$V_d = \dfrac{\sqrt{2}\,V_i}{2\pi}(1+\cos\alpha)$
전파 정류	$V_d = \dfrac{2\sqrt{2}\,V_i}{\pi} = 0.9\,V_i$	$V_d = \dfrac{\sqrt{2}\,V_i}{\pi}(1+\cos\alpha)$

단, V_d는 직류전압, V_i는 교류전압의 실효값이다. 답 ①

50 1차 측 권수가 1500인 변압기의 2차 측에 접속한 저항 16[Ω]을 1차 측으로 환산했을 때 8[kΩ]으로 되어 있다면 2차 측 권수는 약 얼마인가?

① 75
② 70
③ 67
④ 64

풀이
권수비 $a = \dfrac{V_1}{V_2} = \dfrac{N_1}{N_2} = \dfrac{I_2}{I_1} = \sqrt{\dfrac{R_1}{R_2}}$ 이므로

$a = \sqrt{\dfrac{R_1}{R_2}} = \sqrt{\dfrac{8000}{16}} = 10\sqrt{5}$

$\therefore N_2 = \dfrac{N_1}{a} = \dfrac{1500}{10\sqrt{5}} = 67$회 답 ③

51 출력과 속도가 일정하게 유지되는 동기전동기에서 여자를 증가시키면 어떻게 되는가?

① 토크가 증가한다.
② 난조가 발생하기 쉽다.
③ 유기기전력이 감소한다.
④ 전기자 전류의 위상이 앞선다.

풀이 위상 특성 곡선(V곡선)에서 보는 바와 같이 여자전류를 증가시키면 역률은 앞서고 전기자 전류는 증가한다.

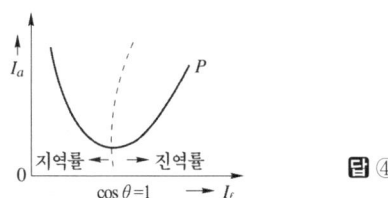

답 ④

52 다음 전자석의 그림 중에서 전류의 방향이 화살표와 같을 때 위쪽부분이 N극인 것은?

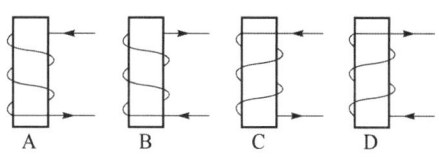

① A, B
② B, C
③ A, D
④ B, D

풀이 앙페르의 오른나사법칙

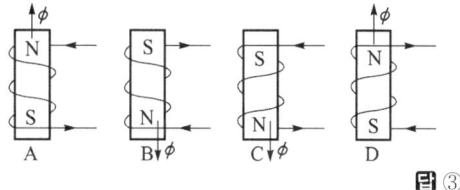

답 ③

53 동기발전기의 전기자 권선법 중 집중권에 비해 분포권이 갖는 장점은?

① 난조를 방지할 수 있다.
② 기전력의 파형이 좋아진다.
③ 권선의 리액턴스가 커진다.
④ 합성유도기전력이 높아진다.

풀이 분포권의 장점
① 기전력의 고조파가 감소하여 파형이 좋아진다.
② 권선의 누설 리액턴스가 감소된다.
③ 전기자 권선의 열을 고르게 분포시켜 과열을 방지한다.
④ 집중권에 비하여 분포권의 기전력이 낮다. 답 ②

54 와류손이 50[W]인 3300/110[V], 60[Hz]용 단상변압기를 50[Hz], 3000[V]의 전원에 사용하면 이 변압기의 와류손은 약 몇 [W]로 되는가?

① 25
② 31
③ 36
④ 41

풀이 와류손은 주파수와는 무관하고 전압의 제곱에 비례하므로

$\therefore P_e' = P_e \times \left(\dfrac{V'}{V}\right)^2 = 50 \times \left(\dfrac{3000}{3300}\right)^2$
$= 41$ [W] 답 ④

55
포화하고 있지 않은 직류발전기의 회전수가 1/2로 감소되었을 때 기전력을 속도 변화 전과 같은 값으로 하려면 여자를 어떻게 해야 하는가?

① 1/2로 감소시킨다.
② 1배로 증가시킨다.
③ 2배로 증가시킨다.
④ 4배로 증가시킨다.

풀이 직류발전기의 기전력 $E = k\Phi N$이므로
속도(N)가 $\frac{1}{2}$로 감소되면 여자(Φ)는 2배 증가되어야
기전력(E)이 일정하다. 답 ③

56
교류전동기에서 브러시 이동으로 속도변화가 용이한 전동기는?

① 동기전동기
② 시라게 전동기
③ 3상 농형 유도전동기
④ 2중 농형 유도전동기

풀이 시라게 전동기는 브러시 이동으로 간단히 원활하게 속도제어가 된다. 답 ②

57
2대의 동기발전기를 병렬운전할 때, 무효횡류(무효 순환전류)가 흐르는 경우는?

① 부하분담의 차가 있을 때
② 기전력의 위상차가 있을 때
③ 기전력의 파형에 차가 있을 때
④ 기전력의 크기에 차가 있을 때

풀이 병렬운전 조건이 다른 경우

병렬운전 조건	다른 경우 흐르는 전류
기전력의 크기가 같을 것	무효 순환전류
기전력의 위상이 같을 것	동기화 전류
기전력의 주파수가 같을 것	동기화 전류
기전력의 파형이 같을 것	고주파 무효 순환전류

답 ④

58
단상 유도전압조정기의 1차 전압 100[V], 2차 전압 100±30[V], 2차 전류는 50[A]이다. 이 전압조정기의 정격용량은 약 몇 [kVA]인가?

① 1.5
② 2.6
③ 5
④ 6.5

풀이 단상 유도전압조정기의 용량
$$P = 부하용량 \times \frac{승압 전압}{고압측 전압}$$
$$= 130 \times 50 \times \frac{30}{130} \times 10^{-3} = 1.5[kVA]$$
답 ①

59
변압기의 병렬운전 조건에 해당하지 않는 것은?

① 각 변압기의 극성이 같을 것
② 각 변압기의 정격출력이 같을 것
③ 각 변압기의 백분율 임피던스 강하가 같을 것
④ 각 변압기의 권수비가 같고 1차 및 2차의 정격전압이 같을 것

풀이 병렬운전의 조건
① 각 변압기의 극성이 같을 것
② 각 변압기의 권수비가 같고, 1차와 2차의 정격전압이 같을 것
③ 각 변압기의 %임피던스 강하가 같을 것
④ 3상식에서는 위의 조건 외에 각 변압기의 상회전방향 및 위상 변위가 같을 것
답 ②

60
4극 단중 파권 직류발전기의 전전류가 I[A]일 때, 전기자 권선의 각 병렬회로에 흐르는 전류는 몇 [A]가 되는가?

① $4I$
② $2I$
③ $I/2$
④ $I/4$

풀이 단중 파권의 병렬회로수는 극수에 관계없이 항상 2이므로 각 병렬회로에 흐르는 전류는 $I/2$이다. 답 ③

4과목 - 회로이론

61 정현파 교류전압의 파고율은?

① 0.91   ② 1.11
③ 1.41   ④ 1.73

풀이

	구형파	3각파	정현파	정류파 (전파)	정류파 (반파)
파형률	1.0	1.15	1.11	1.11	1.57
파고율	1.0	1.732	1.414	1.414	2.0

답 ③

62 인덕턴스 $L = 20$[mH]인 코일에 실효값 $V = 50$[V], 주파수 $f = 60$[Hz]인 정현파 전압을 인가했을 때 코일에 축적되는 평균 자기에너지(W_L)은 약 몇 [J]인가?

① 0.22   ② 0.33
③ 0.44   ④ 0.55

풀이
$$W_L = \frac{LI^2}{2} = \frac{L}{2}\left(\frac{V}{2\pi fL}\right)^2 = \frac{V^2}{8\pi^2 f^2 L}$$
$$= \frac{50^2}{8\pi^2 \times 60^2 \times 20 \times 10^{-3}} = 0.44[J]$$

답 ③

63 테브난의 정리를 이용하여 (a) 회로를 (b) 와 같은 등가회로로 바꾸려 한다. V[V]와 R[Ω]의 값은?

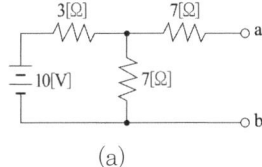   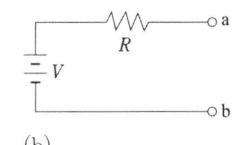
　(a)　　　　　　　　　　(b)

① 7[V], 9.1[Ω]   ② 10[V], 9.1[Ω]
③ 7[V], 6.5[Ω]   ④ 10[V], 6.5[Ω]

풀이
- a, b 사이에 걸리는 전압 V_{ab}을 전압 분배 법칙에 의해 구하면
$$V_{ab} = \frac{7}{3+7} \times 10 = 7[V]$$

- 전압원을 단락한 a, b 사이의 합성 저항 R_{ab}은
$$R_{ab} = 7 + \frac{3 \times 7}{3+7} = 9.1[\Omega]$$

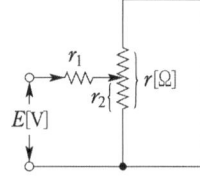

답 ①

64 그림과 같은 회로에서 r_1 저항에 흐르는 전류를 최소로 하기 위한 저항 r_2[Ω]는?

① $\dfrac{r_1}{2}$

② $\dfrac{r}{2}$

③ r_1

④ r

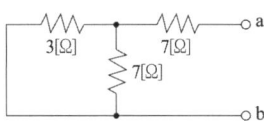

풀이 회로의 합성 저항 r_0는
$$r_0 = r_1 + \frac{r_2(r-r_2)}{r_2+(r-r_2)} = r_1 + \frac{r_2(r-r_2)}{r}$$

전류를 최소로 하기 위해서는 r_0가 최대이어야 하고 r, r_1은 일정하므로 $r_2(r-r_2)$가 최대이어야 한다.
$$\frac{d}{dr_2}\{r_2(r-r_2)\} = 0 \rightarrow r - 2r_2 = 0$$
$$\therefore r_2 = \frac{r}{2}[\Omega]$$

답 ②

65 그림과 같이 π형 회로에서 Z_3를 4단자 정수로 표시한 것은?

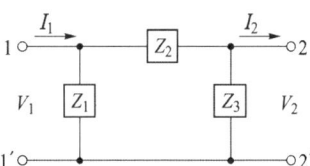

① $\dfrac{A}{1-B}$ ② $\dfrac{B}{1-A}$
③ $\dfrac{A}{B-1}$ ④ $\dfrac{B}{A-1}$

풀이 그림과 같은 4단자망의 4단자 정수 중
A와 B는 $A = 1 + \dfrac{Z_2}{Z_3}$, $B = Z_2$
$\therefore Z_3 = \dfrac{Z_2}{A-1} = \dfrac{B}{A-1}$　　**답** ④

66 다음의 4단자 회로에서 단자 a-b에서 본 구동점 임피던스 $Z_{11}[\Omega]$은?

① $2 + j4$
② $2 - j4$
③ $3 + j4$
④ $3 - j4$

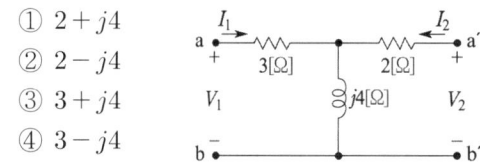

풀이 $\dot{Z}_{11} = Z_1 + Z_2 = 3 + j4[\Omega]$　　**답** ③

67 불평형 3상 전류가 다음과 같을 때 역상 전류 I_2는 약 몇 [A]인가?

$I_a = 15 + j2[A]$, $I_b = -20 - j14[A]$
$I_c = -3 + j10[A]$

① $1.91 + j6.24$
② $2.17 + j5.34$
③ $3.38 - j4.26$
④ $4.27 - j3.68$

풀이 $I_2 = \dfrac{1}{3}(I_a + a^2 I_b + a I_c)$
$= \dfrac{1}{3}\left\{(15+j2) + \left(-\dfrac{1}{2} - j\dfrac{\sqrt{3}}{2}\right)(-20-j14)\right.$
$\left. + \left(-\dfrac{1}{2} + j\dfrac{\sqrt{3}}{2}\right)(-3+j10)\right\}$
$= 1.91 + j6.24\,[A]$　　**답** ①

68 그림과 같은 회로에서 E_1, E_2, E_3를 대칭 3상 전압이라 할 때 전압 E_0는?

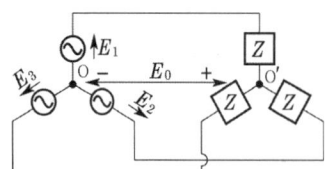

① 0
② $\dfrac{E_1}{3}$
③ $\dfrac{2}{3}E_1$
④ E_1

풀이 중성점 전압 $E_0 = \dfrac{1}{3}(E_1 + E_2 + E_3)$에서
대칭 3상인 경우 $E_1 + E_2 + E_3 = 0$ 이므로
대칭 3상 회로의 경우 중성점 전위는 0이 된다.　　**답** ①

69 100[kVA] 단상변압기 3대로 △결선하여 3상 전원을 공급하던 중 1대의 고장으로 V결선하였다면 출력은 약 몇 [kVA]인가?

① 100
② 173
③ 245
④ 300

풀이 변압기 1개의 출력을 P_1이라 하면, V결선 시 출력
$P_V = \sqrt{3}\,P_1 = \sqrt{3} \times 100 = 173.2[kVA]$　　**답** ②

70 저항 $R[\Omega]$과 리액턴스 $X[\Omega]$이 직렬로 연결된 회로에서 $\dfrac{X}{R} = \dfrac{1}{\sqrt{2}}$일 때, 이 회로의 역률은?

① $\dfrac{1}{\sqrt{2}}$
② $\dfrac{1}{\sqrt{3}}$
③ $\sqrt{\dfrac{2}{3}}$
④ $\dfrac{\sqrt{3}}{2}$

풀이 $\cos\theta = \dfrac{R}{\sqrt{R^2 + X^2}} = \dfrac{1}{\sqrt{1 + \left(\dfrac{X}{R}\right)^2}}$
$= \dfrac{1}{\sqrt{1 + \left(\dfrac{1}{\sqrt{2}}\right)^2}} = \dfrac{1}{\sqrt{\dfrac{3}{2}}} = \sqrt{\dfrac{2}{3}}$　　**답** ③

71 옴의 법칙은 저항에 흐르는 전류와 전압의 관계를 나타낸 것이다. 회로의 저항이 일정할 때 전류는?

① 전압에 비례한다.
② 전압에 반비례한다.
③ 전압의 제곱에 비례한다.
④ 전압의 제곱에 반비례한다.

풀이 옴의 법칙에서 전류 $I = \dfrac{V}{R}[A]$이므로 저항이 일정할 때 전류는 전압에 비례($I \propto V$)한다.　　**답** ①

72 어떤 회로의 단자전압과 전류가 다음과 같을 때, 회로에 공급되는 평균전력은 약 몇 [W]인가?

$$v(t) = 100\sin\omega t + 70\sin 2\omega t + 50\sin(3\omega t - 30°)[V]$$
$$i(t) = 20\sin(\omega t - 60°) + 10\sin(3\omega t + 45°)[A]$$

① 565 ② 525
③ 495 ④ 465

풀이 같은 주파수의 전압과 전류에서만 전력이 발생하므로
$P = V_1 I_1 \cos\theta_1 + V_3 I_3 \cos\theta_3$
$= \dfrac{100}{\sqrt{2}} \cdot \dfrac{20}{\sqrt{2}} \cos 60° + \dfrac{50}{\sqrt{2}} \cdot \dfrac{10}{\sqrt{2}} \cos 75°$
$= 565 [W]$ **답** ①

73 그림과 같은 회로가 있다.
$I = 10$ [A], $G = 4$ [℧], $G_L = 6$ [℧]일 때 G_L의 소비전력[W]은?

① 100
② 10
③ 6
④ 4

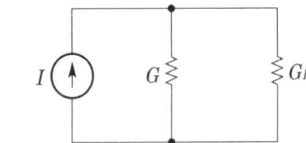

풀이 G_L에 흐르는 전류
$I_L = \dfrac{G_L}{G+G_L}I = \dfrac{6}{4+6} \times 10 = 6$ [A]
컨덕턴스는 저항의 역수이므로
$P_L = I_L^2 \cdot \dfrac{1}{G_L} = 6^2 \times \dfrac{1}{6} = 6$ [W] **답** ③

74 $F(s) = \dfrac{s+1}{s^2+2s}$ 의 역라플라스 변환은?

① $\dfrac{1}{2}(1 - e^{-t})$ ② $\dfrac{1}{2}(1 - e^{-2t})$
③ $\dfrac{1}{2}(1 + e^{t})$ ④ $\dfrac{1}{2}(1 + e^{-2t})$

풀이 $F(s) = \dfrac{s+1}{s(s+2)} = \dfrac{A}{s} + \dfrac{B}{s+2}$ 에서
$A = \left.\dfrac{s+1}{s+2}\right|_{s=0} = \dfrac{1}{2}$
$B = \left.\dfrac{s+1}{s}\right|_{s=-2} = \dfrac{-2+1}{-2} = \dfrac{1}{2}$
이므로
$F(s) = \dfrac{\frac{1}{2}}{s} + \dfrac{\frac{1}{2}}{s+2} = \dfrac{1}{2}\left(\dfrac{1}{s} + \dfrac{1}{s+2}\right)$
$\therefore \mathcal{L}^{-1}[F(s)] = \dfrac{1}{2}(1 + e^{-2t})$ **답** ④

75 그림과 같은 회로에서 $t = 0$에서 스위치를 닫으면 전류 $i(t)$[A]는? (단, 콘덴서의 초기 전압은 0[V]이다.)

① $5(1 - e^{-t})$
② $1 - e^{-t}$
③ $5e^{-t}$
④ e^{-t}

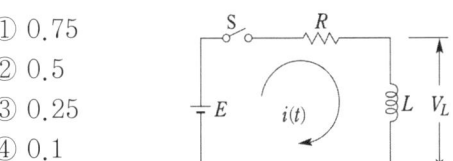

풀이 RC 직렬회로에서 스위치를 닫을 때(충전 시)
$i(t) = \dfrac{E}{R}e^{-\frac{1}{RC}t} = \dfrac{5}{5}e^{-\frac{1}{5\times 0.2}t} = e^{-t}$[A] **답** ④

76 그림과 같은 회로에서 스위치 S를 $t = 0$에서 닫았을 때

$$(V_L)_{t=0} = 100[V]$$
$$\left(\dfrac{di}{dt}\right)_{t=0} = 400[A/sec]$$

이다. L[H]의 값은?

① 0.75
② 0.5
③ 0.25
④ 0.1

풀이 $V_L = L\dfrac{di}{dt}$ 에서 $100 = L \times 400$
$\therefore L = \dfrac{100}{400} = 0.25$ **답** ③

77 임피던스 함수 $Z(s) = \dfrac{s+50}{s^2+3s+2}[\Omega]$으로 주어지는 2단자 회로망에 100[V]의 직류전압을 가했다면 회로의 전류는 몇 [A]인가?

① 4　　② 6
③ 8　　④ 10

풀이 직류이므로 $s(j\omega) = 0$ 이다.
$$Z(0) = \frac{s+50}{s^2+3s+2} = \frac{50}{2} = 25[\Omega]$$
$$\therefore I = \frac{V}{Z(0)} = \frac{100}{25} = 4[A]$$
답 ①

78 단위 임펄스 $\delta(t)$의 라플라스 변환은?

① e^{-s}　　② $\dfrac{1}{s}$
③ $\dfrac{1}{s^2}$　　④ 1

풀이 단위 임펄스 함수의 라플라스 변환
$F(s) = \mathcal{L}[\delta(t)] = 1$이다.
답 ④

79 전류 $I = 30\sin\omega t + 40\sin(3\omega t + 45°)$[A]의 실효값은 약 몇 [A]인가?

① 25　　② 35.4
③ 50　　④ 70.7

풀이 실효값
$I = \sqrt{I_1^2 + I_2^2 + \cdots + I_n^2} = \sqrt{I_1^2 + I_3^2}$ 이므로
$\therefore I = \sqrt{\left(\dfrac{30}{\sqrt{2}}\right)^2 + \left(\dfrac{40}{\sqrt{2}}\right)^2} = 35.4[A]$
답 ②

80 $\mathcal{L}^{-1}\left[\dfrac{\omega}{s(s^2+\omega^2)}\right]$은?

① $\dfrac{1}{\omega}(1-\sin\omega t)$　　② $\dfrac{1}{\omega}(1-\cos\omega t)$
③ $\dfrac{1}{s}(1-\sin\omega t)$　　④ $\dfrac{1}{s}(1-\cos\omega t)$

풀이 ① $F(s) = \dfrac{\omega}{s(s^2+\omega^2)} = \dfrac{K_1}{s} + \dfrac{K_2}{s^2+\omega^2}$

$K_1 = \lim_{s\to 0} sF(s) = \left[\dfrac{\omega}{s^2+\omega^2}\right]_{s=0} = \dfrac{1}{\omega}$

$K_2 = \lim_{s\to -\omega}(s^2+\omega^2)F(s) = \left[\dfrac{\omega}{s}\right]_{s^2=-\omega^2}$
$= \dfrac{\omega s}{s^2} = \dfrac{\omega s}{-\omega^2} = \dfrac{s}{-\omega}$

② $F(s) = \dfrac{1}{\omega}\cdot\dfrac{1}{s} - \dfrac{1}{\omega}\cdot\dfrac{s}{s^2+\omega^2}$
$= \dfrac{1}{\omega}\left(\dfrac{1}{s} - \dfrac{s}{s^2+\omega^2}\right)$

$\therefore \mathcal{L}^{-1}\left[\dfrac{1}{\omega}\left(\dfrac{1}{s} - \dfrac{s}{s^2+\omega^2}\right)\right] = \dfrac{1}{\omega}(1-\cos\omega t)$
답 ②

5과목 - 전기설비기술기준

81 고압가공전선로의 가공지선으로 나경동선을 사용할 경우 지름 몇 [mm] 이상으로 시설하여야 하는가?

① 2.5　　② 3
③ 3.5　　④ 4

풀이 332.6 고압 가공전선로의 가공지선
고압 가공전선로에 사용하는 가공지선은 인장강도 5.26[kN] 이상의 것 또는 지름 4[mm] 이상의 나경동선을 사용한다.
답 ④

82 저압 옥내배선을 금속덕트공사로 할 경우 금속덕트에 넣는 전선의 단면적(절연피복의 단면적 포함)의 합계는 덕트의 내부 단면적의 몇 [%]까지 할 수 있는가?

① 20　　② 30
③ 40　　④ 50

풀이 232.31 금속덕트공사
금속덕트에 넣은 전선의 단면적(절연피복의 단면적을 포함한다)의 합계는 덕트의 내부 단면적의 20[%](전광표시 장치, 기타 이와 유사한 장치 또는 제어회로 등의 배선만을 넣는 경우에는 50[%]) 이하일 것.
답 ①

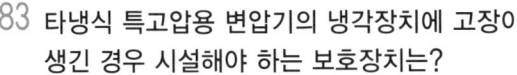

83 타냉식 특고압용 변압기의 냉각장치에 고장이 생긴 경우 시설해야 하는 보호장치는?

① 경보장치
② 온도측정장치
③ 자동차단장치
④ 과전류 측정장치

풀이 351.4 특고압용 변압기의 보호장치
특고압용의 변압기에는 그 내부에 고장이 생겼을 경우에 보호하는 장치를 표와 같이 시설하여야 한다.

뱅크 용량의 구분	동작조건	장치의 종류
5,000[kVA] 이상 10,000[kVA] 미만	변압기 내부고장	자동 차단 장치 또는 경보장치
10,000[kVA] 이상	변압기 내부고장	자동 차단 장치
타냉식 변압기(변압기의 권선 및 철심을 직접 냉각시키기 위하여 봉입한 냉매를 강제 순환시키는 냉각 방식을 말한다.)	냉각장치에 고장이 생긴 경우 또는 변압기의 온도가 현저히 상승한 경우	경보장치

답 ①

84 다음 (㉮), (㉯) 에 들어갈 내용으로 옳은 것은?

> 지중전선로는 기설 지중 약전류 전선로에 대하여 (㉮) 또는 (㉯)에 의하여 통신상의 장해를 주지 않도록 기설 약전류 전선로로부터 충분히 이격시키거나 기타 적당한 방법으로 시설하여야 한다.

① ㉮ 정전용량 ㉯ 표피작용
② ㉮ 정전용량 ㉯ 유도작용
③ ㉮ 누설전류 ㉯ 표피작용
④ ㉮ 누설전류 ㉯ 유도작용

풀이 334.5 지중약전류전선의 유도장해 방지
지중전선로는 기설 지중약전류전선로에 대하여 **누설전류 또는 유도작용**에 의하여 통신상의 장해를 주지 않도록 충분히 이격시키거나 기타 적당한 방법으로 시설하여야 한다.
답 ④

85 변전소의 주요 변압기에서 계측하여야 하는 사항 중 계측장치가 꼭 필요하지 않은 것은? (단, 전기철도용 변전소의 주요 변압기는 제외한다.)

① 전압
② 전류
③ 전력
④ 주파수

풀이 351.6 계측장치
변전소 또는 이에 준하는 곳에는 다음의 사항을 계측하는 장치를 시설하여야 한다.
가. 주요 변압기의 전압 및 전류 또는 전력
나. 특고압용 변압기의 온도
답 ④

86 B종 철주 또는 B종 철근 콘크리트주를 사용하는 특고압가공전선로의 경간은 몇 [m] 이하이어야 하는가?

① 150
② 250
③ 400
④ 600

풀이 333.21 특고압 가공전선로의 경간 제한
특고압 가공전선로의 경간은 표에서 정한 값 이하이어야 한다.

지지물의 종류	경 간
목주·A종 철주 또는 A종 철근 콘크리트주	150 [m] 이하
B종 철주 또는 B종 철근 콘크리트주	250 [m] 이하
철 탑	600 [m] 이하 (단주인 경우에는 400[m] 이하)

답 ②

87 전력보안 통신선 시설에서 가공전선로의 지지물에 시설하는 가공통신선에 직접 접속하는 통신선의 종류로 틀린 것은?

① 조가용선
② 절연전선
③ 광섬유 케이블
④ 일반통신용 케이블 이외의 케이블

풀이 362.1 전력보안통신설비의 시설 요구사항
가공 전선로의 지지물에 시설하는 가공 통신선에 직접 접속하는 통신선(옥내에 시설하는 것을 제외한다)은 **절연전선, 일반통신용 케이블 이외의 케이블 또는 광섬유 케이블**이어야 한다.
답 ①

88 옥내의 네온 방전등 공사의 방법으로 옳은 것은?

① 전선 상호 간의 간격은 5[cm] 이상일 것
② 관등회로의 배선은 애자공사에 의할 것
③ 전선의 지지점 간의 거리는 2[m] 이하로 할 것
④ 관등회로의 배선은 점검할 수 없는 은폐된 장소에 시설할 것

풀이 234.12 네온방전등
네온방전등에 공급하는 전로의 대지전압은 300[V] 이하로 하여야 하며, 다음에 의하여 시설하여야 한다.
가. 네온변압기는 옥내배선과 직접 접촉하여 시설할 것.
나. **관등회로의 배선은 애자공사**로 다음에 따라서 시설하여야 한다.
  ① 전선은 네온관용전선을 사용할 것.
  ② 전선은 자기 또는 유리제 등의 애자로 견고하게 지지하여 조영의 아랫면 또는 옆면에 부착하고 **전선 상호간의 이격거리는 60[mm] 이상**일 것.
  ③ **전선지지점간의 거리는 1[m] 이하**로 할 것.
  ④ 애자는 절연성·난연성 및 내수성이 있는 것일 것. **답** ②

89 무대·무대마루 밑·오케스트라박스·영사실 기타 사람이나 무대 도구가 접촉할 우려가 있는 곳에 시설하는 저압 옥내배선·전구선 또는 이동전선은 사용전압이 몇 [V] 이하이어야 하는가?

① 100   ② 200
③ 300   ④ 400

풀이 242.6 전시회, 쇼 및 공연장의 전기설비
무대·무대마루 밑·오케스트라 박스·영사실 기타 사람이나 무대 도구가 접촉할 우려가 있는 곳에 시설하는 저압 옥내배선, 전구선 또는 이동전선은 **사용전압이 400[V] 이하**이어야 한다. **답** ④

90 저압가공전선로와 기설 가공약전류전선로가 병행하는 경우에는 유도작용에 의하여 통신상의 장해가 생기지 아니하도록 전선과 기설 약전류전선 간의 이격거리는 몇 [m] 이상이어야 하는가?

① 1   ② 2
③ 2.5   ④ 4.5

풀이 332.1 가공약전류전선로의 유도장해 방지
저압 가공전선로 또는 고압 가공전선로와 기설 가공약전류전선로가 병행하는 경우에는 유도작용에 의하여 통신상의 장해가 생기지 않도록 전선과 **기설 약전류전선간의 이격거리는 2[m] 이상**이어야 한다. **답** ②

91 22.9[kV] 전선로를 제1종 특고압 보안공사로 시설할 경우 전선으로 경동연선을 사용한다면 그 단면적은 몇 [mm²] 이상의 것을 사용하여야 하는가?

① 38   ② 55
③ 80   ④ 100

풀이 333.22 특고압 보안공사
제1종 특고압 보안공사 시 전선의 단면적

사용전압	전선
100[kV] 미만	인장강도 21.67[kN] 이상의 연선 또는 단면적 55[mm²] 이상의 경동연선
100[kV] 이상 300[kV] 미만	인장강도 58.84[kN] 이상의 연선 또는 단면적 150[mm²] 이상의 경동연선
300[kV] 이상	인장강도 77.47[kN] 이상의 연선 또는 단면적 200[mm²] 이상의 경동연선

답 ②

92 특고압으로 시설할 수 없는 전선로는?

① 지중전선로   ② 옥상전선로
③ 가공전선로   ④ 수중전선로

풀이 331.14.2 특고압 옥상전선로의 시설
특고압 옥상전선로(특고압의 인입선의 옥상부분을 제외한다)는 **시설하여서는 아니 된다**. **답** ②

93 금속관공사에 의한 저압 옥내배선의 방법으로 틀린 것은?

① 전선으로 연선을 사용하였다.
② 옥외용 비닐절연전선을 사용하였다.
③ 콘크리트에 매설하는 관은 두께 1.2[mm] 이상을 사용하였다.
④ 금속관은 접지공사를 하였다.

풀이 232.12 금속관공사
가. 전선은 절연전선(**옥외용 비닐절연전선을 제외한다**)일 것.

나. 전선은 연선일 것. 다만, 다음의 것은 적용하지 않는다.
　① 짧고 가는 금속관에 넣은 것.
　② 단면적 10[mm²](알루미늄선은 단면적 16[mm²]) 이하의 것.
다. 관의 두께는 다음에 의할 것.
　① 콘크리트에 매설하는 것은 1.2 [mm] 이상
　② 콘크리트 매설 이외의 것은 1 [mm] 이상
라. 관에는 접지공사를 할 것. **답 ②**

94 변압기 1차 측 3300[V], 2차 측 220[V]의 변압기 전로의 절연내력시험전압은 각각 몇 [V]에서 10분간 견디어야 하는가?

① 1차 측 4950[V], 2차 측 500[V]
② 1차 측 4500[V], 2차 측 400[V]
③ 1차 측 4125[V], 2차 측 500[V]
④ 1차 측 3350[V], 2차 측 400[V]

풀이 135 변압기 전로의 절연내력

권선의 종류 (최대사용전압)	접지방식	시험전압 (최대사용전압의 배수)	최저 시험전압
1. 7[kV] 이하		1.5배	500[V]
	다중접지	0.92배	500[V]
2. 7[kV] 초과 25[kV] 이하	다중접지	0.92배	
3. 7[kV] 초과 60[kV] 이하 (2란의 것 제외)		1.25배	10.5[kV]
4. 60[kV] 초과	비접지	1.25배	
5. 60[kV] 초과(6란의 것 제외)	접지식	1.1배	75[kV]
6. 60[kV] 초과	직접접지	0.72배	
7. 170[kV] 초과	직접접지	0.64배	

① 1차 측 시험전압 = 3300 × 1.5 = 4950[V]
② 2차 측 시험전압 = 220 × 1.5 = 330[V]
최저 시험전압은 500[V]이므로 500[V]의 시험전압을 가하여야 한다. **답 ①**

95 가공전선로의 지지물에 취급자가 오르고 내리는데 사용하는 발판 볼트 등은 지표상 몇 [m] 미만에 시설하여서는 아니 되는가?

① 1.2　② 1.5
③ 1.8　④ 2

풀이 331.4 가공전선로 지지물의 철탑오름 및 전주오름 방지
가공전선로의 지지물에 취급자가 오르고 내리는데 사용하는 발판 볼트 등을 지표상 1.8 [m] 미만에 시설하여서는 아니 된다. **답 ③**

96 22.9[kV] 특고압 가공전선로의 시설에 있어서 중성선을 다중접지하는 경우에 각각 접지한 곳 상호 간의 거리는 전선로에 따라 몇 [m] 이하이어야 하는가?

① 150　② 300
③ 400　④ 500

풀이 333.32 25[kV] 이하인 특고압 가공전선로의 시설
사용전압이 15[kV]를 초과하고 25[kV] 이하인 특고압 가공전선로(중성선 다중접지식의 것으로서 전로에 지락이 생겼을 때에 2초 이내에 자동적으로 이를 전로로부터 차단하는 장치가 되어 있는 것에 한한다)를 다음에 따라 시설하여야 한다.
가. 접지도체는 공칭단면적 6[mm²] 이상의 연동선
나. 접지공사는 각각 접지한 곳 상호 간의 거리는 전선로에 따라 150[m] 이하일 것.
다. 각 접지도체를 중성선으로부터 분리하였을 경우의 각 접지점의 대지 전기저항값과 1[km]마다 중성선과 대지 사이의 합성 전기저항값은 표에서 정한 값 이하일 것.

사용전압	각 접지점의 대지 전기저항치	1[km]마다의 합성 전기저항치
15[kV] 이하	300 [Ω]	30 [Ω]
15[kV] 초과 25[kV] 이하	300 [Ω]	15 [Ω]

답 ①

97 혼촉 사고 시에 1초를 초과하고 2초 이내에 자동차단되는 6.6[kV] 전로에 결합된 변압기 저압측의 전압이 220[V]인 경우 접지저항값[Ω]은? (단, 고압측 1선 지락전류는 30[A]라 한다.)

① 5　② 10
③ 20　④ 30

풀이 142.5 변압기 중성점 접지
변압기의 고압·특고압측 전로 또는 사용전압이 35[kV] 이하의 특고압전로가 저압측 전로와 혼촉하고 저압전로의 대지전압이 150[V]를 초과하는 경우는 저항 값은 다음에 의한다.
가. 1초 초과 2초 이내에 고압·특고압 전로를 자동으로 차단하는 장치를 설치할 때는 300을 나눈 값 이하

$$R = \frac{300}{\text{고압 측 또는 특고압 측의 1선 지락전류}} [\Omega]$$

나. 1초 이내에 고압·특고압 전로를 자동으로 차단하는 장치를 설치할 때는 600을 나눈 값 이하

$$R = \frac{600}{\text{고압 측 또는 특고압 측의 1선 지락전류}} [\Omega]$$

$$\therefore R = \frac{300}{1\text{선 지락 전류}} = \frac{300}{30} = 10[\Omega] \quad \boxed{답\ ②}$$

98 저압가공전선 또는 고압가공전선이 도로를 횡단할 때 지표상의 높이는 몇 [m] 이상으로 하여야 하는가? (단, 농로 기타 교통이 번잡하지 않은 도로 및 횡단보도교는 제외한다.)

① 4 ② 5
③ 6 ④ 7

풀이 332.5 고압 가공전선의 높이,
222.7 저압 가공전선의 높이
저·고압 가공전선의 높이는 다음에 따라야 한다.

설치장소		가공전선의 높이
도로횡단(번잡하지 않은 도로 제외)		지표상 6[m] 이상
철도 또는 궤도횡단		레일면상 6.5[m] 이상
횡단보도교 위	저압	노면상 3.5[m] 이상. 단, 절연전선의 경우 3[m] 이상
	고압	노면상 3.5[m] 이상
일반장소		지표상 5[m] 이상. 단, 저압의 경우 절연전선 또는 케이블을 사용하여 교통에 지장이 없도록 하여 옥외조명용에 공급하는 경우 4[m]까지 감할 수 있다.
다리의 하부 기타 이와 유사한 장소		저압의 전기철도용 급전선은 지표상 3.5[m]까지로 감할 수 있다.

$\boxed{답\ ③}$

출제기준 변경 및 개정된 관계 법규에 따라
삭제된 문제가 있어 20문항이 안됩니다.

2017년 2회 전기산업기사필기

동일출판사 홈페이지에서 무료 동영상강의를 보실 수 있습니다.

1과목 - 전기자기

01 전기력선의 기본 성질에 관한 설명으로 틀린 것은?

① 전기력선의 방향은 그 점의 전계의 방향과 일치한다.
② 전기력선은 전위가 높은 점에서 낮은 점으로 향한다.
③ 전기력선은 그 자신만으로도 폐곡선을 만든다.
④ 전계가 0이 아닌 곳에서는 전기력선은 도체 표면에 수직으로 만난다.

풀이 전기력선의 성질은 다음과 같다.
① 전기력선은 정전하에서 시작하여 부전하에서 그친다.
② 전하가 없는 곳에서는 전기력선의 발생, 소멸이 없고 연속적이다.
③ 전위가 높은 점에서 낮은 점으로 향한다.
④ 그 자신만으로 폐곡선이 되는 일은 없다.
⑤ 전계가 0이 아닌 곳에서는 2개의 전기력선은 교차하지 않는다.
⑥ 도체내부에는 전기력선이 없다.
⑦ 수직 단면의 전기력선 밀도는 전계의 세기이고 (1[개/m²]=1[N/C]), 전기력선의 접선 방향은 전계의 방향이다.
⑧ 도체면(등전위면)에서 전기력선은 수직으로 출입한다.
⑨ 단위 전하 ±1[C]에서는 $1/\epsilon_0$ 개의 전기력선이 출입한다.

답 ③

02 동일 용량 $C[\mu F]$의 콘덴서 n개를 병렬로 연결하였다면 합성용량은 얼마인가?

① $n^2 C$ ② nC
③ $\dfrac{C}{n}$ ④ C

풀이

항목	직렬접속	병렬접속
결선	C_1 — C_2	C_1 ∥ C_2
합성 정전 용량	• $C_0 = \dfrac{C_1 C_2}{C_1 + C_2}$ • 저항의 병렬결선과 동일 방법 • 접속되는 콘덴서가 증가 할수록 합성정전용량은 감소	• $C_0 = C_1 + C_2$ • 저항의 직렬결선과 동일 방법 • 접속되는 콘덴서가 증가 할수록 합성정전용량은 증가

따라서 합성용량
$C_0 = C_1 + C_2 + \cdots + C_n = nC[\mu F]$

답 ②

03 반지름 $r = 1[m]$인 도체구의 표면 전하밀도가 $\dfrac{10^{-8}}{9\pi}[C/m^2]$이 되도록 하는 도체구의 전위는 몇 [V]인가?

① 10 ② 20
③ 40 ④ 80

풀이 도체구의 표면 전위 $V = \dfrac{Q}{4\pi\epsilon_o r}[V]$ 에서
도체구 표면의 총 전하
$Q = \sigma S = \sigma(4\pi r^2)[C]$
이므로 도체구의 표면 전위(V_a)는
$V_a = \dfrac{Q}{4\pi\epsilon_o r} = \dfrac{\sigma 4\pi r^2}{4\pi\epsilon_o r} = \dfrac{\sigma 4\pi r}{4\pi\epsilon_o}$
$= 9 \times 10^9 \times \dfrac{10^{-8}}{9\pi} \times 4\pi \times 1$
$= 40[V]$

답 ③

04 도전율의 단위로 옳은 것은?

① m/Ω ② Ω/m^2
③ $1/\mho \cdot m$ ④ $\mho/m$

풀이 도전율(σ)은 저항률($\rho[\Omega \cdot m]$)의 역수이므로
따라서 도전율
$\sigma = \dfrac{1}{\rho}[\dfrac{1}{\Omega \cdot m} = \mho \cdot \dfrac{1}{m} = \mho/m]$

답 ④

05 여러 가지 도체의 전하 분포에 있어서 각 도체의 전하를 n배 할 경우 중첩의 원리가 성립하기 위해서는 그 전위는 어떻게 되는가?

① $\frac{1}{2}n$배가 된다. ② n배가 된다.
③ $2n$배가 된다. ④ n^2배가 된다.

풀이 $V_i = P_{i1}Q_1 + P_{i2}Q_2 + \cdots + P_{in}Q_n$ 에서
각 전하를 n배하면 V_i는 n배 된다. **답** ②

06 $A = i + 4j + 3k$, $B = 4i + 2j - 4k$의 두 벡터는 서로 어떤 관계에 있는가?

① 평행 ② 면적
③ 접근 ④ 수직

풀이 두 벡터가 이루는 각은 스칼라적에 의해 구한다.
즉 $A \cdot B = AB\cos\theta$에서
$A \cdot B = (i+4j+3k) \cdot (4i+2j-4k)$
$= 1\times4+4\times2+3\times(-4) = 0$
$A = |A| = \sqrt{1^2+4^2+3^2} = \sqrt{26}$
$B = |B| = \sqrt{4^2+2^2+(-4)^2} = 6$
$\cos\theta = \frac{A \cdot B}{AB} = \frac{0}{6\sqrt{26}} = 0$
따라서 $\theta = 90°$이므로 두 벡터는 서로 수직 관계에 있다. **답** ④

07 전류가 흐르는 도선을 자계 내에 놓으면 이 도선에 힘이 작용한다. 평등자계의 진공 중에 놓여 있는 직선전류 도선이 받는 힘에 대한 설명으로 옳은 것은?

① 도선의 길이에 비례한다.
② 전류의 세기에 반비례한다.
③ 자계의 세기에 반비례한다.
④ 전류와 자계 사이의 각에 대한 정현(sine)에 반비례한다.

풀이 플레밍의 왼손 법칙
자속밀도가 B[Wb/m²]인 자계중에 길이를 l의 도체를 놓고 I[A]의 전류를 흘릴 경우 자계 내에서 도체가 받는 힘의 크기 $F = BIl\sin\theta$[N]이다.
따라서 힘은 도선의 길이에 비례한다. **답** ①

08 영역 1의 유전체 $\epsilon_{r1}=4$, $\mu_{r1}=1$, $\sigma_1=0$과 영역 2의 유전체 $\epsilon_{r2}=9$, $\mu_{r2}=1$, $\sigma_2=0$일 때 영역 1에서 영역 2로 입사된 전자파에 대한 반사계수는?

① -0.2 ② -0.5
③ 0.2 ④ 0.8

풀이 입사파 E_1, H_1, 투과파 E_2, H_2, 반사파 E_3, H_3 라고 할 때, 영역 1과 영역 2의 고유 임피던스 η는 각각 다음과 같다.
$\eta_1 = \frac{E_1}{H_1} = \sqrt{\frac{\mu_1}{\epsilon_1}} = \sqrt{\frac{\mu_0\mu_{r1}}{\epsilon_0\epsilon_{r1}}} = 377\sqrt{\frac{\mu_{r1}}{\epsilon_{r1}}}$
$= 188.5[\Omega]$
$\eta_2 = \frac{E_2}{H_2} = \sqrt{\frac{\mu_2}{\epsilon_2}} = \sqrt{\frac{\mu_0\mu_{r2}}{\epsilon_0\epsilon_{r2}}} = 377\sqrt{\frac{\mu_{r2}}{\epsilon_{r2}}}$
$= 126[\Omega]$
따라서 반사계수 R은
$R = \frac{\eta_2-\eta_1}{\eta_2+\eta_1} = \frac{126-188.5}{126+188.5} = -0.2$ **답** ①

09 정전용량 및 내압이 3[μF]/1000[V], 5[μF]/500[V], 12[μF]/250[V]인 3개의 콘덴서를 직렬로 연결하고 양단에 가한 전압을 서서히 증가시킬 경우 가장 먼저 파괴되는 콘덴서는?

① 3[μF] ② 5[μF]
③ 12[μF] ④ 3개 동시 파괴

풀이 직렬회로에서 각 콘덴서의 전하용량이 작을수록 빨리 파괴된다.
$Q_1 = C_1 \times V_1 = 3\times10^{-6}\times1000$
$= 3\times10^{-3}$[C]
$Q_2 = C_2 \times V_2 = 5\times10^{-6}\times500$
$= 2.5\times10^{-3}$[C]
$Q_3 = C_3 \times V_3 = 12\times10^{-6}\times250$
$= 3\times10^{-3}$[C]
따라서 전하용량이 $Q_1 = Q_3 > Q_2$ 이므로 **전하용량이 가장 작은 5[μF]/500[V]의 콘덴서가 가장 빨리 파괴된다.** **답** ②

10 정전용량이 0.5[μF], 1[μF]인 콘덴서에 각각 2×10^{-4}[C] 및 3×10^{-4}[C]의 전하를 주고 극성을 같게 하여 병렬로 접속할 때 콘덴서에 축적된 에너지는 약 몇 [J]인가?

① 0.042　　② 0.063
③ 0.083　　④ 0.126

풀이
$Q = Q_1 + Q_2 = 2\times10^{-4} + 3\times10^{-4}$
$= 5\times10^{-4}$[C]
$C = C_1 + C_2 = (0.5 + 1)\times10^{-6}$
$= 1.5\times10^{-6}$[F]
$\therefore W = \dfrac{Q^2}{2C} = \dfrac{(5\times10^{-4})^2}{2\times1.5\times10^{-6}} = 0.083$[J]　　**답** ③

11 정전용량 10[μF]인 콘덴서의 양단에 100[V]의 일정 전압을 인가하고 있다. 이 콘덴서의 극판 간의 거리를 $\dfrac{1}{10}$로 변화시키면 콘덴서에 충전되는 전하량은 거리를 변화시키기 이전의 전하량에 비해 어떻게 되는가?

① $\dfrac{1}{10}$로 감소　　② $\dfrac{1}{100}$로 감소
③ 10배로 증가　　④ 100배로 증가

풀이 정전용량 $C = \dfrac{\epsilon S}{d}$이므로
전하량 $Q = CV = \dfrac{\epsilon S}{d}V$이다.
즉, 전압이 일정하면 전하량은 극판 간의 거리에 반비례($Q \propto \dfrac{1}{d}$)하므로 극판 간의 거리를 $\dfrac{1}{10}$로 변화시키면 전하량은 10배로 증가한다.　　**답** ③

12 접지 구도체와 점전하 간의 작용력은?

① 항상 반발력이다.
② 항상 흡입력이다.
③ 조건적 반발력이다.
④ 조건적 흡입력이다.

풀이 접지 구도체에는 항상 점전하와 반대 극성인 전하가 유도되므로 항상 흡인력이 작용한다.　　**답** ②

13 전계의 세기가 1500[V/m]인 전장에 5[μC]의 전하를 놓았을 때 이 전하에 작용하는 힘은 몇 [N]인가?

① 4.5×10^{-3}　　② 5.5×10^{-3}
③ 6.5×10^{-3}　　④ 7.5×10^{-3}

풀이 $F = Eq = 1500\times5\times10^{-6}$
$= 7.5\times10^{-3}$[N]　　**답** ④

14 500[AT/m]의 자계 중에 어떤 자극을 놓았을 때 4×10^{3}[N]의 힘이 작용했다면 이때 자극의 세기는 몇 [Wb]인가?

① 2　　② 4
③ 6　　④ 8

풀이 $m = \dfrac{F}{H} = \dfrac{4\times10^3}{500} = 8$[Wb]　　**답** ④

15 도전성을 가진 매질내의 평면파에서 전송계수를 γ를 표현한 것으로 알맞은 것은? (단, α는 감쇠정수, β는 위상정수이다.)

① $\gamma = \alpha + j\beta$　　② $\gamma = \alpha - j\beta$
③ $\gamma = j\alpha + \beta$　　④ $\gamma = j\alpha - \beta$

풀이 전송계수 $\gamma = \alpha + j\beta$
(여기서, α : 감쇠정수, β : 위상정수)　　**답** ①

16 자극의 세기가 8×10^{-6}[Wb]이고, 길이가 30[cm]인 막대자석을 120[AT/m] 평등자계 내에 자력선과 30°의 각도로 놓았다면 자석이 받는 회전력은 몇 [N·m]인가?

① 1.44×10^{-4}　　② 1.44×10^{-5}
③ 2.88×10^{-4}　　④ 2.88×10^{-5}

풀이 $T = MH\sin\theta = mlH\sin\theta$
$= 8\times10^{-6}\times30\times10^{-2}\times120\times\sin30°$
$= 1.44\times10^{-4}$[N·m]　　**답** ①

17 자기회로의 퍼미언스(permeance)에 대응하는 전기회로의 요소는?

① 서셉턴스(susceptance)
② 컨덕턴스(conductance)
③ 엘라스턴스(elastance)
④ 정전용량(electrostatic capacity)

풀이
- 퍼미언스(permeance) : 자기 저항의 역수
- 컨덕턴스(conductance) : 전기저항의 역수
- 엘라스턴스(elastance) : 정전용량의 역수   **답** ②

18 전류가 흐르고 있는 도체에 자계를 가하면 도체 측면에 정·부(+, −)의 전하가 나타나 두 면 간에 전위차가 발생하는 현상은?

① 홀 효과   ② 핀치 효과
③ 톰슨 효과   ④ 제벡 효과

풀이
① 홀 효과 : 전류가 흐르고 있는 도체에 자계를 가하면 플레밍의 왼손 법칙에 의하여 도체내부의 전하가 횡방향으로 힘을 모아 도체 측면에 (+), (−)의 전하가 나타나는 현상
② 핀치 효과 : 액체 도체에 전류가 흐를 때 액체 도체의 중심을 향해 수축력이 작용하는 현상
③ 톰슨 효과 : 동일 종류 금속이라도 그 도체중의 두 점간에 온도차가 전류를 흘림으로써 열의 흡수, 발생이 일어나는 효과
④ 제벡 효과 : 두 종류 금속 접속면에 온도차가 있으면 기전력이 발생하는 효과   **답** ①

19 그림과 같이 직렬로 접속된 두 개의 코일이 있을 때, $L_1 = 20$[mH], $L_2 = 80$[mH], 결합계수 $k = 0.8$이다. 여기에 0.5[A]의 전류를 흘릴 때 이 합성코일에 저축되는 에너지는 약 몇 [J]인가?

① 1.13×10^{-3}
② 2.05×10^{-2}
③ 6.63×10^{-3}
④ 8.25×10^{-2}

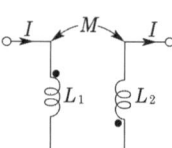

풀이 상호 인덕턴스
$M = k\sqrt{L_1 L_2} = 0.8\sqrt{20 \times 80 \times 10^{-6}} = 32$[mH]
자속의 방향이 같으므로 $I_1 = I_2 = I$라 놓으면

저장되는 자계의 에너지
$$W = \frac{1}{2}(L_1 + L_2 + 2M)I^2$$
$$= \frac{1}{2}(L_1 + L_2 + 2k\sqrt{L_1 L_2})I^2 \text{ [J]}$$
$$\therefore W = \frac{1}{2}(20 + 80 + 64) \times 10^{-3} \times 0.5^2$$
$$= 2.05 \times 10^{-2} \text{ [J]} \quad \text{답 ②}$$

20 도체 1을 Q가 되도록 대전시키고, 여기에 도체 2를 접촉했을 때 도체 2가 얻은 전하를 전위계수로 표시하면? (단, P_{11}, P_{12}, P_{21}, P_{22}는 전위계수이다.)

① $\dfrac{Q}{P_{11} - 2P_{12} + P_{22}}$

② $\dfrac{(P_{11} - P_{12})Q}{P_{11} - 2P_{12} + P_{22}}$

③ $\dfrac{(P_{11}P_{12} + P_{22})Q}{P_{11} + 2P_{12} + P_{22}}$

④ $\dfrac{(P_{11} - P_{12})Q}{P_{11} + 2P_{12} + P_{22}}$

풀이 $V_1 = P_{11}Q_1 + P_{12}Q_2$, $V_2 = P_{21}Q_1 + P_{22}Q_2$에서
$P_{12} = P_{21}$, $V_1 = V_2$, $Q_1 = Q - Q_2$
그러므로
$P_{11}(Q - Q_2) + P_{12}Q_2 = P_{21}(Q - Q_2) + P_{22}Q_2$
$(P_{11} - P_{12})Q = (P_{11} + P_{22} - 2P_{12})Q_2$
$\therefore Q_2 = \dfrac{(P_{11} - P_{12})Q}{P_{11} - 2P_{12} + P_{22}}$ **답** ②

2과목 - 전력공학

21 개폐 서지를 흡수할 목적으로 설치하는 것의 약어는?

① CT   ② SA   ③ GIS   ④ ATS

풀이
① CT(계기용 변류기) : 회로의 대전류를 소전류로 변성하여 계기나 계전기에 공급
② SA(서지 흡수기) : 변압기, 발전기 등을 서지로부터 보호
③ GIS(가스 절연 개폐기) : SF₆ 가스를 이용하여 정상 상태 및 사고, 단락 등의 고장상태에서 선로를 안전

하게 개폐하여 보호
④ ATS(자동 절환 개폐기) : 주 전원이 정전되거나, 전압이 기준치 이하로 떨어질 경우 예비전원으로 자동 절환 하는 개폐기 답 ②

22 다음 중 표준형 철탑이 아닌 것은?

① 내선 철탑　　② 직선 철탑
③ 각도 철탑　　④ 인류 철탑

풀이 333.11 특고압 가공전선로의 철주·철근 콘크리트주 또는 철탑의 종류
특고압 가공전선로의 지지물로 사용하는 B종 철근·B종 콘크리트주 또는 철탑의 종류는 다음과 같다.
가. **직선형** : 전선로의 직선 부분(3° 이하의 수평 각도 이루는 곳 포함)에 사용되는 것
나. **각도형** : 전선로 중 수평 각도 3°를 넘는 곳에 사용되는 것
다. **인류형** : 전 가섭선을 인류하는 곳에 사용하는 것
라. **내장형** : 전선로 지지물 양측의 경간차가 큰 곳에 사용하는 것
마. **보강형** : 전선로 직선 부분을 보강하기 위하여 사용하는 것 답 ①

23 전력계통의 전압안정도를 나타내는 P-V 곡선에 대한 설명 중 적합하지 않은 것은?

① 가로축은 수전단전압을 세로축은 무효전력을 나타낸다.
② 진상무효전력이 부족하면 전압은 안정되고 진상무효전력이 과잉되면 전압은 불안정하게 된다.
③ 전압 불안정 현상이 일어나지 않도록 전압을 일정하게 유지하려면 무효전력을 적절하게 공급하여야 한다.
④ P-V 곡선에서 주어진 역률에서 전압을 증가시키더라도 송전할 수 있는 최대 전력이 존재하는 임계점이 있다.

풀이

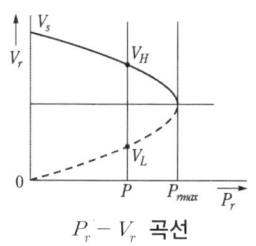

$P_r - V_r$ 곡선

즉, P-V 곡선의 가로축은 유효전력을 세로축은 수전단 전압을 나타낸다. 답 ①

24 3상으로 표준전압 3[kV], 800[kW]를 역률 0.9로 수전하는 공장의 수전회로에 시설할 계기용 변류기의 변류비로 적당한 것은? (단, 변류기의 2차 전류는 5[A]이며, 여유율은 1.2로 한다.)

① 10　　② 20
③ 30　　④ 40

풀이 CT 1차 측 전류
$$I_1 = \frac{P}{\sqrt{3}\,V_1\cos\theta} \times 여유율$$
$$= \frac{800}{\sqrt{3}\times 3\times 0.9} \times 1.2 = 205.28[A]$$
따라서 적당한 변류비는 40(200/5)이다. 답 ④

25 발전기나 변압기의 내부고장 검출에 주로 사용되는 계전기는?

① 역상계전기　　② 과전압계전기
③ 과전류계전기　④ 비율차동계전기

풀이 비율차동 계전기는 변압기 내부고장에 대한 보호장치로 변압기 1차 전류와 2차 전류의 차 전류가 일정 비율 이상으로 되면 동작하는 계전기이다. 답 ④

26 3000[kW], 역률 80[%](뒤짐)의 부하에 전력을 공급하고 있는 변전소에 전력용 콘덴서를 설치하여 변전소에서의 역률을 90[%]로 향상시키는데 필요한 전력용 콘덴서의 용량은 약 몇 [kVA]인가?

① 600　　② 700
③ 800　　④ 900

풀이
$$Q = P(\tan\theta_1 - \tan\theta_2) = P\left(\frac{\sin\theta_1}{\cos\theta_1} - \frac{\sin\theta_2}{\cos\theta_2}\right)$$
$$= P\left(\frac{\sqrt{1-\cos^2\theta_1}}{\cos\theta_1} - \frac{\sqrt{1-\cos^2\theta_2}}{\cos\theta_2}\right)$$
$$= 3000 \times \left(\frac{0.6}{0.8} - \frac{\sqrt{1-0.9^2}}{0.9}\right)$$
$$= 797[kVA]$$
답 ③

27 역률 0.8인 부하 480[kW]를 공급하는 변전소에 전력용 콘덴서 220[kVA]를 설치하면 역률은 몇 [%]로 개선할 수 있는가?

① 92　　② 94
③ 96　　④ 99

풀이 부하역률 $\cos\theta = \dfrac{P}{P_a} = \dfrac{P}{\sqrt{P^2 + P_r^2}} \times 100$

여기서, P_a : 피상전력, P : 유효전력, P_r : 무효전력

- 부하의 무효전력
$Q_L = \dfrac{P}{\cos\theta} \times \sin\theta = \dfrac{480}{0.8} \times 0.6 = 360[\text{kVar}]$

- 전력용 콘덴서
$Q_C = 220[\text{kVA}]$

$\therefore \cos\theta = \dfrac{P}{\sqrt{P^2 + (Q_L - Q_C)^2}} \times 100$
$= \dfrac{480}{\sqrt{480^2 + (360-220)^2}} \times 100$
$= 96[\%]$　　**답** ③

28 수전단을 단락한 경우 송전단에서 본 임피던스는 300[Ω]이고, 수전단을 개방한 경우에는 1200[Ω]일 때 이 선로의 특성 임피던스는 몇 [Ω]인가?

① 300　　② 500
③ 600　　④ 800

풀이 수전단을 단락한 경우 $Z = 300[\Omega]$
수전단을 개방한 경우 $Y = \dfrac{1}{1200}[\mho]$이므로
$\therefore Z_0 = \sqrt{\dfrac{Z}{Y}} = \sqrt{\dfrac{300}{1/1200}} = 600[\Omega]$　**답** ③

29 배전전압, 배전거리 및 전력손실이 같다는 조건에서 단상 2선식 전기방식의 전선 총 중량을 100[%]라 할 때 3상 3선식 전기방식은 몇 [%]인가?

① 33.3　　② 37.5
③ 75.0　　④ 100.0

풀이
- 송전 전력은 동일하므로
$\sqrt{3}\,VI_3\cos\theta = VI_1\cos\theta \rightarrow I_1 = \sqrt{3}\,I_3$

- 전력손실이 동일하므로
$3I_3^2\rho\dfrac{l}{A_3} = 2I_1^2\rho\dfrac{l}{A_1}$
$\rightarrow 3I_3^2\rho\dfrac{l}{A_3} = 2(\sqrt{3}\,I_3)^2\rho\dfrac{l}{A_1}$
$\rightarrow A_3 = \dfrac{1}{2}A_1$

따라서 전선량(무게)비
$\dfrac{3상3선식}{단상2선식} = \dfrac{3A_3l\sigma}{2A_1l\sigma} = \dfrac{3}{2} \times \dfrac{1}{2} = \dfrac{3}{4} = 0.75$　**답** ③

30 외뢰(外雷)에 대한 주 보호장치로서 송전계통의 절연협조의 기본이 되는 것은?

① 애자　　② 변압기
③ 차단기　④ 피뢰기

풀이 계통 내의 각 기기, 기구 및 애자 등의 상호 간에 적정한 절연 강도를 지니게 함으로써 계통 설계를 합리적, 경제적으로 할 수 있게 한 것을 **절연협조**라고 하며 **피뢰기의 제한 전압**이 기본이 된다.　**답** ④

31 배전선로의 전기적 특성 중 그 값이 1 이상인 것은?

① 전압강하율　② 부등률
③ 부하율　　　④ 수용률

풀이 부등률 = $\dfrac{\text{수용설비 개개의 최대수용전력의 합계}}{\text{합성 최대 수용 전력}} \geq 1$　**답** ②

32 1000[kVA]의 단상변압기 3대를 △-△ 결선의 1뱅크로 하여 사용하는 변전소가 부하 증가로 다시 1대의 단상변압기를 증설하여 2뱅크로 사용하면 최대 약 몇 [kVA]의 3상 부하에 적용할 수 있는가?

① 1730　　② 2000
③ 3460　　④ 4000

풀이 △-△결선의 1뱅크에 단상변압기 1대를 증설하면, V-V결선 2뱅크로 사용 가능하다. 따라서
$P = 2P_V = 2 \times \sqrt{3}\,P_1 = 2 \times \sqrt{3} \times 1000$
$= 3464[\text{kVA}]$　**답** ③

33 3300[V] 배전선로의 전압을 6600[V]로 승압하고 같은 손실률로 송전하는 경우 송전전력은 승압전의 몇 배인가?

① $\sqrt{3}$ ② 2
③ 3 ④ 4

풀이 송전전력 $P \propto V^2$ 이므로
$P' = \left(\dfrac{V'}{V}\right)^2 P = \left(\dfrac{6600}{3300}\right)^2 P = 4P$ **답** ④

34 송전선로에 근접한 통신선에 유도장해가 발생하였다. 전자유도의 주된 원인은?

① 영상전류 ② 정상전류
③ 정상전압 ④ 역상전압

풀이 ① 전자 유도 : 영상전류에 의해 발생 (사고 시)
전자 유도전압 : $E_m = -j\omega Ml \times 3I_0$[V]
② 정전 유도 : 영상전압에 의해 발생(정상 시) **답** ①

35 기력발전소의 열 사이클 과정 중 단열팽창 과정에서 물 또는 증기의 상태변화로 옳은 것은?

① 습증기 → 포화액
② 포화액 → 압축액
③ 과열증기 → 습증기
④ 압축액 → 포화액 → 포화증기

풀이 • 보일러 : 등압 가열
• 복수기 : 등압 냉각
• 터빈 : 단열 팽창 (과열증기 → 습증기)
• 급수펌프 : 단열 압축 **답** ③

36 송전선로의 보호방식으로 지락에 대한 보호는 영상전류를 이용하여 어떤 계전기를 동작시키는가?

① 선택지락 계전기 ② 전류차동 계전기
③ 과전압 계전기 ④ 거리계전기

풀이 선택지락계전기 : 병행 2회선 송전선로에서 한쪽의 1회선에 지락사고가 일어났을 경우 이것을 검출하여 고장 회선만을 선택 차단할 수 있게끔 선택 단락 계전기의 동작전류를 특별히 작게 한 것 **답** ①

37 3상 배전선로의 전압강하율[%]을 나타내는 식이 아닌 것은? (단, V_s : 송전단전압, V_r : 수전단전압, I : 전부하전류, P : 부하전력, Q : 무효전력이다.)

① $\dfrac{PR+QX}{V_r^2} \times 100$

② $\dfrac{V_s - V_r}{V_r} \times 100$

③ $\dfrac{V_s(PR+QX)}{V_r} \times 100$

④ $\dfrac{\sqrt{3}I}{V_r}(R\cos\theta + X\sin\theta) \times 100$

풀이 전압강하율
$\epsilon = \dfrac{V_s - V_r}{V_r} \times 100 = \dfrac{e}{V_r} \times 100$
$= \dfrac{\sqrt{3}I(R\cos\theta_r + X\sin\theta_r)}{V_r} \times 100$
$= \dfrac{V_r(\sqrt{3}IV_r\cos\theta_r \cdot R + \sqrt{3}IV_r\sin\theta_r \cdot X)}{V_r^2} \times 100$
$= \dfrac{PR+QX}{V_r^2} \times 100$[%] **답** ③

38 장거리 송전선로의 특성을 표현한 회로로 옳은 것은?

① 분산부하 회로
② 분포정수회로
③ 집중정수회로
④ 특성 임피던스 회로

풀이

구분	거리	선로 정수	회로
단거리	수[km]	R, L만 고려	집중정수회로로 취급
중거리	수십[km]	R, L, C만 고려	T회로, π회로로 취급
장거리	수백[km]	R, L, C, g 고려	분포정수회로로 취급

답 ②

39 배전선로에 3상 3선식 비접지방식을 채용할 경우 장점이 아닌 것은?

① 과도 안정도가 크다.
② 1선 지락고장 시 고장전류가 작다.
③ 1선 지락고장 시 인접 통신선의 유도장해가 작다.
④ 1선 지락고장 시 건전상의 대지전위 상승이 작다.

풀이 ① 비접지의 특징(직접 접지와 비교)
- 지락전류가 비교적 적다.(유도 장해 감소)
- 보호계전기 동작이 불확실하다.
- V—V결선 가능
- 저전압 단거리에 적합
- 1선 지락고장 시 건전상의 대지전위는 $\sqrt{3}$ 배까지 상승한다.

② 1선 지락고장 시 건전상의 대지전위 상승이 적은 것은 직접 접지방식이다. **답** ④

40 경수감속 냉각형 원자로에 속하는 것은?

① 고속증식로
② 열중성자로
③ 비등수형 원자로
④ 흑연감속 가스 냉각로

풀이 발전용 원자로의 종류에는 흑연감속 가스 냉각로, 경수감속 경수 냉각로, 중수감속 중수 냉각로 등이 있으며, **경수감속 경수 냉각로에는 가압수형 원자로(PWR), 비등수형 원자로(BWR)가 있다.** **답** ③

3과목 - 전기기기

41 직류기에서 전기자 반작용의 영향을 설명한 것으로 틀린 것은?

① 주자극의 자속이 감소한다.
② 정류자편 사이의 전압이 불균일하게 된다.
③ 국부적으로 전압이 높아져 섬락을 일으킨다.
④ 전기적 중성점이 전동기인 경우 회전방향으로 이동한다.

풀이 전기자 반작용의 영향
① 전기적 중성축 이동
- 발전기 : 회전방향으로 이동
- 전동기 : 회전방향과 반대 방향으로 이동

② 주자속 감소
③ 정류자 편간의 불꽃섬락 발생
④ 출력의 저하 **답** ④

42 직류분권전동기의 공급전압의 극성을 반대로 하면 회전방향은 어떻게 되는가?

① 반대로 된다. ② 변하지 않는다.
③ 발전기로 된다. ④ 회전하지 않는다.

풀이 공급전압의 극성을 반대로 하면, 계자전류와 전기자 전류의 방향이 동시에 반대로 되므로 회전방향은 변하지 않는다. **답** ②

43 6300/210[V], 20[kVA] 단상변압기 1차 저항과 리액턴스가 각각 15.2[Ω]과 21.6[Ω], 2차 저항과 리액턴스가 각각 0.019[Ω]과 0.028[Ω]이다. 백분율 임피던스는 약 몇 [%]인가?

① 1.86 ② 2.86
③ 3.86 ④ 4.86

풀이 권수비 $a = \dfrac{6300}{210} = 30$

- 1차 측으로 환산한 저항
$r_{21} = r_1 + a^2 r_2 = 15.2 + 30^2 \times 0.019 = 32.3[\Omega]$

- 1차 측으로 환산한 리액턴스
$x_{21} = x_1 + a^2 x_2 = 21.6 + 30^2 \times 0.028 = 46.8[\Omega]$

$\therefore \%Z = \dfrac{z_{21} I_{1n}}{V_{1n}} \times 100 = \dfrac{PZ}{10 V^2}$

$= \dfrac{20 \times \sqrt{32.3^2 + 46.8^2}}{10 \times 6.3^2} \approx 2.86[\%]$ **답** ②

44 권선형 유도전동기의 속도제어 방법 중 저항제어법의 특징으로 옳은 것은?

① 효율이 높고 역률이 좋다.
② 부하에 대한 속도변동률이 작다.
③ 구조가 간단하고 제어조작이 편리하다.
④ 전부하로 장시간 운전하여도 온도에 영향이 적다.

풀이 2차 저항 제어
① 구조가 간단하고 조작이 편리하며, 속도제어를 원활하고 광범위하게 할 수 있다.
② 전류가 큰 2차 회로에 저항을 삽입하여 제어하므로 효율이 낮다. 답 ③

45 단상 50[Hz], 전파 정류회로에서 변압기의 2차 상전압 100[V], 수은 정류기의 전압강하 20[V]에서 회로 중의 인덕턴스는 무시한다. 외부 부하로서 기전력 50[V], 내부저항 0.3[Ω]의 축전지를 연결할 때 평균 출력은 약 몇 [W]인가?

① 4556
② 4667
③ 4778
④ 4889

풀이 직류 평균 전압
$$E_d = \frac{2\sqrt{2}}{\pi}E - e_a = \frac{2\sqrt{2}}{\pi} \times 100 - 20 = 70[V]$$
평균 부하전류
$$I_d = \frac{E_d - 50}{0.2} = \frac{70-50}{0.3} = 66.67[A]$$
따라서 평균 출력
$$P_0 = E_d I_d = 70 \times 66.67 = 4667[W]$$ 답 ②

46 동기발전기의 전기자 권선을 단절권으로 하는 가장 큰 이유는?

① 과열을 방지
② 기전력 증가
③ 기본파를 제거
④ 고조파를 제거해서 기전력 파형 개선

풀이 단절권의 특징
① **고조파를 제거**하여 기전력의 파형을 좋게 하고
② 자기 인덕턴스 감소
③ 동량 절약
④ 유기기전력 감소 답 ④

47 3상 동기발전기의 여자전류 5[A]에 대한 1상의 유기기전력이 600[V]이고 그 3상 단락전류는 30[A]이다. 이 발전기의 동기 임피던스[Ω]는?

① 10
② 20
③ 30
④ 40

풀이 동기 임피던스 $Z_s = \frac{E_n}{I_s} = \frac{600}{30} = 20[\Omega]$ 답 ②

48 권선형 유도전동기가 기동하면서 동기속도 이하까지 회전속도가 증가하면 회전자의 전압은?

① 증가한다.
② 감소한다.
③ 변함없다.
④ 0이 된다.

풀이
- 슬립 $s = \frac{N_s - N}{N_s}$ 이므로
  회전자 속도(N)가 증가하면 슬립은 감소한다.
- 유도전동기의 회전자 전압(2차 전압)
  $E_2' = sE_2[V]$ 이므로 회전자의 속도가 증가함에 따라 **2차 전압의 크기와 주파수는 감소**되고, 2차 전류도 이에 따라 감소한다. 답 ②

49 3상 직권 정류자 전동기의 중간변압기의 사용 목적은?

① 역회전의 방지
② 역회전을 위하여
③ 전동기의 특성을 조정
④ 직권 특성을 얻기 위하여

풀이 3상 직권 정류자 전동기의 중간 변압기는 고정자 권선과 회전자 권선 사이에 직렬로 접속되며 이 **중간 변압기를 사용하는 주요한 이유**는 다음과 같다.
① 전원전압의 크기에 관계없이 정류에 알맞은 회전자 전압을 선택할 수 있다.
② 중간 변압기의 권수비를 바꾸어 **전동기의 특성을 조정**할 수 있다.
③ 직권 특성이기 때문에 경부하에서는 속도가 매우 상승하나 중간 변압기를 사용, 그 철심을 포화하도록 하면 그 속도 상승을 제한할 수 있다. 답 ③

50 전기자 지름 0.2[m]의 직류발전기가 1.5[kW]의 출력에서 1800[rpm]으로 회전하고 있을 때 전기자 주변속도는 약 몇 [m/s]인가?

① 18.84
② 21.96
③ 32.74
④ 42.85

[풀이] 회전자 주변 속도
$$v = \pi D \frac{N_s}{60} [\text{m/s}]$$
(여기서, πD : 회전자 둘레)
$$\therefore v = \pi \times 0.2 \times \frac{1800}{60} = 18.84 [\text{m/s}]$$
답 ①

51 2방향성 3단자 사이리스터는?
① SCR ② SSS
③ SCS ④ TRIAC

[풀이] 각 종 반도체 소자의 비교
① 방향성
- 양방향성(쌍방향성) 소자 : DIAC, TRIAC, SSS
- 역저지(단방향성) 소자 : SCR, LASCR, GTO

② 극(단자) 수
- 2극(단자) 소자 : DIAC, SSS, Diode
- 3극(단자) 소자 : SCR, LASCR, GTO, TRIAC
- 4극(단자) 소자 : SCS

답 ④

52 동기전동기의 특징으로 틀린 것은?
① 속도가 일정하다.
② 역률을 조정할 수 없다.
③ 직류전원을 필요로 한다.
④ 난조를 일으킬 염려가 있다.

[풀이] 동기전동기의 특징
① 장점
- 속도가 일정, 불변이다.
- 항상 역률 1로 운전할 수 있다.
- 필요시 앞선 전류를 통할 수 있다.
- 유도전동기에 비하여 효율이 좋다.

② 단점
- 보통 구조의 것은 기동 토크가 적고 속도 조정을 할 수 없다.
- 난조를 일으킬 염려가 있다.
- 여자용의 직류 전원을 필요로 하여 설비비가 많이 든다.

답 ②

53 정격 주파수 50[Hz]의 변압기를 일정 전압 60[Hz]의 전원에 접속하여 사용했을 때 여자전류, 철손 및 리액턴스 강하는?

① 여자전류와 철손은 $\frac{5}{6}$ 감소, 리액턴스 강하 $\frac{6}{5}$ 증가
② 여자전류와 철손은 $\frac{5}{6}$ 감소, 리액턴스 강하 $\frac{5}{6}$ 감소
③ 여자전류와 철손은 $\frac{6}{5}$ 증가, 리액턴스 강하 $\frac{6}{5}$ 증가
④ 여자전류와 철손은 $\frac{6}{5}$ 증가, 리액턴스 강하 $\frac{5}{6}$ 감소

[풀이] 전압이 일정할 때
① 여자전류 $I_0 = \frac{V_1}{\omega L_1} = \frac{V_1}{2\pi f L_1} \propto \frac{1}{f}$
② 철손과 와류손은 주파수와 무관, 히스테리시스손은 주파수에 반비례($P_h \propto \frac{1}{f}$)
③ 리액턴스 $X_L = \omega L = 2\pi f L \propto f$

따라서 여자전류와 철손은 $\frac{5}{6}$ 감소, 리액턴스 강하 $\frac{6}{5}$ 증가

답 ①

54 어떤 주상 변압기가 4/5 부하일 때 최대효율이 된다고 한다. 전부하에 있어서의 철손과 동손의 비 P_c/P_i는 약 얼마인가?

① 0.64 ② 1.56
③ 1.64 ④ 2.56

[풀이] 최대 효율은 철손 = 동손일 때 발생한다.
즉, $P_i = m^2 P_c = \left(\frac{4}{5}\right)^2 P_c$
$$\therefore \frac{P_c}{P_i} = \frac{25}{16} = 1.56$$

답 ②

55 직류기의 손실 중 기계손에 속하는 것은?
① 풍손 ② 와전류손
③ 히스테리시스손 ④ 브러시의 전기손

총손실	무부하손	철손	히스테리시스손
			와류손
		기계손	풍손, 베어링 마찰손, 브러시 마찰손
	부하손	전기자저항손 $P_c = I_a^2 R$ [W]	
		브러시 전기손	
		표유부하손 : 권선 이외 부분의 누설자속에 의해 발생	

답 ①

56 직류기에서 양호한 정류를 얻는 조건으로 틀린 것은?

① 정류 주기를 크게 한다.
② 브러시의 접촉저항을 크게 한다.
③ 전기자 권선의 인덕턴스를 작게 한다.
④ 평균 리액턴스 전압을 브러시 접촉면 전압 강하보다 크게 한다.

풀이 ① 정류 주기를 크게 하면 전류의 변화율, 즉 $\dfrac{di}{dt}$ 가 작아져서 불꽃 발생의 원인이 작아진다.
② L이 작아져도 역시 불꽃 발생의 근본 원인인 역기전력이 작아진다.
③ **리액턴스 전압**은 $e_r = -L\dfrac{di}{dt}$ 로서 이것이 **정류를 해치는 가장 큰 원인**이 되는 것이다.
④ 브러시의 접촉저항이 크면 저항 정류가 이루어져서 양호한 정류가 이루어진다.

답 ④

57 동기전동기의 제동권선은 다음 어떤 것과 같은가?

① 직류기의 전기자
② 유도기의 농형 회전자
③ 동기기의 원통형 회전자
④ 동기기의 유도자형 회전자

풀이 제동권선은 회전 자극 표면에 설치한 유도전동기의 농형 권선과 같은 권선으로서 진동 에너지를 열로 소비하여 진동(난조)을 방지한다.

답 ②

58 권선형 3상 유도전동기의 2차 회로는 Y로 접속되고 2차 각 상의 저항은 0.3[Ω]이며 1차, 2차 리액턴스의 합은 1.5[Ω]이다. 기동 시에 최대 토크를 발생하기 위해서 삽입하여야 할 저항 [Ω]은? (단, 1차 각 상의 저항은 무시한다.)

① 1.2
② 1.5
③ 2
④ 2.2

풀이 1차 저항 $r_1 = 0$이므로
$$R_s' = \sqrt{r_1^2 + (x_1 + x_2')^2} - r_2'$$
$$= \sqrt{(x_1 + x_2')^2} - r_2'$$
$x_1' + x_2 = 1.5[\Omega]$, $r_2 = 0.3[\Omega]$이므로
$$\therefore R_s = \sqrt{(x_1 + x_2')^2} - r_2 = \sqrt{(1.5)^2} - 0.3$$
$$= 1.2[\Omega]$$

답 ①

59 3상 유도전압조정기의 특징이 아닌 것은?

① 분로권선에 회전자계가 발생한다.
② 입력전압과 출력전압의 위상이 같다.
③ 두 권선은 2극 또는 4극으로 감는다.
④ 1차 권선은 회전자에 감고 2차 권선은 고정자에 감는다.

풀이 3상 유도전압조정기의 입력 측 전압 E_1과 출력 측 전압 E 사이에는 위상차 α가 생긴다.

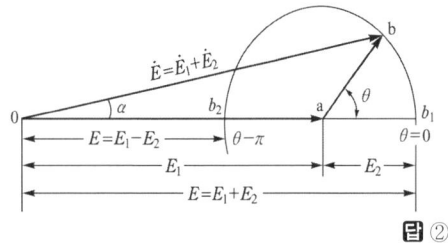

답 ②

60 변압기의 부하가 증가할 때의 현상으로서 틀린 것은?

① 동손이 증가한다.
② 온도가 상승한다.
③ 철손이 증가한다.
④ 여자전류는 변함없다.

풀이 변압기의 손실은 철손(히스테리시스손+와류손)과 동손(I^2R)이 있는데 철손은 1차 전압만 걸리면 손실이 되고 동손은 2차 전류가 흘러야 손실이 된다.
그러므로 2차 부하가 증가하면 철손은 일정하나 동손은 증가하게 된다. 답 ③

4과목 - 회로이론

61 어떤 회로망의 4단자 정수가
$A = 8$, $B = j2$, $D = 3 + j2$이면
이 회로망의 C는?

① $2 + j3$ ② $3 + j3$
③ $24 + j14$ ④ $8 - j11.5$

풀이 $AD - BC = 1$이므로
$$C = \frac{AD-1}{B} = \frac{8(3+j2)-1}{j2} = 8 - j11.5$$ 답 ④

62 다음과 같은 회로에서 $i_1 = I_m \sin \omega t$ [A]일 때, 개방된 2차 단자에 나타나는 유기기전력 e_2는 몇 [V]인가?

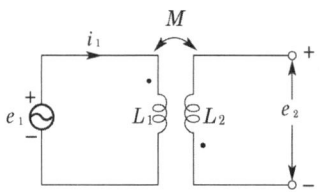

① $\omega M I_m \sin(\omega t - 90°)$
② $\omega M I_m \cos(\omega t - 90°)$
③ $-\omega M \sin \omega t$
④ $-\omega M \cos \omega t$

풀이 $e_2 = -M\dfrac{di_1}{dt} = -\omega M I_m \cos \omega t$
$= \omega M I_m \sin(\omega t - 90°)$ [V] 답 ①

63 다음 회로에서 부하 R에 최대 전력이 공급될 때의 전력 값이 5[W]라고 하면 $R_L + R_i$의 값은 몇 [Ω]인가? (단, R_i는 전원의 내부저항이다.)

① 5
② 10
③ 15
④ 20

풀이 최대공급전력 $P_m = \dfrac{V^2}{4R_L}$ [W]이므로
$5 = \dfrac{10^2}{4R_L}$에서 $R_L = \dfrac{10^2}{4 \times 5} = 5$ [Ω]이 된다.
최대전력전송조건은 $R_i = R_L$이므로
$R_L + R_i = 5 + 5 = 10$ [Ω]이 된다. 답 ②

64 부동작시간(dead time) 요소의 전달함수는?

① K ② $\dfrac{K}{s}$
③ Ke^{-Ls} ④ Ks

풀이 $y(t) = Kx(t-L)$의 양변을 라플라스 변환하면
$Y(s) = Ke^{-Ls} \cdot X(s)$
$\therefore G(s) = \dfrac{Y(s)}{X(s)} = Ke^{-Ls}$ 답 ③

65 회로의 양 단자에서 테브난의 정리에 의한 등가회로로 변환할 경우 V_{ab} 전압과 테브난 등가저항은?

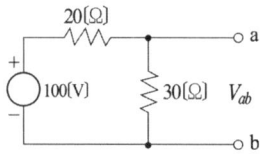

① 60[V], 12[Ω] ② 60[V], 15[Ω]
③ 50[V], 15[Ω] ④ 50[V], 50[Ω]

풀이 • 30[Ω]에 인가되는 전압
$V_{ab} = 100 \times \dfrac{30}{20+30} = 60$ [V]
• 양 단자 측에서 본 전체 저항
(이때 전압원은 단락)
$R_{th} = \dfrac{20 \times 30}{20+30} = 12$ [Ω] 답 ①

66 그림과 같은 회로에서 $V_1(s)$를 입력, $V_2(s)$를 출력으로 한 전달함수는?

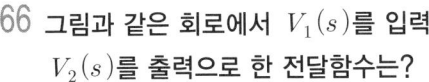

① $\dfrac{1}{\dfrac{1}{Ls}+Cs}$ ② $\dfrac{1}{1+s^2LC}$

③ $\dfrac{1}{LC+Cs}$ ④ $\dfrac{Cs}{s^2(s+LC)}$

풀이 $V_1(s)=\left(Ls+\dfrac{1}{Cs}\right)I(s)$, $V_2(s)=\dfrac{1}{Cs}I(s)$

$\therefore G(s)=\dfrac{V_2(s)}{V_1(s)}=\dfrac{\dfrac{1}{Cs}}{Ls+\dfrac{1}{Cs}}=\dfrac{1}{1+s^2LC}$ **답** ②

67 저항 $R[\Omega]$, 리액턴스 $X[\Omega]$와의 직렬회로에 교류전압 $V[V]$를 가했을 때 소비되는 전력 [W]은?

① $\dfrac{V^2R}{\sqrt{R^2+X^2}}$ ② $\dfrac{V}{\sqrt{R^2+X^2}}$

③ $\dfrac{V^2R}{R^2+X^2}$ ④ $\dfrac{X}{R^2+X^2}$

풀이 $R-X$ 직렬회로의 유효전력[W]

$P=I^2R=\left(\dfrac{V}{\sqrt{R^2+X^2}}\right)^2R=\dfrac{V^2}{R^2+X^2}R$ **답** ③

68 RLC 직렬회로에서 각주파수 ω를 변화시켰을 때 어드미턴스의 궤적은?

① 원점을 지나는 원
② 원점을 지나는 반원
③ 원점을 지나지 않는 원
④ 원점을 지나지 않는 직선

풀이 $Z=R+j\left(\omega L-\dfrac{1}{\omega C}\right)=R+jX$

$Y=\dfrac{1}{Z}=\dfrac{1}{R+jX}=\dfrac{R}{R^2+X^2}-j\dfrac{X}{R^2+X^2}$

$=P+jQ$

$P^2+Q^2=\dfrac{R^2}{(R^2+X^2)^2}+\dfrac{X^2}{(R^2+X^2)^2}$

$=\dfrac{R^2+X^2}{(R^2+X^2)^2}=\dfrac{1}{R^2+X^2}=\dfrac{P}{R}$

$\therefore \left(P-\dfrac{1}{2R}\right)^2+Q^2=\left(\dfrac{1}{2R}\right)^2$

즉, 위 식은 중심 $\left(\dfrac{1}{2R},\ 0\right)$,
반지름 $\dfrac{1}{2R}$인 원의 방정식이다. **답** ①

69 대칭 6상 기전력의 선간 전압과 상기전력의 위상차는?

① $120°$ ② $60°$
③ $30°$ ④ $15°$

풀이 대칭 n상인 경우 기전력의 위상차는
$\theta=\dfrac{\pi}{2}\left(1-\dfrac{2}{n}\right)=\dfrac{180}{2}\left(1-\dfrac{2}{6}\right)=90\times\dfrac{2}{3}=60°$ **답** ②

70 RL 병렬회로의 양단에 $e=E_m\sin(\omega t+\theta)[V]$의 전압이 가해졌을 때 소비되는 유효전력[W]은?

① $\dfrac{E_m^2}{2R}$ ② $\dfrac{E_m^2}{\sqrt{2}R}$

③ $\dfrac{E_m}{2R}$ ④ $\dfrac{E_m}{\sqrt{2}R}$

풀이 $P=I^2R=\dfrac{V^2}{R}=\dfrac{\left(\dfrac{E_m}{\sqrt{2}}\right)^2}{R}=\dfrac{E_m^2}{2R}$ **답** ①

71 2단자 회로 소자 중에서 인가한 전류파형과 동위상의 전압파형을 얻을 수 있는 것은?

① 저항 ② 콘덴서
③ 인덕턴스 ④ 저항 + 콘덴서

풀이 ① 저항 R에 정현파 전류($i = I_m \sin\omega t$)가 흐를 때 전압강하
$v_R = Ri = RI_m \sin\omega t = V_m \sin\omega t$
(전압과 전류는 동상)
② 인덕턴스 L에 정현파 전류가 흐를 때
전압강하 $v_L = L\dfrac{di}{dt} = V_m \sin(\omega t + 90°)$
(전압은 전류보다 90° 앞선다.)
③ 커패시턴스 C에 정현파 전류가 흐를 때
전압강하 $v_C = \dfrac{1}{C}\int idt = V_m \sin(\omega t - 90°)$
(전압은 전류보다 90° 뒤진다.) 답 ①

72 다음과 같은 교류 브리지 회로에서 Z_0에 흐르는 전류가 0 이 되기 위한 각 임피던스의 조건은?

① $Z_1 Z_2 = Z_3 Z_4$
② $Z_1 Z_2 = Z_3 Z_0$
③ $Z_2 Z_3 = Z_1 Z_0$
④ $Z_2 Z_3 = Z_1 Z_4$

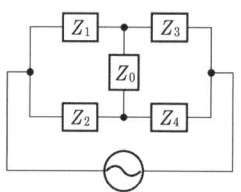

풀이 브리지의 평형조건 : 서로 대각선으로 마주보고 있는 저항의 곱이 서로 같으면 평형이 됨을 의미
∴ $Z_2 Z_3 = Z_1 Z_4$ 답 ④

73 불평형 3상 전류가 $I_a = 15 + j2$[A], $I_b = -20 - j14$[A], $I_c = -3 + j10$[A] 일 때의 영상전류 I_0[A]는?

① $1.57 - j3.25$
② $2.85 + j0.36$
③ $-2.67 - j0.67$
④ $12.67 + j2$

풀이 $I_0 = \dfrac{1}{3}(I_a + I_b + I_c)$
$= \dfrac{1}{3}(15 + j2 - 20 - j14 - 3 + j10)$
$= \dfrac{1}{3}(-8 - j2) = -2.67 - j0.67$[A] 답 ③

74 회로에서 $L = 50$[mH], $R = 20$[kΩ]인 경우 회로의 시정수는 몇 [μs]인가?

① 4.0
② 3.5
③ 3.0
④ 2.5

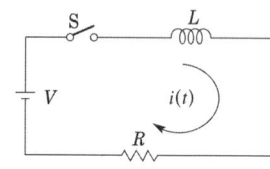

풀이 $R-L$ 직렬회로의 시정수 τ
$\tau = \dfrac{L}{R} = \dfrac{50 \times 10^{-3}}{20 \times 10^3} = 2.5 \times 10^{-6}$[sec]
$= 2.5$[μs] 답 ④

75 주기적인 구형파 신호의 구성은?

① 직류성분만으로 구성된다.
② 기본파 성분만으로 구성된다.
③ 고조파 성분만으로 구성된다.
④ 직류 성분, 기본파 성분, 무수히 많은 고조파 성분으로 구성된다.

풀이 주기적인 비정현파는 일반적으로 푸리에 급수에 의해 표시되므로 무수히 많은 주파수의 합성이다. 답 ④

76 $F(s) = \dfrac{5s + 3}{s(s+1)}$일 때 $f(t)$의 최종값은?

① 3
② -3
③ 5
④ -5

풀이 최종값 정리
$f(\infty) = \lim_{t \to \infty} f(t) = \lim_{s \to 0} sF(s)$에 의해서
$\lim_{t \to \infty} f(t) = \lim_{s \to 0} s \cdot F(s) = \lim_{s \to 0} s \cdot \dfrac{5s+3}{s(s+1)}$
$= \lim_{s \to 0} \dfrac{5s+3}{s+1} = \dfrac{3}{1} = 3$ 답 ①

77 RC 회로에 비정현파 전압을 가하여 흐른 전류가 다음과 같을 때 이 회로의 역률은 약 [%]인가?

$v = 20 + 220\sqrt{2}\sin 120\pi t$
$\quad + 40\sqrt{2}\sin 360\pi t$[V]
$i = 2.2\sqrt{2}\sin(120\pi t + 36.87°)$
$\quad + 0.49\sqrt{2}\sin(360\pi t + 14.04°)$[A]

① 75.8
② 80.4
③ 86.3
④ 89.7

풀이 ① 유효전력
$$P = V_1 I_1 \cos\theta_1 + V_3 I_3 \cos\theta_3$$
$$= 220 \times 2.2 \times \cos 36.87° + 40$$
$$\times 0.49 \times \cos 14.04°$$
$$≒ 406.21[W]$$

② 피상전력
전압의 실효값 V와 전류의 실효값 I는
$$V = \sqrt{V_0^2 + V_1^2 + V_3^2}$$
$$= \sqrt{20^2 + 220^2 + 40^2} ≒ 224.5[V]$$
$$I = \sqrt{I_1^2 + I_3^2} = \sqrt{2.2^2 + 0.49^2} ≒ 2.25[A]$$
$$P_a = V \cdot I = 224.5 \times 2.25 = 505.13[VA]$$

따라서 역률
$$\cos\theta = \frac{P}{P_a} \times 100 = \frac{406.21}{505.13} \times 100$$
$$= 80.4[\%]$$
답 ②

78 다음 미분방정식으로 표시되는 계에 대한 전달함수는? (단, $x(t)$는 입력, $y(t)$는 출력을 나타낸다.)

$$\frac{d^2 y(t)}{dt^2} + 3\frac{dy(t)}{dt} + 2y(t) = x(t) + \frac{dx(t)}{dt}$$

① $\dfrac{s+1}{s^2+3s+2}$ ② $\dfrac{s-1}{s^2+3s+2}$

③ $\dfrac{s+1}{s^2-3s+2}$ ④ $\dfrac{s-1}{s^2-3s+2}$

풀이 양변을 라플라스 변환하면
$\{s^2 Y(s) - sy(0) - y'(0)\}$
$\quad + 3\{sY(s) - y(0)\} + 2Y(s)$
$= X(s) + \{sX(s) - x(0)\}$
모든 초기값을 0으로 보고 정리하면
$(s^2 + 3s + 2)Y(s) = (s+1)X(s)$
$\therefore \dfrac{Y(s)}{X(s)} = \dfrac{s+1}{s^2+3s+2}$
답 ①

79 대칭좌표법에 관한 설명이 아닌 것은?

① 대칭좌표법은 일반적인 비대칭 3상 교류 회로의 계산에도 이용된다.
② 대칭 3상 전압의 영상분과 역상분은 0이고, 정상분만 남는다.
③ 비대칭 3상 교류회로는 영상분, 역상분 및 정상분의 3성분으로 해석한다.
④ 비대칭 3상 회로의 접지식 회로에는 영상분이 존재하지 않는다.

풀이 영상분은 비대칭 3상 회로의 접지선, 중성선에 존재하며, 비대칭 3상 회로의 비접지식 회로에는 영상분이 존재하지 않는다. 답 ④

80 3상 Y결선 전원에서 각 상전압이 100[V]일 때 선간전압[V]은?

① 150   ② 170
③ 173   ④ 179

풀이 Y결선이므로 선간전압
$V_l = \sqrt{3} V_p = \sqrt{3} \times 100 = 173[V]$ 답 ③

5과목 - 전기설비기술기준

81 변전소의 주요 변압기에 시설하지 않아도 되는 계측 장치는?

① 전압계   ② 역률계
③ 전류계   ④ 전력계

풀이 351.6 계측장치
변전소 또는 이에 준하는 곳에는 다음의 사항을 계측하는 장치를 시설하여야 한다.
가. 주요 변압기의 전압 및 전류 또는 전력
나. 특고압용 변압기의 온도 답 ②

82 애자공사에 의한 고압 옥내배선을 시설하고자 할 경우 전선과 조영재 사이의 이격거리는 몇 [cm] 이상인가?

① 3   ② 4
③ 5   ④ 6

풀이 342.1 고압 옥내배선 등의 시설

전압	전선과 조영재와의 이격거리	전선 상호 간격	전선 지지점 간의 거리	
			조영재의 윗면 또는 옆면에 따라 시설	조영재에 따라 시설하지 않는 경우
고압	5[cm] 이상	8[cm] 이상	2[m] 이하	6[m] 이하

답 ③

83 특고압전선로에 접속하는 배전용 변압기의 1차 및 2차 전압은?

① 1차 : 35[kV] 이하, 2차 : 저압 또는 고압
② 1차 : 50[kV] 이하, 2차 : 저압 또는 고압
③ 1차 : 35[kV] 이하, 2차 : 특고압 또는 고압
④ 1차 : 50[kV] 이하, 2차 : 특고압 또는 고압

풀이 341.2 특고압 배전용 변압기의 시설
특고압 전선로에 접속하는 배전용 변압기를 시설하는 경우에는 특고압 전선에 특고압 절연전선 또는 케이블을 사용하고 또한 다음에 따라야 한다.
가. 변압기의 1차 전압은 35[kV] 이하, 2차 전압은 저압 또는 고압일 것.
나. 변압기의 특고압측에 개폐기 및 과전류차단기를 시설할 것
다. 변압기의 2차 전압이 고압인 경우에는 고압측에 개폐기를 시설하고 또한 쉽게 개폐할 수 있도록 할 것.
답 ①

84 특고압가공전선로의 지지물 중 전선로의 지지물 양쪽의 경간의 차가 큰 곳에 사용하는 철탑은?

① 내장형 철탑
② 인류형 철탑
③ 보강형 철탑
④ 각도형 철탑

풀이 333.11 특고압 가공전선로의 철주·철근 콘크리트주 또는 철탑의 종류
특고압 가공전선로의 지지물로 사용하는 B종 철근·B종 콘크리트주 또는 철탑의 종류는 다음과 같다.
가. 직선형 : 전선로의 직선 부분(3° 이하의 수평 각도 이루는 곳 포함)에 사용되는 것
나. 각도형 : 전선로 중 수평 각도 3°를 넘는 곳에 사용되는 것
다. 인류형 : 전 가섭선을 인류하는 곳에 사용하는 것
라. 내장형 : 전선로 지지물 양측의 경간차가 큰 곳에 사용하는 것
마. 보강형 : 전선로 직선 부분을 보강하기 위하여 사용하는 것
답 ①

85 폭연성 분진 또는 화약류의 분말이 전기설비가 발화원이 되어 폭발할 우려가 있는 곳에 시설하는 저압 옥내전기설비를 케이블공사로 할 경우 관이나 방호장치에 넣지 않고 노출로 설치할 수 있는 케이블은?

① 무기물 절연 케이블
② 고무절연 비닐 시스케이블
③ 폴리에틸렌절연 비닐 시스케이블
④ 폴리에틸렌절연 폴리에틸렌 시스케이블

풀이 242.2.1 폭연성 분진 위험장소
케이블공사에 의하는 때에는 전선은 개장된 케이블 또는 무기물 절연 케이블을 사용하는 경우 이외에는 관 기타의 방호 장치에 넣어 사용할 것.
답 ①

86 풀용 수중조명등의 시설공사에서 절연변압기는 그 2차 측 전로의 사용전압이 몇 [V] 이하인 경우에는 1차 권선과 2차 권선 사이에 금속제의 혼촉방지판을 설치하여야 하여야 하는가?

① 30[V]   ② 40[V]
③ 50[V]   ④ 60[V]

풀이 234.14 수중조명등
수중조명등의 절연변압기는 그 2차측 전로의 사용전압이 30[V] 이하인 경우는 1차권선과 2차권선 사이에 금속제의 혼촉방지판을 설치하고, 규정에 준하여 접지공사를 하여야 한다.
답 ①

87 지선을 사용하여 그 강도를 분담시켜서는 아니 되는 가공전선로 지지물은?

① 목주   ② 철주
③ 철탑   ④ 철근콘크리트주

풀이 331.11 지선의 시설
가. 가공전선로의 지지물로 사용하는 철탑은 지선을 사용하여 그 강도를 분담시켜서는 안 된다.
나. 가공전선로의 지지물로 사용하는 철주 또는 철근 콘크리트주는 지선을 사용하지 않는 상태에서 2분의 1 이상의 풍압하중에 견디는 강도를 가지는 경우 이외에는 지선을 사용하여 그 강도를 분담시켜서는 안 된다.
답 ③

88 수소냉각식 발전기 및 이에 부속하는 수소냉각장치 시설에 대한 설명으로 틀린 것은?

① 발전기 안의 수소의 온도를 계측하는 장치를 시설할 것
② 발전기 안의 수소의 순도가 70[%] 이하로 저하한 경우에 이를 경보하는 장치를 시설할 것
③ 발전기 안의 수소의 압력의 계측하는 장치 및 그 압력이 현저히 변동한 경우에 이를 경보하는 장치를 시설할 것
④ 발전기는 기밀구조의 것이고 또한 수소가 대기압에서 폭발하는 경우에 생기는 압력에 견디는 강도를 가지는 것일 것

[풀이] 351.10 수소냉각식 발전기 등의 시설
수소냉각식의 발전기·조상기 또는 이에 부속하는 수소 냉각 장치는 발전기 내부 또는 조상기 내부의 **수소의 순도가 85 [%] 이하로 저하한 경우에 이를 경보하는 장치를 시설할 것.** 답 ②

89 옥내에 시설하는 전동기에 과부하 보호장치의 시설을 생략할 수 없는 경우는?

① 정격출력이 0.75[kW]인 전동기
② 전동기의 구조나 부하의 성질로 보아 전동기가 소손할 수 있는 과전류가 생길 우려가 없는 경우
③ 전동기가 단상의 것으로 전원측 전로에 시설하는 배선용 차단기의 정격전류가 20[A] 이하인 경우
④ 전동기가 단상의 것으로 전원측 전로에 시설하는 과전류차단기의 정격전류가 16[A] 이하인 경우

[풀이] 212.6.3 저압전로 중의 전동기 보호용 과전류보호장치의 시설
옥내에 시설하는 전동기에는 전동기가 손상될 우려가 있는 과전류가 생겼을 때에 자동적으로 이를 저지하거나 이를 경보하는 장치를 하여야 한다. 다만, 다음의 어느 하나에 해당하는 경우에는 그러하지 아니하다.
가. 전동기를 운전 중 상시 취급자가 감시할 수 있는 위치에 시설하는 경우
나. 전동기의 구조나 부하의 성질로 보아 전동기가 손상될 수 있는 과전류가 생길 우려가 없는 경우
다. 단상전동기로써 그 전원측 전로에 시설하는 과전류차단기의 정격전류가 16[A](배선용 차단기는 20[A]) 이하인 경우
라. 정격 출력이 0.2[kW] 이하의 전동기 답 ①

90 가공전선로의 지지물에 시설하는 통신선 또는 이에 직접 접속하는 가공통신선의 높이에 대한 설명 중 틀린 것은?

① 도로를 횡단하는 경우에는 지표상 6[m] 이상으로 한다.
② 철도 또는 궤도를 횡단하는 경우에는 레일면상 6[m] 이상으로 한다.
③ 횡단보도교의 위에 시설하는 경우에는 그 노면상 5[m] 이상으로 한다.
④ 도로를 횡단하는 경우, 저압이나 고압의 가공전선로의 지지물에 시설하는 통신선이 교통에 지장을 줄 우려가 없는 경우에는 지표상 5[m]까지로 감할 수 있다.

[풀이] 362.2 전력보안통신선의 시설 높이와 이격거리
가공전선로의 지지물에 시설하는 통신선 또는 이에 직접 접속하는 가공 통신선의 높이는 다음에 따라야 한다.

시설 장소		가공전선로의 지지물에 시설	
		고·저압[m]	특고압[m]
도로횡단	일반적인 경우	6[m] 이상	6[m] 이상
	교통에 지장을 안 주는 경우	5[m] 이상	
철도 횡단 (레일면상)		6.5[m] 이상	6.5[m] 이상
횡단 보도교 위	노면상	3.5[m] 이상	5[m] 이상
	절연전선 사용	3[m] 이상	
	광섬유 케이블 사용		4[m] 이상
기타의 장소	일반적인 경우 (절연전선 사용)	4[m] 이상	5[m] 이상
	광섬유 케이블 사용	3.5[m] 이상	

답 ②

91 아크가 발생하는 고압용 차단기는 목재의 벽 또는 천장, 기타의 가연성 물체로부터 몇 [m] 이상 이격하여야 하는가?

① 0.5   ② 1
③ 1.5   ④ 2

풀이 341.7 아크를 발생하는 기구의 시설
고압용 또는 특고압용의 개폐기·차단기·피뢰기 기타 이와 유사한 기구로서 동작 시에 아크가 생기는 것은 목재의 벽 또는 천장 기타의 가연성 물체로부터 표에서 정한 값 이상 이격하여 시설하여야 한다.

기구 등의 구분	이격거리
고압용의 것	1[m] 이상
특고압용의 것	2[m] 이상(사용전압이 35[kV] 이하의 특고압용의 기구 등으로서 동작할 때에 생기는 아크의 방향 및 길이를 화재가 발생할 우려가 없도록 제한하는 경우에는 1[m] 이상)

답 ②

92
가공전선로의 지지물에 원형 철근콘크리트주인 경우 갑종 풍압하중은 몇 [Pa]를 기초로 하여 계산하는가?

① 294   ② 588   ③ 627   ④ 1078

풀이 331.6 풍압하중의 종별과 적용

풍압을 받는 구분			풍압[Pa]
목주			588
지지물	철주	원형의 것	588
		삼각형 또는 마름모형의 것	1,412
		강관에 의하여 구성되는 4각형의 것	1,117
		기타의 것으로 복재가 전후면에 겹치는 경우	1,627
		기타의 것으로 겹치지 않은 경우	1,784
	철근 콘크리트주	원형의 것	588
		기타의 것	882
	철탑	단주 (완철류는 제외함) 원형의 것	588
		단주 (완철류는 제외함) 기타의 것	1,117
		강관으로 구성되는 것(단주는 제외함)	1,255
		기타의 것	2,157

답 ②

93
지중전선로를 관로식에 의하여 시설하는 경우에는 매설 깊이를 몇 [m] 이상으로 하여야 하는가?

① 0.6   ② 1.0   ③ 1.2   ④ 1.5

풀이 334.1 지중전선로의 시설
가. 지중 전선로는 전선에 케이블을 사용하고 또한 관로식·암거식 또는 직접 매설식에 의하여 시설하여야 한다.
나. 지중 전선로를 직접 매설식에 의하여 시설하는 경우에는 매설 깊이를 차량 기타 중량물의 압력을 받을 우려가 있는 장소에는 1.0[m] 이상, 기타 장소에는 0.6[m] 이상으로 하고 또한 지중 전선을 견고한 트라프 기타 방호물에 넣어 시설하여야 한다.

답 ②

94
100[kV] 미만인 특고압가공전선로를 인가가 밀집한 지역에 시설할 경우 전선로에 사용되는 전선의 단면적이 몇 [mm²] 이상의 경동연선이어야 하는가?

① 38   ② 55
③ 100   ④ 150

풀이 333.1 시가지 등에서 특고압 가공전선로의 시설

사용전압의 구분	전선의 단면적
100[kV] 미만	인장강도 21.67[kN] 이상의 연선 또는 단면적 55[mm²] 이상의 경동연선
100[kV] 이상	인장강도 58.84[kN] 이상의 연선 또는 단면적 150[mm²] 이상의 경동연선

답 ②

95
터널 내에 교류 220[V]의 애자공사로 전선을 시설할 경우 노면으로부터 몇 [m] 이상의 높이로 유지해야 하는가?

① 2   ② 2.5
③ 3   ④ 4

풀이 335.1 터널 안 전선로의 시설
철도·궤도 또는 자동차도 전용터널 안의 전선로

전압	전선의 굵기	시공방법	애자공사 시 높이
저압	인장강도 2.30[kN] 이상 또는 2.6[mm] 이상의 경동선의 절연전선	• 합성수지관공사 • 금속관공사 • 금속제가요전선관 공사 • 케이블공사 • 애자공사	노면상, 레일면상 2.5[m] 이상
고압	인장강도 5.26[kN] 이상 또는 4[mm] 이상의 경동선	• 케이블공사 • 애자공사	노면상, 레일면상 3[m] 이상
특고압		• 케이블공사	

답 ②

출제기준 변경 및 개정된 관계 법규에 따라 삭제된 문제가 있어 20문항이 안됩니다.

2017년 3회 전기산업기사필기

동일출판사 홈페이지에서 무료 동영상강의를 보실 수 있습니다.

1과목 - 전기자기

01 100[kV]로 충전된 8×10^3[pF]의 콘덴서가 축적할 수 있는 에너지는 몇 [W] 전구가 2초 동안 한 일에 해당되는가?

① 10 ② 20
③ 30 ④ 40

풀이 콘덴서에 축적된 에너지
$$W = \frac{1}{2}CV^2$$
$$= \frac{1}{2} \times (8 \times 10^3 \times 10^{-12}) \times (100 \times 10^3)^2$$
$$= 40[J]$$
P[W] 전구가 t초 동안 한 일은
$W = P \cdot t$ 이므로
$$\therefore P = \frac{W}{t} = \frac{40}{2} = 20[W]$$
답 ②

02 제벡(Seebeck) 효과를 이용한 것은?

① 광전지 ② 열전대
③ 전자냉동 ④ 수정 발전기

풀이 제벡 효과(Seebeck effect)
서로 다른 두 종류의 금속선을 접합하여 폐회로를 만든 후 두 접합점의 온도를 달리하였을 때, 폐회로에 열기전력이 발생하여 열전류가 흐르게 된다. 이러한 현상을 제베크 효과라 하며 이때 연결한 금속 루프를 열전대라 한다.
답 ②

03 마찰전기는 두 물체의 마찰열에 의해 무엇이 이동하는 것인가?

① 양자 ② 자하
③ 중성자 ④ 자유전자

풀이 두 종류의 물체를 마찰하면 그 물체들은 주위의 가벼운 물체를 끌어당기는 힘이 마찰에 의해 발생(**자유전자의 이동**)하는데, 이것을 마찰전기(triboelectricity)라 한다.
답 ④

04 두 벡터 $A = -i\,7 - j$, $B = -i\,3 - j\,4$가 이루는 각은?

① 30° ② 45°
③ 60° ④ 90°

풀이
$$\cos\theta = \frac{\boldsymbol{A} \cdot \boldsymbol{B}}{|\boldsymbol{A}||\boldsymbol{B}|} = \frac{A_x B_x + A_y B_y}{\sqrt{A^2}\sqrt{B^2}}$$
$$= \frac{(-7)\times(-3)+(-1)\times(-4)}{\sqrt{(-7)^2+(-1)^2}\sqrt{(-3)^2+(-4)^2}}$$
$$= \frac{21+4}{\sqrt{50}\times 5} = \frac{25}{25\sqrt{2}} = \frac{1}{\sqrt{2}}$$
$$\therefore \theta = \cos^{-1}\frac{1}{\sqrt{2}} = 45°$$
답 ②

05 그림과 같이 반지름 a[m], 중심간격 d[m]인 평행원통도체가 공기 중에 있다. 원통도체의 선전하밀도가 각각 $\pm \rho_L$[C/m]일 때 두 원통도체 사이의 단위길이 당 정전용량은 약 몇 [F/m]인가? (단, $d \gg a$이다.)

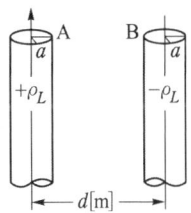

① $\dfrac{\pi\epsilon_0}{\ln\dfrac{d}{a}}$ ② $\dfrac{\pi\epsilon_0}{\ln\dfrac{a}{d}}$

③ $\dfrac{4\pi\epsilon_0}{\ln\dfrac{d}{a}}$ ④ $\dfrac{4\pi\epsilon_0}{\ln\dfrac{a}{d}}$

풀이
$$C_{AB} = \frac{\pi\epsilon_0}{\ln\dfrac{d-a}{a}}\,[F/m]$$

$d \gg a$일 때 $\ln\dfrac{d-a}{a} \fallingdotseq \ln\dfrac{d}{a}$로 되므로

$$\therefore C_{AB} = \frac{\pi\epsilon_0}{\ln\dfrac{d}{a}}\,[F/m]$$
답 ①

06 횡전자파(TEM)의 특성은?
① 진행 방향의 E, H 성분이 모두 존재한다.
② 진행 방향의 E, H 성분이 모두 존재하지 않는다.
③ 진행 방향의 E 성분만 모두 존재하고, H 성분은 존재하지 않는다.
④ 진행 방향의 H 성분만 모두 존재하고, E 성분은 존재하지 않는다.

풀이 TEM(transverse electromagnetic : 횡전자파)는 전계 E 와 자계 H 가 모두 전파의 진행방향과 수직으로 존재하며, 진행방향의 성분은 존재하지 않는다. 답 ②

07 반자성체가 아닌 것은?
① 은(Ag) ② 구리(Cu)
③ 니켈(Ni) ④ 비스무스(Bi)

풀이
- 강자성체 : Fe, Ni, Co
- 상자성체 : Al, Mn, Pt, W, Sn, O_2, N_2 등
- 반자성체 : Ag, Cu, Bi, H_2O, C, Si, Pb 등 답 ③

08 무한히 긴 두 평행도선이 2[cm]의 간격으로 가설되어 100[A]의 전류가 흐르고 있다. 두 도선의 단위길이 당 작용력은 몇 [N/m]인가?
① 0.1 ② 0.5
③ 1 ④ 1.5

풀이 $F = \dfrac{\mu_0 I_1 I_2}{2\pi r} = \dfrac{2I^2}{r} \times 10^{-7} = \dfrac{2 \times 100^2}{2 \times 10^{-2}} \times 10^{-7}$
$= 0.1 \text{ [N/m]}$ 답 ①

09 맥스웰 전자계의 기초 방정식으로 틀린 것은?
① $\text{rot} H = i + \dfrac{\partial D}{\partial t}$
② $\text{rot} E = -\dfrac{\partial B}{\partial t}$
③ $\text{div} D = \rho$
④ $\text{div} B = -\dfrac{\partial D}{\partial t}$

풀이 맥스웰 방정식의 미분형
① $\text{rot} E = -\dfrac{\partial B}{\partial t}$: Faraday 법칙
② $\text{rot} H = i + \dfrac{\partial D}{\partial t}$: 암페어의 주회적분 법칙
③ $\text{div} D = \rho$: 가우스의 법칙
④ $\text{div} B = 0$: 고립된 자하는 없다. 답 ④

10 전계 $E = \sqrt{2} E_e \sin\omega t\left(t - \dfrac{z}{v}\right)$[V/m]의 평면 전자파가 있다. 진공 중에서의 자계의 실효값은 약 몇 [AT/m]인가?
① $2.65 \times 10^{-4} E_e$
② $2.65 \times 10^{-3} E_e$
③ $3.77 \times 10^{-2} E_e$
④ $3.77 \times 10^{-1} E_e$

풀이 특성 임피던스에서 전계와 자계의 관계식 $\dfrac{E_e}{H_e} = \sqrt{\dfrac{\mu_o}{\epsilon_o}} = 377$
(∵ 진공 중이므로 $\epsilon_s = 1$, $\mu_s = 1$)
∴ $H_e = \dfrac{1}{377} E_e = 2.65 \times 10^{-3} E_e$[A/m] 답 ②

11 전자석의 재료로 가장 적당한 것은?
① 잔류자기와 보자력이 모두 커야 한다.
② 잔류자기는 작고, 보자력은 커야 한다.
③ 잔류자기와 보자력이 모두 작아야 한다.
④ 잔류자기는 크고, 보자력은 작아야 한다.

풀이 히스테리시스 곡선
영구자석의 재료는 잔류 자기(B_r)와 보자력(H_c)이 모두 커야 하나, 전자석(일시 자석)의 재료는 잔류 자기(B_r)가 크고 보자력(H_c)과 히스테리시스 곡선의 면적이 모두 작아야 한다.

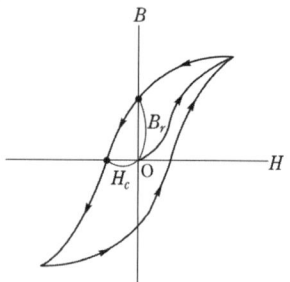

답 ④

12 $-1.2[C]$의 점전하가 $5a_x + 2a_y - 3a_z [m/s]$인 속도로 운동한다. 이 전하가 $E = -18a_x + 5a_y - 10a_z [V/m]$ 전계에서 운동하고 있을 때 이 전하에 작용하는 힘은 약 몇 [N]인가?

① 21.1 ② 23.5
③ 25.4 ④ 27.3

풀이 전기장에서 전하에 작용하는 힘
$$F = qE = -1.2(-18a_x + 5a_y - 10a_z)$$
$$= 21.6a_x - 6a_y + 12a_z$$
$$\therefore F = \sqrt{21.6^2 + (-6)^2 + 12^2}$$
$$= 25.4[N]$$

답 ③

13 유전체 내의 전계의 세기가 E, 분극의 세기가 P, 유전율이 $\epsilon = \epsilon_s \epsilon_o$인 유전체 내의 변위 전류밀도는?

① $\epsilon \dfrac{\partial E}{\partial t} + \dfrac{\partial P}{\partial t}$ ② $\epsilon_0 \dfrac{\partial E}{\partial t} + \dfrac{\partial P}{\partial t}$

③ $\epsilon_0 \left(\dfrac{\partial E}{\partial t} + \dfrac{\partial P}{\partial t} \right)$ ④ $\epsilon \left(\dfrac{\partial E}{\partial t} + \dfrac{\partial P}{\partial t} \right)$

풀이 유전체 중에서의 변위전류밀도는
$D = \epsilon E = \epsilon_0 E + P$ 의 관계식에서
$$i_d = \dfrac{\partial D}{\partial t} = \epsilon \dfrac{\partial E}{\partial t} = \epsilon_0 \dfrac{\partial E}{\partial t} + \dfrac{\partial P}{\partial t} [A/m^2]$$

답 ②

14 점전하 $+Q[C]$의 무한 평면도체에 대한 영상전하는?

① $Q[C]$와 같다.
② $-Q[C]$와 같다.
③ $Q[C]$보다 작다.
④ $Q[C]$보다 크다.

풀이 무한평면으로부터 $d[m]$ 떨어진 P점에 점전하 $Q[C]$가 있는 경우 영상전하는 무한평면 뒤쪽으로 P점의 대칭점 P'에 존재하며, 그 크기는 점전하와 같고 부호는 반대($Q' = -Q[C]$)이다.

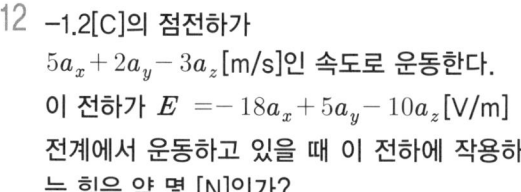

답 ②

15 고립 도체구의 정전용량이 $50[pF]$일 때 이 도체구의 반지름은 약 몇 [cm]인가?

① 5 ② 25
③ 45 ④ 85

풀이 구도체 정전용량 $C = 4\pi\epsilon_0 a [F]$에서
$$50 \times 10^{-12} = 4\pi\epsilon_0 a$$
$$\therefore a = \dfrac{50 \times 10^{-12}}{4\pi\epsilon_0} = 0.44[m] = 45[cm]$$

답 ③

16 두 코일 A, B의 자기 인덕턴스가 각각 $3[mH]$, $5[mH]$라 한다. 두 코일을 직렬연결 시, 자속이 서로 상쇄되도록 했을 때의 합성 인덕턴스는 서로 증가하도록 연결했을 때의 $60[\%]$이었다. 두 코일의 상호 인덕턴스는 몇 [mH]인가?

① 0.5 ② 1
③ 5   ④ 10

풀이 ① 증가하도록 연결했을 때
$L = L_a + L_b + 2M$
② 상쇄되도록 연결했을 때
$L' = L_a + L_b - 2M = 0.6L$
①을 ②에 대입하면
$L_a + L_b - 2M = 0.6 \times (L_a + L_b + 2M)$
$3 + 5 - 2M = 0.6 \times (3 + 5 + 2M)$
$8 - 2M = 4.8 + 1.2M$
$\therefore M = \dfrac{8 - 4.8}{2 + 1.2} = 1[mH]$

답 ②

17 N회 감긴 환상 솔레노이드의 단면적이 $S[m^2]$이고 평균 길이가 $l[m]$이다. 이 코일의 권수를 반으로 줄이고 인덕턴스를 일정하게 하려면?

① 길이를 1/2로 줄인다.
② 길이를 1/4로 줄인다.
③ 길이를 1/8로 줄인다.
④ 길이를 1/16로 줄인다.

풀이 환상 코일의 자기 인덕턴스 $L = \dfrac{\mu SN^2}{l}[H]$이므로 권수를 $\dfrac{1}{2}$로 하면 L은 $\left(\dfrac{1}{2}\right)^2 = \dfrac{1}{4}$배로 된다.

따라서 S를 4배 또는 l을 $\frac{1}{4}$배로 하면 L은 일정하게 된다. 답 ②

18 고유저항이 $\rho[\Omega\cdot m]$, 한 변의 길이가 $r[m]$인 정육면체의 저항$[\Omega]$은?

① $\frac{\rho}{\pi r}$
② $\frac{r}{\rho}$
③ $\frac{\pi r}{\rho}$
④ $\frac{\rho}{r}$

풀이 $R = \rho \frac{l}{A}[\Omega]$에서 정육면체 한 변의 길이가 $r[m]$이므로 $A = r^2$, $l = r$을 대입하면,

$\therefore R = \rho \frac{l}{A} = \rho \frac{r}{r^2} = \frac{\rho}{r}[\Omega]$ 답 ④

19 내외 반지름이 각각 a, b이고 길이가 l인 동축원통도체 사이에 도전율 σ, 유전율 ϵ인 손실유전체를 넣고, 내원통과 외원통 간에 전압 V를 가했을 때 방사상으로 흐르는 전류 I는? (단, $RC = \epsilon \rho$이다.)

① $\frac{2\pi l V}{\sigma \ln \frac{b}{a}}$
② $\frac{\pi \sigma l V}{\ln \frac{b}{a}}$
③ $\frac{2\pi \sigma l V}{\ln \frac{b}{a}}$
④ $\frac{4\pi \sigma l V}{\ln \frac{b}{a}}$

풀이 동축 케이블의 정전용량 $C = \frac{2\pi \epsilon l}{\ln \frac{b}{a}}[F]$

$RC = \rho\epsilon = \frac{\epsilon}{\sigma}$에서

$R = \frac{\epsilon}{\sigma C} = \frac{\epsilon}{\frac{2\pi \epsilon l}{\ln \frac{b}{a}} \cdot \sigma} = \frac{\ln \frac{b}{a}}{2\pi \sigma l}[\Omega]$

$\therefore I = \frac{V}{R} = \frac{V}{\frac{\ln \frac{b}{a}}{2\pi \sigma l}} = \frac{2\pi \sigma l V}{\ln \frac{b}{a}}[A]$ 답 ③

20 콘덴서를 그림과 같이 접속했을 때 C_x의 정전용량은 몇 $[\mu F]$인가?
(단, $C_1 = C_2 = C_3 = 3[\mu F]$이고, a-b 사이의 합성 정전용량은 $C_0 = 5[\mu F]$이다.)

① 0.5
② 1
③ 2
④ 4

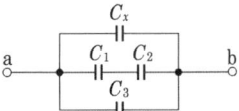

풀이 합성 정전용량 $C_0 = C_x + C_3 + \frac{C_1 C_2}{C_1 + C_2}$

$\therefore C_x = C_0 - C_3 - \frac{C_1 C_2}{C_1 + C_2} = 5 - 3 - \frac{3 \times 3}{3 + 3}$
$= 0.5[\mu F]$ 답 ①

2과목 - 전력공학

21 다음 중 페란티 현상의 방지대책으로 적합하지 않은 것은?

① 선로 전류를 지상이 되도록 한다.
② 수전단에 분로 리액터를 설치한다.
③ 동기조상기를 부족여자로 운전한다.
④ 부하를 차단하여 무부하가 되도록 한다.

풀이 페란티 현상의 방지대책
① 선로에 흐르는 전류가 지상이 되도록 한다.
② 수전단에 분로 리액터를 설치한다.
③ 동기조상기의 부족여자 운전 답 ④

22 전력계통에 과도안정도 향상 대책과 관련 없는 것은?

① 빠른 고장 제거
② 속응 여자시스템 사용
③ 큰 임피던스의 변압기 사용
④ 병렬 송전선로의 추가 건설

풀이 안정도 향상 대책
① 계통의 직렬 리액턴스 감소
② 전압변동률을 적게 한다.(속응여자방식 채용, 계통의 연계, 중간 조상 방식)

③ 계통에 주는 충격을 적게 한다.(적당한 중성점접지 방식, 고속차단방식, 재폐로방식)
④ 고장 중의 발전기 돌입 출력의 불평형을 적게 한다.
답 ③

23 보호계전기의 구비 조건으로 틀린 것은?
① 고장 상태를 신속하게 선택할 것
② 조정 범위가 넓고 조정이 쉬울 것
③ 보호동작이 정확하고 감도가 예민할 것
④ 접점의 소모가 크고, 열적 기계적 강도가 클 것

풀이) 보호계전기의 구비 조건
① 고장 상태를 식별하여 정도를 파악할 수 있을 것
② 고장 개소를 정확히 선택할 수 있을 것
③ 동작이 예민하고 오동작이 없을 것
④ 적절한 후비 보호 능력이 있을 것
⑤ 접점의 소모가 작고, 열적 기계적 강도가 클 것
답 ④

24 우리나라의 화력발전소에서 가장 많이 사용되고 있는 복수기는?
① 분사 복수기 ② 방사 복수기
③ 표면 복수기 ④ 증발 복수기

풀이) 복수기는 증기의 보유 열량을 가능한 한 많이 이용하려고 하는 장치로, 표면 복수기, 증발 복수기, 분사 복수기 및 에젝터 복수기의 4가지가 있는데, 이 중 가장 많이 쓰이고 있는 것은 표면 복수기이다.
답 ③

25 뒤진 역률 80[%], 1000[kW]의 3상 부하가 있다. 이것에 콘덴서를 설치하여 역률을 95[%]로 개선하려면 콘덴서의 용량은 약 몇 [kVA]로 해야 하는가?
① 240 ② 420
③ 630 ④ 950

풀이)
$Q = P(\tan\theta_1 - \tan\theta_2) = P\left(\dfrac{\sin\theta_1}{\cos\theta_1} - \dfrac{\sin\theta_2}{\cos\theta_2}\right)$
$= P\left(\dfrac{\sqrt{1-\cos^2\theta_1}}{\cos\theta_1} - \dfrac{\sqrt{1-\cos^2\theta_2}}{\cos\theta_2}\right)$
$\therefore Q = 1000 \times \left(\dfrac{0.6}{0.8} - \dfrac{\sqrt{1-0.95^2}}{0.95}\right)$
$= 421.32\,[\text{kVA}]$
답 ②

26 154[kV] 송전선로에 10개의 현수애자가 연결되어 있다. 다음 중 전압부담이 가장 적은 것은? (단, 애자는 같은 간격으로 설치되어 있다.)
① 철탑에 가장 가까운 것
② 철탑에서 3번째에 있는 것
③ 전선에서 가장 가까운 것
④ 전선에서 3번째에 있는 것

풀이) • 전압 분담 최대 : 전선쪽 애자
• 전압 분담 최소 : 철탑에서 1/3 지점 애자
따라서 10개의 현수애자가 연결되어 있다면, 철탑에서 3번째에 있는 애자가 전압부담이 가장 적다.
답 ②

27 교류송전에서는 송전거리가 멀어질수록 동일 전압에서의 송전 가능 전력이 적어진다. 그 이유로 가장 알맞은 것은?
① 표피효과가 커지기 때문이다.
② 코로나 손실이 증가하기 때문이다.
③ 선로의 어드미턴스가 커지기 때문이다.
④ 선로의 유도성 리액턴스가 커지기 때문이다.

풀이) 교류 송전선로에서 송전 거리가 멀어지면 선로 정수가 모두 증가하나, 저항과 정전용량은 유도성 리액턴스에 비해서 적으므로 그다지 크게 영향을 미치지 못한다. 따라서 송전 거리가 멀어지면 송전전력 $P = \dfrac{E_S E_R}{X}\sin\delta$ 에서와 같이 선로의 유도 리액턴스(X)가 커지므로 송전 가능 전력은 적어진다.
답 ④

28 충전된 콘덴서의 에너지에 의해 트립되는 방식으로 정류기, 콘덴서 등으로 구성되어 있는 차단기의 트립방식은?
① 과전류 트립방식
② 콘덴서 트립방식
③ 직류전압 트립방식
④ 부족전압 트립방식

풀이) ① 차단기의 트립 방식에는 CT 2차 전류 트립 방식, DC 전압 방식, CTD 방식(콘덴서 트립 방식)이 있다.

② CTD방식(콘덴서 트립 방식)은 충전기로 교류를 정류하여 콘덴서를 충전하고, 그 방전 에너지에 의해 트립 코일을 여자하여 트립 시키는 방법으로 정류기와 콘덴서로 구성되어 있다.
③ 일반적으로 22.9[kV-Y] 경우 CTD 방식이, 66[kV] 이상의 경우 DC 방식이 사용되고 있다. 답 ②

29 전선의 자체 중량과 빙설의 종합하중을 W_1, 풍압하중을 W_2라 할 때 합성하중은?

① $W_1 + W_2$
② $W_1 - W_2$
③ $\sqrt{W_1 - W_2}$
④ $\sqrt{W_1^2 + W_2^2}$

풀이 합성 하중은
$$W = \sqrt{(빙설하중+자중)^2 + (풍압하중)^2}$$
$$= \sqrt{W_1^2 + W_2^2}$$
답 ④

30 어느 일정한 방향으로 일정한 크기 이상의 단락전류가 흘렀을 때 동작하는 보호계전기의 약어는?

① ZR ② UFR
③ OVR ④ DOCR

풀이 ① 거리계전기(ZR)
계전기가 설치된 위치로부터 고장점까지의 전기적 거리에 비례하여 한시 동작하는 것으로 복잡한 계통의 단락보호에 과전류 계전기의 대용으로 쓰인다.
② 저주파수 계전기(UFR)
주파수가 일정값 보다 낮을 경우 동작한다.
③ 과전압 계전기(OVR)
일정값 이상의 전압이 걸렸을 때 동작한다.
④ 단락 방향 계전기(DOCR, DSR)
어느 일정한 방향으로 일정값 이상의 단락전류가 흘렀을 경우 동작하는 것 답 ④

31 보호계전기 동작속도에 관한 사항으로 한시특성 중 반한시형을 바르게 설명한 것은?

① 입력 크기에 관계없이 정해진 한시에 동작하는 것
② 입력이 커질수록 짧은 한시에 동작하는 것
③ 일정 입력(200[%])에서 0.2초 이내로 동작하는 것
④ 일정 입력(200[%])에서 0.04초 이내로 동작하는 것

풀이 보호계전기 특징
① 순한시 특성 : 최소 동작전류 이상의 전류가 흐르면 즉시 동작하는 특성
② 정한시 특성 : 동작전류의 크기에 관계없이 일정한 시간에 동작하는 특성
③ 반한시 특성 : 동작전류가 커질수록 동작시간이 짧게 되는 특성
④ 반한시 정한시 특성 : 동작전류가 적은 동안에는 동작전류가 커질수록 동작시간이 짧게 되고 어떤 전류 이상이면 동작전류의 크기에 관계없이 일정한 시간에 동작하는 특성 답 ②

32 다음 중 배전선로의 부하율이 F일 때 손실계수 H와의 관계로 옳은 것은?

① $H = F$
② $H = \dfrac{1}{F}$
③ $H = F^3$
④ $0 \leq F^2 \leq H \leq F \leq 1$

풀이 전선의 손실계수(H)와 부하율(F)은 다음과 같은 관계가 있다.
$0 \leq F^2 \leq H \leq F \leq 1$ 답 ④

33 송전선에 낙뢰가 가해져서 애자에 섬락이 생기면 아크가 생겨 애자가 손상되는데 이것을 방지하기 위하여 사용하는 것은?

① 댐퍼(damper)
② 아킹혼(arcing horn)
③ 아머로드(armour rod)
④ 가공지선(Overhead ground wire)

풀이 ① 댐퍼 : 전선의 진동 방지
② 아킹 혼 : 섬락으로부터 애자련의 보호, 애자련의 전압 분포 개선
③ 아머로드 : 전선의 진동 방지
④ 가공지선 : 뇌의 차폐 답 ②

34 154[kV] 3상 1회선 송전선로의 1선의 리액턴스가 10[Ω], 전류가 200[A]일 때 %리액턴스는?

① 1.84 ② 2.25
③ 3.17 ④ 4.19

풀이 $\%X = \dfrac{I_n X}{E} \times 100 = \dfrac{200 \times 10}{\dfrac{154 \times 10^3}{\sqrt{3}}} \times 100 = 2.25$ 답 ②

35 우리나라에서 현재 가장 많이 사용되고 있는 배전방식은?

① 3상 3선식 ② 3상 4선식
③ 단상 2선식 ④ 단상 3선식

풀이 3상 4선식은 같은 회선에서 선간전압과 상전압의 양 전압을 이용할 수 있기 때문에 배전에서 많이 채용되고 있다. 답 ②

36 조상설비가 아닌 것은?

① 단권변압기 ② 분로 리액터
③ 동기조상기 ④ 전력용 콘덴서

풀이 조상 설비

항 목	동기조상기	전력용 콘덴서	분로 리액터
무효전력	진상, 지상 양용	진상전용	지상전용
조정	연속적	계단적	계단적
시송전	가능	불가능	불가능

답 ①

37 단거리 송전선의 4단자 정수 A, B, C, D 중 그 값이 0인 정수는?

① A ② B
③ C ④ D

풀이 단거리 송전선로
① 단거리 송전선로에서는 선로길이가 짧은 관계로 선로 정수로서 저항과 인덕턴스만을 생각한다. 즉 $Y = G + j\omega C$[℧]를 무시한 상태에서 집중정수회로로 취급하여 특성을 해석한다.

② 4단자 정수
$\begin{bmatrix} A & B \\ C & D \end{bmatrix} = \begin{bmatrix} 1 & Z \\ 0 & 1 \end{bmatrix}$
A : 전압비, B : 임피던스,
C : 어드미턴스, D : 전류비 답 ③

38 전원측과 송전선로의 합성 $\%Z_s$가 10[MVA] 기준용량으로 1[%]의 지점에 변전설비를 시설하고자 한다. 이 변전소에 정격용량 6[MVA]의 변압기를 설치할 때 변압기 2차 측의 단락용량은 몇 [MVA]인가? (단, 변압기의 $\%Z_t$는 6.9[%]이다.)

① 80 ② 100
③ 120 ④ 140

풀이
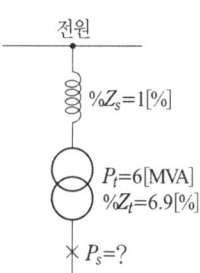

① 전원 및 선로 임피던스 $Z_s = 1$[%]
  변압기 임피던스 $Z_t = 6.9$[%]
② 변압기 임피던스를 10[MVA] 기준으로 환산하면
  $Z_t' = \dfrac{10}{6} \times 6.9 = 11.5$[%]
  전원부터 변압기 2차 측 까지의 합성 임피던스
  $Z = Z_s + Z_t' = 1 + 11.5 = 12.5$[%]
따라서 단락용량
$P_s = \dfrac{100}{\%Z} \times P_n = \dfrac{100}{12.5} \times 10 = 80$[MVA] 답 ①

39 그림과 같은 단상 2선식 배선에서 인입구 A점의 전압이 220[V]라면 C점의 전압[V]은? (단, 저항값은 1선의 값이며 AB 간은 0.05[Ω], BC 간 0.1[Ω]이다.)

① 214
② 210
③ 196
④ 192

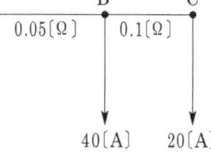

풀이 B점의 전압
$$V_B = V_A - 2IR = 220 - 2 \times (40+20) \times 0.05$$
$$= 214[V]$$
따라서 C점의 전압
$$V_C = V_B - 2I'R' = 214 - 2 \times 20 \times 0.1$$
$$= 210[V]$$
답 ②

40 파동임피던스가 300[Ω]인 가공송전선 1[km]당의 인덕턴스는 몇 [mH/km]인가? (단, 저항과 누설 컨덕턴스는 무시한다.)

① 0.5   ② 1
③ 1.5   ④ 2

풀이 파동 임피던스 $Z = \sqrt{\dfrac{L}{C}} = 138\log_{10}\dfrac{D}{r} = 300\,[\Omega]$

에서 $\log_{10}\dfrac{D}{r} = \dfrac{300}{138}$

∴ $L = 0.05 + 0.4605\log_{10}\dfrac{D}{r}$
$= 0.05 + 0.4605 \times \dfrac{300}{138}$
$≒ 1[mH/km]$
답 ②

3과목 - 전기기기

41 3상 전원의 수전단에서 전압 3300[V], 전류 1000[A], 뒤진 역률 0.8의 전력을 받고 있을 때 동기조상기로 역률을 개선하여 1로 하고자 한다. 필요한 동기조상기의 용량은 약 몇 [kVA]인가?

① 1525   ② 1950
③ 3150   ④ 3429

풀이 유효전력
$$P = \sqrt{3}\,VI\cos\theta$$
$$= \sqrt{3} \times 3300 \times 1000 \times 0.8 \times 10^{-3}$$
$$= 4572.61\,[kW]$$
따라서 동기조상기 용량
$$Q = P\left(\dfrac{\sqrt{1-\cos^2\theta_1}}{\cos\theta_1} - \dfrac{\sqrt{1-\cos^2\theta_2}}{\cos\theta_2}\right)$$
$$= 4572.61 \times \left(\dfrac{\sqrt{1-0.8^2}}{0.8} - \dfrac{\sqrt{1-1^2}}{1}\right)$$
$$≒ 3429[kVA]$$
답 ④

42 기동장치를 갖는 단상 유도전동기가 아닌 것은?

① 2중 농형
② 분상기동형
③ 반발기동형
④ 셰이딩코일형

풀이 2중 농형 유도전동기
① 회전자의 농형권선을 내외 이중으로 설치한 것
② 도체
   • 외측도체 : 저항이 높은 황동 또는 동니켈 합금의 도체를 사용
   • 내측도체 : 저항이 낮은 전기동 사용
③ 기동 시에는 저항이 높은 외측 도체로 흐르는 전류에 의해 큰 기동 토크를 얻고 기동완료 후에는 저항이 적은 내측 도체로 전류가 흘러 우수한 운전 특성을 얻는 전동기
답 ①

43 트라이액(triac)에 대한 설명으로 틀린 것은?

① 쌍방향성 3단자 사이리스터이다.
② 턴오프 시간이 SCR보다 짧으며 급격한 전압변동에 강하다.
③ SCR 2개를 서로 반대방향으로 병렬 연결하여 양방향 전류제어가 가능하다.
④ 게이트에 전류를 흘리면 어느 방향이든 전압이 높은 쪽에서 낮은 쪽으로 도통한다.

풀이 TRIAC(trielectrode AC switch)
① 양방향성 3단자 사이리스터이다.
② TRIAC은 기능상으로 2개의 SCR을 역병렬접속한 것과 같다.
③ TRIAC의 게이트에 전류를 흘리면 그 상황에서 어느 방향이건 전압이 높은 쪽에서 낮은 쪽으로 도통한다.
④ 일단 도통하면 SCR과 같이 그 방향으로 전류가 더 이상 흐르지 않을 때 까지 계속 도통한다. 따라서 전류방향이 바뀌려고 하면 소호되고 일단 소호되면 다시 점호시킬 때까지 차단 상태를 유지한다.
답 ②

44 일반적인 직류전동기의 정격표시 용어로 틀린 것은?

① 연속정격   ② 순시정격
③ 반복정격   ④ 단시간정격

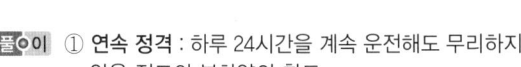

풀이 ① **연속 정격** : 하루 24시간을 계속 운전해도 무리하지 않을 정도의 부하양의 한도
② **반복정격** : 주기적으로 반복하는 부하에 적합한 정격
③ **단시간 정격** : 짧은 시간 즉 10분, 30분, 60분 90분 간에 온도 상승 한도를 초과하지 않고, 그 밖의 제한 조건 내에서 운전할 수 있는 정격
④ **공칭 정격** : 전동차 등에 사용하는 정격으로 제시한 정격용량보다 2배 정도의 부하를 증가해도 무리 없이 운전될 수 있는 여유 있는 정격   **답** ②

45 직류전동기의 속도제어 방법 중 광범위한 속도제어가 가능하며 운전 효율이 높은 방법은?

① 계자제어
② 전압제어
③ 직렬저항제어
④ 병렬저항제어

풀이 직류전동기의 속도제어법 비교

구 분	제어 특성	특 징
계자 제어법	• 정출력 제어	• 속도제어범위가 좁다.
전압 제어법	• 정토크 제어 – 워드 레오나드 방식 – 일그너 방식	• **제어범위가 넓다.** • 손실이 매우 적다. • 정역 운전이 가능 • 설비비가 많이든다.
직렬 저항법		• 효율이 나쁘다.

답 ②

46 탭전환 변압기 1차 측에 몇 개의 탭이 있는 이유는?

① 예비용 단자
② 부하전류를 조정하기 위하여
③ 수전점의 전압을 조정하기 위하여
④ 변압기의 여자전류를 조정하기 위하여

풀이 탭(tap) 전환 변압기
전원전압의 변동이나 부하의 변동에 따라 **변압기 2차측의 전압변동을 보상**하고 일정 전압으로 유지시키기 위하여, 고압측 1차 권선의 중앙 위치에 몇 개의 탭 단자를 두어 변압기의 권수비를 바꿀 수 있도록 설계한 변압기   **답** ③

47 스테핑전동기의 스텝각이 3°이고, 스테핑주파수(pulse rate)가 1200[pps]이다. 이 스테핑전동기의 회전속도[rps]는?

① 10
② 12
③ 14
④ 16

풀이 ① 1펄스 당 스텝각이 3°이고,
1초당 입력펄스가 1200[pps]이므로
1초당 스텝각은 3° × 1200 = 3600°이다.
② 동기 1회전 당 회전각도는 360°이므로
따라서 스태핑전동기의 회전속도는
$\dfrac{3600°}{360°} = 10$[rps] 이다.   **답** ①

48 직류기의 전기자 반작용의 영향이 아닌 것은?

① 주자속이 증가한다.
② 전기적 중성축이 이동한다.
③ 정류 작용에 악영향을 준다.
④ 정류자 편간전압이 상승한다.

풀이 전기자 반작용의 영향
① 전기적 중성축 이동
 • 발전기 : 회전방향으로 이동
 • 전동기 : 회전방향과 반대 방향으로 이동
② 주자속 감소
③ 정류자 편간의 불꽃섬락 발생
④ 출력의 저하   **답** ①

49 유도전동기 역상제동의 상태를 크레인이나 권상기의 강하 시에 이용하고 속도제한의 목적에 사용되는 경우의 제동방법은?

① 발전제동
② 유도제동
③ 회생제동
④ 단상제동

풀이 유도전동기의 제동법
① 발전 제동 : 전동기를 전원으로부터 분리한 후 1차측에 직류전원을 공급하여 발전기로 동작시킨 후 발생된 전력을 저항에서 열로 소비시키는 방법
② **유도 제동** : 유도전동기 역상제동의 상태를 크레인이나 권상기의 강하 시에 이용하고 속도제한의 목적에 사용되는 경우의 제동방법

③ 회생 제동 : 유도전동기를 유도발전기로 동작시켜 그 발생 전력을 전원에 반환하면서 제동하는 방법으로, 크레인이나 언덕길을 운전하는 긴 전기 기관차 등에 사용된다.

④ 단상 제동 : 권선형 유도전동기의 1차 측을 단상교류로 여자하고 2차 측에 적당한 크기의 저항을 넣으면 전동기의 회전과는 역방향의 토크가 발생되므로 제동된다. 답 ②

50 단락비가 큰 동기기의 특징 중 옳은 것은?

① 전압변동률이 크다.
② 과부하 내량이 크다.
③ 전기자 반작용이 크다.
④ 송전선로의 충전 용량이 작다.

풀이 단락비가 큰 기계(철기계)
- 동기 임피던스가 적다. ($K_s \propto \dfrac{1}{Z_s}$)
- 전압변동률이 작다.
- 전기자 반작용이 작다.
- 출력이 크다.
- **과부하 내량이 크고 안정도가 높다.**
- 자기 여자 현상이 작다.
- 극수가 많은 저속기에 적합하다.
- 송전선로의 충전용량이 크다. 답 ②

51 전류가 불연속인 경우 전원전압 220[V]인 단상전파정류회로에서 점호각 $\alpha = 90°$일 때의 직류 평균 전압은 약 몇 [V]인가?

① 45   ② 84
③ 90   ④ 99

풀이
$$E_d = \dfrac{\sqrt{2}E}{\pi}(1+\cos\alpha)$$
$$= \dfrac{\sqrt{2}\times 220}{\pi}(1+\cos 90°) \fallingdotseq 99[V]$$ 답 ④

52 변압기의 냉각방식 중 유입자냉식의 표시 기호는?

① ANAN   ② ONAN
③ ONAF   ④ OFAF

풀이
- 유입자냉식 (ONAN, OA)
- 유입풍냉식 (ONAF, FA)
- 건식밀폐냉식 (ANAN, GA)
- 건식자냉식 (AN, AA)
- 건식풍냉식 (AF, AFA)
- 송유수냉식 (OFWF, FOW)
- 송유풍냉식 (OFAF, ODAF, FOA)
- 유입수냉식 (ONWF, OW) 답 ②

53 타여자 직류전동기의 속도제어에 사용되는 워드 레오나드(Ward Leonard) 방식은 다음 중 어느 제어법을 이용한 것인가?

① 저항제어법
② 전압제어법
③ 주파수제어법
④ 직병렬제어법

풀이 직류전동기의 속도제어법 비교

구 분	제어 특성	특 징
계자 제어법	• 정출력 제어	• 속도제어범위가 좁다.
전압 제어법	• 정토크 제어 - 워드 레오나드 방식 - 일그너 방식	• **제어범위가 넓다.** • 손실이 매우 적다. • 정역 운전이 가능 • 설비비가 많이든다.
직렬 저항법		• 효율이 나쁘다.

답 ②

54 직류발전기의 무부하 특성곡선은 다음 중 어느 관계를 표시한 것인가?

① 계자전류-부하전류
② 단자전압-계자전류
③ 단자전압-회전속도
④ 부하전류-단자전압

풀이 무부하 특성곡선
회전속도가 일정하고 무부하 상태일 경우, 계자전류(I_f)와 유도 기전력(E)과의 관계 곡선을 나타낸 것 답 ②

55 단상변압기 2대를 사용하여 3150[V]의 평형 3상에서 210[V]의 평형 2상으로 변환하는 경우에 각 변압기의 1차 전압과 2차 전압은 얼마인가?

① 주좌 변압기 : 1차 3150[V], 2차 210[V]
  T좌 변압기 : 1차 3150[V], 2차 210[V]

② 주좌 변압기 : 1차 3150[V], 2차 210[V]
  T좌 변압기 : 1차 $3150 \times \dfrac{\sqrt{3}}{2}$[V], 2차 210[V]

③ 주좌 변압기 : 1차 $3150 \times \dfrac{\sqrt{3}}{2}$[V], 2차 210[V]
  T좌 변압기 : 1차 $3150 \times \dfrac{\sqrt{3}}{2}$[V], 2차 210[V]

④ 주좌 변압기 : 1차 $3150 \times \dfrac{\sqrt{3}}{2}$[V], 2차 210[V]
  T좌 변압기 : 1차 3150[V], 2차 210[V]

풀이
① 스코트 결선을 할 때 T좌 변압기의 권수는 전 권수의 $\dfrac{\sqrt{3}}{2}$ 점에서 택해야 한다.
② 주좌 변압기 : 1차 V_1[V], 2차 V_2[V]
  T좌 변압기 : 1차 $\dfrac{\sqrt{3}}{2} V_1$[V], 2차 V_2[V]   **답 ②**

56 3상 유도전동기의 속도제어법 중 2차 저항제어와 관계가 없는 것은?

① 농형 유도전동기에 이용된다.
② 토크 속도특성의 비례추이를 응용한 것이다.
③ 2차 저항이 커져 효율이 낮아지는 단점이 있다.
④ 조작이 간단하고 속도제어를 광범위하게 행할 수 있다.

풀이 2차 저항법 : 권선형 유도전동기에만 사용할 수 있으며, 2차 회로의 저항의 변화에 의한 토크 속도 특성의 비례추이를 응용한 기동법을 말한다.

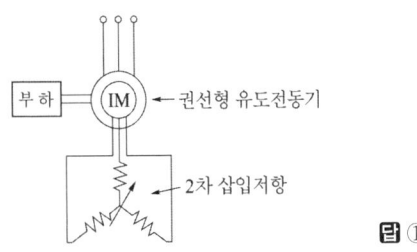

답 ①

57 용량이 50[kVA] 변압기의 철손이 1[kW]이고 전부하동손이 2[kW]이다. 이 변압기를 최대효율에서 사용하려면 부하를 약 몇 [kVA] 인가하여야 하는가?

① 25   ② 35
③ 50   ④ 71

풀이 최대 효율 조건
$$m = \sqrt{\dfrac{P_i}{P_c}} = \sqrt{\dfrac{1}{2}} = 0.707$$
∴ 출력 $P = 0.707 \times 50 = 35.4$[kVA]   **답 ②**

58 농형 유도전동기 기동법에 대한 설명 중 틀린 것은?

① 전전압 기동법은 일반적으로 소용량에 적용된다.
② Y-△ 기동법은 기동전압[V]이 $\dfrac{1}{\sqrt{3}}$[V]로 감소한다.
③ 리액터 기동법은 기동 후 스위치로 리액터를 단락한다.
④ 기동보상기법은 최종속도 도달 후에도 기동보상기가 계속 필요하다.

풀이 기동 보상기법
① 스위치를 기동 쪽으로 닫고 단권 변압기의 탭 전압 (50, 65, 80[%])을 전동기에 가하여 기동전류를 제한 한다.
② 정상속도에 다다르면 전전압이 가해지는 동시에 기동 보상기는 회로에서 끊기게 된다.   **답 ④**

59 3상 반작용 전동기(reaction motor)의 특성으로 가장 옳은 것은?

① 역률이 좋은 전동기
② 토크가 비교적 큰 전동기
③ 기동용 전동기가 필요한 전동기
④ 여자권선 없이 동기속도로 회전하는 전동기

풀이 반작용 전동기는 자극만 있고 여자권선이 없는 회전자를 가진 일종의 동기전동기로서 출력은 작고 역률이 낮

60 2대의 3상 동기발전기를 동일한 부하로 병렬운 전하고 있을 때 대응하는 기전력 사이에 60°의 위상차가 있다면 한 쪽 발전기에서 다른 쪽 발전기에 공급되는 1상당 전력은 약 몇 [kW]인가? (단, 각 발전기의 기전력(선간)은 3300[V], 동기리액턴스는 5[Ω]이고, 전기자저항은 무시한다.)

① 181   ② 314
③ 363   ④ 720

풀이 동기화력

$$P_s = \frac{E^2}{2X_s}\sin\delta = \frac{\left(\frac{3300}{\sqrt{3}}\right)^2}{2\times 5}\sin 60° \times 10^{-3}$$
$$= 314.37[\text{kW}]$$ 답 ②

4과목 - 회로이론

61 그림과 같은 회로에서 저항 r_1, r_2에 흐르는 전류의 크기가 1 : 2의 비율이라면 r_1, r_2는 각각 몇 [Ω]인가?

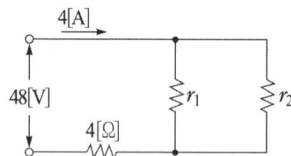

① $r_1 = 6, r_2 = 3$ ② $r_1 = 8, r_2 = 4$
③ $r_1 = 16, r_2 = 8$ ④ $r_1 = 24, r_2 = 12$

풀이 $I = \frac{E}{R_t} = \frac{48}{R_t} = 4[\text{A}] \rightarrow R_t = \frac{48}{4} = 12[\Omega]$

합성저항

$R_t = 4 + \frac{r_1 r_2}{r_1 + r_2} = 12[\Omega]$ ············ ①

전류비가 1 : 2이므로

$r_1 : r_2 = 2 : 1 \rightarrow r_1 = 2r_2$ ······ ②

②를 ①에 대입하여 정리하면

$R_t = 4 + \frac{2r_2 \cdot r_2}{2r_2 + r_2} = 12 \rightarrow \frac{2}{3}r_2 = 8$

$\therefore r_1 = 24[\Omega], \ r_2 = 12[\Omega]$ 답 ④

62 회로에서 스위치를 닫을 때 콘덴서의 초기전하를 무시하면 회로에 흐르는 전류 $i(t)$는 어떻게 되는가?

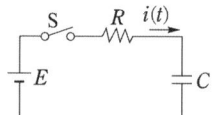

① $\frac{E}{R}e^{\frac{C}{R}t}$ ② $\frac{E}{R}e^{\frac{R}{C}t}$

③ $\frac{E}{R}e^{-\frac{1}{CR}t}$ ④ $\frac{E}{R}e^{\frac{1}{CR}t}$

풀이
- 스위치를 닫았을 때 회로의 평형방정식은
$$Ri(t) + \frac{1}{C}\int i(t)dt = E$$
- $i(t) = \frac{dq(t)}{dt}$ 이므로
$$R\frac{dq(t)}{dt} + \frac{1}{C}q(t) = E$$
- 초기 전하를 0이라 하면
$q(t) = CE\left(1 - e^{-\frac{1}{RC}t}\right)$ 이므로
$i(t) = \frac{dq(t)}{dt}$ 에 대입하면

$\therefore i(t) = \frac{dq(t)}{dt} = \frac{d}{dt}CE\left(1 - e^{-\frac{1}{RC}t}\right)$
$= \frac{E}{R}e^{-\frac{1}{RC}t}$ 답 ③

63 코일에 단상 100[V]의 전압을 가하면 30[A]의 전류가 흐르고 1.8[kW]의 전력을 소비한다고 한다. 이 코일과 병렬로 콘덴서를 접속하여 회로의 역률을 100[%]로 하기 위한 용량 리액턴스는 약 몇 [Ω]인가?

① 4.2   ② 6.2
③ 8.2   ④ 10.2

풀이 ① 피상전력
$P_a = V \cdot I = 100 \cdot 30 = 3000[VA] = 3[kVA]$
② 지상 무효전력
$P_r = \sqrt{P_a^2 - P^2} = \sqrt{3^2 - 1.8^2} = 2.4[kVar]$
③ 역률이 100[%]가 되기 위해서는 진상의 무효전력인 2.4[kVA]의 콘덴서가 필요하다.
콘덴서 용량
$Q_C = 2\pi f C V^2 = \dfrac{V^2}{X_C} = 2.4 \times 10^3 [kVA]$
따라서 용량성 리액턴스
$X_C = \dfrac{V^2}{Q_C} = \dfrac{100^2}{2.4 \times 10^3} \fallingdotseq 4.2[\Omega]$ 답 ①

64 다음 그림과 같은 전기회로의 입력을 e_i, 출력을 e_o라고 할 때 전달함수는?

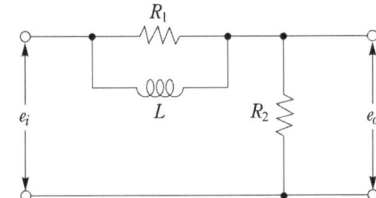

① $\dfrac{R_2(1 + R_1 Ls)}{R_1 + R_2 + R_1 R_2 Ls}$

② $\dfrac{1 + R_2 Ls}{1 + (R_1 + R_2)Ls}$

③ $\dfrac{R_2(R_1 + Ls)}{R_1 R_2 + R_1 Ls + R_2 Ls}$

④ $\dfrac{R_2 + \dfrac{1}{Ls}}{R_1 + R_2 + \dfrac{1}{Ls}}$

풀이

$G(s) = \dfrac{E_o(s)}{E_i(s)} = \dfrac{R_2}{R_2 + \dfrac{R_1 Ls}{R_1 + Ls}}$

$= \dfrac{R_2}{\dfrac{R_1 R_2 + R_2 Ls + R_1 Ls}{R_1 + Ls}}$

$= \dfrac{R_1 R_2 + R_2 Ls}{R_1 R_2 + R_1 Ls + R_2 Ls}$

$= \dfrac{R_2(R_1 + Ls)}{R_1 R_2 + R_1 Ls + R_2 Ls}$ 답 ③

65 3대의 단상변압기를 △결선으로 하여 운전하던 중 변압기 1대가 고장으로 제거하여 V결선으로 한 경우 공급할 수 있는 전력은 고장 전 전력의 몇 [%]인가?

① 57.7   ② 50.0
③ 63.3   ④ 67.7

풀이 1대의 단상변압기 용량을 P_1이라 하면 그 출력비는
$\dfrac{V결선의\ 출력}{\triangle결선의\ 출력} = \dfrac{\sqrt{3}P_1}{3P_1} = \dfrac{\sqrt{3}}{3}$
$= 0.577 = 57.7[\%]$ 답 ①

66 3상 회로의 영상분, 정상분, 역상분을 각각 I_0, I_1, I_2라 하고 선전류를 I_a, I_b, I_c라 할 때 I_b는? (단, $a = -\dfrac{1}{2} + j\dfrac{\sqrt{3}}{2}$이다.)

① $I_0 + I_1 + I_2$ ② $I_0 + a^2 I_1 + a I_2$
③ $\dfrac{1}{3}(I_0 + I_1 + I_2)$ ④ $\dfrac{1}{3}(I_0 + a I_1 + a^2 I_2)$

풀이 불평형 3상 전류
$I_a = I_0 + I_1 + I_2$
$I_b = I_0 + a^2 I_1 + a I_2$
$I_c = I_0 + a I_1 + a^2 I_2$ 답 ②

67 시간 지연 요인을 포함한 어떤 특정계가 다음 미분방정식 $\dfrac{dy(t)}{dt} + y(t) = x(t - T)$로 표현된다. $x(t)$를 입력, $y(t)$를 출력이라 할 때 이 계의 전달함수는?

① $\dfrac{e^{-sT}}{s+1}$ ② $\dfrac{s+1}{e^{-sT}}$
③ $\dfrac{e^{sT}}{s-1}$ ④ $\dfrac{s^{-2sT}}{s+1}$

풀이 미분방정식을 라플라스 변환하면
$$\mathcal{L}\left[\frac{dy(t)}{dt}+y(t)=x(t-T)\right]$$
$$sY(s)+Y(s)=e^{-Ts}X(s)$$
$$\to (s+1)Y(s)=e^{-Ts}X(s)$$
$$\therefore \frac{Y(s)}{X(s)}=\frac{e^{-Ts}}{s+1}$$
답 ①

68 다음과 같은 회로에서 단자 a, b 사이의 합성 저항[Ω]은?

① r
② $\frac{1}{2}r$
③ $\frac{3}{2}r$
④ $3r$

풀이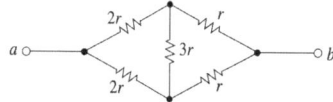

브리지 회로의 평형상태이므로 $3r$을 무시하면
$$R=\frac{(2r+r)\times(2r+r)}{(2r+r)+(2r+r)}=\frac{9r^2}{6r}=\frac{3}{2}r[\Omega]$$
답 ③

69 전압의 순시값이 $v=3+10\sqrt{2}\sin\omega t[V]$일 때 실효값은 약 몇 [V]인가?

① 10.4 ② 11.6
③ 12.5 ④ 16.2

풀이 실효값 $E=\sqrt{E_0^2+E_1^2+E_2^2+\cdots+E_n^2}$
$=\sqrt{3^2+10^2}=10.4[V]$
답 ①

70 4단자 회로망이 가역적이기 위한 조건으로 틀린 것은?

① $Z_{12}=Z_{21}$ ② $Y_{12}=Y_{21}$
③ $H_{12}=-H_{21}$ ④ $AB-CD=1$

풀이 4단자 회로망이 가역성을 가질 때 각 파라미터의 조건은
$Y_{12}=Y_{21}, H_{12}=-H_{21}, \boldsymbol{AD-BC=1}$
이고, 좌우 대칭인 경우는
$Y_{11}=Y_{22}, H_{11}H_{22}-H_{12}H_{21}=1, A=D$
이다.
답 ④

71 그림과 같은 회로에서 유도성 리액턴스 X_L의 값[Ω]은?

① 8
② 6
③ 4
④ 1

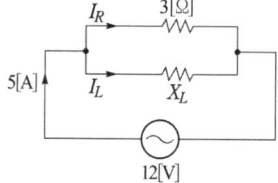

풀이 $I_R=\frac{V}{R}=\frac{12}{3}=4[A]$
$I_L=\sqrt{I^2-I_R^2}=\sqrt{5^2-4^2}=3[A]$
병렬회로이므로 $E=X_L\cdot I_L=12[V]$이다.
$\therefore X_L=\frac{12}{I_L}=\frac{12}{3}=4[\Omega]$
답 ③

72 그림과 같은 단일 임피던스 회로의 4단자 정수는?

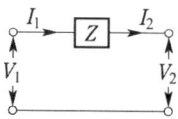

① $A=Z, B=0, C=1, D=0$
② $A=0, B=1, C=Z, D=1$
③ $A=1, B=Z, C=0, D=1$
④ $A=1, B=0, C=1, D=Z$

풀이 $A=\left.\frac{V_1}{V_2}\right|_{I_2=0}=\frac{V_1}{V_1}=1$
$B=\left.\frac{V_1}{I_2}\right|_{V_2=0}=\frac{ZI_2}{I_2}=Z$
$C=\left.\frac{I_1}{V_2}\right|_{I_2=0}=\frac{0}{V_2}=0$
$D=\left.\frac{I_1}{I_2}\right|_{V_2=0}=\frac{I_2}{I_2}=1$
답 ③

73 저항 3개를 Y로 접속하고 이것을 선간전압 200[V]의 평형 3상 교류 전원에 연결할 때 선전류가 20[A] 흘렀다. 이 3개의 저항을 Δ로 접속하고 동일 전원에 연결하였을 때의 선전류는 몇 [A]인가?

① 30 ② 40 ③ 50 ④ 60

풀이
- Y결선에서 상전압 = $\dfrac{\text{선간전압}}{\sqrt{3}}$,
  선전류 = 상전류이므로 Y접속 시 상전류
  $I_Y = \dfrac{E}{R} = \dfrac{200/\sqrt{3}}{R} = 20[A]$에서
  $R = 5.77[\Omega]$ 이다.
- △결선에서 선간전압 = 상전압,
  선전류 = 상전류 × $\sqrt{3}$ 이므로
  따라서 △접속 시의 선전류
  $I_\Delta = \dfrac{200}{5.77} \times \sqrt{3} = 60.03[A]$ 답 ④

74 $R = 4000[\Omega]$, $L = 5[H]$의 직렬회로에 직류전압 200[V]를 가하던 중 직류전원을 제거함과 동시에 급히 부하단자 사이의 스위치를 단락시킬 경우 이로부터 1/800초 후 회로의 전류는 몇 [mA]인가?

① 18.4 ② 1.84
③ 28.4 ④ 2.84

풀이 전원을 제거하는 경우이므로
$i(t) = \dfrac{E}{R} e^{-\frac{R}{L}t} = \dfrac{200}{4000} e^{-\frac{4000}{5} \times \frac{1}{800}}$
$= 18.4[mA]$ 답 ①

75 다음과 같은 파형을 푸리에 급수로 전개하면?

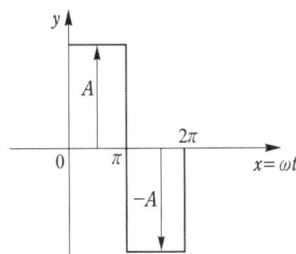

① $y = \dfrac{4A}{\pi}(\sin\alpha \sin x + \dfrac{1}{9}\sin 3\alpha \sin 3x + \cdots)$
② $y = \dfrac{4A}{\pi}(\sin x + \dfrac{1}{3}\sin 3x + \dfrac{1}{5}\sin 5x + \cdots)$
③ $y = \dfrac{4}{\pi}(\dfrac{\cos 2x}{1.3} + \dfrac{\cos 4x}{3.5} + \dfrac{\cos 6x}{5.7} + \cdots)$
④ $y = \dfrac{A}{\pi} + \dfrac{\sin 2x}{2} + \dfrac{\sin 4x}{4} + \cdots$

풀이 반파 대칭 및 정현파 대칭이므로 $b_n = a_0 = 0$
기수항의 sin 항만이 존재한다. 답 ②

76 $i_1 = I_m \sin \omega t$ [A]와 $i_2 = I_m \cos \omega t$ [A]인 두 교류 전류의 위상차는 몇 도인가?

① $0°$ ② $60°$
③ $30°$ ④ $90°$

풀이 $i_2 = I_m \cos \omega t = I_m \sin(\omega t + 90°)$이므로
i_1과 위상차는 $90°$가 된다. 답 ④

77 $R-L$ 직렬회로에서
$e = 10 + 100\sqrt{2}\sin\omega t$
$\quad + 50\sqrt{2}\sin(3\omega t + 60°)$
$\quad + 60\sqrt{2}\sin(5\omega t + 30°)[V]$
인 전압을 가할 때 제3고조파 전류의 실효값은 몇 [A]인가?
(단, $R = 8[\Omega]$, $\omega L = 2[\Omega]$이다.)

① 1 ② 3
③ 5 ④ 7

풀이 기본파 $Z_1 = \sqrt{R^2 + \omega L^2}$
3고조파 $Z_3 = \sqrt{R^2 + (3\omega L)^2}$
$\therefore I_3 = \dfrac{V_3}{Z_3} = \dfrac{V_3}{\sqrt{R^2 + (3\omega L)^2}}$
$= \dfrac{50}{\sqrt{8^2 + (3 \times 2)^2}} = 5[A]$ 답 ③

78 대칭 n상 Y형 결선에서 선간전압의 크기는 상전압의 몇 배인가?

① $\sin\dfrac{\pi}{n}$ ② $\cos\dfrac{\pi}{n}$
③ $2\sin\dfrac{\pi}{n}$ ④ $2\cos\dfrac{\pi}{n}$

풀이 $V_l = 2V_p \sin\dfrac{\pi}{n}$이므로
$\therefore \dfrac{V_l}{V_p} = 2\sin\dfrac{\pi}{n}$ 답 ③

79 다음 함수 $F(s) = \dfrac{5s+3}{s(s+1)}$ 의 역라플라스 변환은?

① $2 + 3e^{-t}$ ② $3 + 2e^{-t}$
③ $3 - 2e^{-t}$ ④ $2 - 3e^{-t}$

풀이

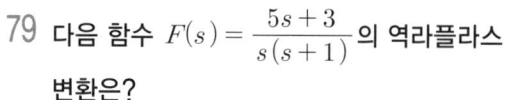

$$F(s) = \frac{5s+3}{s(s+1)} = \frac{A}{s} + \frac{B}{s+1}$$

여기서, $A = \dfrac{5s+3}{s+1}\bigg|_{s=0} = \dfrac{3}{1} = 3$,

$B = \dfrac{5s+3}{s}\bigg|_{s=-1} = \dfrac{-2}{-1} = 2$ 이므로

$F(s) = \dfrac{3}{s} + \dfrac{2}{s+1}$

∴ $\mathcal{L}^{-1}[F(s)] = \mathcal{L}^{-1}\left[\dfrac{3}{s} + \dfrac{2}{s+1}\right] = 3 + 2e^{-t}$ **답** ②

80 그림과 같은 회로가 공진이 되기 위한 조건을 만족하는 어드미턴스는?

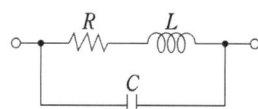

① $\dfrac{CL}{R}$ ② $\dfrac{CR}{L}$
③ $\dfrac{L}{CR}$ ④ $\dfrac{LR}{C}$

풀이 ① 합성 어드미턴스

$Y = Y_1 + Y_2 = \dfrac{1}{R + j\omega L} + j\omega C$

$= \dfrac{R}{R^2 + \omega^2 L^2} + j\left(\omega C - \dfrac{\omega L}{R^2 + \omega^2 L^2}\right)$

② 병렬공진 시 합성 어드미턴스의 허수부는 0이 되어야 하므로

$\omega C - \dfrac{\omega L}{R^2 + \omega^2 L^2} = 0 \rightarrow \omega C = \dfrac{\omega L}{R^2 + \omega^2 L^2}$

∴ $R^2 + \omega^2 L^2 = \dfrac{L}{C}$

허수부가 0인 경우

합성어드미턴스 $Y = \dfrac{R}{R^2 + \omega^2 L^2}$ 이므로

②의 식을 대입하여 정리하면

∴ $Y_r = \dfrac{R}{R^2 + \omega^2 L^2} = \dfrac{R}{\dfrac{L}{C}} = \dfrac{RC}{L}$ **답** ②

5과목 - 전기설비기술기준

81 저압 절연전선을 사용한 220[V] 저압가공전선이 안테나와 접근상태로 시설되는 경우 가공전선과 안테나 사이의 이격거리는 몇 [cm] 이상이어야 하는가? (단, 전선이 고압 절연전선, 특고압 절연전선 또는 케이블인 경우는 제외한다.)

① 30   ② 60
③ 100   ④ 120

풀이 332.14 고압 가공전선과 안테나의 접근 또는 교차
저압 가공전선 또는 고압 가공전선이 안테나와 접근상태로 시설되는 경우에는 다음에 따라야 한다.
가. 고압 가공전선로는 고압 보안공사에 의할 것.
나. 가공전선과 안테나 사이의 이격거리

사용전압 부분 공작물의 종류		저압	고압
안테나	일반적인 경우	0.6[m]	0.8[m]
	전선이 고압절연전선	0.3[m]	0.8[m]
	전선이 케이블인 경우	0.3[m]	0.4[m]

답 ②

82 금속 덕트에 넣은 전선의 단면적의 합계는 덕트의 내부 단면적의 몇 [%] 이하이어야 하는가?

① 10   ② 20
③ 32   ④ 48

풀이 232.31 금속덕트공사
금속덕트에 넣은 전선의 단면적(절연피복의 단면적을 포함한다)의 합계
가. 일반적인 경우 : 덕트 내부 단면적의 20[%] 이하
나. 전광표시장치 또는 제어회로 만의 배선만을 넣는 경우 : 50[%] 이하   **답** ②

83 지선을 사용하여 그 강도를 분담시키면 안 되는 가공전선로의 지지물은?

① 목주
② 철주
③ 철탑
④ 철근 콘크리트주

풀이 331.11 지선의 시설
가. 가공전선로의 지지물로 사용하는 **철탑은 지선을 사용하여 그 강도를 분담시켜서는 안 된다.**
나. 가공전선로의 지지물로 사용하는 철주 또는 철근 콘크리트주는 지선을 사용하지 않는 상태에서 2분의 1 이상의 풍압하중에 견디는 강도를 가지는 경우 이외에는 지선을 사용하여 그 강도를 분담시켜서는 안 된다.
답 ③

84 저압가공인입선 시설 시 도로를 횡단하여 시설하는 경우 노면상 높이는 몇 [m] 이상으로 하여야 하는가?

① 4 ② 4.5
③ 5 ④ 5.5

풀이 221.1.1 저압 인입선의 시설
저압 가공인입선의 높이
가. **도로**(차도와 보도의 구별이 있는 도로인 경우에는 차도)를 횡단하는 경우 : **노면상 5[m]** (기술상 부득이한 경우에 교통에 지장이 없을 때에는 3[m]) 이상
나. 철도 또는 궤도를 횡단하는 경우 : 레일면상 6.5[m] 이상
다. 횡단보도교 위에 시설하는 경우 : 노면상 3[m] 이상
답 ③

85 60[kV] 이하의 특고압가공전선과 식물과의 이격거리는 몇 [m] 이상이어야 하는가?

① 2 ② 2.12
③ 2.24 ④ 2.36

풀이 333.30 특고압 가공전선과 식물의 이격거리

사용전압의 구분	이격거리
60[kV] 이하	2[m]
60[kV] 초과	• 이격거리 = 2 + 단수 × 0.12[m] • 단수 = $\frac{전압[kV]-60}{10}$ 단수 계산에서 소수점 이하는 절상

답 ①

86 전기부식방지 시설에서 전원장치를 사용하는 경우로 옳은 것은?

① 전기부식방지 회로의 사용전압은 교류 60[V] 이하일 것

② 지중에 매설하는 양극(+)의 매설깊이는 50[cm] 이상일 것
③ 지표 또는 수중에서 1[m] 간격의 임의의 2점간의 전위차는 7[V]를 넘지 말 것
④ 수중에 시설하는 양극(+)과 그 주위 1[m] 이내의 거리에 있는 임의점과의 사이의 전위차는 10[V]를 넘지 말 것

풀이 241.16 전기부식방지 시설
가. 전기부식방지용 전원장치에 전기를 공급하는 전로의 사용전압은 저압이어야 한다.
나. 전기부식방지용 변압기는 절연변압기 일 것
다. 전기부식방지 회로(전기부식방지용 전원장치로부터 양극 및 피방식체까지의 전로를 말한다.)의 사용전압은 직류 60[V] 이하일 것.
라. 지중에 매설하는 양극의 매설깊이는 0.75[m] 이상일 것.
마. 수중에 시설하는 **양극과 그 주위 1[m] 이내의 거리에 있는 임의 점과의 사이의 전위차는 10[V]를 넘지 아니할 것.**
바. 지표 또는 수중에서 1[m] 간격의 임의의 2점간의 전위차가 5[V]를 넘지 아니할 것.
답 ④

87 345[kV] 변전소의 충전 부분에서 5.98[m] 거리에 울타리를 설치할 경우 울타리 최소 높이는 몇 [m]인가?

① 2.1 ② 2.3
③ 2.5 ④ 2.7

풀이 351.1 발전소 등의 울타리·담 등의 시설

사용전압의 구분	울타리·담 등의 높이와 울타리·담 등으로부터 충전 부분까지의 거리의 합계
35[kV] 이하	5[m]
35[kV] 초과 160[kV] 이하	6[m]
160[kV] 초과	• 거리의 합계 = 6 + 단수 × 0.12[m] • 단수 = $\frac{사용전압[kV]-160}{10}$ 단수 계산에서 소수점 이하는 절상

• 단수 = $\frac{345-160}{10}$ = 18.5 → 19단
• 거리의 합계 = 6 + (19 × 0.12) = 8.28[m]
• 울타리에서 충전 부분까지 거리는 5.98[m]이므로 울타리 최소 높이 = 8.28 − 5.98 = 2.3[m]
답 ②

88 동기발전기를 사용하는 전력계통에 시설하여야 하는 장치는?

① 비상 조속기
② 분로 리액터
③ 동기검정장치
④ 절연유 유출방지설비

풀이 351.6 계측장치
동기발전기를 시설하는 경우에는 동기검정장치를 시설하여야 한다. 다만, 동기발전기의 용량이 그 발전기를 연계하는 전력계통의 용량과 비교하여 현저히 적은 경우에는 그러하지 아니하다. **답** ③

89 특고압 가공전선로의 지지물에 시설하는 통신선 또는 이에 직접 접속하는 통신선 중 옥내에 시설하는 부분은 몇 [V] 초과의 저압 옥내배선의 규정에 준하여 시설하도록 하고 있는가?

① 150
② 300
③ 380
④ 400

풀이 362.7 특고압 가공전선로 첨가설치 통신선에 직접 접속하는 옥내 통신선의 시설
특고압 가공전선로의 지지물에 시설하는 통신선(광섬유 케이블을 제외한다) 또는 이에 직접 접속하는 통신선 중 옥내에 시설하는 부분은 400[V] 초과의 저압옥내 배선시설에 준하여 시설하여야 한다. **답** ④

90 제2종 특고압 보안공사 시 B종 철주를 지지물로 사용하는 경우 경간은 몇 [m] 이하인가?

① 100
② 200
③ 400
④ 500

풀이 333.22 특고압 보안공사
제2종 특고압 보안공사는 다음에 따라야 한다.
가. 특고압 가공전선은 연선일 것.
나. 지지물로 사용하는 목주의 풍압하중에 대한 안전율은 2 이상일 것.
다. 경간은 표에서 정한 값 이하일 것

지지물의 종류	경간
목주·A종 철주 또는 A종 철근 콘크리트주	100[m]
B종 철주 또는 B종 철근 콘크리트주	200[m]
철탑	400[m](단주인 경우에는 300[m])

답 ②

91 전체의 길이가 18[m]이고, 설계하중이 6.8[kN]인 철근 콘크리트주를 지반이 튼튼한 곳에 시설하려고 한다. 기초 안전율을 고려하지 않기 위해서는 묻히는 깊이를 몇 [m] 이상으로 시설하여야 하는가?

① 2.5
② 2.8
③ 3
④ 3.2

풀이 331.7 가공전선로 지지물의 기초의 안전율
가공전선로의 지지물에 하중이 가하여지는 경우에 그 하중을 받는 지지물의 기초의 안전율은 2(이상 시 상정하중에 대한 철탑의 기초에 대하여는 1.33) 이상이어야 한다. 다만, 다음에 따라 시설하는 경우에는 적용하지 않는다.

설계 하중 전장	6.8[kN] 이하	6.8[kN] 초과 ~9.8[kN] 이하	9.8[kN] 초과 ~14.72[kN] 이하
15[m] 이하	전장×1/6[m] 이상	전장×1/6+0.3[m] 이상	전장×1/6+0.5[m] 이상
15[m] 초과	2.5[m] 이상	2.8[m] 이상	-
16[m] 초과 ~20[m] 이하	2.8[m] 이상	-	-
15[m] 초과 ~18[m] 이하	-	-	3[m] 이상
18[m] 초과	-	-	3.2[m] 이상

답 ②

92 케이블트레이공사에 대한 설명으로 틀린 것은?

① 금속제의 것은 내식성 재료의 것이어야 한다.
② 케이블 트레이의 안전율은 1.25 이상이어야 한다.
③ 비금속제 케이블 트레이는 난연성 재료의 것이어야 한다.
④ 전선의 피복 등을 손상시킬 돌기 등이 없이 매끈하여야 한다.

풀이 232.41 케이블트레이공사
가. **케이블 트레이의 안전율은 1.5 이상으로 하여야 한다.**
나. 금속재의 것은 적절한 방식처리를 한 것이거나 내식성 재료의 것이어야 한다.
다. 비금속제 케이블 트레이는 난연성 재료의 것이어야 한다.
라. 금속제 케이블 트레이 계통은 기계적 및 전기적으로 완전하게 접속하여야 하며 금속제 트레이는 접지공사를 하여야 한다.
마. 전선의 피복 등을 손상시킬 돌기 등이 없이 매끈하여야 한다. **답** ②

93 변전소를 관리하는 기술원이 상주하는 장소에 경보장치를 시설하지 아니하여도 되는 것은?

① 조상기 내부에 고장이 생긴 경우
② 주요 변압기의 전원측 전로가 무전압으로 된 경우
③ 특고압용 타냉식변압기의 냉각장치가 고장 난 경우
④ 출력 2000[kVA] 특고압용 변압기의 온도가 현저히 상승한 경우

풀이 351.9 상주 감시를 하지 아니하는 변전소의 시설
다음의 경우에는 **변전제어소 또는 기술원이 상주하는 장소에 경보장치를 시설할 것**.
가. 운전조작에 필요한 차단기가 자동적으로 차단한 경우
나. 주요 변압기의 전원측 전로가 무전압으로 된 경우
다. 제어 회로의 전압이 현저히 저하한 경우
라. **출력 3,000 [kVA]를 초과하는 특고압용변압기는 그 온도가 현저히 상승한 경우**
마. 특고압 타냉식변압기는 그 냉각장치가 고장난 경우
바. 조상기는 내부에 고장이 생긴 경우
사. 수소냉각식조상기는 그 조상기 안의 수소의 순도가 90[%] 이하로 저하한 경우, 수소의 압력이 현저히 변동한 경우 또는 수소의 온도가 현저히 상승한 경우
답 ④

94 의료장소의 수술실에서 전기설비의 시설에 대한 설명으로 틀린 것은?

① 의료용 절연변압기의 정격출력은 10[kVA] 이하로 한다.
② 의료용 절연변압기의 2차 측 정격전압은 교류 250[V] 이하로 한다.
③ 절연 감시장치를 설치하여 절연저항이 50[kΩ]까지 감소하면 표시설비 및 음향설비로 경보를 발하도록 한다.
④ 전원측에 강화절연을 한 의료용 절연변압기를 설치하고 그 2차 측 전로는 접지한다.

풀이 242.10.3 의료장소의 안전을 위한 보호 설비
그룹 1 및 그룹 2의 의료 IT 계통은 다음과 같이 시설할 것.
가. 전원 측에 따라 이중 또는 강화절연을 한 **비단락보증 절연변압기를 설치하고 그 2차 측 전로는 접지하지 말 것**.
나. 비단락보증 절연변압기의 2차 측 정격전압은 교류 250[V] 이하로 하며 공급방식 및 정격출력은 단상 2선식, 10[kVA] 이하로 할 것.
다. 비단락보증 절연변압기의 과부하 및 온도를 지속적으로 감시하는 장치를 적절한 장소에 설치할 것.
라. 의료 IT 계통의 절연저항을 계측, 지시하는 절연 감시장치를 설치하여 절연저항이 50[kΩ]까지 감소하면 표시설비 및 음향 설비로 경보를 발하도록 할 것.
답 ④

95 1[kV] 이하 방전등에 저압으로 전기를 공급하는 옥내의 전로의 대지전압은 몇 [V] 이하이어야 하는가?

① 100   ② 200
③ 300   ④ 400

풀이 234.11 1 [kV] 이하 방전등
관등회로의 사용전압이 1 [kV] 이하인 방전등에 전기를 공급하는 전로의 **대지전압은 300[V] 이하로 하여야 한다**.
답 ③

96 저압가공인입선 시설 시 사용할 수 없는 전선은?

① 절연전선, 케이블
② 지름 2.6[mm] 이상의 인입용 비닐절연전선
③ 인장강도 1.2[kN] 이상의 인입용 비닐절연전선
④ 사람의 접촉우려가 없도록 시설하는 경우 옥외용 비닐절연전선

풀이 221.1.1 저압 인입선의 시설
저압 가공인입선은 다음에 따라 시설하여야 한다.
가. 전선은 절연전선 또는 케이블일 것.
나. 전선이 절연전선인 경우
 ① **경간이 15[m] 초과 : 인장강도 2.30[kN] 이상의 것 또는 지름 2.6[mm] 이상의 인입용 비닐절연전선일 것**.
 ② **경간이 15[m] 이하 : 인장강도 1.25[kN] 이상의 것 또는 지름 2[mm] 이상의 인입용 비닐절연전선일 것**.
다. 전선이 옥외용 비닐 절연 전선인 경우에는 사람이 접촉할 우려가 없도록 시설할 것.
답 ③

97 고압가공전선로의 가공지선으로 나경동선을 사용하는 경우의 지름은 몇 [mm] 이상이어야 하는가?

① 3.2
② 4
③ 5.5
④ 6

풀이 332.6 고압 가공전선로의 가공지선
고압 가공전선로에 사용하는 가공지선은 인장강도 5.26 [kN] 이상의 것 또는 **지름 4[mm]** 이상의 나경동선을 사용한다. **답** ②

> 출제기준 변경 및 개정된 관계 법규에 따라 삭제된 문제가 있어 20문항이 안됩니다.

2018년 1회 전기산업기사필기

동일출판사 홈페이지에서 무료 동영상강의를 보실 수 있습니다.

1과목 - 전기자기

01 무한장 원주형 도체에 전류 I가 표면에만 흐른다면 원주 내부의 자계의 세기는 몇 [AT/m]인가? (단, r[m]는 원주의 반지름이고, N은 권선수이다.)

① 0
② $\dfrac{NI}{2\pi r}$
③ $\dfrac{I}{2r}$
④ $\dfrac{I}{2\pi r}$

풀이 도체의 전류가 표면에만 흐르면 내부 자계는 0 이다.
답 ①

02 다음이 설명하고 있는 것은?

> 수정, 로셀염 등에 열을 가하면 분극을 일으켜 한쪽 끝에 양(+) 전기, 다른 쪽 끝에 음(-) 전기가 나타나며, 냉각할 때에는 역분극이 생긴다.

① 강유전성
② 압전기현상
③ 파이로(Pyro)전기
④ 톰슨(Thomson)효과

풀이 파이로 전기
압전 현상이 나타나는 결정을 가열하면 한 면에 정(+)의 전기가, 다른 면에 부(-)의 전기가 나타나 분극을 일으킨다. 반대로 냉각시키면 역의 분극이 일어난다. 이 전기를 파이로 전기(pyro-electricity)라 하며 이 현상은 전기석, 수정, 로셀염, 티탄산바륨에서 일어난다.
답 ③

03 비유전율이 9인 유전체 중에 1[cm]의 거리를 두고 1[μC]과 2[μC]의 두 점전하가 있을 때 서로 작용하는 힘은 약 몇 [N]인가?

① 18
② 20
③ 180
④ 200

풀이 쿨롱의 법칙
$$F = \dfrac{1}{4\pi\epsilon_0} \cdot \dfrac{Q_1 Q_2}{\epsilon_s r^2}$$
$$= 9 \times 10^9 \times \dfrac{1 \times 10^{-6} \times 2 \times 10^{-6}}{9 \times (1 \times 10^{-2})^2}$$
$$= 20[N]$$
답 ②

04 비투자율 μ_s, 자속밀도 B[Wb/m²]인 자계 중에 있는 m[Wb]의 자극이 받는 힘[N]은?

① $\dfrac{Bm}{\mu_0 \mu_s}$
② $\dfrac{Bm}{\mu_0}$
③ $\dfrac{\mu_0 \mu_s}{Bm}$
④ $\dfrac{Bm}{\mu_s}$

풀이 자계 중의 자극이 받는 힘은
$F = mH$[N], $H = \dfrac{B}{\mu_0 \mu_s}$[A/m] 이므로
$$\therefore F = \dfrac{Bm}{\mu_0 \mu_s}[N]$$
답 ①

05 반지름이 1[m]인 도체구에 최고로 줄 수 있는 전위는 몇 [kV]인가? (단, 주위 공기의 절연내력은 3×10^6[V/m]이다.)

① 30
② 300
③ 3000
④ 30000

풀이 전위 $V = E \cdot r = 3 \times 10^6 \times 1 \times 10^{-3}$
$= 3000$[kV]
답 ③

06 그림과 같은 정전용량이 C_o[F]가 되는 평행판 공기콘덴서가 있다. 이 콘덴서의 판면적의 $\frac{2}{3}$가 되는 공간에 비유전율 ϵ_s인 유전체를 채우면 공기콘덴서의 정전용량[F]은?

① $\frac{2\epsilon_s}{3}C_o$

② $\frac{3}{1+2\epsilon_s}C_o$

③ $\frac{1+\epsilon_s}{3}C_o$

④ $\frac{1+2\epsilon_s}{3}C_o$

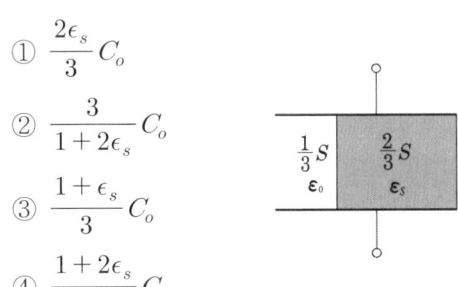

풀이
$$C_1 = \frac{\epsilon_0\left(\frac{1}{3}S\right)}{d} = \frac{1}{3}C_0$$
$$C_2 = \frac{\epsilon_0\epsilon_s\left(\frac{2}{3}S\right)}{d} = \frac{2}{3}\epsilon_s C_0$$
C_1, C_2는 병렬접속이므로
$$\therefore C_t = C_1 + C_2 = \frac{1+2\epsilon_s}{3}C_0[F]$$ 답 ④

07 단면적 S[m²], 자로의 길이 l[m], 투자율 μ[H/m]의 환상철심에 1[m]당 N회 코일을 균등하게 감았을 때 자기 인덕턴스[H]는?

① μNlS ② $\mu N^2 lS$

③ $\frac{\mu N^2 l}{S}$ ④ $\frac{\mu N^2 S}{l}$

풀이 자기 인덕턴스
$$L = \frac{\mu S(Nl)^2}{l} = \mu N^2 lS [H]$$ 답 ②

08 반지름 a[m]인 접지 도체구의 중심에서 r[m] 되는 거리에 점전하 Q[C]을 놓았을 때 도체구에 유도된 총 전하는 몇 [C]인가?

① 0 ② $-Q$

③ $-\frac{a}{r}Q$ ④ $-\frac{r}{a}Q$

풀이

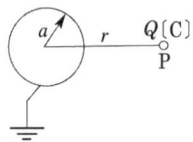

점 P에서 Q의 전하를 주고 도체구를 접지($V_1 = 0$)하였을 때 유도되는 전하를 Q'라 하면
$$V_1 = 0 = P_{11}Q' + P_{12}Q$$
$$\therefore Q' = -\frac{P_{12}}{P_{11}}Q = \frac{\frac{1}{4\pi\epsilon_0 r}}{\frac{1}{4\pi\epsilon_0 a}}Q = -\frac{a}{r}Q[C]$$ 답 ③

09 각각 $\pm Q$[C]로 대전된 두 개의 도체간의 전위차를 전위계수로 표시하면?
(단 $P_{12} = P_{21}$이다.)

① $(P_{11} + P_{12} + P_{22})Q$

② $(P_{11} + P_{12} - P_{22})Q$

③ $(P_{11} - P_{12} + P_{22})Q$

④ $(P_{11} - 2P_{12} + P_{22})Q$

풀이 $V_1 = P_{11}Q_1 + P_{12}Q_2$, $V_2 = P_{21}Q_1 + P_{22}Q_2$에서
$Q_1 = Q$, $Q_2 = -Q$를 대입하면
$V_1 = P_{11}Q - P_{12}Q$, $V_2 = P_{21}Q - P_{22}Q$
전위차 $V = V_1 - V_2 = (P_{11} - 2P_{12} + P_{22})Q$ 답 ④

10 접지 구도체와 점전하간의 작용력은?

① 항상 반발력이다.
② 항상 흡인력이다.
③ 조건적 반발력이다.
④ 조건적 흡인력이다.

풀이 접지 구도체에는 항상 점전하와 반대 극성인 전하가 유도되므로 항상 흡인력이 작용한다. 답 ②

11 공기 중에서 무한평면 도체로부터 수직으로 10^{-10}[m] 떨어진 점에 한 개의 전자가 있다. 이 전자에 작용하는 힘은 약 몇 [N]인가?
(단, 전자의 전하량 -1.602×10^{-19}[C]이다.)

① 5.77×10^{-9} ② 1.602×10^{-9}

③ 5.77×10^{-19} ④ 1.602×10^{-19}

풀이 무한 평면 도체에서 1[m] 떨어진 점전하 Q[C]이 받는 힘은 전기 영상법에 의해

$$F = \frac{1}{4\pi\epsilon_0} \cdot \frac{QQ'}{(2r)^2}$$

$$= \frac{Q^2}{16\pi\epsilon_0 r^2} \text{ [N]}$$

$$\therefore F = \frac{1}{4\pi\epsilon_0} \cdot \frac{Q^2}{(2r)^2}$$

$$= 9 \times 10^9 \times \frac{(-1.602 \times 10^{-19})^2}{(2 \times 10^{-10})^2}$$

$$= 5.77 \times 10^{-9} \text{ [N]} \qquad \text{답 ①}$$

풀이

맥스웰 전자방정식	
미 분 형	의 미
$\text{rot } \boldsymbol{E} = -\frac{\partial \boldsymbol{B}}{\partial t}$	패러데이 법칙
$\text{rot } \boldsymbol{H} = i_c + \frac{\partial \boldsymbol{D}}{\partial t}$	암페어 주회적분 법칙
$\text{div} \boldsymbol{D} = \rho$	가우스 법칙
$\text{div} \boldsymbol{B} = 0$	고립된 자하는 없다. (N극과 S극이 공존)

답 ①

12 자속밀도 B[Wb/m²]가 도체 중에서 f[Hz]로 변화할 때 도체 중에 유기되는 기전력 e는 무엇에 비례하는가?

① $e \propto Bf$ ② $e \propto \frac{B}{f}$

③ $e \propto \frac{B^2}{f}$ ④ $e \propto \frac{f}{B}$

풀이 유기기전력 $e = \omega N B_m S \cos\omega t$[V]에서
$\omega = 2\pi f$ 이므로 $\therefore e \propto B_m f$ 답 ①

15 유전율 ϵ, 투자율 μ인 매질 내에서 전자파의 전파속도는?

① $\sqrt{\epsilon\mu}$ ② $\sqrt{\frac{\epsilon}{\mu}}$

③ $\frac{1}{\sqrt{\epsilon\mu}}$ ④ $\sqrt{\frac{\mu}{\epsilon}}$

풀이 전자파의 속도 $v^2 = \frac{1}{\epsilon\mu}$ 에서

$$\therefore v = \frac{1}{\sqrt{\epsilon\mu}} = \frac{1}{\sqrt{\epsilon_0\mu_0}} \cdot \frac{1}{\sqrt{\epsilon_s\mu_s}}$$

$$= c \cdot \frac{1}{\sqrt{\epsilon_s\mu_s}} = \frac{3 \times 10^8}{\sqrt{\epsilon_s\mu_s}} \text{[m/s]} \qquad \text{답 ③}$$

13 유전체 중의 전계의 세기를 E, 유전율을 ϵ이라 하면 전기변위는?

① ϵE ② ϵE^2

③ $\frac{\epsilon}{E}$ ④ $\frac{E}{\epsilon}$

풀이 $D = \epsilon E$
(여기서, ϵ를 유전율, E를 전계의 세기라고 하며, D를 전속밀도 또는 전기변위라고 한다.)   답 ①

14 맥스웰의 전자방정식으로 틀린 것은?

① $\text{div} \mathrm{B} = \phi$

② $\text{div} \mathrm{D} = \rho$

③ $\text{rot} \mathrm{E} = -\frac{\partial \mathrm{B}}{\partial t}$

④ $\text{rot} \mathrm{H} = i + \frac{\partial \mathrm{D}}{\partial t}$

16 평행판 콘덴서에서 전극간에 V[V]의 전위차를 가할 때 전계의 세기가 공기의 절연내력 E[V/m]를 넘지 않도록 하기 위한 콘덴서의 단위 면적 당의 최대용량은 몇 [F/m²]인가?

① $\frac{\epsilon_0 V}{E}$ ② $\frac{\epsilon_0 E}{V}$

③ $\frac{\epsilon_0 V^2}{E}$ ④ $\frac{\epsilon_0 E^2}{V}$

풀이 전위 $V = Ed$[V]이고,

정전용량 $C = \frac{\epsilon_0 S}{d}$[F]이므로

$$\therefore C = \frac{\epsilon_0}{d} = \frac{\epsilon_0}{\frac{V}{E}} = \frac{\epsilon_0 E}{V} \text{ [F/m²]} \qquad \text{답 ②}$$

17 그림과 같이 권수가 1이고 반지름 a[m]인 원형 전류 I[A]가 만드는 자계의 세기[AT/m]는?

① $\dfrac{I}{a}$

② $\dfrac{I}{2a}$

③ $\dfrac{I}{3a}$

④ $\dfrac{I}{4a}$

풀이 $H_0 = \oint dH = \int_0^{2\pi a} \dfrac{Idl\sin\theta}{4\pi a^2} = \int_0^{2\pi a} \dfrac{Idl}{4\pi a^2}$

$= \dfrac{I}{4\pi a^2} \int_0^{2\pi a} dl = \dfrac{I}{2a}$ [AT/m]

또는 $H_x = \dfrac{I}{2} \cdot \dfrac{a^2}{(a^2+x^2)^{3/2}}$ 에서

원형 코일 중심의 자계의 세기 H_0는 $x=0$ 이므로

∴ $H_0 = \dfrac{I}{2a}$ [AT/m] 답 ②

18 두 점전하 q, $\dfrac{1}{2}q$가 a만큼 떨어져 놓여있다. 이 두 점전하를 연결하는 선상에서 전계의 세기가 영(0)이 되는 점은 q가 놓여 있는 점으로부터 얼마나 떨어진 곳인가?

① $\sqrt{2}\,a$ ② $(2-\sqrt{2})a$

③ $\dfrac{\sqrt{3}}{2}a$ ④ $\dfrac{(1+\sqrt{2})a}{2}$

풀이 ① 두 점전하(q, $\dfrac{q}{2}$)에 의한 전계의 방향을 세 영역에 대해 고찰하면, 두 점전하에 대해 각각 I영역은 좌측 방향, III영역은 우측 방향이 되어 전계가 0인 점이 존재하지 않는다.

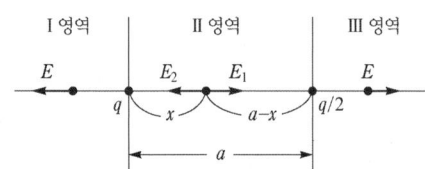

② II영역은 그림과 같이 q에 의한 전계 E_1, $\dfrac{q}{2}$에 의한 전계 E_2가 반대 방향이 되어 전계가 0인 점이 존재한다. 따라서 전계의 세기(크기) $E_1 = E_2$의 조건을 만족하는 거리 x를 구하면 된다.

$\dfrac{q}{4\pi\epsilon_0 x^2} = \dfrac{q/2}{4\pi\epsilon_0 (a-x)^2}$

$\dfrac{1}{x^2} = \dfrac{1}{2(a-x)^2}$

$x^2 = 2(a-x)^2$ (양변에 제곱근 $\sqrt{}$ 적용)

$x = \sqrt{2}(a-x)$

$(1+\sqrt{2})x = \sqrt{2}\,a$

∴ $x = \dfrac{\sqrt{2}\,a}{1+\sqrt{2}} = \dfrac{\sqrt{2}\,a(1-\sqrt{2})}{(1+\sqrt{2})(1-\sqrt{2})}$

$= (2-\sqrt{2})a$ 답 ②

19 균일한 자장 내에서 자장에 수직으로 놓여있는 직선도선이 받는 힘에 대한 설명 중 옳은 것은?

① 힘은 자장의 세기에 비례한다.

② 힘은 전류의 세기에 반비례한다.

③ 힘은 도선 길이의 $\dfrac{1}{2}$승에 비례한다.

④ 자장의 방향에 상관없이 일정한 방향으로 힘을 받는다.

풀이 힘 $F = IBl\sin\theta = \mu_0 HIl\sin\theta$ [N] 이므로 힘(F)은 자장의 세기(H)에 비례한다. 답 ①

20 전류밀도 J, 전계 E, 입자의 이동도 μ, 도전율을 σ라 할 때 전류밀도[A/m²]를 옳게 표현한 것은?

① $J=0$ ② $J=E$

③ $J=\sigma E$ ④ $J=\mu E$

풀이 전류밀도는 $J = nq\mu E = \rho\mu E$

또는 $J = \sigma E$ [A/m²]가 되며,

이 식을 정상전류계의 미분형이라 한다. 답 ③

> **2과목 - 전력공학**

21 차단기의 정격투입전류란 투입되는 전류의 최초 주파수의 어느 값을 말하는가?

① 평균값 ② 최댓값

③ 실효값 ④ 직류값

[풀이] 차단기의 정격 투입 전류란 성능에 지장 없이 투입할 수 있는 전류의 한도를 말하며, 투입 전류의 최초 주파수에서의 최댓값으로 나타낸다. 크기는 정격차단전류(실효값)의 2.5배를 표준으로 한다. 답 ②

22 영상변류기와 관계가 가장 깊은 계전기는?

① 차동계전기
② 과전류계전기
③ 과전압계전기
④ 선택접지계전기

[풀이] 비접지 계통의 지락사고 검출 :
선택 접지계전기(SGR) + 영상전류 검출 (ZCT) + 영상전압 검출(GPT) 답 ④

23 전력계통에서의 단락용량 증대가 문제 되고 있다. 이러한 단락용량을 경감하는 대책이 아닌 것은?

① 사고 시 모선을 통합한다.
② 상위전압 계통을 구성한다.
③ 모선 간에 한류 리액터를 삽입한다.
④ 발전기와 변압기의 임피던스를 크게 한다.

[풀이] 단락용량의 경감 대책
① 현재 채용하고 있는 것보다 한 단계 더 높은 상위 전압의 계통을 구성한다.
② 발전기와 변압기의 임피던스를 크게 한다.
③ 계통을 분할하거나 송전선 또는 모선간에 한류 리액터를 삽입한다.
④ 계통간을 직류 설비라든지 특수한 연계 장치로 연계한다.
⑤ 사고 시 모선 분리 방식을 채용한다. 답 ①

24 송전계통의 안정도 증진방법에 대한 설명이 아닌 것은?

① 전압변동을 작게 한다.
② 직렬리액턴스를 크게 한다.
③ 고장 시 발전기 입·출력의 불평형을 작게 한다.
④ 고장전류를 줄이고 고장구간을 신속하게 차단한다.

[풀이] 안정도 향상 대책
① 계통의 직렬 리액턴스 감소(다회선 방식 채택, 복도체 방식 채택, 기기의 리액턴스 감소, 직렬 콘덴서 설치)
② 전압변동률을 적게 한다.(속응여자방식 채용, 계통의 연계, 중간 조상 방식)
③ 계통에 주는 충격을 적게 한다.(적당한 중성점접지 방식, 고속차단방식, 재폐로방식)
④ 고장 중의 발전기 돌입 출력의 불평형을 적게 한다. 답 ②

25 150[kVA] 전력용 콘덴서에 제5고조파를 억제시키기 위해 필요한 직렬리액터의 최소용량은 몇 [kVA]인가?

① 1.5 ② 3
③ 4.5 ④ 6

[풀이] 직렬 리액터의 용량
① 콘덴서 용량의 4 [%] 이상(이론상)
② 주파수 변동 등의 여유를 봐서 실제로는 콘덴서 용량의 약 5~6 [%]인 것이 사용된다.
따라서 직렬 리액터의 최소용량
$= 150 \times 0.04 = 6$ [kVA] 답 ④

26 보일러 급수 중에 포함되어 있는 산소 등에 의한 보일러배관의 부식을 방지할 목적으로 사용되는 장치는?

① 탈기기   ② 공기 예열기
③ 급수 가열기 ④ 수위 경보기

[풀이] 급수 중에 용해되어 있는 산소는 증기계통, 급수계통 등을 부식시킨다. 탈기기(deaerator)는 용해 산소 분리의 목적으로 쓰인다. 답 ①

27 다음 중 그 값이 1 이상인 것은?

① 부등률   ② 부하율
③ 수용률   ④ 전압강하율

[풀이] 부등률 = $\dfrac{\text{수용설비 개개의 최대수용전력의 합계}}{\text{합성 최대 수용 전력}} \geq 1$ 답 ①

28 화력발전소에서 가장 큰 손실은?

① 소내용 동력
② 복수기의 방열손
③ 연돌 배출가스 손실
④ 터빈 및 발전기의 손실

풀이 발전소마다 각 손실의 비가 다르나 복수식 발전소에서는 복수기 냉각수에 의한 열량이 가장 크며 석탄 열량의 50~60[%]에 달한다. 그 다음으로 큰 것은 굴뚝 배출 가스 손실로 10[%] 정도이다. **답** ②

29 선간거리를 D, 전선의 반지름을 r이라 할 때 송전선의 정전용량은?

① $\log_{10}\dfrac{D}{r}$ 에 비례한다.
② $\log_{10}\dfrac{r}{D}$ 에 비례한다.
③ $\log_{10}\dfrac{D}{r}$ 에 반비례한다.
④ $\log_{10}\dfrac{r}{D}$ 에 반비례한다.

풀이 선로의 정전용량

$$C_w = \dfrac{0.02413}{\log_{10}\dfrac{D}{r}}[\mu F/km]$$ 이므로

정전용량은 $\log_{10}\dfrac{D}{r}$ 에 반비례한다. **답** ③

30 배전선로의 용어 중 틀린 것은?

① 궤전점 : 간선과 분기선의 접속점
② 분기선 : 간선으로 분기되는 변압기에 이르는 선로
③ 간선 : 급전선에 접속되어 부하로 전력을 공급하거나 분기선을 통하여 배전하는 선로
④ 급전선 : 배전용 변전소에서 인출되는 배전선로에서 최초의 분기점까지의 전선으로 도중에 부하가 접속되어 있지 않은 선로

풀이 급전선과 배전 간선과의 접속점을 궤전점이라고 한다. **답** ①

31 송전계통에서 발생한 고장 때문에 일부 계통의 위상각이 커져서 동기를 벗어나려고 할 경우 이것을 검출하고 계통을 분리하기 위해서 차단하지 않으면 안 될 경우에 사용되는 계전기는?

① 한시계전기
② 선택단락계전기
③ 탈조보호계전기
④ 방향거리계전기

풀이 ① 한시계전기
계전기에 입력을 가했을 때 또는 입력을 제거하였을 때 계전기의 동작시간을 지연(遲延)시키는 계전기
② 선택단락계전기
(Selective Short circuit relay ; SS)
병행 2회선 송전선로에서 한 쪽의 1회선에 단락고장이 발생하였을 경우 2중 방향 동작의 계전기를 사용해서 고장회선의 선택차단을 할 수 있는 것으로서 방향단락계전기에 의한 것, 또는 양 회선의 전류차로 동작하는 계전기 등을 사용한다.
③ 탈조보호계전기
(Step-Out protective relay ; SO)
송전계통에 발생한 고장 때문에 일부 계통의 위상각이 커져서 동기를 벗어나려고 할 경우 이것을 검출하고 그 계통을 분리하기 위해서 차단하지 않으면 안 될 경우에 사용한다.
④ 방향거리계전기
(Directive Distance relay ; DZ)
거리계전기에 방향성을 가지게 한 것으로서 복잡한 계통에서 방향단락계전기의 대용으로 쓰인다. **답** ③

32 가공 송전선에 사용되는 애자 1연 중 전압부담이 최대인 애자는?

① 중앙에 있는 애자
② 철탑에 제일 가까운 애자
③ 전선에 제일 가까운 애자
④ 전선으로부터 1/4 지점에 있는 애자

풀이
• 전압 분담 최대 : 전선쪽 애자
• 전압 분담 최소 : 철탑에서 1/3 지점에 있는 애자(전선에서 2/3 지점에 있는 애자) **답** ③

33 송전선에 복도체를 사용하는 주된 목적은?

① 역률 개선 ② 정전용량의 감소
③ 인덕턴스의 증가 ④ 코로나 발생의 방지

풀이
- 3상 송전선의 한 가닥의 전선을 2가닥 이상으로 한 것을 다도체라 하고, 2가닥으로 한 것을 보통 복도체라 한다.
- **복도체를 사용**하면 인덕턴스는 감소하고 정전용량은 증가하며, 안정도를 증가시키고, **코로나 발생을 억제**한다. **답** ④

34 선간전압, 부하역률, 선로손실, 전선중량 및 배전거리가 같다고 할 경우 단상 2선식과 3상 3선식의 공급전력의 비(단상/3상)는?

① $\dfrac{3}{2}$ ② $\dfrac{1}{\sqrt{3}}$
③ $\sqrt{3}$ ④ $\dfrac{\sqrt{3}}{2}$

풀이 전선의 중량이 같다면 $V_0 = 2A_1 L = 3A_3 L$

$\dfrac{A_3}{A_1} = \dfrac{2}{3} = \dfrac{R_1}{R_3}$

또한 전력손실이 같으면
$P_c = 2I_1^2 R_1 = 3I_3^2 R_3$ 에서

$\left(\dfrac{I_1}{I_3}\right)^2 = \dfrac{3R_3}{2R_1} = \dfrac{3}{2} \times \dfrac{3}{2}$

$\dfrac{I_1}{I_3} = \dfrac{3}{2}$

∴ 공급전력의 비

$\dfrac{W_1}{W_3} = \dfrac{VI_1}{\sqrt{3}VI_3} = \dfrac{1}{\sqrt{3}} \times \dfrac{3}{2} = \dfrac{\sqrt{3}}{2}$ **답** ④

35 송전선로의 중성점접지의 주된 목적은?

① 단락전류 제한
② 송전용량의 극대화
③ 전압강하의 극소화
④ 이상전압의 발생방지

풀이 송전선로의 중성점접지의 목적
① 이상전압 발생 방지
② 1선 지락 시 건전상 전압 상승 억제 및 기기나 선로의 절연 절감
③ 보호계전기 동작 확실
④ 소호 리액터 계통에서의 1선 지락 시 아크 소멸 **답** ④

36 전주 사이의 경간이 80[m]인 가공전선로에서 전선 1[m]당의 하중이 0.37[kg], 전선의 이도가 0.8[m] 일 때 수평장력은 몇 [kg]인가?

① 330 ② 350
③ 370 ④ 390

풀이 이도 $D = \dfrac{WS^2}{8T}$ 이므로

수평장력 $T = \dfrac{WS^2}{8D} = \dfrac{0.37 \times 80^2}{8 \times 0.8} = 370[kg]$ **답** ③

37 수차의 특유속도 N_s를 나타내는 계산식으로 옳은 것은? (단, 유효낙차 : $H[m]$, 수차의 출력 : $P[kW]$, 수차의 정격 회전수 : $N[rpm]$이라 한다.)

① $N_s = \dfrac{NP^{\frac{1}{2}}}{H^{\frac{5}{4}}}$ ② $N_s = \dfrac{H^{\frac{5}{4}}}{NP}$

③ $N_s = \dfrac{HP^{\frac{1}{4}}}{N^{\frac{5}{4}}}$ ④ $N_s = \dfrac{NP^2}{H^{\frac{5}{4}}}$

풀이
- 특유속도란 어느 수차와 서로 닮은 모형이 유효낙차 1[m], 출력 1[kW]로 동작할 때의 회전속도이다.
- 특유속도 $N_s = \dfrac{NP^{\frac{1}{2}}}{H^{\frac{5}{4}}}[rpm]$ **답** ①

38 고장점에서 전원 측을 본 계통 임피던스를 $Z[\Omega]$, 고장점의 상전압을 $E[V]$라 하면 3상 단락전류[A]는?

① $\dfrac{E}{Z}$ ② $\dfrac{ZE}{\sqrt{3}}$

③ $\dfrac{\sqrt{3}E}{Z}$ ④ $\dfrac{3E}{Z}$

풀이 옴법(Ohm method)에 의한 단락전류

$I_s = \dfrac{E}{Z} = \dfrac{E}{Z_g + Z_t + Z_l}[A]$ **답** ①

39 3상 계통에서 수전단전압 60[kV], 전류 250[A], 선로의 저항 및 리액턴스가 각각 7.61[Ω], 11.85[Ω] 일 때 전압강하율은? (단, 부하역률은 0.8 (늦음)이다.)

① 약 5.50[%]   ② 약 7.34[%]
③ 약 8.69[%]   ④ 약 9.52[%]

풀이 전압강하율
$$\epsilon = \frac{V_s - V_r}{V_r} \times 100 = \frac{\sqrt{3}I(R\cos\theta + X\sin\theta)}{V_r} \times 100$$
$$= \frac{\sqrt{3} \times 250 \times (7.61 \times 0.8 + 11.85 \times 0.6)}{60,000} \times 100$$
$$= 9.52\,[\%]$$
답 ④

40 피뢰기의 구비조건이 아닌 것은?

① 속류의 차단능력이 충분할 것
② 충격 방전 개시 전압이 높을 것
③ 상용 주파 방전 개시 전압이 높을 것
④ 방전 내량이 크고, 제한 전압이 낮을 것

풀이 피뢰기의 구비조건
- 상용 주파 방전 개시 전압이 높을 것
- **충격 방전 개시 전압이 낮을 것**
- 제한 전압이 낮을 것
- 속류 차단 능력이 클 것

답 ②

3과목 - 전기기기

41 유도전동기의 출력과 같은 것은?

① 출력 = 입력전압 – 철손
② 출력 = 기계출력 – 기계손
③ 출력 = 2차 입력 – 2차 저항손
④ 출력 = 입력전압 – 1차 저항손

풀이
- 기계적 출력 = 기계출력 – 기계손
- 전기적 출력 = 2차 입력 – 2차 저항손

문제에서 명확한 조건이 제시되지 않았으므로 두 경우 모두 인정한다.
답 ②, ③

42 75[W] 이하의 소 출력으로 소형공구, 영사기, 치과 의료용 등에 널리 이용되는 전동기는?

① 단상 반발전동기
② 영구자석 스텝전동기
③ 3상 직권 정류자전동기
④ 단상 직권 정류자전동기

풀이 단상 직권 정류자 전동기를 간단히 단상 직권전동기라고도 하며 이것은 **가정용 미싱, 소형 공구, 영사기, 믹서, 치과 의료용 엔진 등에 사용**된다. 교류, 직류 양용에 사용되기 때문에 교직 양용 전동기 또는 만능 전동기(universal motor)라고 한다.
답 ④

43 직류발전기를 병렬운전할 때 균압선이 필요한 직류발전기는?

① 분권발전기, 직권발전기
② 분권발전기, 복권발전기
③ 직권발전기, 복권발전기
④ 분권발전기, 단극발전기

풀이 균압선의 목적은 병렬운전을 안정하게 하기 위하여 설치하는 것으로 일반적으로 **직권 및 복권 발전기에서는** 직권 계자 코일에 흐르는 전류에 의하여 병렬운전이 불안정하게 되므로 **균압선을 설치**하여 직권 계자 코일에 흐르는 전류를 분류하게 한다.
답 ③

44 병렬운전하고 있는 2대의 3상 동기발전기 사이에 무효 순환전류가 흐르는 경우는?

① 부하의 증가
② 부하의 감소
③ 여자전류의 변화
④ 원동기의 출력변화

풀이 ① 동기발전기의 병렬운전에서는 한쪽의 계자전류(=**여자전류**)를 증대시켜 유기기전력을 크게 하면 **무효 순환전류가 흘러** 계자를 크게 한 발전기의 역률이 낮아지고 다른 발전기의 역률은 좋아진다.
② 병렬운전 조건이 다른 경우

병렬운전 조건	다른 경우 흐르는 전류
기전력의 크기가 같을 것	무효 순환전류
기전력의 위상이 같을 것	동기화 전류(유효횡류)
기전력의 주파수가 같을 것	동기화 전류
기전력의 파형이 같을 것	고주파 무효 순환전류

답 ③

45 전압이나 전류의 제어가 불가능한 소자는?

① SCR ② GTO
③ IGBT ④ Diode

풀이 다이오드는 회로의 주변 상황에 따라 순방향으로 전압이 가해지면 도통하고 역방향으로 전압이 가해지면 도통하지 않는 수동적인 소자로서 사용자가 임의로 ON, OFF 시킬 수 없다. 따라서 다이오드는 전압이나 전류의 제어가 곤란하다. **답** ④

46 전기자저항이 각각 $R_A = 0.1[\Omega]$과 $R_B = 0.2[\Omega]$인 100[V], 10[kW]의 두 분권발전기의 유기기전력을 같게 해서 병렬운전하여, 정격전압으로 135[A]의 부하전류를 공급할 때 각 기기의 분담전류는 몇 [A]인가?

① $I_A = 80$, $I_B = 55$
② $I_A = 90$, $I_B = 45$
③ $I_A = 100$, $I_B = 35$
④ $I_A = 110$, $I_B = 25$

풀이 병렬운전이므로 두 분권발전기의 단자전압은 같아야 한다.
$$V = E_A - I_A R_A = E_B - I_B R_B$$
$$= E_A - 0.1 I_A = E_B - 0.2 I_B$$
문제의 조건에서 $E_A = E_B$
$0.1 I_A = 0.2 I_B$ ······ ①
부하전류 I는
$I_A + I_B = 135$ ······ ②
식 ①, ②로부터 $2I_B + I_B = 135$
∴ $I_A = 90[A]$, $I_B = 45[A]$ **답** ②

47 다이오드를 사용한 정류회로에서 여러 개를 병렬로 연결하여 사용할 경우 얻는 효과는?

① 인가전압 증가
② 다이오드의 효율 증가
③ 부하 출력의 맥동률 감소
④ 다이오드의 허용전류 증가

풀이
• 다이오드 직렬연결 :
  입력전압 증가,
  과전압으로부터 보호
• 다이오드 병렬연결 :
  허용전류 증가,
  과전류로부터 보호

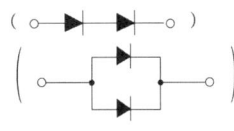

답 ④

48 △결선 변압기의 한 대가 고장으로 제거되어 V결선으로 공급할 때 공급할 수 있는 전력은 고장 전 전력에 대하여 몇 [%]인가?

① 57.7 ② 66.7
③ 75.0 ④ 86.6

풀이 1대의 단상변압기용량을 P_1이라 하면 그 출력비는
$$\frac{V결선의\ 출력}{\triangle결선의\ 출력} = \frac{\sqrt{3}P_1}{3P_1} = \frac{\sqrt{3}}{3}$$
$$= 0.577 = 57.7[\%]$$ **답** ①

49 변압기의 2차를 단락한 경우에 1차 단락전류 I_{s1}은? (단, V_1 : 1차 단자전압, Z_1 : 1차 권선의 임피던스, Z_2 : 2차 권선의 임피던스, a : 권수비, Z : 부하의 임피던스)

① $I_{s1} = \dfrac{V_1}{Z_1 + a^2 Z_2}$

② $I_{s1} = \dfrac{V_1}{Z_1 + a Z_2}$

③ $I_{s1} = \dfrac{V_1}{Z_1 - a Z_2}$

④ $I_{s1} = \dfrac{V_1}{Z_1 + Z_2 + Z}$

풀이 변압기의 단락전류
① 1차 단락전류 $I_{1s} = \dfrac{V_1}{Z_1 + Z_2'} = \dfrac{V_1}{Z_1 + a^2 Z_2}[A]$
$$I_{1s} = \dfrac{100}{\%Z} \times I_n [A]$$
② 2차 단락전류 $I_{2s} = a I_{1s}[A]$
여기서, 1차 측 임피던스 $Z_1 = r_1 + jx_1[\Omega]$
2차를 1차로 환산한 임피던스
$Z_2' = a^2 Z_2 = a^2(r_2 + jx_2)$
$= r_2' + jx_2'[\Omega]$) **답** ①

50 직류분권전동기에서 단자전압 210[V], 전기자전류 20[A], 1500[rpm]으로 운전할 때 발생 토크는 약 몇 [N·m]인가?
(단, 전기자저항은 0.15[Ω]이다.)

① 13.2 ② 26.4
③ 33.9 ④ 66.9

풀이 $V=210[V]$, $I_a=20[A]$, $N=1500[rpm]$,
$r_a=0.15[\Omega]$이므로
$E=V-I_aR_a=210-(20\times0.15)=207[V]$
$\therefore \tau=0.975\dfrac{P}{N}\times9.8=0.975\dfrac{E\cdot I_a}{N}\times9.8$
$=0.975\times\dfrac{207\times20}{1500}\times9.8≒26.4[N\cdot m]$ **답** ②

51 220[V], 50[kW]인 직류 직권전동기를 운전하는데 전기자저항(브러시의 접촉저항 포함)이 0.05[Ω]이고 기계적 손실이 1.7[kW], 표유손이 출력의 1[%]이다. 부하전류가 100[A] 일 때의 출력은 약 몇 [kW]인가?

① 14.5　② 16.7
③ 18.2　④ 19.6

풀이 직류 직권전동기의 역기전력
$E_c=V-(R_a+R_s)I=220-0.05\times100=215[V]$
출력 $P=E_cI=215\times100=21500[W]=21.5[kW]$
출력 = 입력 – 손실이므로
$\therefore P'=21.5-1.7-(21.5\times0.01)=19.6[kW]$ **답** ④

52 60[Hz], 12극, 회전자의 외경 2[m]인 동기발전기에 있어서 회전자의 주변속도는 약 몇 [m/s]인가?

① 43　② 62.8
③ 120　④ 132

풀이 동기속도
$N_s=\dfrac{120f}{p}=\dfrac{120\times60}{12}=600[rpm]$
따라서 회전자의 주변속도
$v=\pi D\cdot\dfrac{N_s}{60}=\pi\times2\times\dfrac{600}{60}=62.8[m/s]$ **답** ②

53 변압기의 등가회로를 작성하기 위하여 필요한 시험은?

① 권선저항측정, 무부하 시험, 단락시험
② 상회전시험, 절연내력시험, 권선저항측정
③ 온도상승시험, 절연내력시험, 무부하 시험
④ 온도상승시험, 절연내력시험, 권선저항측정

풀이 등가회로 작성 시
• 권선의 저항을 알아야 하고(권선저항측정)
• 철손을 측정하는 무부하 시험
• 동손을 측정하는 단락시험이 필요하다. **답** ①

54 직류 타여자발전기의 부하전류와 전기자전류의 크기는?

① 전기자전류와 부하전류가 같다.
② 부하전류가 전기자전류보다 크다.
③ 전기자전류가 부하전류보다 크다.
④ 전기자전류와 부하전류는 항상 0 이다.

풀이 타여자 발전기는 외부에서 계자권선 F에 직류 전원을 공급하므로 잔류 자기가 없어도 되며, 전기자 전류(I_a)와 부하전류(I)의 크기가 같다.

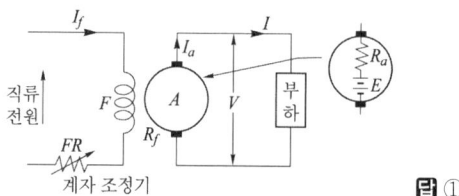

답 ①

55 유도전동기의 특성에서 토크와 2차 입력 및 동기속도의 관계는?

① 토크는 2차 입력과 동기속도의 곱에 비례한다.
② 토크는 2차 입력에 반비례하고, 동기속도에 비례한다.
③ 토크는 2차 입력에 비례하고, 동기속도에 반비례한다.
④ 토크는 2차 입력의 자승에 비례하고, 동기속도의 자승에 반비례한다.

풀이 토크 $\tau=\dfrac{P_2}{2\pi N_s}$
즉, 토크는 2차 입력(P_2)에 비례하고 동기속도(N_s)에 반비례한다. **답** ③

56 농형 유도전동기의 속도제어법이 아닌 것은?

① 극수변환　② 1차 저항변환
③ 전원전압변환　④ 전원주파수변환

[풀이] 유도전동기의 속도제어법
① 농형 유도전동기의 속도제어법
- **주파수**를 바꾸는 방법
- **극수**를 바꾸는 방법
- **전원전압**을 바꾸는 방법
② 권선형 유도전동기의 속도제어법
- 2차여자 제어법
- 2차저항 제어법
- 종속 제어법   답 ②

57 220[V], 60[Hz], 8극, 15[kW]의 3상 유도전동기에서 전부하 회전수가 864[rpm]이면 이 전동기의 2차 동손은 몇 [W]인가?

① 435   ② 537
③ 625   ④ 723

[풀이]
- 회전자계속도
$$N_s = \frac{120f}{P} = \frac{120 \times 60}{8} = 900[rpm]$$
- 슬립 $s = \frac{N_s - N}{N_s} = \frac{900 - 864}{900} = 0.04$
- 출력 $P_0 = (1-s)P_2$ 이므로
$$P_2 = \frac{P_0}{1-s} = \frac{15 \times 10^3}{1-0.04} = 15625[W]$$
따라서
$$P_{c2} = sP_2 = 0.04 \times 15625 = 625[W]$$ 답 ③

58 2대의 동기발전기가 병렬운전하고 있을 때 동기화 전류가 흐르는 경우는?

① 부하분담에 차가 있을 때
② 기전력의 크기에 차가 있을 때
③ 기전력의 위상에 차가 있을 때
④ 기전력의 파형에 차가 있을 때

[풀이] 병렬운전 조건과 조건이 다른 경우 흐르는 전류

병렬운전 조건	다른 경우 흐르는 전류
기전력의 크기가 같을 것	무효 순환전류
기전력의 위상이 같을 것	**동기화 전류**(유효횡류)
기전력의 주파수가 같을 것	동기화 전류
기전력의 파형이 같을 것	고주파 무효 순환전류

답 ③

59 선박추진용 및 전기자동차용 구동전동기의 속도제어로 가장 적합한 것은?

① 저항에 의한 제어
② 전압에 의한 제어
③ 극수변환에 의한 제어
④ 전원주파수에 의한 제어

[풀이] 주파수에 변화에 의한 제어
① 전동기에 가해지는 **전원 주파수를 바꾸어 속도를 제어**하는 방법이다.
② 원동기의 속도제어에 의해 전용 발전기 주파수를 변화시키는 것으로 선박의 전기 추진용 전동기, 포트 모터의 속도제어 등에 적합하다.   답 ④

60 변압기에서 권수가 2배가 되면 유기기전력은 몇 배가 되는가?

① 1   ② 2
③ 4   ④ 8

[풀이] 유기기전력 $E_1 = 4.44 f w_1 \Phi_m$ 이므로 기전력과 권수는 비례한다.($E \propto w$)
따라서 권수가 2배가 되면 유기기전력은 2배가 된다.
답 ②

4과목 - 회로이론

61 $r[\Omega]$인 6개의 저항을 그림과 같이 접속하고 평형 3상 전압 E를 가했을 때 전류 I는 몇 [A]인가? (단, $r = 3[\Omega]$, $E = 60[V]$이다.)

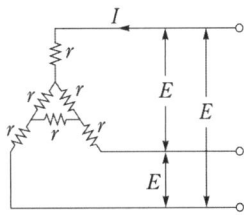

① 8.66   ② 9.56
③ 10.8   ④ 12.6

풀이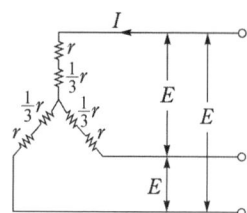

△를 Y로 등가변환시키면

전류 $I = \dfrac{\dfrac{E}{\sqrt{3}}}{r+\dfrac{1}{3}r} = \dfrac{\sqrt{3}E}{4r} = \dfrac{\sqrt{3}\times 60}{4\times 3} = 8.66[A]$

(여기서 저항의 크기가 동일한 경우 $R_Y = \dfrac{1}{3}R_\triangle$ 이다.)

답 ①

62 다음 중 정전용량의 단위 F(패럿)와 같은 것은? (단, C는 쿨롱, N은 뉴턴, V는 볼트, m은 미터이다.)

① $\dfrac{V}{C}$ ② $\dfrac{N}{C}$ ③ $\dfrac{C}{m}$ ④ $\dfrac{C}{V}$

풀이 정전용량 $C = \dfrac{Q}{V}\dfrac{[C]}{[V]}[F]$

∴ [F] = [C/V]

답 ④

63 다음과 같은 Y결선 회로와 등가인 △결선회로의 A, B, C 값은 몇 [Ω]인가?

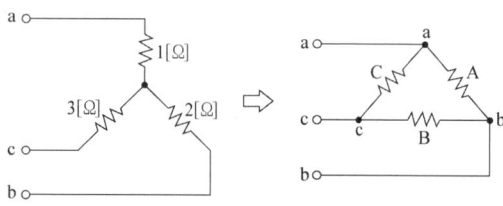

① $A = \dfrac{7}{3}$, $B = 7$, $C = \dfrac{7}{2}$

② $A = 7$, $B = \dfrac{7}{2}$, $C = \dfrac{7}{3}$

③ $A = 11$, $B = \dfrac{11}{2}$, $C = \dfrac{11}{3}$

④ $A = \dfrac{11}{3}$, $B = 11$, $C = \dfrac{11}{2}$

풀이 Y → △로 등가변환

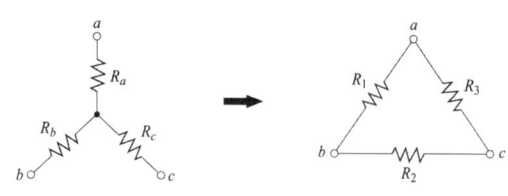

- $A(R_3) = \dfrac{R_aR_b + R_bR_c + R_cR_a}{R_b}$

  $= \dfrac{1\times 2 + 2\times 3 + 3\times 1}{3} = \dfrac{11}{3}[\Omega]$

- $B(R_2) = \dfrac{R_aR_b + R_bR_c + R_cR_a}{R_a}$

  $= \dfrac{1\times 2 + 2\times 3 + 3\times 1}{1} = 11[\Omega]$

- $C(R_1) = \dfrac{R_aR_b + R_bR_c + R_cR_a}{R_c}$

  $= \dfrac{1\times 2 + 2\times 3 + 3\times 1}{2} = \dfrac{11}{2}[\Omega]$

답 ④

64 회로의 전압비 전달함수 $G(s) = \dfrac{V_2(s)}{V_1(s)}$ 는?

① RC ② $\dfrac{1}{RC}$ ③ $RCs + 1$ ④ $\dfrac{1}{RCs + 1}$

풀이 $G(s) = \dfrac{V_2(s)}{V_1(s)} = \dfrac{\dfrac{1}{Cs}}{R + \dfrac{1}{Cs}} = \dfrac{1}{RCs + 1}$

답 ④

65 측정하고자 하는 전압이 전압계의 최대눈금보다 클 때에 전압계에 직렬로 저항을 접속하여 측정 범위를 넓히는 것은?

① 분류기 ② 분광기 ③ 배율기 ④ 감쇠기

풀이 ① 배율기 : 전압계의 측정 범위를 확대하기 위하여 내부저항 $r_a[\Omega]$인 전압계에 직렬로 접속하는 저항 R_m을 **배율기**라 한다.

배율 $m = \dfrac{V}{V_a} = 1 + \dfrac{R_m}{r_a}$

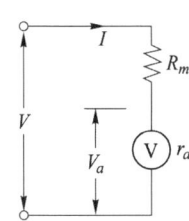

② 분류기 : 전류계의 측정 범위를 확대하기 위하여 내부저항 $r_a[\Omega]$인 전류계에 병렬로 접속하는 저항 R_s를 분류기라 한다.

배율 $m = \dfrac{I}{I_a} = 1 + \dfrac{r_a}{R_s}$

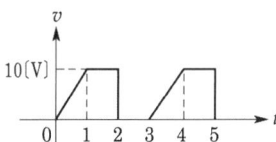

답 ③

66 그림과 같이 주기가 3[s]인 전압 파형의 실효값은 약 몇 [V]인가?

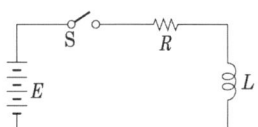

① 5.67   ② 6.67
③ 7.57   ④ 8.57

풀이 실효값 $V = \sqrt{\dfrac{1}{T}\displaystyle\int_0^T v^2 dt}$
$= \sqrt{\dfrac{1}{3}\left\{\displaystyle\int_0^1 (10t)^2 dt + \int_1^2 10^2 dt\right\}}$
$= \dfrac{20}{3} \fallingdotseq 6.67$ [V]

답 ②

67 1[mV]의 입력을 가했을 때 100[mV]의 출력이 나오는 4단자 회로의 이득[dB]은?

① 40   ② 30
③ 20   ④ 10

풀이 이득 $G = 20\log_{10}\dfrac{V_o}{V_i} = 20\log_{10}\dfrac{100}{1}$
$= 20\log_{10}10^2 = 20 \times 2 = 40$[dB]

답 ①

68 다음과 같은 회로에서 $t=0$인 순간에 스위치 S를 닫았다. 이 순간에 인덕턴스 L에 걸리는 전압[V]은? (단, L의 초기 전류는 0 이다.)

① 0
② $\dfrac{\leq}{R}$
③ E
④ $\dfrac{E}{R}$

풀이 $E_L = Ee^{-\frac{R}{L}t} = Ee^{-\frac{R}{L}\times 0} = E$[V]

답 ③

69 $f(t) = 3u(t) + 2e^{-t}$인 시간함수를 라플라스 변환한 것은?

① $\dfrac{3s}{s^2+1}$ ② $\dfrac{s+3}{s(s+1)}$
③ $\dfrac{5s+3}{s(s+1)}$ ④ $\dfrac{5s+1}{(s+1)s^2}$

풀이 $F(s) = \mathcal{L}[f(t)] = \mathcal{L}[3u(t)+2e^{-t}]$
$= \dfrac{3}{s} + \dfrac{2}{s+1} = \dfrac{5s+3}{s(s+1)}$

답 ③

70 비정현파 $f(x)$가 반파대칭 및 정현대칭일 때 옳은 식은? (단, 주기는 2π이다.)

① $f(-x) = f(x),\ f(x+\pi) = f(x)$
② $f(-x) = f(x),\ f(x+2\pi) = f(x)$
③ $f(-x) = -f(x),\ -f(x+\pi) = f(x)$
④ $f(-x) = -f(x),\ -f(x+2\pi) = f(x)$

풀이

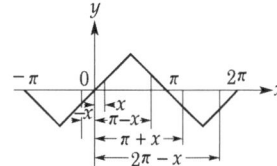

① 정현 반파 대칭이므로
  sin의 기수(홀수)차 항만 존재한다.
② 그림에서 반파 및 정현 대칭 조건은
  $f(-x) = -f(x)$
  $f(2\pi-x) = f(-x) = f(\pi+x)$
  $f(\pi+x) = f(-x) = -f(x)$

답 ③

71 $F(s) = \dfrac{2(s+1)}{s^2+2s+5}$ 의 시간함수 $f(t)$는 어느 것인가?

① $2e^t\cos 2t$ ② $2e^t\sin 2t$
③ $2e^{-t}\cos 2t$ ④ $2e^{-t}\sin 2t$

풀이
$F(s) = \dfrac{2(s+1)}{s^2+2s+5} = \dfrac{2(s+1)}{(s+1)^2+2^2}$
$= 2\dfrac{s}{s^2+2^2}\bigg|_{s=s+1}$
$\therefore \mathcal{L}\left[\dfrac{2(s+1)}{(s+1)^2+2^2}\right] = 2e^{-t}\cos 2t$ 답 ③

72 그림과 같은 회로에서 스위치 S를 닫았을 때 시정수(sec)의 값은? (단, $L = 10$[mH], $R = 20$[Ω]이다.)

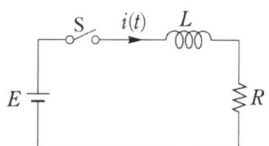

① 200   ② 2000
③ 5×10^{-3} ④ 5×10^{-4}

풀이 $R-L$ 직렬회로의 시정수 $\tau = \dfrac{L}{R}$[s]
$\therefore \tau = \dfrac{10 \times 10^{-3}}{20} = 5 \times 10^{-4}$ [s] 답 ④

73 대칭 10상 회로의 선간전압이 100[V]일 때 상전압은 약 몇 [V]인가?
(단, $\sin 18° = 0.309$이다.)

① 161.8   ② 172
③ 183.1   ④ 193

풀이 대칭 n상 성형결선
선간전압
$E_l = 2E_p \sin\dfrac{\pi}{n} = 2E_p \sin\dfrac{\pi}{10} = 2E_p \sin 18°$[V]
따라서 상전압
$E_p = \dfrac{E_l}{2\sin 18°} = \dfrac{100}{2 \times 0.309} = 161.8$[V] 답 ①

74 단자 1-1'에서 본 구동점 임피던스 Z_{11}은 몇 [Ω]인가?

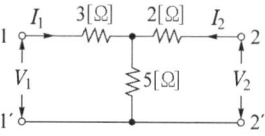

① 5   ② 8
③ 10   ④ 15

풀이 그림과 같은 T형 회로에서
$Z_1 = 3$[Ω], $Z_2 = 2$[Ω], $Z_3 = 5$[Ω] 이라고 할 때 임피던스 파라미터
$Z_{11} = \dfrac{V_1}{I_1}\bigg|_{I_2=0} = Z_1 + Z_3 = 3 + 5 = 8$[Ω] 답 ②

75 어느 회로망의 응답 $h(t) = (e^{-t} + 2e^{-2t})u(t)$의 라플라스 변환은?

① $\dfrac{3s+4}{(s+1)(s+2)}$ ② $\dfrac{3s}{(s-1)(s-2)}$
③ $\dfrac{3s+2}{(s+1)(s+2)}$ ④ $\dfrac{-s-4}{(s-1)(s-2)}$

풀이 $H(s) = \mathcal{L}[h(t)] = \dfrac{1}{s+1} + \dfrac{2}{s+2}$
$= \dfrac{3s+4}{(s+1)(s+2)}$ 답 ①

76 $R = 50$[Ω], $L = 200$[mH]의 직렬회로에서 주파수 $f = 50$[Hz]의 교류에 대한 역률[%]은?

① 82.3   ② 72.3
③ 62.3   ④ 52.3

풀이 $R-L$ 직렬회로의
$\cos\theta = \dfrac{R}{Z} = \dfrac{R}{\sqrt{R^2+X_L^2}} = \dfrac{R}{\sqrt{R^2+(\omega L)^2}}$
$\therefore \cos\theta = \dfrac{50}{\sqrt{50^2+(2\pi \times 50 \times 200 \times 10^{-3})^2}} \times 100$
$= 62.3$[%] 답 ③

77
그림과 같은 $e = E_m \sin\omega t$인 정현파 교류의 반파정류파형의 실효값은?

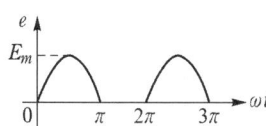

① E_m ② $\dfrac{E_m}{\sqrt{2}}$ ③ $\dfrac{E_m}{2}$ ④ $\dfrac{E_m}{\sqrt{3}}$

풀이 실효값 $E = \sqrt{\dfrac{1}{T}\int_0^T e^2 dt}$
$= \sqrt{\dfrac{1}{2\pi}\int_0^{2\pi} e^2 d(\omega t)}$ 에서
반파 정류파는 $\pi \sim 2\pi$일 때 $e = 0$이므로
$E = \sqrt{\dfrac{1}{2\pi}\int_0^{\pi} e^2 d(\omega t)}$
$= \sqrt{\dfrac{1}{2\pi}\int_0^{\pi} E_m^2 \sin^2\omega t\, d(\omega t)}$
$= \sqrt{\dfrac{E_m^2}{2\pi}\int_0^{\pi} \dfrac{1-\cos 2\omega t}{2} d(\omega t)} = \dfrac{E_m}{2}$ **답** ③

78
대칭 3상 교류전원에서 각 상의 전압이 v_a, v_b, v_c일 때 3상 전압[V]의 합은?

① 0   ② $0.3v_a$ ③ $0.5v_a$ ④ $3v_a$

풀이 a상을 기준으로 하면
$v = v_a + v_b + v_c = v_a + a^2 v_a + a v_a$
$= v_a(1 + a^2 + a) = 0$
$(\because 1 + a^2 + a = 0)$ **답** ①

79
전압 $e = 100\sin 10t + 20\sin 20t$[V]이고, 전류 $i = 20\sin(10t - 60) + 10\sin 20t$[A]일 때 소비전력은 몇 [W]인가?

① 500   ② 550   ③ 600   ④ 650

풀이 비정현파의 유효전력 $P = \sum_{n=1}^{\infty} V_n I_n \cos\theta_n$ 에서
$P = \dfrac{100}{\sqrt{2}} \times \dfrac{20}{\sqrt{2}} \times \cos 60° + \dfrac{20}{\sqrt{2}} \times \dfrac{10}{\sqrt{2}} \times \cos 0°$
$= 600$[W] **답** ③

80
RLC 직렬회로에서 공진 시의 전류는 공급전압에 대하여 어떤 위상차를 갖는가?

① 0°   ② 90°   ③ 180°   ④ 270°

풀이 직렬공진에서는 회로의 리액턴스 성분이 0이 되어 전압과 전류가 동상이 되므로 위상차는 0°이다. **답** ①

5과목 - 전기설비기술기준

81
철근 콘크리트주로서 전장이 15[m]이고, 설계하중이 8.2[kN]이다. 이 지지물을 논이나 기타 지반이 연약한 곳 이외에 기초 안전율의 고려 없이 시설하는 경우에 그 묻히는 깊이는 기준보다 몇 [cm]를 가산하여 시설하여야 하는가?

① 10   ② 30   ③ 50   ④ 70

풀이 331.7 가공전선로 지지물의 기초의 안전율
가공전선로의 지지물에 하중이 가하여지는 경우에 그 하중을 받는 지지물의 기초의 안전율은 2(이상 시 상정하중에 대한 철탑의 기초에 대하여는 1.33) 이상이어야 한다. 다만, 다음에 따라 시설하는 경우에는 적용하지 않는다.

설계 하중 전장	6.8[kN] 이하	6.8[kN] 초과 ~9.8[kN] 이하	9.8[kN] 초과 ~14.72[kN] 이하
15[m] 이하	전장 × 1/6[m] 이상	전장 × 1/6 + 0.3[m] 이상	전장 × 1/6 + 0.5[m] 이상
15[m] 초과	2.5[m] 이상	2.8[m] 이상	-
16[m] 초과 ~20[m] 이하	2.8[m] 이상	-	-
15[m] 초과 ~18[m] 이하	-	-	3[m] 이상
18[m] 초과	-	-	3.2[m] 이상

답 ②

82 금속관공사에 의한 저압 옥내배선 시설에 대한 설명으로 틀린 것은?

① 인입용 비닐절연전선을 사용했다.
② 옥외용 비닐절연전선을 사용했다.
③ 짧고 가는 금속관에 연선을 사용했다.
④ 단면적 10[mm²] 이하의 전선을 사용했다.

풀이 232.12 금속관공사
가. 전선은 절연전선(옥외용 비닐절연전선을 제외한다)일 것.
나. 전선은 연선일 것. 다만, 다음의 것은 적용하지 않는다.
  ① 짧고 가는 금속관에 넣은 것.
  ② 단면적 10[mm²](알루미늄선은 단면적 16[mm²]) 이하의 것.
다. 관의 두께는 다음에 의할 것.
  ① 콘크리트에 매설하는 것은 1.2[mm] 이상
  ② 콘크리트 매설 이외의 것은 1[mm] 이상
라. 관에는 접지공사를 할 것. 답 ②

83 전가섭선에 관하여 각 가섭선의 상정 최대장력의 33[%]와 같은 불평균 장력의 수평종분력에 의한 하중을 더 고려하여야 할 철탑의 유형은?

① 직선형 ② 각도형
③ 내장형 ④ 인류형

풀이 333.13 상시 상정하중
인류형·내장형 또는 보강형·직선형·각도형의 철주·철근 콘크리트주 또는 철탑의 경우에는 다음에 따라 **가섭선 불평균 장력에 의한 수평 종하중을 가산한다.**
가. 인류형의 경우에는 전가섭선에 관하여 각 가섭선의 상정 최대 장력과 같은 불평균 장력의 수평 종분력에 의한 하중
나. **내장형·보강형의 경우에는** 전가섭선에 관하여 각 가섭선의 **상정 최대장력의 33[%]와 같은 불평균 장력의 수평 종분력에 의한 하중**
다. 직선형의 경우에는 전가섭선에 관하여 각 가섭선의 상정 최대 장력의 3[%]와 같은 불평균 장력의 수평 종분력에 의한 하중.(단 내장형은 제외한다)
라. 각도형의 경우에는 전가섭선에 관하여 각 가섭선의 상정 최대 장력의 10[%]와 같은 불평균 장력의 수평 종분력에 의한 하중 답 ③

84 케이블트레이공사에 사용되는 케이블 트레이가 수용된 모든 전선을 지지할 수 있는 적합한 강도의 것일 경우 케이블 트레이의 안전율은 얼마 이상으로 하여야 하는가?

① 1.1 ② 1.2
③ 1.3 ④ 1.5

풀이 232.41 케이블트레이공사
가. **케이블 트레이의 안전율은 1.5 이상으로 하여야 한다.**
나. 금속재의 것은 적절한 방식처리를 한 것이거나 내식성 재료의 것이어야 한다.
다. 비금속제 케이블 트레이는 난연성 재료의 것이어야 한다.
라. 금속제 케이블 트레이 계통은 기계적 및 전기적으로 완전하게 접속하여야 하며 금속제 트레이는 접지공사를 하여야 한다.
마. 전선의 피복 등을 손상시킬 돌기 등이 없이 매끈하여야 한다. 답 ④

85 고압가공전선로에 케이블을 조가용선에 행거로 시설할 경우 그 행거의 간격은 몇 [cm] 이하로 하여야 하는가?

① 50 ② 60
③ 70 ④ 80

풀이 332.2 가공케이블의 시설
저압 가공전선 또는 고압 가공전선에 케이블을 사용하는 경우에는 다음에 따라 시설하여야 한다.
가. 케이블은 조가용선에 행거로 시설할 것. 이 경우에는 사용전압이 고압인 때에는 **행거의 간격은 0.5[m] 이하로 하는 것이 좋다.**
나. 조가용선은 인장강도 5.93[kN] 이상의 것 또는 단면적 22[mm²] 이상인 아연도강연선일 것.
다. 조가용선 및 케이블의 피복에 사용하는 금속체에는 접지공사를 할 것.
라. 조가용선을 케이블에 접촉시켜 금속 테이프를 감는 경우에는 20[cm] 이하의 간격으로 나선상으로 한다.

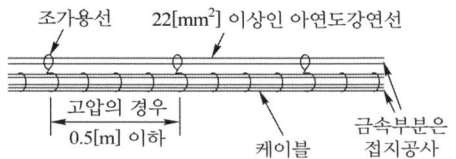

〈가공 케이블의 시설〉 답 ①

86 케이블공사에 의한 저압 옥내배선의 시설방법에 대한 설명으로 틀린 것은?

① 전선은 케이블 및 캡타이어케이블로 한다.
② 콘크리트 안에는 전선에 접속점을 만들지 아니한다.
③ 전선을 넣는 방호장치의 금속제 부분에는 접지공사를 한다.
④ 전선을 조영재의 옆면에 따라 붙이는 경우 전선의 지지점 간의 거리를 케이블은 3[m] 이하로 한다.

풀이 232.51 케이블공사
케이블 배선에 의한 저압 옥내배선은 다음에 따라 시설하여야 한다.
가. 전선은 케이블 및 캡타이어케이블일 것.
나. 전선을 조영재의 아랫면 또는 옆면에 따라 붙이는 경우 전선의 지지점 간의 거리
  ① 케이블 : 2[m](사람이 접촉할 우려가 없는 곳에서 수직으로 붙이는 경우에는 6[m]) 이하
  ② 캡타이어 케이블 : 1[m] 이하   **답** ④

87 태양전지 발전소에 태양전지 모듈 등을 시설할 경우 사용 전선(연동선)의 공칭단면적은 몇 [mm²] 이상인가?

① 1.6   ② 2.5
③ 5   ④ 10

풀이 522 태양광설비의 시설
가. 전선은 공칭단면적 2.5[mm²] 이상의 연동선 또는 이와 동등 이상의 세기 및 굵기의 것일 것.
나. 배선설비 공사는 옥내에 시설할 경우에는 합성수지관공사, 금속관공사, , 케이블공사의 규정에 준하여 시설할 것.   **답** ②

88 66[kV] 특고압 가공전선과 저압 가공전선을 동일 지지물에 병행 설치하여 시설하는 경우 이격거리는 몇 [m] 이상이어야 하는가? 단, 특고압 전선은 케이블 사용 이외의 조건이다.

① 1   ② 2
③ 3   ④ 4

풀이 333.17 특고압 가공전선과 저고압 가공전선 등의 병행 설치

전압	표준	특고압에 케이블 사용 및 저·고압에 절연전선 또는 케이블 사용
35 [kV] 이하	1.2 [m] 이상	0.5 [m] 이상
35 [kV] 초과 100 [kV] 미만	2 [m] 이상	1 [m] 이상

답 ②

89 변압기의 고압측 1선 지락전류가 30[A]인 경우에 접지공사의 최대 접지저항 값은 몇 [Ω]인가? (단, 고압 측 전로가 저압 측 전로와 혼촉하는 경우 1초 이내에 자동적으로 차단하는 장치가 설치되어 있다.)

① 5   ② 10
③ 15   ④ 20

풀이 142.5 변압기 중성점 접지
변압기의 고압 측 또는 사용전압이 35[kV] 이하의 특고압전로가 저압 측 전로와 혼촉하고 저압전로의 대지전압이 150[V]를 초과하는 경우 1초 이내에 고압·특고압 전로를 자동으로 차단하는 장치를 설치할 경우 접지저항값

$$R = \frac{600}{\text{고압 측 또는 특고압 측의 1선 지락전류}} [\Omega]$$

즉, 1초 이내에 자동적으로 차단하는 장치가 설치되어 있으므로

접지 저항값 $R = \frac{600}{30} = 20[\Omega]$ **답** ④

90 전광표시 장치에 사용하는 저압 옥내배선을 금속관공사로 시설할 경우 연동선의 단면적은 몇 [mm²] 이상 사용하여야 하는가?

① 0.75   ② 1.25
③ 1.5   ④ 2.5

풀이 231.3.1 저압 옥내배선의 사용전선
가. 저압 옥내배선의 전선 : 단면적 2.5[mm²] 이상의 연동선
나. 옥내배선의 사용 전압이 400 [V] 이하인 경우는 다음에 의하여 시설할 수 있다.
  ① 전광표시 장치 또는 제어 회로
    • 단면적 1.5[mm²] 이상의 연동선
    • 단면적 0.75[mm²] 이상인 다심케이블 또는 다심 캡타이어 케이블을 사용하고 또한 과전류가 생겼을 때에 자동적으로 전로에서 차단하는 장치를 시설

② 진열장 또는 이와 유사한 것의 내부 배선 : 단면적 0.75[mm²] 이상인 코드 또는 캡타이어케이블
답 ③

91 고압가공전선로에 사용하는 가공지선은 인장강도 5.26[kN] 이상의 것 또는 지름이 몇 [mm] 이상의 나경동선을 사용하여야 하는가?

① 2.6
② 3.2
③ 4.0
④ 5.0

풀이 332.6 고압 가공전선로의 가공지선
고압 가공전선로에 사용하는 가공지선은 인장강도 5.26[kN] 이상의 것 또는 **지름 4[mm] 이상의 나경동선**을 사용한다.
답 ③

92 전력보안 통신용 전화설비를 시설하지 않아도 되는 것은?

① 원격감시제어가 되지 아니하는 발전소
② 원격감시제어가 되지 아니하는 변전소
③ 2개 이상의 급전소 상호 간과 이들을 통합 운용하는 급전소 간
④ 발전소로서 전기공급에 지장을 미치지 않고, 휴대용 전력보안통신 전화설비에 의하여 연락이 확보된 경우

풀이 362.1 전력보안통신설비의 시설 요구사항
발전소·변전소 및 개폐소와 기술원 주재소 간에는 전력보안통신 설비의 시설이 요구된다.
다만, 다음 어느 항목에 적합하고 또한 휴대용 또는 이동용 전력 보안통신 전화 설비에 의하여 연락이 확보된 경우에는 그러하지 아니하다.
가. **발전소로서 전기의 공급에 지장을 미치지 않는 것**.
나. 상주감시를 하지 않는 변전소(사용전압이 35[kV] 이하의 것에 한한다.)로서 그 변전소에 접속되는 전선로가 동일 기술원 주재소에 의하여 운용되는 곳.
답 ④

93 지중전선로의 시설방식이 아닌 것은?

① 관로식
② 압착식
③ 암거식
④ 직접매설식

풀이 334.1 지중전선로의 시설
가. 지중 전선로는 전선에 **케이블**을 사용하고 또한 **관로식·암거식 또는 직접 매설식**에 의하여 시설하여야 한다.
나. 지중 전선로를 직접 매설식에 의하여 시설하는 경우에는 매설 깊이를 차량 기타 중량물의 압력을 받을 우려가 있는 장소에는 1.0[m] 이상, 기타 장소에는 0.6[m] 이상으로 하고 또한 지중 전선을 견고한 트라프 기타 방호물에 넣어 시설하여야 한다.
답 ②

94 지중전선로에 사용하는 지중함의 시설기준으로 틀린 것은?

① 조명 및 세척이 가능한 장치를 하도록 할 것
② 그 안의 고인 물을 제거할 수 있는 구조일 것
③ 견고하고 차량 기타 중량물의 압력에 견딜 수 있을 것
④ 뚜껑은 시설자 이외의 자가 쉽게 열 수 없도록 할 것

풀이 334.2 지중함의 시설
지중전선로에 사용하는 지중함은 다음에 따라 시설하여야 한다.
가. 지중함은 견고하고 차량 기타 **중량물의 압력에 견디는 구조**일 것.
나. 지중함은 그 안의 **고인 물을 제거할 수 있는 구조**로 되어 있을 것.
다. 폭발성 또는 연소성의 가스가 침입할 우려가 있는 것에 시설하는 지중함으로서 그 크기가 1[m³] 이상인 것에는 통풍장치 기타 가스를 방산시키기 위한 적당한 장치를 시설할 것.
라. 지중함의 뚜껑은 시설자이외의 자가 쉽게 열 수 없도록 시설할 것.
답 ①

95 특고압 가공전선은 케이블인 경우 이외에는 단면적이 몇 [mm²] 이상의 경동연선이어야 하는가?

① 8
② 14
③ 22
④ 30

풀이 333.4 특고압 가공전선의 굵기 및 종류
특고압 가공전선은 케이블인 경우 이외에는 인장강도 8.71[kN] 이상의 연선 또는 **단면적이 22[mm²] 이상의 경동연선** 또는 동등이상의 인장강도를 갖는 알루미늄 전선이나 절연전선이어야 한다.
답 ③

96 345[kV] 변전소의 충전 부분에서 6[m]의 거리에 울타리를 설치하려고 한다. 울타리의 최소 높이는 약 몇 [m]인가?

① 2
② 2.28
③ 2.57
④ 3

풀이 351.1 발전소 등의 울타리·담 등의 시설

가. 울타리·담 등의 높이는 2[m] 이상으로 하고 지표면과 울타리·담 등의 하단 사이의 간격은 0.15[m] 이하로 할 것.

나. 울타리·담 등의 높이와 울타리·담 등으로부터 충전부분까지 거리의 합계는 표에서 정한 값 이상으로 할 것.

사용전압의 구분	울타리·담 등의 높이와 울타리·담 등으로부터 충전 부분까지의 거리의 합계
35[kV] 이하	5[m]
35[kV] 초과 160[kV] 이하	6[m]
160[kV] 초과	• 거리의 합계 = 6 + 단수 × 0.12[m] • 단수 = $\frac{사용전압[kV] - 160}{10}$ 단수 계산에서 소수점 이하는 절상

• 단수 = $\frac{345-160}{10}$ = 18.5 → 19단

• 거리의 합계 = 6 + (19 × 0.12) = 8.28[m]

• 울타리에서 충전 부분까지 거리는 6[m]이므로 울타리 최소 높이 = 8.28 − 6 = 2.28[m] **답** ②

97 최대사용전압이 23,000[V]인 중성점 비접지식 전로의 절연내력시험전압은 몇 [V]인가?

① 16560
② 21160
③ 25300
④ 28750

풀이 132 전로의 절연저항 및 절연내력

전로의 종류	접지방식	시험전압 (최대사용전압의 배수)	최저 시험전압
1. 7[kV] 이하인 전로		1.5배	
2. 7[kV] 초과 25[kV] 이하	다중접지	0.92배	
3. 7[kV] 초과 60[kV] 이하 (2란의 것 제외)		1.25배	10.5[kV]
4. 60[kV] 초과	비접지	1.25배	
5. 60[kV] 초과 (6란, 7란의 것 제외)	접지식	1.1배	75[kV]
6. 60[kV] 초과(7란의 것 제외)	직접접지	0.72배	
7. 170[kV] 초과(발전소 또는 변전소 혹은 이에 준하는 장소에 시설하는 것.)	직접접지	0.64배	

∴ 시험전압 = 23,000 × 1.25 = 28,750[V] **답** ④

출제기준 변경 및 개정된 관계 법규에 따라 삭제된 문제가 있어 20문항이 안됩니다.

2018년 2회 전기산업기사필기

동일출판사 홈페이지에서 무료 동영상강의를 보실 수 있습니다.

1과목 - 전기자기

01 유전체에 가한 전계 E[V/m]와 분극의 세기 P[C/m²]와의 관계로 옳은 것은?

① $P = \epsilon_o(\epsilon_s + 1)E$
② $P = \epsilon_o(\epsilon_s - 1)E$
③ $P = \epsilon_s(\epsilon_o + 1)E$
④ $P = \epsilon_s(\epsilon_o - 1)E$

풀이 전계 $E = \dfrac{\sigma - \sigma_p}{\epsilon_0} = \dfrac{D-P}{\epsilon_0}$[V/m]이므로
전속밀도 $D = \epsilon_0 E + P = \epsilon_0 \epsilon_s E$[C/m²]이다.
따라서 분극의 세기 $P = \epsilon_0(\epsilon_s - 1)E$[C/m²]   **답** ②

02 자유공간(진공)에서의 고유 임피던스[Ω]는?

① 144 ② 277
③ 377 ④ 544

풀이 매질의 고유 임피던스
① 고유 임피던스 $\eta = \dfrac{E}{H} = \sqrt{\dfrac{\mu}{\epsilon}}$ [Ω]
② 진공의 고유 임피던스
$\eta_0 = \dfrac{E}{H} = \sqrt{\dfrac{\mu_0}{\epsilon_0}} = \sqrt{\dfrac{4\pi \times 10^{-7}}{8.855 \times 10^{-12}}}$
$\fallingdotseq 377$ [Ω]   **답** ③

03 크기가 1[C]인 두 개의 같은 점전하가 진공 중에서 일정한 거리가 떨어져 9×10^9[N]의 힘으로 작용할 때 이들 사이의 거리는 몇 [m]인가?

① 1 ② 2
③ 4 ④ 10

풀이 쿨롱의 법칙 $F = 9 \times 10^9 \dfrac{Q_1 Q_2}{r^2}$[N]에서
크기가 1[C]인 두 개의 같은 점전하에 대한 힘이 9×10^9[N] 이므로
$F = 9 \times 10^9 \times \dfrac{1 \times 1}{r^2} = 9 \times 10^9$[N]
$\therefore r = 1$ [m]   **답** ①

04 공극을 가진 환상 솔레노이드에서 총 권수 N, 철심의 비투자율 μ_r, 단면적 A, 길이 l이고 공극이 δ일 때, 공극부에 자속밀도 B를 얻기 위해서는 전류를 몇 [A] 흘려야 하는가?

① $\dfrac{10^7 B}{2\pi N}\left(\dfrac{l}{\mu_r} + \delta\right)$
② $\dfrac{10^7 B}{2\pi N}\left(\dfrac{\delta}{\mu_r} + l\right)$
③ $\dfrac{10^7 B}{4\pi N}\left(\dfrac{l}{\mu_r} + \delta\right)$
④ $\dfrac{10^7 B}{4\pi N}\left(\dfrac{\delta}{\mu_r} + l\right)$

풀이 자기 저항
$R_m = R_i + R_g$
$= \dfrac{l}{\mu_0 \mu_r A} + \dfrac{\delta}{\mu_0 A} = \dfrac{1}{\mu_0 A}\left(\dfrac{l}{\mu_r} + \delta\right)$
자기회로의 옴의 법칙 $\Phi = \dfrac{NI}{R_m}$이므로
$\therefore I = \dfrac{\Phi R_m}{N} = \dfrac{(BA)R_m}{N} = \dfrac{B}{\mu_0 N}\left(\dfrac{l}{\mu_r} + \delta\right)$
$= \dfrac{10^7 B}{4\pi N}\left(\dfrac{l}{\mu_r} + \delta\right)$
(여기서, $\mu_0 = 4\pi \times 10^{-7}$)   **답** ③

05 자계의 세기가 H인 자계 중에 직각으로 속도 v로 발사된 전하 Q가 그리는 원의 반지름 r은?

① $\dfrac{mv}{QH}$ ② $\dfrac{mv^2}{QH}$
③ $\dfrac{mv}{\mu HQ}$ ④ $\dfrac{mv^2}{\mu HQ}$

풀이 자계 내에 직각으로 전하 Q가 입사하면 등속 원운동을 한다.

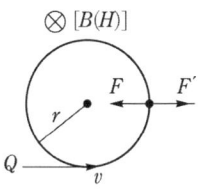

전하 Q의 질량을 m, 궤도의 반지름을 r이라 하면 구심력(F)과 원심력(F')은 같아야 하므로

$$BQv = \frac{mv^2}{r} [\text{N}]$$

$$\therefore r = \frac{mv^2}{BQv} = \frac{mv}{BQ} = \frac{mv}{\mu HQ} [\text{m}]$$

답 ③

06 면전하밀도 $\sigma[\text{C/m}^2]$, 판간 거리 $d[\text{m}]$인 무한 평행판 대전체 간의 전위차[V]는?

① σd ② $\dfrac{\sigma}{\epsilon}$ ③ $\dfrac{\epsilon_o \sigma}{d}$ ④ $\dfrac{\sigma d}{\epsilon_o}$

풀이 전하밀도 $\sigma[\text{C/m}^2]$에서 나오는 전기력선 밀도

$\dfrac{\sigma}{\epsilon_0}[\text{개/m}^2] = \dfrac{\sigma}{\epsilon_0}[\text{V/m}]$(전계의 세기 E)이므로

따라서 전위차 $V = Ed = \dfrac{\sigma d}{\epsilon_0}[\text{V}]$

답 ④

07 진공 중의 도체계에서 임의의 도체를 일정 전위의 도체로 완전 포위하면 내외공간의 전계를 완전 차단시킬 수 있는데 이것을 무엇이라 하는가?

① 홀효과   ② 정전차폐
③ 핀치효과   ④ 전자차폐

풀이 임의의 도체를 접지된 도체로 완전 포위하면 외부에서 유도되는 전하를 차단할 수 있다. 이것을 **정전차폐**라고 한다.

답 ②

08 평면 전자파의 전계 E와 자계 H 사이의 관계식은?

① $E = \sqrt{\dfrac{\epsilon}{\mu}} H$ ② $E = \sqrt{\mu\epsilon} H$

③ $E = \sqrt{\dfrac{\mu}{\epsilon}} H$ ④ $E = \sqrt{\dfrac{1}{\mu\epsilon}} H$

풀이 $\dfrac{E}{H} = \sqrt{\dfrac{\mu}{\epsilon}}$ 에서, $E = \sqrt{\dfrac{\mu}{\epsilon}} H$ 이다.

답 ③

09 그림과 같은 반지름 $a[\text{m}]$인 원형 코일에 $I[\text{A}]$의 전류가 흐르고 있다. 이 도체 중심축상 x[m]인 P점의 자위는 몇 [A]인가?

① $\dfrac{I}{2}\left(1 - \dfrac{x}{\sqrt{a^2 + x^2}}\right)$

② $\dfrac{I}{2}\left(1 - \dfrac{a}{\sqrt{a^2 + x^2}}\right)$

③ $\dfrac{I}{2}\left(1 - \dfrac{x^2}{(a^2 + x^2)^{\frac{3}{2}}}\right)$

④ $\dfrac{I}{2}\left(1 - \dfrac{a^2}{(a^2 + x^2)^{\frac{3}{2}}}\right)$

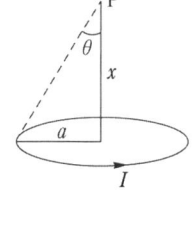

풀이 그림과 같이 점 P에서 코일 AB를 바라보는 입체각 ω는
$\omega = 2\pi(1 - \cos\theta)$
이므로 자위는

$U_m = \dfrac{I}{4\pi}\omega$

$= \dfrac{I}{4\pi} \cdot 2\pi(1 - \cos\theta)$

$= \dfrac{I}{2}\left(1 - \dfrac{x}{\sqrt{a^2 + x^2}}\right) [\text{AT}]$

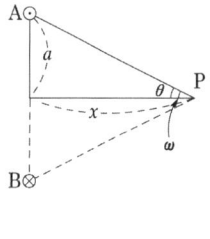

답 ①

10 자기 인덕턴스가 각각 L_1, L_2인 두 코일을 서로 간섭이 없도록 병렬로 연결했을 때 그 합성 인덕턴스는?

① $L_1 L_2$ ② $\dfrac{L_1 + L_2}{L_1 L_2}$

③ $L_1 + L_2$ ④ $\dfrac{L_1 L_2}{L_1 + L_2}$

풀이 인덕턴스의 병렬접속

• 가극성 $L = \dfrac{L_1 L_2 - M^2}{L_1 + L_2 - 2M}$

• 감극성 $L = \dfrac{L_1 L_2 - M^2}{L_1 + L_2 + 2M}$

서로 간섭이 없으면 상호 인덕턴스 $M=0$이므로
따라서 합성 인덕턴스 $L=\dfrac{L_1 L_2}{L_1+L_2}$ 🅔 ④

11 도체의 성질에 대한 설명으로 틀린 것은?
① 도체 내부의 전계는 0이다.
② 전하는 도체 표면에만 존재한다.
③ 도체의 표면 및 내부의 전위는 등전위이다.
④ 도체 표면의 전하밀도는 표면의 곡률이 큰 부분일수록 작다.

풀이 도체의 성질과 전하분포
① 도체 표면과 내부의 전위는 동일하고(등전위), 표면은 등전위면이다.
② 도체 내부의 전계의 세기는 0이다.
③ 전하는 도체 내부에는 존재하지 않고, 도체 표면에만 분포한다.
④ 도체 면에서의 전계의 세기는 도체 표면에 항상 수직이다.
⑤ 도체 표면에서의 전하밀도는 곡률이 클수록 높다. 즉, 곡률반경이 작을수록 높다.
⑥ 중공부에 전하가 없고 대전 도체라면, 전하는 도체 외부의 표면에만 분포한다.
⑦ 중공부에 전하를 두면 도체내부표면에 동량 이부호, 도체 외부 표면에 동량 동부호의 전하가 분포한다.   🅔 ④

12 전류에 의한 자계의 방향을 결정하는 법칙은?
① 렌츠의 법칙
② 플레밍의 왼손 법칙
③ 플레밍의 오른손 법칙
④ 암페어의 오른나사 법칙

풀이
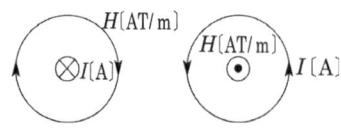
• 전류에 의한 자계의 방향은 암페어의 오른 나사 법칙에 따르며 그림과 같은 방향이다.
• 플레밍의 오른손 법칙(발전기의 경우) : 자계 중에서 도체가 운동할 때 유기기전력의 방향을 결정

• 플레밍의 왼손 법칙(전동기의 경우) : 자계 중에 있는 도체에 전류를 흘릴 때의 도체의 운동 방향을 결정
• 렌츠의 법칙 : 도체 주위의 자속이 변화할 때 유기되는 기전력의 방향이 그 자속의 변화를 방해하는 방향으로 생긴다.   🅔 ④

13 금속도체의 전기저항은 일반적으로 온도와 어떤 관계인가?
① 전기저항은 온도의 변화에 무관하다.
② 전기저항은 온도의 변화에 대해 정특성을 갖는다.
③ 전기저항은 온도의 변화에 대해 부특성을 갖는다.
④ 금속도체의 종류에 따라 전기저항의 온도 특성은 일관성이 없다.

풀이 • 금속도체의 전기저항은 온도 상승에 따라 증가한다.
• 탄소, 전해액 및 반도체 등의 저항은 온도 상승에 따라 감소한다.   🅔 ②

14 반지름 a[m]인 두 개의 무한장 도선이 d[m]의 간격으로 평행하게 놓여 있을 때 $a \ll d$인 경우, 단위 길이당 정전용량[F/m]은?
① $\dfrac{2\pi\epsilon_o}{\ln\dfrac{d}{a}}$ ② $\dfrac{\pi\epsilon_o}{\ln\dfrac{d}{a}}$
③ $\dfrac{4\pi\epsilon_o}{\dfrac{1}{a}-\dfrac{1}{d}}$ ④ $\dfrac{2\pi\epsilon_o}{\dfrac{1}{a}-\dfrac{1}{d}}$

풀이 평행 도체에 $\pm\lambda$ [C/m]의 전하를 준 경우 두 도체 사이의 전위차는
$V=\dfrac{\lambda}{\pi\epsilon_0}\ln\dfrac{d-a}{a}$ [V]이므로
단위 길이당 정전용량은
$C_0=\dfrac{\lambda}{V}=\dfrac{\pi\epsilon_0}{\ln\dfrac{d-a}{a}}$ [F/m]가 된다.
따라서 $a \ll d$인 경우
$C_0=\dfrac{\pi\epsilon_0}{\ln\dfrac{d}{a}}$ [F/m]이다.   🅔 ②

15 두 개의 코일이 있다. 각각의 자기 인덕턴스가 0.4[H], 0.9[H]이고, 상호 인덕턴스가 0.36[H]일 때 결합계수는?

① 0.5 ② 0.6
③ 0.7 ④ 0.8

풀이 결합계수
$$k = \frac{M}{\sqrt{L_1 L_2}} = \frac{0.36}{\sqrt{0.4 \times 0.9}} = 0.6$$
답 ②

16 비유전율이 2.4인 유전체 내의 전계의 세기가 100[mV/m]이다. 유전체에 축적되는 단위체적 당 정전에너지는 몇 [J/m³]인가?

① 1.06×10^{-13} ② 1.77×10^{-13}
③ 2.32×10^{-13} ④ 2.32×10^{-11}

풀이 유전체 내에 저장되는 에너지 밀도
$$w = \frac{ED}{2} = \frac{1}{2}\epsilon E^2 = \frac{1}{2}\frac{D^2}{\epsilon} [\text{J/m}^3] \text{ 식에서}$$
$$\therefore w = \frac{1}{2}\epsilon_0 \epsilon_s E^2$$
$$= \frac{1}{2} \times 2.4 \times 8.855 \times 10^{-12} \times (100 \times 10^{-3})^2$$
$$= 1.06 \times 10^{-13} [\text{J/m}^3]$$
답 ①

17 동심구 사이의 공극에 절연내력이 50[kV/mm]이며 비유전율이 3인 절연유를 넣으면, 공기인 경우의 몇 배의 전하를 축적할 수 있는가? (단, 공기의 절연내력은 3[kV/mm]라 한다.)

① 3   ② $\frac{50}{3}$
③ 50 ④ 150

풀이 • 공기(ϵ_0)인 경우 전하량 Q는
$$Q = CV = \frac{4\pi\epsilon_0}{\frac{1}{a} - \frac{1}{b}} E_0 d \rightarrow \frac{4\pi\epsilon_0}{\frac{1}{a} - \frac{1}{b}} d = \frac{Q}{E_0}$$
• 절연유(ϵ)인 경우 전하량 Q'는
$$Q' = C'V' = \frac{4\pi\epsilon_0 \epsilon_s}{\frac{1}{a} - \frac{1}{b}} Ed = \epsilon_s \frac{Q}{E_0} E$$
$$= 3 \times \frac{Q}{3} \times 50 = 50Q$$
답 ③

18 자계의 벡터 포텐셜을 A라 할 때, A와 자계의 변화에 의해 생기는 전계 E 사이에 성립하는 관계식은?

① $A = \frac{\partial E}{\partial t}$ ② $E = \frac{\partial A}{\partial t}$
③ $A = -\frac{\partial E}{\partial t}$ ④ $E = -\frac{\partial A}{\partial t}$

풀이 $\boldsymbol{B} = \nabla \times \boldsymbol{A}$로 정의되고 $\nabla \times \boldsymbol{E} = -\frac{\partial \boldsymbol{B}}{\partial t}$에서
$$\nabla \times \boldsymbol{E} = -\frac{\partial \boldsymbol{B}}{\partial t} = -\frac{\partial}{\partial t}(\nabla \times \boldsymbol{A}) = \nabla \times \left(-\frac{\partial \boldsymbol{A}}{\partial t}\right)$$
$$\therefore \boldsymbol{E} = -\frac{\partial \boldsymbol{A}}{\partial t}$$
답 ④

19 그림과 같이 유전체 경계면에서 $\epsilon_1 < \epsilon_2$이었을 때 E_1과 E_2의 관계식 중 옳은 것은?

① $E_1 > E_2$
② $E_1 < E_2$
③ $E_1 = E_2$
④ $E_1 \cos\theta_1 = E_2 \cos\theta_2$

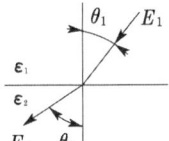

풀이 전계는 접선 성분이 같다.($E_1 \sin\theta_1 = E_2 \sin\theta_2$)
① $\epsilon_1 < \epsilon_2$ 이면 $\theta_1 < \theta_2$ 이므로 $E_1 > E_2$
② $\epsilon_1 > \epsilon_2$ 이면 $\theta_1 > \theta_2$ 이므로 $E_1 < E_2$
답 ①

20 균등하게 자화된 구(球)자성체가 자화될 때의 감자율은?

① $\frac{1}{2}$ ② $\frac{1}{3}$ ③ $\frac{2}{3}$ ④ $\frac{3}{4}$

풀이 • 감자력은 자화의 세기에 비례하며, 이때 비례 상수를 감자율이라 한다.
• 잘려진 극이 존재하지 않으면 감자율이 0이 되는데, 환상 솔레노이드(toroid)가 무단(無端) 철심이므로 이에 해당한다.
• 환상 솔레노이드를 제외하면 가늘고 긴 막대 자성체가 자계와 평행으로 놓여 있을 때 감자율이 거의 0에 가깝다.
• 가늘고 긴 막대 자성체가 자계와 직각으로 놓여 있을 때는 감자율이 거의 1로 가장 크다.
• 구(球)인 경우 감자율 $N = \frac{1}{3}$이다.
답 ②

2과목 - 전력공학

21 보호계전기 동작이 가장 확실한 중성점접지방식은?

① 비접지방식
② 저항접지방식
③ 직접 접지방식
④ 소호 리액터접지방식

풀이 직접 접지방식의 장·단점
[장점]
① 1선 지락 시에 건전상의 대지전압이 거의 상승하지 않는다.
② 피뢰기의 효과를 증진시킬 수 있다.
③ 단절연이 가능하다.
④ 계전기의 동작이 확실해진다.
[단점]
① 송전 계통의 과도 안정도가 나빠진다.
② 통신선에 유도 장해가 크다.
③ 기기에 큰 영향을 주어 손상을 준다.
④ 대용량 차단기가 필요하다. **답** ③

22 단상 2선식의 교류 배전선이 있다. 전선 한 줄의 저항은 0.15[Ω], 리액턴스는 0.25[Ω]이다. 부하는 무유도성으로 100[V], 3[kW] 일 때 급전점의 전압은 약 몇 [V]인가?

① 100 ② 110
③ 120 ④ 130

풀이 $V_s = V_r + 2I(R\cos\theta + X\sin\theta)$
(여기서, 부하는 무유도성이므로 $\cos\theta = 1$)
$= 100 + 2 \times \dfrac{3000}{100} \times 0.15 \times 1$
$= 109[V]$ **답** ②

23 우리나라에서 현재 사용되고 있는 송전전압에 해당되는 것은?

① 150[kV] ② 220[kV]
③ 345[kV] ④ 700[kV]

풀이 우리나라에서 현재 사용되고 있는 송전전압
: 765[kV], 345[kV], 154[kV] **답** ③

24 제5고조파를 제거하기 위하여 전력용 콘덴서 용량의 몇 [%]에 해당하는 직렬 리액터를 설치하는가?

① 2~3 ② 5~6
③ 7~8 ④ 9~10

풀이 직렬 리액터의 용량은 콘덴서 용량의 4[%] 이상이 되면 되는데 주파수 변동 등의 여유를 봐서 실제로는 약 5~6[%]인 것이 사용된다. **답** ②

25 정정된 값 이상의 전류가 흘렀을 때 동작전류의 크기와 상관없이 항상 정해진 시간이 경과한 후에 동작하는 보호계전기는?

① 순시계전기
② 정한시계전기
③ 반한시계전기
④ 반한시성 정한시계전기

풀이 보호계전기 특징
① 순한시 특성 : 최소 동작전류 이상의 전류가 흐르면 즉시 동작하는 특성
② 반한시 특성 : 동작전류가 커질수록 동작시간이 짧게 되는 특성
③ 정한시 특성 : 동작전류의 크기에 관계없이 일정한 시간에 동작하는 특성
④ 반한시 정한시 특성 : 동작전류가 적은 동안에는 동작전류가 커질수록 동작시간이 짧게 되고 어떤 전류 이상이면 동작전류의 크기에 관계없이 일정한 시간에 동작하는 특성 **답** ②

26 변전소에서 사용되는 조상설비 중 지상용으로만 사용되는 조상설비는?

① 분로 리액터
② 동기조상기
③ 전력용 콘덴서
④ 정지형 무효전력 보상장치

풀이 조상 설비

항 목	동기조상기	전력용 콘덴서	분로 리액터
무효전력	진상, 지상 양용	진상전용	지상전용
조정	연속적	계단적	계단적
시송전	가능	불가능	불가능

답 ①

27 저압 뱅킹(Banking) 배전방식이 적당한 곳은?

① 농촌
② 어촌
③ 화학공장
④ 부하 밀집지역

풀이
① 고압선에 접속한 두 대 이상의 변압기의 저압측을 병렬접속하는 방식을 저압 뱅킹 방식이라 하며 부하가 밀집된 시가지에 좋다.
② 저압 뱅킹 방식의 특징
  - 전압강하 및 전력손실이 경감된다.
  - 변압기용량 및 저압선 동량이 절감된다.
  - 부하 증가에 대한 탄력성이 향상된다.
  - 고장보호방법이 적당할 때 공급신뢰도가 향상되며, 플리커 현상이 경감된다.
  - 캐스케이딩 현상이 발생하므로 고장이 광범위하게 파급될 우려가 있다.

답 ④

28 유효낙차가 40[%] 저하되면 수차의 효율이 20[%] 저하된다고 할 경우 이때의 출력은 원래의 약 몇 [%]인가? (단, 안내 날개의 열림은 불변인 것으로 한다.)

① 37.2
② 48.0
③ 52.7
④ 63.7

풀이 출력 $P = 9.8QH\eta \propto QH\eta$ 이고,
유량 $Q = \sqrt{2gH} \propto H^{\frac{1}{2}}$ 이므로
$\therefore P \propto QH\eta = H^{\frac{1}{2}} H \eta = H^{\frac{3}{2}} \cdot \eta$
$= 0.6^{\frac{3}{2}} \times 0.8 = 0.372$
$= 37.2[\%]$

답 ①

29 전력용 퓨즈는 주로 어떤 전류의 차단을 목적으로 사용하는가?

① 지락전류
② 단락전류
③ 과도전류
④ 과부하전류

풀이 전력용 퓨즈는 단락보호용으로 사용된다.

답 ②

30 장거리 송전선로의 4단자 정수(A, B, C, D) 중 일반식을 잘못 표기한 것은?

① $A = \cosh\sqrt{ZY}$
② $B = \sqrt{\dfrac{Z}{Y}} \sinh\sqrt{ZY}$
③ $C = \sqrt{\dfrac{Z}{Y}} \sinh\sqrt{ZY}$
④ $D = \cosh\sqrt{ZY}$

풀이

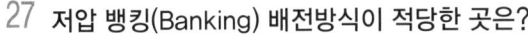

회로의 종류	4단자 정수
A	$\cosh\sqrt{ZY}$
B	$\sqrt{\dfrac{Z}{Y}} \sinh\sqrt{ZY}$
C	$\sqrt{\dfrac{Y}{Z}} \sinh\sqrt{ZY}$
D	$\cosh\sqrt{ZY}$

답 ③

31 3상 1회선 전선로에서 대지 정전용량은 C_s이고 선간 정전용량을 C_m이라 할 때, 작용 정전용량 C_n은?

① $C_s + C_m$
② $C_s + 2C_m$
③ $C_s + 3C_m$
④ $2C_s + C_m$

풀이

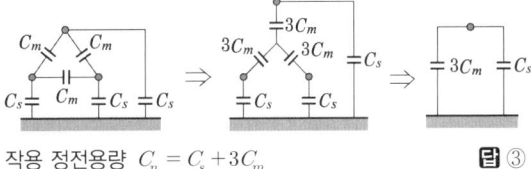

작용 정전용량 $C_n = C_s + 3C_m$

답 ③

32 송전선로의 뇌해방지와 관계없는 것은?

① 댐퍼
② 피뢰기
③ 매설지선
④ 가공지선

풀이 뇌의 보호장치 및 기능
- 매설지선 : 역섬락 방지
- 가공지선 : 뇌의 차폐
- 소호각 : 애자련 보호
- 피뢰기 : 기기 보호

댐퍼는 선로의 진동 방지에 쓰인다.

답 ①

33 소호 리액터 접지에 대한 설명으로 틀린 것은?
① 지락전류가 작다.
② 과도안정도가 높다.
③ 전자유도장애가 경감된다.
④ 선택지락계전기의 작동이 쉽다.

풀이 접지방식별 특징

방 식	보호 계전기 동작	지락 전류	전위 상승	과도 안정도	유도 장해
직접 접지(22.9, 154, 345[kV])	확실	최대	1.3	최소	최대
저항 접지	↑	↑	$\sqrt{3}$	↓	↑
비접지 (3.3, 6.6[kV])	×	↑	$\sqrt{3}$	↓	↑
소호 리액터 접지 (66[kV])	불확실	최소	$\sqrt{3}$ 이상	최대	최소

답 ④

34 3상3선식 배전선로에 역률이 0.8(지상)인 3상 평형부하 40[kW]를 연결했을 때 전압강하는 약 몇 [V]인가? (단, 부하의 전압은 200 [V], 전선 1조의 저항은 0.02[Ω]이고, 리액턴스는 무시한다.)
① 2 ② 3
③ 4 ④ 5

풀이 부하전류
$$I = \frac{P}{\sqrt{3}\,V\cos\theta} = \frac{40\times10^3}{\sqrt{3}\times200\times0.8}$$
$$\fallingdotseq 144.34\,[A]$$
전압강하
$$e = V_s - V_r$$
$$= \sqrt{3}\,I(R\cos\theta + X\sin\theta)\,[V]\text{에서}$$
저항 $R = 0.02\,[\Omega]$,
리액턴스 $X = 0\,[\Omega]$(∵ 리액턴스 무시)이므로
전압강하
$$e = \sqrt{3}\,I(R\cos\theta + X\sin\theta)$$
$$= \sqrt{3}\times144.34\times(0.02\times0.8 + 0)$$
$$\fallingdotseq 4\,[V]$$
답 ③

35 분기회로용으로 개폐기 및 자동차단기의 2가지 역할을 수행하는 것은?
① 기중차단기 ② 진공차단기
③ 전력용 퓨즈 ④ 배선용차단기

풀이 배선용 차단기란 간선 분기회로의 전원 차단 개폐기로서 과전류를 검출하고 자동으로 차단하는 과전류차단기를 말한다.
답 ④

36 교류 저압 배전방식에서 밸런서를 필요로 하는 방식은?
① 단상 2선식 ② 단상 3선식
③ 3상 3선식 ④ 3상 4선식

풀이 단상 3선식에서 부하가 불평형이 생기면 양 외선 간의 전압이 불평형이 되므로 이를 방지하기 위해 저압 밸런서를 설치한다.
답 ②

37 보일러에서 흡수열량이 가장 큰 것은?
① 수냉벽 ② 과열기
③ 절탄기 ④ 공기예열기

풀이 수냉벽은 보일러 드럼 또는 수관과 연락하는 수관을 가진 노벽으로 노 내의 복사열을 흡수한다. 각 부의 가열 면적과 흡수 열량의 비는 다음 표와 같다.

	가열 면적[%]	흡수 열량[%]
수 냉 벽	10~15	40~50
보일러 수관	5~10	10~15
과 열 기	10~15	15~20
절 탄 기	15	10~15
공기 예열기	50	5~10

답 ①

38 3상 차단기의 정격차단용량을 나타낸 것은?
① $\sqrt{3}\times$정격전압$\times$정격전류
② $\frac{1}{\sqrt{3}}\times$정격전압$\times$정격전류
③ $\sqrt{3}\times$정격전압$\times$정격차단전류
④ $\frac{1}{\sqrt{3}}\times$정격전압$\times$정격차단전류

풀이 차단기의 정격차단용량
$P_s = \sqrt{3} \times 정격전압 \times 정격차단전류$
$= \sqrt{3} V I_s \, [MVA]$ **답** ③

39 변류기 개방 시 2차 측을 단락하는 이유는?
① 측정 오차 방지
② 2차 측 절연 보호
③ 1차 측 과전류 방지
④ 2차 측 과전류 보호

풀이 PT(병렬연결)는 개방상태가 되어도 무방하지만 CT(**직렬연결**)는 개방하면 2차 권선에 매우 높은 전압이 유기되어 절연이 파괴되고 소손될 우려가 있으므로 CT를 점검할 경우에는 반드시 2차 측을 단락해야 한다. **답** ②

40 단상 승압기 1대를 사용하여 승압할 경우 승압 전의 전압을 E_1이라 하면, 승압 후의 전압 E_2는 어떻게 되는가? (단, 승압기의 변압비는 $\dfrac{전원측전압}{부하측전압} = \dfrac{e_1}{e_2}$이다.)
① $E_2 = E_1 + e_1$
② $E_2 = E_1 + e_2$
③ $E_2 = E_1 + \dfrac{e_2}{e_1} E_1$
④ $E_2 = E_1 + \dfrac{e_1}{e_2} E_1$

풀이
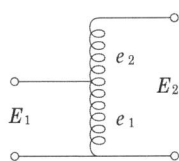

$E_2 = e_1 + e_2 = E_1 + \dfrac{E_1}{a} = E_1\left(1 + \dfrac{1}{a}\right)$
$= E_1\left(1 + \dfrac{e_2}{e_1}\right) = E_1 + \dfrac{e_2}{e_1}E_1$ **답** ③

3과목 - 전기기기

41 3상 전원에서 2상 전원을 얻기 위한 변압기의 결선방법은?
① △   ② T
③ Y   ④ V

풀이 3상-2상간의 상수 변환
① 스코트 결선(T결선)
② 메이어 결선
③ 우드 브리지 결선 **답** ②

42 직류 직권전동기의 운전상 위험속도를 방지하는 방법 중 가장 적합한 것은?
① 무부하 운전한다.
② 경부하 운전한다.
③ 무여자 운전한다.
④ 부하와 기어를 연결한다.

풀이 직권전동기는 무부하(무여자) 상태($I=0$, 즉 $\phi=0$)가 되면 속도가 급격히 상승하여 원심력으로 파괴될 우려가 있다. 그러므로 직권전동기로 다른 기계를 운전하려면, 반드시 직결하거나 **기어(gear)**를 사용하여야 한다. **답** ④

43 권선형 유도전동기의 설명으로 틀린 것은?
① 회전자의 3개의 단자는 슬립링과 연결되어 있다.
② 기동할 때에 회전자는 슬립링을 통하여 외부에 가감저항기를 접속한다.
③ 기동할 때에 회전자에 적당한 저항을 갖게 하여 필요한 기동 토크를 갖게 한다.
④ 전동기속도가 상승함에 따라 외부저항을 점점 감소시키고 최후에는 슬립링을 개방한다.

풀이 권선형 유도전동기는 시동특성을 좋게 하기 위하여 기동 시에 외부저항을 사용하고, 가속을 종료하면 슬립링 간을 단락시키는 동시에 **브러시를 슬립링에서 분리시**킨다. **답** ④

44 단상 반파정류회로에서 평균직류전압 200[V]를 얻는 데 필요한 변압기 2차 전압은 약 몇 [V]인가? (단, 부하는 순저항이고 정류기의 전압강하는 15[V]로 한다.)

① 400 ② 478
③ 512 ④ 642

풀이 단상 반파정류

$$E_d = \frac{\sqrt{2}}{\pi}E - e = 0.45E - e \text{ [V]}$$

$$\therefore E = \frac{E_d + e}{0.45} = \frac{200 + 15}{0.45} ≒ 478 \text{ [V]}$$ **답** ②

45 유도전동기의 슬립 s의 범위는?

① $1 < s < 0$ ② $0 < s < 1$
③ $-1 < s < 1$ ④ $-1 < s < 0$

풀이 슬립의 범위
- 유도전동기 : $0 < s < 1$
- 유도발전기 : $s < 0$
- 제동기 : $s > 1$ **답** ②

46 정격전압에서 전 부하로 운전하는 직류 직권전동기의 부하전류가 50[A]이다. 부하토크가 반으로 감소하면 부하전류는 약 몇 [A]인가? (단, 자기포화는 무시한다.)

① 25 ② 35
③ 45 ④ 50

풀이 직권전동기의 토크(T)는 자로가 포화되지 않은 범위 안에서는 전기자 전류(I_a)의 제곱에 비례하므로 토크가 1/2로 되면

$$\frac{T'}{T} = \frac{\frac{1}{2}T}{T} \propto \frac{I_a'^2}{I_a^2} \rightarrow \left(\frac{I_a'}{I_a}\right)^2 = \frac{1}{2}$$

$$\therefore I_a' = \sqrt{\frac{1}{2}} \times I_a = \sqrt{\frac{1}{2}} \times 50 ≒ 35 \text{[A]}$$ **답** ②

47 단상변압기를 병렬운전하는 경우 부하전류의 분담에 관한 설명 중 옳은 것은?

① 누설 리액턴스에 비례한다.
② 누설 임피던스에 비례한다.
③ 누설 임피던스에 반비례한다.
④ 누설 리액턴스의 제곱에 반비례한다.

풀이 변압기 병렬운전시 부하 분담은 누설 임피던스에 역비례하며, 변압기에 용량에 비례한다.

$$\frac{I_a}{I_b} = \frac{P_A}{P_B} \cdot \frac{\%Z_b}{\%Z_a}$$

여기서,
I_a, I_b : 각 변압기의 분담 전류,
P_A, P_B : A, B 변압기의 용량,
$\%Z_a$, $\%Z_b$: A, B 변압기의 %임피던스   **답** ③

48 3상 동기기에서 제동권선의 주 목적은?

① 출력 개선 ② 효율 개선
③ 역률 개선 ④ 난조 방지

풀이 제동 권선의 역할
① 난조 방지
② 기동 토크 발생
③ 불평형부하 시의 전류, 전압 파형 개선
④ 송전선의 불평형 단락 시의 이상전압 방지   **답** ④

49 단상 유도전압조정기의 원리는 다음 중 어느 것을 응용한 것인가?

① 3권선 변압기
② V결선 변압기
③ 단상 단권변압기
④ 스콧트결선(T결선) 변압기

풀이 단상 유도전압조정기는 직렬권선에 대한 분로권선의 위치를 연속적으로 바꾸는 단상 단권변압기의 일종이다. 구조는 유도전동기와 비슷하며 고정자와 회전자로 구성되어 있다.

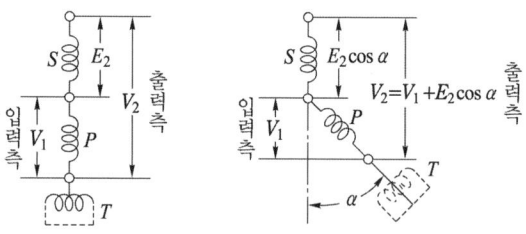

P : 분로권선, S : 직렬권선, T : 단락 권선
〈단상 유도전압조정기〉   **답** ③

50 유도전동기의 속도제어 방식으로 틀린 것은?
 ① 크레머 방식
 ② 일그너 방식
 ③ 2차 저항제어 방식
 ④ 1차 주파수제어 방식

풀이
• 농형 유도전동기의 속도제어법
  ① 주파수를 바꾸는 방법
  ② 극수를 바꾸는 방법
  ③ 전원전압을 바꾸는 방법
• 권선형 유도전동기의 속도제어법
  ① 2차 저항을 제어하는 방법
  ② 2차 여자법(크레머 방식, 셀비어스 방식) 등이 있다.
일그너 방식은 직류전동기의 속도제어 방식이다.
답 ②

51 4극, 60[Hz]의 정류자 주파수 변환기가 1440[rpm]으로 회전할 때의 주파수는 몇 [Hz]인가?
 ① 8   ② 10
 ③ 12   ④ 15

풀이
동기속도 $N_s = \dfrac{120f}{p} = \dfrac{120 \times 60}{4} = 1800[rpm]$
슬립 $s = \dfrac{N_s - N}{N_s} = \dfrac{1800 - 1440}{1800} = 0.2$
$\therefore f_2 = sf_1 = 0.2 \times 60 = 12[Hz]$
답 ③

52 직류전동기의 속도제어법 중 광범위한 속도제어가 가능하며 운전효율이 좋은 방법은?
 ① 병렬 제어법   ② 전압제어법
 ③ 계자제어법   ④ 저항 제어법

풀이 직류전동기의 속도제어법 비교

구 분	제어 특성	특 징
계자 제어법	• 정출력 제어	• 속도제어범위가 좁다.
전압 제어법	• 정토크 제어 − 워드 레오나드 방식 − 일그너 방식	• 제어범위가 넓다. • 손실이 매우 적다. • 정역 운전이 가능 • 설비비가 많이든다.
직렬 저항법		• 효율이 나쁘다.

답 ②

53 교류 단상 직권전동기의 구조를 설명한 것 중 옳은 것은?
 ① 역률 및 정류개선을 위해 약계자 강전기자형으로 한다.
 ② 전기자 반작용을 줄이기 위해 약계자 강전기자형으로 한다.
 ③ 정류개선을 위해 강계자 약전기자형으로 한다.
 ④ 역률개선을 위해 고정자와 회전자의 자로를 성층철심으로 한다.

풀이 교류 단상 직권전동기의 구조
 ① 철손을 감소시키기 위하여 전기자와 계자에도 성층철심을 사용하고 원통형 회전자로 한다.
 ② 전기자 반작용에 대한 대책으로 보상 권선을 설치하여야 한다.
 ③ 정류작용을 개선하기 위하여
  • 브러시 접촉저항이 큰 것을 사용(저항정류)
  • 보극을 설치
 ④ 역률을 좋게 하고 정류 개선을 위해 **약계자 강전기자형**으로 한다.
답 ①

54 변압기 단락시험과 관계없는 것은?
 ① 전압변동률
 ② 임피던스 와트
 ③ 임피던스 전압
 ④ 여자 어드미턴스

풀이 변압기의 시험

시험의 종류	측정 항목
개방회로 (무부하) 시험	무부하전류, 히스테리시스손, 와류손, **여자 어드미턴스**, 철손
단락 시험	동손, 임피던스 와트, 임피던스 전압

답 ④

55 전기자저항이 0.3[Ω]인 분권발전기가 단자전압 550[V]에서 부하전류가 100[A]일 때 발생하는 유도기전력[V]은? (단, 계자전류는 무시한다.)
 ① 260   ② 420
 ③ 580   ④ 750

풀이 전기자 전류 $I_a = I_f + I$에서 '계자전류는 무시한다.'고 하였으므로 $I_a = I$이다.

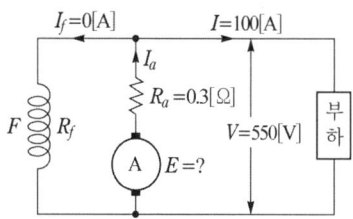

따라서 유기기전력
$E = V + I_a R_a = 550 + 100 \times 0.3 = 580 \, [V]$ **답** ③

56 동기기의 단락전류를 제한하는 요소는?

① 단락비
② 정격전류
③ 동기 임피던스
④ 자기 여자 작용

풀이 동기발전기의 영구(지속) 단락전류 $I_s = \dfrac{E_0}{Z_s}[A]$

따라서 영구(지속) 단락전류는 동기 임피던스(Z_s)에 의해 제한된다. **답** ③

57 병렬운전 중인 A, B 두 동기발전기 중 A발전기의 여자를 B발전기보다 증가시키면 A발전기는?

① 동기화 전류가 흐른다.
② 부하전류가 증가한다.
③ 90° 진상 전류가 흐른다.
④ 90° 지상 전류가 흐른다.

풀이
- 여자가 강한(기전력이 높은) 발전기에는 90° 뒤진(지상) 전류가 흘러 역률이 저하
- 여자가 약한(기전력이 낮은) 발전기에는 90° 앞선(진상) 전류가 흘러 역률이 상승 **답** ④

58 3상 동기발전기가 그림과 같이 1선 지락이 발생하였을 경우 단락전류 I_0를 구하는 식은? (단, E_a는 무부하 유기기전력의 상전압, Z_0, Z_1, Z_2는 영상, 정상, 역상 임피던스이다.)

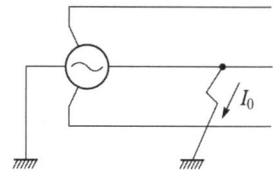

① $\dot{I}_0 = \dfrac{3\dot{E}_a}{\dot{Z}_0 \times \dot{Z}_1 \times \dot{Z}_2}$

② $\dot{I}_0 = \dfrac{\dot{E}_a}{\dot{Z}_0 \times \dot{Z}_1 \times \dot{Z}_2}$

③ $\dot{I}_0 = \dfrac{3\dot{E}_a}{\dot{Z}_0 + \dot{Z}_1 + \dot{Z}_2}$

④ $\dot{I}_0 = \dfrac{3\dot{E}_a}{\dot{Z}_0 + \dot{Z}_1^2 + \dot{Z}_2^3}$

풀이 지락전류를 물어야 하나 단락전류로 물었으므로 전항이 정답으로 처리됨

- 1선 지락전류 $\dot{I}_0 = \dfrac{3\dot{E}_a}{\dot{Z}_0 + \dot{Z}_1 + \dot{Z}_2}[A]$

답 전항정답

59 유도전동기의 동기 와트에 대한 설명으로 옳은 것은?

① 동기속도에서 1차 입력
② 동기속도에서 2차 입력
③ 동기속도에서 2차 출력
④ 동기속도에서 2차 동손

풀이
- 동기와트란 슬립 s, 토크 T를 발생하며 회전하는 유도전동기가 같은 토크 T를 발생하며 동기속도로 회전하는 것으로 가정하는 때의 출력 P_2를 말한다.
- 2차 입력(동기 와트) P_2, 회전 각속도 ω, 동기 각속도 ω_s라 하면

$T = \dfrac{P}{\omega} = \dfrac{P_2(1-s)}{\omega_s(1-s)} = \dfrac{P_2}{\omega_s}$

$\therefore P_2 = \omega_s T$ [동기 와트] **답** ②

60 임피던스 전압강하 4[%]의 변압기가 운전 중 단락되었을 때 단락전류는 정격전류의 몇 배가 흐르는가?

① 15   ② 20   ③ 25   ④ 30

[풀이] 단락전류

$$I_{1s} = \frac{100}{\%Z} I_{1n} = \frac{100}{4} \times I_{1n} = 25 I_{1n}$$ 답 ③

4과목 - 회로이론

61 3상 불평형 전압에서 역상전압이 50[V], 정상전압이 200[V], 영상전압이 10[V]라고 할 때 전압의 불평형률[%]은?

① 1 ② 5
③ 25 ④ 50

[풀이]
$$\text{불평형률} = \frac{\text{역상 전압}}{\text{정상 전압}} \times 100$$
$$= \frac{50}{200} \times 100 = 25[\%]$$ 답 ③

62 다음과 같은 회로의 a-b간 합성 인덕턴스는 몇 [H]인가? (단, $L_1 = 4$[H], $L_2 = 4$[H], $L_3 = 2$[H], $L_4 = 2$[H]이다.)

① $\frac{8}{9}$
② 6
③ 9
④ 12

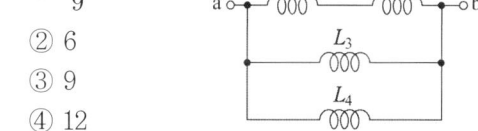

[풀이] 합성 인덕턴스

$$L = \cfrac{1}{\cfrac{1}{L_1+L_2}+\cfrac{1}{L_3}+\cfrac{1}{L_4}} = \cfrac{1}{\cfrac{1}{4+4}+\cfrac{1}{2}+\cfrac{1}{2}}$$
$$= \frac{8}{9}[H]$$ 답 ①

63 $R-L-C$ 직렬회로에서 시정수의 값이 작을수록 과도현상이 소멸되는 시간은 어떻게 되는가?

① 짧아진다. ② 관계없다.
③ 길어진다. ④ 일정하다.

[풀이] 시정수(τ)는 과도현상의 길고 짧음을 나타낸 양이다.
- 시정수가 크면 과도현상이 오래 지속되어 과도현상 소멸 시간은 길어진다.
- 시정수가 작으면 과도현상이 짧아진다. 답 ①

64 대칭좌표법에서 사용되는 용어 중 3상에 공통된 성분을 표시하는 것은?

① 공통분 ② 정상분
③ 역상분 ④ 영상분

[풀이] 대칭좌표법은 불평형 3상 전압이나 전류를 평형의 세 성분(상순이 a-b-c인 정상분, 상순이 이와 반대인 역상분 및 각 상에 **공통된 단상분인 영상분**)의 대칭분으로 분해하여 해석한다. 답 ④

65 어떤 회로의 단자전압이
$$V = 100\sin\omega t + 40\sin 2\omega t + 30\sin(3\omega t + 60°)[V]$$
이고, 전압강하의 방향으로 흐르는 전류가
$$I = 10\sin(\omega t - 60°) + 2\sin(3\omega t + 105°)[A]$$
일 때 회로에 공급되는 평균전력[W]은?

① 271.2 ② 371.2
③ 530.2 ④ 630.2

[풀이] 같은 주파수의 전압과 전류에서만 전력이 발생하므로
$$P = V_1 I_1 \cos\theta_1 + V_3 I_3 \cos\theta_3$$
$$= \frac{100}{\sqrt{2}} \times \frac{10}{\sqrt{2}} \times \cos 60°$$
$$+ \frac{30}{\sqrt{2}} \times \frac{2}{\sqrt{2}} \times \cos(105° - 60°)$$
$$= 271.2[W]$$ 답 ①

66 3상 대칭분 전류를 I_0, I_1, I_2라 하고 선전류를 I_a, I_b, I_c라고 할 때 I_b는 어떻게 되는가?

① $I_0 + I_1 + I_2$ ② $I_0 + a^2 I_1 + a I_2$
③ $I_0 + a I_1 + a^2 I_2$ ④ $\frac{1}{3}(I_0 + I_1 + I_2)$

[풀이] 불평형 3상 전류
$$\boldsymbol{I}_a = \boldsymbol{I}_0 + \boldsymbol{I}_1 + \boldsymbol{I}_2$$
$$\boldsymbol{I}_b = \boldsymbol{I}_0 + a^2 \boldsymbol{I}_1 + a \boldsymbol{I}_2$$
$$\boldsymbol{I}_c = \boldsymbol{I}_0 + a \boldsymbol{I}_1 + a^2 \boldsymbol{I}_2$$ 답 ②

67 부하에 $100\angle 30°$[V]의 전압을 가하였을 때 $10\angle 60°$[A]의 전류가 흘렀다면 부하에서 소비되는 유효전력은 약 몇 [W]인가?

① 400 ② 500
③ 682 ④ 866

풀이 $P = \overline{V}I = 100\angle -30° \times 10\angle 60°$
$= 1,000\angle 30°$
$= 1,000\cos 30° + j1,000\sin 30°$
$= 866 + j500$[VA]
따라서 유효전력은 866[W],
무효전력은 500[W]이다. **답** ④

68 그림과 같은 회로에서 0.2[Ω]의 저항에 흐르는 전류는 몇 [A]인가?

① 0.1 ② 0.2 ③ 0.3 ④ 0.4

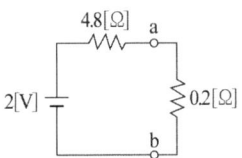

풀이

테브난 정리 이용 a, b 개방
$V_a = \dfrac{6}{6+4} \times 10 = 6$[V]
$V_b = \dfrac{4}{6+4} \times 10 = 4$[V]
$\therefore V_{ab} = V_a - V_b = 6 - 4 = 2$[V]
전압원을 제거(단락)하고, a, b에서 본 저항 R_t는
$R_t = \dfrac{6 \times 4}{6+4} + \dfrac{6 \times 4}{6+4} = 4.8$[Ω]
$\therefore I = \dfrac{V}{R} = \dfrac{2}{4.8 + 0.2} = 0.4$[A] **답** ④

69 $\dfrac{1}{s^2 + 2s + 5}$의 라플라스 역변환 값은?

① $e^{-2t}\cos 2t$ ② $\dfrac{1}{2}e^{-t}\sin t$
③ $\dfrac{1}{2}e^{-t}\sin 2t$ ④ $\dfrac{1}{2}e^{-t}\cos 2t$

풀이 $F(s) = \dfrac{1}{s^2 + 2s + 5} = \dfrac{1}{2} \cdot \dfrac{2}{(s+1)^2 + 2^2}$
$\therefore f(t) = \mathcal{L}^{-1}[F(s)] = \dfrac{1}{2}e^{-t}\sin 2t$ **답** ③

70 $\mathcal{L}[u(t-a)]$는 어느 것인가?

① $\dfrac{e^{as}}{s^2}$ ② $\dfrac{e^{-as}}{s^2}$
③ $\dfrac{e^{as}}{s}$ ④ $\dfrac{e^{-as}}{s}$

풀이 시간추이정리 $\mathcal{L}[f(t-a)] = e^{-as}F(s)$ 이므로
$\therefore \mathcal{L}[u(t-a)] = \dfrac{e^{-as}}{s}$ **답** ④

71 2단자 임피던스함수
$Z(s) = \dfrac{(s+2)(s+3)}{(s+4)(s+5)}$ 일 때
극점(pole)은?

① -2, -3 ② -3, -4
③ -2, -4 ④ -4, -5

풀이
- 극점은 $Z(s) = \infty$ (분모 = 0)
  $(s+4)(s+5) = 0$, $\therefore s = -4, -5$
- 영점은 $Z(s) = 0$ (분자 = 0)
  $(s+2)(s+3) = 0$, $\therefore s = -1, -2$ **답** ④

72 그림과 같은 회로에서 G_2[℧] 양단의 전압강하 E_2[V]는?

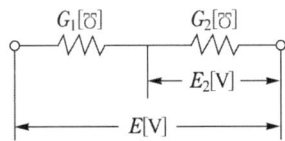

① $\dfrac{G_2}{G_1 + G_2}E$ ② $\dfrac{G_1}{G_1 + G_2}E$
③ $\dfrac{G_1 G_2}{G_1 + G_2}E$ ④ $\dfrac{G_1 + G_2}{G_1 G_2}E$

풀이 전압분배법칙에 의해 $E_1 = \dfrac{G_2}{G_1 + G_2}E$[V]
$E_2 = \dfrac{G_1}{G_1 + G_2}E$[V] **답** ②

73 그림과 같은 T형 회로의 영상 전달정수 θ는?

① 0
② 1
③ -3
④ -1

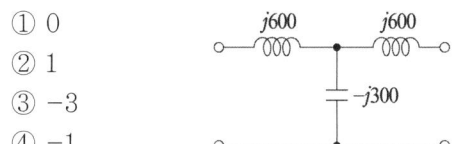

풀이
$$\begin{bmatrix} A & B \\ C & D \end{bmatrix} = \begin{bmatrix} 1 & j600 \\ 0 & 1 \end{bmatrix} \begin{bmatrix} 1 & 0 \\ \frac{1}{-j300} & 1 \end{bmatrix} \begin{bmatrix} 1 & j600 \\ 0 & 1 \end{bmatrix}$$
$$= \begin{bmatrix} -1 & 0 \\ \frac{1}{j300} & -1 \end{bmatrix}$$
$$\therefore \theta = \cosh^{-1}\sqrt{AD} = \cosh^{-1}\sqrt{(-1)\times(-1)}$$
$$= 0$$

답 ①

74 저항 $\frac{1}{3}[\Omega]$, 유도 리액턴스 $\frac{1}{4}[\Omega]$인 $R-L$ 병렬회로의 합성 어드미턴스[℧]는?

① $3+j4$
② $3-j4$
③ $\frac{1}{3}+j\frac{1}{4}$
④ $\frac{1}{3}-j\frac{1}{4}$

풀이
$Y = Y_1 + Y_2 = \frac{1}{R} + \frac{1}{j\omega L} = \frac{1}{\frac{1}{3}} + \frac{1}{j\frac{1}{4}}$
$= 3-j4[℧]$

답 ②

75 대칭 3상 Y결선 부하에서 각상의 임피던스가 $Z=16+j12[\Omega]$이고 부하전류가 5[A]일 때, 이 부하의 선간전압[V]은?

① $100\sqrt{2}$
② $100\sqrt{3}$
③ $200\sqrt{2}$
④ $200\sqrt{3}$

풀이 Y결선 선간전압(V_l)= $\sqrt{3}\times$상전압(V_p)
상전압 = 부하전류 × 1상 임피던스
$= 5\times\sqrt{16^2+12^2} = 100[V]$
$\therefore V_l = \sqrt{3}V_p = 100\sqrt{3}[V]$

답 ②

76 정현파의 파고율은?

① 1.111
② 1.414
③ 1.732
④ 2.356

풀이

	구형파	3각파	정현파	정류파 (전파)	정류파 (반파)
파형률	1.0	1.15	1.11	1.11	1.57
파고율	1.0	1.732	1.414	1.414	2.0

답 ②

77 부동작시간(dead time) 요소의 전달함수는?

① Ks
② $\frac{K}{s}$
③ Ke^{-Ls}
④ $\frac{K}{Ts+1}$

풀이 부동작 시간함수 $y(t)=Kx(t-L)$의 양변을 라플라스 변환하면 $Y(s)=Ke^{-Ls}\cdot X(s)$
$\therefore G(s) = \frac{Y(s)}{X(s)} = Ke^{-Ls}$

답 ③

78 $i(t)=I_o e^{st}$[A]로 주어지는 전류가 콘덴서 C[F]에 흐르는 경우의 임피던스[Ω]는?

① C
② sC
③ $\frac{C}{s}$
④ $\frac{1}{sC}$

풀이 C에서의 전압 $v(t) = \frac{1}{C}\int i(t)dt$이므로
$v(t) = \frac{1}{C}\int I_0 e^{st}dt = \frac{I_0}{sC}e^{st}$
$\therefore Z = \frac{v(t)}{i(t)} = \frac{\frac{I_0 e^{st}}{sC}}{I_0 e^{st}} = \frac{1}{sC}$

답 ④

79 전기회로의 입력을 V_1, 출력을 V_2라고 할 때 전달함수는? (단, $s=j\omega$이다.)

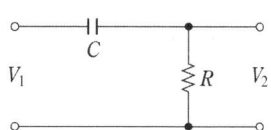

① $\dfrac{1}{R+\dfrac{1}{j\omega C}}$
② $\dfrac{1}{j\omega+\dfrac{1}{RC}}$
③ $\dfrac{j\omega}{j\omega+\dfrac{1}{RC}}$
④ $\dfrac{j\omega}{R+\dfrac{1}{j\omega C}}$

풀이) $G(s) = \dfrac{V_2(s)}{V_1(s)} = \dfrac{R}{R+\dfrac{1}{Cs}} = \dfrac{RCs}{RCs+1}$

$= \dfrac{s}{s+\dfrac{1}{RC}} = \dfrac{j\omega}{j\omega+\dfrac{1}{RC}}$ 답 ③

80 비정현파 전압
$v = 100\sqrt{2}\sin\omega t + 50\sqrt{2}\sin2\omega t + 30\sqrt{2}\sin3\omega t [V]$
의 왜형률은 약 얼마인가?

① 0.36 ② 0.58
③ 0.87 ④ 1.41

풀이) 왜형률 = $\dfrac{\text{전 고조파의 실효값}}{\text{기본파의 실효값}} = \dfrac{\sqrt{V_2^2 + V_3^2}}{V_1}$
$= \dfrac{\sqrt{50^2 + 30^2}}{100} = 0.58$ 답 ②

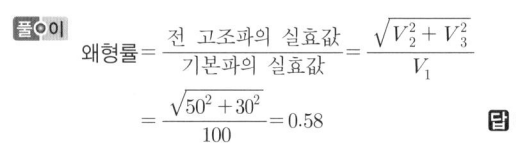

5과목 - 전기설비기술기준

81 사용전압이 1 [kV] 이하인 방전등에 전기를 공급하는 옥내전로의 대지전압은 몇 [V] 이하이어야 하는가?

① 150 ② 220
③ 300 ④ 600

풀이) 234.11 1[kV] 이하 방전등
관등회로의 사용전압이 1 [kV] 이하인 방전등을 옥내에 시설할 경우 방전등에 전기를 공급하는 전로의 대지전압은 300 [V] 이하로 하여야 한다. 답 ③

82 특고압가공전선로에 사용하는 철탑 중에서 전선로의 지지물 양쪽의 경간의 차가 큰 곳에 사용하는 철탑의 종류는?

① 각도형 ② 인류형
③ 보강형 ④ 내장형

풀이) 333.11 특고압 가공전선로의 철주·철근 콘크리트주 또는 철탑의 종류
특고압 가공전선로의 지지물로 사용하는 B종 철근·B종 콘크리트주 또는 철탑의 종류는 다음과 같다.
가. 직선형 : 전선로의 직선 부분(3° 이하의 수평 각도 이루는 곳 포함)에 사용되는 것
나. 각도형 : 전선로 중 수평 각도 3°를 넘는 곳에 사용되는 것
다. 인류형 : 전 가섭선을 인류하는 곳에 사용하는 것
라. 내장형 : 전선로 지지물 양측의 경간차가 큰 곳에 사용하는 것
마. 보강형 : 전선로 직선 부분을 보강하기 위하여 사용하는 것 답 ④

83 저압가공전선이 가공약전류 전선과 접근하여 시설될 때 저압가공전선과 가공약전류 전선 사이의 이격거리는 몇 [cm] 이상이어야 하는가?

① 40 ② 50
③ 60 ④ 80

풀이) 332.13 고압 가공전선과 가공약전류전선 등의 접근 또는 교차
222.13 저압 가공전선과 가공약전류전선 등의 접근 또는 교차
저압 가공전선 또는 고압 가공전선이 가공약전류전선 또는 가공 광섬유 케이블과 접근상태로 시설되는 경우에는 다음에 따라야 한다.
가. 고압 가공전선은 고압 보안공사에 의할 것.
나. 저·고압 가공전선과 가공약전류 전선과의 이격거리는 표에서 정한 값 이상일 것.

가공전선 약전류 전선	저압가공전선		고압가공전선	
	저압 절연전선	고압 절연전선 또는 케이블	절연전선	케이블
일반	60[cm]	30[cm]	80[cm]	40[cm]
절연전선 또는 통신용 케이블인 경우	30[cm]	15[cm]		

답 ③

84 345[kV] 가공 송전선로를 평야에 시설할 때, 전선의 지표상의 높이는 몇 [m] 이상으로 하여야 하는가?

① 6.12 ② 7.36
③ 8.28 ④ 9.48

풀이 333.7 특고압 가공전선의 높이

전압의 범위	일반 장소	도로 횡단	철도 또는 궤도횡단	횡단보도교
35[kV] 이하	5[m]	6[m]	6.5[m]	4[m](특고압 절연전선 또는 케이블 사용)
35[kV] 초과 160[kV] 이하	6[m]	6[m]	6.5[m]	5[m](케이블 사용)
	산지 등에서 사람이 쉽게 들어갈 수 없는 장소 : 5[m] 이상			
160[kV] 초과	일반장소	가공전선의 높이 = 6 + 단수 × 0.12[m]		
	철도 또는 궤도횡단	가공전선의 높이 = 6.5 + 단수 × 0.12[m]		
	산지	가공전선의 높이 = 5 + 단수 × 0.12[m]		

- 단수 = $\frac{345-160}{10}$ = 18.5 → 19단
- 지표상 높이 = 6 + 19 × 0.12 = 8.28[m] **답** ③

85 저압 옥내배선의 사용전선으로 틀린 것은?

① 단면적 2.5[mm²] 이상의 연동선
② 진열장 내부배선 시 단면적 0.75[mm²] 이상의 캡타이어케이블
③ 사용전압 400[V] 이하의 전광표시장치 배선 시 단면적 1.5[mm²] 이상의 연동선
④ 사용전압 400[V] 이하의 전광표시장치 배선 시 단면적 0.5[mm²] 이상의 다심케이블

풀이 231.3 저압 옥내배선의 사용전선
가. 저압 옥내배선의 전선 : 단면적 2.5[mm²] 이상의 연동선
나. 옥내배선의 사용 전압이 400[V] 이하인 경우는 다음에 의하여 시설할 수 있다.
① 전광표시 장치 또는 제어 회로
- 단면적 1.5[mm²] 이상의 연동선
- 단면적 0.75[mm²] 이상인 다심케이블 또는 다심 캡타이어 케이블을 사용하고 또한 과전류가 생겼을 때에 자동적으로 전로에서 차단하는 장치를 시설
② 진열장 또는 이와 유사한 것의 내부 배선 : 단면적 0.75[mm²] 이상인 코드 또는 캡타이어케이블 **답** ④

86 고압가공전선로의 경간은 B종 철근 콘크리트 주로 시설하는 경우 몇 [m] 이하로 하여야 하는가?

① 100
② 150
③ 200
④ 250

풀이 332.9 고압 가공전선로 경간의 제한
고압 가공전선로의 경간은 표에서 정한 값 이하이어야 한다.

지지물의 종류	경 간
목주·A종 철주 또는 A종 철근 콘크리트주	150[m]
B종 철주 또는 B종 철근 콘크리트주	250[m]
철 탑	600[m]

답 ④

87 금속제 가요전선관공사에 의한 저압 옥내배선 시설에 대한 설명으로 틀린 것은?

① 옥외용 비닐전선을 제외한 절연전선을 사용한다.
② 가요전선관은 2종 금속제 가요전선관을 사용하였다.
③ 중량물의 압력 또는 기계적 충격을 받을 우려가 없도록 시설한다.
④ 옥내배선의 사용전압이 400[V] 이하인 경우에는 접지공사를 하지 않아도 된다.

풀이 232.13 금속제 가요전선관공사
가. 전선은 절연전선(옥외용 비닐 절연전선을 제외한다)일 것.
나. 전선은 연선일 것. 다만, 단면적 10[mm²](알루미늄선은 단면적 16[mm²]) 이하인 것은 그러하지 아니하다.
다. 가요전선관 안에는 전선에 접속점이 없도록 할 것.
라. 가요전선관은 2종 금속제 가요전선관일 것
마. 가요전선관배선에는 접지공사를 할 것. **답** ④

88 가공전선로의 지지물 중 지선을 사용하여 그 강도를 분담시켜서는 안 되는 것은?

① 철탑
② 목주
③ 철주
④ 철근콘크리트주

풀이 331.11 지선의 시설
가. 가공전선로의 지지물로 사용하는 **철탑은 지선을 사용하여 그 강도를 분담시켜서는 안 된다.**
나. 가공전선로의 지지물로 사용하는 철주 또는 철근 콘크리트주는 지선을 사용하지 않는 상태에서 2분의 1 이상의 풍압하중에 견디는 강도를 가지는 경우 이외에는 지선을 사용하여 그 강도를 분담시켜서는 안 된다.

답 ①

89 최대 사용전압이 23[kV]인 권선으로서 중성선 다중접지방식의 전로에 접속되는 변압기권선의 절연내력시험 시험전압은 약 몇 [kV]인가?

① 21.16
② 25.3
③ 28.75
④ 34.5

풀이 135 변압기 전로의 절연내력

권선의 종류 (최대사용전압)	접지방식	시험전압 (최대사용전압의 배수)	최저 시험전압
1. 7[kV] 이하		1.5배	500[V]
	다중접지	0.92배	500[V]
2. 7[kV] 초과 25[kV] 이하	다중접지	0.92배	
3. 7[kV] 초과 60[kV] 이하 (2란의 것 제외)		1.25배	10.5[kV]
4. 60[kV] 초과	비접지	1.25배	
5. 60[kV] 초과(6란의 것 제외)	접지식	1.1배	75[kV]
6. 60[kV] 초과	직접접지	0.72배	
7. 170[kV] 초과	직접접지	0.64배	

※ 최대 사용전압 × 0.92이므로
23[kV] × 0.92 = 21.16[kV]

답 ①

90 목주, A종 철주 및 A종 철근 콘크리트주를 사용할 수 없는 보안공사는?

① 고압 보안공사
② 제1종 특고압 보안공사
③ 제2종 특고압 보안공사
④ 제3종 특고압 보안공사

풀이 333.22 특고압 보안공사
제1종 특고압 보안공사에서 전선로의 지지물로는 B종 철주·B종 철근 콘크리트주 또는 철탑을 사용할 것 (목주나 A종은 사용 불가)

답 ②

91 사용전압이 380[V]인 옥내배선을 애자공사로 시설할 때 전선과 조영재 사이의 이격거리는 몇 [cm] 이상이어야 하는가?

① 2
② 2.5
③ 4.5
④ 6

풀이 232.56 애자공사
가. 전선의 종류 : 절연 전선. 단, 옥외용 비닐 절연 전선(OW) 및 인입용 비닐 절연 전선(DV)은 제외한다.
나. 이격 거리

전 압		전선과 조영재와의 이격 거리	전선 상호 간격	전선 지지점 간의 거리	
				조영재의 윗면 또는 옆면에 따라 시설	조영재에 따라 시설하지 않는 경우
저압	400[V] 이하	2.5[cm] 이상	6[cm] 이상	2[m] 이하	–
	400[V] 초과	건조한 장소 2.5[cm] 이상			6[m] 이하
		기타의 장소 4.5[cm] 이상			

답 ②

92 과전류차단기로 저압전로에 사용하는 30[A] 퓨즈는 수평으로 붙인 경우에 정격전류의 몇 배의 전류에 견뎌야 하는가?

① 1.1
② 1.25
③ 1.6
④ 2.0

풀이 212.3.4 보호장치의 특성
1. 과전류 보호장치는 KS C 또는 KS C IEC 관련 표준(배선차단기, 누전차단기, 퓨즈등의 표준)의 동작특성에 적합하여야 한다.
2. 과전류차단기로 저압전로에 사용하는 범용의 퓨즈는 표에 적합한 것이어야 한다.

표. 퓨즈(gG)의 용단특성

정격전류의 구분	시간	정격전류의 배수	
		불용단전류	용단전류
4[A] 이하	60분	1.5배	2.1배
4[A] 초과 16[A] 미만	60분	1.5배	1.9배
16[A] 이상 63[A] 이하	60분	1.25배	1.6배
63[A] 초과 160[A] 이하	120분	1.25배	1.6배
160[A] 초과 400[A] 이하	180분	1.25배	1.6배
400[A] 초과	240분	1.25배	1.6배

답 ②

93 전력보안통신 설비인 무선통신용 안테나를 지지하는 목주는 풍압하중에 대한 안전율이 얼마 이상이어야 하는가?

① 1.0 ② 1.2
③ 1.5 ④ 2.0

풀이 364.1 무선용 안테나 등을 지지하는 철탑 등의 시설
전력보안통신설비인 무선통신용 안테나 또는 반사판을 지지하는 목주・철주・철근 콘크리트주 또는 철탑은 다음에 따라 시설하여야 한다. 다만, 무선용 안테나 등이 전선로의 주위상태를 감시할 목적으로 시설되는 것일 경우에는 그러하지 아니하다.
가. 목주는 풍압하중에 대한 안전율은 1.5 이상이어야 한다.
나. 철주・철근 콘크리트주 또는 철탑의 기초 안전율은 1.5 이상이어야 한다. **답** ③

94 특고압가공전선로의 경간은 지지물이 철탑인 경우 몇 [m] 이하이어야 하는가?
(단, 단주가 아닌 경우이다.)

① 400 ② 500
③ 600 ④ 700

풀이 333.21 특고압 가공전선로의 경간 제한
특고압 가공전선로의 경간은 표에서 정한 값 이하이어야 한다.

지지물의 종류	경 간
목주・A종 철주 또는 A종 철근 콘크리트주	150 [m] 이하
B종 철주 또는 B종 철근 콘크리트주	250 [m] 이하
철 탑	600 [m] 이하(단주인 경우에는 400[m] 이하)

답 ③

95 "조상설비"에 대한 용어의 정의로 옳은 것은?

① 전압을 조정하는 설비를 말한다.
② 전류를 조정하는 설비를 말한다.
③ 유효전력을 조정하는 전기 기계기구를 말한다.
④ 무효전력을 조정하는 전기 기계기구를 말한다.

풀이 조상설비 : 무효전력을 조정하는 전기 기계기구를 말한다. **답** ④

> 출제기준 변경 및 개정된 관계 법규에 따라 삭제된 문제가 있어 20문항이 안됩니다.

2018년 3회 전기산업기사필기

동일출판사 홈페이지에서 무료 동영상강의를 보실 수 있습니다.

1과목 - 전기자기

01 자화율을 χ, 자속밀도를 B, 자계의 세기를 H, 자화의 세기를 J라고 할 때, 다음 중 성립될 수 없는 식은?

① $B = \mu H$
② $J = \chi B$
③ $\mu = \mu_0 + \chi$
④ $\mu_s = 1 + \dfrac{\chi}{\mu_0}$

풀이
① $B = \mu_0 H + J = \mu_0 H + \chi H = (\mu_0 + \chi)H$
　　$= \mu H$ [Wb/m²]
② $J = \chi H$ [Wb/m²]
③ $\mu = \mu_0 + \chi$ [H/m]
④ $\mu_s = \dfrac{\mu}{\mu_0} = \dfrac{\mu_0 + \chi}{\mu_0} = 1 + \dfrac{\chi}{\mu_0}$
답 ②

02 두 유전체의 경계면에서 정전계가 만족하는 것은?

① 전계의 법선성분이 같다.
② 전계의 접선성분이 같다.
③ 전속밀도의 접선성분이 같다.
④ 분극 세기의 접선성분이 같다.

풀이 경계 조건
• 전속밀도의 법선성분(수직성분)이 같다.
　$(D_1\cos\theta_1 = D_2\cos\theta_2)$
• 전계는 접선성분(평행성분)이 같다.
　$(E_1\sin\theta_1 = E_2\sin\theta_2)$
• 두 경계면에서의 전위는 서로 같다. ($V_1 = V_2$)
• $\epsilon_1 > \epsilon_2$이면, $\theta_1 > \theta_2$ 이다.
• $\dfrac{\tan\theta_1}{\tan\theta_2} = \dfrac{\epsilon_1}{\epsilon_2}$
답 ②

03 자기 쌍극자의 중심축으로부터 r[m]인 점의 자계의 세기에 관한 설명으로 옳은 것은?

① r에 비례한다.
② r^2에 비례한다.
③ r^2에 반비례한다.
④ r^3에 반비례한다.

풀이
• 자기 쌍극자에 의한 자위
$U = \dfrac{M\cos\theta}{4\pi\mu_0 r^2}$ [AT] $\propto \dfrac{1}{r^2}$

• 자기 쌍극자에 의한 자계
$H = \dfrac{M\sqrt{1+3\cos^2\theta}}{4\pi\mu_0 r^3}$ [AT/m] $\propto \dfrac{1}{r^3}$
답 ④

04 진공 중의 전계강도 $E = ix + jy + kz$로 표시될 때 반지름 10[m]의 구면을 통해 나오는 전체 전속은 약 몇 [C]인가?

① 1.1×10^{-7}
② 2.1×10^{-7}
③ 3.2×10^{-7}
④ 5.1×10^{-7}

풀이 $\nabla \cdot E = \dfrac{\rho}{\epsilon_0}$ 의 관계에서 체적전하밀도 ρ
$\rho = \epsilon_0(\nabla \cdot E) = \epsilon_0\left(\dfrac{\partial}{\partial x}x + \dfrac{\partial}{\partial y}y + \dfrac{\partial}{\partial z}z\right)$
$= 3\epsilon_0$ [C/m³]
구면 내부의 총 전하량 Q
$Q = \rho V_{체적} = \rho \cdot \dfrac{4}{3}\pi r^3 = 3\epsilon_0 \cdot \dfrac{4}{3}\pi \cdot 10^3$
$= 4\pi\epsilon_0 \times 10^3 = 1.11 \times 10^{-7}$ [C]
전체 전속 ϕ는 구면 내의 총 전하량 Q와 같으므로
$\phi = Q = 1.11 \times 10^{-7}$ [C]
답 ①

05 물의 유전율을 ϵ, 투자율을 μ라 할 때 물속에서의 전파속도는 몇 [m/s]인가?

① $\dfrac{1}{\sqrt{\epsilon\mu}}$
② $\sqrt{\epsilon\mu}$
③ $\sqrt{\dfrac{\mu}{\epsilon}}$
④ $\sqrt{\dfrac{\epsilon}{\mu}}$

풀이 전파속도
$v_0 = \dfrac{1}{\sqrt{\epsilon\mu}} = \dfrac{1}{\sqrt{\epsilon_0\mu_0}} \cdot \dfrac{1}{\sqrt{\epsilon_s\mu_s}}$
$= \dfrac{3\times 10^8}{\sqrt{\epsilon_s\mu_s}}$ [m/s]
답 ①

06 반지름 a[m]인 원주 도체의 단위 길이당 내부 인덕턴스[H/m]는?

① $\dfrac{\mu}{4\pi}$ ② $\dfrac{\mu}{8\pi}$

③ $4\pi\mu$ ④ $8\pi\mu$

풀이 길이 1[m]당의 에너지

$$W = \dfrac{\mu}{16\pi}I^2 = \dfrac{1}{2}L_i I^2 [\text{J}]$$

$$\therefore L_i = \dfrac{\mu}{8\pi}[\text{H/m}] \qquad \text{답 ②}$$

07 [Ω · sec]와 같은 단위는?

① F   ② H
③ F/m   ④ H/m

풀이 유기기전력은

$e = -N\dfrac{d\phi}{dt} = -N\dfrac{d\phi}{di}\cdot\dfrac{di}{dt} = -L\dfrac{di}{dt}$ 이므로

[volt] = [henry] · $\left[\dfrac{\text{ampere}}{\text{sec}}\right]$

$\left[\dfrac{\text{volt}}{\text{ampere}}\cdot \text{sec}\right]$ = [henry]

[Ω · sec] = [henry]   답 ②

08 그림과 같이 일정한 권선이 감겨진 권회수 N회, 단면적 S[m²], 평균자로의 길이 l[m]인 환상솔레노이드에 전류 I[A]를 흘렸을 때 이 환상솔레노이드의 자기 인덕턴스[H]는?
(단, 환상철심의 투자율은 μ이다.)

①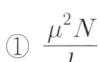

②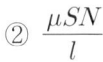

③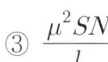

④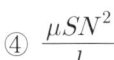

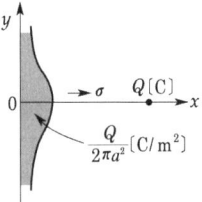

풀이 철심을 통하는 자속은

$\phi = BS = \mu HS = \mu\dfrac{NI}{l}S = \dfrac{\mu SNI}{l}$[Wb]이므로

$N\phi = LI$ 에서  [H]   답 ④

09 콘덴서의 성질에 관한 설명으로 틀린 것은?

① 정전용량이란 도체의 전위를 1[V]로 하는 데 필요한 전하량을 말한다.
② 용량이 같은 콘덴서를 n개 직렬 연결하면 내압은 n배, 용량은 1/n로 된다.
③ 용량이 같은 콘덴서를 n개 병렬 연결하면 내압은 같고, 용량은 n배로 된다.
④ 콘덴서를 직렬 연결할 때 각 콘덴서에 분포되는 전하량은 콘덴서 크기에 비례한다.

풀이 콘덴서를 직렬 연결할 때 각 콘덴서에 분포되는 전하량은 콘덴서 용량에 관계없이 일정하게 충전된다. 답 ④

10 두 도체 사이에 100[V]의 전위를 가하는 순간 700[μC]의 전하가 축적되었을 때 이 두 도체 사이의 정전용량은 몇 [μF]인가?

① 4   ② 5
③ 6   ④ 7

풀이 정전용량 $C = \dfrac{Q}{V} = \dfrac{700}{100} = 7[\mu\text{F}]$ 답 ④

11 무한 평면도체로부터 거리 a[m]의 곳에 점전하 2π[C]가 있을 때 도체표면에 유도되는 최대 전하밀도는 몇 [C/m²]인가?

① $-\dfrac{1}{a^2}$ ② $-\dfrac{1}{2a^2}$

③ $-\dfrac{1}{2\pi a}$ ④ $-\dfrac{1}{4\pi a}$

풀이

무한 평면도체상의 기준 원점으로부터 거리 a[m]인 곳에 있는 점전하 Q[C]에 의해 유도되는 전하밀도 σ는

$\sigma = -D = -\epsilon_0 E = -\dfrac{Q\cdot a}{2\pi(a^2+y^2)^{3/2}}$[C/m²]

이다.

$y=0$일 때 최대, $y=\infty$일 때 최소가 되므로
- 최대전하밀도
$$\sigma_{\max} = [\sigma]_{y=0} = -\frac{Q}{2\pi a^2}[C/m^2]$$
- 최소전하밀도
$$\sigma_{\min} = [\sigma]_{y=\infty} = 0[C/m^2]$$
따라서 최대전하밀도
$$\sigma_{\max} = -\frac{Q}{2\pi a^2} = -\frac{2\pi}{2\pi a^2} = -\frac{1}{a^2}[C/m^2]$$ 답 ①

12 강자성체가 아닌 것은?
① 철(Fe)   ② 니켈(Ni)
③ 백금(Pt) ④ 코발트(Co)

풀이
- 강자성체 : 철(Fe), 니켈(Ni), 코발트(Co)
- 상자성체 : 알루미늄(Al), 망간(Mn), 백금(Pt), 텅스텐(W), 주석(Sn), 산소(O_2), 질소(N_2) 등
- 반자성체 : 비스무트(Bi), 구리(Cu), 탄소(C), 규소(Si), 은(Ag), 납(Pb) 등
답 ③

13 온도 0[℃]에서 저항이 $R_1[\Omega]$, $R_2[\Omega]$, 저항온도계수가 α_1, α_2[1/℃]인 두 개의 저항선을 직렬로 접속하는 경우, 그 합성저항 온도계수는 몇 [1/℃]인가?

① $\dfrac{\alpha_1 R_2}{R_1+R_2}$ ② $\dfrac{\alpha_1 R_1 + \alpha_2 R_2}{R_1+R_2}$

③ $\dfrac{\alpha_1 R_1 - \alpha_2 R_2}{R_1+R_2}$ ④ $\dfrac{\alpha_1 R_2 + \alpha_2 R_1}{R_1+R_2}$

풀이 $\alpha_1 R_1 + \alpha_2 R_2 = \alpha_t(R_1+R_2)$
$$\therefore \alpha_t = \frac{\alpha_1 R_1 + \alpha_2 R_2}{R_1+R_2}$$
답 ②

14 평행판 콘덴서에서 전극 간에 V[V]의 전위차를 가할 때, 전계의 강도가 공기의 절연내력 E[V/m]를 넘지 않도록 하기 위한 콘덴서의 단위면적 당 최대용량은 몇 [F/m²]인가?

① $\epsilon_0 EV$ ② $\dfrac{\epsilon_0 E}{V}$

③ $\dfrac{\epsilon_0 V}{E}$ ④ $\dfrac{EV}{\epsilon_0}$

풀이 전위 $V=Ed$[V]이고,
정전용량 $C=\dfrac{\epsilon_0 S}{d}$[F]이므로
$$C = \frac{\epsilon_0 S}{d} = \frac{\epsilon_0 S}{\dfrac{V}{E}} = \frac{\epsilon_0 SE}{V}[F]$$
따라서 단위면적당 정전용량
$$C_0 = \frac{C}{S} = \frac{\dfrac{\epsilon_0 SE}{V}}{S} = \frac{\epsilon_0 E}{V}[F/m^2]$$
답 ②

15 그림과 같이 반지름 a[m], 중심간격 d[m], A에 $+\lambda$[C/m], B에 $-\lambda$[C/m]의 평행 원통도체가 있다. $d \gg a$라 할 때의 단위길이 당 정전용량은 약 몇 [F/m]인가?

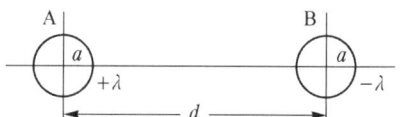

① $\dfrac{2\pi\epsilon_0}{\ln\dfrac{a}{d}}$ ② $\dfrac{\pi\epsilon_0}{\ln\dfrac{a}{d}}$

③ $\dfrac{2\pi\epsilon_0}{\ln\dfrac{d}{a}}$ ④ $\dfrac{\pi\epsilon_0}{\ln\dfrac{d}{a}}$

풀이 $C_{AB} = \dfrac{\pi\epsilon_0}{\ln\dfrac{d-a}{a}}$[F/m]

$d \gg a$일 때 $\ln\dfrac{d-a}{a} \fallingdotseq \ln\dfrac{d}{a}$로 되므로
$$\therefore C_{AB} = \frac{\pi\epsilon_0}{\ln\dfrac{d}{a}}[F/m]$$
답 ④

16 벡터 $A = 5r\sin\phi\, a_z$가 원기둥 좌표계로 주어졌다. 점(2, π, 0)에서의 $\nabla \times A$를 구한 값은?

① $5a_r$ ② $-5a_r$
③ $5a_\phi$ ④ $-5a_\phi$

풀이
$$\nabla \times \boldsymbol{A} = \frac{1}{r}\begin{vmatrix} a_r & a_\phi r & a_z \\ \frac{\partial}{\partial r} & \frac{\partial}{\partial \phi} & \frac{\partial}{\partial z} \\ A_r & rA_\phi & A_z \end{vmatrix} = \frac{1}{r}\begin{vmatrix} a_r & a_\phi r & a_z \\ \frac{\partial}{\partial r} & \frac{\partial}{\partial \phi} & \frac{\partial}{\partial z} \\ 0 & 0 & 5r\sin\phi \end{vmatrix}$$
$$= \frac{1}{r}\left\{\left(\frac{\partial}{\partial \phi}5r\sin\phi - 0\right)a_r \right.$$
$$\left. + \left(0 - \frac{\partial}{\partial r}5r\sin\phi\right)ra_\phi + (0-0)a_z\right\}$$
$$= \frac{1}{r}(5r\cos\phi\, a_r - 5r\sin\phi\, a_\phi)$$
$$= 5\cos\pi\, a_r - 5\sin\pi\, a_\phi = -5a_r$$
답 ②

17 두 종류의 금속으로 된 폐회로에 전류를 흘리면 양 접속점에서 한쪽은 온도가 올라가고 다른 쪽은 온도가 내려가는 현상을 무엇이라 하는가?

① 볼타(Volta) 효과
② 제벡(Seebeck) 효과
③ 펠티에(Peltier) 효과
④ 톰슨(Thomson) 효과

풀이
① 볼타 효과 : 도체와 도체 사이에 접촉 전기가 일어날 때 두 도체 사이에 전위차가 생기는 효과
② 제벡 효과 : 두 종류 금속 접속면에 온도차가 있으면 기전력이 발생하는 효과
③ 펠티에 효과 : 두 종류 금속 접속면에 전류를 흘리면 접속점에서 열의 흡수, 발생이 일어나는 효과
④ 톰슨 효과 : 동일한 금속 도선의 두 점간에 온도차를 주고, 고온 쪽에서 저온 쪽으로 전류를 흘리면 도선 속에서 열이 발생되거나 흡수가 일어나는 이러한 현상을 톰슨 효과라 한다.
답 ③

18 전자유도작용에서 벡터퍼텐셜을 A[Wb/m]라 할 때 유도되는 전계 E[V/m]는?

① $\frac{\partial \boldsymbol{A}}{\partial t}$
② $\int \boldsymbol{A}\, dt$
③ $-\frac{\partial \boldsymbol{A}}{\partial t}$
④ $-\int \boldsymbol{A}\, dt$

풀이 전자 유도 법칙에 의한 유도 기전력 e는
$$e = -\frac{d\phi}{dt} = -\frac{d}{dt}\int_S \boldsymbol{B}\cdot d\boldsymbol{S}$$
$$= -\int_S \frac{\partial \boldsymbol{B}}{\partial t}\cdot d\boldsymbol{S} \cdots ①$$
이다. $\boldsymbol{B} = \text{rot}\,\boldsymbol{A}$이므로 이것을 대입하고 stokes 정리를 적용하면
$$e = -\frac{d}{dt}\int_S \text{rot}\,\boldsymbol{A}\cdot d\boldsymbol{S}$$
$$= -\frac{\partial}{\partial t}\int_C \boldsymbol{A}\cdot dl \cdots ②$$
이 된다. 또 전위와 전계의 관계로부터 기전력과 전계는 다음과 같다.
$$e = \int_C \boldsymbol{E}\cdot dl \cdots ③$$
따라서 식 ②과 식 ③을 등식으로 놓으면
$$\int_C \boldsymbol{E}\cdot dl = -\int \frac{\partial \boldsymbol{A}}{\partial t}\cdot dl$$
$$\therefore \boldsymbol{E} = -\frac{\partial \boldsymbol{A}}{\partial t}$$
답 ③

19 비투자율 μ_s, 자속밀도 B[Wb/m²]인 자계 중에 있는 m[Wb]의 점자극이 받는 힘[N]은?

① $\frac{mB}{\mu_0}$
② $\frac{mB}{\mu_0 \mu_s}$
③ $\frac{mB}{\mu_s}$
④ $\frac{\mu_0 \mu_s}{mB}$

풀이 자계 중의 자극이 받는 힘은
$$F = mH\,[\text{N}],\ H = \frac{B}{\mu_0\mu_s}\,[\text{A/m}]에서$$
$$\therefore F = \frac{mB}{\mu_0\mu_s}\,[\text{N}]$$
답 ②

20 모든 전기장치를 접지시키는 근본적 이유는?

① 영상전하를 이용하기 때문에
② 지구는 전류가 잘 통하기 때문에
③ 편의상 지면의 전위를 무한대로 보기 때문에
④ 지구의 용량이 커서 전위가 거의 일정하기 때문에

풀이 지구는 정전용량이 크므로 많은 전하가 축적되어도 지구의 전위는 일정하다. 따라서 대지를 실용상 영전위로 한다.
답 ④

2과목 - 전력공학

21 단상 2선식에 비하여 단상 3선식의 특징으로 옳은 것은?

① 소요전선량이 많아야 한다.
② 중성선에는 반드시 퓨즈를 끼워야 한다.
③ 110[V] 부하 외에 220[V] 부하의 사용이 가능하다.
④ 전압 불평형을 줄이기 위하여 저압선의 말단에 전력용 콘덴서를 설치한다.

풀이 단상 3선식은 단상 2선식에 비해 다음과 같은 특징이 있다.
① 소요전선량이 적어도 된다.
② 중성선이 단선하면 불평형부하일 경우 부하 전압에 심한 불평형이 발생하므로 중성선에는 퓨즈를 삽입해서는 안된다.
③ 110[V] 부하 외에 220[V] 부하의 사용이 가능하다.
④ 전압 불평형을 줄이기 위한 대책으로서 저압선의 말단에 밸런서를 설치한다. **답** ③

22 정삼각형 배치의 선간거리가 5[m]이고, 전선의 지름이 1[cm]인 3상 가공 송전선의 1선의 정전용량은 약 몇 [μF/km]인가?

① 0.008 ② 0.016
③ 0.024 ④ 0.032

풀이 정전용량
$$C_w = \frac{0.02413}{\log_{10}\frac{D}{r}} = \frac{0.02413}{\log_{10}\frac{5}{0.5\times 10^{-2}}}$$
$= 0.008[\mu F/km]$ **답** ①

23 수력발전소의 취수 방법에 따른 분류로 틀린 것은?

① 댐식 ② 수로식
③ 역조정지식 ④ 유역변경식

풀이 낙차를 얻는 방법에 의한 분류
① **댐식** : 댐을 쌓아 인공적인 낙차를 이용하는 방식
② **수로식** : 경사가 급하고 굴곡된 곳을 짧은 수로로 연결함으로 높은 낙차를 얻는 방식
③ **댐 수로식** : 댐으로 얻어진 낙차와 하류부의 경사에 의한 낙차를 함께 이용하는 방식
④ **유역 변경식** : 인접해 있는 두 하천을 수로로 연결해서 그 낙차를 이용하는 방식 **답** ③

24 선로의 특성 임피던스에 관한 내용으로 옳은 것은?

① 선로의 길이에 관계없이 일정하다.
② 선로의 길이가 길어질수록 값이 커진다.
③ 선로의 길이가 길어질수록 값이 작아진다.
④ 선로의 길이보다는 부하전력에 따라 값이 변한다.

풀이 선로의 특성 임피던스 $Z_0 = \sqrt{\frac{L}{C}}$: 길이에 무관하다. **답** ①

25 송전선에 복도체를 사용할 때의 설명으로 틀린 것은?

① 코로나 손실이 경감된다.
② 안정도가 상승하고 송전용량이 증가한다.
③ 정전 반발력에 의한 전선의 진동이 감소된다.
④ 전선의 인덕턴스는 감소하고, 정전용량이 증가한다.

풀이 단도체 방식에 비해서 **복도체 방식의 특징**은
① 전선의 인덕턴스가 감소하고 정전용량이 증가되어 선로의 송전 용량이 증가하고 계통의 안정도를 증진시킨다.
② 전선 표면의 전위 경도가 저감되므로 코로나 임계전압을 높일 수 있고 코로나손, 코로나 잡음 등의 장해가 저감된다.
③ 모든 소도체에는 동일 방향으로 전류가 흐르므로 **흡인력**이 생긴다. **답** ③

26 화력발전소에서 증기 및 급수가 흐르는 순서는?
① 보일러 → 과열기 → 절탄기 → 터빈 → 복수기
② 보일러 → 절탄기 → 과열기 → 터빈 → 복수기
③ 절탄기 → 보일러 → 과열기 → 터빈 → 복수기
④ 절탄기 → 과열기 → 보일러 → 터빈 → 복수기

풀이 실제 기력발전소에 쓰이는 기본 사이클(Rankine cycle)은 다음과 같다.

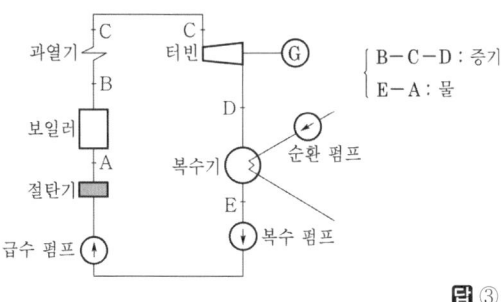

B-C-D : 증기
E-A : 물

답 ③

27 선간전압이 V[kV]이고, 1상의 대지정전용량이 C[μF], 주파수가 f[Hz]인 3상 3선식 1회선 송전선의 소호 리액터 접지방식에서 소호 리액터의 용량은 몇 [kVA]인가?

① $6\pi fCV^2 \times 10^{-3}$
② $3\pi fCV^2 \times 10^{-3}$
③ $2\pi fCV^2 \times 10^{-3}$
④ $\sqrt{3}\pi fCV^2 \times 10^{-3}$

풀이 3상 1회선 소호 리액터 용량
$P = 3EI = 3E \times 2\pi fCE = 6\pi fCE^2$ 에서
정전용량 C[μF], 선간전압 V[kV]이므로 단위를 고려하면
$P = 6\pi fC \times 10^{-6} \times \left(\dfrac{V}{\sqrt{3}}\right)^2 \times 10^6$ [VA]
$= 2\pi fCV^2$ [VA]
$= 2\pi fCV^2 \times 10^{-3}$ [kVA]

답 ③

28 중성점 비접지방식을 이용하는 것이 적당한 것은?
① 고전압 장거리
② 고전압 단거리
③ 저전압 장거리
④ 저전압 단거리

풀이 우리나라 송전선로의 중성점 비접지방식은 20~30 [kV] 정도의 전압이며, 저전압 단거리 송전선이나 배전선에 사용된다.

답 ④

29 수전단전압이 3300[V]이고, 전압강하율이 4[%]인 송전선의 송전단전압은 몇 [V]인가?
① 3395
② 3432
③ 3495
④ 5678

풀이 전압강하율 $\epsilon = \dfrac{e}{V_r} \times 100$[%]이므로
전압강하 $e = \epsilon \cdot V_r$ 이다.
따라서 송전단전압
$V_s = V_r + e = V_r + \epsilon \cdot V_r$
$= 3300 + 0.04 \times 3300 = 3432$[V]

답 ②

30 현수애자 4개를 1련으로 한 66[kV] 송전선로가 있다. 현수애자 1개의 절연저항은 1500[MΩ], 이 선로의 경간이 200[m]라면 선로 1[km]당의 누설컨덕턴스는 몇 [℧]인가?

① 0.83×10^{-9}
② 0.83×10^{-6}
③ 0.83×10^{-3}
④ 0.83×10^{-2}

풀이 현수애자 1련의 저항 (직렬 접속)
$r = 1500[MΩ] \times 4 = 6 \times 10^9 [Ω]$
표준 경간이 200[m]이고 1[km]당 현수애자는 5련이 설치되므로 (병렬접속)
$R = \dfrac{r}{n} = \dfrac{6}{5} \times 10^9 [Ω]$
누설 컨덕턴스
$G = \dfrac{1}{R} = \dfrac{5}{6} \times 10^{-9} [℧]$
$= 0.83 \times 10^{-9} [℧]$

답 ①

31 변압기의 손실 중 철손의 감소 대책이 아닌 것은?
① 자속밀도의 감소
② 권선의 단면적 증가
③ 아몰퍼스 변압기의 채용
④ 고배향성 규소 강판 사용

풀이 철손은 고정손이므로 권선의 단면적이 증가하면 손실이 더 증가하게 된다.

답 ②

32 변압기 내부고장에 대한 보호용으로 현재 가장 많이 쓰이고 있는 계전기는?

① 주파수 계전기
② 전압차동 계전기
③ 비율차동 계전기
④ 방향 거리계전기

풀이 비율차동계전기는 변압기 내부고장에 대한 보호장치로 변압기 1차 전류와 2차 전류의 차전류가 일정 비율 이상으로 되면 동작하는 계전기이다. **답** ③

33 그림과 같은 전선로의 단락용량은 약 몇 [MVA]인가? (단, 그림의 수치는 10000[kVA]를 기준으로 한 %리액턴스를 나타낸다.)

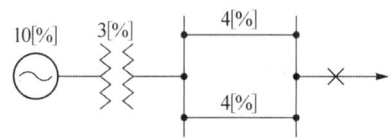

① 33.7
② 66.7
③ 99.7
④ 132.7

풀이 단락점까지의 합성 %리액턴스는

$$\%X = \%X_G + \%X_T + \frac{\%X_l \times \%X_l}{\%X_l + \%X_l}$$

$$= 10 + 3 + \frac{4 \times 4}{4+4} = 15[\%]$$

(여기서, $\%X_G$: 발전기 %리액턴스, $\%X_T$: 변압기 %리액턴스, $\%X_l$: 선로의 %리액턴스)

따라서 단락용량

$$P_s = \frac{100}{\%X}P_n = \frac{100}{15} \times 10000 \times 10^{-5}$$
$$\fallingdotseq 66.7 \text{ [MVA]}$$ **답** ②

34 영상변류기를 사용하는 계전기는?

① 지락계전기
② 차동계전기
③ 과전류계전기
④ 과전압계전기

풀이 **영상변류기**(ZCT) : 지락사고시 지락전류(영상전류)를 검출하는 것으로 **지락계전기와 조합**하여 차단기를 차단시킨다. **답** ①

35 전선의 지지점 높이가 31[m]이고, 전선의 이도가 9[m]라면 전선의 평균 높이는 몇 [m]인가?

① 25.0
② 26.5
③ 28.5
④ 30.0

풀이 $h = h' - \frac{2}{3}D = 31 - \frac{2}{3} \times 9 = 25[m]$

(단, h : 전선의 평균 높이,
h' : 지지점의 높이, D : 이도) **답** ①

36 초고압용 차단기에서 개폐저항을 사용하는 이유는?

① 차단전류 감소
② 이상전압 감쇄
③ 차단속도 증진
④ 차단전류의 역률개선

풀이 차단기 개폐시에 재점호로 인하여 **개폐 서지 이상전압이 발생**된다. 이것을 낮추고 절연내력을 높일 수 있게 하기 위해 차단기 접촉자간에 병렬 임피던스로서 저항을 삽입하는데 이것을 **개폐저항기**라고 한다. **답** ②

37 전력계통 안정도는 외란의 종류에 따라 구분되는데, 송전선로에서의 고장, 발전기 탈락과 같은 큰 외란에 대한 전력계통의 동기운전 가능 여부로 판정되는 안정도는?

① 과도안정도
② 정태안정도
③ 전압안정도
④ 미소신호안정도

풀이 안정도의 종류
① 정태 안정도(static stability) : 송전 계통이 불변 부하 또는 극히 서서히 증가하는 부하에 대하여 계속적으로 송전할 수 있는 능력을 정태 안정도로 하고, 안정도를 유지할 수 있는 극한의 송전 전력을 정태 안정 극한 전력이라고 한다.
② 과도 안정도(transient stability) : 계통에 갑자기 고장 사고와 같은 **급격한 외란이 발생**하였을 때에도 탈조하지 않고 **새로운 평형 상태를 회복**하여 송전을 계속할 수 있는 능력을 과도 안정도라 하고 이 경우의 극한 전력을 과도 안정 극한 전력이라고 한다.

③ 동태 안정도(dynamic stability) : 고속 자동 전압조정기로 동기기의 여자전류를 제어 할 경우의 정태 안정도를 특히 동태 안정도라 한다. 답 ①

38 역률개선에 의한 배전계통의 효과가 아닌 것은?

① 전력손실 감소
② 전압강하 감소
③ 변압기용량 감소
④ 전선의 표피효과 감소

풀이) 배전선로의 역률 개선 효과
① 전력손실 경감
② 전압강하 경감
③ 설비용량의 여유분 증가
④ 전력요금의 절약   답 ④

39 원자력 발전의 특징이 아닌 것은?

① 건설비와 연료비가 높다.
② 설비는 국내 관련 사업을 발전시킨다.
③ 수송 및 저장이 용이하여 비용이 절감된다.
④ 방사선 측정기, 폐기물 처리 장치 등이 필요하다.

풀이) 원자력 발전의 특징
① 건설비는 높지만 연료비가 적다.
② 대기나 수질 토양 오염이 없는 깨끗한 에너지
③ 연료의 수송 및 저장의 용이와 비용절감
④ 설비는 국내 관련 사업을 발전시킨다.
※ 수송 및 저장이 용이하여 비용이 절감되는 것은 연료에 대한 사항으로, 보기항 ③에서 대상물을 정확히 지정해주지 않아 답이 달리 해석될 수 있으므로 보기항 ③ 또한 답으로 인정됨   답 ①, ③

40 최대 전력의 발생시각 또는 발생시기의 분산을 나타내는 지표는?

① 부등률   ② 부하율
③ 수용률   ④ 전일효율

풀이) • 수용률 : 수요를 상정할 경우 사용

• 부등률 : 최대 전력의 발생시각 또는 발생 시기의 분산을 나타내는 지표로 사용
• 부하율 : 일정 기간 중 부하 변동의 정도를 나타내는 것으로서 그 전기설비가 얼마만큼 유효하게 이용되고 있는가 하는 정도를 파악하는 데 사용   답 ①

3과목 - 전기기기

41 3상 Y결선, 30[kW], 460[V], 60[Hz] 정격인 유도전동기의 시험 결과가 다음과 같다. 이 전동기의 무부하 시 1상당 동손은 약 몇 [W]인가? (단, 소수점 이하는 무시한다.)

| 무부하 시험 : 인가전압 460[V], 전류 32[A] |
| 소비전력 : 4600[W] |
| 직류시험 : 인가전압 12[V], 전류 60[A] |

① 102   ② 104
③ 106   ④ 108

풀이)
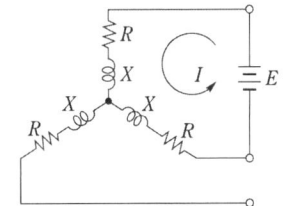

직류 전원하에서의 리액턴스는
단락(0)상태이므로 $I = \dfrac{E}{2R}$[A]이다.
그러므로 1상당 저항 R은
$R = \dfrac{E}{2I} = \dfrac{12}{2 \times 60} = 0.1[\Omega]$
따라서 무부하 시 1상당 동손 P_c는
$P_c = I^2 R = 32^2 \times 0.1 = 102.4[W]$ 답 ①

42 임피던스 강하가 4[%]인 변압기가 운전 중 단락되었을 때 그 단락전류는 정격전류의 몇 배인가?

① 15   ② 20
③ 25   ④ 30

[풀이] 단락전류
$$I_{1s} = \frac{100}{\%Z} I_{1n} = \frac{100}{4} \times I_{1n} = 25 I_{1n}$$
답 ③

43 3상 유도전동기의 특성에 관한 설명으로 옳은 것은?

① 최대토크는 슬립과 반비례한다.
② 기동 토크는 전압의 2승에 비례한다.
③ 최대토크는 2차 저항과 반비례한다.
④ 기동 토크는 전압의 2승에 반비례한다.

[풀이]
• 최대토크
$$T_m = K_0 \frac{E_2^2}{2x_2}(2\text{차 측 리액턴스에 반비례})$$
• 토크 $T \propto k\Phi I_2$ 에서
$\Phi \propto V_1$ 또는 $I_2 \propto V_1$ 이므로
∴ $T \propto k V_1^2$ (전압의 2승에 비례)
답 ②

44 3상 유도전동기의 속도제어법이 아닌 것은?

① 극수변환법   ② 1차 여자제어
③ 2차 저항제어   ④ 1차 주파수제어

[풀이] 유도전동기의 속도제어법
① 농형 유도전동기
 • 주파수를 바꾸는 방법
 • 극수를 바꾸는 방법
 • 전원전압을 바꾸는 방법
② 권선형 유도전동기
 • 2차 저항을 제어하는 방법
 • 2차 여자법 등이 있다.
답 ②

45 3상 유도전동기의 출력이 10[kW], 전부하 때의 슬립이 5[%]라 하면 2차 동손은 약 몇 [kW] 인가?

① 0.426   ② 0.526
③ 0.626   ④ 0.726

[풀이] 2차 입력
$$P_2 = \frac{P}{1-s} = \frac{10}{1-0.05} = 10.526[kW]$$
따라서 2차 동손
$P_{c2} = sP_2 = 0.05 \times 10.526 = 0.526[kW]$
답 ②

46 직류발전기의 전기자 권선법 중 단중 파권과 단중 중권을 비교했을 때 단중 파권에 해당하는 것은?

① 고전압 대전류   ② 저전압 소전류
③ 고전압 소전류   ④ 저전압 대전류

[풀이] 중권과 파권의 비교

구분	중권(병렬권)	파권(직렬권)
전기자의 병렬회로수(a)	$P(mP)$	$2(2m)$
브러시 수(b)	P	2
용도	저전압, 대전류	고전압, 소전류
균압접속	4극 이상이면 균압접속을 하여야 한다.	균압접속은 필요 없다.

여기서, m : 다중도
답 ③

47 일반적으로 전철이나 화학용과 같이 비교적 용량이 큰 수은 정류기용 변압기의 2차 측 결선방식으로 쓰이는 것은?

① 3상 반파   ② 3상 전파
③ 3상 크로스파 ④ 6상 2중 성형

[풀이] 수은 정류기의 직류측 전압은 맥동이 있으므로 맥동을 적게 하기 위하여 상수를 6상 또는 12상을 사용한다. 특히 대용량의 경우는 보통 6상식이 쓰인다.
답 ④

48 자기용량 3[kVA], 3000/100[V]의 단권변압기를 승압기로 연결하고 1차 측에 3000[V]를 가했을 때 그 부하용량[kVA]은?

① 76   ② 85
③ 93   ④ 94

[풀이]

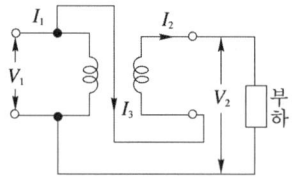

$V_2 = V_1 + \frac{100}{3000} V_1 = 3000 + \frac{100}{3000} \times 3000$
$= 3100[V]$

$$\frac{\text{자기 용량}}{\text{부하 용량}} = \frac{V_2 - V_1}{V_2}$$ 이므로

부하 용량 $= \dfrac{V_2}{V_2 - V_1} \times$ 자기 용량

$= \dfrac{3100}{3100 - 3000} \times 3 = 93 [\text{kVA}]$ 　답 ③

49 SCR에 관한 설명으로 틀린 것은?

① 3단자 소자이다.
② 전류는 애노드에서 캐소드로 흐른다.
③ 소형의 전력을 다루고 고주파 스위칭을 요구하는 응용분야에 주로 사용된다.
④ 도통 상태에서 순방향 애노드전류가 유지전류 이하로 되면 SCR은 차단상태로 된다.

풀이 ① SCR의 특징
  • 정류기능을 갖는 단일방향성 3단자 소자이다.
  • 전류가 흐르고 있을 때 양극의 전압강하가 작다.
  • 역률각 이하에서는 제어가 되지 않는다.
  • 전류는 애노드에서 캐소드로 흐른다.
  • 도통된 후 게이트 전류를 차단 시켜도 계속 도통 상태를 유지한다.
  • 도통상태에서 순방향 애노드 전류가 유지전류 이하로 되거나, 소자에 역전압이 걸려 흐르던 전류가 멈추면 소호된다.
② MOSFET
  (metal oxide silicon field effect transistor)
  트랜지스터는 베이스에 주입되는 전류로 제어되는 반면 MOSFET은 게이트와 소스 사이에 걸리는 전압으로 제어되며, 트랜지스터에 비해 스위칭 속도가 매우 빠른 이점이 있는 반면에 용량이 적어서 비교적 작은 전력 범위 내에서 적용된다. 　답 ③

50 직류분권전동기의 기동 시에는 계자저항기의 저항 값은 어떻게 설정하는가?

① 끊어 둔다.
② 최대로 해 둔다.
③ 0(영)으로 해 둔다.
④ 중위(中位)로 해 둔다.

풀이 계자전류
$$I_f = \frac{V}{R_f + R_{FR}} [\text{A}]$$
토크
$$\tau = K\phi I_a [\text{kg} \cdot \text{m}]$$
회전속도
$$N = K\frac{V - I_a R_a}{\phi} [\text{rpm}]$$

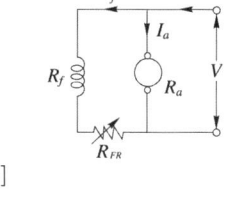

따라서 기동시 계자 저항을 최소로 하여 계자전류를 크게 하면 자속이 커지므로 기동 토크가 크게 되고 속도는 저속으로 된다. 　답 ③

51 공급전압이 일정하고 역률 1로 운전하고 있는 동기전동기의 여자전류를 증가시키면 어떻게 되는가?

① 역률은 뒤지고 전기자 전류는 감소한다.
② 역률은 뒤지고 전기자 전류는 증가한다.
③ 역률은 앞서고 전기자 전류는 감소한다.
④ 역률은 앞서고 전기자 전류는 증가한다.

풀이 동기전동기의 위상 특성 곡선(V곡선)에서 보는 바와 같이 여자전류를 증가시키면 역률은 앞서고 전기자 전류는 증가한다.

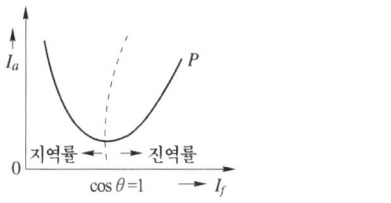

답 ④

52 동기발전기의 단락비나 동기임피던스를 산출하는데 필요한 특성곡선은?

① 부하 포화곡선과 3상 단락곡선
② 단상 단락곡선과 3상 단락곡선
③ 무부하 포화곡선과 3상 단락곡선
④ 무부하 포화곡선과 외부특성곡선

풀이

시험의 종류	측정항목
무부하 시험	철손, 기계손
단락 시험	동기임피던스, 동기리액턴스
무부하(포화) 시험, 단락 시험	단락비

답 ③

53 변압기의 내부고장에 대한 보호용으로 사용되는 계전기는 어느 것이 적당한가?

① 방향계전기 ② 온도계전기
③ 접지계전기 ④ 비율차동계전기

풀이 변압기 내부고장 검출용 보호계전기
① 차동 계전기(비율차동 계전기)
② 압력 계전기
③ 부흐홀쯔 계전기
④ 가스 검출 계전기   **답** ④

54 직류분권전동기 운전 중 계자권선의 저항이 증가할 때 회전속도는?

① 일정하다.   ② 감소한다.
③ 증가한다.   ④ 관계없다.

풀이 직류분권발전기에서 **계자저항이 증가하면**, 계자전류(여자전류)가 감소하여 **계자자속도 감소**하게 된다. 따라서 속도 $n = k\dfrac{V - I_a R_a}{\phi}$ 이므로 **자속(ϕ)이 감소**하면 **회전속도는 증가**한다.   **답** ③

55 동기기의 과도 안정도를 증가시키는 방법이 아닌 것은?

① 단락비를 크게 한다.
② 속응여자방식을 채용한다.
③ 회전부의 관성을 작게 한다.
④ 역상 및 영상임피던스를 크게 한다.

풀이 동기기의 안정도를 증진시키는 방법
① 정상 리액턴스를 작게하고 단락비를 크게 할 것
② 회전자의 플라이휠 효과를 크게 할 것
③ 자동 전압조정기(AVR)의 속응도를 크게 할 것. 즉, 속응여자방식을 채용한다.
④ 발전기의 조속기 동작을 신속히 할 것
⑤ 동기 탈조 계전기를 사용할 것   **답** ③

56 단상 반발 유도전동기에 대한 설명으로 옳은 것은?

① 역률은 반발기동형보다 나쁘다.
② 기동 토크는 반발기동형보다 크다.
③ 전부하 효율은 반발기동형보다 좋다.
④ 속도의 변화는 반발기동형보다 크다.

풀이 단상 반발 유도전동기
① 기동 토크는 반발 기동형보다 작다.
② 최대 토크는 반발 기동형보다 크다.
③ 부하에 의한 속도 변화는 반발 기동형보다 크다.
④ 역률은 반발 기동형보다 좋다.
⑤ 효율은 반발 기동형이 좋다.   **답** ④

57 2중 농형 유도전동기가 보통 농형 유도전동기에 비해서 다른 점은 무엇인가?

① 기동전류가 크고, 기동 토크도 크다.
② 기동전류가 적고, 기동 토크도 적다.
③ 기동전류는 적고, 기동 토크는 크다.
④ 기동전류는 크고, 기동 토크는 적다.

풀이 2중 농형 유도전동기는 저항이 크고 리액턴스가 작은 기동용 농형 권선(외측도체)과 저항이 작고 리액턴스가 큰 운전용 농형 권선(내측도체)을 가진 것으로 보통 농형에 비하여 기동전류가 작고 기동 토크가 크다.   **답** ③

58 직류전동기의 공급전압을 V[V], 자속을 ϕ[Wb], 전기자 전류를 I_a[A], 전기자저항을 R_a[Ω], 속도를 N[rpm]이라 할 때 속도의 관계식은 어떻게 되는가? (단, k는 상수이다.)

① $N = k\dfrac{V + I_a R_a}{\phi}$ ② $N = k\dfrac{V - I_a R_a}{\phi}$
③ $N = k\dfrac{\phi}{V + I_a R_a}$ ④ $N = k\dfrac{\phi}{V - I_a R_a}$

풀이 직류전동기속도 $N = k\dfrac{E_c}{\phi}$[rpm]이며,
역기전력 $E_c = V - I_a R_a$[V]이므로
$\therefore N = k\dfrac{V - I_a R_a}{\phi}$[rpm]이 된다.   **답** ②

59 유입식 변압기에 콘서베이터(conservator)를 설치하는 목적으로 옳은 것은?

① 충격 방지   ② 열화 방지
③ 통풍 장치   ④ 코로나 방지

풀이 콘서베이터는 변압기의 상부에 설치된 원통형의 유조(기름통)로서, 그 속에는 1/2 정도의 기름이 들어 있고

주변압기 외함 내의 기름과는 가는 파이프로 연결되어 있다. 변압기 부하의 변화에 따르는 호흡 작용에 의한 변압기 기름의 팽창, 수축이 콘서베이터의 상부에서 행하여지게 되므로 높은 온도의 기름이 직접 공기와 접촉하는 것을 방지하여 **기름의 열화를 방지**하는 것이다.

답 ②

60 3상 반파정류회로에서 직류전압의 파형은 전원전압 주파수의 몇 배의 교류분을 포함하는가?

① 1 ② 2
③ 3 ④ 6

풀이

정류 종류	단상 반파	단상 전파	3상 반파	3상 전파
맥동률[%]	121	48	17.7	4.04
정류 효율	40.5	81.1	96.7	99.8
맥동 주파수	f	$2f$	$3f$	$6f$

답 ③

4과목 - 회로이론

61 $e^{j\frac{2}{3}\pi}$ 와 같은 것은?

① $\frac{1}{2} - j\frac{\sqrt{3}}{2}$ ② $-\frac{1}{2} - j\frac{\sqrt{3}}{2}$
③ $-\frac{1}{2} + j\frac{\sqrt{3}}{2}$ ④ $\cos\frac{2}{3}\pi + \sin\frac{2}{3}\pi$

풀이
$$e^{j\frac{2}{3}\pi} = \cos\frac{2}{3}\pi + j\sin\frac{2}{3}\pi = -\frac{1}{2} + j\frac{\sqrt{3}}{2}$$

답 ③

62 100[V], 800[W], 역률 80[%]인 교류회로의 리액턴스는 몇 [Ω]인가?

① 6 ② 8
③ 10 ④ 12

풀이 $P = EI\cos\theta$ 에서

전류 $I = \dfrac{P}{E\cos\theta} = \dfrac{800}{100 \times 0.8} = 10$[A]

임피던스 $Z = \dfrac{E}{I} = \dfrac{100}{10} = 10$[Ω]

$\therefore X = Z\sin\theta = 10 \times \sqrt{1-0.8^2} = 6$[Ω]

답 ①

63 그림과 같은 π형 4단자 회로의 어드미턴스 상수 중 Y_{22}는 몇 [℧]인가?

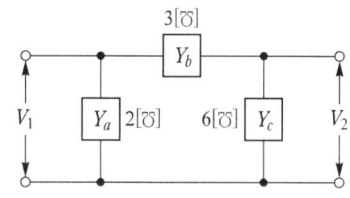

① 5 ② 6
③ 9 ④ 11

풀이
- $Y_{11} = \dfrac{I_1}{V_1}\bigg|_{V_2=0} = Y_a + Y_b$
- $Y_{12} = \dfrac{I_1}{V_2}\bigg|_{V_1=0} = \dfrac{-Y_b V_2}{V_2} = -Y_b$
- $Y_{21} = \dfrac{I_2}{V_1}\bigg|_{V_2=0} = \dfrac{-Y_b V_1}{V_1} = -Y_b$
- $Y_{22} = \dfrac{I_2}{V_2}\bigg|_{V_1=0} = Y_b + Y_c$

$\therefore Y_{22} = 3 + 6 = 9$[℧]

답 ③

64 불평형 3상 전류 $I_a = 15 + j2$[A], $I_b = -20 - j14$[A], $I_c = -3 + j10$[A]일 때 영상전류 I_0는 약 몇 [A]인가?

① $2.67 + j0.36$ ② $15.7 - j3.25$
③ $-1.91 + j6.24$ ④ $-2.67 - j0.67$

풀이
영상전류 $I_0 = \dfrac{1}{3}(I_a + I_b + I_c)$

$\therefore I_0 = \dfrac{1}{3}(15 + j2 - 20 - j14 - 3 + j10)$
$= \dfrac{1}{3}(-8 - j2)$
$= -2.67 - j0.67$[A]

답 ④

65 어떤 계에 임펄스 함수(δ함수)가 입력으로 가해졌을 때 시간함수 e^{-2t}가 출력으로 나타났다. 이 계의 전달함수는?

① $\dfrac{1}{s+2}$ ② $\dfrac{1}{s-2}$

③ $\dfrac{2}{s+2}$ ④ $\dfrac{2}{s-2}$

풀이
- 입력 $R(s) = \mathcal{L}[r(t)] = \mathcal{L}[\delta(t)] = 1$
- 출력 $C(s) = \mathcal{L}[c(t)] = \mathcal{L}[e^{-2t}] = \dfrac{1}{s+2}$

따라서 전달함수
$$G(s) = \dfrac{C(s)}{R(s)} = C(s) = \dfrac{1}{s+2}$$

답 ①

66 0.2[H]의 인덕터와 150[Ω]의 저항을 직렬로 접속하고 220[V] 상용교류를 인가하였다. 1시간 동안 소비된 전력량은 약 몇 [Wh]인가?

① 209.6   ② 226.4
③ 257.6   ④ 286.9

풀이 리액턴스
$$X_L = \omega L = 2\pi f L = 2\pi \times 60 \times 0.2 \fallingdotseq 75.4[\Omega]$$
전류
$$I = \dfrac{V}{Z} = \dfrac{V}{\sqrt{R^2+X_L^2}} = \dfrac{220}{\sqrt{150^2+75.4^2}}$$
$$\fallingdotseq 1.31[A]$$
$$\therefore W = P \cdot t = I^2 R \cdot t = 1.31^2 \times 150 \times 1$$
$$\fallingdotseq 257.6[Wh]$$

답 ③

67 어떤 제어계의 출력이 $C(s) = \dfrac{5}{s(s^2+s+2)}$로 주어질 때 출력의 시간함수 $c(t)$의 최종값은?

① 5   ② 2
③ $\dfrac{2}{5}$ ④ $\dfrac{5}{2}$

풀이 최종값 정리에 의해서
$$\lim_{t \to \infty} c(t) = \lim_{s \to 0} sC(s)$$
$$= \lim_{s \to 0} s \cdot \dfrac{5}{s(s^2+s+2)} = \dfrac{5}{2}$$

답 ④

68 $e = E_m \cos(100\pi t - \dfrac{\pi}{3})$[V]와

$i = I_m \sin(100\pi t + \dfrac{\pi}{4})$[A]의

위상차를 시간으로 나타내면 약 몇 초인가?

① 3.33×10^{-4} ② 4.33×10^{-4}
③ 6.33×10^{-4} ④ 8.33×10^{-4}

풀이
- $e = E_m \cos(100\pi t - \dfrac{\pi}{3})$
$= E_m \sin(100\pi t - \dfrac{\pi}{3} + \dfrac{\pi}{2})$
$= E_m \sin(100\pi t + \dfrac{\pi}{6})$ 이므로

e와 i의 위상차 $\theta = \dfrac{\pi}{4} - \dfrac{\pi}{6} = \dfrac{\pi}{12}$ 이다.

- $\theta = \omega t$ 에서 $t = \dfrac{\theta}{\omega}$ 이므로

$$\therefore t = \dfrac{\theta}{\omega} = \dfrac{\dfrac{\pi}{12}}{100\pi} = 8.33 \times 10^{-4}[sec]$$

답 ④

69 같은 저항 $r[\Omega]$ 6개를 사용하여 그림과 같이 결선하고 대칭 3상 전압 $V[V]$를 가하였을 때 흐르는 전류 I는 몇 [A]인가?

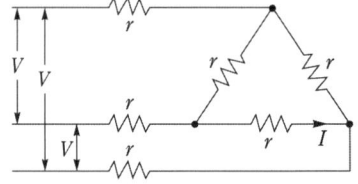

① $\dfrac{V}{2r}$ ② $\dfrac{V}{3r}$

③ $\dfrac{V}{4r}$ ④ $\dfrac{V}{5r}$

풀이 △를 Y로 환산하면 1상의 등가 저항 R은
$$R = \dfrac{r \times r}{r+r+r} = \dfrac{r^2}{3r} = \dfrac{r}{3}[\Omega]$$

선전류
$$I_l = \dfrac{\dfrac{V}{\sqrt{3}}}{r + \dfrac{r}{3}} = \dfrac{\sqrt{3}\,V}{4r}[A]$$

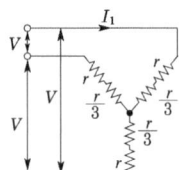

따라서 상전류
$$I = \dfrac{I_l}{\sqrt{3}} = \dfrac{V}{4r}[A]$$

답 ③

70 어떤 교류전동기의 명판에 역률 = 0.6, 소비전력 = 120[kW]로 표기되어 있다. 이 전동기의 무효전력은 몇 [kVar]인가?

① 80 ② 100
③ 140 ④ 160

풀이 피상전력 $P_a = \dfrac{P}{\cos\theta}$

무효율 $\sin\theta = \sqrt{1-\cos^2\theta}$ 이므로
무효전력

$Q = P_a \sin\theta = \dfrac{P}{\cos\theta} \times \sqrt{1-\cos^2\theta}$

$= \dfrac{120}{0.6} \times \sqrt{1-0.6^2} = 160[\text{kVar}]$ **답** ④

71 대칭 3상 전압이 있을 때 한 상의 Y전압 순시값
$e_p = 1000\sqrt{2}\sin\omega t + 500\sqrt{2}\sin(3\omega t + 20°)$
$\quad\quad + 100\sqrt{2}\sin(5\omega t + 30°)[\text{V}]$
이면 선간전압 E_l에 대한 상전압 E_p의 실효값 비율 $\left(\dfrac{E_p}{E_l}\right)$은 약 몇 [%]인가?

① 55 ② 64
③ 85 ④ 95

풀이 상전압의 실효값 E_p는
$E_p = \sqrt{E_1^2 + E_3^2 + E_5^2}$
$= \sqrt{1000^2 + 500^2 + 100^2} = 1122.5[\text{V}]$

선간전압에는 제3고조파분이 나타나지 않으므로 선간 전압의 실효값 E_l는
$E_l = \sqrt{3} \cdot \sqrt{E_1^2 + E_5^2}$
$= \sqrt{3} \cdot \sqrt{1000^2 + 100^2} = 1740.7[\text{V}]$

따라서 $\dfrac{E_p}{E_l} = \dfrac{1122.5}{1740.7} \times 100 ≒ 64[\%]$ **답** ②

72 대칭좌표법에서 사용되는 용어 중 각 상에 공통인 성분을 표시하는 것은?

① 영상분 ② 정상분
③ 역상분 ④ 공통분

풀이 ① 정상분 : 상순 a-b-c로 120°의 위상차를 갖는 전압
② 역상분 : 상순 a-c-b(정상분과 반대)로 120°의 위상차를 갖는 전압
③ 영상분 : 상별 크기가 같고 위상이 동상인 성분(각 상에 공통된 단상분) **답** ①

73 어느 저항에
$v_1 = 220\sqrt{2}\sin(2\pi \cdot 60t - 30°)[\text{V}]$와
$v_2 = 100\sqrt{2}\sin(3 \cdot 2\pi \cdot 60t - 30°)[\text{V}]$의
전압이 각각 걸릴 때의 설명으로 옳은 것은?

① v_1이 v_2보다 위상이 15° 앞선다.
② v_1이 v_2보다 위상이 15° 뒤진다.
③ v_1이 v_2보다 위상이 75° 앞선다.
④ v_1과 v_2의 위상관계는 의미가 없다.

풀이 v_1은 기본파, v_3는 제3고조파 성분이므로 위상관계는 의미가 없다. **답** ④

74 RLC 병렬 공진회로에 관한 설명 중 틀린 것은?

① R의 비중이 작을수록 Q가 높다.
② 공진 시 입력 어드미턴스는 매우 작아진다.
③ 공진 주파수 이하에서의 입력전류는 전압보다 위상이 뒤진다.
④ 공진 시 L 또는 C에 흐르는 전류는 입력 전류 크기의 Q배가 된다.

풀이 • 회로의 어드미턴스
$Y = \dfrac{1}{R} + \dfrac{1}{j\omega L} + j\omega C = \dfrac{1}{R} + j\left(\omega C - \dfrac{1}{\omega L}\right)$ 이므로
공진 조건은 $\omega C - \dfrac{1}{\omega L} = 0$ 이다.

• 전류 확대비
$Q = \dfrac{I_C}{I_r} = \dfrac{\omega CV}{\dfrac{V}{R}} = R\omega C \quad Q = \dfrac{I_L}{I_r} = \dfrac{\dfrac{V}{\omega L}}{\dfrac{V}{R}} = \dfrac{R}{\omega L}$

즉, R이 클수록 Q는 커진다.

• 공진 시 어드미턴스 $Y_r = \dfrac{1}{R}$이 되어 매우 작아진다.

• $\omega L - \dfrac{1}{\omega C} = 0$에서 $f < f_r$이면 $\dfrac{1}{\omega C} > \omega L$이 되어 유도성 회로가 된다.

따라서 입력전류는 전압보다 위상이 뒤진다.
(여기서 공진 주파수 $f_r = \dfrac{1}{2\pi\sqrt{LC}}$) 답 ①

75 대칭 5상 회로의 선간전압과 상전압의 위상차는?

① 27°   ② 36°
③ 54°   ④ 72°

풀이) 대칭 n상인 경우 기전력의 위상차는
$$\theta = \dfrac{\pi}{2}\left(1-\dfrac{2}{n}\right) = \dfrac{180°}{2}\left(1-\dfrac{2}{5}\right) = 90° \times \dfrac{3}{5}$$
$= 54°$ 답 ③

76 $\dfrac{s\sin\theta + \omega\cos\theta}{s^2+\omega^2}$ 의 역라플라스 변환을 구하면 어떻게 되는가?

① $\sin(\omega t - \theta)$ ② $\sin(\omega t + \theta)$
③ $\cos(\omega t - \theta)$ ④ $\cos(\omega t + \theta)$

풀이) $\mathcal{L}^{-1}\left[\dfrac{\omega}{s^2+\omega^2}\right] = \sin\omega t$, $\mathcal{L}^{-1}\left[\dfrac{s}{s^2+\omega^2}\right] = \cos\omega t$ 이므로
$$F(s) = \dfrac{s\sin\theta + \omega\cos\theta}{s^2+\omega^2}$$
$$= \dfrac{\omega}{s^2+\omega^2}\cos\theta + \dfrac{s}{s^2+\omega^2}\sin\theta$$
$\therefore f(t) = \mathcal{L}^{-1}[F(s)]$
$= \sin\omega t \cdot \cos\theta + \cos\omega t \cdot \sin\theta$
$= \sin(\omega t + \theta)$ 답 ②

77 대칭 3상 전압이 a상 V_a[V], b상 $V_b = a^2 V_a$[V], c상 $V_c = aV_a$[V]일 때 a상을 기준으로 한 대칭분전압 중 정상분 V_1[V]은 어떻게 표시되는가?
(단, $a = -\dfrac{1}{2} + j\dfrac{\sqrt{3}}{2}$이다.)

① 0   ② V_a
③ aV_a ④ $a^2 V_a$

풀이) $V_1 = \dfrac{1}{3}(V_a + aV_b + a^2 V_c) = \dfrac{1}{3}(V_a + a^3 V_a + a^3 V_a)$
$= \dfrac{V_a}{3}(1 + a^3 + a^3) = V_a$ $(\because a^3 = 1)$ 답 ②

78 그림에서 a, b 단자의 전압이 100[V], a, b에서 본 능동 회로망 N의 임피던스가 15[Ω]일 때, a, b 단자에 10[Ω]의 저항을 접속하면 a, b 사이에 흐르는 전류는 몇 [A]인가?

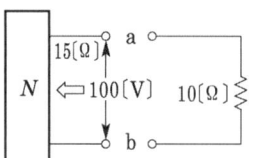

① 2   ② 4
③ 6   ④ 8

풀이) 테브난의 정리에 의해 $I = \dfrac{100}{15+10} = 4$[A]

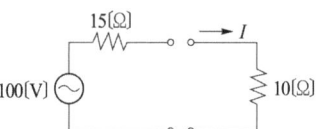

답 ②

79 전원이 Y결선, 부하가 △결선된 3상 대칭회로가 있다. 전원의 상전압이 220[V]이고 전원의 상전류가 10[A]일 경우, 부하 한 상의 임피던스[Ω]는?

① $22\sqrt{3}$ ② 22
③ $\dfrac{22}{\sqrt{3}}$ ④ 66

풀이)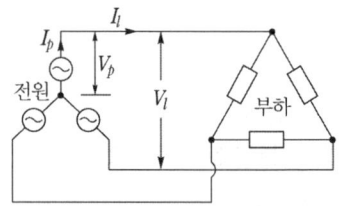

① 부하(△결선)의 상전압(V)은 전원(Y결선)의 선간전압(V_l)과 같으므로 부하에서의 상전압
$V = \sqrt{3}\,V_p = 220\sqrt{3}$[V]

② 부하(△결선)의 선전류(I_l)는 전원(Y결선)의 상전류 (I_p)와 같으므로 부하에서의 상전류
$$I = \frac{I_l}{\sqrt{3}} = \frac{10}{\sqrt{3}} [A]$$
따라서 부하 1상의 임피던스
$$Z = \frac{V}{I} = \frac{220\sqrt{3}}{\frac{10}{\sqrt{3}}} = 66 [\Omega]$$
답 ④

80 $\dfrac{dx(t)}{dt} + 3x(t) = 5$의 라플라스 변환 $X(s)$는? (단, $x(0^+) = 0$이다.)

① $\dfrac{5}{s+3}$ ② $\dfrac{3s}{s+5}$
③ $\dfrac{3}{s(s+5)}$ ④ $\dfrac{5}{s(s+3)}$

풀이 초기값을 0으로 하고 라플라스 변환하면
$\{sX(s) - x(0)\} + 3X(s) = \dfrac{5}{s}$
→ $(s+3)X(s) = \dfrac{5}{s}$
∴ $X(s) = \dfrac{5}{s(s+3)}$
답 ④

5과목 - 전기설비기술기준

81 사용전압이 22.9[kV]인 가공전선과 지지물 사이의 이격거리는 몇 [cm] 이상이어야 하는가?

① 5 ② 10
③ 15 ④ 20

풀이 333.5 특고압 가공전선과 지지물 등의 이격거리
특고압 가공전선과 그 지지물·완금류·지주 또는 지선 사이의 이격거리는 표에서 정한 값 이상이어야 한다. 다만, 기술상 부득이한 경우에 위험의 우려가 없도록 시설한 때에는 표에서 정한 값의 0.8배까지 감할 수 있다.

사용전압	이격거리[cm]
15[kV] 미만	15
15[kV] 이상 25[kV] 미만	20
25[kV] 이상 35[kV] 미만	25
60[kV] 이상 70[kV] 미만	40
130[kV] 이상 160[kV] 미만	90

답 ④

82 농사용 저압가공전선로의 시설에 대한 설명으로 틀린 것은?

① 전선로의 경간은 30[m] 이하일 것
② 목주의 굵기는 말구 지름이 9[cm] 이상일 것
③ 저압가공전선의 지표상 높이는 5[m] 이상일 것
④ 저압가공전선은 지름 2[mm] 이상의 경동선일 것

풀이 222.22 농사용 저압 가공전선로의 시설
가. 사용전압은 저압일 것.
나. 저압 가공전선은 인장강도 1.38[kN] 이상의 것 또는 지름 2[mm] 이상의 경동선일 것.
다. **저압 가공전선의 지표상의 높이는 3.5[m] 이상일 것.** 다만, 저압 가공전선을 사람이 쉽게 출입하지 못하는 곳에 시설하는 경우에는 3[m] 까지로 감할 수 있다.
라. 목주의 굵기는 말구 지름이 0.09[m] 이상일 것.
마. 전선로의 지지점 간 거리는 30[m] 이하일 것.
답 ③

83 수소 냉각식 발전기·조상기 또는 이에 부속하는 수소 냉각 장치의 시설방법으로 틀린 것은?

① 발전기안 또는 조상기안의 수소의 순도가 70[%] 이하로 저하한 경우에 경보장치를 시설할 것
② 발전기 또는 조상기는 기밀구조의 것이고 또한 수소가 대기압에서 폭발하는 경우 생기는 압력에 견디는 강도를 가지는 것일 것
③ 발전기안 또는 조상기안의 수소의 압력을 계측하는 장치 및 그 압력이 현저히 변동할 경우에 이를 경보하는 장치를 시설할 것
④ 발전기축의 밀봉부에는 질소 가스를 봉입할 수 있는 장치와 누설한 수소가스를 안전하게 외부에 방출할 수 있는 장치를 설치할 것

풀이 351.10 수소냉각식 발전기 등의 시설
수소냉각식의 발전기·조상기 또는 이에 부속하는 수소 냉각 장치는 발전기 내부 또는 조상기 내부의 **수소의 순도가 85[%] 이하로 저하한 경우에 이를 경보하는 장치를 시설할 것.**
답 ①

84 폭연성 분진 또는 화약류의 분말이 전기설비가 발화원이 되어 폭발할 우려가 있는 곳에 시설하는 저압 옥내배선의 공사방법으로 옳은 것은?

① 금속관공사
② 애자공사
③ 합성수지관공사
④ 캡타이어 케이블 공사

풀이 242.2.1 폭연성 분진 위험장소
폭연성 분진(마그네슘·알루미늄·티탄·지르코늄) 또는 **화약류**의 분말이 전기설비가 발화원이 되어 폭발할 우려가 있는 곳에 시설하는 저압 옥내배선, 저압 관등회로 배선, 소세력 회로의 전선은 **금속관공사 또는 케이블공사(캡타이어 케이블을 사용하는 것을 제외한다)**에 의할 것. **답** ①

85 전력계통의 운용에 관한 지시 및 급전조작을 하는 곳은?

① 급전소   ② 개폐소
③ 변전소   ④ 발전소

풀이 가. 급전소 : 전력계통의 운용에 관한 지시 및 급전조작을 하는 곳
나. 개폐소 : 개폐소 안에 시설한 개폐기 및 기타 장치에 의하여 전로를 개폐하는 곳으로서 발전소·변전소 및 수용장소 이외의 곳
다. 변전소 : 변전소의 밖으로부터 전송받은 전기를 변전소 안에 시설한 변압기·전동발전기·회전변류기·정류기 그 밖의 기계기구에 의하여 변성하는 곳으로서 변성한 전기를 다시 변전소 밖으로 전송하는 곳
라. 발전소 : 발전기·원동기·연료전지·태양전지·해양에너지발전설비·전기저장장치 그 밖의 기계기구를 시설하여 전기를 생산하는 곳 **답** ①

86 가공전선로의 지지물에 취급자가 오르고 내리는데 사용하는 발판 볼트 등은 지표상 몇 [m] 미만에 시설하여서는 아니 되는가?

① 1.2   ② 1.5
③ 1.8   ④ 2.0

풀이 331.4 가공전선로 지지물의 철탑오름 및 전주오름 방지
가공전선로의 지지물에 취급자가 오르고 내리는데 사용하는 발판 볼트 등을 지표상 1.8 [m] 미만에 시설하여서는 아니 된다. **답** ③

87 금속몰드공사에 대한 설명으로 틀린 것은?

① 몰드에는 접지공사를 하지 말 것
② 접속점을 쉽게 점검할 수 있도록 시설할 것
③ 황동제 또는 동제의 몰드는 폭이 5[cm] 이하, 두께 0.5[mm] 이상인 것일 것
④ 몰드 안의 전선을 외부로 인출하는 부분은 몰드의 관통 부분에서 전선이 손상될 우려가 없도록 시설할 것

풀이 232.22 금속몰드공사
가. 전선은 절연전선(옥외용 비닐절연 전선을 제외한다)일 것
나. 금속몰드 안에는 전선에 접속점이 없도록 할 것. 다만, 금속제 조인트 박스를 사용할 경우에는 접속할 수 있다.
다. 황동제 또는 동제의 몰드는 폭이 50[mm] 이하, 두께 0.5[mm] 이상
라. 몰드에는 규정에 준하여 접지공사를 할 것. **답** ①

88 그룹 2의 의료장소에 상용전원 공급이 중단될 경우 15초 이내에 최소 몇 [%]의 조명에 비상전원을 공급하여야 하는가?

① 30   ② 40
③ 50   ④ 60

풀이 242.10.5 의료장소내의 비상전원
상용전원 공급이 중단될 경우 의료행위에 중대한 지장을 초래할 우려가 있는 전기설비 및 의료용 전기기기에는 다음에 따라 비상전원을 공급하여야 한다.
가. 절환시간 0.5초 이내에 비상전원을 공급하는 장치 또는 기기
① 0.5초 이내에 전력공급이 필요한 생명유지장치
② 그룹 1 또는 그룹 2의 의료장소의 수술등, 내시경, 수술실 테이블, 기타 필수 조명
나. **절환시간 15초 이내에 비상전원을 공급하는 장치 또는 기기**
① 15초 이내에 전력공급이 필요한 생명유지장치
② **그룹 2의 의료장소에 최소 50[%]의 조명**, 그룹 1의 의료장소에 최소 1개의 조명
다. 절환시간 15초를 초과하여 비상전원을 공급하는 장치 또는 기기
① 병원기능을 유지하기 위한 기본 작업에 필요한 조명
② 그 밖의 병원 기능을 유지하기 위하여 중요한 기기 또는 설비 **답** ③

89
전선을 접속하는 경우 전선의 세기(인장하중)는 몇 [%] 이상 감소되지 않아야 하는가?

① 10　② 15　③ 20　④ 25

풀이 123 전선의 접속
전선을 접속하는 경우에는 전선의 전기저항을 증가시키지 아니하도록 접속 하여야 하며, 또한 다음에 따라야 한다.
가. 전선의 세기를 20[%] 이상 감소시키지 아니할 것.
나. 접속부분은 접속관 기타의 기구를 사용할 것.
다. 접속부분의 절연전선에 절연전선의 절연물과 동등 이상의 절연효력이 있는 것으로 충분히 피복할 것.

답 ③

90
고압 보안공사 시에 지지물로 A종 철근 콘크리트주를 사용할 경우 경간은 몇 [m] 이하이어야 하는가?

① 50　② 100　③ 150　④ 400

풀이 332.10 고압 보안공사
고압 보안공사는 다음에 따라야 한다.
가. 전선은 케이블인 경우 이외에는 인장강도 8.01[kN] 이상의 것 또는 지름 5[mm] 이상의 경동선일 것.
나. 목주의 풍압하중에 대한 안전율은 1.5 이상일 것.
다. 경간은 표에서 정한 값 이하일 것.

지지물의 종류	경간
목주·A종 철주 또는 A종 철근 콘크리트주	100[m] 이하
B종 철주 또는 B종 철근 콘크리트주	150[m] 이하
철탑	400[m] 이하

답 ②

91
154[kV] 가공전선을 사람이 쉽게 들어갈 수 없는 산지(山地)에 시설하는 경우 전선의 지표상 높이는 몇 [m] 이상으로 하여야 하는가?

① 5.0　② 5.5　③ 6.0　④ 6.5

풀이 333.7 특고압 가공전선의 높이

전압의 범위	일반 장소	도로 횡단	철도 또는 궤도횡단	횡단보도교
35[kV] 이하	5[m]	6[m]	6.5[m]	4[m](특고압 절연전선 또는 케이블 사용)
35[kV] 초과 160[kV] 이하	6[m]	6[m]	6.5[m]	5[m](케이블 사용)
	산지 등에서 사람이 쉽게 들어갈 수 없는 장소 : 5[m] 이상			
160[kV] 초과	일반장소		가공전선의 높이 = 6 + 단수 × 0.12[m]	
	철도 또는 궤도횡단		가공전선의 높이 = 6.5 + 단수 × 0.12[m]	
	산지		가공전선의 높이 = 5 + 단수 × 0.12[m]	

답 ①

92
조상기의 보호장치로서 내부고장 시에 자동적으로 전로로부터 차단되는 장치를 설치하여야 하는 조상기 용량은 몇 [kVA] 이상인가?

① 5000　② 7500　③ 10000　④ 15000

풀이 351.5 조상설비의 보호장치
조상 설비에는 그 내부에 고장이 생긴 경우에 보호하는 장치를 표와 같이 시설하여야 한다.

설비 종별	뱅크 용량의 구분	자동적으로 전로로부터 차단하는 장치
전력용 커패시터 및 분로리액터	500[kVA] 초과 15,000[kVA] 미만	• 내부에 고장이 생긴 경우 • 과전류가 생긴 경우
	15,000[kVA] 이상	• 내부에 고장이 생긴 경우 • 과전류가 생긴 경우 • 과전압이 생긴 경우
조상기 (調相機)	15,000[kVA] 이상	• 내부에 고장이 생긴 경우

답 ④

93
154[kV] 가공전선로를 제1종 특고압 보안공사에 의하여 시설하는 경우 사용전선의 단면적은 몇 [mm²] 이상의 경동선이어야 하는가?

① 35　② 50　③ 95　④ 150

풀이 333.22 특고압 보안공사
제1종 특고압 보안공사의 전선 굵기

사용전압	전 선
100[kV] 미만	인장강도 21.67[kN] 이상의 연선 또는 단면적 55[mm²] 이상의 경동연선
100[kV] 이상 300[kV] 미만	인장강도 58.84[kN] 이상의 연선 또는 단면적 150[mm²] 이상의 경동연선
300[kV] 이상	인장강도 77.47[kN] 이상의 연선 또는 단면적 200[mm²] 이상의 경동연선

답 ④

94 인가가 많이 연접되어 있는 장소에 시설하는 가공전선로의 구성재에 병종 풍압하중을 적용할 수 없는 경우는?

① 저압 또는 고압가공전선로의 지지물
② 저압 또는 고압가공전선로의 가섭선
③ 사용전압이 35[kV] 이상의 전선에 특고압 가공전선로에 사용하는 케이블 및 지지물
④ 사용전압이 35[kV] 이하의 전선에 특고압 절연전선을 사용하는 특고압가공전선로의 지지물

풀이 331.6 풍압하중의 종별과 적용
인가가 많이 연접되어 있는 장소에 시설하는 가공전선로의 구성재 중 다음의 풍압하중에 대하여는 규정에 불구하고 갑종 풍압하중 또는 을종 풍압하중 대신에 **병종 풍압하중을 적용**할 수 있다.
가. **저압 또는 고압 가공전선로의 지지물 또는 가섭선**
나. **사용전압이 35[kV] 이하의 전선에 특고압 절연전선 또는 케이블을 사용하는 특고압 가공전선로의 지지물, 가섭선 및 특고압 가공전선을 지지하는 애자장치 및 완금류**

답 ③

95 지선 시설에 관한 설명으로 틀린 것은?

① 지선의 안전율은 2.5 이상이어야 한다.
② 철탑은 지선을 사용하여 그 강도를 분담시켜야 한다.
③ 지선에 연선을 사용할 경우 소선 3가닥 이상의 연선이어야 한다.
④ 지선근가는 지선의 인장하중에 충분히 견디도록 시설하여야 한다.

풀이 331.11 지선의 시설
가. 가공전선로의 지지물로 사용하는 **철탑은 지선을 사용하여 그 강도를 분담시켜서는 안 된다.**
나. 지선의 안전율은 2.5 이상일 것. 이 경우에 허용 인장하중의 최저는 4.31[kN]으로 한다.
다. 지선에 연선을 사용할 경우에는 다음에 의할 것.
　① 소선 3가닥 이상의 연선일 것.
　② 소선의 지름이 2.6[mm] 이상의 금속선을 사용한 것일 것.
라. 지중부분 및 지표상 0.3[m]까지의 부분에는 내식성이 있는 것 또는 아연도금을 한 철봉을 사용하고 쉽게 부식되지 않는 근가에 견고하게 붙일 것.

답 ②

96 횡단보도교 위에 시설하는 경우 그 노면상 전력보안가공통신선의 높이는 몇 [m] 이상인가?

① 3　　② 4
③ 5　　④ 6

풀이 362.2 전력보안통신선의 시설 높이와 이격거리
전력 보안 가공통신선(이하 "가공통신선"이라 한다)의 높이는 다음을 따른다.

구 분		지상고	비고
도로 (차도)	일반적인 경우	5.0[m] 이상	
	교통에 지장을 안 주는 경우	4.5[m] 이상	
철도 또는 궤도 횡단 시		6.5[m] 이상	레일면상
횡단보도교 위		3.0[m] 이상	그 노면상
기타		3.5[m] 이상	

답 ①

97 전격살충기의 시설방법으로 틀린 것은?

① 전기용품안전 관리법의 적용을 받은 것을 설치한다.
② 전용개폐기를 가까운 곳에 쉽게 개폐할 수 있게 시설한다.
③ 전격격자가 지표상 3.5[m] 이상의 높이가 되도록 시설한다.
④ 전격격자와 다른 시설물 사이의 이격거리는 50[cm] 이상으로 한다.

풀이 241.7 전격살충기
전격살충기는 다음에 의하여 시설하여야 한다.
가. 전격살충기의 전격격자는 지표 또는 바닥에서 3.5[m] 이상의 높은 곳에 시설할 것. 다만, 2차측 개방

전압이 7[kV] 이하의 절연변압기를 사용하고 보호격자에 사람이 접촉될 경우 절연변압기의 1차측 전로를 자동적으로 차단하는 보호장치를 시설한 것은 지표 또는 바닥에서 1.8[m]까지 감할 수 있다.

나. 전격살충기의 전격격자와 다른 시설물(가공전선은 제외한다) 또는 식물과의 이격거리는 0.3[m] 이상일 것.

답 ④

98 옥내에 시설하는 사용전압 400[V] 이하의 이동전선으로 사용할 수 없는 전선은?

① 면절연전선
② 고무코드전선
③ 용접용 케이블
④ 고무절연 클로로프렌 캡타이어 케이블

풀이 234.3 코드 및 이동전선

가. 조명용 전원코드 또는 이동전선은 단면적 0.75[mm²] 이상의 코드 또는 캡타이어케이블을 용도에 따라서 선정하여야 한다.

나. 옥내에서 조명용 전원코드 또는 이동전선을 습기가 많은 장소에 시설할 경우에는 **고무코드**(사용전압이 400[V] 이하인 경우에 한함) 또는 **0.6/1[kV] EP 고무 절연 클로로프렌캡타이어케이블**로서 단면적이 0.75[mm²] 이상인 것이어야 한다.

답 ①

출제기준 변경 및 개정된 관계 법규에 따라 삭제된 문제가 있어 20문항이 안됩니다.

완벽대비 2019년 1회 전기산업기사필기

동일출판사 홈페이지에서 무료 동영상강의를 보실 수 있습니다.

1과목 - 전기자기

01 그림과 같은 동축 케이블에 유전체가 채워졌을 때의 정전용량[F]은? (단, 유전체의 비유전율은 ϵ_s이고 내반지름과 외반지름은 각각 a[m], b[m]이며 케이블의 길이는 l[m]이다.)

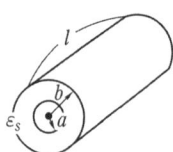

① $\dfrac{2\pi\epsilon_s l}{\ln\dfrac{b}{a}}$ ② $\dfrac{2\pi\epsilon_o\epsilon_s l}{\ln\dfrac{b}{a}}$

③ $\dfrac{\pi\epsilon_s l}{\ln\dfrac{b}{a}}$ ④ $\dfrac{\pi\epsilon_o\epsilon_s l}{\ln\dfrac{b}{a}}$

풀이
- 두 원통 도체 간 전계의 세기 $E=\dfrac{Q}{2\pi\epsilon r}$ [V/m]
- 도체 간 전위차
$V_{ab}=-\int_b^a E\cdot dr=\dfrac{Q}{2\pi\epsilon}\ln\dfrac{b}{a}$ [V]
- 단위 길이당 정전용량
$C_0=\dfrac{Q}{V_{ab}}=\dfrac{Q}{\dfrac{Q}{2\pi\epsilon}\ln\dfrac{b}{a}}=\dfrac{2\pi\epsilon}{\ln\dfrac{b}{a}}$ [F/m]

따라서 동축 케이블의 정전용량
$C=C_0 l=\dfrac{2\pi\epsilon_o\epsilon_s l}{\ln\dfrac{b}{a}}$ [F] **답** ②

02 두 벡터가 $A=2a_x+4a_y-3a_z$, $B=a_x-a_y$일 때 $A\times B$는?

① $6a_x-3a_y+3a_z$
② $-3a_x-3a_y-6a_z$
③ $6a_x+3a_y-3a_z$
④ $-3a_x+3a_y+6a_z$

풀이
$A\times B=\begin{vmatrix} a_x & a_y & a_z \\ 2 & 4 & -3 \\ 1 & -1 & 0 \end{vmatrix}=-3a_x-3a_y-6a_z$

답 ②

03 두 유전체가 접했을 때 $\dfrac{\tan\theta_1}{\tan\theta_2}=\dfrac{\epsilon_1}{\epsilon_2}$의 관계식에서 $\theta_1=0°$일 때의 표현으로 틀린 것은?

① 전속밀도는 불변이다.
② 전기력선은 굴절하지 않는다.
③ 전계는 불연속적으로 변한다.
④ 전기력선은 유전율이 큰 쪽에 모여진다.

풀이 유전율이 서로 다른 두 종류의 경계면에 전속과 전기력선이 수직($\theta_1=0°$)으로 도달할 때
① $\theta_1=\theta_2=0°$이므로 $D_1\cos\theta_1=D_2\cos\theta_2$에서 $\cos 0°=1$이므로 $D_1=D_2$, 즉 전속밀도는 불변(연속)이다.
② $E_1\sin\theta_1=E_2\sin\theta_2$에서 입사각 $\theta_1=0°$이므로 $0=E_2\sin\theta_2$에서 $E_2\neq 0$가 아닌 경우 $\sin\theta_2=0$가 되어야 하므로 $\theta_2=0$ 즉, 굴절하지 않는다.
③ $D_1=\epsilon_1 E_1$, $D_2=\epsilon_2 E_2$이므로 $D_1=D_2$인 경우 $\epsilon_1 E_1=\epsilon_2 E_2$가 성립하는데 $\epsilon_1\neq\epsilon_2$인 경우 $E_1\neq E_2$이다. 즉, 전계의 세기는 크기가 같지 않다. (불연속이다.)
④ 전기력선은 유전율이 작은 쪽으로 모인다. **답** ④

04 공기 중 임의의 점에서 자계의 세기(H)가 20 [AT/m]라면 자속밀도(B)는 약 몇 [Wb/m²]인가?

① 2.5×10^{-5} ② 3.5×10^{-5}
③ 4.5×10^{-5} ④ 5.5×10^{-5}

풀이 자속밀도
$B=\mu H=\mu_0\mu_s H=4\pi\times 10^{-7}\times 1\times 20$
$=2.5\times 10^{-5}$ **답** ①

05 전자석의 흡인력은 공극(air gap)의 자속밀도를 B라 할 때 다음의 어느 것에 비례하는가?

① B
② $B^{0.5}$
③ $B^{1.6}$
④ $B^{2.0}$

풀이

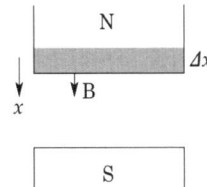

그림의 N 극의 강자성체를 $\triangle x$ 움직일 때의 에너지의 증가 $\triangle W$는(가상변위의 원리)

$\triangle W = \dfrac{1}{2\mu}B^2 \triangle x S - \dfrac{1}{2\mu_0}B^2 \triangle x S$

$F_x = -\dfrac{\triangle W}{\triangle x} = \left(\dfrac{B^2}{2\mu_0} - \dfrac{B^2}{2\mu}\right)S[N]$

위의 식에서 $\dfrac{B^2}{2\mu_0} \gg \dfrac{B^2}{2\mu}$ 이다.

(∵ 강자성체에서는 $\mu_0 \ll \mu$)

∴ $F_x = \dfrac{B^2}{2\mu_0}S[N]$ (흡인력)

또, S 극의 강자성체에도 같은 크기의 흡인력이 작용한다.

답 ④

06 그림과 같이 평행한 두 개의 무한 직선도선에 전류가 각각 I, $2I$인 전류가 흐른다. 두 도선 사이의 점 P에서 자계의 세기가 0 이다. 이때 $\dfrac{a}{b}$는?

① 4
② 2
③ $\dfrac{1}{2}$
④ $\dfrac{1}{4}$

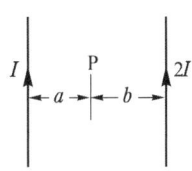

풀이 I와 $2I$ 도선에 의한 자계의 방향은 서로 반대이므로 크기가 같으면 $H = 0$이 된다.

I 도선에 의한 자계 $H_I = \dfrac{I}{2\pi a}$[AT/m]

$2I$ 도선에 의한 자계 $H_{2I} = \dfrac{2I}{2\pi b}$[AT/m]

$H_I = H_{2I}$ 이므로 $\dfrac{I}{2\pi a} = \dfrac{2I}{2\pi b}$

∴ $\dfrac{a}{b} = \dfrac{1}{2}$

답 ③

07 감자율(Demagnetization factor)이 "0"인 자성체로 가장 알맞은 것은?

① 환상 솔레노이드
② 굵고 짧은 막대 자성체
③ 가늘고 긴 막대 자성체
④ 가늘고 짧은 막대 자성체

풀이
- 감자력은 자화의 세기에 비례하며, 이때 비례 상수를 감자율이라 한다.
- 잘려진 극이 존재하지 않으면 **감자율이 0**이 되는데, **환상 솔레노이드**(toroid)가 무단(無端) 철심이므로 이에 해당한다.
- 환상 솔레노이드를 제외하면 가늘고 긴 막대 자성체가 자계와 평행으로 놓여 있을 때 감자율이 거의 0에 가깝다.
- 가늘고 긴 막대 자성체가 자계와 직각으로 놓여 있을 때는 감자율이 거의 1로 가장 크다.
- 구(球)인 경우 감자율 $N = \dfrac{1}{3}$ 이다.

답 ①

08 질량이 m[kg]인 작은 물체가 전하 Q[C]를 가지고 중력 방향과 직각인 무한도체평면 아래쪽 d[m]의 거리에 놓여있다. 정전력이 중력과 같게 되는데 필요한 Q[C]의 크기는?

① $d\sqrt{\pi\epsilon_o mg}$
② $\dfrac{d}{2}\sqrt{\pi\epsilon_o mg}$
③ $2d\sqrt{\pi\epsilon_o mg}$
④ $4d\sqrt{\pi\epsilon_o mg}$

풀이

$F = \dfrac{Q^2}{4\pi\epsilon_0 r^2} = \dfrac{Q^2}{4\pi\epsilon_0(2d)^2}$

$= \dfrac{Q^2}{16\pi\epsilon_0 d^2} = mg$[N]

∴ $Q = \sqrt{16\pi\epsilon_0 d^2 mg}$
$= 4d\sqrt{\pi\epsilon_0 mg}$[C]

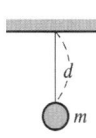

답 ④

09 극판의 면적 $S = 10[\text{cm}^2]$, 간격 $d = 1[\text{mm}]$의 평행판 콘덴서에 비유전율 $\epsilon_s = 3$인 유전체를 채웠을 때 전압 100[V]를 인가하면 축적되는 에너지는 약 몇 [J]인가?

① 0.3×10^{-7} ② 0.6×10^{-7}
③ 1.3×10^{-7} ④ 2.1×10^{-7}

풀이 평행판 콘덴서의 정전용량 C는
$$C = \frac{\epsilon_0 \epsilon_s S}{d} = \frac{8.855 \times 10^{-12} \times 3 \times 10 \times 10^{-4}}{10^{-3}}$$
$$= 2.6565 \times 10^{-11}[\text{F}]$$
따라서 축적되는 에너지 W는
$$W = \frac{1}{2}CV^2 = \frac{1}{2} \times 2.6565 \times 10^{-11} \times 100^2$$
$$= 1.3 \times 10^{-7}[\text{J}]$$
답 ③

10 자기 인덕턴스 0.5[H]의 코일에 1/200초 동안에 전류가 25[A]로부터 20[A]로 줄었다. 이 코일에 유기된 기전력의 크기 및 방향은?

① 50[V], 전류와 같은 방향
② 50[V], 전류와 반대 방향
③ 500[V], 전류와 같은 방향
④ 500[V], 전류와 반대 방향

풀이 ① 유기기전력의 크기
$$e = -L\frac{di}{dt} = -0.5 \times \frac{20-25}{\frac{1}{200}} = 500[\text{V}]$$
② 유기기전력의 방향
- 전류가 증가할 때는 전류와 반대 방향의 기전력이 유기되어 전류의 증가를 방해
- 전류가 감소할 때는 **전류방향과 동일 방향의 기전력이 유기되어 전류의 감소를 방해** **답** ③

11 어느 점전하에 의하여 생기는 전위를 처음 전위의 $\frac{1}{2}$이 되게 하려면 전하로부터의 거리를 어떻게 해야 하는가?

① $\frac{1}{2}$로 감소시킨다. ② $\frac{1}{\sqrt{2}}$로 감소시킨다.
③ 2배 증가시킨다. ④ $\sqrt{2}$배 증가시킨다.

풀이 $V = 9 \times 10^9 \frac{Q}{r}[\text{V}]$에서
전위(V)는 거리(r)에 반비례하므로
거리를 2배 증가시키면 전위는 $\frac{1}{2}$배가 된다. **답** ③

12 자계의 세기를 표시하는 단위가 아닌 것은?

① A/m ② Wb/m
③ N/Wb ④ AT/m

풀이 자계의 세기는 1[Wb]당의 작용력이므로
$$\left[\frac{\text{N}}{\text{Wb}}\right] = \left[\frac{\text{N}\cdot\text{m}}{\text{Wb}\cdot\text{m}}\right] = \left[\frac{\text{J/Wb}}{\text{m}}\right] = \left[\frac{\text{A}}{\text{m}}\right] = \left[\frac{\text{Wb}}{\text{H}\cdot\text{m}}\right]$$
답 ②

13 그림과 같이 면적 $S[\text{m}^2]$, 간격 $d[\text{m}]$인 극판 간에 유전율 ϵ, 저항률 ρ인 매질을 채웠을 때 극판간의 정전용량 C와 저항 R의 관계는? (단, 전극판의 저항률은 매우 작은 것으로 한다.)

① $R = \dfrac{\epsilon\rho}{C}$

② $R = \dfrac{C}{\epsilon\rho}$

③ $R = \epsilon\rho C$

④ $R = \dfrac{1}{\epsilon\rho C}$

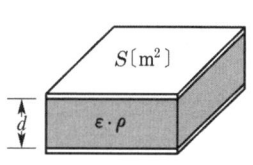

풀이 $RC = \rho\epsilon$에서 $R = \dfrac{\rho\epsilon}{C}[\Omega]$ **답** ①

14 철심환의 일부에 공극(air gap)을 만들어 철심부의 길이 $l[\text{m}]$, 단면적 $A[\text{m}^2]$, 비투자율이 μ_r이고 공극부의 길이 $\delta[\text{m}]$일 때 철심부에서 총권수 N회인 도선을 감아 전류 $I[\text{A}]$를 흘리면 자속이 누설되지 않는다고 하고 공극 내에 생기는 자계의 자속 $\phi_0[\text{Wb}]$는?

① $\dfrac{\mu_0 ANI}{\delta\mu_r + l}$ ② $\dfrac{\mu_0 ANI}{\delta + \mu_r l}$

③ $\dfrac{\mu_0\mu_r ANI}{\delta\mu_r + l}$ ④ $\dfrac{\mu_0\mu_r ANI}{\delta + \mu_r l}$

[풀이]
- 투자율 μ인 자기 저항 $R = \dfrac{l}{\mu A}$[AT/Wb]이다.
- 미소공극은 δ이므로 철심의 길이를 $l - \delta \fallingdotseq l$이라 하면 이때의 자기 저항 R_m은
  $$R_m = R_\delta + R_l = \dfrac{\delta}{\mu_0 A} + \dfrac{l}{\mu A}$$ 이므로
  자계의 자속
  $$\phi_0 = \dfrac{NI}{R_m} = \dfrac{NI}{\dfrac{\delta}{\mu_0 A} + \dfrac{l}{\mu A}} = \dfrac{\mu_0 \mu_r A N I}{\delta \mu_r + l}\text{[Wb]}$$ 답 ③

15 점전하 Q[C]와 무한평면도체에 대한 영상전하는?

① Q[C]와 같다.
② $-Q$[C]와 같다.
③ Q[C] 보다 크다.
④ Q[C] 보다 작다.

[풀이] 전기 영상법 : 무한 평면 도체는 전위가 0이므로 그 조건을 만족하는 **영상 전하**는 $-Q$ 이고, 거리는 $+Q$와 반대 방향으로 등거리이다.

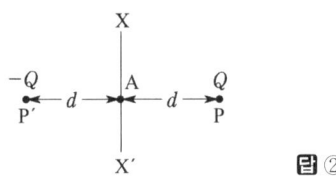

답 ②

16 전계의 세기 E, 자계의 세기가 H일 때 포인팅 벡터(P)는?

① $P = E \times H$
② $P = \dfrac{1}{2} E \times H$
③ $P = H \operatorname{curl} E$
④ $P = E \operatorname{curl} H$

[풀이] 평면 전자파는 E와 H가 수직이므로 이것을 벡터로 표시하면
$$P = E \times H \text{[W/m}^2\text{]}$$
가 되고 이 벡터를 포인팅(Poynting) 벡터, 또는 방사(radiation) 벡터라 한다.   답 ①

17 내구의 반지름이 6[cm], 외구의 반지름이 8[cm]인 동심구 콘덴서의 외구를 접지하고 내구에 전위 1800[V]를 가했을 경우 내구에 충전된 전기량은 몇 [C]인가?

① 2.8×10^{-8}
② 3.8×10^{-8}
③ 4.8×10^{-8}
④ 5.8×10^{-8}

[풀이] 전기량 $Q = \dfrac{4\pi\epsilon_0 V}{\dfrac{1}{a} - \dfrac{1}{b}} = \dfrac{\dfrac{1}{9 \times 10^9} \times 1800}{\dfrac{1}{6 \times 10^{-2}} - \dfrac{1}{8 \times 10^{-2}}}$
$= 4.8 \times 10^{-8}$[C]   답 ③

18 권선수가 N회인 코일에 전류 I[A]를 흘릴 경우, 코일에 ϕ[Wb]의 자속이 지나간다면 이 코일에 저장된 자계에너지[J]는?

① $\dfrac{1}{2} N\phi^2 I$
② $\dfrac{1}{2} N\phi I$
③ $\dfrac{1}{2} N^2 \phi I$
④ $\dfrac{1}{2} N\phi I^2$

[풀이] 자기 인덕턴스 $L = \dfrac{N\phi}{I}$ 이므로 $LI = N\phi$이다.
따라서 자계에너지
$$W = \dfrac{1}{2} LI^2 = \dfrac{1}{2} LI \cdot I = \dfrac{1}{2} N\phi I \text{[J]}$$ 답 ②

19 다음 중 인덕턴스의 공식이 옳은 것은? (단, N은 권수, I는 전류, l은 철심의 길이, R_m은 자기저항, μ는 투자율, S는 철심 단면적이다.)

① $\dfrac{NI}{R_m}$
② $\dfrac{N^2}{R_m}$
③ $\dfrac{\mu NS}{l}$
④ $\dfrac{\mu_o NIS}{l}$

[풀이]
- 자기회로의 옴의 법칙 $\phi = \dfrac{NI}{R_m}$[Wb]
- 자기저항 $R_m = \dfrac{l}{\mu S}$[AT/Wb]

따라서 인덕턴스
$$L = \dfrac{N\phi}{I} = \dfrac{N^2}{R_m} = \dfrac{\mu S N^2}{l}\text{[H]}$$ 답 ②

20 다음 중 ( )에 들어갈 내용으로 옳은 것은?

맥스웰은 전극 간의 유전체를 통하여 흐르는 전류를 해석하기 위해 (㉠)의 개념을 도입하였고, 이것도 (㉡)를 발생한다고 가정하였다.

① ㉠ 와전류, ㉡ 자계
② ㉠ 변위전류, ㉡ 자계
③ ㉠ 전자전류, ㉡ 전계
④ ㉠ 파동전류, ㉡ 전계

풀이
- 전도 전류 : 도체에 전장(기전력)을 가할 때 흐르는 전류 $J_c = \sigma E$
- 변위 전류 : 유전체(공기) 내에서 전속밀도의 시간적 변화에 의한 전류 $J_d = \dfrac{dD}{dt}$
- 변위 전류도 전도 전류와 같이 자계를 발생시킨다.

답 ②

2과목 - 전력공학

21 직렬 콘덴서를 선로에 삽입할 때의 현상으로 옳은 것은?

① 부하의 역률을 개선한다.
② 선로의 리액턴스가 증가된다.
③ 선로의 전압강하를 줄일 수 없다.
④ 계통의 정태안정도를 증가시킨다.

풀이 직렬 콘덴서의 장·단점
[장점]
① 유도 리액턴스를 보상하고 전압강하를 감소시킨다.
② 수전단의 전압변동률을 경감시킨다.
③ 최대 송전 전력이 증대하고 **정태 안정도가 증대**한다.
④ 부하역률이 나쁠수록 효과가 크다.
⑤ 용량이 작으므로 설비비가 저렴하다.
[단점]
① 단락고장 시 콘덴서 양단에 고전압이 걸린다.
② 무부하 변압기에 직렬 콘덴서를 투입하는 경우 선로 전류가 증대한다.
③ 고압 배전선에 설치하는 경우 자기 여자 현상이 일어날 경우가 있다.
④ 과보상이 되면 동기기에 난조가 생기거나 탈조하는 수가 있다.

답 ④

22 송전선로의 중성점을 접지하는 목적으로 가장 옳은 것은?

① 전압강하의 감소
② 유도장해의 감소
③ 전선 동량의 절약
④ 이상전압의 발생 방지

풀이 송전선로의 중성점접지의 목적
① **이상전압 발생 방지**
② 1선 지락 시 건전상 전압 상승 억제 및 기기나 선로의 절연 절감
③ 보호계전기 동작 확실
④ 소호 리액터 계통에서의 1선 지락 시 아크 소멸

답 ④

23 그림과 같은 3상 송전계통의 송전전압은 22 [kV]이다. 한 점 P에서 3상 단락했을 때 발전기에 흐르는 단락전류는 약 몇 [A]인가?

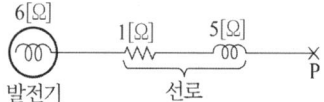

① 725
② 1150
③ 1990
④ 3725

풀이 임피던스
$Z = R + jX = 1 + j(6+5) = 1 + j11 [\Omega]$
따라서 단락전류
$I_s = \dfrac{E}{Z} = \dfrac{E}{\sqrt{R^2+X^2}} = \dfrac{\frac{22 \times 10^3}{\sqrt{3}}}{\sqrt{1^2+11^2}} ≒ 1150[A]$

답 ②

24 전력계통의 전력용 콘덴서와 직렬로 연결하는 리액터로 제거되는 고조파는?

① 제2고조파
② 제3고조파
③ 제4고조파
④ 제5고조파

풀이 송전선로에는 변압기의 유기기전력이 발생할 때에 생기는 기수 고조파가 존재하게 되는데, 제3고조파는 변압기의 △결선에서 제거되고 **제5고조파는 전력용 콘덴서에 직렬로 5[%] 가량의 리액터를 삽입하여 제거시킨다.** **답** ④

풀이 전력손실률 $h = \dfrac{P_l}{P} = \dfrac{RP}{V^2\cos^2\theta}$ 에서
㉮ 공급전력 $P \propto V^2 = 2^2 = 4$배
㉯ 선로 손실 $P_l \propto \dfrac{1}{V^2} = \dfrac{1}{2^2} = \dfrac{1}{4}$배 **답** ④

25 배전선로에서 사용하는 전압조정방법이 아닌 것은?

① 승압기 사용
② 병렬콘덴서 사용
③ 저전압계전기 사용
④ 주상변압기 탭 전환

풀이 배전선로 전압조정장치
① 주변압기 1차 측의 무부하 시(탭 변환 장치), 부하 시(탭 절환 장치)
② 정지형 전압조정기(SVR)
③ 유도전압조정기(IVR)
④ 병렬 콘덴서는 주로 역률 개선용으로 사용되지만 전압조정 효과도 있다. **답** ③

26 다음 중 뇌해방지와 관계가 없는 것은?

① 댐퍼
② 소호환
③ 가공지선
④ 탑각접지

풀이 뇌의 보호장치 및 기능
• 매설지선 : 탑각 접지저항을 낮추어 역섬락을 방지
• 가공지선 : 뇌의 차폐
• 소호각(소호환) : 애자련 보호
• 피뢰기 : 기기 보호
댐퍼는 선로의 진동 방지에 쓰인다. **답** ①

27 다음 ( )에 알맞은 내용으로 옳은 것은?
(단, 공급전력과 선로 손실률은 동일하다.)

> 선로의 전압을 2배로 승압할 경우, 공급전력은 승압 전의 (㉮)로 되고, 선로 손실은 승압 전의 (㉯)로 된다.

① ㉮ $\dfrac{1}{4}$, ㉯ 2배
② ㉮ $\dfrac{1}{4}$, ㉯ 4배
③ ㉮ 2배, ㉯ $\dfrac{1}{4}$
④ ㉮ 4배, ㉯ $\dfrac{1}{4}$

28 일반 회로정수가 A, B, C, D이고 송전단 상전압이 E_S인 경우, 무부하 시의 충전전류(송전단 전류)는?

① CE_S
② ACE_S
③ $\dfrac{C}{A}E_S$
④ $\dfrac{A}{C}E_S$

풀이 $E_S = AE_R + BI_R$ 에서 무부하($I_R=0$)이므로
$E_S = AE_R \rightarrow E_R = \dfrac{E_S}{A}$
$I_S = CE_R + DI_R$ 에서 무부하($I_R=0$)이므로
∴ $I_s = CE_R = \dfrac{C}{A}E_S$ **답** ③

29 주상변압기의 고장이 배전선로에 파급되는 것을 방지하고 변압기의 과부하 소손을 예방하기 위하여 사용되는 개폐기는?

① 리클로저
② 부하 개폐기
③ 컷아웃 스위치
④ 섹셔널라이저

풀이 ① 리클로저(recloser) :
배전선로에서 지락고장이나 단락고장 사고가 발생하였을 때 고장을 검출하여 선로를 차단한 후 일정시간이 경과하면 자동적으로 재투입 동작을 반복함으로써 순간 고장을 제거한다.
② 부하 개폐기 :
고장전류와 같은 대전류는 차단할 수 없지만 평상 운전시의 부하전류는 개폐할 수 있다.
③ **컷아웃 스위치(C.O.S) :**
주상변압기의 고장이 배전선로에 파급되는 것을 방지하고 변압기의 과부하 소손을 예방하고자 변압기 1차 측에 사용하는 보호장치
④ 섹셔널라이저(sectionalizer) :
고장전류를 차단할 수 있는 능력은 없으며, 선로의 무전압 상태에서 선로를 개방하여 고장 구간을 분리시킨다. **답** ③

30 중성점 저항접지방식에서 1선 지락 시의 영상전류를 I_0라고 할 때, 접지저항으로 흐르는 전류는?

① $\frac{1}{3}I_0$ ② $\sqrt{3}\,I_0$
③ $3I_0$ ④ $6I_0$

풀이 접지저항으로 흐르는 전류를 I_a라고 하고, 대칭좌표법과 발전기의 기본식을 이용하여 풀면

$$I_0 = I_1 = I_2 = \frac{E_a}{Z_0 + Z_1 + Z_2}$$

$$\therefore I_a = I_0 + I_1 + I_2 = 3I_0 = \frac{3E_a}{Z_0 + Z_1 + Z_2}$$

답 ③

31 변전소에서 수용가로 공급되는 전력을 차단하고 소내 기기를 점검할 경우, 차단기와 단로기의 개폐 조작 방법으로 옳은 것은?

① 점검 시에는 차단기로 부하회로를 끊고 난 다음에 단로기를 열어야 하며, 점검 후에는 단로기를 넣은 후 차단기를 넣어야 한다.
② 점검 시에는 단로기를 열고 난 후 차단기를 열어야 하며, 점검 후에는 단로기를 넣고 난 다음에 차단기로 부하회로를 연결하여야 한다.
③ 점검 시에는 차단기로 부하회로를 끊고 단로기를 열어야 하며, 점검 후에는 차단기로 부하회로를 연결한 후 단로기를 넣어야 한다.
④ 점검 시에는 단로기를 열고 난 후 차단기를 열어야 하며, 점검이 끝난 경우에는 차단기를 부하에 연결한 다음에 단로기를 넣어야 한다.

풀이 단로기는 부하전류를 개폐할 수 없으므로 **정전시에는 차단기로 부하전류를 차단 후 단로기를 조작하고 급전시에는 단로기를 조작 후 차단기를 닫아야** 한다.
답 ①

32 설비용량 600[kW], 부등률 1.2, 수용률 60[%]일 때의 합성 최대전력은 몇 [kW]인가?

① 240 ② 300
③ 432 ④ 833

풀이
- 최대 수용전력 = 설비용량 × 수용률 = $600 \times 0.6 = 360$[kW]
- 부등률 = $\frac{\text{개별 최대 수용전력의 합}}{\text{합성 최대 수용전력}}$ 에서

합성 최대 수용 전력 = $\frac{\text{개별 최대 수용전력의 합}}{\text{부등률}}$

$= \frac{360}{1.2} = 300$[kW] **답** ②

33 다음 보호계전기회로에서 박스 (A) 부분의 명칭은?

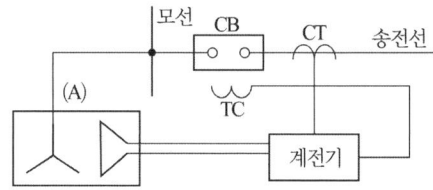

① 차단 코일 ② 영상변류기
③ 계기용 변류기 ④ 계기용 변압기

풀이 계기용 변압기(PT) : 고전압을 저전압으로 변성하여 계기나 계전기에 공급하기 위한 목적으로 사용되며 2차측 정격전압은 110[V]이다. **답** ④

34 단거리 송전선로에서 정상상태 유효전력의 크기는?

① 선로 리액턴스 및 전압위상차에 비례한다.
② 선로 리액턴스 및 전압위상차에 반비례한다.
③ 선로 리액턴스에 반비례하고 상차각에 비례한다.
④ 선로 리액턴스에 비례하고 상차각에 반비례한다.

풀이 송전전력 $P = \frac{V_s V_r}{X}\sin\delta$[MW]

여기서, V_s, V_r : 송수전단전압[kV]
δ : 송수전단전압의 위상차
X : 선로의 리액턴스[Ω] **답** ③

35 전력 원선도의 실수축과 허수축은 각각 어느 것을 나타내는가?

① 실수축은 전압이고, 허수축은 전류이다.
② 실수축은 전압이고, 허수축은 역률이다.
③ 실수축은 전류이고, 허수축은 유효전력이다.
④ 실수축은 유효전력이고, 허수축은 무효전력이다.

풀이 전력 원선도의 가로축은 유효전력을, 세로축은 무효전력을 나타낸다. 　답 ④

36 전선로의 지지물 양쪽의 경간의 차가 큰 장소에 사용되며, 일명 E형 철탑이라고도 하는 표준 철탑의 일종은?

① 직선형 철탑　② 내장형 철탑
③ 각도형 철탑　④ 인류형 철탑

풀이 333.11 특고압 가공전선로의 철주·철근 콘크리트주 또는 철탑의 종류
특고압 가공전선로의 지지물로 사용하는 B종 철근·B종 콘크리트주 또는 철탑의 종류는 다음과 같다.
가. 직선형 : 전선로의 직선 부분(3° 이하의 수평 각도 이루는 곳 포함)에 사용되는 것
나. 각도형 : 전선로 중 수평 각도 3°를 넘는 곳에 사용되는 것
다. 인류형 : 전 가섭선을 인류하는 곳에 사용하는 것
라. 내장형 : 전선로 지지물 양측의 경간차가 큰 곳에 사용하는 것
마. 보강형 : 전선로 직선 부분을 보강하기 위하여 사용하는 것　답 ②

37 수차발전기가 난조를 일으키는 원인은?

① 수차의 조속기가 예민하다.
② 수차의 속도변동률이 적다.
③ 발전기의 관성 모멘트가 크다.
④ 발전기의 자극에 제동권선이 있다.

풀이 난조 발생의 원인과 대책

원 인	대 책
원동기의 조속기 감도가 지나치게 예민한 경우	조속기를 적당히 조정
원동기의 토크에 고조파 토크가 포함된 경우	디젤 기관 등에 생기는 문제로 회전부의 플라이휠 효과를 적당히 선정
전기자 회로의 저항이 상당히 큰 경우	회로의 저항을 작게 하거나 리액턴스를 삽입
부하가 맥동할 때	회전부의 플라이휠 효과를 적당히 선정

답 ①

38 차단기가 전류를 차단할 때, 재점호가 일어나기 쉬운 차단전류는?

① 동상전류　② 지상전류
③ 진상전류　④ 단락전류

풀이 충전전류를 차단할 때 전류파의 0의 위치에서 소거된 아크가 재기전압에 의하여 극간에 다시 발생하는 것을 재점호라고 하며 이러한 재점호 전류는 콘덴서 C에 의한 진상전류에 의해 발생한다.　답 ③

39 배전선에 부하가 균등하게 분포되었을 때 배전선 말단에서의 전압강하는 전 부하가 집중적으로 배전선 말단에 연결되어 있을 때의 몇 [%]인가?

① 25　② 50
③ 75　④ 100

풀이 집중 부하와 분산 부하

구 분	전력손실	전압강하
말단에 집중 부하	$I^2 rL$	IrL
평등 분포 부하	$\frac{1}{3}I^2 rL$	$\frac{1}{2}IrL$

여기서, I : 전선의 전류
r : 전선 단위길이 당 저항
L : 전선의 길이　답 ②

40 송전선의 특성 임피던스를 Z_0, 전파속도를 V라 할 때, 이 송전선의 단위길이에 대한 인덕턴스 L은?

① $L = \dfrac{V}{Z_0}$　② $L = \dfrac{Z_0}{V}$
③ $L = \dfrac{Z_0^2}{V}$　④ $L = \sqrt{Z_0 V}$

풀이
- 파동 임피던스 $Z_0 = \sqrt{\dfrac{L}{C}}$
- 전파속도 $V = \sqrt{\dfrac{1}{LC}}$

$$\therefore \frac{Z_0}{V} = \sqrt{\frac{\frac{L}{C}}{\frac{1}{LC}}} = L$$

답 ②

3과목 - 전기기기

41 정격 150[kVA], 철손 1[kW], 전부하 동손이 4[kW]인 단상변압기의 최대 효율[%]과 최대효율 시의 부하[kVA]는? (단, 부하역률은 1이다.)

① 96.8[%], 125[kVA]
② 97[%], 50[kVA]
③ 97.2[%], 100[kVA]
④ 97.4[%], 75[kVA]

풀이 변압기 효율은 $m^2 P_c = P_i$일 때 최대이므로

$$m^2 \times 4 = 1 \rightarrow m = \sqrt{\frac{1}{4}} = \frac{1}{2}$$

즉, $150 \times \dfrac{1}{2} = 75[kVA]$에서 최대 효율이 된다.

따라서 최대효율 $\eta_m = \dfrac{75}{75 + 1 \times 2} \times 100 = 97.4[\%]$

답 ④

42 사이리스터에 의한 제어는 무엇을 제어하여 출력전압을 변환시키는가?

① 토크   ② 위상각
③ 회전수   ④ 주파수

풀이 반도체 사이리스터에 의한 제어는 정류 전압의 위상각을 제어한다.

답 ②

43 전동력 응용기기에서 GD^2의 값이 적은 것이 바람직한 기기는?

① 압연기   ② 송풍기
③ 냉동기   ④ 엘리베이터

풀이 엘리베이터용 전동기는 일반적으로 성능이 높은 신뢰도를 지니며 기동 토크가 큰 것이 요구된다. 또한 사용 빈도가 높으며, 마이너스 부하로부터 과부하까지 광범위하게 제어가 되어야 할 뿐만 아니라 기동전류와 전동기의 GD^2이 작아야 하고, 소음 및 속도와 회전력의 맥동이 없어야 한다.

답 ④

44 온도 측정장치 중 변압기의 권선온도 측정에 가장 적당한 것은?

① 탐지코일   ② dial온도계
③ 권선온도계   ④ 봉상온도계

풀이
- 유온계 : 유(oil)온 측정장치에는 봉상온도계, 다이얼 온도계(열전대식, 저항식, 측온체식) 등이 있다.
- 권선온도계 : 변압기의 상부 온도와 부하전류에 의한 권선의 온도를 측정한다.

답 ③

45 직류 및 교류 양용에 사용되는 만능 전동기는?

① 복권전동기   ② 유도전동기
③ 동기전동기   ④ 직권 정류자전동기

풀이 직류 직권전동기에 가해 주는 직류전압을 그림과 같이 바꿀 경우에도 자속과 전기자 전류의 방향이 동시에 모두 반대가 되므로 회전방향은 변하지 않는다.

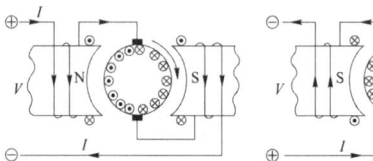

직·교류 양용 전동기의 원리

따라서 이 직류 직권전동기에 교류전압을 가해 주어도 전동기는 항상 같은 방향의 토크를 발생하고, 회전을 같은 방향으로 계속한다. 직·교류 양용 전동기는 이와 같은 원리를 이용한 전동기로서 단상 직권 정류자 전동기라고 한다.

답 ④

46 어떤 변압기의 백분율 저항강하가 2[%], 백분율 리액턴스 강하가 3[%]라 한다. 이 변압기로 역률(지역률)이 80[%]인 부하에 전력을 공급하고 있다. 이 변압기의 전압변동률은 몇 [%]인가?

① 2.4   ② 3.4
③ 3.8   ④ 4.0

풀이 뒤진 역률(지역률)이므로
전압변동률 $\epsilon = p\cos\theta + q\sin\theta$
$= 2 \times 0.8 + 3 \times 0.6 = 3.4[\%]$ 답 ②

47 어떤 IGBT의 열용량은 0.02[J/℃], 열저항은 0.625[℃/W]이다. 이 소자에 직류 25[A]가 흐를 때 전압강하는 3[V]이다. 몇 [℃]의 온도상승이 발생하는가?

① 1.5
② 1.7
③ 47
④ 52

풀이 열저항 $R_\theta = \dfrac{\Delta T}{P}$[℃/W]이므로
(여기서, ΔT : 온도상승범위[℃], P : 손실[W])
따라서
$\Delta T = R_\theta \times P = 0.625 \times 25 \times 3 ≒ 47[℃]$ 답 ③

48 직류전동기의 속도제어법 중 정지 워드 레오나드 방식에 관한 설명으로 틀린 것은?

① 광범위한 속도제어가 가능하다.
② 정토크 가변속도의 용도에 적합하다.
③ 제철용 압연기, 엘리베이터 등에 사용된다.
④ 직권전동기의 저항제어와 조합하여 사용한다.

풀이 정지 워드 레오나드 방식은 교류전원에서 SCR을 통해 변환된 직류를 위상제어에 의해 조정하여 단자전압이나 계자전류의 평균치를 변화시켜 속도를 제어한다. 즉 SCR과 조합하여 사용하는 방식이다.   답 ④

49 동기전동기에서 90° 앞선 전류가 흐를 때 전기자 반작용은?

① 감자작용
② 증자작용
③ 편자작용
④ 교차자화작용

풀이 동기전동기에서 전기자 전류 I_a의 위상은 공급전압 V에 대한 위상을 말하므로 전기자 반작용을 살펴보면 공급전압은 유기기전력과 반대 방향이 되어 발전기의 경우와 반대로 된다.

작 용	동기발전기	동기전동기
교차 자화작용 (횡축반작용)	I_a가 E와 동상인 경우	I_a가 V와 동상인 경우
감자 작용 (직축 반작용)	I_a가 E보다 $\pi/2$ 뒤지는 경우	I_a가 V보다 $\pi/2$ 앞서는 경우
증자 작용 (자화작용)	I_a가 E보다 $\pi/2$ 앞서는 경우	I_a가 V보다 $\pi/2$ 뒤지는 경우

답 ①

50 T-결선에 의하여 3300[V]의 3상으로부터 200[V], 40[kVA]의 전력을 얻는 경우 T좌 변압기의 권수비는 약 얼마인가?

① 10.2
② 11.7
③ 14.3
④ 16.5

풀이 주좌 변압기의 권수비를 a_M,
T좌 변압기의 권수비를 a_T라 하면
$a_T = a_M \times \dfrac{\sqrt{3}}{2} = \dfrac{3300}{200} \times \dfrac{\sqrt{3}}{2}$
$= 16.5 \times 0.866 = 14.3$ 답 ③

51 권수비 30인 단상변압기의 1차에 6600[V]를 공급하고, 2차에 40[kW], 뒤진 역률 80[%]의 부하를 걸 때 2차 전류 I_2 및 1차 전류 I_1은 약 몇 [A]인가? (단, 변압기의 손실은 무시한다.)

① $I_2 = 145.5$, $I_1 = 4.85$
② $I_2 = 181.8$, $I_1 = 6.06$
③ $I_2 = 227.3$, $I_1 = 7.58$
④ $I_2 = 321.3$, $I_1 = 10.28$

풀이 2차 전압 $V_2 = \dfrac{V_1}{a} = \dfrac{6600}{30} = 220[V]$
2차 전류 $I_2 = \dfrac{P}{V_2 \cos\theta} = \dfrac{40 \times 10^3}{220 \times 0.8} = 227.3[A]$
따라서 1차 전류 $I_1 = \dfrac{I_2}{a} = \dfrac{227.3}{30} = 7.58[A]$
답 ③

52 일정 전압으로 운전하는 직류전동기의 손실이 $x+yI^2$으로 될 때 어떤 전류에서 효율이 최대가 되는가? (단, x, y는 정수이다.)

① $I = \sqrt{\dfrac{x}{y}}$ ② $I = \sqrt{\dfrac{y}{x}}$
③ $I = \dfrac{x}{y}$ ④ $I = \dfrac{y}{x}$

풀이
- 손실 $x+yI^2$ 중에서 x는 부하전류에 관계없는 철손(고정손)이고, yI^2는 전류의 제곱에 비례하는 전부하 동손(가변손)이다.
- 최대 효율 조건은 고정손 = 가변손이므로 즉, $x = yI^2$이 되는 부하전류 $I = \sqrt{\dfrac{x}{y}}$에서 최대 효율이 된다. **답** ①

53 유도전동기 슬립 s의 범위는?

① $1 < s$ ② $s < -1$
③ $-1 < s < 0$ ④ $0 < s < 1$

풀이 슬립의 범위
- 유도전동기 : $0 < s < 1$
- 유도발전기 : $s < 0$
- 제동기 : $s > 1$ **답** ④

54 3상 동기발전기 각 상의 유기기전력 중 제3고조파를 제거하려면 코일간격/극간격을 어떻게 하면 되는가?

① 0.11 ② 0.33
③ 0.67 ④ 1.34

풀이
- 제n고조파에 대한 단절 계수(코일 간격/극 간격)
$K_{pn} = \sin\dfrac{n\beta\pi}{2}$ 이므로
제3고조파에 대한 단절 계수
$K_{p3} = \sin\dfrac{3\beta\pi}{2}$ 이다.
- $\sin\theta$의 값이 0이 되기 위해서는 $\theta = 0, \pi, 2\pi, \cdots$가 되어야 한다.
- $\dfrac{3\beta\pi}{2}(=\theta)$가 $0, \pi, 2\pi, \cdots$ 이 되기 위한 β는 $0, 0.67, 1.33, \cdots$ 이나 이 중에서 1보다 작고 가장 가까운 $\beta = 0.67$이 제일 적당하다. **답** ③

55 전기자 총 도체수 500, 6극, 중권의 직류전동기가 있다. 전기자 전 전류가 100[A]일 때의 발생 토크는 약 몇 [kg·m]인가? (단, 1극당 자속수는 0.01[Wb]이다.)

① 8.12 ② 9.54
③ 10.25 ④ 11.58

풀이
토크 $\tau = \dfrac{pZ\phi I_a}{2\pi a}$ [N·m] $\times \dfrac{1}{9.8}$ [kg·m]
$= \dfrac{6 \times 500 \times 0.01 \times 100}{2\pi \times 6} \times \dfrac{1}{9.8}$
$= 8.12$ [kg·m] **답** ①

56 3상 유도전동기의 토크와 출력에 대한 설명으로 옳은 것은?

① 속도에 관계가 없다.
② 동일 속도에서 발생한다.
③ 최대 출력은 최대 토크보다 고속도에서 발생한다.
④ 최대 토크가 최대 출력보다 고속도에서 발생한다.

풀이 속도 상승시 출력이 토크보다 나중에 최댓값에 도달하므로 최대 출력은 최대 토크보다 고속도에서 발생한다.

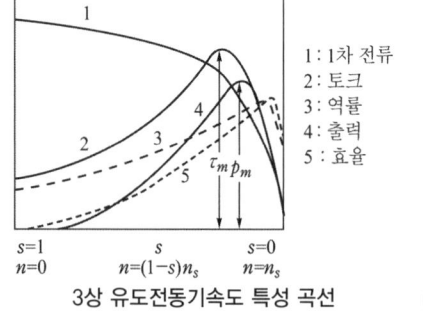

3상 유도전동기속도 특성 곡선 **답** ③

57 단자전압 220[V], 부하전류 48[A], 계자전류 2[A], 전기자저항 0.2[Ω]인 직류분권발전기의 유도기전력[V]은? (단, 전기자 반작용은 무시한다.)

① 210 ② 220
③ 230 ④ 240

풀이 유기기전력
$$E = V + I_a R_a = V + (I + I_f)R_a$$
$$= 220 + (48+2) \times 0.2 = 230[V]$$

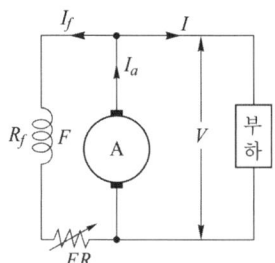

답 ③

58 200[kW], 200[V]의 직류분권발전기가 있다. 전기자 권선의 저항이 0.025[Ω]일 때 전압변동률은 몇 [%]인가?

① 6.0　　② 12.5
③ 20.5　　④ 25.0

풀이 무부하 단자전압 V_0는
$$V_0 = V_n + R_a I_a = 200 + 0.025 \times \frac{200 \times 10^3}{200}$$
$$= 225[V]$$
따라서 전압변동률
$$\epsilon = \frac{V_0 - V_n}{V_n} \times 100 = \frac{225 - 200}{200} \times 100$$
$$= 12.5[\%]$$
답 ②

59 동기발전기에서 전기자 전류를 I, 역률을 $\cos\theta$라 하면 횡축반작용을 하는 성분은?

① $I\cos\theta$　　② $I\cot\theta$
③ $I\sin\theta$　　④ $I\tan\theta$

풀이
- 유효분 $I\cos\theta$는 기전력과 같은 위상의 전류 성분으로서 횡축반작용을 한다.
- 무효분 $I\sin\theta$는 $\pi/2$[rad]만큼 뒤지거나 앞서기 때문에 직축 반작용을 한다.
답 ①

60 단상 유도전동기와 3상 유도전동기를 비교했을 때 단상 유도전동기의 특징에 해당되는 것은?

① 대용량이다.
② 중량이 작다.
③ 역률, 효율이 좋다.
④ 기동장치가 필요하다.

풀이 단상 유도전동기는 회전자계가 생기지 않기 때문에 정류자와 브러시를 도입하거나 반발 전동기 내에 분상형과 같은 보조권선의 수단에 의해서 **회전자계를 발생하는 기동장치가 필요하다**. 답 ④

4과목 - 회로이론

61 비정현파의 성분을 가장 옳게 나타낸 것은?

① 직류분 + 고조파
② 교류분 + 고조파
③ 교류분 + 기본파 + 고조파
④ 직류분 + 기본파 + 고조파

풀이 비정현파 교류 = 직류분 + 기본파 + 고조파　답 ④

62 다음과 같은 전류의 초기값 $i(0^+)$를 구하면?
$$I(s) = \frac{12(s+8)}{4s(s+6)}$$

① 1　　② 2
③ 3　　④ 4

풀이 초기값 정리에 의해
$$\lim_{t \to 0} i(t) = \lim_{s \to \infty} s \cdot I(s) = \lim_{s \to \infty} s \cdot \frac{12(s+8)}{4s(s+6)}$$
$$= \lim_{s \to \infty} \frac{12 + \frac{96}{s}}{4 + \frac{24}{s}} = 3$$
답 ③

63 대칭 n상 환상결선에서 선전류와 환상전류 사이의 위상차는 어떻게 되는가?

① $2\left(1 - \frac{2}{n}\right)$　　② $\frac{n}{2}\left(1 - \frac{\pi}{2}\right)$
③ $\frac{\pi}{2}\left(1 - \frac{n}{2}\right)$　　④ $\frac{\pi}{2}\left(1 - \frac{2}{n}\right)$

풀이
- 성형 결선 : 대칭 n상에서 선간전압은 상전압보다 $\frac{\pi}{2}\left(1 - \frac{2}{n}\right)$[rad]만큼 위상이 앞선다.

- 환상 결선 : 대칭 n상에서 선전류는 상전류보다 $\dfrac{\pi}{2}\left(1-\dfrac{2}{n}\right)$[rad]만큼 위상이 뒤진다. **답** ④

$$\therefore A = \dfrac{V_1}{V_2}\bigg|_{I_2=0} = \dfrac{V_1}{\dfrac{Z_2}{Z_2+Z_3}V_1} = \dfrac{Z_2+Z_3}{Z_2}$$

$$= 1 + \dfrac{Z_3}{Z_2}$$ **답** ②

64
V_a, V_b, V_c를 3상 불평형 전압이라 하면 정상(正相)전압[V]은? (단, $a = -\dfrac{1}{2} + j\dfrac{\sqrt{3}}{2}$이다.)

① $3(V_a + V_b + V_c)$
② $\dfrac{1}{3}(V_a + V_b + V_c)$
③ $\dfrac{1}{3}(V_a + a^2 V_b + a V_c)$
④ $\dfrac{1}{3}(V_a + a V_b + a^2 V_c)$

풀이
- 영상전압 $V_0 = \dfrac{1}{3}(V_a + V_b + V_c)$
- 정상 전압 $V_1 = \dfrac{1}{3}(V_a + a V_b + a^2 V_c)$
- 역상 전압 $V_2 = \dfrac{1}{3}(V_a + a^2 V_b + a V_c)$ **답** ④

66
$R = 1$[kΩ], $C = 1$[μF]가 직렬접속된 회로에 스텝(구형파)전압 10[V]를 인가하는 순간에 커패시터 C에 걸리는 최대 전압[V]은?

① 0   ② 3.72
③ 6.32   ④ 10

풀이 커패시터는 전압이 불연속적으로 급변할 수 없으므로 인가하는 순간의 전압은 0이 된다. **답** ①

67
저항 $R = 6$[Ω]과 유도리액턴스 $X_L = 8$[Ω]이 직렬로 접속된 회로에서 $v = 200\sqrt{2}\sin\omega t$[V]인 전압을 인가하였다. 이 회로의 소비되는 전력[kW]은?

① 1.2   ② 2.2
③ 2.4   ④ 3.2

풀이 RL 직렬회로에서 전류 $I = \dfrac{V}{Z} = \dfrac{V}{\sqrt{R^2+X^2}}$[A]이므로

전력 $P = I^2 R = \left(\dfrac{V}{\sqrt{R^2+X^2}}\right)^2 R = \dfrac{V^2 R}{R^2+X^2}$

$= \dfrac{200^2 \times 6}{6^2+8^2} = 2400$[W] $= 2.4$[kW] **답** ③

65
그림에서 4단자 회로 정수 A, B, C, D 중 출력단자 3, 4가 개방되었을 때의 $\dfrac{V_1}{V_2}$인 A의 값은?

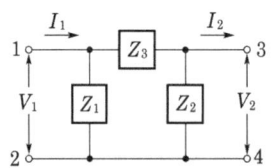

① $1 + \dfrac{Z_2}{Z_1}$
② $1 + \dfrac{Z_3}{Z_2}$
③ $1 + \dfrac{Z_2}{Z_3}$
④ $\dfrac{Z_1+Z_2+Z_3}{Z_1 Z_3}$

풀이 Z_2에서의 전압 $V_2 = \dfrac{Z_2}{Z_2+Z_3}V_1$

68
어느 소자에 전압 $e = 125\sin 377t$[V]를 가했을 때 전류 $i = 50\cos 377t$[A]가 흘렀다. 이 회로의 소자는 어떤 종류인가?

① 순저항
② 용량 리액턴스
③ 유도 리액턴스
④ 저항과 유도 리액턴스

풀이 순시전압 $v = V_m \sin\omega t$[V]를 인가할 때의 회로해석

소자	순시전류	위상
R만의 회로	$i = \dfrac{V_m}{R}\sin\omega t$[A]	동상(전류와 전압의 위상이 같다.)
L만의 회로	$i_L = \dfrac{V_m}{\omega L}\sin\left(\omega t - \dfrac{\pi}{2}\right)$[A]	지상(전류가 전압보다 90° 뒤진다.)
C만의 회로	$i_C = \omega C V_m \sin\left(\omega t + \dfrac{\pi}{2}\right)$[A]	진상(전류가 전압보다 90° 앞선다.)

$i = 50\cos 377t = 50\sin(377t + 90°)$[A]
즉, 전류가 전압보다 위상이 90° 앞선 진상전류가 흐르므로 용량 리액턴스이다. **답** ②

69 기전력 3[V], 내부저항 0.5[Ω]의 전지 9개가 있다. 이것을 3개씩 직렬로 하여 3조 병렬접속한 것에 부하저항 1.5[Ω]을 접속하면 부하전류 [A]는?

① 2.5 ② 3.5
③ 4.5 ④ 5.5

풀이 ① 동일한 크기의 저항 r을 n개 연결 하였을 경우 합성저항
- 직렬연결 : $n \cdot r$
- 병렬연결 : $\dfrac{r}{n}$

② 전지 내부 합성저항 $R_0 = \dfrac{0.5 \times 3}{3} = 0.5$[Ω]
부하저항까지 포함한 전체 합성저항
$R = 0.5 + 1.5 = 2$[Ω]
따라서 부하전류 $I = \dfrac{V}{R} = \dfrac{9}{2} = 4.5$[A]
(전지의 기전력은 $3 \times 3 = 9$[V]) **답** ③

70 정격전압에서 1[kW]의 전력을 소비하는 저항에 정격의 80[%]의 전압을 가할 때의 전력[W]은?

① 340 ② 540
③ 640 ④ 740

풀이 전력 $P = \dfrac{V^2}{R} \propto V^2$이므로 80[%]의 전압을 가할 때의 전력을 P'이라고 하면
$\dfrac{P}{P'} = \dfrac{V^2}{(0.8V)^2}$
$\therefore P' = 0.64P = 0.64 \times 1 = 0.64$[kW]
$= 640$[W] **답** ③

71 $\dfrac{E_o(s)}{E_i(s)} = \dfrac{1}{s^2 + 3s + 1}$의 전달함수를 미분방정식으로 표시하면?
(단, $\mathcal{L}^{-1}[E_o(s)] = e_o(t)$,
$\mathcal{L}^{-1}[E_i(s)] = e_i(t)$이다.)

① $\dfrac{d^2}{dt^2}e_i(t) + 3\dfrac{d}{dt}e_i(t) + e_i(t) = e_o(t)$

② $\dfrac{d^2}{dt^2}e_o(t) + 3\dfrac{d}{dt}e_o(t) + e_o(t) = e_i(t)$

③ $\dfrac{d^2}{dt^2}e_i(t) + 3\dfrac{d}{dt}e_i(t) + \int e_i(t)dt = e_o(t)$

④ $\dfrac{d^2}{dt^2}e_o(t) + 3\dfrac{d}{dt}e_o(t) + \int e_o(t)dt = e_i(t)$

풀이 $\dfrac{E_o(s)}{E_i(s)} = \dfrac{1}{s^2 + 3s + 1}$
$E_i(s) = s^2 E_o(s) + 3s E_o(s) + E_o(s)$
$\therefore e_i(t) = \dfrac{d^2}{dt^2}e_o(t) + 3\dfrac{d}{dt}e_o(t) + e_o(t)$ **답** ②

72 $e = 200\sqrt{2}\sin\omega t + 150\sqrt{2}\sin 3\omega t + 100\sqrt{2}\sin 5\omega t$[V]인 전압을 $R-L$ 직렬회로에 가할 때에 제3고조파 전류의 실효값은 몇 [A]인가?
(단, $R = 8$[Ω], $\omega L = 2$[Ω]이다.)

① 5 ② 8
③ 10 ④ 15

풀이 고조파의 유도 리액턴스는 주파수에 비례한다.
$X_L = n\omega L$[Ω] (여기서 n은 고조파 차수)
따라서 제3고조파 전류
$I_3 = \dfrac{V_3}{Z_3} = \dfrac{V_3}{\sqrt{R^2 + (3\omega L)^2}} = \dfrac{150}{\sqrt{8^2 + (3 \times 2)^2}}$
$= 15$[A] **답** ④

73 대칭 3상 Y결선에서 선간전압이 $200\sqrt{3}$[V]이고 각 상의 임피던스가 $30 + j40$[Ω]의 평형부하일 때 선전류[A]는?

① 2 ② $2\sqrt{3}$
③ 4 ④ $4\sqrt{3}$

풀이 Y결선에서 $V_l = \sqrt{3}\,V_p$, $I_l = I_p$ 이므로

$$I_l = I_p = \frac{V_p}{Z} = \frac{200}{\sqrt{30^2+40^2}} = 4[A]$$

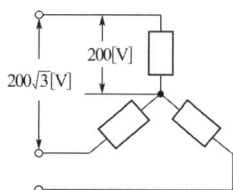

답 ③

74 3상 회로에 △결선된 평형 순저항 부하를 사용하는 경우 선간전압 220[V], 상전류가 7.33[A]라면 1상의 부하저항은 약 몇 [Ω]인가?

① 80 ② 60
③ 45 ④ 30

풀이 부하 1상의 임피던스 = 상전압/상전류 = $\frac{220}{7.33}$ = 30[Ω]

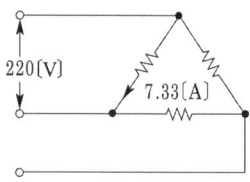

답 ④

75 두 대의 전력계를 사용하여 3상 평형부하의 역률을 측정하려고 한다. 전력계의 지시가 각각 P_1[W], P_2[W]라고 할 때 이 회로의 역률은?

① $\dfrac{\sqrt{P_1+P_2}}{P_1+P_2}$

② $\dfrac{P_1+P_2}{P_1^2+P_2^2-2P_1P_2}$

③ $\dfrac{2(P_1+P_2)}{\sqrt{P_1^2+P_2^2-P_1P_2}}$

④ $\dfrac{P_1+P_2}{2\sqrt{P_1^2+P_2^2-P_1P_2}}$

풀이 2전력계법
- 피상전력 $P_a = 2\sqrt{P_1^2+P_2^2-P_1P_2}$[VA]
- 유효전력 $P = P_1+P_2$[W]
- 무효전력 $Q = \sqrt{3}\,(P_1-P_2)$[Var]
- 역률 $\cos\phi = \dfrac{P_1+P_2}{2\sqrt{P_1^2+P_2^2-P_1\times P_2}}$

답 ④

76 $t=0$에서 스위치 S를 닫았을 때 정상 전류값 [A]은?

① 1
② 2.5
③ 3.5
④ 7

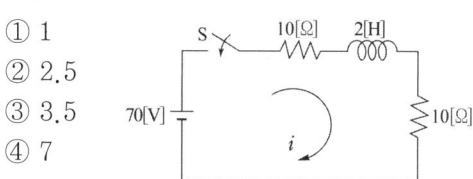

풀이 정상상태의 전류값은 $t=\infty$일 때이므로 $R-L$ 직렬회로에서의 정상전류 i_s는

$$i_s = \frac{E}{R}\left(1-e^{-\frac{R}{L}t}\right) = \frac{70}{20}\left(1-e^{-\frac{20}{2}\times\infty}\right) = 3.5[A]$$

답 ③

77 L형 4단자 회로망에서

4단자 정수가 $B=\dfrac{5}{3}$, $C=1$이고,

영상임피던스 $Z_{01} = \dfrac{20}{3}[\Omega]$일 때

영상임피던스 $Z_{02}[\Omega]$의 값은?

① 4 ② $\dfrac{1}{4}$

③ $\dfrac{100}{9}$ ④ $\dfrac{9}{100}$

풀이 $Z_{01}\cdot Z_{02} = \dfrac{B}{C}$ 이므로

$$\therefore Z_{02} = \frac{B}{C\cdot Z_{01}} = \frac{\frac{5}{3}}{1\times\frac{20}{3}} = \frac{1}{4}[\Omega]$$

답 ②

78 다음과 같은 회로에서 a, b 양단의 전압은 몇 [V]인가?

① 1
② 2
③ 2.5
④ 3.5

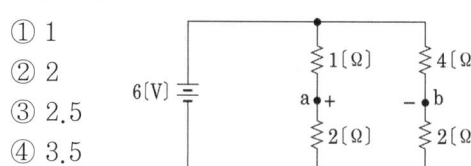

풀이) a, b 양단의 전압은 1[Ω]과 4[Ω]에서의 전압차와 같으므로 전압분배 법칙을 적용하여 구하면 다음과 같다.

$V_a = \dfrac{1}{1+2} \times 6 = 2[V]$, $V_b = \dfrac{4}{4+2} \times 6 = 4[V]$

∴ $V_{ab} = 4 - 2 = 2[V]$ 답 ②

79 저항 $R_1[\Omega]$, $R_2[\Omega]$ 및 인덕턴스 $L[H]$이 직렬로 연결되어 있는 회로의 시정수[s]는?

① $\dfrac{R_1 + R_2}{L}$ ② $\dfrac{L}{R_1 + R_2}$

③ $-\dfrac{R_1 + R_2}{L}$ ④ $-\dfrac{L}{R_1 + R_2}$

풀이) $R_1 + R_2$를 R이라 하면 $R-L$ 직렬회로와 같다.

∴ $\tau = \dfrac{L}{R} = \dfrac{L}{R_1 + R_2}$ [s] 답 ②

80 $F(s) = \dfrac{s}{s^2 + \pi^2} \cdot e^{-2s}$ 함수를 시간추이정리에 의해서 역변환하면?

① $\sin \pi (t+a) \cdot u(t+a)$
② $\sin \pi (t-2) \cdot u(t-2)$
③ $\cos \pi (t+a) \cdot u(t+a)$
④ $\cos \pi (t-2) \cdot u(t-2)$

풀이) $\mathcal{L}^{-1}\left[\dfrac{s}{s^2 + \pi^2}\right] = \cos \pi t$,

$\mathcal{L}^{-1}[e^{-as} F(s)] = f(t-a) \cdot u(t-a)$ 이므로

시간 추이 정리에 의해서 역변환하면

$\mathcal{L}^{-1}[F(s)] = f(t) = \cos \pi (t-2) \cdot u(t-2)$ 답 ④

5과목 - 전기설비기술기준

81 전기부식방식 시설은 지표 또는 수중에서 1[m] 간격의 임의의 2점(양극의 주위 1[m] 이내의 거리에 있는 점 및 울타리의 내부점을 제외한다.)간의 전위차가 몇 [V]를 넘으면 안되는가?

① 5   ② 10
③ 25   ④ 30

풀이) 241.16 전기부식방지 시설
가. 수중에 시설하는 양극과 그 주위 1[m] 이내의 거리에 있는 임의 점과의 사이의 전위차는 10[V]를 넘지 아니할 것.
나. 지표 또는 수중에서 1[m] 간격의 임의의 2점간의 전위차가 5 [V]를 넘지 아니할 것. 답 ①

82 건조한 장소로서 전개된 장소에 한하여 시설할 수 있는 고압 옥내배선의 방법은?

① 금속관공사
② 애자공사
③ 금속제 가요전선관공사
④ 합성수지관공사

풀이) 342.1 고압 옥내배선 등의 시설
고압 옥내배선은 다음 중 하나에 의하여 시설할 것.
가. 애자공사(건조한 장소로서 전개된 장소에 한한다)
나. 케이블공사
다. 케이블트레이공사 답 ②

83 154/22.9[kV]용 변전소의 주요 변압기에 반드시 시설하지 않아도 되는 계측장치는?

① 전압계   ② 전류계
③ 역률계   ④ 온도계

풀이) 351.6 계측장치
변전소 또는 이에 준하는 곳에는 다음의 사항을 계측하는 장치를 시설하여야 한다.
가. 주요 변압기의 전압 및 전류 또는 전력
나. 특고압용 변압기의 온도 답 ③

84 22.9[kV] 특고압가공전선로의 중성선은 다중 접지를 하여야 한다. 각 접지선을 중성선으로부터 분리하였을 경우 1[km]마다 중성선과 대지 사이의 합성전기저항 값은 몇 [Ω] 이하인가? (단, 전로에 지락이 생겼을 때에 2초 이내에 자동적으로 이를 전로로부터 차단하는 장치가 되어 있다.)

① 5   ② 10
③ 15   ④ 20

풀이 333.32 25[kV] 이하인 특고압 가공전선로의 시설
각 접지도체를 중성선으로부터 분리하였을 경우의 각 접지점의 대지 전기저항 값과 1[km] 마다의 중성선과 대지사이의 합성전기저항 값은 표에서 정한 값 이하일 것.

사용전압	각 접지점의 대지 전기저항치	1[km]마다의 합성 전기저항치
15[kV] 이하	300[Ω]	30[Ω]
15[kV] 초과 25[kV] 이하	300[Ω]	15[Ω]

답 ③

85 가공전선로의 지지물에 지선을 시설하는 기준으로 옳은 것은?

① 소선 지름 : 1.6[mm], 안전율 : 2.0, 허용인장하중 : 4.31[kN]
② 소선 지름 : 2.0[mm], 안전율 : 2.5, 허용인장하중 : 2.11[kN]
③ 소선 지름 : 2.6[mm], 안전율 : 1.5, 허용인장하중 : 3.21[kN]
④ 소선 지름 : 2.6[mm], 안전율 : 2.5, 허용인장하중 : 4.31[kN]

풀이 331.11 지선의 시설
가. 가공전선로의 지지물로 사용하는 철탑은 지선을 사용하여 그 강도를 분담시켜서는 안 된다.
나. 지선의 **안전율은 2.5** 이상일 것. 이 경우에 허용 인장하중의 최저는 **4.31 [kN]**으로 한다.
다. 지선에 연선을 사용할 경우에는 다음에 의할 것.
　① 소선 3가닥 이상의 연선일 것.
　② 소선의 **지름이 2.6 [mm]** 이상의 금속선을 사용한 것일 것.

답 ④

86 고압가공전선이 가공약전류전선 등과 접근하는 경우에 고압가공전선과 가공약전류전선 사이의 이격거리는 몇 [cm] 이상이어야 하는가? (단, 전선이 케이블인 경우)

① 20　② 30　③ 40　④ 50

풀이 332.13 고압 가공전선과 가공약전류전선 등의 접근 또는 교차
222.13 저압 가공전선과 가공약전류전선 등의 접근 또는 교차

가공전선 약전류 전선	저압가공전선		고압가공전선	
	저압 절연전선	고압 절연전선 또는 케이블	절연전선	케이블
일반	0.6[m]	0.3[m]	0.8[m]	0.4[m]
절연전선 또는 통신용 케이블인 경우	0.3[m]	0.15[m]		

답 ③

87 시가지 등에서 특고압가공전선로를 시설하는 경우 특고압가공전선로용 지지물로 사용할 수 없는 것은? (단, 사용전압이 170[kV] 이하인 경우이다.)

① 철탑　② 목주
③ 철주　④ 철근 콘크리트주

풀이 333.1 시가지 등에서 특고압 가공전선로의 시설
특고압 가공 전선로를 시가지, 기타 인가가 밀집한 지역에 시설하는 경우 **지지물은 목주를 사용할 수 없고 철주, 철근 콘크리트주, 또는 철탑을 사용**한다. **답** ②

88 중성선 다중접지식의 것으로 전로에 지락이 생겼을 때에 2초 이내에 자동적으로 이를 전로로부터 차단하는 장치가 되어 있는 22.9 [kV] 가공전선로를 상부 조영재의 위쪽에서 접근상태로 시설하는 경우, 가공전선과 건조물과의 이격거리는 몇 [m] 이상이어야 하는가? (단, 전선으로는 나전선을 사용한다고 한다.)

① 1.2　② 1.5　③ 2.5　④ 3.0

풀이 333.32 25[kV] 이하인 특고압 가공전선로의 시설
사용전압이 15[kV]를 초과하고 25[kV] 이하인 특고압 가공전선로(중성선 다중접지식의 것으로서 전로에 지락이 생겼을 때에 2초 이내에 자동적으로 이를 전로로부터 차단하는 장치가 되어 있는 것에 한한다)가 건조물과 접근하는 경우에 특고압 가공전선과 건조물의 조영재 사이의 이격거리는 표에서 정한 값 이상일 것.

건조물의 조영재	접근 형태	전선의 종류	이격거리
상부 조영재	위쪽	나전선	3[m]
		특고압 절연전선	2.5[m]
		케이블	1.2[m]
	옆쪽 또는 아래쪽	나전선	1.5[m]
		특고압 절연전선	1.0[m]
		케이블	0.5[m]

건조물의 조영재	접근 형태	전선의 종류	이격거리
기타의 조영재		나전선	1.5[m]
		특고압 절연전선	1.0[m]
		케이블	0.5[m]

답 ④

89 시가지에 시설하는 고압가공전선으로 경동선을 사용하려면 그 지름은 최소 몇 [mm]이어야 하는가?

① 2.6　　② 3.2
③ 4.0　　④ 5.0

풀이 332.3 고압 가공전선의 굵기 및 종류
고압 가공전선은 인장강도 8.01 [kN] 이상의 고압 절연전선, 특고압 절연전선 또는 **지름 5[mm] 이상의 경동선**의 고압 절연전선, 특고압 절연전선을 사용하여야 한다.

답 ④

90 케이블을 지지하기 위하여 사용하는 금속제 케이블 트레이의 종류가 아닌 것은?

① 사다리형　　② 통풍 밀폐형
③ 펀칭형　　④ 바닥 밀폐형

풀이 232.41 케이블트레이공사
케이블트레이공사는 케이블을 지지하기 위하여 사용하는 금속재 또는 불연성 재료로 제작된 유닛 또는 유닛의 집합체 및 그에 부속하는 부속재 등으로 구성된 견고한 구조물을 말하며 사다리형, 펀칭형, 메시형, 바닥밀폐형 기타 이와 유사한 구조물을 포함하여 적용한다.

답 ②

91 발전소·변전소 또는 이에 준하는 곳의 특고압전로에는 그의 보기 쉬운 곳에 어떤 표시를 반드시 하여야 하는가?

① 모선(母線) 표시
② 상별(相別) 표시
③ 차단(遮斷) 위험표시
④ 수전(受電) 위험표시

풀이 351.2 특고압전로의 상 및 접속 상태의 표시
가. 발전소·변전소 또는 이에 준하는 곳의 **특고압전로에는 그의 보기 쉬운 곳에 상별 표시**를 하여야 한다.

나. 발전소·변전소 또는 이에 준하는 곳의 특고압전로에 대하여는 그 접속 상태를 모의모선의 사용 기타의 방법에 의하여 표시하여야 한다. 다만, 이러한 전로에 접속하는 특고압전선로의 회선수가 2 이하이고 또한 특고압의 모선이 단일모선인 경우에는 그러하지 아니하다.

답 ②

92 전력보안 통신용 전화설비를 시설하여야 하는 곳은?

① 2개 이상의 발전소 상호 간
② 원격 감시 제어가 되는 변전소
③ 원격 감시 제어가 되는 급전소
④ 원격 감시 제어가 되지 않는 발전소

풀이 362.1 전력보안통신설비의 시설 요구사항
발전소, 변전소 및 변환소 에서의 전력보안통신설비의 시설 장소는 다음에 따른다.
가. **원격감시제어가 되지 아니하는 발전소·변전소·개폐소·전선로 및 이를 운용하는 급전소 및 급전분소 간**
나. 2개 이상의 급전소(분소) 상호 간과 이들을 통합 운용하는 급전소(분소) 간
다. 수력설비의 안전상 필요한 양수소 및 강수량 관측소와 수력발전소 간
라. 동일 수계에 속하고 안전상 긴급 연락의 필요가 있는 수력발전소 상호 간
마. 동일 전력계통에 속하고 또한 안전상 긴급연락의 필요가 있는 발전소·변전소 및 개폐소 상호 간

답 ④

93 6.6[kV] 지중전선로의 케이블을 직류전원으로 절연내력시험을 하자면 시험전압은 직류 몇 [V]인가?

① 9900　　② 14420
③ 16500　　④ 19800

풀이 132 전로의 절연저항 및 절연내력

전로의 종류	접지방식	시험전압 (최대사용전압의 배수)	최저 시험전압
1. 7[kV] 이하인 전로		1.5배	
2. 7[kV] 초과 25[kV] 이하	다중접지	0.92배	
3. 7[kV] 초과 60[kV] 이하 (2란의 것 제외)		1.25배	10.5[kV]
4. 60[kV] 초과	비접지	1.25배	

전로의 종류	접지방식	시험전압 (최대사용 전압의 배수)	최저 시험전압
5. 60[kV] 초과 (6란, 7란의 것 제외)	접지식	1.1배	75[kV]
6. 60[kV] 초과(7란의 것 제외)	직접접지	0.72배	
7. 170[kV] 초과(발전소 또는 변전소 혹은 이에 준하는 장소에 시설하는 것.)	직접접지	0.64배	

※ 전로에 케이블을 사용하는 경우에는 **직류로 시험**할 수 있으며, 시험전압은 **교류의 경우의 2배**가 된다.
∴ 시험전압 = 6.6[kV]×1.5×2 = 19.8[kV]
= 19800[V]   답 ④

94
전기부식방지 시설을 시설할 때 전기부식방지용 전원 장치로부터 양극 및 피방식체까지의 전로의 사용전압은 직류 몇 [V] 이하이어야 하는가?

① 20 ② 40
③ 60 ④ 80

풀이 241.16 전기부식방지 시설
전기부식방지 회로(전기부식방지용 전원장치로부터 양극 및 피방식체까지의 전로를 말한다. 이하 같다)의 **사용전압은 직류 60[V] 이하**일 것.   답 ③

95
고압가공전선 상호 간의 접근 또는 교차하여 시설되는 경우, 고압가공전선 상호 간의 이격거리는 몇 [cm] 이상이어야 하는가? (단, 고압가공전선은 모두 케이블이 아니라고 한다.)

① 50 ② 60
③ 70 ④ 80

풀이 332.17 고압 가공전선 상호 간의 접근 또는 교차
고압 가공전선과 다른 고압 가공 전선과의 이격거리

구분	고압가공전선	
	일반	케이블
고압가공전선	0.8 [m]	0.4 [m]
고압가공전선로의 지지물	0.6 [m]	0.3 [m]

답 ④

96
과전류차단기로 시설하는 퓨즈 중 고압전로에 사용하는 비포장 퓨즈는 정격전류의 몇 배의 전류에 견디어야 하는가?

① 1.1 ② 1.25
③ 1.5 ④ 2

풀이 341.10 고압 및 특고압 전로 중의 과전류차단기의 시설
가. 과전류차단기로 시설하는 퓨즈 중 고압전로에 사용하는 포장 퓨즈는 정격전류의 1.3배의 전류에 견디고 또한 2배의 전류로 120분 안에 용단되는 것.
나. 과전류차단기로 시설하는 퓨즈 중 고압전로에 사용하는 비포장 퓨즈는 정격전류의 1.25배의 전류에 견디고 또한 2배의 전류로 2분 안에 용단되는 것.   답 ②

출제기준 변경 및 개정된 관계 법규에 따라
삭제된 문제가 있어 20문항이 안됩니다.

2019년 2회 전기산업기사필기

동일출판사 홈페이지에서 무료 동영상강의를 보실 수 있습니다.

1과목 - 전기자기

01 두 종류의 유전체 경계면에서 전속과 전기력선이 경계면에 수직으로 도달할 때에 대한 설명으로 틀린 것은?

① 전속밀도는 변하지 않는다.
② 전속과 전기력선은 굴절하지 않는다.
③ 전계의 세기는 불연속적으로 변한다.
④ 전속선은 유전율이 작은 유전체 쪽으로 모이려는 성질이 있다.

풀이 유전율이 서로 다른 두 종류의 경계면에 전속과 전기력선이 수직($\theta_1 = 0°$)으로 도달할 때
① $\theta_1 = \theta_2 = 0°$이므로 $D_1 \cos\theta_1 = D_2 \cos\theta_2$에서 $\cos 0° = 1$이므로 $D_1 = D_2$, 즉 전속밀도는 불변(연속)이다.
② $E_1 \sin\theta_1 = E_2 \sin\theta_2$에서 입사각 $\theta_1 = 0°$이므로 $0 = E_2 \sin\theta_2$에서 $E_2 \neq 0$가 아닌 경우 $\sin\theta_2 = 0$가 되어야 하므로 $\theta_2 = 0$ 즉, 굴절하지 않는다.
③ $D_1 = \epsilon_1 E_1$, $D_2 = \epsilon_2 E_2$이므로 $D_1 = D_2$인 경우 $\epsilon_1 E_1 = \epsilon_2 E_2$가 성립하는데 $\epsilon_1 \neq \epsilon_2$인 경우 $E_1 \neq E_2$이다. 즉, 전계의 세기는 크기가 같지 않다. (불연속이다.)
④ 전속선은 유전율이 큰 유전체 쪽으로 모이려는 성질이 있다. **답** ④

02 점전하 $+Q$의 무한 평면도체에 대한 영상전하는?

① $+Q$ ② $-Q$
③ $+2Q$ ④ $-2Q$

풀이 전기 영상법 : 무한평면으로부터 $d[m]$ 떨어진 P점에 점전하 $+Q$가 있는 경우 영상전하는 무한평면 뒤쪽으로 점 P의 대칭점에 존재하며, 그 크기는 점전하와 같고 부호는 반대($-Q$)이다.

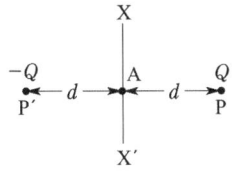

답 ②

03 MKS 단위계에서 진공 유전율 값은?

① $4\pi \times 10^{-7}$[H/m]
② $\dfrac{1}{9 \times 10^9}$[F/m]
③ $\dfrac{1}{4\pi \times 9 \times 10^9}$[F/m]
④ 6.33×10^{-4}[H/m]

풀이 쿨롱의 법칙에서 비례상수 $K = \dfrac{1}{4\pi\epsilon_0} = 9 \times 10^9$이므로

$\therefore \epsilon_0 = \dfrac{1}{4\pi \times 9 \times 10^9} \fallingdotseq 8.854 \times 10^{-12}$[F/m] **답** ③

04 진공 중에 서로 떨어져 있는 두 도체 A, B가 있다. A에만 1[C]의 전하를 줄 때 도체 A, B의 전위가 각각 3[V], 2[V]였다고 하면, A에 2[C], B에 1[C]의 전하를 주면 도체 A의 전위는 몇 [V]인가?

① 6 ② 7
③ 8 ④ 9

풀이 $Q_A = 1$[C], $Q_B = 0$[C]일 때
$V_A = P_{AA}Q_A + P_{AB}Q_B = P_{AA} \times 1 + P_{AB} \times 0$
$= P_{AA} = 3$[V/C]
$V_B = P_{BA}Q_A + P_{BB}Q_B = P_{BA} \times 1 + P_{BB} \times 0$
$= P_{BA} = 2$[V/C]
따라서 $Q_A = 2$[C], $Q_B = 1$[C] 일 때
도체 A의 전위 V_A는
$V_A = P_{AA}Q_A + P_{AB}Q_B = 3 \times 2 + 2 \times 1 = 8$[V] **답** ③

05 비유전율 $\epsilon_r = 5$인 유전체 내의 한 점에서 전계의 세기가 10^4[V/m]라면, 이 점의 분극의 세기는 약 몇 [C/m²]인가?

① 3.5×10^{-7} ② 4.3×10^{-7}
③ 3.5×10^{-11} ④ 4.3×10^{-11}

풀이 분극의 세기
$$P = \epsilon_0(\epsilon_r - 1)E = \frac{1}{36\pi \times 10^9} \times (5-1) \times 10^4$$
$$= 3.5 \times 10^{-7} [C/m^2]$$ 답 ①

06 전자파의 에너지 전달방향은?

① $\nabla \times E$의 방향과 같다.
② $E \times H$의 방향과 같다.
③ 전계 E의 방향과 같다.
④ 자계 H의 방향과 같다.

풀이 전계 E_x와 자계 H_y는 같은 위상(동상)으로 진행하고 $E \times H$ 방향이 전자파의 진행방향이며, 이 세 성분의 방향은 서로 직교한다. 답 ②

07 자기 유도계수가 20[mH]인 코일에 전류를 흘릴 때 코일과의 쇄교 자속수가 0.2[Wb]였다면 코일에 축적된 에너지는 몇 [J]인가?

① 1   ② 2
③ 3   ④ 4

풀이 $N\phi = LI \rightarrow I = \frac{N\phi}{L}$
에서 쇄교 자속수 $N\phi$가 0.2[Wb]이므로
$I = \frac{N\phi}{L} = \frac{0.2}{20 \times 10^{-3}} = 10[A]$
따라서 코일에 축적된 에너지
$W = \frac{1}{2}LI^2 = \frac{1}{2} \times 20 \times 10^{-3} \times 10^2 = 1[J]$ 답 ①

08 등전위면을 따라 전하 Q[C]를 운반하는 데 필요한 일은?

① 항상 0이다.
② 전하의 크기에 따라 변한다.
③ 전위의 크기에 따라 변한다.
④ 전하의 극성에 따라 변한다.

풀이 미소길이를 운반하는 데 필요한 일
$dW = qE \cdot dl = qE\cos\theta dl [J]$이고, 전계와 등전위면($dl$)은 항상 $\theta = 90°$의 각을 이루므로 필요한 일은 0이다. 답 ①

09 접지된 직교 도체 평면과 점전하 사이에는 몇 개의 영상 전하가 존재하는가?

① 1   ② 2
③ 3   ④ 4

풀이 영상 전하 개수는 $n = \frac{360°}{\theta} - 1$(개)이다.
직교이면 $\theta = 90°$이므로
$\therefore n = \frac{360°}{90°} - 1 = 3$(개)이다.

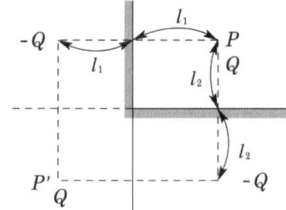

답 ③

10 비자화율 $\chi_m = 2$, 자속밀도 $B = 20ya_x$ [Wb/m²]인 균일 물체가 있다. 자계의 세기 H는 약 몇 [AT/m]인가?

① $0.53 \times 10^7 ya_x$ ② $0.13 \times 10^7 ya_x$
③ $0.53 \times 10^7 xa_y$ ④ $0.13 \times 10^7 xa_y$

풀이 자화의 세기 $J = \chi H$, 자화율 $\chi = \mu_0 \chi_m$이므로
자속밀도
$B = \mu_0 H + J = \mu_0 H + \chi H = (\mu_0 + \chi)H$
$= (\mu_0 + \mu_0 \chi_m)H = (1 + \chi_m)\mu_0 H$
따라서 자계의 세기
$H = \frac{B}{(1+\chi_m)\mu_0} = \frac{20ya_x}{(1+2) \times 4\pi \times 10^{-7}}$
$= 0.53 \times 10^7 ya_x$ 답 ①

11 유전체의 초전효과(pyroelectric effect)에 대한 설명이 아닌 것은?

① 온도변화에 관계없이 일어난다.
② 자발 분극을 가진 유전체에서 생긴다.
③ 초전효과가 있는 유전체를 공기 중에 놓으면 중화된다.
④ 열에너지를 전기에너지로 변화시키는데 이용된다.

풀이 초전효과(pyroelectric effect)
① 압전 효과가 일어나는 결정체에 가열 또는 냉각하면 전기 분극이 일어나는 현상(즉, **온도변화에 의해 전기 분극이 발생**하고 열에너지를 전기에너지로 변환)
② 전기 분극의 방향은 가열과 냉각에 따라 서로 반대 방향으로 결정 **답** ①

12 자기 인덕턴스 0.05[H]의 회로에 흐르는 전류가 매 초 500[A]의 비율로 증가할 때 자기 유도 기전력의 크기는 몇 [V]인가?

① 2.5 ② 25
③ 100 ④ 1000

풀이 유도기전력
$$e = -L\frac{di}{dt} = -0.05 \times \frac{500}{1} = -25[V]$$
(전류와 반대 방향) **답** ②

13 자위의 단위에 해당되는 것은?

① A ② J/C
③ N/Wb ④ Gauss

풀이 자위 $U_m = -\int_\infty^P H \cdot dl$ 에서
[A/m]·[m] = [A] **답** ①

14 진공 중 반지름이 $a[m]$인 원형 도체판 2매를 사용하여 극판거리 $d[m]$인 콘덴서를 만들었다. 만약 이 콘덴서의 극판거리를 2배로 하고 정전용량은 일정하게 하려면 이 도체판의 반지름 a는 얼마로 하면 되는가?

① $2a$ ② $\frac{1}{2}a$
③ $\sqrt{2}\,a$ ④ $\frac{1}{\sqrt{2}}a$

풀이
• 원형 도체판의 반지름은 a, 양극판의 거리는 d이므로 $C_1 = \frac{\epsilon S}{d} = \frac{\epsilon \pi a^2}{d}$
• 극판의 거리 d를 2배로 하면
$$C_2 = \frac{\epsilon S'}{d'} = \frac{\epsilon \pi a'^2}{2d}$$

• 정전용량을 일정하게 하려면($C_1 = C_2$)
$$\frac{\epsilon \pi a^2}{d} = \frac{\epsilon \pi a'^2}{2d} \rightarrow a'^2 = 2a^2$$
∴ $a' = \sqrt{2}\,a$ **답** ③

15 맥스웰 전자방정식에 대한 설명으로 틀린 것은?

① 폐곡면을 통해 나오는 전속은 폐곡면 내의 전하량과 같다.
② 폐곡면을 통해 나오는 자속은 폐곡면 내의 자극의 세기와 같다.
③ 폐곡선에 따른 전계의 선적분은 폐곡선 내를 통하는 자속의 시간 변화율과 같다.
④ 폐곡선에 따른 자계의 선적분은 폐곡선 내를 통하는 전류와 전속의 시간적 변화율을 더한 것과 같다.

풀이

맥스웰 전자방정식(적분형)	전자방정식의 물리적 의미
① $\oint_S D \cdot dS = Q$	폐곡면을 통해 나오는 전속은 폐곡면 내의 전하량과 같다.
② $\oint_S B \cdot dS = 0$	폐곡면을 통해 나오는 자속은 0이다.(고립 자하[단독 자극]는 존재하지 않기 때문)
③ $\oint_c E \cdot dl$ $= -\int_S \frac{\partial B}{\partial t} \cdot dS$	폐곡선에 따른 전계의 선적분은 폐곡선 내를 통하는 자속의 시간 변화율과 같다.
④ $\oint_c H \cdot dl$ $= I_c + \int_S \frac{\partial D}{\partial t} \cdot dS$	폐곡선에 따른 자계의 선적분은 폐곡선 내를 통하는 전류와 전속의 시간적 변화율을 더한 것과 같다.

답 ②

16 두 개의 코일에서 각각의 자기 인덕턴스가 $L_1 = 0.35[H]$, $L_2 = 0.5[H]$이고, 상호 인덕턴스는 $M = 0.1[H]$이라고 하면 이때 코일의 결합계수는 약 얼마인가?

① 0.175 ② 0.239
③ 0.392 ④ 0.586

풀이 결합계수 $k = \dfrac{M}{\sqrt{L_1 L_2}} = \dfrac{0.1}{\sqrt{0.35 \times 0.5}} = 0.239$

답 ②

17 원점 주위의 전류밀도가 $J = \dfrac{2}{r}a_r$[A/m²]의 분포를 가질 때 반지름 5[cm]의 구면을 지나는 전 전류는 몇 [A]인가?

① 0.1π ② 0.2π
③ 0.3π ④ 0.4π

풀이 $I = \oint_s J \cdot ds = \oint_s \dfrac{2}{r} a_r \cdot a_r \, ds \; (a_r = 1)$
$= \dfrac{2}{r} \oint_s ds = \dfrac{2}{r} s = \dfrac{2}{r} \times 4\pi r^2$
$= 8\pi r = 8\pi \times 5 \times 10^{-2} = 0.4\pi$[A]

답 ④

18 다음 조건 중 틀린 것은?
(단, χ_m : 비자화율, μ_r : 비투자율이다.)

① $\mu_r \gg 1$이면 강자성체
② $\chi_m > 0$, $\mu_r < 1$이면 상자성체
③ $\chi_m < 0$, $\mu_r < 1$이면 반자성체
④ 물질은 χ_m 또는 μ_r의 값에 따라 반자성체, 상자성체, 강자성체 등으로 구분한다.

풀이

자성체의 종류	투자율	비투자율	비자화율
강자성체, 페리자성체	$\mu \gg \mu_0$	$\mu_r \gg 1$	$\chi_m \gg 1$
상자성체	$\mu > \mu_0$	$\mu_r > 1$	$\chi_m > 0$
반자성체, 반강자성체	$\mu < \mu_0$	$\mu_r < 1$	$\chi_m < 0$

답 ②

19 권선수가 400회, 면적이 9π[cm²]인 장방형 코일에 1[A]의 직류가 흐르고 있다. 코일의 장방형 면과 평행한 방향으로 자속밀도가 0.8[Wb/m²]인 균일한 자계가 가해져 있다. 코일의 평행한 두 변의 중심을 연결하는 선을 축으로 할 때 이 코일에 작용하는 회전력은 약 몇 [N·m]인가?

① 0.3   ② 0.5
③ 0.7   ④ 0.9

풀이 회전력 $T = nBIl_1 l_2 \sin\theta$
$= 400 \times 0.8 \times 1 \times 9\pi \times 10^{-4} \times \sin 90°$
$= 0.9$[N·m]

여기서 n : 코일의 권수
B : 자속밀도[Wb/m²]
I : 전류[A]
l_1 : 코일의 길이[m]
l_2 : 코일의 폭[m]
θ : 코일면의 법선과 자계가 이루는 각

답 ④

20 자기회로의 자기저항에 대한 설명으로 틀린 것은?

① 단위는 [AT/Wb]이다.
② 자기회로의 길이에 반비례한다.
③ 자기회로의 단면적에 반비례한다.
④ 자성체의 비투자율에 반비례한다.

풀이 자기 저항 $R = \dfrac{l}{\mu_0 \mu_s S}$[AT/Wb]이므로 자기 저항은 길이에 비례하고, 투자율과 단면적에 반비례한다.

답 ②

2과목 - 전력공학

21 차단기의 정격차단시간을 설명한 것으로 옳은 것은?

① 계기용변성기로부터 고장전류를 감지한 후 계전기가 동작할 때까지의 시간
② 차단기가 트립 지령을 받고 트립 장치가 동작하여 전류차단을 완료할 때까지의 시간
③ 차단기의 개극(발호)부터 이동행정 종료 시까지의 시간
④ 차단기 가동접촉자 시동부터 아크 소호가 완료될 때까지의 시간

풀이 **차단기의 차단시간**
① 트립 코일(trip coil)의 여자부터 아크 소호 시간을 합한 것
정격차단 시간 = 개극 시간 + 아크 소호 시간
② 차단기의 정격차단 시간(표준) : 3[Hz], 5[Hz], 8[Hz]

답 ②

22 송전계통의 안정도를 증진시키는 방법은?

① 중간 조상설비를 설치한다.
② 조속기의 동작을 느리게 한다.
③ 계통의 연계는 하지 않도록 한다.
④ 발전기나 변압기의 직렬 리액턴스를 가능한 크게 한다.

풀이 안정도 향상 대책
① 계통의 직렬 리액턴스 감소(다회선 방식 채택, 복도체 방식 채택, 기기의 리액턴스 감소)
② 전압변동률을 적게 한다(속응여자방식 채용, 계통의 연계, 중간 조상 방식).
③ 계통에 주는 충격을 적게 한다(적당한 중성점접지방식, 고속차단방식, 재폐로방식).
④ 고장 중의 발전기 돌입 출력의 불평형을 적게 한다. (조속기 동작을 빠르게 한다.) **답** ①

23 보일러 절탄기(economizer)의 용도는?

① 증기를 과열한다.
② 공기를 예열한다.
③ 석탄을 건조한다.
④ 보일러 급수를 예열한다.

풀이 절탄기 : 연도 내에 설치되어, 이를 통과하는 보일러 급수를 보일러로부터 나오는 연도 폐기 가스로 가열하는 장치 **답** ④

24 가공지선을 설치하는 주된 목적은?

① 뇌해 방지
② 전선의 진동 방지
③ 철탑의 강도 보강
④ 코로나의 발생 방지

풀이 가공 지선의 설치 목적
① 직격 뇌에 대한 차폐 효과
② 유도 뇌에 대한 정전 차폐 효과
③ 통신선에 대한 전자 유도 장해 경감 효과 **답** ①

25 보호계전 방식의 구비 조건이 아닌 것은?

① 여자돌입전류에 동작할 것
② 고장구간의 선택 차단을 신속 정확하게 할 수 있을 것
③ 과도 안정도를 유지하는 데 필요한 한도 내의 동작 시한을 가질 것
④ 적절한 후비 보호 능력이 있을 것

풀이 보호계전 방식의 구비 조건
① 고장 회선 내지 고장구간의 선택 차단을 신속 정확하게 할 수 있을 것
② 과도 안정도를 유지하는 데 필요한 한도 내의 동작 시한을 가질 것
③ 적절한 후비 보호 능력이 있을 것
④ 계통 구성이라든지 발전기 운전 대수의 변화에 따른 고장전류의 변동에 대해서도 동작시간의 조정 등으로 소정의 계전기 동작이 수행되어야 할 것
⑤ 전력계통 운용의 입장에서도 보호계전 방식 전체가 경제적이어야 할 것 **답** ①

26 변압기의 보호방식에서 차동계전기는 무엇에 의하여 동작하는가?

① 1, 2차 전류의 차로 동작한다.
② 전압과 전류의 배수 차로 동작한다.
③ 정상전류와 역상전류의 차로 동작한다.
④ 정상전류와 영상전류의 차로 동작한다.

풀이 차동 계전기는 보호 구간에 유입하는 전류와 유출하는 전류의 벡터차를 검출해서 동작하는 계전기이다. **답** ①

27 저압뱅킹 배전방식에서 저전압 측의 고장에 의하여 건전한 변압기의 일부 또는 전부가 차단되는 현상은?

① 아킹(Arcing)
② 플리커(Flicker)
③ 밸런서(Balancer)
④ 캐스케이딩(Cascading)

풀이 캐스케이딩 현상이란 Banking 배전방식으로 운전 중 건전한 변압기 일부가 고장이 발생하면 부하가 다른 건전한 변압기에 걸려서 고장이 확대되는 현상을 말한다. **답** ④

28 직류송전방식의 장점은?

① 역률이 항상 1이다.
② 회전자계를 얻을 수 있다.
③ 전력변환장치가 필요하다.
④ 전압의 승압, 강압이 용이하다.

풀이 직류 송전 방식의 장·단점
[장점]
① 선로의 리액턴스가 없으므로 안정도가 높다.
② 유전체손 및 충전 용량이 없고 절연내력이 강하다.
③ 비동기 연계가 가능하다.
④ 단락전류가 적고 임의 크기의 교류 계통을 연계시킬 수 있다.
⑤ 코로나손 및 전력손실이 적다.
⑥ 표피효과나 근접 효과가 없으므로 실효 저항의 증대가 없다.
⑦ 역률이 항상 1로 되기 때문에 송전효율도 좋아진다.
[단점]
① 직교 변환 장치가 필요하다.
② 전압의 승압 및 강압이 불리하다.
③ 고조파나 고주파 억제 대책이 필요하다.
④ 직류 차단기가 개발되어 있지 않다.   **답** ①

29 주파수 60[Hz], 정전용량 $\frac{1}{6\pi}[\mu F]$의 콘덴서를 △결선해서 3상 전압 20000[V]를 가했을 때의 충전용량은 몇 [kVA]인가?

① 12 ② 24
③ 48 ④ 50

풀이 콘덴서를 △결선 시 충전용량

$Q_c = 3\omega CE^2$
$= 3 \times 2\pi \times 60 \times \frac{1}{6\pi} \times 10^{-6} \times 20,000^2 \times 10^{-3}$
$= 24[kVA]$ **답** ②

30 그림에서 X부분에 흐르는 전류는 어떤 전류인가?

① b상 전류
② 정상전류
③ 역상전류
④ 영상전류

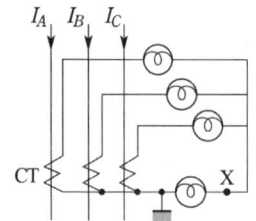

풀이 접지선에 흐르는 전류는 영상전류이다.   **답** ④

31 화력발전소의 기본 사이클이다. 그 순서로 옳은 것은?

① 급수펌프 → 과열기 → 터빈 → 보일러 → 복수기 → 급수펌프
② 급수펌프 → 보일러 → 과열기 → 터빈 → 복수기 → 급수펌프
③ 보일러 → 급수펌프 → 과열기 → 복수기 → 급수펌프 → 보일러
④ 보일러 → 과열기 → 복수기 → 터빈 → 급수펌프 → 축열기 → 과열기

풀이 실제 기력발전소에 쓰이는 기본 사이클(Rankine cycle)은 다음과 같다.

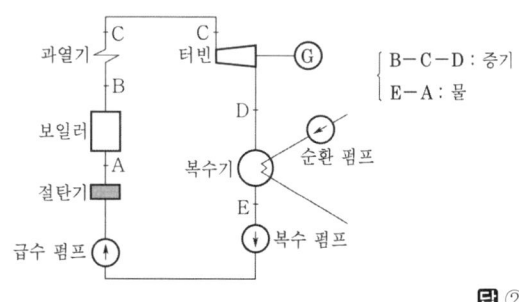

답 ②

32 전선에서 전류의 밀도가 도선의 중심으로 들어갈수록 작아지는 현상은?

① 표피효과   ② 근접효과
③ 접지효과   ④ 페란티효과

풀이
• 표피효과 : 도체의 중심으로 갈수록 전류의 밀도가 낮아지는 현상
• 근접 효과 : 같은 방향의 전류는 바깥쪽으로 다른 방향의 전류는 안쪽으로 모이는 현상
• 페란티 효과 : 수전단전압이 송전단전압보다 높아지는 현상   **답** ①

33 345[kV] 송전계통의 절연협조에서 충격절연내력의 크기순으로 나열한 것은?

① 선로애자 > 차단기 > 변압기 > 피뢰기
② 선로애자 > 변압기 > 차단기 > 피뢰기
③ 변압기 > 차단기 > 선로애자 > 피뢰기
④ 변압기 > 선로애자 > 차단기 > 피뢰기

풀이
- 절연 협조는 피뢰기의 제한 전압이 기준이 된다. 따라서 피뢰기의 절연 레벨이 제일 낮다.
- 절연 레벨 : **선로애자** > 차단기, CT, PT, … > **변압기** > **피뢰기**   답 ①

34 증기의 엔탈피(Enthalpy)란?

① 증기 1[kg]의 잠열
② 증기 1[kg]의 기화 열량
③ 증기 1[kg]의 보유 열량
④ 증기 1[kg]의 증발열을 그 온도로 나눈 것

풀이 엔탈피(enthalpy)는 각 온도에 있어 물 또는 증기의 보유 열량의 뜻이다.
①은 액화열, ②는 기화열(증발열)을 의미한다.   답 ③

35 최대 수용전력의 합계와 합성 최대 수용전력의 비를 나타내는 계수는?

① 부하율   ② 수용률
③ 부등률   ④ 보상률

풀이
$$\text{부등률} = \frac{\text{수용설비 개개의 최대수용전력의 합계}}{\text{합성 최대 수용 전력}} \geq 1$$
답 ③

36 연가를 하는 주된 목적은?

① 미관상 필요
② 전압강하 방지
③ 선로정수의 평형
④ 전선로의 비틀림 방지

풀이
- 연가는 선로정수를 평형시키고 통신선의 유도장해를 방지하기 위하여 선로를 3배수 등분하여 실시한다.
- 연가의 목적 : 직렬공진 방지, 유도장해 감소, 선로정수 평형   답 ③

37 지름 5[mm]의 경동선을 간격 1[m]로 정삼각형 배치를 한 가공전선 1선의 작용 인덕턴스는 약 몇 [mH/km]인가? (단, 송전선은 평형 3상 회로)

① 1.13   ② 1.25
③ 1.42   ④ 1.55

풀이
- 등가선간거리 $D = \sqrt[3]{1 \times 1 \times 1} = 1[m]$
- 반지름 $r = \frac{5 \times 10^{-3}}{2} = 2.5 \times 10^{-3}[m]$

따라서 인덕턴스
$$L = 0.05 + 0.4605 \log \frac{D}{r}$$
$$= 0.05 + 0.4605 \log \frac{1}{2.5 \times 10^{-3}}$$
$$= 1.25[mH/km]$$
답 ②

38 송전선로의 후비 보호계전 방식의 설명으로 틀린 것은?

① 주 보호계전기가 그 어떤 이유로 정지해 있는 구간의 사고를 보호한다.
② 주 보호계전기에 결함이 있어 정상 동작을 할 수 없는 상태에 있는 구간 사고를 보호한다.
③ 차단기 사고 등 주 보호계전기로 보호할 수 없는 장소의 사고를 보호한다.
④ 후비 보호계전기의 정정값은 주 보호계전기와 동일하다.

풀이 후비 보호계전 방식은 주보호계전 방식으로 보호할 수 없을 경우, 이것을 백업(back up)함과 동시에 사고 파급의 확대를 방지하는 것으로서 주보호계전기와 병설된다.
① 주보호계전기가 그 어떤 이유로 정지해 있는 구간의 사고
② 주보호계전기에 결함이 있어 정상 동작을 할 수 없는 상태에 있는 구간의 사고
③ 차단기 사고 등 주보호계전기로 보호할 수 없는 장소의 사고   답 ④

39 지상 역률 80[%], 10000[kVA]의 부하를 가진 변전소에 6000[kVA]의 콘덴서를 설치하여 역률을 개선하면 변압기에 걸리는 부하[kVA]는 콘덴서 설치 전의 몇 [%]로 되는가?

① 60   ② 75
③ 80   ④ 85

풀이
- 역률 개선 전 유효전력
$P = P_a \cos\theta = 10{,}000 \times 0.8 = 8000[kW]$

역률 개선 전 무효전력
$$P_r = P_a \sin\theta = 10,000 \times \sqrt{1-0.8^2} = 6000[kVar]$$
- 6000[kVA]의 콘덴서를 설치하면 무효전력이 0[kVar]이므로 개선 후 역률은 1이다.

역률 개선 후 피상전력
$$P_a = \sqrt{P^2 + P_r^2} = \sqrt{8000^2 + 0^2} = 8000[kVA]$$
따라서 역률 개선 후 변압기에 걸리는 부하
$$= \frac{8000[kVA]}{10000[kVA]} \times 100 = 80[\%]$$

답 ③

40 3상 3선식 3각형 배치의 송전선로에 있어서 각 선의 대지 정전용량이 0.5038[μF]이고, 선간 정전용량이 0.1237[μF]일 때 1선의 작용정전용량은 약 몇 [μF]인가?

① 0.6275 ② 0.8749
③ 0.9164 ④ 0.9755

풀이 $C_n = C_s + 3C_m = 0.5038 + 3 \times 0.1237 = 0.8749[\mu F]$
여기서, C_n : 작용정전용량
C_s : 대지정전용량
C_m : 선간정전용량

답 ②

3과목 - 전기기기

41 단상변압기 3대를 이용하여 △-△결선하는 경우에 대한 설명으로 틀린 것은?

① 중성점을 접지할 수 없다.
② Y-Y결선에 비해 상전압이 선간전압의 $\frac{1}{\sqrt{3}}$ 배이므로 절연이 용이하다.
③ 3대 중 1대에서 고장이 발생하여도 나머지 2대로 V결선하여 운전을 계속할 수 있다.
④ 결선 내에 순환전류가 흐르나 외부에는 나타나지 않으므로 통신장애에 대한 염려가 없다.

풀이 ① △-△결선의 특징
- 제3고조파 전류가 △결선 내를 순환하므로 정현파 교류전압을 유기하여 기전력의 파형이 왜곡되지 않는다.
- 1상분이 고장이 나면 나머지 2대로써 V결선 운전이 가능하다.
- 각 변압기의 상전류가 선전류의 $\frac{1}{\sqrt{3}}$ 이 되어 대전류에 적당하다.

② Y-Y결선의 특징
- 1차 전압, 2차 전압 사이에 위상차가 없다.
- 1차, 2차 모두 중성점을 접지할 수 있으며 고압의 경우 이상전압을 감소시킬 수 있다.
- 상전압이 선간 전압의 $\frac{1}{\sqrt{3}}$ 배이므로 절연이 용이하여 고전압에 유리하다.

답 ②

42 누설 변압기에 필요한 특성은 무엇인가?

① 수하특성 ② 정전압특성
③ 고저항특성 ④ 고임피던스특성

풀이 누설 변압기
① 아크등, 네온관등, 전기 용접기 등은 부하 변화에 관계없이 2차 전류가 일정해야 할 필요가 있는데, 이러한 특성을 갖도록 누설자속을 특히 크게 만든 변압기를 정전류 변압기 또는 누설 변압기라고 한다.
② 2차 전류가 증가하려고 하면 누설자속이 증가하고 2차 유기기전력이 감소하여 전류의 변화를 방지하는데 이러한 특성을 **수하특성**이라고 한다.

답 ①

43 권선형 유도전동기의 저항제어법의 장점은?

① 부하에 대한 속도변동이 크다.
② 역률이 좋고, 운전효율이 양호하다.
③ 구조가 간단하며, 제어조작이 용이하다.
④ 전부하로 장시간 운전하여도 온도 상승이 적다.

풀이 권선형 유도전동기의 저항 제어법의 장·단점은 다음과 같다.
[장점]
① 기동용 저항기를 겸한다.
② **구조가 간단하여 제어 조작이 용이**하고 내구성이 풍부하다.
[단점]
① 속도 변화의[%]와 같은[%]의 효율을 희생하기 때문에 운전 효율이 나쁘다.
즉, 2차 회로의 효율 $\eta_2 = P/P_2 = (1-s)$이다.
② 부하에 대한 속도변동이 크다.

③ 부하가 적을 때는 광범위한 속도 조정이 곤란하다.
④ 제어용 저항은 전부하에서 장시간 운전해도 위험한 온도가 되지 않을 만큼의 충분한 크기가 필요하므로 가격이 비싸다.　　답 ③

44 권선형 유도전동기에서 비례추이를 할 수 없는 것은?

① 토크　　② 출력
③ 1차 전류　　④ 2차 전류

풀이
- 비례 추이 할 수 있는 것 : 토크, 1차 전류, 2차 전류, 역률, 동기 와트 등
- 비례 추이 할 수 없는 것 : 출력, 2차 동손, 효율 등
　　답 ②

45 직류발전기에서 기하학적 중성축과 각도 θ만큼 브러시의 위치가 이동되었을 때 감자기자력 [AT/극]은? (단, $K = \dfrac{I_a Z}{2Pa}$)

① $K\dfrac{\theta}{\pi}$　　② $K\dfrac{2\theta}{\pi}$
③ $K\dfrac{3\theta}{\pi}$　　④ $K\dfrac{4\theta}{\pi}$

풀이 직류발전기의 전기자 기자력
- 감자기자력 $AT_d = \dfrac{I_a Z}{2Pa} \cdot \dfrac{2\alpha}{\pi}$ [AT/극]
- 교차 기자력 $AT_c = \dfrac{I_a Z}{2Pa} \cdot \dfrac{\beta}{\pi}$ [AT/극]

(여기서 α : 기하학적 중성축에서 브러시가 이동한 각도, β : $180° - 2\alpha$)　　답 ②

46 동기발전기의 단락시험, 무부하 시험에서 구할 수 없는 것은?

① 철손　　② 단락비
③ 동기리액턴스　　④ 전기자 반작용

풀이
- 무부하 시험에서는 철손, 기계손 등을 구할 수 있다.
- 단락 시험에서는 동기 임피던스, 동기 리액턴스 등을 구할 수 있다.
- 단락비 산출에는 무부하(포화) 시험과 단락(3상) 시험이 필요하다.　　답 ④

47 자극수 4, 전기자 도체수 50, 전기자 저항 0.1 [Ω]의 중권 타여자전동기가 있다. 정격전압 105[V], 정격전류 50[A]로 운전하던 것을 전압 106[V] 및 계자회로를 일정히 하고 무부하로 운전했을 때 전기자전류가 10[A]이라면 속도 변동률[%]은? (단, 매극의 자속은 0.05[Wb]라 한다.)

① 3　　② 5
③ 6　　④ 8

풀이 ① 부하 시
- 유기기전력
$E = V - I_a R_a = 105 - 50 \times 0.1 = 100[V]$
- 유기기전력 $E = \dfrac{pZ}{a}\Phi\dfrac{N}{60}$[V]에서 회전속도
$N = \dfrac{aE \times 60}{pZ\Phi} = \dfrac{4 \times 100 \times 60}{4 \times 50 \times 0.05} = 2400[rpm]$

② 무부하 시
- 유기기전력
$E_0 = V_0 - I_0 R_a = 106 - 10 \times 0.1 = 105[V]$
- 회전속도
$N_0 = \dfrac{aE_0 \times 60}{pZ\Phi} = \dfrac{4 \times 105 \times 60}{4 \times 50 \times 0.05} = 2520[rpm]$

따라서 속도변동률
$= \dfrac{N_0 - N}{N} \times 100[\%] = \dfrac{2520 - 2400}{2400} \times 100$
$= 5[\%]$　　답 ②

48 직류 직권전동기의 속도제어에 사용되는 기기는?

① 초퍼　　② 인버터
③ 듀얼 컨버터　　④ 사이클로 컨버터

풀이
- AC-DC 컨버터(위상제어정류기) : 직류전동기의 속도제어
- DC-AC 인버터 : 교류 전동기의 속도제어
- DC-DC 컨버터(직류초퍼회로) : 직류전동기의 속도제어
- AC-AC 컨버터(사이클로컨버터) : 가변 주파수, 가변 출력 전압 발생　　답 ①

49 6극 유도전동기의 고정자 슬롯(slot)홈 수가 36이라면 인접한 슬롯 사이의 전기각은?

① 30°　　② 60°
③ 120°　　④ 180°

풀이

기하각 $\alpha° = \dfrac{360°}{36} = 10°$

또한 $\alpha° = \dfrac{전기각}{p/2} = \dfrac{2\theta_e}{p}$ 이므로

따라서 전기각 $\theta_e = \dfrac{p\alpha°}{2} = \dfrac{6 \times 10°}{2} = 30°$ **답** ①

---

50 다음은 직류발전기의 정류곡선이다. 이 중에서 정류 말기에 정류의 상태가 좋지 않은 것은?

① ⓐ
② ⓑ
③ ⓒ
④ ⓓ

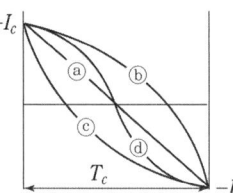

풀이
ⓐ (직선정류) : 전류가 직선적으로 균등하게 변환
ⓑ (부족정류) : 정류 말기에 브러시 뒤쪽에서 **불꽃 발생**
ⓒ (과정류) : 정류 초기에 브러시 앞쪽에서 불꽃 발생
ⓓ (정현파 정류) : 불꽃 발생 안함 **답** ②

---

51 동기 주파수변환기의 주파수 f_1 및 f_2 계통에 접속되는 양극을 P_1, P_2라 하면 다음 어떤 관계가 성립되는가?

① $\dfrac{f_1}{f_2} = P_2$
② $\dfrac{f_1}{f_2} = \dfrac{P_2}{P_1}$
③ $\dfrac{f_1}{f_2} = \dfrac{P_1}{P_2}$
④ $\dfrac{f_2}{f_1} = P_1 \cdot P_2$

풀이

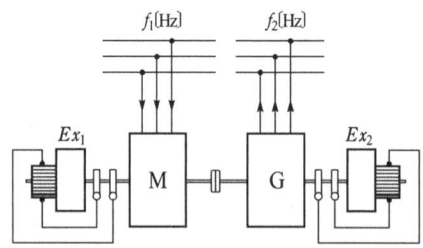

동기 주파수 변환기는 동기전동기와 동기발전기를 직결하여 주파수를 변환하는 것으로, 주파수가 다른 2개의 송전 계통을 연결하여 전력을 수수(授受)하고자 하는 경우 또는 전원 주파수와 다른 주파수를 필요로 하는 경우 사용한다. 동기 주파수 변환기는 다음의 관계가 있다.

$N_s = \dfrac{120f_1}{P_1} = \dfrac{120f_2}{P_2}$ 이므로 $\dfrac{f_1}{P_1} = \dfrac{f_2}{P_2}$

$\therefore \dfrac{f_1}{f_2} = \dfrac{P_1}{P_2}$ **답** ③

---

52 직류전압의 맥동률이 가장 작은 정류회로는? (단, 저항부하를 사용한 경우이다.)

① 단상전파 ② 단상반파
③ 3상반파   ④ 3상전파

풀이

정류 종류	단상 반파	단상전파	3상 반파	3상 전파
맥동률[%]	121	48	17.7	4.04
정류 효율	40.5	81.1	96.7	99.8
맥동 주파수	f	$2f$	$3f$	$6f$

답 ④

---

53 단락비가 큰 동기발전기에 대한 설명 중 틀린 것은?

① 효율이 나쁘다.
② 계자전류가 크다.
③ 전압변동률이 크다.
④ 안정도와 선로 충전용량이 크다.

풀이 단락비가 큰 기계(철기계)
- 동기 임피던스가 적다.($K_s \propto \dfrac{1}{Z_s}$)
- **전압변동률이 작다.**
- 전기자 반작용이 작다.
- 출력이 크다.
- 과부하 내량이 크고 안정도가 높다.
- 자기 여자 현상이 작다.
- 송전선로의 충전용량이 크다.
- 철손, 기계손 등의 고정손이 커서 효율이 나쁘다.
- 극수가 많은 저속기에 적합하다. **답** ③

---

54 직류분권발전기가 운전 중 단락이 발생하면 나타나는 현상으로 옳은 것은?

① 과전압이 발생한다.
② 계자저항선이 확립된다.
③ 큰 단락전류로 소손된다.
④ 작은 단락전류가 흐른다.

[풀이]
- 직류분권발전기를 운전 중 서서히 단락상태로 하면 초기의 큰 단락전류에 의한 전압강하에 의해 단자전압이 감소하며, 계자전류 및 자속도 감소하여 유기기전력이 감소한다.
- 유기기전력이 감소하면 단자전압은 더욱 감소되므로 결국 매우 작은 단락전류에 머무르게 된다. 답 ④

55 직류전동기의 속도제어 방법에서 광범위한 속도제어가 가능하며, 운전효율이 가장 좋은 방법은?

① 계자제어
② 전압제어
③ 직렬저항제어
④ 병렬 저항제어

[풀이] 직류전동기의 속도제어법 비교

구 분	제어 특성	특 징
계자 제어법	• 정출력 제어	• 속도제어범위가 좁다.
전압 제어법	• 정토크 제어 – 워드 레오나드 방식 – 일그너 방식	• 제어범위가 넓다. • 손실이 매우 적다. • 정역 운전이 가능 • 설비비가 많이든다.
직렬 저항법		• 효율이 나쁘다.

답 ②

56 동기발전기의 권선을 분포권으로 하면?

① 난조를 방지한다.
② 파형이 좋아진다.
③ 권선의 리액턴스가 커진다.
④ 집중권에 비하여 합성 유도 기전력이 높아진다.

[풀이] 분포권의 특징
① 분포권은 집중권에 비하여 합성 유기전력이 감소한다.
② 기전력의 고조파가 감소하여 파형이 좋아진다.
③ 권선의 누설 리액턴스가 감소한다.
④ 전기자 권선에 의한 열을 고르게 분포시켜 과열을 방지한다. 답 ②

57 어떤 변압기의 부하역률이 60[%]일 때 전압변동률이 최대라고 한다. 지금 이 변압기의 부하역률이 100[%]일 때 전압변동률을 측정했더니 3[%]였다. 이 변압기의 부하역률이 80[%]일 때 전압변동률은 몇 [%]인가?

① 2.4
② 3.6
③ 4.8
④ 5.0

[풀이] 전압변동률 $\epsilon = p\cos\theta + q\sin\theta$ 이다.
(여기서, p : %저항강하, q : %리액턴스강하)
- 부하역률 100[%]일 때
  $\epsilon_{100} = p\cos\theta + q\sin\theta = p \times 1 + q \times 0 = p = 3[\%]$
- 최대 전압변동률 ϵ_{max}을 부하역률 $\cos\theta_m$일 때라고 하면
  $\cos\theta_m = \dfrac{p}{\sqrt{p^2+q^2}} = \dfrac{3}{\sqrt{3^2+q^2}} = 0.6$
  $q = 4[\%]$
- 따라서 부하역률이 80[%]일 때의 전압변동률은
  $\epsilon_{80} = p\cos\theta + q\sin\theta = 3 \times 0.8 + 4 \times 0.6 = 4.8[\%]$

답 ③

58 그림은 복권발전기의 외부특성곡선이다. 이 중 과복권을 나타내는 곡선은?

① A
② B
③ C
④ D

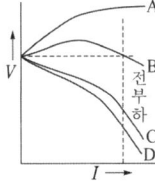

[풀이] A : 과복권, B : 평복권
C : 부족복권, D : 차동복권
답 ①

59 200[V]의 배전선 전압을 220[V]로 승압하여 30[kVA]의 부하에 전력을 공급하는 단권변압기가 있다. 이 단권변압기의 자기용량은 약 몇 [kVA]인가?

① 2.73
② 3.55
③ 4.26
④ 5.25

[풀이] $\dfrac{\text{자기 용량}}{\text{부하 용량}} = \dfrac{V_h - V_l}{V_h}$ 이므로

∴ 자기 용량 $= \dfrac{V_h - V_l}{V_h} \times$ 부하 용량

$= \dfrac{220-200}{220} \times 30 = 2.73[kVA]$ 답 ①

60 유도전동기에서 공간적으로 본 고정자에 의한 회전자계와 회전자에 의한 회전자계는?

① 항상 동상으로 회전한다.
② 슬립만큼의 위상각을 가지고 회전한다.
③ 역률각만큼의 위상각을 가지고 회전한다.
④ 항상 180°만큼의 위상각을 가지고 회전한다.

풀이
- 고정자에 의한 회전자계 : N_s(동기속도)[rpm]
- 회전자(전동기) 속도 : $N = (1-s)N_s$[rpm]
- 고정자의 회전자계와 회전자 사이의 상대 속도 : sN_s[rpm]
- 회전자에 의한 회전자계
  = 회전자속도 + 상대속도
  $= (1-s)N_s + sN_s = N_s$[rpm]

따라서 회전자에 의한 회전자계는 고정자가 만드는 회전자계와 같은 방향, 동상으로 회전한다. 답 ①

4과목 - 회로이론

61 $f(t) = e^{-t} + 3t^2 + 3\cos 2t + 5$의 라플라스 변환식은?

① $\dfrac{1}{s+1} + \dfrac{6}{s^2} + \dfrac{3s}{s^2+5} + \dfrac{5}{s}$

② $\dfrac{1}{s+1} + \dfrac{6}{s^3} + \dfrac{3s}{s^2+4} + \dfrac{5}{s}$

③ $\dfrac{1}{s+1} + \dfrac{5}{s^2} + \dfrac{3s}{s^2+5} + \dfrac{4}{s}$

④ $\dfrac{1}{s+1} + \dfrac{5}{s^3} + \dfrac{2s}{s^2+4} + \dfrac{4}{s}$

풀이 $F(s) = \mathcal{L}[f(t)] = \mathcal{L}[e^{-t} + 3t^2 + 3\cos 2t + 5]$
$= \mathcal{L}[e^{-t}] + \mathcal{L}[3t^2] + \mathcal{L}[3\cos 2t] + \mathcal{L}[5]$

$\mathcal{L}[e^{-t}] = \dfrac{1}{s+1}$, $\mathcal{L}[3t^2] = \dfrac{3 \times 2!}{s^{2+1}} = \dfrac{6}{s^3}$

$\mathcal{L}[3\cos 2t] = \dfrac{3s}{s^2+2^2} = \dfrac{3s}{s^2+4}$, $\mathcal{L}[5] = \dfrac{5}{s}$

∴ $F(s) = \dfrac{1}{s+1} + \dfrac{6}{s^3} + \dfrac{3s}{s^2+4} + \dfrac{5}{s}$ 답 ②

62 RLC 직렬회로에서 $R = 100[\Omega]$, $L = 5$[mH], $C = 2[\mu F]$일 때 이 회로는?

① 과제동이다. ② 무제동이다.
③ 임계제동이다. ④ 부족제동이다.

풀이 진동 여부의 판별식에서
$\left(\dfrac{R}{2L}\right)^2 - \dfrac{1}{LC} = R^2 - 4\dfrac{L}{C} = 100^2 - 4 \times \dfrac{5 \times 10^{-3}}{2 \times 10^{-6}} = 0$
이므로 임계제동이다. 답 ③

63 구형파의 파형률(㉠)과 파고율(㉡)은?

① ㉠ 1, ㉡ 0 ② ㉠ 1.11, ㉡ 1.414
③ ㉠ 1, ㉡ 1 ④ ㉠ 1.57, ㉡ 2

풀이

	구형파	3각파	정현파	정류파(전파)	정류파(반파)
파형률	1.0	1.15	1.11	1.11	1.57
파고율	1.0	1.732	1.414	1.414	2.0

답 ③

64 그림과 같은 회로의 전압 전달함수 $G(s)$는?

① $\dfrac{RC}{s + \dfrac{1}{RC}}$

② $\dfrac{RC}{s + RC}$

③ $\dfrac{RC}{RCs + 1}$

④ $\dfrac{1}{RCs + 1}$

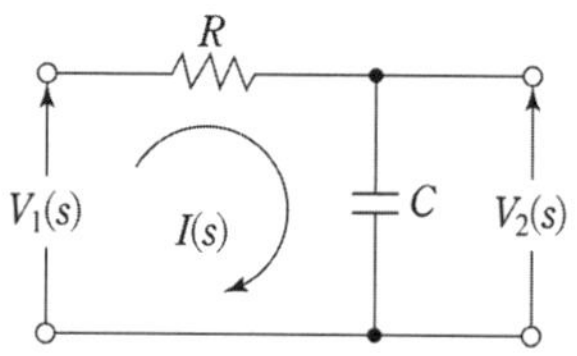

풀이 $\begin{cases} v_1(t) = Ri(t) + \dfrac{1}{C}\int i(t)dt \\ v_2(t) = \dfrac{1}{C}\int i(t)dt \end{cases}$

$$\begin{cases} V_1(s) = \left(R + \dfrac{1}{Cs}\right)I(s) \\ V_2(s) = \dfrac{1}{Cs}I(s) \end{cases}$$

$$\therefore G(s) = \dfrac{V_2(s)}{V_1(s)} = \dfrac{\dfrac{1}{Cs}}{R + \dfrac{1}{Cs}} = \dfrac{1}{RCs+1}$$ 답 ④

65 평형 3상 부하에 전력을 공급할 때 선전류가 20[A]이고 부하의 소비전력이 4[kW]이다. 이 부하의 등가 Y회로에 대한 각 상의 저항은 약 몇 [Ω]인가?

① 3.3 ② 5.7
③ 7.2 ④ 10

풀이 Y결선에서 유효전력 $P = 3I_p^2 R$
선전류(I_l) = 상전류(I_p)이므로
$$\therefore R = \dfrac{P}{3I_p^2} = \dfrac{4 \times 10^3}{3 \times 20^2} = \dfrac{10}{3} \fallingdotseq 3.3[\Omega]$$ 답 ①

66 RL 직렬회로에서 시정수의 값이 클수록 과도 현상은 어떻게 되는가?

① 없어진다. ② 짧아진다.
③ 길어진다. ④ 변화가 없다.

풀이 $R-L$ 직렬회로에서 직류전압 인가 시
$$i(t) = \dfrac{E}{R}\left(1 - e^{-\frac{R}{L}t}\right) = \dfrac{E}{R}\left(1 - e^{-\frac{1}{\tau}t}\right)$$

즉, 시정수 τ가 커지면 $e^{-\frac{1}{\tau}t}$의 값이 증가하므로 과도 상태는 길어진다. 답 ③

67 3상 평형회로에서 선간전압이 200[V]이고 각 상의 임피던스가 $24 + j7[\Omega]$인 Y결선 3상 부하의 유효전력은 약 몇 [W]인가?

① 192 ② 512
③ 1536 ④ 4608

풀이 Y결선 시 상전압(V_p)은 선간전압(V_l)의 $\dfrac{1}{\sqrt{3}}$배이므로

상전류 $I_p = \dfrac{V_p}{Z_p} = \dfrac{\dfrac{V_l}{\sqrt{3}}}{Z_p} = \dfrac{\dfrac{200}{\sqrt{3}}}{\sqrt{24^2 + 7^2}}$

$= \dfrac{200}{25\sqrt{3}}[A]$

$$\therefore P = 3I_p^2 R = 3 \times \left(\dfrac{200}{25\sqrt{3}}\right)^2 \times 24$$
$$= 1536[W]$$ 답 ③

68 그림과 같은 회로의 영상 임피던스 Z_{01}, Z_{02} [Ω]는 각각 얼마인가?

① 9, 5
② 6, $\dfrac{10}{3}$
③ 4, 5
④ 4, $\dfrac{20}{9}$

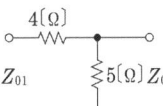

풀이
$$\begin{bmatrix} A & B \\ C & D \end{bmatrix} = \begin{bmatrix} 1 & 4 \\ 0 & 1 \end{bmatrix}\begin{bmatrix} 1 & 0 \\ \dfrac{1}{5} & 1 \end{bmatrix} = \begin{bmatrix} 1 + \dfrac{4}{5} & 4 \\ \dfrac{1}{5} & 1 \end{bmatrix}$$

즉 $A = 1 + \dfrac{4}{5} = \dfrac{9}{5}$, $B = 4$, $C = \dfrac{1}{5}$, $D = 1$이므로

$$\therefore Z_{01} = \sqrt{\dfrac{AB}{CD}} = \sqrt{\dfrac{\dfrac{9}{5} \times 4}{\dfrac{1}{5} \times 1}} = 6[\Omega]$$

$$\therefore Z_{02} = \sqrt{\dfrac{BD}{AC}} = \sqrt{\dfrac{4 \times 1}{\dfrac{9}{5} \times \dfrac{1}{5}}} = \dfrac{10}{3}[\Omega]$$ 답 ②

69 기본파의 60[%]인 제3고조파와 80[%]인 제5 고조파를 포함하는 전압의 왜형률은?

① 0.3 ② 1
③ 5   ④ 10

풀이 왜형률 = $\dfrac{\text{각 고조파의 실효값의 합}}{\text{기본파의 실효값}}$

$= \dfrac{\sqrt{V_3^2 + V_5^2}}{V_1} = \sqrt{\left(\dfrac{V_3}{V_1}\right)^2 + \left(\dfrac{V_5}{V_1}\right)^2}$

$= \sqrt{0.6^2 + 0.8^2} = 1$ 답 ②

70 $e_1 = 6\sqrt{2}\sin\omega t[V]$,
$e_2 = 4\sqrt{2}\sin(\omega t - 60°)[V]$일 때,
$e_1 - e_2$의 실효값[V]은?

① 4　　　② $2\sqrt{2}$
③ $2\sqrt{7}$　　　④ $2\sqrt{13}$

풀이 $e_1 = 6\angle 0°$, $e_2 = 4\angle -60°$
∴ $e_1 - e_2 = 6 - 4(\cos 60° - j\sin 60°)$
$= 6 - 4 \times \left(\dfrac{1}{2} - j\dfrac{\sqrt{3}}{2}\right)$
$= 4 + j2\sqrt{3} = \sqrt{4^2 + (2\sqrt{3})^2}$
$= 2\sqrt{7}[V]$　　**답** ③

71 대칭 6상 전원이 있다. 환상결선으로 각 전원이 150[A]의 전류를 흘린다고 하면 선전류는 몇 [A]인가?

① 50　　　② 75
③ $\dfrac{150}{\sqrt{3}}$　　　④ 150

풀이 $I_l = 2I_p \sin\dfrac{\pi}{n} = 2 \times 150 \times \sin\dfrac{\pi}{6} = 150[A]$　**답** ④

72 $f(t) = e^{at}$의 라플라스 변환은?

① $\dfrac{1}{s-a}$　　　② $\dfrac{1}{s+a}$
③ $\dfrac{1}{s^2 - a^2}$　　　④ $\dfrac{1}{s^2 + a^2}$

풀이 복소 추이 정리에 의해서
$\mathcal{L}[1 \cdot e^{at}] = \dfrac{1}{s}\bigg|_{s=s-a} = \dfrac{1}{s-a}$　**답** ①

73 1상의 직렬 임피던스가 $R = 6[\Omega]$, $X_L = 8[\Omega]$인 △결선의 평형부하가 있다. 여기에 선간전압 100[V]인 대칭 3상 교류전압을 가하면 선전류는 몇 [A]인가?

① $3\sqrt{3}$　　　② $\dfrac{10\sqrt{3}}{3}$
③ 10　　　④ $10\sqrt{3}$

풀이 ① △결선 시 선간전압(V_l)과 상전압(V_p)은 같다.
상전류 $I_p = \dfrac{V_p}{Z} = \dfrac{V_l}{\sqrt{R^2 + X^2}} = \dfrac{100}{\sqrt{6^2 + 8^2}}$
$= 10[A]$
② △결선 시 선전류(I_l)는 상전류(I_p)의 $\sqrt{3}$이다.
따라서 선전류 $I_l = \sqrt{3}I_p = 10\sqrt{3}[A]$　**답** ④

74 그림의 회로에서 전류 I는 약 몇 [A]인가? (단, 저항의 단위는 [Ω]이다.)

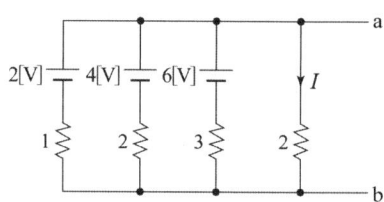

① 1.125　　　② 1.29
③ 6　　　④ 7

풀이 밀만의 정리를 적용하면
$V_{ab} = \dfrac{\dfrac{2}{1} + \dfrac{4}{2} + \dfrac{6}{3}}{\dfrac{1}{1} + \dfrac{1}{2} + \dfrac{1}{3} + \dfrac{1}{2}} = 2.57[V]$
∴ $I = \dfrac{2.57}{2} ≒ 1.29[V]$　**답** ②

75 $Z(s) = \dfrac{2s+3}{s}$로 표시되는 2단자 회로망은?

① ─/\/\/─┤├─　2[Ω]　$\dfrac{1}{3}$[F]
② ─◯◯◯─/\/\/─　2[H]　3[Ω]
③ ─/\/\/─◯◯◯─　2[Ω]　3[H]
④ ─┤├─/\/\/─　3[F]　2[Ω]

풀이 $Z(s) = \dfrac{2s+3}{s} = 2 + \dfrac{3}{s} = 2 + \dfrac{1}{\dfrac{1}{3}s}$

따라서 저항 2[Ω]과 콘덴서 $\dfrac{1}{3}$[F]의 직렬회로이다.
답 ①

76 $i = 20\sqrt{2} \sin(377t - \frac{\pi}{6})$의 주파수는 약 몇 [Hz]인가?

① 50   ② 60
③ 70   ④ 80

풀이 순시전류 $i = \sqrt{2} I \sin(\omega t - \theta)$
$= 20\sqrt{2} \sin(377t - \frac{\pi}{6})$[A]
이므로 $\omega t = 377t$ 이다.
$\omega = 2\pi f = 377$
$\therefore f = \frac{377}{2\pi} = 60$[Hz]   **답** ②

77 a-b 단자의 전압이 $50\angle 0°$[V], a-b단자에서 본 능동 회로망(N)의 임피던스가 $Z = 6 + j8$ [Ω]일 때, a-b 단자에 임피던스 $Z' = 2 - j2$ [Ω]를 접속하면 이 임피던스에 흐르는 전류 [A]는?

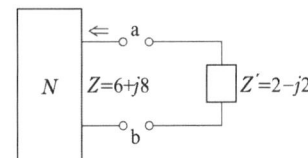

① $3 - j4$ ② $3 + j4$
③ $4 - j3$ ④ $4 + j3$

풀이 $\dot{I} = \frac{V}{Z+Z'} = \frac{50}{6+j8+2-j2} = \frac{50}{8+j6}$
$= \frac{50(8-j6)}{(8+j6)(8-j6)} = 4 - j3$[A]   **답** ③

78 그림과 같은 평형 3상 Y결선에서 각 상이 8[Ω]의 저항과 6[Ω]의 리액턴스가 직렬로 연결된 부하에 선간전압 $100\sqrt{3}$ [V]가 공급되었다. 이 때 선전류는 몇 [A]인가?

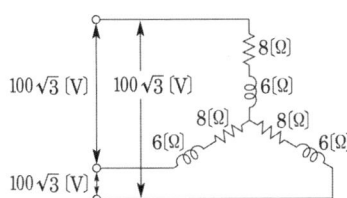

① 5   ② 10
③ 15   ④ 20

풀이 Y결선에서의 선전류(I_l)는 상전류(I_p)와 같으므로
$I_l = I_p = \frac{E_p}{Z} = \frac{\frac{100\sqrt{3}}{\sqrt{3}}}{\sqrt{8^2+6^2}} = \frac{100}{10} = 10$[A]   **답** ②

79 $F(s) = \frac{2}{(s+1)(s+3)}$의 역라플라스 변환은?

① $e^{-t} - e^{-3t}$ ② $e^{-t} - e^{3t}$
③ $e^t - e^{3t}$ ④ $e^t - e^{-3t}$

풀이 $F(s) = \frac{2}{(s+1)(s+3)} = \frac{A}{s+1} + \frac{B}{s+3}$
$A = \frac{2}{s+3}\Big|_{s=-1} = \frac{2}{2} = 1$,
$B = \frac{2}{s+1}\Big|_{s=-3} = \frac{2}{-2} = -1$이므로
$F(s) = \frac{1}{s+1} - \frac{1}{s+3}$
$\therefore \mathcal{L}^{-1}(F(s)) = e^{-t} - e^{-3t}$ **답** ①

80 인덕턴스가 각각 5[H], 3[H]인 두 코일을 모두 dot 방향으로 전류가 흐르게 직렬로 연결하고 인덕턴스를 측정하였더니 15[H]이었다. 두 코일간의 상호 인덕턴스[H]는?

① 3.5   ② 4.5
③ 7   ④ 9

풀이

두 코일 모두 dot 방향으로 전류가 흐르므로 합성인덕턴스 $L = L_1 + L_2 + 2M$이다.
따라서 상호 인덕턴스
$M = \frac{L - L_1 - L_2}{2} = \frac{15 - 5 - 3}{2} = 3.5$[H]   **답** ①

5과목 - 전기설비기술기준

81 23[kV] 특고압가공전선로의 전로와 저압전로를 결합한 주상변압기의 2차 측 접지선의 굵기는 공칭단면적이 몇 [mm²] 이상의 연동선인가? (단, 특고압가공전선로는 중성선 다중접지식의 것을 제외한다.)

① 2.5　　② 6
③ 10　　④ 16

풀이 142.3.1 접지도체
중성점 접지용 접지도체는 **공칭단면적 16[mm²] 이상의 연동선** 또는 동등 이상의 단면적 및 세기를 가져야 한다. 다만, 다음의 경우에는 공칭단면적 6[mm²] 이상의 연동선 또는 동등 이상의 단면적 및 강도를 가져야 한다.
가. 7[kV] 이하의 전로
나. 사용전압이 25[kV] 이하인 특고압 가공전선로. 다만, 중성선 다중접지식의 것으로서 전로에 지락이 생겼을 때 2초 이내에 자동적으로 이를 전로로부터 차단하는 장치가 되어 있는 것.　**답** ④

82 특고압가공전선로의 지지물 양쪽의 경간의 차가 큰 곳에 사용되는 철탑은?

① 내장형철탑　　② 인류형철탑
③ 각도형철탑　　④ 보강형철탑

풀이 333.11 특고압 가공전선로의 철주·철근 콘크리트주 또는 철탑의 종류
특고압 가공전선로의 지지물로 사용하는 B종 철근·B종 콘크리트주 또는 철탑의 종류는 다음과 같다.
가. 직선형 : 전선로의 직선 부분(3° 이하의 수평 각도 이루는 곳 포함)에 사용되는 것
나. 각도형 : 전선로 중 수평 각도 3°를 넘는 곳에 사용되는 것
다. 인류형 : 전 가섭선을 인류하는 곳에 사용하는 것
라. 내장형 : 전선로 지지물 **양측의 경간차가 큰 곳에 사용하는 것**
마. 보강형 : 전선로 직선 부분을 보강하기 위하여 사용하는 것　**답** ①

83 고압가공전선이 경동선 또는 내열동합금선인 경우 안전율의 최솟값은?

① 2.0　　② 2.2
③ 2.5　　④ 4.0

풀이 332.4 고압 가공전선의 안전율
고압 가공전선은 케이블인 경우 이외에는 그 안전율이 **경동선 또는 내열 동합금선은 2.2 이상**, 그 밖의 전선은 2.5 이상이 되는 이도로 시설하여야 한다.　**답** ②

84 사용전압 60000[V]인 특고압가공전선과 그 지지물·지주·완금류 또는 지선 사이의 이격거리는 몇 [cm] 이상이어야 하는가?

① 35　　② 40
③ 45　　④ 65

풀이 333.5 특고압 가공전선과 지지물 등의 이격거리
특고압 가공전선과 그 지지물·완금류·지주 또는 지선 사이의 이격거리는 표에서 정한 값 이상이어야 한다. 다만, 기술상 부득이한 경우에 위험의 우려가 없도록 시설한 때에는 표에서 정한 값의 0.8배까지 감할 수 있다.

사용전압	이격거리[cm]
15[kV] 미만	15
15[kV] 이상 25[kV] 미만	20
25[kV] 이상 35[kV] 미만	25
60[kV] 이상 70[kV] 미만	40
130[kV] 이상 160[kV] 미만	90

답 ②

85 특고압가공전선로의 지지물에 시설하는 통신선 또는 이것에 직접 접속하는 통신선일 경우에 설치하여야 할 보안장치로서 모두 옳은 것은?

① 특고압용 제2종 보안장치, 고압용 제2종 보안장치
② 특고압용 제1종 보안장치, 특고압용 제3종 보안장치
③ 특고압용 제2종 보안장치, 특고압용 제3종 보안장치
④ 특고압용 제1종 보안장치, 특고압용 제2종 보안장치

풀이 362.10 전력보안통신설비의 보안장치
특고압 가공전선로의 지지물에 시설하는 통신선 또는 이에 직접 접속하는 통신선에 접속하는 휴대전화기를 접속하는 곳 및 옥외전화기를 시설하는 곳에는 표준에 적합한 **특고압용 제1종 보안장치, 특고압용 제2종 보안장치** 또는 이에 준하는 보안장치를 시설하여야 한다.　**답** ④

86 특고압가공전선로에서 발생하는 극저주파 전자계는 지표상 1[m]에서 전계가 몇 [kV/m] 이하가 되도록 시설하여야 하는가?

① 3.5 ② 2.5
③ 1.5 ④ 0.5

풀이 유도장해 방지(기술기준 제17조)
특고압가공전선로에서 발생하는 극저주파 전자계는 지표상 1[m]에서 **전계가 3.5[kV/m] 이하**, 자계가 83.3 [μT] 이하가 되도록 시설하는 등 상시 정전유도 및 전자유도 작용에 의하여 사람에게 위험을 줄 우려가 없도록 시설하여야 한다. **답** ①

87 철탑의 강도 계산에 사용하는 이상 시 상정하중의 종류가 아닌 것은?

① 좌굴하중
② 수직하중
③ 수평 횡하중
④ 수평 종하중

풀이 333.14 이상 시 상정하중
철탑의 강도계산에 사용하는 이상 시 상정하중은 풍압이 전선로에 직각방향으로 가하여지는 경우의 하중과 **전선로의 방향으로 가하여지는 경우의 수직하중, 수평 횡하중, 수평 종하중**을 계산하여 각 부재에 대한 이들의 하중 중 그 부재에 큰 응력이 생기는 쪽의 하중을 채택한다. **답** ①

88 고압 옥내배선을 애자공사로 하는 경우, 전선의 지지점 간의 거리는 전선을 조영재의 면을 따라 붙이는 경우 몇 [m] 이하이어야 하는가?

① 1 ② 2
③ 3 ④ 5

풀이 342.1 고압 옥내배선 등의 시설

전압	전선과 조영재와의 이격거리	전선 상호 간격	전선 지지점 간의 거리	
			조영재의 윗면 또는 옆면에 따라 시설	조영재에 따라 시설하지 않는 경우
고압	5[cm] 이상	8[cm] 이상	2[m] 이하	6[m] 이하

답 ②

89 수소냉각식의 발전기·조상기에 부속하는 수소냉각 장치에서 필요 없는 장치는?

① 수소의 압력을 계측하는 장치
② 수소의 온도를 계측하는 장치
③ 수소의 유량을 계측하는 장치
④ 수소의 순도 저하를 경보하는 장치

풀이 351.10 수소냉각식 발전기 등의 시설
수소냉각식의 발전기·조상기 또는 이에 부속하는 수소 냉각 장치는 다음 각 호에 따라 시설하여야 한다.
가. 발전기 또는 조상기는 기밀구조의 것이고 또한 수소가 대기압에서 폭발하는 경우에 생기는 압력에 견디는 강도를 가지는 것일 것.
나. 발전기축의 밀봉부에는 질소 가스를 봉입할 수 있는 장치 또는 발전기 축의 밀봉부로부터 누설된 수소 가스를 안전하게 외부에 방출할 수 있는 장치를 시설할 것.
다. 발전기 내부 또는 조상기 내부의 수소의 순도가 85 [%] **이하로 저하**한 경우에 이를 **경보하는 장치**를 시설할 것.
라. 발전기 내부 또는 조상기 내부의 **수소의 압력을 계측하는 장치** 및 그 압력이 현저히 변동한 경우에 이를 경보하는 장치를 시설할 것.
마. 발전기 내부 또는 조상기 내부의 수소의 온도를 계측하는 장치를 시설할 것. **답** ③

90 사용전압 15[kV] 이하인 특고압가공전선로의 중성선 다중접지 시설은 각 접지선을 중성선으로부터 분리하였을 경우 1[km]마다의 중성선과 대지 사이의 합성 전기저항 값은 몇 [Ω] 이하이어야 하는가?

① 30   ② 50
③ 400 ④ 500

풀이 333.32 25[kV] 이하인 특고압 가공전선로의 시설
각 접지도체를 중성선으로부터 분리하였을 경우의 각 접지점의 대지 전기저항 값과 1[km] 마다의 중성선과 대지 사이의 합성전기저항 값은 표에서 정한 값 이하일 것.

사용전압	각 접지점의 대지 전기저항치	1[km] 마다의 합성 전기저항치
15[kV] 이하	300[Ω]	30[Ω]
15[kV] 초과 25[kV] 이하	300[Ω]	15[Ω]

답 ①

91 동일 지지물에 저압가공전선(다중접지된 중성선은 제외)과 고압가공전선을 시설하는 경우 저압가공전선은?

① 고압가공전선의 위로 하고 동일 완금류에 시설
② 고압가공전선과 나란하게 하고 동일 완금류에 시설
③ 고압가공전선의 아래로 하고 별개의 완금류에 시설
④ 고압가공전선과 나란하게 하고 별개의 완금류에 시설

풀이 332.8 고압 가공전선 등의 병행설치
저압 가공전선(다중접지된 중성선은 제외한다. 이하 같다)과 고압 가공전선을 동일 지지물에 시설하는 경우에는 다음에 따라야 한다.
가. **저압 가공전선을 고압 가공전선의 아래로 하고 별개의 완금류에 시설할 것.**
나. 저압 가공전선과 고압 가공전선 사이의 이격거리는 0.5[m] 이상일 것. **답 ③**

92 저압 옥내배선과 옥내 저압용의 전구선의 시설방법으로 틀린 것은?

① 쇼케이스 내의 배선에 $0.75[mm^2]$의 캡타이어케이블을 사용하였다.
② 전광표시장치의 배선으로 $0.75[mm^2]$의 다심케이블을 사용하였다.
③ 전광표시장치의 배선으로 $1.5[mm^2]$의 연동선을 사용하고 합성수지관에 넣어 시설하였다.
④ 조명용 전원코드로 $0.55[mm^2]$의 캡타이어케이블을 사용하였다.

풀이 231.3 저압 옥내배선의 사용전선
가. 저압 옥내배선의 전선 : 단면적 $2.5[mm^2]$ 이상의 연동선
나. 옥내배선의 사용 전압이 400[V] 이하인 경우는 다음에 의하여 시설할 수 있다.
① 전광표시 장치 또는 제어 회로
  • 단면적 $1.5[mm^2]$ 이상의 연동선
  • 단면적 $0.75[mm^2]$ 이상인 다심케이블 또는 다심 캡타이어 케이블을 사용하고 또한 과전류가 생겼을 때에 자동적으로 전로에서 차단하는 장치를 시설
② 진열장 또는 이와 유사한 것의 내부 배선 : 단면적 $0.75[mm^2]$ 이상인 코드 또는 캡타이어케이블

234.3 코드 및 이동전선
조명용 전원코드 또는 이동전선은 단면적 $0.75[mm^2]$ 이상인 코드 또는 캡타이어케이블 **답 ④**

93 저압 및 고압가공전선의 높이에 대한 기준으로 틀린 것은?

① 철도를 횡단하는 경우는 레일면상 6.5[m] 이상이다.
② 횡단보도교 위에 시설하는 경우 저압가공전선은 노면 상에서 3[m] 이상이다.
③ 횡단보도교 위에 시설하는 경우 고압가공전선은 그 노면 상에서 3.5[m] 이상이다.
④ 다리의 하부 기타 이와 유사한 장소에 시설하는 저압의 전기철도용 급전선은 지표상 3.5[m]까지로 감할 수 있다.

풀이 332.5 고압 가공전선의 높이
222.7 저압 가공전선의 높이
저·고압 가공전선의 높이는 다음에 따라야 한다.

설치장소		가공전선의 높이
도로횡단(번잡하지 않은 도로 제외)		지표상 6[m] 이상
철도 또는 궤도횡단		레일면상 6.5[m] 이상
횡단 보도교 위	저압	노면상 3.5[m] 이상. 단, 절연전선의 경우 3[m] 이상
	고압	노면상 3.5[m] 이상
일반장소		지표상 5[m] 이상. 단, 압의 경우 절연전선 또는 케이블을 사용하여 교통에 지장이 없도록 하여 옥외조명용에 공급하는 경우 4[m]까지 감할 수 있다.
다리의 하부 기타 이와 유사한 장소		저압의 전기철도용 급전선은 지표상 3.5[m]까지로 감할 수 있다.

답 ②

94 "지중관로"에 포함되지 않는 것은?

① 지중전선로
② 지중 레일 선로
③ 지중 약전류 전선로
④ 지중 광섬유 케이블 선로

풀이 112 용어 정의
"지중 관로"란 지중 전선로·지중 약전류 전선로·지중 광섬유 케이블 선로·지중에 시설하는 수관 및 가스관과 이와 유사한 것 및 이들에 부속하는 지중함 등을 말한다. **답 ②**

95 전체의 길이가 16[m]이고 설계하중이 6.8[kN] 초과 9.8[kN] 이하인 철근 콘크리트주를 논, 기타 지반이 연약한 곳 이외의 곳에 시설할 때, 묻히는 깊이를 2.5[m] 보다 몇 [cm] 가산하여 시설하는 경우에는 기초의 안전율에 대한 고려 없이 시설하여도 되는가?

① 10 ② 20
③ 30 ④ 40

풀이 331.7 가공전선로 지지물의 기초의 안전율
가공전선로의 지지물에 하중이 가하여지는 경우에 그 하중을 받는 지지물의 기초의 안전율은 2(이상 시 상정 하중에 대한 철탑의 기초에 대하여는 1.33) 이상이어야 한다. 다만, 다음에 따라 시설하는 경우에는 적용하지 않는다.

설계 하중 / 전장	6.8[kN] 이하	6.8[kN] 초과 ~9.8[kN] 이하	9.8[kN] 초과 ~14.72[kN] 이하
15[m] 이하	전장 × 1/6[m] 이상	전장 × 1/6 + 0.3[m] 이상	전장 × 1/6 + 0.5[m] 이상
15[m] 초과	2.5[m] 이상	2.5[m] + 0.3[m] 이상	–
16[m] 초과 ~20[m] 이하	2.8[m] 이상	–	–
15[m] 초과 ~18[m] 이하	–	–	3[m] 이상
18[m] 초과	–	–	3.2[m] 이상

답 ③

96 사용전압이 20[kV]인 변전소에 울타리·담 등을 시설하고자 할 때 울타리·담 등의 높이는 몇 [m] 이상이어야 하는가?

① 1 ② 2
③ 5 ④ 6

풀이 351.1 발전소 등의 울타리·담 등의 시설
고압 또는 특고압의 기계기구·모선 등을 옥외에 시설하는 발전소·변전소·개폐소 또는 이에 준하는 곳에서 울타리·담 등은 다음에 따라 시설하여야 한다.
가. 울타리·담 등의 높이는 2[m] 이상으로 하고 지표면과 울타리·담 등의 하단사이의 간격은 0.15[m] 이하로 할 것.
나. 울타리·담 등과 고압 및 특고압의 충전 부분이 접근하는 경우에는 울타리·담 등의 높이와 울타리·담 등으로부터 충전부분까지 거리의 합계는 표에서 정한 값 이상으로 할 것.

사용전압의 구분	울타리·담 등의 높이와 울타리·담 등으로부터 충전 부분까지의 거리의 합계
35[kV] 이하	5[m]
35[kV] 초과 160[kV] 이하	6[m]
160[kV] 초과	• 거리의 합계 = 6 + 단수 × 0.12[m] • 단수 = $\frac{\text{사용전압}[kV] - 160}{10}$ 단수 계산에서 소수점 이하는 절상

답 ②

97 최대사용전압 440[V]인 전동기의 절연내력시험전압은 몇 [V]인가?

① 330 ② 440
③ 500 ④ 660

풀이 133 회전기 및 정류기의 절연내력

종 류		시험전압	시험 방법
회전기	발전기·전동기·조상기·기타회전기	7[kV] 이하	1.5배 (최저 500[V])	권선과 대지 사이에 연속하여 10분간
		7[kV] 초과	1.25배 (최저 10,500[V])	
	회전 변류기	직류측의 최대 사용전압의 1배의 교류전압(최저 500[V])	

∴ 시험전압 = 440 × 1.5 = 660[V]

답 ④

출제기준 변경 및 개정된 관계 법규에 따라 삭제된 문제가 있어 20문항이 안됩니다.

완벽대비 2019년 3회 전기산업기사필기

동일출판사 홈페이지에서 무료 동영상강의를 보실 수 있습니다.

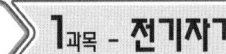

1과목 - 전기자기

01 인덕턴스가 20[mH]인 코일에 흐르는 전류가 0.2초 동안 6[A]가 변화되었다면 코일에 유기되는 기전력은 몇 [V]인가?

① 0.6　　② 1
③ 6　　　④ 30

풀이 유기되는 기전력
$$e = L\frac{di}{dt} = 20 \times 10^{-3} \times \frac{6}{0.2} = 0.6[\text{V}]$$
답 ①

02 직류 500[V] 절연저항계로 절연저항을 측정하니 2[MΩ]이 되었다면 누설전류[μA]는?

① 25　　　② 250
③ 1000　　④ 1250

풀이 누설전류 $I_g = \frac{V}{R_g} = \frac{500}{2 \times 10^6} = 250 \times 10^{-6}[\text{A}]$
$= 250[\mu\text{A}]$
답 ②

03 동심구에서 내부도체의 반지름이 a, 절연체의 반지름이 b, 외부도체의 반지름이 c이다. 내부도체에만 전하 Q를 주었을 때 내부도체의 전위는? (단, 절연체의 유전율은 ϵ_o이다.)

① $\frac{Q}{4\pi\epsilon_o a}\left(\frac{1}{a} + \frac{1}{b}\right)$

② $\frac{Q}{4\pi\epsilon_o}\left(\frac{1}{a} - \frac{1}{b}\right)$

③ $\frac{Q}{4\pi\epsilon_o}\left(\frac{1}{a} - \frac{1}{b} - \frac{1}{c}\right)$

④ $\frac{Q}{4\pi\epsilon_o}\left(\frac{1}{a} - \frac{1}{b} + \frac{1}{c}\right)$

풀이 내부도체 A에 전하 Q를 주면 정전유도에 의해 도체 B의 내측 표면에 $-Q$, 외측 표면에는 Q가 유도된다.

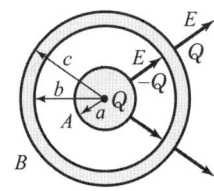

① 도체 B의 표면 전위, $V_c (r = c)$
$$V_c = \frac{Q}{4\pi\epsilon_0 c}$$
(중심에 점전하 Q가 놓인 거리 $r = c$인 전위로 구함)

② 도체 A와 B 사이의 전위차, $V_{ab} (a \leq r \leq b)$
$$V_{ab} = \frac{Q}{4\pi\epsilon_0}\left(\frac{1}{a} - \frac{1}{b}\right)$$
(중심에 점전하 Q가 놓인 a와 b 사이의 전위차로 구함)

③ 도체 A의 표면 전위, $V_a (r = a)$
(도체 A의 표면 전위는 무한원점에서 전위와 전위차의 합이 됨)
따라서 내부 도체 표면의 전위 V_a는
$V_a = V_c + V_{bc} + V_{ab}$
$= \frac{Q}{4\pi\epsilon_0 c} + 0 + \frac{Q}{4\pi\epsilon_0}\left(\frac{1}{a} - \frac{1}{b}\right)$
$= \frac{Q}{4\pi\epsilon_0}\left(\frac{1}{a} - \frac{1}{b} + \frac{1}{c}\right)$
답 ④

04 어떤 물체에 $F_1 = -3i + 4j - 5k$와 $F_2 = 6i + 3j - 2k$의 힘이 작용하고 있다. 이 물체에 F_3을 가하였을 때 세 힘이 평형이 되기 위한 F_3은?

① $F_3 = -3i - 7j + 7k$
② $F_3 = 3i + 7j - 7k$
③ $F_3 = 3i - j - 7k$
④ $F_3 = 3i - j + 3k$

풀이 $F_1 + F_2 + F_3 = 0$(평형)
∴ $F_3 = -(F_1 + F_2)$
$= -\{(-3i + 4j - 5k) + (6i + 3j - 2k)\}$
$= -(3i + 7j - 7k) = -3i - 7j + 7k$
답 ①

05 M.K.S 단위로 나타낸 진공에 대한 유전율은?

① 8.855×10^{-12}[N/m]
② 8.855×10^{-10}[N/m]
③ 8.855×10^{-12}[F/m]
④ 8.855×10^{-10}[F/m]

풀이 쿨롱의 법칙에서
비례상수 $K = \dfrac{1}{4\pi\epsilon_0} = 9 \times 10^9$이므로
$\therefore \epsilon_0 = \dfrac{1}{4\pi \times 9 \times 10^9} \approx 8.854 \times 10^{-12}$[F/m]   **답** ③

06 인덕턴스의 단위에서 1[H]는?

① 1[A]의 전류에 대한 자속이 1[Wb]인 경우이다.
② 1[A]의 전류에 대한 유전율이 1[F/m]이다.
③ 1[A]의 전류가 1초간에 변화하는 양이다.
④ 1[A]의 전류에 대한 자계가 1[AT/m]인 경우이다.

풀이 인덕턴스 $L = \dfrac{N\phi}{I}$[H]이므로 1[H]란 1[A]의 전류에 의한 자속이 1[Wb]인 경우이다.   **답** ①

07 자유공간의 변위전류가 만드는 것은?

① 전계   ② 전속
③ 자계   ④ 분극지력선

풀이
- 변위 전류밀도 $i_d = \dfrac{\partial D}{\partial t}$ 이고,
  $\text{rot} \boldsymbol{H} = \boldsymbol{J} + \dfrac{\partial \boldsymbol{D}}{\partial t}$
  (맥스웰의 전자방정식 미분형)이다.
- 자유공간에서는 전도 전류밀도 $J = 0$이므로
  $i_d = \text{rot} \boldsymbol{H}$ 가 된다.
즉 변위 전류는 회전자계를 형성시킨다.   **답** ③

08 평행한 두 도선간의 전자력은?
(단, 두 도선간의 거리는 r[m]라 한다.)

① r에 반비례   ② r에 비례
③ r^2에 비례   ④ r^2에 반비례

풀이 평행도선 단위길이 당 작용하는 힘은 간격(거리)을 r[m]라 할 때
$F = \dfrac{\mu_0 I_1 I_2}{2\pi r} = \dfrac{2 I_1 I_2}{r} \times 10^{-7}$[N/m]
로 두 전류의 곱에 비례하고, 간격(거리)에 반비례하며 두 전류의 방향이 같은 방향이면 흡인력, 다른 방향(왕복전류)이면 반발력이 작용한다.   **답** ①

09 간격 d[m]인 두 평행판 전극 사이에 유전율 ϵ인 유전체를 넣고 전극 사이에 전압 $e = E_m \sin\omega t$[V]를 가했을 때 변위 전류밀도 [A/m²]는?

① $\dfrac{\epsilon \omega E_m \cos\omega t}{d}$ ② $\dfrac{\epsilon E_m \cos\omega t}{d}$
③ $\dfrac{\epsilon \omega E_m \sin\omega t}{d}$ ④ $\dfrac{\epsilon E_m \sin\omega t}{d}$

풀이 변위 전류밀도
$i_d = \dfrac{\partial D}{\partial t} = \dfrac{\partial(\epsilon E)}{\partial t} = \dfrac{\partial}{\partial t}\epsilon\left(\dfrac{e}{d}\right) = \dfrac{\epsilon}{d} E_m \dfrac{\partial}{\partial t}\sin\omega t$
$= \dfrac{\epsilon \omega E_m \cos\omega t}{d}$[A/m²]   **답** ①

10 10^6[cal]의 열량은 약 몇 [kWh]의 전력량인가?

① 0.06   ② 1.16
③ 2.27   ④ 4.17

풀이 1[kWh] = 860[kcal], 10^6[cal] = 10^3[kcal]이므로
$\therefore W = \dfrac{10^3}{860} = 1.16$[kWh]   **답** ②

11 전기기기의 철심(자심)재료로 규소강판을 사용하는 이유는?

① 동손을 줄이기 위해
② 와전류손을 줄이기 위해
③ 히스테리시스손을 줄이기 위해
④ 제작을 쉽게 하기 위하여

풀이
- 규소 강판 : 히스테리시스손 감소
- 성층 철심 : 와류손 감소   **답** ③

12 접지 구도체와 점전하 사이에 작용하는 힘은?

① 항상 반발력이다.
② 항상 흡인력이다.
③ 조건적 반발력이다.
④ 조건적 흡인력이다.

풀이 접지 구도체에는 항상 점전하와 반대 극성인 전하가 유도되므로 **항상 흡인력이 작용**한다. **답** ②

13 플레밍의 왼손법칙에서 왼손의 엄지, 검지, 중지의 방향에 해당되지 않는 것은?

① 전압   ② 전류
③ 자속밀도   ④ 힘

풀이 플레밍의 왼손법칙
자속밀도가 $B[\text{Wb/m}^2]$인 자계 중에 길이를 l의 도체를 놓고 $I[\text{A}]$의 전류를 흘릴 경우 자계 내에서 도체가 받는 힘의 크기 $F = BIl\sin\theta[\text{N}]$이다.

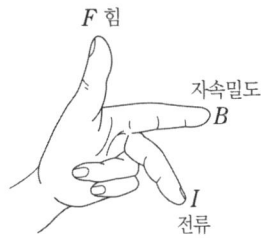

플레밍의 왼손법칙 **답** ①

14 반지름 1[m]의 원형 코일에 1[A]의 전류가 흐를 때 중심점의 자계의 세기[AT/m]는?

① $\dfrac{1}{4}$ ② $\dfrac{1}{2}$
③ 1   ④ 2

풀이 원형 코일 중심의 자계의 세기
$H_0 = \dfrac{I}{2a} = \dfrac{1}{2 \times 1} = \dfrac{1}{2}[\text{AT/m}]$ **답** ②

15 전류가 흐르는 도선을 자계 내에 놓으면 이 도선에 힘이 작용한다. 평등자계의 진공 중에 놓여 있는 직선전류 도선이 받는 힘에 대한 설명으로 옳은 것은?

① 도선의 길이에 비례한다.
② 전류의 세기에 반비례한다.
③ 자계의 세기에 반비례한다.
④ 전류와 자계 사이의 각에 대한 정현(sine)에 반비례한다.

풀이 플레밍의 왼손 법칙
자속밀도가 $B[\text{Wb/m}^2]$인 자계 중에 길이 l의 도체를 놓고 $I[\text{A}]$의 전류를 흘릴 경우 자계 내에서 도체가 받는 힘의 크기 $F = BIl\sin\theta[\text{N}]$이다. 따라서 **힘은 도선의 길이에 비례**한다. **답** ①

16 여러 가지 도체의 전하 분포에 있어서 각 도체의 전하를 n배 할 경우, 중첩의 원리가 성립하기 위해서 그 전위는 어떻게 되는가?

① $\dfrac{1}{2}n$이 된다.   ② n배가 된다.
③ $2n$배가 된다.   ④ n^2배가 된다.

풀이 $V_i = P_{i1}Q_1 + P_{i2}Q_2 + \cdots + P_{in}Q_n$에서 각 전하를 n배 하면 V_i는 n배 된다. **답** ②

17 동일 용량 $C[\mu\text{F}]$의 커패시터 n개를 병렬로 연결하였다면 합성정전용량은 얼마인가?

① n^2C ② nC
③ $\dfrac{C}{n}$ ④ C

풀이 콘덴서의 접속

항목	직렬접속	병렬접속
결선	C_1 C_2	C_1 C_2
합성정전용량	• $C_0 = \dfrac{C_1 C_2}{C_1 + C_2}$ • 저항의 병렬결선과 동일 방법 • 접속되는 콘덴서가 증가할수록 합성정전용량은 감소	• $C_0 = C_1 + C_2$ • **저항의 직렬결선과 동일 방법** • 접속되는 콘덴서가 증가할수록 합성정전용량은 증가

따라서 합성용량 $C_0 = C_1 + C_2 + \cdots + C_n = nC[\mu\text{F}]$ **답** ②

18 $E = i + 2j + 3k$[V/cm]로 표시되는 전계가 있다. 0.02[μC]의 전하를 원점으로부터 $r = 3i$[m]로 움직이는 데 필요로 하는 일[J]은?

① 3×10^{-6} ② 6×10^{-6}
③ 3×10^{-8} ④ 6×10^{-8}

풀이
$$W = F \cdot r = QE \cdot r$$
$$= 0.02 \times 10^{-6} \times (i + 2j + 3k) \cdot (3i)$$
$$= 0.02 \times 10^{-6} \times \frac{3}{10^{-2}}$$
$$= 0.06 \times 10^{-4} = 6 \times 10^{-6}[J]$$
답 ②

19 무한장 직선 도체에 선전하밀도 λ[C/m]의 전하가 분포되어 있는 경우, 이 직선 도체를 축으로 하는 반지름 r[m]의 원통면상의 전계[V/m]는?

① $\dfrac{\lambda}{2\pi\epsilon_0 r^2}$ ② $\dfrac{\lambda}{2\pi\epsilon_0 r}$
③ $\dfrac{\lambda}{4\pi\epsilon_0 r^2}$ ④ $\dfrac{\lambda}{4\pi\epsilon_0 r}$

풀이 무한 선전하에 의한 전계 $E = \dfrac{\lambda}{2\pi\epsilon_0 r}$[V/m]로 거리에 반비례한다.
답 ②

20 전류 2π[A]가 흐르고 있는 무한직선 도체로부터 2[m]만큼 떨어진 자유공간 내 P점의 자속밀도의 세기[Wb/m²]는?

① $\dfrac{\mu_o}{8}$ ② $\dfrac{\mu_o}{4}$
③ $\dfrac{\mu_o}{2}$ ④ μ_o

풀이 무한 직선 전류에 의한 자계
$$H = \frac{I}{2\pi r} = \frac{2\pi}{2\pi \times 2} = \frac{1}{2}[\text{AT/m}]$$이므로
자속밀도 $B = \mu_0 H = \mu_0 \times \dfrac{1}{2} = \dfrac{\mu_o}{2}$[Wb/m²]이다.
답 ③

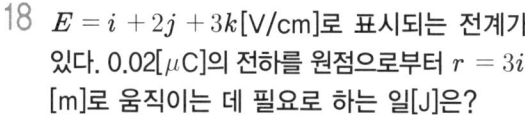

2과목 - 전력공학

21 송전계통의 중성점을 접지하는 목적으로 틀린 것은?

① 지락고장 시 전선로의 대지 전위 상승을 억제하고 전선로와 기기의 절연을 경감시킨다.
② 소호리엑터 접지방식에서는 1선 지락 시 지락점 아크를 빨리 소멸시킨다.
③ 차단기의 차단용량을 증대시킨다.
④ 지락고장에 대한 계전기의 동작을 확실하게 한다.

풀이 송전선로의 중성점접지의 목적
① 이상전압 발생 방지
② 1선 지락 시 건전상 전압 상승 억제 및 기기나 선로의 절연 절감
③ 보호계전기 동작 확실
④ 소호 리엑터 계통에서의 1선 지락 시 아크 소멸
답 ③

22 가공 왕복선 배치에서 지름이 d[m]이고 선간 거리가 D[m]인 선로 한 가닥의 작용인덕턴스는 몇 [mH/km]인가? (단, 선로의 투자율은 1이라 한다.)

① $0.5 + 0.4605 \log_{10} \dfrac{D}{d}$
② $0.05 + 0.4605 \log_{10} \dfrac{D}{d}$
③ $0.5 + 0.4605 \log_{10} \dfrac{2D}{d}$
④ $0.05 + 0.4605 \log_{10} \dfrac{2D}{d}$

풀이 반지름 $r = \dfrac{d}{2}$[m]이므로
단도체 인덕턴스
$$L = 0.05 + 0.4605 \log_{10} \frac{D}{r} = 0.05 + 0.4605 \log_{10} \frac{D}{d/2}$$
$$= 0.05 + 0.4605 \log_{10} \frac{2D}{d}[\text{mH/km}]$$
답 ④

23 다음 중 전력선 반송 보호계전방식의 장점이 아닌 것은?

① 저주파 반송전류를 중첩시켜 사용하므로 계통의 신뢰도가 높아진다.
② 고장구간의 선택이 확실하다.
③ 동작이 예민하다.
④ 고장점이나 계통의 여하에 불구하고 선택 차단개소를 동시에 고속도 차단할 수 있다.

풀이 전력선 반송 보호계전방식
- 전력선에 200~300[kHz]의 **고주파 반송 전류를 중첩시켜** 이것으로 각 단자에 있는 계전기를 제어하는 방식이다.
- 고장구간의 선택이 확실하고, 동작이 예민하다는 등의 장점이 있어 신뢰도가 높은 계전방식이다. **답** ①

24 발전소의 발전기 정격전압[kV]으로 사용되는 것은?

① 6.6　　② 33
③ 66　　 ④ 154

풀이 발전기의 표준전압
- 소형기 : 3300[V]
- 중형기 : 6600[V], 11000[V]
- 대형기 : 13800[V], 16500[V], 18000[V] 등　**답** ①

25 뒤진 역률 80[%], 10[kVA]의 부하를 가지는 주상변압기의 2차 측에 2[kVA]의 전력용 콘덴서를 접속하면 주상변압기에 걸리는 부하는 약 몇 [kVA]가 되겠는가?

① 8　　② 8.5
③ 9　　④ 9.5

풀이 ① 역률개선 전
- 유효전력 $P = P_a \cos\theta = 10 \times 0.8 = 8[\text{kW}]$
- 무효전력 $P_r = P_a \sin\theta = 10 \times \sqrt{1-0.8^2} = 6[\text{kVar}]$

② 역률개선 후
- 무효전력 $P_r' = P_r - Q_c = 6 - 2 = 4[\text{kVar}]$
- $\therefore P_a = \sqrt{P^2 + P_r'^2} = \sqrt{8^2 + 4^2} \fallingdotseq 9[\text{kVA}]$　**답** ③

26 송전선로를 연가하는 주된 목적은?

① 페란티효과의 방지　② 직격뢰의 방지
③ 선로정수의 평형　　④ 유도뢰의 방지

풀이
- 연가는 선로정수를 평형시키고 통신선의 유도장해를 방지하기 위하여 선로를 3배수 등분하여 실시한다.
- 연가의 목적 : 선로정수 평형, 직렬공진 방지, 유도장해 감소　**답** ③

27 부하전류 및 단락전류를 모두 개폐할 수 있는 스위치는?

① 단로기　　② 차단기
③ 선로개폐기　④ 전력퓨즈

풀이

기능 \ 능력	회로 분리		사고 차단	
	무부하	부하	과부하	단락
퓨즈	○			○
차단기	○	○	○	○
개폐기	○	○	○	
단로기	○			

답 ②

28 송전선로에 낙뢰를 방지하기 위하여 설치하는 것은?

① 댐퍼　　② 초호환
③ 가공지선　④ 애자

풀이
① 댐퍼 : 전선의 진동 방지
② 초호환 : 섬락으로부터 애자련의 보호, 애자련의 전압 분포 개선
③ 가공지선 : 뇌의 차폐
④ 애자 : 전선을 지지하고 절연　**답** ③

29 송, 수전단전압을 E_S, E_R이라 하고 4단자 정수를 A, B, C, D라 할 때 전력 원선도의 반지름은?

① $\dfrac{E_S E_R}{A}$　　② $\dfrac{E_S^2 E_R^2}{A}$

③ $\dfrac{E_S E_R}{B}$　　④ $\dfrac{E_S^2 E_R^2}{B}$

풀이 원선도의 반지름 $\rho = \dfrac{E_S E_R}{B}$　**답** ③

30 양수발전의 주된 목적으로 옳은 것은?

① 연간 발전량을 늘이기 위하여
② 연간 평균 손실전력을 줄이기 위하여
③ 연간 발전비용을 줄이기 위하여
④ 연간 수력발전량을 늘이기 위하여

풀이 양수발전은 심야 또는 경부하시의 잉여 전력을 사용하여 낮은 곳에 있는 물을 높은 곳으로 퍼 올려 두었다가 첨두부하 시에 이 양수된 물을 사용해서 발전하는 것(잉여 전력의 유효한 활용)으로 연간 발전 비용을 줄이는데 목적이 있다. **답** ③

31 동일한 부하전력에 대하여 전압을 2배로 승압하면 전압강하, 전압강하율, 전력손실률은 각각 얼마나 감소하는지를 순서대로 나열한 것은?

① $\frac{1}{2}, \frac{1}{2}, \frac{1}{2}$ ② $\frac{1}{2}, \frac{1}{2}, \frac{1}{4}$

③ $\frac{1}{2}, \frac{1}{4}, \frac{1}{4}$ ④ $\frac{1}{4}, \frac{1}{4}, \frac{1}{4}$

풀이 전압을 승압하는 경우

관 계	관계식	항 목
전압의 자승에 비례	$\propto V^2$	송전전력(P)
전압에 반비례	$\propto \frac{1}{V}$	전압강하(e)
전압의 자승에 반비례	$\propto \frac{1}{V^2}$	• 전선의 단면적(A) • 전선의 총중량(W) • 전력손실(P_l) • 전압강하율(ϵ)

따라서 전압을 2배 승압 송전할 경우

• 전압강하 $\propto \frac{1}{2}$ • 전압강하율 $\propto \frac{1}{2^2} = \frac{1}{4}$

• 전력손실률 $\propto \frac{1}{2^2} = \frac{1}{4}$ **답** ③

32 송전선로에 근접한 통신선에 유도장해가 발생하였을 때, 전자유도의 원인은?

① 역상전압
② 정상전압
③ 정상전류
④ 영상전류

풀이 ① 전자 유도 : 영상전류에 의해 발생 (사고 시)

전자 유도전압 $E_m = -j\omega Ml \times 3I_0 [\text{V}]$
② 정전 유도 : 영상전압에 의해 발생 (정상시) **답** ④

33 66[kV], 60[Hz] 3상 3선식 선로에서 중성점을 소호 리액터 접지하여 완전 공진상태로 되었을 때 중성점에 흐르는 전류는 몇 [A]인가? (단, 소호 리액터를 포함한 영상회로의 등가저항은 200[Ω], 중성점 잔류전압은 4400[V]라고 한다.)

① 11   ② 22
③ 33   ④ 44

풀이 공진 시 리액턴스 성분은 0이 되므로
완전 공진 시 전류 $I = \frac{E}{R} = \frac{4400}{200} = 22[\text{A}]$ **답** ②

34 변류기 개방 시 2차 측을 단락하는 이유는?

① 2차 측 절연 보호
② 2차 측 과전류 보호
③ 측정오차 방지
④ 1차 측 과전류 방지

풀이 변류기의 2차 측을 개방하면 1차 전류가 모두 여자전류가 되어 2차 권선에 매우 높은 전압이 유기되어 절연이 파괴되고 소손될 염려가 있다. 따라서 변류기를 개방할 때는 반드시 변류기 2차 측을 단락하여야 한다. **답** ①

35 3상 3선식 송전선로에서 정격전압이 66[kV]이고, 1선당 리액턴스가 10[Ω]일 때, 100[MVA] 기준의 %리액턴스는 약 얼마인가?

① 17[%]   ② 23[%]
③ 52[%]   ④ 69[%]

풀이 $\%X = \frac{P_n X}{10 V^2} = \frac{100 \times 10^3 \times 10}{10 \times 66^2} \fallingdotseq 23[\%]$ **답** ②

36 정격용량 150[kVA]인 단상변압기 두 대로 V결선을 했을 경우 최대 출력은 약 몇 [kVA]인가?

① 170   ② 173
③ 260   ④ 280

풀이 변압기 1개의 출력을 P_1이라 하면
V결선 시 출력
$P_V = \sqrt{3} P_1 = \sqrt{3} \times 150 \fallingdotseq 260[kVA]$ 답 ③

37 배전선로의 역률개선에 따른 효과로 적합하지 않은 것은?
① 전원측 설비의 이용률 향상
② 선로절연에 요하는 비용 절감
③ 전압강하 감소
④ 선로의 전력손실 경감

풀이 역률 개선의 효과
① 설비 이용률 향상
② 전압강하 감소
③ 전력손실 경감 답 ②

38 어떤 수력발전소의 수압관에서 분출되는 물의 속도와 직접적인 관련이 없는 것은?
① 수면에서의 연직거리
② 관의 경사
③ 관의 길이
④ 유량

풀이 토리첼리의 정리 유속 $v = c_v\sqrt{2gh}\,[m/s]$
단, c_v : 유속계수, g : 중력 가속도$[m/s^2]$
h : 유효 낙차$[m]$ 답 ③

39 송전단전압 161[kV], 수전단전압 155[kV], 상차각 40°, 리액턴스가 49.8[Ω]일 때 선로손실을 무시한다면 전송 전력은 약 몇 [MW]인가?
① 289   ② 322
③ 373   ④ 869

풀이 송전전력 $P = \dfrac{V_s V_r}{X}\sin\delta = \dfrac{161 \times 155}{49.8} \times \sin 40°$
$= 322[MW]$ 답 ②

40 차단기에서 정격차단 시간의 표준이 아닌 것은?
① 3[Hz]   ② 5[Hz]
③ 8[Hz]   ④ 10[Hz]

풀이 차단기의 정격차단 시간이란 트립 코일 여자로부터 아크 소호까지의 시간을 말하며 3, 5, 8[Hz]의 규격이 있다. 답 ④

3과목 - 전기기기

41 동기발전기에 회전계자형을 사용하는 이유로 틀린 것은?
① 기전력의 파형을 개선한다.
② 계자가 회전자이지만 저전압 소용량의 직류이므로 구조가 간단하다.
③ 전기자가 고정자이므로 고전압 대전류용에 좋고 절연이 쉽다.
④ 전기자보다 계자극을 회전자로 하는 것이 기계적으로 튼튼하다.

풀이 ① 동기기를 회전 계자형으로 하는 이유
  • 전기자 권선은 전압이 높고 결선이 복잡하며, 대용량으로 되면 전류도 커지고, 3상 권선의 경우에는 4개의 도선을 인출하여야 한다.
  • 계자 회로는 직류의 저압 회로이므로 소요 동력도 작으며, 인출 도선이 2개만 있어도 되기 때문이다.
  • 계자극은 기계적으로 튼튼하게 만드는 데 용이하기 때문이다.
  • 고장 시의 과도 안정도를 높이기 위하여 회전자의 관성을 크게 하기 쉽기 때문이기도 하다.
② 기전력의 파형을 개선하기 위해서는 전기자 권선을 단절권 및 분포권으로 한다. 답 ①

42 60[Hz], 12극, 회전자 외경 2[m]의 동기발전기에 있어서 자극면의 주변속도[m/s]는 약 얼마인가?
① 34   ② 43
③ 59   ④ 63

풀이 동기속도 $N_s = \dfrac{120f}{p} = \dfrac{120 \times 60}{12} = 600[rpm]$
따라서 회전자의 주변속도
$v = \pi D \cdot \dfrac{N_s}{60} = \pi \times 2 \times \dfrac{600}{60} \fallingdotseq 63[m/s]$ 답 ④

43 단상전파정류회로를 구성한 것으로 옳은 것은?

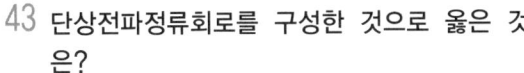

풀이

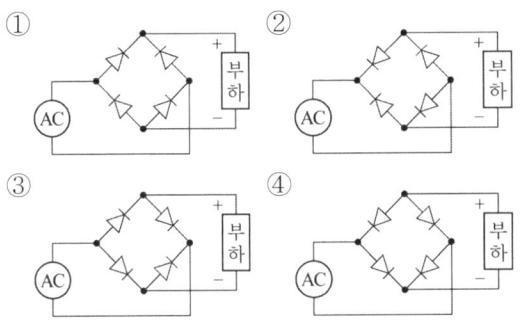

답 ①

44 동기전동기의 전기자 반작용에서 전기자전류가 앞서는 경우 어떤 작용이 일어나는가?

① 증자작용　　② 감자작용
③ 횡축반작용　④ 교차자화작용

풀이 동기전동기에서 전기자 전류 I_a의 위상은 공급전압 V에 대한 위상을 말하므로 전기자 반작용을 살펴보면 공급전압은 유기기전력과 반대 방향이 되어 발전기의 경우와 반대로 된다.

작용	동기발전기	동기전동기
교차 자화작용 (횡축반작용)	전압과 전류가 동상인 경우	전압과 전류가 동상인 경우
감자 작용 (직축 반작용)	전압보다 전류가 $\pi/2$ 뒤지는 경우 (지상)	전압보다 전류가 $\pi/2$ 앞서는 경우 (진상)
증자 작용 (자화작용)	전압보다 전류가 $\pi/2$ 앞서는 경우 (진상)	전압보다 전류가 $\pi/2$ 뒤지는 경우 (지상)

답 ②

45 3상 유도전동기의 원선도 작성에 필요한 기본량이 아닌 것은?

① 저항 측정　② 슬립 측정
③ 구속 시험　④ 무부하 시험

풀이 원선도 작성에 필요한 시험은 변압기 특성 시험과 같으며 저항 측정, 무부하 시험, 구속 시험이 있다. 답 ②

46 유도전동기 원선도에서 원의 지름은? (단, E를 1차 전압, r은 1차로 환산한 저항, x를 1차로 환산한 누설 리액턴스라 한다.)

① rE에 비례　② rxE에 비례
③ $\dfrac{E}{r}$에 비례　④ $\dfrac{E}{x}$에 비례

풀이 유도전동기는 일정값의 리액턴스와 부하에 의하여 변하는 저항(r_2'/s)의 직렬회로라고 생각되므로 부하에 의하여 변화하는 전류 벡터의 궤적, 즉 원선도의 지름은 전압에 비례하고 리액턴스에 반비례한다. 답 ④

47 단상 직권정류자전동기에 관한 설명 중 틀린 것은? (단, A : 전기자, C : 보상권선, F : 계자권선이라 한다.)

① 직권형은 A와 F가 직렬로 되어 있다.
② 보상 직권형은 A, C 및 F가 직렬로 되어 있다.
③ 단상 직권정류자전동기에서는 보극권선을 사용하지 않는다.
④ 유도 보상 직권형은 A와 F가 직렬로 되어 있고 C는 A에서 분리한 후 단락되어 있다.

풀이 ① 단상 직권정류자 전동기의 종류

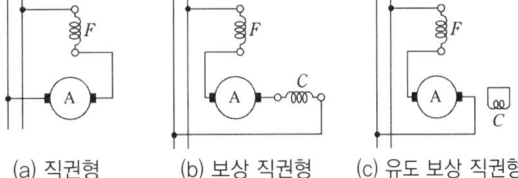

(a) 직권형　(b) 보상 직권형　(c) 유도 보상 직권형

② 단상 직권정류자 전동기는 브러시로 단락되는 코일에 단락 전류가 커져 정류가 곤란해지므로 **보극을 설치한다.** 답 ③

48 PN 접합 구조로 되어 있고 제어는 불가능하나 교류를 직류로 변환하는 반도체 정류 소자는?

① IGBT
② 다이오드
③ MOSFET
④ 사이리스터

풀이 PN접합 다이오드는 사용자가 임의로 ON, OFF 시킬 수 없어 제어가 불가능하며, 단지 교류를 직류로 변환하는데 사용된다. **답** ②

49 3상 분권정류자전동기의 설명으로 틀린 것은?

① 변압기를 사용하여 전원전압을 낮춘다.
② 정류자권선은 저전압 대전류에 적합하다.
③ 부하가 가해지면 슬립의 발생 소요 토크는 직류전동기와 같다.
④ 특성이 가장 뛰어나고 널리 사용되고 있는 전동기는 시라게 전동기이다.

풀이 3상 분권 정류자 전동기
① 정류자 권선은 구조상 **저전압, 대전류**에 적합하기 때문에 변압기를 사용하여 전원전압을 낮추고 동시에 이 전압을 제어하기 위하여 탭을 설치한다.
② 시라게 전동기의 특성이 가장 뛰어나고 가장 널리 사용되고 있다. **답** ③

50 유도전동기의 회전자에 슬립 주파수의 전압을 공급하여 속도를 제어하는 방법은?

① 2차 저항법
② 2차 여자법
③ 직류 여자법
④ 주파수 변환법

풀이 2차 여자법
① 유도전동기의 회전자 권선에 2차 기전력(sE_2)과 동일 주파수의 전압(E_c)을 슬립링을 통해 공급하여 그 크기를 조절함으로써 속도를 제어 하는 방법으로 권선형 전동기에 한하여 이용된다.
② 슬립 주파수의 전압을 2차 유기전압과 같은 방향으로 가하면 속도가 상승하고, 반대 방향으로 가하면 속도가 감소한다. **답** ②

51 권선형 유도전동기의 속도-토크 곡선에서 비례추이는 그 곡선이 무엇에 비례하여 이동하는가?

① 슬립
② 회전수
③ 공급전압
④ 2차 저항

풀이 권선형 유도전동기에서 2차 저항이 증가하면 토크 곡선 등이 슬립이 증가하는 방향으로 2차 저항에 비례하며 이동한다. 즉 같은 토크에서 2차 저항과 슬립은 비례하는데, 이를 비례 추이라 한다. **답** ④

52 정격전압 200[V], 전기자 전류 100[A]일 때 1000[rpm]으로 회전하는 직류분권전동기가 있다. 이 전동기의 무부하 속도는 약 몇 [rpm]인가? (단, 전기자저항은 0.15[Ω], 전기자 반작용은 무시한다.)

① 981
② 1081
③ 1100
④ 1180

풀이 $I_a = 100[A]$일 때의 역기전력
$E = V - I_a R_a = 200 - (100 \times 0.15) = 185[V]$
$I_a = 0$일 때의 역기전력 $E_0 = 200[V]$
전기자 반작용을 무시하면
$E = k\phi N \propto N (\because \phi = 일정)$
$\dfrac{N}{N_0} = \dfrac{E}{E_0} \rightarrow \dfrac{185}{200} = \dfrac{1000}{N_0}$
$\therefore N_0 = 1000 \times \dfrac{200}{185} = 1081[rpm]$ **답** ②

53 이상적인 변압기에서 2차를 개방한 벡터도 중 서로 반대 위상인 것은?

① 자속, 여자전류
② 입력전압, 1차 유도기전력
③ 여자전류, 2차 유도기전력
④ 1차 유도기전력, 2차 유도기전력

풀이 이상적인 변압기
① 자속은 인가전압보다 90° 뒤지고, 여자전류와는 동위상이다.
② 인가전압과 공급전압의 크기는 같고, **방향은 반대**이다.
③ 1차 유기기전력과 2차 유기기전력은 동위상이다. **답** ②

54 동일 정격의 3상 동기발전기 2대를 무부하로 병렬운전하고 있을 때, 두 발전기의 기전력 사이에 30°의 위상차가 있으면 한 발전기에서 다른 발전기에 공급되는 유효전력은 몇 [kW]인가? (단, 각 발전기의(1상의) 기전력은 1000[V], 동기 리액턴스는 4[Ω]이고, 전기자저항은 무시한다.)

① 62.5
② $62.5 \times \sqrt{3}$
③ 125.5
④ $125.5 \times \sqrt{3}$

풀이 유효전력
$$P = \frac{E^2}{2x_s}\sin\delta = \frac{1000^2}{2 \times 4} \times \sin30° = 62500[W]$$
$$= 62.5[kW]$$
답 ①

55 정격전압 6000[V], 용량 5000[kVA]의 Y결선 3상 동기발전기가 있다. 여자전류 200[A]에서의 무부하 단자전압 6000[V], 단락전류 600[A]일 때, 이 발전기의 단락비는 약 얼마인가?

① 0.25
② 1
③ 1.25
④ 1.5

풀이 정격전류 $I_n = \frac{P}{\sqrt{3}\,V} = \frac{5000 \times 10^3}{\sqrt{3} \times 6000} = 481.23[A]$

정격전류(481.23[A])와 같은 단락전류를 통하는 데 필요한 여자전류 I_f''는

$$I_f'' = 200 \times \frac{481.23}{600} = 160.41[A]$$

∴ 단락비 $K_s = \frac{I_f'}{I_f''} = \frac{200}{160.41} = 1.25$
답 ③

56 2대의 변압기로 V결선하여 3상 변압하는 경우 변압기 이용률[%]은?

① 57.8
② 66.6
③ 86.6
④ 100

풀이 V결선에는 변압기 2대를 사용하였으므로 그 정격출력의 합은 $2VI$가 된다.

따라서 이용률 $= \frac{\sqrt{3}\,VI}{2VI} = \frac{\sqrt{3}}{2} = 0.866 = 86.6[\%]$
답 ③

57 어떤 단상변압기의 2차 무부하전압이 240[V]이고 정격부하 시의 2차 단자전압이 230[V]이다. 전압변동률은 약 몇 [%]인가?

① 2.35
② 3.35
③ 4.35
④ 5.35

풀이 2차 무부하 전압을 V_{20}, 정격부하시의 2차 단자전압을 V_{2n}라 하면 전압변동률 ϵ은

$$\therefore \epsilon = \frac{V_{20} - V_{2n}}{V_{2n}} \times 100 = \frac{240 - 230}{230} \times 100$$
$$= 4.35[\%]$$
답 ③

58 다음은 직류발전기의 정류 곡선이다. 이 중에서 정류 초기에 정류의 상태가 좋지 않은 것은?

① ⓐ
② ⓑ
③ ⓒ
④ ⓓ

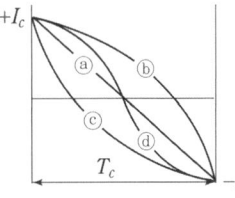

풀이
ⓐ (직선정류): 전류가 직선적으로 균등하게 변환
ⓑ (부족정류): 정류 말기에 브러시 뒤쪽에서 불꽃 발생
ⓒ (과정류): **정류 초기에 브러시 앞쪽에서 불꽃 발생**
ⓓ (정현파 정류): 불꽃 발생 안함
답 ③

59 직류기의 전기자에 일반적으로 사용되는 전기자 권선법은?

① 2층권
② 개로권
③ 환상권
④ 단층권

풀이 직류기의 전기자 권선법으로 이층권, 고상권, 폐로권을 채택한다.
답 ①

60 3300/200[V], 50[kVA]인 단상변압기의 %저항, %리액턴스를 각각 2.4[%], 1.6[%]라 하면 이때의 임피던스 전압은 약 몇 [V]인가?

① 95
② 100
③ 105
④ 110

풀이 $p = 2.4[\%]$, $q = 1.6[\%]$이므로

%임피던스 $z = \sqrt{p^2 + q^2} = \sqrt{2.4^2 + 1.6^2} = 2.88[\%]$

%임피던스 $z = \dfrac{V_s}{V_{1n}} \times 100$이므로

$\therefore V_s = \dfrac{z V_{1n}}{100} = \dfrac{2.88 \times 3300}{100} = 95[V]$ **답** ①

4과목 - 회로이론

61 전달함수 출력(응답)식 $C(s) = G(s)R(s)$에서 입력함수 $R(s)$를 단위 임펄스 $\delta(t)$로 인가할 때 이 계의 출력은?

① $C(s) = G(s)\delta(s)$
② $C(s) = \dfrac{G(s)}{\delta(s)}$
③ $C(s) = \dfrac{G(s)}{s}$
④ $C(s) = G(s)$

풀이 $r(t) = \delta(t)$를 라플라스 변환하면
$R(s) = \mathcal{L}[r(t)] = \mathcal{L}[\delta(t)] = 1$
$\therefore C(s) = G(s)R(s) = G(s) \times 1 = G(s)$ **답** ④

62 단자 a와 b 사이에 전압 30[V]를 가했을 때 전류 I가 3[A] 흘렀다고 한다. 저항 $r[\Omega]$은 얼마인가?

① 5
② 10
③ 15
④ 20

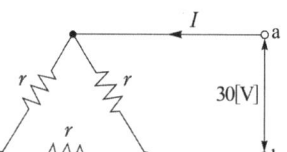

풀이 합성저항 $R = \dfrac{r \cdot 2r}{r + 2r} = \dfrac{2}{3}r$

전압 $V = IR = 3 \times \dfrac{2}{3}r = 2r = 30[V]$이므로

따라서 저항 $r = \dfrac{30}{2} = 15[\Omega]$ **답** ③

63 3상 불평형 전압에서 불평형률은?

① $\dfrac{\text{영상전압}}{\text{정상전압}} \times 100[\%]$
② $\dfrac{\text{역상전압}}{\text{정상전압}} \times 100[\%]$
③ $\dfrac{\text{정상전압}}{\text{역상전압}} \times 100[\%]$
④ $\dfrac{\text{정상전압}}{\text{영상전압}} \times 100[\%]$

풀이 불평형률 $= \dfrac{\text{역상분}}{\text{정상분}} \times 100[\%]$ **답** ②

64 다음과 같은 4단자 회로에서 영상 임피던스 [Ω]는?

① 200
② 300
③ 450
④ 600

풀이
- 영상 임피던스 $Z_{01} = \sqrt{\dfrac{AB}{CD}}$
- 대칭 T형 회로에서는 $A = D$이므로
  $Z_{01} = \sqrt{\dfrac{B}{C}}$ 이다.
- $C = \dfrac{1}{450}$
- $B = \dfrac{R_1 R_3 + R_1 R_2 + R_2 R_3}{R_3}$
  $= \dfrac{300 \times 450 + 300 \times 300 + 300 \times 450}{450} = 800$

$\therefore Z_{01} = \sqrt{\dfrac{B}{C}} = \sqrt{\dfrac{800}{1/450}} = 600[\Omega]$ **답** ④

65 전압과 전류가 각각

$v = 141.4\sin\left(377t + \dfrac{\pi}{3}\right)$[V],

$i = \sqrt{8}\sin\left(377t + \dfrac{\pi}{6}\right)$[A]인

회로의 소비(유효)전력은 약 몇 [W]인가?

① 100
② 173
③ 200
④ 344

풀이 유효전력

$P = \dfrac{V_m}{\sqrt{2}} \times \dfrac{I_m}{\sqrt{2}} \cos\theta$

$= \dfrac{141.4 \times \sqrt{8}}{2} \times \cos\left(\dfrac{\pi}{3} - \dfrac{\pi}{6}\right) = 173[W]$ **답** ②

66 저항 1[Ω]과 인덕턴스 1[H]를 직렬로 연결한 후 60[Hz], 100[V]의 전압을 인가할 때 흐르는 전류의 위상은 전압의 위상보다 어떻게 되는가?

① 뒤지지만 90° 이하이다.
② 90° 늦다.
③ 앞서지만 90° 이하이다.
④ 90° 빠르다.

풀이 $R-L$ 직렬회로에서 전류
$I = \dfrac{E}{Z} \angle -\theta \ (\theta \leq 90°)$ **답** ①

67 어떤 정현파 교류전압의 실효값이 314[V]일 때 평균값은 약 몇 [V]인가?

① 142　② 283
③ 365　④ 382

풀이

파 형	정현파	정현반파	삼각파	구형반파	구형파
평균값	$\dfrac{2V_m}{\pi}$	$\dfrac{V_m}{\pi}$	$\dfrac{V_m}{2}$	$\dfrac{V_m}{2}$	V_m

따라서 정현파 교류전압의 평균값
$= \dfrac{2V_m}{\pi} = \dfrac{2\sqrt{2}V}{\pi} = \dfrac{2\sqrt{2}\times 314}{\pi} ≒ 283[V]$ **답** ②

68 평형 3상 저항 부하가 3상 4선식 회로에 접속되어 있을 때 단상 전력계를 그림과 같이 접속하였더니 그 지시 값이 W[W]이었다. 이 부하의 3상 전력[W]은?

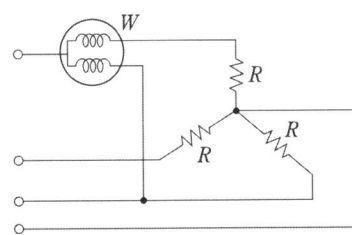

① $\sqrt{2}\,W$　② $2W$
③ $\sqrt{3}\,W$　④ $3W$

풀이 Y결선이므로 부하전류 I_1은 상전압 E_1과 동상이 되지만 선간전압 E_{12}와는 30° 위상차가 있다.

$W = E_{12}I_1\cos 30° = \dfrac{\sqrt{3}}{2}E_{12}\cdot I_1$

$E_{12}\cdot I_1 = \dfrac{2W}{\sqrt{3}}$

따라서 부하전력
$P = \sqrt{3}\,E_{12}\cdot I_1 = \sqrt{3}\times\dfrac{2W}{\sqrt{3}} = 2W[W]$ **답** ②

69 그림과 같은 RC 직렬회로에 $t=0$에서 스위치 S를 닫아 직류전압 100[V]를 회로의 양단에 인가하면 시간 t에서의 충전전하는?
(단, $R = 10[Ω]$, $C = 0.1[F]$이다.)

① $10(1-e^{-t})$
② $-10(1-e^{t})$
③ $10e^{-t}$
④ $-10e^{t}$

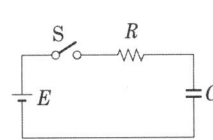

풀이 $q = CE\left(1-e^{-\frac{1}{RC}t}\right) = 0.1\times 100\left(1-e^{-\frac{1}{10\times 0.1}t}\right)$
$= 10(1-e^{-t})[C]$ **답** ①

70 다음 두 회로의 4단자 정수 A, B, C, D가 동일할 조건은?

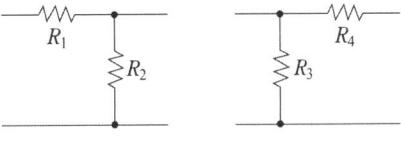

① $R_1 = R_2, \ R_3 = R_4$
② $R_1 = R_3, \ R_2 = R_4$
③ $R_1 = R_4, \ R_2 = R_3 = 0$
④ $R_2 = R_3, \ R_1 = R_4 = 0$

풀이 ①

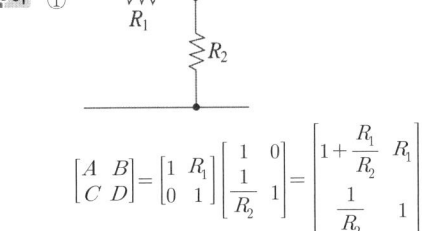

$\begin{bmatrix} A & B \\ C & D \end{bmatrix} = \begin{bmatrix} 1 & R_1 \\ 0 & 1 \end{bmatrix}\begin{bmatrix} 1 & 0 \\ \dfrac{1}{R_2} & 1 \end{bmatrix} = \begin{bmatrix} 1+\dfrac{R_1}{R_2} & R_1 \\ \dfrac{1}{R_2} & 1 \end{bmatrix}$

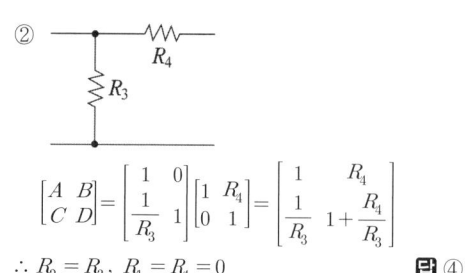

$$\begin{bmatrix} A & B \\ C & D \end{bmatrix} = \begin{bmatrix} 1 & 0 \\ \frac{1}{R_3} & 1 \end{bmatrix} \begin{bmatrix} 1 & R_4 \\ 0 & 1 \end{bmatrix} = \begin{bmatrix} 1 & R_4 \\ \frac{1}{R_3} & 1+\frac{R_4}{R_3} \end{bmatrix}$$

$\therefore R_2 = R_3,\ R_1 = R_4 = 0$ **답** ④

71 Y결선된 대칭 3상 회로에서 전원 한 상의 전압이 $V_a = 220\sqrt{2}\sin\omega t$ [V]일 때 선간전압의 실효값 크기는 약 몇 [V]인가?

① 220 ② 310
③ 380 ④ 540

풀이 Y결선시 선간 전압(V_l)은
상전압(V_p)의 $\sqrt{3}$ 배이므로
$\therefore V_l = \sqrt{3}\,V_p = \sqrt{3} \times 220 \fallingdotseq 380$[V] **답** ③

72 전압이 $v = 10\sin10t + 20\sin20t$[V]이고 전류가 $i = 20\sin10t + 10\sin20t$[A]이면, 소비(유효)전력[W]은?

① 400 ② 283
③ 200 ④ 141

풀이 비정현파의 유효전력 $P = \sum_{n=1}^{\infty} V_n I_n \cos\theta_n$ 에서
$P = \frac{10}{\sqrt{2}} \times \frac{20}{\sqrt{2}} \times \cos0° + \frac{20}{\sqrt{2}} \times \frac{10}{\sqrt{2}} \times \cos0°$
$= 200$[W] **답** ③

73 $a + a^2$의 값은?
(단, $a = e^{j2\pi/3} = 1\angle 120°$ 이다.)

① 0   ② -1
③ 1   ④ a^3

풀이 $a = 1\angle 120°$, $a^2 = 1\angle 240°$,
$a^3 = 1\angle 360° = 1\angle 0° = 1$
$a^2 + a + 1 = 0$ $\therefore a + a^2 = -1$ **답** ②

74 평형 3상 Y결선 회로의 선간전압이 V_l, 상전압이 V_p, 선전류가 I_l, 상전류가 I_p 일 때 다음의 수식 중 틀린 것은? (단, P는 3상 부하전력을 의미한다.)

① $V_l = \sqrt{3}\,V_p$
② $I_l = I_p$
③ $P = \sqrt{3}\,V_l I_l \cos\theta$
④ $P = \sqrt{3}\,V_p I_p \cos\theta$

풀이 Y결선 및 △결선과의 비교

결선법	선간전압 (V_l)	선전류 (I_l)	출력 [W]
Y결선	$\sqrt{3}\,V_p$	I_p	$\sqrt{3}\,V_l I_l \cos\theta$
△결선	V_p	$\sqrt{3}\,I_p$	$3V_p I_p \cos\theta$

여기서, V_l : 선간 전압, I_l : 선로 전류,
V_p : 상전압, I_p : 상전류 **답** ④

75 코일의 권수 $N = 1000$회이고, 코일의 저항 $R = 10[\Omega]$이다. 전류 $I = 10$[A]를 흘릴 때 코일의 권수 1회에 대한 자속이 $\phi = 3 \times 10^{-2}$ [Wb]이라면 이 회로의 시정수[s]는?

① 0.3 ② 0.4
③ 3.0 ④ 4.0

풀이 코일의 인덕턴스
$L = \frac{N\phi}{I} = \frac{1000 \times 3 \times 10^{-2}}{10} = 3$[H]
저항은 $R = 10[\Omega]$ 이므로
따라서 시정수 $\tau = \frac{L}{R} = \frac{3}{10} = 0.3$[s] **답** ①

76 $\mathcal{L}[f(t)] = F(s) = \dfrac{5s+8}{5s^2+4s}$ 일 때, $f(t)$의 최종값 $f(\infty)$는?

① 1 ② 2
③ 3 ④ 4

풀이 최종값 정리
$f(\infty) = \lim_{t \to \infty} f(t) = \lim_{s \to 0} sF(s)$에 의해서

$$\lim_{t \to \infty} i(t) = \lim_{s \to 0} s \cdot I(s) = \lim_{s \to 0} s \cdot \frac{5s+8}{5s^2+4s}$$
$$= \lim_{s \to 0} s \cdot \frac{5s+8}{s(5s+4)}$$
$$= \lim_{s \to 0} \frac{5s+8}{5s+4} = \frac{8}{4} = 2 \qquad \text{답 ②}$$

77 평형 3상 부하의 결선을 Y에서 △로 하면 소비전력은 몇 배가 되는가?

① 1.5
② 1.73
③ 3
④ 3.46

풀이
- Y결선 시 한 상에 인가되는 전압은 선간전압의 $\frac{1}{\sqrt{3}}$ 이므로
$$P_Y = 3I^2 R = 3\left(\frac{\frac{V}{\sqrt{3}}}{R}\right)^2 R = \frac{V^2}{R}$$
- △결선 시 상전압은 선간전압과 같으므로
$$P_\triangle = 3I^2 R = 3\left(\frac{V}{R}\right)^2 R = 3\frac{V^2}{R}$$

$$\frac{P_Y}{P_\triangle} = \frac{\frac{V^2}{R}}{3\frac{V^2}{R}} = \frac{1}{3}$$

따라서 $P_\triangle = 3P_Y$ 　　　답 ③

78 정현파 교류 $i = 10\sqrt{2}\sin(\omega t + \frac{\pi}{3})$를 복소수의 극좌표 형식인 페이저(phasor)로 나타내면?

① $10\sqrt{2} \angle \frac{\pi}{3}$
② $10\sqrt{2} \angle -\frac{\pi}{3}$
③ $10 \angle \frac{\pi}{3}$
④ $10 \angle -\frac{\pi}{3}$

풀이 $i = \sqrt{2} I \sin(\omega t + \theta) \to \dot{I} = I \angle \theta$ 이므로
∴ $i = 10\sqrt{2}\sin(\omega t + \frac{\pi}{3}) \to 10\angle\frac{\pi}{3}$ 　답 ③

79 $V_1(s)$을 입력, $V_2(s)$를 출력이라 할 때, 다음 회로의 전달함수는?
(단, $C_1 = 1[F]$, $L_1 = 1[H]$)

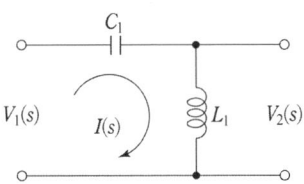

① $\frac{s}{s+1}$
② $\frac{s^2}{s^2+1}$
③ $\frac{1}{s+1}$
④ $1 + \frac{1}{s}$

풀이
$$\begin{cases} V_1(s) = \left(\frac{1}{Cs} + Ls\right) I(s) \\ V_2(s) = Ls I(s) \end{cases}$$

∴ $G(s) = \frac{V_2(s)}{V_1(s)} = \frac{Ls}{\frac{1}{Cs}+Ls} = \frac{LCs^2}{LCs^2+1}$

$= \frac{1 \times 1 \times s^2}{1 \times 1 \times s^2 + 1} = \frac{s^2}{s^2+1}$ 　답 ②

80 $\frac{dx(t)}{dt} + 3x(t) = 5$의 라플라스 변환은?
(단, $x(0) = 0$, $X(s) = \mathcal{L}[x(t)]$)

① $X(s) = \frac{5}{s+3}$
② $X(s) = \frac{3}{s(s+5)}$
③ $X(s) = \frac{3}{s+5}$
④ $X(s) = \frac{5}{s(s+3)}$

풀이 초기값을 0으로 하고 라플라스 변환하면,
$\{sX(s) - x(0)\} + 3X(s) = \frac{5}{s} \to (s+3)X(s) = \frac{5}{s}$
∴ $X(s) = \frac{5}{s(s+3)}$ 　답 ④

5과목 - 전기설비기술기준

81 과전류차단기를 설치하지 않아야 할 곳은?
① 수용가의 인입선 부분
② 고압 배전선로의 인출장소
③ 직접 접지계통에 설치한 변압기의 접지선
④ 역률조정용 고압 병렬콘덴서 뱅크의 분기선

풀이 341.11 과전류차단기의 시설 제한
접지공사의 접지도체, 다선식 전로의 중성선 및 전로의 일부에 접지공사를 한 저압 가공전선로의 접지측 전선에는 과전류차단기를 시설하여서는 안 된다.
다만, 다음의 경우에는 예외로 한다.
가. 다선식 전로의 중성선에 시설한 과전류차단기가 동작한 경우에 각 극이 동시에 차단될 때
나. 저항기·리액터 등을 사용하여 접지공사를 한 때에 과전류차단기의 동작에 의하여 그 접지도체가 비접지 상태로 되지 아니할 때 **답** ③

82 사용전압 154[kV]의 가공전선을 시가지에 시설하는 경우 전선의 지표상의 높이는 최소 몇 [m] 이상이어야 하는가? (단, 발전소·변전소 또는 이에 준하는 곳의 구내와 구외를 연결하는 1경간 가공전선은 제외한다.)
① 7.44 ② 9.44
③ 11.44 ④ 13.44

풀이 333.1 시가지 등에서 특고압 가공전선로의 시설

사용전압의 구분	지표상의 높이
35[kV] 이하	10[m] (전선이 특고압 절연전선인 경우에는 8[m])
35[kV] 초과	10[m]에 35[kV]를 초과하는 10[kV] 또는 그 단수마다 12[cm]를 더한 값

• 단수 = $\frac{154-35}{10}$ = 11.9 → 12단
• 지표상의 높이 = 10 + 12×0.12 = 11.44[m] **답** ③

83 특고압가공전선로의 지지물에 시설하는 가공통신 인입선은 조영물의 붙임점에서 지표상의 높이를 몇 [m] 이상으로 하여야 하는가? (단, 교통에 지장이 없고 또한 위험의 우려가 없을 때에 한한다.)
① 2.5 ② 3
③ 3.5 ④ 4

풀이 362.12 가공통신 인입선 시설
① 교통에 지장을 줄 우려가 없을 경우 가공통신 인입선 부분의 높이
• 차량이 통행하는 노면상의 높이 : 4.5[m] 이상
• 조영물의 붙임점에서의 지표상의 높이 : 2.5[m] 이상
② 특고압 가공전선로의 지지물에 시설하는 통신선
• 교통에 지장이 없고 또한 위험의 우려가 없을 때 : 5[m] 이상
• 조영물의 붙임점에서의 지표상의 높이 : 3.5[m] 이상
• 다른 가공약전류 전선 사이의 이격거리 : 60[cm] 이상 **답** ③

84 발전기의 보호장치에 있어서 과전류, 압유장치의 유압저하 및 베어링의 온도가 현저히 상승한 경우 자동적으로 이를 전로로부터 차단하는 장치를 시설하여야 한다. 해당되지 않는 것은?
① 발전기에 과전류가 생긴 경우
② 용량 10000[kVA] 이상인 발전기의 내부에 고장이 생긴 경우
③ 원자력발전소에 시설하는 비상용 예비발전기에 있어서 비상용 노심냉각장치가 작동한 경우
④ 용량 100[kVA] 이상의 발전기를 구동하는 풍차의 압유장치의 유압, 압축공기장치의 공기압이 현저히 저하한 경우

풀이 351.3 발전기 등의 보호장치
발전기에는 다음의 경우에 자동적으로 이를 전로로부터 차단하는 장치를 시설하여야 한다.
가. **발전기에 과전류**나 과전압이 생긴 경우
나. 용량이 500[kVA] 이상의 발전기를 구동하는 수차의 압유 장치의 유압이 현저히 저하한 경우
다. 용량이 100[kVA] 이상의 발전기를 구동하는 **풍차의 압유장치의 유압이 현저히 저하한 경우**
라. 용량이 2,000[kVA] 이상인 수차 발전기의 스러스트 베어링의 온도가 현저히 상승한 경우

마. 용량이 10,000[kVA] 이상인 발전기의 내부에 고장이 생긴 경우
바. 정격출력이 10,000[kW]를 초과하는 증기터빈은 그 스러스트 베어링이 현저하게 마모되거나 그의 온도가 현저히 상승한 경우 답 ③

85 지중 또는 수중에 시설되어 있는 금속체의 부식을 방지하기 위한 전기부식방지 회로의 사용전압은 직류 몇 [V] 이하이어야 하는가? (단, 전기부식방지 회로는 전기부식방지용 전원장치로부터 양극 및 피방식체까지의 전로를 말한다.)

① 30   ② 60
③ 90   ④ 120

풀이 241.16 전기부식방지 시설
전기부식방지 회로(전기부식방지용 전원장치로부터 양극 및 피방식체까지의 전로를 말한다. 이하 같다)의 **사용전압은 직류 60[V] 이하**일 것. 답 ②

86 특고압전선로에 사용되는 애자장치에 대한 갑종 풍압하중은 그 구성재의 수직 투영면적 1[m²]에 대한 풍압하중을 몇 [Pa]를 기초로 하여 계산한 것인가?

① 588   ② 666
③ 946   ④ 1039

풀이 331.6 풍압하중의 종별과 적용

풍압을 받는 구분	구성재의 수직 투영면적 1[m²]에 대한 풍압
목주	588[Pa]
애자장치(특별 전선용의 것에 한한다)	1,039[Pa]
목주·철주(원형의 것에 한한다) 및 철근 콘크리트주의 완금류(특고압전선로용의 것에 한한다)	단일재로서 사용하는 경우에는 1,196[Pa], 기타의 경우에는 1,627[Pa]

답 ④

87 특고압가공전선로에서 철탑(단주 제외)의 경간은 몇 [m] 이하로 하여야 하는가?

① 400   ② 500
③ 600   ④ 700

풀이 333.21 특고압 가공전선로의 경간 제한

지지물의 종류	경 간
목주·A종 철주 또는 A종 철근 콘크리트주	150[m]
B종 철주 또는 B종 철근 콘크리트주	250[m]
철 탑	600[m] (단주인 경우에는 400[m])

답 ③

88 지중전선로를 직접 매설식에 의하여 시설하는 경우에 차량 및 기타 중량물의 압력을 받을 우려가 있는 장소의 매설 깊이는 몇 [m] 이상인가?

① 1.0   ② 1.2
③ 1.5   ④ 1.8

풀이 334.1 지중전선로의 시설
가. 지중 전선로는 전선에 케이블을 사용하고 또한 관로식·암거식 또는 직접 매설식에 의하여 시설하여야 한다.
나. 지중 전선로를 직접 매설식에 의하여 시설하는 경우에는 매설 깊이를 차량 기타 중량물의 압력을 받을 우려가 있는 장소에는 1.0[m] 이상, 기타 장소에는 0.6[m] 이상으로 하고 또한 지중 전선을 견고한 트라프 기타 방호물에 넣어 시설하여야 한다.

답 ①

89 지중전선이 지중약전류 전선 등과 접근하거나 교차하는 경우에 상호 간의 이격거리가 저압 또는 고압의 지중전선이 몇 [cm] 이하일 때, 지중전선과 지중약전류 전선 사이에 견고한 내화성의 격벽(隔壁)을 설치하여야 하는가?

① 10   ② 20
③ 30   ④ 60

풀이 334.6 지중전선과 지중약전류전선 등 또는 관과의 접근 또는 교차
지중전선이 다음 조건의 이격거리 이하로 설치되는 경우에는 상호 간에 내화성의 격벽을 설치하여야 한다.

조 건	전 압	이격거리
지중 약전류 전선과 접근 또는 교차하는 경우	저압 또는 고압	0.3[m]
	특고압	0.6[m]

조 건	전 압	이격거리
가연성, 유독성의 유체를 내포하는 관과 접근 또는 교차	특고압	1[m]
	25[kV] 이하, 다중접지방식	0.5[m]
기타의 관과 접근 또는 교차	특고압	0.3[m]

답 ③

90 가공전선로의 지지물에 시설하는 지선의 안전율과 허용 인장하중의 최저값은?

① 안전율은 2.0 이상,
   허용 인장하중 최저값은 4[kN]
② 안전율은 2.5 이상,
   허용 인장하중 최저값은 4[kN]
③ 안전율은 2.0 이상,
   허용 인장하중 최저값은 4.4[kN]
④ 안전율은 2.5 이상,
   허용 인장하중 최저값은 4.31[kN]

풀이 331.11 지선의 시설
가. 가공전선로의 지지물로 사용하는 철탑은 지선을 사용하여 그 강도를 분담시켜서는 안 된다.
나. 지선의 **안전율은 2.5 이상**일 것. 이 경우에 **허용 인장하중의 최저는 4.31[kN]**으로 한다.
다. 지선에 연선을 사용할 경우에는 다음에 의할 것.
   ① 소선 3가닥 이상의 연선일 것.
   ② 소선의 지름이 2.6[mm] 이상의 금속선을 사용한 것일 것.

답 ④

91 건조한 장소로서 전개된 장소에 한하여 고압 옥내배선을 할 수 있는 것은?

① 금속관공사
② 애자공사
③ 합성수지관공사
④ 금속제 가요전선관공사

풀이 342.1 고압 옥내배선 등의 시설
고압 옥내배선은 다음 중 하나에 의하여 시설할 것.
가. **애자공사(건조한 장소로서 전개된 장소에 한한다)**
나. 케이블공사
다. 케이블트레이공사

답 ②

92 피뢰기를 반드시 시설하지 않아도 되는 곳은?

① 발전소·변전소의 가공전선의 인출구
② 가공전선로와 지중전선로가 접속되는 곳
③ 고압가공전선로로부터 수전하는 차단기 2차 측
④ 특고압가공전선로로부터 공급을 받는 수용장소의 인입구

풀이 341.13 피뢰기의 시설
가. 고압 및 특고압의 전로 중 다음에 열거하는 곳 또는 이에 근접한 곳에는 피뢰기를 시설하여야 한다.
   ① 발전소·변전소 또는 이에 준하는 장소의 **가공전선 인입구 및 인출구**
   ② 특고압 가공전선로에 접속하는 배전용 변압기의 고압측 및 특고압측
   ③ 고압 및 특고압 가공전선로로부터 공급을 받는 **수용장소의 인입구**
   ④ 가공전선로와 지중전선로가 접속되는 곳
나. 다음의 어느 하나에 해당하는 경우에는 피뢰기를 시설하지 않아도 된다.
   ① 직접 접속하는 전선이 짧은 경우
   ② 피보호기기가 보호범위 내에 위치하는 경우

답 ③

93 내부에 고장이 생긴 경우에 자동적으로 전로로부터 차단하는 장치가 반드시 필요한 것은?

① 뱅크용량 1000[kVA]인 변압기
② 뱅크용량 10000[kVA]인 조상기
③ 뱅크용량 300[kVA]인 분로 리액터
④ 뱅크용량 1000[kVA]인 전력용 커패시터

풀이 351.5 조상설비의 보호장치
조상 설비에는 그 내부에 고장이 생긴 경우에 보호하는 장치를 표와 같이 시설하여야 한다.

설비 종별	뱅크 용량의 구분	자동적으로 전로로부터 차단하는 장치
전력용 커패시터 및 분로리액터	500[kVA] 초과 15,000[kVA] 미만	• 내부에 고장이 생긴 경우 • 과전류가 생긴 경우
	15,000[kVA] 이상	• 내부에 고장이 생긴 경우 • 과전류가 생긴 경우 • 과전압이 생긴 경우
조상기 (調相機)	15,000[kVA] 이상	• 내부에 고장이 생긴 경우

답 ④

94 백열전등 또는 방전등에 전기를 공급하는 옥내 전로의 대지전압은 몇 [V] 이하이어야 하는가?

① 150 ② 300
③ 400 ④ 600

풀이 231.6 옥내전로의 대지 전압의 제한
백열전등 또는 방전등에 전기를 공급하는 옥내의 전로의 대지전압은 300[V] 이하여야 한다. **답** ②

95 특고압가공전선로에 사용하는 가공지선에는 지름 몇 [mm] 이상의 나경동선을 사용하여야 하는가?

① 2.6 ② 3.5
③ 4   ④ 5

풀이 333.8 특고압 가공전선로의 가공지선
특고압 가공전선로에 사용하는 가공지선은 다음과 같다.
가. 인장강도 8.01[kN] 이상의 나선
나. **지름 5[mm] 이상의 나경동선**
다. 단면적 22[mm²] 이상의 나경동연선
라. 아연도강연선 22[mm²]
마. OPGW 전선 **답** ④

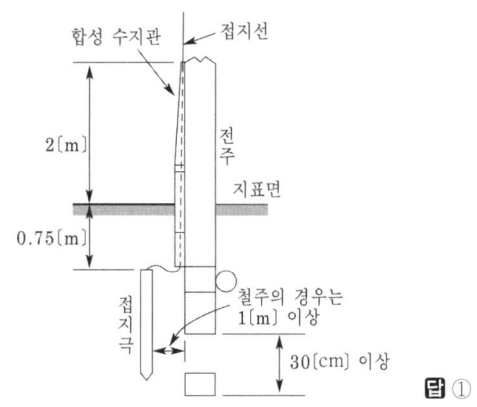

출제기준 변경 및 개정된 관계 법규에 따라 삭제된 문제가 있어 20문항이 안됩니다.

96 접지공사에 사용하는 접지선을 사람이 접촉할 우려가 있는 곳에 철주 기타의 금속체를 따라서 시설하는 경우에는 접지극을 그 금속체로부터 지중에서 몇 [m] 이상 이격시켜야 하는가? (단, 접지극을 철주의 밑면으로부터 30[cm] 이상의 깊이에 매설하는 경우는 제외한다.)

① 1 ② 2
③ 3 ④ 4

풀이 142.2 접지극의 시설 및 접지저항
접지극의 매설은 다음에 의한다.
가. 접지극은 지표면으로부터 지하 0.75[m] 이상으로 하되 동결 깊이를 감안하여 매설 깊이를 정해야 한다.
나. 접지도체를 철주 기타의 금속체를 따라서 시설하는 경우에는 접지극을 철주의 밑면으로부터 0.3[m] 이상의 깊이에 매설 하는 경우 이외에는 **접지극을 지중에서 그 금속체로부터 1[m] 이상 떼어 매설하여야 한다.**

완벽대비 2020년 1,2회 전기산업기사필기

동일출판사 홈페이지에서 무료 동영상강의를 보실 수 있습니다.

1과목 - 전기자기

01 유전율이 각각 다른 두 종류의 유전체 경계면에 전속이 입사될 때 이 전속은 어떻게 되는가? (단, 경계면에 수직으로 입사하지 않는 경우이다.)

① 굴절
② 반사
③ 회절
④ 직진

풀이 ① 유전체 경계면에서 전계 또는 전속밀도는 유전율이 큰 쪽으로 크게 굴절한다.

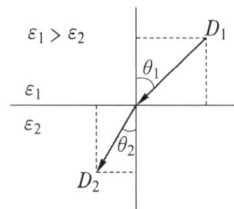
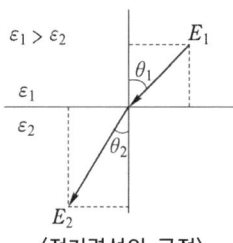

〈전속의 굴절〉 〈전기력선의 굴절〉

② 입사각과 굴절각은 유전율에 비례한다.
$\dfrac{\tan\theta_1}{\tan\theta_2} = \dfrac{\epsilon_1}{\epsilon_2}$ (θ_1 : 입사각, θ_2 : 굴절각)
즉, $\epsilon_1 > \epsilon_2$ 이면, $\theta_1 > \theta_2$ 이다.

③ 경계면에 수직으로 입사($\theta_1 = \theta_2 = 0°$)한 전속은 굴절하지 않고 직진한다. **답** ①

02 반지름이 9[cm]인 도체구 A에 8[C]의 전하가 균일하게 분포되어 있다. 이 도체구에 반지름 3[cm]인 도체구 B를 접촉시켰을 때 도체구 B로 이동한 전하는 몇 [C]인가?

① 1
② 2
③ 3
④ 4

풀이 • 도체구 A의 총 전하량 $Q = Q_1 + Q_2$
(Q_1 : 접촉 후 대전된 도체구 A의 전하량, Q_2 : 접촉 후 대전된 도체구 B의 전하량)

• 두 도체구를 접속시키면 전위는 같게 되므로

$V = \dfrac{Q_1}{4\pi\epsilon_0 r_1} = \dfrac{Q_2}{4\pi\epsilon_0 r_2}$

$\rightarrow Q_2 = \dfrac{4\pi\epsilon_0 r_2}{4\pi\epsilon_0 r_1} Q_1 = \dfrac{r_2}{r_1} Q_1 = \dfrac{r_2}{r_1}(Q - Q_2)$

$Q_2 = \dfrac{3}{9}(8 - Q_2) \rightarrow \dfrac{9}{3} Q_2 = 8 - Q_2$

$\therefore Q_2 = 2[C]$ **답** ②

03 전계 내에서 폐회로를 따라 단위 전하가 일주할 때 전계가 한 일은 몇 [J]인가?

① ∞
② π
③ 1
④ 0

풀이 전계(전기장)는 보존장이므로 전하 q[C]을 일주시키면 일은 0이 된다.

보존장의 조건 : $\oint_c \boldsymbol{E} \cdot dl = 0$

$\therefore W = qV = -q\oint_c \boldsymbol{E} \cdot dl = 0$ **답** ④

04 내구의 반지름 a[m], 외구의 반지름 b[m]인 동심 구 도체 간에 도전율이 k[S/m]인 저항물질이 채워져 있을 때의 내외구간의 합성저항[Ω]은?

① $\dfrac{1}{8\pi k}\left(\dfrac{1}{a} - \dfrac{1}{b}\right)$
② $\dfrac{1}{4\pi k}\left(\dfrac{1}{a} - \dfrac{1}{b}\right)$
③ $\dfrac{1}{2\pi k}\left(\dfrac{1}{a} - \dfrac{1}{b}\right)$
④ $\dfrac{1}{\pi k}\left(\dfrac{1}{a} + \dfrac{1}{b}\right)$

풀이 • 내구의 반지름 a, 외구의 반지름 b인 동심 구 도체의 정전용량 $C = \dfrac{4\pi\epsilon}{\dfrac{1}{a} - \dfrac{1}{b}}$[F]

• $RC = \rho\epsilon$ 에서 $R = \dfrac{\rho\epsilon}{C}$

따라서 합성저항

$R = \dfrac{\rho\epsilon}{C} = \dfrac{\rho\epsilon}{\dfrac{4\pi\epsilon}{\dfrac{1}{a} - \dfrac{1}{b}}} = \dfrac{\rho}{4\pi}\left(\dfrac{1}{a} - \dfrac{1}{b}\right)$

$= \dfrac{1}{4\pi k}\left(\dfrac{1}{a} - \dfrac{1}{b}\right)[\Omega]$ **답** ②

05 대전된 도체 표면의 전하밀도를 $\sigma[\text{C/m}^2]$이라고 할 때, 대전된 도체 표면의 단위면적이 받는 정전응력$[\text{N/m}^2]$은 전하밀도 σ와 어떤 관계가 있는가?

① $\sigma^{\frac{1}{2}}$에 비례
② $\sigma^{\frac{3}{2}}$에 비례
③ σ에 비례
④ σ^2에 비례

풀이
- 도체에 전하가 분포되어 있을 때, 도체 표면에 작용하는 힘을 정전응력이라 하며, 단위 면적당의 힘으로 정의한다.
- 면전하밀도 $\sigma[\text{C/m}^2]$인 도체 표면에서
  전속밀도 $D=\sigma$, 전계의 세기 $E=\dfrac{\sigma}{\epsilon_0}$이므로
  정전응력 $f=\dfrac{1}{2}DE=\dfrac{1}{2}\epsilon_0 E^2=\dfrac{D^2}{2\epsilon_0}$
  $=\dfrac{\sigma^2}{2\epsilon_0}[\text{N/m}^2]$
  즉, $f \propto \sigma^2$의 관계가 있다.   답 ④

06 양극판의 면적이 $S[\text{m}^2]$, 극판 간의 간격이 $d[\text{m}]$, 정전용량이 $C_1[\text{F}]$인 평행판 콘덴서가 있다. 양극판 면적을 각각 $3S[\text{m}^2]$로 늘이고 극판 간격을 $\dfrac{1}{3}d[\text{m}]$로 줄였을 때의 정전용량 $C_2[\text{F}]$는?

① $C_2=C_1$
② $C_2=3C_1$
③ $C_2=6C_1$
④ $C_2=9C_1$

풀이 면적 S, 간격 d인 평행판 콘덴서의 정전용량을 C_1이라 하면
$$C_1=\dfrac{\epsilon_0}{d}S$$
따라서 면적 $S'=3S$, 간격 $d'=\dfrac{1}{3}d$인 경우의 정전용량 C_2는
$$C_2=\dfrac{\epsilon_0}{d'}\cdot S'=\dfrac{\epsilon_0}{\frac{1}{3}d}\cdot 3S=9\dfrac{\epsilon_0}{d}S=9C_1$$
답 ④

07 투자율이 각각 μ_1, μ_2인 두 자성체의 경계면에서 자기력선의 굴절의 법칙을 나타낸 식은?

① $\dfrac{\mu_1}{\mu_2}=\dfrac{\sin\theta_1}{\sin\theta_2}$
② $\dfrac{\mu_1}{\mu_2}=\dfrac{\sin\theta_2}{\sin\theta_1}$
③ $\dfrac{\mu_1}{\mu_2}=\dfrac{\tan\theta_1}{\tan\theta_2}$
④ $\dfrac{\mu_1}{\mu_2}=\dfrac{\tan\theta_2}{\tan\theta_1}$

풀이 자성체의 굴절의 법칙
- 자계세기의 접선성분의 연속성 : $H_1\sin\theta_1=H_2\sin\theta_2$
- 자속밀도의 법선성분의 연속성 : $B_1\cos\theta_1=B_2\cos\theta_2$
- 굴절각 : $\dfrac{\mu_1}{\mu_2}=\dfrac{\tan\theta_1}{\tan\theta_2}$

따라서 자속은 투자율이 높은 쪽으로 모이려는 성질이 있다.

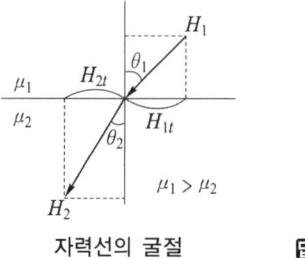

자력선의 굴절   답 ③

08 진공 중에서 멀리 떨어져 있는 반지름이 각각 $a_1[\text{m}]$, $a_2[\text{m}]$인 두 도체구를 $V_1[\text{V}]$, $V_2[\text{V}]$인 전위를 갖도록 대전시킨 후 가는 도선으로 연결할 때 연결 후의 공통 전위 $V[\text{V}]$는?

① $\dfrac{V_1}{a_1}+\dfrac{V_2}{a_2}$
② $\dfrac{V_1+V_2}{a_1 a_2}$
③ $a_1 V_1+a_2 V_2$
④ $\dfrac{a_1 V_1+a_2 V_2}{a_1+a_2}$

풀이
- 두 도체구를 연결하기 전의 전하는
  $Q=Q_1+Q_2=4\pi\epsilon_0 a_1 V_1+4\pi\epsilon_0 a_2 V_2$
  $=4\pi\epsilon_0(a_1 V_1+a_2 V_2)[\text{C}]$
- 두 도체구를 연결한 후의 전하 Q'는 등전위이므로
  $Q'=Q_1'+Q_2'=4\pi\epsilon_0 a_1 V+4\pi\epsilon_0 a_2 V$
  $=4\pi\epsilon_0 V(a_1+a_2)[\text{C}]$
- 연결 전후에도 전하의 총량은 같으므로($Q=Q'$)
  $4\pi\epsilon_0(a_1 V_1+a_2 V_2)=4\pi\epsilon_0 V(a_1+a_2)$
  $\therefore V=\dfrac{4\pi\epsilon_0(a_1 V_1+a_2 V_2)}{4\pi\epsilon_0(a_1+a_2)}=\dfrac{a_1 V_1+a_2 V_2}{a_1+a_2}$
  답 ④

09
그림과 같이 도체 1을 도체 2로 포위하여 도체 2를 일정 전위로 유지하고 도체 1과 도체 2의 외측에 도체 3이 있을 때 용량계수 및 유도계수의 성질로 옳은 것은?

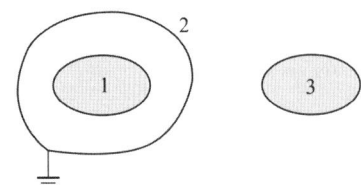

① $q_{23} = q_{11}$
② $q_{13} = -q_{11}$
③ $q_{31} = q_{11}$
④ $q_{21} = -q_{11}$

풀이
① 도체 1을 도체 2로 포위하고 도체 2를 접지(영전위) 하면 도체 1과 도체 3은 정전차폐가 되기 때문에 정전기적으로 관계하지 않게 된다.
따라서 $q_{23} \neq q_{11}$, $q_{13} = 0$, $q_{31} = 0$
② 도체 1에 단위 전위를 주었을 때 도체 1의 전하 q_{11}과 도체 2의 유도 전하 q_{21}은 서로 양은 같고 부호는 반대가 된다.
따라서 $q_{21} = -q_{11}$
※ 도체 1과 도체 3은 정전기적으로 관계가 없는 정전차폐이므로 용량계수와 유도계수의 아래 첨자에 3을 포함하지 않은 ④번만이 정답이 된다. **답 ④**

10
와전류(eddy current)손에 대한 설명으로 틀린 것은?

① 주파수에 비례한다.
② 저항에 반비례한다.
③ 도전율이 클수록 크다.
④ 자속밀도의 제곱에 비례한다.

풀이 와류손은 철심 내부에 흐르는 와류(맴돌이 전류)에 의한 줄 손실이다.
$W_e = \sigma_e (t f B_m)^2$이므로
와전류손(W_e)은 주파수(f)의 제곱과 최대 자속밀도(B_m)의 제곱에 비례한다.
여기서, σ_e : 재료에 의한 정수
t : 철판의 두께[m]
f : 주파수[Hz]
B_m : 자속밀도의 최댓값[Wb/m²] **답 ①**

11
전계 E[V/m] 및 자계 H[AT/m]의 에너지가 자유공간 사이를 C[m/s]의 속도로 전파될 때 단위 시간에 단위 면적을 지나는 에너지 [W/m²]는?

① $\frac{1}{2}EH$
② EH
③ EH^2
④ E^2H

풀이 단위 면적당 전력
= 포인팅 벡터 $P = E \times H = EH$ [W/m²] **답 ②**

12
공기 중에 선간거리 10[cm]의 평행왕복 도선이 있다. 두 도선 간에 작용하는 힘이 4×10^{-6} [N/m]이었다면 도선에 흐르는 전류는 몇 [A]인가?

① 1
② 2
③ $\sqrt{2}$
④ $\sqrt{3}$

풀이 평행한 두 도선 간에 작용하는 힘
$$F = \frac{\mu_0 I_1 I_2}{2\pi r} = \frac{2 I_1 I_2}{r} \times 10^{-7}$$
$$= \frac{2 \times I^2}{10 \times 10^{-2}} \times 10^{-7} = 4 \times 10^{-6} [\text{N/m}]$$
$$\therefore I = \sqrt{\frac{4 \times 10^{-6} \times 10 \times 10^{-2}}{2 \times 10^{-7}}} = \sqrt{2} [\text{A}]$$ **답 ③**

13
자기 인덕턴스가 L_1, L_2이고 상호 인덕턴스가 M인 두 회로의 결합계수가 1일 때, 성립되는 식은?

① $L_1 \cdot L_2 = M$
② $L_1 \cdot L_2 < M^2$
③ $L_1 \cdot L_2 > M^2$
④ $L_1 \cdot L_2 = M^2$

풀이 결합 계수 $k = \frac{M}{\sqrt{L_1 L_2}}$에서
결합 계수 $k = 1$인 경우 $\frac{M}{\sqrt{L_1 L_2}} = 1$
$\therefore L_1 L_2 = M^2$이 된다. **답 ④**

14 어떤 콘덴서에 비유전율 ϵ_s인 유전체로 채워져 있을 때의 정전용량 C와 공기로 채워져 있을 때의 정전용량 C_0의 비 $\left(\dfrac{C}{C_0}\right)$는?

① ϵ_s
② $\dfrac{1}{\epsilon_s}$
③ $\sqrt{\epsilon_s}$
④ $\dfrac{1}{\sqrt{\epsilon_s}}$

풀이 콘덴서에 절연체를 삽입하기 전과 후의 비를 비유전율이라고 하며 다음과 같은 관계가 있다.
 ① $C > C_0$ ② $\dfrac{C}{C_0} = \epsilon_s \ (\epsilon_s > 1)$
 여기서, C_0 : 절연체 삽입 전(진공) 콘덴서의 정전용량
   C : 절연체 삽입 후 콘덴서의 정전용량 **답** ①

15 유전체에서의 변위전류에 대한 설명으로 틀린 것은?

① 변위전류가 주변에 자계를 발생시킨다.
② 변위전류의 크기는 유전율에 반비례한다.
③ 전속밀도의 시간적 변화가 변위전류를 발생시킨다.
④ 유전체 중의 변위전류는 진공 중의 전계변화에 의한 변위전류와 구속전자의 변위에 의한 분극전류와의 합이다.

풀이 변위전류
 ① 변위전류 및 변위전류밀도는 시간적으로 변화하는 전속밀도에 의한 전류를 말한다.
 ② 유전체 중에서의 변위전류밀도
  $i_d = \dfrac{\partial D}{\partial t} = \epsilon \dfrac{\partial E}{\partial t} = \epsilon_0 \dfrac{\partial E}{\partial t} + \dfrac{\partial P}{\partial t}$ [A/m²]
  즉, **변위전류밀도는 진공 중의 전계변화에 의한 변위전류와 구속전자의 변위에 의한 분극전류와의 합**이며, **유전율에 비례**한다.
 ③ 변위 전류밀도 $i_d = \dfrac{\partial D}{\partial t}$ 이고,
  rot $H = J + \dfrac{\partial D}{\partial t}$ (맥스웰의 전자방정식 미분형)이다.
  자유공간에서는 전도 전류밀도 $J = 0$이므로 $i_d = $ rot H 가 된다.
  즉, 변위 전류는 회전자계를 형성시킨다. **답** ②

16 환상 솔레노이드의 자기 인덕턴스[H]와 반비례하는 것은?

① 철심의 투자율 ② 철심의 길이
③ 철심의 단면적 ④ 코일의 권수

풀이 철심을 통하는 자속
 $\phi = BS = \mu HS = \mu \dfrac{NI}{l} S = \dfrac{\mu SNI}{l}$ [Wb]이므로
 $N\phi = LI$에서 인덕턴스 $L = \dfrac{\mu SN^2}{l}$ [H]이다.
 즉 **인덕턴스는 투자율**(μ), **단면적**(S), **권수**(N)의 제곱에 비례하고, **길이**(l)에 반비례한다. **답** ②

17 자성체에 대한 자화의 세기를 정의한 것으로 틀린 것은?

① 자성체의 단위 체적당 자기모멘트
② 자성체의 단위 면적당 자화된 자하량
③ 자성체의 단위 면적당 자화선의 밀도
④ 자성체의 단위 면적당 자기력선의 밀도

풀이 자화의 세기(J)
 ① 자성체의 양 단면의 단위면적에 발생한 자기량을 그 자성체에 대한 자화의 세기라고 한다.
  $J = \dfrac{m}{S} = \dfrac{ml}{Sl} = \dfrac{M}{V}$ [Wb/m²]
  여기서, m : **자화된 자기량**[Wb]
    S : **자성체의 단면적**[m²]
    M : **자기모멘트**($M = ml$[Wb·m])
    V : **자성체의 체적**[m³]
    l : 자성체의 길이[m]
 ② 자화의 세기는 자계의 세기에 비례하며 이때 비례상수를 자화율이라고 한다.
  $J = \chi H$ **답** ④

18 두 전하 사이 거리의 세제곱에 반비례하는 것은?

① 두 점전하 사이에 작용하는 힘
② 전기쌍극자에 의한 전계
③ 직선 전하에 의한 전계
④ 전하에 의한 전위

풀이 ① 두 점전하 사이에 작용하는 힘(쿨롱의 법칙)
  $F = \dfrac{Q_1 Q_2}{4\pi\epsilon_0 r^2}$ [N] $\therefore F \propto \dfrac{1}{r^2}$

② 전기쌍극자에 의한 전계

$$E = \frac{M\sqrt{1+3\cos^2\theta}}{4\pi\epsilon_0 r^3}[\text{V/m}] \quad \therefore E \propto \frac{1}{r^3}$$

③ 직선전하에 의한 전계

$$E = \frac{\lambda}{2\pi\epsilon_0 r}[\text{V/m}] \quad \therefore E \propto \frac{1}{r}$$

④ 점전하에 의한 전위

$$V = \frac{Q}{4\pi\epsilon_0 r}[\text{V}] \quad \therefore V \propto \frac{1}{r}$$

답 ②

19 정사각형 회로의 면적을 3배로, 흐르는 전류를 2배로 증가시키면 정사각형의 중심에서의 자계의 세기는 약 몇 [%]가 되는가?

① 47   ② 115
③ 150 ④ 225

풀이
- 한 변의 길이가 l인 정사각형 중심에서 자계의 세기

$$H_0 = \frac{2\sqrt{2}I}{\pi l}[\text{AT/m}]$$

- 정사각형 면적을 3배로 하면 한 변의 길이는 $\sqrt{3}$배가 되므로

$$H_0' = \frac{2\sqrt{2}I'}{\pi l'} = \frac{2\sqrt{2}\times 2I}{\pi\times\sqrt{3}\,l} = 1.15H_0$$

따라서 정사각형 중심에서 자계의 세기는 약 115[%]가 된다.

답 ②

20 그림과 같이 권수가 1이고 반지름이 a[m]인 원형 코일에 전류 I[A]가 흐르고 있다. 원형 코일 중심에서의 자계의 세기[AT/m]는?

① $\dfrac{I}{a}$
② $\dfrac{I}{2a}$
③ $\dfrac{I}{3a}$
④ $\dfrac{I}{4a}$

풀이 원형코일 중심에서의 자계의 세기

$$H_0 = \oint dH = \int_0^{2\pi a}\frac{Idl\sin\theta}{4\pi a^2} = \int_0^{2\pi a}\frac{Idl}{4\pi a^2}$$

$$= \frac{I}{4\pi a^2}\int_0^{2\pi a}dl = \frac{I}{2a}[\text{AT/m}]$$

답 ②

2과목 - 전력공학

21 전압이 일정값 이하로 되었을 때 동작하는 것으로서 단락 시 고장 검출용으로도 사용되는 계전기는?

① OVR   ② OVGR
③ NSR   ④ UVR

풀이
① 과전류 계전기(Over Current Relay : OCR)
일정값 이상의 전류가 흘렀을 때 동작하는 계전기
② 지락 과전압 계전기(Over Voltage Ground Relay : OVGR)
비접지 계통에서 지락사고 시 영상전압을 검출하여 동작하는 계전기
③ 역상계전기(Negative Sequence Relay : NSR)
전력설비의 불평형 운전 등에 의한 역상분에 의해 동작하는 계전기
④ 부족 전압 계전기(Under Voltage Relay : UVR)
전압이 일정값 이하로 떨어졌을 경우, 지나친 과전류가 흐르지 않게끔 동작하는 계전기

답 ④

22 반동수차의 일종으로 주요부분은 러너, 안내날개, 스피드링 및 흡출관 등으로 되어 있으며 50~500[m] 정도의 중낙차 발전소에 사용되는 수차는?

① 카플란수차   ② 프란시스수차
③ 펠턴수차   ④ 튜블러수차

풀이

동작원리에 의한 분류	수차의 종류	낙차
충동형	펠톤수차	300[m] 이상 고낙차
반동형	프란시스 수차	50~500[m]의 중낙차
	카플란 수차	30[m] 이하의 저낙차
	튜우블러 수차	20[m] 이하의 저낙차

답 ②

23 페란티현상이 발생하는 원인은?

① 선로의 과도한 저항
② 선로의 정전용량
③ 선로의 인덕턴스
④ 선로의 급격한 전압강하

풀이
- 페란티 현상 : 선로의 정전용량으로 인하여 무부하 시나 경부하 시 진상 전류가 흘러 수전단전압이 송전단전압보다 높아지는 현상
- 대책 : 분로 리액터(병렬 리액터)나 동기조상기의 지상 용량 운전으로 방지할 수 있다. **답 ②**

24 전력계통의 경부하시나 또는 다른 발전소의 발전전력에 여유가 있을 때, 이 잉여전력을 이용하여 전동기로 펌프를 돌려서 물을 상부의 저수지에 저장하였다가 필요에 따라 이 물을 이용해서 발전하는 발전소는?

① 조력발전소
② 양수식발전소
③ 유역변경식발전소
④ 수로식발전소

풀이 심야 또는 경부하시의 **잉여전력**을 사용하여 낮은 곳에 있는 물을 높은 곳으로 퍼올려서 **첨두 부하시**에 이 양수된 물을 사용해서 발전하는 것을 양수발전이라고 한다. **답 ②**

25 열의 일당량에 해당되는 단위는?

① kcal/kg
② kg/cm^2
③ kcal/cm^3
④ kg·m/kcal

풀이
- 1[kcal]에 해당하는 일의 양을 열의 일당량이라고 부른다.
- J : 열의 일당량 = 427[kg·m/kcal] **답 ④**

26 가공전선을 단도체식으로 하는 것보다 같은 단면적의 복도체식으로 하였을 경우에 대한 내용으로 틀린 것은?

① 전선의 인덕턴스가 감소된다.
② 전선의 정전용량이 감소된다.
③ 코로나 발생률이 적어진다.
④ 송전용량이 증가한다.

풀이 복도체 방식의 장점
① 전선의 인덕턴스가 감소하고 **정전용량이 증가**되어, 선로의 송전 용량이 증가하고 계통의 안정도를 증진시킨다.

② 전선 표면의 전위 경도가 저감되므로, 코로나 임계전압을 높일 수 있고 코로나손, 코로나 잡음 등의 장해가 저감된다. **답 ②**

27 연가의 효과로 볼 수 없는 것은?

① 선로 정수의 평형
② 대지 정전용량의 감소
③ 통신선의 유도장해의 감소
④ 직렬 공진의 방지

풀이 연가의 효과
① 선로정수 평형
② 임피던스 평형
③ 소호 리액터 접지 시 **직렬공진 방지**
④ 유도장해 감소 **답 ②**

28 발전기나 변압기의 내부고장 검출로 주로 사용되는 계전기는?

① 역상계전기
② 과전압계전기
③ 과전류계전기
④ 비율차동계전기

풀이 비율차동계전기

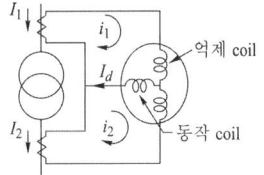

① 변압기 내부에서 3상 단락 사고시 : $i_2 = 0$이 되어 비율차동계전기의 동작 coil에는 $i_d = i_1$의 전류가 흐르게 되어 비율차동계전기가 동작
② 변압기 외부에서 3상 단락 사고시 : 비율차동계전기의 동작 coil에는 $i_d = i_1 - i_2$의 전류가 흐르게 되며, 이때 i_d의 값이 정정값 이하가 되어 비율차동계전기는 동작하지 않는다. **답 ④**

29 송전선로에서 역섬락을 방지하는 가장 유효한 방법은?

① 피뢰기를 설치한다.
② 가공지선을 설치한다.
③ 소호각을 설치한다.
④ 탑각 접지저항을 작게 한다.

[풀이] 뇌서지가 철탑에 가격 시 철탑의 탑각 접지저항이 충분히 낮지 않으면 철탑의 전위가 상승하여 철탑에서 선로 섬락을 일으키는 경우가 있는데 이를 **역섬락**이라 하며 방지 대책으로는 매설 지선을 설치하여 **탑각 접지저항**을 낮추어야 한다. 탭 ④

30 반한시성 과전류계전기의 전류-시간 특성에 대한 설명으로 옳은 것은?

① 계전기 동작시간은 전류의 크기와 비례한다.
② 계전기 동작시간은 전류의 크기와 관계없이 일정하다.
③ 계전기 동작시간은 전류의 크기와 반비례한다.
④ 계전기 동작시간은 전류의 크기의 제곱에 비례한다.

[풀이] 보호계전기 특징
① 순한시 특성 : 최소 동작전류 이상의 전류가 흐르면 즉시 동작하는 특성
② **반한시 특성 : 동작전류가 커질수록 동작시간이 짧게 되는 특성**
③ 정한시 특성 : 동작전류의 크기에 관계없이 일정한 시간에 동작하는 특성
④ 반한시 정한시 특성 : 동작전류가 적은 동안에는 동작전류가 커질수록 동작시간이 짧게 되고 어떤 전류 이상이면 동작전류의 크기에 관계없이 일정한 시간에 동작하는 특성

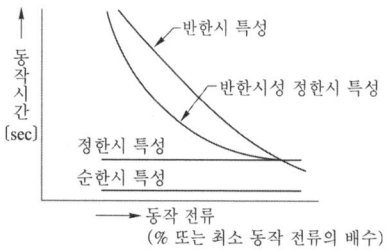

계전기의 한시 특성 탭 ③

31 교류 송전방식과 직류 송전방식을 비교할 때 교류 송전방식의 장점에 해당되는 것은?

① 전압의 승압, 강압 변경이 용이하다.
② 절연계급을 낮출 수 있다.
③ 송전효율이 좋다.
④ 안정도가 좋다.

[풀이] 교류 송전 방식의 장점
① **전압의 승압 강압 변경이 용이하다.**
② 회전자계를 쉽게 얻을 수 있다.
③ 교류방식으로 일관된 운용을 기할 수 있다. 탭 ①

32 단상 2선식 교류 배전선로가 있다. 전선의 1가닥 저항이 0.15[Ω]이고, 리액턴스는 0.25[Ω]이다. 부하는 순저항부하이고 100[V], 3[kW]이다. 급전점의 전압[V]은 약 얼마인가?

① 105
② 110
③ 115
④ 124

[풀이] 부하전류 $I = \dfrac{P}{V} = \dfrac{3000}{100} = 30[A]$

$\therefore V_S = V_R + 2IZ = V_R + 2I(R+jX)$
$= 100 + 2 \times 30 \times (0.15 + j0.25)$
$= (100 + 2 \times 30 \times 0.15) + j(2 \times 30 \times 0.25)$
$= 109 + j15 = \sqrt{109^2 + 15^2} ≒ 110[V]$ 탭 ②

33 지상부하를 가진 3상 3선식 배전선로 또는 단거리 송전선로에서 선간 전압강하를 나타낸 식은? (단, I, R, X, θ는 각각 수전단 전류, 선로 저항, 리액턴스 및 수전단 전류의 위상각이다.)

① $I(R\cos\theta + X\sin\theta)$
② $2I(R\cos\theta + X\sin\theta)$
③ $\sqrt{3}\,I(R\cos\theta + X\sin\theta)$
④ $3I(R\cos\theta + X\sin\theta)$

[풀이] 전압강하 $e = V_s - V_r$
(여기서, V_s : 송전단 전압, V_r : 수전단 전압)

전기 방식	전압강하
단상3선식, 3상4선식	$e_1 = I(R\cos\theta + X\sin\theta)$
단상2선식	$e_2 = 2I(R\cos\theta + X\sin\theta)$
3상3선식	$e_3 = \sqrt{3}\,I(R\cos\theta + X\sin\theta)$

탭 ③

34 다음 중 송·배전선로의 진동 방지대책에 사용되지 않는 기구는?

① 댐퍼
② 조임쇠
③ 클램프
④ 아머 로드

풀이
① 댐퍼 : 전선의 진동에너지를 흡수함으로서 **진동 발생 방지** 및 진동으로 인한 전선의 단선을 방지하기 위한 설비로, 지지점 가까운 곳에 설치한다.
② 클램프 : 전선을 고정하거나 애자에 지지시키기 위하여 사용한다.
③ 아머 로드 : 지지점 부근의 전선을 보강

답 ②

35 단락전류를 제한하기 위하여 사용되는 것은?

① 한류리액터 ② 사이리스터
③ 현수애자 ④ 직렬콘덴서

풀이
- **한류 리액터** : 단락 사고시의 **단락전류를 제한**
- 직렬 리액터 : 제5고조파 제거
- 분로 리액터 : 페란티 현상 방지
- 소호 리액터 : 지락 아크 소멸

답 ①

36 어느 변전설비의 역률을 60[%]에서 80[%]로 개선하는데 2800[kVA]의 전력용 커패시터가 필요하였다. 이 변전설비의 용량은 몇 [kW]인가?

① 4800 ② 5000
③ 5400 ④ 5800

풀이 콘덴서 용량
$$Q_c = P(\tan\theta_1 - \tan\theta_2)$$
$$= P\left(\frac{\sqrt{1-\cos^2\theta_1}}{\cos\theta_1} - \frac{\sqrt{1-\cos^2\theta_2}}{\cos\theta_2}\right)[kVA]$$

따라서 설비용량
$$P = \frac{Q_c}{\left(\frac{\sqrt{1-\cos^2\theta_1}}{\cos\theta_1} - \frac{\sqrt{1-\cos^2\theta_2}}{\cos\theta_2}\right)}$$
$$= \frac{2800}{\left(\frac{\sqrt{1-0.6^2}}{0.6} - \frac{\sqrt{1-0.8^2}}{0.8}\right)}$$
$$= 4800[kW]$$

답 ①

37 교류 단상 3선식 배전방식을 교류 단상 2선식에 비교하면

① 전압강하가 크고, 효율이 낮다.
② 전압강하가 작고, 효율이 낮다.
③ 전압강하가 작고, 효율이 높다.
④ 전압강하가 크고, 효율이 높다.

풀이

항목	단상 2선식	단상 3선식
전압강하	$2I(R\cos\theta + X\sin\theta)$	$I(R\cos\theta + X\sin\theta)$
회로도		

즉, 단상 3선식은 단상 2선식에 비하여 전압이 2배로 되고 전류가 $\frac{1}{2}$로 되므로 **전압강하와 전력손실은 작고 배전 효율은 높다.**

답 ③

38 배전선로의 전압을 $\sqrt{3}$ 배로 증가시키고 동일한 전력 손실률로 송전할 경우 송전전력은 몇 배로 증가되는가?

① $\sqrt{3}$ ② $\frac{3}{2}$
③ 3 ④ $2\sqrt{3}$

풀이
전력손실 $P_l = 3I^2R = \frac{P^2\rho l}{V^2\cos^2\theta A}$,

전력손실률 $h = \frac{P_l}{P} = \frac{P\rho l}{V^2\cos^2\theta A}$ 이므로

송전전력 $P = \frac{hV^2\cos^2\theta}{R}$ 이다.

전력손실률이 동일하면 송전전력은 전압의 제곱에 비례하므로, 전압을 $\sqrt{3}$배 증가시켰을 때의 송전전력 P'는
$$P' \propto (\sqrt{3}V)^2 = 3V^2$$
즉, 3배로 증가된다.

답 ③

39 주상 변압기의 2차측 접지는 어느 것에 대한 보호를 목적으로 하는가?

① 1차 측의 단락
② 2차 측의 단락
③ 2차 측의 전압강하
④ 1차 측과 2차 측의 혼촉

풀이 주상 변압기는 1차측과 2차측의 혼촉에 의한 **2차측 전압의 상승을 막기 위해서** 2차측에 접지를 하여, 고전압에 의한 사고를 막아준다.

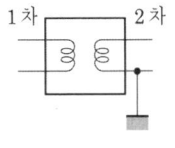

답 ④

40 100[MVA]의 3상 변압기 2뱅크를 가지고 있는 배전용 2차측의 배전선에 시설할 차단기 용량 [MVA]은? (단, 변압기는 병렬로 운전되며, 각각의 %Z는 20[%]이고, 전원의 임피던스는 무시한다.)

① 1000　　② 2000
③ 3000　　④ 4000

풀이 동일한 퍼센트 임피던스로, 2뱅크가 병렬로 운전되므로

합성 $\%Z = \dfrac{20 \times 20}{20 + 20} = 10[\%]$

따라서, 차단기 용량

$P_s = \dfrac{100}{\%Z} \times P_n = \dfrac{100}{10} \times 100 = 1000[\text{MVA}]$

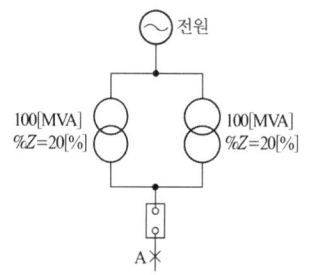

답 ①

3과목 - 전기기기

41 단상 다이오드 반파정류회로인 경우 정류 효율은 약 몇 [%]인가? (단, 저항부하인 경우이다.)

① 12.6　　② 40.6
③ 60.6　　④ 81.2

풀이

정류 종류	단상 반파	단상 전파	3상 반파	3상 전파
맥동률[%]	121	48	17.7	4.04
정류 효율	40.5	81.1	96.7	99.8
맥동 주파수	f	$2f$	$3f$	$6f$

답 ②

42 직류발전기의 병렬운전에서 균압모선을 필요로 하지 않는 것은?

① 분권발전기　　② 직권발전기
③ 평복권발전기　　④ 과복권발전기

풀이 직권 계자권선이 있는 발전기(직권 발전기, 복권 발전기)의 병렬운전 시에는 안정한 운전을 하기 위해서는 균압 모선이 필요하다.

답 ①

43 3상 유도전동기의 전원측에서 임의의 2선을 바꾸어 접속하여 운전하면?

① 즉각 정지된다.
② 회전방향이 반대가 된다.
③ 바꾸지 않았을 때와 동일하다.
④ 회전방향은 불변이나 속도가 약간 떨어진다.

풀이 3상 유도전동기의 경우 임의의 2선의 접속을 반대로 하면 회전 계자의 회전방향이 반대로 되어 운전한다. 이러한 특성을 이용하여 승강기 등의 왕복운동을 하는 부하에 사용한다.

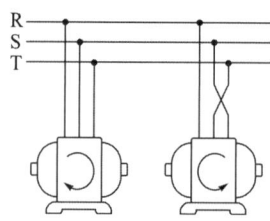

답 ②

44 직류 분권전동기의 정격전압 220[V], 정격전류 105[A], 전기자저항 및 계자회로의 저항이 각각 0.1[Ω] 및 40[Ω]이다. 기동전류를 정격전류의 150[%]로 할 때의 기동저항은 약 몇 [Ω]인가?

① 0.46　　② 0.92
③ 1.21　　④ 1.35

풀이

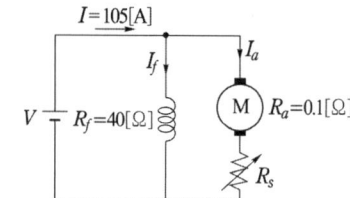

- 계자전류 $I_f = \dfrac{V}{R_f} = \dfrac{220}{40} = 5.5[A]$
- 기동전류는 정격의 150[%]이므로
  기동전류 $= 105 \times 1.5 = 157.5[A]$
- 전기자 전류
  $I_a = I - I_f = 157.5 - 5.5 = 152[A]$
- $R_a + R_s = \dfrac{V}{I_a} = \dfrac{220}{152} \fallingdotseq 1.45[\Omega]$

따라서 기동저항
$R_s = 1.45 - R_a = 1.45 - 0.1 = 1.35[\Omega]$ 답 ④

45 전기자저항과 계자저항이 각각 0.8[Ω]인 직류 직권전동기가 회전수 200[rpm], 전기자전류 30[A]일 때 역기전력은 300[V]이다. 이 전동기의 단자전압을 500[V]로 사용한다면 전기자전류가 위와 같은 30[A]로 될 때의 속도[rpm]는? (단, 전기자 반작용, 마찰손, 풍손 및 철손은 무시한다.)

① 200 ② 301
③ 452 ④ 500

풀이 ① 전기자 반작용을 무시하면 $E = k\phi \dfrac{N}{60}$ 이고, 전류는 같으므로 자속 ϕ는 일정하다. 따라서, 속도는 역기전력에 비례($E \propto N$)한다.
② 단자전압 500[V], 전기자전류 30[A]일 때
- 역기전력
  $E_0 = V - I_a(r_a + r_f) = 500 - (0.8 + 0.8) \times 30$
  $= 452[V]$
- $\dfrac{E}{E_0} = \dfrac{N}{N_0} \rightarrow \dfrac{300}{452} = \dfrac{200}{N_0}$

$\therefore N_0 = 200 \times \dfrac{452}{300} = 301.3[rpm]$ 답 ②

46 수은 정류기에 있어서 정류기의 밸브작용이 상실되는 현상을 무엇이라고 하는가?

① 통호 ② 실호
③ 역호 ④ 점호

풀이 운전 중에 아크가 쉬고 있는 양극은 음극에 대하여 부전위로 된다. 이 부전위를 역전압이라 하며, 부전위로 있는 동안에 어떤 원인으로 양극에 음극점이 생기면 이 양극에서 전자가 방출하여 밸브 작용을 잃고 마는데, 이러한 현상을 역호라 한다. 답 ③

47 3상 유도전동기의 전원주파수와 전압의 비가 일정하고 정격속도 이하로 속도를 제어하는 경우 전동기의 출력 P와 주파수 f와의 관계는?

① $P \propto f$ ② $P \propto \dfrac{1}{f}$
③ $P \propto f^2$ ④ P는 f에 무관

풀이 - $P = \omega\tau = 2\pi n\tau$ 에서 $P \propto n$
- $n = (1-s)n_s = (1-s)\dfrac{2f}{p}$ 에서
  $n \propto f$ (극수 p는 일정)
$\therefore P \propto n \propto f$ 답 ①

48 SCR에 대한 설명으로 옳은 것은?

① 증폭기능을 갖는 단방향성 3단자 소자이다.
② 제어기능을 갖는 양방향성 3단자 소자이다.
③ 정류기능을 갖는 단방향성 3단자 소자이다.
④ 스위칭기능을 갖는 양방향성 3단자 소자이다.

풀이 SCR은 정류기능을 갖는 단일방향성 3단자 소자로, 일단 도통된 후 게이트 전류를 차단시켜도 계속 도통상태를 유지한다.

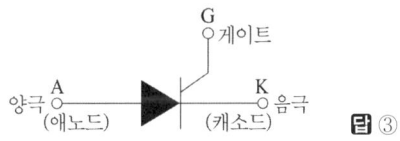

답 ③

49 유도전동기의 주파수가 60[Hz]이고 전부하에서 회전수가 매분 1164회이면 극수는? (단, 슬립은 3[%]이다.)

① 4 ② 6
③ 8 ④ 10

풀이 유도전동기의 속도
$N = (1-s)N_s = (1-s)\dfrac{120f}{p}[rpm]$
$\therefore p = (1-s)\dfrac{120f}{N} = (1-0.03) \times \dfrac{120 \times 60}{1164}$
$= 6[극]$ 답 ②

50 동기기의 과도 안정도를 증가시키는 방법이 아닌 것은?

① 속응 여자방식을 채용한다.
② 동기 탈조계전기를 사용한다.
③ 동기화 리액턴스를 작게 한다.
④ 회전자의 플라이휠 효과를 작게 한다.

풀이 ① 과도 안정도
부하의 급변, 선로의 개폐, 접지, 단락 등의 고장 또는 기타의 원인에 의해서 운전 상태가 급변하여도 계통이 안정을 유지하는 정도를 말한다.
② 동기기의 안정도 증진법
 • 동기화 리액턴스를 작게 할 것
 • **회전자의 플라이휠 효과를 크게 할 것**
 • 속응여자방식을 채용할 것
 • 발전기의 조속기 동작을 신속히 할 것
 • 동기 탈조 계전기를 사용할 것 답 ④

51 전압비 3300/110[V], 1차 누설 임피던스 $Z_1 = 12 + j13[\Omega]$, 2차 누설 임피던스 $Z_2 = 0.015 + j0.013[\Omega]$인 변압기가 있다. 1차로 환산된 등가 임피던스[Ω]는?

① $22.7 + j25.5$
② $24.7 + j25.5$
③ $25.5 + j22.7$
④ $25.5 + j24.7$

풀이 권수비 $a = \dfrac{3300}{110} = 30$
① 1차로 환산한 저항
$r' = r_1 + r_2' = r_1 + a^2 r_2$
$= 12 + 30^2 \times 0.015 = 25.5[\Omega]$
② 1차로 환산한 리액턴스
$x' = x_1 + x_2' = x_1 + a^2 x_2$
$= 13 + 30^2 \times 0.013 = 24.7[\Omega]$
$\therefore Z' = r' + jx' = 25.5 + j24.7[\Omega]$ 답 ④

52 동기발전기의 단자 부근에서 단락이 발생되었을 때 단락전류에 대한 설명으로 옳은 것은?

① 서서히 증가한다.
② 발전기는 즉시 정지한다.
③ 일정한 큰 전류가 흐른다.
④ 처음은 큰 전류가 흐르나 점차 감소한다.

풀이 평형 3상 전압을 유기하고 있는 발전기의 단자를 갑자기 단락하면 단락 초기에 전기자 반작용이 순간적으로 나타나지 않기 때문에 막대한 **과도전류**가 흐르고, 그 후 전기자 반작용이 나타나기 시작하여 **단락전류가 서서히 감소**하고 수 초 후에는 영구 단락전류값에 이르게 된다. 답 ④

53 어떤 공장에 뒤진 역률 0.8인 부하가 있다. 이 선로에 동기조상기를 병렬로 결선해서 선로의 역률을 0.95로 개선하였다. 개선 후 전력의 변화에 대한 설명으로 틀린 것은?

① 피상전력과 유효전력은 감소한다.
② 피상전력과 무효전력은 감소한다.
③ 피상전력은 감소하고 유효전력은 변화가 없다.
④ 무효전력은 감소하고 유효전력은 변화가 없다.

풀이 역률이 개선되면 **유효전력은 변화가 없고**, 피상전력과 무효전력은 감소한다.

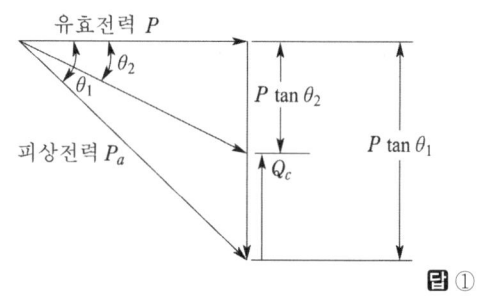

답 ①

54 기동 시 정류자의 불꽃으로 라디오의 장해를 주며 단락장치의 고장이 일어나기 쉬운 전동기는?

① 직류 직권전동기
② 단상 직권전동기
③ 반발기동형 단상유도전동기
④ 셰이딩코일형 단상유도전동기

풀이 **반발 기동형** : 기동시에 반발 전동기로서 기동하고 기동 후 원심력 개폐기로 정류자를 자동적으로 단락하여 농형 회전자로 하는 방법으로서 기동 시 **정류자에서 발생하는 불꽃으로 라디오의 장해를 줄 수 있다.** 답 ③

55 8극, 유도기전력 100[V], 전기자전류 200[A]인 직류발전기의 전기자권선을 중권에서 파권으로 변경했을 경우의 유도기전력과 전기자전류는?

① 100[V], 200[A]   ② 200[V], 100[A]
③ 400[V], 50[A]   ④ 800[V], 25[A]

풀이 ① 유기기전력
- 중권($a = p$)
  $E = \dfrac{p}{a} z\phi n$에서 8극, 유도기전력 100[V]이면,
  $100 = \dfrac{8}{8} \times z\phi n \rightarrow z\phi n = 100$
- 파권($a = 2$)
  $\therefore E = \dfrac{p}{a} z\phi n = \dfrac{8}{2} \times 100 = 400[V]$

② 전기자 전류
- 중권($a = p$)
  전기자 전류 $I_a = 200[A]$일 때,
  각 권선에 흐르는 전류 $i_a = \dfrac{200}{a} = \dfrac{200}{8} = 25[A]$
- 파권($a = 2$)
  $\therefore I_a = ai_a = 2 \times 25 = 50[A]$ **답** ③

56 8극, 50[kW], 3300[V], 60[Hz]인 3상 권선형 유도전동기의 전부하 슬립이 4[%]라고 한다. 이 전동기의 슬립링 사이에 0.16[Ω]의 저항 3개를 Y로 삽입하면 전부하 토크를 발생할 때의 회전수[rpm]는? (단, 2차 각 상의 저항은 0.04[Ω]이고, Y접속이다.)

① 660   ② 720
③ 750   ④ 880

풀이 $\dfrac{r_2}{s} = \dfrac{r_2 + R}{s'} \rightarrow \dfrac{0.04}{0.04} = \dfrac{0.04 + 0.16}{s'}$
$s' = 0.2$
회전자계속도 $N_s = \dfrac{120f}{p} = \dfrac{120 \times 60}{8} = 900[rpm]$
$\therefore N = (1-s)N_s = (1-0.2) \times 900 = 720[rpm]$ **답** ②

57 임피던스 강하가 5[%]인 변압기가 운전 중 단락되었을 때 그 단락전류는 정격전류의 몇 배인가?

① 20   ② 25
③ 30   ④ 35

풀이 단락전류 $I_{1s} = \dfrac{100}{\%Z} I_{1n} = \dfrac{100}{5} \times I_{1n} = 20 I_{1n}$ **답** ①

58 변압기의 임피던스 와트와 임피던스 전압을 구하는 시험은?

① 부하시험   ② 단락시험
③ 무부하시험   ④ 충격전압시험

풀이 변압기의 단락시험으로 임피던스 와트(전부하 동손), 임피던스 전압(전압강하)을 측정하여 %저항강하, %리액턴스 강하 및 전압변동률을 계산할 수 있다.   **답** ②

59 변압기에서 1차 측의 여자 어드미턴스를 Y_0라고 한다. 2차 측으로 환산한 여자 어드미턴스 Y_0'을 옳게 표현한 식은? (단, 권수비를 a라고 한다.)

① $Y_0' = a^2 Y_0$ ② $Y_0' = a Y_0$
③ $Y_0' = \dfrac{Y_0}{a^2}$ ④ $Y_0' = \dfrac{Y_0}{a}$

풀이 1차측에서 2차측으로 환산

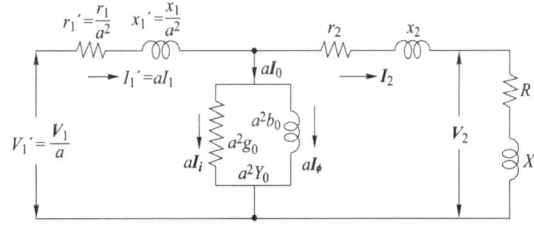

- 전압 $V_1' = \dfrac{V_1}{a}$
- 전류 $I_1' = aI_1$, 여자 전류 $I_0' = aI_0$
- 임피던스 $Z_1' = \dfrac{Z_1}{a^2} = \dfrac{r_1 + jx_1}{a^2}$
- 여자 어드미턴스 $Y_0' = a^2 Y_0 = a^2(g_0 - jb_0)$ **답** ①

60 3상 동기기의 제동권선을 사용하는 주목적은?

① 출력이 증가한다.
② 효율이 증가한다.
③ 역률을 개선한다.
④ 난조를 방지한다.

풀이 제동 권선의 역할
① 난조 방지
② 기동 토크 발생
③ 불평형 부하시의 전류, 전압 파형 개선
④ 송전선의 불평형 단락시의 이상 전압 방지   답 ④

풀이 회로의 합성 저항 r_0는
$$r_0 = r_1 + \frac{r_2(r-r_2)}{r_2+(r-r_2)} = r_1 + \frac{r_2(r-r_2)}{r}$$
전류를 최소로 하기 위해서는 r_0가 최대이어야 하고 r, r_1은 일정하므로 $r_2(r-r_2)$가 최대이어야 한다.
$$\frac{d}{dr_2}\{r_2(r-r_2)\}=0 \rightarrow r-2r_2=0$$
$$\therefore r_2 = \frac{r}{2}[\Omega]$$ 답 ②

4과목 - 회로이론

61 $Z = 5\sqrt{3}+j5[\Omega]$인 3개의 임피던스를 Y결선하여 선간전압 250[V]의 평형 3상 전원에 연결하였다. 이때 소비되는 유효전력은 약 몇 [W]인가?

① 3125
② 5413
③ 6252
④ 7120

풀이 3상 유효전력
$$P=3I_p^2 R = \frac{3V_p^2 R}{R^2+X^2}$$
$$= \frac{3\times\left(\frac{V_l}{\sqrt{3}}\right)^2 R}{R^2+X^2} = \frac{V_l^2 R}{R^2+X^2}[W]$$
(여기서, I_p : 상전류, V_p : 상전압, V_l : 선간전압)
$$\therefore \text{유효전력 } P = \frac{V_l^2 R}{R^2+X^2} = \frac{250^2 \times 5\sqrt{3}}{(5\sqrt{3})^2+5^2} = 5413[W]$$
답 ②

62 $r_1[\Omega]$인 저항에 $r[\Omega]$인 가변저항이 연결된 그림과 같은 회로에서 전류 I를 최소로 하기 위한 저항 $r_2[\Omega]$는? (단, $r[\Omega]$은 가변저항의 최대 크기이다.)

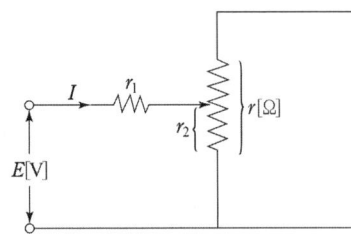

① $\frac{r_1}{2}$ ② $\frac{r}{2}$ ③ r_1 ④ r

63 그림과 같은 회로에서 스위치 S를 $t=0$에서 닫았을 때 $v_L(t)|_{t=0} = 100[V]$, $\frac{di(t)}{dt}|_{t=0} = 400[A/s]$이다. $L[H]$의 값은?

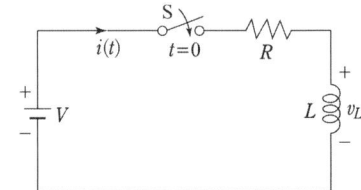

① 0.75
② 0.5
③ 0.25
④ 0.1

풀이 $v_L(t) = L\frac{di(t)}{dt}$ 이므로,
$$\therefore L = \frac{v_L(t)}{\frac{di(t)}{dt}} = \frac{100}{400} = 0.25[H]$$ 답 ③

64 다음과 같은 회로에서 V_a, V_b, $V_c[V]$를 평형 3상 전압이라 할 때 $V_0[V]$는?

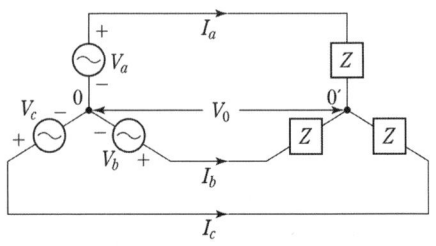

① 0
② $\frac{V_1}{3}$
③ $\frac{2}{3}V_1$
④ V_1

풀이 ① 밀만의 정리
$$V_0 = \frac{\frac{V_a}{Z}+\frac{V_b}{Z}+\frac{V_c}{Z}}{\frac{1}{Z}+\frac{1}{Z}+\frac{1}{Z}} = \frac{\frac{1}{Z}(V_a+V_b+V_c)}{\frac{3}{Z}} = 0$$
② 평형 3상 전압인 경우, 3개의 전압은 평형을 이루므로, $\dot{V_a}+\dot{V_b}+\dot{V_c}=0$
즉, 중성점 간의 전위는 0[V]이다. 답 ①

65 9[Ω]과 3[Ω]인 저항 6개를 그림과 같이 연결하였을 때, a와 b 사이의 합성저항[Ω]은?

① 9 ② 4 ③ 3 ④ 2

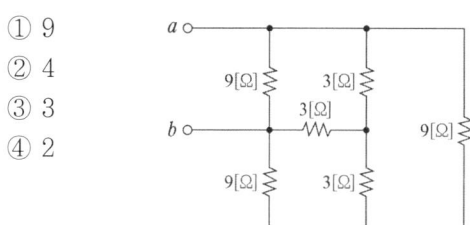

풀이

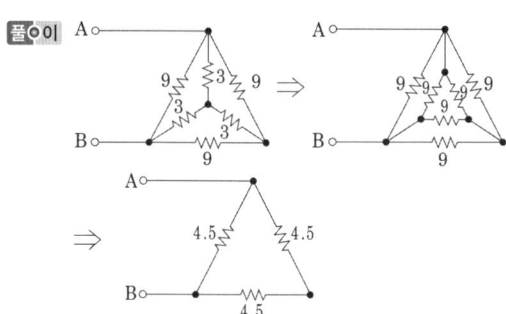

$\therefore R_{AB} = \frac{4.5 \times (4.5+4.5)}{4.5+(4.5+4.5)} = 3[\Omega]$ 답 ③

66 그림과 같은 회로의 전달함수는?
(단, 초기조건은 0이다.)

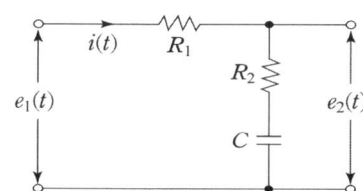

① $\dfrac{R_2+Cs}{R_1+R_2+Cs}$

② $\dfrac{R_1+R_2+Cs}{R_1+Cs}$

③ $\dfrac{R_2Cs+1}{R_2Cs+R_1Cs+1}$

④ $\dfrac{R_1Cs+R_2Cs+1}{R_2Cs+1}$

풀이 $\begin{cases} e_1(t) = R_1i(t)+R_2i(t)+\frac{1}{C}\int i(t)dt \\ e_2(t) = R_2i(t)+\frac{1}{C}\int i(t)dt \end{cases}$

$\rightarrow \begin{cases} E_1(s) = \left(R_1+R_2+\frac{1}{Cs}\right)I(s) \\ E_2(s) = \left(R_2+\frac{1}{Cs}\right)I(s) \end{cases}$

$G(s) = \dfrac{E_2(s)}{E_1(s)} = \dfrac{R_2+\frac{1}{Cs}}{R_1+R_2+\frac{1}{Cs}} = \dfrac{R_2Cs+1}{R_1Cs+R_2Cs+1}$

답 ③

67 그림과 같은 회로에서 5[Ω]에 흐르는 전류 I는 몇 [A]인가?

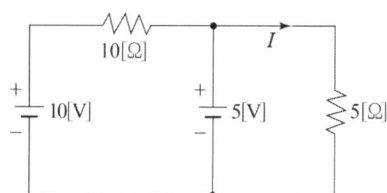

① $\dfrac{1}{2}$ ② $\dfrac{2}{3}$ ③ 1 ④ $\dfrac{5}{3}$

풀이 ① 10[V] 전압원에 의해 흐르는 전류
(5[V] 전압원은 단락)

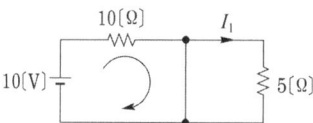

⇒ 5[Ω]으로는 전류 흐르지 않으므로 $I_1 = 0$

② 5[V] 전압원에 의해 흐르는 전류
(10[V] 전압원은 단락)

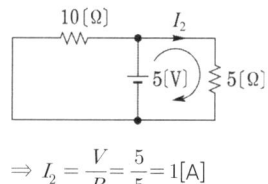

⇒ $I_2 = \dfrac{V}{R} = \dfrac{5}{5} = 1[A]$

따라서 5[Ω]에 흐르는 전류
$I = I_1 + I_2 = 0 + 1 = 1[A]$ 답 ③

68 전류의 대칭분이 $I_0 = -2 + j4$[A], $I_1 = 6 - j5$[A], $I_2 = 8 + j10$[A]일 때 3상 전류 중 a상 전류(I_a)의 크기($|I_a|$)는 몇 [A]인가? (단, I_0는 영상분이고, I_1은 정상분이고, I_2는 역상분이다.)

① 9   ② 12
③ 15   ④ 19

풀이 $I_a = I_0 + I_1 + I_2$
$= (-2 + j4) + (6 - j5) + (8 + j10) = 12 + j9$
$\therefore |I_a| = \sqrt{12^2 + 9^2} = 15[A]$ 답 ③

69 $V = 50\sqrt{3} - j50$[V], $I = 15\sqrt{3} + j15$[A]일 때 유효전력 P[W]와 무효전력 Q[Var]는 각각 얼마인가?

① $P = 3000$, $Q = -1500$
② $P = 1500$, $Q = -1500\sqrt{3}$
③ $P = 750$, $Q = -750\sqrt{3}$
④ $P = 2250$, $Q = -1500\sqrt{3}$

풀이 피상전력
$P_a = V\overline{I} = (50\sqrt{3} - j50) \times (15\sqrt{3} - j15)$
$= 1500 - j1500\sqrt{3}$[VA]
따라서 유효전력 $P = 1500$[W],
무효전력 $Q = -1500\sqrt{3}$[Var] 답 ②

70 푸리에 급수로 표현된 왜형파 $f(t)$가 반파대칭 및 정현대칭일 때 $f(t)$에 대한 특징으로 옳은 것은?

$f(t) = a_0 + \sum_{n=1}^{\infty} a_n \cos n\omega t + \sum_{n=1}^{\infty} b_n \sin n\omega t$

① a_n의 우수항만 존재한다.
② a_n의 기수항만 존재한다.
③ b_n의 우수항만 존재한다.
④ b_n의 기수항만 존재한다.

풀이

	기함수파 (정현대칭)	우함수파 (여현대칭)	대칭파 (반파대칭)
대칭 조건	$f(t) = -f(-t)$	$f(t) = f(-t)$	$f(t) = -f(t + \dfrac{T}{2})$
결과	sin항만 존재한다.	cos항 존재, 직류분 존재	고조파 차수가 홀수 차 항만 존재한다.

※ 반파 및 정현 대칭의 경우 sin항의 홀수(기수)항만 존재한다. 답 ④

71 RC 직렬회로의 과도현상에 대한 설명으로 옳은 것은?

① $(R \times C)$의 값이 클수록 과도 전류는 빨리 사라진다.
② $(R \times C)$의 값이 클수록 과도 전류는 천천히 사라진다.
③ 과도전류는 $(R \times C)$의 값에 관계가 없다.
④ $\dfrac{1}{R \times C}$의 값이 클수록 과도 전류는 천천히 사라진다.

풀이 • 과도현상은 시정수가 크면 클수록 오래 지속된다.
• $R-C$ 회로의 시정수는 RC이므로 RC 값이 클수록 과도전류의 값은 천천히 사라진다. 답 ②

72 그림과 같은 회로에서 L_2에 흐르는 전류 I_2[A]가 단자전압 V[V]보다 위상이 90° 뒤지기 위한 조건은? (단, ω는 회로의 각주파수[rad/s]이다.)

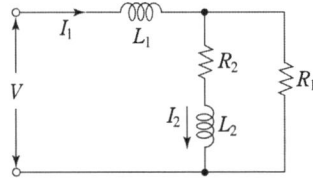

① $\dfrac{R_2}{R_1} = \dfrac{L_2}{L_1}$ ② $R_1 R_2 = L_1 L_2$
③ $R_1 R_2 = \omega L_1 L_2$ ④ $R_1 R_2 = \omega^2 L_1 L_2$

풀이 회로의 어드미턴스 Y
$Y_1 = \dfrac{1}{j\omega L_1}$, $Y_2 = \dfrac{1}{R_1} + \dfrac{1}{R_2 + j\omega L_2}$

$$Y = \frac{Y_1 Y_2}{Y_1 + Y_2} = \frac{\frac{1}{j\omega L_1}\left(\frac{1}{R_1} + \frac{1}{R_2 + j\omega L_2}\right)}{\frac{1}{j\omega L_1} + \frac{1}{R_1} + \frac{1}{R_2 + j\omega L_2}}$$

$$= \frac{\frac{1}{R_1} + \frac{1}{R_2 + j\omega L_2}}{1 + \frac{j\omega L_1}{R_1} + \frac{j\omega L_1}{R_2 + j\omega L_2}}$$

$$= \frac{R_1 + R_2 + j\omega L_2}{R_1(R_2 + j\omega L_2) + j\omega L_1(R_2 + j\omega L_2) + jR_1\omega L_1}$$

$$= \frac{R_1 + R_2 + j\omega L_2}{R_1 R_2 - \omega^2 L_1 L_2 + j(R_1\omega L_2 + R_2\omega L_1 + R_1\omega L_1)}$$

회로의 전체 전류 $I_1 = YV$이고, 전류 I_2는 전류 분류 법칙에 의해

$$I_2 = \frac{R_1}{R_1 + R_2 + j\omega L_2} I_1 = \frac{R_1}{R_1 + R_2 + j\omega L_2} YV$$

$$= \frac{R_1 V}{R_1 R_2 - \omega^2 L_1 L_2 + j(R_1\omega L_2 + R_2\omega L_1 + R_1\omega L_1)}$$

I_2의 분모에서 실수부가 0이 되어야 전압 V보다 $90°$ 뒤지게 된다. 즉

$$I_2 = \frac{R_1 V}{j(R_1\omega L_2 + R_2\omega L_1 + R_1\omega L_1)}$$

$$= -j\frac{R_1 V}{(R_1\omega L_2 + R_2\omega L_1 + R_1\omega L_1)}$$

$$= \frac{R_1 V}{(R_1\omega L_2 + R_2\omega L_1 + R_1\omega L_1)} \angle -90°$$

따라서 전류 I_2가 전압 V보다 위상이 $90°$ 뒤지기 위한 조건은

$R_1 R_2 - \omega^2 L_1 L_2 = 0$

$\therefore R_1 R_2 = \omega^2 L_1 L_2$ **답** ④

73 용량이 50[kVA]인 단상 변압기 3대를 △결선하여 3상으로 운전하는 중 1대의 변압기에 고장이 발생하였다. 나머지 2대의 변압기를 이용하여 3상 V결선으로 운전하는 경우 최대 출력은 몇 [kVA]인가?

① $30\sqrt{3}$ ② $50\sqrt{3}$
③ $100\sqrt{3}$ ④ $200\sqrt{3}$

풀이 변압기 1개의 출력을 P_1이라 하면
V결선 시 출력
$P_V = \sqrt{3}\, P_1 = \sqrt{3} \times 50 = 50\sqrt{3}$ [kVA] **답** ②

74 각 상의 전류가
$i_a = 30\sin\omega t$ [A]
$i_b = 30\sin(\omega t - 90°)$ [A],
$i_c = 30\sin(\omega t + 90°)$ [A]일 때
영상분 전류[A]의 순시치는?

① $10\sin\omega t$ ② $10\sin\frac{\omega t}{3}$
③ $30\sin\omega t$ ④ $\frac{30}{\sqrt{3}}\sin(\omega t + 45°)$

풀이 • 정현파를 phasor로 표시하면
$i_a = 30\angle 0° = 30$ [A]
$i_b = 30\angle -90° = -j30$ [A]
$i_c = 30\angle 90° = j30$ [A]

• 영상전류
$i_o = \frac{1}{3}(i_a + i_b + i_c) = \frac{1}{3} \times (30 - j30 + j30) = 10$ [A]

따라서 순시전류 $i = 10\sin\omega t$ [A] **답** ①

75 $f(t) = \sin t + 2\cos t$를 라플라스 변환하면?

① $\dfrac{2s}{s^2 + 1}$ ② $\dfrac{2s + 1}{(s + 1)^2}$
③ $\dfrac{2s + 1}{s^2 + 1}$ ④ $\dfrac{2s}{(s + 1)^2}$

풀이 라플라스 변환의 선형성 정리에 의해서
$F(s) = \mathcal{L}[f(t)] = \mathcal{L}[\sin t] + \mathcal{L}[2\cos t]$
$= \dfrac{1}{s^2 + 1} + \dfrac{2s}{s^2 + 1} = \dfrac{2s + 1}{s^2 + 1}$ **답** ③

76 어떤 회로에 흐르는 전류가
$i(t) = 7 + 14.1\sin\omega t$ [A]인 경우
실효값은 약 몇 [A]인가?

① 11.2 ② 12.2
③ 13.2 ④ 14.2

풀이 비정현파의 실효값
$I = \sqrt{I_0^2 + I_1^2 + I_2^2 + \cdots + I_n^2}$ 에서
$I = \sqrt{7^2 + \left(\dfrac{14.1}{\sqrt{2}}\right)^2} = 12.2$ [A] **답** ②

77 어떤 전지에 연결된 외부 회로의 저항은 5[Ω]이고 전류는 8[A]가 흐른다. 외부 회로에 5[Ω] 대신 15[Ω]의 저항을 접속하면 전류는 4[A]로 떨어진다. 이 전지의 내부 기전력은 몇 [V]인가?

① 15 ② 20 ③ 50 ④ 80

풀이 외부 회로의 저항을 R, 전지의 내부저항을 r이라고 하면, 내부 기전력 $E = rI + RI$
- 외부 회로의 저항은 5[Ω], 전류는 8[A]인 경우
  $E = rI + RI = r \times 8 + 5 \times 8 = 8r + 40$
- 외부 회로의 저항은 15[Ω], 전류는 4[A]인 경우인
  $E = r \times 4 + 15 \times 4 = 4r + 60$
- 전지의 내부 기전력 E와 내부저항 r은 일정하므로,
  $8r + 40 = 4r + 60$
  $4r = 20 \rightarrow r = 5[\Omega]$
  $\therefore E = 8r + 40 = 8 \times 5 + 40 = 80[V]$

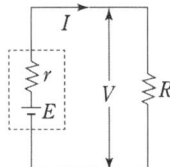

답 ④

78 파형률과 파고율이 모두 1인 파형은?

① 고조파 ② 삼각파
③ 구형파 ④ 사인파

풀이

	구형파	3각파	정현파	정류파 (전파)	정류파 (반파)
파형률	1.0	1.15	1.11	1.11	1.57
파고율	1.0	1.732	1.414	1.414	2.0

답 ③

79 회로의 4단자 정수로 틀린 것은?

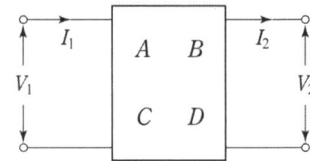

① $A = 2$ ② $B = 12$
③ $C = \dfrac{1}{4}$ ④ $D = 6$

풀이
$$\begin{bmatrix} A & B \\ C & D \end{bmatrix} = \begin{bmatrix} 1 & 4 \\ 0 & 1 \end{bmatrix} \begin{bmatrix} 1 & 0 \\ \frac{1}{4} & 1 \end{bmatrix} \begin{bmatrix} 1 & 4 \\ 0 & 1 \end{bmatrix}$$
$$= \begin{bmatrix} 2 & 4 \\ \frac{1}{4} & 1 \end{bmatrix} \begin{bmatrix} 1 & 4 \\ 0 & 1 \end{bmatrix} = \begin{bmatrix} 2 & 12 \\ \frac{1}{4} & 2 \end{bmatrix}$$

답 ④

80 그림과 같은 4단자 회로망에서 출력 측을 개방하니 $V_1 = 12[V]$, $I_1 = 2[A]$, $V_2 = 4[V]$이고, 출력 측을 단락하니 $V_1 = 16[V]$, $I_1 = 4[A]$, $I_2 = 2[A]$이었다. 4단자 정수 A, B, C, D는 얼마인가?

① $A = 2$, $B = 3$, $C = 8$, $D = 0.5$
② $A = 0.5$, $B = 2$, $C = 3$, $D = 8$
③ $A = 8$, $B = 0.5$, $C = 2$, $D = 3$
④ $A = 3$, $B = 8$, $C = 0.5$, $D = 2$

풀이 4단자 정수
$A = \dfrac{V_1}{V_2}\bigg|_{I_2=0} = \dfrac{12}{4} = 3$, $B = \dfrac{V_1}{I_2}\bigg|_{V_2=0} = \dfrac{16}{2} = 8$
$C = \dfrac{I_1}{V_2}\bigg|_{I_2=0} = \dfrac{2}{4} = 0.5$, $D = \dfrac{I_1}{I_2}\bigg|_{V_2=0} = \dfrac{4}{2} = 2$

답 ④

5과목 – 전기설비기술기준

81 가공전선로의 지지물에 지선을 시설하려는 경우 이 지선의 최저 기준으로 옳은 것은?

① 허용인장하중 : 2.11[kN], 소선지름 : 2.0[mm], 안전율 : 3.0
② 허용인장하중 : 3.21[kN], 소선지름 : 2.6[mm], 안전율 : 1.5
③ 허용인장하중 : 4.31[kN], 소선지름 : 1.6[mm], 안전율 : 2.0
④ 허용인장하중 : 4.31[kN], 소선지름 : 2.6[mm], 안전율 : 2.5

풀이 331.11 지선의 시설
가공전선로의 지지물에 시설하는 지선은 다음에 따라야 한다.
가. 지선의 **안전율은 2.5 이상**일 것. 이 경우에 **허용 인장하중의 최저는 4.31[kN]**으로 한다.
나. 지선에 연선을 사용할 경우에는 다음에 의할 것.
① 소선 **3가닥 이상**의 연선일 것.
② **소선의 지름이 2.6[mm] 이상**의 금속선을 사용한 것일 것.
다. 지중부분 및 지표상 0.3[m]까지의 부분에는 내식성이 있는 것 또는 아연도금을 한 철봉을 사용하고 쉽게 부식되지 않는 근가에 견고하게 붙일 것.
라. 도로를 횡단하여 시설하는 지선의 높이는 지표상 5[m] 이상으로 하여야 한다.   답 ④

82 변압기에 의하여 특고압전로에 결합되는 고압전로에는 사용전압의 몇 배 이하인 전압이 가하여진 경우에 방전하는 장치를 그 변압기의 단자에 가까운 1극에 설치하여야 하는가?

① 3   ② 4   ③ 5   ④ 6

풀이 322.3 특고압과 고압의 혼촉 등에 의한 위험방지 시설
변압기에 의하여 특고압전로에 결합되는 고압전로에는 **사용전압의 3배 이하**인 전압이 가하여진 경우에 **방전하는 장치**를 그 변압기의 단자에 가까운 1극에 설치하여야 한다.   답 ①

83 수상전선로의 시설기준으로 옳은 것은?
① 사용전압이 고압인 경우에는 클로로프렌 캡타이어 케이블을 사용한다.
② 수상전선로에 사용하는 부대(浮臺)는 쇠사슬 등으로 견고하게 연결한다.
③ 고압 수상전선로에 지락이 생길 때를 대비하여 전로를 수동으로 차단하는 장치를 시설한다.
④ 수상전선로의 전선은 부대의 아래에 지지하여 시설하고 또한 그 절연피복을 손상하지 아니하도록 시설한다.

풀이 335.3 수상전선로의 시설
수상전선로를 시설하는 경우에는 그 사용전압은 저압 또는 고압인 것에 한한다.
가. 전선
① 저압 : 클로로프렌 캡타이어 케이블
② 고압 : 캡타이어 케이블
나. 수상전선로의 전선과 가공전선로 접속점의 높이
① 접속점이 육상에 있는 경우 : 지표상 5[m] 이상. 다만, 저압인 경우에 도로상 이외의 곳에 있을 때에는 지표상 4[m]
② 접속점이 수면상에 있는 경우 : 저압 4[m] 이상, 고압 5[m] 이상
다. 수상전선로의 사용전압이 고압인 경우에는 전로에 지락이 생겼을 때에 **자동적으로 전로를 차단**하기 위한 장치를 시설하여야 한다.
라. 수상전선로에 사용하는 **부대(浮臺)는 쇠사슬 등으로 견고하게 연결**한 것일 것.
마. 수상전선로의 **전선은 부대의 위에 지지**하여 시설하고 또한 그 절연피복을 손상하지 아니하도록 시설할 것.   답 ②

84 특고압 가공전선이 가공약전류 전선 등 저압 또는 고압의 가공전선이나 저압 또는 고압의 전차선과 제1차 접근상태로 시설되는 경우 60[kV] 이하 가공전선과 저고압 가공전선 등 또는 이들의 지지물이나 지주 사이의 이격거리는 몇 [m] 이상인가?

① 1.2   ② 2   ③ 2.6   ④ 3.2

풀이 333.26 특고압 가공전선과 저고압 가공전선 등의 접근 또는 교차
특고압 가공전선이 가공약전류전선 등 저압 또는 고압의 가공전선이나 저압 또는 고압의 전차선(이하에서 "저고압 가공전선 등"이라 한다)과 제1차 접근상태로 시설되는 경우
가. 특고압 가공전선로는 제3종 특고압 보안공사에 의할 것.
나. 특고압 가공전선과 저고압 가공 전선 등 또는 이들의 **지지물이나 지주 사이의 이격거리**는 표에서 정한 값 이상일 것.

사용전압의 구분	이격거리
60[kV] 이하	2[m]
60[kV] 초과	• 이격거리 = 2 + 단수 × 0.12[m] • 단수 = $\frac{\text{전압[kV]} - 60}{10}$ 단수 계산에서 소수점 이하는 절상

답 ②

85 가공전선로의 지지물에는 취급자가 오르고 내리는데 사용하는 발판 볼트 등은 특별한 경우를 제외하고 지표상 몇 [m] 미만에는 시설하지 않아야 하는가?

① 1.5   ② 1.8   ③ 2.0   ④ 2.2

풀이 331.4 가공전선로 지지물의 철탑오름 및 전주오름 방지
가공전선로의 지지물에 취급자가 오르고 내리는데 사용하는 발판 볼트 등을 지표상 1.8[m] 미만에 시설하여서는 아니 된다. **답** ②

86 옥내 고압용 이동전선의 시설기준에 적합하지 않은 것은?

① 전선은 고압용의 캡타이어케이블을 사용하였다.
② 전로에 지락이 생겼을 때에 자동적으로 전로를 차단하는 장치를 시설하였다.
③ 이동전선과 전기사용기계기구와는 볼트 조임 기타의 방법에 의하여 견고하게 접속하였다.
④ 이동전선에 전기를 공급하는 전로의 중성극에 전용 개폐기 및 과전류 차단기를 시설하였다.

풀이 342.2 옥내 고압용 이동전선의 시설
옥내에 시설하는 고압의 이동전선은 다음에 따라 시설하여야 한다.
　가. 전선은 고압용의 캡타이어케이블일 것.
　나. 이동전선에 전기를 공급하는 전로에는 전용 개폐기 및 과전류 차단기를 각극(과전류 차단기는 다선식 전로의 중성극을 제외한다)에 시설하고, 또한 전로에 지락이 생겼을 때에 자동적으로 전로를 차단하는 장치를 시설할 것. **답** ④

87 특고압 가공전선과 가공약전류 전선 사이에 보호망을 시설하는 경우 보호망을 구성하는 금속선 상호 간의 간격은 가로 및 세로를 각각 몇 [m] 이하로 시설하여야 하는가?

① 0.75　　② 1.0
③ 1.25　　④ 1.5

풀이 333.26 특고압 가공전선과 저고압 가공전선 등의 접근 또는 교차
보호망은 규정에 준하여 접지공사를 한 금속제의 망상장치로 하고 또한 다음에 따라 시설하여야 한다.
　가. 보호망을 구성하는 금속선은 그 외주 및 특고압 가공전선의 바로 아래에 시설하는 금속선에 인장강도 8.01[kN] 이상의 것 또는 지름 5[mm] 이상의 경동선을 사용하고 기타 부분에 시설하는 금속선에 인장강도 3.64[kN] 이상 또는 지름 4[mm] 이상의 아연도철선을 사용할 것.
　나. 보호망을 구성하는 금속선 상호 간의 간격은 가로 세로 각 1.5[m] 이하일 것.
　다. 보호망과 저고압 가공전선 등과의 수직 이격거리는 60[cm] 이상일 것. **답** ④

88 교통신호등의 시설기준에 관한 내용으로 틀린 것은?

① 제어장치의 금속제 외함에 접지공사를 한다.
② 교통신호등 회로의 사용전압은 300[V] 이하로 한다.
③ 교통신호등 회로의 인하선은 지표상 2[m] 이상으로 시설한다.
④ LED를 광원으로 사용하는 교통신호등의 설치는 KS C 7528 "LED 교통신호등"에 적합한 것을 사용한다.

풀이 234.15.4 교통신호등의 인하선
교통신호등의 전구에 접속하는 인하선은 다음에 의하여 시설하여야 한다.
　가. **전선의 지표상의 높이는 2.5[m] 이상일 것.** 다만, 전선을 금속관공사 또는 케이블공사에 의하여 시설하는 경우에는 그러하지 아니하다.
　나. 전선을 애자공사에 의하여 시설하는 경우에는 전선을 적당한 간격마다 묶을 것. **답** ③

89 사람이 상시 통행하는 터널 안 배선의 시설기준으로 틀린 것은?

① 사용전압은 저압에 한한다.
② 전로에는 터널의 입구에 가까운 곳에 전용 개폐기를 시설한다.
③ 애자사용 공사에 의하여 시설하고 이를 노면상 2[m] 이상의 높이에 시설한다.
④ 공칭단면적 2.5[mm^2] 연동선과 동등 이상의 세기 및 굵기의 절연전선을 사용한다.

풀이 242.7.1 사람이 상시 통행하는 터널 안의 배선의 시설
사람이 상시 통행하는 터널 안의 배선(전기기계기구 안의 배선, 관등회로의 배선 및 소세력 회로의 전선을 제외한다.)은 그 사용전압이 저압의 것에 한하고 또한 다음에 따라 시설하여야 한다.

가. 합성수지관공사, 금속관공사, 금속제가요전선관공사, 케이블공사 및 애자공사에 의할 것
나. 전선은 공칭단면적 2.5[mm²]의 연동선과 동등 이상의 세기 및 굵기의 절연전선(옥외용 비닐절연전선 및 인입용 비닐절연전선을 제외한다)을 사용하여 애자공사에 의하여 시설하고 또한 이를 노면상 2.5[m] 이상의 높이로 할 것
다. 전로에는 터널의 입구에 가까운 곳에 전용 개폐기를 시설할 것. **답 ③**

90 고압 가공전선이 교류 전차선과 교차하는 경우, 고압 가공전선으로 케이블을 사용하는 경우 이외에는 단면적 몇 [mm²] 이상의 경동연선(교류 전차선 등과 교차하는 부분을 포함하는 경간에 접속점이 없는 것에 한한다.)을 사용하여야 하는가?

① 14　　② 22
③ 30　　④ 38

풀이 332.15 고압 가공전선과 교류전차선 등의 접근 또는 교차
저압 가공전선 또는 고압 가공전선이 교류 전차선 등과 교차하는 경우에 저압 가공전선 또는 고압 가공전선이 교류 전차선 등의 위에 시설되는 때에는 다음에 따라야 한다.
가. 저압 가공전선에는 케이블을 사용하고 또한 이를 단면적 35[mm²] 이상인 아연도강 연선으로서 인장강도 19.61[kN] 이상의 것(교류 전차선 등과 교차하는 부분을 포함하는 경간에 접속점이 없는 것에 한한다)으로 조가하여 시설할 것.
나. 고압 가공전선은 케이블인 경우 이외에는 인장강도 14.51[kN] 이상의 것 또는 **단면적 38[mm²] 이상의 경동연선**(교류 전차선 등과 교차하는 부분을 포함하는 경간에 접속점이 없는 것에 한한다)일 것.
다. 고압 가공전선이 케이블인 경우에는 이를 단면적 38[mm²] 이상인 아연도강연선으로서 인장강도 19.61[kN] 이상인 것(교류 전차선 등과 교차하는 부분을 포함하는 경간에 접속점이 없는 것에 한한다)으로 조가하여 시설할 것. **답 ④**

91 1차 측 3300[V], 2차 측 220[V]인 변압기 전로의 절연내력 시험전압은 각각 몇 [V]에서 10분간 견디어야 하는가?

① 1차측 4950[V], 2차측 500[V]
② 1차측 4500[V], 2차측 400[V]
③ 1차측 4125[V], 2차측 500[V]
④ 1차측 3300[V], 2차측 400[V]

풀이 135 변압기 전로의 절연내력

권선의 종류 (최대사용전압)	접지방식	시험전압 (최대사용 전압의 배수)	최저 시험전압
1. 7[kV] 이하		1.5배	500[V]
	다중접지	0.92배	500[V]
2. 7[kV] 초과 25[kV] 이하	다중접지	0.92배	
3. 7[kV] 초과 60[kV] 이하 (2란의 것 제외)		1.25배	10.5[kV]
4. 60[kV] 초과	비접지	1.25배	
5. 60[kV] 초과(6란의 것 제외)	접지식	1.1배	75[kV]
6. 60[kV] 초과	직접접지	0.72배	
7. 170[kV] 초과	직접접지	0.64배	

- 1차측 시험전압 $= 3300 \times 1.5 = 4950[V]$
- 2차측 시험전압 $= 220 \times 1.5 = 330[V]$

그러나 최저시험전압이 500[V]이므로 2차측 시험전압은 500[V]가 되어야 한다. **답 ①**

92 저압 가공전선과 고압 가공전선을 동일 지지물에 시설하는 경우 이격거리는 몇 [cm] 이상이어야 하는가? (단, 각도주(角度柱)·분기주(分岐柱) 등에서 혼촉(混觸)의 우려가 없도록 시설하는 경우는 제외한다.)

① 50　　② 60
③ 70　　④ 80

풀이 332.8 고압 가공전선 등의 병행설치
저압 가공전선(다중접지된 중성선은 제외한다. 이하 같다)과 고압 가공전선을 동일 지지물에 시설하는 경우에는 다음에 따라야 한다.
가. 저압 가공전선을 고압 가공전선의 아래로 하고 별개의 완금류에 시설할 것.
나. 저압 가공전선과 고압 가공전선 사이의 이격거리는 0.5[m] 이상일 것.
다. 다음의 어느 하나에 해당하는 경우에는 "가" 및 "나"에 의하지 아니할 수 있다.
① 고압 가공전선에 케이블을 사용하고, 또한 그 케이블과 저압 가공전선 사이의 이격거리를 0.3[m] 이상으로 하여 시설하는 경우
② 저압 가공인입선을 분기하기 위하여 저압 가공전선을 고압용의 완금류에 견고하게 시설하는 경우 **답 ①**

93 중성선 다중접지식의 것으로서 전로에 지락이 생겼을 때 2초 이내에 자동적으로 이를 전로로부터 차단하는 장치가 되어 있는 22.9[kV] 특고압 가공전선이 다른 특고압 가공전선과 접근하는 경우 이격거리는 몇 [m] 이상으로 하여야 하는가? (단, 양쪽이 나전선인 경우이다.)

① 0.5　　② 1.0
③ 1.5　　④ 2.0

풀이 333.32 25[kV] 이하인 특고압 가공전선로의 시설
사용전압이 15[kV]를 초과하고 25[kV] 이하인 특고압 가공전선로(중성선 다중접지식의 것으로서 전로에 지락이 생겼을 때에 2초 이내에 자동적으로 이를 전로로부터 차단하는 장치가 되어 있는 것에 한한다.)가 상호 간 접근 또는 교차하는 경우 이격거리

사용전선의 종류	이격거리
어느 한쪽 또는 양쪽이 나전선인 경우	1.5[m]
양쪽이 특고압 절연전선인 경우	1.0[m]
한쪽이 케이블이고 다른 한쪽이 케이블이거나 특고압 절연전선인 경우	0.5[m]

답 ③

94 고압 또는 특고압 가공전선과 금속제의 울타리가 교차하는 경우 교차점과 좌, 우로 몇 [m] 이내의 개소에 규정에 의한 접지공사를 하여야 하는가? (단, 전선에 케이블을 사용하는 경우는 제외한다.)

① 25　　② 35
③ 45　　④ 55

풀이 351.1 발전소 등의 울타리·담 등의 시설
고압 또는 특고압 가공전선(전선에 케이블을 사용하는 경우는 제외함)과 금속제의 울타리·담 등이 교차하는 경우에 금속제의 울타리·담 등에는 교차점과 좌, 우로 **45[m]** 이내의 개소에 규정에 의한 접지공사를 하여야 한다.
또한 울타리·담 등에 문 등이 있는 경우에는 접지공사를 하거나 울타리·담 등과 전기적으로 접속하여야한다. 다만, 토지의 상황에 의하여 규정에 의한 접지저항값을 얻기 어려울 경우에는 100[Ω] 이하로 하고 또한 고압 가공전선로는 고압보안공사, 특고압 가공전선로는 제2종 특고압 보안공사에 의하여 시설할 수 있다.

답 ③

95 의료장소 중 그룹 1 및 그룹 2의 의료 IT 계통에 시설되는 전기설비의 시설기준으로 틀린 것은?

① 의료용 절연변압기의 정격출력은 10[kVA] 이하로 한다.
② 의료용 절연변압기의 2차측 정격전압은 교류 250[V] 이하로 한다.
③ 전원측에 강화절연을 한 의료용 절연변압기를 설치하고 그 2차측 전로는 접지한다.
④ 절연감시장치를 설치하여 절연저항이 50[kΩ]까지 감소하면 표시설비 및 음향설비로 경보를 발하도록 한다.

풀이 242.10.3 의료장소의 안전을 위한 보호 설비
그룹 1 및 그룹 2의 의료 IT 계통은 다음과 같이 시설할 것.
가. 전원측에 따라 이중 또는 강화절연을 한 비단락보증 절연변압기를 설치하고 그 **2차측 전로는 접지하지 말 것.**
나. 비단락보증 절연변압기의 2차측 정격전압은 교류 250[V] 이하로 하며 공급방식 및 정격출력은 단상 2선식, 10[kVA] 이하로 할 것.
다. 비단락보증 절연변압기의 과부하 및 온도를 지속적으로 감시하는 장치를 적절한 장소에 설치할 것.
라. 의료 IT 계통의 절연상태를 지속적으로 계측, 감시하는 장치를 다음과 같이 설치할 것.
　⑴ 절연 감시장치를 설치하여 절연저항이 50[kΩ]까지 감소하면 표시설비 및 음향설비로 경보를 발하도록 할 것.
　⑵ 표시설비 및 음향설비를 적절한 장소에 배치하여 의료진에 의하여 지속적으로 감시될 수 있도록 할 것.
　⑶ 수술실 등의 내부에 설치되는 음향설비가 의료행위에 지장을 줄 우려가 있는 경우에는 기능을 정지시킬 수 있는 구조일 것.
마. 의료 IT 계통의 분전반은 의료장소의 내부 혹은 가까운 외부에 설치할 것.

답 ③

96 전력 보안통신 설비인 무선통신용 안테나를 지지하는 목주의 풍압하중에 대한 안전율은 얼마 이상으로 해야 하는가?

① 0.5　　② 0.9
③ 1.2　　④ 1.5

풀이 364.1 무선용 안테나 등을 지지하는 철탑 등의 시설
전력보안통신설비인 무선통신용 안테나 또는 반사판

을 지지하는 목주·철주·철근 콘크리트주 또는 철탑은 다음에 따라 시설하여야 한다. 다만, 무선용 안테나 등이 전선로의 주위상태를 감시할 목적으로 시설되는 것일 경우에는 그러하지 아니하다.

가. **목주는 풍압하중에 대한 안전율은 1.5 이상**이어야 한다.
나. 철주·철근 콘크리트주 또는 철탑의 기초 안전율은 1.5 이상이어야 한다. **답** ④

출제기준 변경 및 개정된 관계 법규에 따라
삭제된 문제가 있어 20문항이 안됩니다.

2020년 3회 전기산업기사필기

동일출판사 홈페이지에서 무료 동영상강의를 보실 수 있습니다.

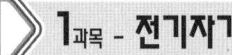

01 표의 ㉠, ㉡과 같은 단위로 옳게 나열한 것은?

㉠	Ω · s
㉡	s/Ω

① ㉠ H, ㉡ F
② ㉠ H/m, ㉡ F/m
③ ㉠ F, ㉡ H
④ ㉠ F/m, ㉡ H/m

풀이 ㉠ $v = L\dfrac{di}{dt}$ 관계식에서

$$L = \dfrac{dt}{di}v\,[\text{H}]$$
$$= \left[\dfrac{\sec \cdot V}{A}\right] = \left[\sec \cdot \dfrac{V}{A}\right] = [\sec \cdot \Omega]$$

㉡ $v = \dfrac{1}{C}\int i\,dt$ 관계식에서

$$C = \dfrac{1}{v}\int i\,dt\,[\text{F}]$$
$$= \left[\dfrac{A \cdot \sec}{V}\right] = \left[\sec \cdot \dfrac{A}{V}\right] = [\sec/\Omega] \quad \text{답 ①}$$

02 진공 중에 판간 거리가 d[m]인 무한 평판 도체 간의 전위차[V]는? (단, 각 평판 도체에는 면전 하밀도 $+\sigma$[C/m²], $-\sigma$[C/m²]가 각각 분포되어 있다.)

① σd
② $\dfrac{\sigma}{\epsilon_0}$
③ $\dfrac{\epsilon_0 \sigma}{d}$
④ $\dfrac{\sigma d}{\epsilon_0}$

풀이 전하밀도 σ[C/m²]에서 나오는 전기력선 밀도는
$\dfrac{\sigma}{\epsilon_0}$[개/m²] $= \dfrac{\sigma}{\epsilon_0}$[V/m] (전계의 세기 E)이므로

따라서 전위차 $V = Ed = \dfrac{\sigma d}{\epsilon_0}$[V]   답 ④

03 자기 인덕턴스의 성질을 설명한 것으로 옳은 것은?

① 경우에 따라 정(+) 또는 부(−)의 값을 갖는다.
② 항상 정(+)의 값을 갖는다.
③ 항상 부(−)의 값을 갖는다.
④ 항상 0이다.

풀이 ① 자기 인덕턴스
- 자신의 회로에 단위 전류가 흐를 때의 자속 쇄교 수
- 항상 정(+)의 값

② 상호 인덕턴스
- 근접한 두 회로 상호 간의 인덕턴스
- 두 코일에 흐르는 전류가 만드는 자속이 같은 방향이면 정(+)의 값
- 두 코일에 흐르는 전류가 만드는 자속이 반대 방향이면 부(−)의 값   답 ②

04 어떤 자성체 내에서의 자계의 세기가 800[AT/m]이고 자속밀도가 0.05[Wb/m²]일 때 이 자성체의 투자율은 몇 [H/m]인가?

① 3.25×10^{-5}
② 4.25×10^{-5}
③ 5.25×10^{-5}
④ 6.25×10^{-5}

풀이 $B = \mu H$에서

$$\mu = \dfrac{B}{H} = \dfrac{0.05}{800} = 6.25 \times 10^{-5}\,[\text{H/m}] \quad \text{답 ④}$$

05 자기회로에 대한 설명 중 틀린 것은? (단, S는 자기회로의 단면적이다.)

① 자기저항의 단위는 H(Henry)의 역수이다.
② 자기저항의 역수를 퍼미언스(permeance)라고 한다.
③ "자기저항 = (자기회로의 단면을 통과하는 자속) / (자기회로의 총 기자력)"이다.
④ 자속밀도 B가 모든 단면에 걸쳐 균일하다면 자기회로의 자속은 BS이다.

풀이 ① 인덕턴스 $L = \frac{\mu S N^2}{l}$ 에서

자기저항 $R_m = \frac{l}{\mu S}$ 이므로

$L = \frac{\mu S N^2}{l} = \frac{N^2}{R_m}$ (권수 N은 무차원)이다.

따라서 자기저항 $R_m = \frac{N^2}{L}$ [1/H]이므로
자기저항의 단위는 H(Henry)의 역수이다.

② 자기저항 $R_m = \frac{l}{\mu S}$ [AT/Wb]이 되고, 자기저항의 역수를 퍼미언스라고 한다. 퍼미언스는 전기저항의 역수인 컨덕턴스 G에 대응된다.

③ $NI = \phi R_m$ 에서 자기저항 $R_m = \frac{NI}{\phi}$ [AT/Wb]
"자기저항 = (자기회로의 총 기자력) / (자기회로의 단면을 통과하는 자속)" 이 된다.

④ $\phi = BS$ [Wb]   **답** ③

06 비유전율이 2.8인 유전체에서의 전속밀도가 $D = 3.0 \times 10^{-7}$ [C/m²]일 때 분극의 세기 P는 약 몇 [C/m²]인가?

① 1.93×10^{-7} ② 2.93×10^{-7}
③ 3.50×10^{-7} ④ 4.07×10^{-7}

풀이 분극의 세기

$P = D - \epsilon_0 E$ (단, $E = \frac{D}{\epsilon} = \frac{D}{\epsilon_0 \epsilon_r}$)

$= D - \epsilon_0 \left(\frac{D}{\epsilon_0 \epsilon_r} \right) = D - \frac{D}{\epsilon_r} = \left(1 - \frac{1}{\epsilon_r} \right) D$

$\therefore P = \left(1 - \frac{1}{2.8} \right) \times 3 \times 10^{-7} = 1.93 \times 10^{-7}$ [C/m²]

답 ①

07 전계의 세기가 5×10^2 [V/m]인 전계 중에 8×10^{-8} [C]의 전하가 놓일 때 전하가 받는 힘은 몇 [N]인가?

① 4×10^{-2} ② 4×10^{-3}
③ 4×10^{-4} ④ 4×10^{-5}

풀이 전하에 작용하는 힘
$F = Eq = 5 \times 10^2 \times 8 \times 10^{-8} = 4 \times 10^{-5}$ [N]   **답** ④

08 지름 2[mm]의 동선에 π[A]의 전류가 균일하게 흐를 때 전류밀도는 몇 [A/m²]인가?

① 10^3 ② 10^4 ③ 10^5 ④ 10^6

풀이 반지름은 1[mm] $= 1 \times 10^{-3}$ [m] 이므로

$\therefore$ 전류밀도 $J = \frac{I}{S} = \frac{I}{\pi r^2} = \frac{\pi}{\pi \times (1 \times 10^{-3})^2}$

$= 10^6$ [A/m²]   **답** ④

09 반지름이 a[m]인 도체구에 전하 Q[C]을 주었을 때, 구 중심에서 r[m] 떨어진 구외부($r > a$)의 한 점에서의 전속밀도 D[C/m²]는?

① $\frac{Q}{4\pi a^2}$ ② $\frac{Q}{4\pi r^2}$

③ $\frac{Q}{4\pi \epsilon a^2}$ ④ $\frac{Q}{4\pi \epsilon r^2}$

풀이 거리를 r[m], 구의 반지름을 a[m]라 할 때, 전속밀도 D[C/m²]는

① 구체 외부($r > a$) $D = \frac{Q}{4\pi r^2}$ [C/m²]

② 구체 표면($r = a$) $D = \frac{Q}{4\pi a^2}$ [C/m²]

③ 구체 내부($r < a$) $D = \frac{rQ}{4\pi a^3}$ [C/m²]   **답** ②

10 2[Wb/m²]인 평등 자계 속에 길이가 30[cm]인 도선이 자계와 직각 방향으로 놓여있다. 이 도선이 자계와 30°의 방향으로 30[m/s]의 속도로 이동할 때, 도체 양단에 유기되는 기전력[V]의 크기는?

① 3   ② 9   ③ 30   ④ 90

풀이 유기기전력
$e = Blv \sin\theta = 2 \times 0.3 \times 30 \times \sin 30° = 9$ [V]   **답** ②

11 공기 중에 있는 무한직선 도체에 전류 I[A]가 흐르고 있을 때 도체에서 r[m] 떨어진 점에서의 자속밀도는 몇 [Wb/m²]인가?

① $\frac{I}{2\pi r}$ ② $\frac{2\mu_0 I}{\pi r}$

③ $\frac{\mu_0 I}{r}$ ④ $\frac{\mu_0 I}{2\pi r}$

풀이 무한직선 전류에 의한 자계 $H = \frac{I}{2\pi r}$ [AT/m]이므로

자속밀도 $B = \mu_0 H = \frac{\mu_0 I}{2\pi r}$ [Wb/m²]   **답** ④

12
무한 평면 도체로부터 d[m]인 곳에 점전하 Q[C]가 있을 때 도체 표면상에 최대로 유도되는 전하밀도는 몇 [C/m²]인가?

① $-\dfrac{Q}{2\pi d^2}$

② $-\dfrac{Q}{2\pi\epsilon_0 d^2}$

③ $-\dfrac{Q}{4\pi d^2}$

④ $-\dfrac{Q}{4\pi\epsilon_0 d^2}$

풀이 무한 평면도체상의 기준 원점으로부터 거리 d[m]인 곳에 있는 점전하 Q[C]에 의해 유도되는 전하밀도 σ는

$\sigma = -D = -\epsilon_0 E = -\dfrac{Q \cdot d}{2\pi(a^2+x^2)^{3/2}}$ [C/m²]이다.

$x=0$일 때 최대, $x=\infty$일 때 최소가 되므로

· 최대전하밀도 $\sigma_{\max} = [\sigma]_{x=0} = -\dfrac{Q}{2\pi d^2}$ [C/m²]

· 최소전하밀도 $\sigma_{\min} = [\sigma]_{x=\infty} = 0$ [C/m²]

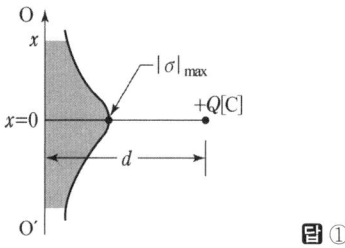

답 ①

13
선간전압이 66000[V]인 2개의 평행 왕복 도선에 10[kA]의 전류가 흐르고 있을 때 도선 1[m]마다 작용하는 힘의 크기는 몇 [N/m]인가? (단, 도선 간의 간격은 1[m]이다.)

① 1　　② 10
③ 20　　④ 200

풀이 평행 왕복 도선에 같은 크기의 전류($I_1 = I_2$)가 흐르고 있으므로

∴ 힘의 크기 $F = \dfrac{\mu_0 I_1 I_2}{2\pi r} = \dfrac{2I_1 I_2}{r} \times 10^{-7}$

$= \dfrac{2 \times (10 \times 10^3)^2}{1} \times 10^{-7}$

$= 20$ [N/m]

답 ③

14
무손실 유전체에서 평면 전자파의 전계 E와 자계 H 사이 관계식으로 옳은 것은?

① $H = \sqrt{\dfrac{\epsilon}{\mu}} E$　　② $H = \sqrt{\dfrac{\mu}{\epsilon}} E$

③ $H = \dfrac{\epsilon}{\mu} E$　　④ $H = \dfrac{\mu}{\epsilon} E$

풀이 $\dfrac{E}{H} = \sqrt{\dfrac{\mu}{\epsilon}}$ 이므로, $H = \sqrt{\dfrac{\epsilon}{\mu}} E$ 이다.

답 ①

15
대전 도체 표면의 전하밀도는 도체 표면의 모양에 따라 어떻게 되는가?

① 곡률이 작으면 작아진다.
② 곡률 반지름이 크면 커진다.
③ 평면일 때 가장 크다.
④ 곡률 반지름이 작으면 작다.

풀이 도체 표면에서의 전하밀도는 곡률이 작을수록 작다.
즉 곡률 반지름이 클수록 작다. (곡률 반경 ∝ $\dfrac{1}{\text{곡률}}$)

답 ①

16
1[Ah]의 전기량은 몇 [C]인가?

① $\dfrac{1}{3600}$　　② 1
③ 60　　④ 3600

풀이 전류(I)는 도체의 단면을 단위 시간 t[sec]에 흐르는 전기량 Q[C]이므로,
$Q = I \cdot t = 1 \times 60 \times 60 = 3600$[C]

답 ④

17
강자성체가 아닌 것은?

① 철　　② 구리
③ 니켈　　④ 코발트

풀이
· **강자성체** : 철(Fe), 니켈(Ni), 코발트(Co)
· **상자성체** : 알루미늄(Al), 망간(Mn), 백금(Pt), 텅스텐(W), 주석(Sn), 산소(O₂), 질소(N₂)
· **반자성체** : 비스무트(Bi), 구리(Cu), 탄소(C), 규소(Si), 은(Ag), 납(Pb)

답 ②

18 맥스웰(Maxwell) 전자방정식의 물리적 의미 중 틀린 것은?

① 자계의 시간적 변화에 따라 전계의 회전이 발생한다.
② 전도전류와 변위전류는 자계를 발생시킨다.
③ 고립된 자극이 존재한다.
④ 전하에서 전속선이 발산한다.

풀이 맥스웰 전자방정식
$$\oint_S B \cdot dS = 0$$
폐곡면을 통해 나오는 자속은 0이다.
(고립 자하[단독 자극]는 존재하지 않기 때문) **답** ③

19 $2[\mu F]$, $3[\mu F]$, $4[\mu F]$의 커패시터를 직렬로 연결하고 양단에 가한 전압을 서서히 상승시킬 때의 현상으로 옳은 것은? (단, 유전체의 재질 및 두께는 같다고 한다.)

① $2[\mu F]$의 커패시터가 제일 먼저 파괴된다.
② $3[\mu F]$의 커패시터가 제일 먼저 파괴된다.
③ $4[\mu F]$의 커패시터가 제일 먼저 파괴된다.
④ 3개의 커패시터가 동시에 파괴된다.

풀이 콘덴서 직렬 연결시 $Q_1 = Q_2 = Q_3 = Q$이므로
$$C_1 V_1 = C_2 V_2 = C_3 V_3 = Q$$
$$\therefore V_1 = \frac{Q}{C_1}, \ V_2 = \frac{Q}{C_2}, \ V_3 = \frac{Q}{C_3}$$
따라서, 내압이 같은 경우 각 콘덴서 양단간에 걸리는 전압(V)은 정전용량(C)에 반비례하므로 정전용량이 제일 작은 $2[\mu F]$의 콘덴서가 제일 먼저 파괴된다. **답** ①

20 패러데이관의 밀도와 전속밀도는 어떠한 관계인가?

① 동일하다.
② 패러데이관의 밀도가 항상 높다.
③ 전속밀도가 항상 높다.
④ 항상 틀리다.

풀이 패러데이관 : 단위전하에서 나오는 전속선의 관을 의미한다.

- 패러데이관 내의 전속선 수는 일정하다.
- 진전하가 없는 점에서는 패러데이관은 연속적이다.
- 패러데이관 양단에 정·부의 단위 전하가 있다.
- 패러데이관의 밀도는 전속밀도와 같다. **답** ①

2과목 - 전력공학

21 수전용 변전설비의 1차측에 설치하는 차단기의 용량은 어느 것에 의하여 정하는가?

① 수전전력과 부하율
② 수전계약용량
③ 공급측 전원의 단락용량
④ 부하설비용량

풀이 차단기 차단용량은 그 점에 있어서의 단락 용량에 의해 결정된다.
즉, 단락용량 $P_s = \frac{100}{\%Z} P_n$에서 알 수 있듯이 차단기 차단용량은 전원측으로부터 단락점까지의 %임피던스(%Z)와 공급측 전기설비용량 P_n에 의해 결정된다. **답** ③

22 피뢰기의 제한전압이란?

① 상용주파전압에 대한 피뢰기의 충격방전 개시전압
② 충격파 침입 시 피뢰기의 충격방전 개시전압
③ 피뢰기가 충격파 방전 종료 후 언제나 속류를 확실히 차단할 수 있는 상용주파 최대전압
④ 충격파 전류가 흐르고 있을 때의 피뢰기 단자전압

풀이 ① 피뢰기의 정격전압 : 속류의 차단이 되는 최고의 교류전압
② 상용주파 방전 개시전압 : 상용주파수의 방전개시전압(실효값)
③ 제한 전압 : 피뢰기 동작 중에 계속해서 걸리고 있는 단자전압의 파고값
④ 충격 방전 개시전압 : 피뢰기 단자간에 충격전압을 인가하였을때 방전을 개시하는 전압 **답** ④

23 발전기의 정태 안정 극한전력이란?

① 부하가 서서히 증가할 때의 극한전력
② 부하가 갑자기 크게 변동할 때의 극한전력
③ 부하가 갑자기 사고가 났을 때의 극한전력
④ 부하가 변하지 않을 때의 극한전력

풀이 안정도의 종류
① 정태 안정도(static stability) : 송전 계통이 불변 부하 또는 극히 서서히 증가하는 부하에 대하여 계속적으로 송전할 수 있는 능력을 정태 안정도로 하고, 안정도를 유지할 수 있는 극한의 송전 전력을 정태 안정 극한 전력이라고 한다.
② 과도 안정도(transient stability) : 계통에 갑자기 고장 사고와 같은 **급격한 외란이 발생**하였을 때에도 탈조하지 않고 새로운 평형 상태를 회복하여 송전을 계속할 수 있는 능력을 과도 안정도라 하고 이 경우의 극한 전력을 과도 안정 극한 전력이라고 한다.
③ 동태 안정도(dynamic stability) : 고속 자동 전압조정기로 동기기의 여자전류를 제어 할 경우의 정태 안정도를 특히 동태 안정도라 한다. **답** ①

24 어떤 발전소의 유효 낙차가 100[m]이고, 사용수량이 10[m³/s]일 경우 이 발전소의 이론적인 출력[kW]은?

① 4900
② 9800
③ 10000
④ 14700

풀이 이론 출력 $P = 9.8QH = 9.8 \times 10 \times 100 = 9800$[kW]   **답** ②

25 3상으로 표준전압 3[kV], 용량 600[kW], 역률 0.85로 수전하는 공장의 수전회로에 시설할 계기용 변류기의 변류비로 적당한 것은? (단, 변류기의 2차 전류는 5[A]이며, 여유율은 1.5배로 한다.)

① 10
② 20
③ 30
④ 40

풀이 여유율을 고려한 CT 1차 측 전류 I_1은
$$I_1 = \frac{P}{\sqrt{3}\,V_1 \cos\theta} \times 여유율$$
$$= \frac{600}{\sqrt{3} \times 3 \times 0.85} \times 1.5 = 203.77[A]$$
따라서 적당한 변류비는 40(200/5)이다.   **답** ④

26 30000[kW]의 전력을 50[km] 떨어진 지점에 송전하려고 할 때 송전전압[kV]은 약 얼마인가? (단, still 식에 의하여 산정한다.)

① 22
② 33
③ 66
④ 100

풀이 Still 식 $V_s = 5.5\sqrt{0.6 \times l + 0.01P}$
$= 5.5\sqrt{0.6 \times 50 + 0.01 \times 30000} \fallingdotseq 100$[kV]
여기서, V_s : 전압[kV], l : 송전거리[km]
P : 송전전력[kW]   **답** ④

27 다음 중 전력선에 의한 통신선의 전자유도장해의 주된 원인은?

① 전력선과 통신선 사이의 상호 정전용량
② 전력선의 불충분한 연가
③ 전력선의 1선 지락사고 등에 의한 영상전류
④ 통신선 전압보다 높은 전력선의 전압

풀이 전자유도전압 $E_m = -j\omega M l\, 3I_0$ 이므로 전자유도전압은 1선 지락사고 등에 의한 영상전류(I_0)에 의해 발생한다.   **답** ③

28 조상설비가 있는 발전소 측 변전소에서 주변압기로 주로 사용되는 변압기는?

① 강압용 변압기
② 단권 변압기
③ 3권선 변압기
④ 단상 변압기

풀이
- 3권선 변압기 : 1차 변전소에서 주변압기로 주로 사용된다.
- 3차 권선(안정권선)의 용도 : 제3고조파의 제거, 조상설비의 설치, 소내용 전원의 공급   **답** ③

29 3상 1회선의 송전선로에 3상 전압을 가해 충전할 때 1선에 흐르는 충전전류는 30[A], 또 3선을 일괄하여 이것과 대지 사이에 상전압을 가하여 충전시켰을 때 전 충전전류는 60[A]가 되었다. 이 선로의 대지정전용량과 선간정전용량의 비는? (단, 대지정전용량 = C_s, 선간정전용량 = C_m이다.)

① $\dfrac{C_m}{C_s} = \dfrac{1}{6}$
② $\dfrac{C_m}{C_s} = \dfrac{8}{15}$
③ $\dfrac{C_m}{C_s} = \dfrac{1}{3}$
④ $\dfrac{C_m}{C_s} = \dfrac{1}{\sqrt{3}}$

풀이 ① 3상 1회선인 경우, 작용정전용량 $C_w = C_s + 3C_m$
(여기서, C_s : 대지정전용량, C_m : 선간정전용량)
② 선간전압을 V라고 하면
1선의 충전전류
$$I_{c1} = \omega C_w \frac{V}{\sqrt{3}} = \omega(C_s + 3C_m)\frac{V}{\sqrt{3}} = 30[A] \cdots (1)$$
3선 일괄의 충전전류
$$I_{c3} = 3\omega C_s \frac{V}{\sqrt{3}} = \sqrt{3}\omega C_s V = 60[A] \cdots (2)$$
식 (2)로부터 $\omega V = \frac{60}{\sqrt{3}C_s}$

이것을 식 (1)에 대입하면
$$(C_s + 3C_m)\frac{1}{\sqrt{3}} \cdot \frac{60}{\sqrt{3}C_s} = 30$$
$$20 + 60\frac{C_m}{C_s} = 30$$
$$\therefore \frac{C_m}{C_s} = \frac{1}{6}$$
답 ①

30 단상 교류회로에 3150/210[V]의 승압기를 80[kW], 역률 0.8인 부하에 접속하여 전압을 상승시키는 경우 약 몇 [kVA]의 승압기를 사용하여야 적당한가? (단, 전원전압은 2900[V] 이다.)

① 3.6
② 5.5
③ 6.8
④ 10

풀이 변압기 용량(자기 용량, 승압기 용량) $w = I_2 e_2$
$$E_2 = E_1\left(1 + \frac{1}{n}\right) = 2900 \times \left(1 + \frac{210}{3150}\right) = 3093.33[V]$$
$$I_2 = \frac{80 \times 10^3}{3093.33 \times 0.8} = 32.33$$
$\therefore w = I_2 e_2 = 32.33 \times 210 \times 10^{-3} \fallingdotseq 6.8[kVA]$

※ 승압분 전압 e_2는 변압기 용량을 결정할 때는 계산상 전압을 사용하지 않고 최대 전압이 될 수 있는 210[V]를 사용한다.

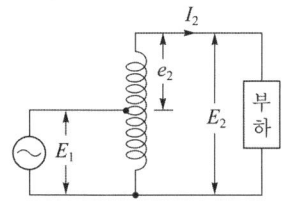

답 ③

31 전력 사용의 변동 상태를 알아보기 위한 것으로 가장 적당한 것은?

① 수용률
② 부등률
③ 부하율
④ 역률

풀이 • 수용률 : 수요를 상정할 경우 사용
• 부등률 : 최대 전력의 발생시각 또는 발생 시기의 분산을 나타내는 지표로 사용
• 부하율 : 일정 기간 중 부하 변동의 정도를 나타내는 것으로서 그 전기설비가 얼마만큼 유효하게 이용되고 있는가 하는 정도를 파악하는 데 사용
답 ③

32 철탑의 접지저항이 커지면 가장 크게 우려되는 문제점은?

① 정전 유도
② 역섬락 발생
③ 코로나 증가
④ 차폐각 증가

풀이 뇌서지가 철탑에 가격 시 철탑의 탑각 접지저항이 충분히 낮지 않으면 철탑의 전위가 상승하여 철탑에서 선로로 섬락을 일으키는 경우가 있는데 이를 역섬락이라 하며 방지 대책으로는 매설 지선을 설치하여 탑각 접지저항을 낮추어야 한다.
답 ②

33 역률 0.8(지상), 480[kW] 부하가 있다. 전력용 콘덴서를 설치하여 역률을 개선하고자 할 때 콘덴서 220[kVA]를 설치하면 역률은 몇 [%]로 개선되는가?

① 82
② 85
③ 90
④ 96

풀이 부하역률 $\cos\theta = \frac{P}{P_a} = \frac{P}{\sqrt{P^2 + P_r^2}} \times 100$
(여기서, P_a : 피상전력, P : 유효전력, P_r : 무효전력)
• 부하의 무효전력
$$Q_L = \frac{P}{\cos\theta} \times \sin\theta = \frac{480}{0.8} \times 0.6 = 360[kVar]$$
• 전력용 콘덴서 $Q_C = 220[kVA]$
$$\therefore \cos\theta = \frac{P}{\sqrt{P^2 + (Q_L - Q_c)^2}} \times 100$$
$$= \frac{480}{\sqrt{480^2 + (360-220)^2}} \times 100$$
$$= 96[\%]$$
답 ④

34 화력발전소에서 탈기기를 사용하는 주 목적은?

① 급수 중에 함유된 산소 등의 분리 제거
② 보일러 관벽의 스케일 부착의 방지
③ 급수 중에 포함된 염류의 제거
④ 연소용 공기의 예열

풀이 급수 중에 용해되어 있는 산소는 증기계통, 급수계통 등을 부식시킨다. 탈기기(deaerator)는 용해 산소 분리의 목적으로 쓰인다. **답 ①**

35 변류기를 개방할 때 2차측을 단락하는 이유는?

① 1차측 과전류 보호
② 1차측 과전압 방지
③ 2차측 과전류 보호
④ 2차측 절연보호

풀이 변류기 2차측을 단락하는 이유
① 2차 측을 개방하면 1차측의 부하 전류가 전부 여자전류로 되어 2차 측에 고전압이 유기되므로 절연이 파괴될 우려가 있다.
② 철심 중의 자속이 급격히 증가하여 철손이 증가하므로 열이 발생하여 소손될 우려가 있다. **답 ④**

36 ( )안에 들어갈 알맞은 내용은?

"화력발전소의 (㉠)은 발생 (㉡)을 열량으로 환산한 값과 이것을 발생하기 위하여 소비된 (㉢)의 보유열량 (㉣)를 말한다."

① ㉠ 손실율 ㉡ 발열량 ㉢ 물 ㉣ 차
② ㉠ 열효율 ㉡ 전력량 ㉢ 연료 ㉣ 비
③ ㉠ 발전량 ㉡ 증기량 ㉢ 연료 ㉣ 결과
④ ㉠ 연료소비율 ㉡ 증기량 ㉢ 물 ㉣ 차

풀이 화력발전소의 열효율 $\eta = \dfrac{860E}{WC} \times 100[\%]$
여기서, E : 발전 전력량[kWh]
W : 연료 소비량[kg]
C : 연료의 발열량[kcal/kg] **답 ②**

37 다음 중 전압강하의 정도를 나타내는 식이 아닌 것은? (단, E_s는 송전단전압, E_r은 수전단전압이다.)

① $\dfrac{I}{E_r}(R\cos\theta + X\sin\theta) \times 100[\%]$
② $\dfrac{\sqrt{3}I}{E_r}(R\cos\theta + X\sin\theta) \times 100[\%]$
③ $\dfrac{E_s - E_r}{E_r} \times 100[\%]$
④ $\dfrac{E_s + E_r}{E_s} \times 100[\%]$

풀이
• 전압강하
$e = E_E - E_R = \sqrt{3}I(R\cos\theta + X\sin\theta)[V]$
• 전압강하율
$\epsilon = \dfrac{e}{E_r} \times 100 = \dfrac{E_s - E_r}{E_r} \times 100$
$= \dfrac{\sqrt{3}I}{E_r}(R\cos\theta + X\sin\theta) \times 100[\%]$ **답 ④**

38 수전단 전압이 송전단 전압보다 높아지는 현상과 관련된 것은?

① 페란티 효과
② 표피 효과
③ 근접 효과
④ 도플러 효과

풀이 ① 페란티 효과 : 송전 선로에 충전 전류(전압보다 위상이 빠른 전류)가 흐르면 **수전단 전압이 송전단 전압보다 높아지는 현상**
② 표피 효과 : 교류전류의 경우 도체 중심보다 도체 표면에 전류가 많이 흐르는 현상
③ 근접 효과 : 같은 방향의 전류는 바깥쪽으로 다른 방향의 전류는 안쪽으로 모이는 현상
④ 도플러 효과 : 파장을 방출하는 물체와 관찰자의 상대적 운동에 의해 파장의 진동수가 왜곡되는 현상 **답 ①**

39 송전선로의 중성점을 접지하는 목적으로 가장 알맞은 것은?

① 전선량의 절약
② 송전용량의 증가
③ 전압강하의 감소
④ 이상 전압의 경감 및 발생 방지

풀이 송전선로의 중성점접지의 목적
① 이상전압 발생 방지
② 1선 지락 시 건전상 전압 상승 억제 및 기기나 선로의 절연 절감
③ 보호계전기 동작 확실
④ 소호 리액터 계통에서의 1선 지락 시 아크 소멸
답 ④

40 송전선로에서 4단자 정수 A, B, C, D 사이의 관계는?

① $BC - AD = 1$ ② $AC - BD = 1$
③ $AB - CD = 1$ ④ $AD - BC = 1$

풀이 $\begin{vmatrix} A & B \\ C & D \end{vmatrix} = AD - BC = 1$
답 ④

3과목 - 전기기기

41 돌극형 동기발전기에서 직축 리액턴스 X_d와 횡축 리액턴스 X_q는 그 크기 사이에 어떤 관계가 있는가?

① $X_d = X_q$ ② $X_d > X_q$
③ $X_d < X_q$ ④ $2X_d = X_q$

풀이 돌극형(철극기)에서는 직축이 횡축에 비하여 공극(air gap)이 작으므로 **직축(동기) 리액턴스 X_d가 횡축(동기) 리액턴스 X_q보다 크다.** ($X_d > X_q$)
그러나 비철극기에서는 공극이 일정하므로 $X_d = X_q = X_s$로 된다.
답 ②

42 어떤 정류기의 출력전압 평균값이 2000[V]이고 맥동률이 3[%]이면 교류분은 몇 [V] 포함되어 있는가?

① 20   ② 30   ③ 60   ④ 70

풀이 맥동률 $= \dfrac{\Delta E}{E_d} \times 100[\%]$이므로,
$\Delta E = 0.03 \times 2000 = 60[V]$
답 ③

43 직류기에서 전류용량이 크고 저전압 대전류에 가장 적합한 브러시 재료는?

① 탄소질   ② 금속 탄소질
③ 금속 흑연질   ④ 전기 흑연질

풀이 ① 탄소질 브러시 : 탄소질 브러시는 불순물이 적은 탄소 분말을 원료로 한 것인데, 질이 치밀하고 단단하며 다소 **연마성**이 있는 특성의 것을 성형 소결한 것으로, 전류 용량이 적고 주로 소형기에 사용된다.
② 전기 흑연 브러시 : 전기 흑연질 브러시는 불순물이 적은 **탄소**를 전기로에서 열처리하여 흑연화하여 성형 소결한 것으로, 전류 용량이 작은 소형기에 주로 사용된다.
③ 금속 흑연 브러시 : 동의 미세한 가루와 흑연 분말을 혼합 소결한 것으로, 전류 용량이 큰 저전압 대전류의 기계에 사용된다.
답 ③

44 동기발전기 종류 중 회전계자형의 특징으로 옳은 것은?

① 고주파 발전기에 사용
② 극소용량, 특수용으로 사용
③ 소요전력이 크고 기구적으로 복잡
④ 기계적으로 튼튼하여 가장 많이 사용

풀이 동기기를 회전 계자형으로 하는 이유
• 전기자 권선은 전압이 높고 결선이 복잡하며, 대용량으로 되면 전류도 커지고, 3상 권선의 경우에는 4개의 도선을 인출하여야 한다.
• 계자 회로는 직류의 저압 회로이므로 소요 동력도 작으며, 인출 도선이 2개만 있어도 되기 때문이다.
• 계자극은 기계적으로 튼튼하게 만드는 데 용이하기 때문이다.
• 고장 시의 과도 안정도를 높이기 위하여 회전자의 관성을 크게 하기 쉽기 때문이기도 하다.
답 ④

45 전압비 a인 단상변압기 3대를 1차 △결선, 2차 Y결선으로 하고 1차에 선간전압 V[V]를 가했을 때 무부하 2차 선간전압[V]은?

① $\dfrac{V}{a}$ ② $\dfrac{a}{V}$
③ $\sqrt{3}\,\dfrac{V}{a}$ ④ $\sqrt{3}\,\dfrac{a}{V}$

[풀이]
- 1차 △결선 : 전압비 $a = \dfrac{E_1}{E_2}$ 이고,
  △결선 시 '선간전압 = 상전압' 이므로,
  2차 상전압 $E_2 = \dfrac{E_1}{a} = \dfrac{V}{a}$
- 2차 Y결선 : Y결선이므로 선간전압은 상전압의 $\sqrt{3}$ 배이다.
  따라서, 무부하 2차 선간전압 $= \sqrt{3}\,E_2 = \sqrt{3}\,\dfrac{V}{a}$ [V]

답 ③

46 단상 및 3상 유도전압조정기에 대한 설명으로 옳은 것은?

① 3상 유도전압조정기에는 단락권선이 필요 없다.
② 3상 유도전압조정기의 1차와 2차 전압은 동상이다.
③ 단락권선은 단상 및 3상 유도전압조정기 모두 필요하다.
④ 단상 유도전압조정기의 기전력은 회전자계에 의해서 유도된다.

[풀이] 3상 유도전압조정기의 직렬권선에 의한 기전력은 회전자계의 위치에 관계없이 1차 부하전류에 의한 분로권선의 기자력에 의하여 소멸되므로 단락 권선이 필요 없다.

답 ①

47 12극과 8극인 2개의 유도전동기를 종속법에 의한 직렬접속법으로 속도제어할 때 전원주파수가 60[Hz]인 경우 무부하 속도 N_0는 몇 [rps]인가?

① 5 ② 6
③ 200 ④ 360

[풀이] 직렬 종속법
$N_0 = \dfrac{120f}{p_1 + p_2} = \dfrac{120 \times 60}{12 + 8} = 360\,[\text{rpm}] = 6\,[\text{rps}]$

답 ②

48 인버터에 대한 설명으로 옳은 것은?

① 직류를 교류로 변환
② 교류를 교류로 변환
③ 직류를 직류로 변환
④ 교류를 직류로 변환

[풀이]
- 컨버터 (converter) : 교류 → 직류
- 인버터 (Inverter) : 직류 → 교류
- 초퍼 : DC → DC로 변환

답 ①

49 직류전동기의 역기전력에 대한 설명으로 틀린 것은?

① 역기전력은 속도에 비례한다.
② 역기전력은 회전방향에 따라 크기가 다르다.
③ 역기전력이 증가할수록 전기자 전류는 감소한다.
④ 부하가 걸려 있을 때에는 역기전력은 공급전압보다 크기가 작다.

[풀이]
- 역기전력 $E_c = V - I_a R_a \rightarrow I_a = \dfrac{V - E_c}{R_a}$:
  역기전력이 증가할수록 전기자 전류는 감소하고, 부하가 걸려 있을 때는 공급전압(V)보다 크기가 작다.
- 속도 $n = k\dfrac{E_c}{\phi} = k\dfrac{V - I_a R_a}{\phi}$: 역기전력의 크기는 속도에 비례하며, 회전방향과는 관계 없다.

답 ②

50 유도전동기의 실부하법에서 부하로 쓰이지 않는 것은?

① 전동발전기
② 전기동력계
③ 프로니 브레이크
④ 손실을 알고 있는 직류발전기

[풀이]
- 실부하법에는 전기동력계법, 프로니 브레이크법 등이 있다.
- 전동 발전기는 교류를 직류로 변환하는 전기기기이다.

답 ①

51 직류기의 구조가 아닌 것은?

① 계자 권선 ② 전기자 권선
③ 내철형 철심 ④ 전기자 철심

[풀이] ① 직류기의 주요 3요소는 계자, 전기자, 정류자이다.
- 계자 : 자속을 만드는 부분으로 계자 철심과 계자 권선, 계철, 자극 등으로 구성되어 있다.

- 전기자 : 기전력을 유기하는 부분으로 전기자 철심과 전기자 권선으로 되어 있다.
- 정류자 : 발생한 기전력을 직류로 변환하는 부분이다.

② 내철형은 변압기 철심의 형태에 따른 분류이다.

답 ③

52 30[kW]의 3상 유도전동기에 전력을 공급할 때 2대의 단상변압기를 사용하는 경우 변압기의 용량은 약 몇 [kVA]인가? (단, 전동기의 역률과 효율은 각각 84[%], 86[%]이고 전동기 손실은 무시한다.)

① 17　　　　② 24
③ 51　　　　④ 72

풀이
① 변압기 1대의 용량을 P_1[kVA]라고 하면,
 V결선의 용량 $P_V = \sqrt{3}\,P_1$[kVA]
② 전동기 출력을 P[kW]라고 하고,
 전동기의 입력을 P_i[kVA]라고 하면
$$P_i = \frac{P}{\cos\theta \times \eta} = P_V[\text{kVA}]$$
(∵ 전동기 입력 = 변압기 출력)
$$P_V = \sqrt{3}\,P_1 = \frac{P}{\cos\theta \times \eta}[\text{kVA}]$$
$$\therefore P_1 = \frac{P}{\sqrt{3}\cos\theta\,\eta} = \frac{30}{\sqrt{3}\times 0.84 \times 0.86} \fallingdotseq 24[\text{kVA}]$$

답 ②

53 3상 6극 슬롯 수 54의 동기발전기가 있다. 어떤 전기자 코일의 두 변이 제 1슬롯과 제 8슬롯에 들어있다면 단절권 계수는 약 얼마인가?

① 0.9397　　　② 0.9567
③ 0.9837　　　④ 0.9117

풀이
- 극 간격 = $\dfrac{\text{총 슬롯수}}{\text{극수}} = \dfrac{54}{6} = 9$
- 슬롯으로 표시된 코일 피치는 8 − 1 = 7이므로
- 극 간격으로 표시한 코일 피치
 $\beta = \dfrac{\text{코일간격}}{\text{극간격}} = \dfrac{7}{9}$ 이고,
 $K_{pn} = \sin\dfrac{n\beta\pi}{2}$ (n : 고조파의 차수)이므로
 따라서 단절권계수
 $K_{p1} = \sin\dfrac{7\pi}{2\times 9} = \sin\dfrac{21.98}{18} = \sin 1.221 = 0.9397$

답 ①

54 부흐홀츠 계전기로 보호되는 기기는?

① 변압기　　　② 발전기
③ 유도전동기　④ 회전변류기

풀이 부흐홀쯔 계전기는 변압기의 내부고장으로 발생하는 기름의 분해 가스 증기 또는 유류를 이용하여 부저를 움직여 계전기의 접점을 닫는 것이므로 변압기의 주탱크와 콘서베이터와의 연결관 도중에 설치한다. 답 ①

55 변압기의 효율이 가장 좋을 때의 조건은?

① 철손 = 동손　　② 철손 = $\dfrac{1}{2}$동손
③ $\dfrac{1}{2}$철손 = 동손　④ 철손 = $\dfrac{2}{3}$동손

풀이 최대 효율은 고정손인 철손과 가변손인 동손이 같게 될 때 발생한다. 답 ①

56 직류전동기 중 부하가 변하면 속도가 심하게 변하는 전동기는?

① 분권 전동기　　② 직권 전동기
③ 자동 복권 전동기　④ 가동 복권 전동기

풀이
- 직권전동기는 전기자와 계자가 직렬로 접속되어 있으므로, $I_a = I = I_f \propto \phi$ 이다.
- 회전속도 $n = K\dfrac{V - I_a(R_a + R_s)}{\phi}$[rps]이므로 속도는 자속에 반비례하여 증감한다.

즉, 직권전동기는 부하전류가 변화하면 속도가 현저하게 변하는 특성이 있다. 답 ②

57 1차 전압 6900[V], 1차 권선 3000회, 권수비 20의 변압기가 60[Hz]에 사용할 때 철심의 최대 자속[Wb]은?

① 0.76×10^{-4}　　② 8.63×10^{-3}
③ 80×10^{-3}　　④ 90×10^{-3}

풀이 1차 유기기전력 $E_1 = 4.44 f \phi_m N_1$ [V]
$$\therefore \phi_m = \frac{E_1}{4.44 f N_1} = \frac{6900}{4.44 \times 60 \times 3000}$$
$$= 0.00863 = 8.63 \times 10^{-3}[\text{Wb}]$$

답 ②

58 표면을 절연 피막처리 한 규소강판을 성층하는 이유로 옳은 것은?

① 절연성을 높이기 위해
② 히스테리시스손을 작게 하기 위해
③ 자속을 보다 잘 통하게 하기 위해
④ 와전류에 의한 손실을 작게 하기 위해

풀이
- 전기 기계에 규소 강판을 사용하면 자기 저항이 크게 되어 와류손과 히스테리시스손이 감소하게 되지만 투자율이 낮아지고 기계적 강도가 감소되어 부서지기 쉽다.
- 성층하는 이유는 와류손을 적게 하기 위한 것이다.

답 ④

59 단상 유도전동기 중 기동토크가 가장 작은 것은?

① 반발 기동형
② 분상 기동형
③ 셰이딩 코일형
④ 커패시터 기동형

풀이 단상 유도전동기에서 기동 토크가 큰 것부터 순서로 배열하면
반발 기동형 > 반발 유도형 > 콘덴서 기동형 > 분상 기동형 > 셰이딩 코일형 > 모노사이클릭형

답 ③

60 동기기의 전기자 권선법으로 적합하지 않은 것은?

① 중권
② 2층권
③ 분포권
④ 환상권

풀이 환상권은 환상철심의 안팎으로 권선을 감은 것으로 현재에는 거의 사용하지 않는다.

답 ④

4과목 - 회로이론

61 기본파의 30[%]인 제3고조파와 기본파의 20[%]인 제5고조파를 포함하는 전압의 왜형률은 약 얼마인가?

① 0.21
② 0.31
③ 0.36
④ 0.42

풀이
$$왜형률 = \frac{각\ 고조파의\ 실효값의\ 합}{기본파의\ 실효값}$$
$$= \frac{\sqrt{V_3^2 + V_5^2}}{V_1} = \sqrt{\left(\frac{V_3}{V_1}\right)^2 + \left(\frac{V_5}{V_1}\right)^2}$$
$$= \sqrt{0.3^2 + 0.2^2} = 0.36$$

답 ③

62 $e_i(t) = Ri(t) + L\frac{di(t)}{dt} + \frac{1}{C}\int i(t)dt$ 에서 모든 초기값을 0으로 하고 라플라스 변환했을 때 $I(s)$는? (단, $I(s)$, $E_i(s)$는 각각 $i(t)$, $e_i(t)$를 라플라스 변환한 것이다.)

① $\dfrac{Cs}{LCs^2 + RCs + 1} E_i(s)$

② $\dfrac{1}{R + Ls + \dfrac{1}{C}s} E_i(s)$

③ $\dfrac{1}{s^2 + \dfrac{L}{R}s + \dfrac{1}{LC}} E_i(s)$

④ $\left(R + Ls + \dfrac{1}{Cs}\right) E_i(s)$

풀이 라플라스 변환하면
$$E_i(s) = RI(s) + LsI(s) + \frac{1}{Cs}I(s)$$
$$= \left(R + Ls + \frac{1}{Cs}\right)I(s) \text{ 이므로}$$
$$\therefore I(s) = \frac{1}{R + Ls + \dfrac{1}{Cs}} E_i(s)$$
$$= \frac{Cs}{LCs^2 + RCs + 1} E_i(s)$$

답 ①

63 3상 회로의 대칭분 전압이 $V_0 = -8 + j3$[V], $V_1 = 6 - j8$[V], $V_2 = 8 + j12$[V]일 때 a상의 전압[V]은? (단, V_0은 영상분, V_1은 정상분, V_2는 역상분 전압이다.)

① $5 - j6$
② $5 + j6$
③ $6 - j7$
④ $6 + j7$

풀이
$V_a = V_0 + V_1 + V_2$
$= (-8 + j3) + (6 - j8) + (8 + j12)$
$= 6 + j7$[V]

답 ④

64 어느 회로에 $V = 120 + j90$[V]의 전압을 인가하면 $I = 3 + j4$[A]의 전류가 흐른다. 이 회로의 역률은?

① 0.92 ② 0.94
③ 0.96 ④ 0.98

풀이 $P_a = V\overline{I} = (120+j90)(3-j4) = 720 - j210$

$\therefore \cos\theta = \dfrac{P(\text{유효전력})}{P_a(\text{피상전력})} = \dfrac{720}{\sqrt{720^2+210^2}}$

$= 0.96$ 　답 ③

---

65 2단자 회로망에 단상 100[V]의 전압을 가하면 30[A]의 전류가 흐르고 1.8[kW]의 전력이 소비된다. 이 회로망과 병렬로 커패시터를 접속하여 합성 역률을 100[%]로 하기 위한 용량성 리액턴스는 약 몇 [Ω]인가?

① 2.1 ② 4.2
③ 6.3 ④ 8.4

풀이
- 피상전력
$P_a = V \cdot I = 100 \cdot 30 = 3000\,[\text{VA}] = 3\,[\text{kVA}]$
- 지상 무효전력
$P_r = \sqrt{P_a^2 - P^2} = \sqrt{3^2 - 1.8^2} = 2.4\,[\text{kVar}]$
- 역률이 100[%]가 되기 위해서는 진상의 무효전력인 2.4[kVA]의 콘덴서가 필요하다.
　콘덴서 용량

$Q_C = 2\pi f C V^2 = \dfrac{V^2}{X_C} = 2.4 \times 10^3\,[\text{kVA}]$

따라서 용량성 리액턴스

$X_C = \dfrac{V^2}{Q_C} = \dfrac{100^2}{2.4 \times 10^3} \fallingdotseq 4.2\,[\Omega]$ 　답 ②

---

66 22[kVA]의 부하가 0.8의 역률로 운전될 때 이 부하의 무효전력[kVar]은?

① 11.5 ② 12.3
③ 13.2 ④ 14.5

풀이 부하의 무효전력

$Q_L = P_a \sin\theta = P_a \sqrt{1-\cos^2\theta} = 22 \times \sqrt{1-0.8^2}$

$= 13.2\,[\text{kVar}]$ 　답 ③

---

67 어드미턴스 Y[℧]로 표현된 4단자 회로망에서 4단자 정수 행렬 T는?

(단, $\begin{bmatrix} V_1 \\ I_1 \end{bmatrix} = T \begin{bmatrix} V_2 \\ I_2 \end{bmatrix}$, $T = \begin{bmatrix} A & B \\ C & D \end{bmatrix}$)

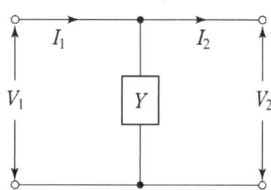

① $\begin{bmatrix} 1 & 0 \\ Y & 1 \end{bmatrix}$ ② $\begin{bmatrix} 1 & Y \\ 0 & 1 \end{bmatrix}$

③ $\begin{bmatrix} 1 & 0 \\ \frac{1}{Y} & 1 \end{bmatrix}$ ④ $\begin{bmatrix} Y & 1 \\ 1 & 0 \end{bmatrix}$

풀이 $\begin{bmatrix} A & B \\ C & D \end{bmatrix} = \begin{bmatrix} 1 & 0 \\ Y & 1 \end{bmatrix}$ 　답 ①

---

68 10[Ω]의 저항 5개를 접속하여 얻을 수 있는 합성저항 중 가장 적은 값은 몇 [Ω]인가?

① 10 ② 5
③ 2 ④ 0.5

풀이
- 합성저항은 직렬로만 접속하였을 때 가장 크고, 병렬만 연결 하였을 때 가장 작다.
- 합성저항은 동일한 크기의 저항 r을 n개 직렬연결하면 $n \cdot r$, 병렬연결하면 $\dfrac{r}{n}$이 된다.

$\therefore R_T = \dfrac{R_1}{n} = \dfrac{10}{5} = 2\,[\Omega]$ 　답 ③

---

69 동일한 용량 2대의 단상 변압기를 V결선하여 3상으로 운전하고 있다. 단상 변압기 2대의 용량에 대한 3상 V결선시 변압기 용량의 비인 변압기 이용률은 약 몇 [%]인가?

① 57.7 ② 70.7
③ 80.1 ④ 86.6

풀이 V결선에는 변압기 2대를 사용하였으므로 그 정격출력의 합은 $2VI$가 된다.

따라서 이용률 $= \dfrac{\sqrt{3}\,VI}{2VI} = \dfrac{\sqrt{3}}{2} = 0.866 = 86.6\,[\%]$

답 ④

70 회로에서 10[Ω]의 저항에 흐르는 전류[A]는?

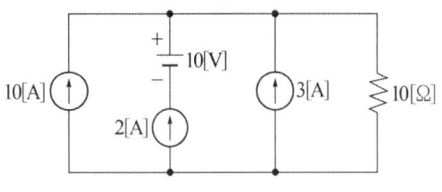

① 8   ② 10   ③ 15   ④ 20

풀이 중첩의 정리에 의해
- 전류원 기준(전압원 단락) : $I_R = 10 + 2 + 3 = 15[A]$
- 전압원 기준(전류원 개방) : $I_R = 0[A]$

즉, 10[Ω]의 저항에는 전류원 기준의 15[A]의 전류가 흐른다.

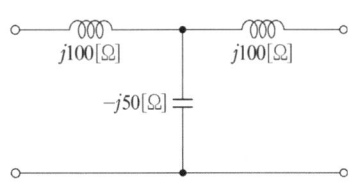

〈전류원 개방 시〉   **답** ③

71 4단자 회로망에서의 영상 임피던스[Ω]는?

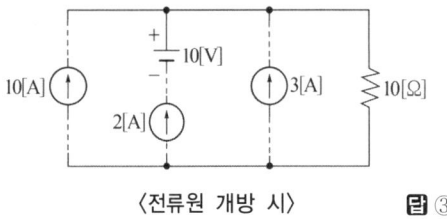

① $j\dfrac{1}{50}$ ② -1

③ 1 ④ 0

풀이
- 영상 임피던스 $Z_{01} = \sqrt{\dfrac{AB}{CD}}$
- 대칭 T형 회로에서는 $A = D$ 이므로 $Z_{01} = \sqrt{\dfrac{B}{C}}$ 이다.
- $\begin{bmatrix} A & B \\ C & D \end{bmatrix} = \begin{bmatrix} 1 & j100 \\ 0 & 1 \end{bmatrix} \begin{bmatrix} 1 & 0 \\ \dfrac{1}{-j50} & 1 \end{bmatrix} \begin{bmatrix} 1 & j100 \\ 0 & 1 \end{bmatrix}$
$= \begin{bmatrix} -1 & 0 \\ \dfrac{1}{j50} & -1 \end{bmatrix}$

$\therefore Z_0 = \sqrt{\dfrac{B}{C}} = \sqrt{\dfrac{0}{j\dfrac{1}{50}}} = 0$ **답** ④

72 20[Ω]과 30[Ω]의 병렬회로에서 20[Ω]에 흐르는 전류가 6[A]이라면 전체 전류 I[A]는?

① 3
② 4
③ 9
④ 10

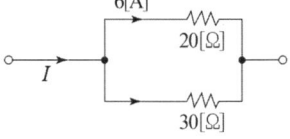

풀이 $R_1 = 20[\Omega]$에 흐르는 전류를 I_1이라고 하고 전류분배 법칙을 적용하면
$$I_1 = \dfrac{R_2}{R_1 + R_2} \times I = \dfrac{30}{20 + 30} \times I = 6[A]$$
$\therefore I = \dfrac{50 \times 6}{30} = 10[A]$ **답** ④

73 $i(t) = 3\sqrt{2}\sin(377t - 30°)$[A]의 평균값은 약 몇 [A]인가?

① 1.35   ② 2.7
③ 4.35   ④ 5.4

풀이 평균 전류 $I_{av} = \dfrac{2}{\pi} I_m = \dfrac{2}{\pi} \times 3\sqrt{2} = 2.7[A]$ **답** ②

74 $F(s) = \dfrac{A}{\alpha + s}$의 라플라스 역변환은?

① αe^{At} ② $A e^{\alpha t}$
③ αe^{-At} ④ $A e^{-\alpha t}$

풀이 $\mathcal{L}^{-1}\left[\dfrac{A}{s + \alpha}\right] = A\mathcal{L}^{-1}\left[\dfrac{1}{s + \alpha}\right] = Ae^{-\alpha t}$ **답** ④

75 RC 직렬회로의 과도현상에 대한 설명으로 옳은 것은?

① 과도상태 전류의 크기는 ($R \times C$)의 값과 무관하다.
② ($R \times C$)의 값이 클수록 과도상태 전류의 크기는 빨리 사라진다.
③ ($R \times C$)의 값이 클수록 과도상태 전류의 크기는 천천히 사라진다.
④ $\dfrac{1}{R \times C}$의 값이 클수록 과도상태 전류의 크기는 천천히 사라진다.

풀이
- 과도현상은 시정수가 크면 클수록 오래 지속된다.
- $R-C$회로의 시정수는 RC이므로 RC 값이 클수록 과도전류의 값은 천천히 사라진다. **답** ③

76 불평형 Y결선의 부하 회로에 평형 3상 전압을 가할 경우 중성점의 전위 $V_{n'n}$[V]는? (단, Z_1, Z_2, Z_3는 각 상의 임피던스[Ω]이고, Y_1, Y_2, Y_3는 각 상의 임피던스에 대한 어드미턴스[℧]이다.)

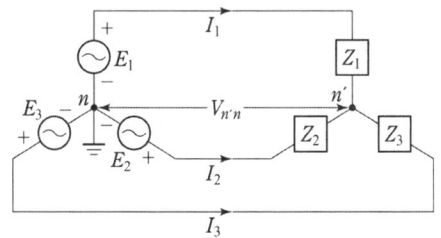

① $\dfrac{E_1 + E_2 + E_3}{Z_1 + Z_2 + Z_3}$

② $\dfrac{Z_1 E_1 + Z_2 E_2 + Z_3 E_3}{Z_1 + Z_2 + Z_3}$

③ $\dfrac{E_1 + E_2 + E_3}{Y_1 + Y_2 + Y_3}$

④ $\dfrac{Y_1 E_1 + Y_2 E_2 + Y_3 E_3}{Y_1 + Y_2 + Y_3}$

풀이 밀만의 정리

$$V_{n'n} = \dfrac{\dfrac{E_1}{Z_1} + \dfrac{E_2}{Z_2} + \dfrac{E_3}{Z_3}}{\dfrac{1}{Z_1} + \dfrac{1}{Z_2} + \dfrac{1}{Z_3}} = \dfrac{Y_1 E_1 + Y_2 E_2 + Y_3 E_3}{Y_1 + Y_2 + Y_3}$$

답 ④

77 RL 병렬회로에서 $t = 0$일 때 스위치 S를 닫는 경우 R[Ω]에 흐르는 전류 $i_R(t)$[A]는?

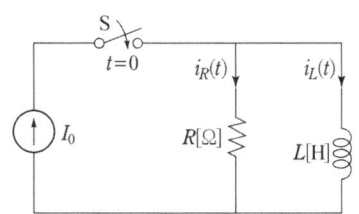

① $I_0 \left(1 - e^{-\frac{R}{L}t}\right)$ ② $I_0 \left(1 + e^{-\frac{R}{L}t}\right)$

③ I_0 ④ $I_0 e^{-\frac{R}{L}t}$

풀이 인덕턴스에 흐르는 전류
$$i_L(t) = I_0 \left(1 - e^{-\frac{R}{L}t}\right)$$
키르히호프의 전류법칙에 의해
$I_0 = i_R(t) + i_L(t)$ 이므로
$$\therefore i_R(t) = I_0 - i_L(t) = I_0 - I_0\left(1 - e^{-\frac{R}{L}t}\right) = I_0 e^{-\frac{R}{L}t}$$

답 ④

78 1상의 임피던스가 $14 + j48$[Ω]인 평형 △부하에 선간전압이 200[V]인 평형 3상 전압이 인가될 때 이 부하의 피상전력[VA]은?

① 1200   ② 1384
③ 2400   ④ 4157

풀이
$$P_a = 3I^2 Z = 3\left(\dfrac{V_p}{\sqrt{R^2 + X^2}}\right)^2 Z = \dfrac{3V_p^2 Z}{R^2 + X^2}$$
$$= \dfrac{3 \times 200^2 \times \sqrt{14^2 + 48^2}}{14^2 + 48^2}$$
$$= 2400[VA]$$

답 ③

79 저항만으로 구성된 그림의 회로에 평형 3상 전압을 가했을 때 각 선에 흐르는 선전류가 모두 같게 되기 위한 R[Ω]의 값은?

① 2
② 4
③ 6
④ 8

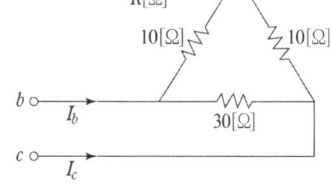

풀이 △저항을 Y저항으로 변환하면

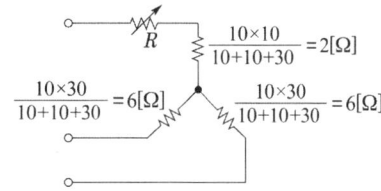

위에서 각 선전류가 같기 위해서는 각 선저항이 같아야 하므로 $R+2=6$ 이어야 한다.
$\therefore R=6-2=4[\Omega]$ 답 ②

80 $i(t) = 100 + 50\sqrt{2}\sin\omega t + 20\sqrt{2}\sin\left(3\omega t + \dfrac{\pi}{6}\right)$[A]로 표현되는 비정현파 전류의 실효값은 약 몇 [A] 인가?

① 20
② 50
③ 114
④ 150

풀이 왜형파의 실효값은 직류분, 기본파 및 각 고조파 실효값 제곱의 합의 제곱근이므로
$I = \sqrt{100^2 + 50^2 + 20^2} = 114[A]$ 답 ③

5과목 - 전기설비기술기준

81 제1종 특고압 보안공사로 시설하는 전선로의 지지물로 사용할 수 없는 것은?

① 목주
② 철탑
③ B종 철주
④ B종 철근 콘크리트주

풀이 333.22 특고압 보안공사
제1종 특고압 보안공사에서 전선로의 지지물은 B종 철주·B종 철근 콘크리트주 또는 철탑을 사용할 것. 즉, A종 철근콘크리트주 및 목주는 사용 할 수 없다. 답 ①

82 154[kV] 가공전선과 식물과의 최소 이격거리는 몇 [m]인가?

① 2.8
② 3.2
③ 3.8
④ 4.2

풀이 333.30 특고압 가공전선과 식물의 이격거리

사용전압의 구분	이격거리
60[kV] 이하	2[m]
60[kV] 초과	2[m]에 사용전압이 60[kV]를 초과하는 10[kV] 또는 그 단수마다 12[cm]을 더한 값

단수 $n = \dfrac{154-60}{10} = 9.4 \rightarrow$ 10단
이격거리 $= 2 + 10 \times 0.12 = 3.2[m]$ 답 ②

83 다음 ( )의 ㉠, ㉡에 들어갈 내용으로 옳은 것은?

"전기철도용 급전선"이란 전기철도용 (㉠)로부터 다른 전기철도용 (㉠) 또는 (㉡)에 이르는 전선을 말한다.

① ㉠ 급전소 ㉡ 개폐소
② ㉠ 궤전선 ㉡ 변전소
③ ㉠ 변전소 ㉡ 전차선
④ ㉠ 전차선 ㉡ 급전소

풀이 112 용어 정의
"전기철도용 급전선"이란 전기철도용 변전소로부터 다른 전기철도용 변전소 또는 전차선에 이르는 전선을 말한다 답 ③

84 저압 가공인입선 시설 시 도로를 횡단하여 시설하는 경우 노면상 높이는 몇 [m] 이상으로 하여야 하는가?

① 4
② 4.5
③ 5
④ 5.5

풀이 221.1.1 저압 인입선의 시설
저압 가공인입선의 높이는 다음에 의할 것.
가. **도로**(차도와 보도의 구별이 있는 도로인 경우에는 차도)를 횡단하는 경우 : 노면상 5[m](기술상 부득이한 경우에 교통에 지장이 없을 때에는 3[m]) 이상
나. 철도 또는 궤도를 횡단하는 경우 : 레일면상 6.5[m] 이상
다. 횡단보도교의 위에 시설하는 경우 : 노면상 3[m] 이상
라. "가"에서 "다" 까지 이외의 경우 : 지표상 4[m] 이상 (기술상 부득이한 경우에 교통에 지장이 없을 때에는 2.5[m] 이상) 답 ③

85 기구 등의 전로의 절연내력 시험에서 최대 사용전압이 60[kV]를 초과하는 기구 등의 전로로서 중성점 비접지식 전로에 접속하는 것은 최대 사용전압의 몇 배의 전압에 10분간 견디어야 하는가?

① 0.72
② 0.92
③ 1.25
④ 1.5

풀이 136 기구 등의 전로의 절연내력
개폐기·차단기·전력용 커패시터·유도전압조정기·계기용변성기 기타의 기구의 전로 및 발전소·변전소·개폐소 또는 이에 준하는 곳에 시설하는 기계기구의 접속선 및 모선은 표에서 정하는 시험전압을 충전부분과 대지 사이(다심케이블은 심선 상호 간 및 심선과 대지 사이)에 연속하여 10분간 가하여 절연내력을 시험하였을 때에 이에 견디어야 한다.

전로의 종류	접지방식	시험전압 (최대사용전압의 배수)	최저 시험전압
1. 7[kV] 이하인 전로		1.5배	500[V]
2. 7[kV] 초과 25[kV] 이하	다중접지	0.92배	
3. 7[kV] 초과 60[kV] 이하 (2란의 것 제외)		1.25배	10.5[kV]
4. 60[kV] 초과	비접지	1.25배	
5. 60[kV] 초과 (6란, 7란의 것 제외)	접지식	1.1배	75[kV]
6. 60[kV] 초과(7란의 것 제외)	직접접지	0.72배	
7. 170[kV] 초과(발전소 또는 변전소 혹은 이에 준하는 장소에 시설하는 것.)	직접접지	0.64배	

답 ③

86 저압 가공전선(다중접지된 중성선은 제외한다)과 고압 가공전선을 동일 지지물에 시설하는 경우 저압 가공전선과 고압 가공전선 사이의 이격거리는 몇 [cm] 이상이어야 하는가? (단, 각도주(角度柱)·분기주(分岐柱) 등에서 혼촉(混觸)의 우려가 없도록 시설하는 경우가 아니다.)

① 50
② 60
③ 80
④ 100

풀이 332.8 고압 가공전선 등의 병행설치
저압 가공전선(다중접지된 중성선은 제외한다. 이하 같다)과 고압 가공전선을 동일 지지물에 시설하는 경우에는 다음에 따라야 한다.

가. 저압 가공전선을 고압 가공전선의 아래로 하고 별개의 완금류에 시설할 것.
나. 저압 가공전선과 고압 가공전선 사이의 이격거리는 0.5[m] 이상일 것.
다. 다음의 어느 하나에 해당하는 경우에는 "가" 및 "나"에 의하지 아니할 수 있다.
 ① 고압 가공전선에 케이블을 사용하고, 또한 그 케이블과 저압 가공전선 사이의 이격거리를 0.3[m] 이상으로 하여 시설하는 경우
 ② 저압 가공인입선을 분기하기 위하여 저압 가공전선을 고압용의 완금류에 견고하게 시설하는 경우

답 ①

87 폭연성 분진이 많은 장소의 저압 옥내배선에 적합한 배선공사방법은?

① 금속관 공사
② 애자 공사
③ 합성수지관 공사
④ 가요전선관 공사

풀이 242.2.1 폭연성 분진 위험장소
폭연성 분진(마그네슘·알루미늄·티탄·지르코늄) 또는 화약류의 분말이 전기설비가 발화원이 되어 폭발할 우려가 있는 곳에 시설하는 저압 옥내배선, 저압 관등회로 배선, 소세력 회로의 전선은 **금속관공사 또는 케이블공사(캡타이어 케이블을 사용하는 것은 제외한다)**에 의할 것.

답 ①

88 변압기에 의하여 154[kV]에 결합되는 3300[V] 전로에는 몇 배 이하의 사용전압이 가하여진 경우에 방전하는 장치를 그 변압기의 단자에 가까운 1극에 시설하여야 하는가?

① 2
② 3
③ 4
④ 5

풀이 322.3 특고압과 고압의 혼촉 등에 의한 위험방지 시설
변압기에 의하여 특고압전로에 결합되는 고압전로에는 **사용전압의 3배 이하인 전압이 가하여진 경우에 방전하는 장치**를 그 변압기의 단자에 가까운 1극에 설치하여야 한다.

답 ②

89 특고압 가공전선로의 지지물에 시설하는 통신선 또는 이에 직접 접속하는 통신선이 도로·횡단보도교·철도의 레일 등 또는 교류 전차선 등과 교차하는 경우의 시설기준으로 옳은 것은?

① 인장강도 4.0[kN] 이상의 것 또는 지름 3.5[mm] 경동선일 것
② 통신선이 케이블 또는 광섬유 케이블일 때는 이격거리의 제한이 없다.
③ 통신선과 삭도 또는 다른 가공약전류 전선 등 사이의 이격거리는 20[cm] 이상으로 할 것
④ 통신선이 도로·횡단보도교·철도의 레일과 교차하는 경우에는 통신선은 지름 4[mm]의 절연전선과 동등 이상의 절연 효력이 있을 것

풀이 362.2 전력보안통신선의 시설 높이와 이격거리
특고압 가공전선로의 지지물에 시설하는 통신선 또는 이에 직접 접속하는 통신선이 도로·횡단보도교·철도의 레일·삭도·가공전선·다른 가공약전류 전선 등 또는 교류 전차선 등과 교차하는 경우에는 다음에 따라 시설하여야 한다.
  가. 통신선이 도로·횡단보도교·철도의 레일 또는 삭도와 교차하는 경우에는 통신선은 연선의 경우 단면적 16[mm²](단선의 경우 지름 4[mm])의 절연전선과 동등 이상의 절연 효력이 있는 것, 인장강도 8.01[kN] 이상의 것 또는 연선의 경우 단면적 25[mm²](단선의 경우 지름 5[mm])의 경동선일 것.
  나. 통신선과 삭도 또는 다른 가공약전류 전선 등 사이의 이격거리는 0.8[m](통신선이 케이블 또는 광섬유 케이블일 때는 0.4[m]) 이상으로 할 것. **답** ④

90 고압 가공전선으로 ACSR(강심알루미늄연선)을 사용할 때의 안전율은 얼마 이상이 되는 이도(弛度)로 시설하여야 하는가?

① 1.38 ② 2.1
③ 2.5   ④ 4.01

풀이 332.4 고압 가공전선의 안전율
222.6 저압 가공전선의 안전율
가공전선이 케이블 이외인 경우 안전율이 다음 이상이 되는 이도로 시설하여야 한다.
  가. 경동선 또는 내열 동합금선 : 2.2 이상
  나. 그 밖의 전선 : 2.5 **답** ③

91 절연내력시험은 전로와 대지 사이에 연속하여 10분간 가하여 절연내력을 시험하였을 때에 이에 견디어야 한다. 최대 사용전압이 22.9[kV]인 중성선 다중 접지식 가공전선로의 전로와 대지 사이의 절연내력 시험전압은 몇 [V]인가?

① 16488   ② 21068
③ 22900   ④ 28625

풀이 135 변압기 전로의 절연내력

권선의 종류 (최대사용전압)	접지방식	시험전압 (최대사용 전압의 배수)	최저 시험전압
1. 7[kV] 이하		1.5배	500[V]
2. 7[kV] 초과 25[kV] 이하	다중접지	0.92배	500[V]
	다중접지	0.92배	
3. 7[kV] 초과 60[kV] 이하 (2란의 것 제외)		1.25배	10.5[kV]
4. 60[kV] 초과	비접지	1.25배	
5. 60[kV] 초과(6란의 것 제외)	접지식	1.1배	75[kV]
6. 60[kV] 초과	직접접지	0.72배	
7. 170[kV] 초과	직접접지	0.64배	

※ 전로에 케이블을 사용하는 경우에는 직류로 시험할 수 있으며, 시험 전압은 교류의 경우의 2배가 된다.
∴ 시험 전압 = 22900×0.92 = 21068[V] **답** ②

92 시가지 또는 그 밖에 인가가 밀집한 지역에 154[kV] 가공전선로의 전선을 케이블로 시설하고자 한다. 이때 가공전선을 지지하는 애자장치의 50[%] 충격섬락전압 값이 그 전선의 근접한 다른 부분을 지지하는 애자장치 값의 몇 [%] 이상이어야 하는가?

① 75   ② 100
③ 105   ④ 110

풀이 333.1 시가지 등에서 특고압 가공전선로의 시설
특고압 가공전선로는 전선이 케이블인 경우 또는 전선로를 다음과 같이 시설하는 경우에는 시가지 그 밖에 인가가 밀집한 지역에 시설할 수 있다.
1. 사용전압이 170[kV] 이하인 전로를 다음에 의하여 시설하는 경우
  가. 특고압 가공전선을 지지하는 애자장치는 다음 중 어느 하나에 의할 것
    (1) 50[%] 충격섬락전압 값이 그 전선의 근접한 다른 부분을 지지하는 애자장치 값의 110[%] (사용전압이 130[kV]를 초과하는 경우는 105[%]) 이상인 것.

(2) 아킹혼을 붙인 현수애자·장간애자 또는 라인포스트애자를 사용하는 것.
(3) 2련 이상의 현수애자 또는 장간애자를 사용하는 것.
(4) 2개 이상의 핀애자 또는 라인포스트애자를 사용하는 것.

답 ③

93. 뱅크용량 15000[kVA] 이상인 분로리액터에서 자동적으로 전로로부터 차단하는 장치가 동작하는 경우가 아닌 것은?

① 내부 고장 시
② 과전류 발생 시
③ 과전압 발생 시
④ 온도가 현저히 상승한 경우

풀이 351.5 조상설비의 보호장치
조상 설비에는 그 내부에 고장이 생긴 경우에 보호하는 장치를 표와 같이 시설하여야 한다.

설비 종별	뱅크 용량의 구분	자동적으로 전로부터 차단하는 장치
전력용 커패시터 및 분로리액터	500[kVA] 초과 15,000[kVA] 미만	• 내부에 고장이 생긴 경우 • 과전류가 생긴 경우
	15,000[kVA] 이상	• 내부에 고장이 생긴 경우 • 과전류가 생긴 경우 • 과전압이 생긴 경우
조상기	15,000[kVA] 이상	• 내부에 고장이 생긴 경우

답 ④

94. 욕조나 샤워시설이 있는 욕실 또는 화장실 등 인체가 물에 젖어있는 상태에서 전기를 사용하는 장소에 콘센트를 시설하는 경우에 적합한 누전차단기는?

① 정격감도전류 15[mA] 이하, 동작시간 0.03초 이하의 전류동작형 누전차단기
② 정격감도전류 15[mA] 이하, 동작시간 0.03초 이하의 전압동작형 누전차단기
③ 정격감도전류 20[mA] 이하, 동작시간 0.3초 이하의 전류동작형 누전차단기
④ 정격감도전류 20[mA] 이하, 동작시간 0.3초 이하의 전압동작형 누전차단기

풀이 234.5 콘센트의 시설
욕조나 샤워시설이 있는 **욕실 또는 화장실** 등 인체가 물에 젖어있는 상태에서 전기를 사용하는 장소에 콘센트를 시설하는 경우에는 다음에 따라 시설하여야한다.
가. 인체감전보호용 **누전차단기(정격감도전류 15[mA] 이하, 동작시간 0.03[초] 이하의 전류동작형의 것에 한한다)** 또는 절연변압기(정격용량 3[kVA] 이하인 것에 한한다)로 보호된 전로에 접속하거나, 인체감전보호용 누전차단기가 부착된 콘센트를 시설하여야 한다.
나. 콘센트는 접지극이 있는 방적형 콘센트를 사용하여 규정에 준하여 접지하여야 한다.

답 ①

95. 풀장용 수중조명등에 전기를 공급하기 위하여 사용되는 절연변압기에 대한 설명으로 틀린 것은?

① 절연변압기 2차측 전로의 사용전압은 150[V] 이하이어야 한다.
② 절연변압기의 2차측 전로에는 반드시 접지공사를 하며, 그 저항값은 5[Ω] 이하가 되도록 하여야 한다.
③ 절연변압기의 2차측 전로의 사용전압이 30[V] 이하인 경우에는 1차 권선과 2차 권선 사이에 금속제의 혼촉방지판이 있어야 한다.
④ 절연변압기의 2차측 전로의 사용전압이 30[V]를 초과하는 경우에는 그 전로에 지락이 생겼을 때에 자동적으로 전로를 차단하는 장치가 있어야 한다.

풀이 234.14 수중조명등
가. 수영장 기타 이와 유사한 장소에 사용하는 수중조명등에 전기를 공급하기 위해서는 절연변압기를 사용하고, 그 사용전압은 다음에 의하여야 한다.
  ① 1차측 전로의 사용전압은 400[V] 이하일 것.
  ② 2차측 전로의 사용전압은 150[V] 이하일 것.
나. **절연변압기의 2차 측 전로는 접지하지 말 것.**
다. 절연변압기는 그 2차측 전로의 사용전압이 30[V] 이하인 경우는 1차권선과 2차권선 사이에 금속제의 혼촉방지판을 설치하고, 규정에 준하여 접지공사를 하여야 한다.
라. 절연변압기의 2차측 전로의 사용전압이 30[V]를 초과하는 경우에는 그 전로에 지락이 생겼을 때에 자동적으로 전로를 차단하는 정격감도전류 30[mA] 이하의 누전차단기를 시설하여야 한다.

답 ②

96 발전기를 구동하는 풍차의 압유장치의 유압, 압축공기장치의 공기압 또는 전동식 브레이드 제어장치의 전원전압이 현저히 저하한 경우 발전기를 자동적으로 전로로부터 차단하는 장치를 시설하여야 하는 발전기 용량은 몇 [kVA] 이상인가?

① 100   ② 300
③ 500   ④ 1000

풀이 351.3 발전기 등의 보호장치
발전기에는 다음의 경우에 자동적으로 이를 전로로부터 차단하는 장치를 시설하여야 한다.
가. 발전기에 과전류나 과전압이 생긴 경우
나. 용량이 500[kVA] 이상의 발전기를 구동하는 수차의 압유 장치의 유압이 현저히 저하한 경우
다. **용량이 100[kVA] 이상의 발전기를 구동하는 풍차의 압유장치의 유압이 현저히 저하한 경우**
라. 용량이 2,000[kVA] 이상인 수차 발전기의 스러스트 베어링의 온도가 현저히 상승한 경우
마. 용량이 10,000[kVA] 이상인 발전기의 내부에 고장이 생긴 경우
바. 정격출력이 10,000[kW]를 초과하는 증기터빈은 그 스러스트베어링이 현저하게 마모되거나 그의 온도가 현저히 상승한 경우   **답** ①

97 가공전선로의 지지물에 사용하는 지선의 시설기준과 관련된 내용으로 틀린 것은?

① 지선에 연선을 사용하는 경우 소선(素線) 3가닥 이상의 연선일 것
② 지선의 안전율은 2.5 이상, 허용 인장하중의 최저는 3.31[kN]으로 할 것
③ 지선에 연선을 사용하는 경우 소선의 지름이 2.6[mm] 이상의 금속선을 사용한 것일 것
④ 가공전선로의 지지물로 사용하는 철탑은 지선을 사용하여 그 강도를 분담시키지 않을 것

풀이 331.11 지선의 시설
가. 가공전선로의 지지물로 사용하는 철탑은 지선을 사용하여 그 강도를 분담시켜서는 안 된다.
나. 지선의 **안전율은 2.5 이상**일 것. 이 경우에 **허용 인장하중의 최저는 4.31[kN]**으로 한다.
다. 지선에 연선을 사용할 경우에는 다음에 의할 것.
　① 소선 3가닥 이상의 연선일 것.
　② 소선의 지름이 2.6[mm] 이상의 금속선을 사용한 것일 것.
라. 지중부분 및 지표상 0.3[m]까지의 부분에는 내식성이 있는 것 또는 아연도금을 한 철봉을 사용하고 쉽게 부식되지 않는 근가에 견고하게 붙일 것.
마. 도로를 횡단하여 시설하는 지선의 높이는 지표상 5[m] 이상으로 하여야 한다.   **답** ②

98 발열선을 도로, 주차장 또는 조영물의 조영재에 고정시켜 시설하는 경우, 발열선에 전기를 공급하는 전로의 대지전압은 몇 [V] 이하이어야 하는가?

① 220   ② 300
③ 380   ④ 600

풀이 241.12 도로 등의 전열장치
가. 발열선에 전기를 공급하는 전로의 **대지전압은 300[V] 이하**일 것.
나. 발열선은 그 온도가 80[℃]를 넘지 아니하도록 시설할 것. 다만, 도로 또는 옥외주차장에 금속피복을 한 발열선을 시설할 경우에는 발열선의 온도를 120[℃] 이하로 할 수 있다.
다. 발열선은 다른 전기설비·약전류전선 등 또는 수관·가스관이나 이와 유사한 것에 전기적·자기적 또는 열적인 장해를 주지 아니하도록 시설할 것.   **답** ②

출제기준 변경 및 개정된 관계 법규에 따라 삭제된 문제가 있어 20문항이 안됩니다.

2020년 4회 전기산업기사필기

동일출판사 홈페이지에서 무료 동영상강의를 보실 수 있습니다.

1과목 - 전기자기

01 반지름 a[m]인 접지 도체구의 중심에서 r[m]되는 거리에 점전하 Q[C]을 놓았을 때 도체구에 유도된 총 전하는 몇 [C]인가?

① 0 ② $-Q$
③ $-\dfrac{a}{r}Q$ ④ $-\dfrac{r}{a}Q$

풀이 점 P에서 Q의 전하를 주고 도체구를 접지($V_1 = 0$)하였을 때 유도되는 전하를 Q'라 하면
$V_1 = P_{11}Q' + P_{12}Q = 0$

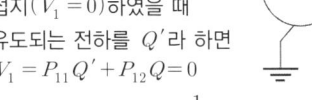

$\therefore Q' = -\dfrac{P_{12}}{P_{11}}Q = \dfrac{\frac{1}{4\pi\epsilon_0 r}}{\frac{1}{4\pi\epsilon_0 a}}Q = -\dfrac{a}{r}Q$[C] **답** ③

02 비유전율이 2.4인 유전체 내의 전계의 세기가 100[mV/m]이다. 유전체에 저축되는 단위체적 당 정전에너지는 몇 [J/m³]인가?

① 1.06×10^{-13} ② 1.77×10^{-13}
③ 2.32×10^{-13} ④ 2.32×10^{-11}

풀이 유전체 내에 저장되는 에너지 밀도
$w = \dfrac{ED}{2} = \dfrac{1}{2}\epsilon E^2 = \dfrac{1}{2}\dfrac{D^2}{\epsilon}$[J/m³] 식에서
$w = \dfrac{1}{2}\epsilon_o\epsilon_s E^2$
$= \dfrac{1}{2} \times 2.4 \times 8.855 \times 10^{-12} \times (100 \times 10^{-3})^2$
$= 1.06 \times 10^{-13}$[J/m³] **답** ①

03 액체 유전체를 넣은 콘덴서의 용량이 30[μF]이다. 여기에 500[V]의 전압을 가했을 때 누설전류는 약 얼마인가? (단, 고유저항 ρ는 10^{11}[Ω·m], 비유전율 ϵ_s는 2.2이다.)

① 5.1[mA] ② 7.7[mA]
③ 10.2[mA] ④ 15.4[mA]

풀이 $RC = \rho\epsilon$[s] → $R = \dfrac{\rho\epsilon}{C}$[Ω]
$\therefore I = \dfrac{V}{R} = \dfrac{CV}{\rho\epsilon} = \dfrac{CV}{\rho\epsilon_0\epsilon_s}$
$= \dfrac{30 \times 10^{-6} \times 500}{10^{11} \times 8.855 \times 10^{-12} \times 2.2}$
$= 0.0077$[A] $= 7.7$[mA] **답** ②

04 투자율이 다른 두 자성체의 경계면에서 굴절각과 입사각의 관계가 옳은 것은? (단, μ : 투자율, θ_1 : 입사각, θ_2 : 굴절각이다.)

① $\dfrac{\sin\theta_1}{\sin\theta_2} = \dfrac{\mu_1}{\mu_2}$ ② $\dfrac{\tan\theta_2}{\tan\theta_1} = \dfrac{\mu_1}{\mu_2}$
③ $\dfrac{\cos\theta_1}{\cos\theta_2} = \dfrac{\mu_1}{\mu_2}$ ④ $\dfrac{\tan\theta_1}{\tan\theta_2} = \dfrac{\mu_1}{\mu_2}$

풀이
- 자계세기 접선 성분의 연속성 $H_1\sin\theta_1 = H_2\sin\theta_2$
- 자속 밀도 법선 성분의 연속성 $B_1\cos\theta_1 = B_2\cos\theta_2$
- 굴절각 $\dfrac{\tan\theta_1}{\tan\theta_2} = \dfrac{\mu_1}{\mu_2}$

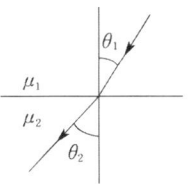

답 ④

05 비유전율 $\epsilon_s = 5$인 유전체 내의 분극률은 몇 [F/m]인가?

① $\dfrac{10^{-8}}{9\pi}$ ② $\dfrac{10^9}{9\pi}$
③ $\dfrac{10^{-9}}{9\pi}$ ④ $\dfrac{10^8}{9\pi}$

풀이 분극의 세기 $P = \epsilon_0(\epsilon_s - 1)E$ 식에서

분극률 $\chi = \dfrac{P}{E} = \epsilon_0(\epsilon_s - 1)$

$= \dfrac{1}{36\pi \times 10^9} \times (5-1) = \dfrac{10^{-9}}{9\pi}$ [F/m]

$(\epsilon_0 = \dfrac{10^7}{4\pi C^2} = \dfrac{1}{36\pi \times 10^9}$,

C : 빛의 속도 $= 3 \times 10^8$ [m/s]) **답** ③

06 평행판 콘덴서의 양극판 면적을 3배로 하고 간격을 $\dfrac{1}{3}$로 줄이면 정전용량은 처음의 몇 배가 되는가?

① 1 ② 3 ③ 6 ④ 9

풀이 면적 S_1, 간격 d_1인 평행판 콘덴서의 정전용량을 C_1이라 하면 $C = \dfrac{\epsilon_0}{d_1} S_1$

문제에서 $d = \dfrac{1}{3} d_1$, $S = 3 S_1$이므로 구하는 용량은

$\therefore C = \dfrac{\epsilon_0}{\frac{1}{3} d_1} \cdot 3 S_1 = 9 \dfrac{\epsilon_0}{d_1} S_1 = 9 C_1$ **답** ④

07 패러데이관의 설명 중 틀린 것은?

① +1[C]의 진전하에 −1[C]의 진전하로 끝나는 1개의 관으로 가정한다.
② 관의 양끝에는 정, 부의 단위 진전하가 있다.
③ 관의 밀도는 전속밀도와 동일하다.
④ 관속에 있는 전속수는 진전하가 있으면 일정하고 연속이다.

풀이 Faraday관은 +1[C]의 진전하에서 나와서 −1[C]의 진전하로 들어가는 한 개의 관으로 Faraday관수(전속수)는 관속에 진전하가 없으면 일정하다. 즉, 연속적이다. **답** ④

08 진공 중에 있는 반지름 a[m]인 도체구의 표면 전하밀도가 σ[C/m²] 일 때 도체구 표면의 전계의 세기는 몇 [V/m]인가?

① $\dfrac{\sigma}{\epsilon_0}$ ② $\dfrac{\sigma}{2\epsilon_0}$ ③ $\dfrac{\sigma^2}{2\epsilon_0}$ ④ $\dfrac{\epsilon_0 \sigma^2}{2}$

풀이
- 전하밀도 σ[C/m²]에서 나오는 전기력선 밀도는 $\dfrac{\sigma}{\epsilon_0}$[개/m²] $= \dfrac{\sigma}{\epsilon_0}$[V/m]가 된다.
- 반지름 a[m]인 도체구에서도 역시 표면 전계의 세기는 $\dfrac{\sigma}{\epsilon_0}$[V/m]이다. **답** ①

09 다른 종류의 금속선으로 된 폐회로의 두 접합점의 온도를 달리하였을 때 전기가 발생하는 효과는?

① 제벡 효과 ② 펠티에 효과
③ 톰슨 효과 ④ 파이로 효과

풀이 ① 제벡 효과 : 두 종류 금속 접속면에 온도차가 있으면 기전력이 발생하는 효과
② 펠티에 효과 : 두 종류 금속 접속면에 전류를 흘리면 접속점에서 열의 흡수, 발생이 일어나는 효과
③ 톰슨 효과 : 동일한 금속 도선의 두 지간에 온도차를 주고, 고온 쪽에서 저온 쪽으로 전류를 흘리면 도선 속에서 열이 발생되거나 흡수가 일어나는 현상
④ 파이로 전기(초전기) : 로셀염, 수정 등에 열을 가하거나 냉각을 하면 전기 분극이 발생 **답** ①

10 철심에 도선을 250회 감고 1.2[A]의 전류를 흘렸더니 1.5×10^{-3}[Wb]의 자속이 생겼다. 자기저항[AT/Wb]은?

① 2×10^5 ② 3×10^5
③ 4×10^5 ④ 5×10^5

풀이 기자력 $F = R_m \phi$[AT]이므로

자기저항 $R_m = \dfrac{F}{\phi} = \dfrac{NI}{\phi} = \dfrac{250 \times 1.2}{1.5 \times 10^{-3}}$

$= 200 \times 10^3 = 2 \times 10^5$[AT/Wb] **답** ①

11 감자율(Demagnetization factor)이 "0"인 자성체로 가장 알맞은 것은?

① 환상 솔레노이드
② 굵고 짧은 막대 자성체
③ 가늘고 긴 막대 자성체
④ 가늘고 짧은 막대 자성체

풀이
- 감자력은 자화의 세기에 비례하며, 이때 비례 상수를 감자율이라 한다.

- 잘려진 극이 존재하지 않으면 감자율이 0이 되는데, **환상 솔레노이드**(toroid)가 무단(無端) 철심이므로 이에 해당한다.
- 환상 솔레노이드를 제외하면 가늘고 긴 막대 자성체가 자계와 평행으로 놓여 있을 때 감자율이 거의 0에 가깝다.
- 가늘고 긴 막대 자성체가 자계와 직각으로 놓여 있을 때는 감자율이 거의 1로 가장 크다.
- 구(球)인 경우 감자율 $N = \frac{1}{3}$ 이다. 답 ①

12 내압과 용량이 각각 200[V] 5[μF], 300[V] 4[μF], 400[V] 3[μF], 500[V] 3[μF]인 4개의 콘덴서를 직렬연결하고, 양단에 직류전압을 가하여 전압을 서서히 상승시키면 최초로 파괴되는 콘덴서는? (단, 콘덴서의 재질이나 형태는 동일하다.)

① 200[V] 5[μF]
② 300[V] 4[μF]
③ 400[V] 3[μF]
④ 500[V] 3[μF]

풀이 직렬회로에서 각 콘덴서의 전하용량이 작을수록 빨리 파괴된다.
- $Q_1 = C_1 \times V_1 = 5 \times 10^{-6} \times 200 = 1 \times 10^{-3}$[C]
- $Q_2 = C_2 \times V_2 = 4 \times 10^{-6} \times 300 = 1.2 \times 10^{-3}$[C]
- $Q_3 = C_3 \times V_3 = 3 \times 10^{-6} \times 400 = 1.2 \times 10^{-3}$[C]
- $Q_4 = C_4 \times V_4 = 3 \times 10^{-6} \times 500 = 1.5 \times 10^{-3}$[C]

따라서 전하용량이 $Q_4 > Q_3 = Q_2 > Q_1$이므로 전하용량이 가장 작은 200[V] 5[μF]의 콘덴서가 가장 빨리 파괴된다. 답 ①

13 유전체에서 변위전류를 발생하는 것은?

① 분극전하밀도의 시간적 변화
② 분극전하밀도의 공간적 변화
③ 자속밀도의 시간적 변화
④ 전속밀도의 시간적 변화

풀이 변위전류밀도 $i_d = \frac{\partial D}{\partial t}$
즉, 변위 전류는 전속 밀도의 시간적 변화에 의해서 발생한다. 답 ④

14 전자석의 재료로 가장 적당한 것은?

① 잔류자기와 보자력이 모두 커야 한다.
② 잔류자기는 작고, 보자력은 커야 한다.
③ 잔류자기와 보자력이 모두 작아야 한다.
④ 잔류자기는 크고, 보자력은 작아야 한다.

풀이 히스테리시스 곡선
영구자석의 재료는 잔류 자기(B_r)와 보자력(H_c)이 모두 커야 하나, **전자석(일시 자석)의 재료는 잔류 자기(B_r)가 크고 보자력(H_c)과 히스테리시스 곡선의 면적이 모두 작아야 한다.**

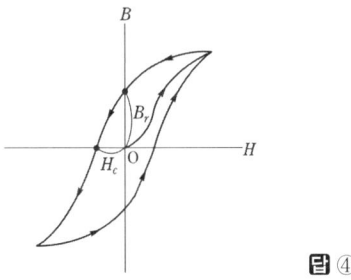

답 ④

15 0.2[Wb/m²]의 평등자계 속에 자계와 직각방향으로 놓인 길이 30[cm]의 도선을 자계와 30°의 방향으로 30[m/s]의 속도로 이동시킬 때 도체 양단에 유기되는 기전력은 몇 [V]인가?

① 0.45
② 0.9
③ 1.8
④ 90

풀이 유기기전력
$e = Blv\sin\theta = 0.2 \times 0.3 \times 30 \times \sin 30° = 0.9$[V]

답 ②

16 쌍극자 자기 모멘트를 이용하면 자화율과 절대온도의 관계는 어떠한가?

① 항상 같다.
② 비례 한다.
③ 반비례한다.
④ 관계가 없다.

풀이 퀴리의 법칙 : 물질의 자화율은 절대온도 T에 반비례한다.
$\chi = \frac{C}{(T-\Theta)}$
(χ : 자화율, C : 퀴리상수, Θ : 퀴리온도) 답 ③

17 전자계에서 맥스웰의 기본 이론이 아닌 것은?
① 고립된 자극이 존재하지 않는다.
② 전하에서 전속선이 발산된다.
③ 전도 전류와 변위전류는 자계를 발생한다.
④ 자계의 시간적 변화에 따라 자계의 회전이 생긴다.

풀이 자계의 시간적 변화에 따라 **전계의 회전이 생긴다.**
답 ④

18 비유전율이 3인 유전체 내의 한 점의 전장이 3×10^5 [V/m]일 때, 이 점의 분극의 세기는 몇 [C/m²]인가?
① 1.77×10^{-6} [C/m²]
② 5.31×10^{-6} [C/m²]
③ 7.08×10^{-6} [C/m²]
④ 8.85×10^{-6} [C/m²]

풀이 분극의 세기
$P = \epsilon_0(\epsilon_s - 1)E = 8.855 \times 10^{-12} \times (3-1) \times 3 \times 10^5$
$= 5.31 \times 10^{-6}$ [C/m²]
답 ②

19 자계의 세기가 2×10^4 [AT/m]인 평등자계 내에서 자계와 30° 각도로 무한장 직선 도체를 놓고 도체에 전류 2[A]를 흘렸을 경우, 도체에 작용하는 단위길이 당의 힘은 몇 [N/m]인가?
① $2\pi \times 10^{-3}$
② $4\pi \times 10^{-3}$
③ $6\pi \times 10^{-3}$
④ $8\pi \times 10^{-3}$

풀이 자속밀도 B는
$B = \mu H = 4\pi \times 10^{-7} \times 2 \times 10^4 = 8\pi \times 10^{-3}$ [Wb/m²]
따라서 도체에 작용하는 단위길이당의 힘 F는
$F = IBl\sin\theta = 2 \times 8\pi \times 10^{-3} \times \sin 30°$
$= 8\pi \times 10^{-3}$ [N/m]
답 ④

20 자기 쌍극자의 중심축으로부터 r[m]인 점의 자계의 세기에 관한 설명으로 옳은 것은?
① r에 비례한다.
② r^2에 비례한다.
③ r^2에 반비례한다.
④ r^3에 반비례한다.

풀이 • 자기 쌍극자에 의한 자위
$U = \dfrac{M\cos\theta}{4\pi\mu_0 r^2}$ [AT] $\propto \dfrac{1}{r^2}$

• 자기 쌍극자에 의한 자계
$H = \dfrac{M\sqrt{1+3\cos^2\theta}}{4\pi\mu_0 r^3}$ [AT/m] $\propto \dfrac{1}{r^3}$
답 ④

2과목 - 전력공학

21 수전단전압 60,000[V], 전류 200[A], 선로의 저항 $R = 7.5$[Ω], 리액턴스 $X = 10.8$[Ω]일 때, 전압강하율은 몇 [%]인가? 단, 수전단 역률은 0.8이라 한다.
① 6.38
② 6.82
③ 7.21
④ 7.87

풀이 전압강하율
$\epsilon = \dfrac{V_s - V_r}{V_r} \times 100 = \dfrac{e}{V_r} \times 100$
$= \dfrac{\sqrt{3}I(R\cos\theta + X\sin\theta)}{V_r} \times 100$
$= \dfrac{\sqrt{3} \times 200(7.5 \times 0.8 + 10.8 \times 0.6)}{60,000} \times 100$
$= 7.21$ [%]
답 ③

22 출력 20,000[kW]의 화력발전소가 부하율 80[%]로 운전할 때 1일의 석탄소비량은 약 몇 ton인가? (단, 보일러 효율 80[%], 터빈의 열 사이클 효율 35[%], 터빈 효율 85[%], 발전기 효율 76[%], 석탄의 발열량은 5500[kcal/kg]이다.)
① 275
② 293
③ 312
④ 333

풀이 1[kWh] = 860[kcal]이므로
시간 × 860 × 최대 전력 × 부하율
= 발열량 × 석탄 소비량[kg] × η[효율]
$24 \times 860 \times 20000 \times 0.8$
$= 5500 \times x \times 10^3 \times 0.85 \times 0.8 \times 0.35 \times 0.76$
따라서 소비량
$x = \dfrac{860 \times 20000 \times 0.8 \times 24}{5500 \times 10^3 \times 0.85 \times 0.8 \times 0.35 \times 0.76}$
$= 332$ [t]
답 ④

23
단상 2선식을 100[%]로 하여 3상 3선식의 부하 전력 및 전압을 같게 하였을 때 선로 전류의 비[%]는?

① 38 ② 48 ③ 58 ④ 68

풀이 단상 2선식과 3상 3선식의 부하전력(P) 및 전압(V)을 같게 하면,
$$P = VI_1\cos\theta = \sqrt{3}\,VI_3\cos\theta$$
$$I_1 = \sqrt{3}\,I_3$$
따라서
전류비 $= \dfrac{I_3}{I_1} \times 100 = \dfrac{1}{\sqrt{3}} \times 100 = 58[\%]$ 답 ③

24
과전류 계전기(OCR)의 탭값을 옳게 설명한 것은?

① 계전기의 최소 동작전류
② 계전기의 최대 부하전류
③ 계전기의 동작 시한
④ 변류기의 권수비

풀이
- 과전류 계전기는 전류가 어느 정규값 이상으로 흘렀을 경우에 계전기가 동작하여 전기회로를 차단하여 기기를 보호하는 장치이다.
- 과전류 계전기의 탭은 최소 동작전류를 정정한다.

답 ①

25
압축된 공기를 아크에 불어 넣어서 차단하는 차단기는?

① ABB ② MBB
③ VCB ④ ACB

풀이 소호 원리에 따른 차단기의 종류

차단기 종류	약어	소호 원리
유입 차단기	OCB	소호실에서 아크에 의한 절연유 분해 가스의 흡부력을 이용해서 차단
기중 차단기	ACB	대기 중에서 아크를 길게 하여 소호실에서 냉각 차단
자기 차단기	MBB	대기 중에서 전자력을 이용하여 아크를 소호실내로 유도해서 냉각차단
공기차단기	ABB	압축된 공기를 아크에 불어 넣어서 차단
진공 차단기	VCB	고진공 중에서 전자의 고속도 확산에 의해 차단
가스 차단기	GCB	고성능 절연 특성을 가진 특수 가스(SF_6)를 흡수해서 차단

답 ①

26
송배전선로에서 전선의 수평장력을 2배로 하고 또 경간을 2배로 하면 전선의 이도는 처음보다 어떻게 되는가?

① $\dfrac{1}{4}$로 줄어든다. ② $\dfrac{1}{2}$로 줄어든다.
③ 2배로 늘어난다. ④ 4배로 늘어난다.

풀이 이도 $D = \dfrac{WS^2}{8T}$[m] 이므로
(여기서 W: 단위 길이당 전선의 중량[kg/m],
S: 경간[m]
T: 전선의 수평장력[kg])
따라서 전선의 수평장력과 경간을 2배로 할 때의 이도 D'는
$$D' = \dfrac{W \times (2S)^2}{8 \times (2T)} = \dfrac{W \times 4S^2}{8 \times 2T} = 2 \times \dfrac{WS^2}{8T} = 2D$$
즉 처음보다 2배로 늘어난다. 답 ③

27
단선식 전력선과 단선식 통신선이 그림과 같이 근접되었을 때, 통신선의 정전유도전압 E_0는?

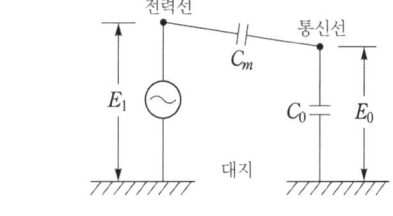

① $\dfrac{C_m}{C_0 + C_m} E_1$ ② $\dfrac{C_0 + C_m}{C_m} E_1$

③ $\dfrac{C_0}{C_0 + C_m} E_1$ ④ $\dfrac{C_0 + C_m}{C_0} E_1$

풀이 콘덴서 직렬접속 회로로 보면
$$C_m E_m = C_0 E_0 = \dfrac{C_m C_0}{C_m + C_0} E_1 \text{에서}$$
($\because Q_m = Q_0 = Q_1$)
$$\therefore E_0 = \dfrac{C_m}{C_0 + C_m} E_1$$

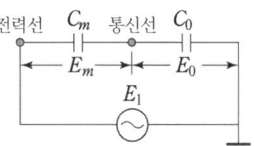

답 ①

28 3상 3선식 복도체 방식의 송전선로를 3상 3선식 단도체 방식 송전선로와 비교한 것으로 알맞은 것은? (단, 단도체의 단면적은 복도체 방식 소선의 단면적 합과 같은 것으로 한다.)

① 전선의 인덕턴스와 정전용량은 모두 감소한다.
② 전선의 인덕턴스와 정전용량은 모두 증가한다.
③ 전선의 인덕턴스는 증가하고, 정전용량은 감소한다.
④ 전선의 인덕턴스는 감소하고, 정전용량은 증가한다.

풀이 복도체 방식의 장점
① 전선의 **인덕턴스가 감소**하고 **정전용량이 증가**되어 선로의 송전 용량이 증가하고 계통의 안정도를 증진시킨다.
② 전선 표면의 전위 경도가 저감되므로 코로나 임계전압을 높일 수 있고 코로나손, 코로나 잡음 등의 장해가 저감된다. 답 ④

29 가공 송전선에 사용되는 애자 1연 중 전압부담이 최대인 애자는?

① 중앙에 있는 애자
② 철탑에 제일 가까운 애자
③ 전선에 제일 가까운 애자
④ 전선으로부터 1/4 지점에 있는 애자

풀이
- 전압 분담 최대 : 전선 쪽 애자
- 전압 분담 최소 : 철탑에서 1/3 지점에 있는 애자(전선에서 2/3 지점에 있는 애자) 답 ③

30 비등수형 원자로의 특색에 대한 설명으로 옳지 않은 것은?

① 증기 발생기가 필요하다.
② 저농축 우라늄을 연료로 사용한다.
③ 순환펌프로서는 급수펌프뿐이므로 펌프동력이 작다.
④ 방사능 때문에 증기는 완전히 기수분리를 해야 한다.

풀이 비등수형 원자로의 특징
① 증기 발생기가 필요 없고, 열교환기도 필요 없다.
② 증기가 직접 터빈에 들어가기 때문에 누출을 철저히 방지해야 한다.
③ 소내용 동력은 적어도 된다.
④ 노 내의 물의 압력이 높지 않다.
⑤ 노심 및 압력 용기가 커진다. 답 ①

31 250[mm] 현수 애자 10개를 직렬로 접속한 애자연의 건조 섬락 전압이 590[kV]이고 연효율(string efficiency) 0.74이다. 현수 애자 한 개의 건조 섬락 전압은 약 몇 [kV]인가?

① 80   ② 90
③ 100   ④ 120

풀이 $\eta = \dfrac{V_n}{nV_1}$ 이므로

(여기서, V_n : 애자련의 섬락전압
n : 애자련의 애자개수
V_1 : 애자 1개의 섬락전압)

∴ $V_1 = \dfrac{V_n}{n\eta} = \dfrac{590}{10 \times 0.74} ≒ 80[kV]$ 답 ①

32 단일 부하의 선로에서 부하율 50[%], 선로 전류의 변화 곡선의 모양에 따라 달라지는 계수 $\alpha = 0.2$인 배전선의 손실계수는 얼마인가?

① 0.05   ② 0.15
③ 0.25   ④ 0.30

풀이 손실계수
$H = \alpha F + (1-\alpha)F^2 = 0.2 \times 0.5 + (1-0.2) \times 0.5^2$
$= 0.3$ 답 ④

33 부하전류의 차단능력이 없는 것은?

① 공기차단기   ② 유입차단기
③ 진공차단기   ④ 단로기

풀이
- 차단기(CB) : 아크 소호 능력이 있어 부하전류나 사고전류의 차단이 가능하다.
- 단로기(DS) : 아크 소호 능력이 없어 부하전류나 사고전류의 개폐가 불가능하며, 기기를 전로에서 개방할 때 또는 모선의 접속 변경 시 사용한다. 답 ④

34
그림과 같은 단상 2선식 배선에서 인입구 A점의 전압이 220[V]라면 C점의 전압[V]은? (단, 저항값은 1선의 값이며 AB간은 0.05[Ω], BC간은 0.1[Ω]이다.)

① 214
② 210
③ 196
④ 192

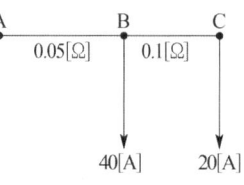

풀이
- B점의 전압
$V_B = V_A - 2IR = 220 - 2 \times (40+20) \times 0.05$
$= 214[V]$
- C점의 전압
$V_C = V_B - 2IR = 214 - 2 \times 20 \times 0.1$
$= 210[V]$ 답 ②

35
배전선로의 손실을 경감시키는 방법이 아닌 것은?

① 전압조정
② 역률 개선
③ 다중접지방식 채용
④ 부하의 불평형 방지

풀이 배전선로의 전력손실 $P_L = 3I^2 r = \dfrac{\rho W^2 L}{A V^2 \cos^2 \theta}$

여기서, ρ : 고유저항, W : 부하전력
L : 배전 거리, A : 전선의 단면적
V : 수전 전압, $\cos\theta$: 부하역률 답 ③

36
원자로에서 독작용을 올바르게 설명한 것은?

① 열중성자가 독성을 받는 것을 말한다.
② 방사성 물질이 생체에 유해작용을 하는 것을 말한다.
③ 열중성자 이용률이 저하되고 반응도가 감소되는 작용을 말한다.
④ $_{54}Xe^{135}$와 $_{62}Sm^{149}$가 인체에 독성을 주는 작용을 말한다.

풀이 원자로 운전 중 연료 내에 핵분열 생성 물질이 축적된다. 이 핵분열 생성물 중에서 열중성자의 흡수 단면적이 큰 것이 포함되어 있다. 이것이 **원자로의 반응도를** 저하시키는 작용을 한다. 이것을 독작용(poisoning)이라 하고 열중성자 흡수 단면적이 큰 핵분열 생성물을 독물질(poison)이라고 한다. 답 ③

37
전선 지지점에 고저차가 없는 경간 300[m]인 송전선로가 있다. 이도를 8[m]로 유지할 경우 지지점 간의 전선 길이는 약 몇 [m]인가?

① 300.1[m] ② 300.3[m]
③ 300.6[m] ④ 300.9[m]

풀이 전선의 길이 $L = S + \dfrac{8D^2}{3S} = 300 + \dfrac{8 \times 8^2}{3 \times 300}$
$= 300.57[m]$ 답 ③

38
전력계통에서 무효전력을 조정하는 조상설비 중 전력용 콘덴서를 동기조상기와 비교할 때 옳은 것은?

① 전력손실이 크다.
② 지상 무효전력분을 공급할 수 있다.
③ 전압조정을 계단적으로 밖에 못한다.
④ 송전선로를 시송전할 때 선로를 충전할 수 있다.

풀이 조상 설비

항 목	동기조상기	전력용 콘덴서	분로 리액터
무효전력	진상, 지상 양용	진상전용	지상전용
조정	연속적	계단적	계단적
시송전	가능	불가능	불가능

답 ③

39
수전단에 관련된 다음 사항 중 틀린 것은?

① 경부하 시 수전단에 설치된 동기조상기는 부족여자로 운전
② 중부하 시 수전단에 설치된 동기조상기는 부족여자로 운전
③ 중부하 시 수전단에 전력 콘덴서를 투입
④ 시충전 시 수전단전압이 송전단보다 높게 됨

풀이 경부하 시 수전단에 설치된 동기조상기는 부족여자로 운전하고, 중부하 시 수전단에 설치된 동기조상기는 과여자로 운전한다.

- 경부하 시 부족여자 운전 : 리액터로 작용
- 중부하 시 과여자 운전 : 콘덴서로 작용 답 ②

40 3상용 차단기의 정격차단용량이라 함은?

① 정격전압 × 정격차단전류
② $\sqrt{3}$ × 정격전압 × 정격전류
③ 3 × 정격전압 × 정격차단전류
④ $\sqrt{3}$ × 정격전압 × 정격차단전류

풀이 차단기 용량
$P_s = \sqrt{3}\,VI_s = \sqrt{3} \times$ 정격전압 × 정격차단전류
답 ④

3과목 - 전기기기

41 직류 타여자발전기의 부하전류와 전기자전류의 크기는?

① 부하전류가 전기자전류보다 크다.
② 전기자전류가 부하전류보다 크다.
③ 전기자전류와 부하전류가 같다.
④ 전기자전류와 부하전류는 항상 0이다.

풀이 타여자 발전기는 외부에서 계자권선 F에 직류 전원을 공급하므로 잔류 자기가 없어도 되며, 전기자 전류(I_a)와 부하전류(I)의 크기가 같다.

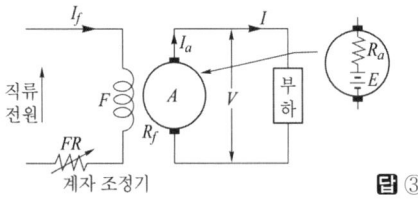

답 ③

42 직류분권전동기 기동 시 계자 저항기의 저항값은?

① 최대로 해 둔다.
② 0(영)으로 해 둔다.
③ 중간으로 해 둔다.
④ 1/3로 해 둔다.

풀이 직류분권전동기의 기동
$\tau = K\Phi I_a$, $I_f = \dfrac{V}{R_f + R_{FR}}$ 이므로 기동토크를 크게 하려면 자속, 즉 여자전류가 클수록 좋다. 따라서 계자권선과 직렬로 되어 있는 계자 저항(R_{FR})을 0으로 해 둔다.

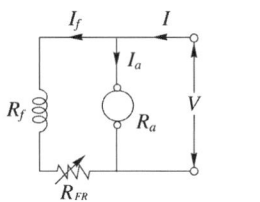

답 ②

43 직류기에서 양호한 정류를 얻는 조건으로 틀린 것은?

① 정류 주기를 크게 한다.
② 브러시의 접촉저항을 크게 한다.
③ 전기자 권선의 인덕턴스를 작게 한다.
④ 평균 리액턴스 전압을 브러시 접촉면 전압강하보다 크게 한다.

풀이
① 정류 주기를 크게 하면 전류의 변화율, 즉 $\dfrac{di}{dt}$가 작아져서 불꽃 발생의 원인이 작아진다.
② L이 작아져도 역시 불꽃 발생의 근본 원인인 역기전력이 작아진다.
③ 리액턴스 전압은 $e_r = -L\dfrac{di}{dt}$로서 이것이 정류를 해치는 가장 큰 원인이 되는 것이다.
④ 브러시의 접촉저항이 크면 저항 정류가 이루어져서 양호한 정류가 이루어진다. 답 ④

44 3상 직권 정류자 전동기의 중간변압기의 사용 목적은?

① 역회전의 방지
② 역회전을 위하여
③ 전동기의 특성을 조정
④ 직권 특성을 얻기 위하여

풀이 3상 직권 정류자 전동기의 중간 변압기는 고정자 권선과 회전자 권선 사이에 직렬로 접속되며 이 중간 변압기를 사용하는 주요한 이유는 다음과 같다.
① 전원전압의 크기에 관계없이 정류에 알맞은 회전자 전압을 선택할 수 있다.
② 중간 변압기의 권수비를 바꾸어 전동기의 특성을 조정할 수 있다.

③ 직권 특성이기 때문에 경부하에서는 속도가 매우 상승하나 중간 변압기를 사용, 그 철심을 포화하도록 하면 그 속도 상승을 제한할 수 있다. 답 ③

45 변압기의 전일 효율을 최대로 하기 위한 조건은?

① 전부하 시간이 길수록 철손을 적게 한다.
② 전부하 시간과 관계없이 전부하 철손과 동손을 같게 한다.
③ 전부하 시간이 짧을수록 철손을 크게 한다.
④ 전부하 시간이 짧을수록 무부하 손을 적게 한다.

풀이) 전일 효율이 최대가 되려면,
$24P_i = \sum h P_c$
$\therefore P_i = (\sum h/24) P_c$
즉, 전부하 시간이 길수록 철손 P_i를 크게 하고 짧을수록 철손(무부하손) P_i를 작게 한다. 답 ④

46 유도전동기의 특성에서 토크와 2차 입력 및 동기속도의 관계는?

① 토크는 2차 입력에 비례하고, 동기속도에 반비례 한다.
② 토크는 2차 입력과 동기속도의 곱에 비례 한다.
③ 토크는 2차 입력에 반비례하고, 동기속도에 비례 한다.
④ 토크는 2차 입력의 자승에 비례하고, 동기속도의 자승에 반비례 한다.

풀이) 토크 $\tau = \dfrac{P_2}{2\pi n_s}$
즉, 토크 τ는 2차 입력 P_2에 비례하고 동기속도 n_s에 반비례한다. 답 ①

47 3상 동기발전기에 무부하 전압보다 90° 늦은 전기자 전류가 흐를 때 전기자 반작용은?

① 교차자화작용을 한다.
② 자기여자 작용을 한다.
③ 감자 작용을 한다.
④ 증자작용을 한다.

풀이)

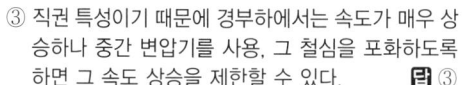

분 류	동기발전기	동기전동기
전압과 동상	교차 자화작용	교차 자화작용
진상전류	증자작용	감자 작용
지상전류	감자 작용	증자작용

답 ③

48 직류기에서 전기자 반작용이란 전기자 권선에 흐르는 전류로 인하여 생긴 자속이 무엇에 영향을 주는 현상인가?

① 모든 부분에 영향을 주는 현상
② 계자극에 영향을 주는 현상
③ 감자 작용만을 하는 현상
④ 편자 작용만을 하는 현상

풀이)
① 전기자 반작용 : 전기자 전류에 의하여 발생한 자속이 계자에 의해 발생 되는 주자속에 영향을 주는 현상
② 전기자 반작용의 방지대책

보극과 보상권선 설치	보극 → 중성축 부근의 전기자 반작용 상쇄
	보상권선 → 대부분의 전기자 반작용 상쇄 : 가장 유효한 방법

답 ②

49 직류발전기의 무부하 특성곡선은 다음 중 어느 관계를 표시한 것인가?

① 계자전류 – 부하전류
② 단자전압 – 계자전류
③ 단자전압 – 회전속도
④ 부하전류 – 단자전압

풀이) 무부하 특성곡선
회전속도가 일정하고 무부하 상태일 경우, 계자전류(I_f)와 유도 기전력(E)과의 관계 곡선을 나타낸 것 답 ②

50 다음 중 무부하 특성곡선이 존재하지 않는 발전기는?

① 직류 직권 발전기
② 직류분권발전기
③ 직류 차동복권 발전기
④ 직류 가동복권 발전기

풀이
- 무부하 특성곡선은 계자전류와 전압과의 관계 곡선이다.
- 직류 직권 발전기는 전기자와 계자권선이 직렬로 접속되어 있어 $I = I_f = I_a$ 가 된다.

따라서 **직권발전기**는 무부하에서 계자전류 I_f 가 0이 되므로 발전할 수 없고 **무부하특성 곡선은 존재하지 않는다.** 답 ①

51 와류손이 3[kW]인 3300/110[V], 60[Hz]용 단상변압기를 50[Hz], 3000[V]의 전원에 사용하면 이 변압기의 와류손은 약 몇 [kW]로 되는가?

① 1.7 ② 2.1
③ 2.3 ④ 2.5

풀이 와류손은 주파수와는 무관하고 전압의 제곱에 비례하므로

$$\therefore P_e' = P_e \times \left(\frac{V'}{V}\right)^2 = 3 \times \left(\frac{3000}{3300}\right)^2 \fallingdotseq 2.5[kW]$$

답 ④

52 220[V], 3상 유도전동기의 전부하 슬립이 6[%]이다. 공급전압이 10[%] 저하된 경우의 전부하 슬립은 어떻게 되는가?

① 0.074 ② 0.067
③ 0.054 ④ 0.049

풀이 공급전압이 10[%] 저하된 경우의 전부하 슬립을 s' 라 하면

$$s' = s \times \left(\frac{V_1}{V_1'}\right)^2 = s \times \left(\frac{V_1}{V_1 \times 0.9}\right)^2$$
$$= 0.06 \times \left(\frac{220}{220 \times 0.9}\right)^2 = 0.074[\%]$$

답 ①

53 다음은 직류발전기의 정류곡선이다. 이 중에서 정류 말기에 정류의 상태가 좋지 않은 것은?

① ⓐ
② ⓑ
③ ⓒ
④ ⓓ

풀이
ⓐ (직선정류) : 전류가 직선적으로 균등하게 변환
ⓑ (부족정류) : 정류 말기에 브러시 뒤쪽에서 **불꽃 발생**
ⓒ (과정류) : 정류 초기에 브러시 앞쪽에서 불꽃 발생
ⓓ (정현파 정류) : 불꽃 발생 안함 답 ②

54 직류 분권발전기를 역회전하면?

① 발전되지 않는다.
② 정회전 때와 마찬가지다.
③ 과대전압이 유기된다.
④ 섬락이 일어난다.

풀이 직류 분권발전기를 역회전하면 잔류 자기에 의한 기전력의 극성이 반대로 되므로, 분권 회로의 계자전류가 반대로 흘러 **잔류 자기를 소멸시키기 때문에 발전되지 않는다.** 답 ①

55 3상 동기발전기의 전기자 권선을 Y결선으로 하는 이유로서 적당하지 않은 것은?

① 고조파 순환 전류가 흐르지 않는다.
② 이상전압 방지의 대책이 용이하다.
③ 전기자 반작용이 감소한다.
④ 코일의 코로나, 열화 등이 감소된다.

풀이 3상 동기발전기의 전기자 권선을 Y결선으로 하면
① 권선의 불평형 및 제3고조파(그 배수 포함) 등에 의한 **순환 전류가 흐르지 않는다.**
② 중성점을 이용할 수 있으므로 권선 보호장치의 시설이나 중성점접지에 의한 **이상전압의 방지 대책이 용이하다.**
③ 상전압이 낮기 때문에 **코일의 코로나, 열화 등이 작다.** 그러나 동일 전압에 대하여 상전압이 낮기 때문에 발전기 권선의 전류는 커진다고 볼 수 있다.

답 ③

56 동기전동기의 특징으로 틀린 것은?

① 속도가 일정하다.
② 역률을 조정할 수 없다.
③ 직류전원을 필요로 한다.
④ 난조를 일으킬 염려가 있다.

[풀이] 동기전동기의 특징
① 장점
- 속도가 일정, 불변이다.
- 항상 **역률** 1로 운전할 수 있다.
- 필요시 앞선 전류를 통할 수 있다.
- 유도전동기에 비하여 효율이 좋다.

② 단점
- 보통 구조의 것은 기동 토크가 적고 속도 조정을 할 수 없다.
- 난조를 일으킬 염려가 있다.
- 여자용의 직류 전원을 필요로 하여 설비비가 많이 든다.   답 ②

57 직류기에서 전기자 반작용을 방지하기 위한 보상권선의 전류방향은?

① 계자전류의 방향과 같다.
② 계자전류방향과 반대이다.
③ 전기자 전류방향과 같다.
④ 전기자 전류방향과 반대이다.

[풀이] 보상권선은 전기자 전류의 기전력을 상쇄하기 위하여 주자극의 자극편에 슬롯을 만들어 그림과 같이 전기자 전류와 반대 방향으로 전류가 흐르게 한다. 보상권선을 설치하면 브러시를 기하학적 중성축에 놓는다.

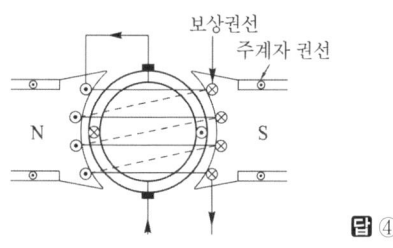

답 ④

58 3상 유도전동기의 원선도를 그리는 데 필요하지 않은 시험은?

① 슬립측정   ② 구속시험
③ 무부하 시험   ④ 저항측정

[풀이] ① 원선도 작성에 필요한 시험은
- 저항 측정 • 무부하 시험 • 구속 시험이 있다.

② 유도 전동기의 원선도에서 구할 수 있는 항목
- 전부하 전류 • 역률 • 효율 • 슬립
- 최대출력/정격출력 • 정·동토크/전부하토크
답 ①

59 9000[kVA], 6000[V]인 3상 교류 발전기의 % 동기 임피던스가 80[%]이다. 이 발전기의 동기 임피던스는 몇 [Ω]인가?

① 3.0   ② 3.2
③ 3.4   ④ 3.6

[풀이] $\%Z = \dfrac{ZP}{10V^2}$ 이므로

$Z = \dfrac{10V^2 \times \%Z}{P} = \dfrac{10 \times 6^2 \times 80}{9000} = 3.2[\Omega]$ 답 ②

60 3상 유도전동기에서 비례추이를 하지 않는 것은?

① 효율   ② 역률
③ 1차 전류   ④ 동기 와트

[풀이]
- 비례 추이 할 수 있는 것 : 1차 전류, 2차 전류, 역률, 동기 와트 등
- 비례 추이 할 수 없는 것 : 출력, 2차 동손, **효율** 등
답 ①

4과목 - 회로이론

61 6상 성형 상전압이 200[V]일 때 선간전압[V]은?

① 200   ② 150
③ 100   ④ 50

[풀이] 대칭 n상 회로에서의 선간전압 $V_l = 2V_p\sin\dfrac{\pi}{n}$
(여기서, V_l : 선간전압, V_p : 상전압, n : 상수)
따라서 6상 선간전압
$V_l = 2V_p\sin\dfrac{\pi}{n} = 2V_p\sin\dfrac{\pi}{6} = V_p = 200[V]$ 답 ①

62 주기적인 구형파 신호의 구성은?

① 직류성분으로 구성된다.
② 기본파 성분만으로 구성된다.
③ 고조파 성분만으로 구성된다.
④ 직류 성분, 기본파 성분, 무수히 많은 고조파 성분으로 구성된다.

풀이 주기적인 비정현파는 일반적으로 푸리에 급수에 의해 표시되므로 무수히 많은 주파수의 합성이다. **답** ④

63 한 상의 대칭 3상 Y부하에서 각 상의 임피던스가 $Z = 3 + j4[\Omega]$이고 부하전류가 20[A]일 때 피상전력은 얼마인가?

① 1800[VA] ② 2000[VA]
③ 2400[VA] ④ 2800[VA]

풀이 임피던스 $Z = \sqrt{R^2 + X^2} = \sqrt{3^2 + 4^2} = 5[\Omega]$
피상전력 $P_a = I^2 Z = 20^2 \times 5 = 2000[VA]$ **답** ②

64 $f(t) = u(t-a) - u(t-b)$ 식으로 표시되는 4각파의 라플라스는?

① $\dfrac{1}{s}(e^{-as} - e^{-bs})$ ② $\dfrac{1}{s}(e^{as} + e^{bs})$
③ $\dfrac{1}{s^2}(e^{-as} - e^{-bs})$ ④ $\dfrac{1}{s^2}(e^{as} + e^{bs})$

풀이 $\mathcal{L}[f(t)] = \mathcal{L}[u(t-a) - u(t-b)]$
$= \dfrac{e^{-as}}{s} - \dfrac{e^{-bs}}{s} = \dfrac{1}{s}(e^{-as} - e^{-bs})$ **답** ①

65 $F(s) = \dfrac{5s+3}{s(s+1)}$의 정상값 $f(\infty)$는?

① 3 ② -3
③ 2 ④ -2

풀이 $f(\infty) = \lim\limits_{t \to \infty} f(t) = \lim\limits_{s \to 0} s F(s)$로부터
$f(\infty) = \lim\limits_{s \to 0} s \cdot \dfrac{5s+3}{s(s+1)} = 3$ **답** ①

66 대칭좌표법에 관한 설명 중 잘못된 것은?

① 불평형 3상 회로 비접지식 회로에서는 영상분이 존재한다.
② 대칭 3상 전압에서 영상분은 0이다.
③ 대칭 3상 전압은 정상분만 존재한다.
④ 불평형 3상 회로의 접지식 회로에서는 영상분이 존재한다.

풀이 비접지식에서는 중성선이 없으므로 중성선에 전류가 흐를 수 없다. 따라서 3상 전류의 합 $I_a + I_b + I_c = 0$이 되어야 한다.
그러므로 대칭좌표법에서 영상전류는
$I_0 = \dfrac{1}{3}(I_a + I_b + I_c) = 0$
이 되어 **영상분이 존재하지 않는다.** **답** ①

67 다상 교류회로 설명 중 잘못된 것은? (단, n = 상수)

① 평형 3상 교류에서 △결선의 상전류는 선전류의 $\dfrac{1}{\sqrt{3}}$과 같다.
② n상 전력 $P = \dfrac{1}{2\sin\dfrac{\pi}{n}} V_l I_l \cos\theta$이다.
③ 성형결선에서 선간전압과 상전압과의 위상차는 $\dfrac{\pi}{2}\left(1 - \dfrac{2}{n}\right)[\text{rad}]$이다.
④ 비대칭 다상교류가 만드는 회전 자기장은 타원회전 자기장이다.

풀이 n상 전력 $P = \dfrac{n}{2\sin\dfrac{\pi}{n}} V_l I_l \cos\theta[W]$ **답** ②

68 내부저항이 15[kΩ]이고 최대눈금이 150[V]인 전압계와 내부저항이 10[kΩ]이고 최대눈금이 150[V]인 전압계가 있다. 두 전압계를 직렬 접속하여 측정하면 최대 몇 [V]까지 측정할 수 있는가?

① 200 ② 250
③ 300 ④ 375

풀이 측정 전압을 E라 하면 전압 분배 법칙에 따라
$\dfrac{15}{15+10} \times E \leq 150$의 조건을 만족해야 한다.
∴ $E \leq 250[V]$

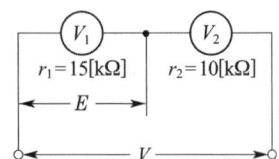

답 ②

69 교류의 파형률이란?

① $\dfrac{최댓값}{실효값}$ ② $\dfrac{실효값}{최댓값}$

③ $\dfrac{평균값}{실효값}$ ④ $\dfrac{실효값}{평균값}$

풀이 파형률(form factor)= $\dfrac{실효값}{평균값}$ 이고,

파고율(crest factor)= $\dfrac{최댓값}{실효값}$ 이다. **답** ④

70 9[Ω]과 3[Ω]의 저항 각 3개를 그림과 같이 연결하였을 때 A, B 사이의 합성 저항은 몇 [Ω]인가?

① 2
② 3
③ 4
④ 6

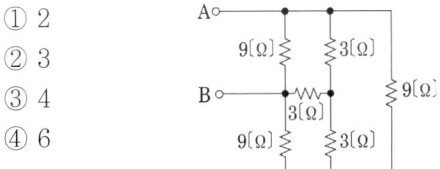

풀이

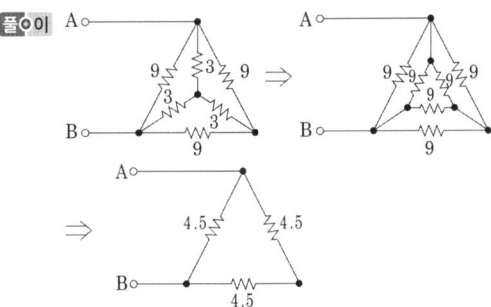

$R_{AB} = \dfrac{4.5 \times (4.5+4.5)}{4.5 + (4.5+4.5)} = 3[\Omega]$ **답** ②

71 다음 회로에서 $V_1 = 6[V]$, $R_1 = 1[k\Omega]$, $R_2 = 2[k\Omega]$ 일 때 등가회로로 변환한 회로의 합성저항 $R_{th}[k\Omega]$와 등가전압 $V_{eq}[V]$는 각각 얼마인가?

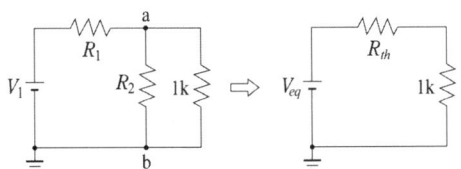

① $R_{th} = 0.67$, $V_{eq} = 2$
② $R_{th} = 0.67$, $V_{eq} = 4$
③ $R_{th} = 3$, $V_{eq} = 2$
④ $R_{th} = 4$, $V_{eq} = 4$

풀이 테브난의 정리에 의해

- a, b 단자에서 회로측으로 바라본 저항(전압원을 단락)

$R_{th} = \dfrac{R_1 R_2}{R_1 + R_2} = \dfrac{1\times 10^3 \times 2 \times 10^3}{(1+2)\times 10^3} = 667[\Omega]$
$= 0.67[k\Omega]$

- a, b 단자에 걸리는 개방전압

$V_{eq} = \dfrac{R_2}{R_1+R_2} V_1 = \dfrac{2\times 10^3}{(1+2)\times 10^3} \times 6 = 4[V]$ **답** ②

72 $10t^3$의 라플라스 변환은?

① $\dfrac{60}{s^4}$ ② $\dfrac{30}{s^4}$

③ $\dfrac{10}{s^4}$ ④ $\dfrac{80}{s^4}$

풀이 $\mathcal{L}[at^n] = a\mathcal{L}[t^n] = \dfrac{an!}{s^{n+1}}$ 에서

$\mathcal{L}[10t^3] = \dfrac{10\times 3!}{s^{3+1}} = \dfrac{10\times(3\times 2\times 1)}{s^4} = \dfrac{60}{s^4}$ **답** ①

73 $R-L-C$ 직렬회로에서 시정수의 값이 작을수록 과도현상이 소멸되는 시간은 어떻게 되는가?

① 짧아진다. ② 관계없다.
③ 길어진다. ④ 과도 상태가 없다.

풀이 시정수(τ)는 과도현상의 길고 짧음을 나타낸 양으로서
- 시정수가 크면 과도현상이 오래 지속되어 과도현상 소멸 시간은 길어진다.
- 시정수가 작으면 과도현상이 빨리 끝난다. **답** ①

74 $V_a = 3[V]$, $V_b = 2-j3[V]$, $V_c = 4+j3[V]$를 3상 불평형 전압이라고 할 때 영상 전압[V]은?

① 3 ② 9 ③ 27 ④ 0

풀이 영상전압
$$V_0 = \frac{1}{3}(V_a + V_b + V_c)$$
$$= \frac{1}{3}(3+2-j3+4+j3)$$
$$= 3[V]$$
답 ①

75 부하저항 $R_L[\Omega]$이 전원의 내부저항 $R_0[\Omega]$의 3배가 되면 부하저항 R_L에서 소비되는 전력 $P_L[W]$는 최대 전송전력 $P_m[W]$의 몇 배인가?

① 0.89배 ② 0.75배
③ 0.5배   ④ 0.3배

풀이
$$P_L = I^2 R_L = \left(\frac{V_g}{R_0+R_L}\right)^2 \cdot R_L$$
$$= \left(\frac{V_g}{R_0+3R_0}\right)^2 \times 3R_0 = \frac{3}{16} \cdot \frac{V_g^2}{R_0}$$

최대 전력 전송 전력 $P_m = \frac{V_g^2}{4R_0}$ 이므로

$$\therefore \frac{P_L}{P_m} = \frac{\frac{3}{16} \cdot \frac{V_g^2}{R_0}}{\frac{1}{4} \cdot \frac{V_g^2}{R_0}} = \frac{12}{16} = 0.75[배]$$
답 ②

76 어떤 코일의 임피던스를 측정하고자 직류전압 100[V]를 가했더니 500[W]가 소비되고, 교류전압 150[V]를 가했더니 720[W]가 소비되었다. 코일의 저항[Ω]과 리액턴스[Ω]는 각각 얼마인가?

① $R = 20$, $X_L = 15$
② $R = 15$, $X_L = 20$
③ $R = 25$, $X_L = 20$
④ $R = 30$, $X_L = 25$

풀이
직류 : $R = \frac{V^2}{P} = \frac{100^2}{500} = 20[\Omega]$

교류 : $P = \frac{V^2 R}{R^2 + X^2}$ 에서

$720 = \frac{150^2 \times 20}{20^2 + X^2}[\Omega]$

$\therefore X = \sqrt{\frac{150^2 \times 20}{720} - 20^2} = 15[\Omega]$
답 ①

77 다음 회로에서 전압비 전달함수 $\frac{V_2(s)}{V_1(s)}$는 어떻게 되는가?

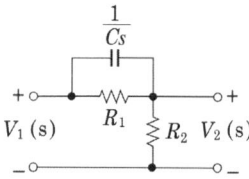

① $\dfrac{R_1 + R_2 + R_1 R_2 Cs}{R_2 + R_1 R_2 Cs}$

② $\dfrac{R_1 R_2 Cs + R_2}{R_1 R_2 Cs + R_1 + R_2}$

③ $\dfrac{R_1 Cs + R_2}{R_2 + R_1 R_2 Cs}$

④ $\dfrac{R_1 R_2 Cs}{R_1 R_2 Cs + R_1 + R_2}$

풀이 문제의 R_1과 C의 합성 임피던스 등가회로는 그림과 같다.

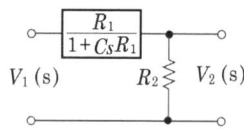

그림에서 $V_1(s) = \left\{\left(\dfrac{R_1}{1+CsR_1}\right) + R_2\right\} I(s)$

$V_2(s) = R_2 I(s)$

$\therefore G(s) = \dfrac{V_2(s)}{V_1(s)} = \dfrac{R_2}{\dfrac{R_1}{1+CsR_1} + R_2}$

$= \dfrac{R_2 + R_1 R_2 Cs}{R_1 + R_2 + R_1 R_2 Cs}$
답 ②

78 대칭 3상 전압이 있다. 1상의 Y결선 전압의 순시값이 다음과 같을 때 선간전압에 대한 상전압의 비율은?

$e = 1000\sqrt{2}\sin\omega t + 500\sqrt{2}\sin(3\omega t + 20°)$
$\quad + 100\sqrt{2}\sin(5\omega t + 30°)[V]$

① 약 55[%]   ② 약 65[%]
③ 약 70[%]   ④ 약 75[%]

풀이 상전압의 실효값 E_p는
$$E_p = \sqrt{E_1^2 + E_3^2 + E_5^2}$$
$$= \sqrt{1000^2 + 500^2 + 100^2} = 1122.5[V]$$
선간 전압에는 제 3 고조파분이 나타나지 않으므로
$$E_l = \sqrt{3} \cdot \sqrt{E_1^2 + E_5^2}$$
$$= \sqrt{3} \cdot \sqrt{1000^2 + 100^2} = 1740.7[V]$$
따라서 $\dfrac{E_p}{E_l} = \dfrac{1122.5}{1740.7} = 0.645 ≒ 65[\%]$ **답** ②

79 $R[\Omega]$의 저항 3개를 Y로 접속하고 이것을 200[V]의 평형 3상 교류 전원에 연결할 때 선전류가 20[A]가 흘렀다. 이 3개의 저항을 △로 접속하고 동일 전원에 연결 하였을 때의 선전류[A]는?

① 약 30   ② 약 40
③ 약 50   ④ 약 60

풀이
$20 = \dfrac{\frac{200}{\sqrt{3}}}{R}$에서 $R = 5.77[\Omega]$이므로
△접속 시의 선전류는
$I_\triangle = \dfrac{200}{5.77} \times \sqrt{3} = 60.03[A]$ **답** ④

80 △결선된 저항 부하를 Y결선으로 바꾸면 소비전력은 어떻게 되겠는가? 단, 저항과 선간 전압은 일정하다.

① 3배   ② 9배
③ $\dfrac{1}{9}$배   ④ $\dfrac{1}{3}$배

풀이
• △결선 시 소비전력
$P_\triangle = 3I^2R = 3\left(\dfrac{V}{R}\right)^2 R = 3 \cdot \dfrac{V^2}{R}$

• Y결선 시 소비전력 :
Y결선 시 상전압은 선간 전압의 $\dfrac{1}{\sqrt{3}}$이므로
$P_Y = 3\left(\dfrac{\frac{V}{\sqrt{3}}}{R}\right)^2 \cdot R = 3 \cdot \dfrac{V^2}{3R} = \dfrac{V^2}{R}$

∴ $\dfrac{P_Y}{P_\triangle} = \dfrac{\frac{V^2}{R}}{\frac{3V^2}{R}} = \dfrac{1}{3}$, $P_Y = \dfrac{1}{3}P_\triangle$ **답** ④

5과목 - 전기설비기술기준

81 특고압 가공전선로 중 지지물로 직선형의 철탑을 연속하여 10기 이상 사용하는 부분에는 몇 기 이하마다 내장 애자 장치가 되어 있는 철탑 또는 이와 동등 이상의 강도를 가지는 철탑 1기를 시설하여야 하는가?

① 3   ② 5   ③ 7   ④ 10

풀이 333.16 특고압 가공전선로의 내장형 등의 지지물 시설
특고압 가공전선로 중 지지물로서 직선형의 철탑을 연속하여 10기 이상 사용하는 부분에는 10기 이하마다 장력에 견디는 애자장치가 되어 있는 철탑 또는 이와 동등 이상의 강도를 가지는 철탑 1기를 시설하여야 한다.   **답** ④

82 발열선을 도로, 주차장 또는 조영물의 조영재에 고정시켜 시설하는 경우 발열선에 전기를 공급하는 전로의 대지전압은 몇 [V] 이하이어야 하는가?

① 100   ② 150   ③ 200   ④ 300

풀이 241.12 도로 등의 전열장치
가. 발열선에 전기를 공급하는 전로의 대지전압은 300[V] 이하일 것.
나. 발열선은 그 온도가 80[℃]를 넘지 아니하도록 시설할 것. 다만, 도로 또는 옥외주차장에 금속피복을 한 발열선을 시설할 경우에는 발열선의 온도를 120[℃] 이하로 할 수 있다.
다. 발열선은 다른 전기설비·약전류전선 등 또는 수관·가스관이나 이와 유사한 것에 전기적·자기적 또는 열적인 장해를 주지 아니하도록 시설할 것.   **답** ④

83 태양전지 모듈의 시설에 대한 설명으로 옳은 것은?

① 충전부분은 노출하여 시설할 것
② 출력배선은 극성별로 확인 가능토록 표시할 것
③ 전선은 공칭단면적 1.5[mm^2] 이상의 연동선을 사용할 것
④ 전선을 옥내에 시설할 경우에는 애자공사에 준하여 시설할 것

풀이 520 태양광발전설비
가. 태양전지 모듈, 전선, 개폐기 및 기타 기구는 **충전부분이 노출되지 않도록** 시설하여야 한다.
나. 모듈의 **출력배선은 극성별로 확인할 수 있도록** 표시할 것
다. 전선은 **공칭단면적 2.5[mm²] 이상**의 **연동선** 또는 이와 동등 이상의 세기 및 굵기의 것일 것.
라. 모듈을 병렬로 접속하는 전로에는 그 주된 전로에 단락전류가 발생할 경우에 전로를 보호하는 과전류차단기 또는 기타 기구를 시설할 것
마. 배선설비 공사는 옥내에 시설할 경우에는 합성수지관공사, 금속관공사, 금속제가요전선관공사, 케이블공사의 규정에 준하여 시설할 것. **답** ②

84 최대사용전압이 69[kV]인 중성점 비접지식 전로의 절연내력 시험전압은 몇 [kV]인가?

① 63.48   ② 75.9
③ 86.25   ④ 103.5

풀이 132 전로의 절연저항 및 절연내력

전로의 종류	접지방식	시험전압 (최대사용전압의 배수)	최저 시험전압
1. 7[kV] 이하인 전로		1.5배	
2. 7[kV] 초과 25[kV] 이하	다중접지	0.92배	
3. 7[kV] 초과 60[kV] 이하 (2란의 것 제외)		1.25배	10.5[kV]
4. 60[kV] 초과	비접지	1.25배	
5. 60[kV] 초과 (6란, 7란의 것 제외)	접지식	1.1배	75[kV]
6. 60[kV] 초과(7란의 것 제외)	직접접지	0.72배	
7. 170[kV] 초과(발전소 또는 변전소 혹은 이에 준하는 장소에 시설하는 것.)	직접접지	0.64배	

※ 전로에 케이블을 사용하는 경우에는 직류로 시험할 수 있으며, 시험전압은 교류의 경우의 2배가 된다.
∴ 시험전압 = 69 × 1.25 = 86.25[kV] **답** ③

85 저압 옥측전선로에서 목조의 조영물에 시설할 수 있는 공사방법은?

① 금속관공사
② 버스덕트공사
③ 합성수지관공사
④ 연피 또는 알루미늄 케이블공사

풀이 221.2 옥측전선로
저압 옥측전선로는 다음의 공사방법에 의할 것.
가. 애자공사(전개된 장소에 한한다.)
나. **합성수지관공사**
다. 금속관공사(**목조 이외의 조영물**에 시설하는 경우에 한한다)
라. 버스덕트공사[**목조 이외의 조영물**(점검할 수 없는 은폐된 장소는 제외한다)에 시설하는 경우에 한한다]
마. 케이블공사(**연피 케이블·알루미늄피 케이블** 또는 무기물 절연 케이블을 사용하는 경우에는 **목조 이외의 조영물**에 시설하는 경우에 한한다) **답** ③

86 그림은 전력선 반송통신용 결합장치의 보안장치를 나타낸 것이다. ㉠, ㉡의 명칭으로 옳게 짝지어진 것은?

① ㉠ S, ㉡ FD
② ㉠ CF, ㉡ CC
③ ㉠ S, ㉡ CC
④ ㉠ CF, ㉡ FD

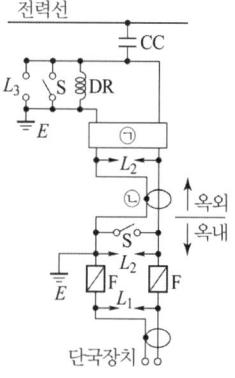

풀이 362.11 전력선 반송 통신용 결합장치의 보안장치
전력선 반송통신용 결합 커패시터에 접속하는 회로에는 그림의 보안장치 또는 이에 준하는 보안장치를 시설하여야 한다.

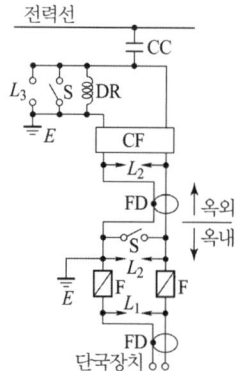

전력선 반송 통신용 결합 장치의 보안장치
• FD : 동축 케이블
• F : 정격 전류 10[A] 이하의 포장 퓨즈

- DR : 전류 용량 2[A] 이상의 배류 선륜
- L₁ : 교류 300[V] 이하에서 동작하는 피뢰기
- L₂ : 동작 전압이 교류 1,300[V]를 넘고 1,600[V] 이하로 조정된 방전갭
- L₃ : 동작 전압이 교류 2[kV]를 넘고 3[kV] 이하로 구상 방전갭
- S : 접지용 개폐기
- CF : 결합 필터
- CC : 결합 콘덴서(결합 안테나를 포함한다)
- E : 접지

답 ④

87 저압전로의 중성점에 접지도체로 시설하는 연동선의 공칭단면적은 몇 [mm²] 이상이어야 하는가?

① 4[mm²] 이상 ② 6[mm²] 이상
③ 10[mm²] 이상 ④ 16[mm²] 이상

풀이 322.5 전로의 중성점의 접지
가. 전로의 중성점 접지공사의 목적
① 보호 장치의 확실한 동작의 확보
② 이상 전압의 억제
③ 대지전압의 저하
나. 접지도체는 공칭단면적 16[mm²] 이상의 연동선(저압 전로의 중성점에 시설하는 것은 공칭단면적 6[mm²] 이상의 연동선)으로서 고장시 흐르는 전류가 안전하게 통할 수 있는 것을 사용하고 또한 손상을 받을 우려가 없도록 시설할 것.

답 ②

88 전선을 접속하는 방법으로 틀린 것은?

① 전기 저항이 증가되지 않아야 한다.
② 전선의 세기는 30[%] 이상 감소시키지 않아야 한다.
③ 접속 부분을 그 부분의 절연전선 절연물과 동등 이상의 절연 성능이 있는 것으로 충분히 피복할 것
④ 알루미늄을 접속할 때는 고시된 규격에 맞는 접속 기구를 사용한다.

풀이 123 전선의 접속
나전선 상호 또는 나전선과 절연전선 또는 캡타이어 케이블과 접속하는 경우
① 전선의 전기저항을 증가시키지 아니하도록 접속
② **전선의 세기(인장하중)를 20[%] 이상 감소시키지 아니할 것.**
③ 전선 접속 시 접속부분을 그 부분의 절연전선의 절연물과 동등 이상의 절연성능이 있는 것으로 충분히 피복할 것.

답 ②

89 발전소의 개폐기 또는 차단기에 사용하는 압축공기장치의 주 공기탱크에 시설하는 압력계의 최고 눈금의 범위로 옳은 것은?

① 사용압력의 1배 이상 2배 이하
② 사용압력의 1.15배 이상 2배 이하
③ 사용압력의 1.5배 이상 3배 이하
④ 사용압력의 2배 이상 3배 이하

풀이 341.15 압축공기계통
발전소·변전소·개폐소 또는 이에 준하는 곳에서 개폐기 또는 차단기에 사용하는 압축공기장치는 다음에 따라 시설하여야 한다.
가. 공기압축기는 최고 사용압력의 1.5배의 수압(수압을 연속하여 10분간 가하여 시험을 하기 어려울 때에는 최고 사용압력의 1.25배의 기압)을 연속하여 10분간 가하여 시험을 하였을 때에 이에 견디고 또한 새지 아니할 것.
나. 주 공기탱크 또는 이에 근접한 곳에는 **사용압력의 1.5배 이상 3배 이하의 최고 눈금이 있는 압력계를** 시설할 것.
다. 사용 압력에서 공기의 보급이 없는 상태로 개폐기 또는 차단기의 투입 및 차단을 연속하여 1회 이상 할 수 있는 용량을 가지는 것일 것.

답 ③

90 상시 상정하중 중 풍압하중에 전가섭선에 관하여 각 가섭선의 상정 최대장력의 33[%]와 같은 불평균 장력의 수평 종분력에 의한 하중을 가산하여야 할 철탑은?

① 인류형 ② 내장형
③ 보강형 ④ 각도형

풀이 333.13 상시 상정하중
인류형·내장형 또는 보강형·직선형·각도형의 철주·철근 콘크리트주 또는 철탑의 경우에는 풍압하중에 가섭선 불평균 장력에 의한 수평 종하중을 가산한다.
① 인류형 : 전가섭선에 관하여 각 가섭선의 상정 최대장력과 같은 불평균 장력의 수평 종분력에 의한 하중
② 내장형·보강형 : 전가섭선에 관하여 각 가섭선의 **상정 최대장력의 33[%]와 같은 불평균 장력의 수평 종분력에 의한 하중**
③ 직선형 : 전가섭선에 관하여 각 가섭선의 상정 최대장력의 3[%]와 같은 불평균 장력의 수평 종분력에 의한 하중.(단 내장형은 제외한다)
④ 각도형 : 전가섭선에 관하여 각 가섭선의 상정 최대장력의 10[%]와 같은 불평균 장력의 수평 종분력에 의한 하중.

답 ②

91 냉각장치에 고장이 생긴 경우 특고압용 타냉식 변압기의 보호장치는?

① 경보장치　② 과전류 측정장치
③ 온도 측정장치　④ 자동차단장치

풀이 351.4 특고압용 변압기의 보호장치
특고압용의 변압기에는 그 내부에 고장이 생겼을 경우에 보호하는 장치를 표와 같이 시설하여야 한다.

뱅크 용량의 구분	동작조건	장치의 종류
5,000[kVA] 이상 10,000[kVA] 미만	변압기 내부고장	자동차단장치 또는 경보장치
10,000[kVA] 이상	변압기 내부고장	자동차단장치
타냉식 변압기(변압기의 권선 및 철심을 직접 냉각시키기 위하여 봉입한 냉매를 강제 순환시키는 냉각 방식을 말한다.)	냉각장치에 고장이 생긴 경우 또는 변압기의 온도가 현저히 상승하는 경우	경보장치

답 ①

92 특고압가공전선로의 지지물에 시설하는 통신선 또는 이것에 직접 접속하는 통신선일 경우에 설치하여야 할 보안장치로서 모두 옳은 것은?

① 특고압용 제2종 보안장치, 고압용 제2종 보안장치
② 특고압용 제1종 보안장치, 특고압용 제3종 보안장치
③ 특고압용 제2종 보안장치, 특고압용 제3종 보안장치
④ 특고압용 제1종 보안장치, 특고압용 제2종 보안장치

풀이 362.10 전력보안통신설비의 보안장치
특고압가공전선로의 지지물에 시설하는 통신선 또는 이에 직접 접속하는 통신선에 접속하는 휴대전화기를 접속하는 곳 및 옥외 전화기를 시설하는 곳에는 **특고압용 제1종 보안장치, 특고압용 제2종 보안장치** 또는 이에 준하는 보안장치를 시설하여야 한다. **답** ④

93 전기욕기에 전기를 공급하기 위한 전원장치에 내장되어 있는 전원변압기의 2차 측 전로의 사용전압은 몇 [V] 이하인 것을 사용하여야 하는가?

① 5　② 10
③ 25　④ 35

풀이 전기욕기에 전기를 공급하기 위한 전기욕기용 전원장치는 내장되어 있는 전원변압기의 2차 측 전로의 사용전압이 10[V] 이하인 것에 한한다. **답** ②

94 400[V] 이하의 저압 가공전선은 절연전선을 사용하는 경우 몇 [mm] 이상의 경동선을 사용해야 하는가?

① 1.6　② 2.0
③ 2.6　④ 3.2

풀이 222.5 저압 가공전선의 굵기 및 종류
가. 저압 가공전선은 나전선(중성선 또는 다중접지된 접지측 전선으로 사용하는 전선에 한한다), 절연전선, 다심형 전선 또는 케이블을 사용하여야 한다.
나. 전선의 굵기

전 압	조 건	전선의 굵기 및 인장강도
400[V] 이하	절연전선	인장강도 2.3[kN] 이상의 것 또는 **지름 2.6[mm] 이상의 경동선**
	케이블 이외	인장강도 3.43[kN] 이상의 것 또는 지름 3.2[mm] 이상의 경동선
400[V] 초과인 저압 (케이블 이외)	시가지에 시설	인장강도 8.01[kN] 이상의 것 또는 지름 5[mm] 이상의 경동선
	시가지 외에 시설	인장강도 5.26[kN] 이상의 것 또는 지름 4[mm] 이상의 경동선

답 ③

95 차량, 기타 중량물의 압력을 받을 우려가 없는 장소에 지중전선로를 직접 매설식에 의하여 매설하는 경우에는 매설 깊이를 몇 [cm] 이상으로 하여야 하는가?

① 40　② 60
③ 80　④ 100

풀이 334.1 지중전선로의 시설
가. 지중 전선로는 전선에 케이블을 사용하고 또한 관로식·암거식 또는 직접 매설식에 의하여 시설하여야 한다.
나. 지중 전선로를 직접 매설식에 의하여 시설하는 경우에는 매설 깊이는
① 차량 기타 중량물의 압력을 받을 우려가 있는 장소 : 1.0[m] 이상
② 기타 장소 : 0.6[m] 이상 **답** ②

96 고압 옥측전선로에 사용할 수 있는 전선은?

① 케이블 ② 나경동선
③ 절연전선 ④ 다심형 전선

풀이 331.13 옥측전선로
고압 옥측전선로는 전개된 장소에는 다음에 따라 시설하여야 한다.
가. **전선은 케이블일 것.**
나. 케이블은 견고한 관 또는 트라프에 넣거나 사람이 접촉할 우려가 없도록 시설할 것.
다. 케이블을 조영재의 옆면 또는 아랫면에 따라 붙일 경우에는 케이블의 지지점 간의 거리를 2[m](수직으로 붙일 경우에는 6[m]) 이하로 하고 또한 피복을 손상하지 아니하도록 붙일 것. **답** ①

97 금속 덕트 공사에 의한 저압 옥내배선 공사 시 시설 기준에 적합하지 않는 것은?

① 금속 덕트에 넣은 전선의 단면의 합계가 덕트의 내부 단면적의 20[%] 이하가 되게 하였다.
② 덕트 상호 및 덕트와 금속관과는 전기적으로 완전하게 접속했다.
③ 덕트를 조영재에 붙이는 경우 덕트의 지지점 간의 거리를 4[m] 이하로 견고하게 붙였다.
④ 덕트의 끝부분을 막았다.

풀이 232.31 금속덕트공사
가. 전선은 절연전선(옥외용 비닐절연전선을 제외한다)일 것.
나. 금속덕트에 넣은 전선의 단면적(절연피복의 단면적을 포함한다)의 합계는 덕트의 내부 단면적의 20[%](전광표시 장치, 기타 이와 유사한 장치 또는 제어회로 등의 배선만을 넣는 경우에는 50[%]) 이하일 것.
다. 덕트 상호 간은 견고하고 또한 전기적으로 완전하게 접속할 것.
라. 덕트를 조영재에 붙이는 경우에는 **덕트의 지지점 간의 거리를 3[m]**(수직으로 붙이는 경우에는 6[m]) 이하로 할 것.
마. 덕트의 끝부분은 막을 것.
바. 폭이 50[mm]를 초과하고 또한 두께가 1.2[mm] 이상인 철판 또는 금속제의 것.
사. 덕트는 접지공사를 할 것. **답** ③

98 수상 전선로를 시설하는 경우 알맞은 것은?

① 사용전압이 고압인 경우에는 클로로프렌 캡타이어 케이블을 사용한다.
② 가공전선로의 전선과 접속하는 경우, 접속점이 육상에 있는 경우에는 지표상 4[m] 이상의 높이로 지지물에 견고히 붙인다.
③ 가공전선로의 전선과 접속하는 경우, 접속점이 수면상에 있는 경우, 사용전압이 고압인 경우에는 수면상 5[m] 이상의 높이로 지지물에 견고하게 붙인다.
④ 고압 수상 전선로에 지락이 생길 때를 대비하여 전로를 수동으로 차단하는 장치를 시설한다.

풀이 335.3 수상전선로의 시설
수상전선로를 시설하는 경우에는 그 사용전압은 저압 또는 고압인 것에 한 한다.
가. 전선
  ① 저압 : 클로로프렌 캡타이어 케이블
  ② 고압 : 캡타이어 케이블
나. 수상전선로의 전선과 가공전선로 접속점의 높이
  ① 접속점이 육상에 있는 경우 : 지표상 5[m] 이상. 다만, 저압인 경우에 도로상 이외의 곳에 있을 때에는 지표상 4[m]
  ② **접속점이 수면상에 있는 경우 : 저압 4[m] 이상, 고압 5[m] 이상**
다. 수상전선로의 사용전압이 고압인 경우에는 전로에 지락이 생겼을 때에 자동적으로 전로를 차단하기 위한 장치를 시설하여야 한다. **답** ③

출제기준 변경 및 개정된 관계 법규에 따라
삭제된 문제가 있어 20문항이 안됩니다.

2021년 1회 전기산업기사필기(CBT 복원문제)

동일출판사 홈페이지에서 무료 동영상강의를 보실 수 있습니다.

01 자유 공간 내에 밀도가 10^{-9}[C/m]인 균일한 선전하가 $x=4, y=3$인 무한장 선상에 있을 때 점 (8, 6, -3)에서 전계 E[V/m]는?

① $2.88a_x + 2.16a_y$[V/m]
② $2.16a_x + 2.88a_y$[V/m]
③ $2.88a_x - 2.16a_y$[V/m]
④ $2.16a_x - 2.88a_y$[V/m]

풀이 $E = \frac{\lambda}{2\pi\epsilon_0 r}a_r = 18 \times 10^9 \frac{\lambda}{r}a_r$ ($\because \frac{1}{4\pi\epsilon_0} = 9 \times 10^9$)

선전하가 x, y선상에 있으므로, 점 (8, 6, -3)에서 z값인 -3은 거리 r과 무관하다.
즉, $r = \sqrt{(8-4)^2 + (6-3)^2} = \sqrt{4^2 + 3^2} = 5$[m]

$\therefore E = \frac{\lambda}{2\pi\epsilon_0 r}a_r = 18 \times 10^9 \times \frac{10^{-9}}{5} \times \frac{4a_x + 3a_y}{5}$

$= 0.72(4a_x + 3a_y) = 2.88a_x + 2.16a_y$ **답** ①

02 자기 인덕턴스를 계산하는 공식이 아닌 것은? 단, A는 벡터 퍼텐셜[Wb/m]이고, J는 전류밀도[A/m^3]이다.

① $L = \frac{N\phi}{I}$
② $L = \frac{1}{I^2}\int_v \boldsymbol{B} \cdot \boldsymbol{H} dv$
③ $L = \frac{1}{I^2}\oint_c \boldsymbol{A} \cdot dl$
④ $L = \frac{1}{I^2}\int_v \boldsymbol{A} \cdot \boldsymbol{J} dv$

풀이 ① $LI = N\phi$이므로 $\therefore L = \frac{N\phi}{I}$

② ④ 자계 에너지에 의한 자기유도계수 L
$W = \frac{1}{2}LI^2$에서 $L = \frac{2W}{I^2}$ ⋯⋯⋯ ⓐ
$W = \frac{1}{2}\int_v \boldsymbol{B} \cdot \boldsymbol{H} dv = \frac{1}{2}\int_v \boldsymbol{A} \cdot \boldsymbol{J} dv$ ⋯⋯ ⓑ
($\because \boldsymbol{B} = \nabla \times \boldsymbol{A}$, $\nabla \times \boldsymbol{H} = \boldsymbol{J}$)

ⓑ를 ⓐ에 대입하면
$\therefore L = \frac{1}{I^2}\int_v \boldsymbol{B} \cdot \boldsymbol{H} dv = \frac{1}{I^2}\int_v \boldsymbol{A} \cdot \boldsymbol{J} dv$ **답** ③

03 무한장 직선 도체에 선전하밀도 λ[C/m]의 전하가 분포되어 있는 경우 직선도체를 축으로 하는 반경 r의 원통면상의 전계는 몇 [V/m]인가?

① $E = \frac{\lambda}{4\pi\epsilon_0 r^2}$
② $E = \frac{\lambda}{2\pi\epsilon_0 r}$
③ $E = \frac{\lambda}{2\pi\epsilon_0 r^2}$
④ $E = \frac{\lambda}{4\pi\epsilon_0}$

풀이 선전하밀도 λ[C/m]의 전하가 분포되어 있는 반경 r[m]인 무한장 원통면상의 전계의 세기는, 무한장 직선도체에서 거리 r[m]인 점에서의 전계의 세기와 같다.

$E = \frac{\lambda}{2\pi\epsilon_0 r}$[V/m]

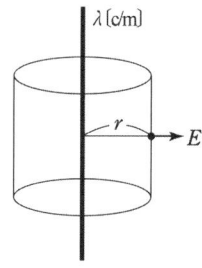

답 ②

04 대전도체표면의 전하밀도를 σ[C/m^2]이라 할 때, 대전도체표면의 단위면적이 받는 정전응력은 전하밀도 σ와 어떤 관계에 있는가?

① $\sigma^{\frac{1}{2}}$에 비례
② $\sigma^{\frac{3}{2}}$에 비례
③ σ에 비례
④ σ^2에 비례

풀이 정전 에너지
$W = \frac{Q^2}{2C} = \frac{Q^2}{2\left(\frac{\epsilon_0 S}{d}\right)} = \frac{Q^2 d}{2\epsilon_0 S} = \frac{\sigma^2 d}{2\epsilon_0}S$[J]

($\because Q = \sigma \times S$)

$\therefore$ 정전응력 $F = -\frac{\partial W}{\partial d} = -\frac{\sigma^2}{2\epsilon_0}S$[N] $\propto \sigma^2$ **답** ④

05 진공 중의 도체계에서 임의의 도체를 일정 전위의 도체로 완전 포위하면 내외공간의 전계를 완전 차단시킬 수 있는데 이것을 무엇이라 하는가?

① 홀효과 ② 정전차폐
③ 핀치효과 ④ 전자차폐

풀이 임의의 도체를 접지된 도체로 완전 포위하면 외부에서 유도되는 전하를 차단할 수 있다. 이것을 **정전차폐**라고 한다. **답** ②

06 단면적 $S[m^2]$의 철심에 $\phi[Wb]$의 자속을 통하게 하려면 $H[AT/m]$의 자계가 필요하다. 이 철심의 비투자율은 얼마인가?

① $\dfrac{\phi}{\mu_0 SH^2}$ ② $\dfrac{\phi}{SH}$

③ $\dfrac{\phi}{SH^2}$ ④ $\dfrac{\phi}{\mu_0 SH}$

풀이 자속밀도 $B = \dfrac{\phi}{S} = \mu H = \mu_0 \mu_s H$ 에서

비투자율 $\mu_s = \dfrac{\phi}{\mu_0 SH}$ 가 된다. **답** ④

07 900[V]의 전위차는 C.G.S 정전단위로 몇 [esu]의 전위차에 해당되는가?

① 1 ② 2 ③ 3 ④ 4

풀이 M.K.S 단위 1[V]와 C.G.S 정전단위(esu)의 전위 관계는 $1[V] = \dfrac{1}{300}[esu\ V]$이므로 900[V]를 [esu V]로 환산하면 $V[esu\ V] = \dfrac{1}{300} \times 900 = 3[esu\ V]$ **답** ③

08 공기 중에서 평등 전계 $E_0[V/m]$에 수직으로 비유전율이 ϵ_s인 유전체를 놓았더니 $\sigma^r[C/m^2]$의 분극 전하가 표면에 생겼다면 유전체 중의 전계 강도 $E[V/m]$는?

① $\dfrac{\sigma^r}{\epsilon_0 \epsilon_s}$ ② $\dfrac{\sigma^r}{\epsilon_0(\epsilon_s - 1)}$

③ $\epsilon_0 \epsilon_s \sigma^r$ ④ $\epsilon_0(\epsilon_s - 1)\sigma^r$

풀이 분극의 세기는 분극전하밀도로 정의하므로 $P = \sigma^r$
분극의 세기와 전계의 세기의 관계식
$P = \epsilon_0(\epsilon_s - 1)E$ 에서 $\sigma^r = \epsilon_0(\epsilon_s - 1)E$
$\therefore E = \dfrac{\sigma^r}{\epsilon_0(\epsilon_s - 1)}[V/m]$ **답** ②

09 반지름 $a[m]$인 접지 도체구의 중심에서 $r[m]$되는 거리에 점전하 $Q[C]$을 놓았을 때 도체구에 유도된 총 전하는 몇 [C]인가?

① 0 ② $-Q$

③ $-\dfrac{a}{r}Q$ ④ $-\dfrac{r}{a}Q$

풀이 점 P에서 Q의 전하를 주고 도체구를 접지($V_1 = 0$)하였을 때 유도되는 전하를 Q'라 하면

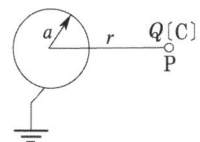

$V_1 = P_{11}Q' + P_{12}Q = 0$

$\therefore Q' = -\dfrac{P_{12}}{P_{11}}Q = \dfrac{\dfrac{1}{4\pi\epsilon_0 r}}{\dfrac{1}{4\pi\epsilon_0 a}}Q = -\dfrac{a}{r}Q[C]$ **답** ③

10 다음 현상 가운데서 반드시 외부에서 자계를 가할 때만 일어나는 효과는?

① Seebeck 효과 ② Pinch 효과
③ Hall 효과 ④ Peltier 효과

풀이 홀 효과(Hall effect) : 도체나 반도체의 물질에 전류를 흘리고 이것과 **직각 방향**으로 자계를 가하면 I와 B가 이루는 면에 **직각방향**으로 기전력이 발생되는 현상

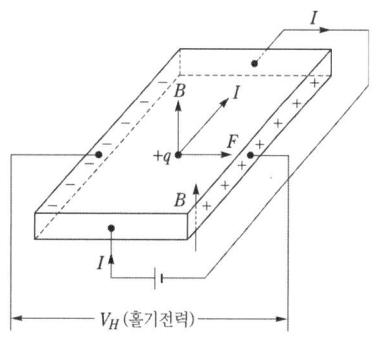

답 ③

11 N 회의 권선에 최댓값 1[V], 주파수 f[Hz]인 기전력을 유기시키기 위한 쇄교 자속의 최댓값 [Wb]은?

① $\dfrac{f}{2\pi N}$ ② $\dfrac{2N}{\pi f}$
③ $\dfrac{1}{2\pi fN}$ ④ $\dfrac{N}{2\pi f}$

풀이 $E_m = \omega N\phi_m = 2\pi fN\phi_m$ [V]
$\therefore \phi_m = \dfrac{E_m}{2\pi fN} = \dfrac{1}{2\pi fN}$ [Wb]   **답** ③

12 그림과 같이 권수가 1이고 반지름 a[m]인 원형 전류 I[A]가 만드는 자계의 세기[AT/m]는?

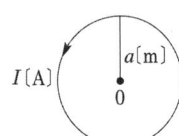

① $\dfrac{I}{a}$ ② $\dfrac{I}{2a}$ ③ $\dfrac{I}{3a}$ ④ $\dfrac{I}{4a}$

풀이 $H_0 = \oint dH = \int_0^{2\pi a} \dfrac{Idl\sin\theta}{4\pi a^2} = \int_0^{2\pi a} \dfrac{Idl}{4\pi a^2}$
$= \dfrac{I}{4\pi a^2}\int_0^{2\pi a} dl = \dfrac{I}{2a}$ [AT/m]

또는 $H_x = \dfrac{I}{2}\cdot\dfrac{a^2}{(a^2+x^2)^{3/2}}$ 에서
원형 코일 중심의 자계의 세기 H_0는 $x=0$ 이므로
$\therefore H_0 = \dfrac{I}{2a}$ [AT/m]   **답** ②

13 대전된 도체의 표면 전하밀도는 도체표면의 모양에 따라 어떻게 되는가?

① 곡률 반지름이 크면 커진다.
② 곡률 반지름이 크면 작아진다.
③ 표면 모양에 관계없다.
④ 평면일 때 가장 크다.

풀이 도체표면의 전하는 뾰족한 부분에 모이는 성질이 있는데, 뾰족한 부분일수록 반경이 작으므로 곡률이 커질수록 커지며, 곡률과 곡률 반지름은 반비례하므로 **곡률 반지름이 크면 작아진다.**

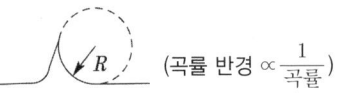

(곡률 반경 $\propto \dfrac{1}{\text{곡률}}$)   **답** ②

14 공기 중에서 전계의 진행파 진폭이 10[mV/m]일 때 자계의 진행파 진폭은 몇 [mAT/m]인가?

① 26.5×10^{-1} ② 26.5×10^{-3}
③ 26.5×10^{-5} ④ 26.5×10^{-6}

풀이 $H_e = \sqrt{\dfrac{\epsilon_0}{\mu_0}}E_e = \sqrt{\dfrac{8.854\times10^{-12}}{4\pi\times10^{-7}}}E_e$
$= 2.65\times10^{-3}E_e$
진폭 $E_e = 10$[mV/m]이므로
$\therefore H_e = 2.65\times10^{-3}\times10$
$= 26.5\times10^{-3}$[mAT/m]   **답** ②

15 유전체 내의 전속밀도가 D[C/m²]인 전계에 저축되는 단위 체적당 정전에너지가 W_e[J/m³]일 때 유전체의 비유전율은?

① $\dfrac{D^2}{2\epsilon_0 W_e}$ ② $\dfrac{D^2}{\epsilon_0 W_e}$
③ $\dfrac{2\epsilon_0 D^2}{W_e}$ ④ $\dfrac{\epsilon_0 D^2}{W_e}$

풀이 정전 에너지밀도 $W_e = \dfrac{1}{2}DE = \dfrac{D^2}{2\epsilon_0\epsilon_s}$ [J/m³]
따라서 비유전율 $\epsilon_s = \dfrac{D^2}{2\epsilon_0 W_e}$ **답** ①

16 도전성(導電性)이 없고 유전율과 투자율이 일정하며, 전하 분포가 없는 균질 완전 절연체 내에서 전계 및 자계가 만족하는 미분 방정식의 형태는? 단, $\alpha = \sqrt{\epsilon\mu}$, $v = \dfrac{1}{\sqrt{\epsilon\mu}}$

① $\nabla^2 E = D$
② $\nabla^2 E = \dfrac{1}{\alpha^2}\cdot\dfrac{\partial E}{\partial t}$
③ $\nabla^2 E = \dfrac{1}{v^2}\cdot\dfrac{\partial^2 E}{\partial t^2}$
④ $\nabla^2 E = \dfrac{1}{\alpha^2}\cdot\dfrac{\partial E}{\partial t} + \dfrac{1}{v^2}\cdot\dfrac{\partial^2 E}{\partial t^2}$

풀이 파동방정식 : 위치 z와 시간 t를 독립변수로 하고 전파속도 v가 포함된 함수

- 일반식 : $f(t, z) = f\left(t - \dfrac{z}{v}\right)$,

    $E(t, z) = E_m \cos(\omega t - \beta z) = E_m \cos\omega\left(t - \dfrac{z}{v}\right)$

- 1차원의 파동방정식 :

    $\dfrac{\partial^2 E}{\partial z^2} = \dfrac{1}{v^2} \cdot \dfrac{\partial^2 E}{\partial t^2}$ 또는 $\dfrac{\partial^2 E}{\partial z^2} - \dfrac{1}{v^2} \cdot \dfrac{\partial^2 E}{\partial t^2} = 0$

- 3차원의 파동방정식 :

    $\nabla^2 E = \dfrac{1}{v^2} \cdot \dfrac{\partial^2 E}{\partial t^2}$ 또는 $\nabla^2 E - \dfrac{1}{v^2} \cdot \dfrac{\partial^2 E}{\partial t^2} = 0$

    답 ③

17 거리 r[m]를 두고 m_1, m_2[Wb]인 같은 부호의 자극이 놓여 있다. 두 자극을 잇는 선상의 어느 일점에서 자계의 세기가 0인 점은 m_1[Wb]에서 몇 [m] 떨어져 있는가?

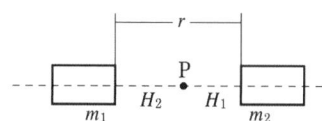

① $\dfrac{m_1 r}{m_1 + m_2}$ [m]   ② $\dfrac{\sqrt{m_1} r}{\sqrt{m_1 + m_2}}$ [m]

③ $\dfrac{\sqrt{m_1} \cdot r}{\sqrt{m_1} + \sqrt{m_2}}$ [m]   ④ $\dfrac{m_1^2 r}{m_1^2 + m_2^2}$ [m]

풀이 그림에서와 같이 m_1과 m_2의 부호가 같을 때는 두 자하 사이에 자계의 세기가 0인 점이 존재하는데 이때 $H_1 = H_2$이며 방향은 반대이다. 자계가 0인 점을 P라 하고 m_1에서 P점까지의 거리를 x라 하면

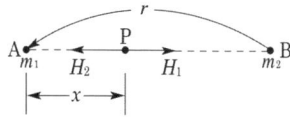

$H_1 = \dfrac{m_1}{4\pi\mu_0 x^2} = H_2 = \dfrac{m_2}{4\pi\mu_0 (r-x)^2}$ 에서

$\dfrac{m_1}{x^2} = \dfrac{m_2}{(r-x)^2}$, $m_2 x^2 = m_1 (r-x)^2$

양변에 $\sqrt{}$를 취하면

$\sqrt{m_2}\, x = \sqrt{m_1}\,(r-x)$
$\phantom{\sqrt{m_2}\, x} = \sqrt{m_1}\, r - \sqrt{m_1}\, x$, $x(\sqrt{m_1} + \sqrt{m_2})$
$\phantom{\sqrt{m_2}\, x} = \sqrt{m_1}\, r$

따라서 $x = \dfrac{\sqrt{m_1} \cdot r}{\sqrt{m_1} + \sqrt{m_2}}$ [m]   답 ③

18 직선 전류에 의해서 그 주위에 생기는 환상의 자계 방향은?

① 전류의 방향
② 전류와 반대 방향
③ 오른 나사의 진행 방향
④ 오른 나사의 회전 방향

풀이

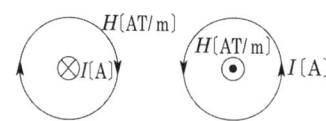

- 암페어 오른손(오른 나사) 법칙 :
    나사 진행 방향을 전류 방향과 일치시킬 때 자계의 방향은 오른 나사를 회전시키는 방향과 같다.
    ⊗ : 지면의 표면에서 뒷면으로 들어가는 방향
    ⊙ : 지면의 뒷면에서 표면으로 나오는 방향   답 ④

19 전위함수가 $V = 2x + 5yz + 3$일 때, 점 (2, 1, 0)에서의 전계의 세기는?

① $-2i - 5j - 3k$ ② $i + 2j + 3k$
③ $-2i - 5k$ ④ $4i + 3k$

풀이 전계의 세기
$E = -\text{grad}\, V$
$ = -\left(\dfrac{\partial}{\partial x} i + \dfrac{\partial}{\partial y} j + \dfrac{\partial}{\partial z} k\right)(2x + 5yz + 3)$
$ = -(2i + 5zj + 5yk)$
$\therefore |E|_{x=2,\, y=1,\, z=0} = -(2i + 5 \times 0j + 5 \times 1k)$
$\phantom{\therefore |E|_{x=2,\, y=1,\, z=0}} = -2i - 5k$ 답 ③

20 정전용량이 1[μF], 2[μF]인 콘덴서에 각각 2×10^{-4}[C] 및 3×10^{-4}[C]의 전하를 주고 극성을 같게 하여 병렬로 접속할 때 콘덴서에 축적된 에너지는 약 몇 [J]인가?

① 0.042   ② 0.063
③ 0.084   ④ 0.126

풀이 $Q = Q_1 + Q_2 = 5 \times 10^{-4}$[C]
$C = C_1 + C_2 = (1+2) \times 10^{-6} = 3 \times 10^{-6}$[F]
$\therefore W = \dfrac{Q^2}{2C} = \dfrac{(5 \times 10^{-4})^2}{2 \times 3 \times 10^{-6}} = 0.042$[J]   답 ①

2과목 - 전력공학

21 전력계통의 안정도 향상대책으로 옳지 않은 것은?

① 계통의 직렬 리액턴스를 낮게 한다.
② 고속도 재폐로방식을 채용한다.
③ 지락전류를 크게 하기 위하여 직접 접지방식을 채용한다.
④ 고속도 차단방식을 채용한다.

풀이 안정도 향상 대책
① 계통의 직렬 리액턴스 감소(다회선 방식 채택, 복도체 방식 채택, 기기의 리액턴스 감소)
② 전압변동률을 적게 한다(속응여자방식 채용, 계통의 연계, 중간 조상 방식).
③ 계통에 주는 충격을 적게 한다(적당한 중성점접지방식, 고속차단방식, 재폐로방식).
④ 고장 중의 발전기 돌입 출력의 불평형을 적게 한다.

답 ③

22 가공 송전선에 사용하는 애자련 중 전압부담이 최대인 것은?

① 전선에 가장 가까운 것
② 중앙에 있는 것
③ 철탑에 가장 가까운 것
④ 철탑에서 $\frac{1}{3}$ 지점의 것

풀이
• 최대 전압 분담애자 : 전선에 가장 가까운 애자,
• 최소전압 분담애자 : 전선으로부터 2/3(철탑에서 1/3)되는 지점에 있는 애자

답 ①

23 송전선의 특성 임피던스를 Z_0, 전파속도를 V라 할 때, 이 송전선의 단위길이에 대한 인덕턴스 L은?

① $L = \dfrac{V}{Z_0}$ ② $L = \dfrac{Z_0}{V}$

③ $L = \dfrac{Z_0^2}{V}$ ④ $L = \sqrt{Z_0} V$

풀이
• 파동 임피던스 $Z_0 = \sqrt{\dfrac{L}{C}}$

• 전파속도 $V = \sqrt{\dfrac{1}{LC}}$

∴ $\dfrac{Z_0}{V} = \sqrt{\dfrac{\frac{L}{C}}{\frac{1}{LC}}} = L$

답 ②

24 부하측에 밸런스를 필요로 하는 배전 방식은?

① 3상 3선식 ② 3상 4선식
③ 단상 2선식 ④ 단상 3선식

풀이 단상 3선식은 단상 2선식에 비해 다음과 같은 특징이 있다.
① 소요전선량이 적어도 된다.
② 중성선이 단선하면 불평형부하일 경우 부하 전압에 심한 불평형이 발생하므로 중성선에는 퓨즈를 삽입해서는 안된다.
③ 110[V] 부하 외에 220[V] 부하의 사용이 가능하다.
④ 전압 불평형을 줄이기 위한 대책으로서 저압선의 말단에 밸런서를 설치한다.

답 ④

25 3상용 차단기의 정격차단용량은?

① $\dfrac{1}{\sqrt{3}}$ (정격 전압)×(정격 차단전류)

② $\dfrac{1}{\sqrt{3}}$ (정격 전압)×(정격 전류)

③ $\sqrt{3}$ (정격 전압)×(정격 전류)

④ $\sqrt{3}$ (정격 전압)×(정격 차단전류)

풀이 차단기 용량
$P_s = \sqrt{3} V I_s = \sqrt{3} \times$ 정격전압 × 정격차단전류

답 ④

26 차단기에서 O – 3분 – CO – 3분 – CO인 것의 의미는? 단, O : 차단동작, C : 투입동작, CO : 투입동작에 뒤따라 곧 차단동작

① 일반 차단기의 표준동작책무
② 자동 재폐로용
③ 정격차단용량 50[mA] 미만의 것
④ 무전압시간

풀이 차단기의 동작책무 : 어느 시간 간격을 두고 행하여지는 일련의 동작을 규정한 것

- 일반용 :
  CO – 15초 – CO, O – 3분 – CO – 3분 – CO
- 고속도 재투입용 :
  O – 0.3초 – CO – 3분(또는 15초, 1분) – CO   답 ①

27 그림에서와 같이 부하가 균일한 밀도로 도중에서 분기되어 선로전류가 송전단에 이를수록 직선적으로 증가할 경우 선로 말단의 전압강하는 이 송전단 전류와 같은 전류의 부하가 선로의 말단에만 집중되어 있을 경우의 전압강하 보다 대략 어떻게 되는가? (단, 부하역률은 모두 같다고 한다.)

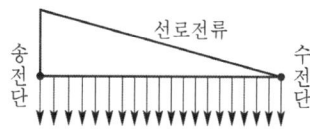

① $\dfrac{1}{3}$로 된다.   ② $\dfrac{1}{2}$로 된다.

③ 동일하다.   ④ $\dfrac{1}{4}$로 된다.

풀이 집중 부하와 분산부하

구 분	전력손실	전압강하
말단에 집중 부하	$I^2 rL$	IrL
균등 분포 부하	$\dfrac{1}{3} I^2 rL$	$\dfrac{1}{2} IrL$

여기서, I : 전선의 전류
  r : 전선 단위길이 당 저항
  L : 전선의 길이   답 ②

28 피뢰기의 정격전압이란?

① 상용주파수의 방전개시전압
② 속류를 차단할 수 있는 최고의 교류전압
③ 방전을 개시할 때 단자전압의 순시값
④ 충격방전전류를 통하고 있을 때 단자전압

풀이 피뢰기 정격전압
속류를 차단하는 교류 최고전압. 즉, 피뢰기의 양 단자 사이에 인가할 수 있는 상용주파수의 최대전압의 실효값을 말한다.   답 ②

29 어느 빌딩 부하의 총설비 전력이 400[kW], 수용률이 0.5라 하면 이 빌딩의 변전설비용량은 몇 [kVA]인가? 단, 부하역률은 80%라 한다.

① 180[kVA]   ② 250[kVA]
③ 300[kVA]   ④ 360[kVA]

풀이 변압기 용량 = $\dfrac{\text{설비 용량} \times \text{수용률}}{\text{역률}}$ [kVA]

= $\dfrac{400 \times 0.5}{0.8}$ = 250[kVA]   답 ②

30 전극의 어느 일부분의 전위경도가 커져서 공기와의 절연이 파괴되어 생기는 현상은?

① 페란티 현상
② 코로나 현상
③ 카르노 현상
④ 보어 현상

풀이 전선 주위의 공기절연이 국부적으로 파괴되어 낮은 소리나 엷은 빛을 내면서 방전하게 되는 현상을 코로나 또는 코로나 방전이라고 한다.   답 ②

31 연가를 하는 주된 목적으로 옳은 것은?

① 선로정수의 평형
② 유도뢰의 방지
③ 계전기의 확실한 동작의 확보
④ 전선의 절약

풀이
- 연가는 선로정수를 평형시키고 통신선의 유도장해를 방지하기 위하여 선로를 3배수 등분하여 실시한다.
- 연가의 목적 : 직렬공진 방지, 유도장해 감소, 선로정수 평형   답 ①

32 설비 용량 900[kW], 부등률 1.2, 수용률 50[%]일 때 합성 최대 전력은 몇 [kW]인가?

① 300   ② 375
③ 400   ④ 415

풀이 합성 최대 전력 = $\dfrac{\text{설비용량} \times \text{수용률}}{\text{부등률}}$

= $\dfrac{900 \times 0.5}{1.2}$ = 375[kW]   답 ②

33 저항 10[Ω], 리액턴스 15[Ω]인 3상 송전선로가 있다. 수전단 전압 60[kV], 부하역률 0.8[lag], 전류 100[A]라 할 때 송전단 전압은?

① 약 33[kV] ② 약 42[kV]
③ 약 58[kV] ④ 약 63[kV]

풀이
$V_s = V_r + \sqrt{3}I(R\cos\theta + X\sin\theta)$
$= 60 \times 10^3 + \sqrt{3} \times 100 \times (10 \times 0.8 + 15 \times 0.6)$
$= 62944[V] \fallingdotseq 63[kV]$ 답 ④

34 역률 80[%]인 10000[kVA]의 부하를 갖는 변전소에 2000[kVA]의 콘덴서를 설치해서 역률을 개선하면 변압기에 걸리는 부하는 약 몇 [kVA]인가?

① 8000 ② 8540
③ 8940 ④ 9440

풀이

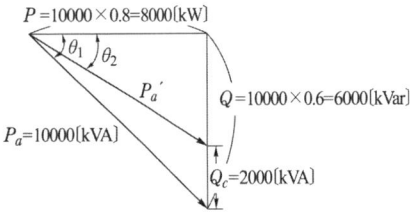

- 유효전력
  $P = P_a \cos\theta_1 = 10000 \times 0.8 = 8000[kW]$
- 무효전력
  $Q = P_a \sin\theta_1 = 10000 \times \sqrt{1-0.8^2} = 6000[kVar]$
- 전력용 콘덴서 $Q_c = 2000[kVA]$
따라서 변압기에 걸리는 부하 P_a'은
$P_a' = \sqrt{P^2 + (Q-Q_c)^2} = \sqrt{8000^2 + (6000-2000)^2}$
$= 8944.27[kVA]$ 답 ③

35 부하전력 및 역률이 같을 때 전압을 n배 승압하면 전압강하율과 전력손실은 어떻게 되는가?

	전압강하율	전력손실		전압강하율	전력손실
①	$\dfrac{1}{n^2}$	$\dfrac{1}{n^2}$	②	$\dfrac{1}{n}$	$\dfrac{1}{n}$
③	$\dfrac{1}{n}$	$\dfrac{1}{n^2}$	④	$\dfrac{1}{n^2}$	$\dfrac{1}{n}$

풀이
① 전압강하 $e = \dfrac{P}{V}(R + X\tan\theta)$
전압강하율 $\epsilon = \dfrac{e}{V} = \dfrac{P}{V^2}(R+X\tan\theta)$
n배 승압하였을 때 전압강하율
$\epsilon' = \dfrac{P}{(nV)^2}(R+X\tan\theta)$
$\therefore \dfrac{\epsilon'}{\epsilon} = \dfrac{\dfrac{P}{n^2V^2}(R+X\tan\theta)}{\dfrac{P}{V^2}(R+X\tan\theta)} = \dfrac{1}{n^2}$ 배

② 전력손실 $P_l = 3I^2R = \dfrac{P^2R}{V^2\cos^2\theta}$
n배 승압하였을 때의 전력손실 $P_l' = \dfrac{P^2R}{n^2V^2\cos^2\theta}$
$\therefore \dfrac{P_l'}{P_l} = \dfrac{\dfrac{P^2R}{n^2V^2\cos^2\theta}}{\dfrac{P^2R}{V^2\cos^2\theta}} = \dfrac{1}{n^2}$ 배 답 ①

36 3상 3선식 3각형 배치의 송전선로에 있어서 각 선의 대지 정전용량이 0.5038[μF]이고, 선간 정전용량이 0.1237[μF]일 때 1선의 작용 정전용량은 몇 [μF]인가?

① 0.6275 ② 0.8749
③ 0.9164 ④ 0.9755

풀이 $C_n = C_s + 3C_m = 0.5038 + 3 \times 0.1237 = 0.8749[\mu F]$
여기서, C_n : 작용정전용량, C_s : 대지정전용량,
C_m : 선간정전용량 답 ②

37 차단기와 차단기의 소호 매질이 틀리게 결합된 것은 어느 것인가?

① 공기차단기 - 압축 공기
② 가스 차단기 - SF$_6$ 가스
③ 자기 차단기 - 진공
④ 유입 차단기 - 절연유

풀이

종 류	소호작용
유입 차단기(OCB)	• 소호작용 : 절연유 • 기름이 분해되면 수소(H$_2$) 발생
진공 차단기(VCB)	고진공의 절연 특성을 이용
자기 차단기(MBB)	**자기력으로 소호**
공기 차단기(ABB)	압축공기로 소호
가스 차단기(GCB)	SF$_6$ 가스 이용

답 ③

38 배전선의 전력손실 경감 대책이 아닌 것은?

① 피더(feeder) 수를 줄인다.
② 역률을 개선한다.
③ 배전 전압을 높인다.
④ 부하의 불평형을 방지한다.

풀이
- 배전선로의 전력손실 $P_l = 3I^2 r = \dfrac{\rho W^2 L}{A V^2 \cos^2\theta}$
  ρ : 고유저항, W : 부하전력, L : 배전 거리,
  A : 전선의 단면적, V : 수전 전압, $\cos\theta$: 부하역률
- 배전선의 전력손실을 경감하기 위해서는 **역률을 개선**하거나 **배전 전압을 높여야** 한다. 답 ①

39 그림과 같은 T형 4단자 회로의 4단자 정수 중 B의 값은?

① $1 + \dfrac{Z_1}{Z_3}$

② $\dfrac{1}{Z_3}$

③ $\dfrac{Z_3 + Z_2}{Z_3}$

④ $\dfrac{Z_1 Z_2 + Z_2 Z_3 + Z_3 Z_1}{Z_3}$

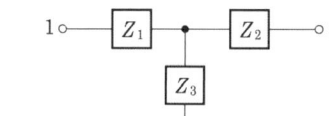

풀이
$\begin{bmatrix} 1 & Z_1 \\ 0 & 1 \end{bmatrix} \begin{bmatrix} 1 & 0 \\ \dfrac{1}{Z_3} & 1 \end{bmatrix} \begin{bmatrix} 1 & Z_2 \\ 0 & 1 \end{bmatrix}$

$= \begin{bmatrix} \dfrac{Z_1 + Z_3}{Z_3} & \dfrac{Z_1 Z_2 + Z_2 Z_3 + Z_3 Z_1}{Z_3} \\ \dfrac{1}{Z_3} & \dfrac{Z_2 + Z_3}{Z_3} \end{bmatrix}$ 답 ④

40 단상 2선식 교류 배전선로가 있다. 전선의 1가닥 저항이 0.15[Ω]이고, 리액턴스는 0.25[Ω]이다. 부하는 순저항부하이고 100[V], 3[kW]이다. 급전점의 전압[V]은 약 얼마인가?

① 105   ② 110   ③ 115   ④ 124

풀이
부하전류 $I = \dfrac{P}{V} = \dfrac{3000}{100} = 30$[A]
$\therefore V_s = V_r + 2IZ = V_r + 2I(R + jX)$
$= 100 + 2 \times 30 \times (0.15 + j0.25)$
$= (100 + 2 \times 30 \times 0.15) + j(2 \times 30 \times 0.25)$
$= 109 + j15 = \sqrt{109^2 + 15^2} \approx 110$[V] 답 ②

3과목 - 전기기기

41 8극, 50[kW], 3300[V], 60[Hz], 3상 유도전동기의 전부하 슬립이 4[%]라고 한다. 이 슬립링 사이에 0.16[Ω]의 저항 3개를 Y로 삽입하면 전부하 토크를 발생할 때의 회전수[rpm]는? (단, 2차 각상의 저항은 0.04[Ω]이고 Y접속이다.)

① 660   ② 720
③ 750   ④ 880

풀이 2차 저항을 r_2, 전부하 슬립을 s, 외부저항을 R, 전부하 토크시의 슬립을 s'라고 하면
$\dfrac{r_2}{s} = \dfrac{r_2 + R}{s'} \rightarrow \dfrac{0.04}{0.04} = \dfrac{0.04 + 0.16}{s'}$ 이므로
$s' = 0.2$ 이다.
따라서 전부하 토크를 발생할 때의 회전수 N'은
$N' = (1 - s')N_s = (1 - s')\dfrac{120f}{p}$
$= (1 - 0.2) \times \dfrac{120 \times 60}{8} = 720$[rpm] 답 ②

42 그림과 같은 6상 반파 정류 회로에서 450[V]의 직류 전압을 얻는 데 필요한 변압기의 직류 권선 전압은 몇 [V]인가?

① 333
② 348
③ 356
④ 375

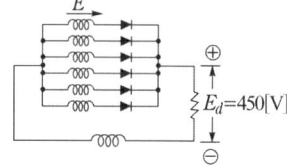

풀이 $\dfrac{E_d}{E} = \dfrac{\sqrt{2}\sin\pi/m}{\pi/m}$

$\therefore E = \dfrac{E_d}{\dfrac{\sqrt{2}\sin(\pi/m)}{(\pi/m)}} = \dfrac{450}{\dfrac{\sqrt{2}\sin(\pi/6)}{(\pi/6)}}$

$= 333.25$[V] 답 ①

43 200 ± 200[V], 자기 용량 3[kVA]인 단상 유도 전압조정기가 있다. 최대 출력[kVA]은?

① 2   ② 4   ③ 6   ④ 8

풀이 단상 유도 전압조정기의 1차 전압 $V_1 = 200$[V],
2차 전압 $V_2 = 200 \pm 200$[V]이다.

유도 전압조정기의 용량 = 부하용량 × $\dfrac{승압\ 전압}{고압측\ 전압}$

$3 = 부하용량 \times \dfrac{200}{400}$

∴ 부하용량 = $\dfrac{3}{\frac{200}{400}} = 6[kVA]$ 답 ③

44 직류 직권 전동기의 전원 극성을 반대로 하면?

① 회전 방향이 변하지 않는다.
② 회전 방향이 변한다.
③ 속도가 증가된다.
④ 발전기로 된다.

풀이 직류 직권 전동기는 계자 권선과 전기자 권선이 직렬로 연결되어 있으므로 전원 극성을 반대로 하면 전기자 전류와 여자 전류의 방향이 모두 반대로 되므로 회전 방향은 변하지 않는다. 답 ①

45 6극 직류발전기의 정류자 편수가 132, 단자 전압이 220[V], 직렬 도체수가 132개이고 중권이다. 정류자 편간 전압[V]은?

① 10   ② 20
③ 30   ④ 40

풀이 e_{sa} : 정류자 편간 전압, E : 유기 기전력, K : 정류자 편수, p : 극수라 하면,
$e_{sa} = \dfrac{pE}{K} = \dfrac{6 \times 220}{132} = 10[V]$ 답 ①

46 포화하고 있지 않은 직류발전기의 회전수가 1/2로 감소되었을 때 기전력을 속도 변화 전과 같은 값으로 하려면 여자를 어떻게 해야 하는가?

① 1/2로 감소시킨다.
② 1배로 증가시킨다.
③ 2배로 증가시킨다.
④ 4배로 증가시킨다.

풀이 직류발전기의 기전력 $E = k\Phi N$이므로 속도(N)가 $\dfrac{1}{2}$로 감소되면 여자(Φ)는 2배 증가되어야 기전력(E)이 일정하다. 답 ③

47 전기자 저항이 0.3[Ω]이며, 단자 전압이 210[V], 부하 전류가 95[A], 계자 전류가 5[A]인 직류 분권 발전기의 유기 기전력[V]은?

① 180   ② 230
③ 240   ④ 250

풀이 분권 발전기

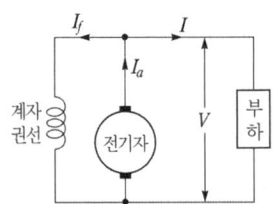

전기자 전류 $I_a = I + I_f = 95 + 5 = 100[A]$
따라서 유기기전력
$E = V + I_a R_a$
$= 210 + 100 \times 0.3 = 240[V]$ 답 ③

48 그림과 같은 회로에서 Q_1에 역바이어스가 걸리는 시간을 나타낸 식은?

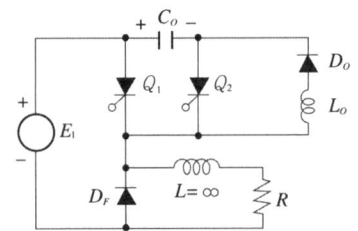

① $0.693 C_0/R[\sec]$ ② $0.693 R/C_0[\sec]$
③ $RC_0[\sec]$ ④ $0.693 RC_0[\sec]$

풀이 역바이어스 시간은 $e_{c0} = E_1\left(1 - 2e^{-\frac{1}{RC_0}t}\right) = 0$ 에서 이 식을 만족하는 $t = t_c$는
∴ $t_c = C_0 R \log_e 2 = 0.693 RC_0[\sec]$ 답 ④

49 6극 60[Hz] Y결선 3상 동기발전기의 극당 자속이 0.16[Wb], 회전수 1200[rpm], 1상의 권수 186, 권선 계수 0.96이면 단자전압은?

① 13183[V]   ② 12254[V]
③ 26366[V]   ④ 27456[V]

풀이 코일의 유기기전력 E는
$E = 4.44 f W k_w \phi = 4.44 \times 60 \times 186 \times 0.96 \times 0.16$
$= 7610.94[V]$
단자전압은 선간전압이므로
$\therefore V = \sqrt{3} E = \sqrt{3} \times 7610.94 = 13183[V]$ 답 ①

50 변압기의 정격을 정의한 것 중 옳은 것은?
① 전부하의 경우 1차 단자전압을 정격 1차 전압이라 한다.
② 정격 2차 전압은 명판에 기재되어 있는 2차 권선의 단자전압이다.
③ 정격 2차 전압을 2차 권선의 저항으로 나눈 것이 정격 2차 전류이다.
④ 2차 단자 간에서 얻을 수 있는 유효전력을 [kW]로 표시한 것이 정격출력이다.
답 ②

51 유기기전력 210[V], 단자전압 200[V]인 5[kW] 분권 발전기의 계자저항이 500[Ω]이면 그 전기자 저항[Ω]은?
① 0.2   ② 0.4   ③ 0.6   ④ 0.8

풀이
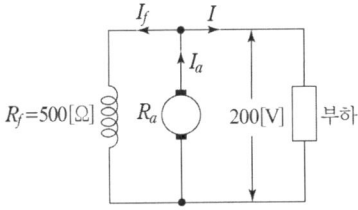

$I_f = \dfrac{V}{R_f} = \dfrac{200}{500} = 0.4[A]$, $I = \dfrac{P}{V} = \dfrac{5 \times 10^3}{200} = 25[A]$
전기자 전류 I_a는 $I_a = I + I_f$이므로
$I_a = 25 + 0.4 = 25.4[A]$
또한, $V = E - I_a R_a$ 식에서
$\therefore R_a = \dfrac{E - V}{I_a} = \dfrac{210 - 200}{25.4} = \dfrac{10}{25.4} \fallingdotseq 0.4[\Omega]$ 답 ②

52 2회전 자계설로 단상 유도 전동기를 설명하는 경우 정방향 회전자계에 대한 회전자의 슬립이 s이면 역방향 회전자계에 대한 회전자 슬립은?
① $1+s$ ② s
③ $1-s$ ④ $2-s$

풀이 단상 유도 전동기가 슬립 s로 회전하면 회전 주파수는 정상분 전동기에서는 $(1-s)f$ 이고 역상분 전동기에서는 $f + (1-s)f = (2-s)f$ 가 된다. 따라서 회전자 권선은 sf 와 $(2-s)f$ 되는 주파수의 기전력을 유기한다. 답 ④

53 3000[V], 1500[kVA], 동기 임피던스 3[Ω]인 동일 정격의 두 동기발전기를 병렬 운전하던 중 한 쪽 계자 전류가 증가해서 각 상 유도 기전력 사이에 300[V]의 전압차가 발생했다면 두 발전기 사이에 흐르는 무효횡류는 몇 [A]인가?
① 20   ② 30   ③ 40   ④ 50

풀이 무효횡류 $I_c = \dfrac{E_c}{2Z_s} = \dfrac{300}{2 \times 3} = 50[A]$ 답 ④

54 실리콘 다이오드의 특성에서 잘못된 것은?
① 전압강하가 크다.
② 정류비가 크다.
③ 허용온도가 높다.
④ 역내전압이 크다.

풀이 실리콘 정류기의 특성
① 역내전압이 크다.
② 전류 밀도가 크다.
 (게르마늄의 2~3배, 셀렌의 500~1000배)
③ 온도에 의한 영향이 작다.
 (최고 허용 온도 140~200[℃])
④ 효율은 가장 좋다.(99[%])
⑤ 대용량 정류기에 적합하다. 답 ①

55 농형 유도전동기의 속도제어법이 아닌 것은?
① 극수변환   ② 1차 저항변환
③ 전원전압변환   ④ 전원주파수변환

풀이 유도전동기의 속도제어법
① 농형 유도전동기의 속도제어법
 • 주파수를 바꾸는 방법
 • 극수를 바꾸는 방법
 • 전원전압을 바꾸는 방법
② 권선형 유도전동기의 속도제어법
 • 2차여자 제어법
 • 2차저항 제어법
 • 종속 제어법 답 ②

56 정격 부하에서 역률 0.8(뒤짐)로 운전될 때, 전압 변동률이 12[%]인 변압기가 있다. 이 변압기에 역률 100[%]의 정격 부하를 걸고 운전할 때의 전압 변동률은 약 몇 [%]인가? (단, %저항 강하는 %리액턴스강하의 1/12이라고 한다.)

① 0.909 ② 1.5
③ 6.85   ④ 16.18

풀이 전압 변동률
$$\epsilon = p\cos\theta + q\sin\theta = 0.8p + 0.6q = 12[\%]$$
(여기서, p : %저항 강하, q : %리액턴스 강하)
$q = 12p$
(∵ %저항강하 p는 %리액턴스강하 q의 1/12)
이므로
$0.8p + 0.6 \times 12p = 8p = 12$
$p = \dfrac{12}{8} = 1.5[\%]$

그런데 $\cos\theta = 1$일 때 $\sin\theta = 0$이므로 역률 100[%]의 전압 변동률 ϵ_{100}은
$$\therefore \epsilon_{100} = p\cos\theta + q\sin\theta = p \times 1 + q \times 0$$
$$= 1.5[\%]$$

답 ②

57 직류 분권 발전기의 무부하 포화 곡선이 $V = \dfrac{940 I_f}{33 + I_f}$ 이고, I_f는 계자 전류[A], V는 무부하 전압[V]으로 주어질 때 계자 회로의 저항이 20[Ω]이면 몇 [V]의 전압이 유기되는가?

① 140 ② 160
③ 280 ④ 300

풀이 $V = \dfrac{940 I_f}{33 + I_f}$

계자권선의 저항이 20[Ω]이므로
$V = I_f R_f = 20 I_f \rightarrow I_f = \dfrac{V}{20}$

이 식을 윗 식에 대입하면
$V = \dfrac{940 \times \dfrac{V}{20}}{33 + \dfrac{V}{20}}$

$\left(33 + \dfrac{V}{20}\right)V = 940 \times \dfrac{V}{20} \rightarrow 33 + \dfrac{V}{20} = 47$

$\therefore V = 280[V]$

답 ③

58 3상 권선형 유도 전동기에서 1차와 2차간의 상수비, 권수비가 β, α이고 2차 전류가 I_2일 때 1차 1상으로 환산한 $I_2{'}$는?

① $\dfrac{\alpha}{I_2 \beta}$ ② $\alpha\beta I_2$
③ $\dfrac{\beta I_2}{\alpha}$ ④ $\dfrac{I_2}{\beta\alpha}$

풀이
- 1차 유도기전력 $E_1 = 4.44 k_{w1} w_1 f\phi [V]$
- 2차 유도기전력 $E_2 = 4.44 k_{w2} w_2 f\phi [V]$

따라서 1차 1상으로 환산한 $I_2{'}$는
$$I_2{'} = I_1 = \dfrac{m_2 k_{w2} w_2}{m_1 k_{w1} w_1} I_2 = \dfrac{1}{\alpha\beta} I_2$$

(여기서, 권수비 $\alpha = \dfrac{k_{w1} w_1}{k_{w2} w_2}$, 상수비 $\beta = \dfrac{m_1}{m_2}$)

답 ④

59 임피던스 강하가 5[%]인 변압기가 운전 중 단락되었을 때 그 단락 전류는 정격 전류의 몇 배인가?

① 15배 ② 20배
③ 25배 ④ 30배

풀이 단락 전류
$$I_{1s} = \dfrac{100}{\%Z} I_{1n} = \dfrac{100}{5} \times I_{1n} = 20 I_{1n}$$

답 ②

60 직류 발전기에서 양호한 정류를 얻기 위한 방법이 아닌 것은?

① 보상 권선을 설치한다.
② 보극을 설치한다.
③ 브러시의 접촉저항을 크게 한다.
④ 리액턴스 전압을 크게 한다.

풀이 양호한 정류를 얻는 방법
불꽃없는 정류를 위한 조건 : 브러시 접촉면 전압강하
> 평균 리액턴스 전압
① 보상 권선을 설치하여 전기자 반작용 억제.
② 전압 정류 : 보극 설치
③ 저항 정류 : 접촉저항이 큰 탄소 브러시를 사용
④ 리액턴스(L)를 적게 하여 **리액턴스 전압을 낮게 한다.** : 단절권 채택
⑤ 정류주기(T_c)를 길게 한다. : 회전속도를 낮춘다.

답 ④

4과목 - 회로이론

61 $R-L$ 직렬회로에서 시정수의 값이 클수록 과도현상의 소멸되는 시간은 어떻게 되는가?

① 짧아진다.
② 길어진다.
③ 과도기가 없어진다.
④ 관계없다.

풀이 $R-L$ 직렬회로에서 직류전압 인가 시
$i(t) = \frac{E}{R}\left(1 - e^{-\frac{R}{L}t}\right) = \frac{E}{R}\left(1 - e^{-\frac{1}{\tau}t}\right)$ 이므로,
시정수 τ 가 커지면 $e^{-\frac{1}{\tau}t}$ 의 값이 증가하므로 과도 상태는 길어진다. 답 ②

62 아래와 같은 비정현파 전압을 RL 직렬회로에 인가할 때에 제 3고조파 전류의 실효값[A]은? (단, $R = 4[\Omega]$, $\omega L = 1[\Omega]$이다.)

$$e = 100\sqrt{2}\sin\omega t + 75\sqrt{2}\sin 3\omega t + 20\sqrt{2}\sin 5\omega t\,[V]$$

① 4
② 15
③ 20
④ 75

풀이 고조파의 유도 리액턴스는 주파수에 비례한다.
$X_L = n\omega L[\Omega]$ (여기서 n은 고조파 차수)
따라서 제3고조파 전류
$I_3 = \frac{V_3}{Z_3} = \frac{V_3}{\sqrt{R^2 + (3\omega L)^2}} = \frac{75}{\sqrt{4^2 + 3^2}}$
$= 15[A]$ 답 ②

63 분포정수 전송회로에 대한 설명이 아닌 것은?

① $\frac{R}{L} = \frac{G}{C}$ 인 회로를 무왜형 회로라 한다.
② $R = G = 0$ 인 회로를 무손실 회로라 한다.
③ 무손실 회로와 무왜형 회로의 감쇠정수는 $\sqrt{RG}$ 이다.
④ 무손실 회로와 무왜형 회로에서의 위상속도는 $\frac{1}{\sqrt{LC}}$ 이다.

풀이 • 무손실 회로 감쇠정수 $\alpha = 0$
• 무왜형 선로 감쇠정수 $\alpha = \sqrt{RG}$ 답 ③

64 대칭좌표법에 관한 설명 중 잘못된 것은?

① 불평형 3상 회로 비접지식 회로에서는 영상분이 존재한다.
② 대칭 3상 전압에서 영상분은 0이다.
③ 대칭 3상 전압은 정상분만 존재한다.
④ 불평형 3상 회로의 접지식 회로에서는 영상분이 존재한다.

풀이 비접지식에서는 중성선이 없어 중성선에 전류가 흐를 수 없으므로, 3상 전류의 합 $I_a + I_b + I_c = 0$ 이다.
대칭좌표법에서 영상전류는 $I_0 = \frac{1}{3}(I_a + I_b + I_c) = 0$ 이 되어 영상분이 존재하지 않는다. 답 ①

65 전압 $v = V(\sin\omega t - \sin 3\omega t)$, 전류 $i = I\sin\omega t$ 인 교류의 평균 전력[W]은?

① $\int_0^{2\pi} vi\,dt$
② $\frac{1}{2}VI$
③ $\frac{1}{2}VI\sin\omega t$
④ $\frac{2}{\sqrt{3}}VI$

풀이 전력은 주파수가 다르면 전력이 발생하지 않으므로, 주파수가 같은 성분만 고려하면
$P = \frac{VI}{2}\cos 0° = \frac{VI}{2}[W]$ 가 된다. 답 ②

66 그림의 회로에서 단자 a, b 에 $3[\Omega]$의 저항을 연결할 때 저항에서의 소비 전력은 몇 [W]인가?

① 1/12
② 1/3
③ 1
④ 12

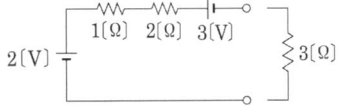

풀이 문제의 그림에서 전류원을 전압원으로 등가하면,

전류 $I = \dfrac{V}{R} = \dfrac{3-2}{1+2+3} = \dfrac{1}{6}$[A]

따라서 전력 $P = I^2 R = \left(\dfrac{1}{6}\right)^2 \cdot 3 = \dfrac{3}{36} = \dfrac{1}{12}$[W]

답 ①

67 그림에서 $e(t) = E_m \cos\omega t$의 전원전압을 인가했을 때 인덕턴스 L에 축적되는 에너지[J]는?

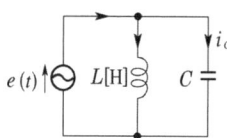

① $\dfrac{1}{2}\dfrac{E_m^2}{\omega^2 L^2}(1+\cos\omega t)$

② $\dfrac{1}{4}\dfrac{E_m^2}{\omega^2 L}(1-\cos\omega t)$

③ $\dfrac{1}{2}\dfrac{E_m^2}{\omega^2 L^2}(1+\cos 2\omega t)$

④ $\dfrac{1}{4}\dfrac{E_m^2}{\omega^2 L}(1-\cos 2\omega t)$

풀이 인덕턴스에 흐르는 전류 $i_L(t)$는

$i_L(t) = \dfrac{1}{L}\int e\,dt = \dfrac{1}{L}\int E_m \cos\omega t\,dt = \dfrac{E_m}{\omega L}\sin\omega t$

$\therefore W_L(t) = \dfrac{L i_L(t)^2}{2} = \dfrac{L}{2}\left(\dfrac{E_m}{\omega L}\right)^2 \sin^2\omega t$

$= \dfrac{E_m^2}{2\omega^2 L}\left(\dfrac{1-\cos 2\omega t}{2}\right)$

$= \dfrac{1}{4}\dfrac{E_m^2}{\omega^2 L}(1-\cos 2\omega t)$

답 ④

68 3상 △부하에서 각 선전류를 I_a, I_b, I_c 라 하면 전류의 영상분은?

① ∞ ② −1 ③ 1 ④ 0

풀이 비접지식(△결선)에서는 중성선이 없어 중성선에 전류가 흐를 수 없으므로, 3상 전류의 합 $I_a + I_b + I_c = 0$ 이다.

대칭좌표법에서 영상전류는 $I_0 = \dfrac{1}{3}(I_a + I_b + I_c) = 0$ 이 되어 영상분이 존재하지 않는다.

답 ④

69 그림과 같은 회로에서 $i_1 = I_m \sin\omega t$ 일 때 개방된 2차 단자에 나타나는 유기 기전력 e_2는 몇 [V]인가?

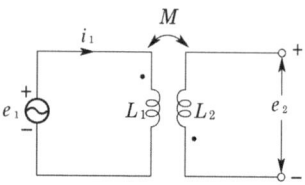

① $\omega M I_m \sin\omega t$

② $\omega M I_m \cos\omega t$

③ $\omega M I_m \sin(\omega t - 90°)$

④ $\omega M I_m \sin(\omega t + 90°)$

풀이 • 1차 전류에 의한 2차 단자의 유기 기전력

$e_2 = -M\dfrac{di_1}{dt}$ [V]

• $i_1 = I_m \sin\omega t$ [A] 이므로

$e_2 = -M\dfrac{di_1}{dt} = -M\dfrac{d}{dt}(I_m \sin\omega t)$

$= -\omega M I_m \cos\omega t = -\omega M I_m \sin(\omega t + 90°)$

$= \omega M I_m \sin(\omega t + 90° \pm 180°)$

일반적으로 순시값의 위상 범위는 $-180° \leq \theta \leq 180°$로 표현하므로

$\therefore e_2 = \omega M I_m \sin(\omega t - 90°)$[V]

답 ③

70 왜형률이란 무엇인가?

① $\dfrac{\text{전 고조파의 실효값}}{\text{기본파의 실효값}}$

② $\dfrac{\text{전 고조파의 평균값}}{\text{기본파의 평균값}}$

③ $\dfrac{\text{제3고조파의 실효값}}{\text{기본파의 실효값}}$

④ $\dfrac{\text{우수 고조파의 실효값}}{\text{기수 고조파의 실효값}}$

풀이 왜형률 $= \dfrac{\text{고조파의 실효값의 합}}{\text{기본파의 실효값}}$

비정현파에서 기본파에 대해 고조파 성분이 어느 정도 포함되었는가를 나타내는 지표로서 왜형률(distortion factor)이 사용된다. 이는 비정현파가 정현파를 기준으로 하였을 때 얼마나 일그러졌는가를 표시하는 척도가 된다.

답 ①

71 전기회로에서 일어나는 과도현상은 그 회로의 시정수와 관계가 있다. 이 사이의 관계를 옳게 표현한 것은?

① 회로의 시정수가 클수록 과도현상은 오래 동안 지속된다.
② 시정수는 과도현상의 지속시간에는 상관되지 않는다.
③ 시정수의 역이 클수록 과도현상은 천천히 사라진다.
④ 시정수가 클수록 과도현상은 빨리 사라진다.

풀이 시정수(τ)는 과도현상의 길고 짧음을 나타낸 양이다.
- 시정수가 크면 과도현상이 오래 지속되어 과도현상 소멸 시간은 길어진다.
- 시정수가 작으면 과도현상이 짧아진다. **답** ①

72 다음과 같은 비정현파 전압 및 전류에 의한 전력을 구하면 몇 [W]인가?

$$v = 100\sin\omega t - 50\sin(3\omega t + 30°) + 20\sin(5\omega t + 45°)[V]$$
$$i = 20\sin\omega t + 10\sin(3\omega t - 30°) + 5\sin(5\omega t - 45°)[A]$$

① 1175 ② 925
③ 875   ④ 825

풀이 비정현파인 경우 주파수가 같은 성분끼리만 고려하면 된다.
$$\therefore P = \frac{100\times20}{2}\cos0° + \frac{-50\times10}{2}\cos60° + \frac{20\times5}{2}\cos90° = 875[W]$$
답 ③

73 6상 성형 상전압이 200[V]일 때 선간전압[V]은?

① 200 ② 150 ③ 100 ④ 50

풀이 대칭 n상 회로에서의 선간전압
$$V_l = 2V_p\sin\frac{\pi}{n}[V]$$
(여기서, V_l : 선간전압, V_p : 상전압, n : 상수)

따라서 6상 전간전압
$$V_l = 2V_p\sin\frac{\pi}{n} = 2V_p\sin\frac{\pi}{6} = V_p = 200[V]$$
(6상일 때의 선간전압은 상전압과 같다.) **답** ①

74 a, b 단자의 전압 v는?

① 2
② -2
③ -8
④ 8

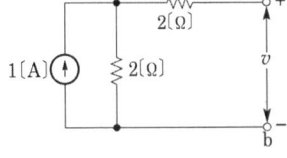

풀이 v는 개방단의 전압이므로
$$\therefore v = 2\times1 = 2[V]$$
답 ①

75 $5\dfrac{d^2q}{dt^2} + \dfrac{dq}{dt} = 10\sin t$ 에서 모든 초기 조건을 0으로 하고 라플라스 변환하면?

① $Q(s) = \dfrac{10}{(5s+1)(s^2+1)}$

② $Q(s) = \dfrac{10}{(5s^2+s)(s^2+1)}$

③ $Q(s) = \dfrac{10}{2(s^2+1)}$

④ $Q(s) = \dfrac{10}{(s^2+5)(s^2+1)}$

풀이 초기 조건이 0일 때
$$\mathcal{L}\left[\frac{d^2q}{dt^2}\right] = s^2Q(s),\ \mathcal{L}\left[\frac{dq}{dt}\right] = sQ(s)$$
$$5s^2Q(s) + sQ(s) = 10\left(\frac{1}{s^2+1}\right)$$
$$(5s^2+s)Q(s) = \frac{10}{s^2+1}$$
$$\therefore Q(s) = \frac{10}{(5s^2+s)(s^2+1)}$$
답 ②

76 라플라스 변환함수 $\dfrac{1}{s(s+1)}$에 대한 역라플라스 변환은?

① $1 + e^{-t}$
② $1 - e^{-t}$
③ $\dfrac{1}{1-e^{-t}}$
④ $\dfrac{1}{1+e^{-t}}$

풀이) $F(s) = \dfrac{1}{s(s+1)} = \dfrac{A}{s} + \dfrac{B}{s+1}$

$A = \dfrac{1}{s+1}\bigg|_{s=0} = \dfrac{1}{1} = 1$,

$B = \dfrac{1}{s}\bigg|_{s=-1} = \dfrac{1}{-1} = -1$ 이므로

$F(s) = \dfrac{1}{s} - \dfrac{1}{s+1}$, $\mathcal{L}^{-1}[F(s)] = 1 - e^{-t}$ 답 ②

77 저항 10[Ω], 인덕턴스 10[mH]인 인덕턴스에 실효값 100[V]인 정현파 전압을 인가했을 때 흐르는 전류의 최댓값[A]은? 단, 정현파의 각주파수는 1000[rad/s]이다.

① 5　　　　② $5\sqrt{2}$
③ 10　　　④ $10\sqrt{2}$

풀이) 리액턴스 $X_L = \omega L = 1000 \times 10 \times 10^{-3} = 10[\Omega]$

임피던스 $Z = \sqrt{R^2 + X_L^2} = \sqrt{10^2 + 10^2} = 10\sqrt{2}[\Omega]$

최댓값은 실효값의 $\sqrt{2}$ 배이므로,

$\therefore I_m = \sqrt{2}\,I = \sqrt{2} \cdot \dfrac{V}{Z} = \dfrac{\sqrt{2} \times 100}{10\sqrt{2}} = 10[A]$ 답 ③

78 그림과 같은 파형의 라플라스 변환은?

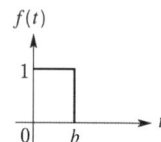

① $\dfrac{1}{b}\left(\dfrac{1-e^{-bs}}{s}\right)$　② $\dfrac{1}{b}\left(\dfrac{1+e^{-bs}}{s}\right)$

③ $\dfrac{1}{s}(1-e^{-bs})$　④ $\dfrac{1}{s}(1+e^{-bs})$

풀이) $f(t) = u(t) - u(t-b)$ 이므로

$\mathcal{L}[f(t)] = \mathcal{L}[u(t)] - \mathcal{L}[u(t-b)]$

$= \dfrac{1}{s} - \dfrac{1}{s}e^{-bs} = \dfrac{1}{s}(1-e^{-bs})$ 답 ③

79 저항 $R = 6[\Omega]$과 유도리액턴스 $X_L = 8[\Omega]$이 직렬로 접속된 회로에서 $v = 200\sqrt{2}\sin\omega t$[V]인 전압을 인가하였다. 이 회로의 소비되는 무효전력[kvar]은?

① 1.2　② 2.2　③ 2.4　④ 3.2

풀이) RL 직렬회로에서 전류

$I = \dfrac{V}{Z} = \dfrac{V}{\sqrt{R^2+X^2}}[A]$이므로

무효전력

$P_r = I^2 X = \left(\dfrac{V}{\sqrt{R^2+X^2}}\right)^2 X = \dfrac{V^2 X}{R^2+X^2}$

$= \dfrac{200^2 \times 8}{6^2 + 8^2} = 3200[W] = 3.2[kW]$ 답 ④

80 3상 3선식에서 선간전압이 100[V] 송전선에 $5\underline{/45°}[\Omega]$의 부하를 △접속할 때의 선전류[A]는?

① 20　　　② 28.2
③ 34.6　　④ 40

풀이) △결선에서 선간전압(V_l)과 상전압(V_p)은 같고, 선전류 $I_l = \sqrt{3}\,I_p$ 이므로,

$\therefore I_l = \sqrt{3} \times \dfrac{V}{Z} = \sqrt{3} \times \dfrac{100}{5\underline{/45°}}$

$= 20\sqrt{3}\underline{/-45°} = 34.64\underline{/-45°}[A]$ 답 ③

5과목 - 전기설비기술기준

81 전기욕기에 전기를 공급하기 위한 전원장치에 내장되어 있는 전원변압기의 2차 측 전로의 사용전압은 몇 [V] 이하인 것을 사용하여야 하는가?

① 5　② 10　③ 25　④ 35

풀이) 241.2 전기욕기
전기욕기에 전기를 공급하기 위한 전기욕기용 전원장치(내장되는 전원 변압기의 2차측 전로의 사용전압이 10[V] 이하의 것에 한한다)는 안전기준에 적합하여야 한다. 답 ②

82 전력 보안 통신 설비인 무선 통신용 안테나 또는 반사판을 지지하는 철주, 철근 콘크리트 주 또는 철탑의 기초의 안전율은 얼마 이상이어야 하는가?

① 1.0　② 1.2　③ 1.5　④ 2.0

[풀이] 364.1 무선용 안테나 등을 지지하는 철탑 등의 시설
전력보안통신설비인 무선통신용 안테나 또는 반사판을 지지하는 목주·철주·철근 콘크리트주 또는 철탑은 다음에 따라 시설하여야 한다. 다만, 무선용 안테나 등이 전선로의 주위상태를 감시할 목적으로 시설되는 것일 경우에는 그러하지 아니하다.
가. 목주는 풍압하중에 대한 안전율은 1.5 이상이어야 한다.
나. 철주·철근 콘크리트주 또는 철탑의 기초 안전율은 1.5 이상이어야 한다. 답 ③

83 전자개폐기의 조작회로 또는 초인벨, 경보벨 등에 접속하는 전로로서 최대 사용전압이 몇 60[V] 이하인 것으로 대지전압이 몇 [V] 이하인 강전류 전기의 전송에 사용하는 전로와 변압기로 결합되는 것을 소세력회로라 하는가?

① 100 ② 150
③ 300 ④ 440

[풀이] 241.14 소세력 회로
가. 전자 개폐기의 조작회로 또는 초인벨·경보벨 등에 접속하는 전로로서 최대 사용전압이 60[V] 이하인 것
나. 소세력 회로에 전기를 공급하기 위한 절연변압기의 사용전압은 **대지전압 300[V] 이하**로 하여야 한다. 답 ③

84 태양전지 모듈의 시설에 대한 설명으로 옳은 것은?

① 충전부분은 노출하여 시설할 것
② 출력배선은 극성별로 확인 가능토록 표시할 것
③ 전선은 공칭단면적 1.5[mm²] 이상의 연동선을 사용할 것
④ 전선을 옥내에 시설할 경우에는 애자공사에 준하여 시설할 것

[풀이] 520 태양광발전설비
가. 태양전지 모듈, 전선, 개폐기 및 기타 기구는 충전부분이 노출되지 않도록 시설하여야 한다.
나. 모듈의 **출력배선은 극성별로 확인**할 수 있도록 표시할 것
다. 전선은 공칭단면적 2.5[mm²] 이상의 연동선 또는 이와 동등 이상의 세기 및 굵기의 것일 것.
라. 모듈을 병렬로 접속하는 전로에는 그 주된 전로에 단락전류가 발생할 경우에 전로를 보호하는 과전류 차단기 또는 기타 기구를 시설할 것
마. 배선설비 공사는 옥내에 시설할 경우에는 합성수지관공사, 금속관공사, 금속제가요전선관공사, 케이블공사의 규정에 준하여 시설할 것. 답 ②

85 저압 옥상전선로의 시설에 대한 설명으로 옳지 않은 것은?

① 전선과 옥상전선로를 시설하는 조영재와의 이격거리를 0.5[m]로 하였다.
② 전선은 상시 부는 바람 등에 의하여 식물에 접촉하지 않도록 시설하였다.
③ 전선은 절연전선을 사용하였다.
④ 전선은 지름 2.6[mm]의 경동선을 사용하였다.

[풀이] 221.3 옥상전선로
저압 옥상전선로는 전개된 장소에 다음에 따르고 또한 위험의 우려가 없도록 시설하여야 한다.
가. 전선은 인장강도 2.30[kN] 이상의 것 또는 지름 2.6[mm] 이상의 경동선을 사용할 것.
나. 전선은 절연전선(OW전선을 포함한다.) 또는 이와 동등 이상의 절연효력이 있는 것을 사용할 것.
다. 전선은 조영재에 견고하게 붙인 지지주 또는 지지대에 절연성·난연성 및 내수성이 있는 애자를 사용하여 지지하고 또한 그 지지점 간의 거리는 15[m] 이하일 것.
라. 전선과 그 저압 옥상 전선로를 시설하는 **조영재와의 이격거리는 2[m]**(전선이 고압절연전선, 특고압절연전선 또는 케이블인 경우에는 1[m]) 이상일 것.
마. 저압 옥상전선로의 전선은 상시 부는 바람 등에 의하여 식물에 접촉하지 아니하도록 시설하여야 한다. 답 ①

86 일반 주택 및 아파트 각 호실의 현관등으로 백열전등을 설치할 때에는 타임스위치를 설치하여 몇 분 이내에 소등되는 것이어야 하는가?

① 1 ② 2
③ 3 ④ 5

[풀이] 234.6 점멸기의 시설
다음의 경우에는 센서등(타임스위치 포함)을 시설하여야 한다.
가. 관광숙박업 또는 숙박업(여인숙업을 제외한다)에 이용되는 객실의 입구등은 1분 이내에 소등되는 것.
나. 일반주택 및 **아파트 각 호실의 현관등은 3분 이내에 소등되는 것**. 답 ③

87 저압 옥내 배선은 일반적인 경우, 단면적 몇 [mm²] 이상의 연동선 이거나 이와 동등 이상의 세기 및 굵기의 것을 사용하여야 하는가?

① 2.5
② 4.0
③ 6.0
④ 10

풀이 231.3 저압 옥내배선의 사용전선
가. 저압 옥내배선의 전선 : **단면적 2.5[mm²] 이상의 연동선**
나. 옥내배선의 사용 전압이 400[V] 이하인 경우는 다음에 의하여 시설할 수 있다.
① 전광표시 장치 또는 제어 회로
 • 단면적 1.5[mm²] 이상의 연동선
 • 단면적 0.75[mm²] 이상인 다심케이블 또는 다심 캡타이어 케이블을 사용하고 또한 과전류가 생겼을 때에 자동적으로 전로에서 차단하는 장치를 시설
② 진열장 또는 이와 유사한 것의 내부 배선 : 단면적 0.75[mm²] 이상인 코드 또는 캡타이어케이블   **답** ①

88 유희용 전차의 시설방법으로 틀린 것은?

① 유희용 전차에 전기를 공급하는 전로에는 전용 개폐기를 시설할 것
② 유희용 전차에 전기를 공급하기 위하여 사용하는 접촉전선은 제3레일 방식에 의하여 시설할 것
③ 유희용 전차에 전기를 공급하는 전로의 사용전압은 직류의 경우 60[V] 이하, 교류의 경우는 40[V] 이하일 것
④ 유희용 전차 안에 승압용 변압기를 시설하는 경우 그 변압기의 2차 전압은 300[V] 이하일 것

풀이 241.8 유희용 전차
가. 유희용 전차에 전기를 공급하기 위하여 사용하는 변압기의 1차 전압은 400[V] 이하이어야 한다.
나. 유희용 전차에 전기를 공급하는 전원장치의 2차측 단자의 최대사용전압은 직류의 경우 60[V] 이하, 교류의 경우 40[V] 이하일 것.
다. 접촉전선은 제3레일 방식에 의하여 시설할 것.
라. 유희용 전차의 **전차 내에서 승압하여 사용하는 경우 변압기**는 절연변압기를 사용하고 **2차 전압은 150[V] 이하로 할 것**.
마. 유희용 전차에 전기를 공급하는 전로에는 전용의 개폐기를 시설하여야 한다.   **답** ④

89 전기저장장치를 시설하는 곳에서 계측장치를 시설하지 않아도 되는 것은?

① 주요변압기의 전압, 전류 및 전력
② 축전지 출력 단자의 전압, 전류, 전력
③ 축전지 출력 단자의 충방전 상태
④ 주요변압기의 온도

풀이 512.2.3 계측장치
전기저장장치를 시설하는 곳에는 다음의 사항을 계측하는 장치를 시설하여야 한다.
가. 축전지 출력 단자의 전압, 전류, 전력 및 충방전 상태
다. 주요 변압기의 전압 및 전류 또는 전력   **답** ④

90 사용전압 66[kV] 가공전선과 6[kV] 가공전선을 동일 지지물에 시설하는 경우, 특고압 가공전선은 케이블인 경우를 제외하고는 단면적이 몇 [mm²]인 경동연선 또는 이와 동등 이상의 세기 및 굵기의 연선이어야 하는가?

① 22
② 38
③ 50
④ 100

풀이 333.17 특고압 가공전선과 저압 가공전선 등의 병행설치
사용전압이 35[kV]을 초과하고 100[kV] 미만인 특고압 가공전선과 저압 또는 고압 가공전선을 동일 지지물에 시설하는 경우에는 다음에 따라 시설하여야 한다.
가. 특고압 가공전선로는 제2종 특고압 보안공사에 의할 것.
나. 특고압 가공전선은 케이블인 경우를 제외하고는 인장강도 21.67[kN] 이상의 연선 또는 **단면적이 50[mm²] 이상인 경동연선일 것**.
다. 특고압 가공전선로의 지지물은 철주 · 철근 콘크리트주 또는 철탑일 것   **답** ③

91 최대 사용전압 15[V]를 넘고 30[V] 이하인 소세력 회로에 사용하는 절연변압기의 2차 단락전류 값이 제한을 받지 않을 경우는 2차측에 시설하는 과전류차단기의 용량이 몇 [A] 이하일 경우인가?

① 0.5
② 1.5
③ 3.0
④ 5.0

풀이 241.14 소세력 회로
1. 소세력 회로에 전기를 공급하기 위한 변압기는 절연변압기이어야 한다.
2. 절연변압기의 2차 단락전류는 소세력 회로의 최대사용전압에 따라 표에서 정한 값 이하의 것일 것.

소세력 회로의 최대 사용전압의 구분	2차 단락전류	과전류차단기의 정격 전류
15[V] 이하	8[A]	5[A]
15[V]초과 30[V] 이하	5[A]	3[A]
30[V]초과 60[V] 이하	3[A]	1.5[A]

답 ③

92 과전류 차단기로 시설하는 퓨즈 중 고압 전로에 사용하는 포장 퓨즈는 정격 전류의 2배의 전류를 계속 흘렸을 때에 몇 분 안에 용단되어야 하는가?

① 2   ② 20   ③ 60   ④ 120

풀이 341.10 고압 및 특고압 전로 중의 과전류차단기의 시설
과전류차단기로 시설하는 퓨즈 중 고압전로에 사용하는 포장 퓨즈는 정격전류의 1.3배의 전류에 견디고 또한 2배의 전류로 120분 안에 용단되는 것이어야 한다.
답 ④

93 시가지에 시설하는 154[kV] 가공전선로에는 지락 또는 단락이 발생한 경우 몇 초 이내에 자동적으로 이를 전로로부터 차단하는 장치를 시설하여야 하는가?

① 1   ② 2   ③ 3   ④ 5

풀이 333.1 시가지 등에서 특고압 가공전선로의 시설
사용전압이 100[kV]를 초과하는 특고압 가공전선에 지락 또는 단락이 생겼을 때에는 1초 이내에 자동적으로 이를 전로로부터 차단하는 장치를 시설할 것.
답 ①

94 발전소·변전소 또는 이에 준하는 곳의 특고압 전로에 대한 접속상태를 모의모선의 사용 또는 기타의 방법으로 표시 하여야 하는데, 그 표시의 의무가 없는 것은?

① 전선로의 회선수가 3회선 이하로서 복모선
② 전선로의 회선수가 2회선 이하로서 복모선
③ 전선로의 회선수가 3회선 이하로서 단일모선
④ 전선로의 회선수가 2회선 이하로서 단일모선

풀이 351.2 특고압전로의 상 및 접속 상태의 표시
발·변전소, 개폐소 등에 있어서는 보수의 편의를 도모하고 오조작, 오접속을 방지하기 위하여 특고압 전로에는 다음의 시설이 필요하다.
가. 보기 쉬운 곳에 상별표시를 한다.
나. 접속 상태를 모의 모선 등으로 표시한다. 다만, 단모선으로 회선수가 2 이하의 간단한 것은 예외로 한다.
답 ④

95 최대사용전압이 380[V]인 3상 유도전동기의 절연내력은 몇 [V]의 시험전압에 견디어야 하는가?

① 475   ② 500
③ 570   ④ 760

풀이 133 회전기 및 정류기의 절연내력

종 류		시험전압	시험 방법
회전기	발전기·전동기·조상기·기타회전기	7[kV] 이하	1.5배 (최저 500[V])	권선과 대지 사이에 연속하여 10분간
		7[kV] 초과	1.25배 (최저 10,500[V])	
	회전 변류기	직류측의 최대 사용 전압의 1배의 교류 전압(최저 500[V])	

∴ 시험전압 = 380 × 1.5 = 570[V]
답 ③

96 계통연계하는 분산형전원을 설치하는 경우에 이상 또는 고장발생 시 자동적으로 분산형전원을 전력계통으로부터 분리하기 위한 장치를 시설해야 하는 경우가 아닌 것은?

① 역률 저하 상태
② 단독운전 상태
③ 분산형전원의 이상 또는 고장
④ 연계한 전력계통의 이상 또는 고장

풀이 503.2.3 계통 연계용 보호장치의 시설
계통 연계하는 분산형전원설비를 설치하는 경우 다음에 해당하는 이상 또는 고장 발생 시 **자동적으로 분산형전원설비를 전력계통으로부터 분리하기 위한 장치** 시설 및 해당 계통과의 보호협조를 실시하여야 한다.
가. 분산형전원설비의 이상 또는 고장
나. 연계한 전력계통의 이상 또는 고장
다. 단독운전 상태
답 ①

97 백열 전등 또는 방전등 및 이에 부속하는 전선은 사람이 접촉할 우려가 없는 경우 대지 전압이 최대 몇 [V]인가?

① 100
② 150
③ 300
④ 450

풀이 231.6 옥내전로의 대지 전압의 제한
백열전등 또는 방전등에 전기를 공급하는 옥내의 전로의 대지전압은 300[V] 이하여야 한다. 답 ③

98 금속관 공사에 의한 저압 옥내 배선의 방법으로 틀린 것은?

① 옥외용 비닐 절연전선을 사용하였다.
② 전선으로 연선을 사용하였다.
③ 콘크리트에 매설하는 금속관의 두께는 1.2[mm]를 사용하였다.
④ 관에 접지공사를 하였다.

풀이 232.12 금속관공사
가. 전선은 절연전선(옥외용 비닐 절연전선을 제외한다)일 것.
나. 전선은 연선일 것. 다만, 다음의 것은 적용하지 않는다.
  ① 짧고 가는 금속관에 넣은 것.
  ② 단면적 10[mm^2](알루미늄선은 단면적 16[mm^2]) 이하의 것.
다. 관의 두께는 다음에 의할 것.
  ① 콘크리트에 매설하는 것은 1.2[mm] 이상
  ② 콘크리트 매설 이외의 것은 1[mm] 이상
라. 관에는 접지공사를 할 것. 답 ①

99 가공전선로의 지지물에 지선을 시설할 때 옳은 방법은?

① 지선의 안전률을 2.0으로 하였다.
② 소선은 최소 2가닥 이상의 연선을 사용하였다.
③ 지중의 부분 및 지표상 20[cm]까지의 부분은 아연도금 철봉 등 내부식성 재료를 사용하였다.
④ 도로를 횡단하는 곳의 지선의 높이는 지표상 5[m]로 하였다.

풀이 331.11 지선의 시설
가. 지선의 안전율은 2.5 이상일 것. 이 경우에 허용 인장하중의 최저는 4.31[kN]으로 한다.
나. 지선에 연선을 사용할 경우에는 다음에 의할 것.
  ① 소선 3가닥 이상의 연선일 것.
  ② 소선의 지름이 2.6[mm] 이상의 금속선을 사용한 것일 것.
다. 지중부분 및 지표상 0.3[m]까지의 부분에는 내식성이 있는 것 또는 아연도금을 한 철봉을 사용하고 쉽게 부식되지 않는 근가에 견고하게 붙일 것.
라. **도로를 횡단하여 시설하는 지선의 높이는 지표상 5[m] 이상**으로 하여야 한다. 다만, 기술상 부득이한 경우로서 교통에 지장을 초래할 우려가 없는 경우에는 지표상 4.5[m] 이상, 보도의 경우에는 2.5 [m] 이상으로 할 수 있다. 답 ④

100 전선 기타의 가섭선(架涉線) 주위에 두께 6[mm], 비중 0.9의 빙설이 부착된 상태에서 을종 풍압하중은 구성재의 수직 투영면적 1[m^2]당 몇 [Pa]을 기초로 하여 계산하는가? (단, 다도체를 구성하는 전선이 아니라고 한다.)

① 333[Pa]
② 372[Pa]
③ 588[Pa]
④ 666[Pa]

풀이 331.6 풍압하중의 종별과 적용
가. 갑종 풍압하중 : 구성재의 수직 투영면적 1[m^2]에 대한 풍압을 기초로 하여 계산한 것.
나. 을종 풍압하중 : 전선 기타의 가섭선 주위에 두께 6[mm], 비중 0.9의 빙설이 부착된 상태에서 **수직 투영면적 372[Pa]**(다도체를 구성하는 전선은 333 [Pa]), 그 이외의 것은 갑종풍압하중의 2분의 1을 기초로 하여 계산한 것.
다. 병종 풍압하중 : 갑종풍압하중의 2분의 1을 기초로 하여 계산한 것. 답 ②

2021년 2회 전기산업기사필기(CBT 복원문제)

동일출판사 홈페이지에서 무료 동영상강의를 보실 수 있습니다.

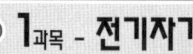

1과목 - 전기자기

01 전류 및 자계와 직접 관련이 없는 것은?

① 앙페르의 오른손 법칙
② 플레밍의 왼손 법칙
③ 비오-사바르의 법칙
④ 렌츠의 법칙

풀이 ① 앙페르의 오른손 법칙 : 전류가 만드는 자계의 방향
② 플레밍의 왼손 법칙 : 자계내에 놓여진 전류도선이 받는 힘의 방향
③ 비오-사바르의 법칙 : 전류에 의한 자계의 세기
④ 렌츠의 법칙은 자속의 변화에 따른 전자유도법칙으로 직접적인 관련은 없다. **답** ④

02 $10^4[\text{eV}]$의 전자속도는 $10^2[\text{eV}]$의 전자속도의 몇 배인가?

① 10 ② 100
③ 1000 ④ 10000

풀이 전하량 q인 전자 입자가 전위차 V를 통과할 때 일은 $W_e = qV[\text{eV}]$이다.
이때의 에너지 단위는 전자볼트(eV)를 사용한다.
전자 입자의 질량 m, 전자속도 v일 때 운동에너지는
$W_m = \frac{1}{2}mv^2 [\text{eV}]$
즉 두 관계식에서
$W_e = W_m$, $W_e = \frac{1}{2}mv^2$, $v = \sqrt{\frac{2W_e}{m}}$
$\therefore v \propto \sqrt{W_e}$
$W_{e1} = 10^4[\text{eV}]$일 때 전자속도 v_1,
$W_{e2} = 10^2[\text{eV}]$일 때 전자속도 v_2라 하면
$v_1 : v_2 = \sqrt{W_{e1}} : \sqrt{W_{e2}}$
$v_1 = \sqrt{\frac{W_{e1}}{W_{e2}}} v_2 = \sqrt{\frac{10^4}{10^2}} v_2 = \sqrt{100} v_2$
$\therefore v_1 = 10v_2$ (10배) **답** ①

03 전계의 세기가 $E = E_x i + E_y j$인 경우 x, y 평면 내의 전력선을 표시하는 미분 방정식은?

① $\frac{dy}{dx} = \frac{E_x}{E_y}$
② $\frac{dy}{dx} = \frac{E_y}{E_x}$
③ $E_x\, dx + E_y\, dy = 0$
④ $E_x\, dy + E_y\, dx = 0$

풀이 전기력선 방정식은 $\frac{dx}{E_x} = \frac{dy}{E_y} = \frac{dz}{E_z}$ 이므로
$\frac{dx}{E_x} = \frac{dy}{E_y}$ 에서 $dx\, E_y = dy\, E_x$ 가 된다.
문제에서 ②항의 $\frac{dy}{dx} = \frac{E_y}{E_x}$ 도 $dx\, E_y = dy\, E_x$ 가 된다. **답** ②

04 유전체 중의 전계의 세기를 E, 유전율을 ϵ이라 하면 전기변위는?

① $\frac{1}{2}\epsilon E^2$ ② $\frac{E}{\epsilon}$
③ ϵE^2 ④ ϵE

풀이 전속밀도 D는 전기 변위(electric displacement)를 의미한다. 따라서 유전율 ϵ일 때 전속밀도 D와 전계의 세기 E의 관계식은 $D = \epsilon E$ **답** ④

05 도체의 단면적이 $5[\text{m}^2]$인 곳을 3초 동안에 30[C]의 전하가 통과하였다면 이때의 전류는?

① 5[A] ② 10[A]
③ 30[A] ④ 90[A]

풀이 전류 $I = \frac{dQ}{dt} = \frac{30}{3} = 10[\text{A}]$ **답** ②

06 도체의 성질에 대한 설명으로 틀린 것은?
① 도체 내부의 전계는 0이다.
② 전하는 도체 표면에만 존재한다.
③ 도체의 표면 및 내부의 전위는 등전위이다.
④ 도체 표면의 전하밀도는 표면의 곡률이 큰 부분일수록 작다.

풀이 도체의 성질과 전하분포
① 도체 표면과 내부의 전위는 동일하고(등전위), 표면은 등전위면이다.
② 도체 내부의 전계의 세기는 0이다.
③ 전하는 도체 내부에는 존재하지 않고, 도체 표면에만 분포한다.
④ 도체 면에서의 전계의 세기는 도체 표면에 항상 수직이다.
⑤ 도체 표면에서의 전하밀도는 곡률이 클수록 높다. 즉, 곡률반경이 작을수록 높다.
⑥ 중공부에 전하가 없고 대전 도체라면, 전하는 도체 외부의 표면에만 분포한다.
⑦ 중공부에 전하를 두면 도체내부표면에 동량 이부호, 도체 외부 표면에 동량 동부호의 전하가 분포한다.
답 ④

07 두 개의 코일이 있다. 각각의 자기 인덕턴스가 $L_1 = 0.25$[H], $L_2 = 0.4$[H]일 때 상호 인덕턴스는 몇 [H]인가? 단, 결합 계수는 1이라 한다.
① 0.125
② 0.197
③ 0.258
④ 0.316

풀이 상호인덕턴스
$M = k\sqrt{L_1 L_2} = 1 \times \sqrt{0.25 \times 0.4} = 0.316$[H] **답** ④

08 Maxwell의 전자기파 방정식이 아닌 것은?
① $\oint_c H \cdot dl = nI$
② $\oint_c E \cdot dl = -\int_s \frac{\partial B}{\partial t} ds$
③ $\oint_s D \cdot ds = \int_v \rho dv$
④ $\oint_s B \cdot ds = 0$

풀이

미분형	적분형
$\nabla \times E = -\frac{\partial B}{\partial t}$	$\oint_c E \cdot dl = -\int_s \frac{\partial B}{\partial t} ds$
$\nabla \times H = i_c + \frac{\partial D}{\partial t}$ $\oint_c E \cdot dl = \int_s \left(-\frac{\partial B}{\partial t}\right) ds$	$\oint_c H \cdot dl = I + \int_s \frac{\partial D}{\partial t} ds$
$\nabla \cdot B = 0$	$\oint_s B \cdot ds = 0$
$\nabla \cdot D = \rho$	$\oint_s D \cdot ds = \int_v \rho dv = Q$

답 ①

09 손실 유전체에서 전자파에 관한 전파정수 γ로서 옳은 것은?
① $j\omega\sqrt{\mu\epsilon}\sqrt{j\frac{\sigma}{\omega\epsilon}}$
② $j\omega\sqrt{\mu\epsilon}\sqrt{1-j\frac{\sigma}{2\omega\epsilon}}$
③ $j\omega\sqrt{\mu\epsilon}\sqrt{1-j\frac{\sigma}{\omega\epsilon}}$
④ $j\omega\sqrt{\mu\epsilon}\sqrt{1-j\frac{\omega\epsilon}{\sigma}}$

풀이 $r^2 = j\omega\mu(\sigma + j\omega\epsilon)$
$r = \pm\sqrt{j\omega\mu(\sigma + j\omega\epsilon)}$
$\therefore r = \sqrt{j\omega\mu(\sigma + j\omega\epsilon)} = j\omega\sqrt{\epsilon\mu}\sqrt{1-j\frac{\sigma}{\omega\epsilon}}$ **답** ③

10 쌍극자 모멘트가 M[C·m]인 전기쌍극자에 의한 임의의 점 P에서의 전계의 크기는 전기쌍극자의 중심에서 축방향과 점 P를 잇는 선분 사이의 각이 얼마일 때 최대가 되는가?
① 0
② $\frac{\pi}{2}$
③ $\frac{\pi}{3}$
④ $\frac{\pi}{4}$

풀이 $E = \frac{M}{4\pi\epsilon_0 r^3}(\sqrt{1+3\cos^2\theta})$에서
점 P의 전계는 $\theta = 0°$일 때 최대이고 $\theta = 90°$일 때 최소가 된다. **답** ①

11 비유전율 4, 비투자율 1인 공간에서 전자파의 전파속도는 몇 [m/sec]인가?

① 0.5×10^8 ② 1.0×10^8
③ 1.5×10^8 ④ 2.0×10^8

풀이 전파속도

$$v = \frac{3 \times 10^8}{\sqrt{\epsilon_s \mu_s}} = \frac{3 \times 10^8}{\sqrt{4 \times 1}} = 1.5 \times 10^8 [\text{m/s}]$$

답 ③

12 진공 중에서 어떤 대전체의 전속이 Q이었다. 이 대전체를 비유전율 2.2인 유전체 속에 넣었을 경우의 전속은?

① Q ② ϵQ ③ $2.2Q$ ④ 0

풀이 전기력선 수는 $\dfrac{Q}{\epsilon}$로 유전율에 반비례하나 전속수는 유전체의 Gauss 법칙에서 $\oint D \cdot n dS = Q$로 유전율에 관계없이 항상 Q개이다. **답** ①

13 그림과 같은 반지름 a[m]인 원형 코일에 I[A]가 흐르고 있다. 이 도체 중심축상 x[m]인 점 P의 자위[AT]는?

① $\dfrac{I}{2}\left(1 - \dfrac{x}{\sqrt{a^2+x^2}}\right)$

② $\dfrac{I}{2}\left(1 - \dfrac{a}{\sqrt{a^2+x^2}}\right)$

③ $\dfrac{I}{2}\left(1 - \dfrac{x^2}{(a^2+x^2)^{3/2}}\right)$

④ $\dfrac{I}{2}\left(1 - \dfrac{a^2}{(a^2+x^2)^{3/2}}\right)$

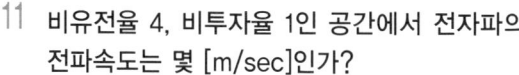

풀이

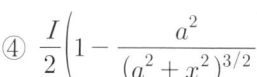

그림과 같이 점 P에서 코일 AB를 바라보는 입체각 $\omega = 2\pi(1-\cos\theta)$이므로 자위는

$$U_m = \frac{I}{4\pi}\omega = \frac{I}{4\pi} \cdot 2\pi(1-\cos\theta)$$

$$= \frac{I}{2}\left(1 - \frac{x}{\sqrt{a^2+x^2}}\right)[\text{AT}]$$

답 ①

14 서로 다른 두 유전체 사이의 경계면에 전하 분포가 없다면 경계면 양쪽에서의 전계 및 전속밀도는?

① 전계 및 전속밀도의 접선성분은 서로 같다.
② 전계 및 전속밀도의 법선성분은 서로 같다.
③ 전계의 법선성분이 서로 같고, 전속밀도의 접선성분이 서로 같다.
④ 전계의 접선성분이 서로 같고, 전속밀도의 법선성분이 서로 같다.

풀이 유전율이 다른 경계면에 전계(전속)가 입사되면,
• 전계는 접선성분(평행성분)이 같다.
  $E_{1t} = E_{2t}$ ($E_1 \sin\theta_1 = E_2 \sin\theta_2$)
• 전속밀도는 법선성분 (수직성분)이 같다.
  $D_{1n} = D_{2n}$ ($D_1 \cos\theta_1 = D_2 \cos\theta_2$)

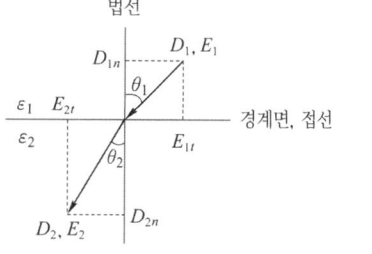

답 ④

15 전위분포가 $V = 6x + 3$[V]로 주어졌을 때 점 (10, 0)[m]에서의 전계의 크기[V/m] 및 방향은 어떻게 표현되는가?

① $-6a_x$ ② $-9a_x$
③ $3a_x$ ④ 0

풀이 $E = -\text{grad}\, V = -\nabla V$

$= -\left(\dfrac{\partial V}{\partial x}a_x + \dfrac{\partial V}{\partial y}a_y + \dfrac{\partial V}{\partial z}a_z\right) = -6a_x$

답 ①

16 B[Wb/m²]의 자계 내에서 -1[C]의 점전하가 v[m/s] 속도로 이동할 때 받는 힘 F는 몇 [N]인가?

① $B \cdot v$ ② $\dfrac{B \cdot v}{2}$
③ $B \times v$ ④ $2B \times v$

풀이 자계 내에서 전하가 받는 힘, 즉 전자력은 $F = q(v \times B)$ 전하량 $q = -1$[C]을 대입하면 $F = -(v \times B)$이고,

벡터적 $A \times B = -(B \times A)$ 의 관계식에 의해
$$\therefore F = -(v \times B) = B \times v$$ 답 ③

17 한 변의 길이가 2[m] 되는 정 3각형의 3 정점 A, B, C에 10^{-4}[C]의 점전하가 있다. 점 B에 작용하는 힘은 몇 [N]인가?

① 29 ② 39 ③ 45 ④ 49

풀이 점 A에 있는 전하에 의한 작용력 F_1은
$$F_1 = \frac{1}{4\pi\epsilon_0} \frac{Q_1 Q_2}{r^2} = 9 \times 10^9 \times \frac{10^{-8}}{2^2} = 22.5[N]$$
점 C에 있는 전하에 의한 작용력 F_2는 F_1과 크기는 같고 방향은 그림과 같다. 따라서
$$F = \sqrt{F_1^2 + F_2^2 + 2F_1 F_2 \cos\theta}$$
$$= \sqrt{22.5^2 + 22.5^2 + 2 \times 22.5 \times 22.5 \times \cos 60°}$$
$$\approx 38.97[N]$$

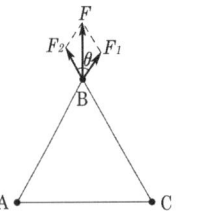

답 ②

18 전하 q[C]가 진공 중의 자계 H[AT/m]에 수직 방향으로 v[m/sec]의 속도로 움직일 때 받는 힘은 몇 [N]인가?

① $\dfrac{qH}{\mu_0 v}$ ② qvH

③ $\dfrac{1}{\mu_0} qVH$ ④ $\mu_0 qvH$

풀이 자계 내에 놓여진 운동 전하가 받는 힘
$F = qvB\sin\theta = qv\mu_0 H \sin\theta$ [N]
$\theta = 90°$이므로, $F = qv\mu_0 H$[N] 이다. 답 ④

19 대지면에 높이 h[m]로 평행 가설된 매우 긴 선전하(선전하 밀도 λ[C/m])가 지면으로부터 받는 힘[N/m]은?

① h에 비례한다. ② h에 반비례한다.
③ h^2에 비례한다. ④ h^2에 반비례한다.

풀이 지상의 높이 h[m]와 같은 길이에 선전하 밀도 $-\lambda$[C/m]인 영상전하를 고려하여 선전하 간의 작용력을 구하면
$$f = -\lambda E = -\lambda \cdot \frac{\lambda}{2\pi\epsilon_0(2h)} = \frac{-\lambda^2}{4\pi\epsilon_0 h} \propto \frac{1}{h}$$ 답 ②

20 전위계수의 단위는?

① [1/F] ② [C]
③ [C/V] ④ 없다.

풀이 전위계수는 +1[C]이 만드는 전위로
$P = \dfrac{V}{Q}$ [V/C], [1/F], [daraf] 등이 쓰인다. 답 ①

2과목 - 전력공학

21 송전선에 복도체(또는 다도체)를 사용할 경우 같은 단면적의 단도체를 사용하였을 경우에 비하여 다음 표현 중 적합하지 않는 것은?

① 전선의 인덕턴스는 감소되고 정전용량은 증가된다.
② 고유 송전용량이 증대되고 정태 안정도가 증대된다.
③ 전선 표면의 전위 경도가 증가한다.
④ 전선의 코로나 개시전압이 높아진다.

풀이 복도체 방식의 장점
① 전선의 인덕턴스가 감소하고 정전용량이 증가되어 선로의 송전 용량이 증가하고 계통의 안정도를 증진시킨다.
② 전선 표면의 전위 경도가 저감되므로 코로나 임계전압을 높일 수 있고 코로나손, 코로나 잡음 등의 장해가 저감된다. 답 ③

22 다음 중 조상(調相)설비에 해당되지 않는 것은?

① 분로 리액터 ② 동기조상기
③ 상순(相順) 표시기 ④ 진상 콘덴서

풀이 조상 설비

항목	동기조상기	전력용 콘덴서	분로 리액터
무효전력	진상, 지상 양용	진상전용	지상전용
조정	연속적	계단적	계단적
시송전	가능	불가능	불가능

답 ③

23 송전계통에서 콘덴서와 리액터를 직렬로 연결하여 제거시키는 고조파는?

① 제2고조파 ② 제3고조파
③ 제4고조파 ④ 제5고조파

풀이
- 송전선로에는 변압기의 유기 기전력이 발생할 때에 생기는 기수 고조파가 존재하게 되는데, 제3고조파는 변압기의 △결선에서 제거되고 **제5고조파는 전력용 콘덴서에 직렬 리액터를 삽입하여 제거시킨다.**
- 직렬 리액터 용량
  - 이론 : 콘덴서 용량 × 4[%]
  - 실제 : 콘덴서 용량 × 5~6[%]

답 ④

24 발전소 원동기로 이용되는 가스터빈의 특징을 증기터빈과 내연기관에 비교하였을 때 옳은 것은?

① 평균효율이 증기터빈에 비하여 대단히 낮다.
② 기동시간이 짧고 조작이 간단하므로 첨두부하 발전에 적당하다.
③ 냉각수가 비교적 많이 든다.
④ 설비가 복잡하며, 건설비 및 유지비가 많고 보수가 어렵다.

풀이 가스 터빈의 장점
① 소형 경량으로 건설비가 싸고 유지비가 적다.
② 기동시간이 짧고 부하의 급변에도 잘 견딘다.
③ 냉각수가 다량으로 필요치 않다.
④ **첨두부하 발전용으로 사용한다.**

답 ②

25 피뢰기의 구비조건이 아닌 것은?

① 속류의 차단능력이 충분할 것
② 충격 방전 개시 전압이 높을 것
③ 상용 주파 방전 개시 전압이 높을 것
④ 방전 내량이 크고, 제한 전압이 낮을 것

풀이 피뢰기의 구비조건
- 상용 주파 방전 개시 전압이 높을 것
- **충격 방전 개시 전압이 낮을 것**
- 제한 전압이 낮을 것
- 속류 차단 능력이 클 것

답 ②

26 3상 송전선로의 선간전압이 100[kV], 기준용량이 10,000[kVA]일 때, 1선 당의 선로리액턴스 150[Ω]을 %임피던스로 환산하면 몇 [%]인가?

① 5 ② 10
③ 15 ④ 20

풀이 $\%Z = \dfrac{PZ}{10V^2} = \dfrac{10,000 \times 150}{10 \times 100^2} = 15[\%]$

(V : 정격전압[kV], P : 기준용량[kVA])

답 ③

27 배전 계통에서 콘덴서를 설치하는 것은 여러 가지 목적이 있으나 그 중에서 가장 주된 목적은?

① 전압 강하 보상 ② 전력 손실 감소
③ 송전 용량 증가 ④ 기기의 보호

풀이 전력용 콘덴서 설치(역률 개선)의 효과
① 전력 손실 감소
② 변압기, 개폐기 등의 소요 용량 감소
③ 송전 용량 증대
④ 전압 강하 감소
이들 중 **가장 큰 효과는 전력 손실 감소**이다(전력 손실은 역률의 제곱에 역비례 하여 감소한다).

답 ②

28 수전 용량에 비해 첨두부하가 커지면 부하율은 그에 따라 어떻게 되는가?

① 높아진다.
② 낮아진다.
③ 변하지 않고 일정하다.
④ 부하의 종류에 따라 달라진다.

풀이 부하율 = $\dfrac{평균전력}{최대전력} \times 100$

에서 **첨두부하가 커지면 부하율은 낮아진다.**

답 ②

29 보호계전기 동작이 가장 확실한 중성점접지방식은?

① 비접지방식 ② 저항접지방식
③ 직접 접지방식 ④ 소호 리액터접지방식

풀이 직접 접지방식의 장·단점
[장점] ① 1선 지락 시에 건전상의 대지전압이 거의 상승하지 않는다.
② 피뢰기의 효과를 증진시킬 수 있다.
③ 단절연이 가능하다.
④ 계전기의 동작이 확실해진다.
[단점] ① 송전 계통의 과도 안정도가 나빠진다.
② 통신선에 유도 장해가 크다.
③ 기기에 큰 영향을 주어 손상을 준다.
④ 대용량 차단기가 필요하다. **답** ③

30 전등 설비 250[W], 전열 설비 800[W], 전동기 설비 200[W], 기타 150[W]인 수용가가 있다. 이 수용가의 최대 수용 전력이 910[W]이면 수용률은?

① 65 ② 70 ③ 75 ④ 80

풀이 수용률 = $\dfrac{\text{최대 수용 전력}}{\text{설비 용량(접속 부하)}} \times 100$
$= \dfrac{910}{250+800+200+150} \times 100$
$= \dfrac{910}{1400} \times 100 = 65[\%]$ **답** ①

31 단락전류를 제한하기 위하여 사용되는 것은?

① 현수애자 ② 사이리스터
③ 한류 리액터 ④ 직렬 콘덴서

풀이 한류 리액터는 선로에 직렬로 설치한 리액터로 단락 사고시 발전기가 전기자 반작용이 일어나기 전 커다란 돌발 단락전류가 흐르므로 이를 제한하기 위해 설치한다. **답** ③

32 송전선로에서 역섬락이 생기기 가장 쉬운 경우는?

① 선로 손실이 큰 경우
② 코로나 현상이 발생한 경우
③ 선로정수가 균일하지 않을 경우
④ 철탑의 탑각 접지 저항이 큰 경우

풀이 탑각 접지 저항이 충분히 낮지 않으면 가공 지선이 포착한 직격뢰는 대지로 흐를 수 없고, 철탑 전위가 상승하여 철탑부가 애자를 통하여 또는 경간 내에서 가공지선과 전력선간의 공기를 통하여, 전력선에 방전하는 역섬락을 일으킨다. **답** ④

33 송전선로에 관한 설명 중 옳지 않은 것은?

① 송전선로의 유도 장해를 억제하기 위해서 접지저항은 보호장치가 허용할 수 있는 범위에서 작게 하여야 한다.
② 송전선로에 발생하는 내부 이상 전압은 그 대부분이 사용 대지 전압의 파고값의 약 4배 이하이다.
③ 송전계통의 안정도를 높이기 위해 복도체 방식을 택하거나 직렬 콘덴서 등을 설치한다.
④ 결합 콘덴서는 반송 전화 장치를 송전선에 결합시키기 위해 사용하는 것으로 그 용량은 $0.001 \sim 0.002[\mu F]$ 정도이다.

풀이 보호장치가 허용할 수 있는 범위내에서 접지저항값을 크게 하여야 한다. 접지저항이 작으면, 직접 접지와 비슷해지므로 유도장해가 증가된다. **답** ①

34 송전선의 중성점을 접지하는 이유가 아닌 것은?

① 코로나를 방지한다.
② 기기의 절연강도를 낮출 수 있다.
③ 이상전압을 방지한다.
④ 지락사고선을 선택 차단한다.

풀이 ① 송전선로의 중성점 접지 목적
• 지락고장 시 건전상의 대지전위상승을 억제, 전선로 및 기기의 절연 레벨을 경감
• 뇌, 아크 지락, 기타에 의한 이상전압의 경감 및 발생 억제
• 지락고장 시 접지계전기의 확실한 동작
• 소호 리액터 접지방식에서는 1선 지락 시의 아크 지락을 재빨리 소멸시켜 그대로 송전을 계속할 수 있게 한다.
② **코로나를 방지하기 위해서는 복도체를 사용**한다. **답** ①

35 철탑으로부터의 전선의 오프셋을 주는 이유로 가장 알맞은 것은?

① 불평형 전압의 유도 방지
② 지락사고 방지
③ 전선의 진동방지
④ 상하 전선의 접촉 방지

풀이 오프셋은 전선의 도약으로 인한 상하 전선의 단락을 방지하기 위하여 철탑 지지점의 위치를 수직에서 벗어나게 함을 말한다.

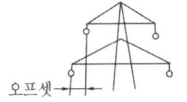

답 ④

36 중성점 저항 접지방식의 병행 2회선 송전선로의 지락사고 차단에 사용되는 계전기는?

① 선택접지계전기 ② 거리계전기
③ 과전류계전기   ④ 역상계전기

풀이 병행 2회선의 지락사고 시에는 선택 접지계전기가 동작하여 사고선로를 선택 차단한다. **답** ①

37 수력발전소의 댐 설계 및 저수지 용량 등을 결정하는데 가장 적합하게 사용되는 것은?

① 유량도   ② 유황곡선
③ 수위-유량곡선   ④ 적산유량곡선

풀이 적산 유량 곡선은 매일의 수량을 차례로 적산해서 가로축에 일수를, 세로축에 적산 수량을 그린 곡선을 뜻한다. **답** ④

38 다음 중 송전계통의 절연협조에 있어서 절연레벨이 가장 낮은 기기는?

① 피뢰기 ② 단로기
③ 변압기 ④ 차단기

풀이 절연 협조는 피뢰기의 제한 전압이 기준이 된다. 따라서 피뢰기의 절연 레벨이 제일 낮다.
• 절연 레벨 : 피뢰기 < 변압기 < 차단기, CT, PT, … < 선로 애자

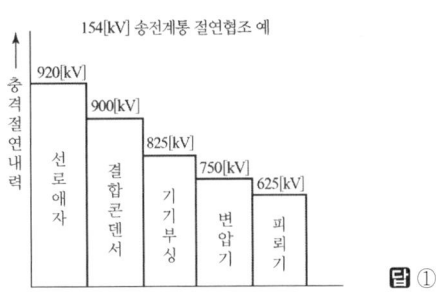

답 ①

39 다음 그림과 같이 200/5[CT] 1차측에 150[A]의 3상 평형 전류가 흐를 때 전류계 A_3에 흐르는 전류는 몇 [A]인가?

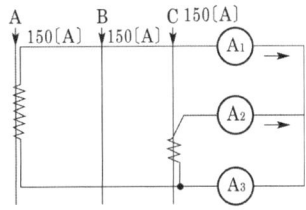

① 3.75   ② 5
③ $\sqrt{3} + 3.75$ ④ $\sqrt{3} \times 5$

풀이 CT 권수비가 40이므로 1차측에 150[A]가 흐르면 2차측에는 $\frac{150}{40} = 3.75$[A]가 흐른다.

$$A_3 = |A_1 + A_2| = \sqrt{A_1^2 + A_2^2 + 2A_1A_2\cos\theta}$$
$$= \sqrt{3.75^2 + 3.75^2 + 2 \times 3.75^2 \cos 120} = 3.75[A]$$

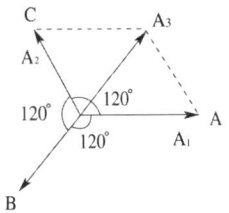

답 ①

40 전력선 반송전화 장치를 송전선에 연락하는 장치로 사용되는 것은?

① 분로 리액터 ② 분배기
③ 중계선륜   ④ 결합 콘덴서

풀이 결합 콘덴서 : 전력선 반송전파 장치와 송전선의 연결에 사용 **답** ④

3과목 - 전기기기

41 가동 복권 발전기의 내부 결선을 바꾸어 분권 발전기로 하자면?

① 내분권 복권형으로 해야 한다.
② 외분권 복권형으로 해야 한다.
③ 분권 계자를 단락시킨다.
④ 직권 계자를 단락시킨다.

풀이 복권 발전기

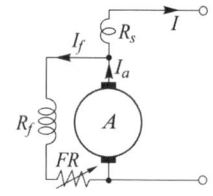
(a) 복권 (내분권)

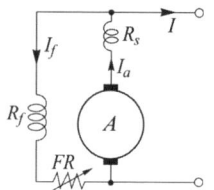
(b) 복권 (외분권)

① 복권 발전기의 직권 계자 권선을 단락시키면, 분권 발전기로 운전할 수 있다.
② 외분권, 내분권들은 어느 것이나 복권 발전기의 일종이다. **답** ④

42 유도 전동기를 기동하기 위하여 △를 Y로 전환했을 때 토크는 몇 배가 되는가?

① $\frac{1}{3}$ 배 ② $\frac{1}{\sqrt{3}}$ 배
③ $\sqrt{3}$ 배 ④ 3배

풀이 ① 유도 전동기의 토크는 전압의 제곱에 비례 ($\tau \propto V^2$)
② △에서 Y로 전환 시 1상에 가해지는 전압은 $\frac{1}{\sqrt{3}}$ 배로 감소
따라서, 토크 $\tau \propto \left(\frac{1}{\sqrt{3}}\right)^2 = \frac{1}{3}$ 배 **답** ①

43 2차 저항과 2차 리액턴스가 0.04[Ω], 0.06[Ω]인 3상 유도전동기의 슬립이 4[%]일 때 1차 부하전류가 10[A]이었다면 기계적 출력은 약 몇 [kW]인가? (단, 권선비 $\alpha = 2$, 상수비 $\beta = 1$이다.)

① 0.57 ② 0.85 ③ 1.15 ④ 1.35

풀이 $r_2 = 0.04[\Omega]$이므로
$r_2' = a^2 \beta r_2 = 2^2 \times 1 \times 0.04 = 0.16[\Omega]$
기계적 출력을 대표하는 부하 저항의 1차 환산값 R'은
$R' = \frac{1-s}{s} r_2' = \frac{1-0.04}{0.04} \times 0.16 = 3.84[\Omega]$
$\therefore P = 3(I_1')^2 R' = 3 \times 10^2 \times 3.84 = 1,152[W]$
$= 1.152[kW]$ **답** ③

44 T-결선에 의하여 3300[V]의 3상으로부터 200[V], 40[kVA]의 전력을 얻는 경우 T좌 변압기의 권수비는 약 얼마인가?

① 16.5 ② 14.3
③ 11.7 ④ 10.2

풀이 주좌 변압기의 권수비를 a_M, T좌 변압기의 권수비를 a_T라 하면
$a_T = a_M \times \frac{\sqrt{3}}{2} = \frac{3300}{200} \times \frac{\sqrt{3}}{2}$
$= 16.5 \times 0.866 = 14.3$ **답** ②

45 터빈발전기의 냉각을 수소 냉각방식으로 하는 이유가 아닌 것은?

① 풍손이 공기냉각시의 약 1/10로 줄어든다.
② 동일기계일 때 공기냉각 시 보다 정격 출력이 약 25[%] 증가한다.
③ 수분, 먼지 등이 없어 코로나에 의한 손상이 없다.
④ 비열은 공기의 약 10배이고 열전도율은 약 15배로 된다.

풀이 ① 수소 냉각 발전기의 장점
• 비중이 공기의 약 7[%]로 가볍고 풍손은 공기의 약 1/10로 감소
• 열전도율은 공기의 약 6.7배, 비열은 약 14배로 열전도성이 좋고, 공기냉각 발전기에 비해 약 25[%]의 출력이 증가
• 가스 냉각기가 적어도 된다.
• 코로나 발생전압이 높고 절연물의 수명이 길어진다.
• 공기에 비해 대류율이 1.3배이고 운전 중 소음이 적다.
② 수소 냉각 발전기의 단점
• 공기와 적당히 혼합하면 폭발할 우려가 있다.
• 폭발 예방을 위한 부속설비가 필요하며 설비비가 증가 **답** ④

46 교류 정류자기에서 갭의 자속 분포가 정현파로 $\Phi_m = 0.14$[Wb], $p = 2$, $a = 1$, $Z = 200$, $N = 1200$[rpm]인 경우 브러시 축이 자극 축과 30°라면 속도 기전력의 실효값 E_s는 약 몇 [V]인가?

① 160　② 400　③ 560　④ 800

풀이
$E_s = \dfrac{1}{\sqrt{2}} \cdot \dfrac{p}{a} Z n \phi_m \sin\theta$

$= \dfrac{1}{\sqrt{2}} \times \dfrac{2}{1} \times 200 \times 20 \times 0.14 \times \sin 30°$ [V]

$= 396$ [V]　**답** ②

47 단락비가 큰 동기발전기에 대한 설명 중 틀린 것은?

① 효율이 나쁘다.
② 계자전류가 크다.
③ 전압변동률이 크다.
④ 안정도와 선로 충전용량이 크다.

풀이 단락비가 큰 기계(철기계)
- 동기 임피던스가 적다. ($K_s \propto \dfrac{1}{Z_s}$)
- **전압변동률이 작다.**
- 전기자 반작용이 작다.
- 출력이 크다.
- 과부하 내량이 크고 안정도가 높다.
- 자기 여자 현상이 작다.
- 송전선로의 충전용량이 크다.
- 철손, 기계손 등의 고정손이 커서 효율이 나쁘다.
- 극수가 많은 저속기에 적합하다.　**답** ③

48 전기자 저항이 0.3[Ω]인 분권발전기가 단자전압 550[V]에서 부하전류가 100[A]일 때 발생하는 유도기전력[V]은? (단, 계자전류는 무시한다.)

① 260　② 420　③ 580　④ 750

풀이
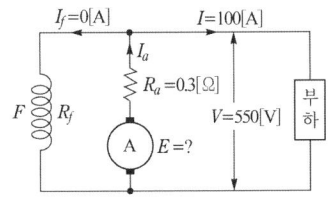

전기자 전류 $I_a = I_f + I$에서 '계자전류는 무시한다.'고 하였으므로 $I_a = I = 100$ [A] 이다.
따라서 유기기전력
$E = V + I_a R_a = 550 + 100 \times 0.3 = 580$ [V]　**답** ③

49 유도전동기의 보호 방식에 따른 종류가 아닌 것은?

① 방진형　② 방수형
③ 전개형　④ 방폭형

풀이 회전기의 보호 방식에 전개형은 없다.　**답** ③

50 전압변동률이 작은 동기발전기는?

① 동기 리액턴스가 크다.
② 전기자 반작용이 크다.
③ 단락비가 크다.
④ 자기여자작용이 크다.

풀이 단락비가 큰 기계(철기계)
- 동기 임피던스가 적다. ($K_s \propto \dfrac{1}{Z_s}$)
- **전압 변동률이 작다.**
- 전기자 반작용이 작다.
- 출력이 크다.
- 과부하 내량이 크고 안정도가 높다.
- 자기 여자 현상이 작다.
- 극수가 많은 저속기에 적합하다.　**답** ③

51 동기발전기에서 동기속도와 극수와의 관계를 표시한 것은 어느 것인가?
단, N : 동기속도, P : 극수

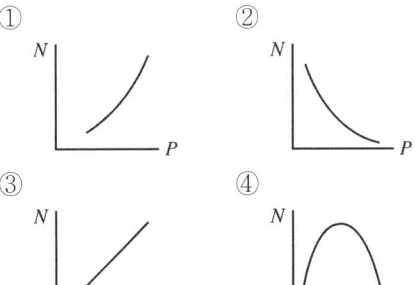

풀이 동기속도 $N = \dfrac{120f}{P} \propto \dfrac{1}{P}$

즉, 동기속도(N)와 극수(P)는 반비례하는 관계이다.

답 ②

52 8극 60[Hz], 3상 권선형 유도 전동기의 전부하 시의 2차 주파수가 3[Hz], 2차 동손이 500[W]라면 발생 토크는 약 몇 [kg·m]인가? 단, 기계손은 무시한다.

① 10.4 ② 10.8
③ 11.1 ④ 12.5

풀이
- 슬립 $s = \dfrac{f_2}{f_1} = \dfrac{3}{60} = 0.05$
- 2차 입력 $P_2 = \dfrac{P_{c2}}{s} = \dfrac{500}{0.05} = 10,000[W]$
- 회전자 속도 $N_s = \dfrac{120f}{p} = \dfrac{120 \times 60}{8} = 900[rpm]$

$\therefore T = 0.975 \dfrac{P}{N} = 0.975 \dfrac{(1-s)P_2}{(1-s)N_s} = 0.975 \dfrac{P_2}{N_s}$

$= 0.975 \times \dfrac{10,000}{900} = 10.83[kg \cdot m]$

답 ②

53 직류 발전기의 부하 포화 곡선은 다음 어느 것의 관계인가?

① 단자 전압과 부하 전류
② 출력과 부하 전력
③ 단자 전압과 계자 전류
④ 부하 전류와 계자 전류

풀이 부하 포화 곡선은 정격 속도에서 부하 전류를 정격값으로 유지했을 때 계자 전류와 단자 전압과의 관계를 나타내는 곡선이다.

답 ③

54 권선형 유도전동기의 속도제어 방법 중 저항제어법의 특징으로 옳은 것은?

① 효율이 높고 역률이 좋다.
② 부하에 대한 속도변동률이 작다.
③ 구조가 간단하고 제어조작이 편리하다.
④ 전부하로 장시간 운전하여도 온도에 영향이 적다.

풀이 2차 저항 제어

권선형 유도전동기에만 사용할 수 있으며, 2차 회로의 저항의 변화에 의한 토크 속도 특성의 비례추이를 응용한 기동법을 말한다.

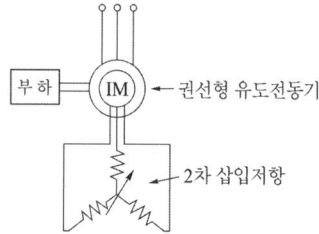

① 구조가 간단하고 조작이 편리하며, 속도제어를 원활하고 광범위하게 할 수 있다.
② 전류가 큰 2차 회로에 저항을 삽입하여 제어하므로 효율이 낮다.

답 ③

55 소형 유도 전동기의 슬롯을 사구(skew slot)로 하는 이유는?

① 토크 증가
② 게르게스 현상의 방지
③ 크로우링 현상의 방지
④ 제동 토크의 증가

풀이 ① 크로우링 현상은 유도전동기에 있어서 정지상태로부터 동기속도의 수 분의 1인 저속도까지 가속하고, 안정하기는 하지만 그 이상은 가속하지 않는 현상을 크로우링 현상이라 한다.
② 크로우링 현상을 경감시키기 위해서 회전자의 슬롯을 고정자 또는 회전자의 1슬롯 피치 정도 축방향에 대해서 경사 시키는데, 이와 같은 슬롯을 사구라 한다.

답 ③

56 정격 출력 6[kW], 전압 100[V]의 직류 분권 전동기를 전기 동력계로 시험하였더니 전기 동력계의 저울이 10[kg]을 가리켰다. 이 전동기의 출력 P[kW]와 토크 τ는 몇 [kg·m]인가? 단, 동력계의 암의 길이는 0.4[m], 전동기의 회전수는 1600[rpm]이다.

① $P = 6$, $\tau = 3.7$
② $P = 6.56$, $\tau = 4$
③ $P = 4.2$, $\tau = 3.7$
④ $P = 7.4$, $\tau = 4$

[풀이]
- 전기 동력계에 의한 전동기의 토크
  $\tau = WL = 10 \times 0.4 = 4[kg \cdot m]$
- 전동기의 출력
  토크 $\tau = 0.975 \dfrac{P}{N}[kg \cdot m]$ 이므로
  $\therefore P = \dfrac{N \cdot \tau}{0.975} = \dfrac{1600 \times 4}{0.975} \times 10^{-3} = 6.56[kW]$ 달 ②

57
일정 전압으로 운전하고 있는 직류 발전기의 손실이 $\alpha + \beta I^2$으로 표시될 때 효율이 최대가 되는 전류는? 단, α, β는 정수이다.

① $\dfrac{\alpha}{\beta}$ ② $\dfrac{\beta}{\alpha}$
③ $\sqrt{\dfrac{\alpha}{\beta}}$ ④ $\sqrt{\dfrac{\beta}{\alpha}}$

[풀이] 손실 $\alpha + \beta I^2$ 중에서
α는 부하 전류에 관계없는 고정손이고,
βI^2는 전류의 제곱에 비례하는 가변손이다.
최대 효율 조건은 고정손 = 가변손이므로,
즉 $\alpha = \beta I^2$이 되는 부하 전류 $I = \sqrt{\dfrac{\alpha}{\beta}}$에서
최대 효율이 된다. 달 ③

58
정격 전압 6000[V], 용량 5000[kVA]의 3상 동기 발전기에 있어서 여자 전류 200[A]에 상당하는 무부하 단자 전압은 6000[V]이고, 단락 전류는 600[A]이다. 이 발전기의 단락비 및 동기 리액턴스(per unit, [p.u])는?

① 단락비 1.25, 동기 리액턴스 0.80
② 단락비 1.25, 동기 리액턴스 5.77
③ 단락비 0.80, 동기 리액턴스 1.25
④ 단락비 0.17, 동기 리액턴스 5.77

[풀이] 정격전류 $I_n = \dfrac{P}{\sqrt{3} V_n} = \dfrac{5000 \times 10^3}{\sqrt{3} \times 6000} = 481.13[A]$

① 단락 시의 유도기전력 $E_n = \dfrac{V_n}{\sqrt{3}}$ 은 동기임피던스 강하 $I_s Z_s$와 같으므로,
$E_n = \dfrac{V_n}{\sqrt{3}} = I_s Z_s = \dfrac{6000}{\sqrt{3}} = 600 Z_s[V]$

$Z_s = \dfrac{6000}{\sqrt{3} \times 600} = 5.77[\Omega]$

② 동기 임피던스 (p.u 법)
$Z_s' = \dfrac{I_n Z_s}{E_n} = \dfrac{481.13 \times 5.77}{6000/\sqrt{3}} = 0.80[p.u]$

단락비
$K_s = \dfrac{100}{\%Z_s} = \dfrac{100}{Z_s' \times 100} = \dfrac{100}{0.8 \times 100} = 1.25$ 달 ①

59
슬립 5[%]인 유도전동기의 기계적 출력을 대표하는 부하저항은 2차 저항의 몇 배인가?

① 19   ② 20
③ 29   ④ 40

[풀이] $R = r_2'\left(\dfrac{1}{s} - 1\right) = r_2'\left(\dfrac{1}{0.05} - 1\right) = 19 r_2'$ 달 ①

60
직류 분권전동기의 정격전압 220[V], 정격전류 105[A], 전기자저항 및 계자회로의 저항이 각각 0.1[Ω] 및 40[Ω]이다. 기동전류를 정격전류의 150[%]로 할 때의 기동저항은 약 몇 [Ω]인가?

① 0.46   ② 0.92
③ 1.21   ④ 1.35

[풀이]

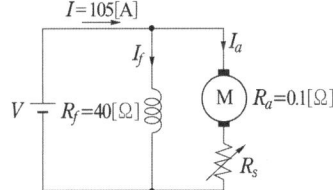

- 계자전류 $I_f = \dfrac{V}{R_f} = \dfrac{220}{40} = 5.5[A]$
- 기동전류는 정격의 150[%]이므로
  기동전류 $= 105 \times 1.5 = 157.5[A]$
- 전기자 전류
  $I_a = I - I_f = 157.5 - 5.5 = 152[A]$
- $R_a + R_s = \dfrac{V}{I_a} = \dfrac{220}{152} \fallingdotseq 1.45[\Omega]$

따라서 기동저항
$R_s = 1.45 - R_a = 1.45 - 0.1 = 1.35[\Omega]$ 달 ④

4과목 - 회로이론

61 그림과 같은 회로망에서 Z_1을 4단자 정수에 의해 표시하면 어떻게 되는가?

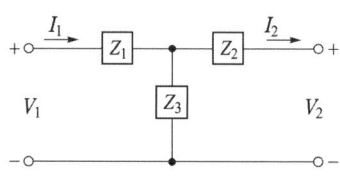

① $\dfrac{1}{C}$
② $\dfrac{D-1}{C}$
③ $\dfrac{B-1}{C}$
④ $\dfrac{A-1}{C}$

풀이 그림과 같은 4단자망의 4단자 정수 중 A와 C는
$A = 1 + \dfrac{Z_1}{Z_3}$, $C = \dfrac{1}{Z_3}$
$\therefore Z_1 = (A-1)Z_3 = \dfrac{A-1}{C}$ 답 ④

62 분포정수 선로에서 위상정수를 β[rad/m]라 할 때 파장은?

① $2\pi\beta$
② $\dfrac{2\pi}{\beta}$
③ $4\pi\beta$
④ $\dfrac{4\pi}{\beta}$

풀이 위상 정수 β와 파장 λ 사이의 관계는
$\lambda\beta = 2\pi$ 이므로, 파장 $\lambda = \dfrac{2\pi}{\beta}$ 답 ②

63 3상 회로에 있어서 대칭분 전압이
$V_0 = -8 + j3$[V], $V_1 = 6 - j8$[V],
$V_2 = 8 + j12$[V] 일 때 a상의 전압 V_a[V]는?

① $6 + j7$
② $8 + j12$
③ $6 + j14$
④ $16 + j4$

풀이 $V_a = V_0 + V_1 + V_2$
$= -8 + j3 + 6 - j8 + 8 + j12$
$= 6 + j7$[V] 답 ①

64 회로 방정식의 특성근과 회로의 시정수에 대하여 옳게 서술된 것은?

① 특성근과 시정수는 같다.
② 특성근의 역과 회로의 시정수는 같다.
③ 특성근의 절대값의 역과 회로의 시정수는 같다.
④ 특성근과 회로의 시정수는 서로 상관되지 않는다.

풀이 안정된 회로에 있어서는 $\tau = \dfrac{1}{|\alpha|}$ 의 관계가 있으며 τ는 시정수, α는 특성근 또는 감쇠 정수라 한다. 답 ③

65 $R-L-C$ 직렬회로에서 회로 저항값이 다음의 어느 값이어야 이 회로가 임계적으로 제동되는가?

① $\sqrt{\dfrac{L}{C}}$
② $2\sqrt{\dfrac{L}{C}}$
③ $\dfrac{1}{\sqrt{CL}}$
④ $2\sqrt{\dfrac{C}{L}}$

풀이 임계제동 조건 $\left(\dfrac{R}{2L}\right)^2 - \dfrac{1}{LC} = 0$ 에서
$R = 2\sqrt{\dfrac{L}{C}}$ 또는 $R^2 = \dfrac{4L}{C}$

조건	특성
$R > 2\sqrt{\dfrac{L}{C}}$	과제동(비진동적)
$R = 2\sqrt{\dfrac{L}{C}}$	임계제동(진동)
$R < 2\sqrt{\dfrac{L}{C}}$	부족제동(진동적)

답 ②

66 정현파 교류의 실효값을 계산하는 식은?

① $I = \dfrac{1}{T}\displaystyle\int_0^T i^2\,dt$
② $I^2 = \dfrac{2}{T}\displaystyle\int_0^T i\,dt$
③ $I^2 = \dfrac{1}{T}\displaystyle\int_0^T i^2\,dt$
④ $I = \sqrt{\dfrac{2}{T}\displaystyle\int_0^T i^2\,dt}$

풀이 동일한 저항 R에 직류전류 I[A]가 흐를 때 소비전력 $P_{DC} = I^2 R$[W]
교류전류 i[A]가 흐를 때 소비전력 P_{AC}는

주기를 T라 하면 $P_{AC} = \frac{1}{T}\int_0^T i^2 R dt [W]$
실효값의 정의에 의해 $P_{DC} = P_{AC}$ 이므로
$I^2 R = \frac{R}{T}\int_0^T i^2 dt$
$\therefore I^2 = \frac{1}{T}\int_0^T i^2 dt$

답 ③

67 어떤 회로에 흐르는 전류가 $i = 5 + 14.1\sin\omega t$인 경우 실효값은 약 몇 [A]인가?

① 11.2[A] ② 12.5[A]
③ 14.4[A] ④ 16.1[A]

풀이 비정현파의 실효값
$I = \sqrt{I_0^2 + I_1^2 + I_2^2 + \cdots + I_n^2}$ 에서
$I = \sqrt{5^2 + (\frac{14.1}{\sqrt{2}})^2} = 11.2[A]$

답 ①

68 비정현파 $y(x)$가 반파 및 정현 대칭일 때 옳은 식은?

① $y(-x) = -y(x), \; y(2\pi-x) = y(x)$
② $y(-x) = y(x), \; y(2\pi-x) = y(x)$
③ $y(-x) = -y(x), \; y(\pi+x) = -y(x)$
④ $y(-x) = y(x), \; y(\pi-x) = -y(-x)$

풀이 그림에서 반파 및 정현 대칭 조건은
• $y(-x) = -y(x)$
• $y(2\pi-x) = y(-x) = y(\pi+x)$
• $y(\pi+x) = y(-x) = -y(x)$

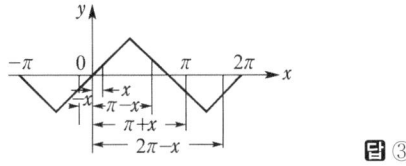

답 ③

69 키르히호프의 전류법칙(KCL) 적용에 대한 설명 중 틀린 것은?

① 이 법칙은 집중정수회로에 적용된다.
② 이 법칙은 선형소자로만 이루어진 회로에 적용된다.
③ 이 법칙은 회로의 선형, 비선형에 관계 받지 않고 적용된다.
④ 이 법칙은 회로의 시변, 시불변에는 관계 받지 않고 적용된다.

풀이 키르히호프의 법칙은 집중 정수 회로에서 선형, 비선형에 무관하게 항상 성립되고, 중첩의 원리는 선형에서만 성립된다.

답 ②

70 그림과 같은 $i = I_m \sin\omega t$ 인 정현파 교류의 반파 정류 파형의 실효값은?

① $\dfrac{I_m}{\sqrt{2}}$

② $\dfrac{I_m}{\sqrt{3}}$

③ $\dfrac{I_m}{2\sqrt{2}}$

④ $\dfrac{I_m}{2}$

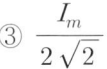

풀이

파형	정현파	정현반파	삼각파	구형반파	구형파
실효값	$\dfrac{I_m}{\sqrt{2}}$	$\dfrac{I_m}{2}$	$\dfrac{I_m}{\sqrt{3}}$	$\dfrac{I_m}{\sqrt{2}}$	I_m
평균값	$\dfrac{2I_m}{\pi}$	$\dfrac{I_m}{\pi}$	$\dfrac{I_m}{2}$	$\dfrac{I_m}{2}$	I_m

답 ④

71 다음과 같은 직류 LC 직렬회로에 대한 설명 중 맞는 것은?

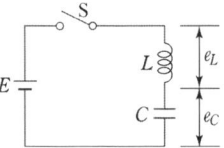

① e_L는 진동 함수이나 e_C는 진동하지 않는다.
② e_L의 최대치는 $2E$까지 될 수 있다.
③ e_C의 최대치가 $2E$까지 될 수 있다.
④ C의 충전 전하 q는 시간 t에 무관계이다.

풀이

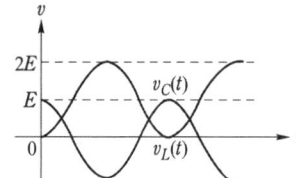

$$i(t) = \sqrt{\dfrac{C}{L}} E \sin \dfrac{1}{\sqrt{LC}} t$$
$$q(t) = CE\left(1 - \cos \dfrac{1}{\sqrt{LC}} t\right) \text{이므로}$$
$$v_L(t) = L\dfrac{di(t)}{dt} = L\dfrac{d}{dt}\left(\sqrt{\dfrac{C}{L}} E \sin \dfrac{1}{\sqrt{LC}} t\right)$$
$$= E\cos \dfrac{1}{\sqrt{LC}} t$$
$$v_C(t) = \dfrac{1}{C} q = E\left(1 - \cos \dfrac{1}{\sqrt{LC}} t\right)$$
답 ③

72 $R = 100[\Omega]$, $L = 1/\pi[H]$, $C = 100/4\pi[pF]$
이다. 직렬 공진회로의 Q는 얼마인가?

① 2×10^3 ② 2×10^4
③ 3×10^3 ④ 3×10^4

풀이 직렬 공진회로에서 $Q = \dfrac{1}{R}\sqrt{\dfrac{L}{C}}$

병렬 공진회로에서 $Q = R\sqrt{\dfrac{C}{L}}$

$$Q = \dfrac{1}{R}\sqrt{\dfrac{L}{C}} = \dfrac{1}{100}\sqrt{\dfrac{1/\pi}{100/4\pi \times 10^{-12}}}$$
$$= \dfrac{1}{100} \times \dfrac{1}{5} \times 10^6 = 2 \times 10^3$$
답 ①

73 각 상의 전류가
$i_a = 30\sin\omega t[A]$, $i_b = 30\sin(\omega t - 90°)[A]$,
$i_c = 30\sin(\omega t + 90°)[A]$
일 때 영상분 전류[A]의 순시치는?

① $10\sin\omega t$ ② $10\sin\dfrac{\omega t}{3}$
③ $30\sin\omega t$ ④ $\dfrac{30}{\sqrt{3}}\sin(\omega t + 45°)$

풀이 • 정현파를 phasor로 표시하면
$i_a = 30\angle 0° = 30[A]$, $i_b = 30\angle -90° = -j30[A]$,
$i_c = 30\angle 90° = j30[A]$

• 영상전류
$i_o = \dfrac{1}{3}(i_a + i_b + i_c) = \dfrac{1}{3} \times (30 - j30 + j30) = 10[A]$
따라서 순시전류 $i = 10\sin\omega t[A]$
답 ①

74 그림과 같은 회로의 전달 함수는?
(단, $\dfrac{L}{R} = T$: 시정수이다.)

① $\dfrac{1}{Ts^2 + 1}$

② $\dfrac{1}{Ts + 1}$

③ $Ts^2 + 1$

④ $Ts + 1$

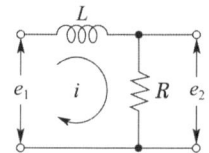

풀이 $G(s) = \dfrac{R}{sL + R} = \dfrac{1}{s \cdot \dfrac{L}{R} + 1} = \dfrac{1}{Ts + 1}$
답 ②

75 비정현파 교류를 나타내는 식은?

① 기본파+고조파+직류분
② 기본파+직류분-고조파
③ 직류분+고조파-기본파
④ 교류분+기본파+고조파

풀이 비정현파 = 직류분 + 기본파 + 고조파
답 ①

76 어떤 회로의 전압 및 전류의 순시값이
$v = 200\sin 314t[V]$,
$i = 10\sin\left(314t - \dfrac{\pi}{6}\right)[A]$일 때,
이 회로의 임피던스를 복소수[Ω]로 표시하면?

① $17.32 + j12$ ② $16.30 + j11$
③ $17.32 + j10$ ④ $18.30 + j9$

풀이 전압과 전류의 순시값을 정지 벡터로 표시하면
$\dot{V}_m = 200\angle 0$, $\dot{I}_m = 10\angle -\dfrac{\pi}{6}$

$\therefore \dot{Z} = \dfrac{\dot{V}_m}{\dot{I}_m} = \dfrac{200\angle 0}{10\angle -\dfrac{\pi}{6}}$

$$= 20\angle\frac{\pi}{6} = 20(\cos30° + j\sin30°)$$
$$= 10\sqrt{3} + j10 = 17.32 + j10[\Omega]$$
답 ③

77 어떤 회로에 전압을 115[V] 인가하였더니 유효전력이 230[W], 무효전력이 345[Var]를 지시한다면 회로에 흐르는 전류는 약 몇 [A]인가?

① 2.5　② 5.6
③ 3.6　④ 4.5

풀이 피상전력
$$P_a = \sqrt{P^2 + P_r^2} = \sqrt{230^2 + 345^2} = 414.6[VA]$$
$$\therefore I = \frac{P_a}{V} = \frac{414.6}{115} \fallingdotseq 3.6[A]$$
답 ③

78 정격전압에서 1[kW]의 전력을 소비하는 저항에 정격의 80[%]의 전압을 가할 때의 전력[W]은?

① 340　② 540
③ 640　④ 740

풀이 전력 $P = \frac{V^2}{R} \propto V^2$ 이므로
80[%]의 전압을 가할 때의 전력을 P' 이라고 하면
$$\frac{P}{P'} = \frac{V^2}{(0.8V)^2}$$
$$\therefore P' = 0.64P = 0.64 \times 1 = 0.64[kW]$$
$$= 640[W]$$
답 ③

79 그림과 같은 회로의 컨덕턴스 G_2에 흐르는 전류[A]는?

① 5
② 3
③ 10
④ 15

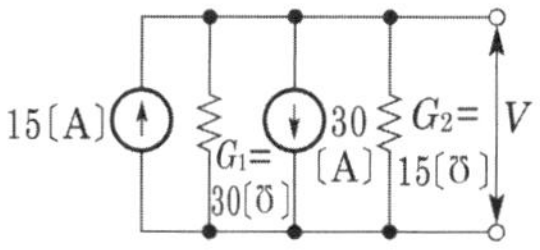

풀이 전류원 두 개가 방향이 반대이므로 그림과 같은 회로가 된다.
$$I_2 = \frac{G_2}{G_1 + G_2} I$$ 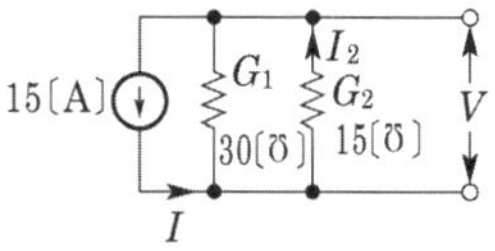
$$= \frac{15}{30 + 15} \times 15 = 5[A]$$
답 ①

80 입력 신호가 v_i, 출력 신호가 v_o일 때,
$$a_1 v_o + a_2 \frac{dv_o}{dt} + a_3 \int v_o dt = v_i$$의 전달함수는?

① $\dfrac{s}{a_2 s^2 + a_1 s + a_3}$　② $\dfrac{1}{a_2 s^2 + a_1 s + a_3}$
③ $\dfrac{s}{a_3 s^2 + a_2 s + a_1}$　④ $\dfrac{1}{a_3 s^2 + a_2 s + a_1}$

풀이 초기값을 0으로 하고 라플라스 변환하면
$$a_1 V_o(s) + a_2 s V_o(s) + \frac{1}{s} a_3 V_o(s) = V_i(s)$$
$$\left(a_1 + a_2 s + \frac{a_3}{s}\right) V_o(s) = V_i(s)$$
$$\therefore G(s) = \frac{V_o(s)}{V_i(s)} = \frac{1}{a_1 + a_2 s + \frac{a_3}{s}} = \frac{s}{a_2 s^2 + a_1 s + a_3}$$
답 ①

5과목 - 전기설비기술기준

81 갑종 풍압하중을 계산할 때 강관에 의하여 구성된 철탑에서 구성재의 수직투영면적 1[m²]에 대한 풍압하중은 몇 [Pa]를 기초로 하여 계산한 것인가? 단, 단주는 제외한다.

① 588[Pa]　② 1117[Pa]
③ 1255[Pa]　④ 2157[Pa]

풀이 331.6 풍압하중의 종별과 적용

풍압을 받는 구분		풍압[Pa]
철탑	단주 (완철류는 제외함) 원형의 것	588[Pa]
	단주 (완철류는 제외함) 기타의 것	1,117[Pa]
	강관에 의하여 구성 (단주는 제외함)	1,255[Pa]
	기타의 것	2,157[Pa]

답 ③

82 철탑의 강도 계산에 사용하는 이상 시 상정하중의 종류가 아닌 것은?

① 좌굴하중　② 수직하중
③ 수평 횡하중　④ 수평 종하중

[풀이] 333.14 이상 시 상정하중
철탑의 강도계산에 사용하는 **이상 시 상정하중**은 풍압이 전선로에 직각방향으로 가하여지는 경우의 하중과 전선로의 방향으로 가하여지는 경우의 **수직하중, 수평 횡하중, 수평 종하중**을 계산하여 각 부재에 대한 이들의 하중 중 그 부재에 큰 응력이 생기는 쪽의 하중을 채택한다.   [답] ①

설비 종별	뱅크 용량의 구분	자동적으로 전로로부터 차단하는 장치
전력용 커패시터 및 분로리액터	500[kVA] 초과 15,000[kVA] 미만	• 내부에 고장이 생긴 경우 • 과전류가 생긴 경우
	15,000[kVA] 이상	• 내부에 고장이 생긴 경우 • 과전류가 생긴 경우 • 과전압이 생긴 경우
조상기	15,000[kVA] 이상	• 내부에 고장이 생긴 경우

[답] ④

83 고압가공인입선이 케이블 이외의 것으로서 그 아래에 위험표시를 하였다면 전선의 지표상 높이는 몇 [m]까지로 감할 수 있는가?

① 2.5　　② 3.5
③ 4.5　　④ 5.5

[풀이] 331.12.1 고압 가공인입선의 시설
가. 고압 가공인입선의 높이는 지표상 5[m]로 하여야 한다. 그러나 그 고압 가공인입선이 케이블 이외의 것인 때에는 그 전선의 아래쪽에 위험표시를 하면 고압 가공인입선의 높이는 지표상 3.5[m]까지로 감할 수 있다.
나. 횡단보도교의 위에 시설하는 경우에는 그 노면상 3.5[m] 이상   [답] ②

84 태양광설비에 시설하여야 하는 계측장치가 아닌 것은?

① 전압　　② 전류
③ 역률　　④ 전력

[풀이] 522.3.6 태양광설비의 계측장치
태양광설비에는 전압, 전류 및 전력을 계측하는 장치를 시설하여야 한다.   [답] ③

85 조상기의 보호장치로서 내부고장 시에 자동적으로 전로로부터 차단하는 장치를 하여야 하는 조상기의 용량은 몇 [kVA] 이상인가?

① 5000　　② 7500
③ 10000　　④ 15000

[풀이] 351.5 조상설비의 보호장치
조상 설비에는 그 내부에 고장이 생긴 경우에 보호하는 장치를 표와 같이 시설하여야 한다.

86 전기철도차량이 전차선로와 접촉한 상태에서 견인력을 끄고 보조전력을 가동한 상태로 정지해 있는 경우, 가공 전차선로의 유효전력이 200[kW] 이상일 경우 총 역률은 얼마보다 작아서는 안되는가?

① 0.6　　② 0.7
③ 0.8　　④ 0.9

[풀이] 441.4 전기철도차량의 역률
전기철도차량이 전차선로와 접촉한 상태에서 견인력을 끄고 보조전력을 가동한 상태로 정지해 있는 경우, 가공 전차선로의 유효전력이 200[kW] 이상일 경우 **총 역률은 0.8보다는 작아서는 안된다**.   [답] ③

87 지중전선로를 직접 매설식에 의하여 시설하는 경우에 그 매설 깊이를 차량 기타 중량물의 압력을 받을 우려가 없는 장소에 몇 [cm] 이상으로 하면 되는가?

① 40[cm]　　② 60[cm]
③ 80[cm]　　④ 120[cm]

[풀이] 334.1 지중전선로의 시설
가. 지중 전선로는 전선에 케이블을 사용하고 또한 관로식·암거식 또는 직접 매설식에 의하여 시설하여야 한다.
나. 지중 전선로를 직접 매설식에 의하여 시설하는 경우에는 매설 깊이는
① 차량 기타 중량물의 압력을 받을 우려가 있는 장소 : 1.0[m] 이상
② **기타 장소 : 0.6[m] 이상**   [답] ②

88
사용전압이 35[kV] 이하인 특고압가공전선이 상부 조영재의 위쪽에서 제1차 접근상태로 시설되는 경우 특고압가공전선과 건조물의 조영재 이격거리는 몇 [m] 이상이어야 하는가? 단, 전선의 종류는 케이블이라고 한다.

① 0.5[m]   ② 1.2[m]
③ 2.5[m]   ④ 3.0[m]

풀이 333.23 특고압 가공전선과 건조물의 접근
특고압 가공전선이 건조물과 제1차 접근상태로 시설되는 경우에는 다음에 따라야 한다.
가. 특고압 가공전선로는 제3종 특고압 보안공사에 의할 것.
나. 사용전압이 35[kV] 이하인 특고압 가공전선과 건조물의 조영재 이격거리는 표에서 정한 값 이상일 것.

건조물과 조영재의 구분	전선 종류	접근 형태	이격거리
상부 조영재	특고압 절연 전선	위쪽	2.5[m]
		옆쪽 또는 아래쪽	1.5[m] (전선에 사람이 쉽게 접촉할 우려가 없도록 시설한 경우는 1[m])
	케이블	위쪽	1.2[m]
		옆쪽 또는 아래쪽	0.5[m]
	기타 전선		3[m]
기타 조영재	특고압 절연 전선		1.5[m] (전선에 사람이 쉽게 접촉할 우려가 없도록 시설한 경우는 1[m])
	케이블		0.5[m]
	기타 전선		3[m]

답 ②

89
내부고장이 발생하는 경우를 대비하여 자동차단장치 또는 경보장치를 시설하여야 하는 특고압용 변압기의 뱅크용량의 구분으로 알맞은 것은?

① 5000[kVA] 미만
② 5000[kVA] 이상 10000[kVA] 미만
③ 10000[kVA] 이상
④ 타냉식 변압기

풀이 351.4 특고압용 변압기의 보호장치
특고압용의 변압기에는 그 내부에 고장이 생겼을 경우에 보호하는 장치를 표와 같이 시설하여야 한다.

뱅크 용량의 구분	동작조건	장치의 종류
5,000[kVA] 이상 10,000[kVA] 미만	변압기 내부고장	자동 차단 장치 또는 경보장치
10,000[kVA] 이상	변압기 내부고장	자동 차단 장치
타냉식 변압기(변압기의 권선 및 철심을 직접 냉각시키기 위하여 봉입한 냉매를 강제 순환시키는 냉각 방식을 말한다.)	냉각장치에 고장이 생긴 경우 또는 변압기의 온도가 현저히 상승한 경우	경보장치

답 ②

90
그림은 전력선 반송통신용 결합장치의 보안장치이다. 그림에서 DR은 무엇인가?

① 접지형 개폐기
② 결합 필터
③ 방전갭
④ 배류 선륜

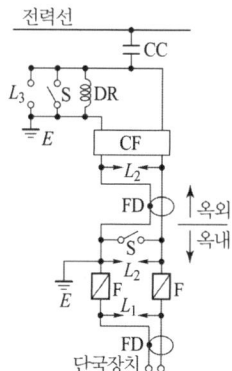

풀이 362.11 전력선 반송 통신용 결합장치의 보안장치
전력선 반송통신용 결합 커패시터에 접속하는 회로에는 그림의 보안장치 또는 이에 준하는 보안장치를 시설하여야 한다.

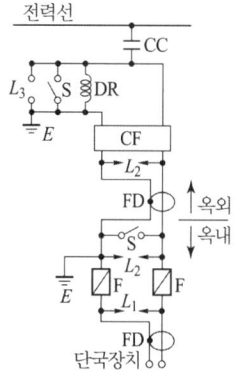

전력선 반송 통신용 결합 장치의 보안장치
- FD : 동축 케이블
- F : 정격 전류 10[A] 이하의 포장 퓨즈
- DR : 전류 용량 2[A] 이상의 **배류 선륜**
- L_1 : 교류 300[V] 이하에서 동작하는 피뢰기

- L₂ : 동작 전압이 교류 1,300[V]를 넘고 1,600[V] 이하로 조정된 방전갭
- L₃ : 동작 전압이 교류 2[kV]를 넘고 3[kV] 이하로 구상 방전갭
- S : 접지용 개폐기
- CF : 결합 필터
- CC : 결합 콘덴서(결합 안테나를 포함한다)
- E : 접지

답 ④

91 발전소 또는 변전소로부터 다른 발전소 또는 변전소를 거치지 아니하고 전차선로에 이르는 전선을 무엇이라 하는가?

① 급전선
② 전기철도용 급전선
③ 급전선로
④ 전기철도용 급전선로

풀이 112 용어 정의
"전기철도용 급전선"이란 전기철도용 변전소로부터 다른 전기철도용 변전소 또는 전차선에 이르는 전선을 말한다.

답 ②

92 배전선로의 전압이 22900[V]이며 중성선에 다중 접지하는 전선로의 절연내력 시험전압은 최대 사용전압의 몇 배인가?

① 0.72
② 0.92
③ 1.1
④ 1.25

풀이 132 전로의 절연저항 및 절연내력

전로의 종류	접지방식	시험전압 (최대사용 전압의 배수)	최저 시험전압
1. 7[kV] 이하인 전로		1.5배	
2. 7[kV] 초과 25[kV] 이하	다중접지	0.92배	
3. 7[kV] 초과 60[kV] 이하 (2란의 것 제외)		1.25배	10.5[kV]
4. 60[kV] 초과	비접지	1.25배	
5. 60[kV] 초과 (6란, 7란의 것 제외)	접지식	1.1배	75[kV]
6. 60[kV] 초과(7란의 것 제외)	직접접지	0.72배	
7. 170[kV] 초과(발전소 또는 변전소 혹은 이에 준하는 장소에 시설하는 것.)	직접접지	0.64배	

답 ②

93 3300[V]용 전동기의 절연내력시험은 몇 [V] 전압에서 권선과 대지 간에 연속하여 10분간 가하여 견디어야 하는가?

① 4,125
② 4,950
③ 6,600
④ 7,600

풀이 133 회전기 및 정류기의 절연내력

종류		시험전압	시험 방법
회전기	발전기·전동기·조상기·기타회전기 7[kV] 이하	1.5배 (최저 500[V])	권선과 대지 사이에 연속하여 10분간
	7[kV] 초과	1.25배 (최저 10,500[V])	
	회전 변류기	직류측의 최대 사용 전압의 1배의 교류 전압(최저 500[V])	

∴ 시험 전압 = 3300 × 1.5 = 4,950[V]

답 ②

94 피뢰기를 설치하지 않아도 되는 곳은?

① 발·변전소의 가공 전선 인입구 및 인출구
② 가공 전선로의 말구 부분
③ 가공 전선로에 접속한 1차측 전압이 35[kV] 이하인 배전용 변압기의 고압측 및 특고압측
④ 특고압 가공 전선로로부터 공급을 받는 수용 장소의 인입구

풀이 341.13 피뢰기의 시설
고압 및 특고압의 전로 중 다음에 열거하는 곳 또는 이에 근접한 곳에는 피뢰기를 시설하여야 한다.
① 발전소·변전소 또는 이에 준하는 장소의 **가공전선 인입구 및 인출구**
② 특고압 가공전선로에 접속하는 **배전용 변압기의 고압측 및 특고압측**
③ 고압 및 특고압 가공전선로로부터 공급을 받는 수용장소의 인입구
④ 가공전선로와 지중전선로가 접속되는 곳

답 ②

95 특고압 가공 전선로의 지지물에 시설하는 통신선 또는 이에 직접 접속하는 통신선이 도로, 횡단 보도교, 철도, 궤도 또는 삭도와 교차하는 경우에는 통신선은 지름 몇 [mm]의 경동선이나 이와 동등 이상의 세기의 것이어야 하는가?

① 4
② 4.5
③ 5
④ 5.5

풀이 362.2 전력보안통신케이블의 지상고와 배전설비와의 이격거리
통신선이 도로·횡단보도교·철도의 레일 또는 삭도와 교차하는 경우에는 통신선은 연선의 경우 단면적 16[mm²](단선의 경우 지름 4[mm])의 절연전선과 동등 이상의 절연 효력이 있는 것, 인장강도 8.01[kN] 이상의 것 또는 연선의 경우 단면적 25[mm²](단선의 경우 지름 5[mm])의 경동선일 것. **답** ③

96 지중전선로의 매설방법이 아닌 것은?

① 관로식 ② 인입식
③ 암거식 ④ 직접 매설식

풀이 334.1 지중전선로의 시설
가. **지중 전선로**는 전선에 케이블을 사용하고 또한 관로식·암거식 또는 직접 매설식에 의하여 시설하여야 한다.
나. 지중 전선로를 직접 매설식에 의하여 시설하는 경우에는 매설 깊이를 차량 기타 중량물의 압력을 받을 우려가 있는 장소에는 1.0[m] 이상, 기타 장소에는 0.6[m] 이상으로 하고 또한 지중 전선을 견고한 트라프 기타 방호물에 넣어 시설하여야 한다. **답** ②

97 1차 22900[V], 2차 3300[V]의 변압기를 옥외에 시설할 때 구내에 취급자 이외의 사람이 들어가지 아니하도록 울타리를 시설하려고 한다. 이때 울타리의 높이는 몇 [m] 이상으로 하여야 하는가?

① 2[m] ② 3[m] ③ 4[m] ④ 5[m]

풀이 341.4 특고압용 기계기구의 시설
특고압용 기계기구는 다음의 규정에 의하여 시설하는 경우 이외에는 시설하여서는 아니 된다.
가. 기계기구의 주위에 규정에 준하여 울타리·담 등을 시설하는 경우
- 울타리·담 등의 높이 : 2[m] 이상
- 지표면과 울타리·담 등의 하단사이의 간격 : 0.15[m] 이하
나. 기계기구를 지표상 5[m] 이상의 높이에 시설하고 충전부분의 지표상의 높이를 표에서 정한 값 이상으로 하고 또한 사람이 접촉할 우려가 없도록 시설하는 경우

사용전압의 구분	울타리·담 등의 높이와 울타리·담 등으로부터 충전 부분까지의 거리의 합계
35[kV] 이하	5[m]
35[kV] 초과 160[kV] 이하	6[m]
160[kV] 초과	• 거리의 합계 = 6 + 단수 × 0.12[m] • 단수 = $\frac{\text{사용전압[kV]}-160}{10}$ 단수 계산에서 소수점 이하는 절상

답 ①

98 사용전압이 380[V]인 옥내배선을 애자공사로 시설할 때 전선과 조영재 사이의 이격거리는 몇 [cm] 이상이어야 하는가?

① 2 ② 2.5
③ 4.5 ④ 6

풀이 232.56 애자공사
가. 전선의 종류 : 절연 전선. 단, 옥외용 비닐 절연 전선(OW) 및 인입용 비닐 절연 전선(DV)은 제외한다.
나. 이격 거리

전압		전선과 조영재와의 이격거리	전선 상호 간격	전선 지지점 간의 거리	
				조영재의 윗면 또는 옆면에 따라 시설	조영재에 따라 시설하지 않는 경우
저압	400[V] 이하	2.5[cm] 이상	6[cm] 이상	2[m] 이하	–
	400[V] 초과	건조한 장소 2.5[cm] 이상			6[m] 이하
		기타의 장소 4.5[cm] 이상			

답 ②

99 다음 중 전선 접속 방법이 잘못된 것은?

① 알루미늄과 동을 사용하는 전선을 접속하는 경우에는 접속 부분에 전기적 부식이 생기지 않아야 한다.
② 공칭단면적 10[mm²] 미만인 캡타이어 케이블 상호 간을 접속하는 경우에는 접속함을 사용할 수 없다.
③ 절연전선 상호 간을 접속하는 경우에는 접속부분을 절연 효력이 있는 것으로 충분히 피복하여야 한다.
④ 나전선 상호 간의 접속인 경우에는 전선의 세기를 20[%] 이상 감소시키지 않아야 한다.

풀이 123 전선의 접속

전선을 접속하는 경우에는 전선의 전기저항을 증가시키지 아니하도록 접속 하여야 하며, 또한 다음에 따라야 한다.

가. 절연전선 상호·절연전선과 코드, 캡타이어 케이블과 접속하는 경우에는
 ① 전선의 세기를 20[%] 이상 감소시키지 아니할 것.
 ② 접속부분은 접속관 기타의 기구를 사용할 것.
 ③ 접속부분의 절연전선에 절연전선의 절연물과 동등 이상의 절연효력이 있는 것으로 충분히 피복할 것.

다. 코드 상호, 캡타이어 케이블 상호 또는 이들 상호를 접속하는 경우에는 코드 접속기·접속함 기타의 기구를 사용할 것 다만 **공칭단면적이 10[mm²] 이상인 캡타이어 케이블 상호를 규정에 준하여 접속하는 경우에는 기구를 사용하지 않을 수 있다.**

라. 도체에 알루미늄(알루미늄 합금을 포함한다.)을 사용하는 전선과 동(동합금을 포함한다.)을 사용하는 전선을 접속하는 등 전기 화학적 성질이 다른 도체를 접속하는 경우에는 접속부분에 전기적 부식이 생기지 않도록 할 것.　　**답** ②

100 다음 (㉮), (㉯) 에 들어갈 내용으로 옳은 것은?

> 지중전선로는 기설 지중 약전류 전선로에 대하여 (㉮) 또는 (㉯)에 의하여 통신상의 장해를 주지 않도록 기설 약전류 전선로로부터 충분히 이격시키거나 기타 적당한 방법으로 시설하여야 한다.

① ㉮ 정전용량 ㉯ 표피작용
② ㉮ 정전용량 ㉯ 유도작용
③ ㉮ 누설전류 ㉯ 표피작용
④ ㉮ 누설전류 ㉯ 유도작용

풀이 334.5 지중약전류전선의 유도장해 방지

지중전선로는 기설 지중약전류전선로에 대하여 **누설전류 또는 유도작용**에 의하여 통신상의 장해를 주지 않도록 충분히 이격시키거나 기타 적당한 방법으로 시설하여야 한다.　　**답** ④

2021년 3회 전기산업기사필기(CBT 복원문제)

동일출판사 홈페이지에서 무료 동영상강의를 보실 수 있습니다.

1과목 - 전기자기

01 환상철심에 감은 코일에 5[A]의 전류를 흘리면 2000[AT]의 기자력이 생긴다면 코일의 권수는 얼마로 하여야 하는가?

① 10000　　② 5000
③ 400　　　④ 250

풀이 기자력 $F = NI$ 에서

$$\therefore N = \frac{F}{I} = \frac{2000}{5} = 400[회]$$

답 ③

02 변위전류에 의하여 전자파가 발생되었을 때 전자파의 위상은?

① 변위전류보다 90° 늦다.
② 변위전류보다 90° 빠르다.
③ 변위전류보다 30° 빠르다.
④ 변위전류보다 30° 늦다.

풀이 변위전류는 유전체 내에서 흐르는 전류로 정의 되므로 콘덴서 내부의 유전체에 흐르는 충전전류로 생각하면 된다. 즉 변위전류는 전자파보다 90° 빠른 진상전류가 되므로 전자파의 위상은 변위전류보다 90° 늦다.

답 ①

03 자속 밀도는 벡터이며 B로 표시한다. 다음 가운데서 항상 성립되는 관계는?

① $\text{grad } B = 0$　　② $\text{rot } B = 0$
③ $\text{div } B = 0$　　④ $B = 0$

풀이 자속은 시변계, 불시변계에 관계없이 항상 연속성의 성질을 가진다. 따라서 자속의 연속성을 의미하는 관계식은 $\text{div } B = 0$이다.

답 ③

04 공기 중에 고립된 지름 1[m]의 반구 도체를 10^6[V]로 충전한 다음 이 에너지를 10^{-5}초 사이에 방전한 경우의 평균전력은?

① 700[kW]　　② 1389[kW]
③ 2780[kW]　　④ 5560[kW]

풀이 도체구의 정전용량 $C_0 = 4\pi\epsilon_0 a$이므로

반구 도체의 정전용량은 $C = \frac{C_0}{2} = \frac{4\pi\epsilon_0 a}{2} = 2\pi\epsilon_0 a[F]$

반구 도체의 정전에너지는 $W = \frac{1}{2}CV^2 = \pi\epsilon_0 a V^2[J]$

따라서 평균 전력은 $P = \frac{W}{t}$ 이므로

$$\therefore P = \frac{\pi\epsilon_0 a V^2}{t} = \frac{\pi \times 8.855 \times 10^{-12} \times 0.5 \times (10^6)^2}{10^{-5}}$$
$$\fallingdotseq 1389[kW]$$

답 ②

05 다음 정전계에 관한 식 중에서 틀린 것은? (단, D는 전속밀도, V는 전위, ρ는 공간(체적) 전하밀도, ϵ은 유전율이다.)

① 가우스의 정리 : $\text{div } \boldsymbol{D} = \rho$
② 포아송의 방정식 : $\nabla^2 V = \frac{\rho}{\epsilon}$
③ 라플라스의 방정식 : $\nabla^2 V = 0$
④ 발산의 정리 : $\oint_s \boldsymbol{D} \cdot ds = \int_v \text{div } \boldsymbol{D} \, dv$

풀이 공간전하밀도(체적전하밀도)와 전계의 세기와의 관계식

$$\text{div } \boldsymbol{D} = \rho \; (D = \epsilon E) \to \text{div } \boldsymbol{E} = \frac{\rho}{\epsilon}$$

전위와 전계의 세기의 관계식

$$E = -\text{grad } V \; (E = -\nabla V)$$

두 식으로부터 다음의 포아송 방정식과 라플라스 방정식이 유도된다.

$$\text{div grad } V = -\frac{\rho}{\epsilon_0} \; (\nabla \cdot \nabla V = \nabla^2 V)$$

$\therefore \nabla^2 V = -\frac{\rho}{\epsilon_0}$:
포아송 방정식(Poisson's equa-tion)
전하밀도가 공간적으로 분포하고 있을 때 그 내부의 임의의 점에서 전위를 결정하는 식이다.

$\therefore \nabla^2 V = 0 \; (\rho = 0)$:
라플라스 방정식(Laplace's equation)

답 ②

06 m[Wb]의 점자극에 의한 자계 중에서 r[m] 거리에 있는 점의 자위는?

① r에 비례한다.   ② r^2에 비례한다.
③ r에 반비례한다.   ④ r^2에 반비례한다.

풀이 정전계와 정자계의 유사성에 의해 전위와 자위는 다음과 같다.
- 정전계에서 점전하에 의한 전위 :
  $V = \dfrac{Q}{4\pi\epsilon_0 r}$ [V] $\left(V \propto \dfrac{1}{r}\right)$
- 정자계에서 점자극에 의한 자위 :
  $U = \dfrac{m}{4\pi\mu_0 r}$ [A] $\left(U \propto \dfrac{1}{r}\right)$

따라서 자위 U와 거리 r의 관계는 반비례가 성립한다. $\left(U \propto \dfrac{1}{r}\right)$ **답** ③

07 다음 중 맥스웰의 전자 방정식으로 옳지 않은 것은?

① $\text{rot } \boldsymbol{H} = i + \dfrac{\partial \boldsymbol{D}}{\partial t}$ ② $\text{rot } \boldsymbol{E} = -\dfrac{\partial \boldsymbol{B}}{\partial t}$

③ $\text{div } \boldsymbol{B} = \phi$ ④ $\text{div } \boldsymbol{D} = \rho$

풀이 맥스웰 방정식의 미분형
① $\text{rot } \boldsymbol{E} = -\dfrac{\partial \boldsymbol{B}}{\partial t}$: Faraday 법칙
② $\text{rot } \boldsymbol{H} = i + \dfrac{\partial \boldsymbol{D}}{\partial t}$: 암페어의 주회적분 법칙
③ $\text{div } \boldsymbol{D} = \rho$: 가우스의 법칙
④ $\text{div } \boldsymbol{B} = 0$: 고립된 자하는 없다. **답** ③

08 자기 인덕턴스가 각각 L_1, L_2인 두 코일을 서로 간섭이 없도록 병렬로 연결했을 때 그 합성 인덕턴스는?

① $L_1 + L_2$ ② $L_1 \cdot L_2$

③ $\dfrac{L_1 + L_2}{L_1 \cdot L_2}$ ④ $\dfrac{L_1 \cdot L_2}{L_1 + L_2}$

풀이 병렬접속
- 가극성 $L = \dfrac{L_1 L_2 - M^2}{L_1 + L_2 - 2M}$
- 감극성 $L = \dfrac{L_1 L_2 - M^2}{L_1 + L_2 + 2M}$

간섭이 없도록 하면, $M = 0$
$\therefore L = \dfrac{L_1 L_2}{L_1 + L_2}$ **답** ④

09 전기기기의 철심(자심)재료로 규소강판을 사용하는 이유는?

① 동손을 줄이기 위해
② 와전류손을 줄이기 위해
③ 히스테리시스손을 줄이기 위해
④ 제작을 쉽게 하기 위하여

풀이
- 규소 강판 : 히스테리시스손 감소
- 성층 철심 : 와류손 감소 **답** ③

10 공간 도체 내의 한 점에 있어서 자속이 시간적으로 변화하는 경우에 성립하는 식은?

① $\text{Curl } \boldsymbol{E} = \dfrac{\partial \boldsymbol{H}}{\partial t}$ ② $\text{Curl } \boldsymbol{E} = -\dfrac{\partial \boldsymbol{H}}{\partial t}$

③ $\text{Curl } \boldsymbol{E} = \dfrac{\partial \boldsymbol{B}}{\partial t}$ ④ $\text{Curl } \boldsymbol{E} = -\dfrac{\partial \boldsymbol{B}}{\partial t}$

풀이 $\text{rot } \boldsymbol{E} = \text{curl } \boldsymbol{E} = \nabla \times \boldsymbol{E} = -\dfrac{\partial \boldsymbol{B}}{\partial t}$ (회전) **답** ④

11 MKS 합리화 단위계에서 진공 중의 유전율 값으로 틀린 것은? 단, c[m/sec]는 진공 중 전자파 속도이다.

① $\dfrac{1}{120\pi c}$ ② $\dfrac{10^7}{4\pi c^2}$

③ $\dfrac{1}{36\pi \times 10^9}$ ④ $\dfrac{10^7}{14\pi c}$

풀이 전파속도 $v = \dfrac{1}{\sqrt{\mu\epsilon}}$ [m/s]

진공 중의 전파속도 $v_0 = \dfrac{1}{\sqrt{\epsilon_0 \mu_0}} = 3 \times 10^8 = c$ [m/s]
($\because$ 진공 중에서 $\epsilon_r = \mu_r = 1$)

따라서 진공 중 유전율
$\epsilon_0 = \dfrac{1}{\mu_0 c^2} = \dfrac{10^7}{4\pi c^2} = \dfrac{1}{120\pi c} = \dfrac{1}{36\pi \times 10^9}$ [F/m]
($\because \mu_0 = 4\pi \times 10^{-7}$) **답** ④

12 반지름 a[m]인 구대칭 전하에 의한 구 내외의 전계의 세기에 해당되는 것은? (단, 구 내부에 전하가 균일분포하고 있는 경우이다.)

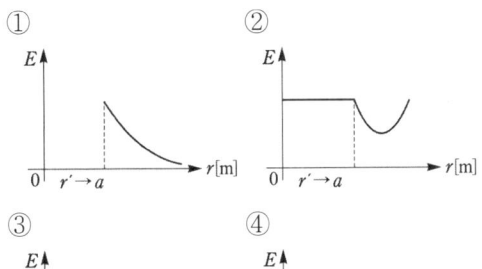

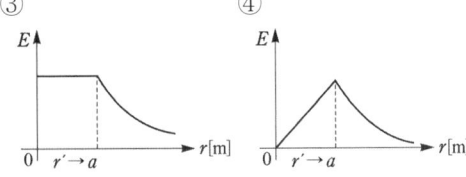

풀이 구체의 전하 분포
1) 내부에 전하가 균일 분포하는 경우
   (중심에서부터 외부로 방사상으로 발산)

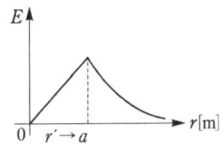

① 구체 외부$(r>a)$
$$E = \frac{Q}{4\pi\epsilon_0 r^2} \propto \frac{1}{r^2} \text{[V/m]} \ (r^2\text{에 반비례})$$

② 구체 표면$(r=a)$
$$E_a = \frac{Q}{4\pi\epsilon_0 a^2} \text{[V/m] (일정)}$$

③ 구체 내부$(r<a)$
$$E_i = \frac{rQ}{4\pi\epsilon_0 a^3} \propto r \text{[V/m]} \ (r\text{에 비례})$$

2) 표면에 전하가 존재하는 경우
   (도체 표면에서 외부로 방사상으로 발산)

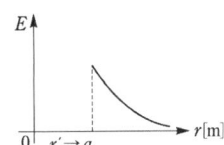

① 구체 외부$(r>a)$
$$E = \frac{Q}{4\pi\epsilon_0 r^2} \propto \frac{1}{r^2} \text{[V/m]} \ (r^2\text{에 반비례})$$

② 구체 표면$(r=a)$
$$E_a = \frac{Q}{4\pi\epsilon_0 a^2} \text{[V/m] (일정)}$$

③ 구체 내부$(r<a)$
$E_i = 0$ **답** ④

13 권수 1회의 코일에 5[Wb]의 자속이 쇄교하고 있을 때 $t=10^{-1}$초 사이에 이 자속을 0으로 변했다면 이때 코일에 유도되는 기전력은 몇 [V]이겠는가?

① 5   ② 25
③ 50   ④ 100

풀이 기전력 $e = N\dfrac{d\phi}{dt} = 1 \times \dfrac{5-0}{10^{-1}} = 50[V]$ **답** ③

14 모든 전기장치를 접지시키는 근본적 이유는?
① 영상전하를 이용하기 때문에
② 지구는 전류가 잘 통하기 때문에
③ 편의상 지면의 전위를 무한대로 보기 때문에
④ 지구의 용량이 커서 전위가 거의 일정하기 때문에

풀이 지구는 정전 용량이 크므로 많은 전하가 축적되어도 지구의 전위는 일정하다. 모든 전기장치를 접지시키고 대지를 실용상 등전위로 한다.   **답** ④

15 자성체에 외부의 자계 H_0를 가하였을 때 자화의 세기 J와의 관계식은?
(단, N은 감자율, μ는 투자율이다.)

① $J = \dfrac{H_0}{1+N(\mu_s-1)}$

② $J = \dfrac{H_0(\mu_s-1)}{1+N}$

③ $J = \dfrac{H_0\mu_0(\mu_s-1)}{1+N(\mu_s-1)}$

④ $J = \dfrac{H_0(\mu_s-1)}{1+N\mu_0(\mu_0-1)}$

풀이 H_0 : 외부자계
H' : 자화$(-m, +m)$에 의한 자계(감자력)
H : 자성체 내부 자계

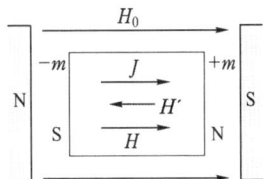

- 감자력은 $H' = \dfrac{NJ}{\mu_0}$

  (여기서, N은 감자율, $0 \leq N \leq 1$)이므로 자성체의 내부 자계는 $H = H_0 - H' = H_0 - \dfrac{NJ}{\mu_0}$[A/m]이다.

- 자화의 세기 $J = \chi_m H$에 자성체의 내부 자계(H)를 대입하면,

  $J = \chi_m H = \chi_m \left(H_0 - \dfrac{NJ}{\mu_0} \right) = \dfrac{\chi_m}{1 + \dfrac{\chi_m N}{\mu_0}} H_0$ [Wb/m²]

- 마지막으로 $\chi_m = \mu_0(\mu_s - 1)$[Wb/m²]를 대입하여 식을 정리하면,

  $\therefore J = \dfrac{\chi_m}{1 + \dfrac{\chi_m N}{\mu_0}} H_0 = \dfrac{\mu_0(\mu_s - 1)}{1 + N(\mu_s - 1)} H_0$ [Wb/m²]

  답 ③

16 두 종류의 금속으로 된 회로에 전류를 통하면 각 접속점에서 열의 흡수 또는 발생이 일어나는 현상은?

① 톰슨 효과 ② 제벡 효과
③ 볼타 효과 ④ 펠티에 효과

풀이 ① 톰슨 효과 : 동일한 금속 도선의 두 점 간에 온도차를 주고, 고온 쪽에서 저온 쪽으로 전류를 흘리면 도선 속에서 열이 발생되거나 흡수가 일어나는 이러한 현상을 톰슨 효과라 한다.
② 제벡(지벡) 효과 : 두 종류 금속 접속면에 온도차가 있으면 기전력이 발생하는 효과
③ 볼타 효과 : 도체와 도체 사이에 접촉 전기가 일어날 때 두 도체 사이에 전위차가 생기는 효과
④ 펠티에 효과 : 두 종류 금속 접속면에 전류를 흘리면 접속점에서 열의 흡수, 발생이 일어나는 효과

답 ④

17 비투자율 μ_s는 역자성체에서 다음 중 어느 값을 갖는가?

① $\mu_s = 0$ ② $\mu_s < 1$
③ $\mu_s > 1$ ④ $\mu_s = 1$

풀이 강자성체 : $\mu_s \gg 1$
상자성체 : $\mu_s > 1$
역자성체 : $\mu_s < 1$

답 ②

18 정전용량 C_1, C_2, C_x의 3개 커패시터를 그림과 같이 연결하고 단자 ab간에 100[V]의 전압을 가하였다. 지금 $C_1 = 0.02$[μF], $C_2 = 0.1$[μF]이며 C_1에 90[V]의 전압이 걸렸을 때 C_x는 몇 [μF]인가?

① 0.1
② 0.04
③ 0.05
④ 0.08

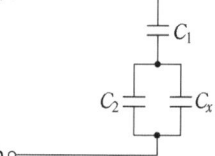

풀이 밑부분 C_2와 C_x를 등가용량 $C' = C_2 + C_x$라 하면 C_1에 충전되는 전하 Q_1과 C'에 충전되는 전하 Q'는 직렬 연결이므로 서로 같다.
즉, $C_1 V_1 = C' V_2 = 0.02 \times 90 = C' \times 10$
$C' = 0.18 = 0.1 + C_x$
$\therefore C_x = 0.18 - 0.1 = 0.08$[$\mu$F]

답 ④

19 폐곡면을 통하는 전속과 폐곡면 내부의 전하와의 상관 관계를 나타내는 법칙은?

① 가우스 법칙 ② 쿨롱 법칙
③ 푸아송 법칙 ④ 라플라스 법칙

풀이 어떤 폐곡면을 통과하는 전속은 그 면 내에 존재하는 전 전하량과 같다.
가우스 법칙(적분형) $Q = \oint_s D_s \cdot ds$

답 ①

20 1000회의 코일을 감은 환상 철심 솔레노이드의 단면적이 3[cm²], 평균 길이 4π[cm]이고, 철심의 비투자율이 500일 때, 자기 인덕턴스 [H]는?

① 1.5 ② 15
③ $\dfrac{15}{4\pi} \times 10^6$ ④ $\dfrac{15}{4\pi} \times 10^{-5}$

풀이 $L = \dfrac{N^2}{R_m} = \dfrac{N^2}{\dfrac{l}{\mu S}} = \dfrac{\mu_0 \mu_s S N^2}{l}$

$= \dfrac{4\pi \times 10^{-7} \times 500 \times 3 \times 10^{-4} \times 1000^2}{4\pi \times 10^{-2}}$

$= 1.5$[H]

답 ①

2과목 - 전력공학

21 6.6[kV] 고압 배전선로(비접지 선로)에서 지락 보호를 위하여 특별히 필요치 않은 것은?

① 과전류계전기(OCR)
② 선택접지계전기(SGR)
③ 영상변류기(ZCT)
④ 접지변압기(GPT)

풀이 비접지 계통의 지락 사고 검출
선택 접지 계전기(SGR) + 영상 전류 검출 (ZCT) + 영상 전압 검출(GPT)   **답** ①

22 배전전압, 배전거리 및 전력손실이 같다는 조건에서 단상 2선식 전기방식의 전선 총 중량을 100[%]라 할 때 3상 3선식 전기방식은 몇 [%]인가?

① 33.3
② 37.5
③ 75.0
④ 100.0

풀이
• 송전 전력은 동일하므로
$\sqrt{3}\,VI_3\cos\theta = VI_1\cos\theta$
$I_1 = \sqrt{3}\,I_3$

• 전력 손실이 동일하므로
$3I_3^2\rho\dfrac{l}{A_3} = 2I_1^2\rho\dfrac{l}{A_1}$
$3I_3^2\rho\dfrac{l}{A_3} = 2(\sqrt{3}\,I_3)^2\rho\dfrac{l}{A_1}$
$A_3 = \dfrac{1}{2}A_1$

따라서 전선량(무게)비
$\dfrac{3상3선식}{단상2선식} = \dfrac{3A_3 l\sigma}{2A_1 l\sigma} = \dfrac{3}{2} \times \dfrac{1}{2} = \dfrac{3}{4}$
$= 0.75$ **답** ③

23 우리나라 22.9[kV] 배전선로에 적용하는 피뢰기의 공칭방전전류[A]는?

① 1500
② 2500
③ 5000
④ 10000

풀이 설치장소별 피뢰기 공칭 방전전류

공칭방전전류	설치장소	적용 조건
10,000[A]	변전소	1. 154[kV] 이상의 계통 2. 66[kV] 및 그 이하 계통에서 뱅크용량이 3,000[kVA]를 초과하거나 특히 중요한 곳 3. 장거리 송전선 케이블(배전선로 인출용 단거리 케이블은 제외) 및 정전축 전기 뱅크를 개폐하는 곳 4. 배전선로 인출측(배전 간선 인출용 장거리 케이블은 제외)
5,000[A]	변전소	66[kV] 및 그 이하 계통에서 뱅크 용량이 3,000[kVA] 이하인 곳
2,500[A]	선로	배전선로

[주] 전압 22.9[kV-Y] 이하 (22[kV] 비접지 제외)의 배전선로에서 수전하는 설비의 피뢰기 공칭방전전류는 **일반적으로 2,500[A]**의 것을 적용한다.   **답** ②

24 피뢰기의 제한 전압이란?

① 상용 주파 전압에 대한 피뢰기의 충격 방전 개시 전압
② 충격파 침입시 피뢰기의 충격 방전 개시 전압
③ 피뢰기가 충격파 방전종료 후 언제나 속류를 확실히 차단할 수 있는 상용 주파 허용 단자 전압
④ 충격파 전류가 흐르고 있을 때 피뢰기의 단자 전압

풀이 제한 전압 : 피뢰기 동작 중에 계속해서 걸리고 있는 단자 전압의 파고값   **답** ④

25 송전전력, 송전거리, 전선의 비중 및 전력손실률이 일정하다고 하면 전선의 단면적 $A[\mathrm{mm}^2]$와 송전전압 $V[\mathrm{kV}]$와의 관계로 옳은 것은?

① $A \propto V$
② $A \propto V^2$
③ $A \propto \dfrac{1}{V^2}$
④ $A \propto \sqrt{V}$

풀이
• 전력손실 $P_l = 3I^2R = \dfrac{P^2\rho l}{V^2\cos^2\theta A}$

(전류 $I = \dfrac{P}{\sqrt{3}\,V\cos\theta}$)

- 전력손실률 $h = \dfrac{P_l}{P} = \dfrac{P\rho l}{hV^2\cos^2\theta}$ 에서

  전선의 단면적 $A = \dfrac{P\rho l}{hV^2\cos^2\theta}$

- $P, \rho, l, h, \cos\theta$가 일정한 경우이므로

  전선의 단면적 $A \propto \dfrac{1}{V^2}$ **답** ③

26 공기 차단기에 비해 SF$_6$ 가스 차단기의 특징으로 볼 수 없는 것은?

① 같은 압력에서 공기의 2~3배 정도의 절연 내력이 있다.
② 차단시 폭발음이 없다.
③ 소전류 차단시 이상전압이 높다.
④ 아크에 SF$_6$ 가스는 분해되지 않고 무독성이다.

풀이 SF$_6$ 가스 차단기의 특징
- 밀폐구조이므로 소음이 없다.
- 소전류 차단에도 안정된 차단이 가능하다.
- 절연내력이 공기의 2~3배, 소호 능력은 공기의 100~200배
- 근거리 고장 등 가혹한 재기전압에 대해서도 성능이 우수
- SF$_6$ 가스는 무독, 무취, 무해성이다. **답** ③

27 화력 발전소에서 1[ton]의 석탄으로 발생시킬 수 있는 전력량은 약 몇 [kWh]인가? 단, 석탄 1[kg]의 발열량 5000[kcal], 효율은 20[%]이다.

① 960 ② 1060
③ 1160 ④ 1260

풀이 전력량 $W = \dfrac{mH\eta}{860} = \dfrac{1\times 1000 \times 5000 \times 0.2}{860}$
$= 1160\,[\text{kWh}]$ **답** ③

28 수력 발전소에서 유효 낙차 30[m], 유역 면적 8000[km^2], 연간 강우량 1500[mm], 유출 계수 70[%]일 때 연간 발생 전력량은 몇 [kWh]인가? 단, 수차 발전기의 종합 효율은 85[%]이다.

① 5.83×10^5 ② 5.83×10^8
③ 6.73×10^5 ④ 6.73×10^8

풀이 평균유량
$$Q = \dfrac{8000\times 10^6 \times \dfrac{1500}{1000}\times 0.7}{365\times 24\times 3600} = 266.36\,[\text{m}^3/\text{sec}]$$

따라서 연간 발생 전력량 P는
$P = 9.8QH\eta t = 9.8\times 266.36\times 30\times 0.85\times 24\times 365$
$= 5.83\times 10^8\,[\text{kWh}]$ **답** ②

29 154[kV]의 송전 선로의 전압을 345[kV]로 승압하고 같은 손실률로 송전한다고 가정하면 송전 전력은 승압 전의 몇 배인가?

① 2 ② 3
③ 4 ④ 5

풀이 송전전력은 전압의 제곱에 비례하므로
$P = KV^2 = K\left(\dfrac{345}{154}\right)^2 = 5K$ **답** ④

30 역상전류가 각상 전류로 바르게 표시된 것은 다음 중 어느 것인가?

① $\dot{I}_2 = \dot{I}_a + \dot{I}_b + \dot{I}_c$
② $\dot{I}_2 = 3(\dot{I}_a + a\dot{I}_b + a^2\dot{I}_c)$
③ $\dot{I}_2 = \dfrac{1}{3}(\dot{I}_a + a^2\dot{I}_b + a\dot{I}_c)$
④ $\dot{I}_2 = a\dot{I}_a + \dot{I}_b + a^2\dot{I}_c$

풀이 대칭 좌표법의 대칭 전류를 보면
- 정상전류 $I_1 = \dfrac{1}{3}(I_a + aI_b + a^2I_c)$
- 역상전류 $I_2 = \dfrac{1}{3}(I_a + a^2I_b + aI_c)$
- 영상전류 $I_0 = \dfrac{1}{3}(I_a + I_b + I_c)$ **답** ③

31 어느 변전소에서 합성 임피던스 0.5[%] (8000[kVA] 기준)인 곳에 시설할 차단기에 필요한 차단용량은 최저 몇 [MVA]인가?

① 1600 ② 2000
③ 2400 ④ 2800

풀이 $P_s = \dfrac{100}{\%Z}\times P = \dfrac{100}{0.5}\times 8000\times 10^{-3}$
$= 1600\,[\text{MVA}]$ **답** ①

32 유효낙차 150[m], 최대출력 250000[kW]의 수력발전소의 최대사용수량은 약 몇 [m³/sec]인가? 단, 수차의 효율은 90[%], 발전기의 효율은 98[%]이다.

① 236   ② 193   ③ 182   ④ 173

풀이 발전기 이론 출력
$P_g = 9.8 Q H \eta_g \eta_t$ [kW]
$\therefore Q = \dfrac{P_g}{9.8 H \eta_g \eta_t} = \dfrac{250000}{9.8 \times 150 \times 0.98 \times 0.90}$
$\fallingdotseq 193$ [m³/sec]   답 ②

33 발전기의 자기여자현상을 방지하기 위한 대책으로 적합하지 않은 것은?

① 단락비를 크게 한다.
② 포화율을 작게 한다.
③ 선로의 충전전압을 높게 한다.
④ 발전기 정격전압을 높게 한다.

풀이 발전기 1대로 송전 선로를 충전하는 경우 여자를 일으키지 않기 위해서는 단락비가 큰 발전기라야 한다. 안전하게 선로를 충전할 수 있는 단락비의 값은 다음 식을 만족하여야 한다.

단락비 $> \dfrac{Q'}{Q}\left(\dfrac{V}{V'}\right)^2 (1+\sigma)$

여기서, Q' : 소요 충전 전압 V'에서 선로의 충전 용량[kVA]
Q : 발전기의 정격 출력[kVA]
V : 발전기의 정격 전압[V]
σ : 발전기의 정격 전압에서의 포화율

따라서 선로의 충전 전압은 높게, 발전기 정격전압은 낮게, 포화율은 작게 해야 발전기의 자기여자현상을 방지할 수 있다.   답 ④

34 간격 S인 정4각형 배치의 4도체에서 소선 상호 간의 기하학적 평균 거리는?

① $\sqrt{2}S$ ② $\sqrt{S}$ ③ $\sqrt[3]{S}$ ④ $\sqrt[6]{2}\,S$

풀이 $\sqrt[6]{S \cdot S \cdot S \cdot S \cdot \sqrt{2}S \cdot \sqrt{2}S} = \sqrt[6]{2}\,S$

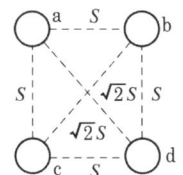

답 ④

35 조력 발전소에 대한 다음 설명 중 옳은 것은?

① 간만의 차가 적은 해안에 설치한다.
② 완만한 해안선을 이루고 있는 지점에 설치한다.
③ 만조로 되는 동안 바닷물을 받아들여 발전한다.
④ 지형적 조건에 따라 수로식과 양수식이 있다.

풀이 조력 발전은 조수 간만의 수위 차를 이용하여 발전하는 것으로 다음과 같이 구분된다.
• 단류식 : 밀물(만조) 시 발전을 하는 창조식과 썰물(간조) 시 발전을 하는 낙조식이 있다.
• 복류식 : 밀물과 썰물 때 양쪽방향으로 발전을 하는 방식이다.   답 ③

36 배전 전압을 6,600[V]에서 11,400[V]로 높이면 수송전력이 같을 때 전력손실은 처음의 약 몇 배로 줄일 수 있는가?

① 1/2   ② 1/3
③ 2/3   ④ 3/4

풀이 전력손실 $P_l = 3I^2 R = \dfrac{P^2 R}{V^2 \cos^2\theta} \propto \dfrac{1}{V^2}$ 이므로,

$\therefore P_l' = \dfrac{6600^2}{11400^2} P_l \fallingdotseq \dfrac{1}{3} P_l$ 답 ②

37 전력선 a의 충전 전압을 E, 통신선 b의 대지 정전 용량을 C_b, a-b 사이의 상호 정전 용량을 C_{ab}라고 하면 통신선 b의 정전 유도 전압 E_s는?

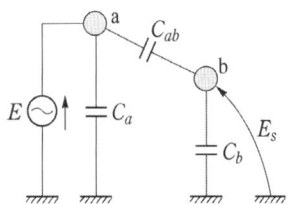

① $\dfrac{C_{ab} + C_b}{C_b} E$ ② $\dfrac{C_{ab} + C_a}{C_{ab}} E$

③ $\dfrac{C_b}{C_{ab} + C_b} E$ ④ $\dfrac{C_{ab}}{C_{ab} + C_b} E$

풀이
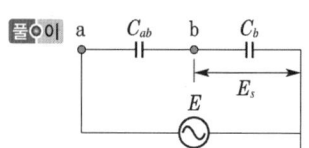

$$E_s = \frac{C_{ab}}{C_{ab}+C_b}E$$

답 ④

38 장거리 송전선로의 특성은 무슨 회로로 다루는 것이 가장 좋은가?

① 특성 임피던스 회로 ② 집중정수 회로
③ 분포정수 회로 ④ 분산부하 회로

풀이

구 분	거 리	선로 정수	회 로
단거리	수[km]	R, L만 고려	집중정수회로로 취급(직렬회로)
중거리	수십[km]	R, L, C만 고려	집중정수회로로 취급 (T회로, π회로)
장거리	수백[km]	R, L, C, g 고려	분포정수회로로 취급

답 ③

39 뇌해 방지와 관계가 없는 것은?

① 매설지선 ② 가공지선
③ 소호각 ④ 댐퍼

풀이 뇌의 보호 장치 및 기능
- 매설지선 : 역섬락 방지
- 가공지선 : 뇌의 차폐
- 소호각 : 애자련 보호
- 피뢰기 : 기기 보호
댐퍼는 선로의 진동 방지에 쓰인다.

답 ④

40 그림과 같은 3상 발전기가 있다. a상이 지락한 경우 지락전류는 어떻게 표현되는가? 단, Z_0 : 영상 임피던스, Z_1 : 정상 임피던스, Z_2 : 역상 임피던스이다.

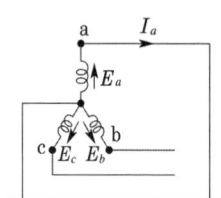

① $\dfrac{E_a}{Z_0+Z_1+Z_2}$ ② $\dfrac{3E_a}{Z_0+Z_1+Z_2}$

③ $\dfrac{-Z_0 E_a}{Z_0+Z_1+Z_2}$ ④ $\dfrac{2Z_2 E_a}{Z_1+Z_2}$

풀이 대칭좌표법과 발전기의 기본식을 이용하여 풀면

$$I_0 = I_1 = I_2 = \frac{E_a}{Z_0+Z_1+Z_2}$$

$$\therefore I_a = I_0 + I_1 + I_2 = 3I_0 = \frac{3E_a}{Z_0+Z_1+Z_2}$$

답 ②

3과목 - 전기기기

41 출력이 20[kW]인 직류발전기의 효율이 80[%]이면 손실[kW]은 얼마인가?

① 1 ② 2
③ 5 ④ 8

풀이 효율 $\eta = \dfrac{P}{P+P_l} \times 100$ 이므로

(여기서, P : 출력, P_l : 손실)

전 손실 $P_l = \dfrac{P}{\frac{\eta}{100}} - P = \dfrac{20}{0.8} - 20 = 5$[kW]

답 ③

42 단상 직권 정류자 전동기에서 주자속의 최대치를 ϕ_m, 자극수를 P, 전기자 병렬회로수를 a, 전기자 전 도체수를 Z, 전기자의 속도를 N[rpm]이라 하면 속도 기전력의 실효값 E_r[V]은? (단, 주자속은 정현파이다.)

① $E_r = \sqrt{2}\,\dfrac{P}{a}Z\dfrac{N}{60}\phi_m$

② $E_r = \dfrac{1}{\sqrt{2}}\dfrac{P}{a}ZN\phi_m$

③ $E_r = \dfrac{P}{a}Z\dfrac{N}{60}\phi_m$

④ $E_r = \dfrac{1}{\sqrt{2}}\dfrac{P}{a}Z\dfrac{N}{60}\phi_m$

풀이
$$E_r = P\phi n \frac{Z}{a} = P\frac{\phi_m}{\sqrt{2}}\frac{N}{60}\cdot\frac{Z}{a}$$
$$= \frac{1}{\sqrt{2}}\frac{P}{a}Z\frac{N}{60}\phi_m[V]$$
답 ④

43 스테핑전동기의 스텝각이 3°이고, 스테핑주파수(pulse rate)가 1200[pps]이다. 이 스테핑전동기의 회전속도[rps]는?

① 10 ② 12
③ 14 ④ 16

풀이
① 1펄스 당 스텝각이 3°이고,
  1초당 입력펄스가 1200[pps]이므로,
  1초당 스텝각은 3° × 1200 = 3600° 이다.
② 동기 1회전 당 회전각도는 360° 이므로 따라서 스태핑전동기의 회전속도는
  $\frac{3600°}{360°} = 10$[rps] 이다.
답 ①

44 포화하고 있지 않은 직류 발전기의 회전수가 $\frac{1}{2}$로 감소되었을 때 기전력을 전과 같은 값으로 하자면 여자를 속도 변화 전에 비해 얼마로 해야 하는가?

① $\frac{1}{2}$배 ② 1배
③ 2배 ④ 4배

풀이 직류 발전기의 유기기전력 $E = \frac{pz}{a}\phi N$[V]에서
회전수 N이 $\frac{1}{2}$배 감소하면,
자속 $\phi(\propto I_f :$ 여자전류)는 2배로 증가하여야 E가 일정하다.
답 ③

45 IGBT(Insulated Gate Bipolar Transistor)에 대한 설명으로 틀린 것은?

① MOSFET와 같이 전압제어 소자이다.
② GTO 사이리스터와 같이 역방향 전압저지 특성을 갖는다.
③ 게이트와 에미터 사이의 입력 임피던스가 매우 낮아 BJT보다 구동하기 쉽다.
④ BJT처럼 on-drop이 전류에 관계없이 낮고 거의 일정하며, MOSFET보다 훨씬 큰 전류를 흘릴 수 있다.

풀이 IGBT(Insulated Gate Bipolar Transistor)
IGBT는 MOSFET와 트랜지스터의 장점을 취한 것으로서
① 소스에 대한 게이트의 전압으로 도통과 차단을 제어한다.
② 게이트 구동전력이 매우 낮다.
③ 스위칭 속도는 FET와 트랜지스터의 중간정도로 빠른편에 속한다.
④ 용량은 일반 트랜지스터와 동등한 수준이다.
⑤ MOSFET과 같이 입력 임피던스가 매우 높아 BJT보다 구동하기 쉽다.
답 ③

46 변압기의 온도시험을 하는 데 가장 좋은 방법은?

① 실부하법 ② 반환 부하법
③ 단락 시험법 ④ 내전압법

풀이 실부하법은 전력 손실이 크기 때문에 소용량 이외에는 별로 적용되지 않는다. **반환 부하법**은 동일 정격의 변압기가 2대 이상 있을 경우에 채용되며, 전력 소비가 적고 철손과 동손을 따로 공급하는 것으로 현재 가장 많이 사용하고 있다.
답 ②

47 권수비가 1 : 2인 변압기(이상 변압기로 한다)를 사용하여 교류 100[V]의 입력을 가했을 때 전파 정류하면 출력 전압의 평균값은?

① $400\sqrt{2}/\pi$ ② $300\sqrt{2}/\pi$
③ $600\sqrt{2}/\pi$ ④ $200\sqrt{2}/\pi$

풀이 $E_{dc} = \frac{2\sqrt{2}}{\pi}E = \frac{2\sqrt{2}}{\pi}\times 200 = \frac{400\sqrt{2}}{\pi}$[V]
답 ①

48 비돌극형 동기 발전기의 단자 전압(1상)을 V, 유도 기전력(1상)을 E, 동기 리액턴스를 x_s, 부하각을 δ라고 하면 1상의 출력은 대략 얼마인가?

① $\frac{E^2 V}{x_s}\sin\delta$ ② $\frac{EV^2}{x_s}\sin\delta$
③ $\frac{EV}{x_s}\sin\delta$ ④ $\frac{EV}{x_s}\cos\delta$

풀이 비돌극기의 출력은 다음과 같다.
$$P = \frac{EV}{Z_s}\sin(\alpha+\delta) - \frac{V^2}{Z_s}\sin\alpha$$
전기자저항 r_a는 매우 작으므로 이것을 무시하고 $Z_s \fallingdotseq x_s$, $\alpha \fallingdotseq 0$ 이라 하면
$$\therefore P \fallingdotseq \frac{EV}{x_s}\sin\delta [W]$$
답 ③

49 2대의 3상 동기 발전기를 병렬 운전하여 역률 0.8, 1000[A]의 부하 전류를 공급하고 있다. 각 발전기의 유효 전류는 같고, A기의 전류가 667[A]일 때 B기의 전류는 몇 [A]인가?

① 약 385
② 약 405
③ 약 435
④ 약 455

풀이
- 부하전류의 유효분
  $I' = I\cos\theta = 1000 \times 0.8 = 800[A]$
- I_A, I_B의 유효분 $I_A' = I_B' = \frac{I'}{2} = \frac{800}{2} = 400[A]$
- A기의 역률 $\cos\theta_1 = \frac{I_A'}{I_A} = \frac{400}{667} \fallingdotseq 0.6$
- I_B의 무효분
  $I_B\sin\theta_2 = I\sin\theta - I_A\sin\theta_1$
  $= 1000 \times \sqrt{1-0.8^2} - 667 \times \sqrt{1-0.6^2}$
  $= 66[A]$
  따라서 $I_B = \sqrt{(I_B\sin\theta_2)^2 + (I_B')^2}$
  $= \sqrt{66^2 + 400^2} \fallingdotseq 405[A]$
답 ②

50 변압기에서 2차를 1차로 환산한 등가회로의 부하 소비전력 P_2[W]는, 실제의 부하의 소비전력 P_2[W]에 대하여 어떠한가? 단, a는 변압비이다.

① a배
② a^2배
③ $1/a$
④ 변함없다

풀이 등가회로의 부하전력이나 실제의 부하전력에는 변함이 없다.
답 ④

51 권선형 유도전동기에서 2차 저항을 변화시켜서 속도제어를 하는 경우 최대 토크는?

① 항상 일정하다.
② 2차 저항에만 비례한다.
③ 최대 토크가 생기는 점의 슬립에 비례한다.
④ 최대 토크가 생기는 점의 슬립에 반비례한다.

풀이 ① 최대 토크 $T_m \propto \frac{V^2}{2x_2}$:
2차 저항과 무관(항상 일정)
② 최대 토크를 발생하는 슬립 $s_m \fallingdotseq \pm \frac{r_2}{x_2}$:
2차 저항에 비례
답 ①

52 부하에 관계없이 변압기에 흐르는 전류로서 자속만을 만드는 것은?

① 1차 전류
② 철손 전류
③ 여자전류
④ 자화 전류

풀이 여자전류 $\dot{I}_o = \dot{I}_\phi + \dot{I}_i = \sqrt{I_\phi^2 + I_i^2}$
- $\dot{I}_\phi$ (자화전류) : 자속을 유지하는 전류
- $\dot{I}_i$ (철손전류) : 철손을 공급하는 전류
답 ④

53 2000/100[V], 10[kVA] 변압기의 1차 환산 등가 임피던스가 $6.2 + j7[\Omega]$ 이라면 % 임피던스 강하는 약 몇 [%]인가?

① 2.35
② 2.5
③ 7.25
④ 7.5

풀이 1차 정격전류 $I_{1n} = \frac{P_n}{V_1} = \frac{10 \times 10^3}{2000} = 5[A]$
$\therefore \%Z = \frac{I_{1n}Z_1}{V_{1n}} \times 100 = \frac{5 \times \sqrt{6.2^2+7^2}}{2000} \times 100$
$= 2.35[\%]$
답 ①

54 자동제어장치에 쓰이는 서보 모터(servo motor)의 특성을 나타내는 것 중 틀린 것은?

① 빈번한 시동, 정지, 역전 등의 가혹한 상태에 견디도록 견고하고 큰 돌입 전류에 견딜 것
② 시동 토크는 크나, 회전부의 관성 모멘트가 작고 전기적 시정수가 짧을 것
③ 발생 토크는 입력신호(入力信號)에 비례하고 그 비가 클 것
④ 직류 서보 모터에 비하여 교류 서보 모터의 시동 토크가 매우 클 것

풀이 서보 모터의 특징
① 기동 토크가 크다.
② 회전자 관성 모멘트가 작다.
③ 제어권선 전압이 0에서는 기동해서는 안되고, 곧 정지해야 한다.
④ 직류 서보 모터의 기동 토크가 교류 서보 모터보다 크다.
⑤ 속응성이 좋다. 시정수가 짧다. 기계적 응답이 좋다.
⑥ 회전자 팬에 의한 냉각효과를 기대할 수 없다.
답 ④

55 단상 반파정류로 직류전압 150[V]를 얻으려고 한다. 최대 역전압(Peak Inverse Voltage)이 약 몇 [V] 이상의 다이오드를 사용하여야 하는가? (단, 정류회로 및 변압기의 전압강하는 무시한다.)
① 약 150[V] ② 약 166[V]
③ 약 333[V] ④ 약 470[V]

풀이 단상 반파 정류회로의 첨두 역전압
$PIV = \sqrt{2}E = \pi E_d = \pi \times 150 ≒ 471[V]$
답 ④

56 동기조상기를 부족여자로 사용하면?
① 리액터로 작용
② 저항손의 보상
③ 일반 부하의 뒤진 전류를 보상
④ 콘덴서로 작용

풀이 동기조상기는 동기전동기를 무부하로 회전시켜 직류 계자전류 I_f의 크기를 조정하여 무효전력을 지상 또는 진상으로 제어하는 기기이다.
• 과여자(진역률) : 콘덴서로 작용
• 부족여자(지역률) : 리액터로 작용

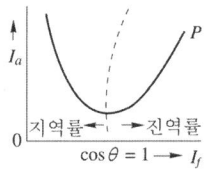

답 ①

57 3상 유도 전동기의 원선도 작성에 필요한 시험이 아닌 것은?
① 저항측정 ② 슬립측정
③ 무부하시험 ④ 구속시험

풀이 ① 원선도 작성에 필요한 시험
• 저항 측정 • 무부하 시험 • 구속 시험이 있다.
② 유도 전동기의 원선도에서 구할 수 있는 항목
• 전부하 전류 • 역률 • 효율 • 슬립
• 최대출력/정격출력 • 토크
즉, 슬립은 원선도 상에서 구할 수 있다.
답 ②

58 다음 중 옳은 것은?
① 전차용 전동기는 차동 복권 전동기이다.
② 분권 전동기의 운전 중 계자 회로만이 단선되면 위험 속도가 된다.
③ 직권 전동기에서는 부하가 줄면 속도가 감소한다.
④ 분권 전동기는 부하에 따라 속도가 많이 변한다.

풀이 분권 전동기 속도 $N = K\dfrac{V - I_a R_a}{\Phi}$ 에서 단선되는 순간 Φ가 0이 되기 때문에 위험속도가 된다.
답 ②

59 220[V], 3상 유도 전동기의 전부하 슬립이 4[%]이다. 공급 전압이 10[%] 저하된 경우의 전부하 슬립[%]은?
① 4 ② 5
③ 6 ④ 7

풀이 공급 전압이 10[%] 저하된 경우의 전부하 슬립을 s'라 하면
$$s' = s \times \left(\dfrac{V_1}{V_1'}\right)^2 = s \times \left(\dfrac{V_1}{V_1 \times 0.9}\right)^2$$
$$= 0.04 \times \left(\dfrac{220}{220 \times 0.9}\right)^2 = 0.05 = 5[\%]$$
답 ②

60 2[kVA], 3000/100[V]의 단상변압기의 철손이 200[W]이면 1차에 환산한 여자 컨덕턴스[℧]는?
① 66.6×10^{-3} ② 22.2×10^{-6}
③ 22×10^{-2} ④ 2×10^{-6}

풀이 여자 컨덕턴스
$g_0 = \dfrac{P_i}{(V_1')^2} = \dfrac{200}{3000^2} = 22.2 \times 10^{-6}[℧]$
답 ②

4과목 - 회로이론

61 그림과 같은 회로에서 2[Ω]의 단자전압[V]은?

① 3
② 4
③ 6
④ 8

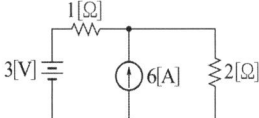

풀이 전압원만 존재할 때 2[Ω]에 흐르는 전류
$$I_1 = \frac{V}{R} = \frac{3}{2+1} = 1[A]$$
전류원만 존재할 때 2[Ω]에 흐르는 전류
$$I_2 = \frac{R_1}{R_1+R_2}I = \frac{1}{1+2} \times 6 = 2[A]$$
2[Ω]을 흐르는 전 전류 $I = I_1 + I_2 = 1 + 2 = 3[A]$
∴ $V = IR = 3 \times 2 = 6[V]$ 답 ③

62 4단자 회로망이 가역적이기 위한 조건으로 틀린 것은?

① $Z_{12} = Z_{21}$ ② $Y_{12} = Y_{21}$
③ $H_{12} = -H_{21}$ ④ $AB - CD = 1$

풀이 4단자 회로망이 가역성을 가질 때 각 파라미터의 조건은
$Y_{12} = Y_{21}$, $H_{12} = -H_{21}$, $AD - BC = 1$이고,
좌우 대칭인 경우는
$Y_{11} = Y_{22}$, $H_{11}H_{22} - H_{12}H_{21} = 1$, $A = D$ 답 ④

63 그림과 같은 $R-L-C$ 직렬 회로에서 발생하는 과도 현상이 진동이 되지 않는 조건은 어느 것인가?

① $\left(\frac{R}{2L}\right)^2 - \frac{1}{LC} < 0$
② $\left(\frac{R}{2L}\right)^2 - \frac{1}{LC} > 0$
③ $\left(\frac{R}{2L}\right)^2 = \frac{1}{LC}$
④ $\frac{R}{2L} = \frac{1}{LC}$

풀이 회로 방정식을 $i(t) = \frac{dq(t)}{dt}$ 를 이용하여 표시하면
$$L\frac{di(t)}{dt} + Ri(t) + \frac{1}{C}\int i(t)dt = E$$
$$L\frac{d^2q(t)}{dt^2} + R\frac{dq(t)}{dt} + \frac{1}{C}q(t) = E$$
$q(t) = q_s + q_t$ 에서 $q_s = CE$ 이고,
$$L\frac{d^2q_t}{dt^2} + R\frac{dq_t}{dt} + \frac{1}{C}q_t = 0$$
$$LK^2 + RK + \frac{1}{C} = 0$$
∴ $K = -\frac{R}{2L} \pm \sqrt{\left(\frac{R}{2L}\right)^2 - \frac{1}{LC}}$

여기서, $\left(\frac{R}{2L}\right)^2 - \frac{1}{LC} > 0$: 비진동적
$\left(\frac{R}{2L}\right)^2 - \frac{1}{LC} < 0$: 진동적
$\left(\frac{R}{2L}\right)^2 - \frac{1}{LC} = 0$: 임계적   답 ②

64 어느 회로에 전압과 전류의 실효값이 각각 50[V], 10[A]이고, 역률이 0.8이다. 무효전력[Var]은?

① 300   ② 400
③ 500   ④ 600

풀이 무효전력 $P_r = VI\sin\theta = 50 \times 10 \times \sqrt{1-0.8^2}$
$= 300[\text{Var}]$ 답 ①

65 3상 불평형 전압을 V_a, V_b, V_c 라고 할 때 역상 전압 V_2는?

① $V_2 = \frac{1}{3}(V_a + V_b + V_c)$
② $V_2 = \frac{1}{3}(V_a + aV_b + a^2V_c)$
③ $V_2 = \frac{1}{3}(V_a + a^2V_b + V_c)$
④ $V_2 = \frac{1}{3}(V_a + a^2V_b + aV_c)$

풀이
• 영상전압 $V_0 = \frac{1}{3}(V_a + V_b + V_c)$
• 정상 전압 $V_1 = \frac{1}{3}(V_a + aV_b + a^2V_c)$
• 역상전압 $V_2 = \frac{1}{3}(V_a + a^2V_b + aV_c)$ 답 ④

66 어떤 회로에 전압 v와 전류 i가 각각
$v = 100\sqrt{2}\sin\left(377t + \dfrac{\pi}{3}\right)$[V]
$i = \sqrt{8}\sin\left(377t + \dfrac{\pi}{6}\right)$[A]일 때
소비전력[W]은?

① 100
② $200\sqrt{3}$
③ 300
④ $100\sqrt{3}$

풀이 $P = VI\cos\theta = \dfrac{100\sqrt{2}}{\sqrt{2}} \times \dfrac{\sqrt{8}}{\sqrt{2}} \cos\left(\dfrac{\pi}{3} - \dfrac{\pi}{6}\right)$
$= 100\sqrt{3}$[W]   **답** ④

67 회로의 영상 임피던스 Z_{01}과 Z_{02}는 각각 몇 [Ω]인가?

① 6, 5
② 4, 5
③ 6, 3.33
④ 4, 3.33

풀이 $A = 1 + \dfrac{4}{5} = \dfrac{9}{5}$, $B = 4$, $C = \dfrac{1}{5}$, $D = 1$

$Z_{01} = \sqrt{\dfrac{AB}{CD}} = \sqrt{\dfrac{\frac{9}{5} \times 4}{\frac{1}{5} \times 1}} = 6$[Ω]

$Z_{02} = \sqrt{\dfrac{BD}{AC}} = \sqrt{\dfrac{4 \times 1}{\frac{9}{5} \times \frac{1}{5}}} = 3.33$[Ω]   **답** ③

68 $R = 1$[MΩ], $C = 1$[μF]의 직렬 회로에 직류 100[V]를 가했다. 시정수 τ, 전류의 초기값 I를 구하면?

① 5[sec], 10^{-4}[A]
② 4[sec], 10^{-3}[A]
③ 1[sec], 10^{-4}[A]
④ 2[sec], 10^{-3}[A]

풀이 $R - C$ 직렬회로
• 시정수 $\tau = RC = 10^6 \times 10^{-6} = 1$[sec]
• 전류의 초기값 $I = \dfrac{E}{R}\bigg|_{t=0} = \dfrac{100}{1 \times 10^6} = 10^{-4}$[A]
   답 ③

69 그림과 같은 회로에 $t = 0$에서 S를 닫을 때의 방전 과도전류 $i(t)$[A]는?

① $\dfrac{Q}{RC} e^{-\frac{t}{RC}}$

② $-\dfrac{Q}{RC} e^{\frac{t}{RC}}$

③ $\dfrac{Q}{RC}(1 + e^{\frac{t}{RC}})$

④ $-\dfrac{1}{RC}(1 - e^{-\frac{t}{RC}})$

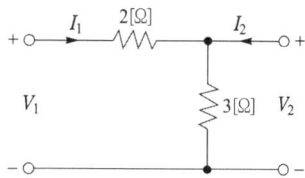

풀이 스위치를 닫은 상태에서 회로의 평형방정식은
$R\dfrac{dq(t)}{dt} + \dfrac{1}{C}q(t) = 0$ 이므로 $q(t) = Ae^{-\frac{1}{RC}t}$

초기조건에서 $q(0) = Q$라 하면 $q(t) = Qe^{-\frac{1}{RC}t}$

$\therefore i(t) = \dfrac{dq(t)}{dt} = \dfrac{d}{dt}Qe^{-\frac{1}{RC}t} = -\dfrac{Q}{RC}e^{-\frac{1}{RC}t}$

그런데, 문제의 그림에서는 전류방향이 일치하므로 부호는 +이다.   **답** ①

70 그림에서 4단자망의 개방 순방향 전달 임피던스 Z_{21}[Ω]과 단락 순방향 전달 어드미턴스 Y_{21}[℧]은?

① $Z_{21} = 5$, $Y_{21} = -\dfrac{1}{2}$

② $Z_{21} = 3$, $Y_{21} = -\dfrac{1}{3}$

③ $Z_{21} = 3$, $Y_{21} = -\dfrac{1}{2}$

④ $Z_{21} = 3$, $Y_{21} = -\dfrac{5}{6}$

풀이 $Z_{21} = \dfrac{V_2}{I_1}\bigg|_{I_2=0} = \dfrac{3I_1}{I_1} = 3$[Ω]

$Y_{21} = \dfrac{I_2}{V_1}\bigg|_{V_2=0} = \dfrac{-\frac{V_1}{2}}{V_1} = -\dfrac{1}{2}$[℧]   **답** ③

71 그림과 같은 전기회로의 입력을 v_i, 출력을 v_o 라고 할 때 전달함수는? 단, $T = \dfrac{L}{R}$ 이다.

① $Ts+1$
② Ts^2+1
③ $\dfrac{1}{Ts+1}$
④ $\dfrac{Ts}{Ts+1}$

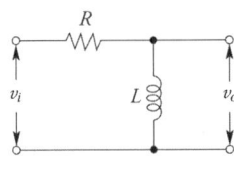

풀이 $G(s) = \dfrac{V_o(s)}{V_i(s)} = \dfrac{Ls}{R+Ls} = \dfrac{\frac{L}{R}s}{1+\frac{L}{R}s} = \dfrac{Ts}{1+Ts}$ 답 ④

72 $f(t) = \sin t \cos t$ 를 라플라스 변환하면?

① $\dfrac{1}{s^2+2}$ ② $\dfrac{1}{s^2+4}$
③ $\dfrac{1}{(s+2)^2}$ ④ $\dfrac{1}{(s+4)^2}$

풀이 삼각 함수의 가법 정리에 의해서
$\sin t \cos t = \dfrac{1}{2}\sin 2t$ 이므로
$F(s) = \mathcal{L}[\sin t \cos t] = \mathcal{L}\left[\dfrac{1}{2}\sin 2t\right]$
$= \dfrac{1}{2} \cdot \dfrac{2}{s^2+2^2} = \dfrac{1}{s^2+4}$ 답 ②

73 저항 $R=60[\Omega]$과 유도리액턴스 $\omega L = 80[\Omega]$인 코일이 직렬로 연결된 회로에 200[V]의 전압을 인가할 때 전압과 전류의 위상차는?

① $48.17°$ ② $50.23°$
③ $53.13°$ ④ $55.27°$

풀이 임피던스 $Z = R+j\omega L = 60+j80$
$= \sqrt{60^2+80^2} \angle \tan^{-1}\dfrac{80}{60}$
$= 100 \underline{/53.13°}$
전류 $I = \dfrac{E}{Z} = \dfrac{200\underline{/0°}}{100\underline{/53.13°}} = 2\underline{/-53.13°}$ 답 ③

74 최대 눈금 $I=n$[mA]의 전류계 A(내부 저항 무시)에 직렬로 R[kΩ]의 저항을 접속하여 전압계로 했을 때 몇 [V]까지 측정할 수 있는가?

① $\dfrac{R}{n-1}$ ② $\dfrac{R}{n}$
③ nR ④ $(n-1)R$

풀이 $I=n$[mA], R[kΩ]이므로,
$\therefore V = R \times 10^3 \times n \times 10^{-3} = nR$[V] 답 ③

75 3상 3선식에서는 회로의 평형, 불평형 또는 부하의 △, Y에 불구하고, 세 선전류의 합은 0이므로 선전류의 (   )은 0이다.
다음에서 (   ) 안에 들어갈 말은?

① 영상분   ② 정상분
③ 역상분   ④ 상전압

풀이 중성점 비접지식에서는 평형, 불평형 또는 △결선, Y결선과 관계없이 $I_0 = \dfrac{1}{3}(I_a+I_b+I_c)$에서 $I_a+I_b+I_c=0$이므로 I_0(영상분)=0 이다. 답 ①

76 극좌표 형식으로 표현된 전류의 페이저가 각각 $I_1 = 10\angle \tan^{-1}\dfrac{4}{3}$[A], $I_2 = 10\angle \tan^{-1}\dfrac{3}{4}$[A]이고, $I=I_1+I_2$ 일 때, I[A]는?

① $-2+j2$ ② $14+j14$
③ $14+j4$ ④ $14+j3$

풀이 $\theta_1 = \tan^{-1}\dfrac{4}{3}$, $\theta_2 = \tan^{-1}\dfrac{3}{4}$이라면 그림과 같다.
I_1 과 I_2를 복소수로 변환하면
$I_1 = 10\angle \theta_1 = 10(\cos\theta_1 + j\sin\theta_1)$
$= 10\left(\dfrac{3}{5}+j\dfrac{4}{5}\right) = 6+j8$
$I_2 = 10\angle \theta_2 = 10(\cos\theta_2 + j\sin\theta_2)$
$= 10\left(\dfrac{4}{5}+j\dfrac{3}{5}\right) = 8+j6$
$\therefore I = I_1+I_2 = 6+j8+8+j6 = 14+j14$ 답 ②

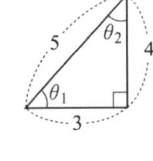

77 그림과 같은 4단자망의 영상 임피던스는 얼마인가?

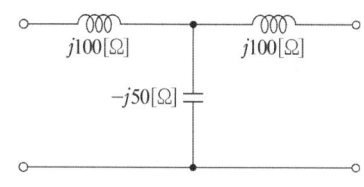

① $j\dfrac{1}{50}$ ② -1
③ 1 ④ 0

풀이
- 영상 임피던스 $Z_{01} = \sqrt{\dfrac{AB}{CD}} = \sqrt{\dfrac{B}{C}}$
  (∵ 대칭 T형 회로에서는 $A = D$ 이다.)
- $\begin{bmatrix} A & B \\ C & D \end{bmatrix} = \begin{bmatrix} 1 & j100 \\ 0 & 1 \end{bmatrix} \begin{bmatrix} 1 & 0 \\ \dfrac{1}{-j50} & 1 \end{bmatrix} \begin{bmatrix} 1 & j100 \\ 0 & 1 \end{bmatrix}$
  $= \begin{bmatrix} -1 & 0 \\ j\dfrac{1}{50} & -1 \end{bmatrix}$
- $\therefore Z_0 = \sqrt{\dfrac{B}{C}} = \sqrt{\dfrac{0}{j\dfrac{1}{50}}} = 0$ **답** ④

78 한 상의 임피던스가 $3+j4[\Omega]$인 평형 △ 부하에 대칭인 선간 전압 200[V]를 가할 때 3상 전력은 몇 [kW]인가?

① 9.6 ② 12.5
③ 14.4 ④ 20.5

풀이
상전류 : $I_p = \dfrac{V_p}{Z_p} = \dfrac{200}{\sqrt{3^2+4^2}} = 40[A]$
$\therefore P = 3I_p^2 R = 3 \times 40^2 \times 3 = 14400[W]$
$= 14.4[kW]$ **답** ③

79 2전력계법으로 평형 3상 전력을 측정하였더니 각각의 전력계가 500[W], 300[W]를 지시하였다면 전 전력[W]은?

① 200 ② 300
③ 500 ④ 800

풀이
- 유효전력 $P = W_1 + W_2[W]$
- 피상전력 $P_a = 2\sqrt{W_1^2 + W_2^2 - W_1 W_2}[VA]$
  $\therefore P = W_1 + W_2 = 500 + 300 = 800[W]$ **답** ④

80 주기적인 구형파 신호의 구성은?

① 직류성분만으로 구성된다.
② 기본파 성분만으로 구성된다.
③ 고조파 성분만으로 구성된다.
④ 직류 성분, 기본파 성분, 무수히 많은 고조파 성분으로 구성된다.

풀이 주기적인 비정현파는 일반적으로 푸리에 급수에 의해 표시되므로 무수히 많은 주파수의 합성이다.   **답** ④

5과목 - 전기설비기술기준

81 전기철도차량에 전력을 공급하는 전차선의 가선방식에 포함되지 않는 것은?

① 가공방식 ② 강체방식
③ 제3레일방식 ④ 지중조가선방식

풀이 431.1 전차선 가선방식
전차선의 가선방식은 열차의 속도 및 노반의 형태, 부하전류 특성에 따라 적합한 방식을 채택하여야 하며, **가공방식, 강체방식, 제3레일방식을 표준**으로 한다.   **답** ④

82 주택 등 저압 수용 장소에서 고정 전기설비에 TN-C-S 접지방식으로 접지공사 시 중성선 겸용 보호도체(PEN)를 알루미늄으로 사용 할 경우 단면적은 몇 [mm²] 이상이어야 하는가?

① 2.5 ② 6
③ 10 ④ 16

풀이 142.4.2 주택 등 저압수용장소 접지
저압수용장소에서 계통접지가 TN-C-S 방식인 경우 **중성선 겸용 보호도체(PEN)**는 고정 전기설비에만 사용할 수 있고, 그 도체의 단면적이 구리는 10[mm²] 이상, 알루미늄은 16[mm²] 이상이어야 하며, 그 계통의 최고전압에 대하여 절연되어야 한다.   **답** ④

83 케이블트레이공사에 사용하는 케이블트레이의 최소 안전율은?

① 1.5
② 1.8
③ 2.0
④ 3.0

풀이 232.41 케이블트레이공사
가. 케이블 트레이의 안전율은 1.5 이상으로 하여야 한다.
나. 금속재의 것은 적절한 방식처리를 한 것이거나 내식성 재료의 것이어야 한다.
다. 비금속제 케이블 트레이는 난연성 재료의 것이어야 한다.
라. 금속제 케이블 트레이 계통은 기계적 및 전기적으로 완전하게 접속하여야 하며 금속제 트레이는 접지공사를 하여야 한다. **답** ①

84 특고압가공전선로의 지지물로 사용하는 목주의 풍압하중에 대한 안전율은 얼마 이상이어야 하는가?

① 1.2
② 1.5
③ 2.0
④ 2.5

풀이 333.10 특고압 가공전선로의 목주 시설
332.7 고압 가공전선로의 지지물의 강도
222.8 저압 가공전선로의 지지물의 강도
지지물이 목주인 경우 안전율 및 말구의 지름

전압의 종별	안전율	말구의 지름
저 압	1.2	–
고 압	1.3	0.12[m] 이상
특고압	1.5	0.12[m] 이상

답 ②

85 다음은 무엇에 관한 설명인가?

> 가공전선이 다른 시설물과 접근하는 경우에 그 가공전선이 다른 시설물의 위쪽 또는 옆쪽에 수평거리로 3[m] 미만인 곳에 시설되는 상태

① 제1차 접근상태
② 제2차 접근상태
③ 제3차 접근상태
④ 제4차 접근상태

풀이 112 용어 정의
"제2차 접근상태"란 가공 전선이 다른 시설물과 접근하는 경우에 그 가공 전선이 다른 시설물의 위쪽 또는 옆쪽에서 수평 거리로 3[m] 미만인 곳에 시설되는 상태를 말한다.

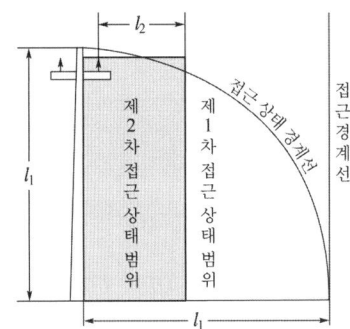

답 ②

86 전기저장장치에서의 제어 및 보호장치 시설기준에 대한 내용으로 틀린 것은?

① 전기저장장치의 접속점에는 쉽게 개폐할 수 없는 곳에 개방상태를 육안으로 확인할 수 있는 전용의 개폐기를 시설하여야 한다.
② 직류 전로에 과전류차단기를 설치하는 경우 직류 단락전류를 차단하는 능력을 가지는 것이어야 하고 "직류용" 표시를 하여야 한다.
③ 전기저장장치의 직류 전로에는 지락이 생겼을 때에 자동적으로 전로를 차단하는 장치를 시설하여야 한다.
④ 발전소 또는 변전소 혹은 이에 준하는 장소에 전기저장장치를 시설하는 경우 전로가 차단되었을 때에 경보하는 장치를 시설하여야 한다.

풀이 512 전기저장장치의 시설
① 전기저장장치의 접속점에는 쉽게 개폐할 수 있는 곳에 개방상태를 육안으로 확인할 수 있는 전용의 개폐기를 시설하여야 한다.
② 직류 전로에 과전류차단기를 설치하는 경우 직류 단락전류를 차단하는 능력을 가지는 것이어야 하고 "직류용" 표시를 하여야 한다.
③ 전기저장장치의 직류 전로에는 지락이 생겼을 때에 자동적으로 전로를 차단하는 장치를 시설하여야 한다.

④ 발전소 또는 변전소 혹은 이에 준하는 장소에 전기저장장치를 시설하는 경우 전로가 차단되었을 때에 경보하는 장치를 시설하여야 한다. 답 ①

87 석유류를 저장하는 장소의 전등 배선에서 사용할 수 없는 방법은?

① 애자공사
② 케이블공사
③ 금속관공사
④ 합성수지관공사

풀이 242.4 위험물 등이 존재하는 장소
셀룰로이드·성냥·**석유류** 기타 타기 쉬운 위험한 물질을 제조하거나 저장하는 곳에 시설하는 저압 옥내 전기설비는 다음에 따르고 또한 위험의 우려가 없도록 시설하여야 한다.
가. 이동전선은 접속점이 없는 0.6/1[kV] EP 고무 절연 클로로프렌 캡타이어 케이블 또는 0.6/1[kV] 비닐 절연 비닐캡타이어 케이블을 사용할 것.
나. 저압 옥내배선 등은 **합성수지관공사**(두께 2[mm] 미만의 합성수지 전선관 및 난연성이 없는 콤바인 덕트관을 사용하는 것을 제외한다)·**금속관공사** 또는 케이블공사에 의할 것. 답 ①

88 고압가공전선로의 지지물이 B종 철주인 경우, 경간은 몇 [m] 이하이어야 하는가?

① 150
② 200
③ 250
④ 300

풀이 332.9 고압 가공전선로 경간의 제한
고압 가공전선로의 경간은 표에서 정한 값 이하이어야 한다.

지지물의 종류	경 간
목주·A종 철주 또는 A종 철근 콘크리트주	150[m]
B종 **철주** 또는 B종 철근 콘크리트주	250[m]
철탑	600[m]

답 ③

89 지중전선로의 전선으로 적합한 것은?

① 케이블
② 동복강선
③ 절연전선
④ 나경동선

풀이 334.1 지중전선로의 시설
지중 전선로는 전선에 케이블을 사용하고 또한 관로식·암거식 또는 직접 매설식에 의하여 시설하여야 한다. 답 ①

90 지선을 사용하여 그 강도를 분담시켜서는 아니 되는 가공전선로 지지물은?

① 목주
② 철주
③ 철탑
④ 철근콘크리트주

풀이 331.11 지선의 시설
가. 가공전선로의 지지물로 사용하는 **철탑은 지선을 사용하여 그 강도를 분담시켜서는 안 된다.**
나. 가공전선로의 지지물로 사용하는 철주 또는 철근 콘크리트주는 지선을 사용하지 않는 상태에서 2분의 1 이상의 풍압하중에 견디는 강도를 가지는 경우 이외에는 지선을 사용하여 그 강도를 분담시켜서는 안 된다. 답 ③

91 옥내의 네온 방전등 공사에 대한 설명으로 틀린 것은?

① 방전등용 변압기는 네온변압기일 것
② 관등회로의 배선은 점검할 수 없는 은폐장소에 시설할 것
③ 관등회로의 배선은 애자공사에 의하여 시설할 것
④ 방전등용 변압기의 외함에는 접지공사를 할 것

풀이 234.12.2 관등회로의 배선
관등회로의 배선은 애자공사로 다음에 따라서 시설하여야 한다.
가. 전선은 네온관용전선을 사용할 것.
나. **배선은 외상을 받을 우려가 없고 사람이 접촉될 우려가 없는 노출장소 또는 점검할 수 있는 은폐장소에 시설할 것.**
다. 전선지지점간의 거리는 1[m] 이하로 할 것. 답 ②

92 고압가공전선로의 가공지선으로 나경동선을 사용하는 경우의 지름은 몇 [mm] 이상이어야 하는가?

① 3.2[mm]
② 4.0[mm]
③ 5.5[mm]
④ 6.0[mm]

풀이 332.6 고압 가공전선로의 가공지선
고압 가공전선로에 사용하는 **가공지선은 인장강도 5.26 [kN] 이상의 것 또는 지름 4[mm] 이상의 나경동선**을 사용한다. 답 ②

93. 애자공사에 의한 고압 옥내배선 등의 시설에서 사용되는 연동선의 공칭단면적은 몇 [mm²] 이상인가?

① 6.0 ② 10
③ 16   ④ 25

풀이 342.1 고압 옥내배선 등의 시설
가. 고압 옥내배선은 다음에 따라 시설하여야 한다.
  ① 애자공사(건조한 장소로서 전개된 장소에 한한다)
  ② 케이블공사
  ③ 케이블트레이공사
나. **전선은 공칭단면적 6[mm²] 이상의 연동선** **답** ①

94. 흥행장의 저압 전기 설비 공사로 무대, 무대 마루 밑, 오케스트라 박스, 영사실, 기타 사람이나 무대 도구가 접촉할 우려가 있는 곳에 시설하는 저압 옥내 배선, 전구선 또는 이동 전선은 사용 전압이 몇 [V] 이하이어야 하는가?

① 100 ② 200
③ 300 ④ 400

풀이 242.6 전시회, 쇼 및 공연장의 전기설비
무대 · 무대마루 밑 · 오케스트라 박스 · 영사실 기타 사람이나 무대 도구가 접촉할 우려가 있는 곳에 시설하는 저압 옥내배선, 전구선 또는 이동전선은 **사용전압이 400[V] 이하이어야 한다.** **답** ④

95. 금속제 가요전선관공사에 의한 저압 옥내배선으로 틀린 것은?

① 2종 금속제 가요전선관을 사용하였다.
② 전선은 연선을 사용 하였다.
③ 전선으로 옥외용 비닐절연전선을 사용하였다.
④ 가요전선관은 접지공사를 하였다.

풀이 232.13 금속제가요전선관공사
가. **전선은 절연전선(옥외용 비닐 절연전선을 제외한다)일 것.**
나. 전선은 연선일 것. 다만, 단면적 10[mm²](알루미늄선은 단면적 16[mm²]) 이하인 것은 그러하지 아니하다.
다. 가요전선관 안에는 전선에 접속점이 없도록 할 것.
라. 가요전선관은 2종 금속제 가요전선관일 것 **답** ③

96. 가공 전선로의 지지물에 시설하는 지선은 소선이 최소 몇 가닥 이상의 연선이어야 하는가?

① 3 ② 5
③ 7 ④ 9

풀이 331.11 지선의 시설
가. 가공전선로의 지지물로 사용하는 철탑은 지선을 사용하여 그 강도를 분담시켜서는 안 된다.
나. 지선의 안전율은 2.5 이상일 것. 이 경우에 허용 인장하중의 최저는 4.31[kN]으로 한다.
다. 지선에 연선을 사용할 경우에는 다음에 의할 것.
  ① **소선 3가닥 이상의 연선일 것.**
  ② 소선의 지름이 2.6[mm] 이상의 금속선을 사용한 것일 것. **답** ①

97. 철도 · 궤도 또는 자동차도의 전용터널 안의 터널내 전선로의 시설방법으로 틀린 것은?

① 저압전선으로 지름 2.0[mm]의 경동선을 사용하였다.
② 고압전선은 케이블공사로 하였다.
③ 저압전선을 애자공사에 의하여 시설하고 이를 레일면 상 또는 노면상 2.5[m] 이상으로 하였다.
④ 저압전선을 금속제 가요전선관공사에 의하여 시설하였다.

풀이 335.1 터널 안 전선로의 시설
철도 · 궤도 또는 자동차도 전용터널 안의 전선로

전압	전선의 굵기	시공방법	애자공사 시 높이
저압	인장강도 2.30[kN] 이상 또는 2.6[mm] 이상의 경동선의 절연전선	• 합성수지관공사 • 금속관공사 • 금속제가요전선관 공사 • 케이블공사 • 애자공사	노면상, 레일면상 2.5[m] 이상
고압	인장강도 5.26[kN] 이상 또는 4[mm] 이상의 경동선	• 케이블공사 • 애자공사	노면상, 레일면상 3[m] 이상
특고압		• 케이블공사	

답 ①

98. 접지공사에 사용하는 접지선을 사람이 접촉할 우려가 있는 곳에 시설하는 접지도체는 최소 어느 부분에 대하여 합성 수지관 또는 이와 동등 이상의 절연 효력 및 강도를 가지는 몰드로 덮게 되어 있는가?

① 지하 30[cm]로부터 지표상 1.5[m]까지의 부분
② 지하 50[cm]로부터 지표상 1.6[m]까지의 부분
③ 지하 75[cm]로부터 지표상 2[m]까지의 부분
④ 지하 90[cm]로부터 지표상 2.5[m]까지의 부분

풀이 142.3.1 접지도체
접지도체는 지하 0.75[m]부터 지표 상 2[m] 까지 부분은 합성수지관(두께 2[mm] 미만의 합성수지제 전선관 및 가연성 콤바인덕트관은 제외한다) 또는 이와 동등 이상의 절연효과와 강도를 가지는 몰드로 덮어야 한다.
답 ③

99. 지중에 매설되어 있는 금속제 수도관로를 각종 접지공사의 접지극으로 사용하려면 대지와의 전기저항 값이 몇 [Ω] 이하의 값을 유지하여야 하는가?

① 1 　② 2
③ 3 　④ 5

풀이 142.2 접지극의 시설 및 접지저항
가. 지중에 매설되어 있고 대지와의 **전기저항 값이 3[Ω]** 이하의 값을 유지하고 있는 금속제 수도관로가 규정에 따르는 경우 **접지극으로 사용이 가능**하다.
나. 대지와의 사이에 전기저항 값이 2[Ω] 이하인 값을 유지하는 건축물·구조물의 철골 기타의 금속제는 접지공사의 접지극으로 사용할 수 있다.
답 ③

100. 전기부식방지 시설을 시설할 때 전기부식방지용 전원 장치로부터 양극 및 피방식체까지의 전로의 사용전압은 직류 몇 [V] 이하이어야 하는가?

① 20 　② 40
③ 60 　④ 80

풀이 241.16 전기부식방지 시설
전기부식방지 회로(전기부식방지용 전원장치로부터 양극 및 피방식체까지의 전로를 말한다. 이하 같다)의 **사용전압은 직류 60[V] 이하일 것.**
답 ③

2022년 1회 전기산업기사필기(CBT 복원문제)

동일출판사 홈페이지에서 무료 동영상강의를 보실 수 있습니다.

1과목 - 전기자기

01 비유전율이 9이고, 비투자율이 1인 매질 내의 고유 임피던스는 약 몇 [Ω]인가?

① 42 ② 84 ③ 126 ④ 377

풀이 고유 임피던스
$$Z_0 = \frac{E}{H} = \sqrt{\frac{\mu}{\epsilon}}$$
$$= \sqrt{\frac{\mu_0}{\epsilon_0}} \cdot \sqrt{\frac{\mu_s}{\epsilon_s}} = \sqrt{\frac{4\pi \times 10^{-7}}{8.855 \times 10^{-12}}} \cdot \sqrt{\frac{\mu_s}{\epsilon_s}}$$
$$= 377\sqrt{\frac{\mu_s}{\epsilon_s}} = 377\sqrt{\frac{1}{9}} = 125.67[\Omega]$$

답 ③

02 비유전율 $\epsilon_s = 5$인 유전체 내의 분극률은 몇 [F/m]인가?

① $\dfrac{10^{-8}}{9\pi}$ ② $\dfrac{10^9}{9\pi}$ ③ $\dfrac{10^{-9}}{9\pi}$ ④ $\dfrac{10^8}{9\pi}$

풀이 분극의 세기 $P = \epsilon_0(\epsilon_s - 1)E$ 식에서

분극률 $\chi = \dfrac{P}{E} = \epsilon_0(\epsilon_s - 1) = \dfrac{1}{36\pi \times 10^9} \times (5-1)$
$$= \dfrac{10^{-9}}{9\pi} [F/m]$$

$(\epsilon_0 = \dfrac{10^7}{4\pi C^2} = \dfrac{1}{36\pi \times 10^9},$

C : 빛의 속도 $= 3 \times 10^8 [m/s])$

답 ③

03 그림과 같이 진공 내의 A, B, C 각 점에 $Q_A = 4 \times 10^{-6}[C]$, $Q_B = 2 \times 10^{-6}[C]$, $Q_C = 5 \times 10^{-6}[C]$의 점전하가 일직선상에 놓여 있을 때 B점에 작용하는 힘은 몇 [N]인가?

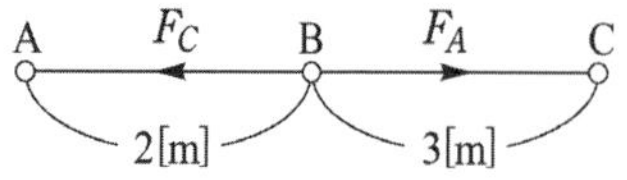

```
    A    F_C   B   F_A    C
    •←————•————→•
       2[m]    3[m]
```

① 0.8×10^{-2} ② 1.2×10^{-2}
③ 1.8×10^{-2} ④ 2.4×10^{-2}

풀이 B 구에 작용하는 힘 $F_B = F_{BA} - F_{BC}$ 이므로
$$F_B = F_{BA} - F_{BC}$$
$$= \frac{Q_B Q_A}{4\pi\epsilon_0 r_A^2} - \frac{Q_B Q_C}{4\pi\epsilon_0 r_B^2} = \frac{Q_B}{4\pi\epsilon_0}\left(\frac{Q_A}{r_A^2} - \frac{Q_C}{r_B^2}\right)$$
$$= 9 \times 10^9 \times 2 \times 10^{-6}\left(\frac{4 \times 10^{-6}}{2^2} - \frac{5 \times 10^{-6}}{3^2}\right)$$
$$= 8 \times 10^{-3} = 0.8 \times 10^{-2}[N]$$

답 ①

04 전계 E의 x, y, z 성분을 E_x, E_y, E_z라 할 때 div$E$는?

① $\dfrac{\partial E_x}{\partial x} + \dfrac{\partial E_y}{\partial y} + \dfrac{\partial E_z}{\partial z}$

② $i\dfrac{\partial E_x}{\partial x} + j\dfrac{\partial E_y}{\partial y} + k\dfrac{\partial E_z}{\partial z}$

③ $\dfrac{\partial^2 E_x}{\partial x^2} + \dfrac{\partial^2 E_y}{\partial y^2} + \dfrac{\partial^2 E_z}{\partial z^2}$

④ $i\dfrac{\partial^2 E_x}{\partial x^2} + j\dfrac{\partial^2 E_y}{\partial y^2} + k\dfrac{\partial^2 E_z}{\partial z^2}$

풀이 벡터의 발산 (divergence)
$$\nabla \cdot E = \left(\frac{\partial}{\partial x}i + \frac{\partial}{\partial y}j + \frac{\partial}{\partial z}k\right) \cdot (E_x i + E_y j + E_z k)$$
$$= \frac{\partial E_x}{\partial x} + \frac{\partial E_y}{\partial y} + \frac{\partial E_z}{\partial z}$$

이 관계식은 벡터 E방향으로 그려진 단위체적에서 발산(divergence)하는 선속수의 물리적 의미를 가지므로 즉, $\nabla \cdot E = \text{div } E$로 표시 ($\nabla \cdot$ 대신에 div를 사용)

답 ①

05 자기회로에서 철심의 투자율을 μ라 하고 회로의 길이를 l이라 할 때 그 회로의 일부에 미소공극 l_g를 만들면 회로의 자기저항은 처음의 몇 배인가? (단, $l_g \ll l$, 즉 $l - l_g \fallingdotseq l$이다.)

① $1 + \dfrac{\mu l_g}{\mu_0 l}$ ② $1 + \dfrac{\mu l}{\mu_0 l_g}$

③ $1 + \dfrac{\mu_0 l_g}{\mu l}$ ④ $1 + \dfrac{\mu_0 l}{\mu l_g}$

풀이 투자율 μ인 자기저항 $R_\mu = \dfrac{l}{\mu A}$

여기서, A는 철심의 단면적, 미소 공극은 l_g이므로 철심의 길이는 $l - l_g \fallingdotseq l$ 이라 하면 이때의 자기저항 R_m은

$R_m = R_1 + R_2 = \dfrac{l_g}{\mu_0 A} + \dfrac{l}{\mu A}$ 이므로

$\therefore \dfrac{R_m}{R_\mu} = 1 + \dfrac{\mu \, l_g}{\mu_0 \, l} = 1 + \dfrac{l_g}{l} \mu_s$ 　　**답** ①

---

06 강자성체의 자화에 관한 설명으로 틀린 것은?

① 강자성체의 자화의 세기는 자계의 세기에 비례한다.
② 강자성체에 자계를 변화시키면 히스테리시스현상이 나타난다.
③ 강자성체의 히스테리시스손은 히스테리시스 곡선의 면적과 같다.
④ 강자성체의 자속밀도 B는 자계의 세기 H에 비례하지 않는다.

풀이 자화의 세기(J) 와 자계의 세기(H) 와의 관계
$J = \chi H = (\mu - \mu_0) H = \mu_0 (\mu_s - 1) H \, [\text{Wb/m}^2]$
- 강자성체 이외의 자성체 : 자화의 세기와 자계가 비례 (즉, μ와 χ_m을 정수로 취급)
- 강자성체 : 전혀 자화되어 있지 않은 강자성체에 자계를 가하여 그 자계를 점점 크게 하면 그에 따라 자화의 세기도 점점 크게 된다. 그러나 일정 범위를 지나면 자계의 세기가 증가 하여도 자화의 세기는 더 이상 증가하지 않고 거의 일정하게 된다.

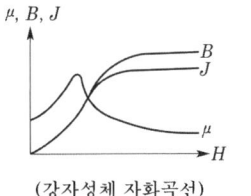

(강자성체 자화곡선) 　　**답** ①

---

07 직류 500[V] 절연저항계로 절연저항을 측정하니 2[MΩ]이 되었다면 누설전류는?

① 25[μA]　　② 250[μA]
③ 1000[μA]　　④ 1250[μA]

풀이 누설전류 $I_g = \dfrac{V}{R_g} = \dfrac{500}{2 \times 10^6} = 250 \times 10^{-6} [\text{A}]$
$= 250 [\mu\text{A}]$ 　　**답** ②

---

08 평행판 콘덴서의 극간 전압이 일정한 상태에서 극간에 공기가 있을 때의 흡인력을 F_1, 극판 사이에 극판 간격의 $\dfrac{2}{3}$ 두께의 유리판($\epsilon_r = 10$)을 삽입할 때의 흡인력을 F_2라 하면 $\dfrac{F_2}{F_1}$는?

① 0.6　　② 0.8
③ 1.5　　④ 2.5

풀이

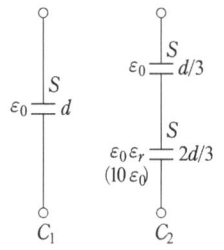

- 공기 콘덴서인 경우의 정전용량 $C_1 = \dfrac{\epsilon_0 S}{d}$
- 극판 간격 $\dfrac{2}{3}$ 두께의 유리판을 삽입한 경우의

정전용량 $C_2 = \dfrac{\dfrac{\epsilon_0 S}{d/3} \cdot \dfrac{10\epsilon_0 S}{2d/3}}{\dfrac{\epsilon_0 S}{d/3} + \dfrac{10\epsilon_0 S}{2d/3}} = \dfrac{5}{2} \cdot \dfrac{\epsilon_0 S}{d} = \dfrac{5}{2} C_1$

- 힘(F)은 에너지(W)에 비례하며,
$W_1 = \dfrac{1}{2} C_1 V^2$, $W_2 = \dfrac{1}{2} C_2 V^2$ 이고,
전압이 일정할 때이므로

$\therefore \dfrac{F_2}{F_1} = \dfrac{W_2}{W_1} = \dfrac{\dfrac{1}{2} C_2 V^2}{\dfrac{1}{2} C_1 V^2} = \dfrac{C_2}{C_1} = \dfrac{5}{2} = 2.5$배 　　**답** ④

---

09 공기 중 임의의 점에서 자계의 세기(H)가 20 [AT/m]라면 자속밀도(B)는 약 몇 [Wb/m²]인가?

① 2.5×10^{-5}　　② 3.5×10^{-5}
③ 4.5×10^{-5}　　④ 5.5×10^{-5}

풀이 자속밀도
$B = \mu H = \mu_0 \mu_s H = 4\pi \times 10^{-7} \times 1 \times 20$
$= 2.5 \times 10^{-5}$ 　　**답** ①

10 전계의 세기가 1500[V/m]인 전장에 5[μC]의 전하를 놓았을 때 이 전하에 작용하는 힘은 몇 [N]인가?

① 4.5×10^{-3} ② 5.5×10^{-3}
③ 6.5×10^{-3} ④ 7.5×10^{-3}

풀이 $F = Eq = 1500 \times 5 \times 10^{-6}$
$= 7.5 \times 10^{-3}$[N] 답 ④

11 반지름이 5[mm]인 구리선에 10[A]의 전류가 흐르고 있을 때 단위 시간 당 구리선의 단면을 통과하는 전자의 개수는? (단, 전자의 전하량 $e = 1.602 \times 10^{-19}$[C]이다.)

① 6.24×10^{17} ② 6.24×10^{19}
③ 1.28×10^{21} ④ 1.28×10^{23}

풀이 동선 단면을 단위 시간에 통과하는 전하는 10[C]이므로 전하량 $Q = It = 10 \times 1 = 10$[C]
따라서 전자의 개수
$N = \dfrac{Q}{e} = \dfrac{10}{1.602 \times 10^{-19}}$
$= 6.24 \times 10^{19}$[개] 답 ②

12 자유 공간에 있어서 변위전류가 만드는 것은?

① 전계 ② 투자율
③ 유전율 ④ 자계

풀이 rot $H = J + i_d$
여기서, J : 전도 전류밀도
i_d : 변위전류밀도
자유 공간에서 전도 전류밀도 $J = 0$이므로 변위전류밀도 $i_d = $ rot H가 된다.
따라서 **변위전류는 회전자계를 형성시킨다.** 답 ④

13 500[AT/m]의 자계 중에 어떤 자극을 놓았을 때 3×10^3[N]의 힘이 작용했다면 이때 자극의 세기는 몇 [Wb]인가?

① 2[Wb] ② 3[Wb]
③ 5[Wb] ④ 6[Wb]

풀이 $F = mH$ 에서
$\therefore m = \dfrac{F}{H} = \dfrac{3 \times 10^3}{500} = \dfrac{3000}{500} = 6$[Wb] 답 ④

14 투자율 $\mu = \mu_0$, 굴절률 $n = 2$, 전도율 $\sigma = 0.5$의 특성을 갖는 매질내부의 한 점에서 전계가 $E = 10\cos(2\pi ft)a_x$로 주어질 경우 전도 전류밀도와 변위전류밀도의 최댓값의 크기가 같아지는 전계의 주파수 f[GHz]는?

① 1.75 ② 2.25
③ 5.75 ④ 10.25

풀이 전도전류밀도 $i_c = \sigma E$, 변위전류밀도 $i_d = \omega \epsilon E$이고, 전도 전류밀도와 변위전류밀도의 최댓값의 크기가 같아지는 조건이므로, ($i_c = i_d$)
$\sigma E = \omega \epsilon E \rightarrow \sigma = 2\pi f \epsilon$
따라서
$f = \dfrac{\sigma}{2\pi \epsilon} = \dfrac{\sigma}{2\pi(n^2 \epsilon_0)} = \dfrac{0.5}{2\pi \times 2^2 \times 8.85 \times 10^{-12}}$
$= 2.25 \times 10^9$[Hz] $= 2.25$[GHz] 답 ②

15 자계의 벡터퍼텐셜을 A[Wb/m]라 할 때 도체 주위에서 자계 B[Wb/m²]가 시간적으로 변화하면 도체에 생기는 전계의 세기 E[V/m]은?

① $E = -\dfrac{\partial A}{\partial t}$ ② rot $E = -\dfrac{\partial A}{\partial t}$
③ $E = $ rot A ④ rot $E = \dfrac{\partial B}{\partial t}$

풀이 $B = \nabla \times A$로 정의되고, $\nabla \times E = -\dfrac{\partial B}{\partial t}$에서
$\nabla \times E = -\dfrac{\partial B}{\partial t} = -\dfrac{\partial}{\partial t}(\nabla \times A)$
$= \nabla \times \left(-\dfrac{\partial A}{\partial t}\right)$
$\therefore E = -\dfrac{\partial A}{\partial t}$ 답 ①

16 내압이 1[kV]이고, 용량이 각각 0.01[μF], 0.02[μF], 0.05[μF]인 콘덴서를 직렬로 연결했을 때의 전체내압은?

① 1500[V] ② 1600[V]
③ 1700[V] ④ 1800[V]

[풀이] 각 콘덴서에 가해지는 전압을 V_1, V_2, V_3[V]라 하면

$$V_1 : V_2 : V_3 = \frac{1}{0.01} : \frac{1}{0.02} : \frac{1}{0.05}$$
$$= 10 : 5 : 2$$

V의 최댓값은 전압이 제일 크게 걸리는 0.01[μF]에 의해 결정되므로

$$V_1 = \frac{10}{17}V$$

$\therefore V = \frac{17}{10}V_1 = \frac{17}{10} \times 1000 = 1700$[V] 답 ③

17 그림과 같이 도체 1을 도체 2로 포위하여 도체 2를 일정 전위로 유지하고 도체 1과 도체 2의 외측에 도체 3이 있을 때 용량계수 및 유도계수의 성질로 옳은 것은?

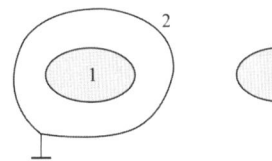

① $q_{23} = q_{11}$ ② $q_{13} = -q_{11}$
③ $q_{31} = q_{11}$ ④ $q_{21} = -q_{11}$

[풀이] ① 도체 1을 도체 2로 포위하고 도체 2를 접지(영전위) 하면 도체 1과 도체 3은 정전차폐가 되기 때문에 정전기적으로 관계하지 않게 된다.
따라서 $q_{23} \neq q_{11}$, $q_{13} = 0$, $q_{31} = 0$
② 도체 1에 단위 전위를 주었을 때 도체 1의 전하 q_{11}과 도체 2의 유도 전하 q_{21}은 서로 양은 같고 부호는 반대가 된다.
따라서 $q_{21} = -q_{11}$
※ 도체 1과 도체 3은 정전기적으로 관계가 없는 정전차 폐이므로 용량계수와 유도계수의 아래 첨자에 3을 포함하지 않은 ④번만이 정답이 된다. 답 ④

18 반지름 3[cm]의 원형 단면을 가진 환상의 연철 심(비투자율 400)에 코일을 감고 이것에 전류를 흘린 결과 철심 중의 자계가 400[AT/m]로 되었다. 자화의 세기[Wb/m²]는?

① 약 0.5   ② 약 0.2
③ 약 2×10^{-4} ④ 약 5×10^{-4}

[풀이] 자화율
$$\chi_m = \mu - \mu_0 = \mu_0(\mu_s - 1)$$
$$= 4\pi \times 10^{-7}(400-1) = 5 \times 10^{-4}[\text{H/m}]$$

자화의 세기
$$J = \chi_m H = 5 \times 10^{-4} \times 400 = 0.2[\text{Wb/m}^2]$$ 답 ②

19 금속도체의 전기저항은 일반적으로 온도와 어떤 관계인가?

① 전기저항은 온도의 변화에 무관하다.
② 전기저항은 온도의 변화에 대해 정특성을 갖는다.
③ 전기저항은 온도의 변화에 대해 부특성을 갖는다.
④ 금속도체의 종류에 따라 전기저항의 온도 특성은 일관성이 없다.

[풀이] • 금속도체의 전기저항은 온도 상승에 따라 증가한다.
• 탄소, 전해액 및 반도체 등의 저항은 온도 상승에 따라 감소한다. 답 ②

20 어떤 대전체가 진공 중에서 전속이 Q[C]이었다. 이 대전체를 비유전율 10인 유전체 속으로 가져갈 경우에 전속[C]은?

① Q ② $10Q$
③ $\frac{Q}{10}$ ④ $10\epsilon_o Q$

[풀이] 전하에서 나오는 선속을 전속이라 한다.
① 전기력선수 $\left(N = \frac{Q}{\epsilon_0}\right)$는 매질에 따라 그 값이 달라지나 전속($\Phi = Q$)은 매질에 관계없이 일정하다.
② 전속 Φ는 매질에 관계없이 전하 Q[C]일 때 Q 개의 전속선이 나온다. 답 ①

2과목 - 전력공학

21 154[kV] 송전선로에서 송전거리가 154[km]라 할 때 송전용량 계수법에 의한 송전용량은 몇 [kW]인가? (단, 송전용량계수는 1200으로 한다.)

① 61600   ② 92400
③ 123200   ④ 184800

[풀이] 송전용량 $P = K\dfrac{V^2}{l}$ [kW]

여기서, K : 용량계수, V : 송전전압, l : 송전거리

∴ $P = 1200 \times \dfrac{154^2}{154} = 184800$ [kW] 답 ④

22 인터록(interlock)의 기능에 대한 설명으로 맞은 것은?

① 조작자의 의중에 따라 개폐되어야 한다.
② 차단기가 열려 있어야 단로기를 닫을 수 있다.
③ 차단기가 닫혀 있어야 단로기를 닫을 수 있다.
④ 차단기와 단로기를 별도로 닫고, 열 수 있어야 한다.

[풀이] 단로기는 부하전류를 개폐할 수 없다. 따라서 단로기는 차단기가 열려 있어야 열고 닫을 수 있다. 즉, 인터록 장치를 두어 부하 통전 시 단로기를 열 수 없도록 하여야 한다. 답 ②

23 154[kV] 송전선로에 10개의 현수애자가 연결되어 있다. 다음 중 전압부담이 가장 적은 것은? (단, 애자는 같은 간격으로 설치되어 있다.)

① 철탑에 가장 가까운 것
② 철탑에서 3번째에 있는 것
③ 전선에서 가장 가까운 것
④ 전선에서 3번째에 있는 것

[풀이]
- 전압 분담 최대 : 전선쪽 애자
- 전압 분담 최소 : 철탑에서 1/3 지점 애자

따라서 10개의 현수애자가 연결되어 있다면, **철탑에서 3번째에 있는 애자가 전압부담이 가장 적다.** 답 ②

24 저압 뱅킹 방식에 대한 설명 중 맞지 않는 것은?

① 전압동요가 적다.
② 캐스케이딩 현상에 의해 고장확대가 축소된다.
③ 부하증가에 대해 융통성이 좋다.
④ 고장 보호 방식이 적당할 때 공급 신뢰도는 향상된다.

[풀이] 저압 뱅킹 방식의 특징
- 전압강하 및 전력손실이 경감된다.
- 변압기 용량 및 저압선 동량이 절감된다.
- 부하 증가에 대한 탄력성이 향상된다.
- 고장 보호 방법이 적당할 때 공급 신뢰도가 향상되며, 플리커 현상이 경감된다.
- 캐스케이딩 현상이 발생하므로 고장이 광범위하게 파급될 우려가 있다. 답 ②

25 수력발전소의 댐 설계 및 저수지 용량 등을 결정하는데 가장 적합하게 사용되는 것은?

① 유량도 ② 유황곡선
③ 수위-유량곡선 ④ 적산유량곡선

[풀이] 적산 유량 곡선은 매일의 수량을 차례로 적산해서 가로축에 일수를, 세로축에 적산 수량을 그린 곡선을 뜻한다. 답 ④

26 교류송전에서는 송전거리가 멀어질수록 동일 전압에서의 송전 가능전력이 적어진다. 다음 중 그 이유로 가장 알맞은 것은?

① 선로의 어드미턴스가 커지기 때문이다.
② 선로의 유도성 리액턴스가 커지기 때문이다.
③ 코로나 손실이 증가하기 때문이다.
④ 표피효과가 커지기 때문이다.

[풀이]
- 교류 송전선로에서 송전거리가 멀어지면 선로 정수가 모두 증가한다. 그러나 초고압 장거리 송전선로에서는 저항과 정전용량은 유도성 리액턴스에 비해서 적으므로 그다지 크게 영향을 미치지 못한다.
- $P = \dfrac{E_S E_R}{X} \sin\delta$ 에서와 같이 선로의 유도 리액턴스가 커지기 때문에 송전 가능 전력은 적어진다. 답 ②

27 전압이 일정값 이하로 되었을 때 동작하는 것으로서 단락 시 고장 검출용으로도 사용되는 계전기는?

① OVR ② OVGR
③ NSR ④ UVR

[풀이] ① 과전류 계전기(Over Current Relay : OCR)
일정값 이상의 전류가 흘렀을 때 동작하는 계전기

② 지락 과전압 계전기(Over Voltage Ground Relay : OVGR)
비접지 계통에서 지락사고 시 영상전압을 검출하여 동작하는 계전기
③ 역상계전기(Negative Sequence Relay : NSR)
전력설비의 불평형 운전 등에 의한 역상분에 의해 동작하는 계전기
④ 부족 전압 계전기(Under Voltage Relay : UVR)
전압이 일정값 이하로 떨어졌을 경우, 지나친 과전류가 흐르지 않게끔 동작하는 계전기   답 ④

28
동일 굵기의 전선으로 된 3상 3선식 2회선 송전선이 있다. A회선의 전류는 100[A], B회선의 전류는 50[A]이고 선로 손실은 합계 50[kW]이다. 개폐기를 닫아서 양 회선을 병렬로 사용하여 합계 150[A]의 전류를 통하도록 하려면 선로 손실[kW]은?

① 40   ② 45
③ 50   ④ 55

풀이) A회선의 선로 손실과 B회선의 선로 손실에서 저항을 구하면,
$I_A^2 R + I_B^2 R = 50[kW]$
$100^2 R + 50^2 R = 50 \times 10^3$
$\therefore R = 4[\Omega]$
양 회선을 병렬로 사용하면 동일 전선이므로 동일 전류가 흐른다.
2회선 $\times 75^2 R = 2 \times 75^2 \times 4 = 45,000[W]$
$\therefore 45[kW]$ 답 ②

29
켈빈(Kelvin)의 법칙이 적용되는 경우는?

① 전압강하를 감소시키고자 하는 경우
② 부하배분의 균형을 얻고자 하는 경우
③ 전력손실량을 축소시키고자 하는 경우
④ 경제적인 전선의 굵기를 선정하고자 하는 경우

풀이) 켈빈(Kelvin)의 법칙 : 전선의 단위 길이 내에서 연간에 손실되는 전력량에 대한 전기요금과 단위 길이의 전선값에 대한 금리(金利), 감가상각비 등의 연간 경비의 합계가 같게 되는 전선 단면적이 가장 경제적인 전선의 단면적이다.
$C = \sqrt{\dfrac{WMP}{\rho N}}$
여기서, C : 전류밀도, ρ : 전선의 저항률,
W : 전선의 중량, N : 전선량의 가격   답 ④

30
다음 중 연가(transposition)의 효과로 거리가 먼 것은?

① 직렬공진의 방지
② 선로정수의 평형
③ 대지정전용량의 감소
④ 통신선의 유도장해의 감소

풀이) 연가의 효과
① 선로정수 평형
② 임피던스 평형
③ 소호 리액터 접지 시 직렬공진방지
④ 유도장해 감소   답 ③

31
용량 25000[kVA], 임피던스 10[%]인 3상 변압기가 2차 측에서 3상 단락 되었을 때 단락용량은 몇 [MVA]인가?

① 225[MVA]   ② 250[MVA]
③ 275[MVA]   ④ 433[MVA]

풀이) 단락용량 $P_s = \dfrac{100}{\%Z} P_n = \dfrac{100}{10} \times 25000 \times 10^{-3}$
$= 250[MVA]$ 답 ②

32
원자력발전소와 화력발전소의 특성을 비교한 것 중 틀린 것은?

① 원자력발전소는 화력발전소의 보일러 대신 원자로와 열교환기를 사용한다.
② 원자력발전소의 건설비는 화력발전소에 비해 싸다.
③ 동일 출력일 경우 원자력발전소의 터빈이나 복수기가 화력발전소에 비하여 대형이다.
④ 원자력발전소는 방사능에 대한 차폐 시설물의 투자가 필요하다.

풀이) 화력발전과 비교하여 원자력 발전은 출력 밀도(단위체적 당 출력)가 크므로 같은 출력이라면 소형화가 가능하나, 단위 출력당 건설비는 화력발전소에 비하여 비싸다.   답 ②

33 동일한 2대의 단상변압기를 V결선 하여 3상 전력을 100[kVA]까지 배전할 수 있다면 똑같은 단상변압기 1대를 추가하여 △결선하게 되면 3상 전력은 약 몇 [kVA]까지 배전할 수 있겠는가?

① 57.7[kVA] ② 70.5[kVA]
③ 141.5[kVA] ④ 173.2[kVA]

풀이 $P_\triangle = 3P_1 = \sqrt{3} \cdot \sqrt{3} P_1 = \sqrt{3} P_V$ 이므로
∴ $P_\triangle = \sqrt{3} \times 100 = 173.2[kVA]$ **답** ④

34 전선에서 전류의 밀도가 도선의 중심으로 들어갈수록 작아지는 현상은?

① 표피효과 ② 근접효과
③ 접지효과 ④ 페란티효과

풀이
- 표피효과 : 도체의 중심으로 갈수록 전류의 밀도가 낮아지는 현상
- 근접 효과 : 같은 방향의 전류는 바깥쪽으로 다른 방향의 전류는 안쪽으로 모이는 현상
- 페란티 효과 : 수전단전압이 송전단전압보다 높아지는 현상 **답** ①

35 송전 계통의 절연 협조에 있어 절연 레벨을 가장 낮게 잡고 있는 기기는?

① 피뢰기 ② 단로기
③ 변압기 ④ 차단기

풀이 계통 내의 각 기기, 기구 및 애자 등의 상호 간에 적정한 절연 강도를 지니게 함으로써 계통 설계를 합리적, 경제적으로 할 수 있게 한 것을 절연 협조라고 하며 피뢰기의 제한 전압이 기본이 된다. **답** ①

36 서지파(진행파)가 서지 임피던스 Z_1의 선로측에서 서지 임피던스 Z_2의 선로측으로 입사할 때 투과계수(투과파 전압÷입사파 전압) b를 나타내는 식은?

① $b = \dfrac{Z_2 - Z_1}{Z_1 + Z_2}$ ② $b = \dfrac{2Z_2}{Z_1 + Z_2}$

③ $b = \dfrac{Z_1 - Z_2}{Z_1 + Z_2}$ ④ $b = \dfrac{2Z_1}{Z_1 + Z_2}$

풀이 서지파(진행파)가 서지 임피던스 Z_1의 선로측에서 서지 임피던스 Z_2의 선로측으로 입사할 때
- 투과 계수(b)= $\dfrac{2Z_2}{Z_2 + Z_1}$
- 반사 계수(β)= $\dfrac{Z_2 - Z_1}{Z_2 + Z_1}$ **답** ④

37 3상 3선식 배전선로로서 역률이 0.8(지상)인 3상 평형부하 40[kW]를 연결했을 때 전압강하는 약 몇 [V]인가? (단, 부하의 전압은 200[V], 전선 1조의 저항은 0.02[Ω]이고, 리액턴스는 무시한다.)

① 2 ② 3
③ 4 ④ 5

풀이
- 전압강하 $e = \sqrt{3} I(R\cos\theta + X\sin\theta)$
  $= \dfrac{P}{V_r}(R + X\tan\theta)[V]$
- 부하전력 $P = 40[kW]$, 저항 $R = 0.02[\Omega]$
  리액턴스 $X = 0[\Omega]$ (∵ 리액턴스 무시)이므로
∴ $e = \dfrac{PR}{V_r} = \dfrac{40 \times 10^3 \times 0.02}{200} = 4[V]$ **답** ③

38 송전 계통의 중성점 접지용 소호 리액터의 인덕턴스 L은? 단, 선로 한 선의 대지 정전용량을 C라 한다.

① $L = \dfrac{1}{C}$ ② $L = \dfrac{C}{2\pi f}$

③ $L = \dfrac{1}{2\pi fC}$ ④ $L = \dfrac{1}{3(2\pi f)^2 C}$

풀이 소호 리액터 접지방식은 선로의 대지정전용량과 중성점에 접지한 소호 리액터(변압기 리액턴스를 무시한 경우)의 병렬공진 조건에 의해 결정한다.
$$\omega L = \dfrac{1}{3\omega C}$$
상기 조건에서 소호 리액터의 크기는 두 종류로 나타낼 수 있다.

① $X = \dfrac{1}{3\omega C}[\Omega]$

② $L = \dfrac{1}{3\omega^2 C} = \dfrac{1}{3(2\pi f)^2 C}[H]$ **답** ④

39 송전선에의 뇌격에 대한 차폐 등으로 가선하는 가공지선에 대한 설명 중 옳은 것은?

① 차폐각은 보통 15~30° 정도로 하고 있다.
② 차폐각이 클수록 벼락에 대한 차폐효과가 크다.
③ 가공지선을 2선으로 하면 차폐각이 적어진다.
④ 가공지선으로는 연동선을 주로 사용한다.

풀이 가공 지선은 직격 뇌로부터 송전선의 차폐를 위해 시설한다. 차폐각은 45[°] 이내, 보호율은 97[%] 정도이고, 차폐각이 작을수록(가공지선을 2회선으로 하면 차폐각이 적어진다.) 보호율이 높으며 가공 지선은 ACSR을 사용한다. 차폐각이 작을수록 보호율이 높고 건설비가 비싸다. **답** ③

40 등가 송전선로의 정전용량 $C=0.008[\mu F/km]$, 선로길이 $L=100[km]$, 대지전압 $E=37000[V]$이고 주파수 $f=60[Hz]$일 때, 충전전류는 약 몇 [A]인가?

① 11.2
② 6.7
③ 0.635
④ 0.426

풀이 $I_c = 2\pi f CLE$
$= 2\pi \times 60 \times 0.008 \times 10^{-6} \times 100 \times 37000$
$= 11.2[A]$ **답** ①

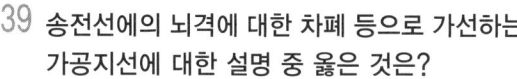

41 직류전동기의 속도제어법 중 정지 워드 레오나드 방식에 관한 설명으로 틀린 것은?

① 광범위한 속도제어가 가능하다.
② 정토크 가변속도의 용도에 적합하다.
③ 제철용압연기, 엘리베이터 등에 사용된다.
④ 직권전동기의 저항제어와 조합하여 사용한다.

풀이 정지 워드 레오너드 방식은 교류전원에서 SCR을 통해 변환된 직류를 위상제어에 의해 조정하여 단자전압이나 계자전류의 평균치를 변화시켜 속도를 제어한다. 즉 SCR과 조합하여 사용하는 방식이다. **답** ④

42 정격전압에서 전 부하로 운전하는 직류 직권전동기의 부하전류가 50[A]이다. 부하토크가 반으로 감소하면 부하전류는 약 몇 [A]인가? (단, 자기포화는 무시한다.)

① 25
② 35
③ 45
④ 50

풀이 직권전동기의 토크(T)는 자로가 포화되지 않은 범위 안에서는 전기자 전류(I_a)의 제곱에 비례하므로 토크가 1/2로 되면,

$$\frac{T'}{T} = \frac{\frac{1}{2}T}{T} \propto \frac{I_a'^2}{I_a^2} \rightarrow \left(\frac{I_a'}{I_a}\right)^2 = \frac{1}{2}$$

$\therefore I_a' = \sqrt{\frac{1}{2}} \times I_a = \sqrt{\frac{1}{2}} \times 50 \approx 35[A]$ **답** ②

43 동기발전기에 회전 계자형을 사용하는 경우가 많다. 그 이유에 적합하지 않은 것은?

① 전기자가 고정자이므로 고압 대전류용에 좋고 절연이 쉽다.
② 계자가 회전자이지만 저압소용량의 직류이므로 구조가 간단하다.
③ 전기자보다 계자극을 회전자로 하는 것이 기계적으로 튼튼하다.
④ 기전력의 파형을 개선한다.

풀이 동기발전기에 회전 계자형을 사용하는 이유
① 전기자 권선은 전압이 높고 결선이 복잡하며, 대용량으로 되면 전류도 커지고, 3상 권선의 경우에는 4개의 도선을 인출하여야 한다.
② 계자 회로는 직류의 저압 회로이므로 소요 동력도 작으며, 인출 도선이 2개만 있어도 되기 때문이다.
③ 계자극은 기계적으로 튼튼하게 만드는 데 용이하기 때문이다.
④ 고장 시의 과도 안정도를 높이기 위하여 회전자의 관성을 크게 하기 쉽기 때문이기도 하다.
동기발전기에서 **기전력의 파형을 개선**하기 위해서는 전기자 권선에 **단절권과 분포권을 사용**하여야 한다. **답** ④

44 3상 유도전동기의 2차 저항을 m배로 하면 동일하게 m배로 되는 것은?

① 역률
② 전류
③ 슬립
④ 토크

풀이

$$\frac{r_2}{s_m} = \frac{r_2 + R_s}{s_t}$$

① 2차 저항 r_2'를 변화해도 최대 토크는 변화하지 않는다.
② r_2'를 크게 하면 s_m도 커진다.
③ r_2'를 크게 하면 기동전류는 감소하고 기동 토크는 증가한다.

그러므로 최대 토크를 내는 슬립만 2차 저항에 비례한다.   답 ③

45 동기전동기의 기동법 중 자기동법(self-starting method)에서 계자권선을 저항을 통해서 단락시키는 이유는?

① 기동이 쉽다.
② 기동 권선으로 이용한다.
③ 고전압의 유도를 방지한다.
④ 전기자 반작용을 방지한다.

풀이 자기동법은 제동권선을 기동권선으로 하여 기동 토크를 얻는 방법으로 보통 기동 시에는 계자권선 중에 고전압이 유도되어 절연을 파괴하므로 방전 저항을 접속하여 단락 상태로 기동한다.   답 ③

46 그림의 단상전파 정류회로에서 교류측 공급전압 $628\sin 314t$[V], 직류측 부하저항 $20[\Omega]$일 때의 직류측 부하전류의 평균치 I_d[A] 및 직류측 부하전압의 평균치 E_d[V]는?

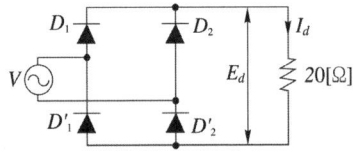

① $I_d = 20$, $E_d = 400$
② $I_d = 10$, $E_d = 200$
③ $I_d = 14.1$, $E_d = 282$
④ $I_d = 28.2$, $E_d = 565$

풀이
• 교류전압의 실효값
$$E = \frac{E_m}{\sqrt{2}} = \frac{628}{\sqrt{2}} = 444[V]$$

• 직류전압
$$E_d = \frac{2\sqrt{2}}{\pi}E = 0.9E = 0.9 \times 444 = 400[V]$$

• 직류 전류
$$I_d = \frac{E_d}{R} = \frac{400}{20} = 20[A]$$ 답 ①

47 정격전압 6000[V], 용량 5000[kVA]의 3상 동기발전기에서 여자전류가 200[A]일 때 무부하 단자전압이 6000[V], 단락전류는 500[A]이었다. 동기 리액턴스는 약 몇 [Ω]인가?

① 8.65
② 7.26
③ 6.93
④ 5.77

풀이 동기 리액턴스
$$X_s = \frac{V_n}{\sqrt{3}\,I_s} = \frac{6000}{\sqrt{3} \times 500} = 6.93[\Omega]$$ 답 ③

48 직류 직권전동기의 운전상 위험속도를 방지하는 방법 중 가장 적합한 것은?

① 무부하 운전한다.
② 경부하 운전한다.
③ 무여자 운전한다.
④ 부하와 기어를 연결한다.

풀이 직권전동기는 무부하(무여자) 상태($I = 0$, 즉 $\phi = 0$)가 되면 속도가 급격히 상승하여 원심력으로 파괴될 우려가 있다. 그러므로, 직권전동기로 다른 기계를 운전하려면, 반드시 직결하거나 **기어(gear)**를 사용하여야 한다.   답 ④

49 다음 권선법 중 직류기에서 주로 사용되는 것은?

① 폐로권, 환상권, 이층권
② 폐로권, 고상권, 이층권
③ 개로권, 환상권, 단층권
④ 개로권, 고상권, 이층권

풀이
• 4코일의 제작 및 권선 작업이 용이하므로 직류기에서는 거의 이층권만이 사용되고 있다.
• 직류기의 전기자 권선법으로는 단절권, **2층권, 고상권, 폐로권**을 채택하며, 전절권, 단층권, 환상권, 개로권은 사용되지 않는다.   답 ②

50 2대의 동기발전기가 병렬운전하고 있을 때 동기화 전류가 흐르는 경우는?

① 기전력의 크기에 차가 있을 때
② 기전력의 위상에 차가 있을 때
③ 부하분담에 차가 있을 때
④ 기전력의 파형에 차가 있을 때

풀이 병렬운전 조건이 다른 경우

병렬운전 조건	다른 경우 흐르는 전류
기전력의 크기가 같을 것	무효 순환전류
기전력의 위상이 같을 것	동기화 전류
기전력의 주파수가 같을 것	동기화 전류
기전력의 파형이 같을 것	고주파 무효 순환전류

답 ②

51 직류기의 정류 작용에서 전압 정류를 하고자 한다. 어떻게 하여야 하는가?

① 계자를 이동시킨다.
② 보극을 설치한다.
③ 탄소 브러시를 단락시킨다.
④ 환상 권선을 분리시킨다.

풀이 전압 정류는 보극을 설치하여 정류 코일 내에 유기되는 리액턴스 전압과 반대 방향으로 정류 전압을 유기시켜 양호한 정류를 할 수 있다. 탄소 브러시의 사용은 저항 정류의 역할을 함

답 ②

52 변압기의 부하전류 및 전압은 일정하고, 주파수가 낮아지면?

① 철손이 증가   ② 철손이 감소
③ 동손이 증가   ④ 동손이 감소

풀이 부하전류가 일정하면 동손 I^2r는 변화가 없다. 또, 철손은 거의 히스테리시스손과 와전류손의 합이다. 그런데 와전류손과 히스테리시스손을 P_e, P_h라 하면

$$P_e = k_1 B^2 f^2, \quad P_h = k_2 B^{1.6} f$$

$$E = k_3 B f, \quad B = \frac{E}{k_3 f}$$

$$\therefore P_e = k_4 E^2, \quad P_h = k_5 E^{1.6} f^{-0.6}$$

그러므로 동일 전압에서 f(주파수)가 감소하면 철손은 증가한다.

답 ①

53 전압이 일정한 모선에 접속되어 역률 100[%]로 운전하고 있는 동기전동기의 여자전류를 증가시키면 역률과 전기자전류는 어떻게 되는가?

① 뒤진 역률이 되고 전기자 전류는 증가한다.
② 뒤진 역률이 되고 전기자 전류는 감소한다.
③ 앞선 역률이 되고 전기자 전류는 증가한다.
④ 앞선 역률이 되고 전기자 전류는 감소한다.

풀이

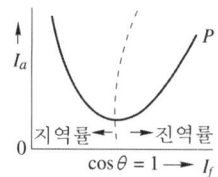

① 여자전류(I_f)를 증가시키면 역률은 앞서고 전기자 전류(I_a)는 증가한다.
② 여자전류(I_f)를 감소시키면 역률은 뒤지고 전기자 전류(I_a)는 증가한다.

답 ③

54 전부하에서 동손 100[W], 철손 50[W]인 변압기가 최대 효율[%]을 나타내는 부하는?

① 50   ② 67   ③ 70   ④ 86

풀이 최대 효율은 철손과 동손이 같을 때이므로
$$P_i = m^2 P_c$$
$$\therefore m = \sqrt{\frac{P_i}{P_c}} = \sqrt{\frac{50}{100}} = 0.7 = 70[\%]$$

답 ③

55 220[V], 50[kW]인 직류 직권전동기를 운전하는데 전기자저항(브러시의 접촉저항 포함)이 0.05[Ω]이고 기계적 손실이 1.7[kW], 표유손이 출력의 1[%]이다. 부하전류가 100[A]일 때의 출력은 약 몇 [kW]인가?

① 14.5   ② 16.7
③ 18.2   ④ 19.6

풀이 직류 직권전동기의 역기전력
$$E_c = V - (R_a + R_s)I = 220 - 0.05 \times 100 = 215[V]$$
출력 $P = E_c I = 215 \times 100 = 21500[W] = 21.5[kW]$
출력 = 입력 − 손실이므로,
$$\therefore P' = 21.5 - 1.7 - (21.5 \times 0.01) = 19.6[kW]$$

답 ④

56 용량 40[kVA], 3200/200[V]인 3상 변압기 2차 측에 3상 단락이 생겼을 경우 단락전류는 약 몇 [A]인가? (단, %임피던스 전압은 4[%]이다.)

① 1887 ② 2887
③ 3243 ④ 3558

풀이 $I_s = \dfrac{100}{\%Z} I_n = \dfrac{100}{4} \times \dfrac{40 \times 10^3}{\sqrt{3} \times 200} \fallingdotseq 2887[A]$ **답** ②

57 제13차 고조파에 의한 회전자계의 회전방향과 속도를 기본파 회전자계와 비교할 때 옳은 것은?

① 기본파와 반대방향이고, 1/13의 속도
② 기본파와 동일방향이고, 1/13의 속도
③ 기본파와 동일방향이고, 13배의 속도
④ 기본파와 반대방향이고, 13배의 속도

풀이 ① 고조파의 차수 h (3상인 경우)
- 기본파와 같은 방향으로 회전 : $h = 2nm + 1$ (제7, 13차, ⋯)
- 기본파와 반대 방향으로 회전 : $h = 2nm - 1$ (제5, 11, 17차, ⋯)
- 회전자계를 발생하지 않음 : $h = 3n$ (제3, 9차, ⋯)
 (단, m은 상수, n은 정의 정수)
② $1/h$ (h : 고조파 차수)의 속도로 회전 **답** ②

58 동기발전기의 돌발 단락전류를 주로 제한하는 것은?

① 동기 리액턴스   ② 누설 리액턴스
③ 권선 저항   ④ 동기 임피던스

풀이
- 동기기에서 저항은 누설 리액턴스에 비하여 작으며 전기자 반작용은 단락전류가 흐른 뒤에 작용하므로 **돌발 단락전류를 제한하는 것은 누설 리액턴스**이다. 역상 리액턴스는 역상전류에 대응하는 것으로 3상 평형 단락이 되면 역상전류는 흐르지 않는다.
- 동기 리액턴스 = 누설 리액턴스 + 반작용 리액턴스   **답** ②

59 유도전동기의 부하를 증가시키면 역률은?

① 좋아진다.   ② 나빠진다.
③ 변함이 없다. ④ 1이 된다.

풀이 유도전동기는 자기회로에 공극이 있기 때문에 여자전류가 전부하전류의 20~50[%]에 이른다. 그리고 무부하 상태에서는 유효 전류가 매우 적기 때문에 무부하전류≒자화 전류로 보아도 좋다. 따라서, 무부하전류는 역률이 매우 낮다. 그러나 2차측에 부하가 증가하면 유효분 전류의 증가로 인하여 1차측에서 본 역률은 점점 좋아지게 된다.   **답** ①

60 기동장치를 갖는 단상 유도전동기가 아닌 것은?

① 2중 농형   ② 분상기동형
③ 반발기동형   ④ 셰이딩코일형

풀이 2중 농형 유도전동기
① 회전자의 농형권선을 내외 이중으로 설치한 것
② 도체
- 외측도체 : 저항이 높은 황동 또는 동니켈 합금의 도체를 사용
- 내측도체 : 저항이 낮은 전기동 사용
③ 기동 시에는 저항이 높은 외측 도체로 흐르는 전류에 의해 큰 기동 토크를 얻고 기동완료 후에는 저항이 적은 내측 도체로 전류가 흘러 우수한 운전 특성을 얻는 전동기   **답** ①

4과목 - 회로이론

61 그림과 같은 비정현파의 주기함수에 대한 설명으로 틀린 것은?

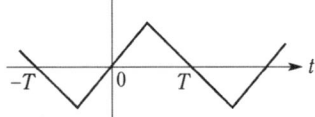

① 기함수파이다.
② 반파 대칭파이다.
③ 직류 성분은 존재하지 않는다.
④ 기수차의 정현항 계수는 0이다.

풀이 그림의 파형은 반파 정현 대칭 함수이므로 $f(t) = -f(t+\pi)$와 $f(t) = -f(-t)$의 두 조건을 만족하는 기함수파이다.   **답** ④

62 T형 4단자 회로망에서 영상 임피던스가 $Z_{01} = 50[\Omega]$, $Z_{02} = 2[\Omega]$이고, 전달 정수가 0일 때 이 회로의 4단자 정수 D의 값은?

① 10 ② 5
③ 0.2 ④ 0.1

풀이 $D = \sqrt{\dfrac{Z_{02}}{Z_{01}}} \cosh\theta = \sqrt{\dfrac{2}{50}} \cosh 0 = \dfrac{1}{5}$ **답** ③

63 대칭 3상 교류에서 순시값의 벡터 합은?

① 0 ② 40
③ 0.577 ④ 86.6

풀이 a상을 기준하면
$e_a + e_b + e_c = e_a + a^2 e_a + a e_a = e_a(1 + a^2 + a) = 0$
$(\because 1 + a + a^2 = 0)$ **답** ①

64 $\dfrac{s\sin\theta + \omega\cos\theta}{s^2 + \omega^2}$ 의 역라플라스 변환을 구하면 어떻게 되는가?

① $\sin(\omega t - \theta)$ ② $\sin(\omega t + \theta)$
③ $\cos(\omega t - \theta)$ ④ $\cos(\omega t + \theta)$

풀이 $\mathcal{L}^{-1}\left[\dfrac{\omega}{s^2+\omega^2}\right] = \sin\omega t$, $\mathcal{L}^{-1}\left[\dfrac{s}{s^2+\omega^2}\right] = \cos\omega t$
이므로
$F(s) = \dfrac{s\sin\theta + \omega\cos\theta}{s^2 + \omega^2}$
$\quad = \dfrac{\omega}{s^2+\omega^2}\cos\theta + \dfrac{s}{s^2+\omega^2}\sin\theta$
$\therefore f(t) = \mathcal{L}^{-1}[F(s)]$
$\quad = \sin\omega t \cdot \cos\theta + \cos\omega t \cdot \sin\theta$
$\quad = \sin(\omega t + \theta)$ **답** ②

65 임피던스 함수 $Z(s) = \dfrac{s+50}{s^2+3s+2}[\Omega]$으로 주어지는 2단자 회로망에 100[V]의 직류전압을 가했다면 회로의 전류는 몇 [A]인가?

① 4 ② 6
③ 8 ④ 10

풀이 직류이므로 $s(j\omega) = 0$이다.
$Z(0) = \dfrac{s+50}{s^2+3s+2} = \dfrac{50}{2} = 25[\Omega]$
$\therefore I = \dfrac{V}{Z(0)} = \dfrac{100}{25} = 4[A]$ **답** ①

66 그림에서 10[Ω]의 저항에 흐르는 전류는 몇 [A]인가?

① 16 ② 15
③ 14 ④ 13

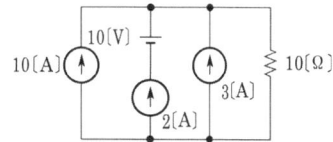

풀이 중첩의 정리에 의해
$I_R = 10 + 2 + 3 = 15[A]$ **답** ②

67 테브난의 정리와 쌍대 관계에 있는 정리는?

① 보상의 정리 ② 노턴의 정리
③ 중첩의 정리 ④ 밀만의 정리

풀이 테브난의 정리(등가 전압원 정리)와 노턴의 정리(등가 전류원 정리)는 쌍대 관계가 있다. **답** ②

68 $R = 15[\Omega]$, $X_L = 12[\Omega]$, $X_C = 30[\Omega]$이 병렬로 접속된 회로에 120[V]의 교류전압을 가하면 전원에 흐르는 전류는 몇 [A]인가?

① 5[A] ② 7[A]
③ 10[A] ④ 22[A]

풀이 병렬접속인 경우 전압이 일정하므로
• 저항에 흐르는 전류
$I_R = \dfrac{V}{R} = \dfrac{120}{15} = 8[A]$
• 유도성 리액턴스에 흐르는 전류
$I_L = \dfrac{V}{jX_L} = \dfrac{120}{j12} = -j10[A]$
• 용량성 리액턴스에 흐르는 전류
$I_C = \dfrac{V}{-jX_C} = \dfrac{120}{-j30} = j4[A]$
따라서 전체 전류
$I = I_R + I_L + I_C = 8 - j10 + j4$
$\quad = 8 - j6 = 10\angle -36.86[A]$ **답** ③

69 RL 직렬회로에 직류전압을 가했을 때 흐르는 전류가 정상전류 $I=\dfrac{E}{R}$의 70%에 도달하는데 요하는 시간은? (단, τ는 시정수이다.)

① $t=0.7\tau$ ② $t=1.1\tau$
③ $t=1.2\tau$ ④ $t=1.4\tau$

풀이 $I=0.7\dfrac{E}{R}=\dfrac{E}{R}(1-e^{-\frac{t}{\tau}})$의 관계식에서
$e^{-\frac{t}{\tau}}=1-0.7=0.3$, $-\dfrac{t}{\tau}=\ln 0.3$
$t=-\tau\ln 0.3$ ∴ $t=1.2\tau$ 답 ③

70 3상 불평형 전압에서 영상전압이 150[V]이고 정상전압이 600[V], 역상전압이 300[V]이면 전압의 불평형률[%]은?

① 60[%] ② 50[%]
③ 40[%] ④ 30[%]

풀이 불평형률 $=\dfrac{\text{역상 전압}}{\text{정상 전압}}\times 100=\dfrac{300}{600}\times 100=50[\%]$ 답 ②

71 다음 회로에 대한 설명으로 옳은 것은?

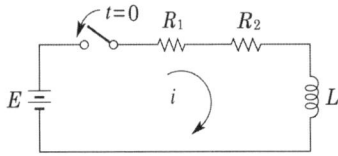

① 이 회로의 시정수는 $\dfrac{L}{R_1+R_2}$이다.
② 이 회로의 특성근은 $\dfrac{R_1+R_2}{L}$이다.
③ 정상 전류값은 $\dfrac{E}{R_2}$이다.
④ 이 회로의 전류값은
$i(t)=\dfrac{E}{R_1+R_2}\left(1-e^{-\frac{L}{R_1+R_2}t}\right)$이다.

풀이 ② 특성근은 $-\dfrac{R_1+R_2}{L}$이며, 항상 (−)의 값을 갖는다.
③ 정상 전류값은 $I=\dfrac{E}{R_1+R_2}$[A]이다.
④ 회로의 전류값은 $i(t)=\dfrac{E}{R_1+R_2}\left(1-e^{-\frac{R_1+R_2}{L}t}\right)$이다.   답 ①

72 그림과 같은 교류 브리지가 평형상태에 있다. L[H]의 값은 얼마인가?

① $L=\dfrac{R_1R_2}{C}$
② $L=\dfrac{C}{R_1R_2}$
③ $L=R_1R_2C$
④ $L=\dfrac{R_2}{R_1C}$

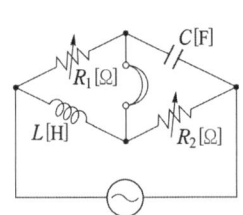

풀이 $R_1R_2=\dfrac{j\omega L}{j\omega C}$
∴ $L=R_1R_2C$ 답 ③

73 저항 40[Ω], 임피던스 50[Ω]의 직렬 유도부하에서 100[V]가 인가될 때 소비되는 무효전력은?

① 120[Var] ② 160[Var]
③ 200[Var] ④ 250[Var]

풀이 $R=40[\Omega]$, $Z=50[\Omega]$
유도부하 $X_L=\sqrt{50^2-40^2}=30[\Omega]$
$P_r=I^2\cdot X_L=\left(\dfrac{100}{50}\right)^2\cdot 30=120[\text{Var}]$ 답 ①

74 파고율이 2이고 파형률이 1.57인 파형은?

① 구형파 ② 정현반파
③ 삼각파 ④ 정현파

풀이

	구형파	3각파	정현파	정류파 (전파)	정류파 (반파)
파형률	1.0	1.15	1.11	1.11	1.57
파고율	1.0	1.732	1.414	1.414	2.0

답 ②

75 부하저항 $R_L[\Omega]$이 전원의 내부저항 $R_0[\Omega]$의 3배가 되면 부하저항 R_L에서 소비되는 전력 $P_L[W]$는 최대 전송전력 $P_m[W]$의 몇 배인가?

① 0.89배   ② 0.75배
③ 0.5배   ④ 0.3배

풀이
$$P_L = I^2 R_L = \left(\frac{V_g}{R_0 + R_L}\right)^2 \cdot R_L$$
$$= \left(\frac{V_g}{R_0 + 3R_0}\right)^2 \times 3R_0 = \frac{3}{16} \cdot \frac{V_g^2}{R_0}$$
$$P_{\max} = \frac{V_g^2}{4R_0}$$
$$\therefore \frac{P_L}{P_{\max}} = \frac{\frac{3}{16} \cdot \frac{V_g^2}{R_0}}{\frac{1}{4} \cdot \frac{V_g^2}{R_0}} = \frac{12}{16} = 0.75[배]$$ 답 ②

76 다음 중 푸리에(Fourier) 급수로 비정현파 교류를 해석하는 데 적당하지 않은 것은?

① 반파 대칭인 경우 직류분은 없다.
② 우함수인 비정현파에서는 사인(sin)항이 없다.
③ 기함수인 경우 사인항을 구할 때 반주기간만 적분하여 2배 한다.
④ 반파 대칭에서는 반주기마다 동일한 파형이 반복되나 부호의 변화가 없다.

풀이
- 반파 대칭의 왜형파에서는 $b_0 = 0$(직류분)이고 a_n, b_n만 남는다.
- 우함수의 경우는 정현항이 없다.
- 기함수 정현항을 구할 때는 반주기마다 적분하여 2배 한다.
- 반파 대칭의 경우 한 주기마다 동일한 파형이 반복된다. 답 ④

77 그림과 같은 4단자망의 영상 전달 정수 θ는?

① $\sqrt{5}$
② $\log_e \sqrt{5}$
③ $\log_e \frac{1}{\sqrt{5}}$
④ $5\log_e \sqrt{5}$

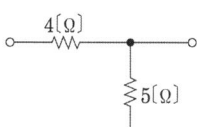

풀이
$$\begin{bmatrix} A & B \\ C & D \end{bmatrix} = \begin{bmatrix} 1+\frac{4}{5} & 4 \\ \frac{1}{5} & 1 \end{bmatrix} = \begin{bmatrix} \frac{9}{5} & 4 \\ \frac{1}{5} & 1 \end{bmatrix}$$
$$\therefore \theta = \log_e(\sqrt{AD} + \sqrt{BC})$$
$$= \log_e\left(\sqrt{\frac{9}{5} \times 1} + \sqrt{4 \times \frac{1}{5}}\right)$$
$$= \log_e\left(\frac{3}{\sqrt{5}} + \frac{2}{\sqrt{5}}\right) = \log_e\left(\frac{5}{\sqrt{5}}\right)$$
$$= \log_e \sqrt{5}$$ 답 ②

78 $t = 3[ms]$에서 최대치 5[V]에 도달하는 60[Hz]의 정현파 전압 $e(t)$를 시간함수로 표시하면 어떻게 되는가?

① $e = 5\sin(376.8t + 25.2°)[V]$
② $e = 5\sin(376.8t + 35.2°)[V]$
③ $e = 5\sqrt{2}\sin(376.8t + 25.2°)[V]$
④ $e = 5\sqrt{2}\sin(376.8t + 35.2°)[V]$

풀이
$e = E_m \sin(\omega t + \theta)$에서
$\omega t = 2\pi f t = 2\pi \times 60 \times t = 376.8t$
또, 전압이 최댓값이 될 때는
$\omega t + \theta = 90°$일 때이므로 θ는
$\theta = 90° - \omega t$
$= 90° - 2\pi \times 60 \times 3 \times 10^{-3} \times \frac{180°}{\pi} = 25.2°$
$\therefore e = 5\sin(376.8t + 25.2°)$ 답 ①

79 T형 4단자 회로의 임피던스 파라미터 중 Z_{22}는?

① $Z_1 + Z_2$
② $Z_2 + Z_3$
③ $Z_1 + Z_3$
④ $-Z_2$

풀이
$$Z_{11} = \left.\frac{V_1}{I_1}\right|_{I_2=0} = Z_1 + Z_3$$
$$Z_{12} = \left.\frac{V_1}{I_2}\right|_{I_1=0} = Z_3$$
$$Z_{21} = \left.\frac{V_2}{I_1}\right|_{I_2=0} = Z_3$$
$$Z_{22} = \left.\frac{V_2}{I_2}\right|_{I_1=0} = Z_2 + Z_3$$ 답 ②

80 구동점 임피던스에 있어서 영점(Zero)은?
① 전류가 흐르지 않는 경우이다.
② 회로를 개방한 것과 같다.
③ 전압이 가장 큰 상태이다.
④ 회로를 단락한 것과 같다.

풀이 $Z(s) = 0$인 경우는 임피던스가 0이므로 회로를 단락한 상태이다. 답 ④

5과목 - 전기설비기술기준

81 비접지식 고압전로와 접속되는 변압기의 외함에 실시하는 접지공사의 접지극으로 사용할 수 있는 건물 철골의 대지 전기저항의 최댓값[Ω]은 얼마인가?
① 2   ② 3
③ 5   ④ 10

풀이 142.2 접지극의 시설 및 접지저항
가. 지중에 매설되어 있고 대지와의 전기저항 값이 3[Ω] 이하의 값을 유지하고 있는 금속제 수도관로가 규정에 따르는 경우 접지극으로 사용이 가능하다.
나. 대지와의 사이에 전기저항 값이 2[Ω] 이하인 값을 유지하는 건축물·구조물의 철골 기타의 금속제는 접지공사의 접지극으로 사용할 수 있다. 답 ①

82 특고압 옥내배선과 저압 옥내전선·관등회로의 배선 또는 고압 옥내전선 사이의 이격거리는 일반적으로 몇 [cm] 이상이어야 하는가?
① 15   ② 30
③ 45   ④ 60

풀이 342.4 특고압 옥내 전기설비의 시설
특고압 옥내배선은 다음에 따르고 또한 위험의 우려가 없도록 시설하여야 한다.
가. 사용전압은 100[kV] 이하일 것. 다만, 케이블트레이배선에 의하여 시설하는 경우에는 35[kV] 이하일 것.
나. 전선은 케이블일 것.
다. 특고압 옥내배선과 저압 옥내전선·관등회로의 배선 또는 고압 옥내전선 사이 : 0.6[m] 이상 답 ④

83 특고압가공전선로에 사용하는 가공지선에는 지름 몇 [mm] 이상의 나경동선을 사용하여야 하는가?
① 2.6   ② 3.5
③ 4   ④ 5

풀이 333.8 특고압 가공전선로의 가공지선
특고압 가공전선로에 사용하는 가공지선은 다음과 같다.
가. 인장강도 8.01[kN] 이상의 나선
나. **지름 5[mm] 이상의 나경동선**
다. 단면적 22[mm²] 이상의 나경동연선
라. 아연도강연선 22[mm²]
마. OPGW 전선 답 ④

84 고압가공전선로의 지지물로 철탑을 사용하는 경우 최대 경간은 몇 [m]인가?
① 150   ② 200
③ 250   ④ 600

풀이 332.9 고압 가공전선로 경간의 제한
고압 가공전선로의 경간은 표에서 정한 값 이하이어야 한다.

지지물의 종류	경간
목주·A종 철주 또는 A종 철근 콘크리트주	150[m]
B종 철주 또는 B종 철근 콘크리트주	250[m]
철탑	600[m]

답 ④

85 과전류차단기를 시설할 수 있는 곳은?
① 접지공사의 접지선
② 다선식 전로의 중성선
③ 단상 3선식 전로의 저압측 전선
④ 접지공사를 한 저압가공전선로의 접지측 전선

풀이 341.11 과전류차단기의 시설 제한
접지공사의 접지도체, 다선식 전로의 중성선 및 전로의 일부에 접지공사를 한 저압 가공전선로의 접지측 전선에는 과전류차단기를 시설하여서는 안 된다.
다만, 다음의 경우에는 예외로 한다.
가. 다선식 전로의 중성선에 시설한 과전류차단기가 동작한 경우에 각 극이 동시에 차단될 때
나. 저항기·리액터 등을 사용하여 접지공사를 한 때에 과전류차단기의 동작에 의하여 그 접지도체가 비접지 상태로 되지 아니할 때 답 ③

86 345[kV] 옥외 변전소에 울타리 높이와 울타리에서 충전부분까지 거리[m]의 합계는?

① 6.48 ② 8.16
③ 8.40 ④ 8.28

풀이 351.1 발전소 등의 울타리·담 등의 시설
가. 울타리·담 등의 높이는 2[m] 이상으로 하고 지표면과 울타리·담 등의 하단사이의 간격은 0.15[m] 이하로 할 것.
나. 울타리·담 등의 높이와 울타리·담 등으로부터 충전부분까지 거리의 합계는 표에서 정한 값 이상으로 할 것.

사용전압의 구분	울타리·담 등의 높이와 울타리·담 등으로부터 충전 부분까지의 거리의 합계
35[kV] 이하	5[m]
35[kV] 초과 160[kV] 이하	6[m]
160[kV] 초과	· 거리의 합계 = 6 + 단수 × 0.12[m] · 단수 = $\frac{\text{사용전압[kV]}-160}{10}$ 단수 계산에서 소수점 이하는 절상

· 단수 = $\frac{345-160}{10}=18.5 \to 19$단
· 이격거리 + 울타리높이 = $6+19\times 0.12=8.28$[m]

답 ④

87 옥내의 저압전선으로 나전선 사용이 허용되지 않는 경우는?

① 라이팅덕트공사에 의하여 시설하는 경우
② 버스덕트공사에 의하여 시설하는 경우
③ 애자공사에 의하여 전개된 곳에 시설하는 경우
④ 금속관공사에 의하여 시설하는 경우

풀이 231.4 나전선의 사용 제한
옥내에 시설하는 저압전선에는 나전선을 사용하여서는 아니 된다. 다만, 다음중 어느 하나에 해당하는 경우에는 그러하지 아니하다.
가. 애자공사에 의하여 전개된 곳에 다음의 전선을 시설하는 경우
① 전기로용 전선
② 전선의 피복 절연물이 부식하는 장소에 시설하는 전선
나. 버스덕트공사에 의하여 시설하는 경우
다. 라이팅덕트공사에 의하여 시설하는 경우
라. 접촉 전선을 시설하는 경우

답 ④

88 발전기의 용량에 관계없이 자동적으로 이를 전로부터 차단하는 장치를 시설하여야 하는 경우는?

① 과전류 인입 ② 베어링 과열
③ 발전기 내부고장 ④ 유압의 과팽창

풀이 351.3 발전기 등의 보호장치
발전기에는 다음의 경우에 자동적으로 이를 전로로부터 차단하는 장치를 시설하여야 한다.
가. **발전기에 과전류나 과전압이 생긴 경우**
나. 용량이 500[kVA] 이상의 발전기를 구동하는 수차의 압유 장치의 유압이 현저히 저하한 경우
다. 용량이 100[kVA] 이상의 발전기를 구동하는 풍차의 압유장치의 유압이 현저히 저하한 경우
라. 용량이 2,000[kVA] 이상인 수차 발전기의 스러스트 베어링의 온도가 현저히 상승한 경우
마. 용량이 10,000[kVA] 이상인 발전기의 내부에 고장이 생긴 경우
바. 정격출력이 10,000[kW]를 초과하는 증기터빈은 그 스러스트 베어링이 현저하게 마모되거나 그의 온도가 현저히 상승한 경우

답 ①

89 특고압전선로에 접속하는 배전용 변압기의 1차 및 2차 전압은?

① 1차 : 35[kV] 이하, 2차 : 저압 또는 고압
② 1차 : 50[kV] 이하, 2차 : 저압 또는 고압
③ 1차 : 35[kV] 이하, 2차 : 특고압 또는 고압
④ 1차 : 50[kV] 이하, 2차 : 특고압 또는 고압

풀이 341.2 특고압 배전용 변압기의 시설
특고압 전선로에 접속하는 배전용 변압기를 시설하는 경우에는 특고압 전선에 특고압 절연전선 또는 케이블을 사용하고 또한 다음에 따라야 한다.
가. **변압기의 1차 전압은 35[kV] 이하, 2차 전압은 저압 또는 고압일 것.**
나. 변압기의 특고압측에 개폐기 및 과전류차단기를 시설할 것
다. 변압기의 2차 전압이 고압인 경우에는 고압측에 개폐기를 시설하고 또한 쉽게 개폐할 수 있도록 할 것.

답 ①

90 다음 중 보호도체의 종류가 아닌 것은?

① PEL ② PEM
③ PEN ④ PES

풀이 112 용어 정의
· "PEN 도체(protective earthing conductor and neutral conductor)"란 교류회로에서 중성선 겸용 보호

도체를 말한다.
- "PEM 도체(protective earthing conductor and a mid-point conductor)"란 직류회로에서 중간선 겸용 보호도체를 말한다.
- "PEL 도체(protective earthing conductor and a line conductor)"란 직류회로에서 선도체 겸용 보호도체를 말한다. 답 ④

91 최대사용전압 440[V]인 전동기의 절연내력시험전압은 몇 [V]인가?

① 330   ② 440   ③ 500   ④ 660

풀이 133 회전기 및 정류기의 절연내력

종류		시험전압	시험 방법
회전기	발전기·전동기·조상기·기타회전기	7[kV] 이하	1.5배 (최저 500[V])	권선과 대지 사이에 연속하여 10분간
		7[kV] 초과	1.25배 (최저 10,500[V])	
	회전 변류기		직류측의 최대 사용전압의 1배의 교류전압(최저 500[V])	

∴ 시험전압 = 440×1.5 = 660[V]   답 ④

92 154[kV]의 특고압가공전선을 사람이 쉽게 들어갈 수 없는 산지(山地) 등에 시설하는 경우 지표상의 높이는 몇 [m] 이상으로 하여야 하는가?

① 4   ② 5   ③ 6.5   ④ 8

풀이 333.7 특고압 가공전선의 높이

전압의 범위	일반 장소	도로 횡단	철도 또는 궤도횡단	횡단보도교
35[kV] 이하	5[m]	6[m]	6.5[m]	4[m](특고압 절연전선 또는 케이블 사용)
35[kV] 초과 160[kV] 이하	6[m]	6[m]	6.5[m]	5[m](케이블 사용)
	산지 등에서 사람이 쉽게 들어갈 수 없는 장소 : 5[m] 이상			
160[kV] 초과	일반장소	가공전선의 높이 = 6 + 단수 × 0.12[m]		
	철도 또는 궤도횡단	가공전선의 높이 = 6.5 + 단수 × 0.12[m]		
	산지	가공전선의 높이 = 5 + 단수 × 0.12[m]		

※ 단수 = $\frac{전압[kV]-160}{10}$ … 단수 계산에서 소수점 이하는 절상

답 ②

93 저압가공전선이 상부 조영재 옆쪽에서 접근하는 경우 전선과 상부 조영재간의 이격거리[m]는 얼마 이상이어야 하는가? (단, 전선이 케이블인 경우이다.)

① 0.4   ② 0.8   ③ 1   ④ 1.2

풀이 332.11 고압 가공전선과 건조물의 접근
222.11 저압 가공전선과 건조물의 접근
저압 가공전선 또는 고압 가공전선이 건조물과 접근 상태로 시설되는 경우에는 다음에 따라야 한다.
가. 고압 가공전선로는 고압 보안공사에 의할 것.
나. 저·고압 가공전선과 건조물의 조영재 사이의 이격거리는 표에서 정한 값 이상일 것.

사용전압 부분 공작물의 종류		저압[m]	고압[m]
건조물	상부 조영재 위쪽	일반적인 경우	2	2
		전선이 고압절연전선	1	2
		전선이 케이블인 경우	1	1
	기타 조영재 또는 상부조영재의 옆쪽 또는 아래쪽	일반적인 경우	1.2	1.2
		전선이 고압절연전선	0.4	1.2
		전선이 케이블인 경우	0.4	0.4
		사람이 쉽게 접근할 수 없도록 시설한 경우	0.8	0.8

답 ①

94 전체의 길이가 18[m]이고, 설계하중이 6.8[kN]인 철근 콘크리트주를 지반이 튼튼한 곳에 시설하려고 한다. 기초 안전율을 고려하지 않기 위해서는 묻히는 깊이를 몇 [m] 이상으로 시설하여야 하는가?

① 2.5   ② 2.8   ③ 3   ④ 3.2

풀이 331.7 가공전선로 지지물의 기초의 안전율
가공전선로의 지지물에 하중이 가하여지는 경우에 그 하중을 받는 지지물의 기초의 안전율은 2(이상 시 상정하중에 대한 철탑의 기초에 대하여는 1.33) 이상이어야 한다. 다만, 다음에 따라 시설하는 경우에는 적용하지 않는다.

설계 하중 전장	6.8[kN] 이하	6.8[kN] 초과 ~9.8[kN] 이하	9.8[kN] 초과 ~14.72[kN] 이하
15[m] 이하	전장 × 1/6[m] 이상	전장 × 1/6 + 0.3[m] 이상	전장 × 1/6 + 0.5[m] 이상
15[m] 초과	2.5[m] 이상	2.8[m] 이상	–
16[m] 초과 ~20[m] 이하	2.8[m] 이상	–	–
15[m] 초과 ~18[m] 이하	–	–	3[m] 이상
18[m] 초과	–	–	3.2[m] 이상

답 ②

95 전선의 색상 중 틀린 것은?

① L1 : 갈색 ② L2 : 흑색
③ L3 : 흰색 ④ N : 청색

풀이 121.2 전선의 식별

상(문자)	L1	L2	L3	N	보호도체
색상	갈색	흑색	회색	청색	녹색-노란색

답 ③

96 저압가공인입선 시설 시 도로를 횡단하여 시설하는 경우 노면상 높이는 몇 [m] 이상으로 하여야 하는가?

① 4 ② 4.5 ③ 5 ④ 5.5

풀이 221.1.1 저압 인입선의 시설
저압 가공인입선의 높이
가. **도로**(차도와 보도의 구별이 있는 도로인 경우에는 차도)를 횡단하는 경우 : **노면상 5[m]** (기술상 부득이한 경우에 교통에 지장이 없을 때에는 3[m]) 이상
나. 철도 또는 궤도를 횡단하는 경우 : 레일면상 6.5[m] 이상
다. 횡단보도교 위에 시설하는 경우 : 노면상 3[m] 이상

답 ③

97 저압 연접 인입선은 인입선에서 분기하는 점으로부터 몇 [m]를 넘는 지역에 미치지 아니하여야 하는가?

① 60 ② 80 ③ 100 ④ 120

풀이 221.1.2 연접 인입선의 시설
저압 연접인입선은 다음에 따라 시설하여야 한다.
가. 인입선에서 분기하는 점으로부터 100[m]를 초과하는 지역에 미치지 아니할 것.
나. 폭 5[m]를 초과하는 도로를 횡단하지 아니할 것.
다. 옥내를 통과하지 아니할 것.

답 ③

98 케이블을 지지하기 위하여 사용하는 금속제 케이블 트레이의 종류가 아닌 것은?

① 사다리형 ② 통풍 밀폐형
③ 펀칭형   ④ 바닥 밀폐형

풀이 232.41 케이블트레이공사
케이블트레이공사는 케이블을 지지하기 위하여 사용하는 금속재 또는 불연성 재료로 제작된 유닛 또는 유닛의 집합체 및 그에 부속하는 부속재 등으로 구성된 견고한 구조물을 말하며 사다리형, 펀칭형, 메시형, 바닥밀폐형 기타 이와 유사한 구조물을 포함하여 적용한다.

답 ②

99 전선의 단면적이 38[mm^2]인 동동연선을 사용하고 지지물로는 B종 철주 또는 B종 철근 콘크리트주를 사용하는 특고압가공전선로를 제3종 특고압 보안공사에 의하여 시설하는 경우의 경간은 몇 [m] 이하이어야 하는가?

① 100[m] ② 150[m]
③ 200[m] ④ 250[m]

풀이 332.10 고압 보안공사
제3종 특고압 보안공사는 다음에 따라야 한다.
가. 특고압 가공전선은 연선일 것.
나. 경간은 표에서 정한 값 이하일 것.

지지물의 종류	제3종 특고압 보안공사	전선의 굵기에 따른 경간
목주·A종 철주 또는 A종 철근 콘크리트주	100[m]	인장강도 14.51[kN] 이상 또는 38[mm^2] 이상인 경동연선	150[m]
B종 철주 또는 B종 철근 콘크리트주	200[m]	인장강도 21.67[kN] 이상 또는 55[mm^2] 이상인 경동연선	250[m]
철탑	400[m] (단주인 경우에는 300[m])	600[m] 이하 (단주인 경우에는 400[m])	

답 ③

100 중량물이 통과하는 장소에 비닐외장 케이블을 직접 매설식으로 시설하는 경우 매설 깊이는 몇 [m] 이상이어야 하는가?

① 0.8 ② 1.0
③ 1.2 ④ 1.5

풀이 334.1 지중전선로의 시설
가. 지중 전선로는 전선에 케이블을 사용하고 또한 관로식·암거식 또는 직접 매설식에 의하여 시설하여야 한다.
나. 지중 전선로를 직접 매설식에 의하여 시설하는 경우에는 매설 깊이를 차량 기타 중량물의 압력을 받을 우려가 있는 장소에는 **1.0[m]** 이상, 기타 장소에는 0.6[m] 이상으로 하고 또한 지중 전선을 견고한 트라프 기타 방호물에 넣어 시설하여야 한다.

답 ②

2022년 2회 전기산업기사필기(CBT 복원문제)

동일출판사 홈페이지에서 무료 동영상강의를 보실 수 있습니다.

1과목 - 전기자기

01 반지름 a[m]인 접지 도체구의 중심에서 r[m] 되는 거리에 점전하 Q[C]을 놓았을 때 도체구에 유도된 총 전하는 몇 [C]인가?

① 0
② $-Q$
③ $-\dfrac{a}{r}Q$
④ $-\dfrac{r}{a}Q$

풀이

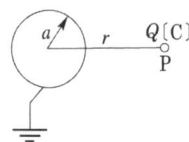

점 P에서 Q의 전하를 주고 도체구를 접지($V_1 = 0$)하였을 때 유도되는 전하를 Q'라 하면
$V_1 = 0 = P_{11}Q' + P_{12}Q$

$\therefore Q' = -\dfrac{P_{12}}{P_{11}}Q = -\dfrac{\frac{1}{4\pi\epsilon_0 r}}{\frac{1}{4\pi\epsilon_0 a}}Q = -\dfrac{a}{r}Q$[C]   **답** ③

02 푸아송의 방정식 $\nabla^2 V = -\dfrac{\rho}{\epsilon_o}$은 어떤 식에서 유도한 것인가?

① $\text{div }\boldsymbol{D} = \dfrac{\rho}{\epsilon_o}$
② $\text{div }\boldsymbol{D} = -\rho$
③ $\text{div }\boldsymbol{E} = \dfrac{\rho}{\epsilon_o}$
④ $\text{div }\boldsymbol{E} = -\dfrac{\rho}{\epsilon_o}$

풀이 푸아송의 방정식은
$\text{div }\boldsymbol{E} = \text{div}(-\text{grad }V) = -\nabla^2 V = \dfrac{\rho}{\epsilon}$ 에서
$\nabla^2 V = -\dfrac{\rho}{\epsilon}$ 이다.   **답** ③

03 공기 중에서 반지름 a[m], 도선의 중심축간 거리 d[m]인 평행도선 사이의 단위길이 당 정전용량은 몇 [F/m]인가? (단, $d \gg a$이다.)

① $\dfrac{\pi\epsilon_o}{\log_{10}\dfrac{d}{a}}$
② $\dfrac{12.07 \times 10^{-12}}{\log_{10}\dfrac{d}{a}}$
③ $\dfrac{24.16 \times 10^{-12}}{\log_{10}\dfrac{d}{a}}$
④ $\dfrac{2\pi\epsilon_o}{\log_{10}\dfrac{d}{a}}$

풀이 $V = \dfrac{Q}{\pi\epsilon_0}\ln\dfrac{d-a}{a}$ 이므로 정전용량 C는

$C = \dfrac{Q}{V} = \dfrac{Q}{\dfrac{Q}{\pi\epsilon_0}\ln\dfrac{d-a}{a}} = \dfrac{\pi\epsilon_0}{\ln\dfrac{d-a}{a}} \fallingdotseq \dfrac{\pi\epsilon_0}{\ln\dfrac{d}{a}}$

$= \dfrac{\pi\epsilon_0}{\log\dfrac{d}{a} \times \ln 10} = \dfrac{12.07 \times 10^{-12}}{\log_{10}\dfrac{d}{a}}$[F/m]   **답** ②

04 전류와 자계 사이의 힘의 효과를 이용한 것으로 자유로이 구부릴 수 있는 도선에 대전류를 통하면 도선 상호 간에 반발력에 의하여 도선이 원을 형성하는데 이와 같은 현상은?

① 스트레치 효과
② 핀치효과
③ 홀효과
④ 스킨효과

풀이 스트레치 효과(stretch effect) : 자유로이 구부릴 수 있는 가는 직사각형의 도선에 대전류를 흘리면, 평행 도선에서 전류가 반대로 흐를 때와 마찬가지로 도선 상호 간에는 반발력이 작용하게 되어 최종적으로 도선이 원의 형태를 이루게 된다.   **답** ①

05 반지름 a인 원주 도체의 단위 길이 당 내부 인덕턴스는 몇 [H/m]인가?

① $\dfrac{\mu}{4\pi}$
② $4\pi\mu$
③ $\dfrac{\mu}{8\pi}$
④ $8\pi\mu$

풀이 길이 1[m]당의 에너지는
$W = \dfrac{\mu}{16\pi}I^2 = \dfrac{1}{2}L_i I^2$[J]

$\therefore L_i = \dfrac{\mu}{8\pi}$[H/m]   **답** ③

06 그림과 같이 전류 I[A]가 흐르는 반지름 a[m]의 원형 코일의 중심으로부터 x[m]인 점 P의 자계의 세기는 몇 [AT/m]인가?
(단, θ는 각 APO라 한다.)

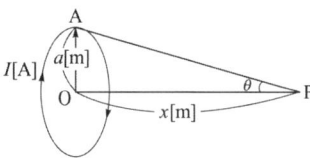

① $\dfrac{I}{2a}\sin^3\theta$ ② $\dfrac{I}{2a}\cos^3\theta$

③ $\dfrac{I}{2a}\sin^2\theta$ ④ $\dfrac{I}{2a}\cos^2\theta$

풀이

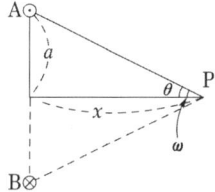

그림과 같이 점 P에서 코일 AB를 바라보는 입체각 ω는 $\omega = 2\pi(1-\cos\theta)$이므로 자위는

$$U_m = \dfrac{I}{4\pi}\omega = \dfrac{I}{4\pi}\cdot 2\pi(1-\cos\theta)$$

$$= \dfrac{I}{2}\left(1 - \dfrac{x}{\sqrt{a^2+x^2}}\right)[\text{AT}]$$

따라서 원형 전류에 의한 축방향의 자계 H_x는

$$H_x = -\dfrac{\partial U}{\partial x} = \dfrac{a^2 I}{2(a^2+x^2)^{3/2}}$$

$$= \dfrac{I}{2a}\sin^3\theta\,[\text{AT/m}]$$ **답 ①**

07 평행판 콘덴서의 양극판 면적을 3배로 하고 간격을 $\dfrac{1}{3}$로 줄이면 정전용량은 처음의 몇 배가 되는가?

① 1 ② 3 ③ 6 ④ 9

풀이 면적 S_1, 간격 d_1인 평행판 콘덴서의 정전용량을 C_1이라 하면

$$C_1 = \dfrac{\epsilon_0}{d_1}S_1$$

문제에서 $d = \dfrac{1}{3}d_1$, $S = 3S_1$이므로 구하는 용량은

$$\therefore C = \dfrac{\epsilon_0}{\dfrac{1}{3}d_1}\cdot 3S_1 = 9\dfrac{\epsilon_0}{d_1}S_1 = 9C_1$$ **답 ④**

08 다음 중 전기력선의 성질에 관한 설명으로 옳지 않은 것은?

① 전기력선의 방향은 그 점의 전계의 방향과 같다.
② 전기력선은 전위가 높은 점에서 낮은 점으로 향한다.
③ 전하가 없는 곳에서도 전기력선의 발생, 소멸이 있다.
④ 전계가 0이 아닌 곳에서 2개의 전기력선은 교차하는 일이 없다.

풀이 전기력선의 성질은 다음과 같다.
① 전기력선은 정전하에서 시작하여 부전하에서 그친다.
② 전하가 없는 곳에서는 전기력선의 발생, 소멸이 없고 연속적이다.
③ 전위가 높은 점에서 낮은 점으로 향한다.
④ 그 자신만으로 폐곡선이 되는 일은 없다.
⑤ 전계가 0이 아닌 곳에서는 2개의 전기력선은 교차하지 않는다.
⑥ 도체 내부에는 전기력선이 없다.
⑦ 수직 단면의 전기력선 밀도는 전계의 세기이고 (1[개/m²]=1[N/C]). 전기력선의 접선 방향은 전계의 방향이다.
⑧ 도체면(등전위면)에서 전기력선은 수직으로 출입한다.
⑨ 단위 전하 ±1[C]에서는 $1/\epsilon_0$개의 전기력선이 출입한다. **답 ③**

09 원점 주위의 전류밀도가 $J = \dfrac{2}{r}a_r$[A/m²]의 분포를 가질 때 반지름 5[cm]의 구면을 지나는 전 전류는 몇 [A]인가?

① 0.1π ② 0.2π
③ 0.3π ④ 0.4π

풀이
$$I = \oint_s \boldsymbol{J}\cdot d\boldsymbol{s} = \oint_s \dfrac{2}{r}a_r\cdot a_r\,ds\ (a_r, a_r = 1)$$

$$= \dfrac{2}{r}\oint_s ds = \dfrac{2}{r}s = \dfrac{2}{r}4\pi r^2 = 8\pi r$$

$$= 8\pi \times 0.05 = 0.4\pi[\text{A}]$$ **답 ④**

10 반지름 a[m]인 도체구에 전하 Q[C]를 주었다. 도체구를 둘러싸고 있는 유전체의 유전율이 ϵ_s인 경우 경계면에 나타나는 분극전하는 몇 [C/m²]인가?

① $\dfrac{Q}{4\pi a^2}(1-\epsilon_s)$ ② $\dfrac{Q}{4\pi a^2}(\epsilon_s-1)$

③ $\dfrac{Q}{4\pi a^2}\left(1-\dfrac{1}{\epsilon_s}\right)$ ④ $\dfrac{Q}{4\pi a^2}\left(\dfrac{1}{\epsilon_s}-1\right)$

풀이 $D=\epsilon_0 E+P$, $D=\epsilon_0\epsilon_s E=\epsilon E$ 에서

$P=D\left(1-\dfrac{1}{\epsilon_s}\right)=\epsilon E\left(1-\dfrac{1}{\epsilon_s}\right)$

$=\dfrac{Q}{4\pi a^2}\left(1-\dfrac{1}{\epsilon_s}\right)$[C/m²]   답 ③

11 자화의 세기 단위로 옳은 것은?

① AT/Wb ② AT/m²
③ Wb·m ④ Wb/m²

풀이 자화의 세기

$J=\dfrac{m}{S}=\dfrac{ml}{Sl}=\dfrac{M}{V}$ [Wb/m²]

여기서, S : 자성체의 단면적[m²]
　　　m : 자화된 자기량[Wb]
　　　l : 자성체의 길이[m]
　　　V : 자성체의 체적[m³]
　　　M : 자기모멘트($M=ml$[Wb·m]) 답 ④

12 무한 평면 전하에 의한 외부 전계의 크기는 거리와 어떤 관계가 있는가?

① 거리에 관계없다.
② 거리에 비례한다.
③ 거리에 반비례한다.
④ 거리에 자승에 비례한다.

풀이 무한 평면의 경우는 전하로부터 나오는 전기력선이 상하 방향으로 양분되므로 **표면 전계의 세기**는

$E=\dfrac{\sigma}{2\epsilon_0}$[V/m]

따라서 거리에 관계가 없다.   답 ①

13 점전하 $+2Q$[C]이 $x=0$, $y=1$의 점에 놓여 있고, $-Q$[C]의 전하가 $x=0$, $y=-1$의 점에 위치할 때 전계의 세기가 0이 되는 점은?

① $+2Q$쪽으로 $5.83(x=0, y=5.83)$
② $+2Q$쪽으로 $0.17(x=0, y=0.17)$
③ $-Q$쪽으로 $5.83(x=0, y=-5.83)$
④ $-Q$쪽으로 $0.17(x=0, y=-0.17)$

풀이 두 전하의 부호가 다르므로 전계의 세기가 0이 되는 점은 전하의 절대값이 작은 측의 외측에 존재하므로 그림과 같이 절대값이 작은 측의 외측에 K[m]인 P점이 전계의 세기가 0이라 하면

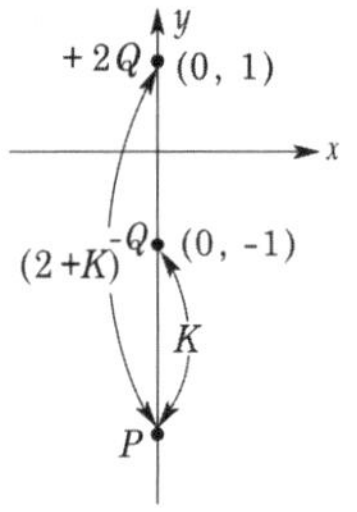

$E=\dfrac{1}{4\pi\epsilon_0}\left\{\dfrac{Q}{K^2}-\dfrac{2Q}{(2+K)^2}\right\}$
$=0$

$\therefore \dfrac{Q}{K^2}=\dfrac{2Q}{(2+K)^2}$

$2K^2=(2+K)^2$

$\sqrt{2}K=2+K$

$\therefore K=\dfrac{2}{\sqrt{2}-1}=4.83$ 이므로

$-1-4.83=-5.83$

즉, P (0, −5.83)이다.   답 ③

14 2[cm]의 간격을 가진 선간전압 6600[V]인 두 개의 평행도선에 2000[A]의 전류가 흐를 때 도선 1[m]마다 작용하는 힘은 몇 [N/m]인가?

① 20 ② 30
③ 40 ④ 50

풀이 $F=\dfrac{\mu_0 I_1 I_2}{2\pi r}=\dfrac{2I_1 I_2}{r}\times 10^{-7}$

$=\dfrac{2\times 2000^2}{2\times 10^{-2}}\times 10^{-7}=40$[N]   답 ③

15 전계 E와 전위 V 사이의 관계 즉, $E=-\text{grad}\,V$에 관한 설명으로 잘못된 것은?

① 전계는 전위가 일정한 면에 수직이다.
② 전계의 방향은 전위가 감소하는 방향으로 향한다.
③ 전계의 전기력선은 연속적이다.
④ 전계의 전기력선은 폐곡면을 이루지 않는다.

풀이 ① grad V 의미 : 전위 V가 단위 길이 당 최대로 변화하는 방향과 그 크기를 나타낸다. 단위길이 당 전위의 최대 변화를 갖는 방향은 등전위면과 수직(직각)방향이다(∵ E와 등전위면은 직교한다고 할 수 있다.)
② $E=-\nabla V$에서 - 부호는 감소하는 방향을 의미한다.
③ 전계의 전기력선은 (+)전하에서 시작하여 (-)전하에서 끝나므로 전하가 존재할 때에는 비연속적이다.
④ 양변에 curl 을 취하면 curl $E=$ -curl grad $V=0$ (curl grad는 벡터 성질에서 항상 0) E라는 벡터는 비회전성 즉 폐곡선을 이루지 않는다. 답 ③

16 저항 10[Ω]의 코일을 지나는 자속이 $\phi = 5\sin 10t$[A]일 때, 유도기전력에 의한 전류[A]의 최댓값은?

① 1[A] ② 2[A]
③ 5[A] ④ 10[A]

풀이 $\phi = \phi_m \sin\omega t$ 일 때
$e = -\dfrac{d\phi}{dt} = -\omega\phi_m\cos\omega t$
$= \omega\phi_m\sin(\omega t - \dfrac{\pi}{2}) = E_m\sin(\omega t - \dfrac{\pi}{2})$
따라서, $E_m = \omega\phi_m$ ($\phi_m = 5$, $\omega = 10$ 이므로)
$E_m = 10 \times 5 = 50[V]$
∴ $I_m = \dfrac{E_m}{R} = \dfrac{50}{10} = 5[A]$ 답 ③

17 전류에 의한 자계의 방향을 결정하는 법칙은?

① Ampere의 오른나사 법칙
② Fleming의 오른손 법칙
③ Fleming의 왼손 법칙
④ Lentz의 법칙

풀이 • 암페어의 오른나사 법칙 : 전류에 의한 자계의 방향
• 플레밍의 오른손 법칙 : 자계 중에서 도체가 운동할 때 유기기전력의 방향 결정
• 플레밍의 왼손 법칙 : 자계 중에 있는 도체에 전류를 흘릴 때 도체의 운동방향 결정
• 렌츠의 법칙 : 기전력 방향 결정 답 ①

18 강자성체의 자속밀도 B의 크기와 자화의 세기 J의 크기 사이의 관계로 옳은 것은?

① J는 B보다 크다.
② J는 B보다 적다.
③ J는 B와 그 값이 같다.
④ J는 B에 투자율을 더한 값과 같다.

풀이 강자성체는 $\mu_s \gg 1$이므로
$J = \dfrac{\mu_s - 1}{\mu_s}B$ 에서 $\dfrac{\mu_s - 1}{\mu_s}$ 은
1보다 약간 작으므로 J도 B보다 약간 작다.

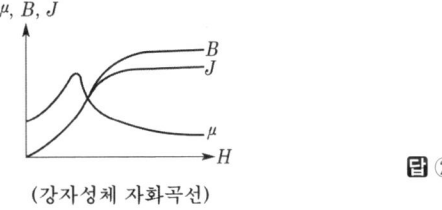
(강자성체 자화곡선) 답 ②

19 코일 A 및 코일 B가 있다. 코일 A의 전류가 $\dfrac{1}{30}$ 초간에 10[A] 변화할 때 코일 B에 10[V]의 기전력을 유도한다고 한다. 이때의 상호 인덕턴스는 몇 [H]인가?

① $\dfrac{1}{0.3}$ ② $\dfrac{1}{3}$ ③ $\dfrac{1}{30}$ ④ $\dfrac{1}{300}$

풀이 상호유도 작용에 의하여 유기되는 기전력은
$e_B = M\dfrac{di_A}{dt}$ 에서
$M = e_B\dfrac{dt}{di_A} = 10 \times \dfrac{\frac{1}{30}}{10} = \dfrac{1}{30}$[H] 답 ③

20 평형상태에서 도체의 전하분포와 전계에 관한 성질로 옳지 않은 것은?

① 도체내부에는 전계가 0이 아니다.
② 대전된 도체의 전하는 도체표면에만 존재한다.
③ 대전된 도체표면은 동일 전위에 있다.
④ 대전된 도체표면의 각 점의 전기력선은 표면에 수직이다.

풀이 **도체의 성질과 전하분포**
① 도체표면과 내부의 전위는 동일하고(등전위), 표면은 등전위면이다.
② 도체내부의 전계의 세기는 0이다.
③ 전하는 도체내부에는 존재하지 않고, 도체표면에만 분포한다.
④ 도체 면에서의 전계의 세기는 도체표면에 항상 수직이다.
⑤ 도체표면에서의 전하밀도는 곡률이 클수록 높다. 즉, 곡률반경이 작을수록 높다.
⑥ 중공부에 전하가 없고 대전 도체라면, 전하는 도체 외부의 표면에만 분포한다.
⑦ 중공부에 전하를 두면 도체내부표면에 동량 이부호, 도체 외부 표면에 동량 동부호의 전하가 분포한다.
답 ①

2과목 - 전력공학

21 조상설비(調相設備)와 거리가 먼 것은?
① 분로 리액터
② 상순(相順) 표시기
③ 전력용 콘덴서
④ 동기조상기

풀이 **조상 설비**

항 목	동기조상기	전력용 콘덴서	분로 리액터
전력손실	많음 (1.5~2.5[%])	적음 (0.3[%] 이하)	적음 (0.6[%] 이하)
가격	비싸다(전력용 콘덴서, 분로 리액터의 1.5~2.5배)	저렴	저렴
무효전력	진상, 지상 양용	진상 전용	지상 전용
조정	연속적	계단적	계단적
사고시 전압유지	큼	작음	작음
시송전	가능	불가능	불가능
보수	손질필요	용이	용이

답 ②

22 송전선에 낙뢰가 가해져서 애자에 섬락이 생기면 아크가 생겨 애자가 손상되는데 이것을 방지하기 위하여 사용하는 것은?
① 댐퍼(damper)
② 아킹혼(arcing horn)
③ 아머로드(armour rod)
④ 가공지선(Overhead ground wire)

풀이 ① 댐퍼 : 전선의 진동 방지
② 아킹 혼 : 섬락으로부터 애자련의 보호, 애자련의 전압 분포 개선
③ 아머로드 : 전선의 진동 방지
④ 가공지선 : 뇌의 차폐
답 ②

23 보일러 급수 중의 염류 등이 굳어서 내벽에 부착되어 보일러 열전도와 물의 순환을 방해하며 내면의 수관벽을 과열시켜 파열을 일으키게 하는 원인이 되는 것은?
① 스케일   ② 부식
③ 포밍   ④ 캐리오버

풀이 스케일이란 보일러의 급수에 포함되어 있는 알루미늄, 나트륨 등의 염류가 굳어서 되는 것으로 관석이라고도 부르고 있다.
답 ①

24 과전류 계전기(OCR)의 탭값을 옳게 설명한 것은?
① 계전기의 최소 동작전류
② 계전기의 최대 부하전류
③ 계전기의 동작 시한
④ 변류기의 권수비

풀이 • 과전류 계전기는 전류가 어느 정규값 이상으로 흘렀을 경우에 계전기가 동작하여 전기회로를 차단하여 기기를 보호하는 장치이다.
• 과전류 계전기의 탭은 최소 동작전류를 정정한다.
답 ①

25 역률 0.8(지상)인 부하 480[kW]를 공급하는 곳에 전력용 콘덴서 220[kVA]를 설치하면 역률은 몇 [%]로 개선되는가?
① 82   ② 85   ③ 90   ④ 96

풀이 부하역률 $\cos\theta = \dfrac{W}{\sqrt{W^2+Q^2}} \times 100$

(W : 유효전력, Q : 무효전력)

$\therefore \cos\theta = \dfrac{480}{\sqrt{480^2 + \left(\dfrac{480}{0.8} \times 0.6 - 220\right)^2}} \times 100$

$= 96[\%]$ 　　　　답 ④

26 송전선 보호범위 내의 모든 사고에 대하여 고장점의 위치에 관계없이 선로 양단을 쉽고 확실하게 동시에 고속으로 차단하기 위한 계전방식은?

① 회로선택 계전방식
② 과전류 계전방식
③ 방향거리(directive distance) 계전방식
④ 표시선(pilot wire) 계전방식

풀이 표시선 계전방식의 특징
① 고장점의 위치에 관계 없이 양단을 동시 고속 차단할 수 있다.
② 송전선에 평행되도록 표시선을 설치하여 양단을 연락케 한다.
③ 고장시 장해를 받지 않게 하기 위하여 연피 케이블을 설치한다.
④ 시한차에 구애받지 않고 양단 동시에 고속 차단한다. 　　　　답 ④

27 그림과 같은 전력계통에서 A점에 설치된 차단기의 단락용량은? (단, 각 기기의 %리액턴스는 발전기 G_1, G_2는 정격용량 15[MVA] 기준 각각 15[%]이고, 변압기는 정격용량 20[MVA] 기준 8[%], 송전선은 정격용량 10[MVA] 기준 11[%]이며, 기타 다른 정수는 무시한다.)

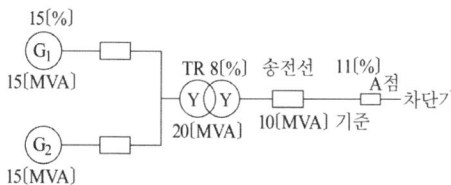

① 5[MVA]
② 50[MVA]
③ 500[MVA]
④ 5000[MVA]

풀이 기준용량 $P_n = 20[MVA]$로 선정하여 %Z를 기준용량으로 환산하면

$\%Z_g = \dfrac{20}{15} \times 15 = 20[\%]$

$\%Z_t = 8[\%]$

$\%Z_l = \dfrac{20}{10} \times 11 = 22[\%]$

따라서, 고장점까지의 %Z는

$\%Z = \dfrac{1}{2} \times \%Z_g + \%Z_t + \%Z_l$

$= \dfrac{1}{2} \times 20 + 8 + 22 = 40[\%]$

차단기 용량 $P_s = \dfrac{100}{\%Z} \times P_n$에서

$P_s = \dfrac{100}{40} \times 20 = 50[MVA]$ 　　　　답 ②

28 154[kV]의 송전 선로의 전압을 345[kV]로 승압하고 같은 손실률로 송전한다고 가정하면 송전 전력은 승압 전의 몇 배인가?

① 2
② 3
③ 4
④ 5

풀이 송전전력은 전압의 제곱에 비례하므로

$P = KV^2 = K\left(\dfrac{345}{154}\right)^2 = 5K$ 　　　　답 ④

29 전력 조류계산을 하는 목적으로 거리가 먼 것은?

① 계통의 신뢰도 평가
② 계통의 확충계획 입안
③ 계통의 운용 계획수립
④ 계통의 사고예방제어

풀이 조류 계산을 통해서 다음과 같은 전력계통의 제반 상황을 쉽게 파악할 수 있으며,
• 각 모선의 전압 분포　• 각 모선의 전력
• 각 선로의 전력 조류　• 각 선로의 송전 손실
• 각 모선간의 상차각
아래와 같은 계통의 운용과 계획의 수단으로 사용되고 있다.
• 계통의 사고 예방 제어
• 계통의 운용 계획 입안
• 계통의 확충 계획 입안 　　　　답 ①

30 송전단전압 154[kV], 수전단전압 134[kV], 상차각 60도, 리액턴스 39.8[Ω]일 때 선로손실을 무시하면 전송전력은 약 몇 [MW]인가?

① 322 ② 449 ③ 559 ④ 689

풀이 전송전력 $P = \dfrac{E_s E_r}{X}\sin\theta = \dfrac{154 \times 134}{39.8} \times \sin 60°$
$= 449.03[\text{MW}]$ **답** ②

31 송전선로의 안정도 향상 대책으로 틀린 것은?

① 고속도 재폐로방식을 채용한다.
② 계통의 직렬 리액턴스를 증가시킨다.
③ 중간조상방식을 채용한다.
④ 선로의 평행 회선수를 늘리거나 복도체 내지는 다도체 방식을 사용한다.

풀이 안정도 향상 대책
① 계통의 직렬 리액턴스 감소
② 전압변동률을 적게 한다.(속응여자방식 채용, 계통의 연계, 중간 조상 방식)
③ 계통에 주는 충격을 적게 한다.(적당한 중성점접지 방식, 고속차단방식, 재폐로방식)
④ 고장 중의 발전기 돌입 출력의 불평형을 적게 한다. **답** ②

32 부하설비용량 600[kW], 부등률 1.2, 수용률 60[%]일 때의 합성최대수용전력은 몇 [kW]인가?

① 240 ② 300 ③ 432 ④ 833

풀이 • 최대 수용 전력 = 설비용량 × 수용률
$= 600 \times 0.6 = 360[\text{kW}]$
• 부등률 = $\dfrac{\text{개별 최대 수용 전력의 합}}{\text{합성 최대 수용 전력}}$ 에서
합성 최대 수용 전력 = $\dfrac{\text{개별 최대 수용 전력의 합}}{\text{부등률}}$
$= \dfrac{360}{1.2} = 300[\text{kW}]$ **답** ②

33 자가용 변전소의 1차 측 차단기의 용량을 결정할 때 가장 밀접한 관계가 있는 것은?

① 부하설비용량
② 공급측의 전기설비용량
③ 부하의 부하율
④ 수전계약 용량

풀이 • 차단기의 차단용량 〉 계통의 단락 용량
• 단락용량 $P_s = \dfrac{100}{\%Z} \times P_n \rightarrow P_s \propto P_n$
여기서, P_n 기준용량(공급측의 전기설비용량) **답** ②

34 전력계통의 전압을 조정하는 가장 보편적인 방법은?

① 발전기의 유효 전력 조정
② 부하의 유효 전력 조정
③ 계통의 주파수 조정
④ 계통의 무효 전력

풀이 • 무효 전력 제어 ⇔ 전압 제어
• 유효 전력 제어 ⇔ 주파수 제어 **답** ④

35 수차의 특유속도 크기를 바르게 나열한 것은?

① 펠턴수차 < 카플란수차 < 프란시스 수차
② 펠턴수차 < 프란시스 수차 < 카플란수차
③ 프란시스 수차 < 카플란수차 < 펠턴수차
④ 카플란수차 < 펠턴수차 < 프란시스 수차

풀이 수차의 종류와 특유속도 및 그 사용 한계

수차의 종류		특유속도의 한계값
펠톤수차		12~23
프란시스 수차	저속도형	65~150
	중속도형	150~250
	고속도형	250~350
사류수차		150~250
카플란 수차, 프로펠러 수차		350~800

답 ②

36 송전선로에서 복도체를 사용하는 주된 이유는?

① 많은 전력을 보내기 위하여
② 코로나 발생을 억제하기 위하여
③ 전력손실을 적게 하기 위하여
④ 선로 정수를 평형시키기 위하여

풀이 • 3상 송전선의 한 가닥의 전선을 2가닥 이상으로 한 것을 다도체라 하고, 2가닥으로 한 것을 보통 복도체라 한다.
• **복도체를 사용하면** 인덕턴스는 감소하고 정전용량은 증가하며, 안정도를 증가시키고, **코로나 발생을 억제**한다. **답** ②

37 중성점 비접지방식을 이용하는 것이 적당한 것은?

① 고전압 장거리 ② 고전압 단거리
③ 저전압 장거리 ④ 저전압 단거리

풀이 우리나라 송전선로의 중성점 비접지방식은 20~30 [kV] 정도의 전압이며, 저전압 단거리 송전선이나 배전선에 사용된다. 답 ④

38 송전선로에서 송전전력, 거리, 전력손실율과 전선의 밀도가 일정하다고 할 때, 전선 단면적 $A[\text{mm}^2]$는 전압 $V[\text{V}]$와 어떤 관계에 있는가?

① V에 비례한다.
② V^2에 비례한다.
③ $\dfrac{1}{V}$에 비례한다.
④ $\dfrac{1}{V^2}$에 비례한다.

풀이
- 전력손실 $P_l = 3I^2 R = \dfrac{P^2 \rho l}{V^2 \cos^2\theta A}$ 이므로
  전력손실률 $h = \dfrac{P_l}{P} = \dfrac{P\rho l}{V^2 \cos^2\theta A}$ 이다.
- 송전전력(P), 송전거리(l), 전선의 비중(ρ), 전력손실률(h)이 일정하다고 하면
  $\therefore A = \dfrac{P\rho l}{h V^2 \cos^2\theta} \propto \dfrac{1}{V^2}$ 답 ④

39 진공 차단기의 특징에 속하지 않는 것은?

① 화재 위험이 거의 없다.
② 소형 경량이고 조작 기구가 간편하다.
③ 동작시 소음은 크지만 소호실의 보수가 거의 필요치 않다.
④ 차단 시간이 짧고 차단 성능이 회로 주파수의 영향을 받지 않는다.

풀이 진공 차단기의 특징
① 소형 경량이고 조작 기구가 간편하다.
② 화재 위험이 없다.
③ 폭발음이 없다.
④ 소호실에 대해서 보수가 거의 필요치 않다.
⑤ 차단 시간이 짧고 차단 성능이 회로의 주파수에 영향을 받지 않는다. 답 ③

40 변류기 수리 시 2차측을 단락시키는 이유는?

① 1차측 과전류 방지
② 2차측 과전류 방지
③ 1차측 과전압 방지
④ 2차측 과전압 방지

풀이 CT의 2차 회로를 개방하면 1차 전류가 모두 여자전류가 되어 2차 권선에 매우 높은 전압이 유기되어 절연이 파괴되어 소손될 염려가 있으므로 CT의 2차측을 개방하면 안된다. 답 ④

3과목 - 전기기기

41 브흐홀쯔 계전기로 보호되는 기기는?

① 변압기   ② 발전기
③ 유도전동기 ④ 회전 변류기

풀이 브흐홀쯔 계전기는 변압기의 내부고장으로 발생하는 기름의 분해 가스 증기 또는 유류를 이용하여 부저를 움직여 계전기의 접점을 닫는 것이므로 변압기의 주탱크와 콘서베이터와의 연결관 도중에 설치한다. 답 ①

42 전기자 지름 0.2[m]의 직류발전기가 1.5[kW]의 출력에서 1800[rpm]으로 회전하고 있을 때 전기자 주변속도는 약 몇 [m/s]인가?

① 18.84   ② 21.96
③ 32.74   ④ 42.85

풀이 회전자 주변 속도 $v = \pi D \dfrac{N_s}{60}$ [m/s]
(여기서, πD : 회전자 둘레)
$\therefore v = \pi \times 0.2 \times \dfrac{1800}{60} = 18.84$ [m/s] 답 ①

43 3상 유도전동기의 전전압 기동 토크는 전부하 시의 1.8배이다. 전전압의 2/3로 기동할 때 기동 토크는 전부하시보다 약 몇 [%] 감소하는가?

① 80   ② 70   ③ 60   ④ 40

풀이 $T \propto V^2$ 이므로 $T' \propto T \times \left(\dfrac{V_1'}{V_1}\right)^2$

$T' = 1.8T \times \left(\dfrac{2}{3}\right)^2 = 0.8T$

따라서 전전압의 2/3로 기동할 때 기동 토크는 전부하 시보다 약 80[%]로 감소한다. **답** ①

44 3상 권선형 유도전동기에서 토크 τ, 1차 전류 I_1, 역률 $\cos\theta$, 2차 동손 P_{2c}, 효율 η, 출력 P_o 라 할 때 비례추이하는 량으로 조합된 것은?

① I_1, $\cos\theta$, P_o
② τ, P_{2c}, P_o
③ P_{2c}, η, P_o
④ τ, I_1, $\cos\theta$

풀이 비례 추이할 수 있는 특성은 1차 전류, 2차 전류, 역률, 동기 와트 등이고, 할 수 없는 것은 출력 외에 2차 동손, 효율 등이다. **답** ④

45 변압기 단락시험과 관계없는 것은?

① 전압변동률 ② 임피던스 와트
③ 임피던스 전압 ④ 여자 어드미턴스

풀이 변압기의 시험

시험의 종류	측정 항목
개방 회로 시험 (무부하 시험)	무부하전류, 히스테리시스손, 와류손, 여자 어드미턴스, 철손
단락 시험	동손, 임피던스 와트, 임피던스 전압

답 ④

46 5[kVA], 3300/210[V], 단상변압기의 단락시험에서 임피던스 전압 120[V], 동손 150[W]라 하면 퍼센트 저항강하는 몇 [%]인가?

① 2 ② 3
③ 4 ④ 5

풀이 %저항강하

$p = \dfrac{I_{1n}r}{V_{1n}} \times 100 = \dfrac{I_{1n}^2 r}{V_{1n}I_{1n}} \times 100$

$= \dfrac{P_c}{\text{kVA}} \times 100 = \dfrac{150}{5000} \times 100 = 3[\%]$ **답** ②

47 사이클로 컨버터(cycloconverter)란?

① AC → AC로 바꾸는 장치이다.
② AC → DC로 바꾸는 장치이다.
③ DC → DC로 바꾸는 장치이다.
④ DC → AC로 바꾸는 장치이다.

풀이 사이클로 컨버터란 정지 사이리스터 회로에 의해 전원 주파수와 다른 주파수의 전력으로 변환시키는 직접 회로 장치이다. **답** ①

48 다음 시험 중 변압기의 절연내력 시험을 하기 위한 것은?

A : 온도상승시험,	B : 유도시험,
C : 가압시험,	D : 단락시험,
E : 충격전압시험,	F : 권선저항측정시험

① B, C, E ② A, B, E
③ B, E, F ④ D, E, F

풀이
- 변압기의 절연내력 시험 : 유도 시험, 가압 시험, 충격 전압시험
- 변압기 등가회로 작성에 필요한 시험 : 권선 저항 측정, 무부하 시험, 단락 시험 **답** ①

49 단상변압기 3대를 Y-△결선해서 3상 20000[V]를 3000[V]로 내려서 3000[kW], 역률 80[%]의 부하에 전력을 공급할 때 변압기 1대의 정격용량 [kVA]은?

① 1250 ② 1767
③ 2500 ④ 3750

풀이 $P = 3P_1[\text{kVA}]$이므로
(단, P : 3상 변압기의 용량, P_1 : 단상변압기 1대의 용량)
변압기 1대의 정격용량 P_1은

$P_1 = \dfrac{P[\text{kVA}]}{3} = \dfrac{P'[\text{kW}]}{3 \times \cos\theta} = \dfrac{3000}{3 \times 0.8}$

$= 1250[\text{kVA}]$ **답** ①

50 전압비가 무부하에서는 15 : 1, 정격부하에서는 15.5 : 1인 변압기의 전압변동률[%]은?

① 2.2 ② 2.6 ③ 3.3 ④ 3.5

풀이
$\dfrac{V_1}{V_{20}} = 15$, $\dfrac{V_1}{V_{2n}} = 15.5$

$\therefore V_{20} = \dfrac{V_1}{15}$, $V_{2n} = \dfrac{V_1}{15.5}$

그러므로 전압변동률 ϵ은

$\therefore \epsilon = \dfrac{V_{20} - V_{2n}}{V_{2n}} \times 100 = \left(\dfrac{V_{20}}{V_{2n}} - 1\right) \times 100$

$= \left(\dfrac{\frac{V_1}{15}}{\frac{V_1}{15.5}} - 1\right) \times 100 = \left(\dfrac{15.5}{15} - 1\right) \times 100$

$= 3.33[\%]$ 답 ③

---

51 직류기의 손실 중 기계손에 속하는 것은?

① 브러시의 전기손
② 와전류손
③ 풍손
④ 전기자 권선동손

풀이

총손실	무부하손	철손	히스테리시스손
			와류손
		기계손 : 풍손, 베어링 마찰손, 브러시 마찰손
	부하손	전기자저항손 $P_c = I_a^2 R[W]$
		브러시 전기손
		표유부하손 : 권선 이외 부분의 누설자속에 의해 발생

답 ③

---

52 선박의 전기추진용 전동기의 속도제어에 가장 알맞은 것은?

① 주파수 변화에 의한 제어
② 극수 변환에 의한 제어
③ 1차 회전에 의한 제어
④ 2차 저항에 의한 제어

풀이 주파수 변화에 의한 제어는 전동기에 가해지는 전원 주파수를 바꾸어 속도를 제어하는 방법으로서 원동기의 속도제어에 의해 전용 발전기의 주파수를 변화시키는 것으로 선박의 전기 추진용 전동기, 포터 모터의 속도 제어 등에 적합하다. 답 ①

---

53 유도전동기의 동기 와트를 설명한 것은?

① 동기속도 하에서 2차 입력을 말함
② 동기속도 하에서 1차 입력을 말함
③ 동기속도 하에서 2차 출력을 말함
④ 동기속도 하에서 2차 동손을 말함

풀이
- 슬립 s, 토크 T를 발생하며 회전하는 유도전동기가 같은 토크 T를 발생하며 동기속도로 회전하는 것으로 가정하는 때의 출력 P_2를 말한다.
- 2차 입력(동기 와트) P_2, 회전 각속도 ω, 동기 각속도 ω_s라 하면

$T = \dfrac{P}{\omega} = \dfrac{P_2(1-s)}{\omega_s(1-s)} = \dfrac{P_2}{\omega_s}$

$\therefore P_2 = \omega_s T$ [동기 와트] 답 ①

---

54 100[kW], 230[V] 자여자식 분권 발전기에서 전기자 회로 저항이 0.05[Ω]이고 계자 회로저항이 57.5[Ω]이다. 이 발전기가 정격 전압 전부하에서 운전할 때 유기 전압을 계산하면?

① 232[V] ② 242[V]
③ 252[V] ④ 262[V]

풀이 부하전류 $I = \dfrac{100 \times 10^3}{230} = 434.78[A]$

계자전류 $I_f = \dfrac{230}{57.5} = 4[A]$

전기자 전류 $I_a = I + I_f$이므로

유기기전력 $E = V + I_a R_a = V + (I + I_f) R_a$
$= 230 + (434.78 + 4) \times 0.05$
$= 251.94[V]$ 답 ③

---

55 A, B 2대의 동기발전기를 병렬운전 중 계통 주파수를 바꾸지 않고 B기의 역률을 좋게 하는 것은?

① A기의 여자전류를 증대
② A기의 원동기 출력을 증대
③ B기의 여자전류를 증대
④ B기의 원동기 출력을 증대

풀이
- 동기발전기의 병렬운전에서 여자의 변화는 역률의 변화로 나타난다.
- A기의 여자를 증가하면, A기의 역률은 낮아지고, B기의 역률은 좋아진다. 답 ①

56 3상 동기발전기의 단락곡선이 직선으로 되는 이유는?

① 전기자 반작용으로
② 무부하 상태이므로
③ 자기포화가 있으므로
④ 누설 리액턴스가 크므로

풀이 단락전류는 전기자저항을 무시하면 동기리액턴스에 의해 그 크기가 결정된다. 즉, 동기리액턴스에 의해 흐르는 전류는 90° 늦은 전류가 크게 흐르게 되며, 이 전류에 의한 전기자 반작용이 감자 작용이 되므로 3상 단락곡선은 직선이 된다. **답** ①

57 1방향성 4단자 사이리스터는?

① TRIAC ② SCS
③ SCR   ④ SSS

풀이 각종 반도체 소자의 비교
① 방향성
  - 양방향성(쌍방향성) 소자 : DIAC, TRIAC, SSS
  - 역저지(단방향성) 소자 : SCR, LASCR, GTO, SCS
② 극(단자) 수
  - 2극(단자) 소자 : DIAC, SSS, Diode
  - 3극(단자) 소자 : SCR, LASCR, GTO, TRIAC
  - 4극(단자) 소자 : SCS   **답** ②

58 다이오드를 사용한 단상전파정류회로에서 100[A]의 직류를 얻으려고 한다. 이때 정류기의 교류측 전류는 약 몇 [A]인가?

① 111 ② 167 ③ 222 ④ 278

풀이 $I_d = 2\dfrac{\sqrt{2}}{\pi}I = 0.9I$ 이므로

$\therefore I = \dfrac{I_d}{0.9} = \dfrac{100}{0.9} ≒ 111[A]$ 가 된다. **답** ①

59 다음 중 변압기유가 갖추어야 할 조건으로 옳은 것은?

① 절연내력이 낮을 것
② 인화점이 높을 것
③ 비열이 적어 냉각효과가 클 것
④ 응고점이 높을 것

풀이 변압기의 기름으로서 갖추어야 할 조건
① 절연저항 및 절연내력이 클 것(30[kV]/2.5[mm] 이상)
② 절연 재료 및 금속에 화학 작용을 일으키지 않을 것
③ 인화점이 높고(130[℃] 이상), 응고점이 낮을 것 (−30[℃] 이하)
④ 점도가 낮고(유동성이 풍부), 비열이 커서 냉각효과가 클 것
⑤ 고온에서도 석출물이 생기거나 산화하지 않을 것
⑥ 열전도율이 클 것
⑦ 열 팽창계수가 작고 증발로 인한 감소량이 적을 것
답 ②

60 경부하로 회전중인 3상 농형 유도전동기에서 전원의 3선중 1선이 개방되면 3상 전동기는?

① 개방시 바로 정지한다.
② 속도가 급상승한다.
③ 회전을 계속한다.
④ 일정시간 회전 후 정지한다.

풀이 전부하로 운전하고 있는 3상 유도전동기의 경우 1선의 퓨즈가 용단되면 단상 전동기가 되며
① 최대 토크는 50[%] 전후로 된다.
② 최대 토크를 발생하는 슬립 s는 0쪽으로 가까워진다.
③ 최대 토크 부근에서는 1차 전류가 증가한다.

만일 정지하는 경우에는 과대 전류가 흘러서 나머지 퓨즈가 용단되거나 차단기가 동작한다.
경부하에서 회전을 계속한다면
① 슬립이 2배 정도로 되고 회전수는 떨어진다.
② 1차 전류가 2배 가까이 되어서 열손실이 증가하고, 계속 운전하면 과열로 소손된다. **답** ③

4과목 - 회로이론

61 전압 $e = 5 + 10\sqrt{2}\sin\omega t + 10\sqrt{2}\sin 3\omega t$[V]일 때 실효값은?

① 7.07[V]   ② 10[V]
③ 15[V]   ④ 20[V]

풀이 실효값 $E = \sqrt{E_0^2 + E_1^2 + E_2^2 + \cdots + E_n^2}$
$= \sqrt{5^2 + 10^2 + 10^2} = 15[V]$ **답** ③

62 다음과 같은 회로에서 출력전압 v_2의 위상은 입력전압 v_1보다 어떠한가?

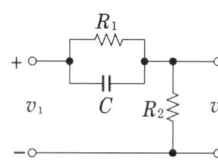

① 같다. ② 앞선다.
③ 뒤진다. ④ 전압과 관계없다.

풀이 C의 전압강하를 e_1, R_1, C에 흐르는 전류를 i_R, i_C라 하면

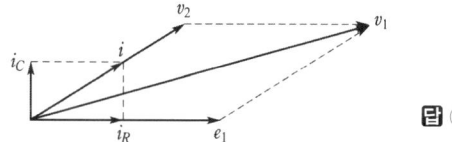

답 ②

63 그림과 같은 회로가 공진이 되기 위한 조건을 만족하는 어드미턴스는?

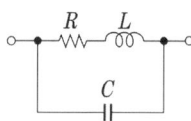

① $\dfrac{CL}{R}$ ② $\dfrac{CR}{L}$
③ $\dfrac{L}{CR}$ ④ $\dfrac{LR}{C}$

풀이 공진시는 합성 어드미턴스의 허수부가 0이므로

$$Y = Y_1 + Y_2 = \frac{1}{R+j\omega L} + j\omega C$$
$$= \frac{R}{R^2+\omega^2 L^2} + j\left(\omega C - \frac{\omega L}{R^2+\omega^2 L^2}\right)$$
$$\therefore Y = \frac{R}{R^2+\omega^2 L^2}$$

그런데 공진 조건은 $\omega C = \dfrac{\omega L}{R^2+\omega^2 L^2}$ 이므로

$$R^2+\omega^2 L^2 = \frac{L}{C}$$
$$\therefore Y_r = \frac{R}{R^2+\omega^2 L^2} = \frac{R}{\frac{L}{C}} = \frac{CR}{L}$$

답 ②

64 314[mH]의 자기 인덕턴스에 120[V], 60[Hz]의 교류전압을 가하였을 때 흐르는 전류[A]는?

① 10 ② 8
③ 1 ④ 0.5

풀이 전류 $I = \dfrac{V}{\omega L} = \dfrac{V}{2\pi f L} = \dfrac{120}{2\pi \times 60 \times 314 \times 10^{-3}} = 1$

답 ③

65 자동차 축전지의 무부하 전압을 측정하니 13.5[V]를 지시하였다. 이때 정격이 12[V], 55[W]인 자동차 전구를 연결하여 축전지의 단자전압을 측정하니 12[V]를 지시하였다. 축전지의 내부저항은 약 몇 [Ω]인가?

① 0.33[Ω] ② 0.45[Ω]
③ 2.62[Ω] ④ 3.31[Ω]

풀이

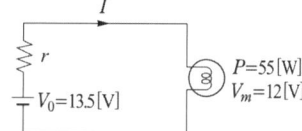

전구를 연결하였을 때의 부하 전류
$$I = \frac{P}{V} = \frac{55}{12} = 4.58[A]$$

무부하 전압이 13.5[V]이므로
내부저항 r에서의 전압강하
$$e = Ir = 4.58r = 13.5 - 12 = 1.5[V]$$
$$\therefore r = \frac{1.5}{4.58} ≒ 0.33[\Omega]$$

답 ①

66 회로에서 각 계기들의 지시값은 다음과 같다. 전압계 ⓥ는 240[V], 전류계 Ⓐ는 5[A], 전력계 ⓦ는 720[W]이다. 이때 인덕턴스 L[H]은 얼마인가? (단, 전원주파수는 60[Hz]이다.)

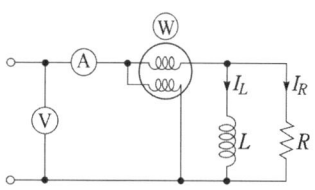

① $\dfrac{1}{\pi}$ ② $\dfrac{1}{2\pi}$ ③ $\dfrac{1}{3\pi}$ ④ $\dfrac{1}{4\pi}$

풀이
- 피상전력 $P_a = VI = 240 \times 5 = 1200[VA]$
- 무효전력 $P_r = \sqrt{P_a^2 - P^2}$
  $= \sqrt{1200^2 - 720^2} = 960[Var]$
- 리액턴스 $X_L = \dfrac{V^2}{P_r} = \dfrac{240^2}{960} = 60[\Omega]$

따라서 $L = \dfrac{X_L}{2\pi f} = \dfrac{60}{2\pi \times 60} = \dfrac{1}{2\pi}[H]$ **답 ②**

67 최대 눈금이 50[V]인 직류 전압계가 있다. 이 전압계를 사용하여 150[V]의 전압을 측정하려면 배율기의 저항은 몇 [Ω]을 사용하여야 하는가? 단, 전압계의 내부 저항은 5000[Ω]이다.

① 1000   ② 2500
③ 5000   ④ 10000

풀이 배율기의 저항을 R_m, 전압계의 내부저항을 R_v이라 하면, 배율 $m = 1 + \dfrac{R_m}{R_v}$이므로

$\therefore R_m = R_v(m-1) = 5000\left(\dfrac{150}{50} - 1\right) = 10000[\Omega]$

답 ④

68 출력이 $F(s) = \dfrac{3s+2}{s(s^2+2s+6)}$로 표시되는 제어계가 있다. 이 계의 시간함수 $f(t)$의 정상값은?

① 3   ② 2   ③ $\dfrac{1}{3}$ ④ $\dfrac{1}{6}$

풀이 최종값 정리에 의해서
$\lim_{t \to \infty} f(t) = \lim_{s \to 0} sF(s) = \lim_{s \to 0} s \dfrac{3s+2}{s(s^2+2s+6)}$
$= \dfrac{2}{6} = \dfrac{1}{3}$ **답 ③**

69 그림과 같이 접속된 회로에 평형 3상 전압 E[V]를 가할 때의 전류 I_1[A]은?

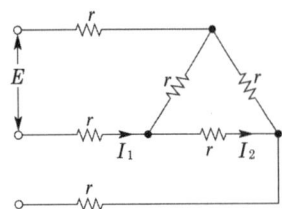

① $\dfrac{\sqrt{3}}{4E}$ ② $\dfrac{4E}{\sqrt{3}}$
③ $\dfrac{4r}{\sqrt{3}E}$ ④ $\dfrac{\sqrt{3}E}{4r}$

풀이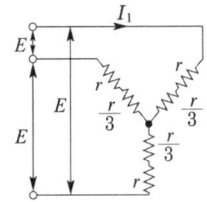

△를 Y로 환산하면 1상의 등가 저항 R은
$R = \dfrac{r^2}{r+r+r} = \dfrac{r^2}{3r} = \dfrac{r}{3}$

따라서 선전류 $I_1 = \dfrac{\dfrac{E}{\sqrt{3}}}{r + \dfrac{r}{3}} = \dfrac{\sqrt{3}E}{4r}$ **답 ④**

70 어떤 회로에서 전압과 전류가 각각
$e = 50\sin(\omega t + \theta)[V]$,
$i = 4\sin(\omega t + \theta - 30°)[A]$
일 때 무효전력[Var]은 얼마인가?

① 100   ② 86.6
③ 70.7   ④ 50

풀이 무효전력
$P_r = \dfrac{V_m}{\sqrt{2}} \times \dfrac{I_m}{\sqrt{2}} \sin\varphi = \dfrac{50 \times 4}{2} \sin 30°$
$= 50[Var]$ **답 ④**

71 불평형 3상전류 $I_a = 10 + j2[A]$, $I_b = -20 - j24[A]$, $I_c = -5 + j10[A]$ 일 때의 영상전류 I_0 값은 얼마인가?

① $15 + j2[A]$ ② $-5 - j4[A]$
③ $-15 - j12[A]$ ④ $-45 - j36[A]$

풀이 $I_0 = \dfrac{1}{3}(I_a + I_b + I_c)$
$= \dfrac{1}{3}(10 + j2 - 20 - j24 - 5 + j10)$
$= \dfrac{1}{3}(-15 - j12) = -5 - j4[A]$ **답 ②**

72 어떤 회로에 $i = 10\sin\left(314t - \dfrac{\pi}{6}\right)$의 전류가 흐른다. 이를 복소수로 표시하면?

① $6.12 - j3.5$
② $17.32 - j5$
③ $3.54 - j6.12$
④ $5 - j17.32$

풀이 $I = \dfrac{10}{\sqrt{2}} \angle -\dfrac{\pi}{6} = \dfrac{10}{\sqrt{2}}\left(\cos\dfrac{\pi}{6} - j\sin\dfrac{\pi}{6}\right)$
$= 6.12 - j3.54$ **답** ①

73 2단자 회로 소자 중에서 인가한 전류파형과 동위상의 전압파형을 얻을 수 있는 것은?

① 저항　　② 콘덴서
③ 인덕턴스　　④ 저항 + 콘덴서

풀이 ① 저항 R에 정현파 전류($i = I_m\sin\omega t$)가 흐를 때
전압강하 $v_R = Ri = RI_m\sin\omega t = V_m\sin\omega t$
(전압과 전류는 동상)
② 인덕턴스 L에 정현파 전류가 흐를 때
전압강하 $v_L = L\dfrac{di}{dt} = V_m\sin(\omega t + 90°)$
(전압은 전류보다 90° 앞선다.)
③ 커패시턴스 C에 정현파 전류가 흐를 때
전압강하 $v_C = \dfrac{1}{C}\int i dt = V_m\sin(\omega t - 90°)$
(전압은 전류보다 90° 뒤진다.) **답** ①

74 $R = 100[\Omega]$, $L = \dfrac{1}{\pi}[H]$, $C = \dfrac{100}{4\pi}[pF]$가 직렬로 연결되어 공진할 경우 이 공진회로의 전압확대율 Q는?

① 2×10^3　　② 2×10^4
③ 3×10^3　　④ 3×10^4

풀이 직렬공진회로에서 전압 확대율
$Q = \dfrac{1}{R}\sqrt{\dfrac{L}{C}} = \dfrac{1}{100}\sqrt{\dfrac{\dfrac{1}{\pi}}{\dfrac{100}{4\pi}\times 10^{-12}}}$
$= 2 \times 10^3$ **답** ①

75 어드미턴스 Y_1과 Y_2가 직렬로 접속된 회로의 합성 어드미턴스는?

① $Y_1 + Y_2$　　② $\dfrac{Y_1 Y_2}{Y_1 + Y_2}$
③ $\dfrac{1}{Y_1} + \dfrac{1}{Y_2}$　　④ $\dfrac{1}{Y_1 + Y_2}$

풀이 어드미턴스
$Y = \dfrac{1}{\dfrac{1}{Y_1} + \dfrac{1}{Y_2}} = \dfrac{Y_1 Y_2}{Y_1 + Y_2}[\mho]$ **답** ②

76 어느 저항에
$v_1 = 220\sqrt{2}\sin(2\pi \cdot 60t - 30°)[V]$와
$v_2 = 100\sqrt{2}\sin(3 \cdot 2\pi \cdot 60t - 30°)[V]$
의 전압이 각각 걸릴 때 올바른 것은?

① v_1이 v_2보다 위상이 15° 앞선다.
② v_1이 v_2보다 위상이 15° 뒤진다.
③ v_1이 v_2보다 위상이 75° 앞선다.
④ v_1과 v_2의 위상관계는 의미가 없다.

풀이 v_1은 기본파, v_3는 제3고조파 성분이므로 위상관계는 의미가 없다. **답** ④

77 그림의 회로에서 a-b 사이의 전압 E_{ab} 값은?

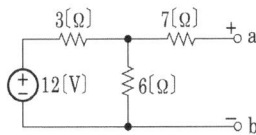

① $8[V]$　　② $10[V]$
③ $12[V]$　　④ $14[V]$

풀이 전압 분배 법칙을 적용하면
$E_{ab} = \dfrac{6}{3+6} \times 12 = 8[V]$이 된다. **답** ①

78 테브난의 정리를 사용하여 다음의 (a)회로를 (b)와 같은 등가회로로 바꾸려 한다. $V[V]$와 $R[\Omega]$의 값은?

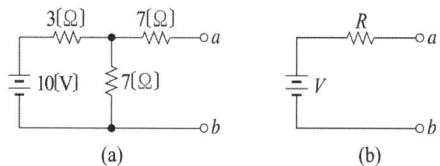

① 7[V], 9.1[Ω] ② 10[V], 9.1[Ω]
③ 7[V], 6.5[Ω] ④ 10[V], 6.5[Ω]

풀이
- a, b 단자 사이에 걸리는 개방전압
$$V_{ab} = \frac{10}{3+7} \times 7 = 7[V]$$
- a, b 단자에서 전원측으로 본 합성 저항 (전압원은 단락시킨다.)
$$R_{ab} = 7 + \frac{3 \times 7}{3+7} = 9.1[\Omega]$$ 답 ①

79 다음 그림은 전압이 10[V]인 전원장치에 가변 저항과 전열기를 연결한 회로이다. 가변저항이 5[Ω]일 때 회로에 흐르는 전류는 1[A]이다. 가변저항을 15[Ω]으로 바꾸고 전열기를 4초 동안 사용 할 경우 전열기에서 소비되는 전력[W]은 얼마인가? (단, 전원장치의 전압과 전열기의 저항은 일정하다.)

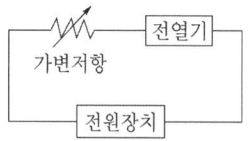

① 1.25 ② 1.5
③ 1.88 ④ 2.0

풀이 ① 전체 저항(R_T)은 가변 저항과 전열기 저항(R_H)의 합이므로,
$$R_T = \frac{V}{I} = \frac{10}{1} = 10 = 5 + R_H[\Omega]$$
가변 저항이 5[Ω]일 때 전열기의 저항은 5[Ω]이다.
② 가변 저항을 15[Ω]으로 바꾸면
$$I = \frac{V}{R_T} = \frac{10}{(15+5)} = 0.5[A]$$
따라서, 전열기에서 소비되는 전력
$$P = I^2 R_H = 0.5^2 \times 5 = 1.25[W]$$ 답 ①

80 그림과 같은 회로에서 a-b 단자에서 본 합성저항은 몇 [Ω]인가?

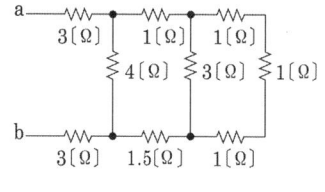

① 2 ② 4
③ 6 ④ 8

풀이 a-b 사이의 합성 저항은

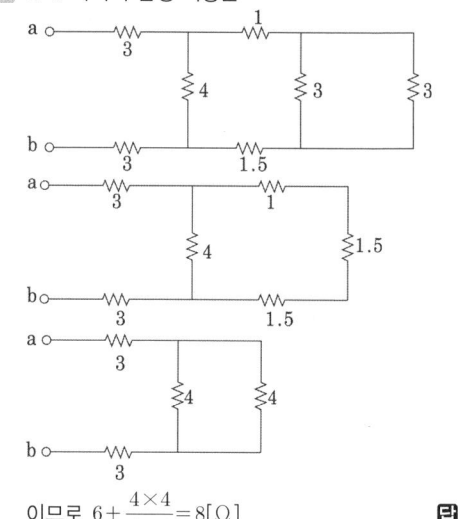

이므로 $6 + \frac{4 \times 4}{4+4} = 8[\Omega]$ 답 ④

5과목 - 전기설비기술기준

81 뱅크용량이 20000[kVA]인 전력용 커패시터에 자동적으로 전로로부터 차단하는 보호장치를 하려고 한다. 반드시 시설하여야 할 보호장치가 아닌 것은?

① 내부에 고장이 생긴 경우에 동작하는 장치
② 절연유의 압력이 변화할 때 동작하는 장치
③ 과전류가 생긴 경우에 동작하는 장치
④ 과전압이 생긴 경우에 동작하는 장치

풀이 351.5 조상설비의 보호장치
조상 설비에는 그 내부에 고장이 생긴 경우에 보호하는 장치를 표와 같이 시설하여야 한다.

설비 종별	뱅크 용량의 구분	자동적으로 전로로부터 차단하는 장치
전력용 커패시터 및 분로리액터	500[kVA] 초과 15,000[kVA] 미만	• 내부에 고장이 생긴 경우 • 과전류가 생긴 경우
	15,000[kVA] 이상	• 내부에 고장이 생긴 경우 • 과전류가 생긴 경우 • 과전압이 생긴 경우
조상기 (調相機)	15,000[kVA] 이상	• 내부에 고장이 생긴 경우

답 ②

82 고압가공전선과 식물과의 이격거리에 대한 기준으로 가장 적절한 것은?

① 고압가공전선의 주위에 보호망으로 이격시킨다.
② 식물과의 접촉에 대비하여 차폐선을 시설하도록 한다.
③ 고압가공전선을 절연전선으로 사용하고 주변의 식물을 제거시키도록 한다.
④ 식물에 접촉하지 아니하도록 시설하여야 한다.

풀이 332.19 고압 가공전선과 식물의 이격거리
고압 가공전선은 상시 부는 바람 등에 의하여 **식물에 접촉하지 않도록** 시설하여야 한다. **답** ④

83 버스덕트공사에 대한 설명 중 옳은 것은?

① 버스 덕트 끝부분을 개방할 것
② 덕트를 수직으로 붙이는 경우 지지점 간 거리는 12[m] 이하로 할 것
③ 덕트를 조영재에 붙이는 경우 덕트의 지지점 간 거리는 6[m] 이하로 할 것
④ 덕트에 접지공사를 할 것

풀이 232.61 버스덕트공사
가. 덕트 상호 간 및 전선 상호 간은 견고하고 또한 전기적으로 완전하게 접속할 것.
나. 덕트를 조영재에 붙이는 경우에는 덕트의 **지지점 간의 거리를 3[m](수직으로 붙이는 경우에는 6[m])** 이하로 하고 또한 견고하게 붙일 것.
다. 덕트(환기형의 것을 제외한다)의 끝부분은 막을 것.
라. 덕트(환기형의 것을 제외한다)의 내부에 먼지가 침입하지 아니하도록 할 것.
마. **덕트는 접지공사를 할 것.** **답** ④

84 수소냉각식 발전기안의 수소 순도가 몇 [%] 이하로 저하한 경우에 이를 경보하는 장치를 시설해야 하는가?

① 65
② 75
③ 85
④ 95

풀이 351.10 수소냉각식 발전기 등의 시설
수소냉각식의 발전기·조상기 또는 이에 부속하는 수소 냉각 장치는 발전기 내부 또는 조상기 내부의 수소의 순도가 85[%] 이하로 저하한 경우에 이를 경보하는 장치를 시설할 것. **답** ③

85 옥내에 시설하는 전동기에 과부하 보호장치의 시설을 생략할 수 없는 경우는?

① 정격출력이 0.75[kW]인 전동기
② 전동기의 구조나 부하의 성질로 보아 전동기가 소손할 수 있는 과전류가 생길 우려가 없는 경우
③ 전동기가 단상의 것으로 전원측 전로에 시설하는 배선용 차단기의 정격전류가 20[A] 이하인 경우
④ 전동기가 단상의 것으로 전원측 전로에 시설하는 과전류차단기의 정격전류가 16[A] 이하인 경우

풀이 212.6.3 저압전로 중의 전동기 보호용 과전류보호장치의 시설
옥내에 시설하는 전동기에는 전동기가 손상될 우려가 있는 과전류가 생겼을 때에 자동적으로 이를 저지하거나 이를 경보하는 장치를 하여야 한다. 다만, 다음의 어느 하나에 해당하는 경우에는 그러하지 아니하다.
가. 전동기를 운전 중 상시 취급자가 감시할 수 있는 위치에 시설하는 경우
나. 전동기의 구조나 부하의 성질로 보아 전동기가 손상될 수 있는 과전류가 생길 우려가 없는 경우
다. 단상전동기로써 그 전원측 전로에 시설하는 과전류차단기의 정격전류가 16[A](배선용 차단기는 20[A]) 이하인 경우
라. **정격 출력이 0.2[kW] 이하의 전동기** **답** ①

86 지중전선로를 직접 매설식에 의하여 시설할 때, 중량물의 압력을 받을 우려가 있는 장소에 지중전선을 견고한 트라프 기타 방호물에 넣지 않고도 부설할 수 있는 케이블은?

① 염화비닐 절연 케이블
② 폴리에틸렌 외장 케이블
③ 콤바인 덕트 케이블
④ 알루미늄피 케이블

풀이 334.1 지중전선로의 시설
지중 전선로를 직접 매설식에 의하여 시설하는 경우에 지중 전선을 견고한 트라프 기타 방호물에 넣어 시설하여야 한다.
단, 다음의 어느 하나에 해당하는 경우에는 지중전선을 견고한 트라프 기타 방호물에 넣지 아니하여도 된다.
① 저압 또는 고압의 지중전선을 차량 기타 중량물의 압력을 받을 우려가 없는 경우에 그 위를 견고한 판 또는 몰드로 덮어 시설하는 경우
② 저압 또는 고압의 **지중전선에 콤바인덕트 케이블 또는 개장한 케이블을 사용**하여 시설하는 경우
답 ③

87 지중전선로에 있어서 폭발성 가스가 침입할 우려가 있는 장소에 시설하는 지중함은 크기가 몇 [m³] 이상일 때 가스를 방산시키기 위한 장치를 시설하여야 하는가?

① 0.25 ② 0.5 ③ 0.75 ④ 1.0

풀이 334.2 지중함의 시설
지중전선로에 사용하는 지중함은 다음에 따라 시설하여야 한다.
가. 지중함은 견고하고 차량 기타 중량물의 압력에 견디는 구조일 것.
나. 지중함은 그 안의 고인 물을 제거할 수 있는 구조로 되어 있을 것.
다. 폭발성 또는 연소성의 가스가 침입할 우려가 있는 것에 시설하는 지중함으로서 그 **크기가 1[m³] 이상**인 것에는 **통풍장치 기타 가스를 방산시키기 위한 적당한 장치**를 시설할 것.
라. 지중함의 뚜껑은 시설자이외의 자가 쉽게 열 수 없도록 시설할 것.
답 ④

88 교류 전차선 등 충전부와 식물 사이의 이격거리는 몇 [m] 이상이어야 하는가? (단, 현장여건을 고려한 방호벽 등의 안전조치를 하지 않은 경우이다.)

① 1 ② 3 ③ 5 ④ 10

풀이 431.11 전차선 등과 식물사이의 이격거리
교류 전차선 등 충전부와 식물사이의 이격거리는 **5[m] 이상**이어야 한다. 다만, 5[m] 이상 확보하기 곤란한 경우에는 현장여건을 고려하여 방호벽 등 안전조치를 하여야 한다.
답 ③

89 66[kV] 특고압가공전선로를 케이블을 사용하여 시가지에 시설하려고 한다. 애자장치는 50[%] 충격섬락전압의 값이 다른 부분을 지지하는 애자장치의 몇 [%] 이상으로 되어야 하는가?

① 100 ② 115 ③ 110 ④ 105

풀이 333.1 시가지 등에서 특고압 가공전선로의 시설
사용전압이 170[kV] 이하인 특고압 가공전선로를 시가지 그 밖에 인가가 밀집한 지역에 시설하기 위한 특고압 가공전선을 지지하는 애자장치는 다음 중 어느 하나에 의할 것.
가. 50[%] 충격섬락전압 값이 그 전선의 근접한 다른 부분을 지지하는 애자장치 값의 **110[%]**(사용전압이 130[kV]를 초과하는 경우는 105[%]) 이상인 것.
나. 아킹혼을 붙인 현수애자・장간애자 또는 라인포스트애자를 사용하는 것.
다. 2련 이상의 현수애자 또는 장간애자를 사용하는 것.
라. 2개 이상의 핀애자 또는 라인포스트애자를 사용하는 것.
답 ③

90 연료전지 및 태양전지 모듈의 절연내력시험을 하는 경우 충전부분과 대지 사이에 어느 정도의 시험전압을 인가하여야 하는가? (단, 연속하여 10분간 가하여 견디는 것이어야 한다.)

① 최대사용전압의 1.5배의 직류전압 또는 1.25배의 교류전압
② 최대사용전압의 1.25배의 직류전압 또는 1.25배의 교류전압
③ 최대사용전압의 1.5배의 직류전압 또는 1배의 교류전압
④ 최대사용전압의 1.25배의 직류전압 또는 1배의 교류전압

풀이 134 연료전지 및 태양전지 모듈의 절연내력
연료전지 및 태양전지 모듈은 **최대사용전압의 1.5배의 직류전압 또는 1배의 교류전압**(500[V] 미만으로 되는 경우에는 500[V])을 충전부분과 대지사이에 연속하여 10분간 가하여 절연내력을 시험하였을 때에 이에 견디는 것이어야 한다.
답 ③

91 과전류차단기로 시설하는 퓨즈 중 고압전로에 사용하는 포장 퓨즈는 정격전류의 몇 배에 견디어야 하는가? (단, 퓨즈 이외의 과전류차단기와 조합하여 하나의 과전류차단기로 사용하는 것을 제외한다.)

① 1.1 ② 1.3
③ 1.5 ④ 1.7

풀이 341.10 고압 및 특고압 전로 중의 과전류차단기의 시설
가. 과전류차단기로 시설하는 퓨즈 중 고압전로에 사용하는 **포장 퓨즈는 정격전류의 1.3배의 전류에 견디고 또한 2배의 전류로 120분 안에 용단**되는 것이어야 한다.
나. 과전류차단기로 시설하는 퓨즈 중 고압전로에 사용하는 비포장 퓨즈는 정격전류의 1.25배의 전류에 견디고 또한 2배의 전류로 2분 안에 용단되는 것이어야 한다. 답 ②

92 금속관공사에서 절연 부싱을 사용하는 가장 주된 목적은?

① 관의 끝이 터지는 것을 방지
② 관의 단구에서 조영재의 접촉 방지
③ 관내 해충 및 이물질 출입 방지
④ 관의 단구에서 전선 피복의 손상 방지

풀이 232.12 금속관공사
관의 끝 부분에는 전선의 피복을 손상하지 아니하도록 적당한 구조의 부싱을 사용할 것. 다만, 금속관공사로부터 애자공사로 옮기는 경우에는 그 부분의 관의 끝부분에는 **절연부싱 또는 이와 유사한 것을 사용**하여야 한다. 답 ④

93 가공전선로의 지지물에 하중이 가하여지는 경우에 그 하중을 받는 지지물의 기초의 안전율은 일반적인 경우 얼마 이상이어야 하는가?

① 1.2 ② 1.5
③ 1.8 ④ 2

풀이 331.7 가공전선로 지지물의 기초의 안전율
가공전선로의 지지물에 하중이 가하여지는 경우에 그 하중을 받는 지지물의 **기초의 안전율은 2 이상**(단, 이상시 상정하중에 대한 철탑의 기초에 대하여는 1.33)이어야 한다. 답 ④

94 고압용의 개폐기, 차단기, 피뢰기 기타 이와 유사한 기구로서 동작 시에 아크가 생기는 것은 목재의 벽 또는 천정 기타의 가연성 물체로부터 몇 [m] 이상 떼어놓아야 하는가?

① 1 ② 1.2
③ 1.5 ④ 2

풀이 341.7 아크를 발생하는 기구의 시설
고압용 또는 특고압용의 개폐기·차단기·피뢰기 기타 이와 유사한 기구로서 동작 시에 아크가 생기는 것은 목재의 벽 또는 천장 기타의 가연성 물체로부터 표에서 정한 값 이상 이격하여 시설하여야 한다.

기구 등의 구분	이격거리
고압용의 것	1[m] 이상
특고압용의 것	2[m] 이상(사용전압이 35[kV] 이하의 특고압용의 기구 등으로서 동작할 때에 생기는 아크의 방향과 길이를 화재가 발생할 우려가 없도록 제한하는 경우에는 1[m] 이상)

답 ①

95 폭연성 분진 또는 화약류의 분말이 전기설비가 발화원이 되어 폭발할 우려가 있는 곳에 시설하는 저압 옥내전기설비를 케이블공사로 할 경우 관이나 방호장치에 넣지 않고 노출로 설치할 수 있는 케이블은?

① 무기물 절연 케이블
② 고무절연 비닐 시스케이블
③ 폴리에틸렌절연 비닐 시스케이블
④ 폴리에틸렌절연 폴리에틸렌 시스케이블

풀이 242.2.1 폭연성 분진 위험장소
케이블공사에 의하는 때에는 전선은 **개장된 케이블 또는 무기물 절연 케이블을 사용**하는 경우 이외에는 관 기타의 방호 장치에 넣어 사용할 것. 답 ①

96 전광표시 장치에 사용하는 저압 옥내배선을 금속관공사로 시설할 경우 연동선의 단면적은 몇 [mm²] 이상 사용하여야 하는가?

① 0.75 ② 1.25
③ 1.5 ④ 2.5

풀이 231.3.1 저압 옥내배선의 사용전선
가. 저압 옥내배선의 전선 : 단면적 2.5[mm²] 이상의 연

동선
나. 옥내배선의 사용 전압이 400[V] 이하인 경우는 다음에 의하여 시설할 수 있다.
① 전광표시 장치 또는 제어 회로
  • 단면적 1.5[mm²] 이상의 연동선
  • 단면적 0.75[mm²] 이상인 다심케이블 또는 다심 캡타이어 케이블을 사용하고 또한 과전류가 생겼을 때에 자동적으로 전로에서 차단하는 장치를 시설
② 진열장 또는 이와 유사한 것의 내부 배선 : 단면적 0.75[mm²] 이상인 코드 또는 캡타이어케이블

답 ③

97 특고압가공전선로의 지지물 중 전선로의 지지물 양쪽의 경간의 차가 큰 곳에 사용하는 철탑은?

① 내장형 철탑   ② 인류형 철탑
③ 보강형 철탑   ④ 각도형 철탑

풀이 333.11 특고압 가공전선로의 철주·철근 콘크리트주 또는 철탑의 종류
특고압 가공전선로의 지지물로 사용하는 B종 철근·B종 콘크리트주 또는 철탑의 종류는 다음과 같다.
가. 직선형 : 전선로의 직선 부분(3° 이하의 수평 각도 이루는 곳 포함)에 사용되는 것
나. 각도형 : 전선로 중 수평 각도 3°를 넘는 곳에 사용되는 것
다. 인류형 : 전 가섭선을 인류하는 곳에 사용하는 것
라. **내장형 : 전선로 지지물 양측의 경간차가 큰 곳에 사용하는 것**
마. 보강형 : 전선로 직선 부분을 보강하기 위하여 사용하는 것

답 ①

98 가반형의 용접전극을 사용하는 아크 용접장치를 시설할 때 용접변압기의 1차 측 전로의 대지전압은 몇 [V] 이하이어야 하는가?

① 200   ② 250
③ 300   ④ 600

풀이 241.10 아크 용접기
가반형의 용접 전극을 사용하는 아크 용접장치는 다음에 따라 시설하여야 한다.
가. 용접변압기는 절연변압기일 것.
나. **용접변압기의 1차측 전로의 대지전압은 300[V] 이하일 것.**
다. 용접변압기의 1차측 전로에는 용접 변압기에 가까운 곳에 쉽게 개폐할 수 있는 개폐기를 시설할 것.

라. 용접기 외함 및 피용접재 또는 이와 전기적으로 접속되는 받침대·정반 등의 금속체는 규정에 준하여 접지공사를 하여야 한다.

답 ③

99 발전소에는 필요한 계측 장치를 시설하여야 한다. 다음 중 시설하지 않아도 되는 계측장치는?

① 발전기의 전압
② 주요 변압기의 역률
③ 발전기의 고정자 온도
④ 특고압용 변압기의 온도

풀이 351.6 계측장치
발전소에서는 다음의 사항을 계측하는 장치를 시설하여야 한다.
① **발전기의 전압 및 전류 또는 전력**
② **발전기의 베어링 및 고정자의 온도**
③ **주요 변압기의 전압 및 전류 또는 전력**
④ **특고압용 변압기의 온도**

답 ②

100 사용전압 66[kV]의 가공전선을 시가지에 시설할 경우 전선의 지표상 최소 높이는 몇 [m]인가?

① 6.48   ② 8.36
③ 10.48 ④ 12.36

풀이 333.1 시가지 등에서 특고압 가공전선로의 시설

사용전압의 구분	지표상의 높이
35[kV] 이하	10[m] (전선이 특고압 절연전선인 경우에는 8[m])
35[kV] 초과	10[m]에 35[kV]를 초과하는 10[kV] 또는 그 단수마다 12[cm]를 더한 값

• 단수 = $\dfrac{66-35}{10} = 3.1 \rightarrow 4$단
• 지표상의 높이 = $10 + 4 \times 0.12 = 10.48[m]$

답 ③

2022년 3회 전기산업기사필기(CBT 복원문제)

동일출판사 홈페이지에서 무료 동영상강의를 보실 수 있습니다.

01 양도체에 있어서 전파정수 γ는?
(단, f는 주파수이고, σ는 도전율이고, μ는 투자율이다.)

① $\sqrt{2\pi f \sigma \mu} + j\sqrt{\pi f \sigma \mu}$
② $\sqrt{\pi f \sigma \mu} + j\sqrt{\pi f \sigma \mu}$
③ $\sqrt{\pi f \sigma \mu} + j\sqrt{2\pi f \sigma \mu}$
④ $\sqrt{2\pi f \sigma \mu} + j\sqrt{2\pi f \sigma \mu}$

풀이 양도체에서 벡터파동방정식은 $\nabla^2 E = j\omega\sigma\mu E$이고, $\nabla^2 E = \gamma^2 E$의 관계에서 전파정수 γ는
$$\gamma = \sqrt{j\omega\sigma\mu} = \sqrt{j}\sqrt{\omega\sigma\mu}$$
여기서 $\sqrt{j}$를 복소수 변환하면
$$\sqrt{j} = (1\underline{/90°})^{1/2} = 1\underline{/45°} = \cos 45° + j\sin 45°$$
$$= \frac{1}{\sqrt{2}} + j\frac{1}{\sqrt{2}}$$
이다. 따라서 전파정수 γ는 $\omega = 2\pi f$를 적용하면
$$\gamma = \sqrt{j}\sqrt{\omega\sigma\mu} = \left(\frac{1}{\sqrt{2}} + j\frac{1}{\sqrt{2}}\right)\sqrt{2}\sqrt{\pi f \sigma \mu}$$
$$= \sqrt{\pi f \sigma \mu} + j\sqrt{\pi f \sigma \mu}$$
즉, 양도체에서 감쇠정수 α, 위상정수 β는
$\alpha = \beta = \sqrt{\pi f \sigma \mu}$ **답** ②

02 판자석의 세기가 0.01[Wb/m], 반지름이 5[cm]인 원형 자석판이 있다. 자석의 중심에서 축상 10[cm]인 점에서의 자위의 세기는 몇 [AT]인가?

① 100   ② 175   ③ 370   ④ 420

풀이 자위의 세기
$$U = \frac{\phi_m \omega}{4\pi\mu_0} = \frac{\phi_m 2\pi(1-\cos\theta)}{4\pi\mu_0}$$
$$= \frac{\phi_m(1-\cos\theta)}{2\mu_0} = \frac{\phi_m\left(1-\frac{x}{\sqrt{x^2+a^2}}\right)}{2\mu_0}$$
$$= \frac{0.01\times\left(1-\frac{10}{\sqrt{5^2+10^2}}\right)}{2\times 4\pi\times 10^{-7}} = 420[AT]$$ **답** ④

03 점 (−2, 1, 5)[m]와 점(1, 3, −1)[m]에 각각 위치해 있는 점전하 1[μC]과 4[μC]에 의해 발생된 전위장 내에 저장된 정전 에너지는 약 몇 [mJ]인가?

① 2.57   ② 5.14
③ 7.71   ④ 10.28

풀이 두 점 간의 거리
$$r = (-2, 1, 5) - (1, 3, -1) = (-3, -2, 6)$$
$$= \sqrt{(-3)^2 + (-2)^2 + 6^2} = 7[m]$$
정전 에너지
$$W = \sum_{n=1}^{n} \frac{1}{2} Q_i V_i = \frac{1}{2}(Q_1 V_1 + Q_2 V_2)$$
$$= \frac{1}{2}\left(Q_1 \cdot \frac{Q_2}{4\pi\epsilon_0 r} + Q_2 \cdot \frac{Q_1}{4\pi\epsilon_0 r}\right) = \frac{Q_1 Q_2}{4\pi\epsilon_0 r}$$
$$= 9\times 10^9 \times \frac{1\times 10^{-6}\times 4\times 10^{-6}}{7}$$
$$= 0.00514[J] = 5.14[mJ]$$ **답** ②

04 대전된 도체 표면의 전하밀도를 σ[C/m²]이라고 할 때, 대전된 도체 표면의 단위면적이 받는 정전응력[N/m²]은 전하밀도 σ와 어떤 관계가 있는가?

① $\sigma^{\frac{1}{2}}$에 비례   ② $\sigma^{\frac{3}{2}}$에 비례
③ σ에 비례   ④ σ^2에 비례

풀이
- 도체에 전하가 분포되어 있을 때, 도체 표면에 작용하는 힘을 정전응력이라 하며, 단위 면적당의 힘으로 정의한다.
- 면전하밀도 σ[C/m²]인 도체 표면에서
전속밀도 $D = \sigma$, 전계의 세기 $E = \frac{\sigma}{\epsilon_0}$이므로
정전응력 $f = \frac{1}{2}DE = \frac{1}{2}\epsilon_0 E^2 = \frac{D^2}{2\epsilon_0}$
$$= \frac{\sigma^2}{2\epsilon_0}[N/m^2]$$
즉, $f \propto \sigma^2$의 관계가 있다. **답** ④

05 내경의 반지름이 1[mm], 외경의 반지름이 3[mm]인 동축 케이블의 단위 길이당 인덕턴스는 약 몇 [μH/m]인가? (단, 이때 $\mu_r = 1$이며, 내부 인덕턴스는 무시한다.)

① 0.12　　② 0.22
③ 0.32　　④ 0.42

풀이 동축 케이블의 외부 인덕턴스

$L = \dfrac{\phi}{I} = \dfrac{\mu_0}{2\pi} \ln \dfrac{b}{a}$ [H/m] 이므로

$\therefore L = \dfrac{4\pi \times 10^{-7}}{2\pi} \ln \dfrac{3}{1}$

$= 0.22 \times 10^{-6}$ [H/m] $= 0.22$ [μH/m]　**답** ②

06 진공 중의 도체계에서 임의의 도체를 일정 전위의 도체로 완전 포위하면 내외공간의 전계를 완전 차단시킬 수 있는데 이것을 무엇이라 하는가?

① 홀효과　　② 정전차폐
③ 핀치효과　　④ 전자차폐

풀이 임의의 도체를 접지된 도체로 완전 포위하면 외부에서 유도되는 전하를 차단할 수 있다. 이것을 **정전차폐**라고 한다.　**답** ②

07 하나의 금속에서 전류의 흐름으로 인한 온도 구배부분의 줄열 이외의 발열 또는 흡열에 관한 현상은?

① 펠티에 효과(Peltier effect)
② 볼타 법칙(Volta law)
③ 제벡 효과(Seebeck effect)
④ 톰슨 효과(Thomson effect)

풀이 • **제벡 효과** : 두 종류 금속 접속면에 온도차가 있으면 기전력이 발생하는 효과
• **펠티에 효과** : 두 종류 금속 접속면에 전류를 흘리면 접속점에서 열의 흡수, 발생이 일어나는 효과
• **톰슨 효과** : 동일한 금속 도선의 두 점간에 온도차를 주고, 고온 쪽에서 저온 쪽으로 전류를 흘리면 도선 속에서 열이 발생되거나 흡수가 일어나는 이러한 현상을 톰슨 효과라 한다.　**답** ④

08 고전압이 가해진 유전체 중에 공기의 기포가 있으면 유전체 중의 기포는 절연에 영향을 준다. 절연은 유전체의 유전율에 대하여 어떠한가?

① 유전율이 클수록 절연은 향상된다.
② 유전율이 작을수록 절연은 나빠진다.
③ 유전율에는 무관계하다.
④ 유전율이 클수록 절연은 나빠진다.

풀이 유전체 중에 공기의 기포가 있으면 **유전율이 클수록 절연이 나빠진다**.　**답** ④

09 길이 l [m], 단면적의 반지름 a [m]인 원통이 길이 방향으로 균일하게 자화되어 자화의 세기가 J [Wb/m²]인 경우 원통 양단에서의 전자극의 세기 m [Wb]은?

① J　　② $2\pi J$
③ $\pi a^2 J$　　④ $\dfrac{J}{\pi a^2}$

풀이 $J = \dfrac{m}{s}$ [Wb/m²]

$\therefore m = J \cdot s = J \cdot \pi a^2$ [Wb]　**답** ③

10 액체 유전체를 넣은 콘덴서의 용량이 20[μF]이다. 여기에 500[kV]의 전압을 가하면 누설 전류는 몇 [A]인가? (단, 비유전율 $\epsilon_s = 2.2$, 고유저항 $\rho = 10^{11}$ [Ω·m] 이다.)

① 4.2　　② 5.13
③ 54.5　　④ 61

풀이 $RC = \rho \epsilon$ [s], $R = \dfrac{\rho \epsilon}{C}$ [Ω]

$\therefore I = \dfrac{V}{R} = \dfrac{CV}{\rho \epsilon} = \dfrac{CV}{\rho \epsilon_0 \epsilon_s}$

$= \dfrac{20 \times 10^{-6} \times 500 \times 10^3}{10^{11} \times 8.855 \times 10^{-12} \times 2.2}$

$= 5.13$ [A]　**답** ②

11 한 변의 길이가 10[m] 되는 정방형 회로에 100[A]의 전류가 흐를 때 회로 중심부의 자계의 세기는 약 몇 [A/m]인가?

① 5[A/m]
② 9[A/m]
③ 16[A/m]
④ 21[A/m]

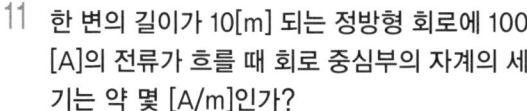

풀이

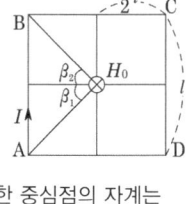

한 변 AB에 대한 중심점의 자계는
$H_{AB} = \dfrac{I}{4\pi a}(\sin\beta_1 + \sin\beta_2)$ 이므로 $a = \dfrac{l}{2}$,
$\sin\beta_1 = \sin\beta_2 = \sin 45° = \dfrac{1}{\sqrt{2}}$ 을 대입하면
$H_{AB} = \dfrac{I}{4\pi\left(\dfrac{l}{2}\right)} \times 2 \times \dfrac{1}{\sqrt{2}} = \dfrac{I}{\sqrt{2}\,\pi l}$ [AT/m]
$\therefore H_0 = H_{AB} + H_{BC} + H_{CD} + H_{DA}$
$= 4H_{AB} = 4 \times \dfrac{I}{\sqrt{2}\,\pi l}$
$= \dfrac{2\sqrt{2}\,I}{\pi l} = \dfrac{2\sqrt{2}\times 100}{\pi \times 10} = 9$[AT/m]   **답** ②

12 서로 결합하고 있는 두 코일 C_1과 C_2의 자기 인덕턴스가 각각 L_{c1}, L_{c2}라고 한다. 이들을 직렬로 연결하여 합성인덕턴스값을 얻은 후 두 코일간 상호 인덕턴스의 크기($|M|$)를 얻고자 한다. 직렬로 연결할 때, 두 코일간 자속이 서로 가해져서 보강되는 방향이 있고, 서로 상쇄되는 방향이 있다. 전자의 경우 얻은 합성인덕턴스의 값이 L_1, 후자의 경우 얻은 합성인덕턴스의 값이 L_2 일 때, 다음 중 알맞은 식은?

① $L_1 < L_2,\ |M| = \dfrac{L_2 + L_1}{4}$
② $L_1 > L_2,\ |M| = \dfrac{L_1 + L_2}{4}$
③ $L_1 < L_2,\ |M| = \dfrac{L_2 - L_1}{4}$
④ $L_1 > L_2,\ |M| = \dfrac{L_1 - L_2}{4}$

풀이 자속이 같은 방향인 경우의 합성 인덕턴스
$L_1 = L_{c1} + L_{c2} + 2M$ …… ①
자속이 반대방향인 경우의 합성 인덕턴스
$L_2 = L_{c1} + L_{c2} - 2M$ …… ②
따라서, $L_1 > L_2$ 이고 ① – ②를 하면 $L_1 - L_2 = 4M$
$\therefore M = \dfrac{L_1 - L_2}{4}$ **답** ④

13 점전하 Q[C]에 의한 무한평면 도체의 영상전하는?

① Q[C]보다 작다.   ② Q[C]보다 크다.
③ $-Q$[C]와 같다.   ④ 0

풀이 무한평면으로부터 r[m] 떨어진 P점에 점전하 $+Q$[C]가 있는 경우 영상전하는 무한평면 뒤쪽으로 점 P의 대칭점에 존재하며, 그 크기는 점전하와 같고 부호는 반대로 $Q' = -Q$ [C]이다.

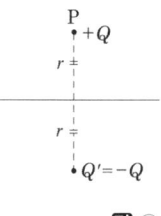

답 ③

14 정전 용량 C[F]와 컨덕턴스 G[S]와의 관계는 어떤 관계에 있는가? 단, k : 도전율[℧/m], ϵ : 유전율[F/m]

① $\dfrac{C}{G} = \dfrac{\epsilon}{k}$ ② $Ck = \dfrac{\epsilon}{G}$
③ $CG = k\epsilon$ ④ $\dfrac{C}{G} = \dfrac{k}{\epsilon}$

풀이 $R = \rho\dfrac{d}{S} = \dfrac{d}{kS}$[Ω], $C = \dfrac{\epsilon S}{d}$[F]
$RC = \dfrac{d}{kS} \times \dfrac{\epsilon S}{d} = \dfrac{\epsilon}{k} = \rho\epsilon$
$RC = \rho\epsilon$ 또는 $\dfrac{C}{G} = \dfrac{\epsilon}{k}$ **답** ①

15 접지 구도체와 점전하 간의 작용력은?

① 항상 반발력이다.
② 항상 흡인력이다.
③ 조건적 반발력이다.
④ 조건적 흡인력이다.

풀이 접지 구도체에는 항상 점전하와 반대 극성인 전하가 유도되므로 항상 **흡인력**이 작용한다.   **답** ②

16 평등 자계 내에 수직으로 돌입한 전자의 궤적은?

① 원운동을 하는데, 원의 반지름은 자계의 세기에 비례한다.
② 구면 위에서 회전하고 반지름은 자계의 세기에 비례한다.
③ 원운동을 하고 반지름은 전자의 처음 속도에 비례한다.
④ 원운동을 하고, 반지름은 자계의 세기에 비례한다.

풀이 플레밍의 왼손 법칙에 의하여 전자가 받는 힘은 운동 방향에 수직하므로 전자는 원운동을 한다.
v[m/s]의 속도를 가진 전자가 B[Wb/m²]인 평등 자계에 직각으로 돌입할 때
전자가 받는 힘 $F = e(v \times B)$
크기 $F = evB$
이때의 구심력 $F_0 = \dfrac{mv^2}{r}$ 이고 $F_0 = F$ 이므로
$evB = \dfrac{mv^2}{r}$
$\therefore r = \dfrac{mv}{eB}[m] \propto v$ **답** ③

17 전계와 자계와의 관계식으로 옳은 것은?

① $\sqrt{\epsilon}H = \sqrt{\mu}E$ ② $\sqrt{\epsilon\mu} = EH$
③ $\sqrt{\mu}H = \sqrt{\epsilon}E$ ④ $\epsilon\mu = EH$

풀이 $Z_0 = \dfrac{E}{H} = \sqrt{\dfrac{\mu}{\epsilon}} = \dfrac{\sqrt{\mu}}{\sqrt{\epsilon}} = \sqrt{\dfrac{\mu_0}{\epsilon_0}}\sqrt{\dfrac{\mu_s}{\epsilon_s}}$
$\therefore \sqrt{\mu}H = \sqrt{\epsilon}E$ **답** ③

18 반지름 25[cm]의 원주형 도선에 π[A]의 전류가 흐를 때 도선의 중심축에서 50[cm] 되는 점의 자계의 세기[AT/m]는? 단, 도선의 길이 l은 매우 길다.

① 1 ② π
③ $\dfrac{1}{2}\pi$ ④ $\dfrac{1}{4}\pi$

풀이 $H = \dfrac{I}{2\pi r} = \dfrac{\pi}{2\pi \times 0.5} = 1$[AT/m] **답** ①

19 반자성체의 비투자율(μ_r) 값의 범위는?

① $\mu_r = 1$ ② $\mu_r < 1$
③ $\mu_r > 1$ ④ $\mu_r = 0$

풀이
• 상자성체 : 자화율 $\chi > 0$, 비투자율 $\mu_r > 1$
• 반자성체 : 자화율 $\chi < 0$, 비투자율 $\mu_r < 1$
답 ②

20 평등 전계 내에 수직으로 비유전율 $\epsilon_s = 2$인 유전체 판을 놓았을 경우 판 내의 전속 밀도가 $D = 4 \times 10^{-6}$[C/m²]이었다. 유전체 내의 분극의 세기 P[C/m²]는?

① 1×10^{-6} ② 2×10^{-6}
③ 4×10^{-6} ④ 8×10^{-6}

풀이 $P = \epsilon_0(\epsilon_s - 1)E = D\left(1 - \dfrac{1}{\epsilon_s}\right) = 4 \times 10^{-6} \times \left(1 - \dfrac{1}{2}\right)$
$= 2 \times 10^{-6}$[C/m²] **답** ②

2과목 - 전력공학

21 어느 일정한 방향으로 일정한 크기 이상의 단락전류가 흘렀을 때 동작하는 보호계전기의 약어는?

① ZR ② UFR
③ OVR ④ DOCR

풀이
① 거리계전기(ZR)
계전기가 설치된 위치로부터 고장점까지의 전기적 거리에 비례하여 한시 동작하는 것으로 복잡한 계통의 단락보호에 과전류 계전기의 대용으로 쓰인다.
② 저주파수 계전기(UFR)
주파수가 일정값 보다 낮을 경우 동작한다.
③ 과전압 계전기(OVR)
일정값 이상의 전압이 걸렸을 때 동작한다.
④ 단락 방향 계전기(DOCR, DSR)
어느 일정한 방향으로 일정값 이상의 단락전류가 흘렀을 경우 동작하는 것 **답** ④

22 3상 수직배치인 선로에서 오프셋(offset)을 주는 이유는?

① 전선의 진동 억제
② 단락 방지
③ 철탑의 중량 감소
④ 전선의 풍압 감소

풀이 오프셋 : 전선 도약에 의한 상간 단락 사고 방지

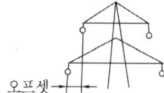

답 ②

23 부하가 P[kW]이고, 그의 역률이 $\cos\theta_1$인 것을 $\cos\theta_2$로 개선하기 위한 전력용 콘덴서의 용량[kVA]은?

① $P(\tan\theta_1 - \tan\theta_2)$
② $P\left(\dfrac{\cos\theta_1}{\sin\theta_1} - \dfrac{\cos\theta_2}{\sin\theta_2}\right)$
③ $\dfrac{P}{(\tan\theta_1 - \tan\theta_2)}$
④ $\dfrac{P}{(\cos\theta_1 - \cos\theta_2)}$

풀이 콘덴서 용량
$$Q_c = P(\tan\theta_1 - \tan\theta_2) = P\left(\frac{\sin\theta_1}{\cos\theta_1} - \frac{\sin\theta_2}{\cos\theta_2}\right)$$
$$= P\left(\frac{\sqrt{1-\cos^2\theta_1}}{\cos\theta_1} - \frac{\sqrt{1-\cos^2\theta_2}}{\cos\theta_2}\right)$$

답 ①

24 발전기의 자기여자현상을 방지하는 방법이 아닌 것은?

① 발전기를 2대이상 병렬로 하여 충전한다.
② 단락비가 작은 발전기로 충전한다.
③ 충전전압을 높게하여 충전한다.
④ 수전단에 분로리액터를 설치한다.

풀이 발전기 1대로 송전 선로를 충전하는 경우 여자를 일으키지 않기 위해서는 단락비가 큰 발전기라야 한다. 안전하게 선로를 충전할 수 있는 단락비의 값은 다음 식을 만족하여야 한다.

단락비 $> \dfrac{Q'}{Q}\left(\dfrac{V}{V'}\right)^2 (1+\sigma)$

여기서, Q' : 소요 충전 전압 V'에서 선로의 충전 용량[kVA]
Q : 발전기의 정격 출력[kVA]
V : 발전기의 정격 전압[V]
σ : 발전기의 정격 전압에서의 포화율

따라서 선로의 충전 전압은 높게, 발전기 정격전압은 낮게, 포화율은 작게 해야 발전기의 자기여자현상을 방지할 수 있다.

답 ②

25 전선의 손실계수 H와 부하율 F와의 관계는?

① $0 \leq F^2 \leq H \leq F \leq 1$
② $0 \leq H^2 \leq F \leq H \leq 1$
③ $0 \leq H \leq F^2 \leq F \leq 1$
④ $0 \leq F \leq H^2 \leq H \leq 1$

풀이 전선의 손실계수(H)와 부하율(F)은 다음과 같은 관계가 있다.
$0 \leq F^2 \leq H \leq F \leq 1$

답 ①

26 다음 설명 중 옳지 않은 것은?

① 직류송전에서는 무효전력을 보낼 수 없다.
② 선로의 정상 및 역상임피던스는 같다.
③ 계통을 연계하면 통신선에 대한 유도장해가 감소된다.
④ 장간애자는 2련 또는 3련으로 사용할 수 있다.

풀이 계통을 연계하면 병렬회로수가 많아지므로 단락전류가 증대하고 통신선에 전자 유도 장해가 증가한다.

답 ③

27 중거리 및 장거리 송전선로에서 페란티 효과의 발생 원인으로 볼 수 있는 것은?

① 선로의 누설컨덕턴스
② 선로의 누설전류
③ 선로의 정전용량
④ 선로의 인덕턴스

풀이 페란티 현상이란 선로의 정전용량으로 인하여 무부하시나 경부하 시 진상 전류가 흘러 수전단전압이 송전단

전압보다 높아지는 현상을 말하며, 대책으로는 분로 리액터(병렬 리액터)나 동기조상기의 지상 용량 운전으로 방지할 수 있다. **답** ③

28 부하전류 및 단락전류를 모두 개폐할 수 있는 스위치는?

① 단로기 ② 차단기
③ 선로개폐기 ④ 전력퓨즈

풀이

기능 \ 능력	회로 분리		사고 차단	
	무부하	부하	과부하	단락
퓨즈				○
차단기	○	○	○	○
개폐기	○	○	○	
단로기	○			

답 ②

29 송전선에 댐퍼(damper)를 설치하는 주된 목적은?

① 전선의 진동방지
② 전자유도 감소
③ 코로나의 방지
④ 현수애자의 경사 방지

풀이 댐퍼는 진동 억제 장치로 지지점 가까운 곳에 설치한다. **답** ①

30 피뢰기에 대한 다음 설명 중 옳지 않은 것은?

① 제한 전압이란 피뢰기가 동작 중일 때의 단자 전압의 파고값을 말한다.
② 직렬 갭은 속류를 차단하는 역할을 한다.
③ 정격 전압이란 속류를 차단하는 최고 교류 전압의 최대값을 말한다.
④ 송전계통의 절연 협조 중 가장 높게 잡는다.

풀이 피뢰기의 제한 전압은 절연 협조의 기본으로 송전 계통에서 가장 낮게 잡는다. **답** ④

31 코로나 방지에 가장 효과적인 방법은?

① 선간거리를 증가시킨다.
② 전선의 높이를 가급적 낮게 한다.
③ 전선 표면의 전위경도를 높인다.
④ 전선의 바깥지름을 크게 한다.

풀이 코로나 방지 대책
① 전선의 지름을 크게 한다.
② 복도체를 사용한다.
③ 가선 금구를 개량한다.
④ 가선 시에 전선 표면의 금구를 손상하지 않게 한다. **답** ④

32 접지봉으로 탑각의 접지 저항값을 희망하는 접지저항치까지 줄일 수 없을 때 사용하는 것은?

① 가공지선 ② 매설지선
③ 크로스본드선 ④ 차폐선

풀이
- 가공지선 : 뇌차폐
- 매설지선 : 접지저항을 낮추어 역섬락 방지
- 크로스본드 : cable의 시스전압을 저감시키고 시스손을 감소시기 위한 접지방식
- 차폐선 : 유도 장해 감소 **답** ②

33 정격 출력 500[MW]의 화력 발전소가 하루 15시간은 정격 출력으로, 9시간은 정격의 50[%]로 운전된다. 발전단 열효율은 정격에서 40[%], 50[%] 출력으로 37.5[%]라 하면 하루의 열 소비량은 몇 [kcal] 정도되는가?

① $10,643 \times 10^3$ ② $10,643 \times 10^6$
③ $21,285 \times 10^3$ ④ $21,285 \times 10^6$

풀이 발전소의 열효율 $\eta = \dfrac{860W}{mH}$[%]

(여기서, W : 발전전력량[kWh], m : 연료 소비량[kg], H : 연료의 발열량[kcal/kg])

열 소비량

$$mH = \frac{860W}{\eta} = \frac{860 \times (500 \times 10^3) \times 15}{0.4}$$

$$+ \frac{860 \times (500 \times 10^3 \times \frac{1}{2}) \times 9}{0.375}$$

$$= 21,285 \times 10^6 [kcal]$$

답 ④

34 부하측에 밸런스를 필요로 하는 배전 방식은?

① 3상 3선식　② 3상 4선식
③ 단상 2선식　④ 단상 3선식

풀이 단상 3선식의 특징
① 전압강하 및 전력손실은 1/4로 감소한다.
② 소요 전선량은 감소한다.
③ 110/220[V]와 같이 2종의 전압을 얻을 수 있다.
④ 상시 부하가 불평형이면 전압이 불평형이 되고 이에 대한 대책으로 밸런스를 설치하여야 한다.
⑤ 중성선에는 퓨즈를 설치하지 않는다.　**답** ④

35 3상3선식의 가공전선로로 수전하고 있는 공장에 부하전력이 4000[kW], 역률 90[%]인 3상 평형 유도부하가 접속되어 있다. 수전전압이 6000[V]일 때 부하전류는 약 몇 [A]인가?

① 328　② 428
③ 641　④ 741

풀이 3상 전력 $P = \sqrt{3} \, VI\cos\theta$[kW]이므로
부하전류
$$I = \frac{P}{\sqrt{3} \, V\cos\theta} = \frac{4000 \times 10^3}{\sqrt{3} \times 6000 \times 0.9} \fallingdotseq 428[A]$$　**답** ②

36 수차 발전기에 제동권선을 설치하는 주된 목적은?

① 정지시간 단축
② 회전력의 증가
③ 과부하 내량의 증대
④ 발전기 안정도의 증진

풀이 발전기의 안정도 향상 대책
① 정태 극한 전력을 크게 한다(정상 리액턴스 작게).
② 난조 방지(플라이 휠 효과 선정, 제동권선 설치)
③ 단락비를 크게 한다.　**답** ④

37 단상 2선식 배전선로의 선로임피던스가 $2+j5[\Omega]$이고 무유도성 부하전류 10[A]일 때 송전단 역률은? (단, 수전단전압의 크기는 100[V]이고, 위상각은 0°이다.)

① $\frac{5}{12}$　② $\frac{5}{13}$　③ $\frac{11}{12}$　④ $\frac{12}{13}$

풀이

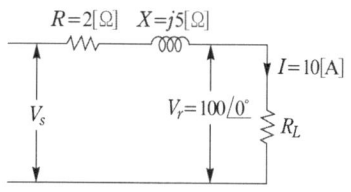

무유도 부하이므로 $R_L = \frac{V_r}{I} = \frac{100}{10} = 10[\Omega]$

$$\therefore \cos\theta = \frac{R+R_L}{\sqrt{(R+R_L)^2 + X^2}}$$

$$= \frac{(2+10)}{\sqrt{(2+10)^2 + 5^2}} = \frac{12}{13}$$　**답** ④

38 고장점에서 전원 측을 본 계통 임피던스를 Z[Ω], 고장점의 상전압을 E[V]라 하면 3상 단락전류[A]는?

① $\frac{E}{Z}$　② $\frac{ZE}{\sqrt{3}}$

③ $\frac{\sqrt{3}\,E}{Z}$　④ $\frac{3E}{Z}$

풀이 옴법(Ohm method)에 의한 단락전류

$$I_s = \frac{E}{Z} = \frac{E}{Z_g + Z_t + Z_l}[A]$$　**답** ①

39 불평형부하에서 역률은 어떻게 표현되는가?

① $\frac{유효전력}{각\ 상의\ 피상전력의\ 산술\ 합}$

② $\frac{유효전력}{각\ 상의\ 피상전력의\ 벡터\ 합}$

③ $\frac{무효전력}{각\ 상의\ 피상전력의\ 산술\ 합}$

④ $\frac{무효전력}{각\ 상의\ 피상전력의\ 벡터\ 합}$

풀이 역률 $\cos\theta = \frac{P}{P_a}$

$= \frac{유효전력}{각\ 상의\ 피상전력의\ 벡터\ 합}$　**답** ②

40 송배전선로에서 내부 이상전압에 속하지 않는 것은?

① 개폐 이상전압
② 유도뢰에 의한 이상전압
③ 사고시의 과도 이상전압
④ 계통 조작과 고장 시의 지속 이상전압

풀이 ① 내부 이상전압의 종류
- 개폐 이상전압
- 사고 시의 과도 이상전압
- 계통 조작과 고장 시의 지속 이상전압

② 외부 이상전압
- 직격뢰에 의한 이상전압
- 유도뢰에 의한 이상전압
- 타선과의 혼촉 시 발생하는 이상전압 답 ②

3과목 - 전기기기

41 다음에서 게이트에 의한 턴온(turn-on)을 이용하지 않는 소자는?

① DIAC ② SCR
③ GTO ④ TRAIC

풀이 각 종 반도체 소자의 비교
① 방향성
- 양방향성(쌍방향성) 소자 : DIAC, TRIAC, SSS
- 역저지(단방향성) 소자 : SCR, LASCR, GTO, SCS

② 극(단자) 수
- 2극(단자) 소자 : DIAC, SSS, Diode
- 3극(단자) 소자 : SCR, LASCR, GTO, TRIAC
- 4극(단자) 소자 : SCS

DIAC는 2극(단자) 양방향성(쌍방향성) 소자로 게이트가 없으므로, 게이트에 의한 턴온을 이용하지 않는다. 답 ①

42 직류분권전동기 운전 중 계자권선의 저항이 증가할 때 회전속도는?

① 일정하다. ② 감소한다.
③ 증가한다. ④ 관계없다.

풀이 직류분권발전기에서 **계자저항**이 증가하면, 계자전류(여자전류)가 감소하여 **계자자속도 감소**하게 된다. 따라서 속도 $n = k\dfrac{V - I_a R_a}{\phi}$ 이므로 자속(ϕ)이 감소하면 회전속도는 증가한다. 답 ③

43 그림과 같은 변압기 회로에서 부하 R_2에 공급되는 전력이 최대로 되는 변압기의 권수비 a는?

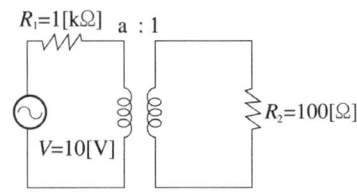

① $\sqrt{5}$ ② $\sqrt{10}$
③ 5 ④ 10

풀이 전원측 저항과 부하 측 저항이 같을 때 부하전력이 최대가 되므로 $R_1 = a^2 R_2$일 때 부하에 공급되는 전력이 최대로 된다.

∴ $a = \sqrt{\dfrac{R_1}{R_2}} = \sqrt{\dfrac{1000}{100}} = \sqrt{10}$ 답 ②

44 6극, 200[V], 10[kW]의 3상 유도전동기가 960[rpm]으로 회전하고 있을 때의 회전자 기전력의 주파수는? (단, 전원의 주파수는 60[Hz]이다.)

① 12[Hz] ② 8[Hz]
③ 6[Hz] ④ 4[Hz]

풀이 동기속도 $N_s = \dfrac{120f}{p} = \dfrac{120 \times 60}{6} = 1200[\text{rpm}]$

슬립 $s = \dfrac{N_s - N}{N_s} = \dfrac{1200 - 960}{1200} = 0.2$ 이므로

회전자 기전력의 주파수
$f' = sf = 0.2 \times 60 = 12[\text{Hz}]$ 답 ①

45 직류분권전동기에서 단자전압 210[V], 전기자전류 20[A], 1500[rpm]으로 운전할 때 발생 토크는 약 몇 [N·m]인가?
(단, 전기자저항은 0.15[Ω]이다.)

① 13.2 ② 26.4
③ 33.9 ④ 66.9

풀이 $V=210[V]$, $I_a=20[A]$, $N=1500[rpm]$, $r_a=0.15[\Omega]$이므로
$E = V - I_a R_a = 210 - (20 \times 0.15) = 207[V]$
$\therefore \tau = 0.975 \dfrac{P}{N} \times 9.8 = 0.975 \dfrac{E \cdot I_a}{N} \times 9.8$
$= 0.975 \times \dfrac{207 \times 20}{1500} \times 9.8 \fallingdotseq 26.4[N \cdot m]$ 답 ②

46 3상 동기발전기의 단락비를 산출하는 데 필요한 시험은?

① 외부특성시험과 3상 단락시험
② 돌발단락시험과 부하시험
③ 무부하 포화시험과 3상 단락시험
④ 대칭분의 리액턴스 측정시험

풀이

시험의 종류	산출 되는 항목
무부하 시험	철손, 기계손, 단락비, 여자전류
단락시험	동기임피던스, 동기리액턴스, 단락비, 임피던스 와트, 임피던스 전압

답 ③

47 4극 7.5[kW], 200[V], 60[Hz]인 3상 유도전동기가 있다. 전부하에서의 2차 입력이 7950[W]이다. 이 경우의 2차 효율은 약 몇 [%]인가? (단, 기계손은 130[W]이다.)

① 92 ② 94
③ 96 ④ 98

풀이 2차 입력 $P_2 = P_0 + P_{c2} + P_m$ 에서
$P_{c2} = P_2 - P_0 - P_m = 7950 - 7500 - 130 = 320[W]$
2차 동손 $P_{c2} = sP_2$ 에서
슬립 $s = \dfrac{P_{c2}}{P_2} = \dfrac{320}{7950} = 0.04$
따라서 2차 효율
$\eta_2 = 1 - s = 1 - 0.04 = 0.96 = 96[\%]$ 답 ③

48 유도전동기의 2차 효율은? (단, s는 슬립이다.)

① $1/s$ ② s
③ $1-s$ ④ s^2

풀이 2차 효율
$\eta_2 = \dfrac{P}{P_2} = \dfrac{(1-s)P_2}{P_2} = 1 - s = \dfrac{N}{N_s}$ 답 ③

49 1[kg·m]의 회전력으로 매분 1000회전하는 직류 전동기의 출력[kW]은 다음의 어느 것에 가장 가까운가?

① 0.1 ② 1
③ 2 ④ 5

풀이 $P = 1.026 N\tau = 1.026 \times 1000 \times 1 = 1026[W] \fallingdotseq 1[kW]$ 답 ②

50 20극, 360[rpm]의 3상 동기 발전기가 있다. 전 슬롯수 180, 2층권 각 코일의 권수 4, 전기자 권선은 성형으로, 단자 전압 6600[V]인 경우 1극의 자속[Wb]은 얼마인가? 단, 권선 계수는 0.9라 한다.

① 0.0375 ② 0.3751
③ 0.0662 ④ 0.6621

풀이 $E = 4.44 k_w f W \phi[V]$식을 이용한다.
1상의 기전력은
$E = \dfrac{6600}{\sqrt{3}} = 3810.6[V]$
$f = \dfrac{pN_s}{120} = \dfrac{20 \times 360}{120} = 60[Hz]$
$W = \dfrac{180 \times 4}{3} = 240$
$\therefore \phi = \dfrac{3810.6}{4.44 \times 0.9 \times 60 \times 240} = 0.0662[Wb]$ 답 ③

51 3000/200[V] 변압기의 1차 임피던스가 225[Ω]이면 2차 환산 임피던스는 약 몇 [Ω]인가?

① 1.0 ② 1.5
③ 2.1 ④ 2.8

풀이 권수비 $a = \dfrac{E_1}{E_2} = \dfrac{3000}{200} = 15$
따라서 2차 환산 임피던스
$Z_2 = \dfrac{1}{a^2} Z_1 = \dfrac{1}{15^2} \times 225 = 1[\Omega]$ 답 ①

52 직류발전기에 있어서 계자 철심에 잔류자기가 없어도 발전되는 직류기는?

① 분권발전기
② 직권 발전기
③ 타여자 발전기
④ 복권 발전기

풀이 타여자 발전기는 외부에서 계자권선 F에 직류 전원을 공급하므로 잔류 자기가 없어도 된다.

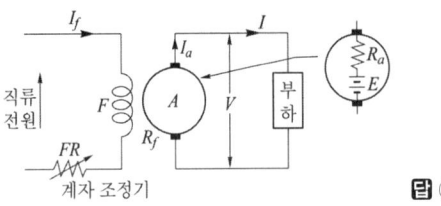

답 ③

53 다음 중 대형직류전동기의 토크를 측정하는데 가장 적당한 방법은?

① 와전류 제동기법
② 프로니 브레이크 법
③ 전기동력계법
④ 반환 부하법

풀이 와전류 제동기와 프로니 브레이크법은 소형의 전동기 토크를 측정하는 데 적합하고, 반환 부하법은 온도 시험을 하는 방법이다. **답** ③

54 변압기의 손실비와 최대 효율을 나타내는 부하전류와의 관계는?

① 손실비가 커지면 부하전류가 적어진다.
② 손실비가 커지면 부하전류가 많아진다.
③ 손실비가 커지면 그 제곱에 비례하여 부하전류가 커진다.
④ 부하전류는 손실비에 관계없다.

풀이 손실비 $LR = \dfrac{P_c}{P_i}$, 최고 효율은 $m^2 P_c = P_i$

즉 $m = \sqrt{\dfrac{P_i}{P_c}}$ 일 때 발생

그러므로 손실비가 크다는 것은 P_c가 P_i에 비해 크다는 것을 의미하며 또한 m이 적다는 것을 의미하므로 부하전류가 적어진다는 것을 의미함. **답** ①

55 3상 권선형 유도전동기의 2차 회로의 한상이 단선된 경우에 부하가 약간 커지면 슬립이 50[%]인 곳에서 운전이 되는 것을 무엇이라 하는가?

① 차동기 운전
② 자기여자
③ 게르게스 현상
④ 난조

풀이 게르게스 현상이란 3상 권선형 유도전동기의 2차 회로 중 1선이 단선된 경우에 약간의 과부하 상태에서도 슬립 $s = 0.5$ 부근에서 가속되지 않는 현상을 말한다.
답 ③

56 직류기의 다중 중권 권선법에서 전기자 병렬회로수(a)와 극수(P)와의 관계는? (단, 다중도는 m이다.)

① $a = 2$
② $a = 2m$
③ $a = P$
④ $a = mP$

풀이 중권과 파권의 비교

구분	중권(병렬권)	파권(직렬권)
전기자의 병렬회로수(a)	$P(mP)$	$2(2m)$
브러시 수(b)	P	2
용도	저전압, 대전류	고전압, 소전류
균압접속	4극 이상이면 균압접속을 하여야 한다.	균압접속은 필요 없다.

여기서, m : 다중도 **답** ④

57 직류분권전동기의 단자전압과 계자전류를 일정하게 하고 2배의 속도로 2배의 토크를 발생하는 데 필요한 전력은 처음 전력의 몇 배인가?

① 불변
② 2배
③ 4배
④ 8배

풀이 $P = w\tau = 2\pi \times \dfrac{N}{60} \times \tau \propto N\tau$ 이므로
$P' = 2N \times 2\tau = 4N\tau$ **답** ③

58 정류자형 주파수변환기의 회전자에 주파수 f_1의 교류를 가할 때 시계방향으로 회전자계가 발생하였다. 정류자 위의 브러시 사이에 나타나는 주파수 f_c를 설명한 것 중 틀린 것은? (단, n : 회전자의 속도, n_s : 회전자계의 속도, s : 슬립이다.)

① 회전자를 정지시키면 $f_c = f_1$인 주파수가 된다.
② 회전자를 반시계방향으로 $n = n_s$의 속도로 회전시키면 $f_c = 0[\text{Hz}]$가 된다.
③ 회전자를 반시계방향으로 $n < n_s$의 속도로 회전시키면 $f_c = sf_1[\text{Hz}]$가 된다.
④ 회전자를 시계방향으로 $n < n_s$의 속도로 회전시키면 $f_c < f_1[\text{Hz}]$가 된다.

풀이 정류자형 주파수 변환기
① 회전자가 정지하고 있는 경우 정류자 상의 브러시 사이에 나타나는 전압 E_c의 주파수 f_c는 슬립링에 가해진 전원용 주파수 f_1과 같다.
② 회전자의 외부에서 힘을 가하여 Φ와 반대방향으로 속도 $n = n_s$로 회전시 E_c의 주파수 f_c는 0이 되어 직류 전압이 된다.
③ 회전자의 속도 $n < n_s$의 경우 E_c의 주파수 $f_c = sf_1$[Hz]가 된다.
④ 회전자를 Φ와 같은 방향의 속도 n으로 회전시 E_c의 주파수 $f_c = f_1 + f$[Hz]이다.
즉, 전원의 주파수 f_1을 임의의 주파수 $f_1 + f$로 변환할 수 있다.   **답** ④

59 3300/220[V] 변압기 A, B의 정격용량이 각각 400[kVA], 300[kVA]이고, %임피던스 강하가 각각 2.4[%]와 3.6[%]일 때 그 2대의 변압기에 걸 수 있는 합성 부하용량은 몇 [kVA]인가?

① 550   ② 600
③ 650   ④ 700

풀이
$m = \dfrac{P_A}{P_B} = \dfrac{(\text{kVA})_A}{(\text{kVA})_B} = \dfrac{400}{300} = \dfrac{4}{3}$

$\dfrac{P_a}{P_b} = \dfrac{(\text{kVA})_A}{(\text{kVA})_B} = m \times \dfrac{(\%I_B Z_B)}{(\%I_A Z_A)} = \dfrac{4}{3} \times \dfrac{3.6}{2.4} = 2$

$P_b = \dfrac{P_a}{2} = \dfrac{400}{2} = 200[\text{kVA}]$

따라서, 합성 용량 $= 400 + 200 = 600[\text{kVA}]$ **답** ②

60 변압기 결선방법 중 3상 전원을 이용하여 2상 전압을 얻고자 할 때 사용할 결선 방법은?

① Fork 결선   ② Scott 결선
③ 환상 결선   ④ 2중 3각 결선

풀이
• 3상 전원을 이용하여 2상 전압을 얻는 방법으로는 스코트 결선(T결선), 메이어 결선, 우드브릿지 결선이 있다.
• ①, ③, ④는 3상 전원을 이용하여 6상 전압을 얻고자 할 때 사용하는 결선이다.   **답** ②

4과목 - 회로이론

61 $\mathcal{L}[e^{-4t}\cos(10t - 30°)u(t)]$는?

① $\dfrac{0.866s + 10}{(s+4)^2 + 100}$ ② $\dfrac{0.866s + 5}{(s+4)^2 + 100}$

③ $\dfrac{0.866(s+4) + 5}{(s+4)^2 + 100}$ ④ $\dfrac{0.866s + 5}{s^2 + 100}$

풀이
$\mathcal{L}[e^{-4t}\cos(10t - 30°)u(t)]$
$= \mathcal{L}[e^{-4t}(\cos 10t \cdot \cos 30° + \sin 10t \cdot \sin 30°)u(t)]$
$\cos 30° = 0.866,\ \sin 30° = 0.5$이므로
$\therefore \mathcal{L}[e^{-4t}\cos(10t - 30°)u(t)]|_{s = s+4}$
$= \dfrac{s \times 0.866}{s^2 + 10^2} + \dfrac{10 \times 0.5}{s^2 + 10^2}\Big|_{s = s+4}$
$= \dfrac{0.866s + 5}{s^2 + 100}\Big|_{s = s+4}$
$= \dfrac{0.866(s+4) + 5}{(s+4)^2 + 100}$ **답** ③

62 회로에서 저항 15[Ω]에 흐르는 전류는 몇 [A]인가?

① 8
② 5.5
③ 2
④ 0.5

풀이 중첩의 원리에 의하여
• 10[V]에 의한 전류
$I_1 = \dfrac{V}{R} = \dfrac{10}{5 + 15} = 0.5[\text{A}]$

- 6[A]에 의한 전류

$$I_2 = \frac{R_1}{R_1+R_2}I = \frac{5}{5+15} \times 6 = 1.5[A]$$

$$\therefore I = I_1 + I_2 = 0.5 + 1.5 = 2[A]$$

답 ③

63 비접지 3상 Y부하의 각 선에 흐르는 비대칭 각 선전류를 I_a, I_b, I_c라 할 때 선전류의 영상분 I_0는?

① $I_a + I_b$
② $I_a + I_b + I_c$
③ $\frac{1}{3}(I_a - I_b - I_c)$
④ 0

풀이 영상분은 접지선, 중성선에 존재한다. 따라서 비접지 3상 Y부하는 영상분이 존재하지 않는다. 답 ④

64 대칭 3상 전압이 있다. 1상의 Y결선 전압의 순시값이 다음과 같을 때 선간전압에 대한 상전압의 비율은?

$$e = 1000\sqrt{2}\sin\omega t + 500\sqrt{2}\sin(3\omega t + 20°) + 100\sqrt{2}\sin(5\omega t + 30°)[V]$$

① 약 55[%]
② 약 65[%]
③ 약 70[%]
④ 약 75[%]

풀이 상전압의 실효값 E_p는

$$E_p = \sqrt{E_1^2 + E_3^2 + E_5^2}$$
$$= \sqrt{1000^2 + 500^2 + 100^2} = 1122.5[V]$$

선간 전압에는 제 3 고조파분이 나타나지 않으므로
$$E_l = \sqrt{3} \cdot \sqrt{E_1^2 + E_5^2}$$
$$= \sqrt{3} \cdot \sqrt{1000^2 + 100^2} = 1740.7[V]$$

따라서 $\frac{E_p}{E_l} = \frac{1122.5}{1740.7} = 0.645 ≒ 65[\%]$ 답 ②

65 다음 회로에서 4단자 정수 A, B, C, D 중 C의 값은?

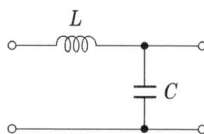

① 1
② $j\omega L$
③ $j\omega C$
④ $1 + j(\omega L + \omega C)$

풀이 $C = \frac{I_1}{V_2}\bigg|_{I_2=0} = \frac{I_1}{\frac{I_1}{j\omega C}} = j\omega C$ 답 ③

66 시정수 τ를 갖는 RL 직렬회로에 직류전압을 가할 때 $t = 2\tau$되는 시간에 회로에 흐르는 전류는 최종값의 약 몇 [%]인가?

① 98
② 95
③ 86
④ 63

풀이 시정수는 특성근 절대값의 역이므로
$$i(t) = \frac{E}{R}\left(1 - e^{-\frac{R}{L}t}\right) = \frac{E}{R}\left(1 - e^{-\frac{1}{\tau}t}\right)$$
이다. $t = 2\tau$를 대입하면
$$i_\tau = \frac{E}{R}\left(1 - e^{-\frac{1}{\tau} \times 2\tau}\right) = I(1 - e^{-2}) ≒ 0.86I$$ 답 ③

67 어떤 부하에 $100\sin(100\omega t + \frac{\pi}{6})[V]$의 전압을 가했을 때 흐르는 전류가 $10\cos(100\omega t - \frac{\pi}{3})[A]$이었다면 이 부하의 소비전력은?

① 250[W]
② 433[W]
③ 500[W]
④ 866[W]

풀이
$$i = 10\cos\left(100\pi t - \frac{\pi}{3}\right) = 10\sin\left(100\pi t - \frac{\pi}{3} + \frac{\pi}{2}\right)$$
$$= 10\sin\left(100\pi t + \frac{\pi}{6}\right)$$
$$P = VI\cos\theta = \frac{100}{\sqrt{2}} \times \frac{10}{\sqrt{2}}\cos\left(\frac{\pi}{6} - \frac{\pi}{6}\right)$$
$$= 500[W]$$ 답 ③

68 100[μF]인 콘덴서의 양단에 전압을 30[V/ms]의 비율로 변화시킬 때 콘덴서에 흐르는 전류의 크기[A]는?

① 0.03
② 0.3
③ 3
④ 30

풀이 $i = C\frac{dv}{dt} = 100 \times 10^{-6} \times 30 \times \frac{1}{10^{-3}}$
$= 3[A]$ 답 ③

69 RC 회로의 입력단자에 계단전압을 인가하면 출력전압은?

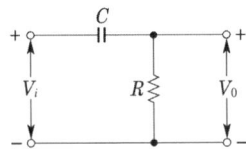

① 0부터 지수적으로 증가한다.
② 처음에는 입력과 같이 변했다가 지수적으로 감쇠한다.
③ 같은 모양의 계단전압이 나타난다.
④ 아무 것도 나타나지 않는다.

풀이 $V_0 = Ve^{-\frac{1}{RC}t}$ 이므로 처음에는 입력과 같이 변했다가 지수적으로 감쇠한다. **답** ②

70 대칭 n상 환상결선에서 선전류와 환상전류 사이의 위상차는 어떻게 되는가?

① $\frac{\pi}{2}\left(1-\frac{2}{n}\right)$ ② $2\left(1-\frac{2}{n}\right)$
③ $\frac{n}{2}\left(1-\frac{\pi}{2}\right)$ ④ $\frac{\pi}{2}\left(1-\frac{n}{2}\right)$

풀이
- 성형결선 : 대칭 n상에서 선간전압은 상전압보다 $\frac{\pi}{2}\left(1-\frac{2}{n}\right)$[rad]만큼 위상이 앞선다.
- 환상결선 : 대칭 n상에서 선전류는 상전류보다 $\frac{\pi}{2}\left(1-\frac{2}{n}\right)$[rad]만큼 위상이 뒤진다. **답** ①

71 $i(t) = 100 + 50\sqrt{2}\sin\omega t + 20\sqrt{2}\sin\left(3\omega t + \frac{\pi}{6}\right)$[A]로 표현되는 비정현파 전류의 실효값은 약 몇 [A]인가?

① 20 ② 50
③ 114 ④ 150

풀이 왜형파의 실효값은 직류분, 기본파 및 각 고조파 실효값 제곱의 합의 제곱근이므로
$I = \sqrt{100^2 + 50^2 + 20^2} = 114$[A] **답** ③

72 그림과 같은 순 저항회로에서 대칭 3상 전압을 가할 때 각 선에 흐르는 전류가 같으려면 R의 값은 몇 [Ω]인가?

① 8
② 12
③ 16
④ 20

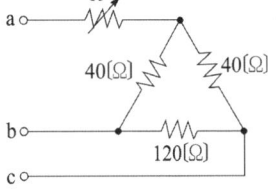

풀이 △저항을 Y저항으로 변환하면

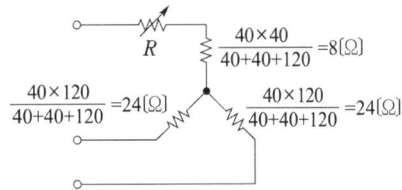

위에서 각 선전류가 같기 위해서는 각 선저항이 같아야 하므로 $R+8 = 24$ 이라야 한다.
∴ $R = 24-8 = 16$[Ω] **답** ③

73 그림과 같은 회로의 a-b간에 20[V]의 전압을 가할 때 5[A]의 전류가 흐른다. r_1 및 r_2에 흐르는 전류의 비를 1 : 2로 하려면 r_1 및 r_2는 각각 몇 [Ω]인가?

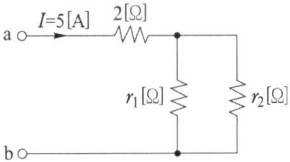

① $r_1 = 2$, $r_2 = 4$ ② $r_1 = 4$, $r_2 = 2$
③ $r_1 = 3$, $r_2 = 6$ ④ $r_1 = 6$, $r_2 = 3$

풀이 $I = \frac{E}{R_t} = \frac{20}{R_t} = 5$[A], $R_t = \frac{20}{5} = 4$[Ω]

합성저항 $R_t = 2 + \frac{r_1 r_2}{r_1 + r_2} = 4$[Ω] …… ①

전류비가 1 : 2이므로
$r_1 : r_2 = 2 : 1$, $r_1 = 2r_2$ …… ②

②를 ①에 대입하여 정리하면
$R_t = 2 + \frac{2r_2^2}{2r_2 + r_2} = 4$, $\frac{2}{3}r_2 = 2$
∴ $r_1 = 6$[Ω], $r_2 = 3$[Ω] **답** ④

74 그림에서 절점 B의 전위[V]는?

① 130
② 110
③ 100
④ 90

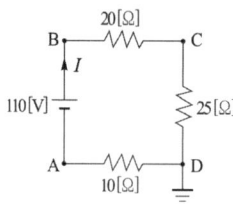

풀이 $I = \dfrac{V}{R} = \dfrac{110}{(20+25+10)} = 2[A]$

접지를 기준(0[V])으로 잡고, 각 저항에서의 전압강하를 구하면
- B점과 C점 사이의 전압강하
  $e_{BC} = IR_1 = 2 \times 20 = 40[V]$
- C점과 D점 사이의 전압강하
  $e_{CD} = 2 \times 25 = 50[V]$
- D점과 A점 사이의 전압강하
  $e_{DA} = (-2) \times 10 = -20[V]$

따라서 B점의 전위는
$e_{BD} = 40 + 50 = 90[V]$이다. **답** ④

75 회로에서 $L = 50[mH]$, $R = 20[k\Omega]$인 경우 회로의 시정수는 몇 [μs]인가?

① 4.0
② 3.5
③ 3.0
④ 2.5

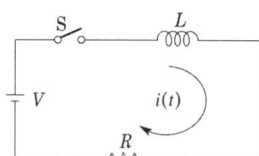

풀이 $R-L$ 직렬회로의 시정수 τ
$\tau = \dfrac{L}{R} = \dfrac{50 \times 10^{-3}}{20 \times 10^3} = 2.5 \times 10^{-6}[sec]$
$= 2.5[\mu s]$ **답** ④

76 그림과 같은 회로에서 단자 a, b 사이의 합성저항은?

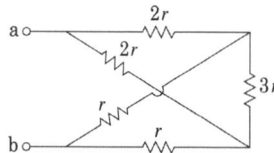

① r
② $\dfrac{3}{2}r$
③ $\dfrac{1}{2}r$
④ $3r$

풀이
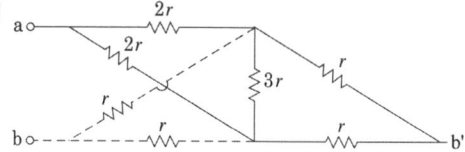

점선의 b부분을 b'로 이동하여 등가회로를 그리면 다음과 같다.

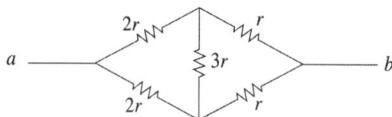

브리지 회로의 평형상태이므로
$R = \dfrac{3r \times 3r}{3r + 3r} = \dfrac{9r^2}{6r} = \dfrac{3}{2}r[\Omega]$ **답** ②

77 다음과 같은 회로가 정저항 회로로 되기 위해서는 $C[\mu F]$를 얼마로 하면 좋은가?
(단, $R = 10[\Omega]$, $L = 100[mH]$이다.)

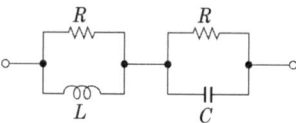

① $1[\mu F]$
② $10[\mu F]$
③ $100[\mu F]$
④ $1000[\mu F]$

풀이 정저항 회로조건 $R = \sqrt{\dfrac{L}{C}}$에서
$C = \dfrac{L}{R^2} = \dfrac{100 \times 10^{-3}}{10^2} = 1000[\mu F]$ **답** ④

78 그림과 같은 회로의 합성 인덕턴스는?

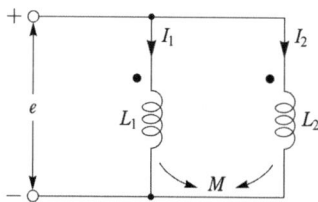

① $\dfrac{L_1 L_2 - M^2}{L_1 + L_2 - 2M}$
② $\dfrac{L_1 L_2 + M^2}{L_1 + L_2 - 2M}$
③ $\dfrac{L_1 L_2 - M^2}{L_1 + L_2 + 2M}$
④ $\dfrac{L_1 L_2 + M^2}{L_1 + L_2 + 2M}$

풀이 병렬접속형의 등가회로를 그려 보면 그림과 같다.

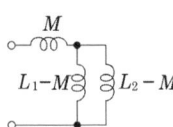

그러므로 합성 인덕턴스 L_0는

$$L_0 = M + \frac{(L_1-M)(L_2-M)}{(L_1-M)+(L_2-M)}$$
$$= \frac{L_1 L_2 - M^2}{L_1 + L_2 - 2M}$$

답 ①

79 그림과 같은 $R-L-C$ 회로망에서 입력 전압을 $e_i(t)$, 출력량을 전류 $i(t)$로 할 때, 이 요소의 전달함수는?

① $\dfrac{Rs}{LCs^2 + RCs + 1}$

② $\dfrac{RLs}{LCs^2 + RCs + 1}$

③ $\dfrac{Ls}{LCs^2 + RCs + 1}$

④ $\dfrac{Cs}{LCs^2 + RCs + 1}$

풀이 $e_i(t) = Ri(t) + L\dfrac{d}{dt}i(t) + \dfrac{1}{C}\int i(t)dt$

라플라스 변환하면

$E_i(s) = RI(s) + LsI(s) + \dfrac{1}{Cs}I(s)$

$\therefore \dfrac{I(s)}{E(s)} = \dfrac{Cs}{LCs^2 + RCs + 1}$

답 ④

80 다음의 4단자 회로에서 단자 a-b에서 본 구동점 임피던스 $Z_{11}[\Omega]$은?

① $2+j4$
② $2-j4$
③ $3+j4$
④ $3-j4$

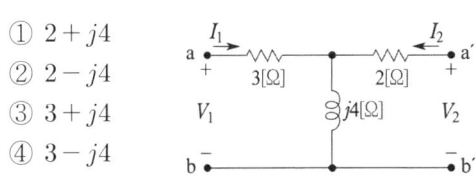

풀이 $\dot{Z}_{11} = Z_1 + Z_2 = 3 + j4 [\Omega]$

답 ③

5과목 - 전기설비기술기준

81 타냉식 특고압용 변압기의 냉각장치에 고장이 생긴 경우 시설해야 하는 보호장치는?

① 경보장치
② 온도측정장치
③ 자동차단장치
④ 과전류 측정장치

풀이 351.4 특고압용 변압기의 보호장치
특고압용의 변압기에는 그 내부에 고장이 생겼을 경우에 보호하는 장치를 표와 같이 시설하여야 한다.

뱅크 용량의 구분	동작조건	장치의 종류
5,000[kVA] 이상 10,000[kVA] 미만	변압기 내부고장	자동 차단 장치 또는 경보장치
10,000[kVA] 이상	변압기 내부고장	자동 차단 장치
타냉식 변압기(변압기의 권선 및 철심을 직접 냉각시키기 위하여 봉입한 냉매를 강제 순환시키는 냉각 방식을 말한다.)	냉각장치에 고장이 생긴 경우 또는 변압기의 온도가 현저히 상승한 경우	경보장치

답 ①

82 이차전지를 이용한 전기저장장치의 시설장소에 대한 요구사항으로 틀린 것은?

① 충전부분은 노출하여 시설하여야 한다.
② 전기저장장치를 시설하는 장소는 폭발성 가스의 축적을 방지하기 위한 환기시설을 갖추어야 한다.
③ 침수의 우려가 없도록 시설하여야 한다.
④ 전기저장장치의 이차전지, 제어반, 배전반의 시설은 기기 등을 조작 또는 보수·점검할 수 있는 충분한 공간을 확보하고 조명설비를 설치하여야 한다.

풀이 511.1 시설장소의 요구사항
가. 전기저장장치의 이차전지, 제어반, 배전반의 시설은 기기 등을 조작 또는 보수·점검할 수 있는 충분한 공간을 확보하고 조명설비를 설치하여야 한다.
나. 전기저장장치를 시설하는 장소는 폭발성 가스의 축적을 방지하기 위한 환기시설을 갖추고 제조사가 권장하는 온도·습도·수분·분진 등 적정 운영환경을 상시 유지하여야 한다.
다. 침수의 우려가 없도록 시설하여야 한다.
라. 전기저장장치 시설장소에는 외벽 등 확인하기 쉬운

위치에 "전기저장장치 시설장소" 표지를 하고, 일반인의 출입을 통제하기 위한 잠금장치 등을 설치하여야 한다. 🔸①

83 지선을 사용하여 그 강도를 분담시켜서는 아니 되는 가공전선로 지지물은?

① 목주 ② 철주
③ 철탑 ④ 철근콘크리트주

풀이 331.11 지선의 시설
가. 가공전선로의 지지물로 사용하는 **철탑은 지선을 사용하여 그 강도를 분담시켜서는 안 된다.**
나. 가공전선로의 지지물로 사용하는 철주 또는 철근 콘크리트주는 지선을 사용하지 않는 상태에서 2분의 1 이상의 풍압하중에 견디는 강도를 가지는 경우 이외에는 지선을 사용하여 그 강도를 분담시켜서는 안 된다. 🔸③

84 백열전등 또는 방전등에 전기를 공급하는 옥내 전로의 대지전압은 몇 [V] 이하이어야 하는가?

① 150 ② 300
③ 400 ④ 600

풀이 231.6 옥내전로의 대지 전압의 제한
백열전등 또는 방전등에 전기를 공급하는 옥내의 전로의 대지전압은 300[V] 이하이어야 한다. 🔸②

85 옥내에 시설하는 저압전선으로 나전선을 사용할 수 있는 배선공사는? (단, 전개된 곳에 전기로용 전선을 시설하는 경우이다.)

① 합성수지관공사 ② 금속관공사
③ 애자공사   ④ 플로어덕트공사

풀이 231.4 나전선의 사용 제한
옥내에 시설하는 저압전선에는 나전선을 사용하여서는 아니 된다. 다만, 다음 중 어느 하나에 해당하는 경우에는 그러하지 아니하다.
가. 애자공사에 의하여 전개된 곳에 다음의 전선을 시설하는 경우
  ① **전기로용 전선**
  ② 전선의 **피복 절연물이 부식하는** 장소에 시설하는 전선
나. 버스덕트공사에 의하여 시설하는 경우
다. 라이팅덕트공사에 의하여 시설하는 경우
라. 접촉 전선을 시설하는 경우 🔸③

86 교류 전기철도 급전시스템에서 레일 전위의 최대 허용 접촉전압을 초과하는 경우 접촉전압을 감소시키는 방법이 아닌 것은?

① 보행 표면의 절연
② 접지극 추가 사용
③ 전도성 구조물 접지의 보강
④ 등전위 본딩

풀이 461.3 레일 전위의 접촉전압 감소 방법
교류 전기철도 급전시스템은 규정된 값을 초과하는 경우 다음 방법을 고려하여 접촉전압을 감소시켜야 한다.
가. 접지극 추가 사용
나. 등전위 본딩
다. 전자기적 커플링을 고려한 귀선로의 강화
라. 전압제한소자 적용
마. 보행 표면의 절연
바. 단락전류를 중단시키는데 필요한 트래핑 시간의 감소 🔸③

87 가공전선로의 지지물에 취급자가 오르고 내리는데 사용하는 발판 볼트 등은 일반적으로 지표상 몇 [m] 미만에 시설하여서는 아니되는가?

① 1.2 ② 1.5
③ 1.8 ④ 2.0

풀이 331.4 가공전선로 지지물의 철탑오름 및 전주오름 방지
가공전선로의 지지물에 취급자가 오르고 내리는데 사용하는 발판 볼트 등을 지표상 1.8[m] 미만에 시설하여서는 아니된다. 🔸③

88 단상교류 25,000[V]인 경우 전차선로의 충전부와 차량간의 동적 절연이격 거리는 몇 [mm] 이상인가?

① 25   ② 100
③ 150 ④ 170

풀이 431.3 전차선로의 충전부와 차량 간의 최소 절연이격

시스템 종류	공칭전압(V)	동적(mm)	정적(mm)
직류	750	25	25
	1,500	100	150
단상교류	25,000	170	270

🔸④

89. 주상변압기 전로의 절연내력을 시험할 때 최대사용전압이 23000[V]인 권선으로서 중성점접지식 전로(중성선을 가지는 것으로서 그 중성선에 다중접지를 한 것)에 접속하는 것의 시험전압은?

① 16560[V]　② 21160[V]
③ 25300[V]　④ 28750[V]

풀이 135 변압기 전로의 절연내력

권선의 종류 (최대사용전압)	접지방식	시험전압 (최대사용 전압의 배수)	최저 시험전압
1. 7[kV] 이하		1.5배	500[V]
	다중접지	0.92배	500[V]
2. 7[kV] 초과 25[kV] 이하	다중접지	0.92배	
3. 7[kV] 초과 60[kV] 이하 (2란의 것 제외)		1.25배	10.5[kV]
4. 60[kV] 초과	비접지	1.25배	
5. 60[kV] 초과(6란의 것 제외)	접지식	1.1배	75[kV]
6. 60[kV] 초과	직접접지	0.72배	
7. 170[kV] 초과	직접접지	0.64배	

∴ 시험전압 = 23,000 × 0.92 = 21,160[V]　**답** ②

90. 특고압가공전선이 다른 특고압가공전선과 교차하여 시설하는 경우는 제 몇 종 특고압 보안공사에 의하여야 하는가?

① 1종 특고압 보안공사
② 2종 특고압 보안공사
③ 3종 특고압 보안공사
④ 4종 특고압 보안공사

풀이 333.27 특고압 가공전선 상호 간의 접근 또는 교차
특고압 가공전선이 다른 특고압 가공전선과 접근상태로 시설되거나 교차하여 시설되는 경우 위쪽 또는 옆쪽에 시설되는 특고압 가공전선로는 제3종 특고압 보안공사에 의할 것.　**답** ③

91. 고압 가공전선로에 시설하는 피뢰기의 접지저항 값은 몇 [Ω]까지 허용되는가? 단, 피뢰기 접지공사의 접지선은 전용의 것으로 한다.

① 20　② 30
③ 50　④ 75

풀이 341.14 피뢰기의 접지
가. 고압 및 특고압의 전로에 시설하는 피뢰기 접지저항 값은 10[Ω] 이하로 하여야 한다.
나. 고압가공전선로에 시설하는 피뢰기의 접지공사의 접지선이 전용의 것인 경우에는 접지 저항치가 30[Ω]까지 허용된다.　**답** ②

92. 소맥분, 전분 기타의 가연성 분진이 존재하는 곳의 저압옥내배선으로 적합하지 않은 공사방법은?

① 케이블공사
② 두께 2[mm] 이상의 합성수지관공사
③ 금속관공사
④ 금속제 가요전선관공사

풀이 242.2.2 가연성 분진 위험장소
가연성 분진에 전기설비가 발화원이 되어 폭발할 우려가 있는 곳에 시설하는 저압 옥내 전기설비는 다음에 따르고 또한 위험의 우려가 없도록 시설하여야 한다.
가. 합성수지관공사(두께 2[mm] 미만의 합성 수지 전선관 및 난연성이 없는 콤바인 덕트관을 사용하는 것을 제외한다)
나. 금속관공사
다. 케이블공사　**답** ④

93. 의료 장소에서 인접하는 의료장소와의 바닥면적 합계가 몇 [m²] 이하인 경우 등전위본딩 바를 공용으로 할 수 있는가?

① 30　② 50
③ 80　④ 100

풀이 242.10.4 의료장소 내의 접지 설비
의료장소마다 그 내부 또는 근처에 등전위본딩 바를 설치할 것. 다만, 인접하는 의료장소와의 바닥 면적 합계가 50[m²] 이하인 경우에는 등전위본딩 바를 공용할 수 있다.　**답** ②

94. 특고압가공전선로 중 지지물로 직선형의 철탑을 연속하여 10기 이상 사용하는 부분에는 몇 기 이하마다 내장 애자 장치가 있는 철탑 또는 이와 동등 이상의 강도를 가지는 철탑 1기를 시설하여야 하는가?

① 1　② 3
③ 5　④ 10

풀이 333.16 특고압 가공전선로의 내장형 등의 지지물 시설
특고압 가공전선로 중 지지물로서 직선형의 철탑을 연속하여 10기 이상 사용하는 부분에는 **10기 이하마다** 장력에 견디는 애자장치가 되어 있는 철탑 또는 이와 동등 이상의 강도를 가지는 철탑 1기를 시설하여야 한다.
답 ④

95 사용전압이 220[V]인 가공전선을 절연전선으로 사용하는 경우 그 최소 굵기는 지름 몇 [mm]인가?
① 2
② 2.6
③ 3.2
④ 4

풀이 222.5 저압 가공전선의 굵기 및 종류
가. 저압 가공전선은 나전선(중성선 또는 다중접지된 접지측 전선으로 사용하는 전선에 한한다), 절연전선, 다심형 전선 또는 케이블을 사용하여야 한다.
나. 전선의 굵기

전 압	조 건	전선의 굵기 및 인장강도
400[V] 이하	절연전선	인장강도 2.3[kN] 이상의 것 또는 **지름 2.6[mm] 이상의 경동선**
	케이블 이외	인장강도 3.43[kN] 이상의 것 또는 지름 3.2[mm] 이상의 경동선
400[V] 초과인 저압 (케이블 이외)	시가지에 시설	인장강도 8.01[kN] 이상의 것 또는 지름 5[mm] 이상의 경동선
	시가지 외에 시설	인장강도 5.26[kN] 이상의 것 또는 지름 4[mm] 이상의 경동선

답 ②

96 옥내에 시설하는 사용전압 400[V] 이하의 이동전선으로 사용할 수 없는 전선은?
① 면절연전선
② 고무코드전선
③ 용접용 케이블
④ 고무절연 클로로프렌 캡타이어 케이블

풀이 234.3 코드 및 이동전선
가. 조명용 전원코드 또는 이동전선은 단면적 0.75[mm²] 이상의 코드 또는 캡타이어케이블을 용도에 따라서 선정하여야 한다.
나. 옥내에서 조명용 전원코드 또는 이동전선을 습기가 많은 장소에 시설할 경우에는 **고무코드**(사용전압이 400[V] 이하인 경우에 한함) 또는 **0.6/1[kV] EP 고무 절연 클로로프렌캡타이어케이블**로서 단면적이 0.75[mm²] 이상인 것이어야 한다.
답 ①

97 전선의 접속법을 열거한 것 중 틀린 것은?
① 전선의 세기를 20[%] 이상 감소시키지 않는다.
② 접속 부분을 절연전선의 절연물과 동등 이상의 절연 효력이 있도록 충분히 피복한다.
③ 접속 부분은 접속관, 기타의 기구를 사용한다.
④ 두 개 이상의 전선을 병렬로 사용하는 경우 각 전선의 굵기는 동선 35[mm²] 이상이어야 한다.

풀이 123 전선의 접속
전선을 접속하는 경우에는 전선의 전기저항을 증가시키지 아니하도록 접속 하여야 하며, 또한 다음에 따라야 한다.
가. 절연전선 상호·절연전선과 코드, 캡타이어 케이블과 접속하는 경우에는
 ① **전선의 세기를 20[%] 이상 감소시키지 아니할 것**.
 ② 접속부분은 접속관 기타의 기구를 사용할 것.
 ③ 접속부분의 절연전선에 절연전선의 절연물과 동등 이상의 절연효력이 있는 것으로 충분히 피복할 것.
나. 코드 상호, 캡타이어 케이블 상호 또는 이들 상호를 접속하는 경우에는 코드 접속기·접속함 기타의 기구를 사용할 것.
다만 공칭단면적이 10[mm²] 이상인 캡타이어 케이블 상호를 규정에 준하여 접속하는 경우에는 기구를 사용하지 않을 수 있다.
다. 두 개 이상의 전선을 병렬로 사용하는 경우에는
 ① **병렬로 사용하는 각 전선의 굵기는 동선 50[mm²] 이상 또는 알루미늄 70[mm²] 이상**으로 하고, 전선은 같은 도체, 같은 재료, 같은 길이 및 같은 굵기의 것을 사용할 것
 ② 같은 극의 각 전선의 터미널러그에 완전히 접속할 것
 ③ 병렬로 사용하는 전선에는 각각에 퓨즈를 설치하지 말 것
답 ④

98 저압 옥측전선로의 시설로 잘못된 것은?
① 철골주 조영물에 버스 덕트 공사로 시설
② 합성수지관공사로 시설
③ 목조 조영물에 금속관공사로 시설
④ 전개된 장소에 애자공사로 시설

풀이 221.2 옥측전선로
저압 옥측전선로는 다음의 공사방법에 의할 것.
가. 애자공사(전개된 장소에 한한다.)

나. 합성수지관공사
다. **금속관공사(목조 이외의 조영물**에 시설하는 경우에 한한다.)
라. **버스덕트공사**[목조 이외의 조영물(점검할 수 없는 은폐된 장소는 제외한다.)에 시설하는 경우에 한한다.]
마. **케이블공사**(연피 케이블·알루미늄피 케이블 또는 무기물 절연 케이블을 사용하는 경우에는 목조 이외의 조영물에 시설하는 경우에 한한다.) **답** ③

99 동기발전기를 사용하는 전력계통에 시설하여야 하는 장치는?

① 비상 조속기
② 동기검정장치
③ 분로 리액터
④ 절연유 유출방지설비

풀이 351.6 계측장치
동기발전기를 시설하는 경우에는 동기검정장치를 시설하여야 한다. 다만, 동기발전기의 용량이 그 발전기를 연계하는 전력계통의 용량과 비교하여 현저히 적은 경우에는 그러하지 아니하다. **답** ②

100 인버터, 절연변압기 및 계통 연계 보호장치 등 전력변환장치를 옥외에 시설하는 경우 방수등급은 얼마 이상이어야 하는가?

① IPX2
② IPX3
③ IPX4
④ IPX5

풀이 522.2.2 전력변환장치의 시설
인버터, 절연변압기 및 계통 연계 보호장치 등 전력변환장치의 시설은 다음에 따라 시설하여야 한다.
가. 인버터는 실내·실외용을 구분할 것.
나. 각 직렬군의 태양전지 개방전압은 인버터 입력전압 범위 이내일 것.
다. **옥외에 시설하는 경우 방수등급은 IPX4 이상**일 것.
답 ③

완벽대비 2023년 1회 전기산업기사필기(CBT 복원문제)

동일출판사 홈페이지에서 무료 동영상강의를 보실 수 있습니다.

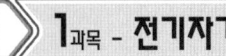

1과목 - 전기자기

01 직선 전류에 의해서 그 주위에 생기는 환상의 자계 방향은?

① 전류의 방향
② 전류와 반대 방향
③ 오른 나사의 진행 방향
④ 오른 나사의 회전 방향

풀이

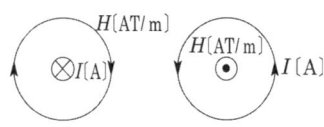

- 암페어 오른손(오른 나사) 법칙 : 나사 진행 방향을 전류 방향과 일치시킬 때 자계의 방향은 오른 나사를 회전시키는 방향과 같다.
  ⊗ : 지면의 표면에서 뒷면으로 들어가는 방향
  ⊙ : 지면의 뒷면에서 표면으로 나오는 방향   답 ④

02 전계 E[V/m], 자계 H[AT/m] 의 전자계가 평면파를 이루고, 자유 공간으로 전파될 때 단위 시간에 단위 면적당 에너지[W/m²]는?

① $\frac{1}{2}EH$ ② $\frac{1}{2}EH^2$
③ EH^2 ④ EH

풀이 전계와 자계가 함께 존재하는 경우 에너지 밀도는
$w = \frac{1}{2}(\epsilon E^2 + \mu H^2)$[J/m³]가 되는데
$H = \sqrt{\frac{\epsilon}{\mu}}E, \ E = \sqrt{\frac{\mu}{\epsilon}}H$이므로
이를 윗 식에 대입하면
$w = \frac{1}{2}\left(\epsilon\sqrt{\frac{\mu}{\epsilon}}EH + \mu\sqrt{\frac{\epsilon}{\mu}}EH\right) = \sqrt{\epsilon\mu}\ EH$ [J/m³]
가 된다.
이것이 평면 전자파가 갖는 에너지 밀도[J/m³]가 되는데 평면 전자파는 전계와 자계의 진동 방향에 대하여 수직인 방향으로 속도 $v = \frac{1}{\sqrt{\epsilon\mu}}$[m/s]로 전파되기 때문에 진행 방향에 수직인 단위 면적을 단위 시간에 통과하는 에너지는
$P = w \cdot v = \sqrt{\epsilon\mu}\ EH \times \frac{1}{\sqrt{\epsilon\mu}} = EH$ [J/s·m²]
$= EH$ [W/m²]
평면 전자파는 E와 H가 수직이므로 이것을 벡터로 표시하면
$P = E \times H$ [W/m²]
가 되고 이 벡터를 포인팅(Poynting) 벡터, 또는 방사(radiation) 벡터라 하며 이 방향은 진행 방향과 평행이다.   답 ④

03 유전율 ϵ[F/m]인 유전체 중에서 전하가 Q[C], 전위가 V[V], 반지름 a[m]인 도체구가 갖는 에너지는 몇 [J]인가?

① $\frac{1}{2}\pi\epsilon a V^2$ ② $\pi\epsilon a V^2$
③ $2\pi\epsilon a V^2$ ④ $4\pi\epsilon a V^2$

풀이 반경 a인 도체구의 정전 용량은 $C = 4\pi\epsilon a$[F]이므로 도체구가 갖는 에너지
$W = \frac{1}{2}CV^2 = \frac{1}{2} \times 4\pi\epsilon a V^2 = 2\pi\epsilon a V^2$ [J]   답 ③

04 점전하 $+Q$의 무한 평면도체에 대한 영상전하는?

① $+Q$ ② $-Q$
③ $+2Q$ ④ $-2Q$

풀이

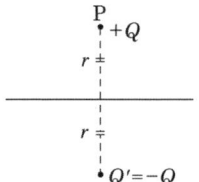

무한평면으로부터 r[m] 떨어진 P점에 점전하 $+Q$[C]가 있는 경우 영상전하는 무한평면 뒤쪽으로 점 P의 대칭점에 존재하며, 그 크기는 점전하와 같고 부호는 반대로 $Q' = -Q$[C]이다.   답 ②

05 공기 중에서 무한평면 도체로부터 수직으로 10^{-10}[m] 떨어진 점에 한 개의 전자가 있다. 이 전자에 작용하는 힘은 약 몇 [N]인가?(단, 전자의 전하량 : -1.602×10^{-19}[C]이다.)

① 5.77×10^{-9}　　② 1.602×10^{-9}
③ 5.77×10^{-19}　　④ 1.602×10^{-19}

풀이 무한 평면 도체에서 1[m] 떨어진 점전하 Q[C]이 받는 힘은 전기 영상법에 의해

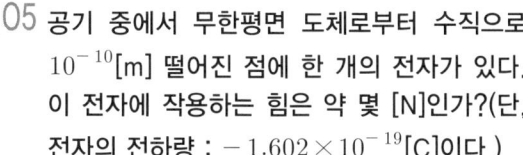

$$F = \frac{1}{4\pi\epsilon_0} \cdot \frac{QQ'}{(2r)^2} = \frac{Q^2}{16\pi\epsilon_0 r^2} [\text{N}]$$

$$\therefore F = \frac{1}{4\pi\epsilon_0} \cdot \frac{Q^2}{(2r)^2}$$
$$= 9 \times 10^9 \times \frac{(-1.602 \times 10^{-19})^2}{(2 \times 10^{-10})^2}$$
$$= 5.77 \times 10^{-9} [\text{N}]$$　　답 ①

06 다음 (가), (나)에 대한 법칙으로 알맞은 것은?

> 전자유도에 의하여 회로에 발생되는 기전력은 쇄교 자속수의 시간에 대한 감소비율에 비례한다는 (가)에 따르고 특히, 유도된 기전력의 방향은 (나)에 따른다.

① (가) 패러데이의 법칙
　(나) 렌츠의 법칙
② (가) 렌츠의 법칙
　(나) 패러데이의 법칙
③ (가) 플레밍의 왼손법칙
　(나) 패러데이의 법칙
④ (가) 패러데이의 법칙
　(나) 플레밍의 왼손법칙

풀이
- **패러데이 법칙** : "유도 기전력의 크기는 폐회로에 쇄교하는 자속의 시간적 변화율에 비례한다."라는 법칙으로, **기전력의 크기를 결정**한다.
- **렌츠의 법칙** : "전자유도에 의해 발생하는 기전력은 자속 변화를 방해하는 방향으로 전류가 발생한다."라는 법칙으로, **기전력의 방향을 결정**한다.　답 ①

07 비유전율이 4이고 전계의 세기가 20[kV/m]인 유전체 내의 전속 밀도[μC/m^2]는?

① 0.708　　② 0.168
③ 6.28　　④ 2.83

풀이 전속밀도 $D = \epsilon_0 \epsilon_s E = 8.855 \times 10^{-12} \times 4 \times 20 \times 10^3$
　　　　　　$= 0.708 \times 10^{-6}$[C/m^2]　　답 ①

08 면전하 밀도가 ρ_s[C/m^2]인 무한히 넓은 도체판에서 R[m]만큼 떨어져 있는 점의 전계의 세기[V/m]는?

① $\dfrac{\rho_s}{\epsilon_o}$　　② $\dfrac{\rho_s}{2\epsilon_o}$
③ $\dfrac{\rho_s}{2R}$　　④ $\dfrac{\rho_s}{4\pi R^2}$

풀이 전속밀도 $D = \dfrac{\rho_s}{2}$ 와 $D = \epsilon_o E$에 의하여,

전계의 세기 $E = \dfrac{D}{\epsilon_0} = \dfrac{\rho_s}{2\epsilon_o}$[V/m]　　답 ②

09 전계 내에서 폐회로를 따라 전하를 일주시킬 때 전계가 행하는 일은 몇 [J]인가?

① ∞　　② π
③ 1　　④ 0

풀이 전계의 주회 적분과 에너지와의 관계에서
$$\oint_c QE \cdot dl = Q\oint_c E \cdot dl = 0$$
즉, 폐회로를 따라 단위 정전하를 일주시킬 때 전계가 하는 일은 항상 0을 의미한다.(에너지 보존적)　답 ④

10 무한길이의 직선 도체에 전하가 균일하게 분포되어 있다. 이 직선 도체로부터 l인 거리에 있는 점의 전계의 세기는?

① l에 비례한다.　② l에 반비례한다.
③ l^2에 비례한다.　④ l^2에 반비례한다.

풀이 무한장 직선 도체에 의한 전계
$$E = \frac{\lambda}{2\pi\epsilon_0 l}[\text{V/m}] \propto \frac{1}{l}(\text{반비례})$$　답 ②

11 유전체 중을 흐르는 전도전류 i_σ와 변위전류 i_d를 같게 하는 주파수를 임계주파수 f_c, 임의의 주파수를 f라 할 때 유전손실 $\tan\delta$는?

① $\dfrac{f_c}{2f}$　② $\dfrac{f}{2f_c}$　③ $\dfrac{f_c}{f}$　④ $\dfrac{f}{f_c}$

풀이 전도전류 $i_\sigma = \sigma E$, 변위전류 $i_d = \omega \epsilon E$일 때,
이 둘을 같게 하면($i_\sigma = i_d$)
$\sigma E = \omega \epsilon E \rightarrow \sigma = 2\pi f_c \epsilon$ ($\because \omega = 2\pi f$)에서
임계주파수 $f_c = \dfrac{\sigma}{2\pi\epsilon}$
따라서 유전손실
$\tan\delta = \dfrac{i_\sigma}{i_d} = \dfrac{\sigma E}{\omega \epsilon E} = \dfrac{\sigma}{2\pi f \epsilon} = \dfrac{f_c}{f}$　**답** ③

12 그림과 같이 자극의 면적 S = 100[cm²]의 전자석에 자속 밀도 B = 0.5[Wb/m²]의 자속이 생기고 있을 때 철편을 흡인하는 힘은 약 몇 [N]인가?

① 1000
② 2000
③ 3000
④ 4000

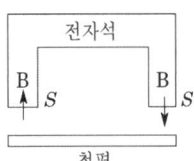

풀이 단위 면적당 작용하는 전자력이 $f = \dfrac{B^2}{2\mu_0}$[N/m²]이므로 면적이 $2S$(자극이 2곳이므로)인 경우 전체에 작용하는 힘은
$F = f \cdot 2S = \dfrac{B^2 \cdot 2S}{2\mu_0} = \dfrac{0.5^2 \times 2 \times 100 \times 10^{-4}}{2 \times 4\pi \times 10^{-7}}$
$\fallingdotseq 2000$[N]　**답** ②

13 그림과 같이 일정한 권선이 감겨진 권회수 N회, 단면적 S[m²], 평균자로의 길이 l[m]인 환상 솔레노이드에 전류 I[A]를 흘렸을 때 이 환상 솔레노이드의 자기 인덕턴스[H]는?
(단, 환상 철심의 투자율은 μ이다.)

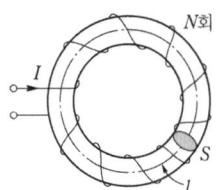

① $\dfrac{\mu^2 N}{l}$　② $\dfrac{\mu SN}{l}$

③ $\dfrac{\mu^2 SN}{l}$　④ $\dfrac{\mu SN^2}{l}$

풀이 철심을 통하는 자속은
$\phi = BS = \mu HS = \mu \dfrac{NI}{l} S = \dfrac{\mu SNI}{l}$[Wb]이므로
$N\phi = LI$에서
자기 인덕턴스 $L = \dfrac{\mu SN^2}{l}$[H]　**답** ④

14 크기가 동일한 자기 인덕턴스 2개가 직렬로 연결되어 있다. 상호 인덕턴스가 9[mH]이고, 결합계수가 0.9일 때 얻을 수 있는 합성 인덕턴스의 최댓값은?

① 32　② 34　③ 36　④ 38

풀이 결합계수 $k = 0.9$,
상호 인덕턴스 $M = k\sqrt{L_1 L_2} = 0.9\sqrt{L_1 L_2} = 9$[mH]
$\sqrt{L_1 L_2} = \dfrac{9}{0.9} = 10 \rightarrow L_1 L_2 = 10^2$에서
자기 인덕턴스 2개의 크기가 동일하므로
$L_1 = L_2 = 10$[mH]
$\therefore L_{+MAX} = L_1 + L_2 + 2M = 10 + 10 + 2 \times 9$
$= 38$[mH]　**답** ④

15 도전율의 단위로 옳은 것은?

① m/Ω　② Ω/m²
③ 1/℧·m　④ ℧/m

풀이 도전율(σ)은 저항률(ρ[Ω·m])의 역수이므로
따라서 도전율
$\sigma = \dfrac{1}{\rho} \left[\dfrac{1}{\Omega \cdot m} = ℧ \cdot \dfrac{1}{m} = ℧/m \right]$　**답** ④

16 비투자율 μ_s, 자속밀도 B[Wb/m]의 자계 중에 있는 m[Wb]의 자극이 받는 힘은 몇 [N]인가?

① $m \cdot B$　② $\dfrac{m \cdot B}{\mu_o}$

③ $\dfrac{m \cdot B}{\mu_s}$　④ $\dfrac{m \cdot B}{\mu_o \mu_s}$

[풀이] 자계 중의 자극이 받는 힘은
$$F = mH[N], \quad H = \frac{B}{\mu_0 \mu_s}[A/m]에서$$
$$\therefore F = \frac{m \cdot B}{\mu_0 \mu_s}[N]$$
답 ④

17 도체가 관통하는 자속이 변하든가 또는 자속과 도체가 상대적으로 운동하여 도체내의 자속이 시간적 변화를 일으키면 이 변화를 막기 위하여 도체 내에 국부적으로 형성되는 임의의 폐회로를 따라 전류가 유기되는데 이 전류를 무엇이라 하는가?

① 히스테리시스전류   ② 와전류
③ 변위전류   ④ 과도전류

[풀이] 와전류는 도체 내에 국부적으로 흐르는 맴돌이 전류로 rot $i = -K \frac{\partial B}{\partial t}$로 자속의 변화를 방해하기 위한 역자속을 만드는 전류이다. 따라서 이 전류는 자속의 수직되는 면을 회전한다.
답 ②

18 다음의 맥스웰 방정식 중 틀린 것은?

① rot $\boldsymbol{H} = i + \frac{\partial \boldsymbol{D}}{\partial t}$ ② rot $\boldsymbol{E} = -\frac{\partial \boldsymbol{H}}{\partial t}$
③ div $\boldsymbol{B} = 0$ ④ div $\boldsymbol{D} = \rho$

[풀이] 맥스웰 방정식의 미분형
① rot $\boldsymbol{E} = -\frac{\partial \boldsymbol{B}}{\partial t}$: Faraday 법칙
② rot $\boldsymbol{H} = i + \frac{\partial \boldsymbol{D}}{\partial t}$: 암페어의 주회적분 법칙
③ div $\boldsymbol{D} = \rho$: 가우스의 법칙
④ div $\boldsymbol{B} = 0$: 고립된 자하는 없다.
답 ②

19 비투자율 800의 환상 철심으로 하여 권선 600회 감아서 환상 솔레노이드를 만들었다. 이 솔레노이드의 평균반경이 20[cm]이고, 단면적이 10[cm²]이다. 이 권선에 전류 1[A]를 흘리면 내부에 통하는 자속[Wb]은?

① 2.7×10^{-4} ② 4.8×10^{-4}
③ 6.8×10^{-4} ④ 9.6×10^{-4}

[풀이] 환상 솔레노이드의 내부 자속
$$\phi = BS = \mu H \cdot S = \mu \cdot \frac{NI}{2\pi r} \cdot S = \frac{\mu_0 \mu_s NIS}{\ell} \text{이므로}$$
$$\therefore \phi = \frac{\mu_0 \mu_s NIS}{l}$$
$$= \frac{4\pi \times 10^{-7} \times 800 \times 600 \times 1 \times 10 \times 10^{-4}}{2\pi \times 20 \times 10^{-2}}$$
$$= 4.8 \times 10^{-4}[Wb]$$
답 ②

20 $\epsilon_s = 10$인 유리 콘덴서와 동일 크기의 $\epsilon_s = 1$인 공기 콘덴서가 있다. 유리 콘덴서에 200[V]의 전압을 가할 때 동일한 전하를 축적하기 위하여 공기 콘덴서에 필요한 전압[V]은?

① 20   ② 200
③ 400   ④ 2000

[풀이] 공기 콘덴서의 전하량과 유리 콘덴서의 전하량이 같아야 되므로
$$Q_0 = C_0 V_0 = Q = CV = C_0 \epsilon_s V$$
$$\therefore V_0 = \epsilon_s V = 10 \times 200 = 2000[V]$$
답 ④

2과목 - 전력공학

21 선간전압이 $V[kV]$이고, 1상의 대지정전용량이 $C[\mu F]$, 주파수가 $f[Hz]$인 3상 3선식 1회선 송전선의 소호리액터 접지방식에서 소호리액터의 용량은 몇 [kVA]인가?

① $6\pi f C V^2 \times 10^{-3}$
② $3\pi f C V^2 \times 10^{-3}$
③ $2\pi f C V^2 \times 10^{-3}$
④ $\sqrt{3}\pi f C V^2 \times 10^{-3}$

[풀이] 3상 1회선 소호 리액터 용량
$P = 3EI = 3E \times 2\pi fCE = 6\pi fCE^2$에서
정전용량 $C[\mu F]$, 선간전압 $V[kV]$이므로
단위를 고려하면
$$P = 6\pi f C \times 10^{-6} \times \left(\frac{V}{\sqrt{3}}\right)^2 \times 10^6 [VA]$$
$$= 2\pi f C V^2 [VA]$$
$$= 2\pi f C V^2 \times 10^{-3} [kVA]$$
답 ③

22 전력계통에서 무효전력을 조정하는 조상설비 중 전력용 콘덴서를 동기조상기와 비교할 때 옳은 것은?

① 전력손실이 크다.
② 지상 무효전력분을 공급할 수 있다.
③ 전압조정을 계단적으로 밖에 못한다.
④ 송전선로를 시송전 할 때 선로를 충전할 수 있다.

풀이 조상설비의 비교

항 목	동기 조상기	전력용 콘덴서	분로 리액터
전력손실	많음 (1.5~2.5 [%])	적음 (0.3 [%] 이하)	적음 (0.6 [%] 이하)
무효전력	진상, 지상 양용	진상전용	지상전용
조정	연속적	계단적	계단적
사고시 전압유지	큼	작음	작음
시송전	가능	불가능	불가능

답 ③

23 변전소에 분로 리액터를 설치하는 주된 목적은?

① 진상무효전력 보상
② 전압강하 방지
③ 전력손실 경감
④ 잔류전하 방지

풀이 페란티 효과의 원인이 선로의 정전용량(진상무효전력)이므로 이를 보상시키기 위하여 선로에 분로 리액터를 설치한다.

답 ①

24 연가를 하는 주된 목적은?

① 혼촉 방지
② 유도뢰 방지
③ 단락사고 방지
④ 선로정수 평형

풀이
• 연가는 선로정수를 평형시키고 통신선의 유도장해를 방지하기 위하여 선로를 3배수 등분하여 실시한다.
• 연가의 목적 : 선로정수 평형, 직렬공진 방지, 유도장해 감소

답 ④

25 중성점접지방식 중 1선 지락고장일 때 선로의 전압상승이 최대이고, 통신장해가 최소인 것은?

① 비접지방식
② 직접 접지방식
③ 저항접지방식
④ 소호 리액터접지방식

풀이 접지방식별 특징

방식	보호계전기 동작	지락전류	고장중 운전	전위 상승	과도 안정도	유도 장해	특징
직접 접지 (22.9, 154, 345[kV])	확실	최대	×	1.3	최소	최대	중성점 영전위, 단절연 가능
저항 접지	↑	↑	×	$\sqrt{3}$	↓	↑	
비접지 (3.3, 6.6 [kV])	×	↑	가능	$\sqrt{3}$	↓	↑	저전압 단거리에 적용
소호 리액터 접지 (66[kV])	불확실	최소	가능	$\sqrt{3}$ 이상	최대	최소	병렬공진, 고장전류 최소

답 ④

26 3상 배전선로의 전압강하율을 나타내는 식이 아닌 것은? (단, V_s : 송전단 전압, V_r : 수전단 전압, I : 전부하전류, P : 부하전력, Q : 무효전력이다.)

① $\dfrac{\sqrt{3}\,I}{V_r}(R\cos\theta + X\sin\theta)\times 100[\%]$

② $\dfrac{PR+QX}{V_r^2}\times 100[\%]$

③ $\dfrac{V_s - V_r}{V_r}\times 100[\%]$

④ $\dfrac{V_r}{V_s}\times 100[\%]$

풀이
$$\epsilon = \frac{V_s - V_r}{V_r}\times 100 = \frac{e}{V_r}\times 100$$
$$= \frac{\sqrt{3}\,I(R\cos\theta_r + X\sin\theta_r)}{V_r}\times 100$$
$$= \frac{PR+QX}{V_r^2}\times 100[\%]$$

답 ④

27 송전 선로의 일반 회로 정수를 A, B, C, D라 하면 다음 중 옳은 것은?

① $AD - BC = 1$
② $AB - CD = 1$
③ $AC - BD = 1$
④ $AB + CD = 1$

풀이 $AD - BC = 1$
여기서, $C = \dfrac{AD-1}{B}$,
$B = \dfrac{AD-1}{C}$ 이 된다. **답** ①

28 송전 선로에서 소호환(arcing ring)을 설치하는 이유는?

① 전력 손실 감소
② 송전 전력 증대
③ 애자에 걸리는 전압 분포의 균일
④ 누설 전류에 의한 편열 방지

풀이 소호환(arcing ring)의 목적은 애자련을 보호하며 애자련의 전압 분담을 균일하게 한다. **답** ③

29 단상 2선식 110[V] 저압배전선로를 단상 3선식 110/220[V]로 변경할 때 부하의 크기 및 공급 전압을 일정하게 하고 또 부하를 평형시켰을 때 전선로의 전압강하율은 변경 전에 비하여 어떻게 되는가?

① $\dfrac{1}{2}$ ② $\dfrac{1}{3}$
③ $\dfrac{1}{4}$ ④ $\dfrac{1}{5}$

풀이

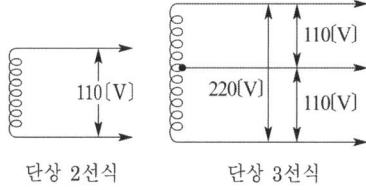

전압 강하율 $\epsilon = \dfrac{e}{V} = \dfrac{P}{V^2}(R + X\tan\theta)$ 이므로

$\epsilon \propto \dfrac{1}{V^2}$ 이다.

따라서 단상 2선식을 단상 3선식으로 변경하면 전압을 2배 승압한 경우이므로 전압강하율은 $\dfrac{1}{4}$ 배가 된다. **답** ③

30 간격 S인 정4각형 배치의 4도체에서 소선 상호 간의 기하학적 평균 거리는?

① $\sqrt{2}\,S$ ② $\sqrt{S}$
③ $\sqrt[3]{S}$ ④ $\sqrt[6]{2}\,S$

풀이 평균거리 $= \sqrt[6]{S \cdot S \cdot S \cdot S \cdot \sqrt{2}S \cdot \sqrt{2}S} = \sqrt[6]{2}\,S$

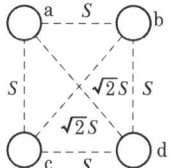

답 ④

31 변압기의 결선 중에서 1차에 제3고조파가 있을 때 2차에 제3고조파 전압이 외부로 나타나는 결선은?

① Y – Y   ② Y – △
③ △ – Y   ④ △ – △

풀이 △결선이 포함된 변압기에서는 제3고조파가 순환전류가 되어 소멸되나, Y결선만 있는 변압기에서는 제3고조파가 나타난다. **답** ①

32 송전단 전압이 66[kV], 수전단 전압이 60[kV]인 송전선로에서 수전단의 부하를 끊을 경우에 수전단 전압이 63[kV]가 되었다면 전압변동률은 몇 [%]가 되는가?

① 4.5   ② 4.8
③ 5.0   ④ 10.0

풀이 전압 변동률 $= \dfrac{\text{무부하 시의 전압} - \text{정격 전압}}{\text{정격 전압}} \times 100$

$= \dfrac{63-60}{60} \times 100 = 5[\%]$ **답** ③

33 그림과 같은 선로에서 점 F에서의 1선 지락이 발생한 경우 영상임피던스는?

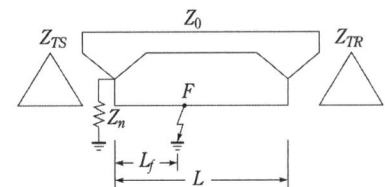

① $Z_{TS} + Z_n + 3Z_o$
② $Z_{TS} + 3Z_n + Z_o$
③ $Z_{TS} + Z_n + Z_o \dfrac{L_f}{L}$
④ $Z_{TS} + 3Z_n + Z_o \dfrac{L_f}{L}$

풀이 영상전압 $V = 3I_0 \cdot Z_n = I_0 \cdot 3Z_n$
영상임피던스 $Z = Z_{TS} + 3Z_n + Z_o$
단, I_0 : 영상전류, Z_n : 지락저항,
Z_{TS} : 송전 측 변압기 임피던스, Z_o : 선로임피던스
임피던스는 거리에 비례하므로
선로임피던스 $= Z_o \dfrac{L_f}{L}$

영상임피던스 $= Z_{TS} + 3Z_n + Z_o \dfrac{L_f}{L}$

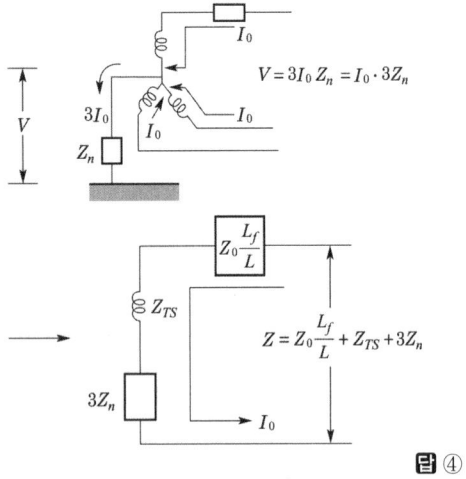

답 ④

34 수력발전소의 조압수조(서지 탱크) 설치 목적은?
① 수차 보호   ② 흡출관 보호
③ 수격작용 흡수 ④ 조속기 보호

풀이 조압 수조는 저수지로부터의 수로가 압력 터널인 경우에 시설하는 것으로서 사용 유량의 급변으로 인한 수격작용(Water hammering)이 압력 터널에 미치지 않도록 하는 일종의 안전장치이다.   답 ③

35 송전 계통의 절연 협조에 있어 절연 레벨을 가장 낮게 잡고 있는 기기는?
① 피뢰기   ② 단로기
③ 변압기   ④ 차단기

풀이 절연 협조는 피뢰기의 제한 전압이 기준이 된다. 따라서 피뢰기의 절연 레벨이 제일 낮다.   답 ①

36 전압 66000[V], 주파수 60[Hz], 길이 7[km], 1회선의 3상 지중전선로에서 3상 무부하 충전 용량은 약 몇 [kVA]인가? (단, 케이블의 심선 1선 1[km]의 정전용량은 0.4[μF/km]라 한다.)
① 2560[kVA]
② 4600[kVA]
③ 7970[kVA]
④ 13800[kVA]

풀이 $Q_c = 3EI_c = 3\omega C \left(\dfrac{V}{\sqrt{3}}\right)^2$
$= 3 \times 2\pi \times 60 \times 0.4 \times 10^{-6} \times 7 \times \left(\dfrac{66000}{\sqrt{3}}\right)^2 \times 10^{-3}$
$= 4598$ [kVA]   답 ②

37 자가용 변전소의 1차측 차단기의 용량을 결정할 때 가장 밀접한 관계가 있는 것은?
① 부하설비 용량
② 공급측의 단락용량
③ 부하의 부하율
④ 수전계약 용량

풀이 차단기 차단 용량은 그 점에 있어서의 단락용량에 의해 결정된다. 즉, 단락용량 $P_s = \dfrac{100}{\%Z} P_n$에서 알 수 있듯이 차단기 차단용량은 전원측으로부터 단락점까지의 % 임피던스(%Z)와 공급측 전기 설비 용량 P_n에 의해 결정된다.   답 ②

38 선로의 특성 임피던스에 대한 설명으로 알맞은 것은?

① 선로의 길이에 비례한다.
② 선로의 길이에 반비례한다.
③ 선로의 길이에 관계없이 일정하다.
④ 선로의 길이보다 부하에 따라 변화한다.

[풀이] 선로의 특성임피던스 $Z_0 = \sqrt{\dfrac{L}{C}}$: 길이와는 관계없다.

답 ③

39 뒤진 역률 80[%], 1000[kW]의 3상 부하가 있다. 이것에 콘덴서를 설치하여 역률을 95[%]로 개선하려면 콘덴서의 용량은 약 몇 [kVA]인가?

① 240[kVA]   ② 420[kVA]
③ 630[kVA]   ④ 950[kVA]

[풀이]
$$Q = P(\tan\theta_1 - \tan\theta_2) = P\left(\dfrac{\sin\theta_1}{\cos\theta_1} - \dfrac{\sin\theta_2}{\cos\theta_2}\right)$$
$$= P\left(\dfrac{\sqrt{1-\cos^2\theta_1}}{\cos\theta_1} - \dfrac{\sqrt{1-\cos^2\theta_2}}{\cos\theta_2}\right)$$
$$\therefore Q = 1000\left(\dfrac{0.6}{0.8} - \dfrac{\sqrt{1-0.95^2}}{0.95}\right) = 421.32[kVA]$$

답 ②

40 가공 송전선에 사용되는 애자 1연 중 전압부담이 최대인 애자는?

① 철탑에 제일 가까운 애자
② 전선에 제일 가까운 애자
③ 중앙에 있는 애자
④ 철탑과 애자연 중앙의 그 중간에 있는 애자

[풀이] • 전압 분담 최대 : 전선쪽 애자
• 전압 분담 최소 : 철탑에서 1/3 지점 애자

답 ②

3과목 - 전기기기

41 송전선로에 접속된 동기조상기의 설명으로 옳은 것은?

① 과여자로 해서 운전하면 앞선전류가 흐르므로 리액터 역할을 한다.
② 과여자로 해서 운전하면 뒤진전류가 흐르므로 콘덴서 역할을 한다.
③ 부족여자로 해서 운전하면 앞선전류가 흐르므로 리액터 역할을 한다.
④ 부족여자로 해서 운전하면 송전선로의 자기여자작용에 의한 전압상승을 방지한다.

[풀이] • 과여자 운전 : 콘덴서 작용 – 역률 개선
• 부족 여자 운전 : 리액터 작용 – 이상 전압의 상승 억제

답 ④

42 직류분권발전기를 역회전하면?

① 발전되지 않는다.
② 정회전 때와 마찬가지다.
③ 과대전압이 유기된다.
④ 섬락이 일어난다.

[풀이] 직류분권발전기를 역회전하면 잔류자기에 의한 기전력의 극성이 반대로 되고, 분권 회로의 여자전류가 반대로 흘러서 잔류자기를 소멸시키기 때문에 **발전 불능**이 된다.

답 ①

43 다음 중 전기기계에 있어서 히스테리시스손을 감소시키기 위하여 어떻게 하는 것이 가장 좋은가?

① 성층 철심 사용   ② 규소 강판 사용
③ 보극 설치   ④ 보상 권선 설치

[풀이] • 전기 기계에 **규소강판을 사용**하면 자기 저항이 크게 되어 와류손과 **히스테리시스손이 감소**하게 되지만 투자율이 낮아지고 기계적 강도가 감소되어 부서지기 쉽다.
• 성층하는 이유는 와류손을 적게 하기 위한 것이다.

답 ②

44 동기기의 전기자 권선법 중 단절권과 분포권을 사용하는 이유 중 가장 중요한 목적은?

① 높은 전압을 얻기 위해서
② 일정한 주파수를 얻기 위해서
③ 좋은 파형을 얻기 위해서
④ 효율을 좋게 하기 위해서

풀이 • 단절권의 장점
① 고조파를 제거하여 기전력의 파형을 좋게 한다.
② 코일 끝부분의 길이가 단축되어 기계 전체의 길이가 축소된다.
③ 구리의 양이 적게 든다.
• 분포권의 장점
① 기전력의 고조파가 감소하여 파형이 좋아진다.
② 권선의 누설 리액턴스가 감소한다.
③ 전기자 권선에 의한 열을 고르게 분포시켜 과열을 방지한다. **답** ③

45 직류기에 있어서 불꽃 없는 정류를 얻는 데 가장 유효한 방법은?

① 보극과 보상권선
② 보극과 탄소 브러시
③ 탄소 브러시와 보상권선
④ 자기포화와 브러시의 이동

풀이 양호한 정류를 얻는 조건
① 리액턴스 전압을 작게 한다. $\left(e_L = L\dfrac{2I_c}{T_c}\right)$
② 단절권 채용으로 자기 인덕턴스를 작게 한다.
③ 고속을 피하여 정류 주기를 길게 한다.
④ 저항 정류로서 탄소 브러시를 사용한다.
⑤ 전압 정류로서 보극을 설치한다. **답** ②

46 직류전동기 중 부하가 변하면 속도가 심하게 변하는 전동기는?

① 직류 분권전동기 ② 직류 직권전동기
③ 차동 복권전동기 ④ 가동 복권전동기

풀이 • 직권 전동기에서는 $I_a = I = I_f$ 이므로 $I = I_f \propto \phi$가 된다.
• 회전 속도 $n = K\dfrac{V - I_a(R_a + R_s)}{\phi(\propto I)}$ [rps]이므로 속도는 자속(= 부하전류)에 반비례하여 증감한다.

즉 직권 전동기는 부하 전류가 변화하면 속도가 현저하게 변하는 특성이 있다. **답** ②

47 직류 및 교류 양용에 사용되는 만능 전동기는?

① 복권전동기
② 유도전동기
③ 동기전동기
④ 직권 정류자전동기

풀이 직류 직권 전동기에 가해 주는 직류 전압을 그림과 같이 바꿀 경우에도 자속과 전기자 전류의 방향이 동시에 모두 반대가 되므로, 회전 방향은 변하지 않는다.

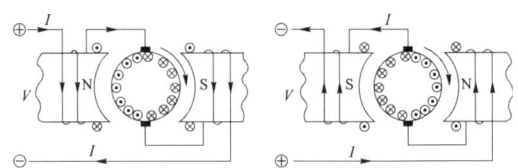

직·교류 양용 전동기의 원리

따라서, 이 직류 직권 전동기에 교류 전압을 가해 주어도 전동기는 항상 같은 방향의 토크를 발생하고, 회전을 같은 방향으로 계속한다. 직·교류 양용 전동기는 이와 같은 원리를 이용한 전동기로서 단상 직권 정류자 전동기라고 한다. **답** ④

48 변압기의 표유부하손이란?

① 동손, 철손
② 부하전류 중 누전에 의한 손실
③ 권선 이외 부분의 누설자속에 의한 손실
④ 무부하 시 여자전류에 의한 동손

풀이

총손실	무부하손 (철손)	와류손 : 와전류에 의해 발생
		히스테리시스손 : 잔류 자기와 보자력에 의해 발생
	부하손	전부하 동손 : 권선에 의해 발생
		표유부하손 : 권선 이외 부분의 누설자속에 의해 발생

답 ③

49 단락비가 큰 동기기는?

① 안정도가 높다.
② 전압변동률이 크다.
③ 기계가 소형이다.
④ 전기자 반작용이 크다.

풀이 단락비가 큰 기계(철기계)
- 동기 임피던스가 적다.($K_s \propto \dfrac{1}{Z_s}$)
- 전압변동률이 작다.
- 전기자 반작용이 작다.
- 출력이 크다.
- 과부하 내량이 크고 안정도가 높다.
- 자기 여자 현상이 작다.
- 극수가 많은 저속기에 적합하다. **답** ①

50 3상 동기발전기를 병렬운전 하는 경우 필요한 조건이 아닌 것은?

① 회전수가 같다.
② 상회전이 같다.
③ 발생 전압이 같다.
④ 전압 파형이 같다.

풀이 동기발전기의 병렬 운전 조건은 다음과 같다.
① 기전력의 크기가 같을 것
② 기전력의 위상이 같을 것
③ 기전력의 주파수가 같을 것
④ 기전력의 파형이 같을 것
⑤ 상회전 방향이 같을 것 **답** ①

51 동기전동기의 위상특성곡선(V곡선)에 대한 설명으로 옳은 것은?

① 출력을 일정하게 유지할 때 부하전류와 전기자전류의 관계를 나타낸 곡선
② 역률을 일정하게 유지할 때 계자전류와 전기자전류의 관계를 나타낸 곡선
③ 계자전류를 일정하게 유지할 때 전기자전류와 출력 사이의 관계를 나타낸 곡선
④ 공급전압 V와 부하가 일정할 때 계자전류의 변화에 대한 전기자전류의 변화를 나타낸 곡선

풀이

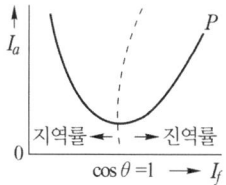

위상 특성 곡선이란 단자전압과 부하를 일정하게 유지하고, 여자 전류를 변화시킬 경우 계자전류와 전기자 전류와의 관계를 표시한 것으로 그 형상이 V자와 같으므로 V곡선이라고도 한다.
- 계자전류가 역률 1일 때 보다 크면, 앞선 전기자 전류가 흐른다.
- 계자전류가 역률 1일 때 보다 작으면, 뒤진 전기자 전류가 흐른다. **답** ④

52 1차측 권수가 1500인 변압기의 2차측에 접속한 저항 16[Ω]을 1차측으로 환산했을 때 8[kΩ]으로 되어있다면 2차측 권수는 약 얼마인가?

① 75 ② 70
③ 67 ④ 64

풀이 권수비 $a = \dfrac{V_1}{V_2} = \dfrac{N_1}{N_2} = \dfrac{I_2}{I_1} = \sqrt{\dfrac{R_1}{R_2}}$ 이므로

$a = \sqrt{\dfrac{R_1}{R_2}} = \sqrt{\dfrac{8000}{16}} = 10\sqrt{5}$

$\therefore N_2 = \dfrac{N_1}{a} = \dfrac{1500}{10\sqrt{5}} = 67$회 **답** ③

53 변압기의 절연유로서 갖추어야 할 조건이 아닌 것은?

① 비열이 커서 냉각 효과가 클 것
② 절연저항 및 절연내력이 적을 것
③ 인화점이 높고 응고점이 낮을 것
④ 고온에서도 석출물이 생기거나 산화하지 않을 것

풀이 변압기의 기름으로서 갖추어야 할 조건
① 절연내력이 클 것
② 절연 재료 및 금속에 화학 작용을 일으키지 않을 것
③ 인화점이 높고, 응고점이 낮을 것
④ 점도가 낮고, 비열이 커서 냉각 효과가 클 것
⑤ 고온에서도 석출물이 생기거나 산화하지 않을 것 **답** ②

54 6상 회전 변류기의 정격 출력이 2000[kW]이고 직류측 정격 전압이 1000[V]이다. 교류측 입력 전류는? 단, 역률 및 효율은 전부 100[%]이고 $\cos\theta = 1$ 이다.

① 약 471[A] ② 약 667[A]
③ 약 943[A] ④ 약 1633[A]

풀이
$$I_d = \frac{P_d}{E_d} = \frac{2000 \times 10^3}{1000} = 2000[A]$$

$$\frac{I_a}{I_d} = \frac{2\sqrt{2}}{m\cos\theta}$$ 이므로

$$\therefore I_a = \frac{2\sqrt{2}}{m\cos\theta}I_d = \frac{2\sqrt{2} \times 2000}{6 \times 1} = 942.8[A]$$ 답 ③

55 220[V], 6극, 60[Hz], 10[kW]인 3상 유도전동기의 회전자 1상의 저항은 0.1[Ω], 리액턴스는 0.5[Ω]이다. 정격전압을 가했을 때 슬립이 4[%]일 때 회전자 전류는 몇 [A]인가? (단, 고정자와 회전자는 △결선으로서 권수는 각각 300회와 150회이며, 각 권선계수는 같다.)

① 27   ② 36   ③ 43   ④ 52

풀이 $k_{w1} = k_{w2}$라 하면

권수비 $a = \frac{w_1}{w_2} = \frac{300}{150} = 2$

2차 유기전압 $E_2 = \frac{E_2'}{a} ≒ \frac{V_1}{a} = \frac{220}{2} = 110[V]$

회전자 전류 $I_2 = \frac{sE_2}{\sqrt{r_2^2 + (sx_2)^2}}$

$= \frac{0.04 \times 110}{\sqrt{0.1^2 + (0.04 \times 0.5)^2}}$

$= 43[A]$ 답 ③

56 3상 유도전동기의 원선도를 그리는 데 필요하지 않은 시험은?

① 슬립측정   ② 구속시험
③ 무부하 시험   ④ 저항측정

풀이 ① 원선도 작성에 필요한 시험은
  • 저항 측정 • 무부하 시험 • 구속 시험이 있다.
② 유도 전동기의 원선도에서 구할 수 있는 항목
  • 전부하 전류 • 역률 • 효율 • 슬립
  • 최대출력/정격출력 • 정·동토크/전부하토크
  답 ①

57 다음 유도전동기 기동법 중 권선형 유도전동기에 가장 적합한 기동법은?

① Y-△ 기동법   ② 기동보상기법
③ 전전압기동법   ④ 2차 저항법

풀이
- 권선형 유도전동기의 기동법 : 2차 측의 슬립링을 통하여 기동저항을 삽입하고 비례 추이의 특성을 이용하여 속도-토크 특성을 변화시켜 가면서 기동하는 방식을 택한다.
- 2차 저항 기동법 : 비례 추이 특성을 이용 답 ④

58 스테핑모터에 대한 설명 중 틀린 것은?

① 회전속도는 스테핑 주파수에 반비례한다.
② 총 회전각도는 스텝각과 스텝수의 곱이다.
③ 분해능은 스텝각에 반비례한다.
④ 펄스구동방식의 전동기이다.

풀이 스테핑 모터는 디지털 신호에 비례하여 일정각도 만큼 회전하는 모터로 그 총 회전각은 입력 펄스의 수로 정해지며, 회전속도는 **입력 펄스의 주파수(펄스 속도)에 비례**한다. 스테핑 모터는 자동화설비 등에서 전기적 신호를 위치 신호로 변환시키는 데 사용된다. 답 ①

59 교류전압제어기를 전원과 부하회로에 연결된 조광기에 교류 실효전압을 변화시켜서 사용할 수 있는 소자 중 가장 적합한 것은?

① 파워 트랜지스터(Power Transister)
② 트라이액(Triac)
③ 모스 에프이티(MOS-FET)
④ 다이오드(Diode)

풀이 TRIAC은 기능상 2개의 SCR을 역병렬접속한 것으로 양방향으로 도통할 수 있어 **교류 실효전압을 변화시켜서 부하를 제어**하는 데 적합하다. 답 ②

60 3300/210[V], 5[kVA] 단상변압기의 퍼센트 저항 강하 2.4[%], 퍼센트 리액턴스 강하 1.8[%]이다. 임피던스 와트[W]는?

① 320   ② 240
③ 120   ④ 90

풀이 $\%R = \frac{I_n \cdot R}{V_n} \times 100 = \frac{P_s}{P_n} \times 100$에서

$\therefore P_s = \frac{\%R \cdot P_n}{100} = \frac{2.4 \times 5 \times 10^3}{100} = 120[W]$ 답 ③

4과목 - 회로이론

61 T형 4단자 회로의 임피던스 파라미터 중 Z_{22}는?

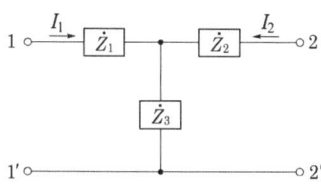

① $Z_1 + Z_2$
② $Z_2 + Z_3$
③ $Z_1 + Z_3$
④ $-Z_2$

풀이

$Z_{11} = \dfrac{V_1}{I_1}\bigg|_{I_2=0} = Z_1 + Z_3$

$Z_{12} = \dfrac{V_1}{I_2}\bigg|_{I_1=0} = Z_3$

$Z_{21} = \dfrac{V_2}{I_1}\bigg|_{I_2=0} = Z_3$

$Z_{22} = \dfrac{V_2}{I_2}\bigg|_{I_1=0} = Z_2 + Z_3$ **답** ②

62 다음과 같은 4단자망에서 영상 임피던스는 몇 [Ω]인가?

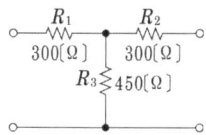

① 200
② 300
③ 450
④ 600

풀이

- 영상 임피던스 $Z_{01} = \sqrt{\dfrac{AB}{CD}}$
- 대칭 T형 회로에서는 $A = D$이므로 $Z_{01} = \sqrt{\dfrac{B}{C}}$이다.
- $C = \dfrac{1}{450}$
- $B = \dfrac{300 \times 450 + 300 \times 300 + 300 \times 450}{450} = \dfrac{360000}{450}$

∴ $Z_{01} = \sqrt{\dfrac{B}{C}} = \sqrt{\dfrac{360000/450}{1/450}} = 600[\Omega]$ **답** ④

63 6상 성형 상전압이 200[V]일 때 선간전압[V]은?

① 200
② 150
③ 100
④ 50

풀이 대칭 n상 회로에서의 선간전압

$V_l = 2V_p \sin\dfrac{\pi}{n}$

(여기서, V_l : 선간전압, V_p : 상전압, n : 상수)

따라서 6상 선간전압

$V_l = 2V_p \sin\dfrac{\pi}{n} = 2V_p \sin\dfrac{\pi}{6} = V_p = 200[V]$ **답** ①

64 3상 불평형 전압에서 영상전압이 150[V]이고 정상전압이 600[V], 역상전압이 300[V]이면 전압의 불평형률[%]은?

① 60[%]
② 50[%]
③ 40[%]
④ 30[%]

풀이 불평형률 = $\dfrac{\text{역상 전압}}{\text{정상 전압}} \times 100 = \dfrac{300}{600} \times 100 = 50[\%]$ **답** ②

65 $R-L-C$ 직렬회로에서 회로 저항값이 다음의 어느 값이어야 이 회로가 임계적으로 제동되는가?

① $\sqrt{\dfrac{L}{C}}$
② $2\sqrt{\dfrac{L}{C}}$
③ $\dfrac{1}{\sqrt{CL}}$
④ $2\sqrt{\dfrac{C}{L}}$

풀이 임계제동 조건 $\left(\dfrac{R}{2L}\right)^2 - \dfrac{1}{LC} = 0$에서

$R = 2\sqrt{\dfrac{L}{C}}$ 또는 $R^2 = \dfrac{4L}{C}$

조건	특성
$R > 2\sqrt{\dfrac{L}{C}}$	과제동(비진동적)
$R = 2\sqrt{\dfrac{L}{C}}$	임계제동(진동)
$R < 2\sqrt{\dfrac{L}{C}}$	부족제동(진동적)

답 ②

66 다음 회로에서 S를 닫은 후 $t=2$초일 때 회로에 흐르는 전류는 약 몇 [A]인가?

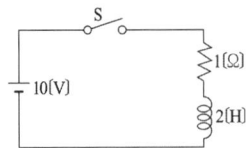

① 3.7[A]   ② 4.6[A]
③ 5.2[A]   ④ 6.3[A]

풀이 $R-L$ 직렬 회로에 직류 전압 인가 시 흐르는 전류
$i(t) = \frac{E}{R}\left(1-e^{-\frac{R}{L}t}\right)$에서 $t=2$[s]이므로
$\therefore i(2) = \frac{10}{1}\left(1-e^{-\frac{1}{2}\cdot 2}\right) = 10(1-e^{-1})$
$= 6.32$[A]   답 ④

67 정현파 교류의 실효값을 구하는 식이 잘못된 것은?

① $\sqrt{\frac{1}{T}\int_0^T i^2 dt}$ ② 파고율×평균값
③ $\frac{최댓값}{\sqrt{2}}$ ④ $\frac{\pi}{2\sqrt{2}}$×평균값

풀이 실효값 $= \sqrt{\frac{1}{T}\int_0^T i^2 dt} = \frac{1}{파고율}\times$최댓값
$=$ 파형률×평균값
$= \frac{1}{\sqrt{2}}$최댓값$= \frac{\pi}{2\sqrt{2}}$평균값   답 ②

68 주기함수 $f(t)$의 푸리에 급수 전개식으로 옳은 것은?

① $f(t) = \sum_{n=1}^{\infty} a_n \sin n\omega t + \sum_{n=1}^{\infty} b_n \sin n\omega t$
② $f(t) = b_0 + \sum_{n=2}^{\infty} a_n \sin n\omega t + \sum_{n=2}^{\infty} b_n \cos n\omega t$
③ $f(t) = a_0 + \sum_{n=1}^{\infty} a_n \cos n\omega t + \sum_{n=1}^{\infty} b_n \sin n\omega t$
④ $f(t) = \sum_{n=1}^{\infty} a_n \cos n\omega t + \sum_{n=1}^{\infty} b_n \cos n\omega t$

풀이 푸리에 급수는 주파수와 진폭을 달리하는 무수히 많은 성분을 갖는 비정현파를 무수히 많은 정현항과 여현항의 합으로 표현하는 것이다.
$f(t) = a_0 + \sum_{n=1}^{\infty} a_n \cos n\omega t + \sum_{n=1}^{\infty} b_n \sin n\omega t$ 답 ③

69 어떤 계에 임펄스 함수(δ함수)가 입력으로 가해졌을 때 시간함수 e^{-2t}가 출력으로 나타났다. 이 계의 전달함수는?

① $\frac{1}{s+2}$ ② $\frac{1}{s-2}$
③ $\frac{2}{s+2}$ ④ $\frac{2}{s-2}$

풀이 입력 $R(s)=1$, 출력 $C(s) = \mathcal{L}[e^{-2t}] = \frac{1}{s+2}$
$G(s) = \frac{C(s)}{R(s)} = \frac{\frac{1}{s+2}}{1} = \frac{1}{s+2}$ 답 ①

70 다음과 같은 전류의 초기값 $i(0^+)$를 구하면?

$I(s) = \frac{12(s+8)}{4s(s+6)}$

① 1   ② 2   ③ 3   ④ 4

풀이 초기값 정리에 의해
$\lim_{t\to 0} i(t) = \lim_{s\to\infty} s\cdot I(s) = \lim_{s\to\infty} s\cdot \frac{12(s+8)}{4s(s+6)}$
$= \lim_{s\to\infty} \frac{12+\frac{96}{s}}{4+\frac{24}{s}} = 3$ 답 ③

71 $e = 200\sqrt{2}\sin\omega t + 150\sqrt{2}\sin 3\omega t + 100\sqrt{2}\sin 5\omega t$[V]
인 전압을 $R-L$ 직렬회로에 가할 때에 제3고조파 전류의 실효값은 몇 [A]인가? (단, $R=8[\Omega]$, $\omega L = 2[\Omega]$이다.)

① 5   ② 8   ③ 10   ④ 15

풀이 고조파의 유도 리액턴스는 주파수에 비례한다.
$X_L = n\omega L[\Omega]$ (여기서 n은 고조파 차수)

따라서 제3고조파 전류
$$I_3 = \frac{V_3}{Z_3} = \frac{V_3}{\sqrt{R^2+(3\omega L)^2}} = \frac{150}{\sqrt{8^2+(3\times 2)^2}}$$
$$= 15[A]$$
답 ④

72 $Z = 8+j6[\Omega]$인 평형 Y부하에 선간전압 200[V]인 대칭 3상 전압을 가할 때 선전류는 약 몇 [A]인가?

① 20 ② 11.5
③ 7.5 ④ 5.5

풀이 Y결선에서 $V_l = \sqrt{3}V_p$, $I_l = I_p$이므로
$$\therefore I_l = I_p = \frac{V_p}{Z} = \frac{\frac{200}{\sqrt{3}}}{8+j6} = 11.5[A]$$

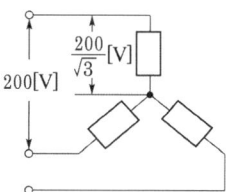

답 ②

73 그림과 같은 불평형 Y형 회로에 평형 3상 전압을 가할 경우 중성점의 전위 V_n[V]는? (단, Y_1, Y_2, Y_3는 각 상의 어드미턴스[℧]이고, Z_1, Z_2, Z_3는 각 어드미턴스에 대한 임피던스[Ω]이다.)

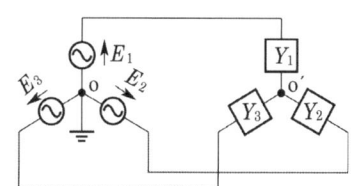

① $\dfrac{E_1+E_2+E_3}{Z_1+Z_2+Z_3}$

② $\dfrac{Z_1E_1+Z_2E_2+Z_3E_3}{Z_1+Z_2+Z_3}$

③ $\dfrac{E_1+E_2+E_3}{Y_1+Y_2+Y_3}$

④ $\dfrac{Y_1E_1+Y_2E_2+Y_3E_3}{Y_1+Y_2+Y_3}$

풀이 밀만의 정리
$$V_0 = \frac{\frac{E_1}{Z_1}+\frac{E_2}{Z_2}+\frac{E_3}{Z_3}}{\frac{1}{Z_1}+\frac{1}{Z_2}+\frac{1}{Z_3}} = \frac{Y_1E_1+Y_2E_2+Y_3E_3}{Y_1+Y_2+Y_3}$$
답 ④

74 22[kVA]의 부하가 역률 0.8이라면 무효 전력[kVar]은?

① 16.6 ② 17.6
③ 15.2 ④ 13.2

풀이 $\cos^2\theta + \sin^2\theta = 1$에서
$$\sin\theta = \sqrt{1-\cos^2\theta} = \sqrt{1-0.8^2} = 0.6$$
$$\therefore P_r = VI\sin\theta = P_a \cdot \sin\theta = 22\times 0.6$$
$$= 13.2[kVar]$$
답 ④

75 한 상의 임피던스가 $Z = 20+j10[\Omega]$인 Y결선 부하에 대칭 3상 선간 전압 200[V]를 가할 때 유효 전력[W]은?

① 1600 ② 1700
③ 1800 ④ 1900

풀이
$$\text{유효전력 } P = \frac{3V_p^2 R}{R^2+X^2} = \frac{3\left(\frac{200}{\sqrt{3}}\right)^2 \times 20}{20^2+10^2}$$
$$= 1600[W]$$
답 ①

76 2개의 교류 전압 $e_1 = 141\sin(120\pi t - 30°)$과 $e_2 = 150\cos(120\pi t - 30°)$의 위상차를 시간으로 표시하면 몇 초인가?

① $\dfrac{1}{60}$ ② $\dfrac{1}{120}$
③ $\dfrac{1}{240}$ ④ $\dfrac{1}{360}$

풀이 $e_2 = 150\sin(120\pi t - 30° + 90°)$
e_1과 e_2의 위상차 $\theta = \dfrac{\pi}{2}$, $\theta = \omega t$에서
$$t = \frac{\theta}{\omega} = \frac{\pi}{2}\times \frac{1}{120\pi} = \frac{1}{240}[sec]$$
답 ③

77 대칭 좌표법에 관한 설명 중 잘못된 것은?

① 불평형 3상 회로 비접지식 회로에서는 영상분이 존재한다.
② 대칭 3상 전압에서 영상분은 0이 된다.
③ 대칭 3상 전압은 정상분만 존재한다.
④ 불평형 3상 회로의 접지식 회로에서는 영상분이 존재한다.

풀이 영상분은 비대칭 3상회로의 접지선, 중성선에 존재하며, 비대칭 3상회로의 비접지식 회로에는 영상분이 존재하지 않는다. **답** ①

78 왜형파 전압
$$v = 100\sqrt{2}\sin\omega t + 50\sqrt{2}\sin 2\omega t + 30\sqrt{2}\sin 3\omega t$$
의 왜형률을 구하면?

① 1.0 ② 0.8
③ 0.5 ④ 0.3

풀이 왜형률 = $\dfrac{\text{전 고조파의 실효값}}{\text{기본파의 실효값}}$
$= \dfrac{\sqrt{V_2^2 + V_3^2}}{V_1} = \dfrac{\sqrt{50^2 + 30^2}}{100}$
$= 0.58 ≒ 0.5$ **답** ③

79 다음과 같은 회로에서 $t=0$인 순간에 스위치 S를 닫았다. 이 순간에 인덕턴스 L에 걸리는 전압[V]은? (단, L의 초기 전류는 0 이다.)

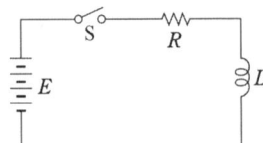

① 0 ② $\dfrac{LE}{R}$
③ E ④ $\dfrac{E}{R}$

풀이 $E_L = Ee^{-\frac{R}{L}t} = Ee^{-\frac{R}{L}\times 0} = E[V]$
($\because e^0 = 1$) **답** ③

80 4단자 회로에서 4단자 정수를 A, B, C, D라 할 때 전달정수 θ는 어떻게 되는가?

① $\ln(\sqrt{AB}+\sqrt{BC})$
② $\ln(\sqrt{AB}-\sqrt{CD})$
③ $\ln(\sqrt{AD}+\sqrt{BC})$
④ $\ln(\sqrt{AD}-\sqrt{BC})$

풀이 영상전달정수 θ는
$\theta = \ln(\sqrt{AD}+\sqrt{BC})$
$= \cosh^{-1}\sqrt{AD} = \sinh^{-1}\sqrt{BC}$
$= \tanh^{-1}\sqrt{\dfrac{BC}{AD}}$ **답** ③

5과목 - 전기설비기술기준

81 저압 옥상전선로의 시설에 대한 설명이다. 옳지 못한 시설 방법은?

① 전선은 절연 전선을 사용하였다.
② 전선은 지름 2.6[mm]의 경동선을 사용하였다.
③ 전선은 지지점간의 거리를 20[m]로 하였다.
④ 전선과 식물과의 이격 거리를 20[cm] 이상으로 유지시켰다.

풀이 221.3 옥상전선로
저압 옥상전선로는 전개된 장소에 다음에 따르고 또한 위험의 우려가 없도록 시설하여야 한다.
가. 전선은 인장강도 2.30[kN] 이상의 것 또는 지름 2.6[mm] 이상의 경동선을 사용할 것.
나. 전선은 절연전선(OW전선을 포함한다.) 또는 이와 동등 이상의 절연효력이 있는 것을 사용할 것.
다. 전선은 조영재에 견고하게 붙인 지지주 또는 지지대에 절연성·난연성 및 내수성이 있는 애자를 사용하여 지지하고 또한 그 **지지점 간의 거리는 15[m] 이하일 것**.
라. 전선과 그 저압 옥상 전선로를 시설하는 조영재와의 이격거리는 2[m](전선이 고압절연전선, 특고압 절연전선 또는 케이블인 경우에는 1[m]) 이상일 것.
마. 저압 옥상전선로의 전선은 상시 부는 바람 등에 의하여 식물에 접촉하지 아니하도록 시설하여야 한다. **답** ③

82 철도·궤도 또는 자동차도의 전용터널 안의 터널내 전선로의 시설방법으로 틀린 것은?

① 저압전선으로 지름 2.0[mm]의 경동선을 사용하였다.
② 고압전선은 케이블공사로 하였다.
③ 저압전선을 애자사용공사에 의하여 시설하고 이를 레일면 상 또는 노면상 2.5[m] 이상으로 하였다.
④ 저압전선을 금속제 가요전선관공사에 의하여 시설하였다.

풀이 335.1 터널 안 전선로의 시설
철도·궤도 또는 자동차도 전용터널 안의 전선로

전압	전선의 굵기	시공방법	애자사용 공사 시 높이
저압	인장강도 2.30[kN] 이상 또는 2.6[mm] 이상의 경동선의 절연전선	• 합성수지관공사 • 금속관공사 • 금속제가요전선관 공사 • 케이블공사 • 애자사용공사	노면상, 레일면상 2.5[m] 이상
고압	인장강도 5.26[kN] 이상 또는 4[mm] 이상의 경동선	• 케이블공사 • 애자사용공사	노면상, 레일면상 3[m] 이상
특고압		• 케이블공사	

답 ①

83 고압가공인입선이 케이블 이외의 것으로서 그 아래에 위험표시를 하였다면 전선의 지표상 높이는 몇 [m]까지로 감할 수 있는가?

① 2.5 ② 3.5
③ 4.5 ④ 5.5

풀이 331.12.1 고압 가공인입선의 시설
가. 고압 가공인입선의 높이는 지표상 5[m]로 하여야 한다. 그러나 그 고압 가공인입선이 케이블 이외의 것인 때에는 그 전선의 아래쪽에 위험표시를 하면 고압 가공인입선의 높이는 지표상 3.5[m]까지로 감할 수 있다.
나. 횡단보도교의 위에 시설하는 경우에는 그 노면상 3.5[m] 이상

답 ②

84 일반주택 및 아파트 각 호실의 현관 등은 몇 분 이내에 소등되는 타임스위치를 시설하여야 하는가?

① 1분 ② 3분 ③ 5분 ④ 10분

풀이 234.6 점멸기의 시설
다음의 경우에는 센서등(타임스위치 포함)을 시설하여야 한다.
가. 관광숙박업 또는 숙박업(여인숙업을 제외한다)에 이용되는 객실의 입구등은 1분 이내에 소등되는 것.
나. 일반주택 및 아파트 각 호실의 현관등은 3분 이내에 소등되는 것.

답 ②

85 전력 보안통신 설비인 무선 통신용 안테나 또는 반사판을 지지하는 철주, 철근 콘크리트주 또는 철탑의 기초의 안전율은 얼마 이상이어야 하는가?

① 1.2 ② 1.3 ③ 1.5 ④ 2.2

풀이 364.1 무선용 안테나 등을 지지하는 철탑 등의 시설
전력보안통신설비인 무선통신용 안테나 또는 반사판을 지지하는 목주·철주·철근 콘크리트주 또는 철탑은 다음에 따라 시설하여야 한다. 다만, 무선용 안테나 등이 전선로의 주위상태를 감시할 목적으로 시설되는 것일 경우에는 그러하지 아니하다.
가. 목주는 풍압하중에 대한 안전율은 1.5 이상이어야 한다.
나. 철주·철근 콘크리트주 또는 철탑의 기초 안전율은 1.5 이상이어야 한다.

답 ③

86 가공전선로의 지지물에 원형 철근콘크리트주인 경우 갑종 풍압하중은 몇 [Pa]를 기초로 하여 계산하는가?

① 294 ② 588
③ 627 ④ 1078

풀이 331.6 풍압하중의 종별과 적용

풍압을 받는 구분			풍압[Pa]
목주			588
지지물	철근 콘크리트주	원형의 것	588
		기타의 것	882
	철탑	단주 (완철류는 제외함) 원형의 것	588
		단주 (완철류는 제외함) 기타의 것	1,117
		강관으로 구성되는 것(단주는 제외함)	1,255
		기타의 것	2,157

답 ②

87
저압 가공전선로의 지지물이 목주인 경우 풍압하중의 몇 배의 하중에 견디는 강도를 가지는 것이어야 하는가?

① 1.2　　② 1.5
③ 2　　　④ 3

풀이 222.8 저압 가공전선로의 지지물의 강도
지지물이 목주인 경우 안전율 및 말구의 지름

전압의 종별	안전율	말구의 지름
저 압	1.2	-
고 압	1.3	0.12[m] 이상
특고압	1.5	0.12[m] 이상

답 ①

88
전기철도차량에 전력을 공급하는 전차선의 가선방식에 포함되지 않는 것은?

① 가공방식　　② 강체방식
③ 제3레일방식　④ 지중조가선방식

풀이 431.1 전차선 가선방식
전차선의 가선방식은 열차의 속도 및 노반의 형태, 부하전류 특성에 따라 적합한 방식을 채택하여야 하며, 가공방식, 강체방식, 제3레일방식을 표준으로 한다.

답 ④

89
시가지내에 시설하는 154[kV] 가공 전선로에 지락 또는 단락이 생겼을 때 몇 초 안에 자동적으로 이를 전로로부터 차단하는 장치를 시설하여야 하는가?

① 1　　② 3
③ 5　　④ 10

풀이 333.1 시가지 등에서 특고압 가공전선로의 시설
사용전압이 100[kV]를 초과하는 특고압 가공전선에 지락 또는 단락이 생겼을 때에는 1초 이내에 자동적으로 이를 전로로부터 차단하는 장치를 시설할 것.

답 ①

90
유희용 전차의 시설방법으로 틀린 것은?

① 유희용 전차에 전기를 공급하는 전로에는 전용 개폐기를 시설할 것
② 유희용 전차에 전기를 공급하기 위하여 사용하는 접촉전선은 제3레일 방식에 의하여 시설할 것
③ 유희용 전차에 전기를 공급하는 전로의 사용전압은 직류의 경우 60[V] 이하, 교류의 경우는 40[V] 이하일 것
④ 유희용 전차 안에 승압용 변압기를 시설하는 경우 그 변압기의 2차 전압은 300[V] 이하일 것

풀이 241.8 유희용 전차
가. 유희용 전차에 전기를 공급하기 위하여 사용하는 변압기의 1차 전압은 400[V] 이하이어야 한다.
나. 유희용 전차에 전기를 공급하는 전원장치의 2차측 단자의 최대사용전압은 직류의 경우 60[V] 이하, 교류의 경우 40[V] 이하일 것.
다. 접촉전선은 제3레일 방식에 의하여 시설할 것.
라. 유희용 전차의 **전차 내에서 승압**하여 사용하는 경우 변압기는 절연변압기를 사용하고 **2차 전압은 150[V] 이하**로 할 것.
마. 유희용 전차에 전기를 공급하는 전로에는 전용의 개폐기를 시설하여야 한다.

답 ④

91
다음 중 고압 옥내배선의 시설에 있어서 적당하지 않은 것은?

① 애자사용공사에 사용하는 애자는 난연성일 것
② 고압 옥내배선과 저압 옥내배선을 다르게 하기 위하여 색깔 있는 것을 사용할 것
③ 전선이 관통할 때 절연관에 넣을 것
④ 전선과 조영재와의 이격 거리는 4.5[cm]로 할 것

풀이 342.1 고압 옥내배선 등의 시설(애자사용공사에 의한 고압 옥내배선)
① 전선 상호 간의 간격은 0.08[m] 이상, **전선과 조영재 사이의 이격거리는 0.05[m] 이상**일 것
② 애자사용공사에 사용하는 애자는 절연성·난연성 및 내수성의 것일 것.
③ 고압 옥내배선은 저압 옥내배선과 쉽게 식별되도록 시설할 것.

④ 전선이 조영재를 관통하는 경우에는 그 관통하는 부분의 전선을 전선마다 각각 별개의 난연성 및 내수성이 있는 견고한 절연관에 넣을 것. 답 ④

중성선 겸용 보호도체(PEN)는 고정 전기설비에만 사용할 수 있고, 그 도체의 단면적이 구리는 10[mm²] 이상, 알루미늄은 16[mm²] 이상이어야 하며, 그 계통의 최고전압에 대하여 절연되어야 한다. 답 ④

92 보호장치의 통상적인 동작전류는 도체 허용전류의 몇 배 이하이어야 하는가?

① 1.1
② 1.25
③ 1.45
④ 1.5

풀이 212.4.1 도체와 과부하 보호장치 사이의 협조
과부하에 대해 케이블(전선)을 보호하는 장치의 동작특성은 다음의 조건을 충족해야 한다.
$I_B \leq I_n \leq I_Z$, $I_2 \leq 1.45 \times I_Z$

- I_B : 회로의 설계전류(선도체를 흐르는 설계전류 또는 함유율이 높은 영상분 고조파, 특히 제3고조파가 지속적으로 흐르는 경우 중성선에 흐르는 전류이다.)
- I_Z : 케이블의 허용전류
- I_n : 보호장치의 정격전류(사용현장에 적합하게 조정된 전류의 설정 값)
- I_2 : 보호장치가 규약시간 이내에 유효하게 동작하는 것을 보장하는 전류

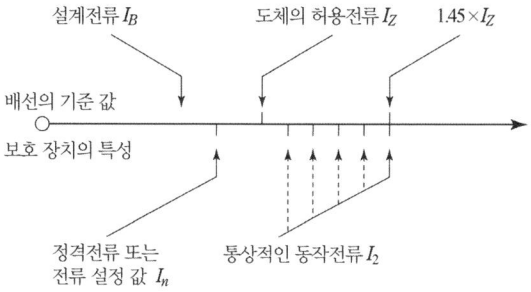

과부하 보호 설계 조건도   답 ③

93 주택 등 저압 수용 장소에서 고정 전기설비에 TN-C-S 접지방식으로 접지공사 시 중성선 겸용 보호도체(PEN)를 알루미늄으로 사용 할 경우 단면적은 몇 [mm²] 이상이어야 하는가?

① 2.5
② 6
③ 10
④ 16

풀이 142.4.2 주택 등 저압수용장소 접지
저압수용장소에서 계통접지가 TN-C-S 방식인 경우

94 발전소, 변전소, 개폐소 또는 이에 준하는 장소 이외에 시설된 특고압 전선로에 접속하는 배전용 변압기의 1차 및 2차 전압은?

① 1차 : 35[kV] 이하, 2차 : 저압 또는 고압
② 1차 : 50[kV] 이하, 2차 : 저압 또는 고압
③ 1차 : 35[kV] 이하, 2차 : 특고압 또는 고압
④ 1차 : 50[kV] 이하, 2차 : 특고압 또는 고압

풀이 341.2 특고압 배전용 변압기의 시설
특고압 전선로에 접속하는 배전용 변압기를 시설하는 경우에는 특고압 전선에 특고압 절연전선 또는 케이블을 사용하고 또한 다음에 따라야 한다.
가. **변압기의 1차 전압은 35[kV] 이하, 2차 전압은 저압 또는 고압일 것.**
나. 변압기의 특고압측에 개폐기 및 과전류차단기를 시설할 것.
다. 변압기의 2차 전압이 고압인 경우에는 고압측에 개폐기를 시설하고 또한 쉽게 개폐할 수 있도록 할 것. 답 ①

95 66[kV] 특고압 가공전선과 저압 가공전선을 동일 지지물에 병행설치하여 시설하는 경우 이격거리는 몇 [m] 이상이어야 하는가? 단, 특고압 전선은 케이블 사용 이외의 조건이다.

① 1
② 2
③ 3
④ 4

풀이 333.17 특고압 가공전선과 저고압 가공전선 등의 병행설치

전 압	표 준	특고압에 케이블 사용 및 저·고압에 절연전선 또는 케이블 사용
35 [kV] 이하	1.2 [m] 이상	0.5 [m] 이상
35 [kV] 초과 100 [kV] 미만	2 [m] 이상	1 [m] 이상

답 ②

96 전기욕기에 전기를 공급하기 위한 전원장치에 내장되어 있는 전원변압기의 2차측 전로의 사용전압은 몇 [V] 이하인 것을 사용하여야 하는가?

① 5　　② 10
③ 25　　④ 35

풀이 241.2 전기욕기
전기욕기에 전기를 공급하기 위한 전기욕기용 전원장치(내장되는 전원 변압기의 **2차측 전로의 사용전압이 10[V] 이하의 것에 한한다**)는 안전기준에 적합하여야 한다. 답 ②

97 66[kV] 특고압 가공전선로를 케이블을 사용하여 시가지에 시설하려고 한다. 애자장치는 50[%] 충격섬락전압의 값이 다른 부분을 지지하는 애자장치의 몇 [%] 이상으로 되어야 하는가?

① 100　　② 115
③ 110　　④ 105

풀이 333.1 시가지 등에서 특고압 가공전선로의 시설
사용전압이 170[kV] 이하인 특고압 가공전선로를 시가지 그 밖에 인가가 밀집한 지역에 시설하기 위한 특고압 가공전선을 지지하는 애자장치는 다음 중 어느 하나에 의할 것.
가. **50[%] 충격섬락전압 값이 그 전선의 근접한 다른 부분을 지지하는 애자장치 값의 110[%]**(사용전압이 130[kV]를 초과하는 경우는 105[%]) 이상인 것.
나. 아킹혼을 붙인 현수애자 · 장간애자 또는 라인포스트애자를 사용하는 것.
다. 2련 이상의 현수애자 또는 장간애자를 사용하는 것.
라. 2개 이상의 핀애자 또는 라인포스트애자를 사용하는 것. 답 ③

98 지중에 매설되어 있는 금속제 수도관로를 각종 접지공사의 접지극으로 사용하려면 대지와의 전기저항 값이 몇 [Ω] 이하의 값을 유지하여야 하는가?

① 1　　② 2　　③ 3　　④ 5

풀이 142.2 접지극의 시설 및 접지저항
가. 지중에 매설되어 있고 대지와의 **전기저항 값이 3[Ω] 이하의 값을 유지**하고 있는 **금속제 수도관로**가 규정에 따르는 경우 접지극으로 사용이 가능하다.
나. 대지와의 사이에 전기저항 값이 2[Ω] 이하인 값을 유지하는 건축물 · 구조물의 철골 기타의 금속제는 접지공사의 접지극으로 사용할 수 있다. 답 ③

99 고압용의 개폐기, 차단기, 피뢰기 기타 이와 유사한 기구로서 동작 시에 아크가 생기는 것은 목재의 벽 또는 천정 기타의 가연성 물체로부터 몇 [m] 이상 떼어놓아야 하는가?

① 1　　② 1.2
③ 1.5　　④ 2

풀이 341.7 아크를 발생하는 기구의 시설
고압용 또는 특고압용의 개폐기 · 차단기 · 피뢰기 기타 이와 유사한 기구로서 동작 시에 아크가 생기는 것은 목재의 벽 또는 천장 기타의 가연성 물체로부터 표에서 정한 값 이상 이격하여 시설하여야 한다.

기구 등의 구분	이격거리
고압용의 것	1[m] 이상
특고압용의 것	2[m] 이상(사용전압이 35[kV] 이하의 특고압용의 기구 등으로서 동작할 때에 생기는 아크의 방향과 길이를 화재가 발생할 우려가 없도록 제한하는 경우에는 1[m] 이상

답 ①

100 관등회로의 사용전압이 400[V] 초과이고, 1[kV] 이하인 배선은 애자공사일 경우 전선 상호간의 거리가 몇 [cm] 이상이어야 하는가?

① 3　　② 6
③ 9　　④ 2

풀이 234.11.4 관등회로의 배선
관등회로의 사용전압이 400[V] 초과이고, 1[kV] 이하인 배선은 애자공사일 경우 전선에 사람이 쉽게 접촉될 우려가 없도록 다음 표에 의하여 시설하여야 한다.

애자공사의 시설

공사 방법	전선 상호 간의 거리	전선과 조영재의 거리	전선 지지점간의 거리	
			관등회로의 전압이 400[V] 초과 600[V] 이하의 것	관등회로의 전압이 600[V] 초과 1[kV] 이하의 것
애자 공사	60[mm] 이상	25[mm] 이상 (습기가 많은 장소는 45[mm] 이상)	2[m] 이하	1[m] 이하

답 ②

2023년 2회 전기산업기사필기(CBT 복원문제)

1과목 - 전기자기

01 지름 2[mm]의 동선에 π[A]의 전류가 균일하게 흐를 때 전류밀도는 몇 [A/m²]인가?

① 10^3 ② 10^4
③ 10^5 ④ 10^6

풀이 반지름은 $1[mm] = 1 \times 10^{-3}[m]$이므로

∴ 전류밀도 $J = \dfrac{I}{S} = \dfrac{I}{\pi r^2} = \dfrac{\pi}{\pi \times (1 \times 10^{-3})^2}$
$= 10^6 [A/m^2]$ **답** ④

02 자계의 세기가 800[AT/m]이고, 자속밀도가 0.2[Wb/m²]인 재질의 투자율[H/m]은?

① 2.5×10^{-3} [H/m]
② 4×10^{-3} [H/m]
③ 2.5×10^{-4} [H/m]
④ 4×10^{-4} [H/m]

풀이 $B = \mu H$ 이므로
투자율 $\mu = \dfrac{B}{H} = \dfrac{0.2}{800} = 2.5 \times 10^{-4} [H/m]$ **답** ③

03 $C = 5[\mu F]$인 평행판 콘덴서에 5[V]인 전압을 걸어 줄 때 콘덴서에 축적되는 에너지는 몇 [J]인가?

① 6.25×10^{-5} ② 6.25×10^{-3}
③ 1.25×10^{-5} ④ 1.25×10^{-3}

풀이 콘덴서에 축적되는 에너지 W는
$W = \dfrac{1}{2}CV^2 = \dfrac{1}{2} \times 5 \times 10^{-6} \times 5^2$
$= 6.25 \times 10^{-5} [J]$ **답** ①

04 철심에 도선을 250회 감고 1.2[A]의 전류를 흘렸더니 1.5×10^{-3}[Wb]의 자속이 생겼다. 자기저항[AT/Wb]은?

① 2×10^5 ② 3×10^5
③ 4×10^5 ④ 5×10^5

풀이 기자력 $F = R_m \phi$ [AT]이므로
자기저항 $R_m = \dfrac{F}{\phi} = \dfrac{NI}{\phi} = \dfrac{250 \times 1.2}{1.5 \times 10^{-3}}$
$= 200 \times 10^3 = 2 \times 10^5 [AT/Wb]$ **답** ①

05 1변의 길이가 l[m]되는 정사각형 도체 회로에 전류 I[A]를 흘릴 때 회로의 중심점 자계의 세기[A/m]는?

① $\dfrac{I}{\sqrt{2}\pi l}$ ② $\dfrac{2I}{\pi l}$
③ $\dfrac{\sqrt{2}I}{\pi l}$ ④ $\dfrac{2\sqrt{2}I}{\pi l}$

풀이

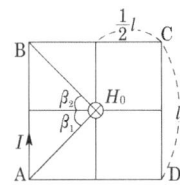

한 변 AB에 대한 중심점의 자계는
$H_{AB} = \dfrac{I}{4\pi a}(\sin\beta_1 + \sin\beta_2)$이므로 $a = \dfrac{l}{2}$
$\sin\beta_1 = \sin\beta_2 = \sin 45° = \dfrac{1}{\sqrt{2}}$ 을 대입하면
$H_{AB} = \dfrac{I}{4\pi\left(\dfrac{l}{2}\right)} \times 2 \times \dfrac{1}{\sqrt{2}} = \dfrac{I}{\sqrt{2}\pi l}$ [AT/m]

∴ $H_0 = H_{AB} + H_{BC} + H_{CD} + H_{DA}$
$= 4H_{AB} = 4 \times \dfrac{I}{\sqrt{2}\pi l}$
$= \dfrac{2\sqrt{2}I}{\pi l}$ [AT/m]   **답** ④

06 전자석의 재료로 가장 적당한 것은?

① 잔류자기와 보자력이 모두 커야 한다.
② 잔류자기는 작고, 보자력은 커야 한다.
③ 잔류자기와 보자력이 모두 작아야 한다.
④ 잔류자기는 크고, 보자력은 작아야 한다.

풀이 히스테리시스 곡선
영구자석의 재료는 잔류자기(B_r)와 보자력(H_c)이 모두 커야 하나, **전자석(일시 자석)의 재료는 잔류자기(B_r)가 크고 보자력(H_c)과 히스테리시스 곡선의 면적이 모두 작아야 한다.**

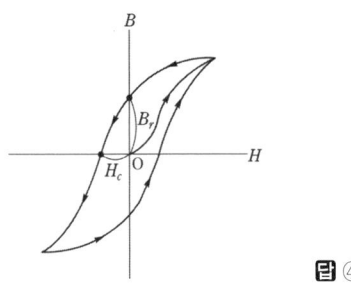

답 ④

07 자유공간에서 특성 임피던스 $\sqrt{\dfrac{\mu_0}{\epsilon_0}}$ 의 값은?

① $\dfrac{1}{110\pi}[\Omega]$ ② $\dfrac{1}{120\pi}[\Omega]$
③ $110\pi[\Omega]$ ④ $120\pi[\Omega]$

풀이 특성 임피던스
$$Z_0 = \frac{E}{H} = \sqrt{\frac{\mu_0}{\epsilon_0}} = \sqrt{\frac{4\pi \times 10^{-7}}{\frac{1}{36\pi \times 10^9}}}$$
$$= \sqrt{144\pi^2 \times 100} = 120\pi[\Omega]$$

답 ④

08 비유전율이 10인 유리 콘덴서와 동일 크기의 비유전율이 1인 공기 콘덴서가 있다. 유리 콘덴서에 380[V]의 전압을 가할 때 동일한 전하를 축적하기 위하여 공기 콘덴서에 필요한 전압은 몇 [kV]인가?

① 1.8   ② 3.8
③ 5.4   ④ 7.6

풀이 유리 콘덴서 $Q_1 = C_1 V_1$, 공기 콘덴서 $Q_2 = C_2 V_2$에서 $Q_1 = Q_2$의 관계이므로

$$C_1 V_1 = C_2 V_2 , \quad \frac{\epsilon_0 \epsilon_s}{d} s V_1 = \frac{\epsilon_0}{d} s V_2$$
$$\therefore V_2 = \epsilon_s V_1 = 10 \times 380 = 3800[\text{V}]$$
$$= 3.8[\text{kV}]$$

답 ②

09 두 개의 코일이 있다. 각각의 자기 인덕턴스가 0.4[H], 0.9[H]이고, 상호 인덕턴스가 0.36[H]일 때 결합계수는?

① 0.5   ② 0.6
③ 0.7   ④ 0.8

풀이 결합계수 $k = \dfrac{M}{\sqrt{L_1 L_2}} = \dfrac{0.36}{\sqrt{0.4 \times 0.9}} = 0.6$

답 ②

10 자유공간 중의 전위계에서
$V = 5(x^2 + 2y^2 - 3z^2)$일 때
점 $P(2, 0, -3)$에서의 전하밀도 ρ의 값은?

① 0   ② 2
③ 7   ④ 9

풀이 전위와 공간 전하 밀도의 관계 : 포아송 방정식
$$\nabla^2 V = \frac{\partial^2 V}{\partial x^2} + \frac{\partial^2 V}{\partial y^2} + \frac{\partial^2 V}{\partial z^2}$$
$$= \frac{\partial^2}{\partial x^2}[5(x^2+2y^2-3z^2)] + \frac{\partial^2}{\partial y^2}[5(x^2+2y^2-3z^2)]$$
$$+ \frac{\partial^2}{\partial z^2}[5(x^2+2y^2-3z^2)]$$
$$= 10 + 20 - 30 = 0$$
$$\therefore \rho = -\epsilon(\nabla^2 V) = -\epsilon \times 0 = 0[\text{C/m}^3]$$

답 ①

11 질량이 m[kg]인 작은 물체가 전하 Q[C]를 가지고 중력 방향과 직각인 무한도체평면 아래쪽 d[m]의 거리에 놓여 있다. 정전력이 중력과 같게 되는데 필요한 Q[C]의 크기는?

① $d\sqrt{\pi\epsilon_o mg}$ ② $\dfrac{d}{2}\sqrt{\pi\epsilon_o mg}$
③ $2d\sqrt{\pi\epsilon_o mg}$ ④ $4d\sqrt{\pi\epsilon_o mg}$

[풀이] $F = \dfrac{Q^2}{4\pi\epsilon_0 r^2} = \dfrac{Q^2}{4\pi\epsilon_0(2d)^2} = \dfrac{Q^2}{16\pi\epsilon_0 d^2} = mg[\text{N}]$

$\therefore Q = \sqrt{16\pi\epsilon_0 d^2 mg} = 4d\sqrt{\pi\epsilon_0 mg}\,[\text{C}]$

답 ④

12 그림과 같이 내외 도체의 반지름이 a, b인 동축선(케이블)의 도체 사이에 유전율이 ϵ인 유전체가 채워져 있는 경우 동축선의 단위 길이당 정전용량은?

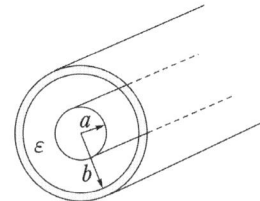

① $\epsilon \log_e \dfrac{b}{a}$에 비례한다.

② $\dfrac{1}{\epsilon} \log_{10} \dfrac{b}{a}$에 비례한다.

③ $\dfrac{\epsilon}{\log_e \dfrac{b}{a}}$에 비례한다.

④ $\dfrac{\epsilon\, b}{a}$에 비례한다.

[풀이] 전위 $V = \dfrac{\lambda}{2\pi\epsilon_0} \ln \dfrac{b}{a}[\text{V}]$

(여기서, $\lambda[\text{C/m}]$: 선전하 밀도)

$\therefore C_{ab} = \dfrac{2\pi\epsilon}{\ln \dfrac{b}{a}} = \dfrac{2\pi\epsilon}{\log_e \dfrac{b}{a}}[\mu\text{F/km}]$

답 ③

13 공기 중에서 무한평면도체 표면 아래의 1[m] 떨어진 곳에 1[C]의 점전하가 있다. 전하가 받는 힘의 크기는 몇 [N]인가?

① 9×10^9
② $\dfrac{9}{2} \times 10^9$
③ $\dfrac{9}{4} \times 10^9$
④ $\dfrac{9}{16} \times 10^9$

[풀이] 무한 평면 도체에서 1[m] 떨어진 점전하 Q[C]이 받는 힘은 전기 영상법에 의해

$F = \dfrac{1}{4\pi\epsilon_0} \dfrac{QQ'}{(2r)^2}$

$= \dfrac{Q^2}{16\pi\epsilon_0 r^2}$

$= \dfrac{1}{4} \times 9 \times 10^9 \times \dfrac{1}{1^2}$

$= \dfrac{9}{4} \times 10^9[\text{N}]$

답 ③

14 평행판 콘덴서에서 전극판사이의 거리를 $\dfrac{1}{2}$로 줄이면 콘덴서의 용량은 처음 값에 대하여 어떻게 되는가?

① $\dfrac{1}{2}$로 감소한다.
② $\dfrac{1}{4}$로 감소한다.
③ 2배로 증가한다.
④ 4배로 증가한다.

[풀이] $C = \epsilon \dfrac{s}{d}[\text{F}]$에서 $C' = \epsilon \dfrac{s}{\dfrac{d}{2}} = 2\epsilon \dfrac{s}{d}[\text{F}]$이므로

2배가 된다.

답 ③

15 전계의 세기가 1500[V/m]인 전장에 5[μC]의 전하를 놓았을 때 이 전하에 작용하는 힘은 몇 [N]인가?

① 4.5×10^{-3}
② 5.5×10^{-3}
③ 6.5×10^{-3}
④ 7.5×10^{-3}

[풀이] 작용하는 힘
$F = Eq = 1500 \times 5 \times 10^{-6} = 7.5 \times 10^{-3}[\text{N}]$

답 ④

16 대향면적 $S = 100[\text{cm}^2]$의 평행판 콘덴서가 비유전율 2.1, 절연내력 1.2×10^5[V/cm]인 기름 중에 있을 때 축적되는 최대 전하는 몇 [C]인가?

① 2.23×10^{-6}
② 3.14×10^{-6}
③ 4.28×10^{-6}
④ 6.28×10^{-6}

[풀이] $Q = CV = \dfrac{\epsilon_0 \epsilon_s s}{d} \cdot E_d = \epsilon_0 \epsilon_s s \boldsymbol{E}$

$$\therefore Q = (8.855 \times 10^{-12}) \times 2.1 \times (100 \times 10^{-4})$$
$$\times (1.2 \times 10^5 \times 10^2)$$
$$= 2.23 \times 10^{-6} [C] \qquad \text{답 ①}$$

17 $\epsilon_1 > \epsilon_2$인 두 유전체의 경계면에 전계가 수직으로 입사할 때 단위면적당 경계면에 작용하는 힘은?

① 힘 $f = \dfrac{1}{2}\left(\dfrac{1}{\epsilon_1} - \dfrac{1}{\epsilon_2}\right)D^2$이 ϵ_2에서 ϵ_1으로 작용한다.

② 힘 $f = \dfrac{1}{2}\left(\dfrac{1}{\epsilon_1} - \dfrac{1}{\epsilon_2}\right)E^2$이 ϵ_2에서 ϵ_1으로 작용한다.

③ 힘 $f = \dfrac{1}{2}\left(\dfrac{1}{\epsilon_2} - \dfrac{1}{\epsilon_1}\right)D^2$이 ϵ_1에서 ϵ_2로 작용한다.

④ 힘 $f = \dfrac{1}{2}\left(\dfrac{1}{\epsilon_2} - \dfrac{1}{\epsilon_1}\right)E^2$이 ϵ_1에서 ϵ_2로 작용한다.

풀이 ① 전계가 경계면에 수직인 경우
$$f_n = \dfrac{1}{2}(E_2 - E_1) \cdot D = \dfrac{1}{2}\left(\dfrac{1}{\epsilon_2} - \dfrac{1}{\epsilon_1}\right)D^2 [N/m^2]$$

② 전계가 경계면에 평행인 경우
$$f_n = \dfrac{1}{2}(E_1 \cdot D_1 - E_2 \cdot D_2) = \dfrac{1}{2}(\epsilon_1 - \epsilon_2)E^2 [N/m^2]$$

①, ② 모두 유전율이 큰 쪽에서 유전율이 작은 쪽으로 끌려 들어가는 맥스웰 응력이 작용한다.   답 ③

18 100[kW]의 전력이 안테나에서 사방으로 균일하게 방사될 때 안테나에서 1[km] 거리에 있는 점의 전계의 실효값은 몇 [V/m]인가?

① 1.73[V/m]　② 2.45[V/m]
③ 3.73[V/m]　④ 6[V/m]

풀이 $P = \dfrac{100 \times 10^3}{4 \times 3.14 \times (10^3)^2} = 7.96 \times 10^{-3} [W/m^2]$

$H_e = \sqrt{\dfrac{\epsilon_0}{\mu_0}} E_e = \sqrt{\dfrac{8.855 \times 10^{-12}}{4\pi \times 10^{-7}}} E_e$

$= 2.654 \times 10^{-3} E_e [A/m]$

$P = H_e E_e$이므로

$P = 2.654 \times 10^{-3} E_e^2 = 7.96 \times 10^{-3} \rightarrow E_e^2 = 3$

$\therefore E_e = \sqrt{3} = 1.73 [V/m]$ 답 ①

19 지름 20[cm]의 구리로 만든 반구의 볼에 물을 채우고 그 중에 지름 10[cm]의 구를 띄운다. 이때에 양구가 동심구라면 양구간의 저항[Ω]은 약 얼마인가? (단, 물의 도전율은 10^{-3}[℧/m] 이고 물은 충만되어 있다.)

① 159　② 1590
③ 2800　④ 2850

풀이 동심구의 정전용량에서 반구이므로
$$C = \dfrac{4\pi\epsilon}{\dfrac{1}{a} - \dfrac{1}{b}} \times \dfrac{1}{2} = \dfrac{2\pi\epsilon}{\dfrac{1}{a} - \dfrac{1}{b}} [F]$$

$RC = \epsilon\rho = \dfrac{\epsilon}{\sigma}$에서

$\therefore R = \dfrac{\epsilon}{\sigma C} = \dfrac{1}{2\pi\sigma}\left(\dfrac{1}{a} - \dfrac{1}{b}\right)$

$= \dfrac{1}{2\pi \times 10^{-3}}\left(\dfrac{1}{0.05} - \dfrac{1}{0.1}\right)$

$= 1591 [\Omega]$ 답 ②

20 그림과 같은 자속밀도 100[Wb/m²]의 평등자계 내에 한 변이 10[cm]인 정방향 회로가 자계와 직각인 중심축 둘레를 매분 3600 회전할 때 이 회로의 유기기전력은 몇 [V]인가? 단, 권선수는 1이라고 한다.

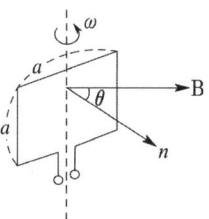

① $60\pi \sin(60\pi t)$　② $60\pi \cos(60\pi t)$
③ $120\pi \sin(120\pi t)$　④ $120\pi \cos(120\pi t)$

풀이 $e = -\dfrac{d\phi}{dt} = -\dfrac{d}{dt}a^2 B\cos\omega t = \omega a^2 B\sin\omega t$

$= \dfrac{2\pi \times 3600}{60} \times (10 \times 10^{-2})^2 \times 100 \times \sin\dfrac{2\pi \times 3600}{60}t$

$= 120\pi \sin 120\pi t [V]$ 답 ③

2과목 - 전력공학

21 송전 선로의 안정도 향상 대책이 아닌 것은?

① 병행 다회선이나 복도체 방식 채용
② 계통의 직렬리액턴스 증가
③ 속응 여자방식 채용
④ 고속도 차단기 이용

풀이 안정도 향상 대책
① 계통의 직렬 리액턴스 감소
② 전압 변동률을 적게 한다(속응 여자 방식 채용, 계통의 연계, 중간 조상 방식).
③ 계통에 주는 충격을 적게 한다(적당한 중성점 접지 방식, 고속 차단 방식, 재폐로 방식).
④ 고장 중의 발전기 돌입 출력의 불평형을 적게 한다.
답 ②

22 유효낙차가 40[%] 저하되면 수차의 효율이 20[%] 저하된다고 할 경우 이때의 출력은 원래의 약 몇 [%]인가? (단, 안내 날개의 열림은 불변인 것으로 한다.)

① 37.2 ② 48.0
③ 52.7 ④ 63.7

풀이 출력 $P = 9.8QH\eta \propto QH\eta$이고,
유량 $Q = \sqrt{2gH} \propto H^{\frac{1}{2}}$ 이므로
$\therefore P \propto QH\eta = H^{\frac{1}{2}}H\eta = H^{\frac{3}{2}} \cdot \eta$
$= 0.6^{\frac{3}{2}} \times 0.8 ≒ 0.372 = 37.2[\%]$ 답 ①

23 초고압 장거리 송전선로에 접속되는 1차 변전소에 병렬 리액터를 설치하는 목적은?

① 페란티효과 방지
② 코로나손실 경감
③ 전압강하 경감
④ 선로손실 경감

풀이 장거리 송전선로에서 선로의 정전용량에 의해 수전단 전압이 송전단 전압보다 높아지는 현상을 페란티 효과라 하며, 이에 대한 대책으로 분로(병렬) 리액터를 설치하여 선로의 정전용량을 상쇄시킨다.
답 ①

24 피뢰기가 구비해야 할 조건 중 잘못 설명된 것은?

① 충격 방전개시 전압이 낮을 것
② 상용주파수 방전개시 전압이 높을 것
③ 방전내량이 크면서 제한전압이 높을 것
④ 속류 차단 능력이 충분할 것

풀이 피뢰기 구비조건.
① 충격방전 개시전압이 낮을 것
② 상용주파 방전 개시전압은 높을 것
③ 방전내량이 크면서 제한전압은 낮을 것
④ 속류 차단능력이 충분할 것
답 ③

25 다음 중 VCB의 소호원리로 맞는 것은?

① 압축된 공기를 아크에 불어넣어서 차단
② 절연유 분해가스의 흡부력을 이용해서 차단
③ 고진공에서 전자의 고속도 확산에 의해 차단
④ 고성능 절연특성을 가진 가스를 이용하여 차단

풀이 소호 원리에 따른 차단기의 종류

차단기 종류	약어	소호 원리
유입 차단기	OCB	소호실에서 아크에 의한 절연유 분해가스의 흡부력을 이용해서 차단
기중 차단기	ACB	대기 중에서 아크를 길게 하여 소호실에서 냉각 차단
자기 차단기	MBB	대기 중에서 전자력을 이용하여 아크를 소호실내로 유도해서 냉각차단
공기 차단기	ABB	압축된 공기를 아크에 불어 넣어서 차단
진공 차단기	VCB	고진공 중에서 전자의 고속도 확산에 의해 차단
가스 차단기	GCB	고성능 절연 특성을 가진 특수 가스(SF_6)를 흡수해서 차단

답 ③

26 송전선로의 코로나 손실을 나타내는 Peek 식에서 E_0에 해당하는 것은? (단, Peek식

$$P = \frac{241}{\delta}(f+25)\sqrt{\frac{d}{2D}}(E-E_0)^2 \times 10^{-5} [\text{kW/km/선}]$$

이다.)

① 코로나 임계전압
② 전선에 걸리는 대지전압
③ 송전단전압
④ 기준 충격 절연 강도 전압

풀이 δ : 상대 공기밀도, D : 선간거리, d : 전선의 지름, f : 주파수, E : 전선에 걸리는 대지전압, E_0 : 코로나 임계전압 답 ①

27 다음 보호계전기 회로에서 박스 (A) 부분의 명칭은?

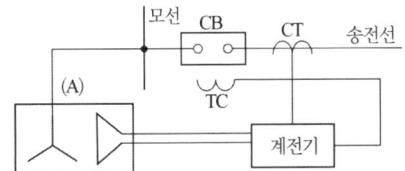

① 차단코일
② 영상변류기
③ 계기용변류기
④ 계기용변압기

풀이 계기용 변압기(PT) : 고전압을 저전압으로 변성하여 계기나 계전기에 공급하기 위한 목적으로 사용되며 2차측 정격전압은 110[V]이다. 답 ④

28 3상의 전원에 접속된 3각형 결선의 콘덴서를 성형 결선으로 바꾸면 진상 용량은 몇 배인가?

① 3
② $\sqrt{3}$
③ $\frac{1}{\sqrt{3}}$
④ $\frac{1}{3}$

풀이
• 3각형(△) 결선의 진상 용량
$Q_\triangle = 3 \times 2\pi fCE^2 = 3 \times 2\pi fCV^2$
(△결선에서 $E = V$)
• 성형(Y) 결선의 진상 용량
$Q_Y = 3 \times 2\pi fCE^2 = 3 \times 2\pi fC\left(\frac{V}{\sqrt{3}}\right)^2 = 2\pi fCV^2$
(Y결선에서 $E = \frac{V}{\sqrt{3}}$)
$\therefore Q_Y = \frac{1}{3}Q_\triangle$ 답 ④

29 다음은 원자력 발전소의 원자로와 일반 화력 발전소의 보일러(boiler)를 비교하여 원자로의 운전 및 보수상의 특징을 말한 것이다. 틀린 것은?

① 원자로는 포화 증기가 사용되기 때문에 압력을 정하면 온도가 정해져 운전 중 온도, 압력의 폭도 적다.
② 원자로는 열효율이 거의 100[%]에 가깝고 연료의 연소 효율은 운전 방법에 따라 크게 좌우된다.
③ 원자로는 정지 후에 발생열이 없어 열제거가 필요 없으며 반면에 정지 후 장시간 온도 유지는 불가능하다.
④ 원자로의 운전은 전출력에서 전출력의 10^{-10} 정도까지 광범위한 조작을 필요로 한다.

풀이 핵분열의 연쇄 반응을 이용하여 그 에너지를 제어된 상태에서 얻어내게 하는 장치를 **원자로**라 하며, **정지 후에도 장시간 온도 유지가 가능하다.** 답 ③

30 전압과 역률이 일정할 때 전력을 몇 [%] 증가시키면 전력 손실이 2배로 되는가?

① 31
② 41
③ 51
④ 61

풀이
• 전력 손실을 P_l, 전력을 P라고 하면
$P_l = 3I^2R = \frac{P^2R}{V^2\cos^2\theta}$ 에서 $P_l \propto P^2$이므로
$P \propto \sqrt{P_l}$ 이다.
• 전력 손실을 2배로 한 경우의 전력 P'는
$\frac{P'}{P} = \frac{\sqrt{2P_l}}{\sqrt{P_l}} = \sqrt{2}$ 에서 $P' = \sqrt{2}P$
$\therefore$ 증가시킬 수 있는 전력 증가율
$= \frac{P'-P}{P} \times 100 = \frac{\sqrt{2}P-P}{P} \times 100$
$= \frac{\sqrt{2}-1}{1} \times 100 = 41[\%]$ 답 ②

31 500[kVA]의 단상 변압기 3대로 3상 전력을 공급하고 있던 공장에서 변압기 1대가 고장났을 때 공급할 수 있는 전력은 몇 [kVA]인가?

① 500
② 688
③ 866
④ 1000

풀이 변압기 1개의 출력을 P_1이라 하면
V결선 시 출력 $P_V = \sqrt{3}\,P_1 = \sqrt{3} \times 500 = 866[kVA]$
답 ③

32 66[kV], 60[Hz] 3상 3선식의 선로에서 중성점을 소호리액터 접지하여 완전 공진상태로 되었을 때 중성점에 흐르는 전류는 몇 [A]인가? (단, 소호리액터를 포함한 영상 회로의 등가 저항은 200[Ω], 중성점 잔류전압은 4400[V]라고 한다.)

① 11 ② 22 ③ 33 ④ 44

풀이 공진 시 리액턴스 성분은 0이 되므로
완전 공진 시 전류 $I = \dfrac{E}{R} = \dfrac{4400}{200} = 22[A]$ **답** ②

33 송전선로에서 매설지선을 사용하는 주된 목적은?

① 코로나 전압을 저감시키기 위하여
② 뇌해를 방지하기 위하여
③ 탑각 접지저항을 줄여서 섬락을 방지하기 위하여
④ 인축의 감전사고를 막기 위하여

풀이 매설지선 : 철탑의 탑각 접지 저항을 낮추어 역섬락을 방지하기 위한 것으로서 지하 30~60[cm] 정도의 깊이에 30~50[m] 정도의 아연도금 철선을 매설한다.
답 ③

34 전선의 굵기가 균일하고 부하가 균등하게 분산 분포되어 있는 배전선로의 전력손실은 전체 부하가 송전단으로부터 전체 전선로 길이의 어느 지점에 집중되어 있을 경우의 손실과 같은가?

① $\dfrac{3}{4}$ ② $\dfrac{2}{3}$ ③ $\dfrac{1}{3}$ ④ $\dfrac{1}{2}$

풀이 집중 부하와 분산 부하

구 분	전력 손실	전압 강하
말단에 집중 부하	$I^2 rL$	IrL
균등 분산 분포 부하	$\dfrac{1}{3}I^2 rL = I^2 r\left(\dfrac{1}{3}L\right)$	$\dfrac{1}{2}IrL = Ir\left(\dfrac{1}{2}L\right)$

여기서, I : 전선의 전류, r : 전선 단위 길이당 저항, L : 전선의 길이
답 ③

35 배전선의 전압을 조정하는 방법으로 적당하지 않은 것은?

① 유도 전압 조정기
② 승압기
③ 주상 변압기 탭 전환
④ 동기 조상기

풀이 배전선 전압 조정 장치로는
① 주변압기 1차측의 무부하시(탭 변환 장치), 부하시(탭 절환 장치)
② 정지형 전압 조정기(SVR)
③ 유도 전압 조정기(IVR)
답 ④

36 한류 리액터의 사용 목적은?

① 단락전류의 제한
② 충전전류의 제한
③ 누설전류의 제한
④ 접지전류의 제한

풀이 • 한류 리액터 : 단락사고 시의 단락 전류를 제한
• 직렬 리액터 : 제5고조파 제거
• 분로 리액터 : 페란티 현상 방지
• 소호 리액터 : 지락 아크 소멸
답 ①

37 그림과 같이 $D[m]$의 간격으로 반경 $r[m]$의 두 전선 a, b가 평행으로 가선되어 있는 경우 작용 인덕턴스는 몇 [mH/km]인가?

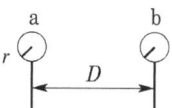

① $L = 0.05 + 0.4605\,\log_{10}\dfrac{D}{r}$

② $L = 0.05 + 0.4605\,\log_{10}\dfrac{r}{D}$

③ $L = 0.05 + 0.4605\,\log_{10}(rD)$

④ $L = 0.05 + 0.4605\,\log_{10}\left(\dfrac{1}{rD}\right)$

풀이 단도체 인덕턴스
$L = 0.05 + 0.4605\log_{10}\dfrac{D}{r}$[mH/km] **답** ①

38 송전단의 전력원 방정식이
$P_s^2 + (Q_s - 300)^2 = 250000$인 전력계통에서 최대전송 가능한 유효전력은 얼마인가?

① 300 ② 400
③ 500 ④ 600

풀이 최대전송 가능한 유효전력은 무효분이 0일 때이므로, 무효분 $(Q_s - 300)^2 = 0$이다.
$\therefore P_s^2 + 0 = 500^2 \rightarrow P_s = 500$ 답 ③

39 직류 송전방식이 교류 송전방식에 비하여 유리한 점이 아닌 것은?

① 선로의 절연이 용이하다.
② 통신선에 대한 유도잡음이 적다.
③ 표피효과에 의한 송전손실이 적다.
④ 정류가 필요 없고 승압 및 강압이 쉽다.

풀이 직류 송전 방식의 장·단점
[장점]
① 선로의 리액턴스가 없으므로 안정도가 높다.
② 유전체손 및 충전 용량이 없고 절연 내력이 강하다.
③ 비동기 연계가 가능하다.
④ 단락전류가 적고 임의 크기의 교류 계통을 연계시킬 수 있다.
⑤ 코로나손 및 전력 손실이 적다.
⑥ 표피효과나 근접 효과가 없으므로 실효 저항의 증대가 없다.
[단점]
① 직교 변환 장치가 필요하다.
② 전압의 승압 및 강압이 불리하다.
③ 고조파나 고주파 억제 대책이 필요하다.
④ 직류 차단기가 개발되어 있지 않다. 답 ④

40 3상 1회선과 대지 간의 충전전류가 1[km]당 0.25[A]일 때 길이가 18[km]인 선로의 충전전류는 몇 [A]인가?

① 1.5 ② 4.5
③ 13.5 ④ 40.5

풀이 충전전류
$I_c = 0.25[\text{A/km}] \times 18[\text{km}] = 4.5[\text{A}]$ 답 ②

3과목 - 전기기기

41 변압기의 임피던스 전압이란?

① 정격전류 시 2차 측 단자전압이다.
② 변압기의 1차를 단락, 1차에 1차 정격전류와 같은 전류를 흐르게 하는 데 필요한 1차 전압이다.
③ 변압기 내부 임피던스와 정격전류와의 곱인 내부 전압강하이다.
④ 변압기의 2차를 단락, 2차에 2차 정격전류와 같은 전류를 흐르게 하는 데 필요한 2차 전압이다.

풀이 변압기의 임피던스 전압이란, 변압기의 임피던스와 정격전류와의 곱을 말한다. ($E_s = I_n \cdot Z$)
즉, 정격전류에 의한 변압기 내부 전압강하를 의미한다. 답 ③

42 정격전압이 일정하고 일정한 파형에서 주파수가 상승하면 변압기 철손은 어떻게 변하는가?

① 불변이다.
② 감소한다.
③ 증가한다.
④ 어떤 기간 동안 증가한다.

풀이
• 히스테리시스손
$$P_h = \sigma_h f B_m^2 = Kf\left(\frac{V}{f}\right)^2 = K\frac{V^2}{f}$$
• 와류손
$$P_e = \sigma_e (tfB_m)^2 = K\left(f \cdot \frac{V}{f}\right)^2 = KV^2$$

정격전압이 일정하고 주파수가 상승하면 와류손은 일정, 히스테리시스손은 감소하므로 결국 철손은 감소한다. 답 ②

43 IGBT(Insulated Gate Bipolar Transistor)에 대한 설명으로 틀린 것은?

① MOSFET와 같이 전압제어 소자이다.
② GTO 사이리스터와 같이 역방향 전압저지 특성을 갖는다.
③ 게이트와 에미터 사이의 입력 임피던스가 매우 낮아 BJT보다 구동하기 쉽다.
④ BJT처럼 on-drop이 전류에 관계없이 낮고 거의 일정하며, MOSFET보다 훨씬 큰 전류를 흘릴 수 있다.

풀이 IGBT(Insulated Gate Bipolar Transistor)
IGBT는 MOSFET와 트랜지스터의 장점을 취한 것으로서
① 소스에 대한 게이트의 전압으로 도통과 차단을 제어한다.
② 게이트 구동전력이 매우 낮다.
③ 스위칭 속도는 FET와 트랜지스터의 중간정도로 빠른편에 속한다.
④ 용량은 일반 트랜지스터와 동등한 수준이다.
⑤ MOSFET과 같이 **입력 임피던스가 매우 높아** BJT보다 구동하기 쉽다. **답** ③

44 전부하에서 동손 100[W], 철손 50[W]인 변압기가 최대 효율[%]을 나타내는 부하는?

① 50
② 67
③ 70
④ 86

풀이 최대 효율은 철손과 동손이 같을 때이므로 $P_i = m^2 P_c$
$$\therefore m = \sqrt{\frac{P_i}{P_c}} = \sqrt{\frac{50}{100}} = 0.7 = 70[\%]$$ **답** ③

45 3상 직권 정류자 전동기의 중간 변압기는 고정자 권선과 회전자 권선 사이에 직렬로 접속되는데 이 중간 변압기를 사용하는 중요한 이유는?

① 경부하시 속도의 급상승 방지를 위하여
② 주파수 변동으로 속도를 조정하기 위하여
③ 회전자 상수를 감소하기 위하여
④ 역회전을 방지하기 위하여

풀이 중간 변압기를 사용하는 주요한 이유
① 전원전압의 크기에 관계없이 정류에 알맞게 회전자 전압을 선택할 수 있다.
② 중간 변압기의 권수비를 바꾸어 전동기의 특성을 조정할 수 있다.
③ 직권 특성이기 때문에 경부하에서는 속도가 매우 상승하나 **중간 변압기를 사용, 그 철심을 포화하도록** 하면 그 속도 상승을 제한할 수 있다. **답** ①

46 PWM 인버터에서 나타나는 고조파의 영향이 아닌 것은?

① 손실
② 기계적인 마찰과 관성
③ 소음과 진동
④ 토크맥동

풀이 기계적인 마찰은 고조파의 영향이 아니라 **기계적인 원인에 의해 발생하는 것이다.** **답** ②

47 유도전동기의 속도제어 방식으로 틀린 것은?

① 크레머 방식
② 일그너 방식
③ 2차 저항제어 방식
④ 1차 주파수제어 방식

풀이 • 농형 유도전동기의 속도 제어법
  ① 주파수를 바꾸는 방법
  ② 극수를 바꾸는 방법
  ③ 전원 전압을 바꾸는 방법
• 권선형 유도전동기의 속도 제어법
  ① 2차 저항을 제어하는 방법
  ② 2차 여자법(크레머 방식, 셀비어스 방식) 등이 있다.

일그너 방식은 직류전동기의 속도제어 방식이다. **답** ②

48 직류분권발전기가 있다. 극당 자속 0.01[Wb], 도체수 400, 회전수 600[rpm]인 6극 직류기의 유도기전력[V]은? 단, 병렬회로수는 2이다.

① 160
② 140
③ 120
④ 100

풀이 조건에서 병렬회로수는 2라고 하였으므로
유도기전력 $E = \dfrac{P}{a} Z\phi \dfrac{N}{60} = \dfrac{6}{2} \times 400 \times 0.01 \times \dfrac{600}{60}$
$= 120[V]$ **답** ③

49 동기발전기의 단락비나 동기 임피던스를 산출하는 데 필요한 특성곡선은?

① 부하 포화곡선과 3상 단락곡선
② 단상 단락곡선과 3상 단락곡선
③ 무부하 포화곡선과 3상 단락곡선
④ 무부하 포화곡선과 외부특성곡선

풀이

시험의 종류	측정항목
무부하 시험	철손, 기계손
단락 시험	동기임피던스, 동기리액턴스
무부하(포화) 시험, 단락 시험	단락비

답 ③

50 불평형 전압 상태에서 3상 유도전동기를 운전하면 토크와 입력은 어떻게 되는가?

① 토크가 감소하고 입력도 감소한다.
② 토크는 감소하고 입력은 증가한다.
③ 토크는 증가하고 입력은 감소한다.
④ 토크가 증가하고 입력은 증가한다.

풀이 전압이 불평형이 되면 불평형 전류가 흘러 전류는 증가하나 토크는 감소한다. 답 ②

51 다음 기기 중 공장에서 역률을 개선하려고 할 때 쓰이는 기기가 아닌 것은?

① 동기조상기
② 콘덴서용 직렬리액터
③ 전력용 콘덴서
④ 회전변류기

풀이
- 동기조상기 및 전력용 콘덴서를 사용하여 역률을 개선할 수 있으며, 전력용 콘덴서에는 방전 코일과 직렬 리액터를 부속으로 설치하여야 한다.
- 회전 변류기는 교류전력을 직류전력으로 바꾸는 회전기기이다. 답 ④

52 서보 모터가 갖추어야 할 조건이 아닌 것은?

① 기동 토크가 클 것
② 관성 모멘트가 클 것
③ 가감속이 용이할 것
④ 토크 속도곡선이 수하특성을 가질 것

풀이 서보 모터는 기동 토크는 크고, 회전자의 관성 모멘트는 적어야 한다. 답 ②

53 동기발전기에서 전기자 전류를 I, 유기기전력과 전기자 전류와의 위상각을 θ라 하면 횡축반작용을 하는 성분은?

① $I\cot\theta$ ② $I\tan\theta$
③ $I\sin\theta$ ④ $I\cos\theta$

풀이 유효분 $I\cos\theta$는 기전력과 같은 위상의 전류 성분으로서 횡축반작용을 하며, 무효분 $I\sin\theta$는 $\pi/2[\text{rad}]$만큼 뒤지거나 앞서기 때문에 직축반작용을 한다. 답 ④

54 직류전동기의 회전수를 1/2로 줄이려면, 계자자속을 몇 배로 하여야 하는가? (단, 전압과 전류 등은 일정하다.)

① 1   ② 2
③ 3   ④ 4

풀이 회전수 $n = K\dfrac{V-I_a R_a}{\Phi}$이므로, n을 $\dfrac{1}{2}$로 하면 자속 Φ는 2배가 되어야 한다. 답 ②

55 단상변압기를 병렬 운전하는 경우 부하전류의 분담에 관한 설명 중 옳은 것은?

① 누설 리액턴스에 비례한다.
② 누설 임피던스에 비례한다.
③ 누설 임피던스에 반비례한다.
④ 누설 리액턴스의 제곱에 반비례한다.

풀이 변압기 병렬운전 시 부하 분담은 누설 임피던스에 반비례하며, 변압기의 용량에 비례한다.
$$\frac{I_a}{I_b} = \frac{P_A}{P_B} \cdot \frac{\%Z_b}{\%Z_a}$$
여기서, I_a, I_b : 각 변압기의 분담 전류
P_A, P_B : A, B 변압기의 용량
$\%Z_a$, $\%Z_b$: A, B 변압기의 %임피던스 **답** ③

56 단상 다이오드 반파정류회로인 경우 정류 효율은 약 몇 [%]인가? (단, 저항부하인 경우이다.)
① 12.6　② 40.5
③ 60.6　④ 81.2

풀이

정류 종류	단상 반파	단상 전파	3상 반파	3상 전파
맥동률[%]	121	48	17.7	4.04
정류 효율	40.5	81.1	96.7	99.8
맥동 주파수	f	$2f$	$3f$	$6f$

답 ②

57 직류기의 전기자권선 중 중권 권선에서 뒤 피치가 앞 피치보다 큰 경우를 무엇이라 하는가?
① 진권　② 쇄권
③ 여권　④ 장절권

풀이
- 진권 : 권선의 진행 방향은 시계 방향의 방사형이며, 후절(뒤 피치)이 전절(앞 피치)보다 크다.
- 누권(역진권) : 권선 방향은 반시계 방향으로 감겨지게 되고 후절(뒤 피치)이 전절(앞 피치)보다 적다.

답 ①

58 단자전압 100[V], 전기자 전류 10[A], 전기자 회로 저항 1[Ω], 회전수 1800[rpm]으로 전부하 운전하고 있는 직류 전동기의 토크는 약 몇 [kg·m]인가?
① 0.049　② 0.49
③ 49　④ 490

풀이 $E = V - I_a R_a = 100 - 10 \times 1 = 90[V]$
$\therefore \tau = 0.975 \frac{P}{N} = 0.975 \frac{EI_a}{N} = 0.975 \times \frac{90 \times 10}{1800}$
$= 0.49[kg \cdot m]$ **답** ②

59 어떤 변압기의 단락시험에서 %저항강하 1.5[%]와 %리액턴스강하 3[%]를 얻었다. 부하역률이 80[%] 앞선 경우의 전압변동률[%]은?
① -0.6　② 0.6
③ -3.0　④ 3.0

풀이 앞선 역률이므로, 전압변동률
$\epsilon = p\cos\theta - q\sin\theta = 1.5 \times 0.8 - 3 \times 0.6$
$= -0.6[\%]$ **답** ①

60 220[V], 3상 유도전동기의 전부하 슬립이 6[%]이다. 공급전압이 10[%] 저하된 경우의 전부하 슬립은 어떻게 되는가?
① 0.074　② 0.067
③ 0.054　④ 0.049

풀이 공급전압이 10[%] 저하된 경우의 전부하 슬립을 s'라 하면
$s' = s \times \left(\frac{V_1}{V_1'}\right)^2 = s \times \left(\frac{V_1}{V_1 \times 0.9}\right)^2$
$= 0.06 \times \left(\frac{220}{220 \times 0.9}\right)^2 = 0.074[\%]$ **답** ①

4과목 - 회로이론

61 어느 회로의 유효 전력은 300[W], 무효 전력은 400[Var]이다. 이 회로의 피상 전력은?
① 500[VA]
② 600[VA]
③ 700[VA]
④ 350[VA]

풀이 유효전력 $P = 300[W]$
무효전력 $P_r = 400[Var]$
따라서 피상전력
$P_a = \sqrt{P^2 + P_r^2} = \sqrt{300^2 + 400^2} = 500[VA]$ **답** ①

62 그림에서 $e(t) = E_m \cos\omega t$의 전원전압을 인가했을 때 인덕턴스 L에 축적되는 에너지[J]는?

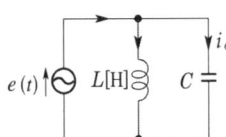

① $\dfrac{1}{2}\dfrac{E_m^2}{\omega^2 L^2}(1+\cos\omega t)$

② $\dfrac{1}{4}\dfrac{E_m^2}{\omega^2 L}(1-\cos\omega t)$

③ $\dfrac{1}{2}\dfrac{E_m^2}{\omega^2 L^2}(1+\cos 2\omega t)$

④ $\dfrac{1}{4}\dfrac{E_m^2}{\omega^2 L}(1-\cos 2\omega t)$

풀이 인덕턴스에 흐르는 전류 $i_L(t)$는

$$i_L(t) = \frac{1}{L}\int e\,dt = \frac{1}{L}\int E_m \cos\omega t\,dt = \frac{E_m}{\omega L}\sin\omega t$$

$$\therefore W_L(t) = \frac{L\,i_L(t)^2}{2} = \frac{L}{2}\left(\frac{E_m}{\omega L}\right)^2 \sin^2\omega t$$

$$= \frac{E_m^2}{2\omega^2 L}\left(\frac{1-\cos 2\omega t}{2}\right)$$

$$= \frac{1}{4}\frac{E_m^2}{\omega^2 L}(1-\cos 2\omega t) \quad \text{답 ④}$$

63 시정수 τ를 갖는 RL 직렬회로에 직류전압을 가할 때 $t=2\tau$ 되는 시간에 회로에 흐르는 전류는 최종값의 약 몇 [%]인가?

① 98 ② 95
③ 86 ④ 63

풀이 시정수는 특성근 절대값의 역이므로

$$i(t) = \frac{E}{R}\left(1 - e^{-\frac{R}{L}t}\right) = \frac{E}{R}\left(1 - e^{-\frac{1}{\tau}t}\right)$$이다.

$t=2\tau$를 대입하면

$$i_\tau = \frac{E}{R}\left(1 - e^{-\frac{1}{\tau}\times 2\tau}\right) = I(1-e^{-2}) ≒ 0.86I \quad \text{답 ③}$$

64 $f(t) = \delta(t) - be^{-bt}$의 라플라스 변환은? 단, $\delta(t)$는 임펄스 함수이다.

① $\dfrac{b}{s+b}$ ② $\dfrac{s(1-b)+5}{s(s+b)}$

③ $\dfrac{1}{s(s+b)}$ ④ $\dfrac{s}{s+b}$

풀이 선형성 정리에 의해서

$$\mathcal{L}[\delta(t)] - \mathcal{L}[be^{-bt}] = 1 - \frac{b}{s+b} = \frac{s}{s+b} \quad \text{답 ④}$$

65 RLC 직렬회로에서 공진 시의 전류는 공급 전압에 대하여 어떤 위상차를 갖는가?

① 0° ② 90°
③ 180° ④ 270°

풀이 임피던스 $Z = R + j\left(\omega L - \dfrac{1}{\omega C}\right)[\Omega]$에서

직렬공진은 리액턴스 성분이 0($j\omega L = \dfrac{1}{j\omega C}$)이 되므로 공진 시 전압과 전류는 동상(0°)이 되고 전류는 최대로 된다. 답 ①

66 그림과 같은 회로의 전달함수는? 단, $T=RC$이다.

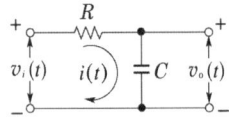

① $Ts+1$ ② Ts^2+1

③ $\dfrac{1}{Ts+1}$ ④ $\dfrac{1}{Ts^2+1}$

풀이
$$\begin{cases} v_i(t) = Ri(t) + \dfrac{1}{C}\int i(t)dt \\ v_o(t) = \dfrac{1}{C}\int i(t)dt \end{cases}$$

$$\begin{cases} V_i(s) = \left(R + \dfrac{1}{Cs}\right)I(s) \\ V_o(s) = \dfrac{1}{Cs}I(s) \end{cases}$$

$$\therefore G(s) = \frac{V_o(s)}{V_i(s)} = \frac{\dfrac{1}{Cs}}{R + \dfrac{1}{Cs}} = \frac{1}{RCs+1} = \frac{1}{Ts+1}$$

답 ③

67 L 및 C를 직렬로 접속한 임피던스가 있다. 지금 그림과 같이 L 및 C의 각각에 동일한 무유도 저항 R을 병렬로 접속하여 이 합성 회로가 주파수에 무관계하게 되는 R의 값을 구하여라.

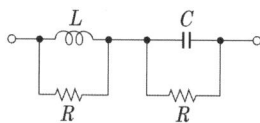

① $R^2 = \dfrac{L}{C}$ ② $R^2 = \dfrac{C}{L}$

③ $R^2 = L \cdot C$ ④ $R^2 = \dfrac{1}{LC}$

풀이 L의 임피던스를 Z_1, C의 임피던스를 Z_2라 하면 구동점 임피던스 Z는
$$Z = \dfrac{Z_1 R}{Z_1 + R} + \dfrac{Z_2 R}{Z_2 + R}$$
$$= \dfrac{R\{Z_1(R+Z_2) + Z_2(R+Z_1)\}}{(Z_1+R)(Z_2+R)}$$
$$= \dfrac{R\{Z_1 R + Z_1 Z_2 + Z_2 R + Z_1 Z_2\}}{R^2 + Z_1 R + Z_2 R + Z_1 Z_2}$$

Z가 주파수에 무관계하게 되려면(정저항 조건)
$Z_1 R + Z_2 R + 2Z_1 Z_2 = R^2 + Z_1 R + Z_2 R + Z_1 Z_2$
$\therefore R^2 = Z_1 Z_2 = j\omega L \times \dfrac{1}{j\omega C} = \dfrac{L}{C}$ **답** ①

68 $R-L-C$ 직렬공진회로에서 $R=100[\Omega]$, $L=314[\text{mH}]$, $C=125.6[\text{pF}]$일 때, 선택도 (전압 확대율) Q는?

① 2×10^3 ② 3×10^3
③ 4×10^2 ④ 5×10^2

풀이 직렬공진회로에서 $Q = \dfrac{1}{R}\sqrt{\dfrac{L}{C}}$
$Q = \dfrac{1}{R}\sqrt{\dfrac{L}{C}} = \dfrac{1}{100}\sqrt{\dfrac{314 \times 10^{-3}}{125.6 \times 10^{-12}}} = 500$ **답** ④

69 동일한 용량 2대의 단상 변압기를 V결선하여 3상으로 운전하고 있다. 단상 변압기 2대의 용량에 대한 3상 V결선시 변압기 용량의 비인 변압기 이용률은 약 몇 [%]인가?

① 57.7 ② 70.7
③ 80.1 ④ 86.6

풀이 V결선에는 변압기 2대를 사용하였으므로 그 정격출력의 합은 $2VI$가 된다.
이용률 $= \dfrac{\sqrt{3}\,VI}{2VI} = \dfrac{\sqrt{3}}{2} = 0.866 = 86.6[\%]$ **답** ④

70 4단자 정수를 구하는 식으로 틀린 것은?

① $A = \left(\dfrac{V_1}{V_2}\right)_{I_2=0}$ ② $B = \left(\dfrac{V_2}{I_2}\right)_{V_1=0}$

③ $C = \left(\dfrac{I_1}{V_2}\right)_{I_2=0}$ ④ $D = \left(\dfrac{I_1}{I_2}\right)_{V_2=0}$

풀이 A, B, C, D로 표시되는
4단자 기초 방정식은 $\begin{bmatrix} V_1 \\ I_1 \end{bmatrix} = \begin{bmatrix} A & B \\ C & D \end{bmatrix} \begin{bmatrix} V_2 \\ I_2 \end{bmatrix}$이며,
각 파라미터의 물리적 의미는

• 출력을 개방했을 때 전압 이득 $A = \left.\dfrac{V_1}{V_2}\right|_{I_2=0}$

• 출력을 단락했을 때 전달 임피던스 $B = \left.\dfrac{V_1}{I_2}\right|_{V_2=0}$

• 출력을 개방했을 때 전달 어드미턴스 $C = \left.\dfrac{I_1}{V_2}\right|_{I_2=0}$

• 출력을 단락했을 때 전류 이득 $D = \left.\dfrac{I_1}{I_2}\right|_{V_2=0}$

답 ②

71 그림과 같은 구형파의 라플라스 변환은?

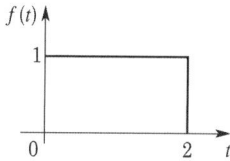

① $\dfrac{1}{s}(1-e^{-s})$ ② $\dfrac{1}{s}(1+e^{-s})$

③ $\dfrac{1}{s}(1-e^{-2s})$ ④ $\dfrac{1}{s}(1+e^{-2s})$

풀이

$f(t) = u(t) - u(t-2)$
$\therefore F(s) = \mathcal{L}[f(t)] = \mathcal{L}[u(t) - u(t-2)]$
$= \dfrac{1}{s} - \dfrac{1}{s}e^{-2s} = \dfrac{1}{s}(1-e^{-2s})$ **답** ③

72 평형 3상 3선식 회로가 있다. 부하는 Y결선이고 $V_{ab} = 100\sqrt{3} \angle 0°$[V]일 때 $I_a = 20 \angle -120°$[A]이었다. Y결선된 부하 한 상의 임피던스는 몇 [Ω]인가?

① $5 \angle 60°$　　② $5\sqrt{3} \angle 60°$
③ $5 \angle 90°$　　④ $5\sqrt{3} \angle 90°$

풀이 Y결선에서 선전류 = 상전류,
선간 전압 = $\sqrt{3} \times$상전압 $\angle 30°$이므로
상전압
$$V_a = \frac{V_{ab}}{\sqrt{3}} \angle -30° = \frac{100\sqrt{3}}{\sqrt{3}} \angle -30°$$
$$= 100 \angle -30°[V]$$
$$\therefore Z_a = \frac{V_a}{I_a} = \frac{100 \angle -30°}{20 \angle -120°} = 5 \angle 90°[\Omega] \quad \text{답 ③}$$

73 불평형 3상 전류 $I_a = 15 + j2$[A], $I_b = -20 - j14$[A], $I_c = -3 + j10$[A]일 때 영상전류 I_0는 약 몇 [A]인가?

① $2.67 + j0.36$　　② $-2.67 - j0.67$
③ $15.7 - j3.25$　　④ $1.91 + j6.24$

풀이 영상전류 $I_0 = \frac{1}{3}(I_a + I_b + I_c)$
$$\therefore I_0 = \frac{1}{3}(15 + j2 - 20 - j14 - 3 + j10)$$
$$= \frac{1}{3}(-8 - j2) = -2.67 - j0.67[A] \quad \text{답 ②}$$

74 그림과 같은 회로에서 처음에 스위치 S가 닫힌 상태에서 회로에 정상전류가 흐르고 있었다. $t = 0$에서 스위치 S를 연다면 회로의 전류는?

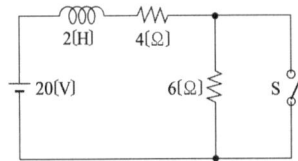

① $2 + 3e^{-5t}$　　② $2 + 3e^{-2t}$
③ $4 + 2e^{-2t}$　　④ $4 + 2e^{-5t}$

풀이 스위치를 열 때 회로 방정식은 $2\frac{di}{dt} + (4+6)i = 20$
특별해 i_s는 정상전류이므로 $0 + (4+6)i_s = 20$
$\therefore i_s = 2$
보조해는 우변 E를 0으로 놓은 미분방정식,
즉 $2\frac{di}{dt} + (4+6)i_t = 0$, $i_t = Ae^{-\frac{4+6}{2}t} = Ae^{-5t}$ 이다.
따라서 일반해는 $i = i_s + i_t = 2 + Ae^{-5t}$[A]
적분 상수 A를 구하면 $t = 0$에서 $i = \frac{20}{4} = 5$[A]이다.
$\therefore A = 5 - 2 = 3$
그러므로 일반해는 $i = 2 + 3e^{-5t}$[A]이다. 답 ①

75 RL 병렬회로의 합성 임피던스[Ω]는? (단, ω[rad/s]는 이 회로의 각 주파수이다.)

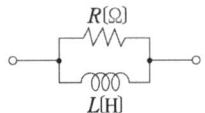

① $R\left(1 + j\frac{\omega L}{R}\right)$　　② $R\left(1 - j\frac{1}{\omega L}\right)$
③ $\dfrac{R}{\left(1 - j\dfrac{R}{\omega L}\right)}$　　④ $\dfrac{R}{\left(1 + j\dfrac{R}{\omega L}\right)}$

풀이 $Z = \dfrac{R \cdot j\omega L}{R + j\omega L} = \dfrac{R}{1 + \dfrac{R}{j\omega L}} = \dfrac{R}{1 - j\dfrac{R}{\omega L}}$ 답 ③

76 선간 전압 200[V], 부하 임피던스 $24 + j7$[Ω]인 3상 Y결선의 3상 유효전력은?

① 192[W]　　② 512[W]
③ 1536[W]　④ 4608[W]

풀이 $I = \dfrac{V/\sqrt{3}}{Z} = \dfrac{200/\sqrt{3}}{\sqrt{24^2 + 7^2}} = 4.62$[A]이므로
$\therefore P = 3I^2R = 3 \times 4.62^2 \times 24 \fallingdotseq 1536$[W] 답 ③

77 어떤 회로 소자에 $e = 125\sin 377t$[V]를 가했을 때 전류 $i = 25\sin 377t$[A]가 흐른다면 이 소자는?

① 다이오드　　② 순저항
③ 유도 리액턴스　④ 용량 리액턴스

풀이
- R : 전압과 전류의 위상이 같다.
- L : 전압보다 전류의 위상이 90° 느리다.(지상)
- C : 전압보다 전류의 위상이 90° 빠르다.(진상)

전압과 전류의 위상차가 없으므로 순저항만의 부하이다. 답 ②

78 파형의 파형률 값이 잘못된 것은?

① 정현파의 파형률은 1.414이다.
② 톱니파의 파형률은 1.155이다.
③ 전파 정류파의 파형률은 1.11이다.
④ 반파 정류파의 파형률은 1.571이다.

풀이

정현파의 파형률 $= \dfrac{\text{실효값}}{\text{평균값}} = \dfrac{\dfrac{1}{\sqrt{2}}I_m}{\dfrac{2}{\pi}I_m} = \dfrac{\pi}{2\sqrt{2}} = 1.11$

답 ①

79 저항 $R = 60[\Omega]$과 유도리액턴스 $\omega L = 80[\Omega]$인 코일이 직렬로 연결된 회로에 200[V]의 전압을 인가할 때 전압과 전류의 위상차는?

① 48.17°
② 50.23°
③ 53.13°
④ 55.27°

풀이 임피던스 $Z = R + j\omega L = 60 + j80$

$= \sqrt{60^2 + 80^2} \angle \tan^{-1}\dfrac{80}{60} = 100\angle 53.13°$

전류 $I = \dfrac{E}{Z} = \dfrac{200\angle 0°}{100\angle 53.13°} = 2\angle -53.13°$ 답 ③

80 그림과 같은 회로망에서 전류를 계산하는데 옳게 표시된 것은?

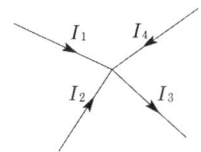

① $I_1 + I_2 + I_3 + I_4 = 0$
② $I_1 + I_2 - I_3 + I_4 = 0$
③ $I_1 + I_4 = I_2 + I_3$
④ $I_1 + I_2 - I_4 = I_3$

풀이 키르히호프의 전류 법칙 (제1법칙) 답 ②

5과목 - 전기설비기술기준

81 지중 전선로를 직접 매설식에 의하여 차량 기타 중량물의 압력을 받을 우려가 있는 장소에 시설하는 경우 매설 깊이는 몇 [m] 이상으로 하여야 하는가?

① 1
② 1.2
③ 1.5
④ 2

풀이 334.1 지중전선로의 시설
가. 지중 전선로는 전선에 케이블을 사용하고 또한 관로식·암거식 또는 직접 매설식에 의하여 시설하여야 한다.
나. 지중 전선로를 **직접 매설식**에 의하여 시설하는 경우에는 매설깊이를 **차량 기타 중량물의 압력을 받을 우려가 있는 장소**에는 1.0[m] 이상, 기타 장소에는 0.6[m] 이상으로 하고 또한 지중 전선을 견고한 트라프 기타 방호물에 넣어 시설하여야 한다.

답 ①

82 케이블트레이공사에 사용하는 케이블 트레이에 적합하지 않은 것은?

① 금속재의 것은 적절한 방식처리를 하거나 내식성 재료의 것이어야 한다.
② 비금속재 케이블 트레이는 난연성 재료가 아니어도 된다.
③ 케이블 트레이가 방화구획의 벽 등을 관통하는 경우에는 개구부에 연소방지시설을 하여야 한다.
④ 금속제 케이블 트레이 계통은 기계적 또는 전기적으로 완전하게 접속하여야 한다.

풀이 232.41 케이블트레이공사
케이블트레이공사는 케이블을 지지하기 위하여 사용하는 금속재 또는 불연성 재료로 제작된 유닛 또는 유닛의 집합체 및 그에 부속하는 부속재 등으로 구성된 견고한 구조물을 말하며 사다리형, 펀칭형, 메시형, 바닥밀폐형 기타 이와 유사한 구조물을 포함하여 적용한다.
가. 케이블 트레이의 안전율은 1.5 이상으로 하여야 한다.
나. 금속재의 것은 적절한 방식처리를 한 것이거나 내식성 재료의 것이어야 한다.
다. **비금속제 케이블 트레이는 난연성 재료**의 것이어야 한다.
라. 금속제 케이블 트레이 계통은 기계적 및 전기적으

로 완전하게 접속하여야 하며 금속제 트레이는 접지공사를 하여야 한다. 답 ②

83 사용전압이 몇 [kV] 이상의 중성점 직접접지식 전로에 접속하는 변압기를 설치하는 곳에는 절연유의 구외 유출 및 지하 침투를 방지하기 위한 설비를 갖추어야 하는가?

① 50
② 100
③ 150
④ 200

풀이 기술기준 제20조 절연유
사용전압이 100[kV] 이상의 중성점 직접접지식 전로에 접속하는 변압기를 설치하는 곳에는 절연유의 구외 유출 및 지하 침투를 방지하기 위한 설비를 갖추어야 한다. 답 ②

84 조상기의 보호장치로서 내부고장 시에 자동적으로 전로로부터 차단되는 장치를 설치하여야 하는 조상기 용량은 몇 [kVA] 이상인가?

① 5000
② 7500
③ 10000
④ 15000

풀이 351.5 조상설비의 보호장치
조상 설비에는 그 내부에 고장이 생긴 경우에 보호하는 장치를 표와 같이 시설하여야 한다.

설비 종별	뱅크 용량의 구분	자동적으로 전로로부터 차단하는 장치
전력용 커패시터 및 분로리액터	500[kVA] 초과 15,000[kVA] 미만	• 내부에 고장이 생긴 경우 • 과전류가 생긴 경우
	15,000[kVA] 이상	• 내부에 고장이 생긴 경우 • 과전류가 생긴 경우 • 과전압이 생긴 경우
조상기 (調相機)	15,000[kVA] 이상	• 내부에 고장이 생긴 경우

답 ④

85 사용전압이 400[V]를 초과하는 저압가공전선에 사용 할 수 없는 전선은?

① 인입용 비닐절연전선
② 나전선(중성선 또는 다중접지된 접지측 전선으로 사용하는 전선에 한한다)
③ 케이블
④ 다심형 전선

풀이 222.5 저압 가공전선의 굵기 및 종류
가. 저압 가공전선은 나전선(중성선 또는 다중접지된 접지측 전선으로 사용하는 전선에 한한다), 절연전선, 다심형 전선 또는 케이블을 사용하여야 한다.
나. 사용전압이 400[V] 초과인 저압 가공전선에는 인입용 비닐절연전선을 사용하여서는 안 된다. 답 ①

86 수소냉각식 발전기 및 이에 부속하는 수소냉각 장치에 관한 시설기준 중 틀린 것은?

① 발전기안의 수소의 압력 계측장치 및 압력 변동에 대한 경보장치를 시설할 것
② 발전기안의 수소 온도를 계측하는 장치를 시설할 것
③ 발전기는 기밀구조이고 또한 수소가 대기압에서 폭발하는 경우에 생기는 압력에 견디는 강도를 가지는 것일 것
④ 발전기안의 수소의 순도가 70[%] 이하로 저하한 경우에 경보를 하는 장치를 시설할 것

풀이 351.10 수소냉각식 발전기 등의 시설
수소냉각식의 발전기·조상기 또는 이에 부속하는 수소 냉각 장치는 다음 각 호에 따라 시설하여야 한다.
가. 발전기 또는 조상기는 기밀구조의 것이고 또한 수소가 대기압에서 폭발하는 경우에 생기는 압력에 견디는 강도를 가지는 것일 것.
나. 발전기축의 밀봉부에는 질소 가스를 봉입할 수 있는 장치 또는 발전기 축의 밀봉부로부터 누설된 수소 가스를 안전하게 외부에 방출할 수 있는 장치를 시설할 것.
다. 발전기 내부 또는 조상기 내부의 **수소의 순도가 85[%] 이하로 저하**한 경우에 이를 **경보하는 장치**를 시설할 것.
라. 발전기 내부 또는 조상기 내부의 수소의 압력을 계측하는 장치 및 그 압력이 현저히 변동한 경우에 이를 경보하는 장치를 시설할 것.
마. 발전기 내부 또는 조상기 내부의 수소의 온도를 계측하는 장치를 시설할 것. 답 ④

87 가공전선로의 지지물에 취급자가 오르고 내리는 데 사용하는 발판못 등은 일반적으로 지표상 몇 [m] 미만에 시설하여서는 아니되는가?

① 1.2
② 1.5
③ 1.8
④ 2.0

[풀이] 331.4 가공전선로 지지물의 철탑오름 및 전주오름 방지
가공전선로의 지지물에 취급자가 오르고 내리는데 사용하는 발판 볼트 등을 지표상 1.8[m] 미만에 시설하여서는 아니 된다. 답 ③

88 사용전압이 170[kV]을 초과하는 특고압가공전선로를 시가지에 시설하는 경우 전선의 단면적은 몇 [mm²] 이상의 강심알루미늄 또는 이와 동등 이상의 인장강도 및 내 아크 성능을 가지는 연선을 사용하여야 하는가?

① 22 ② 55
③ 150 ④ 240

[풀이] 333.1 시가지 등에서 특고압 가공전선로의 시설
가. 사용전압이 170[kV] 이하인 전선로에서의 전선의 굵기

사용전압의 구분	전선의 단면적
100[kV] 미만	인장강도 21.67[kN] 이상의 연선 또는 단면적 55[mm²] 이상의 경동연선
100[kV] 이상	인장강도 58.84[kN] 이상의 연선 또는 단면적 150[mm²] 이상의 경동연선

나. **사용전압이 170[kV] 초과**하는 전선로에서의 전선은 **단면적 240[mm² 이상**의 강심알루미늄선 또는 이와 동등 이상의 인장강도 및 내(耐)아크 성능을 가지는 연선을 사용할 것. 답 ④

89 풀용 수중조명등의 시설공사에서 절연변압기는 그 2차 측 전로의 사용전압이 몇 [V] 이하인 경우에는 1차 권선과 2차 권선 사이에 금속제의 혼촉방지판을 설치하여야 하여야 하는가?

① 30[V] ② 40[V]
③ 50[V] ④ 60[V]

[풀이] 234.14 수중조명등
수중조명등의 절연변압기는 그 2차측 전로의 사용전압이 30[V] 이하인 경우는 1차권선과 2차권선 사이에 금속제의 **혼촉방지판**을 설치하고, 규정에 준하여 접지공사를 하여야 한다. 답 ①

90 연료전지의 내압시험은 연료전지 설비의 내압 부분 중 최고 사용압력이 0.1[MPa] 이상의 부분은 최고 사용압력의 몇 배의 수압까지 가압하여 압력이 안정된 후 최소 10분간 유지하는 시험을 실시하였을 때 이것에 견디고 누설이 없어야 하는가?

① 1 ② 1.25
③ 1.5 ④ 2

[풀이] 542.1.3 연료전지설비의 구조
내압시험은 연료전지 설비의 내압 부분 중 **최고 사용압력이 0.1[MPa] 이상의 부분**은 최고 사용압력의 **1.5배의 수압**(수압으로 시험을 실시하는 것이 곤란한 경우는 최고 사용압력의 1.25배의 기압)까지 가압하여 압력이 안정된 후 최소 10분간 유지하는 시험을 실시하였을 때 이것에 견디고 누설이 없어야 한다. 답 ③

91 가공전선로의 지지물로서 길이 9[m], 설계하중이 6.8[kN] 이하인 철근 콘크리트주를 시설할 때 땅에 묻히는 깊이는 몇 [m] 이상으로 하여야 하는가?

① 1.2 ② 1.5
③ 2 ④ 2.5

[풀이] 331.7 가공전선로 지지물의 기초의 안전율
가공전선로의 지지물에 하중이 가하여지는 경우에 그 하중을 받는 지지물의 기초의 안전율은 2(이상 시 상정하중이 가하여지는 철탑의 기초에 대하여는 1.33) 이상이어야 한다. 다만, 다음에 따라 시설하는 경우에는 적용하지 않는다.

설계 하중 전장	6.8[kN] 이하	6.8[kN] 초과 ~9.8[kN] 이하	9.8[kN] 초과 ~14.72[kN] 이하
15[m] 이하	전장 × 1/6[m] 이상	전장 × 1/6 + 0.3[m] 이상	전장 × 1/6 + 0.5[m] 이상
15[m] 초과	2.5[m] 이상	2.8[m] 이상	—
16[m] 초과 ~20[m] 이하	2.8[m] 이상	—	—
15[m] 초과 ~18[m] 이하	—	—	3[m] 이상
18[m] 초과	—	—	3.2[m] 이상

$\therefore 9[m] \times \dfrac{1}{6} = 1.5[m]$ 답 ②

92 통신선에 직접 접속하는 옥내 통신 설비를 시설하는 곳에 반드시 하여야 하는 것은? 단, 통신선은 광섬유 케이블을 제외하며, 뇌 또는 전선과의 혼촉에 의하여 사람에게 위험의 우려는 있다고 한다.

① 유도 조절 장치 ② 전류 제한 장치
③ 전력 절감 장치 ④ 보안 장치

풀이 362.10 전력보안통신설비의 보안장치
통신선(광섬유 케이블을 제외한다)에 직접 접속하는 옥내통신 설비를 시설하는 곳에는 **통신선의 구별에 따라 적합한 보안장치 또는 이에 준하는 보안장치를 시설**하여야 한다. 다만, 통신선이 통신용 케이블인 경우에 뇌(雷) 또는 전선과의 혼촉에 의하여 사람에게 위험을 줄 우려가 없도록 시설하는 경우에는 그러하지 아니하다.
답 ④

93 지중 공가설비로 사용하는 광섬유 케이블 및 동축케이블은 지름 몇 [mm] 이하여야 하는가?

① 14 ② 22
③ 30 ④ 38

풀이 363.1 지중통신선로설비 시설
지중 공가설비로 사용하는 광섬유 케이블 및 동축케이블은 **지름 22[mm] 이하**일 것
답 ②

94 시가지에 시설하는 154[kV] 가공전선로를 도로와 제1차 접근상태로 시설하는 경우, 전선과 도로와의 이격거리는 몇 [m] 이상이어야 하는가?

① 4.4 ② 4.8
③ 5.2 ④ 5.6

풀이 333.24 특고압 가공전선과 도로 등의 접근 또는 교차
특고압 가공전선이 도로·횡단보도교·철도 또는 궤도와 **제1차 접근 상태**로 시설되는 경우에는 다음에 따라야 한다.
가. 특고압 가공전선로는 제3종 특고압 보안공사에 의할 것.
나. 특고압 가공전선과 도로 등 사이의 이격거리는 표에서 정한 값 이상일 것. 다만, 특고압 절연전선을 사용하는 사용전압이 35[kV] 이하의 특고압 가공전선과 도로 등 사이의 수평 이격거리가 1.2[m] 이상인 경우에는 그러하지 아니하다.

사용전압의 구분	이격거리
35[kV] 이하	3[m]
35[kV] 초과	• 이격거리 = 3 + 단수×0.15 [m] • 단수 = $\frac{전압[kV]-35}{10}$ 단수 계산에서 소수점 이하는 절상

• 단수 = $\frac{154-35}{10} = 11.9 \rightarrow 12$단
• 이격거리 = $3 + 12 \times 0.15 = 4.8$[m]
답 ②

95 동기발전기를 사용하는 전력계통에 시설하여야 하는 장치는?

① 비상 조속기
② 동기검정장치
③ 분로 리액터
④ 절연유 유출방지설비

풀이 351.6 계측장치
동기발전기를 시설하는 경우에는 **동기검정장치**를 시설하여야 한다. 다만, 동기발전기의 용량이 그 발전기를 연계하는 전력계통의 용량과 비교하여 현저히 적은 경우에는 그러하지 아니하다.
답 ②

96 금속제 가요전선관공사에 의한 저압 옥내배선의 시설방법으로 기술기준에 적합한 것은?

① 옥외용 비닐절연전선을 사용하였다.
② 2종 금속제 가요전선관을 사용하였다.
③ 가요전선관에는 접지공사를 하지 않았다.
④ 전선은 연동선으로 단면적 16[mm²]의 단선을 사용하였다.

풀이 232.13 금속제가요전선관공사
가. 전선은 절연전선(옥외용 비닐 절연전선을 제외한다)일 것.
나. 전선은 연선일 것. 다만, **단면적 10[mm²]**(알루미늄선은 단면적 16[mm²]) 이하인 것은 그러하지 아니하다.
다. 가요전선관 안에는 전선에 접속점이 없도록 할 것.
라. 가요전선관은 **2종 금속제 가요전선관**일 것.
마. 가요전선관배선에는 **접지공사를 할 것**.
답 ②

97 사람이 상시 통행하는 터널 내 저압전선로의 애자공사 시 노면상 최소 높이는?

① 2.0[m] ② 2.2[m]
③ 2.5[m] ④ 3.0[m]

풀이 335.1 터널 안 전선로의 시설
사람이 상시 통행하는 터널 안의 전선로 사용전압은 저압 또는 고압에 한하며, 다음에 따라 시설하여야 한다.

전압	전선의 굵기	시공방법	애자사용 공사 시 높이
저압	인장강도 2.30[kN] 이상 또는 2.6[mm] 이상의 경동선의 절연전선	• 합성수지관공사 • 금속관공사 • 금속제가요전선관 공사 • 케이블공사 • 애자사용공사	노면상 2.5[m] 이상
고압		• 케이블공사	

답 ③

98 345[kV] 변전소의 충전 부분에서 5.98[m] 거리에 울타리를 설치할 경우 울타리 최소 높이는 몇 [m]인가?

① 2.1 ② 2.3
③ 2.5 ④ 2.7

풀이 351.1 발전소 등의 울타리 · 담 등의 시설

사용전압의 구분	울타리 · 담 등의 높이와 울타리 · 담 등으로부터 충전 부분까지의 거리의 합계
35[kV] 이하	5[m]
35[kV] 초과 160[kV] 이하	6[m]
160[kV] 초과	• 거리의 합계 = 6 + 단수 × 0.12[m] • 단수 = $\frac{\text{사용전압[kV]}-160}{10}$ 단수 계산에서 소수점 이하는 절상

- 단수 = $\frac{345-160}{10}$ = 18.5 → 19단
- 거리의 합계 = 6 +(19×0.12) = 8.28[m]
- 울타리에서 충전 부분까지 거리는 5.98[m]이므로 울타리 최소 높이 = 8.28 − 5.98 = 2.3[m]   **답** ②

99 고압가공 케이블을 설치하기 위한 조가용선은 단면적 몇 [mm^2]인 아연도 철연선 또는 이와 동등 이상의 세기 및 굵기의 연선을 사용하여야 하는가?

① 8   ② 14
③ 22 ④ 30

풀이 332.2 가공케이블의 시설
저압 가공전선 또는 고압 가공전선에 케이블을 사용하는 경우에는 다음에 따라 시설하여야 한다.
가. 케이블은 조가용선에 행거로 시설할 것. 이 경우에는 사용전압이 고압인 때에는 행거의 간격은 0.5[m] 이하로 하는 것이 좋다.
나. **조가용선은 인장강도 5.93[kN] 이상의 것 또는 단면적 22[mm^2] 이상인 아연도강연선**일 것.
다. 조가용선 및 케이블의 피복에 사용하는 금속체에는 접지공사를 할 것.
라. 조가용선을 케이블에 접촉시켜 금속 테이프를 감는 경우에는 20[cm] 이하의 간격으로 나선상으로 한다.

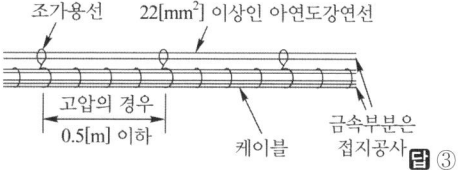

답 ③

100 고압가공전선이 교류 전차선과 교차하는 경우, 고압가공전선으로 케이블을 사용하는 경우 이외에는 단면적 몇 [mm^2] 이상의 경동연선을 사용하여야 하는가?

① 14 ② 22
③ 30 ④ 38

풀이 332.15 고압 가공전선과 교류전차선 등의 접근 또는 교차
222.15 저압 가공전선과 교류전차선 등의 접근 또는 교차
저압 가공전선 또는 고압 가공전선이 교류 전차선 등과 교차하는 경우에 저압 가공전선 또는 고압 가공전선이 교류 전차선 등의 위에 시설되는 때에는 다음에 따라야 한다.
가. 저압 가공전선에는 케이블을 사용하고 또한 이를 단면적 35[mm^2] 이상인 아연도강연선으로서 인장강도 19.61[kN] 이상인 것으로 조가하여 시설할 것.
나. **고압 가공전선은 케이블인 경우 이외에는 인장강도 14.51[kN] 이상의 것 또는 단면적 38[mm^2] 이상의 경동연선**일 것.

답 ④

2023년 3회 전기산업기사필기(CBT 복원문제)

동일출판사 홈페이지에서 무료 동영상강의를 보실 수 있습니다.

1과목 - 전기자기

01 정전계에서 도체의 성질에 대한 설명으로 옳지 않은 것은?

① 전계의 세기와 전위경도의 크기는 같다.
② 도체 내부의 전계의 세기는 0 이다.
③ 전계의 세기를 유전율로 나누면 전속밀도 이다.
④ 전위경도는 전위의 미분연산이다.

풀이 ① 전위경도는 전계의 세기와 크기는 같고, 방향은 반대이다.
$E = -\text{grad}\, V = -\nabla V$ [V/m]
② 전계의 세기는 전기력선 밀도(단위면적당 전기력선 수)와 같고, 도체 내부에는 전기력선이 존재하지 않기 때문에 도체 내부의 전계의 세기는 0 이다.
③ 전속밀도 $D = \epsilon_0 E$ [C/m²]
④ 전위경도 $\nabla V = \text{grad}\, V$

답 ③

02 균등자장 H_0 중에 비투자율 μ_s, 반지름 a의 자성체구를 놓았을 때 자화의 세기가 M 이었다면 자성체 구의 내부자계의 세기는?

① $-\dfrac{M}{2}$ ② $-\dfrac{M}{3}$
③ $\dfrac{M}{2}$ ④ $\dfrac{M}{3}$

풀이 z축의 방향으로 균일하게 자화된 $M = Mk$인 자성체 구를 생각하면 구 내부의 스칼라 자기 포텐셜 ϕ는 Laplace의 경계조건을 만족한다. 따라서 M은 r 및 θ의 함수이므로
$\phi = \dfrac{1}{3}Mr\cos\theta = \dfrac{1}{3}Mz$
$\therefore H = -\text{grad}\,\phi = -\nabla\phi$
$= -\left(\dfrac{\partial}{\partial x}i + \dfrac{\partial}{\partial y}j + \dfrac{\partial}{\partial z}k\right)\left(\dfrac{1}{3}Mz\right) = -\dfrac{1}{3}Mk$
$\therefore H = -\dfrac{M}{3}$
따라서 자계 H는 자화의 세기와 반대방향$(-k)$이다.

답 ②

03 진공 내에서 전위 함수 $V = x^2 + y$ [V]로 주어질 때 $0 \le x \le 1$, $0 \le y \le 1$, $0 \le z \le 1$인 공간에 저축되는 에너지의 값[J]은? 단, ϵ_0 : 진공의 유전율이다.

① $\dfrac{40\epsilon_0}{3}$ ② $\dfrac{30\epsilon_0}{3}$
③ $\dfrac{20\epsilon_0}{3}$ ④ $\dfrac{7\epsilon_0}{6}$

풀이
$W = \int_v \dfrac{1}{2}\epsilon_0 E^2 dv = \dfrac{1}{2}\epsilon_0 \int_v |-\text{grad}\, V|^2 dv$
$= \dfrac{1}{2}\epsilon_0 \int_0^1 \int_0^1 \int_0^1 |-(2xi+j)|^2 dx\, dy\, dz$
$= \dfrac{7}{6}\epsilon_0$ [J]

참고 3중적분
$\int_0^1 \int_0^1 \int_0^1 (x^2 + y^2)dxdydz$
$= \int_0^1 \int_0^1 \left[\dfrac{x^3}{3} + y^2 x\right]_0^1 dydz = \int_0^1 \int_0^1 \left(\dfrac{1}{3} + y^2\right)dydz$
$= \int_0^1 \left[\dfrac{y}{3} + \dfrac{y^3}{3}\right]_0^1 dz = \int_0^1 \dfrac{2}{3}dz = \left[\dfrac{2z}{3}\right]_0^1 = \dfrac{2}{3}$

답 ④

04 정전용량이 C인 콘덴서에서 극판 사이의 비유전율이 2인 유전체를 제거하고 공기로 채운 경우 그 때의 용량을 C_0라고 하면, C와 C_0의 관계는?

① $C = 2C_0$ ② $C = 4C_0$
③ $C = \dfrac{C_0}{4}$ ④ $C = \dfrac{C_0}{2}$

풀이 $\dfrac{C}{C_0} = \epsilon_s$: 비유전율
여기서, 유전체 중의 정전 용량은 공기 중의 ϵ_s 배가 되므로, $C = \epsilon_s C_0 = 2C_0$

답 ①

05 동심 구형 콘덴서의 내외 반지름을 각각 2배로 하면 정전용량은 몇 배가 되는가?

① 1배　　② 2배
③ 3배　　④ 4배

풀이 정전용량 $C = \dfrac{4\pi\epsilon_0 ab}{b-a}$ [F]

내외구의 반지름을 2배로 늘린 경우의 정전용량을 C'라 하면

$\therefore C' = \dfrac{4\pi\epsilon_0(2a)(2b)}{(2b-2a)} = \dfrac{4\pi\epsilon_0 ab}{b-a} \times 2 = 2C$　　답 ②

06 두 도체의 전위 및 전하가 각각 V_1, Q_1 및 V_2, Q_2 일 때 도체가 갖는 에너지는?

① $\dfrac{1}{2}(V_1 Q_1 + V_2 Q_2)$

② $\dfrac{1}{2}(Q_1 + Q_2)(V_1 + V_2)$

③ $V_1 Q_1 + V_2 Q_2$

④ $(V_1 + V_2)(Q_1 + Q_2)$

풀이 도체계의 전 에너지
$W = W_1 + W_2$
$= \dfrac{1}{2}P_{11}Q_1^2 + P_{21}Q_1Q_2 + \dfrac{1}{2}P_{22}Q_2^2$

여기서,
$V_1 = P_{11}Q_1 + P_{12}Q_2$, $V_2 = P_{21}Q_1 + P_{22}Q_2$
의 관계를 대입하면
$W = \dfrac{1}{2}(Q_1V_1 + Q_2V_2)$ [J]

즉, $W = \sum_{i=1}^{n} \dfrac{1}{2} Q_i V_i = \dfrac{1}{2} \sum_{s=1}^{n} \sum_{r=1}^{n} P_{rs} Q_r Q_s$ [J]가 성립한다.　　답 ①

07 내구의 반지름이 6[cm], 외구의 반지름이 8[cm]인 동심구 콘덴서의 외구를 접지하고 내구에 전위 1800[V]를 가했을 경우 내구에 충전된 전기량은 몇 [C]인가?

① 2.8×10^{-8}　　② 3.8×10^{-8}
③ 4.8×10^{-8}　　④ 5.8×10^{-8}

풀이 전기량 $Q = \dfrac{4\pi\epsilon_0 V}{\dfrac{1}{a} - \dfrac{1}{b}} = \dfrac{\dfrac{1}{9 \times 10^9} \times 1800}{\dfrac{1}{6 \times 10^{-2}} - \dfrac{1}{8 \times 10^{-2}}}$

$= 4.8 \times 10^{-8}$ [C]　　답 ③

08 전계 E[V/m], 전속밀도 D[C/m²], 유전율 $\epsilon = \epsilon_o \epsilon_s$[F/m], 분극의 세기 P[C/m²] 사이의 관계는?

① $P = D + \epsilon_0 E$

② $P = D - \epsilon_0 E$

③ $P = \dfrac{D + E}{\epsilon_0}$

④ $P = \dfrac{D - E}{\epsilon_0}$

풀이 전계 $E = \dfrac{\sigma - \sigma_p}{\epsilon_0} = \dfrac{D - P}{\epsilon_0}$ [V/m]이므로

전속밀도 $D = \epsilon_0 E + P$ [C/m²]이다.
따라서 분극의 세기
$\boldsymbol{P = D - \epsilon_0 E} = \epsilon_0 \epsilon_s E - \epsilon_0 E$
$= \epsilon_0(\epsilon_s - 1)E$ [C/m²]　　답 ②

09 그림과 같이 유전체 경계면에서 $\epsilon_1 < \epsilon_2$이었을 때 경계조건으로 옳은 것은?

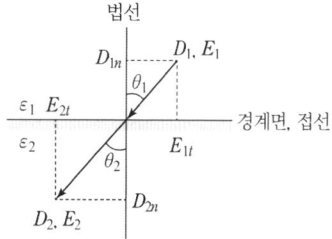

① $E_1 > E_2$

② $E_1 \cos\theta_1 = E_2 \cos\theta_2$

③ $D_1 \sin\theta_1 = D_2 \sin\theta_2$

④ $D_1 > D_2$

풀이 (1) 두 유전체의 경계면에서 경계조건
　• 전속밀도는 법선성분이 같다. ($D_{1n} = D_{2n}$),
　$D_1 \cos\theta_1 = D_2 \cos\theta_2$

- 전계의 세기는 접선성분이 같다. ($E_{1t} = E_{2t}$).
  $E_1 \sin\theta_1 = E_2 \sin\theta_2$
- 굴절의 법칙 : $\dfrac{\tan\theta_1}{\tan\theta_2} = \dfrac{\epsilon_1}{\epsilon_2}$

(2) 굴절의 법칙에서 $\epsilon_1 < \epsilon_2$이면, $\theta_1 < \theta_2$이다.
따라서 $\sin\theta_1 < \sin\theta_2$, $\cos\theta_1 > \cos\theta_2$이다.
- 전계의 세기의 관계
  $\dfrac{E_1}{E_2} = \dfrac{\sin\theta_2}{\sin\theta_1} > 1$ ∴ $E_1 > E_2$
- 전속밀도의 관계
  $\dfrac{D_1}{D_2} = \dfrac{\cos\theta_2}{\cos\theta_1} < 1$ ∴ $D_1 < D_2$

답 ①

10 면적 $S[\text{m}^2]$, 간격 $d[\text{m}]$인 평행판 콘덴서에 그림과 같이 두께 $d_1, d_2[\text{m}]$이며 유전율 ϵ_1, ϵ_2 [F/m]인 두 유전체를 극판 간에 평행으로 채웠을 때 정전용량[F]은?

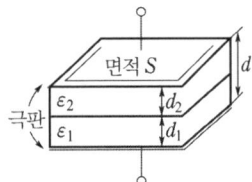

① $\dfrac{S}{\dfrac{d_1}{\epsilon_1} + \dfrac{d_2}{\epsilon_2}}$ ② $\dfrac{S^2}{\dfrac{d_1}{\epsilon_2} + \dfrac{d_2}{\epsilon_1}}$

③ $\dfrac{\epsilon_1 S}{d_1} + \dfrac{\epsilon_2 S}{d_2}$ ④ $\dfrac{\epsilon_1 \epsilon_2 S}{d}$

풀이 유전율이 ϵ_1, ϵ_2인 각 유전체의 정전 용량을 C_1, C_2라 하면 $C_1 = \dfrac{\epsilon_1 S}{d_1}$, $C_2 = \dfrac{\epsilon_2 S}{d_2}$이므로 직렬 합성 용량 C는

∴ $C = \dfrac{1}{\dfrac{1}{C_1} + \dfrac{1}{C_2}} = \dfrac{C_1 C_2}{C_1 + C_2} = \dfrac{\dfrac{\epsilon_1 S \epsilon_2 S}{d_1 d_2}}{\dfrac{\epsilon_1 S}{d_1} + \dfrac{\epsilon_2 S}{d_2}}$

$= \dfrac{\epsilon_1 \epsilon_2 S}{\epsilon_2 d_1 + \epsilon_1 d_2} = \dfrac{S}{\dfrac{d_1}{\epsilon_1} + \dfrac{d_2}{\epsilon_2}}$

답 ①

11 그림과 같은 동축 원통의 왕복 전류 회로가 있다. 도체 단면에 고르게 퍼진 일정 크기의 전류가 내부 도체로 흘러 들어가고 외부 도체로 흘러 나올 때, 전류에 의하여 생기는 자계에 대하여 다음 중 옳지 않은 것은?

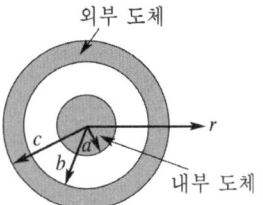

① 내부 도체 내($r < a$)에 생기는 자계의 크기는 중심으로부터의 거리에 비례한다.
② 두 도체 사이(내부 공간)($a < r < b$)에 생기는 자계의 크기는 중심으로부터의 거리에 반비례한다.
③ 외부 도체 내($b < r < c$)에 생기는 자계의 크기는 중심으로부터의 거리에 관계없이 일정하다.
④ 외부 공간($r > c$)의 자계는 영(0)이다.

풀이 ① 내부 도체에 있어서 $r < a$인 점의 자계를 H_1이라 하면 반지름 r 내를 흐르는 전류,
즉 쇄교하는 전류 $I_r = \dfrac{\pi r^2}{\pi a^2} I = \dfrac{r^2}{a^2} I$이므로, 주회 적분의 법칙에서 $2\pi r H_1 = I_r$
∴ $H_1 = \dfrac{I_r}{2\pi r} = \dfrac{1}{2\pi r} \dfrac{r^2}{a^2} I = \dfrac{rI}{2\pi a^2}$ [A/m]

② $a < r < b$일 때의 자계 $H_2 = 2\pi r H_2 = I$
∴ $H_2 = \dfrac{I}{2\pi r}$ [A/m]

③ $b < r < c$인 점의 자계 H_3는
$H_3 2\pi r = I - \dfrac{\pi r^2 - \pi b^2}{\pi c^2 - \pi b^2} I = \left(1 - \dfrac{r^2 - b^2}{c^2 - b^2}\right) I$
$H_3 = \dfrac{I}{2\pi r}\left(1 - \dfrac{r^2 - b^2}{c^2 - b^2}\right)$ [A/m](거리에 반비례)

④ 외부 도체 외의 공간 $c < r$인 점의 자계 H_4는
$2\pi r H_4 = I - I = 0$
∴ $H_4 = 0$

답 ③

12 그림과 같이 반지름 a[m]인 원의 임의의 두 점 A, B(각도 θ) 사이에 전류 I[A]가 흐른다. 원의 중심 O에서의 자계의 세기[AT/m]는?

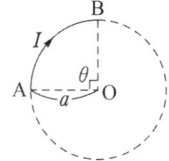

① $\dfrac{I\theta}{4\pi a^2}$ ② $\dfrac{I\theta}{4\pi a}$
③ $\dfrac{I\theta}{2\pi a^2}$ ④ $\dfrac{I\theta}{2\pi a}$

풀이 dl 부분에 의한 O에 생기는 자계 dH는
$r=a$, $\theta=\dfrac{\pi}{2}$ 이므로
$dH=\dfrac{Idl\sin\theta}{4\pi r^2}=\dfrac{Id\theta}{4\pi a}(\because dt=ad\theta)$
그러므로
$H=\int_{\theta=A}^{\theta=B}dH=\int_0^\theta dH=\dfrac{I}{4\pi a}\int_0^\theta d\theta$
$=\dfrac{I\theta}{4\pi a}$ [AT/m]   **답** ②

13 비투자율이 400인 환상 철심 중의 평균 자계의 세기가 300[AT/m]일 때, 자화의 세기는 몇 [Wb/m²]인가?

① 0.1 ② 0.15
③ 0.2 ④ 0.25

풀이 자화의 세기
$J=\mu_0(\mu_s-1)H=4\pi\times10^{-7}(400-1)\times300$
$=0.15$[Wb/m²]   **답** ②

14 투자율이 다른 두 자성체의 경계면에서 굴절각과 입사각의 관계가 옳은 것은? (단, μ: 투자율, θ_1: 입사각, θ_2: 굴절각이다.)

① $\dfrac{\sin\theta_1}{\sin\theta_2}=\dfrac{\mu_1}{\mu_2}$ ② $\dfrac{\tan\theta_2}{\tan\theta_1}=\dfrac{\mu_1}{\mu_2}$
③ $\dfrac{\cos\theta_1}{\cos\theta_2}=\dfrac{\mu_1}{\mu_2}$ ④ $\dfrac{\tan\theta_1}{\tan\theta_2}=\dfrac{\mu_1}{\mu_2}$

풀이 • 자계세기 접선 성분의 연속성
$H_1\sin\theta_1=H_2\sin\theta_2$
• 자속 밀도 법선 성분의 연속성
$B_1\cos\theta_1=B_2\cos\theta_2$
• 굴절각 $\dfrac{\tan\theta_1}{\tan\theta_2}=\dfrac{\mu_1}{\mu_2}$

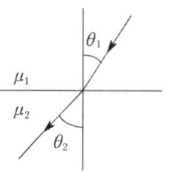

답 ④

15 전자유도법칙에서 유도기전력의 크기를 정하는 법칙은?

① 렌츠의 법칙
② 패러데이의 법칙
③ 플레밍의 왼손 법칙
④ 암페어의 오른나사 법칙

풀이 패러데이 법칙
• 유도 기전력의 크기는 폐회로에 쇄교하는 자속의 시간적 변화율에 비례한다.
• 유도 기전력 $e=-\dfrac{d\Phi}{dt}=-N\dfrac{d\phi}{dt}$ **답** ②

16 자기회로의 자기저항에 대한 설명으로 옳은 것은?

① 자기회로의 길이에 반비례한다.
② 자기회로의 단면적에 비례한다.
③ 비투자율에 반비례한다.
④ 길이의 제곱에 비례하고, 단면적에 반비례한다.

풀이 자기 저항 $R=\dfrac{l}{\mu_0\mu_s S}$[AT/Wb]이므로 자기 저항은 길이에 비례하고, 비투자율과 단면적에 반비례한다.   **답** ③

17 정전차폐와 자기차폐를 비교하였을 때 옳은 것은?

① 정전차폐가 자기차폐에 비교하여 완전하다.
② 정전차폐가 자기차폐에 비교하여 불완전하다.
③ 두 차폐방법은 모두 완전하다.
④ 두 차폐방법은 모두 불완전하다.

풀이 ① 정전 차폐
- 그림과 같이 도체 2를 접지하여 도체 1과 3 사이의 관계와 같이 도체간에 정전현상이 미치지 않도록 완전히 차단된 상태를 정전차폐라 한다.
- 정전 차폐는 도체를 사용하여 외부 전계의 영향을 완전히 막을 수 있다.

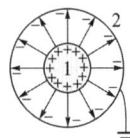

② 자기차폐
- 투자율이 큰 강자성체를 사용하여 외부자계의 영향을 작게 하는 자기적인 차단을 자기 차폐(magnetic shielding)라 한다.
- 자계에서는 투자율이 ∞인 자성체가 존재하지 않기 때문에 완전히 차단하는 것은 불가능하다.

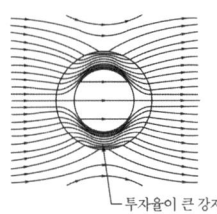

└ 투자율이 큰 강자성체

따라서, 정전차폐와 자기 차폐를 비교해보면 **정전차폐가 자기차폐에 비해 완전하다.** 답 ①

18 다음 중 인덕턴스의 공식이 옳은 것은? (단, N은 권수, I는 전류, l은 철심의 길이, R_m은 자기저항, μ는 투자율, S는 철심 단면적이다.)

① $\dfrac{NI}{R_m}$ ② $\dfrac{N^2}{R_m}$

③ $\dfrac{\mu NS}{l}$ ④ $\dfrac{\mu_o NIS}{l}$

풀이
- 자기회로의 옴의 법칙 $\phi = \dfrac{NI}{R_m}$ [Wb]
- 자기저항 $R_m = \dfrac{l}{\mu S}$ [AT/Wb]

따라서 인덕턴스 $L = \dfrac{N\phi}{I} = \dfrac{\mathbf{N^2}}{\mathbf{R_m}} = \dfrac{\mu S N^2}{l}$ [H]

답 ②

19 어떤 TV 방송의 전자파의 주파수를 190[MHz]의 평면파로 보고 $\mu_s = 1$, $\epsilon_s = 64$인 물속에서의 전파 속도[m/s]와 파장[m]을 구하면?

① $v = 0.375 \times 10^8$, $\lambda = 0.19$
② $v = 2.33 \times 10^8$, $\lambda = 0.21$
③ $v = 0.87 \times 10^8$, $\lambda = 0.17$
④ $v = 0.425 \times 10^8$, $\lambda = 1.2$

풀이
- 전파속도
$$v = \dfrac{c}{\sqrt{\epsilon_s \mu_s}} = \dfrac{3 \times 10^8}{\sqrt{64 \times 1}} = 0.375 \times 10^8 \text{[m/s]}$$
- 파장
$$\lambda = \dfrac{v}{f} = \dfrac{0.375 \times 10^8}{190 \times 10^6} = 0.19 \text{[m]}$$

답 ①

20 도체의 전계 에너지는 도체 전위에 대하여 어떤 상태로 증가하는가?
① 직선 ② 쌍곡선
③ 포물선 ④ 원형곡선

풀이 전계 에너지 $W = \dfrac{1}{2}CV^2$[J]이므로
$W \propto V^2$(**포물선**)

답 ③

2과목 - 전력공학

21 뇌해 방지와 관계가 없는 것은?
① 매설지선 ② 가공지선
③ 소호각 ④ 댐퍼

풀이 뇌의 보호 장치 및 기능
- 매설지선 : 역섬락 방지
- 가공지선 : 뇌의 차폐
- 소호각 : 애자련 보호
- 피뢰기 : 기기 보호

댐퍼는 선로의 진동 방지에 쓰인다.

답 ④

22 선간거리를 D, 전선의 반지름을 r이라 할 때 송전선의 정전용량은?

① $\log_{10}\dfrac{D}{r}$에 비례한다.

② $\log_{10}\dfrac{r}{D}$에 비례한다.

③ $\log_{10}\dfrac{D}{r}$에 반비례한다.

④ $\log_{10}\dfrac{r}{D}$에 반비례한다.

풀이 선로의 정전 용량 $C_w = \dfrac{0.02413}{\log_{10}\dfrac{D}{r}}[\mu F/km]$이므로,

정전 용량은 $\log_{10}\dfrac{D}{r}$에 반비례한다. **답** ③

23 코로나 방지에 가장 효과적인 방법은?

① 선간거리를 증가시킨다.
② 전선의 높이를 가급적 낮게 한다.
③ 전선 표면의 전위경도를 높인다.
④ 전선의 바깥지름을 크게 한다.

풀이 코로나 방지 대책
① 전선의 지름을 크게 한다.
② 복도체를 사용한다.
③ 가선 금구를 개량한다.
④ 가선 시에 전선 표면의 금구를 손상하지 않게 한다. **답** ④

24 송배전 선로에 사용하는 직렬 콘덴서에 대한 설명으로 옳은 것은?

① 최대 송전전력이 감소하고 정태 안정도가 감소된다.
② 부하의 변동에 따른 수전단의 전압변동률은 증대된다.
③ 장거리 선로의 유도 리액턴스를 보상하고 전압강하를 감소시킨다.
④ 송·수 양단의 전달 임피던스가 증가하고 안정 극한 전력이 감소한다.

풀이 직렬 콘덴서의 장·단점
[장점]
① 유도 리액턴스를 보상하고 전압 강하를 감소시킨다.
② 수전단의 전압 변동률을 경감시킨다.
③ 최대 송전 전력이 증대하고 정태 안정도가 증대한다.
④ 부하 역률이 나쁠수록 효과가 크다.
⑤ 용량이 작으므로 설비비가 저렴하다.
[단점]
① 단락 고장시 콘덴서 양단에 고전압이 걸린다.
② 무부하 변압기에 직렬 콘덴서를 투입하는 경우 선로 전류가 증대한다.
③ 고압 배전선에 설치하는 경우 자기 여자 현상이 일어날 경우가 있다.
④ 과보상이 되면 동기기에 난조가 생기거나 탈조하는 수가 있다. **답** ③

25 30000[kW]의 전력을 51[km] 떨어진 지점에 송전하는데 필요한 전압은 약 몇 [kV]인가? (단, Still의 식에 의하여 산정한다.)

① 22 ② 33
③ 66 ④ 100

풀이 Still 식(송전전압의 결정식)
$V_s = 5.5\sqrt{0.6\,l + 0.01P}$
$= 5.5\sqrt{0.6 \times 51 + 0.01 \times 30000} ≒ 100[kV]$
여기서, l : 송전 거리[km]
P : 송전 용량[kW] **답** ④

26 전력계통의 전압을 조정하는 가장 보편적인 방법은?

① 발전기의 유효전력 조정
② 부하의 유효전력 조정
③ 계통의 주파수 조정
④ 계통의 무효전력 조정

풀이 계통의 무효전력을 동기조상기나 전력용 콘덴서를 이용하여 조정함으로써 전력계통의 전압을 조정할 수 있다. **답** ④

27 일반회로정수가 A, B, C, D이고 송전단 상전압이 E_s인 경우, 무부하 시의 충전전류(송전단 전류)는?

① CE_s ② ACE_s
③ $\dfrac{C}{A}E_s$ ④ $\dfrac{A}{C}E_s$

풀이
- $E_s = AE_r + BI_r$ 에서 무부하($I_R = 0$)이므로
  $E_s = AE_r \rightarrow E_r = \dfrac{E_s}{A}$
- $I_s = CE_r + DI_r$ 에서 무부하($I_R = 0$)이므로
  $\therefore I_s = CE_r = \dfrac{C}{A}E_s$ **답** ③

28 22.9[kV]로 수전하는 자가용 전기설비가 있다. 수전점에 설치한 차단기의 차단용량이 520[MVA]일 때 차단기의 정격차단전류는 약 몇 [kA]인가?
① 3.5 ② 5.5
③ 8.5 ④ 12.5

풀이 차단기의 차단용량 $P_s = \sqrt{3}\,VI_s$에서 따라서 차단전류
$I_s = \dfrac{P_s}{\sqrt{3}\,V} = \dfrac{520 \times 10^3}{\sqrt{3} \times 22.9 \times \dfrac{1.2}{1.1}} \times 10^{-3}$
$= 12.02[kA]$ **답** ④

29 송전계통의 중성점을 접지하는 목적으로 틀린 것은?
① 지락 고장 시 전선로의 대지 전위 상승을 억제하고 전선로와 기기의 절연을 경감시킨다.
② 소호리엑터 접지방식에서는 1선 지락 시 지락점 아크를 빨리 소멸시킨다.
③ 차단기의 차단용량을 증대시킨다.
④ 지락고장에 대한 계전기의 동작을 확실하게 한다.

풀이 송전 선로의 중성점 접지의 목적
① 이상 전압 발생 방지
② 1선 지락시 건전상 전압 상승 억제 및 기기나 선로의 절연 절감
③ 보호 계전기 동작 확실
④ 소호 리액터 계통에서의 1선 지락시 아크 소멸
답 ③

30 단상 변압기 3대를 △결선으로 운전하던 중 1대의 고장으로 V결선된 경우, △결선에 대한 V결선의 출력비는 약 몇 [%]인가?
① 52.2 ② 57.7
③ 66.7 ④ 86.6

풀이 1대의 단상 변압기 용량을 P_1라 하면 그 출력비는
출력비 $= \dfrac{\text{V결선의 출력}}{\triangle\text{결선의 출력}} = \dfrac{\sqrt{3}\,P_1}{3P_1} = \dfrac{\sqrt{3}}{3}$
$= 0.577 = 57.7[\%]$ **답** ②

31 전력계통에서 인터록(interlock)의 설명으로 적합한 것은?
① 차단기와 단로기는 각각 열리고 닫힌다.
② 차단기가 열려 있어야만 단로기를 닫을 수 있다.
③ 차단기가 닫혀 있어야만 단로기를 닫을 수 있다.
④ 차단기의 접점과 단로기의 접점이 동시에 투입될 수 있다.

풀이 단로기는 부하 전류를 개폐할 수 없으므로, 차단기가 열려 있어야 단로기를 열고 닫을 수 있다.
즉, 인터록 장치를 두어 부하 통전 시 단로기를 열 수 없도록 하여야 한다. **답** ②

32 전력용 퓨즈는 주로 어떤 전류의 차단을 목적으로 사용하는가?
① 지락전류 ② 단락전류
③ 과도전류 ④ 과부하전류

풀이 전력용 퓨즈는 단락 보호용으로 사용된다. **답** ②

33 변류기 점검 시 과전압에 의한 2차 권선의 소손을 방지하기 위해서 어떻게 해야 하는가?
① 변류기 1차측 개방
② 변류기 1차측 단락
③ 변류기 2차측 개방
④ 변류기 2차측 단락

[풀이] PT(병렬연결)는 개방상태가 되어도 무방하지만 CT(직렬연결)는 개방하면 2차 권선에 매우 높은 전압이 유기되어 절연이 파괴되고 소손될 우려가 있으므로, CT를 점검할 경우에는 반드시 2차측을 단락해야 한다.
답 ④

34 총 부하설비가 160[kW], 수용률이 60[%], 부하역률이 80[%]인 수용가에 공급하기 위한 변압기 용량[kVA]은?

① 40 ② 80
③ 120 ④ 160

[풀이] 변압기 용량 ≥ 합성 최대 수용 전력

$$= \frac{\text{개별 최대 수용 전력의 합}}{\text{부등률}}$$

$$= \frac{\text{설비 용량} \times \text{수용률}}{\text{부등률}} = \frac{160/0.8 \times 0.6}{1}$$

$$= 120[kVA]$$
답 ③

35 유효낙차 30[m], 출력 2000[kW]의 수차발전기를 전부하로 운전하는 경우 1시간당 사용 수량은 약 몇 [m³]인가? (단, 수차 및 발전기의 효율은 각각 95[%], 82[%]로 한다.)

① 15500 ② 22500
③ 25500 ④ 31500

[풀이] $P_g = 9.8 QH\eta_g \eta_t$[kW]이므로

유량 $Q = \dfrac{P_g}{9.8H\eta_g \eta_t} = \dfrac{2000}{9.8 \times 30 \times 0.95 \times 0.82}$

$= 8.73 [m^3/sec]$

따라서 1시간당 사용수량

$Q' = 8.73 \times 60 \times 60 = 31428 [m^3/h]$
답 ④

36 화력발전소에서 열 사이클의 효율 향상을 위한 방법이 아닌 것은?

① 조속기의 설치
② 재생, 재열사이클의 채용
③ 절탄기, 공기예열기의 설치
④ 고압, 고온증기의 채용과 과열기의 설치

[풀이] ① 열 사이클 효율 향상 대책
 • 고압, 고온 증기 채용
 • 과열기 설치

• 재생, 재열 사이클 채용
• 절탄기, 공기예열기 설치
② 조속기는 회전체의 원심력을 이용하여 증기의 유입량을 조절하여 터빈의 회전속도를 일정하게 해주는 장치이다.
답 ①

37 원자력 발전소에서 원자로의 냉각재가 갖추어야 할 조건으로 잘못된 것은?

① 중성자의 흡수 단면적이 클 것
② 유도 방사능이 적을 것
③ 비열이 클 것
④ 열전도율이 클 것

[풀이] 원자로 냉각재의 조건
① 중성자 흡수가 적을 것
② 방사능을 띠기 어려울 것
③ 비열, 열전도율이 클 것
④ 열용량이 클 것
답 ①

38 충전된 콘덴서의 에너지에 의해 트립되는 방식으로 정류기, 콘덴서 등으로 구성되어 있는 차단기의 트립방식은?

① 과전류 트립방식
② 직류전압 트립방식
③ 콘덴서 트립방식
④ 부족전압 트립방식

[풀이] • 차단기의 트립 방식에는 CT 2차 전류 트립 방식, DC 전압 방식, CTD 방식(콘덴서 트립 방식)이 있다.
• CTD 방식(콘덴서 트립 방식)은 충전기로 교류를 정류하여 콘덴서를 충전하고, 그 방전 에너지에 의해 트립 코일을 여자하여 트립 시키는 방법으로 정류기와 콘덴서로 구성되어 있다.
답 ③

39 여러 회선인 비접지 3상 3선식 배전 선로에 방향 지락 계전기를 사용하여 선택 지락 보호를 하려고 한다. 필요한 것은?

① CT와 ZCT ② CT와 PT
③ GPT와 ZCT ④ GPT와 PT

[풀이] 비접지 계통의 지락 사고 검출
• GR(지락 계전기) + ZCT(영상 변류기)

- SGR(선택 지락 계전기) + GPT(접지형 계기용 변압기) + ZCT(영상 변류기)
- ZCT : 영상 전류 검출, GPT : 영상 전압 검출

답 ③

40 345[kV] 초고압 송전선로에 사용되는 현수애자는 1연 현수인 경우 대략 몇 개 정도 사용되는가?

① 6~8 ② 12~14
③ 18~20 ④ 28~38

풀이 전압에 따른 현수애자(250[mm])의 연결 개수

전압[kV]	66	154	220	345	765
수량	4~6	10~11	12~13	18~20	40~45

답 ③

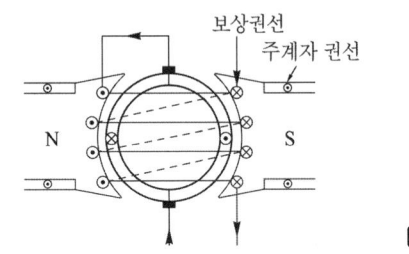

답 ④

3과목 - 전기기기

41 직류기의 전기자에 일반적으로 사용되는 전기자 권선법은?

① 2층권 ② 개로권
③ 환상권 ④ 단층권

풀이 직류기의 전기자 권선법으로 이층권, 고상권, 폐로권을 채택한다.

답 ①

42 직류기에서 전기자 반작용을 방지하기 위한 보상권선의 전류방향은?

① 계자전류의 방향과 같다.
② 계자전류방향과 반대이다.
③ 전기자 전류방향과 같다.
④ 전기자 전류방향과 반대이다.

풀이 **보상권선**은 전기자 전류의 기전력을 상쇄하기 위하여 주자극의 자극편에 슬롯을 만들어 그림과 같이 **전기자 전류와 반대 방향으로 전류가 흐르게 한다**. 보상권선을 설치하면 브러시를 기하학적 중성축에 놓는다.

43 직류 발전기의 병렬 운전 조건 중 잘못된 것은?

① 단자 전압이 같을 것
② 외부 특성이 같을 것
③ 극성을 같게 할 것
④ 유도 기전력이 같을 것

풀이 병렬 운전 조건
① **정격 전압 및 극성이 같을 것**
② 외부 특성 곡선이 어느 정도 수하 특성일 것
③ 용량이 같으면 각 발전기의 외부 특성 곡선이 같을 것
④ 용량이 다를 경우[%] 부하 전류로 나타낸 외부 특성 곡선이 거의 일치할 것

답 ④

44 3상 동기발전기의 전기자 권선을 Y결선으로 하는 이유로서 적당하지 않은 것은?

① 고조파 순환 전류가 흐르지 않는다.
② 이상전압 방지의 대책이 용이하다.
③ 전기자 반작용이 감소한다.
④ 코일의 코로나, 열화 등이 감소된다.

풀이 3상 동기발전기의 전기자 권선을 Y결선으로 하면
① 권선의 불평형 및 제3고조파(그 배수 포함) 등에 의한 **순환 전류가 흐르지 않는다**.
② 중성점을 이용할 수 있으므로 권선 보호장치의 시설이나 중성점접지에 의한 **이상전압의 방지 대책이 용이하다**.
③ 상전압이 낮기 때문에 **코일의 코로나, 열화** 등이 작다. 그러나 동일 전압에 대하여 상전압이 낮기 때문에 발전기 권선의 전류는 커진다고 볼 수 있다.

답 ③

45 여자 전류 및 단자 전압이 일정한 비돌극형 동기 발전기 출력과 부하각 δ와의 관계를 나타낸 것은? (단, 전기자 저항은 무시한다.)

① δ에 비례 ② δ에 반비례
③ $\cos\delta$에 비례 ④ $\sin\delta$에 비례

풀이 비돌극형 발전기의 출력
$P = \dfrac{EV}{x_s}\sin\delta$[W]이므로 $P \propto \sin\delta$ 답 ④

46 변압기의 무부하 시험으로 구할 수 없는 것은?

① 무부하 전류 ② 동손
③ 철손 ④ 여자 임피던스

풀이
- 변압기 무부하 시험은 무부하 전류, 히스테리시스손, 와류손 등을 구할 수 있다.
- 동손은 단락 시험으로 구할 수 있다.   답 ②

47 어느 변압기의 무유도 전부하의 효율은 95[%], 전압 변동률은 3[%]라 한다. 이 변압기에 최대 효율을 발생 할 수 있는 무유도 부하가 인가되었을 때의 최대 효율[%]은?

① 약 93 ② 약 95
③ 약 97 ④ 약 99

풀이 무유도 전부하 출력을 1이라 하고, 이때의 동손 및 철손의 정격 출력에 대한 비를 P_c, P_i라고 하면
$\eta = \dfrac{1}{1+P_c+P_i}$에서 $1+P_c+P_i = \dfrac{1}{\eta}$

즉 $P_c + P_i = \dfrac{1}{\eta} - 1 = \dfrac{1}{0.95} - 1 = 0.05$

전압 변동률 $\epsilon = \dfrac{V_0 - V_n}{V_n} = \dfrac{IR}{V_n} = \dfrac{I^2R}{V_nI} = \dfrac{P_c}{P}$에서

전부하 출력 $P=1$일 때 $\epsilon = P_c = 0.03$
$\therefore P_i = 0.05 - P_c = 0.05 - 0.03 = 0.02$
m 부하의 경우, 최대 효율이 된다고 하면
$m^2 P_c = P_i$, $m = \sqrt{\dfrac{P_i}{P_c}} = \sqrt{\dfrac{0.02}{0.03}} = 0.82$

따라서 무유도 부하의 최대 효율
$\eta_m = \dfrac{0.82}{0.82 + 0.02 \times 2} \times 100 ≒ 95[\%]$ 답 ②

48 변압기에서 철심의 자속밀도 $B=1.2$[Wb/m²]인 경우 히스테리시스손과 와류손은 각각 최대 자속 밀도의 몇 승에 비례하는가?

① 히스테리시스손 : 1.6, 와류손 : 1.6
② 히스테리시스손 : 1.6, 와류손 : 2
③ 히스테리시스손 : 2, 와류손 : 1.6
④ 히스테리시스손 : 1, 와류손 : 1

풀이 ① 히스테리시스손
- $B=1.2$[Wb/m²]인 경우 $P_h \propto fB_m^{1.6}$
- $B=1.2 \sim 1.5$[Wb/m²]인 경우 $P_h \propto fB_m^2$

② 와류손 $P_e \propto f^2 B_m^2$
여기서, f : 주파수[Hz],
B_m : 최대 자속 밀도[Wb/m²]   답 ②

49 용량 1[kVA], 3000/200[V]의 단상변압기를 단권변압기로 결선해서 3000/3200[V]의 승압기로 사용할 때 그 부하용량[kVA]은?

① $\dfrac{1}{16}$ ② 1 ③ 15 ④ 16

풀이 부하 용량 $= \dfrac{V_h}{V_h - V_l} \times$ 자기 용량
$= \dfrac{3200}{3200 - 3000} \times 1 = 16$[kVA]   답 ④

50 전동기가 입력 20[kW]로 운전하여 23[HP]의 동력을 발생하고 있을 때 전동기의 손실은 몇 [kW]인가?

① 0.87 ② 1.15
③ 2.84 ④ 3.0

풀이
- 1[HP] = 746[W]
- 손실 = 입력 − 손실 = 20 − (23 × 0.746)
= 2.84[kW]   답 ③

51 6극인 유도전동기의 토크가 τ이다. 극수를 12극으로 변환하였다면 변환한 후의 토크는? 단, 유도전동기의 2차 입력 및 주파수는 일정하다고 한다.

① τ ② 2τ ③ $\dfrac{\tau}{2}$ ④ $\dfrac{\tau}{4}$

풀이
- 토크 $\tau = 0.975\dfrac{P_2}{N_s} = 0.975\dfrac{P_2}{\dfrac{120}{p}f}$ [kg·m] 이므로,

  $\tau \propto p$ (극수)이다.
- 극수가 6극에서 12극으로 2배 증가하였으므로, 토크도 2배가 증가하게 된다. **답 ②**

52 유도 발전기에 대한 설명으로 틀린 것은?

① 공극이 크고 역률이 동기기에 비해 좋다.
② 병렬로 접속된 동기기에서 여자전류를 공급받아야 한다.
③ 농형 회전자를 사용할 수 있으므로 구조가 간단하고 가격이 싸다.
④ 선로에 단락이 생기면 여자가 없어지므로 동기기에 비해 단락전류가 작다.

풀이 유도기를 전동기로서의 회전 방향과 같은 방향으로 동기 속도 이상의 속도로 회전시키면 발전기가 되는데, 이것을 **유도 발전기** 또는 비동기발전기라고 한다.
[장점]
- 동기발전기에 비해 가격이 싸다.
- 기동과 취급이 간단하며 고장이 적다.
- 동기발전기와 같이 동기화 할 필요가 없으며 난조 등의 이상 현상도 생기지 않는다.
- 선로에 단락이 생긴 경우에는 여자가 상실되므로 단락전류는 동기기에 비해 적으며 지속 시간도 짧다.

[단점]
- 병렬로 운전되는 동기기에서 여자전류를 취해야 한다.
- 공극의 치수가 작기 때문에 운전시 주의해야 한다.
- 효율과 역률이 낮다. **답 ①**

53 4극 3상 유도전동기를 60[Hz]의 전원에 접속하여 운전하고 있다. 회전자의 주파수가 3[Hz]일 때 회전자 속도[rpm]는?

① 1700   ② 1710
③ 1720   ④ 1730

풀이 회전자 주파수 $f_2 = sf_1$에서

슬립 $s = \dfrac{f_2}{f_1} = \dfrac{3}{60} = 0.05$

따라서 회전자 속도 N은

$N = (1-s)\dfrac{120f}{p} = (1-0.05) \times \dfrac{120 \times 60}{4}$

$= 1710$ [rpm] **답 ②**

54 회전 중인 유도전동기의 제동법이 아닌 것은?

① 회생 제동   ② 발전 제동
③ 역상 제동   ④ 3상 제동

풀이 유도전동기의 제동법
① **회생 제동** : 유도전동기를 유도발전기로 동작시켜 그 발생 전력을 전원에 반환하면서 제동하는 방법
② **발전 제동** : 전동기를 전원으로부터 분리한 후 1차 측에 직류전원을 공급하여 발전기로 동작시킨 후 발생된 전력을 저항에서 열로 소비시키는 방법
③ **역전 제동** : 회전 중인 전동기의 1차 권선 3단자 중 임의의 2단자의 접속을 바꾸면 역방향의 토크가 발생되어 제동하는 방법으로 이 방법은 급속하게 정지시키고자 하는 경우에 사용된다.
④ **단상 제동** : 권선형 유도전동기의 1차 측을 단상교류로 여자하고 2차 측에 적당한 크기의 저항을 넣으면 전동기의 회전과는 역방향의 토크가 발생 되므로 제동된다. **답 ④**

55 단상 다이오드 반파정류회로인 경우 정류 효율은 약 몇 [%]인가? (단, 저항부하인 경우이다.)

① 12.6   ② 40.6   ③ 60.6   ④ 81.2

풀이

정류 종류	단상 반파	단상 전파	3상 반파	3상 전파
맥동률[%]	121	48	17.7	4.04
정류 효율	40.5	81.1	96.7	99.8
맥동 주파수	f	$2f$	$3f$	$6f$

답 ②

56 다음 중 GTO의 특징이 아닌 것은?

① 전류회로가 반드시 필요하다.
② 전압-전류 특성은 SCR과 거의 같다.
③ +게이트전류로 턴 온 된다.
④ -게이트전류로 턴 오프 된다.

풀이 GTO(gate turn off thyristor)

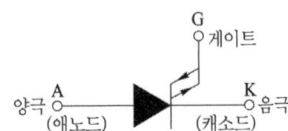

SCR은 도통 시점을 임의로 조절하는 것이 가능하지만 소호시키는 시점은 제어할 수 없다. 따라서, 이러한 단점을 보완한 것이 GTO로서 게이트에 흐르는 전류를 점호할 때의 전류와 반대 방향의 전류를 흐르게 함으로서 임의로 GTO를 소호시킬 수 있다. **답 ①**

57 교류 전동기에서 브러시의 이동으로 속도변화가 가능한 것은?

① 농형 전동기
② 2중 농형 전동기
③ 동기 전동기
④ 시라게 전동기

풀이 시라게 전동기는 3상 분권 정류자 전동기로서 직류 분권 전동기와 비슷한 정속도 특성을 가지며, 브러시 이동으로 간단하게 속도 제어를 할 수 있다. 답 ④

58 중부하에서도 기동되도록 하고 회전계자형의 동기 전동기에 고정자인 전기자 부분이 회전자의 주위를 회전할 수 있도록 2중 베어링의 구조를 가지고 있는 전동기는?

① 유도자형 전동기
② 유도 동기 전동기
③ 초동기 전동기
④ 반작용 전동기

풀이
- 동기 전동기를 보완하여 중부하에서도 기동이 되도록 한 것이 초동기 전동기이다.
- 초동기 전동기는 기동 토크가 크고 기동 전류가 적은 것이 특징이며, 2중 베어링 장치나 브레이크 밴드 등의 특수 구조가 있어 고속 운전에는 부적당하다. 답 ③

59 단상변압기의 병렬운전 조건 중 옳지 않은 것은?

① 권수비와 1, 2차의 정격전압이 같을 것
② 권선의 저항과 누설 리액턴스의 비가 같을 것
③ %저항 강하 및 리액턴스 강하가 같을 것
④ 출력이 같을 것

풀이 단상변압기의 병렬운전 조건
① 각 변압기의 극성이 같을 것
② 각 변압기의 권수비가 같고, 1차, 2차의 정격 전압이 같을 것
③ 각 변압기의 %임피던스 강하가 같을 것 답 ④

60 50[Hz] 12극의 3상 유도전동기가 정격전압으로 정격출력 10[HP]를 발생하며 회전하고 있다. 이때의 회전수는 약 몇 [rpm]인가? (단, 회전자 동손은 350[W], 회전자 입력은 출력과 회전자 동손과의 합이다.)

① 468
② 478
③ 485
④ 500

풀이
- 2차 입력
$$P_2 = P + P_{c2} = 10 \times 746 + 350 = 7810[W]$$
- 2차 효율
$$\eta_2 = (1-s) = \frac{P}{P_2} \times 100 = \frac{7460}{7810} \times 100 = 0.955$$
- 동기속도
$$N_s = \frac{120f}{p} = \frac{120 \times 50}{12} = 500[rpm]$$
따라서 회전속도
$$N = (1-s)N_s = 0.955 \times 500 = 478[rpm]$$ 답 ②

4과목 - 회로이론

61 저항 4[Ω]과 유도 리액턴스 $X_L[\Omega]$이 병렬로 접속된 회로에 12[V]의 교류전압을 가하니 5[A]의 전류가 흘렀다. 이 회로의 $X_L[\Omega]$은?

① 8
② 6
③ 3
④ 1

풀이
$$I_R = \frac{V}{R} = \frac{12}{4} = 3[A]$$
$$I_L = \sqrt{I^2 - I_R^2} = \sqrt{5^2 - 3^2} = 4[A]$$
$$X_L \cdot I_L = 12[V] \text{이므로} \therefore X_L = \frac{12}{I_L} = \frac{12}{4} = 3[\Omega]$$

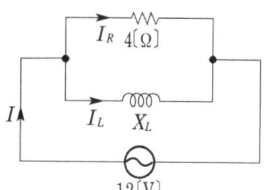

답 ③

62 $E = 40 + j30[V]$의 전압을 가하면 $I = 30 + j10[A]$의 전류가 흐른다. 이 회로의 역률은?

① 0.456
② 0.567
③ 0.854
④ 0.949

풀이 $P_a = \overline{V}I = (40-j30)(30+j10) = 1500 - j500$
$$\therefore \cos\theta = \frac{P(\text{유효전력})}{P_a(\text{피상전력})} = \frac{1500}{\sqrt{1500^2 + 500^2}}$$
$$= 0.949$$ 답 ④

63 $V = 50\sqrt{3} - j50[V]$, $I = 15\sqrt{3} + j15[A]$ 일 때 유효전력 $P[W]$와 무효전력 $Q[Var]$는 각각 얼마인가?

① $P = 3000$, $Q = -1500$
② $P = 1500$, $Q = -1500\sqrt{3}$
③ $P = 750$, $Q = -750\sqrt{3}$
④ $P = 2250$, $Q = -1500\sqrt{3}$

풀이 피상전력 $P_a = V\overline{I} = (50\sqrt{3} - j50) \times (15\sqrt{3} - j15)$
$= 1500 - j1500\sqrt{3}\,[VA]$
따라서 유효전력 $P = 1500[W]$
무효전력 $Q = -1500\sqrt{3}\,[Var]$ **답** ②

64 임피던스 궤적이 직선일 때 이의 역수인 어드미턴스 궤적은?

① 원점을 통하는 직선
② 원점을 통하지 않는 직선
③ 원점을 통하는 원
④ 원점을 통하지 않는 원

풀이 직선 궤적의 역궤적은 원점을 통과하는 반원이다.   **답** ③

65 $3r[\Omega]$인 6개의 저항을 그림과 같이 접속하고 평형 3상 전압 V를 가했을 때 전류 I는 몇 [A]인가? (단, $r = 2[\Omega]$, $V = 200\sqrt{3}\,[V]$이다.)

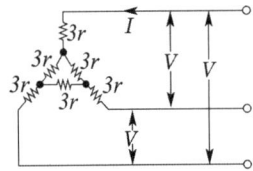

① 10 ② 15 ③ 20 ④ 25

풀이

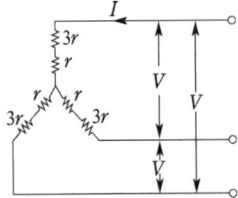

△로 결선된 저항을 Y로 변경하면
$R_Y = \frac{1}{3}R_\Delta = \frac{1}{3} \times 3r = r$이 되므로

전류 $I = \dfrac{\frac{V}{\sqrt{3}}}{3r + r} = \dfrac{V}{\sqrt{3} \times 4r} = \dfrac{200\sqrt{3}}{\sqrt{3} \times 4 \times 2} = 25[A]$ **답** ④

66 그림과 같은 순저항으로 된 회로에 대칭 3상 전압을 가했을 때 각 선에 흐르는 전류가 같으려면 $R[\Omega]$의 값은?

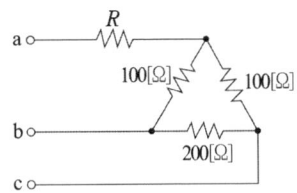

① 20 ② 25 ③ 30 ④ 35

풀이 △저항을 Y저항으로 변환하면

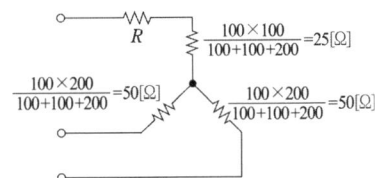

위에서 각 선전류가 같기 위해서는 각 선저항이 같아야 하므로 $R + 25 = 50$이라야 한다.
∴ $R = 50 - 25 = 25[\Omega]$ **답** ②

67 3상 불평형 전압을 V_a, V_b, V_c라고 할 때 영상 전압 V_0는?

① $V_0 = \frac{1}{3}(V_a + V_b + V_c)$
② $V_0 = \frac{1}{3}(V_a + aV_b + a^2V_c)$
③ $V_0 = \frac{1}{3}(V_a + a^2V_b + V_c)$
④ $V_0 = \frac{1}{3}(V_a + a^2V_b + aV_c)$

풀이
• 영상전압 $V_0 = \frac{1}{3}(V_a + V_b + V_c)$
• 정상전압 $V_1 = \frac{1}{3}(V_a + aV_b + a^2V_c)$
• 역상전압 $V_2 = \frac{1}{3}(V_a + a^2V_b + aV_c)$ **답** ①

68 불평형 3상 전류가 다음과 같을 때 역상 전류 I_2는 약 몇 [A]인가?

$I_a = 15 + j2$[A], $I_b = -20 - j14$[A], $I_c = -3 + j10$[A]

① $1.91 + j6.24$ ② $2.17 + j5.34$
③ $3.38 - j4.26$ ④ $4.27 - j3.68$

풀이 $I_2 = \dfrac{1}{3}(I_a + a^2 I_b + a I_c)$
$= \dfrac{1}{3}\left\{(15+j2) + \left(-\dfrac{1}{2} - j\dfrac{\sqrt{3}}{2}\right)(-20-j14)\right.$
$\left. + \left(-\dfrac{1}{2} + j\dfrac{\sqrt{3}}{2}\right)(-3+j10)\right\}$
$= 1.91 + j6.24$[A]   **답** ①

69 다음 회로에서 $E = 40$[V]일 때 정상 전류는?

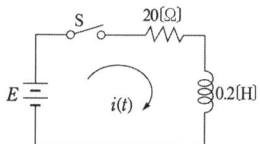

① 0.5[A]   ② 1[A]
③ 2[A]   ④ 4[A]

풀이 정상 전류 $I = \dfrac{E}{R} = \dfrac{40}{20} = 2$[A]
(직류에서는 주파수가 없으므로 리액턴스 $X_L = 2\pi f L = 0$이 된다.)   **답** ③

70 리액턴스 함수가 $Z(s) = \dfrac{5s}{s^2+15}$로 표시되는 리액턴스 2단자망은 다음 중 어느 것인가?

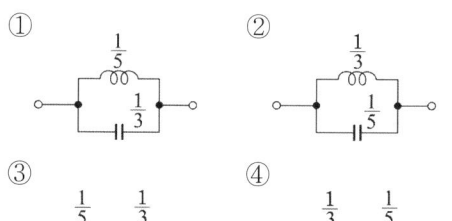

풀이 $Z(s) = \dfrac{5s}{s^2+15} = \dfrac{1}{\dfrac{s^2+15}{5s}} = \dfrac{1}{\dfrac{1}{5}s + \dfrac{3}{s}}$
$= \dfrac{1}{\dfrac{1}{5}s + \dfrac{1}{\dfrac{1}{3}s}}$

∴ C와 L 병렬 회로이다.   **답** ②

71 $\cos \omega t$의 라플라스 변환은?

① $\dfrac{s}{s^2 - \omega^2}$ ② $\dfrac{s}{s^2 + \omega^2}$
③ $\dfrac{\omega}{s^2 - \omega^2}$ ④ $\dfrac{\omega}{s^2 + \omega^2}$

풀이 $f(t) = \cos \omega t$에 대한 라플라스 변환은
$\mathcal{L}[f(t)] = \mathcal{L}[\cos \omega t] = \int_0^\infty \cos \omega t \, e^{-st} dt$ 이고,
$\cos \omega t = \dfrac{e^{j\omega t} + e^{-j\omega t}}{2}$ 이므로
∴ $\mathcal{L}[\cos \omega t] = \int_0^\infty \cos \omega t \, e^{-st} dt$
$= \dfrac{1}{2} \int_0^\infty (e^{j\omega t} + e^{-j\omega t}) e^{-st} dt$
$= \dfrac{1}{2} \int_0^\infty (e^{-(s-j\omega)t} + e^{-(s+j\omega)t}) dt$
$= \dfrac{1}{2}\left(\dfrac{1}{s-j\omega} + \dfrac{1}{s+j\omega}\right) = \dfrac{s}{s^2+\omega^2}$
답 ②

72 $F(s) = \dfrac{s+1}{s^2 + 2s}$의 역라플라스 변환은?

① $\dfrac{1}{2}(1 - e^{-t})$ ② $\dfrac{1}{2}(1 - e^{-2t})$
③ $\dfrac{1}{2}(1 + e^t)$ ④ $\dfrac{1}{2}(1 + e^{-2t})$

풀이 $F(s) = \dfrac{s+1}{s(s+2)} = \dfrac{A}{s} + \dfrac{B}{s+2}$ 에서
$A = \dfrac{s+1}{s+2}\bigg|_{s=0} = \dfrac{1}{2}$,
$B = \dfrac{s+1}{s}\bigg|_{s=-2} = \dfrac{-2+1}{-2} = \dfrac{1}{2}$ 이므로
$F(s) = \dfrac{\dfrac{1}{2}}{s} + \dfrac{\dfrac{1}{2}}{s+2} = \dfrac{1}{2}\left(\dfrac{1}{s} + \dfrac{1}{s+2}\right)$
∴ $\mathcal{L}^{-1}[F(s)] = \dfrac{1}{2}(1 + e^{-2t})$ **답** ④

73 시정수 τ를 갖는 $R-L$ 직렬 회로에 직류 전압을 가할 때 $t=3\tau$되는 시간에 회로에 흐르는 전류는 최종값의 몇 [%]가 되는가?

① 63 ② 86
③ 95 ④ 98

풀이 직류 전압 인가 시 $i(t) = \dfrac{E}{R}\left(1-e^{-\frac{R}{L}t}\right)$이므로

$\therefore i_{3\tau} = \dfrac{E}{R}\left(1-e^{-\frac{1}{\tau}\cdot 3\tau}\right) = I(1-e^{-3}) = I(1-0.049)$
$\fallingdotseq 0.95I$

답 ③

74 그림의 회로에서 S를 닫은 후 $t=2[\mathrm{s}]$일 때 회로에 흐르는 전류[A]는?

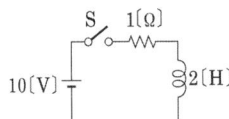

① 약 3.2 ② 약 4.6
③ 약 5.2 ④ 약 6.3

풀이 $i(t) = \dfrac{E}{R}\left(1-e^{-\frac{R}{L}t}\right)$에서 $t=2[\mathrm{s}]$이므로

$i(2) = \dfrac{E}{R}\left(1-e^{-\frac{R}{L}\cdot 2}\right) = \dfrac{10}{1}\left(1-e^{-\frac{1}{2}\cdot 2}\right)$
$= 10(1-e^{-1}) = 6.32[\mathrm{A}]$

답 ④

75 전압 $e = 100\sqrt{2}\sin(\omega_1 t + \pi/3)[\mathrm{V}]$이고, 전류 $i = 100\sqrt{2}\sin(\omega_2 t + 0)[\mathrm{A}]$일 때, 평균 전력은 몇 [W]인가? 단, $\omega_1 \neq \omega_2$이다.

① 0 ② 10,000
③ 5,000 ④ $5,000\sqrt{3}$

풀이 $\omega_1 \neq \omega_2$이므로 0이 된다.

답 ①

76 최댓값이 10[V]인 정현파 전압이 있다. $t=0$에서의 순시값이 5[V]이고 이 순간에 전압이 증가하고 있다. 주파수가 60[Hz]일 때, $t=2[\mathrm{ms}]$에서의 전압의 순시값[V]은?

① $10\sin 30°$ ② $10\sin 43.2°$
③ $10\sin 73.2°$ ④ $10\sin 103.2°$

풀이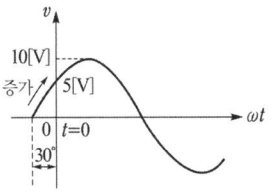

$t=0$에서의 순시값 $v=5[\mathrm{V}]$이므로
$v = V_m\sin(\omega t + \theta) = 10\sin(\omega \times 0 + \theta) = 10\sin\theta = 5[\mathrm{V}]$
$\sin\theta = \dfrac{5}{10} = \dfrac{1}{2} \rightarrow \theta = \sin^{-1}\dfrac{1}{2} = 30°$

따라서 $t=2[\mathrm{ms}] = 2\times 10^{-3}[\mathrm{s}]$에서의 순시값 v는
$v = V_m\sin(\omega t + \theta) = 10\sin(\omega t + 30°)$
$= 10\sin(2\pi \times 60 \times 2\times 10^{-3} + 30°)$
$= 10\sin 73.2°$

답 ③

77 그림의 T형 회로에 대한 4단자 정수 A, B, C, D로 틀린 것은?

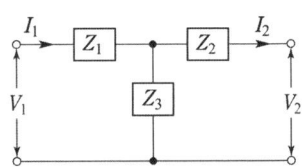

① $A = 1 + \dfrac{Z_1}{Z_3}$ ② $B = \dfrac{Z_1 Z_2}{Z_3} + Z_1 + Z_2$
③ $C = 1 + \dfrac{Z_3}{Z_2}$ ④ $D = 1 + \dfrac{Z_2}{Z_3}$

풀이
$\begin{bmatrix} A & B \\ C & D \end{bmatrix} = \begin{bmatrix} 1 & Z_1 \\ 0 & 1 \end{bmatrix}\begin{bmatrix} 1 & 0 \\ \dfrac{1}{Z_3} & 1 \end{bmatrix}\begin{bmatrix} 1 & Z_2 \\ 0 & 1 \end{bmatrix}$

$= \begin{bmatrix} 1+\dfrac{Z_1}{Z_3} & Z_1 \\ \dfrac{1}{Z_3} & 1 \end{bmatrix}\begin{bmatrix} 1 & Z_2 \\ 1 & 0 \end{bmatrix}$

$= \begin{bmatrix} 1+\dfrac{Z_1}{Z_3} & \dfrac{Z_1 Z_2}{Z_3}+Z_1+Z_2 \\ \dfrac{1}{Z_3} & 1+\dfrac{Z_2}{Z_3} \end{bmatrix}$

답 ③

78 어떤 회로에 $V = 100\angle\frac{\pi}{3}$[V]의 전압을 가하니 $I = 10\sqrt{3} + j10$[A]의 전류가 흘렀다. 이 회로의 무효 전력[Var]은?

① 0 ② 1000
③ 1732 ④ 2000

풀이
$I = 10\sqrt{3} + j10$
$= \sqrt{(10\sqrt{3})^2 + 10^2} \angle \tan^{-1}\left(\frac{1}{\sqrt{3}}\right)$
$= 20\angle 30°$[A]
$\therefore P_a = \overline{V}I$
$= 100\angle -60 \times 20\angle 30$
$= 2000\angle -30$
$= 2000(\cos 30 - j\sin 30)$
$= 1000\sqrt{3} - j1000$[VA]   답 ②

79 전원과 부하가 모두 △결선된 3상 평형회로에서 전원전압이 200[V], 부하 임피던스가 $6 + j8$[Ω]인 경우 선전류는?

① 20[A] ② $\frac{20}{\sqrt{3}}$[A]
③ $20\sqrt{3}$[A] ④ $10\sqrt{3}$[A]

풀이 전원과 부하가 다같이 △결선이므로 상전류 I_p는
$I_p = \frac{V}{Z} = \frac{200}{\sqrt{6^2 + 8^2}} = 20$[A]
$\therefore I_l = \sqrt{3}I_p = 20\sqrt{3}$[A]   답 ③

80 정현파 교류전압의 파고율은?

① 0.91 ② 1.11
③ 1.41 ④ 1.73

풀이

	구형파	3각파	정현파	정류파 (전파)	정류파 (반파)
파형률	1.0	1.15	1.11	1.11	1.57
파고율	1.0	1.732	1.414	1.414	2.0

답 ③

5과목 - 전기설비기술기준

81 관등 회로란 무엇인가?

① 분기점으로부터 안정기까지의 전로
② 스위치로부터 방전등까지의 전로
③ 스위치로부터 안정기까지의 전로
④ 방전등용 안정기로부터 방전관까지의 전로

풀이 112 용어 정의
"관등회로"란 방전등용 안정기 또는 방전등용 변압기로부터 방전관까지의 전로를 말한다.   답 ④

82 전로의 사용전압이 FELV, 500[V] 이하인 저압 전로는 시험전압 DC 500[V]로 측정 하였을 때 절연저항 값은 몇 [MΩ] 이상이 되어야 하는가?

① 0.5 ② 1
③ 1.5 ④ 2

풀이 222.24 저압 직류 가공전선로

전로의 사용전압[V]	DC 시험전압[V]	절연저항[MΩ]
SELV 및 PELV	250	0.5
FELV, 500[V] 이하	500	1.0
500[V] 초과	1,000	1.0

답 ②

83 저압가공전선이 상부 조영재 위쪽에서 접근하는 경우 전선과 상부 조영재간의 이격거리[m]는 얼마 이상이어야 하는가? (단, 특고압 절연전선 또는 케이블인 경우이다.)

① 0.8 ② 1.0
③ 1.2 ④ 2.0

풀이 332.11 고압 가공전선과 건조물의 접근
222.11 저압 가공전선과 건조물의 접근
저압 가공전선 또는 고압 가공전선이 건조물과 접근 상태로 시설되는 경우에는 다음에 따라야 한다.
가. 고압 가공전선로는 고압 보안공사에 의할 것.
나. 저·고압 가공전선과 건조물의 조영재 사이의 이격거리는 표에서 정한 값 이상일 것.

사용전압 부분 공작물의 종류		저압[m]	고압[m]
상부 조영재 위쪽	일반적인 경우	2	2
	전선이 고압절연전선	1	2
	전선이 케이블인 경우	1	1
기타 조영재 또는 상부조영재의 옆쪽 또는 아래쪽	일반적인 경우	1.2	1.2
	전선이 고압절연전선	0.4	1.2
	전선이 케이블인 경우	0.4	0.4
	사람이 쉽게 접근할 수 없도록 시설한 경우	0.8	0.8

답 ②

84 22.9[kV] 특고압가공전선로를 시가지에 설치할 때, 전선의 인장강도 21.67[kN] 이상의 연선 또는 단면적 최소 몇 [mm²] 이상의 경동연선 또는 이와 동등 이상의 세기 및 굵기의 연선을 사용해야 하는가?

① 30 ② 38
③ 50 ④ 55

풀이 333.1 시가지 등에서 특고압 가공전선로의 시설
사용전압이 170[kV] 이하인 전선로에서의 전선의 굵기

사용전압의 구분	전선의 단면적
100[kV] 미만	인장강도 21.67[kN] 이상의 연선 또는 단면적 55[mm²] 이상의 경동연선
100[kV] 이상	인장강도 58.84[kN] 이상의 연선 또는 단면적 150[mm²] 이상의 경동연선

답 ④

85 저압 연접인입선은 폭 몇 [m]를 초과하는 도로를 횡단하지 않아야 하는가?

① 5 ② 6
③ 7 ④ 8

풀이 221.1.2 연접 인입선의 시설
저압 연접인입선은 다음에 따라 시설하여야 한다.
가. 인입선에서 분기하는 점으로부터 100[m]를 초과하는 지역에 미치지 아니할 것.
나. **폭 5[m]를 초과하는 도로를 횡단하지 아니할 것.**
다. 옥내를 통과하지 아니할 것.

답 ①

86 터널 내에 교류 220[V]의 애자공사로 전선을 시설할 경우 노면으로부터 몇 [m] 이상의 높이로 유지해야 하는가?

① 2 ② 2.5
③ 3 ④ 4

풀이 335.1 터널 안 전선로의 시설
철도·궤도 또는 자동차도 전용터널 안의 전선로

전압	전선의 굵기	시공방법	애자사용 공사 시 높이
저압	인장강도 2.30[kN] 이상 또는 2.6[mm] 이상의 경동선의 절연전선	• 합성수지관공사 • 금속관공사 • 금속제가요전선관 공사 • 케이블공사 • 애자공사	노면상, 레일면상 2.5[m] 이상
고압	인장강도 5.26[kN] 이상 또는 4[mm] 이상의 경동선	• 케이블공사 • 애자공사	노면상, 레일면상 3[m] 이상
특고압		• 케이블공사	

답 ②

87 발전기의 용량에 관계없이 자동적으로 이를 전로로부터 차단하는 장치를 시설하여야 하는 경우는?

① 과전류 인입
② 베어링 과열
③ 발전기 내부고장
④ 유압의 과팽창

풀이 351.3 발전기 등의 보호장치
발전기에는 다음의 경우에 자동적으로 이를 전로부터 차단하는 장치를 시설하여야 한다.
가. **발전기에 과전류나 과전압이 생긴 경우**
나. 용량이 500[kVA] 이상의 발전기를 구동하는 수차의 압유 장치의 유압이 현저히 저하한 경우
다. 용량이 100[kVA] 이상의 발전기를 구동하는 풍차의 압유장치의 유압이 현저히 저하한 경우
라. 용량이 2,000[kVA] 이상인 수차 발전기의 스러스트 베어링의 온도가 현저히 상승한 경우
마. 용량이 10,000[kVA] 이상인 발전기의 내부에 고장이 생긴 경우
바. 정격출력이 10,000[kW]를 초과하는 증기터빈은 그 스러스트 베어링이 현저하게 마모되거나 그의 온도가 현저히 상승한 경우

답 ①

88 전기저장장치를 시설하는 곳에서 계측장치를 시설하지 않아도 되는 것은?

① 주요변압기의 전압, 전류 및 전력
② 축전지 출력 단자의 전압, 전류, 전력
③ 축전지 출력 단자의 충방전 상태
④ 주요변압기의 온도

풀이 512.2.3 계측장치
전기저장장치를 시설하는 곳에는 다음의 사항을 계측하는 장치를 시설하여야 한다.
가. 축전지 출력 단자의 전압, 전류, 전력 및 충방전 상태
다. 주요 변압기의 전압 및 전류 또는 전력   **답** ④

89 다음 중에서 목주, A종 철주 및 A종 철근 콘크리트주를 전선로의 지지물로 사용할 수 없는 보안공사는?

① 고압 보안공사
② 제1종 특고압 보안공사
③ 제2종 특고압 보안공사
④ 제3종 특고압 보안공사

풀이 333.22 특고압 보안공사
제1종 특고압 보안공사에서 전선로의 지지물에는 B종 철주·B종 철근 콘크리트주 또는 철탑을 사용할 것. (목주나 A종은 사용 불가).   **답** ②

90 다음 (㉮), (㉯) 에 들어갈 내용으로 옳은 것은?

지중전선로는 기설 지중 약전류 전선로에 대하여 (㉮) 또는 (㉯)에 의하여 통신상의 장해를 주지 않도록 기설 약전류 전선로로부터 충분히 이격시키거나 기타 적당한 방법으로 시설하여야 한다.

① ㉮ 정전용량 ㉯ 표피작용
② ㉮ 정전용량 ㉯ 유도작용
③ ㉮ 누설전류 ㉯ 표피작용
④ ㉮ 누설전류 ㉯ 유도작용

풀이 334.5 지중약전류전선의 유도장해 방지
지중전선로는 기설 지중약전류전선로에 대하여 **누설전류 또는 유도작용**에 의하여 통신상의 장해를 주지 않도록 충분히 이격시키거나 기타 적당한 방법으로 시설하여야 한다.   **답** ④

91 제2종 특고압 보안공사 시 B종 철주 또는 B종 철근 콘크리트주를 지지물로 사용하는 경우 경간은 몇 [m] 이하인가?

① 100
② 200
③ 400
④ 500

풀이 333.22 특고압 보안공사
제2종 특고압 보안공사는 다음에 따라야 한다.
가. 특고압 가공전선은 연선일 것.
나. 지지물로 사용하는 목주의 풍압하중에 대한 안전율은 2 이상일 것.
다. 경간은 표에서 정한 값 이하일 것

지지물의 종류	경간
목주·A종 철주 또는 A종 철근 콘크리트주	100[m]
B종 철주 또는 B종 철근 콘크리트주	200[m]
철탑	400[m](단주인 경우에는 300[m])

답 ②

92 고압 옥내배선의 공사법이 아닌 것은?

① 애자사용공사(건조한 장소로서 전개된 장소에 한한다.)
② 케이블 공사
③ 금속관공사
④ 케이블 트레이 공사

풀이 342.1 고압 옥내배선 등의 시설
가. **고압 옥내배선**은 다음에 따라 시설하여야 한다.
① 애자사용공사(건조한 장소로서 전개된 장소에 한한다.)
② 케이블공사
③ 케이블트레이공사
나. 전선은 공칭단면적 6[mm^2] 이상의 연동선   **답** ③

93 금속관공사에 의한 저압 옥내배선 시설에 대한 설명으로 틀린 것은?

① 관의 끝부분 및 안쪽 면은 전선의 피복을 손상하지 아니하도록 매끈하여야 한다.
② 옥외용 비닐절연전선을 사용했다.
③ 저압 옥내배선의 금속관 안에는 전선에 접속점이 없도록 하였다.
④ 콘크리트에 매설하는 금속관의 두께는 1.2[mm]를 사용하였다.

풀이 232.12 금속관공사
가. 전선은 절연전선(옥외용 비닐절연전선을 제외한다)일 것.
나. 전선은 연선일 것. 다만, 다음의 것은 적용하지 않는다.
  ① 짧고 가는 금속관에 넣은 것.
  ② 단면적 10[mm^2](알루미늄선은 단면적 16[mm^2]) 이하의 것.
다. 관의 두께는 다음에 의할 것.
  ① 콘크리트에 매설하는 것은 1.2[mm] 이상
  ② 콘크리트 매설 이외의 것은 1[mm] 이상
라. 관에는 접지공사를 할 것. **답** ②

94 플로어덕트공사에 의한 저압 옥내배선에서 단선을 사용하여도 되는 전선(동선)의 단면적은 최대 몇 [mm^2]인가?

① 2.5[mm^2] ② 4.0[mm^2]
③ 6.0[mm^2] ④ 10[mm^2]

풀이 232.32 플로어덕트공사
플로어덕트공사에 의한 저압 옥내 배선은 다음 각호에 의하여 시설한다.
가. 전선은 절연전선(옥외용 비닐 절연전선을 제외한다)일 것.
나. **전선은 연선일 것. 다만, 단면적 10[mm^2](알루미늄선은 단면적 16[mm^2]) 이하인 것은 그러하지 아니하다.**
다. 플로어덕트 안에는 전선에 접속점이 없도록 할 것. 다만, 전선을 분기하는 경우에 접속점을 쉽게 점검할 수 있을 때에는 그러하지 아니하다. **답** ④

95 변전소를 관리하는 기술원이 상주하는 장소에 경보장치를 시설하지 아니하여도 되는 것은?

① 조상기 내부에 고장이 생긴 경우
② 주요 변압기의 전원측 전로가 무전압으로 된 경우
③ 특고압용 타냉식변압기의 냉각장치가 고장 난 경우
④ 출력 2000[kVA] 특고압용 변압기의 온도가 현저히 상승한 경우

풀이 351.9 상주 감시를 하지 아니하는 변전소의 시설
다음의 경우에는 **변전제어소 또는 기술원이 상주하는 장소에 경보장치를 시설할 것.**
가. 운전조작에 필요한 차단기가 자동적으로 차단한 경우
나. 주요 변압기의 전원측 전로가 무전압으로 된 경우
다. 제어 회로의 전압이 현저히 저하한 경우
라. **출력 3,000[kVA]를 초과하는 특고압용변압기는 그 온도가 현저히 상승한 경우**
마. 특고압용 타냉식변압기는 그 냉각장치가 고장난 경우
바. 조상기는 내부에 고장이 생긴 경우
사. 수소냉각식조상기는 그 조상기 안의 수소의 순도가 90[%] 이하로 저하한 경우, 수소의 압력이 현저히 변동한 경우 또는 수소의 온도가 현저히 상승한 경우 **답** ④

96 KS C IEC 60364에서 충전부 전체를 대지로부터 절연시키거나 한 점에 임피던스를 삽입하여 대지에 접속시키고, 전기기기의 노출 도전성 부분 단독 또는 일괄적으로 접지하거나 또는 계통접지로 접속하는 접지계통을 무엇이라 하는가?

① TT 계통 ② IT 계통
③ TN-C 계통 ④ TN-S 계통

풀이 203.1 계통접지 구성
가. TN 계통
  ① TN-S 계통은 계통 전체에 대해 별도의 중성선 또는 PE 도체를 사용한다.
  ② TN-C 계통은 그 계통 전체에 대해 중성선과 보호도체의 기능을 동일도체로 겸용한 PEN 도체를 사용한다.
  ③ TN-C-S 계통은 계통의 일부분에서 PEN 도체를 사용하거나, 중성선과 별도의 PE 도체를 사용하는 방식이 있다.
나. TT 계통
  전원의 한 점을 직접 접지하고 설비의 노출도전부

는 전원의 접지전극과 전기적으로 독립적인 접지극에 접속시킨다.

다. IT 계통
충전부 전체를 대지로부터 절연, 한 점을 임피던스를 통해 대지에 접속시킨다. 전기설비의 노출도전부를 단독 또는 일괄적으로 계통의 PE 도체에 접속시킨다. 배전계통에서 추가접지가 가능하다.

답 ②

97 지중전선로에 사용하는 지중함의 시설기준으로 틀린 것은?

① 조명 및 세척이 가능한 장치를 하도록 할 것
② 그 안의 고인 물을 제거할 수 있는 구조일 것
③ 견고하고 차량 기타 중량물의 압력에 견딜 수 있을 것
④ 뚜껑은 시설자 이외의 자가 쉽게 열 수 없도록 할 것

풀이 334.2 지중함의 시설
지중전선로에 사용하는 지중함은 다음에 따라 시설하여야 한다.
가. 지중함은 견고하고 차량 기타 중량물의 압력에 견디는 구조일 것.
나. 지중함은 그 안의 고인 물을 제거할 수 있는 구조로 되어 있을 것.
다. 폭발성 또는 연소성의 가스가 침입할 우려가 있는 것에 시설하는 지중함으로서 그 크기가 1[m³] 이상인 것에는 통풍장치 기타 가스를 방산시키기 위한 적당한 장치를 시설할 것.
라. 지중함의 뚜껑은 시설자 이외의 자가 쉽게 열 수 없도록 시설할 것.

답 ①

98 특고압 가공전선과 가공약전류 전선 사이에 보호망을 시설하는 경우 보호망을 구성하는 금속선 상호 간의 간격은 가로 및 세로를 각각 몇 [m] 이하로 시설하여야 하는가?

① 0.75
② 1.0
③ 1.25
④ 1.5

풀이 333.26 특고압 가공전선과 저고압 가공전선 등의 접근 또는 교차
보호망은 규정에 준하여 접지공사를 한 금속제의 망상 장치로 하고 또한 다음에 따라 시설하여야 한다.
가. 보호망을 구성하는 금속선은 그 외주 및 특고압 가공전선의 바로 아래에 시설하는 금속선에 인장강도 8.01[kN] 이상의 것 또는 지름 5[mm] 이상의 경동선을 사용하고 기타 부분에 시설하는 금속선에 인장강도 3.64[kN] 이상 또는 지름 4[mm] 이상의 아연도철선을 사용할 것.
나. 보호망을 구성하는 금속선 상호 간의 간격은 가로 세로 각 1.5[m] 이하일 것.
다. 보호망과 저고압 가공전선 등과의 수직 이격거리는 60[cm] 이상일 것.

답 ④

99 교류 전차선 등 충전부와 식물 사이의 이격거리는 몇 [m] 이상이어야 하는가? (단, 현장여건을 고려한 방호벽 등의 안전조치를 하지 않은 경우이다.)

① 1
② 3
③ 5
④ 10

풀이 431.11 전차선 등과 식물 사이의 이격거리
교류 전차선 등 충전부와 식물사이의 이격거리는 5[m] 이상이어야 한다. 다만, 5[m] 이상 확보하기 곤란한 경우에는 현장여건을 고려하여 방호벽 등 안전조치를 하여야 한다.

답 ③

100 발전기 · 변압기 · 조상기 · 계기용변성기 · 모선 또는 이를 지지하는 애자는 어떤 전류에 의하여 생기는 기계적 충격에 견디는 것인가?

① 지상전류
② 유도전류
③ 충전전류
④ 단락전류

풀이 발전기 등의 기계적 강도(기술기준 제23조)
① 발전기, 변압기, 조상기, 모선 또는 이를 지지하는 애자는 단락전류에 의하여 생기는 기계적 충격에 견디어야 한다.
② 수차 또는 풍차 발전기의 회전 부분은 무구속 속도에 대하여 증기터빈, 가스터빈, 내연기관은 비상 속도에 견디어야 한다.

답 ④

완벽대비 2024년 1회 전기산업기사필기(CBT 복원문제)

동일출판사 홈페이지에서 무료 동영상강의를 보실 수 있습니다.

01 전기쌍극자에 의한 전위 V[V]에 해당되는 것은? 단, 전기 쌍극자의 전기 모멘트는 M[C·m], 쌍극자의 중심으로부터의 거리는 r[m], 쌍극자의 정방향과의 각도는 θ라 한다.

① $\dfrac{M\sin\theta}{4\pi\epsilon_0 r}$ ② $\dfrac{M\sin\theta}{4\pi\epsilon_0 r^2}$

③ $\dfrac{M\cos\theta}{4\pi\epsilon_0 r}$ ④ $\dfrac{M\cos\theta}{4\pi\epsilon_0 r^2}$

풀이 전기쌍극자에 의한 전위는 점 P에서 쌍극자의 두 점전하 $\pm Q$에 의한 두 전위의 대수합이므로

$$V = \frac{Q}{4\pi\epsilon_0}\left(\frac{1}{r_1} - \frac{1}{r_2}\right) = \frac{Q}{4\pi\epsilon_0} \cdot \frac{r_2 - r_1}{r_1 r_2}$$

이다. 또 $r_2 - r_1 \fallingdotseq d\cos\theta$, $r_1 = r_2 = r$의 관계로부터

$$V = \frac{Q}{4\pi\epsilon_0} \cdot \frac{d\cos\theta}{r^2} = \frac{M\cos\theta}{4\pi\epsilon_0 r^2} \text{[V]}$$

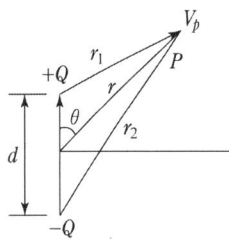

tip 전기쌍극자에 의한 전위는 공식으로 기억해야 관련 문제들을 쉽게 해결할 수 있음 **답** ④

02 전계 내에서 폐회로를 따라 단위 전하가 일주할 때 전계가 한 일은 몇 [J]인가?

① ∞ ② π
③ 1 ④ 0

풀이 전계(전기장)는 보존장이므로 전하 q[C]을 일주시키면 일은 0이 된다.

보존장의 조건 : $\oint_c \boldsymbol{E} \cdot dl = 0$

$\therefore W = qV = -q\oint_c \boldsymbol{E} \cdot dl = 0$ **답** ④

03 다음 정전계에 관한 식 중에서 틀린 것은? (단, D는 전속밀도, V는 전위, ρ는 공간(체적)전하밀도, ϵ은 유전율이다.)

① 가우스의 정리 : $\text{div}\,\boldsymbol{D} = \rho$

② 포아송의 방정식 : $\nabla^2 V = \dfrac{\rho}{\epsilon}$

③ 라플라스의 방정식 : $\nabla^2 V = 0$

④ 발산의 정리 : $\oint_s \boldsymbol{D} \cdot ds = \int_v \text{div}\,\boldsymbol{D}\,dv$

풀이 공간전하밀도(체적전하밀도)와 전계의 세기와의 관계식

$$\text{div}\,\boldsymbol{D} = \rho\;(D = \epsilon E) \to \text{div}\,\boldsymbol{E} = \frac{\rho}{\epsilon}$$

전위와 전계의 세기의 관계식

$$\boldsymbol{E} = -\text{grad}\,V\;(\boldsymbol{E} = -\nabla V)$$

두 식으로부터 다음의 포아송 방정식과 라플라스 방정식이 유도된다.

$$\text{div grad}\,V = -\frac{\rho}{\epsilon_0}\;(\nabla \cdot \nabla V = \nabla^2 V)$$

$\therefore \nabla^2 V = -\dfrac{\rho}{\epsilon_0}$:

포아송 방정식(Poisson's equa-tion)
전하밀도가 공간적으로 분포하고 있을 때 그 내부의 임의의 점에서 전위를 결정하는 식이다.

$\therefore \nabla^2 V = 0\;(\rho = 0)$:
라플라스 방정식(Laplace's equation) **답** ②

04 자기회로의 자기저항에 대한 설명으로 옳지 않은 것은?

① 자기회로의 단면적에 반비례한다.
② 자기회로의 길이에 반비례한다.
③ 자성체의 비투자율에 반비례한다.
④ 단위는 [AT/Wb]이다.

풀이 자기 저항 $R = \dfrac{l}{\mu_0 \mu_s S}$[AT/Wb]이므로 $R \propto l$이다.

즉 **자기 저항은 길이에 비례한다.** **답** ②

05 임의의 점의 전계가 $E = iE_x + jE_y + kE_z$로 표시되었을 때, $\frac{\partial E_x}{\partial x} + \frac{\partial E_y}{\partial y} + \frac{\partial E_z}{\partial z}$와 같은 의미를 갖는 것은?

① $\nabla \times E$ ② $\nabla^2 E$
③ $\nabla \cdot E$ ④ $\text{grad}|E|$

풀이 벡터의 발산
$$\nabla \cdot E = \left(i\frac{\partial}{\partial x} + j\frac{\partial}{\partial y} + k\frac{\partial}{\partial z}\right) \cdot (iE_x + jE_y + kE_z)$$
$$= \frac{\partial E_x}{\partial x} + \frac{\partial E_y}{\partial y} + \frac{\partial E_z}{\partial z} = \text{div}\,E$$
답 ③

06 맥스웰(Maxwell) 전자방정식의 물리적 의미 중 틀린 것은?

① 자계의 시간적 변화에 따라 전계의 회전이 발생한다.
② 전도전류와 변위전류는 자계를 발생시킨다.
③ 고립된 자극이 존재한다.
④ 전하에서 전속선이 발산한다.

풀이 맥스웰 전자방정식 $\oint_S B \cdot dS = 0$
폐곡면을 통해 나오는 자속은 0이다.
(고립 자하[단독 자극]는 존재하지 않기 때문) **답** ③

07 전하 π[C]이 2[m/s]의 속도로 진공 중을 직선 운동하고 있다면, 이 운동 방향에 대하여 각도 θ이고, 거리 2[m] 떨어진 점의 자계의 세기는 몇 [A/m]인가?

① $\cos\theta$ ② $\frac{\sin\theta}{2}$
③ $\frac{\sin\theta}{4}$ ④ $\frac{\sin\theta}{8}$

풀이 등가전류
$I = \frac{q}{t} = \frac{qv}{l} \left(\because v = \frac{l}{t}\right)$
비오사바르 법칙
$H = \frac{Il\sin\theta}{4\pi r^2} = \frac{qv\sin\theta}{4\pi r^2} = \frac{\pi \times 2 \times \sin\theta}{4\pi \times 2^2} = \frac{\sin\theta}{8}$[A/m]
답 ④

08 그림과 같은 동축 케이블에 유전체가 채워졌을 때의 정전용량[F]은? (단, 유전체의 비유전율은 ϵ_s이고 내반지름과 외반지름은 각각 a[m], b[m]이며 케이블의 길이는 l[m]이다.)

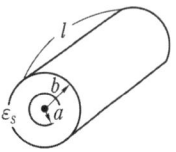

① $\frac{2\pi\epsilon_s l}{\ln\frac{b}{a}}$ ② $\frac{2\pi\epsilon_o \epsilon_s l}{\ln\frac{b}{a}}$
③ $\frac{\pi\epsilon_s l}{\ln\frac{b}{a}}$ ④ $\frac{\pi\epsilon_o \epsilon_s l}{\ln\frac{b}{a}}$

풀이
- 두 원통 도체 간 전계의 세기
$E = \frac{Q}{2\pi\epsilon r}$[V/m]
- 도체 간 전위차
$V_{ab} = -\int_b^a E \cdot dr = \frac{Q}{2\pi\epsilon}\ln\frac{b}{a}$[V]
- 단위 길이당 정전용량
$C_0 = \frac{Q}{V_{ab}} = \frac{Q}{\frac{Q}{2\pi\epsilon}\ln\frac{b}{a}} = \frac{2\pi\epsilon}{\ln\frac{b}{a}}$[F/m]

따라서 동축 케이블의 정전용량
$C = C_0 l = \frac{2\pi\epsilon_0 \epsilon_s l}{\ln\frac{b}{a}}$[F] **답** ②

09 표의 ㉠, ㉡과 같은 단위로 옳게 나열한 것은?

㉠	$\Omega \cdot s$
㉡	s/Ω

① ㉠ H, ㉡ F ② ㉠ H/m, ㉡ F/m
③ ㉠ F, ㉡ H ④ ㉠ F/m, ㉡ H/m

풀이 ㉠ $v = L\frac{di}{dt}$ 관계식에서
$L = \frac{dt}{di}v$[H] $= \left[\frac{\sec \cdot V}{A}\right] = \left[\sec \cdot \frac{V}{A}\right]$
$= [\sec \cdot \Omega]$
㉡ $v = \frac{1}{C}\int i\,dt$ 관계식에서

$$C = \frac{1}{v}\int i\,dt[\text{F}] = \left[\frac{\text{A}\cdot\text{sec}}{\text{V}}\right] = \left[\text{sec}\cdot\frac{\text{A}}{\text{V}}\right]$$
$$= [\text{sec}/\Omega]$$
답 ①

10 도체계에서의 전위 계수의 성질로 옳지 않은 것은?

① $P_{rr} \geq P_{rs}$ ② $P_{rr} < 0$
③ $P_{rs} \geq 0$ ④ $P_{rs} = P_{sr}$

풀이 전위 계수의 성질
- $P_{rr} > 0$ • $P_{rr} \geq P_{rs}$
- $P_{rs} \geq 0$ • $P_{rs} = P_{sr}$

답 ②

11 반지름 a[m] 되는 접지 도체구의 중심에서 r[m]되는 거리에 점전하 Q[C]을 놓았을 때 접지 도체구에 유도된 총 전하[C]는?

① 0 ② $-Q$
③ $-\dfrac{a}{r}Q$ ④ $-\dfrac{r}{a}Q$

풀이 점 P에서 Q의 전하를 주고, 도체구를 접지($V_1 = 0$)하였을 때 유도되는 전하를 Q'라 하면
$$V_1 = 0 = P_{11}Q' + P_{12}Q$$
$$\therefore Q' = -\frac{P_{12}}{P_{11}}Q = -\frac{\frac{1}{4\pi\epsilon_0 r}}{\frac{1}{4\pi\epsilon_0 a}}Q = -\frac{a}{r}Q$$

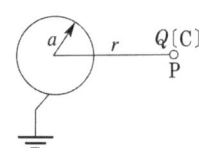

답 ③

12 다음 중 정전계의 설명으로 옳은 것은?

① 전계 에너지가 최소로 되는 전하분포의 전계이다.
② 전계 에너지가 최대로 되는 전하분포의 전계이다.
③ 전계 에너지가 항상 0인 전기장을 말한다.
④ 전계 에너지가 항상 ∞인 전기장을 말한다.

풀이 ① 전계(전기장, 전장) : 전기력이 미치는 공간을 말한다.
② 정전계 : 전계 에너지가 최소로 되는 전하 분포의 전계

답 ①

13 자장 중에서 도선에 발생되는 유기기전력의 방향은 어떤 법칙에 의하여 설명되는가?

① 패러데이(Faraday)의 법칙
② 암페어(Ampere)의 오른나사 법칙
③ 렌츠(Lenz)의 법칙
④ 가우스(Gauss)의 법칙

풀이 유도기전력 $e = -\dfrac{d\Phi}{dt} = -N\dfrac{d\phi}{dt}$[V]
- 렌츠의 법칙(Lenz's Law) : 유도기전력의 방향(−)을 결정. 전자유도에 의해 발생하는 기전력은 자속의 변화를 방해하는 방향으로 전류가 발생한다.
- 패러데이 법칙(Faraday's Law) : 유도기전력의 크기를 결정. 유도기전력의 크기는 폐회로에 쇄교하는 자속의 시간적 변화율에 비례한다.

답 ③

14 비투자율 $\mu_r = 4$인 자성체 내에서 주파수 1[GHz]인 전자기파의 파장[m]은?

① 0.1 ② 0.15
③ 0.25 ④ 0.4

풀이 전파속도
$$v = \frac{1}{\sqrt{\epsilon\mu}} = \frac{3\times10^8}{\sqrt{\epsilon_r\mu_r}} = \frac{3\times10^8}{\sqrt{4\times1}} = 1.5\times10^8[\text{m/s}]$$
따라서 파장
$$\lambda = \frac{v}{f} = \frac{1.5\times10^8}{1\times10^9} = 0.15[\text{m}]$$

답 ②

15 권선수가 400회, 면적이 9π[cm²]인 장방형 코일에 1[A]의 직류가 흐르고 있다. 코일의 장방형 면과 평행한 방향으로 자속밀도가 0.8[Wb/m²]인 균일한 자계가 가해져 있다. 코일의 평행한 두 변의 중심을 연결하는 선을 축으로 할 때 이 코일에 작용하는 회전력은 약 몇 [N · m]인가?

① 0.3 ② 0.5 ③ 0.7 ④ 0.9

풀이 회전력 $T = nBIl_1 l_2 \sin\theta$
$= 400 \times 0.8 \times 1 \times 9\pi \times 10^{-4} \times \sin 90°$
$= 0.9[\text{N}\cdot\text{m}]$

여기서 n : 코일의 권수, B : 자속밀도[Wb/m²]
I : 전류[A], l_1 : 코일의 길이[m]
l_2 : 코일의 폭[m]
θ : 코일면의 법선과 자계가 이루는 각   답 ④

16 자기 인덕턴스가 각각 L_1, L_2인 두 코일을 서로 간섭이 없도록 병렬로 연결했을 때 그 합성 인덕턴스는?

① $L_1 + L_2$ ② $L_1 \cdot L_2$
③ $\dfrac{L_1 + L_2}{L_1 \cdot L_2}$ ④ $\dfrac{L_1 \cdot L_2}{L_1 + L_2}$

풀이 병렬접속
- 가극성 $L = \dfrac{L_1 L_2 - M^2}{L_1 + L_2 - 2M}$
- 감극성 $L = \dfrac{L_1 L_2 - M^2}{L_1 + L_2 + 2M}$

간섭이 없도록 하면, $M = 0$이므로
$\therefore L = \dfrac{L_1 L_2}{L_1 + L_2}$ 답 ④

17 투자율 μ_1 및 μ_2인 두 자성체의 경계면에서 자력선의 굴절법칙을 나타낸 식은?

① $\dfrac{\mu_1}{\mu_2} = \dfrac{\sin\theta_1}{\sin\theta_2}$ ② $\dfrac{\mu_1}{\mu_2} = \dfrac{\sin\theta_2}{\sin\theta_1}$
③ $\dfrac{\mu_1}{\mu_2} = \dfrac{\tan\theta_1}{\tan\theta_2}$ ④ $\dfrac{\mu_1}{\mu_2} = \dfrac{\tan\theta_2}{\tan\theta_1}$

풀이 자성체의 굴절의 법칙
- 자계세기의 접선성분의 연속성 : $H_1\sin\theta_1 = H_2\sin\theta_2$
- 자속밀도의 법선성분의 연속성 : $B_1\cos\theta_1 = B_2\cos\theta_2$
- 굴절각 : $\dfrac{\mu_1}{\mu_2} = \dfrac{\tan\theta_1}{\tan\theta_2}$

따라서 자속은 투자율이 높은 쪽으로 모이려는 성질이 있다.

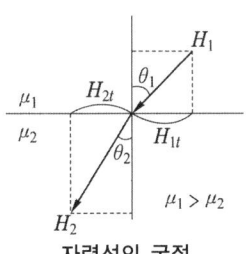

자력선의 굴절   답 ③

18 맥스웰(Maxwell)의 전자 방정식 중 성립하지 않는 식은?

① $\text{div}\,\boldsymbol{D} = \rho$ ② $\text{div}\,\boldsymbol{B} = 0$
③ $\text{rot}\,\boldsymbol{E} = \dfrac{\partial \boldsymbol{B}}{\partial t}$ ④ $\text{rot}\,\boldsymbol{H} = J + \dfrac{\partial \boldsymbol{D}}{\partial t}$

풀이 맥스웰 방정식의 미분형
① $\text{div}\,\boldsymbol{D} = \rho$(가우스의 법칙) : 단위 체적당 발산 전속 수는 단위 체적당의 공간전하 밀도와 같다.
② $\text{div}\,\boldsymbol{B} = 0$: 자계의 발산은 없다. 고립된 자하는 없다(N극과 S극이 공존).
③ $\text{rot}\,\boldsymbol{H} = J + \dfrac{\partial \boldsymbol{D}}{\partial t}$(암페어의 주회적분 법칙) : 자계의 회전은 전류 밀도와 같다.
④ $\text{rot}\,\boldsymbol{E} = -\dfrac{\partial \boldsymbol{B}}{\partial t}$(패러데이 법칙) : 전계의 회전은 자속 밀도의 시간적 감소율과 같다.   답 ③

19 액체 유전체를 넣은 콘덴서의 용량이 20[μF]이다. 여기에 500[kV]의 전압을 가하면 누설 전류는 몇 [A]인가? (단, 비유전율 $\epsilon_s = 2.2$, 고유저항 $\rho = 10^{11}[\Omega \cdot m]$이다.)

① 4.2   ② 5.13
③ 54.5   ④ 61

풀이 $RC = \rho\epsilon$[s], $R = \dfrac{\rho\epsilon}{C}[\Omega]$
$\therefore I = \dfrac{V}{R} = \dfrac{CV}{\rho\epsilon} = \dfrac{CV}{\rho\epsilon_0\epsilon_s}$
$= \dfrac{20 \times 10^{-6} \times 500 \times 10^3}{10^{11} \times 8.855 \times 10^{-12} \times 2.2}$
$= 5.13$[A]   답 ②

20 자기 인덕턴스의 성질을 설명한 것으로 옳은 것은?

① 경우에 따라 정(+) 또는 부(-)의 값을 갖는다.
② 항상 정(+)의 값을 갖는다.
③ 항상 부(-)의 값을 갖는다.
④ 항상 0이다.

풀이 ① 자기 인덕턴스
- 자신의 회로에 단위 전류가 흐를 때의 자속 쇄교수
- 항상 정(+)의 값

② 상호 인덕턴스
  • 근접한 두 회로 상호 간의 인덕턴스
  • 두 코일에 흐르는 전류가 만드는 자속이 같은 방향이면 정(+)의 값
  • 두 코일에 흐르는 전류가 만드는 자속이 반대 방향이면 부(−)의 값 **답 ②**

2과목 - 전력공학

21 송전선로에 낙뢰를 방지하기 위하여 설치하는 것은?

① 댐퍼   ② 초호환
③ 가공지선   ④ 애자

풀이 ① 댐퍼 : 전선의 진동 방지
② 초호환 : 섬락으로부터 애자련의 보호, 애자련의 전압 분포 개선
③ 가공지선 : 뇌의 차폐
④ 애자 : 전선을 지지하고 절연 **답 ③**

22 석탄연소 화력발전소에서 사용되는 집진장치의 효율이 가장 큰 것은?

① 전기식 집진장치
② 수세식 집진장치
③ 원심력식 집진장치
④ 직렬결합식 집진장치

풀이 집진 효율이 가장 큰 것은 전기식으로 코트렐식 집진장치가 현재 가장 많이 사용되고 있다. **답 ①**

23 송전전력, 송전거리, 전선의 비중 및 전력손실률이 일정하다고 하면 전선의 단면적 $A[\text{mm}^2]$와 송전전압 $V[\text{kV}]$와의 관계로 옳은 것은?

① $A \propto V$ ② $A \propto V^2$
③ $A \propto \dfrac{1}{V^2}$ ④ $A \propto \sqrt{V}$

풀이 • 전력손실
$$P_l = 3I^2 R = \dfrac{P^2 \rho l}{V^2 \cos^2\theta A} \quad (\text{전류 } I = \dfrac{P}{\sqrt{3}\,V\cos\theta})$$

• 전력손실률 $h = \dfrac{P_l}{P} = \dfrac{P\rho l}{hV^2\cos^2\theta}$ 에서

전선의 단면적 $A = \dfrac{P\rho l}{hV^2\cos^2\theta}$

• P, ρ, l, h, $\cos\theta$가 일정한 경우이므로

전선의 단면적 $A \propto \dfrac{1}{V^2}$ **답 ③**

24 부하율이란?

① $\dfrac{\text{피상 전력}}{\text{부하 설비 용량}} \times 100[\%]$

② $\dfrac{\text{부하 설비 용량}}{\text{피상 전력}} \times 100[\%]$

③ $\dfrac{\text{최대 수용 전력}}{\text{평균 수용 전력}} \times 100[\%]$

④ $\dfrac{\text{평균 수용 전력}}{\text{최대 수용 전력}} \times 100[\%]$

풀이
부하율 $= \dfrac{\text{평균 수요 전력 [kW]}}{\text{최대 수요 전력 (합성 최대 전력) [kW]}} \times 100[\%]$

$= \dfrac{\text{평균 수요 전력 [kW]}}{\text{부하 설비 합계 [kW]}} \times \dfrac{\text{부등률}}{\text{수용률}} \times 100[\%]$ **답 ④**

25 배전전압, 배전거리 및 전력손실이 같다는 조건에서 단상 2선식 전기방식의 전선 총 중량을 100[%]라 할 때 3상 3선식 전기방식은 몇 [%]인가?

① 33.3   ② 37.5
③ 75.0   ④ 100.0

풀이 • 송전 전력은 동일하므로
$\sqrt{3}\,VI_3\cos\theta = VI_1\cos\theta \rightarrow I_1 = \sqrt{3}\,I_3$

• 전력 손실이 동일하므로
$3I_3^2 \rho \dfrac{l}{A_3} = 2I_1^2 \rho \dfrac{l}{A_1}$

$3I_3^2 \rho \dfrac{l}{A_3} = 2(\sqrt{3}\,I_3)^2 \rho \dfrac{l}{A_1}$

$A_3 = \dfrac{1}{2}A_1$

따라서 전선량(무게)비

$\dfrac{3상3선식}{단상2선식} = \dfrac{3A_3 l\sigma}{2A_1 l\sigma} = \dfrac{3}{2} \times \dfrac{1}{2} = \dfrac{3}{4} = 0.75$

• 단상 2선식 기준 소요 전선량 요약

전기 방식	소요 전선량[%]	비고
단상 2선식	100	단상 2선식 기준
단상 3선식	37.5	중성선과 전압선의 굵기가 동일
	31.3	중성선의 굵기가 전압선의 1/2
3상 3선식	75	
3상 4선식	33.3	중성선과 전압선의 굵기가 동일
	29.2	중성선의 굵기가 전압선의 1/2

답 ③

26 전력계통의 전력용 콘덴서와 직렬로 연결하는 리액터로 제거되는 고조파는?

① 제2고조파   ② 제3고조파
③ 제4고조파   ④ 제5고조파

풀이 송전 선로에는 변압기의 유기 기전력이 발생할 때에 생기는 기수 고조파가 존재하게 되는데, 제3고조파는 변압기의 △결선에서 제거되고 **제5고조파는 전력용 콘덴서에 직렬로** 5[%] 가량의 리액터를 삽입하여 제거시킨다.

답 ④

27 우리나라의 특고압 배전방식으로 가장 많이 사용되고 있는 것은?

① 단상 2선식   ② 단상 3선식
③ 3상 3선식   ④ 3상 4선식

풀이 3상 4선식은 같은 회선에서 선간전압과 상전압의 양전압을 이용할 수 있기 때문에 배전에서 많이 채용되고 있다.

답 ④

28 철탑으로부터의 전선의 오프셋을 주는 이유로 가장 알맞은 것은?

① 불평형 전압의 유도 방지
② 지락사고 방지
③ 전선의 진동방지
④ 상하 전선의 접촉 방지

풀이 오프셋은 전선의 도약으로 인한 **상하 전선의 단락을 방지**하기 위하여 철탑 지지점의 위치를 수직에서 벗어나게 함을 말한다.

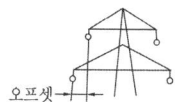

답 ④

29 하천유량을 측정하는 방법으로 유속의 측정방법과 직접유량을 측정하는 방법이 있는데 다음 보기 중 직접유량을 측정하는 방법이 아닌 것은?

① 염분법   ② 언측법
③ 수위 관측법   ④ 부표법

풀이 하천유량은 그 통로의 단면적과 그 단면에 대한 직각방향의 유속과의 곱으로 표시되므로 유량을 알기 위해서는 단면적과 유속을 측정해야 한다.
1) 유속의 측정방법
   ① 유속계법 ② 부표법 ③ 염수속도법
   ④ 수압 시간법 ⑤ 피토관법
2) 직접유량을 측정하는 방법
   ① 염분법 ② 언측법 ③ 수위 관측법

답 ④

30 송전계통의 안정도 증진방법에 대한 설명이 아닌 것은?

① 전압변동을 작게 한다.
② 직렬 리액턴스를 크게 한다.
③ 고장 시 발전기 입·출력의 불평형을 작게 한다.
④ 고장전류를 줄이고 고장구간을 신속하게 차단한다.

풀이 안정도 향상 대책
① **계통의 직렬 리액턴스 감소**(다회선 방식 채택, 복도체 방식 채택, 기기의 리액턴스 감소, 직렬 콘덴서 설치)
② 전압 변동률을 적게 한다(속응 여자 방식 채용, 계통의 연계, 중간 조상 방식).
③ 계통에 주는 충격을 적게 한다(적당한 중성점 접지 방식, 고속 차단 방식, 재폐로 방식).
④ 고장 중의 발전기 돌입 출력의 불평형을 적게 한다.

답 ②

31 30000[kW]의 전력을 50[km] 떨어진 지점에 송전하려고 할 때 송전전압[kV]은 약 얼마인가? (단, still 식에 의하여 산정한다.)

① 22   ② 33   ③ 66   ④ 100

풀이 Still 식 $V_s = 5.5\sqrt{0.6 \times l + 0.01P}$
$= 5.5\sqrt{0.6 \times 50 + 0.01 \times 30000}$
$\fallingdotseq 100[kV]$
여기서, V_s : 전압[kV], l : 송전거리[km]
P : 송전전력[kW]

답 ④

32 전선의 자체 중량과 빙설의 종합하중을 W_1, 풍압하중을 W_2라 할 때 합성하중은?

① $W_1 + W_2$ ② $W_1 - W_2$
③ $\sqrt{W_1 - W_2}$ ④ $\sqrt{W_1^2 + W_2^2}$

풀이

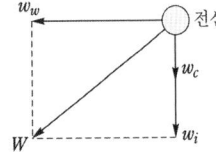

w_c : 전선의 자체중량
w_i : 부착빙설의 중량
w_w : 수평풍압

합성 하중은
$W = \sqrt{(빙설하중+자중)^2 + (풍압하중)^2}$
$= \sqrt{W_1^2 + W_2^2}$ **답** ④

33 전력용 퓨즈의 장점으로 틀린 것은?

① 소형으로 큰 차단용량을 갖는다.
② 밀폐형 퓨즈는 차단 시에 소음이 없다.
③ 가격이 싸고 유지보수가 간단하다.
④ 과도전류에 의해 쉽게 용단되지 않는다.

풀이 전력 퓨즈
① 소형으로 차단용량이 크다.
② 보수가 간단하다.
③ 가격이 저렴하다.
④ 밀폐형으로 차단 시 소음이 없다.
⑤ 과도전류를 고속도 차단할 수 있다. **답** ④

34 부하전류의 차단능력이 없는 것은?

① 공기차단기 ② 유입차단기
③ 진공차단기 ④ 단로기

풀이

기능\능력	회로 분리		사고 차단	
	무부하	부하	과부하	단락
퓨 즈	○	-	-	○
차단기	○	○	○	○
개폐기	○	○	○	-
단로기	○	-	-	-

단로기(DS)는 switch로서 아크 소호장치가 없어 부하전류의 차단이 곤란하다. **답** ④

35 역률 0.8인 부하 480[kW]를 공급하는 변전소에 전력용 콘덴서 220[kVA]를 설치하면 역률은 몇 [%]로 개선할 수 있는가?

① 92 ② 94
③ 96 ④ 99

풀이
• 부하 역률 $\cos\theta = \dfrac{P}{P_a} = \dfrac{P}{\sqrt{P^2 + P_r^2}} \times 100$

여기서, P_a : 피상전력, P : 유효전력, P_r : 무효전력

• 부하의 무효전력
$Q_L = \dfrac{P}{\cos\theta} \times \sin\theta = \dfrac{480}{0.8} \times 0.6 = 360[\text{kVar}]$

• 전력용 콘덴서 용량 $Q_C = 220[\text{kVA}]$

∴ $\cos\theta = \dfrac{P}{\sqrt{P^2 + (Q_L - Q_C)^2}} \times 100$
$= \dfrac{480}{\sqrt{480^2 + (360-220)^2}} \times 100$
$= 96[\%]$ **답** ③

36 그림과 같은 선로에서 점 F에서의 1선 지락이 발생한 경우 영상임피던스는?

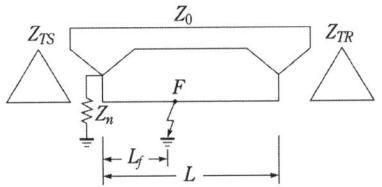

① $Z_{TS} + Z_n + 3Z_o$
② $Z_{TS} + 3Z_n + Z_o$
③ $Z_{TS} + Z_n + Z_o\dfrac{L_f}{L}$
④ $Z_{TS} + 3Z_n + Z_o\dfrac{L_f}{L}$

풀이
• 영상전압 $V = 3I_0 \cdot Z_n = I_0 \cdot 3Z_n$
• 영상임피던스 $Z = Z_{TS} + 3Z_n + Z_o$
단, I_0 : 영상전류, Z_n : 지락저항
Z_{TS} : 송전 측 변압기 임피던스
Z_o : 선로임피던스

• 임피던스는 거리에 비례하므로
선로임피던스 $= Z_o\dfrac{L_f}{L}$

따라서 영상임피던스 $= Z_{TS} + 3Z_n + Z_o\dfrac{L_f}{L}$

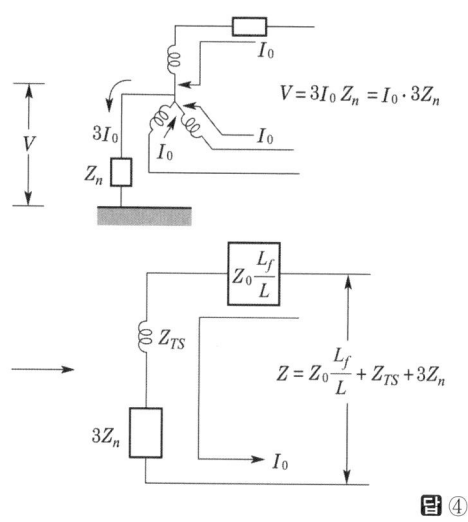

37 노즐(nozzle)에서 분출되는 유수의 이론적인 분출 속도가 100[m/sec]인 수차의 유효낙차는 약 몇 [m]인가?

① 500
② 510
③ 520
④ 530

풀이 유효낙차 $H = \dfrac{v^2}{2g} = \dfrac{100^2}{2 \times 9.8} \fallingdotseq 510[m]$ 답 ②

38 다음 송전선의 전압변동률 식에서 V_{R1}은 무엇을 의미하는가?

$$\epsilon = \frac{V_{R1} - V_{R2}}{V_{R2}} \times 100[\%]$$

① 부하 시 송전단 전압
② 무부하 시 송전단 전압
③ 전부하 시 수전단 전압
④ 무부하 시 수전단 전압

풀이 전압 변동률(ϵ) = $\dfrac{\text{무부하 시 수전단 전압}(V_{R1}) - \text{수전단 정격 전압}(V_{R2})}{\text{수전단 정격 전압}(V_{R2})} \times 100[\%]$

답 ④

39 154[kV] 송전선로에 10개의 현수애자가 연결되어 있다. 다음 중 전압부담이 가장 적은 것은? (단, 애자는 같은 간격으로 설치되어 있다.)

① 철탑에 가장 가까운 것
② 철탑에서 3번째에 있는 것
③ 전선에서 가장 가까운 것
④ 전선에서 3번째에 있는 것

풀이
• 전압 분담 최대 : 전선쪽 애자
• 전압 분담 최소 : 철탑에서 1/3 지점 애자
따라서 10개의 현수애자가 연결되어 있다면, 철탑에서 3번째에 있는 애자가 전압부담이 가장 적다. 답 ②

40 차단기의 정격투입전류란 투입되는 전류의 최초 주파수의 어느 값을 말하는가?

① 평균값   ② 최댓값
③ 실효값   ④ 직류값

풀이 차단기의 정격 투입 전류란 성능에 지장 없이 투입할 수 있는 전류의 한도를 말하며, **투입 전류의 최초 주파수에서의 최댓값**으로 나타낸다. 크기는 정격 차단 전류(실효값)의 2.5배를 표준으로 한다. 답 ②

3과목 - 전기기기

41 단상 직권 정류자 전동기에서 주자속의 최대치를 ϕ_m, 자극수를 P, 전기자 병렬회로수를 a, 전기자 전 도체수를 Z, 전기자의 속도를 N[rpm]이라 하면 속도 기전력의 실효값 E_r[V]은? (단, 주자속은 정현파이다.)

① $E_r = \sqrt{2} \dfrac{P}{a} Z \dfrac{N}{60} \phi_m$

② $E_r = \dfrac{1}{\sqrt{2}} \dfrac{P}{a} Z N \phi_m$

③ $E_r = \dfrac{P}{a} Z \dfrac{N}{60} \phi_m$

④ $E_r = \dfrac{1}{\sqrt{2}} \dfrac{P}{a} Z \dfrac{N}{60} \phi_m$

풀이 기전력의 실효값

$$E_r = P\phi n \frac{Z}{a} = P\frac{\phi_m}{\sqrt{2}}\frac{N}{60} \cdot \frac{Z}{a}$$
$$= \frac{1}{\sqrt{2}} \frac{P}{a} Z \frac{N}{60} \phi_m [\text{V}]$$

답 ④

42 변압기유로 쓰이는 절연유에 요구되는 특성이 아닌 것은?

① 응고점이 낮을 것 ② 절연 내력이 클 것
③ 인화점이 높을 것 ④ 점도가 클 것

풀이 변압기의 기름으로서 갖추어야 할 조건은
① 절연 내력이 클 것
② 절연 재료 및 금속에 화학 작용을 일으키지 않을 것
③ 인화점이 높고, 응고점이 낮을 것
④ **점도가 낮고, 비열이 커서 냉각 효과가 클 것**
⑤ 고온에서도 석출물이 생기거나 산화하지 않을 것

답 ④

43 다음 중 전기기계에 있어서 히스테리시스손을 감소시키기 위하여 어떻게 하는 것이 가장 좋은가?

① 성층 철심 사용 ② 규소 강판 사용
③ 보극 설치 ④ 보상 권선 설치

풀이
• 전기 기계에 **규소강판**을 사용하면 자기 저항이 크게 되어 와류손과 **히스테리시스손이 감소**하게 되지만 투자율이 낮아지고 기계적 강도가 감소되어 부서지기 쉽다.
• 성층하는 이유는 와류손을 적게 하기 위한 것이다.

답 ②

44 1차측 권수가 1500인 변압기의 2차측에 접속한 저항 16[Ω]을 1차측으로 환산했을 때 8[kΩ]으로 되어있다면 2차측 권수는 약 얼마인가?

① 75 ② 70
③ 67 ④ 64

풀이 권수비 $a = \frac{V_1}{V_2} = \frac{N_1}{N_2} = \frac{I_2}{I_1} = \sqrt{\frac{R_1}{R_2}}$ 이므로

$a = \sqrt{\frac{R_1}{R_2}} = \sqrt{\frac{8000}{16}} = 10\sqrt{5}$

$\therefore N_2 = \frac{N_1}{a} = \frac{1500}{10\sqrt{5}} = 67$회

답 ③

45 동기발전기 종류 중 회전계자형의 특징으로 옳은 것은?

① 고주파 발전기에 사용
② 극소용량, 특수용으로 사용
③ 소요전력이 크고 기구적으로 복잡
④ 기계적으로 튼튼하여 가장 많이 사용

풀이 동기기를 회전 계자형으로 하는 이유
• 전기자 권선은 전압이 높고 결선이 복잡하며, 대용량으로 되면 전류도 커지고, 3상 권선의 경우에는 4개의 도선을 인출하여야 한다.
• 계자 회로는 직류의 저압 회로이므로 소요 동력도 작으며, 인출 도선이 2개만 있어도 되기 때문이다.
• 계자극은 기계적으로 튼튼하게 만드는 데 용이하기 때문이다.
• 고장 시의 과도 안정도를 높이기 위하여 회전자의 관성을 크게 하기 쉽기 때문이기도 하다.

답 ④

46 직류에서 교류로 변환하는 기기는?

① 초퍼 ② 인버터
③ 회전 변류기 ④ 사이클로 컨버터

풀이
• 초퍼 : 직류를 직류로 변환
• **인버터 : 직류를 교류로 변환**
• 컨버터 : 교류를 직류로 변환
• 회전 변류기 : 교류 전력을 직류 전력으로 변환
• 사이클로 컨버터 : 교류를 교류로 변환

답 ②

47 직류 분권전동기의 공급 전압의 극성을 반대로 하면 회전방향은 어떻게 되는가?

① 변하지 않는다.
② 반대로 된다.
③ 발전기로 된다.
④ 회전하지 않는다.

풀이 공급 전압의 극성을 반대로 하면 계자 전류와 전기자 전류의 방향이 동시에 반대로 되므로 **회전 방향은 변하지 않는다**.

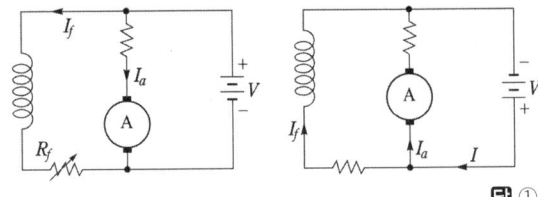

답 ①

48
직류분권전동기의 전체 도체수는 100이고, 단중 중권이며 자극수는 4, 자속수는 극당 0.628[Wb]이다. 부하를 걸어 전기자에 5[A]가 흐르고 있을 때의 토크는 약 몇 [N·m]인가?

① 15　　② 25
③ 50　　④ 100

풀이 $p=4,\ z=100,\ \phi=0.628[\text{Wb}],\ I_a=5[\text{A}]$
단중 중권이므로 $a=p=4$이다.

$$P=EI_a=p\phi n\frac{z}{a}I_a=2\pi nT$$

$$\therefore T=\frac{p\phi n\frac{z}{a}I_a}{2\pi n}=\frac{P\phi zI_a}{2\pi a}=\frac{4\times0.628\times100\times5}{2\pi\times4}$$
$$=49.97[\text{N·m}]$$

답 ③

49
동기발전기의 병렬운전에 필요하지 않은 조건은?

① 기전력의 주파수가 같을 것
② 기전력의 위상이 같을 것
③ 임피던스 및 상회전방향과 각 변위가 같을 것
④ 기전력의 크기가 같을 것

풀이 동기발전기의 병렬운전 조건은 다음과 같다.
① 기전력의 크기가 같을 것
② 기전력의 위상이 같을 것
③ 기전력의 주파수가 같을 것
④ 기전력의 파형이 같을 것
⑤ 상회전방향이 같을 것

답 ③

50
직류기의 손실 중 기계손에 속하는 것은?

① 브러시의 전기손　② 와전류손
③ 풍손　　　　　　④ 전기자 권선동손

풀이

총손실	무부하손	철손	히스테리시스손
			와류손
	기계손 : 풍손, 베어링 마찰손, 브러시 마찰손
	부하손	전기자저항손 $P_c=I_a^2R$[W]
		브러시 전기손
		표유부하손 : 권선 이외 부분의 누설자속에 의해 발생

답 ③

51
동기기의 전기자 권선법이 아닌 것은?

① 중권　　② 2층권
③ 분포권　④ 전절권

풀이 코일 간격이 극 간격과 같은 것을 전절권이라 하고, 극 간격보다 작은 것을 단절권이라 한다. 단절권은 고조파를 제거하고 기전력의 파형을 좋게 하고, 코일 단부가 짧게 되어 동(Cu)의 양이 적게 드는 이점이 있어, 동기기에는 단절권을 사용하며 **전절권은 사용하지 않는다.**

답 ④

52
변류기의 수리 및 점검 시 변류기 2차측 절연보호를 위해 조치하여야 하는 방법은?

① 변류기 1차측 단자를 개방
② 변류기 2차측 단자를 개방
③ 변류기 1차측 단자를 단락
④ 변류기 2차측 단자를 단락

풀이 변류기의 2차 측을 개방하면 1차 전류가 모두 여자전류가 되어 2차 권선에 매우 높은 전압이 유기되어 절연이 파괴되고 소손될 우려가 있으므로 변류기 2차 측 기기를 교체하고자 하는 경우에는 **반드시 변류기 2차 측을 단락시켜야 한다.**

답 ④

53
전기기기에 있어 와전류손(Eddy current loss)을 감소시키기 위한 방법은?

① 냉각압연
② 보상권선 설치
③ 교류전원을 사용
④ 규소강판을 성층하여 사용

풀이
• **와류손** : 성층 철심 사용(자속에 의한 와전류를 흐르지 못하도록 성층(적층)한 철심 사용)
• **히스테리시스손** : 규소 강판 사용(히스테리시스 면적을 감소시키기 위해 순철에 규소를 첨가한 재질로 변경)

답 ④

54 동기전동기의 위상특성곡선(V곡선)에 대한 설명으로 옳은 것은?

① 출력을 일정하게 유지할 때 부하전류와 전기자전류의 관계를 나타낸 곡선
② 역률을 일정하게 유지할 때 계자전류와 전기자전류의 관계를 나타낸 곡선
③ 계자전류를 일정하게 유지할 때 전기자전류와 출력 사이의 관계를 나타낸 곡선
④ 공급전압 V와 부하가 일정할 때 계자전류의 변화에 대한 전기자전류의 변화를 나타낸 곡선

풀이

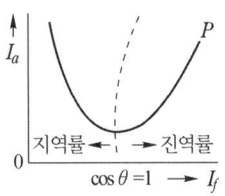

위상 특성 곡선이란 **단자전압과 부하를 일정**하게 유지하고, 여자 전류를 변화시킬 경우 **계자전류와 전기자 전류와의 관계**를 표시한 것으로 그 형상이 V자와 같으므로 V곡선이라고도 한다.
- 계자전류가 역률 1일 때 보다 크면, 앞선 전기자 전류가 흐른다.
- 계자전류가 역률 1일 때 보다 작으면, 뒤진 전기자 전류가 흐른다. 🔲 ④

55 정류방식 중에서 맥동률이 가장 작은 회로는? (단, 저항부하를 사용하였을 경우이다.)

① 단상 반파 정류회로
② 단상 전파 정류회로
③ 삼상 반파 정류회로
④ 삼상 전파 정류회로

풀이

정류 종류	단상 반파	단상 전파	3상 반파	3상 전파
맥동률[%]	121	48	17.7	4.04
정류 효율	40.5	81.1	96.7	99.8
맥동 주파수	f	$2f$	$3f$	$6f$

🔲 ④

56 동기전동기에서 제동권선의 역할에 해당되지 않는 것은?

① 기동 토크를 발생한다.
② 난조 방지작용을 한다.
③ 전기자 반작용을 방지한다.
④ 급격한 부하의 변화로 인한 속도의 요동을 방지한다.

풀이 제동 권선의 역할.
① 난조 방지
② 기동하는 경우 유도전동기의 농형 권선으로서 기동 토크를 발생
③ 불평형부하시의 전류 전압 파형의 개선
④ 송전선의 불평형 단락시의 이상전압의 방지 🔲 ③

57 3상 권선형 유도 전동기의 2차 회로에 저항을 삽입하는 목적이 아닌 것은?

① 속도는 줄어지지만 최대 토크를 크게 하기 위하여
② 속도 제어를 하기 위하여
③ 기동 토크를 크게 하기 위하여
④ 기동 전류를 줄이기 위하여

풀이
- 최대 토크 $T_m \propto \dfrac{V^2}{2x_2}$: 2차 저항에 무관
- 최대 토크를 발생하는 슬립 $s_m \fallingdotseq \pm \dfrac{r_2}{x_2}$: 2차 저항에 비례

따라서, 3상 유도 전동기의 최대 토크의 크기는 2차저항 r_2와 슬립 s에 관계없이 항상 일정하고 다만 최대 토크가 발생하는 슬립점이 2차 회로의 저항에 비례해서 이동할 뿐이다. 🔲 ①

58 3상 유도 전동기의 원선도 작성에 필요한 시험이 아닌 것은?

① 저항 측정   ② 슬립 측정
③ 구속 시험   ④ 무부하 시험

풀이 ① 원선도 작성에 필요한 시험은
  • 저항 측정 • 무부하 시험 • 구속 시험이 있다.
② 유도 전동기의 원선도에서 구할 수 있는 항목
  • 전부하 전류 • 역률 • 효율 • 슬립
  • 최대출력/정격출력 • 토크
즉, 슬립은 원선도 상에서 구할 수 없다. 🔲 ②

59 다음은 직류발전기의 정류곡선이다. 이 중에서 정류 말기에 정류의 상태가 좋지 않은 것은?

① ⓐ
② ⓑ
③ ⓒ
④ ⓓ

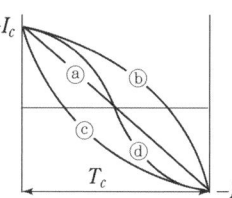

풀이 ⓐ (직선정류) : 전류가 직선적으로 균등하게 변환
ⓑ (부족정류) : 정류 말기에 브러시 뒤쪽에서 **불꽃 발생**
ⓒ (과정류) : 정류 초기에 브러시 앞쪽에서 불꽃 발생
ⓓ (정현파 정류) : 불꽃 발생 안함 **답** ②

60 3상 농형 유도전동기 기동법 중 옳은 것은?

① Y-△ 기동을 한다.
② 콘덴서를 이용하여 기동한다.
③ 2차 회로에 저항을 넣어 기동한다.
④ 기동저항기법을 사용한다.

풀이 농형 유도전동기의 기동법
① 전 전압 기동기(5[kW] 이하의 소형)
② Y-△ 기동(5~15[kW] 정도)
③ 리액터 기동(기동전류를 제한하고자 할 때)
④ 기동 보상기(15[kW] 이상) **답** ①

4과목 - 회로이론

61 평형 3상 무유도 저항 부하가 3상 4선식 회로에 접속되어 있을 때 단상 전력계를 그림과 같이 접속했더니 그 지시값이 $W[W]$이었다. 이 부하의 전력[W]은?(단, 정현파 교류이다.)

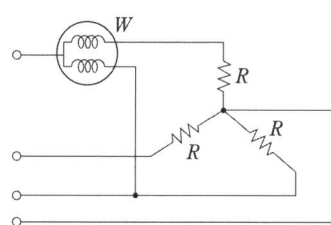

① $\sqrt{2}\,W$
② $2W$
③ $\sqrt{3}\,W$
④ $3W$

풀이 선간전압을 E_{12}, 부하전류를 I_1이라 하면 I_1은 상전압 E_1과 동상이 되지만 E_{12}와는 30° 위상차가 있으므로

$$W = E_{12} I_1 \cos 30° = \frac{\sqrt{3}}{2} E_{12} \cdot I_1$$

$$\therefore E_{12} \cdot I_1 = \frac{2W}{\sqrt{3}}$$

부하전력 $P = \sqrt{3} E_{12} \cdot I_1 = \sqrt{3} \times \frac{2W}{\sqrt{3}} = 2W[W]$ **답** ②

62 상순이 abc인 3상 회로에 있어서 대칭분 전압이 $V_0 = -8 + j3[V]$, $V_1 = 6 - j8[V]$, $V_2 = 8 + j12[V]$ 일 때 a상의 전압 $V_0[V]$는?

① $6 + j7$
② $8 + j12$
③ $6 + j14$
④ $16 + j4$

풀이 $V_a = V_0 + V_1 + V_2$
$= -8 + j3 + 6 - j8 + 8 + j12$
$= 6 + j7[V]$ **답** ①

63 정현파 교류의 실효값을 구하는 식이 잘못된 것은?

① $\sqrt{\dfrac{1}{T}\int_0^T i^2 dt}$
② 파고율×평균값
③ $\dfrac{최댓값}{\sqrt{2}}$
④ $\dfrac{\pi}{2\sqrt{2}}$×평균값

풀이 실효값 $= \sqrt{\dfrac{1}{T}\int_0^T i^2 dt} = \dfrac{1}{파고율}\times 최댓값$
$=$ 파형률×평균값
$= \dfrac{1}{\sqrt{2}}$최댓값 $= \dfrac{\pi}{2\sqrt{2}}$평균값 **답** ②

64 22[kVA]의 부하가 0.8의 역률로 운전될 때 이 부하의 무효전력[kVar]은?

① 11.5
② 12.3
③ 13.2
④ 14.5

풀이 부하의 무효전력
$Q_L = P_a \sin\theta = P_a\sqrt{1-\cos^2\theta} = 22\times\sqrt{1-0.8^2}$
$= 13.2[kVar]$ **답** ③

65 기본파의 30[%]인 제3고조파와 기본파의 20[%]인 제5고조파를 포함하는 전압의 왜형률은 약 얼마인가?

① 0.21 ② 0.31
③ 0.36 ④ 0.42

풀이 왜형률 = $\dfrac{\text{각 고조파의 실효값의 합}}{\text{기본파의 실효값}}$

$= \dfrac{\sqrt{V_3^2+V_5^2}}{V_1} = \sqrt{\left(\dfrac{V_3}{V_1}\right)^2+\left(\dfrac{V_5}{V_1}\right)^2}$

$= \sqrt{0.3^2+0.2^2} = 0.36$ 답 ③

66 그림과 같은 회로에서 스위치 S를 닫았을 때 시정수의 값[s]은? 단, $L=10$[mH], $R=20$[Ω]이다.

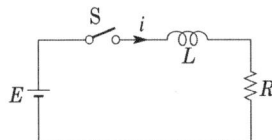

① 2000 ② 5×10^{-4}
③ 200   ④ 5×10^{-3}

풀이 $R-L$ 직렬 회로의 시정수 $\tau = \dfrac{L}{R}$[s]

$\therefore \tau = \dfrac{10\times10^{-3}}{20} = 5\times10^{-4}$[s]   답 ②

67 회로의 전압비 전달함수 $G(s)=\dfrac{V_2(s)}{V_1(s)}$는?

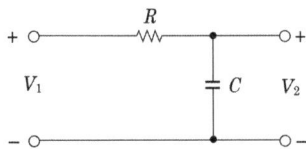

① RC ② $\dfrac{1}{RC}$
③ $RCs+1$ ④ $\dfrac{1}{RCs+1}$

풀이 $G(s) = \dfrac{V_2(s)}{V_1(s)} = \dfrac{\frac{1}{Cs}}{R+\frac{1}{Cs}} = \dfrac{1}{RCs+1}$ 답 ④

68 불평형 Y결선의 부하 회로에 평형 3상 전압을 가할 경우 중성점의 전위 $V_{n'n}$[V]는? (단, Z_1, Z_2, Z_3는 각 상의 임피던스[Ω]이고, Y_1, Y_2, Y_3는 각 상의 임피던스에 대한 어드미턴스[℧]이다.)

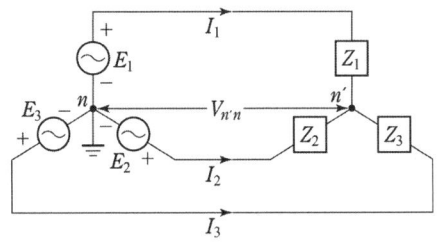

① $\dfrac{E_1+E_2+E_3}{Z_1+Z_2+Z_3}$ ② $\dfrac{Z_1E_1+Z_2E_2+Z_3E_3}{Z_1+Z_2+Z_3}$

③ $\dfrac{E_1+E_2+E_3}{Y_1+Y_2+Y_3}$ ④ $\dfrac{Y_1E_1+Y_2E_2+Y_3E_3}{Y_1+Y_2+Y_3}$

풀이 밀만의 정리

$V_{n'n} = \dfrac{\frac{E_1}{Z_1}+\frac{E_2}{Z_2}+\frac{E_3}{Z_3}}{\frac{1}{Z_1}+\frac{1}{Z_2}+\frac{1}{Z_3}} = \dfrac{Y_1E_1+Y_2E_2+Y_3E_3}{Y_1+Y_2+Y_3}$ 답 ④

69 어떤 회로의 단자전압이
$V = 100\sin\omega t + 40\sin2\omega t + 30\sin(3\omega t+60°)$[V]이고,
전압강하의 방향으로 흐르는 전류가
$I = 10\sin(\omega t-60°)+2\sin(3\omega t+105°)$[A]
일 때 회로에 공급되는 평균전력[W]은?

① 271.2 ② 371.2
③ 530.2 ④ 630.2

풀이 같은 주파수의 전압과 전류에서만 전력이 발생하므로
$P = V_1I_1\cos\theta_1 + V_3I_3\cos\theta_3$

$= \dfrac{100}{\sqrt{2}}\times\dfrac{10}{\sqrt{2}}\times\cos60°$
$+\dfrac{30}{\sqrt{2}}\times\dfrac{2}{\sqrt{2}}\times\cos(105°-60°)$

$= 271.2$[W]   답 ①

70 3상 평형회로에서 선간전압이 200[V]이고 각 상의 임피던스가 $24+j7[\Omega]$인 Y결선 3상 부하의 유효전력은 약 몇 [W]인가?

① 192　　② 512
③ 1536　　④ 4608

풀이 Y결선 시 상전압(V_p)은 선간전압(V_l)의 $\frac{1}{\sqrt{3}}$ 배이므로

상전류 $I_p = \frac{V_p}{Z_p} = \frac{\frac{V_l}{\sqrt{3}}}{Z_p} = \frac{\frac{200}{\sqrt{3}}}{\sqrt{24^2+7^2}} = \frac{200}{25\sqrt{3}}[A]$

$\therefore P = 3I_p^2 R = 3 \times \left(\frac{200}{25\sqrt{3}}\right)^2 \times 24 = 1536[W]$　　**답** ③

71 그림에서 절점 B의 전위[V]는?

① 130
② 110
③ 100
④ 90

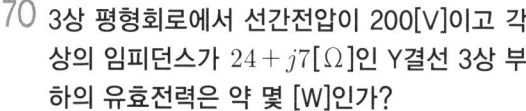

풀이 $I = \frac{V}{R} = \frac{110}{(20+25+10)} = 2[A]$

접지를 기준(0[V])으로 잡고,
각 저항에서의 전압강하를 구하면
- B점과 C점 사이의 전압강하
  $e_{BC} = IR_1 = 2 \times 20 = 40[V]$
- C점과 D점 사이의 전압강하
  $e_{CD} = 2 \times 25 = 50[V]$
- D점과 A점 사이의 전압강하
  $e_{DA} = (-2) \times 10 = -20[V]$

따라서 B점의 전위는
$e_{BD} = 40 + 50 = 90[V]$이다.　　**답** ④

72 $\frac{B(s)}{A(s)} = \frac{2}{2s+3}$의 전달함수를 미분방정식으로 표시하면?

① $2\frac{d}{dt}b(t) + 3b(t) = a(t)$

② $\frac{d}{dt}b(t) + b(t) = a(t)$

③ $2\frac{d}{dt}b(t) + 3b(t) = 2a(t)$

④ $3\frac{d}{dt}a(t) + (t) = 2b(t)$

풀이 $\frac{B(s)}{A(s)} = \frac{2}{2s+3} \to 2sB(s) + 3B(s) = 2A(s)$

$\therefore 2\frac{d}{dt}b(t) + 3b(t) = 2a(t)$　　**답** ③

73 대칭 6상 기전력의 선간 전압과 상기전력의 위상차는?

① 120°　　② 60°
③ 30°　　④ 15°

풀이 대칭 n 상인 경우 기전력의 위상차는
$\theta = \frac{\pi}{2}\left(1 - \frac{2}{n}\right) = \frac{180}{2}\left(1 - \frac{2}{6}\right) = 90 \times \frac{2}{3} = 60°$

답 ②

74 RL 직렬회로에 직류전압 $E[V]$를 어느 순간에 인가하였을 때 시정수의 5배의 시간에서는 정상 전류의 약 몇 [%]에 도달하는가?

① 93.3　　② 95.3
③ 97.3　　④ 99.3

풀이
- RL 직렬회로에 흐르는 전류
  $i = \frac{E}{R}(1 - e^{-\frac{R}{L}t}) = \frac{E}{R}(1 - e^{-\frac{t}{\tau}})$ 에서
  $t = 5\tau$ 이므로
  $i = \frac{E}{R}(1 - e^{-\frac{5\tau}{\tau}}) = \frac{E}{R}(1 - e^{-5}) = 0.993\frac{E}{R}$

- 정상 전류는 $I = \frac{E}{R}$ 이므로 시정수의 5배의 시간에서는 정상전류의 99.3[%]에 도달한다.　　**답** ④

75 그림과 같은 회로에서 $5[\Omega]$에 흐르는 전류 I는 몇 [A]인가?

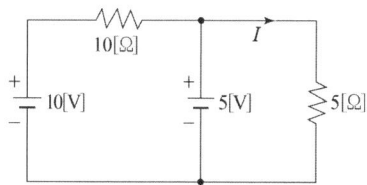

① $\frac{1}{2}$　　② $\frac{2}{3}$
③ 1　　④ $\frac{5}{3}$

풀이 ① 10[V] 전압원에 의해 흐르는 전류
(5[V] 전압원은 단락)

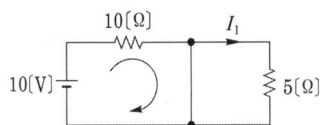

⇒ 5[Ω]으로는 전류 흐르지 않으므로 $I_1 = 0$

② 5[V] 전압원에 의해 흐르는 전류
(10[V] 전압원은 단락)

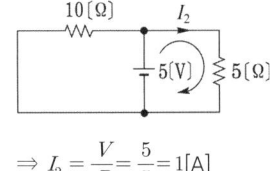

⇒ $I_2 = \dfrac{V}{R} = \dfrac{5}{5} = 1[A]$

따라서 5[Ω]에 흐르는 전류
$I = I_1 + I_2 = 0 + 1 = 1[A]$ 답 ③

76 2단자 회로망에 단상 100[V]의 전압을 가하면 30[A]의 전류가 흐르고 1.8[kW]의 전력이 소비된다. 이 회로망과 병렬로 커패시터를 접속하여 합성 역률을 100[%]로 하기 위한 용량성 리액턴스는 약 몇 [Ω]인가?

① 2.1 ② 4.2
③ 6.3 ④ 8.4

풀이
- 피상전력
  $P_a = V \cdot I = 100 \cdot 30 = 3000[VA] = 3[kVA]$
- 지상 무효전력
  $P_r = \sqrt{P_a^2 - P^2} = \sqrt{3^2 - 1.8^2} = 2.4[kVar]$
- 역률이 100[%]가 되기 위해서는
  진상의 무효전력인 2.4[kVA]의 콘덴서가 필요하다.
  콘덴서 용량 $Q_C = 2\pi f C V^2 = \dfrac{V^2}{X_C} = 2.4 \times 10^3[kVA]$
  따라서 용량성 리액턴스
  $X_C = \dfrac{V^2}{Q_C} = \dfrac{100^2}{2.4 \times 10^3} ≒ 4.2[Ω]$ 답 ②

77 어떤 회로에 흐르는 전류가
$i(t) = 7 + 14.1\sin\omega t[A]$인 경우
실효값은 약 몇 [A]인가?

① 11.2 ② 12.2
③ 13.2 ④ 14.2

풀이 비정현파의 실효값
$I = \sqrt{I_0^2 + I_1^2 + I_2^2 + \cdots + I_n^2}$ 에서
$I = \sqrt{7^2 + \left(\dfrac{14.1}{\sqrt{2}}\right)^2} = 12.2[A]$ 답 ②

78 T형 4단자 회로의 임피던스 파라미터 중 Z_{22}는?

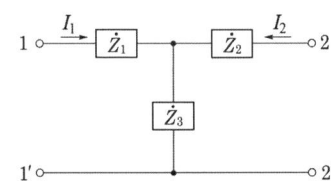

① $Z_1 + Z_2$ ② $Z_2 + Z_3$
③ $Z_1 + Z_3$ ④ $-Z_2$

풀이
$Z_{11} = \dfrac{V_1}{I_1}\Big|_{I_2=0} = Z_1 + Z_3$

$Z_{12} = \dfrac{V_1}{I_2}\Big|_{I_1=0} = Z_3$

$Z_{21} = \dfrac{V_2}{I_1}\Big|_{I_2=0} = Z_3$

$Z_{22} = \dfrac{V_2}{I_2}\Big|_{I_1=0} = Z_2 + Z_3$ 답 ②

79 그림과 같은 전압 파형의 실효값[V]은?

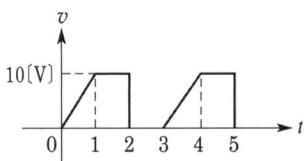

① 5.67 ② 6.67
③ 7.57 ④ 8.57

풀이 실효값
$V = \sqrt{\dfrac{1}{T}\int_0^T v^2 dt}$
$= \sqrt{\dfrac{1}{3}\left\{\int_0^1 (10t)^2 dt + \int_1^2 10^2 dt\right\}}$
$= \dfrac{20}{3} ≒ 6.67[A]$ 답 ②

80
3상 평형 부하가 있다. 선간전압이 200[V], 역률이 0.8이고, 소비전력이 10[kW]라면 선전류는 약 몇 [A]인가?

① 30 ② 32 ③ 34 ④ 36

풀이 소비전력 $P = \sqrt{3}\,VI\cos\theta$

$\therefore I = \dfrac{P_0}{\sqrt{3}\,V\cos\theta} = \dfrac{10 \times 10^3}{\sqrt{3} \times 200 \times 0.8} \fallingdotseq 36[A]$ **답** ④

5과목 - 전기설비기술기준

81
건조물과 전차선, 급전선 및 전기철도차량 집전장치의 공기절연 이격거리는 시스템 종류 및 공칭전압에 따라 정적 및 동적 최소 절연이격거리 이상을 확보하여야 한다. 다음 빈 칸에 들어갈 공칭전압은?

시스템 종류	공칭전압 (V)	동적(mm) 비오염	동적(mm) 오염	정적(mm) 비오염	정적(mm) 오염
직류	( )	25	25	25	25

① 750 ② 1,500
③ 3,000 ④ 25,000

풀이 431.2 전차선로의 충전부와 건조물 간의 절연이격

시스템 종류	공칭전압 (V)	동적(mm) 비오염	동적(mm) 오염	정적(mm) 비오염	정적(mm) 오염
직류	750	25	25	25	25
	1,500	100	110	150	160
단상교류	25,000	170	220	270	320

답 ①

82
열차 설계속도가 250 < V ≤ 300[km/h], 속도등급이 300킬로급인 경우, 전차선의 기울기는? 단, 구분장치 또는 분기 구간이 아닌 경우이다.

① 0 ② 1 ③ 2 ④ 3

풀이 431.7 전차선의 기울기
전차선의 기울기는 해당 구간의 열차 통과 속도에 따라 표를 따른다. 다만 구분장치 또는 분기 구간에서는 전차선에 기울기를 주지 않아야 한다. 또한, 궤도면상으로부터 전차선 높이는 같은 높이로 가선하는 것을 원칙으로 하되 터널, 과선교 등 특정 구간에서 높이 변화가 필요한 경우에는 가능한 한 작은 기울기로 이루어져야 한다.

설계속도 V (km/시간)	속도등급	기울기 (천분율)
300 < V ≤ 350	350킬로급	0
250 < V ≤ 300	300킬로급	0
200 < V ≤ 250	250킬로급	1
150 < V ≤ 200	200킬로급	2
120 < V ≤ 150	150킬로급	3
70 < V ≤ 120	120킬로급	4
V ≤ 70	70킬로급	10

답 ①

83
풍력터빈에 설비의 손상을 방지하기 위하여 시설하는 운전상태를 계측하는 계측장치로 틀린 것은?

① 조도계 ② 압력계
③ 온도계 ④ 풍속계

풀이 532.3.7 계측장치의 시설
풍력터빈에는 설비의 손상을 방지하기 위하여 운전 상태를 계측하는 다음의 계측장치를 시설하여야 한다.
1. 회전속도계
2. 나셀(nacelle) 내의 진동을 감시하기 위한 진동계
3. 풍속계 4. 압력계 5. 온도계 **답** ①

84
터널 내에 교류 220[V]의 애자공사로 전선을 시설할 경우 노면으로부터 몇 [m] 이상의 높이로 유지해야 하는가?

① 2 ② 2.5
③ 3 ④ 4

풀이 335.1 터널 안 전선로의 시설
철도·궤도 또는 자동차도 전용터널 안의 전선로

전압	전선의 굵기	시공방법	애자사용 공사 시 높이
저압	인장강도 2.30[kN] 이상 또는 2.6[mm] 이상의 경동선의 절연전선	• 합성수지관공사 • 금속관공사 • 금속제가요전선관 공사 • 케이블공사 • 애자공사	노면상, 레일면상 2.5[m] 이상

전압	전선의 굵기	시공방법	애자사용 공사 시 높이
고압	인장강도 5.26[kN] 이상 또는 4[mm] 이상의 경동선	• 케이블공사 • 애자공사	노면상, 레일면상 3[m] 이상
특고압		• 케이블공사	

답 ②

85 특고압가공전선로의 지지물 중 전선로의 지지물 양쪽의 경간의 차가 큰 곳에 사용하는 철탑은?

① 내장형 철탑 ② 인류형 철탑
③ 보강형 철탑 ④ 각도형 철탑

풀이 333.11 특고압 가공전선로의 철주 · 철근 콘크리트주 또는 철탑의 종류
특고압 가공전선로의 지지물로 사용하는 B종 철근 · B종 콘크리트주 또는 철탑의 종류는 다음과 같다.
가. 직선형 : 전선로의 직선 부분(3° 이하의 수평 각도 이루는 곳 포함)에 사용되는 것
나. 각도형 : 전선로 중 수평 각도 3°를 넘는 곳에 사용되는 것
다. 인류형 : 전 가섭선을 인류하는 곳에 사용하는 것
라. **내장형** : 전선로 지지물 **양측의 경간차가 큰 곳에 사용하는 것**
마. 보강형 : 전선로 직선 부분을 보강하기 위하여 사용하는 것

답 ①

86 전로를 대지로부터 절연을 하여야 하는 것은 다음 중 어느 것인가?

① 전기로   ② 전기욕기
③ 전기다리미 ④ 전해조

풀이 131 전로의 절연 원칙
다음과 같이 절연할 수 없는 부분
① 시험용 변압기, 전력선 반송용 결합 리액터, 전기울타리용 전원장치, 엑스선발생장치, 전기부식방지용 양극, 단선식 전기 철도의 귀선 등 전로의 일부를 대지로부터 절연하지 아니하고 전기를 사용하는 것이 부득이한 것.
② **전기욕기 · 전기로 · 전기보일러 · 전해조** 등 대지로부터 절연하는 것이 기술상 곤란한 것.

답 ③

87 전력계통의 일부가 전력계통의 전원과 전기적으로 분리된 상태에서 분산형전원에 의해서만 운전되는 상태를 무엇이라 하는가?

① 전부하 운전 ② 병렬운전
③ 단독운전   ④ 무부하 운전

풀이 112 용어정의
"**단독운전**"이란 전력계통의 일부가 전력계통의 전원과 전기적으로 분리된 상태에서 분산형전원에 의해서만 운전되는 상태를 말한다.

답 ③

88 전기 울타리의 시설에 관한 설명으로 틀린 것은?

① 전원장치에 전기를 공급하는 전로의 사용전압은 600[V] 이하이어야 한다.
② 사람이 쉽게 출입하지 아니하는 곳에 시설한다.
③ 전선은 지름 2[mm] 이상의 경동선을 사용한다.
④ 수목 사이의 이격거리는 30[cm] 이상이어야 한다.

풀이 241.1 전기울타리
가. 전기울타리용 전원장치에 전원을 공급하는 전로의 **사용전압은 250[V] 이하**이어야 한다.
나. 전기울타리는 사람이 쉽게 출입하지 아니하는 곳에 시설할 것.
다. 전선은 인장강도 1.38[kN] 이상의 것 또는 지름 2[mm] 이상의 경동선일 것.
라. 전선과 이를 지지하는 기둥 사이의 이격거리는 25[mm] 이상일 것.
마. 전선과 다른 시설물(가공 전선을 제외한다) 또는 수목과의 이격거리는 0.3[m] 이상일 것.

답 ①

89 지중 공가설비로 사용하는 광섬유 케이블 및 동축케이블은 지름 몇 [mm] 이하여야 하는가?

① 14   ② 22
③ 30   ④ 38

풀이 363.1 지중통신선로설비 시설
지중 공가설비로 사용하는 광섬유 케이블 및 동축케이블은 **지름 22[mm] 이하**일 것

답 ②

90 고압 가공전선으로 ACSR(강심알루미늄연선)을 사용할 때의 안전율은 얼마 이상이 되는 이도(弛度)로 시설하여야 하는가?

① 1.38 ② 2.1
③ 2.5 ④ 4.01

풀이 332.4 고압 가공전선의 안전율
222.6 저압 가공전선의 안전율
가공전선이 케이블 이외인 경우 안전율이 다음 이상이 되는 이도로 시설하여야 한다.
가. 경동선 또는 내열 동합금선 : 2.2 이상
나. 그 밖의 전선 : 2.5 **답** ③

91 특고압을 옥내에 시설하는 경우 그 사용전압의 최대한도는 몇 [kV] 이하인가? (단, 케이블 트레이공사는 제외)

① 25 ② 80 ③ 100 ④ 160

풀이 342.4 특고압 옥내 전기설비의 시설
특고압 옥내배선의 사용전압은 100[kV] 이하일 것. 다만, 케이블트레이공사에 의하여 시설하는 경우에는 35[kV] 이하일 것. **답** ③

92 사용전압 22900[V]의 가공전선이 철도를 횡단하는 경우 전선의 궤조면상 높이는 몇 [m] 이상이어야 하는가?

① 5 ② 5.5 ③ 6 ④ 6.5

풀이 333.7 특고압 가공전선의 높이

전압의 범위	일반 장소	도로 횡단	철도 또는 궤도횡단	횡단보도교
35[kV] 이하	5[m]	6[m]	6.5[m]	4[m](특고압 절연전선 또는 케이블 사용)
35[kV] 초과 160[kV] 이하	6[m]	6[m]	6.5[m]	5[m](케이블 사용)
	산지 등에서 사람이 쉽게 들어갈 수 없는 장소 : 5[m] 이상			
160[kV] 초과	일반장소	가공전선의 높이 = 6 + 단수 × 0.12[m]		
	철도 또는 궤도횡단	가공전선의 높이 = 6.5 + 단수 × 0.12[m]		
	산지	가공전선의 높이 = 5 + 단수 × 0.12[m]		

※ 단수 = $\frac{전압[kV]-160}{10}$ … 단수 계산에서 소수점 이하는 절상 **답** ④

93 내부고장이 발생하는 경우를 대비하여 자동차단장치 또는 경보장치를 시설하여야 하는 특고압용 변압기의 뱅크용량의 구분으로 알맞은 것은?

① 5000[kVA] 미만
② 5000[kVA] 이상 10000[kVA] 미만
③ 10000[kVA] 이상
④ 타냉식 변압기

풀이 351.4 특고압용 변압기의 보호장치
특고압용의 변압기에는 그 내부에 고장이 생겼을 경우에 보호하는 장치를 표와 같이 시설하여야 한다.

뱅크 용량의 구분	동작조건	장치의 종류
5,000[kVA] 이상 10,000[kVA] 미만	변압기 내부고장	자동 차단 장치 또는 경보장치
10,000[kVA] 이상	변압기 내부고장	자동 차단 장치
타냉식 변압기(변압기의 권선 및 철심을 직접 냉각시키기 위하여 봉입한 냉매를 강제 순환시키는 냉각 방식을 말한다.)	냉각장치에 고장이 생긴 경우 또는 변압기의 온도가 현저히 상승한 경우	경보장치

답 ②

94 전가섭선에 관하여 각 가섭선의 상정 최대장력의 33[%]와 같은 불평균 장력의 수평종분력에 의한 하중을 더 고려하여야 할 철탑의 유형은?

① 직선형 ② 각도형
③ 내장형 ④ 인류형

풀이 333.13 상시 상정하중
인류형·내장형 또는 보강형·직선형·각도형의 철주·철근 콘크리트주 또는 철탑의 경우에는 다음에 따라 가섭선 불평균 장력에 의한 수평 종하중을 가산한다.
가. 인류형의 경우에는 전가섭선에 관하여 각 가섭선의 상정 최대 장력과 같은 불평균 장력의 수평 종하중에 의한 하중
나. **내장형·보강형**의 경우에는 전가섭선에 관하여 각 가섭선의 **상정 최대장력의 33[%]와 같은 불평균 장력의 수평 종하중에 의한 하중**
다. 직선형의 경우에는 전가섭선에 관하여 각 가섭선의 상정 최대 장력의 3[%] 와 같은 불평균 장력의 수평 종하중에 의한 하중.(단 내장형은 제외한다)
라. 각도형의 경우에는 전가섭선에 관하여 각 가섭선의 상정 최대 장력의 10[%]와 같은 불평균 장력의 수평 종하중에 의한 하중 **답** ③

95 금속관공사에 의한 저압 옥내배선 시설에 대한 설명으로 틀린 것은?

① 관의 끝부분 및 안쪽 면은 전선의 피복을 손상하지 아니하도록 매끈하여야 한다.
② 옥외용 비닐절연전선을 사용했다.
③ 저압 옥내배선의 금속관 안에는 전선에 접속점이 없도록 하였다.
④ 콘크리트에 매설하는 금속관의 두께는 1.2[mm]를 사용하였다.

풀이 232.12 금속관공사
가. 전선은 절연전선(옥외용 비닐절연전선을 제외한다)일 것.
나. 전선은 연선일 것. 다만, 다음의 것은 적용하지 않는다.
① 짧고 가는 금속관에 넣은 것.
② 단면적 10[mm²](알루미늄선은 단면적 16[mm²]) 이하의 것.
다. 관의 두께는 다음에 의할 것.
① 콘크리트에 매설하는 것은 1.2[mm] 이상
② 콘크리트 매설 이외의 것은 1[mm] 이상
라. 관에는 접지공사를 할 것. **답** ②

96 빙설이 적고 인가가 밀집된 도시에 시설하는 고압가공전선로의 지지물 설계에 사용하는 풍압하중은?

① 갑종 풍압하중
② 을종 풍압하중
③ 병종 풍압하중
④ 갑종 풍압하중과 을종 풍압하중을 각 설비에 따라 혼용

풀이 331.6 풍압하중의 종별과 적용
인가가 많이 연접되어 있는 장소에 시설하는 가공전선로의 구성재 중 다음의 풍압하중에 대하여는 규정에 불구하고 갑종 풍압하중 또는 을종 풍압하중 대신에 **병종 풍압하중을 적용**할 수 있다.
가. 저압 또는 고압 가공전선로의 지지물 또는 가섭선
나. 사용전압이 35 [kV] 이하의 전선에 특고압 절연전선 또는 케이블을 사용하는 특고압 가공전선로의 지지물, 가섭선 및 특고압 가공전선을 지지하는 애자장치 및 완금류 **답** ③

97 정격전류가 63[A] 이하인 경우 산업용 배선차단기의 동작 전류는 정격전류의 몇 배인가?

① 1.05   ② 1.13
③ 1.3   ④ 1.45

풀이 212.3.4 보호장치의 특성

과전류트립 동작시간 및 특성(산업용 배선차단기)

정격전류의 구분	시간	정격전류의 배수 (모든 극에 통전)	
		부동작 전류	동작 전류
63[A] 이하	60분	1.05배	1.3배
63[A] 초과	120분	1.05배	1.3배

답 ③

98 금속관공사에서 절연 부싱을 사용하는 가장 주된 목적은?

① 관의 끝이 터지는 것을 방지
② 관의 단구에서 조영재의 접촉 방지
③ 관내 해충 및 이물질 출입 방지
④ 관의 단구에서 전선 피복의 손상 방지

풀이 232.12 금속관공사
관의 끝 부분에는 **전선의 피복을 손상하지 아니하도록** 적당한 구조의 부싱을 사용할 것. 다만, 금속관공사로부터 애자공사로 옮기는 경우에는 그 부분의 **관의 끝부분에는 절연부싱 또는 이와 유사한 것을 사용**하여야 한다. **답** ④

99 다음 (   )의 ㉠, ㉡에 들어갈 내용으로 옳은 것은?

"전기철도용 급전선"이란 전기철도용 (㉠)로부터 다른 전기철도용 (㉠) 또는 (㉡)에 이르는 전선을 말한다.

① ㉠ 급전소   ㉡ 개폐소
② ㉠ 궤전선   ㉡ 변전소
③ ㉠ 변전소   ㉡ 전차선
④ ㉠ 전차선   ㉡ 급전소

풀이 112 용어 정의
"전기철도용 급전선"이란 전기철도용 변전소로부터 다른 전기철도용 변전소 또는 전차선에 이르는 전선을 말한다 **답** ③

100 22.9[kV] 특고압가공전선로를 시가지에 설치할 때, 전선의 인장강도 21.67[kN] 이상의 연선 또는 단면적 최소 몇 [mm²] 이상의 경동 연선 또는 이와 동등 이상의 세기 및 굵기의 연선을 사용해야 하는가?

① 30　　② 38
③ 50　　④ 55

풀이 333.1 시가지 등에서 특고압 가공전선로의 시설
사용전압이 170[kV] 이하인 전선로에서의 전선의 굵기

사용전압의 구분	전선의 단면적
100[kV] 미만	인장강도 21.67[kN] 이상의 연선 또는 **단면적 55[mm²] 이상의 경동연선**
100[kV] 이상	인장강도 58.84[kN] 이상의 연선 또는 단면적 150[mm²] 이상의 경동연선

답 ④

완벽대비 2024년 2회 전기산업기사필기(CBT 복원문제)

동일출판사 홈페이지에서 무료 동영상강의를 보실 수 있습니다.

1과목 - 전기자기

01 전자석에 사용하는 연철(soft iron)은 다음 어느 성질을 갖는가?
① 잔류자기, 보자력이 모두 크다.
② 보자력이 크고 잔류자기가 작다.
③ 보자력이 크고 히스테리시스 곡선의 면적이 작다.
④ 보자력과 히스테리시스 곡선의 면적이 모두 작다.

풀이 히스테리시스 곡선
영구자석의 재료는 잔류 자기(B_r)와 보자력(H_c)이 모두 커야 하나, **전자석(일시 자석)의 재료는 잔류 자기(B_r)가 크고 보자력(H_c)과 히스테리시스 곡선의 면적이 모두 작아야 한다.**

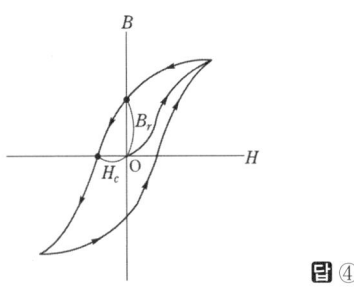

답 ④

02 그림과 같이 Ox, Oy, Oz를 직각 좌표축이라 하고, 무한장 직선 도선 l이 z축상에 있으며, 이것에 z의 +방향으로 전류 i_1이 흐르고 있다. 그리고 $y-z$ 면상에 직사각형 도선 ABCD가 있고 이것에 ABCD 방향으로 전류 i_2가 흐르고 있을 때 z의 +방향으로 힘이 발생하는 변은?
① AB
② BC
③ CD
④ DA

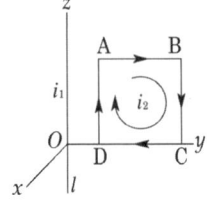

풀이 도선 ABCD 부분에 무한 직선 전류 i_1에 의한 자계의 방향은 암페어의 오른나사 법칙에 의해 지면을 뚫고 들어가는 방향(B)이 된다. 이때 도선 AB, BC, CD, DA의 전류 도체(I_2)가 놓여있는 관계로부터 각 도선에 작용하는 힘(전자력)의 방향(F)은 플레밍의 왼손 법칙을 적용하면

도선 AB : $+z$ 방향, 도선 BC : $+y$ 방향,
도선 CD : $-z$ 방향, 도선 DA : $-y$ 방향

이 된다. 따라서 z의 +방향으로 힘을 받는 도선은 도선 AB가 된다.

별해 평행 도선 간에 작용하는 힘(전자력)

$$\begin{cases} 전류\ 같은\ 방향\ :\ 흡인력 \\ 전류\ 반대\ 방향\ :\ 반발력 \end{cases}$$

마주보는 도선 AB와 CD, BC와 DA는 각각 전류가 반대 방향으로 흐르는 평행도선으로 볼 수 있으므로 전자력의 방향은 서로 반발력이 작용한다. 즉 전자력에 의한 각 도선에 작용하는 힘의 방향은 각각

도선 AB : $+z$ 방향, 도선 BC : $+y$ 방향,
도선 CD : $-z$ 방향, 도선 DA : $-y$ 방향
(그림과 같이 직사각형 도선의 외부로 향하는 방향이 됨)

따라서 $+z$방향의 도선은 AB가 된다.
(전류도체 i_1을 고려하지 않아도 됨)

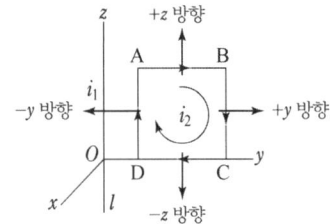

답 ①

03 평행판 콘덴서에서 전극 간에 V[V]의 전위차를 가할 때 전계의 세기가 공기의 절연내력 E [V/m]를 넘지 않도록 하기 위한 콘덴서의 단위 면적당의 최대용량은 몇 [F/m²]인가?
① $\dfrac{\epsilon_0 V}{E}$
② $\dfrac{\epsilon_0 E}{V}$
③ $\dfrac{\epsilon_0 V^2}{E}$
④ $\dfrac{\epsilon_0 E^2}{V}$

풀이 전위 $V = Ed$[V]이고 정전용량 $C = \dfrac{\epsilon_0 S}{d}$[F]이므로, 단위 면적당 정전용량 C_o는

$$\therefore C_o = \dfrac{C}{S} = \dfrac{\epsilon_0}{d} = \dfrac{\epsilon_0}{\dfrac{V}{E}} = \dfrac{\epsilon_0 E}{V} \text{ [F/m}^2\text{]}$$

답 ②

04 두 개의 똑같은 작은 도체구를 접촉하여 대전시킨 후 1[m] 거리에 떼어 놓았더니 작은 도체구는 서로 9×10^{-3}[N]의 힘으로 반발했다. 각 전하는 몇 [C]인가?

① 10^{-8} ② 10^{-6}
③ 10^{-4} ④ 10^{-2}

풀이 쿨롱의 법칙 $F = 9 \times 10^9 \dfrac{Q_1 Q_2}{r^2}$[N]에서 두 개의 같은 점전하가 1[m] 떨어져 있고, 힘이 9×10^{-3}[N]이므로

$$F = 9 \times 10^9 \dfrac{Q^2}{1^2} = 9 \times 10^{-3} \text{[N]}$$

$$\therefore Q = \sqrt{\dfrac{9 \times 10^{-3}}{9 \times 10^9}} = 10^{-6} \text{[C]}$$

답 ②

05 전속밀도의 시간적 변화율을 무엇이라 하는가?

① 전계의 세기   ② 변위전류밀도
③ 에너지밀도   ④ 유전율

풀이 변위전류 i_d : 전속밀도의 시간적 변화에 의한 것으로 다음과 같이 나타낸다.

변위전류밀도 $i_d = \dfrac{\partial D}{\partial t}$[A/m]

답 ②

06 다른 종류의 금속선으로 된 폐회로의 두 접합점의 온도를 달리하였을 때 전기가 발생하는 효과는?

① 제벡 효과   ② 펠티에 효과
③ 톰슨 효과   ④ 파이로 효과

풀이 ① 제벡 효과 : 두 종류 금속 접속면에 온도차가 있으면 기전력이 발생하는 효과
② 펠티에 효과 : 두 종류 금속 접속면에 전류를 흘리면 접속점에서 열의 흡수, 발생이 일어나는 효과
③ 톰슨 효과 : 동일한 금속 도선의 두 지점에 온도차를 주고, 고온 쪽에서 저온 쪽으로 전류를 흘리면 도선 속에서 열이 발생되거나 흡수가 일어나는 현상

④ 파이로 전기(초전기) : 로셸염, 수정 등에 열을 가하거나 냉각을 하면 전기 분극이 발생

답 ①

07 평행판 콘덴서의 양극판 면적을 3배로 하고 간격을 $\dfrac{1}{3}$로 줄이면 정전용량은 처음의 몇 배가 되는가?

① 1   ② 3
③ 6   ④ 9

풀이 면적 S_1, 간격 d_1인 평행판 콘덴서의 정전용량을 C_1이라 하면 $C_1 = \dfrac{\epsilon_0}{d_1} S_1$

문제에서 $d = \dfrac{1}{3} d_1$, $S = 3 S_1$ 이므로 구하는 용량은

$$\therefore C = \dfrac{\epsilon_0}{\dfrac{1}{3} d_1} \cdot 3 S_1 = 9 \dfrac{\epsilon_0}{d_1} S_1 = 9 C_1$$

답 ④

08 전계 및 자계가 z방향의 성분을 갖지 않고 동일한 전계와 자계를 합한 면이 z축에 수직이 되는 파를 무엇이라 하는가?

① 직선파   ② 전자파
③ 굴절파   ④ 평면파

풀이 평면파는 진행파의 진행 방향에 대하여 수직인 무한 평면 내에서 진행파의 크기, 위상이 같은 파를 의미한다.

답 ④

09 단면적 S, 평균 반지름 r, 권선수 N인 토로이드 코일에 누설 자속이 없는 경우 자기 인덕턴스의 크기는?

① 권선수의 제곱에 비례하고 단면적에 반비례한다.
② 권선수 및 단면적에 비례한다.
③ 권선수의 제곱 및 단면적에 비례한다.
④ 권선수의 제곱 및 평균 반지름에 비례한다.

풀이 자기 인덕턴스 $L = \dfrac{\mu S N^2}{l}$

여기서, N : 권선수
S : 단면적[m²]
l : 평균자로의 길이
μ : 투자율)

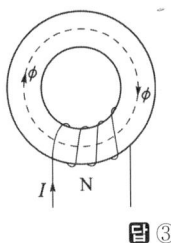

답 ③

10 두 종류의 유전체 경계면에서 전속과 전기력선이 경계면에 수직으로 도달할 때 다음 중 옳지 않은 것은?

① 전속과 전기력선은 굴절하지 않는다.
② 전속밀도는 변하지 않는다.
③ 전계의 세기는 불연속적으로 변한다.
④ 전속선은 유전율이 작은 유전체 중으로 모이려는 성질이 있다.

풀이 유전율이 서로 다른 두 종류의 경계면에 전속과 전기력선이 수직($\theta_1 = 0°$)으로 도달할 때
① $\theta_1 = \theta_2 = 0°$이므로 $D_1 \cos\theta_1 = D_2 \cos\theta_2$에서 $\cos 0° = 1$이므로 $D_1 = D_2$, 즉 전속밀도는 불변(연속)이다.
② $E_1 \sin\theta_1 = E_2 \sin\theta_2$에서 입사각 $\theta_1 = 0°$이므로 $0 = E_2 \sin\theta_2$에서 $E_2 \neq 0$가 아닌 경우 $\sin\theta_2 = 0$가 되어야 하므로 $\theta_2 = 0$ 즉, 굴절하지 않는다.
③ $D_1 = \epsilon_1 E_1$, $D_2 = \epsilon_2 E_2$이므로 $D_1 = D_2$인 경우 $\epsilon_1 E_1 = \epsilon_2 E_2$가 성립하는데 $\epsilon_1 \neq \epsilon_2$인 경우 $E_1 \neq E_2$이다. 즉, 전계의 세기는 크기가 같지 않다(불연속이다).
④ 전기력선은 유전율이 작은 쪽으로 모이고, **전속선은 유전율이 큰 유전체 쪽으로 모이려는 성질이 있다.**

답 ④

11 자기회로의 자기저항에 대한 설명으로 옳지 않은 것은?

① 자기회로의 단면적에 반비례한다.
② 자기회로의 길이에 반비례한다.
③ 자성체의 비투자율에 반비례한다.
④ 단위는 [AT/Wb]이다.

풀이 자기 저항 $R = \dfrac{l}{\mu_0 \mu_s S}$ [AT/Wb]이므로 $R \propto l$이다.
즉 자기 저항은 길이에 비례한다.

답 ②

12 같은 양, 같은 부호의 전하가 어느 거리만큼 떨어져 있을 때, 전하 사이의 중점에 있어서의 전계[V/m]의 세기는?

① 0
② ∞
③ 9×10^9
④ $\dfrac{1}{9 \times 10^9}$

풀이
$Q_A \bullet \xleftarrow{E_B} \quad \xrightarrow{E_A} \bullet Q_B$
　　　　　　P

전계의 세기 $E = \dfrac{1}{4\pi\epsilon_0} \dfrac{Q}{r^2}$ [V/m]에서 전하 Q의 크기가 같고 같은 부호이므로 전계의 크기는 같고 방향이 반대가 되므로 두 전하의 중점에 있어서의 전계의 세기는 0이 된다.

답 ①

13 전류가 흐르는 도선을 자계 내에 놓으면 이 도선에 힘이 작용한다. 평등자계의 진공 중에 놓여 있는 직선전류 도선이 받는 힘에 대한 설명으로 옳은 것은?

① 도선의 길이에 비례한다.
② 전류의 세기에 반비례한다.
③ 자계의 세기에 반비례한다.
④ 전류와 자계 사이의 각에 대한 정현(sine)에 반비례한다.

풀이 플레밍의 왼손 법칙
자속밀도가 B[Wb/m²]인 자계 중에 길이 l의 도체를 놓고 I[A]의 전류를 흘릴 경우 자계 내에서 도체가 받는 힘의 크기 $F = BIl\sin\theta$[N]이다. 따라서 힘은 도선의 길이에 비례한다.

답 ①

14 유전율 ϵ, 투자율 μ인 매질 중을 주파수 f[Hz]의 전자파가 전파되어 나갈 때의 파장은 몇 [m]인가?

① $f\sqrt{\epsilon\mu}$
② $\dfrac{1}{f\sqrt{\epsilon\mu}}$
③ $\dfrac{f}{\sqrt{\epsilon\mu}}$
④ $\dfrac{\sqrt{\epsilon\mu}}{f}$

풀이 전파속도 $v = \dfrac{1}{\sqrt{\epsilon\mu}} = \dfrac{3 \times 10^8}{\sqrt{\epsilon_r \mu_r}}$ [m/s] 이므로

파장 $\lambda = \dfrac{v}{f} = \dfrac{\frac{1}{\sqrt{\epsilon\mu}}}{f} = \dfrac{1}{f\sqrt{\epsilon\mu}}$ [m]

답 ②

15
정전용량 5[μF]인 콘덴서를 200[V]로 충전하여 자기인덕턴스 20[mH], 저항 0[Ω]인 코일을 통해 방전할 때 생기는 전기진동 주파수는 약 몇 [Hz]이며, 코일에 축적되는 에너지는 몇 [J]인가?

① 50[Hz], 1[J] ② 500[Hz], 0.1[J]
③ 500[Hz], 1[J] ④ 5000[Hz], 0.1[J]

풀이
- 진동 주파수
$$f = \frac{1}{2\pi\sqrt{LC}} = \frac{1}{2\pi \times \sqrt{20 \times 10^{-3} \times 5 \times 10^{-6}}}$$
$$= 503 ≒ 500[\text{Hz}]$$
- 코일에 축적되는 에너지
$$W = \frac{1}{2}CV^2 = \frac{1}{2} \times 5 \times 10^{-6} \times 200^2 = 0.1[\text{J}]$$ **답 ②**

16
무한히 넓은 2개의 평행 도체판의 간격이 d[m]이며 그 전위차는 V[V]이다. 도체판의 단위면적에 작용하는 힘은 몇 [N/m²]인가? (단, 유전율은 ϵ_0이다.)

① $\epsilon_0\left(\dfrac{V}{d}\right)^2$ ② $\dfrac{1}{2}\epsilon_0\left(\dfrac{V}{d}\right)^2$
③ $\dfrac{1}{2}\epsilon_0\left(\dfrac{V}{d}\right)$ ④ $\epsilon_0\left(\dfrac{V}{d}\right)$

풀이 도체 표면의 정전 응력(단위 면적당의 작용력)
$$F = \frac{1}{2}\epsilon_0 E^2 = \frac{1}{2}\epsilon_0\left(\frac{V}{d}\right)^2 [\text{N/m}^2]$$ **답 ②**

17
그림과 같이 균일한 자계의 세기 H[AT/m] 내에 자극의 세기가 $\pm m$[Wb], 길이 l[m]인 막대자석을 그 중심 주위에 회전할 수 있도록 놓는다. 이때 자석과 자계의 방향이 이룬 각을 θ라고 하면 자석이 받는 회전력[N·m]은?

① $mHl\cos\theta$
② $mHl\sin\theta$
③ $2mHl\sin\theta$
④ $2mHl\tan\theta$

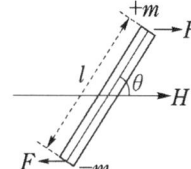

풀이

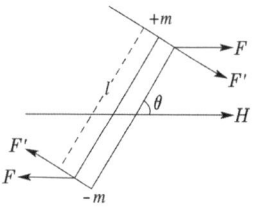

그림에서 자석의 축 방향에 직각인 수직 방향의 분력 F'는
$F' = F\sin\theta = mH\sin\theta$
$\therefore T = 2F'\dfrac{l}{2} = mHl\sin\theta = MH\sin\theta[\text{N·m}]$ **답 ②**

18
맥스웰 전자계의 기초 방정식으로 틀린 것은?

① $\text{rot}\,\boldsymbol{H} = \boldsymbol{i} + \dfrac{\partial \boldsymbol{D}}{\partial t}$
② $\text{rot}\,\boldsymbol{E} = -\dfrac{\partial \boldsymbol{B}}{\partial t}$
③ $\text{div}\,\boldsymbol{D} = \rho$
④ $\text{div}\,\boldsymbol{B} = -\dfrac{\partial \boldsymbol{D}}{\partial t}$

풀이 맥스웰 방정식의 미분형
① $\text{rot}\,\boldsymbol{E} = -\dfrac{\partial \boldsymbol{B}}{\partial t}$: Faraday 법칙
② $\text{rot}\,\boldsymbol{H} = \boldsymbol{i} + \dfrac{\partial \boldsymbol{D}}{\partial t}$: 암페어의 주회적분 법칙
③ $\text{div}\,\boldsymbol{D} = \rho$: 가우스의 법칙
④ $\text{div}\,\boldsymbol{B} = 0$: 고립된 자하는 없다. **답 ④**

19
히스테리시스손은 주파수 및 최대자속밀도와 어떤 관계에 있는가?

① 주파수와 최대자속밀도에 비례한다.
② 주파수에 비례하고 최대자속밀도의 1.6승에 비례한다.
③ 주파수와 최대자속밀도에 반비례한다.
④ 주파수에 반비례하고 최대자속밀도의 1.6승에 비례한다.

풀이 단위 체적 당 히스테리시스손은 스타인메쯔의 실험식에 따라서 $P_h = \eta f B_m^{1.6}[\text{J/m}^3]$ 이다.
즉, 히스테리시스손은 **주파수에 비례**하고 **최대자속밀도의 1.6승에 비례**한다. **답 ②**

20 균등자장 H_0 중에 비투자율 μ_s, 반지름 a의 자성체구를 놓았을 때 자화의 세기가 M이었다면 자성체 구의 내부자계의 세기는?

① $-\dfrac{M}{2}$ ② $-\dfrac{M}{3}$
③ $\dfrac{M}{2}$ ④ $\dfrac{M}{3}$

풀이 z축의 방향으로 균일하게 자화된 $M = Mk$인 자성체 구를 생각하면 구 내부의 스칼라 자기 포텐셜 ϕ는 Laplace의 경계조건을 만족한다. 따라서 M은 r 및 θ의 함수이므로

$\phi = \dfrac{1}{3}Mr\cos\theta = \dfrac{1}{3}Mz$

$\therefore \boldsymbol{H} = -\operatorname{grad}\phi = -\nabla\phi$

$= -\left(\dfrac{\partial}{\partial x}i + \dfrac{\partial}{\partial y}j + \dfrac{\partial}{\partial z}k\right)\left(\dfrac{1}{3}Mz\right)$

$= -\dfrac{1}{3}Mk$

$\therefore H = -\dfrac{M}{3}$

따라서 자계 H는 자화의 세기와 반대방향($-k$)이다. **답** ②

2과목 - 전력공학

21 다음 ( )에 알맞은 내용으로 옳은 것은? (단, 공급 전력과 선로 손실률은 동일하다.)

> 선로의 전압을 2배로 승압할 경우, 공급전력은 승압 전의 (㉮)로 되고, 선로 손실은 승압 전의 (㉯)로 된다.

① ㉮ $\dfrac{1}{4}$, ㉯ 2배 ② ㉮ $\dfrac{1}{4}$, ㉯ 4배
③ ㉮ 2배, ㉯ $\dfrac{1}{4}$ ④ ㉮ 4배, ㉯ $\dfrac{1}{4}$

풀이 전력 손실률 $h = \dfrac{P_l}{P} = \dfrac{RP}{V^2\cos^2\theta}$에서

㉮ 공급 전력 $P = \dfrac{hV^2\cos^2\theta}{R} \propto V^2 = 2^2 = 4$배

㉯ 선로 손실 $P_l = \dfrac{RP^2}{V^2\cos^2\theta} \propto \dfrac{1}{V^2} = \dfrac{1}{2^2} = \dfrac{1}{4}$배

답 ④

---

22 송전선로에서 4단자 정수 A, B, C, D 사이의 관계는?

① $BC - AD = 1$ ② $AC - BD = 1$
③ $AB - CD = 1$ ④ $AD - BC = 1$

풀이 $\begin{vmatrix} A & B \\ C & D \end{vmatrix} = AD - BC = 1$ **답** ④

---

23 3상 3선식 송전선에서 한 선의 저항이 10[Ω], 리액턴스가 20[Ω]이며, 수전단의 선간전압이 60[kV], 부하역률이 0.8인 경우에 전압강하율이 10[%]라 하면 이 송전선로로는 약 몇 [kW]까지 수전할 수 있는가?

① 10000   ② 12000
③ 14400   ④ 18000

풀이 전압강하율

$\epsilon = \dfrac{P}{V^2}(R + X\tan\theta) \times 100 = \dfrac{P}{V^2}\left(R + X\dfrac{\sin\theta}{\cos\theta}\right) \times 100$

$= 10[\%]$

$\dfrac{P}{60000^2}\left(10 + 20 \times \dfrac{0.6}{0.8}\right) \times 100 = 10$

$\therefore P = \dfrac{0.1 \times 60000^2}{\left(10 + 20 \times \dfrac{0.6}{0.8}\right)} \times 10^{-3} = 14400[\text{kW}]$ **답** ③

---

24 그림과 같은 수전단 전력원선도가 있다. 부하직선을 참고하여 전압조정을 위한 조상설비가 없어도 정전압 운전이 가능한 부하전력은 대략 어느 정도일 때인가?

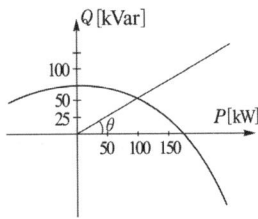

① 무부하일 때   ② 50[kW]일 때
③ 100[kW]일 때   ④ 150[kW]일 때

풀이 정전압 송전방식에서는 원의 반지름 $\rho = \dfrac{V_S V_R}{b}$이 일정하므로 송·수전전력은 언제나 원선도의 원주상에

존재하여야 한다. 따라서 **유효전력 100[kW]**, **무효전력 50[kVar]** 정도일 때, 조상설비가 없어도 **정전압 운전이 가능하다.** 답 ③

25 조상설비(調相設備)와 거리가 먼 것은?
① 분로리액터 ② 상순(相順)표시기
③ 전력용콘덴서 ④ 동기조상기

풀이 조상설비는 무효전력을 공급하는 설비로서 동기조상기, 전력용 콘덴서 및 리액터가 있다.
- 동기 조상기 : 지상 및 진상 무효전력 공급
- 전력용 콘덴서 : 진상 무효전력 공급
- 분로 리액터 : 지상 무효전력 공급

그러나, 상순 표시기는 공급 전원의 상순을 표시하는 계측기로서 조상설비가 아니다. 답 ②

26 3상 1회선 전선로의 작용 정전용량을 C, 선간 정전용량을 C_1, 대지 정전용량을 C_2라 할 때 C, C_1, C_2의 관계는?
① $C = C_1 + 3C_2$ ② $C = 3C_1 + C_2$
③ $C = C_1 + C_2$ ④ $C = 3(C_1 + C_2)$

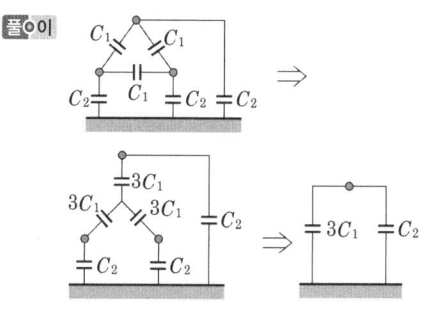

1선당의 작용 정전 용량 $C = 3C_1 + C_2$ 답 ②

27 동작 시간에 따른 보호 계전기의 분류와 이에 대한 설명으로 틀린 것은?
① 순한시 계전기는 설정된 최소동작전류 이상의 전류가 흐르면 즉시 동작한다
② 반한시 계전기는 동작시간이 전류값의 크기에 따라 변하는 것으로 전류값이 클수록 느리게 동작하고 반대로 전류값이 작아질수록 빠르게 동작하는 계전기이다.
③ 정한시 계전기는 설정된 값 이상의 전류가 흘렀을 때 동작 전류의 크기와는 관계없이 항상 일정한 시간 후에 동작하는 계전기이다.
④ 반한시 · 정한시 계전기는 어느 전류값까지는 반한시성이지만 그 이상이 되면 정한시로 동작하는 계전기이다.

풀이 보호계전기 특징

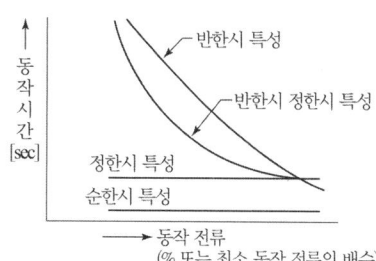

① 순한시 특성 : 최소 동작전류 이상의 전류가 흐르면 즉시 동작하는 특성
② 정한시 특성 : 동작전류의 크기에 관계없이 일정한 시간에 동작하는 특성
③ 반한시 특성 : 동작전류가 커질수록 동작시간이 짧게 되는 특성
④ 반한시 정한시 특성 : 동작전류가 적은 동안에는 동작전류가 커질수록 동작시간이 짧게 되고, 어떤 전류 이상이면 동작전류의 크기에 관계 없이 일정한 시간에 동작하는 특성 답 ②

28 지중 케이블에서 고장점을 찾는 방법이 아닌 것은?
① 머리 루프(Murray loop) 시험기에 의한 방법
② 메거(Megger)에 의한 측정 방법
③ 임피던스 브리지법
④ 펄스에 의한 측정법

풀이
- 지중 케이블 고장 수색법
  ① 머리 루프법
  ② 정전용량의 측정으로 발견하는 법
  ③ 수색 코일로 하는 방법
  ④ 펄스로 하는 방법
  ⑤ 음향으로 고장점을 측정하는 방법
- 메거는 절연저항 측정에 사용된다. 답 ②

29 임피던스 Z_1, Z_2 및 Z_3을 그림과 같이 접속한 선로의 A쪽에서 전압파 E가 진행해 왔을 때 접속점 B에서 무반사로 되기 위한 조건은?

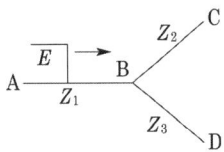

① $Z_1 = Z_2 + Z_3$
② $\dfrac{1}{Z_1} = \dfrac{1}{Z_3} - \dfrac{1}{Z_2}$
③ $\dfrac{1}{Z_1} = \dfrac{1}{Z_2} + \dfrac{1}{Z_3}$
④ $\dfrac{1}{Z_1} = -\dfrac{1}{Z_2} - \dfrac{1}{Z_3}$

풀이 $Z_A = Z_1$, $Z_B = \dfrac{1}{\dfrac{1}{Z_2} + \dfrac{1}{Z_3}}$ 라고 하면

반사계수 $= \dfrac{Z_B - Z_A}{Z_A + Z_B}$ 에서

무반사 조건은 $Z_A = Z_B$일 때이므로

따라서 $Z_1 = \dfrac{1}{\dfrac{1}{Z_2} + \dfrac{1}{Z_3}}$ → $\dfrac{1}{Z_1} = \dfrac{1}{Z_2} + \dfrac{1}{Z_3}$ **답** ③

30 원자력발전소와 화력발전소의 특성을 비교한 것 중 틀린 것은?

① 원자력발전소는 화력발전소의 보일러 대신 원자로와 열교환기를 사용한다.
② 원자력발전소의 건설비는 화력발전소에 비해 싸다.
③ 동일 출력일 경우 원자력발전소의 터빈이나 복수기가 화력발전소에 비하여 대형이다.
④ 원자력발전소는 방사능에 대한 차폐 시설물의 투자가 필요하다.

풀이 화력발전과 비교하여 **원자력 발전**은 출력 밀도(단위체적 당 출력)가 크므로 같은 출력이라면 소형화가 가능하나, **단위 출력당 건설비는 화력발전소에 비하여 비싸**다. **답** ②

31 지상부하를 가진 3상 3선식 배전선로 또는 단거리 송전선로에서 선간 전압강하를 나타낸 식은? (단, I, R, X, θ는 각각 수전단 전류, 선로 저항, 리액턴스 및 수전단 전류의 위상각이다.)

① $I(R\cos\theta + X\sin\theta)$
② $2I(R\cos\theta + X\sin\theta)$
③ $\sqrt{3}I(R\cos\theta + X\sin\theta)$
④ $3I(R\cos\theta + X\sin\theta)$

풀이 전압강하 $e = V_s - V_r$
(여기서, V_s : 송전단 전압, V_r : 수전단 전압)

전기 방식	전압강하
단상3선식, 3상4선식	$e_1 = I(R\cos\theta + X\sin\theta)$
단상2선식	$e_2 = 2I(R\cos\theta + X\sin\theta)$
3상3선식	$e_3 = \sqrt{3}I(R\cos\theta + X\sin\theta)$

답 ③

32 여러 회선인 비접지 3상 3선식 배전 선로에 방향 지락 계전기를 사용하여 선택 지락 보호를 하려고 한다. 필요한 것은?

① CT와 ZCT
② CT와 PT
③ GPT와 ZCT
④ GPT와 PT

풀이 비접지 계통의 지락 사고 검출
- GR(지락 계전기) + ZCT(영상 변류기)
- SGR(선택 지락 계전기)
  + GPT(접지형 계기용 변압기)
  + ZCT(영상 변류기)
- ZCT : 영상 전류 검출, GPT : 영상 전압 검출 **답** ③

33 공칭단면적 200[mm²], 전선 무게 1.838[kg/m], 전선의 바깥 지름 18.5[mm]인 경동 연선을 경간 200[m]로 가설하는 경우 이도[m]는? 단, 경동 연선의 인장 하중은 7910[kg], 빙설 하중은 0.416[kg/m], 풍압 하중은 1.525[kg/m]이고, 안전율은 2.2라 한다.

① 3.28
② 3.78
③ 4.28
④ 4.78

풀이 하중 $W = \sqrt{(W_c + W_i)^2 + W_w^2}$
$= \sqrt{(1.838 + 0.416)^2 + 1.525^2} = 2.72$[kg/m]

여기서, W_e : 전선의 자중, W_i : 빙설하중
W_w : 풍압하중

따라서 이도
$$D = \frac{WS^2}{8T} = \frac{2.72 \times 200^2}{8 \times \frac{7910}{2.2}} = 3.78 \, [\text{m}]$$
답 ②

34 무손실 송전선로에서 송전할 수 있는 송전용량은? (단, E_S : 송전단 전압, E_R : 수전단 전압, δ : 부하각, X : 송전선로의 리액턴스, R : 송전선로의 저항, Y : 송전선로의 어드미턴스이다.)

① $\dfrac{E_S E_R}{X} \sin\delta$ ② $\dfrac{E_S E_R}{R} \sin\delta$

③ $\dfrac{E_S E_R}{Y} \cos\delta$ ④ $\dfrac{E_S E_R}{X} \cos\delta$

풀이 전력 계통은 고효율 전력 전송 목적으로 설계되므로 저항손과 대지 정전용량은 극히 적으므로 무시한다. 그러므로 그림과 같이 등가로 나타낼 수 있다.

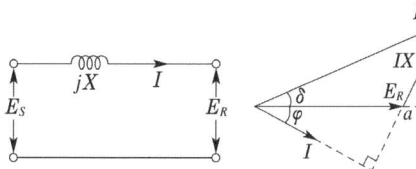

$\overline{bc} = XI\cos\varphi = E_S \sin\delta$

$I\cos\varphi = \dfrac{E_S}{X}\sin\delta$

$P = E_R I \cos\varphi$

$\therefore P = \dfrac{E_S E_R}{X} \sin\delta$
답 ①

35 장거리 대전력 송전에서 교류 송전 방식에 비해 직류 송전 방식의 장점이 아닌 것은?

① 송전 효율이 높다.
② 안정도의 문제가 없다.
③ 선로 절연이 더 수월하다.
④ 변압이 쉬워 고압 송전이 유리하다.

풀이 직류 송전 방식의 장·단점
[장점]
① 선로의 리액턴스가 없으므로 안정도가 높다.
② 유전체손 및 충전 용량이 없고 절연내력이 강하다.
③ 비동기 연계가 가능하다.

④ 단락전류가 적고 임의 크기의 교류 계통을 연계시킬 수 있다.
⑤ 코로나손 및 전력손실이 적다.
⑥ 표피효과나 근접 효과가 없으므로 실효 저항의 증대가 없다.
[단점]
① 직교 변환 장치가 필요하다.
② 전압의 승압 및 강압이 불리하다.
③ 고조파나 고주파 억제 대책이 필요하다.
④ 직류 차단기가 개발되어 있지 않다.
답 ④

36 송전계통에서 안정도 증진과 관계 없는 것은?

① 고속 재폐로방식 채용
② 계통의 전달 리액턴스 감소
③ 계통의 전압변동의 제어
④ 차폐선의 채용

풀이 안정도 향상 대책
① 계통의 직렬 리액턴스 감소
② 전압변동률을 적게 한다.(속응여자방식 채용, 계통의 연계, 중간 조상 방식)
③ 계통에 주는 충격을 적게 한다.(적당한 중성점접지 방식, 고속차단방식, 재폐로방식)
④ 고장 중의 발전기 돌입 출력의 불평형을 적게 한다.

차폐선은 유도 장해 방지 대책으로 채용된다.
답 ④

37 순저항 부하의 부하전력 $P[\text{kW}]$, 전압 $E[\text{V}]$, 선로의 길이 $l[\text{m}]$, 고유저항 $\rho[\Omega \cdot \text{mm}^2/\text{m}]$인 단상 2선식 선로에서 선로 손실을 $q[\text{W}]$라 하면, 전선의 단면적[mm^2]은 어떻게 표현되는가?

① $\dfrac{\rho l P^2}{qE^2} \times 10^6$ ② $\dfrac{2\rho l P^2}{qE^2} \times 10^6$

③ $\dfrac{\rho l P^2}{2qE^2} \times 10^6$ ④ $\dfrac{2\rho l P^2}{q^2 E} \times 10^6$

풀이 단상에서의

전류 $I = \dfrac{P[\text{kW}]}{E} = \dfrac{P \times 10^3 [\text{W}]}{E}$ [A]

저항 $R = \rho \dfrac{l}{A} [\Omega]$ 이므로

단상 2선식의 선로손실
$$q = 2I^2 R = 2 \times \left(\dfrac{P \times 10^3}{E}\right)^2 \times \rho \dfrac{l}{A} = \dfrac{2\rho l P^2}{AE^2} \times 10^6 [\text{W}]$$

따라서 전선의 단면적

$$A = \frac{2\rho l P^2}{qE^2} \times 10^6 [\text{mm}^2]$$

답 ②

38 소도체의 반지름이 r[m], 소도체 간의 선간거리가 d[m]인 2개의 소도체를 사용한 345[kV] 송전선로가 있다. 복도체의 등가 반지름은?

① $\sqrt{r \cdot d}$ ② $\sqrt{r \cdot d^2}$
③ $\sqrt{r^2 \cdot d}$ ④ $r \cdot d$

풀이 등가 반지름 = $\sqrt[n]{rd^{n-1}}$ 에서
$n=2$를 대입하면 $\sqrt{r \cdot d}$ 가 된다.

답 ①

39 3상용 차단기의 정격전압은 170[kV]이고 정격 차단전류가 50[kA]일 때 차단기의 정격차단용량은 약 몇 [MVA]인가?

① 5000   ② 10000
③ 15000   ④ 20000

풀이 정격 차단 용량
$P_s = \sqrt{3}\, VI_s = \sqrt{3} \times 170 \times 50$
$= 14722.43 ≒ 15000[\text{MVA}]$
여기서, V : 정격 전압[kV], I_s : 정격 차단 전류[kA]

답 ③

40 보일러 절탄기(economizer)의 용도는?

① 증기를 과열한다.
② 공기를 예열한다.
③ 석탄을 건조한다.
④ 보일러 급수를 예열한다.

풀이
• 절탄기 : 연도 내에 설치되어, 이를 통과하는 **보일러 급수를 보일러로부터 나오는 연도 폐기 가스로 가열하는 장치**
• 공기 예열기 : 연소용 공기를 예열
• 재열기 : 터빈에서 팽창한 증기를 다시 가열
• 과열기 : 포화증기를 가열

답 ④

3과목 - 전기기기

41 교류 정류자기에서 갭의 자속 분포가 정현파로 $\phi_m = 0.14$[Wb], $p=2$, $a=1$, $Z=200$, $n=20$[rps]일 때 브러시축이 자극축과 $30°$일 때의 속도 기전력 E_s[V]는?

① 약 200   ② 약 400
③ 약 600   ④ 약 800

풀이
$E_s = \frac{1}{\sqrt{2}} \cdot \frac{p}{a} Z n \phi_m \sin\theta$
$= \frac{1}{\sqrt{2}} \times \frac{2}{1} \times 200 \times 20 \times 0.14 \times \sin 30°$
$= 396[\text{V}]$

답 ②

42 총 도체 수 200, 단중파권으로 자극 수 4, 매극당 자속 수 3.14[Wb]의 부하를 가하여 전기자에 3[A]가 흐르고 있는 직류 분권전동기의 토크는 몇 [N·m]인가?

① 600   ② 500
③ 400   ④ 300

풀이 자극 $p=4$, 총도체 수 $Z=200$,
자속 수 $\phi=3.14$[Wb], 전기자 전류 $I_a=3$[A],
파권이므로 내부 회로 수 $a=2$이다.
$\therefore \tau = \frac{pZ\phi I_a}{2\pi a} = \frac{4 \times 200 \times 3.14 \times 3}{2\pi \times 2}$
$≒ 600[\text{N·m}]$

답 ①

43 3상 유도전압 조정기의 동작원리 중 가장 적당한 것은?

① 두 전류 사이에 작용하는 힘이다.
② 교번자계의 전자유도작용을 이용한다.
③ 충전된 두 물체 사이에 작용하는 힘이다.
④ 회전자계에 의한 유도작용을 이용하여 2차 전압의 위상전압 조정에 따라 변화한다.

풀이 3상 유도 전압 조정기의 원리
분로 권선의 전압을 E_1, 회전 자속에 의하여 직렬 권선의 1상에 유도되는 기전력을 E_2(조정 전압)라고 하면 회전자와 고정자의 관계위치 변화에 따라 E_1에 대한

E_2의 위상이 변화하므로, 출력측 회로의 선간전압을 $\sqrt{3}(E_1 \pm E_2)$의 범위에서 조정할 수 있다.

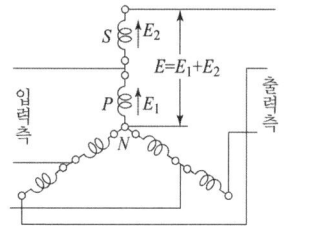 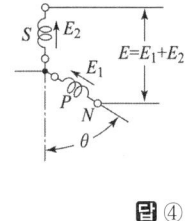

답 ④

44 다음의 정류회로 중 가장 큰 출력값을 갖는 회로는?

① 단상 반파 정류회로
② 3상 반파 정류회로
③ 단상 전파 정류회로
④ 3상 전파 정류회로

풀이
- 단상 반파 정류 : $E_d = \dfrac{\sqrt{2}}{\pi}E = 0.45E$
- 3상 반파 정류 : $E_d = \dfrac{3\sqrt{3}}{\sqrt{2}\pi}E = 1.17E$
- 단상 전파 정류 : $E_d = \dfrac{2\sqrt{2}}{\pi}E = 0.9E$
- 3상 전파 정류 : $E_d = 2.34E$

답 ④

45 변압기 단락시험에서 계산할 수 있는 것은?

① 백분율 전압강하, 백분율 리액턴스강하
② 백분율 저항강하, 백분율 리액턴스강하
③ 백분율 전압강하, 여자 어드미턴스
④ 백분율 리액턴스강하, 여자 어드미턴스

풀이 변압기 단락시험으로부터 구할 수 있는 항목
- 권선의 저항   • 권선의 임피던스
- 권선의 누설리액턴스 • 백분율 저항강하
- 백분율 리액턴스 강하

답 ②

46 변압기의 원리는?

① 전자유도 작용을 이용
② 정전유도 작용을 이용
③ 자기유도 작용을 이용
④ 플레밍의 오른손 법칙을 이용

풀이 변압기는 전자 유도 작용을 이용하여 교류 전압과 전류의 크기를 변성하는 장치로 2개 이상의 전기회로와 1개 이상의 공통 자기회로로 이루어져 있다.

답 ①

47 75[kVA], 6000/200[V]의 단상변압기의 %임피던스 강하가 4[%]이다. 1차 단락전류[A]는?

① 512.5   ② 412.5
③ 312.5   ④ 212.5

풀이 $I_{1s} = \dfrac{100}{\%Z} \times I_{1n} = \dfrac{100}{4} \times \dfrac{75 \times 10^3}{6000} = 312.5[A]$

답 ③

48 3000[V], 60[Hz], 8극, 100[kW]의 3상 유도전동기가 있다. 전부하에서 2차 동손이 3.0[kW], 기계손이 2.0[kW]라고 한다. 전부하 회전수[rpm]를 구하면?

① 674   ② 774
③ 874   ④ 974

풀이 2차 입력
$P_2 = P + P_m + P_{c2} = 100 + 2.0 + 3.0 = 105[kW]$

슬립 $s = \dfrac{P_{c2}}{P_2} = \dfrac{3.0}{105} = \dfrac{1}{35}$

$\therefore N = (1-s)N_s = (1-s) \times \dfrac{120f}{p}$

$= \left(1 - \dfrac{1}{35}\right) \times \dfrac{120 \times 60}{8} = 874[rpm]$

답 ③

49 유기 기전력 210[V], 단자 전압 200[V]인 5[kW] 분권 발전기의 계자 저항이 500[Ω]이면 그 전기자 저항[Ω]은?

① 0.2   ② 0.4
③ 0.6   ④ 0.8

풀이

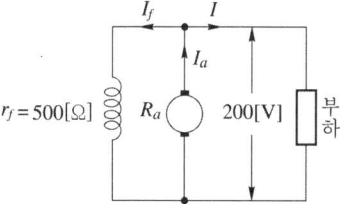

계자전류 $I_f = \dfrac{V}{r_f} = \dfrac{200}{500} = 0.4[A]$

부하전류 $I = \dfrac{P}{V} = \dfrac{5 \times 10^3}{200} = 25[A]$

전기자 전류 $I_a = I + I_f$ 이므로
$I_a = 25 + 0.4 = 25.4[A]$
또한 $V = E - I_a R_a$ 식에서
$\therefore R_a = \dfrac{E-V}{I_a} = \dfrac{210-200}{25.4} = \dfrac{10}{25.4} \fallingdotseq 0.4[\Omega]$ **답 ②**

50 교류 전동기에서 브러시의 이동으로 속도변화가 가능한 것은?

① 농형전동기   ② 2중 농형전동기
③ 동기전동기   ④ 시라게 전동기

풀이 시라게 전동기는 3상 분권 정류자 전동기로서 직류분권전동기와 비슷한 정속도 특성을 가지며, 2조의 브러시를 이동시켜 간단하게 속도제어를 할 수 있다.
답 ④

51 입력된 직류 전력의 크기를 변환된 다른 직류 전력으로 출력하는 전력변환장치는?

① 초퍼
② 인버터
③ 사이크로 컨버터
④ 다이오드 정류기

풀이 초퍼는 DC를 DC로 변환하는 것으로 일정 입력 전원전압으로부터 초퍼된(짧게 자른) 부하전압을 만들며 전원으로부터 부하를 연결 혹은 단절하는 다이리스터 온/오프 스위치이다.
답 ①

52 3상 전원의 수전단에서 전압 3300[V], 전류 1000[A], 뒤진 역률 0.8의 전력을 받고 있을 때 동기조상기로 역률을 개선하여 1로 하고자 한다. 필요한 동기조상기의 용량은 약 몇 [kVA]인가?

① 1525   ② 1950
③ 3150   ④ 3429

풀이 • 부하의 무효전력
$Q_L = \sqrt{3} VI \sin\theta$
$= \sqrt{3} \times 3300 \times 1000 \times \sqrt{1-0.8^2} \times 10^{-3}$
$= 3429.46[kVar]$
• 역률이 1이 되려면 무효전력 $Q = 0[kVar]$이 되어야 하므로 동기조상기의 용량 Q_c는
진상 무효전력 $Q_c = Q_L = 3429.46[kVA]$ **답 ④**

53 SCR에 관한 설명으로 틀린 것은?

① 3단자 소자이다.
② 전류는 애노드에서 캐소드로 흐른다.
③ 소형의 전력을 다루고 고주파 스위칭을 요구하는 응용분야에 주로 사용된다.
④ 도통 상태에서 순방향 애노드전류가 유지전류 이하로 되면 SCR은 차단상태로 된다.

풀이 ① SCR의 특징
• 정류기능을 갖는 단일방향성 3단자 소자이다.
• 전류가 흐르고 있을 때 양극의 전압강하가 작다.
• 역률각 이하에서는 제어가 되지 않는다.
• 전류는 애노드에서 캐소드로 흐른다.
• 도통된 후 게이트 전류를 차단 시켜도 계속 도통 상태를 유지한다.
• 도통상태에서 순방향 애노드 전류가 유지전류 이하로 되거나, 소자에 역전압이 걸려 흐르던 전류가 멈추면 소호된다.
② 소형의 전력을 다루고 고주파 스위칭을 요구하는 응용분야에 주로 사용되는 소자는 MOSFET이다.
답 ③

54 탭전환 변압기 1차측에 몇 개의 탭이 있는 이유는?

① 예비용 단자
② 부하 전류를 조정하기 위하여
③ 수전점의 전압을 조정하기 위하여
④ 변압기의 여자전류를 조정하기 위하여

풀이 탭(tap) 전환 변압기
전원 전압의 변동이나 부하의 변동에 따라 **변압기 2차측의 전압변동을 보상**하고 일정 전압으로 유지시키기 위하여, 고압측 1차 권선의 중앙 위치에 몇 개의 탭 단자를 두어 변압기의 권수비를 바꿀 수 있도록 설계한 변압기
답 ③

55 권선형 유도전동기에서 비례추이를 할 수 없는 것은?

① 토크   ② 출력
③ 1차 전류   ④ 2차 전류

풀이 • 비례추이 할 수 있는 것 : 토크, 1차 전류, 2차 전류, 역률, 동기 와트 등
• 비례추이 할 수 없는 것 : 기계적 출력, 2차 동손, 효율 등
답 ②

56 유도전동기의 실부하법에서 부하로 쓰이지 않는 것은?

① 전동발전기
② 전기동력계
③ 프로니 브레이크
④ 손실을 알고 있는 직류발전기

풀이
- 실부하법에는 전기동력계법, 프로니 브레이크법 등이 있다.
- 전동 발전기는 교류를 직류로 변환하는 전기기기이다. **답** ①

57 3상 유도전동기의 2차 저항을 m배로 하면 동일하게 m배로 되는 것은?

① 역률
② 전류
③ 슬립
④ 토크

풀이 $\dfrac{r_2}{s_m} = \dfrac{r_2 + R_s}{s_t} =$ 일정

① 2차 저항 r_2를 변화해도 최대 토크 $T_m = k\dfrac{E_2^2}{2x_s}$는 2차 저항에 무관하므로 변화하지 않는다.
② r_2를 크게 하면 $\dfrac{r_2}{s_m}$가 일정하기 위해 s_m도 커진다.
③ r_2를 크게 하면 기동 전류는 감소하고 기동 토크는 증가한다.

그러므로 최대 토크를 내는 슬립만 2차 저항에 비례한다. **답** ③

58 극수는 6, 회전수가 1200[rpm]인 교류발전기와 병렬운전하는 극수가 8인 교류발전기의 회전수[rpm]는?

① 1200
② 900
③ 750
④ 520

풀이
- 동기발전기의 병렬운전 조건은 주파수가 같아야 한다.
- 동기발전기의 회전수 $N_s = \dfrac{120f}{p}$에서 주파수가 일정하면 $N_s \propto \dfrac{1}{p}$이므로

$\therefore N_s = \dfrac{6}{8} \times 1200 = 900$[rpm] **답** ②

59 다음 중 권선형 유도전동기의 2차 여자 제어법으로 사용되는 제어 방식은?

① 세르비우스 방식
② 플러깅 방식
③ 발전 방식
④ 회생 방식

풀이
- 2차 여자법이란 유도전동기의 회전자 권선에 2차 기전력(sE_2)과 동일 주파수의 전압(E_c)을 슬립링을 통해 공급하여 그 크기를 조절함으로써 속도를 제어하는 방법으로 권선형 전동기에 한하여 이용된다.
- 2차 여자 제어법에는 크래머(kramer) 방법과 세르비우스(scherbious) 방식이 있다. **답** ①

60 가동 복권 발전기의 내부 결선을 바꾸어 분권 발전기로 하자면?

① 내분권 복권형으로 해야 한다.
② 외분권 복권형으로 해야 한다.
③ 분권 계자를 단락시킨다.
④ 직권 계자를 단락시킨다.

풀이

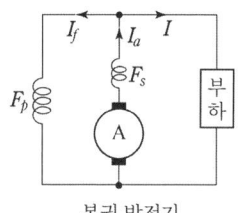

복권 발전기

직권 계자 권선 F_s을 단락시킨다. 외분권, 내분권들은 어느 것이나 복권 발전기의 일종이다. **답** ④

4과목 - 회로이론

61 $f(t) = e^{at}$의 라플라스 변환은?

① $\dfrac{1}{s-a}$
② $\dfrac{1}{s+a}$
③ $\dfrac{1}{s^2 - a^2}$
④ $\dfrac{1}{s^2 + a^2}$

풀이 복소 추이 정리에 의해서

$\mathcal{L}[1 \cdot e^{at}] = \dfrac{1}{s}\bigg|_{s=s-a} = \dfrac{1}{s-a}$ **답** ①

62 $R = 5[\Omega]$, $L = 10[\text{mH}]$, $C = 1[\mu\text{F}]$의 직렬 회로에서 공진 주파수 f_r[Hz]는 약 얼마인가?

① 3181 ② 1820
③ 1592 ④ 1432

풀이 공진 주파수
$$f_r = \frac{1}{2\pi\sqrt{LC}} = \frac{1}{2\pi\sqrt{10\times 10^{-3}\times 1\times 10^{-6}}}$$
$$= 1591.55[\text{Hz}]$$
답 ③

63 같은 저항 $r[\Omega]$ 6개를 사용하여 그림과 같이 결선하고 대칭 3상 전압 V[V]를 가하였을 때 흐르는 전류 I는 몇 [A]인가?

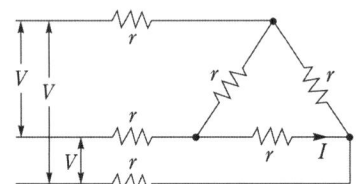

① $\dfrac{V}{2r}$ ② $\dfrac{V}{3r}$ ③ $\dfrac{V}{4r}$ ④ $\dfrac{V}{5r}$

풀이 △를 Y로 환산하면 1상의 등가 저항 R은
$$R = \frac{r\times r}{r+r+r} = \frac{r^2}{3r} = \frac{r}{3}[\Omega]$$
선전류
$$I_l = \frac{\frac{V}{\sqrt{3}}}{r+\frac{r}{3}} = \frac{\sqrt{3}\,V}{4r}[\text{A}]$$
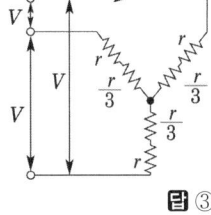
따라서 상전류
$$I = \frac{I_l}{\sqrt{3}} = \frac{V}{4r}[\text{A}]$$
답 ③

64 그림 (a)와 그림 (b)가 역회로 관계에 있으려면 L의 값[mH]은? 단, $K^2 = 2000$이다.

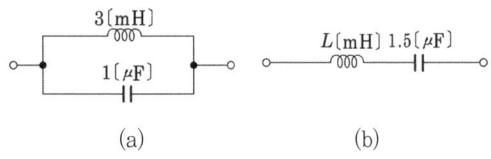

① 1.5×10^9 ② 2×10^6
③ 3 ④ 2

풀이

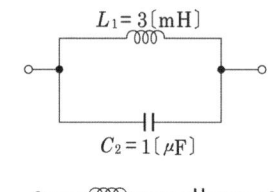

경우 $\dfrac{L_1}{C_1} = \dfrac{L_2}{C_2} = K^2$의 관계에서

$L_2 = K^2 C_2 = 2000\times 1\times 10^{-6} = 2\times 10^{-3} = 2[\text{mH}]$
답 ④

65 $V_a = 3[\text{V}]$, $V_b = 2-j3[\text{V}]$, $V_c = 4+j3[\text{V}]$를 3상 불평형 전압이라고 할 때 영상전압[V]은?

① 3 ② 9
③ 27 ④ 0

풀이 영상전압
$$V_0 = \frac{1}{3}(V_a + V_b + V_c) = \frac{1}{3}(3+2-j3+4+j3)$$
$$= 3[\text{V}]$$
답 ①

66 $t = 0$에서 스위치 S를 닫았을 때 정상 전류값 [A]은?

① 1
② 2.5
③ 3.5
④ 7

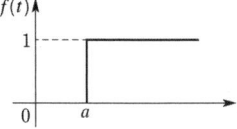

풀이 정상상태의 전류값은 $t = \infty$일 때이므로 $R-L$ 직렬 회로에서의 정상전류 i_s는
$$i_s = \frac{E}{R}\left(1-e^{-\frac{R}{L}t}\right) = \frac{70}{20}\left(1-e^{-\frac{20}{2}\times\infty}\right) = 3.5[\text{A}]$$
답 ③

67 그림과 같은 단위 계단함수는?

① $u(t)$
② $u(t-a)$
③ $u(a-t)$
④ $-u(t-a)$

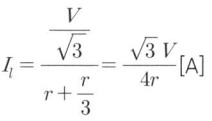

풀이 크기는 1이고, 시간이 a만큼 늦은 시간 함수 $(t-a)$이므로
$$\therefore f(t) = 1 \cdot u(t-a) = u(t-a)$$
답 ②

68 불평형 회로에서 영상분이 존재하는 3상회로 구성은?

① △—△결선의 3상 3선식
② △—Y결선의 3상 3선식
③ Y—Y결선의 3상 3선식
④ Y—Y결선의 3상 4선식

풀이
- 영상분은 비대칭 3상회로의 접지선, 중성선에 존재하며, 비대칭 3상회로의 비접지식 회로에는 영상분이 존재하지 않는다.
- Y—Y결선의 3상 4선식은 중성점을 접지하므로 영상분이 존재한다. **답** ④

69 주기함수 $f(t)$의 푸리에 급수 전개식으로 옳은 것은?

① $f(t) = \sum_{n=1}^{\infty} a_n \sin n\omega t + \sum_{n=1}^{\infty} b_n \sin n\omega t$

② $f(t) = b_0 + \sum_{n=2}^{\infty} a_n \sin n\omega t + \sum_{n=2}^{\infty} b_n \cos n\omega t$

③ $f(t) = a_0 + \sum_{n=1}^{\infty} a_n \cos n\omega t + \sum_{n=1}^{\infty} b_n \sin n\omega t$

④ $f(t) = \sum_{n=1}^{\infty} a_n \cos n\omega t + \sum_{n=1}^{\infty} b_n \cos n\omega t$

풀이 푸리에 급수는 주파수와 진폭을 달리하는 무수히 많은 성분을 갖는 비정현파를 무수히 많은 정현항과 여현항의 합으로 표현하는 것이다.
$$f(t) = a_0 + \sum_{n=1}^{\infty} a_n \cos n\omega t + \sum_{n=1}^{\infty} b_n \sin n\omega t$$
답 ③

70 전압 $e = 100\sin 10t + 20\sin 20t$[V]이고, 전류 $i = 20\sin(10t - 60) + 10\sin 20t$[A] 일 때 소비전력은 몇 [W]인가?

① 500
② 550
③ 600
④ 650

풀이 비정현파의 유효전력
$P = \sum_{n=1}^{\infty} V_n I_n \cos\theta_n$ 에서
$P = \frac{100}{\sqrt{2}} \times \frac{20}{\sqrt{2}} \times \cos 60° + \frac{20}{\sqrt{2}} \times \frac{10}{\sqrt{2}} \times \cos 0°$
$= 600$[W] **답** ③

71 다음 그림과 같은 전기회로의 입력을 e_i, 출력을 e_o라고 할 때 전달함수는?

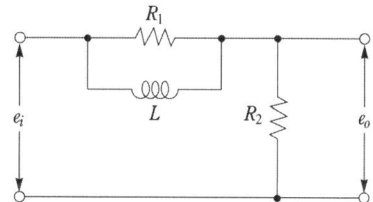

① $\dfrac{R_2(1 + R_1 Ls)}{R_1 + R_2 + R_1 R_2 Ls}$

② $\dfrac{1 + R_2 Ls}{1 + (R_1 + R_2)Ls}$

③ $\dfrac{R_2(R_1 + Ls)}{R_1 R_2 + R_1 Ls + R_2 Ls}$

④ $\dfrac{R_2 + \dfrac{1}{Ls}}{R_1 + R_2 + \dfrac{1}{Ls}}$

풀이
$G(s) = \dfrac{E_o(s)}{E_i(s)} = \dfrac{R_2}{R_2 + \dfrac{R_1 Ls}{R_1 + Ls}}$

$= \dfrac{R_2}{\dfrac{R_1 R_2 + R_2 Ls + R_1 Ls}{R_1 + Ls}}$

$= \dfrac{R_1 R_2 + R_2 Ls}{R_1 R_2 + R_1 Ls + R_2 Ls}$

$= \dfrac{R_2(R_1 + Ls)}{R_1 R_2 + R_1 Ls + R_2 Ls}$

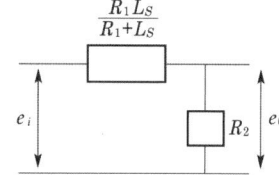

답 ③

72 100[kVA] 단상 변압기 3대로 △결선하여 3상 전원을 공급하던 중 1대의 고장으로 V결선 하였다면 출력은 약 몇 [kVA]인가?

① 100　② 173
③ 245　④ 300

풀이 변압기 1개의 출력을 P_1이라 하면 V결선 시 출력
$P_V = \sqrt{3}\,P_1 = \sqrt{3} \times 100 = 173.2[kVA]$　답 ②

73 $\dfrac{E_o(s)}{E_i(s)} = \dfrac{1}{s^2 + 3s + 1}$의 전달함수를 미분방정식으로 표시하면? (단, $\mathcal{L}^{-1}[E_o(s)] = e_o(t)$, $\mathcal{L}^{-1}[E_i(s)] = e_i(t)$이다.)

① $\dfrac{d^2}{dt^2}e_i(t) + 3\dfrac{d}{dt}e_i(t) + e_i(t) = e_o(t)$

② $\dfrac{d^2}{dt^2}e_o(t) + 3\dfrac{d}{dt}e_o(t) + e_o(t) = e_i(t)$

③ $\dfrac{d^2}{dt^2}e_i(t) + 3\dfrac{d}{dt}e_i(t) + \int e_i(t)dt = e_o(t)$

④ $\dfrac{d^2}{dt^2}e_o(t) + 3\dfrac{d}{dt}e_o(t) + \int e_o(t)dt = e_i(t)$

풀이 $\dfrac{E_o(s)}{E_i(s)} = \dfrac{1}{s^2 + 3s + 1}$
$E_i(s) = s^2 E_o(s) + 3sE_o(s) + E_o(s)$
$\therefore e_i(t) = \dfrac{d^2}{dt^2}e_o(t) + 3\dfrac{d}{dt}e_o(t) + e_o(t)$　답 ②

74 그림과 같은 회로에서 콘덴서에 흐르는 전류 i를 나타낸 식은?

① $C\dfrac{di}{dt}$
② $\dfrac{1}{C}\int v\,dt$
③ $C\dfrac{dv}{dt}$
④ $\dfrac{1}{C}\int i\,dt$

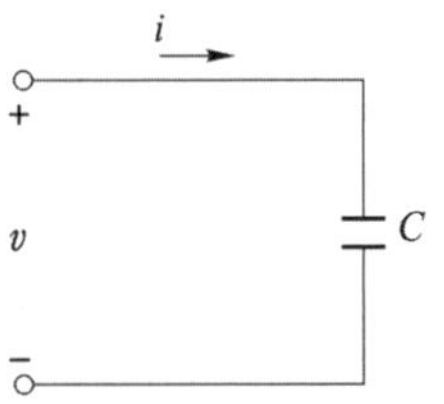

풀이 콘덴서에 흐르는 전류
$i = \dfrac{dq}{dt} = \dfrac{d}{dt}Cv = C\dfrac{dv}{dt}[A]$　답 ③

75 어떤 회로에서 유효전력 80[W], 무효전력 60[Var]일 때 역률은?

① 50[%]　② 70[%]
③ 80[%]　④ 90[%]

풀이 유효전력 $P = 80[W]$, 무효전력 $P_r = 60[Var]$
피상전력 $P_a = \sqrt{P^2 + P_r^2} = \sqrt{80^2 + 60^2} = 100[VA]$
$\therefore \cos\theta = \dfrac{P}{P_a} \times 100 = \dfrac{80}{100} \times 100 = 80[\%]$　답 ③

76 두 개의 자기 인덕턴스를 직렬로 접속하여 합성 인덕턴스를 측정하였더니 75[mH]가 되었고, 한 쪽의 인덕턴스를 반대로 접속하여 측정하니 25[mH] 되었다면 두 코일의 상호 인덕턴스 [mH]는?

① 12.5[mH]　② 45[mH]
③ 50[mH]　④ 90[mH]

풀이 $L_+ = L_1 + L_2 + 2M = 75[mH]$,
$L_- = L_1 + L_2 - 2M = 25[mH]$에서 M에 관해서 풀면
$\therefore M = \dfrac{L_+ - L_-}{4} = \dfrac{75 - 25}{4} = \dfrac{50}{4} = 12.5[mH]$　답 ①

77 9[Ω]과 3[Ω]의 저항 6개를 그림과 같이 연결하였을 때 A, B 사이의 합성 저항[Ω]은?

① 6　② 4　③ 3　④ 2

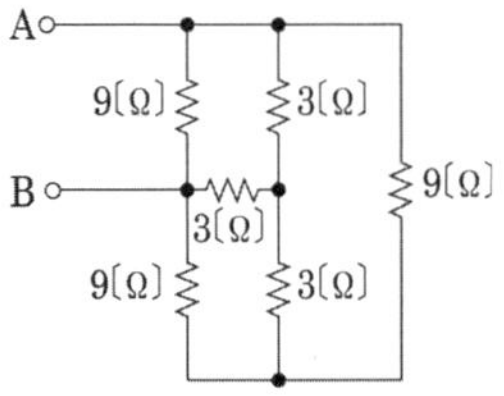

풀이
$R_{AB} = \dfrac{4.5 \times (4.5 + 4.5)}{4.5 + (4.5 + 4.5)} = 3[\Omega]$　답 ③

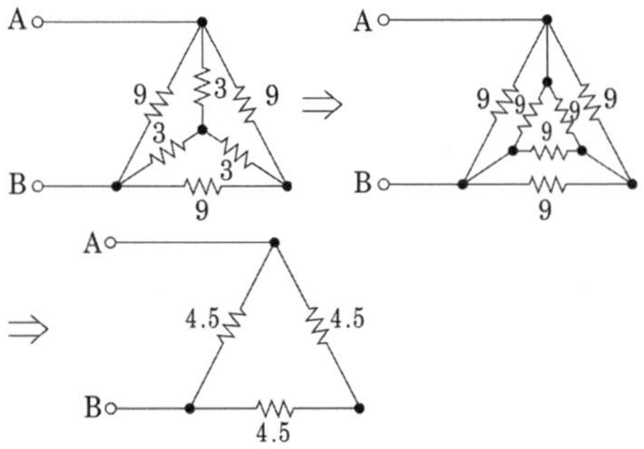

78 리액턴스 함수가 $Z(s) = \dfrac{5s}{s^2+15}$ 로 표시되는 리액턴스 2단자망은 다음 중 어느 것인가?

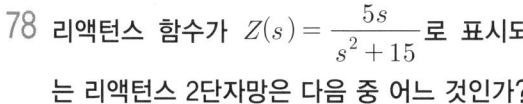

풀이 $Z(s) = \dfrac{5s}{s^2+15} = \dfrac{1}{\dfrac{s^2+15}{5s}} = \dfrac{1}{\dfrac{1}{5}s + \dfrac{3}{s}}$

$= \dfrac{1}{\dfrac{1}{5}s + \dfrac{1}{\dfrac{1}{3}s}}$

∴ C와 L 병렬 회로이다. **답** ②

79 그림과 같은 L형 회로의 4단자 A, B, C, D 정수 중 A는?

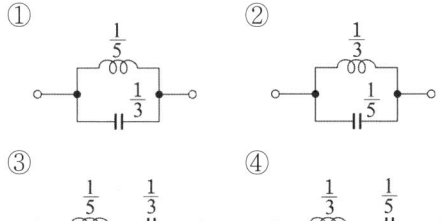

① $1 + \dfrac{1}{\omega LC}$ ② $1 - \dfrac{1}{\omega^2 LC}$

③ $1 + \dfrac{1}{j\omega L}$ ④ $\dfrac{1}{2\sqrt{LC}}$

풀이 $\begin{bmatrix} A & B \\ C & D \end{bmatrix} = \begin{bmatrix} 1 & \dfrac{1}{j\omega C} \\ 0 & 1 \end{bmatrix} \begin{bmatrix} 1 & 0 \\ \dfrac{1}{j\omega L} & 1 \end{bmatrix} = \begin{bmatrix} 1 - \dfrac{1}{\omega^2 LC} & \dfrac{1}{j\omega C} \\ \dfrac{1}{j\omega L} & 1 \end{bmatrix}$

답 ②

80 그림과 같은 회로의 합성 인덕턴스는?

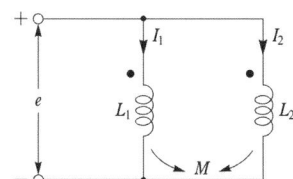

① $\dfrac{L_1 - M^2}{L_1 + L_2 - 2M}$ ② $\dfrac{L_2 - M^2}{L_1 + L_2 - 2M}$

③ $\dfrac{L_1 L_2 + M^2}{L_1 + L_2 - 2M}$ ④ $\dfrac{L_1 L_2 - M^2}{L_1 + L_2 - 2M}$

풀이 병렬 접속형의 등가 회로를 그려 보면 그림과 같다. 그러므로 합성 인덕턴스 L_0는

$L_0 = M + \dfrac{(L_1 - M)(L_2 - M)}{(L_1 - M) + (L_2 - M)} = \dfrac{L_1 L_2 - M^2}{L_1 + L_2 - 2M}$

답 ④

5과목 - 전기설비기술기준

81 조상기의 보호장치로서 내부고장 시에 자동적으로 전로로부터 차단되는 장치를 설치하여야 하는 조상기 용량은 몇 [kVA] 이상인가?

① 5000 ② 7500
③ 10000 ④ 15000

풀이 351.5 조상설비의 보호장치
조상 설비에는 그 내부에 고장이 생긴 경우에 보호하는 장치를 표와 같이 시설하여야 한다.

설비 종별	뱅크 용량의 구분	자동적으로 전로로부터 차단하는 장치
전력용 커패시터 및 분로리액터	500[kVA] 초과 15,000[kVA] 미만	• 내부에 고장이 생긴 경우 • 과전류가 생긴 경우
	15,000[kVA] 이상	• 내부에 고장이 생긴 경우 • 과전류가 생긴 경우 • 과전압이 생긴 경우
조상기 (調相機)	15,000[kVA] 이상	• 내부에 고장이 생긴 경우

답 ④

82 터널 등에 시설하는 사용전압이 220[V]인 저압의 전구선으로 300/300[V] 편조 고무 코드를 사용하는 경우 단면적은 몇 [mm²] 이상이어야 하는가?

① 0.5[mm²] ② 0.75[mm²]
③ 1.0[mm²] ④ 1.5[mm²]

풀이 242.7.2 터널 등의 전구선 또는 이동전선 등의 시설
터널 등에 시설하는 사용전압이 400[V] 이하인 저압의 전구선 또는 이동전선은 다음과 같이 시설하여야 한다.
  가. **전구선은 단면적 0.75[mm²] 이상의 300/300[V] 편조 고무코드** 또는 0.6/1[kV] EP 고무 절연 클로로프렌 캡타이어 케이블일 것.
  나. 이동전선은 300/300[V] 편조 고무코드, 비닐 코드 또는 캡타이어 케이블일 것.   **답** ②

83 전자개폐기의 조작회로 또는 초인벨, 경보벨 등에 접속하는 전로로서 최대 사용전압이 60[V] 이하인 것으로 대지전압이 몇 [V] 이하인 강전류 전기의 전송에 사용하는 전로와 변압기로 결합되는 것을 소세력회로라 하는가?

① 100 ② 150
③ 300 ④ 440

풀이 241.14 소세력 회로
  가. 전자 개폐기의 조작회로 또는 초인벨·경보벨 등에 접속하는 전로로서 최대 사용전압이 60[V] 이하인 것
  나. 소세력 회로에 전기를 공급하기 위한 절연변압기의 사용전압은 대지전압 300[V] 이하로 하여야 한다.   **답** ③

84 폭연성 분진 또는 화약류의 분말이 전기설비가 발화원이 되어 폭발할 우려가 있는 곳에 시설하는 저압 옥내배선의 공사방법으로 옳은 것은?

① 금속관공사
② 애자공사
③ 합성수지관공사
④ 캡타이어 케이블 공사

풀이 242.2.1 폭연성 분진 위험장소
폭연성 분진(마그네슘·알루미늄·티탄·지르코늄) 또는 **화약류의 분말이 전기설비가 발화원이 되어 폭발할 우려가 있는 곳에 시설하는 저압 옥내배선, 저압 관등회로 배선, 소세력 회로의 전선은 금속관공사 또는 케이블공사**(캡타이어 케이블을 사용하는 것을 제외한다)에 의할 것.   **답** ①

85 빙설의 정도에 따라 풍압하중을 적용하도록 규정하고 있는 내용 중 옳은 것은?

① 빙설이 많은 지방에서는 고온계절에는 갑종 풍압하중, 저온계절에는 을종 풍압하중을 적용한다.
② 빙설이 많은 지방에서는 고온계절에는 을종 풍압하중, 저온계절에는 갑종 풍압하중을 적용한다.
③ 빙설이 적은 지방에서는 고온계절에는 갑종 풍압하중, 저온계절에는 을종 풍압하중을 적용한다.
④ 빙설이 적은 지방에서는 고온계절에는 을종 풍압하중, 저온계절에는 갑종 풍압하중을 적용한다.

풀이 331.6 풍압하중의 종별과 적용

지 역		고온 계절	저온 계절
빙설이 많은 지방 이외의 지방		갑종	병종
빙설이 많은 지방	일반지역	갑종	을종
	해안지방 기타 저온계절에 최대풍압이 생기는 지역	갑종	갑종과 을종 중 큰 값 선정
인가가 많이 연접되어 있는 장소		병종	병종

답 ①

86 금속덕트공사에 의한 저압 옥내배선공사시설에 대한 설명으로 틀린 것은?

① 덕트에 접지공사를 한다.
② 금속 덕트는 두께 1.0[mm] 이상인 철판으로 제작하고 덕트 상호 간에 완전하게 접속한다.
③ 덕트를 조영재에 붙이는 경우 덕트 지지점 간의 거리를 3[m] 이하로 견고하게 붙인다.
④ 금속 덕트에 넣은 전선의 단면적의 합계가 덕트의 내부 단면적의 20[%] 이하가 되도록 한다.

풀이 232.31 금속덕트공사
  가. 전선은 절연전선(옥외용 비닐절연전선을 제외한다)일 것.

나. 금속덕트에 넣은 전선의 단면적(절연피복의 단면적을 포함한다)의 합계는 덕트의 내부 단면적의 20[%](전광표시 장치, 기타 이와 유사한 장치 또는 제어회로 등의 배선만을 넣는 경우에는 50[%]) 이하일 것.
다. 덕트 상호 간은 견고하고 또한 전기적으로 완전하게 접속할 것.
라. 덕트를 조영재에 붙이는 경우에는 덕트의 지지점 간의 거리를 3[m](수직으로 붙이는 경우에는 6[m]) 이하로 할 것.
마. 덕트의 끝부분은 막을 것.
바. 폭이 50[mm]를 초과하고 또한 두께가 1.2[mm] 이상인 철판 또는 금속제의 것.
사. 덕트는 접지공사를 할 것. 답 ②

87 지중 전선로를 직접 매설식에 의하여 차량 기타 중량물의 압력을 받을 우려가 있는 장소에 시설하는 경우 매설 깊이는 몇 [m] 이상으로 하여야 하는가?

① 1
② 1.2
③ 1.5
④ 2

풀이 334.1 지중전선로의 시설
가. 지중 전선로는 전선에 케이블을 사용하고 또한 관로식·암거식 또는 직접 매설식에 의하여 시설하여야 한다.
나. 지중 전선로를 직접 매설식에 의하여 시설하는 경우에는 매설깊이를 차량 기타 중량물의 압력을 받을 우려가 있는 장소에는 1.0[m] 이상, 기타 장소에는 0.6[m] 이상으로 하고 또한 지중 전선을 견고한 트라프 기타 방호물에 넣어 시설하여야 한다. 답 ①

88 전기욕기에 전기를 공급하기 위한 전원장치에 내장되어 있는 전원변압기의 2차 측 전로의 사용전압은 몇 [V] 이하인 것을 사용하여야 하는가?

① 5
② 10
③ 25
④ 35

풀이 241.2 전기욕기
전기욕기에 전기를 공급하기 위한 전기욕기용 전원장치에 내장되어 있는 전원변압기의 2차 측 전로의 사용전압이 10[V] 이하인 것에 한한다. 답 ②

89 특고압 가공전선로에 사용하는 철탑 중에서 전선로의 수평 각도가 3°를 넘는 곳에 사용하는 철탑은?

① 내장형 철탑
② 인류형 철탑
③ 보강형 철탑
④ 각도형 철탑

풀이 333.11 특고압 가공전선로의 철주·철근 콘크리트주 또는 철탑의 종류
특고압 가공전선로의 지지물로 사용하는 B종 철근·B종 콘크리트주 또는 철탑의 종류는 다음과 같다.
가. 직선형 : 전선로의 직선 부분(3° 이하의 수평 각도 이루는 곳 포함)에 사용되는 것
나. 각도형 : 전선로 중 수평 각도 3°를 넘는 곳에 사용되는 것
다. 인류형 : 전 가섭선을 인류하는 곳에 사용하는 것
라. 내장형 : 전선로 지지물 양측의 경간차가 큰 곳에 사용하는 것
마. 보강형 : 전선로 직선 부분을 보강하기 위하여 사용하는 것 답 ④

90 철도 또는 궤도를 횡단하는 저고압가공전선의 높이는 레일면 상 몇 [m] 이상이어야 하는가?

① 5.5
② 6.5
③ 7.5
④ 8.5

풀이 332.5 고압 가공전선의 높이,
222.7 저압 가공전선의 높이
저·고압 가공전선의 높이는 다음에 따라야 한다.

설치장소		가공전선의 높이
도로횡단(번잡하지 않은 도로 제외)		지표상 6[m] 이상
철도 또는 궤도횡단		레일면상 6.5[m] 이상
횡단 보도교 위	저압	노면상 3.5[m] 이상. 단, 절연전선의 경우 3[m] 이상
	고압	노면상 3.5[m] 이상
일반장소		지표상 5[m] 이상. 단, 저압의 경우 절연전선 또는 케이블을 사용하여 교통에 지장이 없도록 하여 옥외조명용에 공급하는 경우 4[m]까지 감할 수 있다.
다리의 하부 기타 이와 유사한 장소		저압의 전기철도용 급전선은 지표상 3.5[m]까지 감할 수 있다.

답 ②

91 시가지에 시설하는 154[kV] 가공전선로에는 지락 또는 단락이 발생한 경우 몇 초 이내에 자동적으로 이를 전로로부터 차단하는 장치를 시설하여야 하는가?

① 1 ② 2 ③ 3 ④ 5

풀이 333.1 시가지 등에서 특고압 가공전선로의 시설
사용전압이 100[kV]를 초과하는 특고압 가공전선에 지락 또는 단락이 생겼을 때에는 **1초** 이내에 자동적으로 이를 전로로부터 차단하는 장치를 시설할 것.
답 ①

92 전선의 접속법 중 두 개 이상의 전선을 병렬로 사용하는 경우에 대한 설명으로 틀린 것은?

① 병렬로 사용하는 각 전선의 굵기는 동선 50[mm²] 이상 또는 알루미늄 70[mm²] 이상이어야 한다.
② 같은 극의 각 전선의 터미널러그에 완전히 접속해야 한다.
③ 병렬로 사용하는 전선에는 각각에 퓨즈를 설치해야 한다.
④ 병렬로 사용하는 각 전선은 같은 도체, 같은 재료, 같은 길이 및 같은 굵기의 것을 사용해야 한다.

풀이 123 전선의 접속
전선을 접속하는 경우에는 전선의 전기저항을 증가시키지 아니하도록 접속 하여야 하며, 또한 다음에 따라야 한다.
가. 절연전선 상호·절연전선과 코드, 캡타이어 케이블과 접속하는 경우에는
　① 전선의 세기를 20[%] 이상 감소시키지 아니할 것.
　② 접속부분은 접속관 기타의 기구를 사용할 것.
　③ 접속부분의 절연전선에 절연전선의 절연물과 동등 이상의 절연효력이 있는 것으로 충분히 피복할 것.
나. 코드 상호, 캡타이어 케이블 상호 또는 이들 상호를 접속하는 경우에는 코드 접속기·접속함 기타의 기구를 사용할 것.
다만 공칭단면적이 10[mm²] 이상인 캡타이어 케이블 상호를 규정에 준하여 접속하는 경우에는 기구를 사용하지 않을 수 있다.
다. 두 개 이상의 전선을 병렬로 사용하는 경우에는
　① 병렬로 사용하는 각 전선의 굵기는 동선 50[mm²] 이상 또는 알루미늄 70[mm²] 이상으로 하고, 전선은 같은 도체, 같은 재료, 같은 길이 및 같은 굵기의 것을 사용할 것
　② 같은 극의 각 전선의 터미널러그에 완전히 접속할 것
　③ 병렬로 사용하는 전선에는 각각에 퓨즈를 설치하지 말 것
답 ③

93 철도·궤도 또는 자동차도 전용 터널 안의 전선로의 시설 중에서 기준에 적합하지 않은 것은?

① 저압 전선으로 지름 2.0[mm]의 경동선의 절연전선을 사용하였다.
② 저압 전선으로 인장강도 2.30[kN] 이상의 절연전선을 사용하였다.
③ 저압 전선을 애자사용공사에 의하여 시설하고 이를 노면상 2.5[m] 이상의 높이로 유지하였다.
④ 저압 전선을 금속제 가요전선관공사에 의하여 시설하였다.

풀이 335.1 터널 안 전선로의 시설
철도·궤도 또는 자동차도 전용터널 안의 전선로

전압	전선의 굵기	시공방법	애자사용공사 시 높이
저압	인장강도 2.30[kN] 이상 또는 2.6[mm] 이상의 경동선의 절연전선	• 합성수지관공사 • 금속관공사 • 금속제가요전선관 공사 • 케이블공사 • 애자사용공사	노면상, 레일면상 2.5[m] 이상
고압	인장강도 5.26[kN] 이상 또는 4[mm] 이상의 경동선	• 케이블공사 • 애자사용공사	노면상, 레일면상 3[m] 이상
특고압		• 케이블공사	

답 ①

94 고압용 또는 특고압용 개폐기의 시설에 있어서 법규상의 규정이 아닌 사항은?

① 그 동작에 따라 개폐 상태를 표시하는 장치를 가져야 한다.
② 중력 등에 의하여 자연히 작동할 우려가 있는 것은 자물쇠 장치 등이 있어야 한다.
③ 고압용 또는 특고압용이라는 위험 표시를 하여야 한다.
④ 부하 전로를 차단하기 위한 것이 아닌 단로기 등은 부하 전류가 통하고 있을 경우에 개로될 수 없도록 시설한다.

풀이 341.9 개폐기의 시설
1. 전로 중에 개폐기를 시설하는 경우에는 그곳의 각 극에 설치하여야 한다.
2. 고압용 또는 특고압용의 개폐기는 그 작동에 따라 그 개폐상태를 표시하는 장치가 되어 있는 것이어야 한다.
3. 고압용 또는 특고압용의 개폐기로서 중력 등에 의하여 자연히 작동할 우려가 있는 것은 자물쇠장치 기타 이를 방지하는 장치를 시설하여야 한다.
4. 고압용 또는 특고압용의 개폐기로서 부하전류를 차단하기 위한 것이 아닌 개폐기는 부하전류가 통하고 있을 경우에는 개로할 수 없도록 시설하여야 한다. **답** ③

95 피뢰기 설치기준으로 옳지 않은 것은?

① 발전소·변전소 또는 이에 준하는 장소의 가공전선의 인입구 및 인출구
② 가공전선로와 특고압전선로가 접속되는 곳
③ 가공전선로에 접속한 1차 측 전압이 35[kV] 이하인 배전용 변압기의 고압측 및 특고압측
④ 고압 및 특고압가공전선로로부터 공급 받는 수용장소의 인입구

풀이 341.13 피뢰기의 시설
고압 및 특고압의 전로 중 다음에 열거하는 곳 또는 이에 근접한 곳에는 피뢰기를 시설하여야 한다.
가. 발전소·변전소 또는 이에 준하는 장소의 **가공전선 인입구 및 인출구**
나. 특고압 가공전선로에 접속하는 **배전용 변압기의 고압측 및 특고압측**
다. 고압 및 특고압 가공전선로로부터 공급을 받는 수용장소의 인입구
라. 가공전선로와 지중전선로가 접속되는 곳 **답** ②

96 태양광설비에 시설하여야 하는 계측장치가 아닌 것은?

① 전압   ② 전류
③ 역률   ④ 전력

풀이 522.3.3 태양광설비의 계측장치
태양광설비에는 **전압, 전류 및 전력**을 계측하는 장치를 시설하여야 한다. **답** ③

97 금속제 수도관로를 접지공사의 접지극으로 사용하는 경우에 대한 사항이다. (㉠), (㉡), (㉢)에 들어갈 수치로 알맞은 것은?

> 접지선과 금속제 수도관로의 접속은 안지름 (㉠)[mm] 이상인 금속제 수도관의 부분 또는 이로부터 분기한 안지름 (㉡) [mm] 미만인 금속제 수도관의 그 분기점으로부터 5[m] 이내의 부분에서 할 것. 다만, 금속제 수도관로와 대지 간의 전기저항치가 (㉢)[Ω] 이하인 경우에는 분기점으로부터의 거리는 5[m]를 넘을 수 있다.

① ㉠ 75, ㉡ 75, ㉢ 2
② ㉠ 75, ㉡ 50, ㉢ 2
③ ㉠ 50, ㉡ 75, ㉢ 4
④ ㉠ 50, ㉡ 50, ㉢ 4

풀이 142.2 접지극의 시설 및 접지저항
지중에 매설되어 있고 대지와의 전기저항 값이 3[Ω] 이하의 값을 유지하고 있는 금속제 수도관로와 접지도체의 접속은 금속제 수도관로의 **안지름이 75[mm] 이상인 부분 또는 여기에서 분기한 안지름 75[mm] 미만인 분기점으로부터 5[m] 이내의 부분**에서 하여야 한다. 다만, 금속제 수도관로와 대지 사이의 **전기저항 값이 2[Ω] 이하인 경우에는 분기점으로부터의 거리는 5[m]을 넘을 수 있다.** **답** ①

98 주택 등 저압 수용 장소에서 고정 전기설비에 TN-C-S 접지방식으로 접지공사 시 중성선 겸용 보호도체(PEN)를 알루미늄으로 사용 할 경우 단면적은 몇 [mm^2] 이상이어야 하는가?

① 2.5   ② 6
③ 10   ④ 16

풀이 142.4.2 주택 등 저압수용장소 접지
저압수용장소에서 계통접지가 TN-C-S 방식인 경우 **중성선 겸용 보호도체(PEN)**는 고정 전기설비에만 사용할 수 있고, 그 도체의 단면적이 구리는 10[mm^2] 이상, 알루미늄은 16[mm^2] 이상이어야 하며, 그 계통의 최고전압에 대하여 절연되어야 한다. **답** ④

99 전력보안통신설비의 전원공급기 시설에 대한 다음 설명 중 옳지 않은 것은?

① 누전차단기를 내장하여야 한다.
② 지상에서 4[m] 이상 유지하여야 한다.
③ 전원공급기 시설 시 통신사업자는 기기 전면에 명판을 부착하여야 한다.
④ 기기주, 변대주 및 분기주 등 설비 복잡개소에는 전원공급기를 시설하여야 한다.

풀이 362.9 전원공급기의 시설
1. 전원공급기는 다음에 따라 시설하여야 한다.
   가. 지상에서 4[m] 이상 유지할 것.
   나. 누전차단기를 내장할 것.
   다. 시설방향은 인도 측으로 시설하며 외함은 접지를 시행할 것.
2. 기기주, 변대주 및 분기주 등 설비 복잡개소에는 전원공급기를 시설할 수 없다.
3. 전원공급기 시설 시 통신사업자는 기기 전면에 명판을 부착하여야 한다. **답 ④**

100 지중 전선로의 매설방법이 아닌 것은?

① 관로식
② 인입식
③ 암거식
④ 직접 매설식

풀이 334.1 지중전선로의 시설
가. 지중 전선로는 전선에 **케이블을 사용하고 또한 관로식·암거식 또는 직접 매설식에 의하여 시설**하여야 한다.
나. 지중 전선로를 직접 매설식에 의하여 시설하는 경우에는 매설 깊이를 차량 기타 중량물의 압력을 받을 우려가 있는 장소에는 1.0[m] 이상, 기타 장소에는 0.6[m] 이상으로 하고 또한 지중 전선을 견고한 트라프 기타 방호물에 넣어 시설하여야 한다. **답 ②**

완벽대비 2024년 3회 전기산업기사필기(CBT 복원문제)

동일출판사 홈페이지에서 무료 동영상강의를 보실 수 있습니다.

1과목 - 전기자기

01 강자성체의 자화의 세기 J와 자화력 H 사이의 관계는?

① 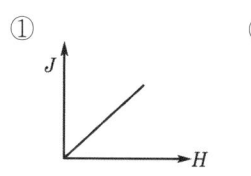 ②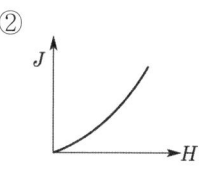

③ 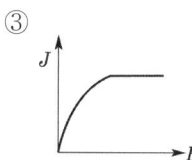 ④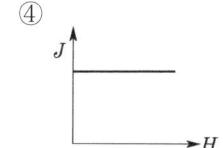

풀이 강자성체의 자화는 천천히 증가하지만 그 한계를 넘으면 자기 포화를 일으켜 H의 증가에도 불구하고 J는 일정하게 된다. 답 ③

02 자기 인덕턴스가 10[H]인 코일에 3[A]의 전류가 흐를 때 코일에 축적된 자계 에너지는 몇 [J]인가?

① 30 ② 45
③ 60 ④ 90

풀이 자계 에너지
$$W = \frac{1}{2}LI^2 = \frac{1}{2} \times 10 \times 3^2 = 45[J]$$ 답 ②

03 원점 주위의 전류 밀도가 $J = \frac{2}{r}a_r$ [A/m²]의 분포를 가질 때 반지름 5[cm]의 구면을 지나는 전 전류는 몇 [A]인가?

① 0.1π ② 0.2π
③ 0.3π ④ 0.4π

풀이
$$I = \oint_s \mathbf{J} \cdot d\mathbf{s} = \oint_s \frac{2}{r}a_r \cdot a_r\, ds \; (a_r = 1)$$
$$= \frac{2}{r}\oint_s ds = \frac{2}{r}s = \frac{2}{r} \times 4\pi r^2$$
$$= 8\pi r = 8\pi \times 5 \times 10^{-2} = 0.4\pi[A]$$ 답 ④

04 두 유전체의 경계면에서 정전계가 만족하는 것은?

① 전계의 법선성분이 같다.
② 전속밀도의 접선성분이 같다.
③ 경계면상의 두 점 간의 전위차가 같다.
④ 전속은 유전율이 작은 유전체로 모인다.

풀이 경계 조건
- 전속밀도의 법선성분(수직 성분)이 같다. ($D_1\cos\theta_1 = D_2\cos\theta_2$)
- 전계는 접선성분(평행 성분)이 같다. ($E_1\sin\theta_1 = E_2\sin\theta_2$)
- 두 경계면에서의 전위는 서로 같다. ($V_1 = V_2$)
- $\epsilon_1 > \epsilon_2$이면, $\theta_1 > \theta_2$이다.
- $\dfrac{\tan\theta_1}{\tan\theta_2} = \dfrac{\epsilon_1}{\epsilon_2}$
- 전속선은 유전율이 큰 유전체 쪽으로 모이려는 성질이 있다. 답 ③

05 다음 중 맥스웰의 전자 방정식으로 옳지 않은 것은?

① $\operatorname{rot}\mathbf{H} = i + \dfrac{\partial\mathbf{D}}{\partial t}$
② $\operatorname{rot}\mathbf{E} = -\dfrac{\partial\mathbf{B}}{\partial t}$
③ $\operatorname{div}\mathbf{B} = \phi$
④ $\operatorname{div}\mathbf{D} = \rho$

풀이 맥스웰 방정식의 미분형
① $\operatorname{rot}\mathbf{E} = -\dfrac{\partial\mathbf{B}}{\partial t}$: Faraday 법칙
② $\operatorname{rot}\mathbf{H} = i + \dfrac{\partial\mathbf{D}}{\partial t}$: 암페어의 주회적분 법칙
③ $\operatorname{div}\mathbf{D} = \rho$: 가우스의 법칙
④ $\operatorname{div}\mathbf{B} = 0$: 고립된 자하는 없다. 답 ③

06
동심구에서 내부도체의 반지름이 a, 절연체의 반지름이 b, 외부도체의 반지름이 c이다. 내부도체에만 전하 Q를 주었을 때 내부도체의 전위는? (단, 절연체의 유전율은 ϵ_o이다.)

① $\dfrac{Q}{4\pi\epsilon_o a}\left(\dfrac{1}{a}+\dfrac{1}{b}\right)$

② $\dfrac{Q}{4\pi\epsilon_o}\left(\dfrac{1}{a}-\dfrac{1}{b}\right)$

③ $\dfrac{Q}{4\pi\epsilon_o}\left(\dfrac{1}{a}-\dfrac{1}{b}-\dfrac{1}{c}\right)$

④ $\dfrac{Q}{4\pi\epsilon_o}\left(\dfrac{1}{a}-\dfrac{1}{b}+\dfrac{1}{c}\right)$

풀이 내부도체 A에 전하 Q를 주면 정전유도에 의해 도체 B의 내측 표면에 $-Q$, 외측 표면에는 Q가 유도된다.

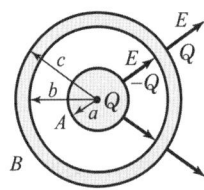

① 도체 B의 표면 전위, $V_c\ (r=c)$

$V_c = \dfrac{Q}{4\pi\epsilon_0 c}$

(중심에 점전하 Q가 놓인 거리 $r=c$인 전위로 구함)

② 도체 A와 B 사이의 전위차, $V_{ab}\ (a\le r\le b)$

$V_{ab} = \dfrac{Q}{4\pi\epsilon_0}\left(\dfrac{1}{a}-\dfrac{1}{b}\right)$

(중심에 점전하 Q가 놓인 a와 b 사이의 전위차로 구함)

③ 도체 A의 표면 전위, $V_a\ (r=a)$

(도체 A의 표면 전위는 무한원점에서 전위와 전위차의 합이 됨)

따라서 내부도체 표면의 전위 V_a는

$V_a = V_c + V_{bc} + V_{ab} = \dfrac{Q}{4\pi\epsilon_0 c} + 0 + \dfrac{Q}{4\pi\epsilon_0}\left(\dfrac{1}{a}-\dfrac{1}{b}\right)$

$= \dfrac{Q}{4\pi\epsilon_0}\left(\dfrac{1}{a}-\dfrac{1}{b}+\dfrac{1}{c}\right)$ **답** ④

07
전자석의 흡인력은 공극(air gap)의 자속밀도를 B라 할 때 다음의 어느 것에 비례하는가?

① B
② $B^{0.5}$
③ $B^{1.6}$
④ $B^{2.0}$

풀이

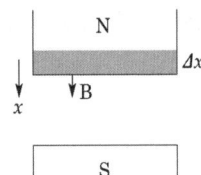

그림의 N 극의 강자성체를 $\triangle x$ 움직일 때의 에너지의 증가 $\triangle W$는 (가상변위의 원리)

$\triangle W = \dfrac{1}{2\mu}B^2\triangle xS - \dfrac{1}{2\mu_0}B^2\triangle xS$

$F_x = -\dfrac{\triangle W}{\triangle x} = \left(\dfrac{B^2}{2\mu_0}-\dfrac{B^2}{2\mu}\right)S\ [\text{N}]$

위의 식에서 $\dfrac{B^2}{2\mu_0}\gg\dfrac{B^2}{2\mu}$ 이다.

(∵ 강자성체에서는 $\mu_0\ll\mu$)

∴ $F_x = \dfrac{B^2}{2\mu_0}S\ [\text{N}]$ (흡인력)

또, S 극의 강자성체에도 같은 크기의 흡인력이 작용한다.   **답** ④

08
점 $P(1,\ 2,\ 3)$[m]와 $Q(2,\ 0,\ 5)$[m]에 각각 4×10^{-5}[C]과 -2×10^{-4}[C]의 점전하가 있을 때, 점 P에 작용하는 힘은 몇 [N]인가?

① $\dfrac{8}{3}(i-2j+2k)$ ② $\dfrac{8}{3}(-i-2j+2k)$

③ $\dfrac{3}{8}(i+2j+2k)$ ④ $\dfrac{3}{8}(2i+j-2k)$

풀이

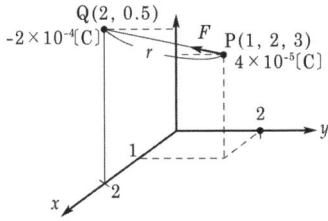

$\vec{F} = \dfrac{Q_1 Q_2}{4\pi\epsilon_0 r^2}\vec{r}\ [\text{N}]$

$\vec{r} = (1,\ 2,\ 3)-(2,\ 0,\ 5) = (-1,\ 2,\ -2)$

$= -i+2j-2k$

$\vec{F} = 9\times 10^9 \times \dfrac{4\times 10^{-5}\times -2\times 10^{-4}}{(\sqrt{(-1)^2+(2)^2+(-2)^2})^2}$

$\times \dfrac{-i+2j-2k}{\sqrt{(-1)^2+(2)^2+(-2)^2}}$

$= -8\cdot\dfrac{1}{3}(-i+2j-2k)$

$= -\dfrac{8}{3}(-i+2j-2k) = \dfrac{8}{3}(i-2j+2k)$ **답** ①

09 강자성체가 아닌 것은?

① 철(Fe) ② 니켈(Ni)
③ 백금(Pt) ④ 코발트(Co)

풀이
- 강자성체 : 철(Fe), 니켈(Ni), 코발트(Co)
- 상자성체 : 알루미늄(Al), 망간(Mn), 백금(Pt), 텅스텐(W), 주석(Sn), 산소(O_2), 질소(N_2) 등
- 반자성체 : 비스무트(Bi), 구리(Cu), 탄소(C), 규소(Si), 은(Ag), 납(Pb) 등

답 ③

10 점전하 $+Q$의 무한 평면도체에 대한 영상전하는?

① $+Q$ ② $-Q$
③ $+2Q$ ④ $-2Q$

풀이 무한평면으로부터 r[m] 떨어진 P점에 점전하 $+Q$[C]가 있는 경우 영상전하는 무한평면 뒤쪽으로 점 P의 대칭점에 존재하며, 그 크기는 점전하와 같고 부호는 반대로 $Q' = -Q$[C]이다.

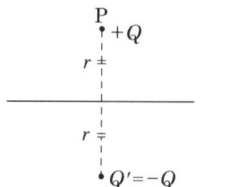

답 ②

11 벡터 $A = 2i - 6j - 3k$와 $B = 4i + 3j - k$에 수직한 단위 벡터는?

① $\pm\left(\frac{3}{7}i - \frac{2}{7}j + \frac{6}{7}k\right)$
② $\pm\left(\frac{3}{7}i + \frac{2}{7}j - \frac{6}{7}k\right)$
③ $\pm\left(\frac{3}{7}i - \frac{2}{7}j - \frac{6}{7}k\right)$
④ $\pm\left(\frac{3}{7}i + \frac{2}{7}j + \frac{6}{7}k\right)$

풀이 벡터적의 정의를 이용하면 $A \times B = |A \times B|n$
(n : 법선 벡터이므로 A와 B에 수직인 단위 벡터)

$$n = \frac{A \times B}{|A \times B|} = \frac{\begin{vmatrix} i & j & k \\ 2 & -6 & -3 \\ 4 & 3 & -1 \end{vmatrix}}{|A \times B|}$$

$$= \frac{15i - 10j + 30k}{\sqrt{15^2 + (-10)^2 + 30^2}}$$

$$= \frac{1}{35}(15i - 10j + 30k) = \frac{3}{7}i - \frac{2}{7}j + \frac{6}{7}k$$

법선 벡터 n의 부(-)의 벡터도 벡터 A와 B에 수직이 되므로
$n = \pm\left(\frac{3}{7}i - \frac{2}{7}j + \frac{6}{7}k\right)$가 된다.

답 ①

12 도전성을 가진 매질 내의 평면파에서 전송계수를 γ를 표현한 것으로 알맞은 것은? (단, α는 감쇠정수, β는 위상정수이다.)

① $\gamma = \alpha + j\beta$ ② $\gamma = \alpha - j\beta$
③ $\gamma = j\alpha + \beta$ ④ $\gamma = j\alpha - \beta$

풀이 전송계수 $\gamma = \alpha + j\beta$
(여기서, α : 감쇠정수, β : 위상정수)

답 ①

13 접지 구도체와 점전하 간의 작용력은?

① 항상 반발력이다.
② 항상 흡입력이다.
③ 조건적 반발력이다.
④ 조건적 흡입력이다.

풀이 접지 구도체에는 항상 점전하와 반대 극성인 전하 ($Q' = -\frac{a}{d}Q$)가 유도되므로 항상 흡인력이 작용한다.

답 ②

14 공기 중에서 1[V/m]의 크기를 가진 정현파 전계에 대한 변위전류 1[A/m²]를 흐르게 하기 위해서는 이 전계의 주파수가 몇 [MHz]가 되어야 하는가?

① 1500[MHz] ② 1800[MHz]
③ 15000[MHz] ④ 18000[MHz]

풀이 $\omega = 2\pi f = \frac{i_d}{\epsilon E}$ 이므로

$$\therefore f = \frac{i_d}{2\pi\epsilon_o\epsilon_s E} = \frac{1}{2\pi \times \frac{1}{4\pi \times 9 \times 10^9} \times 1 \times 1} \times 10^{-6}$$

$\fallingdotseq 18000$[MHz]

답 ④

15 열전대는 무슨 효과를 이용한 것인가?

① 압전효과 ② 제벡 효과
③ 홀 효과 ④ 가우스 효과

풀이 제벡 효과(Seebeck effect)
서로 다른 두 종류의 금속선을 접합하여 폐회로를 만든 후 두 접합점의 온도를 달리하였을 때, 폐회로에 열기전력이 발생하여 열전류가 흐르게 된다. 이러한 현상을 제벡 효과라 하며 이때 연결한 금속 루프를 **열전대**라 한다. 답 ②

16 그림과 같이 평행 왕복 도선에 $\pm I$[A]가 흐르고 있을 때 점 $\mathrm{P}(\theta=90°)$의 자계의 세기는 몇 [AT/m]인가?

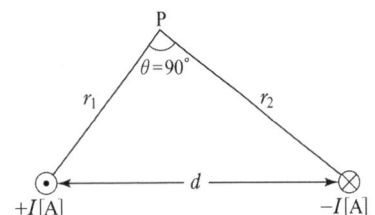

① $\dfrac{I}{2\pi d}$ ② $\dfrac{I}{2\pi r_1 r_2}$

③ $\dfrac{I\sqrt{r_1+r_2}}{2\pi d}$ ④ $\dfrac{Id}{2\pi r_1 r_2}$

풀이

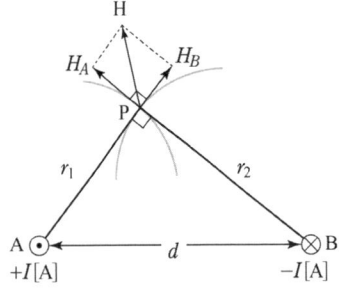

그림에서 A와 B 도선 전류에 의한 자계는 암페어 오른나사 법칙에 의해 동심원을 그리므로 점 P에서의 자계 방향은 접선 방향 H_A, H_B ($H_A \ne H_B$)가 되고, 크기는 각각

$$H_A = \dfrac{I}{2\pi r_1},\ H_B = \dfrac{I}{2\pi r_2}$$

이다. 두 자계 H_A, H_B가 이루는 각은 기하학적으로 90°이므로 두 자계 H_A, H_B의 합성자계 H는 피타고라스 정리에 의해

$$\therefore H = \sqrt{H_A^2 + H_B^2} = \sqrt{\left(\dfrac{I}{2\pi r_1}\right)^2 + \left(\dfrac{I}{2\pi r_2}\right)^2}$$

$$= \sqrt{\dfrac{I^2}{(2\pi)^2}\left(\dfrac{1}{r_1^2} + \dfrac{1}{r_2^2}\right)}$$

$$= \sqrt{\dfrac{I^2}{(2\pi)^2}\left(\dfrac{r_1^2 + r_2^2}{r_1^2 r_2^2}\right)} \quad (r_1^2 + r_2^2 = d^2)$$

$$= \sqrt{\dfrac{I^2}{(2\pi)^2}\left(\dfrac{d^2}{r_1^2 r_2^2}\right)} = \dfrac{Id}{2\pi r_1 r_2}\text{[AT/m]} \quad \text{답 ④}$$

17 전류에 의한 자계의 방향을 결정하는 법칙은?
① 렌츠의 법칙
② 플레밍의 왼손 법칙
③ 플레밍의 오른손 법칙
④ 암페어의 오른나사 법칙

풀이

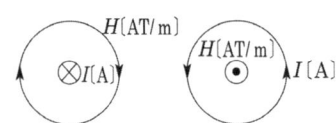

- 전류에 의한 자계의 방향은 암페어의 오른 나사 법칙에 따르며 그림과 같은 방향이다.
- 플레밍의 오른손 법칙(발전기의 경우) : 자계 중에서 도체가 운동할 때 유기 기전력의 방향을 결정
- 플레밍의 왼손 법칙(전동기의 경우) : 자계 중에 있는 도체에 전류를 흘릴 때의 도체의 운동 방향을 결정
- 렌츠의 법칙 : 도체 주위의 자속이 변화할 때 유기되는 기전력의 방향이 그 자속의 변화를 방해하는 방향으로 생긴다. 답 ④

18 전하 8π[C]이 8[m/s]의 속도로 진공 중을 직선운동하고 있다면, 이 운동 방향에 대하여 각도 θ이고, 거리 4[m] 떨어진 점의 자계의 세기는 몇 [A/m]인가?

① $\cos\theta$ ② $\dfrac{1}{2\sin\theta}$

③ $\sin\theta$ ④ $2\sin\theta$

풀이 등가전류

$$I = \dfrac{q}{t} = \dfrac{qv}{l}\ \left(\because v = \dfrac{l}{t}\right)$$

비오사바르 법칙

$$H = \dfrac{Il\sin\theta}{4\pi r^2} = \dfrac{qv\sin\theta}{4\pi r^2} = \dfrac{8\pi \times 8 \times \sin\theta}{4\pi \times 4^2}$$

$$= \sin\theta\ \text{[A/m]} \quad \text{답 ③}$$

19 전자파의 에너지 전달방향은?

① $\nabla \times E$의 방향과 같다.
② $E \times H$의 방향과 같다.
③ 전계 E의 방향과 같다.
④ 자계 H의 방향과 같다.

풀이 전계 E_x와 자계 H_y는 같은 위상(동상)으로 진행하고 $E \times H$ 방향이 전자파의 진행방향이며, 이 세 성분의 방향은 서로 직교한다. **답** ②

20 도체의 성질에 대한 설명으로 틀린 것은?

① 도체 내부의 전계는 0이다.
② 전하는 도체 표면에만 존재한다.
③ 도체의 표면 및 내부의 전위는 등전위이다.
④ 도체 표면의 전하밀도는 표면의 곡률이 큰 부분일수록 작다.

풀이 도체의 성질과 전하분포
① 도체 표면과 내부의 전위는 동일하고(등전위), 표면은 등전위면이다.
② 도체 내부의 전계의 세기는 0이다.
③ 전하는 도체 내부에는 존재하지 않고, 도체 표면에만 분포한다.
④ 도체 면에서의 전계의 세기는 도체 표면에 항상 수직이다.
⑤ 도체 표면에서의 전하밀도는 곡률이 클수록 높다. 즉, 곡률반경이 작을수록 높다.
⑥ 중공부에 전하가 없고 대전 도체라면, 전하는 도체 외부의 표면에만 분포한다.
⑦ 중공부에 전하를 두면 도체내부표면에 동량 이부호, 도체 외부 표면에 동량 동부호의 전하가 분포한다.
답 ④

2과목 - 전력공학

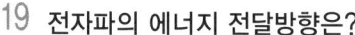

21 전압이 일정값 이하로 되었을 때 동작하는 것으로서 단락 시 고장 검출용으로도 사용되는 계전기는?

① OVR   ② OVGR
③ NSR   ④ UVR

풀이 ① 전압이 정정값 이하 시 동작 : 부족전압 계전기(UVR)
② 전압이 정정값 초과 시 동작 : 과전압 계전기(OVR)
답 ④

22 출력 5000[kW], 유효낙차 50[m]인 수차에서 안내날개의 개방상태나 효율의 변화 없이 일정할 때 유효낙차가 5[m] 줄었을 경우 출력은 약 몇 [kW]인가?

① 4000   ② 4270
③ 4500   ④ 4740

풀이 출력을 P, 사용 수량을 Q, 유효 낙차를 H라고 하면
$P = 9.8 Q H \eta$이므로 $P \propto QH$
수차에 유입하는 물의 유속
$v = C\sqrt{2gH}$에서 $v \propto H^{\frac{1}{2}}$
$Q = Av$에서 안내 날개의 개도 A는 일정하므로
$Q \propto v \propto H^{\frac{1}{2}}$ 그러므로, $P \propto QH \propto H^{\frac{3}{2}}$
지금 P_1 : 낙차 변화 전의 출력[kW]
P_2 : 낙차 변화 후의 출력[kW]
H_1 : 변화 전의 낙차
H_2 : 변화 후의 낙차라고 하면
$\therefore P_2 = P_1 \left(\dfrac{H_2}{H_1}\right)^{3/2} = 5000 \times \left(\dfrac{50-5}{50}\right)^{3/2}$
$= 5000 \times 0.854 = 4270[kW]$ **답** ②

23 송전선에 복도체를 사용할 때의 설명으로 틀린 것은?

① 코로나 손실이 경감된다.
② 안정도가 상승하고 송전용량이 증가한다.
③ 정전 반발력에 의한 전선의 진동이 감소된다.
④ 전선의 인덕턴스는 감소하고, 정전용량이 증가한다.

풀이 단도체 방식에 비해서 복도체 방식의 특징은
① 전선의 인덕턴스가 감소하고 정전 용량이 증가되어 선로의 송전용량이 증가하고 계통의 안정도를 증진시킨다.
② 전선 표면의 전위 경도가 저감되므로 코로나 임계 전압을 높일 수 있고 코로나손, 코로나 잡음 등의 장해가 저감된다.
③ 모든 소도체에는 동일 방향으로 전류가 흐르므로 흡인력이 생긴다.
답 ③

24 비접지식 송전선로에서 1선 지락고장이 생겼을 경우 지락점에 흐르는 전류는?

① 직선성을 가진 직류이다.
② 고장 상의 전압과 동상의 전류이다.
③ 고장 상의 전압보다 90° 늦은 전류이다.
④ 고장 상의 전압보다 90° 빠른 전류이다.

풀이 지락전류 $I_g = j3\omega C_s E$[A]
따라서, **지락 전류는 전압보다 $+j(90°)$ 앞선 전류가 흐른다.** **답** ④

25 전력계통의 전압안정도를 나타내는 P-V 곡선에 대한 설명 중 적합하지 않은 것은?

① 가로축은 수전단 전압을 세로축은 무효전력을 나타낸다.
② 진상무효전력이 부족하면 전압은 안정되고 진상무효전력이 과잉되면 전압은 불안정하게 된다.
③ 전압 불안정 현상이 일어나지 않도록 전압을 일정하게 유지하려면 무효전력을 적절하게 공급하여야 한다.
④ P-V 곡선에서 주어진 역률에서 전압을 증가시키더라도 송전할 수 있는 최대 전력이 존재하는 임계점이 있다.

풀이
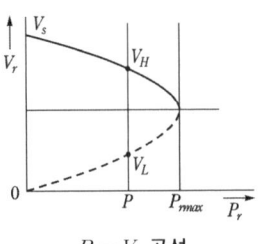
$P_r - V_r$ 곡선

즉, P-V 곡선의 가로축은 유효전력을 세로축은 수전단 전압을 나타낸다. **답** ①

26 송전선에 코로나가 발생하면 전선이 부식된다. 무엇에 의하여 부식되는가?

① 산소   ② 질소
③ 수소   ④ 오존

풀이 오존과 산화질소는 코로나 방전 시에 발생하며 습기와 혼합하면 질산이 되므로 전선이나 부속물을 부식시킨다. **답** ④

27 수압관의 평균지름(안지름)을 D[m], 관 내의 평균유속을 v [m/s]라고 할 때, 유량 Q [m³/s]은?

① $\pi D^2 V$ ② $2\pi D^2 V$
③ $\dfrac{\pi}{4} D^2 V$ ④ $\dfrac{\pi}{8} D^2 V$

풀이 사용 유량 $Q = \dfrac{\pi}{4} D^2 V$[m³/s]
단, V : 관 내의 평균 유속[m/s], D : 관의 지름[m] **답** ③

28 역률 0.8, 출력 360[kW]인 3상 평형유도 부하가 3상 배전선로에 접속되어 있다. 부하단의 수전전압이 6000[V], 배전선 1조의 저항 및 리액턴스가 각각 5[Ω], 4[Ω]라고 하면 송전단전압은 몇 [V]인가?

① 6120   ② 6277
③ 6300   ④ 6480

풀이 출력 $P = \sqrt{3} VI\cos\theta$ 이므로
전류 $I = \dfrac{P \times 10^3}{\sqrt{3} V\cos\theta} = \dfrac{360 \times 10^3}{\sqrt{3} \times 6000 \times 0.8} = 43.3$[A]
따라서 송전단전압
$V_s = V_r + \sqrt{3} I(R\cos\theta + X\sin\theta)$
$= 6000 + \sqrt{3} \times 43.3 \times (5 \times 0.8 + 4 \times 0.6)$
$\fallingdotseq 6480$[V] **답** ④

29 직류 2선식 배전선로에서 전압변동률과 전력손실률과의 관계는?

① 전압변동률은 전력손실률의 $\sqrt{3}$ 배이다.
② 전압변동률은 전력손실률의 2배이다.
③ 전압변동률과 전력손실률은 서로 같다.
④ 전압변동률은 전력손실률의 $\dfrac{1}{2}$ 배이다.

풀이 • 직류 선로에서는 인덕턴스를 고려하지 않아도 되므로, 전압변동률과 전압강하율은 서로 같다.

- 전압변동률 = $\dfrac{E_{r0}-E_r}{E_r}\times 100 = \dfrac{E_s-E_r}{E_r}\times 100$
  = 전압강하율

- 왕복 전체 길이의 저항을 R, 전부하 전류를 I 라고 하면
  전압강하율 = $\dfrac{E_s-E_r}{E_r}\times 100 = \dfrac{IR}{E_r}\times 100$
  = $\dfrac{I^2R}{E_r I}\times 100$ = 전력손실률

따라서, 전압변동률과 전력손실률은 서로 같다. 답 ③

30 송전선로에 충전전류가 흐르면 수전단 전압이 송전단 전압보다 높아지는 현상과 이 현상의 발생 원인으로 가장 옳은 것은?

① 페란티 효과, 선로의 인덕턴스 때문
② 페란티 효과, 선로의 정전용량 때문
③ 근접 효과, 선로의 인덕턴스 때문
④ 근접 효과, 선로의 정전용량 때문

풀이 페란티 현상이란 선로의 정전 용량으로 인하여 무부하시나 경부하시에 진상 전류가 흘러 **수전단 전압이 송전단 전압보다 높아지는 현상**을 말하며 이의 대책으로는 분로 리액터나 동기 조상기의 지상 용량으로 방지할 수 있다. 답 ②

31 가스차단기에 대한 설명으로 틀린 것은?

① 절연회복이 빨라 고전압, 대전류에 적합하다.
② 액화 방지 및 산화 방지 대책이 필요 없다.
③ 소호능력이 뛰어나다.
④ 절연내력이 우수하다.

풀이 SF_6 가스 차단기의 특징
[장점]
- 밀폐구조이므로 소음이 없다.
- 소전류 차단에도 안정된 차단이 가능하다.
- 절연내력이 공기의 2~3배, 소호 능력은 공기의 100~200배
- 근거리 고장 등 가혹한 재기전압에 대해서도 성능이 우수
- SF_6 가스는 무독, 무취, 무해성이다.

[단점]
- 내부를 직접 눈으로 볼 수 없다.
- 가스 압력, 수분 등을 엄중하게 감시할 필요가 있다.

- 한랭지, 산악지방에서는 액화 방지대책이 필요하다.
- 내부점검, 부품교환이 번거롭다.
- 비교적 고가이다. 답 ②

32 단상 2선식과 3상 3선식의 부하전력, 전압을 같게 하였을 때 단상 2선식의 선로전류를 100 [%]로 보았을 경우, 3상 3선식의 선로 전류는?

① 38[%] ② 48[%]
③ 58[%] ④ 68[%]

풀이 $VI_1\cos\theta = \sqrt{3}\,VI_3\cos\theta \;\to\; I_1 = \sqrt{3}\,I_3$
$\therefore \dfrac{I_3}{I_1}\times 100 = \dfrac{1}{\sqrt{3}}\times 100 = 58[\%]$ 답 ③

33 전력용 퓨즈는 주로 어떤 전류의 차단을 목적으로 사용하는가?

① 지락전류 ② 단락전류
③ 과도전류 ④ 과부하전류

풀이 전력용 퓨즈는 **단락 보호용**으로 사용된다. 답 ②

34 그림과 같은 배전선로에서 부하의 급전 시와 차단 시에 조작 방법 중 옳은 것은?

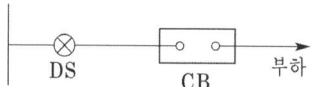

① 급전 시는 DS, CB 순이고, 차단 시는 CB, DS 순이다
② 급전 시는 CB, DS 순이고, 차단 시는 DS, CB 순이다.
③ 급전 및 차단 시 모두 DS, CB 순이다.
④ 급전 및 차단 시 모두 CB, DS 순이다.

풀이 단로기는 부하 차단 능력이 없으므로 **정전시 CB – DS, 급전시 DS – CB**가 되어야 한다. 즉, 차단기가 열려 있어야 단로기를 여닫을 수 있다. 답 ①

35 송전선로의 중성점을 접지하는 목적이 아닌 것은?

① 송전 용량의 증가
② 과도 안정도의 증진
③ 이상 전압 발생의 억제
④ 보호 계전기의 신속, 확실한 동작

풀이 송전 선로의 중성점 접지의 목적
① 이상 전압 발생 방지
② 1선 지락시 건전상 전압 상승 억제 및 기기나 선로의 절연 절감
③ 보호 계전기 동작 확실
④ 소호 리액터 계통에서의 1선 지락시 아크 소멸
송전 용량을 증가시키려면 선로의 직렬 리액턴스 성분을 감소시켜야 한다. **답** ①

36 유량을 구분할 때 매년 1~2회 발생하는 출수의 유량을 나타내는 것은?

① 홍수량   ② 풍수량
③ 고수량   ④ 갈수량

풀이 ① 홍수량 : 3~5년에 한 번씩 발생하는 출수의 유량
② 풍수량 : 1년을 통하여 95일은 이보다 내려가지 않는 유량(3개월 유량)
③ 고수량 : 매년 한두 번 발생하는 출수의 유량
④ 갈수량 : 1년을 통하여 355일은 이보다 내려가지 않는 유량 **답** ③

37 66[kV], 60[Hz] 3상 3선식 선로에서 중성점을 소호리액터 접지하여 완전 공진상태로 되었을 때 중성점에 흐르는 전류는 몇 [A]인가? (단, 소호리액터를 포함한 영상회로의 등가저항은 200[Ω], 중성점 잔류전압은 4400[V]라고 한다.)

① 11   ② 22
③ 33   ④ 44

풀이 공진 시 리액턴스 성분은 0이 되므로
완전 공진 시 전류 $I = \dfrac{E}{R} = \dfrac{4400}{200} = 22[A]$ **답** ②

38 위상 비교 반송 방식에 대한 설명으로 맞는 것은?

① 일단에서의 전압과 타단에서의 전압의 위상각을 비교한다.
② 일단에서 유입하는 전류와 타단에서 유출하는 전류의 위상각을 비교한다.
③ 일단에서 유입하는 전류와 타단에서의 전압의 위상각을 비교한다.
④ 일단에서의 전압과 타단에서 유출되는 전류의 위상각을 비교한다.

풀이 위상 비교 방식은 양단자에서 검출되는 전류의 위상차로 사고를 판단하는 방식이다. **답** ②

39 저압 네트워크 배전방식에 대한 설명으로 틀린 것은?

① 전압강하가 적다.
② 부하 밀도가 적은 곳에 유용하다.
③ 무정전 공급의 신뢰도가 높다.
④ 부하의 증가에 대한 적응성이 크다.

풀이 네트워크 배전방식의 장점
① 무정전 공급에 대한 신뢰도 높다.
② 기기 이용률 향상된다.
③ 전압변동이 적다.
④ 적응성 양호하다.
⑤ 전력손실이 감소한다.
⑥ 변전소 수를 줄일 수 있다. **답** ②

40 외뢰(外雷)에 대한 주 보호장치로서 송전계통의 절연협조의 기본이 되는 것은?

① 애자   ② 변압기
③ 차단기   ④ 피뢰기

풀이 계통 내의 각 기기, 기구 및 애자 등의 상호간에 적정한 절연 강도를 지니게 함으로써 계통 설계를 합리적, 경제적으로 할 수 있게 한 것을 **절연 협조**라고 하며 **피뢰기의 제한 전압**이 기본이 된다. **답** ④

3과목 - 전기기기

41 전기자저항과 계자저항이 각각 0.8[Ω]인 직류 직권전동기가 회전수 200[rpm], 전기자전류 30[A]일 때 역기전력은 300[V]이다. 이 전동기의 단자전압을 500[V]로 사용한다면 전기자전류가 위와 같은 30[A]로 될 때의 속도[rpm]는? (단, 전기자 반작용, 마찰손, 풍손 및 철손은 무시한다.)

① 200 ② 301
③ 452 ④ 500

풀이
① 전기자 반작용을 무시하면 $E = k\phi \dfrac{N}{60}$ 이고,
전류는 같으므로 자속 ϕ는 일정하다.
따라서, 속도는 역기전력에 비례 ($E \propto N$)한다.
② 단자전압 500[V], 전기자전류 30[A]일 때
- 역기전력
$E_0 = V - I_a(r_a + r_f) = 500 - (0.8 + 0.8) \times 30$
$= 452[V]$
- $\dfrac{E}{E_0} = \dfrac{N}{N_0} \rightarrow \dfrac{300}{452} = \dfrac{200}{N_0}$
$\therefore N_0 = 200 \times \dfrac{452}{300} = 301.3[\text{rpm}]$ **답 ②**

42 3상 동기기의 제동권선을 사용하는 주 목적은?

① 출력이 증가한다.
② 효율이 증가한다.
③ 역률을 개선한다.
④ 난조를 방지한다.

풀이 제동권선의 역할
① 난조방지
② 기동 토크 발생
③ 불평형부하 시의 전류, 전압파형 개선
④ 송전선의 불평형 단락 시의 이상전압 방지 **답 ④**

43 타여자 직류전동기의 속도제어에 사용되는 워드 레오나드(Ward Leonard) 방식은 다음 중 어느 제어법을 이용한 것인가?

① 저항제어법 ② 전압제어법
③ 주파수제어법 ④ 직병렬제어법

풀이 직류 전동기의 속도 제어법 비교

구 분	제어 특성	특 징
계자 제어법	• 정출력 제어	• 속도 제어 범위가 좁다.
전압 제어법	• 정토크 제어 – 워드 레오나드 방식 – 일그너 방식	• 제어 범위가 넓다. • 손실이 매우 적다. • 정역 운전이 가능 • 설비비가 많이든다.
직렬 저항법		• 효율이 나쁘다.

답 ②

44 동기발전기의 병렬운전에서 기전력의 위상이 다른 경우, 동기화력(P_s)을 나타낸 식은? (단, P : 수수전력, δ : 상차각이다.)

① $P_s = \dfrac{dP}{d\delta}$ ② $P_s = \int P d\delta$
③ $P_s = P \times \cos\delta$ ④ $P_s = \dfrac{P}{\cos\delta}$

풀이 동기화력은 상차각 δ의 미소변동에 대한 출력(P)의 변화율이므로
$P_s = \dfrac{dP}{d\delta} = \dfrac{d}{d\delta} \cdot \dfrac{E^2}{2x_s} \sin\delta = \dfrac{E^2}{2x_s} \cos\delta[W]$ **답 ①**

45 전기자 총 도체수 500, 6극, 중권의 직류전동기가 있다. 전기자 전 전류가 100[A]일 때의 발생 토크는 약 몇 [kg·m]인가? (단, 1극당 자속수는 0.01[Wb]이다.)

① 8.12 ② 9.54
③ 10.25 ④ 11.58

풀이
토크 $\tau = \dfrac{pZ\phi I_a}{2\pi a}[\text{N·m}] \times \dfrac{1}{9.8}[\text{kg·m}]$
$= \dfrac{6 \times 500 \times 0.01 \times 100}{2\pi \times 6} \times \dfrac{1}{9.8}$
$= 8.12[\text{kg·m}]$ **답 ①**

46 동기조상기를 부족여자로 사용하면?

① 리액터로 작용
② 저항손의 보상
③ 일반 부하의 뒤진 전류를 보상
④ 콘덴서로 작용

풀이 동기조상기는 동기전동기를 무부하로 회전시켜 직류 계자전류 I_f의 크기를 조정하여 무효전력을 지상 또는 진상으로 제어하는 기기이다.
- 과여자(진역률) : 콘덴서로 작용
- 부족여자(지역률) : 리액터로 작용

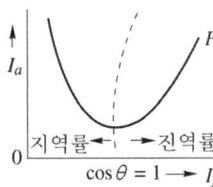

답 ①

47 슬립 5[%]인 유도전동기의 기계적 출력을 대표하는 부하저항은 2차 저항의 몇 배인가?
① 19　② 20
③ 29　④ 40

풀이 부하저항
$$R = r_2'\left(\frac{1}{s}-1\right) = r_2'\left(\frac{1}{0.05}-1\right) = 19r_2'$$
답 ①

48 3상 동기발전기가 그림과 같이 1선 지락이 발생하였을 경우 지락전류 I_0를 구하는 식은? (단, E_a는 무부하 유기기전력의 상전압, Z_0, Z_1, Z_2는 영상, 정상, 역상 임피던스이다.)

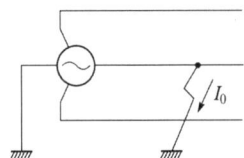

① $\dot{I_0} = \dfrac{3\dot{E_a}}{\dot{Z_0} \times \dot{Z_1} \times \dot{Z_2}}$

② $\dot{I_0} = \dfrac{\dot{E_a}}{\dot{Z_0} \times \dot{Z_1} \times \dot{Z_2}}$

③ $\dot{I_0} = \dfrac{3\dot{E_a}}{\dot{Z_0} + \dot{Z_1} + \dot{Z_2}}$

④ $\dot{I_0} = \dfrac{3\dot{E_a}}{\dot{Z_0} + \dot{Z_1^2} + \dot{Z_2^3}}$

풀이 1선 지락전류 $\dot{I_0} = \dfrac{3\dot{E_a}}{\dot{Z_0}+\dot{Z_1}+\dot{Z_2}}$[A]　**답** ③

49 직류기의 전기자 반작용의 영향이 아닌 것은?
① 주자속이 증가한다.
② 전기적 중성축이 이동한다.
③ 정류 작용에 악영향을 준다.
④ 정류자 편간전압이 상승한다.

풀이 전기자 반작용의 영향
① 전기적 중성축 이동
- 발전기 : 회전 방향으로 이동
- 전동기 : 회전 방향과 반대 방향으로 이동

② 주자속 감소
③ 정류자 편간의 불꽃 섬락 발생
④ 출력의 저하　**답** ①

50 직류전동기의 속도제어 방법에서 광범위한 속도 제어가 가능하며, 운전효율이 가장 좋은 방법은?
① 계자제어　② 전압제어
③ 직렬 저항제어　④ 병렬 저항제어

풀이 직류 전동기의 속도 제어법 비교

구 분	제어 특성	특 징
계자 제어법	• 정출력 제어	• 속도 제어 범위가 좁다.
전압 제어법	• 정토크 제어 - 워드 레오나드 방식 - 일그너 방식	• 제어 범위가 넓다. • 손실이 매우 적다. • 정역 운전이 가능 • 설비비가 많이든다.
직렬 저항법		• 효율이 나쁘다.

답 ②

51 계자저항 100[Ω], 계자전류 2[A], 전기자 저항이 0.2[Ω]이고, 무부하 정격속도로 회전하고 있는 직류 분권발전기가 있다. 이때의 유기기전력[V]은?
① 196.2　② 200.4
③ 220.5　④ 320.2

풀이

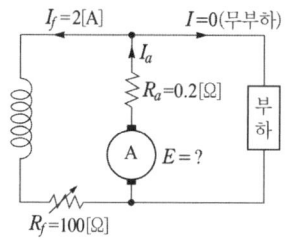

단자전압 V는 계자 회로의 전압강하와 같으므로
$V = R_f I_f = 100 \times 2 = 200[V]$
$E = V + I_a R_a$ 식에서 $I_a = I_f$ 이므로($\because$ 무부하)
$\therefore$ 유기기전력
$\quad E = V + I_f R_a = 200 + 2 \times 0.2 = 200.4[V]$ 답 ②

52 단상 유도전동기를 기동 토크가 큰 것부터 낮은 순서로 배열한 것은?

① 모노사이클릭형 → 반발 유도형 → 반발 기동형 → 콘덴서 기동형 → 분상 기동형
② 반발 기동형 → 반발 유도형 → 모노사이클릭형 → 콘덴서 기동형 → 분상 기동형
③ 반발 기동형 → 반발 유도형 → 콘덴서 기동형 → 분상 기동형 → 모노사이클릭형
④ 반발 기동형 → 분상 기동형 → 콘덴서 기동형 → 반발 유도형 → 모노사이클릭형

풀이 단상 유도전동기에서 기동 토크가 큰 것부터 순서로 배열하면
반발 기동형 > 반발 유도형 > 콘덴서 기동형 > 분상 기동형 > 셰이딩 코일형 > 모노사이클릭형 답 ③

53 직류기에서 양호한 정류를 얻는 조건으로 틀린 것은?

① 정류 주기를 크게 한다.
② 브러시의 접촉 저항을 크게 한다.
③ 전기자 권선의 인덕턴스를 작게 한다.
④ 평균 리액턴스 전압을 브러시 접촉면 전압 강하보다 크게 한다.

풀이 ① 정류 주기를 크게 하면 전류의 변화율, 즉 $\frac{di}{dt}$가 작아져서 불꽃 발생의 원인이 작아진다.
② L이 작아져도 역시 불꽃 발생의 근본 원인인 역기전력이 작아진다.

③ 리액턴스 전압은 $e_r = -L\frac{di}{dt}$ 로서 이것이 **정류를 해치는 가장 큰 원인**이 되는 것이다.
④ 브러시의 접촉 저항이 크면 저항 정류가 이루어져서 양호한 정류가 이루어진다. 답 ④

54 직류 직권전동기의 속도 제어에 사용되는 기기는?

① 초퍼   ② 인버터
③ 듀얼 컨버터   ④ 사이클로 컨버터

풀이
- AC-DC 컨버터(위상제어정류기) : 직류 전동기의 속도 제어
- DC-AC 인버터 : 교류 전동기의 속도 제어
- DC-DC 컨버터(직류초퍼회로) : 직류 전동기의 속도 제어
- AC-AC 컨버터(사이클로컨버터) : 가변 주파수, 가변 출력 전압 발생 답 ①

55 정격 전압을 $E[V]$, 정격 전류를 $I[A]$, 동기 임피던스를 $Z_s[\Omega]$이라 할 때 퍼센트 동기 임피던스 Z_s'는? 이때, $E[V]$는 선간전압이다.

① $\dfrac{I \cdot Z_s}{\sqrt{3}\,E} \times 100$ ② $\dfrac{I \cdot Z_s}{3E} \times 100$

③ $\dfrac{\sqrt{3} \cdot I \cdot Z_s}{E} \times 100$ ④ $\dfrac{I \cdot Z_s}{E} \times 100$

풀이 % 동기 임피던스 Z_s'는
$\therefore Z_s' = \dfrac{IZ_s}{E_n} \times 100[\%] = \dfrac{IZ_s}{E/\sqrt{3}} \times 100[\%]$
$\quad = \dfrac{\sqrt{3}\,IZ_s}{E} \times 100[\%]$ 답 ③

56 유도전동기의 동기 와트에 대한 설명으로 옳은 것은?

① 동기속도에서 1차 입력
② 동기속도에서 2차 입력
③ 동기속도에서 2차 출력
④ 동기속도에서 2차 동손

풀이
- 동기 와트란 슬립 s, 토크 T를 발생하며 회전하는 유도전동기가 같은 토크 T를 발생하며 동기 속도로 회전하는 것으로 가정하는 때의 출력 P_2를 말한다.

- 2차 입력(동기 와트) P_2, 회전 각속도 ω, 동기 각속도 ω_s라 하면

$$T = \frac{P}{\omega} = \frac{P_2(1-s)}{\omega_s(1-s)} = \frac{P_2}{\omega_s}$$

∴ $P_2 = \omega_s T$ [동기 와트]   답 ②

전기자 전류 I_a는 $I_a = I + I_f$이므로
$I_a = 25 + 0.4 = 25.4 [A]$
또한, $V = E - I_a R_a$ 식에서

∴ $R_a = \frac{E-V}{I_a} = \frac{210-200}{25.4} = \frac{10}{25.4} ≒ 0.4[\Omega]$ 답 ②

57 동기기에서 동기 임피던스 값과 실용상 같은 것은? (단, 전기자 저항은 무시한다.)

① 전기자 누설 리액턴스
② 동기 리액턴스
③ 유도 리액턴스
④ 등가 리액턴스

풀이 동기 임피던스 $Z_s = r + jx_s [\Omega]$에서 일반적으로 전기자 저항 r은 매우 적으므로 무시하면 $Z_s ≒ x_s$
즉, "동기임피던스 = 동기리액턴스"라고 한다.   답 ②

60 변압기의 내부고장에 대한 보호용으로 사용되는 계전기는 어느 것이 적당한가?

① 방향계전기   ② 과전류계전기
③ 접지계전기   ④ 비율차동계전기

풀이 변압기 내부고장 검출용 보호 계전기
① 차동 계전기(비율 차동 계전기)
② 압력 계전기
③ 부흐홀쯔 계전기
④ 가스 검출 계전기   답 ④

58 정격전압 1차 6600[V], 2차 220[V]의 단상변압기 두 대를 승압기로 V결선하여 6300 [V]의 3상 전원에 접속한다면 승압된 전압[V]은?

① 6410   ② 6460
③ 6510   ④ 6560

풀이 승압된 전압
$E_2 = E_1\left(1 + \frac{1}{n}\right) = 6300\left(1 + \frac{220}{6600}\right) = 6510[V]$ 답 ③

4과목 - 회로이론

61 3상 불평형 전압에서 역상전압이 50[V], 정상전압이 200[V], 영상전압이 10[V]라고 할 때 전압의 불평형률[%]은?

① 1   ② 5
③ 25   ④ 50

풀이 불평형률 = $\frac{역상\ 전압}{정상\ 전압} \times 100$
$= \frac{50}{200} \times 100 = 25[\%]$ 답 ③

59 유기기전력 210[V], 단자전압 200[V]인 5[kW] 분권 발전기의 계자저항이 500[Ω]이면 그 전기자 저항[Ω]은?

① 0.2   ② 0.4
③ 0.6   ④ 0.8

풀이
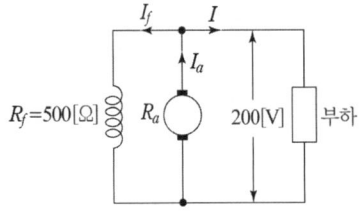

$I_f = \frac{V}{R_f} = \frac{200}{500} = 0.4[A]$, $I = \frac{P}{V} = \frac{5 \times 10^3}{200} = 25[A]$

62 다음의 회로가 정저항 회로가 되기 위한 L[H]의 값은?

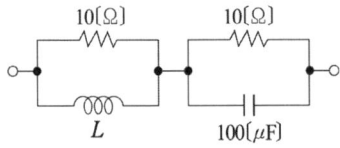

① 1   ② 0.1
③ 0.01   ④ 0.001

풀이 정저항의 조건 $R=\sqrt{\dfrac{L}{C}}$ 에서
$L=R^2C=10^2\times 100\times 10^{-6}=0.01[\text{H}]$　　답 ③

63 그림과 같은 회로에서 임피던스 파라미터 Z_{11}은?

① sL_1
② sM
③ sL_1L_2
④ sL_2

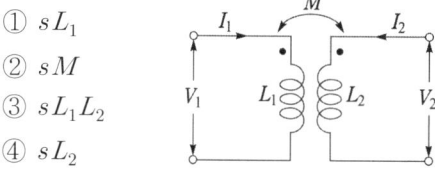

풀이 등가 T형 회로
$Z_{11}=Z_1+Z_3=L_1-M+M=L_1$
$\therefore Z_{11}=sL_1$

답 ①

64 일정 전압의 직류 전원에 저항을 접속하고 전류를 흘릴 때 이 전류값을 20[%] 증가시키기 위해서는 저항값을 몇 배로 하여야 하는가?

① 1.25배
② 1.20배
③ 0.83배
④ 0.80배

풀이 $I_1=\dfrac{E}{R_1}$ …… ①, $I_2=\dfrac{E}{R_2}=1.2I_1$ …… ②
식 ①, ②에서 $E=I_1R_1=1.2I_1R_2$
$\therefore R_2=\dfrac{I_1R_1}{1.2I_1}\fallingdotseq 0.83R_1$　　답 ③

65 그림과 같은 회로에 교류전압 $E=100\angle 0°$ [V]를 인가할 때 전전류 I는 몇 [A]인가?

① $6+j28$
② $6-j28$
③ $28+j6$
④ $28-j6$

풀이 병렬연결 시 공급전압은 동일하므로
• 저항만의 회로에 흐르는 전류
$I_1=\dfrac{E}{R}=\dfrac{100}{5}=20[\text{A}]$
• $R-L$ 직렬회로에 흐르는 전류
$I_2=\dfrac{E}{Z}=\dfrac{100}{8+j6}=\dfrac{100(8-j6)}{(8+j6)(8-j6)}$
$=\dfrac{800-j600}{8^2+6^2}=8-j6[\text{A}]$
$\therefore I=I_R+I_Z=20+8-j6=28-j6[\text{A}]$　　답 ④

66 정현파 교류의 실효값을 계산하는 식은?

① $I=\dfrac{1}{T}\displaystyle\int_0^T i^2 dt$
② $I^2=\dfrac{2}{T}\displaystyle\int_0^T i\, dt$
③ $I^2=\dfrac{1}{T}\displaystyle\int_0^T i^2 dt$
④ $I=\sqrt{\dfrac{2}{T}\displaystyle\int_0^T i^2 dt}$

풀이 동일한 저항 R에 직류전류 $I[\text{A}]$가 흐를 때 소비전력
$P_{DC}=I^2R[\text{W}]$
교류전류 $i[\text{A}]$가 흐를 때 소비전력 P_{AC}는 주기를 T라 하면
$P_{AC}=\dfrac{1}{T}\displaystyle\int_0^T i^2R\, dt[\text{W}]$
실효값의 정의에 의해 $P_{DC}=P_{AC}$ 이므로
$I^2R=\dfrac{R}{T}\displaystyle\int_0^T i^2 dt$
$\therefore I^2=\dfrac{1}{T}\displaystyle\int_0^T i^2 dt$　　답 ③

67 4단자 정수를 구하는 식으로 틀린 것은?

① $A=\left(\dfrac{V_1}{V_2}\right)_{I_2=0}$
② $B=\left(\dfrac{V_2}{I_2}\right)_{V_1=0}$
③ $C=\left(\dfrac{I_1}{V_2}\right)_{I_2=0}$
④ $D=\left(\dfrac{I_1}{I_2}\right)_{V_2=0}$

풀이 A, B, C, D로 표시되는 4단자 기초 방정식은
$$\begin{bmatrix} V_1 \\ I_1 \end{bmatrix} = \begin{bmatrix} A & B \\ C & D \end{bmatrix} \begin{bmatrix} V_2 \\ I_2 \end{bmatrix}$$이며,
각 파라미터의 물리적 의미는
- 출력을 개방했을 때 전압 이득
$$A = \left. \frac{V_1}{V_2} \right|_{I_2=0}$$
- 출력을 단락했을 때 전달 임피던스
$$B = \left. \frac{V_1}{I_2} \right|_{V_2=0}$$
- 출력을 개방했을 때 전달 어드미턴스
$$C = \left. \frac{I_1}{V_2} \right|_{I_2=0}$$
- 출력을 단락했을 때 전류 이득
$$D = \left. \frac{I_1}{I_2} \right|_{V_2=0}$$

답 ②

68 2단자 회로 소자 중에서 인가한 전류파형과 동위상의 전압파형을 얻을 수 있는 것은?

① 저항　　② 콘덴서
③ 인덕턴스　　④ 저항 + 콘덴서

풀이 ① 저항 R에 정현파 전류($i = I_m \sin\omega t$)가 흐를 때
전압강하 $v_R = Ri = RI_m \sin\omega t = V_m \sin\omega t$
(전압과 전류는 동상)
② 인덕턴스 L에 정현파 전류가 흐를 때
전압강하 $v_L = L\dfrac{di}{dt} = V_m \sin(\omega t + 90°)$
(전압은 전류보다 90° 앞선다.)
③ 커패시턴스 C에 정현파 전류가 흐를 때
전압강하 $v_C = \dfrac{1}{C}\int i\,dt = V_m \sin(\omega t - 90°)$
(전압은 전류보다 90° 뒤진다.)

답 ①

69 0.1[H]인 코일의 리액턴스가 377[Ω]일 때 주파수[Hz]는?

① 60　　② 120
③ 360　　④ 600

풀이 유도 리액턴스 $X_L = 2\pi f L$이므로
$$\therefore f = \frac{X_L}{2\pi L} = \frac{377}{2 \times 3.14 \times 0.1} \fallingdotseq 600[\text{Hz}]$$

답 ④

70 그림과 같은 회로에서 0.2[Ω]의 저항에 흐르는 전류는 몇 [A]인가?

① 0.1
② 0.2
③ 0.3
④ 0.4

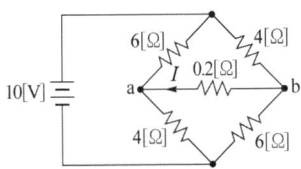

풀이

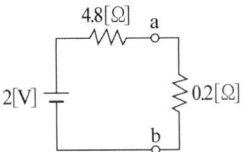

테브난 정리 이용 a, b 개방
$$V_a = \frac{6}{6+4} \times 10 = 6[\text{V}]$$
$$V_b = \frac{4}{6+4} \times 10 = 4[\text{V}]$$
$$\therefore V_{ab} = V_a - V_b = 6 - 4 = 2[\text{V}]$$
전압원을 제거(단락)하고 a, b에서 본 저항 R_t는
$$R_t = \frac{6 \times 4}{6+4} + \frac{6 \times 4}{6+4} = 4.8[\Omega]$$
$$\therefore I = \frac{V}{R} = \frac{2}{4.8+0.2} = 0.4[\text{A}]$$

답 ④

71 그림과 같은 회로에서 저항 R_4에 소비되는 전력은 약 몇 [W]인가?

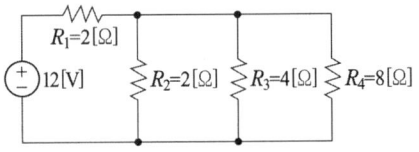

① 2.38　　② 4.76
③ 9.52　　④ 29.2

풀이
- R_2, R_3, R_4의 합성저항
$$R_t = \frac{1}{\dfrac{1}{R_2}+\dfrac{1}{R_3}+\dfrac{1}{R_4}} = \frac{1}{\dfrac{1}{2}+\dfrac{1}{4}+\dfrac{1}{8}} = \frac{8}{7} = 1.14[\Omega]$$
- R_2, R_3, R_4에 걸리는 전압
$$V_t = \frac{12}{2+R_t} \times R_t = \frac{12}{2+1.14} \times 1.14 = 4.36[\text{V}]$$
- R_4에서 소비되는 전력
$$P_4 = \frac{V_t^2}{R_4} = \frac{4.36^2}{8} = 2.38[\text{W}]$$

답 ①

72 RL 직렬회로에 $V_R = 100$[V]이고, $V_L = 173$[V]이다. 전원전압이 $v = \sqrt{2}\,V\sin\omega t$[V]일 때 리액턴스 양단 전압의 순시값 V_L[V]은?

① $173\sqrt{2}\sin(\omega t + 60°)$
② $173\sqrt{2}\sin(\omega t + 30°)$
③ $173\sqrt{2}\sin(\omega t - 60°)$
④ $173\sqrt{2}\sin(\omega t - 30°)$

풀이

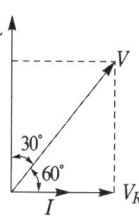

$V = V_R + jV_L = 100 + j173 = 200\angle 60°$[V]
문제에서 V의 위상이 0°이며,
V_L이 V보다 30° 앞서므로,
$V_L = 173\angle 30°$[V]
$\therefore v_L = 173\sqrt{2}\sin(\omega t + 30°)$[V]   **답** ②

73 입력신호가 V_i, 출력신호가 V_o일 때,
$a_1 V_o + a_2 \dfrac{dV_o}{dt} + a_3 \displaystyle\int V_o\, dt = V_i$의 전달함수는?

① $\dfrac{s}{a_2 s^2 + a_1 s + a_3}$
② $\dfrac{1}{a_2 s^2 + a_1 s + a_3}$
③ $\dfrac{s}{a_3 s^2 + a_2 s + a_1}$
④ $\dfrac{1}{a_3 s^2 + a_2 s + a_1}$

풀이 초기값을 0으로 하고 라플라스 변환하면
$a_1 V_o(s) + a_2 s V_o(s) + a_3 \dfrac{1}{s} V_o(s) = V_i(s)$
$\left(a_1 + a_2 s + \dfrac{a_3}{s}\right) V_o(s) = V_i(s)$
$\therefore G(s) = \dfrac{V_o(s)}{V_i(s)} = \dfrac{1}{a_1 + a_2 s + \dfrac{a_3}{s}}$
$= \dfrac{s}{a_2 s^2 + a_1 s + a_3}$ **답** ①

74 어느 소자에 전압 $e = 125\sin 377t$[V]를 가했을 때 전류 $i = 50\cos 377t$[A]가 흘렀다. 이 회로의 소자는 어떤 종류인가?

① 순저항
② 용량 리액턴스
③ 유도 리액턴스
④ 저항과 유도 리액턴스

풀이 순시전압 $v = V_m \sin\omega t$[V]를 인가할 때의 회로해석

소자	순시전류	위상
R만의 회로	$i = \dfrac{V_m}{R}\sin\omega t$[A]	동상(전류와 전압의 위상이 같다.)
L만의 회로	$i_L = \dfrac{V_m}{\omega L}\sin\left(\omega t - \dfrac{\pi}{2}\right)$[A]	지상(전류가 전압보다 90° 뒤진다.)
C만의 회로	$i_C = \omega C V_m \sin\left(\omega t + \dfrac{\pi}{2}\right)$[A]	진상(전류가 전압보다 90° 앞선다.)

$i = 50\cos 377t = 50\sin(377t + 90°)$[A]
즉, 전류가 전압보다 위상이 90° 앞선 진상전류가 흐르므로 용량 리액턴스이다.   **답** ②

75 대칭 3상 Y결선에서 선간전압이 $200\sqrt{3}$[V]이고 각 상의 임피던스가 $30 + j40$[Ω]의 평형 부하일 때 선전류[A]는?

① 2
② $2\sqrt{3}$
③ 4
④ $4\sqrt{3}$

풀이 Y결선에서 $V_l = \sqrt{3}\,V_p$, $I_l = I_p$이므로
$\therefore I_l = I_p = \dfrac{V_p}{Z} = \dfrac{200}{\sqrt{30^2 + 40^2}} = 4$[A]

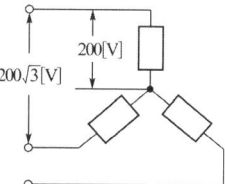

답 ③

76 분포 정수회로에서 직렬 임피던스 Z[Ω], 병렬 어드미턴스 Y[℧]일 때 선로의 전파정수 γ는?

① $\sqrt{\dfrac{Z}{Y}}$
② $\sqrt{\dfrac{Y}{Z}}$
③ $\sqrt{ZY}$
④ ZY

풀이) $Z = R + j\omega L[\Omega/m]$, $Y = G + j\omega C[\mho/m]$일 때 선로의 전파 정수 γ는
$\gamma = \sqrt{ZY} = \sqrt{(R+j\omega L)(G+j\omega C)}$ 답 ③

77 $\dfrac{1}{s^2 + 2s + 5}$의 라플라스 역변환 값은?

① $e^{-2t}\cos 2t$ ② $\dfrac{1}{2}e^{-t}\sin t$

③ $\dfrac{1}{2}e^{-t}\sin 2t$ ④ $\dfrac{1}{2}e^{-t}\cos 2t$

풀이) $F(s) = \dfrac{1}{s^2+2s+5} = \dfrac{1}{2} \cdot \dfrac{2}{(s+1)^2 + 2^2}$

$\therefore f(t) = \mathcal{L}^{-1}[F(s)] = \dfrac{1}{2}e^{-t}\sin 2t$ 답 ③

78 그림과 같은 회로에서 $G_2[\mho]$ 양단의 전압강하 $E_2[V]$는?

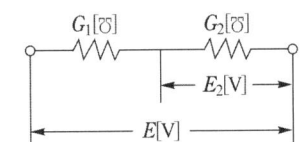

① $\dfrac{G_2}{G_1+G_2}E$ ② $\dfrac{G_1}{G_1+G_2}E$

③ $\dfrac{G_1 G_2}{G_1+G_2}E$ ④ $\dfrac{G_1+G_2}{G_1 G_2}E$

풀이) 전압분배법칙에 의해
$E_1 = \dfrac{G_2}{G_1+G_2}E[V]$, $E_2 = \dfrac{G_1}{G_1+G_2}E[V]$ 답 ②

79 1000[Hz]인 정현파 교류에서 5[mH]인 유도 리액턴스와 같은 용량 리액턴스를 갖는 C의 값은 몇 [μF]인가?

① 4.07 ② 5.07
③ 6.07 ④ 7.07

풀이) $\omega L = \dfrac{1}{\omega C}$이므로

$\therefore C = \dfrac{1}{\omega^2 L} = \dfrac{1}{(2\times\pi\times 1000)^2 \times 5\times 10^{-3}}$

$= 5.07 \times 10^{-6} = 5.07[\mu F]$ 답 ②

80 1차 지연 요소의 전달함수는?

① K ② $\dfrac{K}{s}$ ③ Ks ④ $\dfrac{K}{1+Ts}$

풀이)
- K : 비례 요소의 전달 함수
- $\dfrac{K}{s}$: 적분 요소의 전달 함수
- Ks : 미분 요소의 전달 함수
- $\dfrac{K}{Ts+1}$: 1차 지연 요소의 전달 함수 답 ④

5과목 - 전기설비기술기준

81 저압 옥측전선로에서 목조의 조영물에 시설할 수 있는 공사방법은?

① 금속관공사
② 버스덕트공사
③ 합성수지관공사
④ 연피 또는 알루미늄 케이블공사

풀이) 221.2 옥측전선로
저압 옥측전선로는 다음의 공사방법에 의할 것.
가. 애자공사(전개된 장소에 한한다.)
나. **합성수지관공사**
다. 금속관공사(**목조 이외의 조영물에 시설하는 경우에** 한한다)
라. 버스덕트공사[**목조 이외의 조영물**(점검할 수 없는 은폐된 장소는 제외한다)에 시설하는 경우에 한한다]
마. 케이블공사(**연피 케이블·알루미늄피 케이블** 또는 무기물 절연 케이블을 사용하는 경우에는 **목조 이외의 조영물에 시설하는 경우에 한한다.**) 답 ③

82 직류 750[V]인 경우 전차선로의 충전부와 차량 간의 동적 절연이격 거리는 몇 [mm] 이상인가?

① 25 ② 100
③ 150 ④ 170

풀이) 431.3 전차선로의 충전부와 차량 간의 최소 절연이격

시스템 종류	공칭전압(V)	동적(mm)	정적(mm)
직류	750	25	25
	1,500	100	150
단상교류	25,000	170	270

답 ①

83 다음 그림에서 L_1은 어떤 크기로 동작하는 기기의 명칭인가?

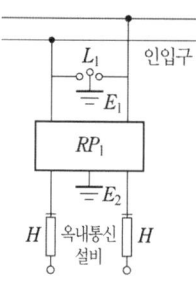

① 교류 1000[V] 이하에서 동작하는 단로기
② 교류 1000[V] 이하에서 동작하는 피뢰기
③ 교류 1500[V] 이하에서 동작하는 단로기
④ 교류 1500[V] 이하에서 동작하는 피뢰기

풀이 362.5 특고압 가공전선로 첨가설치 통신선의 시가지 인입 제한

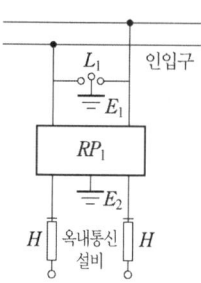

- H : 250[mA] 이하에서 동작하는 열 코일
- RP_1 : 교류 300[V] 이하에서 동작하고, 최소 감도 전류가 3[A] 이하로서 최소 감도전류 때의 응동시간이 1사이클 이하이고 또한 전류 용량이 50[A], 20초 이상인 자복성(自復性)이 있는 릴레이 보안기
- L_1 : 교류 1[kV] 이하에서 동작하는 피뢰기
- E_1 및 E_2 : 접지

답 ②

84 고압 가공전선로의 지지물로 철탑을 사용한 경우 최대경간은 몇 [m] 이하이어야 하는가?

① 300 ② 400
③ 500 ④ 600

풀이 332.9 고압 가공전선로 경간의 제한
고압 가공전선로의 경간은 표에서 정한 값 이하이어야 한다.

지지물의 종류	경간
목주·A종 철주 또는 A종 철근 콘크리트주	150[m]
B종 철주 또는 B종 철근 콘크리트주	250[m]
철탑	600[m]

답 ④

85 지중 전선로에 있어서 폭발성 가스가 침입할 우려가 있는 장소에 시설하는 지중함은 크기가 몇 [m³] 이상일 때 가스를 방산시키기 위한 장치를 시설하여야 하는가?

① 0.25 ② 0.5
③ 0.75 ④ 1.0

풀이 334.2 지중함의 시설
지중전선로에 사용하는 지중함은 다음에 따라 시설하여야 한다.
가. 지중함은 견고하고 차량 기타 중량물의 압력에 견디는 구조일 것.
나. 지중함은 그 안의 고인 물을 제거할 수 있는 구조로 되어 있을 것.
다. 폭발성 또는 연소성의 가스가 침입할 우려가 있는 것에 시설하는 지중함으로서 그 크기가 1[m³] 이상인 것에는 통풍장치 기타 가스를 방산시키기 위한 적당한 장치를 시설할 것.
라. 지중함의 뚜껑은 시설자 이외의 자가 쉽게 열 수 없도록 시설할 것.

답 ④

86 다음 중 파이프라인 등에 발열선을 시설하는 기준에 대한 설명으로 옳지 않은 것은?

① 발열선에 전기를 공급하는 전로의 사용전압은 400[V] 이하일 것
② 발열선은 사람이 접촉할 우려가 없고 또한 손상을 받을 우려가 없도록 시설할 것
③ 발열선은 그 온도가 피 가열 액체에 발화 온도의 90[%]를 넘지 않도록 시설할 것
④ 발열선 또는 발열선에 직접 접속하는 전선의 피복에 사용하는 금속체·파이프라인 등에는 접지공사를 할 것

풀이 241.11 파이프라인 등의 전열장치
가. 파이프라인 등의 전열장치 중 발열선을 파이프라인 등 자체에 고정하여 시설하는 경우 발열선에 전기를 공급하는 전로의 사용전압은 400[V] 이하로 하여야 한다.

나. 직접 가열장치에 전기를 공급하기 위해 전용의 절연변압기를 사용하고 또한 그 변압기의 부하측 전로는 접지해서는 안 된다.
다. 직접 가열장치에 있어서 **발열체는 그 온도가 피 가열 액체의 발화 온도의 80[%]를 넘지 아니하도록 시설할 것.**
라. 파이프라인 등의 전열장치에 시설하는 경우에는 접지공사를 하여야 한다. 답 ③

87 발전소의 개폐기 또는 차단기에 사용하는 압축공기장치의 주 공기탱크에 시설하는 압력계의 최고 눈금의 범위로 옳은 것은?

① 사용압력의 1배 이상 2배 이하
② 사용압력의 1.15배 이상 2배 이하
③ 사용압력의 1.5배 이상 3배 이하
④ 사용압력의 2배 이상 3배 이하

풀이 341.15 압축공기계통
발전소·변전소·개폐소 또는 이에 준하는 곳에서 개폐기 또는 차단기에 사용하는 압축공기장치는 다음에 따라 시설하여야 한다.
가. 공기압축기는 최고 사용압력의 1.5배의 수압(수압을 연속하여 10분간 가하여 시험을 하기 어려울 때에는 최고 사용압력의 1.25배의 기압)을 연속하여 10분간 가하여 시험을 하였을 때에 이에 견디고 또한 새지 아니할 것.
나. 주 공기탱크 또는 이에 근접한 곳에는 **사용압력의 1.5배 이상 3배 이하의 최고 눈금이 있는 압력계를 시설할 것.**
다. 사용 압력에서 공기의 보급이 없는 상태로 개폐기 또는 차단기의 투입 및 차단을 연속하여 1회 이상 할 수 있는 용량을 가지는 것일 것. 답 ③

88 옥내에 시설하는 저압전선으로 나전선을 절대로 사용할 수 없는 경우는?

① 금속덕트공사에 의하여 시설하는 경우
② 버스덕트공사에 의하여 시설하는 경우
③ 애자공사에 의하여 전개된 곳에 전기로용 전선을 시설하는 경우
④ 유희용 전차에 전기를 공급하기 위하여 접촉전선을 사용하는 경우

풀이 231.4 나전선의 사용 제한
옥내에 시설하는 저압전선에는 나전선을 사용하여서는 아니 된다. 다만, 다음 중 어느 하나에 해당하는 경우에는 그러하지 아니하다.

가. 애자공사에 의하여 전개된 곳에 다음의 전선을 시설하는 경우
　① 전기로용 전선
　② 전선의 피복 절연물이 부식하는 장소에 시설하는 전선
나. 버스덕트공사에 의하여 시설하는 경우
다. 라이팅덕트공사에 의하여 시설하는 경우
라. **접촉 전선을 시설하는 경우** 답 ①

89 22.9[kV] 특고압으로 가공전선과 조영물이 아닌 다른 시설물이 교차하는 경우, 상호 간의 이격거리는 몇 [cm]까지 감할 수 있는가? (단, 전선은 케이블이다.)

① 50
② 60
③ 100
④ 120

풀이 333.28 특고압 가공전선과 다른 시설물의 접근 또는 교차
특고압 절연전선 또는 케이블을 사용하는 사용전압이 35[kV] 이하의 특고압 가공전선과 다른 시설물 사이의 이격거리

다른 시설물의 구분	접근형태	이격거리
조영물의 상부조영재	위쪽	2[m] (전선이 케이블인 경우에는 1.2[m])
	옆쪽 또는 아래쪽	1[m] (전선이 케이블인 경우에는 0.5[m])
조영물의 상부조영재 이외의 부분 또는 조영물 이외의 시설물		1[m] (전선이 케이블인 경우에는 0.5[m])

답 ①

90 고압 가공 전선로로부터 수전하는 수용가의 인입구에 시설하는 피뢰기의 접지 공사에 있어서 접지선이 피뢰기 접지 공사 전용의 것이면 접지 저항[Ω]은 얼마까지 허용되는가?

① 5
② 10
③ 30
④ 75

풀이 341.14 피뢰기의 접지
가. 고압 및 특고압의 전로에 시설하는 피뢰기 접지저항 값은 10[Ω] 이하로 하여야 한다.
나. 고압가공전선로에 시설하는 피뢰기의 접지공사의 **접지선이 전용의 것인 경우에는 접지 저항치가 30[Ω]까지 허용**된다. 답 ③

91 연료전지의 내압시험은 연료전지 설비의 내압 부분 중 최고 사용압력이 0.1[MPa] 이상의 부분은 최고 사용압력의 몇 배의 수압까지 가압하여 압력이 안정된 후 최소 10분간 유지하는 시험을 실시하였을 때 이것에 견디고 누설이 없어야 하는가?

① 1　　② 1.25
③ 1.5　　④ 2

풀이 542.1.3 연료전지설비의 구조
내압시험은 연료전지 설비의 내압 부분 중 **최고 사용압력이 0.1[MPa] 이상의 부분은 최고 사용압력의 1.5배의 수압**(수압으로 시험을 실시하는 것이 곤란한 경우는 최고 사용압력의 1.25배의 기압)까지 가압하여 압력이 안정된 후 최소 10분간 유지하는 시험을 실시하였을 때 이것에 견디고 누설이 없어야 한다.　**답** ③

92 가공전선로에 사용하는 지지물의 강도 계산 시 구성재의 수직 투영면적 1[m²]에 대한 풍압을 기초로 적용하는 갑종풍압하중 값의 기준이 잘못된 것은?

① 목주 : 588[Pa]
② 원형 철주 : 588[Pa]
③ 철근콘크리트주 : 1117[Pa]
④ 강관으로 구성된 철탑 : 1255[Pa]

풀이 331.6 풍압하중의 종별과 적용

풍압을 받는 구분			풍압[Pa]
목주			588
지지물	철주	원형의 것	588
		삼각형 또는 마름모형의 것	1,412
		강관에 의하여 구성되는 4각형의 것	1,117
		기타의 것으로 복재가 전후면에 겹치는 경우	1,627
		기타의 것으로 겹치지 않은 경우	1,784
	철근 콘크리트주	원형의 것	588
		기타의 것	882

답 ③

93 저압 옥내간선에서 분기하여 전기사용기계기구에 이르는 저압 옥내 전로는 저압 옥내간선과의 분기점에서 전선의 길이가 몇 [m] 이하인 곳에 개폐기 및 과전류차단기를 시설하여야 하는가? 단, 분기점과 분기회로의 과부하 보호장치 설치점 사이의 배선 부분에 다른 분기회로나 콘센트 회로가 접속되어 있지 않고, 단락의 위험과 화재 및 인체에 대한 위험성이 최소화 되도록 시설된 경우이다.

① 2　　② 3
③ 4　　④ 5

풀이 212.4.2 과부하 보호장치의 설치 위치
가. 과부하 보호장치는 도체의 허용전류 값이 줄어드는 곳(이하 분기점이라 함)에 설치해야 한다.
나. 설치위치의 예외
과부하 보호장치는 분기점(O)에 설치해야 하나, 분기점(O)과 분기회로의 과부하 보호장치(P_2) 설치점 사이의 배선 부분에 다른 분기회로나 콘센트 회로가 접속되어 있지 않고, 다음 중 하나를 충족하는 경우에는 변경이 있는 배선에 설치할 수 있다.
① 분기회로에 대한 단락보호가 이루어지고 있는 경우 : 분기회로의 보호장치 P_2는 분기회로의 분기점(O)으로부터 부하 측으로 거리에 구애 받지 않고 이동하여 설치할 수 있다.

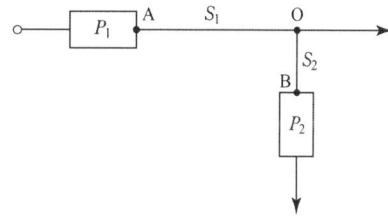

② 단락의 위험과 화재 및 인체에 대한 위험성이 최소화 되도록 시설된 경우 : 분기회로의 보호장치 (P_2)는 분기회로의 분기점(O)으로부터 3[m]까지 이동하여 설치할 수 있다.

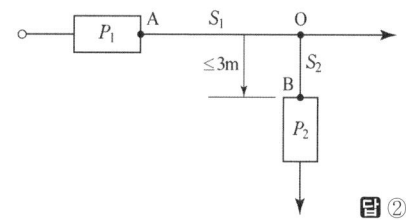

답 ②

94 고압 가공전선로에 사용하는 가공지선은 지름 몇 [mm] 이상의 나경동선을 사용하여야 하는가?

① 2.6　② 3.0
③ 4.0　④ 5.0

풀이 332.6 고압 가공전선로의 가공지선
고압 가공전선로에 사용하는 **가공지선**은 인장강도 5.26 [kN] 이상의 것 또는 **지름 4[mm] 이상의 나경동선**을 사용한다.　답 ③

95 제작자에 의해 다른 정보가 주어지지 않은 경우 모든 방향에서 가연성 재료와 스포트라이트나 프로젝터와의 최소 이격 거리에 대한 설명 중 옳지 않은 것은?

① 정격용량 100[W] 이하: 0.3[m]
② 정격용량 100[W] 초과 300[W] 이하: 0.8[m]
③ 정격용량 300[W] 초과 500[W] 이하: 1.0[m]
④ 정격용량 500[W] 초과: 1.0[m] 초과

풀이 234.1.3 열 영향에 대한 주변의 보호
등기구의 주변에 발광과 대류 에너지의 열영향은 다음을 고려하여 선정 및 설치하여야 한다.
가. 램프의 최대 허용 소모전력
나. 인접 물질의 내열성
　(1) 설치 지점
　(2) 열 영향이 미치는 구역
다. 등기구 관련 표시
라. 가연성 재료로부터 안전거리를 유지하여야 하며, 제작자에 의해 다른 정보가 주어지지 않으면, 스포트라이트나 프로젝터는 모든 방향에서 가연성 재료로부터 다음의 최소 거리를 두고 설치하여야 한다.
　(1) **정격용량 100[W] 이하: 0.5[m]**
　(2) 정격용량 100[W] 초과 300[W] 이하: 0.8[m]
　(3) 정격용량 300[W] 초과 500[W] 이하: 1.0[m]
　(4) 정격용량 500[W] 초과: 1.0[m] 초과　답 ①

96 전력용 커패시터의 용량 15000[kVA] 이상은 자동적으로 전로로부터 차단하는 장치가 필요하다. 자동적으로 전로로부터 차단하는 장치가 필요한 사유로 틀린 것은?

① 과전류가 생긴 경우
② 과전압이 생긴 경우
③ 내부에 고장이 생긴 경우
④ 절연유의 압력이 변화하는 경우

풀이 351.5 조상설비의 보호장치
조상설비에는 그 내부에 고장이 생긴 경우에 보호하는 장치를 표와 같이 시설하여야 한다.

설비 종별	뱅크 용량의 구분	자동적으로 전로로부터 차단하는 장치
전력용 커패시터 및 분로리액터	500[kVA] 초과 15,000[kVA] 미만	• 내부에 고장이 생긴 경우 • 과전류가 생긴 경우
	15,000[kVA] 이상	• 내부에 고장이 생긴 경우 • 과전류가 생긴 경우 • 과전압이 생긴 경우
조상기 (調相機)	15,000[kVA] 이상	• 내부에 고장이 생긴 경우

답 ④

97 특고압가공전선이 도로, 횡단보도교, 철도와 제1차 접근상태로 시설되는 경우 특고압가공전선로는 제 몇 종 보안공사를 하여야 하는가?

① 제1종 특고압 보안공사
② 제2종 특고압 보안공사
③ 제3종 특고압 보안공사
④ 특별 제3종 특고압 보안공사

풀이 333.24 특고압 가공전선과 도로 등의 접근 또는 교차
가. 특고압 가공전선이 도로·횡단보도교·철도 또는 궤도와 제1차 접근 상태로 시설: 특고압 가공전선로는 제3종 특고압 보안
나. 특고압 가공전선이 도로 등과 제2차 접근상태로 시설: 특고압 가공전선로는 제2종 특고압 보안공사에 의할 것.　답 ③

98 사용전압이 저압인 전로에서 정전이 어려운 경우 등 절연저항 측정이 곤란한 경우에 누설전류를 몇 [mA] 이하로 유지하여야 하는가?

① 0.5　② 1
③ 2　④ 3

풀이 132 전로의 절연저항 및 절연내력
사용전압이 저압인 전로에서 정전이 어려운 경우 등 절연저항 측정이 곤란한 경우에는 누설전류를 1[mA] 이하로 유지하여야 한다. **답** ②

99 3상 4선식 22.9[kV] 중성선 다중접지식 가공전선로의 전로와 대지 사이의 절연내력시험전압은 몇 [V]인가?

① 11,450 ② 21,068
③ 25,190 ④ 28,625

풀이 132 전로의 절연저항 및 절연내력

전로의 종류	접지방식	시험전압 (최대사용 전압의 배수)	최저 시험전압
1. 7[kV] 이하인 전로		1.5배	
2. 7[kV] 초과 25[kV] 이하	다중접지	0.92배	
3. 7[kV] 초과 60[kV] 이하 (2란의 것 제외)		1.25배	10.5[kV]
4. 60[kV] 초과	비접지	1.25배	
5. 60[kV] 초과 (6란, 7란의 것 제외)	접지식	1.1배	75[kV]
6. 60[kV] 초과(7란의 것 제외)	직접접지	0.72배	
7. 170[kV] 초과(발전소 또는 변전소 혹은 이에 준하는 장소에 시설하는 것.)	직접접지	0.64배	

∴ 시험전압 = 22,900 × 0.92 = 21,068[V] **답** ②

설계 하중 전장	6.8[kN] 이하	6.8[kN] 초과 ~9.8[kN] 이하	9.8[kN] 초과 ~14.72[kN] 이하
15[m] 이하	전장 × 1/6[m] 이상	전장 × 1/6 + 0.3[m] 이상	전장 × 1/6 + 0.5[m] 이상
15[m] 초과	2.5[m] 이상	2.8[m] 이상	–
16[m] 초과 ~20[m] 이하	2.8[m] 이상	–	–
15[m] 초과 ~18[m] 이하	–	–	3[m] 이상
18[m] 초과	–	–	3.2[m] 이상

∴ 9[m] × $\frac{1}{6}$ = 1.5[m] **답** ②

100 가공전선로의 지지물로서 길이 9[m], 설계하중이 6.8[kN] 이하인 철근 콘크리트주를 시설할 때 땅에 묻히는 깊이는 몇 [m] 이상으로 하여야 하는가?

① 1.2 ② 1.5
③ 2   ④ 2.5

풀이 331.7 가공전선로 지지물의 기초의 안전율
가공전선로의 지지물에 하중이 가하여지는 경우에 그 하중을 받는 지지물의 기초의 안전율은 2(이상 시 상정하중이 가하여지는 철탑의 기초에 대하여는 1.33) 이상이어야 한다. 다만, 다음에 따라 시설하는 경우에는 적용하지 않는다.

완벽대비 2025년 1회 전기산업기사필기(CBT 복원문제)

동일출판사 홈페이지에서 무료 동영상강의를 보실 수 있습니다.

1과목 - 전기자기

01 전기력선의 성질이 아닌 것은?

① 전기력선은 도체내부에 존재한다.
② 전기력선은 등전위면인 도체표면과 수직으로 출입한다.
③ 전기력선은 그 자신만으로 폐곡선이 되는 일이 없다.
④ 1[C]의 단위전하에는 $\dfrac{1}{\epsilon_0}$ 개의 전기력선이 출입한다.

풀이 전기력선의 성질은 다음과 같다.
① 전기력선은 정전하에서 시작하여 부전하에서 그친다.
② 전하가 없는 곳에서는 전기력선의 발생, 소멸이 없고 연속적이다.
③ 전위가 높은 점에서 낮은 점으로 향한다.
④ 그 자신만으로 폐곡선이 되는 일은 없다.
⑤ 전계가 0이 아닌 곳에서는 2개의 전기력선은 교차하지 않는다.
⑥ 도체 내부에는 전기력선이 없다.
⑦ 수직 단면의 전기력선 밀도는 전계의 세기이고(1[개/m²]=1[N/C]), 전기력선의 접선 방향은 전계의 방향이다.
⑧ 도체면(등전위면)에서 전기력선은 수직으로 출입한다.
⑨ 단위 전하 ±1[C]에서는 $1/\epsilon_0$ 개의 전기력선이 출입한다.

답 ①

02 비유전율이 2.4인 유전체 내의 전계의 세기가 100[mV/m]이다. 유전체에 저축되는 단위체적 당 정전에너지는 몇 [J/m³]인가?

① 1.06×10^{-13}
② 1.77×10^{-13}
③ 2.32×10^{-13}
④ 2.32×10^{-11}

풀이 단위 체적 당 정전에너지
$w = \dfrac{ED}{2} = \dfrac{1}{2}\epsilon E^2 = \dfrac{1}{2}\dfrac{D^2}{\epsilon}$ [J/m³] 식에서
$w = \dfrac{1}{2}\epsilon_0 \epsilon_s E^2$
$= \dfrac{1}{2} \times 2.4 \times 8.855 \times 10^{-12} \times (100 \times 10^{-3})^2$
$= 1.06 \times 10^{-13}$ [J/m³]

답 ①

03 질량이 m[kg]인 작은 물체가 전하 Q[C]를 가지고 중력 방향과 직각인 무한도체평면 아래쪽 d[m]의 거리에 놓여 있다. 정전력이 중력과 같게 되는데 필요한 Q[C]의 크기는?

① $d\sqrt{\pi\epsilon_o mg}$
② $\dfrac{d}{2}\sqrt{\pi\epsilon_o mg}$
③ $2d\sqrt{\pi\epsilon_o mg}$
④ $4d\sqrt{\pi\epsilon_o mg}$

풀이 전기영상법에 의해
$F = \dfrac{Q^2}{4\pi\epsilon_0 r^2} = \dfrac{Q^2}{4\pi\epsilon_0 (2d)^2} = \dfrac{Q^2}{16\pi\epsilon_0 d^2} = mg$ [N]
$\therefore Q = \sqrt{16\pi\epsilon_0 d^2 mg} = 4d\sqrt{\pi\epsilon_0 mg}$ [C]

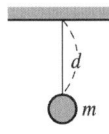

답 ④

04 다음 식들 중 옳지 못한 것은?

① 라플라스(Laplace)의 방정식 $\nabla^2 V = 0$
② 발산정리 $\oint_S A dS = \int_v \text{div} A dv$
③ 푸아송(poisson's)의 방정식 $\nabla^2 V = \dfrac{\rho}{\epsilon_o}$
④ 가우스(Gauss)의 정리 $\text{div} D = \rho$

풀이 푸아송의 방정식 : 전위와 공간 전하밀도의 관계
$\nabla^2 V = -\dfrac{\rho}{\epsilon}\left(=-\dfrac{\rho}{\epsilon_0 \epsilon_s}\right)$

답 ③

05
평행판 콘덴서의 판 사이에 비유전율 ϵ_s의 유전체를 삽입하였을 때의 정전용량은 진공일 때보다 어떻게 되는가?

① ϵ_s배로 증가
② $\pi\epsilon_s$배로 증가
③ $\dfrac{1}{\epsilon_s}$로 감소
④ (ϵ_s+1)배로 증가

풀이
평행판 콘덴서의 정전용량 $C=\dfrac{\epsilon_0\epsilon_s A}{d}$[F]
즉 정전용량은 유전율(비유전율)에 비례하므로 진공일 때보다 ϵ_s배 증가한다. **답 ①**

06
압전기현상에서 분극이 응력과 같은 방향으로 발생하는 현상을 무슨 효과라 하는가?

① 종효과 ② 횡효과
③ 역효과 ④ 간접효과

풀이 결정에 가한 기계적 응력과 전기 분극이 동일 방향으로 발생하는 경우를 종효과, 수직 방향으로 발생하는 경우를 횡효과라 한다.

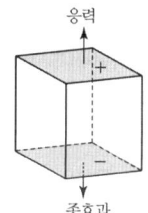
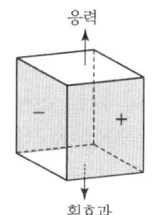

종효과 / 횡효과 **답 ①**

07
자기회로의 자기저항에 대한 설명으로 옳은 것은?

① 자기회로의 길이에 반비례한다.
② 자기회로의 단면적에 비례한다.
③ 비투자율에 반비례한다.
④ 길이의 제곱에 비례하고, 단면적에 반비례한다.

풀이 자기 저항 $R=\dfrac{l}{\mu_0\mu_s S}$[AT/Wb]이므로
자기 저항은 길이에 비례하고, **비투자율과 단면적에 반비례**한다. **답 ③**

08
어떤 TV 방송의 전자파의 주파수를 190[MHz]의 평면파로 보고 $\mu_s=1$, $\epsilon_s=64$인 물속에서의 전파 속도[m/s]와 파장[m]을 구하면?

① $v=0.375\times10^8$, $\lambda=0.19$
② $v=2.33\times10^8$, $\lambda=0.21$
③ $v=0.87\times10^8$, $\lambda=0.17$
④ $v=0.425\times10^8$, $\lambda=1.2$

풀이
• 전파속도
$$v=\dfrac{c}{\sqrt{\epsilon_s\mu_s}}=\dfrac{3\times10^8}{\sqrt{64\times1}}=0.375\times10^8[\text{m/s}]$$
• 파장 $\lambda=\dfrac{v}{f}=\dfrac{0.375\times10^8}{190\times10^6}=0.19$[m] **답 ①**

09
10[mH] 인덕턴스 2개가 있다. 결합계수를 0.1로부터 0.9까지 변화시킬 수 있다면 이것을 직렬 접속시켜 얻을 수 있는 합성인덕턴스의 최댓값과 최솟값의 비는?

① 9 : 1 ② 13 : 1
③ 16 : 1 ④ 19 : 1

풀이 결합 계수 $k=0.9$일 때
합성 인덕턴스 L_+, L_-의 최댓값, 최솟값의 비가 크므로
$k=0.9$
$M=k\sqrt{L_1 L_2}=0.9\sqrt{10\times10}=9$[mH]
$L_{+\text{MAX}}=L_1+L_2+2M$
$\qquad=10+10+2\times9=38$[mH]
$L_{-\text{MIN}}=L_1+L_2-2M$
$\qquad=10+10-2\times9=2$[mH]
$L_{+\text{MAX}}:L_{-\text{MIN}}=38:2=19:1$ **답 ④**

10
내구의 반지름이 a[m], 외구의 내반지름이 b[m]인 동심 구형 콘덴서의 내구의 반지름과 외구의 내반지름을 각각 $2a$[m], $2b$[m]로 증가시키면 이 동심구형 콘덴서의 정전용량은 몇 배로 되는가?

① 1 ② 2
③ 3 ④ 4

풀이 동심 구형 콘덴서의 정전용량 $C = \dfrac{4\pi\epsilon_0 ab}{b-a}$[F]에서 내외구의 반지름을 2배로 늘린 경우의 정전용량을 C'라 하면

$$\therefore C' = \dfrac{4\pi\epsilon_0(2a)(2b)}{(2b-2a)} = \dfrac{4\pi\epsilon_0 ab}{b-a} \times 2 = 2C$$

답 ②

11 전기기기의 철심(자심)재료로 규소강판을 사용하는 이유는?

① 동손을 줄이기 위해
② 와전류손을 줄이기 위해
③ 히스테리시스손을 줄이기 위해
④ 제작을 쉽게 하기 위하여

풀이
- 규소 강판 : 히스테리시스손 감소
- 성층 철심 : 와류손 감소

답 ③

12 유전율이 각각 ϵ_1, ϵ_2인 두 유전체가 접해 있다. 각 유전체 중의 전계 및 전속밀도가 각각 E_1, D_1 및 E_2, D_2이고, 경계면에 대한 입사각 및 굴절각이 θ_1, θ_2일 때 경계 조건으로 옳은 것은?

① $\dfrac{E_2}{E_1} = \dfrac{\sin\theta_2}{\sin\theta_1}$

② $\dfrac{\cos\theta_2}{\cos\theta_1} = \dfrac{D_2}{D_1}$

③ $\dfrac{\tan\theta_2}{\tan\theta_1} = \dfrac{\epsilon_2}{\epsilon_1}$

④ $\tan\theta_2 - \tan\theta_1 = \epsilon_1\epsilon_2$

풀이
- 전속밀도의 법선성분(수직 성분)이 같다.
  ($D_1\cos\theta_1 = D_2\cos\theta_2$)
- 전계는 접선성분(평행 성분)이 같다.
  ($E_1\sin\theta_1 = E_2\sin\theta_2$)
- 두 경계면에서의 전위는 서로 같다. ($V_1 = V_2$)
- $\epsilon_1 > \epsilon_2$이면, $\theta_1 > \theta_2$이다.
- $\dfrac{\tan\theta_1}{\tan\theta_2} = \dfrac{\epsilon_1}{\epsilon_2}$

답 ③

13 평면도체로부터 수직거리 a[m]인 곳에 점전하 Q[C]가 있다. Q와 평면도체 사이에 작용하는 힘은 몇 [N]인가? (단, 평면도체 오른편을 유전율 ϵ의 공간이라 한다.)

① $-\dfrac{Q^2}{16\pi\epsilon a^2}$
② $-\dfrac{Q^2}{8\pi\epsilon a^2}$
③ $-\dfrac{Q^2}{4\pi\epsilon a^2}$
④ $-\dfrac{Q^2}{2\pi\epsilon a^2}$

풀이 점전하 Q[C]과 무한 평면도체간의 작용력[N]은 영상전하 $-Q$[C]과의 작용력[N]이므로

$$F = \dfrac{-Q^2}{4\pi\epsilon(2a)^2}[N] = \dfrac{-Q^2}{16\pi\epsilon a^2}[N]$$

(여기서, (-)는 흡인력이다.)

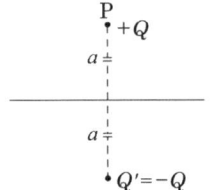

답 ①

14 자유 전자 e가 전계 E중을 열에너지에 의해 진동하고 있는 원자와 충돌하면서 운동하는 경우 평균 자유 시간을 τ라 하면 도전율 σ는 얼마인가? 단, 자유 전자의 밀도는 n, 질량은 m이라 한다.

① $\dfrac{ne\tau}{2m}$
② $\dfrac{ne^2\tau}{2m}$
③ $\dfrac{ne\tau}{m}$
④ $\dfrac{ne^2\tau}{m}$

풀이 충돌과 충돌 사이에서 전하의 운동 방정식

$$m\dfrac{dv}{dt} = eE, \quad \dfrac{dv}{dt} = \dfrac{eE}{m}$$

$$\therefore v = \dfrac{eE}{m}t + v(0)$$

이 식에서 충돌시 초기 속도 $v(0) = 0$, 충돌과 충돌 사이의 시간 $t = \tau$를 대입하면 속도 v는 다음과 같이 된다.

$$v = \dfrac{eE}{m}\tau$$

따라서 전류밀도 $i = nev = \sigma E$의 관계식으로부터

$$ne \times \dfrac{eE}{m}\tau = \sigma E \quad \therefore \sigma = \dfrac{ne^2}{m}\tau$$

답 ④

15 진공 중에 놓인 $3[\mu C]$의 점전하에서 $3[m]$ 되는 점의 전계는 몇 [V/m]인가?

① 100 ② 1000
③ 300 ④ 3000

풀이 점의 전계

$$E = \frac{Q}{4\pi\epsilon_0 r^2} = 9 \times 10^9 \times \frac{Q}{r^2}$$

$$= 9 \times 10^9 \times \frac{3 \times 10^{-6}}{3^2} = 3000 [V/m]$$

답 ④

16 그림과 같은 자속밀도 $100[Wb/m^2]$의 평등자계 내에 한 변이 $10[cm]$인 정방향 회로가 자계와 직각인 중심축 둘레를 매분 3600 회전할 때 이 회로의 유기기전력은 몇 [V]인가? 단, 권선수는 1이라고 한다.

① $60\pi \sin(60\pi t)$
② $60\pi \cos(60\pi t)$
③ $120\pi \sin(120\pi t)$
④ $120\pi \cos(120\pi t)$

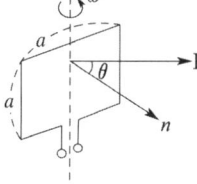

풀이 $e = -\frac{d\phi}{dt} = -\frac{d}{dt}a^2 B\cos\omega t = \omega a^2 B\sin\omega t$

$$= \frac{2\pi \times 3600}{60} \times (10 \times 10^{-2})^2 \times 100 \times \sin\frac{2\pi \times 3600}{60}t$$

$$= 120\pi \sin 120\pi t [V]$$

답 ③

17 진공 내 전위함수가 $V = x^2 + y^2 [V]$로 주어졌을 때, $0 \leq x \leq 1, 0 \leq y \leq 1, 0 \leq z \leq 1$인 공간에 저장되는 정전에너지[J]는?

① $\frac{4}{3}\epsilon_0$ ② $\frac{2}{3}\epsilon_0$
③ $4\epsilon_0$ ④ $2\epsilon_0$

풀이 • 전계의 세기

$$\boldsymbol{E} = -\nabla V = -\left(\frac{\partial V}{\partial x}\boldsymbol{i} + \frac{\partial V}{\partial y}\boldsymbol{j} + \frac{\partial V}{\partial z}\boldsymbol{k}\right)$$

$$= -2x\boldsymbol{i} - 2y\boldsymbol{j} [V/m]$$

• 전계의 세기의 크기

$$E = |\boldsymbol{E}| = \sqrt{(2x)^2 + (2y)^2} = 2\sqrt{x^2 + y^2}$$

따라서 공간에 저장되는 정전에너지 W는

$$W = \frac{1}{2}\int_v \epsilon_0 E^2 dv = \frac{1}{2}\int_v \epsilon_0 (2\sqrt{x^2+y^2})^2 dv$$

$$= \frac{4\epsilon_0}{2}\int_0^1 \int_0^1 \int_0^1 (x^2+y^2)dxdydz = \frac{4}{3}\epsilon_0 [J]$$

참고 3중적분

$$\int_0^1 \int_0^1 \int_0^1 (x^2+y^2)dxdydz$$

$$= \int_0^1 \int_0^1 \left[\frac{x^3}{3} + y^2 x\right]_0^1 dydz = \int_0^1 \int_0^1 \left(\frac{1}{3} + y^2\right)dydz$$

$$= \int_0^1 \left[\frac{y}{3} + \frac{y^3}{3}\right]_0^1 dz = \int_0^1 \frac{2}{3}dz = \left[\frac{2z}{3}\right]_0^1 = \frac{2}{3}$$

답 ①

18 내압과 용량이 각각 $200[V] 5[\mu F]$, $300[V] 4[\mu F]$, $400[V] 3[\mu F]$, $500[V] 3[\mu F]$인 4개의 콘덴서를 직렬연결하고, 양단에 직류전압을 가하여 전압을 서서히 상승시키면 최초로 파괴되는 콘덴서는? (단, 콘덴서의 재질이나 형태는 동일하다.)

① $200[V] 5[\mu F]$ ② $300[V] 4[\mu F]$
③ $400[V] 3[\mu F]$ ④ $500[V] 3[\mu F]$

풀이 직렬회로에서 각 콘덴서의 전하용량이 작을수록 빨리 파괴된다.

• $Q_1 = C_1 \times V_1 = 5 \times 10^{-6} \times 200 = 1 \times 10^{-3}[C]$
• $Q_2 = C_2 \times V_2 = 4 \times 10^{-6} \times 300 = 1.2 \times 10^{-3}[C]$
• $Q_3 = C_3 \times V_3 = 3 \times 10^{-6} \times 400 = 1.2 \times 10^{-3}[C]$
• $Q_4 = C_4 \times V_4 = 3 \times 10^{-6} \times 500 = 1.5 \times 10^{-3}[C]$

따라서 전하용량이 $Q_4 > Q_3 = Q_2 > Q_1$이므로 전하용량이 가장 작은 $200[V] 5[\mu F]$의 콘덴서가 가장 빨리 파괴된다.

답 ①

19 내구의 반지름이 $6[cm]$, 외구의 반지름이 $8[cm]$인 동심구 콘덴서의 외구를 접지하고 내구에 전위 $1800[V]$를 가했을 경우 내구에 충전된 전기량은 몇 [C]인가?

① 2.8×10^{-8} ② 3.8×10^{-8}
③ 4.8×10^{-8} ④ 5.8×10^{-8}

풀이

전기량 $Q = \dfrac{4\pi\epsilon_0 V}{\dfrac{1}{a} - \dfrac{1}{b}} = \dfrac{\dfrac{1}{9 \times 10^9} \times 1800}{\dfrac{1}{6 \times 10^{-2}} - \dfrac{1}{8 \times 10^{-2}}}$

$= 4.8 \times 10^{-8}[C]$

답 ③

20 변압기에서 철심의 자속밀도 $B = 1.2[\text{Wb/m}^2]$인 경우 히스테리시스손과 와류손은 각각 최대 자속 밀도의 몇 승에 비례하는가?

① 히스테리시스손 : 1.6, 와류손 : 1.6
② 히스테리시스손 : 1.6, 와류손 : 2
③ 히스테리시스손 : 2, 와류손 : 1.6
④ 히스테리시스손 : 1, 와류손 : 1

풀이 ① 히스테리시스손
- $B = 1.2[\text{Wb/m}^2]$인 경우 $P_h \propto fB_m^{1.6}$
- $B = 1.2 \sim 1.5[\text{Wb/m}^2]$인 경우 $P_h \propto fB_m^2$

② 와류손 $P_e \propto f^2 B_m^2$
여기서, f : 주파수[Hz],
B_m : 최대 자속 밀도[Wb/m²] **답** ②

2과목 - 전력공학

21 수전 용량에 비해 첨두부하가 커지면 부하율은 그에 따라 어떻게 되는가?

① 높아진다.
② 낮아진다.
③ 변하지 않고 일정하다.
④ 부하의 종류에 따라 달라진다.

풀이 부하율 = $\dfrac{평균전력}{최대전력} \times 100$ 에서
첨두부하가 커지면 부하율은 낮아진다. **답** ②

22 단거리 송전선의 4단자 정수 A, B, C, D 중 그 값이 0인 정수는?

① A ② B
③ C ④ D

풀이 단거리 송전선로
① 단거리 송전선로에서는 선로길이가 짧은 관계로 선로 정수로서 저항과 인덕턴스만을 생각한다.
즉 $Y = G + j\omega C[℧]$를 무시한 상태에서 집중정수 회로로 취급하여 특성을 해석한다.

② 4단자 정수
$\begin{bmatrix} A & B \\ C & D \end{bmatrix} = \begin{bmatrix} 1 & Z \\ 0 & 1 \end{bmatrix}$
A : 전압비, B : 임피던스, C : 어드미턴스,
D : 전류비 **답** ③

23 최대 출력 350[MW], 평균부하율 80[%]로 운전되고 있는 화력발전소의 10일간 중유 소비량이 1.6×10^7[L]라고 하면 발전단에서의 열효율은 몇 [%]인가? (단, 중유의 열량은 10000[kcal/L]이다.)

① 35.3   ② 36.1
③ 37.8   ④ 39.2

풀이 열효율 $\eta = \dfrac{860W}{mH} = \dfrac{860 \times 350 \times 10^6 \times 0.8 \times 24}{\dfrac{1.6 \times 10^7}{10} \times 10000 \times 10^3} \times 100$
$= 36.12[\%]$
여기서, W : 발전 전력량[kWh]
m : 연료 소비량 [kg]
H : 연료의 발열량 [kcal/kg] **답** ②

24 변류기 개방 시 2차 측을 단락하는 이유는?

① 2차 측 절연 보호
② 2차 측 과전류 보호
③ 측정오차 방지
④ 1차 측 과전류 방지

풀이 변류기의 2차 측을 개방하면 1차 전류가 모두 여자전류가 되어 2차 권선에 매우 높은 전압이 유기되어 절연이 파괴되고 소손될 염려가 있다. 따라서 변류기를 개방할 때는 반드시 변류기 2차 측을 단락하여야 한다. **답** ①

25 유효저수량 200000[m³], 평균유효낙차 100[m], 발전기출력 7500[kW]이다. 1대를 운전할 경우 약 몇 시간 정도 발전할 수 있는가? (단, 발전기 및 수차의 합성효율은 85[%]이다.)

① 4   ② 5   ③ 6   ④ 7

풀이 출력 $P = 9.8QH\eta_t\eta_g[\text{kW}]$, $Q = \dfrac{V}{t}[\text{m}^3/\text{s}]$ 에서
출력 $P = 9.8 \times \dfrac{V}{t} \times H\eta_t\eta_g[\text{kW}]$ 이므로

$$7500 = 9.8 \times \frac{200000}{T \times 60 \times 60} \times 100 \times 0.85$$
$$\therefore T = \frac{9.8 \times 200000 \times 100 \times 0.85}{7500 \times 60 \times 60}$$
$$= 6.17[시간]$$
답 ③

26 동일한 전압에서 동일한 전력을 송전할 때 역률을 0.8에서 0.9로 개선하면 전력손실은 약 몇 [%] 정도 감소하는가?

① 5 ② 10
③ 20 ④ 40

풀이 전력손실 $P_l = \frac{R \cdot P^2}{V^2 \cos^2\theta} \propto \frac{1}{\cos^2\theta}$ 이므로

$$\frac{P_l'}{P_l} = \frac{\frac{1}{0.9^2}}{\frac{1}{0.8^2}} = \left(\frac{0.8}{0.9}\right)^2 \rightarrow P_l' = \left(\frac{0.8}{0.9}\right)^2 P_l = 0.79 P_l$$

∴ 21[%] 감소한다.
답 ③

27 다음 보호계전기 회로에서 박스 (A) 부분의 명칭은?

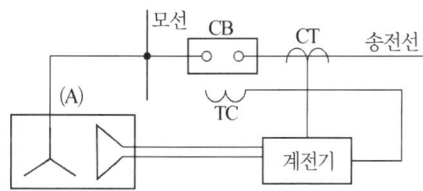

① 차단코일 ② 영상변류기
③ 계기용변류기 ④ 계기용변압기

풀이 계기용 변압기(PT) : 고전압을 저전압으로 변성하여 계기나 계전기에 공급하기 위한 목적으로 사용되며 2차측 정격전압은 110[V]이다.
답 ④

28 수조와 방수로간의 총낙차를 35[m], 수차가 전부하의 경우 수차에 취부한 수압계의 지시 2.8[kg/cm²], 흡출관의 진공계의 지시는 4[m]라고 한다. 손실 낙차는 몇 [m]인가?

① 1.8 ② 3.0
③ 4.0 ④ 6.8

풀이 손실 낙차는 총 낙차에서 수차에 실제로 작용하는 유효낙차(압력수두, 진공수두 등)를 뺀 것이다.
- 압력수두 :
  $1[kg/cm^2] = 1[m]$이므로,
  $2.8[kg/cm^2]$의 수압을 낙차로 환산하면
  $2.8 \times 10 = 28[m]$
- 진공수두 : 4[m]
따라서 손실 낙차 $H_f = 35 - (28 + 4) = 3[m]$
답 ②

29 22.9[kV]로 수전하는 자가용 전기설비가 있다. 수전점에 설치한 차단기의 차단용량이 520[MVA]일 때 차단기의 정격차단전류는 약 몇 [kA]인가?

① 3.5 ② 5.5
③ 8.5 ④ 12.5

풀이 차단기의 차단용량 $P_s = \sqrt{3} V I_s$ 이므로
차단전류
$$I_s = \frac{P_s}{\sqrt{3} V} = \frac{520 \times 10^3}{\sqrt{3} \times 22.9 \times \frac{1.2}{1.1}} \times 10^{-3}$$
$$= 12.02[kA]$$
답 ④

30 원자로는 화력 발전소의 어느 부분과 같은가?

① 내열기 ② 복수기
③ 보일러 ④ 과열기

풀이 원자로란 제어된 상태에서 핵분열 연쇄 반응을 일으키도록 한 장치로서 화력 발전소의 보일러와 같은 것으로, 핵분열 반응에 참여하는 중성자 에너지 영역이 주로 고에너지인가, 중에너지인가 혹은 저에너지인가에 따라서 고속 중성자로, 중속 중성자로, 열중성자로 나뉜다.
답 ③

31 선로의 특성 임피던스에 대한 설명으로 알맞은 것은?

① 선로의 길이에 비례한다.
② 선로의 길이에 반비례한다.
③ 선로의 길이에 관계없이 일정하다.
④ 선로의 길이보다 부하에 따라 변화한다.

풀이 선로의 특성 임피던스 $Z_0 = \sqrt{\frac{L}{C}}$: 길이에 무관하다.
답 ③

32 연가를 해도 효과가 없는 것은?

① 직렬공진의 방지
② 통신선의 유도장해 감소
③ 대지정전용량의 감소
④ 선로정수의 평형

풀이 연가의 효과
① 선로정수평형
② 임피던스평형
③ 소호리액터 접지 시 직렬공진방지
④ 유도장해감소

답 ③

33 송전선로에 낙뢰를 방지하기 위하여 설치하는 것은?

① 댐퍼   ② 초호환
③ 가공지선   ④ 애자

풀이
① 댐퍼 : 전선의 진동 방지
② 초호환 : 섬락으로부터 애자련의 보호, 애자련의 전압 분포 개선
③ 가공지선 : 뇌의 차폐
④ 애자 : 전선을 지지하고 절연

답 ③

34 250[mm] 현수 애자 10개를 직렬로 접속한 애자련의 건조 섬락 전압이 590[kV]이고 연효율(string efficiency) 0.74이다. 현수 애자 한 개의 건조 섬락 전압은 약 몇 [kV]인가?

① 80   ② 90
③ 100   ④ 120

풀이
연효율(string efficiency) $\eta = \dfrac{V_n}{nV_1}$ 이므로

여기서, V_n : 애자련의 섬락전압
n : 애자련의 애자개수
V_1 : 애자 1개의 섬락전압

$\therefore V_1 = \dfrac{V_n}{n\eta} = \dfrac{590}{10 \times 0.74} \fallingdotseq 80[kV]$

답 ①

35 송전단전압이 3300[V], 수전단전압은 3000[V]이다. 수전단의 부하를 차단한 경우, 수전단 전압이 3200[V]라면 이 회로의 전압변동률은 약 몇 [%]인가?

① 3.25   ② 4.28
③ 5.67   ④ 6.67

풀이
전압변동률 $= \dfrac{\text{무부하 시의 전압} - \text{정격전압}}{\text{정격전압}} \times 100$

$= \dfrac{3200 - 3000}{3000} \times 100 = 6.67[\%]$

답 ④

36 전력계통에서의 안정도란 주어진 운전 조건하에서 계통이 안정하게 운전을 계속할 수 있는가의 능력을 말한다. 다음 중 안정도의 구분에 포함되지 않는 것은?

① 동태 안정도   ② 과도 안정도
③ 정태 안정도   ④ 동기 안정도

풀이 안정도의 종류
① 정태 안정도(static stability) :
송전 계통이 불변 부하 또는 극히 서서히 증가하는 부하에 대하여 계속적으로 송전할 수 있는 능력을 정태 안정도로 하고, 안정도를 유지할 수 있는 극한의 송전 전력을 정태 안정 극한 전력이라고 한다.
② 과도 안정도(transient stability) :
계통에 갑자기 고장 사고와 같은 급격한 외란이 발생하였을 때에도 탈조하지 않고 새로운 평형 상태를 회복하여 송전을 계속할 수 있는 능력을 과도 안정도라 하고 이 경우의 극한 전력을 과도 안정 극한 전력이라고 한다.
③ 동태 안정도(dynamic stability) :
고속 자동 전압조정기로 동기기의 여자전류를 제어할 경우의 정태 안정도를 특히 동태 안정도라 한다.

답 ④

37 변압기 보호용 비율차동계전기를 사용하여 △-Y 결선의 변압기를 보호하려고 한다. 이때 변압기 1, 2차측에 설치하는 변류기의 결선 방식은? (단, 위상 보정기능이 없는 경우이다.)

① △-△   ② △-Y
③ Y-△   ④ Y-Y

풀이 변압기 보호용 계전기는 비율차동계전기가 사용되며 변압기 1차와 2차간의 변위를 보정하기 위하여 **변류기의 결선은 변압기의 결선과 반대**로 한다.
즉, 변압기 결선이 △-Y이면 변류기 결선은 Y-△로 한다. 답 ③

38 3상 1회선과 대지 간의 충전전류가 1[km]당 0.25[A]일 때 길이가 18[km]인 선로의 충전전류는 몇 [A]인가?

① 1.5
② 4.5
③ 13.5
④ 40.5

풀이 충전전류 $I_c = 0.25[\text{A/km}] \times 18[\text{km}] = 4.5[\text{A}]$ 답 ②

39 차단기의 개폐에 의한 이상전압의 크기는 대부분의 경우 송전선 대지전압의 최고 몇 배 정도인가?

① 2배
② 4배
③ 6배
④ 8배

풀이 개폐서지의 크기는 선로의 길이, 차단기의 성능 및 중성점접지방식에 따라 차이는 있으나 **대부분의 경우 상규 대지전압의 4배**를 넘는 경우는 거의 없다. 답 ②

40 3상 1회선 송전선로의 소호 리액터의 용량[kVA]은?

① 선로 충전 용량과 같다.
② 선간 충전 용량의 1/2이다.
③ 3선 일괄의 대지 충전 용량과 같다.
④ 1선과 중성점 사이의 충전 용량과 같다.

풀이 3상 1회선 소호 리액터 용량
$$P = 3\omega CE^2 = 3\omega C\left(\frac{V}{\sqrt{3}}\right)^2 = \omega CV^2 [\text{kVA}]$$
여기서, C : 1선당의 대지 정전용량
E : 대지전압
V : 선간전압 답 ③

3과목 - 전기기기

41 8극, 유도기전력 100[V], 전기자전류 200[A]인 직류발전기의 전기자권선을 중권에서 파권으로 변경했을 경우의 유도기전력과 전기자전류는?

① 100[V], 200[A]
② 200[V], 100[A]
③ 400[V], 50[A]
④ 800[V], 25[A]

풀이 ① 유기기전력
• 중권($a = p$)
$E = \frac{p}{a}z\phi n$에서 8극, 유도기전력 100[V]이면,
$100 = \frac{8}{8} \times z\phi n \rightarrow z\phi n = 100$
• 파권($a = 2$)
$\therefore E = \frac{p}{a}z\phi n = \frac{8}{2} \times 100 = 400[\text{V}]$
② 전기자 전류
• 중권($a = p$)
전기자 전류 $I_a = 200[\text{A}]$일 때,
각 권선에 흐르는 전류 $i_a = \frac{200}{a} = \frac{200}{8} = 25[\text{A}]$
• 파권($a = 2$)
$\therefore I_a = ai_a = 2 \times 25 = 50[\text{A}]$ 답 ③

42 3상 유도전동기에 불평형 3상 전압을 가한 경우 다음 전동기의 특성 중 옳은 것은?

① 영상분 전압은 존재하지 않는다.
② 영상 전압을 고려하여야 한다.
③ 정상 전압과 역상 전압에 의한 회전자계의 방향은 같다.
④ 정상 운전 상태에서 역상분은 제동 작용을 하지 않는다.

풀이 불평형 전압이 가해져도 **중성점이 접지되어 있지 않으므로 영상분은 존재하지 않는다.** 정상분과 역상분의 회전자계는 서로 반대방향으로 회전하나 정상분에 의한 토크가 더 크므로 전동기는 정상분 회전자계의 회전방향으로 회전한다. 답 ①

43 동기발전기에 회전계자형을 사용하는 이유로 틀린 것은?

① 기전력의 파형을 개선한다.
② 계자가 회전자이지만 저전압 소용량의 직류이므로 구조가 간단하다.
③ 전기자가 고정자이므로 고전압 대전류용에 좋고 절연이 쉽다.
④ 전기자보다 계자극을 회전자로 하는 것이 기계적으로 튼튼하다.

풀이 ① 동기기를 회전 계자형으로 하는 이유
- 전기자 권선은 전압이 높고 결선이 복잡하며, 대용량으로 되면 전류도 커지고, 3상 권선의 경우에는 4개의 도선을 인출하여야 한다.
- 계자 회로는 직류의 저압 회로이므로 소요 동력도 작으며, 인출 도선이 2개만 있어도 되기 때문이다.
- 계자극은 기계적으로 튼튼하게 만드는 데 용이하기 때문이다.
- 고장 시의 과도 안정도를 높이기 위하여 회전자의 관성을 크게 하기 쉽기 때문이기도 하다.

② 기전력의 파형을 개선하기 위해서는 전기자 권선을 **단절권 및 분포권으로 한다.** 답 ①

44 일반적인 농형 유도전동기에 관한 설명 중 틀린 것은?

① 2차 측을 개방할 수 없다.
② 2차 측의 전압을 측정할 수 있다.
③ 2차 저항 제어법으로 속도를 제어할 수 없다.
④ 1차 3선 중 2선을 바꾸면 회전방향을 바꿀 수 있다.

풀이 농형 유도전동기의 회전자
농형유도전동기의 회전자(2차 측)는 그림과 같이 회전자 권선이 단락환으로 단락된 구조이므로 **2차 측 전압은 측정할 수 없다.**

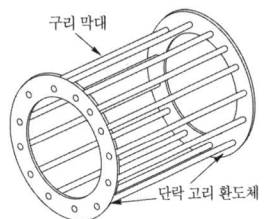

답 ②

45 어떤 IGBT의 열용량은 0.02[J/℃], 열저항은 0.625[℃/W]이다. 이 소자에 직류 25[A]가 흐를 때 전압강하는 3[V]이다. 몇 [℃]의 온도상승이 발생하는가?

① 1.5   ② 1.7   ③ 47   ④ 52

풀이 열저항 $R_\theta = \dfrac{\Delta T}{P}$[℃/W]이므로,
(여기서, ΔT : 온도상승범위[℃], P : 손실[W])
따라서 $\Delta T = R_\theta \times P = 0.625 \times 25 \times 3 ≒ 47[℃]$ 답 ③

46 단상 유도전압조정기의 원리는 다음 중 어느 것을 응용한 것인가?

① 3권선 변압기
② V결선 변압기
③ 단상 단권변압기
④ 스콧트결선(T결선) 변압기

풀이 단상 유도전압조정기는 직렬권선에 대한 분로권선의 위치를 연속적으로 바꾸는 **단상 단권변압기**의 일종이다. 구조는 유도전동기와 비슷하며 고정자와 회전자로 구성되어 있다.

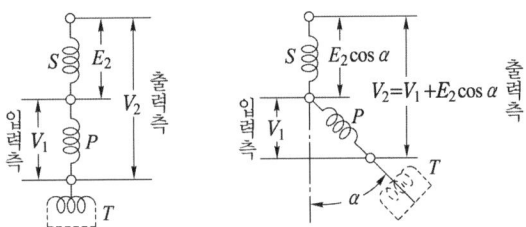

P : 분로권선, S : 직렬권선, T : 단락 권선
〈단상 유도전압조정기〉

답 ③

47 직류 분권 발전기의 전압확립에 대한 내용으로 틀린 것은?

① 잔류자기에 의해 초기 전압이 발생한다.
② 전압이 상승하면 여자전류도 증가한다.
③ 자기포화가 되면 전압 증가가 느려진다.
④ 회전 방향은 전압 형성에 영향을 주지 않는다.

풀이 자여자 발전기의 전압 확립
① 자여자 발전기에는 잔류자기가 있어 발전기를 회전시키면 소량의 전압이 발생하고, 이 전압이 계자에

전류를 흘려 보내 자속을 증가시켜 전압이 점차 높아진다.
그러나 계자 철심이 자기포화 상태에 이르면 자속 증가가 제한되면서 전압 상승도 서서히 멈추고 일정한 값으로 안정된다.
② 회전방향을 반대로 하면 잔류자기를 소멸시켜 발전이 불가능하다. 즉 전압이 확립되지 않는다. 답 ④

48 3상 동기전동기에 있어서 제동 권선의 역할은?

① 효율을 좋게   ② 역률을 개선
③ 난조를 방지   ④ 출력을 증가

풀이 제동 권선은 회전 자극 표면에 설치한 유도전동기의 농형 권선과 같은 권선으로서 회전자가 동기속도로 회전하고 있는 동안에는 전압을 유도하지 않으므로 아무런 작용이 없다. 그러나 조금이라도 동기속도를 벗어나면 전기자 자속을 끊어 전압이 유도되어 단락전류가 흐르므로 동기속도로 되돌아가게 된다. 즉, 진동 에너지를 열로 소비하여 진동을 방지한다. 이 **제동 권선은 난조 방지**에 쓰인다. 답 ③

49 동기발전기의 병렬운전에 필요한 조건이 아닌 것은?

① 기전력의 주파수가 같을 것
② 기전력의 위상이 같을 것
③ 임피던스 및 상회전방향과 각 변위가 같을 것
④ 기전력의 크기가 같을 것

풀이 동기발전기의 병렬운전 조건은 다음과 같다.
① 기전력의 크기가 같을 것
② 기전력의 위상이 같을 것
③ 기전력의 주파수가 같을 것
④ 기전력의 파형이 같을 것
⑤ 상회전방향이 같을 것   답 ③

50 동기기의 과도 안정도를 증가시키는 방법이 아닌 것은?

① 속응 여자방식을 채용한다.
② 동기 탈조계전기를 사용한다.
③ 동기화 리액턴스를 작게 한다.
④ 회전자의 플라이휠 효과를 작게 한다.

풀이 ① 과도 안정도
부하의 급변, 선로의 개폐, 접지, 단락 등의 고장 또는 기타의 원인에 의해서 운전 상태가 급변하여도 계통이 안정을 유지하는 정도를 말한다.
② 동기기의 안정도 증진법
• 동기화 리액턴스를 작게 할 것
• **회전자의 플라이휠 효과를 크게 할 것**
• 속응여자방식을 채용할 것
• 발전기의 조속기 동작을 신속히 할 것
• 동기 탈조 계전기를 사용할 것   답 ④

51 다음 중 2방향성 3단자 사이리스터는 어느 것인가?

① TRIAC   ② SCR
③ SCS   ④ SSS

풀이 각 종 반도체 소자의 비교
① 방향성
• **양방향성(쌍방향성)** 소자 : DIAC, TRIAC, SSS
• 역저지(단방향성) 소자 : SCR, LASCR, GTO
② 극(단자) 수
• 2극(단자) 소자 : DIAC, SSS, Diode
• **3극(단자)** 소자 : SCR, LASCR, GTO, **TRIAC**
• 4극(단자) 소자 : SCS   답 ①

52 코일피치와 자극피치의 비를 β라 하면 기본파 기전력에 대한 단절계수는?

① $\sin\beta\pi$ ② $\cos\beta\pi$
③ $\sin\dfrac{\beta\pi}{2}$ ④ $\cos\dfrac{\beta\pi}{2}$

풀이 단절계수
• $K_p = \sin\dfrac{\beta\pi}{2}$ (기본파)
• $K_{pn} = \sin\dfrac{n\beta\pi}{2}$ (n차 고조파)   답 ③

53 변압기의 결선 중에서 1차에 제3고조파가 있을 때 2차에 제3고조파 전압이 외부로 나타나는 결선은?

① Y-Y   ② Y-△
③ △-Y   ④ △-△

풀이 △결선이 포함된 변압기에서는 제3고조파가 순환전류가 되어 소멸되나, Y결선만 있는 변압기에서는 제3고조파가 나타난다. 답 ①

54 스테핑전동기의 스텝각이 3°이고, 스테핑주파수(pulse rate)가 1200[pps]이다. 이 스테핑전동기의 회전속도[rps]는?

① 10   ② 12
③ 14   ④ 16

풀이
- 1펄스 당 스텝각이 3°이고, 1초당 입력펄스가 1200[pps]이므로,
  1초당 스텝각 : 3° × 1200 = 3600°
- 전동기 1회전 당 회전각도 : 360°
  따라서 스테핑전동기의 회전속도 : $\frac{3600°}{360°}$ = 10[rps]

답 ①

55 교류전압제어기를 전원과 부하회로에 연결된 조광기에 교류 실효전압을 변화시켜서 사용할 수 있는 소자 중 가장 적합한 것은?

① 파워 트랜지스터(Power Transister)
② 트라이액(Triac)
③ 모스 에프이티(MOS-FET)
④ 다이오드(Diode)

풀이 TRIAC은 기능상 2개의 SCR을 역병렬접속한 것으로 양방향으로 도통할 수 있어 교류 실효전압을 변화시켜서 부하를 제어하는 데 적합하다. 답 ②

56 기동 시 회전자의 슬롯수 및 권선법이 적당하지 않은 경우 정격속도보다 낮은 속도에서 안정운전이 되는 현상을 무엇이라 하는가?

① 난조   ② 게르게스
③ 크로우링 ④ 자기여자

풀이 균일하지 않은 슬롯 부분의 자기 저항 차이 때문에 공극의 퍼미언스가 일정하지 않고 위치에 따라 변하기 때문에 공극내 자속분포에는 많은 고조파 성분이 있으며 이로 인해 유도전동기에 있어서 정지상태로부터 동기속도의 수 분의 1인 저속도까지 가속하고, 안정되기는 하지만 그 이상은 가속하지 않는 이상한 운전 상태가 발생될 수 있으며 이러한 현상을 크로우링 현상이라 한다. 답 ③

57 3상 권선형 유도 전동기의 2차 회로에 저항을 삽입하는 목적이 아닌 것은?

① 속도는 줄어지지만 최대 토크를 크게 하기 위하여
② 속도 제어를 하기 위하여
③ 기동 토크를 크게 하기 위하여
④ 기동 전류를 줄이기 위하여

풀이
- 최대 토크 $T_m \propto \frac{V^2}{2x_2}$: 2차 저항에 무관
- 최대 토크를 발생하는 슬립 $s_m \fallingdotseq \pm \frac{r_2}{x_2}$
  : 2차 저항에 비례

따라서, 3상 유도 전동기의 최대 토크의 크기는 2차저항 r_2와 슬립 s에 관계없이 항상 일정하고 다만 최대 토크가 발생하는 슬립점이 2차 회로의 저항에 비례해서 이동할 뿐이다. 답 ①

58 포화하고 있지 않은 직류발전기의 회전수가 1/2로 감소되었을 때 기전력을 속도 변화 전과 같은 값으로 하려면 여자를 어떻게 해야 하는가?

① 1/2로 감소시킨다.
② 1배로 증가시킨다.
③ 2배로 증가시킨다.
④ 4배로 증가시킨다.

풀이 직류발전기의 기전력 $E = k\Phi N$ 이므로 속도(N)가 $\frac{1}{2}$로 감소되면 여자(Φ)는 2배 증가되어야 기전력(E)이 일정하다. 답 ③

59 어떤 변압기의 부하역률이 60[%]일 때 전압변동률이 최대라고 한다. 지금 이 변압기의 부하역률이 100[%]일 때 전압변동률을 측정했더니 3[%]였다. 이 변압기의 부하역률이 80[%]일 때 전압변동률은 몇 [%]인가?

① 2.4   ② 3.6
③ 4.8   ④ 5.0

풀이 전압변동률 $\epsilon = p\cos\theta + q\sin\theta$ 이다.
(여기서, p : %저항강하, q : %리액턴스강하)

- 부하역률 100[%]일 때
  $\epsilon_{100} = p\cos\theta + q\sin\theta = p\times 1 + q\times 0 = p = 3[\%]$
- 최대 전압변동률 ϵ_{max}을 부하역률 $\cos\theta_m$일 때라고 하면,
  $\cos\theta_m = \dfrac{p}{\sqrt{p^2+q^2}} = \dfrac{3}{\sqrt{3^2+q^2}} = 0.6$, $q=4[\%]$
- 따라서, 부하역률이 80[%]일 때의 전압변동률은
  $\epsilon_{80} = p\cos\theta + q\sin\theta = 3\times 0.8 + 4\times 0.6 = 4.8[\%]$

답 ③

60 단상 유도전압조정기에서 단락권선의 역할은?

① 철손 경감 ② 절연 보호
③ 전압강하 경감 ④ 전압조정 용이

풀이 2차 권선의 누설 리액턴스에 의해 매우 큰 **전압강하가 발생하므로 이를 방지하기 위해 1차 권선과 직각 방향으로 단락권선을 감는다.**

답 ③

4과목 - 회로이론

61 $L=2[H]$인 인덕턴스에 $i(t)=20e^{-2t}[A]$의 전류가 흐를 때 L의 단자 전압[V]은?

① $40e^{-2t}$ ② $-40e^{-2t}$
③ $80e^{-2t}$ ④ $-80e^{-2t}$

풀이 L의 단자 전압
$v_L = L\dfrac{di(t)}{dt} = 2\times \dfrac{d}{dt}(20e^{-2t}) = -80e^{-2t}[V]$

답 ④

62 다음과 같은 회로가 정저항 회로가 되기 위한 저항 R의 값은?

① $8.2[\Omega]$
② $14.1[\Omega]$
③ $20[\Omega]$
④ $28[\Omega]$

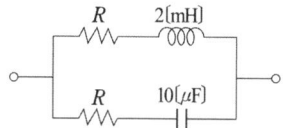

풀이 정저항 회로 조건 $R^2 = \dfrac{L}{C} \rightarrow R = \sqrt{\dfrac{L}{C}}$

$\therefore R = \sqrt{\dfrac{2\times 10^{-3}}{10\times 10^{-6}}} = 14.1[\Omega]$

답 ②

63 $R-L-C$ 직렬공진회로에서 $R=100[\Omega]$, $L=314[mH]$, $C=125.6[pF]$일 때, 선택도(전압 확대율) Q는?

① 2×10^3 ② 3×10^3
③ 4×10^2 ④ 5×10^2

풀이 직렬공진회로에서 선택도
$Q = \dfrac{1}{R}\sqrt{\dfrac{L}{C}} = \dfrac{1}{100}\sqrt{\dfrac{314\times 10^{-3}}{125.6\times 10^{-12}}} = 500$

답 ④

64 다음의 회로에서 저항 20[Ω]에 흐르는 전류는?

① 0.4[A]
② 1.8[A]
③ 3.9[A]
④ 5.4[A]

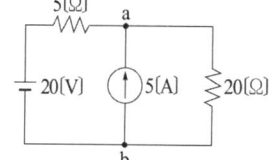

풀이 중첩의 원리에 의하여
- 20[V]에 의한 전류 (이때 전류원은 개방)
  $I_1 = \dfrac{20}{5+20} = 0.8[A]$
- 5[A]에 의한 전류 (이때 전압원은 단락)
  $I_2 = \dfrac{5}{5+20}\times 5 = 1[A]$

$\therefore I = I_1 + I_2 = 0.8 + 1 = 1.8[A]$

답 ②

65 공급전압이 10[V]이며 회로에 흐른 전류가 10[A]일 때, 이 회로의 유효전력이 50[W]라면 전압과 전류의 위상차는?

① $0°$ ② $35°$
③ $45°$ ④ $60°$

풀이 피상전력 $P_a = VI = 10\times 10 = 100[VA]$

역률 $\cos\theta = \dfrac{P}{P_a} = \dfrac{50}{100} = 0.5$

따라서, 위상차 $\theta = \cos^{-1}0.5 = 60°$

답 ④

66 다음 그림에서 $V_1 = 24[V]$일 때 $V_o[V]$의 값은?

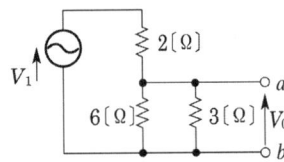

① 8[V] ② 12[V]
③ 16[V] ④ 24[V]

풀이 병렬 부분의 저항
$R = \dfrac{6 \times 3}{6+3} = 2[\Omega]$
전압은 저항에 비례하므로
$\therefore V_o = 24 \times \dfrac{1}{2} = 12[V]$

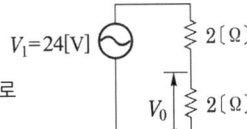

답 ②

67 비정현파에서 여현 대칭의 조건은 어느 것인가?
① $f(t) = f(-t)$
② $f(t) = -f(-t)$
③ $f(t) = -f(t)$
④ $f(t) = -f\left(t + \dfrac{T}{2}\right)$

풀이 우함수는 여현대칭(Y축 대칭)으로 직류분과 여현항(cos항)만 존재하며, 정현항(sin항)이 없다.

	기함수파 (정현대칭)	우함수파 (여현대칭)	대칭파 (반파대칭)
대칭 조건	$f(t) = -f(-t)$	$f(t) = f(-t)$	$f(t) = -f\left(t + \dfrac{T}{2}\right)$
결과	sin항만 존재한다.	cos항 존재 직류분 존재	고조파 차수가 홀수차 항만 존재한다.

답 ①

68 $R-L$ 직렬회로에서 시정수의 값이 클수록 과도현상의 소멸되는 시간은 어떻게 되는가?
① 짧아진다.
② 길어진다.
③ 과도기가 없어진다.
④ 관계없다.

풀이 $R-L$ 직렬회로에서 직류전압 인가 시
$i(t) = \dfrac{E}{R}\left(1 - e^{-\frac{R}{L}t}\right) = \dfrac{E}{R}\left(1 - e^{-\frac{1}{\tau}t}\right)$ 이므로,
시정수 τ 가 커지면 $e^{-\frac{1}{\tau}t}$ 의 값이 증가하므로 과도 상태는 길어진다.

답 ②

69 그림과 같은 평형 3상 Y결선에서 각 상이 8[Ω]의 저항과 6[Ω]의 리액턴스가 직렬로 연결된 부하에 선간전압 $100\sqrt{3}$ [V]가 공급되었다. 이때 선전류는 몇 [A]인가?

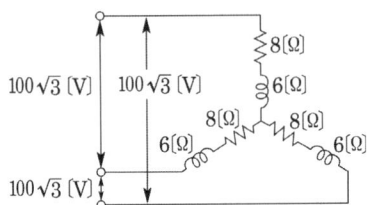

① 5 ② 10
③ 15 ④ 20

풀이 Y결선에서의 선전류(I_l)는 상전류(I_p)와 같으므로
상전압 $E_p = \dfrac{100\sqrt{3}}{\sqrt{3}} = 100[V]$
따라서, 선전류 $I_l = I_p = \dfrac{E_p}{Z} = \dfrac{100}{\sqrt{8^2 + 6^2}} = 10[A]$

답 ②

70 3상 불평형 전압에서 불평형률은?
① $\dfrac{영상전압}{정상전압} \times 100[\%]$
② $\dfrac{역상전압}{정상전압} \times 100[\%]$
③ $\dfrac{정상전압}{역상전압} \times 100[\%]$
④ $\dfrac{정상전압}{영상전압} \times 100[\%]$

풀이 불평형률 $= \dfrac{역상분}{정상분} \times 100[\%]$

답 ②

71 다음과 같은 회로의 공진 시 어드미턴스는?

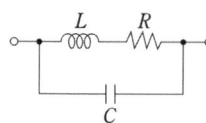

① $\dfrac{RL}{C}$ ② $\dfrac{RC}{L}$ ③ $\dfrac{L}{RC}$ ④ $\dfrac{R}{LC}$

풀이 ① 합성 어드미턴스
$$Y = Y_1 + Y_2 = \dfrac{1}{R+j\omega L} + j\omega C$$
$$= \dfrac{R}{R^2+\omega^2 L^2} + j\left(\omega C - \dfrac{\omega L}{R^2+\omega^2 L^2}\right)$$
$$= \dfrac{R}{R^2+\omega^2 L^2}$$

② 병렬공진 시 합성 어드미턴스의 허수부는 0이 되어야 한다.
$$\omega C - \dfrac{\omega L}{R^2+\omega^2 L^2} = 0$$
$$\omega C = \dfrac{\omega L}{R^2+\omega^2 L^2} \rightarrow R^2+\omega^2 L^2 = \dfrac{L}{C}$$
$$\therefore Y_r = \dfrac{R}{R^2+\omega^2 L^2} = \dfrac{R}{\dfrac{L}{C}} = \dfrac{RC}{L}$$ 답 ②

72 최댓값이 100[V]인 사인파 교류의 평균값은?

① 141   ② 70.7
③ 63.7   ④ 53.8

풀이

파 형	정현파	정현반파	삼각파	구형반파	구형파
평균값	$\dfrac{2V_m}{\pi}$	$\dfrac{V_m}{\pi}$	$\dfrac{V_m}{2}$	$\dfrac{V_m}{2}$	V_m

따라서 정현파 교류전압의 평균값
$= \dfrac{2V_m}{\pi} = \dfrac{2 \times 100}{\pi} \fallingdotseq 63.7[V]$ 답 ③

73 기본파의 60[%]인 제3고조파와 80[%]인 제5고조파를 포함하는 전압의 왜형률은?

① 0.3   ② 1   ③ 5   ④ 10

풀이 왜형률 = $\dfrac{\text{각 고조파의 실효값의 합}}{\text{기본파의 실효값}}$
$$= \dfrac{\sqrt{V_3^2 + V_5^2}}{V_1} = \sqrt{\left(\dfrac{V_3}{V_1}\right)^2 + \left(\dfrac{V_5}{V_1}\right)^2}$$
$$= \sqrt{0.6^2 + 0.8^2} = 1$$ 답 ②

74 회로에서 스위치를 닫을 때 콘덴서의 초기전하를 무시하면 회로에 흐르는 전류 $i(t)$는 어떻게 되는가?

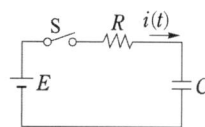

① $\dfrac{E}{R}e^{\frac{C}{R}t}$ ② $\dfrac{E}{R}e^{\frac{R}{C}t}$
③ $\dfrac{E}{R}e^{-\frac{1}{CR}t}$ ④ $\dfrac{E}{R}e^{\frac{1}{CR}t}$

풀이
- 스위치를 닫았을 때 회로의 평형방정식은
$$Ri(t) + \dfrac{1}{C}\int i(t)dt = E$$
- $i(t) = \dfrac{dq(t)}{dt}$ 이므로 $R\dfrac{dq(t)}{dt} + \dfrac{1}{C}q(t) = E$
- 초기 전하를 0이라 하면
$q(t) = CE\left(1 - e^{-\frac{1}{RC}t}\right)$ 이므로
$i(t) = \dfrac{dq(t)}{dt}$ 에 대입하면
$$\therefore i(t) = \dfrac{dq(t)}{dt} = \dfrac{d}{dt}CE\left(1 - e^{-\frac{1}{RC}t}\right) = \dfrac{E}{R}e^{-\frac{1}{RC}t}$$
답 ③

75 다음과 같은 회로에서 a, b 양단의 전압은 몇 [V]인가?

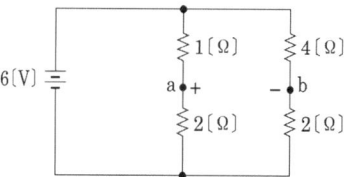

① 1   ② 2
③ 2.5   ④ 3.5

풀이 a, b 양단의 전압은 1[Ω]과 4[Ω]에서의 전압차와 같으므로, 전압분배 법칙을 적용하여 구하면 다음과 같다.
$$V_a = \dfrac{1}{1+2} \times 6 = 2[V]$$
$$V_b = \dfrac{4}{4+2} \times 6 = 4[V]$$
$$\therefore V_{ab} = 4 - 2 = 2[V]$$ 답 ②

76 출력이 $F(s) = \dfrac{3s+2}{s(s^2+2s+6)}$ 로 표시되는 제어계가 있다. 이 계의 시간함수 $f(t)$의 정상값은?

① 3 ② 2 ③ $\dfrac{1}{3}$ ④ $\dfrac{1}{6}$

풀이 최종값 정리에 의해서
$$\lim_{t \to \infty} f(t) = \lim_{s \to 0} sF(s) = \lim_{s \to 0} s \dfrac{3s+2}{s(s^2+2s+6)}$$
$$= \dfrac{2}{6} = \dfrac{1}{3}$$
답 ③

77 회로의 양 단자에서 테브난의 정리에 의한 등 가회로로 변환할 경우 V_{ab} 전압과 테브난 등가 저항은?

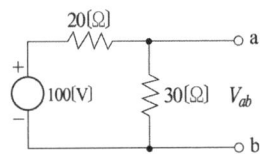

① 60[V], 12[Ω] ② 60[V], 15[Ω]
③ 50[V], 15[Ω] ④ 50[V], 50[Ω]

풀이
- 30[Ω]에 인가되는 전압
$$V_{ab} = 100 \times \dfrac{30}{20+30} = 60[V]$$
- 단자에서 전원측으로 본 전체 저항 (이때 전압원은 단락)
$$R_{th} = \dfrac{20 \times 30}{20+30} = 12[\Omega]$$
답 ①

78 그림과 같은 회로에서 최대 눈금 15[A]의 직류 전류계 2개를 접속하고 전류 20[A]를 흘리면 각 전류계의 지시는 몇 [A]인가? (단, 전류계 최대 눈금의 전압강하는 A_1이 75[mV], A_2가 50[mV]임.)

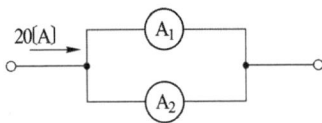

① 2, 18 ② 4, 16
③ 6, 14 ④ 8, 12

풀이 전류계 내부 저항
$$R_1 = \dfrac{e_1}{I_1} = \dfrac{75 \times 10^{-3}}{15} = 5 \times 10^{-3}[\Omega]$$
$$R_2 = \dfrac{e_2}{I_2} = \dfrac{50 \times 10^{-3}}{15} = 3.33 \times 10^{-3}[\Omega]$$
전류 분배 법칙에 의해 각 전류계에 흐르는 전류 A_1, A_2는
$$A_1 = \dfrac{R_2}{R_1+R_2} \times I = \dfrac{3.33 \times 10^{-3}}{5 \times 10^{-3} + 3.33 \times 10^{-3}} \times 20$$
$$= 8[A]$$
$$A_2 = I - A_1 = 20 - 8 = 12[A]$$
답 ④

79 불평형 3상 전류가 $I_a = 15 + j2[A]$, $I_b = -20 - j14[A]$, $I_c = -3 + j10[A]$일 때의 영상전류 I_0는?

① $2.85 + j0.36[A]$
② $-2.67 - j0.67[A]$
③ $1.57 - j3.25[A]$
④ $12.67 + j2[A]$

풀이
$$I_0 = \dfrac{1}{3}(I_a + I_b + I_c)$$
$$= \dfrac{1}{3}(15 + j2 - 20 - j14 - 3 + j10) = \dfrac{1}{3}(-8 - j2)$$
$$= -2.67 - j0.67[A]$$
답 ②

80 최대값 100[V], 주파수 60[Hz]인 정현파 전압이 $t=0$에서 순시값이 50[V]이고, 이 순간에 전압이 감소하고 있을 경우의 정현파의 순시값 식은?

① $100\sin(120\pi t + 45°)$
② $100\sin(120\pi t + 135°)$
③ $100\sin(120\pi t + 150°)$
④ $100\sin(120\pi t + 30°)$

풀이 $v = 100\sin(\omega t + 150°)$

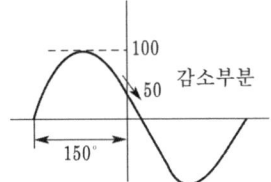

답 ③

5과목 - 전기설비기술기준

81 전기 온상의 발열선의 지지점 간의 거리는 몇 [m] 이하여야 하는가?(단, 발열선 상호 간의 간격이 0.06[m] 미만인 경우이다.)

① 1
② 1.5
③ 2
④ 2.5

풀이 241.5 전기온상 등
가. 전기온상에 전기를 공급하는 전로의 대지전압은 300[V] 이하일 것.
나. 발열선은 그 온도가 80[℃]를 넘지 않도록 시설 할 것.
다. 발열선과 조영재 사이의 이격거리는 0.025[m] 이상으로 할 것.
라. 발열선의 지지점 간의 거리는 1[m] 이하일 것. 다만, 발열선 상호 간의 간격이 0.06[m] 이상인 경우에는 2[m] 이하로 할 수 있다. **답** ①

82 애자공사에 의한 저압 옥내배선을 시설할 때 전선 상호 간의 간격은 몇 [cm] 이상이어야 하는가?

① 2
② 4
③ 6
④ 8

풀이 232.56 애자공사
가. 전선의 종류 : 절연 전선. 단, 옥외용 비닐 절연 전선(OW) 및 인입용 비닐 절연 전선(DV)은 제외한다.
나. 이격 거리

전 압		전선과 조영재와의 이격 거리	전선 상호 간격	전선 지지점 간의 거리	
				조영재의 윗면 또는 옆면에 따라 시설	조영재에 따라 시설하지 않는 경우
저압	400[V] 이하	2.5[cm] 이상	6[cm] 이상	2[m] 이하	–
	400[V] 초과	건조한 장소 2.5[cm] 이상			6[m] 이하
		기타의 장소 4.5[cm] 이상			

답 ③

83 다음 (㉮), (㉯) 에 들어갈 내용으로 옳은 것은?

지중전선로는 기설 지중 약전류 전선로에 대하여 (㉮) 또는 (㉯)에 의하여 통신상의 장해를 주지 않도록 기설 약전류 전선로로부터 충분히 이격시키거나 기타 적당한 방법으로 시설하여야 한다.

① ㉮ 정전용량 ㉯ 표피작용
② ㉮ 정전용량 ㉯ 유도작용
③ ㉮ 누설전류 ㉯ 표피작용
④ ㉮ 누설전류 ㉯ 유도작용

풀이 334.5 지중약전류전선의 유도장해 방지
지중전선로는 기설 지중약전류전선로에 대하여 **누설전류 또는 유도작용**에 의하여 통신상의 장해를 주지 않도록 충분히 이격시키거나 기타 적당한 방법으로 시설하여야 한다. **답** ④

84 특고압 가공전선이 건조물과 제1차 접근상태로 시설되는 경우에 이 특고압 가공전선로의 보안공사는 어떤 종류의 보안공사로 하여야 하는가?

① 고압 보안공사
② 제1종 특고압 보안공사
③ 제2종 특고압 보안공사
④ 제3종 특고압 보안공사

풀이 333.23 특고압 가공전선과 건조물의 접근
가. 건조물과 제1차 접근상태 : 제3종 특고압 보안공사
나. 건조물과 제2차 접근상태
 ① 사용전압이 35[kV] 이하 : 제2종 특고압 보안공사
 ② 사용전압이 35[kV] 초과 400[kV] 미만 : 제1종 특고압 보안공사 **답** ④

85 전기철도차량에 전력을 공급하는 전차선의 가선방식에 포함되지 않는 것은?

① 가공방식
② 강체방식
③ 제3레일방식
④ 지중조가선방식

풀이 431.1 전차선 가선방식
전차선의 가선방식은 열차의 속도 및 노반의 형태, 부하전류 특성에 따라 적합한 방식을 채택하여야 하며, **가공방식, 강체방식, 제3레일방식을 표준으로 한다.**
답 ④

86 전력보안통신설비의 전원공급기 시설에 대한 다음 설명 중 옳지 않은 것은?

① 누전차단기를 내장하여야 한다.
② 지상에서 4[m] 이상 유지하여야 한다.
③ 전원공급기 시설 시 통신사업자는 기기 전면에 명판을 부착하여야 한다.
④ 기기주, 변대주 및 분기주 등 설비 복잡개소에는 전원공급기를 시설하여야 한다.

풀이 362.9 전원공급기의 시설
1. 전원공급기는 다음에 따라 시설하여야 한다.
   가. 지상에서 4[m] 이상 유지할 것.
   나. 누전차단기를 내장할 것.
   다. 시설방향은 인도측으로 시설하며 외함은 접지를 시행할 것.
2. **기기주, 변대주 및 분기주 등 설비 복잡개소에는 전원공급기를 시설할 수 없다.**
3. 전원공급기 시설 시 통신사업자는 기기 전면에 명판을 부착하여야 한다.
답 ④

87 금속덕트공사에 적당하지 않은 것은?

① 전선은 절연전선을 사용한다.
② 덕트의 끝부분은 항시 개방시킨다.
③ 덕트 안에는 전선의 접속점이 없도록 한다.
④ 덕트의 안쪽 면 및 바깥 면에는 산화방지를 위하여 아연도금을 한다.

풀이 232.31 금속덕트공사
가. **전선은 절연전선**(옥외용 비닐절연전선을 제외한다)일 것.
나. 금속덕트에 넣은 전선의 단면적(절연피복의 단면적을 포함한다)의 합계는 덕트의 내부 단면적의 20[%](전광표시 장치 기타 이와 유사한 장치 또는 제어회로 등의 배선만을 넣는 경우에는 50[%]) 이하일 것.
다. 금속덕트 안에는 전선에 접속점이 없도록 할 것. 다만, 전선을 분기하는 경우에는 그 접속점을 쉽게 점검할 수 있는 때에는 그러하지 아니하다.
라. 덕트를 조영재에 붙이는 경우에는 덕트의 지지점 간의 거리를 3[m](수직으로 붙이는 경우에는 6[m]) 이하로 할 것.
마. **덕트의 끝부분은 막을 것.**
바. 폭이 50[mm]를 초과하고 또한 두께가 1.2[mm] 이상인 철판 또는 금속제의 것.
사. 안쪽 면 및 바깥 면에는 산화 방지를 위하여 아연도금 또는 이와 동등 이상의 효과를 가지는 도장을 한 것일 것.
아. 덕트는 접지공사를 할 것.
답 ②

88 태양광발전이나 풍력발전 등이 현재 조건에서 가능한 최대의 전력을 생산할 수 있도록 인버터 제어를 이용하여 해당 발전원의 전압이나 회전속도를 조정하는 기능을 무엇이라 하는가?

① BIPV
② BAPV
③ MPPT
④ BMS

풀이 502 용어의 정의
① 건물일체형 태양광발전
   (BIPV : Building-Integrated Photovoltaic) :
   태양광모듈을 건축물에 설치하여 건축 부자재의 역할 및 기능과 전력생산을 동시에 할 수 있는 설비
② 건물부착형 태양광발전
   (BAPV : Building-Attached Photovoltaic) :
   건축물 경사 지붕 또는 외벽 등에 밀착하여 설치하는 태양광설비의 유형을 말한다.
③ 최대출력추종
   (MPPT : Maximum Power Point Tracking) :
   태양광발전이나 풍력발전 등이 현재 조건에서 가능한 최대의 전력을 생산할 수 있도록 인버터 제어를 이용하여 해당 발전원의 전압이나 회전속도를 조정하는 기능을 말한다.
④ 전지관리시스템
   (BMS : Battery Management System) :
   이차전지의 전압, 전류, 온도 등의 값을 측정하여 이차전지를 효율적으로 사용할 수 있도록 상위 시스템과의 통신을 통해 현재의 상태를 전송하며, 이상 징후 발생 시 내부 안전장치를 작동시키는 등 이차전지를 관리하는 시스템을 말한다.
답 ③

89 교량의 윗면에 시설하는 고압 전선로는 전선의 높이를 교량의 노면상 몇 [m] 이상으로 하여야 하는가?

① 3
② 4
③ 5
④ 6

[풀이] 335.6 교량에 시설하는 전선로
가. 교량의 윗면에 시설하는 것은 전선의 높이를 교량의 노면상 5[m] 이상으로 하여 시설할 것.
나. 전선과 조영재 사이의 이격거리는 전선이 케이블인 경우 이외에는 0.3[m] 이상일 것.
답 ③

90 22.9[kV] 특고압가공전선로의 중성선은 다중접지를 하여야 한다. 각 접지선을 중성선으로부터 분리하였을 경우 1[km]마다 중성선과 대지 사이의 합성전기저항 값은 몇 [Ω] 이하인가? (단, 전로에 지락이 생겼을 때에 2초 이내에 자동적으로 이를 전로로부터 차단하는 장치가 되어 있다.)

① 5 ② 10
③ 15 ④ 20

[풀이] 333.32 25[kV] 이하인 특고압 가공전선로의 시설
각 접지도체를 중성선으로부터 분리하였을 경우의 각 접지점의 대지 전기저항 값과 1[km]마다의 중성선과 대지 사이의 합성전기저항 값은 표에서 정한 값 이하일 것.

사용전압	각 접지점의 대지 전기저항치	1[km]마다의 합성 전기저항치
15[kV] 이하	300[Ω]	30[Ω]
15[kV] 초과 25[kV] 이하	300[Ω]	15[Ω]

답 ③

91 정격전류가 63[A] 이하인 경우 산업용 배선차단기의 동작 전류는 정격전류의 몇 배인가?

① 1.05 ② 1.13
③ 1.3 ④ 1.45

[풀이] 212.3.4 보호장치의 특성
과전류트립 동작시간 및 특성(산업용 배선차단기)

정격전류의 구분	시간	정격전류의 배수 (모든 극에 통전)	
		부동작 전류	동작 전류
63[A] 이하	60분	1.05배	1.3배
63[A] 초과	120분	1.05배	1.3배

답 ③

92 다음 ( )의 ㉠, ㉡에 들어갈 내용으로 옳은 것은?

전로에 시설하는 기계기구의 철대 및 금속제 외함에는 접지공사를 하여야 하나 저압용 기계기구에 전기를 공급하는 전로의 전원측에 절연변압기(2차 전압이 (㉠)[V] 이하이며, 정격용량이 (㉡)[kVA] 이하인 것에 한한다)를 시설하고 또한 그 절연변압기의 부하측 전로를 접지하지 않은 경우에는 접지를 생략할 수 있다.

① ㉠ 300, ㉡ 3 ② ㉠ 300, ㉡ 5
③ ㉠ 500, ㉡ 3 ④ ㉠ 500, ㉡ 5

[풀이] 142.7 기계기구의 철대 및 외함의 접지
전로에 시설하는 기계기구의 철대 및 금속제 외함에는 접지공사를 하여야 하나 다음의 어느 하나에 해당하는 경우에는 **접지를 생략 할 수 있다.**
가. 사용전압이 직류 300[V] 또는 교류 대지전압이 150[V] 이하인 기계기구를 건조한 곳에 시설하는 경우
나. 철대 또는 외함의 주위에 적당한 절연대를 설치하는 경우
다. 외함이 없는 계기용변성기가 고무·합성수지 기타의 절연물로 피복한 것일 경우
라. 2중 절연구조로 되어 있는 기계기구를 시설하는 경우
마. 저압용 기계기구에 전기를 공급하는 전로의 전원측에 절연변압기(2차 전압이 300[V] 이하이며, 정격용량이 3[kVA] 이하인 것에 한한다)를 시설하고 또한 그 절연변압기의 부하측 전로를 접지하지 않은 경우
바. 물기 있는 장소 이외의 장소에 시설하는 저압용의 개별 기계기구에 전기를 공급하는 전로에 인체감전보호용 누전차단기(정격감도전류가 30[mA] 이하, 동작시간이 0.03[초] 이하의 전류동작형에 한한다)를 시설하는 경우
답 ①

93 저압 가공전선과 고압 가공전선을 동일 지지물에 시설하는 경우 이격거리는 몇 [cm] 이상이어야 하는가? (단, 각도주(角度柱)·분기주(分岐柱) 등에서 혼촉(混觸)의 우려가 없도록 시설하는 경우는 제외한다.)

① 50 ② 60
③ 70 ④ 80

[풀이] 332.8 고압 가공전선 등의 병행설치
저압 가공전선(다중접지된 중성선은 제외한다. 이하 같다)과 고압 가공전선을 동일 지지물에 시설하는 경우에

는 다음에 따라야 한다.
가. 저압 가공전선을 고압 가공전선의 아래로 하고 별개의 완금류에 시설할 것.
나. **저압 가공전선과 고압 가공전선 사이의 이격거리는 0.5[m] 이상일 것.**
다. 다음의 어느 하나에 해당하는 경우에는 "가" 및 "나"에 의하지 아니할 수 있다.
① 고압 가공전선에 케이블을 사용하고, 또한 그 케이블과 저압 가공전선 사이의 이격거리를 0.3[m] 이상으로 하여 시설하는 경우
② 저압 가공인입선을 분기하기 위하여 저압 가공전선을 고압용의 완금류에 견고하게 시설하는 경우

답 ①

94 주택에 시설하는 전기저장장치는 이차전지에서 전력변환장치에 이르는 옥내 직류 전로를 사람이 접촉할 우려가 없도록 케이블배선에 의하여 시설하고 전선에 적당한 방호장치를 시설한 경우 주택의 옥내전로의 대지전압은 직류 몇 [V]까지 적용할 수 있는가? (단, 전로에 지락이 생겼을 때 자동적으로 전로를 차단하는 장치를 시설한 경우이다.)

① 150
② 300
③ 400
④ 600

풀이 511.1.3 옥내전로의 대지전압 제한
주택에 시설하는 전기저장장치는 이차전지에서 전력변환장치에 이르는 옥내 직류 전로를 다음에 따라 시설하는 경우에 주택의 옥내전로의 대지전압은 직류 600[V]까지 적용할 수 있다.
가. 전로에 지락이 생겼을 때 자동적으로 전로를 차단하는 장치를 시설할 것
나. 사람이 접촉할 우려가 없는 은폐된 장소에 합성수지관배선, 금속관배선 및 케이블배선에 의하여 시설하거나, 사람이 접촉할 우려가 있는 장소에 케이블배선에 의하여 시설하는 경우에는 전선에 적당한 방호장치를 시설할 것

답 ④

95 고압 보안공사 시에 지지물이 B종 철근 콘크리트주인 경우 경간은 몇 [m] 이하인가?

① 100
② 150
③ 250
④ 400

풀이 332.10 고압 보안공사
고압 보안공사는 다음에 따라야 한다.
가. 전선은 케이블인 경우 이외에는 인장강도 8.01[kN] 이상의 것 또는 지름 5[mm] 이상의 경동선일 것.
나. 목주의 풍압하중에 대한 안전율은 1.5 이상일 것.
다. 경간은 표에서 정한 값 이하일 것.

지지물의 종류	경간
목주·A종 철주 또는 A종 철근 콘크리트주	100[m] 이하
B종 철주 또는 B종 철근 콘크리트주	150[m] 이하
철탑	400[m] 이하

답 ②

96 변압기에 의하여 특고압전로에 결합되는 고압전로에는 사용전압의 몇 배 이하인 전압이 가하여진 경우에 방전하는 장치를 그 변압기의 단자에 가까운 1극에 설치하여야 하는가?

① 3
② 4
③ 5
④ 6

풀이 322.3 특고압과 고압의 혼촉 등에 의한 위험방지 시설
변압기에 의하여 특고압전로에 결합되는 고압전로에는 사용전압의 3배 이하인 전압이 가하여진 경우에 방전하는 장치를 그 변압기의 단자에 가까운 1극에 설치하여야 한다.

답 ①

97 수소냉각식 발전기 및 이에 부속하는 수소냉각장치에 관한 시설기준 중 틀린 것은?

① 발전기안의 수소의 압력 계측장치 및 압력변동에 대한 경보장치를 시설할 것
② 발전기안의 수소 온도를 계측하는 장치를 시설할 것
③ 발전기는 기밀구조이고 또한 수소가 대기압에서 폭발하는 경우에 생기는 압력에 견디는 강도를 가지는 것일 것
④ 발전기안의 수소의 순도가 70[%] 이하로 저하한 경우에 경보를 하는 장치를 시설할 것

풀이 351.10 수소냉각식 발전기 등의 시설
수소냉각식의 발전기·조상기 또는 이에 부속하는 수소 냉각 장치는 다음 각 호에 따라 시설하여야 한다.

가. 발전기 또는 조상기는 기밀구조의 것이고 또한 수소가 대기압에서 폭발하는 경우에 생기는 압력에 견디는 강도를 가지는 것일 것.
나. 발전기축의 밀봉부에는 질소 가스를 봉입할 수 있는 장치 또는 발전기 축의 밀봉부로부터 누설된 수소 가스를 안전하게 외부에 방출할 수 있는 장치를 시설할 것.
다. 발전기 내부 또는 조상기 내부의 **수소의 순도가 85[%] 이하로 저하**한 경우에 이를 **경보하는 장치**를 시설할 것.
라. 발전기 내부 또는 조상기 내부의 수소의 압력을 계측하는 장치 및 그 압력이 현저히 변동한 경우에 이를 경보하는 장치를 시설할 것.
마. 발전기 내부 또는 조상기 내부의 수소의 온도를 계측하는 장치를 시설할 것. 답 ④

98 사용전압이 20[kV]인 변전소에 울타리·담 등을 시설하고자 할 때 울타리·담 등의 높이는 몇 [m] 이상이어야 하는가?

① 1   ② 2
③ 5   ④ 6

풀이 351.1 발전소 등의 울타리·담 등의 시설
고압 또는 특고압의 기계기구·모선 등을 옥외에 시설하는 발전소·변전소·개폐소 또는 이에 준하는 곳에서 울타리·담 등은 다음에 따라 시설하여야 한다.
가. **울타리·담 등의 높이는 2[m] 이상**으로 하고 지표면과 울타리·담 등의 하단 사이의 간격은 0.15[m] 이하로 할 것.
나. 울타리·담 등과 고압 및 특고압의 충전 부분이 접근하는 경우에는 울타리·담 등의 높이와 울타리·담 등으로부터 충전부분까지 거리의 합계는 표에서 정한 값 이상으로 할 것.

사용전압의 구분	울타리·담 등의 높이와 울타리·담 등으로부터 충전 부분까지의 거리의 합계
35[kV] 이하	5[m]
35[kV] 초과 160[kV] 이하	6[m]
160[kV] 초과	• 거리의 합계 = 6 + 단수 × 0.12[m] • 단수 = $\dfrac{\text{사용전압[kV]} - 160}{10}$ 단수 계산에서 소수점 이하는 절상

답 ②

99 보호도체의 전기적 연속성에서 보호도체의 보호에 대한 내용으로 옳지 않은 것은?

① 접속부는 납땜으로 접속해야 한다.
② 보호도체를 접속하는 나사는 다른 목적으로 겸용해서는 안 된다.
③ 기계적인 손상, 화학적·전기화학적 열화, 전기역학적·열역학적 힘에 대해 보호되어야 한다.
④ 나사접속·클램프접속 등 보호도체 사이 또는 보호도체와 타 기기 사이의 접속은 전기적연속성 보장 및 기계적강도와 보호를 구비하여야 한다.

풀이 142.3.2 보호도체
보호도체의 전기적 연속성은 다음에 의한다.
가. 보호도체의 보호는 다음에 의한다.
(1) 기계적인 손상, 화학적·전기화학적 열화, 전기역학적·열역학적 힘에 대해 보호되어야 한다.
(2) 나사접속·클램프접속 등 보호도체 사이 또는 보호도체와 타 기기 사이의 접속은 전기적연속성 보장 및 기계적강도와 보호를 구비하여야 한다.
(3) 보호도체를 접속하는 나사는 다른 목적으로 겸용해서는 안 된다.
(4) **접속부는 납땜(soldering)으로 접속해서는 안 된다.** 답 ①

100 다음 (　)에 들어갈 내용으로 옳은 것은?

> 전차선로는 무선설비의 기능에 계속적이고 또한 중대한 장해를 주는 (　)가 생길 우려가 있는 경우에는 이를 방지하도록 시설하여야 한다.

① 정전유도   ② 전자유도
③ 누설전류   ④ 전자파

풀이 461.6 전자파 장해의 방지
전차선로는 무선설비의 기능에 계속적이고 또한 중대한 장해를 주는 전자파가 생길 우려가 있는 경우에는 이를 방지하도록 시설하여야 한다. 답 ④

2025년 2회 전기산업기사필기 (CBT 복원문제)

동일출판사 홈페이지에서 무료 동영상강의를 보실 수 있습니다.

1과목 - 전기자기

01 $\nabla \cdot J = -\dfrac{\partial \rho}{\partial t}$ 에 대한 설명으로 옳지 않은 것은?

① "−" 부호는 전류가 폐곡면에서 유출되고 있음을 뜻한다.
② 단위 체적당 전하밀도의 시간당 증가 비율이다.
③ 전류가 정상전류가 흐르면 폐곡면에 통과하는 전류는 0(ZERO)이다.
④ 폐곡면에서 수직으로 유출되는 전류밀도는 미소체적인 한 점에서 유출되는 단위 체적당 전류가 된다.

풀이 전류의 연속 방정식 $\nabla \cdot J = -\dfrac{\partial \rho}{\partial t}$ 으로부터 전류밀도의 발산은 체적 전하밀도의 단위시간 당 감소(−)비율을 의미하고, 정상전류에서는 $\dfrac{\partial \rho}{\partial t} = 0 (\rho\ 일정)$ 이므로 $\nabla \cdot J = 0$ 이다. **답** ②

02 두 개의 코일 a, b가 있다. 두 개를 직렬로 접속하였더니 합성 인덕턴스가 119[mH]이었고, 극성을 반대로 접속하였더니 합성 인덕턴스가 11[mH]이었다. 코일 a의 자기 인덕턴스가 20[mH]라면 결합계수 k는 얼마인가?

① 0.6　　② 0.7
③ 0.8　　④ 0.9

풀이 $L_a + L_b + 2M = 119$ ………… ①
$L_a + L_b - 2M = 11$ ………… ②
식 ①, ②에서
$M = \dfrac{119-11}{4} = \dfrac{108}{4} = 27[mH]$
$L_b = 119 - 2M - L_a = 119 - 27 \times 2 - 20 = 45[mH]$
$\therefore k = \dfrac{M}{\sqrt{L_a L_b}} = \dfrac{27}{\sqrt{20 \times 45}} = 0.9$ **답** ④

03 대전된 도체 표면의 전하밀도를 $\sigma[C/m^2]$이라고 할 때, 대전된 도체 표면의 단위면적이 받는 정전응력$[N/m^2]$은 전하밀도 σ와 어떤 관계가 있는가?

① $\sigma^{\frac{1}{2}}$에 비례　　② $\sigma^{\frac{3}{2}}$에 비례
③ σ에 비례　　④ σ^2에 비례

풀이
- 도체에 전하가 분포되어 있을 때, 도체 표면에 작용하는 힘을 정전응력이라 하며, 단위 면적당의 힘으로 정의한다.
- 면전하밀도 $\sigma[C/m^2]$인 도체 표면에서 전속밀도 $D = \sigma$, 전계의 세기 $E = \dfrac{\sigma}{\epsilon_0}$ 이므로 정전응력 $f = \dfrac{1}{2}DE = \dfrac{1}{2}\epsilon_0 E^2 = \dfrac{D^2}{2\epsilon_0} = \dfrac{\sigma^2}{2\epsilon_0}[N/m^2]$
즉, $f \propto \sigma^2$ 의 관계가 있다. **답** ④

04 평행판 전극의 단위면적 당 정전용량이 $C = 200[pF]$일 때 두 극판 사이에 전위차 2000[V]를 가하면 이 전극판 사이의 전계의 세기는 약 몇 [V/m]인가?

① 22.6×10^3　　② 45.2×10^3
③ 22.6×10^5　　④ 45.2×10^5

풀이 정전용량 $C = 200 \times 10^{-12}[F/m]$,
전위차 $V = 2000[V]$이고
$C = \dfrac{\epsilon_o}{d}[F/m^2]$에서 전극간격 $d = \dfrac{\epsilon_o}{C}$이므로
$\therefore E = \dfrac{V}{d} = \dfrac{CV}{\epsilon_o} = \dfrac{200 \times 10^{-12} \times 2000}{8.855 \times 10^{-12}}$
$= 45.2 \times 10^3[V/m]$
단, 이 문제의 유전율은 $\epsilon = \epsilon_o$로 한 것임 **답** ②

05 자극의 세기가 8×10^{-6}[Wb], 길이가 30[cm]인 막대자석을 120[AT/m]의 평등자계 내에 자력선과 30도의 각도로 놓았다면 자석이 받는 회전력은 몇 [N·m]인가?

① 1.44×10^{-4}　　② 1.44×10^{-5}
③ 2.88×10^{-4}　　④ 2.88×10^{-5}

풀이 회전력 $T = MH\sin\theta = ml\,H\sin\theta$
$= 8 \times 10^{-6} \times 0.3 \times 120 \times \sin30°$
$= 1.44 \times 10^{-4}$ [N·m]   **답** ①

06 그림과 같이 일정한 권선이 감겨진 권회수 N회, 단면적 S[m²], 평균자로의 길이 l[m]인 환상 솔레노이드에 전류 I[A]를 흘렸을 때 이 환상 솔레노이드의 자기 인덕턴스[H]는?
(단, 환상 철심의 투자율은 μ이다.)

① $\dfrac{\mu^2 N}{l}$

② $\dfrac{\mu SN}{l}$

③ $\dfrac{\mu^2 SN}{l}$

④ $\dfrac{\mu SN^2}{l}$

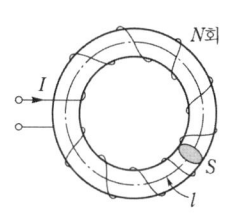

풀이 철심을 통하는 자속은
$\phi = BS = \mu HS = \mu\dfrac{NI}{l}S = \dfrac{\mu SNI}{l}$ [Wb] 이므로
$N\phi = LI$에서
자기 인덕턴스 $L = \dfrac{\mu SN^2}{l}$ [H]   **답** ④

07 전자계에서 전파 속도와 관계없는 것은?
① 도전율 ② 유전율
③ 비투자율 ④ 주파수

풀이 전파 속도
- $v = \dfrac{1}{\sqrt{\epsilon\mu}}$
- $v = f\lambda$ (주파수, 파장)

두 식에서 전파 속도 v는 유전율(ϵ), 투자율(μ), 주파수(f), 파장(λ)에 관계   **답** ①

08 그림과 같은 동축 원통의 왕복 전류 회로가 있다. 도체 단면에 고르게 퍼진 일정 크기의 전류가 내부 도체로 흘러 들어가고 외부 도체로 흘러나올 때, 전류에 의하여 생기는 자계에 대하여 다음 중 옳지 않은 것은?

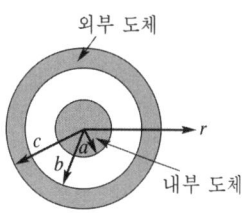

① 내부 도체 내($r < a$)에 생기는 자계의 크기는 중심으로부터의 거리에 비례한다.
② 두 도체 사이(내부 공간)($a < r < b$)에 생기는 자계의 크기는 중심으로부터의 거리에 반비례한다.
③ 외부 도체 내($b < r < c$)에 생기는 자계의 크기는 중심으로부터의 거리에 관계없이 일정하다.
④ 외부 공간($r > c$)의 자계는 영(0)이다.

풀이 ① 내부 도체에 있어서 $r < a$인 점의 자계를 H_1이라 하면 반지름 r 내를 흐르는 전류, 즉 쇄교하는 전류 $I_r = \dfrac{\pi r^2}{\pi a^2}I = \dfrac{r^2}{a^2}I$이므로,
주회 적분의 법칙에서 $2\pi r H_1 = I_r$
$\therefore H_1 = \dfrac{I_r}{2\pi r} = \dfrac{1}{2\pi r}\dfrac{r^2}{a^2}I = \dfrac{rI}{2\pi a^2}$ [A/m]

② $a < r < b$일 때의 자계 H_2는 $2\pi r H_2 = I$
$\therefore H_2 = \dfrac{I}{2\pi r}$ [A/m]

③ $b < r < c$인 점의 자계 H_3는
$H_3 2\pi r = I - \dfrac{\pi r^2 - \pi b^2}{\pi c^2 - \pi b^2}I = \left(1 - \dfrac{r^2 - b^2}{c^2 - b^2}\right)I$
$H_3 = \dfrac{I}{2\pi r}\left(1 - \dfrac{r^2 - b^2}{c^2 - b^2}\right)$ [A/m] (거리에 반비례)

④ 외부 도체 외의 공간 $c < r$인 점의 자계 H_4는
$2\pi r H_4 = I - I = 0$
$\therefore H_4 = 0$ **답** ③

09 비유전율이 2.8인 유전체에서의 전속밀도가 $D = 3.0 \times 10^{-7}$ [C/m²]일 때 분극의 세기 P는 약 몇 [C/m²]인가?

① 1.93×10^{-7} ② 2.93×10^{-7}
③ 3.50×10^{-7} ④ 4.07×10^{-7}

풀이 분극의 세기
$P = D - \epsilon_0 E$ (단, $E = \dfrac{D}{\epsilon} = \dfrac{D}{\epsilon_0 \epsilon_r}$)

$$= D - \epsilon_0 \left(\frac{D}{\epsilon_0 \epsilon_r}\right) = D - \frac{D}{\epsilon_r} = \left(1 - \frac{1}{\epsilon_r}\right)D$$

$$\therefore P = \left(1 - \frac{1}{2.8}\right) \times 3 \times 10^{-7}$$

$$= 1.93 \times 10^{-7} [\text{C/m}^2]$$

답 ①

10 다음의 맥스웰 방정식 중 틀린 것은?

① $\text{rot } \boldsymbol{H} = i + \frac{\partial \boldsymbol{D}}{\partial t}$ ② $\text{rot } \boldsymbol{E} = -\frac{\partial \boldsymbol{H}}{\partial t}$

③ $\text{div } \boldsymbol{B} = 0$ ④ $\text{div } \boldsymbol{D} = \rho$

풀이 맥스웰 방정식의 미분형

① $\text{rot } \boldsymbol{E} = -\frac{\partial \boldsymbol{B}}{\partial t}$: Faraday 법칙

② $\text{rot } \boldsymbol{H} = i + \frac{\partial \boldsymbol{D}}{\partial t}$: 암페어의 주회적분 법칙

③ $\text{div } \boldsymbol{D} = \rho$: 가우스의 법칙

④ $\text{div } \boldsymbol{B} = 0$: 고립된 자하는 없다.

답 ②

11 전위 계수에 있어서 $P_{11} = P_{21}$의 관계가 의미하는 것은?

① 도체 1과 도체 2가 멀리 떨어져 있다.
② 도체 1과 도체 2가 가까이 있다.
③ 도체 1이 도체 2의 내측에 있다.
④ 도체 2가 도체 1의 내측에 있다.

풀이 $P_{11} = P_{21}$: 도체 2가 도체 1속에 포함되어 있는 경우 즉, 도체 2가 도체 1의 내측에 있다.

답 ④

12 면적 $S = 100[\text{cm}^2]$의 평행판 콘덴서가 비유전율 2.1, 절연내력 $1.2 \times 10^5 [\text{V/cm}]$인 기름 중에 있을 때 축적되는 최대 전하는 몇 [C]인가?

① 2.23×10^{-6} ② 3.14×10^{-6}
③ 4.28×10^{-6} ④ 6.28×10^{-6}

풀이 $Q = CV = \frac{\epsilon_0 \epsilon_s s}{d} \cdot E_d = \epsilon_0 \epsilon_s s E$

$\therefore Q = (8.855 \times 10^{-12}) \times 2.1 \times (100 \times 10^{-4})$
$\times (1.2 \times 10^5 \times 10^2)$
$= 2.23 \times 10^{-6} [\text{C}]$

답 ①

13 유도기전력의 크기는 폐회로에 쇄교하는 자속의 시간적 변화율에 비례한다는 법칙은?

① 쿨롱의 법칙
② 패러데이 법칙
③ 플레밍의 오른손 법칙
④ 암페어의 주회적분 법칙

풀이 ① 쿨롱의 법칙 : 두 점전하 사이에 작용하는 힘은 두 전하의 곱에 비례하고, 두 전하의 거리의 제곱에 반비례한다.
② 패러데이 법칙 : 유도 기전력의 크기는 폐회로에 쇄교하는 자속의 시간적 변화율에 비례한다.
③ 플레밍의 오른손 법칙 : 자계 중에서 도체가 운동할 때 유기기전력의 방향을 결정
④ 암페어의 주회적분 법칙 : 임의의 폐곡선에 대한 자계의 선적분은 이 폐곡선을 관통하는 전류와 같다.

답 ②

14 그림과 같은 유전속 분포에서 ϵ_1과 ϵ_2 사이의 관계는?

① $\epsilon_1 = \epsilon_2$
② $\epsilon_1 > \epsilon_2$
③ $\epsilon_1 < \epsilon_2$
④ $\epsilon_2 = \epsilon_1 = 0$

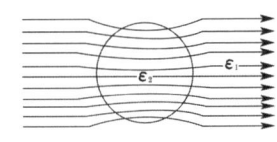

풀이 전속선은 유전율이 큰 쪽으로 모이므로 $\epsilon_2 > \epsilon_1$이다.

답 ③

15 다음 중 인덕턴스의 공식이 옳은 것은? (단, N은 권수, I는 전류, l은 철심의 길이, R_m은 자기저항, μ는 투자율, S는 철심 단면적이다.)

① $\frac{NI}{R_m}$ ② $\frac{N^2}{R_m}$

③ $\frac{\mu NS}{l}$ ④ $\frac{\mu_o NIS}{l}$

풀이
- 자기회로의 옴의 법칙 $\phi = \frac{NI}{R_m}[\text{Wb}]$
- 자기저항 $R_m = \frac{l}{\mu S}[\text{AT/Wb}]$

따라서 인덕턴스 $L = \frac{N\phi}{I} = \frac{N^2}{R_m} = \frac{\mu S N^2}{l}[\text{H}]$

답 ②

16 자화의 세기 J_m [C/m²]을 자속밀도 B [Wb/m²]와 비투자율 μ_r로 나타내면?

① $J_m = (1 - \mu_r)B$
② $J_m = (\mu_r - 1)B$
③ $J_m = (1 - \frac{1}{\mu_r})B$
④ $J_m = (\frac{1}{\mu_r} - 1)B$

풀이 $B = \mu_0 H + J$의 관계에서, $H = \frac{B}{\mu} = \frac{B}{\mu_0 \mu_r}$이므로
$$J = B - \mu_0 H = \left(1 - \frac{1}{\mu_r}\right)B$$
답 ③

17 반지름 10[cm] 공기 중에 전압 10[V]를 가했을 때 전위 경도는? (단, 전계는 평등 전계라고 한다.)

① 1[V/m]   ② 10[V/m]
③ 100[V/m]   ④ 1000[V/m]

풀이 $E = \frac{V}{r}$ [V/m]에서
$$E = \frac{10}{10 \times 10^{-2}} = 100 \text{[V/m]}$$
답 ③

18 $E = xa_x - ya_y$ [V/m]일 때 점 (6, 2)[m]를 통과하는 전기력선의 방정식은?

① $y = 12x$ ② $y = \frac{12}{x}$
③ $y = \frac{x}{12}$ ④ $y = 12x^2$

풀이 전기력선 방정식 : $\frac{dx}{E_x} = \frac{dy}{E_y}$
주어진 식 $E_x = x$, $E_y = -y$이므로 $\therefore \frac{dx}{x} = \frac{dy}{-y}$
양변 적분(적분 C 누락하지 않도록 주의)
$\int \frac{dx}{x} = -\int \frac{dy}{y} + C \Rightarrow \ln x = -\ln y + C$
$\ln x + \ln y = C \Rightarrow \ln xy = C$
$xy = e^C$
점 (6, 2)를 지나므로
$xy = 12 \quad \therefore y = \frac{12}{x}$ **답** ②

19 6.28[A]가 흐르는 무한장 직선 도선상에서 1[m] 떨어진 점의 자계의 세기[A/m]는?

① 0.5   ② 1
③ 2   ④ 3

풀이 무한장 직선 전류에 의한 자계의 세기
$$H = \frac{I}{2\pi r} = \frac{6.28}{2\pi \times 1} = 1 \text{[A/m]}$$
답 ②

20 일반적으로 도체를 관통하는 자속이 변하든가 또는 자속과 도체가 상대적으로 운동하여 도체 내의 자속이 시간적 변화를 일으키면 이 변화를 막기 위하여 도체 내에 국부적으로 형성되는 임의의 폐회로를 따라 전류가 유기되는데 이 전류를 무엇이라 하는가?

① 히스테리시스전류   ② 와전류
③ 변위전류   ④ 과도전류

풀이 와전류는 도체 내에 국부적으로 흐르는 맴돌이 전류로 rot $i = -K\frac{\partial B}{\partial t}$로 자속의 변화를 방해하기 위한 역자속을 만드는 전류이다. 따라서 이 전류는 자속의 수직되는 면을 회전한다. **답** ②

2과목 - 전력공학

21 진상 전류만이 아니라 지상 전류도 잡아서 광범위하게 연속적인 전압조정을 할 수 있는 것은?

① 전력용 콘덴서   ② 동기조상기
③ 분로 리액터   ④ 직렬 리액터

풀이

항목	동기조상기	전력용 콘덴서	분로 리액터
무효전력	진상, 지상 양용	진상전용	지상전용
조정	연속적	계단적	계단적
시송전	가능	불가능	불가능

답 ②

22 그림과 같은 배전선이 있다. 부하에 급전 및 정전할 때 조작방법으로 옳은 것은?

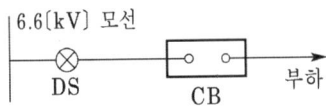

① 급전 및 정전할 때는 항상 DS, CB 순으로 한다.
② 급전 및 정전할 때는 항상 CB, DS 순으로 한다.
③ 급전시는 DS, CB 순이고 정전시는 CB, DS 순이다.
④ 급전시는 CB, DS 순이고 정전시는 DS, CB 순이다.

풀이 단로기는 부하 차단 능력이 없으므로 **정전시 CB - DS, 급전시 DS - CB**가 되어야 한다.
즉, 차단기가 열려 있어야 단로기를 열고 닫을 수 있다.
답 ③

23 송전선로의 건설비와 전압과의 관계를 나타낸 것은?

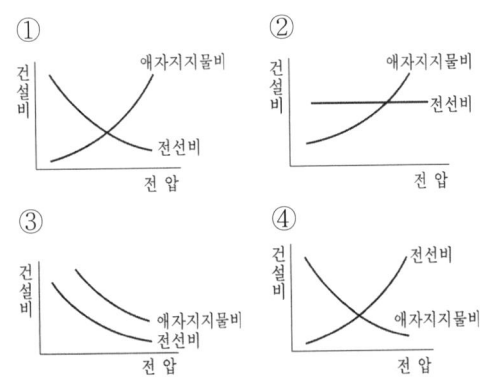

풀이 송전전압이 증가하면
• 전류가 감소하므로 전선의 굵기는 작아져 **전선비는 감소**한다.
• 절연 레벨의 상승으로 애자의 개수 및 선로의 건설비용이 증가하므로 **애자지지물비는 증가**한다.
답 ①

24 송전선로에서 매설지선을 사용하는 주된 목적은?

① 코로나 전압을 저감시키기 위하여
② 뇌해를 방지하기 위하여
③ 탑각 접지저항을 줄여서 섬락을 방지하기 위하여
④ 인축의 감전사고를 막기 위하여

풀이 매설지선 : 철탑의 탑각 접지 저항을 낮추어 역섬락을 방지하기 위한 것으로서 지하 30~60[cm] 정도의 깊이에 30~50[m] 정도의 아연도금 철선을 매설한다.
답 ③

25 역률 개선을 통해 얻을 수 있는 효과와 거리가 먼 것은?

① 고조파 제거
② 전력손실의 경감
③ 전압강하의 경감
④ 설비용량의 여유분 증가

풀이 역률 개선의 효과
• 전력손실 경감
• 전압강하 경감
• 설비용량의 여유분 증가
• 전력 요금의 절약
답 ①

26 송전선로에서 복도체를 사용하는 주된 이유는?

① 많은 전력을 보내기 위하여
② 코로나 발생을 억제하기 위하여
③ 전력손실을 적게 하기 위하여
④ 선로 정수를 평형시키기 위하여

풀이 • 3상 송전선의 한 가닥의 전선을 2가닥 이상으로 한 것을 다도체라 하고, 2가닥으로 한 것을 보통 복도체라 한다.
• **복도체를 사용하면** 인덕턴스는 감소하고 정전용량은 증가하며, 안정도를 증가시키고, **코로나 발생을 억제**한다.
답 ②

27 평형 3상 송전선에서 보통의 운전상태인 경우 중성점 전위는 항상 얼마인가?

① 0
② 1
③ 송전전압과 같다.
④ ∞(무한)

풀이 평형 3상이므로 세 상의 전압은 크기가 같고 서로 120°의 위상차를 가진다.
즉, 각 상의 전압 벡터가 균형을 이루고 있으므로 중성점 전위는 0이다.   답 ①

28 플리커 경감을 위한 전력 공급측의 방안이 아닌 것은?

① 공급전압을 낮춘다.
② 전용 변압기로 공급한다.
③ 단독 공급계통을 구성한다.
④ 단락용량이 큰 계통에서 공급한다.

풀이 플리커 경감 대책
1) 전력 공급측에서 실시
  ① 전용 계통으로 공급
  ② 단락 용량이 큰 계통에서 공급
  ③ 전용 변압기로 공급
  ④ **공급전압을 승압**
2) 수용가 측에서의 대책
  ① 전원 계통에 리액터 분을 보상
  ② 전압강하를 보상
  ③ 부하의 무효전력 변동분을 흡수
  ④ 플리커 부하전류의 변동분을 억제   답 ①

29 소호 리액터 접지에 대한 설명으로 틀린 것은?

① 지락전류가 작다.
② 과도안정도가 높다.
③ 전자유도장애가 경감된다.
④ 선택지락계전기의 작동이 쉽다.

풀이 접지방식별 특징

방식	보호계전기동작	지락전류	고장중운전	전위상승	과도안정도	유도장해	특징
직접 접지 (22.9, 154, 345[kV])	확실	최대	×	1.3	최소	최대	중성점 영전위, 단절연 가능
저항 접지	↑	↑	×	$\sqrt{3}$	↓	↑	
비접지 (3.3, 6.6[kV])	×	↑	가능	$\sqrt{3}$	↓	↑	저전압 단거리에 적용
소호 리액터 접지 (66[kV])	불확실	최소	가능	$\sqrt{3}$ 이상	최대	최소	병렬공진, 고장전류 최소

답 ④

30 피뢰기의 제한 전압이란?

① 상용 주파 전압에 대한 피뢰기의 충격 방전 개시 전압
② 충격파 침입시 피뢰기의 충격 방전 개시 전압
③ 피뢰기가 충격파 방전종료 후 언제나 속류를 확실히 차단할 수 있는 상용 주파 허용 단자 전압
④ 충격파 전류가 흐르고 있을 때 피뢰기의 단자 전압

풀이 제한 전압 : 피뢰기 동작 중에 계속해서 걸리고 있는 단자 전압의 파고값   답 ④

31 그림과 같은 22[kV] 3상 3선식 전선로의 P점에 단락이 발생하였다면 3상 단락전류는 약 몇 [A]인가? (단, %리액턴스는 8[%]이며 저항분은 무시한다.)

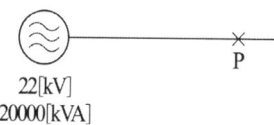

22[kV]
20000[kVA]

① 6561
② 8560
③ 11364
④ 12684

풀이 단락 전류 $I_s = \dfrac{100}{\%Z}I_n = \dfrac{100}{\%Z} \cdot \dfrac{P_n}{\sqrt{3}\,V_n}$

$= \dfrac{100}{8} \times \dfrac{20000}{\sqrt{3} \times 22} \fallingdotseq 6561[A]$ 답 ①

32 유효낙차 75[m], 최대 사용 수량 200[m³/s], 수차 및 발전기의 합성효율이 70[%]인 수력발전소의 최대출력은 몇 [MW]인가?

① 102.9 ② 157.3
③ 167.5 ④ 177.8

풀이 발전소 출력 ≒ 발전기 출력이므로
$$\therefore P_g = 9.8 Q H \eta_t \eta_g [\text{kW}]$$
$$= 9.8 \times 200 \times 75 \times 0.7 \times 10^{-3}$$
$$= 102.9 [\text{MW}]$$
답 ①

33 다음 중 옳은 것은?

① 터빈 발전기의 %임피던스는 수차의 %임피던스보다 작다.
② 전기기계의 %임피던스가 크면 차단용량이 작아진다.
③ %임피던스는 %리액턴스보다 작다.
④ 직렬 리액터는 %임피던스를 작게 하는 작용이 있다.

풀이 차단용량 $P_s = \frac{100}{\%Z} P_n \propto \frac{1}{\%Z}$, $P_s \propto \frac{1}{\%Z}$
차단용량과 %임피던스는 반비례하므로, %임피던스가 크면 차단용량이 작아진다. **답** ②

34 피뢰기의 직렬 갭(gap)의 작용으로 가장 옳은 것은?

① 이상전압의 진행파를 증가시킨다.
② 상용주파수의 전류를 방전시킨다.
③ 이상전압이 내습하면 뇌전류를 방전하고, 상용주파수의 속류를 차단하는 역할을 한다.
④ 뇌전류 방전 시의 전위상승을 억제하여 절연파괴를 방지한다.

풀이 직렬 갭의 역할
① 상용 주파수의 상규 전압에 대해서는 대지 간에 절연을 유지(누설전류 방지)
② 이상 전압이 내습하면 **충격 전류를 방전**하여 전압의 상승을 방지
③ 충격 전류 방전 후 **속류 차단** **답** ③

35 전력선에 영상 전류가 흐를 때 통신 선로에 발생되는 유도 장해는?

① 전력 유도 장해 ② 고조파 유도 장해
③ 전자 유도 장해 ④ 정전 유도 장해

풀이 전자 유도전압은 사고 시 영상전류에 의해 발생 :
$$E_m = -j\omega M l \, 3I_0$$
답 ③

36 22,000[V], 60[Hz], 1회선의 3상 지중 송전선의 무부하 충전 용량[kVar]은? 단, 송전선의 길이는 20[km], 1선의 1[km]당의 정전 용량은 0.5[μF]이다.

① 1,750 ② 1,825
③ 1,900 ④ 1,925

풀이 무부하 충전용량
$$Q_c = 3EI_c = 3\omega CE^2$$
$$= 3 \times 2\pi f \times 0.5 \times 10^{-6} \times 20 \times \left(\frac{22,000}{\sqrt{3}}\right)^2 \times 10^{-3}$$
$$= 1,825 [\text{kVar}]$$
답 ②

37 수압 철관의 지름이 5[m]인 곳에서의 유속이 5[m/s]이었다. 지름이 4.5[m]인 곳에서의 유속은 약 몇 [m/s]인가?

① 4.8 ② 5.2 ③ 5.6 ④ 6.0

풀이 $v_1 A_1 = v_2 A_2$
$$v_2 = \frac{v_1 A_1}{A_2} = \frac{v_1 d_1^2}{d_2^2} = \frac{5 \times 5^2}{4.5^2} \fallingdotseq 6.1[\text{m/s}]$$
답 ④

38 전압을 $\sqrt{3}$ 배로 증가시키고 동일한 전력손실률로 송전할 경우 송전전력은 몇 배로 증가되는가?

① $\sqrt{3}$ ② $\frac{3}{2}$ ③ 3 ④ $2\sqrt{3}$

풀이 전력 손실률 $h = \frac{P_l}{P} = \frac{\frac{P^2 R}{V^2 \cos^2 \theta}}{P} = \frac{PR}{V^2 \cos^2 \theta}$ 에서
전력손실률이 일정한 경우 $P \propto V^2$이므로
$\frac{P'}{P} = \left(\frac{V'}{V}\right)^2$ 따라서, $P' = \left(\frac{\sqrt{3}}{1}\right)^2 P = 3P$ **답** ③

39 한류 리액터의 사용 목적은?

① 단락전류의 제한
② 충전전류의 제한
③ 누설전류의 제한
④ 접지전류의 제한

풀이
- 한류 리액터 : 단락사고 시의 단락 전류를 제한
- 직렬 리액터 : 제5고조파 제거
- 분로 리액터 : 페란티 현상 방지
- 소호 리액터 : 지락 아크 소멸   답 ①

40 단거리 3상 3선식 송전선에서 전선의 중량은 전압이나 역률에 어떠한 관계에 있는가?

① 비례
② 반비례
③ 제곱에 비례
④ 제곱에 반비례

풀이 전력손실 $P_c = \dfrac{\rho l P^2}{A V^2 \cos^2\theta}$ 의 관계가 있으므로
전선의 중량
$V_0 = Al = \dfrac{\rho l^2 P^2}{P_c V^2 \cos^2\theta} \propto \dfrac{1}{V^2 \cos^2\theta}$ 답 ④

3과목 - 전기기기

41 교류 전동기에서 브러시의 이동으로 속도변화가 가능한 것은?

① 농형 전동기
② 2중 농형 전동기
③ 동기 전동기
④ 시라게 전동기

풀이 시라게 전동기는 3상 분권 정류자 전동기로서 직류 분권 전동기와 비슷한 정속도 특성을 가지며, 브러시 이동으로 간단하게 속도 제어를 할 수 있다.   답 ④

42 3상 유도전동기의 동기속도는 주파수와 어떤 관계가 있는가?

① 비례한다.
② 반비례한다.
③ 자승에 비례한다.
④ 자승에 반비례한다.

풀이 유도전동기의 동기속도 $N_s = \dfrac{120}{p} f$ [rpm]이므로 슬립과 극수가 일정하다면, **동기속도(N_s)는 주파수(f)에 비례**하는 관계에 있다.   답 ①

43 직류전동기 중 부하가 변하면 속도가 심하게 변하는 전동기는?

① 분권전동기
② 직권전동기
③ 차동 복권전동기
④ 가동 복권전동기

풀이
- 직권 전동기에서는 $I_a = I = I_f$ 이므로 $I = I_f \propto \phi$ 가 된다.
- 회전 속도 $n = K \dfrac{V - I_a(R_a + R_s)}{\phi(\propto I)}$ [rps]이므로 속도는 자속(= 부하전류)에 반비례하여 증감한다.

즉 직권 전동기는 부하 전류가 변화하면 속도가 현저하게 변하는 특성이 있다.   답 ②

44 직류발전기의 전기자에 대한 설명 중 잘못된 것은?

① 전기자 권선은 대전류인 경우 평각동선을 사용한다.
② 전기자 권선은 소전류인 경우 연동환선을 사용한다.
③ 소형기에는 반폐 슬롯을 사용한다.
④ 중형 및 대형기에는 가지형 슬롯을 사용한다.

풀이

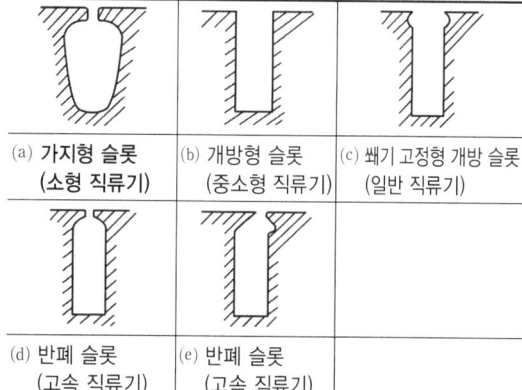

(a) 가지형 슬롯 (소형 직류기)
(b) 개방형 슬롯 (중소형 직류기)
(c) 쐐기 고정형 개방 슬롯 (일반 직류기)
(d) 반폐 슬롯 (고속 직류기)
(e) 반폐 슬롯 (고속 직류기)

중형 및 대형기에는 개방 슬롯, 쐐기 넣는 슬롯이 사용되며, 소형기에는 가지 모양 슬롯, 반폐 슬롯이 사용된다.   답 ④

45 유도전동기의 제동법이 아닌 것은?

① 회생 제동 ② 발전제동
③ 역전 제동 ④ 3상 제동

풀이 유도전동기의 제동법
① **회생 제동** : 유도전동기를 유도발전기로 동작시켜 그 발생전력을 전원에 반환하면서 제동하는 방법
② **발전제동** : 전동기를 전원으로부터 분리한 후 1차 측에 직류전원을 공급하여 발전기로 동작시킨 후 발생된 전력을 저항에서 열로 소비시키는 방법
③ **역전 제동** : 회전중인 전동기의 1차 권선 3단자 중 임의의 2단자의 접속을 바꾸면 역방향의 토크가 발생되어 제동하는 방법으로 이 방법은 급속하게 정지시키고자 하는 경우에 사용된다.
④ **단상 제동** : 권선형 유도전동기의 1차 측을 단상교류로 여자하고 2차 측에 적당한 크기의 저항을 넣으면 전동기의 회전과는 역방향의 토크가 발생되므로 제동된다. **답** ④

46 송전선로에 접속된 동기조상기의 설명으로 옳은 것은?

① 과여자로 해서 운전하면 앞선전류가 흐르므로 리액터 역할을 한다.
② 과여자로 해서 운전하면 뒤진전류가 흐르므로 콘덴서 역할을 한다.
③ 부족여자로 해서 운전하면 앞선전류가 흐르므로 리액터 역할을 한다.
④ 부족여자로 해서 운전하면 송전선로의 자기여자작용에 의한 전압상승을 방지한다.

풀이
• 과여자 운전 : 콘덴서 작용 – 역률 개선
• 부족 여자 운전 : 리액터 작용 – 이상 전압의 상승 억제 **답** ④

47 변압기 결선방식 중 3상에서 2상으로 변환할 수 없는 것은?

① 스코트 결선 ② 메이어 결선
③ 우드 브리지 결선 ④ 포크 결선

풀이
• 3상에서 2상을 얻는 방법 : 스코트(Scott) 결선, 메이어 결선, 우드 브리지 결선
• 3상에서 6상을 얻는 방법 : 환상결선, 2중 3각 결선, 2중 성형결선, 대각결선, **포크 결선** **답** ④

48 단상 정류자전동기에 보상권선을 사용하는 이유는?

① 정류개선 ② 기동 토크조절
③ 속도제어 ④ 역률개선

풀이 단상 직권전동기의 보상 권선은 직류 직권전동기와 달리 전기자 반작용으로 생기는 필요 없는 자속을 상쇄하도록 하여, 무효전력의 증대에 따르는 **역률의 저하를 방지**한다. **답** ④

49 직류기에 탄소 브러시를 사용하는 주된 이유는?

① 고유저항이 작기 때문에
② 접촉저항이 작기 때문에
③ 접촉저항이 크기 때문에
④ 고유저항이 크기 때문에

풀이 저항정류 : 접촉저항이 큰 탄소 브러시를 사용하여 정류 코일의 단락전류를 억제해서 양호한 정류를 얻는 방법 **답** ③

50 변압기의 정격을 정의한 것 중 옳은 것은?

① 전부하의 경우 1차 단자전압을 정격 1차 전압이라 한다.
② 정격 2차 전압은 명판에 기재되어 있는 2차 권선의 단자전압이다.
③ 정격 2차 전압을 2차 권선의 저항으로 나눈 것이 정격 2차 전류이다.
④ 2차 단자 간에서 얻을 수 있는 유효전력을 [kW]로 표시한 것이 정격출력이다.

풀이 ① 정격 1차 전압은 무부하의 경우이다.
③ 정격 2차 전류는 정격 피상전력을 정격 2차 전압으로 나눈 것이다.
④ 정격 출력은 피상전력을 [kVA]로 표시한다. **답** ②

51 직류 발전기의 전압 변동률이 (−)값으로 표시되는 발전기는?

① 과복권 발전기
② 부족복권 발전기
③ 평복권 발전기
④ 차동복권 발전기

풀이
- 전압변동률 = $\frac{\text{무부하 전압} - \text{정격전압}}{\text{정격전압}} \times 100$[%]
- 타여자, 분권 및 부족 복권 발전기는 정격 전압이 무부하 전압 보다 작으므로 전압 변동률이 (+)가 되고, **과복권** 발전기는 정격전압이 더 크므로 (−)가 된다.

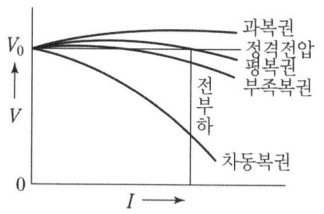

답 ①

52 sE_2는 권선형 유도전동기의 2차 유기전압이고 E_c는 외부에서 2차 회로에 가하는 2차 주파수와 같은 주파수의 전압입니다. E_c가 sE_2와 반대 위상일 경우 E_c를 크게 하면 속도는 어떻게 되는가? (단, $sE_2 - E_c$는 일정하다.)

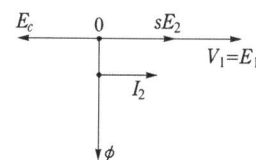

① 속도가 증가한다.   ② 속도가 감소한다.
③ 속도에 관계없다.   ④ 난조현상이 발생한다.

풀이 권선형 유도전동기의 2차 여자법에 의한 속도제어
슬립 주파수의 전압(E_c)을 2차 유기전압(sE_2)과 같은 방향으로 가하면 속도가 상승하고, 반대 방향으로 가하면 속도가 감소한다.

답 ②

53 다음 그림은 변압기 여자 회로에 흐르는 전류의 벡터도이다. C는 어떤 전류인가?

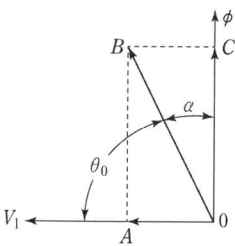

① 1차 전류   ② 철손 전류
③ 여자 전류   ④ 자화 전류

풀이 여자전류 $\dot{I}_o = \dot{I}_\phi + \dot{I}_i = \sqrt{I_\phi^2 + I_i^2}$
- $\dot{I}_\phi$ (자화전류) : 자속을 유지하는 전류
- $\dot{I}_i$ (철손전류) : 철손을 공급하는 전류

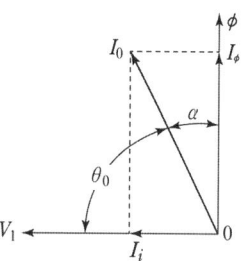

답 ④

54 3상 교류 발전기의 기전력에 대하여 $\frac{\pi}{2}$[rad] 뒤진 전기자 전류가 흐르면 전기자 반작용은?

① 횡축반작용을 한다.
② 교차 자화작용을 한다.
③ 증자작용을 한다.
④ 감자작용을 한다.

풀이 동기발전기의 전기자 반작용

역률	부하	전류와 전압과의 위상	작 용
역률 1	저항	I_a가 E와 동상인 경우	교차 자화작용 (횡축반작용)
뒤진 역률 0	유도성 부하	I_a가 E보다 $\pi/2$ 뒤지는 경우	감자 작용 (직축반작용)
앞선 역률 0	용량성 부하	I_a가 E보다 $\pi/2$ 앞서는 경우	증자작용 (자화작용)

여기서, I_a : 전기자 전류, E : 유기기전력

답 ④

55 동기점검등의 세 램프가 모두 꺼질 때의 상태로 옳은 것은?

① 위상과 주파수가 일치하지 않음
② 전압의 크기만 맞음
③ 전압, 주파수, 위상이 모두 일치
④ 전압과 위상이 일치하지 않음

풀이 동기점검등
(1) 발전기나 비상전원을 계통에 병입하기 전에 해당 발전기의 출력이 계통 전원과 주파수, 위상이 일치하는지 육안으로 확인하기 위한 장치로 주로 병렬운전 조건 확인과 병입 시점 판단에 사용된다.

(2) 작동
① 주파수 차이, 램프 깜박임
② 위상 차이, 램프 교대로 깜박임
③ 전압 차이가 클수록 램프가 밝아짐
④ 전압, 위상, 주파수 일치, 램프 모두 꺼짐

답 ③

56 단상 3권선 변압기가 있다. 1차 전압은 66[kV], 2차 전압은 11[kV], 3차 전압은 6.6[kV]이다. 2차에 10000[kVA], 유도 역률 80[%]의 부하가, 3차에 6000[kVar]의 진상 무효전력이 걸렸을 때 1차의 역률은 약 얼마인가? (단 주어지지 않은 조건은 무시한다.)

① 0.6　　② 0.8
③ 0.9　　④ 1

풀이 • 2차측 유효전력
$P_2 = P_{a2}\cos\theta = 10,000 \times 0.8 = 8000[kW]$
2차측 무효전력(지상)
$P_{r2} = P_{a2}\sin\theta = 10,000 \times \sqrt{1-0.8^2} = 6000[kVar]$
• 3차측 무효전력(진상) $P_{r3} = -6000[kVar]$
• 1차측에서 보는 전체 부하는 2차와 3차의 합이므로
$P_{a1} = \sqrt{P_2^2 + (P_{r2}+P_{r3})^2}$
$= \sqrt{8000^2 + (6000-6000)^2}$
$= 8000[kVA]$
따라서 역률 $\cos\theta = \dfrac{P}{P_{a1}} = \dfrac{8000}{8000} = 1$

답 ④

57 20[kVA]의 단상변압기가 역률 1일 때 전부하 효율이 97[%]이다. 3/4 부하일 때 이 변압기는 최고 효율을 나타낸다. 전부하에서 철손(P_i)과 동손(P_c)은 각각 몇 [W]인가?

① $P_i = 222$, $P_c = 396$
② $P_i = 232$, $P_c = 3860$
③ $P_i = 242$, $P_c = 376$
④ $P_i = 252$, $P_c = 356$

풀이 최대 효율
$\eta_m = \dfrac{\text{최대 효율 시의 출력}}{\text{최대 효율 시의 출력} + \text{철손} + \text{동손}} \times 100$

$0.97 = \dfrac{20 \times 10^3}{20 \times 10^3 + P_i + P_c}$

$P_i + P_c = \dfrac{20 \times 10^3}{0.97} - 20 \times 10^3 = 618[W]$ ……… ①

$P_i = \left(\dfrac{3}{4}\right)^2 P_c = 0.563 P_c$ ……… ②

$0.563 P_c + P_c = 618$

$\therefore P_c = \dfrac{618}{1.563} ≒ 396[W]$

P_c의 값을 식 ①에 대입하면
$396 + P_i = 618$
$\therefore P_i = 618 - 396 = 222[W]$

답 ①

58 제5차 고조파에 의한 회전자계의 회전방향과 속도를 기본파 회전자계와 비교할 때 옳은 것은?

① 기본파와 반대방향이고, 1/5의 속도
② 기본파와 동일방향이고, 1/5의 속도
③ 기본파와 동일방향이고, 5배의 속도
④ 기본파와 반대방향이고, 5배의 속도

풀이 ① 고조파의 차수 h (3상인 경우)
• 기본파와 같은 방향으로 회전 :
　$h = 2nm+1$ (제7, 13차, …)
• 기본파와 반대 방향으로 회전 :
　$h = 2nm-1$ (제5, 11, 17차, …)
• 회전자계를 발생하지 않음 : $h = 3n$ (제3, 9차, …)
　(단, m은 상수, n은 정의 정수)
② $1/h$ (h : 고조파 차수)의 속도로 회전

답 ①

59 극수 4이며 전기자 권선은 파권, 전기자 도체수가 250인 직류발전기가 있다. 이 발전기가 1200[rpm]으로 회전할 때 600[V]의 기전력을 유기하려면 1극당 자속은 몇 [Wb]인가?

① 0.04　　② 0.05
③ 0.06　　④ 0.07

풀이 직류발전기의 유기기전력 $E = \dfrac{p}{a}z\phi\dfrac{N}{60}[V]$ 이고,

파권에서 $a = 2$ 이므로

따라서, 1극당 자속
$\phi = \dfrac{Ea}{pz\dfrac{N}{60}} = \dfrac{600 \times 2}{4 \times 250 \times \dfrac{1200}{60}} = 0.06[Wb]$

답 ③

60 60 [Hz]의 전원에서 슬립 5 [%]로 운전하고 있는 4극 3상 권선형 유도 전동기의 회전자 1상의 저항은 0.05 [Ω]이다. 외부에서 회전자 각 상에 0.05 [Ω]의 저항을 삽입하여 운전하면 회전 속도[rpm]는? (단, 부하 토크는 저항 삽입 전, 후에 변동 없이 일정하다.)

① 810
② 870
③ 1620
④ 1741

풀이 • 외부에 저항을 삽입할 경우의 슬립
$$\frac{r_2}{s}=\frac{r_2+R}{s'} \rightarrow \frac{0.05}{0.05}=\frac{0.05+0.05}{s'}$$
$$s'=0.1$$
• 저항을 삽입 후 전동기의 회전속도
$$N=(1-s')N_s=(1-s')\times\frac{120f}{p}$$
$$=(1-0.1)\times\frac{120\times60}{4}=1620 \text{ [rpm]}$$
답 ③

4과목 - 회로이론

61 30[Ω]의 저항과 40[Ω]의 유도성 리액턴스가 병렬로 연결되어 있다. 이 $R-L$ 병렬회로에 $v=220\sqrt{2}\sin377t$[V]의 전압을 가할 때 전원에 흐르는 전류[A]는 약 얼마인가?

① $i=12.96\sin(377t-36.87°)$
② $i=9.17\sin(377t-36.87°)$
③ $i=12.96\angle-36.87°$
④ $i=10.37+j7.78$

풀이 전류 $I=I_R+I_L=\frac{E}{R}+\frac{E}{jX_L}=\frac{220}{30}+\frac{220}{j40}$
$$=7.33-j5.5=9.16\angle-36.87\text{[A]}$$
$$\therefore i=\sqrt{2}\times9.16\sin(377t-36.87°)$$
$$=12.96\sin(377t-36.87°)\text{[A]}$$
답 ①

62 전압 200[V]의 3상 회로에 그림과 같은 평형 부하를 접속했을 때 선전류 I[A]는?
(단, $r=9$[Ω], $\frac{1}{\omega C}=4$[Ω]이다.)

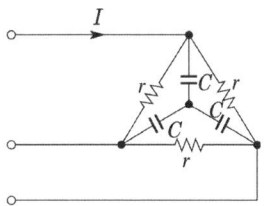

① 48.1
② 38.5
③ 28.9
④ 115.5

풀이 • 부하를 Y변환하면 1상의 어드미턴스는
$$Y=\frac{1}{3}+j\frac{1}{4}\text{[Ω]}$$
• 따라서 선전류는
$$I=YV_p=\left(\frac{1}{3}+j\frac{1}{4}\right)\cdot\frac{200}{\sqrt{3}}$$
$$=\frac{200}{\sqrt{3}}\sqrt{\left(\frac{1}{3}\right)^2+\left(\frac{1}{4}\right)^2}=48.1\text{[A]}$$

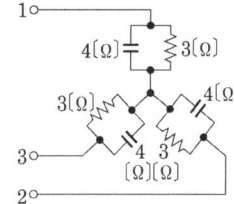

답 ①

63 3상 3선식 회로에서 $V_a=-j6$[V], $V_b=-8+j6$[V], $V_c=8$[V]일 때 정상분 전압은 몇 [V]가 되는가?

① 0
② $0.33\angle37°$
③ $2.37\angle43°$
④ $7.82\angle257°$

풀이 $V_1=\frac{1}{3}(V_a+aV_b+a^2V_c)$
$$=\frac{1}{3}\left\{-j6+\left(-\frac{1}{2}+j\frac{\sqrt{3}}{2}\right)(-8+j6)\right.$$
$$\left.+\left(-\frac{1}{2}-j\frac{\sqrt{3}}{2}\right)\times8\right\}$$
$$\fallingdotseq1.73-j7.6=7.82\angle257°\text{[V]}$$
답 ④

64 $R-L$ 직렬 회로에
$v = 10 + 100\sqrt{2}\sin\omega t + 50\sqrt{2}\sin(3\omega t + 60°) + 60\sqrt{2}\sin(5\omega t + 30°)$[V]인
전압을 가할 때 제3고조파 전류의 실효값[A]은? 단, $R = 8[\Omega]$, $\omega L = 2[\Omega]$이다.

① 1 ② 3 ③ 5 ④ 7

풀이 유도성 리액턴스(ωL)는 주파수와 비례하는 관계에 있다. 따라서, 제3고조파 전류
$I_3 = \dfrac{V_3}{Z_3} = \dfrac{V_3}{\sqrt{R^2+(3\omega L)^2}} = \dfrac{50}{\sqrt{8^2+(3\times 2)^2}} = 5$[A]

답 ③

65 그림과 같은 구형파의 라플라스 변환은?

① $\dfrac{1}{s}(1-e^{-s})$
② $\dfrac{1}{s}(1+e^{-s})$
③ $\dfrac{1}{s}(1-e^{-2s})$
④ $\dfrac{1}{s}(1+e^{-2s})$

풀이
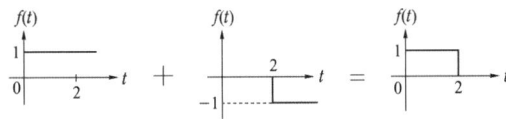
$f(t) = u(t) - u(t-2)$
∴ $F(s) = \mathcal{L}[f(t)] = \mathcal{L}[u(t)-u(t-2)]$
$= \dfrac{1}{s} - \dfrac{1}{s}e^{-2s} = \dfrac{1}{s}(1-e^{-2s})$

답 ③

66 3상 부하가 Y결선으로 되었다. 각 상의 임피던스가 각각 $Z_a = 3[\Omega]$, $Z_b = 3[\Omega]$, $Z_c = j3$[Ω]이다. 이 부하의 영상 임피던스[Ω]는?

① $6+j3$ ② $3+j3$
③ $3+j6$ ④ $2+j$

풀이 영상 임피던스
$Z_0 = \dfrac{1}{3}(Z_a+Z_b+Z_c) = \dfrac{1}{3}(3+3+j3) = 2+j[\Omega]$

답 ④

67 다음 회로에 대한 설명으로 옳은 것은?

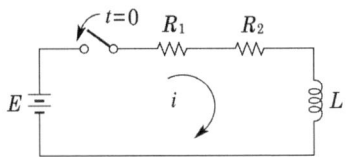

① 이 회로의 시정수는 $\dfrac{L}{R_1+R_2}$이다.

② 이 회로의 특성근은 $\dfrac{R_1+R_2}{L}$이다.

③ 정상 전류값은 $\dfrac{E}{R_2}$이다.

④ 이 회로의 전류값은
$i(t) = \dfrac{E}{R_1+R_2}\left(1-e^{-\frac{L}{R_1+R_2}t}\right)$이다.

풀이 ① 시정수 $\tau = \dfrac{L}{R_1+R_2}$

② 특성근은 $-\dfrac{R_1+R_2}{L}$이며, 항상 (−)의 값을 갖는다.

③ 정상 전류값은 $I = \dfrac{E}{R_1+R_2}$[A]이다.

④ 회로의 전류값은
$i(t) = \dfrac{E}{R_1+R_2}\left(1-e^{-\frac{R_1+R_2}{L}t}\right)$이다.

답 ①

68 임피던스 궤적이 직선일 때 이의 역수인 어드미턴스 궤적은?

① 원점을 통하는 직선
② 원점을 통하지 않는 직선
③ 원점을 통하는 원
④ 원점을 통하지 않는 원

풀이 직선 궤적의 역궤적은 원점을 통과하는 반원이다.

답 ③

69 RLC 직렬회로에서 공진 시의 전류는 공급 전압에 대하여 어떤 위상차를 갖는가?

① 0° ② 90°
③ 180° ④ 270°

풀이 임피던스 $Z = R + j\left(\omega L - \dfrac{1}{\omega C}\right)[\Omega]$ 에서

직렬공진은 리액턴스 성분이 $0\left(j\omega L = \dfrac{1}{j\omega C}\right)$이 되므로 공진 시 전압과 전류는 동상(0°)이 되고 전류는 최대로 된다. **답** ①

70 코일의 권수 $N = 1000$회이고, 코일의 저항 $R = 10[\Omega]$이다. 전류 $I = 10[A]$를 흘릴 때 코일의 권수 1회에 대한 자속이 $\phi = 3 \times 10^{-2}$ [Wb]이라면 이 회로의 시정수[s]는?

① 0.3 ② 0.4
③ 3.0 ④ 4.0

풀이 코일의 인덕턴스 $L = \dfrac{N\phi}{I} = \dfrac{1000 \times 3 \times 10^{-2}}{10} = 3[H]$

따라서, 시정수 $\tau = \dfrac{L}{R} = \dfrac{3}{10} = 0.3[s]$ **답** ①

71 정전용량 $C[F]$인 콘덴서를 $V_c[V]$까지 충전한 뒤, 저항 $R[\Omega]$에 직렬 연결하여 방전시켰다. t_1 [s] 후 전압이 $V[V]$로 감소하였을 때 정전용량 $C[F]$을 나타낸 식은?

① $\dfrac{t_1}{R\ln\left(\dfrac{V}{V_c}\right)}$ ② $\dfrac{t_1}{R\ln\left(\dfrac{V_c}{V}\right)}$

③ $\dfrac{\ln\left(\dfrac{V}{V_c}\right)t_1}{R}$ ④ $\dfrac{\ln\left(\dfrac{V_c}{V}\right)t_1}{R}$

풀이 $t_1[s]$ 후 저항 양단에 감소한 전압 $V = V_C e^{-\frac{1}{RC}t_1}$

$\dfrac{V}{V_C} = e^{-\frac{1}{RC}t_1}$, $\ln\left(\dfrac{V}{V_C}\right) = \ln e^{-\frac{1}{RC}t_1}$

$\ln\left(\dfrac{V}{V_C}\right) = -\dfrac{t_1}{RC}$, $C = -\dfrac{t_1}{R\ln\left(\dfrac{V}{V_C}\right)}$

여기서

$-\ln\left(\dfrac{V}{V_C}\right) = -(\ln V - \ln V_C) = \ln V_C - \ln V = \ln\left(\dfrac{V_C}{V}\right)$

이므로

$\therefore C = \dfrac{1}{R\ln\left(\dfrac{V_C}{V}\right)}t_1$ **답** ②

72 $\cos\omega t$의 라플라스 변환은?

① $\dfrac{s}{s^2 - \omega^2}$ ② $\dfrac{s}{s^2 + \omega^2}$

③ $\dfrac{\omega}{s^2 - \omega^2}$ ④ $\dfrac{\omega}{s^2 + \omega^2}$

풀이 $f(t) = \cos\omega t$에 대한 라플라스 변환은

$\mathcal{L}[f(t)] = \mathcal{L}[\cos\omega t] = \displaystyle\int_0^\infty \cos\omega t \, e^{-st} dt$ 이고,

$\cos\omega t = \dfrac{e^{j\omega t} + e^{-j\omega t}}{2}$ 이므로

$\therefore \mathcal{L}[\cos\omega t] = \displaystyle\int_0^\infty \cos\omega t \, e^{-st} dt$

$= \dfrac{1}{2}\displaystyle\int_0^\infty (e^{j\omega t} + e^{-j\omega t})e^{-st} dt$

$= \dfrac{1}{2}\displaystyle\int_0^\infty (e^{-(s-j\omega)t} + e^{-(s+j\omega)t}) dt$

$= \dfrac{1}{2}\left(\dfrac{1}{s-j\omega} + \dfrac{1}{s+j\omega}\right) = \dfrac{s}{s^2 + \omega^2}$

답 ②

73 평형 3상 3선식 회로가 있다.
부하는 Y결선이고 $V_{ab} = 100\sqrt{3} \angle 0°[V]$ 일 때 $I_a = 20 \angle -120°[A]$이었다. Y결선된 부하 한 상의 임피던스는 몇 $[\Omega]$인가?

① $5\angle 60°$ ② $5\sqrt{3}\angle 60°$
③ $5\angle 90°$ ④ $5\sqrt{3}\angle 90°$

풀이 Y결선에서 선전류 = 상전류, 선간 전압
$= \sqrt{3} \times$상전압 $\angle 30°$이므로

상전압
$V_a = \dfrac{V_{ab}}{\sqrt{3}} \angle -30° = \dfrac{100\sqrt{3}}{\sqrt{3}} \angle -30°$
$= 100 \angle -30°[V]$

$\therefore Z_a = \dfrac{V_a}{I_a} = \dfrac{100\angle -30°}{20\angle -120°} = 5\angle 90°[\Omega]$ **답** ③

74 왜형파 전압
$v = 100\sqrt{2}\sin\omega t + 50\sqrt{2}\sin 2\omega t + 30\sqrt{2}\sin 3\omega t$

왜형률을 구하면?

① 1.0 ② 0.8
③ 0.5 ④ 0.3

풀이 왜형률 = $\dfrac{\text{전 고조파의 실효값}}{\text{기본파의 실효값}}$
$= \dfrac{\sqrt{V_2^2 + V_3^2}}{V_1} = \dfrac{\sqrt{50^2 + 30^2}}{100}$
$= 0.58 ≒ 0.5$ 답 ③

75 $V = 50\sqrt{3} - j50[\text{V}]$, $I = 15\sqrt{3} + j15[\text{A}]$ 일 때 유효전력 $P[\text{W}]$와 무효전력 $Q[\text{Var}]$는 각각 얼마인가?

① $P = 3000$, $Q = -1500$
② $P = 1500$, $Q = -1500\sqrt{3}$
③ $P = 750$, $Q = -750\sqrt{3}$
④ $P = 2250$, $Q = -1500\sqrt{3}$

풀이 피상전력 $P_a = V\overline{I} = (50\sqrt{3} - j50) \times (15\sqrt{3} - j15)$
$= 1500 - j1500\sqrt{3}[\text{VA}]$
따라서 유효전력 $P = 1500[\text{W}]$,
무효전력 $Q = -1500\sqrt{3}[\text{Var}]$ 답 ②

76 그림의 회로에서 전원 주파수가 일정할 경우 평형 조건은?

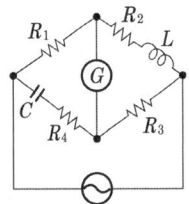

① $R_1 R_3 - R_2 R_4 = \dfrac{L}{C}$, $\dfrac{R_4}{R_2} = \dfrac{1}{\omega^2 LC}$

② $R_1 R_3 + R_2 R_4 = \dfrac{L}{C}$, $\dfrac{R_4}{R_2} = \dfrac{1}{\omega^2 LC}$

③ $R_1 R_3 - R_2 R_4 = \dfrac{L}{C}$, $\dfrac{R_4}{R_2} = \dfrac{L}{C}$

④ $R_1 R_3 + R_2 R_4 = \dfrac{L}{C}$, $\dfrac{R_4}{R_2} = \dfrac{L}{C}$

풀이 브리지 평형 조건에서
$R_1 R_3 = (R_2 + j\omega L)\left(R_4 - j\dfrac{1}{\omega C}\right)$

$= \left(R_2 R_4 + \dfrac{L}{C}\right) + j\left(\omega L R_4 - \dfrac{R_2}{\omega C}\right)$

양변의 실수부와 허수부는 같으므로
$R_1 R_3 = R_2 R_4 + \dfrac{L}{C}$ ∴ $R_1 R_3 - R_2 R_4 = \dfrac{L}{C}$

또, $\omega L R_4 = \dfrac{R_2}{\omega C}$ ∴ $\dfrac{R_4}{R_2} = \dfrac{1}{\omega^2 LC}$ 답 ①

77 그림의 회로에서 단자 a, b에 $3[\Omega]$의 저항을 연결할 때 저항에서의 소비 전력은 몇 [W]인가?

① $1/12$
② $1/3$
③ 1
④ 12

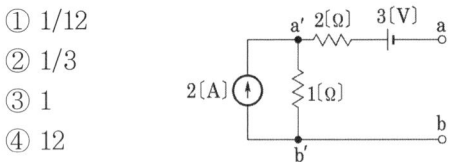

풀이

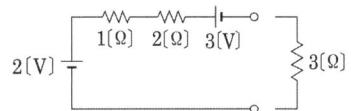

문제의 그림에서 전류원을 전압원으로 등가하면,
전류 $I = \dfrac{V}{R} = \dfrac{3-2}{1+2+3} = \dfrac{1}{6}[\text{A}]$

따라서 전력 $P = I^2 R = \left(\dfrac{1}{6}\right)^2 \cdot 3 = \dfrac{3}{36} = \dfrac{1}{12}[\text{W}]$ 답 ①

78 주기적인 구형파 신호의 구성은?

① 직류성분만으로 구성된다.
② 기본파 성분만으로 구성된다.
③ 고조파 성분만으로 구성된다.
④ 직류 성분, 기본파 성분, 무수히 많은 고조파 성분으로 구성된다.

풀이 주기적인 비정현파는 일반적으로 푸리에 급수에 의해 표시되므로 무수히 많은 주파수의 합성이다. 답 ④

79 $i = 2t^2 + 8t[\text{A}]$로 표시되는 전류를 도선에 3[sec] 동안 흘렸을 때 통과한 전 전기량은 몇 [C]인가?

① 18
② 48
③ 54
④ 61

풀이 전기량 $Q = \int_0^t i\,dt = \int_0^3 (2t^2 + 8t)\,dt$
$= \left[\frac{2}{3}t^3 + 4t^2\right]_0^3 = 54[C]$ **답** ③

80 그림의 $R-L-C$ 직렬회로에서 입력을 전압 $e_i(t)$, 출력을 전류 $i(t)$로 할 때 이 계의 전달함수는?

① $\dfrac{s}{s^2 + 10s + 10}$ ② $\dfrac{10s}{s^2 + 10s + 10}$

③ $\dfrac{s}{s^2 + s + 1}$ ④ $\dfrac{10s}{s^2 + s + 1}$

풀이 $G(s) = \dfrac{I(s)}{V(s)} = \dfrac{1}{Z(s)} = \dfrac{1}{R + Ls + \dfrac{1}{Cs}}$
$= \dfrac{1}{10 + s + \dfrac{10}{s}} = \dfrac{s}{s^2 + 10s + 10}$ **답** ①

5과목 - 전기설비기술기준

81 구리 재질의 선도체 단면적이 50[mm²]인 경우, 보호도체의 재질이 선도체와 같다면 보호도체의 최소 단면적은 얼마인가?

① 10 ② 16
③ 25 ④ 35

풀이 142.3.2 보호도체

선도체의 단면적 S(mm², 구리)	보호도체의 최소 단면적(mm², 구리)	
	보호도체의 재질	
	선도체와 같은 경우	선도체와 다른 경우
$S \leq 16$	S	$(k_1/k_2) \times S$
$16 < S \leq 35$	$16^{(a)}$	$(k_1/k_2) \times 16$
$S > 35$	$S^{(a)}/2$	$(k_1/k_2) \times (S/2)$

여기서,
- k_1 : 선도체에 대한 k값
- k_2 : 보호도체에 대한 k값
- a : PEN 도체의 최소단면적은 중성선과 동일하게 적용한다.

∴ 최소 단면적 = $\dfrac{50}{2} = 25$[mm²] **답** ③

82 저압 또는 고압의 가공전선로와 기설 가공 약전류 전선로가 병행할 때 유도작용에 의한 통신상의 장해가 생기지 않도록 전선과 기설 약전류 전선 간의 이격거리는 몇 [m] 이상이어야 하는가? (단, 전기철도용 급전선과 단선식 전화선로는 제외한다.)

① 2 ② 3
③ 4 ④ 6

풀이 332.1 가공약전류전선로의 유도장해 방지
저압 가공전선로 또는 고압 가공전선로와 기설 가공약전류전선로가 병행하는 경우에는 유도작용에 의하여 통신상의 장해가 생기지 않도록 **전선과 기설 약전류전선간의 이격거리는 2[m] 이상이어야 한다.** **답** ①

83 60[kV] 초과인 정류기의 절연내력 시험은 직류측 최대 사용전압의 몇 배의 직류전압을 직류고전압측 단자와 대지 사이에 연속하여 10분간 가하여 이에 견디어야 하는가?

① 1배 ② 1.1배
③ 1.25배 ④ 1.5배

풀이 133 회전기 및 정류기의 절연내력

종류		시험 전압 (최대사용 전압의 배수)	최저 시험 전압	시험 방법
정류기	최대 사용전압 60[kV] 이하	직류측의 최대사용전압의 1배의 교류전압	500 [V]	충전부분과 외함 간에 연속하여 10분간 가한다.
	최대 사용전압 60[kV] 초과	교류측의 최대사용전압의 1.1배의 교류전압 또는 직류측의 최대사용전압의 1.1배의 직류전압		교류측 및 직류고전압측단자와 대지 사이에 연속하여 10분간 가한다.

답 ②

84 사용전압이 400[V] 이하인 저압 옥측전선로를 애자공사에 의해 시설하는 경우 전선 상호 간의 간격은 몇 [m] 이상이어야 하는가? (단, 비나 이슬에 젖지 않는 장소에 사람이 쉽게 접촉될 우려가 없도록 시설한 경우이다.)

① 0.025　　② 0.045
③ 0.06　　　④ 0.12

풀이　221.2 옥측전선로
애자공사에 의한 저압 옥측전선로는 다음에 의하고 또한 사람이 쉽게 접촉될 우려가 없도록 시설할 것
가. 전선의 단면적은 4[mm²] 이상의 연동 절연전선(옥외용 비닐절연전선 및 인입용 절연전선은 제외한다.)일 것
나. 전선 상호 간의 간격 및 전선과 조영재 사이의 이격거리

전 압	전선 상호 간의 간격		전선과 조영재 사이의 이격거리	
	사용전압 400[V] 이하인 경우	사용전압 400[V] 초과인 경우	사용전압 400[V] 이하인 경우	사용전압 400[V] 초과인 경우
비나 이슬에 젖지 않는 장소	0.06[m] 이상	0.06[m] 이상	0.025[m] 이상	0.025[m] 이상
비나 이슬에 젖는 장소	0.06[m] 이상	0.12[m] 이상	0.025[m] 이상	0.045[m] 이상

다. 전선의 지지점 간의 거리는 2[m] 이하일 것.
라. 애자는 절연성·난연성 및 내수성이 있는 것일 것.
답 ③

85 그림은 전력선 반송통신용 결합장치의 보안장치이다. 그림에서 DR은 무엇인가?

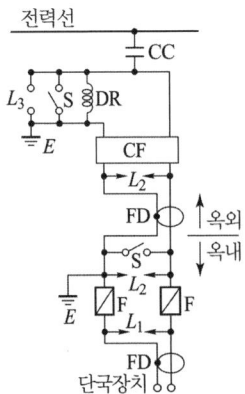

① 접지형 개폐기　　② 결합 필터
③ 방전갭　　　　　④ 배류선륜

풀이　362.11 전력선 반송 통신용 결합장치의 보안장치

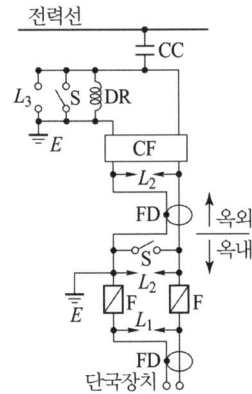

**전력선 반송 통신용 결합
장치의 보안장치**

전력선 반송통신용 결합 커패시터에 접속하는 회로에는 그림의 보안장치 또는 이에 준하는 보안장치를 시설하여야 한다.
• FD : 동축 케이블
• F : 정격전류 10[A] 이하의 포장 퓨즈
• DR : 전류 용량 2[A] 이상의 배류 선륜
• L_1 : 교류 300[V] 이하에서 동작하는 피뢰기
• L_2 : 동작 전압이 교류 1,300[V]를 넘고 1,600[V] 이하로 조정된 방전갭
• L_3 : 동작 전압이 교류 2[kV]를 넘고 3[kV] 이하로 조성된 구상 방전갭
• S : 접지용 개폐기
• CF : 결합 필터
• CC : 결합 콘덴서(결합 안테나를 포함한다)
• E : 접지
답 ④

86 금속제 수도관로를 접지공사의 접지극으로 사용하는 경우에 대한 사항이다. (㉠), (㉡), (㉢)에 들어갈 수치로 알맞은 것은?

> 접지선과 금속제 수도관로의 접속은 안지름 (㉠)[mm] 이상인 금속제 수도관의 부분 또는 이로부터 분기한 안지름 (㉡)[mm] 미만인 금속제 수도관의 그 분기점으로부터 5[m] 이내의 부분에서 할 것. 다만, 금속제 수도관로와 대지 간의 전기저항치가 (㉢)[Ω] 이하인 경우에는 분기점으로부터의 거리는 5[m]를 넘을 수 있다.

① ㉠ 75, ㉡ 75, ㉢ 2　　② ㉠ 75, ㉡ 50, ㉢ 2
③ ㉠ 50, ㉡ 75, ㉢ 4　　④ ㉠ 50, ㉡ 50, ㉢ 4

풀이 142.2 접지극의 시설 및 접지저항
지중에 매설되어 있고 대지와의 전기저항 값이 3[Ω] 이하의 값을 유지하고 있는 금속제 수도관로와 접지도체의 접속은 금속제 수도관로의 **안지름이 75[mm] 이상**인 부분 또는 여기에서 분기한 안지름 75[mm] 미만인 분기점으로부터 5[m] 이내의 부분에서 하여야 한다. 다만, 금속제 수도관로와 대지 사이의 **전기저항 값이 2[Ω] 이하**인 경우에는 분기점으로부터의 거리는 5[m]을 넘을 수 있다. **답** ①

87 저압가공전선 상호 간을 접근 또는 교차하여 시설하는 경우 전선 상호 간 이격거리 및 하나의 저압 가공전선과 다른 저압, 가공전선로의 지지물 사이의 이격거리는 각각 몇 [cm] 이상이어야 하는가? (단, 어느 한 쪽의 전선이 고압 절연전선, 특고압 절연전선 또는 케이블이 아닌 경우이다.)

① 전선 상호 간 : 30[cm], 전선과 지지물 간 : 30[cm]
② 전선 상호 간 : 30[cm], 전선과 지지물 간 : 60[cm]
③ 전선 상호 간 : 60[cm], 전선과 지지물 간 : 30[cm]
④ 전선 상호 간 : 60[cm], 전선과 지지물 간 : 60[cm]

풀이 222.16 저압 가공전선 상호 간의 접근 또는 교차
저압 가공전선이 다른 저압 가공전선과 접근상태로 시설되거나 교차하여 시설되는 경우 이격거리

전선의 종류구분	다른 저압 가공전선	
	전선 상호 간	지지물
저압 절연전선	0.6[m]	0.3[m]
어느 한 쪽의 전선이 고압·특고압절연전선 또는 케이블	0.3[m]	

답 ③

88 단상교류 공칭전압 25[kV]인 전차선과 차량 간의 동적 최소 절연이격거리는 몇 [mm] 이상인가?

① 25   ② 100
③ 150   ④ 170

풀이 431.3 전차선로의 충전부와 차량 간의 절연이격
전차선과 차량 간의 최소 절연이격거리

시스템 종류	공칭전압(V)	동적(mm)	정적(mm)
직류	750	25	25
	1,500	100	150
단상교류	25,000	170	270

답 ④

89 교통신호등 회로의 사용전압은 최대 몇 [V]인가?

① 100   ② 200
③ 300   ④ 400

풀이 234.15 교통신호등
사용전압은 300[V] 이하로서, 전선은 케이블을 제외하고 2.5[mm²]의 연동선 일 것. **답** ③

90 저압가공인입선에 사용하지 않는 전선은?

① 나전선
② 절연전선
③ 인입용 비닐절연전선
④ 케이블

풀이 221.1.1 저압인입선의 시설
인입선은 다음에 따라 시설하여야 한다.
가. 전선은 **절연전선 또는 케이블**일 것.
나. 전선이 절연전선인 경우
① 경간이 15[m] 초과 : 인장강도 2.30[kN] 이상의 것 또는 지름 2.6[mm] 이상의 인입용 비닐절연전선일 것.
② 경간이 15[m] 이하 : 인장강도 1.25[kN] 이상의 것 또는 지름 2[mm] 이상의 인입용 비닐절연전선일 것.
다. 전선이 옥외용 비닐 절연전선인 경우에는 사람이 접촉할 우려가 없도록 시설할 것. **답** ①

91 전력보안 통신용 전화설비를 시설하여야 하는 곳은?

① 2개 이상의 발전소 상호 간
② 원격 감시 제어가 되는 변전소
③ 원격 감시 제어가 되는 급전소
④ 원격 감시 제어가 되지 않는 발전소

풀이 362.1 전력보안통신설비의 시설 요구사항
발전소, 변전소 및 변환소 에서의 전력보안통신설비의 시설 장소는 다음에 따른다.

가. 원격감시제어가 되지 아니하는 발전소·변전소·개폐소·전선로 및 이를 운용하는 급전소 및 급전분소 간
나. 2개 이상의 급전소(분소) 상호 간과 이들을 통합 운용하는 급전소(분소) 간
다. 수력설비의 안전상 필요한 양수소 및 강수량 관측소와 수력발전소 간
라. 동일 수계에 속하고 안전상 긴급 연락의 필요가 있는 수력발전소 상호 간
마. 동일 전력계통에 속하고 또한 안전상 긴급연락의 필요가 있는 발전소·변전소 및 개폐소 상호 간
답 ④

92 다음 중 전로의 중성점 접지의 목적으로 거리가 먼 것은?

① 대지전압의 저하
② 이상전압의 억제
③ 손실전력의 감소
④ 보호장치의 확실한 동작의 확보

풀이 322.5 전로의 중성점의 접지
① 보호 장치의 확실한 동작의 확보
② 이상 전압의 억제
③ 대지전압의 저하를 위하여
전로의 중성점에 접지공사를 한다.
답 ③

93 아파트 세대 욕실에 "비데용 콘센트"를 시설하고자 한다. 다음의 시설방법 중 적합하지 않은 것은?

① 콘센트를 시설하는 경우에는 인체감전보호용 누전차단기로 보호된 전로에 접속할 것
② 습기가 많은 곳에 시설하는 배선기구는 방습장치를 시설할 것
③ 저압용 콘센트는 접지극이 없는 것을 사용할 것
④ 충전 부분이 노출되지 않을 것

풀이 234.5 콘센트의 시설
욕조나 샤워시설이 있는 욕실 또는 화장실 등 인체가 물에 젖어있는 상태에서 전기를 사용하는 장소에 콘센트를 시설하는 경우에는 다음에 따라 시설하여야 한다.
가. 인체감전보호용 누전차단기(정격감도전류 15[mA] 이하, 동작시간 0.03[초] 이하의 전류동작형의 것에 한한다) 또는 절연 변압기(정격용량 3[kVA] 이하인

것에 한한다)로 보호된 전로에 접속하거나, 인체감전보호용 누전차단기가 부착된 콘센트를 시설하여야 한다.
나. 콘센트는 **접지극이 있는 방적형 콘센트를 사용**하여 규정에 준하여 접지하여야 한다.
답 ③

94 전기 온상의 발열선의 온도는 몇 [℃]를 넘지 아니하도록 시설하여야 하는가?

① 70
② 80
③ 90
④ 100

풀이 241.5 전기온상 등
가. 전기온상에 전기를 공급하는 전로의 대지전압은 300[V] 이하일 것.
나. **발열선은 그 온도가 80[℃]를 넘지 않도록 시설 할 것.**
다. 발열선과 조영재 사이의 이격거리는 0.025[m] 이상으로 할 것.
라. 발열선의 지지점 간의 거리는 1[m] 이하일 것. 다만, 발열선 상호 간의 간격이 0.06[m] 이상인 경우에는 2[m] 이하로 할 수 있다.
답 ②

95 고압가공전선로에 케이블을 조가용선에 행거로 시설할 경우 그 행거의 간격은 몇 [cm] 이하로 하여야 하는가?

① 50
② 60
③ 70
④ 80

풀이 332.2 가공케이블의 시설
저압 가공전선 또는 고압 가공전선에 케이블을 사용하는 경우에는 다음에 따라 시설하여야 한다.
가. 케이블은 조가용선에 행거로 시설할 것. 이 경우에는 사용전압이 고압인 때에는 **행거의 간격은 0.5[m] 이하로 하는 것이 좋다.**
나. 조가용선은 인장강도 5.93[kN] 이상의 것 또는 단면적 22[mm²] 이상인 아연도강연선일 것.
다. 조가용선 및 케이블의 피복에 사용하는 금속체에는 접지공사를 할 것.
라. 조가용선을 케이블에 접촉시켜 금속 테이프를 감는 경우에는 20[cm] 이하의 간격으로 나선상으로 한다.

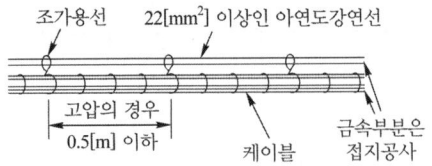

〈가공 케이블의 시설〉
답 ①

96 전력 보안통신 설비인 무선 통신용 안테나 또는 반사판을 지지하는 철주, 철근 콘크리트주 또는 철탑의 기초의 안전율은 얼마 이상이어야 하는가?(단, 무선통신용 안테나 또는 반사판이 전선로의 주위상태를 감시할 목적으로 시설되는 것이 아닌 경우이다.)

① 1.2
② 1.3
③ 1.5
④ 2.2

풀이 364.1 무선용 안테나 등을 지지하는 철탑 등의 시설
전력보안통신설비인 무선통신용 안테나 또는 반사판을 지지하는 목주·철주·철근 콘크리트주 또는 철탑은 다음에 따라 시설하여야 한다. 다만, 무선용 안테나 등이 전선로의 주위상태를 감시할 목적으로 시설되는 것일 경우에는 그러하지 아니하다.
가. 목주는 풍압하중에 대한 안전율은 1.5 이상이어야 한다.
나. **철주·철근 콘크리트주 또는 철탑의 기초 안전율은 1.5 이상이어야 한다.** 답 ③

97 전선의 색상 중 틀린 것은?

① L1 : 갈색
② L2 : 흑색
③ L3 : 흰색
④ N : 청색

풀이 121.2 전선의 식별

상(문자)	L1	L2	L3	N	보호도체
색상	갈색	흑색	회색	청색	녹색-노란색

답 ③

98 22.9[kV] 특고압으로 가공전선과 조영물이 아닌 다른 시설물이 교차하는 경우, 상호 간의 이격거리는 몇 [cm]까지 감할 수 있는가? (단, 전선은 케이블이다.)

① 50
② 60
③ 100
④ 120

풀이 333.28 특고압 가공전선과 다른 시설물의 접근 또는 교차
특고압 절연전선 또는 케이블을 사용하는 사용전압이 35[kV] 이하의 특고압 가공전선과 다른 시설물 사이의 이격거리

다른 시설물의 구분	접근형태	이격거리
조영물의 상부조영재	위쪽	2[m] (전선이 케이블인 경우에는 1.2[m])
	옆쪽 또는 아래쪽	1[m] (전선이 케이블인 경우에는 0.5[m])
조영물의 상부조영재 이외의 부분 또는 조영물 이외의 시설물		1[m] (전선이 케이블인 경우에는 0.5[m])

답 ①

99 전력계통의 일부가 전력계통의 전원과 전기적으로 분리된 상태에서 분산형전원에 의해서만 운전되는 상태를 무엇이라 하는가?

① 전부하 운전
② 병렬운전
③ 단독운전
④ 무부하 운전

풀이 112 용어정의
"**단독운전**"이란 전력계통의 일부가 전력계통의 전원과 전기적으로 분리된 상태에서 분산형전원에 의해서만 운전되는 상태를 말한다. 답 ③

100 특고압 가공전선로에 사용하는 철탑 중에서 전선로의 수평 각도가 3°를 넘는 곳에 사용하는 철탑은?

① 내장형 철탑
② 인류형 철탑
③ 보강형 철탑
④ 각도형 철탑

풀이 333.11 특고압 가공전선로의 철주·철근 콘크리트주 또는 철탑의 종류
특고압 가공전선로의 지지물로 사용하는 B종 철주·B종 콘크리트주 또는 철탑의 종류는 다음과 같다.
가. 직선형 : 전선로의 직선 부분(3° 이하의 수평 각도 이루는 곳 포함)에 사용되는 것
나. **각도형 : 전선로 중 수평 각도 3°를 넘는 곳에 사용되는 것**
다. 인류형 : 전 가섭선을 인류하는 곳에 사용하는 것
라. 내장형 : 전선로 지지물 양측의 경간차가 큰 곳에 사용하는 것
마. 보강형 : 전선로 직선 부분을 보강하기 위하여 사용하는 것 답 ④

2025년 3회 전기산업기사필기(CBT 복원문제)

동일출판사 홈페이지에서 무료 동영상강의를 보실 수 있습니다.

1과목 - 전기자기

01 서로 같은 2개의 구 도체에 동일양의 전하를 대전시킨 후 20[cm] 떨어뜨린 결과 구 도체에 서로 6×10^{-4}[N]의 반발력이 작용한다. 구 도체에 주어진 전하는?

① 약 5.2×10^{-8}[C] ② 약 6.2×10^{-8}[C]
③ 약 7.2×10^{-8}[C] ④ 약 8.2×10^{-8}[C]

풀이
$F = \dfrac{Q^2}{4\pi\epsilon_o r^2}$ 이므로.

$\therefore Q = \sqrt{4\pi\epsilon_o r^2 F}$
$= \sqrt{4\pi \times 8.85 \times 10^{-12} \times 0.2^2 \times 6 \times 10^{-4}}$
$= 5.2 \times 10^{-8}$[C] **답** ①

02 단면적이 균일한 환상철심에 권수 N_A인 A코일과 권수 N_B인 B코일이 있을 때, B코일의 자기 인덕턴스가 L_A[H]라면 두 코일의 상호 인덕턴스[H]는? (단, 누설자속은 0이다.)

① $\dfrac{L_A N_A}{N_B}$ ② $\dfrac{L_A N_B}{N_A}$
③ $\dfrac{N_A}{L_A N_B}$ ④ $\dfrac{N_B}{L_A N_A}$

풀이

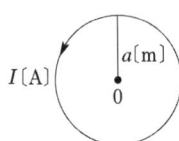

$R = \dfrac{N_A^2}{L_B} = \dfrac{N_A N_B}{M}$ 에서

- 자기 인덕턴스 $L_A = \dfrac{N_B^2}{R}$[H]
- 상호 인덕턴스 $M = \dfrac{N_A N_B}{R}$[H]

위의 두 식에서 R을 소거하면

$\therefore M = \dfrac{L_A N_A}{N_B}$[H] **답** ①

03 직선 전류에 의해서 그 주위에 생기는 환상의 자계 방향은?

① 전류의 방향
② 전류와 반대 방향
③ 오른 나사의 진행 방향
④ 오른 나사의 회전 방향

풀이

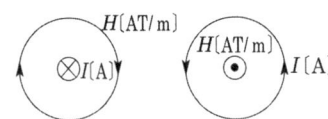

- 암페어 오른손(오른 나사) 법칙 :
  나사 진행 방향을 전류 방향과 일치시킬 때
  자계의 방향은 오른 나사를 회전시키는 방향과 같다.
  $\otimes$: 지면의 표면에서 뒷면으로 들어가는 방향
  $\odot$: 지면의 뒷면에서 표면으로 나오는 방향 **답** ④

04 그림과 같이 권수가 1이고 반지름 a[m]인 원형 전류 I[A]가 만드는 자계의 세기[AT/m]는?

① $\dfrac{I}{a}$ ② $\dfrac{I}{2a}$
③ $\dfrac{I}{3a}$ ④ $\dfrac{I}{4a}$

풀이
$H_0 = \oint dH = \int_0^{2\pi a} \dfrac{Idl\sin\theta}{4\pi a^2} = \int_0^{2\pi a} \dfrac{Idl}{4\pi a^2}$
$= \dfrac{I}{4\pi a^2} \int_0^{2\pi a} dl = \dfrac{I}{2a}$[AT/m]

또는 $H_x = \dfrac{I}{2} \cdot \dfrac{a^2}{(a^2+x^2)^{3/2}}$ 에서

원형 코일 중심의 자계의 세기 H_0는 $x = 0$ 이므로

$\therefore H_0 = \dfrac{I}{2a}$[AT/m] **답** ②

05 전계 및 자계가 z방향의 성분을 갖지 않고 동일한 전계와 자계를 합한 면이 z축에 수직이 되는 파를 무엇이라 하는가?
① 직선파 ② 전자파
③ 굴절파 ④ 평면파

풀이 평면파는 진행파의 진행 방향에 대하여 수직인 무한 평면 내에서 진행파의 크기, 위상이 같은 파를 의미한다.
답 ④

06 두 종류의 금속으로 된 회로에 전류를 통하면 각 접속점에서 열의 흡수 또는 발생이 일어나는 현상은?
① 톰슨 효과 ② 제벡 효과
③ 볼타 효과 ④ 펠티에 효과

풀이 ① 톰슨 효과 : 동일한 금속 도선의 두 점 간에 온도차를 주고, 고온 쪽에서 저온 쪽으로 전류를 흘리면 도선 속에서 열이 발생되거나 흡수가 일어나는 이러한 현상을 톰슨 효과라 한다.
② 제벡(지벡) 효과 : 두 종류 금속 접속면에 온도차가 있으면 기전력이 발생하는 효과
③ 볼타 효과 : 도체와 도체 사이에 접촉 전기가 일어날 때 두 도체 사이에 전위차가 생기는 효과
④ 펠티에 효과 : 두 종류 금속 접속면에 전류를 흘리면 접속점에서 열의 흡수, 발생이 일어나는 효과
답 ④

07 접지된 직교 도체 평면과 점전하 사이에는 몇 개의 영상 전하가 존재하는가?
① 1 ② 2
③ 3 ④ 4

풀이

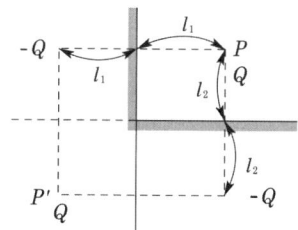

영상 전하 개수는 $n = \dfrac{360°}{\theta} - 1$(개)이다.
직교이면 $\theta = 90°$이므로
∴ $n = \dfrac{360°}{90°} - 1 = 3$(개)이다.
답 ③

08 자기 회로의 자기 저항이 일정할 때 코일의 권수를 1/2로 줄이면 자기 인덕턴스는 원래의 몇 배가 되는가?
① $\dfrac{1}{\sqrt{2}}$ 배 ② $\dfrac{1}{2}$ 배
③ $\dfrac{1}{4}$ 배 ④ $\dfrac{1}{8}$ 배

풀이 $L = \dfrac{N^2}{R}$에서 자기 저항이 일정한 경우 인덕턴스는 권수의 자승에 비례하므로
$L' = \left(\dfrac{1}{2}\right)^2 L = \dfrac{1}{4} L$
답 ③

09 도전율이 $5.8 \times 10^7 [\mho/m]$이고, 길이가 1[km]이며, 단면적이 $1.309 \times 10^{-6} [m^2]$인 물체가 갖는 저항값은 약 몇 [Ω]인가?
① 7.64 ② 13.2
③ 21.2 ④ 32.4

풀이 도체 저항
$R = \rho \dfrac{l}{S} = \dfrac{l}{\sigma S} = \dfrac{1 \times 10^3}{5.8 \times 10^7 \times 1.309 \times 10^{-6}}$
$= 13.2[\Omega]$
답 ②

10 전계 E[V/m] 및 자계 H[AT/m]의 에너지가 자유공간 사이를 C[m/s]의 속도로 전파될 때 단위 시간에 단위 면적을 지나는 에너지[W/m²]는?
① $\dfrac{1}{2} EH$ ② EH
③ EH^2 ④ $E^2 H$

풀이 단위 면적당 전력
= 포인팅 벡터 $\boldsymbol{P} = \boldsymbol{E} \times \boldsymbol{H} = EH$ [W/m²]
답 ②

11 면적이 $S[m^2]$이고 극간의 거리가 $d[m]$인 평행판 콘덴서에 비유전율이 ϵ_r인 유전체를 채울 때 정전용량[F]은? (단, ϵ_0는 진공의 유전율이다.)

① $\dfrac{2\epsilon_0\epsilon_r S}{d}$ ② $\dfrac{\epsilon_0\epsilon_r S}{\pi d}$

③ $\dfrac{\epsilon_0\epsilon_r S}{d}$ ④ $\dfrac{2\pi\epsilon_0\epsilon_r S}{d}$

풀이 정전용량 C는
$$C = \dfrac{Q}{V} = \dfrac{Q}{Ed} = \dfrac{\sigma S}{\dfrac{\sigma d}{\epsilon_0\epsilon_r}} = \sigma S \times \dfrac{\epsilon_0\epsilon_r}{\sigma d} = \dfrac{\epsilon_0\epsilon_r S}{d}[F]$$

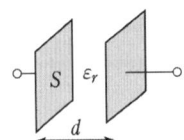

답 ③

12 비유전율 $\epsilon_s = 5$인 유전체 내의 분극률은 몇 [F/m]인가?

① $\dfrac{10^{-8}}{9\pi}$ ② $\dfrac{10^9}{9\pi}$

③ $\dfrac{10^{-9}}{9\pi}$ ④ $\dfrac{10^8}{9\pi}$

풀이 분극의 세기 $P = \epsilon_0(\epsilon_s - 1)E$ 식에서
분극률 $\chi = \dfrac{P}{E} = \epsilon_0(\epsilon_s - 1) = \dfrac{1}{36\pi \times 10^9} \times (5-1)$
$= \dfrac{10^{-9}}{9\pi}[F/m]$
$(\epsilon_0 = \dfrac{10^7}{4\pi C^2} = \dfrac{1}{36\pi \times 10^9},$
C : 빛의 속도 $= 3 \times 10^8[m/s])$

답 ③

13 전계 내에서 폐회로를 따라 전하를 일주시킬 때 전계가 행하는 일은 몇 [J]인가?

① ∞ ② π ③ 1 ④ 0

풀이 전계의 주회 적분과 에너지와의 관계에서
$$\oint_c QE \cdot dl = Q \oint_c E \cdot dl = 0$$
즉, 폐회로를 따라 단위 정전하를 일주시킬 때 전계가 하는 일은 항상 0을 의미한다.(에너지 보존적)

답 ④

14 대전 된 구도체를 반지름이 2배가 되는 대전이 되지 않은 구도체에 가는 도선으로 연결할 때 원래의 에너지에 대해 손실된 에너지의 비율은 얼마가 되는가? (단, 구도체는 충분히 떨어져 있다고 한다.)

① $\dfrac{1}{2}$ ② $\dfrac{1}{3}$

③ $\dfrac{2}{3}$ ④ $\dfrac{2}{5}$

풀이 대전 된 도체구의 정전용량을 C, 대전 되지 않은 구도체의 정전용량 C'라 하면
$C' = 4\pi\epsilon_0 R' = 4\pi\epsilon_0 \times 2R = 2C$
연결 전후의 에너지를 각각 W, W'라 하면
$W = \dfrac{Q^2}{2C}$, $W' = \dfrac{Q^2}{2(C+2C)} = \dfrac{Q^2}{6C}$
$\therefore \dfrac{W-W'}{W} = \left(\dfrac{Q^2}{2C} - \dfrac{Q^2}{6C}\right) / \dfrac{Q^2}{2C} = \dfrac{2}{3}$

답 ③

15 전자석에 사용하는 연철(soft iron)은 다음 어느 성질을 갖는가?

① 잔류자기, 보자력이 모두 크다.
② 보자력이 크고 잔류자기가 작다.
③ 보자력이 크고 히스테리시스 곡선의 면적이 작다.
④ 보자력과 히스테리시스 곡선의 면적이 모두 작다.

풀이 히스테리시스 곡선
영구자석의 재료는 잔류 자기(B_r)와 보자력(H_c)이 모두 커야 하나, **전자석(일시 자석)의 재료는 잔류자기(B_r)가 크고 보자력(H_c)과 히스테리시스 곡선의 면적이 모두 작아야** 한다.

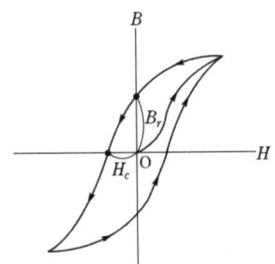

답 ④

16
권선수가 N회인 코일에 전류 I[A]를 흘릴 경우, 코일에 ϕ[Wb]의 자속이 지나간다면 이 코일에 저장된 자계에너지[J]는?

① $\frac{1}{2}N\phi^2 I$ ② $\frac{1}{2}N\phi I$

③ $\frac{1}{2}N^2\phi I$ ④ $\frac{1}{2}N\phi I^2$

풀이 자기 인덕턴스 $L=\frac{N\phi}{I}$ 이므로, $LI=N\phi$ 이다.

따라서 자계에너지
$W=\frac{1}{2}LI^2=\frac{1}{2}LI \cdot I=\frac{1}{2}N\phi I$ [J]   **답** ②

17 다음 설명 중 옳은 것은?

① 상자성체는 자화율이 0보다 크고, 반자성체에서는 자화율이 0보다 작다.
② 상자성체는 투자율이 1보다 작고, 반자성체에서는 투자율이 1보다 크다.
③ 반자성체는 자화율이 0보다 크고, 투자율이 1보다 크다.
④ 상자성체는 자화율이 0보다 작고, 투자율이 1보다 크다.

풀이
- 상자성체: 자화율 $\chi > 0$, 비투자율 $\mu_s > 1$
- 반자성체: 자화율 $\chi < 0$, 비투자율 $\mu_s < 1$ **답** ①

18 전류의 연속 방정식으로 옳은 것은

① $\nabla \times H = J + \frac{\partial D}{\partial t}$

② $\nabla \times E = -\frac{\partial B}{\partial t}$

③ $\nabla \cdot J = -\frac{\partial \rho}{\partial t}$

④ $\nabla \cdot D = \rho$

풀이 ① 암페어 주회적분 법칙의 미분형(맥스웰의 전자방정식)
② 패러데이법칙의 미분형(맥스웰의 전자방정식)
③ **전류의 연속방정식**
거시적으로 임의의 공간에서 폐곡면에서 유출하는 전류는 폐곡면 내 전하의 감소량과 같고, 이를 미소적인 해석은 단위체적에서 발산하는 전류는 전하량의 시간적 감소량과 같다. 이것을 수학적으로 표현하면

$$\nabla \cdot J = -\frac{d\rho}{dt}$$

이고, 이 관계식을 전류의 연속방정식이라 한다.
④ 가우스정리의 미분형   **답** ③

19 정전 유도에 의해서 고립 도체에 유기되는 전하는?

① 정, 부 동량이며 도체는 등전위이다.
② 정, 부 동량이며 도체는 등전위가 아니다.
③ 정전하 뿐이며 도체는 등전위이다.
④ 부전하 뿐이며 도체는 등전위이다.

풀이 도체가 고립 돼있어 전하의 총량이 변할 수 없으므로, 정전하와 부전하가 크기가 같은 양으로 쌍을 이룬다.   **답** ①

20 감자율(Demagnetization factor)이 "0"인 자성체로 가장 알맞은 것은?

① 환상 솔레노이드
② 굵고 짧은 막대 자성체
③ 가늘고 긴 막대 자성체
④ 가늘고 짧은 막대 자성체

풀이
- 감자력은 자화의 세기에 비례하며, 이때 비례 상수를 감자율이라 한다.
- 잘려진 극이 존재하지 않으면 **감자율이 0**이 되는데, **환상 솔레노이드**(toroid)가 무단(無端) 철심이므로 이에 해당한다.
- 환상 솔레노이드를 제외하면 가늘고 긴 막대 자성체가 자계와 평행으로 놓여 있을 때 감자율이 거의 0에 가깝다.
- 가늘고 긴 막대 자성체가 자계와 직각으로 놓여 있을 때는 감자율이 거의 1로 가장 크다.
- 구(球)인 경우 감자율 $N=\frac{1}{3}$ 이다.   **답** ①

2과목 - 전력공학

21 3상 3선식 3각형 배치의 송전선로에 있어서 각 선의 대지 정전용량이 0.5038[μF]이고, 선간 정전용량이 0.1237[μF]일 때 1선의 작용 정전용량은 몇 [μF]인가?

① 0.6275 ② 0.8749
③ 0.9164 ④ 0.9755

풀이 $C_n = C_s + 3C_m = 0.5038 + 3 \times 0.1237 = 0.8749[\mu F]$
(여기서, C_n : 작용정전용량, C_s : 대지정전용량, C_m : 선간정전용량) 답 ②

22 길이가 35[km]인 단상 2선식 전선로의 유도 리액턴스는 몇 [Ω]인가? 단, 전선로 단위길이 당 인덕턴스는 1.3[mH/km/선], 주파수 60[Hz]이다.

① 17.6 ② 26.5
③ 34.3 ④ 68.5

풀이 유도 리액턴스
$X_L = 2\pi f L l = 2\pi \times 60 \times 1.3 \times 10^{-3} \times 2 \times 35$
$= 34.3[\Omega]$ 답 ③

23 가공송전선로에서 총 단면적이 같은 경우 단도체와 비교하여 복도체의 장점이 아닌 것은?

① 안정도를 증대시킬 수 있다.
② 공사비가 저렴하고 시공이 간편하다.
③ 전선표면 전위경도를 감소시켜 코로나 임계전압이 높아진다.
④ 선로의 인덕턴스가 감소되고 정전용량이 증가해서 송전용량이 증대된다.

풀이 복도체 방식의 장점
① 전선의 인덕턴스가 감소하고 정전 용량이 증가되어 선로의 송전 용량이 증가하고 계통의 안정도를 증진시킨다.
② 전선 표면의 전위 경도가 저감되므로 코로나 임계 전압을 높일 수 있고 코로나손, 코로나 잡음 등의 장해가 저감된다. 답 ②

24 1[BTU]는 몇 [cal]인가?

① 250 ② 252
③ 242 ④ 232

풀이 1[BTU] = 0.252[kcal] = 252[cal] 답 ②

25 어느 일정한 방향으로 일정한 크기 이상의 단락전류가 흘렀을 때 동작하는 보호계전기의 약어는?

① ZR ② UFR
③ OVR ④ DOCR

풀이
① 거리계전기(ZR) : 계전기가 설치된 위치로부터 고장 점까지의 전기적 거리에 비례하여 한시 동작하는 것으로 복잡한 계통의 단락보호에 과전류 계전기의 대용으로 쓰인다.
② 저주파수 계전기(UFR) : 주파수가 일정값 보다 낮을 경우 동작한다.
③ 과전압 계전기(OVR) : 일정값 이상의 전압이 걸렸을 때 동작한다.
④ 단락 방향 계전기(DOCR, DSR) : 어느 일정한 방향으로 일정값 이상의 단락전류가 흘렀을 경우 동작하는 것 답 ④

26 모선의 보호계전 방식에 해당되는 것은?

① 전력 평형 보호 방식
② 전압 차동 보호 방식
③ 표시선 계전 방식
④ 위상 비교 반송 방식

풀이 모선 보호계전 방식의 종류
① 전류 차동 계전 방식
② **전압 차동 계전 방식**
③ 위상 비교 계전 방식
④ 방향 비교 계전 방식 답 ②

27 정삼각형 배치의 선간거리가 5[m]이고, 전선의 지름이 1[cm]인 3상 가공 송전선의 1선의 정전용량은 약 몇 [$\mu F/km$]인가?

① 0.008 ② 0.016
③ 0.024 ④ 0.032

풀이 정전용량

$$C_w = \frac{0.02413}{\log_{10}\frac{D}{r}} = \frac{0.02413}{\log_{10}\frac{5}{0.5 \times 10^{-2}}} = 0.008[\mu F/km]$$

답 ①

28 배전 계통에서 콘덴서를 설치하는 것은 여러 가지 목적이 있으나 그 중에서 가장 주된 목적은?

① 전압 강하 보상   ② 전력 손실 감소
③ 송전 용량 증가   ④ 기기의 보호

풀이 전력용 콘덴서 설치(역률 개선)의 효과
① 전력 손실 감소
② 변압기, 개폐기 등의 소요 용량 감소
③ 송전 용량 증대
④ 전압 강하 감소
이들 중 **가장 큰 효과는 전력 손실 감소**이다(전력 손실은 역률의 제곱에 역비례 하여 감소한다).

답 ②

29 급수의 엔탈피 130[kcal/kg], 보일러 출구 과열 증기 엔탈피 830[kcal/kg], 터빈 배기 엔탈피 550[kcal/kg]인 랭킨 사이클의 열사이클 효율은?

① 0.2   ② 0.4
③ 0.6   ④ 0.8

풀이
$$\eta_c = \frac{H_e}{i_1 - i_f}$$

(여기서, η_c : 터빈의 열효율
H_e : 증기 1[kg]이 터빈에서 유효하게 일을 한 열량[kcal/kg]
i_1 : 터빈 입구의 증기 엔탈피[kcal/kg]
i_f : 복수기의 엔탈피[kcal/kg])
$H_e = 830 - 550 = 280[kcal/kg]$,
$i_1 = 830[kcal/kg]$, $i_f = 130[kcal/kg]$이므로
$$\therefore \eta = \frac{280}{830-130} = \frac{280}{700} = 0.4$$

답 ②

30 개폐 서지를 흡수할 목적으로 설치하는 것의 약어는?

① CT   ② SA
③ GIS   ④ ATS

풀이
① CT(계기용 변류기) : 회로의 대전류를 소전류로 변성하여 계기나 계전기에 공급
② SA(서지 흡수기) : 변압기, 발전기 등을 서지로부터 보호
③ GIS(가스 절연 개폐기) : SF_6 가스를 이용하여 정상상태 및 사고, 단락 등의 고장상태에서 선로를 안전하게 개폐하여 보호
④ ATS(자동 절환 개폐기) : 주 전원이 정전되거나, 전압이 기준치 이하로 떨어질 경우 예비전원으로 자동 절환 하는 개폐기

답 ②

31 연가를 하는 주된 목적은?

① 혼촉 방지
② 유도뢰 방지
③ 단락사고 방지
④ 선로정수 평형

풀이
• 연가는 선로정수를 평형시키고 통신선의 유도장해를 방지하기 위하여 선로를 3배수 등분하여 실시한다.
• **연가의 목적** : 선로정수 평형, 직렬공진 방지, 유도장해 감소

답 ④

32 전력선 a의 충전 전압을 E, 통신선 b의 대지 정전 용량을 C_b, a-b 사이의 상호 정전 용량을 C_{ab}라고 하면 통신선 b의 정전 유도 전압 E_s는?

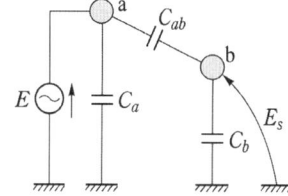

① $\dfrac{C_{ab} + C_b}{C_b}E$ ② $\dfrac{C_{ab} + C_a}{C_{ab}}E$

③ $\dfrac{C_b}{C_{ab} + C_b}E$ ④ $\dfrac{C_{ab}}{C_{ab} + C_b}E$

풀이
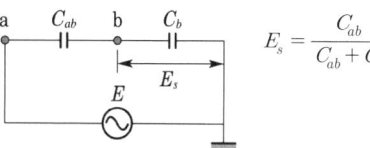

$$E_s = \frac{C_{ab}}{C_{ab} + C_b}E$$

답 ④

33 그림과 같은 평형 3상 발전기가 있다. a상이 지락한 경우 지락전류는 어떻게 표현되는가? (단, Z_0 : 영상 임피던스, Z_1 : 정상 임피던스, Z_2 : 역상 임피던스이다.)

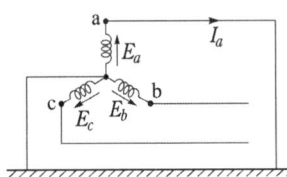

① $\dfrac{E_a}{Z_0+Z_1+Z_2}$ ② $\dfrac{3E_a}{Z_0+Z_1+Z_2}$

③ $\dfrac{-Z_0 E_a}{Z_0+Z_1+Z_2}$ ④ $\dfrac{2Z_2 E_a}{Z_1+Z_2}$

풀이 대칭좌표법과 발전기의 기본식을 이용하여 풀면

$I_0 = I_1 = I_2 = \dfrac{E_a}{Z_0+Z_1+Z_2}$

$\therefore I_a = I_0 + I_1 + I_2 = 3I_0 = \dfrac{3E_a}{Z_0+Z_1+Z_2}$ **답** ②

34 중성점접지방식 중 비접지방식을 직접 접지방식과 비교한 것으로 옳지 않은 것은?

① 지락전류가 적다.
② 보호계전기 동작이 확실하다.
③ 1선지락 시 통신선 유도장해가 적다.
④ 과도안정도가 크다.

풀이 비접지의 특징(직접 접지와 비교)
① 지락전류가 비교적 적다(유도 장해 감소).
② **보호계전기 동작이 불확실하다.**
③ V-V결선 가능
④ 저전압 단거리에 적합 **답** ②

35 A, B 및 C상의 전류를 각각 I_a, I_b, I_c라 할 때, $I_x = \dfrac{1}{3}(I_a + a I_b + a^2 I_c)$이고, $a = -\dfrac{1}{2} + j\dfrac{\sqrt{3}}{2}$이다. I_x는 어떤 전류인가?

① 정상전류 ② 역상전류
③ 영상전류 ④ 무효전류

풀이 대칭좌표법의 대칭 전류를 보면

정상 전류 $I_1 = \dfrac{1}{3}(I_a + a I_b + a^2 I_c)$

역상 전류 $I_2 = \dfrac{1}{3}(I_a + a^2 I_b + a I_c)$

영상전류 $I_0 = \dfrac{1}{3}(I_a + I_b + I_c)$ **답** ①

36 어떤 발전소의 발전기가 13.2[kV], 용량 9.3 [MVA], 동기임피던스 94[%]일 때, 임피던스는 몇 [Ω]인가?

① 9.8[Ω] ② 12.8[Ω]
③ 17.6[Ω] ④ 22.4[Ω]

풀이 $\%Z = \dfrac{ZI}{E} \times 100[\%] = \dfrac{PZ}{10E^2}[\%] = \dfrac{PZ}{10V^2}[\%]$

(여기서, 전압 V의 단위는 [kV], 기준 용량 P의 단위는 [kVA])

$\therefore Z = \dfrac{\%Z \times 10V^2}{P} = \dfrac{94 \times 10 \times 13.2^2}{9.3 \times 10^3}$

$= 17.6[\Omega]$ **답** ③

37 충전된 콘덴서의 에너지에 의해 트립되는 방식으로 정류기, 콘덴서 등으로 구성되어 있는 차단기의 트립방식은?

① 과전류 트립방식
② 직류전압 트립방식
③ 콘덴서 트립방식
④ 부족전압 트립방식

풀이
- 차단기의 트립 방식에는 CT 2차 전류 트립 방식, DC 전압 방식, CTD 방식(콘덴서 트립 방식)이 있다.
- **CTD 방식(콘덴서 트립 방식)**은 충전기로 교류를 정류하여 콘덴서를 충전하고, 그 방전 에너지에 의해 트립 코일을 여자하여 트립 시키는 방법으로 **정류기와 콘덴서로 구성되어 있다.** **답** ③

38 피뢰기의 구비조건이 아닌 것은?

① 속류의 차단능력이 충분할 것
② 충격 방전 개시 전압이 높을 것
③ 상용 주파 방전 개시 전압이 높을 것
④ 방전 내량이 크고, 제한 전압이 낮을 것

풀이 피뢰기의 구비조건
- 상용 주파 방전 개시 전압이 높을 것
- **충격 방전 개시 전압이 낮을 것**
- 제한 전압이 낮을 것
- 속류 차단 능력이 클 것 **답** ②

39 역률 80[%]인 10000[kVA]의 부하를 갖는 변전소에 2000[kVA]의 콘덴서를 설치해서 역률을 개선하면 변압기에 걸리는 부하는 약 몇 [kVA]인가?

① 8000 ② 8540
③ 8940 ④ 9440

풀이
- 유효전력
$$P = P_a \cos\theta_1 = 10000 \times 0.8 = 8000[kW]$$
- 무효전력
$$Q = P_a \sin\theta_1 = 10000 \times \sqrt{1-0.8^2} = 6000[kVar]$$
- 전력용 콘덴서 $Q_c = 2000[kVA]$

따라서 변압기에 걸리는 부하 P_a'은
$$P_a' = \sqrt{P^2 + (Q_1 - Q_c)^2} = \sqrt{8000^2 + (6000-2000)^2}$$
$$= 8944.27[kVA]$$

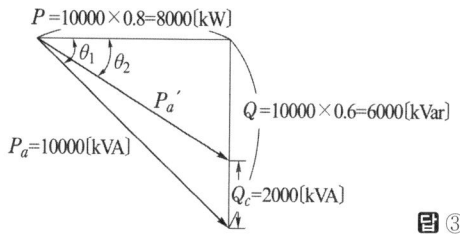

답 ③

40 3상 Y결선된 발전기가 무부하 상태로 운전 중 3상 단락고장이 발생하였을 때 나타나는 현상으로 틀린 것은?

① 영상분 전류는 흐르지 않는다.
② 역상분 전류는 흐르지 않는다.
③ 3상 단락전류는 정상분 전류의 3배가 흐른다.
④ 정상분 전류는 영상분 및 역상분 임피던스에 무관하고 정상분 임피던스에 반비례한다.

풀이 • 3상 단락고장(정상분만 존재)

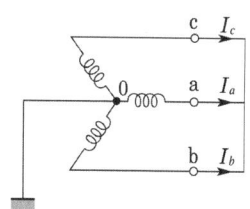

그림에서 $I_a + I_b + I_c = 0$, $V_a = V_b = V_c = 0$이므로
$$I_a = I_0 + I_1 + I_2 = I_1 = \frac{E_a}{Z_1}$$
$$I_b = I_0 + a^2 I_1 + a I_2 = a^2 I_1 = \frac{a^2 E_a}{Z_1}$$
$$I_c = I_0 + a I_1 + a^2 I_2 = a I_1 = \frac{a E_a}{Z_1}$$

답 ③

3과목 - 전기기기

41 2단자 쌍방향 스위칭 소자로서, 임계전압 이상에서 양방향 모두 도통하는 특성을 가지며 TRIAC 점호용으로 사용되는 것은?

① SCR
② DIAC
③ TRIAC
④ 제너 다이오드

풀이 DIAC(Diode for Alternating Current)
- 2단자 쌍방향 스위치 소자로 게이트가 없다.
- TRIAC의 게이트 트리거 소자로 주로 사용된다.

각 종 반도체 소자의 비교
① 방향성
  - 양방향성(쌍방향성) 소자 : DIAC, TRIAC, SSS
  - 역저지(단방향성) 소자 : SCR, LASCR, GTO, SCS
② 극(단자) 수
  - **2극(단자) 소자** : DIAC, SSS, Diode
  - **3극(단자) 소자** : SCR, LASCR, GTO, TRIAC
  - **4극(단자) 소자** : SCS **답** ②

42 A, B 2대의 동기발전기를 병렬운전 중 계통 주파수를 바꾸지 않고 B기의 역률을 좋게 하는 것은?

① A기의 여자전류를 증대
② A기의 원동기 출력을 증대
③ B기의 여자전류를 증대
④ B기의 원동기 출력을 증대

풀이
- 동기발전기의 병렬운전에서 여자의 변화는 역률의 변화로 나타난다.
- A기의 여자를 증가하면, A기의 역률은 낮아지고, B기의 역률은 좋아진다.
- A기의 여자를 감소하면, A기의 역률은 좋아지고, B기의 역률은 낮아진다. **답** ①

43 유도전동기 원선도에서 원의 지름은? (단, E를 1차 전압, r은 1차로 환산한 저항, x를 1차로 환산한 누설 리액턴스라 한다.)

① rE에 비례
② rxE에 비례
③ $\dfrac{E}{r}$에 비례
④ $\dfrac{E}{x}$에 비례

풀이 유도전동기는 일정값의 리액턴스와 부하에 의하여 변하는 저항(r_2'/s)의 직렬회로라고 생각되므로 부하에 의하여 변화하는 전류 벡터의 궤적, 즉 원선도의 지름은 전압에 비례하고 리액턴스에 반비례한다. **답** ④

44 스테핑모터에 대한 설명 중 틀린 것은?

① 회전속도는 스테핑 주파수에 반비례한다.
② 총 회전각도는 스텝각과 스텝수의 곱이다.
③ 분해능은 스텝각에 반비례한다.
④ 펄스구동방식의 전동기이다.

풀이 스테핑 모터는 디지털 신호에 비례하여 일정각도 만큼 회전하는 모터로 그 총 회전각은 입력 펄스의 수로 정해지며, **회전속도는 입력 펄스의 주파수(펄스 속도)에 비례**한다. 스테핑 모터는 자동화설비 등에서 전기적 신호를 위치 신호로 변환시키는 데 사용된다. **답** ①

45 단락사고에 대한 전동기의 과전류 보호기기가 아닌 것은?

① PF
② MC
③ OCR
④ MCCB

풀이 퓨즈와 각종 개폐기 및 차단기와의 기능비교

기능\능력	회로 분리		사고 차단	
	무부하	부하	과부하	단락
퓨 즈	○			○
차단기	○	○	○	○
개폐기	○	○	○	
단로기	○			
전자 접촉기	○	○	○	

답 ②

46 동일한 용량 2대의 단상 변압기를 V결선하여 3상으로 운전하고 있다. 단상 변압기 2대의 용량에 대한 3상 V결선시 변압기 용량의 비인 변압기 이용률은 약 몇 [%]인가?

① 57.7
② 70.7
③ 80.1
④ 86.6

풀이 V결선에는 변압기 2대를 사용하였으므로 그 정격출력의 합은 $2VI$가 된다.
따라서
이용률 $= \dfrac{\sqrt{3}\,VI}{2VI} = \dfrac{\sqrt{3}}{2} = 0.866 = 86.6[\%]$ **답** ④

47 3상 직권 정류자 전동기의 중간 변압기는 고정자 권선과 회전자 권선 사이에 직렬로 접속되는데 이 중간 변압기를 사용하는 중요한 이유는?

① 경부하시 속도의 급상승 방지를 위하여
② 주파수 변동으로 속도를 조정하기 위하여
③ 회전자 상수를 감소하기 위하여
④ 역회전을 방지하기 위하여

풀이 중간 변압기를 사용하는 주요한 이유
① 전원전압의 크기에 관계없이 정류에 알맞게 회전자 전압을 선택할 수 있다.
② 중간 변압기의 권수비를 바꾸어 전동기의 특성을 조정할 수 있다.
③ 직권 특성이기 때문에 **경부하에서는 속도가 매우 상승하나 중간 변압기를 사용**, 그 철심을 포화하도록 하면 그 속도 상승을 제한할 수 있다. **답** ①

48
3상 동기발전기에서 그림과 같이 1상의 권선을 서로 똑같이 2조로 나누어서 그 1조의 권선전압을 E[V], 각 권선의 전류를 I[A]라 하고 2중 Y형(double star)으로 결선한 경우 선간전압[V], 선전류[A], 피상전력[VA]은?

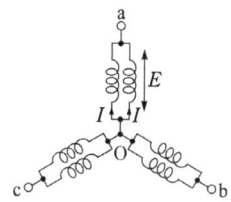

① $3E$, I, $5.19EI$
② $\sqrt{3}E$, $2I$, $6EI$
③ E, $2\sqrt{3}I$, $6EI$
④ $\sqrt{3}E$, $\sqrt{3}I$, $5.19EI$

풀이 2개의 권선이 병렬연결이므로 한상의 전압과 임피던스는 1개의 권선상태에 비해 전압은 동일, 임피던스는 1/2, Y결선이므로
- 선간전압 $= \sqrt{3}E$
- 선전류 $= \dfrac{상전압}{임피던스} = \dfrac{E}{\frac{Z}{2}} = 2I$
- 피상전력 $P_a = \sqrt{3}\,V_l\,I_l = \sqrt{3} \times \sqrt{3}E \times 2I = 6EI$

답 ②

49
220[V], 60[Hz], 8극, 15[kW]의 3상 유도전동기에서 전부하 회전수가 864[rpm]이면 이 전동기의 2차 동손은 몇 [W]인가?

① 435 ② 537
③ 625 ④ 723

풀이
- 회전자계속도 $N_s = \dfrac{120f}{P} = \dfrac{120 \times 60}{8} = 900$[rpm]
- 슬립 $s = \dfrac{N_s - N}{N_s} = \dfrac{900 - 864}{900} = 0.04$
- 출력 $P_0 = (1-s)P_2$ 이므로

$$P_2 = \dfrac{P_0}{1-s} = \dfrac{15 \times 10^3}{1-0.04} = 15625\text{[W]}$$

따라서 $P_{c2} = sP_2 = 0.04 \times 15625 = 625$[W]

답 ③

50
유도전동기의 회전력 발생 요소 중 제곱에 비례하는 요소는?

① 슬립 ② 2차 권선저항
③ 2차 임피던스 ④ 2차 기전력

풀이 $\tau = K_0 \dfrac{sE_2^2 r_2}{r_2^2 + (sx_2)^2}$ 에서 r_2, x_2는 일정하므로, $\tau \propto E_2^2$ 이다.
(여기서, s : 슬립, r_2 : 2차 권선 저항, x_2 : 2차 권선 리액턴스, E_2 : 2차 기전력)

답 ④

51
IGBT(Insulated Gate Bipolar Transistor)에 대한 설명으로 틀린 것은?

① MOSFET와 같이 전압제어 소자이다.
② GTO 사이리스터와 같이 역방향 전압저지 특성을 갖는다.
③ 게이트와 에미터 사이의 입력 임피던스가 매우 낮아 BJT보다 구동하기 쉽다.
④ BJT처럼 on-drop이 전류에 관계없이 낮고 거의 일정하며, MOSFET보다 훨씬 큰 전류를 흘릴 수 있다.

풀이 IGBT(Insulated Gate Bipolar Transistor)
IGBT는 MOSFET와 트랜지스터의 장점을 취한 것으로서
① 소스에 대한 게이트의 전압으로 도통과 차단을 제어한다.
② 게이트 구동전력이 매우 낮다.
③ 스위칭 속도는 FET와 트랜지스터의 중간정도로 빠른편에 속한다.
④ 용량은 일반 트랜지스터와 동등한 수준이다.
⑤ MOSFET과 같이 **입력 임피던스가 매우 높아** BJT보다 구동하기 쉽다.

답 ③

52
권수비가 1 : 2인 변압기(이상 변압기로 한다)를 사용하여 교류 100[V]의 입력을 가했을 때 전파 정류하면 출력 전압의 평균값은?

① $400\sqrt{2}/\pi$ ② $300\sqrt{2}/\pi$
③ $600\sqrt{2}/\pi$ ④ $200\sqrt{2}/\pi$

풀이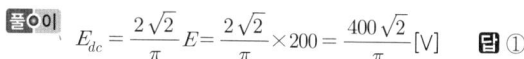

답 ①

53 주파수 50[Hz], 슬립 0.2인 경우의 회전자 속도가 600[rpm]일 때에 3상 유도전동기의 극수는?

① 4　② 8　③ 12　④ 16

풀이 회전자 속도 $N = (1-s)N_s$ 에서

$$N_s = \frac{N}{1-s} = \frac{600}{1-0.2} = 750[\text{rpm}]$$

또한 회전자계의 속도 $N_s = \frac{120f}{p}$ 이므로

$$\therefore p = \frac{120f}{N_s} = \frac{120 \times 50}{750} = 8[\text{극}] \quad \text{답 ②}$$

54 단상변압기 2대를 사용하여 3150[V]의 평형 3상에서 210[V]의 평형 2상으로 변환하는 경우에 각 변압기의 1차 전압과 2차 전압은 얼마인가?

① 주좌 변압기 : 1차 3150[V], 2차 210[V]
 T좌 변압기 : 1차 3150[V], 2차 210[V]

② 주좌 변압기 : 1차 3150[V], 2차 210[V]
 T좌 변압기 : 1차 $3150 \times \frac{\sqrt{3}}{2}$[V], 2차 210[V]

③ 주좌 변압기 : 1차 $3150 \times \frac{\sqrt{3}}{2}$[V], 2차 210[V]
 T좌 변압기 : 1차 $3150 \times \frac{\sqrt{3}}{2}$[V], 2차 210[V]

④ 주좌 변압기 : 1차 $3150 \times \frac{\sqrt{3}}{2}$[V], 2차 210[V]
 T좌 변압기 : 1차 3150[V], 2차 210[V]

풀이 ① 스코트(T) 결선은 단상변압기 2대를 사용하여 3상 전원에서 2상 전압을 얻는 결선방식으로, T좌 변압기의 권수는 전 권수의 $\frac{\sqrt{3}}{2}$ 점에서 택해야 한다.

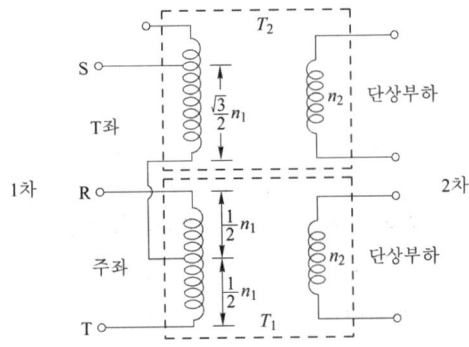

② 주좌 변압기 : 1차 V_1[V], 2차 V_2[V]
 T좌 변압기 : 1차 $\frac{\sqrt{3}}{2}V_1$[V], 2차 V_2[V]　답 ②

55 동기전동기에서 난조를 일으키는 원인이 아닌 것은?

① 회전자의 관성이 작다.
② 원동기의 토크에 고조파 토크를 포함하는 경우이다.
③ 전기자 회로의 저항이 작다.
④ 원동기의 조속기의 감도가 너무 예민하다.

풀이 난조 발생의 원인
 난조 방지에 대한 대책으로는 제동 권선이 적당하며 난조에 대한 원인 및 대책은 다음과 같다.
 ① 원동기의 조속기 감도가 지나치게 예민한 경우
  방지대책 : 조속기를 적당히 조정하면 충분히 방지할 수 있다.
 ② 원동기의 토크에 고조파 토크가 포함된 경우
  방지대책 : 디젤 기관 등에 생기는 문제로 회전부의 플라이휠 효과를 적당히 선정하면 방지할 수 있다.
 ③ 전기자 회로의 저항이 상당히 큰 경우
  방지대책 : 회로의 저항을 작게 하거나 리액턴스를 삽입하면 방지할 수 있다.
 ④ 부하가 맥동할 때
  방지대책 : 회전부의 플라이휠 효과를 적당히 선정하면 방지할 수 있다.　답 ③

56 전류가 불연속인 경우 전원전압 220[V]인 단상전파정류회로에서 점호각 $\alpha = 90°$일 때의 직류 평균 전압은 약 몇 [V]인가?

① 45　② 84
③ 90　④ 99

풀이 직류 평균전압

$$E_d = \frac{\sqrt{2}E}{\pi}(1+\cos\alpha)$$
$$= \frac{\sqrt{2} \times 220}{\pi}(1+\cos 90°) = 99[\text{V}] \quad \text{답 ④}$$

57 자기 용량 20[kVA]의 단권 변압기를 사용하여 배전선 전압 6000[V]를 6600[V]로 승압할 때 역률 80[%]의 부하를 몇 [kW]까지 걸 수 있는가?

① 220　② 196
③ 176　④ 156

풀이

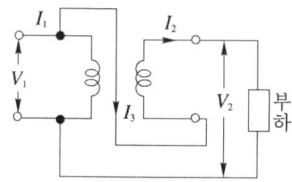

$\dfrac{\text{자기 용량}}{\text{부하 용량}} = \dfrac{V_2 - V_1}{V_2}$ 이므로

부하 용량 $= \dfrac{V_2}{V_2 - V_1} \times$ 자기 용량

$= \dfrac{6600}{6600 - 6000} \times 20 = 220[\text{kVA}]$

$\therefore 220 \times 0.8 = 176[\text{kW}]$ 답 ③

58 200[kW], 200[V]의 직류분권발전기가 있다. 전기자 권선의 저항이 0.025[Ω]일 때 전압변동률은 몇 [%]인가?

① 6.0 ② 12.5
③ 20.5 ④ 25.0

풀이 무부하 단자전압

$V_0 = V_n + R_a I_a = 200 + 0.025 \times \dfrac{200 \times 10^3}{200} = 225[\text{V}]$

따라서 전압변동률

$\epsilon = \dfrac{V_0 - V_n}{V_n} \times 100 = \dfrac{225 - 200}{200} \times 100 = 12.5[\%]$

답 ②

59 인버터에 대한 설명으로 옳은 것은?

① 직류를 교류로 변환
② 교류를 교류로 변환
③ 직류를 직류로 변환
④ 교류를 직류로 변환

풀이
- 컨버터 (converter) : 교류 → 직류
- 인버터(Inverter) : 직류 → 교류
- 초퍼 : DC → DC로 변환

답 ①

60 3000[V], 1500[kVA], 동기 임피던스 3[Ω]인 동일 정격의 두 동기발전기를 병렬 운전하던 중 한 쪽 계자 전류가 증가해서 각 상 유도 기전력 사이에 300[V]의 전압차가 발생했다면 두 발전기 사이에 흐르는 무효횡류는 몇[A]인가?

① 20 ② 30 ③ 40 ④ 50

풀이 무효횡류 $I_c = \dfrac{E_1 - E_2}{2Z_s} = \dfrac{E_c}{2Z_s} = \dfrac{300}{2 \times 3} = 50[\text{A}]$

답 ④

4과목 - 회로이론

61 그림과 같은 순저항으로 된 회로에 대칭 3상 전압을 가했을 때 각 선에 흐르는 전류가 같으려면 $R[\Omega]$의 값은?

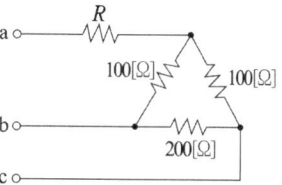

① 20 ② 25
③ 30 ④ 35

풀이 △저항을 Y저항으로 변환하면 그림과 같다.

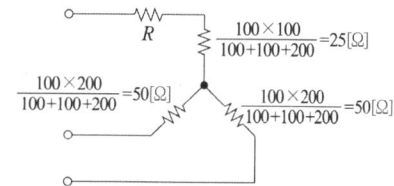

각 선전류가 같기 위해서는 각 선저항이 같아야 하므로 $R + 25 = 50$ 이어야 한다.
$\therefore R = 50 - 25 = 25[\Omega]$

답 ②

62 회로의 영상 임피던스 Z_{01}과 Z_{02}는 각각 몇 [Ω] 인가?

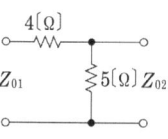

① 6, 5 ② 4, 5
③ 6, 3.33 ④ 4, 3.33

풀이
$$\begin{bmatrix} A & B \\ C & D \end{bmatrix} = \begin{bmatrix} 1 & 4 \\ 0 & 1 \end{bmatrix} \begin{bmatrix} 1 & 0 \\ \frac{1}{5} & 1 \end{bmatrix} = \begin{bmatrix} 1+\frac{4}{5} & 4 \\ \frac{1}{5} & 1 \end{bmatrix}$$

$A = 1 + \frac{4}{5} = \frac{9}{5}$, $B = 4$, $C = \frac{1}{5}$, $D = 1$ 이므로

$Z_{01} = \sqrt{\frac{AB}{CD}} = \sqrt{\frac{\frac{9}{5} \times 4}{\frac{1}{5} \times 1}} = 6[\Omega]$

$Z_{02} = \sqrt{\frac{BD}{AC}} = \sqrt{\frac{4 \times 1}{\frac{9}{5} \times \frac{1}{5}}} = 3.33[\Omega]$ 　답 ③

63 그림과 같이 높이가 1인 펄스의 라플라스 변환은?

① $\frac{1}{s}(e^{-as} + e^{-bs})$

② $\frac{1}{a-b}\left(\frac{e^{-as} + e^{-bs}}{1}\right)$

③ $\frac{1}{s}(e^{-as} - e^{-bs})$

④ $\frac{1}{a-b}\left(\frac{e^{-as} - e^{-bs}}{s}\right)$

풀이

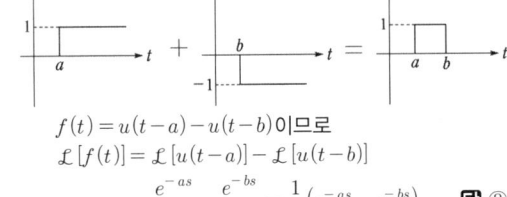

$f(t) = u(t-a) - u(t-b)$ 이므로
$\mathcal{L}[f(t)] = \mathcal{L}[u(t-a)] - \mathcal{L}[u(t-b)]$
$= \frac{e^{-as}}{s} - \frac{e^{-bs}}{s} = \frac{1}{s}(e^{-as} - e^{-bs})$ 　답 ③

64 각 상의 전류가
$i_a = 30\sin\omega t[A]$, $i_b = 30\sin(\omega t - 90°)[A]$,
$i_c = 30\sin(\omega t + 90°)[A]$ 일 때
영상분 전류[A]의 순시치는?

① $10\sin\omega t$　　② $10\sin\frac{\omega t}{3}$

③ $30\sin\omega t$　　④ $\frac{30}{\sqrt{3}}\sin(\omega t + 45°)$

풀이
- 정현파를 phasor로 표시하면
  $i_a = 30\angle 0° = 30[A]$, $i_b = 30\angle -90° = -j30[A]$
  $i_c = 30\angle 90° = j30[A]$
- 영상전류
  $i_o = \frac{1}{3}(i_a + i_b + i_c) = \frac{1}{3} \times (30 - j30 + j30) = 10[A]$
  따라서 순시전류 $i = 10\sin\omega t[A]$ 　답 ①

65 $F(s) = \frac{s+1}{s^2 + 2s}$ 의 역라플라스 변환은?

① $\frac{1}{2}(1 - e^{-t})$　　② $\frac{1}{2}(1 - e^{-2t})$

③ $\frac{1}{2}(1 + e^{t})$　　④ $\frac{1}{2}(1 + e^{-2t})$

풀이
$F(s) = \frac{s+1}{s(s+2)} = \frac{A}{s} + \frac{B}{s+2}$ 에서

$A = \left.\frac{s+1}{s+2}\right|_{s=0} = \frac{1}{2}$,

$B = \left.\frac{s+1}{s}\right|_{s=-2} = \frac{-2+1}{-2} = \frac{1}{2}$ 이므로

$F(s) = \frac{\frac{1}{2}}{s} + \frac{\frac{1}{2}}{s+2} = \frac{1}{2}\left(\frac{1}{s} + \frac{1}{s+2}\right)$

$\therefore \mathcal{L}^{-1}[F(s)] = \frac{1}{2}(1 + e^{-2t})$ 　답 ④

66 용량이 50[kVA]인 단상 변압기 3대를 △결선하여 3상으로 운전하는 중 1대의 변압기에 고장이 발생하였다. 나머지 2대의 변압기를 이용하여 3상 V결선으로 운전하는 경우 최대 출력은 몇 [kVA]인가?

① $30\sqrt{3}$　　② $50\sqrt{3}$

③ $100\sqrt{3}$　　④ $200\sqrt{3}$

풀이 변압기 1개의 출력을 P_1이라 하면
V결선 시 출력
$P_V = \sqrt{3}P_1 = \sqrt{3} \times 50 = 50\sqrt{3}[kVA]$ 　답 ②

67 그림에서 10[Ω]의 저항에 흐르는 전류는 몇 [A]인가?

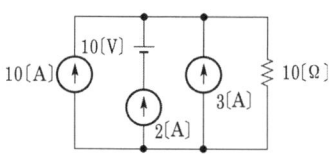

① 16   ② 15   ③ 14   ④ 13

풀이 중첩의 정리에 의해 하나의 전원을 택하고, 나머지 전원 중 전압원은 단락, 전류원은 개방하여 정리하면 저항에 흐르는 전류 $I_R = 10 + 2 + 3 = 15[A]$ **답** ②

68 그림과 같은 주기 전압파에 있어서 0으로부터 0.02초의 사이에서는 $e = 5 \times 10^4 (t - 0.02)^2$ [V]로 표시되고 0.02초에서부터 0.04초까지는 $e = 0$이다. 전압의 평균값은 약 얼마인가?

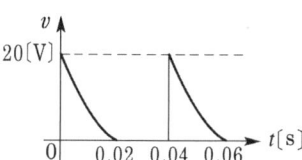

① 2.2   ② 3.3   ③ 4.5   ④ 5.5

풀이 $V_{ab} = \frac{1}{T} \int_0^{\frac{T}{2}} v\, dt = \frac{1}{0.04} \int_0^{0.02} 5 \times 10^4 (t - 0.02)^2 dt$
$= \frac{5 \times 10^4}{0.04} \left[\frac{1}{3}(t - 0.02)^3 \right]_0^{0.02} \fallingdotseq 3.33[V]$ **답** ②

69 전기회로의 입력을 V_1, 출력을 V_2라고 할 때 전달함수는? (단, $s = j\omega$이다.)

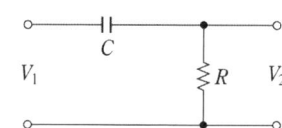

① $\dfrac{1}{R + \dfrac{1}{j\omega C}}$ ② $\dfrac{1}{j\omega + \dfrac{1}{RC}}$

③ $\dfrac{j\omega}{j\omega + \dfrac{1}{RC}}$ ④ $\dfrac{j\omega}{R + \dfrac{1}{j\omega C}}$

풀이 $G(s) = \dfrac{V_2(s)}{V_1(s)} = \dfrac{R}{R + \dfrac{1}{Cs}} = \dfrac{RCs}{RCs + 1}$
$= \dfrac{s}{s + \dfrac{1}{RC}} = \dfrac{j\omega}{j\omega + \dfrac{1}{RC}}$ **답** ③

70 ϕ가 0에서 π까지는 $i = 20[A]$, π에서 2π까지는 $i = 0[A]$인 파형을 푸리에 급수로 전개할 때 a_0는?

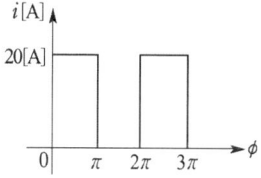

① 5   ② 7.07
③ 10   ④ 14.14

풀이 $a_0 = \dfrac{1}{2\pi} \int_0^\pi i\, d(\phi) = \dfrac{1}{2\pi} \int_0^\pi 20\, d(\phi)$
$= \dfrac{20}{2\pi} \cdot \pi = 10[A]$ **답** ③

71 그림과 같은 회로망에서 전류를 계산하는데 옳게 표시된 것은?

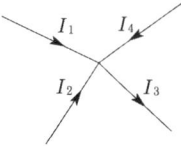

① $I_1 + I_2 + I_3 + I_4 = 0$
② $I_1 + I_2 - I_3 + I_4 = 0$
③ $I_1 + I_4 = I_2 + I_3$
④ $I_1 + I_2 - I_4 = I_3$

풀이 키르히호프의 전류 법칙 (제1법칙)   **답** ②

72 전압비 a인 단상변압기 3대를 1차 △결선, 2차 Y결선으로 하고 1차에 선간전압 V[V]를 가했을 때 무부하 2차 선간전압[V]은?

① $\dfrac{V}{a}$ ② $\dfrac{a}{V}$

③ $\sqrt{3}\,\dfrac{V}{a}$ ④ $\sqrt{3}\,\dfrac{a}{V}$

풀이
- 1차 △결선 : 전압비 $a = \dfrac{E_1}{E_2}$ 이고,
 △결선 시 '선간전압 = 상전압' 이므로,
 2차 상전압 $E_2 = \dfrac{E_1}{a} = \dfrac{V}{a}$
- 2차 Y결선 :
 Y결선이므로 선간전압은 상전압의 $\sqrt{3}$ 배이다.
 따라서, 무부하 2차 선간전압 $= \sqrt{3}\,E_2 = \sqrt{3}\,\dfrac{V}{a}$[V]

답 ③

73 $R-C$ 직렬 회로에 $t=0$일 때 직류 전압 10[V]를 인가하면, $t=0.1$초 때 전류[mA]의 크기는? 단, $R=1000[\Omega]$, $C=50[\mu F]$이고, 처음부터 정전 용량의 전하는 없었다고 한다.

① 약 2.25 ② 약 1.8
③ 약 1.35 ④ 약 2.4

풀이
$i = \dfrac{E}{R} e^{-\frac{1}{RC}t}$ 에서 $t=0.1$이므로

전류 $i = \dfrac{10}{1000} e^{-\frac{0.1}{1000 \times 50 \times 10^{-6}}} = \dfrac{1}{100} e^{-2}$
$\fallingdotseq 1.35$[mA]

답 ③

74 0.2[H]의 인덕터와 150[Ω]의 저항을 직렬로 접속하고 220[V] 상용교류를 인가하였다. 1시간 동안 소비된 전력량은 약 몇 [Wh]인가?

① 209.6 ② 226.4
③ 257.6 ④ 286.9

풀이 리액턴스 $X_L = \omega L = 2\pi f L = 2\pi \times 60 \times 0.2 \fallingdotseq 75.4[\Omega]$

전류 $I = \dfrac{V}{Z} = \dfrac{V}{\sqrt{R^2 + X_L^2}} = \dfrac{220}{\sqrt{150^2 + 75.4^2}}$
$\fallingdotseq 1.31$[A]

$\therefore W = P \cdot t = I^2 R \cdot t = 1.31^2 \times 150 \times 1$
$\fallingdotseq 257.6$[Wh]

답 ③

75 저항 R인 검류계 G에 그림과 같이 r_1인 저항을 병렬로, 또 r_2인 저항을 직렬로 접속하였을 때 A, B단자 사이의 저항을 R과 같게 하고 또한 G에 흐르는 전류를 전 전류의 $1/n$로 하기 위한 $r_1[\Omega]$의 값은?

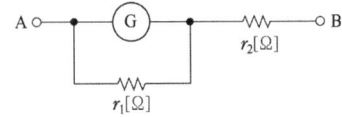

① $\dfrac{n-1}{R}$ ② $R\left(1-\dfrac{1}{n}\right)$

③ $\dfrac{R}{n-1}$ ④ $R\left(1+\dfrac{1}{n}\right)$

풀이
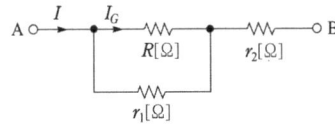

전 전류를 I, 검류계에 흐르는 전류를 I_G라고 하면

$I_G = \dfrac{1}{n} I = \dfrac{r_1}{R + r_1} \times I$ 이므로

$\therefore r_1 = \dfrac{R}{n-1}$

답 ③

76 다음 보기 중 전구에 불이 들어오지 않는 경우는?

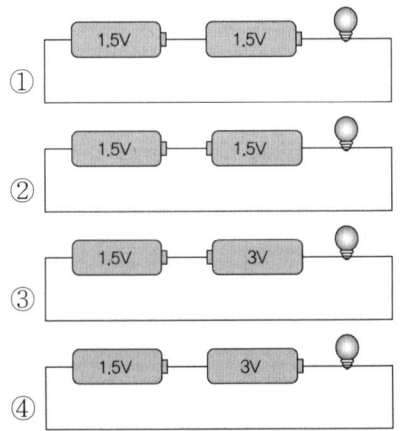

풀이 ②번 보기의 그림은 1.5V 건전지 두 개가 극성이 반대로 직렬연결 되었으므로.
$V = 1.5 - 1.5 = 0$[V]
따라서 전위차가 없어 전구에 불이 들어오지 않는다.

답 ②

77 L형 4단자 회로망에서 R_1, R_2를 정합하기 위한 Z_1은? (단, $R_2 > R_1$이다.)

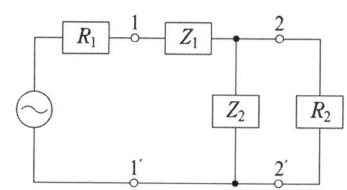

① $\pm jR_2\sqrt{\dfrac{R_1}{R_2-R_1}}$

② $\pm jR_1\sqrt{\dfrac{R_1}{R_2-R_1}}$

③ $\pm j\sqrt{R_2(R_2-R_1)}$

④ $\pm j\sqrt{R_1(R_2-R_1)}$

풀이 단자 11'의 영상 임피던스 Z_{01}, 단자 22'의 영상 임피던스 Z_{02}라 할 때 정합 조건은

$R_1 = Z_{01} = \sqrt{Z_1(Z_1+Z_2)}$, $R_2 = Z_{02} = \sqrt{\dfrac{Z_1 Z_2^2}{Z_1+Z_2}}$

두 관계식에서 Z_1을 구한다.

$R_1^2 = Z_1(Z_1+Z_2) \rightarrow Z_1+Z_2 = \dfrac{R_1^2}{Z_1}$

$R_2^2 = \dfrac{Z_1 Z_2^2}{Z_1+Z_2} \rightarrow R_2^2 = \dfrac{Z_1^2 Z_2^2}{R_1^2}$

$\therefore R_2 = \dfrac{Z_1 Z_2}{R_1}$

$Z_1 = \dfrac{R_1 R_2}{Z_2}$ $(Z_2 = \dfrac{R_1^2}{Z_1} - Z_1 = \dfrac{R_1^2 - Z_1^2}{Z_1})$

$\therefore Z_1 = \dfrac{R_1 R_2 Z_1}{R_1^2 - Z_1^2} \rightarrow R_1^2 - Z_1^2 = R_1 R_2$

$\rightarrow Z_1^2 = R_1^2 - R_1 R_2$

$Z_1 = \pm\sqrt{R_1(R_1-R_2)}$ 에서 $R_2 > R_1$이므로

$\therefore Z_1 = \pm j\sqrt{R_1(R_2-R_1)}$ **답** ④

78 그림에서 단자 a, b에 나타나는 전압 V_{ab}는 몇 [V]인가?

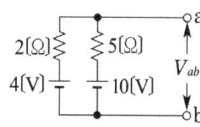

① 3.4 ② 4.3
③ 5.7 ④ 6.5

풀이 밀만의 정리에 의해

$V_{ab} = \dfrac{\sum \dfrac{E}{Z}}{\sum \dfrac{1}{Z}} = \dfrac{\dfrac{4}{2}+\dfrac{10}{5}}{\dfrac{1}{2}+\dfrac{1}{5}} = \dfrac{40}{7} \fallingdotseq 5.7$ **답** ③

79 파형의 파형률 값이 잘못된 것은?

① 정현파의 파형률은 1.414이다.
② 톱니파의 파형률은 1.155이다.
③ 전파 정류파의 파형률은 1.11이다.
④ 반파 정류파의 파형률은 1.571이다.

풀이

정현파의 파형률 $= \dfrac{\text{실효값}}{\text{평균값}} = \dfrac{\dfrac{1}{\sqrt{2}}I_m}{\dfrac{2}{\pi}I_m} = \dfrac{\pi}{2\sqrt{2}} = 1.11$

답 ①

80 △결선된 저항 부하를 Y결선으로 바꾸면 소비 전력은 어떻게 되겠는가? 단, 저항과 선간 전압은 일정하다.

① 3배 ② 9배
③ $\dfrac{1}{9}$배 ④ $\dfrac{1}{3}$배

풀이
- △결선 시 소비전력
$P_\triangle = 3I^2 R = 3\left(\dfrac{V}{R}\right)^2 R = 3 \cdot \dfrac{V^2}{R}$

- Y결선 시 소비전력 : Y결선 시 상전압은 선간 전압의 $\dfrac{1}{\sqrt{3}}$이므로

$P_Y = 3\left(\dfrac{\dfrac{V}{\sqrt{3}}}{R}\right)^2 \cdot R = 3 \cdot \dfrac{V^2}{3R} = \dfrac{V^2}{R}$

$\therefore \dfrac{P_Y}{P_\triangle} = \dfrac{\dfrac{V^2}{R}}{\dfrac{3V^2}{R}} = \dfrac{1}{3} \rightarrow P_Y = \dfrac{1}{3}P_\triangle$ **답** ④

5과목 - 전기설비기술기준

81 특고압가공전선이 저고압가공전선과 제1차 접근상태로 시설하는 경우, 66[kV] 특고압가공전선과 저고압가공전선 사이의 이격거리는 몇 [m] 이상이어야 하는가?

① 2.0[m] ② 2.12[m]
③ 2.2[m] ④ 2.5[m]

풀이 333.26 특고압 가공전선과 저고압 가공전선 등의 접근 또는 교차
특고압 가공전선이 가공약전류전선 등 저압 또는 고압의 가공전선이나 저압 또는 고압의 전차선(이하에서 "저고압 가공전선 등"이라 한다)과 제1차 접근상태로 시설되는 경우
가. 특고압 가공전선로는 제3종 특고압 보안공사에 의할 것.
나. 특고압 가공전선과 저고압 가공 전선 등 또는 이들의 지지물이나 지주 사이의 이격거리는 표에서 정한 값 이상일 것.

사용전압의 구분	이격거리
60[kV] 이하	2[m]
60[kV] 초과	• 이격거리 = 2 + 단수 × 0.12[m] • 단수 = $\frac{(전압[kV] - 60)}{10}$ 단수 계산에서 소수점 이하는 절상

단수계산에서 소수점 이하는 절상한다.
이격거리 2[m] + 1 × 0.12[m] = 2.12   **답** ②

82 지중 또는 수중에 시설되어 있는 금속체의 부식을 방지하기 위한 전기부식방지 회로의 사용전압은 직류 몇 [V] 이하이어야 하는가? (단, 전기부식방지 회로는 전기부식방지용 전원장치로부터 양극 및 피방식체까지의 전로를 말한다.)

① 30 ② 60
③ 90 ④ 120

풀이 241.16 전기부식방지 시설
전기부식방지 회로(전기부식방지용 전원장치로부터 양극 및 피방식체까지의 전로를 말한다. 이하 같다)의 **사용전압은 직류 60[V] 이하**일 것.   **답** ②

83 발전기가 정격운전상태에 있을 때, 동기기 단자에서의 전압을 무엇이라 하는가?

① 접촉전압 ② 사용전압
③ 정격전압 ④ 공칭전압

풀이 112 용어 정의
"**정격전압**"이란 발전기가 정격운전상태에 있을 때, 동기기 단자에서의 전압을 말한다.   **답** ③

84 사용전압이 400[V]를 초과하는 저압가공전선에 사용 할 수 없는 전선은?

① 인입용 비닐절연전선
② 나전선(중성선 또는 다중접지된 접지측 전선으로 사용하는 전선에 한한다)
③ 케이블
④ 다심형 전선

풀이 222.5 저압 가공전선의 굵기 및 종류
가. 저압 가공전선은 나전선(중성선 또는 다중접지된 접지측 전선으로 사용하는 전선에 한한다), 절연전선, 다심형 전선 또는 케이블을 사용하여야 한다.
나. **사용전압이 400[V] 초과인 저압 가공전선에는 인입용 비닐절연전선을 사용하여서는 안 된다.**   **답** ①

85 전차선로가 경동선인 경우 안전율은 얼마 이상인가?

① 1.0 ② 2.0
③ 2.2 ④ 2.5

풀이 431.10 전차선로 설비의 안전율
하중을 지탱하는 전차선로 설비의 강도는 작용이 예상되는 하중의 최악 조건 조합에 대하여 다음의 최소 안전율이 곱해진 값을 견디어야 한다.
1. 합금전차선의 경우 2.0 이상
2. **경동선의 경우 2.2 이상**
3. 조가선 및 조가선 장력을 지탱하는 부품에 대하여 2.5 이상
4. 복합체 자재(고분자 애자 포함)에 대하여 2.5 이상
5. 지지물 기초에 대하여 2.0 이상
6. 장력조정장치 2.0 이상
7. 빔 및 브래킷은 소재 허용응력에 대하여 1.0 이상
8. 철주는 소재 허용응력에 대하여 1.0 이상
9. 브래킷의 애자는 최대 굽힘하중에 대하여 2.5 이상
10. 지지선은 선형일 경우 2.5 이상, 강봉형은 소재 허용응력에 대하여 1.0 이상   **답** ③

86 특고압가공전선로에서 발생하는 극저주파 전자계는 지표상 1[m]에서 전계가 몇 [kV/m] 이하가 되도록 시설하여야 하는가?

① 3.5
② 2.5
③ 1.5
④ 0.5

풀이 유도장해 방지(기술기준 제17조)
특고압가공전선로에서 발생하는 극저주파 전자계는 **지표상 1[m]에서 전계가 3.5[kV/m] 이하**, 자계가 83.3 [μT] 이하가 되도록 시설하는 등 상시 정전유도 및 전자유도 작용에 의하여 사람에게 위험을 줄 우려가 없도록 시설하여야 한다. **답** ①

87 과전류차단기를 시설할 수 있는 곳은?

① 접지공사의 접지선
② 다선식 전로의 중성선
③ 단상 3선식 전로의 저압측 전선
④ 접지공사를 한 저압가공전선로의 접지측 전선

풀이 341.11 과전류차단기의 시설 제한
접지공사의 접지도체, 다선식 전로의 중성선 및 전로의 일부에 접지공사를 한 저압 가공전선로의 접지측 전선에는 과전류차단기를 시설하여서는 안 된다.
다만, 다음의 경우에는 예외로 한다.
가. 다선식 전로의 중성선에 시설한 과전류차단기가 동작한 경우에 각 극이 동시에 차단될 때
나. 저항기·리액터 등을 사용하여 접지공사를 할 때에 과전류차단기의 동작에 의하여 그 접지도체가 비접지 상태로 되지 아니할 때 **답** ③

88 급전용변압기는 교류 전기철도의 경우 어떤 변압기의 적용을 원칙으로 하고, 급전계통에 적합하게 선정하여야 하는가?

① 3상 정류기용 변압기
② 단상 정류기용 변압기
③ 3상 스코트결선 변압기
④ 단상 스코트결선 변압기

풀이 421.4 변전소의 설비
1. 변전소 등의 계통을 구성하는 각종 기기는 운용 및 유지보수성, 시공성, 내구성, 효율성, 친환경성, 안전성 및 경제성 등을 종합적으로 고려하여 선정하여야 한다.
2. 급전용 변압기는 직류 전기철도의 경우 3상 정류기용 변압기, 교류 전기철도의 경우 3상 스코트결선 변압기의 적용을 원칙으로 하고, 급전계통에 적합하게 선정하여야 한다. **답** ③

89 고압 지중케이블로서 직접 매설식에 의하여 콘크리트제 기타 견고한 관 또는 트라프에 넣지 않고 부설할 수 있는 케이블은?

① 비닐외장케이블
② 고무외장케이블
③ 클로로프렌외장케이블
④ 콤바인덕트케이블

풀이 334.1 지중전선로의 시설
지중 전선로를 직접 매설식에 의하여 시설하는 경우에 지중 전선을 견고한 트라프 기타 방호물에 넣어 시설하여야 한다.
단, 다음의 어느 하나에 해당하는 경우에는 지중전선을 견고한 트라프 기타 방호물에 넣지 아니하여도 된다.
① 저압 또는 고압의 지중전선을 차량 기타 중량물의 압력을 받을 우려가 없는 경우에 그 위를 견고한 판 또는 몰드로 덮어 시설하는 경우
② 저압 또는 고압의 지중전선에 **콤바인덕트 케이블 또는 개장한 케이블**을 사용하여 시설하는 경우 **답** ④

90 345[kV] 변전소의 충전 부분에서 5.98[m] 거리에 울타리를 설치할 경우 울타리 최소 높이는 몇 [m]인가?

① 2.1
② 2.3
③ 2.5
④ 2.7

풀이 351.1 발전소 등의 울타리·담 등의 시설

사용전압의 구분	울타리·담 등의 높이와 울타리·담 등으로부터 충전 부분까지의 거리의 합계
35[kV] 이하	5[m]
35[kV] 초과 160[kV] 이하	6[m]
160[kV] 초과	• 거리의 합계 = 6 + 단수 × 0.12[m] • 단수 = $\dfrac{\text{사용전압[kV]} - 160}{10}$ 단수 계산에서 소수점 이하는 절상

• 단수 = $\dfrac{345 - 160}{10}$ = 18.5 → 19단
• 거리의 합계 = 6 + (19 × 0.12) = 8.28[m]

- 울타리에서 충전 부분까지 거리는 5.98[m]이므로
  울타리 최소 높이 = 8.28 – 5.98 = 2.3[m] 답 ②

91 특고압가공전선로의 지지물로 사용하는 목주의 풍압하중에 대한 안전율은 얼마 이상이어야 하는가?

① 1.2
② 1.5
③ 2.0
④ 2.5

풀이 333.10 특고압 가공전선로의 목주 시설
332.7 고압 가공전선로의 지지물의 강도
222.8 저압 가공전선로의 지지물의 강도
지지물이 목주인 경우 안전율 및 말구의 지름

전압의 종별	안전율	말구의 지름
저 압	1.2	–
고 압	1.3	0.12[m] 이상
특고압	1.5	0.12[m] 이상

답 ②

92 전기철도의 변전소 설비에 대한 설명 중 옳지 않은 것은?

① 급전용변압기는 직류 전기철도의 경우 3상 정류기용 변압기의 적용을 원칙으로 한다.
② 교류 전기철도의 경우 3상 스코트결선 변압기의 적용을 원칙으로 한다.
③ 제어용 교류전원은 상용과 예비의 2계통으로 구성하여야 한다.
④ 제어반의 경우 아날로그전기방식을 원칙으로 하여야 한다.

풀이 421.4 변전소의 설비
1. 변전소 등의 계통을 구성하는 각종 기기는 운용 및 유지보수성, 시공성, 내구성, 효율성, 친환경성, 안전성 및 경제성 등을 종합적으로 고려하여 선정하여야 한다.
2. 급전용변압기는 직류 전기철도의 경우 3상 정류기용 변압기, 교류 전기철도의 경우 3상 스코트결선 변압기의 적용을 원칙으로 하고, 급전계통에 적합하게 선정하여야 한다.
3. 차단기는 계통의 장래계획을 고려하여 용량을 결정하고, 회로의 특성에 따라 기종과 동작책무 및 차단시간을 선정하여야 한다.
4. 개폐기는 선로 중 중요한 분기점, 고장발견이 필요한 장소, 빈번한 개폐를 필요로 하는 곳에 설치하며, 개폐상태의 표시, 잠금장치 등을 설치하여야 한다.
5. 제어용 교류전원은 상용과 예비의 2계통으로 구성하여야 한다.
6. 제어반의 경우 디지털계전기방식을 원칙으로 하여야 한다.

답 ④

93 사용전압이 25[kV] 이하인 다중접지방식 지중전선로를 관로식 또는 직접매설식으로 시설하는 경우, 그 간격은 몇 [m] 이상이 되도록 시설하여야 하는가? (단, 단, 압입공법을 적용한 경우가 아니며 지하매설 공간이 부족한 경우도 아니다.)

① 0.1
② 0.15
③ 0.3
④ 1.0

풀이 334.7 지중전선 상호 간의 접근 또는 교차
사용전압이 25[kV] 이하인 다중접지방식 지중전선로를 관로식 또는 직접매설식으로 시설하는 경우, 그 간격이 0.1[m] 이상이 되도록 시설하여야 한다. 다만, 다음 중 어느 하나에 따라 시설하는 경우에는 예외로 할 수 있다.
가. 관로식으로 시공시 지하매설 공간 부족으로 간격 확보가 곤란하여 관로 사이를 콘크리트 등 견고한 격벽 또는 채움재로 보강한 경우
나. 압입공법을 적용한 경우

답 ①

94 시가지 또는 그 밖에 인가가 밀집한 지역에 154[kV] 가공전선로의 전선을 케이블로 시설하고자 한다. 이때 가공전선을 지지하는 애자장치의 50[%] 충격섬락전압 값이 그 전선의 근접한 다른 부분을 지지하는 애자장치 값의 몇 [%] 이상이어야 하는가?

① 75
② 100
③ 105
④ 110

풀이 333.1 시가지 등에서 특고압 가공전선로의 시설
특고압 가공전선로는 전선이 케이블인 경우 또는 전선로를 다음과 같이 시설하는 경우에는 시가지 그 밖에 인가가 밀집한 지역에 시설할 수 있다.
1. 사용전압이 170[kV] 이하인 전선로를 다음에 의하여 시설하는 경우
   가. 특고압 가공전선을 지지하는 애자장치는 다음 중 어느 하나에 의할 것.

(1) 50[%] 충격섬락전압 값이 그 전선의 근접한 다른 부분을 지지하는 애자장치 값의 110[%] (사용전압이 130[kV]를 초과하는 경우는 105[%]) 이상인 것.
(2) 아킹혼을 붙인 현수애자·장간애자 또는 라인포스트애자를 사용하는 것.
(3) 2련 이상의 현수애자 또는 장간애자를 사용하는 것.
(4) 2개 이상의 핀애자 또는 라인포스트애자를 사용하는 것.   답 ③

95 가공전선로의 지지물에 시설하는 지선으로 연선을 사용할 경우 소선은 몇 가닥 이상이어야 하는가?

① 2
② 3
③ 5
④ 9

풀이 331.11 지선의 시설
가. 지선의 안전율은 2.5 이상일 것. 이 경우에 허용인장하중의 최저는 4.31[kN]으로 한다.
나. 지선에 연선을 사용할 경우에는 다음에 의할 것.
① 소선 3가닥 이상의 연선일 것.
② 소선의 지름이 2.6[mm] 이상의 금속선을 사용한 것일 것.   답 ②

96 금속제 가요전선관공사에 의한 저압 옥내배선의 시설방법으로 기술기준에 적합한 것은?

① 옥외용 비닐절연전선을 사용하였다.
② 2종 금속제 가요전선관을 사용하였다.
③ 가요전선관에는 접지공사를 하지 않았다.
④ 전선은 연동선으로 단면적 16[mm^2]의 단선을 사용하였다.

풀이 232.13 금속제가요전선관공사
가. 전선은 절연전선(옥외용 비닐 절연전선을 제외한다)일 것.
나. 전선은 연선일 것. 다만, 단면적 10[mm^2](알루미늄선은 단면적 16[mm^2]) 이하인 것은 그러하지 아니하다.
다. 가요전선관 안에는 전선에 접속점이 없도록 할 것.
라. 가요전선관은 2종 금속제 가요전선관일 것.
마. 가요전선관배선에는 접지공사를 할 것.   답 ②

97 발전소·변전소 또는 이에 준하는 곳의 특고압 전로에는 그의 보기 쉬운 곳에 어떤 표시를 반드시 하여야 하는가?

① 모선(母線) 표시
② 상별(相別) 표시
③ 차단(遮斷) 위험표시
④ 수전(受電) 위험표시

풀이 351.2 특고압전로의 상 및 접속 상태의 표시
가. 발전소·변전소 또는 이에 준하는 곳의 특고압전로에는 그의 보기 쉬운 곳에 상별 표시를 하여야 한다.
나. 발전소·변전소 또는 이에 준하는 곳의 특고압전로에 대하여는 그 접속 상태를 모의모선의 사용 기타의 방법에 의하여 표시하여야 한다. 다만, 이러한 전로에 접속하는 특고압전선로의 회선수가 2 이하이고 또한 특고압의 모선이 단일모선인 경우에는 그러하지 아니하다.   답 ②

98 수차 발전기는 스러스트 베어링의 온도가 현저히 상승하는 경우 자동적으로 이를 전로로부터 차단하는 장치를 시설하는데, 이때 수차 발전기의 최소 용량은?

① 500[kVA] 이상
② 1000[kVA] 이상
③ 1500[kVA] 이상
④ 2000[kVA] 이상

풀이 351.3 발전기 등의 보호장치
발전기에는 다음의 경우에 자동적으로 이를 전로로부터 차단하는 장치를 시설하여야 한다.
가. 발전기에 과전류나 과전압이 생긴 경우
나. 용량이 500[kVA] 이상의 발전기를 구동하는 수차의 압유장치의 유압이 현저히 저하한 경우
다. 용량이 100[kVA] 이상의 발전기를 구동하는 풍차의 압유장치의 유압이 현저히 저하한 경우
라. **용량이 2,000[kVA] 이상인 수차 발전기의 스러스트 베어링의 온도가 현저히 상승한 경우**
마. 용량이 10,000[kVA] 이상인 발전기의 내부에 고장이 생긴 경우
바. 정격출력이 10,000[kW]를 초과하는 증기터빈은 그 스러스트 베어링이 현저하게 마모되거나 그의 온도가 현저히 상승한 경우   답 ④

99 특고압 가공전선로의 지지물에 시설하는 통신선 또는 이에 직접 접속하는 통신선이 도로·횡단보도교·철도의 레일 등 또는 교류 전차선 등과 교차하는 경우의 시설기준으로 옳은 것은?

① 인장강도 4.0[kN] 이상의 것 또는 지름 3.5[mm] 경동선일 것
② 통신선이 케이블 또는 광섬유 케이블일 때는 이격거리의 제한이 없다.
③ 통신선과 삭도 또는 다른 가공약전류 전선 등 사이의 이격거리는 20[cm] 이상으로 할 것
④ 통신선이 도로·횡단보도교·철도의 레일과 교차하는 경우에는 통신선은 지름 4[mm]의 절연전선과 동등 이상의 절연 효력이 있을 것

풀이 362.2 전력보안통신선의 시설 높이와 이격거리
특고압 가공전선로의 지지물에 시설하는 통신선 또는 이에 직접 접속하는 통신선이 도로·횡단보도교·철도의 레일·삭도·가공전선·다른 가공약전류 전선 등 또는 교류 전차선 등과 교차하는 경우에는 다음에 따라 시설하여야 한다.
가. 통신선이 도로·횡단보도교·철도의 레일 또는 삭도와 교차하는 경우에는 **통신선은 연선의 경우 단면적 16[mm²](단선의 경우 지름 4[mm])의 절연전선과 동등 이상의 절연 효력이 있는 것**, 인장강도 8.01[kN] 이상의 것 또는 연선의 경우 단면적 25[mm²](단선의 경우 지름 5[mm])의 경동선일 것.
나. 통신선과 삭도 또는 다른 가공약전류 전선 등 사이의 이격거리는 0.8[m](통신선이 케이블 또는 광섬유 케이블일 때는 0.4[m]) 이상으로 할 것. **답** ④

100 공통접지공사 적용시 선도체의 단면적이 16[mm²]인 경우 보호도체(PE)에 적합한 단면적은? (단, 보호도체의 재질이 선도체와 같은 경우)

① 4 ② 6
③ 10 ④ 16

풀이 142.3.2 보호도체
보호도체의 최소 단면적은 다음에 의한다.

선도체의 단면적 $S(mm^2, 구리)$	보호도체의 최소 단면적(mm^2, 구리)	
	보호도체의 재질	
	선도체와 같은 경우	선도체와 다른 경우
$S \leq 16$	S	$(k_1/k_2) \times S$
$16 < S \leq 35$	$16^{(a)}$	$(k_1/k_2) \times 16$
$S > 35$	$S^{(a)}/2$	$(k_1/k_2) \times (S/2)$

여기서,
- k_1 : 선도체에 대한 k값
- k_2 : 보호도체에 대한 k값
- a : PEN 도체의 최소단면적은 중성선과 동일하게 적용한다.

답 ④

과년도 문제 중심의
완벽대비 전기산업기사필기

발 행 / 2025년 12월 5일		저자와의 협의에 따라 인지생략

저　　자 / 검정연구회
펴 낸 이 / 정 창 희
펴 낸 곳 / 동일출판사
주　　소 / 서울시 강서구 곰달래로31길7 (2층)
전　　화 / 02) 2608-8250
팩　　스 / 02) 2608-8265
등록번호 / 제109-90-92166호

ISBN 978-89-381-1726-7 13560
값 / 33,000원

이 책은 저작권법에 의해 저작권이 보호됩니다. 동일출판사 발행인의 승인자료 없이 무단 전재하거나 복제하는 행위는 저작권법 제136조에 의해 5년 이하의 징역 또는 5,000만원 이하의 벌금에 처하거나 이를 병과(併科)할 수 있습니다.